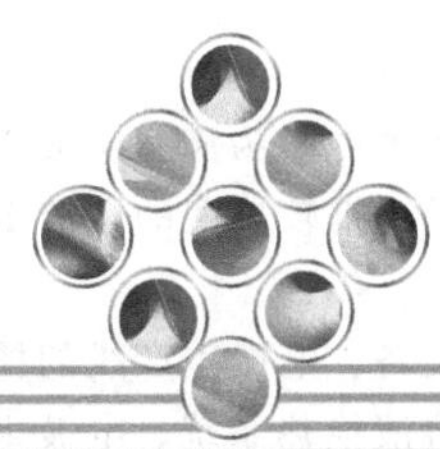

电镀生产线设计手册

DIANDU SHENGCHANXIAN SHEJI SHOUCE

金品充 主 编
曾华樑 副主编

化学工业出版社
·北京·

《电镀生产线设计手册》是一本有关电镀工程设备设计实践经验的技术书籍。电镀生产线是为满足电镀工艺的要求而设计建造的，各类电镀工艺品类繁多，既具共性也有个性。本手册中列出了一批较典型的电镀工艺流程及其配置要素，方便大家总结共性，从而利于对电镀生产线进行模块化设计。

本手册内容包括：行车式电镀生产线、环形电镀生产线、手工电镀线·电镀专用设备、电镀生产线的槽体设计、电镀生产线的直流导电系统、电镀生产线的给水与排水系统、电镀生产线的溶液换热系统、电镀生产线的溶液搅拌和喷洗系统、电镀生产线的溶液过滤系统、电镀生产线的排风系统与废气净化、电镀生产线的电气控制系统、电镀生产线的规划设计等。

本手册可供电镀业主和电镀技术人员在新建电镀厂点、改造现有电镀工程以及采购和验收新设备时参考。

图书在版编目（CIP）数据

电镀生产线设计手册/金品充主编. —北京：化学工业出版社，2019.10（2022.10重印）
ISBN 978-7-122-32743-7

Ⅰ.①电… Ⅱ.①金… Ⅲ.①电镀-自动生产线-控制系统设计-技术手册 Ⅳ.①TQ153-62

中国版本图书馆CIP数据核字（2018）第168500号

责任编辑：项　潋　段志兵　　　　文字编辑：陈　喆
责任校对：王素芹　　　　装帧设计：刘丽华

出版发行：化学工业出版社（北京市东城区青年湖南街13号　邮政编码100011）
印　　装：北京建宏印刷有限公司
787mm×1092mm　1/16　印张59½　字数1651千字　2022年10月北京第1版第2次印刷

购书咨询：010-64518888　　　　售后服务：010-64518899
网　　址：http://www.cip.com.cn
凡购买本书，如有缺损质量问题，本社销售中心负责调换。

定　　价：298.00元　

本书编写人员名单

主　　编： 金品充

副 主 编： 曾华樑

参编人员（以姓氏笔画为序）：

匡云轩　李熊新　周嘉骏　赵君玫

审　　核： 向　荣　袁　华

序一

电镀生产线在我国电镀生产中已经使用几十年了。最早应用于大量生产的汽车制造业、自行车和手电筒等工业产品的电镀生产线是固定程序的环形电镀生产线，到20世纪50年代末期，开始出现了行车式电镀生产线，由于其操作程序的相对灵活性，很快在批量生产的电镀车间推广应用，使电镀生产的机械化程度普遍提高。

在21世纪的今天，电镀工厂和车间里随处都可以见到各种形式的电镀生产线，降低了生产工人的劳动强度，提高了生产效率，改善了操作环境，促进了污染治理设施的完善，使许多电镀工厂实现了清洁生产。这一切都与各种电镀生产线的普遍应用密不可分。

目前我国的生态环境形势非常严峻，即使在电镀工业园区，一个电镀工厂如果没有采用电镀生产线生产，就难以通过清洁生产评估和环境保护部门验收，不具备入园条件。这说明电镀生产线在电镀生产中具有重要地位。

时至今日，我国引进的和国产的电镀生产线不少，制造各种电镀生产线的厂商也很多，为电镀行业技术装备的更新换代创造了良好条件。

金品充和曾华樑两位先生都是我相交几十年的老朋友。金品充先生能在耄耋之年，胸怀壮志，筹划编著工作量如此巨大的《电镀生产线设计手册》一书，希望总结自己从事电镀生产线设计制造和安装调试的经验，为电镀行业作出贡献的崇高精神，实在令人佩服，值得我很好地学习。

金品充先生是原上海市中华职业学校和南京机电学校的老师，后长期工作在南京轻工业机械厂，该厂是我国最早设计制造安装调试电镀生产线的中央直属大型企业。他一直担任该厂电镀设备设计部门的领导工作。退休以后，他还先后在无锡出新环保设备厂、无锡市电镀设备厂等企业继续从事电镀生产线设计指导工作，是一位既懂机械设计理论又有丰富电镀线生产实践经验的高级工程师。

曾华樑先生是电镀行业的工艺专家和设备专家，可算是一位难得的全才。他早年曾是北京师范大学胡志彬教授的研究生，后又留学意大利，先后在北京无线电厂和北京电镀总厂从事电镀技术工作，对电镀工艺研究颇有建树。北京电镀总厂引进印制电路板生产线以后，他开始从事电镀线的生产。他进一步开展对电镀设备的研究，担任过几任电镀设备公司的领导，并创办了北京绿柱石电镀设备有限公司，是一位既懂电镀工艺又掌握了电镀设备设计技术的教授级高级工程师。

此外，还有多位经验丰富的专家受邀参与此书的撰写工作，全书工作量巨大的文字、图表的计算机编录工作是由赵君玫工程师一人倾力完成的。这说明亲朋好友们对这部巨著的支持与重视。

《电镀生产线设计手册》一书，总结了编著者们长期从事电镀设备设计和制造的经验，汇集了当今使用成熟的一些电镀生产线的技术要素，内容全面，翔实可靠。特别是在“电镀生产线的槽体设计”一章中，特邀李熊新先生撰写“槽体强度与刚度计算方法”和“槽体强度与刚度计算示例”部分，分析了槽体壁板和底板在周边固定状态下矩形薄板的受力情况，提出了槽体及附加各支承构件的强度与刚度计算方法，并推导出相关计算公式。同时运用所述计算方法对一些正在使用的槽体作设计计算或验证性计算，证实了这套计算方法的适用性。作者为此倾注了大量心血，形成了一套槽体强度与刚度计算的方法，为各类电镀及敞口槽体设计计算提供了科学的依据，可视为本书的一个亮点。

书中列举了大量成熟的设计案例，详细介绍了设计步骤和常见电镀产品的电镀工序安排，将会对初涉电镀生产线的设计者了解复杂的电镀工艺过程和设备运行要求有极大的帮助。

在电镀线的电气控制方面，作者对当今应用广泛的可编程逻辑控制器（PLC）控制系统作了通俗易懂的讲解，总结了设计、编程和生产线整体规划设计与维护的经验，提出了相关案例和注意事项，可供电镀线电气控制设计者借鉴，以应对发展迅速和复杂多变的电镀生产线自动控制设计。

考虑到电镀生产线设计知识的完整性，书中对电镀生产线相关的通风系统和给排水系统以及直流供电、溶液过滤与搅拌等配套设施也做了详细介绍，提供了新的技术信息，以求一书在手，相关资料全有，为读者采集资料提供了方便。

可以相信，《电镀生产线设计手册》这本书的出版，不仅对从事电镀生产线设计工作者有参考价值，而且对从事电镀工厂的技术改造设计和车间技术管理的人员以及电镀与表面处理专业的在校师生也有一定的指导作用。

中国新时代国际工程公司　教授级高级工程师　向荣
原中国电镀协会设备与环保工作委员会　主任
于西安

序二

——沿着先行者的足迹前进

我在表面处理设备行业工作多年，觉得自己非常幸运，因为我有幸结识了很多杰出的前辈和同行，并从他们那里学到了很多。这其中对我影响和帮助最大的当属我的恩师金品充先生。在南京机电学校学习时，我就是他的学生；在南京轻工业机械厂工作时，他仍旧是我的指导老师。金先生治学严谨、工作勤奋，为我们电镀生产设备制造行业做出了非常突出的贡献。在近半个世纪的勤勉耕耘中，金先生始终抱有一种为行业和国家效命的“使命感”，将促进整个行业不断进步和发展视为自己当仁不让的责任。正是由于有这份“家国情怀”，金先生才能在古稀之年筹划和编著了《电镀生产线设计手册》，与其他编著者一道为此付出了巨大的努力和辛劳。

电镀设备行业属于专业性较强的特种装备制造业，要求电镀生产线的设计者不仅要掌握全面的机电设备的专业知识，同时需要对电镀生产工艺有着深入的了解和认知；不仅需要拥有扎实的理论功底，同时也要具备丰富的实践经验。电镀行业所服务的下游行业众多，客户对工艺和设备的需求差异性很大，不少新兴的应用和产品对生产设备和工艺提出了很多全新的要求，这使得每一条定制化的电镀生产线的设计和制造都是一次创新的历程，往往对设计者（尤其是年轻的设计师）提出了严峻的挑战。

我们在生活中常常有这样的体会：无论做任何事情，“从无到有”是最难的，而如果有什么东西可以学习、借鉴甚至直接拿来用的话，那么事情就会变得容易得多。这种似乎是生活常识的现象，从一个侧面体现了知识的力量。对从事电镀生产线设计和生产的从业者而言，《电镀生产线设计手册》是一部难得的学习和参考资料，可以使读者从中系统地学习和掌握各类电镀生产线的设计和应用知识，很多设计案例的内容在类似的应用场景中也可以直接被借鉴和使用。

在生产制造行业，“学习曲线”效应是一个普遍的规律：即个人或企业在生产一种新产品时，起初的生产耗时、成本和废品率往往很高，随着产量的提高，相应产品的生产耗时、成本和废品率会不断下降，并最终趋于稳定。

在我们定制化的电镀生产线设计和制造行业，从业者没有多少机会在同一种产品的重复生产中逐步改善“学习曲线”。因此，前人的设计和生产经验及案例就显得格外珍贵。电镀设备生产企业可在“标准化”和“模块化”的基础上，实现定制化产品设计和制造的可复用化，最大限度地利用已有的成熟设计和生产要素，实现降低成本、提高质量、控制风险、节省时间和提升效率的目标，以最小的“不确定性”为客户提供创新性的产品和服务。

金品充先生以及其他各位编著者在《电镀生产线设计手册》一书中无私地分享了他们多年辛勤工作和创造的成果，为行业同仁提供了大量可以学习、借鉴和复用的设计案例，这是整个行业的宝贵财富。尽管这本著作的一些内容在自动化和智能化技术飞速发展的今天看似略显陈旧，但它们是我们继续创造和创新的起点。不断地从以往实践和经验中学习、改进、优化和提高是当今智能化技术最基本的原则之一。《电镀生产线设计手册》也是我们未来逐步实现电镀设备智能化的过程中可以加以利用的知识和数据宝库。

牛顿曾谦虚地说他如同在知识海洋的岸边捡到漂亮贝壳的男孩。当我们手捧如“美丽贝壳”一般的《电镀生产线设计手册》时，我们要有着向更广阔的知识海洋进发和探索的意愿和勇气，这是我们向所有编著者致敬的最好的方式。让我们追随他们的足迹，为我们的客户和整个社会贡献更多创造性的产品和服务。

中国表面工程协会理事长　袁　华
于南京

前言

制造业是国家经济发展的基础产业。在制造业深度发展的今天，我国电镀设备的制造行业也在不断地进步。《电镀生产线设计手册》（以下简称《手册》）尝试对电镀生产线做系统的介绍，将自己及国内其他资深电镀设备设计人员在几十年从事电镀工程实践中积累的成熟技术整理成书。书中介绍的各类技术资料，基本上是经设计、制造和运行实践后总结所得的。书中许多设计图纸都来自生产蓝图，而且用较大图幅和清晰的图表介绍给读者，希望对电镀界同仁们有一定的实用价值。

以下就本《手册》做几点说明。

(1) 设备是为工艺服务的，因此设备设计和制造者首先应按照建设者的规划要求，编制出符合规划设计要求的“电镀工艺流程与配置要素”的图表。这是设备设计的第一道关口。电镀工艺不是本书探讨的主要内容，但本书在第 1～3 章归类介绍了“电镀工艺流程与配置要素”的图表（其中活塞环硬铬电镀、磷化和发蓝工艺由南京四方表面技术有限公司提供，印刷电路板电镀工艺由北京绿柱石电镀设备有限公司提供)，这些技术资料绝大多数已经生产实践证明是可行的，经多方审核确认，可作为电镀生产线设计和制造的参考资料。随着科学技术的发展，读者以“清洁生产”的理念，按电镀新工艺、新材料的各项技术参数，参照这些成熟资料可以编制出更先进的“电镀工艺流程和配置要素”图表。

(2) 一些电镀生产线的称谓值得大家进一步探讨。例如，行业内惯称的“直线式电镀生产线”或“直线式电镀自动线”，在本《手册》中改称为“行车式电镀生产线”，因为实际生产中，这类电镀生产线的行车可以直线运行，也可横向换轨，也有环形运作的，这个问题在第四版《电镀手册》文字叙述中也已提及。此外，我国目前还没有设计和制造出“自动电镀线”，更无全自动电镀线，因此本《手册》中均称之为“×××电镀生产线”。而电镀生产线的自动化和智能化是我们大家肩负的历史使命。

本《手册》对环形电镀生产线称谓做了分类：导轨升降式、悬臂升降式、步进压板式和爬坡式四类。导轨升降式电镀生产线又分为液压式（Y 型)、机械式（J 型）和辅助阳极式（F 型）三种。

(3) 槽体是电镀生产线重要的组成部分，随着电镀生产线的不断进步，槽体被赋予了更多的工艺功能，其结构也趋于复杂。本《手册》对槽体部分用了较多篇幅，介绍了槽体的设计要领。内容包含槽体尺寸计算、槽体各分部结构、槽体结构设计举例、槽体常用材料、槽体的强度与刚度计算及其计算示例，为槽体的“标准化”和“模块化”设计与编制计算软件做了准备。敞开式槽体不论大小，均设置强度与刚度良好的槽口筋，因此其竖筋与箍筋一样，将有关的基本概念作为基础，进而推导出了一系列设计计算公式，从局部到整体对电镀槽体的本体与配置构件通过解算得出量值（数据)，还提出了对计算结果数据的一套评价指标与方法，使槽体设计达到预期的目标要求。另外一节是精选了“六个算例”，介绍了有代表性的槽体结构及其箍筋、竖筋、底座支梁等的设计思路、计算方法与图示表达，进而可绘制出槽体的各部构件的工作图。

(4)“电镀生产线的直流导电系统”一章中部分目录的取名、推理公式的取舍以及极杆的强度与刚度要求，得到了南京航天晨光集团公司蔡建宏教授级高级工程师的指教，他还对本《手册》中直流汇流排的论述、铜排截面计算、铜排厚度选择以及铜排架设与连接方式表示赞同，并相信随着电镀工程技术的发展，这项重要技术的论述会得到电镀界同仁们的重视和认可。

(5) 关于环形电镀生产线：①导轨升降式环形电镀生产线是我国早期由上海自行车厂设计与应用，并推广到全国各大自行车厂和大批量生产电镀工件的专业厂的。20 世纪 80 年代经南京轻工业机械厂电镀技术工程公司（后改制为南京四方表面技术有限公司）定型设计，该环形电镀生产线的安全运行优于悬臂升降式环形电镀线。②小环形电镀生产线由南京轻工业机械厂于 1987 年为无锡江南无线电器材厂研制。该线所有工位的工件在槽内均能整体上下升降移动，特别适合现今电子元件的镀锡和镀银等工艺的实施。书中所介绍的图纸取自南京四方表面技术有限公司图库中的蓝图。③步进压板式环形电镀生产线原来由链条驱动，于 20 世纪 90 年代由无锡出新环保设备厂改进为步进压板推动挂具小车循序渐进，解决了采用链条驱动过程中工件容易摇晃的问题。

本《手册》各章撰写者及其他有贡献的专家和单位介绍如下。

第 1 章“行车式电镀生产线”由匡云轩和金品充撰写。本章没有完整地介绍行车式电镀生产线全部组成部分，仅述及行车与轨道等在线的主体内容。其中高轨环形转弯式行车创新设计于无锡出新环保设备厂；高轨门式（八轮）行车和槽面移位车创新设计于无锡市电镀设备厂。

第 2 章“环形电镀生产线”由匡云轩和金品充撰写。其中导轨升降式（F 型）环形电镀线的挂具导电悬臂带有辅助阳极，研制于无锡市电镀设备厂。

第 3 章“手工电镀线 · 电镀专用设备”由匡云轩和金品充撰写。其中链式连续清洗机和移动触点翻转挂具独创设计于无锡市电镀设备厂。三款活塞环专用喷砂机和一种电动槽盖由南京四方表面技术有限公司设计、提供。

第 4 章“电镀生产线的槽体设计”由金品充和李熊新撰写。

第 5 章“电镀生产线的直流导电系统”由曾华樑和金品充撰写。

第 6 章“电镀生产线的给水与排水系统”由周嘉骏和金品充撰写。其中挡板式铬雾净化回收器是上海绿洲环保设备有限公司研制的，后由无锡出新环保设备厂定型设计，该回收器优于网格式铬雾净化回收器。

第 7 章“电镀生产线的溶液换热系统”由曾华樑和金品充撰写。其中的传热过程分析、蒸汽管路配置技术、热水换热应用举例和换热板的技术资料由无锡市科技发展有限公司徐复昌经理（高级工程师）提供。

第 8 章“电镀生产线的溶液搅拌和喷洗系统”由曾华樑和金品充撰写。

第 9 章“电镀生产线的溶液过滤系统”由曾华樑和金品充撰写。杭州三达过滤设备有限公司提供了多项图表与文字内容。

第 10 章“电镀生产线的排风系统与废气净化”由周嘉骏和金品充撰写。其中，微风驱导式槽边排风由蔡建宏高级工程师提供基本资料。

第 11 章“电镀生产线的电气控制系统”由曾华樑撰写。其中行车式电镀生产线、环形（液压式）电镀生产线和环形（机械式）电镀生产线的三份电气设计原理图，由无锡市电镀设备厂的吴守银、唐荣玲两位工程师设计并提供。

第 12 章“电镀生产线的规划设计”由曾华樑和金品充撰写。其中“概述”部分的基本内容，由蔡建宏高级工程师提供，他提出的论点值得读者在实施电镀工程项目时重视和关注。

本《手册》的编著得到无锡市电镀设备厂、南京四方表面技术有限公司和北京绿柱石电镀设备有限公司的大力支持，他们敞开了各自的技术档案和电子图库供本《手册》编著者写作选用。无锡市电镀设备厂徐荣海董事长还指示技术部的袁忭寰、唐荣玲、马昌玲、吴守银四位工程师，在图纸选用方面给予充分协助，同时还提供了许多最新的设计图纸，因此本《手册》的图纸绝大多数取自该厂。

美国的 Fenton Liffick 先生提供了美国《电镀工程手册》等书籍，南京的马仁权先生提供了美国《电镀工程手册》中部分章节的翻译稿件，引证了书稿中对汇流排截面计算、铜排厚度选择以及汇流排配置技术的正确性。管刍禾先生为本书稿的一些章节撰写搜集资料和设计图纸。赵君玫工程师承担了本《手册》图表绘制、文字录入工作，金宇泽先生为本书的封面设计提供了初步的创意。

在此对所有为本《手册》做出诚挚援助的单位和朋友们表示衷心感谢！

同时，还要特别感谢向荣先生，他是本《手册》的主审者，也是本书编著的启蒙者、持续不懈的指导和鼓励者！

本《手册》还得到现任中国表面工程协会理事长袁华先生的大力支持，他在百忙中对本书稿予以审核和勘正。

本《手册》能奉献给电镀行业同仁，实乃我们编著者的幸运。

由于本人水平有限，本《手册》恐有不少不足之处，恳请读者批评与指正。

金品充
于南京

目录

CONTENTS

第1章　行车式电镀生产线 / 1

第3章 手工电镀线·电镀专用设备 / 346

第 4 章 电镀生产线的槽体设计 / 479

第 5 章 电镀生产线的直流导电系统 / 601

第 6 章 电镀生产线的给水与排水系统 / 647

第 7 章 电镀生产线的溶液换热系统 / 710

第 10 章 电镀生产线的排风系统与废气净化 / 787

第11章 电镀生产线的电气控制系统 / 843

第12章 电镀生产线的规划设计 / 900

参考文献 / 932

第1章
行车式电镀生产线

1.1 概述

行车式电镀生产线（或称程控行车式电镀生产线）在电镀行业使用最为广泛，因为它具有很大的灵活性，适用于大、中、小型工件和各种批量的电镀（挂镀或滚镀）生产规模，在同一条生产线上可以变更工艺过程，即电镀工艺相同但镀层厚度组合不同的工件，也可以实现不同工艺的组合，以适应不同基体的工件或不同的电镀产品要求。但是其工艺槽的数量是按生产量计算的，而清洗等辅助槽是按需要工序配备的，因而辅助槽往往负荷不足，且辅助槽必须与工艺槽等长，因此相较于同样产量的环形电镀线，清洗槽的储水量较大。

行车式电镀线按电镀工艺要求，可把镀前处理、电镀和镀后处理各工艺槽及其回收和清洗等辅助槽按电镀工序排列，并可根据场地面积、辅助设备的安放位置、物流的情况以及装卸工件的繁忙程度，排列成直线式（图 1-1）、Π形（图 1-2）以及弧形转弯式等几种。直线式排列的电镀线，其装卸工件的位置，可安排在生产线的一端（节省场地布局、减少操作人员，不需要极杆的空车返回程序），也可将装挂和卸挂工件位置分别排列在生产线的两端（工件装挂和卸挂互不干扰）。Π形排列的电镀线是根据场地布局特点或工艺流程的特殊要求排列的。弧形转弯式电镀线是指行车可在圆弧形轨道上运行，这不仅可以缩短电镀线的总长度，也可缩小电镀线的总宽度。

图 1-1　行车式（直线式）电镀线

图 1-2　行车式（Π形）电镀线

行车按工艺流程在线顺序行进时，在水洗等辅助槽位，行车大多是连续运送工件进行处理的，也有按工艺要求需要在某些槽内定时延时，以及工件提升到位后稍作滴水延时的；而工艺槽位因为处理有时间要求，因此行车到位后可以离开（水洗槽也可有设置行车离开的安排），到时再回程提取工件。完成电镀工艺流程的全部工序称为一个电镀周期。在一个电镀周期中根据产量要求及其工艺流程的排列特点，一条生产线中可设置一台或多台行车。当采用两台或多台行车时，各台行车在一定区段内运送工件的时间应大致相同，且各台行车运行的状况需协调，相互之间的交换点应选择在对时间要求不严格的水洗槽或中和槽等槽位上。行车的运行动作应严格按照工艺要求顺序程控（即按顺序电动或手动控制），随着行车有序地往复运行，最终完成电镀过程的全部工艺流程。

行车运行周期（以下简称行车周期）是指一台行车提取一根极杆挂具往返至原地，并开始吊装下一挂极杆挂具所用的时间。“一根极杆挂具”是指一根极杆上挂满挂具，挂具上挂满所要电镀的工件。对于设置一台行车的电镀线，行车周期可以认为是该线的电镀周期。对于设置多台行车的电镀线，全部工序分别由多台行车完成，但各台行车的运行周期不等，完成较早的行车就要延时等待其他行车，当所有行车均完成一次循环全部动作后，各台行车再同步开始下一个有序的循环运作。因此设置多台行车的电镀线，其电镀周期应以运行周期最长的一台为准。行车周期由下列有关时间组成，$t=t_1+t_2+t_3$（min）。

① 行车平移往返时间（min）：$t_1=2\times$行车单程总长度（m）/行车平均平移速度（m/min）。

② 各工序升降总时间（min）：$t_2=$工序数$\times$行车升降总行程（m）/行车平均升降速度（m/min）。

③ 有关工序的总延时（min）：$t_3=$工件在某些工序的槽内延时时间以及工件提升到位后需留滴水延时的总和。

实际上行车周期是非常复杂的。行车周期与产量有直接关系，缩短周期就意味着提高产量。缩短行车周期有多种途径，可以在保证工件镀层质量的前提下采用以下方法。

① 使用多台行车。

② 提高行车速度，可缩短行车的往返和升降时间，从而缩短周期，但是提高车速要根据电镀产品的特点而定，如产品轻而薄，车速应慢些，否则工件容易在下槽时飘落或相互碰撞；如工件在挂具上能夹紧，车速可快些。

③ 缩小辅助槽的宽度，以及缩小槽与槽之间的间隙，电镀线的总长度缩短则可缩短行车往返行程。

④ 采用效率高、沉积速度快的电镀工艺，可减少工艺槽的数量。

行车式电镀线也适用于铝件阳极氧化、铝件酸洗、金属着色和染色、阴极电泳、钢铁氧化和磷化等工艺的实施。

以上介绍的是传统程序，没有涉及智能程序。智能程序每步没有固定时间，甚至工艺程序都可以改变，运行周期也可不固定。良好的智能程序还可使阴极杆执行不同的操作，并可处于连续生产状态。

1.2 行车式电镀线工艺流程与配置要素

《电镀工艺流程与工艺配置表》是电镀工艺实施指导性技术文件，既是设计、制造和选择配套设备时最主要的依据，也是工艺配槽、工艺参数实施以及最后完成电镀产品产量和质量目标的依据。因此，要认真编制，并经有关各方的确认。

编制行车式电镀线的《电镀工艺流程与工艺配置表》的基本技术资料和数据如下：

① 工艺程序和工艺规范。

② 电镀年产量或月产量或日产量（单位为件、dm^2或 kg），生产班次或每天小时数；计算出单位时间的电镀产量，求得行车运行周期，见表 1-1。

表 1-1 行车运行周期计算

序号	代号	按小时电镀工件计算	按小时电镀表面积计算
1	Gh	小时电镀挂具数 $Gh=\dfrac{Nj}{GjNrRh}$	

续表

序号	代号	按小时电镀工件计算	按小时电镀表面积计算
2	Mh		小时电镀表面积 $Mh=\frac{Nm}{NrRh}$
3	Nj	年电镀工件	
4	Nm		年电镀总面积
5	Gj	每挂具装载工件数	
6	Nr	年工作日数	
7	Rh	日实际工作时数	
8	Dh	工件电镀时间	
9	N	同一镀种使用 N 只工艺槽	
10	Cg,Cm	每槽装载挂具数(Cg) ①同一镀种只用一个工艺槽时 $Cg=GhDh$ ②使用 N 个工艺槽时 $Cg=GhDh/N$	每槽需电镀面积(Cm) ①同一镀种只用一个工艺槽时 $Cm=MhDh$ ②使用 N 个工艺槽时 $Cm=MhDh/N$
11	Dh/N	行车运行周期(h)	

③ 行车的数量及其形式。

④ 电镀工件尺寸、形状、单重和表面积(dm^2),装挂方式、挂具工件尺寸(含挂具中挂满工件后的总包容尺寸,即高×宽×厚),每一根极杆挂具上装载工件的总电镀面积(dm^2),或电镀滚筒的尺寸及其装载量(kg),并决定槽体长度、宽度和深度。

⑤ 防止电镀液发生过热现象,保持电镀生产周期内电解液的稳定性以及阴极与阳极间距,确定工艺槽的容积。

⑥ 按工艺槽的溶液成分、作业温度等不同因素,选择槽体材料及其结构。

⑦ 工艺槽溶液循环过滤能力(每小时该槽溶液循环的次数)、空气搅拌、液体搅拌、阴极移动以及电流和电压的确定。

⑧ 为节约用水、减少排污及遵照工件进出辅助槽时不会碰撞槽口的原则,缩小它的宽度。

⑨ 工艺槽的排风要求及其风罩形式。

⑩ 生产线场地的长度、宽度及其方位,厂房有效标高,厂房外环境,以及物流情况等。

1.2.1 汽车铝合金车轮电镀工艺

(1) 前处理(毛坯清洗)

前处理(毛坯清洗)生产线工艺流程如图1-3所示。

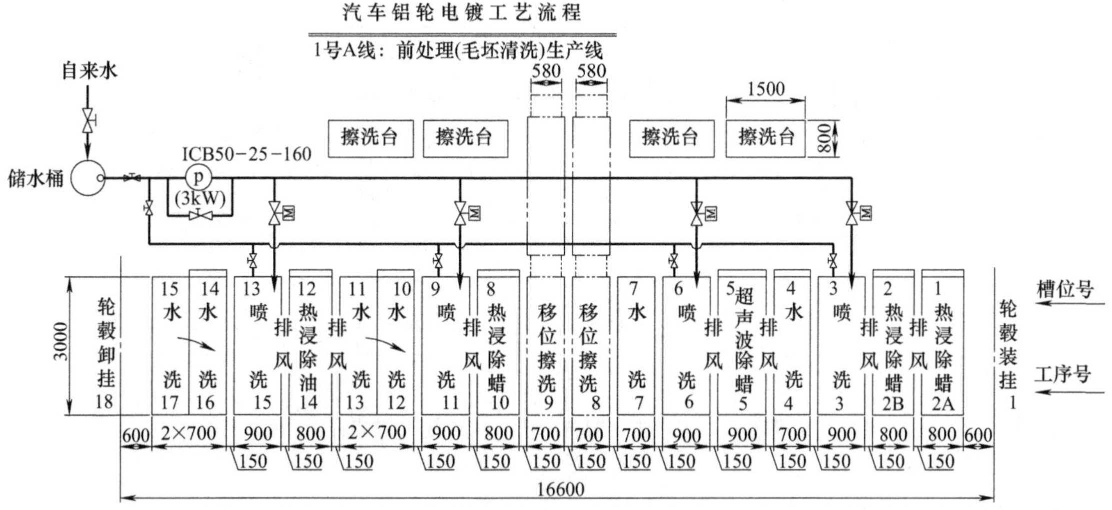

图1-3 前处理(毛坯清洗)生产线工艺流程

设计要素如下。

① 主机：L16.6m（装卸挂间距）×W3.8m（两轨道中心距）×H4.6m（机架高度）（该尺寸未含走道平台、擦洗台和线外排风系统等辅助设施）。

② 中轨电镀行车：2 台，水平运行速度 0～30m/min（变频调速），升降运行速度 0～25m/min（变频调速）。轮毂提升杆：9 支，提升高度 1300～1400mm，提升重量≤250kgf[1]（含轮毂、提升杆、挂具和提升时的溶液附加力）。超声波发生器：12.6kW，≥40kHz。手推移位小车 2 台，平台装料手推车 1 台。

③ 运行节拍时间：4min（>3.5min 可调）。

④ 月产量（每月 26d，20h/d）：26d×20h/d×60min/h÷4min×4 件≈31200 件。

⑤ 溶液加温和保温供汽量（预热以 4h，起始温度按 20℃计算）：加温 250kg/h；保温 100～120kg/h。

⑥ 生产作业供水量（水洗槽每小时换水次数：0.3～0.4 槽，喷洗减半计算）：自来水 3.5～4.3m^3/h。

⑦ 空搅用低压空气量［按液面 0.20m^3/(min・m^2) 计算］：150m^3/h。选取 KSC-65 型鲁氏鼓风机 1 台(进风量为 254m^3/h，排风压力为 19.6kPa，2.7kW，1550r/min)。

⑧ 局部排风量（低截面条缝式排风罩，槽口按 W700mm 计算风量）：22100m^3/h。配置：BF4-72 型 No.8C，FRP 风机 1 台（12087～23174m^3/h，1441～784Pa，7.5kW，1250r/min)。

⑨ 废水排放（处理）量：油碱系 3.0～4.0m^3/h。

⑩ 设备总动力：3 相，50Hz，380V，约 34kW［含储水桶和喷洗装置 1 套（3kW，Q=6.3m^3/h，H=32m，高冲击力喷嘴 30～32 只/槽）、超声波发生器（12.6kW，≥40kHz)，同时使用系数 0.6～0.7］。

注：设计要素中介绍的供水量、废水排放（处理）量和排风（处理）量均为估算值，以下同。

前处理（毛坯清洗）生产线工艺配置表见表 1-2。

(2) 前处理（铜坯清洗）

前处理（铜坯清洗）生产线工艺流程如图 1-4 所示。

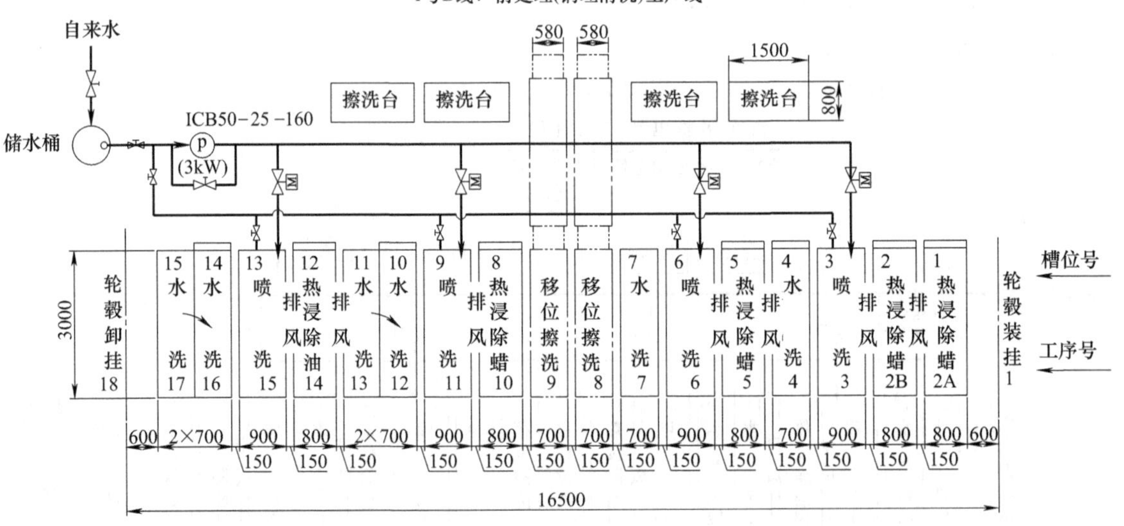

图 1-4 前处理（铜坯清洗）生产线工艺流程

[1] 1kgf=9.80665N。

表 1-2　前处理（毛坯清洗）生产线工艺配置表

工序号	工序名称	槽位号	工位数	工艺条件					电镀面积和电流电压			镀槽要求						排水方式				设备要求													
				温度/℃	电流密度/(A/dm²)	时间/min	镀层厚度/μm	添加剂型号	每一极杆/dm²	每一极杆/A	整流器/(A/V)	槽体厚度δ/mm，材料	尺寸/mm 长	宽	高	有效容积/dm³	附设装置	集污斗	溢流斗	拉塞	排污阀	加温（或冷却）	溶液喷射搅拌	空气搅拌	阴极移动	喷淋	过滤/(m³/h)	供水	逆流	回收	温度控制	沟排	管排	槽体保温	局部排风
1	轮毂装挂	0	1																																
2A	热浸除蜡	1	1	70～80		7～9						3，不锈钢	3000	800	1100	2250			√		√	不锈钢蛇形管加温						自来水			自动	√		√	√
2B	热浸除蜡	2	1	70～80								3，不锈钢	3000	800	1100	2250			√		√	不锈钢蛇形管加温						自来水			自动	√		√	√
3	喷洗	3				延时						15，PP	3000	900	1100	800	喷洗装置				√											√			
4	水洗	4										15，PP	3000	700	1100	1950			√		√			√				自来水				√			
5	超声波除蜡	5	1	70～80		3.5～4.5			超声波发生器：12.6kW[900W×14块，600mm×250mm×100mm(每块)]			3，不锈钢	3000	900	1100	2500			√		√	不锈钢蛇形管加温						自来水			自动	√		√	√
6	喷洗	6				延时						15，PP	3000	900	1100	800	喷洗装置				√											√			
7	水洗	7										15，PP	3000	700	1100	1950			√		√			√				自来水				√			
8	移位擦洗	0	1						手推移位小车（1台）			线外擦洗台（4台）	1500	700	800	下方设置盛水盘	手持喷洗枪（4套）																		
9	移位擦洗	0	1						手推移位小车（1台）																										
10	热浸除蜡	8	1	70～80		3.5～4.5						3，不锈钢	3000	800	1100	2250			√		√	不锈钢蛇形管加温						自来水			自动	√		√	√
11	喷洗	9				延时						15，PP	3000	900	1100	800	喷洗装置				√											√			
12	水洗	10										15，PP	3000	700	1100	1950			√		√			√					↶			√			
13	水洗	11										15，PP	3000	700	1100	1950					√			√				自来水				√			
14	热浸除油	12	1	50～60		3.5～4.5						15，PP	3000	800	1100	2100			√		√	不锈钢蛇形管加温						自来水			自动	√		√	
15	喷洗	13				延时						15，PP	3000	900	1100	800	喷洗装置				√											√			
16	水洗	14										15，PP	3000	700	1100	1950			√		√			√					↶			√			
17	水洗	15										15，PP	3000	700	1100	1950					√			√				自来水				√			
18	轮毂卸挂	0	1																																

注：本表工艺条件一栏未介绍添加剂型号（含以下各电镀工艺配置表），在选用添加剂型号后，表中相关参数内容应作相应调整。

设计要素如下。

① 主机：L16.5m（装卸挂间距）×W3.8m（两轨道中心距）×H4.6m（机架高度）（该尺寸未含走道平台、擦洗台和线外排风系统等辅助设施）。

② 中轨电镀行车：2 台，水平运行速度 0～30m/min（变频调速），升降运行速度 0～25m/min（变频调速）。轮毂提升杆：9 支，提升高度 1300～1400mm，提升重量≤250kgf（含轮毂、提升杆、挂具和提升时的溶液附加力）。手推移位小车：2 台，平台装料手推车 1 台。

③ 运行节拍时间：4min（>3.5min 可调）。

④ 月产量（每月 26d，20h/d）：26d×20h/d×60min/h÷4min×4 件≈31200 件。

⑤ 溶液加温和保温供汽量（预热以 4h，起始温度按 20℃计算）：加温 250kg/h；保温 100～120kg/h。

⑥ 生产作业供水量（水洗槽每小时换水次数：03～0.4，喷洗减半计算）：自来水 3.5～4.5m^3/h。

⑦ 空搅用低压空气量［按液面 0.20m^3/(min・m^2）计算］：150m^3/h。选取 KSC-65 型鲁氏鼓风机 1 台（进风量 254m^3，排风压力 19.6kPa，2.7kW，1550r/min）。

⑧ 局部排风量（低截面条缝式排风罩，槽口按 W700mm 计算风量）：22100m^3/h。配置：BF4-72 型 No.8C，FRP 风机 1 台（12087～23174m^3/h，1441～784Pa，7.5kW，1250r/min）；

⑨ 废水排放（处理）量：油碱系，3.0～4.0m^3/h。

⑩ 设备总动力：3 相，50Hz，380V，约 21kW［含储水桶和喷洗装置 1 套（3kW，Q=6.3m^3/h，H=32m，高冲击力喷嘴每槽 30～32 只），同时使用系数 0.6～0.7］。

前处理（铜坯清洗）生产线工艺配置表见表 1-3。

(3) 沉锌镀铜

沉锌镀铜生产线工艺流程如图 1-5 所示。

设计要素如下。

① 主机：L59.6m（装卸挂间距）×W4.5m（两轨道中心距）×H4.75m（机架高度）（该尺寸未含整流器、过滤机、走道平台和线外排风系统等辅助设施）。

② 中轨门式行车：4 台，水平运行速度 3～36m/min（变频调速），升降运行速度 3～25m/min（变频调速），阴极导电杆 26 支，提升行程 1600mm，提升重量≤300kgf（含铝轮、阴极导电杆、挂具和提升时的溶液附加力）。

③ 行车运行周期：6min（>5min 可调）。

④ 月产量（每月 22d，21h/d）：22d×21h/d×60min/h÷6min×(4～5)件×0.95≈(17500～21900)件（22″和 24″铝轮为 17500 件，18″和 20″铝轮为 21900 件）。

⑤ 溶液加温和保温供汽量（预热以 4h，初始温度按 15℃计算）：加温 600kg/h，保温 250～300kg/h。

⑥ 酸铜溶液冷却水 10～15℃供应量，预冷时间按 1～1.5h 计算，其配置如下：

a. 水冷工业箱式冷水机 2 台（制冷量 96300kcal/h❶，冷水流量 380～520L/min，出口温度 10～15℃，进口温度 20～25℃，压缩机功率 22kW，冷水泵功率 2.2kW）；

b. 冷却塔 2 台（流量 40m^3/h，理论风量 18000m^3/h，风扇功率 1.1kW）；

c. 水泵 2 台（4kW，水量 30m^3/h，扬程 30m）。

⑦ 生产作业供水量（水洗槽每小时换水次数：0.3～0.4 槽，热水和纯水减半计算）：自来水 9.0～11.5m^3/h，纯水 2.0～2.5m^3/h。

⑧ 空搅用低压空气量 2350m^3/h（选取排风压力为 19.6kPa 的三叶罗茨风机），分类配置如下：

a. 2～25 号酸碱水洗槽位 600m^3/h，100 型三叶罗茨风机 1 台（进风量 670m^3/h，7.5kW，1680r/min）；

b. 27～37 号预镀镍及其回收、水洗槽位 570m^3/h，100 型三叶罗茨风机 1 台（进风量 670m^3/h，7.5kW，1680r/min）；

---

❶ 1kcal/h=1.163W。

表 1-3 前处理（铜坯清洗）生产线工艺配置表

工序号	工序名称	槽位号	工位数	工艺条件					电镀面积和电流电压			镀槽要求										设备要求													
													尺寸/mm					排水方式																	
				温度/℃	电流密度/(A/dm²)	时间/min	镀层厚度/μm	添加剂型号	每一极杆/dm²	每一极杆/A	整流器/(A/V)	槽体厚度δ/mm，材料	长	宽	高	有效容积/dm³	附设装置	集污斗	溢流斗	拉塞	排污阀	加温（或冷却）	溶液喷射搅拌	空气搅拌	阴极移动	喷淋	过滤/(m³/h)	供水	逆流	回收	温度控制	沟排	管排	槽体保温	局部排风
1	轮毂装挂	0																																	
2A	热浸除蜡	1	1	70～80		7～9						3，不锈钢	3000	800	1100	2250			√		√	不锈钢蛇形管加温						自来水			自动	√		√	√
2B	热浸除蜡	2	1	70～80								3，不锈钢	3000	800	1100	2250			√		√	不锈钢蛇形管加温						自来水			自动	√		√	√
3	喷洗	3				延时						15，PP	3000	900	1100	800	喷洗装置				√											√			
4	水洗	4										15，PP	3000	700	1100	1950			√		√			√				自来水				√			
5	热浸除蜡	5	1	70～80		3.5～4.5						3，不锈钢	3000	800	1100	2250			√		√	不锈钢蛇形管加温						自来水			自动	√		√	√
6	喷洗	6				延时						15，PP	3000	900	1100	800	喷洗装置				√											√			
7	水洗	7										15，PP	3000	700	1100	1950			√		√			√				自来水				√			
8	移位擦洗	0	1						手推移位小车（1台）			线外擦洗台（4台）	1500	700	800	下方设置盛水盘	手持喷洗枪（4套）																		
9	移位擦洗	0	1						手推移位小车（1台）																										
10	热浸除蜡	8	1	70～80		3.5～4.5						3，不锈钢	3000	800	1100	2250			√		√	不锈钢蛇形管加温						自来水			自动	√		√	√
11	喷洗	9				延时						15，PP	3000	900	1100	800	喷洗装置				√											√			
12	水洗	10										15，PP	3000	700	1100	1950			√		√			√					↩			√			
13	水洗	11										15，PP	3000	700	1100	1950					√			√				自来水				√			
14	热浸除油	12	1	50～60		3.5～4.5						15，PP	3000	800	1100	2100			√		√	不锈钢蛇形管加温						自来水			自动	√		√	
15	喷洗	13				延时						15，PP	3000	900	1100	800	喷洗装置				√											√			
16	水洗	14										15，PP	3000	700	1100	1950			√		√			√					↩			√			
17	水洗	15										15，PP	3000	700	1100	1950					√			√				自来水				√			
18	轮毂卸挂	0	1																																

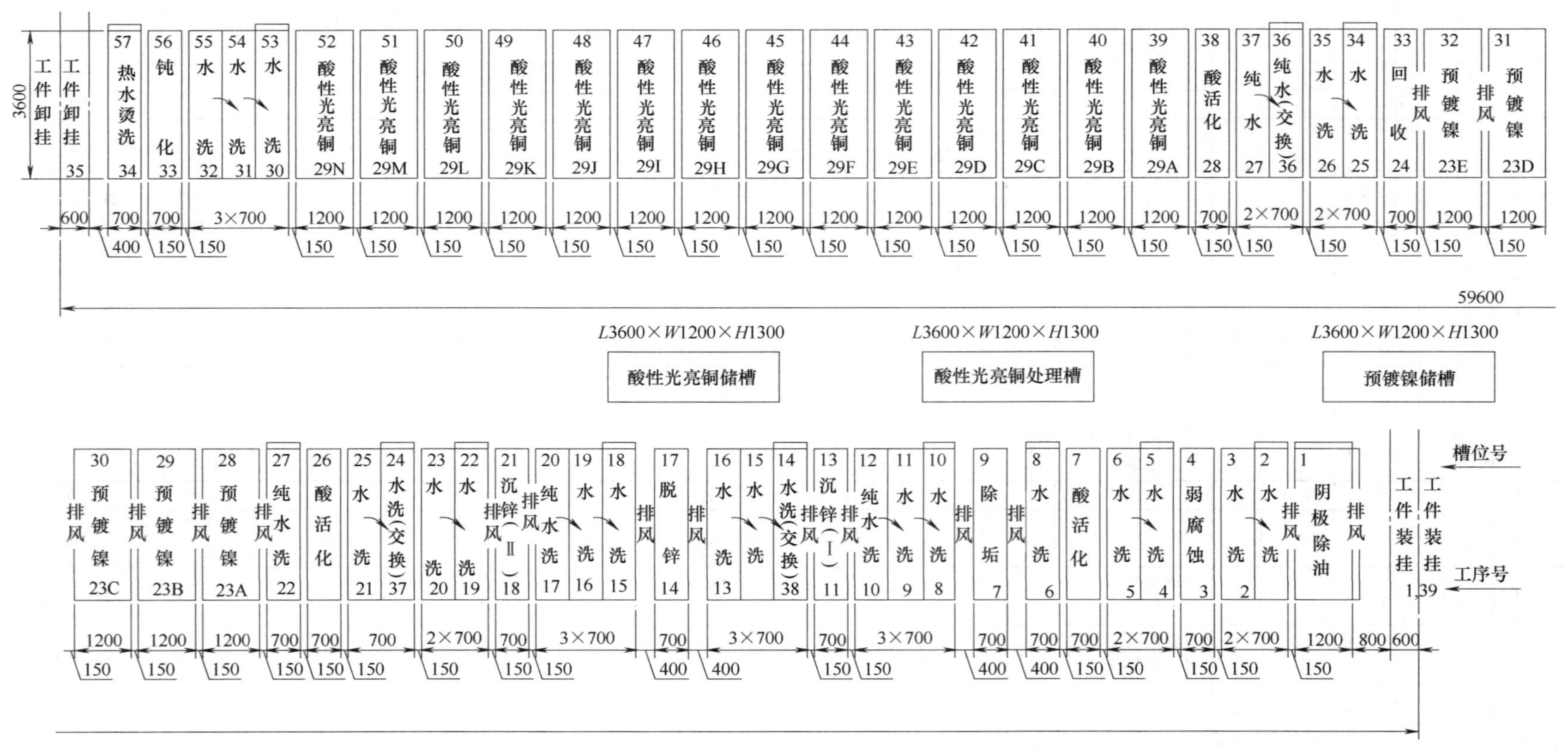

图 1-5 沉锌镀铜生产线工艺流程

c. 39～55 号酸铜及其水洗槽位 $1180m^3/h$，100 型三叶罗茨风机 2 台（进风量 $670m^3/h$，7.5kW，1680r/min）。

⑨ 局部排风装置（翻盖低截面条缝式排风罩，槽面风速取 0.3～0.4m/s，槽口宽按 600mm 计算风量），排风量 8500～$11300m^3/h$，配置如下：

a. 酸碱系（含镍系），排风量 $26900m^3/h$（槽面风速取 0.2～0.3m/s），配置：No.10，FRP 风机 1 台（$27700m^3/h$，610Pa，7.5kW，1710r/min）。

b. 除垢和脱锌，排风量：$12800m^3/h$，（槽面风速取 0.45m/s），配置：

• No.8，FRP 风机 1 台（$14000m^3/h$，1000Pa，5.5kW，1120r/min）；

• 14 型，FRP（高浓度 NO_x）废气净化塔 1 台（处理风量 $14000m^3/h$，耐腐蚀液下泵 1 台，7.5kW）。

⑩ 废水排放（处理）量：酸碱系（含酸铜）5.0～$7.0m^3/h$，磷系 1.0～$1.5m^3/h$，沉锌系 2.5～$3.0m^3/h$，镍系 1.0～$1.5m^3/h$。

⑪ 设备总动力：3 相，50Hz，380V，约 6200kW［其中整流器 21 台额定总容量约为 380kW，过滤机 45 台额定总容量约为 89kW，预镀镍溶液喷射搅拌泵（4kW）5 台，回收手提泵（0.55kW）1 台，同时使用系数 0.6～0.7］。

沉锌镀铜生产线工艺配置表见表 1-4。

(4) 多层镍电镀

多层镍电镀生产线工艺流程如图 1-6 所示。

设计要素如下。

① 主机：L30.6m（装卸挂间距）×W4.5m（两轨道中心距）×H4.75m（机架高度）（该尺寸未含整流器、过滤机和走道平台等辅助设施）。

② 中轨门式行车：2 台，水平运行速度 3～36m/min（变频调速），升降运行速度 3～25m/min（变频调速），阴极导电杆 14 支，提升行程 1600mm，提升重量≤300kgf（含铝轮、阴极导电杆、挂具和提升时的溶液附加力）。

③ 行车运行周期：6min（＞5min 可调）。

④ 月产量（每月 22d，21h/d）：22d×21h/d×60min/h÷6min×(4～5)件×0.95≈(17500～21900)件（22″和 24″铝轮为 17500 件，18″和 20″铝轮为 21900 件）。

⑤ 溶液加温和保温供汽量（预热以 4h，初始温度按 15℃计算）：加温 1270kg/h，保温 500～600kg/h。

⑥ 生产作业供水量（水洗槽每小时换水次数：0.3～0.4 槽，热水和纯水减半计算）：自来水 3.5～$4.5m^3/h$，纯水 $0.5m^3/h$。

⑦ 空搅用低压空气量 $1290m^3/h$（选取排风压力为 19.6kPa 的三叶罗茨风机），分类配置如下：

a. 1～14 号酸碱水洗及半亮镍槽位 $570m^3/h$，100 型三叶罗茨风机 1 台（进风量 $670m^3/h$，7.5kW，1680r/min）；

b. 16～21 号光亮镍槽位 $470m^3/h$，100 型三叶罗茨风机 1 台（进风量 $520m^3/h$，5.5kW，1310r/min）；

c. 22～26 号镍封及其回收、水洗槽位 $250m^3/h$，65 型三叶罗茨风机 2 台（进风量 $270m^3/h$，3kW，1850r/min）。

⑧ 局部排风装置（翻盖低截面条缝式排风罩，槽面风速取 0.2～0.3m/s，槽口宽按 600mm 计算风量），排风量 $41000m^3/h$，配置：No.10，FRP 风机 1 台（$39000m^3/h$，1200Pa，18.5kW，1000r/min）。

⑨ 废水排放（处理）量：酸碱系 3.0～$3.5m^3/h$，镍系 0.8～$1.0m^3/h$。

⑩ 设备总动力：3 相，50Hz，380V，约 350kW［其中整流器 16 台额定总容量约为 247kW，过滤机 30 台额定总容量约为 57.3kW，回收手提泵（0.55kW）1 台，同时使用系数 0.6～0.7］。

注：镀镍整流器的作业技术条件为工件下槽到位后延时 5～10s（可调）再行通电。

多层镍电镀生产线工艺配置表见表 1-5。

表 1-4 沉锌镀铜生产线工艺配置表

工序号	工序名称	槽位号	工位数	工艺条件					电镀面积和电流电压			镀槽要求												设备要求													
				温度/℃	电流密度/(A/dm²)	时间/min	镀层厚度/μm	添加剂型号	每一极杆/dm²	每一极杆/A	整流器/(A/V)	厚度δ/mm，材料		外壁尺寸/mm			有效容积/dm³	附设装置	排水方式				槽体保温	加温(或冷却)	溶液喷射搅拌	空气搅拌	阴极移动	喷淋	过滤/(m³/h)	供水	逆流	回收	温度控制	自动添加	废水		局部排风
												槽体	内衬	长	宽	高			集污斗	溢流斗	拉塞	排污阀													沟排	管排	
1,39	工件装挂	0	2																																		
	阴极除油	1	1	50～70	1～2	1～3			650	1300	1500/10	15，PP		3600	1200	1300	4700			√		√		不锈钢蛇形管加温						自来水			自动				双侧
	水洗	2										15，PP		3600	700	1300	2800			√		√				√					↶						
2	水洗	3										15，PP		3600	700	1300	2800					√				√				自来水							
3	弱腐蚀	4		室温(<50)		0.5～2						15，PP		3600	700	1300	2700					√		不锈钢蛇形管加温									显示				
4	水洗	5										15，PP		3600	700	1300	2800			√		√				√					↶						
5	水洗	6										15，PP		3600	700	1300	2800					√				√				自来水							
	酸活化	7										15，PP		3600	700	1300	2700					√															
6	水洗	8										15，PP		3600	700	1300	2800			√		√				√				自来水							
7	除垢	9		25～28		1～3						15，PP		3600	700	1300	2700							聚四氟乙烯管束冷却									显示				双侧
8	水洗	10										15，PP		3600	700	1300	2800			√		√				√					↶						
9	水洗	11										15，PP		3600	700	1300	2800					√				√				自来水	↶						
10	纯水洗	12										15，PP		3600	700	1300	2800					√				√				纯水							
11	沉锌(Ⅰ)	13		18～28		0.25～2						15，PP		3600	700	1300	2700							不锈钢蛇形管加温		√			10				显示				双侧
38	水洗(交换)	14	1									15，PP		3600	700	1300	2800			√		√				√					↶						
12	水洗	15										15，PP		3600	700	1300	2800					√				√					↶						
13	水洗	16										15，PP		3600	700	1300	2800					√				√				自来水							
14	脱锌	17		室温		0.5～1						15，PP		3600	700	1300	2700																				双侧
15	水洗	18										15，PP		3600	700	1300	2800			√		√				√					↶						
16	水洗	19										15，PP		3600	700	1300	2800					√				√				自来水	↶						
17	纯水洗	20										15，PP		3600	700	1300	2800					√				√				纯水							

续表

工序号	工序名称	槽位号	工位数	工艺条件					电镀面积和电流电压			镀槽要求							设备要求																		
				温度/℃	电流密度/(A/dm²)	时间/min	镀层厚度/μm	添加剂型号	每一极杆/dm²	每一极杆/A	整流器/(A/V)	厚度δ/mm,材料		外壁尺寸/mm			有效容积/dm³	附设装置	排水方式				槽体保温	加温(或冷却)	溶液喷射搅拌	空气搅拌	阴极移动	喷淋	过滤/(m³/h)	供水	逆流	回收	温度控制	自动添加	废水		局部排风
												槽体	内衬	长	宽	高			集污斗	溢流斗	拉塞	排污阀													沟排	管排	
18	沉锌(Ⅱ)	21		18~28		0.25~2						15,PP		3600	700	1300	2700							不锈钢蛇形管加温、冷却		√			10				显示				双侧
19	水洗	22										15,PP		3600	700	1300	2800			√		√				√					↩						
20	水洗	23										15,PP		3600	700	1300	2800					√				√				自来水							
37	水洗(交换)	24	1									15,PP		3600	700	1300	2800			√		√				√					↩						
21	水洗	25										15,PP		3600	700	1300	2800					√				√				自来水							
	酸活化	26										15,PP		3600	700	1300	2700					√							10								
22	纯水洗	27										15,PP		3600	700	1300	2800			√		√				√				纯水							
23A	预镀镍	28	1	50~55	2~3				650	1950	2000/15	15,PP		3600	1200	1300	4700	带电进出						钛蛇形管加温	正面	√			20(2台)				自动				双侧
23B	预镀镍	29	1	50~55	2~3				650	1950	2000/15	15,PP		3600	1200	1300	4700	带电进出						钛蛇形管加温	正面	√			20(2台)				自动				双侧
23C	预镀镍	30	1	50~55	2~3	30			650	1950	2000/15	15,PP		3600	1200	1300	4700	带电进出						钛蛇形管加温	正面	√			20(2台)				自动				双侧
23D	预镀镍	31	1	50~55	2~3				650	1950	2000/15	15,PP		3600	1200	1300	4700	带电进出						钛蛇形管加温	正面	√			20(2台)				自动				双侧
23E	预镀镍	32	1	50~55	2~3				650	1950	2000/15	15,PP		3600	1200	1300	4700	带电进出						钛蛇形管加温	正面	√			20(2台)		↩		自动				双侧
24	回收	33										15,PP		3600	700	1300	2800					√				√				纯水		手提泵					
25	水洗	34										15,PP		3600	700	1300	2800			√		√				√					↩						
26	水洗	35										15,PP		3600	700	1300	2800					√				√				自来水							
36	纯水洗(交换)	36	1									15,PP		3600	700	1300	2800			√		√				√					↩						
27	纯水洗	37										15,PP		3600	700	1300	2800					√				√				纯水							
28	酸活化	38		室温		延时0.25~1						15,PP		3600	700	1300	2700					√															

续表

工序号	工序名称	槽位号	工位数	工艺条件 温度/℃	工艺条件 电流密度/(A/dm²)	工艺条件 时间/min	工艺条件 镀层厚度/μm	工艺条件 添加剂型号	电镀面积和电流电压 每一极杆/dm²	电镀面积和电流电压 每一极杆/A	电镀面积和电流电压 整流器/(A/V)	镀槽要求 厚度δ/mm,材料 槽体	镀槽要求 厚度δ/mm,材料 内衬	镀槽要求 外壁尺寸/mm 长	镀槽要求 外壁尺寸/mm 宽	镀槽要求 外壁尺寸/mm 高	镀槽要求 有效容积/dm³	镀槽要求 附设装置	镀槽要求 排水方式 集污斗	镀槽要求 排水方式 溢流斗	镀槽要求 排水方式 拉塞	镀槽要求 排水方式 排污阀	镀槽要求 槽体保温	设备要求 加温(或冷却)	设备要求 溶液喷射搅拌	设备要求 空气搅拌	设备要求 阴极移动	设备要求 喷淋	设备要求 过滤/(m³/h)	设备要求 供水	设备要求 逆流	设备要求 回收	设备要求 温度控制	设备要求 自动添加	设备要求 废水 沟排	设备要求 废水 管排	设备要求 局部排风
29A	酸性光亮铜	39	1	20～28	1.5～2	90			650	1300	1500/10	15,PP		3600	1200	1300	4700	带电进出						钛蛇形管加温、冷却		√			20(2台)				自动				
29B	酸性光亮铜	40	1	20～28	1.5～2				650	1300	1500/10	15,PP		3600	1200	1300	4700	带电进出						钛蛇形管加温、冷却		√			20(2台)				自动				
29C	酸性光亮铜	41	1	20～28	1.5～2				650	1300	1500/10	15,PP		3600	1200	1300	4700	带电进出						钛蛇形管加温、冷却		√			20(2台)				自动				
29D	酸性光亮铜	42	1	20～28	1.5～2				650	1300	1500/10	15,PP		3600	1200	1300	4700	带电进出						钛蛇形管加温、冷却		√			20(2台)				自动				
29E	酸性光亮铜	43	1	20～28	1.5～2				650	1300	1500/10	15,PP		3600	1200	1300	4700	带电进出						钛蛇形管加温、冷却		√			20(2台)				自动				
29F	酸性光亮铜	44	1	20～28	1.5～2				650	1300	1500/10	15,PP		3600	1200	1300	4700	带电进出						钛蛇形管加温、冷却		√			20(2台)				自动				
29G	酸性光亮铜	45	1	20～28	1.5～2				650	1300	1500/10	15,PP		3600	1200	1300	4700	带电进出						钛蛇形管加温、冷却		√			20(2台)				自动				
29H	酸性光亮铜	46	1	20～28	1.5～2				650	1300	1500/10	15,PP		3600	1200	1300	4700	带电进出						钛蛇形管加温、冷却		√			20(2台)				自动				
29I	酸性光亮铜	47	1	20～28	1.5～2				650	1300	1500/10	15,PP		3600	1200	1300	4700	带电进出						钛蛇形管加温、冷却		√			20(2台)				自动				
29J	酸性光亮铜	48	1	20～28	1.5～2				650	1300	1500/10	15,PP		3600	1200	1300	4700	带电进出						钛蛇形管加温、冷却		√			20(2台)				自动				
29K	酸性光亮铜	49	1	20～28	1.5～2				650	1300	1500/10	15,PP		3600	1200	1300	4700	带电进出						钛蛇形管加温、冷却		√			20(2台)				自动				
29L	酸性光亮铜	50	1	20～28	1.5～2				650	1300	1500/10	15,PP		3600	1200	1300	4700	带电进出						钛蛇形管加温、冷却		√			20(2台)				自动				
29M	酸性光亮铜	51	1	20～28	1.5～2				650	1300	1500/10	15,PP		3600	1200	1300	4700	带电进出						钛蛇形管加温、冷却		√			20(2台)				自动				
29N	酸性光亮铜	52	1	20～28	1.5～2				650	1300	1500/10	15,PP		3600	1200	1300	4700	带电进出						钛蛇形管加温、冷却		√			20(2台)				自动				

续表

工序号	工序名称	槽位号	工位数	工艺条件					电镀面积和电流电压			镀槽要求																设备要求									
				温度/℃	电流密度/(A/dm²)	时间/min	镀层厚度/μm	添加剂型号	每一极杆/dm²	每一极杆/A	整流器/(A/V)	厚度δ/mm,材料		外壁尺寸/mm			有效容积/dm³	附设装置	排水方式				槽体保温	加温(或冷却)	溶液喷射搅拌	空气搅拌	阴极移动	喷淋	过滤/(m³/h)	供水	逆流	回收	温度控制	自动添加	废水		局部排风
												槽体	内衬	长	宽	高			集污斗	溢流斗	拉塞	排污阀													沟排	管排	
30	水洗	53										15,PP		3600	700	1300	2800			√		√				√					↶						
31	水洗	54										15,PP		3600	700	1300	2800					√				√					↶						
32	水洗	55										15,PP		3600	700	1300	2800					√				√				自来水							
33	钝化	56		室温	0.5～1							15,PP		3600	700	1300	2700					√															
34	热水烫洗	57		50～60								15,PP		3600	700	1300	2800			√		√		不锈钢蛇形管加温						自来水			自动				
35	工件卸挂	0	1																																		
	储槽	附2										15,PP		3600	700	1300	2700	盖																			
	预镀镍处理槽	附1		50～55							500/10	15,PP		3600	1200	1300	4700	盖						钛蛇形管加温		√			10				显示				
	预镀镍储槽	附1										15,PP		3600	1200	1300	4700	盖											10								
	酸性亮铜处理槽	附1		20～28								15,PP		3600	1200	1300	4700	盖						钛蛇形管加温		√			10				显示				
	酸性亮铜储槽	附1										15,PP		3600	1200	1300	4700	盖											10								

表 1-5　多层镍电镀生产线工艺配置表

工序号	工序名称	槽位号	工位数	工艺条件 温度/℃	工艺条件 电流密度/(A/dm²)	工艺条件 时间/min	工艺条件 镀层厚度/μm	工艺条件 添加剂型号	电镀面积和电流电压 每一极杆/dm²	电镀面积和电流电压 每一极杆/A	电镀面积和电流电压 整流器/(A/V)	镀槽要求 厚度δ/mm,材料 槽体	镀槽要求 厚度δ/mm,材料 内衬	镀槽要求 外壁尺寸/mm 长	镀槽要求 外壁尺寸/mm 宽	镀槽要求 外壁尺寸/mm 高	镀槽要求 有效容积/dm³	镀槽要求 附设装置	镀槽要求 排水方式 集污斗	镀槽要求 排水方式 溢流斗	镀槽要求 排水方式 拉塞	镀槽要求 排水方式 排污阀	镀槽要求 槽体保温	设备要求 加温(或冷却)	设备要求 溶液喷射搅拌	设备要求 空气搅拌	设备要求 阴极移动	设备要求 喷淋	设备要求 过滤/(m³/h)	设备要求 供水	设备要求 逆流	设备要求 回收	设备要求 温度控制	设备要求 自动添加	设备要求 废水 沟排	设备要求 废水 管排	设备要求 局部排风
1,19	工件装挂	0	2																																		
2	水洗	1										15,PP		3600	700	1300	2800			√		√								自来水							
3	阴极除油	2		50～60	1～2	1～2		U-251	650	1300	1500/10	15,PP		3600	1200	1300	4700			√		√		不锈钢蛇形管加温						自来水			自动				双侧
4	水洗	3										15,PP		3600	700	1300	2800			√		√				√											
5	水洗	4										15,PP		3600	700	1300	2800					√				√											
6	水洗	5										15,PP		3600	700	1300	2800					√				√				自来水							
	酸活化	6				0.5～1						15,PP		3600	700	1300	2700					√							10								
7	酸活化	7				0.5～1						15,PP		3600	700	1300	2700					√							10								
18	水洗(交换)	8	1									15,PP		3600	700	1300	2800			√		√				√				自来水							
8	纯水洗	9										15,PP		3600	700	1300	2800					√				√				纯水							
9A	半亮镍	10	1	50～60	1.5～2				650	1300	1500/12	15,PP		3600	1200	1300	4700							钛蛇形管加温		√			20(2台)				自动				双侧
9B	半亮镍	11	1	50～60	1.5～2				650	1300	1500/12	15,PP		3600	1200	1300	4700							钛蛇形管加温		√			20(2台)				自动				双侧
9C	半亮镍	12	1	50～60	1.5～2	30			650	1300	1500/12	15,PP		3600	1200	1300	4700							钛蛇形管加温		√			20(2台)				自动				双侧
9D	半亮镍	13	1	50～60	1.5～2				650	1300	1500/12	15,PP		3600	1200	1300	4700							钛蛇形管加温		√			20(2台)				自动				双侧
9E	半亮镍	14	1	50～60	1.5～2				650	1300	1500/12	15,PP		3600	1200	1300	4700							钛蛇形管加温		√			20(2台)				自动				双侧
10	高硫镍	15		45～50	1.5	2～3			650	975	1000/12	15,PP		3600	1200	1300	4700							钛蛇形管加温		√			20(2台)				自动				双侧
11A	光亮镍	16	1	55～60	1.5～2				650	1300	1500/12	15,PP		3600	1200	1300	4700							钛蛇形管加温		√			20(2台)				自动				双侧
11B	光亮镍	17	1	55～60	1.5～2				650	1300	1500/12	15,PP		3600	1200	1300	4700							钛蛇形管加温		√			20(2台)				自动				双侧

续表

工序号	工序名称	槽位号	工位数	工艺条件					电镀面积和电流电压			镀槽要求												设备要求													
				温度/℃	电流密度/(A/dm²)	时间/min	镀层厚度/μm	添加剂型号	每一极杆/dm²	每一极杆/A	整流器/(A/V)	厚度δ/mm,材料		外壁尺寸/mm			有效容积/dm³	附设装置	排水方式				槽体保温	加温(或冷却)	溶液喷射搅拌	空气搅拌	阴极移动	喷淋	过滤/(m³/h)	供水	逆流	回收	温度控制	自动添加	废水		局部排风
												槽体	内衬	长	宽	高			集污斗	溢流斗	拉塞	排污阀													沟排	管排	
11C	光亮镍	18	1	55～60	1.5～2	36			650	1300	1500/12	15,PP		3600	1200	1300	4700							钛蛇形管加温		√			20(2台)				自动				双侧
11D	光亮镍	19	1	55～60	1.5～2				650	1300	1500/12	15,PP		3600	1200	1300	4700							钛蛇形管加温		√			20(2台)				自动				双侧
11E	光亮镍	20	1	55～60	1.5～2				650	1300	1500/12	15,PP		3600	1200	1300	4700							钛蛇形管加温		√			20(2台)				自动				双侧
11F	光亮镍	21	1	55～60	1.5～2				650	1300	1500/12	15,PP		3600	1200	1300	4700							钛蛇形管加温		√			20(2台)				自动				双侧
12	镍封	22		50～55	1.5	1～3			650	975	1000/12	15,PP		3600	1200	1300	4700							钛蛇形管加温		√							自动				双侧
13	回收	23										15,PP		3600	700	1300	2800					√				√						↩					
14	回收	24										15,PP		3600	700	1300	2800					√				√				纯水		↩ 手提泵					
15	水洗	25										15,PP		3600	700	1300	2800			√		√				√					↩						
16	水洗	26										15,PP		3600	700	1300	2800					√				√				自来水							
17	工件卸挂	0	1																																		
	半亮镍处理槽	附		50～60							500/10	15,PP		3600	1200	1300	4700	盖						蛇形管加温		√			10				显示				
	半亮镍储槽	附										15,PP		3600	1200	1300	4700	盖											10								
	光亮镍处理槽	附		55～60							500/10	15,PP		3600	1200	1300	4700	盖						蛇形管加温		√			10				显示				
	光亮镍储槽	附										15,PP		3600	1200	1300	4700	盖											10								
	零件浸渍槽	附(2只)										15,PP		1500	900	900	1000					√								纯水							

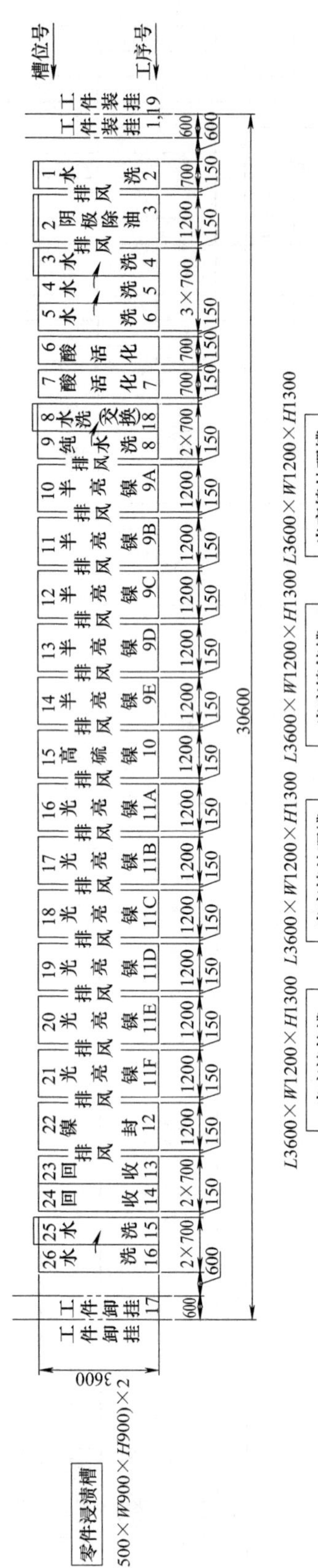

图 1-6 多层镍电镀生产线工艺流程

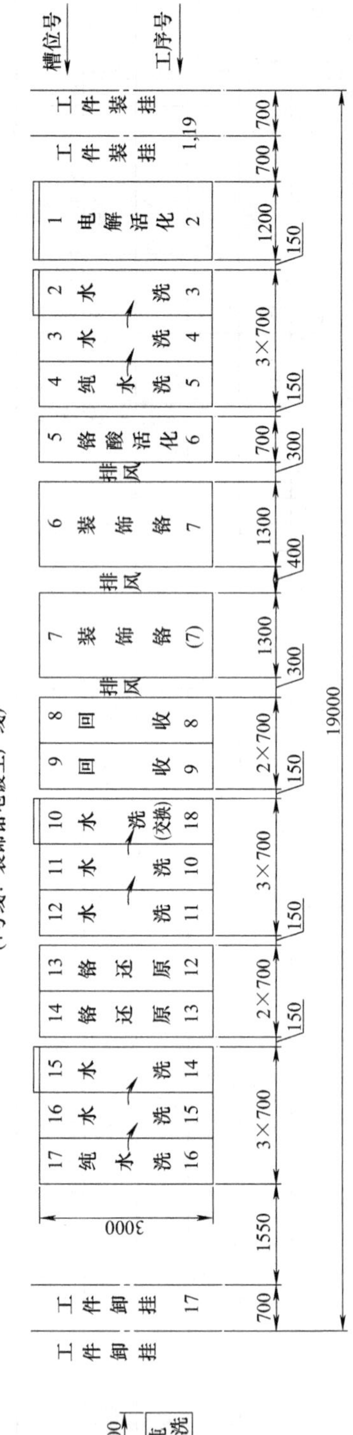

图 1-7 装饰铬电镀生产线工艺流程

(5) 装饰铬电镀

装饰铬电镀生产线工艺流程如图1-7所示。

设计要素如下。

① 主机：L19.0m（装卸挂间距）×W3.9m（两轨道中心距）×H4.75m（机架高度）（该尺寸未含整流器、走道平台和线外排风系统等辅助设施）。

② 中轨门式行车：2台，水平运行速度3～36m/min（变频调速），升降运行速度3～25m/min（变频调速），组合式阴极（含辅助阳极）导电杆6支，提升行程1600mm，提升重量≤250kgf（含铝轮、组合式阴极导电杆、挂具和提升时的溶液附加力）。

③ 行车运行周期：5min（>4.5min可调）。

④ 月产量（每月22d，21h/d）：22d×21h/d×60min/h÷5min×4件×0.95≈21000件。

⑤ 溶液加温和保温供汽量（预热以4h，初始温度按15℃计算）：加温130kg/h，保温40～50kg/h。

⑥ 生产作业供水量（水洗槽每小时换水次数：0.4～5槽，热水和纯水减半计算）：自来水3.0～3.5m^3/h，纯水1.0～1.2m^3/h。

⑦ 空搅用低压空气量270m^3/h，配置：65型三叶罗茨风机1台（进风量270m^3/h，3kW，排风压力19.6kPa，1850r/min）。

⑧局部排风装置（翻盖低截面条缝式排风罩，槽面风速取0.45m/s，槽口宽按700mm计算单槽风量），排风量6600m^3/h，配置如下：

a. No.6，FRP风机（耐铬酸）1台（7300m^3/h，1150Pa，4kW，1450r/min）；

b. 700型铬雾净化回收箱1台。

⑨ 废水排放（处理）量：铬系2.5～3.0m^3/h，酸碱系1.4～1.7m^3/h。

⑩ 设备总动力：3相，50Hz，380V，约97.5kW［其中整流器3台额定总容量约为76kW，回收手提泵（0.55kW）1台，超声波发生器（2.7kW，频率≥40kHz），电加温（3kW），同时使用系数0.6～0.7］。

装饰铬电镀生产线工艺配置表见表1-6。

(6) 电镀装挂

铝合金车轮电镀装挂形式如图1-8、图1-9所示。

(7) 电镀线设计要素

汽车铝合金车轮电镀线设计要素如下（单排装挂：月生产工时基数为462h，月电镀1.75万～2.19万件铝合金车轮）。

1）汽车铝合金车轮基本参数

材质：A356压铸铝合金。直径：ϕ339～720mm。厚度：140～330mm。表面积：每件56～200dm^2。平均质量：每件10～25kgf。

2）设备型式

① 1号A、B线（各1套）：前处理生产线。

A线（毛坯清洗）主机：L16.6m×W3.8m×H4.6m。B线（铜坯清洗）主机：L16.5m×W3.8m×H4.6m。

每套配置：a. 中轨门式行车：2台（3.0kW，1.1kW）。

轨距：3600mm。轨顶标高：2600mm。提升重量（含铝轮、提升杆、挂具和提升时的溶液附加力）：250kgf。提升行程：1400mm。升降运行：3～25m/min（变频调速）。水平运行：3～36m/min（变频调速）。行车运行周期：4.5min（>3.5min可调）。

b. 移动式擦洗台：4套。

c. A线：超声波发生器，12.6kW（频率≥40kHz）。

② 2号线：沉锌镀铜生产线。

表 1-6 装饰铬电镀工艺生产线配置表

工序号	工序名称	槽位号	工位数	工艺条件					电镀面积和电流电压			镀槽要求												设备要求													
				温度/℃	电流密度/(A/dm^2)	时间/min	镀层厚度/μm	添加剂型号	每一极杆/dm^2	每一极杆/A	整流器/(A/V)	厚度δ/mm,材料		外壁尺寸/mm			有效容积/dm^3	附设装置	排水方式				槽体保温	加温(或冷却)	溶液喷射搅拌	空气搅拌	阴极移动	喷淋	过滤/(m^3/h)	供水	逆流	回收	温度控制	自动添加	废水		局部排风
												槽体	内衬	长	宽	高			集污斗	溢流斗	拉塞	排污阀													沟排	管排	
1,19	工件装挂	0	2																																		
2	电解活化	1	1	50～60	1～1.5	延时1～2			500	750	1000/10	15,PP		3000	1200	1300	3900			√		√		不锈钢蛇管加温						自来水			自动				
3	水洗	2										15,PP		3000	700	1300	2350			√		√				√											
4	水洗	3										15,PP		3000	700	1300	2350					√				√				自来水							
5	纯水洗	4										15,PP		3000	700	1300	2350					√				√				纯水							
6	铬酸活化	5				延时20s						15,HPVC		3000	700	1300	2250																				
7	装饰铬	6	1	38～45	10	2～3			500	5000	4000/12 1500/12	15,PP	10mm,HPVC	3000	1300	1300	4150							钛蛇形管冷却		√							显示				双侧
(7)	装饰铬	7		38～45	10	2～3			500	5000	(波纹系数小于5%)	15,PP	10mm,HPVC	3000	1300	1300	4150							钛蛇形管冷却		√							显示				双侧
8	回收	8										15,HPVC		3000	700	1300	2350					√				√											
9	回收	9										15,HPVC		3000	700	1300	2350					√				√				纯水		手提泵					
18	水洗(交换)	10	1									15,PP		3000	700	1300	2350			√		√				√											
10	水洗	11										15,PP		3000	700	1300	2350					√				√											
11	水洗	12										15,PP		3000	700	1300	2350					√				√				自来水							
12	还原	13		室温								15,PP		3000	700	1300	2250					√															
13	还原	14		室温								15,PP		3000	700	1300	2250					√															
14	水洗	15										15,PP		3000	700	1300	2350			√		√				√											
15	水洗	16										15,PP		3000	700	1300	2350					√				√				自来水							
16	纯水洗	17										15,PP		3000	700	1300	2350					√				√				纯水							
17	工件卸挂	0	1																																		
	纯水洗	附										12,PP		800	700	800	350				√									纯水							
	超声波纯水洗	附		50～60		超声波发生器:2.4kW[600W×4块,600mm×300mm×90mm(每块)]						3,不锈钢		800	800	800	440				√		√	不锈钢电加温管(3kW)						纯水			显示				

汽车铝轮装饰铬电镀装挂形式

(工艺槽：$L3000\times W1300\times H1300$)

24″：约φ650mm，每件约175dm²，3件/挂，每槽挂约525dm²

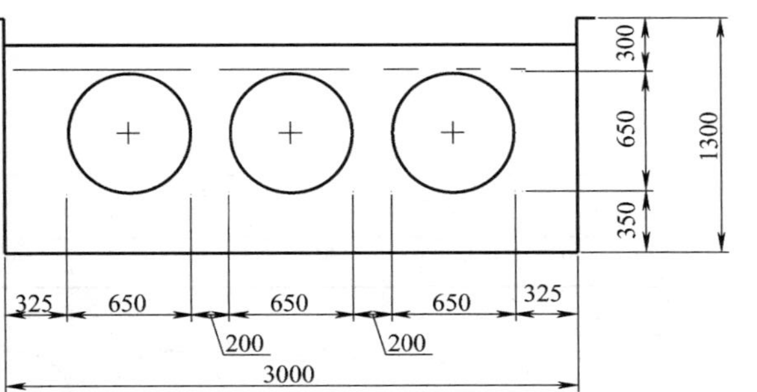

20″：约φ550mm，每件约130dm²，4件/挂，每槽挂约520dm²

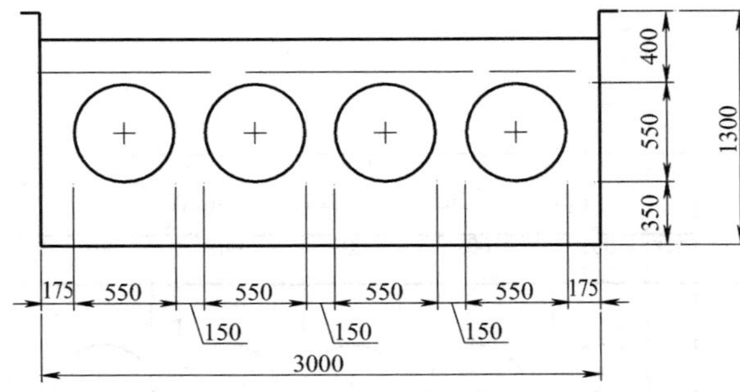

22″：约φ600mm，每件约150dm²，4件/挂，每槽挂约600dm²

18″：约φ500mm，每件约110dm²，4件/挂，每槽挂约440dm²

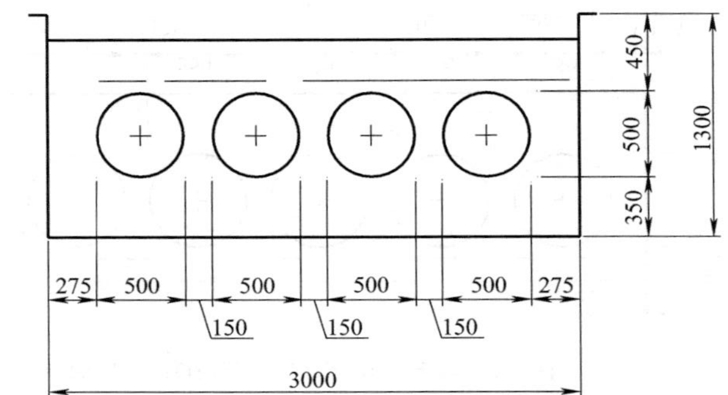

图 1-8　汽车铝轮装饰铬电镀装挂形式

注：每挂平均取 $500dm^2$。

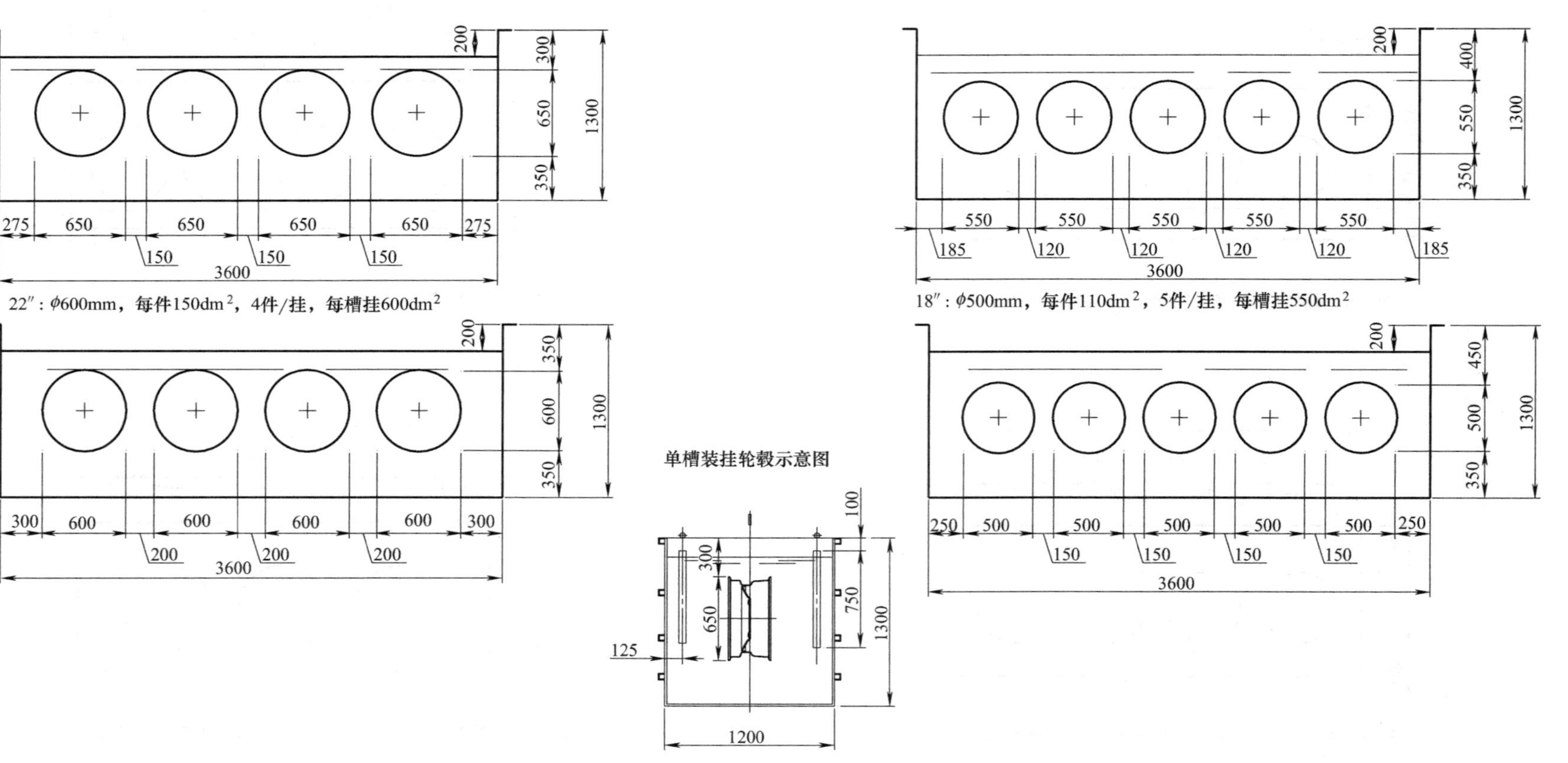

图 1-9　汽车铝轮沉锌、镀铜和镀镍装挂形式

注：平均取每挂 650dm²。

主机：$L59.6m \times W4.5m \times H4.75m$。

配置：中轨门式行车 4 台（4.0kW，1.5kW，各 2 台）。

a. 轨距：4500mm。

b. 轨顶标高：2900mm。

c. 提升重量（含铝轮、提升杆、挂具和提升时的溶液附加力）：300kgf。

d. 提升行程：1600mm。

e. 升降运行：3～25m/min（变频调速）。

f. 水平运行：3～36m/min（变频调速）。

g. 行车运行周期：6min（>5min 可调）。

③ 3 号线：多层镍电镀生产线。

主机：$L30.6m \times W4.5m \times H4.75m$。

配置：中轨门式行车 2 台（4.0kW，1.5kW），其余参数同 2 号线。

④ 4 号线：装饰铬电镀生产线。

主机：$L19.0 \times W3.9m \times H4.75m$。

配置：中轨门式行车 2 台（3.0kW，1.1kW）。

a. 轨距：3900mm。

b. 轨顶标高：2900mm。

c. 提升重量（含铝轮、提升杆、挂具和提升时的溶液附加力）：250kgf。

d. 行车运行周期：5min（>4.5min 可调）。

e. 超声波发生器：2.4kW（频率≥40kHz）。

其余参数同 2 号线。

本工程共 12 台中轨门式行车（功率合计约 57.6kW），超声波发生器功率约 15.0kW（频率≥40kHz），电机容量合计约 72.5kW。

3）月电镀铝轮月产量（每月 22d，21h/d）

① 1 号 A、B 线（各 1 套）：

每套：22d×21h/d×60min/h÷4.5min×4 件×0.95≈23400 件。

② 2 号和 3 号线：22d×21h/d×60min/h÷6min×(4～5)件×0.95≈17500～21900 件（分别为 22″和 24″铝轮月电镀量 17500 件，18″和 20″铝轮月电镀量 21900 件）。

③ 4 号线：22d×21h/d×60min/h÷5min×4 件×0.95≈21000 件。

4）整流器所需容量

① 2 号线

a. 阴极除油：$650dm^2$（平均按 20″铝轮 5 件计，以下同）×$2A/dm^2$ = 1300A，选配 1500A/10V，共 1 台。

b. 预镀镍：$650dm^2 \times 3A/dm^2$=1950A，选配 2000A/15V，共 5 台。

c. 预镀镍处理槽：选配 500A/10V，共 1 台。

d. 酸性光亮铜：$650dm^2 \times 2A/dm^2$=1300A，选配 1500A/10V，共 14 台。

② 3 号线

a. 阴极除油：$650dm^2 \times 2A/dm^2$=1300A，选配 1500A/10V，共 1 台。

b. 半亮镍：$650dm^2 \times 2A/dm^2$=1300A，选配 1500A/12V，共 5 台。

c. 光亮镍：$650dm^2 \times 2A/dm^2$=1300A，选配 1500A/12V，共 6 台。

d. 高硫镍和镍封：$650dm^2 \times 1.5A/dm^2$=975A，选配 1000A/12V，共 2 台。

e. 半亮镍和光亮镍处理槽：选配 500A/10V，共 2 台。

③ 4 号线

a. 阴极除油：$500dm^2 \times 1.5A/dm^2 = 750A$，选配 1000A/10V，共 1 台。

b. 装饰铬：$500dm^2$（平均按铝轮毂 4 件计）$\times 10A/dm^2 = 5000A$。

配置（两槽共用）：波纹系数小于 5%的 4000A/12V，共 1 台；辅助阳极选配波纹系数小于 5%的 1500A/12V，共 1 台。

选配整流器合计：

a. 500A/10V，共 3 台。

b. 1000A/10V，1 台。

c. 1500A/10V，共 16 台。

d. 1000A/12V（操作到位 5～10s 后通电，可调）共 2 台。

e. 1500A/12V（操作到位 5～10s 后通电，可调）共 11 台。

f. 2000A/15V，共 5 台。

g. 1500A/12V（波纹系数小于 5%），共 1 台。

h. 4000A/12V（波纹系数小于 5%）共 1 台。

合计 40 台。

本工程整流器直流电额定总容量合计：约 703kW。

5）溶液过滤、循环和回收

① A、B 线（各 1 套） 喷洗：不锈钢冲压泵，共 2 台。

② 2 号线

a. 沉锌：$10m^3/h$，共 2 台。

b. 酸活化：$10m^3/h$，1 台。

c. 预镀镍：$20m^3/h$，共 10 台。

d. 酸性光亮铜：$20m^3/h$，共 28 台。

e. 预镀镍储槽和处理槽：$10m^3/h$，共 2 台。

f. 酸性光亮铜储槽和处理槽：$10m^3/h$，共 2 台。

g. 预镀镍溶液混流喷射搅拌：FRPP 耐酸泵，共 5 台；混流喷射喷嘴 30 只/槽×5 槽，共 150 只。

h. 回收：手提泵，共 1 台。

③ 3 号线

a. 酸活化：$10\ m^3/h$，共 2 台。

b. 半亮镍：$20m^3/h$，共 10 台。

c. 光亮镍：$20m^3/h$，共 12 台。

d. 高硫镍：$20m^3/h$，共 2 台。

e. 半亮镍、光亮镍储槽和处理槽：$10m^3/h$，共 4 台。

f. 回收：手提泵，1 台。

④ 4 号线 回收：手提泵，1 台。

本工程配置过滤机和泵：

① 锁螺型过滤机（全流量 $10m^3/h$），0.75kW，共 13 台。

② 双筒过滤机（滤纸压板型全流量 $20m^3/h$，适用于硫酸铜），2.2kW，共 28 台。

③ 双筒过滤机（滤芯压板型全流量 $20m^3/h$，适用于硫酸镍），2.2kW，共 34 台。

④ 不锈钢冲压泵（全流量 $Q=6.3m^3/h$，全扬程 $H=32m$，并配高冲击力喷嘴 30 只/槽）3kW，共 2 台。

⑤（FRPP）耐酸泵（可空转直立式泵 $Q=43.2m^3/h$，$H=25m$），4kW，共 5 台，配置：混流喷射喷嘴 30 只/槽×5 槽，共 150 只。

⑥ 手提泵，0.55kW，共3台。

本工程选配过滤机75台、冲压泵2台、耐酸泵5台、手提泵3台，电机总容量合计：约174kW。

6）蒸汽（表压0.2～0.3MPa）

计算原则：全系统需要加温的工艺槽和热水槽初始温度按15℃计算，采用蒸汽加温时，首次各槽经4h加温到设计作业温度。

① 1号A、B线（各1套）

a. 热浸除蜡：(70－15)×2100×4.18×1.15÷4×7≈971600（kJ/h）。

b. 超声波除蜡：(70－15)×2600×4.18×1.15÷4×1≈171900（kJ/h）。

c. 热浸除油：(50－15)×2000×4.18×1.15÷4×2≈168200（kJ/h）。

1号A、B线合计：

加温蒸汽供应量：1311700kJ/h÷2135kJ/kg≈600kg/h。保温蒸汽供应量：250～300kg/h。

② 2号线

a. 阴极除油：(50－15)×4700×4.18×1.15÷4×1≈197700（kJ/h）。

b. 预镀镍：(50－15)×4700×4.18×1.15÷4×5≈988400（kJ/h）。

c. 热水烫洗：(50－15)×2800×4.18×1.15÷4×1≈117800（kJ/h）。

d. 沉锌和酸性亮铜：忽略不计。

2号线合计：

加温蒸汽供应量：1303900kJ/h÷2135kJ/kg≈600kg/h。

保温蒸汽供应量：250～300kg/h。

③ 3号线

a. 阴极除油：(50－15)×4700×4.18×1.15÷4×1≈197700（kJ/h）。

b. 半亮镍和镍封：(50－15)×4700×4.18×1.15÷4×6≈1186100（kJ/h）。

c. 光亮镍：(55－15)×4700×4.18×1.15÷4×6≈1355500（kJ/h）。

d. 高硫镍：(45－15)×4700×4.18×1.15÷4×1≈169400（kJ/h）。

3号线合计：

加温蒸汽供应量：2708700 kJ/h÷2135kJ/kg≈1270kg/h。保温蒸汽供应量：500～600kg/h。

④ 4号线

a. 电解活化：(50－15)×3900×4.18×1.15÷4≈164000（kJ/h）。

b. 装饰铬（单槽计算）：(38－15)×4150×4.18×1.15÷4≈114700（kJ/h）。

c. 热纯水洗：电加温3kW。

4号线合计：

加温蒸汽供应量：278700kJ/h÷2135kJ/kg≈130kg/h。保温蒸汽供应量：40～50kg/h。热纯水洗电加温：3kW。

本工程预热（4h）所需小时蒸汽量：2500kg/h。

生产作业时槽液保温蒸汽量：1040～1250kg/h。电加温：3kW。

7）酸铜溶液冷却水（10～12℃）供应量

预冷时间按1～1.5h计算，其配置如下：

① 水冷工业箱式冷水机2台［制冷量96300kcal/h，冷水流量380～520L/min，出口温度10～15℃，进口温度20～25℃，压缩机功率22kW，冷水泵功率2.2kW］；

② 冷却塔2台（流量40m^3/h，理论风量18000m^3/h，风扇功率1.1kW）；

③ 水泵2台（4kW，水量30m^3/h，扬程30m）。

本工程合计冷水机组共2套，电机总容量约59kW。

8）供水量

计算原则如下：

水洗槽维持作业供水量相应的小时换水次数（槽）：

a. 1号生产线按每小时0.4～0.5槽计算；

b. 2号和3号生产线按每小时0.3～0.4槽计算；

c. 4号生产线按每小时0.4～0.5槽计算；

d. 热水洗和纯水洗按上述原则减半计算。

① 1号A、B线（各1套） 自来水供应量：3×1.8×(0.4～0.5)×2≈4.0～5.0（m^3/h）（喷洗水补充量及擦洗水消耗量，按1个水洗槽供水量计算）。

② 2号线 自来水供应量：10.5×2.8×(0.3～0.4)≈9.0～11.5（m^3/h）。纯水供应量：4×2.8×(0.3～0.4)÷2≈2.0～2.5（m^3/h）。

③ 3号线 自来水供应量：4×2.8×(0.3～0.4)≈3.5～4.5（m^3/h）。纯水供应量：1×2.8×(0.3～0.4)÷2≈0.5（m^3/h）。

④ 4号线 自来水供应量：3×2.35×(0.4～0.5)≈3.0～3.5（m^3/h）。纯水供应量：2×2.35×(0.4～0.5)÷2≈1.0～1.2（m^3/h）。

本工程生产作业时自来水供应量为19.5～24.5m^3/h；纯水供应量为3.5～4.0m^3/h。

注：未含生产线配槽时的最大自来水供应量和纯水供应量。

9）溶液搅拌时气量与风压的计算及其低压风机的选配

计算原则如下：

所需空气量：$Q=FK$（m^3/min）

式中 F——槽液表面积，m^2；

K——搅拌系数，$m^3/(min \cdot m^2)$，对于回收、水洗槽$K=0.2$，对于镀镍和酸铜槽$K=0.3$，对于镍封槽$K=0.4～0.5$。

所需风压： $p=(0.1HD+0.05)\times 98$（kPa）

式中 H——溶液深度，m；

D——溶液相对密度；

0.1——计算系数；

0.05——补偿系数；

98——换算系数。

1号水洗槽风压：$p=(0.1\times 1.0\times 1.0+0.05)\times 98=14.7$（kPa）。

2号、3号和4号线回收、水洗槽所需风压：$p=(0.1\times 1.2\times 1.0+0.05)\times 98=16.66$（kPa）。

2号和3号线工艺槽所需风压：$p=(0.1\times 1.15\times 1.2+0.05)\times 98=18.42$（kPa）。

因此，可选择三叶罗茨风机的排风压力为19.6kPa。

① 1号A、B线（各1套） 水洗槽：$Q=2.8\times 0.7\times 0.20\times 8\approx 3.14$（$m^3$/min）≈200（$m^3$/h）。

1号A、B线（共2套）共计风量约200m^3/h，选配50型三叶罗茨风机2台。

② 2号线

a. 2～25号酸碱水洗槽位：$Q=3.6\times 0.7\times 0.20\times 20=10.08$（$m^3$/min）≈600（$m^3$/h）。

b. 27～37号预镀镍及其回收和水洗槽位：$Q=3.6\times 1.2\times 0.30\times 5+3.6\times 0.7\times 0.20\times 6=9.504$（$m^3$/min）≈570（$m^3$/h）。

c. 39～55 号酸铜及其水洗槽位：Q＝3.6×1.2×0.30×14＋3.6×0.7×0.20×3＝19.656（m^3/min）≈1180（m^3/h）。

2 号线共计风量约 2350m^3/h，选配 100 型三叶罗茨风机 4 台。

③ 3 号线

a. 1～14 号酸碱水洗及半亮镍槽位：Q＝3.6×0.7×0.2×6＋3.6×1.2×0.30×5＝9.504（m^3/min）≈570（m^3/h）。

b. 16～21 号光亮镍槽位：Q＝3.6×1.2×0.30×6＝7.776（m^3/min）≈470（m^3/h）。

c. 22～26 号镍封及其回收、水洗槽位：Q＝3.6×1.2×0.5×1＋3.6×0.7×0.20×4＝4.176（m^3/min）≈250（m^3/h）。

3 号线共计风量约 1290m^3/h，选配 100 型三叶罗茨风机 2 台和 65 型三叶罗茨风机 1 台。

④ 4 号线

回收、水洗槽位：Q＝3.0×0.70×0.20×11＝4.62（m^3/min）≈270（m^3/h）。4 号线共计风量约 270m^3/h，选配 65 型三叶罗茨风机 1 台。

本工程低压空气供应量合计 4110m^3/h，配置如下：

① 50 型三叶罗茨风机：共 2 台（进风量 110m^3/h，排风压力 19.6kPa，1.1kW，1450r/min）。

② 65 型三叶罗茨风机：共 2 台（进风量 270m^3/h，排风压力 19.6kPa，3kW，1850r/min）。

③ 100 型三叶罗茨风机：共 1 台（进风量 520m^3/h，排风压力 19.6kPa，5.5kW，1310r/min）。

④ 100 型三叶罗茨风机：共 5 台（进风量 670m^3/h，排风压力 19.6kPa，7.5kW，1680r/min）。

本工程三叶罗茨风机共 10 台，电机总容量合计约 51kW。

10）局部排风装置

① 1 号 A、B 线共 2 套（翻盖低截面条缝式排风罩，槽面风速取 0.3m/s，槽口宽按 600mm 计算风量） 每套排风量：17500m^3/h。配置：No.8，FRP 风机共 2 台（18000m^3/h，790Pa，5.5kW，1000r/min）。

② 2 号线（翻盖低截面条缝式排风罩）

a. 酸碱系（含镍系），排风量：26900m^3/h（槽面风速取 0.2～0.3m/s）。配置：No.10，FRP 风机 1 台（27700m^3/h，610Pa，7.5kW，710r/min）。

b. 除垢和脱锌，排风量：12800m^3/h（槽面风速取 0.45m/s）。配置：

- No.8，FRP 风机 1 台（14000m^3/h，1000Pa，5.5kW，1120r/min）。
- 14 型，FRP 高浓度 NO_x 废气净化塔 1 套（处理风量 14000m^3/h，耐腐蚀液下泵 1 台，7.5kW）。

③ 3 号线 排风量：41000m^3/h（翻盖低截面条缝式排风罩，槽面风速取 0.2～0.3m/s，槽口宽按 600mm 计算风量）。

配置：No.10，FRP 风机 1 台（39000m^3/h，1200Pa，18.5kW，1000r/min）。

④ 4 号线 排风量：每套 6600m^3/h（翻盖低截面条缝式排风罩，槽面风速取 0.45m/s，槽口宽按 700mm 单槽计算风量）。

配置：a. No.6，FRP 风机（耐铬酸）1 台（7300m^3/h，1158Pa，4kW，1450r/min）；b. 700型铬雾净化回收箱 1 台。

本工程局部排风装置合计电机总容量：约 54kW。

11）本工程在正常操作条件下每小时废水排放（处理）量

① 油碱系废水：4.0～5.0 m^3/h。
② 酸碱系（含酸铜）废水：9.5～12.0m^3/h。
③ 沉锌废水：2.5～3.0 m^3/h。
④ 镍系废水：2.0～2.5m^3/h。
⑤ 磷系废水：1.0～1.5m^3/h。
⑥ 铬系废水：2.5～3.0m^3。

（以上）未含清洗镀槽及其他各种附件时所排放出的废水量

本工程废水处理总量：21.5～27.0m^3/h。废水设计处理总量大于等于 30m^3/h。

处理前的废水水质常规数据如下：酸碱混合废水的 pH 值为 3～6，Cu^{2+} 含量≤30mg/L，Ni^{2+} 含量≤30mg/L，Cr^{6+} 含量≤30mg/L。

12）本工程月电镀 2.1 万～2.6 万件铝轮时设备总动力汇总

① 蒸汽（表压 0.2～0.3MPa）：2500kg/h（预热时），生产作业保温蒸汽量 1240～1250kg/h。

② 自来水：19.5～24.5m^3/h（未含生产线配槽时的自来水需用量）。

③ 纯水：3.5～4.0m^3/h（未含生产线配槽时的纯水需用量）。

④ 3 相，50Hz，380V，约 1120kW（同时使用系数 0.6～0.7，未含废水治理站和抛光车间等用电）。

1.2.2 汽车五金件电镀工艺

汽车五金件电镀生产线工艺流程如图 1-10 所示。

汽车五金件电镀工艺配置表见表 1-7。

汽车五金件电镀线设计要素如下。

① 主机：L34.9m（机架和轨道长度）×W13.5m（机架宽度）×H5.9m（机架高度）（该尺寸含走道平台、整流器和过滤机以及线外排风系统等辅助设施）。

② 高轨门式行车：5 台（4 号和 5 号行走设置滴水托盘），水平运行速度 3～36m/min（变频调速），升降运行速度 3～25m/min（变频调速），提升行程 1700～1800mm，提升重量≤200kgf（含极杆、挂具、受镀零件和提升时的溶液附加力）。

③ 装卸挂手推移位车 4 台，水洗移位车 1 台（0.37kW），阴极杆移位车 1 台（0.55kW），平台装料手推车（L800mm×W600mm）1 台，阴极移动装置 2 套（1.5kW＋0.55kW，上下行程摆幅 50mm，频率 $15min^{-1}$），阴极导电杆 20 件。

每一阴极杆最大装载量 250dm^2，装载体积 H1250mm×W400mm×δ200mm/挂，5 挂/杆。

④ 行车运行周期：6min（＞5min 可调）。

⑤ 年产量（每年 250d，21h/d）：250d×21h/d×60min/h÷5min×300dm^2×0.95＝1790×10^4 dm^2。

⑥ 溶液加温和保温供汽量（预热以 4h，初始温度平均按 15℃计算）：加温 1300kg/h，保温 650～700kg/h。

⑦ 生产作业供水量（每小时换水次数 0.3～0.4 槽，热水和纯水减半计算）：自来水 7.5～8.0m^3/h，纯水 1.5～2.0m^3/h。

⑧ 空搅用低压空气供应量 850m^3/h，配置：80 型三叶罗茨风机 3 台（进风量 390m^3/h，4kW，排气压力 19.6kPa，1360r/min）。

⑨ 废水排放（处理）量：酸碱系 5.5～6.0m^3/h，镍系 1.2～1.5m^3/h，铬系 2～2.5m^3/h（管排）。

⑩ 局部排风装置（槽宽均按 600mm 计算排风量，采用翻盖式低载面条缝式排风罩）：

a. 酸碱系（含镍系）排风量 47000m^3/h（槽面风速 0.2～0.3m/s），配置：No.12，FRP 风机 1 台（47800m^3/h，870Pa，18.5kW，710r/min）；45 型 FRP 废气净化塔 1 座（处理风量 45000m^3/h，耐腐蚀液下泵 1 台 11kW）。

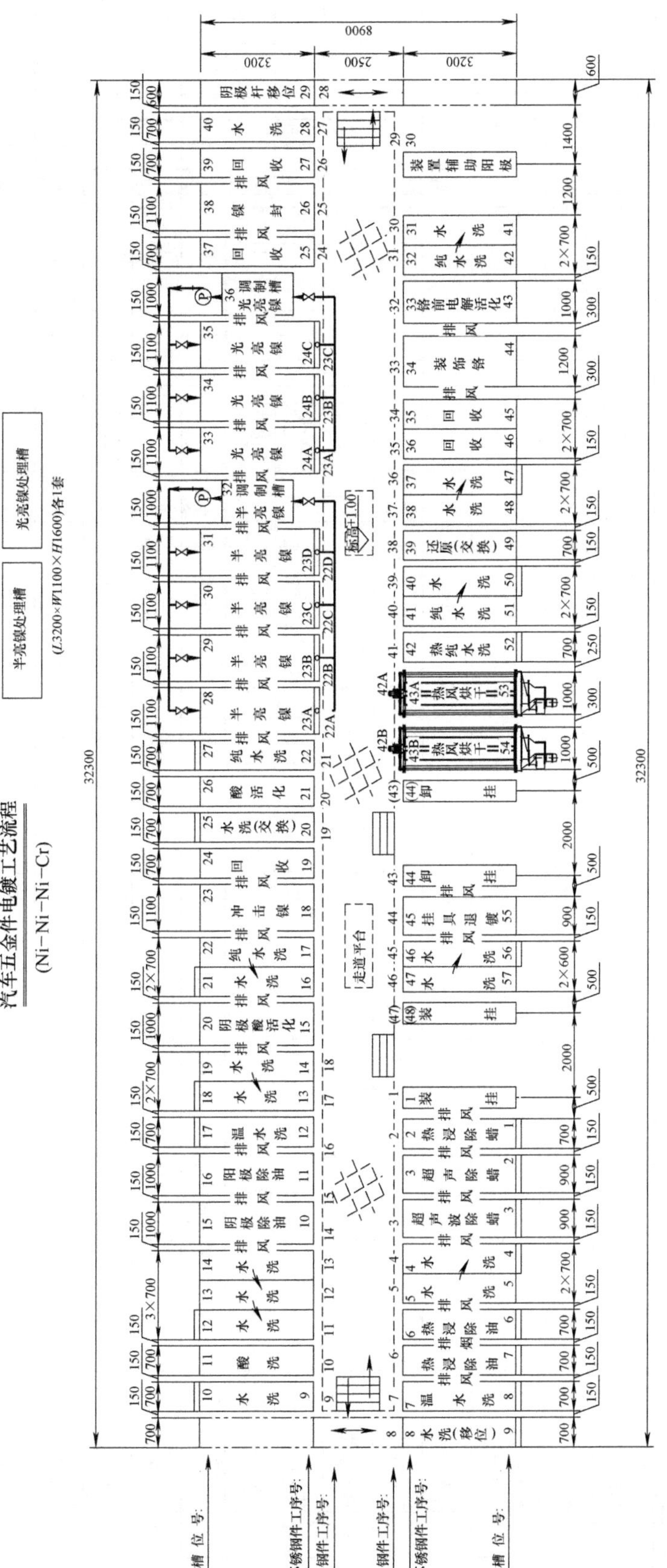

图 1-10 汽车五金件电镀生产线工艺流程

表 1-7　汽车五金件电镀生产线工艺配置表

钢件工序号	不锈钢件工序号	工序名称	槽位号	工位数	工艺条件					电镀面积和电流电压			镀槽要求										设备要求													
					温度/℃	电流密度/(A/dm²)	时间/min	镀层厚度/μm	添加剂型号	每一极杆/dm²	每一极杆/A	整流器/(A/V)	厚度δ/mm,材料 槽体	内衬	外壁尺寸/mm 长	宽	高	有效容积/dm³	附设装置	排水方式 溢流斗	排污阀DN50mm	槽体保温	加温(或冷却)	喷淋	空气搅拌	阴极移动	过滤/(m³/h)	供水DN32mm	逆流	回收	温度控制	pH检测	自动添加	废水 沟排	管排	局部排风
1,47	1,48	装挂	0	2	手推装挂移位车(2台)																															
2	2	热浸除蜡	1	1	75		5～6						3,不锈钢		3200	800	1600	3650		√	√	√	不锈钢蛇管加温					纯水 自来水			自动				双侧	
	3	超声(波)除蜡	2	1	75		5～6			超声波发生器:26.4kW[1650W×16块,1400mm×300mm×90mm(每块)]			3,不锈钢		3200	900	1600	4100		√	√	√	不锈钢蛇管加温					纯水 自来水			自动				双侧	
3		超声(波)除蜡	3	1	75		5～6						3,不锈钢		3200	900	1600	4100		√	√	√	不锈钢蛇管加温					纯水 自来水			自动				双侧	
4	4	水洗	4										15,PP		3200	700	1600	3100		√	√				√				↶							
5	5	水洗	5										15,PP		3200	700	1600	3100			√				√			自来水 回用水	↶							
	6	热浸除油	6	1	50		5～6						15,PP		3200	700	1600	3050		√	√		不锈钢蛇管加温					纯水 自来水			自动				双侧	
6		热浸除油	7		50		5～6						15,PP		3200	700	1600	3050		√	√		不锈钢蛇管加温					纯水 自来水			自动				双侧	
7	7	温水洗	8		45								15,PP		3200	700	1600	3100		√	√		不锈钢蛇管加温					自来水 回用水			自动					
8	8	水洗(移位)	9	1	水洗槽自动移位车(1台)								15,PP		3200	700	1500	2900			√															
9	9	水洗	10										15,PP		3200	700	1600	3100		√	√				√			自来水 回用水								
10		酸洗	11		30～40		5～6						15,PP		3200	700	1600	3050			√		聚四氟乙烯管束加温													双侧
11		水洗	12										15,PP		3200	700	1600	3100		√	√				√				↶							
12		水洗	13										15,PP		3200	700	1600	3100			√				√				↶							
13		水洗	14										15,PP		3200	700	1600	3100			√				√			自来水 回用水	↶							
14	10	阴极除油	15	1	65	3～4	5～6			380	1520	1500/12	15,PP		3200	1000	1600	4400		√	√		不锈钢蛇管加温					纯水 自来水			自动					双侧
15	11	阳极除油	16	1	65	3～4	5～6			380	1520	1500/12	15,PP		3200	1000	1600	4400		√	√		不锈钢蛇管加温					纯水 自来水			自动					双侧

续表

钢件工序号	不锈钢件工序号	工序名称	槽位号	工位数	工艺条件					电镀面积和电流电压			镀槽要求										设备要求													
					温度/℃	电流密度/(A/dm²)	时间/min	镀层厚度/μm	添加剂型号	每一极杆/dm²	每一极杆/A	整流器/(A/V)	厚度δ/mm，材料		外壁尺寸/mm			有效容积/dm³	附设装置	排水方式		槽体保温	加温(或冷却)	喷淋	空气搅拌	阴极移动	过滤/(m³/h)	供水 DN32 mm	逆流	回收	温度控制	pH检测	自动添加	废水		局部排风
													槽体	内衬	长	宽	高			溢流斗	排污阀 DN50 mm													沟排	管排	
16	12	温水洗	17		45								15,PP		3200	700	1600	3100		√	√		不锈钢蛇管加温					自来水回用水			自动					
17	13	水洗	18										15,PP		3200	700	1600	3100		√	√				√											
18	14	水洗	19										15,PP		3200	700	1600	3100			√				√			自来水回用水								
	15	阴极酸活化	20		室温	1～2	延时			380	760	750/12	15,PP		3200	1000	1600	4400			√															双侧
	16	水洗	21										15,PP		3200	700	1600	3100		√	√				√			自来水回用水								
	17	纯水洗	22										15,PP		3200	700	1600	3100			√				√			纯水								
	18	冲击镍	23	1	室温	3～4	2～3			380	1520	1500/12	15,PP		3200	1100	1600	4850							√		30(1台)									
	19	回收	24										15,PP		3200	700	1600	3100			√				√			纯水		手提泵						
19	20	水洗(交换)	25	1									15,PP		3200	700	1600	3100		√	√				√			自来水回用水								
20	21	酸活化	26										15,PP		3200	700	1600	3050			√															
21	22	纯水洗	27										15,PP		3200	700	1600	3100		√	√				√			纯水								
22A	23A	半亮镍	28	1	55	3～4	20～24			380	1520	1500/12	15,PP		3200	1100	1600	4850		√			钛蛇管加温		√	√	30(1台)				自动	√	√			双侧
22B	23B	半亮镍	29	1	55	3～4				380	1520	1500/12	15,PP		3200	1100	1600	4850		√			钛蛇管加温		√	√	30(1台)				自动	√	√			双侧
22C	23C	半亮镍	30	1	55	3～4				380	1520	1500/12	15,PP		3200	1100	1600	4850		√			钛蛇管加温		√	√	30(1台)				自动	√	√			双侧
22D	23D	半亮镍	31	1	55	3～4				380	1520	1500/12	15,PP		3200	1100	1600	4850		√			钛蛇管加温		√	√	30(1台)				自动	√	√			单侧
		半亮镍调制槽	32									200/8	15,PP		2000	1000	1200	2000							√		20(1台)									

续表

钢件工序号	不锈钢件工序号	工序名称	槽位号	工位数	工艺条件					电镀面积和电流电压			镀槽要求										设备要求													
					温度/℃	电流密度/(A/dm²)	时间/min	镀层厚度/μm	添加剂型号	每一极杆/dm²	每一极杆/A	整流器/(A/V)	厚度δ/mm，材料 槽体	内衬	外壁尺寸/mm 长	宽	高	有效容积/dm³	附设装置	排水方式 溢流斗	排污阀DN50mm	槽体保温	加温(或冷却)	喷淋	空气搅拌	阴极移动	过滤/(m³/h)	供水DN32mm	逆流	回收	温度控制	pH检测	自动添加	废水 沟排	管排	局部排风
23A	24A	光亮镍	33	1	55	3～4				380	1520	1500/12	15，PP		3200	1100	1600	4850		√			钛蛇管加温		√	√	30(1台)				自动	√	√			单侧
23B	24B	光亮镍	34	1	55	3～4	15～18			380	1520	1500/12	15，PP		3200	1100	1600	4850		√			钛蛇管加温		√	√	30(1台)				自动	√	√			双侧
23C	24C	光亮镍	35	1	55	3～4				380	1520	1500/12	15，PP		3200	1100	1600	4850		√			钛蛇管加温		√	√	30(1台)				自动	√	√			单侧
		光亮镍调制槽	36									200/8	15，PP		2000	1000	1200	2000							√		20(1台)									
24	25	回收	37										15，PP		3200	700	1600	3100			√				√			纯水		手提泵						
25	26	镍封	38		55	2～3	2～3			380	1140	1200/12	15，PP		3200	1100	1600	4850					钛蛇管加温		√	√	20(1台)				自动	√	√			双侧
26	27	回收	39										15，PP		3200	700	1600	3100			√				√			纯水		手提泵						
27	28	水洗	40										15，PP		3200	700	1600	3100		√	√				√			自来水回用水								
28	29	阴极杆移位	0	1	阴极杆自动移位车(1台)																															
29	30	装置辅助阳极	0	1																																
30	31	水洗	41										15，PP		3200	700	1600	3100		√	√				√			自来水回用水								
31	32	纯水洗	42										15，PP		3200	700	1600	3100			√			√	√			纯水								
32	33	铬前电解活化	43		RT	0.1～0.5						500/5	15，PVC		3200	1000	1600	4400																		

续表

钢件工序号	不锈钢件工序号	工序名称	槽位号	工位数	工艺条件					电镀面积和电流电压			镀槽要求										设备要求													
					温度/℃	电流密度/(A/dm²)	时间/min	镀层厚度/μm	添加剂型号	每一极杆/dm²	每一极杆/A	整流器/(A/V)	厚度δ/mm,材料		外壁尺寸/mm			有效容积/dm³	附设装置	排水方式		槽体保温	加温(或冷却)	喷淋	空气搅拌	阴极移动	过滤/(m³/h)	供水 DN32 mm	逆流	回收	温度控制	pH检测	自动添加	废水		局部排风
													槽体	内衬	长	宽	高			溢流斗	排污阀 DN50 mm													沟排	管排	
33	34	装饰铬	44	1	38～52(46)	10～12	2～3			380	4560	3500/12 1000/10(纹波小于5%)	15,PP	10mm,HPVC	3200	1200	1600	5150					钛蛇管加温、冷却		√						显示					双侧
34	35	回收	45										15,HPVC		3200	700	1600	3100			√				√					↶						
35	36	回收	46										15,HPVC		3200	700	1600	3100			√				√			纯水		↶ 手提泵						
36	37	水洗	47										15,HPVC		3200	700	1600	3100		√	√				√				↶							
37	38	水洗	48										15,PP		3200	700	1600	3100			√				√			自来水 回用水								
38	39	还原(交换)	49	1									15,PP		3200	700	1600	3050			√															
39	40	水洗	50										15,PP		3200	700	1600	3100		√	√				√			自来水 回用水	↶							
40	41	纯水洗	51										15,PP		3200	700	1600	3100			√				√			纯水								
41	42	热纯水洗	52		65								15,PP		3200	700	1600	3100		√	√		不锈钢蛇管加温					纯水			自动					
42A	43A	热风烘干	53	1	65		10～12						3,不锈钢		3200	1000	1600		自动槽盖			√	蒸汽加温 热风循环								自动					
42B	43B	热风烘干	54	1	65								3,不锈钢		3200	1000	1600		自动槽盖			√	蒸汽加温 热风循环								自动					
43	44	卸挂	0	1		手推卸挂移位车(2台)																														
44	45	挂具退镀	55	1	30～40	50～70	5～6					500/12	15,PP		3200	900	1600	4100			√		聚四氟乙烯管束加温		√			纯水 自来水			自动					双侧
45	46	水洗	56										15,PP		3200	700	1600	3100		√	√				√				↶							
46	47	水洗	57										15,PP		3200	700	1600	3100			√				√			自来水 回用水								
		半亮镍处理槽	附1		55								15,PP		3200	1100	1600	4850	盖				钛蛇管加温		√		20(1台)				显示					
		光亮镍处理槽	附1		55								15,PP		3200	1100	1600	4850	盖				钛蛇管加温		√		20(1台)				显示					

b. 铬系排风量 6000m^3/h（单槽计算，槽面风速 0.45m/s），配置：No.6，FRP 风机（耐铬酸）1 台（7300m^3/h，1150Pa，4kW，1450r/min）；700 型铬雾净化器 1 台。

⑪ 设备总动力：3 相，50Hz，380V，约 353kW［其中整流器 17 台额定总功率约 261.1kW，过滤机 12 台额定总功率约 26kW，手提泵（0.55kW）4 台，超声波发生器（26.4kW，频率≥40kHz），烘干槽热风循环风机（1.5kW）2 台，同时使用系数 0.6～0.7］。

汽车五金件电镀线截面示意图见图 1-11。

1.2.3 汽车刹车件电镀工艺

汽车刹车件电镀生产线工艺流程如图 1-12 所示。

设计要素如下。

① 主机：L29m（两轨道长度）×W3.3m（两轨道间距）×H4.1m（行车顶高）（该尺寸未含整流器、过滤机和走道平台以及线外排风系统等辅助设施）。

② 低轨门式行车：3 台，水平运行速度 3～36m/min（变频调速），升降运行速度 3～25m/min（变频调速），提升行程 1400～1500mm，提升重量≤250kgf（含受镀零件、阴极导电杆、挂具和提升时的溶液附加力），阴极导电杆 16 支，每一阴极杆装载量 260dm^2。

③ 行车运行周期：7min（>6min 可调）。

④ 年产量（250d/a，两班制，16h/d）：250d×16h/d×60min/h÷(6～7)min×16 件×0.95≈(52.1～60.8)×10^4 件。［即电镀汽车刹车钳体和刹车钳支架年产量 52.1 万～60.8 万件，两件混合装挂 16 套，约 264dm^2，约 115kg（每杆、每节拍）］。

注：汽车刹车钳体，L230mm×W110mm，11dm^2，5.4kg；汽车刹车钳支架，L230mm×W80mm，5.5dm^2，1.8kg。

⑤ 溶液加温和保温供汽量（预热以 4h，初始温度按 15℃计算）：加温 280kg/h，保温 120～150kg/h。

⑥ 锌钴溶液冷却水（10～15℃）供应量，预冷时间按 1.5～2h 计算，配置：风冷箱式工业冷水机 1 台（制冷量 11000kcal/h，冷水流量 40～50L/min，出口温度 10～15℃，进口温度 20～25℃，压缩机功率 5.5kW，风扇功率 0.25kW，冷水泵功率 0.75kW）。

⑦ 生产作业供水量（水洗槽每小时换水次数 0.4～0.5 槽，热水和纯水减半计算）：自来水 4.5～5.5m^3/h，纯水 1.3～1.5m^3/h（未含配槽时的自来水和纯水供应量）。

⑧ 空搅用低压空气量 420m^3/h，配置：80 型三叶罗茨风机 1 台（进风量 450m^3/h，4kW，排风压力 14.7kPa，1560r/min）。

⑨ 局部排风装置（翻盖低截面条缝式排风罩，槽口宽度按 500mm 计算风量），酸碱系排风量 18000m^3/h（槽面风速 0.2～0.3m/s）配置：No.8，FRP 风机 1 台（20000m^3/h，630Pa，5.5kW，1120r/min）。

⑩ 废水排放（处理）量：酸碱系 4.0～5.0m^3/h，铬系 1.5～2.0m^3/h。

⑪ 设备总动力：3 相，50Hz，380V，约 122kW（其中整流器 5 台额定总容量约 54kW，过滤机 4 台总容量约 8.1kW，两烘干槽合计功率 27kW，同时使用系数 0.6～0.7）。

汽车刹车件电镀生产线工艺配置表见表 1-8。

1.2.4 摩托车消声器电镀工艺

摩托车消声器电镀生产线工艺流程如图 1-13 所示。

设计要素如下。

① 主机：L38.8m（装卸挂间距）×W3.8m（两轨道中心距）×H5.1m（机架高度）（该尺寸未含整流器及汇流铜排、过滤机和走道平台以及线外排风系统和走道平台等辅助设施）。

② 低轨门式行车：4 台，水平运行速度 3～36m/min（变频调速），升降运行速度 3～25m/min（变频调速），阴极导电杆 18 支，提升行程 1800mm，提升重量≤200kgf（含消声器、阴极导电杆、挂具和提升时的溶液附加力）。

③ 行车运行周期：6min（>5min 可调）。

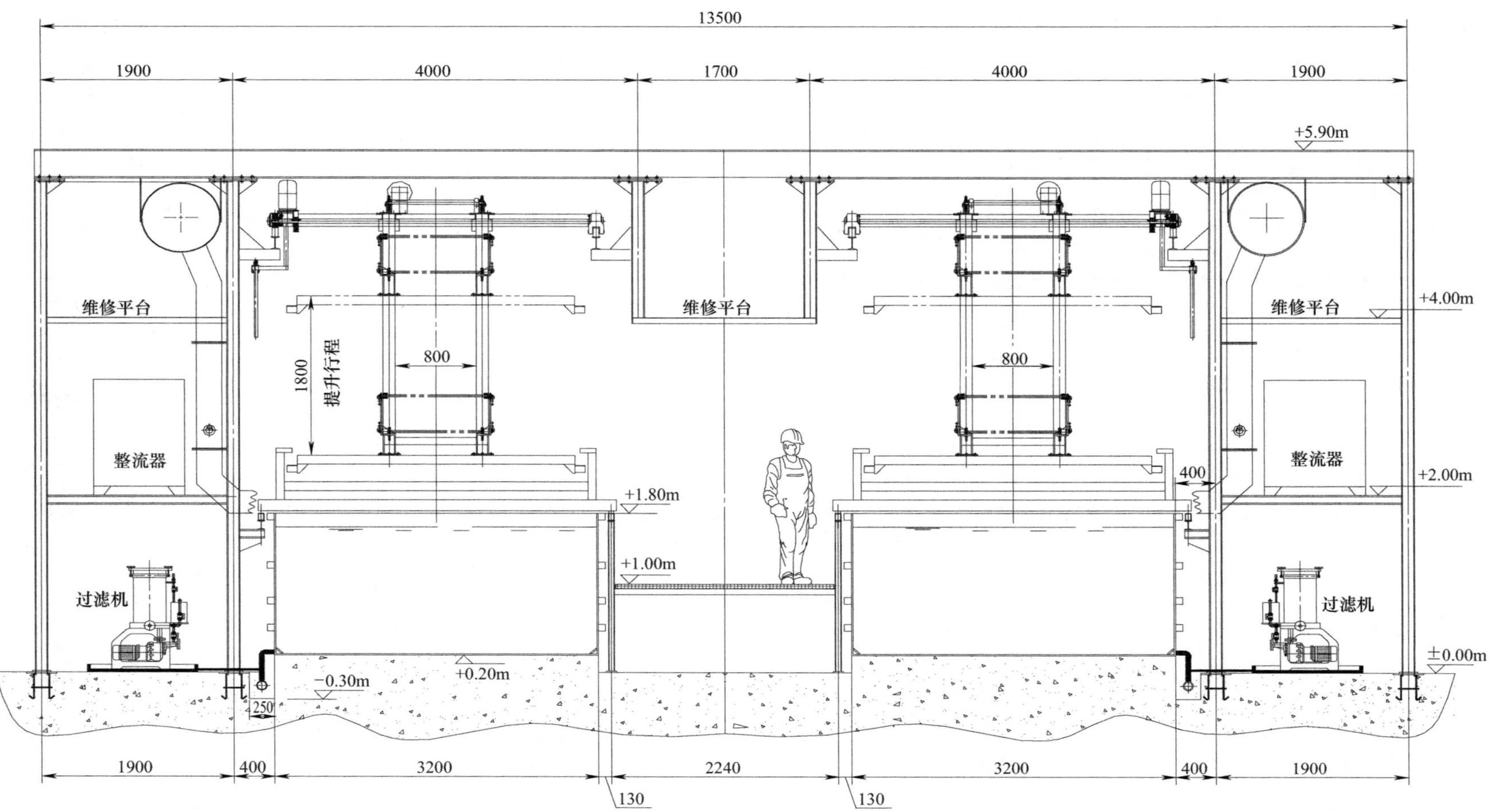

图 1-11　汽车五金件电镀线截面示意图

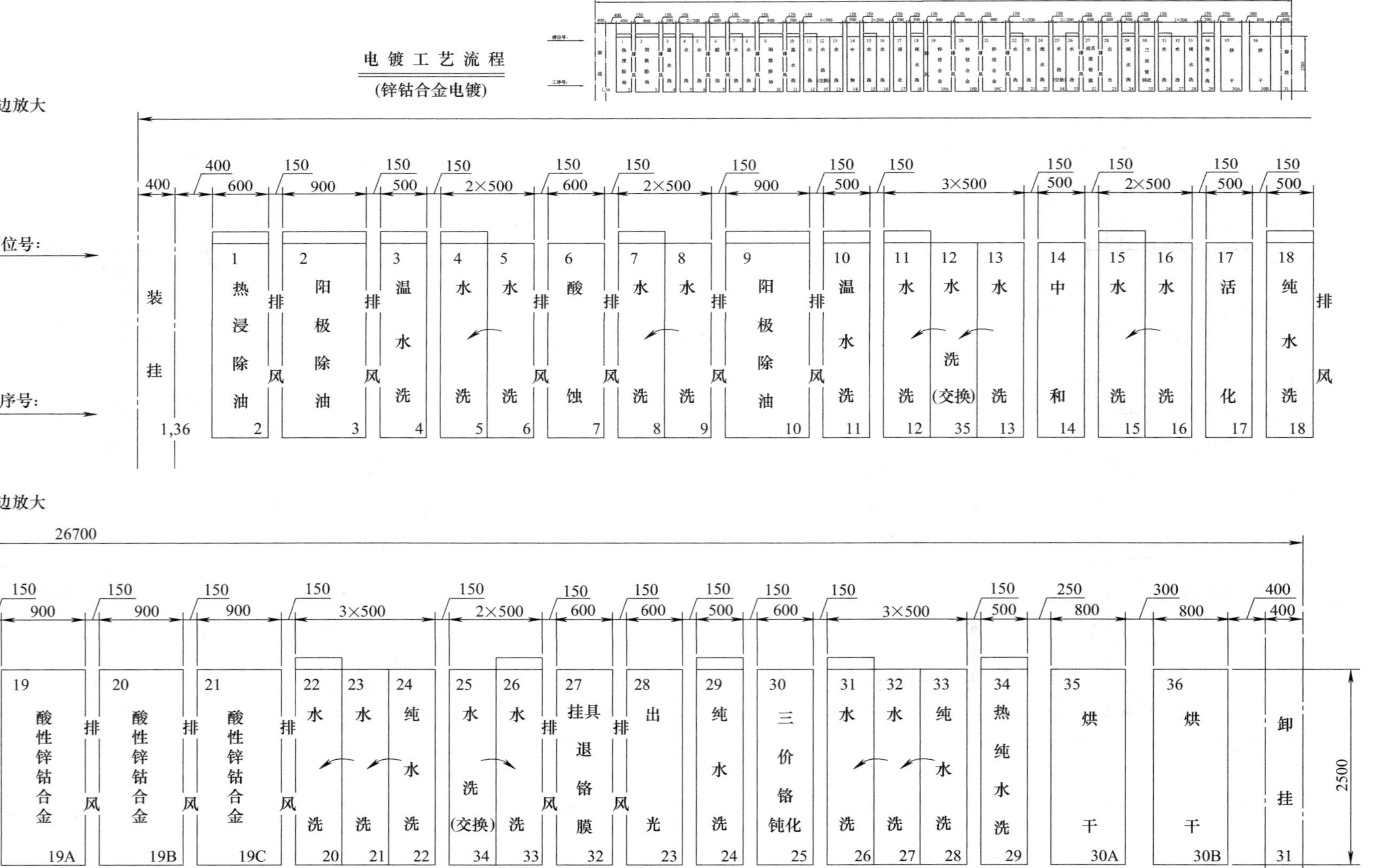

图 1-12 汽车刹车件电镀生产线工艺流程

表 1-8　汽车刹车件电镀生产线工艺配置表

工序号	工序名称	槽位号	工位数	工艺条件					电镀面积和电流电压			镀槽要求											设备要求													
				温度/℃	电流密度/(A/dm²)	时间/min	镀层厚度/μm	添加剂型号	每一极杆/dm²	每一极杆/A	整流器/(A/V)	厚度δ/mm,材料		外壁尺寸/mm			有效容积/dm³	附设装置	排水方式			槽体保温	加温（或冷却）	溶液喷射搅拌	空气搅拌	阴极移动	喷淋	过滤/(m³/h)	供水	逆流	回收	温度控制	自动添加	废水		局部排风
												槽体	内衬	长	宽	高			集污斗	溢流斗	排污阀													沟排	管排	
1,36	装挂	0	2																																	
2	热浸除油	1	1	60～80(70)		6～7						15,PP		2500	600	1300	1600			√	√		不锈钢蛇形管加温						自来水			显示				单侧
3	阳极除油	2	1	30～70(50)	4～5	6～7			260	1300	1500/12	15,PP		2500	900	1300	2400			√	√		不锈钢蛇形管加温						自来水			显示				双侧
4	温水洗	3		45								15,PP		2500	500	1300	1350			√	√		不锈钢蛇形管加温						自来水			显示				
5	水洗	4										15,PP		2500	500	1300	1350			√	√				√					↩						
6	水洗	5										15,PP		2500	500	1300	1350				√				√				自来水							
7	酸蚀	6	1	室温		1～3						15,PP		2500	600	1300	1600				√															双侧
8	水洗	7										15,PP		2500	500	1300	1350			√	√				√					↩						
9	水洗	8										15,PP		2500	500	1300	1350				√				√				自来水							
10	阳极除油	9	1	30～70(50)	4～5	3～7			260	1300	1500/12	15,PP		2500	900	1300	2400			√	√		不锈钢蛇形管加温						自来水			显示				双侧
11	温水洗	10		45								15,PP		2500	500	1300	1350			√	√		不锈钢蛇形管加温						自来水			显示				
12	水洗	11										15,PP		2500	500	1300	1350			√	√				√					↩						
35	水洗（交换）	12	1									15,PP		2500	500	1300	1350				√				√					↩						
13	水洗	13										15,PP		2500	500	1300	1350				√				√				自来水							
14	中和	14										15,PP		2500	500	1300	1300				√															
15	水洗	15										15,PP		2500	500	1300	1350			√	√				√					↩						
16	水洗	16										15,PP		2500	500	1300	1350				√				√				自来水							
17	活化	17										15,PP		2500	500	1300	1300				√															
18	纯水洗	18										15,PP		2500	500	1300	1350			√	√				√				纯水							

续表

工序号	工序名称	槽位号	工位数	工艺条件					电镀面积和电流电压			镀槽要求											设备要求													
				温度/℃	电流密度/(A/dm²)	时间/min	镀层厚度/μm	添加剂型号	每一极杆/dm²	每一极杆/A	整流器/(A/V)	厚度δ/mm,材料 槽体	内衬	外壁尺寸/mm 长	宽	高	有效容积/dm³	附设装置	排水方式 集污斗	溢流斗	排污阀	槽体保温	加温(或冷却)	溶液喷射搅拌	空气搅拌	阴极移动	喷淋	过滤/(m³/h)	供水	逆流	回收	温度控制	自动添加	废水 沟排	管排	局部排风
19A	酸性锌钴合金	19	1	20～45(30)	1.5～3(2)				260	780	750/8	15,PP		2500	900	1300	2400						钛蛇形管加温、冷却		√			20				显示				双侧
19B	酸性锌钴合金	20	1	20～45(30)	1.5～3(2)	18～21			260	780	750/8	15,PP		2500	900	1300	2400						钛蛇形管加温、冷却		√			20				显示				双侧
19C	酸性锌钴合金	21	1	20～45(30)	1.5～3(2)				260	780	750/8	15,PP		2500	900	1300	2400						钛蛇形管加温、冷却		√			20				显示				双侧
20	水洗	22										15,PP		2500	500	1300	1350			√	√				√					↶						
21	水洗	23										15,PP		2500	500	1300	1350				√				√				自来水	↶						
22	纯水洗	24										15,PP		2500	500	1300	1350				√				√				纯水							
34	水洗(交换)	25	1									15,PP		2500	500	1300	1350				√				√				自来水	↶						
33	水洗	26										15,PP		2500	500	1300	1350			√	√				√											
32	挂具退铬膜	27	1	室温		1～3						15,PP		2500	600	1300	1600				√															双侧
23	出光	28										15,PP		2500	600	1300	1600				√															
24	纯水洗	29										15,PP		2500	500	1300	1350			√	√				√				纯水							
25	三价铬钝化(蓝绿色)	30	1	55～70(60)		0.5～1						15,PVC		2500	600	1300	1600				√		F4 管束加温		两侧			10				显示				
26	水洗	31										15,PP		2500	500	1300	1350			√	√				√					↶						
27	水洗	32										15,PP		2500	500	1300	1350				√				√				自来水	↶						
28	纯水洗	33										15,PP		2500	500	1300	1350				√				√				纯水							
29	热纯水洗	34		60								15,PP		2500	500	1300	1350			√	√		不锈钢蛇形管加温						纯水			显示				
30A	烘干	35	1	60～80		12～14						3,不锈钢		2500	800	1300		烘干装置				√	电加温 12kW 热风循环 1.5kW													
30B	烘干	36	1	60～80								3,不锈钢		2500	800	1300		烘干装置				√	电加温 12kW 热风循环 1.5kW													
31	卸挂	0	1																																	

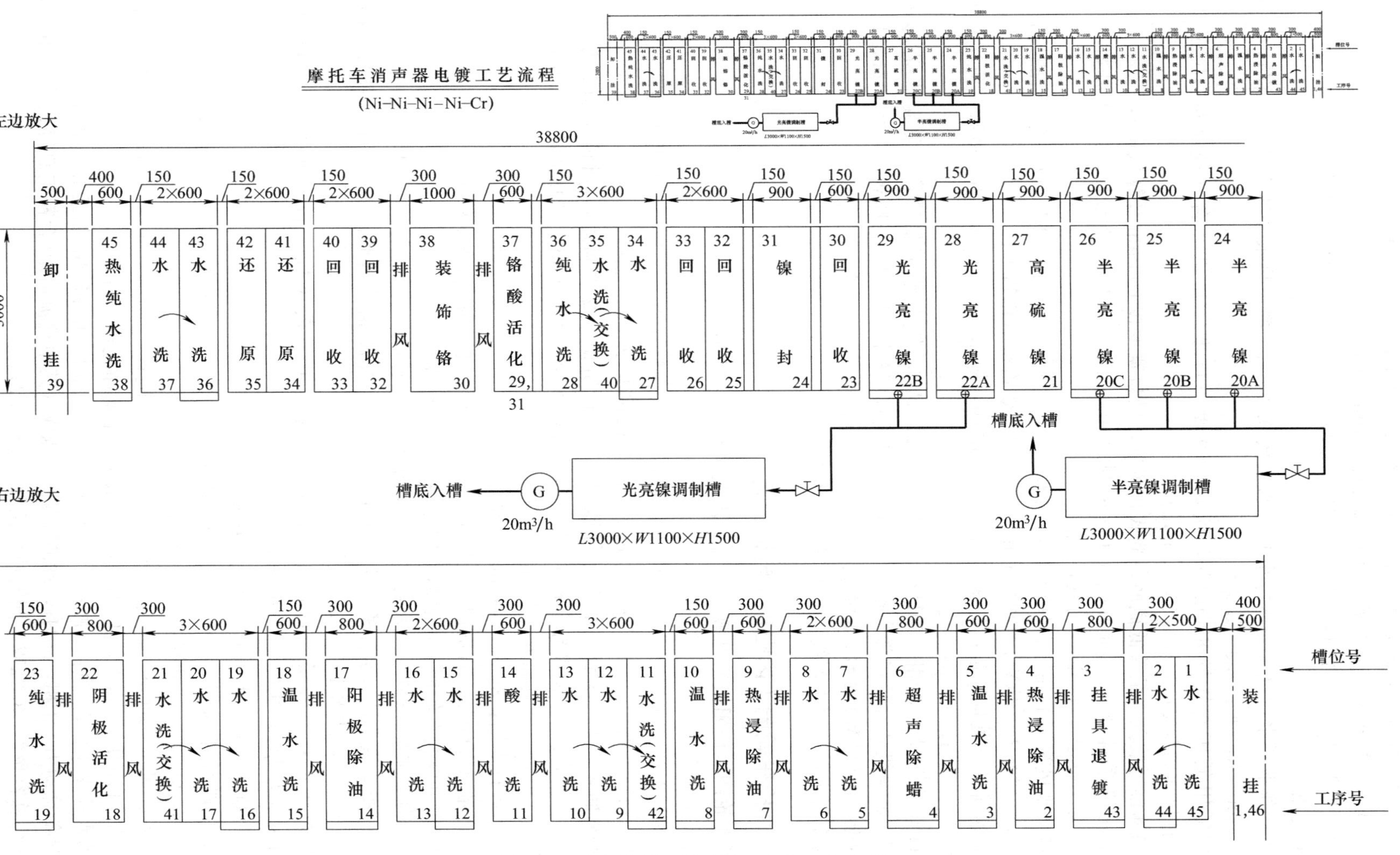

图 1-13 摩托车消声器电镀生产线工艺流程

④ 年产量（250d/a，两班制，16h/d）：250d×16h/d×60min/h÷6min×8 件×0.95≈30.4×10^4件（摩托车消声器电镀表面积按每件 25dm^2 计算）。

⑤ 溶液加温和保温供汽量（预热以 4h，初始温度按 15℃计算）：加温 1130kg/h，保温 500～600kg/h。

⑥ 生产作业供水量（水洗槽每小时换水次数 0.3～0.4 槽，热水和纯水减半计算）：自来水 7.5～9.0m^3/h，纯水 1.0～1.5m^3/h。

⑦ 空搅用低压空气量 850m^3/h，配置：80 型三叶罗茨风机 2 台（进风量 440m^3/h，5.5kW，排风压力为 24.5kPa，1560r/min）。

⑧ 局部排风装置（翻盖低截面条缝式排风罩，槽口宽度按 600mm 计算风量）：

a. 前处理系排风量 25600m^3/h（槽面风速 0.3m/s），配置：No.10，FRP 风机 1 台（27700m^3/h，600Pa，7.5kW，710r/min）。

b. 铬系排风量 5510m^3/h（槽面风速 0.45m/s），配置：No.4，FRP 风机（耐铬酸）1 台（6200m^3/h，1200Pa，4kW，2900r/min）；600 型高效铬雾净化箱 1 台。

⑨ 废水排放（处理）量：酸碱系 5.5～7.5m^3/h，镍系 1.0～1.5m^3/h，铬系（氧化还原后）1.0～1.5m^3/h。

⑩ 设备总动力：3 相，50Hz，380V，约 218kW［其中整流器 13 台额定总容量约 135.6kW，过滤机 8 台额定总容量约 22.4kW，超声波发生器功率 23.1kW（频率≥40kHz），回收手提泵（0.55kW）2 台，同时使用系数 0.6～0.7］。

摩托车消声器电镀生产线工艺配置表见表 1-9。

1.2.5 摩托车轮圈（内阳极）电镀工艺

摩托车轮圈（内阳极）电镀生产线工艺流程如图 1-14 所示。

设计要素如下。

① 主机：L23.0m×W3.5m×H5.0m（该尺寸未含整流器、过滤机和操作平台以及线外排风系统等辅助设施）。导轨回转中心距 19.8m，回转半径 R1200mm。

② 高轨转弯行车：3 台，水平运行速度 3～36m/min（变频调速），升降运行速度 3～25m/min（变频调速），阳极导电杆 13 支，提升行程 1700～1800mm，提升重量≤200kgf（含轮圈、阳极导电杆、挂具和提升时的溶液附加力）。

③ 行车运行周期：8min（>6min 可调）。

④ 年产量（250d/a，两班制，16h/d）：250d×16h/d×60min/h÷8min×10 件×0.95≈28.5×10^4 件（摩托车轮圈电镀表面积按每件 21dm^2 计算）。

⑤ 溶液加温和保温供汽量（预热以 3h，初始温度按 15℃计算）：加温 500kg/h，保温 250～300kg/h。

⑥ 生产作业供水量（水洗槽每小时换水次数 0.6～0.75 槽，热水和纯水减半计算）：自来水 4.0～5.0m^3/h，纯水 1.0～1.5m^3/h。

⑦ 空搅用低压空气量 250m^3/h，配置：65 型三叶罗茨风机 1 台（进风量 270m^3/h，4kW，排风压力为 19.6kPa，1950r/min）。

⑧ 局部排风装置（低截面条缝式排风罩）：

a. 前处理系排风量 13500m^3/h（槽面风速 0.3m/s），配置：No.6，FRP 风机 1 台（13800m^3/h，980Pa，5.5kW，1600r/min）。

b. 铬系排风量 4300m^3/h（槽面风速 0.45m/s），配置：No.3.6 FRP 风机（耐铬酸）1 台（4800m^3/h，1130Pa，3kW，2900r/min）；500 型铬雾净化箱 1 台。

⑨ 废水排放（处理）量：酸碱系 2.5～3.5m^3/h，镍系 0.8～1.0m^3/h，铬系 1.5～2.0m^3/h。

⑩ 设备总动力：3 相，50Hz，380V，约 170kW（其中整流器 10 台额定总容量约 132kW，过滤机 6 台总容量约 13.2kW，同时使用系数 0.6～0.7）。

摩托车轮圈（内阳极）电镀生产线工艺配置表见表 1-10。

表 1-9 摩托车消声器电镀生产线工艺配置表

工序号	工序名称	槽位号	工位数	工艺条件					电镀面积和电流电压			镀槽要求											设备要求													
				温度/℃	电流密度/(A/dm²)	时间/min	镀层厚度/μm	添加剂型号	每一极杆/dm²	每一极杆/A	整流器/(A/V)	厚度δ/mm,材料		外壁尺寸/mm			有效容积/dm³	附设装置	排水方式			槽体保温	加温(或冷却)	溶液喷射搅拌	空气搅拌	阴极移动	喷淋	过滤/(m³/h)	供水	逆流	回收	温度控制	自动添加	废水		局部排风
												槽体	内衬	长	宽	高			溢流斗	集污斗	排污阀													沟排	管排	
1,46	装挂	0	2																																	
45	水洗	1										15,PP		3000	500	1800	2350				√				√				自来水	⤵						
44	水洗	2										15,PP		3000	500	1800	2350		√		√				√											
43	挂具退镀	3	1	30～40	50～70	5～6					300/12	15,PP		3000	800	1800	3700		√		√		不锈钢蛇形管加温		√				纯水 自来水			自动				双侧
2	热浸除油	4	1	50		5～6						15,PP		3000	600	1800	2750		√		√		不锈钢蛇形管加温						纯水 自来水			自动				双侧
3	温水洗	5		45								15,PP		3000	600	1800	2850		√		√		不锈钢蛇形管加温						自来水			自动				
4	超声(波)除蜡	6	1	75		5～6			超声波发生器:23.1kW[振板1650W×14块,1400mm×300mm×90mm(每块)]			3,不锈钢		3000	800	1800	3900		√		√	√	不锈钢蛇形管加温						纯水 自来水			自动				双侧
5	水洗	7										15,PP		3000	600	1800	2850		√		√				√					⤵						
6	水洗	8										15,PP		3000	600	1800	2850				√				√				自来水							
7	热浸除油	9	1	50		5～6						15,PP		3000	600	1800	2750		√		√		不锈钢蛇形管加温						纯水 自来水			自动				双侧
8	温水洗	10		45								15,PP		3000	600	1800	2850		√		√		不锈钢蛇形管加温						自来水			自动				
42	水洗(交换)	11	1									15,PP		3000	600	1800	2850		√		√				√					⤵						
9	水洗	12										15,PP		3000	600	1800	2850				√				√					⤵						
10	水洗	13										15,PP		3000	600	1800	2850				√				√				自来水							
11	酸洗	14		室温		1～2						15,PP		3000	600	1800	2750				√															
12	水洗	15										15,PP		3000	600	1800	2850		√		√				√					⤵						
13	水洗	16										15,PP		3000	600	1800	2850				√				√				自来水							
14	阳极除油	17	1	50	4～5	3～6			200	1000	1000/12	15,PP		3000	800	1800	3700		√		√		不锈钢蛇形管加温						纯水 自来水			自动				双侧

续表

工序号	工序名称	槽位号	工位数	工艺条件 温度/℃	工艺条件 电流密度/(A/dm²)	工艺条件 时间/min	工艺条件 镀层厚度/μm	工艺条件 添加剂型号	电镀面积和电流电压 每一极杆/dm²	电镀面积和电流电压 每一极杆/A	电镀面积和电流电压 整流器/(A/V)	镀槽要求 厚度δ/mm,材料 槽体	镀槽要求 厚度δ/mm,材料 内衬	镀槽要求 外壁尺寸/mm 长	镀槽要求 外壁尺寸/mm 宽	镀槽要求 外壁尺寸/mm 高	镀槽要求 有效容积/dm³	镀槽要求 附设装置	镀槽要求 排水方式 溢流斗	镀槽要求 排水方式 集污斗	镀槽要求 排水方式 排污阀	镀槽要求 槽体保温	设备要求 加温(或冷却)	设备要求 溶液喷射搅拌	设备要求 空气搅拌	设备要求 阴极移动	设备要求 喷淋	设备要求 过滤/(m³/h)	设备要求 供水	设备要求 逆流	设备要求 回收	设备要求 温度控制	设备要求 自动添加	设备要求 废水 沟排	设备要求 废水 管排	设备要求 局部排风
15	温水洗	18		45								15,PP		3000	600	1800	2850		√		√		不锈钢蛇形管加温						自来水			自动				
16	水洗	19										15,PP		3000	600	1800	2850		√		√				√											
17	水洗	20										15,PP		3000	600	1800	2850				√				√											
41	水洗(交换)	21	1									15,PP		3000	600	1800	2850				√				√				自来水							
18	阴极活化	22		室温	2.5	15s			200	500	500/12	15,PP		3000	800	1800	3700				√															双侧
19	纯水洗	23										15,PP		3000	600	1800	2850		√		√				√				纯水							
20A	半亮镍	24	1	50~66	3~4				200	800	1000/12	15,PP		3000	900	1800	4200						钛蛇形管加温		√			30(1)				自动				
20B	半亮镍	25	1	50~66	3~4	15~18			200	800	1000/12	15,PP		3000	900	1800	4200						钛蛇形管加温		√			30(1)				自动				
20C	半亮镍	26	1	50~66	3~4				200	800	1000/12	15,PP		3000	900	1800	4200						钛蛇形管加温		√			30(1)				自动				
	半亮镍调制槽	附		50~66	3~4						300/10	15,PP		3000	1100	1500	4200						钛蛇形管加温		√			20(1)				自动				
21	高硫镍	27	1	46~52	2~3	2~3			200	600	750/12	15,PP		3000	900	1800	4200						钛蛇形管加温	√				30(1)				自动				
22A	光亮镍	28	1	50~65	3~4	10~12			200	800	1000/12	15,PP		3000	900	1800	4200						钛蛇形管加温		√			30(1)				自动				
22B	光亮镍	29	1	50~65	3~4				200	800	1000/12	15,PP		3000	900	1800	4200						钛蛇形管加温		√			30(1)				自动				
	光亮镍调制槽	附		50~65							300/10	15,PP		3000	1100	1500	4200						钛蛇形管加温		√			20(1)				自动				
23	回收	30										15,PP		3000	600	1800	2850				√				√				纯水		手提泵					
24	镍封	31		53~60(55)	2~3	2~3			200	600	750/12	15,PP		3000	900	1800	4200						钛蛇形管加温		√							自动				
25	回收	32										15,PP		3000	600	1800	2850				√				√											
26	回收	33										15,PP		3000	600	1800	2850				√				√				纯水		手提泵					

续表

工序号	工序名称	槽位号	工位数	工艺条件					电镀面积和电流电压			镀槽要求											设备要求													
				温度/℃	电流密度/(A/dm²)	时间/min	镀层厚度/μm	添加剂型号	每一极杆/dm²	每一极杆/A	整流器/(A/V)	厚度δ/mm,材料		外壁尺寸/mm			有效容积/dm³	附设装置	排水方式			槽体保温	加温(或冷却)	溶液喷射搅拌	空气搅拌	阴极移动	喷淋	过滤/(m³/h)	供水	逆流	回收	温度控制	自动添加	废水		局部排风
												槽体	内衬	长	宽	高			溢流斗	集污斗	排污阀													沟排	管排	
27	水洗	34										15,PP		3000	600	1800	2850		√		√				√											
40	水洗(交换)	35	1									15,PP		3000	600	1800	2850				√				√				自来水							
28	纯水洗	36										15,PP		3000	600	1800	2850				√				√				纯 水							
29,31	铬酸活化	37										15,HPVC		3000	600	1800	2750																			
30	装饰铬	38	1	38～52(46)	10～12	2～4			200	2400	2500/12(波纹系数小于5%)	15,PP	10,HPVC	3000	1000	1800	4550						钛蛇形管加温、冷却		√							显示				双侧
32	回收	39										15,HPVC		3000	600	1800	2850				√				√											
33	回收	40										15,HPVC		3000	600	1800	2850				√				√				纯 水		手提泵					
34	还原	41										15,PP		3000	600	1800	2750				√															
35	还原	42										15,PP		3000	600	1800	2750				√															
36	水洗	43										15,PP		3000	600	1800	2850		√		√				√											
37	水洗	44										15,PP		3000	600	1800	2850				√				√				自来水							
38	热纯水洗	45		60								15,PP		3000	600	1550	2850		√		√		不锈钢蛇形管加温						纯 水			自动				
39	卸挂	0	1																																	

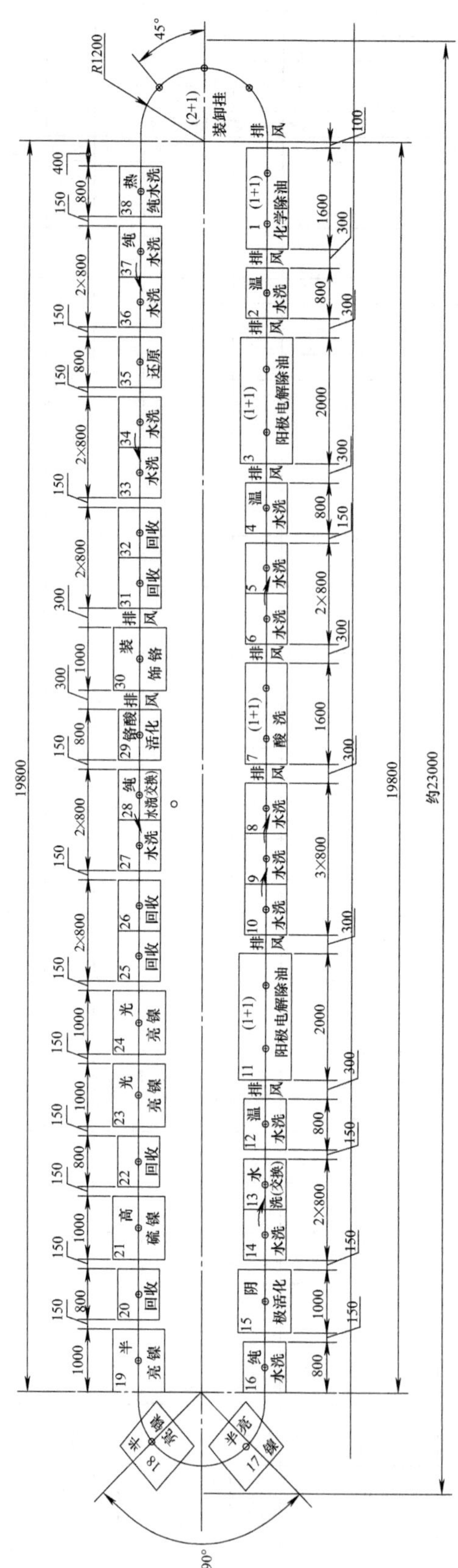

图 1-14 摩托车轮圈（内阳极）电镀生产线工艺流程

表 1-10　摩托车轮圈（内阳极）电镀生产线工艺配置表

工序号	工序名称	槽位号	工位数	工艺条件					电镀面积和电流电压			镀槽要求											设备要求													
				温度/℃	电流密度/(A/dm^2)	时间/min	镀层厚度/μm	添加剂型号	每一极杆/dm^2	每一极杆/A	整流器/(A/V)	厚度δ/mm,材料		外壁尺寸/mm			有效容积/dm^3	附设装置	排水方式			槽体保温	加温（或冷却）	溶液喷射搅拌	空气搅拌	阴极移动	喷淋	过滤/(m^3/h)	供水	逆流	回收	温度控制	自动添加	废水		局部排风
												槽体	内衬	长	宽	高			溢流斗	集污斗	排污阀													沟排	管排	
1	装卸挂	0	2+1																																	
2	化学除油	1	1+1	65		8						15,PP		1500	800	1700	1700		√		√		不锈钢蛇形管加温						自来水			显示				√
3	温水洗	2		45								15,PP		800	800	1700	930		√		√		不锈钢蛇形管加温						自来水			显示				
4	阳极电解除油	3	1+1	60	3.5	8			210	735	750/12	15,PP		1900	1000	1700	2750		√		√		不锈钢蛇形管加温						自来水			显示				√
5	温水洗	4		45								15,PP		800	800	1700	930		√		√		不锈钢蛇形管加温						自来水			显示				
6	水洗	5										15,PP		800	800	1700	930		√		√				√					↶						
7	水洗	6										15,PP		800	800	1700	930				√				√				自来水							
8	酸洗	7	1+1	室温		1～2						15,PP		1500	800	1700	1700				√															
9	水洗	8										15,PP		800	800	1700	930		√		√				√					↶						
10	水洗	9										15,PP		800	800	1700	930				√				√					↶						
11	水洗	10										15,PP		800	800	1700	930				√				√				自来水							
12	阳极电解除油	11	1+1	60	3.5	8			210	735	750/12	15,PP		1900	1000	1700	2750		√		√		不锈钢蛇形管加温						自来水			显示				√
13	温水洗	12		45								15,PP		800	800	1700	930		√		√		不锈钢蛇形管加温						自来水			显示				
14	水洗（交换）	13	1									15,PP		800	800	1700	930		√		√				√					↶						
15	水洗	14										15,PP		800	800	1700	930				√				√				自来水							
16	阴极活化	15		20～35	1～3	10～30s			210	630	750/12	15,PP		1000	1000	1700	1400				√		F4 管束加温													
17	纯水洗	16										15,PP		800	800	1700	930		√		√								纯水							

续表

工序号	工序名称	槽位号	工位数	工艺条件 温度/℃	电流密度/(A/dm²)	时间/min	镀层厚度/μm	添加剂型号	电镀面积和电流电压 每一极杆/dm²	每一极杆/A	整流器/(A/V)	镀槽要求 厚度δ/mm,材料 槽体	内衬	外壁尺寸/mm 长	宽	高	有效容积/dm³	附设装置	排水方式 溢流斗	集污斗	排污阀	槽体保温	设备要求 加温(或冷却)	溶液喷射搅拌	空气搅拌	阴极移动	喷淋	过滤/(m³/h)	供水	逆流	回收	温度控制	自动添加	废水 沟排	废水 管排	局部排风
18A	半亮镍	17	2+1	50～55	3.5～4.5	16			210	945	1000/12	15,PP		1000	1000	1700	1400						钛蛇形管加温		√			20				显示				
18B	半亮镍	18							210	945	1000/12	15,PP		1000	1000	1700	1400						钛蛇形管加温		√			20				显示				
18C	半亮镍	19							210	945	1000/12	15,PP		1000	1000	1700	1400						钛蛇形管加温		√			20				显示				
19	回收	20										15,PP		800	800	1700	930				√				√				纯水							
20	高硫镍	21	1	50	3～3.5	2～2.5			210	735	750/12	15,PP		1000	1000	1700	1400						钛蛇形管加温	√				20				显示				
21	回收	22										15,PP		800	800	1700	930				√				√				纯水							
22A	光亮镍	23	1+1	50～60	3.5～4.5	8			210	945	1000/12	15,PP		1000	1000	1700	1400						钛蛇形管加温		√			20				显示				
22B	光亮镍	24							210	945	1000/12	15,PP		1000	1000	1700	1400						钛蛇形管加温		√			20				显示				
23	回收	25										15,PP		800	800	1700	930				√				√											
24	回收	26										15,PP		800	800	1700	930				√				√				纯水							
25	水洗	27										15,PP		800	800	1700	930		√		√				√				自来水							
26	纯水洗(交换)	28	1									15,PP		800	800	1700	930				√				√				纯水							
27	铬酸活化	29										15,PVC		800	800	1700	900																			
28	装饰铬	30	1	40～43	10～12	1.5～2			210	2520	3000/12(波纹系数小于5%)	15,PVC		1000	1000	1700	1400						钛蛇形管加温、冷却		√							显示				√
29	回收	31										15,PP		800	800	1700	930				√				√											
30	回收	32										15,PP		800	800	1700	930				√				√				纯水							

续表

工序号	工序名称	槽位号	工位数	工艺条件					电镀面积和电流电压			镀槽要求											设备要求													
				温度/℃	电流密度/(A/dm^2)	时间/min	镀层厚度/μm	添加剂型号	每一极杆/dm^2	每一极杆/A	整流器/(A/V)	厚度δ/mm,材料		外壁尺寸/mm			有效容积/dm^3	附设装置	排水方式			槽体保温	加温(或冷却)	溶液喷射搅拌	空气搅拌	阴极移动	喷淋	过滤/(m^3/h)	供水	逆流	回收	温度控制	自动添加	废水		局部排风
												槽体	内衬	长	宽	高			溢流斗	集污斗	排污阀													沟排	管排	
31	水洗	33										15,PP		800	800	1700	930		√		√				√					↶						
32	水洗	34										15,PP		800	800	1700	930				√				√				自来水							
33	还原	35										15,HPVC		800	800	1700	900				√															
34	水洗	36										15,PP		800	800	1700	930		√		√				√				自来水	↶						
35	纯水洗	37										15,PP		800	800	1700	930				√				√				纯水							
36	热纯水洗	38		60								15,PP		800	800	1700	930		√		√		不锈钢蛇形管加温						纯水			显示				

1.2.6 活塞环硬铬电镀工艺

活塞环硬铬电镀全线工艺流程和设备平面布置如图1-15、图1-16所示。

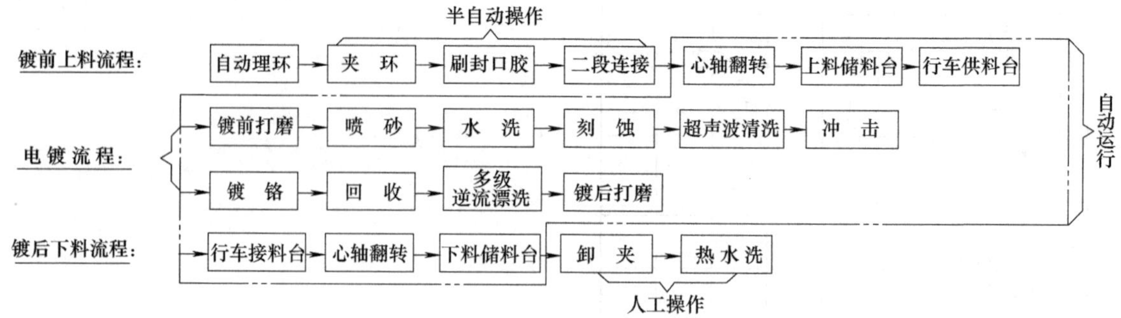

图1-15 活塞环硬铬电镀全线工艺流程

图1-17为活塞环硬铬电镀线槽面布置图。

活塞环硬铬电镀生产线工艺流程及断面示意图如图1-18所示。

设计要素如下。

① 主机：L17.65m（装卸挂间距）×W3.27m（机架中心宽度）×H4.94m（机架高度）（该尺寸含走道平台，未含整流器和线外排风系统等辅助设施）。

② 高轨专用行车：1台，水平运行速度4～36m/min（变频调速），升降运行速度4～25m/min（变频调速），阴极导电杆11支，提升行程1800～1900mm，提升重量≤100kgf（含活塞环及其专用装夹挂具、阴极导电杆和提升时的溶液附加力）。

③ 行车运行周期：20min（可调）。

④ 年产量（250d/a，三班制，21h/d）：

250d×21h/d×60min/h÷20min×200片×0.97≈305×10^4片（活塞环）。

注：每挂装环有效高度200×3.5mm=700mm。

⑤ 溶液加温和保温供汽量（预热以4h，初始温度按15℃计算）：加温250kg/h，保温100～150kg/h。

⑥ 生产作业供水量（水洗槽换水次数0.75～1.0槽/h，热水和纯水减半计算）：自来水1.5～2.0m^3/h（未含铬槽冷却水供应量），纯水0.3～0.4m^3/h。

⑦ 空搅用低压空气量280m^3/h，配置：80型三叶罗茨风机1台（进风量290m^3/h，3kW，排风压力为19.6kPa，1360r/min）。

⑧ 局部排风装置：铬系排风量29000m^3/h（槽面风速0.45m/s），配置：No.10，FRP风机（耐铬酸）1台31000m^3/h，1100Pa，15kW，900r/min；1200型高效铬雾净化箱1台。

⑨ 废水排放（处理）量：酸碱系9.5～1.2m^3/h，铬系0.9～1.2m^3/h。

⑩ 设备总动力：3相，50Hz，380V，约410kW［其中整流器11台额定总容量约390kW，回收手提泵1台（0.55kW），同时使用系数0.6～0.7］。

活塞环硬铬电镀生产线工艺配置表见表1-11。

1.2.7 活塞环磷化工艺

活塞环磷化生产线工艺流程如图1-19所示。

设计要素如下。

① 主机：L13.3m（装卸挂间距）×W2.2m（线宽）×H3.8m（机架高度）（该尺寸未含走道平台以及线外排风系统等辅助设施）。

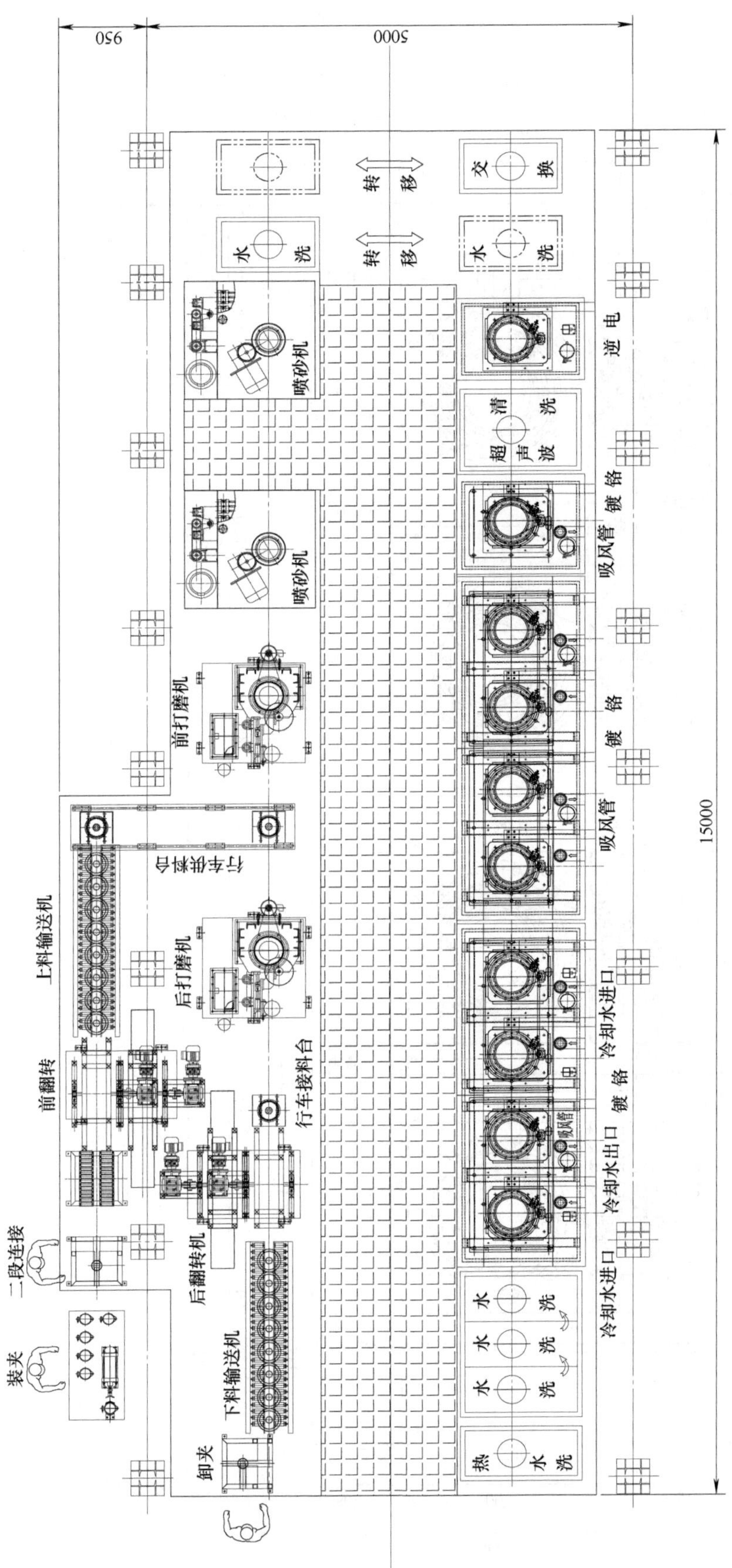

图 1-16　设备平面布置图

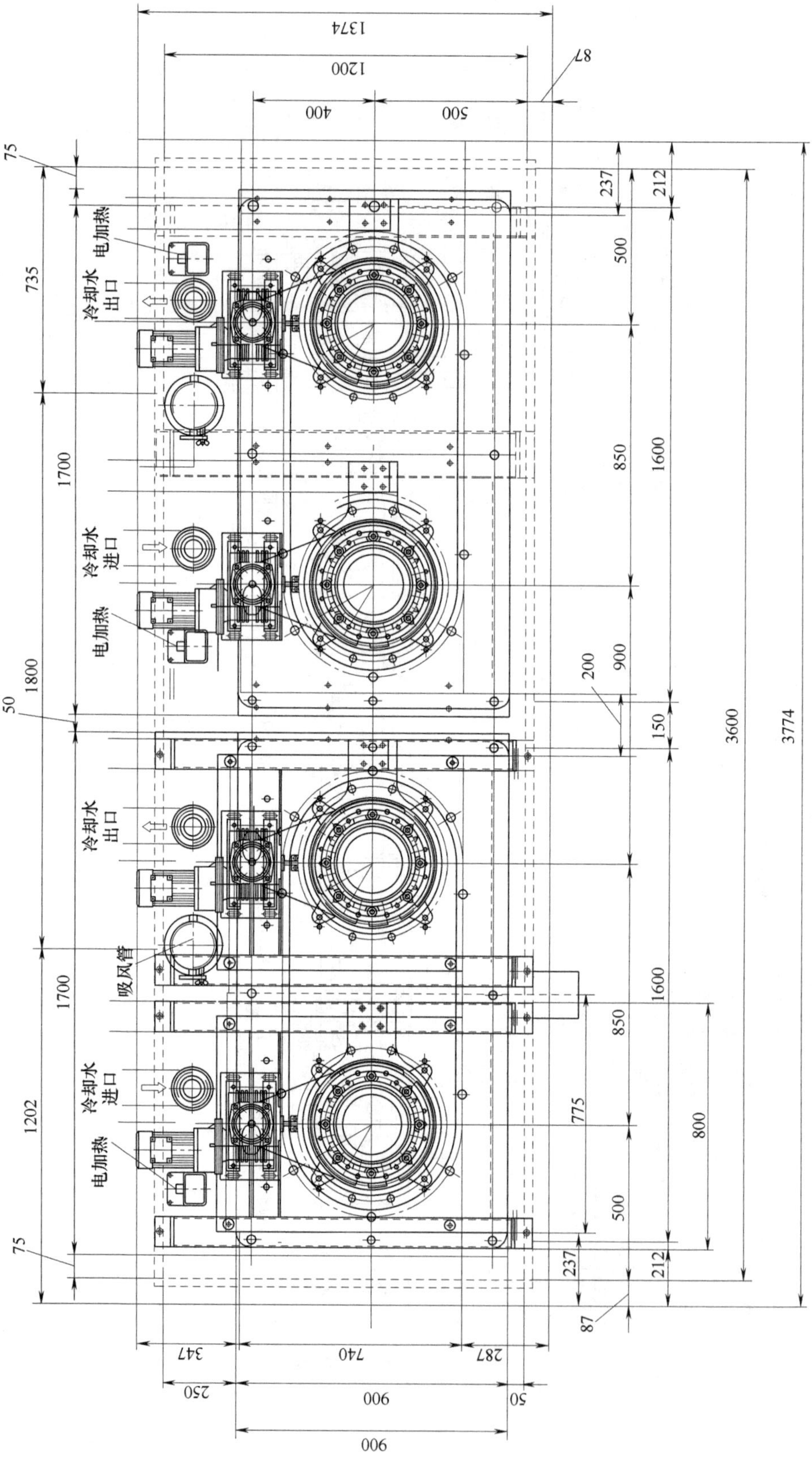

图 1-17 活塞环硬铬电镀线槽面布置图

② 中低轨（双驱动）行车：1 台，水平运行速度 4～36m/min（变频调速），升降运行速度 4～25m/min（变频调速），提升杆 8 支，提升行程 1000～1100mm，提升重量≤100kgf（含工件、提升杆、挂具和提升时的溶液附加力）。

全线框架式横向水平移动装置 1 套（1.5kW，水平幅度 50mm，移动频率 $15min^{-1}$）。

③ 行车运行周期：8min（可调）。

④ 月产量（每月 22d，8h/d）：22d×8h/d×60min/h÷8min×250 片×0.97≈320000 片（按每杆钢环装夹 250 片计算，有效装夹高度 300mm，若磷化钢带环，每杆可装夹 600 片，可磷化 768000 片/月）。

⑤ 溶液加温和保温供电量（预热以 4h，初始温度按 15℃计算）：加温 69kW/h，保温30～40kW/h。

⑥ 生产作业供水量（水洗槽每小时换水次数 0.75～1.0 槽，热水和纯水减半计算）：自来水 1.2～1.5m^3/h，纯水 0.4～0.5m^3/h。

⑦ 局部排风装置（翻盖低截面条缝式排风罩，槽面风速取 0.3m/s，槽口宽度按 600mm 计算风量），排风量 9200m^3/h，配置：No.6，FRP 风机 1 台（10000m^3/h，920Pa，4kW，1450r/min）。

⑧ 废水排放（处理）量：酸碱系 1.0～1.3m^3/h，磷系 0.5～0.7m^3/h。

⑨ 设备总动力：3 相，50Hz，380V，约 76kW（同时使用系数 0.6～0.7）。

活塞环磷化生产线工艺配置表见表 1-12。

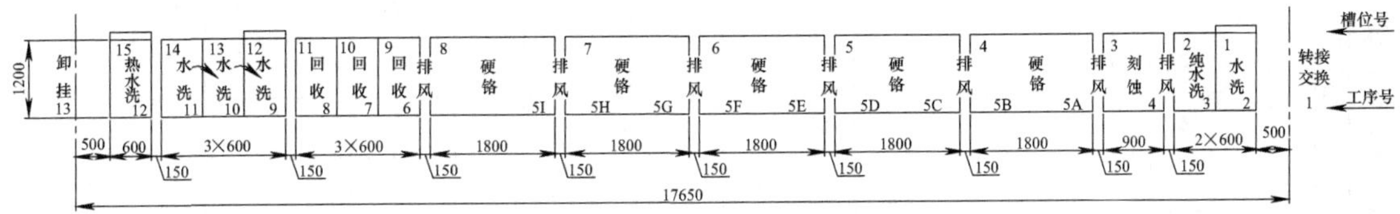

活塞环硬铬电镀工艺流程

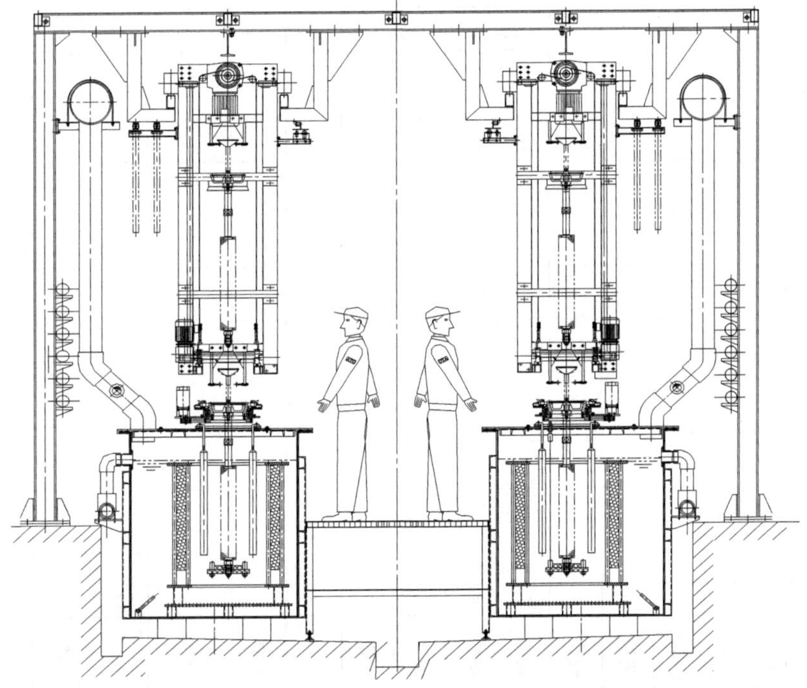

图 1-18 活塞环硬铬电镀生产线工艺流程及断面示意图

表 1-11 活塞环硬铬电镀生产线工艺配置表

工序号	工序名称	槽位号	工位数	工艺条件					电镀面积和电流电压			镀槽要求											设备要求													
				温度/℃	电流密度/(A/dm²)	时间/min	镀层厚度/μm	添加剂型号	每一极杆/dm²	每一极杆/A	整流器/(A/V)	厚度δ/mm，材料		外壁尺寸/mm			有效容积/dm³	附设装置	排水方式			槽体保温	加温（或冷却）	溶液喷射搅拌	空气搅拌	阴极移动	喷淋	过滤/(m³/h)	供水	逆流	回收	温度控制	自动添加	废水		局部排风
												槽体	内衬	长	宽	高			溢流斗	集污斗	排污阀													沟排	管排	
1	转接交换	0	1																																	
2	水洗	1										15，PP		1200	600	1400	850		√		√				√				自来水	↩				√		
3	纯水洗	2										15，PP		1200	800	1400	850				√				√				纯水					√		
4	刻蚀	3		40	10～15	10～15s					1000/15	15，PP	10，PVC	1200	900	1400	1200																			双侧
5A，5B	硬铬	4	9+1	50～60	30～75(50)	180					2500/15 10台（纹波系数小于5%）	15，PP	10，PVC	1200	1800	1400	2400	带电进出					钛蛇形管加温		√							自动				双侧
5C，5D	硬铬	5		50～60	30～75(50)							15，PP	10，PVC	1200	1800	1400	2400	带电进出					钛蛇形管加温		√							自动				双侧
5E，5F	硬铬	6		50～60	30～75(50)							15，PP	10，PVC	1200	1800	1400	2400	带电进出					钛蛇形管加温		√							自动				双侧
5G，5H	硬铬	7		50～60	30～75(50)							15，PP	10，PVC	1200	1800	1400	2400	带电进出					钛蛇形管加温		√							自动				双侧
5I	硬铬	8		50～60	30～75(50)							15，PP	10，PVC	1200	1800	1400	2400	带电进出					钛蛇形管加温		√						↩	自动				双侧
6	回收	9										15，PVC		1200	600	1400	850				√				√						↩				√	
7	回收	10										15，PVC		1200	600	1400	850				√				√						↩				√	
8	回收	11										15，PVC		1200	600	1400	850				√				√				纯水		手提泵				√	
9	水洗	12										15，PP		1200	600	1400	850		√		√				√										√	
10	水洗	13										15，PP		1200	600	1400	850				√				√					↩					√	
11	水洗	14										15，PP		1200	600	1400	850				√				√				自来水	↩					√	
12	热水洗	15		60								15，PP		1200	600	1400	850		√		√		不锈钢蛇形管加温						自来水			自动			√	
13	卸挂	0	1																																	

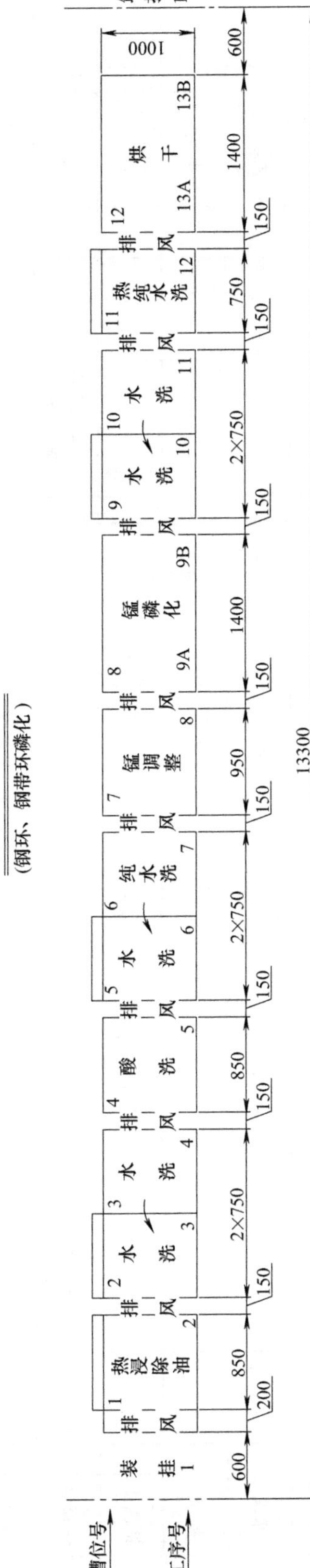

图1-19　活塞环磷化生产线工艺流程

表 1-12 活塞环磷化生产线工艺配置表

工序号	工序名称	槽位号	工位数	工艺条件					电镀面积和电流电压			镀槽要求							排水方式			槽体保温	设备要求											废水		局部排风
				温度/℃	电流密度/(A/dm²)	时间/min	镀层厚度/μm	添加剂型号	每一极杆/dm²	每一极杆/A	整流器/(A/V)	厚度δ/mm,材料		外壁尺寸/mm			有效容积/dm³	附设装置	溢流斗	集污斗	排污阀		加温(或冷却)	溶液喷射搅拌	空气搅拌	工件摆动	喷淋	过滤/(m³/h)	供水	逆流	回收	温度控制	自动添加	沟排	管排	
												槽体	内衬	长	宽	高																				
1	装挂	0	1																																	
2	热浸除油	1	1	65±5		5						15,PP		1000	850	900	580		√		√		不锈钢电加温(9kW)			√			自来水			自动		√		双侧
3	水洗	2										12,PP		1000	750	900	550		√		√					√								√		
4	水洗	3										12,PP		1000	750	900	550				√					√			自来水	↩				√		
5	酸洗	4	1	室温								15,PP		1000	850	900	580				√					√			纯水					√		双侧
6	水洗	5										12,PP		1000	750	900	550		√		√					√			自来水					√		
7	纯水洗	6										12,PP		1000	750	900	550				√					√			纯水	↩				√		
8	锰调整	7	1	室温		2						3,不锈钢		1000	950	900	700				√					√			纯水						√	双侧
9A 9B	锰磷化	8	1	98		6～8						3,不锈钢		1000	1400	900	1000				√	√	不锈钢电加温(24kW)			√			纯水			自动			√	双侧
10	水洗	9										12,PP		1000	750	900	550		√		√					√								√		
11	水洗	10										12,PP		1000	750	900	550				√					√			自来水	↩					√	
12	热纯水洗	11		75								3,不锈钢		1000	750	900	550		√		√	√	不锈钢电加温(9kW)			√			纯水			自动			√	双侧
13A 13B	烘干	12	2	180		10						5,Q235	3,不锈钢	1000	1400	900						√	不锈钢电热管加温(27kW)			√						自动				
14	卸挂	0	1																																	

1.2.8　活塞环发蓝工艺

活塞环发蓝生产线工艺流程如图 1-20 所示。

设计要素如下。

① 主机：L17.3m（装卸挂间距）×W2.2m（线宽）×H3.8m（机架高度）（该尺寸未含走道平台以及线外排风系统等辅助设施）。

② 中低轨（双驱动）门式行车：1 台，水平运行速度 4～36m/min（变频调速），升降运行速度 4～25m/min（变频调速），提升杆 10 支，提升行程 1000～1100mm，提升重量≤100kgf（含工件、提升杆、挂具和提升时的溶液附加力）。

全线框架式横向水平移动装置 1 套（1.5kW，水平幅度 50mm，移动频率 15/min）。

③ 行车运行周期：7min。

④ 月产量（每月 22d，8h/d）：

a. 钢环发蓝月产量：22d×8h/d×60min/h÷7min×250 片×0.97≈365800 片（按每杆钢装夹 250 片计算，有效装夹高度 300mm）。

b. 钢带环发蓝月产量：22d×8h/d×60min/h÷20min×600 片×0.97≈307000 片（按每杆钢带环装夹 600 片计算，有效装夹高度 300mm）。

⑤ 溶液加温和保温供电量（预热以 4h，初始温度按 15℃计算）：加温 135kW/h，保温 80～90kW/h。

⑥ 生产作业供水量（水洗槽换水次数 0.75～1.0 槽/h，热水和纯水减半计算）：自来水 2.0～3.0m^3/h，纯水 0.4～0.5m^3/h。

⑦ 局部排风装置（翻盖低截面条缝式排风罩，槽面风速取 0.3m/s，槽口宽度按 600mm 计算风量），排风量 10800m^3/h，配置：No.6，FRP 风机 1 台（12000m^3/h，720Pa，4kW，1450r/min）。

⑧ 废水排放（处理）量：酸碱系 2.0～3.0m^3/h。

⑨ 设备总动力：3 相，50Hz，380V，约 142kW（同时使用系数 0.6～0.7）。

活塞环发蓝生产线工艺配置表见表 1-13。

1.2.9　轴瓦三元合金电镀工艺

轴瓦三元合金电镀生产线工艺流程如图 1-21 所示。

设计要素如下。

① 主机：L26m（机架长度）×W2.3m（两轨道中心距）×H3.3m（机架高度）（该尺寸未含整流器、过滤机、走道平台以及线外排风系统等辅助设施）。

② 中轨门式行车：2 台，水平运行速度 3～30m/min（变频调速），升降运行速度 3～20m/min（变频调速），阴极导电杆 12 支，提升行程 1200～1300mm，提升重量≤100kgf（含轴瓦、阴极导电杆、挂具和提升时的溶液附加力）。连杆式阴极移动装置 1 套（0.55kW），上下冲程幅度 50mm，移动频率 10～15 次/min。

③ 行车运行周期：7min。

④ 月产量（每月 22d，21h/d）：22d×21h/d×60min/h÷7min×126 片≈498900 片（每一阴极杆装挂 18 片/串×7 串＝126 片，未计废品率）。

⑤ 溶液加温和保温供汽量（预热以 4h，初始温度按 15℃计算）：加温 100kg/h，保温 60～70kg/h。

⑥ 生产作业供水量（水洗槽换水次数 0.4～0.5 槽/h，热水和纯水减半计算）：自来水 2.0～2.5m^3/h，纯水 0.8～1.0m^3/h。

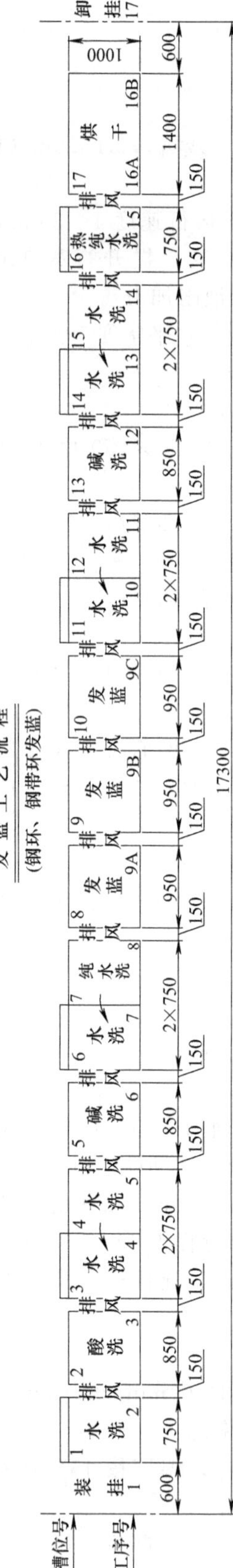

图 1-20 活塞环发蓝生产线工艺流程

表 1-13　活塞环发蓝生产线工艺配置表

工序号	工序名称	槽位号	工位数	工艺条件					电镀面积和电流电压			镀槽要求											设备要求													
				温度/℃	电流密度/(A/dm²)	时间/min	镀层厚度/μm	添加剂型号	每一极杆/dm²	每一极杆/A	整流器/(A/V)	厚度δ/mm，材料		外壁尺寸/mm			有效容积/dm³	附设装置	排水方式			槽体保温	加温(或冷却)	溶液喷射搅拌	空气搅拌	工件移动	喷淋	过滤/(m³/h)	供水	逆流	回收	温度控制	自动添加	废水		局部排风
												槽体	内衬	长	宽	高			溢流斗	集污斗	排污阀													沟排	管排	
1	装挂	0	1																																	
2	水洗	1										12，PP		1000	750	900	550		√		√					√			自来水					√		
3	酸洗	2	1	60±5		2						15，PP		1000	850	900	580				√		不锈钢电加温(9kW)			√			纯水			自动		√		双侧
4	水洗	3										12，PP		1000	750	900	550		√		√					√				↶				√		
5	水洗	4										12，PP		1000	750	900	550				√					√			自来水					√		
6	碱洗	5	1	80±5		3						15，PP		1000	850	900	580				√		不锈钢电加温(9kW)			√			纯水			自动		√		双侧
7	水洗	6										12，PP		1000	750	900	550		√		√					√			自来水	↶				√		
8	纯水洗	7										12，PP		1000	750	900	550				√					√			纯水					√		
9A	发蓝	8	1	135～140		19(60)						3，不锈钢		1000	950	900	700				√	√	不锈钢电加温(24kW)			√			纯水			自动		√		双侧
9B	发蓝	9	1									3，不锈钢		1000	950	900	700				√	√	不锈钢电加温(24kW)			√			纯水			自动		√		双侧
9C	发蓝	10	1									3，不锈钢		1000	950	900	700				√	√	不锈钢电加温(24kW)			√			纯水			自动		√		双侧
10	水洗	11										12，PP		1000	750	900	550		√		√					√				↶				√		
11	水洗	12										12，PP		1000	750	900	550				√					√			自来水					√		
12	碱洗	13	1	80±5		3						15，PP		1000	850	900	580				√		不锈钢电加温(9kW)			√			纯水			自动		√		双侧
13	水洗	14										12，PP		1000	750	900	550		√		√					√				↶				√		
14	水洗	15										12，PP		1000	750	900	550				√					√			自来水					√		
15	热纯水洗	16		75		1						3，不锈钢		1000	750	900	550		√		√	√	不锈钢电加温(9kW)			√			纯水			自动		√		双侧
16A，16B	烘干	17	2	180		10						5，Q235	3，不锈钢	1000	1400	900						√	不锈钢电热管加温(27kW)			√						自动				
17	卸挂	0	1																																	

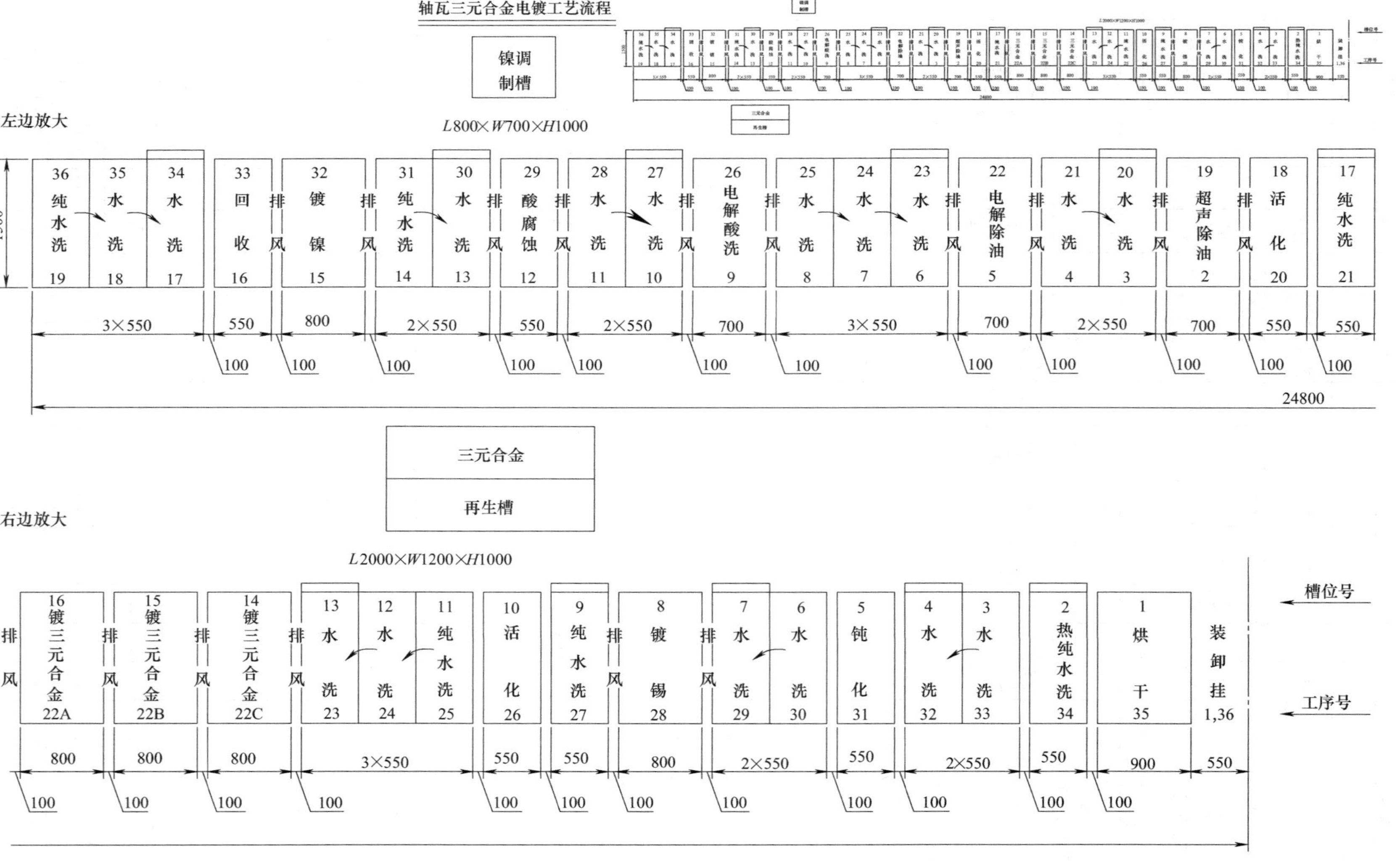

图 1-21 轴瓦三元合金电镀生产线工艺流程

⑦ 空搅用低压空气量［按液面 0.20～0.30m^3/(min·m^2)］260m^3/h，配置：65 型三叶罗茨风机 1 台（进风量 290m^3/h，3kW，排风压力为 14.7kPa，2100r/min）。

⑧ 局部排风装置（翻盖低截面条缝式排风罩，槽口风速取 0.3m/s，槽口宽按 500mm 计算），排风量 13600m^3/h，配置：No.6，FRP 风机 1 台（13800m^3/h，980Pa，5.5kW，1600r/min）。

⑨ 废水排放（处理）量：酸碱系 2.5～3.0m^3/h。

⑩ 设备总动力：3 相，50Hz，380V，约 48kW（其中整流器 8 台额定总容量约 16.5kW，过滤机 5 台额定总容量约 3.75kW，超声波发生器总功率 7.2kW，同时使用系数 0.6～0.7）。

三元合金槽自动加料系统如图 1-22 所示。

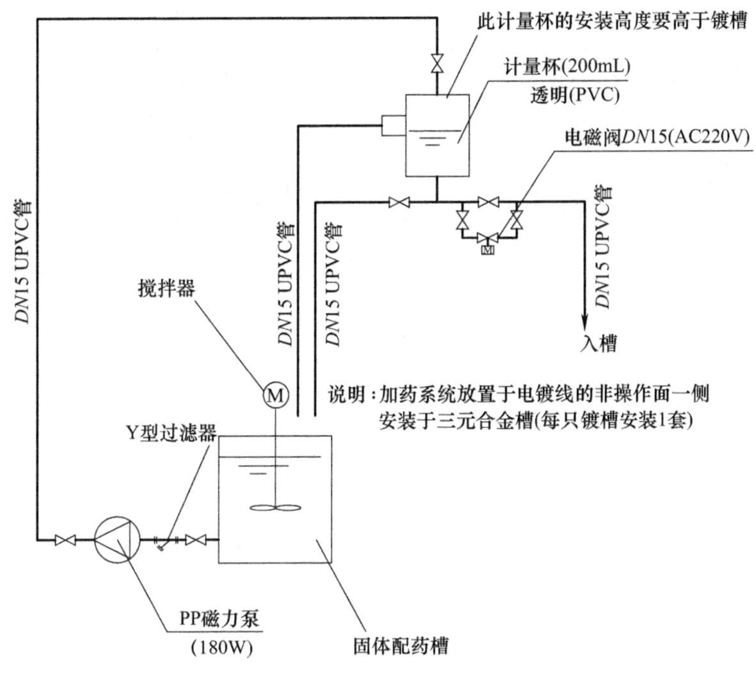

图 1-22 三元合金槽自动加料系统

轴瓦三元合金电镀生产线工艺配置表见表 1-14。

1.2.10 铜合金水暖五金件电镀工艺

铜合金水暖五金件电镀生产线工艺流程如图 1-23 所示。

设计要素如下。

① 主机：L35.2m（装卸挂间距）×W3.0m（线宽）×H5.57m（机架高度）（该尺寸未含整流器、过滤机和走道平台以及线外排风系统等辅助设施）。

② 高轨中柱式（双杆）行车：3 台，水平运行速度 3～36m/min（变频调速），升降运行速度 3～25m/min（变频调速），提升行程 1700～1800mm，提升重量≤250kgf（含受镀零件、阴极导电杆、挂具和提升时的溶液附加力）。

阴极移动装置 1 套（1.5kW，上下行程摆幅 50mm，频率 15 次/min），阴极导电杆 17 支，每一阴极杆最大装载量 250dm^2，挂具装载体积 H1200mm×W400mm×δ200mm，5 挂/杆。

③ 行车运行周期：6min（>5min 可调）。

④ 年产量（每年 250d，两班制，16h/d）：250d×16h/d×60min/h÷6min×250dm^2×

表 1-14 轴瓦三元合金电镀生产线工艺配置表

工序号	工序名称	槽位号	工位数	工艺条件					电镀面积和电流电压			镀槽要求											设备要求													
				温度/℃	电流密度/(A/dm²)	时间/min	镀层厚度/μm	添加剂型号	每一极杆/dm²	每一极杆/A	整流器/(A/V)	厚度δ/mm，材料		外壁尺寸/mm			有效容积/dm³	附设装置	排水方式			槽体保温	加温(或冷却)	溶液喷射搅拌	空气搅拌	阴极移动	喷淋	过滤/(m³/h)	供水	逆流	回收	温度控制	自动添加	废水		局部排风
												槽体	内衬	长	宽	高			溢流斗	集污斗	排污阀													沟排	管排	
1,36	装卸挂	0	1																																	
35	烘干	1	1	60～80								3，不锈钢		1500	900	1000							电加热(6kW)热风循环(0.75kW)													
34	热纯水洗	2		60～80								12，PP		1500	550	1000	680		√		√		不锈钢蛇形管加温						纯水			自动		√		
33	水洗	3										12，PP		1500	550	1000	680				√				√				自来水	⤵				√		
32	水洗	4										12，PP		1500	550	1000	680		√		√				√									√		
31	钝化	5		室温								12，PP		1500	550	1000	650				√															
30	水洗	6										12，PP		1500	550	1000	680				√				√				自来水	⤵				√		
29	水洗	7										12，PP		1500	550	1000	680		√		√				√									√		
28	镀锡	8	1	25							100/12	15，PP		1500	800	1000	950				√		聚氟乙烯管束加温、冷却		√			10				自动			√	√
27	纯水洗	9										12，PP		1500	550	1000	680				√				√				纯水					√		
26	活化	10										12，PP		1500	550	1000	650				√															
25	纯水洗	11										12，PP		1500	550	1000	680				√				√				纯水	⤵				√		
24	水洗	12										15，PP		2450	550	1000	680				√				√				自来水	⤵				√		
23	水洗	13										15，PP		2450	550	1000	680		√		√				√									√		

续表

工序号	工序名称	槽位号	工位数	工艺条件					电镀面积和电流电压			镀槽要求											设备要求													
				温度/℃	电流密度/(A/dm²)	时间/min	镀层厚度/μm	添加剂型号	每一极杆/dm²	每一极杆/A	整流器/(A/V)	厚度δ/mm，材料		外壁尺寸/mm			有效容积/dm³	附设装置	排水方式			槽体保温	加温(或冷却)	溶液喷射搅拌	空气搅拌	阴极移动	喷淋	过滤/(m³/h)	供水	逆流	回收	温度控制	自动添加	废水		局部排风
												槽体	内衬	长	宽	高			溢流斗	集污斗	排污阀													沟排	管排	
22C	镀三元合金	14	1	40							200/12	15，PP		1500	800	1000	950				√		不锈钢蛇形管加温			√		10				自动			√	√
22B	镀三元合金	15	1	40							200/12	15，PP		1500	800	1000	950				√		不锈钢蛇形管加温			√		10				自动			√	√
22A	镀三元合金	16	1	40							200/12	15，PP		1500	800	1000	950				√		不锈钢蛇形管加温			√		10				自动			√	√
	三元合金再生槽	附									100/6	15，PP		2000	1200	1000	960×2				√															
21	纯水洗	17										12，PP		1500	550	1000	680		√		√				√				纯水					√		
20	活化	18	1									12，PP		1500	550	1000	650				√															
2	超声除油	19							超声波发生器：7.2kW(每槽)[振板8块×0.9kW，H800mm×W250mm×δ90mm(每块)]			3，不锈钢		1500	700	1000	870		√		√		不锈钢蛇形管加温						自来水			自动			√	√
3	水洗	20										12，PP		1500	550	1000	680		√		√				√									√		
4	水洗	21										12，PP		1500	550	1000	680				√				√				自来水	↶				√		
5	电解除油	22	1	60～80							300/12	15，PP		1500	700	1000	820		√		√		不锈钢蛇形管加温						自来水			自动			√	√
6	水洗	23										12，PP		1500	550	1000	680		√		√				√									√		
7	水洗	24										12，PP		1500	550	1000	680				√				√					↶				√		
8	水洗	25										12，PP		1500	550	1000	680				√				√				自来水	↶				√		

续表

工序号	工序名称	槽位号	工位数	工艺条件					电镀面积和电流电压			镀槽要求											设备要求													
				温度/℃	电流密度/(A/dm²)	时间/min	镀层厚度/μm	添加剂型号	每一极杆/dm²	每一极杆/A	整流器/(A/V)	厚度δ/mm，材料		外壁尺寸/mm			有效容积/dm³	附设装置	排水方式			槽体保温	加温(或冷却)	溶液喷射搅拌	空气搅拌	阴极移动	喷淋	过滤/(m³/h)	供水	逆流	回收	温度控制	自动添加	废水		局部排风
												槽体	内衬	长	宽	高			溢流斗	集污斗	排污阀													沟排	管排	
9	电解酸洗	26	1	室温							300/12	12，PP		1500	700	1000	820				√														√	√
10	水洗	27										12，PP		1500	550	1000	680		√		√				√									√		
11	水洗	28										12，PP		1500	550	1000	680				√				√									√		
12	酸腐蚀	29	1	室温								12，PP		1500	550	1000	650				√														√	
13	水洗	30										12，PP		1500	550	1000	680		√		√				√				自来水					√		
14	纯水洗	31										12，PP		1500	550	1000	680				√				√				纯水					√		
15	镀镍	32	1	60～65								15，PP		1500	800	1000	950				√		钛蛇形管加温		√			10				自动			√	√
	镍调制槽	附									50/6	12，PP		800	700	1000	440				√														√	
16	回收	33										12，PP		1500	550	1000	680				√				√				纯水					√		
17	水洗	34										12，PP		1500	550	1000	680		√		√				√									√		
18	水洗	35										12，PP		1500	550	1000	680				√				√				自来水					√		
19	纯水洗	36										12，PP		1500	550	1000	680				√				√				纯水					√		

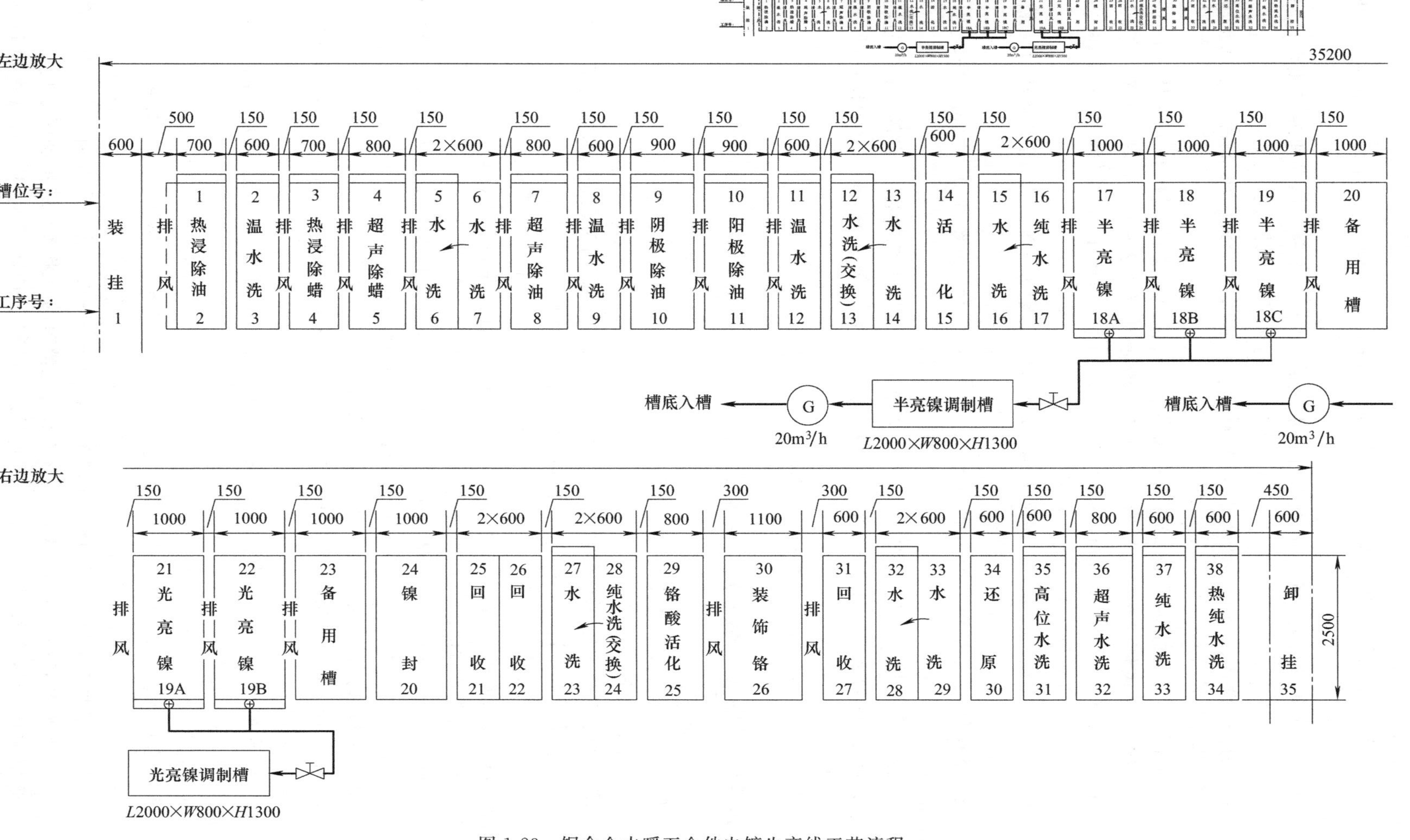

图 1-23　铜合金水暖五金件电镀生产线工艺流程

0.95≈950×10⁴dm²。

⑤ 溶液加温和保温供汽量（预热以4h，初始温度按15℃计算）：加温950kg/h，保温450～500kg/h。

⑥ 生产作业供水量（水洗槽每小时换水次数0.4～0.5槽，热水和纯水减半计算）：自来水6.5～8m^3/h，纯水1.5～2m^3/h（未含配槽时的自来水和纯水供应量）。

⑦ 空搅用低压空气量550m^3/h，配置：100型三叶罗茨风机1台（进风量670m^3/h，7.5kW，排风压力19.6kPa，1680r/min）。

⑧ 局部排风装置（翻盖低截面条缝式排风罩，槽口宽度按600mm计算风量）：

a. 酸碱系排风量（含镍系）31800m^3/h（槽面风速0.2～0.3m/s），配置：No.10，FRP风机1台（33000m^3/h，1000Pa，15kW，900r/min）；30型FRP废气净化塔1座［处理风量30000m^3/h，耐腐蚀液下泵1台（7.5kW）］。

b. 铬系排风量4800m^3/h（槽面风速0.45m/s），配置：No.4，FRP风机（耐铬酸）1台（5000m^3/h，1480Pa，4kW，2900r/min）；500型高效铬雾净化箱1台。

⑨ 废水排放（处理）量：酸碱系4.0～4.5m^3/h，镍系1.0～1.5m^3/h，铬系3.0～4.0m^3/h。

⑩ 设备总动力：3相，50Hz，380V，约258kW［其中整流器13台额定总容量约134kW，过滤机8台总容量约21kW，超声波发生器（48.6kW，频率≥40kHz），回收手提泵（0.55kW）2台，同时使用系数0.7～0.8］。

铜合金水暖五金件电镀生产线工艺配置表见表1-15。

1.2.11 锌合金水暖五金件电镀工艺

（1）方案一

锌合金水暖五金件电镀生产线工艺流程（方案一）如图1-24所示。

设计要素如下。

① 主机：L37.35m（装卸挂间距）×W3.0m（线宽）×H5.57m（机架高度）（该尺寸未含整流器、过滤机和走道平台以及线外排风系统等辅助设施）。

② 高轨中柱式行车：5台，水平运行速度3～36m/min（变频调速），升降运行速度3～25m/min（变频调速），提升行程1700～1900mm，提升重量≤250kgf（含受镀零件、阴极导电杆、挂具和提升时的溶液附加力）。

阴极移动装置2套（1.5kW，上下行程摆幅50mm，频率15min^{-1}），阴极导电杆17支，每一阴极杆最大装载量250dm²，挂具装载体积H1200mm×W400mm×δ150mm，5挂/杆。

③ 行车运行周期：5.5min（>5min可调）。

④ 年产量（每年250d，两班制，16h/d）：250d×16h/d×60min/h÷5.5min×250dm²×0.95≈1036×10⁴dm²。

⑤ 溶液加温和保温供汽量（预热以4h，初始温度按15℃计算）：加温650kg/h，保温300～400kg/h。

⑥ 酸铜溶液冷却水（10～15℃）供应量，预冷时间按1.5～2h计算，配置：08型风冷箱式工业冷水机1台（制冷量18800kcal/h，冷水流量60～90L/min，出口温度10～15℃，进口温度20～25℃，压缩机功率7.5kW，风扇功率0.75kW，冷水泵功率1.5kW）。

⑦ 生产作业供水量（水洗槽每小时换水次数0.3～0.4槽，热水和纯水减半计算）：自来水5.5～7.5m^3/h，纯水1.5～2.0m^3/h（未含配槽时的自来水和纯水供应量）。

⑧ 空搅用低压空气量750m^3/h，配置：100型三叶罗茨风机1台（进风量750m^3/h，11kW，排风压力19.6kPa，1880r/min）。

表 1-15　铜合金水暖五金件电镀生产线工艺配置表

工序号	工序名称	槽位号	工位数	工艺条件					电镀面积和电流电压			镀槽要求											设备要求													
				温度/℃	电流密度/(A/dm²)	时间/min	镀层厚度/μm	添加剂型号	每一极杆/dm²	每一极杆/A	整流器/(A/V)	厚度δ/mm，材料：槽体	厚度δ/mm，材料：内衬	外壁尺寸/mm：长	外壁尺寸/mm：宽	外壁尺寸/mm：高	有效容积/dm³	附设装置	排水方式：集污斗	排水方式：溢流斗	排水方式：排污阀	槽体保温	加温（或冷却）	溶液喷射搅拌	空气搅拌	阴极移动	喷淋	过滤/(m³/h)	供水	逆流	回收	温度控制	自动添加	废水：沟排	废水：管排	局部排风
1	装挂	0	2																																	
2	热浸除油	1	1	50～75（60）		5～6						15，PP		2500	700	1500	2200			√	√		不锈钢蛇形管加温						纯水 自来水			显示				单侧
3	温水洗	2		45								15，PP		2500	600	1500	1950			√	√		不锈钢蛇形管加温						自来水			显示				
4	热浸除蜡	3	1	60～90（75）		5～6						15，PP		2500	700	1500	2200			√	√		不锈钢蛇形管加温						纯水 自来水			显示				双侧
5	超声除蜡	4	1	60～90（75）		5～6			超声波发生器16.2kW（每槽）[振板12块×1.35kW，H1200mm×W300mm×δ90mm（每块）]			3，不锈钢		2500	800	1500	2650			√	√	√	不锈钢蛇形管加温						纯水 自来水			显示				双侧
6	水洗	5										15，PP		2500	600	1500	1950			√	√				√											
7	水洗	6										15，PP		2500	600	1500	1950				√				√				自来水	↶						
8	超声波除油	7	1	40～80（50）		5～6			超声波发生器16.2kW（每槽）[振板12块×1.35kW，H1200mm×W300mm×δ90mm（每块）]			3，不锈钢		2500	800	1500	2650			√	√	√	不锈钢蛇形管加温						纯水 自来水			显示				双侧
9	温水洗	8		45								15，PP		2500	600	1500	1950			√	√		不锈钢蛇形管加温						自来水			显示				
10	阴极除油	9	1	40～80（50）	2～4（3）	5～6			250	1000	1000/12	15，PP		2500	900	1500	2850			√	√		不锈钢蛇形管加温						纯水 自来水			显示				双侧
11	阳极除油	10	1	40～80（50）	2～4（3）	5～6			250	1000	1000/12	15，PP		2500	900	1500	2850			√	√		不锈钢蛇形管加温						纯水 自来水			显示				双侧
12	温水洗	11		45								15，PP		2500	600	1500	1950			√	√		不锈钢蛇形管加温						自来水			显示				
13	水洗（交换）	12	1									15，PP		2500	600	1500	1950			√	√				√											
14	水洗	13										15，PP		2500	600	1500	1950				√				√				自来水	↶						
15	活化	14		室温		1～2						15，PP		2500	600	1500	1900				√															

续表

工序号	工序名称	槽位号	工位数	工艺条件 温度/℃	电流密度/(A/dm²)	时间/min	镀层厚度/μm	添加剂型号	电镀面积和电流电压 每一极杆/dm²	每一极杆/A	整流器/(A/V)	镀槽要求 厚度δ/mm，材料 槽体	内衬	外壁尺寸/mm 长	宽	高	有效容积/dm³	附设装置	排水方式 集污斗	溢流斗	排污阀	槽体保温	设备要求 加温(或冷却)	溶液喷射搅拌	空气搅拌	阴极移动	喷淋	过滤/(m³/h)	供水	逆流	回收	温度控制	自动添加	废水 沟排	管排	局部排风
16	水洗	15										15，PP		2500	600	1500	1950			√	√				√				自来水							
17	纯水洗	16										15，PP		2500	600	1500	1950				√				√				纯水							
18A	半亮镍	17	1	49～71(66)	3～4				250	1000	1000/12	15，PP		2500	1000	1500	3200			√			钛蛇形管加温		√			30				显示				
18B	半亮镍	18	1	49～71(66)	3～4	18			250	1000	1000/12	15，PP		2500	1000	1500	3200			√			钛蛇形管加温		√			30				显示				
18C	半亮镍	19	1	49～71(66)	3～4				250	1000	1000/12	15，PP		2500	1000	1500	3200			√			钛蛇形管加温		√			30				显示				
	备用槽	20		60										2500	1000	1500	3200						钛蛇形管加温		√											
	半亮镍调制槽	附									200/8	15，PP		2000	800	1300	1700											20				显示				
19A	光亮镍	21	1	50～60(55)	2～4	12			250	1000	1000/12	15，PP		2500	1000	1500	3200			√			钛蛇形管加温		√			20				显示				
19B	光亮镍	22	1	50～60(55)	2～4				250	1000	1000/12	15，PP		2500	1000	1500	3200			√			钛蛇形管加温		√			20				显示				
	备用槽	23												2500	1000	1500	3200						钛蛇形管加温		√											
	光亮镍调制槽	附									200/8	15，PP		2000	800	1300	1700											20				显示				
20	镍封	24		53～60(55)	2～3	1～3			250	750	750/12	15，PP		2500	1000	1500	3200						钛蛇形管加温		√							显示				
21	回收	25										15，PP		2500	600	1500	1950				√				√											
22	回收	26										15，PP		2500	600	1500	1950				√				√						手提泵					
23	水洗	27										15，PP		2500	600	1500	1950			√	√				√				自来水							
24	纯水洗(交换)	28	1									15，PP		2500	600	1500	1950				√				√				纯水							
25	铬酸活化	29		室温	0.5	0.5			250	125	200/8	15，PVC		2500	800	1500	2550																			

续表

工序号	工序名称	槽位号	工位数	工艺条件					电镀面积和电流电压			镀槽要求											设备要求													
				温度/℃	电流密度/(A/dm²)	时间/min	镀层厚度/μm	添加剂型号	每一极杆/dm²	每一极杆/A	整流器/(A/V)	厚度δ/mm，材料		外壁尺寸/mm			有效容积/dm³	附设装置	排水方式			槽体保温	加温（或冷却）	溶液喷射搅拌	空气搅拌	阴极移动	喷淋	过滤/(m³/h)	供水	逆流	回收	温度控制	自动添加	废水		局部排风
												槽体	内衬	长	宽	高			集污斗	溢流斗	排污阀													沟排	管排	
26	装饰铬	30	1	38～52（46）	8～16（12）	2～3			250	3000	3000/12（波纹系数小于5%）	15，PVC		2500	1100	1500	3500						钛蛇形管加温、冷却		√							显示				双侧
27	回收	31										15，PVC		2500	600	1500	2850				√				√						手提泵					
28	水洗	32										15，PP		2500	600	1500	1950			√	√				√											
29	水洗	33										15，PP		2500	600	1500	1950				√				√				自来水							
30	还原	34										15，PP		2500	600	1500	1900				√															
31	高位水洗	35										15，PP		2500	600	1700	2200			√	√				√				自来水							
32	超声水洗	36							超声波发生器16.2kW（每槽）[振板12块×1.35kW,H1200mm×W300mm×δ90mm（每块）]			3，不锈钢		2500	800	1500	2650			√	√								自来水							
33	纯水洗	37										15，PP		2500	600	1500	1950			√	√				√				纯水							
34	热纯水洗	38		60								15，PP		2500	600	1500	1950			√	√		不锈钢蛇形管加温						纯水			显示				
35	卸挂	0	1																																	

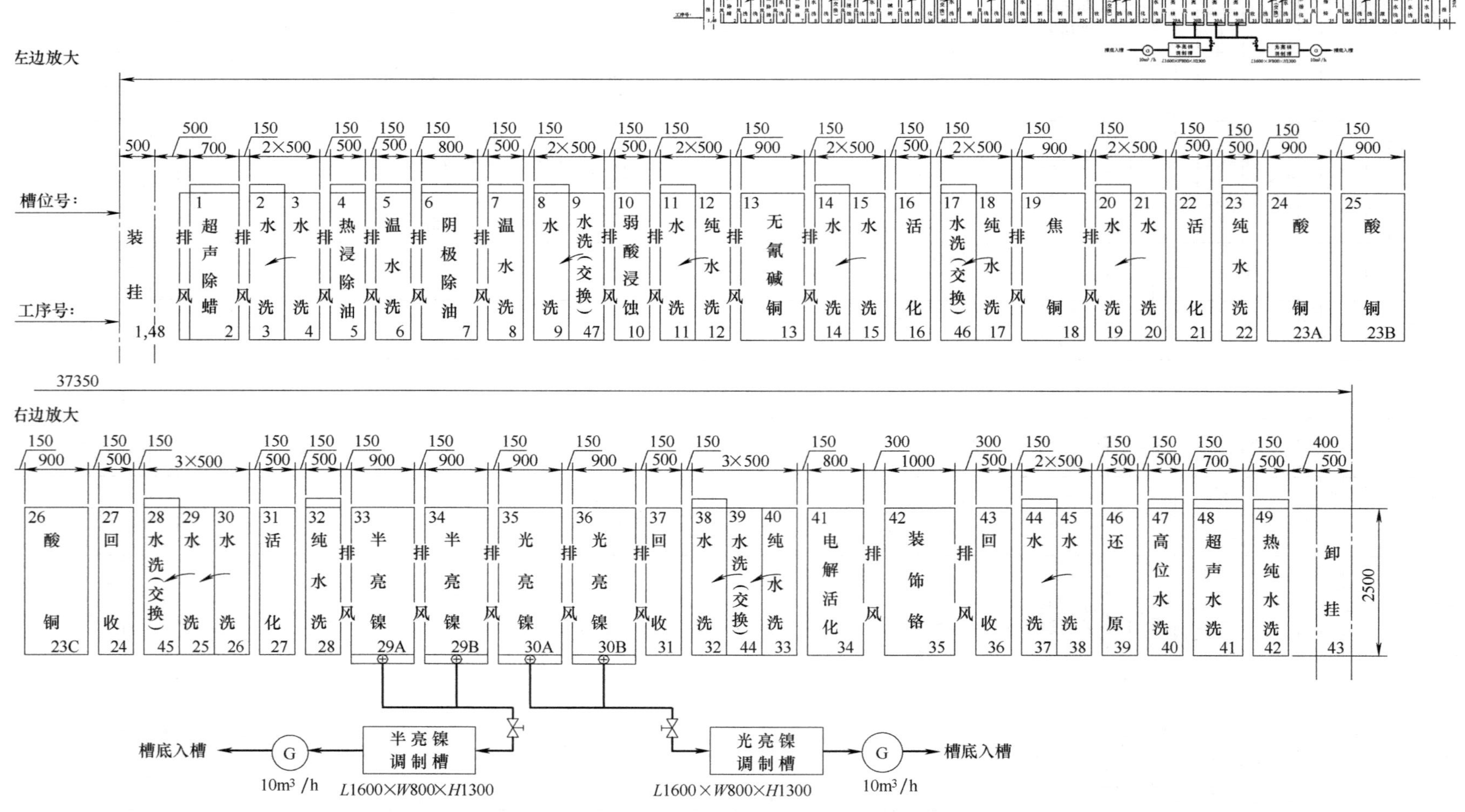

图 1-24 锌合金水暖五金件电镀生产线工艺流程（方案一）

⑨ 局部排风装置（翻盖低截面条缝式排风罩，槽口宽度按500mm计算风量）：

a. 酸碱系（含镍系）排风量26000m^3/h（槽面风速0.2～0.3m/s），配置：No.10，FRP风机1台（26000m^3/h，920Pa，11kW，800r/min）；25型FRP废气净化塔1座［处理风量25000dm^3/h，耐腐蚀液下泵1台（5.5kW）］。

b. 铬系排风量3900m^3/h（槽面风速0.45m/s），配置：No.3.6，FRP风机（耐铬酸）1台（4200m^3/h，1350Pa，3kW，2900r/min）；500型高效铬雾净化箱1台。

⑩ 废水排放（处理）量：酸碱系（含无氰碱铜和酸铜）4.0～5.5m^3/h，焦铜系0.5～0.8m^3/h，镍系0.5～0.8m^3/h，铬系1.5～2.0m^3/h。

⑪ 设备总动力：3相，50Hz，380V，约253kW［其中整流器14台额定总容量约131kW，过滤机11台总容量约22.8kW，超声波发生器（32.4kW，频率≥40kHz），回收手提泵（0.55kW）3台，同时使用系数0.7～0.8］。

锌合金水暖五金件电镀生产线工艺配置表（方案一）见表1-16。

（2）方案二

锌合金水暖五金件电镀生产线工艺流程（方案二）如图1-25所示。

锌合金水暖五金件电镀生产线工艺配置表（方案二）见表1-17。

锌合金水暖五金件电镀生产线设计要素（方案二）如下。

① 主机：L11.5m（机架长）×W7.0m（机架宽度）×H5.2m（机架高度）（该尺寸含高轨构架式机架及其轨道、走道平台，未含整流器和过滤机，以及线外排风系统等辅助设施）。

② 高轨环形转弯式行车：3台，水平运行速度3～36m/min（变频调整），升降运行速度3～25m/min（变频调整），提升行程1500～1600mm，提升重量≤80kgf（含受镀零件、阴极导电杆、挂具和提升时的溶液附加力）。

③ 连杆式阴极移动装置4套（0.25kW×2＋0.37kW×2），上下行程摆幅50mm，频率10～15min^{-1}，阴极导电杆17支。

④ 行车运行周期：10min（＞8min可调）。

⑤ 月产量（每月21d，三班制，24h/d）：21d×24h/d×60min/h÷10min×16件×0.95≈45900件。

⑥ 溶液加温和保温供汽量（预热以3h，初始温度按15℃计算）：加温220kg/h，保温120～150kg/h。

⑦ 生产作业供水量（水洗槽每小时换水次数0.35～0.4槽，热水和纯水减半计算）：自来水1.5～1.7m^3/h（未含酸铜溶液冷却水供应量），纯水0.5～0.6m^3/h。

⑧ 空搅用低压空气量270m^3/h，配置：80型三叶罗茨风机1台（进风量280m^3/h，2.2kW，排风压力14.7kPa，1300r/min）。

⑨ 局部排风装置（翻盖低截面条缝式排风罩，槽口宽度按450mm计算风量）：

a. 酸碱系（含铜和镍系）排风量9800m^3/h（槽面风速0.2～0.3m/s），配置：No.6，FRP风机1台（11000m^3/h，980Pa，5.5kW，1000r/min）；10型FRP废气净化塔1座［处理风量10000dm^3/h，耐腐蚀液下泵1台（3kW）］。

b. 铬系排风量1620m^3/h（槽面风速0.45m/s）配置：No.3，FRP风机（耐铬酸）1台（1800m^3/h，1050Pa，1.1kW，2900r/min）；300型高效铬雾净化箱1台。

⑩ 废水排放（处理）量：酸碱系（含无氰碱铜、酸铜和镍系）1.3～1.5m^3/h，焦铜系0.3～0.4m^3/h，铬系0.2～0.25m^3/h。

⑪ 设备总动力：3相，50Hz，380V，约50kW［其中整流器10台额定总容量约23.4kW，过滤机8台总容量约2kW，超声波发生器（8.4kW，频率≥40kHz），同时使用系数0.6～0.7］。

锌合金水暖五金件电镀生产线行车配置图（方案二）见图1-26。

表 1-16 锌合金水暖五金件电镀生产线工艺配置表（方案一）

工序号	工序名称	槽位号	工位数	工艺条件					电镀面积和电流电压			镀槽要求											设备要求													
				温度/℃	电流密度/(A/dm²)	时间/min	镀层厚度/μm	添加剂型号	每一极杆/dm²	每一极杆/A	整流器/(A/V)	厚度δ/mm，材料		外壁尺寸/mm			有效容积/dm³	附设装置	排水方式			槽体保温	加温（或冷却）	溶液喷射搅拌	空气搅拌	阴极移动	喷淋	过滤/(m³/h)	供水	逆流	回收	温度控制	自动添加	废水		局部排风
												槽体	内衬	长	宽	高			集污斗	溢流斗	排污阀													沟排	管排	
1,48	装挂	0	2																																	
2	超声除蜡	1	1	60～90(75)		4～5.5		U-BCR	超声波发生器16.2kW(每槽)[振板12块×1.35kW,H1200mm×W300mm×δ90mm(每块)]			3，不锈钢		2500	700	1500	2300			√	√	√	不锈钢蛇形管加温						纯水 自来水			自动				双侧
3	水洗	2										15，PP		2500	500	1500	1600			√	√				√					↶						
4	水洗	3										15，PP		2500	500	1500	1600				√				√				自来水							
5	热浸除油	4	1	60～80(65)		4～5.5		U-284				15，PP		2500	500	1500	1550			√	√		不锈钢蛇形管加温						纯水 自来水			自动				双侧
6	温水洗	5		45								15，PP		2500	500	1500	1600			√	√		不锈钢蛇形管加温						自来水			自动				
7	阴极除油	6	1	60～80(65)	1～3	2～4		U-284	250	750	750/12	15，PP		2500	800	1500	2500			√	√		不锈钢蛇形管加温						纯水 自来水			自动				双侧
8	温水洗	7		45								15，PP		2500	500	1500	1600			√	√		不锈钢蛇形管加温						自来水			自动				
9	水洗	8										15，PP		2500	500	1500	1600			√	√				√					↶						
47	水洗(交换)	9	1									15，PP		2500	500	1500	1600				√				√				自来水							
10	弱酸浸蚀	10		20～35		0.2～0.3		AS-30				15，PP		2500	500	1500	1550				√		F4集束管加温									自动				双侧
11	水洗	11										15，PP		2500	500	1500	1600			√	√				√				自来水	↶						
12	纯水洗	12										15，PP		2500	500	1500	1600				√				√				纯水							
13	无氰碱铜	13	1	40～60(50)	0.5～2	2～3		NC-880	250	500	500/12	15，PP		2500	900	1500	2850	带电入槽					不锈钢蛇形管加温		√	√		20				自动				双侧
14	水洗	14										15，PP		2500	500	1500	1600			√	√				√					↶						
15	水洗	15										15，PP		2500	500	1500	1600				√				√				自来水							
16	活化	16										15，PP		2500	500	1500	1550				√															
46	水洗(交换)	17	1									15，PP		2500	500	1500	1600			√	√				√				自来水	↶						
17	纯水洗	18										15，PP		2500	500	1500	1600				√				√				纯水							

续表

工序号	工序名称	槽位号	工位数	工艺条件					电镀面积和电流电压			镀槽要求											设备要求													
				温度/℃	电流密度/(A/dm²)	时间/min	镀层厚度/μm	添加剂型号	每一极杆/dm²	每一极杆/A	整流器/(A/V)	厚度δ/mm，材料		外壁尺寸/mm			有效容积/dm³	附设装置	排水方式			槽体保温	加温（或冷却）	溶液喷射搅拌	空气搅拌	阴极移动	喷淋	过滤/(m³/h)	供水	逆流	回收	温度控制	自动添加	废水		局部排风
												槽体	内衬	长	宽	高			集污斗	溢流斗	排污阀													沟排	管排	
18	焦铜	19	1	50～55	1～3				250	750	750/12	15，PP		2500	900	1500	2850						不锈钢蛇管加温		√	√		20				自动				
19	水洗	20										15，PP		2500	500	1500	1600			√	√				√					↶						
20	水洗	21										15，PP		2500	500	1500	1600				√				√				自来水							
21	活化	22										15，PP		2500	500	1500	1550				√															
22	纯水洗	23										15，PP		2500	500	1500	1600			√	√				√				纯水							
23A	酸铜	24		20～30（25）	1～3				250	750	750/10	15，PP		2500	900	1500	2850						钛蛇形管冷却		√	√		20				显示				
23B	酸铜	25		20～30（25）	1～3	15～16			250	750	750/10	15，PP		2500	900	1500	2850						钛蛇形管冷却		√	√		20				显示				
23C	酸铜	26		20～30（25）	1～3				250	750	750/10	15，PP		2500	900	1500	2850						钛蛇形管冷却		√	√		20		↶		显示				
24	回收	27										15，PP		2500	500	1500	1600				√				√				纯水		手提泵					
45	水洗（交换）	28	1									15，PP		2500	500	1500	1600				√				√					↶						
25	水洗	29										15，PP		2500	500	1500	1600				√				√					↶						
26	水洗	30										15，PP		2500	500	1500	1600				√				√				自来水							
27	活化	31		室温								15，PP		2500	500	1500	1550				√															
28	纯水洗	32										15，PP		2500	500	1500	1600			√	√				√				纯水							
29A	半亮镍	33	1	49～71（66）	3～4	10～11			250	1000	1000/12	15，PP		2500	900	1500	2850			√			钛蛇形管加温		√	√		20				自动				双侧
29B	半亮镍	34	1	49～71（66）	3～4				250	1000	1000/12	15，PP		2500	900	1500	2850			√			钛蛇形管加温		√	√		20				自动				双侧
	半亮镍调制槽	附									200/8	15，PP		1600	800	1200	1350											10								

续表

工序号	工序名称	槽位号	工位数	工艺条件					电镀面积和电流电压			镀槽要求										设备要求													
				温度/℃	电流密度/(A/dm²)	时间/min	镀层厚度/μm	添加剂型号	每一极杆/dm²	每一极杆/A	整流器/(A/V)	厚度δ/mm,材料		外壁尺寸/mm			有效容积/dm³	附设装置	排水方式			槽体保温	加温(或冷却)	溶液喷射搅拌	空气搅拌	阴极移动	喷淋	过滤/(m³/h)	供水	逆流	回收	温度控制	自动添加	废水		局部排风
												槽体	内衬	长	宽	高			集污斗	溢流斗	排污阀													沟排	管排	
30A	光亮镍	35	1	50~60(55)	2~4	10~11			250	1000	1000/12	15,PP		2500	900	1500	2850			√			钛蛇形管加温		√	√		20				自动				双侧
30B	光亮镍	36	1	50~60(55)	2~4				250	1000	1000/12	15,PP		2500	900	1500	2850			√			钛蛇形管加温		√	√		20				自动				双侧
31	回收	37										15,PP		2500	500	1500	1600				√				√				纯水		手提泵					
	光亮镍调制槽	附									200/8	15,PP		1600	800	1200	1350											10								
32	水洗	38										15,PP		2500	500	1500	1600			√	√				√											
44	水洗(交换)	39	1									15,PP		2500	500	1500	1600				√				√				自来水							
33	纯水洗	40										15,PP		2500	500	1500	1600				√				√				纯水							
34	电解活化	41		室温	0.5	0.5			250	125	200/8	15,PVC		2500	800	1500	2500																			
35	装饰铬	42	1	38~52(46)	8~16(12)	2~3			250	3000	3000/12(波纹系数小于5%)	15,PVC		2500	1000	1500	3200						钛蛇形管加温、冷却		√							显示				双侧
36	回收	43										15,PVC		2500	500	1500	1600				√				√				纯水		手提泵					
37	水洗	44										15,PP		2500	500	1500	1600			√	√				√											
38	水洗	45										15,PP		2500	500	1500	1600				√				√				自来水							
39	还原	46										15,PP		2500	500	1500	1550				√															
40	高位水洗	47										15,PP		2500	500	1700	1800			√	√				√				自来水							
41	超声水洗	48							超声波发生器16.2kW(每槽)[振板12块×1.35kW,H1200mm×W300mm×δ90mm(每块)]			3,不锈钢		2500	700	1500	2300			√	√								自来水							
42	热纯水洗	49		60								15,PP		2500	500	1500	1600			√	√		不锈钢蛇形管加温						纯水			自动				
43	卸挂	0	1																																	

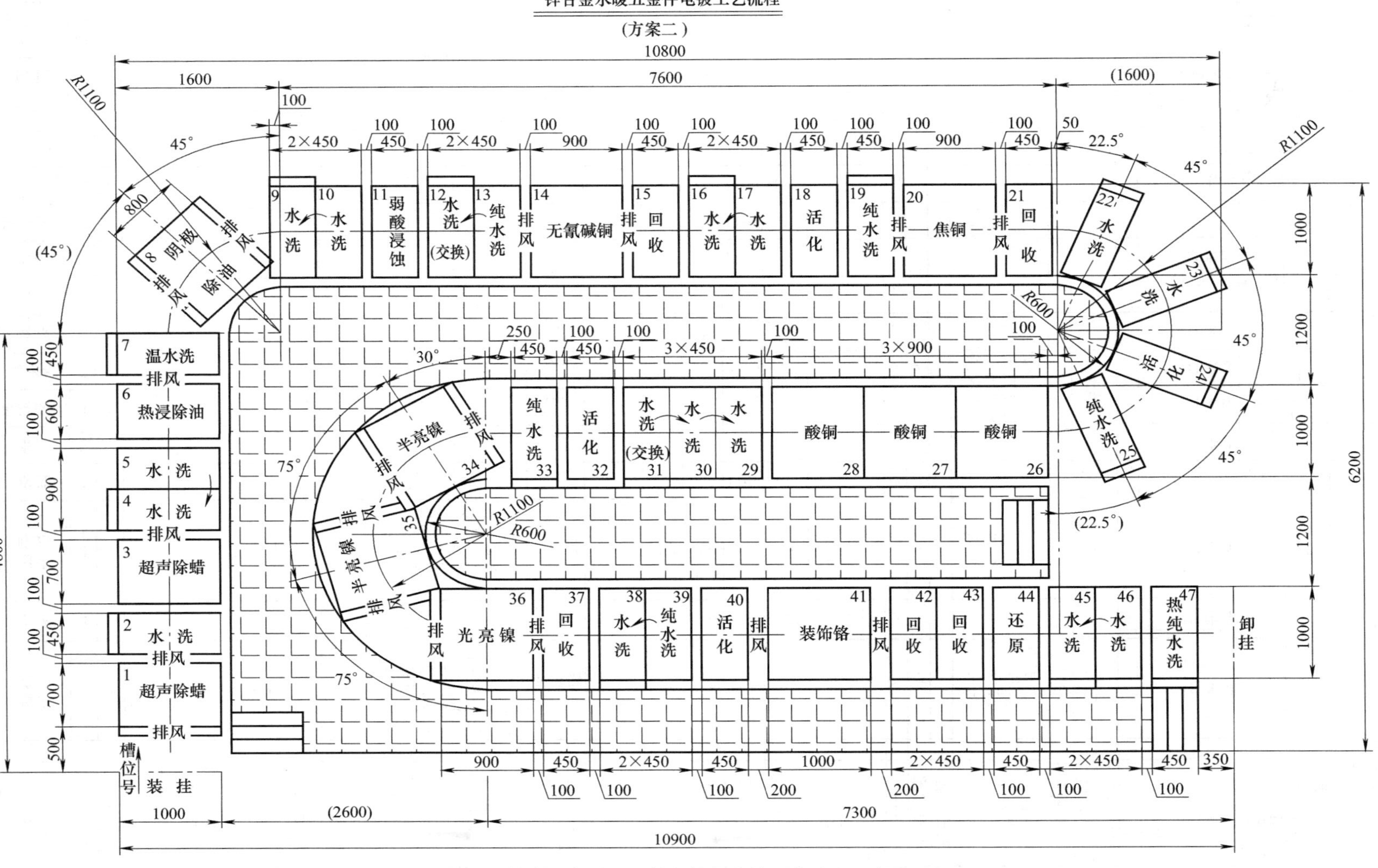

图 1-25 锌合金水暖五金件电镀生产线工艺流程（方案二）

注：本方案为厂房可利用面积（L12m×W9m）设计，此为环形转弯行车式电镀线排列平面图。

表 1-17 锌合金水暖五金件电镀生产线工艺配置表（方案二）

工序号	工序名称	槽位号	工位数	工艺条件 温度/℃	工艺条件 电流密度/(A/dm²)	工艺条件 时间/min	工艺条件 镀层厚度/μm	工艺条件 添加剂型号	电镀面积和电流电压 每一极杆/dm²	电镀面积和电流电压 每一极杆/A	电镀面积和电流电压 整流器/(A/V)	镀槽要求 厚度δ/mm，材料 槽体	镀槽要求 厚度δ/mm，材料 内衬	镀槽要求 外壁尺寸/mm 长	镀槽要求 外壁尺寸/mm 宽	镀槽要求 外壁尺寸/mm 高	镀槽要求 有效容积/dm³	镀槽要求 附设装置	镀槽要求 排水方式 集污斗	镀槽要求 排水方式 溢流斗	镀槽要求 排水方式 排污阀	镀槽要求 槽体保温	设备要求 加温（或冷却）	设备要求 溶液喷射搅拌	设备要求 空气搅拌	设备要求 阴极移动	设备要求 喷淋	设备要求 过滤/(m³/h)	设备要求 供水	设备要求 逆流	设备要求 回收	设备要求 温度控制	设备要求 自动添加	设备要求 废水 沟排	设备要求 废水 管排	设备要求 局部排风
1,47	装挂	0	1																																	
2	超声除蜡	1	1	60～90(75)		5～10			超声波发生器 4.2kW(每槽)[振板 4 块×1.05kW,*H*900mm×*W*300mm×δ90mm(每块)]			3，不锈钢		1000	700	1100	650			√	√	√	不锈钢蛇形管加温						自来水			自动				双侧
3	水洗	2										10，PP		1000	450	1100	420			√	√				√				自来水							
4	超声除蜡	3	1	60～90(75)		5～10			超声波发生器 4.2kW(每槽)[振板 4 块×1.05kW,*H*900mm×*W*300mm×δ90mm(每块)]			3，不锈钢		1000	700	1100	650			√	√	√	不锈钢蛇形管加温						自来水			自动				单侧
5	水洗	4										10，PP		1000	450	1100	420			√	√				√					↶						
6	水洗	5										10，PP		1000	450	1100	420				√				√				自来水	↶						
7	热浸除油	6	1	60～80(65)		5～10						15，PP		1000	600	1100	520			√	√		不锈钢蛇形管加温						自来水			自动				双侧
8	温水洗	7		45								10，PP		1000	450	1100	420			√	√		不锈钢蛇形管加温						自来水			自动				
9	阴极除油	8	1	60～80(65)	1～3	1～3			40	120	开关电源 150/12	15，PP		1000	800	1100	700			√	√		不锈钢蛇形管加温						自来水			自动				双侧
10	水洗	9										10，PP		1000	450	1100	420			√	√				√					↶						
11	水洗	10										10，PP		1000	450	1100	420				√				√				自来水	↶						
12	弱酸浸蚀	11		20～35		0.2～0.3						10，PP		1000	450	1100	400				√		F4 集束管加温									自动				双侧
46	水洗（交换）	12	1									10，PP		1000	450	1100	420			√	√				√				自来水	↶						
13	纯水洗	13										10，PP		1000	450	1100	420				√				√				纯水	↶						
14	无氰碱铜	14	1	40～60(50)	0.5～2	2～3			40	120	开关电源 150/12	15，PP		1000	900	1100	790	带电入槽					不锈钢蛇形管加温		√	√		5			↶				双侧	
15	回收	15										10，PP		1000	450	1100	420				√				√				纯水		↶					
16	水洗	16										10，PP		1000	450	1100	420			√	√				√					↶						
17	水洗	17										10，PP		1000	450	1100	420				√				√				自来水	↶						

续表

工序号	工序名称	槽位号	工位数	工艺条件					电镀面积和电流电压			镀槽要求											设备要求													
				温度/℃	电流密度/(A/dm²)	时间/min	镀层厚度/μm	添加剂型号	每一极杆/dm²	每一极杆/A	整流器/(A/V)	厚度δ/mm，材料		外壁尺寸/mm			有效容积/dm³	附设装置	排水方式			槽体保温	加温(或冷却)	溶液喷射搅拌	空气搅拌	阴极移动	喷淋	过滤/(m³/h)	供水	逆流	回收	温度控制	自动添加	废水		局部排风
												槽体	内衬	长	宽	高			集污斗	溢流斗	排污阀													沟排	管排	
18	活化	18										10，PP		1000	450	1100	400				√															
19	纯水洗	19										15，PP		1000	450	1100	420			√	√				√				纯水							
20	焦铜	20	1	50～55	1～3	8～10			40	120	开关电源150/12	15，PP		1000	900	1100	790						不锈钢蛇管加温		√	√		5				自动				双侧
21	回收	21										10，PP		1000	450	1100	420				√				√				纯水							
22	水洗	22										10，PP		1000	450	1100	420			√	√				√											
23	水洗	23										10，PP		1000	450	1100	420				√				√				自来水							
24	活化	24										10，PP		1000	450	1100	400				√															
25	纯水洗	25										10，PP		1000	450	1100	420			√	√				√				纯水							
26A	酸铜	26		20～30(25)	1～3				40	120	开关电源150/10	15，PP		1000	900	1100	790						钛蛇形管冷却		√	√		5				显示				
26B	酸铜	27		20～30(25)	1～3	24～30			40	120	开关电源150/10	15，PP		1000	900	1100	790						钛蛇形管冷却		√	√		5				显示				
26C	酸铜	28		20～30(25)	1～3				40	120	开关电源150/10	15，PP		1000	900	1100	790						钛蛇形管冷却		√	√		5				显示				
27	水洗	29										10，PP		1000	450	1100	420			√	√				√											
28	水洗	30										10，PP		1000	450	1100	420				√				√											
45	水洗(交换)	31	1									15，PP		1000	450	1100	420				√				√				自来水							
29	活化	32										10，PP		1000	450	1100	400				√															
30	纯水洗	33										10，PP		1000	450	1100	420			√	√				√				纯水							

续表

工序号	工序名称	槽位号	工位数	工艺条件					电镀面积和电流电压			镀槽要求											设备要求												
				温度/℃	电流密度/(A/dm²)	时间/min	镀层厚度/μm	添加剂型号	每一极杆/dm²	每一极杆/A	整流器/(A/V)	厚度δ/mm，材料		外壁尺寸/mm			有效容积/dm³	附设装置	排水方式			槽体保温	加温(或冷却)	溶液喷射搅拌	空气搅拌	阴极移动	喷淋	过滤/(m³/h)	供水	逆流	回收	温度控制	自动添加	废水		局部排风
												槽体	内衬	长	宽	高			集污斗	溢流斗	排污阀													沟排	管排	
31A	半亮镍	34	1	50～70(66)	3～4	16～20			40	160	开关电源200/12	15，PP		1000	900	1100	790						钛蛇形管加温		√	√		5				自动				双侧
31B	半亮镍	35	1	50～70(66)	3～4				40	160	开关电源200/12	15，PP		1000	900	1100	790						钛蛇形管加温		√	√		5				自动				双侧
32	光亮镍	36	1	50～60(55)	2～4	8～10			40	160	开关电源200/12	15，PP		1000	900	1100	790						钛蛇形管加温		√	√		5				自动				双侧
33	回收	37										10，PP		1000	450	1100	420				√				√				纯水							
34	水洗	38										10，PP		1000	450	1100	420			√	√				√				自来水							
35	纯水洗	39										10，PP		1000	450	1100	420				√				√				纯水							
36	铬酸活化	40		室温								10，PP		1000	450	1100	400																			
37	装饰铬	41	1	38～52(46)	8～16(12)	2～3			40	480	开关电源500/12	15，PVC		1000	1000	1100	880						钛蛇形管加温、冷却		√							显示				双侧
38	回收	42										10，PP		1000	450	1100	420				√				√											
39	回收	43										10，PP		1000	450	1100	420				√				√				纯水							
40	还原	44										10，PP		1000	450	1100	400				√															
41	水洗	45										10，PP		1000	450	1100	420			√	√				√											
42	水洗	46										10，PP		1000	450	1100	420				√				√				自来水							
43	热纯水洗	47		60								10，PP		1000	450	1100	420			√	√		不锈钢蛇形管加温						纯水			自动				
44	卸挂	0	1																																	

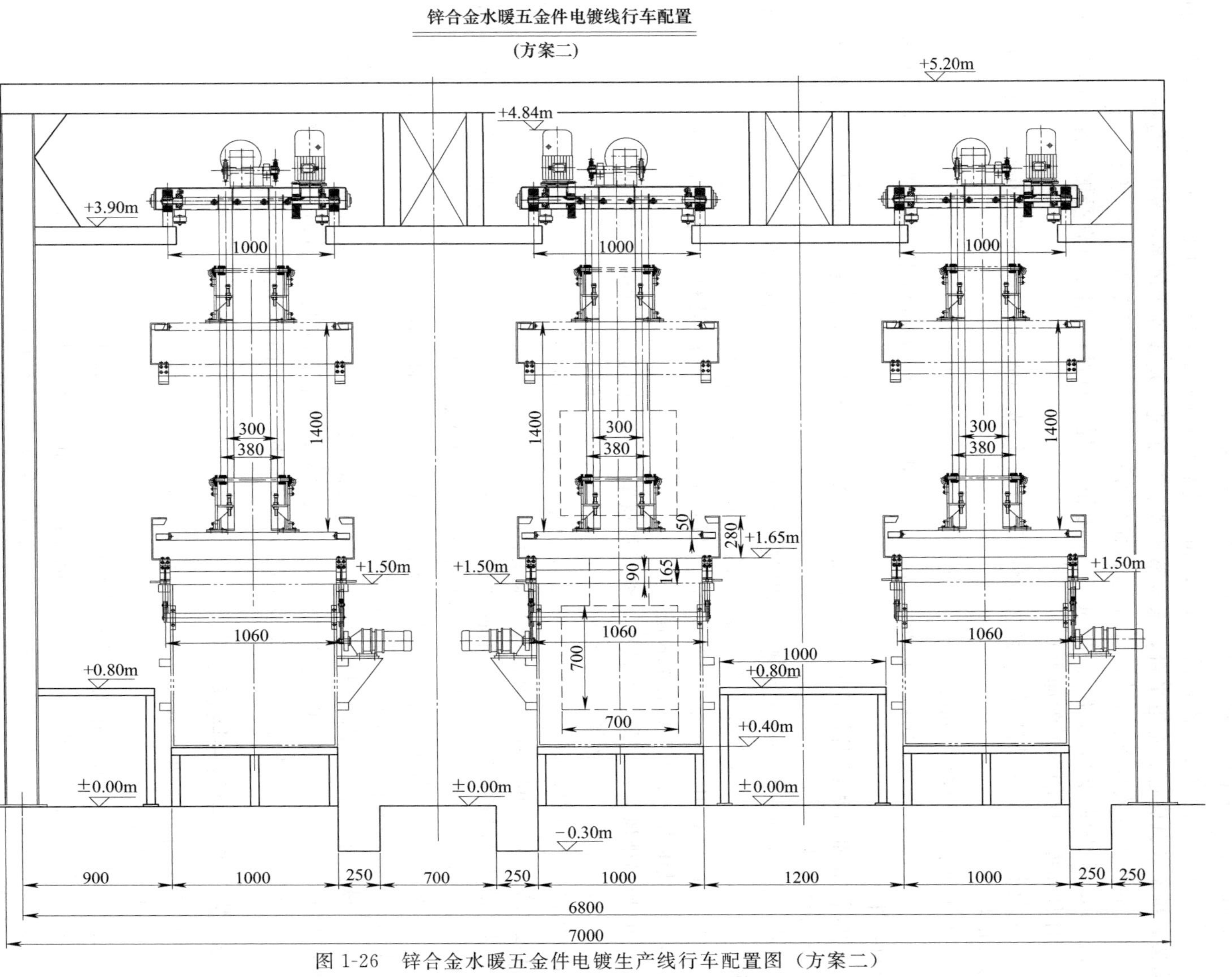

图 1-26　锌合金水暖五金件电镀生产线行车配置图（方案二）

(3) 方案三

锌合金水暖五金件电镀生产线工艺流程（方案三）如图 1-27 所示。

锌合金水暖五金件电镀生产线工艺配置表（方案三）见表 1-18。

锌合金水暖五金件电镀线设计要素（方案三）如下。

① 主机：L11.0m（机架长）×W8.5m（机架宽度）×H5.2m（机架高度）（该尺寸含高轨构架式机架及其轨道、走道平台，未含整流器、过滤机以及线外排风系统等辅助设施）。

② 高轨中柱式行车：6 台，水平运行速度 3～36m/min（变频调整），升降运行速度 3～25m/min（变频调整），提升行程 1500～1600mm，提升重量≤80kgf（含受镀零件、阴极导电杆、挂具和提升时的溶液附加力）。

③ 连杆式阴极移动装置 3 套（0.55kW，上下行程摆幅 50mm，频率 10～15min^{-1}），阴极导电杆 23 支。

④ 行车运行周期：6min（>5min 可调）。

⑤ 月产量（每月 21d，三班制，24h/d）：21d×24h/d×60min/h÷6min×16 件×0.95≈76600 件。

⑥ 溶液加温和保温供汽量（预热以 3h，初始温度按 15℃计算）：加温 450kg/h，保温 250～300kg/h。

⑦ 生产作业供水量（水洗槽每小时换水次数 0.5～0.6 槽，热水和纯水减半计算）：自来水 2.5～3.0m^3/h（未含酸铜溶液冷却水供应量），纯水 0.5～0.7m^3/h。

⑧ 空搅用抵压空气量 320m^3/h，配置：80 型三叶罗茨风机 1 台（进风量 340m^3/h，3kW，排风压力 14.7kPa，1560r/min）。

⑨ 局部排风装置（翻盖低截面条缝式排风罩，槽口宽度按 500mm 计算风量）：

a. 酸碱系（含铜和镍系）排风量 12500m^3/h（槽面风速 0.2～0.3m/s），配置：No.8，FRP 风机 1 台（12500m^3/h，1080Pa，5.5kW，1120r/min）；12.5 型 FRP 废气净化塔 1 座[处理风量 12500dm^3/h，耐腐蚀液下泵 1 台（4kW）]。

b. 铬系排风量 1840m^3/h（槽面风速 0.45m/s）配置：No.3，FRP 风机（耐铬酸）1 台（1900m^3/h，1000Pa，1.1kW，2900r/min）；300 型高效铬雾净化箱 1 台。

⑩ 废水排放（处理）量：酸碱系（含无氰碱铜、酸铜和镍系）2.5～2.8m^3/h，焦铜系 0.3～0.4m^3/h，铬系 0.3～0.4m^3/h。

⑪ 设备总动力：3 相，50Hz，380V，约 65kW [其中整流器 13 台额定总容量约 30kW，过滤机 11 台总容量约 4.18kW，超声波发生器（8.4kW，频率≥40kHz），同时使用系数0.6～0.7]。

锌合金水暖五金件电镀生产线平面布置图（方案三）见图 1-28。

1.2.12 水暖塑料件电镀工艺

水暖塑料件电镀生产线工艺流程如图 1-29 所示。

设计要素如下。

① 主机：L51.0m（机架和轨道长度）×W8.9m（机架宽度）×H5.5m（机架高度）（该尺寸含走道平台，未含线外整流器、过滤机和汇流铜排以及通风系统等辅助设施）。

② 双杆电镀行车（1 号）1 台，单杆电镀行车 7 台，水平运行速度 5～30m/min（变频调速），升降运行速度 5～20m/min（变频调速），阴极导电杆 47 件，提升高度 1600～1700mm，提升重量≤250kgf（含极杆、挂具、受镀零件和提升时的溶液附加力）。

③ 手推装卸挂移位小车 2 台，自动移位槽小车 1 台（0.37kW），平台装料手推小车 1 台。酸铜工位阴极移动：1 套（0.75kW，上下行程 50mm，移动频率 14min^{-1}）。

④ 运行节拍时间：≥3.5min（可调）。

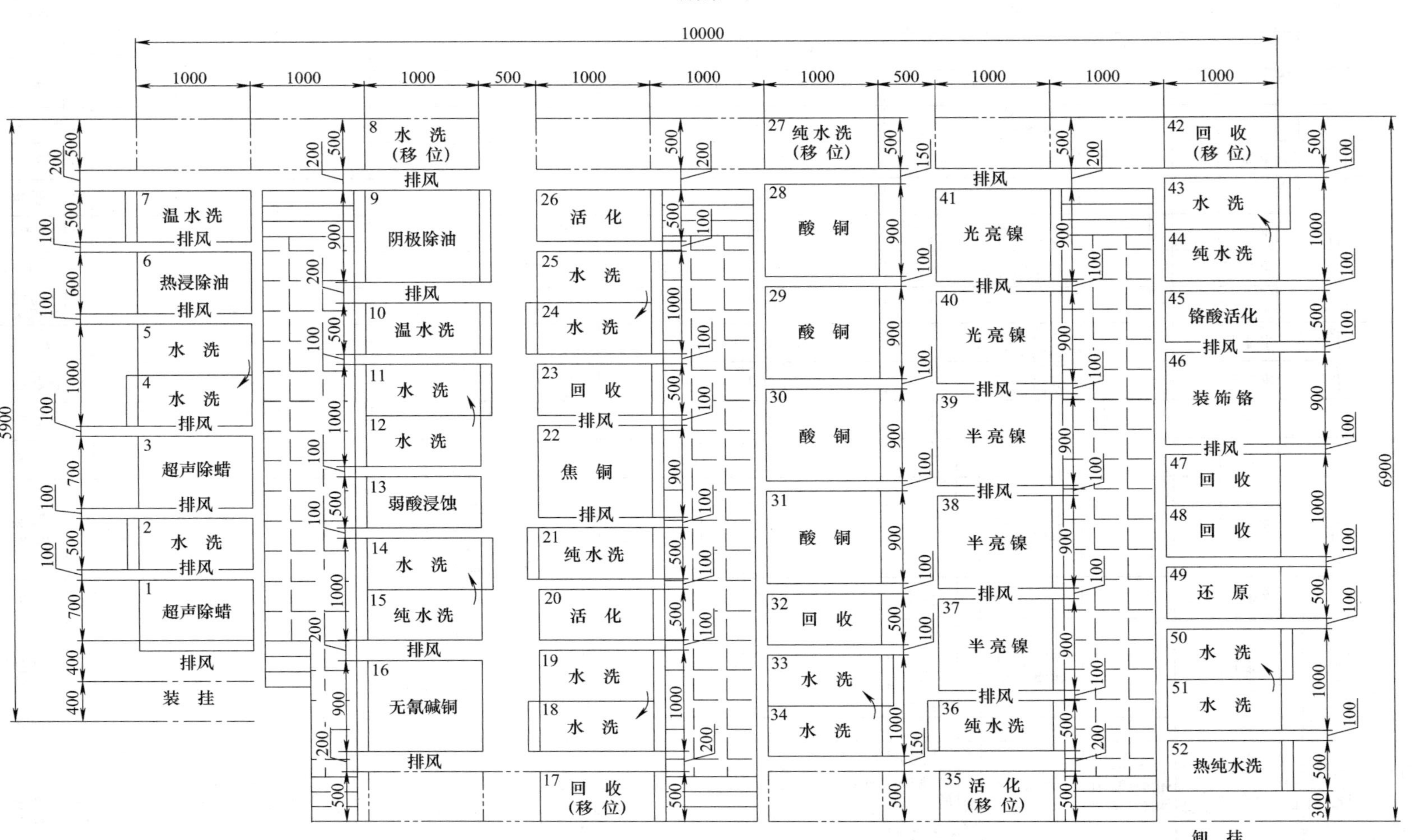

图 1-27　锌合金水暖五金件电镀生产线工艺流程（方案三）

注：本方案为厂房可利用面积（L12m×W9m）设计，此为多个Ⅱ形排列（行车跨线移位）电镀线平面图。

表 1-18　锌合金水暖五金件电镀生产线工艺配置表（方案三）

工序号	工序名称	槽位号	工位数	工艺条件					电镀面积和电流电压			镀槽要求											设备要求													
				温度/℃	电流密度/(A/dm^2)	时间/min	镀层厚度/μm	添加剂型号	每一极杆/dm^2	每一极杆/A	整流器/(A/V)	厚度δ/mm，材料		外壁尺寸/mm			有效容积/dm^3	附设装置	排水方式			槽体保温	加温（或冷却）	溶液喷射搅拌	空气搅拌	阴极移动	喷淋	过滤/(m^3/h)	供水	逆流	回收	温度控制	自动添加	废水		局部排风
												槽体	内衬	长	宽	高			集污斗	溢流斗	排污阀													沟排	管排	
1	装挂	0	2																																	
2	超声除蜡	1	1	60～90（75）		5～6			超声波发生器4.2kW（每槽）[振板4块×1.05kW,H900mm×W300mm×δ90mm（每块）]			3，不锈钢		1000	700	1100	650			√	√	√	不锈钢蛇形管加温						自来水			自动				双侧
3	水洗	2										10，PP		1000	500	1100	460			√	√				√				自来水							
4	超声除蜡	3	1	60～90（75）		5～6			超声波发生器4.2kW（每槽）[振板4块×1.05kW,H900mm×W300mm×δ90mm（每块）]			3，不锈钢		1000	700	1100	650			√	√	√	不锈钢蛇形管加温						自来水			自动				双侧
5	水洗	4										10，PP		1000	500	1100	460			√	√				√					↷						
6	水洗	5										10，PP		1000	500	1100	460				√				√				自来水							
7	热浸除油	6	1	60～80（65）		5～6						15，PP		1000	600	1100	520			√	√		不锈钢蛇形管加温						自来水			自动				双侧
8	温水洗	7		45								10，PP		1000	500	1100	460			√	√		不锈钢蛇形管加温						自来水			自动				
9	水洗（移位）	8	1	自动移位车								10，PP		1000	500	1100	460				√															
10	阴极除油	9	1	60～80（65）	1～3	1～3			40	120	开关电源150/12	15，PP		1000	800	1100	700			√	√		不锈钢蛇形管加温						自来水			自动				双侧
11	温水洗	10		45								10，PP		1000	500	1100	460			√	√		不锈钢蛇形管加温						自来水			自动				
12	水洗	11										10，PP		1000	500	1100	460			√	√				√					↷						
13	水洗	12										10，PP		1000	500	1100	460				√				√				自来水							
14	弱酸浸蚀	13		20～35		0.2～0.3						10，PP		1000	500	1100	440				√		F4集束管加温									自动				双侧
15	水洗	14										10，PP		1000	500	1100	460			√	√				√				自来水	↷						
16	纯水洗	15										10，PP		1000	500	1100	460				√				√				纯水							
17	无氰碱铜	16	1	40～60（50）	0.5～2	2～3			40	80	开关电源100/12	15，PP		1000	900	1100	790	带电入槽					不锈钢蛇形管加温		√	√		5				自动				双侧
18	回收（移位）	17	1	自动移位车								10，PP		1000	500	1100	460				√															

续表

工序号	工序名称	槽位号	工位数	工艺条件					电镀面积和电流电压			镀槽要求											设备要求													
				温度/℃	电流密度/(A/dm²)	时间/min	镀层厚度/μm	添加剂型号	每一极杆/dm²	每一极杆/A	整流器/(A/V)	厚度δ/mm，材料		外壁尺寸/mm			有效容积/dm³	附设装置	排水方式			槽体保温	加温(或冷却)	溶液喷射搅拌	空气搅拌	阴极移动	喷淋	过滤/(m³/h)	供水	逆流	回收	温度控制	自动添加	废水		局部排风
												槽体	内衬	长	宽	高			集污斗	溢流斗	排污阀													沟排	管排	
19	水洗	18										10，PP		1000	500	1100	460			√	√				√											
20	水洗	19										10，PP		1000	500	1100	460				√				√				自来水							
21	活化	20										10，PP		1000	500	1100	440				√															
22	纯水洗	21										15，PP		1000	500	1100	460			√	√				√				纯水							
23	焦铜	22	1	50～55	1～3	5～6			50	150	开关电源150/12	15，PP		1000	900	1100	790						不锈钢蛇管加温		√	√		5				自动				双侧
24	回收	23										10，PP		1000	500	1100	460				√				√				纯水							
25	水洗	24										10，PP		1000	500	1100	460			√	√				√											
26	水洗	25										10，PP		1000	500	1100	460				√				√				自来水							
27	活化	26										10，PP		1000	500	1100	440				√															
28	纯水洗（移位）	27	1	自动移位车								10，PP		1000	500	1100	460				√															
29A	酸铜	28	1	20～30（25）	1～3	20～24			40	120	开关电源150/10	15，PP		1000	900	1100	790						钛蛇形管冷却		√	√		5				显示				
29B	酸铜	29	1	20～30（25）	1～3				40	120	开关电源150/10	15，PP		1000	900	1100	790						钛蛇形管冷却		√	√		5				显示				
29C	酸铜	30	1	20～30（25）	1～3				40	120	开关电源150/10	15，PP		1000	900	1100	790						钛蛇形管冷却		√	√		5				显示				
29D	酸铜	31	1	20～30（25）	1～3				40	120	开关电源150/10	15，PP		1000	900	1100	790						钛蛇形管冷却		√	√		5				显示				
30	回收	32										10，PP		1000	500	1100	460				√				√				纯水							
31	水洗	33										10，PP		1000	500	1100	460			√	√				√											
32	水洗	34										10，PP		1000	500	1100	460				√				√				自来水							
33	活化（移位）	35	1	自动移位车								10，PP		1000	500	1100	440				√															
34	纯水洗	36										10，PP		1000	500	1100	460			√	√				√				纯水							

续表

工序号	工序名称	槽位号	工位数	工艺条件					电镀面积和电流电压			镀槽要求											设备要求													
				温度/℃	电流密度/(A/dm²)	时间/min	镀层厚度/μm	添加剂型号	每一极杆/dm²	每一极杆/A	整流器/(A/V)	厚度δ/mm，材料		外壁尺寸/mm			有效容积/dm³	附设装置	排水方式			槽体保温	加温(或冷却)	溶液喷射搅拌	空气搅拌	阴极移动	喷淋	过滤/(m³/h)	供水	逆流	回收	温度控制	自动添加	废水		局部排风
												槽体	内衬	长	宽	高			集污斗	溢流斗	排污阀													沟排	管排	
35A	半亮镍	37	1	50～70(66)	3～4				40	160	开关电源200/12	15，PP		1000	900	1100	790						钛蛇形管加温		√	√		5				自动				双侧
35B	半亮镍	38	1	50～70(66)	3～4	15～18			41	160	开关电源200/12	15，PP		1000	900	1100	790						钛蛇形管加温		√	√		5				自动				双侧
35C	半亮镍	39	1	50～70(66)	3～4				40	160	开关电源200/12	15，PP		1000	900	1100	790						钛蛇形管加温		√	√		5				自动				双侧
36A	光亮镍	40	1	50～60(55)	2～4	10～12			40	160	开关电源200/12	15，PP		1000	900	1100	790						钛蛇形管加温		√	√		5				自动				双侧
36B	光亮镍	41	1	50～60(55)	2～4				40	160	开关电源200/12	15，PP		1000	900	1100	790						钛蛇形管加温		√	√		5				自动				双侧
37	回收(移位)	42		自动移位车								10，PP		1000	500	1100	460				√															
38	水洗	43										10，PP		1000	500	1100	460			√	√				√											
39	纯水洗	44										10，PP		1000	500	1100	460				√				√				自来水							
40	铬酸活化	45		室温								10，PVC		1000	500	1100	440																			
41	装饰铬	46	1	38～52(46)	10～16(12)	2～3			40	480	开关电源500/12	15，PVC		1000	900	1100	790						钛蛇形管加温、冷却		√							显示				双侧
42	回收	47										10，PP		1000	500	1100	460				√				√											
43	回收	48										10，PP		1000	500	1100	460				√				√				纯水							
44	还原	49										10，PP		1000	500	1100	440				√															
45	水洗	50										10，PP		1000	500	1100	460			√	√				√											
46	水洗	51										10，PP		1000	500	1100	460				√				√				自来水							
47	热纯水洗	52		60								10，PP		1000	500	1100	460			√	√		不锈钢蛇形管加温						纯水			自动				
48	卸挂	0	1	手推极杆移位车																																

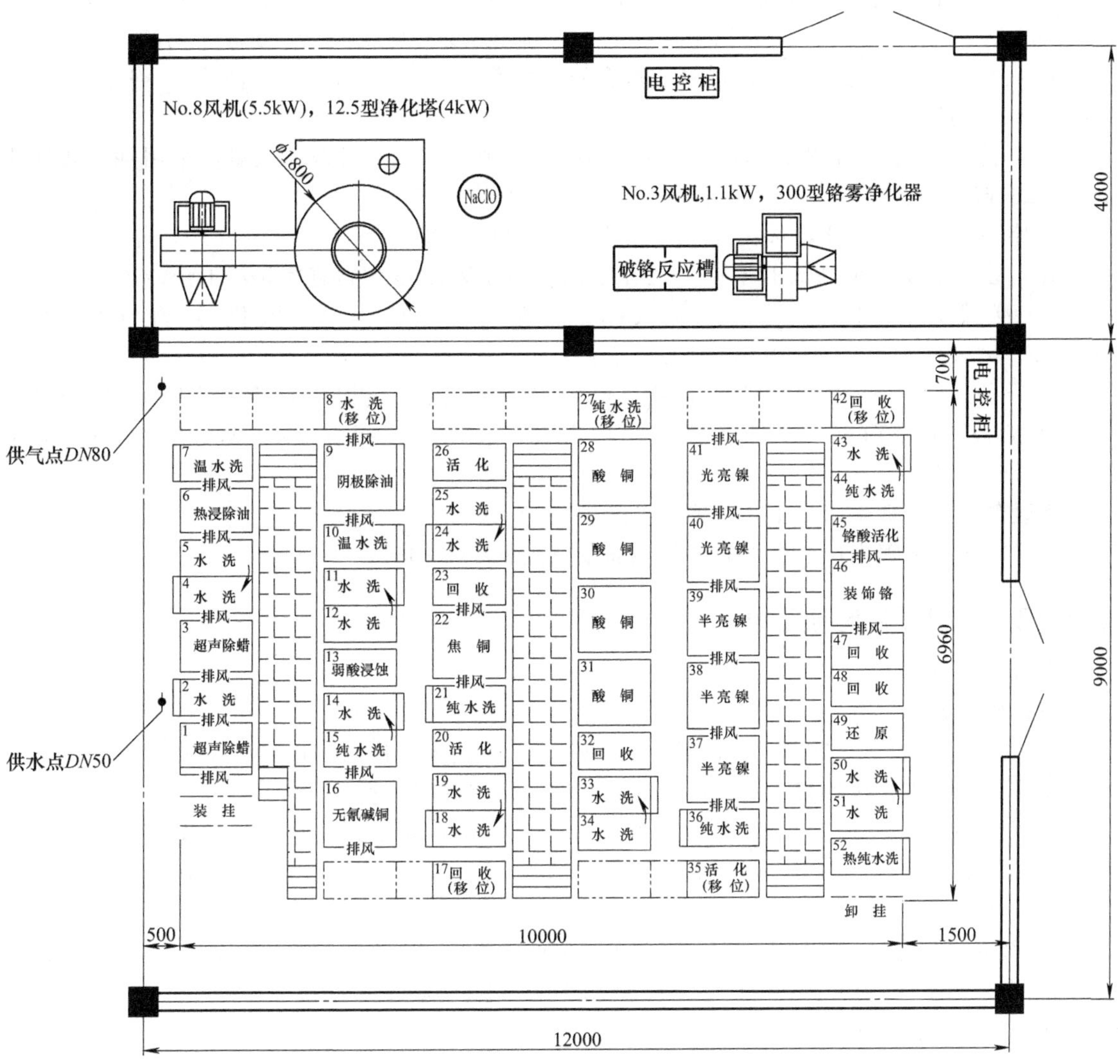

图 1-28　锌合金水暖五金件电镀生产线平面布置图

注：本锌合金水暖五金件电镀生产线平面布置图可利用面积（L12m×W9m）设计，行车有五处跨线移位。

⑤ 年产量（每年 250d，两班制，16h/d）：250d×16h/d×60min/h÷3.5min×250dm^2≈1714×10^{4}dm^2。

⑥ 溶液加温和保温供汽量（预热以 4h，起始温度按 20℃计算）：加温 1200kg/h，保温 600～700kg/h，电加温功率 54kW。

⑦ 酸铜溶液冷却水（10～15℃）供应量及其配置如下：

a. 20STB-20WCI 型水冷式工业冷水机 2 台（制冷量 55800kcal/h，冷水流量 186～250L/min，出口温度 10～15℃，进口温度 20～25℃，压缩机功率 13kW，冷水泵功率 1.5kW）。

b. RTB-20 型冷却塔 2 台（流量 20m^3/h，排热量 30RT，理论风量 9400m^3/h，风扇功率 0.55kW）。

c. HT50-17 型水泵 2 台（1.5kW，水量 21.6m^3/h，扬程 15.6m）。

⑧ 生产作业供水量（每小时换水次数 0.4～0.5 槽，热水和纯水减半计算）自来水 4.5～5.5m^3/h，纯水 7.5～9.5m^3/h。

⑨ 空搅用低压空气供应量［按液面 0.2～0.3m^3/(min·m^2) 计算］：1850m^3/h。选配 KSC-100 型鲁氏鼓风机 4 台（排风量 488m^3/h，排出压力 29.4kPa，5.5kW，1625r/min）。

⑩ 废水排放（处理）量：酸碱系、酸铜系和镍系，7.5～9.0m^3/h（直排）；铬系，4.0～5.0m^3/h（管排）。

⑪ 局部排风量：（槽宽分别按 600mm、700mm 和 1000mm 计算排风量，采用翻盖式低截面条缝式排风罩）：

a. 铬系：27800m^3/h，选配 BF4-72 型，No.10C，FRP 风机（耐铬酸）1 台（18412～31426m^3/h，1245～764Pa，15kW，1120r/min）；FGW-1000 型铬雾净化器 1 台。

b. 酸碱系：27200m^3/h，选配 BF4-72 型，No.10C，FRP 风机 1 台（16571～28284m^3/h，999～617Pa，11kW，1000r/min）。

⑫ 设备总动力：3 相，50Hz，380V，约 553kW［其中整流器共 40 台额定容量约 258kW，过滤机 28 台总功率约 60.5kW，超声波发生器（57.6kW），手提泵（0.5kW）2 台，同时使用系数：0.6～0.7］。

水暖塑料件电镀生产线工艺配置表见表 1-19。

水暖塑料件电镀生产线平面布置与截面示意图见图 1-30。

1.2.13 手机零件电镀工艺

手机零件电镀生产线工艺流程如图 1-31 所示。

设计要素如下。

① 主机：L31.5m（机架和道轨长度）×W9.4m（机架宽度）×H5.3m（机架高度）（该尺寸含走道平台，未含线外整流器和过滤机以及通风系统等辅助设施）。

② 中柱式电镀行车：6 台，水平运行速度 3～36m/min（变频调速），升降运行速度 3～25m/min（变频调整），提升行程 1500～1600mm，提升重量≤100kgf（含极杆、挂具、受镀零件和溶液附加力）。

③ 移位车 4 台（0.37kW/台）。酸铜和镍工位阴极移动：2 套（0.37kW）。钯活化和化学镍工位阴极移动：2 套（0.25kW，上下行程 50mm，移动频率 14min^{-1}）。

阴极导电杆：34 件。

④ 行车运行周期：≥6min（可调）。

⑤ 塑料件小时产量（未计金属件小时电镀产量）：60min÷6min×6 挂×44 片/挂×0.98≈2580 片［每挂体积：H850mm×W150mm×δ150mm，0.25dm^2×44 片/挂×6 挂/杆＝66dm^2/杆（264 片）］。

⑥ 溶液加温供电量（预热以 4h，初始温度按 15℃计算）：加温 223kW，保温 90～120kW（1 号线和 2 号线生产作业时供电量）。

⑦ 酸铜溶液冷却水（10～15℃）供应量及其配置如下：

05 型风冷式工业冷水机 1 台（制冷量 11000kcal/h，冷水流量 37～50L/min，出口温度 10～15℃，进口温度 20～25℃，压缩机功率 5.5kW，冷水泵功率 0.75kW，冷却风扇功率 0.25kW）。

⑧ 生产作业供水量（每小时换水次数：0.4～0.5 槽，热水和纯水减半计算）自来水 6.0～7.5m^3/h，纯水 1.5～2.0m^2/h（1 号线和 2 号线生产作业时供水量）。

⑨ 空搅用低压空气供应量：760m^3/h，选配 80 型鲁氏鼓风机 2 台（排风量 390m^3/h，排出压力 19.6kPa，4kW，1360r/min）。

⑩ 废水排放（处理）量：酸碱系、酸铜系和镍系，6.0～7.5m^3/h；铬系，1.0～1.5m^3/h。

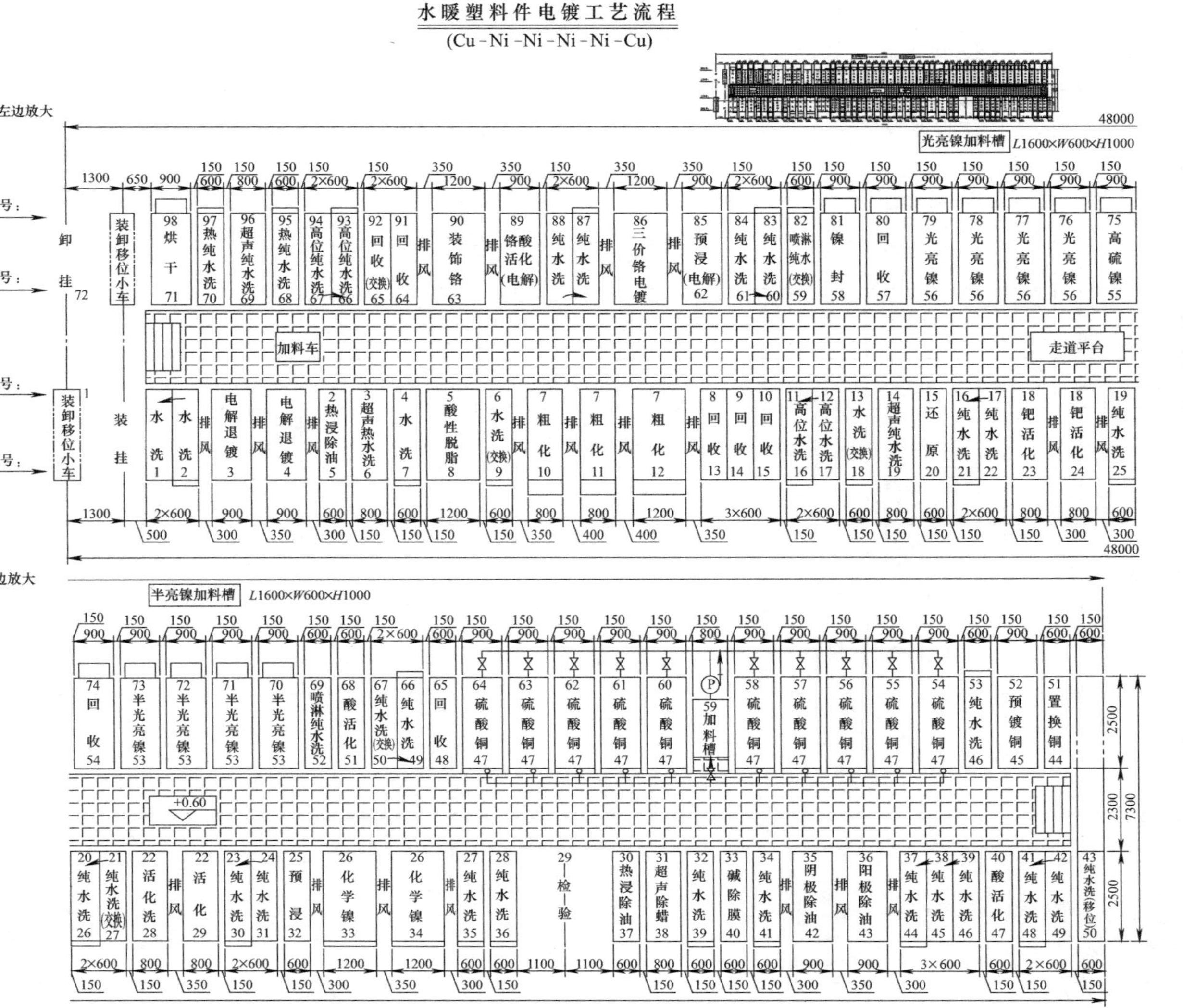

图 1-29 水暖塑料件电镀生产线工艺流程

表 1-19 水暖塑料件电镀生产线工艺配置表

工序号	工序名称	槽位号	工位数	工艺条件					电镀面积和电流电压			镀槽要求											设备要求													
				温度/℃	电流密度/(A/dm^2)	时间/min	镀层厚度/μm	添加剂型号	每一极杆/dm^2	每一极杆/A	整流器/(A/V)	厚度δ/mm，材料		尺寸/mm			有效容积/dm^3	附设装置	排水方式				加温(或冷却)	溶液喷射搅拌	空气搅拌		阴极移动	喷淋	过滤/(m^3/h)	供水	逆流	回收	温度控制	自动加料	槽体保温	局部排风
												槽体	内衬	长	宽	高			集污斗	溢流斗	网格插板	排污阀			主槽	副										
1	装挂	0	2	手推到位不锈钢装卸挂移位小车(2台)																																
	水洗	1										15，PP		2500	600	1550	1950				√				√					自来水						
	水洗	2										15，PP		2500	600	1550	1950			√	√				√											
	电解退镀	3	1	50～60							1000/12	15，PP		2500	900	1550	2900	移动槽盖					1Cr18Ni9Ti蛇管加温						20				自动			双侧
	电解退镀	4	1	50～60							1000/12	15，PP		2500	900	1550	2900	移动槽盖					1Cr18Ni9Ti蛇管加温						20				自动			双侧
2	热浸除油	5		50～60								15，PP		2500	600	1550	1900				√		1Cr18Ni9Ti蛇管加温										自动			单侧
3	超声热水洗	6		50～60			超声波发生器[1200W×12块，1000mm×250mm×100mm(每块)]					3，不锈钢		2500	800	1550	2700				√		1Cr18Ni9Ti蛇管加温										自动		√	
4	水洗	7										15，PP		2500	600	1550	1950			√	√				√					自来水						
5	酸性脱脂	8	2	室温								15，PP		2500	1200	1550	4000				√				√(2管)											
6	水洗(交换)	9	1									15，PP		2500	600	1550	1950			√	√				√					自来水						
7	粗化	10	1	65～70								6，Q235	2，TA2	2500+600	800	1550	3100						TA2蛇管快速加温 TA2电保温管(6kW)		TA2(2管)								自动			双侧
7	粗化	11	1	65～70							500/10	6，Q235	2，TA2	2500+600	800	1550	3100						TA2蛇管快速加温 TA2电保温管(6kW)		TA2(2管)								自动			双侧
7	粗化	12	1	65～70								6，Q235	2，TA2	2500+600	1200	1550	4800						TA2蛇管快速加温 TA2电保温管(6kW)		TA2(4管)								自动			双侧

续表

工序号	工序名称	槽位号	工位数	工艺条件					电镀面积和电流电压			镀槽要求											设备要求													
				温度/℃	电流密度/(A/dm²)	时间/min	镀层厚度/μm	添加剂型号	每一极杆/dm²	每一极杆/A	整流器/(A/V)	厚度δ/mm，材料 槽体	厚度δ/mm，材料 内衬	尺寸/mm 长	尺寸/mm 宽	尺寸/mm 高	有效容积/dm³	附设装置	排水方式 集污斗	排水方式 溢流斗	排水方式 网格插板	排水方式 排污阀	加温(或冷却)	溶液喷射搅拌	空气搅拌 主槽	空气搅拌 副	阴极移动	喷淋	过滤/(m³/h)	供水	逆流	回收	温度控制	自动加料	槽体保温	局部排风
8	回收	13										15，HPVC		2500	600	1550	1950																			
9	回收	14										15，HPVC		2500	600	1550	1950															↶				
10	回收	15										15，HPVC		2500	600	1550	1950													纯水		↶ 手提泵				
11	高位水洗	16										15，PP		2500	600	1750	2200			√	√				√											
12	高位水洗	17										15，PP		2500	600	1750	2200				√				√					自来水	↶					
13	水洗(交换)	18	1									15，PP		2500	600	1550	1950			√	√				√					自来水						
14	超声纯水洗	19					超声波发生器[1200W×12块，1000mm×250mm×100mm(每块)]					3，不锈钢		2500	800	1550	2700				√				√					纯水						
15	还原	20										15，PP		2500	600	1550	1900				√				√											
16	纯水洗	21										15，PP		2500	600	1550	1950			√	√				√											
17	纯水洗	22										15，PP		2500	600	1550	1950				√				√					纯水	↶					
18	钯活化	23										15，PP		2500	800	1550	2600				√		F4管束加温													
18	钯活化	24	1	25								15，PP		2500	800	1550	2600			√接过滤管	√		F4管束加温、冷却(2组)				√		10(并联两槽独立使用,槽面液下喷管入槽)				自动加温			双侧

续表

工序号	工序名称	槽位号	工位数	工艺条件					电镀面积和电流电压			镀槽要求											设备要求													
				温度/℃	电流密度/(A/dm²)	时间/min	镀层厚度/μm	添加剂型号	每一极杆/dm²	每一极杆/A	整流器/(A/V)	厚度δ/mm，材料		尺寸/mm			有效容积/dm³	附设装置	排水方式				加温(或冷却)	溶液喷射搅拌	空气搅拌		阴极移动	喷淋	过滤/(m³/h)	供水	逆流	回收	温度控制	自动加料	槽体保温	局部排风
												槽体	内衬	长	宽	高			集污斗	溢流斗	网格插板	排污阀			主槽	副										
19	纯水洗	25										15，PP		2500	600	1550	1950			√	√				√					纯水						
20	纯水洗	26										15，PP		2500	600	1550	1950			√	√				√											
21	纯水洗(交换)	27	1									15，PP		2500	600	1550	1950				√				√					纯水	↶					
22	活化	28	1	55		任意调整		H_2SO_4				15，PP		2500	800	1550	2600				√		F4管束快速加温 F4电保温管(3kW)		√双管				20				自动			单侧
22	活化	29	1	55		任意调整		H_2SO_4				15，PP		2500	800	1550	2600				√		F4管束快速加温 F4电保温管(3kW)		√双管				20				自动			单侧
23	纯水洗	30										15，PP		2500	600	1550	1950			√	√				√											
24	纯水洗	31										15，PP		2500	600	1550	1950				√				√					纯水	↶					
25	预浸	32										15，PP		2500	600	1550	1900				√															
26	化学镍	33	2	25								15，PP		2500	1200	1550	4000			√(接过滤管)			F4管束加温、冷却(2组)	√			√		20(并联两槽独立使用，槽面液下喷管入槽)				自动加温			双侧
26	化学镍	34		25								15，PP		2500	1200	1550	4000			√(接过滤管)			F4管束加温、冷却(2组)	√			√						自动加温			双侧
27	纯水洗	35										15，PP		2500	600	1550	1950			√	√				√					纯水						
28	纯水洗	36										15，PP		2500	600	1550	1950			√	√				√					纯水						

续表

工序号	工序名称	槽位号	工位数	工艺条件					电镀面积和电流电压			镀槽要求											设备要求													
				温度/℃	电流密度/(A/dm²)	时间/min	镀层厚度/μm	添加剂型号	每一极杆/dm²	每一极杆/A	整流器/(A/V)	厚度δ/mm，材料		尺寸/mm			有效容积/dm³	附设装置	排水方式				加温(或冷却)	溶液喷射搅拌	空气搅拌		阴极移动	喷淋	过滤/(m³/h)	供水	逆流	回收	温度控制	自动加料	槽体保温	局部排风
												槽体	内衬	长	宽	高			集污斗	溢流斗	网格插板	排污阀			主槽	副										
29	检验	0	1									高位极杆支承座			1100×2																					
30	热浸除油	37		50～60								15，PP		2500	600	1550	1900					√	1Cr18Ni9Ti蛇管加温										自动			
31	超声除蜡	38		70～80			超声波发生器[1200W×16块，1000mm×250mm×100mm(每块)]					3，不锈钢		2500	800	1550	2700					√	1Cr18Ni9Ti蛇管加温										自动		√	
32	纯水洗	39										15，PP		2500	600	1550	1950			√		√			√					纯水						
33	碱除膜	40		室温								15，PP		2500	600	1550	1900					√														
34	纯水洗	41										15，PP		2500	600	1550	1950			√		√			√					纯水						
35	阴极除油	42		50～60							1000/12	15，PP		2500	900	1550	2900					√	1Cr18Ni9Ti蛇管加温										自动			双侧
36	阳极除油	43		50～60							1000/12	15，PP		2500	900	1550	2900					√	1Cr18Ni9Ti蛇管加温										自动			双侧
37	纯水洗	44										15，PP		2500	600	1550	1950			√		√			√						↶					
38	纯水洗	45										15，PP		2500	600	1550	1950					√			√						↶					
39	纯水洗	46										15，PP		2500	600	1550	1950					√			√					纯水						
40	酸活化	47										15，PP		2500	600	1550	1900					√														
41	纯水洗	48										15，PP		2500	600	1550	1950			√		√			√						↶					
42	纯水洗	49										15，PP		2500	600	1550	1950					√			√					纯水						
43	纯水洗(移位)	50	1		自动水洗槽移位小车							15，PP		2500	600	1450	1850					√														
44	置换铜	51	1									15，PP		2500	600	1550	1900					√	1Cr18Ni9Ti蛇管加温		√											
45	预镀铜	52	1	20～30							1000/8	15，PP		2500	900	1550	2900						TA2蛇管冷却		√双管		√		20				自动			
46	纯水洗	53										15，PP		2500	600	1550	1950			√		√			√					纯水						

续表

工序号	工序名称	槽位号	工位数	工艺条件					电镀面积和电流电压			镀槽要求											设备要求													
				温度/℃	电流密度/(A/dm²)	时间/min	镀层厚度/μm	添加剂型号	每一极杆/dm²	每一极杆/A	整流器/(A/V)	厚度δ/mm,材料		尺寸/mm			有效容积/dm³	附设装置	排水方式				加温(或冷却)	溶液喷射搅拌	空气搅拌		阴极移动	喷淋	过滤/(m³/h)	供水	逆流	回收	温度控制	自动加料	槽体保温	局部排风
												槽体	内衬	长	宽	高			集污斗	溢流斗	网格插板	排污阀			主槽	副										
47	硫酸铜	54	1	20～30							1000/6	15,PP		2500	900	1550	2900	⋈		√			TA2蛇管冷却		√双管		√		20				显示			
47	硫酸铜	55	1	20～30							1000/6	15,PP		2500	900	1550	2900	⋈		√			TA2蛇管冷却		√双管		√		20				显示			
47	硫酸铜	56	1	20～30							1000/6	15,PP		2500	900	1550	2900	⋈		√			TA2蛇管冷却		√双管		√		20				显示			
47	硫酸铜	57	1	20～30							1000/6	15,PP		2500	900	1550	2900	⋈		√			TA2蛇管冷却		√双管		√		20				显示			
47	硫酸铜	58	1	20～30							1000/6	15,PP		2500	900	1550	2900	⋈		√			TA2蛇管冷却		√双管		√		20				显示			
	加料槽	59										15,PP		1600	800	1150	1000	泵		⋈			TA2蛇管冷却													
47	硫酸铜	60	1	20～30							1000/6	15,PP		2500	900	1550	2900	⋈		√			TA2蛇管冷却		√双管		√		20				显示			
47	硫酸铜	61	1	20～30							1000/6	15,PP		2500	900	1550	2900	⋈		√			TA2蛇管冷却		√双管		√		20				显示			
47	硫酸铜	62	1	20～30							1000/6	15,PP		2500	900	1550	2900	⋈		√			TA2蛇管冷却		√双管		√		20				显示			
47	硫酸铜	63	1	20～30							1000/6	15,PP		2500	900	1550	2900	⋈		√			TA2蛇管冷却		√双管		√		20				显示			
47	硫酸铜	64	1	20～30							1000/6	15,PP		2500	900	1550	2900	⋈		√			TA2蛇管冷却		√双管		√		20				显示			
48	回收	65										15,PP		2500	600	1550	1950				√									纯水						
49	纯水洗	66										15,PP		2500	600	1550	1950			√	√				√											
50	纯水洗(交换)	67	1									15,PP		2500	600	1550	1950				√				√					纯水						

续表

工序号	工序名称	槽位号	工位数	工艺条件					电镀面积和电流电压			镀槽要求											设备要求													
				温度/℃	电流密度/(A/dm²)	时间/min	镀层厚度/μm	添加剂型号	每一极杆/dm²	每一极杆/A	整流器/(A/V)	厚度δ/mm,材料		尺寸/mm			有效容积/dm³	附设装置	排水方式				加温(或冷却)	溶液喷射搅拌	空气搅拌		阴极移动	喷淋	过滤/(m³/h)	供水	逆流	回收	温度控制	自动加料	槽体保温	局部排风
												槽体	内衬	长	宽	高			集污斗	溢流斗	网格插板	排污阀			主槽	副										
51	酸活化	68										15,PP		2500	600	1550	1900				√															
52	喷淋纯水洗	69										15,PP		2500	600	1550	1950			√	√				√			√		纯水						
53	半光亮镍	70	1	50～55							1000/6 100/4	15,PP		2500+600	900	1550	3400						TA2蛇管加温 TA2电保温管(3kW)		√双管	√			20				自动			
53	半光亮镍	71	1	50～55							1000/6 100/4	15,PP		2500+600	900	1550	3400						TA2蛇管加温 TA2电保温管(3kW)		√双管	√			20				自动			
53	半光亮镍	72	1	50～55							1000/6 100/4	15,PP		2500+600	900	1550	3400						TA2蛇管加温 TA2电保温管(3kW)		√双管	√			20				自动			
53	半光亮镍	73	1	50～55							1000/6 100/4	15,PP		2500+600	900	1550	3400						TA2蛇管加温 TA2电保温管(3kW)		√双管	√			20				自动			
	半亮镍加料槽	附										15,PP		1600	600	1000	750																			
54	回收	74		50～55								15,PP		2500+600	900	1550	3400						TA2蛇管加温		√双管	√							自动			
55	高硫镍	75		50～55							1000/6 100/4	15,PP		2500+600	900	1550	2900						TA2蛇管加温 TA2电保温管(3kW)	√	√双管				20				自动			
56	光亮镍	76	1	50～55							1000/6 100/4	15,PP		2500+600	900	1550	3400						TA2蛇管加温 TA2电保温管(3kW)		√双管	√			20				自动			

续表

工序号	工序名称	槽位号	工位数	工艺条件					电镀面积和电流电压			镀槽要求											设备要求													
				温度/℃	电流密度/(A/dm²)	时间/min	镀层厚度/μm	添加剂型号	每一极杆/dm²	每一极杆/A	整流器/(A/V)	厚度δ/mm，材料		尺寸/mm			有效容积/dm³	附设装置	排水方式				加温(或冷却)	溶液喷射搅拌	空气搅拌		阴极移动	喷淋	过滤/(m³/h)	供水	逆流	回收	温度控制	自动加料	槽体保温	局部排风
												槽体	内衬	长	宽	高			集污斗	溢流斗	网格插板	排污阀			主槽	副										
56	光亮镍	77	1	50～55							1000/6 100/4	15，PP		2500+600	900	1550	3400						TA2蛇管加温 TA2电保温管(3kW)		√双管	√			20				自动			
56	光亮镍	78	1	50～55							1000/6 100/4	15，PP		2500+600	900	1550	3400						TA2蛇管加温 TA2电保温管(3kW)		√双管	√			20				自动			
56	光亮镍	79	1	50～55							1000/6 100/4	15，PP		2500+600	900	1550	3400						TA2蛇管加温 TA2电保温管(3kW)		√双管	√			20				自动			
	光亮镍加料槽	附										15，PP		1600	600	1000	750																			
57	回收	80		50～55								15，PP		2500+600	900	1550	3400						TA2蛇管加温		√双管	√				纯水						
58	镍封	81		50～55							1000/6 100/4	15，PP		2500+600	900	1550	3400						TA2蛇管加温 TA2电保温管(3kW)	√	√四管				20(无滤芯)				自动			
59	喷淋纯水(交换)	82	1									15，PP		2500	600	1550	1950			√	√				√			√		纯水						
60	纯水洗	83										15，PP		2500	600	1550	1950			√	√				√											
61	纯水洗	84										15，PP		2500	600	1550	1950				√				√					纯水						
62	预浸(电解)	85									100/6	15，HPVC		2500	900	1550	2900																			
	三价铬电镀	86	1	27～43							3000/12(波纹系数小于5%)	15，PP	10，HPVC	2500	1200	1550	3800						TA2蛇管加温，冷水冷却(2组)		TA2				20				自动			双侧

续表

工序号	工序名称	槽位号	工位数	工艺条件					电镀面积和电流电压			镀槽要求											设备要求													
				温度/℃	电流密度/(A/dm²)	时间/min	镀层厚度/μm	添加剂型号	每一极杆/dm²	每一极杆/A	整流器/(A/V)	厚度δ/mm，材料		尺寸/mm			有效容积/dm³	附设装置	排水方式				加温(或冷却)	溶液喷射搅拌	空气搅拌		阴极移动	喷淋	过滤/(m³/h)	供水	逆流	回收	温度控制	自动加料	槽体保温	局部排风
												槽体	内衬	长	宽	高			集污斗	溢流斗	网格插板	排污阀			主槽	副										
	纯水洗	87										15，HPVC		2500	600	1550	1950			√	√				√											
	纯水洗	88										15，HPVC		2500	600	1550	1950				√				√					纯水	↩					
	铬酸活化(电解)	89									100/6	15，HPVC		2500	900	1550	2900																			
63	装饰铬	90	1	38～45							3000/12(波纹系数小于5%)	15，PP	10，HPVC	2500	1200	1550	3800						TA2蛇管加温，冷水冷却(2组)		TA2								自动			双侧
64	回收	91										15，HPVC		2500	600	1550	1950															↩				
65	回收(交换)	92	1									15，HPVC		2500	600	1550	1950													纯水		↩ 手提泵				
66	高位纯水洗	93										15，PP		2500	600	1750	2200			√	√				√											
67	高位纯水洗	94										15，PP		2500	600	1750	2200				√				√					纯水	↩					
68	热纯水洗	95		50～60								15，PP		2500	600	1550	1950			√	√		1Cr18Ni9Ti蛇管加温							纯水			自动			
69	超声纯水洗	96					超声波发生器[1200W×12块，1000mm×250mm×100mm(每块)]					3，不锈钢		2500	800	1550	2700				√									纯水						
70	热纯水洗	97		50～60								15，PP		2500	600	1550	1950			√	√		1Cr18Ni9Ti蛇管加温							纯水			自动			
71	烘干	98	1	50～60								6，Q235	2，不锈钢	2500	900	1550		移动槽盖					蒸汽加温热风循环										自动			
72	卸挂	0	2																																	

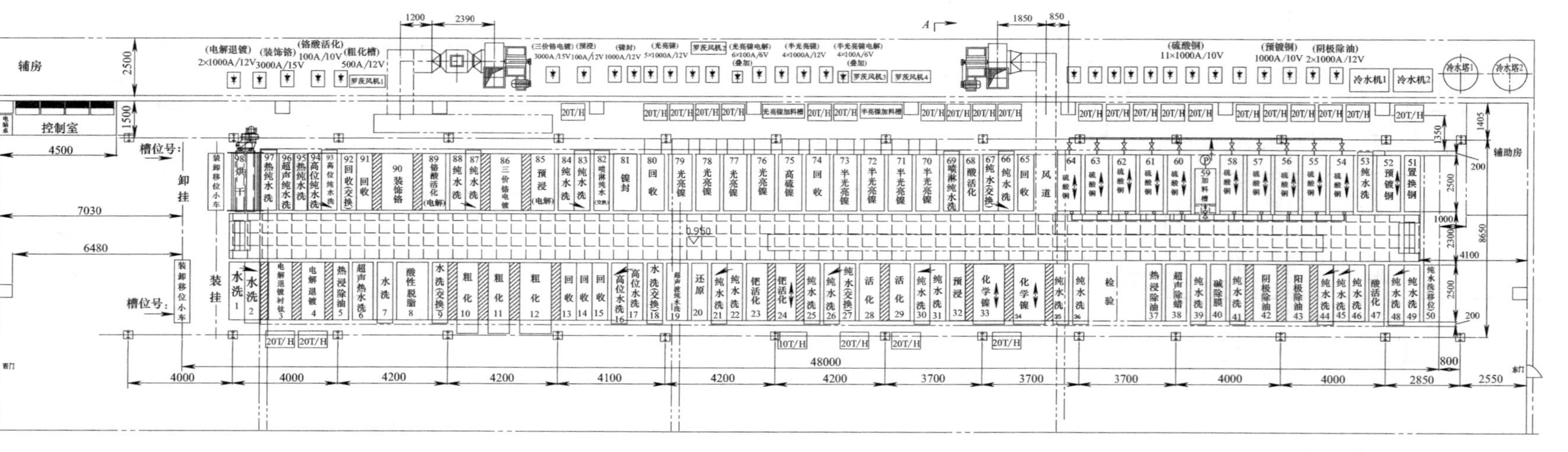

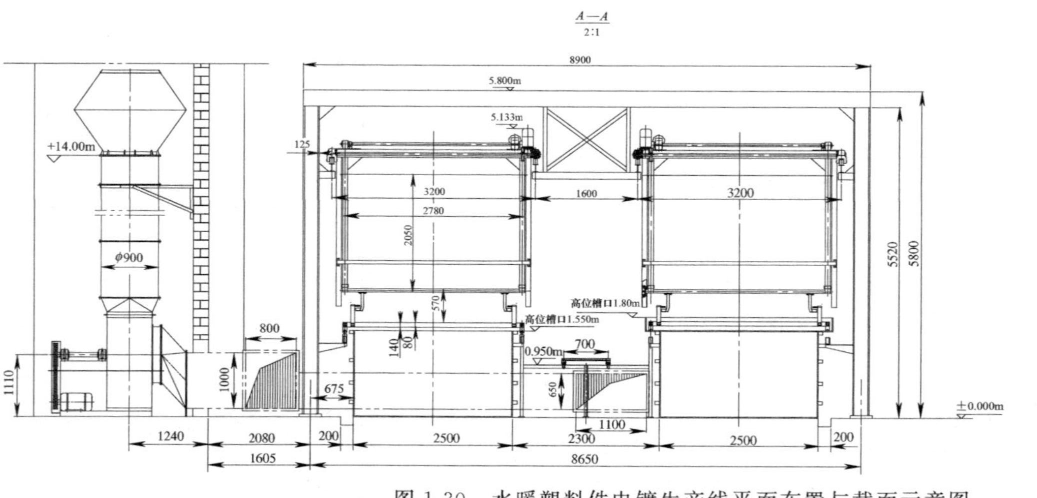

图 1-30 水暖塑料件电镀生产线平面布置与截面示意图

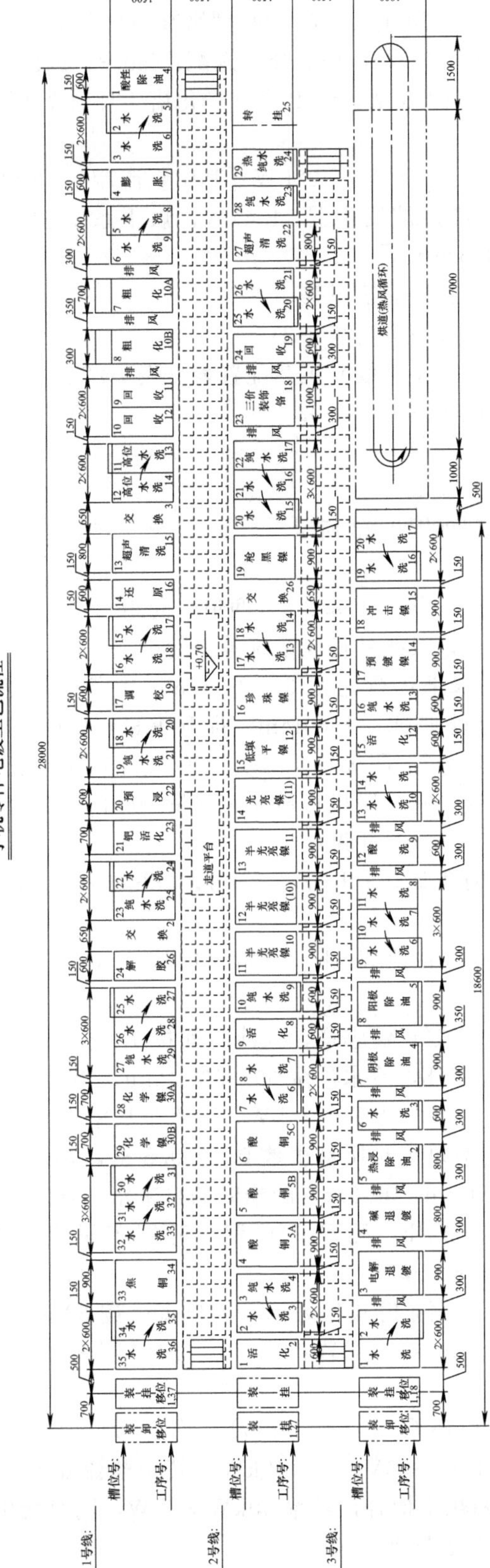

图 1-31 手机零件电镀生产线工艺流程

⑪ 局部排风装置（翻盖低截面条缝式排风罩，槽口宽度按 600mm 计算）：

a. 铬系（槽面风速 0.45m/s），9600m^3/h，选配：No.6，FRP 风机（耐铬酸）1 台（10500m^3/h，1280Pa，5.5kW，1600r/min）；600 型铬雾净化器 1 台。

b. 酸碱系（槽面风速 0.3m/s），12800m^3/h，选配：No.8，FRP 风机 1 台（14400m^3/h，1010Pa，5.5kW，1120r/min）；12.5 型，FRP 废气净化塔 1 座［处理风量 12500m^3/h，配液下泵 1 台（4kW）］。

⑫ 设备总动力：3 相，50Hz，380V，422kW［其中整流器共 18 台额定容量约 100.8kW，过滤机 17 台总功率约 13kW，超声波发生器 14.4kW，烘干系统总功率 24kW，磁力泵 1 台（0.75kW），同时使用系数：0.5～0.6］。

手机塑料件前处理生产线工艺配置表见表 1-20。

手机塑料件电镀生产线工艺配置表见表 1-21。

手机金属件前处理生产线（附退镀线）工艺配置表见表 1-22。

手机零件电镀生产线行车配置图见图 1-32。

1.2.14 碱性挂镀锌工艺

碱性挂镀锌生产线工艺流程如图 1-33 所示。

设计要素如下。

① 主机：L29.9m（装卸挂间距）×W3.8m（两道轨间距）×H4.7m（行车顶高）（该尺寸未含整流器、过滤机和走道平台以及线外排风系统等辅助设施）。

② 低轨门式行车：3 台，水平运行速度 3～36m/min（变频调速），升降运行速度 3～25m/min（变频调速），提升行程 1500～1600mm，提升重量≤300kgf（含受镀零件、阴极导电杆、挂具和提升时的溶液附加力），阴极移动装置 1 套（1.5kW，上下行程摆幅 50mm，频率 15min^{-1}），阴极导电杆 17 支，每一阴极杆最大装载量 300dm^2。

③ 行车运行周期：6min（>5min 可调）。

④ 年产量（每年 250d，两班制，16h/d）：250d×16h/d×60min/h÷6min×300dm^2×0.95≈1140×10^{4}dm^2。

⑤ 溶液加温和保温供汽量（预热以 4h，初始温度按 15℃计算）：加温 230kg/h，保温 100～150kg/h。

⑥ 镀锌溶液冷却水（10～15℃）供应量，预冷时间按 1.5～2h 计算，配置：风冷箱式工业冷水机 1 台（制冷量 18800kcal/h，冷水流量 60～90L/min，出口温度 10～15℃，进口温度 20～25℃，压缩机功率 7.5kW，风扇功率 0.75kW，冷水泵功率 1.5kW）。

⑦ 生产作业供水量（水洗槽每小时换水次数 0.4～0.5 槽，热水和纯水减半计算）：自来水 6.0～7.5m^3/h，纯水 0.8～1.0m^3/h（未含配槽时的自来水和纯水供应量）。

⑧ 空搅用低压空气量 320m^3/h，配置：80 型三叶罗茨风机 1 台（进风量 380m^3/h，4kW，排风压力 19.6kPa，1300r/min）。

⑨ 局部排风装置（翻盖低截面条缝式排风罩，槽口宽度按 600mm 计算风量）：酸碱系排风量 29000m^3/h（槽面风速 0.3m/s）。配置：No.10，FRP 风机 1 台（31000m^3/h，770Pa，11kW，800r/min）。

⑩ 废水排放（处理）量：酸碱系 5.5～7.0m^3/h，铬系 0.8～1.0m^3/h。

⑪ 设备总动力：3 相，50Hz，380V，约 142kW（其中整流器 6 台额定总容量约 48kW，过滤机 9 台总容量约 17kW，两烘干槽合计功率 30kW+3kW，同时使用系数 0.6～0.7）。

碱性挂镀锌生产线工艺配置表见表 1-23。

表 1-20 手机塑料件前处理生产线工艺配置表

工序号	工序名称	槽位号	工位数	工艺条件					电镀面积和电流电压			镀槽要求											设备要求													
				温度/℃	电流密度/(A/dm²)	时间/min	镀层厚度/μm	添加剂型号	每一极杆/dm²	每一极杆/A	整流器/(A/V)	厚度δ/mm，材料		外壁尺寸/mm			有效容积/dm³	附设装置	排水方式			槽体保温	加温(或冷却)	溶液喷射搅拌	空气搅拌	阴极移动	喷淋	过滤/(m³/h)	供水	逆流	回收	温度控制	pH控制	废水		局部排风
												槽体	内衬	长	宽	高			集污斗	溢流斗	排污阀													沟排	管排	
4	酸性除油	1	1	室温～49(33)		5～6						15，PP		1500	600	1300	950				√		不锈钢电加温(3kW)									自动				
5	水洗	2										10，PP		1500	600	1300	1000			√	√				√											
6	水洗	3										10，PP		1500	600	1300	1000				√				√				自来水							
7	膨胀	4	1	室温		3～6						3，不锈钢		1500	600	1300	950				√															
8	水洗	5										10，PP		1500	600	1300	1000			√	√				√											
9	水洗	6										10，PP		1500	600	1300	1000				√				√				自来水							
10A	粗化	7	1	62～68(65)		6～12(10)					开关电源300/10	15，PVC	2，钛	1500+400	700	1300	1400	瓷罐3件					钛电加温(18kW)		钛							自动				双侧
10B	粗化	8	1	62～68(65)								15，PVC	2，钛	1500+400	700	1300	1400	瓷罐3件					钛电加温(18kW)		钛							自动				双侧
11	回收	9										10，PVC		1500	600	1300	1000				√															
12	回收	10										10，PVC		1500	600	1300	1000				√								纯水							
13	高位水洗	11										10，PP		1500	600	1500	1150			√	√				√											
14	高位洗(交换)	12	1									10，PP		1500	600	1500	1150				√				√				自来水							
3	交换	0	1												650																					
15	超声清洗	13					超声波发生器[900W×8块，800mm×250mm×90mm(每块)]					3，不锈钢		1500	800	1300	1350			√	√								自来水							
16	还原	14		室温		1						15，PP		1500	600	1300	950				√															
17	水洗	15										10，PP		1500	600	1300	1000			√	√				√											
18	水洗	16										10，PP		1500	600	1300	1000				√				√				自来水							

续表

工序号	工序名称	槽位号	工位数	工艺条件					电镀面积和电流电压			镀槽要求											设备要求													
				温度/℃	电流密度/(A/dm²)	时间/min	镀层厚度/μm	添加剂型号	每一极杆/dm²	每一极杆/A	整流器/(A/V)	厚度δ/mm，材料		外壁尺寸/mm			有效容积/dm³	附设装置	排水方式			槽体保温	加温(或冷却)	溶液喷射搅拌	空气搅拌	阴极移动	喷淋	过滤/(m³/h)	供水	逆流	回收	温度控制	pH控制	废水		局部排风
												槽体	内衬	长	宽	高			集污斗	溢流斗	排污阀													沟排	管排	
19	调校	17	1			2～6						15，PP		1500	600	1300	950				√															
20	水洗	18										10，PP		1500	600	1300	1000			√	√				√				自来水	↶						
21	纯水洗	19										10，PP		1500	600	1300	1000				√				√				纯水							
22	预浸	20		室温		1						15，PP		1500	600	1300	950				√					√										
23	钯活化	21	1	25～30		3						15，PP		1500	700	1300	1100				√		F4电加温(6kW)和冷却			√						自动				
24	水洗	22										10，PP		1500	600	1300	1000			√	√				√				自来水	↶						
25	纯水洗(交换)	23	1									10，PP		1500	600	1300	1000				√				√				纯水							
2	交换	0	1												650																					
26	解胶	24	1	40～45		2～5						15，PP		1500	600	1300	950				√		F4电加温(6kW)		√			10				自动				
27	水洗	25										10，PP		1500	600	1300	1000			√	√				√					↶						
28	水洗	26										10，PP		1500	600	1300	1000				√				√				自来水	↶						
29	纯水洗	27										10，PP		1500	600	1300	1000				√				√				纯水							
30A	化学镍	28	1	25～35		6～8						15，PP		1500	700	1300	1100						F4电加温(6kW)和冷却			√		10				自动				
30B	化学镍	29	1	25～35								15，PP		1500	700	1300	1100						F4电加温(6kW)和冷却			√		10				自动				
31	水洗	30										10，PP		1500	600	1300	1000			√	√				√					↶						
32	水洗	31										10，PP		1500	600	1300	1000				√				√					↶						
33	水洗	32										10，PP		1500	600	1300	1000				√				√				自来水							
34	焦铜	33	1	50～55	1～3	1～2			80	240	开关电源300/12	15，PP		1500	900	1300	1450						钛电加温(12kW)		√			10				自动				
35	水洗	34										10，PP		1500	600	1300	1000			√	√				√					↶						
36	水洗	35										10，PP		1500	600	1300	1000				√				√				自来水							
1，37	装挂移位	0	2	移位车(2台)																																

表 1-21 手机塑料件电镀生产线工艺配置表

工序号	工序名称	槽位号	工位数	工艺条件					电镀面积和电流电压			镀槽要求											设备要求											废水		
				温度/℃	电流密度/(A/dm²)	时间/min	镀层厚度/μm	添加剂型号	每一极杆/dm²	每一极杆/A	整流器/(A/V)	厚度δ/mm，材料 槽体	厚度δ/mm，材料 内衬	外壁尺寸/mm 长	外壁尺寸/mm 宽	外壁尺寸/mm 高	有效容积/dm³	附设装置	排水方式 集污斗	排水方式 溢流斗	排水方式 排污阀	槽体保温	加温(或冷却)	溶液喷射搅拌	空气搅拌	阴极移动	喷淋	过滤/(m³/h)	供水	逆流	回收	温度控制	pH控制	沟排	管排	局部排风
1,27	装挂	0																																		
2	活化	1										10，PP		1500	600	1300	950				√															
3	水洗	2										10，PP		1500	600	1300	1000			√	√				√				自来水	↶						
4	纯水洗	3										10，PP		1500	600	1300	1000				√				√				纯水							
5A	镀酸铜	4	1	20～30(25)	1～3				80	240	开关电源300/10	15，PP		1500	900	1300	1450						钛蛇管冷却		√	√		10				自动				
5B	镀酸铜	5	1	20～30(25)	1～3	15～18			80	240	开关电源300/10	15，PP		1500	900	1300	1450						钛蛇管冷却		√	√		10				自动				
5C	镀酸铜	6	1	20～30(25)	1～3				80	240	开关电源300/10	15，PP		1500	900	1300	1450						钛蛇管冷却		√	√		10				自动				
6	水洗	7										10，PP		1500	600	1300	1000			√	√				√					↶						
7	水洗	8										10，PP		1500	600	1300	1000				√				√				自来水							
8	活化	9										10，PP		1500	600	1300	950				√															
9	纯水洗	10										10，PP		1500	600	1300	1000			√	√				√				纯水							
10	半光亮镍	11	1	50～70(66)	3～4	3～6			80	320	开关电源400/12	15，PP		1500	900	1300	1450						钛电加温(18kW)		√	√		10				自动				
(10)	半光亮镍	12		50～70(66)	3～4				80	320	开关电源400/12	15，PP		1500	900	1300	1450	槽盖					钛电加温(18kW)		√	√		10				自动				
11	光亮镍	13	1	50～60(55)	2～4	3～6			80	320	开关电源400/12	15，PP		1500	900	1300	1450						钛电加温(15kW)		√	√		10				自动				
(11)	光亮镍	14		50～60(55)	2～4				80	320	开关电源400/12	15，PP		1500	900	1300	1450	槽盖					钛电加温(15kW)		√	√		10				自动				
12	低填平镍	15	1	50～55	3～4	3			80	320	开关电源400/12	15，PP		1500	900	1300	1450						钛电加温(15kW)		√	√		10				自动				
	珍珠镍	16	1	50～55		2					开关电源800/12	15，PP		1500	900	1300	1450	槽盖					钛电加温(15kW)	0.75kW磁力泵液搅				10				自动				

续表

工序号	工序名称	槽位号	工位数	工艺条件					电镀面积和电流电压			镀槽要求											设备要求													
				温度/℃	电流密度/(A/dm²)	时间/min	镀层厚度/μm	添加剂型号	每一极杆/dm²	每一极杆/A	整流器/(A/V)	厚度δ/mm，材料		外壁尺寸/mm			有效容积/dm³	附设装置	排水方式			槽体保温	加温(或冷却)	溶液喷射搅拌	空气搅拌	阴极移动	喷淋	过滤/(m³/h)	供水	逆流	回收	温度控制	pH控制	废水		局部排风
												槽体	内衬	长	宽	高			集污斗	溢流斗	排污阀													沟排	管排	
13	水洗	17										10，PP		1500	600	1300	1000			√	√				√											
14	水洗(交换)	18	1									10，PP		1500	600	1300	1000				√				√				自来水	↶						
26	交换	0	1												650																					
	枪黑镍	19		50～55		1～2			80		开关电源500/10	15，PP		1500	900	1300	1450	槽盖		√			钛电加温(12kW)		√			10				自动				
15	水洗	20										10，PP		1500	600	1300	1000			√	√				√											
16	水洗	21										10，PP		1500	600	1300	1000				√				√				自来水	↶						
17	纯水洗	22										10，PP		1500	600	1300	1000				√				√				纯水	↶						
18	三价铬电镀	23	1	27～43	15	2～3			80	1200	开关电源1500/12	15，PVC		1500	1000	1300	1600						钛电加温(6kW)，钛蛇管冷却					10				显示				双侧
19	回收	24										10，PVC		1500	600	1300	1000				√				√				纯水		↶					
20	水洗	25										10，PP		1500	600	1300	1000			√	√				√											
21	水洗	26										10，PP		1500	600	1300	1000				√				√				自来水	↶						
22	超声清洗	27					超声波发生器[900W×8块，800mm×250mm×90mm(每块)]					3，不锈钢		1500	800	1300	1400			√	√								自来水							
23	纯水洗	28										10，PP		1500	600	1300	1000			√	√				√				纯水							
24	热纯水洗	29		50～60		1						10，PP		1500	600	1300	1000			√	√		不锈钢电加温(9kW)						纯水			自动				
25	转挂	0	1																																	
	烘干，卸挂		27	40～50		40						Q235		8000	1800	2000		热风循环					远红外电加温(24kW)									自动				

表 1-22　手机金属件前处理生产线（附退镀线）工艺配置表

工序号	工序名称	槽位号	工位数	工艺条件					电镀面积和电流电压			镀槽要求											设备要求													
				温度/℃	电流密度/(A/dm²)	时间/min	镀层厚度/μm	添加剂型号	每一极杆/dm²	每一极杆/A	整流器/(A/V)	厚度δ/mm，材料		外壁尺寸/mm			有效容积/dm³	附设装置	排水方式			槽体保温	加温(或冷却)	溶液喷射搅拌	空气搅拌	阴极移动	喷淋	过滤/(m³/h)	供水	逆流	回收	温度控制	pH控制	废水		局部排风
												槽体	内衬	长	宽	高			集污斗	溢流斗	排污阀													沟排	管排	
1,18	装挂移位	0	2	移位车 2 台																																
	水洗	1										10，PP		1500	600	1300	1000					√			√				自来水	↷						
	水洗	2										10，PP		1500	600	1300	1000			√		√			√					↷						
	电解退镀	3	1	30～40							开关电源 500/12	15，PP		1500	900	1300	1450	槽盖		√		√	不锈钢电加温(6kW)						自来水			显示				双侧
	碱退镀	4		30～40								15，PP		1500	800	1300	1250	槽盖		√		√	不锈钢电加温(6kW)						自来水			显示				双侧
2	热浸除油	5	1	50～60		5						15，PP		1500	800	1300	1250			√		√	不锈钢电加温(9kW)						自来水			自动				
3	水洗	6										10，PP		1500	600	1300	1000			√		√			√				自来水							
4	阴极除油	7	1	50～60	3～4	1			80	320	开关电源 400/12	15，PP		1500	900	1300	1450			√		√	不锈钢电加温(12kW)						自来水			自动				双侧
5	阳极除油	8		50～60	3～4	1			80	320	开关电源 400/12	15，PP		1500	900	1300	1450			√		√	不锈钢电加温(12kW)						自来水			自动				双侧
6	水洗	9										10，PP		1500	600	1300	1000			√		√			√					↷						
7	水洗	10										10，PP		1500	600	1300	1000					√			√					↷						
8	水洗	11										10，PP		1500	600	1300	1000					√			√				自来水	↷						
9	酸洗	12		室温		1						15，PP		1500	600	1300	950					√														双侧
10	水洗	13										10，PP		1500	600	1300	1000			√		√			√					↷						
11	水洗	14										10，PP		1500	600	1300	1000					√			√				自来水	↷						
12	活化	15										10，PP		1500	600	1300	950					√														
13	纯水洗	16										10，PP		1500	600	1300	1000			√		√			√				纯水							
14	预镀镍	17	1	50～60	3～5	1～2			80	400	开关电源 500/12	15，PP		1500	900	1300	1450						TA2 电加温(12kW)		√			10		↷		自动				
15	冲击镍	18	1	50～60	3～5	1～2			80	400	开关电源 500/12	15，PP		1500	900	1300	1450						TA2 电加温(12kW)		√			10		↷		自动				
16	水洗	19										10，PP		1500	600	1300	1000			√		√			√					↷						
17	水洗	20										10，PP		1500	600	1300	1000					√			√				自来水	↷						

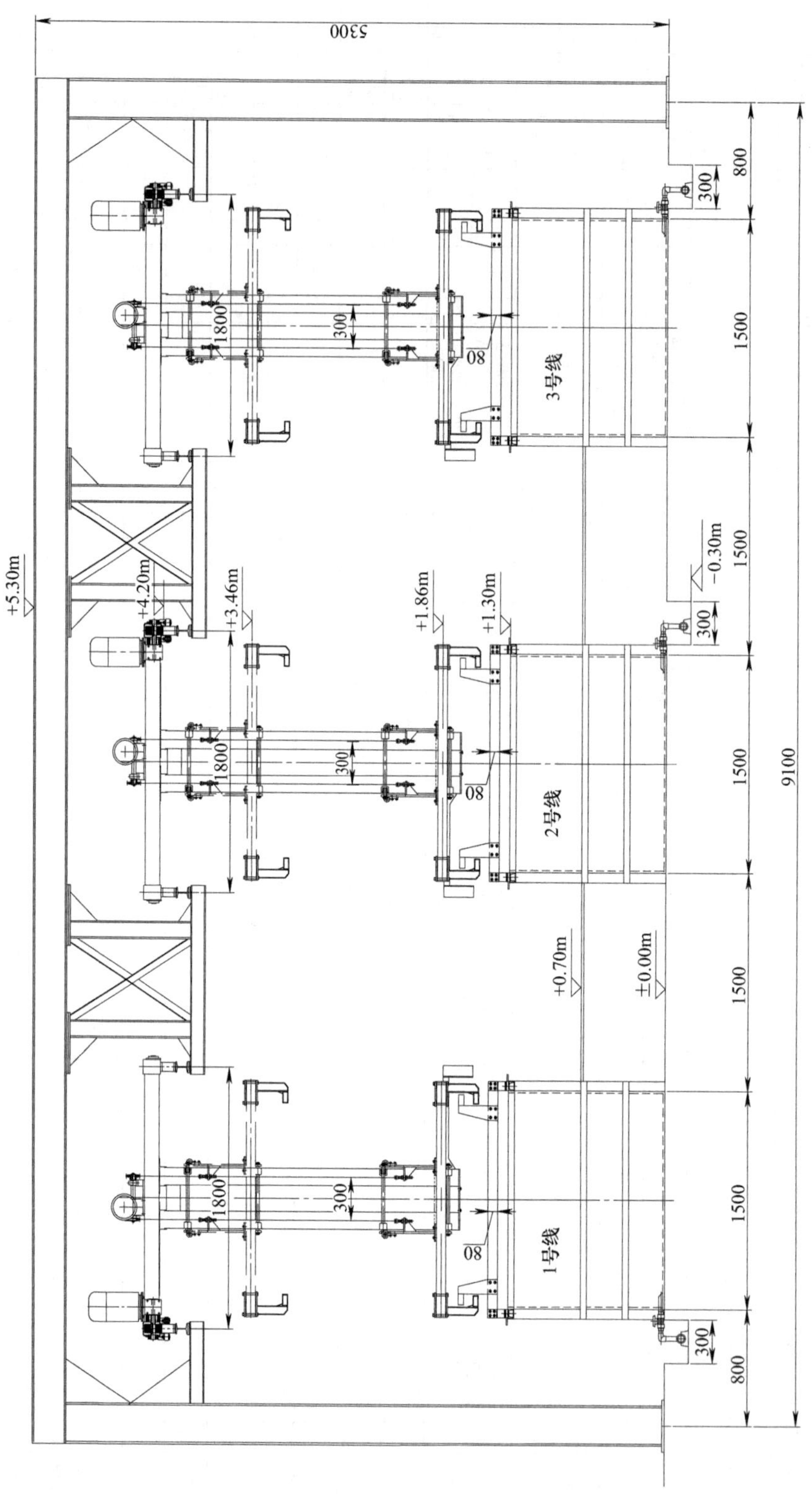

图 1-32 手机零件电镀生产线行车配置图

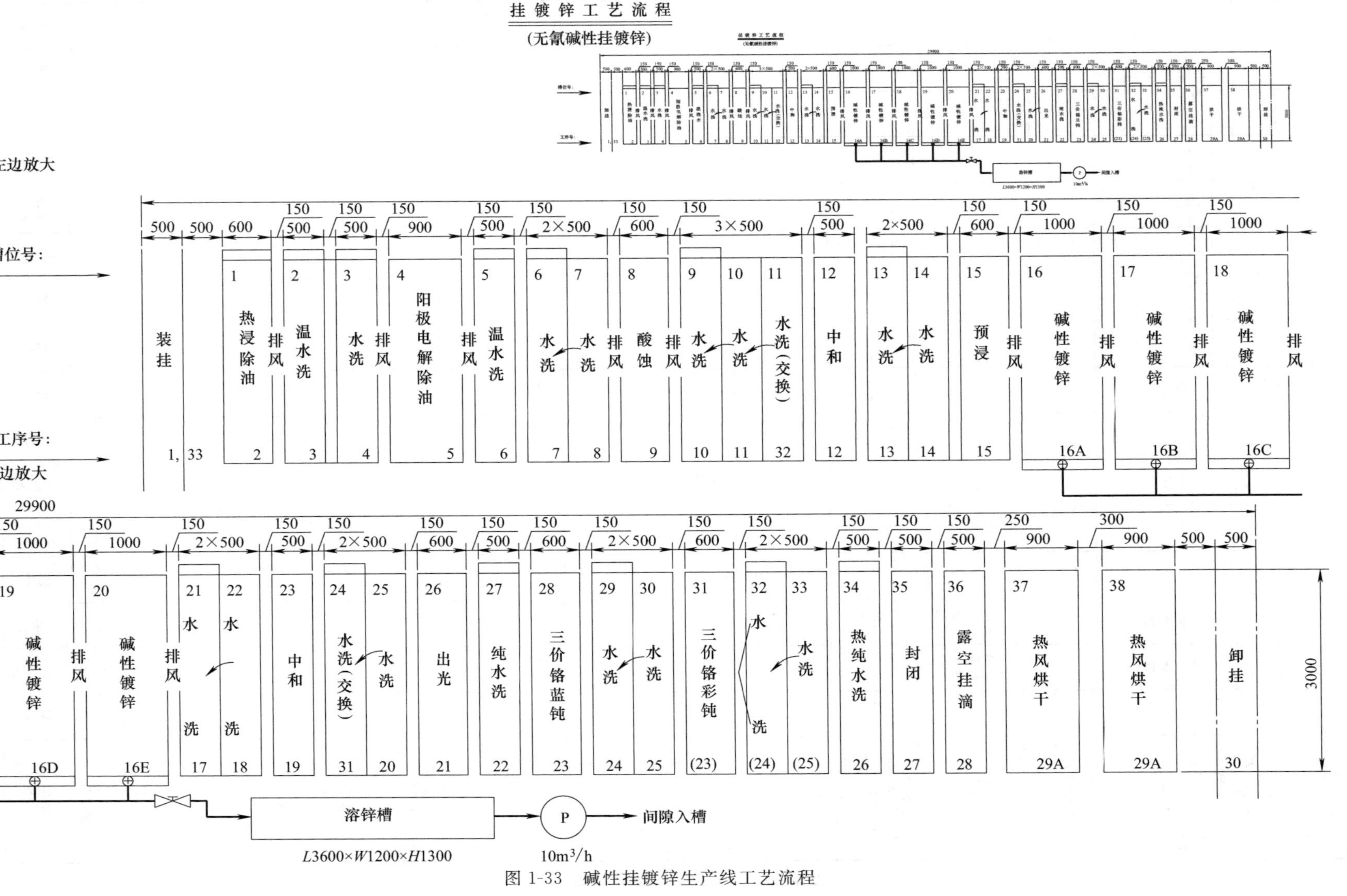

图 1-33　碱性挂镀锌生产线工艺流程

表 1-23　碱性挂镀锌生产线工艺配置表

				工艺条件					电镀面积和电流电压			镀槽要求											设备要求													
工序号	工序名称	槽位号	工位数	温度/℃	电流密度/(A/dm²)	时间/min	镀层厚度/μm	添加剂型号	每一极杆/dm²	每一极杆/A	整流器/(A/V)	厚度δ/mm，材料		外壁尺寸/mm			有效容积/dm³	附设装置	排水方式			槽体保温	加温(或冷却)	溶液喷射搅拌	空气搅拌	阴极移动	喷淋	过滤/(m³/h)	供水	逆流	回收	温度控制	pH控制	废水		局部排风
												槽体	内衬	长	宽	高			集污斗	溢流斗	排污阀													沟排	管排	
1,33	装挂	0	2																																	
2	热浸除油	1	1	27～93(60)		5～6						15，PP		3000	600	1500	2250			√	√		不锈钢蛇形管加温						自来水			显示				单侧
3	温水洗	2		45								15，PP		3000	500	1500	1900			√	√		不锈钢蛇形管加温						自来水			显示				
4	水洗	3										15，PP		3000	500	1500	1900			√	√				√				自来水							
5	阳极电解除油	4	1	30～75(60)	4～5	5～6			300	1500	1500/12	15，PP		3000	900	1500	3400			√	√		不锈钢蛇形管加温						自来水			显示				双侧
6	温水洗	5		45								15，PP		3000	500	1500	1900			√	√		不锈钢蛇形管加温						自来水			显示				
7	水洗	6										15，PP		3000	500	1500	1900			√	√				√					↶						
8	水洗	7										15，PP		3000	500	1500	1900				√				√				自来水							
9	酸蚀	8	1	室温		3～6						15，PP		3000	600	1500	2250				√															双侧
10	水洗	9										15，PP		3000	500	1500	1900			√	√				√					↶						
11	水洗	10										15，PP		3000	500	1500	1900				√				√					↶						
32	水洗(交换)	11	1									15，PP		3000	500	1500	1900				√				√				自来水							
12	中和	12				延时						15，PP		3000	500	1500	1850				√															
13	水洗	13										15，PP		3000	500	1500	1900			√	√				√					↶						
14	水洗	14										15，PP		3000	500	1500	1900				√				√				自来水							
15	预浸	15				延时						15，PP		3000	600	1500	2250				√															

续表

工序号	工序名称	槽位号	工位数	工艺条件					电镀面积和电流电压			镀槽要求							排水方式				设备要求											废水		
				温度/℃	电流密度/(A/dm²)	时间/min	镀层厚度/μm	添加剂型号	每一极杆/dm²	每一极杆/A	整流器/(A/V)	厚度δ/mm,材料 槽体	内衬	外壁尺寸/mm 长	宽	高	有效容积/dm³	附设装置	集污斗	溢流斗	排污阀	槽体保温	加温(或冷却)	溶液喷射搅拌	空气搅拌	阴极移动	喷淋	过滤/(m³/h)	供水	逆流	回收	温度控制	pH控制	沟排	管排	局部排风
16A	碱性镀锌	16	1	18～28	1～3(2)				300	900	1000/6	15,PP		3000	1000	1500	3800			√			不锈钢蛇形管加温、冷却			√		20	纯水			显示				双侧
16B	碱性镀锌	17	1	18～28	1～3(2)				300	900	1000/6	15,PP		3000	1000	1500	3800			√			不锈钢蛇形管加温、冷却			√		20	纯水			显示				双侧
16C	碱性镀锌	18	1	18～28	1～3(2)	25～30			300	900	1000/6	15,PP		3000	1000	1500	3800			√			不锈钢蛇形管加温、冷却			√		20	纯水			显示				双侧
16D	碱性镀锌	19	1	18～28	1～3(2)				300	900	1000/6	15,PP		3000	1000	1500	3800			√			不锈钢蛇形管加温、冷却			√		20	纯水			显示				双侧
16E	碱性镀锌	20	1	18～28	1～3(2)				300	900	1000/6	15,PP		3000	1000	1500	3800			√			不锈钢蛇形管加温、冷却			√		20	纯水			显示				双侧
	溶锌槽	附										15,PP		3600	1200	1300	4800											10								
17	水洗	21										15,PP		3000	500	1500	1900			√	√				√											
18	水洗	22										15,PP		3000	500	1500	1900				√				√				自来水							
19	中和	23										15,PP		3000	500	1500	1850				√															
31	水洗(交换)	24	1									15,PP		3000	500	1500	1900			√	√				√											
20	水洗	25										15,PP		3000	500	1500	1900				√				√				自来水							
21	出光	26		室温		延时						15,PP		3000	600	1500	2250				√															
22	纯水洗	27										15,PP		3000	500	1500	1900			√	√				√				纯水							
23	三价铬蓝钝	28	1	20～30		0.5～1.5						15,PVC		3000	600	1500	2250						F4管束加温		两侧	√		10	纯水			显示	1.6～2			
24	水洗	29										15,PP		3000	500	1500	1900			√	√				√											
25	水洗	30										15,PP		3000	500	1500	1900				√				√				自来水							

续表

工序号	工序名称	槽位号	工位数	工艺条件 温度/℃	工艺条件 电流密度/(A/dm²)	工艺条件 时间/min	工艺条件 镀层厚度/μm	工艺条件 添加剂型号	电镀面积和电流电压 每一极杆/dm²	电镀面积和电流电压 每一极杆/A	电镀面积和电流电压 整流器/(A/V)	镀槽要求 厚度δ/mm，材料 槽体	镀槽要求 厚度δ/mm，材料 内衬	镀槽要求 外壁尺寸/mm 长	镀槽要求 外壁尺寸/mm 宽	镀槽要求 外壁尺寸/mm 高	镀槽要求 有效容积/dm³	镀槽要求 附设装置	镀槽要求 排水方式 集污斗	镀槽要求 排水方式 溢流斗	镀槽要求 排水方式 排污阀	镀槽要求 槽体保温	设备要求 加温(或冷却)	设备要求 溶液喷射搅拌	设备要求 空气搅拌	设备要求 阴极移动	设备要求 喷淋	设备要求 过滤/(m³/h)	设备要求 供水	设备要求 逆流	设备要求 回收	设备要求 温度控制	设备要求 pH控制	设备要求 废水 沟排	设备要求 废水 管排	设备要求 局部排风
(23)	三价铬彩钝	31		40～70		0.5～1.5						15，PVC		3000	600	1500	2250	盖					F4 管束加温		两侧	√		10	纯水			显示	1.6～2.2			
(24)	水洗	32										15，PP		3000	500	1500	1900			√	√				√											
(25)	水洗	33										15，PP		3000	500	1500	1900				√				√				自来水	↰						
26	热纯水洗	34		60								15，PP		3000	500	1500	1900			√	√		不锈钢蛇形管加温						纯水			显示				
27	封闭	35	1	54～60		0.75～1.5						15，PP		3000	500	1500	1850				√		F4 管束加温			√		10	纯水			显示				
28	露空挂滴	36				1.0						15，PP		3000	500	1500					√															
29A	热风烘干	37	1	60～80		10～12						6，Q235	3，不锈钢	3000	900	1500		烘干装置			√	√	电加温 15kW 热风循环(1.5kW)									显示				
29B	热风烘干	38	1	60～80								6，Q235	3，不锈钢	3000	900	1500		烘干装置			√	√	电加温 15kW 热风循环(1.5kW)									显示				
30	卸挂	0	1																																	

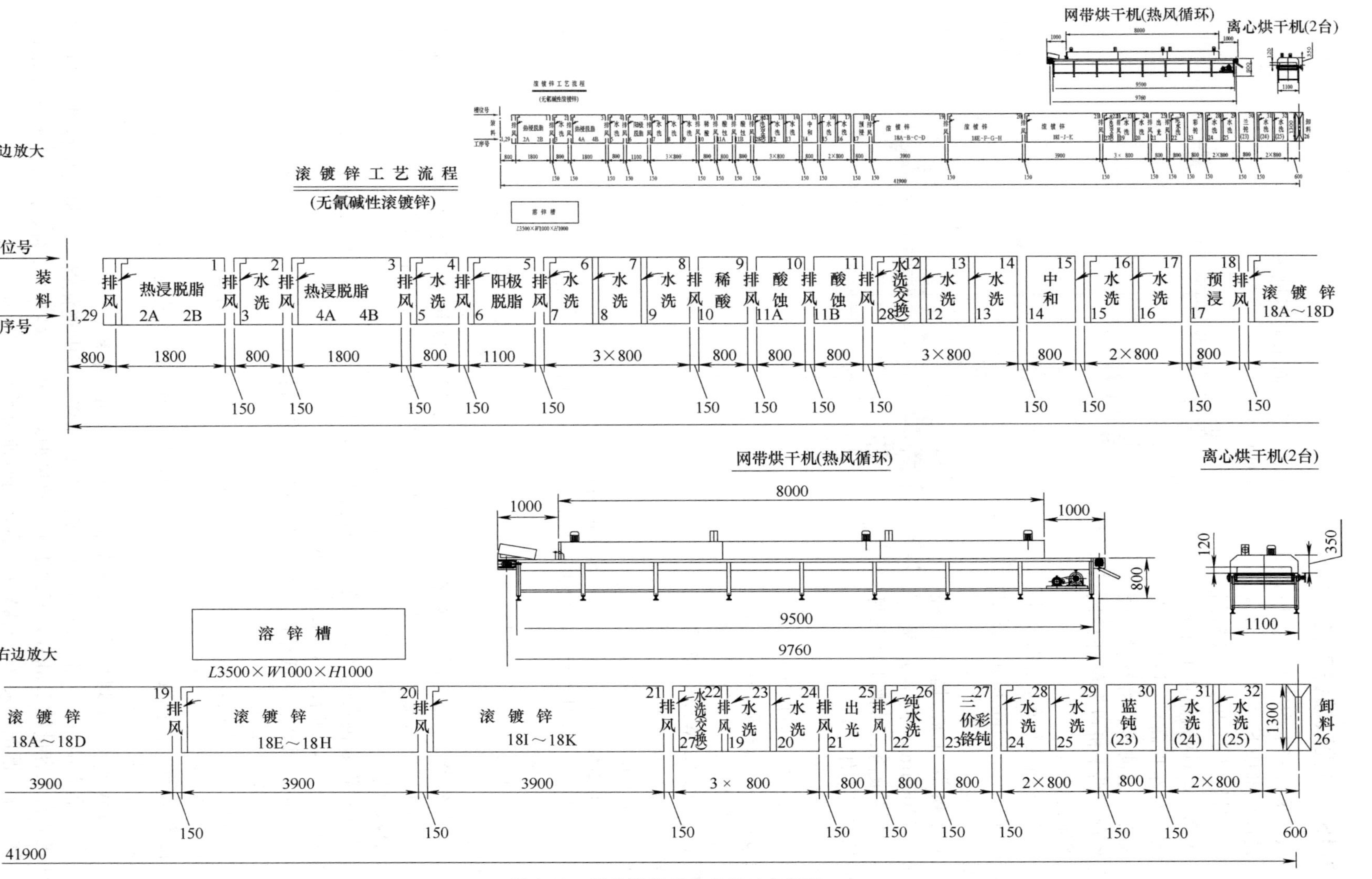

图 1-34　碱性滚镀锌生产线工艺流程

1.2.15 碱性滚镀锌工艺

碱性滚镀锌生产线工艺流程如图 1-34 所示。其断面示意图见图 1-35。

设计要素如下。

① 主机：L41.9m(装卸料间距)×W2.2m（两轨道中心距）×H3.9m（行车顶高）（该尺寸未含整流器、过滤机、溶锌槽、油水分离槽、烘干机以及线外排风系统等辅助设施）。

② 低轨门式行车：3 台，水平运行速度 3～30m/min（变频调速），升降运行速度 3～15m/min（变频调速），提升行程 1000～1100mm，提升重量≤500kgf（含滚筒、受镀工件和提升时的溶液附加力）。

③ 八角滚筒（PP）：23 只，L=900mm（滚筒内尺寸），对角直径 ϕ600mm，滚筒孔径 ϕ3mm，每筒装载量 300kg；滚筒独立传动装置 43 套（0.25kW），滚筒转速：[水洗工序 10r/min，镀锌、钝化工序 3～6r/min（变频调速）]。

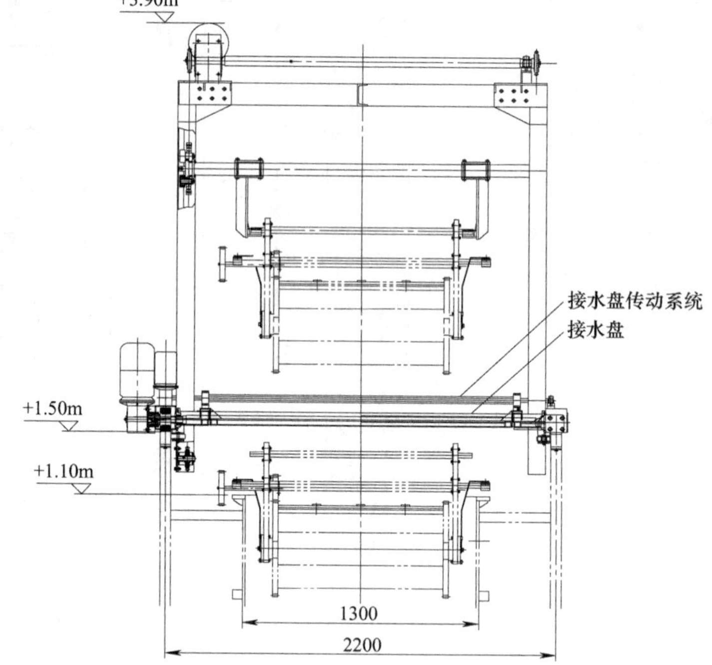

图 1-35 碱性滚镀锌生产线断面示意图

④ 行车运行周期：6min（>5min 可调）。

⑤ 月产量（每月 22d，两班制，16h/d）：22d×16h/d×60min/h÷6min×300kg×0.95=1003200kg≈1000t。

⑥ 溶液加温和保温供电量（预热以 4h，初始温度按 15℃计算）：加温 47kW/h，保温 20～25kW/h。

⑦ 镀锌溶液工作时制冷量 62000kcal/h，配置风冷箱式工业冷水机 1 台（制冷量 73000kcal/h，冷水流量 240～320L/min，出口温度 10～15℃，进口温度 20～25℃，压缩机功率 24kW，风扇功率 3kW，冷水泵功率 2.2kW）。

⑧ 生产作业供水量（水洗槽每小时换水次数 1.0～1.2 槽/h，热水和纯水减半计算）：自来水 6～7m^3/h，纯水 0.8～1.0m^3/h。

⑨ 局部排风装置（低截面条缝式排风罩，槽面风速 0.25～0.35m/s，槽口宽度按 800mm 计算风量）配置如下：

a. 前处理系统，排风量 22300m^3/h，配置：No.8，FRP 风机 1 台（26000m^3/h，1500Pa，15kW，1400r/min）。

b. 镀锌系统：排风量 33800m^3/h，配置：No.10，FRP 风机 1 台（37000m^3/h，1280Pa，18.5kW，1000r/min）。

⑩ 废水排放（处理）量：酸碱系 5.5～6.5m^3/h，铬系 0.75～1m^3/h。

⑪ 设备总动力：3 相，50Hz，380V，约 283kW [其中整流器 4 台额定总容量约 114kW，过滤机 6 台总容量约 9.3kW，网式烘干（热风循环）机（24kW）1 台，离心烘干机（3kW）2 台，油水分离槽循环泵（0.55kW）3 台，同时使用系数 0.7～0.8]。

碱性滚镀锌生产线工艺配置表见表 1-24。

表 1-24 碱性滚镀锌生产线工艺配置表

工序号	工序名称	槽位号	工位数	工艺条件					电镀面积和电流电压			镀槽要求											设备要求													
				温度/℃	电流密度/(A/dm²)	时间/min	镀层厚度/μm	添加剂型号	每一极杆/dm²	每一极杆/A	整流器/(A/V)	厚度δ/mm，材料		外壁尺寸/mm			有效容积/dm³	附设装置	排水方式			槽体保温	加温(或冷却)	油水分离	空气搅拌	阴极移动	喷淋	过滤/(m³/h)	供水	逆流	回收	温度控制	pH控制	废水		局部排风
												槽体	内衬	长	宽	高			集污斗	溢流斗	排污阀													沟排	管排	
1,29	装料	0	1																																	
2A，2B	热浸脱脂	1	2	27～60(40)		5～6						3，不锈钢		1300	1800	1000	1950			√	√	√	不锈钢电热管(15kW)	除油					自来水			自动				双侧
3	水洗	2										12，PP		1300	800	1000	850			√	√								自来水							
4A，4B	热浸脱脂	3	2	27～60(40)		5～6						3，不锈钢		1300	1800	1000	1950			√	√	√	不锈钢电热管(15kW)	除油					自来水			自动				双侧
5	水洗	4										12，PP		1300	800	1000	850			√	√								自来水							
6	阳极脱脂	5	1	20～65(40)	4～6	4～6					2000/12	15，PP		1300	1100	1000	1100			√	√		不锈钢电热管(9kW)	除油					自来水			自动				双侧
7	水洗	6										12，PP		1300	800	1000	850			√	√									↶						
8	水洗	7										12，PP		1300	800	1000	850				√									↶						
9	水洗	8										12，PP		1300	800	1000	850				√								自来水							
10	稀酸	9		室温		延时						15，PP		1300	800	1000	800				√															双侧
11A	酸蚀	10	1	20～35		5～12						15，PP		1300	800	1000	800				√											自动				双侧
11B	酸蚀	11	1	20～35		5～12						15，PP		1300	800	1000	800				√											自动				双侧

续表

工序号	工序名称	槽位号	工位数	工艺条件					电镀面积和电流电压			镀槽要求											设备要求													
				温度/℃	电流密度/(A/dm²)	时间/min	镀层厚度/μm	添加剂型号	每一极杆/dm²	每一极杆/A	整流器/(A/V)	厚度δ/mm，材料		外壁尺寸/mm			有效容积/dm³	附设装置	排水方式			槽体保温	加温(或冷却)	油水分离	空气搅拌	阴极移动	喷淋	过滤/(m³/h)	供水	逆流	回收	温度控制	pH控制	废水		局部排风
												槽体	内衬	长	宽	高			集污斗	溢流斗	排污阀													沟排	管排	
28	水洗(交换)	12	1									12，PP		1300	800	1000	850			√	√									↶						
12	水洗	13										12，PP		1300	800	1000	850				√									↶						
13	水洗	14										12，PP		1300	800	1000	850				√								自来水							
14	中和	15		室温		延时						15，PP		1300	800	1000	800				√															
15	水洗	16										12，PP		1300	800	1000	850			√	√									↶						
16	水洗	17										12，PP		1300	800	1000	850				√								自来水							
17	预浸	18		室温		延时						15，PP		1300	800	1000	800				√															
18A～18D	滚镀锌	19		18～28	0.5～1						3000/10	15，PP		1300	3900	1000	4100			√			不锈钢蛇管冷却					20				自动				双侧
18E～18H	滚镀锌	20	11+1	18～28	0.5～1	55～66	8～10				3000/10	15，PP		1300	3900	1000	4100			√			不锈钢蛇管冷却					20				自动				双侧
18I～18K	滚镀锌	21		18～28	0.5～1						3000/10	15，PP		1300	3900	1000	4100			√			不锈钢蛇管冷却					20				自动				双侧
	溶锌槽	附		18～28								15，PP		3500	1000	1000	2800						不锈钢蛇管冷却					20				自动				
27	水洗(交换)	22	1									12，PP		1300	800	1000	850			√	√									↶						
19	水洗	23										12，PP		1300	800	1000	850				√									↶						
20	水洗	24										12，PP		1300	800	1000	850				√								自来水							

续表

工序号	工序名称	槽位号	工位数	工艺条件					电镀面积和电流电压			镀槽要求											设备要求													
				温度/℃	电流密度/(A/dm²)	时间/min	镀层厚度/μm	添加剂型号	每一极杆/dm²	每一极杆/A	整流器/(A/V)	厚度δ/mm,材料		外壁尺寸/mm			有效容积/dm³	附设装置	排水方式			槽体保温	加温(或冷却)	油水分离	空气搅拌	阴极移动	喷淋	过滤/(m³/h)	供水	逆流	回收	温度控制	pH控制	废水		局部排风
												槽体	内衬	长	宽	高			集污斗	溢流斗	排污阀													沟排	管排	
21	出光	25		室温		延时						15,PP		1300	800	1000	850				√															双侧
22	纯水洗	26										12,PP		1300	800	1000	850			√	√								纯水							
23	三价铬蓝钝	27	1	30～40		0.5～1.5						15,PVC		1300	800	1000	800				√		F4管束加温(4kW)					5				自动				
24	水洗	28										12,PP		1300	800	1000	850			√	√															
25	水洗	29										12,PP		1300	800	1000	850				√								自来水	↶						
(23)	三价铬蓝钝	30		18～32		0.5～1.5						15,PVC		1300	800	1000	800				√		F4管束加温(4kW)					5				自动				
(24)	水洗	31										12,PP		1300	800	1000	850			√	√															
(25)	水洗	32										12,PP		1300	800	1000	850				√								自来水	↶						
26	卸料	0	1																																	
	离心烘干机	2台		50								3,不锈钢		ϕ790×H760								√	不锈钢电热管(3kW)									自动				
	网带烘干机			<60		8～10						3,不锈钢		10000	1100	800						√	不锈钢电热管(24kW)									自动				

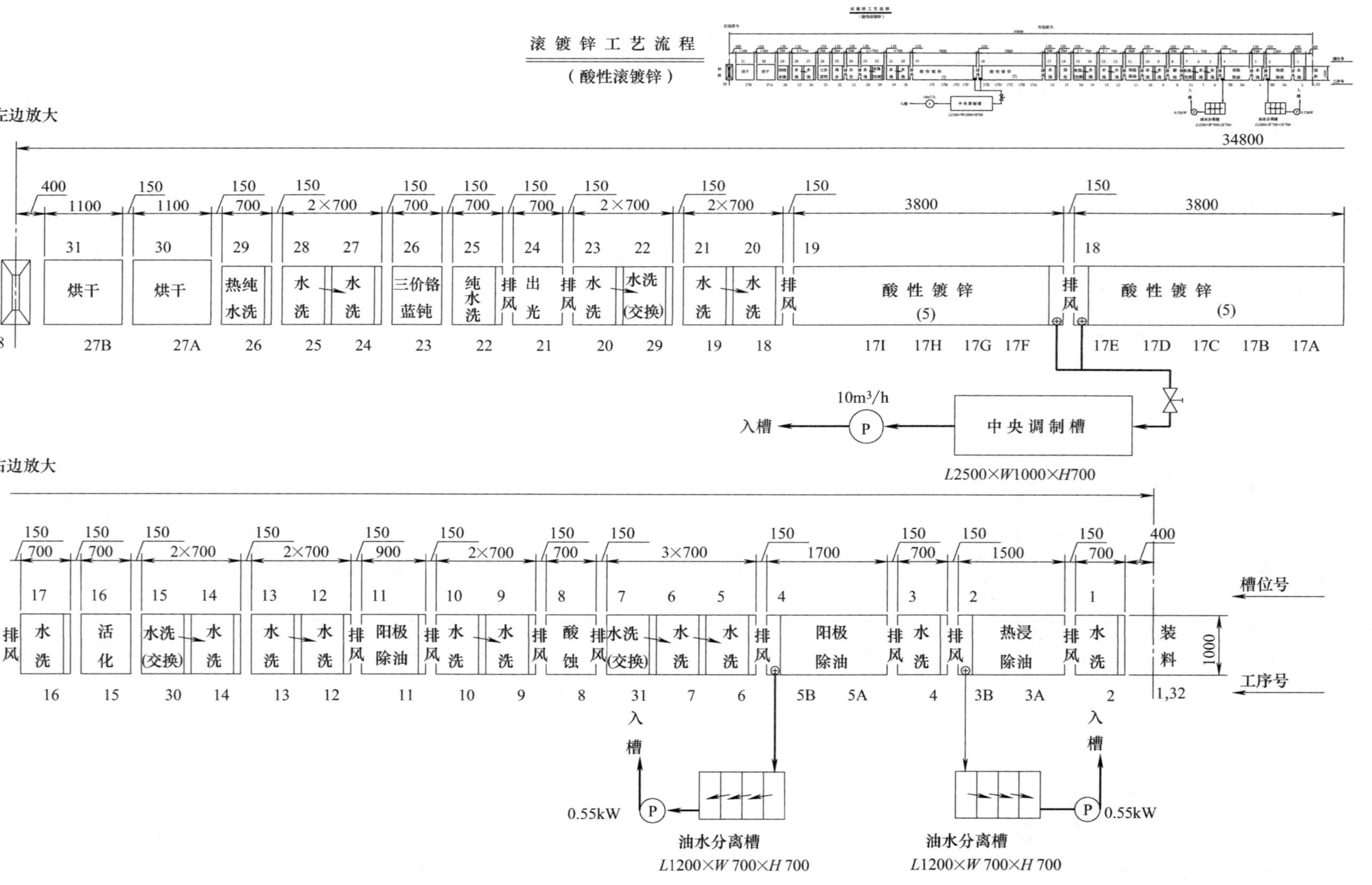

图 1-36 酸性滚镀锌生产线工艺流程

1.2.16 酸性滚镀锌工艺

酸性滚镀锌生产线工艺流程如图 1-36 所示。其断面示意图见图 1-37。

设计要素如下。

① 主机：L34.8m（装卸挂间距）×W1.8m（两轨道中心距）×H3.4m（行车顶高）（该尺寸未含整流器、过滤机、中央调制槽、油水分离槽以及线外排风系统等辅助设施）。

② 低轨门式行车：4 台，水平运行速度 3～36m/min（变频调速），升降运行速度3～25m/min（变频调速），提升行程 950～1000mm，提升重量≤100kgf（含滚筒、受镀零件和提升时的溶液附加力）。

③ 六角滚筒（PP）：22只，L＝680mm（滚筒内尺寸），对角直径 ϕ370mm，滚筒孔径有 ϕ1.5mm 及 ϕ3mm 两种，每筒装载量 40kg。滚筒独立传动装置 41 套（0.25kW），滚筒转速：水洗工序 10r/min，镀锌、钝化工序 3～9r/min（变频调速）。

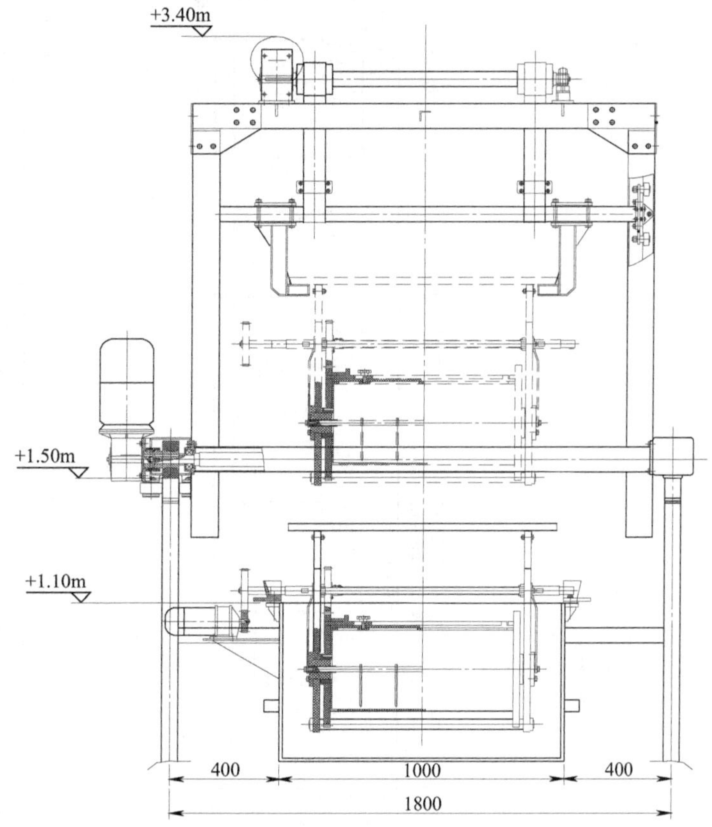

图 1-37 酸性滚镀锌生产线断面示意图

④ 行车运行周期：5min（可调）。

⑤ 月产量（每月 22d，两班制，16h/d）：22d×16h/d×60min/h÷5min×40kg×0.95＝160512kg≈160t。

⑥ 镀锌溶液和烘干槽加温和保温供电量（预热以 4h，初始温度按 15℃计算）：加温 77kW/h，保温 30～40kW/h。

⑦ 生产作业供水量（水洗槽每小时换水次数 1.0～1.2 槽，热水和纯水减半计算）：自来水 5～6m^3/h，纯水 0.5～0.6m^3/h（未含镀锌槽冷却时用水量以及配槽时的用水量）。

⑧ 局部排风装置（低截面条缝式排风罩，槽面风速 0.3m/s，槽口宽度按 600mm 计算风量），排风量 24000m^3/h，配置：No.10，FRP 风机 1 台（25000m^3/h，650Pa，7.5kW，710r/min）。

⑨ 废水排放（处理）量：酸碱系 4～5m^3/h，铬系 0.75～1m^3/h。

⑩ 设备总动力：3 相，50Hz，380V，约 174kW［其中整流器 4 台额定总容量约 58kW，过滤机 4 台总容量约 6kW，两烘干槽热风循环风机（0.55kW）2 台，油水分离槽循环泵（0.55kW）2 台，同时使用系数 0.7～0.8］。

酸性滚镀锌生产线工艺流程及其管线示意图见图 1-38。

酸性滚镀锌生产线工艺配置表见表 1-25。

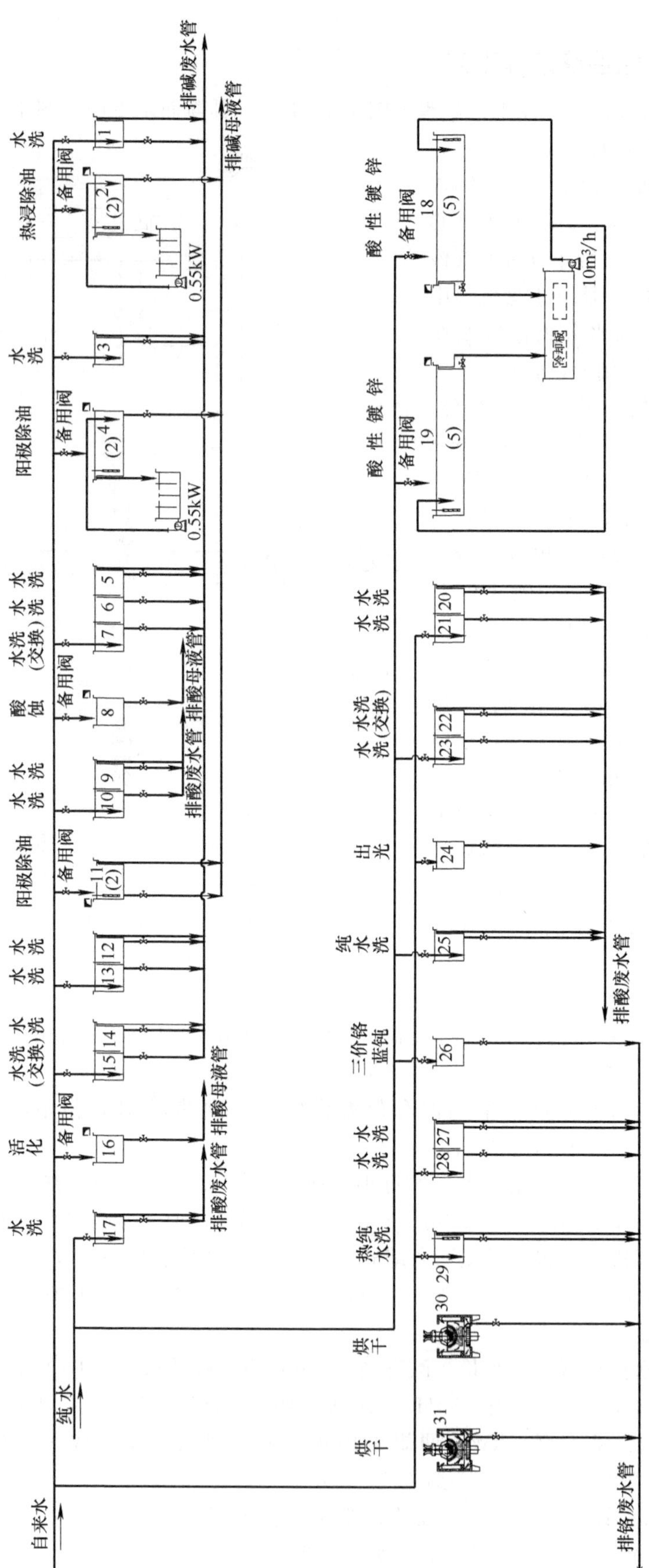

图 1-38 酸性滚镀锌生产线工艺流程及其管线示意图

表 1-25 酸性滚镀锌生产线工艺配置表

工序号	工序名称	槽位号	工位数	工艺条件					电镀面积和电流电压			镀槽要求											设备要求													
				温度/℃	电流密度/(A/dm²)	时间/min	镀层厚度/μm	添加剂型号	每一极杆/dm²	每一极杆/A	整流器/(A/V)	厚度δ/mm，材料		外壁尺寸/mm			有效容积/dm³	附设装置	排水方式			槽体保温	加温(或冷却)	油水分离	空气搅拌	阴极移动	喷淋	过滤/(m³/h)	供水	逆流	回收	温度控制	pH控制	废水		局部排风
												槽体	内衬	长	宽	高			集污斗	溢流斗	排污阀													沟排	管排	
1,32	装料	0	1																																	
2	水洗	1										12，PP		700	1000	900	500			√	√								自来水							
3A，3B	热浸除油	2	2	27～60(40)		5(10)						15，PP		1500	1000	900	1050			√	√		不锈钢电热管(9kW)	除油					自来水			显示				√
	油水分离槽	附										12，PP		1200	700	700	420	泵																		
4	水洗	3										12，PP		700	1000	900	500			√	√								自来水							
5A，5B	阳极除油	4	2	60～75(50)	4～6	5(10)					1000/12	15，PP		1700	1000	900	1350			√	√		不锈钢电热管12(kW)	除油					自来水			显示				√
	油水分离槽	附										12，PP		1200	700	700	420	泵																		
6	水洗	5										12，PP		700	1000	900	500			√	√									↶						
7	水洗	6										12，PP		700	1000	900	500				√									↶						
31	水洗(交换)	7	1									12，PP		700	1000	900	500				√								自来水							
8	酸蚀	8	1			5						15，PP		700	1000	900	480			√	√								自来水							√
9	水洗	9										12，PP		700	1000	900	500				√									↶						
10	水洗	10										12，PP		700	1000	900	500				√								自来水							

续表

工序号	工序名称	槽位号	工位数	工艺条件					电镀面积和电流电压			镀槽要求											设备要求													
				温度/℃	电流密度/(A/dm²)	时间/min	镀层厚度/μm	添加剂型号	每一极杆/dm²	每一极杆/A	整流器/(A/V)	厚度δ/mm，材料		外壁尺寸/mm			有效容积/dm³	附设装置	排水方式			槽体保温	加温(或冷却)	油水分离	空气搅拌	阴极移动	喷淋	过滤/(m³/h)	供水	逆流	回收	温度控制	pH控制	废水		局部排风
												槽体	内衬	长	宽	高			集污斗	溢流斗	排污阀													沟排	管排	
11	阳极除油	11	1	30～75(50)	4～6	5					500/12	15，PP		900	1000	900	620			√	√		不锈钢电热管(6kW)						自来水			显示				√
12	水洗	12										12，PP		700	1000	900	500			√	√															
13	水洗	13										12，PP		700	1000	900	500				√								自来水	↶						
14	水洗	14										12，PP		700	1000	900	500			√	√															
30	水洗(交换)	15	1									12，PP		700	1000	900	500				√								自来水	↶						
15	活化	16				延时						12，PP		700	1000	900	480				√															
16	水洗	17										12，PP		700	1000	900	500			√	√								自来水							
17A～17E	酸性镀锌	18	9+1(10)	20～30(25)	0.5～1	45～50					2000/10	15，PP		3800	1000	900	2650			√			钛电加热(9kW)					10	纯水			显示				√
17F～17I	酸性镀锌	19		20～30(25)							2000/10	15，PP		3800	1000	900	2650			√			钛电加热(9kW)					10	纯水			显示				√
	中央调制槽	附		25								15，PP		2500	1000	700	1250						00Cr17Ni-14Mo2 PSI型波纹换热板4块(每块1.0m²)					10	纯水			显示				
18	水洗	20										12，PP		700	1000	900	500			√	√															
19	水洗	21										12，PP		700	1000	900	500				√								自来水	↶						

续表

工序号	工序名称	槽位号	工位数	工艺条件					电镀面积和电流电压			镀槽要求											设备要求													
				温度/℃	电流密度/(A/dm²)	时间/min	镀层厚度/μm	添加剂型号	每一极杆/dm²	每一极杆/A	整流器/(A/V)	厚度δ/mm,材料		外壁尺寸/mm			有效容积/dm³	附设装置	排水方式			槽体保温	加温(或冷却)	油水分离	空气搅拌	阴极移动	喷淋	过滤/(m³/h)	供水	逆流	回收	温度控制	pH控制	废水		局部排风
												槽体	内衬	长	宽	高			集污斗	溢流斗	排污阀													沟排	管排	
29	水洗(交换)	22	1									12,PP		700	1000	900	500			√	√															
20	水洗	23										12,PP		700	1000	900	500				√								自来水							
21	出光	24		室温		延时						15,PP		700	1000	900	480				√								纯水							√
22	纯水洗	25										12,PP		700	1000	900	500			√	√								纯水							
23	三价铬蓝钝	26		18～32		0.5～1.0						15,PVC		700	1000	900	480				√		F4管束加温(2kW)					10	纯水			显示	1.7～2.2			
24	水洗	27										12,PP		700	1000	900	500			√	√															
25	水洗	28										12,PP		700	1000	900	500				√								自来水							
26	热纯水洗	29		<60								15,PP		700	1000	900	500			√	√		不锈钢电热管(6kW)						纯水			显示				
27A	烘干	30	1	<60		10						6,Q235	3,不锈钢	1100	1100	1250		烘干装置			√	√	电加温(12kW)热风循环(0.55kW)									显示				
27B	烘干	31	1	<60								6,Q235	3,不锈钢	1100	1100	1250		烘干装置			√	√	电加温(12kW)热风循环(0.55kW)									显示				
28	卸料	0	1																																	

1.2.17 辐条滚镀锌工艺

辐条滚镀锌生产线工艺流程如图 1-39 所示。

设计要素如下。

① 主机：L35.5m（装卸挂间距）×W2.0m（两轨道中心距）×H3.35m（行车顶高）（该尺寸未含整流器、过滤机、中央调制槽、油水分离槽以及线外排风系统等辅助设施）。

② 低轨门式行车：4 台，水平运行速度 3～36m/min（变频调速），升降运行速度 3～25m/min（变频调速），提升行程 900～950mm，提升重量≤100kgf（含滚筒、受镀零件和提升时的溶液附加力）。

③ 辐条专用滚筒：26 只，每筒装载量 20～25kg。

④ 滚筒驱动和转速：

a. 滚筒驱动装置 4 组（1.5kW）。

b. 滚筒转速：前处理工位（两组）18r/min，镀锌工位（一组）3～9r/min（变频调速），后处理工位（一组）12r/min。

⑤ 行车运行周期：6min（>5min 可调）。

⑥ 月产量（每月 22d，两班制，16h/d）：22d×16h/d×60min/h÷6min×(20～25)kg×0.95=(66880～83600) kg≈(66.8～83.6)t。

⑦ 镀锌溶液加温和保温供电量（预热以 4h，初始温度按 15℃计算）：加温 26kW/h，保温 15～18kW/h。

⑧ 镀锌溶液冷却水（地下水或冷水）供应量（预冷时间按 2h 计算）及其配置：板式（钛）热交换器 2 台（换热面积 1.0m^2/台）。

⑨ 生产作业供水量（水洗槽每小时换水次数 1.0～1.5 槽/h，纯水减半计算）：自来水 3.5～5.0m^3/h，纯水 0.4～0.6m^3/h（未含镀锌槽冷却时用水量以及配槽时的用水量）。

⑩ 局部排风装置（低截面条缝式排风罩，槽面风速 0.3m/s，槽口宽度按 600mm 计算风量），排风量 14200m^3/h，配置：No.8，FRP 风机 1 台（15000m^3/h，900Pa，5.5kW，1000r/min）。

⑪ 废水排放（处理）量：酸碱系 3.0～4.5m^3/h，铬系 0.6～1.0m^3/h。

⑫ 设备总动力：3 相，50Hz，380V，约 105kW（其中整流器 3 台额定总容量约 54kW，过滤机 2 台总容量约 4.4kW，同时使用系数 0.6～0.7）。

辐条滚镀锌生产线工艺配置表见表 1-26。

1.2.18 滚镀锡工艺

滚镀锡生产线工艺流程如图 1-40 所示。

设计要素如下。

① 主机：L12.7m（槽体总长度）×W6.0m（槽体总宽度）×H3.5m（机架标高）（该尺寸未含机架、整流器、过滤机以及线外超声波烫洗槽、甩干机等辅助设施）。

② 高轨中柱式行车（不锈钢）：3 台，水平运行速度 3～36m/min（变频调速），升降运行速度 3～25m/min（变频调速），提升行程 1000～1100mm，提升重量≤50kgf（含滚筒、受镀零件和提升时的溶液附加力）。

③ 全浸式六角滚筒（PP）：15 只，L=500mm（滚筒内尺寸），对角直径 ϕ330mm，滚筒孔眼尺寸 0.8mm×5mm，每筒装载量 15kg。滚筒独立驱动装置：53 套（180W）。滚筒转速：水洗工序 10r/min，电镀工序 3～9r/min（变频调速）。

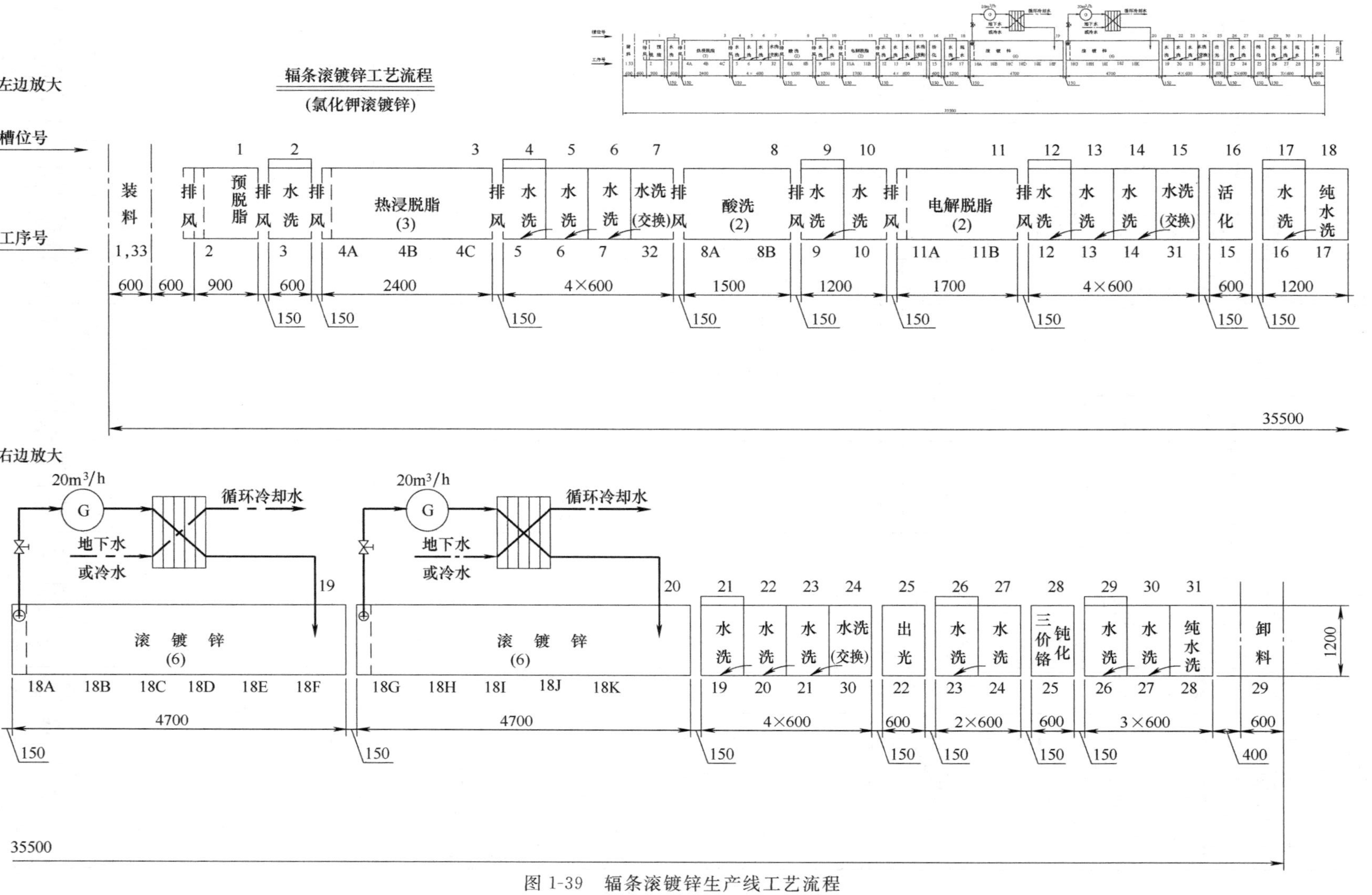

图 1-39 辐条滚镀锌生产线工艺流程

表 1-26 辐条镀锌生产线工艺配置表

工序号	工序名称	槽位号	工位数	工艺条件					电镀面积和电流电压			镀槽要求											设备要求													
				温度/℃	电流密度/(A/dm²)	时间/min	镀层厚度/μm	添加剂型号	每一极杆/dm²	每一极杆/A	整流器/(A/V)	厚度δ/mm，材料		外壁尺寸/mm			有效容积/dm³	附设装置	排水方式			槽体保温	加温（或冷却）	油水分离	空气搅拌	阴极移动	喷淋	过滤/(m³/h)	供水	逆流	回收	温度控制	pH控制	废水		局部排风
												槽体	内衬	长	宽	高			集污斗	溢流斗	排污阀													沟排	管排	
1,33	装料	0	2																																	
2	预脱脂	1	1	40～50		5～6						15，PP		900	1200	750	600	驱油		√	√		不锈钢电热管(4kW)						自来水			显示				√
3	水洗	2										12，PP		600	1200	750	430			√	√								自来水							
4A～4C	热浸脱脂	3	3	40～50		15～18						15，PP		2400	1200	750	1600	驱油		√	√		不锈钢电热管(12kW)	除油					自来水			显示				√
5	水洗	4										12，PP		600	1200	750	430			√	√															
6	水洗	5										12，PP		600	1200	750	430				√									↑						
7	水洗	6										12，PP		600	1200	750	430				√									↑						
32	水洗（交换）	7	1									12，PP		600	1200	750	430				√								自来水	↑						
8A 8B	酸洗	8	2	室温		10～12						15，PP		1500	1200	750	1000				√															√
9	水洗	9										12，PP		600	1200	750	430			√	√															
10	水洗	10										12，PP		600	1200	750	430				√								自来水	↑						
11A 11B	电解脱脂	11	2	40～60	4～6	5～6					500/12	15，PP		1700	1200	750	1150	驱油		√	√		不锈钢电热管(9kW)						自来水			显示				√
12	水洗	12										12，PP		600	1200	750	430			√	√															
13	水洗	13										12，PP		600	1200	750	430				√									↑						
14	水洗	14										12，PP		600	1200	750	430				√									↑						
31	水洗（交换）	15	1									12，PP		600	1200	750	430				√								自来水	↑						
15	活化	16				延时						12，PP		700	1200	750	400				√															

续表

工序号	工序名称	槽位号	工位数	工艺条件					电镀面积和电流电压			镀槽要求											设备要求													
				温度/℃	电流密度/(A/dm²)	时间/min	镀层厚度/μm	添加剂型号	每一极杆/dm²	每一极杆/A	整流器/(A/V)	厚度δ/mm，材料 槽体	厚度δ/mm，材料 内衬	外壁尺寸/mm 长	外壁尺寸/mm 宽	外壁尺寸/mm 高	有效容积/dm³	附设装置	排水方式 集污斗	排水方式 溢流斗	排水方式 排污阀	槽体保温	加温(或冷却)	油水分离	空气搅拌	阴极移动	喷淋	过滤/(m³/h)	供水	逆流	回收	温度控制	pH控制	废水 沟排	废水 管排	局部排风
16	水洗	17										12，PP		600	1200	750	430			√	√								自来水	↷						
17	纯水洗	18										12，PP		700	1200	750	430				√								纯水							
18A～18K	滚镀锌	19	11+1	20～30	0.5～1	55～66					2000/12	15，PP		4700	1200	750	3200						GX-7×17型板式(钛)换热器(1.0m²)2台(地下水或冷水)					20				显示				
	滚镀锌	20			0.5～1						2000/12	15，PP		4700	1200	750	3200											20				显示				
19	水洗	21										12，PP		600	1200	750	430			√	√									↷						
20	水洗	22										12，PP		600	1200	750	430				√									↷						
21	水洗	23										12，PP		600	1200	750	430				√									↷						
30	水洗(交换)	24	1									12，PP		600	1200	750	430				√								自来水							
22	出光	25		室温		延时3s						15，PP		600	1200	750	400				√															
23	水洗	26										12，PP		600	1200	750	430			√	√									↷						
24	水洗	27										12，PP		600	1200	750	430				√								自来水							
25	三价铬钝化	28	1	18～32		0.5～1.5						12，PVC		600	1200	750	400				√		F4管束加温(1kW)						纯水			显示				
26	水洗	29										12，PP		600	1200	750	430			√	√									↷						
27	水洗	30										12，PP		600	1200	750	430				√								自来水	↷						
28	纯水洗	31										15，PP		600	1200	750	430				√								纯水							
29	卸料	0	1																																	

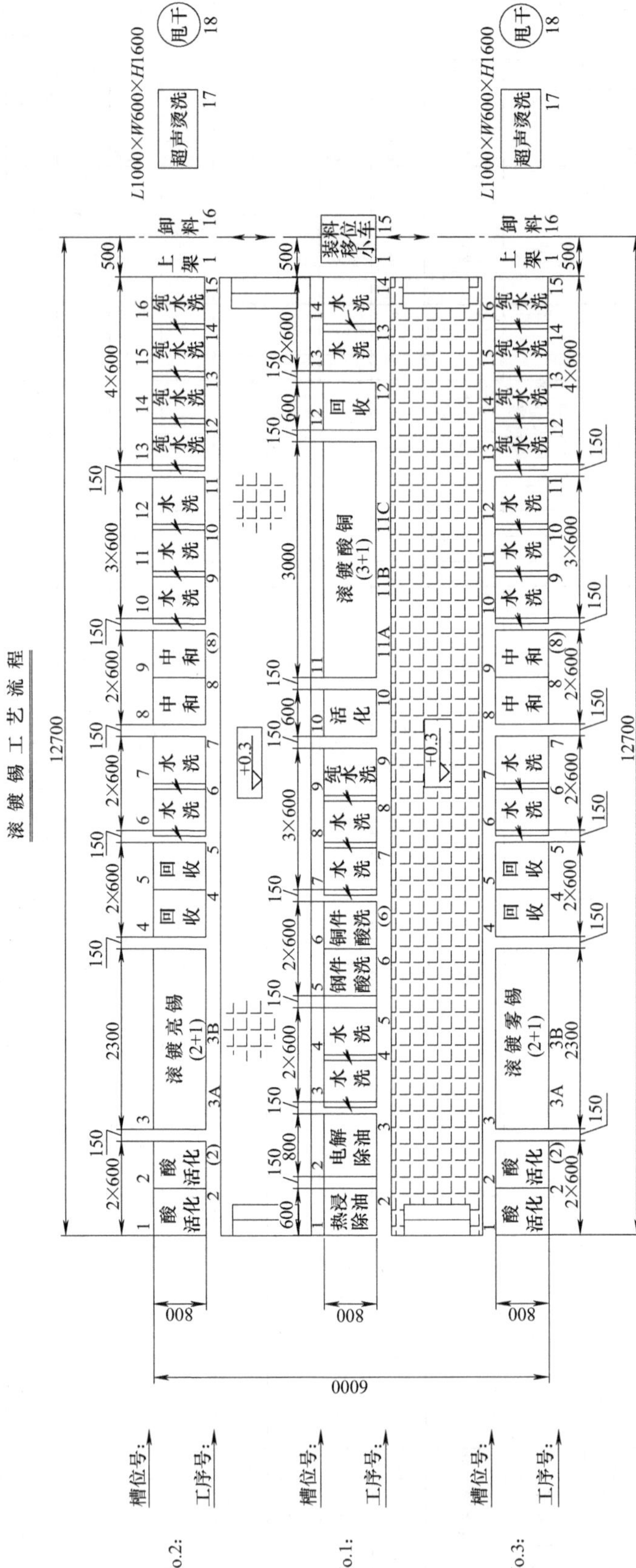

图 1-40 滚镀锡生产线工艺流程

④ 手推移位车：1台。

⑤ 行车运行周期：8min（>6min可调）。

⑥ 月产量（每月22d，两班制，16h/d）：22d×16h/d×60min/h÷(6～8)min×15kg×0.95≈(37600～50000)kg。

⑦ 镀锡溶液和甩干槽加温供电量（预热以2h，初始温度按15℃计算）：加温25kW/h。

⑧ 铜锡溶液冷却水（10℃）供应量（预冷时间按1.5～2h计算）及其配置：风冷箱式工业冷水机1台（制冷量18800kcal/h，冷水流量60～90L/min，出口温度10℃，进口温度15℃，压缩机功率7.5kW，冷水泵功率1.5kW，冷却风扇功率0.75kW）。

⑨ 生产作业供水量（水洗槽每小时换水次数1.0～2.0槽，热水和纯水减半计算）：自来水2.0～4.0m^3/h，纯水0.5～1.0m^3/h（未含配槽时的自来水和纯水供应量）。

⑩ 废水排放（处理）量：酸碱系2.5～4.5m^3/h。

⑪ 设备总动力：3相，50Hz，380V，约80kW［其中整流器4台额定总容量约28kW，过滤机3台总容量约2.25kW，超声波发生器总功率约2.8kW，甩干机（1.5kW）2台，同时使用系数0.6～0.7］。

滚镀锡前处理生产线工艺配置表见表1-27。

滚镀亮锡生产线工艺配置表见表1-28。

滚镀雾锡生产线工艺配置表见表1-29。

1.2.19 锌镍合金电镀工艺

锌镍合金电镀生产线工艺流程如图1-41所示。

设计要素如下。

① 主机：L30m（两轨道长度）×W3.3m（两轨道间距）×H4.1m（行车顶高）（该尺寸未含整流器、过滤机和走道平台以及线外排风系统等辅助设施）。

② 低轨门式行车：3台，水平运行速度3～36m/min（变频调速），升降运行速度3～25m/min（变频调速），提升行程1400～1500mm，提升重量≤250kgf（含受镀零件、阴极导电杆、挂具和提升时的溶液附加力），阴极导电杆16支，每一阴极杆装载量250dm^2。

③ 运行节拍时间：6min（>5min可调）。

④ 月产量（每月22d，16h/d）：22d×16h/d×60min/h÷(5～6)min×250dm^2×0.95≈(83.6～100.3)×$10^4$$dm^2$。

⑤ 溶液加温和保温供汽量（预热以4h，初始温度按15℃计算）：加温310kg/h，保温150～180kg/h。

⑥ 生产作业供水量（水洗槽每小时换水次数0.4～0.5槽，热水和纯水减半计算）：自来水5.0～6.0m^3/h，纯水1.3～1.5m^3/h（未含配槽时的自来水和纯水供应量）。

⑦ 空搅用低压空气量435m^3/h，配置：80型三叶罗茨风机1台（进风量450m^3/h，4kW，排风压力14.7kPa，1560r/min）。

⑧ 局部排风装置（翻盖低截面条缝式排风罩，槽口宽度按500mm计算风量）：酸碱系（含镍系）排风量18000m^3/h（槽面风速0.2～0.3m/s）。配置：No.8，FRP风机1台（20000m^3/h，630Pa，5.5kW，1120r/min）。

⑨ 废水排放（处理）量：酸碱系4.5～5.5m^3/h，铬系1.5～2.0m^3/h。

⑩ 设备总动力：3相，50Hz，380V，约116kW（其中整流器5台额定总容量约54kW，过滤机4台总容量约8.1kW，两烘干槽合计功率27kW，同时使用系数0.6～0.7）。

锌镍合金电镀生产线工艺配置表见表1-30。

表 1-27　滚镀锡前处理生产线工艺配置表

工序号	工序名称	槽位号	工位数	工艺条件 温度/℃	工艺条件 电流密度/(A/dm²)	工艺条件 时间/min	工艺条件 镀层厚度/μm	工艺条件 添加剂型号	电镀面积和电流电压 每一极杆/dm²	电镀面积和电流电压 每一极杆/A	电镀面积和电流电压 整流器/(A/V)	镀槽要求 厚度δ/mm，材料 槽体	镀槽要求 厚度δ/mm，材料 内衬	镀槽要求 外壁尺寸/mm 长	镀槽要求 外壁尺寸/mm 宽	镀槽要求 外壁尺寸/mm 高	镀槽要求 有效容积/dm³	镀槽要求 附设装置	排水方式 集污斗	排水方式 溢流斗	排水方式 排污阀	槽体保温	设备要求 加温(或冷却)	油水分离	空气搅拌	阴极移动	喷淋	过滤/(m³/h)	供水	逆流	回收	温度控制	pH控制	废水 沟排	废水 管排	局部排风
1	装料、移位	0	1																																	
2	热浸除油	1	1	27～60(40)		6～8						12，PP		600	800	800	280			√	√		不锈钢电热管(4kW)						自来水			自动				
3	电解除油	2	1	30～75(50)	3～5	6～8					500/12	12，PP		800	800	800	380			√	√		不锈钢电热管(6kW)						自来水			自动				
4	水洗	3										12，PP		600	800	800	300			√	√															
5	水洗	4										12，PP		600	800	800	300				√								自来水							
6	钢件酸洗	5	1	室温		1～1.5						12，PP		600	800	800	280				√															
(6)	铜件酸洗	6		室温		1～1.5						12，PP		600	800	800	280	盖			√															
7	水洗	7										12，PP		600	800	800	300			√	√															
8	水洗	8										12，PP		600	800	800	300				√								自来水							
9	纯水洗	9										12，PP		600	800	800	300				√								纯水							
10	活化	10		室温		延时						15，PP		600	800	800	280				√															
11A～11C	滚镀酸铜	11	3+1(4)	20～25(23)	1～3	18～24					1000/12	15，PP		3000	800	800	1450						钛蛇管冷却					10				显示				
12	回收	12										12，PP		600	800	800	300				√								纯水							
13	水洗	13										12，PP		600	800	800	300			√	√															
14	水洗	14										12，PP		600	800	800	300				√								自来水							

表 1-28 滚镀亮锡生产线工艺配置表

工序号	工序名称	槽位号	工位数	工艺条件					电镀面积和电流电压			镀槽要求											设备要求													
				温度/℃	电流密度/(A/dm²)	时间/min	镀层厚度/μm	添加剂型号	每一极杆/dm²	每一极杆/A	整流器/(A/V)	厚度δ/mm，材料		外壁尺寸/mm			有效容积/dm³	附设装置	排水方式			槽体保温	加温(或冷却)	油水分离	空气搅拌	阴极移动	喷淋	过滤/(m³/h)	供水	逆流	回收	温度控制	pH控制	废水		局部排风
												槽体	内衬	长	宽	高			集污斗	溢流斗	排污阀													沟排	管排	
18	甩干	附																																		
17	超声烫洗	附		60					槽底设置超声波发生器(1.4kW)			3，不锈钢		1000	600	600	280				√		不锈钢电热管(6kW)						纯水			显示				
1,16	上架、卸料	0	1																																	
2	酸活化	1				延时						12，PP		600	800	800	280				√															
(2)	酸活化	2				延时						12，PP		600	800	800	280	盖			√															
3A 3B	滚镀亮锡	3	2+1(3)	13～30	1～2.5	12～16					500/10	15，PP		2300	800	800	1100						F4管束冷却					10				显示				
4	回收	4										12，PP		600	800	800	300				√															
5	回收	5										12，PP		600	800	800	300				√								纯水							
6	水洗	6										12，PP		600	800	800	300			√	√															
7	水洗	7										12，PP		600	800	800	300				√								自来水							
8	中和	8				延时						12，PP		600	800	800	280				√															
(8)	中和	9				延时						12，PP		600	800	800	280	盖			√															
9	水洗	10										12，PP		600	800	800	300			√	√															
10	水洗	11										12，PP		600	800	800	300				√															
11	水洗	12										12，PP		600	800	800	300				√								自来水							

续表

工序号	工序名称	槽位号	工位数	工艺条件 温度/℃	工艺条件 电流密度/(A/dm²)	工艺条件 时间/min	工艺条件 镀层厚度/μm	工艺条件 添加剂型号	电镀面积和电流电压 每一极杆/dm²	电镀面积和电流电压 每一极杆/A	电镀面积和电流电压 整流器/(A/V)	镀槽要求 厚度δ/mm，材料 槽体	镀槽要求 厚度δ/mm，材料 内衬	镀槽要求 外壁尺寸/mm 长	镀槽要求 外壁尺寸/mm 宽	镀槽要求 外壁尺寸/mm 高	镀槽要求 有效容积/dm³	镀槽要求 附设装置	镀槽要求 排水方式 集污斗	镀槽要求 排水方式 溢流斗	镀槽要求 排水方式 排污阀	镀槽要求 槽体保温	设备要求 加温(或冷却)	设备要求 油水分离	设备要求 空气搅拌	设备要求 阴极移动	设备要求 喷淋	设备要求 过滤/(m³/h)	设备要求 供水	设备要求 逆流	设备要求 回收	设备要求 温度控制	设备要求 pH控制	设备要求 废水 沟排	设备要求 废水 管排	设备要求 局部排风
12	纯水洗	13										12，PP		600	800	800	300			√	√															
13	纯水洗	14										12，PP		600	800	800	300				√															
14	纯水洗	15										12，PP		600	800	800	300				√															
15	纯水洗	16										12，PP		600	800	800	300				√								纯水							

表 1-29 滚镀雾锡生产线工艺配置表

工序号	工序名称	槽位号	工位数	工艺条件 温度/℃	工艺条件 电流密度/(A/dm²)	工艺条件 时间/min	工艺条件 镀层厚度/μm	工艺条件 添加剂型号	电镀面积和电流电压 每一极杆/dm²	电镀面积和电流电压 每一极杆/A	电镀面积和电流电压 整流器/(A/V)	镀槽要求 厚度δ/mm，材料 槽体	镀槽要求 厚度δ/mm，材料 内衬	镀槽要求 外壁尺寸/mm 长	镀槽要求 外壁尺寸/mm 宽	镀槽要求 外壁尺寸/mm 高	镀槽要求 有效容积/dm³	镀槽要求 附设装置	镀槽要求 排水方式 集污斗	镀槽要求 排水方式 溢流斗	镀槽要求 排水方式 排污阀	镀槽要求 槽体保温	设备要求 加温(或冷却)	设备要求 油水分离	设备要求 空气搅拌	设备要求 阴极移动	设备要求 喷淋	设备要求 过滤/(m³/h)	设备要求 供水	设备要求 逆流	设备要求 回收	设备要求 温度控制	设备要求 pH控制	设备要求 废水 沟排	设备要求 废水 管排	设备要求 局部排风
18	甩干	0																																		
17	超声烫洗	附		60					槽底设置超声波发生器(1.4kW)			3，不锈钢		1000	600	600	280				√		不锈钢电热管(6kW)						纯水			显示				
1,16	上架、卸料	0	1																																	
2	酸活化	1				延时						12，PP		600	800	800	280				√															
(2)	酸活化	2				延时						12，PP		600	800	800	280	盖			√															

续表

工序号	工序名称	槽位号	工位数	工艺条件					电镀面积和电流电压			镀槽要求											设备要求													
				温度/℃	电流密度/(A/dm²)	时间/min	镀层厚度/μm	添加剂型号	每一极杆/dm²	每一极杆/A	整流器/(A/V)	厚度δ/mm,材料		外壁尺寸/mm			有效容积/dm³	附设装置	排水方式			槽体保温	加温(或冷却)	油水分离	空气搅拌	阴极移动	喷淋	过滤/(m³/h)	供水	逆流	回收	温度控制	pH控制	废水		局部排风
												槽体	内衬	长	宽	高			集污斗	溢流斗	排污阀													沟排	管排	
3A,3B	滚镀雾锡	3	2+1(3)	13～30	1～2.5	12～16					500/10	15,PP		2300	800	800	1100						F4管束冷却					10				显示				
4	回收	4										12,PP		600	800	800	300				√															
5	回收	5										12,PP		600	800	800	300				√								纯水							
6	水洗	6										12,PP		600	800	800	300			√	√															
7	水洗	7										12,PP		600	800	800	300				√								自来水							
8	中和	8				延时						12,PP		600	800	800	280				√															
(8)	中和	9				延时						12,PP		600	800	800	280	盖			√															
9	水洗	10										12,PP		600	800	800	300			√	√															
10	水洗	11										12,PP		600	800	800	300				√															
11	水洗	12										12,PP		600	800	800	300				√								自来水							
12	纯水洗	13										12,PP		600	800	800	300			√	√															
13	纯水洗	14										12,PP		600	800	800	300				√															
14	纯水洗	15										12,PP		600	800	800	300				√															
15	纯水洗	16										12,PP		600	800	800	300				√								纯水							

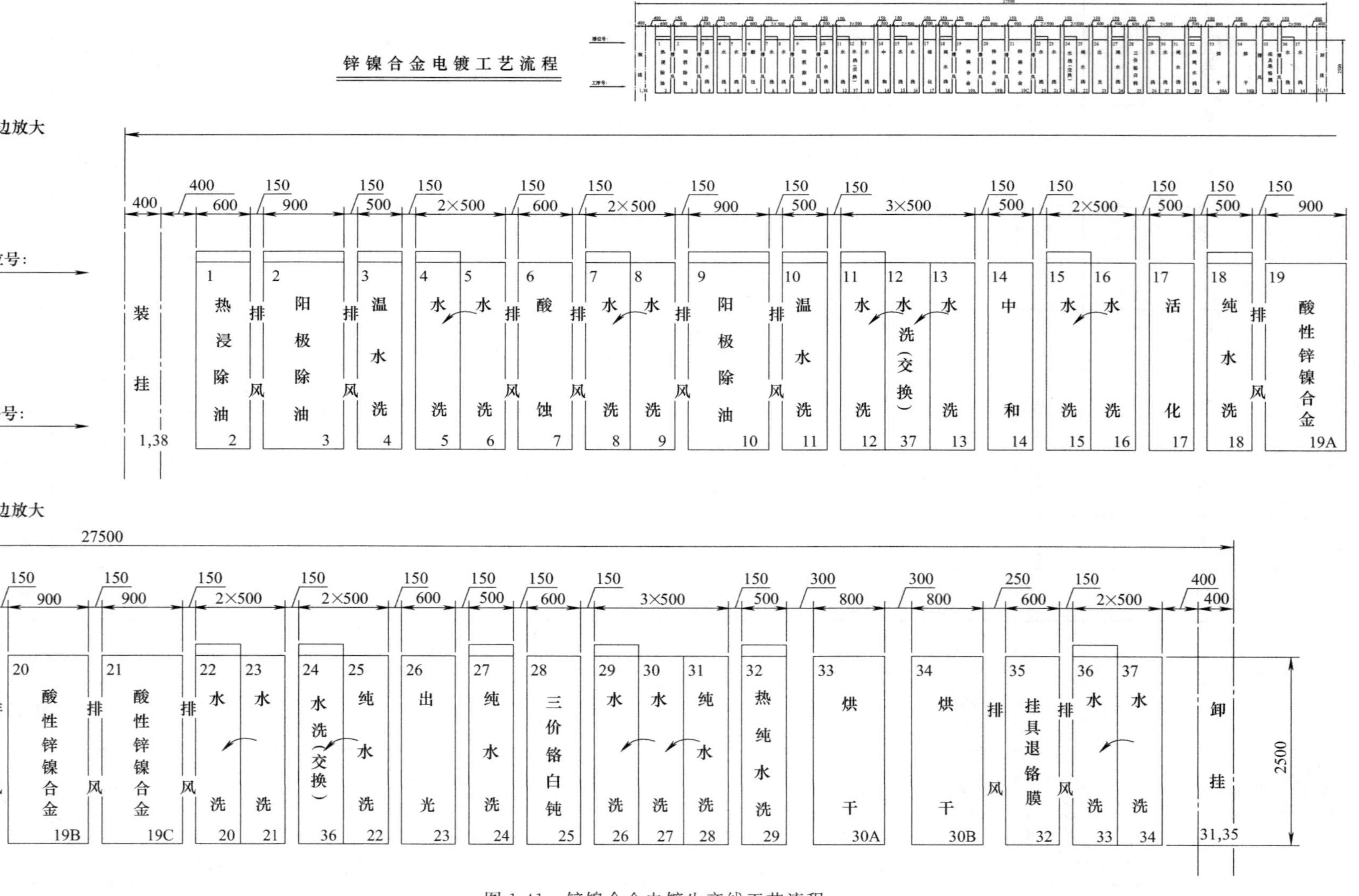

图 1-41 锌镍合金电镀生产线工艺流程

表 1-30 锌镍合金电镀生产线工艺配置表

工序号	工序名称	槽位号	工位数	工艺条件					电镀面积和电流电压			镀槽要求											设备要求												
				温度/℃	电流密度/(A/dm²)	时间/min	镀层厚度/μm	添加剂型号	每一极杆/dm²	每一极杆/A	整流器/(A/V)	厚度δ/mm,材料		外壁尺寸/mm			有效容积/dm³	附设装置	排水方式			槽体保温	加温(或冷却)	溶液喷射搅拌	空气搅拌	阴极移动	喷淋	过滤/(m³/h)	供水	逆流	回收	温度控制	自动添加	废水		局部排风
												槽体	内衬	长	宽	高			集污斗	溢流斗	排污阀													沟排	管排	
1,38	装挂	0	2																																	
2	热浸除油	1	1	60～80(70)		5～6						15,PP		2500	600	1300	1600			√	√		不锈钢蛇形管加温						自来水			显示				单侧
3	阳极除油	2	1	30～70(50)	4～5	5～6			250	1250	1500/12	15,PP		2500	900	1300	2400			√	√		不锈钢蛇形管加温						自来水			显示				双侧
4	温水洗	3		45								15,PP		2500	500	1300	1350			√	√		不锈钢蛇形管加温						自来水			显示				
5	水洗	4										15,PP		2500	500	1300	1350			√	√				√					↶						
6	水洗	5										15,PP		2500	500	1300	1350				√				√				自来水							
7	酸蚀	6	1	室温		1～3						15,PP		2500	600	1300	1600				√															双侧
8	水洗	7										15,PP		2500	500	1300	1350			√	√				√					↶						
9	水洗	8										15,PP		2500	500	1300	1350				√				√				自来水							
10	阳极除油	9	1	30～70(50)	4～5	3～6			250	1250	1500/12	15,PP		2500	900	1300	2400			√	√		不锈钢蛇形管加温						自来水			显示				双侧
11	温水洗	10		45								15,PP		2500	500	1300	1350			√	√		不锈钢蛇形管加温						自来水			显示				
12	水洗	11										15,PP		2500	500	1300	1350			√	√				√					↶						
37	水洗(交换)	12	1									15,PP		2500	500	1300	1350				√				√					↶						
13	水洗	13										15,PP		2500	500	1300	1350				√				√				自来水							

续表

工序号	工序名称	槽位号	工位数	工艺条件					电镀面积和电流电压			镀槽要求											设备要求													
				温度/℃	电流密度/(A/dm²)	时间/min	镀层厚度/μm	添加剂型号	每一极杆/dm²	每一极杆/A	整流器/(A/V)	厚度δ/mm，材料		外壁尺寸/mm			有效容积/dm³	附设装置	排水方式			槽体保温	加温（或冷却）	溶液喷射搅拌	空气搅拌	阴极移动	喷淋	过滤/(m³/h)	供水	逆流	回收	温度控制	自动添加	废水		局部排风
												槽体	内衬	长	宽	高			集污斗	溢流斗	排污阀													沟排	管排	
14	中和	14										15，PP		2500	500	1300	1300				√															
15	水洗	15										15，PP		2500	500	1300	1350			√	√				√											
16	水洗	16										15，PP		2500	500	1300	1350				√				√				自来水							
17	活化	17										15，PP		2500	500	1300	1300				√															
18	纯水洗	18										15，PP		2500	500	1300	1350			√	√				√				纯水							
19A	酸性锌镍合金	19	1	30～45	0.5～3(2)				250	750	750/8	15，PP		2500	900	1300	2400						钛蛇形管加温、冷却		√ √			20				显示				双侧
19B	酸性锌镍合金	20	1	30～45	0.5～3(2)	15～18			250	750	750/8	15，PP		2500	900	1300	2400						钛蛇形管加温、冷却		√ √			20				显示				双侧
19C	酸性锌镍合金	21	1	30～45	0.5～3(2)				250	750	750/8	15，PP		2500	900	1300	2400						钛蛇形管加温、冷却		√ √			20				显示				双侧
20	水洗	22										15，PP		2500	500	1300	1350			√	√				√											
21	水洗	23										15，PP		2500	500	1300	1350				√				√				自来水							
36	水洗（交换）	24	1									15，PP		2500	500	1300	1350			√	√				√				自来水							
22	纯水洗	25										15，PP		2500	500	1300	1350				√				√				纯水							
23	出光	26										15，PP		2500	600	1300	1600				√															

续表

工序号	工序名称	槽位号	工位数	工艺条件					电镀面积和电流电压			镀槽要求											设备要求												
				温度/℃	电流密度/(A/dm²)	时间/min	镀层厚度/μm	添加剂型号	每一极杆/dm²	每一极杆/A	整流器/(A/V)	厚度δ/mm，材料		外壁尺寸/mm			有效容积/dm³	附设装置	排水方式			槽体保温	加温（或冷却）	溶液喷射搅拌	空气搅拌	阴极移动	喷淋	过滤/(m³/h)	供水	逆流	回收	温度控制	自动添加	废水		局部排风
												槽体	内衬	长	宽	高			集污斗	溢流斗	排污阀													沟排	管排	
24	纯水洗	27										15，PP		2500	500	1300	1350			√	√				√				纯水							
25	三价铬白钝	28	1	30～50(40)		0.3～0.8						15，PVC		2500	600	1300	1600				√		F4管束加温		两侧			10				显示				
26	水洗	29										15，PP		2500	500	1300	1350			√	√				√					↶						
27	水洗	30										15，PP		2500	500	1300	1350				√				√				自来水	↶						
28	纯水洗	31										15，PP		2500	500	1300	1350				√				√				纯水							
29	热纯水洗	32		60								15，PP		2500	500	1300	1350			√	√		不锈钢蛇形管加温						纯水			显示				
30A	烘干	33	1	60～80		10～12						3，不锈钢		2500	800	1300		烘干装置				√	电加温(12kW)热风循环(1.5kW)													
30B	烘干	34	1	60～80								3，不锈钢		2500	800	1300		烘干装置				√	电加温(12kW)热风循环(1.5kW)													
32	挂具退铬膜	35	1	室温		1～3						15，PP		2500	600	1300	1600				√															双侧
33	水洗	36										15，PP		2500	500	1300	1350			√	√				√					↶						
34	水洗	37										15，PP		2500	500	1300	1350				√				√				自来水							
31 35	卸挂	0	1																																	

1.2.20 铝合金件镀镍工艺

铝合金件镀镍生产线工艺流程如图 1-42 所示。

设计要素如下。

① 主机：L25.5m（装卸挂间距）×W3.0m（两轨道间距）×H3.9m（行车顶端标高）（该尺寸未含整流器、过滤机和走道平台以及线外排风系统等辅助设施）。

② 中低轨（双驱动）门式行车：1 台，水平运行速度 3～30m/min（变频调速），升降运行速度 3～20m/min（变频调速），提升行程 1300mm，提升重量≤150kgf（含受镀零件、阴极导电杆、挂具和提升时的溶液附加力）。

③ 全线框架式横向水平移动装置 1 套（1.5kW，水平摆幅 50mm，频率 $15min^{-1}$），阴极导电杆 8 支。

④ 行车运行周期：50min（可调）。

⑤ 日产量（两班制，每天 16h）：16h×60min/h÷50min×150dm^2×0.95≈2880dm^2。

⑥ 溶液、烘干加温和保温供电量（预热以 4h，初始温度按 15℃计算）：加温114kW/h，保温 60～70kW/h。

⑦ 生产作业供水量（水洗槽每小时换水次数 0.5～0.75 槽/h，热水和纯水减半计算）：自来水 2.5～4.0m^3/h，纯水 1.1～1.5m^3/h（未含配槽时的自来水和纯水供应量，以及除垢和沉锌溶液冷却水供应量）。

⑧ 空搅用低压空气量 420m^3/h，配置：80 型三叶罗茨风机 1 台（进风量 450m^3/h，4kW，进风压力 14.7kPa，1560r/min）。

⑨ 局部排风装置（翻盖低截面条缝式排风罩，槽口宽度按 500mm 计算风量）。

a. 酸碱系（含镍系）排风量 21500m^3/hP（槽面风速按 0.2～0.3m/s 计算），配置：No.10，FRP 风机 1 台（20000m^3/h，570Pa，5.5kW，630r/min）。

b. 除垢和脱锌排风量 5800m^3/h（槽面风速取 0.45m/s 计算），配置：No.4，FRP 风机 1 台（6000m^3/h，1200Pa，4kW，2900r/min）；6 型 FRP 废气（高浓度 NO_x）净化塔 1 座［处理风量 6000m^3/h，配用耐腐蚀液下泵 1 座（4kW）］。

⑩ 废水排放（处理）量：酸碱系 2.2～3.0m^3/h，镍系 1.0～1.5m^3/h，氰系 0.5～0.9m^3/h。

⑪ 设备总动力：3 相，50Hz，380V，约 169kW［其中整流器 4 台额定总容量约 23kW，过滤机 6 台总容量约 3.5kW，超声波发生器（7.5kW，频率≥40kHz），同时使用系数 0.6～0.7］。

铝合金件镀镍生产线工艺配置表见表 1-31。

1.2.21 不锈钢件镀镍工艺

不锈钢件镀镍生产线工艺流程如图 1-43 所示。

设计要素如下。

① 主机：L26.9m（装卸挂间距）×W2.5m（两轨道间距）×H3.9m（行车顶端标高）（该尺寸未含整流器、过滤机和走道平台以及线外排风系统等辅助设施）。

② 中低轨（双驱动）门式行车：2 台，水平运行速度 3～30m/min（变频调速），升降运行速度 3～20m/min（变频调速），提升行程 1300mm，提升重量≤100kgf（含受镀零件、阴极导电杆、挂具和提升时的溶液附加力）。

③ 全线框架式横向水平移动装置 1 套（1.5kW，水平摆幅 50mm，频率 $15min^{-1}$），阴极导电杆 12 支。

④ 行车运行周期：9min（>6min 可调）。

⑤ 日产量（两班制，每天 16h）：16h×60min/h÷(6～9)min×75dm^2×0.95≈(7600～11400)dm^2。

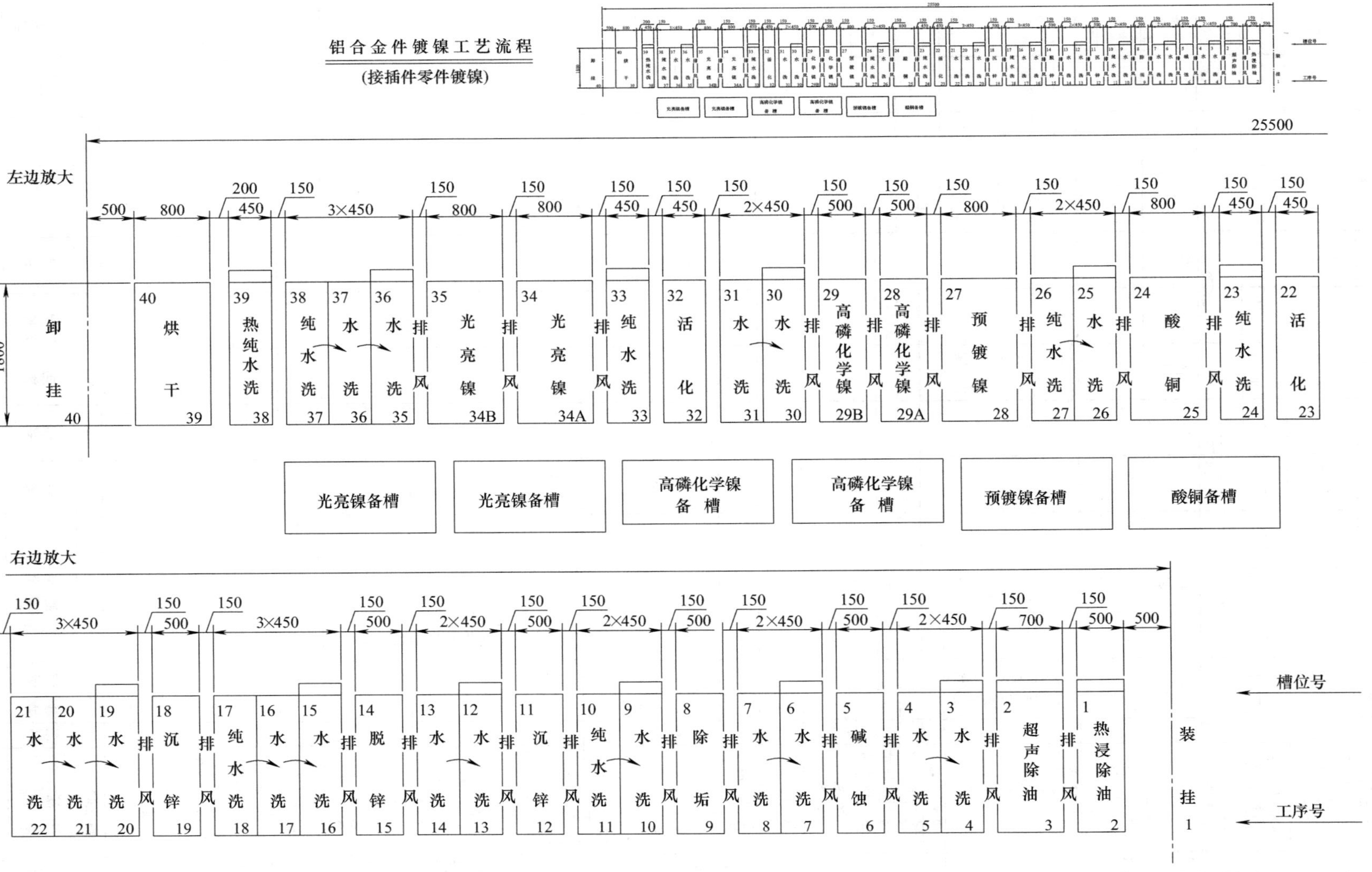

图 1-42 铝合金件镀镍生产线工艺流程

表 1-31 铝合金件镀镍生产线工艺配置表

工序号	工序名称	槽位号	工位数	工艺条件					电镀面积和电流电压			镀槽要求											设备要求													
				温度/℃	电流密度/(A/dm²)	时间/min	镀层厚度/μm	添加剂型号	每一极杆/dm²	每一极杆/A	整流器/(A/V)	厚度δ/mm，材料		外壁尺寸/mm			有效容积/dm³	附设装置	排水方式			槽体保温	加温(或冷却)	空气搅拌	阴极移动	喷淋	过滤/(m³/h)	供水	逆流	回收	温度控制	电阻率控制	自动添加	废水		局部排风
												槽体	内衬	长	宽	高			集污斗	溢流斗	排污阀													沟排	管排	
1	装挂	0	1																																	
2	热浸除油	1	1	55～65								15，PP		1800	500	1000	690			√	√		不锈钢电加温(9kW)		全线整体横向移动			纯水			自动			酸碱		单侧
3	超声除油	2	1	55～65					超声波发生器：7.5kW(每槽)[振板10块×0.75kW，H750mm×W250mm×δ90mm(每块)]			3，不锈钢		1800	700	1000	1000			√	√	√	不锈钢电加温(12kW)					纯水			自动			酸碱		双侧
4	水洗	3										12，PP		1800	450	1000	660			√	√			√					↶					酸碱		
5	水洗	4										12，PP		1800	450	1000	660				√			√				自来水						酸碱		
6	碱蚀	5	1	25～35								15，PP		1800	500	1000	690				√		不锈钢电加温(3kW)					纯水			自动			酸碱		双侧
7	水洗	6										12，PP		1800	450	1000	660			√	√			√					↶					酸碱		
8	水洗	7										15，PP		1800	450	1000	660				√			√				自来水						酸碱		
9	除垢	8	1	25～28								15，PP		1800	500	1000	690				√		F4电加温(3kW) F4集束管冷却					纯水			自动			酸碱		双侧
10	水洗	9										12，PP		1800	450	1000	660			√	√			√				自来水	↶					酸碱		
11	纯水洗	10										12，PP		1800	450	1000	660				√			√				纯水						酸碱		

续表

工序号	工序名称	槽位号	工位数	工艺条件					电镀面积和电流电压			镀槽要求											设备要求													
				温度/℃	电流密度/(A/dm²)	时间/min	镀层厚度/μm	添加剂型号	每一极杆/dm²	每一极杆/A	整流器/(A/V)	厚度δ/mm，材料		外壁尺寸/mm			有效容积/dm³	附设装置	排水方式			槽体保温	加温（或冷却）	空气搅拌	阴极移动	喷淋	过滤/(m³/h)	供水	逆流	回收	温度控制	电阻率控制	自动添加	废水		局部排风
												槽体	内衬	长	宽	高			集污斗	溢流斗	排污阀													沟排	管排	
12	沉锌	11		16～32								15，PP		1800	500	1000	690				√		F4电加温(3kW) F4集束管冷却	√	全线整体横向移动			纯水			自动				含氰	双侧
13	水洗	12										12，PP		1800	450	1000	660			√	√			√					↶						含氰	
14	水洗	13										15，PP		1800	450	1000	660				√			√				自来水							含氰	
15	脱锌	14		室温								15，PP		1800	500	1000	690				√							纯水						酸碱		双侧
16	水洗	15										12，PP		1800	450	1000	660			√	√			√					↶					酸碱		
17	水洗	16										15，PP		1800	450	1000	660				√			√				自来水	↶					酸碱		
18	纯水洗	17										12，PP		1800	450	1000	660				√			√				纯水						酸碱		
19	沉锌	18		16～32								15，PP		1800	500	1000	690				√		F4电加温(3kW) F4集束管冷却	√				纯水			自动				含氰	双侧
20	水洗	19										12，PP		1800	450	1000	660			√	√			√					↶						含氰	
21	水洗	20										15，PP		1800	450	1000	660				√			√					↶						含氰	
22	水洗	21										12，PP		1800	450	1000	640				√			√				自来水							含氰	
23	活化	22										12，PP		1800	450	1000	660				√			√				纯水						酸碱		

续表

工序号	工序名称	槽位号	工位数	工艺条件					电镀面积和电流电压			镀槽要求											设备要求													
				温度/℃	电流密度/(A/dm²)	时间/min	镀层厚度/μm	添加剂型号	每一极杆/dm²	每一极杆/A	整流器/(A/V)	厚度δ/mm，材料		外壁尺寸/mm			有效容积/dm³	附设装置	排水方式			槽体保温	加温(或冷却)	空气搅拌	阴极移动	喷淋	过滤/(m³/h)	供水	逆流	回收	温度控制	电阻率控制	自动添加	废水		局部排风
												槽体	内衬	长	宽	高			集污斗	溢流斗	排污阀													沟排	管排	
24	纯水洗	23										12，PP		1800	450	1000	660			√	√			√				纯水						酸碱		
25	酸铜	24		20～28							500/10	15，PP		1800	800	1000	1130						F4电加温(3kW)	√			10	纯水			自动			酸碱		双侧
26	水洗	25										12，PP		1800	450	1000	660			√	√			√				自来水	↶					酸碱		
27	纯水洗	26										12，PP		1800	450	1000	660				√			√				纯水						酸碱		
28	预镀镍	27	1	45～55							500/12	15，PP		1800	800	1000	1130						钛电加温(9kW)	√			10	纯水			自动				含镍	双侧
29A	高磷化学镍	28	1	86～90								15，PP		1800	500	1000	690						F4电加温(15kW)	√	全线整体横向移动		5	纯水			自动				含镍	双侧
29B	高磷化学镍	29	1	86～90								15，PP		1800	500	1000	690						F4电加温(15kW)	√			5	纯水			自动				含镍	双侧
30	水洗	30										12，PP		1800	450	1000	660			√	√			√					↶						含镍	
31	水洗	31										15，PP		1800	450	1000	660				√			√				自来水							含镍	
32	活化	32										12，PP		1800	450	1000	640				√			√				纯水						酸碱		
33	纯水洗	33										12，PP		1800	450	1000	660			√	√			√				纯水						酸碱		
34A	光亮镍	34	1	45～55							500/12	15，PP		1800	800	1000	920						钛电加温(9kW)	√			10	纯水			自动		√		含镍	双侧
34B	光亮镍	35	1	45～55							500/12	15，PP		1800	800	1000	920						钛电加温(9kW)	√			10	纯水			自动		√		含镍	双侧

续表

工序号	工序名称	槽位号	工位数	工艺条件					电镀面积和电流电压			镀槽要求											设备要求												
				温度/℃	电流密度/(A/dm²)	时间/min	镀层厚度/μm	添加剂型号	每一极杆/dm²	每一极杆/A	整流器/(A/V)	厚度δ/mm，材料		外壁尺寸/mm			有效容积/dm³	附设装置	排水方式			槽体保温	加温（或冷却）	空气搅拌	阴极移动	喷淋	过滤/(m³/h)	供水	逆流	回收	温度控制	电阻率控制	自动添加	废水		局部排风
												槽体	内衬	长	宽	高			集污斗	溢流斗	排污阀													沟排	管排	
35	水洗	36										12，PP		1800	450	1000	660			√	√			√											含镍	
36	水洗	37										15，PP		1800	450	1000	660				√			√	全线整体横向移动			自来水							含镍	
37	纯水洗	38										12，PP		1800	450	1000	660				√			√				纯水							含镍	
38	热纯水洗	39		70～80								3，不锈钢		1800	450	1000	660			√	√	√	不锈钢电加温(9kW)	√				纯水			自动				含镍	
39	烘干	40	1	80～90								6，Q235	3，不锈钢	1800	800	1000		自动槽盖			√	√	不锈钢通道式电加温(12kW)								自动					
40	卸挂	0	1																																	
	光亮镍备槽	2只										15，PP		1600	900	1000	1140	盖																		
	酸铜备槽	1只										15，PP		1600	900	1000	1140	盖																		
	预镀镍备槽	1只										15，PP		1600	900	1000	1140	盖																		
	高磷化学镍备槽	2只										15，PP		1200	800	1000	740	盖																		

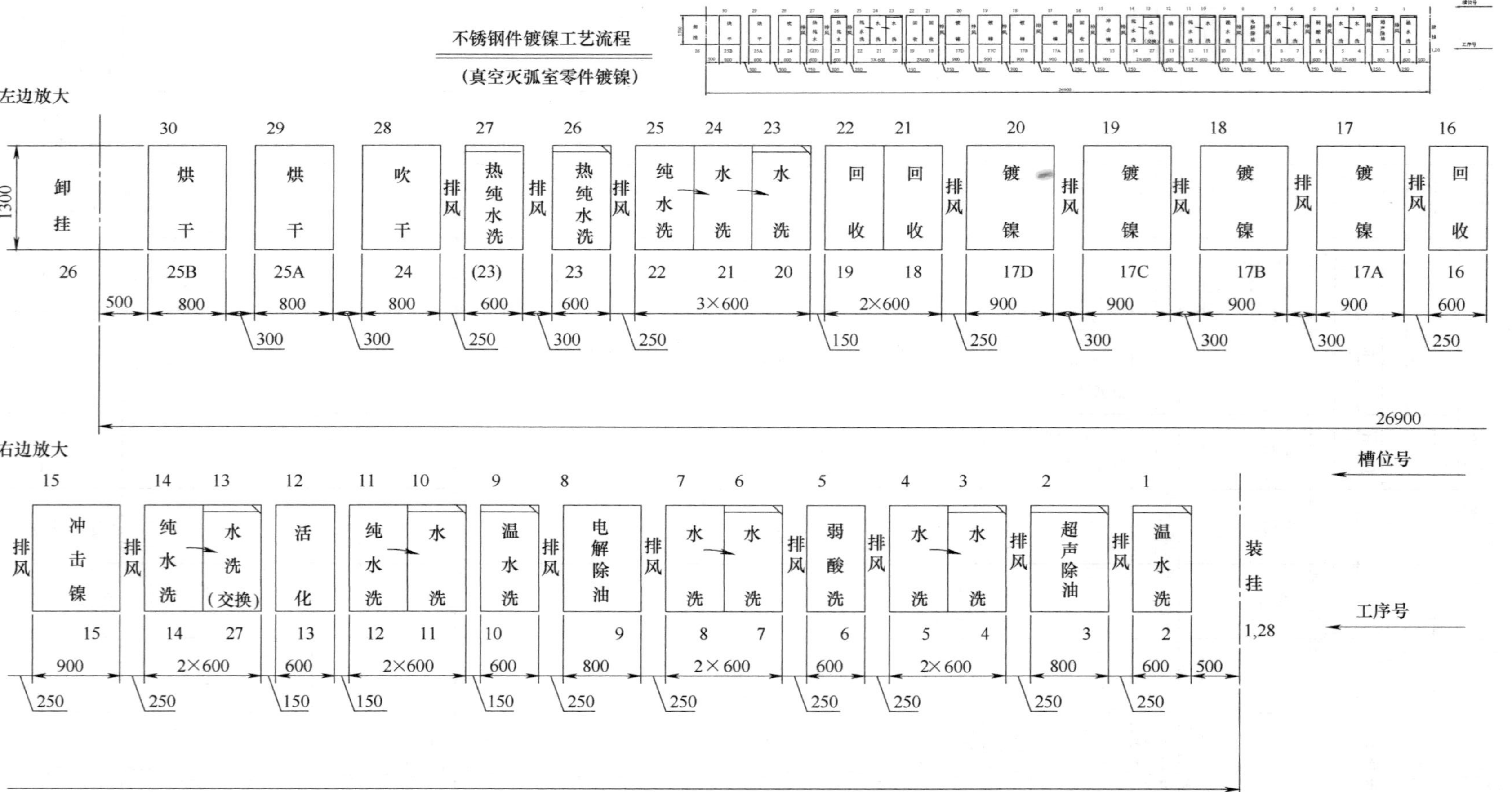

图 1-43　不锈钢件镀镍生产线工艺流程

⑥ 溶液、烘干加温和保温供电量（预热以4h，初始温度按15℃计算）：加温114kW/h，保温60～70kW/h。

⑦ 生产作业供水量（水洗槽每小时换水次数0.5～0.75槽/h，热水和纯水减半计算）：自来水2.0～3.0m^3/h，纯水0.8～1.2m^3/h（未含配槽时的自来水和纯水供应量）。

⑧ 空搅用低压空气量240m^3/h，配置：65型三叶罗茨风机1台（进风量250m^3/h，2.2kW，进风压力14.7kPa，1750r/min）。

⑨ 吹干用压缩空气供应量及其配置：

a. 1/4-11型吹风喷嘴+1/4×1/4可调接头各30件，分成两组设置于吹干槽口两侧，工件在下降和提升时自动吹干（可重复作业）；

b. 压缩空气（p=70kPa）≥1.3m^3/(节拍－18s)，配置：0.5m^{3}储气缸，空气引出经双桶净化器（1.5m^3/min），净化后由压力调节器降压后输入吹干管道系统。

⑩ 局部排风装置（翻盖低截面条缝式排风罩，槽面风速0.3m/s，槽口宽度按600mm计算风量），排风量18800m^3/h，配置：

a. No.8，FRP风机1台（20000m^3/h，1000Pa，7.5kW，1250r/min）；

b. 20型FRP废气净化塔1台［处理风量20000m^3/h，配用耐腐蚀液下泵1台（5.5kW）］。

⑪ 废水排放（处理）量：2.5～3.5m^3/h。

⑫ 设备总动力：3相，50Hz，380V，约205kW［其中整流器6台额定总容量约60kW，过滤机5台总容量约3.75kW，超声波发生器（6kW，频率≥40kHz），回收手提泵（0.55kW）2台，同时使用系数0.6～0.7］。

不锈钢件镀镍生产线工艺配置表见表1-32。

1.2.22 仿金电镀工艺

仿金电镀生产线工艺流程如图1-44所示。

设计要素如下。

① 主机：L38.0m（装卸挂间距）×W3.3m（两轨道中心距）×H4.5m（行车顶高）（该尺寸未含整流器、过滤机和走道平台以及线外排风系统等辅助设施）。

② 低轨门式行车：4台，水平运行速度3～36m/min（变频调速），升降运行速度3～25m/min（变频调速），提升行程1300～1400mm，提升重量≤200kgf（含受镀零件、阴极导电杆、挂具和提升时的溶液附加力），阴极导电杆20支，每一阴极杆最大装载量200dm^2，每挂装载体积H1050mm×W400mm×δ150mm，5挂/杆。

③ 行车运行周期：6min（>5min可调）。

④ 年产量（每年250d，两班制，16h/d）：250d×16h/d×60min/h÷6min×200dm^2×0.95≈760×10^{4}dm^2。

⑤ 溶液加温和保温供汽量（预热以4h，初始温度按15℃计算）：加温420kg/h，保温200～300kg/h。

⑥ 酸铜溶液冷却水（10～15℃）供应量（预冷时间按1～1.5h计算）及其配置：风冷箱式工业冷水机1台（制冷量18800kcal/h，冷水流量63～85L/min，出口温度10～15℃，进口温度20～25℃，压缩机功率6.4kW，风扇功率0.68kW，冷水泵功率1.5kW）。

⑦ 生产作业供水量（水洗槽每小时换水次数0.4～0.5槽/h，热水和纯水减半计算）：自来水5.0～6.5m^3/h，纯水2.0～25m^3/h。

⑧ 空搅用低压空气量860m^3/h，配置：80型三叶罗茨风机2台（进风量450m^3/h，5.5kW，排风压力19.6kPa，1560r/min）。

⑨ 局部排风装置（翻盖低截面条缝式排风罩，槽口宽度按500mm计算风量）：

表 1-32 不锈钢件镀镍生产线工艺配置表

工序号	工序名称	槽位号	工位数	工艺条件 温度/℃	电流密度/(A/dm²)	时间/min	镀层厚度/μm	添加剂型号	电镀面积和电流电压 每一极杆/dm²	每一极杆/A	整流器/(A/V)	镀槽要求 厚度δ/mm，材料 槽体	内衬	外壁尺寸/mm 长	宽	高	有效容积/dm³	附设装置	排水方式 集污斗	溢流斗	排污阀	槽体保温	设备要求 加温(或冷却)	空气搅拌	阴极移动	喷淋	过滤/(m³/h)	供水	逆流	回收	温度控制	电阻率控制	pH控制	废水 沟排	管排	局部排风
1,28	装挂	0	1																																	
2	温水洗	1		45								12，PP		1300	600	1000	650			√	√		不锈钢电加温管(6kW)					自来水			自动					
3	超声除油	2	1	50～60		6～9			超声波发生器：6kW(每槽)[振板8块×0.75kW，H750mm×W250mm×δ90mm(每块)]			3，不锈钢		1300	800	1000	850	盖		√	√		不锈钢电加温管(6kW)					纯水 自来水			自动					双侧
4	水洗	3										12，PP		1300	600	1000	650			√	√			√					↷							
5	水洗	4										12，PP		1300	600	1000	650				√			√				自来水								
6	弱酸洗	5		室温								15，PP			600	1000	600	盖			√				全线整体横向移动			纯水								
7	水洗	6										12，PP		1300	600	1000	650			√	√			√					↷							
8	水洗	7										15，PP		1300	600	1000	650				√			√				自来水								
9	电解除油	8	1	50～60		6～9			75		1000/15	15，PP		1300	800	1000	810	盖			√		不锈钢电加温管(9kW)					纯水 自来水			自动					双侧
10	温水洗	9		45								12，PP		1300	600	1000	650			√	√		不锈钢电加温管(6kW)					自来水			自动					
11	水洗	10										12，PP		1300	600	1000	650			√	√			√				自来水	↷							
12	纯水洗	11										12，PP		1300	600	1000	650				√			√				纯水								

续表

工序号	工序名称	槽位号	工位数	工艺条件					电镀面积和电流电压			镀槽要求											设备要求												
				温度/℃	电流密度/(A/dm²)	时间/min	镀层厚度/μm	添加剂型号	每一极杆/dm²	每一极杆/A	整流器/(A/V)	厚度δ/mm，材料		外壁尺寸/mm			有效容积/dm³	附设装置	排水方式			槽体保温	加温(或冷却)	空气搅拌	阴极移动	喷淋	过滤/(m³/h)	供水	逆流	回收	温度控制	电阻率控制	pH控制	废水		局部排风
												槽体	内衬	长	宽	高			集污斗	溢流斗	排污阀													沟排	管排	
13	活化	12		室温								12，PP		1300	600	1000	620				√															
27	水洗(交换)	13	1									12，PP		1300	600	1000	650			√	√			√				自来水								
14	纯水洗	14										12，PP		1300	600	1000	650				√			√				纯水								
15	冲击镍	15	1	40		6～9			75		1000/15	15，PP		1300	900	1000	920	盖					聚四氟乙烯电加温管(6kW)	√ √			10	纯水			自动					双侧
16	回收	16										12，PP		1300	600	1100	650				√			√				纯水		手提泵						
17A	镀镍	17	1	55～60		24～36			75		500/15	15，PP		1300	900	1000	920	盖					聚四氟乙烯电加温管(9kW)	√	全线整体横向移动		10	纯水			自动		√			双侧
17B	镀镍	18	1	55～60					75		500/15	15，PP		1300	900	1000	920	盖					聚四氟乙烯电加温管(9kW)	√			10	纯水			自动		√			双侧
17C	镀镍	19	1	55～60					75		500/15	15，PP		1300	900	1000	920	盖					聚四氟乙烯电加温管(9kW)	√			10	纯水			自动		√			双侧
17D	镀镍	20	1	55～60					75		500/15	15，PP		1300	900	1000	920	盖					聚四氟乙烯电加温管(9kW)	√			10	纯水			自动		√			双侧
18	回收	21										12，PP		1300	600	1000	650				√			√												
19	回收	22										12，PP		1300	600	1000	650				√			√				纯水		手提泵						

续表

工序号	工序名称	槽位号	工位数	工艺条件					电镀面积和电流电压			镀槽要求											设备要求													
				温度/℃	电流密度/(A/dm²)	时间/min	镀层厚度/μm	添加剂型号	每一极杆/dm²	每一极杆/A	整流器/(A/V)	厚度δ/mm，材料		外壁尺寸/mm			有效容积/dm³	附设装置	排水方式			槽体保温	加温（或冷却）	空气搅拌	阴极移动	喷淋	过滤/(m³/h)	供水	逆流	回收	温度控制	电阻率控制	pH控制	废水		局部排风
												槽体	内衬	长	宽	高			集污斗	溢流斗	排污阀													沟排	管排	
20	水洗	23										12，PP		1300	600	1000	650			√	√			√	全线整体横向移动											
21	水洗	24										12，PP		1300	600	1000	650				√			√				自来水	↶							
22	纯水洗	25										12，PP		1300	600	1000	650				√			√				纯水	↶							
23	热纯水洗	26		80～90								3，不锈钢		1300	600	1000	680			√	√		聚四氟乙烯电加温管（12kW）	√				纯水			自动	√				双侧
(23)	热纯水洗	27		80～90								3，不锈钢		1300	600	1000	680			√	√		聚四氟乙烯电加温管（12kW）	√				纯水			自动	√				双侧
24	吹干	28				延时						12，PP		1300	800	1000		吹干装置			√															
25A	烘干	29	1	90～130		12～18						6，Q235	3，不锈钢	1300	800	1000		自动槽盖			√	√	不锈钢通道式电加温（9kW）								自动					
25B	烘干	30	1	90～130								6，Q235	3，不锈钢	1300	800	1000		自动槽盖			√	√	不锈钢通道式电加温（9kW）								自动					
26	卸挂	0	1																																	

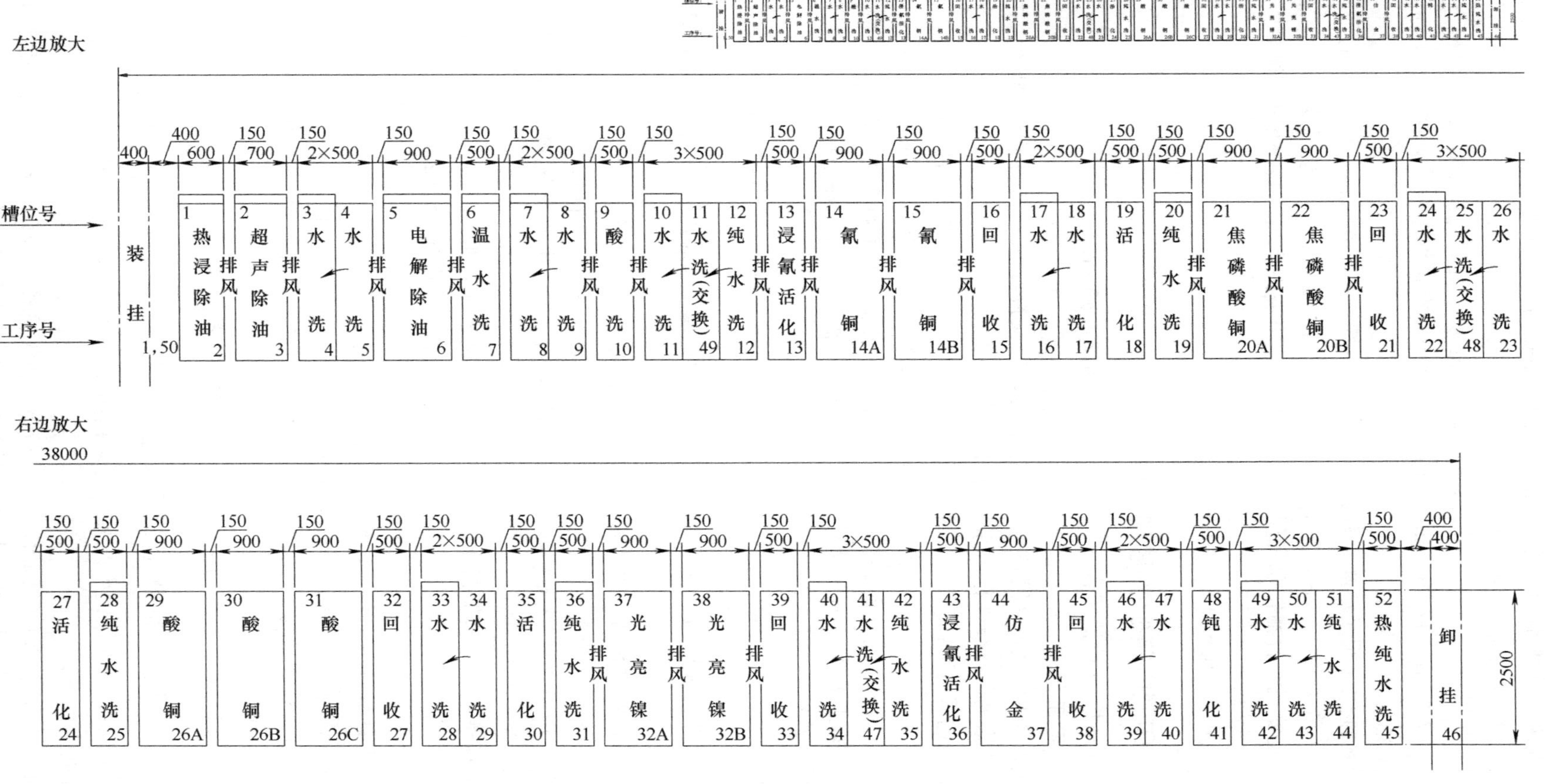

图 1-44 仿金电镀生产线工艺流程

a. 酸碱系（含焦铜和镍系）排风量 23800m³/h（槽面风速 0.2～0.3m/s），配置：No.8，FRP 风机 1 台（24800m³/h，690Pa，7.5kW，1250r/min）；

b. 氰系排风量 13600m³/h（槽面风速 0.4m/s），配置：No.8，FRP 风机 1 台（15000m³/h，1300Pa，7.5kW，1250r/min）；15 型 FRP 废气净化塔 1 台［处理风量 15000dm³/h，耐腐蚀液下泵 1 台（5.5kW）］。

⑩ 废水排放（处理）量：酸碱系 4.5～5.5m³/h，氰系 2.0～3.0m³/h。

⑪ 设备总动力：3 相，50Hz，380V，约 183kW［其中整流器 11 台额定总容量约 91.5kW，过滤机 9 台额定总容量约 19.8kW，超声波发生器（12.6kW，频率≥40kHz），同时使用系数 0.6～0.7］。

仿金电镀生产线工艺配置表见表 1-33。

1.2.23 印制电路板-除胶渣沉铜工艺

印制电路板-除胶渣沉铜生产线工艺流程如图 1-45 所示。

设计要素如下。

① 主机：L27.2m（线长）×W3.2m（线宽）×H4.2m（线高）（该尺寸含走道平台，未含整流器和过滤机以及线外排风系统等辅助设施）。

② 高轨门式行车：2 台，水平运行速度 3～36m/min（变频调速），升降运行速度 3～15m/min（变频调速），提升杆 16 支，不锈钢挂篮（L1200mm×W300mm×H610mm）16 只，提升行程 1000～1100mm，提升重量≤100kgf（含工件、挂篮、提升杆和提升时的溶液附加力）。

全线框架式水平 25°摇摆装置 2 套［1.5kW，幅度 50mm，摇摆频率 $10min^{-1}$（可调）］。

③ 行车运行周期：8min。

④ 月产量（每月 22d，22h/d）：22d×22h/d×60min/h÷8min×50 片×0.97≈176000 片。

注：折合 20″×24″P.C.B 总面积≈54570m² = 586800ft²。

⑤ 溶液加温和保温供电量（预热以 4h，初始温度按 15℃计算）：加温 90kW/h，保温50～60kW/h。

⑥ 生产作业供水量（水洗槽每小时换水次数 0.75～1 槽/h，热水和纯水减半计算）：自来水 5.0～6.5m³/h，纯水 1.5～2.0m³/h（未含冷却溶液所需自来水的供应量）。

⑦ 空搅用低压空气量 350m³/h，配置：80 型三叶罗茨风机 1 台（进风量 370m³/h，4kW，排风压力为 14.7kPa，1730r/min）。

⑧ 局部排风装置（低截面条缝式排风罩，槽面风速取 0.3m/s，槽口宽度按 500mm 计算风量），排风量 25500m³/h，配置：No.10，FRP 风机 1 台（26000m³/h，650Pa，7.5kW，710r/min）。

⑨ 废水排放（处理）量：酸碱系 6.0～8.0m³/h。

⑩ 设备总动力：3 相，50Hz，380V，约 110kW［其中整流器 2 台额定总容量约 4kW，过滤机 13 台额定总容量约 3.25kW，立式泵（1.1kW）2 台，振动装置（30W）12 套，同时使用系数 0.6～0.7］。

印制电路板-除胶渣沉铜生产线工艺配置表见表 1-34。

1.2.24 印制电路板-板面镀铜工艺

印制电路板-板面镀铜生产线工艺流程如图 1-46 所示。

设计要素如下。

① 主机：L39.8m（机架长度）×W7m（机架宽度）×H4.3m（机架高度）（该尺寸含走道平台，未含整流器、过滤机、热交换器以及线外排风系统等辅助设施）。

表 1-33 仿金电镀生产线工艺配置表

工序号	工序名称	槽位号	工位数	工艺条件					电镀面积和电流电压			镀槽要求											设备要求													
				温度/℃	电流密度/(A/dm²)	时间/min	镀层厚度/μm	添加剂型号	每一极杆/dm²	每一极杆/A	整流器/(A/V)	厚度δ/mm，材料		外壁尺寸/mm			有效容积/dm³	附设装置	排水方式			槽体保温	加温(或冷却)	溶液喷射搅拌	空气搅拌	阴极移动	喷淋	过滤/(m³/h)	供水	逆流	回收	温度控制	自动添加	废水		局部排风
												槽体	内衬	长	宽	高			集污斗	溢流斗	排污阀													沟排	管排	
1,50	装挂	0	2																																	
2	热浸除油	1	1	50～75(60)		5～6						15，PP		2500	600	1300	1600			√	√		不锈钢蛇形管加温						自来水			显示				单侧
3	超声除油	2	1	60～90(75)		5～6			超声波发生器 12.6kW(每槽)[振板12块×1.05kW，H1000mm×W300mm×δ90mm(每块)]			3，不锈钢		2500	700	1300	1950			√	√	√	不锈钢蛇形管加温						自来水			显示				双侧
4	水洗	3										15，PP		2500	500	1300	1350			√	√				√											
5	水洗	4										15，PP		2500	500	1300	1350				√				√				自来水	↶						
6	电解除油	5	1	40～80(50)	2～4(3)	5～6			200	800	1000/12	15，PP		2500	900	1300	2400			√	√		不锈钢蛇形管加温						自来水			显示				双侧
7	温水洗	6		45								15，PP		2500	500	1300	1350			√	√		不锈钢蛇形管加温						自来水			显示				
8	水洗	7										15，PP		2500	500	1300	1350			√	√				√											
9	水洗	8										15，PP		2500	500	1300	1350				√				√				自来水	↶						
10	酸洗	9		室温		1～2						15，PP		2500	500	1300	1300				√								自来水							双侧
11	水洗	10										15，PP		2500	500	1300	1350			√	√				√											
49	水洗(交换)	11	1									15，PP		2500	500	1300	1350				√				√				自来水	↶						
12	纯水洗	12										15，PP		2500	500	1300	1350				√				√				纯水	↶						

续表

工序号	工序名称	槽位号	工位数	工艺条件					电镀面积和电流电压			镀槽要求											设备要求													
				温度/℃	电流密度/(A/dm²)	时间/min	镀层厚度/μm	添加剂型号	每一极杆/dm²	每一极杆/A	整流器/(A/V)	厚度δ/mm，材料		外壁尺寸/mm			有效容积/dm³	附设装置	排水方式			槽体保温	加温（或冷却）	溶液喷射搅拌	空气搅拌	阴极移动	喷淋	过滤/(m³/h)	供水	逆流	回收	温度控制	自动添加	废水		局部排风
												槽体	内衬	长	宽	高			集污斗	溢流斗	排污阀													沟排	管排	
13	浸氰活化	13		室温		延时						15，PP		2500	500	1300	1300																			单侧
14A	氰铜	14	1	50～60	0.5～2	10～12			200	400	500/12	15，PP		2500	900	1300	2400						不锈钢蛇形管加温		√			20				显示				双侧
14B	氰铜	15	1	50～60	0.5～2				200	400	500/12	15，PP		2500	900	1300	2400						不锈钢蛇形管加温		√			20				显示				双侧
15	回收	16										15，PP		2500	500	1300	1300				√				√				纯水							
16	水洗	17										15，PP		2500	500	1300	1350			√	√				√											
17	水洗	18										15，PP		2500	500	1300	1350				√				√				自来水							
18	活化	19		室温		延时						15，PP		2500	500	1300	1300				√															
19	纯水洗	20										15，PP		2500	500	1300	1350			√	√				√				纯水							
20A	焦磷酸铜	21	1	50～55	1～3	10～12			200	600	750/12	15，PP		2500	900	1300	2400						不锈钢蛇形管加温		√			20				显示				
20B	焦磷酸铜	22	1	50～55	1～3				200	600	750/12	15，PP		2500	900	1300	2400						不锈钢蛇形管加温		√			20				显示				
21	回收	23										15，PP		2500	500	1300	1350				√				√				纯水							
22	水洗	24										15，PP		2500	500	1300	1350			√	√				√											
48	水洗（交换）	25	1									15，PP		2500	500	1300	1350				√				√											
23	水洗	26										15，PP		2500	500	1300	1350				√				√				自来水							

续表

工序号	工序名称	槽位号	工位数	工艺条件					电镀面积和电流电压			镀槽要求											设备要求													
				温度/℃	电流密度/(A/dm²)	时间/min	镀层厚度/μm	添加剂型号	每一极杆/dm²	每一极杆/A	整流器/(A/V)	厚度δ/mm，材料		外壁尺寸/mm			有效容积/dm³	附设装置	排水方式			槽体保温	加温(或冷却)	溶液喷射搅拌	空气搅拌	阴极移动	喷淋	过滤/(m³/h)	供水	逆流	回收	温度控制	自动添加	废水		局部排风
												槽体	内衬	长	宽	高			集污斗	溢流斗	排污阀													沟排	管排	
24	活化	27		室温		延时						15，PP		2500	500	1300	1300				√															
25	纯水洗	28										15，PP		2500	500	1300	1350			√	√				√				纯水							
26A	酸铜	29	1	20～30	1～3				200	600	750/10	15，PP		2500	900	1300	1300						钛蛇形管加温		√			20				显示				
26B	酸铜	30	1	20～30	1～3	15～18			200	600	750/10	15，PP		2500	900	1300	2400						钛蛇形管加温		√			20				显示				
26C	酸铜	31	1	20～30	1～3				200	600	750/10	15，PP		2500	900	1300	2400						钛蛇形管加温		√			20				显示				
27	回收	32										15，PP		2500	500	1300	2400				√				√				纯水							
28	水洗	33										15，PP		2500	500	1300	1350			√	√				√											
29	水洗	34										15，PP		2500	500	1300	1350				√				√				自来水							
30	活化	35		室温		延时						15，PP		2500	500	1300	1300				√															
31	纯水洗	36										15，PP		2500	500	1300	1350			√	√				√				纯水							
32A	光亮镍	37	1	50～60	2～4	10～12			200	800	1000/12	15，PP		2500	900	1300	2400						钛蛇形管加温		√			20				显示				
32B	光亮镍	38	1	50～60	2～4				200	800	1000/12	15，PP		2500	900	1300	2400						钛蛇形管加温		√			20				显示				
33	回收	39										15，PP		2500	500	1300	1350				√				√				纯水							

续表

工序号	工序名称	槽位号	工位数	工艺条件					电镀面积和电流电压			镀槽要求											设备要求													
				温度/℃	电流密度/(A/dm²)	时间/min	镀层厚度/μm	添加剂型号	每一极杆/dm²	每一极杆/A	整流器/(A/V)	厚度δ/mm，材料		外壁尺寸/mm			有效容积/dm³	附设装置	排水方式			槽体保温	加温（或冷却）	溶液喷射搅拌	空气搅拌	阴极移动	喷淋	过滤/(m³/h)	供水	逆流	回收	温度控制	自动添加	废水		局部排风
												槽体	内衬	长	宽	高			集污斗	溢流斗	排污阀													沟排	管排	
34	水洗	40										15，PP		2500	500	1300	1350			√	√				√											
47	水洗（交换）	41	1									15，PP		2500	500	1300	1350				√				√				自来水							
35	纯水洗	42										15，PP		2500	500	1300	1350				√				√				纯水							
36	浸氰活化	43		室温		延时						15，PP		2500	500	1300	1300																			单侧
37	仿金	44	1	35	1.5～2	5～6			200	400	500/6	15，PP		2500	900	1300	2400						不锈钢蛇形管加温		√											双侧
38	回收	45										15，PP		2500	500	1300	1350				√				√				纯水							
39	水洗	46										15，PP		2500	500	1300	1350			√	√				√											
40	水洗	47										15，PP		2500	500	1300	1350				√				√				自来水							
41	钝化	48	1	室温		5～6						15，PP		2500	500	1300	1300				√															
42	水洗	49										15，PP		2500	500	1300	1350			√	√				√											
43	水洗	50										15，PP		2500	500	1300	1350				√				√				自来水							
44	纯水洗	51										15，PP		2500	500	1300	1350				√				√				纯水							
45	热纯水洗	52		60								15，PP		2500	500	1300	1350			√	√		不锈钢蛇形管加温						纯水			显示				
46	卸挂	0	1																																	

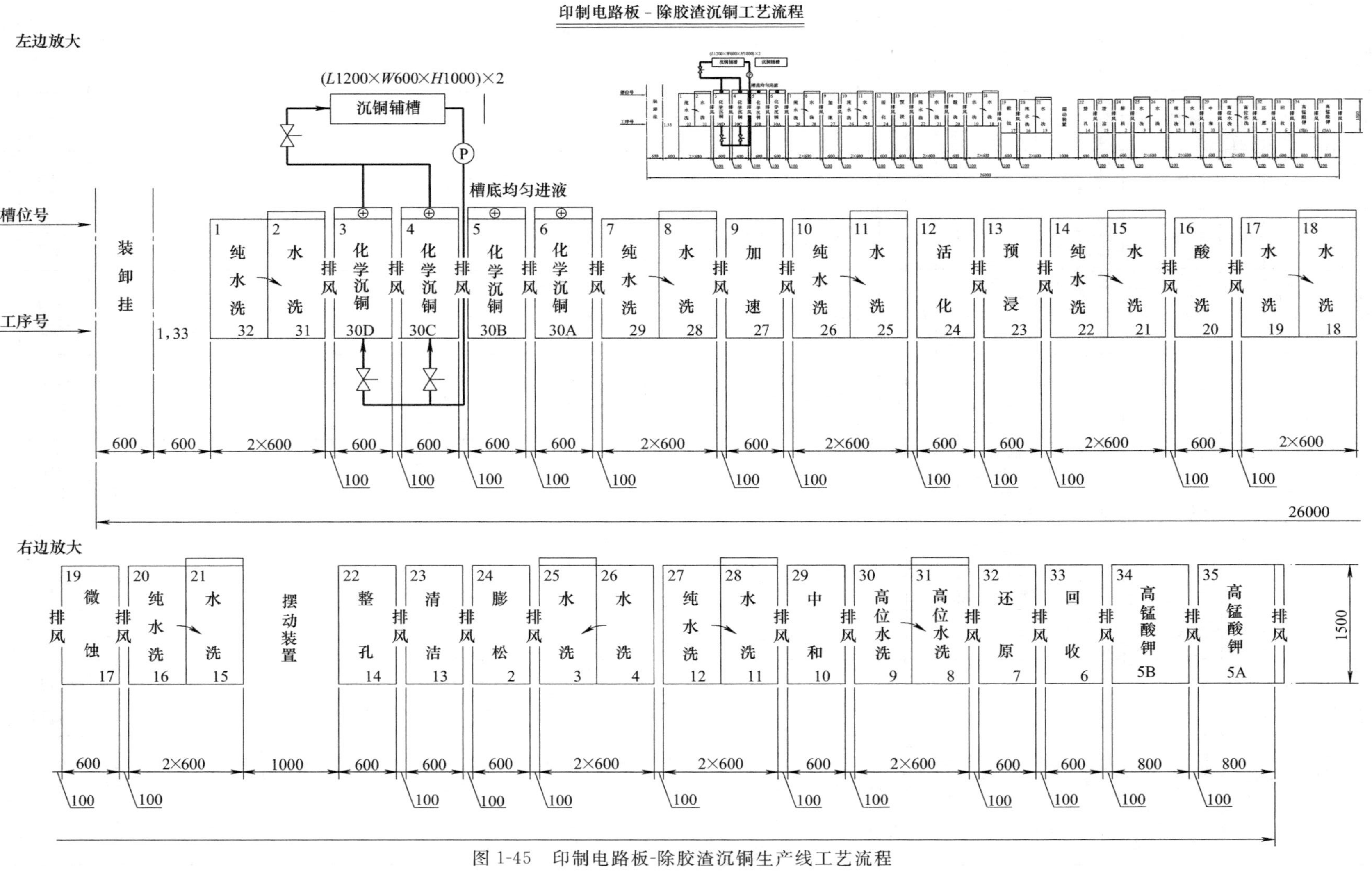

图 1-45　印制电路板-除胶渣沉铜生产线工艺流程

表 1-34 印制电路板-除胶渣沉铜生产线工艺配置表

工序号	工序名称	槽位号	工位数	工艺条件					电镀面积和电流电压			镀槽要求										设备要求													
				温度/℃	电流密度/(A/dm²)	时间(滴水)/min	镀层厚度/μm	添加剂型号	每一极杆/dm²	每一极杆/A	整流器/(A/V)	厚度δ/mm，材料 槽体	内衬	外壁尺寸/mm 长	宽	高	有效容积/dm³	附设装置	排水方式 溢流斗	排污阀(DN 1.5mm)	槽体保温	加温(或冷却)	溶液喷射搅拌	空气搅拌	工件摇摆	喷淋	过滤/(m³/h)	供水(DN 20mm)	逆流	回收	温度控制	自动添加	废水 沟排	管排	局部排风
1,33	装卸挂	0	2																																
32	纯水洗	1										10，PP		1500	600	1000	750			√				√	全线整体工件水平25°摇摆，共2套			纯水							
31	水洗	2										10，PP		1500	600	1000	750		√	√				√				自来水							
30D	化学沉铜	3	1	40		14～16(25～32)(5s)						15，PP		1500	600	1000	700	振动		√		F4电加温(3kW)F4集束管冷却		√			5	纯水			自动				双侧
30C	化学沉铜	4	1	40								15，PP		1500	600	1000	700	振动		√		F4电加温(3kW)F4集束管冷却		√			5	纯水			自动				双侧
30B	化学沉铜	5	1	40								15，PP		1500	600	1000	700	振动		√		F4电加温(3kW)F4集束管冷却		√			5	纯水			自动				双侧
30A	化学沉铜	6	1	40								15，PP		1500	600	1000	700	振动		√		F4电加温(3kW)F4集束管冷却		√			5	纯水			自动				双侧
	沉铜辅槽	附										15，PP		1200	600	1000	550	泵(4套)		√				√				纯水							双侧
29	纯水洗	7										10，PP		1500	600	1000	750			√				√				纯水							
28	水洗	8										10，PP		1500	600	1000	750		√	√				√				自来水							
27	加速	9	1	30		1.5～2.5(10s)						15，PP		1500	600	1000	700	振动		√		F4电加温(3kW)F4集束管冷却					5	纯水			自动				双侧

续表

工序号	工序名称	槽位号	工位数	工艺条件					电镀面积和电流电压			镀槽要求										设备要求													
				温度/℃	电流密度/(A/dm²)	时间(滴水)/min	镀层厚度/μm	添加剂型号	每一极杆/dm²	每一极杆/A	整流器/(A/V)	厚度δ/mm，材料		外壁尺寸/mm			有效容积/dm³	附设装置	排水方式		槽体保温	加温(或冷却)	溶液喷射搅拌	空气搅拌	工件摇摆	喷淋	过滤/(m³/h)	供水(DN 20mm)	逆流	回收	温度控制	自动添加	废水		局部排风
												槽体	内衬	长	宽	高			溢流斗	排污阀(DN 1.5mm)													沟排	管排	
26	纯水洗	10										10，PP		1500	600	1000	750			√				√	全线整体工件水平25°摇摆，共2套			纯水							
25	水洗	11										10，PP		1500	600	1000	750		√	√				√				自来水							
24	活化	12	1	40		5～6(15s)						15，PP		1500	600	1000	700	振动		√		F4电加温(6kW)					5	纯水			自动				双侧
23	预浸	13		室温		1～1.5(5s)						15，PP		1500	600	1000	700	振动		√							5	纯水							双侧
22	纯水洗	14										10，PP		1500	600	1000	750			√				√				纯水							
21	水洗	15										10，PP		1500	600	1000	750		√	√				√				自来水							
20	酸洗	16	1	室温		1～2(5s)						15，PP		1500	600	1000	700			√								纯水							双侧
19	水洗	17				5s						10，PP		1500	600	1000	750			√				√				自来水							
18	水洗	18										10，PP		1500	600	1000	750		√	√				√											
17	微蚀	19		30～40		1～2(5s)						15，PP		1500	300	1000	700	振动		√		F4电加温(3kW) F4集束管冷却					5	纯水			自动				双侧
16	纯水洗	20										10，PP		1500	600	1000	750			√				√				纯水							
15	水洗	21										10，PP		1500	600	1000	750		√	√				√				自来水							
	摆动装置														1000																				
14	整孔	22		45		12s		整孔剂				10，PP		1500	600	1000	750	振动		√		F4电加温(6kW)					5	纯水			自动				

续表

工序号	工序名称	槽位号	工位数	工艺条件					电镀面积和电流电压			镀槽要求										设备要求													
				温度/℃	电流密度/(A/dm²)	时间（滴水）/min	镀层厚度/μm	添加剂型号	每一极杆/dm²	每一极杆/A	整流器/(A/V)	厚度δ/mm，材料		外壁尺寸/mm			有效容积/dm³	附设装置	排水方式		槽体保温	加温（或冷却）	溶液喷射搅拌	空气搅拌	工件摇摆	喷淋	过滤/(m³/h)	供水（DN 20mm）	逆流	回收	温度控制	自动添加	废水		局部排风
												槽体	内衬	长	宽	高			溢流斗	排污阀（DN 1.5mm）													沟排	管排	
13	清洁	23	1	65		5～6（10s）		整孔剂				3，不锈钢		1500	600	1000	750	振动		√		F4 电加温（12kW）					5	纯水			自动				双侧
2	膨松	24	1	70		5～7（20s）		膨松剂				3，不锈钢		1500	600	1000	750	振动		√		不锈钢电加温(12kW)					5(不锈钢)	纯水			自动				双侧
3	水洗	25				10s						10，PP		1500	600	1000	750		√	√				√											
4	水洗	26										10，PP		1500	600	1000	750			√				√				自来水							
12	纯水洗	27				10s						10，PP		1500	600	1000	750			√				√				纯水							
11	水洗	28										10，PP		1500	600	1000	750		√	√				√				自来水							
10	中和	29	1	45		4～6（10s）						15，PP		1500	600	1000	700	振动		√		F4 电加温（6kW）F4 集束管冷却			全线整体工件水平25°摇摆，共2套		5	纯水			自动				双侧
9	高位水洗	30				10s						10，PP		1500	600	1150	900			√				√				自来水							
8	高位水洗	31										10，PP		1500	600	1150	900		√	√				√											
7	还原	32	1			（10～15）s						15，PP		1500	600	1000	700			√				√				纯水							双侧
6	回收	33				0.2～0.5（5s）						3，不锈钢		1500	600	1000	780			√				√				纯水							
5B	高锰酸钾	34	1	70		10～14（15s）						3，不锈钢		1500	800	1000	1000	振动		√		不锈钢电加温（9kW×2）		√			5(不锈钢)	纯水			自动				双侧
5A	高锰酸钾	35	1	70								3，不锈钢		1500	800	1000	1000	振动		√		不锈钢电加温（9kW×2）		√			5(不锈钢)	纯水			自动				双侧
	高锰酸钾再生器	附2套	本体尺寸：ϕ100～150mm×H750mm，整流器 200A/10V，每小时每套可处理工件约 10m²																																

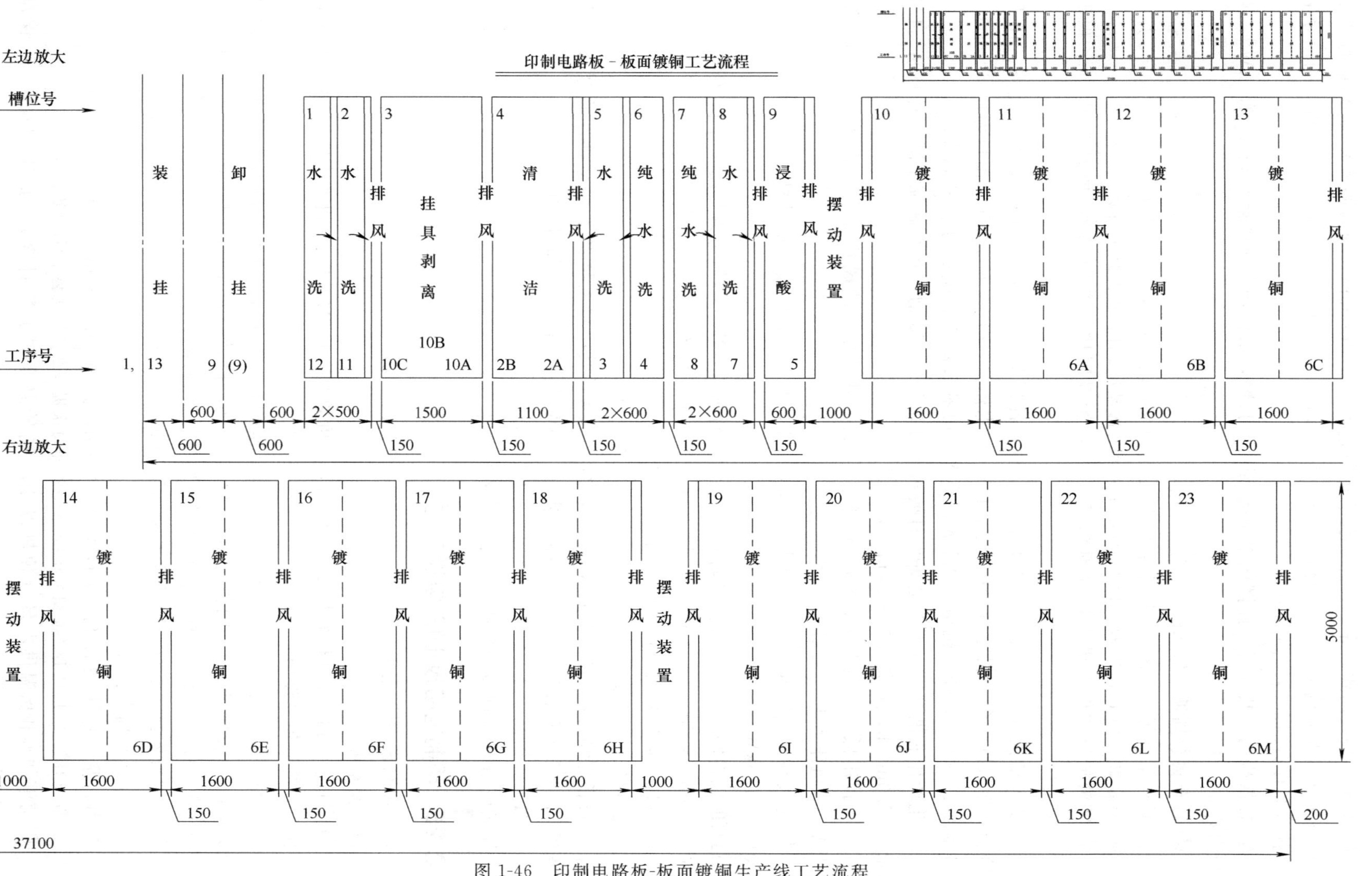

图 1-46　印制电路板-板面镀铜生产线工艺流程

② 高轨扩展式门式行车：2 台，水平运行速度 3～30m/min（变频调速），升降运行速度 3～15m/min（变频调速），提升行程 1300～1400mm，提升重量≤200kgf（含工件、阴极导电杆、挂具和提升时的溶液附加力）。

③ 摇摆机构：共 3 组［摇摆频率 10r/min（可调），沿极杆方向摆幅 80mm，1.1kW］，阴极导电杆 44～46 支。

④ 行车运行周期：6min。

⑤ 月产量（每月 22d，22h/d）：22d×22h/d×60min/h÷6min×18 片×0.97≈84500 片。

注：折合 20″×24″P.C.B 总面积≈26180m^2；行车每次提升 2 杆，共装 18 片计算。

⑥ 溶液加温和保温供汽量（预热以 4h，初始温度按 15℃计算）：加温 560kg/h，保温 200～300kg/h。

⑦ 酸铜溶液冷却水（10～15℃）供应量（预冷时间按 1～1.5h 计算），及其配置：45 型风冷箱式冷水机 1 台（制冷量 109500kcal/h，冷水流量 370～490L/min，出口温度 8～10℃，进口温度 20～25℃，压缩机功率 37kW，冷水泵功率 2.2kW，风扇功率 5.5kW）。

⑧ 生产作业供水量（水洗槽每小时换水次数 0.5～0.75 槽，热水和纯水减半计算）：自来水 4.0～6.0m^3/h，纯水 1.5～2.0m^3/h。

⑨ 空搅用低压空气量 2250m^3/h，配置：100 型三叶罗茨风机 3 台（进风量 760m^3/h，7.5kW，排风压力为 14.7kPa，1880r/min）。

⑩ 全线封闭式排风装置，排风量 48304m^3/h，配置：14C 玻璃钢风机 1 台（48000m^3/h，1750Pa，37.5kW）。

封闭式排风量的计算：封闭室内空气，每分钟换气 1 次；排风量为封闭室体积（m^3）×1/min×60min/h＝排风量（m^3/h）。该工程：37.1m（封闭室长度）×6.2m（封闭室宽度）×3.5m（封闭室高度）×1/min×60min/h＝48304m^3/h。

⑪ 废水排放（处理）量：酸碱系 5.0～7.5m^3/h。

⑫ 设备总动力：3 相，50Hz，380V，约 338kW［其中整流器 28 台额定总容量约 210kW，过滤机 31 台额定总容量约 44kW，振动装置（30W×2）31 套，同时使用系数 0.6～0.7］。

注：镀铜槽中间隔板下部距槽底 100mm，即两侧相通。

印制电路板-板面镀铜生产线工艺配置表见表 1-35。

1.2.25 印制电路板-图形电镀工艺

印制电路板-图形电镀生产线工艺流程如图 1-47 所示。

设计要素如下。

① 主机：L43.8m（机架长度）×W6.6m（机架宽度）×H4.3m（机架高度）（该尺寸未含线外排风系统等辅助设施）。

② 高轨扩展式门式行车：3 台，水平运行速度 3～30m/min（变频调速），升降运行速度 3～15m/min（变频调速），阴极导电杆 48～50 支，提升行程 1300～1400mm，提升重量≤150kgf（含工件、阴极导电杆、挂具和提升时的溶液附加力）。

③ 摇摆机构：共 4 组［摇摆频率 8～12r/min（可调），沿极杆方向摆幅 50mm，1.5kW］。

④ 行车运行周期：5min。

⑤ 月产量（每月 22d，22h/d）：22d×22h/d×60min/h÷5min×18 片×0.97≈101400 片。

注：折合 18″×22″P.C.B 总面积≈25900m^2；行车每次提升 2 杆，共装 18 件计算。

⑥ 溶液加温和保温供电量（预热以 4h，初始温度按 15℃计算）：加温 180kW/h，保温 90～100kW/h。

表 1-35　印制电路板-板面镀铜生产线工艺配置表

工序号	工序名称	槽位号	工位数	工艺条件：温度/℃	工艺条件：电流密度/(A/dm²)	工艺条件：时间/min	工艺条件：镀层厚度/μm	工艺条件：添加剂型号	电镀面积和电流电压：每一极杆/dm²	电镀面积和电流电压：每一极杆/A	电镀面积和电流电压：整流器/(A/V)	镀槽要求：厚度δ/mm，材料：槽体	镀槽要求：厚度δ/mm，材料：内衬	镀槽要求：外壁尺寸/mm：长	镀槽要求：外壁尺寸/mm：宽	镀槽要求：外壁尺寸/mm：高	镀槽要求：有效容积/dm³	镀槽要求：附设装置	排水方式：溢流斗	排水方式：集污斗	排水方式：排污阀(DN 1.5mm)	设备要求：槽体保温	设备要求：加温(或冷却)	设备要求：溶液喷射搅拌	设备要求：空气搅拌(DN 20mm)	设备要求：活动阴极	设备要求：喷淋	设备要求：过滤/(m³/h)	设备要求：供水(DN 20mm)	设备要求：逆流	设备要求：回收	设备要求：温度控制	设备要求：自动加料	设备要求：废水：沟排	设备要求：废水：管排	设备要求：局部排风
1,13	装挂	0	2																																	全线封闭排风
9(9)	卸挂	0	1																																	
12	水洗	1										20，PP		5000	500	1100	2100				√				双排	√			自来水							
11	水洗	2										20，PP		5000	500	1100	2100		√		√				双排	√										
10A，10B，10C	挂具剥离	3	3	室温		18						3，不锈钢		5000	1500	1100	6700				√					√		10	纯水			自动				
2A，2B	清洁	4	2	40～50		5～6						20，PP		5000	1100	1100	4900	上下振动(2套)			√		不锈钢蛇形管加温			√		10	纯水			自动				
3	水洗	5										20，PP		5000	600	1100	2700		√		√				双排	√			自来水							
4	纯水洗	6										20，PP		5000	600	1100	2700				√				双排	√			纯水							
8	纯水洗	7										20，PP		5000	600	1100	2700				√				双排	√	√		纯水							
7	水洗	8										20，PP		5000	600	1100	2700				√				双排	√			自来水							
5	浸酸	9	1	25		1～2		硫酸				20，PP		5000	600	1100	2550	振动(1套)			√		F4集束管加温			√		5	纯水			自动				
	摆动装置														1000																					
	镀铜	10	1	25							1500/5×2	20，PP		5000	1600	1100	7200	振动(2套)			√		钛蛇形管加温、冷却		双排 双排	√ √		15(2台)	纯水			自动	√			

续表

工序号	工序名称	槽位号	工位数	工艺条件					电镀面积和电流电压			镀槽要求										设备要求														
				温度/℃	电流密度/(A/dm²)	时间/min	镀层厚度/μm	添加剂型号	每一极杆/dm²	每一极杆/A	整流器/(A/V)	厚度δ/mm，材料		外壁尺寸/mm			有效容积/dm³	附设装置	排水方式			槽体保温	加温（或冷却）	溶液喷射搅拌	空气搅拌（DN 20mm）	活动阴极	喷淋	过滤/(m³/h)	供水（DN 20mm）	逆流	回收	温度控制	自动加料	废水		局部排风
												槽体	内衬	长	宽	高			溢流斗	集污斗	排污阀（DN 1.5mm）													沟排	管排	
6A	镀铜	11	1	25							1500/5×2	20，PP		5000	1600	1100	7200	振动（2套）			√		钛蛇形管加温、冷却		双排；双排	√；√		15（2台）	纯水			自动	√			
6B	镀铜	12	1	25							1500/5×2	20，PP		5000	1600	1100	7200	振动（2套）			√		钛蛇形管加温、冷却		双排；双排	√；√		15（2台）	纯水			自动	√			
6C	镀铜	13	1	25							1500/5×2	20，PP		5000	1600	1100	7200	振动（2套）			√		钛蛇形管加温、冷却		双排；双排	√；√		15（2台）	纯水			自动	√			
6D	镀铜	14	1	25							1500/15×2	20，PP		5000	1600	1100	7200	振动（2套）			√		钛蛇形管加温、冷却		双排；双排	√；√		15（2台）	纯水			自动	√			全线封闭排风
	摆动装置														1000																					
6E	镀铜	15	1	25		78					1500/5×2	20，PP		5000	1600	1100	7200	振动（2套）			√		钛蛇形管加温、冷却		双排；双排	√；√		15（2台）	纯水			自动	√			
6F	镀铜	16	1	25							1500/5×2	20，PP		5000	1600	1100	7200	振动（2套）			√		钛蛇形管加温、冷却		双排；双排	√；√		15（2台）	纯水			自动	√			
6G	镀铜	17	1	25							1500/5×2	20，PP		5000	1600	1100	7200	振动（2套）			√		钛蛇形管加温、冷却		双排；双排	√；√		15（2台）	纯水			自动	√			

续表

工序号	工序名称	槽位号	工位数	工艺条件：温度/℃	工艺条件：电流密度/(A/dm²)	工艺条件：时间/min	工艺条件：镀层厚度/μm	工艺条件：添加剂型号	电镀面积和电流电压：每一极杆/dm²	电镀面积和电流电压：每一极杆/A	电镀面积和电流电压：整流器/(A/V)	镀槽要求：厚度δ/mm，材料：槽体	镀槽要求：厚度δ/mm，材料：内衬	镀槽要求：外壁尺寸/mm：长	镀槽要求：外壁尺寸/mm：宽	镀槽要求：外壁尺寸/mm：高	镀槽要求：有效容积/dm³	镀槽要求：附设装置	排水方式：溢流斗	排水方式：集污斗	排水方式：排污阀(DN1.5mm)	设备要求：槽体保温	加温(或冷却)	溶液喷射搅拌	空气搅拌(DN20mm)	活动阴极	喷淋	过滤/(m³/h)	供水(DN20mm)	逆流	回收	温度控制	自动加料	废水：沟排	废水：管排	局部排风
6H	镀铜	18	1	25		78					1500/5×2	20，PP		5000	1600	1100	7200	振动(2套)			√		钛蛇形管加温、冷却		双排 双排	√ √		15(2台)	纯水			自动	√			全线封闭排风
	摆动装置														1000																					
6I	镀铜	19	1	25							1500/5×2	20，PP		5000	1600	1100	7200	振动(2套)			√		钛蛇形管加温、冷却		双排 双排	√ √		15(2台)	纯水			自动	√			
6J	镀铜	20	1	25							1500/5×2	20，PP		5000	1600	1100	7200	振动(2套)			√		钛蛇形管加温、冷却		双排 双排	√ √		15(2台)	纯水			自动	√			
6K	镀铜	21	1	25							1500/5×2	20，PP		5000	1600	1100	7200	振动(2套)			√		钛蛇形管加温、冷却		双排 双排	√ √		15(2台)	纯水			自动	√			
6L	镀铜	22	1	25							1500/5×2	20，PP		5000	1600	1100	7200	振动(2套)			√		钛蛇形管加温、冷却		双排 双排	√ √		15(2台)	纯水			自动	√			
6M	镀铜	23	2	25							1500/5×2	20，PP		5000	1600	1100	7200	振动(2套)			√		钛蛇形管加温、冷却		双排 双排	√ √		15(2台)	纯水			自动	√			

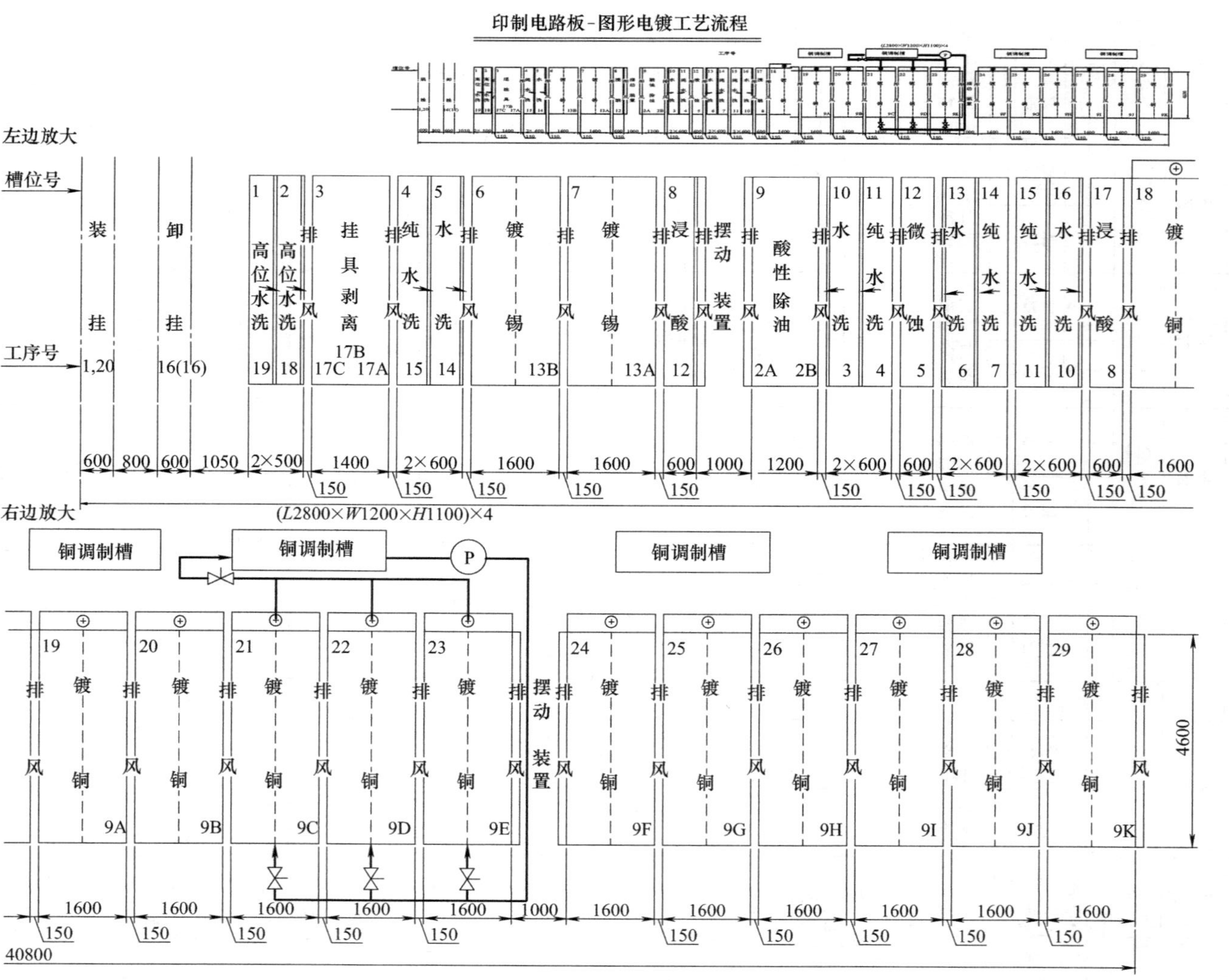

图 1-47 印制电路板-图形电镀生产线工艺流程

⑦ 铜和锡溶液冷却水（10～15℃）供应量（预冷时间按 1～1.5h 计算）及其配置：45 型风冷箱式冷水机 1 台（制冷量 109500kcal/h，冷水流量 370～490L/min，出口温度 10～15℃，进口温度 20～25℃，压缩机功率 37kW，冷水泵功率 2.2kW，风扇功率 5.5kW）。

⑧ 生产作业供水量（水洗槽每小时换水次数 0.5～0.75 槽/h，热水和纯水减半计算）：自来水 6.5～9.5m^3/h，纯水 2.5～3.5m^3/h。

⑨ 空搅用低压空气量 1950m^3/h，配置 ：100 型三叶罗茨风机 3 台［进风量 680m^3/h，7.5kW，排风压力为 14.7kPa，1680r/min］。

⑩ 整体排风装置：排风量 51400m^3/h，配置 10C 玻璃钢风机 1 台（54000m^3/h，1500Pa，45kW）。

⑪ 废水排放（处理）量：酸碱系 8.5～12.0m^3/h。

⑫ 设备总动力：3 相，50Hz，380V，约 482kW［其中整流器 56 台额定总容量约 168kW，过滤机 20 台额定总容量约 39.8kW，震动装置（30W×2）33 套，同时使用系数 0.6～0.7］。

注：镀铜槽和镀锡槽中间隔板下部距槽底 100mm，即两侧相通。

印制电路板-图形电镀生产线工艺配置表见表 1-36。

1.2.26 印制电路板-化学沉镍、沉金工艺

印制电路板化学沉镍、沉金生产线工艺流程如图 1-48 所示。

设计要素如下。

① 主机：L25m（机架长度）×W2.4m（两轨道间距）×H3.9m（该尺寸未含整流器、过滤机和走道平台以及线外排风系统等辅助设施）。

② 中低轨（双驱动）门式行车：2 台，水平运行速度为 3～30m/min（变频调速），升降运行速度为 3～15m/min（变频调速），提升行程 1200～1300mm，提升重量≤50kgf（含工件、挂篮、提升杆和提升时的溶液附加力）。

框架式水平 45°摇摆装置 1 套［1.5kW，幅度 30mm，摇摆频率 10min^{-1}（可调）］。提升杆 17 支，不锈钢（外包 F4）插片式挂篮（L900mm×W300mm×H620mm）17 件。

③ 行车运行周期：8min（可调）。

④ 月产量（每月 22d，22h/d）：22d×22h/d×60min/h÷8min×20 片×0.97≈64000 片。

注：按每挂篮放置最大 24″×30″［δ=16～150mil（1mil=0.0254mm）］P.C.B 板计算。

⑤ 溶液加温和保温供电量（预热以 3h，初始温度按 15℃计算）：加温 162kW/h，保温 80～90kW/h。

⑥ 生产作业供水量（水洗槽每小时换水次数 1～1.5 槽，热水和纯水减半计算）：自来水 1.5～2.0m^3/h，纯水 2.0～3.0m^3/h。

⑦ 空搅用低压空气量 230m^3/h，配置：65 型三叶罗茨风机 1 台（进风量 250m^3/h，2.2kW，排风压力为 14.7kPa，1750r/min）。

⑧ 局部排风装置（低截面条缝式排风罩，槽面风速取 0.3m/s），排风量 17000m^3/h，配置如下：

a. No.8，FRP 风机 1 台（18300m^3/h，1100Pa，7.5kW，1250r/min）。

b. 20 型，FRP 废气净化塔 1 台（处理风量 20000m^3/h，160 型耐腐蚀液下泵 1 台，5.5kW）。

⑨ 废水排放（处理）量：酸碱系 2.0～3.0m^3/h，镍系 0.3～0.4m^3/h，金系 0.9～1.2m^3/h。

⑩ 设备总动力：3 相，50Hz，380V，约 185kW［其中整流器 2 台额定总容量约 0.06kW，过滤机 9 台额定总容量约 2.25kW，震动装置（30W×2）14 套，同时使用系数 0.6～0.7］。

注：与镍槽连接的所有管路（循环过滤、空搅管）内壁，均为镜面抛光的不锈钢管。

印制电路板-化学沉镍、沉金生产线工艺配置表见表 1-37。

表 1-36　印制电路板-图形电镀生产线工艺配置表

工序号	工序名称	槽位号	工位数	工艺条件					电镀面积和电流电压			镀槽要求										设备要求														
				温度/℃	电流密度/(A/dm²)	时间/min	镀层厚度/μm	添加剂型号	每一极杆/dm²	每一极杆/A	整流器/(A/V)	厚度δ/mm，材料		外壁尺寸/mm			有效容积/dm³	附设装置	排水方式			槽体保温	加温（或冷却）	溶液喷射搅拌	空气搅拌(DN 20mm)	活动阴极	喷淋	过滤/(m³/h)	供水(DN 20mm)	逆流	回收	温度控制	自动加料	废水		局部排风
												槽体	内衬	长	宽	高			溢流斗	集污斗	排污阀(DN 1.5mm)													沟排	管排	
1,20	装挂	0	2																																	
16(16)	卸挂	0	1																																	
19	高位水洗	1										15，PP		4600	500	1300	2400				√				√				自来水	↓						
18	高位水洗	2										15，PP		4600	500	1300	2400		√		√				√											
17A,17B,17C	挂具剥离	3	3	室温		10～15						3，不锈钢		4600	1400	1100	6000				√								纯水							双侧
15	纯水洗	4										15，PP		4600	600	1100	2550				√				√				纯水	↓						
14	水洗	5										15，PP		4600	600	1100	2550		√		√				√				自来水							
13B	镀锡	6	1	20		8～10					600/5×4	20，PP		4600	1600	1100	6600	振动（2套）			√		F4电加温(9kW) F4集束管冷却			√ √		30	纯水			自动	√			双侧
13A	镀锡	7	1	20								20，PP		4600	1600	1100	6600	振动（2套）			√		F4电加温(9kW) F4集束管冷却			√ √		30	纯水			自动	√			双侧
12	浸酸	8	1	室温		1～2						20，PP		4600	600	1100	2400	振动（1套）			√					√			纯水							双侧
	摆动装置																																			

续表

工序号	工序名称	槽位号	工位数	工艺条件					电镀面积和电流电压			镀槽要求										设备要求														
				温度/℃	电流密度/(A/dm²)	时间/min	镀层厚度/μm	添加剂型号	每一极杆/dm²	每一极杆/A	整流器/(A/V)	厚度δ/mm，材料		外壁尺寸/mm			有效容积/dm³	附设装置	排水方式			槽体保温	加温(或冷却)	溶液喷射搅拌	空气搅拌(DN 20mm)	活动阴极	喷淋	过滤/(m³/h)	供水(DN 20mm)	逆流	回收	温度控制	自动加料	废水		局部排风
												槽体	内衬	长	宽	高			溢流斗	集污斗	排污阀(DN 1.5mm)													沟排	管排	
2A 2B	酸性除油	9	2	40		4～5						20，PP		4600	1200	1100	4900	振动(2套)			√		F4电加温(33kW)			√		15	纯水			自动	√			双侧
3	水洗	10										15，PP		4600	600	1100	2550		√		√				√				自来水	↶						
4	纯水洗	11										15，PP		4600	600	1100	2550				√				√				纯水							
5	微蚀	12	1	30		0.45～1.0						20，PP		4600	600	1100	2400	振动(1套)			√		F4电加温(9kW) F4集束管冷却			√		15	纯水			自动	√			双侧
6	水洗	13										15，PP		4600	600	1100	2550		√		√				√				自来水	↶						
7	纯水洗	14										15，PP		4600	600	1100	2550				√				√				纯水							
11	纯水洗	15										15，PP		4600	600	1100	2550				√				√				纯水							
10	水洗	16										15，PP		4600	600	1100	2550		√		√				√				自来水	↶						
8	浸酸	17	1	室温		1～2						15，PP		4600	600	1100	2400	振动(1套)			√				√	√			纯水							

续表

工序号	工序名称	槽位号	工位数	工艺条件					电镀面积和电流电压			镀槽要求										设备要求														
				温度/℃	电流密度/(A/dm²)	时间/min	镀层厚度/μm	添加剂型号	每一极杆/dm²	每一极杆/A	整流器/(A/V)	厚度δ/mm，材料		外壁尺寸/mm			有效容积/dm³	附设装置	排水方式			槽体保温	加温(或冷却)	溶液喷射搅拌	空气搅拌(DN 20mm)	活动阴极	喷淋	过滤/(m³/h)	供水(DN 20mm)	逆流	回收	温度控制	自动加料	废水		局部排风
												槽体	内衬	长	宽	高			溢流斗	集污斗	排污阀(DN 1.5mm)													沟排	管排	
	镀铜	18		25							600/5×4	20，PP		4600	1600	1100	6600	振动(2套)			√		钛蛇管冷却		√ √	√ √		30	纯水			自动	√			双侧
9A	镀铜	19	1	25							600/5×4	20，PP		4600	1600	1100	6600	振动(2套)			√		钛蛇管冷却		√ √	√ √		30	纯水			自动	√			双侧
9B	镀铜	20	1	25							600/5×4	20，PP		4600	1600	1100	6600	振动(2套)			√		钛蛇管冷却		√ √	√ √		30	纯水			自动	√			双侧
9C	镀铜	21	1	25							600/5×4	20，PP		4600	1600	1100	6600	振动(2套)			√		钛蛇管冷却		√ √	√ √		30	纯水			自动	√			双侧
9D	镀铜	22	1	25		55～60					600/5×4	20，PP		4600	1600	1100	6600	振动(2套)			√		钛蛇管冷却		√ √	√ √		30	纯水			自动	√			双侧
9E	镀铜	23	1	25							600/5×4	20，PP		4600	1600	1100	6600	振动(2套)			√		钛蛇管冷却		√ √	√ √		30	纯水			自动	√			双侧
	摆动装置																																			
9F	镀铜	24	1	25							600/5×4	20，PP		4600	1600	1100	6600	振动(2套)			√		钛蛇管冷却		√ √	√ √		30	纯水			自动	√			双侧
9G	镀铜	25	1	25							600/5×4	20，PP		4600	1600	1100	6600	振动(2套)			√		钛蛇管冷却		√ √	√ √		30	纯水			自动	√			双侧

续表

工序号	工序名称	槽位号	工位数	工艺条件					电镀面积和电流电压			镀槽要求										设备要求														
				温度/℃	电流密度/(A/dm²)	时间/min	镀层厚度/μm	添加剂型号	每一极杆/dm²	每一极杆/A	整流器/(A/V)	厚度δ/mm,材料		外壁尺寸/mm			有效容积/dm³	附设装置	排水方式			槽体保温	加温(或冷却)	溶液喷射搅拌	空气搅拌(DN20mm)	活动阴极	喷淋	过滤/(m³/h)	供水(DN20mm)	逆流	回收	温度控制	自动加料	废水		局部排风
												槽体	内衬	长	宽	高			溢流斗	集污斗	排污阀(DN1.5mm)													沟排	管排	
9H	镀铜	26	1	25		55～60					600/5×4	20,PP		4600	1600	1100	6600	振动(2套)			√		钛蛇管冷却		√ √	√ √		30	纯水			自动	√			双侧
9I	镀铜	27	1	25							600/5×4	20,PP		4600	1600	1100	6600	振动(2套)			√		钛蛇管冷却		√ √	√ √		30	纯水			自动	√			双侧
9J	镀铜	28	1	25							600/5×4	20,PP		4600	1600	1100	6600	振动(2套)			√		钛蛇管冷却		√ √	√ √		30	纯水			自动	√			双侧
9K	镀铜	29	1	25							600/5×4	20,PP		4600	1600	1100	6600	振动(2套)			√		钛蛇管冷却		√ √	√ √		30	纯水			自动	√			双侧
	铜调制槽	附										15,PP		2800	1200	1100	3000						钛电加温(30kW)					15								
	铜调制槽	附										15,PP		2800	1200	1100	3000						钛电加温(30kW)					15								
	铜调制槽	附										15,PP		2800	1200	1100	3000						钛电加温(30kW)					15								
	铜调制槽	附										15,PP		2800	1200	1100	3000						钛电加温(30kW)					15								

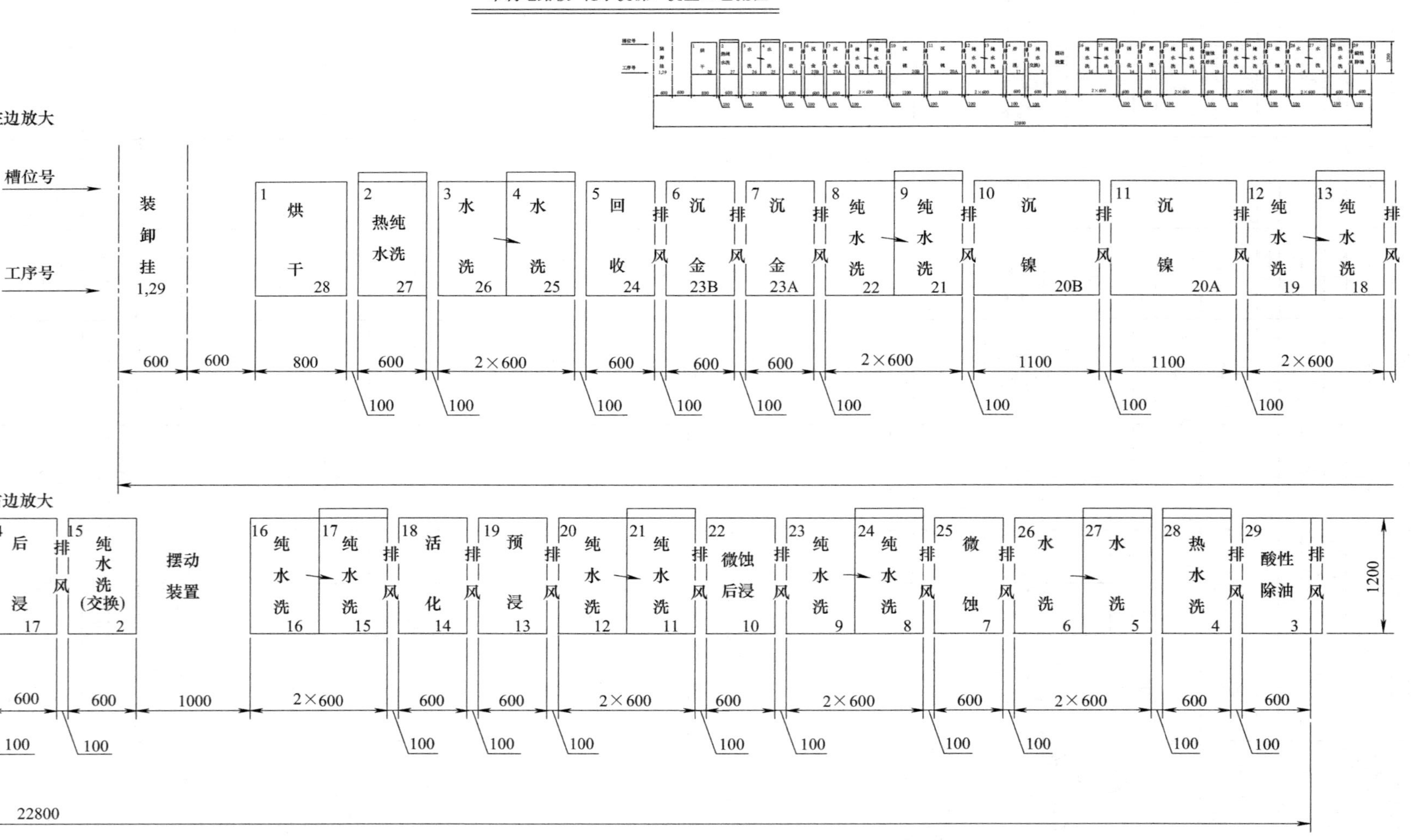

图 1-48 印制电路板-化学沉镍、沉金生产线工艺流程

表 1-37 印制电路板-化学沉镍、沉金生产线工艺配置表

工序号	工序名称	槽位号	工位数	工艺条件 温度/℃	工艺条件 电流密度/(A/dm²)	工艺条件 时间/min	工艺条件 镀层厚度/μm	工艺条件 添加剂型号	电镀面积和电流电压 每一极杆/dm²	电镀面积和电流电压 每一极杆/A	电镀面积和电流电压 整流器/(A/V)	镀槽要求 厚度δ/mm,材料 槽体	镀槽要求 厚度δ/mm,材料 内衬	镀槽要求 外壁尺寸/mm 长	镀槽要求 外壁尺寸/mm 宽	镀槽要求 外壁尺寸/mm 高	镀槽要求 有效容积/dm³	镀槽要求 附设装置	镀槽要求 排水方式 溢流斗	镀槽要求 排水方式 集污斗	镀槽要求 排水方式 排污阀	镀槽要求 槽体保温	设备要求 加温(或冷却)	设备要求 溶液喷射搅拌	设备要求 空气搅拌	设备要求 工件摆动	设备要求 喷淋	设备要求 过滤/(m³/h)	设备要求 供水	设备要求 逆流	设备要求 回收	设备要求 温度控制	设备要求 自动添加	设备要求 废水 沟排	设备要求 废水 管排	设备要求 局部排风
1,29	装卸挂	0	2																																	
28	烘干	1	1	60~80		7~8						3,不锈钢		1200	800	1000		自动槽盖			√	√	不锈钢通道电加温(9kW)			整体工件水平45°摇摆										
27	热纯水洗	2		60								12,PP		1200	600	1000	600		√		√		不锈钢电加温(9kW)		√				纯水							
26	水洗	3										12,PP		1200	600	1000	600				√				√				自来水							
25	水洗	4										12,PP		1200	600	1000	600		√		√				√				自来水							
24	回收	5										12,PP		1200	600	1000	600				√								纯水							
23B	沉金	6	1	88±2		8~12						3,不锈钢	10,PP	1200	600	1000	550	上下振动			集水盒	√	F4电加温(15kW)					PVDF,4.8	纯水			自动				双侧
23A	沉金	7	1	88±2								3,不锈钢	10,PP	1200	600	1000	550	上下振动			集水盒	√	F4电加温(15kW)					PVDF,4.8	纯水			自动				双侧
22	纯水洗	8										12,PP		1200	600	1000	600				√				√				纯水							
21	纯水洗	9										12,PP		1200	600	1000	600		√		√				√											
20B	沉镍	10	2	88±2							10/3	3,不锈钢		1200	1100	1000	1100	上下振动(2套)			√	√	不锈钢电加温(30kW)		√			不锈钢,4.8	纯水			自动	√			双侧
20A	沉镍	11	2	88±2							10/3	3,不锈钢		1200	1100	1000	1100	上下振动(2套)			√	√	不锈钢电加温(30kW)		√			不锈钢,4.8	纯水			自动	√			双侧

续表

工序号	工序名称	槽位号	工位数	工艺条件					电镀面积和电流电压			镀槽要求											设备要求													
				温度/℃	电流密度/(A/dm²)	时间/min	镀层厚度/μm	添加剂型号	每一极杆/dm²	每一极杆/A	整流器/(A/V)	厚度δ/mm，材料		外壁尺寸/mm			有效容积/dm³	附设装置	排水方式			槽体保温	加温(或冷却)	溶液喷射搅拌	空气搅拌	工件摆动	喷淋	过滤/(m³/h)	供水	逆流	回收	温度控制	自动添加	废水		局部排风
												槽体	内衬	长	宽	高			溢流斗	集污斗	排污阀													沟排	管排	
19	纯水洗	12										12，PP		1200	600	1000	600				√				√				纯水	↩						
18	纯水洗	13										12，PP		1200	600	1000	600		√		√				√											
17	后浸	14		室温		0.5～1						12，PP		1200	600	1000	570	上下振动			√								纯水							双侧
2	纯水洗(交换)	15	1									12，PP		1200	600	1000	600		√		√				√				纯水							
	摆动装置														1000											整体工件水平45°摇摆										
16	纯水洗	16										12，PP		1200	600	1000	600				√				√				纯水	↩						
15	纯水洗	17										12，PP		1200	600	1000	600		√		√				√											
14	活化	18	1	30		1.5～2						12，PP		1200	600	1000	570	上下振动			√		F4电加温(3kW) F4集束管冷却					3.6	纯水			自动				双侧
13	预浸	19	1	室温		3～5						12，PP		1200	600	1000	570	上下振动			√							3.6	纯水							双侧
12	纯水洗	20										12，PP		1200	600	1000	600				√				√				纯水	↩						
11	纯水洗	21										12，PP		1200	600	1000	600		√		√				√											

续表

工序号	工序名称	槽位号	工位数	工艺条件					电镀面积和电流电压			镀槽要求											设备要求													
				温度/℃	电流密度/(A/dm²)	时间/min	镀层厚度/μm	添加剂型号	每一极杆/dm²	每一极杆/A	整流器/(A/V)	厚度δ/mm，材料		外壁尺寸/mm			有效容积/dm³	附设装置	排水方式			槽体保温	加温(或冷却)	溶液喷射搅拌	空气搅拌	工件摆动	喷淋	过滤/(m³/h)	供水	逆流	回收	温度控制	自动添加	废水		局部排风
												槽体	内衬	长	宽	高			溢流斗	集污斗	排污阀													沟排	管排	
10	微蚀后浸	22	1	室温		4～6						12，PP		1200	600	1000	570	上下振动			√							3.6	纯水							双侧
9	纯水洗	23										12，PP		1200	600	1000	600	上下振动			√				√				纯水	⤸						
8	纯水洗	24										12，PP		1200	600	1000	600	上下振动	√		√				√											
7	微蚀	25	1	30		1.5～2.5						12，PP		1200	600	1000	570	上下振动			√		F4电加温(3kW) F4集束管冷却			整体工件水平45°摇摆		3.6	纯水			自动				双侧
6	水洗	26										12，PP		1200	600	1000	600				√				√				自来水	⤸						
5	水洗	27										12，PP		1200	600	1000	600		√		√				√											
4	热水洗	28		60								12，PP		1200	600	1000	600		√		√		不锈钢电加温(9kW)		√				自来水			自动				
3	酸性除油	29	1	55		4～6						12，PP		1200	600	1000	570	上下振动			√		F4电加温(9kW)		√			3.6	纯水			自动				双侧

1.3 电镀行车种类及其形式

1.3.1 电镀行车设计技术参数

电镀行车是行车式电镀生产线的主要运行设备，行车运行在轨道上。根据场地和厂房结构、平面布置、生产能力、运输方便程度等要求，一般有下述几种基本形式：门式（Π 形）行车、中柱式（T 形）行车和悬臂式（Γ 形）行车。

设计时，按该电镀线的《电镀工艺流程及其工艺配置表》技术资料中的基本参数进行复核，并确认：

① 提升重量（kgf）：每一极杆（提升杆）上所装挂的挂具、工件及提升时的溶液附加力等总载荷。

② 提升行程（mm）：以极杆（提升杆）上所挂的电镀工件或挂具的最低点，上升到能通过槽面上包括极杆挂钩或槽面排风罩等附件，并留有 50～100mm 的通过空隙时，总的高度为提升行程。

③ 升降运行速度（m/min）：为平稳升降，减少晃动和下槽时的溶液飞溅等因素，一般升降速度取 3～25m/min（变频调速）。

④ 水平运行速度（m/min）：为平稳水平运行，防止挂具上的工件飘落，一般平移速度取 3～36m/min（变频调速）。

⑤ 提升电动机的功率：

$$N=Q_q v_1/(6120\eta) \qquad (\mathrm{kW})$$

式中 N——提升电动机功率，kW；

Q_q——提升重量，kgf；

v_1——最高升降速度，m/min；

η——电动机和减速器的总效率，一般取 0.4～0.55。

⑥ 水平运行电动机的功率：

行车满载运行时的最大摩擦阻力 p_m：

$$p_m=(Q_q+Q_o)f \qquad (\mathrm{kgf})$$

式中 Q_q——提升重量，kgf；

Q_o——行车自重，kgf；

f——摩擦阻力因数，$f=(2K+\mu d)/(DK_a)$；

K——滚动摩擦因数，一般取 0.05；

d——轴承内径，cm；

μ——轴承摩擦因数，取 0.02；

K_a——附加摩擦阻力系数，取 1.5；

D——行车轮直径，cm。

满载运行时电动机静功率的计算公式：

$$N_j=p_j v_2/6120\eta \qquad (\mathrm{kW})$$

式中 N_j——满载运行时电动机的静功率，kW；

p_j——行车满载运行时的静阻力，kgf（同最大摩擦阻力 p_m）；

v_2——最高水平运行速度，m/min；

η——电动机和减速器的总效率，取0.4～0.55。

初选电动机功率：

$$N=K_dN_j \quad (kW)$$

式中 K_d——电动机启动时为克服惯性的功率增大系数，取1.2。

1.3.2 低轨门式行车

低轨门式行车的车架刚性很好，其左右的两导向臂跨出镀槽长度为300～450mm。两导向臂下部固定在左右走轮箱上，上部连接顶梁，顶梁上装置起吊卷扬机构，导向臂内设有滑道，用于限制装有滑轮的提升杆纵横向摆动。走轮箱截面为矩形，轻负荷行车用四个轮子支承在轨道上水平运行；重负荷行车采用四点八轮支承，用导向靠轮限制行车在轨道上水平运行。行车轮要求防腐蚀、抗磨、不打滑，一般采用聚氨酯橡胶铁芯轮，可用变频程控慢速启动，正常快速运行，慢速停止，以达到安全、平稳、定位正确。为避免行车的长传动轴因三个轴承座孔同轴度误差引起的轴颈扭断，在减速器轴端连接段增加一套挠性联轴器，并可方便装卸。低轨门式行车图例见图1-49～图1-52)。

图1-49 低轨门式行车实物图

1.3.3 中轨门式行车

中轨门式行车的结构和低轨门式行车基本相同。行车左右走轮箱分别连接于左右两导向臂的中部。两轨道中心距可同低轨一样要求。中轨底面标高一般在2m左右，这可使操作人员及运输车辆能在轨道下面通行。中轨门式行车的主要优点是可使行车在负载状态下的重心接近两轨道所构成的平面，因而产生的倾覆力距最小，减少了行车在运行中的摇摆。这对提高快速水平运行、刹车等的稳定性十分有利，因此特别适用于大型镀槽的电镀生产线。为保证安全，采用中轨门式行车时，要在支承轨道的立柱间加装防护装置或在操作面行车侧加设防撞安全装置，以防操作人员的头、手不慎伸入行车一侧的导向臂与轨道立柱之间而被挤伤。中轨门式行车和行车防护安全装置图例见图1-53～图1-56。

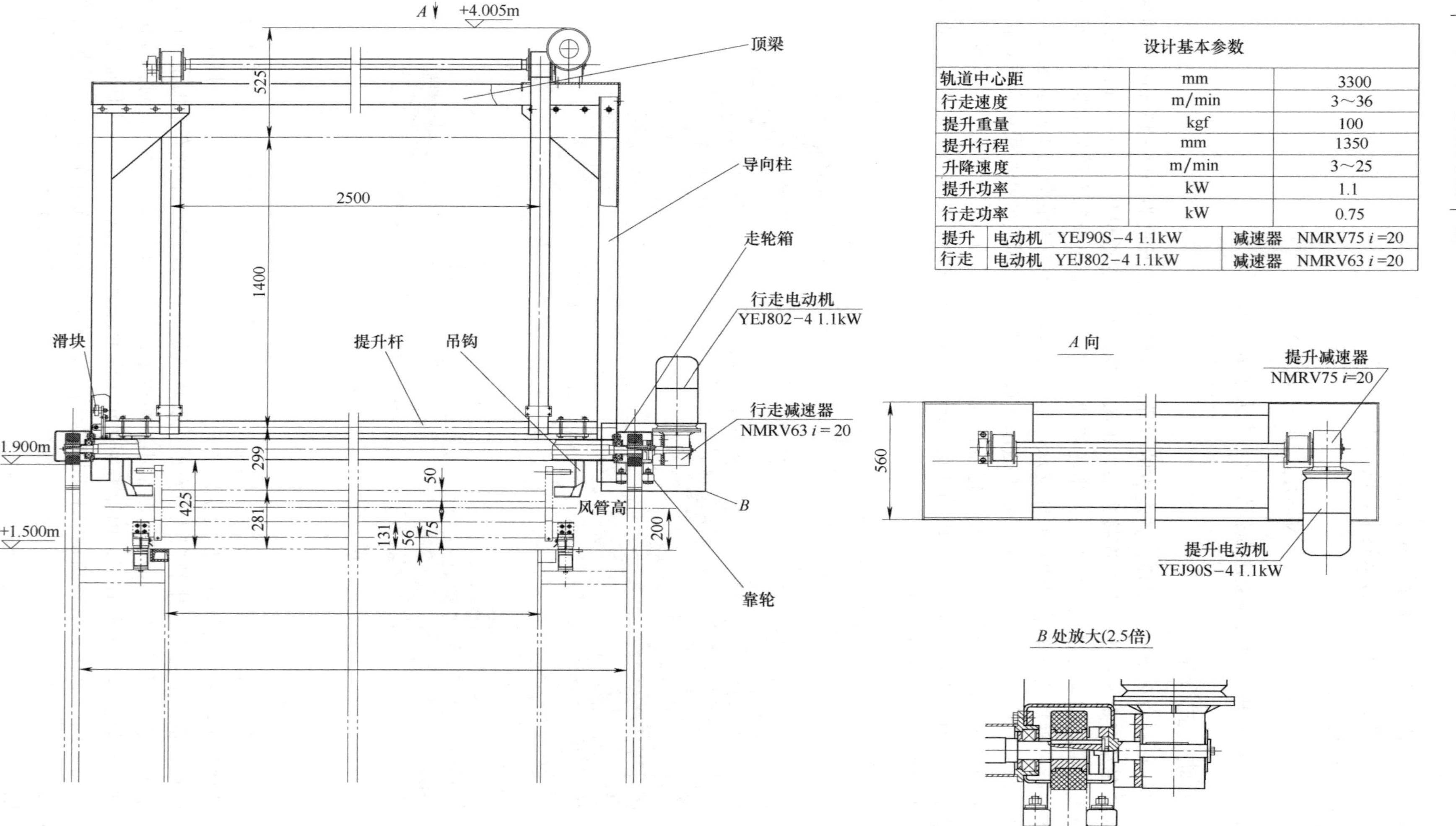

设计基本参数				
轨道中心距		mm		3300
行走速度		m/min		3~36
提升重量		kgf		100
提升行程		mm		1350
升降速度		m/min		3~25
提升功率		kW		1.1
行走功率		kW		0.75
提升	电动机	YEJ90S-4 1.1kW	减速器	NMRV75 i=20
行走	电动机	YEJ802-4 1.1kW	减速器	NMRV63 i=20

图 1-50 低轨门式行车结构图

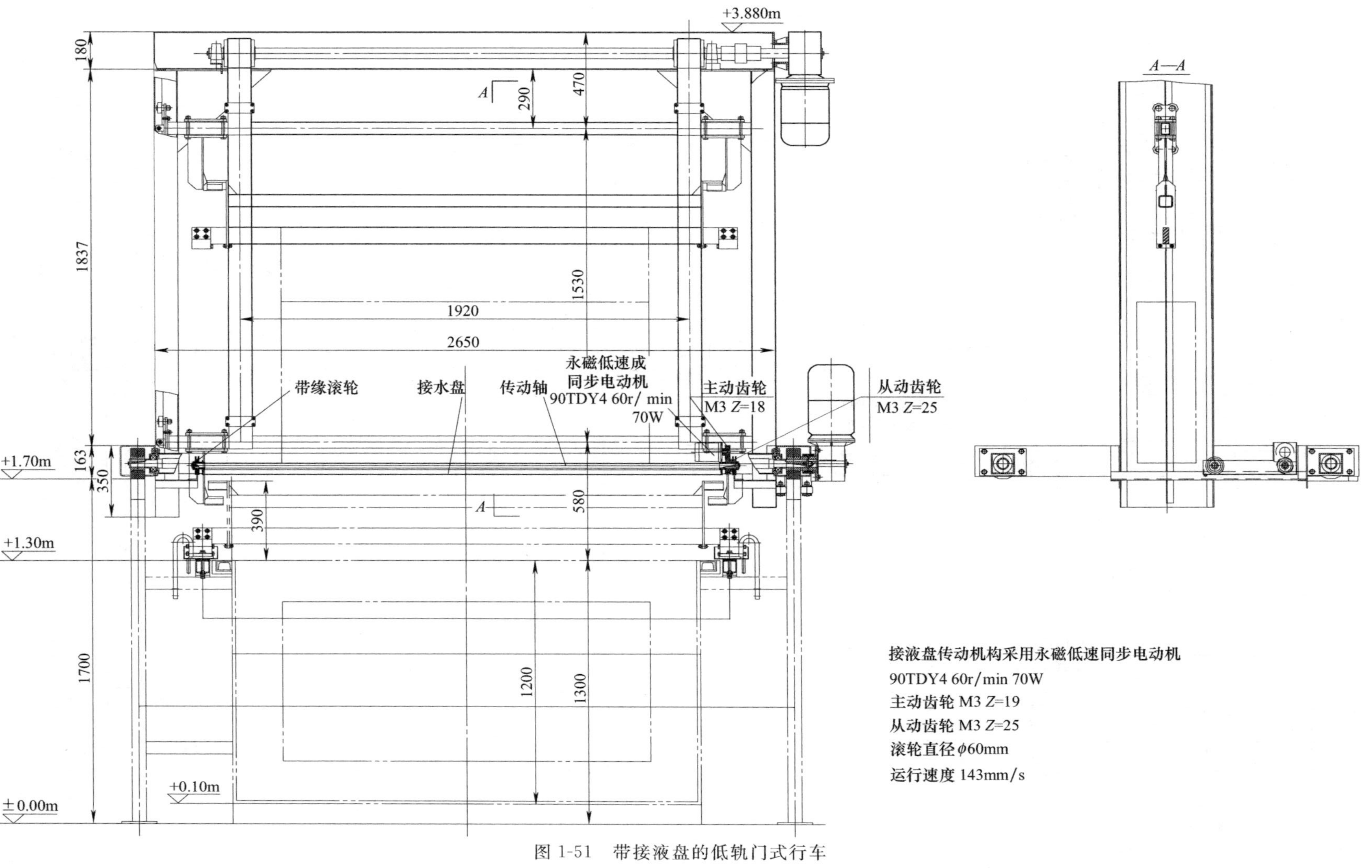

图 1-51　带接液盘的低轨门式行车

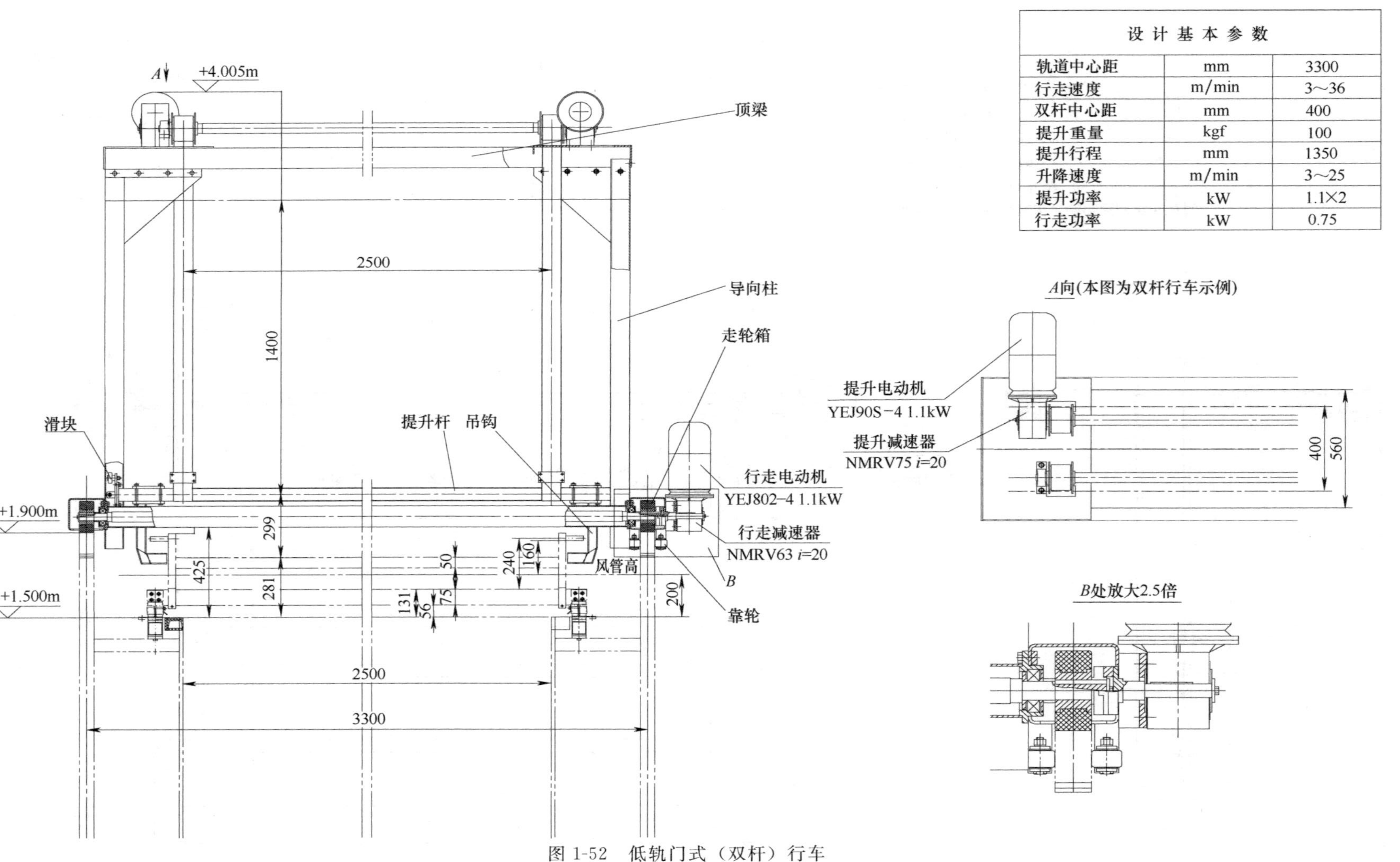

设计基本参数		
轨道中心距	mm	3300
行走速度	m/min	3~36
双杆中心距	mm	400
提升重量	kgf	100
提升行程	mm	1350
升降速度	m/min	3~25
提升功率	kW	1.1×2
行走功率	kW	0.75

图 1-52 低轨门式（双杆）行车

图 1-53　中轨门式行车实物图（一）

图 1-54　中轨门式行车实物图（二）

1.3.4　低中轨门式行车

低中轨门式行车配置低轨和中轨两种轨道标高，具有低轨和中轨的特点，即运行稳定、操作面开阔，非常有利于对镀槽的维护操作。但由于不能用通轴传动标高不同走轮箱内的车轮，因此需采用双电动机水平运行驱动。为克服异步电动机转速误差，可在走轮箱单边用靠轮纠正，或可两边顺序控制定位，也可采用两个同步电动机加靠轮传动。低中轨门式行车图例见图 1-57。

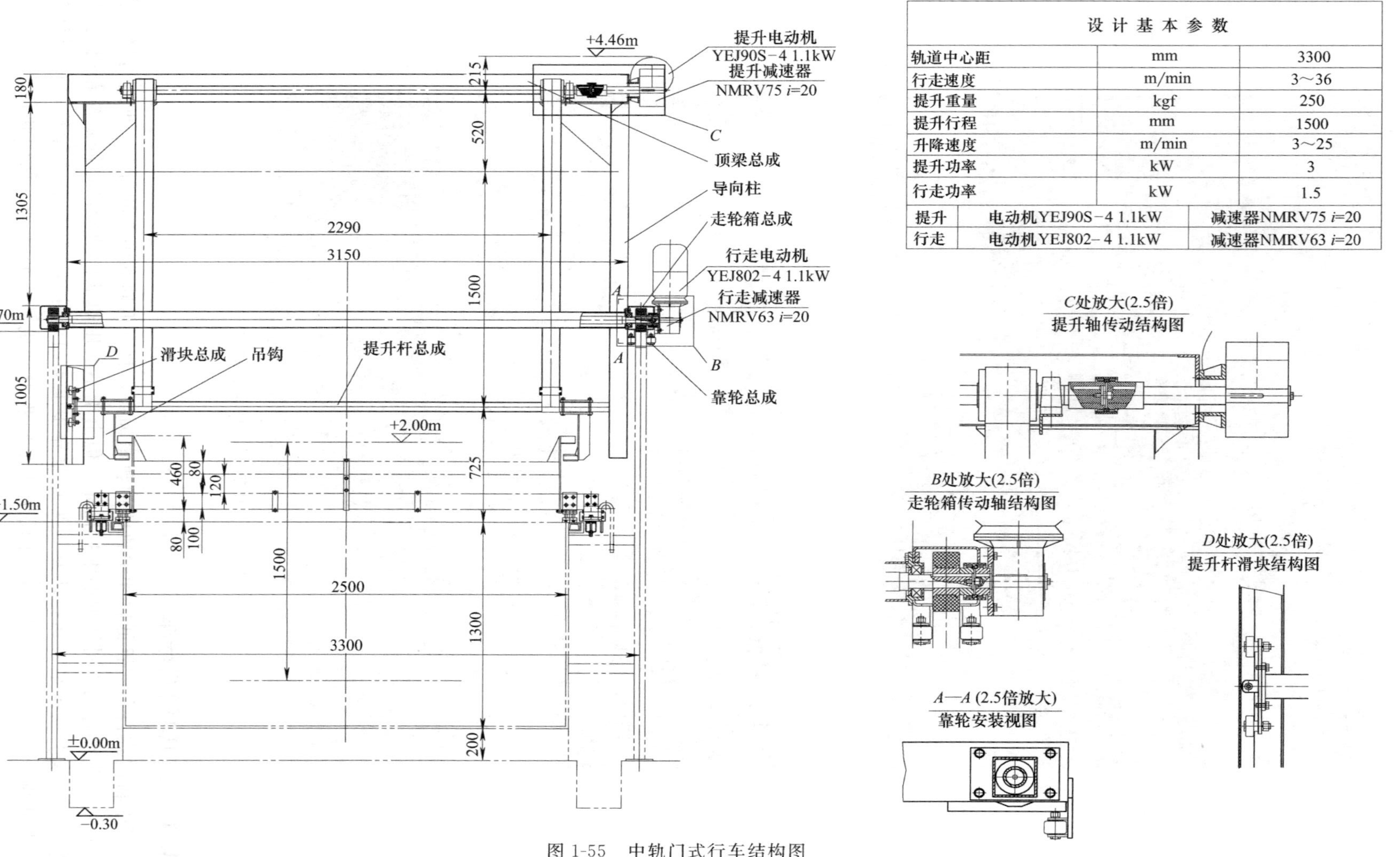

设计基本参数		
轨道中心距	mm	3300
行走速度	m/min	3~36
提升重量	kgf	250
提升行程	mm	1500
升降速度	m/min	3~25
提升功率	kW	3
行走功率	kW	1.5
提升	电动机YEJ90S-4 1.1kW	减速器NMRV75 i=20
行走	电动机YEJ802-4 1.1kW	减速器NMRV63 i=20

图 1-55 中轨门式行车结构图

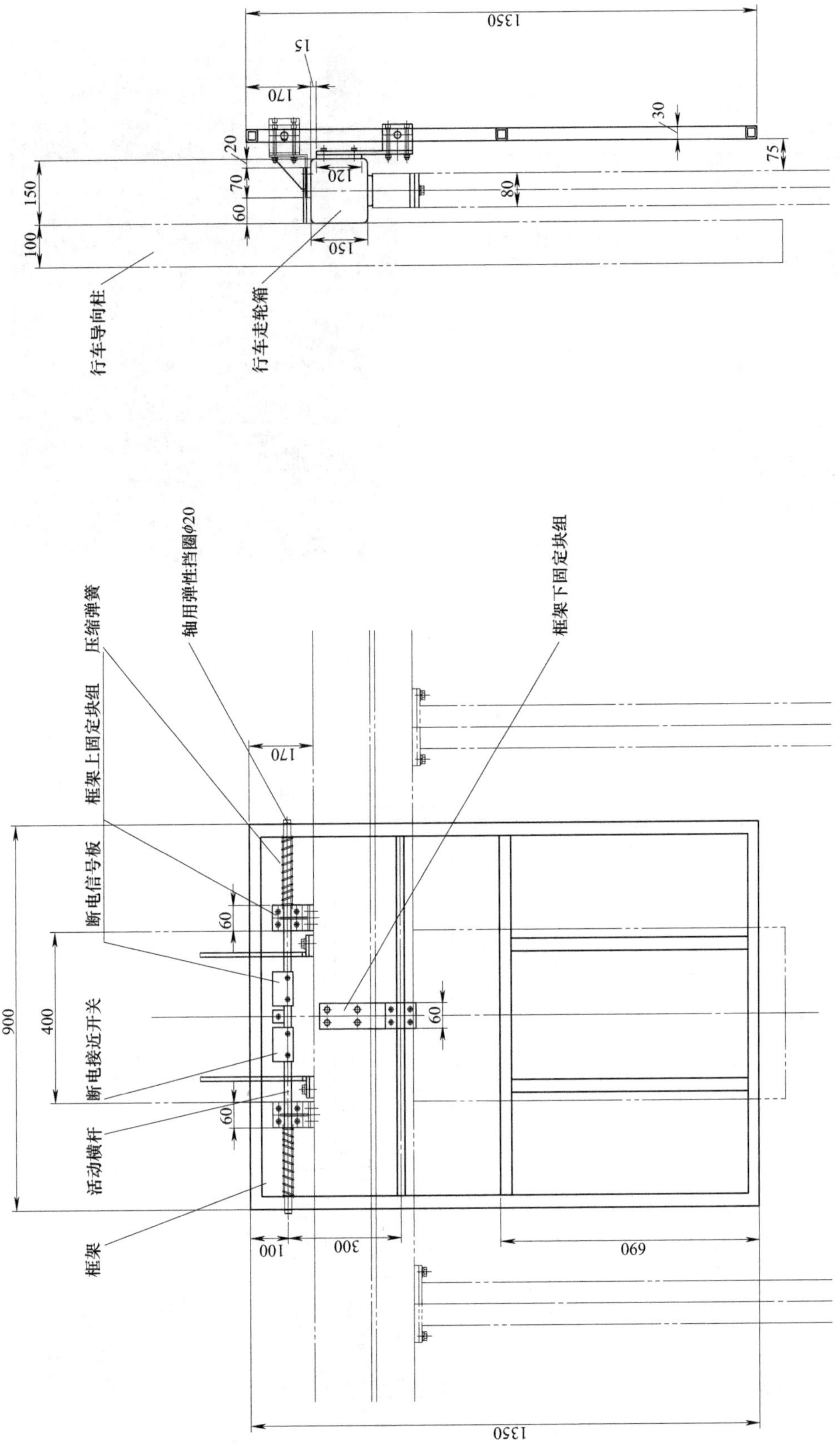

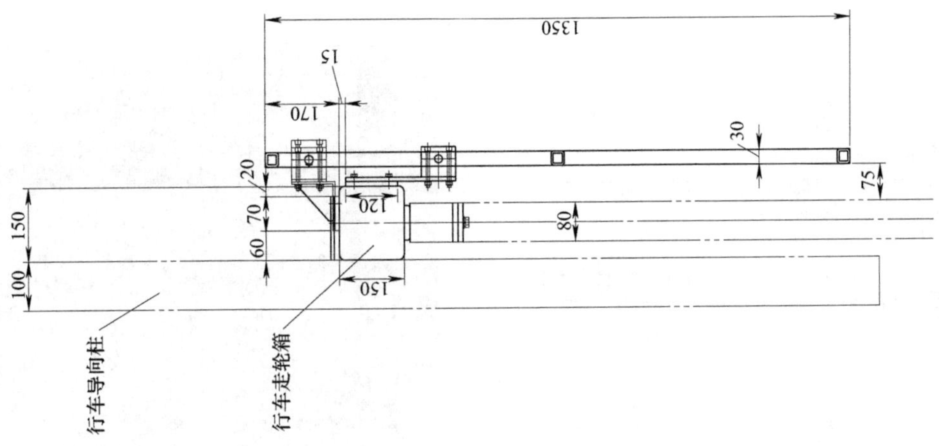

说明：行车防护安全装置安装于操作面一侧。

图 1-56　中轨门式行车防护安全装置

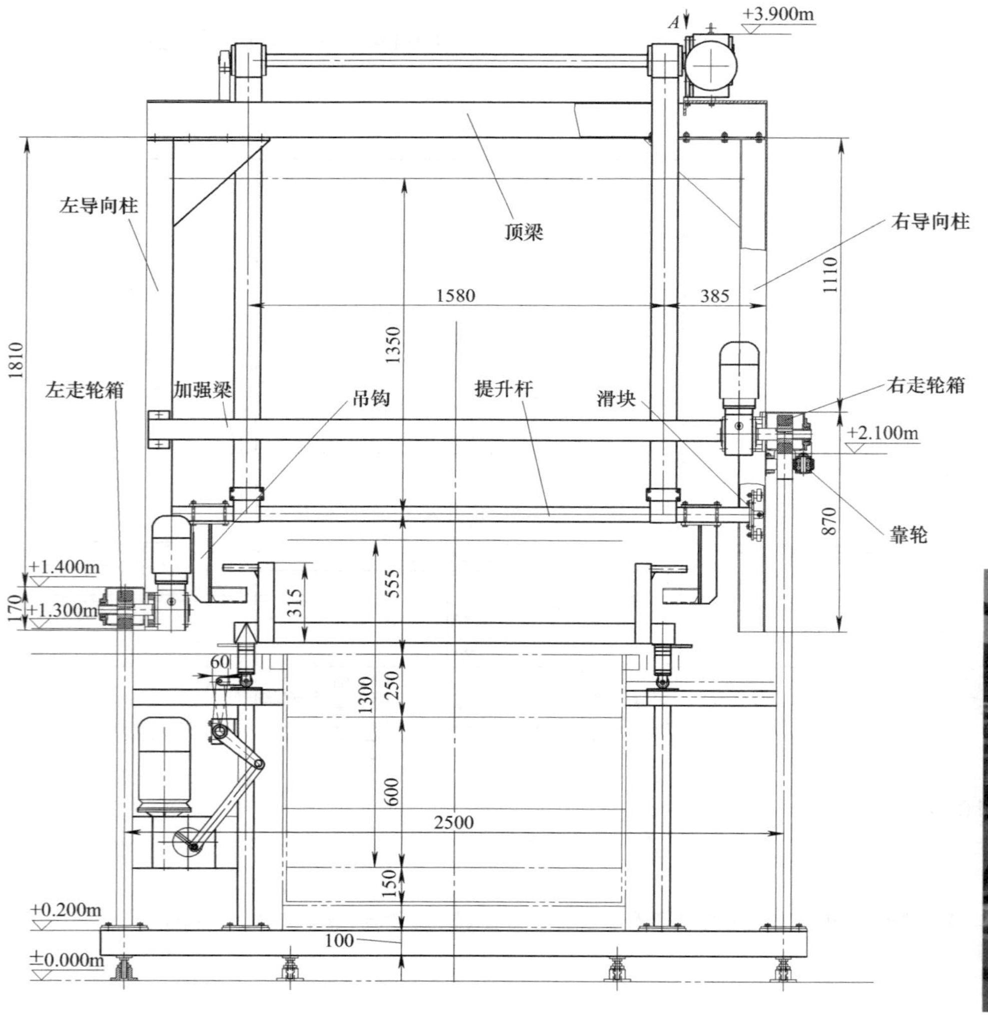

设计基本参数			
轨道中心距		mm	2500
行走速度		m/min	3～30
提升重量		kgf	150
提升行程		mm	1350
提升速度		m/min	3～15
提升	电动机(带制动)DT90L4 1.5kW		减速器SEW37r/min SA62
行走	电动机 DT71 D4 370W×2		减速器SEW67r/min SA42

A 向

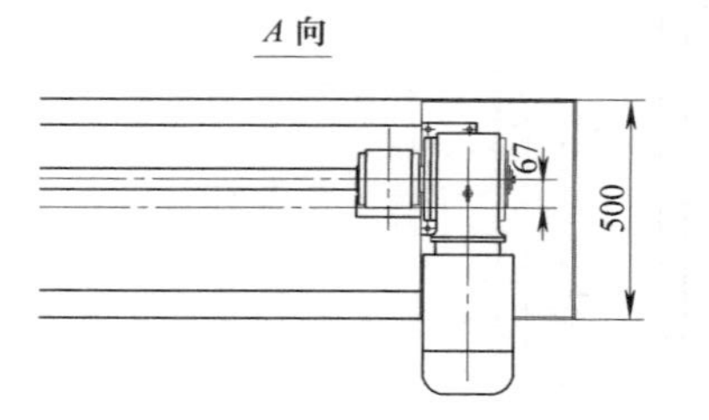

A
+3.900m
顶梁
左导向柱
右导向柱
1580
385
1110
1810
1350
左走轮箱
加强梁
吊钩
提升杆
滑块
右走轮箱
+2.100m
靠轮
870
+1.400m
170
+1.300m
315
555
60
1300
250
600
2500
150
+0.200m
100
±0.000m

图 1-57 低中轨门式行车

1.3.5 高轨门式行车

高轨门式行车的结构和低轨式行车基本相同。行车的左右走轮箱和顶梁连接，两侧导向臂上部亦和顶梁连接。两轨道中心距可同低轨一样。高轨行车轨道及其附件、行车和提升物总重量，全部由建筑物或独立的构架结构件承担，因此必须对厂房结构或独立的构架结构进行验算。高轨构架式行车轨道是装置在镀槽外侧的立柱上的，这种结构的电镀线安装调试不与厂房建筑物发生关系，因此可以先在设备制造厂装配和调试，后到生产现场安装，从而可加快现场施工进度。另外，高轨门式行车由于操作侧槽边不设置轨道立柱，操作区域比较开阔，有利于对设备的操作、维护和安全生产。高轨门式行车图例见图 1-58～图 1-64。

图 1-58　高轨门式行车实物图

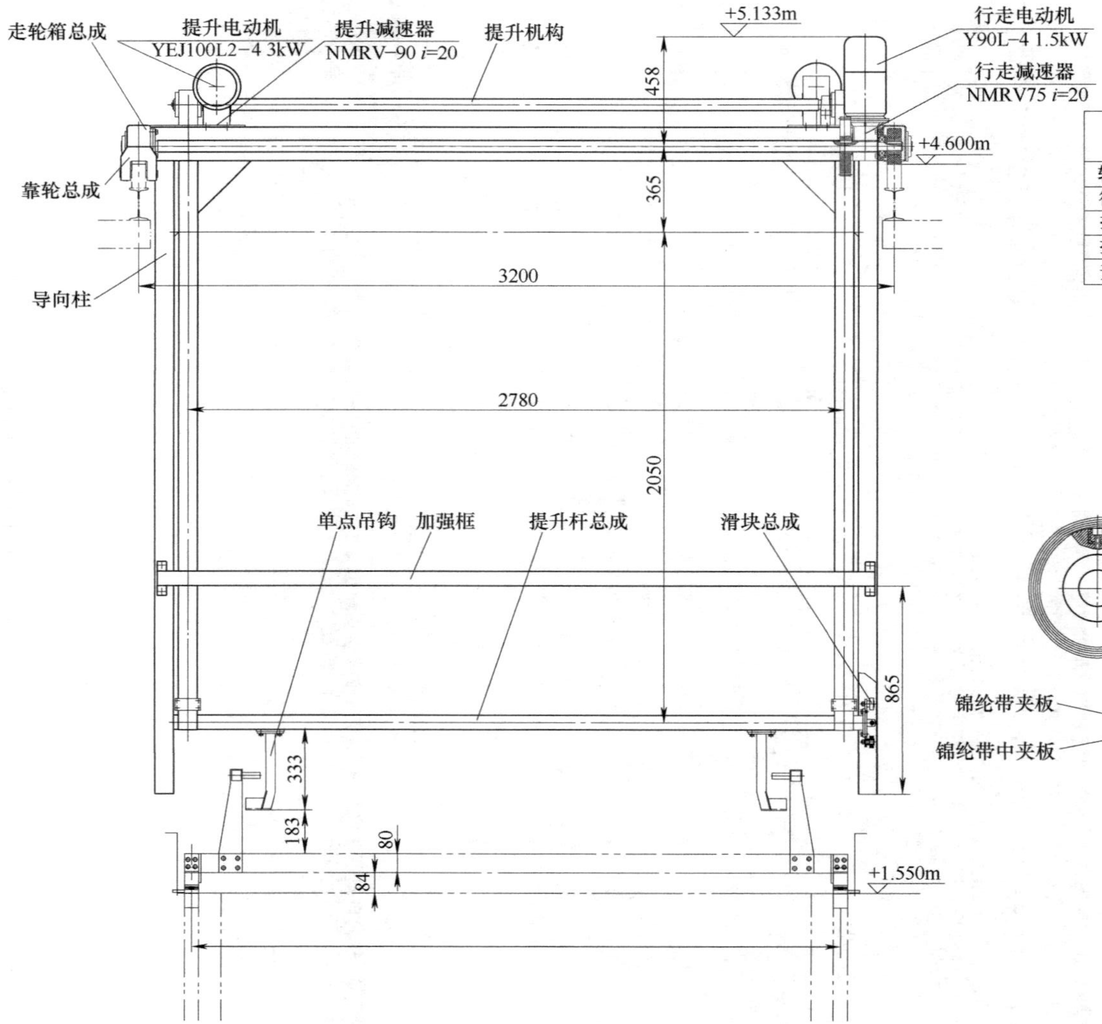

设计基本参数		
轨道中心距	mm	3200
行走速度	m/min	3～36
提升重量	kgf	250
提升行程	mm	2050
升降速度	m/min	3～25

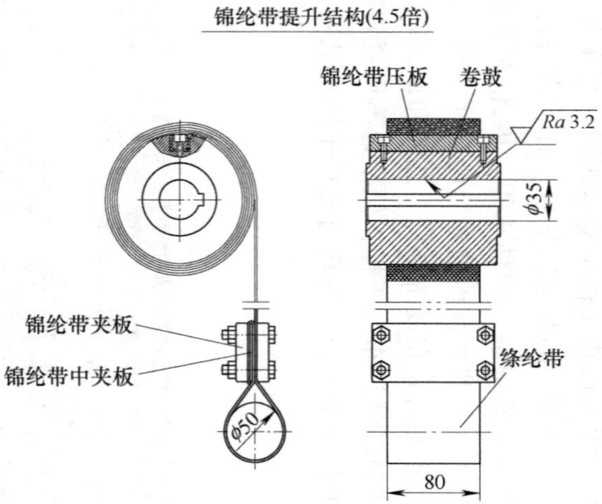

图 1-59　高轨门式行车结构图（一）

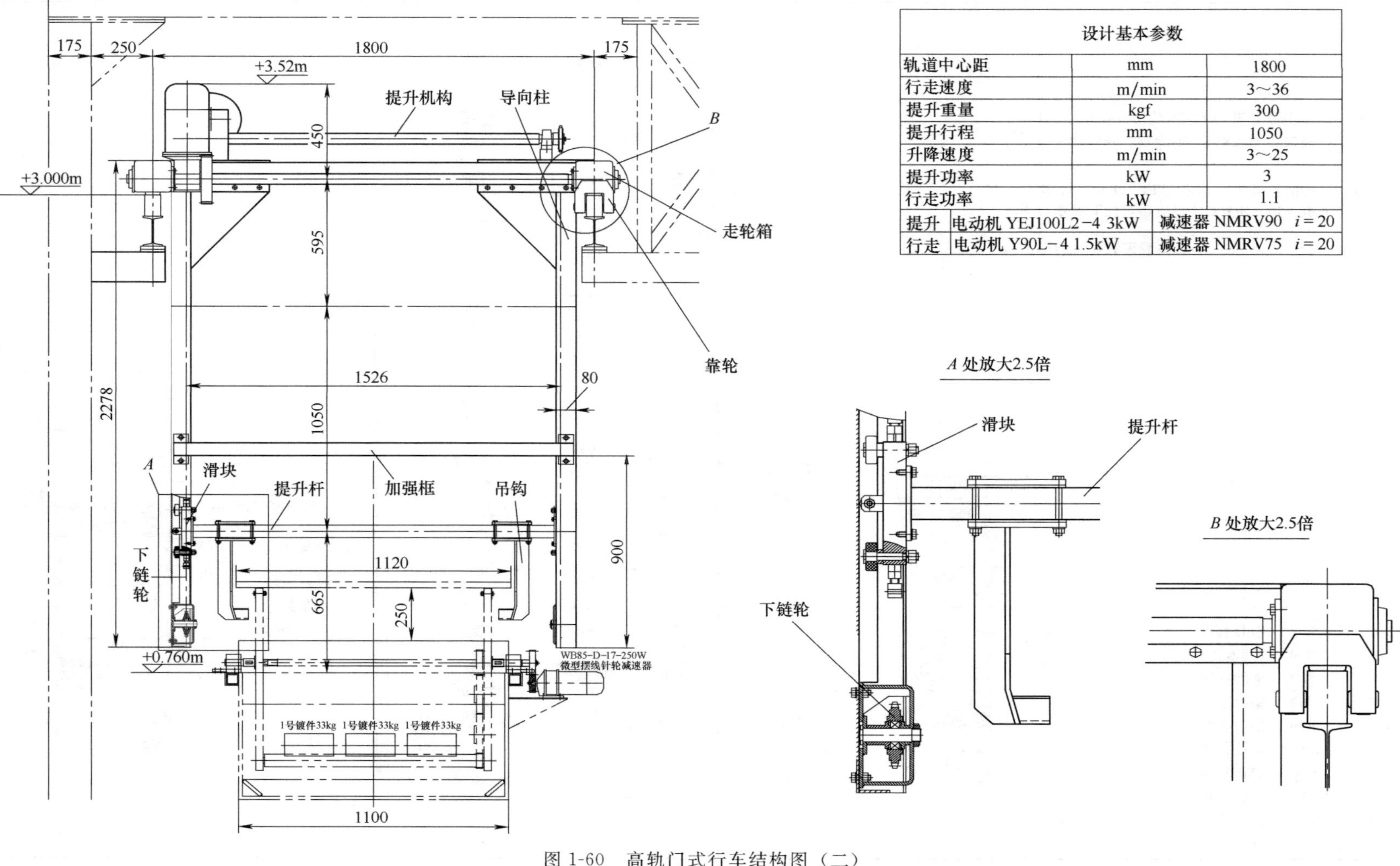

设计基本参数			
轨道中心距		mm	1800
行走速度		m/min	3～36
提升重量		kgf	300
提升行程		mm	1050
升降速度		m/min	3～25
提升功率		kW	3
行走功率		kW	1.1
提升	电动机 YEJ100L2-4 3kW	减速器 NMRV90	$i=20$
行走	电动机 Y90L-4 1.5kW	减速器 NMRV75	$i=20$

图 1-60　高轨门式行车结构图（二）

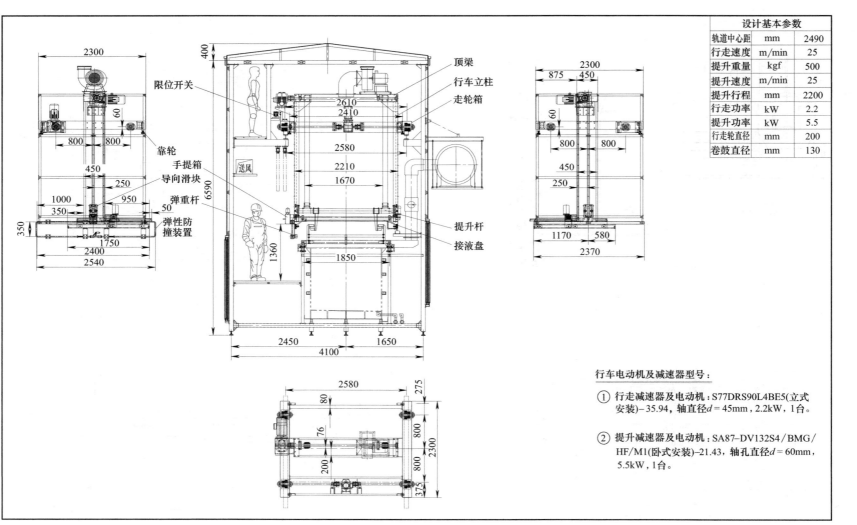

设计基本参数		
轨道中心距	mm	2490
行走速度	m/min	25
提升重量	kgf	500
提升速度	m/min	25
提升行程	mm	2200
行走功率	kW	2.2
提升功率	kW	5.5
行走轮直径	mm	200
卷鼓直径	mm	130

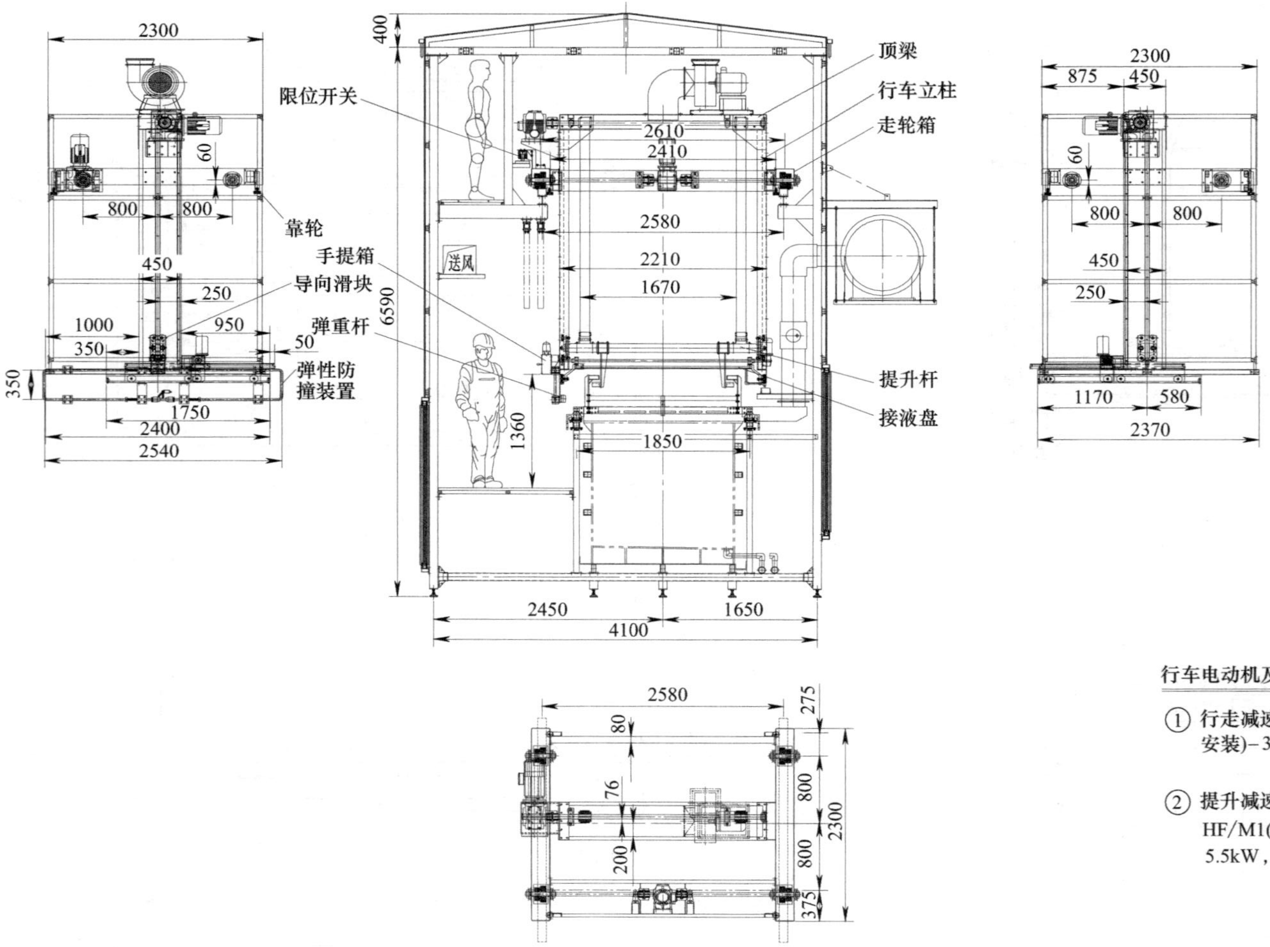

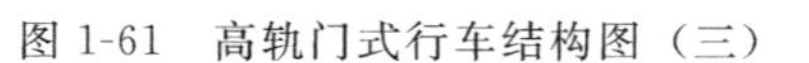

行车电动机及减速器型号：

① 行走减速器及电动机：S77DRS90L4BE5(立式安装)－35.94，轴直径$d=45$mm，2.2kW，1台。

② 提升减速器及电动机：SA87－DV132S4/BMG/HF/M1(卧式安装)－21.43，轴孔直径$d=60$mm，5.5kW，1台。

图 1-61　高轨门式行车结构图（三）

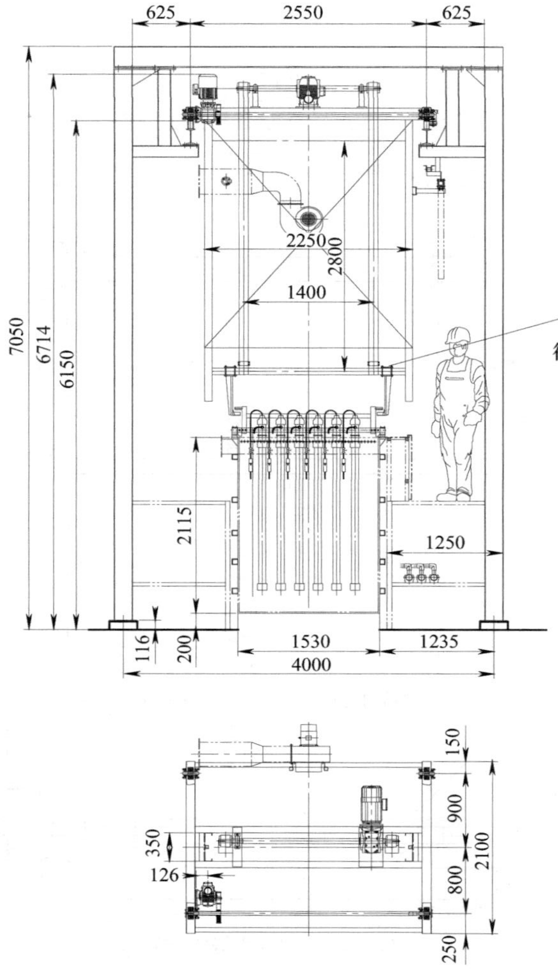

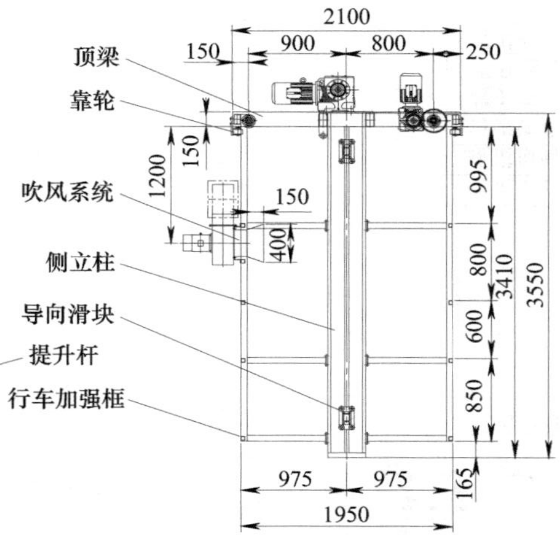

设计基本参数		
轨道中心距	mm	2550
行走速度	m/min	25
提升重量	kgf	500
提升速度	m/min	25
提升行程	mm	2800
行走功率	kW	1.5
提升功率	kW	5.5
行走轮直径	mm	150
卷鼓直径	mm	120

行车电动机及减速器型号：

① 提升减速器及电动机：SA87DRS132S4BE5(卧式安装)/HF-21.43，IM：M1A-0。轴孔直径$d=60$mm，5.5kW，1台。

② 行走减速器及电动机：SAF67DRS90M4BE2(立式安装)/HF-26.93，IM：M4A-0。轴孔直径$d=40$mm，1.5kW，1台。

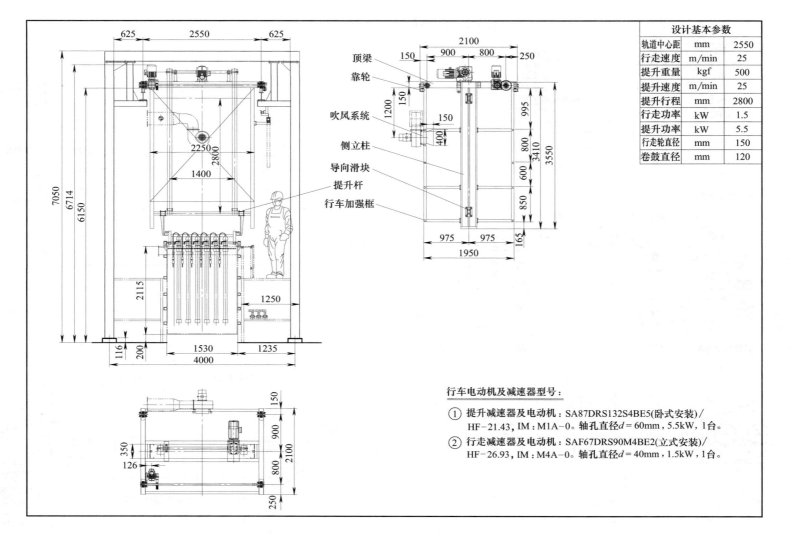

图 1-62　高轨门式行车结构图（四）

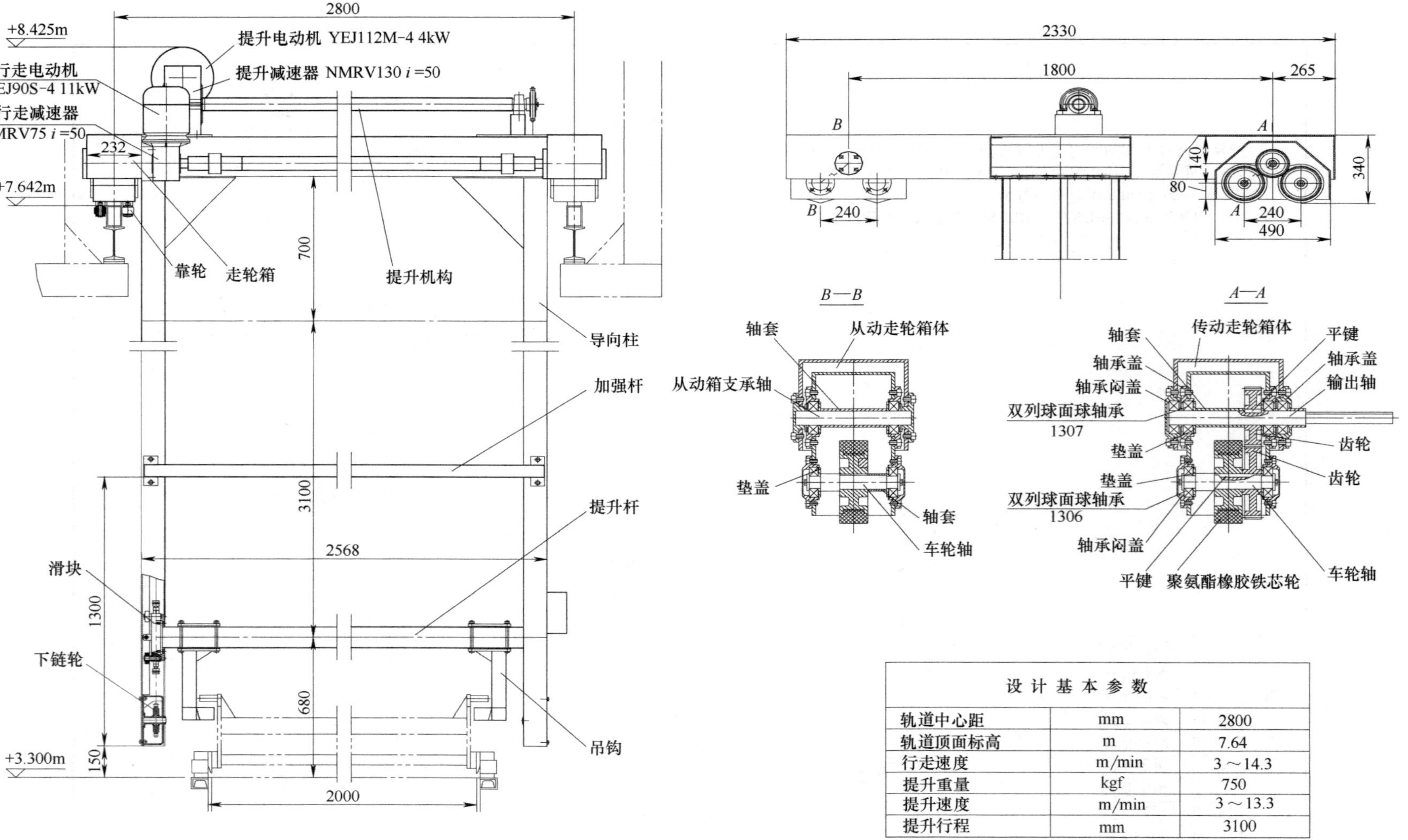

设计基本参数		
轨道中心距	mm	2800
轨道顶面标高	m	7.64
行走速度	m/min	3～14.3
提升重量	kgf	750
提升速度	m/min	3～13.3
提升行程	mm	3100

图 1-63　高轨门式（八轮）行车结构图

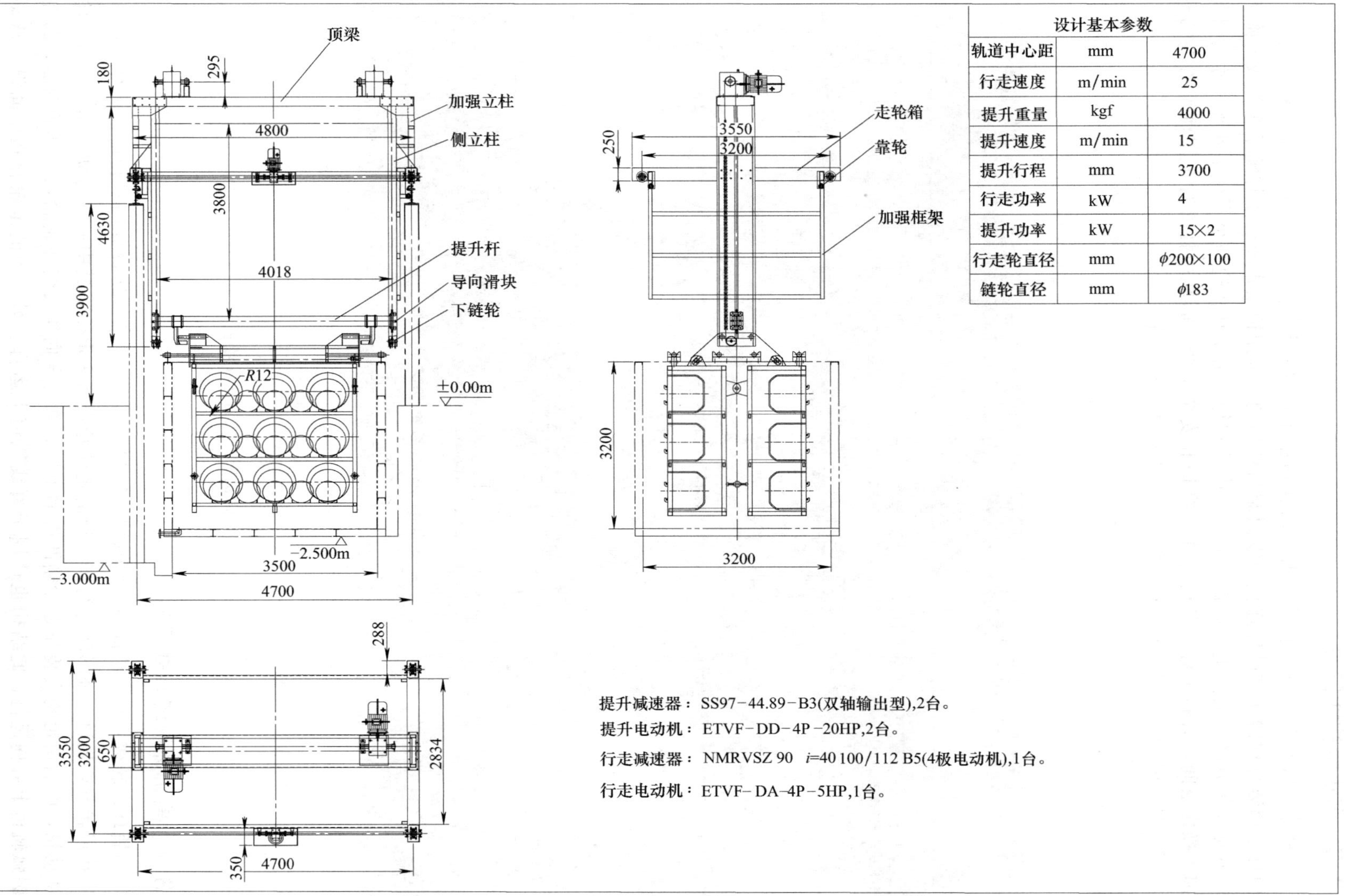

设计基本参数		
轨道中心距	mm	4700
行走速度	m/min	25
提升重量	kgf	4000
提升速度	m/min	15
提升行程	mm	3700
行走功率	kW	4
提升功率	kW	15×2
行走轮直径	mm	φ200×100
链轮直径	mm	φ183

提升减速器：SS97-44.89-B3(双轴输出型),2台。

提升电动机：ETVF-DD-4P-20HP,2台。

行走减速器：NMRVSZ 90 i=40 100/112 B5(4极电动机),1台。

行走电动机：ETVF-DA-4P-5HP,1台。

图1-64 高轨门式（双轴输出）行车

1.3.6 高轨中柱式行车

高轨中柱式行车不设左右导向臂，而在顶梁中间悬挂导向柱（有单柱、双柱和四柱等），在中柱上套装导向滑块与吊杆连接，以限制吊杆晃动。采用锦纶带或链条与配重等组成升降机构，确保同步升降，提高重负荷提升能力。中柱式行车由于在槽边缩小了行车外廓尺寸，因此增加了操作空间，有利于对设备的操作、维护和安全生产。高轨中柱式行车图例见图 1-65～图 1-67。图 1-68 和图 1-69 所示为活塞环电镀生产线专用行车。

图 1-65 高轨中柱式行车实物图

1.3.7 高轨环形转弯式行车

高轨环形转弯式行车结构中，“走轮箱总成”为三轮支承。转弯处两平行的内、外圆弧轨道连接成转弯段轨道。环形转弯行车一边的走轮箱设两个走轮，其中一轮为动力驱动，另一轮为从动轮，前后两走轮安装在走轮箱两端的下部，两套导向轮安装在走轮箱端部的两侧，跨在外圆弧轨道上导向运行，此结构也适用于直线轨道上运行。另一边的走轮箱在中间设一从动轮，在内圆弧及直线轨上跟进行走，不设靠轮。高轨环形转弯式行车图例见图 1-70。

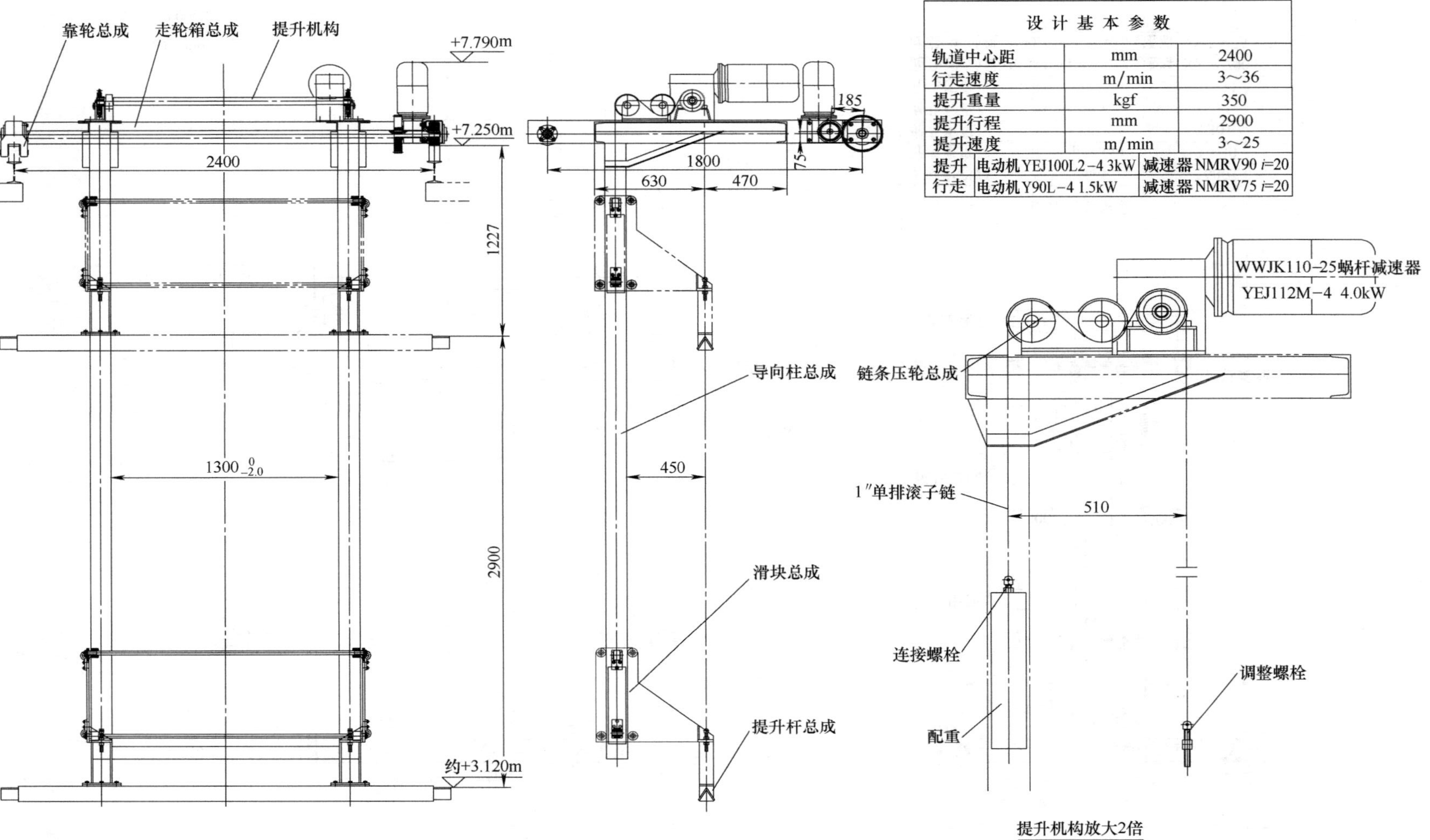

设计基本参数		
轨道中心距	mm	2400
行走速度	m/min	3~36
提升重量	kgf	350
提升行程	mm	2900
提升速度	m/min	3~25
提升	电动机 YEJ100L2-4 3kW	减速器 NMRV90 i=20
行走	电动机 Y90L-4 1.5kW	减速器 NMRV75 i=20

图 1-66 高轨中柱式（单杆）行车

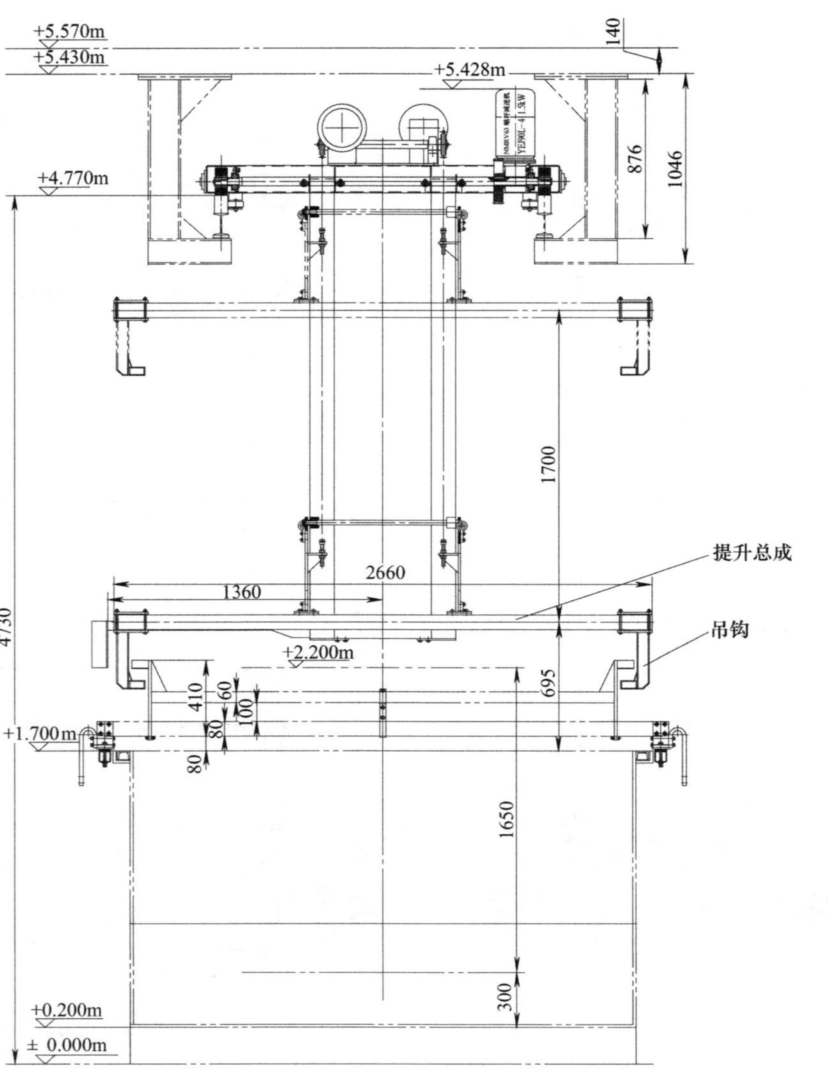

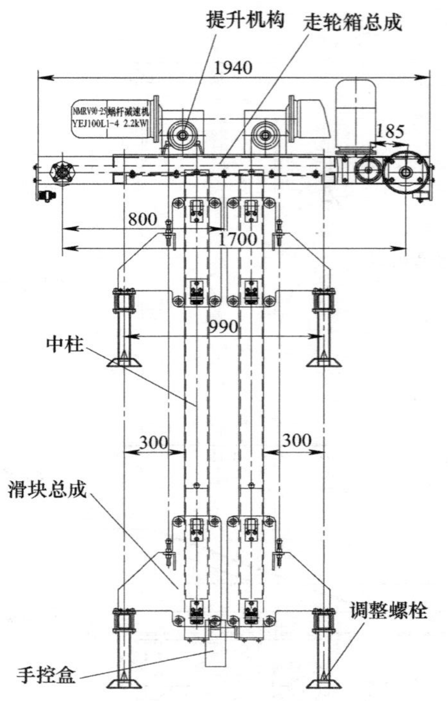

设计基本参数		
轨道中心距	mm	1600
行走速度	m/min	3～30
提升重量	kgf	250
提升行程	mm	1700
升降速度	m/min	3～24.2
提升	电动机YEJ100L1-4 3kW×2	减速器 NMRV90 i=20
行走	电动机 Y90L－4 1.5kW	减速器 NMRV75 i=20

图 1-67 高轨中柱式（双杆）行车

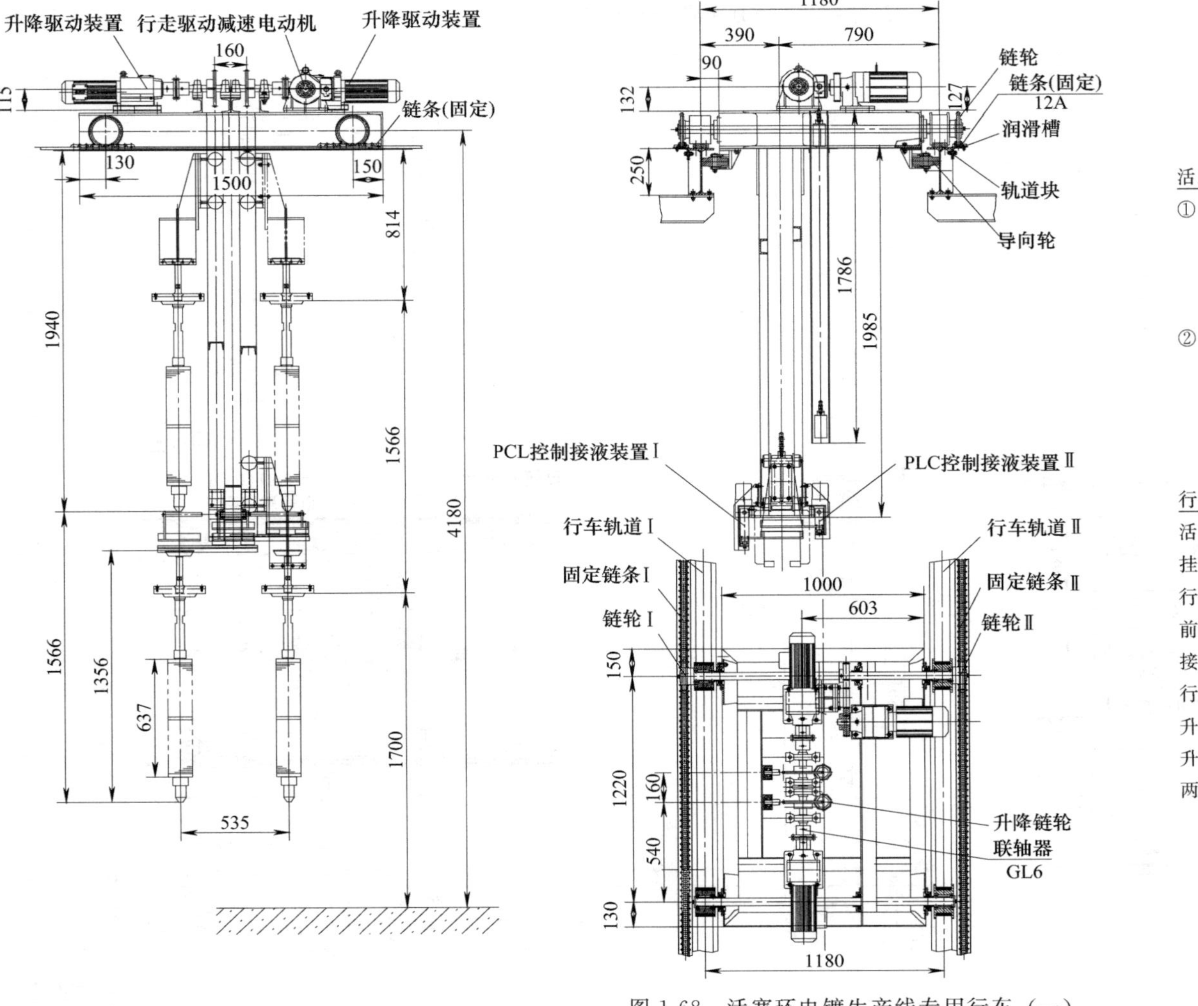

图 1-68 活塞环电镀生产线专用行车（一）

活塞环电镀线专用行车主体结构及工作原理

① 本行车包含一套行走装置，两套独立的工件挂具升降装置，每套下部设置一套自动控制的接液装置，4 只行走轮，一对链轮、链条驱动的行走机构。

② 本行车由活塞环电镀线 PLC 控制。

行车工艺参数：

活塞环挂具总长	1356mm
挂具装夹工件部分总长	637mm
行走轨道跨距	1180mm
前后轮距	1220mm
接液盒伸缩行程	267.5mm
行走速度	43.7m/min
升降行程	1566mm
升降速度	59.6m/min
两套活塞环挂具中心距	535mm

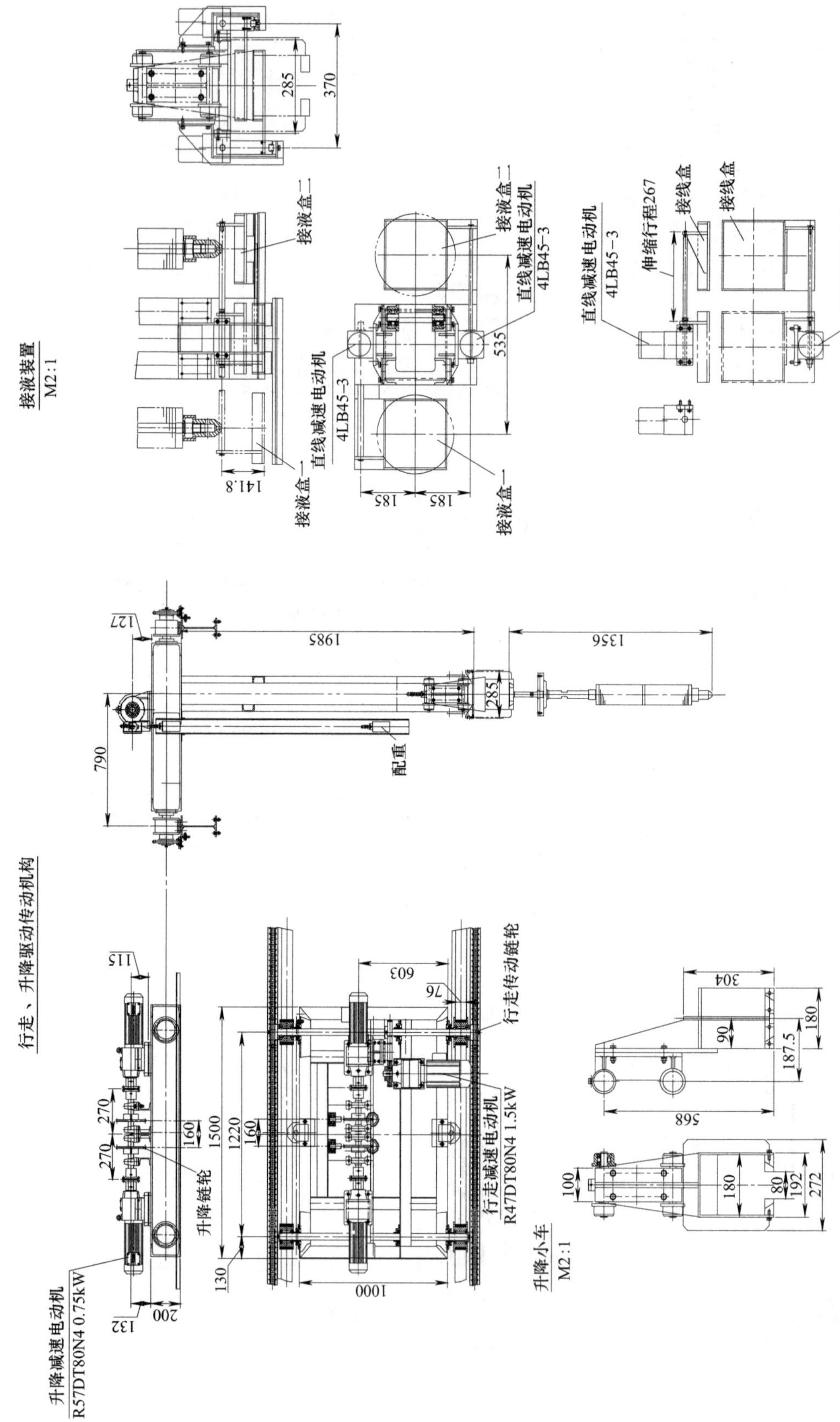

图 1-69　活塞环电镀生产线专用行车（二）

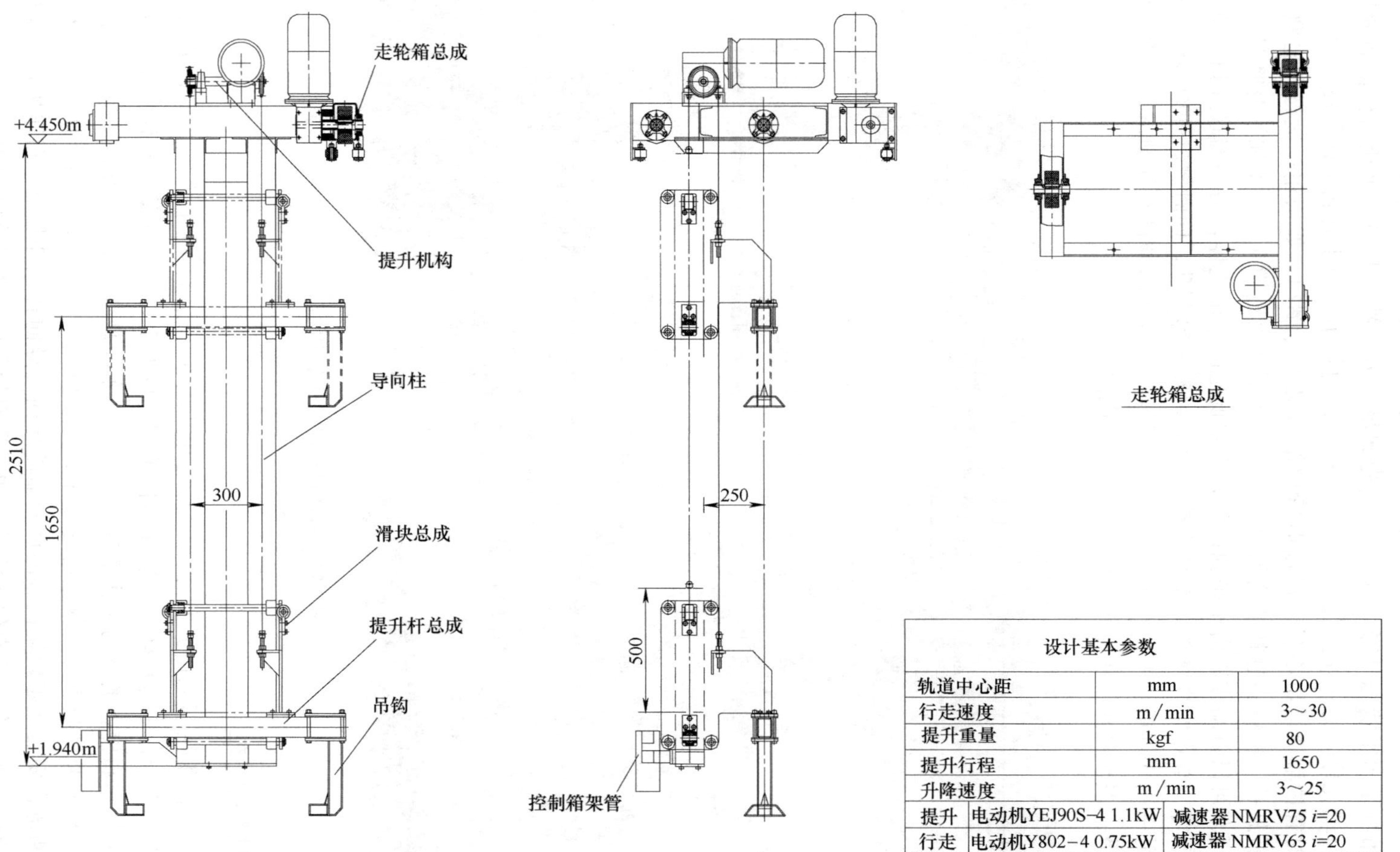

设计基本参数		
轨道中心距	mm	1000
行走速度	m/min	3～30
提升重量	kgf	80
提升行程	mm	1650
升降速度	m/min	3～25
提升	电动机YEJ90S-4 1.1kW	减速器 NMRV75 i=20
行走	电动机Y802-4 0.75kW	减速器 NMRV63 i=20

图 1-70　高轨环形转弯式行车

1.3.8 差动提升门式行车

差动提升门式行车的结构，是吊杆两端各设置起吊升降机构，由电动机程序控制，可两端同时升降（吊杆呈水平状态升降），亦可一端先起吊，另一端后起吊；可让吊杆倾斜着同时上升到高位时一端先停，另一端到位后再停。这种结构的行车适用于管状工件电镀，因为管状工件在进出槽时管内溶液进出不畅，吊起时管内溶液又不易倒净，如采用一般行车电镀管状工件，必须倾斜悬挂，但倾斜悬挂要增加提升高度，还要加大镀槽深度，增加了升降时间和大量溶液。差动行车可以自动控制由水平到倾斜，降到低位时一端先停，另一端跟进到低位进行电镀或清洗等工序。起吊时先倾斜一个角度后，两端斜着一起上升，同时倒出管内溶液，先到顶端的先停，另一端到位后再停。在进入下一工序运行时，管内溶液已全部倒出，可避免槽液串槽的不良后果。差动提升门式行车图例见图 1-71 和图 1-72。

图 1-71 差动提升门式行车实物图

1.3.9 悬臂式行车

悬臂式行车的刚性不如门式行车，一般适用于荷重小于 60kg 的电镀线上，镀槽长度在 1500mm 以下。由于行车运行轨道安装在镀槽单侧的机架上，另一侧就有开阔的操作空间，因此可以方便地操作和检查镀槽的工作情况。悬臂式行车的悬臂一端连接滑块，由提升悬臂卷扬在升降滑轨中导向起吊与下降。纵向跨槽水平运行，由机架顶上的走轮箱电动控制行走。顶上的单条轨道两侧由安装在走轮箱两端的两套靠轮导向，导向臂顶部与走轮箱连接，下端安装靠轮，靠轮（单轮）顶靠在机架滑轨上滚动，如采用双轮靠轮则跨装在滑道上运行。水平和升降运行可采用程控调频带制动的电机，达到灵活平稳运行。悬臂式行车图例见图 1-73～图 1-75。

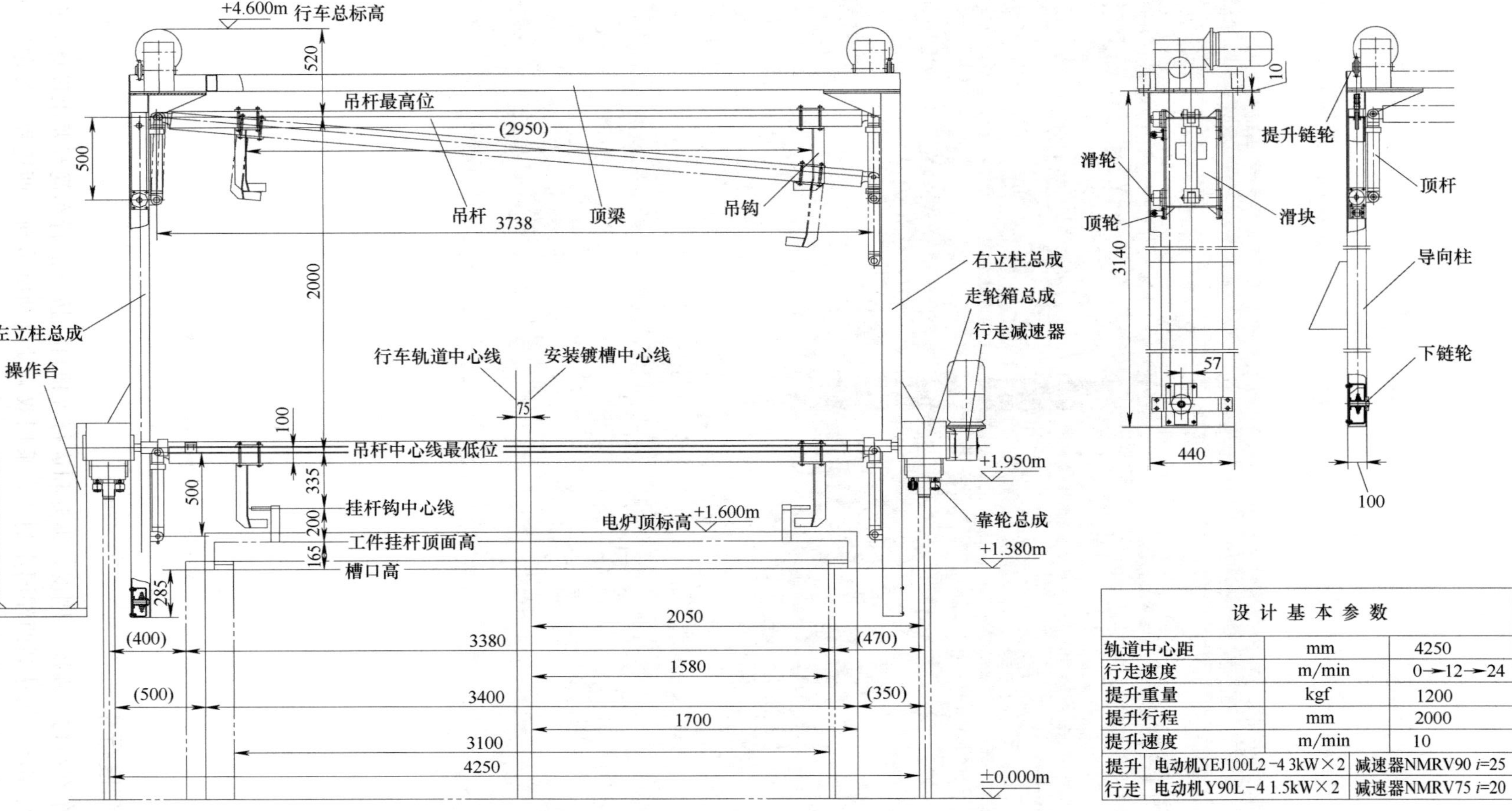

设计基本参数		
轨道中心距	mm	4250
行走速度	m/min	0→12→24
提升重量	kgf	1200
提升行程	mm	2000
提升速度	m/min	10
提升	电动机YEJ100L2-4 3kW×2	减速器NMRV90 i=25
行走	电动机Y90L-4 1.5kW×2	减速器NMRV75 i=20

图 1-72 差动提升门式行车结构图

图 1-73 悬臂式行车实物图

1.3.10 大跨度行车

大跨度行车在结构、强度、刚度、提升和运行等项目上按一般行车规范要求设计，但行车定位要比一般行车高。为达到两端同步到位，采用双驱动电动机传动，两边程序控制定位，可减少靠轮负荷，有效调整不同步行走误差。大跨度行车图例见图 1-76～图 1-80。

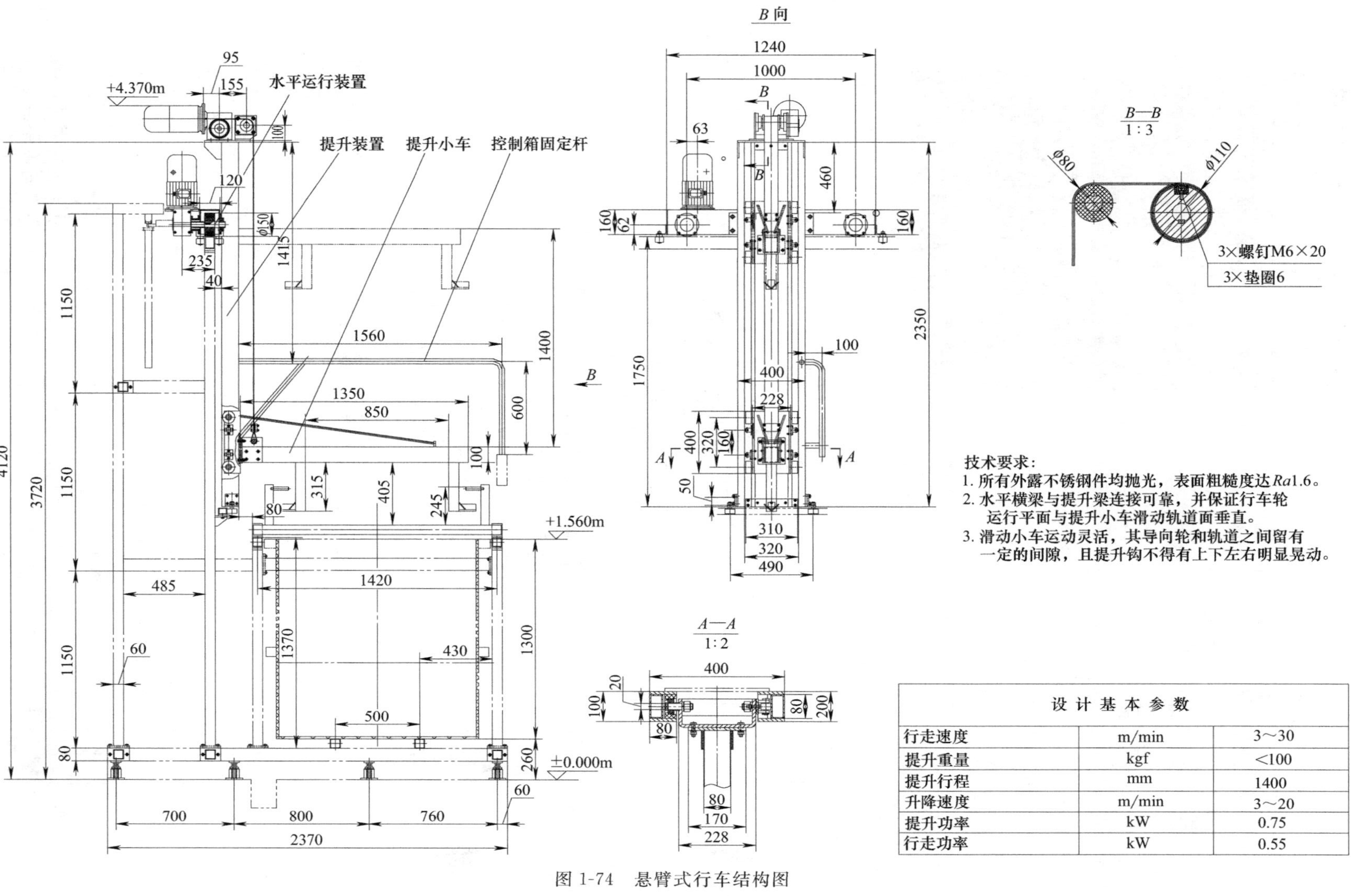

技术要求：
1. 所有外露不锈钢件均抛光，表面粗糙度达 $Ra1.6$。
2. 水平横梁与提升梁连接可靠，并保证行车轮运行平面与提升小车滑动轨道面垂直。
3. 滑动小车运动灵活，其导向轮和轨道之间留有一定的间隙，且提升钩不得有上下左右明显晃动。

设 计 基 本 参 数		
行走速度	m/min	3～30
提升重量	kgf	<100
提升行程	mm	1400
升降速度	m/min	3～20
提升功率	kW	0.75
行走功率	kW	0.55

图 1-74　悬臂式行车结构图

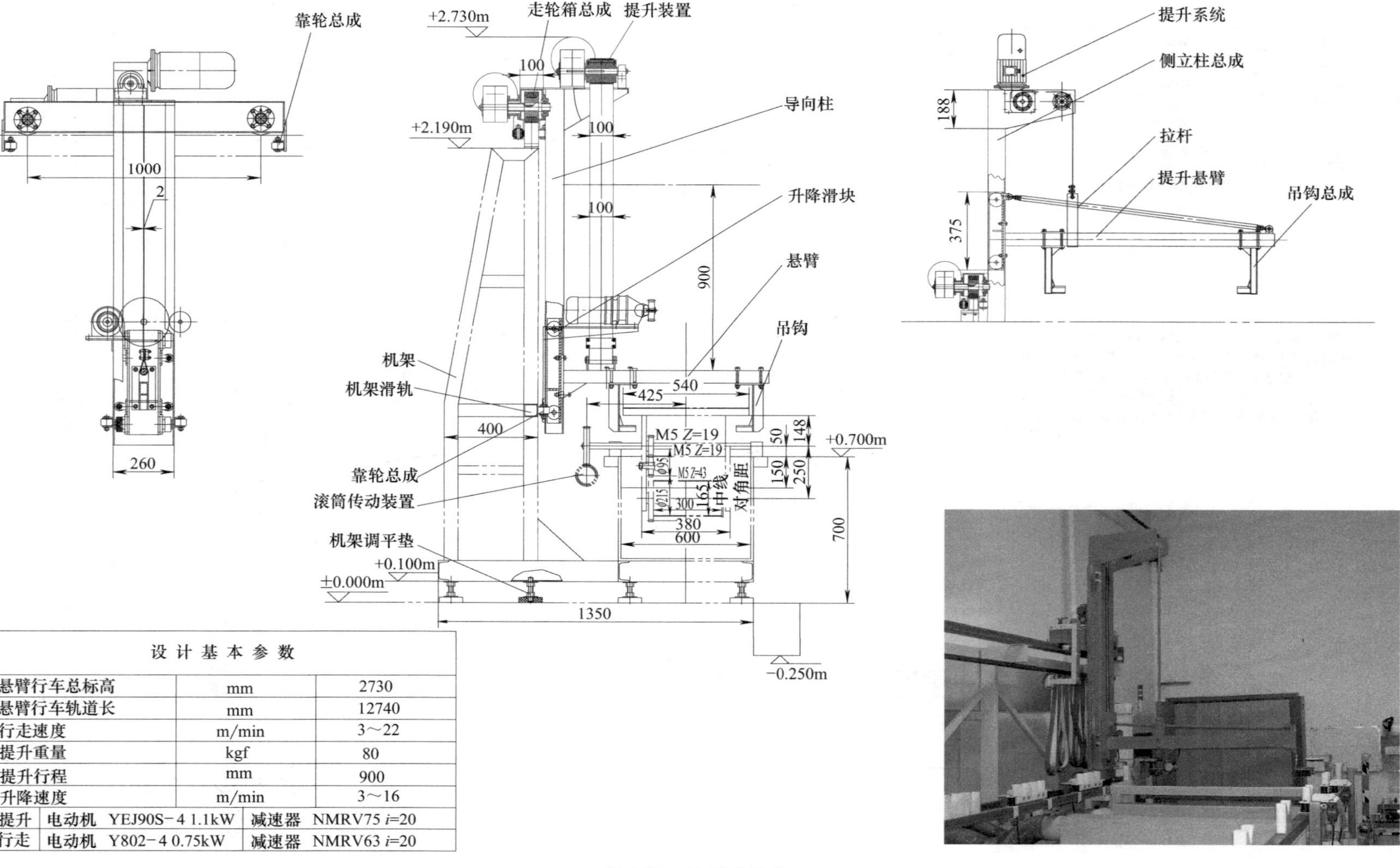

设计基本参数			
悬臂行车总标高		mm	2730
悬臂行车轨道长		mm	12740
行走速度		m/min	3～22
提升重量		kgf	80
提升行程		mm	900
升降速度		m/min	3～16
提升	电动机 YEJ90S-4 1.1kW	减速器 NMRV75 i=20	
行走	电动机 Y802-4 0.75kW	减速器 NMRV63 i=20	

图 1-75 悬臂式行车

图 1-76　大跨度高轨行车实物图

图 1-77　大跨度中轨行车实物图

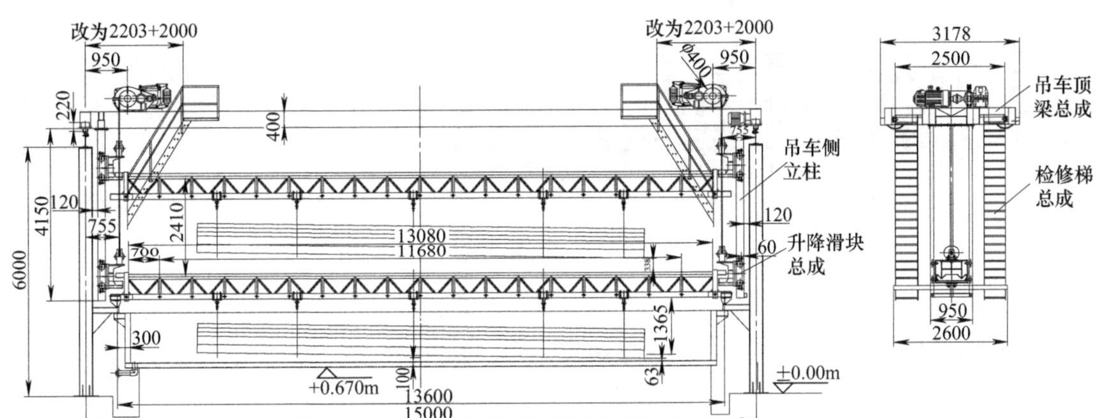

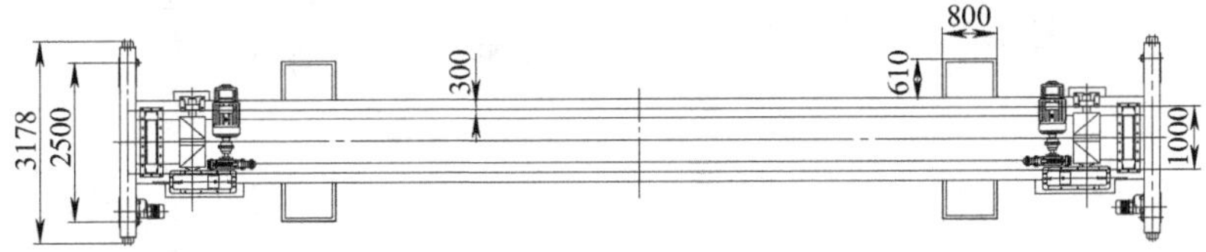

技术性能参数表

项目			起升机构	项目			运行机构 大车
起重量		t	3+3	轨距		m	15
升降速度		m/mm	18	运行速度		m/mm	20
工作级别			M3	工作级别			M3
最大起升高度		m	4	最大轮压		kN	
电动机	型号		YZR160L-8	电动机	型号		YEJ112ML-6
	功率	kW	2×15		功率	kW	2×15
	转速	r/min	694		转速	r/min	1380
减速器	型号		ZQ-500L-3CA	减速器	型号		ZQ250
	传动比 i		92.21		传动比 i		8.57
制动器	型号		YWZ-300/45	制动器	型号		
	制动力距	N·m	630		制动力距	N·m	
	液压推动器		YT1-45/5		液压推动器		
限位开关			LX3-11	限位开关			LX4-11
钢丝绳			6W[19]-135-170-1	钢轨型号			43
电源			三相交流，50Hz，380V				

图 1-78　大跨度行车

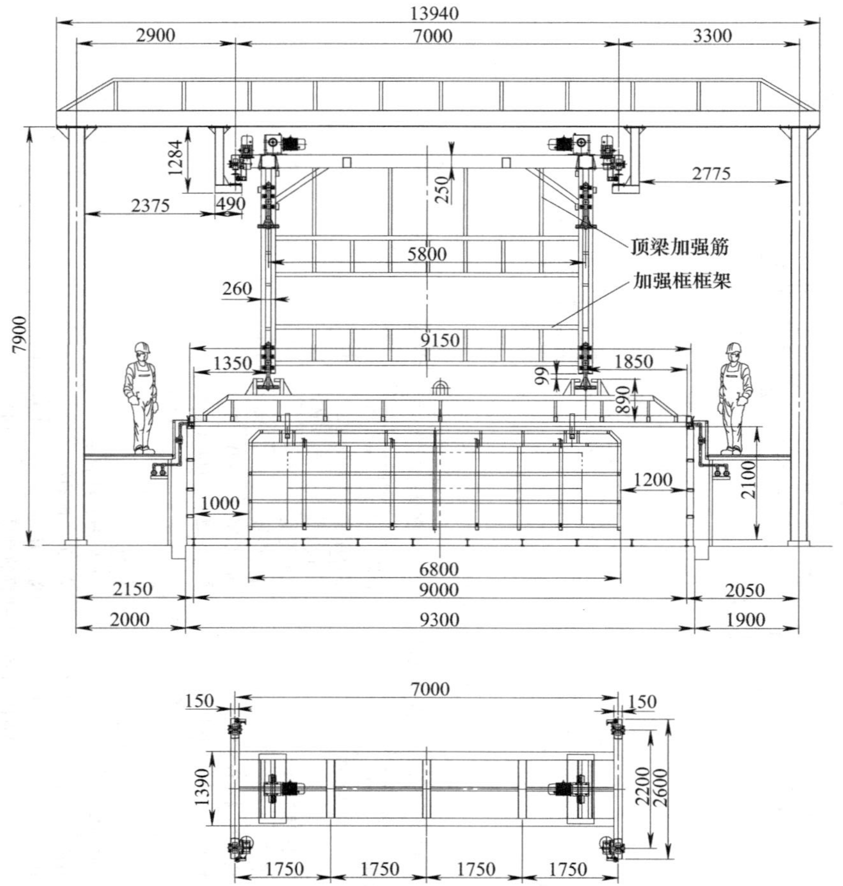

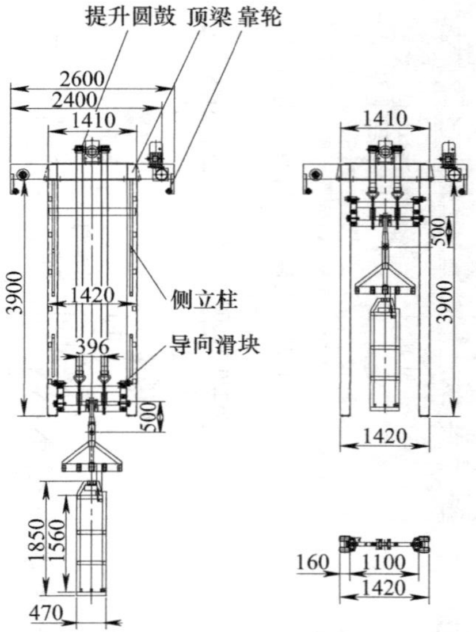

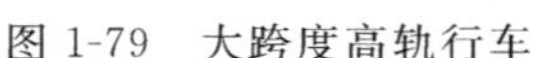

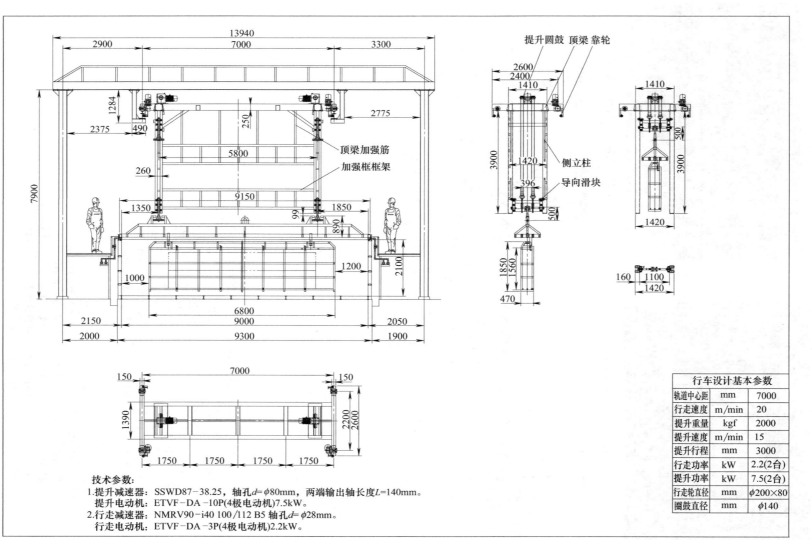

行车设计基本参数		
轨道中心距	mm	7000
行走速度	m/min	20
提升重量	kgf	2000
提升速度	m/min	15
提升行程	mm	3000
行走功率	kW	2.2(2台)
提升功率	kW	7.5(2台)
行走轮直径	mm	$\phi200\times80$
圈鼓直径	mm	$\phi140$

技术参数：

1.提升减速器：SSWD87－38.25，轴孔$d=\phi80$mm，两端输出轴长度L=140mm。
提升电动机：ETVF－DA－10P(4极电动机)7.5kW。

2.行走减速器：NMRV90－i40 100/112 B5 轴孔$d=\phi28$mm。
行走电动机：ETVF－DA－3P(4极电动机)2.2kW。

图 1-79　大跨度高轨行车

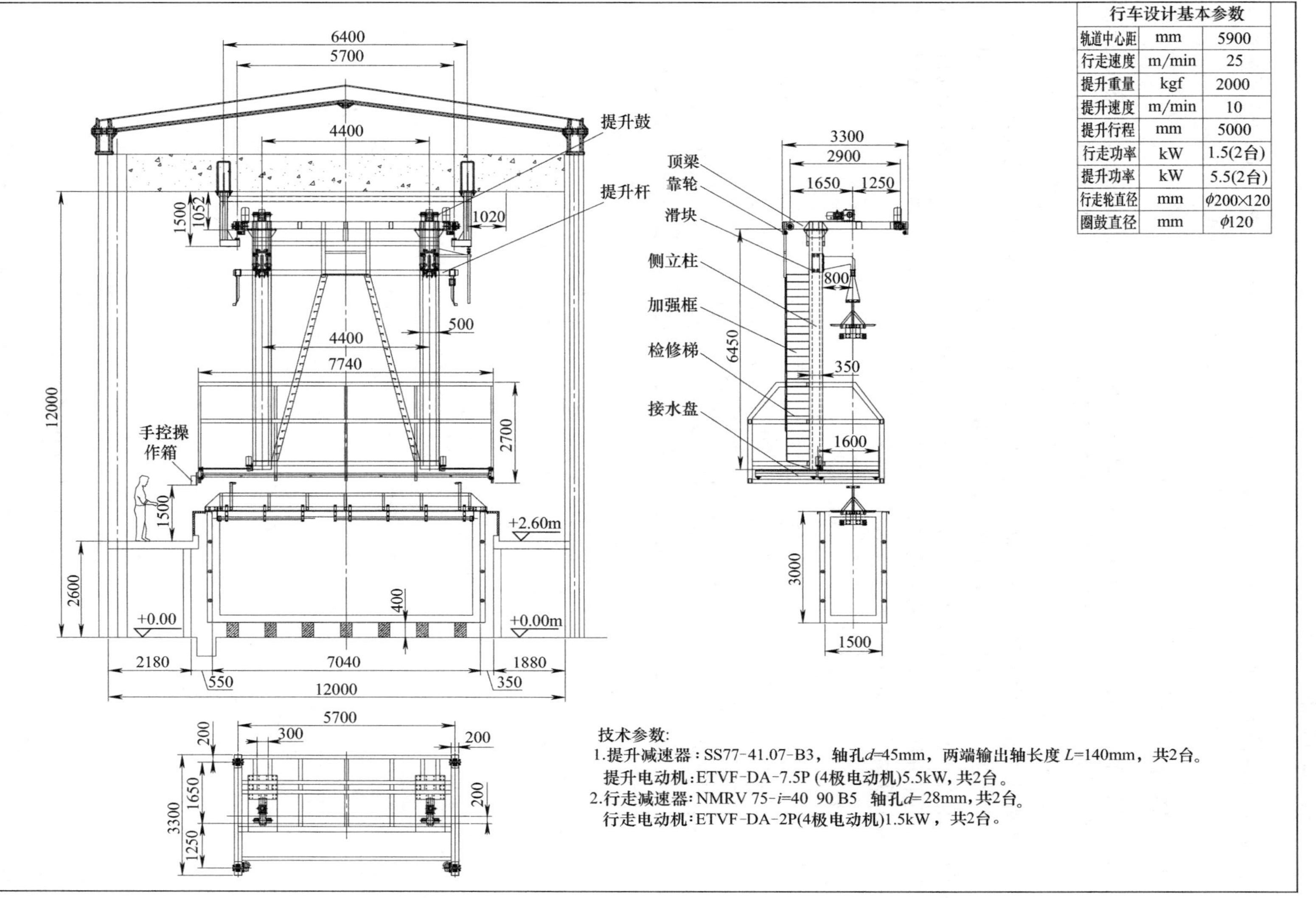

行车设计基本参数		
轨道中心距	mm	5900
行走速度	m/min	25
提升重量	kgf	2000
提升速度	m/min	10
提升行程	mm	5000
行走功率	kW	1.5(2台)
提升功率	kW	5.5(2台)
行走轮直径	mm	ϕ200×120
圈鼓直径	mm	ϕ120

图 1-80　大跨度高轨悬挂行车

1.4 电镀行车轨道

电镀行车的运行轨道常用100mm×65mm×5mm矩形管（材质：钢），它的特点是平直、尺寸误差小、承受负荷大，两侧面适合用靠轮导向，适配宽度为60 mm的走轮。

1.4.1 低轨行车轨道

低轨门式行车的两条低轨，其轨道顶面标高一般不超过槽面高度400mm。每条轨道的立柱间隔距离以2000～2500mm为宜，因生产线布局需要或加大负载，两立柱间可加大跨距，但此时应在两立柱间增设斜撑，或在矩形管下垫工字钢加强。为防止两轨道间横向晃动，应在生产线的两端以及槽与槽的某空当中（槽口下方）连接横梁加强。如有较好的地坪，或考虑便于现场安装或搬迁，可制造多个框式结构件，下设调整垫和轨道一起用螺栓连接组装而成。为方便操作，改善现场条件，应在操作面设置走道平台和斜梯（38°～45°），高度要使加料、检查、安全等操作方便，平台面与槽面高度差不小于600mm，宽度应大于800mm。低轨行车轨道和斜梯图例见图1-81和图1-82。

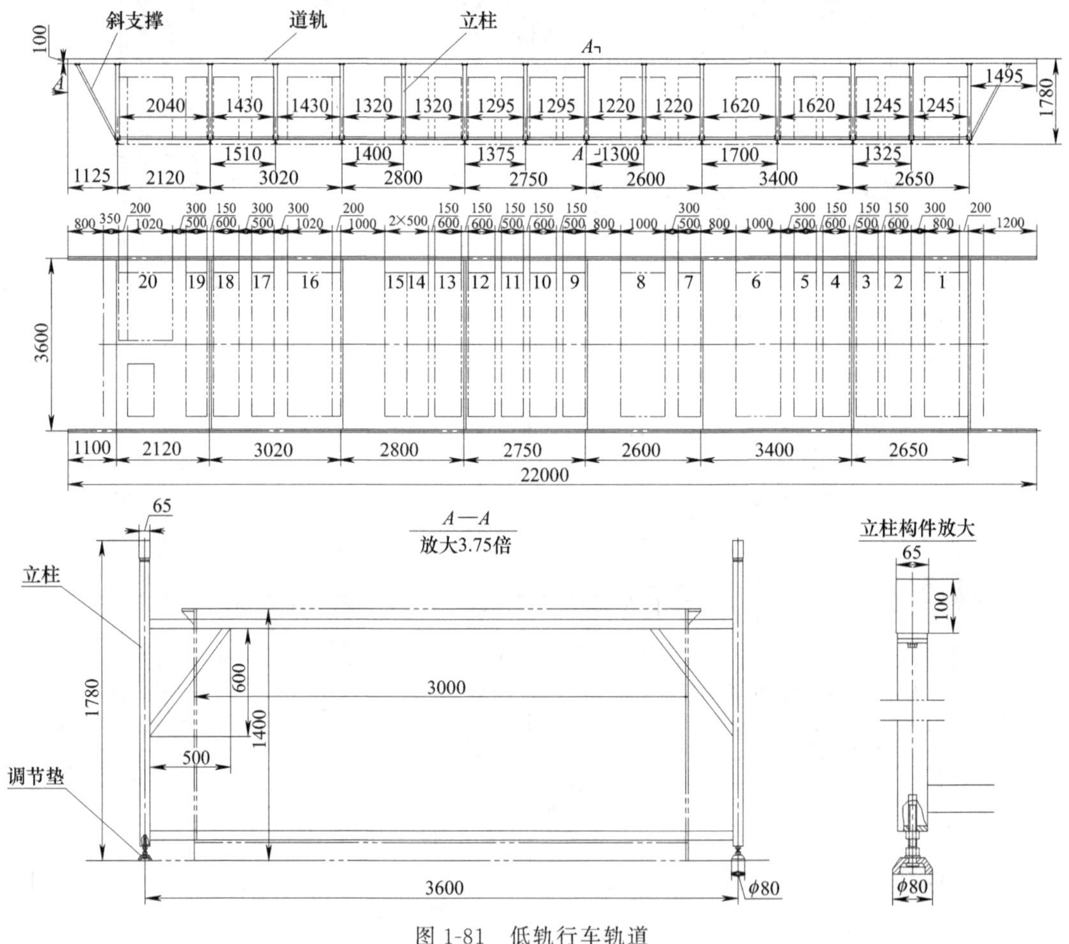

图1-81 低轨行车轨道

1.4.2 中轨行车轨道

中轨行车轨道的结构基本与低轨相同，但由于立柱高度大、稳定性差，因此必须在左右两条轨道的立柱间分段，在槽间空当处连接横梁，局部薄弱处加斜撑，生产线的两端头横向设剪刀撑，确保轨道的强度和稳定性。行车轨道顶面标高一般高出槽面 1200mm 以上，使操作人员站在走道平台上维护槽液时，头部不会碰到轨道下沿。中轨行车轨道图例见图 1-83。

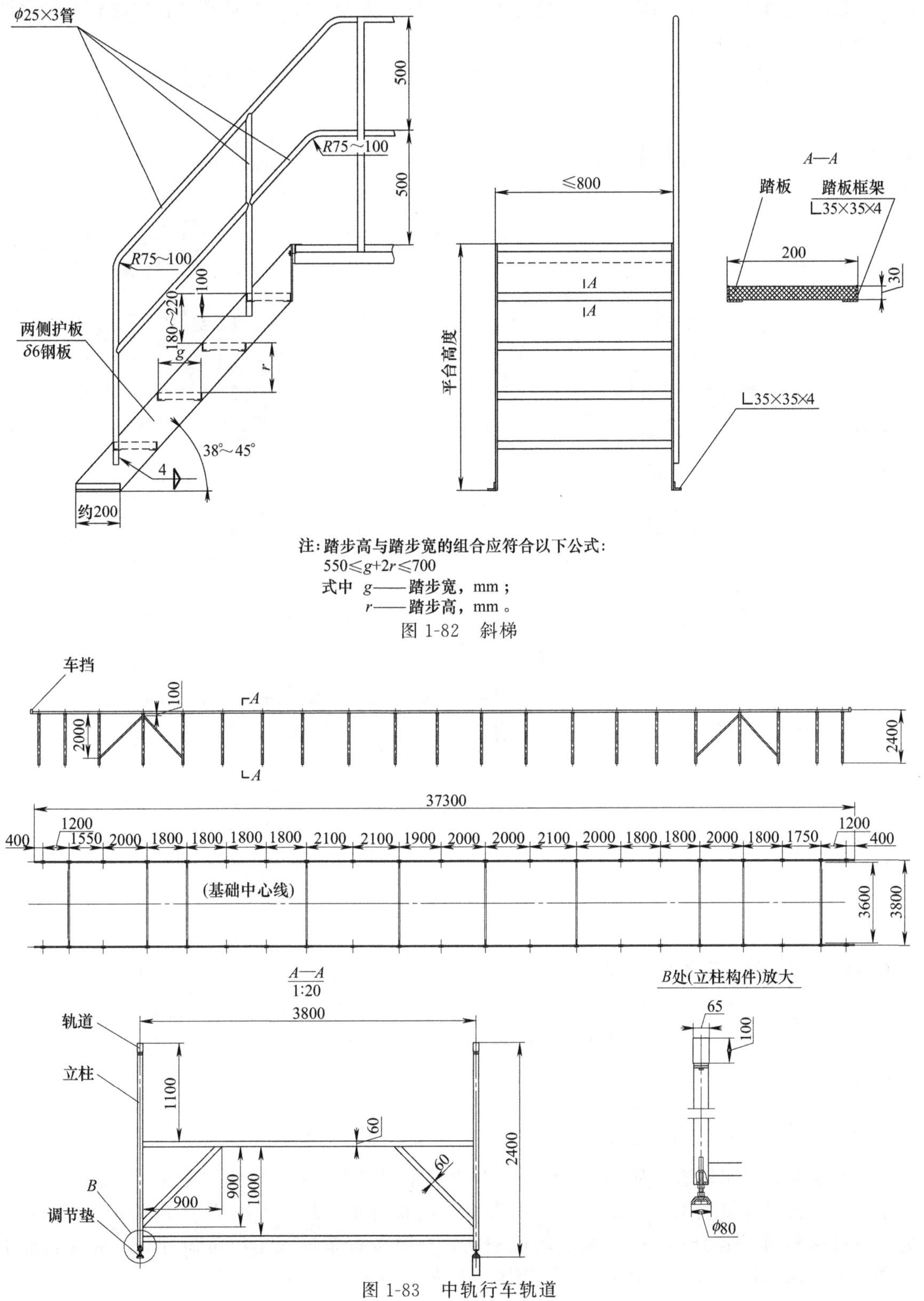

注：踏步高与踏步宽的组合应符合以下公式：

$550 \leqslant g+2r \leqslant 700$

式中 g——踏步宽，mm；

r——踏步高，mm。

图 1-82 斜梯

图 1-83 中轨行车轨道

1.4.3 低中轨行车轨道

低中轨行车轨道的左右立柱结构为框架形式，整体用螺钉安装于全线底盘构架上，左右立柱又在槽间空当处连接，因此连同镀槽整体非常稳固，并便于安装和调整。低中轨行车轨道图例见图 1-84，并参阅图 1-57。

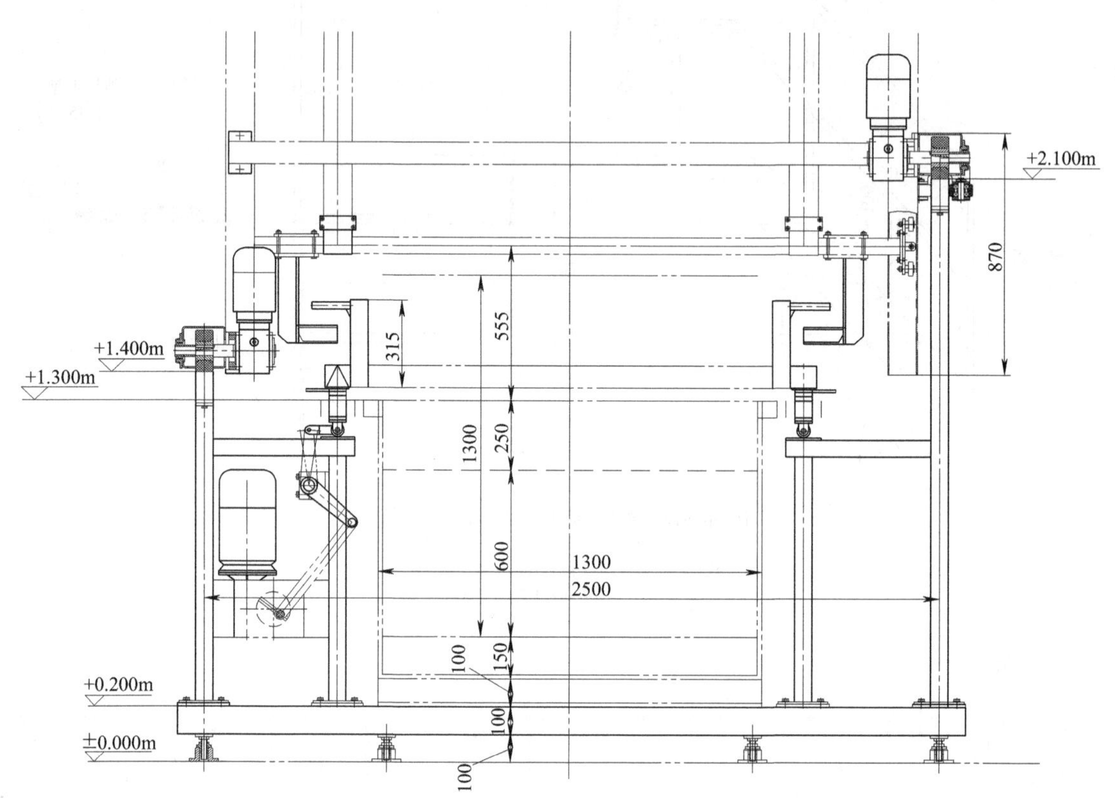

图 1-84 低中轨行车轨道

1.4.4 高轨构架式行车轨道

高轨构架式行车轨道是装置在槽边的立柱上的。这种结构的电镀线安装调试不与厂房建筑物发生关系，因此可以在设备制造厂装配和调试，再运至生产现场安装，从而加快现场施工进度。高轨构架式行车轨道图例见图 1-85 和图 1-86。

1.4.5 高轨横梁式行车轨道

高轨横梁式行车轨道是利用原有厂房立柱上的牛腿架设横梁，在横梁上悬吊挂脚安装高轨行车轨道。也可直接利用屋架横梁悬吊挂脚安装高轨行车轨道，此时必须了解屋架的承重能力，一般屋架间距是 4～6m，为减小轨道挠度，有时按行车最大轮压负荷计算，应在轨道下面增垫工字钢加强。高轨横梁式行车轨道图例见图 1-87～图 1-89。

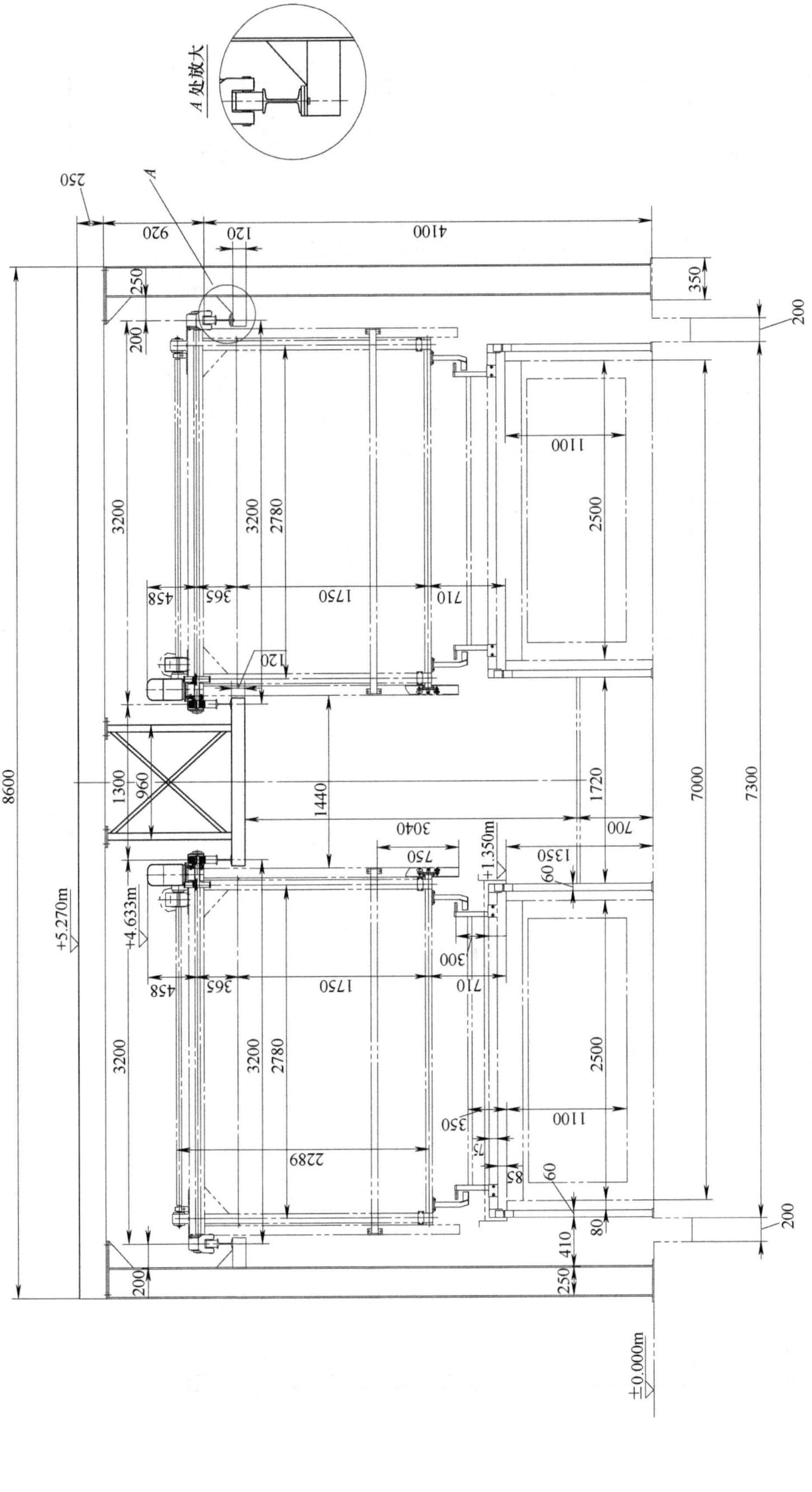

图1-85 高轨构架式行车轨道（一）

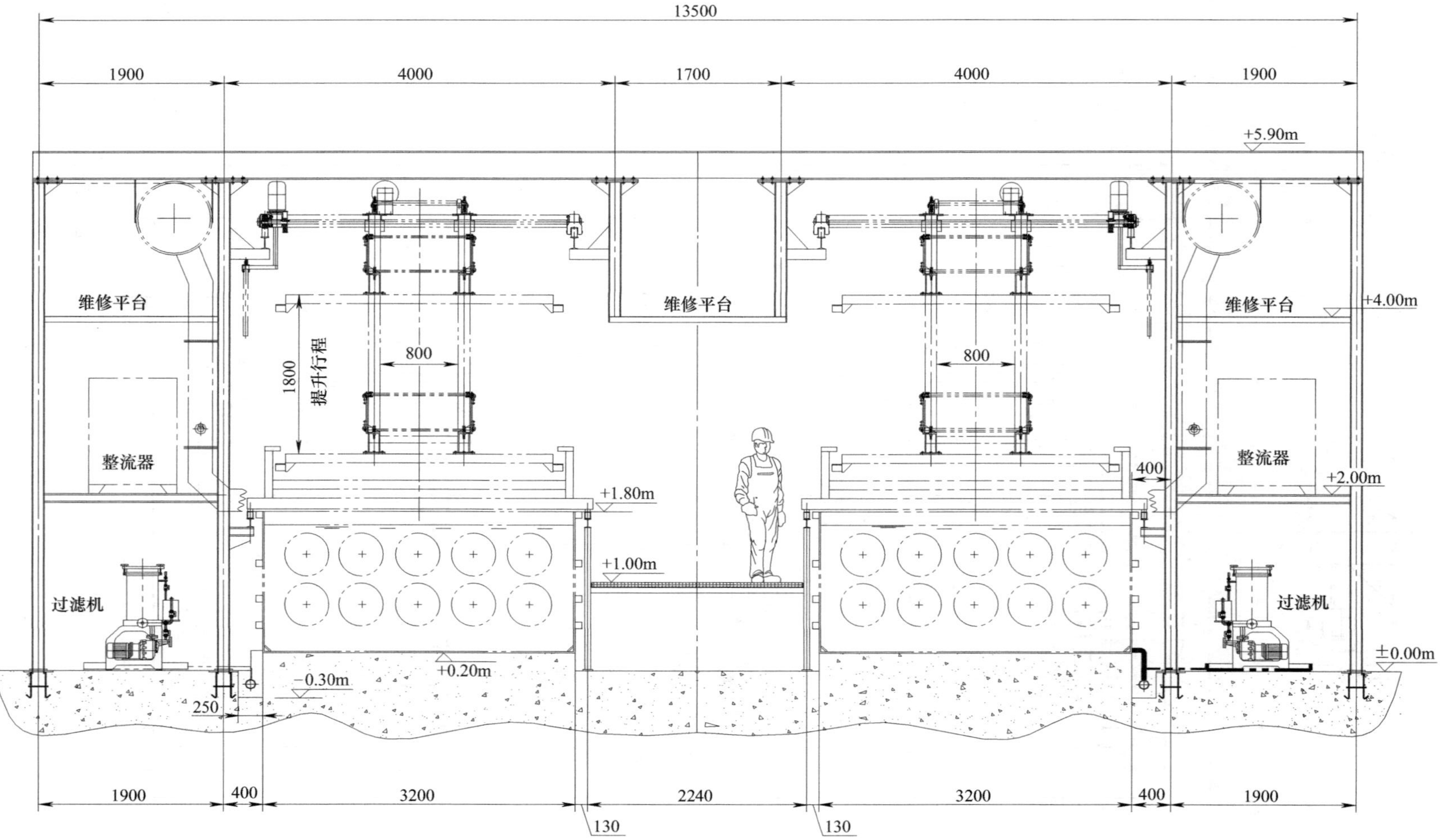

图 1-86 高轨构架式行车轨道（二）

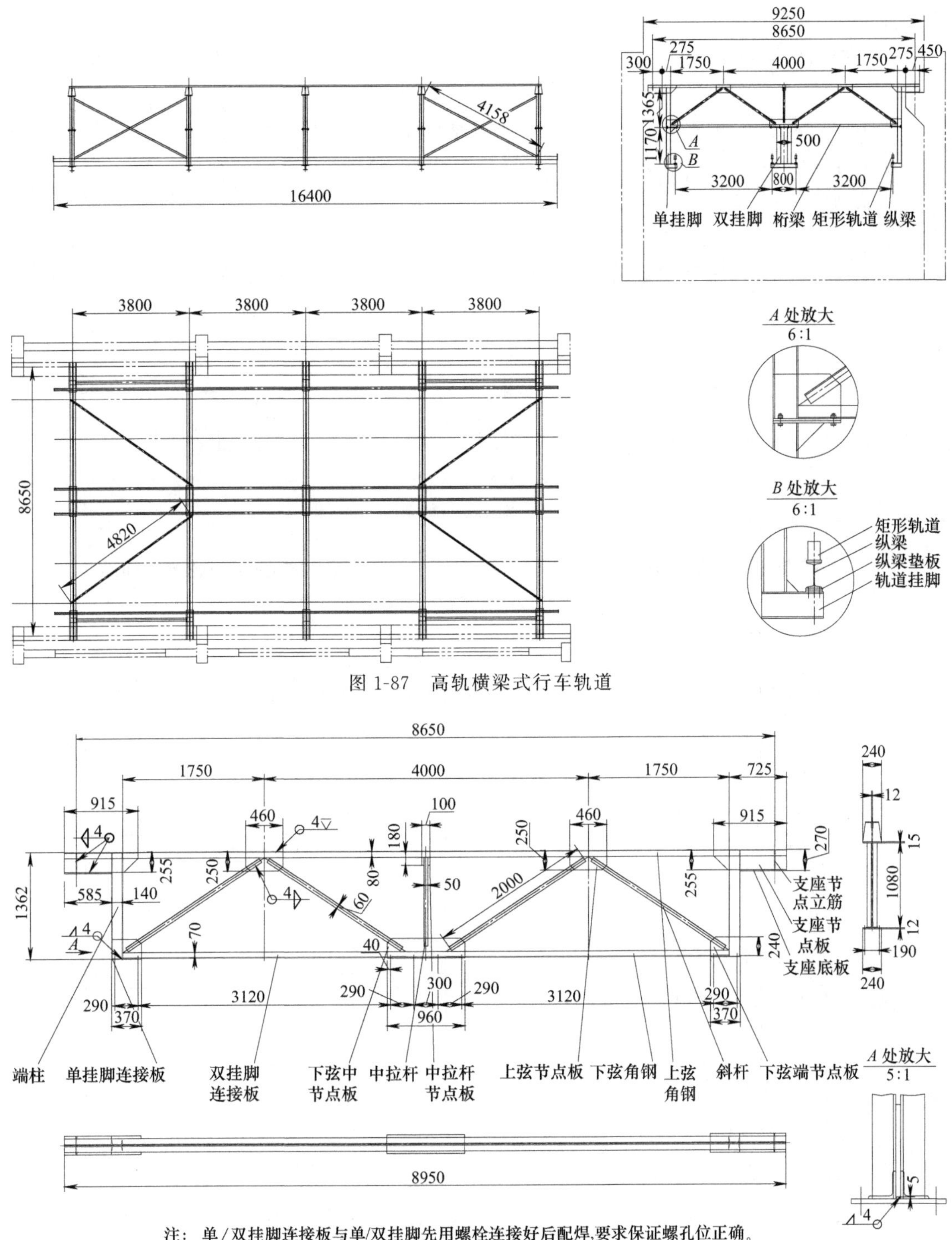

图 1-87 高轨横梁式行车轨道

注：单/双挂脚连接板与单/双挂脚先用螺栓连接好后配焊，要求保证螺孔位正确。

图 1-88 桁架

1.4.6 悬臂式行车轨道

悬臂式行车轨道设置于机架顶端，支承悬臂行车纵向直线运行，下部设有靠轮滑道，承托行车及其全部载荷的机架，用螺钉安装于全线底盘构架上，连同镀槽形成稳固的整体结构，便于安装和调整。悬臂式行车轨道及其机架图例见图 1-90，并参阅图 1-75。

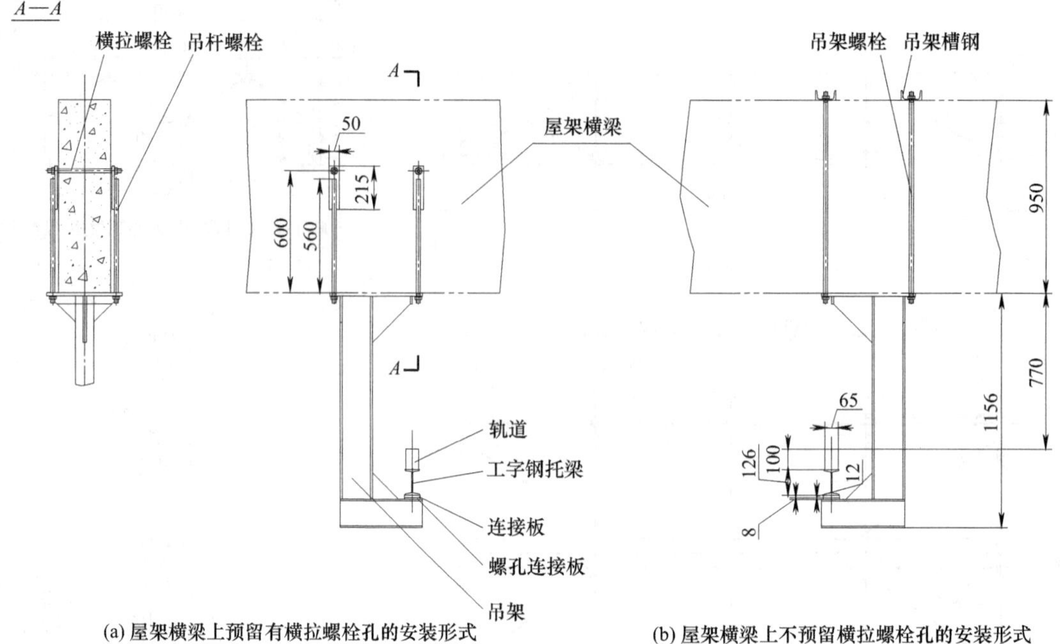

图 1-89 利用屋架横梁悬吊高轨行车轨道

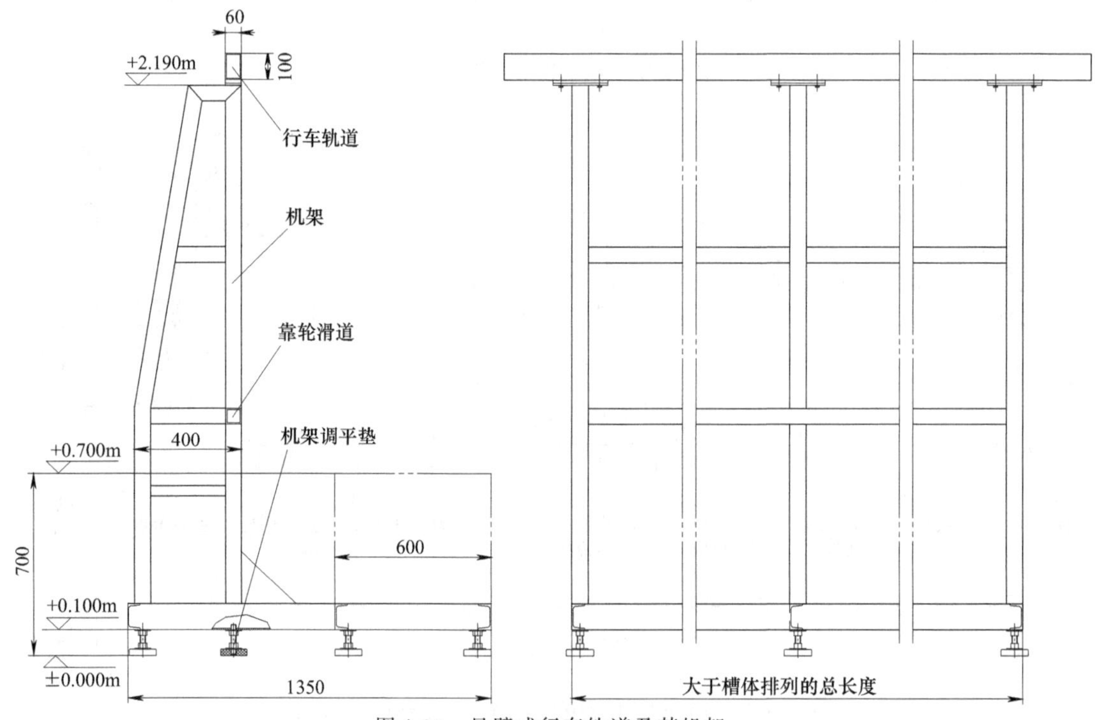

图 1-90 悬臂式行车轨道及其机架

1.4.7 大跨度行车轨道

大跨度行车轨道因其跨度和高度较大，必须考虑立柱与轨道纵向与横向的稳定性。因此两轨道的端头必须与建筑物相连，或用桁架加强梁连接构成框架形式，在立柱侧面由加强梁和建筑物连接相靠。大跨度行车轨道图例见图 1-91。

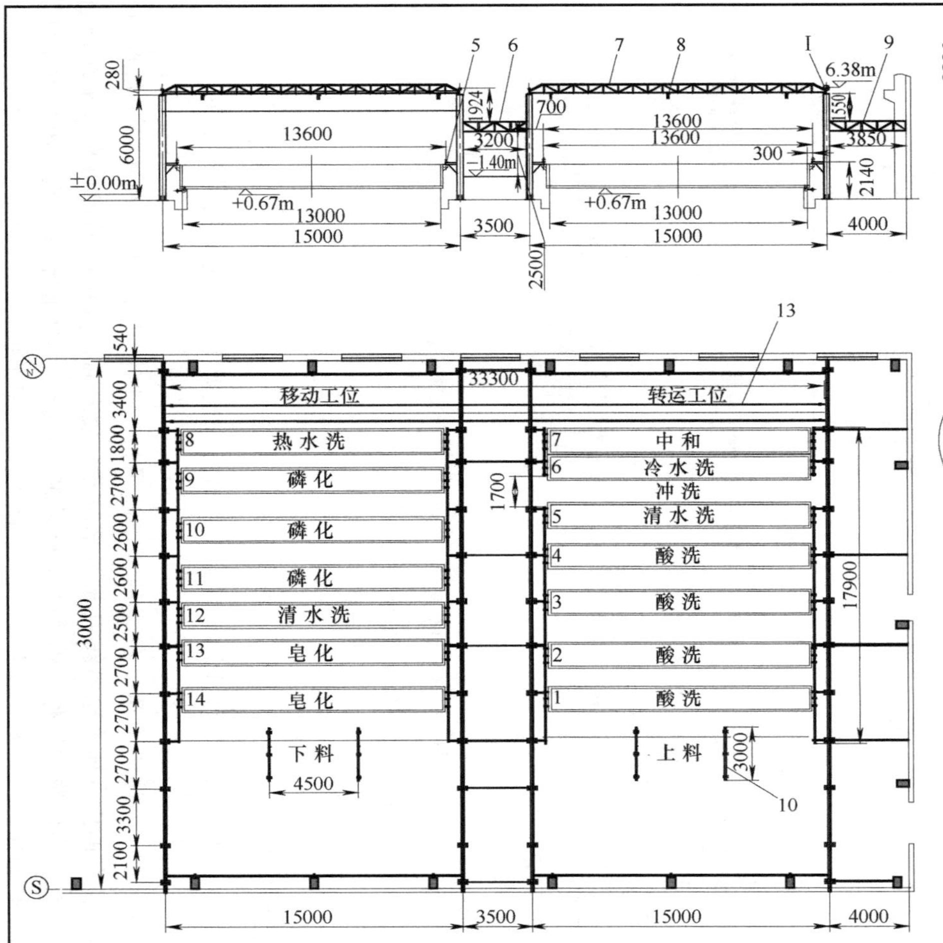

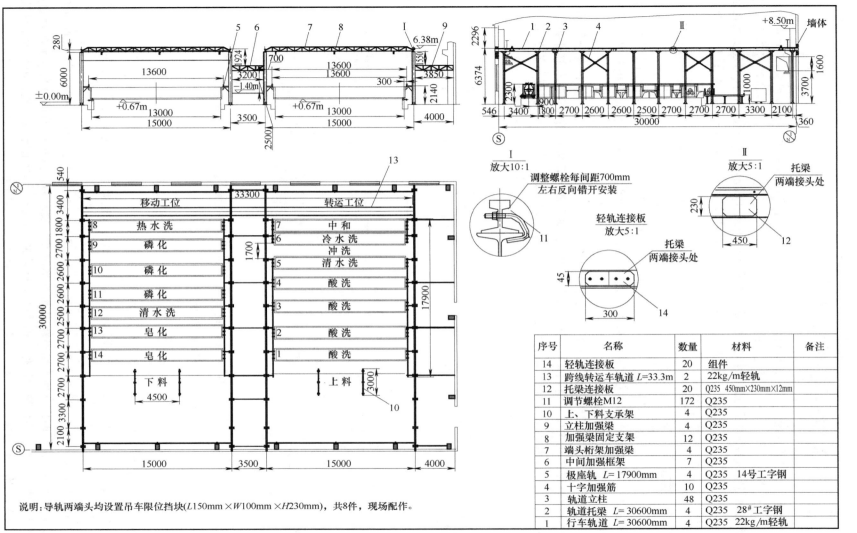

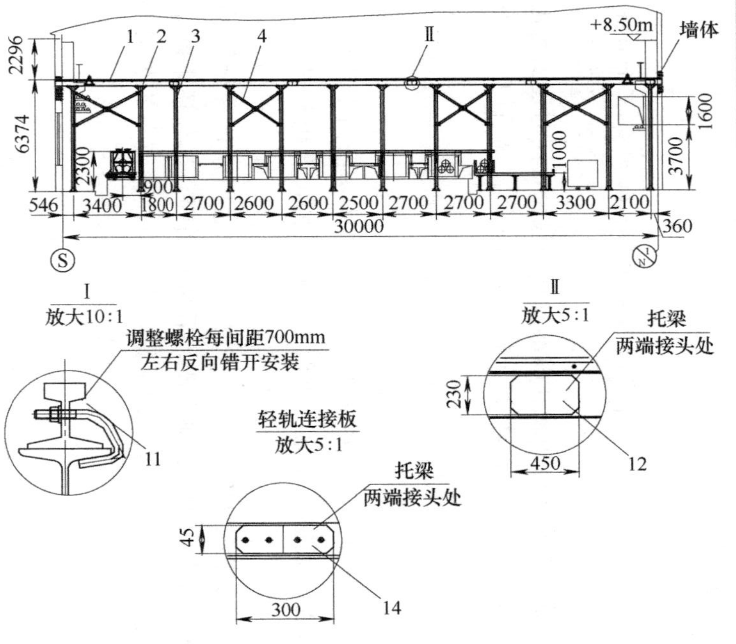

序号	名称	数量	材料	备注
14	轻轨连接板	20	组件	
13	跨线转运车轨道 L=33.3m	2	22kg/m轻轨	
12	托梁连接板	20	Q235 450mm×230mm×12mm	
11	调节螺栓M12	172	Q235	
10	上、下料支承架	4	Q235	
9	立柱加强梁	4	Q235	
8	加强梁固定支架	12	Q235	
7	端头桁架加强梁	4	Q235	
6	中间加强框架	7	Q235	
5	极座轨 L=17900mm	4	Q235 14号工字钢	
4	十字加强筋	10	Q235	
3	轨道立柱	48	Q235	
2	轨道托梁 L=30600mm	4	Q235 28#工字钢	
1	行车轨道 L=30600mm	4	Q235 22kg/m轻轨	

说明：导轨两端头均设置吊车限位挡块(L150mm×W100mm×H230mm)，共8件，现场配作。

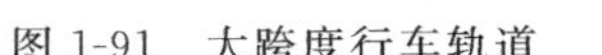

图 1-91 大跨度行车轨道

1.5 电镀线跨线移位装置

由于厂房长度不够，行车式电镀线从工艺布置上可分成两条线或多条线组合（即Ⅱ形排列），通过跨线移位，形成一套完整的电镀线。为满足工艺要求，电镀工件在跨线过程中应尽可能缩短与空气接触的时间，因此工件需浸在水溶液中或在喷淋过程中移位，同时还要考虑运行和吊卸挂方便。为避免极杆在纵向和横向运行中受到轨道干扰，选用中轨或高轨门式行车较为合理。

1.5.1 槽面移位车

左右两线跨接的端部工位（Ⅱ形端部）设置一个长水槽（长度要把跨接的两个槽长全部包含在内），延长水槽长度方向两槽口处设轨道，在第一条线的最后工位，把极杆及吊挂的工件搁置在事先到位的移位车框架支承座上，移位车在轨道上程控运行，输送到第二条线的第一工位，由第二条线的行车起吊进行下道工序，然后移位车自动返回。这种槽面移位车的运行速度稍快无碍，但它所设的长水槽的两侧壁刚度低，需精心加固，另外还阻断了左右两线之间的通道（即Ⅱ形顶部被封闭），不利于电镀线的维护操作。槽面移位车的图例见图1-92。

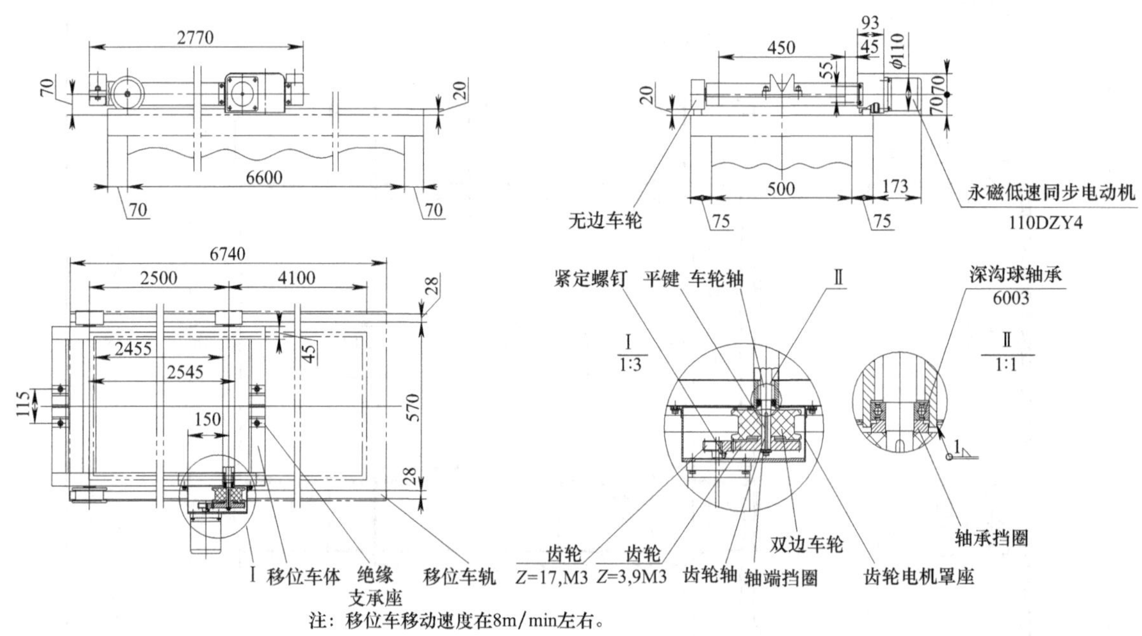

图1-92 槽面移位车

1.5.2 水槽移位车

在左右两线（Ⅱ形端部）的极杆转运位置设置地轨，地轨上备有带水槽的移位车，第一条线的最后工位即是带水槽的移位车，极杆就吊挂在移位水槽槽口的支承座上，然后程控运行到第二条线的第一个工位，接着由第二条线的行车起吊进行下道工序，移位车连带水槽自动返回。采用水槽移位车的优点即为电镀线Ⅱ形端部敞开，使左右两线中间的走道平台全线畅通，有利于操作人员对全线的维护操作。但由于水槽是带水运行，为防止槽体晃动使槽内水溶液飞溅，需要采用变频调速运行。水槽移位车图例见图1-93和图1-94。

图 1-93 水槽移位车实物图

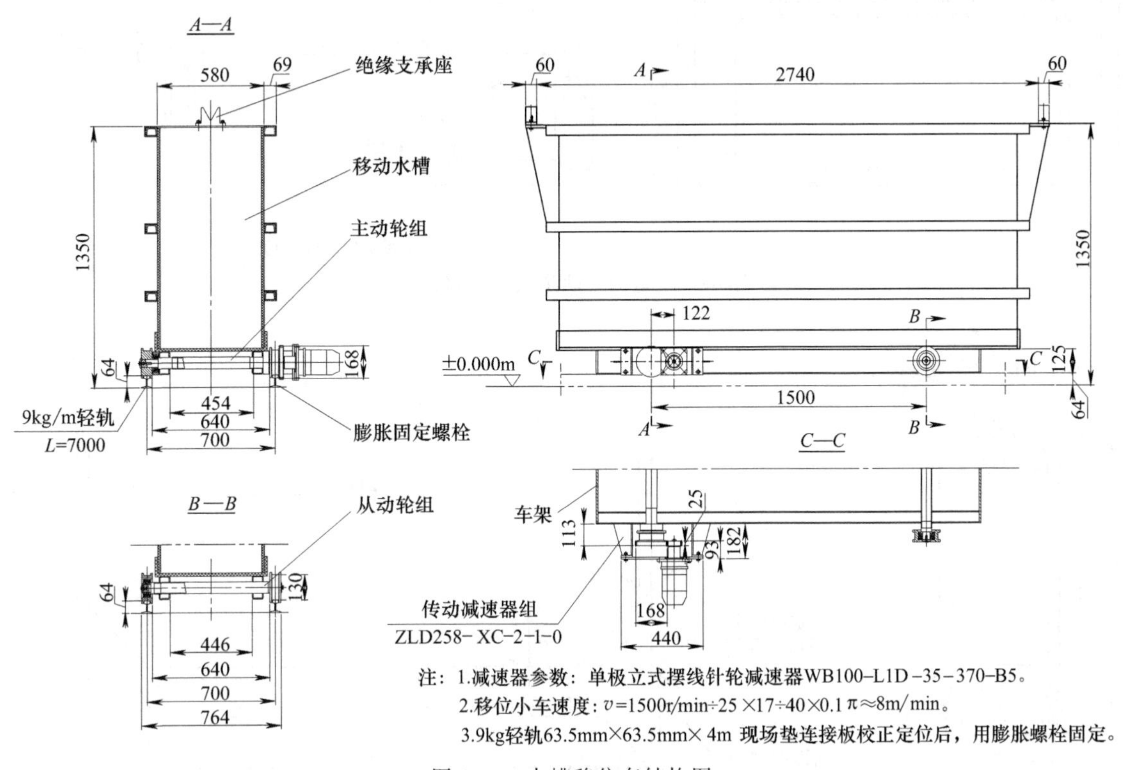

图 1-94 水槽移位车结构图

1.5.3 装卸挂移位车

左右两线组合成的Π形排列的电镀线上，极杆从装挂工件后开始，全线程控运行到卸挂，卸挂后要将极杆移位到装挂工位，因此在装卸挂处设置两组可支承极杆的移位车及其轨道。移位车可用手工推移，亦可用电动机传动链来回拖动移位车。传动链条可安装在地坪上面，但有碍物料及人员通行，亦有安装在地沟里的，拉动拨杆推动小车，因地坪经常用水冲洗，沟口边必须做好防水措施，以免污水进入地沟浸蚀设备。根据实践经验，移位车采用手工推移较为灵活方便且安全可靠。地面上轨道和地沟内轨道装卸挂移位车图例分别见图 1-95、图 1-96，装卸挂移位车的传动链结构图例见图 1-97。

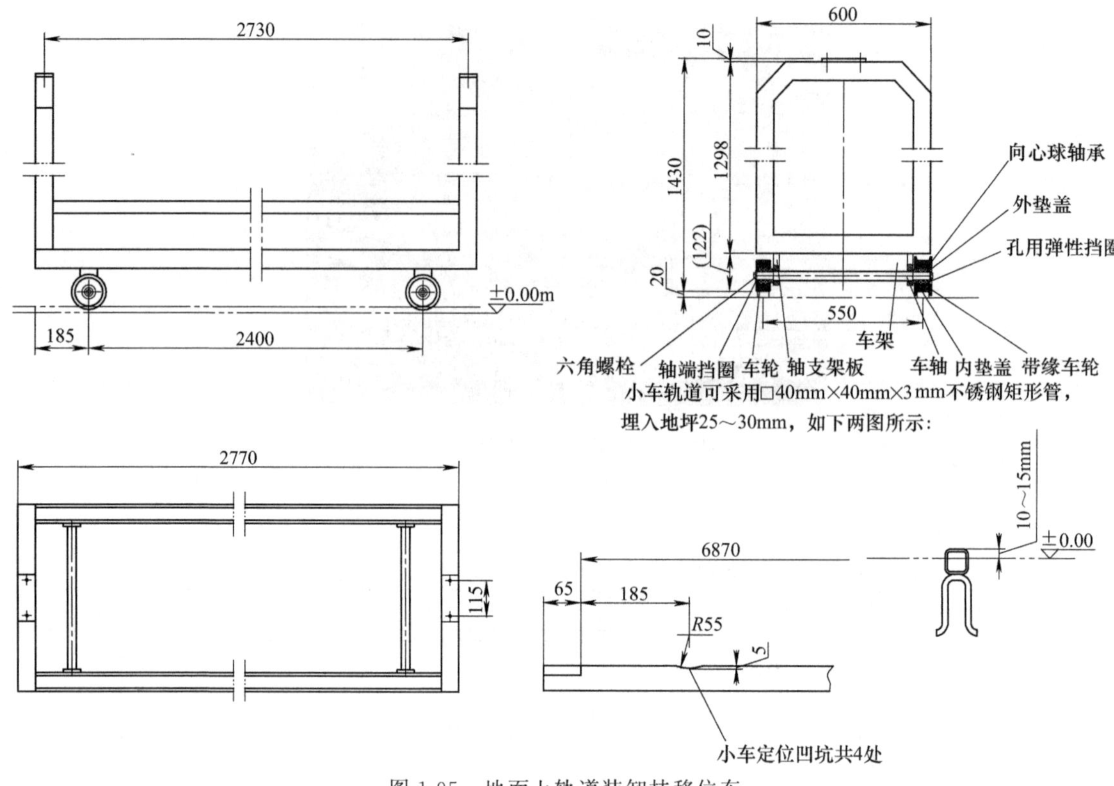

图 1-95　地面上轨道装卸挂移位车

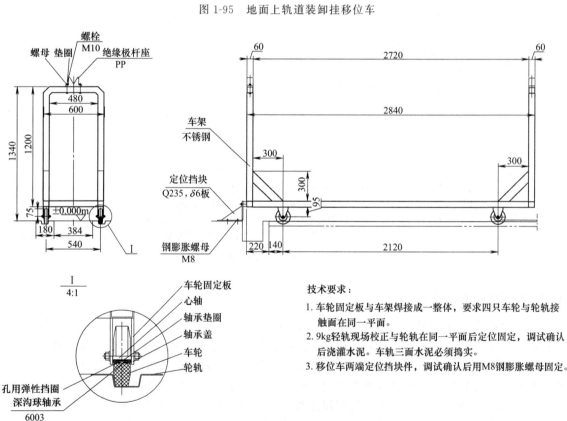

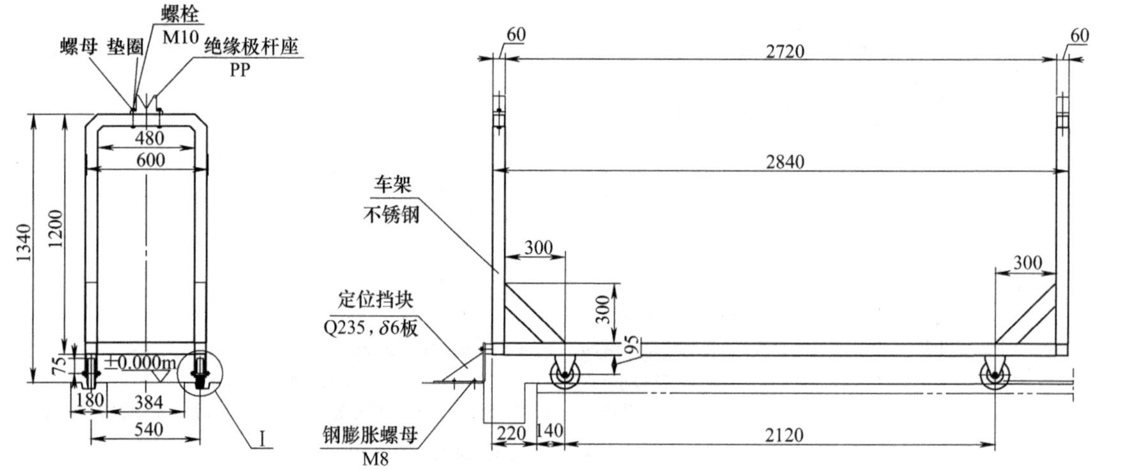

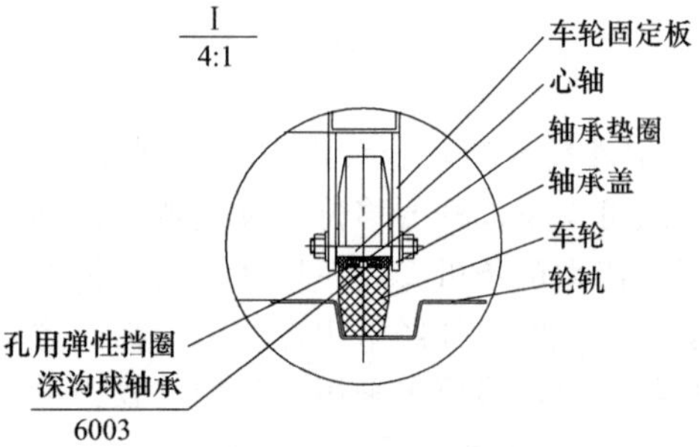

技术要求：

1. 车轮固定板与车架焊接成一整体，要求四只车轮与轮轨接触面在同一平面。
2. 9kg轻轨现场校正与轮轨在同一平面后定位固定，调试确认后浇灌水泥。车轨三面水泥必须捣实。
3. 移位车两端定位挡块件，调试确认后用M8钢膨胀螺母固定。

图 1-96　地沟内轨道装卸挂移位车

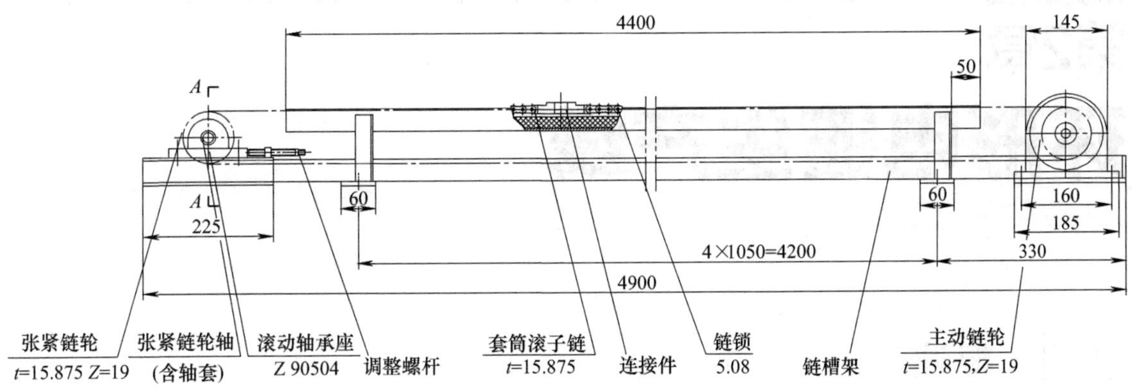

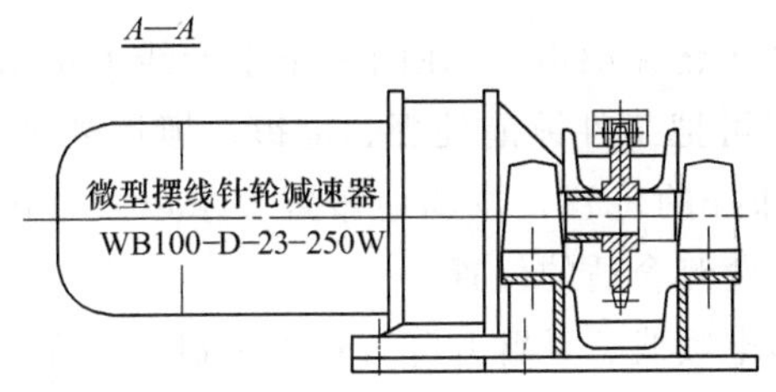

注：此传动链装置配套用于装卸挂移位车。一般安装在地沟里，拨动拉杆推动装卸挂移位车。但地沟边必须做好防水，以免进入污水浸蚀传动链。

图 1-97　装卸挂移位车传动链

第2章
环形电镀生产线

2.1 概述

2.1.1 环形电镀的种类

环形电镀线特别适用于大批量的电镀生产（挂镀和滚镀）。在同一条生产线上最适合实施单一电镀工艺程序，按工艺程序和工艺规范要求可把工件镀前处理、电镀、镀后处理、烘干、卸挂和挂具退镀等工序排列成环形电镀线。装卸挂的位置，按场地布置要求以及进出料的方便，可选择在环形线的端部，也可设置在环形线两侧合适的位置。

环形电镀线按其结构可分为导轨升降式环形电镀线、悬臂升降式环形电镀线、压板式环形电镀线和爬坡式环形电镀线；按其控制系统的类别，可分为液压驱动和机械驱动两种基本形式。

导轨升降式环形电镀线是一种不等间距（或称不等工位间距）的环形线。因它的推进装置都是采用推块（或称拨爪）步进推进挂具导电滑架在导轨上向前顺序移位，在线生产作业时挂具工件（即装满电镀工件的挂具）在工艺槽中推进移位（简称下位推进）和空中跨槽推进移位（简称上位推进），这两个动作是单独完成的。因此：①挂具工件从辅助槽跨槽到工艺槽，或从工艺槽跨槽到辅助槽时，上位推进移位的间距最大，为辅助槽长度加两槽之间所留间隙之和，而辅助槽与辅助槽之间的跨槽移位是所设置辅助槽（含两槽壁厚度）的长度；②在工艺槽中挂具工件下降到位后是立即下位推进到下一工位的，所以工艺槽中需留有一个空工位；③在工艺槽中下位推进间距只要容纳一个挂具工件，并在前后稍留合适的空隙，保证工件在运行中不会碰撞就行。

悬臂升降式环形电镀线，不论是采用液压系统驱动还是采用机械系统驱动，都是一种等间距的环形线，因为它的推进装置都是采用一套链条传动推进挂具导电悬臂在导轨上向前顺序移位。由于挂具导电悬臂是装置在同一驱动的上下两条环形链条上，在线生产作业时挂具工件在工艺槽中由链条拉动挂具导电悬臂水平方向往前推进（简称水平推进），与挂具工件在空中跨槽水平推进的动作是同时完成的，因此：①工艺槽内不需留一个空工位；②挂具工件从辅助槽跨槽到工艺槽，或从工艺槽跨槽到辅助槽，以及从辅助槽跨槽到辅助槽的间距是相同的，这一等间距的长度即为辅助槽长度（设计时取几个链条节距的合成长度）。

2.1.2 运行节拍周期

导轨升降式环形电镀线每一工位的运行总时间，即工位节拍周期（简称节拍周期）：当工艺槽中的空工位设置于最后一个工位时，节拍周期动作图见图 2-1；当空工位设置于第一个工位时，节拍周期动作图见图 2-2。

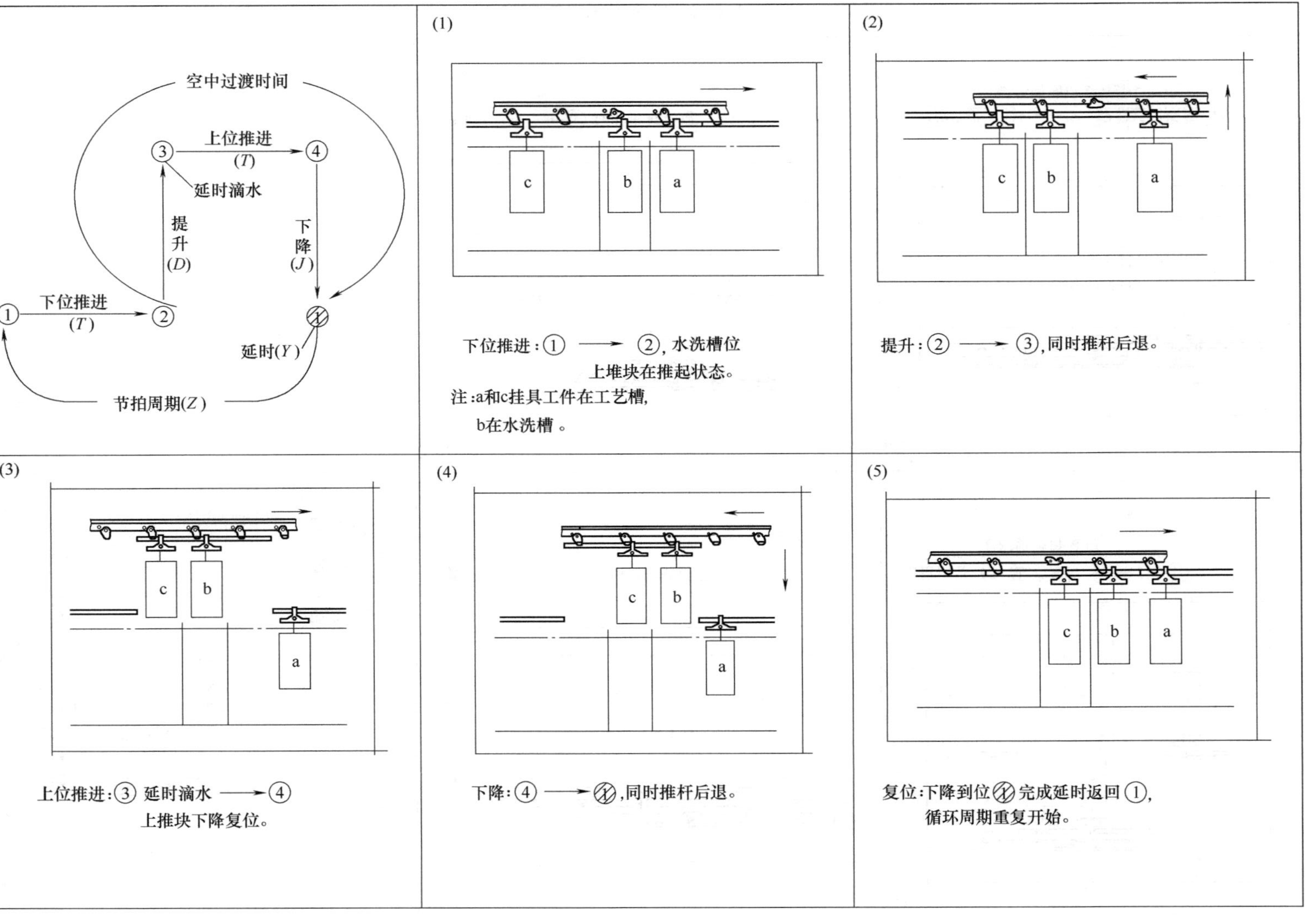

图 2-1　节拍周期动作图（一）

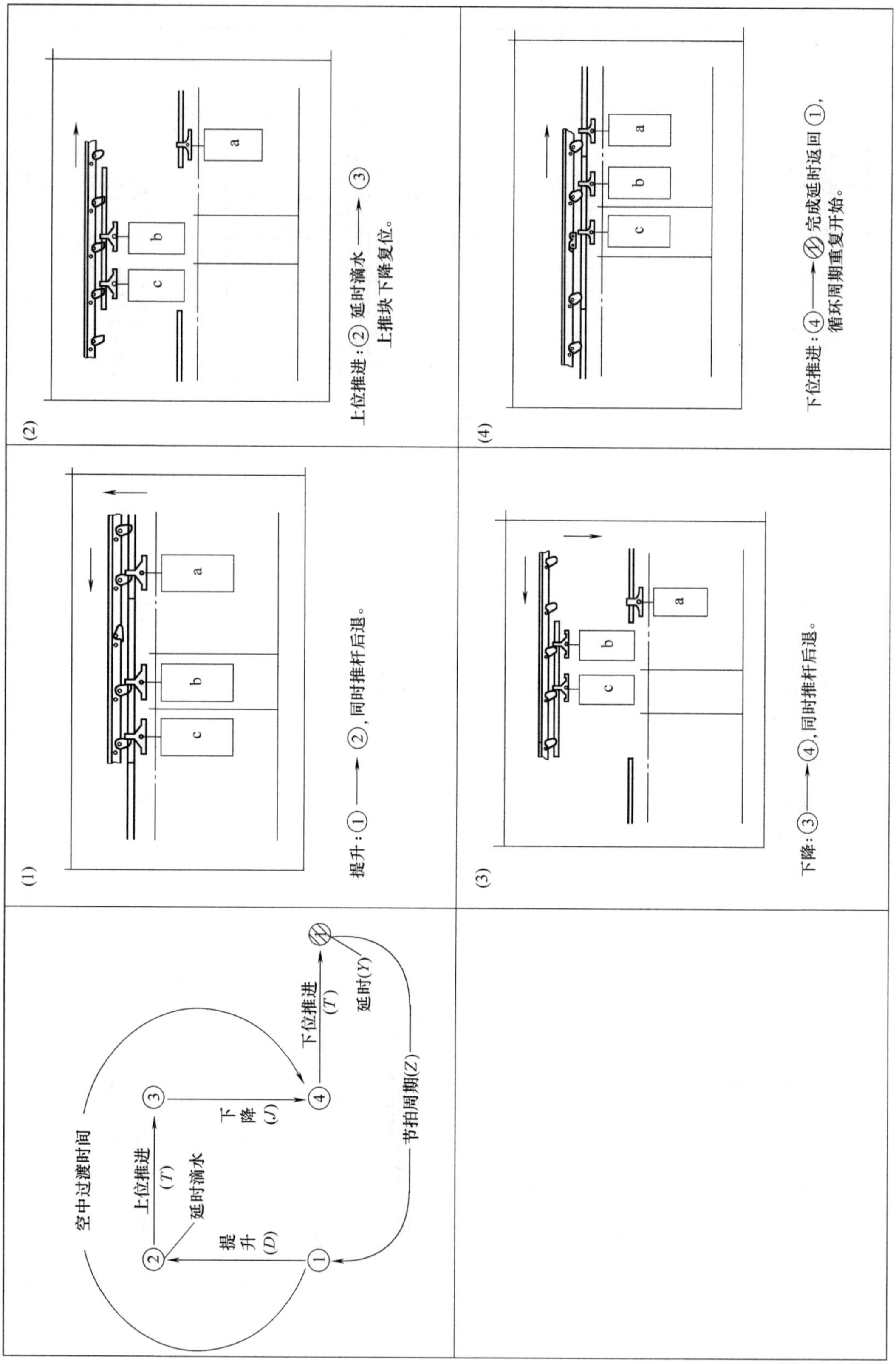

空中过渡时间

②—上位推进（T）→③

延时滴水

提升（D）

下降（J）

①

④—下位推进（T）→①̸

延时（Y）

节拍周期（Z）

(1)

提升：①——→②，同时推杆后退。

(2)

上位推进：② 延时滴水——→③

上推块下降复位。

(3)

下降：③——→④，同时推杆后退。

(4)

下位推进：④——→①̸ 完成延时返回①，

循环周期重复开始。

图 2-2　节拍周期动作图（二）

由节拍周期动作图可见：

$$Z=D+2T+J+Y$$

式中　Z——节拍周期，s；

D——提升时间（含滴水延时），s；

T——水平推进时间，s；

J——下降时间，s；

Y——延时时间，s。

从节拍周期动作图中，可推算出电镀工件在辅助槽中的浸洗时间和在工艺槽中的浸渍时间。

辅助槽中浸洗时间： $$Fs=T+Y$$

式中　Fs——浸洗时间，s。

工艺槽中浸渍时间： $$Gz=(n-2)Z+Fs$$

式中　Gz——浸渍时间，s；

n——槽内总工位数，$n\geqslant 3$。

悬臂升降式环形电镀线的节拍周期动作图见图 2-3。

由节拍周期动作图可见：

$$Z=D+T+J+Y$$

式中　Z——节拍周期，s；

D——提升时间（含滴水延时），s；

T——水平（上下同时）推进时间，s；

J——下降时间，s；

Y——延时时间，s。

辅助槽中浸洗时间： $$Fs=Y$$

式中　Fs——浸洗时间，s。

工艺槽中浸渍时间： $$Gz=nZ-D-T-J$$

式中　Gz——浸渍时间，s；

n——工艺槽内工位数。

环形电镀线运行节拍周期与产量有直接关系，缩短节拍周期就意味着提高产量。由于环形电镀线的结构和运行特点，以及机械和电气系统设计合理，运行十分稳定可靠，因此节拍周期可以设计得很短，如爬坡式环形电镀线的节拍周期可缩短到 15s 以内，其他几种环形线一般可取 30s 以上，在运行过程中，按工艺品要求可任意调整。计算环形线产量时，按生产作业时间，减去两个电镀周期的实际产量。

2.1.3 环形电镀线的特点

① 导轨升降式环形电镀线，是生产运行最为稳定可靠的一种环形电镀线，是真正能实施三班制连续运作的电镀线。以原上海自行车厂十余条电气控制的环形线为例，在 20 世纪 70 年代就能做到每天 24h 四班制运作，每月轮流对一条电镀线花 1～2 天进行小修和维护保养。这种环形线的电气控制元器件只相当于一台电镀行车所需的数量和费用；它的运行节拍周期的动作十分简单，只是简单的顺序动作往复循环，而电镀行车运行周期的动作就比较复杂且变化又多；挂具导电滑架由黄铜制作而成，且每件重量有 18～30kg，和阴极排的导电接触面积达 2.5～4dm^2，挂具工件直接悬吊在滑架正下方。因此，滑架在阴极导轨上顺序推移时十分平稳且不会跳动，直流电源可多点引入到阴极排和阳极排上，电流分布十分均匀，使提高电镀工件的质量客观上有了保证，另外这种环形线还可制作成三通道或四通道的形式，能大大提高电镀产量。

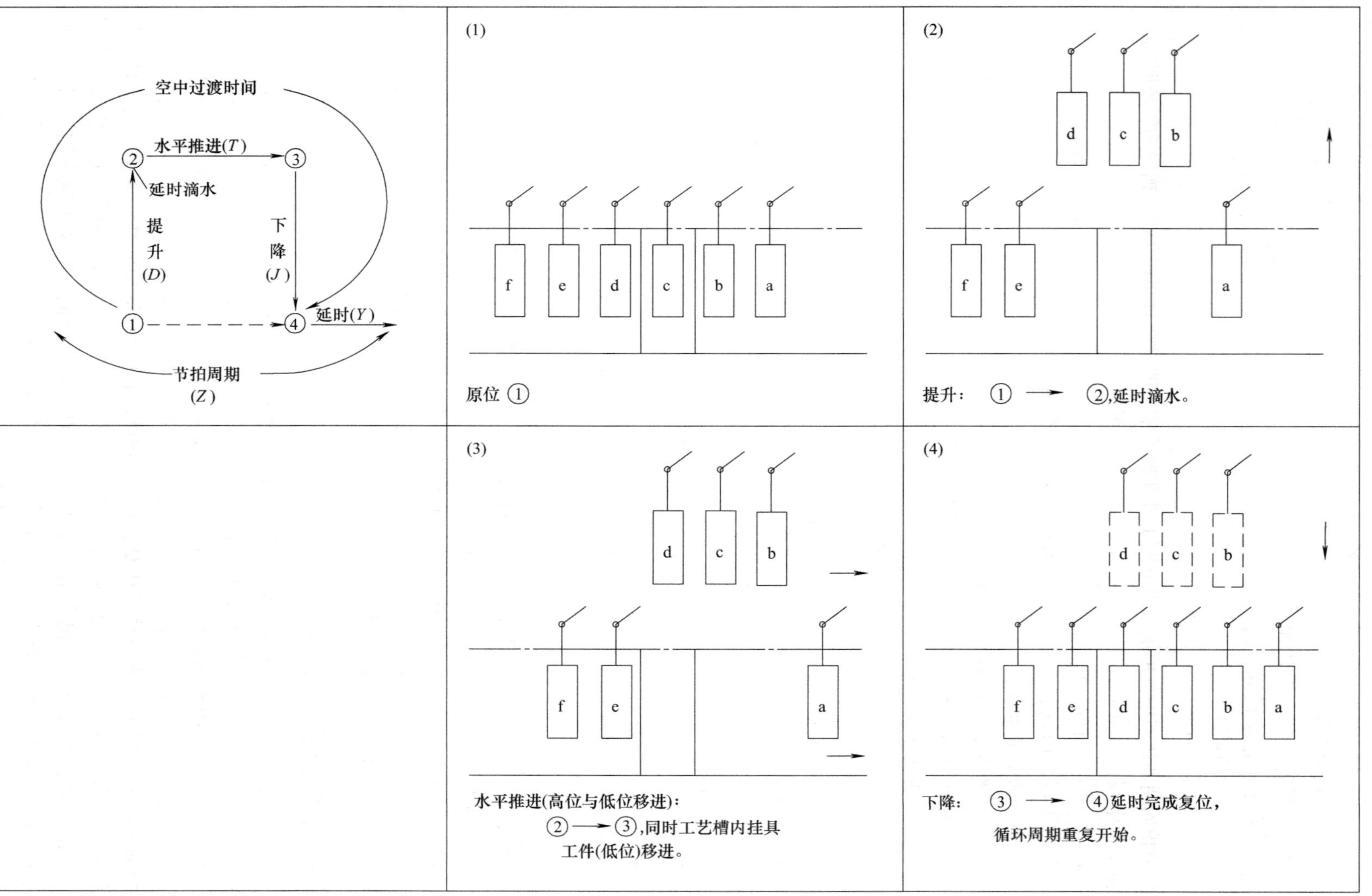

图 2-3 节拍周期动作图（三）

② 悬臂升降式环形电镀线的挂具导电悬臂是安装于上下两条环形链条上的，挂具工件又悬吊在悬臂的端部，运行时容易晃动，尤其在圆弧端回转区进入直线段时，一侧相切段链条是松边，更会使悬臂摇摆晃动，因此在此处需设置一套稳定靠板。这种环形线适宜设计为单通道形式，若电镀工件比较轻便也可设计成双通道形式，这时为使悬臂长度不要太长，相应槽内的阳极距不能太大，否则对提高电镀质量不利。这种环形线的电气控制也比较简单可靠，但机械系统的主传动部分采用链条驱动，其运行可靠程度比程控行车式电镀线好，但不如导轨升降式环形电镀线稳定可靠。

③ 爬坡式环形电镀线在爬坡运行中连续完成挂具导电摆杆的升降和前进，因此节拍周期可缩短到 15s 之内；但它由传动链条驱动，以及电镀工件悬吊在导电摆杆的端部，使运行中的挂具工件容易在纵向和横向同时晃动，尤其在传动链条磨损后链节之间造成松动的情况下更是如此。它适合镀比较轻的工件，且工件在挂具上装夹牢靠的情况。

④ 传统的压板式环形电镀线也是采用传动链条驱动，只是采用压板装置代替爬坡形式，使挂具工件在电镀过程中实施升降动作。本手册将介绍的是一种创新的步进压板式环形电镀线，它用安装在步进推杆上的拨爪代替链条驱动挂具导电小车顺序前进，因此推进运行比较稳定，挂具工件基本上没有纵向晃动，而因它也是将挂具工件悬挂在挂具导电小车的摆杆端部，在升降过程中挂具工件略有横向晃动。

⑤ 液压系统和机械系统驱动的两种环形线，前者运行的各个动作（提升、推进和下降）能缓启动和缓制动，优于机械传动的慢速启动和慢速制动，因此运行更加稳定可靠，整个设备在生产作业过程中基本无噪声。但前者要投资一套液压泵站，并要有专业管理人员维护。两者的传动功率一般分别是 5.5kW 与 9.5kW。

⑥ 环形电镀线的工艺流程一旦确定是不能更改工艺程序的，也不能改变工艺槽中的工位数和辅助槽的排列位置，各镀种的工艺槽处理时间按节拍周期的调整，只能同步增加或减少，即某只工艺槽的处理时间拟单独调整是不可以的。唯有悬臂式环形线局部区域可以设置跳槽或跳工位装置，但整体设计时已决定了工艺程序，生产作业时必须遵守在原设计范围内实行调整。行车式电镀线生产作业时，可以随意调整工艺槽的处理时间，也可任意跳过某些槽位，因此可在一条电镀线上实施多镀种工艺流程，以及适合电镀工件品种和装挂形式多变时使用，这是行车电镀线的最大优点。

⑦ 环形电镀线与行车式电镀线的比较（按 250d/a、24h/d、电镀摩托车消声器为例）见表 2-1。

表 2-1　环形电镀线与行车式电镀线的比较

序号	名　　称	环形电镀线（参阅第 2 章 2.2.1 节所述的摩托车消声器电镀线设计要素）	行车式电镀线（参阅第 1 章 1.2.4 节所述的消声器电镀线设计要素）
1	三班制电镀摩托车消声器年产量	141 万件	45.6 万件
2	电镀线主机占地面积(含操作平台)	约 163m^2	约 186m^2
3	电镀整流电源	200kW(共 11 台)	136kW(共 13 台)
4	主机传动功率	7.5kW	13.2kW
5	全线总功率	341kW(每万件 2.418kW)	218kW(每万件 4.78 kW)
6	半亮镍槽容积	22400L(满负荷运行)	4200L×3(不满负荷运行)
7	光亮镍槽容积	17000L(满负荷运行)	4200L×2(不满负荷运行)
8	镍封槽容积	5550L(满负荷运行)	4200L(不满负荷运行)
9	装饰铬槽容积	5400L(满负荷运行)	4550L(不满负荷运行)
10	辅助槽容积	1280L(满负荷运行)	2850L(不满负荷运行)
11	生产作业小时供水量(自来水/纯水)	6.0～7.0m^3/1.0～1.2m^3	7.5～9.0m^3/1.0～1.5m^3
12	废水小时排放(处理)量	6.2～7.7m^3	7.5～10.5m^3
13	供电同时使用系数	0.7～0.8	0.6～0.7

从表 2-1 中数据可知，在没有特别措施的情况下，环形电镀线本身就是一套节能减排的生产线，值得优先选取。

2.2 环形电镀线工艺流程与配置要素

编制环形电镀线的《电镀线工艺流程与工艺配置表》，除确定第 1 章中编制行车式电镀线的《电镀线工艺流程与工艺配置表》有关技术资料外，尚需下列技术资料和数据。

① 电镀工件的额定产量、工艺流程、工艺规范、工件特点、形状和表面积，以及在挂具上工件的装挂形式和各工艺槽处理时间。

② 工位节拍周期（s）。

③ 辅助槽的长、宽、高尺寸尽可能缩小，按一个挂具工件的包容尺寸，前后和左右留约 100mm 就是它的长度和宽度，其深度应是挂具工件最低点与槽底间留 150～200mm 空隙，这样可达到节能减排的目的。

④ 工艺槽的尺寸，其长度按确定的节拍周期决定工位数量，槽内工位间距则遵守等间距和不等间距的两种环形线的原则，其总宽度由最佳阳极间距加 200～250mm 而定，而深度应是挂具工件最低点与槽底间留 250～300mm 为宜，这是因为槽底需设置空气搅拌管或液体搅拌管以及过滤管等装置。

⑤ 不等间距的环形线在排列工艺流程时，两侧的回转中心距往往不会相等，当遇到这种情况时，可将某工艺槽（如装饰铬槽）内的工位间距适当加大，或将装卸挂的工位间距适当缩小或加大以使两回转中心距相等。

2.2.1 摩托车消声器电镀工艺

摩托车消声器电镀生产线工艺流程如图 2-4 所示。导轨升降式环形电镀生产线断面示意图见图 2-5。

摩托车消声器电镀生产线工艺配置表见表 2-2。

摩托车消声器电镀生产线设计要素如下。

① 主机：L37.0m×W4.4m×H5.5m（该尺寸含机架，未含操作平台、整流器、过滤机以及线外排风系统等辅助设施），导轨回转中心距 32.7m，回转半径 R1300mm，提升行程 1600～1700mm。

② 工位数 114（含空工位 13），最大工位间距 800mm，最小工位间距 500mm。

③ 挂具导电滑架 101 套，最大导电量≤1350A（每套），每工位两挂，装载体积 W450mm×δ150mm×H1250mm/挂，受镀工件表面积≤100dm^2/工位（相当于摩托车消声器 4 件），提升重量≤50kgf/工位（含镀件、导电滑架、挂具和提升的溶液附加力）。

④ 运行节拍周期：60s（>45s 可调）。

⑤ 年产量：（250d/a，24h/d）：250d×24h/d×60min/h÷1min×100dm^2×0.98≈3528×10^{4}dm^2。折合：摩托车消声器年产量约 141 万件，即日产量约 5640 件。

⑥ 溶液加温和保温供汽量（预热以 4h，初始温度按 15℃计算）：加温 1680kg/h，保温 800～1000kg/h。

⑦ 生产作业供水量（换水次数 0.5～0.6 槽/h，热水和纯水减半计算）：自来水 6.0～7.0m^3/h，纯水 1.0～1.2m^3/h。

⑧ 空搅用低压空气供应量 1050m^3/h，分类配置：

a. 21 号和 22 号纯水洗和半光亮镍槽位 350m^3/h。

b. 24～33 号亮镍和镍封及其回收、水洗槽位 360m^3/h。

c. 其余空搅槽位 340m^3/h。

配置：80 型三叶罗茨风机共 3 台（进风量 380m^3/h，排风压力 24.5kPa，5.5kW，1820r/min）。

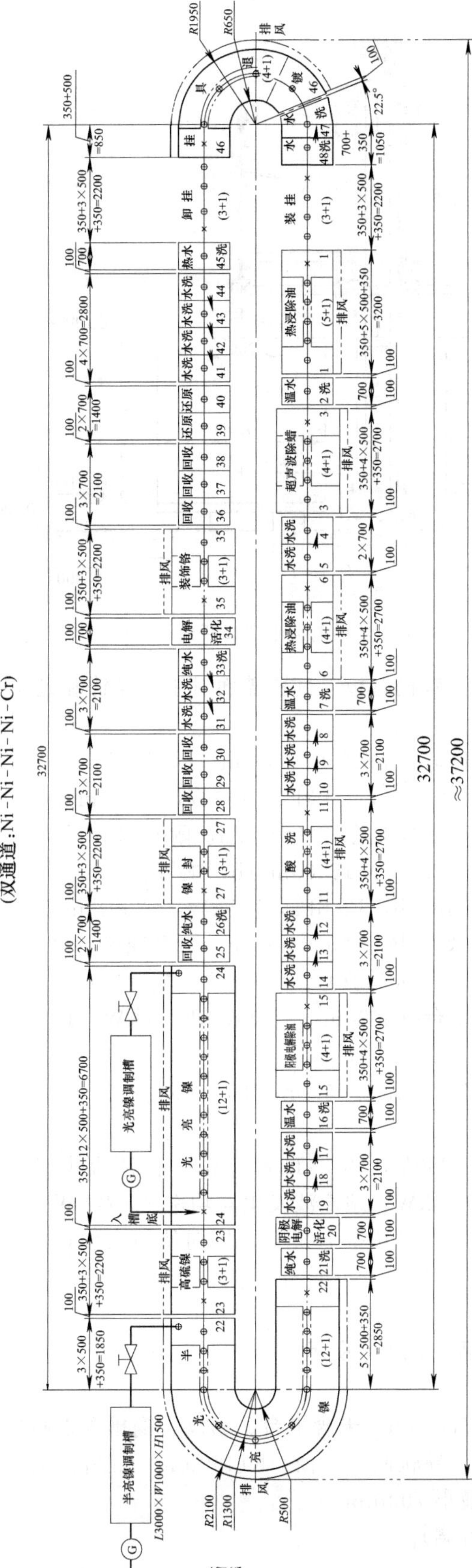

图 2-4　摩托车消声器电镀生产线工艺流程

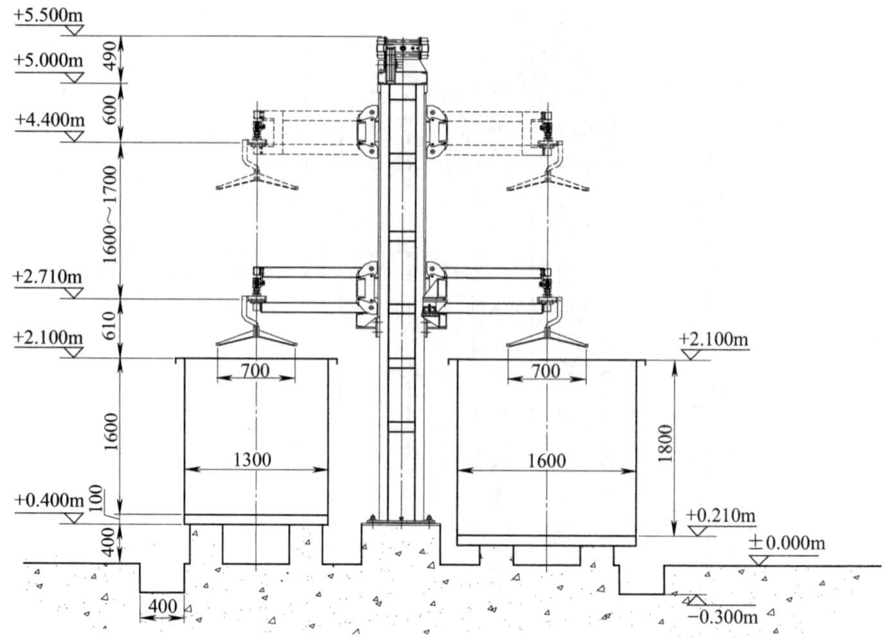

图 2-5 导轨升降式环形电镀生产线断面示意图

⑨ 局部排风装置（各排风槽位设置槽盖板，其覆盖面对于半亮镍和光亮镍为 4/5，对于其余槽位为 1/2）：

a. 前处理系统排风量（槽面风速取 0.3m/s）35000m³/h，配置：

- No. 10，FRP 风机 1 台（35000m³/h，1000Pa，15kW，900r/min）。
- 35 型 FRP 废气净化塔 1 台（处理风量 35000m³/h，耐腐蚀液下泵 1 台，7.5kW）。

b. 镍系统排风量（槽面风速取 0.2m/s）15000m³/h，配置：

- No. 8，FRP 风机 1 台（15000m³/h，1200Pa，7.5kW，1250r/min）。
- 15 型 FRP 废气净化塔 1 台（处理风量 15000m³/h，耐腐蚀液下泵 1 台，5.5kW）。

c. 铬系排风量（槽面风速取 0.45m/s 计算）8000m³/h，配置：

- No. 6，FRP（耐铬酸）风机 1 台（8000m³/h，1100Pa，4kW，1450r/min）。
- 700 型高效铬雾净化箱 1 台。

⑩ 废水排放（处理）量：酸碱系 4.0～5.0m³/h，镍系 1.2～1.5m³/h，铬系 1.0～1.2m³/h。

⑪ 设备总动力：3 相，50Hz，380V，约 341kW［其中整流器共 11 台额定总容量约 200kW，过滤机 16 台额定总容量约 48kW，超声波发生器功率 27.72kW（频率≥40kHz），回收手提泵（0.55kW）3 台，液压站电动机功率 7.5kW，同时使用系数 0.7～0.8］。

2.2.2 自行车轮圈电镀工艺

自行车轮圈电镀生产线工艺流程如图 2-6 所示。

设计要素如下。

① 主机：L33.5m×W5.1m×H4.9m（未含平台、通风、铜排等设施）。

② 导轨回转中心距：28.250m。导轨回转半径：R1450mm。提升高度：1400mm。

③ 工位间距：最大 975mm，最小 700mm。

④ 运行节拍周期：60s（延长可调）。

⑤ 总工位数：75（含空工位数：9）。

表 2-2 摩托车消声器电镀生产线工艺配置表

工序号	工序名称	槽位号	工位数	工艺条件					电镀面积和电流电压			镀槽要求												设备要求														
				温度/℃	电流密度/(A/dm²)	时间/min	镀层厚度/μm	添加剂型号	每一槽位/dm²	每一槽位/A	整流器/(A/V)	厚度δ/mm,材料 槽体	厚度δ/mm,材料 内衬	外壁尺寸/mm 长	外壁尺寸/mm 宽	外壁尺寸/mm 高	有效容积/dm³	附设装置	排水方式 集污斗	排水方式 溢流斗	排水方式 排污阀	排水方式 拉塞	槽体保温	加温(或冷却)	溶液喷射搅拌	空气搅拌	阴极移动	喷淋	过滤/(m³/h)	供水	逆流	回收	温度控制	pH检测	自动加料	废水 沟排	废水 管排	局部排风
1	装挂	0	3+1			2.25~2.5																																
2	热浸除油	1	5+1	50		4.25~4.5						3,不锈钢		3200	1300	1800	6800			√	√		√	不锈钢蛇形管加温						自来水			自动					√
3	温水洗	2	1	45		0.25~0.5						12,PP		700	1300	1600	1280			√	√			不锈钢回气直冲管加温						自来水								
4	超声波除蜡	3	4+1	75		3.25~3.5			超声波发生器27.72kW(每槽)[振板14块×1.98kW,H1400mm×W300mm×δ90mm(每块)]			3,不锈钢		2700	1600	1800	7050			√	√		√	不锈钢蛇形管加温						自来水			自动					√
5	水洗	4	1			0.25~0.5						12,PP		700	1300	1600	1280			√	√					√					↶							
6	水洗	5	1			0.25~0.5						12,PP		700	1300	1600	1280				√					√				自来水								
7	热浸除油	6	4+1	50		3.25~3.5						3,不锈钢		2700	1300	1800	5700			√	√		√	不锈钢蛇形管加温						自来水			自动					√
8	温水洗	7	1	45		0.25~0.5						12,PP		700	1300	1600	1280			√	√			不锈钢回气直冲管加温						自来水								
9	水洗	8	1			0.25~0.5						12,PP		700	1300	1600	1280			√	√					√					↶							
10	水洗	9	1			0.25~0.5						12,PP		700	1300	1600	1280				√					√					↶							
11	水洗	10	1			0.25~0.5						12,PP		700	1300	1600	1280				√					√				自来水								

续表

工序号	工序名称	槽位号	工位数	工艺条件					电镀面积和电流电压			镀槽要求												设备要求														
				温度/℃	电流密度/(A/dm²)	时间/min	镀层厚度/μm	添加剂型号	每一槽位/dm²	每一槽位/A	整流器/(A/V)	厚度δ/mm,材料		外壁尺寸/mm			有效容积/dm³	附设装置	排水方式				槽体保温	加温(或冷却)	溶液喷射搅拌	空气搅拌	阴极移动	喷淋	过滤/(m³/h)	供水	逆流	回收	温度控制	pH检测	自动加料	废水		局部排风
												槽体	内衬	长	宽	高			集污斗	溢流斗	排污阀	拉塞														沟排	管排	
12	酸洗	11	4+1	室温		3.25~3.5						15,PP		2700	1300	1800	5500				√																	√
13	水洗	12	1			0.25~0.5						12,PP		700	1300	1600	1280			√	√					√					↶							
14	水洗	13	1			0.25~0.5						12,PP		700	1300	1600	1280				√					√					↶							
15	水洗	14	1			0.25~0.5						12,PP		700	1300	1600	1280				√					√				自来水								
16	阳极电解除油	15	4+1	50	4~5	3.25~3.5			100×4	500×4	2000/12	3,不锈钢		2700	1600	1800	5700			√	√		√	不锈钢蛇形管加温						自来水			自动					√
17	温水洗	16	1	45		0.25~0.5						12,PP		700	1300	1600	1280			√	√			不锈钢回气直冲管加温						自来水								
18	水洗	17	1			0.25~0.5						12,PP		700	1300	1600	1280			√	√					√					↶							
19	水洗	18	1			0.25~0.5						12,PP		700	1300	1600	1280				√					√					↶							
20	水洗	19	1			0.25~0.5						12,PP		700	1300	1600	1280				√					√				自来水								
21	阴极电解活化	20	1	室温	2~3	0.25~0.5			100	300	300/10	15,PP		700	1600	1600	1500				√																	

续表

工序号	工序名称	槽位号	工位数	工艺条件					电镀面积和电流电压			镀槽要求												设备要求														
				温度/℃	电流密度/(A/dm²)	时间/min	镀层厚度/μm	添加剂型号	每一槽位/dm²	每一槽位/A	整流器/(A/V)	厚度δ/mm,材料		外壁尺寸/mm			有效容积/dm³	附设装置	排水方式				槽体保温	加温(或冷却)	溶液喷射搅拌	空气搅拌	阴极移动	喷淋	过滤/(m³/h)	供水	逆流	回收	温度控制	pH检测	自动加料	废水		局部排风
												槽体	内衬	长	宽	高			集污斗	溢流斗	排污阀	拉塞														沟排	管排	
22	纯水洗	21	1			0.25～0.5						12,PP		700	1300	1600	1280			√	√					√				纯水								
23	半光亮镍	22	12+1	50～66	3～4	11.25～11.5			100×12	400×12	5000/10	6,Q235	(3+3),橡胶	8780	1600	1800	22400	带电进槽						钛蛇形管加温		√√			30×5				自动					√
	半光亮镍调制槽	附		50～66							300/10	15,PP		3000	1000	1500	3800												30 30(双筒)	纯水								
24	高硫镍	23	3+1	46～50	2～3	2.25～2.5			100×3	300×3	1000/10	15,PP		2200	1600	1800	5550	带电进出						钛蛇形管加温	√				30				自动					√
25	光亮镍	24	12+1	50～65	3～4	11.25～11.5			100×12	400×12	5000/10	6,Q235	(3+3),橡胶	6700	1600	1800	17000	带电进出						钛蛇形管加温		√√			30×5				自动					√
	光亮镍调制槽	附		50～65							300/10	15,PP		3000	1000	1500	3800												30 30(双筒)	纯水								
26	回收	25	1			0.25～0.5						15,PP		700	1300	1600	1280				√					√				纯水		手提泵						
27	纯水洗	26	1			0.25～0.5						12,PP		700	1300	1600	1280			√	√					√				纯水								
28	镍封	27	3+1	53～60	2～3	2.25～2.5			100×3	300×3	1000/10	15,PP		2200	1600	1800	5550	带电出槽						钛蛇形管加温		√√			30				自动					√

续表

工序号	工序名称	槽位号	工位数	工艺条件					电镀面积和电流电压			镀槽要求												设备要求														
				温度/℃	电流密度/(A/dm²)	时间/min	镀层厚度/μm	添加剂型号	每一槽位/dm²	每一槽位/A	整流器/(A/V)	厚度δ/mm,材料		外壁尺寸/mm			有效容积/dm³	附设装置	排水方式				槽体保温	加温(或冷却)	溶液喷射搅拌	空气搅拌	阴极移动	喷淋	过滤/(m³/h)	供水	逆流	回收	温度控制	pH检测	自动加料	废水		局部排风
												槽体	内衬	长	宽	高			集污斗	溢流斗	排污阀	拉塞														沟排	管排	
29	回收	28	1			0.25～0.5						12,PP		700	1300	1600	1280				√					√												
30	回收	29	1			0.25～0.5						12,PP		700	1300	1600	1280				√					√						↷						
31	回收	30	1			0.25～0.5						12,PP		700	1300	1600	1280				√					√				纯水		↷ 手提泵						
32	水洗	31	1			0.25～0.5						12,PP		700	1300	1600	1280			√	√					√												
33	水洗	32	1			0.25～0.5						12,PP		700	1300	1600	1280				√					√				自来水	↷							
34	纯水洗	33	1			0.25～0.5						12,PP		700	1300	1600	1280				√					√				纯水	↷							
35	电解活化	34	1	室温		0.25～0.5					200/6	15,HPVC		700	1600	1600	1500																					
36	装饰铬	35	3+1	38～52(46)	10～12	2.25～2.5			100×3	1200×3	4000/12(波纹系数小于5%)	15,PP	10,HPVC	2200	1600	1800	5400							钛蛇形管加温、冷却		√					↷		显示					√
37	回收	36	1			0.25～0.5						15,HPVC		700	1300	1600	1250				√					√												

续表

工序号	工序名称	槽位号	工位数	工艺条件					电镀面积和电流电压			镀槽要求												设备要求														
				温度/℃	电流密度/(A/dm²)	时间/min	镀层厚度/μm	添加剂型号	每一槽位/dm²	每一槽位/A	整流器/(A/V)	厚度δ/mm,材料		外壁尺寸/mm			有效容积/dm³	附设装置	排水方式				槽体保温	加温(或冷却)	溶液喷射搅拌	空气搅拌	阴极移动	喷淋	过滤/(m³/h)	供水	逆流	回收	温度控制	pH检测	自动加料	废水		局部排风
												槽体	内衬	长	宽	高			集污斗	溢流斗	排污阀	拉塞														沟排	管排	
38	回收	37	1			0.25～0.5						15,HPVC		700	1300	1600	1250				√					√						↶						
39	回收	38	1			0.25～0.5						15,HPVC		700	1300	1600	1250				√					√				纯水		↶手提泵						
40	还原	39	1	室温		0.25～0.5						12,PP		700	1300	1600	1240				√																	
41	还原	40	1	室温		0.25～0.5						12,PP		700	1300	1600	1240				√																	
42	水洗	41	1			0.25～0.5						12,PP		700	1300	1600	1280			√	√					√												
43	水洗	42	1			0.25～0.5						12,PP		700	1300	1600	1280				√					√					↶							
44	水洗	43	1			0.25～0.5						12,PP		700	1300	1600	1280				√					√					↶							
45	水洗	44	1			0.25～0.5						12,PP		700	1300	1600	1280				√					√				自来水	↶							
46	热水洗	45	1	65		0.25～0.5						3,不锈钢		700	1300	1600	1300			√	√		√	不锈钢直冲管加温						自来水			自动					
47	卸挂	0	3+1																																			
48	挂具退镀	46	3+1	30～40	50～70	3.25～3.5					500/12	6,Q235	3,橡胶	4370	1300	1600	8000				√			F4 集束管加温		√				自来水			自动					√
49	水洗	47	1			0.25～0.5						12,PP		700	1300	1600	1280			√	√					√												
50	水洗	48	1			0.25～0.5						12,PP		700	1300	1600	1280				√					√				自来水	↶							

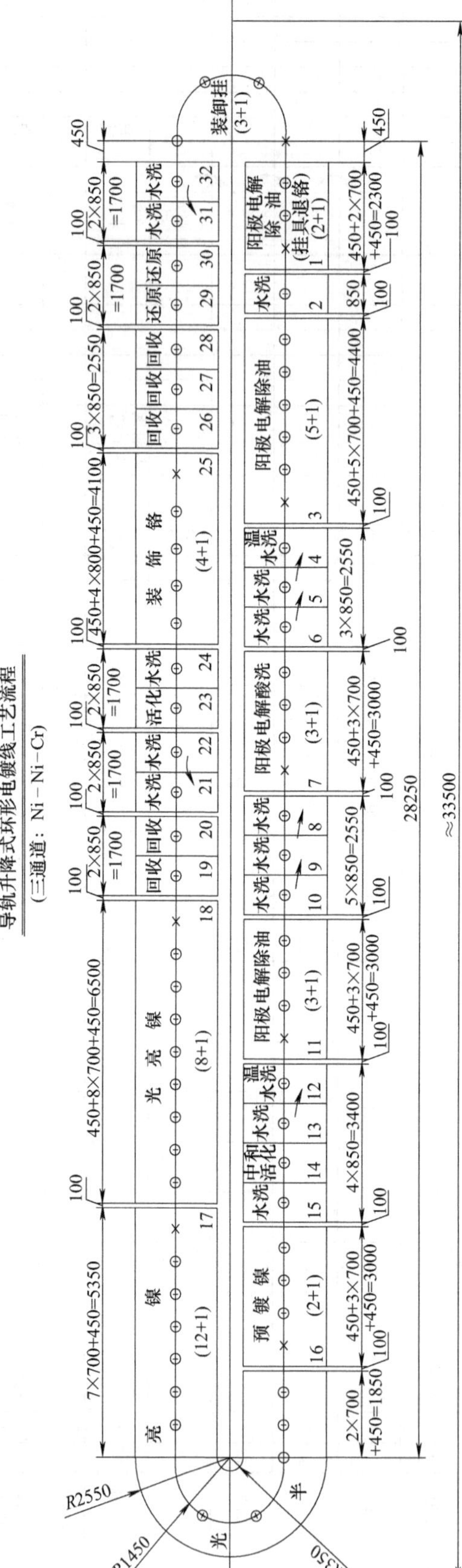

图 2-6 自行车轮圈电镀生产线工艺流程

⑥ 导电挂具运载器：66件。每件每挂最大导电量：2500A。

⑦ 三通道工艺槽四支极杆，安装间距为640mm。

⑧ 每挂三通道受镀工件面积：约138dm^2（折合自行车轮圈6件，每件约23dm^2）。

⑨ 8h生产能力：8h×60min/h÷1min/挂×6件/挂=2880件（不计废品率）。

⑩ 生产作业供水量：平均8m^3/h，最大14m^3/h。

⑪ 供汽量（气压0.2～0.3MPa）；加温1900kg/h（预热时间为4h），保温900kg/h。

⑫ 供气量：预镀镍60m^3/h，半光亮镍310m^3/h，光亮镍170^3/h，回收及水洗320m^3/h。

⑬ 通风排气量：前处理合计26500m^3，镀铬8000m^3/h。

⑭ 正常废水处理量：酸碱废水约5m^3/h，镍废水约2.5m^3/h，铬废水约1.5m^3/h。

⑮ 设备总动力：3相，50Hz，380V，约420kW（其中整流器额定容量约380kW）。

⑯ 全线镍槽和铬槽阳极、酸洗和除油槽阴极配置如下：

a. 镍槽：钛篮300件（W170mm×δ60mm或δ40mm×H600mm），钛篮布置占阳极杆总长度的约60%。

b. 铬槽：铅锡（7%）阳极或铅锑（10%）阳极116件（W80mm×δ10mm×H850mm），阳极布置占阳极杆总长度的约60%。

c. 酸洗槽：铅板阴极（W100mm×δ20mm×H850mm）36件，或铅管阴极（ϕ100mm×δ4mm×H850mm）90件，阴极件布置占阴极杆总长度的约30%。

d. 除油槽：Q235薄板成形（Ⅱ）镀镍阴极（W100mm×δ20mm×H850mm）156件，阴极件布置占阴极杆总长度的约40%。

自行车轮圈电镀生产线工艺配置表见表2-3。

2.2.3 五金工具电镀工艺

（1）方案一

五金工具电镀生产线工艺流程（方案一）如图2-7所示。悬臂升降式环形电镀生产线断面示意图见图2-8。

五金工具电镀生产线工艺配置表（方案一）见表2-4。

五金工具电镀生产线设计要素（方案一）如下。

① 主机：L37.6m×W3.8m×H4.2m（该尺寸含机架，未含走道平台、整流器、过滤机和线外排风系统等辅助设施）。

回转中心距：34.3mm。回转半径：R1390mm。提升高度：1200～1300mm。

② 总工位数：102（含空位数：14）。工位间距（等间距）：700mm。

③ 不锈钢悬臂挂具运载器：共102套。每套最大导电量：≤500A。受镀零件表面积（每工位装载一挂）：≤40dm^2（每节拍每工位）（8″活络扳手：1.25dm^2/件×32件/挂=40dm^2/挂；10″活络扳手：2.0dm^2/件×20件/挂=40dm^2/挂；12″活络扳手：2.8dm^2/件×14件/挂=39.2dm^2/挂）。每挂装载体积：W400mm×δ200mm×H850mm。载荷：<15kg（每工位）（含镀件、挂具和提升时的溶液附加力）。

④ 运行节拍时间：60s（>40s可调）。

⑤ 年产量（250d/a，24h/d）：250d×24h/d×60min/h÷1min×40dm^2≈1440×$10^4$$dm^2$（未计废品率）。

折合活络扳手：8″，1152万件；10″，720万件；12″，514万件。

⑥ 溶液加温和保温供汽量（预热以4h，初始温度按20℃计算）：加温830kg/h，保温400～450kg/h。

⑦ 生产作业供水量（换水次数：0.4～0.5槽/h，热水和纯水减半计算）：自来水2.0～5.5m^3/h，纯水0.5m^3/h。

表 2-3 自行车轮圈电镀生产线工艺配置表

工序号	工序名称	槽位号	工位数	工艺条件					电镀面积和电流电压			镀槽要求											设备要求												
				温度/℃	电流密度/(A/dm^2)	时间/min	镀层厚度/μm	添加剂型号	每一工位/dm^2	每一工位/A	整流器/(A/V)	厚度δ/mm,材料		尺寸/mm			有效容积/dm^3	附设装置	排水方式				加温(或冷却)	槽体保温	空气搅拌	阴极移动	喷淋	过滤/(次/时)	供水	逆流	回收	温度控制	废水		局部排风
												槽体	内衬	长	宽	高			集污斗	溢流斗	拉塞	排污阀											沟排	管排	
1	装卸挂	0	3+1			2.5																													
2	阳极电解除油(挂具退铬)	1	2+1	75	5	1.5			138×2	690×2	1500/12	6,Q235	3,PVC	2300	2200	1500	6800		√	√		√	不锈钢波纹板	√			√		自来水				√		√
3	水洗	2	1									6,Q235	3,PVC	850	2200	1500	2500			√		√			√				自来水	↶			√		
4	阳极电解除油	3	5+1	70	5	4.5			138×5	690×5	4000/12	6,Q235	3,PVC	4400	2200	1500	13000		√	√		√	不锈钢波纹板				√		自来水				√		√
5	温水洗	4	1	45								6,Q235	3,PVC	850	2200	1500	2500			√		√	回汽直冲	√									√		
6	水洗	5	1									6,Q235	3,PVC	850	2200	1500	2500					√			√					↶			√		
7	水洗	6	1									6,Q235	3,PVC	850	2200	1500	2500					√			√		√		自来水	↶			√		
8	阳极电解酸洗	7	3+1	室温	3	2.5			138×3	414×3	1500/10	6,Q235	3,PVC	3000	2200	1500	8850		√																√
9	水洗	8	1									6,Q235	3,PVC	850	2200	1500	2500			√		√			√								√		
10	水洗	9	1									6,Q235	3,PVC	850	2200	1500	2500					√			√					↶			√		
11	水洗	10	1									6,Q235	3,PVC	850	2200	1500	2500					√			√				自来水	↶			√		

续表

工序号	工序名称	槽位号	工位数	工艺条件					电镀面积和电流电压			镀槽要求							排水方式				设备要求										废水		局部排风
				温度/℃	电流密度/(A/dm²)	时间/min	镀层厚度/μm	添加剂型号	每一工位/dm²	每一工位/A	整流器/(A/V)	厚度δ/mm,材料 槽体	内衬	尺寸/mm 长	宽	高	有效容积/dm³	附设装置	集污斗	溢流斗	拉塞	排污阀	加温(或冷却)	槽体保温	空气搅拌	阴极移动	喷淋	过滤/(次/时)	供水	逆流	回收	温度控制	沟排	管排	
12	阳极电解除油	11	3+1	35	5	2.5			138×3	690×3	2500/12	6,Q235	3,PVC	3000	2200	1500	8850		√	√		√	不锈钢波纹板	√			√		自来水				√		√
13	温水洗	12	1	45								6,Q235	3,PVC	850	2200	1500	2500			√		√	回汽直冲	√									√		
14	水洗	13	1									6,Q235	3,PVC	850	2200	1500	2500					√			√		√		自来水	↷			√		
15	中和活化	14	1									6,Q235	3,PVC	850	2200	1500	2450					√											√		
16	水洗	15	1									6,Q235	3,PVC	850	2200	1500	2500			√		√			√		√		自来水				√		
17	预镀镍	16	2+1	55	4	1.5			138×2	552×2	1200/10	6,Q235	3,R	3000	2200	1500	8850	带电出槽	√				钛蛇形管	√	√			30m³/h(3台)							
18	半光亮镍	17	12+1	60	4	11.5			138×12	552×12	7000/10	6,Q235	3,R	中心线长11750	2200	1500	34850	带电入出槽	√				钛蛇形管	√	√			3～5							
19	光亮镍	18	8+1	60	4	7.5			138×8	552×8	4500/10	6,Q235	3,R	6500	2200	1500	19000	带电入出槽	√				钛蛇形管	√	√			3～5							
20	回收	19	1									6,Q235	3,PVC	850	2200	1500	2500					√			√						↷			√	
21	回收	20	1									6,Q235	3,PVC	850	2200	1500	2500					√			√						↷			√	
22	水洗	21	1									6,Q235	3,PVC	850	2200	1500	2500			√		√			√						↷			√	
23	水洗	22	1									6,Q235	3,PVC	850	2200	1500	2500					√			√		√		自来水	↷	↷泵			√	

续表

工序号	工序名称	槽位号	工位数	工艺条件					电镀面积和电流电压			镀槽要求											设备要求												
				温度/℃	电流密度/(A/dm^2)	时间/min	镀层厚度/μm	添加剂型号	每一工位/dm^2	每一工位/A	整流器/(A/V)	厚度δ/mm,材料		尺寸/mm			有效容积/dm^3	附设装置	排水方式				加温(或冷却)	槽体保温	空气搅拌	阴极移动	喷淋	过滤/(次/时)	供水	逆流	回收	温度控制	废水		局部排风
												槽体	内衬	长	宽	高			集污斗	溢流斗	拉塞	排污阀											沟排	管排	
24	活化	23	1									6,Q235	3,SPVC	850	2200	1500	2500																	√	
25	水洗	24	1									6,Q235	3,PVC	850	2200	1500	2500					√			√		√		自来水	↶	↶ 泵			√	
26	装饰铬	25	4+1	45	15	3.5			138×4	2070×4	10000/12	6,Q235	3,双层PVC	4100	2200	1500	12000		√				钛蛇形管加温、冷却												√
27	回收	26	1									6,Q235	3,PVC	850	2200	1500	2500					√			√						↶			√	
28	回收	27	1									6,Q235	3,PVC	850	2200	1500	2500					√			√						↶			√	
29	回收	28	1									6,Q235	3,PVC	850	2200	1500	2500					√			√		√				↶ 泵			√	
30	还原	29	1									6,Q235	3,PVC	850	2200	1500	2450					√												√	
31	还原	30	1									6,Q235	3,PVC	850	2200	1500	2450					√												√	
32	水洗	21	1									6,Q235	3,PVC	850	2200	1500	2500					√			√									√	
33	水洗	22	1									6,Q235	3,PVC	850	2200	1500	2500					√			√		√		自来水	↶				√	

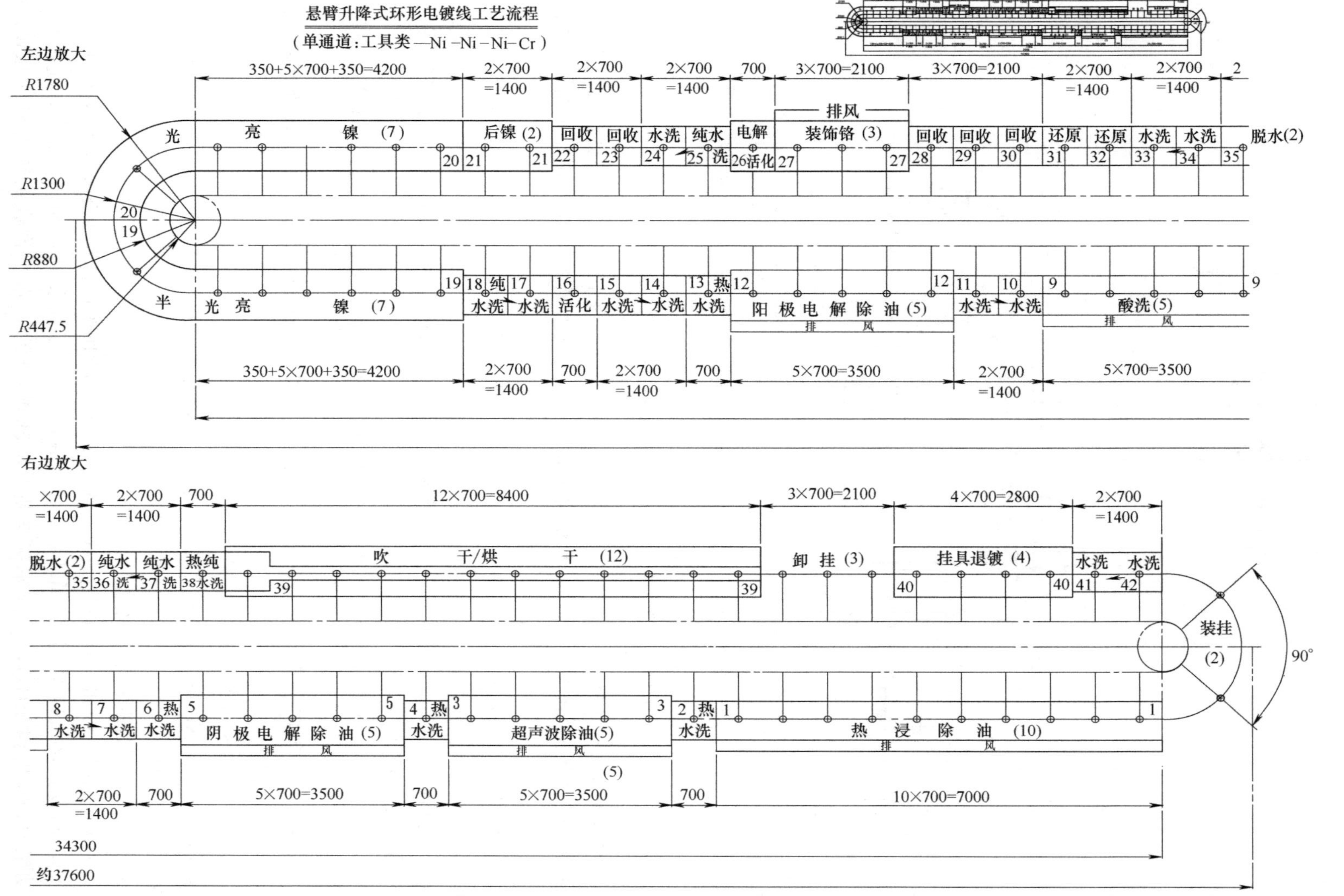

图 2-7　五金工具电镀生产线工艺流程（方案一）

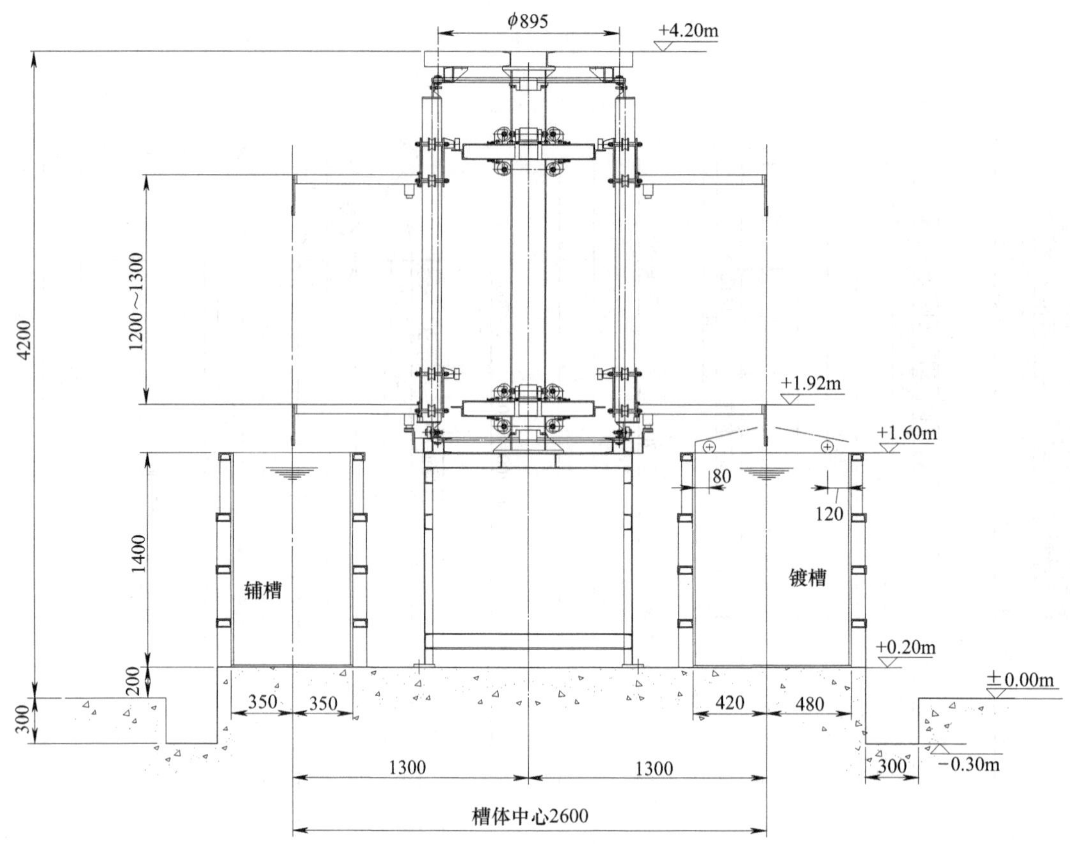

图 2-8 悬臂升降式环形电镀生产线断面示意图（方案一）

⑧ 空搅用低压空气量：350m³/h［按液面 0.20～0.30m³/(min·m²）计算，所选鲁氏鼓风机的排风压力为 19.6kPa］，ZLS-80L 型鲁氏鼓风机 1 台（进风量 393m³/h，4.0kW，1360r/min）。

⑨ 废水排放（处理）量：酸碱系 1.5～2.0m³/h，镍系 0.4～0.5m³/h，铬系 0.5～0.6m³/h。

⑩ 局部排风量（多工位排风槽位设置槽盖板，其覆盖面达 1/3～1/2，平口式排风罩）：

a. 酸碱系：23500m²/h，选配：

• BF4-72 型，No. 10C，FRP 风机 1 台（22312～31230m³/h，967～766Pa，11kW，800r/min）；

• WXS-1-25 型 FRP 废气净化塔 1 台（处理风量 25000m³/h，FY65-50-160 型耐腐蚀液下泵 1 台，5.5kW）。

b. 铬系：5500～6900m³/h，选配：

• BF4-72 型，No. 6C，FRP 风机（耐铬酸）1 台（6291～14124m³/h，1207～697Pa，4kW，800r/min）；

• FGW700 型高效铬雾净化箱 1 台。

⑪ 设备总动力：3 相，50Hz，380V，约 152kW［其中整流器 8 台额定总功率约 81kW，过滤机 5 台总功率约 11kW，溶液循环泵（1.5kW）4 台，手提泵（0.55kW）2 台，超声波发生器功率 16.8kW（40kHz），升降系统电机（5.5kW）1 台，水平推进系统电机（4kW）1 台，烘干槽热风循环风机（2.2kW）1 台，吹干用的压缩空气由空压站经净化后提供，同时使用系数0.7～0.8］。

表 2-4　五金工具电镀生产线工艺配置表（方案一）

工序号	工序名称	槽位号	工位数	工艺条件					电镀面积和电流电压			镀槽要求												设备要求														
				温度/℃	电流密度/(A/dm²)	时间/min	镀层厚度/μm	添加剂型号	每一槽位/dm²	每一槽位/A	整流器/(A/V)	厚度δ/mm,材料		外壁尺寸/mm			有效容积/dm³	附设装置	排水方式				槽体保温	加温(或冷却)	溶液喷射搅拌	空气搅拌	阴极移动	喷淋	过滤/(m³/h)	供水	逆流	回收	温度控制	pH检测	自动加料	废水		局部排风
												槽体	内衬	长	宽	高			集污斗	溢流斗	拉塞	排污阀														沟排	管排	
1	装挂	0	2			2																																
2	热浸除油	1	10	70		9.5						6,Q235	(3+3),橡胶	7000	700	1400	5750	溢流循环		√		√	√	1Cr18Ni9Ti蛇形管加温						自来水			自动					√
3	热水洗	2	1	50		0.5						12,PP		700	700	1400	570			√		√		1Cr18Ni9Ti蛇形管加温						自来水			自动					
4	超声除油	3	5	65		4.5			超声波发生器16.8kW(每槽)[振板16块×1.05kW,H8500mm×W250mm×δ100mm(每块)]			3,不锈钢		3500	900	1400	3900	溢流循环		√		√	√	1Cr18Ni9Ti蛇形管加温						纯水			自动					√
5	热水洗	4	1	50		0.5						12,PP		700	700	1400	570			√		√		1Cr18Ni9Ti蛇形管加温						自来水			自动					
6	阴极电解除油	5	5	65	3～5	4.5			40×5	1000	1000/12	15,PP		3500	900	1400	3700	溢流循环		√		√		1Cr18Ni9Ti蛇形管加温						自来水			自动					√
7	热水洗	6	1	50		0.5						12,PP		700	700	1400	570			√		√		1Cr18Ni9Ti蛇形管加温						自来水			自动					
8	水洗	7	1			0.5						12,PP		700	700	1400	570			√		√				√					↶							
9	水洗	8	1			0.5						12,PP		700	700	1400	570					√				√				自来水								
10	酸洗	9	5	室温		4.5						15,PP		3500	700	1400	2850																					√

续表

工序号	工序名称	槽位号	工位数	工艺条件					电镀面积和电流电压			镀槽要求												设备要求														
				温度/℃	电流密度/(A/dm²)	时间/min	镀层厚度/μm	添加剂型号	每一槽位/dm²	每一槽位/A	整流器/(A/V)	厚度δ/mm,材料		外壁尺寸/mm			有效容积/dm³	附设装置	排水方式				槽体保温	加温(或冷却)	溶液喷射搅拌	空气搅拌	阴极移动	喷淋	过滤/(m³/h)	供水	逆流	回收	温度控制	pH检测	自动加料	废水		局部排风
												槽体	内衬	长	宽	高			集污斗	溢流斗	拉塞	排污阀														沟排	管排	
11	水洗	10	1			0.5						12,PP		700	700	1400	570			√		√				√					↩							
12	水洗	11	1			0.5						12,PP		700	700	1400	570					√				√				自来水								
13	阳极电解除油	12	5	65	5～7	4.5			40×5	1400	1500/12	15,PP		3500	900	1400	3700	溢流循环		√		√		1Cr18Ni9Ti蛇形管加温						自来水			自动					√
14	热水洗	13	1	50		0.5						12,PP		700	700	1400	570			√		√		1Cr18Ni9Ti蛇形管加温						自来水			自动					
15	水洗	14	1			0.5						12,PP		700	700	1400	570			√		√				√					↩							
16	水洗	15	1			0.5						12,PP		700	700	1400	570					√				√				自来水								
17	活化	16	1			0.5						12,PP		700	700	1400	560					√																
18	水洗	17	1			0.5						12,PP		700	700	1400	570			√		√				√				自来水	↩							
19	纯水洗	18	1			0.5						12,PP		700	700	1400	570					√				√				纯水								
20	半光亮镍	19	7	55	3	6.5			40×7	840	1000/12	6,Q235	(3+3),橡胶	6240	900	1400	6600	带电出入		√				TA2蛇形管加温		√			20×2				自动					
21	光亮镍	20	7	55	3	6.5			40×7	840	1000/12	6,Q235	(3+3),橡胶	6240	900	1400	6600	带电出入		√				TA2蛇形管加温		√			20×2				自动					

续表

工序号	工序名称	槽位号	工位数	工艺条件					电镀面积和电流电压			镀槽要求												设备要求														
				温度/℃	电流密度/(A/dm²)	时间/min	镀层厚度/μm	添加剂型号	每一槽位/dm²	每一槽位/A	整流器/(A/V)	厚度δ/mm,材料		外壁尺寸/mm			有效容积/dm³	附设装置	排水方式				槽体保温	加温(或冷却)	溶液喷射搅拌	空气搅拌	阴极移动	喷淋	过滤/(m³/h)	供水	逆流	回收	温度控制	pH检测	自动加料	废水		局部排风
												槽体	内衬	长	宽	高			集污斗	溢流斗	拉塞	排污阀														沟排	管排	
22	后镍	21	2	55	2	1.5			40×2	160	300/12	15,PP		1400	900	1400	1450	带电出入		√				TA2蛇形管加温		√			20×1				自动					
23	回收	22	1			0.5						12,PP		700	700	1400	570			√		√				√					↶							
24	回收	23	1			0.5						12,PP		700	700	1400	570			√		√				√				纯水		↶手提泵						
25	水洗	24	1			0.5						12,PP		700	700	1400	570			√		√				√				自来水								
26	纯水洗	25	1			0.5						12,PP		700	700	1400	570					√				√				纯水	↶							
27	电解活化	26	1			0.5					100/6	15,HPVC		700	900	1400	720													纯水								
28	装饰铬	27	3	40	10	2.5			40×3	1200	1500/12(波纹系数小于5%)	15,PP	10,HPVC	2100	900	1400	2100							TA2蛇形管加温、冷却		√							自动					√
29	回收	28	1									15,HPVC		700	700	1400	570									√					↶							
30	回收	29	1									15,HPVC		700	700	1400	570									√					↶							
31	回收	30	1									15,HPVC		700	700	1400	570									√				纯水		↶手提泵						
32	还原	31	1	室温		0.5						12,PP		700	700	1400	560					√																
33	还原	32	1	室温		0.5						12,PP		700	700	1400	560					√																
34	水洗	33	1			0.5						12,PP		700	700	1400	570			√		√				√												
35	水洗	34	1			0.5						12,PP		700	700	1400	570					√				√				自来水	↶							

续表

工序号	工序名称	槽位号	工位数	工艺条件					电镀面积和电流电压			镀槽要求												设备要求														
				温度/℃	电流密度/(A/dm²)	时间/min	镀层厚度/μm	添加剂型号	每一槽位/dm²	每一槽位/A	整流器/(A/V)	厚度δ/mm,材料		外壁尺寸/mm			有效容积/dm³	附设装置	排水方式				槽体保温	加温(或冷却)	溶液喷射搅拌	空气搅拌	阴极移动	喷淋	过滤/(m³/h)	供水	逆流	回收	温度控制	pH检测	自动加料	废水		局部排风
												槽体	内衬	长	宽	高			集污斗	溢流斗	拉塞	排污阀														沟排	管排	
36	脱水	35	2	50		1.5						15,PP		1400	700	1400	1450					√		1Cr18Ni9Ti蛇形管加温									自动					
37	纯水洗	36	1			0.5						12,PP		700	700	1400	570			√		√				√					↶							
38	纯水洗	37	1			0.5						12,PP		700	700	1400	570					√				√				纯水								
39	热纯水洗	38	1	80		0.5						3,不锈钢		700	700	1400	610			√		√	√	1Cr18Ni9Ti蛇形管加温						纯水			自动					
40	吹干/烘干	39	12	60～70		11.5						6,Q235		8400	900	1400	吹干/烘干装置						√	翅片式蒸汽加温热风循环(2.2kW)									自动					
41	卸挂	0	3			2.5								2100																								
42	挂具退镀	40	4	30～40	50～70	3.5					300/15	15,PP		3500	900	1400	3700							F4管束加温		√							自动					
43	水洗	41	1									12,PP		700	700	1400	570			√		√				√					↶							
44	水洗	42	1									12,PP		700	700	1400	570					√				√				自来水								

附链轮节圆直径的计算：

已知：工位间距700mm，链轮选取20齿，链条节距选取140mm（选择标准化的链条和链轮）。

求链轮节圆直径：

$$d_{节圆}=\frac{140}{\sin\frac{180}{20}}=894.97(\mathrm{mm})(R_{节圆}\approx447.5\mathrm{mm})$$

(2) 方案二

五金工具电镀生产线工艺流程（方案二）如图2-9所示。导轨升降式环形电镀生产线断面示意图见图2-10。

五金工具电镀生产线工艺配置表（方案二）见表2-5。

五金工具电镀生产线设计要素（方案二）如下。

① 主机：L38.0m×W4.3m×H4.5m（该尺寸含机架，未含走道平台、整流器、过滤机和线外排风系统等辅助设施）。

回转中心距：34.2mm。回转半径：R1250mm。提升高度：1200～1300mm。

② 总工位数：117（含空位数：14）。最大工位间距：900mm。最小工位间距：475mm。

③ 导电挂具运载器：共103套。每套最大导电量：≤800A。受镀零件表面积（每工位装载两挂）：≤80dm^2（每工位每节拍）（8″活络扳手：1.25dm^2/件×32件/挂＝40dm^2/单挂；10″活络扳手：2.0dm^2/件×20件/挂＝40dm^2/单挂；12″活络扳手：2.8dm^2/件×14件/挂＝39.2dm^2/单挂）。单挂装载体积：W400mm×δ200mm×H850mm。每工位载荷：＜30kg（含镀件、挂具和提升时的溶液附加力）。

④ 运行节拍周期：1min（＞40s可调）。

⑤ 年产量（250d/a，24h/d）：250d×24h/d×60min/h÷1min×80dm^2≈2880×10^{4}dm^2（未计废品率）。折合活络扳手：8″，2304万件；10″，1420万件；12″，1028万件。

⑥ 溶液加温和保温供汽量（预热以4h，初始温度按20℃计算）：加温1300kg/h，保温600～700kg/h。

⑦ 生产作业供水量（换水次数：0.4～0.5槽/h，热水和纯水减半计算）自来水4.5～5.5m^3/h，纯水1.0～1.2m^3/h。

⑧ 空搅用低压空气量：560m^3/h [按液面0.20～0.30m^3/(min·m^2）计算，所选鲁氏鼓风机的排风压力为19.6kPa]，ZLS-80L型鲁氏鼓风机2台（进风量：393m^3/h，4.0kW，1360r/min）。

⑨ 废水排放（处理）量：酸碱系3.5～4.5m^3/h，镍系0.7～0.9m^3/h，铬系1.0～1.2m^3/h。

⑩ 局部排风量（多工位排风槽位设置槽盖板，其覆盖面达1/2～2/3，平口式排风罩）：

a. 酸碱系：40900m^2/h。选配：

• BF4-72型，No.12C，FRP风机1台（34218m^3/h，1097～869Pa，18.5kW，710r/min）；

• WXS-1-45型FRP废气净化塔1台［处理风量45000m^3/h，FY100-80-125型耐腐蚀液下泵1台（11kW）］。

b. 铬系：11300～14000m^3/h。选配：

• BF4-72型，No.6C，FRP风机（耐铬酸）1台（7580～13800m^3/h，1374～981Pa，5.5kW，1600r/min）；

• FGW900型高效铬雾净化箱1台。

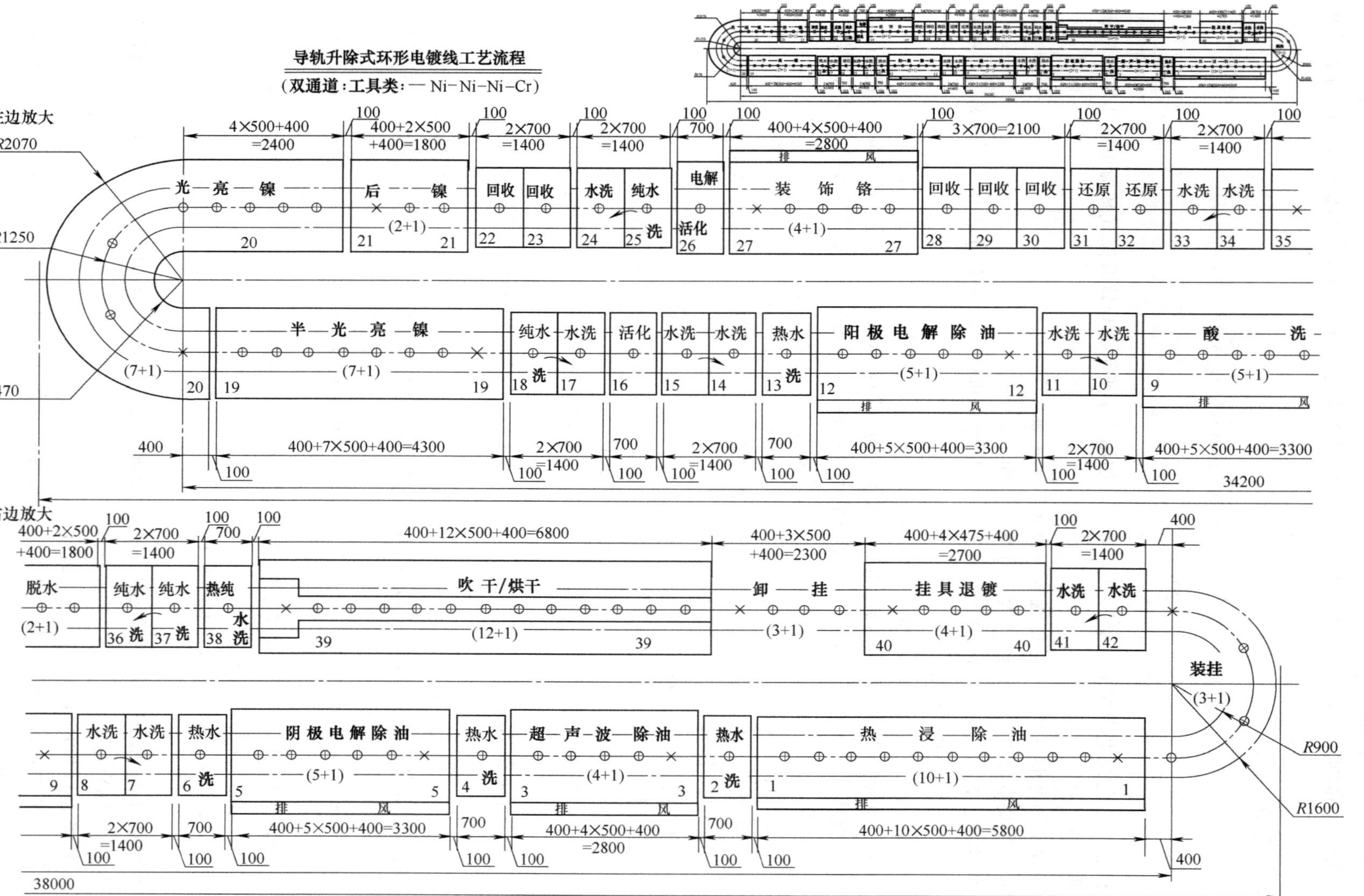

图 2-9 五金工具电镀生产线工艺流程（方案二）

表 2-5　五金工具电镀生产线工艺配置表（方案二）

工序号	工序名称	槽位号	工位数	工艺条件					电镀面积和电流电压			镀槽要求												设备要求														
				温度/℃	电流密度/(A/dm²)	时间/min	镀层厚度/μm	添加剂型号	每一槽位/dm²	每一槽位/A	整流器/(A/V)	厚度δ/mm,材料		外壁尺寸/mm			有效容积/dm³	附设装置	排水方式				槽体保温	加温(或冷却)	溶液喷射搅拌	空气搅拌	阴极移动	喷淋	过滤/(m³/h)	供水	逆流	回收	温度控制	pH检测	自动加料	废水		局部排风
												槽体	内衬	长	宽	高			集污斗	溢流斗	拉塞	排污阀														沟排	管排	
1	装挂	0	3+1			2.5																																
2	热浸除油	1	10+1	70		9.5						6,Q235	(3+3),橡胶	5800	1400	1400	9800	溢流循环		√		√	√	1Cr18Ni9Ti蛇形管加温						自来水			自动					√
3	热水洗	2	1	50		0.5						15,PP		700	1400	1400	1150			√		√		1Cr18Ni9Ti蛇形管加温						自来水			自动					
4	超声除油	3	4+1	65		3.5			超声波发生器25.2kW(每槽)[振板24块×1.05kW,H1850mm×W250mm×δ100mm(每块)]			3,不锈钢		2800	800+800	1400	5500	溢流循环		√		√	√	1Cr18Ni9Ti蛇形管加温						纯水			自动					√
5	热水洗	4	1	50		0.5						15,PP		700	1400	1400	1150			√		√		1Cr18Ni9Ti蛇形管加温						自来水			自动					
6	阴极电解除油	5	5+1	65	3～5	4.5			80×5	2000	2000/12	15,PP		3300	1600	1400	6300	溢流循环		√		√		1Cr18Ni9Ti蛇形管加温						自来水			自动					√
7	热水洗	6	1	50		0.5						15,PP		700	1400	1400	1150			√		√		1Cr18Ni9Ti蛇形管加温						自来水			自动					
8	水洗	7	1			0.5						15,PP		700	1400	1400	1150			√		√				√												
9	水洗	8	1			0.5						15,PP		700	1400	1400	1150					√				√				自来水								

续表

工序号	工序名称	槽位号	工位数	工艺条件 温度/℃	工艺条件 电流密度/(A/dm²)	工艺条件 时间/min	工艺条件 镀层厚度/μm	工艺条件 添加剂型号	电镀面积和电流电压 每一槽位/dm²	电镀面积和电流电压 每一槽位/A	电镀面积和电流电压 整流器/(A/V)	镀槽要求 厚度δ/mm,材料 槽体	镀槽要求 厚度δ/mm,材料 内衬	镀槽要求 外壁尺寸/mm 长	镀槽要求 外壁尺寸/mm 宽	镀槽要求 外壁尺寸/mm 高	镀槽要求 有效容积/dm³	镀槽要求 附设装置	镀槽要求 排水方式 集污斗	镀槽要求 排水方式 溢流斗	镀槽要求 排水方式 拉塞	镀槽要求 排水方式 排污阀	镀槽要求 槽体保温	设备要求 加温(或冷却)	设备要求 溶液喷射搅拌	设备要求 空气搅拌	设备要求 阴极移动	设备要求 喷淋	设备要求 过滤/(m³/h)	设备要求 供水	设备要求 逆流	设备要求 回收	设备要求 温度控制	设备要求 pH检测	设备要求 自动加料	设备要求 废水 沟排	设备要求 废水 管排	设备要求 局部排风
10	酸洗	9	5+1	室温		4.5						15,PP		3300	1400	1400	6300																					√
11	水洗	10	1			0.5						15,PP		700	1400	1400	1150			√		√				√					↩							
12	水洗	11	1			0.5						15,PP		700	1400	1400	1150					√				√				自来水								
13	阳极电解除油	12	5+1	65	5～7	4.5			80×5	2800	3000/12	15,PP		3300	1600	1400	6300	溢流循环		√		√		1Cr18Ni9Ti蛇形管加温						自来水			自动					√
14	热水洗	13	1	50		0.5						15,PP		700	1400	1400	1150			√		√		1Cr18Ni9Ti蛇形管加温						自来水			自动					
15	水洗	14	1			0.5						15,PP		700	1400	1400	1150			√		√				√					↩							
16	水洗	15	1			0.5						15,PP		700	1400	1400	1150					√				√				自来水								
17	活化	16	1			0.5						15,PP		700	1400	1400	1130					√																
18	水洗	17	1			0.5						15,PP		700	1400	1400	1150			√		√				√				自来水	↩							
19	纯水洗	18	1			0.5						15,PP		700	1400	1400	1150					√				√				纯水								
20	半光亮镍	19	7+1	55	3	6.5			80×7	1680	2000/12	6,Q235	(3+3),橡胶	4300	1600	1400	8300	带电出入		√				TA2蛇形管加温		√			30×2				自动					
21	光亮镍	20	7+1	55	3	6.5			80×7	1680	2000/12	6,Q235	(3+3),橡胶	6725	1600	1400	13000	带电出入		√				TA2蛇形管加温		√			30×3				自动					

续表

工序号	工序名称	槽位号	工位数	工艺条件					电镀面积和电流电压			镀槽要求												设备要求														
				温度/℃	电流密度/(A/dm²)	时间/min	镀层厚度/μm	添加剂型号	每一槽位/dm²	每一槽位/A	整流器/(A/V)	厚度δ/mm,材料		外壁尺寸/mm			有效容积/dm³	附设装置	排水方式				槽体保温	加温(或冷却)	溶液喷射搅拌	空气搅拌	阴极移动	喷淋	过滤/(m³/h)	供水	逆流	回收	温度控制	pH检测	自动加料	废水		局部排风
												槽体	内衬	长	宽	高			集污斗	溢流斗	拉塞	排污阀														沟排	管排	
22	后镍	21	2+1	55	2	1.5			80×2	320	500/12	15,PP		1800	1600	1400	3400	带电出入		√				TA2蛇形管加温		√			20×1				自动					
23	回收	22	1			0.5						15,PP		700	1400	1400	1150			√						√												
24	回收	23	1			0.5						15,PP		700	1400	1400	1150			√						√				纯水		手提泵						
25	水洗	24	1			0.5						15,PP		700	1400	1400	1150			√		√				√				自来水								
26	纯水洗	25	1			0.5						15,PP		700	1400	1400	1150					√				√				纯水								
27	电解活化	26	1			0.5					100/6	15,HPVC		700	1600	1400	1300													纯水								
28	装饰铬	27	4+1	40	10	3.5			80×4	3200	3500/12(波纹系数小于5%)	15,PP	10,HPVC	2800	1600	1400	5200							TA2蛇形管加温、冷却		√							自动					√
29	回收	28	1									15,HPVC		700	1400	1400	1150									√												
30	回收	29	1									15,HPVC		700	1400	1400	1150									√												
31	回收	30	1									15,HPVC		700	1400	1400	1150									√				纯水		手提泵						
32	还原	31	1	室温		0.5						15,PP		700	1400	1400	1130					√																
33	还原	32	1	室温		0.5						15,PP		700	1400	1400	1130					√																

续表

工序号	工序名称	槽位号	工位数	工艺条件					电镀面积和电流电压			镀槽要求												设备要求														
				温度/℃	电流密度/(A/dm²)	时间/min	镀层厚度/μm	添加剂型号	每一槽位/dm²	每一槽位/A	整流器/(A/V)	厚度δ/mm,材料		外壁尺寸/mm			有效容积/dm³	附设装置	排水方式				槽体保温	加温(或冷却)	溶液喷射搅拌	空气搅拌	阴极移动	喷淋	过滤/(m³/h)	供水	逆流	回收	温度控制	pH检测	自动加料	废水		局部排风
												槽体	内衬	长	宽	高			集污斗	溢流斗	拉塞	排污阀														沟排	管排	
34	水洗	33	1			0.5						15,PP		700	1400	1400	1150			√		√				√												
35	水洗	34	1			0.5						15,PP		700	1400	1400	1150					√				√				自来水								
36	脱水	35	2+1	50		1.5						15,PP		1800	1400	1400	3000					√		1Cr18Ni9Ti蛇形管加温									自动					
37	纯水洗	36	1			0.5						15,PP		700	1400	1400	1150			√		√				√												
38	纯水洗	37	1			0.5						15,PP		700	1400	1400	1150					√				√				纯水								
39	热纯水洗	38	1	80		0.5						3,不锈钢		700	1400	1400	1250			√		√	√	1Cr18Ni9Ti蛇形管加温						纯水			自动					
40	吹干/烘干	39	12+1	60～70		11.5						6,Q235		6800	1600	1400	吹干/烘干装置					√	√	翅片式蒸汽加温热风循环(3kW)									自动					
41	卸挂	0	3+1			2.5								2300																								
42	挂具退镀	40	4+1	30～40	50～70	3.5					500/15	15,PP		2700	1600	1400	5200							F4管束加温		√							自动					
43	水洗	41	1									15,PP		700	1400	1400	1150			√		√				√												
44	水洗	42	1									15,PP		700	1400	1400	1150					√				√				自来水								

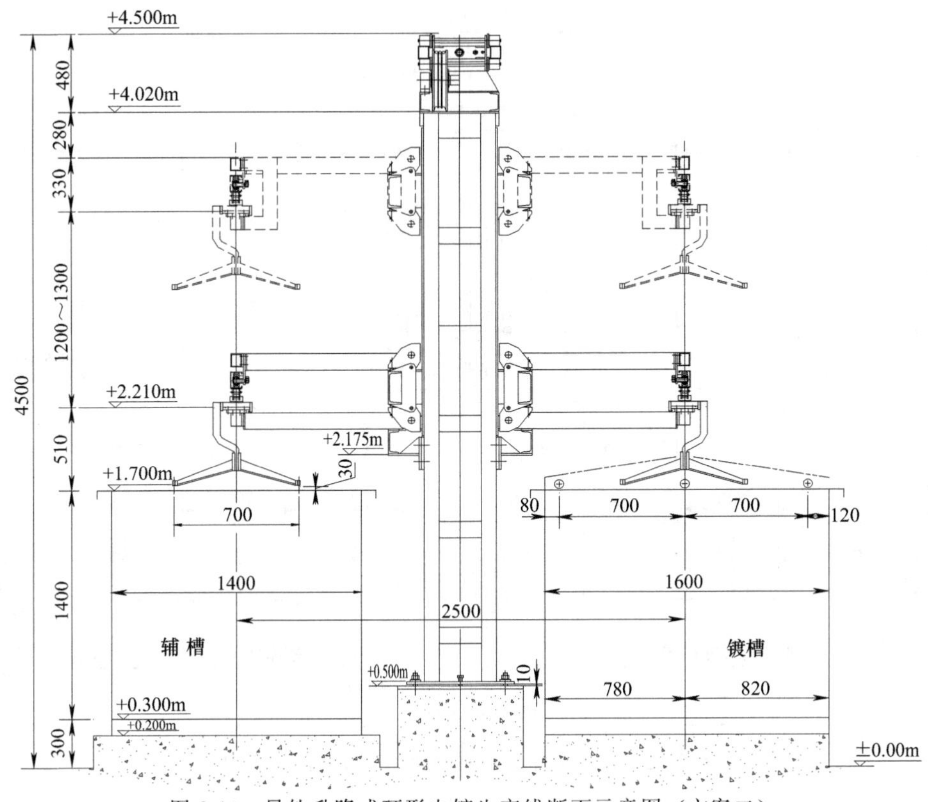

图 2-10　导轨升降式环形电镀生产线断面示意图（方案二）

⑪ 设备总动力：3 相，50Hz，380V，275kW［其中整流器 8 台额定总功率约 164kW，过滤机 6 台总功率约 17.2kW，溶液循环泵（2.2kW）4 台，手提泵（0.55kW）2 台，超声波发生器功率 25.2kW（40kHz），升降系统电动机（7.5kW）1 台，水平推进系统电动机（5.5kW）1 台，烘干槽热风循环风机（3kW）1 台，吹干用的压缩空气由空压站经净化后提供，同时使用系数 0.7～0.8］。

2.2.4　铝合金件电镀工艺

（1）铝合金件电镀前处理生产线

铝合金件电镀前处理生产线工艺流程如图 2-11 所示。铝合金件电镀前处理生产线断面示意图见图 2-12。

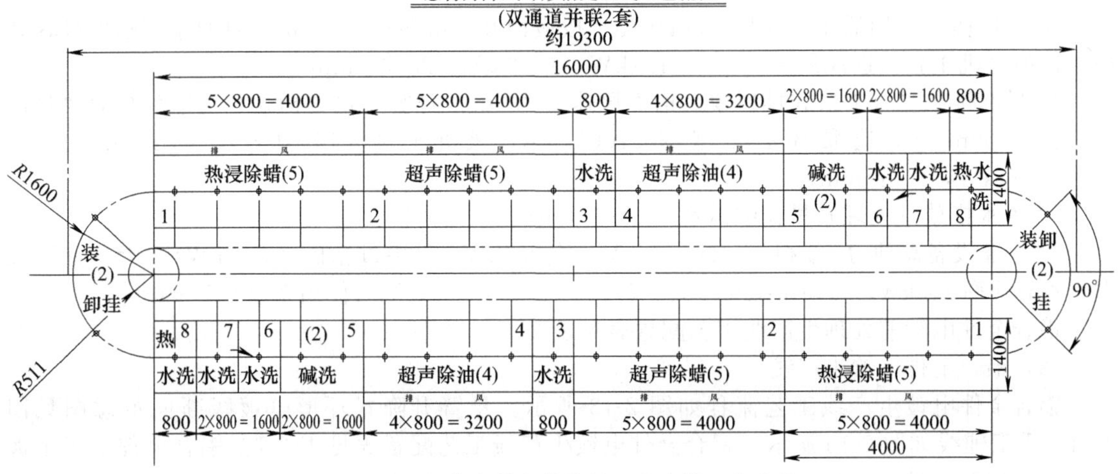

图 2-11　铝合金件电镀前处理生产线工艺流程

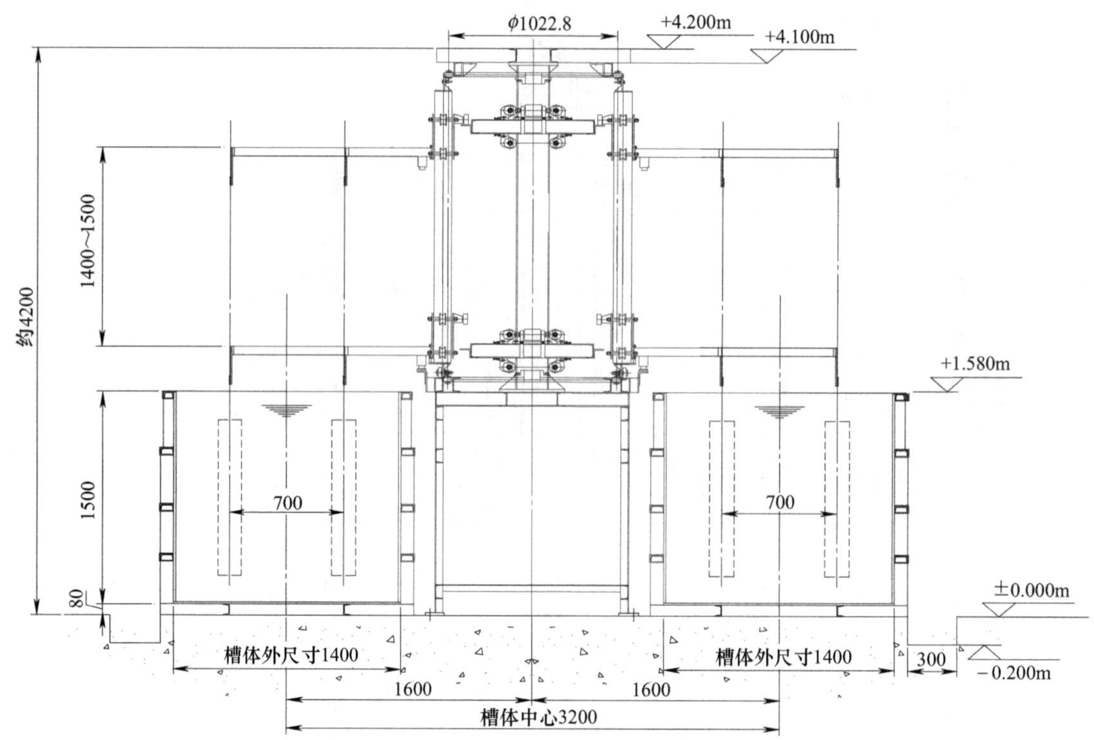

图 2-12 铝合金件电镀前处理生产线断面示意图

设计要素（两套）如下。

① 主机：L19.2m×M4.8m×H4.2m（该尺寸含机头，未含走道平台、线外通风系统等辅助设施）。回转中心距：16.0m。回转半径：R1600mm。

② 工位数：44。每位间距：800mm。

③ 挂具运载器：共 44 套，载重 20kg（每挂）（含镀件、挂具和提升时的溶液附加力）。

④ 上下移动装置（移动振幅 80mm，频率 40min^{-1}）。

⑤ 运行节拍周期：(28+12)s（可调）。

⑥ 月产量（20h/d）：25d×20h/d×60min/h×60s/min÷40s×40dm^2≈180×10^{4}dm^2。

⑦ 溶液加温和保温供汽量（预热以 4h，起始温度按 20℃计算）：加温 1000kg/h；保温 500～600kg/h。

⑧ 生产作业供水量（水洗槽换水次数 0.5～0.75 槽/h 计算）自来水 3.5～5.5m^3/h。

⑨ 水洗槽空搅用低压空气量：80m^3/h [按液面 0.20m^3/(min·m^2）计算]，选取 ZLS-40 型鲁氏鼓风机 1 台（进风量 90m^3/h，1.1kW，19.6kPa，2000r/min）。

⑩ 局部排风量（平口式排风罩，槽面风速按 0.2m/s 计算，设置槽盖，可取计算总风量的 1/2)：27800m^3/h，选取 BF4-72 型 No.10C，FRP 风机 1 台（16571～28284m^3/h，999～617Pa，11kW，900r/min）。

⑪ 废水排放（处理）量：酸碱系 3.0～5.0m^3/h。

⑫ 单套设备总动力：3 相，50Hz，380V，约 236kW [其中过滤机（0.75kW）8 台，超声波发生器总功率 208kW，传动系统功率共 1 套、(5.5+4）kW，同时使用系数 0.7～0.8]。

铝合金件电镀前处理生产线工艺配置表见表 2-6。

(2) 铝合金件电镀生产线

铝合金件电镀生产线工艺流程如图 2-13 所示。悬臂升降式环形电镀线断面示意图见图 2-14。手工辅线如图 2-15 所示。铝合金件电镀生产线工艺配置表见表 2-7。铝合金件手工电镀辅线工艺配置表见表 2-8。

表 2-6　铝合金件电镀前处理生产线工艺配置表

工序号	工序名称	槽位号	工位数	工艺条件					电镀面积和电流电压			镀槽要求										设备要求												
				温度/℃	电流密度/(A/dm²)	时间/min	镀层厚度/μm	添加剂型号	每一极杆/dm²	每一极杆/A	整流器/(A/V)	槽体厚度 δ/mm，材料	尺寸/mm			有效容积/dm³	附设装置	排水方式				加温(或冷却)	溶液喷射搅拌	空气搅拌	工件上下移动	喷淋	过滤/(m³/h)	供水	逆流	回收	温度控制	自动加料	槽体保温	局部排风
													长	宽	高			集污斗	溢流斗	拉塞	排污阀													
1	装卸挂	0	2																															
2	热浸除蜡	1	5	60								3，不锈钢	4000	1400	1500	7500			√		√	槽外溶液循环加温			√		10	自来水			自动		√	单侧
3	超声除蜡	2	5	60					超声波发生器:56kW[振板 28 块×2.0kW，H1300mm×W300mm×δ90mm(每块)]			3，不锈钢	4000	1400	1500	7500			√		√				√		10	自来水			自动		√	单侧
4	水洗	3	1									15，PP	800	1400	1500	1450			√		√			√				自来水						
5	超声除油	4	4	60					超声波发生器：48kW[振板 24 块×2.0kW，H1300mm×W300mm×δ90mm(每块)]			3，不锈钢	3200	1400	1500	6000			√		√	不锈钢蛇形管加温			√		10	自来水			自动		√	单侧
6	碱洗	5	2	60								15，PP	1600	1400	1500	2850			√		√	不锈钢蛇形管加温			√		10	自来水			自动			单侧
7	水洗	6	1									15，PP	800	1400	1500	1450			√		√			√										
8	水洗	7	1									15，PP	800	1400	1500	1450					√			√				自来水						
9	热水洗	8	1	60								15，PP	800	1400	1500	1450			√		√	不锈钢蛇形管加温						自来水			自动			
10	装卸挂	0	2																															

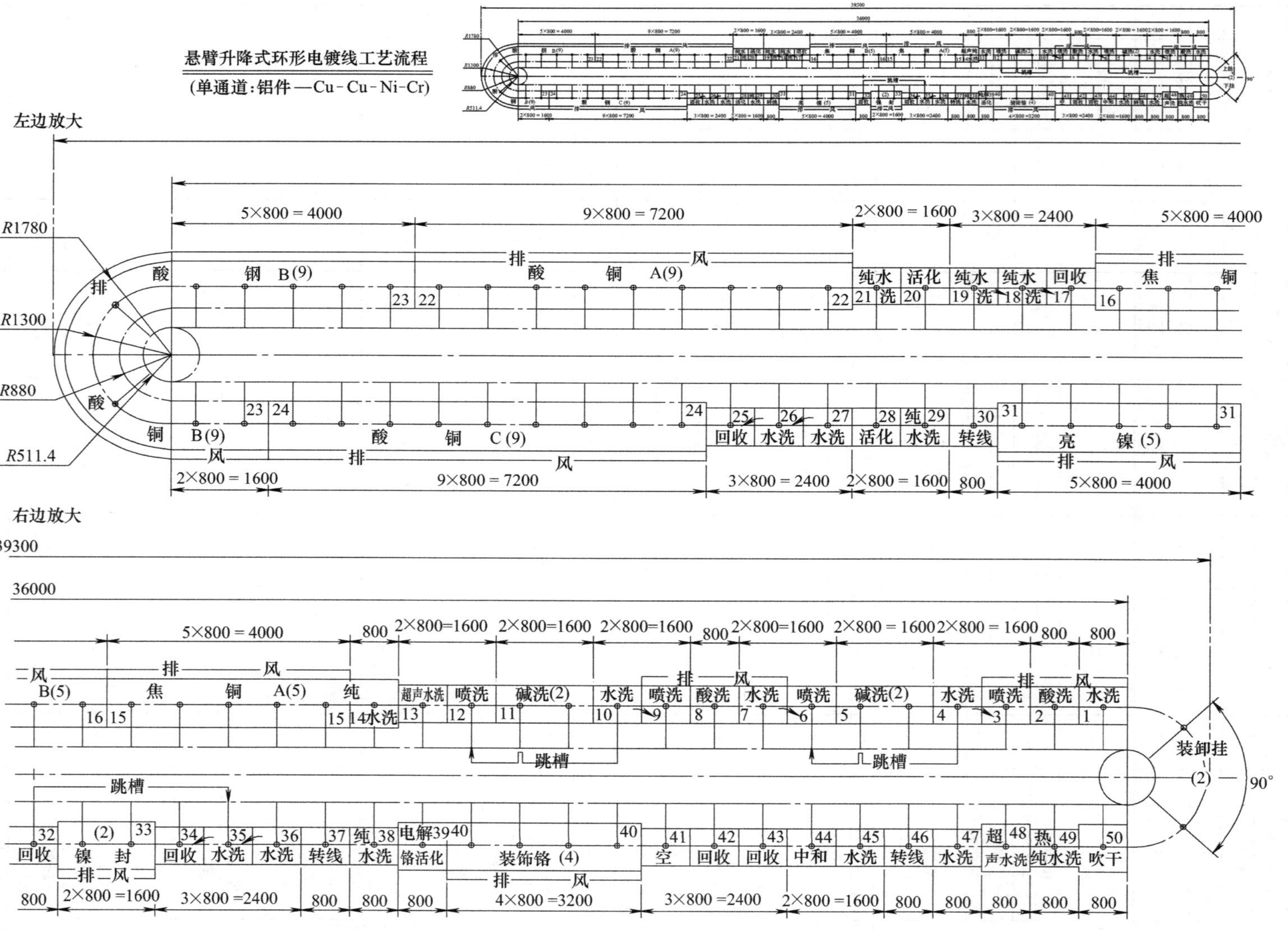

图 2-13 铝合金件电镀生产线工艺流程

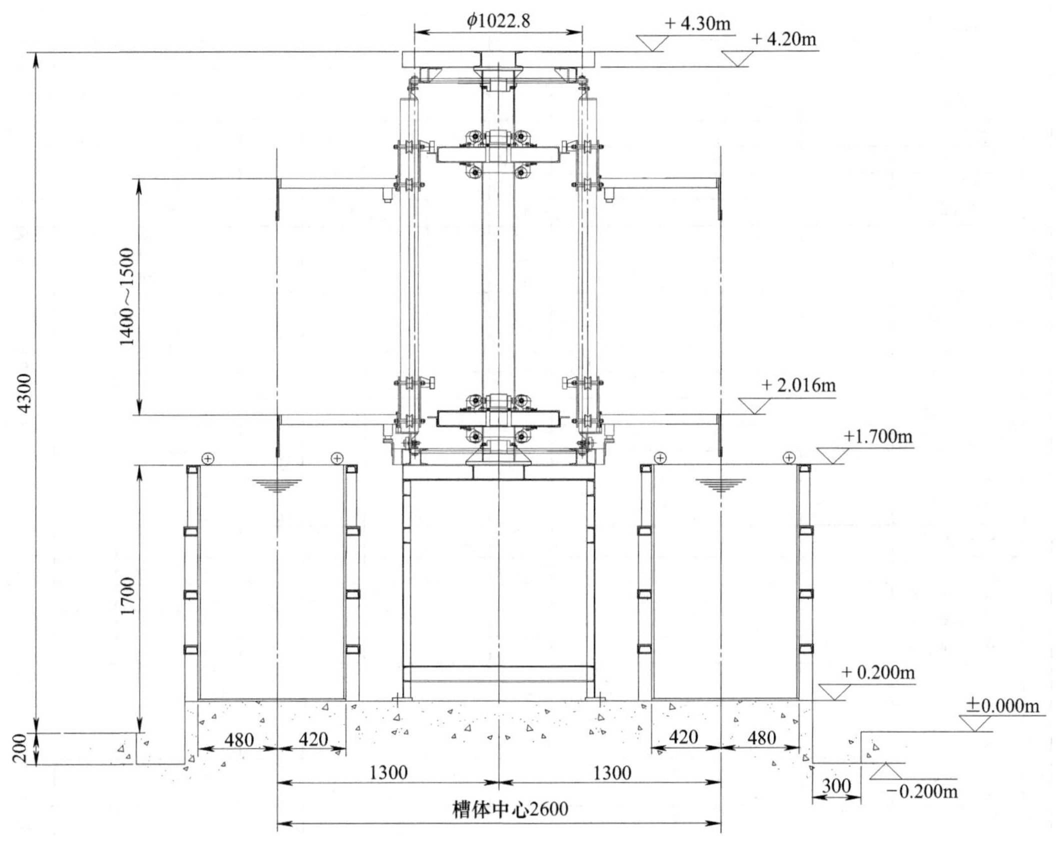

图 2-14 悬臂升降式环形电镀线断面示意图

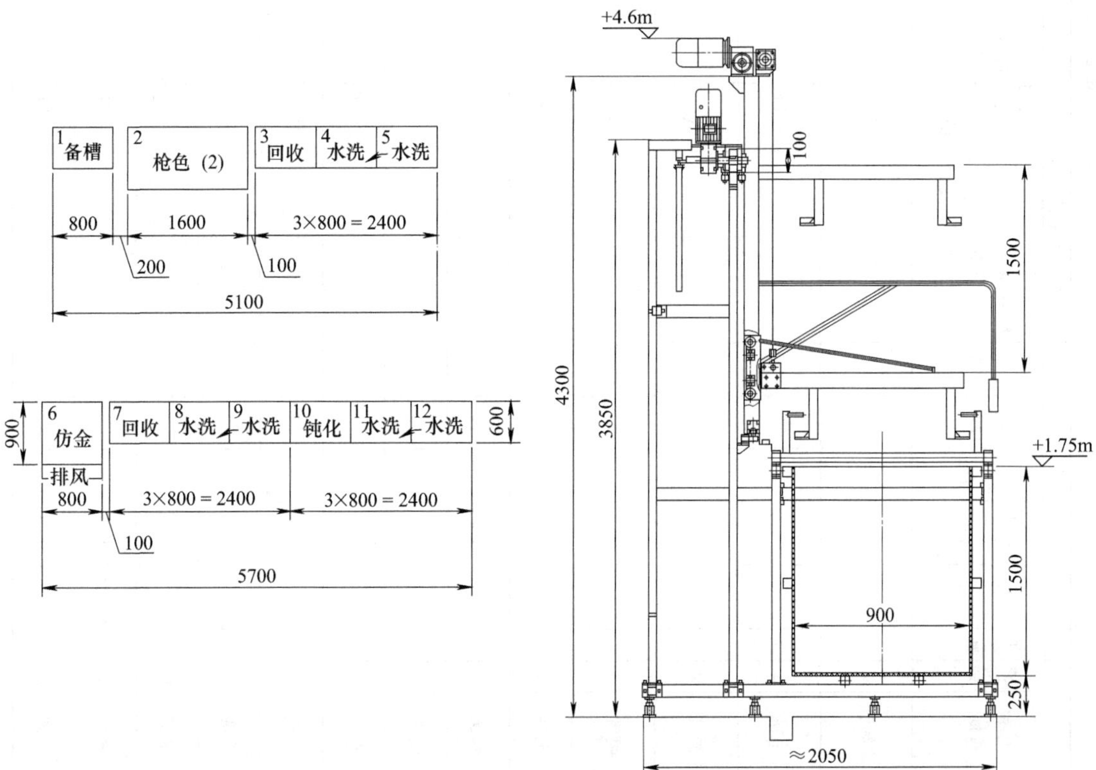

图 2-15 手工辅线

表 2-7　铝合金件电镀生产线工艺配置表

工序号	工序名称	槽位号	工位数	工艺条件					电镀面积和电流电压			镀槽要求												设备要求														
				温度/℃	电流密度/(A/dm²)	时间/min	镀层厚度/μm	添加剂型号	每一工位/dm²	每一工位/A	整流器/(A/V)	厚度δ/mm,材料		外壁尺寸/mm			有效容积/dm³	附设装置	排水方式				槽体保温	加温（或冷却）	溶液喷射搅拌	空气搅拌	阴极移动	喷淋	过滤/(m³/h)	供水	逆流	回收	温度控制	pH检测	自动加料	废水		局部排风
												槽体	内衬	长	宽	高			集污斗	溢流斗	拉塞	排污阀														沟排	管排	
1,48	装卸挂	0	2									盛水盘																										
2	水洗	1	1									15,PP		800	700	1450	690			√		√				√				自来水								
3	酸洗	2	1									15,PVC		800	700	1450	660							F4管束冷却			√											√
4	喷洗	3	1									15,PP		800	700	1450	690	喷洗装置		√		√				√												
5	水洗	4	1									15,PP		800	700	1450	690					√				√				自来水								
6	碱洗	5	2或跳一个工位									15,PP		1600	700	1450	1350										√											
7	喷洗	6	1									15,PP		800	700	1450	690	喷洗装置		√		√				√												
8	水洗	7	1									15,PP		800	700	1450	690					√				√				自来水								
9	酸洗	8	1									15,PVC		800	700	1450	660							F4管束冷却			√											√
10	喷洗	9	1									15,PP		800	700	1450	690	喷洗装置		√		√				√												
11	水洗	10	1									15,PP		800	700	1450	690					√				√				自来水								
12	碱洗	11	2或跳一个工位									15,PP		1600	700	1450	1350										√											
13	喷洗	12	1									15,PP		800	700	1450	690	喷洗装置		√		√				√				自来水								

续表

工序号	工序名称	槽位号	工位数	工艺条件					电镀面积和电流电压			镀槽要求												设备要求														
				温度/℃	电流密度/(A/dm²)	时间/min	镀层厚度/μm	添加剂型号	每一工位/dm²	每一工位/A	整流器/(A/V)	厚度δ/mm,材料		外壁尺寸/mm			有效容积/dm³	附设装置	排水方式				槽体保温	加温(或冷却)	溶液喷射搅拌	空气搅拌	阴极移动	喷淋	过滤/(m³/h)	供水	逆流	回收	温度控制	pH检测	自动加料	废水		局部排风
												槽体	内衬	长	宽	高			集污斗	溢流斗	拉塞	排污阀														沟排	管排	
14	超声水洗	13	1						超声波发生器 4kW(每槽)[振板 2 块×2kW,H1300mm×W300mm×δ90mm(每块)]			3,不锈钢		800	900	1450	950			√		√								自来水								
15	纯水洗	14	1									15,PP		800	700	1450	690			√		√				√				纯水								
16	焦铜(A)	15	5	60							2000/12	15,PP		4000	900	1500	4600	带电出入	√	√				钛蛇管加温		√			20×1				自动					√
17	焦铜(B)	16	5	60							2000/12	15,PP		4000	900	1500	4600	带电出入	√	√				钛蛇管加温		√			20×1				自动					√
18	回收	17	1									15,PP		800	700	1450	690			√						√				纯水		手提泵						
19	纯水洗	18	1									15,PP		800	700	1450	690			√		√				√												
20	纯水洗	19	1									15,PP		800	700	1450	690					√				√				纯水 自来水								
21	活化	20	1									15,PP		800	700	1450	660																					
22	纯水洗	21	1									15,PP		800	700	1450	690			√		√				√				纯水								
23A	酸铜(A)	22	10	20～25							3000/12	15,PP		8000	900	1500	9200	带电出入	√	√				溶液槽外循环冷却		√			20×2				自动					√
23B	酸铜(B)	23	9	20～25							3000/12	15,PP		≈9680	900	1500	11200	带电出入	√	√						√			20×2				自动					√
23C	酸铜(C)	24	10	20～25							3000/12	15,PP		8000	900	1500	9200	带电出入	√	√						√			20×2				自动					√

续表

工序号	工序名称	槽位号	工位数	工艺条件					电镀面积和电流电压			镀槽要求												设备要求														
				温度/℃	电流密度/(A/dm²)	时间/min	镀层厚度/μm	添加剂型号	每一工位/dm²	每一工位/A	整流器/(A/V)	厚度δ/mm,材料		外壁尺寸/mm			有效容积/dm³	附设装置	排水方式				槽体保温	加温(或冷却)	溶液喷射搅拌	空气搅拌	阴极移动	喷淋	过滤/(m³/h)	供水	逆流	回收	温度控制	pH检测	自动加料	废水		局部排风
												槽体	内衬	长	宽	高			集污斗	溢流斗	拉塞	排污阀														沟排	管排	
24	回收	25	1									15,PP		800	700	1450	690			√						√				纯水		手提泵						
25	水洗	26	1									15,PP		800	700	1450	690			√		√				√					↶							
26	水洗	27	1									15,PP		800	700	1450	690					√				√				纯水 自来水	↶							
27	转线	28	1									15,PP		800	700	1450		槽侧开口，插板500×500										[illegible]										
28	活化	29	1									15,PP		800	700	1450	660																					
29	纯水洗	30	1									15,PP		800	700	1450	690			√		√				√				纯水								
30	亮镍	31	5	60							2000/12	15,PP		4000	900	1500	4600	带电出入	√	√				钛蛇管加温		√			20×1				自动					√
31	回收	32	1									15,PP		800	700	1450	690			√						√				纯水		↶ 手提泵						
或跳槽	镍封	33	2	60							1000/12	15,PP		1600	900	1500	1820	带电出入	√	√				钛蛇管加温		√			10(无滤芯)				自动					√
	回收	34	1									15,PP		800	700	1450	690			√						√				纯水		↶ 手提泵						
34	水洗	35	1									15,PP		800	700	1450	690			√		√				√					↶							
35	水洗	36	1									15,PP		800	700	1450	690					√				√				纯水 自来水	↶							

续表

工序号	工序名称	槽位号	工位数	工艺条件					电镀面积和电流电压			镀槽要求												设备要求														
				温度/℃	电流密度/(A/dm²)	时间/min	镀层厚度/μm	添加剂型号	每一工位/dm²	每一工位/A	整流器/(A/V)	厚度δ/mm,材料		外壁尺寸/mm			有效容积/dm³	附设装置	排水方式				槽体保温	加温(或冷却)	溶液喷射搅拌	空气搅拌	阴极移动	喷淋	过滤/(m³/h)	供水	逆流	回收	温度控制	pH检测	自动加料	废水		局部排风
												槽体	内衬	长	宽	高			集污斗	溢流斗	拉塞	排污阀														沟排	管排	
36	转线	37	1									15,PP		800	700	1450		槽侧开口,插板500mm×500mm					√					[illegible]										
37	电解铬活化	38	1					CrO_3 15～20g/L			100/12	15,PVC		800	900	1450	860																					
38	装饰铬	39	4	40～50							4000/12(纹波系数小于5%)	15,PVC		3200	900	1500	3680	带电人槽	√					钛蛇管加温、冷却		√							自动					√
39	空槽	40	1									15,PVC		800	700	1450	690					√																
40	回收	41	1									15,PVC		800	700	1450	690									√												
41	回收	42	1									15,PVC		800	700	1450	690									√				纯水		手提泵						
42	中和	43	1	室温								15,PP		800	700	1450	660																					
43	水洗	44	1									15,PP		800	700	1450	690			√		√				√				自来水								
44	转线	45	1									15,PP		800	700	1450		槽侧开口,插板500mm×500mm										[illegible]										
45	水洗	46	1									15,PP		800	700	1450	690			√		√				√				自来水								
46	超声水洗	47	1					超声波发生器4kW(每槽)[振板2块×2kW,H1300mm×W300mm×δ90mm(每块)]				3,不锈钢		800	900	1450	950			√		√								自来水								
47	热水洗	48	1	50～60								15,PP		800	700	1450	690			√		√		不锈钢蛇管加温						自来水			自动					

表 2-8 铝合金件手工电镀辅线工艺配置表

工序名称	槽位号	工位数	工艺条件					电镀面积和电流电压			镀槽要求												设备要求														
			温度/℃	电流密度/(A/dm²)	时间/min	镀层厚度/μm	添加剂型号	每一工位/dm²	每一工位/A	整流器/(A/V)	厚度δ/mm,材料		外壁尺寸/mm			有效容积/dm³	附设装置	排水方式				槽体保温	加温(或冷却)	溶液喷射搅拌	空气搅拌	阴极移动	喷淋	过滤/(m³/h)	供水	逆流	回收	温度控制	pH检测	自动加料	废水		局部排风
											槽体	内衬	长	宽	高			集污斗	溢流斗	拉塞	排污阀														沟排	管排	
备用	1	1									15,PP		800	600	1300	520			√		√				√				自来水								
枪色	2	2	40～45		1.5					200/12	15,PP		1600	900	1300	1550							钛蛇管加温			√		10×1				自动					
回收	3	1									15,PP		800	600	1300	520									√				纯水								
水洗	4	1									15,PP		800	600	1300	520			√		√				√												
水洗	5	1									15,PP		800	600	1300	520					√				√				自来水								
仿金	6	1	55		0.5～0.6					200/12	15,PP		800	900	1300	760							不锈钢蛇管加温			√		5×1				自动					√
回收	7	1									15,PP		800	600	1300	520									√				纯水								
水洗	8	1									15,PP		800	600	1300	520			√		√				√												
水洗	9	1									15,PP		800	600	1300	520					√				√				自来水								
钝化	10	1									15,PP		800	600	1300	510					√																
水洗	11	1									15,PP		800	600	1300	520			√		√				√												
水洗	12	1									15,PP		800	600	1300	520					√				√				自来水								

（3）铝合金件电镀生产线设计要素

① 主机：L39.3m×W3.8m×H4.3m（含机架，未含走道平台、整流器、过滤机和线外排风系统等辅助设施）。导轨回转中心距：36.0m。回转半径：R1300mm。提升高度：1400～1500mm。

② 总工位数：94。工位间距（等间距）：800mm。

③ 不锈钢悬臂挂具运载器：94 套。每套每挂最大导电量：1000A。装载体积（件/挂）：（W550mm×δ450mm×H1200mm）。受镀零件表面积：40dm^2（每工位）。载荷：<10kg（每工位）（含镀件、挂具和提升时的溶液附加力）。

④ 运行节拍周期：（28＋12）s（可调）。

⑤ 年产量（300d/a，20h/d）：300d×20h/d×60min/h×60s/min÷40s×40dm^2≈2160×$10^4 dm^2$（未计废品率）。

⑥ 溶液加温和保温供汽量（预热以 4h，起始温度按 20℃计算）：加温 400kg/h；保温 200～250kg/h。

⑦ 生产作业供水量（每小时水洗槽换水次数：0.4～0.5 槽，热水和纯水减半计算）：自来水 4.5～5.5m^3/h，纯水 0.8～1.0m^3/h。

⑧ 空搅用低压空气量：850m^3/h [按液面 0.20～0.30m^3/(min・m^2）计算，所选鲁氏鼓风机的排风压力为 19.6kPa]，ZLS-100L 型鲁氏鼓风机共 2 台（进风量 520m^3/h，5.5kW，1310r/min）。

⑨ 酸铜溶液冷却水：采用槽外溶液循环冷却装置。

⑩ 局部排风量（多工位排风槽位设置槽盖板，其覆盖面达 1/3～2/3，平口式排风罩）：

a. 酸系，11500～14000m^3/h，配置：

• BF4-72 型 No.8C，FRP 风机 1 台（10830～20764m^3/h,1136～627Pa，5.5kW，1120r/min）。

• WXS-2-14 型 FRP 废气净化塔 1 台（处理风量 14000m^3/h,65FYS-50 型耐腐蚀液下泵 1 台，7.5kW）。

b. 酸碱系，33000m^3/h，配置：

• BF4-72 型 No.10C，FRP 风机 1 台（19000～35000m^3/h,1245～764Pa，18.5kW，1000r/min）。

• WXS-1-35 型 FRP 废气净化塔 1 台（处理风量 35000m^3/h，80FYS-32 型耐腐蚀液下泵 1 台，7.5kW）。

c. 铬系，7300～9000m^3/h，配置：

• BF4-72 型 No.6C，FRP 风机 1 台（6291～14124m^3/h,1207～697Pa，4kW，1450r/min）。

• FGW700 型高效铬雾净化箱 1 台。

⑪ 废水排放（处理）量：酸碱系（含酸铜系）3.0～3.5m^3/h，氰系 0.2～0.3m^3/h，焦铜系 0.4～0.5m^3/h，镍系 0.3～0.4m^3/h，铬系 1.0～1.2m^3/h。

⑫ 设备总动力：3 相，50Hz，380V，约 346kW [其中整流器 11 台额定总功率约 246kW，过滤机 12 台总功率约 21.8kW，手提泵（0.55kW）5 台，超声波发生器功率 8kW，升降系统电动机（5.5kW）1 台，水平推进系统电动机（4kW）1 台，手工线阴极移动（0.25kW）2 套，同时使用系数 0.7～0.8]。

注：手工辅线可配置悬臂式行车实现机械操作。

2.2.5 塑料件电镀工艺

（1）塑料件电镀前处理生产线

塑料件电镀前处理生产线工艺流程如图 2-16 所示。其断面示意图见图 2-17。

导轨升降式环形电镀线工艺流程
(1号线：塑料件电镀前处理)

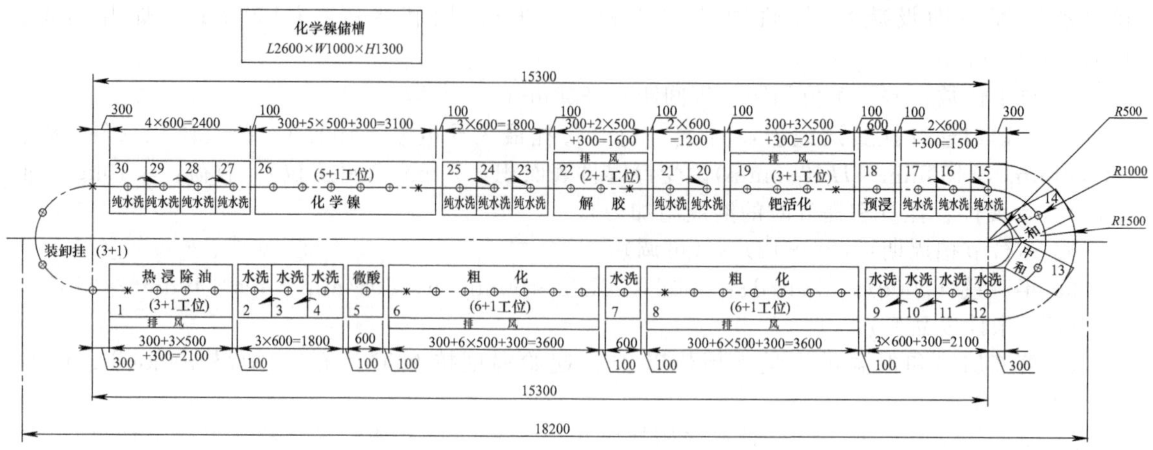

图 2-16 塑料件电镀前处理生产线工艺流程

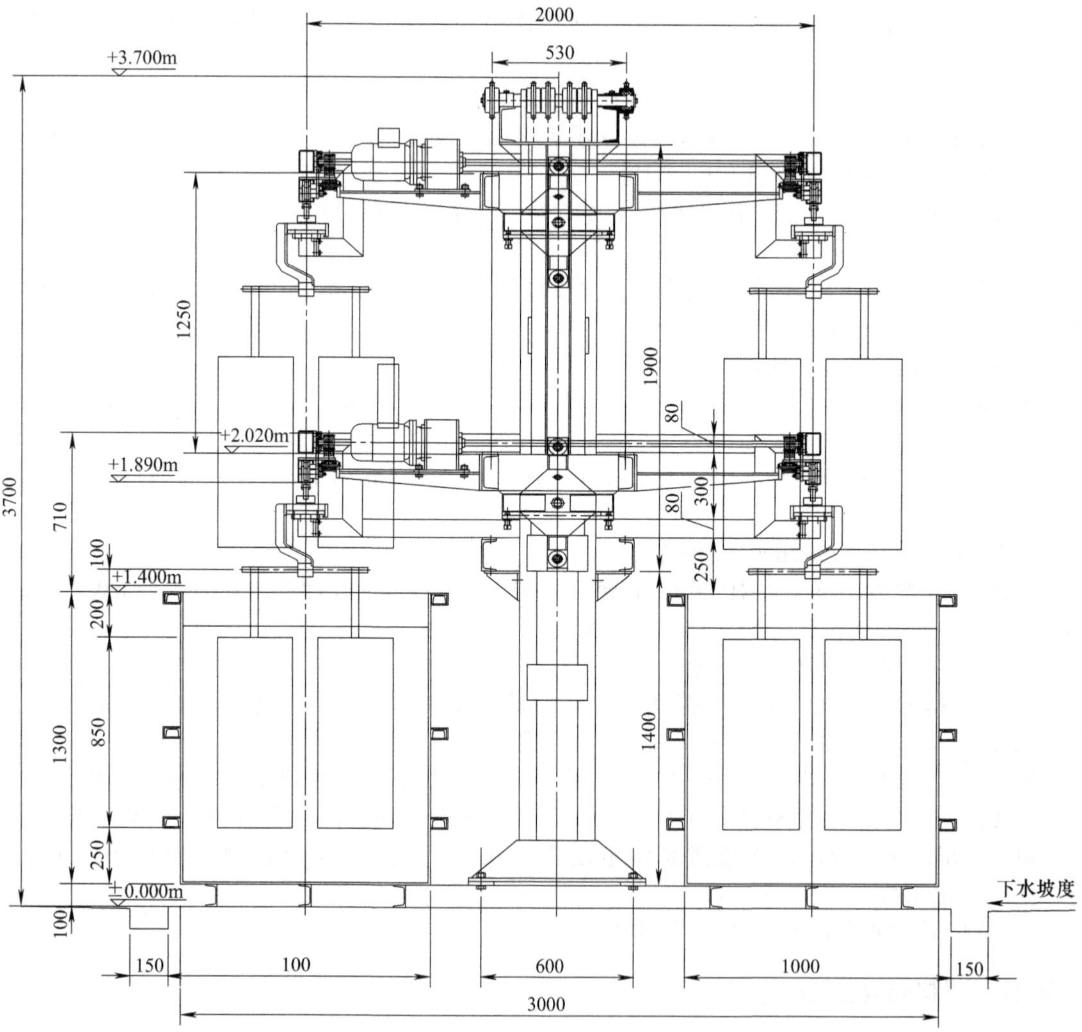

图 2-17 塑料件电镀前处理生产线断面示意图

设计要素如下。

① 主机：$L18.2m \times W3.2m \times H3.7m$（含机架，未含线外通风系统和过滤机等辅助设施)。回转中心距：15300mm。回转半径：$R1000mm$。

② 工位数：59（含空工位：7)。最大工位间距：700mm。最小工位间距：500mm。提升高度：1000mm。

③ 挂具运载器：共 52 套。载重：30kg（每挂）（含工件、挂具和提升时的溶液附加力)。每挂装载体积：$W400mm \times \delta 300mm \times H850mm$。每工位可装载 2 挂。

④ 运行节拍周期：1.0min（>40s 可调)。

⑤ 月产量（20h/d)：$25d \times 20h/d \times 60min/h \div 1min \times 100dm^2 \approx 300 \times 10^4 dm^2$。

⑥ 溶液加温和保温热水供应量（预热以 4h，起始温度按 20℃计算)：加温 5000kg/h；保温 2000～2500kg/h。

⑦ 生产作业供水量（每小时水洗槽换水次数：0.75～1.0 槽，纯水减半计算）自来水 $1.5 \sim 2.0m^3/h$，纯水 $1.0 \sim 1.3m^3/h$。

⑧ 空搅用低压空气量［按液面 $0.2 \sim 0.3m^3/(min \cdot m^2)$ 计算］：$320m^3/h$，选配 SLF-100 型三叶罗茨风机 1 台（排风量 $391m^3/h$，5.5kW，排风压力 24.5kPa，1550r/min)。

⑨ 废水排放（处理）量：酸碱系 $1.5 \sim 2.0m^3/h$，铬系 $1.0 \sim 1.3m^3/h$。

⑩ 局部排风量（平口式排风罩，设置槽盖，可取总风量的 1/2)：$15800m^3/h$，选取：

a. BF4-72 型 No.8C，FRP 风机 1 台（$10830 \sim 20764m^3/h$，1136～627Pa，5.5kW，1120r/min)；

b. FGW700 型高效铬雾净化箱 1 台。

⑪ 设备总动力：3 相，50Hz，380V，约 19kW［其中过滤机 3 台（合计 2.0kW)，传动系统功率（1.1+5.5)kW，同时使用系数 0.7～0.8］。

塑料件电镀前处理生产线工艺配置表见表 2-9。

（2）塑料件电镀生产线

塑料件电镀生产线工艺流程如图 2-18 所示。其断面示意图见图 2-19。

设计要求：

① 主机：$L19.5m \times W3.1m \times H3.7m$（含机架，未含线外通风系统和过滤机等辅助设施)。回转中心：16800mm。回转半径：$R1000mm$。

② 工位数：66（含空工位：6)。最大工位间距：700mm。最小工位间距：475mm。提升高度：1000mm。

③ 挂具运载器：共 60 套。每挂载重：15kg（含工件、挂具和提升时的溶液附加力)。每挂装载体积：$W400mm \times \delta 300mm \times H850mm$。每挂受镀工件面积：$50dm^2$。

④ 运行节拍周期：1.0min（>40s 可调)。

⑤ 月产量（每月 25d，20h/d)：$25d \times 20h/d \times 60min/h \div 1min \times 50dm^2 \approx 150 \times 10^4 dm^2$。

⑥ 溶液加温和保温热水供应量（预热以 4h，起始温度按 20℃计算)：加温 3000kg/h；保温 1200～1500kg/h。

⑦ 酸铜溶液冷却水（10～12℃）供水量（预冷时间按 1h 计算）及其配置：20ST-10AI 型风冷箱式工业冷水机 1 台（制冷量 23200kcal/h，冷水流量 78～105L/min，出口温度 10～15℃，进口温度 20～25℃，压缩机功率 9.3kW，冷水泵功率 1.5kW，冷却风扇功率 0.9kW)。

⑧ 生产作业供水量（每小时换水次数：0.4～0.5 槽，纯水减半计算)：纯水 $1.5 \sim 2.0m^3/h$。

表 2-9 塑料件电镀前处理生产线工艺配置表

工序号	工序名称	槽位号	工位数（有效）	工艺条件					电镀面积和电流电压			镀槽要求											设备要求												
				温度/℃	电流密度/(A/dm²)	时间/min	镀层厚度/μm	添加剂型号	每一极杆/dm²	每一极杆/A	整流器/(A/V)	厚度δ/mm,材料		外壁尺寸/mm			有效容积/dm³	附设装置	排水方式				加温（或冷却）	溶液喷射搅拌	空气搅拌	阴极移动	喷淋	过滤/(m³/h)	供水	逆流	回收	温度控制	自动加料	槽体保温	局部排风
												槽体	内衬	长	宽	高			集污斗	溢流斗	拉塞	排污阀													
1	装卸挂	0	3+1			2.5																													
2	热浸除油	1	3+1	50～60		2.5						15,PP		2100	1000	1300	2300			√		√	1Cr18Ni9Ti蛇形管加温						自来水			显示			单侧
3	水洗	2	1			0.5						12,PP		600	1000	1300	650			√		√			√										
4	水洗	3	1			0.5						12,PP		600	1000	1300	650					√			√					↶					
5	水洗	4	1			0.5						12,PP		600	1000	1300	650					√			√				自来水	↶					
6	微酸	5	1			0.5						12,PP		600	1000	1300	630					√													
7	粗化	6	6+1	65～70		5.5						15,HPVC	2mm,TA2	3600	1000	1300	3900						TA2蛇形管加温		TA2(2)							显示			单侧
8	水洗	7	1			0.5						12,PP		600	1000	1300	650			√		√			√				自来水						
9	粗化	8	6+1	65～70		5.5						15,HPVC	2mm,TA2	3600	1000	1300	3900						TA2蛇形管加温		TA2(2)							显示			单侧
10	水洗	9	1			0.5						12,HPVC		600	1000	1300	650			√		√			√										
11	水洗	10	1			0.5						12,HPVC		600	1000	1300	650					√			√		自来水			↶					
12	水洗	11	1			0.5						12,HPVC		600	1000	1300	650					√			√		自来水			↶					

续表

工序号	工序名称	槽位号	工位数(有效)	工艺条件					电镀面积和电流电压			镀槽要求											设备要求												
				温度/℃	电流密度/(A/dm²)	时间/min	镀层厚度/μm	添加剂型号	每一极杆/dm²	每一极杆/A	整流器/(A/V)	厚度δ/mm,材料 槽体	厚度δ/mm,材料 内衬	外壁尺寸/mm 长	外壁尺寸/mm 宽	外壁尺寸/mm 高	有效容积/dm³	附设装置	排水方式 集污斗	排水方式 溢流斗	排水方式 拉塞	排水方式 排污阀	加温(或冷却)	溶液喷射搅拌	空气搅拌	阴极移动	喷淋	过滤/(m³/h)	供水	逆流	回收	温度控制	自动加料	槽体保温	局部排风
13	水洗	12	1			0.5						12,HPVC		600	1000	1300	650					√			√		自来水		自来水	↩					
14	中和	13	1			0.5						12,PP		600	1000	1300	630					√													
15	中和	14	1			0.5						12,PP		600	1000	1300	630					√													
16	纯水洗	15	1			0.5						12,PP		600	1000	1300	650			√		√			√										
17	纯水洗	16	1			0.5						12,PP		600	1000	1300	650					√			√					↩					
18	纯水洗	17	1			0.5						12,PP		600	1000	1300	650					√			√		纯水		纯水	↩					
19	预浸	18	1			0.5						12,PP		600	1000	1300	650					√						3	纯水						
20	钯活化	19	3+1	常温		2.5						15,PP		2100	1000	1300	2300	手工槽盖					TA2蛇形管冷却					10							单侧
21	纯水洗	20	1			0.5						12,PP		600	1000	1300	650			√		√			√										
22	纯水洗	21	1			0.5						12,PP		600	1000	1300	650					√			√		纯水		纯水	↩					
23	解胶	22	2+1	50~60		1.5						15,PP		1600	1000	1300	1700						F4电加温									显示			

续表

工序号	工序名称	槽位号	工位数(有效)	工艺条件					电镀面积和电流电压			镀槽要求											设备要求												
				温度/℃	电流密度/(A/dm²)	时间/min	镀层厚度/μm	添加剂型号	每一极杆/dm²	每一极杆/A	整流器/(A/V)	厚度δ/mm,材料		外壁尺寸/mm			有效容积/dm³	附设装置	排水方式				加温(或冷却)	溶液喷射搅拌	空气搅拌	阴极移动	喷淋	过滤/(m³/h)	供水	逆流	回收	温度控制	自动加料	槽体保温	局部排风
												槽体	内衬	长	宽	高			集污斗	溢流斗	拉塞	排污阀													
24	纯水洗	23	1			0.5						12,PP		600	1000	1300	650			√		√			√										
25	纯水洗	24	1			0.5						12,PP		600	1000	1300	650					√			√										
26	纯水洗	25	1			0.5						12,PP		600	1000	1300	650					√			√		纯水		纯水						
27	化学镍	26	5+1	20～30		4.5						15,PP		3100	1000	1300	3400								√			10							
28	纯水洗	27	1			0.5						12,PP		600	1000	1300	650			√		√			√										
29	纯水洗	28	1			0.5						12,PP		600	1000	1300	650					√			√										
30	纯水洗	29	1			0.5						12,PP		600	1000	1300	650					√			√										
31	纯水洗	30	1			0.5						12,PP		600	1000	1300	650					√			√				纯水						
	化学镍储槽	附										15,PP		3100	1000	1300	3400																		

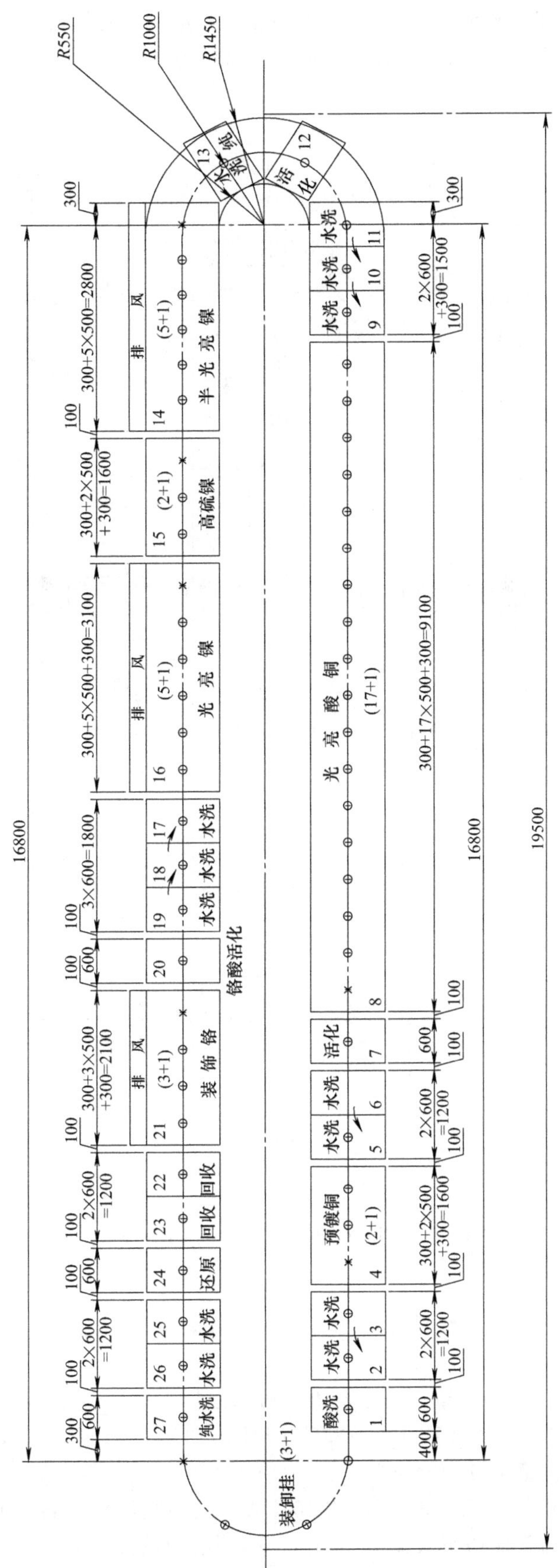

图 2-18　塑料件电镀生产线工艺流程

⑨ 空搅用低压空气量［按液面 0.2～0.3m³/(min·m²) 计算］：380m³/h，选配 SLF-100 型三叶罗茨风机 1 台（排风量 391m³/h，5.5kW，排风压力 24.5kPa，1550r/min）。

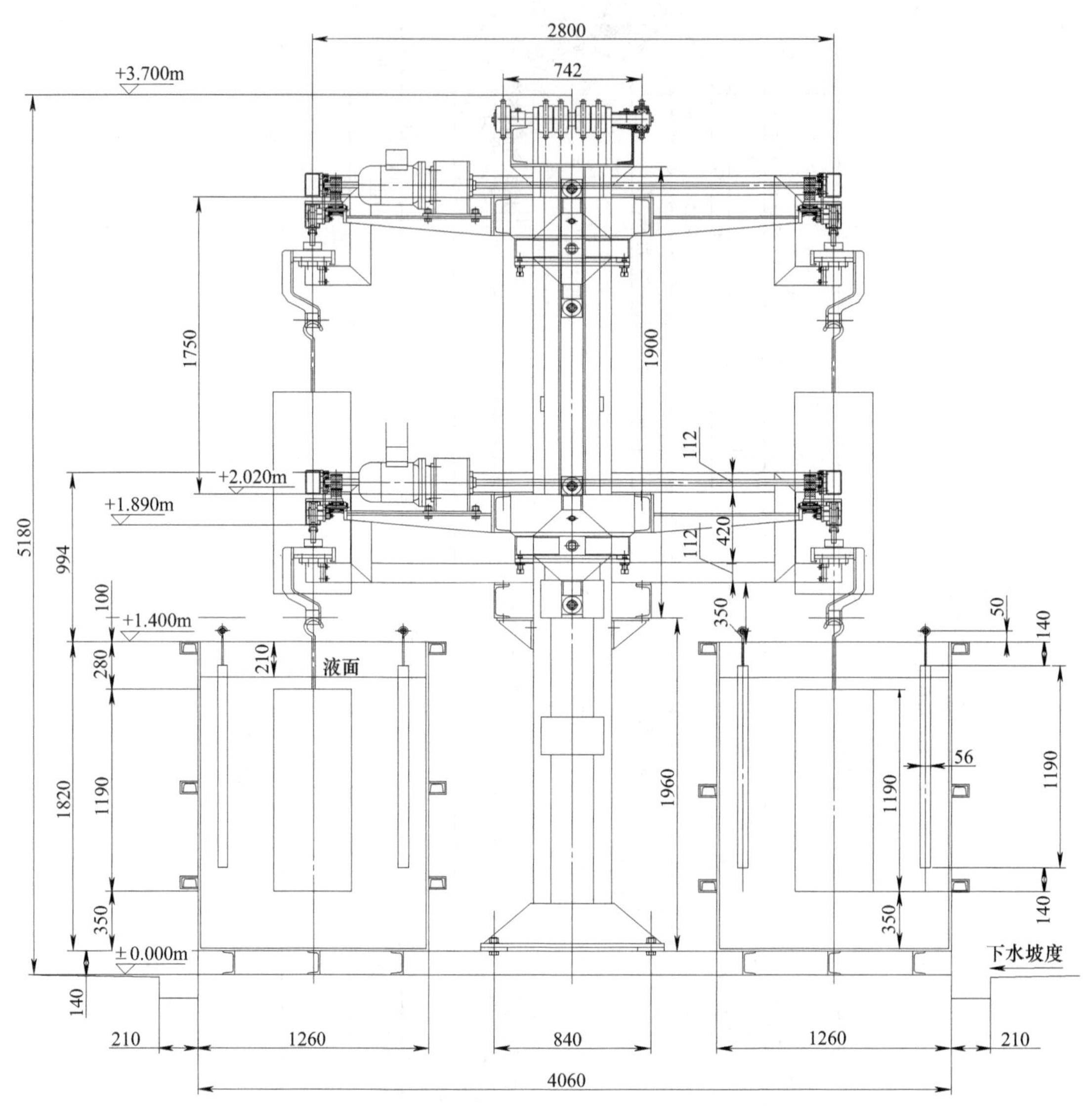

图 2-19 塑料件电镀生产线断面示意图

⑩ 废水排放（处理）量：酸碱系 1.0～1.5m³/h，镍系 0.3～0.5m³/h，铬系 0.3～0.5m³/h。

⑪ 局部排风量（平口式排风罩，设置槽盖，可取总风量的 1/2）：12600m³/h，选取 BF4-72 型 No.6C，FRP 风机 1 台（7580～13800m³/h，1374～981Pa，5.5kW，1600r/min）；FCW600 型高效铬雾净化箱 1 台。

⑫ 设备总动力：3 相，50Hz，380V，约 161kW［其中整流器 6 台（共 112kW），过滤机 5 台（共约 11kW），传动系统功率（1.1＋5.5）kW，同时使用系数 0.7～0.8］。

塑料件电镀生产线工艺配置表见表 2-10。

表 2-10　塑料件电镀生产线工艺配置表

工序号	工序名称	槽位号	工位数(有效)	工艺条件					电镀面积和电流电压			镀槽要求											设备要求												
				温度/℃	电流密度/(A/dm²)	时间/min	镀层厚度/μm	添加剂型号	每一工位/dm²	每一工位/A	整流器/(A/V)	厚度δ/mm,材料		外壁尺寸/mm			有效容积/dm³	附设装置	排水方式				加温(或冷却)	溶液喷射搅拌	空气搅拌	阴极移动	喷淋	过滤/(m³/h)	供水	逆流	回收	温度控制	自动加料	槽体保温	局部排风
												槽体	内衬	长	宽	高			集污斗	溢流斗	拉塞	排污阀													
1	装卸挂	0	3+1			2.5																													
2	酸洗	1	1			0.5						12,PP		600	900	1300	580					√													
3	水洗	2	1			0.5						12,PP		600	900	1300	600			√		√			√										
4	水洗	3	1			0.5						12,PP		600	900	1300	600					√			√				自来水	↶					
5	预镀铜	4	2+1	常温	3~4	1.5			50×2	200×2	500/10	15,PP		1600	900	1300	1550								√			10							
6	水洗	5	1			0.5						12,PP		600	900	1300	600			√		√			√										
7	水洗	6	1			0.5						12,PP		600	900	1300	600					√			√				自来水	↶					
8	活化	7	1			0.5						12,PP		600	900	1300	580					√													
9	光亮酸铜	8	17+1	20~30	2~3	16.5			50×16	150×16	3000/12	15,PP		9100	900	1300	9000						TA2 蛇形管冷却		√			20(2 台)				显示			
10	水洗	9	1			0.5						12,PP		600	900	1300	600			√		√			√										
11	水洗	10	1			0.5						12,PP		600	900	1300	600					√			√					↶					
12	水洗	11	1			0.5						12,PP		600	900	1300	600					√			√				自来水	↶					
13	活化	12	1			0.5						12,PP		600	900	1300	580					√													
14	纯水洗	13	1			0.5						12,PP		600	900	1300	600			√		√			√				纯水						

续表

工序号	工序名称	槽位号	工位数(有效)	工艺条件					电镀面积和电流电压			镀槽要求											设备要求												
				温度/℃	电流密度/(A/dm²)	时间/min	镀层厚度/μm	添加剂型号	每一工位/dm²	每一工位/A	整流器/(A/V)	厚度δ/mm,材料		外壁尺寸/mm			有效容积/dm³	附设装置	排水方式				加温(或冷却)	溶液喷射搅拌	空气搅拌	阴极移动	喷淋	过滤/(m³/h)	供水	逆流	回收	温度控制	自动加料	槽体保温	局部排风
												槽体	内衬	长	宽	高			集污斗	溢流斗	拉塞	排污阀													
15	半光亮镍	14	5+1	50~60	4~5	4.5			50×5	250×5	1500/12	15,PP		3100	900	1300	3000						TA2蛇形管加温		√			20				显示			单侧
16	高硫镍	15	2+1	50~60	3~4	1.5			50×2	200×2	500/10	15,PP		1600	900	1300	1550						TA2蛇形管加温	√				10				显示			
17	光亮镍	16	5+1	50~60	4~5	4.5			50×5	250×5	1500/12	15,PP		3100	900	1300	3000						TA2蛇形管加温		√			20				显示			单侧
18	水洗	17	1			0.5						12,PP		600	900	1300	600			√		√			√										
19	水洗	18	1			0.5						12,PP		600	900	1300	600					√			√					↶					
20	水洗	19	1			0.5						12,PP		600	900	1300	600					√			√				自来水	↶					
21	铬酸活化	20	1			0.5						15,HPVC		600	900	1300	580																		
22	装饰铬	21	3+1	40~45	10~12	2.5			50×3	600×3	2000/15(波纹系数小于5%)	15,HPVC		2100	900	1300	2050						TA2蛇形管加温、冷却									显示			单侧
23	回收	22	1			0.5						15,HPVC		600	900	1300	600			√		√			√					↶					
24	回收	23	1			0.5						15,HPVC		600	900	1300	600					√			√				纯水	↶					
25	还原	24	1			0.5						12,PP		600	900	1300	580					√													
26	水洗	25	1			0.5						12,PP		600	900	1300	600			√		√			√										
27	水洗	26	1			0.5						12,PP		600	900	1300	600					√			√				自来水	↶					
28	纯水洗	27	1			0.5						12,PP		600	900	1300	600					√			√				纯水	↶					

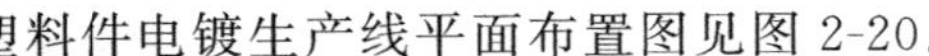

塑料件电镀生产线平面布置图见图 2-20。

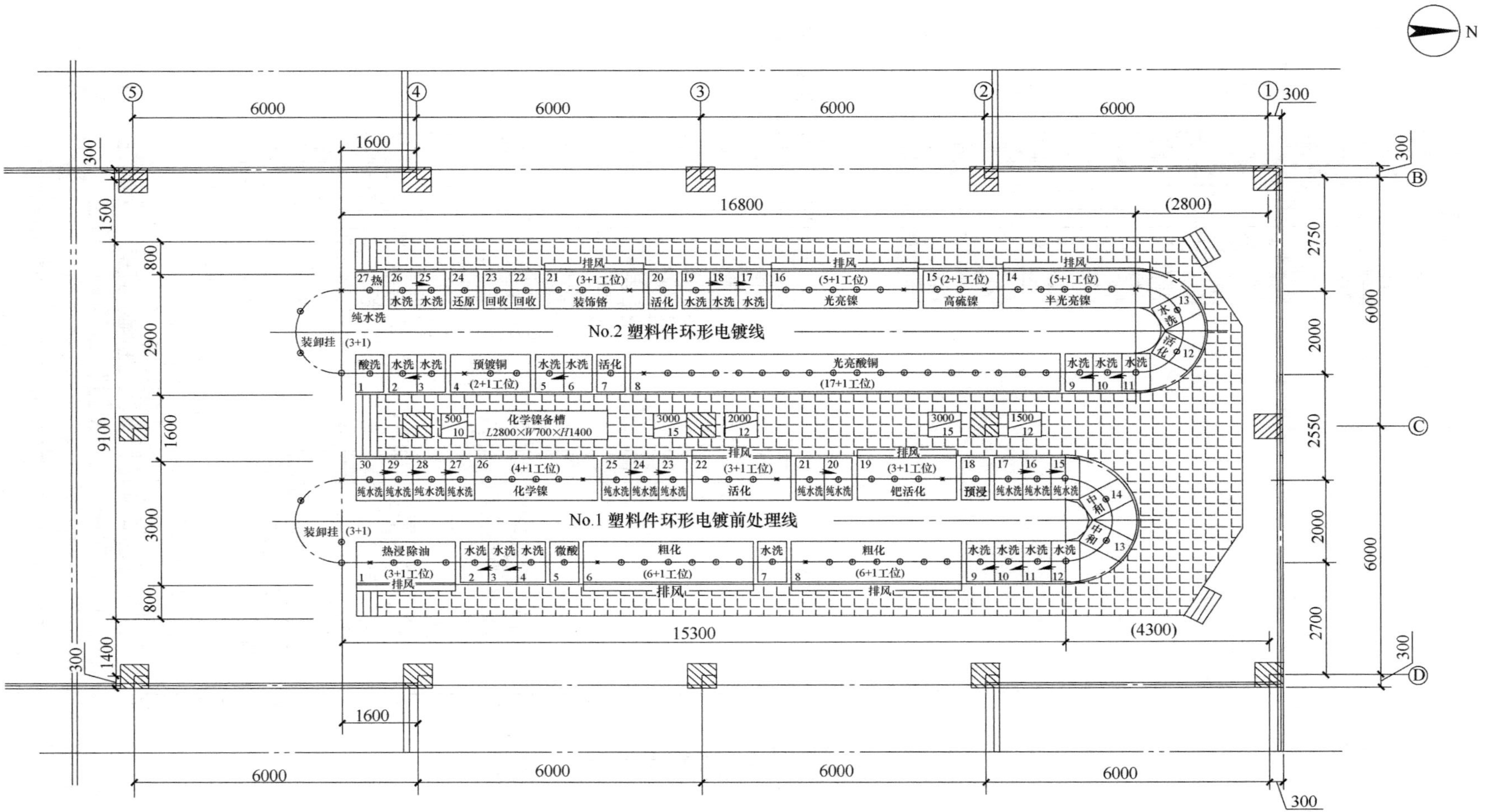

图 2-20 塑料件电镀生产线平面布置图

2.2.6 水暖五金件组合式电镀工艺

水暖五金件组合式电镀生产线工艺流程如图 2-21 所示。

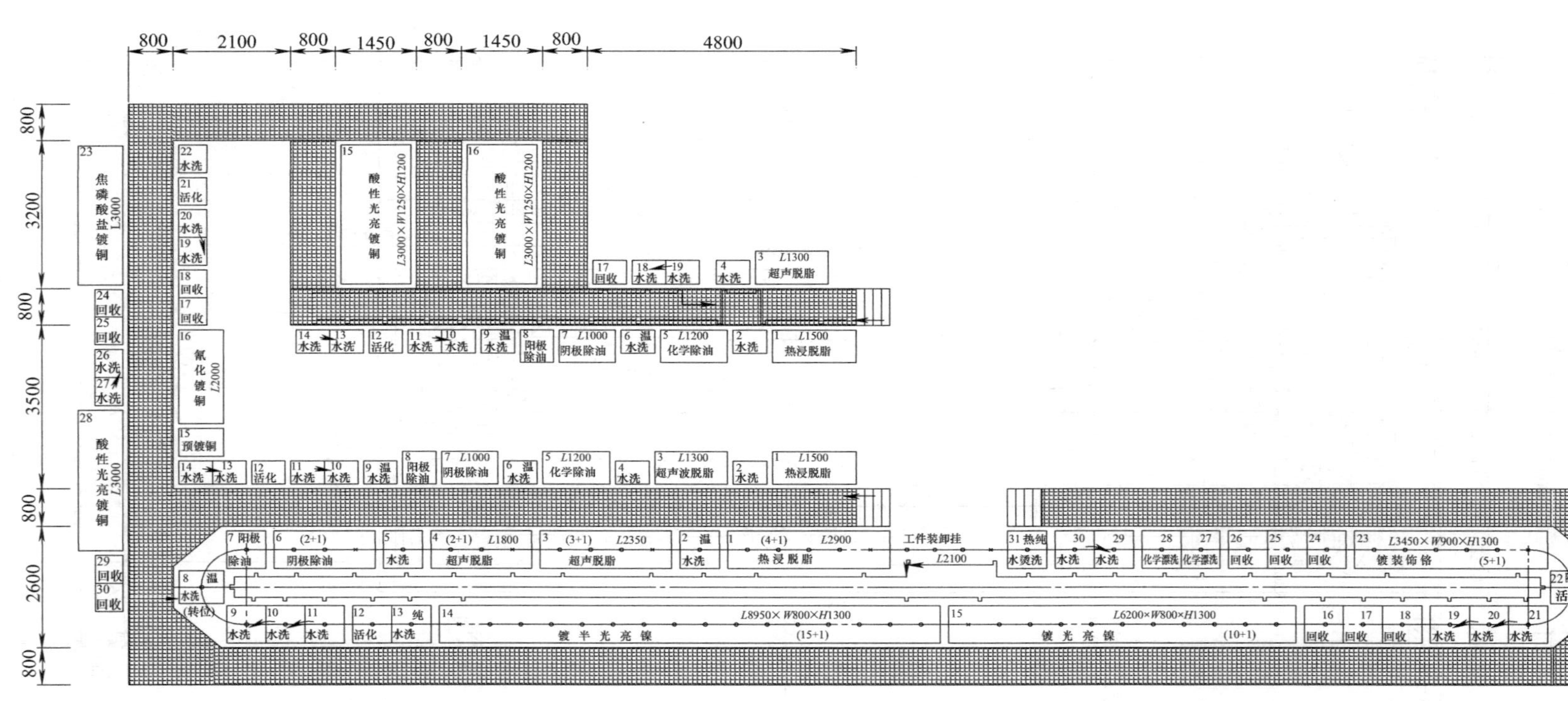

图 2-21 水暖五金件组合式电镀生产线工艺流程

水暖五金件环形电镀生产线工艺配置表见表 2-11。

表 2-11　水暖五金件环形电镀生产线工艺配置表

工序号	工件名称	槽位号	工位数	工艺条件					电镀面积和电流电压			镀槽要求											设备要求												
				温度/℃	电流密度/(A/dm²)	时间/min	镀层厚度/μm	添加剂型号	每一工位/dm²	每一工位/A	整流器/(A/V)	厚度δ/mm,材料 槽体	厚度δ/mm,材料 内衬	尺寸/mm 长	尺寸/mm 宽	尺寸/mm 高	有效容/dm³	附设装置	排水方式 集污斗	排水方式 溢流斗	排水方式 拉塞	排水方式 排污阀	加温(或冷却)	溶液喷射搅拌	空气搅拌	阴极移动	喷淋	过滤/(m³/h)	供水	逆流	回收	温度控制	自动加料	槽体保温	局部排风
1	工件装卸挂	0	3+1			2.5																													
2	热浸脱脂	1	4+1	70～80		3.5						3，不锈钢		2900	800	1300	2580	盖		√		√	1Cr18Ni9Ti蛇管加温		√				自来水			自动			√
3	温水洗	2	1	45		0.5						15，PP		700	800	1300	620			√		√	1Cr18Ni9Ti蛇管加温						自来水			显示			
4	超声脱脂	3	3+1	70～80		2.5			超声波发生器：16kW			3，不锈钢		2350	800	1300	2100	盖		√		√	1Cr18Ni9Ti蛇管加温		√				自来水			自动			√
5	超声脱脂	4	2+1	70～80		1.5			超声波发生器：12kW			3，不锈钢		1800	800	1300	1600	盖		√		√	1Cr18Ni9Ti蛇管加温		√				自来水			自动			√
6	水洗	5	1			0.5						15，PP		700	800	1300	620			√		√			√		√		自来水						
7	阴极除油	6	2+1	55～65	10	1.5			40×2	400×2	1000/12	3，不锈钢		1800	800	1300	1600	盖		√		√	1Cr18Ni9Ti蛇管加温						自来水			自动			√
8	阳极除油	7	1	55～65	10	0.5			40	400	500/12	3，不锈钢		700	800	1300	610			√		√	1Cr18Ni9Ti蛇管加温						自来水			自动			√
9	温水洗（转位）	8	1	45		0.5						15，PP		700	800	1300	620			√		√	1Cr18Ni9Ti蛇管加温						自来水			显示			
10	水洗	9	1			0.5						15，PP		700	800	1300	620			√		√			√										
11	水洗	10	1			0.5						15，PP		700	800	1300	620					√			√					↶					
12	水洗	11	1			0.5						15，PP		700	800	1300	620					√			√		√		自来水	↶					
13	活化	12	1	常温		0.5						15，PP		700	800	1300	600					√													
14	纯水洗	13	1			0.5						15，PP		700	800	1300	620			√		√			√		纯水		纯水						

续表

工序号	工件名称	槽位号	工位数	工艺条件					电镀面积和电流电压			镀槽要求											设备要求												
				温度/℃	电流密度/(A/dm²)	时间/min	镀层厚度/μm	添加剂型号	每一工位/dm²	每一工位/A	整流器/(A/V)	厚度δ/mm,材料		尺寸/mm			有效容/dm³	附设装置	排水方式				加温(或冷却)	溶液喷射搅拌	空气搅拌	阴极移动	喷淋	过滤/(m³/h)	供水	逆流	回收	温度控制	自动加料	槽体保温	局部排风
												槽体	内衬	长	宽	高			集污斗	溢流斗	拉塞	排污阀													
15	镀半光亮镍	14	15+1	52~59(57)	3~5	14.5			40×15	200×15	3500/12	6,Q235	3,R	8950	800	1300	8000			√			TA2蛇形管加温		√			20(3台)				自动	√		
	半光亮镍调制槽	附		52~59(57)							300/10	15,PP		1500	900	1000	1080						TA2蛇形管加温		√			20(C-1台)							
16	镀光亮镍	15	10+1	55~70(60)	3~5	9.5			40×10	200×10	2500/12	6,Q235	3,R	6200	800	1300	5500			√			TA2蛇形管加温		√			20(2台)				自动	√		
	光亮镍调制槽	附		55~70(60)							300/10	15,PP		1500	900	1000	1080						TA2蛇形管加温		√			20(C-1台)							
17	回收	16	1			0.5						15,PP		700	800	1300	620								√										
18	回收	17	1			0.5						15,PP		700	800	1300	620								√										
19	回收	18	1			0.5						15,PP		700	800	1300	620								√										
20	水洗	19	1			0.5						15,PP		700	800	1300	620			√		√			√										
21	水洗	20	1			0.5						15,PP		700	800	1300	620					√			√										
22	水洗	21	1			0.5						15,PP		700	800	1300	620					√			√		√		自来水		手提泵				
23	阴极电解活化	22	1	室温	0.01~0.05	0.5			40	2	100/10	15,HPVC		700	800	1300	600																		

续表

工序号	工件名称	槽位号	工位数	工艺条件					电镀面积和电流电压			镀槽要求											设备要求												
				温度/℃	电流密度/(A/dm²)	时间/min	镀层厚度/μm	添加剂型号	每一工位/dm²	每一工位/A	整流器/(A/V)	厚度δ/mm,材料		尺寸/mm			有效容/dm³	附设装置	排水方式				加温(或冷却)	溶液喷射搅拌	空气搅拌	阴极移动	喷淋	过滤/(m³/h)	供水	逆流	回收	温度控制	自动加料	槽体保温	局部排风
												槽体	内衬	长	宽	高			集污斗	溢流斗	拉塞	排污阀													
24	镀装饰铬	23	5+1	35~50(40)	10~20(15)	4.5			40×5	600×5	4000/15(波纹系数小于5%)	6,Q235	8,HPVC	3450	900	1300	3150	盖					TA2蛇形管加温、冷却								↷	自动			√
25	回收	24	1			0.5						15,HPVC		700	800	1300	620								√						↷				
26	回收	25	1			0.5						15,HPVC		700	800	1300	620								√						↷				
27	回收	26	1			0.5						15,HPVC		700	800	1300	620								√				纯水		手提泵				
28	化学漂洗	27	1			0.5						15,PP		700	800	1300	600					√													
29	化学漂洗	28	1			0.5						15,PP		700	800	1300	600					√													
30	水洗	29	1			0.5						15,PP		700	800	1300	620			√		√			√					↷					
29	水洗	30	1			0.5						15,PP		700	800	1300	620					√			√				自来水						
30	热纯水烫洗	31	1	60		0.5						3,不锈钢		700	800	1300	630			√		√	1Cr18Ni9Ti蛇管加温						纯水			显示			
	镀镍封	附	2+1	55~60(57)	4	1.5			40×2	160×2	500/12	15,PP		1600	800	1300	1400						TA2蛇形管加温		√							自动			
	镍处理槽	附2件										6,Q235	3,R	3000	1500	2000	8000						TA2蛇形管加温		√							显示			

铜件手工前处理、镀铜生产线工艺配置表见表 2-12。

表 2-12 铜件手工前处理、镀铜生产线工艺配置表

工序号	工件名称	槽位号	工位数	工艺条件					电镀面积和电流电压			镀槽要求											设备要求												
				温度/℃	电流密度/(A/dm²)	时间/min	镀层厚度/μm	添加剂型号	每一极杆/dm²	每一极杆/A	整流器/(A/V)	厚度δ/mm,材料		尺寸/mm			有效容/dm³	附设装置	排水方式				加温(或冷却)	溶液喷射搅拌	空气搅拌	工件摇摆	喷淋	过滤/(m³/h)	供水	逆流	回收	温度控制	自动加料	槽体保温	局部排风
												槽体	内衬	长	宽	高			集污斗	溢流斗	拉塞	排污阀													
1	热浸脱脂	1	5	70～80								3,不锈钢		1500	700	1200	1050	盖		√		√	1Cr18Ni9Ti蛇管加温			√			√			自动			√
2	水洗	2										15,PP		600	500	1200	300			√		√							√						
3	超声脱脂	3	3	70～80					超声波功率:9kW			3,不锈钢		1300	750	1200	980	盖		√		√	1Cr18Ni9Ti蛇管加温			√			√			自动			√
4	水洗	4										15,PP		600	500	1200	300			√		√							√						
5	化学除油	5	4	60～70								3,不锈钢		1200	700	1200	900	盖		√		√	1Cr18Ni9Ti蛇管加温						√			自动			√
6	温水洗	6		45								15,PP		600	500	1200	300			√		√	1Cr18Ni9Ti蛇管加温						√						
7	铜件阴极除油	7	2	55～65	10				20×2	200×2	500/12	3,不锈钢		1000	700	1200	700	盖		√		√	1Cr18Ni9Ti蛇管加温						√			自动			√
8	铜件阳极除油	8	1	55～65	10				20	200	300/12	3,不锈钢		600	700	1200	420	盖		√		√	1Cr18Ni9Ti蛇管加温						√			自动			√
9	温水洗	9		45								15,PP		600	500	1200	300			√		√	1Cr18Ni9Ti蛇管加温						√			显示			
10	水洗	10										15,PP		600	500	1200	300			√		√								↶					
11	水洗	11										15,PP		600	500	1200	300					√							√						
12	铜件活化	12										15,PP		600	500	1200	290																		
13	水洗	13										15,PP		600	500	1200	300			√		√								↶					
14	水洗	14										15,PP		600	500	1200	300					√							√						
15A	酸性光亮镀铜	15	24	24～40	3～4(3)				20×24	60×24	1500/12	15,PP		3000	1250	1200	3800								√			20							
15B	酸性光亮镀铜	16	24	24～40	3～4(3)				20×24	80×24	1500/12	15,PP		3000	1250	1200	3800								√			20							
16	回收	17										15,PP		600	500	1200	300																		
17	水洗	18										15,PP		600	500	1200	300			√		√								↶					
18	水洗	19										15,PP		600	500	1200	300					√							√						

锌合金件手工前处理、镀铜生产线工艺配置表见表 2-13。

表 2-13　锌合金件手工前处理、镀铜生产线工艺配置表

工序号	工件名称	槽位号	工位数	工艺条件					电镀面积和电流电压			镀槽要求											设备要求												
				温度/℃	电流密度/(A/dm²)	时间/min	镀层厚度/μm	添加剂型号	每一极杆/dm²	每一极杆/A	整流器/(A/V)	厚度δ/mm,材料		尺寸/mm			有效容/dm³	附设装置	排水方式				加温(或冷却)	溶液喷射搅拌	空气搅拌	工件摇摆	喷淋	过滤/(m³/h)	供水	逆流	回收	温度控制	自动加料	槽体保温	局部排风
												槽体	内衬	长	宽	高			集污斗	溢流斗	拉塞	排污阀													
1	热浸脱脂	1	5	70～80								3,不锈钢		1500	700	1200	1050	盖		√		√	1Cr18Ni9Ti蛇管加温			√			√			自动			√
2	水洗	2										15,PP		600	500	1200	300			√		√							√						
3	超声脱脂	3	3	70～80					超声波功率:9kW			3,不锈钢		1300	750	1200	980	盖		√		√	1Cr18Ni9Ti蛇管加温			√			√			自动			√
4	水洗	4										15,PP		600	500	1200	300			√		√							√						
5	化学除油	5	4	60～70								3,不锈钢		1200	700	1200	900	盖		√		√	1Cr18Ni9Ti蛇管加温						√			自动			√
6	温水洗	6		45								15,PP		600	500	1200	300			√		√	1Cr18Ni9Ti蛇管加温						√			显示			
7	锌合金件阴极除油	7	2	55～65	4				20×2	80×2	300/12	3,不锈钢		1000	700	1200	700	盖		√		√	1Cr18Ni9Ti蛇管加温						√			自动			√
8	锌合金件阳极除油	8	1	55～65	4				20	80	200/12	3,不锈钢		600	700	1200	420	盖		√		√	1Cr18Ni9Ti蛇管加温						√			自动			√
9	温水洗	9		45								15,PP		600	500	1200	300			√		√	1Cr18Ni9Ti蛇管加温						√			显示			
10	水洗	10										15,PP		600	500	1200	300			√		√								↶					
11	水洗	11										15,PP		600	500	1200	300					√							√						
12	锌合金件活化	12										15,PP		600	500	1200	290																		
13	水洗	13										15,PP		600	500	1200	300			√		√								↶					
14	水洗	14										15,PP		600	500	1200	300					√							√						
15	预镀铜	15	2	40～50	1～3				20×2	60×2	200/12	15,PP		600	800	1200	460	盖					1Cr18Ni9Ti蛇管加温		√			10				自动			
16	氰化镀铜	16	6	50～60	1～3	5			20×6	60×6	500/12	15,PP		2000	800	1200	1600	盖					1Cr18Ni9Ti蛇管加温		√			20				自动			√
17	回收	17										15,PP		600	500	1200	300																		
18	回收	18										15,PP		600	500	1200	300																		

续表

工序号	工件名称	槽位号	工位数	工艺条件					电镀面积和电流电压			镀槽要求											设备要求												
				温度/℃	电流密度/(A/dm²)	时间/min	镀层厚度/μm	添加剂型号	每一极杆/dm²	每一极杆/A	整流器/(A/V)	厚度δ/mm,材料		尺寸/mm			有效容/dm³	附设装置	排水方式				加温(或冷却)	溶液喷射搅拌	空气搅拌	工件摇摆	喷淋	过滤/(m³/h)	供水	逆流	回收	温度控制	自动加料	槽体保温	局部排风
												槽体	内衬	长	宽	高			集污斗	溢流斗	拉塞	排污阀													
19	水洗	19										15,PP		600	500	1200	300			√		√								↩					
20	水洗	20										15,PP		600	500	1200	300					√							√	↩					
21	活化	21										15,PP		600	500	1200	290																		
22	水洗	22										15,PP		600	500	1200	300			√		√							√						
23	焦磷酸盐镀铜	23	12	50～60(55)	1～3	10			20×12	60×12	1000/12	15,PP		3000	800	1200	2400						1Cr18Ni9Ti蛇管加温		√			20				自动			
24	回收	24										15,PP		600	500	1200	300																		
25	回收	25										15,PP		600	500	1200	300																		
26	水洗	26										15,PP		600	500	1200	300			√		√													
27	水洗	27										15,PP		600	500	1200	300					√							√	↩					
28	酸性光亮镀铜	28	12	24～40	3～4(3)				20×12	60×12	1000/12	15,PP		3000	800	1200	2400								√			20							
29	回收	29										15,PP		600	500	1200	300																		
30	回收	30										15,PP		600	500	1200	300																		
	转位自动线																																		
	酸铜处理槽	附		室温								6,Q235	3,R	2400	1000	2000	4200																		

水暖五金件组合式电镀生产线设计要素如下。

① 主机：L28.8m×W14.2m×H4.6m（含操作平台、整流器、过滤机、处理槽，未含线外的排风装置等其他辅助设施）。

② 环形线回转中心距：22.9m。回转半径：800mm。提升高度：1150～1200mm。

③ 总工位数：76（含空工位：8）。最大工位间距：850mm。最小工位间距：550mm。

④ 导电挂具运载器：68套。每套每挂最大导电量：800A。每挂装载最大体积：L450mm×W300mm×H800mm。每挂受镀工件面积：40dm^2。每挂载重：≤25kgf（含挂具）。

⑤ 运行节拍时间：60s（45s以上可调）。

⑥ 年产量（一班制，16h/d）：280d×16h/d×60min/h×60s/min÷60s×40dm^2=1075.2×10^{4}dm^2。

⑦ 溶液加温和保温供汽量（预热以3h，起始温度按20℃计算）：加温1300kg/h（其中环形线为780kg/h，手工线为520kg/h），保温850kg/h。

⑧ 生产作业供水量（水洗槽每小时换水次数：1.5～2.0槽，热水、纯水减半计算）自来水11.0～14.5m^3/h，纯水1.0m^3/h。

⑨ 空搅用低压空气量［按液面0.20～0.35m^3/(min·m^2)计算］：5000m^3/h，选取XGB-4型旋涡气泵2台（300m^3/h，4kW，最大压力30kPa，正常工作压力小于等于22.5kPa，真空度20kPa）。

⑩ 废水排放（处理）量：酸碱系7.0～8.5m^3/h，镍系1.0～1.5m^3/h，氰系0.5m^3/h，铬系经化学漂洗后1.5～2.0m^3/h。

⑪ 局部排风量（局部设置槽盖）：

a. 手工线前处理系统：18000m^3/h，选配BF-72型，No.8C，FRP风机1台（12087～23174m^3/h，1413～785Pa，7.5kW，1250r/min）。

b. 环形线前处理系统：10000m^3/h，选配BF-72型，No.6C，FRP风机1台（6291～14124m^3/h，1207～697Pa，4.0kW，1450r/min）。

c. 镀铬系统：6500m^3/h，选配BF-72型，No.6C，FRP风机1台（6291～14124m^3/h，1207～697Pa，4.0kW，1450r/min）；No.3铬雾净化回收箱1台。

⑫ 设备总动力：3相，50Hz，380V，355kW（其中整流器额定容量259kW，过滤机功率19.1kW，超声波发生器功率46kW，同时使用系数0.7～0.8）。

水暖五金件组合式电镀生产线总平面布置图见图2-22。

2.2.7 锌合金水暖五金件电镀工艺

锌合金水暖五金件电镀生产线工艺流程如图2-23所示。其断面示意图见图2-24。

设计要素如下。

① 主机：L42.6m×W3.4m×H4.7m（含机架，未含走道平台、整流器、过滤机和线外排风系统等辅助设施）。导轨回转中心距：37.75m。回转半径：R1150mm。提升高度：1550mm。

② 总工位数：110。工位间距（等间距）：750mm。

③ 悬臂挂具运载器：共110套。最大导电量：600A/(套·挂)。装载体积（件/挂）：(W450mm×δ500mm×H1200mm)/挂，阴极移动装置：9套（1.1kW/套）。受镀零件表面积：40dm^2（工位）。载荷：<30kg（工位）（含水暖件、挂具和提升时的溶液附加力）。

④ 运行节拍周期：40～120S（可调）。

⑤ 年产量（300d/a，20h/d）：300d×20h/d×60min/h÷1.5min×45dm^2≈1080×10^{4}dm^2（未计废品率）。

⑥ 溶液加温和保温供汽量（预热以4h，起始温度按20℃计算）：加温800kg/h；保温500～600kg/h。

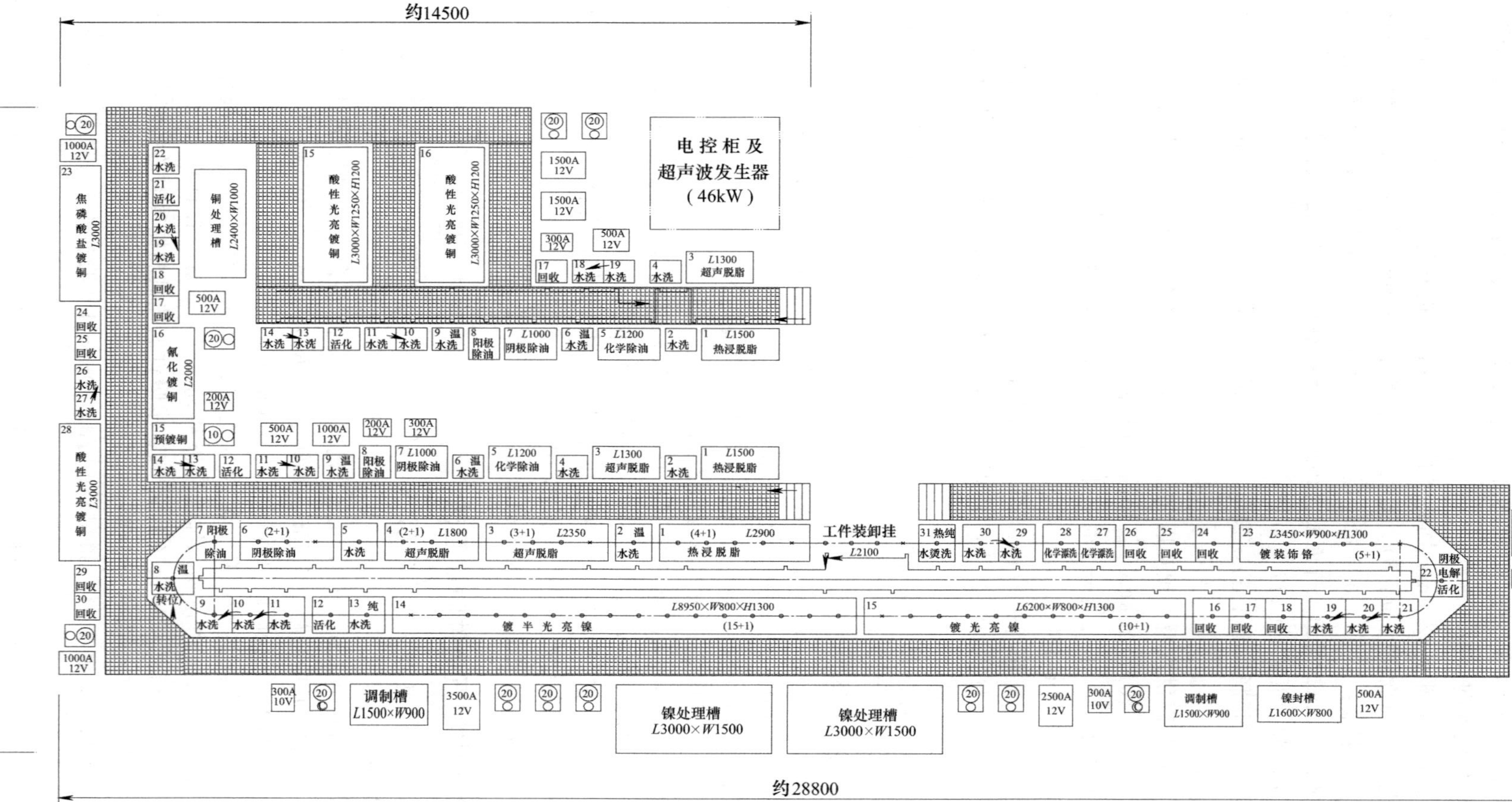

图 2-22 水暖五金件组合式电镀生产线总平面布置图

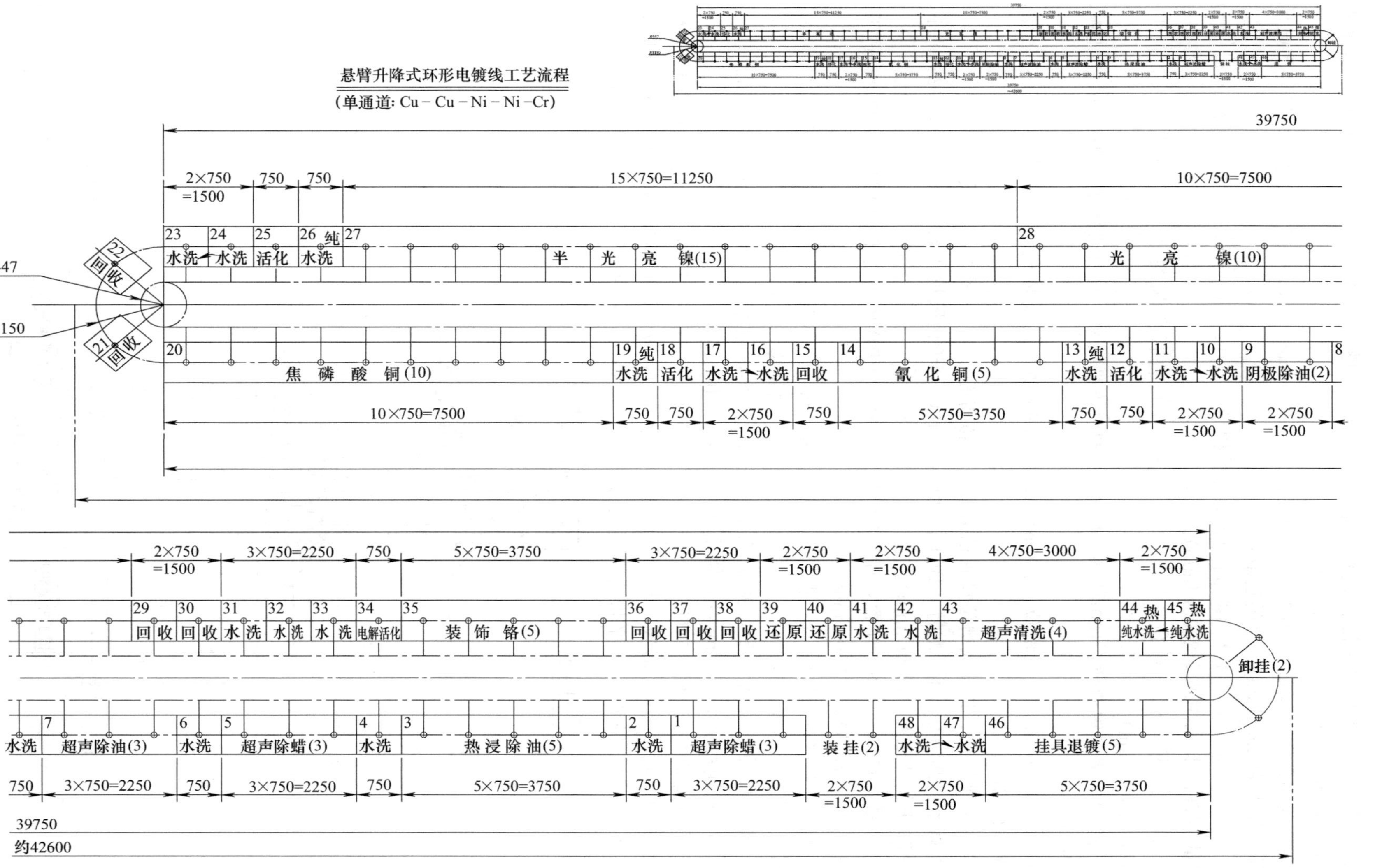

图 2-23　锌合金水暖五金件电镀生产线工艺流程

⑦ 生产作业供水量（水洗槽换水次数：0.5～0.75 槽/h，热水、纯水减半计算）自来水 4.0～6.0m^3/h，纯水 0.8～1.2m^3/h。

⑧ 空搅用低压空气量 610m^3/h［按液面 0.20～0.30m^3/(min・m^2)计算，所选鲁氏鼓风机的排风压力为 29.4kPa］，分类选取：

a. 2～19＋36～42＋47～48 号酸碱和铬系槽位：150m^3/h，KSB-65 型鲁氏鼓风机 1 台（进风量 197m^3/h，2.5kW，2000r/min）。

b. 20～26 号焦铜系槽位：150m^3/h，KSB-65 型鲁氏鼓风机 1 台（进风量 197m^3/h，2.5kW，2000r/min）。

c. 27 号半光亮镍槽位：160m^3/h，KSB-65 型鲁氏鼓风机 1 台（进风量 197m^3/h，2.5kW，2000r/min）。

d. 28～33 号光亮镍系槽位：150m^3/h，KSB-65 型鲁氏鼓风机 1 台（进风量 197m^3/h，2.5kW，2000r/min）。

⑨ 局部排风量（各挂风槽位设置槽盖板，其覆盖面达 1/2，平口式排风罩）：

a. 碱系：28500m^3/h。配置：BF4-72 型 No. 10C，FRP 风机 1 台（18412～31426m^3/h，1245～764Pa，15kW，1000r/min）。

b. 镍系：17800m^3/h。配置：BF4-72 型 No. 8C，FRP 风机 1 台（12087～23174m^3/h，1441～784Pa，7.5kW，1250r/min）。

c. 铬系：5700～7130m^3/h。配置：BF4-72 型 No. 6C，FRP 风机 1 台（6291～14124m^3/h，1207～697Pa，4kW，1450r/min）；FGW700 型高效铬雾净化箱 1 台。

⑩ 废水排放（处理）量：酸碱系 3.0～4.5m^3/h，氰系 0.4～0.5m^3/h，镍系 0.4～0.5m^3/h，焦铜系 0.4～0.5m^3/h，铬系 0.5～0.8m^3/h。

⑪ 设备总动力：3 相，50Hz，380V，约 331kW［其中整流器 8 台额定总功率约 142kW，过滤机 19 台总功率约 35.5kW，超声波发生器总功率 96kW（≥40kHz，取 52kHz），升降系统电动机 1 台（7.5kW），水平推进系统电动机 1 台（4kW），同时使用系数 0.7～0.8］。

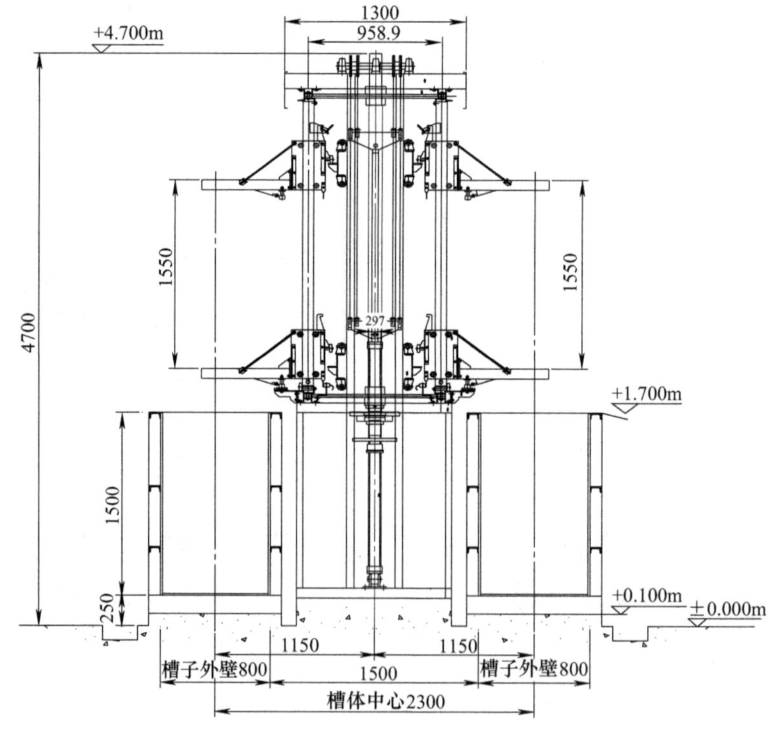

图 2-24　锌合金水暖五金件电镀生产线断面示意图

锌合金水暖五金件电镀生产线工艺配置表见表 2-14。

表 2-14 锌合金水暖五金件电镀生产线工艺配置表

工序号	工序名称	槽位号	工位数	工艺条件					电镀面积和电流电压			镀槽要求												设备要求														
				温度/℃	电流密度/(A/dm^2)	时间/min	镀层厚度/μm	添加剂型号	每一工位/dm^2	每一工位/A	整流器/(A/V)	厚度δ/mm,材料		外壁尺寸/mm			有效容积/dm^3	附设装置	排水方式				槽体保温	加温(或冷却)	溶液喷射搅拌	空气搅拌	阴极移动	喷淋	过滤/(m^3/h)	供水	逆流	回收	温度控制	pH检测	自动加料	废水		局部排风
												槽体	内衬	长	宽	高			集污斗	溢流斗	拉塞	排污阀														沟排	管排	
1	装挂	0	2			1.3～4																																
2	超声除蜡	1	3	60～70		2～6			超声波发生器:24kW[振板 12 块×2.0kW,H1300mm×W300mm×δ90mm(每块)]			3,SUS 304		2250	800	1500	2400	槽面驱油管	√	√		√	√	SUS304蛇形管加温			√		20(JHY-20-YZ)	自来水			自动			√		√
3	水洗	2	1									12,PP		750	800	1500	780			√		√				√				自来水						√		
4	热浸除油	3	5	50～60		3.3～10						15,PP		3750	800	1500	3800	槽面驱油管	√	√		√		SUS304蛇形管加温			√		20(JHY-20-YZ)	自来水			自动			√		√
5	水洗	4	1									12,PP		750	800	1500	780			√		√				√				自来水						√		
6	超声除蜡	5	3	60～70		2～6			超声波发生器:24kW[振板 12 块×2.0kW,H1300mm×W300mm×δ90mm(每块)]			3,SUS 304		2250	800	1500	2400	槽面驱油管	√	√		√	√	SUS304蛇形管加温			√		20(JHY-20-YZ)	自来水			自动			√		√
7	水洗	6	1									12,PP		750	800	1500	780			√		√				√				自来水						√		
8	超声除油	7	3	50～60		2～6			超声波发生器:24kW[振板 12 块×2.0kW,H1300mm×W300mm×δ90mm(每块)]			3,SUS 304		2250	800	1500	2400	槽面驱油管	√	√		√	√	SUS304蛇形管加温			√		20(JHY-20-YZ)	自来水			自动			√		√
9	水洗	8	1									12,PP		750	800	1500	780			√		√				√				自来水						√		
10	阴极除油	9	2	50～60	2～4	1.3～4			40×2	160×2	500/12	15,PP		1500	800	1500	1500	槽面驱油管	√	√		√		SUS304蛇形管加温			√		10(JHY-10-YZ)	自来水			自动			√		√

续表

工序号	工序名称	槽位号	工位数	工艺条件					电镀面积和电流电压			镀槽要求												设备要求														
				温度/℃	电流密度/(A/dm²)	时间/min	镀层厚度/μm	添加剂型号	每一工位/dm²	每一工位/A	整流器/(A/V)	厚度δ/mm,材料		外壁尺寸/mm			有效容积/dm³	附设装置	排水方式				槽体保温	加温(或冷却)	溶液喷射搅拌	空气搅拌	阴极移动	喷淋	过滤/(m³/h)	供水	逆流	回收	温度控制	pH检测	自动加料	废水		局部排风
												槽体	内衬	长	宽	高			集污斗	溢流斗	拉塞	排污阀														沟排	管排	
11	水洗	10	1									12,PP		750	800	1500	780			√		√				√										√		
12	水洗	11	1									12,PP		750	800	1500	780					√				√				自来水						√		
13	活化	12	1	RT								15,PP		750	800	1500	750					√														√		
14	纯水洗	13	1									12,PP		750	800	1500	780			√		√				√				纯水						√		
15	氰化铜	14	5	50～60	2～3	3.3～10			40×5	120×5	1000/12	15,PP		3750	800	1500	3800		√					SUS 304 蛇形管加温			√		20(2台)JHP-20-DP				自动					√
16	回收	15	1									12,PP		750	800	1500	780					√				√				纯水							√	
17	水洗	16	1									12,PP		750	800	1500	780			√		√				√											√	
18	水洗	17	1									12,PP		750	800	1500	780					√				√				自来水							√	
19	活化	18	1	RT								15,PP		750	800	1500	750					√															√	
20	纯水洗	19	1									12,PP		750	800	1500	780			√		√				√				纯水							√	
21	焦磷酸铜	20	10	50～55	2～4	6.6～20			40×10	160×10	2000/12	15,PP		7500	800	1500	7650		√					SUS304 蛇形管加温		√	√		30(3台)				自动					√
22	回收	21	1									12,PP		750	800	1500	780					√				√										√		
23	回收	22	1									12,PP		750	800	1500	780					√				√				纯水							√	

续表

工序号	工序名称	槽位号	工位数	工艺条件					电镀面积和电流电压			镀槽要求												设备要求														
				温度/℃	电流密度/(A/dm²)	时间/min	镀层厚度/μm	添加剂型号	每一工位/dm²	每一工位/A	整流器/(A/V)	厚度δ/mm,材料		外壁尺寸/mm			有效容积/dm³	附设装置	排水方式				槽体保温	加温(或冷却)	溶液喷射搅拌	空气搅拌	阴极移动	喷淋	过滤/(m³/h)	供水	逆流	回收	温度控制	pH检测	自动加料	废水		局部排风
												槽体	内衬	长	宽	高			集污斗	溢流斗	拉塞	排污阀														沟排	管排	
24	水洗	23	1									12,PP		750	800	1500	780			√		√				√											√	
25	水洗	24	1									12,PP		750	800	1500	780					√				√				自来水							√	
26	活化	25	1	RT								15,PP		750	800	1500	750					√															√	
27	纯水洗	26	1									12,PP		750	800	1500	780			√		√				√				纯水							√	
28	半光亮镍	27	15	50～60	3～4	10～30			40×15	160×15	3000/12	15,PP		11250	800	1500	11500		√					TA2蛇形管加温		√	√		30(5台)				自动					√
29	光亮镍	28	10	60～65	3～4	6.6～20			40×10	160×10	2000/12	15,PP		7500	800	1500	7650		√					TA2蛇形管加温		√	√		30(3台)				自动					√
30	回收	29	1									12,PP		750	800	1500	780					√				√											√	
31	回收	30	1									12,PP		750	800	1500	780					√				√				纯水							√	
32	水洗	31	1									12,PP		750	800	1500	780			√		√				√											√	
33	水洗	32	1									12,PP		750	800	1500	780					√				√											√	
34	水洗	33	1									12,PP		750	800	1500	780					√				√				自来水							√	
35	电解活化	34	1	RT							50/10	12,PVC		750	800	1500	750					√																
36	装饰铬	35	5	40～45	10～12	3.3～10			40×5	480×5	3000/12(纹波系数小于5%)	15,PVC		3750	800	1500	3800		√					TA2蛇形管加温、冷却					20(JHL-20-XP)				自动					√

续表

工序号	工序名称	槽位号	工位数	工艺条件					电镀面积和电流电压			镀槽要求												设备要求														
				温度/℃	电流密度/(A/dm²)	时间/min	镀层厚度/μm	添加剂型号	每一工位/dm²	每一工位/A	整流器/(A/V)	厚度δ/mm,材料		外壁尺寸/mm			有效容积/dm³	附设装置	排水方式				槽体保温	加温(或冷却)	溶液喷射搅拌	空气搅拌	阴极移动	喷淋	过滤/(m³/h)	供水	逆流	回收	温度控制	pH检测	自动加料	废水		局部排风
												槽体	内衬	长	宽	高			集污斗	溢流斗	拉塞	排污阀														沟排	管排	
37	回收	36	1									12,PVC		750	800	1500	780					√				√						↶					√	
38	回收	37	1									12,PVC		750	800	1500	780					√				√						↶					√	
39	回收	38	1									12,PVC		750	800	1500	780					√				√				纯水		↶					√	
40	还原	39	1									12,PP		750	800	1500	750					√															√	
41	还原	40	1									12,PP		750	800	1500	750					√															√	
42	水洗	41	1									12,PP		750	800	1500	780			√		√				√					↶						√	
43	水洗	42	1									12,PP		750	800	1500	780					√				√											√	
44	超声清洗	43	4	RT		2.6~8			超声波发生器:24kW[振板12块×2.0kW,H1300mm×W300mm×δ90mm(每块)]			3,SUS 304		3000	800	1500	3200			√		√								自来水								
45	热纯水洗	44	1	50~60								3,SUS 304		750	800	1500	800			√		√	√	SUS304蛇形管加温							↶		自动				√	
46	热纯水洗	45	1	50~60								3,SUS304		750	800	1500	800					√	√	SUS304蛇形管加温						纯水			自动				√	
47	卸挂	0	2			1.3~4																																
48	挂具退镀	46	5	50~60		3.3~10					300/12	15,PP		3750	800	1500	3800		√					SUS304蛇形管加温									自动			√		√
49	水洗	47	1									12,PP		750	800	1500	780			√		√				√					↶					√		
50	水洗	48	1									12,PP		750	800	1500	780					√				√				自来水						√		

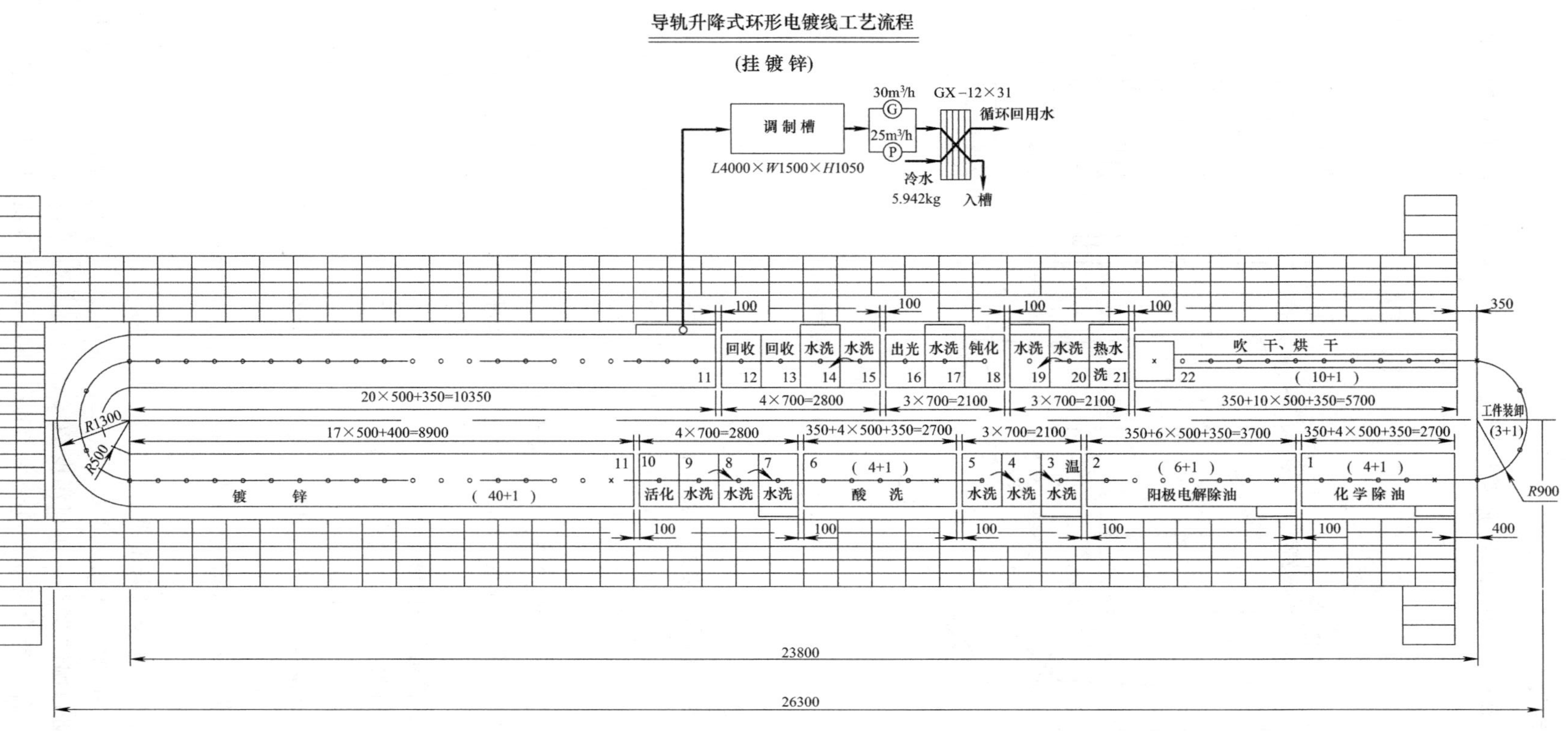

图 2-25 扬声器零件镀锌生产线工艺流程

2.2.8 扬声器零件镀锌工艺

扬声器零件镀锌生产线工艺流程如图 2-25 所示。挂具及其在镀槽中的布置如图 2-26 所示。

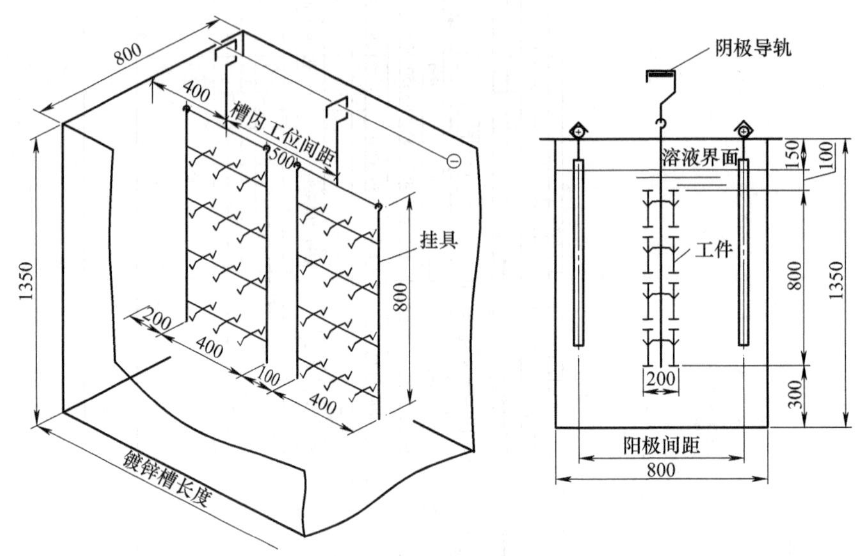

图 2-26 挂具及其在镀槽中的布置

扬声器零件镀锌生产线工艺配置表见表 2-15。

扬声器零件电镀生产线设计要素如下。

① 主机：L26.3m（导轨长度）×W2.8m×H4.63m（含机架，未含操作平台、整流器、汇流铜排、过滤机、冷水机和线外排风系统等辅助设施）。导轨回转半径：R900mm。回转中心距：23.8m。

② 总工位数：90（含空工位：6）。最大工位间距 800mm，最小工位间距 500mm。

③ 导电挂具运载器：84 套，最大导电量（每套每挂）≤200A，每挂装载体积 W400mm×δ200mm×H800mm，受镀工件表面积（每挂每节拍）≤65dm^2，提升重量≤35kgf（含镀件、电镀挂具和提升的溶液附加力）。

④ 运行节拍周期：60s（>45s 可调）。

⑤ 日产量（每天工作 16h）：16h×60min/h×60s/min÷60s×65dm^2＝62400dm^2。

⑥ 溶液加温和保温供汽量（预热时间 2h，初始温度按 20℃计算）：加温 250kg/h，保温 150kg/h。

⑦ 生产作业供水量（水洗槽每小时换水次数：1.5～2.0 槽，热水减半计算）：自来水 5.5～7.5m^3/h。

⑧ 溶液冷却水供应量及其配置：

a. GX-12×31 型，板式（316）热交换器 1 台（换热面积 3.48m^2/h），溶液流量≥3.396kg/s，进口温度 25℃，出口温度 20℃。

b. 冷水机 1 台（制冷量 50000～80000kcal/h），300L/min 水温控制：3～20℃（可调），整机功率 30kW。

表 2-15 扬声器零件镀锌生产线工艺配置表

工序号	工序名称	槽位号	工位数(有效)	工艺条件					电镀面积和电流电压			镀槽要求											设备要求												
				温度/℃	电流密度/(A/dm^2)	时间/min	镀层厚度/μm	添加剂型号	每一工位/dm^2	每一工位/A	整流器/(A/V)	厚度δ/mm,材料		尺寸/mm			有效容积/dm^3	附设装置	排水方式				加温(或冷却)	溶液喷射搅拌	空气搅拌	阴极移动	喷淋	过滤/(m^3/h)	供水	逆流	回收	温度控制	自动加料	槽体保温	局部排风
												槽体	内衬	长	宽	高			集污斗	溢流斗	拉塞	排污阀													
1	工件装卸	0	3+1			4																													
2	化学除油	1	4+1	50～60		3.5						6,Q235	(2.5+2.5),R	2700	800	1350	2400	油水分离		√		√	不锈钢蛇管加温			√			自来水			显示			√
3	阳极电解除油	2	6+1	50～60	4～5	3.5			65×6	325×6	2000/12	6,Q235	(2.5+2.5),R	3700	800	1350	3300	油水分离		√		√	不锈钢蛇管加温			√			自来水			显示			√
4	温水洗	3	1	45		0.25～0.5						6,Q235	3,R	700	800	1350	640			√		√	不锈钢蛇管加温									显示			
5	水洗	4	1			0.25～0.5						6,Q235	3,R	700	800	1350	640					√			√					↩					√
6	水洗	5	1			0.25～0.5						6,Q235	3,R	700	800	1350	640					√			√				自来水	↩					
7	酸洗	6	4+1			3.5						6,Q235	(2.5+2.5),R	2700	800	1350	2400																		√
8	水洗	7	1			0.25～0.5						6,Q235	3,R	700	800	1350	640			√		√			√										
9	水洗	8	1			0.25～0.5						6,Q235	3,R	700	800	1350	640					√			√					↩					
10	水洗	9	1			0.25～0.5						6,Q235	3,R	700	800	1350	640					√			√				自来水	↩					
11	活化	10	1			0.25～0.5						6,Q235	3,R	700	800	1350	610																		

续表

工序号	工序名称	槽位号	工位数(有效)	工艺条件 温度/℃	工艺条件 电流密度/(A/dm²)	工艺条件 时间/min	工艺条件 镀层厚度/μm	工艺条件 添加剂型号	电镀面积和电流电压 每一工位/dm²	电镀面积和电流电压 每一工位/A	电镀面积和电流电压 整流器/(A/V)	镀槽要求 厚度δ/mm,材料 槽体	镀槽要求 厚度δ/mm,材料 内衬	镀槽要求 尺寸/mm 长	镀槽要求 尺寸/mm 宽	镀槽要求 尺寸/mm 高	镀槽要求 有效容积/dm³	镀槽要求 附设装置	排水方式 集污斗	排水方式 溢流斗	排水方式 拉塞	排水方式 排污阀	设备要求 加温(或冷却)	溶液喷射搅拌	空气搅拌	阴极移动	喷淋	过滤/(m³/h)	供水	逆流	回收	温度控制	自动加料	槽体保温	局部排风
12	镀锌	11	40+1	20～30	2～3	39.5			65×40	195×40	8000/12	6,Q235	(2.5+2.5),R	22080	800	1350	19780						槽外冷却,取1台GX-12×31型板式热交换器(316)换热面积:3.48m²过滤机和泵并联			√		30 过滤机(3台)				显示			√
	调制槽	附										6,Q235	(2.5+2.5),R	4000	1500	1050	5000									√						显示			
13	回收	12	1			0.25～0.5						6,Q235	3,R	700	800	1350	640					√			√										
14	回收	13	1			0.25～0.5						6,Q235	3,R	700	800	1350	640					√			√										
15	水洗	14	1			0.25～0.5						6,Q235	3,R	700	800	1350	640			√		√			√					↩					
16	水洗	15	1			0.25～0.5						6,Q235	3,R	700	800	1350	640					√			√				自来水						
17	出光	16	1			0.25～0.5						6,Q235	3,SPVC	700	800	1350	610																		
18	水洗	17	1			0.25～0.5						6,Q235	3,SPVC	700	800	1350	640			√		√			√				自来水						
19	钝化	18	1			0.25～0.5						6,Q235	3,SPVC	700	800	1350	640								两侧										
20	水洗	19	1			0.25～0.5						6,Q235	3,SPVC	700	800	1350	640			√		√			√					↩					
21	水洗	20	1			0.25～0.5						6,Q235	3,SPVC	700	800	1350	640					√			√				自来水						
22	热水洗	21	1	50～60		0.25～0.5						6,Q235	3,R	700	800	1350	640			√		√	不锈钢蛇管加温						自来水			显示			
23	吹干、烘干	22	10+1	50～60		9.5						6,Q235	内胆不锈钢	5700	800	1350							18kW热风循环									显示			

⑨ 溶液搅拌供气应量［按液面 0.3m^3/(min·m^2）计算］：130m^3/h。

选取 XGB-7 型旋涡气泵 1 台（最大流量 160m^3/h，2.2kW，最大压力 24.5kPa，正常工作压力≤18kPa，真空度 16.67kPa)。

⑩ 吹干用压缩空气供应量及其配置（吹干装置设置于烘干槽前端）：

a. 选取 AA727-1/4-11 型吹风喷嘴和 7521-1×1/4 型拼合孔连接件各 30 件装置成两排（成 45°自动摇摆）。

b. 压缩空气供应量（p=70kPa)：4.26m^3/min。

⑪ 局部排风装置（各排风槽位设置槽盖板，其覆盖面半亮镍和光亮镍为 4/5，其余槽位为 1/2)：

a. 前处理系统排风量 20300m^3/h，选取：GBF4-72 型 No.8C，FRP 风机 1 台（10830～20764m^3/h，1138～628Pa，5.5kW，1120r/min)。

b. 镀锌系统排风量 36900m^3/h，选取：GBF4-72 型 No.12C，FRP 风机 1 台（30400～43900m^3/h，863～686Pa，15kW，630r/min)。

⑫ 废水排放（处理）量：酸碱系 3.0～4.0m^3/h，锌系 1.0～1.2m^3/h，铬系 1.5～2.0m^3/h。

⑬ 设备总动力：3 相，50Hz，380V，约 220kW（其中整流器额定总容量 120kW，过滤机额定容量 6.6kW，冷却系统功率 30kW，同时使用系数 0.7～0.8)。

注：扬声器镀锌零件基本信息如下所述。

① 磁碗：$\phi_{外}$≈25～60mm；$\phi_{内}$≥17mm；$H_{高}$≤42mm；100～600g（每件)；0.5～2.5dm^2（每件)。

② T 铁：$\phi_{大}$≥130mm；$\phi_{小}$≥50mm；$H_{总}$≤100mm；1300～5500g（每件)；2.5～5dm^2（每件)。

③ 垫圈：$\phi_{外}$≥130mm；$\phi_{内}$≥50mm；δ≤12mm；1000～2000g（每件)；2.5～5dm^2（每件)。

④ 钝化后镀层厚度：5～15μm。

2.2.9 支架镀银工艺

支架镀银生产线工艺流程如图 2-27 所示。

设计要素如下。

① 主机：L16.2m×W2.2m×H3.5m（未含操作平台、整流器、过滤机和线外通风系统等辅助设施)。回转中心距：14.35m。回转半径：R650mm。提升高度：1000～1100mm。

② 总工位数：81（含空工位：12)。最大工位间距：600mm。最小工位间距：200mm。

③ 导电挂具运载器：共 69 套，最大导电量（每套每挂）200A，载重（每挂）10kg（含工件、挂具和提升时的溶液附加力)，每挂装载体积 W150mm×δ155mm×H870mm，受镀工件面积（每工位每挂）≤30dm^2。

④ 运行节拍周期：40s（可调)。

⑤ 日产量（两班制，每天工作 16h)：16h×60min/h×60s/min÷40s×60 片≈84600 片（发光电子管镀银支架)。

⑥ 溶液加温和保温热水供应量（预热以 2h，起始温度按 15℃计算)：加温 500kg/h；保温 300kg/h。

⑦ 生产作业供水量（水洗槽换水次数：2.0～2.5 槽/h，纯水减半计算）自来水 3.0～3.5m^3/h，纯水 1.5～2.0m^3/h。

⑧ 空搅用低压空气量［按液面 0.25～0.3m^3/(min·m^2）计算］：130m^3/h，选配 XGB-7 型旋涡气泵 1 台（2.2kW，最大流量 160m^3/h，最大压力 24.5kPa，正常工作压力≤18kPa，真空度 16.67kPa)。

⑨ 废水排放（处理）量：酸碱系 2.0～2.5m³/h；镍系 0.5～0.75m³/h；氰系 1.2～1.3m³/h；铬系 0.5～0.7m³/h。

⑩ 局部排风量：

a. 酸碱系统（含镀镍）：18500m³/h，选取 BF4-72 型 No.8A，FRP 风机 1 台（5.5kW，10781～19671m³/h，922～569Pa，960r/min）。

b. 氰化系统：13200m³/h，选取 BF4-72 型 No.6A，FRP 风机 1 台（4kW，6291～14124m³/h，1207～697Pa，1450r/min）。

⑪ 设备总动力：3 相，50Hz，380V，约 80kW（其中整流器 8 台额定容量 30.1kW），同时使用系数 0.7～0.8。

注：本线需设置整体上下摆动机构，可参阅本章 2.3.4“小环形电镀线”介绍内容。

支架镀银生产线工艺配置表见表 2-16。

2.2.10 铝合金车轮镀前清洗工艺

铝合金车轮镀前清洗生产线工艺流程如图 2-28 所示。其断面示意图见图 2-29。

设计要素如下。

① 主机：A 线，L13.8m×W3.8m×H4.13m；B 线，L12.9m×W3.8m×H4.13m（含机架，未含线外通风系统和过滤机等辅助设施）。回转半径为 R1150mm。

② 工位数：A 线，30（含空工位：6）；B 线，28（含空工位：5）。最大工位间距：1000mm。最小工位间距：750mm。

③ 挂具运载器：共 47 套，载重 50kg（每挂）（含轮毂、挂具和提升时的溶液附加力）。

④ 运行节拍时间：1.5～2min（可调）。

⑤ 月产量（每月 25d，20h/d）A、B 线分别为：25d×20h/d×60min/h÷(1.5～2)min×2 件≈(30000～40000)件/月。

⑥ 溶液加温和保温热水供应量（预热以 4h，起始温度按 30℃计算）：加温 6000L/h；保温 2000～3000L/h。

⑦ 生产作业供水量（水洗槽每小时换水次数：0.4～0.5 槽）：自来水 4.0～5.0m³/h（含喷洗水）。

⑧ 空搅用低压空气量［按液面 0.2m³/(min·m²）计算，未计除油、除蜡槽配槽时空气搅拌量］；A 线 50m³/h；B 线 50m³/h。选配：SLF-50 型三叶罗茨风机 2 台（排风量：92m³/h，1.1kW，排风压力 19.6kPa，1450r/min）。

⑨ 废水排放（处理）量：含油系 3.5～4.5m³/h。

⑩ 局部排风量（平口式排风罩，设置槽盖，可取总风量的 1/3）：

a. A 线：9400m³/h，选取 BF4-72 型 No.6A，FRP 风机 1 台（6291～14124m³/h，1205～695Pa，4kW，1450r/min）。

b. B 线：6600m³/h，选取 BF4-72 型 No.6A，FRP 风机 1 台（6291～14124m³/h，1205～695Pa，4kW，1450r/min）。

⑪ A、B 线设备总动力：3 相，50Hz，380V，约 47kW。其中超声波发生器额定容量 14.4kW（>40kHz），除油过滤机（0.75kW）7 台，储水箱和喷洗泵 2 套［2.2kW/(台·套)］，传动系统 2 套［(1.1+5.5)kW/套］，同时使用系数 0.7～0.8。

铝合金车轮毛坯清洗生产线（A 线）工艺配置表见表 2-17。

铝合金车轮铜坯清洗生产线（B 线）工艺配置表见表 2-18。

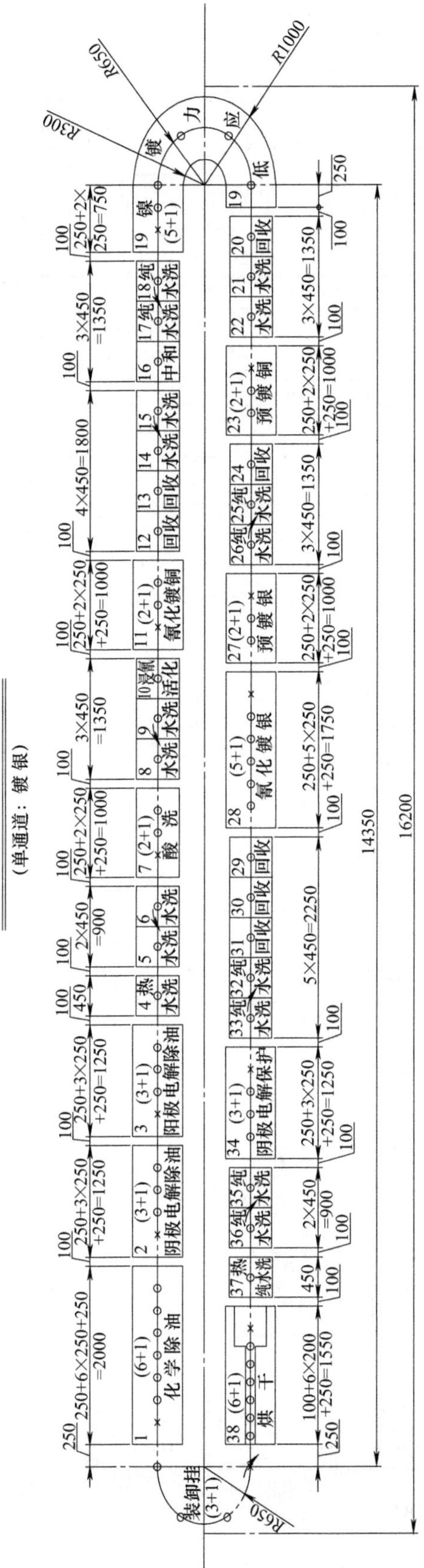

图 2-27　支架镀银生产线工艺流程

铝合金车轮镀前清洗工艺流程

(A、B线：环形清洗线)

A 线：

B 线：

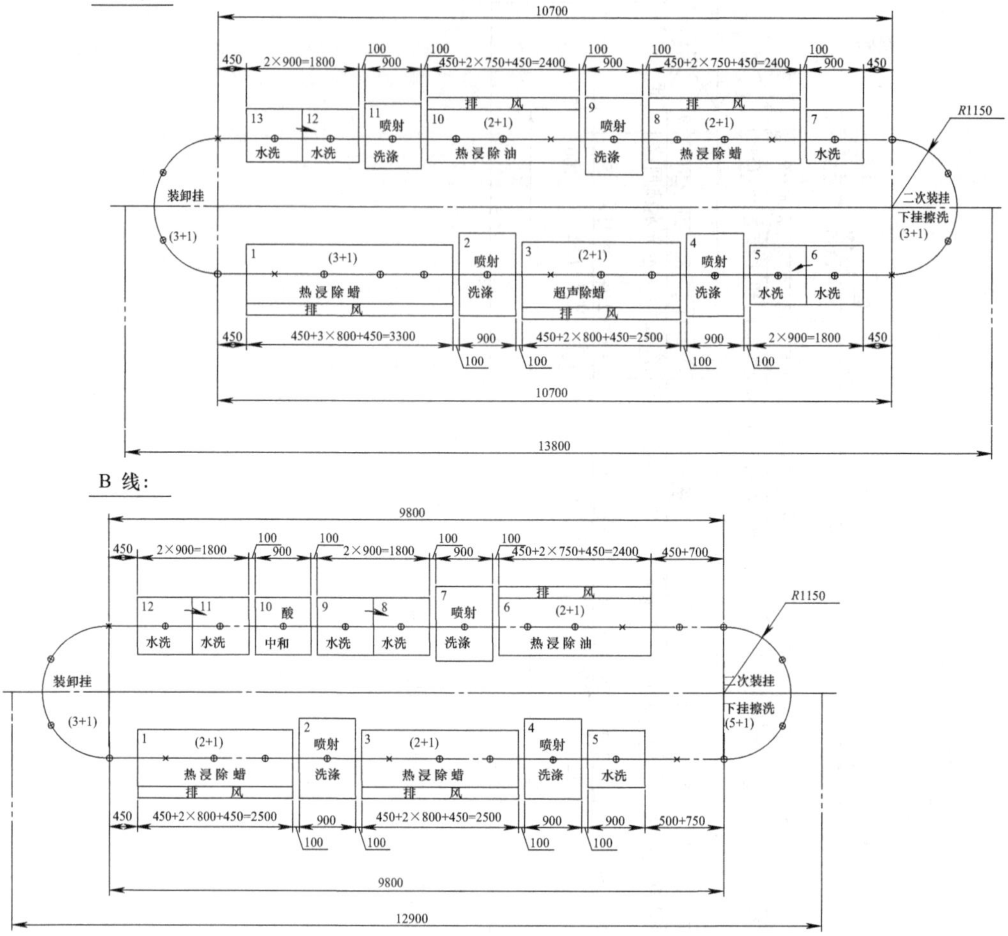

图 2-28　铝合金车轮镀前清洗生产线工艺流程

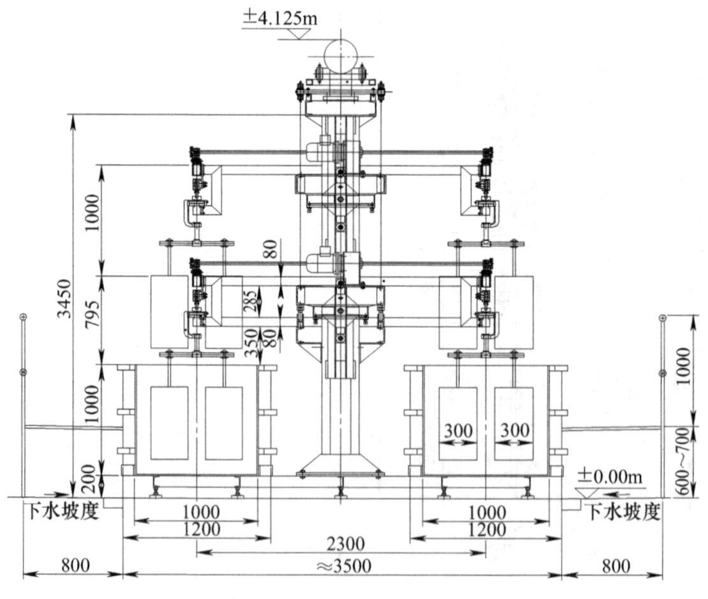

图 2-29　铝合金车轮镀前清洗生产线断面示意图

表 2-16　支架镀银生产线工艺配置表

工序号	工件名称	槽位号	工位数	工艺条件					电镀面积和电流电压			镀槽要求											设备要求												
				温度/℃	电流密度/(A/dm²)	时间/min	镀层厚度/μm	添加剂型号	每一工位/dm²	每一工位/A	整流器/(A/V)	厚度δ/mm，材料		尺寸/mm			有效容积/dm³	附设装置	排水方式				加温(或冷却)	溶液喷射搅拌	空气搅拌	阴极移动	喷淋	过滤/(m³/h)	供水	逆流	回收	温度控制	自动加料	槽体保温	局部排风
												槽体	内衬	长	宽	高			集污斗	溢流斗	拉塞	排污阀													
1	装卸挂	0	3+1			2.66																													
2	化学除油	1	6+1	60～70		3.42						6，Q235		2000	700	1350	1600	油水分离		√		√	不锈钢蛇形管加温			√						显示			√
3	阴极电解除油	2	3+1	55～65	1.5～2	1.42			33×3	66×3	300/10	6，Q235		1250	700	1350	1000			√		√	不锈钢蛇形管加温			√						显示			√
4	阳极电解除油	3	3+1	55～65	1.5～2	1.42			33×3	66×3	300/10	6，Q235		1250	700	1350	1000			√		√	不锈钢蛇形管加温			√						显示			√
5	热水洗	4	1	60～70		5s						6，Q235		450	600	1350	300			√		√	不锈钢蛇形管加温			√			自来水						
6	水洗	5	1			5s						12，PP		450	600	1350	300			√		√			√	√									
7	水洗	6	1			0.75						12，PP		450	600	1350	300					√			√	√			自来水						
8	酸洗	7	2+1	室温		0.75						15，PP		1000	600	1350	660					√				√									
9	水洗	8	1			5s						12，PP		450	600	1350	300			√		√			√	√									
10	水洗	9	1			5s						12，PP		450	600	1350	300					√			√	√			自来水						
11	浸氰活化	10	1			5s						12，PP		450	600	1350	280									√									
12	氰化镀铜	11	2+1	50～60	1～3.0	0.75			33×2	90×2	300/12	15，PP		1000	700	1350	780						不锈钢蛇形管加温			√		6				显示			√
13	回收	12	1			5s						12，PP		450	600	1350	300								√	√									
14	回收	13	1			5s						12，PP		450	600	1350	300								√	√									

续表

工序号	工件名称	槽位号	工位数	工艺条件					电镀面积和电流电压			镀槽要求											设备要求												
				温度/℃	电流密度/(A/dm²)	时间/min	镀层厚度/μm	添加剂型号	每一工位/dm²	每一工位/A	整流器/(A/V)	厚度δ/mm，材料		尺寸/mm			有效容积/dm³	附设装置	排水方式				加温(或冷却)	溶液喷射搅拌	空气搅拌	阴极移动	喷淋	过滤/(m³/h)	供水	逆流	回收	温度控制	自动加料	槽体保温	局部排风
												槽体	内衬	长	宽	高			集污斗	溢流斗	拉塞	排污阀													
15	水洗	14	1			5s						12，PP		450	600	1350	300			√		√			√	√				↩					
16	水洗	15	1			5s						12，PP		450	600	1350	300					√			√	√			自来水						
17	中和	16	1			5s						12，PP		450	600	1350	280					√				√									
18	纯水洗	17	1			5s						12，PP		450	600	1350	300			√		√			√	√				↩					
19	纯水洗	18	1			5s						12，PP		450	600	1350	300					√			√	√			纯水						
20	低应力镀镍	19	5+1	52～60	1.5～5	2.75			33×5	165×5	1000/10	6，Q235	3，R	3040	700	1350	2460						TA2蛇形管加温		√	√		20				显示			√
21	回收	20	1			5s						12，PP		450	600	1350	300								√	√									
22	水洗	21	1			5s						12，PP		450	600	1350	300			√		√			√	√				↩					
23	水洗	22	1			5s						12，PP		450	600	1350	300					√			√	√			自来水						
24	预镀铜	23	2+1	50～60	1～3	0.75			33×2	99×2	300/12	15，PP		1000	700	1350	780						不锈钢蛇形管加温			√						显示			√
25	回收	24	1			5s						12，PP		450	600	1350	300								√	√									
26	纯水洗	25	1			5s						12，PP		450	600	1350	300			√		√			√	√				↩					
27	纯水洗	26	1			5s						12，PP		450	600	1350	300					√			√	√			纯水						
28	预镀银	27	2+1	室温	1～2	0.75			33×2	66×2	200/6	15，PP		1000	700	1350	780									√									√

续表

工序号	工件名称	槽位号	工位数	工艺条件					电镀面积和电流电压			镀槽要求							排水方式				设备要求												
				温度/℃	电流密度/(A/dm²)	时间/min	镀层厚度/μm	添加剂型号	每一工位/dm²	每一工位/A	整流器/(A/V)	厚度δ/mm,材料		尺寸/mm			有效容积/dm³	附设装置	集污斗	溢流斗	拉塞	排污阀	加温(或冷却)	溶液喷射搅拌	空气搅拌	阴极移动	喷淋	过滤/(m³/h)	供水	逆流	回收	温度控制	自动加料	槽体保温	局部排风
												槽体	内衬	长	宽	高																			
29	氰化镀银	28	5+1	20～40	0.5～3	2.75			33×5	99×5	750/6	15,PP		1750	700	1350	1380						不锈钢蛇形管加温和冷却			√		6				显示			√
30	回收	29	1			5s						12,PP		450	600	1350	300								√	√									
31	回收	30	1			5s						12,PP		450	600	1350	300								√	√									
32	回收	31	1			5s						12,PP		450	600	1350	300								√	√									
33	纯水洗	32	1			5s						12,PP		450	600	1350	300			√		√			√	√				↶					
34	纯水洗	33	1			5s						12,PP		450	600	1350	300					√			√	√			纯水						
35	阴极电解保护	34	3+1	室温	1～1.5	1.42			33×3	49.5×3	200/6	12,PP		1250	700	1350	980									√									√
36	纯水洗	35	1			5s						12,PP		450	600	1350	300			√		√			√	√				↶					
37	纯水洗	36	1			5s						12,PP		450	600	1350	300					√			√	√			纯水						
38	热纯水洗	37	1	70～80		5s						6,Q235	3,R	450	600	1350	300			√		√	不锈钢蛇形管加温			√			纯水						
39	烘干	38	6+1	55～60		3.42						5,Q235		1550	700	1350							24kW热风循环			√									

表 2-17　铝合金车轮毛坯清洗生产线（A 线）工艺配置表

工序号	工序名称	槽位号	工位数	工艺条件					电镀面积和电流电压			镀槽要求										设备要求												
				温度/℃	电流密度/(A/dm²)	时间/min	镀层厚度/μm	添加剂型号	每一极杆/dm²	每一极杆/A	整流器/(A/V)	槽体厚度 δ/mm，材料	尺寸/mm			有效容积/dm³	附设装置	排水方式				加温(或冷却)	溶液喷射搅拌	空气搅拌	阴极移动	喷淋	过滤/(m³/h)	供水	逆流	回收	温度控制	自动加料	槽体保温	局部排风
													长	宽	高			集污斗	溢流斗	拉塞	排污阀													
1	装卸挂	0	3+1			4.0～5.5																												
2	热浸除蜡	1	3+1	70～80		4.0～5.5						3，1Cr18Ni9Ti	3300	1000	1000	2780	驱油喷管		√		√	1Cr18Ni9Ti蛇形管加温		√			除油	自来水			显示		√	单侧
3	喷射洗涤	2				1.0～1.5						12，PP	900	1200	1000		喷洗装置				√													
4	超声除蜡	3	2+1	70～80		2.5～3.5			超声波发生器 14.4kW(每槽)[900W×16 块，600mm×250mm×100mm(每块)]			3，1Cr18Ni9Ti	2500	1100	1000	2300	驱油喷管		√		√	1Cr18Ni9Ti蛇形管加温		√			除油	自来水			显示		√	单侧
5	喷射洗涤	4				1.0～1.5						12，PP	900	1200	1000		喷洗装置				√													
6	水洗	5				1.0～1.5						12，PP	900	1000	1000	750			√		√			√										
7	水洗	6				1.0～1.5						12，PP	900	1000	1000	750					√			√				自来水	↶					
8	下挂擦洗二次装挂	0	3+1			4.0～5.5																												
9	水洗	7				1.0～1.5						12，PP	900	1000	1000	750			√		√			√				自来水						
10	热浸除蜡	8	2+1	70～80		2.5～3.5						3，1Cr18Ni9Ti	2400	1000	1000	2000	驱油喷管		√		√	1Cr18Ni9Ti蛇形管加温		√			除油	自来水			显示		√	单侧
11	喷射洗涤	9				1.0～1.5						12，PP	900	1200	1000		喷洗装置				√													
12	热浸除油	10	2+1	50～60		2.5～3.5						3，1Cr18Ni9Ti	2400	1000	1000	2000	驱油喷管		√		√	1Cr18Ni9Ti蛇形管加温		√			除油	自来水			显示		√	单侧
13	喷射洗涤	11				1.0～1.5						12，PP	900	1200	1000		喷洗装置				√													
14	水洗	12				1.0～1.5						12，PP	900	1000	1000	750			√		√			√										
15	水洗	13				1.0～1.5						12，PP	900	1000	1000	750					√			√				自来水	↶					

表 2-18 铝合金车轮铜坯清洗生产线（B线）工艺配置表

工序号	工序名称	槽位号	工位数（有效）	工艺条件					电镀面积和电流电压			镀槽要求										设备要求											
				温度/℃	电流密度/(A/dm²)	时间/min	镀层厚度/μm	添加剂型号	每一极杆/dm²	每一极杆/A	整流器/(A/V)	槽体厚度δ/mm，材料	尺寸/mm			有效容积/dm³	附设装置	排水方式				加温（或冷却）	溶液喷射搅拌	空气搅拌	阴极移动	喷淋	过滤/(m³/h)	供水	逆流	回收	温度控制	自动加料	槽体保温	局部排风
													长	宽	高			集污斗	溢流斗	拉塞	排污阀													
1	装卸挂	0	3+1			4.0～5.5																												
2	热浸除蜡	1	2+1	70～80		2.5～3.5						3，1Cr18Ni9Ti	2500	1000	1000	2100	驱油喷管		√		√	PS 06 型 304 波纹板（4 块）		√			除油	自来水			显示		√	单侧
3	喷射洗涤	2				1.0～1.5						12，PP	900	1200	1000		喷洗装置				√													
4	热浸除蜡	3	2+1	70～80		2.5～3.5						3，1Cr18Ni9Ti	2500	1000	1000	2100	驱油喷管		√		√	PS 06 型 304 波纹板（4 块）		√			除油	自来水			显示		√	单侧
5	喷射洗涤	4				1.0～1.5						12，PP	900	1200	1000		喷洗装置				√													
6	水洗	5				1.0～1.5						12，PP	900	1000	1000	750			√		√			√				自来水						
7	下挂擦洗二次装挂	0	5+1			7.0～9.5																												
8	热浸除油	6	2+1	50～60		2.5～3.5						3，1Cr18Ni9Ti	2400	1000	1000	2000	驱油喷管		√		√	PS 06 型 304 波纹板（4 块）		√			除油	自来水			显示		√	单侧
9	喷射洗涤	7				1.0～1.5						12，PP	900	1200	1000		喷洗装置				√													
10	水洗	8				1.0～1.5						12，PP	900	1000	1000	750			√		√			√					↶					
11	水洗	9				1.0～1.5						12，PP	900	1000	1000	750					√			√				自来水						
12	酸中和	10				1.0～1.5						12，PP	900	1000	1000	750					√													
13	水洗	11				1.0～1.5						12，PP	900	1000	1000	750			√		√			√					↶					
14	水洗	12				1.0～1.5						12，PP	900	1000	1000	750					√			√				自来水						

2.3 导轨升降式环形电镀线

导轨升降式环形电镀线有三种基本形式：液压系统驱动（Y 型）、机械系统驱动（J 型）和液压系统驱动并可设置辅助阳极（F 型）。导轨升降式环形电镀线由若干段固定导轨（以下简称定轨）及升降导轨（以下简称动轨）组成，是一个在槽面中心线或在槽体内侧上方的环形轨道。定轨设置于固定机架上，即在电镀导电的工位区间内，所以必须有足够的导电截面及光滑的表面。动轨设置于非导电的辅助槽区间内，并装置在上下升降的动架上，所以可用非导电材料制造。在电镀工艺上要求带电进出槽的工位，此时动轨两端的第一个工位和最后一个工位装置成导电轨，并用能离合的弹性导电装置连接上阴极电源，执行动轨提升到位后向前滑动的跨槽任务，并使电镀工件带电进出镀槽。导轨升降式（双通道）环形电镀线图例见图 2-30，全线由液压驱动，图中所示为汽车减振管镀硬铬生产作业。导轨升降式（单通道）环形电镀线图例见图 2-31，全线由机械驱动，图中所示为汽车铝合金车轮的除油、除蜡和清洗作业正在调试。

图 2-30 导轨升降式（双通道）环形电镀线

图 2-31 导轨升降式（单通道）环形电镀线

为缩短环线的总长度，简化复杂的抬起推块结构，采用两种推进行程，动轨升高后的高位用大行程推进，使吊挂的工件跨越槽子，动轨下降到低位时和定轨连接，在低位用小行程推进在槽内的无阻挡挂具向前平移一个工位。挂具导电滑架的间距应尽量缩小，好处有三：一是简化了推块机构；二是缩短镀槽尺寸减少电镀溶液；三是节约场地面积。大小行程尺寸是根据挂具的间距决定的，要求推块各自能钩住挂具导电滑架，又要保证各自推进到位。小行程的决定是根据每挂电镀工件的包容尺寸在前后挂件间留有晃动不碰撞的距离，挂件高度大的，间距

图 2-32 导轨升降式（Y 型，双通道）环形电镀线

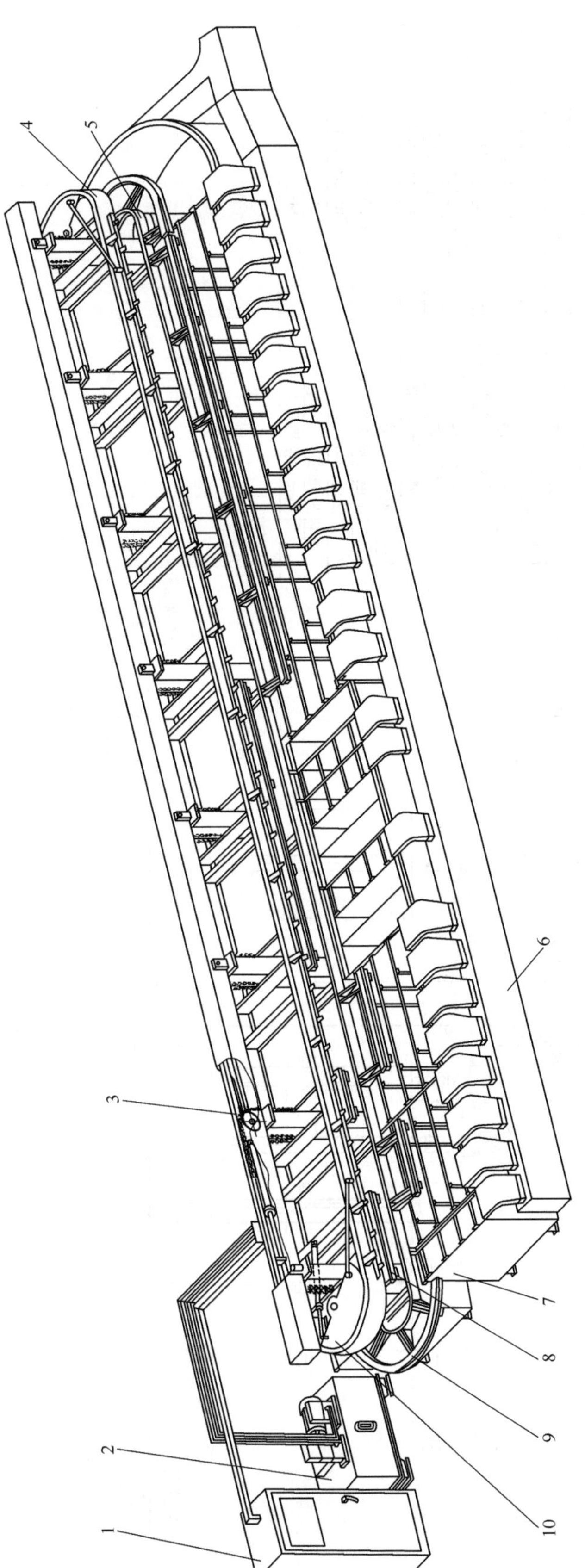

图 2-33　导轨升降式（Y 型，三通道）环形电镀线

1—电气控制系统；2—液压控制系统；3—提升装置与液压缸；4—升降桥架；5—固定桥架；6—排风系统；7—镀槽；
8—升降导轨；9—固定导轨；10—水平推进装置及其回转头

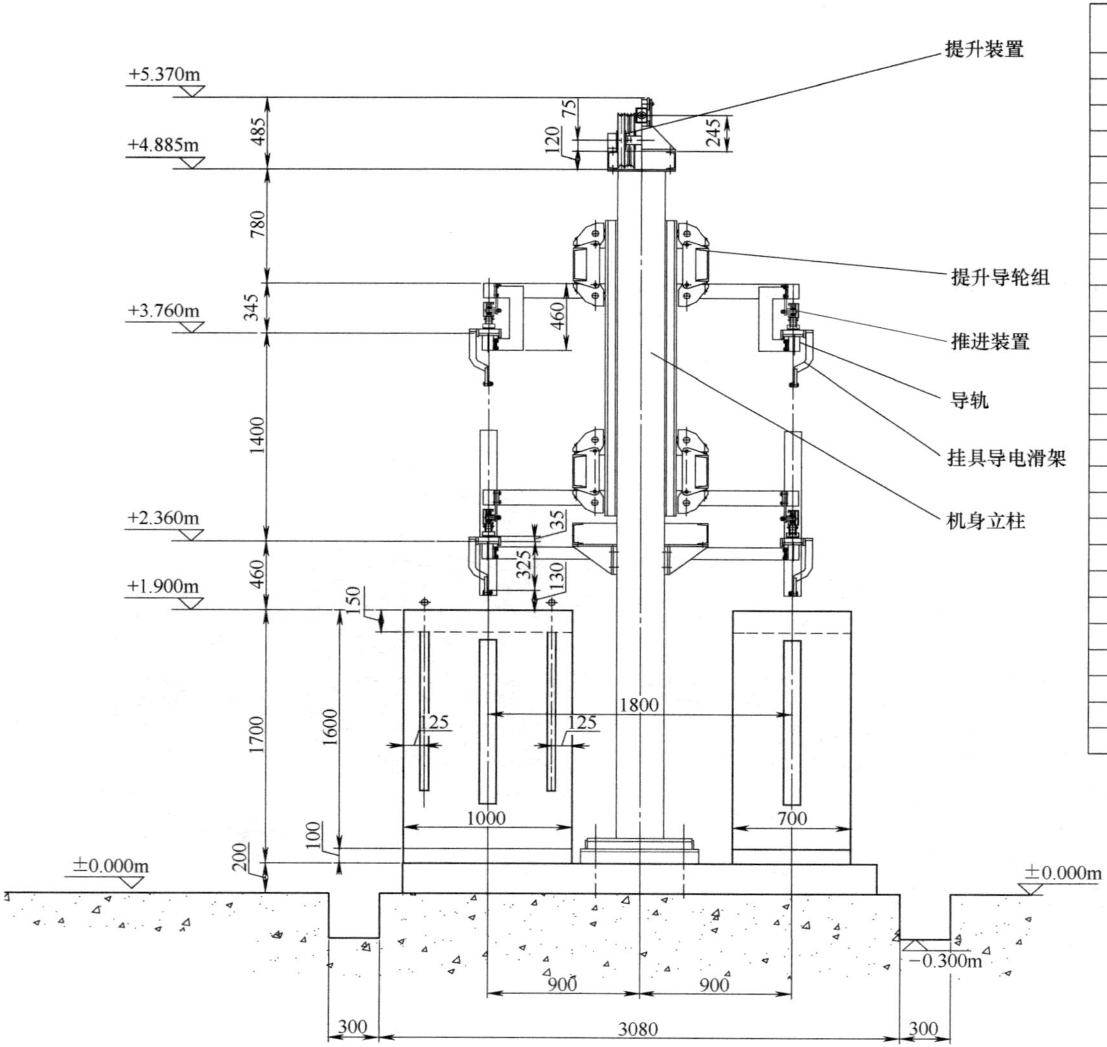

技术参数		
(1)	主要尺寸	
	①主要外形尺寸	L19m×W3.0m×H5.37m
	②导轨回转中心距	16400mm
	③导轨回转半径	900mm
	④提升行程	1400mm
	⑤工位间距	最大750mm，最小550mm
	⑥阳极杆中心距	800mm
	⑦导轨中心线展开长度	38452mm
(2)	挂具导电滑架参数	
	①工位数	57
	②空位数	9
	③数量	48
	④自重	20kg
	⑤允许载重	15kg
	⑥最大导电量	750A
	⑦允许受镀面积	40～50dm^2
(3)	运行速度和时间	
	①最大升降速度	7.5m/min(125mm/s)(可调)
	②升降1400mm时最少时间	10s(包含缓冲时间)(可调)
	③水平推进允许速度	8m/min(133mm/s)（可调）
	④推进850mm时最少时间	4s(包含缓冲时间)（可调）
	⑤连续动作 节拍周期	120s(＞90s 可调)
(4)	液压站参数	
	①电动机功率	Y132M1－6－B35 4kW
	②升降液压缸	D63mm,d35mm,S=1400mm
	③推进液压缸	D63mm,d28mm,S=850mm
	④允许使用压力	＜7 MPa

图 2-34 导轨升降式（Y 型，单通道）环形电镀线总成截面图

设计基本参数		
(1)	主要尺寸	
	①主机外形尺寸	L37.0mm×W4.4m×H5.7m
	②导轨回转中心距	32500mm
	③导轨回转半径	1300mm
	④提升行程	1600～1700mm
	⑤工位间距	最大700mm，最小500mm
	⑥阳极杆中心距	700mm
	⑦导轨中心线展开长度	73164mm
(2)	挂具导电滑架参数	
	①工位数	114
	②空工位	13
	③滑架数量	101
	④滑架自重	20kg
	⑤滑架允许载重	30kg
	⑥滑架最大导电量	1350A
	⑦允许受镀面积	100dm^2
(3)	运行速度和时间	
	①最大升降速度	10m/min(167mm/s)(可调)
	②升降1600mm时最少时间	12s(包含缓冲时间)(可调)
	③水平推进速度	15m/min(250mm/s)(可调)
	④推进行程850mm时最少时间	5s(包含缓冲时间)(可调)
	⑤连续动作节拍周期	＞45s　　(可调)
(4)	液压站参数	
	①电动机型号和功率	Y132M-4　7.5kW
	②升降液压缸	D80mm，d45mm，S=1800mm
	③推进液压缸	D63mm，d35mm，S=850mm
	④允许使用压力	＜10MPa

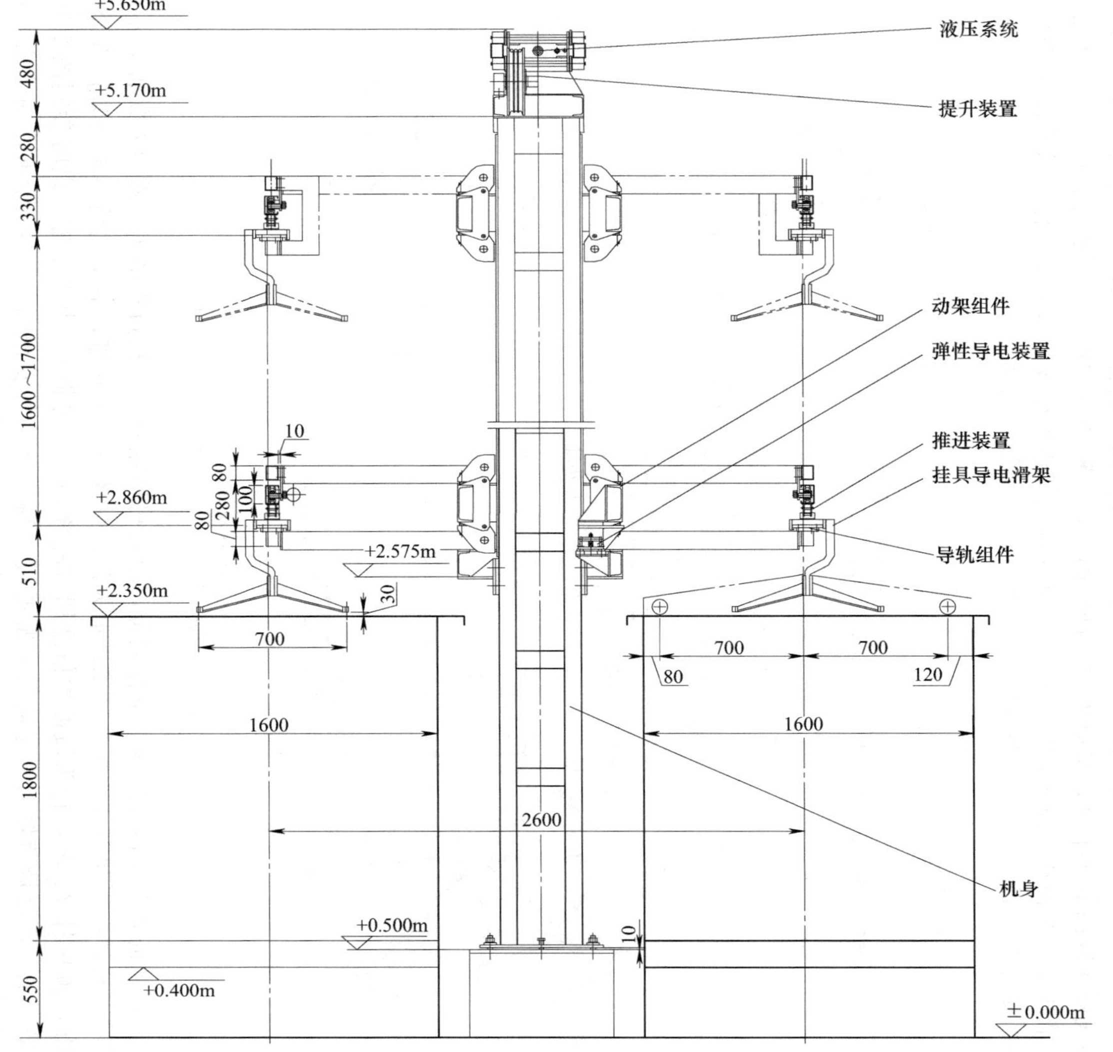

图 2-35　导轨升降式（Y 型，双通道）环形电镀线总成截面图

要加大一点。大行程的决定是在小行程的基础上再加上跨槽增加的尺寸（即挂具工件与槽壁不会碰撞的距离加上被跨槽壁的厚度及两槽间隙）。

提升行程（动轨从低位升到高位）的决定，是从吊装挂具工件最低位置（包括挂具向下伸出部分）到所有被跨越的槽面高度以上 50～100mm。提升行程应尽量缩小，可减少升降时间，有效缩短工位节拍周期。导轨升降式环形电镀线的推进和提升装置有两种形式：一是液压式（Y 型）传动推进和升降装置，二是机械式（J 型）传动推进和升降装置。

2.3.1 导轨升降式（Y 型）环形电镀线

导轨升降式（Y 型）环形电镀线：双通道图例见图 2-32，三通道图例见图 2-33，单通道总成截面图例见图 2-34，双通道总成截面图例见图 2-35。

2.3.1.1 液压式推进装置

液压式推进装置的动力传动由液压泵站供油，液压缸端部固定在动架横梁上推动液压缸活塞杆直接联动推杆。推杆行程用无触点开关程序控制，用单缸传动一边推杆，在这推杆的两头侧面用钢丝绳各联动两端回转头及另一边推杆，形成同步牵进。回转头旋转角度要符合圆弧旋转角度要求，钢丝绳牵拉圆弧的弧长要与推进行程一致，绳轮圆弧的半径必须正确计算决定，在环线圆弧段高低轨推进，最好安排同间距的工位。液压泵站可和升降装置合用。电动机带动高压液压泵。按液压系统图的要求组装，用电器控制达到环线运行要求。液压式水平推进装置图例见图 2-36，动架组件图例见图 2-37，推杆组件图例见图 2-38。

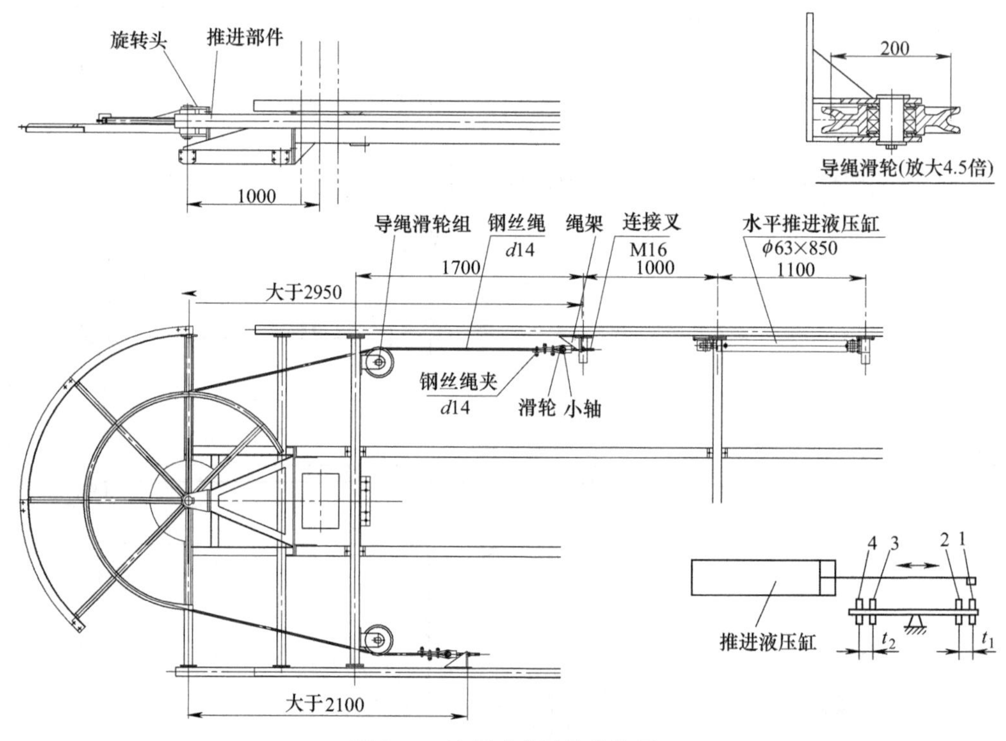

图 2-36 液压式水平推进装置

1—进足开关；2—进缓开关；3—退缓开关；4—退足开关

为使推进装置在运行过程中平稳到位，运行机构在每一运行过程的近末端设置缓冲是不可忽视的。通过液压和电气的配合，以进退为例，具体方法是在进足和退足前再加两只接近开关（见图 2-36 中件 2、3），作为缓冲发信之用（距离 t_1、t_2 可调）。当正常进、退时参阅图 2-50，11DT 通电，使已调节好的常速流量正常通过；当缓冲信号发出后，11DT 断电，油流必须通过二次节流（可调）方可进出，以达到理想的缓冲速度，直至进足或退足。

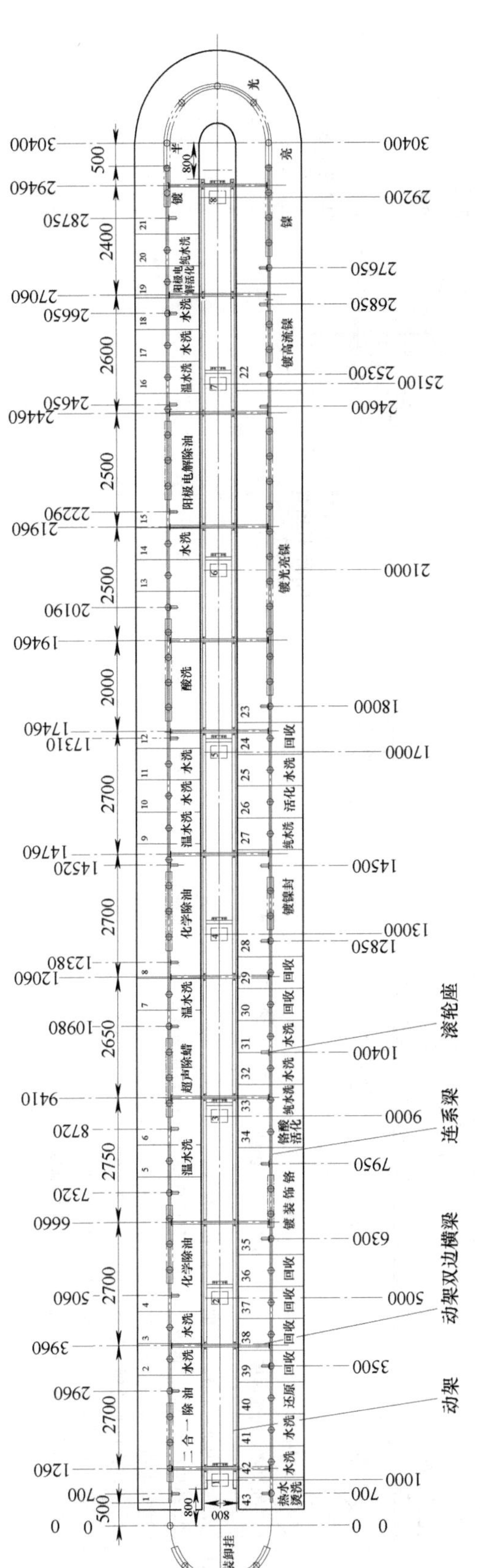

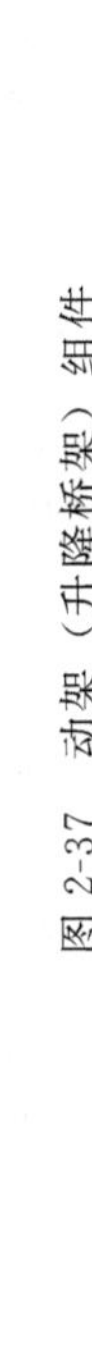
图 2-37 动架（升降桥架）组件

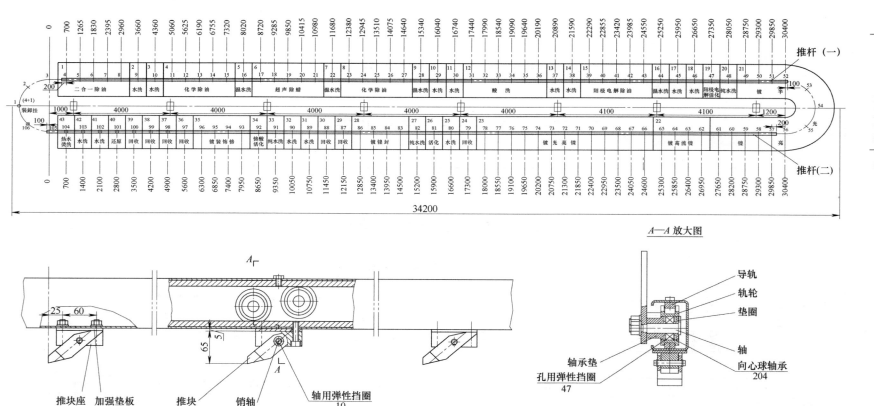

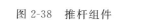

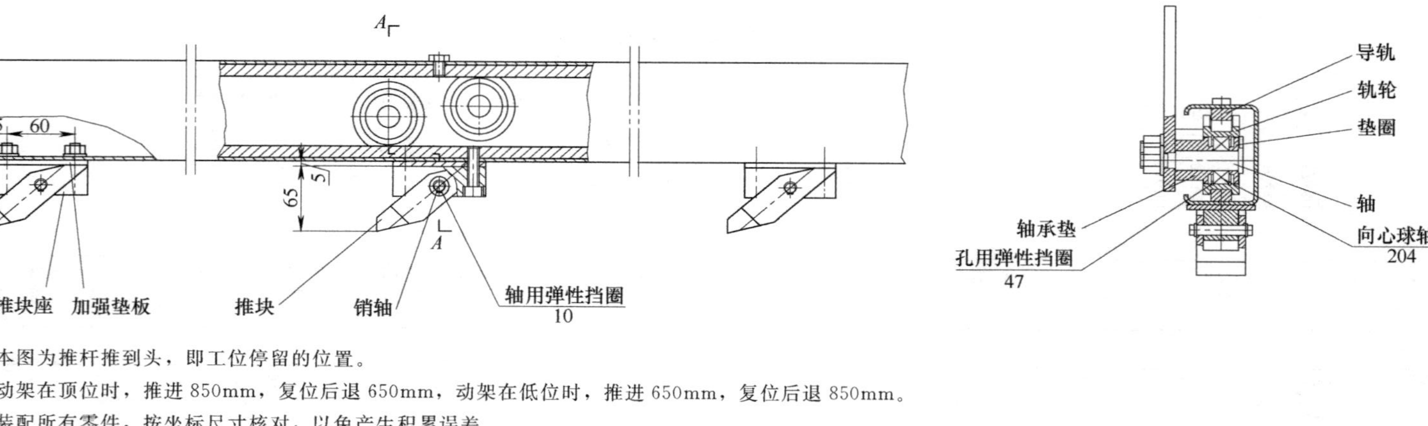

注：1. 本图为推杆推到头，即工位停留的位置。

2. 动架在顶位时，推进 850mm，复位后退 650mm，动架在低位时，推进 650mm，复位后退 850mm。

3. 装配所有零件，按坐标尺寸核对，以免产生积累误差。

4. 固定推块座的螺钉遇有导轨处，则在导轨上配钻铰 M10 螺孔固定。

5. 推杆必须灵活滑动，推块必须自动灵活落下，不得有卡阻现象。

6. 推块或称拨爪，由铁芯外包硫化橡胶制成。

图 2-38　推杆组件

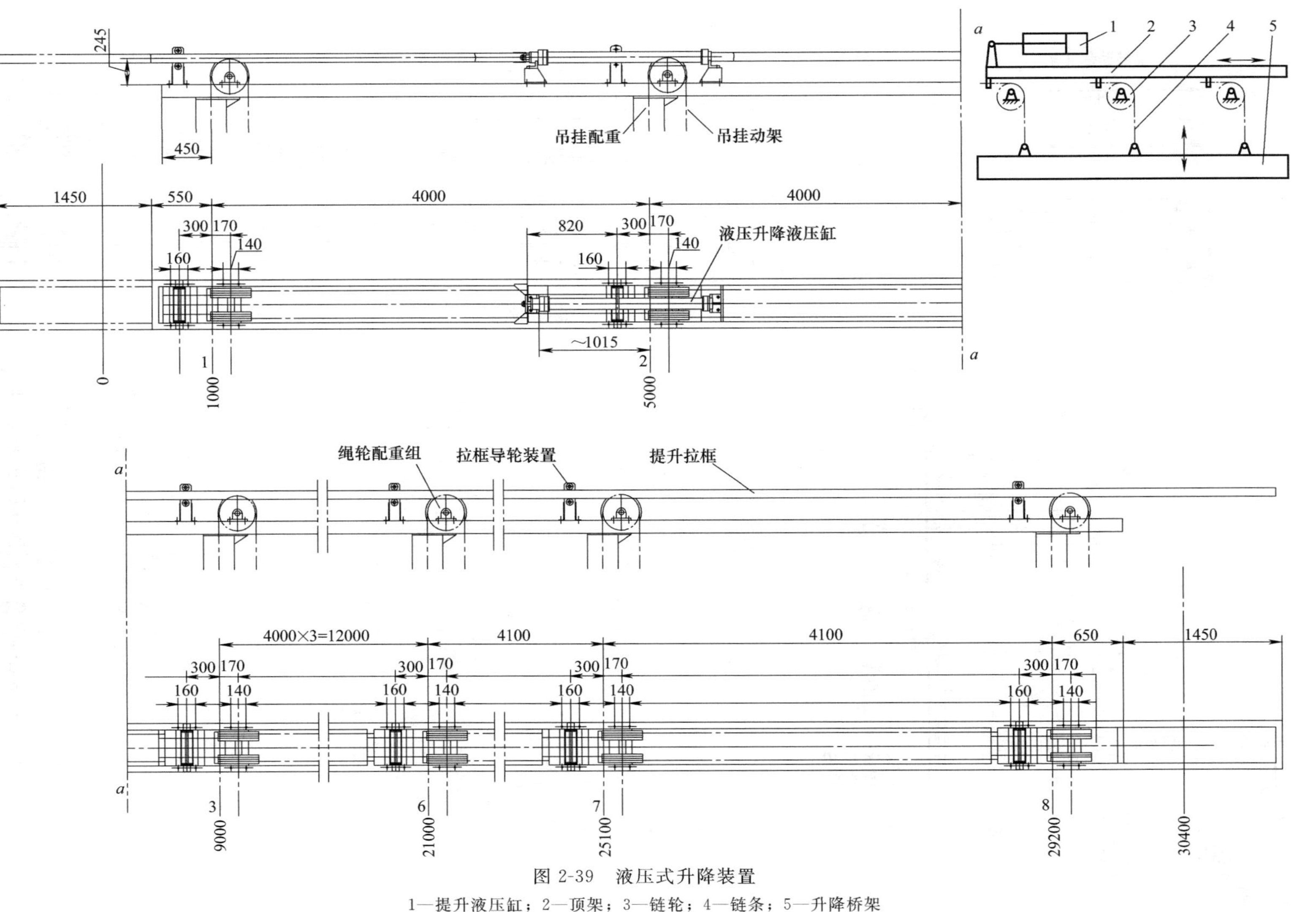

图 2-39 液压式升降装置

1—提升液压缸；2—顶架；3—链轮；4—链条；5—升降桥架

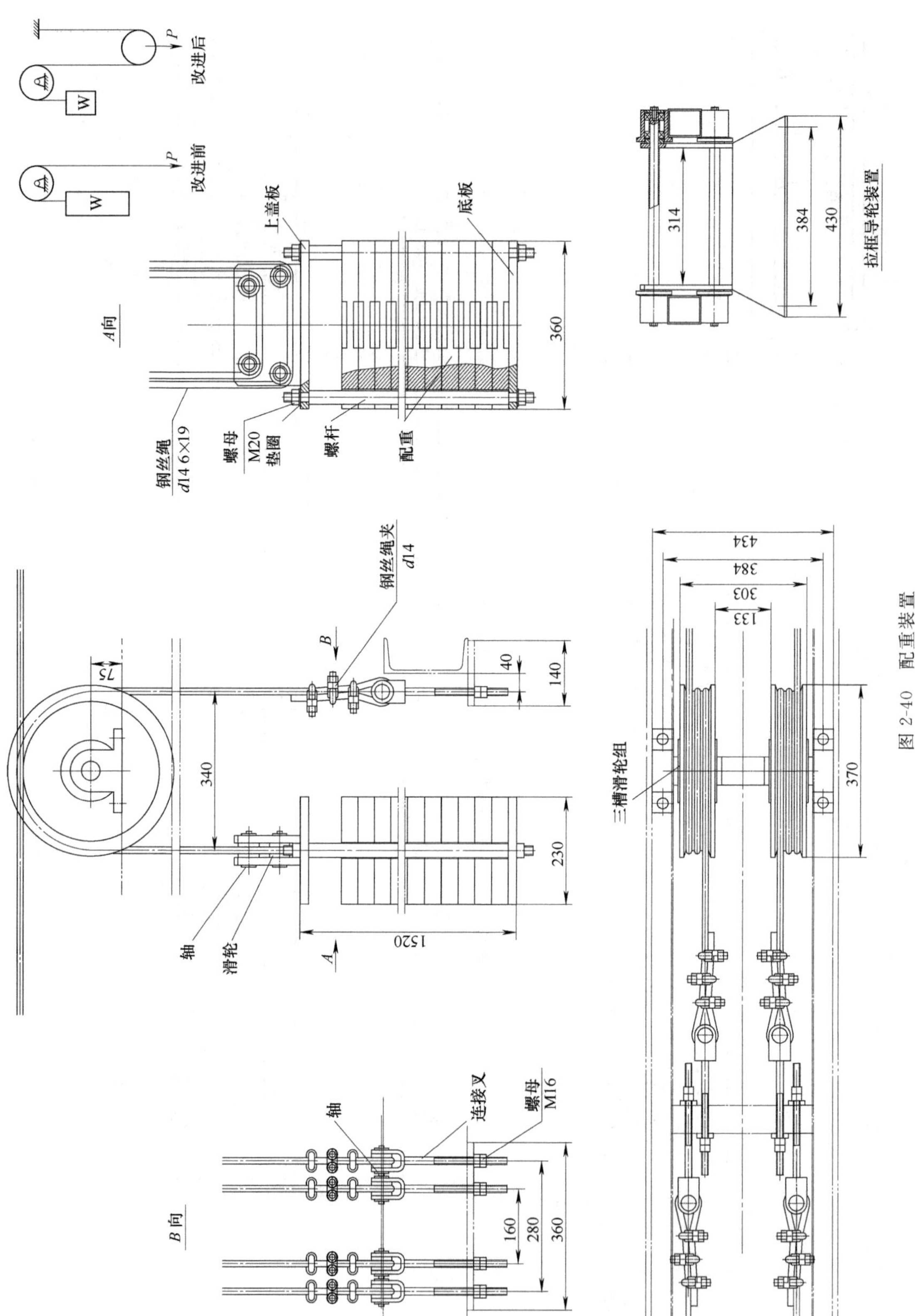
改进后
改进前
W
P
A向
上盖板
底板
钢丝绳
d14 6×19
螺母
M20
垫圈
螺杆
配重
360
314
384
430
拉框导轮装置
75
340
230
1520
40
140
B
A
轴
滑轮
钢丝绳夹
d14
434
384
303
133
370
三槽滑轮组
B向
轴
连接叉
螺母
M16
160
280
360

图 2-40 配重装置

2.3.1.2　液压式升降装置

液压式升降装置的液压站和推进装置共用，高压液压油供给水平安装在顶架上的提升液压缸，液压缸一端固定在顶架上，另一端活塞杆头部与拉框横梁固定，用无触点开关控制，推移安装在拉框导轮装置内的拉框一个提升行程距离。拉框用多条钢丝绳（或起重板式链）通过绳轮（或导向轮）传动悬挂在动架（升降桥架）和配重升降，推移时动架平稳同步上升下降。液压缸传动功率，按提升重力的大小决定。液压式升降装置图例见图2-39。为节省功率在每根立柱内通过绳轮设置配重吊篮，平衡动架及其附件、提升导轨、挂具导电滑架和电镀工件等的重量，这可最大限度地减小传动功率 。配重装置图例见图2-40，配重点的多少和分布关系到升降桥架受力均匀与否，配重多少则关系到节省原动力的多少，因此在长达30～40m的电镀线上，配重量也是相当可观的。为此可在升降桥架原配重点上设置动滑轮，成功地用原配重一半的数量达到了同样的效果（见图2-40中右上角的示意图）。

2.3.1.3　导轨与带电入槽、阴极移动装置

导轨升降式环形电镀线的阴极导轨是环形导轨的重要部分，用紫铜（T2）或黄铜（H68）排制作，安装在定轨道上。每个镀槽上方的阴极导轨需独立通电，多工位的镀槽较长，使用电流很大，可用几个接头并联通电，可使电流均匀分布。导轨下面垫塑料板，既是绝缘板，也是固定导轨的连接板。非导电工位导轨可用玻璃纤维层压板制作，安装在动轨上，截面尺寸和导电铜板一样。动架下降到低位即在全线形成环形导轨，挂具导电滑架骑跨挂在导轨上滑动接触导电，由于接触面积大，多工位移动，能不间断导电，保证了导电的可靠性。导电截面按不大于$1.5A/mm^2$配置，一般选用150mm×15mm的铜排制作。带电装置出入槽用弹性导电装置图例见图2-41，阴极导轨和非导电轨组件图例见图2-42。

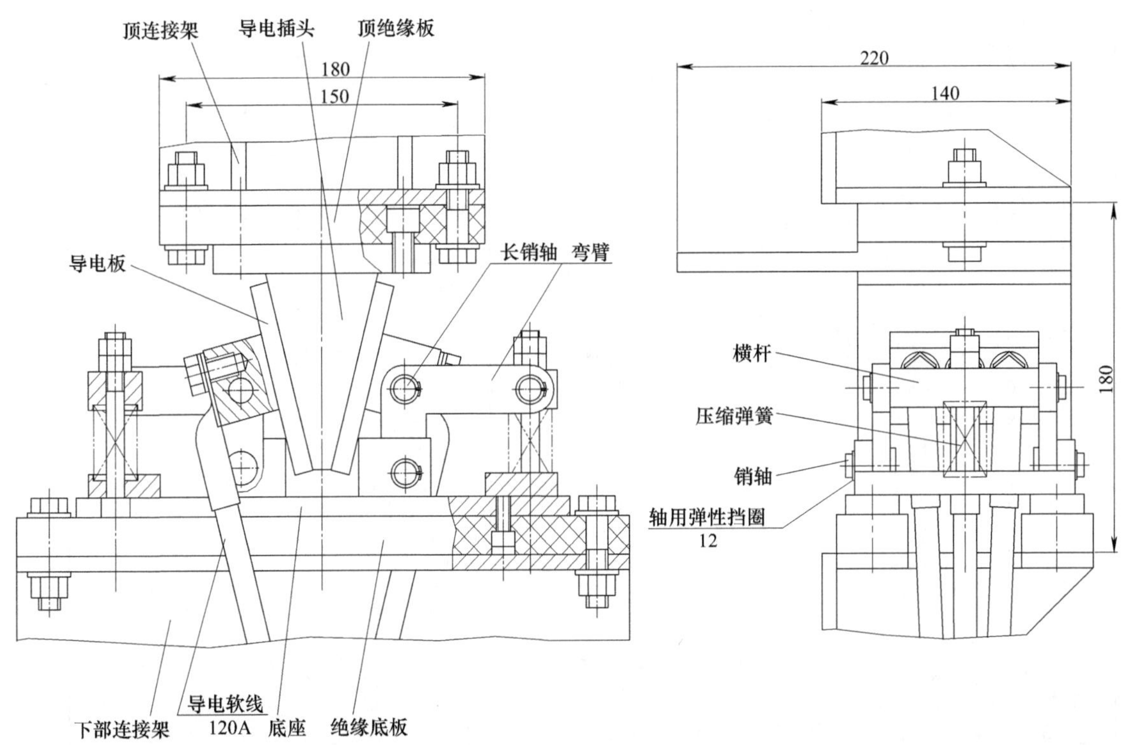

图2-41　带电装置出入槽用弹性导电装置

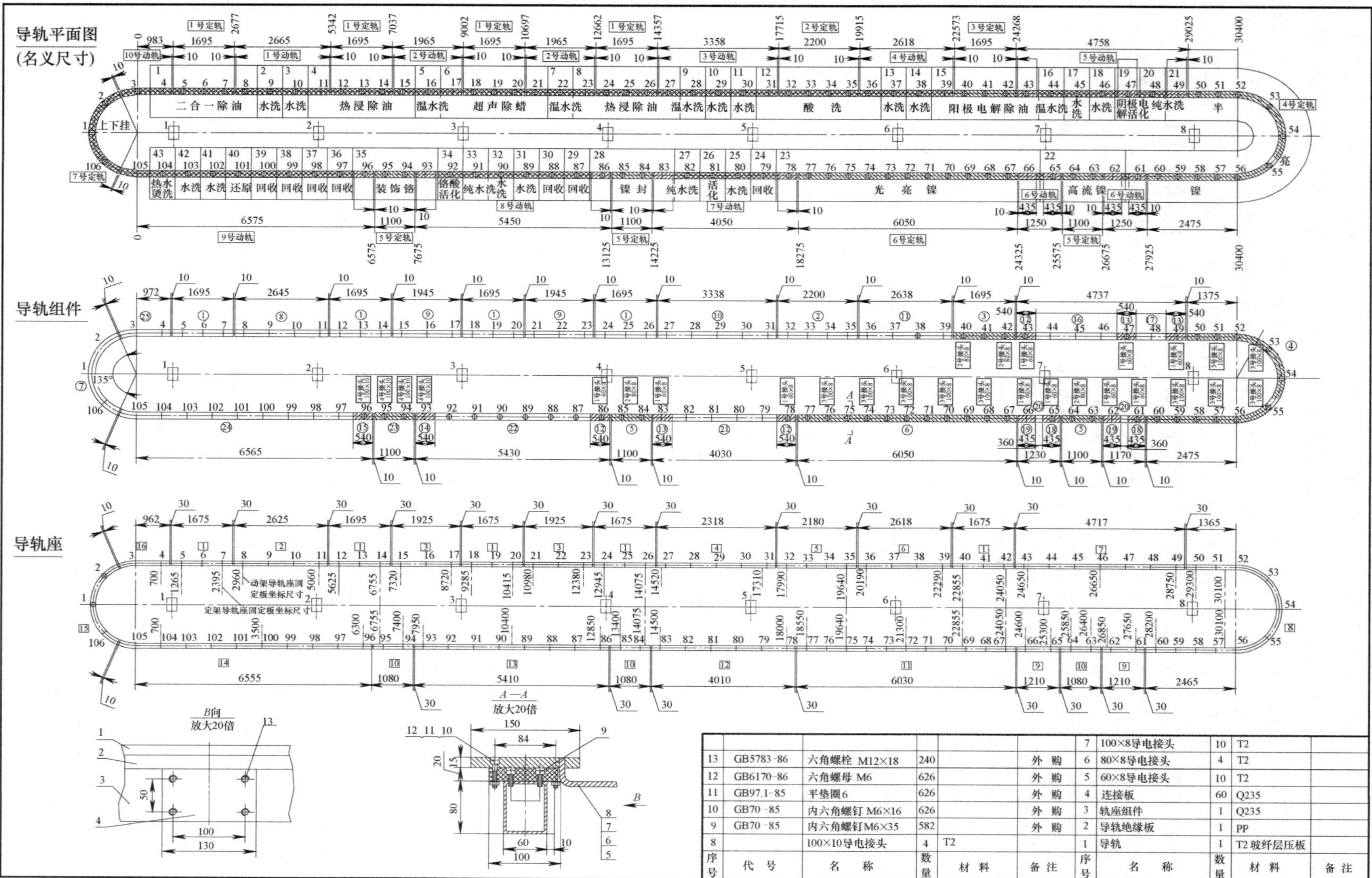

序号	代号	名称	数量	材料	备注	序号	名称	数量	材料	备注
						7	100×8导电接头	10	T2	
13	GB5783-86	六角螺栓 M12×18	240		外购	6	80×8导电接头	4	T2	
12	GB6170-86	六角螺母 M6	626		外购	5	60×8导电接头	10	T2	
11	GB97.1-85	平垫圈6	626		外购	4	连接板	60	Q235	
10	GB70-85	内六角螺钉 M6×16	626		外购	3	轨座组件	1	Q235	
9	GB70-85	内六角螺钉M6×35	582		外购	2	导轨绝缘板	1	PP	
8		100×10导电接头	4	T2		1	导轨	1	T2玻纤层压板	

图 2-42　阴极导轨和非导电轨组件

环形电镀线的阴极移动装置，目前有三种结构形式。

第一种阴极移动装置图例见图 2-43（a），其特点如下。

a. 仅上平面导向，两侧面时离时合，由于与挂具的推进不同步，因此阴极移动的最大间距达 120mm。若此时挂具通过，则故障率较高。

b. 又因升降导轨与移动导轨呈凹凸形结合，当侧向稍有偏差时，则不易降落到位而产生事故。

c. 由于移动导轨采用铜排与轨架连为一体而整体移动，重量大、支撑横梁受力过大、导向也困难，因此无论采用何种方式传动皆难令人满足。

第二种阴极移动装置图例见图 2-43（b）：将移动轨道与升降轨道衔接处的单面导向改为双向导向，为导电挂具滑架安全平稳的通过创造了有利条件。

第三种阴极移动装置图例见图 2-43（c）、（d）：将升降导轨及移动导轨的有关内容综合移至移动导轨上，同时将移动轨道上的移动铜排与轨架分离，并通过轨架上的滚轮作往复运动，即不移动铜排与轨架端头相连，轨架固定于横梁不再运动，移动铜排仅靠轨架上的滚轮支撑并运动。此时的升降导轨衔接处已与其他升降轨道和固定轨道衔接处完全相同。

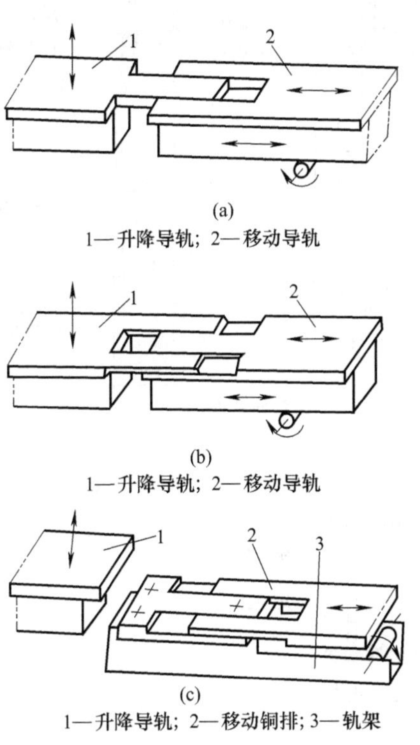

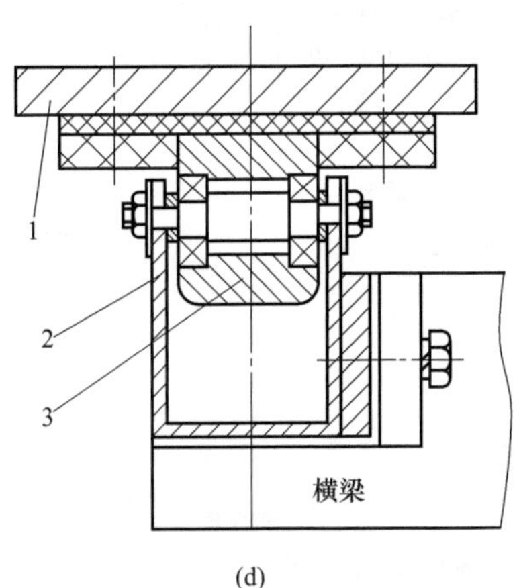

图 2-43　阴极移动装置

这种阴极移动装置的优点如下。

① 挂具导电滑架无论何时通过，均保证双向导向，安全可靠。

② 凹凸形结构由于不存在上下运动，因此避免了因降落不到位而发生的事故。

③ 移动铜排与轨架分离，大大减轻了传动机构的承载力，从而使移动灵巧、轻便。

④ 轨架与横梁固定为一体，增加了支撑承载刚性。传动机构的设置可采用摆杆和齿轮齿条相结合的形式。

阳极装置（铜管或铜排）都装置在镀槽纵向两槽口内侧面，阳极与槽壁要有合理的距离，并与槽体要有良好的绝缘，吊挂在上的阳极篮与槽壁要留有间隙，不得触碰槽壁。

2.3.1.4 升降桥架与固定桥架

环形电镀线的轨道，由多段导电和非导电轨道连成，每个工位节拍周期内，升降桥架（动架）与固定桥架（定架）有多处离合接头，运行中有多个挂具导电滑架要顺利通过接头，不得有卡阻现象发生，而且升降桥架很长以及多点悬挂，所以构架的弹性变形亦是难免，因此对轨道接点要有较好的控制。为确保接头良好接合，在动架上设置纵向和横向导轮组，靠立柱导向，并选择靠近轨道接头处，在动架与定架间安装导柱组，全线左右两端和中间最少六处。导柱可限制左右前后，并能限制与调整高度，导柱顶端要有导向锥体段和圆角，下部为调整高度的细牙螺纹，并配调整后锁紧的圆螺母。导套和导柱上下接触面要垫聚氨酯橡胶垫，消除撞击噪声。动架纵向和横向导轮组以及动架与定架之间的缓冲限位导柱装置图例见图 2-44。

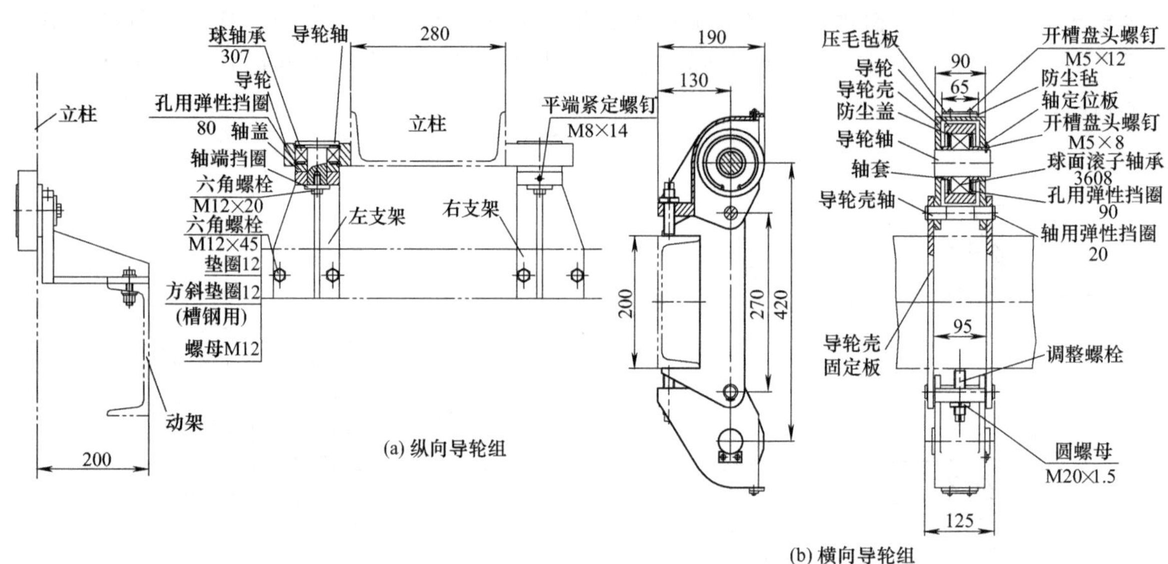

(a) 纵向导轮组

(b) 横向导轮组

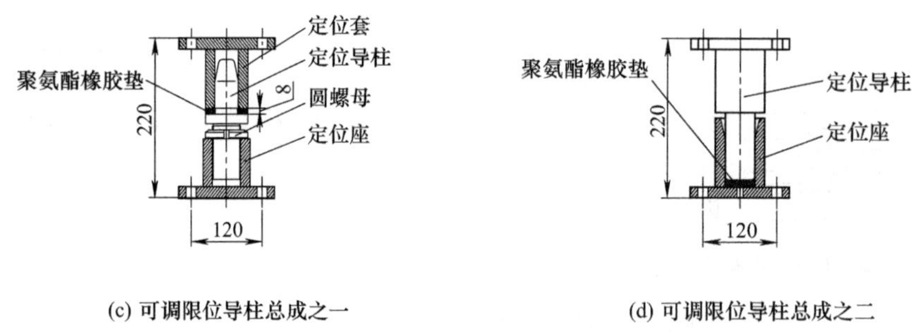

(c) 可调限位导柱总成之一

(d) 可调限位导柱总成之二

图 2-44 导轮组及动架与定架之间的缓冲限位导柱装置

2.3.1.5 挂具导电滑架

凡在电镀线上电镀的工件连同挂具都挂在挂具导电滑架上，挂具导电滑架骑挂在环形导轨上，通过推进装置和升降装置，在导轨上顺序移进和升降，电镀工件和挂具逐个在槽内和跨槽进行前处理、电镀及后处理等多道工序。挂具导电滑架的材质，一般采用导电性能良好的铸造黄铜（ZH62 或 ZH68），经切削加工组合而成。挂具导电滑架必须要有平整光滑的导电接触面，由于要经过多道活动连接缝隙，还要通过圆弧导轨，要有好的滑移通过条件，因此在导轨上滑动时的进口处必须要有导向倒角。挂具导电滑架图例见图 2-45～图 2-47。为使挂具导电滑架平稳滑移在直线段和圆弧段导轨上，图中所示求得的内弧导向板与导轨内侧的两点接触处间距是理论计算值，应该遵守。但导轨制作与安装误差在所难免，因此内外弧导向板与导轨的接触处尚需留 1～1.5mm 的间隙。内外弧导向板与轨道接触处，由滑动摩擦改为四轮（每边两只导向轮）滚动摩擦，见图 2-47；并在外侧的两轮上又辅加弹簧限位，可使滑架始终紧贴于导轨两侧运行，且限制其到位后的惯性滑行，因而使挂具导电滑架始终保持了运行稳定和到位正确无误。图 2-45 和图 2-46 所示括号内的尺寸值，为用 4 只 ϕ40mm 导向轮替代内外弧导向板时的理论计算值。

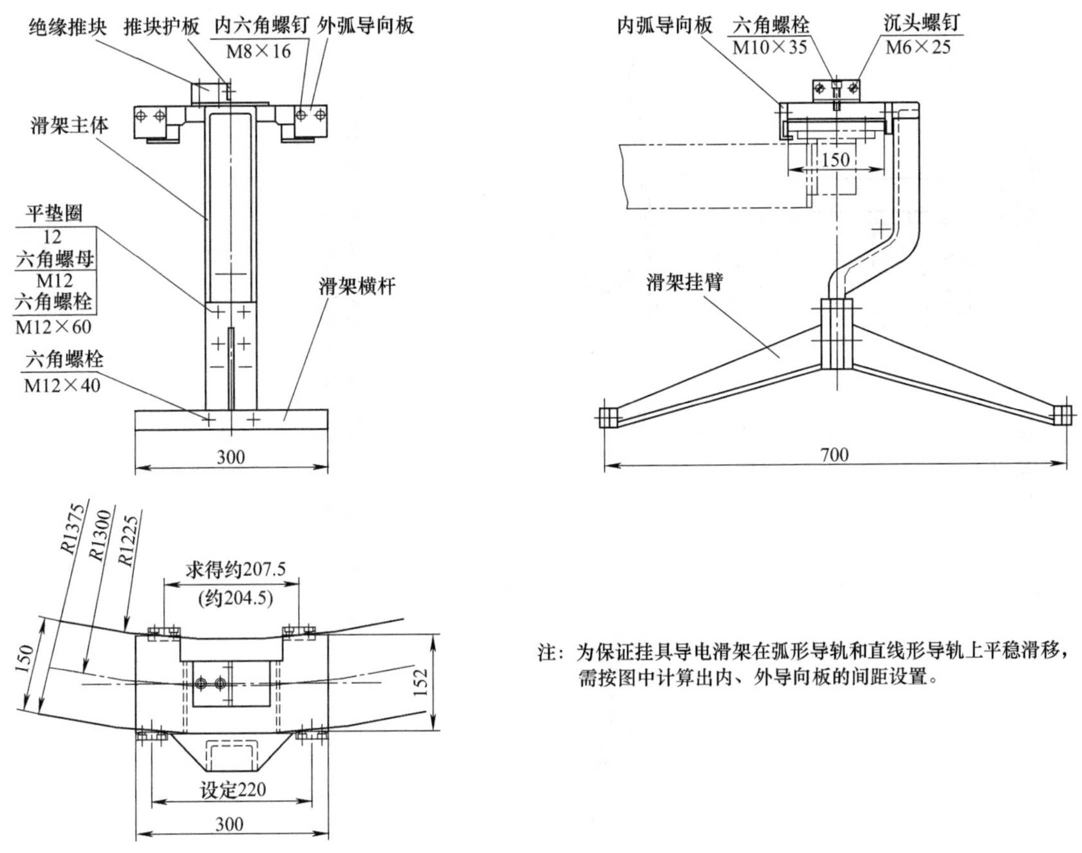

图 2-45　双通道挂具导电滑架

2.3.1.6　液压系统原理图

液压系统原理图图例见图 2-48，液压自动循环动作程序图例见图 2-49。

采用双联叶片泵的液压系统原理图见图 2-50，原则上将两油路分开，并各自可维持三种压力状态：中压、低压和零压力。这样在压力和流量方面便能做到需要多少供应多少、不需要则卸荷，充分利用和节省了能源。这里，仅上升时需油量较大，此时需接通 9DT，使小泵的油补充至大泵一侧。压力的分挡不仅是为了降低功率损耗，且对设备的安全起着较为重要的作用，特别是在上升和前进的过程中，若压力调整得当（避免压力过高），则当遇障碍时，液压缸可不致强力运行，从而减少或避免意外事故的发生。此液压系统除上升速度已由预算好的两泵总流量决定而不需要再调节外，其下降及进退速度均可在较大范围内任意调节。需要注意的是：由于仍存在桥架重力的反作用，下降速度的调节必须设置在回油路上。

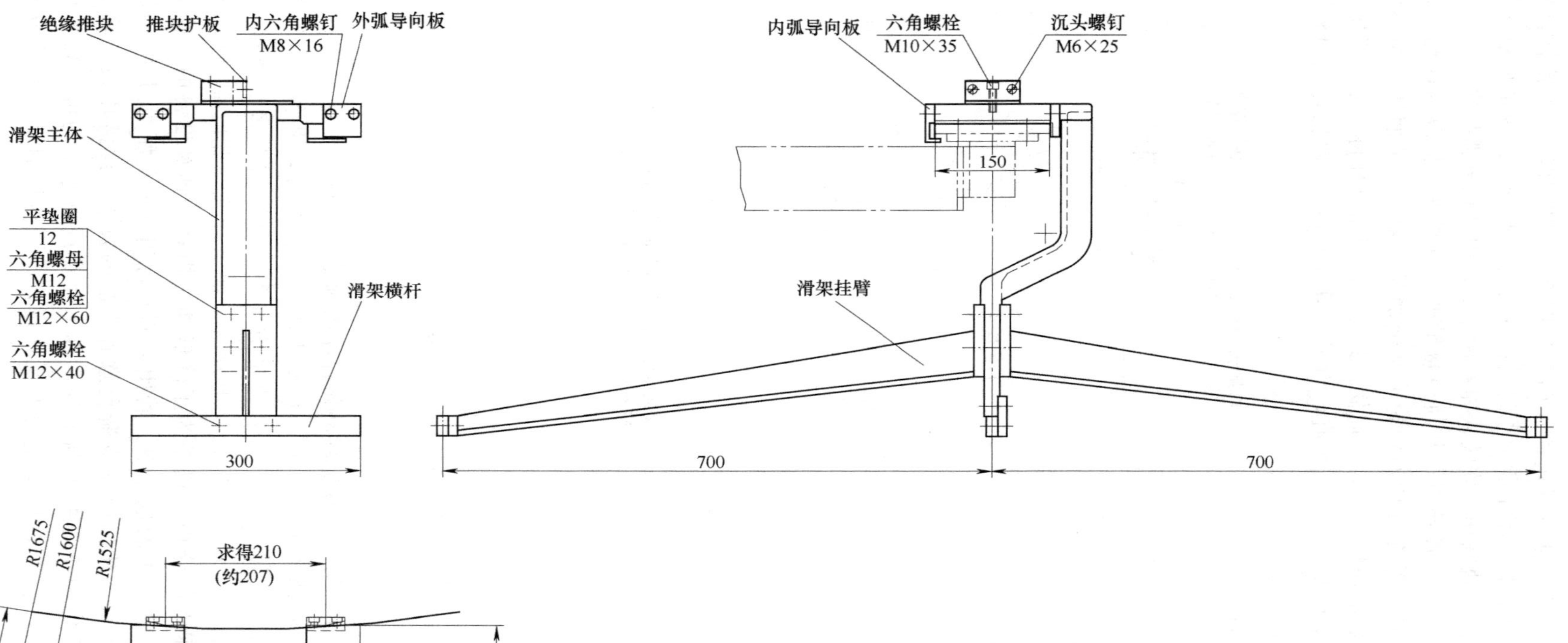

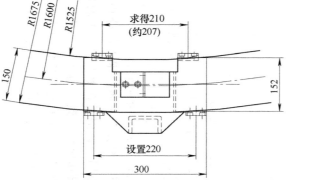

注：为保证挂具导电滑架在弧形导轨和直线形导轨上平稳滑移，需按图中计算出内、外导向板的间距设置。

图 2-46 三通道挂具导电滑架（一）

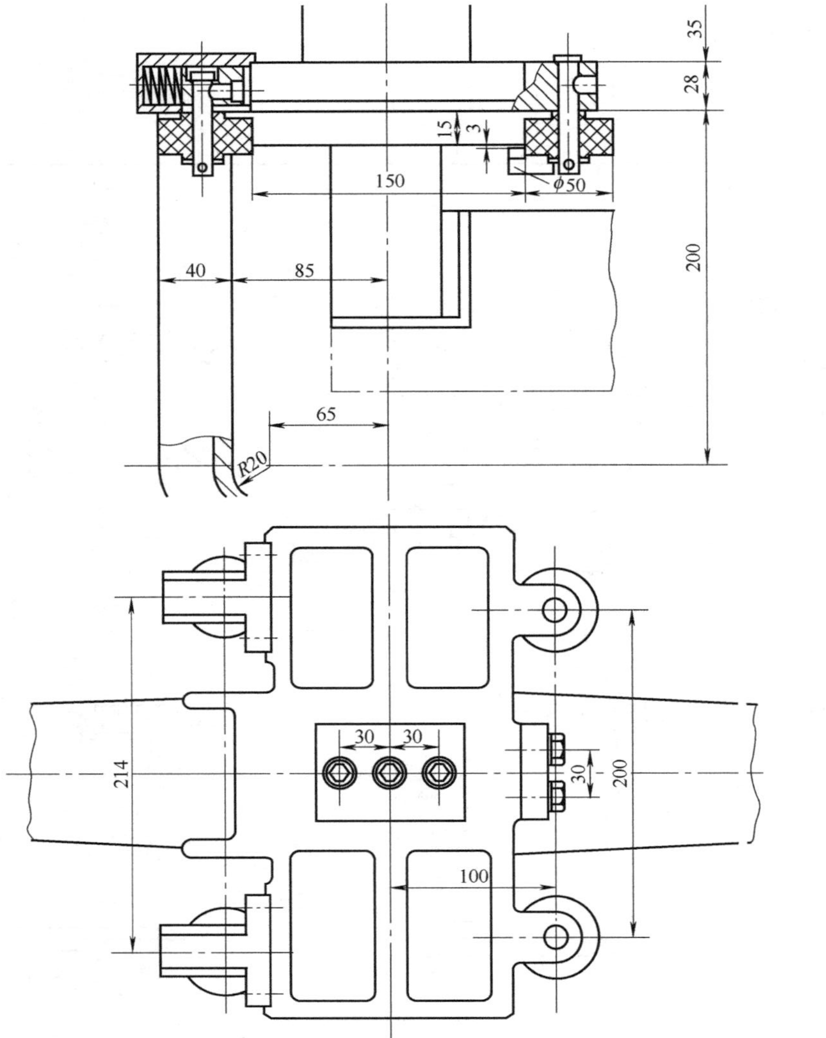

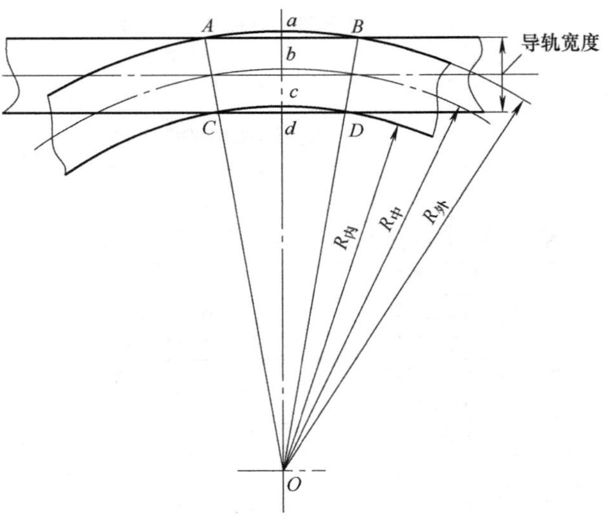

说明：

图中 A 、 B 、C 、D 四点是滑架导向板与导轨内外侧运行时的接触点，当 $\overline{ab}=\overline{cd}$时，滑架在弧形端导轨与直线段导轨上均能平稳滑移，因此设定$\overline{AB}$（或$\overline{CD}$）值后，求$\overline{CD}$（或$\overline{AB}$）值。

解算：$\overline{OA}-\sqrt{\overline{OA}^2-\overline{Ab}^2}=\overline{OC}-\sqrt{\overline{OC}^2-\overline{Cd}^2}$

得：$\overline{Cd}$值（或$\overline{Ab}$值）。

注：采用导向轮的滑架，图中 A、B、C、D 四点为四只导向轮的轴点位置。

另：此图导向轮间距，适用于导轨回转半径 $R1450$mm、导轨截面 150mm×15mm 和导轮 $\phi50$mm 的环形电镀线。

图 2-47　三通道挂具导电滑架（二）

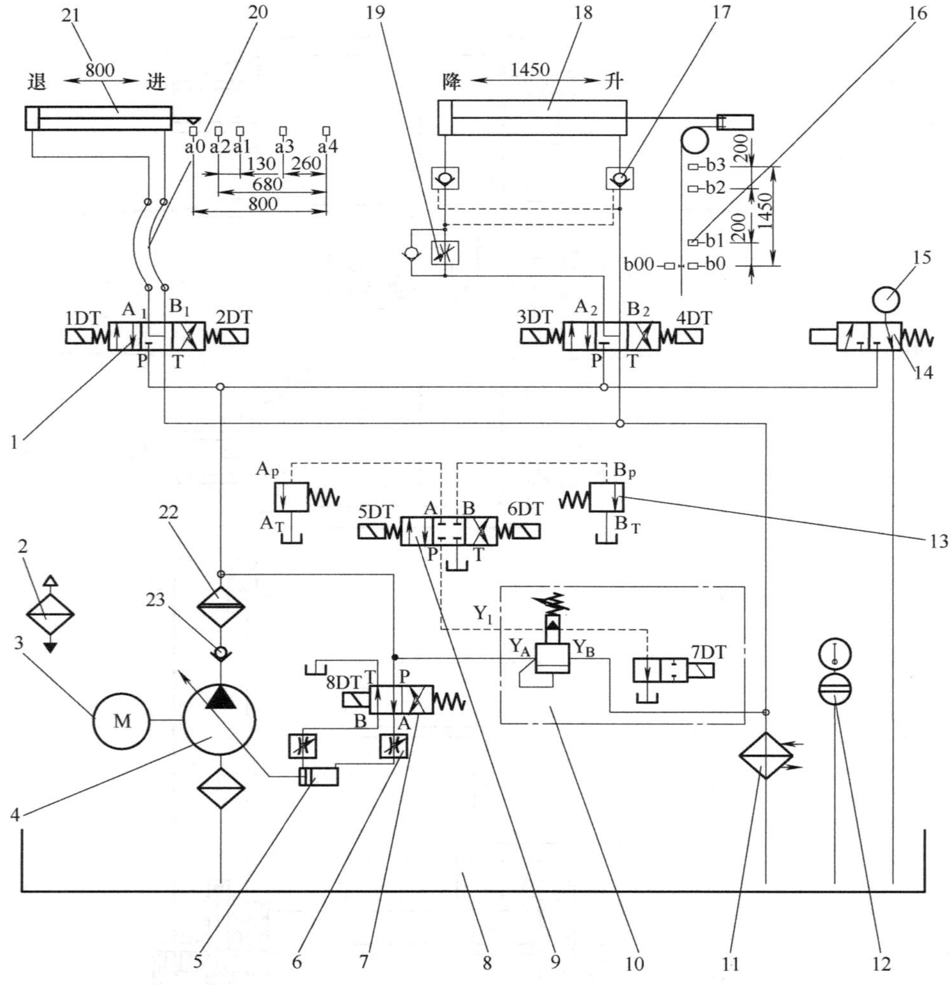

序号	代号	名称	数量
23	YGA6300	单向阀	1
22	LHN-100×20L	滤油器	1/1
21	YGA6300	推进液压缸 ϕ63mm×850mm	1
20	JB1885-77	A型扣压式胶管L3000	2
19	DRV10-10/2	单向节流阀	1
18	YAG8000	升降液压缸 ϕ80mm ×1450mm	1
17	Z2S10AB10	叠加式液控单向阀	1
16		接近开关	10
15	Y-100 0-25MPa	压力表	1
14	K-H6	压力表截阀	1
13	YTF3-E6B	板式远程调压阀	1
12	YWZ-200T	液位液温计	1
11	GLC1-1	冷却器	1
10	DBW10B-2-30/100G24Z5L	电磁溢流阀	1
9	3WE6 O 50/AG24NZ5L	三位四通电磁换向阀	1
8	HYQ1-Y109	油箱	1
7	24BN-B6B-TZ-LH	二位四通电磁换向阀	1
6		单向节流阀	2
5	YAG4000	控制液压缸 ϕ40mm×50mm	1
4	63CGY14-1B	轴向柱塞泵	1
3	Y-132M-4-B35	电动机,7.5kW,1400r/min	1
2	EF5-65	液压空气滤清器	1
1	3WE10 Y20/AG24N9Z5L	三位四通电磁换向阀	2

注：上述器材均为外购件。

技术要求：

启动时，变量泵控制阀常开，

变量泵以最大流量运行。

图 2-48 液压系统原理图

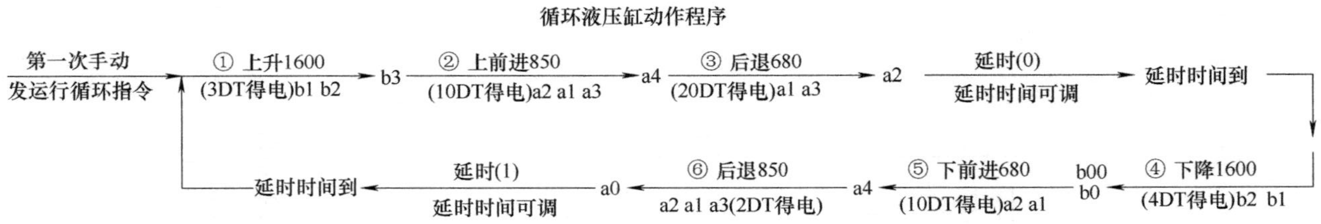

循环液压缸动作程序

第一次手动发运行循环指令 → ① 上升1600 (3DT得电)b1 b2 → b3 → ② 上前进850 (10DT得电)a2 a1 a3 → a4 → ③ 后退680 (20DT得电)a1 a3 → a2 → 延时(0) 延时时间可调 → 延时时间到 → ④ 下降1600 (4DT得电)b2 b1 → b0 b00 → ⑤ 下前进680 (10DT得电)a2 a1 → a4 → ⑥ 后退850 a2 a1 a3(2DT得电) → a0 → 延时(1) 延时时间可调 → 延时时间到 → 第一次手动发运行循环指令

自动循环液压缸动作程序表

控制点 \ 液压缸动作		1	2	3	4	5	6
		桥架上升	水平推进	推杆后退	桥架下降	水平推进	推杆后退
		1600	上推进850	680	1600	下推进600	850
1DT	on		on			on	
	off		a4			a4	
2DT	on			on			on
	off			a2			a0
3DT	on	on					
	off	b3					
4DT	on				on		
	off				b0		
5DT	on		on	on		on	on
	off		a4	a2		a4	a0
6DT	on	on			on		
	off	b3	a4		b0		
7DT	on	on	on	on	on	on	on
	off	b3		a2	b0	a4	a0
8DT	on	on	on	on	on	on	on
	off	b2	a3	a1	b1	a3	a2

图 2-49　液压自动循环动作程序

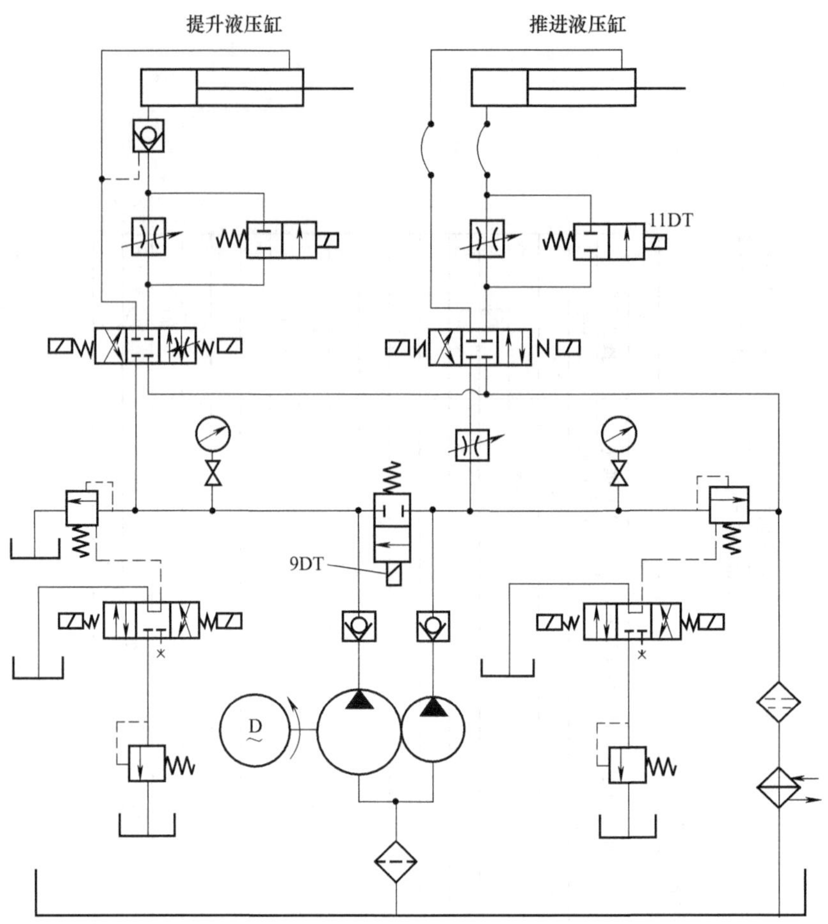

图 2-50 双联叶片泵的液压系统原理

2.3.2 导轨升降式（J 型）环形电镀线

导轨升降式（J 型）环形电镀线总成截面图见图 2-51。

2.3.2.1 机械式推进装置

机械式推进装置安装在上下升降的动架上，推进动力为电磁制动异步电动机连接减速器及齿轮箱引出方向相反的双头传动轴，经齿轮齿条各自传动两边的推杆，通过无触点开关，用变频程控电动机传动推杆慢速启动，快速行进，慢速停止，平稳过渡每一个进退动作。动架在低位时，动轨和定轨在同一平面上，连成一个环形轨。这时推杆以小行程向前推进，把小间距的挂具导电滑架向前推进一个工位。推杆以大行程回复，推块超过大间距的挂具导电滑架，等待动轨上升到高位时再推大间距的挂具导电滑架。动架上升到位后，在高位进行大行程推进，动轨上大间距的挂具导电滑架前移一个大间距工位，在空中跨过了槽壁，推杆以小行程回复原位，动轨下降时挂具导电滑架在空位将所挂工件进入槽内，然后进入第二节拍动作，再次进行小行程推进。小间距推块是勾不着大间距挂具导电滑架的，保证了大小间距移动到位。多工位工艺槽挂具导电滑架进出槽的首尾工位有升降跨槽动作，进或出槽区要留一空工位，给后道工序留位置，在推进中可无干涉。两端回转头的推块，要按圆弧轨道拨动挂具导电滑架，在圆弧轨道上前进，为满足平面布置的合理性，利用推杆带动连杆杠杆机构，推拉回转头一个角度，

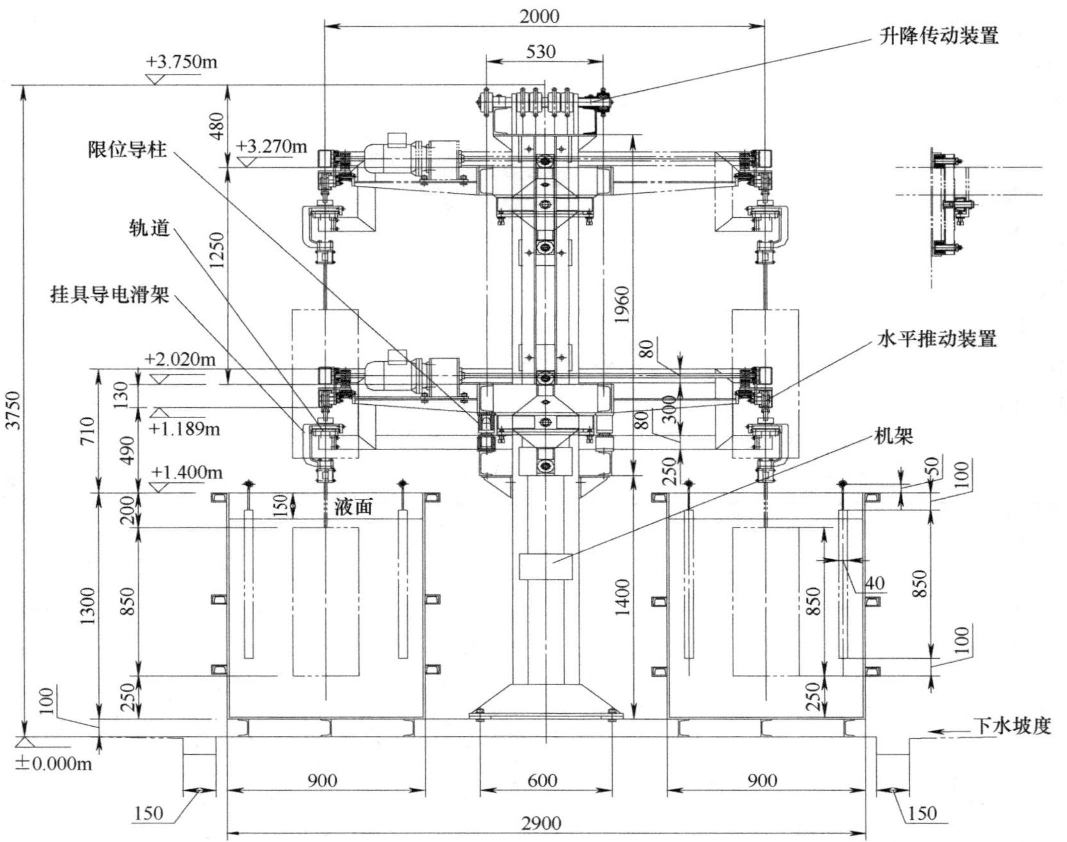

设 计 基 本 参 数		
(1)	主要尺寸	
	①主要外形尺寸	L19.5mm×W3.1m×H3.75m
	②导轨回转中心距	16.8m
	③导轨回转半径	1000mm
	④最大提升行程	1250mm
	⑤工位间距	最大700mm，最小500mm
(2)	挂具导电滑架参数	
	①工位数	65
	②空工位	7
	③数量	58
	④自重	15kg
	⑤允许载重	20kg
(3)	运行速度和时间	
	①最大升降速度	8m/min(133mm/s)（可调）
	②升降1250mm时最少时间	15s(包含缓冲时间4s)(可调)
	③水平推进速度	11.3m/min(188mm/s)(可调)
	④推进行程900mm时最少时间	9s(包含缓冲时间3s)（可调）
	⑤水平推杆后推速度	11.3m/min(188mm/s)(可调)
	⑥推进行程900mm时最少时间	7s(包含缓冲时间3s)（可调）
	⑦连续动作节拍周期	66s（可调）
(4)	电动机参数	
	①升降电动机型号和功率	YEJ1325-4，5.5kW
	②水平推进电动机型号和功率	Y90S-4，1.1kW

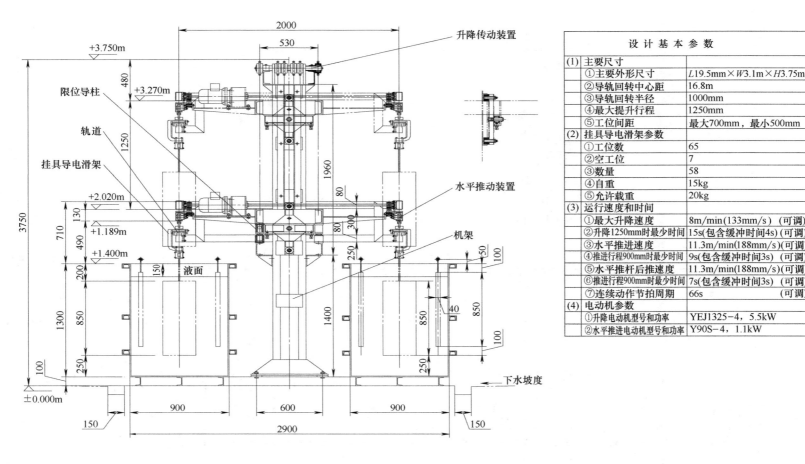

图 2-51　导轨升降式（J 型）环形电镀线总成截面图

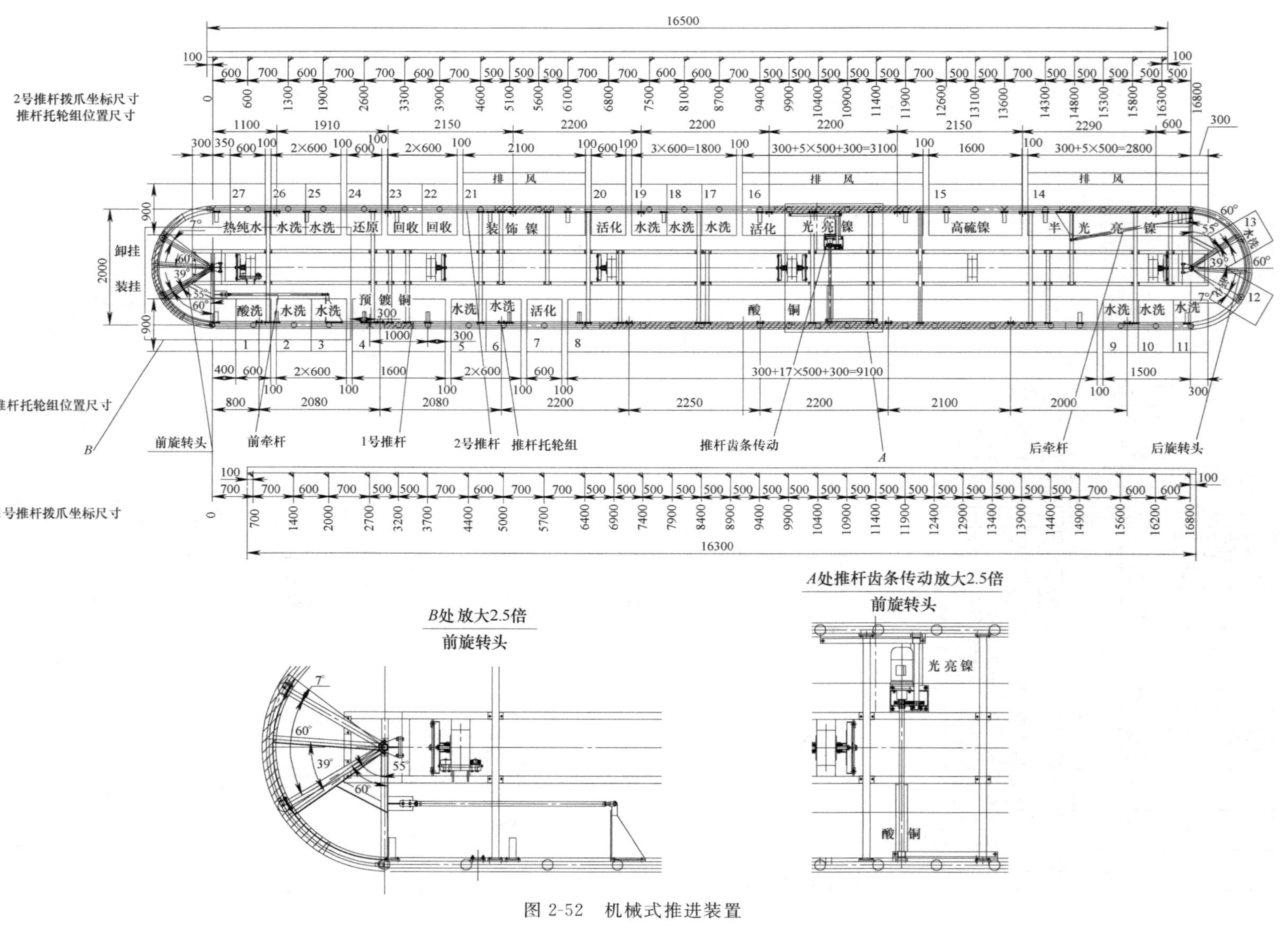

图 2-52 机械式推进装置

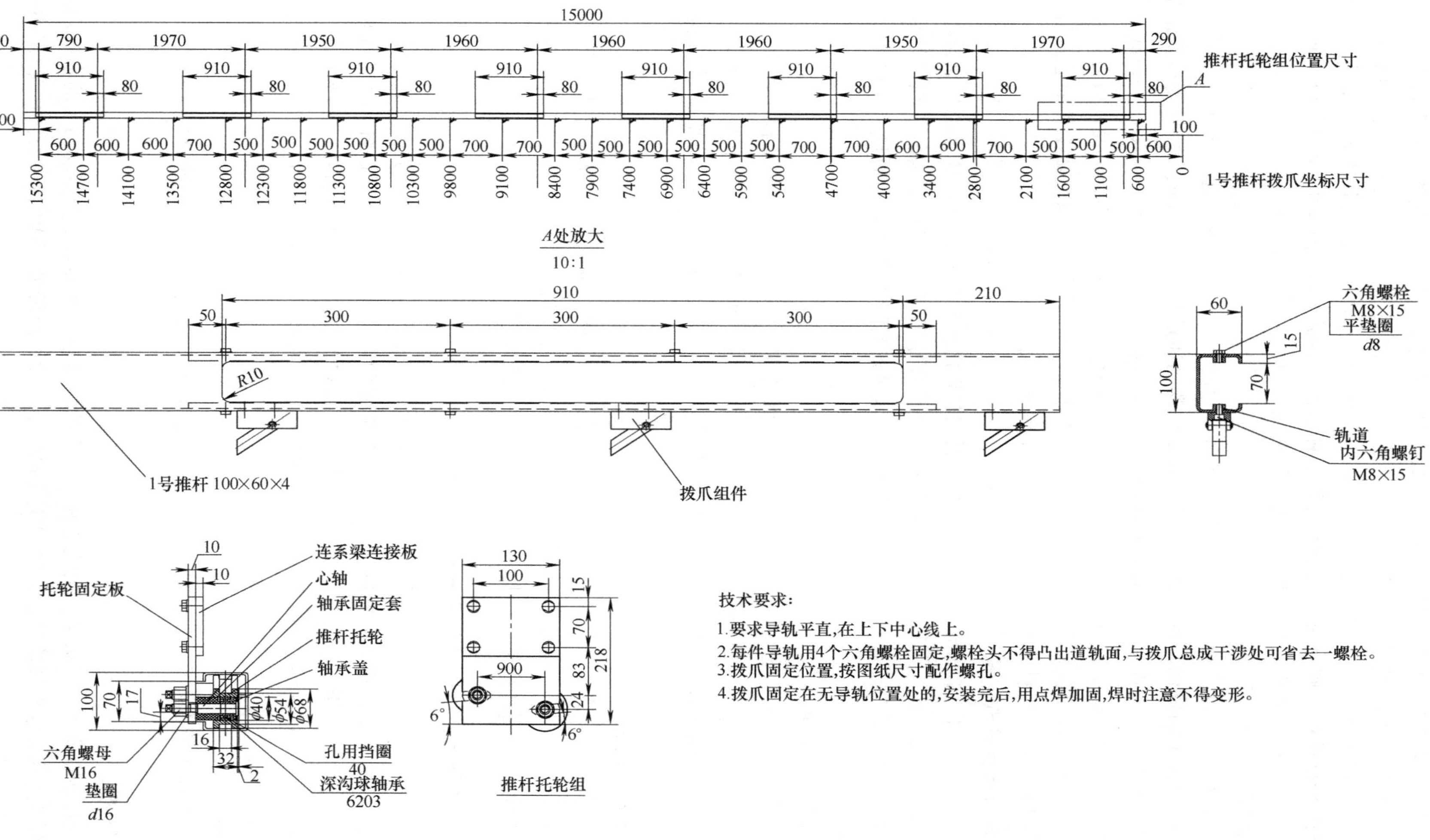
推杆托轮组位置尺寸
1号推杆拨爪坐标尺寸
A处放大
10:1
1号推杆 100×60×4
拨爪组件
六角螺栓
M8×15
平垫圈
d8
轨道
内六角螺钉
M8×15
托轮固定板
连系梁连接板
心轴
轴承固定套
推杆托轮
轴承盖
六角螺母
M16
垫圈
d16
孔用挡圈
40
深沟球轴承
6203
推杆托轮组
技术要求：
1.要求导轨平直，在上下中心线上。
2.每件导轨用4个六角螺栓固定，螺栓头不得凸出道轨面，与拨爪总成干涉处可省去一螺栓。
3.拨爪固定位置，按图纸尺寸配作螺孔。
4.拨爪固定在无导轨位置处的，安装完后，用点焊加固，焊时注意不得变形。

图 2-53 推杆托轮组

完成圆弧导轨上的挂具导电滑架程序移位。一般装卸电镀工件，在一端圆弧处的定轨下操作比较方便安全。这里的推块要用小行程推杆牵动连杆，联动圆弧推块按杠杆结构牵动圆盘的半径，使符合旋转的角度（一个工位为90°，两个工位为60°）。另一端圆弧处布置，如是几个单槽要在动轨上跨槽推进，则要在高位用大行程推杆通过连杆并要改变牵动圆盘的半径，使符合要求的旋转角度。机械式推进装置和推杆托轮组图例见图2-52和图2-53。

2.3.2.2 机械式升降装置

机械式升降装置的升降动力来源于电磁制动异步电动机，按速度要求连接减速器，用环通滚子链条，带动顶上的拉框，按提升高度的行程来回移动通过顶框上安装的多对链轮，把框架和动架用多条滚子链条连接，使动架上下升降。动架多点提升，有利于结构强度好，并解决全长同步升降。为保持动架平行及防止窜动，设垂直横向及纵向导轮组。为减小提升动力，在动架上配挂平衡重量，配重按动架本体重量、动架及加挂的挂具导电滑架及电镀工件的总重减去配重，就是提升重量。机械式升降装置及导轮组图例见图2-54。

2.3.2.3 导轨及其导电装置

阴极导轨一般采用120mm×12mm的T2紫铜排或H68黄铜排制作，非导电导轨选同规格的玻璃纤维层压板配作，下面垫塑料板，用螺栓连接在矩形管垫框上，并核算阴极导轨导电截面。导轨接缝口处要求有3mm×15mm的倒角，确保挂具导电滑架灵活通过。导轨及其导电装置图例见图2-55。

2.3.2.4 动架调平机构

升降桥架与固定桥架结构的要求同液压式升降装置一样，动架调平机构则在每个立柱内装置十字形构架，垂直向两滚轮在立柱的角钢滑道中滚动，保证上下垂直滑动，横架两端调整螺栓用来调正水平，也应安装限位导柱及一组纵向导轮组。动架调平机构图例见图2-56。

2.3.2.5 挂具导电滑架

保证挂具导电滑架在直线导轨和圆弧导轨上灵活滑动，同时希望不要晃动，在导轨两侧滑动面必须留1～1.5mm的间隙。圆弧段要有四个点限位，四点位置可按轨道宽度、电弧中心线圆弧半径及滑架长度计算得出。挂具导电滑架图例见图2-57。

2.3.3 导轨升降式（F型）环形电镀线

电镀工件形状复杂，镀层要求较高。电镀件表面有凹洼或筒形坑等，电流被屏蔽而影响电镀速度及质量，必须配置辅助阳极进行补偿单一外阳极的不足，可采用本型设备，并有较高的生产效率。本生产线采用立柱定架的机身，配置上下升降的动架用液压传动升降，液压传动步进推动挂具导电悬臂吊挂的电镀工件，按工艺程序进行电镀作业。导轨升降式（F型）环形电镀线图例见图2-58。

2.3.3.1 机身

在地坪上设置立柱，柱腰部架设纵横梁，在电镀槽面内侧上方铺设定轨。机身图例见图2-59。

2.3.3.2 动架

在定架上面铺设动架。动架上的轨道和定架上的轨道连成环形轨道，由动架上的水平推进机构步进推动挂具导电悬臂前进。悬臂间距设定两个尺寸，跨槽处用大间距，其他工位用小间距。动架图例见图2-60。

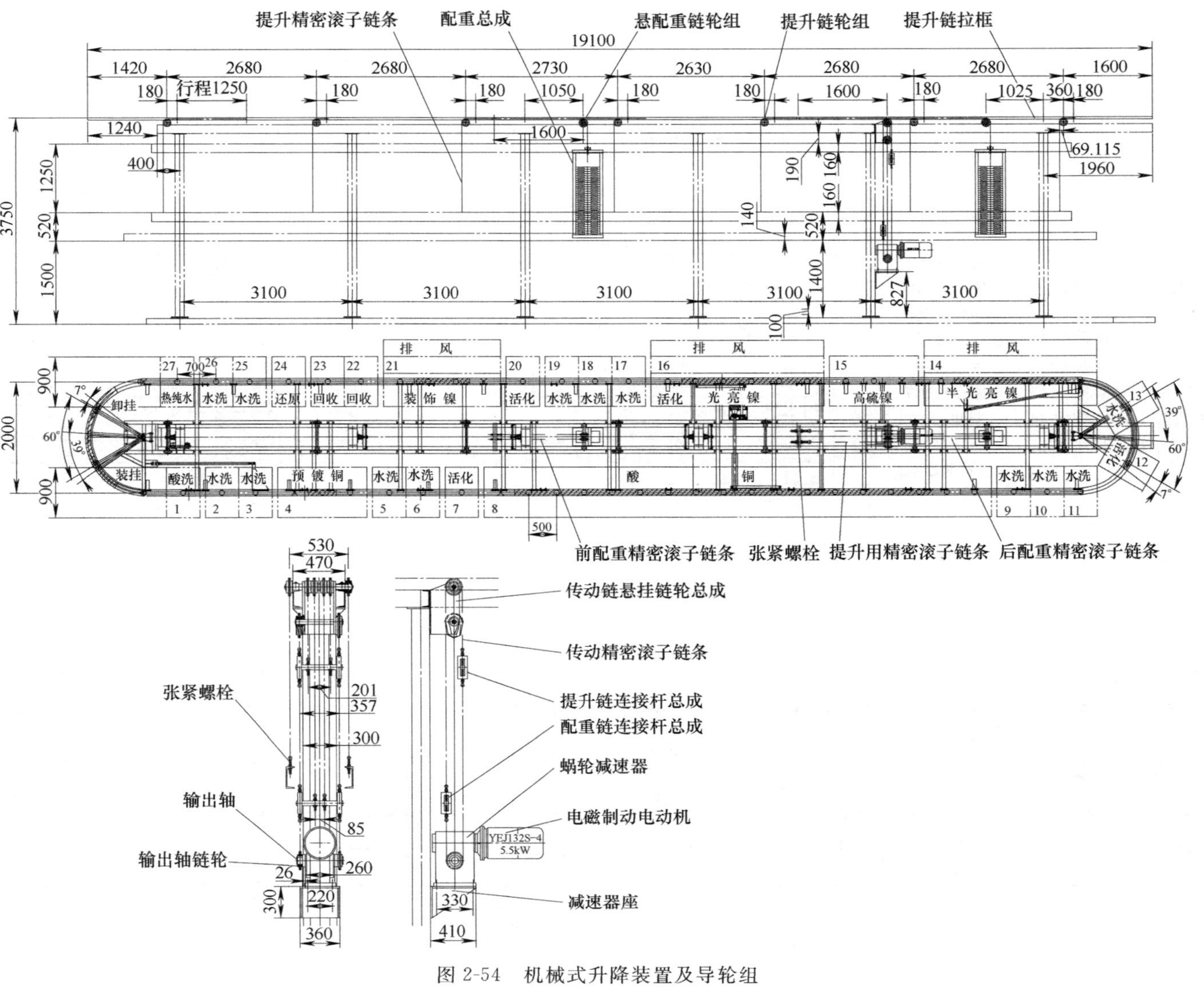

图 2-54　机械式升降装置及导轮组

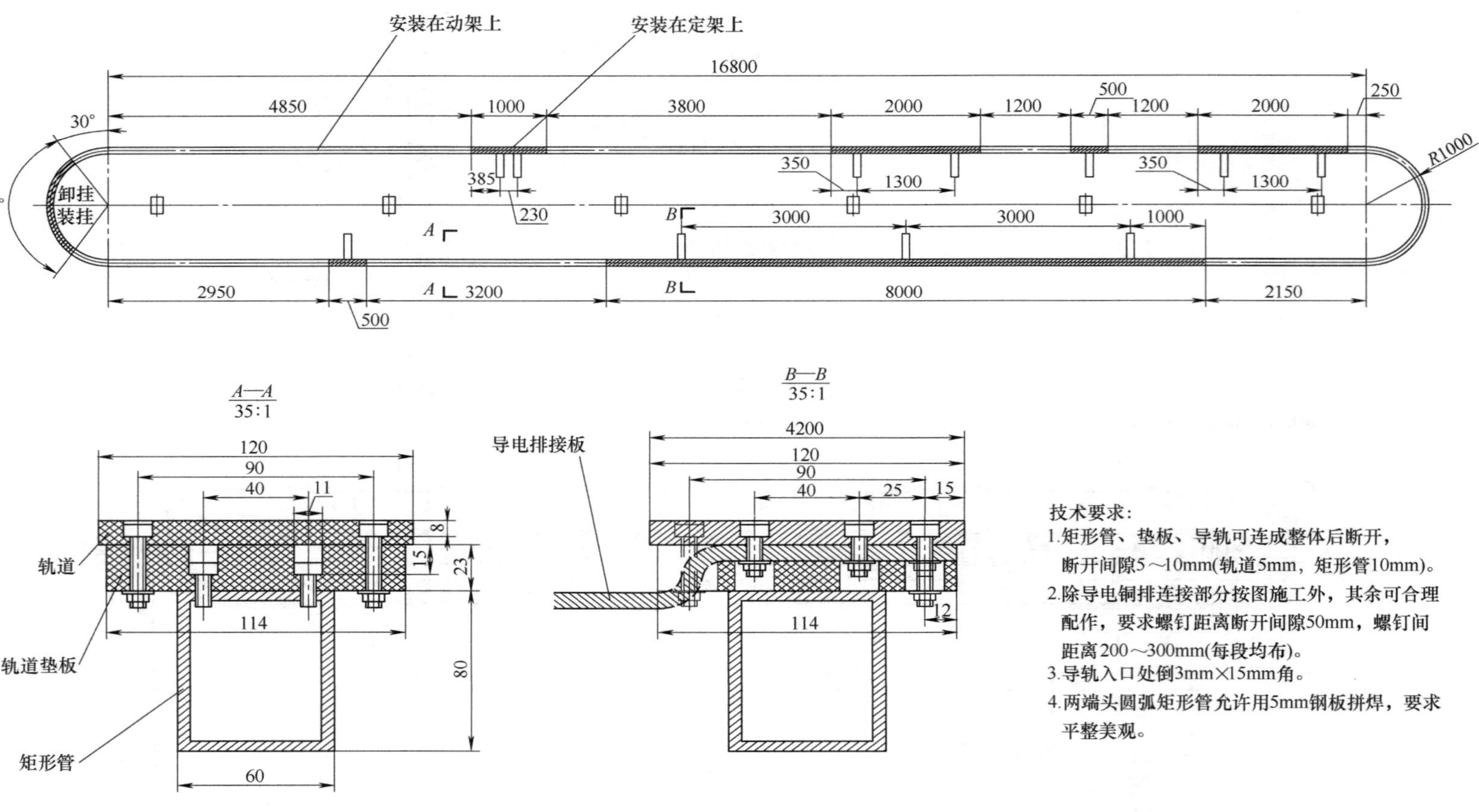

图 2-55　导轨及其导电装置

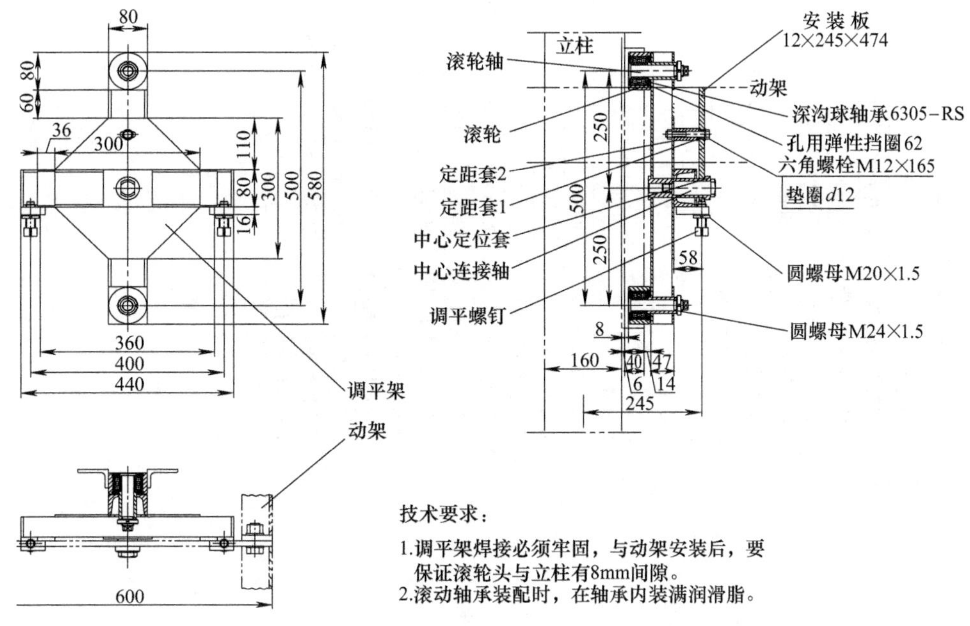

图 2-56　动架调平机构

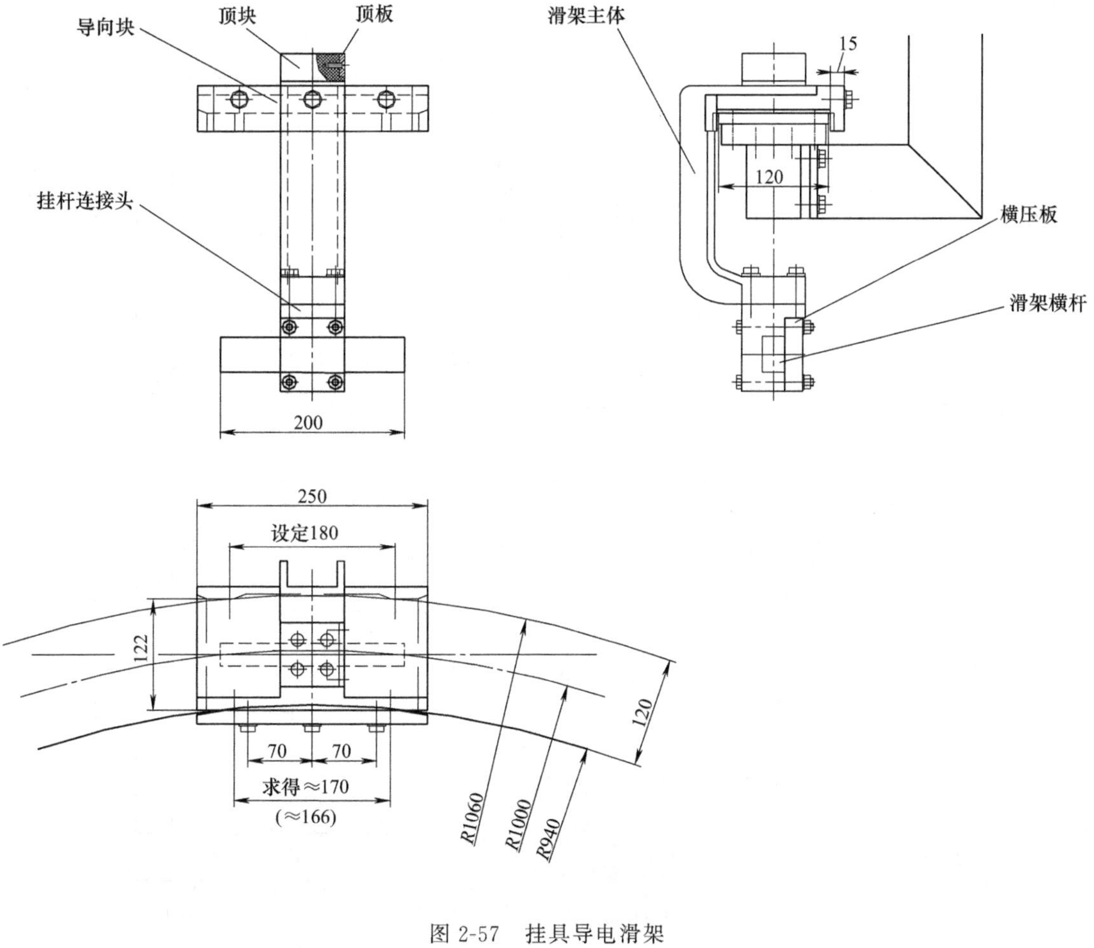

图 2-57　挂具导电滑架

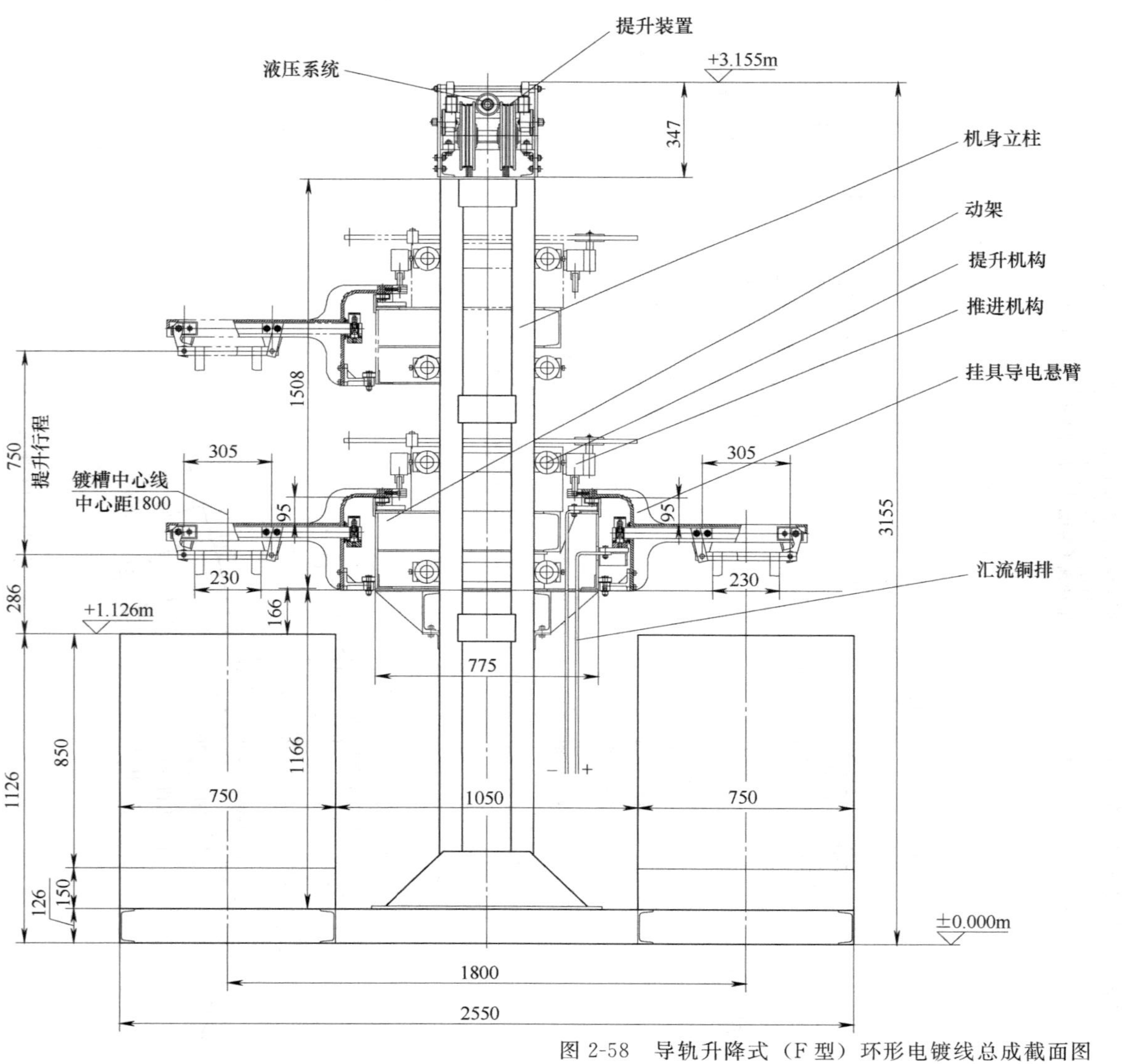

图 2-58　导轨升降式（F 型）环形电镀线总成截面图

设计基本参数		
(1)	主要尺寸	
	① 主机外形尺寸	L7.0mm×W 2.7m×H 3.2m
	② 挂具回转中心距	4630mm
	③ 挂具回转半径	900mm
	④ 提升行程	750mm
	⑤ 工位间距	最大750mm 最小530mm
(2)	挂具导电悬臂参数	
	① 工位数	21
	② 空工位	2
	③ 数量	19
	④ 自重	30.5kg
	⑤ 允许载重	30kg
	⑥ 最大导电量	800A
(3)	运行速度和时间	
	① 最大升降速度	7.5m/min 125mm/s（可调）
	② 水平推进速度	8m/min 133mm/s （可调）
	③ 连续动作节拍周期	60s以上 （可调）
(4)	液压站参数	
	① 电动机型号和功率	Y132M1-6-B35，4kW
	② 升降液压缸	D63mm d35mm S＝750mm
	③ 推进液压缸	D63mm d28mm S＝800mm
	④ 允许使用压力	小于7MPa

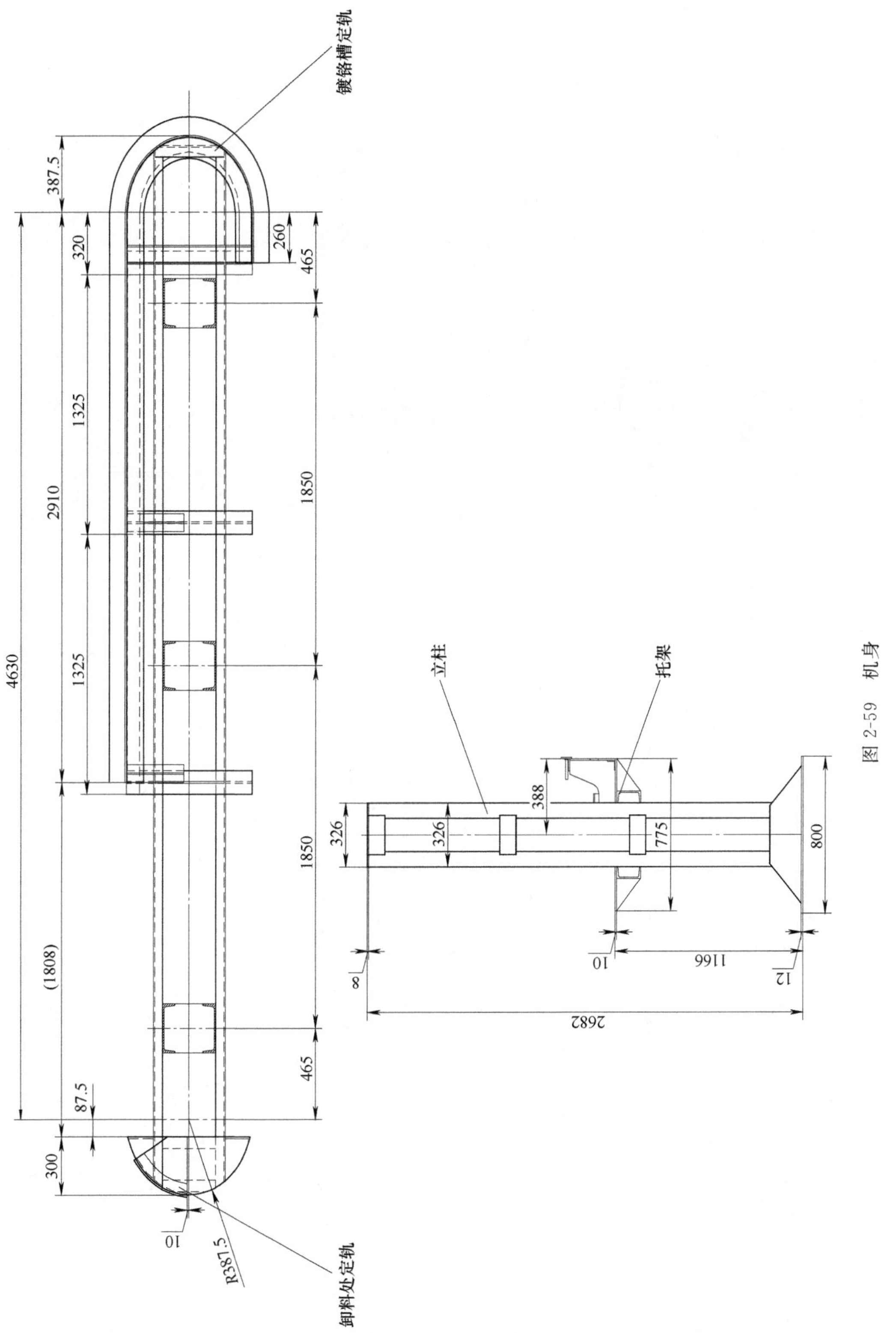
镀铬槽定轨
卸料处定轨
立柱
托架
387.5
320
260
465
1325
2910
1850
4630
1325
(1808)
465
87.5
300
10
R387.5
326
326
388
775
800
8
10
1166
12
2682

图 2-59　机身

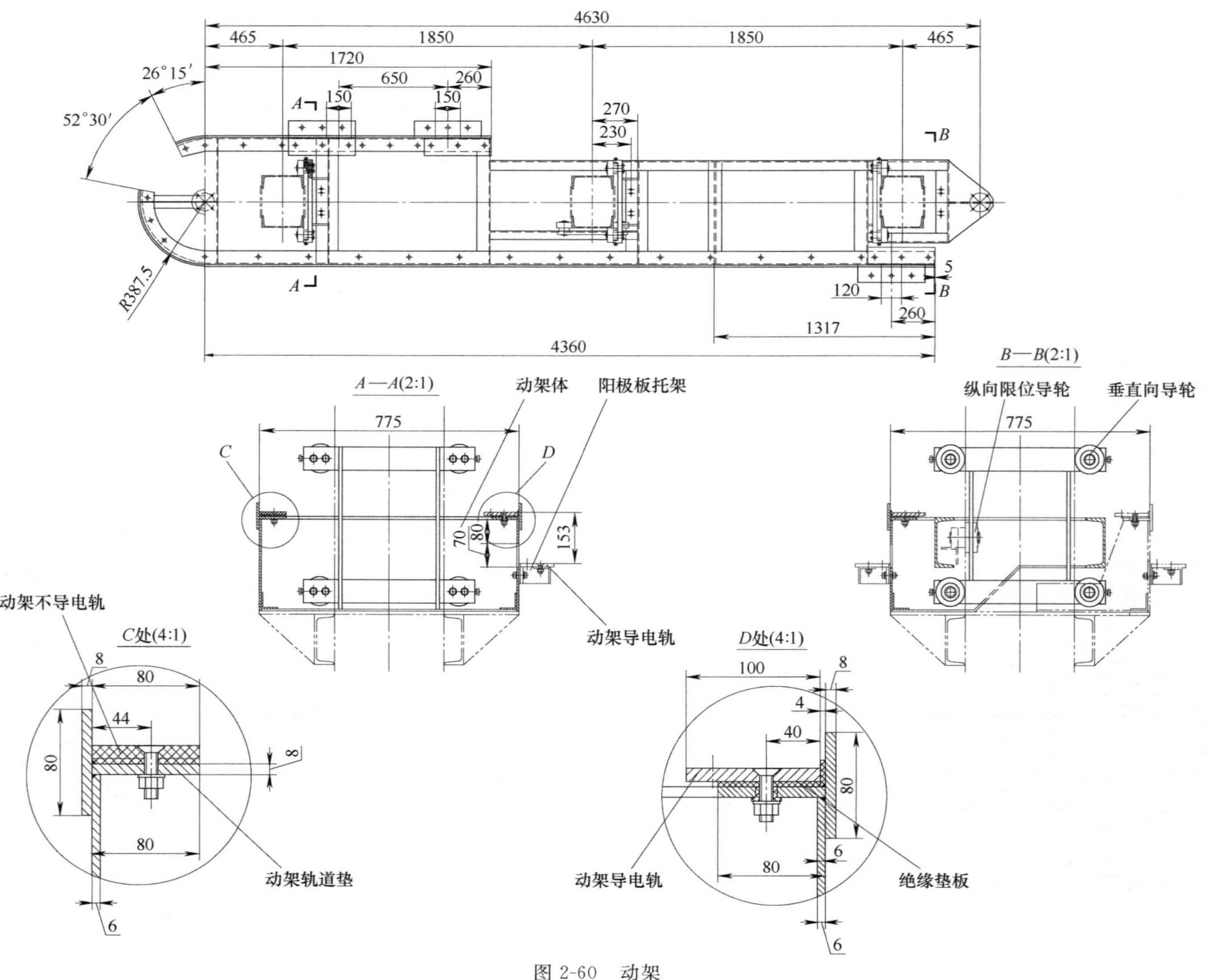
4630
465
1850
1850
465
1720
650
260
150
150
270
230
26°15′
52°30′
R387.5
120
5
260
1317
4360
A—A(2:1)
动架体
阳极板托架
775
C
D
70
80
153
动架导电轨
B—B(2:1)
纵向限位导轮
垂直向导轮
775
动架不导电轨
C处(4:1)
8
80
44
80
8
80
6
动架轨道垫
D处(4:1)
100
8
4
40
80
6
80
6
动架导电轨
绝缘垫板

图 2-60 动架

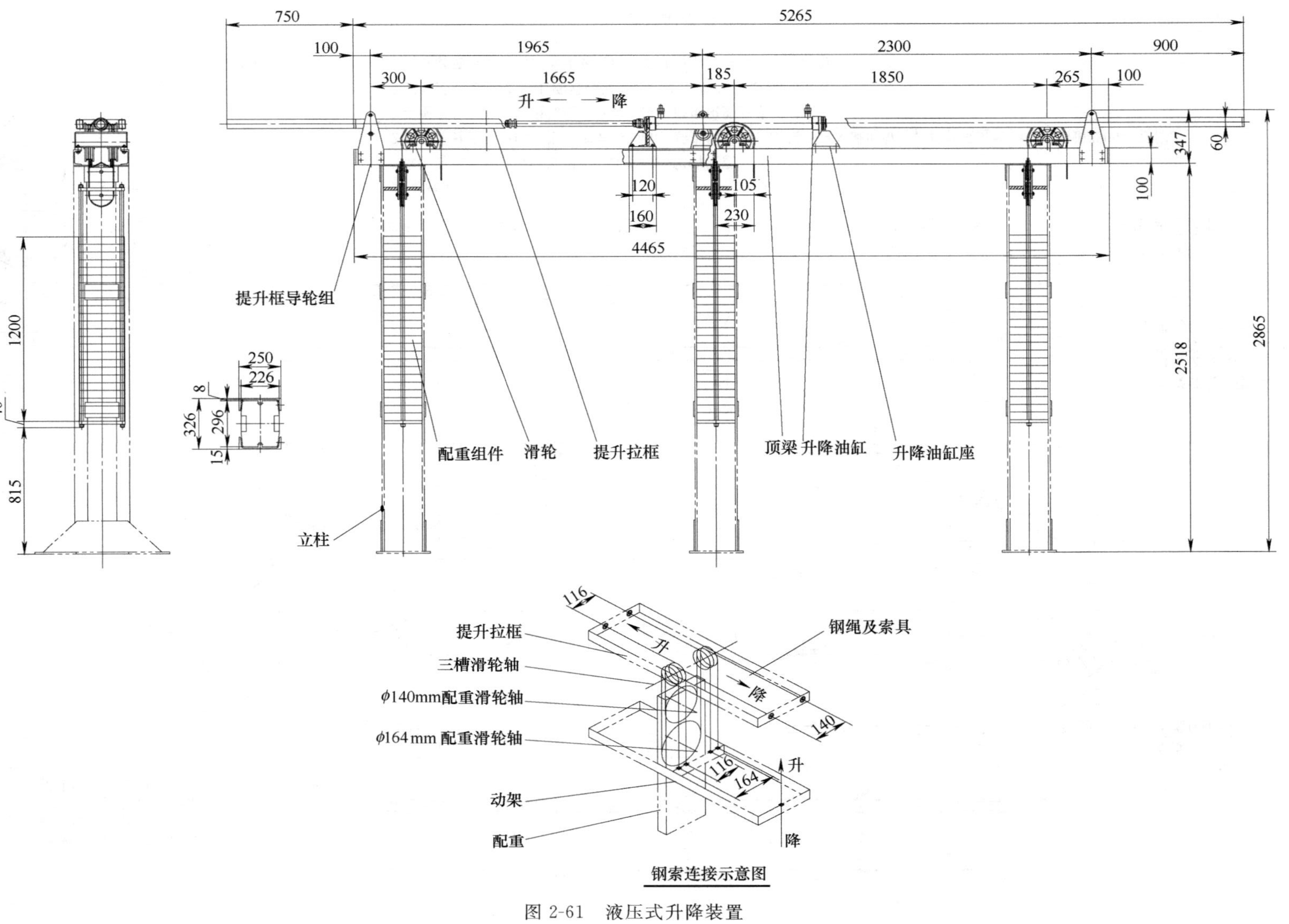

图 2-61　液压式升降装置

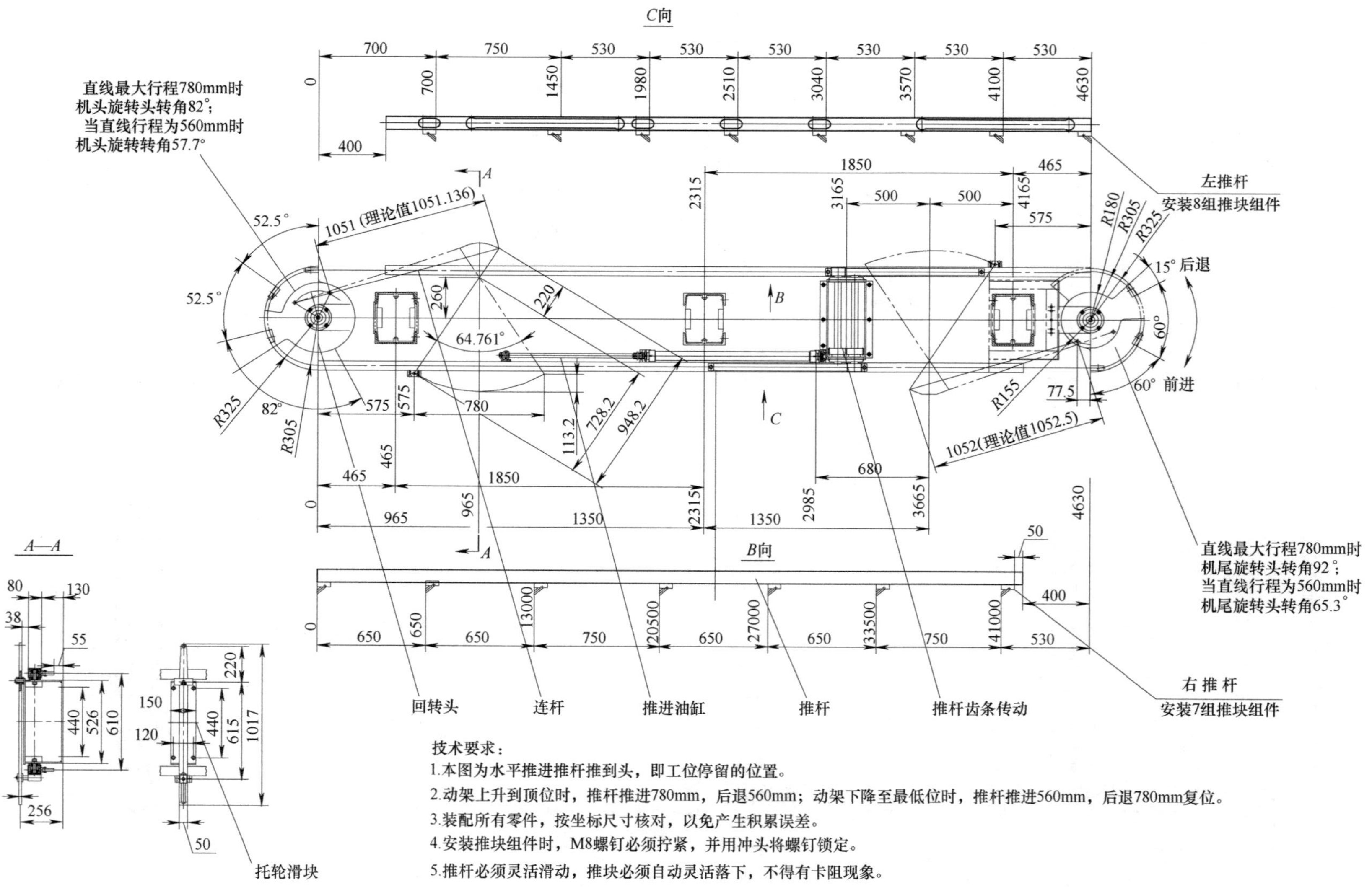

图 2-62　液压式推进装置

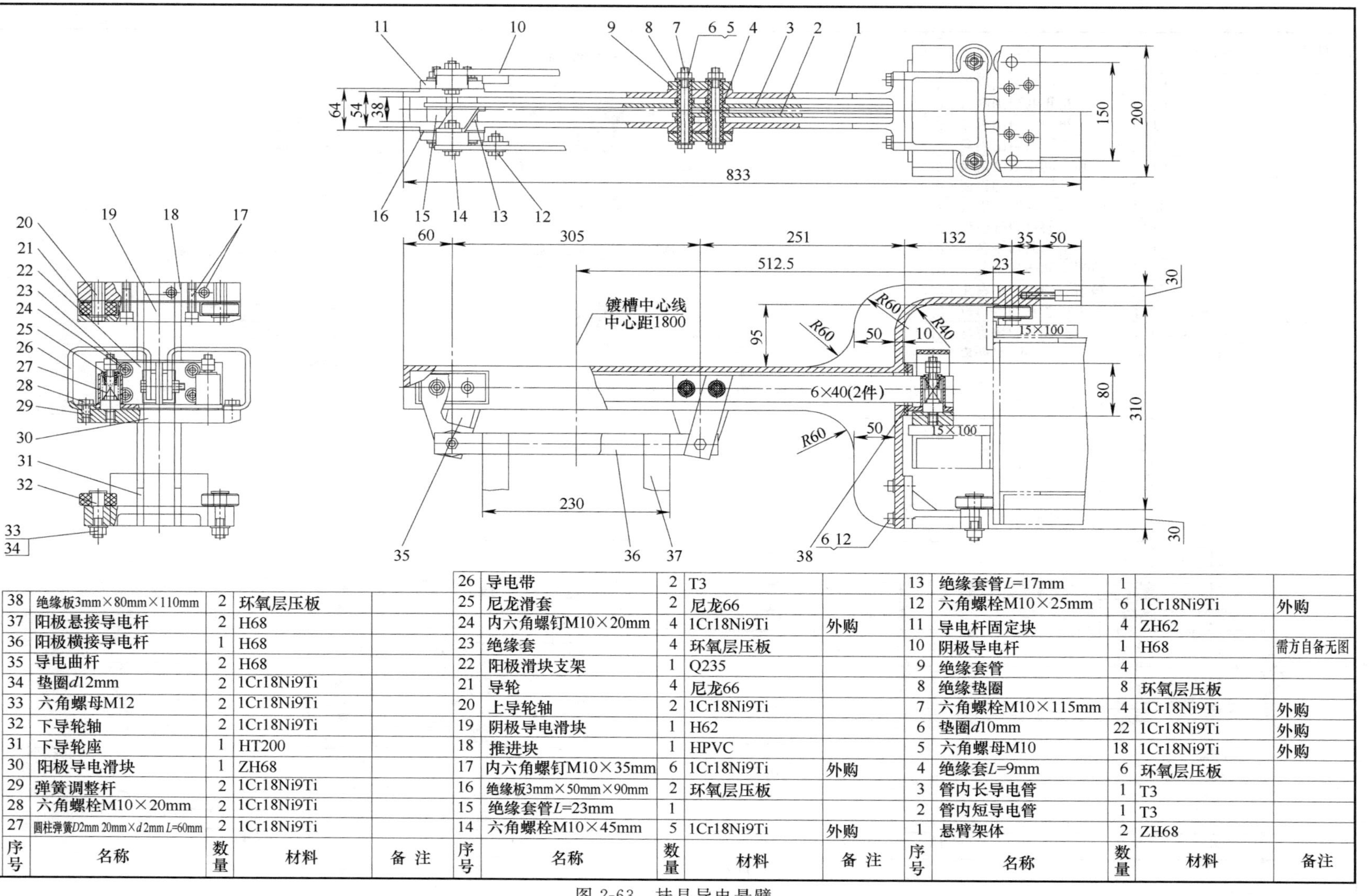

序号	名称	数量	材料	备注
38	绝缘板3mm×80mm×110mm	2	环氧层压板	
37	阳极悬接导电杆	2	H68	
36	阳极横接导电杆	1	H68	
35	导电曲杆	2	H68	
34	垫圈d12mm	2	1Cr18Ni9Ti	
33	六角螺母M12	2	1Cr18Ni9Ti	
32	下导轮轴	2	1Cr18Ni9Ti	
31	下导轮座	1	HT200	
30	阳极导电滑块	1	ZH68	
29	弹簧调整杆	2	1Cr18Ni9Ti	
28	六角螺栓M10×20mm	2	1Cr18Ni9Ti	
27	圆柱弹簧D2mm 20mm×d 2mm L=60mm	2	1Cr18Ni9Ti	

序号	名称	数量	材料	备注
26	导电带	2	T3	
25	尼龙滑套	2	尼龙66	
24	内六角螺钉M10×20mm	4	1Cr18Ni9Ti	外购
23	绝缘套	4	环氧层压板	
22	阳极滑块支架	1	Q235	
21	导轮	4	尼龙66	
20	上导轮轴	2	1Cr18Ni9Ti	
19	阴极导电滑块	1	H62	
18	推进块	1	HPVC	
17	内六角螺钉M10×35mm	6	1Cr18Ni9Ti	外购
16	绝缘板3mm×50mm×90mm	2	环氧层压板	
15	绝缘套管L=23mm	1		
14	六角螺栓M10×45mm	5	1Cr18Ni9Ti	外购

序号	名称	数量	材料	备注
13	绝缘套管L=17mm	1		
12	六角螺栓M10×25mm	6	1Cr18Ni9Ti	外购
11	导电杆固定块	4	ZH62	
10	阴极导电杆	1	H68	需方自备无图
9	绝缘套管	4		
8	绝缘垫圈	8	环氧层压板	
7	六角螺栓M10×115mm	4	1Cr18Ni9Ti	外购
6	垫圈d10mm	22	1Cr18Ni9Ti	外购
5	六角螺母M10	18	1Cr18Ni9Ti	外购
4	绝缘套L=9mm	6	环氧层压板	
3	管内长导电管	1	T3	
2	管内短导电管	1	T3	
1	悬臂架体	2	ZH68	

图 2-63　挂具导电悬臂

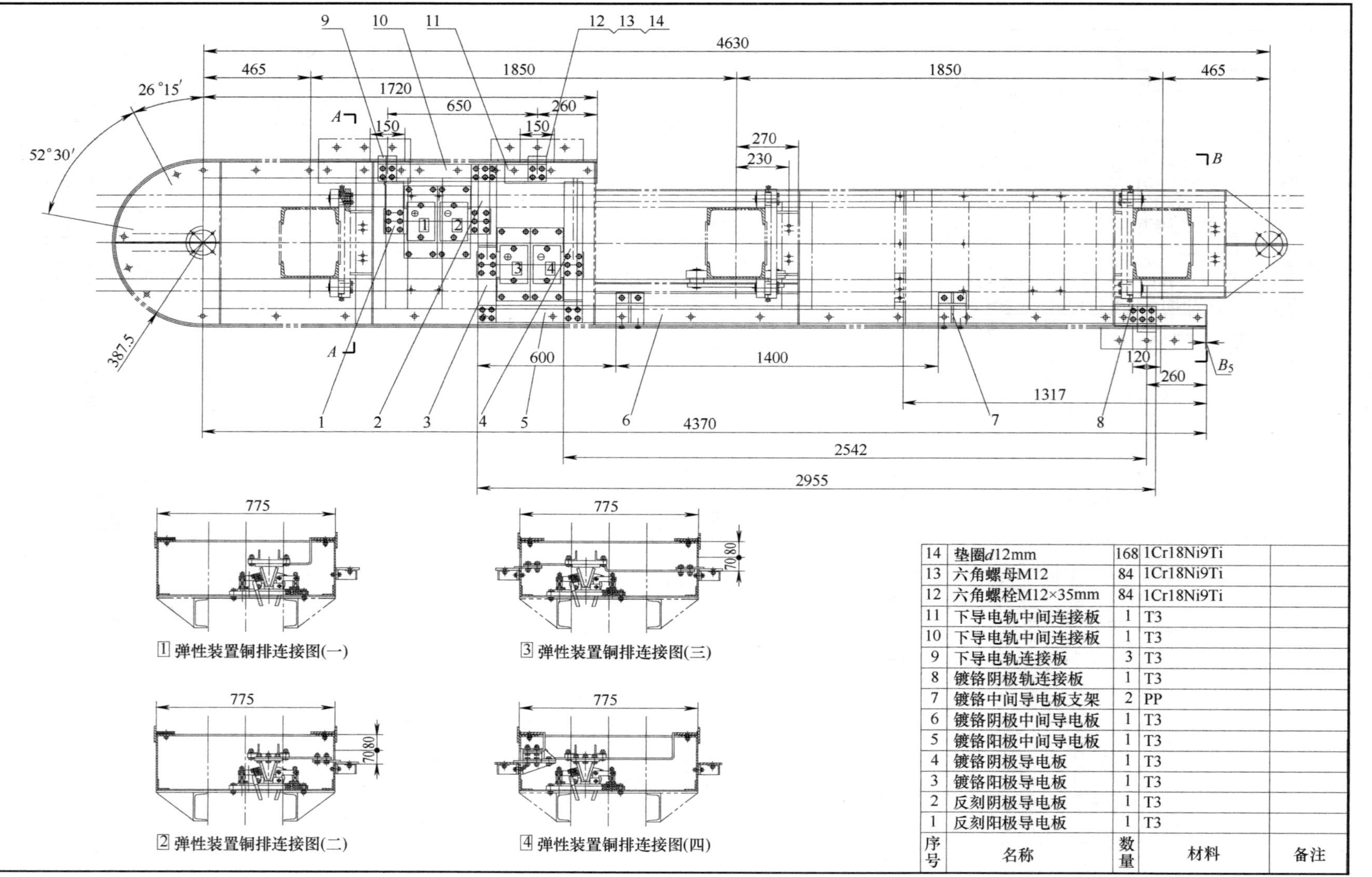

序号	名称	数量	材料	备注
14	垫圈d12mm	168	1Cr18Ni9Ti	
13	六角螺母M12	84	1Cr18Ni9Ti	
12	六角螺栓M12×35mm	84	1Cr18Ni9Ti	
11	下导电轨中间连接板	1	T3	
10	下导电轨中间连接板	1	T3	
9	下导电轨连接板	3	T3	
8	镀铬阴极轨连接板	1	T3	
7	镀铬中间导电板支架	2	PP	
6	镀铬阴极中间导电板	1	T3	
5	镀铬阳极中间导电板	1	T3	
4	镀铬阴极导电板	1	T3	
3	镀铬阳极导电板	1	T3	
2	反刻阴极导电板	1	T3	
1	反刻阳极导电板	1	T3	

图 2-64 直流导电装置

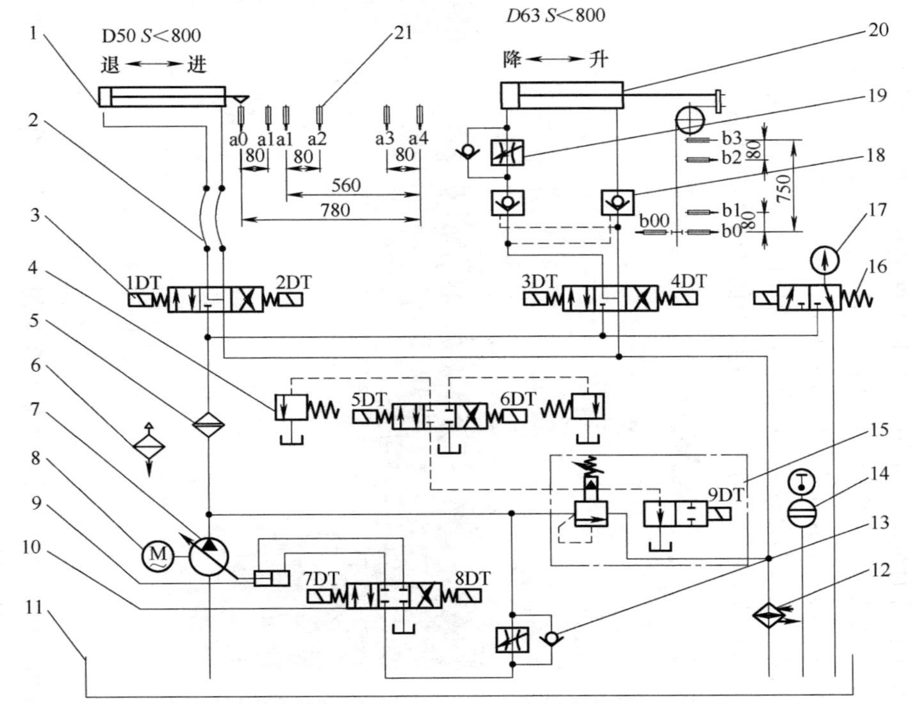

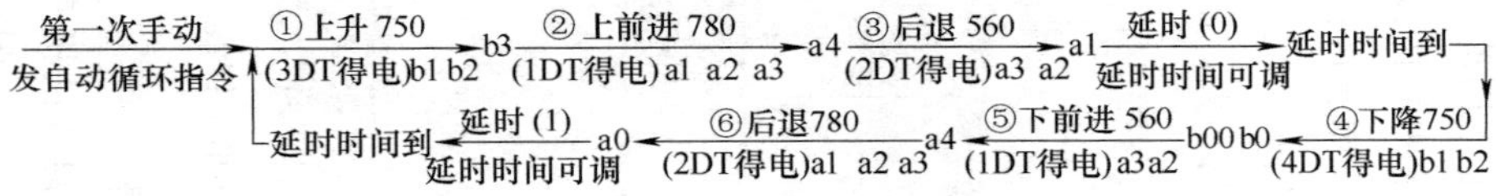

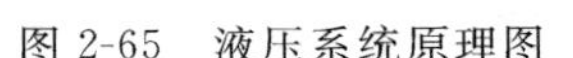

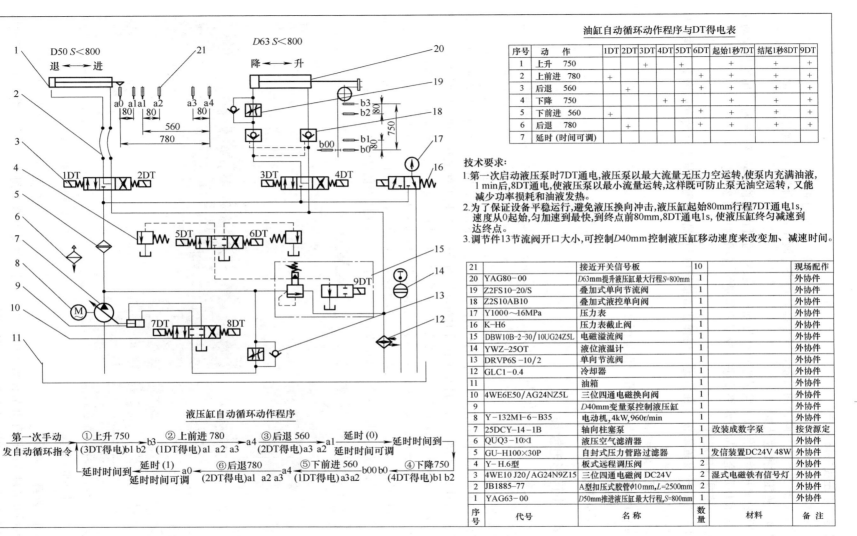

油缸自动循环动作程序与DT得电表

序号	动　作	1DT	2DT	3DT	4DT	5DT	6DT	起始1秒7DT	结尾1秒8DT	9DT
1	上升　750			+		+		+	+	+
2	上前进　780	+					+	+	+	+
3	后退　560		+				+	+	+	+
4	下降　750				+	+		+	+	+
5	下前进　560	+					+	+	+	+
6	后退　780		+				+	+	+	+
7	延时（时间可调）									

技术要求：

1.第一次启动液压泵时7DT通电，液压泵以最大流量无压力空运转，使泵内充满油液，1 min后，8DT通电，使液压泵以最小流量运转，这样既可防止泵无油空运转，又能减少功率损耗和油液发热。

2.为了保证设备平稳运行，避免液压换向冲击，液压缸起始80mm行程7DT通电1s，速度从0起始，匀加速到最快，到终点前80mm，8DT通电1s，使液压缸终匀减速到达终点。

3.调节件13节流阀开口大小，可控制D40mm控制液压缸移动速度来改变加、减速时间。

序号	代号	名称	数量	材料	备注
21		接近开关信号板	10		现场配作
20	YAG80－00	D63mm提升液压缸最大行程S=800mm	1		外协件
19	Z2FS10－20/S	叠加式单向节流阀	1		外协件
18	Z2S10AB10	叠加式液控单向阀	1		外协件
17	Y1000～16MPa	压力表	1		外协件
16	K－H6	压力表截止阀	1		外协件
15	DBW10B－2－30/10UG24Z5L	电磁溢流阀	1		外协件
14	YWZ－25OT	液位液温计	1		外协件
13	DRVP6S－10/2	单向节流阀	1		外协件
12	GLC1－0.4	冷却器	1		外协件
11		油箱	1		外协件
10	4WE6E50/AG24NZ5L	三位四通电磁换向阀	1		外协件
9		D40mm变量泵控制液压缸	1		外协件
8	Y－132M1－6－B35	电动机，4kW，960r/min	1		外协件
7	25DCY－14－1B	轴向柱塞泵	1	改装成数字泵	按货源定
6	QUQ3－10×1	液压空气滤清器	1		外协件
5	GU－H100×30P	自封式压力管路过滤器	1	发信装置DC24V 48W	外协件
4	Y－H.6型	板式远程调压阀	2		外协件
3	4WE10 J20/AG24N9Z15	三位四通电磁阀 DC24V	2	湿式电磁铁有信号灯	外协件
2	JB1885－77	A型扣压式胶管ϕ10mm，L=2500mm	2		外协件
1	YAG63－00	D50mm推进液压缸最大行程，S=800mm	1		外协件

液压缸自动循环动作程序

第一次手动发自动循环指令 → ①上升 750（3DT得电）b1 b2 → b3 → ②上前进 780（1DT得电）a1 a2 a3 → a4 → ③后退 560（2DT得电）a3 a2 → a1 → 延时（0）延时时间可调 → 延时时间到 → ④下降750（4DT得电）b1 b2 → b00 b0 → ⑤下前进 560（1DT得电）a3a2 → a4 → ⑥后退780（2DT得电）a1 a2 a3 → a0 → 延时（1）延时时间可调 → 延时时间到 →（返回①）

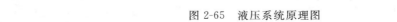

图 2-65　液压系统原理图

2.3.3.3 液压式升降装置

提升采用液压传动，在顶架上横装液压油缸推动拉框通过钢绳及索具提升动架，立柱内设置配重，平衡动架及其附件的重量，减小提升功率。液压式升降装置图例见图 2-61。

2.3.3.4 液压式推进装置

推进装置用液压传动，推进液压缸推动第一拨杆通过齿轮轴传动第二推杆，用连杆牵动旋转头，完成环形全线同步水平推进。液压式推进装置图例见图 2-62。

2.3.3.5 挂具导电悬臂

在悬臂肚中设置阳极，在轨道上用弹性滑板导电与悬臂连通，导电到辅助阳极上。挂具导电悬臂图例见图 2-63。

2.3.3.6 动架直流导电装置

动架上铺设的直流导电装置图例见图 2-64。

2.3.3.7 液压系统原理图

液压系统原理图见图 2-65。

2.3.4 小环形电镀线

小环形电镀线是全机械传动的环形线。此线适用于大批量质量要求高的小件电镀生产，如电子元器件的镀锡和镀银生产。该电镀线的特点是结构精巧、紧凑，整线所有工序可同时上下摆动，有效提高电镀工件质量。上下摆动桥梁上装置有阴极导电轨道的托梁（位于工艺槽上方），由摆动机构通过偏心轴用链条牵动托梁与升降桥架一起上下摆动，即在工艺槽和辅助槽内的所有挂具工件同时上下摆动，当升降桥架提升时带动辅助槽中的挂具工件提升，到位后便可进行上前进，此时工艺槽中的挂具工件在上下摆动。升降桥架的传动机构通过双出轴减速器两轴端上的链轮传动，链条一端连接桥架上的横梁，另一端挂在立柱内的配重上，这可减小提升动力，因此在每个立柱内均装一套配重组件，用来平衡大部分桥架等的重量，相应也减小了摆动的功率。因电镀工件负荷一般不大，阴极导轨可采用立式结构。小环形电镀线图例见图 2-66 和图 2-67。

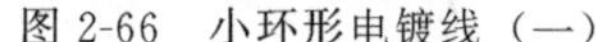
图 2-66 小环形电镀线（一）

图 2-67 小环形电镀线（二）

2.3.4.1 机身

小环形电镀线的机身由左右侧立柱、中央立柱、底架和横梁组成，并与升降桥架、摆动桥架和水平推进机构等附件匹配组合，图例见图 2-68。

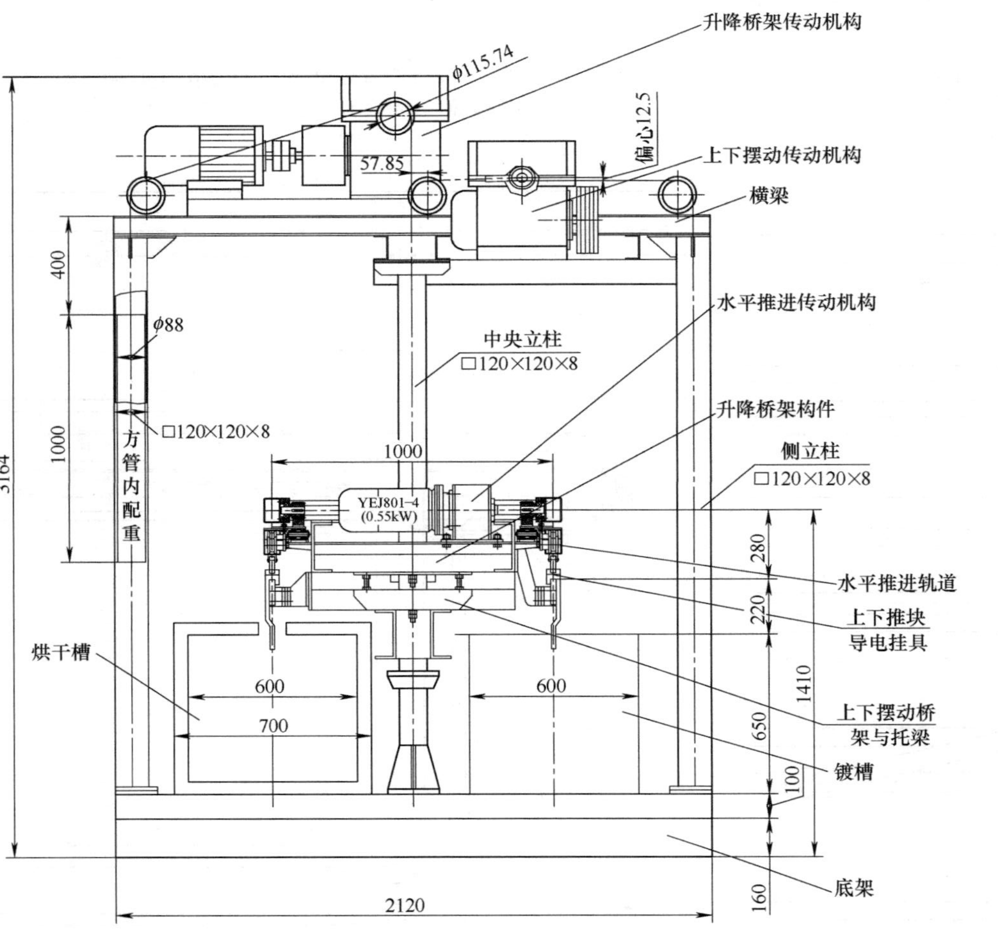

图 2-68　小环形电镀线总成截面图

设计基本参数		
(1)	主要尺寸	
	①主机外形尺寸	L10.6m×W2.12m×H3.16m
	②导轨回转中心距	8.6m
	③导轨回转半径	500mm
	④最大提升行程	675mm
	⑤工位间距	最大420mm 最小300mm
(2)	运行速度和时间	
	①最大升降速度 1440×1/40×1/2.4×0.11587×3.14 =5.46(m/min)	5.46m/min　　(可调)
	②升降1250mm时最少时间	15s（包含缓冲时间4s）(可调)
	③水平推进速度 1390×1/50×63/280×0.55=6.88(m/min)	6.88m/min　　(可调)
	④上下摆动幅度	25mm(设定)
	⑤上下摆动次数 1440×1/40×1/2.24=16(次/次)	16次/次
	⑥连续动作节拍周期	66s
(3)	电动机、减速器参数	
	①动架升降电动机型号和功率	YEJ112M-4, 4kW
	②动架升降减速器型号	WHX16-40-Ⅴ
	③水平推进电动机型号和功率	YEJ801-4 ,0.55kW
	④水平推进减速器型号	WHX1T10-50-Ⅶ
	⑤上下摆动电动机型号和功率	YEJ112M-4,4kW
	⑥上下摆动减速器型号	WHX16-40-Ⅴ

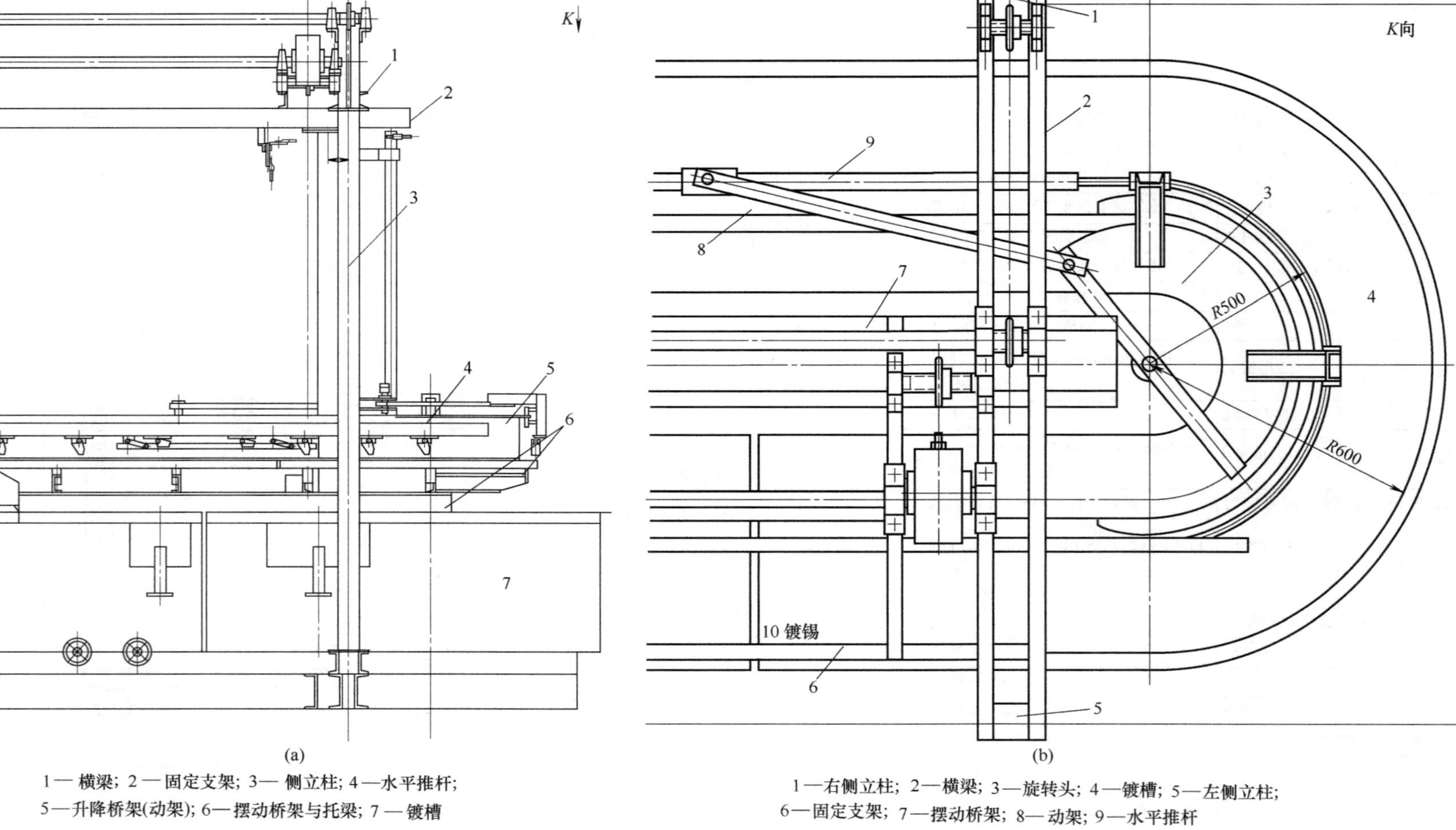

(a)

1— 横梁；2— 固定支架；3— 侧立柱；4—水平推杆；5—升降桥架(动架)；6—摆动桥架与托梁；7— 镀槽

(b)

1—右侧立柱；2—横梁；3—旋转头；4—镀槽；5—左侧立柱；6—固定支架；7—摆动桥架；8—动架；9—水平推杆

图 2-69　桥架与推进机构局部示意图

2.3.4.2　升降、摆动和推进机构

小环形电镀线的升降桥架、摆动桥架、水平推进机构与旋转头见图 2-69。

2.3.4.3　挂具导轨及其附件

内置式水平推进轨道、挂具行进导轨、上下推块见图 2-70 和图 2-71。

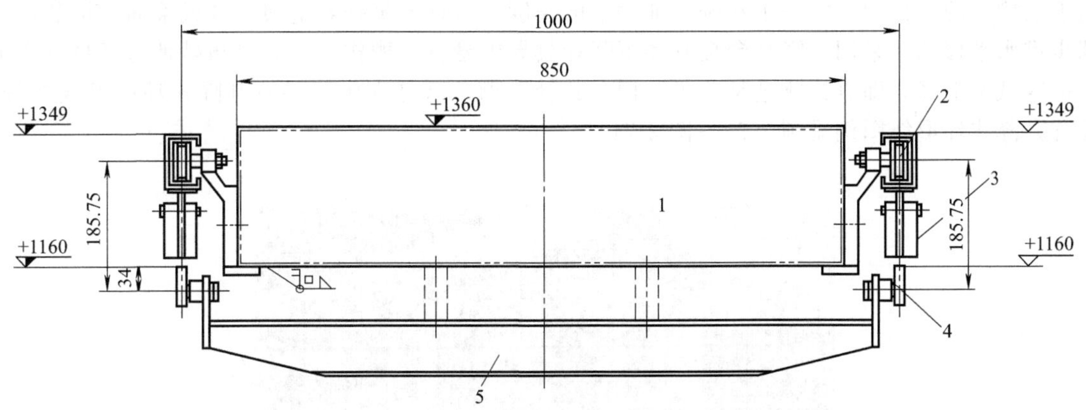

图 2-70　挂具导轨与其附件挂具工件在槽内摆动

1—升降桥架；2—内置式水平推进轨道；3—下推块；4—阴极导轨（50mm×15mm）；5—摆动桥架与托架

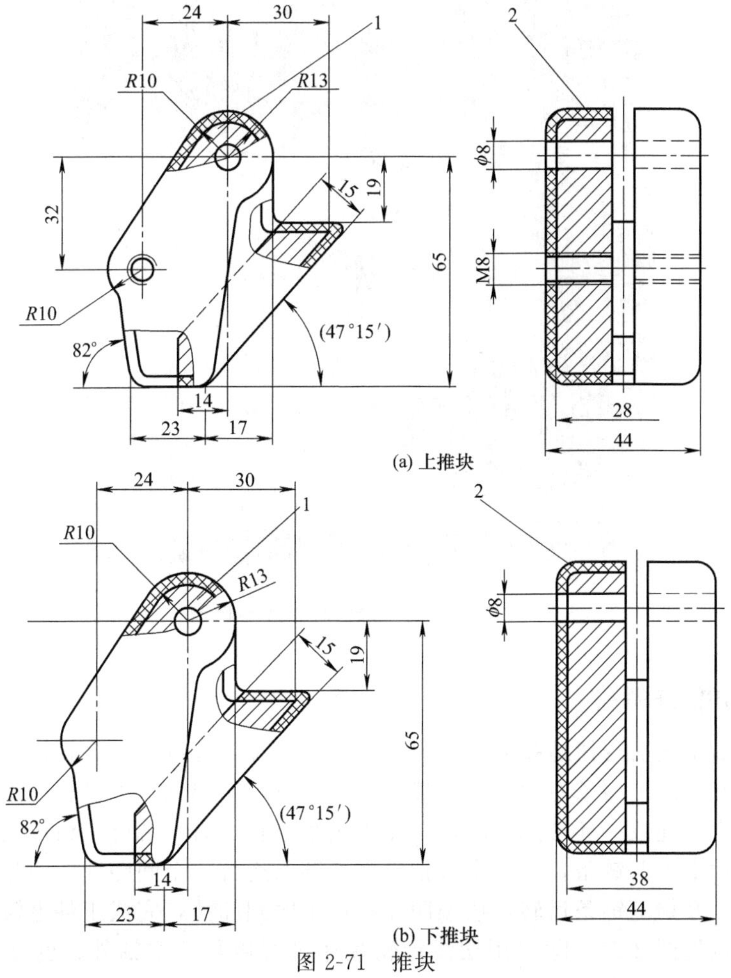

图 2-71　推块

1—推块体铸件；2—橡胶绝缘层

2.4 悬臂升降式环形电镀线

悬臂升降式环形电镀线系用上下两组环形链条带动多个等工位距设置挂具导电悬臂，也就是工艺槽中的工位距必须等于水洗等辅助槽的长度。悬臂上吊挂着电镀工件或滚筒，按节拍周期步进水平移动。采用升降平台提升和下降挂具导电悬臂跨槽作业，并可巧妙地选择悬臂在某工位区域不下降，即直接跳过某些工艺槽及其辅助槽，这是它优于导轨升降式环电镀线之处。悬臂升降式环形线图例见图 2-72～图 2-74。

图 2-72 悬臂升降式环形线实物图

2.4.1 链传动推进装置

环形线由所需工艺有规律地排列组合而成，每个工位上方设置一个在框架内可滑动升降的悬臂，框架顶部和底部与两条专用链条连接，内配导轨限制摇晃，下设轨道支承悬臂。在槽面上通过两端回转中心连成一环形圈，环链一端为张紧链轮，另一端有一组传动链轮，由电动机定时间隙同步驱动上下两链条，每一个节拍周期，链条运行一个间距即向前移动一个工位。电镀工件自装挂后，开始随链条运转，按顺序经各道工序到卸挂，完成工件电镀的一个周期。链传动推进装置图例见图 2-75，除采用摆线针轮减速机直接驱动主轴外，也可在主轴上装置棘轮，由推进油缸上的棘爪推动主轴旋转。

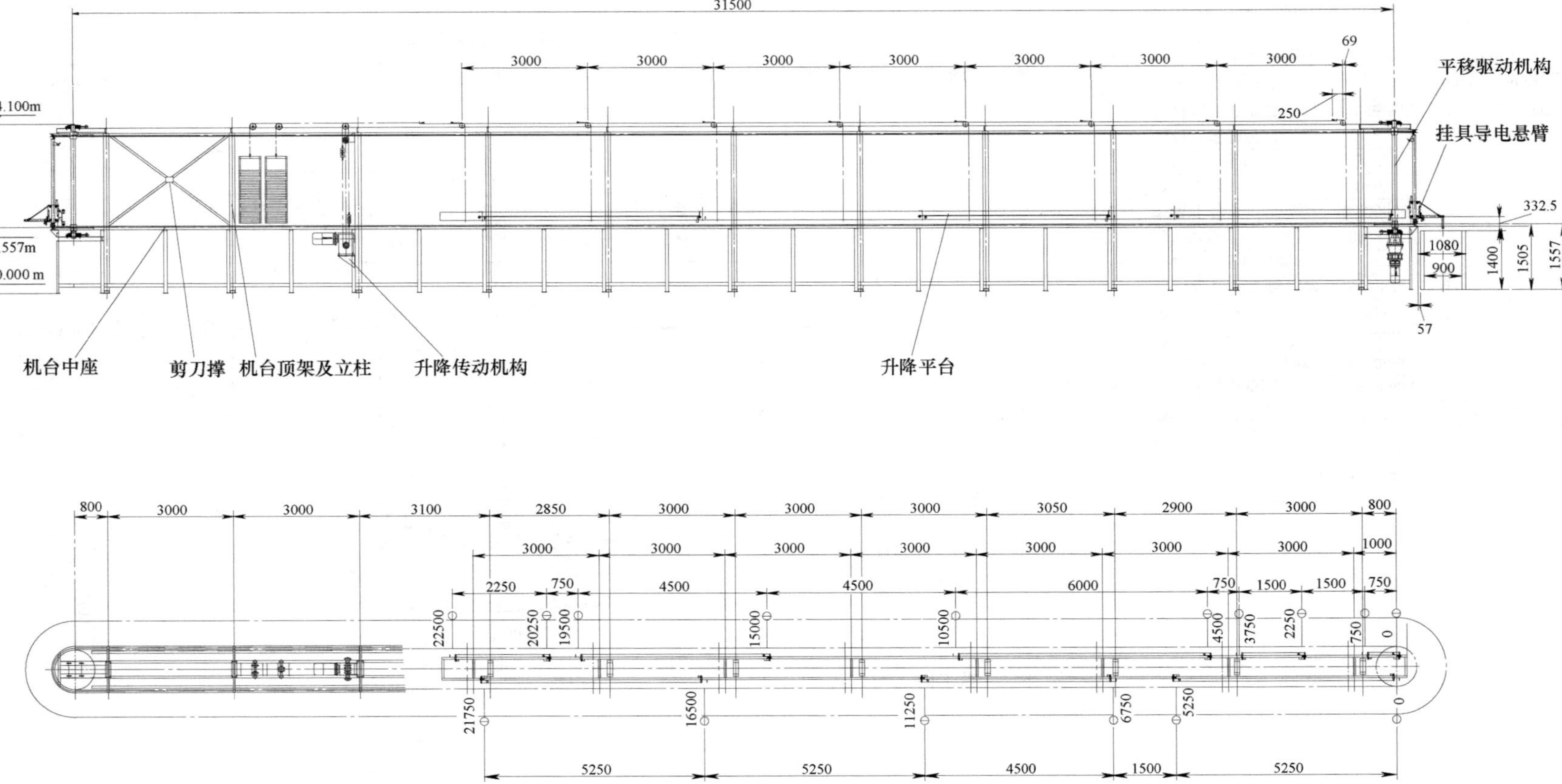

图 2-73　悬臂升降式环形线总图

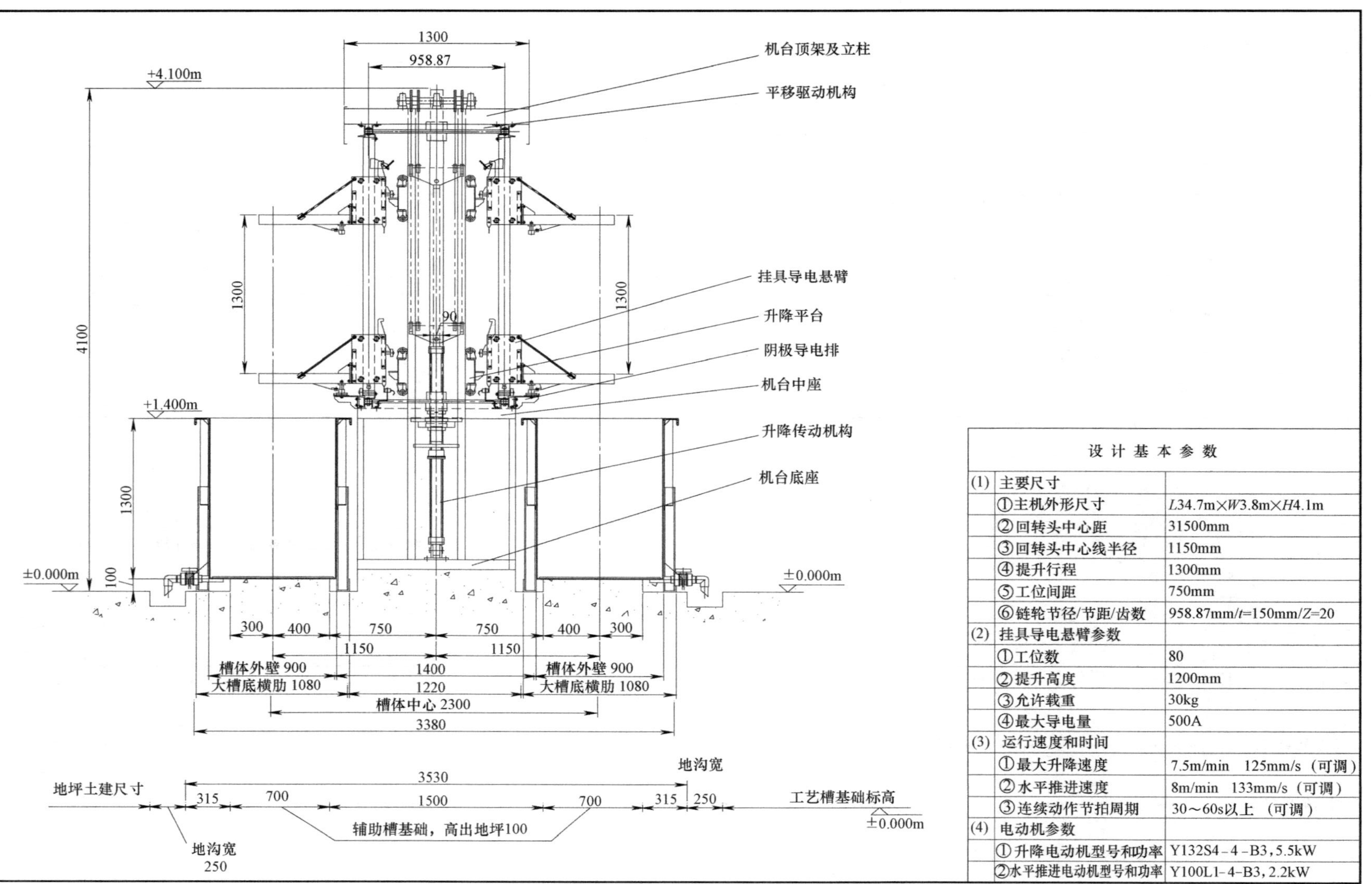

设计基本参数		
(1)	主要尺寸	
	①主机外形尺寸	L34.7m×W3.8m×H4.1m
	②回转头中心距	31500mm
	③回转头中心线半径	1150mm
	④提升行程	1300mm
	⑤工位间距	750mm
	⑥链轮节径/节距/齿数	958.87mm/t=150mm/Z=20
(2)	挂具导电悬臂参数	
	①工位数	80
	②提升高度	1200mm
	③允许载重	30kg
	④最大导电量	500A
(3)	运行速度和时间	
	①最大升降速度	7.5m/min 125mm/s（可调）
	②水平推进速度	8m/min 133mm/s（可调）
	③连续动作节拍周期	30～60s以上（可调）
(4)	电动机参数	
	①升降电动机型号和功率	Y132S4－4－B3，5.5kW
	②水平推进电动机型号和功率	Y100L1-4-B3，2.2kW

图 2-74 悬臂升降式环形线总成截面图

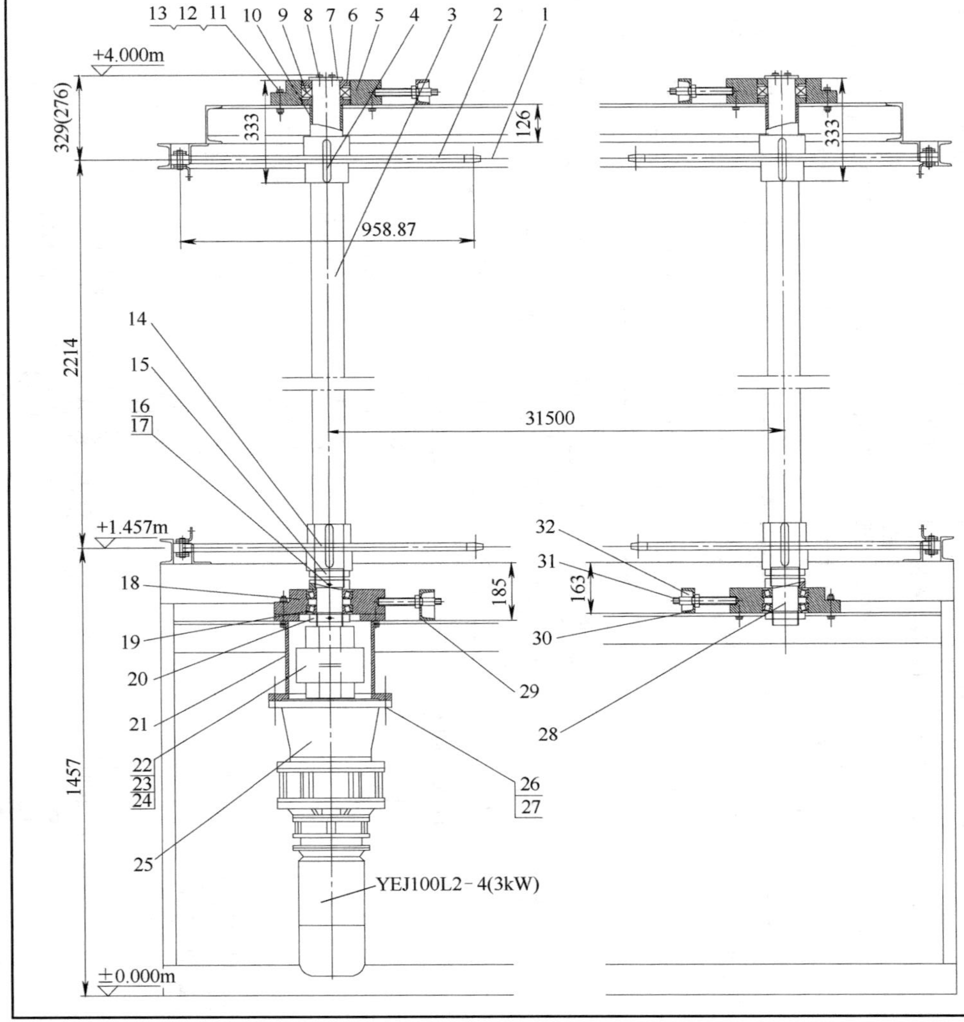

序号	代号	名称	数量	材料	备注
32	GB 6170	六角螺母 M24	4		外购
31	H1.7.17	调整螺杆 M24×205mm	4		
30	H1.7.16	调整螺杆架	3		
29	H1.7.15	高调整螺杆架	1		
28	H1.7.14	从动链轮轴	1		
27	GB 6170	六角螺母 M14	8		外购
26	GB 5783	六角螺栓 M14×60mm	8		外购
25	BLDB109541-391-22-D	摆线针轮减速器 带YFJ100L1-4 2.2kW电磁制动电动机	1		外购
24	GB 1095	平键 20mm×12mm×115mm	1		外购
23	GB 1095	平键 20mm×12mm×90mm	1		外购
22	H1.7.13	内齿形弹性联轴器 $ML10=\frac{YA70\times100}{YA70\times120}$	1		外购
21	H1.7.12	输出连接法兰	1		
20	H1.7.11	调整螺母 M85×2mm	2		外购
19	GB/T 297	圆锥滚子轴承30217 85mm×150mm×30mm	4		外购
18	H1.7.10	下轴承座	2		
17	H1.7.9	调整螺母 M95×2mm	2		
16	GB 73.1	平端紧定螺钉M10×20mm	6		外购
15	GB 812	圆螺母 M95×2mm	2		
14	H1.7.8	下大链轮P=150mm Z=20 滚子ϕ60mm	2		
13	GB 97.1	平垫圈d16mm	40		外购
12	GB 6170	六角螺母 M16	20		外购
11	GB 5783	六角螺栓 M16×75mm	20		外购
10	H1.7.7	轴套L=103mm	2		
9	GB/T 281	调心球轴承1218 90mm×160mm×30mm	2		外购
8	GB 5783	六角螺栓 M12×25mm	4		外购
7	H1.7.6	轴端挡圈	2		
6	H1.7.5	挡油垫盖	4		
5	H1.7.4	上轴承座	2		
4	GB 1095	平键 25mm×14mm ×130mm	3		外购
3	H1.7.3	动力轴	1		
2	H1.7.2	上大链轮P=150mm Z=20 滚子ϕ60mm	2		
1	H1.7.1(KML3-25)	专用链条P=150mm L=66000mm	2		外购

图 2-75　链传动推进装置

图 2-76　链传动升降装置（一）

2.4.2　链传动升降装置

为让悬臂吊挂的电镀工件在电镀线上顺利运行，必须解决跨越槽壁的问题。在槽上方通行和在槽内移动前进时，由于工艺要求槽子工位数不等，跨槽位置不规律，要采用升降平台上不同的结构，来适应某些悬臂在高位移进或在低位移进。升降传动装置是由电动机减速后用链条带动顶架上的拉框横向移动，再用拉框经多点用链条通过链轮同步提升升降平台，用程控变频调速电动机拉动，达到升降平稳安全高速的升降速度要求。为减小运转动力，升降平台要有适当的配重。链传动升降装置图例见图 2-76 和图 2-77。

升降平台是为提升挂具导电悬臂而设置的，若悬臂在高位移动处，则平台上都要有支承悬臂的支承板；若悬臂在低位移动处，则平台上不能有支承板（空挡）。在悬臂滑块总成上的悬臂支承轮，支承在支承板上，平台提升时，悬臂被支承板上托，吊挂的电镀工件上升至高位，推进移动工件就跨槽前进；平台上未设支承板处，悬臂在低位被移向前，只能在槽内或槽外移动。变动高、低位运行，要采用常闭和

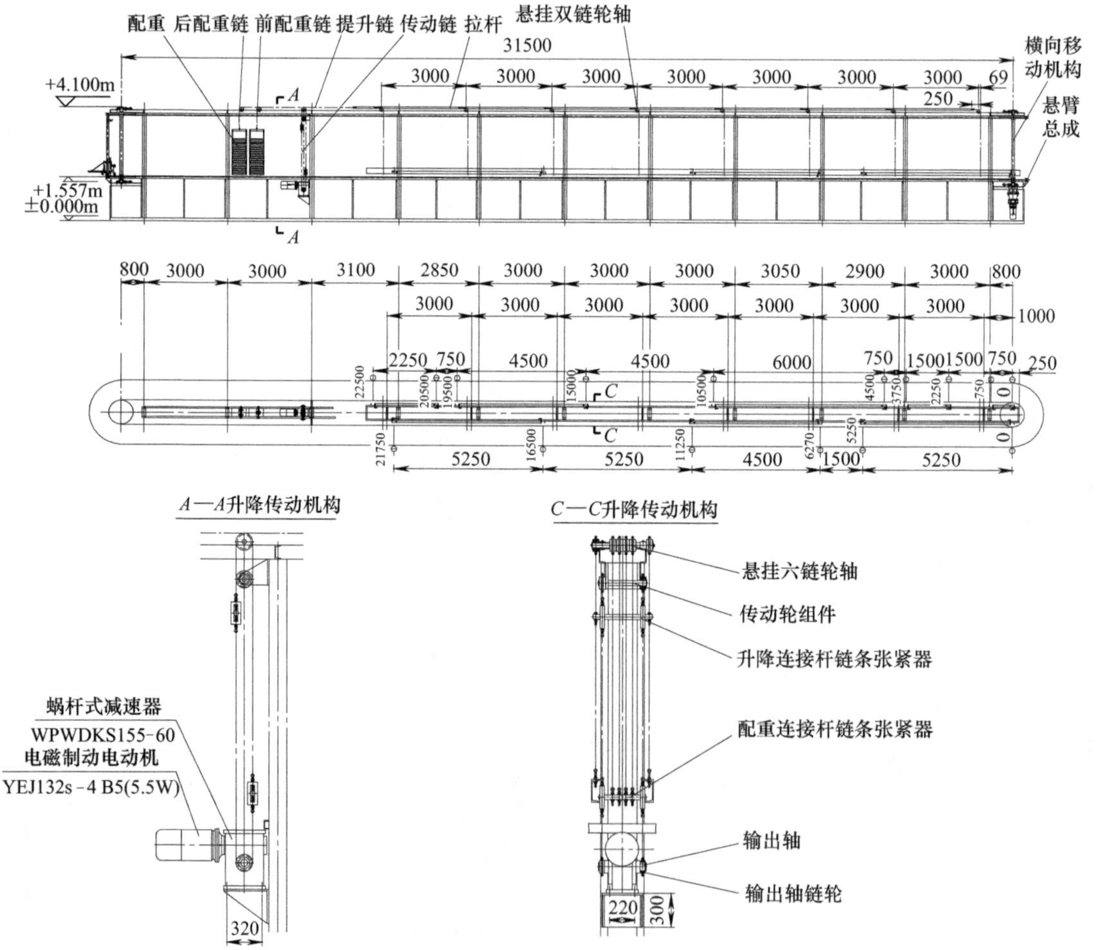

图 2-77　链传动升降装置（二）

常开翻板结构件，如需自低位到高位，要使支承轮进入支承板上，则要在这个工位设一常闭翻板，当平台下降时，支承轮顶开翻板上升，到轮顶过翻板，翻板自动落下返回关闭。当平台上升时，支承轮被翻板支承而使悬臂上升，再次推进，就进到支承板上，在高位移动前进。如需自高位到低位，则要把支承脱离支承板到空位，可在这个工位上设一常开翻板，当平台在高位时推进悬臂前进，支承轮撞翻板到水平闭合位置，支承轮停在翻板上，平台下降，悬臂跟随下降到滑块限位为止，平台继续下降，支承轮脱开翻板，翻板靠自身配重自己恢复常开位置，这时平台已下降到最低位，回升时已无阻挡。升降平台及其常闭翻板和常开翻板图例见图 2-78。

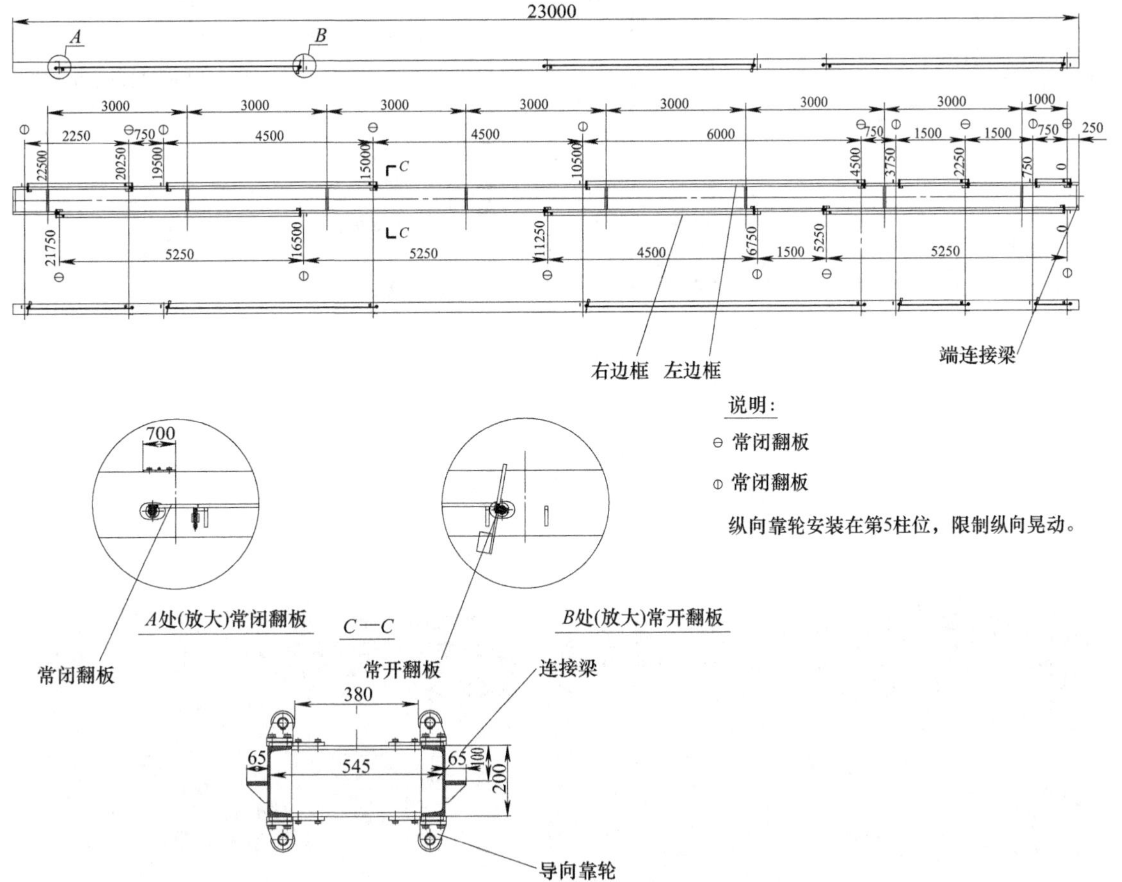

图 2-78　升降平台及其常闭翻板和常开翻板

2.4.3　挂具导电悬臂

挂具导电悬臂是本线主要部件，一端滑块抱着立柱，由升降平台支承着上下滑动，悬臂结构要求有足够的强度，能控制晃动，灵活升降，要有良好的阴极导电，能适应阴极上下移动，并要有因工序变化的越槽功能。挂具导电悬臂图例见图 2-79。

2.4.4　阴极导电滑道与阴极移动装置

阴极导电采用铜排滑道，安装在导电槽一侧的支架上，挂具导电悬臂的下部设置弹性导电头，在铜排滑道内骑压导电滑移，弹性导电头及其阴极铜排滑道图例见图 2-80～图 2-82。阴极移动是利用导电铜排加固，在纵向增加升降机构，分段配置，导电轨升降顶着悬臂和其上挂着的电镀零件一起上下移动，构成阴极移动装置。按导电工位长短分段独立供电和升降，也可组合联动。

阴极导电滑道及阴极上下移动装置图例见图 2-83 和图 2-84。

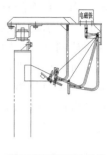

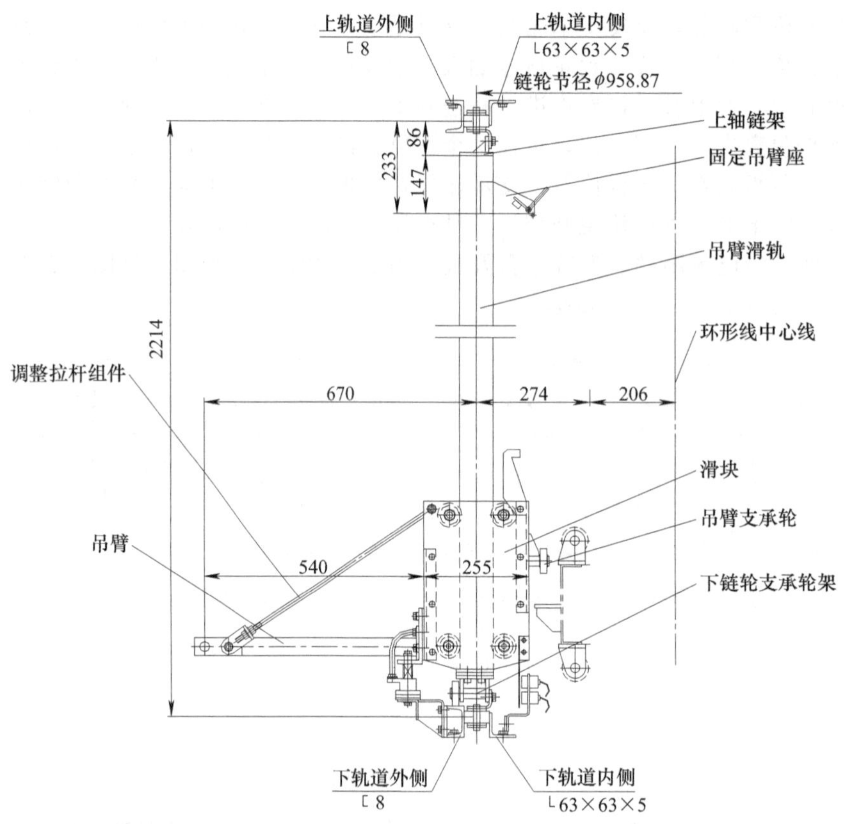

图 2-79 挂具导电悬臂

图 2-80 弹性导电头及其阴极铜排滑道（一）

图 2-81 弹性导电头及其阴极铜排滑道（二）

图 2-82 弹性导电头及其阴极铜排滑道（三）

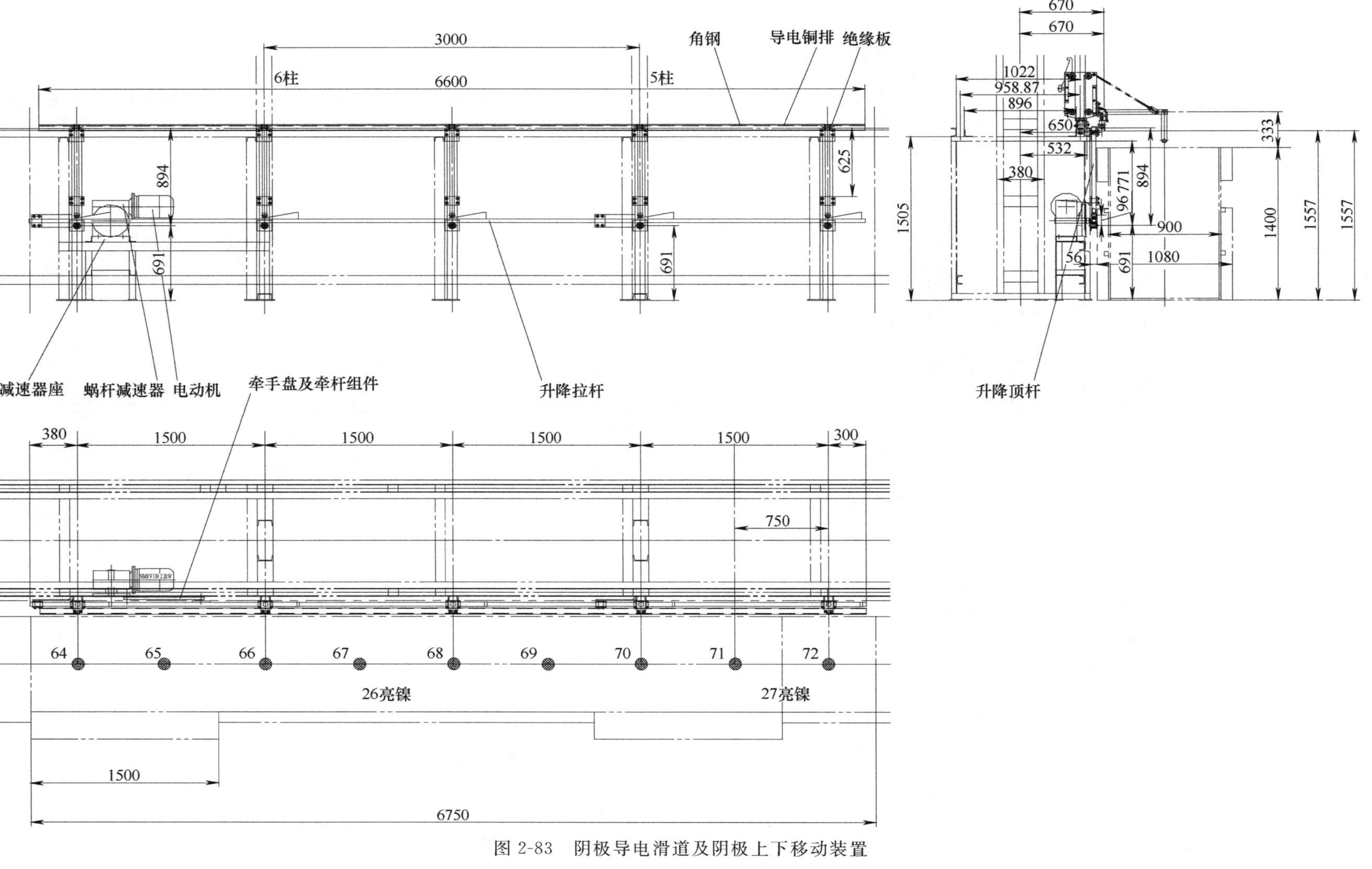

图 2-83　阴极导电滑道及阴极上下移动装置

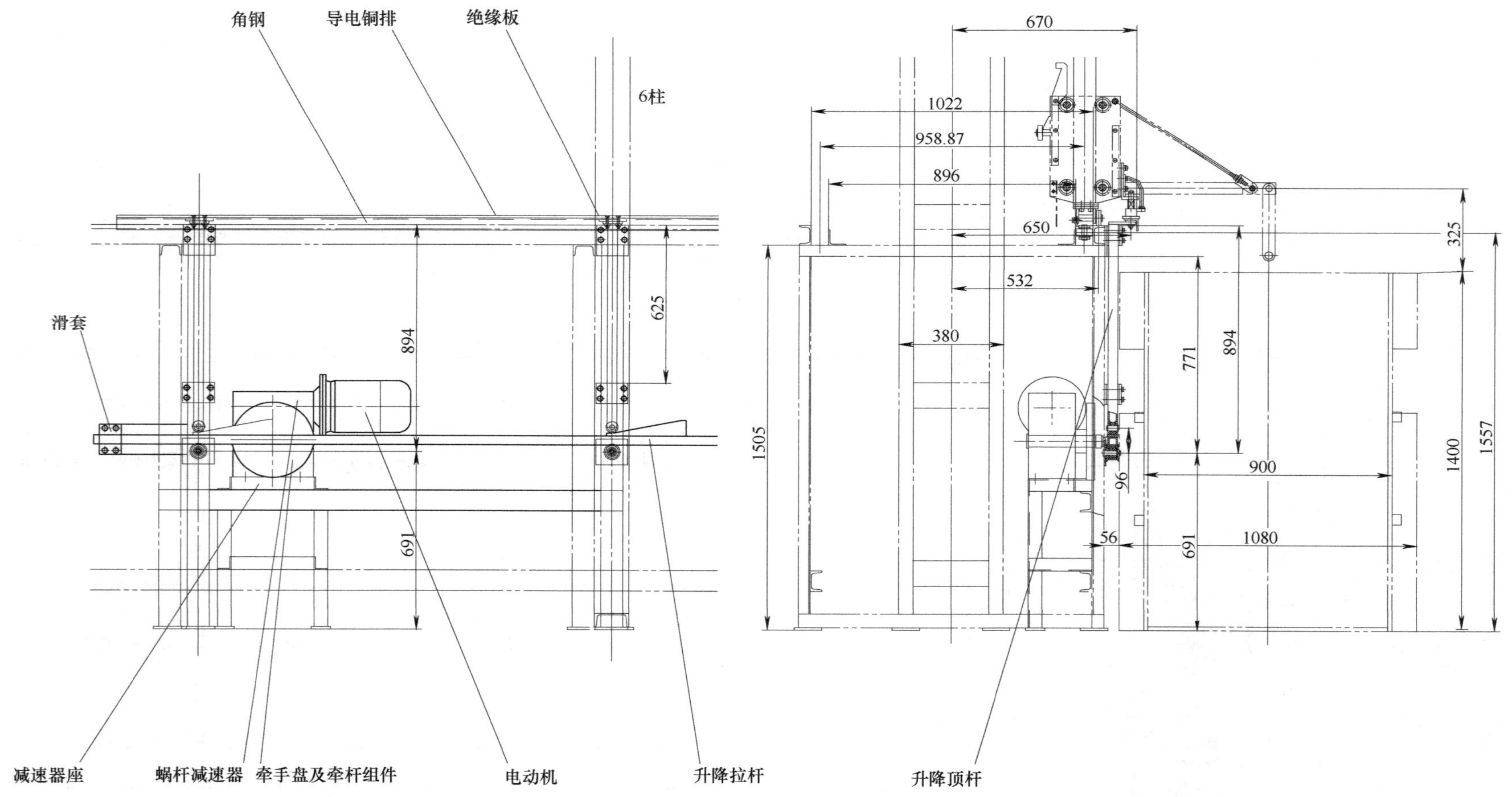

图 2-84 阴极导电滑道及阴极上下移动装置（局部放大）

2.4.5 挂具跨槽装置

在悬臂立柱上方装有固定吊臂座，翻板常开呈垂直状态时，滑块上的吊钩上升到固定吊臂座前无作用，经程序控制操纵悬臂上挂翻板压杆，推斜翻板，正好钩住吊钩，升降台下降时吊臂挂在固定的臂座上，推进时悬臂在高位移进，电镀工件在空间跨槽而过，为保证翻板常开，解除吊臂挂钩后再经悬臂下降翻板压杆，使翻板恢复常开状态。挂具跳槽装置图例见图2-85。

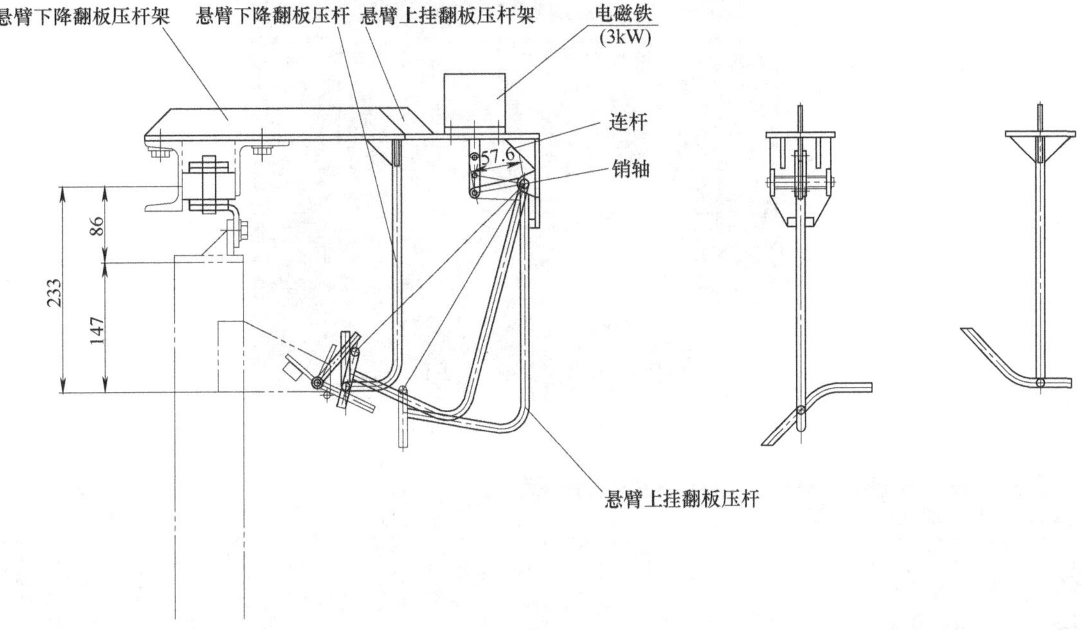

图2-85 挂具跳槽装置

图2-86 环形滚镀线的滚筒布置

2.4.6 滚筒布置及传送装置

悬臂升降式环形电镀线可设置成滚镀线，即滚筒悬挂在导电悬臂上，运行时滚筒呈纵向前行。滚筒旋转由设置于镀槽内侧的传动链驱动。滚筒布置及传送装置以及装卸料机构图例见图2-86～图2-89。

图 2-87 环形滚镀线—滚筒顺序前移

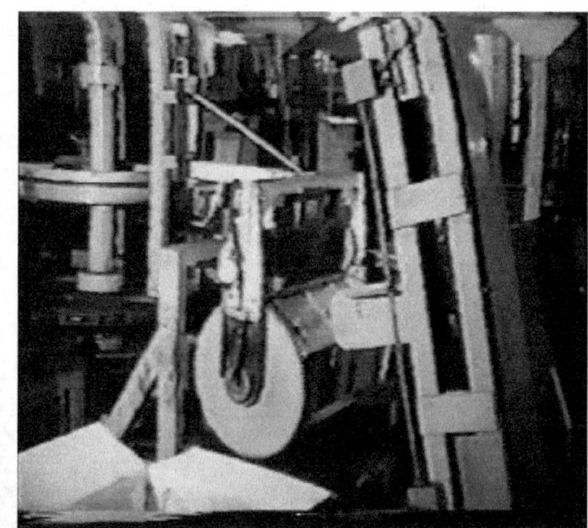

图 2-88 环形滚镀线—装料装置

图 2-89 环形滚镀线—卸料装置

2.5 步进压板式环形电镀线

步进压板式环形电镀线是一种全新的环形线，与传统的压板线最大的区别在于：

① 取消了全线用传动链条驱动水平推进，而采用机械式推块推动，因此运行稳定，无链条带动时的晃动的毛病；

② 全线布局可安排不等间距布置工位，即镀槽内的工位间距可小于水洗槽长度。

步进压板式环形电镀线是按电镀产品的生产节拍周期及每节拍生产量，在执行工艺保证产品质量的条件下设计配置的。首先确定挂具的形式结构，一挂电镀工件的外廓尺寸（长×宽×高），阳极距，加温管、空搅管等需占槽内位置，同时决定电镀挂具工件的提升高度（改变挂具导电小车的摆杆长度，就可变更升降行程），最后决定单工位槽体尺寸。由于是步进传动而不是用传动链驱动挂具运行，因此多工位工艺槽中挂具节距不受链条节距和跨槽等增加间距的限制，可缩短多工位工艺槽的长度，省了面积，省了槽液。根据工艺每道工序的电镀时间决定多工位槽的工位数和长度。把各工序所需的各种槽子顺序排列成环形线。装卸工位一般布置在一端的回转圆弧处，也可在其他部位。挂具工件悬挂在带有滚轮的挂具导电小车上，按一定的间距安装在轨道上，每个节拍周期向前推动移一个工位，同时各自完成前进升降跨槽等动作。挂具导电小车上设有中间带轴的吊杆，一端压下另一端翘起，解压则另一端下降，形成挂具工件的升降机构。本生产线运行传动有两个系统：一个是经压板升降完成挂具工件上升下降的系统；另一个是使挂具导电小车向前移动的系统。步进压板式环形电镀线图例见图 2-90～图 2-92。

图 2-90　步进压板式环形电镀线（一）

图 2-91　步进压板式环形电镀线（二）

2.5.1 压板式升降装置

压板式升降装置的主要功能是使吊挂摆杆上的挂具工件上下升降运行，和推进机构共同跨槽进出。其部件有：升降立柱组件，电动机减速牵动部件，曲臂连杆传动部件，垂直升降立柱导柱滑套部件，配重、压板、放压和放空翻板部件，等。全线要求同步上升下降，灵活无卡阻，配重用于平衡压板重量，减小提升功率。压板式升降装置图例见图 2-93。

压板操纵全线挂具导电小车上悬挂的挂具工件上下升降，在跨槽时，压板压下吊杆球头，让吊杆另一端上升到高位。挂具工件要求在低位移动时，球头应在压板压不到的空间内。挂具导电小车吊杆一端的球头进压和解压，由常开和常闭两种翻板设置在需进压和解压的工位自动完成。进压动作是：开始时球头在高位（压板空位段），挂具导电小车在进压压点位置，而压板在最低位，压板上升时球头压下进压翻板（常闭翻板）；压板到低位前，被顶翻板脱开球体翻板复位常闭状态；压板下降时，球头被常闭翻板压住下降；压板到低位时，已自动进入被压范围。解压动作是：压板在低位时，球头被压着向前推进，到放空压点工位前，顶常开翻板到

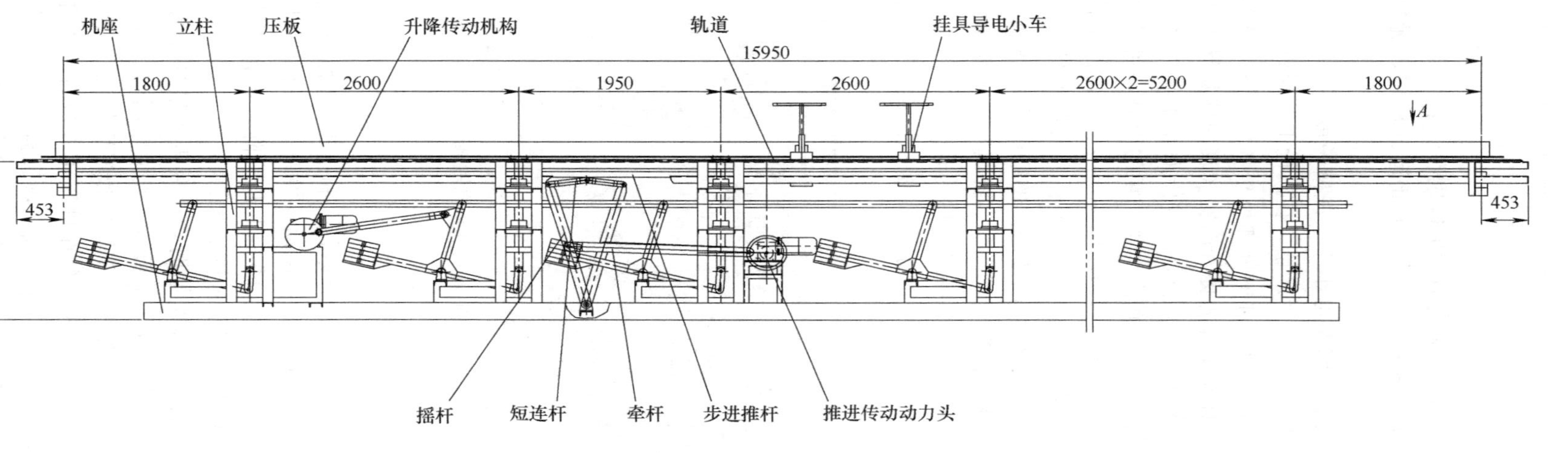

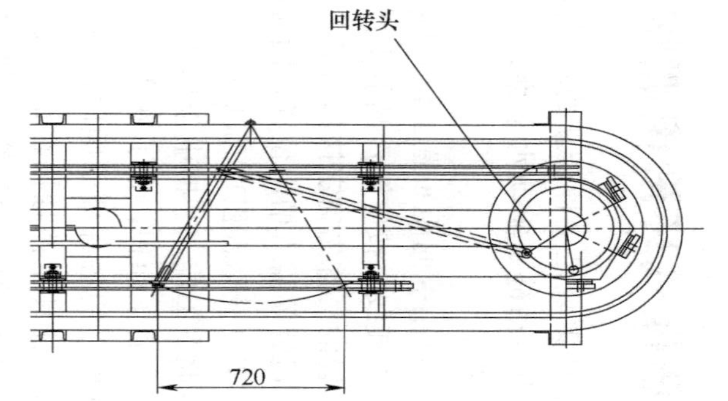

设计基本参数			
序号	项目	单位	数据
1	节拍周期	min	1
2	提升行程	mm	1200
	提升时间	s	10.34
	最大提升速度	mm/min	13000
3	推进行程	mm	720
	推进时间	s	8.7
	最大推进速度	mm/min	5500
4	每挂最大挂重	kg	15
5	全线工位数	个	49
6	回转中心距	mm	15950
7	槽中心线回转半径	mm	1200
8	单工位槽尺寸	mm	$L720 \times W1000 \times H1400$
9	升降电动机YEJ 112M-4 4kW	台	1
	减速器WWJK 110 i=40	台	1
10	推进用电动机YJ90S-4 1.1kW	台	1
	减速器WWJK 75 i=50	台	1

图 2-92 步进压板式环形电镀线总图

水平位置，翻板仍压着球头；当压板上升时，球头跟上到达高位不能上升时，压板继续上升，这时翻板滑落到垂直位置，恢复常开状态，压板上升到高位后再下降已无卡阻。进压翻板和放空翻板图例见图 2-94。

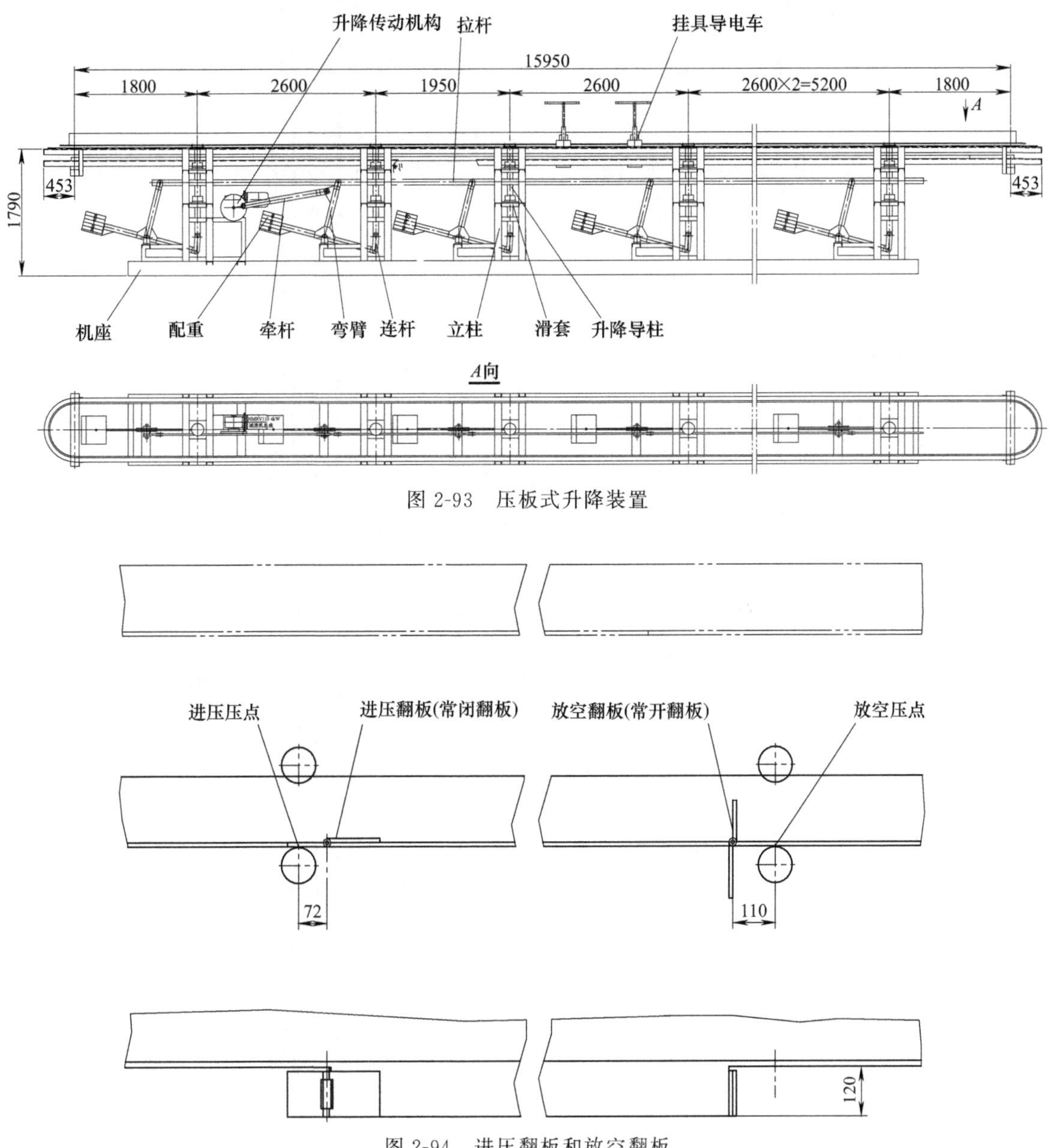

图 2-93　压板式升降装置

图 2-94　进压翻板和放空翻板

2.5.2　步进式推进装置

本线在每一个节拍向前推进移动一个工位，采用程控电动机定时启动、停止，和升降机构相互联动。压板在低位时，步进式推杆来回推进一次，压板上升到高位后即返回下压到低位接着延时启动下一次推进。传动系统是由电动机传动减速器低速双向出轴，各装曲拐牵盘，用牵杆各自连接摇杆，再用连杆连接步进推杆，两边运动方向和环线运转方向一致。两端回转头因回转半径太小，而步进推杆行程大很多，不能直接利用连杆牵动，现用杠杆连杆机构缩短牵动行程，缩短回转头铰接点的回转半径，适合安排工位的回转角度。步进式推进装置图例见图 2-95。

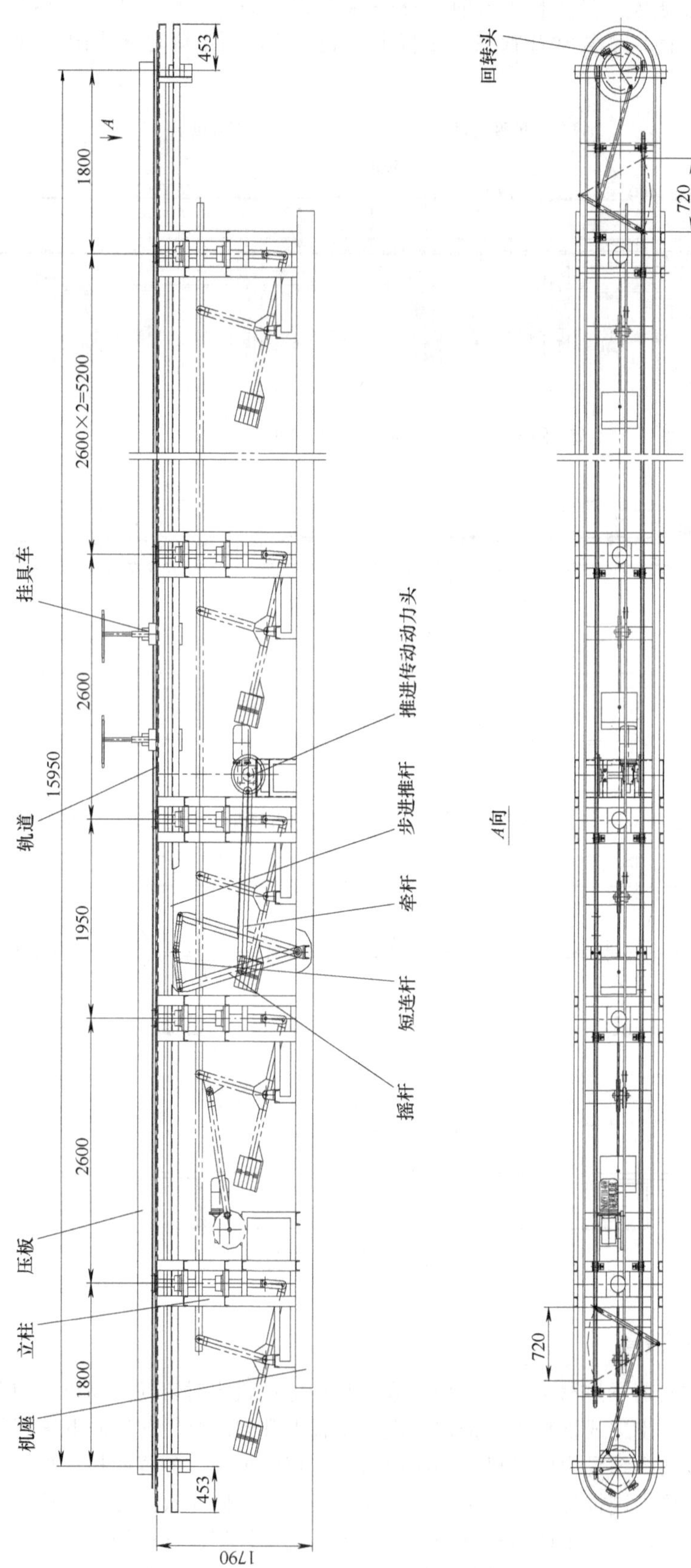

图 2-95 步进式推进装置

2.5.3 挂具导电小车

挂具导电小车具有三个功能：①吊杆靠近球头处有轴支承在车体轴孔上，一端球头由压板压下时，另一端吊着挂具工件上升，压板上升，吊件跟随下降；②小车由四个有导向槽的滚轮安装在环形轨道上，可用推块拨动推移前进；③小车上带有具备良好弹性的阴极电源导电接头。挂具导电小车图例见图 2-96。

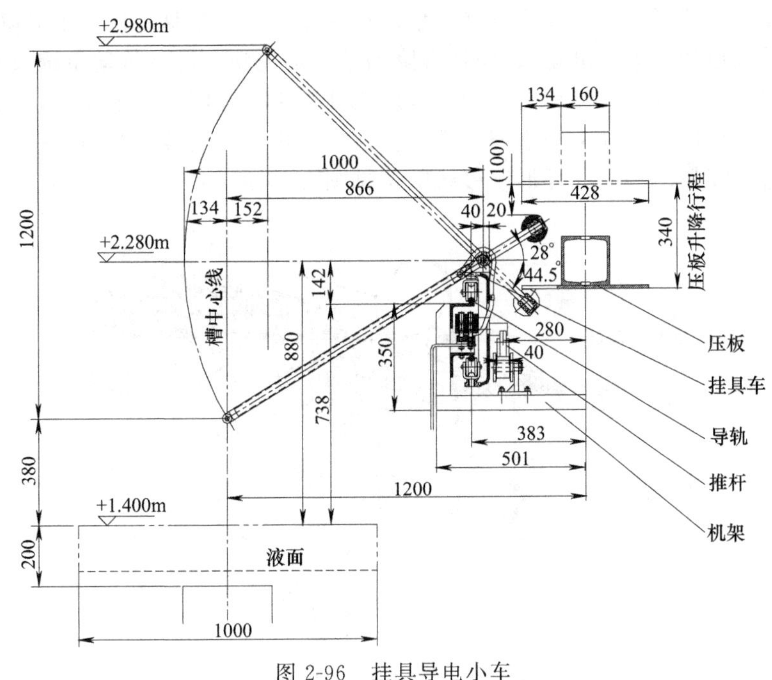

图 2-96　挂具导电小车

2.5.4 阴极导电滑道

阴极导电滑道，要求有足够的导电面积，表面平滑，接触良好。电源可分段多头并联连接。阴极导电滑道图例见图 2-97。

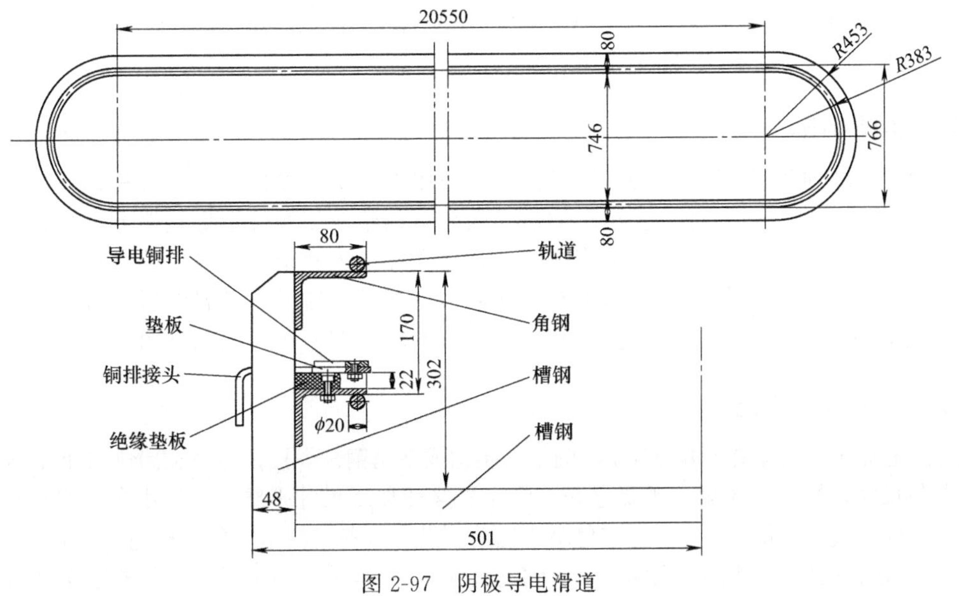

图 2-97　阴极导电滑道

2.6 爬坡式环形电镀线

爬坡式环形电镀线，由于水平前进和升降运行是由同一传动装置驱动的，因此可大大缩短工位节拍周期，达到最大限度的电镀产量。

爬坡式环形电镀线是由可上下摆动的小车，在环形轨道上用链条牵着摆杆小车程序前进，经过由圆钢制成的波浪形托轨上托或下降，使吊杆一端挂着的挂具工件上下升降。本线由摆杆小车、小车轨道（包括阴极导电排）、摆杆升降的波浪形托轨、链条传动系统及牵杆机构组成。在编制工作流程时，注意全线爬坡上升的工位应错开而不要在同一个节点上，以避免提升拉力过于集中。爬坡式环形电镀线除中小型工件的挂镀外，也适用于装置倾斜式钟形滚筒，进行滚镀作业，并能自动卸料。爬坡式环形滚镀线图例见图 2-98。

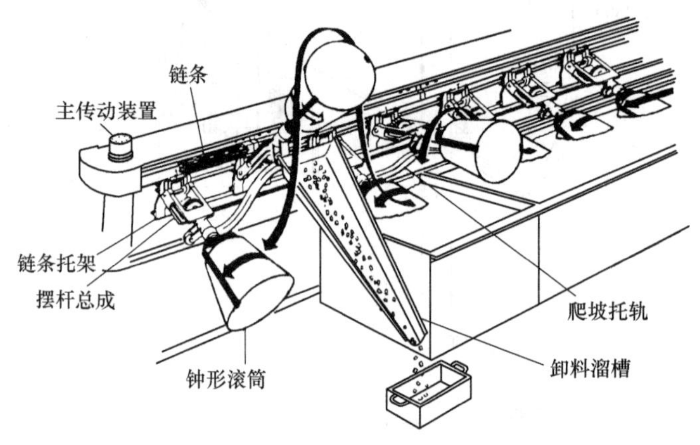

图 2-98　爬坡式环形滚镀线

2.6.1 传动装置

传动装置是采用电动机经减速后，用链轮链条传动牵杆机构，拖着摆杆小车在环形轨道上按程序前进。根据电镀产品的生产纲领及工艺、质量要求决定摆杆小车间隔距离和节拍周期，推算链条运行速度，计算链条拖动全线的拉力，配置电动机和减速器、链条、链轮、张紧装置、牵杆等配套件。传动装置图例见图 2-99。

2.6.2 摆杆小车

摆杆小车由环形链条牵引前进，环形链条一端用电动机经减速后驱动链轮，另一端由可调张紧链轮组成。链条通过拉杆拉着小车前进。摆杆上的滚轮压在波浪形托轨上，托起、滑落摆杆使之上下摆动。摆杆小车有四个带槽滚轮，装嵌在环形道轨上，摆杆一端设有小轴，铰接在车体上，吊杆中后部装有轴承的柱形滚轮，在波浪形托轨上滚动，随着波形托轨的高低，托起或降落摆杆，摆杆上下灵活摆动，使挂具工件上下升降。摆杆小车图例见图 2-100。

2.6.3 小车行进轨道

轨道（包括阴极导电排）用 ϕ20mm 圆钢（碳钢或不锈钢）焊接在 16 号槽钢制成的框架上。要求保证几何尺寸，特别是两端圆弧要弯好，翼缘要保证高度尺寸平整，摆杆小车装嵌在环形轨道上，都要灵便通过，不得过松，尽量避免小车晃动。设置了通过轨道上的阴极电源铜排，供应小车上装有软电缆及弹性导电头阴极电源，导电到电镀件上。小车行进轨道及导电铜排图例见图 2-101。

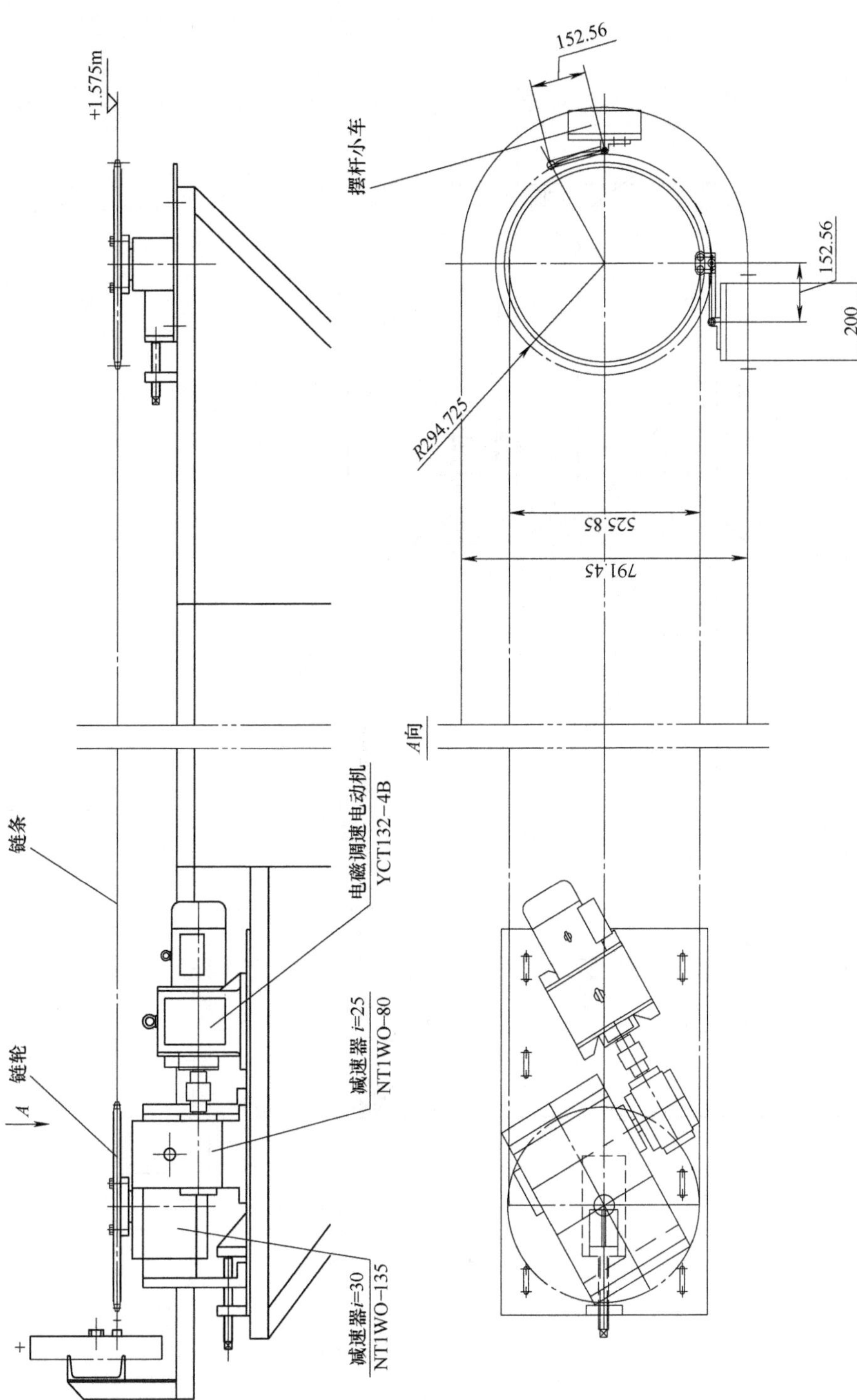
+1.575m
链条
链轮
A
电磁调速电动机
YCT132-4B
减速器 i=25
NT1WO-80
减速器i=30
NT1WO-135
摆杆小车
152.56
152.56
200
R294.725
525.85
791.45
A向

图 2-99　传动装置

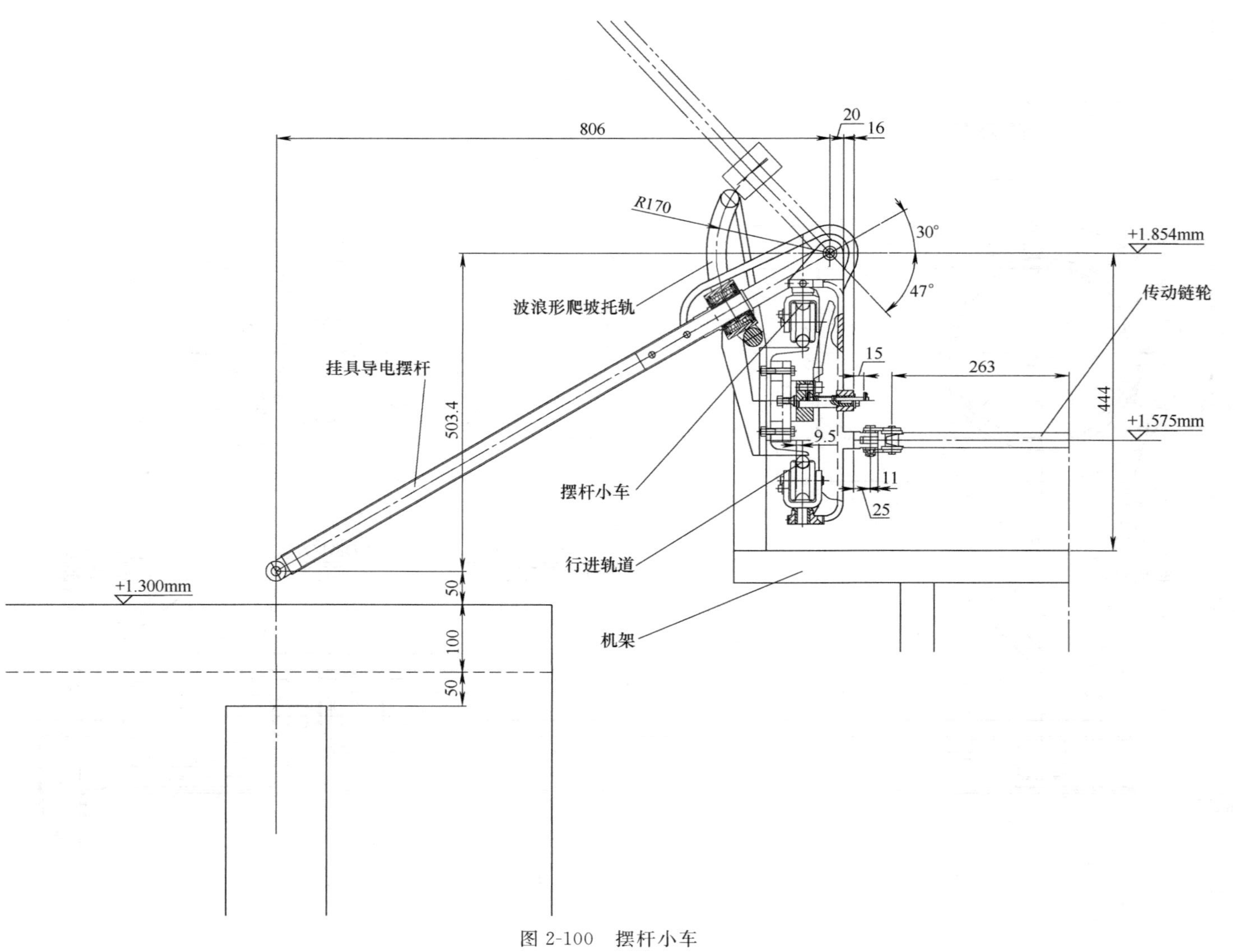
806
20
16
R170
30°
+1.854mm
47°
波浪形爬坡托轨
传动链轮
15
263
挂具导电摆杆
444
503.4
+1.575mm
9.5
11
摆杆小车
25
行进轨道
+1.300mm
50
100
50
机架

图 2-100 摆杆小车

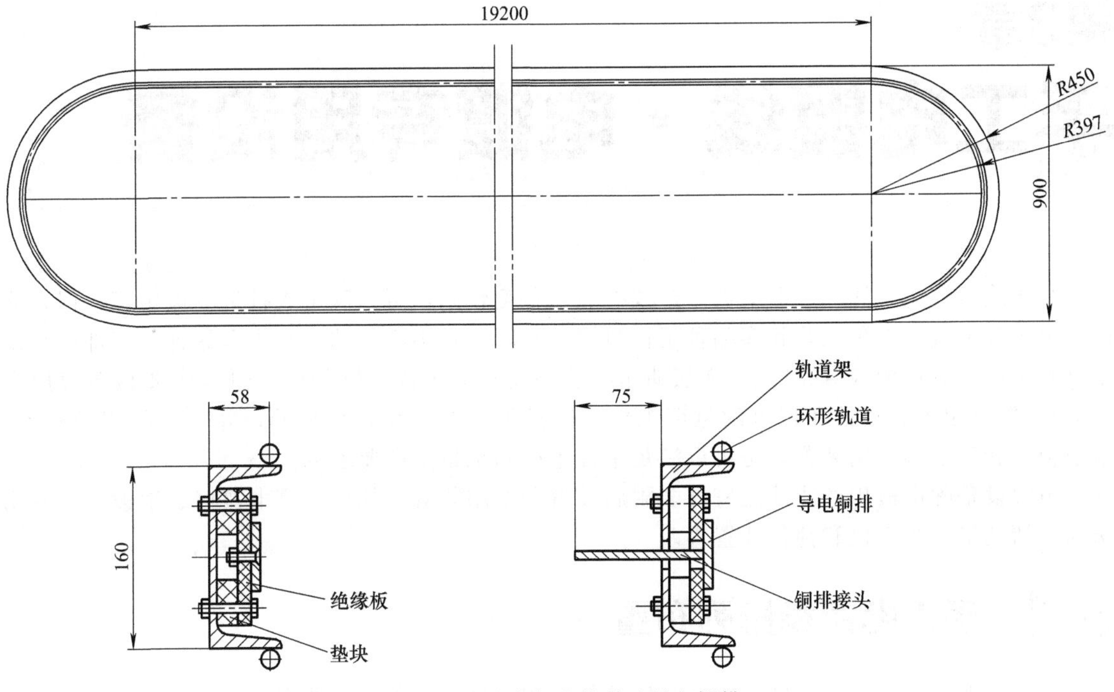

图 2-101　小车行进轨道及导电铜排

2.6.4 波浪形爬坡托轨

波浪形爬坡托轨是为控制摆杆升降而设置的，随着波浪形托轨斜着向上，吊杆上抬，挂具工件上升，跨过波浪形托轨最高点，工件达到跨槽目的；过高端往前即斜向下滑，工件下降到槽液内进行处理，要在槽内停留一定时间，可在波浪形托轨低位设置水平托轨，工件就在槽内随托轨水平移动，按链条速度和镀槽长度（工位数），满足工艺要求的处理时间，到出槽工位再连接向上的波浪形托轨进行下道工序。波浪形爬坡托轨图例见图 2-102。

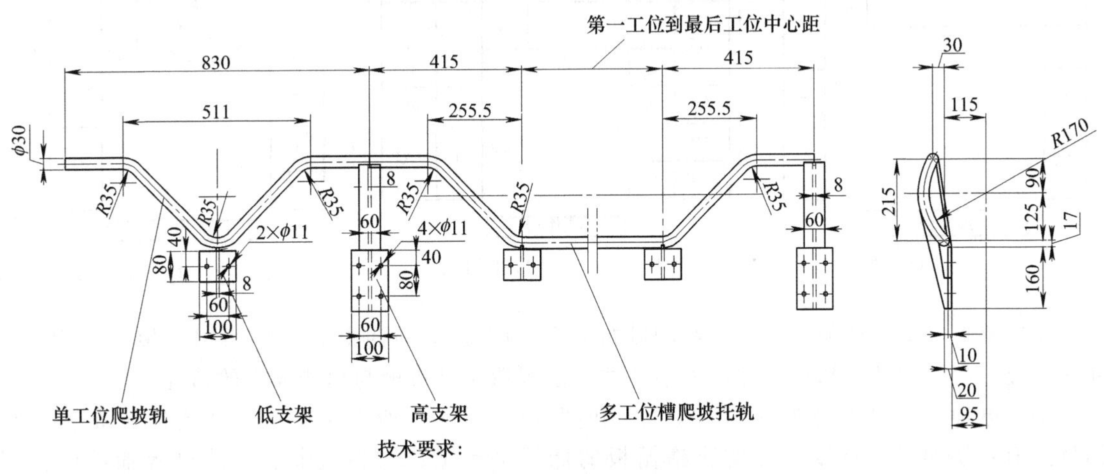

图 2-102　波浪形爬坡托轨

第3章 手工电镀线·电镀专用设备

行车式电镀生产线和环形电镀生产线机械化程度较高，可以满足大批量电镀生产，但在这两类电镀线上进行多种工艺和多品种工件电镀，实际上是不经济的。对于多品种、工件形状复杂（如工件上有凹槽或深孔等）、镀层质量有严格要求的工件（譬如生产过程中要检测镀层厚度等），以及超大、超长和超重的电镀工件，选择手工电镀线是合理的，并可适配阴极移动、溶液搅拌和喷淋等专用装置，是可以满足单件生产和批量生产要求的。

电镀设备除电镀生产线外还有许多附属设备和专用装置，如单工序电镀槽、滚镀机、专用滚筒、清洗机、烘干机和钝化装置等。

3.1 手工电镀线排列布置

手工电镀线在车间内的排列布置是比较复杂的，排布不当不仅外观零乱，更使流程作业不顺畅，维护保养不方便。

手工电镀线按电镀工艺流程、场地状况与物流方向，应选择合适的排布方案。手工电镀线除直线式排布外，典型的排布方案见图 3-1～图 3-3。双 U 形排列法可将内外 U 形拉开间距，其间布置辅助设施。

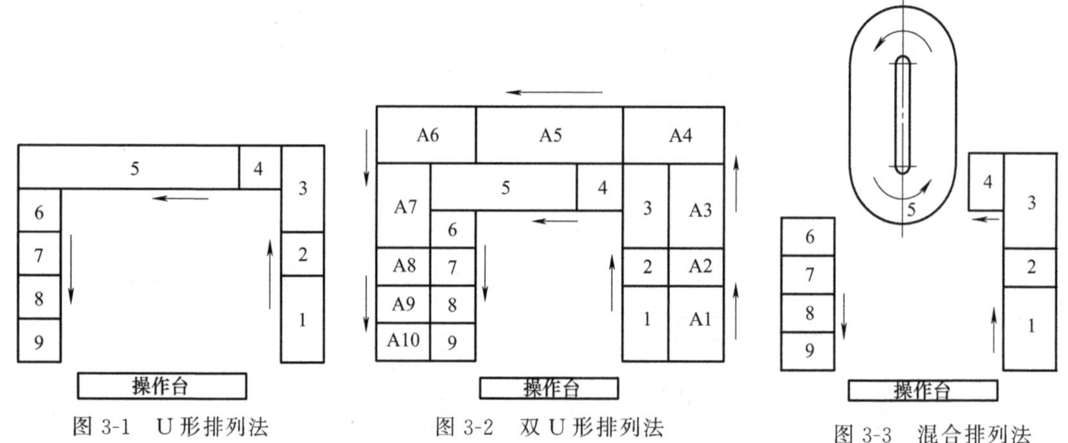

图 3-1　U 形排列法　　图 3-2　双 U 形排列法　　图 3-3　混合排列法

应用单轨电动葫芦的手工电镀线的排布方案见图 3-4，这种装置特别适用于超长、超重工件的电镀生产，尤其是超长工件，人手往往无法提取工件进槽与出槽操作的情况。

手工电镀线典型的排布案例见图 3-5 和图 3-6。图 3-5 所示手工电镀线台阶式布置方案的特点有：①全部槽体安置在防腐格栅板的低矮平台上；②整流器、过滤机等辅助设备安置在两侧电镀线中间构架平台上；③槽体外围设置 PP 防护板，见图 3-7，图中所示 PP 护板是悬挂并插坐在不锈钢框架上的；④电镀线给水和排水管道（图中未示意），设置在平台之下，吊挂在格栅板的支承架上；⑤电镀线的排风管安置在带隔水堰的地沟内并引出车间（图中未示意），可架空在屋外或厂房的平台上；⑥在车间内可将众多的电镀线分类，分别安装成独立的多个区域，有利于生产管理、物资流通、维护检修和场地的冲洗清扫，是值得推荐的一种模式。

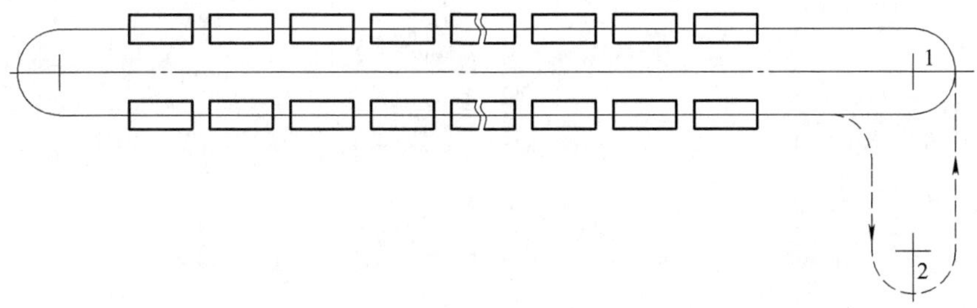

图 3-4　单轨电动葫芦排列方案

1—装卸区；2—虚线表示可能的其他方向延伸

图 3-6 所示手工电镀线并列式排布方案的特点为：两线是背靠背布置的，也可以面对面布置，这由电镀线类别以及车间总体规划确定；当两线背靠背布置时，拉开两线间距，可在其中设置排风管道和其他辅助设施，两线之间上部可搭置构架，安装开关电源等设备，方便日常操作和管理。

图 3-5　手工电镀线台阶式布置方案

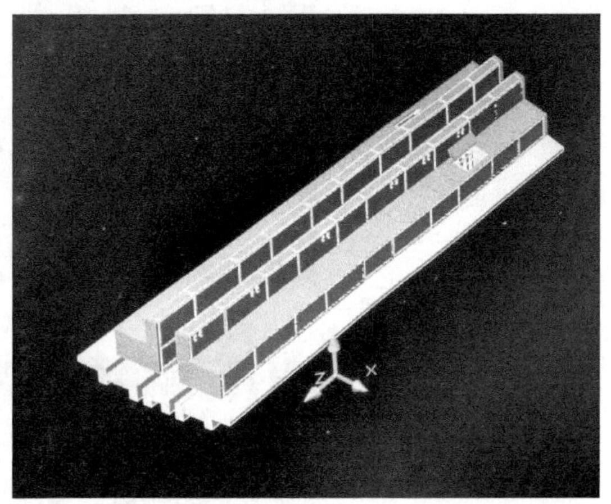

图 3-6　手工电镀线并列式排布方案

手工电镀线设置电动葫芦，它的轨道按电镀生产作业的要求可分区域布置，其轨道运行轨迹可以是直线形式，也可以弧形转弯，见图 3-8～图 3-11。

图 3-7　拆卸式槽体防护板

图 3-8　直线形轨道

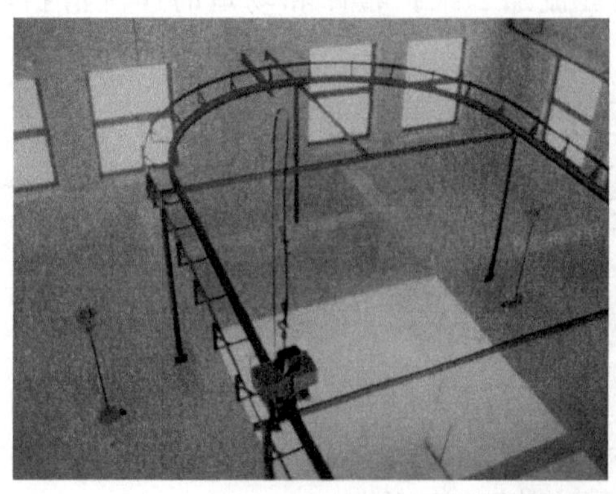
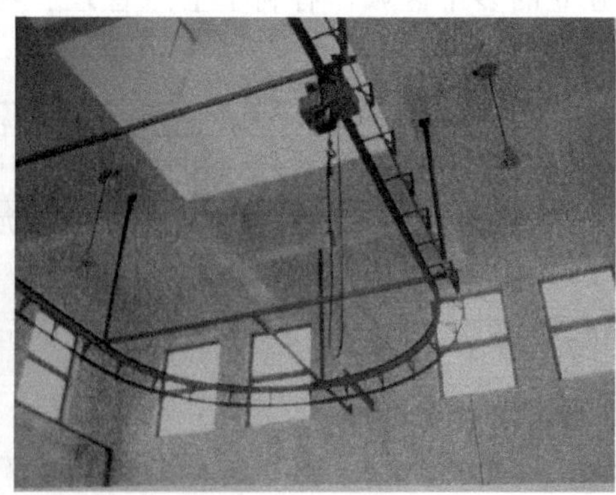

图 3-9 弧形轨道

图 3-10 总体布置的轨道

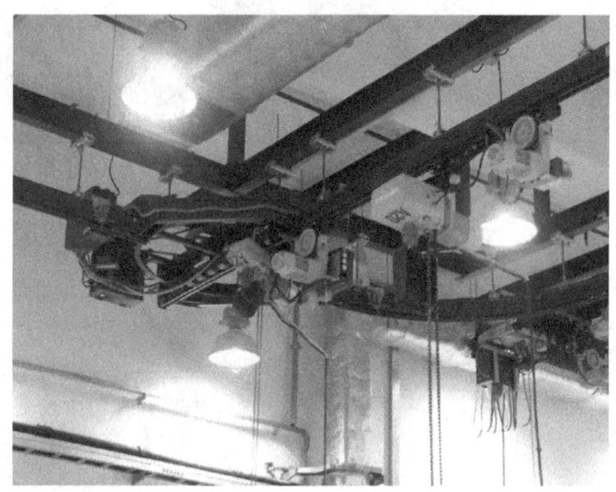

图 3-11 轨道换向机构

3.2 手工电镀线工艺流程与配置要素

3.2.1 轴瓦三元合金电镀工艺

轴瓦三元合金电镀生产线工艺流程如图 3-12 所示。

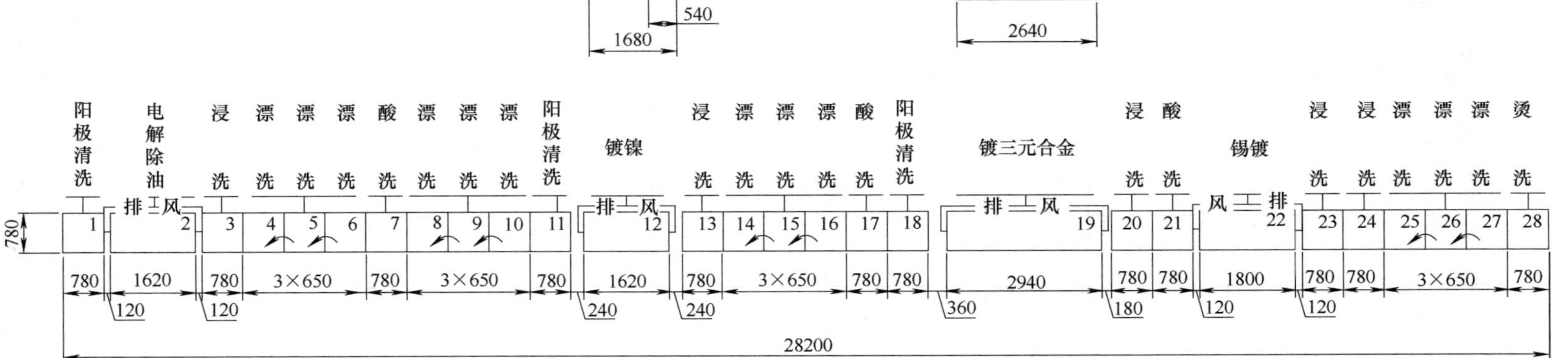

图 3-12　轴瓦三元合金电镀生产线工艺流程

设计要素如下。

① 主机：L23.5m×W2.0m×H2m（含走道平台，未含整流器及其控制系统、过滤机、备槽和线外通风系统等辅助装置）。

② 生产作业供水量（水洗槽换水次数：1.5～2.0 槽/h）：自来水 2.0～2.5m^3/h。

③ 溶液加温（预热以 3h，起始温度平均按 20℃计算）供电量：42kW。

④ 溶液搅拌低压空气供应量［按液面 0.30m^3/(min·m^2）计算］：90m^3/h。选取 XGB-9 旋涡气泵 1 台（130m^3/h）：1.5kW，最大压力 18Pa，正常工作压力不大于 13.5kPa，真空度 15kPa。

⑤ 废水排放（处理）量：酸碱系 2.0～2.5m^3/h。

⑥ 局部排风：19000m^3/h，选配 BF_4-72 型 No.8C，FRP 风机 1 台（14000～24200m^3/h，1510～1137Pa，11kW，1250r/min）。可选配：BSG-2-20 型玻璃钢酸雾净化塔 1 座（20000m^3/h，水泵 65FS-30，7.5kW）。

⑦ 设备总动力：3 相，50Hz，380V，100kW（其中整流器额定容量 33.9kW，过滤机定额容量 2kW，同时使用系数 0.70）。

轴瓦三元合金电镀生产线工艺配置表见表 3-1。

表 3-1　轴瓦三元合金电镀生产线工艺配置表

工序名称	槽位号	工位数	工艺条件					电镀面积和电流电压			镀槽要求											设备要求												
											厚度δ/mm,材料		尺寸/mm			有效容积/dm³	附设装置	排水方式				加温(或冷却)	溶液喷射搅拌	空气搅拌	阴极移动	喷淋	过滤/(m³/h)	供水	逆流	回收	温度控制	自动加料	槽体保温	局部排风
			温度/℃	电流密度/(A/dm²)	时间控制	镀层厚度/μm	添加剂型号	每一极杆/dm²	每一极杆/A	整流器/(A/V)	槽体	内衬	长	宽	高			集污斗	溢流斗	拉塞	排污阀													
阳极清洗	1										12,PP		650	650	1000	310					√													
电解除洗	2	4	70～80		√					(300/12)×4	3,不锈钢		1350	700	1000	720					√	不锈钢电加温管(15kW)									自动		√	√
浸洗	3										12,PP		650	650	1000	310					√													
漂洗	4										12,PP		650	650	1000	330			√		√			√										
漂洗	5										12,PP		650	650	1000	330					√			√					↶					
漂洗	6										12,PP		650	650	1000	330					√			√				定时	↶					
酸洗	7				√						12,PP		650	650	1000	310					√													
漂洗	8										12,PP		650	650	1000	330			√		√			√										
漂洗	9										12,PP		650	650	1000	330					√			√					↶					
漂洗	10										12,PP		650	650	1000	330					√			√				定时	↶					
阳极清洗	11										12,PP		650	650	1000	310					√													
镀镍	12	4	65		√					(100/12)×4	12,PP		1350	700	1000	720			√			钛电加温管(12kW)			√		10				自动			√

续表

工序名称	槽位号	工位数	工艺条件					电镀面积和电流电压			镀槽要求											设备要求												
											厚度δ/mm,材料		尺寸/mm					排水方式																
			温度/℃	电流密度/(A/dm²)	时间控制	镀层厚度/μm	添加剂型号	每一极杆/dm²	每一极杆/A	整流器/(A/V)	槽体	内衬	长	宽	高	有效容积/dm³	附设装置	集污斗	溢流斗	拉塞	排污阀	加温(或冷却)	溶液喷射搅拌	空气搅拌	阴极移动	喷淋	过滤/(m³/h)	供水	逆流	回收	温度控制	自动加料	槽体保温	局部排风
镍调制槽	附									50/6	12,PP		1400	1000	1000	1000																		
浸洗	13										12,PP		650	650	1000	310					√													
漂洗	14										12,PP		650	650	1000	330			√		√			√					↶					
漂洗	15										12,PP		650	650	1000	330					√			√					↶					
漂洗	16										12,PP		650	650	1000	330					√			√				定时						
酸洗	17				√						12,PP		650	650	1000	310					√													
阳极清洗	18										12,PP		650	650	1000	310					√													
镀三元合金	19	10	40		√					(100/12)×10	15,PP		2450	700	1000	1300					√	不锈钢电加温管(9kW)			√		10				自动			√
三元合金再生槽	附										12,PP		2200	1100	1250	1230×2																		
浸洗	20										12,PP		650	650	1000	310					√													
酸洗	21				√						12,PP		650	650	1000	310					√													
镀锡	22				√					200/12	12,PP		1500	700	1000	800					√	不锈钢电加温管(6kW)			√		6				自动			√

续表

工序名称	槽位号	工位数	工艺条件：局部温度/排风		工艺条件：电流密度/(A/dm²)	工艺条件：时间控制	工艺条件：镀层厚度/μm	电镀面积和电流电压：添加剂型号	电镀面积和电流电压：每一极杆/dm²	电镀面积和电流电压：每一极杆/A	整流器/(A/V)		镀槽要求：厚度δ/mm,材料 槽体		镀槽要求：内衬	镀槽要求：尺寸/mm 长	镀槽要求：有效容积/dm³ 宽		附设装置				设备要求：排水方式 集污斗	溢流斗	拉塞	排污阀	加温(或冷却)	溶液喷射搅拌	空气搅拌	阴极移动	喷淋	过滤/(m³/h)	供水	逆流	回收	温度控制	自动加料	槽体保温
浸洗	23										12,PP		650	650	1000	310						√																
浸洗	24										12,PP		650	650	1000	310						√																
漂洗	25										12,PP		650	650	1000	330				√		√						√										
漂洗	26										12,PP		650	650	1000	330						√																
漂洗	27										12,PP		650	650	1000	330						√										定时						
烫洗	28		60～80								3,不锈钢		650	650	1000	330						√	不锈钢电加温管(6kW)												自动		√	

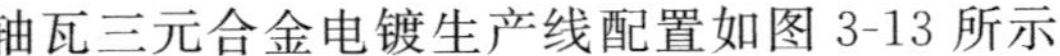

轴瓦三元合金电镀生产线配置如图 3-13 所示。

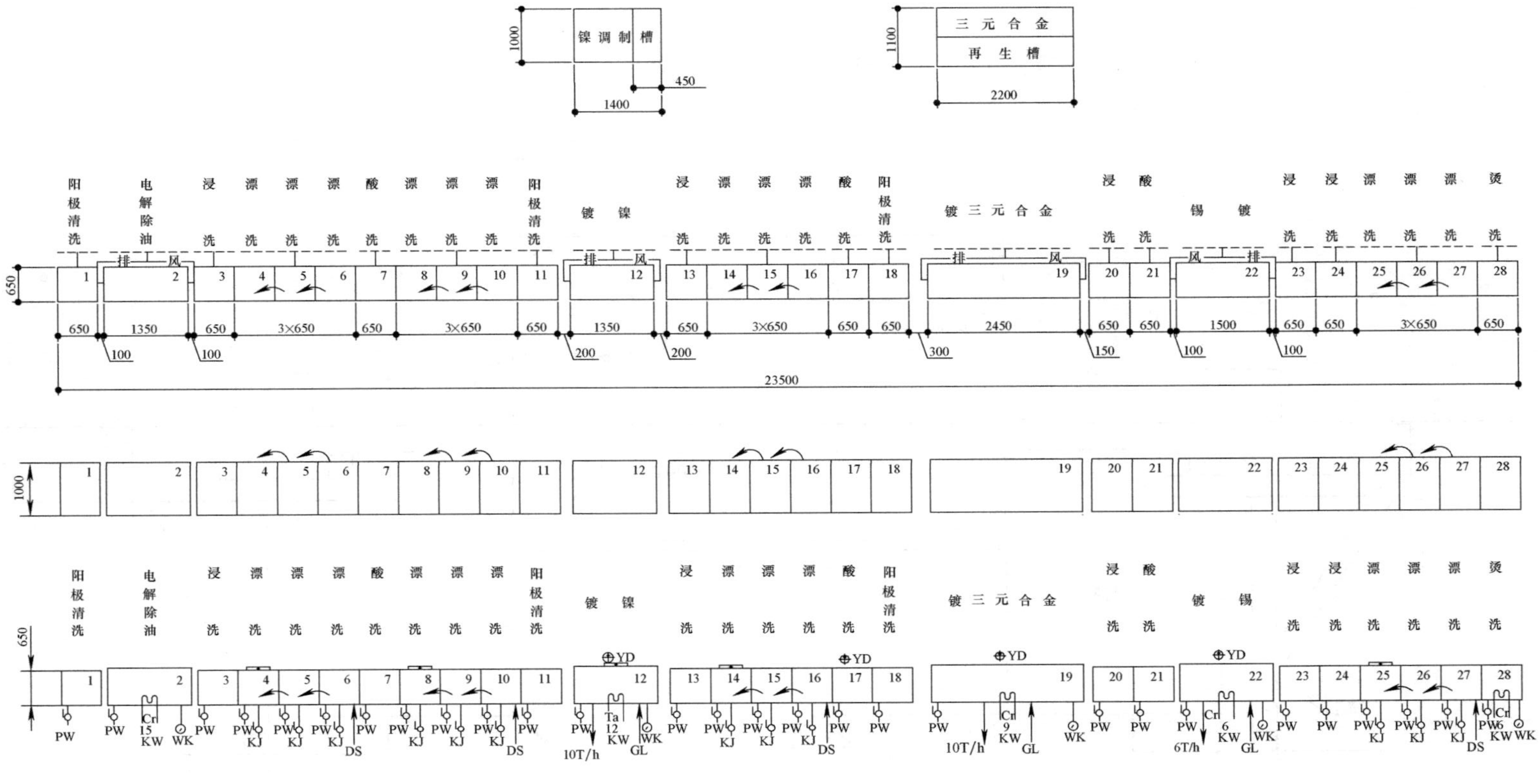

设备要求 符号说明

序号	1	2	3	4	5	6	7	8	9	10	11	15
图例	DS	PW	KJ	KW	10T/h	6T/h	GL			YD		××××A/××V 整流器
名称	定时供水	排污球阀	空气搅拌	温度控制	过滤液进口	过滤液进口	过滤出口	水洗逆流	溢流斗	阴极移动	电加温管	1.300A/12V 4台 电解除油 2.100A/12V 4台 镀镍 3.50A/6V 4台 镍制备槽 4.100A/12V 10台 镀三元合金 5.200A/12V 1台 镀锡
数量	4	27	12	5	2	1	3	8	5	4	5	共23台

图 3-13　轴瓦三元合金电镀生产线配置

轴瓦三元合金（两套）电镀设备截面和排风示意图见图3-14。

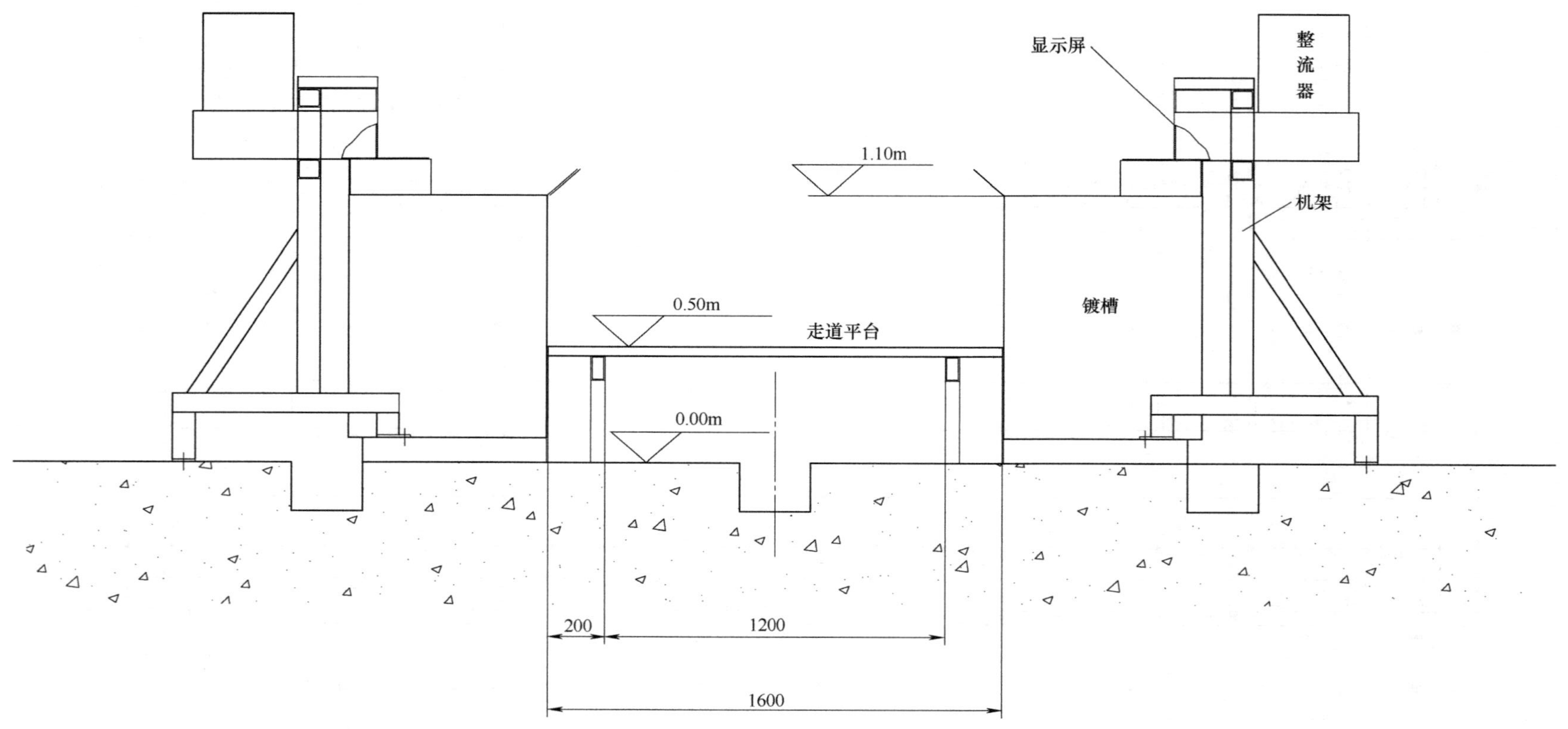

图3-14 轴瓦三元合金（两套）电镀设备截面和排风示意图

轴瓦三元合金电镀设备排风系统布置示意图见图 3-15。

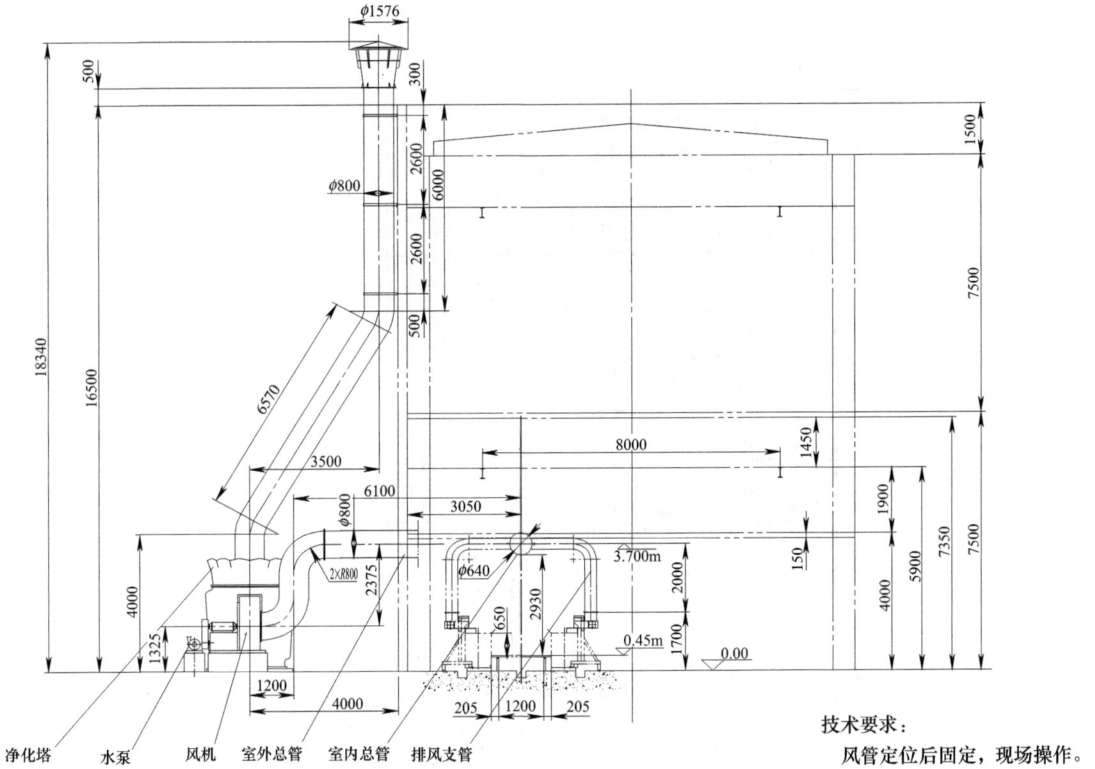

图 3-15　轴瓦三元合金电镀设备排风系统布置示意图

3.2.2　水暖五金件电镀工艺

水暖五金件电镀生产线工艺流程如图 3-16 所示。

设计要素如下。

① 主机占地面积：L20m×W8m×H1.2m，其中操作平台宽 0.9m（不含线外抽风装置、过滤机、整流器等辅助设施）。

② 单工序回转式电镀槽：导电挂具滑架 76 只，最大导电量（每套）≤150A，最大受镀面积（每挂）30dm^2，载重（每挂）≤20kg（含挂具）。

③ 运行节拍时间：1min（可调）。

④ 年产量（一班制：8h/d）：280d×8h/d×60min/h÷1min×30dm^2＝403×10^{4}dm^2。

⑤ 溶液加温和保温供气量（预热 3h，起始温度按 115℃计算）：加温 1500kg/h，保温 800kg/h。

⑥ 生产作业时供水量（水洗槽每小时换水次数：1～1.5 槽，纯水减半计算）：自来水 8～12t/h，纯水 0.5t/h。

⑦ 空搅用低压空气量［按液面 0.2～0.35m^3/(min·m^2) 计算］：590m^3/h。选配：XGB-6G 型旋涡气泵 2 台（360m^3/h，5.5kW，最大压力 38kPa，正常工作压力不大于 28.5kPa，真空度 26.5kPa）。

⑧ 废水排放（处理）量：酸碱系 1～1.5m^3/h，氰系 1～1.5m^3/h，铬系 1～1.5m^3/h。

⑨ 局部排风量：

a. 前处理及含氰系统：30000m^3/h，选取 BF_4-72 型，No. 10C，FRP 风机 1 台（15kW，1250r/min）。

b. 镀铬系统：6600m^3/h，选取 BF_4-72 型，No. 6C，FRP 风机 1 台（4kW，1450r/min）。

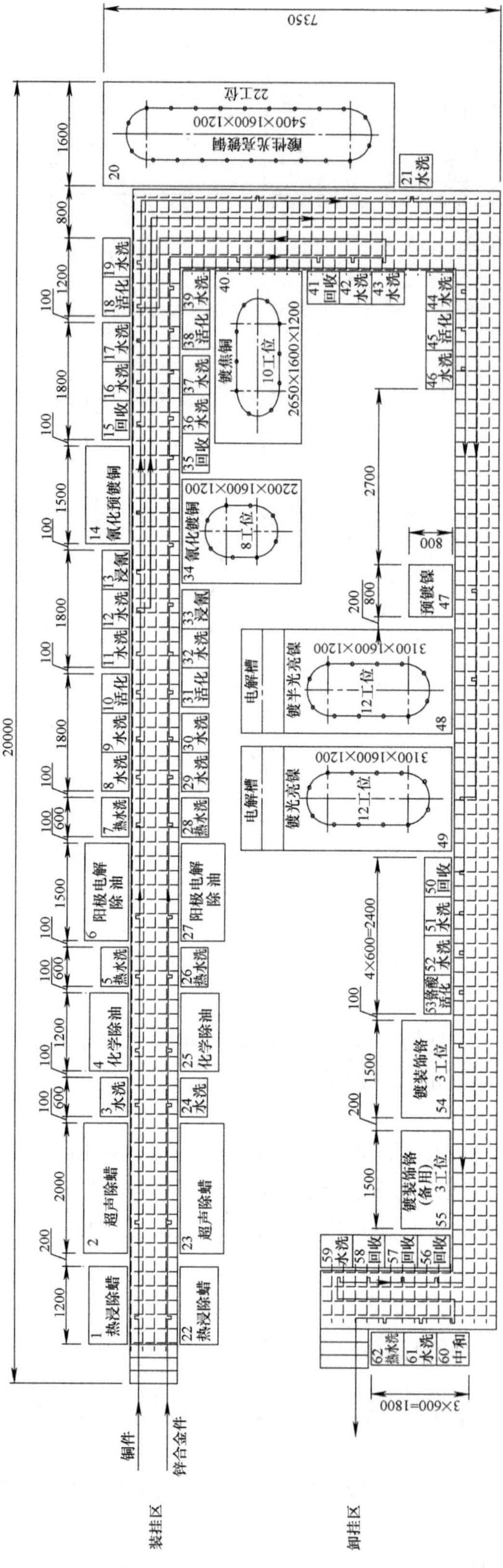

图 3-16 水暖五金件电镀生产线工艺流程

表 3-2 水暖五金件电镀生产线工艺配置表

槽位号	工序名称	工序号(铜件1)	工序号(铜件2)	工序号(锌件)	工位数(有效)	工艺条件 温度/℃	工艺条件 电流密度/(A/dm²)	工艺条件 时间/min	镀层厚度/μm	电镀面积和电流电压 每一极杆/dm²	电镀面积和电流电压 每一极杆/A	电镀面积和电流电压 整流器/(A/V)	镀槽要求 厚度δ/mm,材料 槽体	镀槽要求 厚度δ/mm,材料 内衬	镀槽要求 尺寸/mm 长	镀槽要求 尺寸/mm 宽	镀槽要求 尺寸/mm 高	有效容积/dm³	附设装置	排水方式 集污斗	排水方式 溢流斗	排水方式 拉塞	排水方式 排污阀	设备要求 加温(或冷却)	溶液喷射搅拌	空气搅拌	阴极移动	喷淋	过滤/(m³/h)	供水	逆流	回收	温度控制	自动加料	槽体保温	局部排风
	压缩空气吹内腔	1	1	1																																
	装挂	2	2	2																																
1	热浸除蜡	3	3		4	70～90		3～5					15,PP		1200	700	1200	840			√	√		1Cr18Ni9Ti蛇管加温						自来水			显示			√
2	超声波除蜡	4	4		4	60～75		3～5					6,Q235		2000	800	1200	1600			√	√		1Cr18Ni9Ti蛇管加温						自来水			显示			
3	水洗	5	5										15,PP		600	500	1200	300			√	√								自来水	↶					
4	化学除油	6	6		4	50～75		2～6					15,PP		1200	700	1200	840			√	√		1Cr18Ni9Ti蛇管加温						自来水			显示			√
5	热水洗	7	7			60							15,PP		600	500	1200	380			√	√		1Cr18Ni9Ti蛇管加温						自来水			显示			
6	阳极电解除油	8	8		3	40～60		2～6				750/12	15,PP		1500	800	1200	1200			√	√		1Cr18Ni9Ti蛇管加温						自来水			显示			
7	热水洗	9	9			60							15,PP		600	500	1200	300			√	√		1Cr18Ni9Ti蛇管加温						自来水			显示			
8	水洗	10	10										15,PP		600	500	1200	300			√	√									↶					
9	水洗	11	11										15,PP		600	500	1200	300				√								自来水	↶					
10	活化	12	12										15,PP		600	500	1200	280																		

续表

槽位号	工序名称	工序号(铜件1)	工序号(铜件2)	工序号(锌件)	工位数(有效)	工艺条件				电镀面积和电流电压			镀槽要求											设备要求												
						温度/℃	电流密度/(A/dm²)	时间/min	镀层厚度/μm	每一极杆/dm²	每一极杆/A	整流器/(A/V)	厚度δ/mm,材料		尺寸/mm			有效容积/dm³	附设装置	排水方式				加温(或冷却)	溶液喷射搅拌	空气搅拌	阴极移动	喷淋	过滤/(m³/h)	供水	逆流	回收	温度控制	自动加料	槽体保温	局部排风
													槽体	内衬	长	宽	高			集污斗	溢流斗	拉塞	排污阀													
11	水洗	13	13										15,PP		600	500	1200	300			√	√									↶					
12	水洗	14	14										15,PP		600	500	1200	300				√								自来水						
13	浸氰	15											15,PP		600	500	1200	280																		√
14	氰化预镀铜	16			3	50		2～3				500/12	15,PP		1500	800	1200	1200						1Cr18Ni9Ti蛇管加温		√			10				自动			√
15	回收	17											15,PP		600	500	1200	280																		
16	水洗	18											15,PP		600	500	1200	300			√	√									↶					
17	水洗	19											15,PP		600	500	1200	300				√								自来水						
18	活化	20		24									15,PP		600	500	1200	280																		
19	水洗	21		25									15,PP		600	500	1200	300			√	√								自来水						
20	酸性光亮镀铜	22		26	22	20～25		10～30				2000/12	6,Q235	3,NR	5400	1600	1200	8600						HKD-10L冷水机1台TA2蛇形管加温、冷却		√			30(2台)				自动			
21	水洗	23		27									15,PP		600	500	1200	300			√	√														
22	热浸除蜡			3	4	70～90		3～5					15,PP		1200	700	1200	840			√	√		1Cr18Ni9Ti蛇管加温						自来水			显示			√
23	超声波除蜡			4	4	60～75		3～5					6,Q235		2000	800	1200	1600			√	√		1Cr18Ni9Ti蛇管加温						自来水			显示			√
24	水洗			5									15,PP		600	500	1200	300			√	√								自来水						

续表

槽位号	工序名称	工序号(铜件1)	工序号(铜件2)	工序号(锌件)	工位数(有效)	工艺条件			电镀面积和电流电压				镀槽要求											设备要求												
						温度/℃	电流密度/(A/dm²)	时间/min	镀层厚度/μm	每一极杆/dm²	每一极杆/A	整流器/(A/V)	厚度δ/mm,材料		尺寸/mm			有效容积/dm³	附设装置	排水方式				加温(或冷却)	溶液喷射搅拌	空气搅拌	阴极移动	喷淋	过滤/(m³/h)	供水	逆流	回收	温度控制	自动加料	槽体保温	局部排风
													槽体	内衬	长	宽	高			集污斗	溢流斗	拉塞	排污阀													
25	化学除油			6	4	50～75		2～6					15,PP		1200	700	1200	840			√	√		1Cr18Ni9Ti蛇管加温						自来水			显示			√
26	热水洗			7		60							15,PP		600	500	1200	300			√	√		1Cr18Ni9Ti蛇管加温						自来水			显示			
27	阳极电解除油			8	3	40～60		2～6				750/12	15,PP		1500	800	1200	1200			√	√		1Cr18Ni9Ti蛇管加温						自来水			显示			√
28	热水洗			9		60							15,PP		600	500	1200	300			√	√		1Cr18Ni9Ti蛇管加温						自来水			显示			
29	水洗			10									15,PP		600	500	1200	300			√	√									↶					
30	水洗			11									15,PP		600	500	1200	300				√								自来水						
31	活化			12									15,PP		600	500	1200	280																		
32	水洗			13									15,PP		600	500	1200	300			√	√								自来水						
33	浸氰												15,PP		600	500	1200	280																		√
34	氰化镀铜			14	8	55		3～5				750/12	6,Q235	3,NR	2200	1600	1200	3520						1Cr18Ni9Ti蛇管加温		√			20				自动			√
35	回收			15									15,PP		600	500	1200	280																		
36	水洗			16									15,PP		600	500	1200	300			√	√									↶					
37	水洗			17									15,PP		600	500	1200	300				√								自来水						

续表

槽位号	工序名称	工序号(铜件1)	工序号(铜件2)	工序号(锌件)	工位数(有效)	工艺条件			镀层厚度/μm	电镀面积和电流电压			镀槽要求											设备要求												
						温度/℃	电流密度/(A/dm²)	时间/min		每一极杆/dm²	每一极杆/A	整流器/(A/V)	厚度δ/mm,材料 槽体	厚度δ/mm,材料 内衬	尺寸/mm 长	尺寸/mm 宽	尺寸/mm 高	有效容积/dm³	附设装置	排水方式 集污斗	排水方式 溢流斗	排水方式 拉塞	排水方式 排污阀	加温(或冷却)	溶液喷射搅拌	空气搅拌	阴极移动	喷淋	过滤/(m³/h)	供水	逆流	回收	温度控制	自动加料	槽体保温	局部排风
38	活化			18									15,PP		600	500	1200	300																		
39	水洗			19									15,PP		600	500	1200	300				√								自来水						
40	镀焦铜			20	10	50～55		5～8				1500/12	6,Q235	3,NR	2650	1600	1200	4240						TA2 蛇形管加温		√			30(2台)				自动			
41	回收			21									15,PP		600	500	1200	280																		
42	水洗			22									15,PP		600	500	1200	300			√	√														
43	水洗			23									15,PP		600	500	1200	300				√								自来水						
44	水洗	24		28									15,PP		600	500	1200	300				√								自来水						
45	活化	25		29									15,PP		600	500	1200	280																		
46	水洗	26		30									15,PP		600	500	1200	300			√	√								自来水						
47	预镀镍		15		1	50～60		1				200/12	15,PP		800	800	1200	640						TA2 蛇形管加温		√			10				自动			
48	镀半光亮镍		16		12	50～60		10～15				1500/12	6,Q235	3,NR	3100	1600	1200	4960						TA2 蛇形管加温		√			30(2台)				自动			
附	电解槽											200/12	6,Q235	3,NR	1600	800	1200	1280																		
49	镀光亮镍	27	17	31	12	50～60		10～15				1500/12	6,Q235	3,NR	3100	1600	1200	4960						TA2 蛇形管加温		√			30(2台)				自动			

续表

槽位号	工序名称	工序号(铜件1)	工序号(铜件2)	工序号(锌件)	工位数(有效)	工艺条件			电镀面积和电流电压				镀槽要求											设备要求												
						温度/℃	电流密度/(A/dm²)	时间/min	镀层厚度/μm	每一极杆/dm²	每一极杆/A	整流器/(A/V)	厚度δ/mm,材料 槽体	厚度δ/mm,材料 内衬	尺寸/mm 长	尺寸/mm 宽	尺寸/mm 高	有效容积/dm³	附设装置	排水方式 集污斗	排水方式 溢流斗	排水方式 拉塞	排水方式 排污阀	加温(或冷却)	溶液喷射搅拌	空气搅拌	阴极移动	喷淋	过滤/(m³/h)	供水	逆流	回收	温度控制	自动加料	槽体保温	局部排风
附	电解槽											200/12	6,Q235	3,NR	1600	800	1200	1280																		
50	回收	28	18	32									15,PP		600	500	1200	280																		
51	水洗	29	19	33									15,PP		600	500	1200	300			√	√									↶					
52	水洗	39	20	34									15,PP		600	500	1200	300				√								自来水						
53	铬酸活化	31	21	35									15,PP		600	500	1200	280																		
54	镀装饰铬	32	22	36	3	38～50		3				2000/12	6,Q235	HPVC	1500	900	1200	1350						TA2蛇管加温、冷却									自动			√
55	镀装饰铬(备用)				3	38～50		3				2000/12	6,Q235	HPVC	1500	900	1200	1350						TA2蛇管加温、冷却									自动			√
56	回收	33	23	37									15,PP		600	500	1200	280																		
57	回收	34	24	38									15,PP		600	500	1200	280																		
58	回收	35	25	39									15,PP		600	500	1200	280																		
59	水洗	36	26	40									15,PP		600	500	1200	280			√	√								自来水						
60	中和	37	27	41									15,PP		600	500	1200	280																		
61	水洗	38	28	42									15,PP		600	500	1200	280			√	√								自来水						
62	热水洗	39	29	43		60							15,PP		600	500	1200	280			√	√		1Cr18Ni9Ti蛇管加温						自来水			显示			
	卸挂	40	30	44																																

⑩ 设备总动力：3 相，50Hz，380V，230kW（同时使用系数 0.7～0.8）。

水暖五金件电镀生产线工艺配置表见表 3-2。

3.2.3 锌合金水暖五金件电镀工艺

锌合金水暖五金件电镀生产线工艺流程如图 3-17 所示。

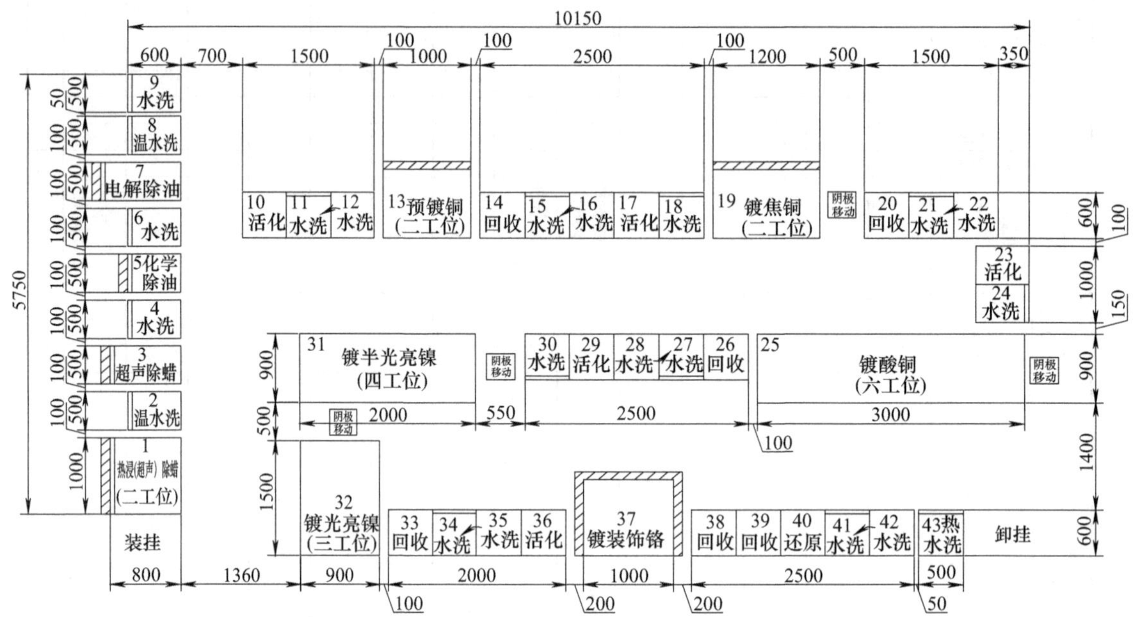

图 3-17 锌合金水暖五金件电镀生产线工艺流程

设计要素如下。

① 运行节拍时间：6min（可调）。

② 月产量（每月 21d，3 班/d，8h/班）：21d×24h/d×60min/h÷6min×8 件≈40000 件。

③ 溶液加温和保温供汽量（预热时间为 1h，起始温度按 15℃计算）：加温 750kg/h，保温 400～500kg/h。

④ 生产作业供水量（水洗槽每小时换水次数：1.5～2.0 槽，热水洗槽减半计算）：自来水 5.5～7.3m³/h。

⑤ 空搅用低压空气供应量［按液面 0.20～0.30m³/(min·m²) 计算］：200m³/h，选配 XGB-6G 型旋涡气泵 1 台（最大流量 370m³/h，最大压力 40kPa，正常工作压力小于 28kPa，真空度 29kPa，5.5kW）。

⑥ 局部排风量：酸碱系 12100m³/h，选取 BF4-72 型，No.6C，FRP 风机 1 台（7580～13800m³/h，1374～981Pa，5.5kW，1600r/min），并配 WXS-1-12.5 型废气净化塔 1 座；铬系 3800m³/h，选取 BF4-72 型，No.3.6A，FRP 风机 1 台（2930～5408m³/h，1617～1068Pa，3kW，2900r/min），并配 FGW500 型铬雾净化回收器 1 台。

⑦ 废水排放量：酸性废水 1.6～2.2m³/h，氰废水 0.4～0.5m³/h，焦铜废水 0.4～0.5m³/h，综合废水 3.0～4.0m³/h。

⑧ 设备总动力：3 相，50Hz，380V，80kW（其中整流器功率为 32.4kW，过滤机功率为 4.85kW，超声波发生器功率为 7.8kW，同时使用系数 0.7）。

锌合金水暖五金件电镀生产线工艺配置表见表 3-3。

表 3-3 锌合金水暖五金件电镀生产线工艺配置表

工序号	工序名称	槽位号	工位数	工艺条件					电镀面积和电流电压			镀槽要求											设备要求												
				温度/℃	电流密度/(A/dm²)	时间/min	镀层厚度/μm	添加剂型号	每一挂具/dm²	每一挂具/A	整流器/(A/V)	厚度δ/mm,材料 槽体	内衬	外尺寸/mm 长	宽	高	有效容积/dm³	附设装置	排水方式 集污斗	溢流斗	拉塞	排污阀	加温(或冷却)	溶液喷射搅拌	空气搅拌	阴极移动	喷淋	过滤/(m³/h)	供水	逆流	时间控制	温度控制	自动添加	保温	局部排风
1	装挂	0																																	
2	热浸(超声波)除蜡	1	2	60～80		4～10			超声波发生器：4.8kW			3,SUS		1000	800	1100	800			√	√		不锈钢蛇管加温						√		√	自控		√	√
3	温水洗	2		40～50								15,国产PP		500	600	1100	270			√	√		尾汽直冲						√			自控			
4	超声波除蜡	3	1	60～70		3～6			超声波发生器：3kW			3,SUS		500	800	1100	400			√	√		不锈钢蛇管加温						√		√	自控		√	√
5	水洗	4										15,国产PP		500	600	1100	270			√	√				√				√						
6	化学除油	5	1	50～65		2～5						15,国产PP		500	600	1100	270			√	√		不锈钢蛇管加温						√		√	自控			√
7	水洗	6										15,国产PP		500	600	1100	270			√	√				√				√						
8	电解除油	7	1	50～70	1～3	1～3			14	42	开关电源300/12	15,国产PP		500	900	1100	400			√	√		不锈钢蛇管加温						√		√	自控			√

续表

工序号	工序名称	槽位号	工位数	工艺条件					电镀面积和电流电压			镀槽要求											设备要求												
				温度/℃	电流密度/(A/dm²)	时间/min	镀层厚度/μm	添加剂型号	每一挂具/dm²	每一挂具/A	整流器/(A/V)	厚度δ/mm,材料		外尺寸/mm			有效容积/dm³	附设装置	排水方式				加温(或冷却)	溶液喷射搅拌	空气搅拌	阴极移动	喷淋	过滤/(m³/h)	供水	逆流	时间控制	温度控制	自动添加	保温	局部排风
												槽体	内衬	长	宽	高			集污斗	溢流斗	拉塞	排污阀													
9	温水洗	8		40～50								15,国产PP		500	600	1100	270			√	√		尾汽直冲						√			自控			
10	水洗	9										15,国产PP		500	600	1100	270			√	√				√				√						
11	活化	10		20～30								15,国产PP		500	600	1100	250						F4 管束加温									自控			
12	水洗	11										15,国产PP		500	600	1100	270			√	√				√										
13	水洗	12										15,国产PP		500	600	1100	270				√				√				√	↩					
14	预镀铜	13	2	50～65	1～3	10～12			14×2	42×2	开关电源300/12	15,国产PP		1000	900	1100	800						不锈钢蛇管加温		√			6			√	自控			√
15	回收	14										15,国产PP		500	600	1100	270				√				√										
16	水洗	15										15,国产PP		500	600	1100	270			√	√				√										
17	水洗	16										15,国产PP		500	600	1100	270				√				√				√	↩					

续表

工序号	工序名称	槽位号	工位数	工艺条件					电镀面积和电流电压			镀槽要求											设备要求												
				温度/℃	电流密度/(A/dm²)	时间/min	镀层厚度/μm	添加剂型号	每一挂具/dm²	每一挂具/A	整流器/(A/V)	厚度δ/mm,材料		外尺寸/mm			有效容积/dm³	附设装置	排水方式				加温(或冷却)	溶液喷射搅拌	空气搅拌	阴极移动	喷淋	过滤/(m³/h)	供水	逆流	时间控制	温度控制	自动添加	保温	局部排风
												槽体	内衬	长	宽	高			集污斗	溢流斗	拉塞	排污阀													
18	活化	17										15,国产PP		500	600	1100	250																		
19	水洗	18										15,国产PP		500	600	1100	270			√	√				√				√						
20	镀焦铜	19	2	50～55	1～5	10～12			14×2	70×2	开关电源300/12	15,国产PP		1200	900	1100	950						不锈钢蛇管加温		√	√		6			√	自控			√
21	回收	20										15,国产PP		500	600	1100	270				√				√										
22	水洗	21										15,国产PP		500	600	1100	270			√	√				√										
23	水洗	22										15,国产PP		500	600	1100	270				√				√				√						
24	活化	23										15,国产PP		500	600	1100	250																		
25	水洗	24										15,国产PP		500	600	1100	270			√	√				√				√						
26	镀酸铜	25	6	20～30	1～5	30～36			14×6	70×6	开关电源500/12	15,国产PP		3000	900	1100	2450						钛蛇管加温、冷却		√	√		20			√	自控			
27	回收	26										15,国产PP		500	600	1100	270				√				√										

续表

工序号	工序名称	槽位号	工位数	工艺条件					电镀面积和电流电压			镀槽要求											设备要求												
												厚度δ/mm,材料		外尺寸/mm					排水方式																
				温度/℃	电流密度/(A/dm²)	时间/min	镀层厚度/μm	添加剂型号	每一挂具/dm²	每一挂具/A	整流器/(A/V)	槽体	内衬	长	宽	高	有效容积/dm³	附设装置	集污斗	溢流斗	拉塞	排污阀	加温(或冷却)	溶液喷射搅拌	空气搅拌	阴极移动	喷淋	过滤/(m³/h)	供水	逆流	时间控制	温度控制	自动添加	保温	局部排风
28	水洗	27										15,国产PP		500	600	1100	270			√	√				√					↩					
29	水洗	28										15,国产PP		500	600	1100	270				√				√				√						
30	活化	29										15,国产PP		500	600	1100	250																		
31	水洗	30										15,国产PP		500	600	1100	270			√	√				√				√						
32	镀半光亮镍	31	4	55～65	2～5	20～30			14×4	70×4	开关电源500/12	15,国产PP		2000	900	1100	1650						钛蛇管加温		√	√		20			√	自控			
33	镀光亮镍	32	3	55～65	2～5	10～15			14×3	70×3	开关电源300/12	15,国产PP		1500	900	1100	1200						钛蛇管加温		√	√		10			√	自控			
34	回收	33										15,国产PP		500	600	1100	270				√				√										
35	水洗	34										15,国产PP		500	600	1100	270			√	√				√					↩					
36	水洗	35										15,国产PP		500	600	1100	270				√				√				√						

续表

工序号	工序名称	槽位号	工位数	工艺条件					电镀面积和电流电压			镀槽要求											设备要求												
				温度/℃	电流密度/(A/dm²)	时间/min	镀层厚度/μm	添加剂型号	每一挂具/dm²	每一挂具/A	整流器/(A/V)	厚度δ/mm,材料		外尺寸/mm			有效容积/dm³	附设装置	排水方式				加温(或冷却)	溶液喷射搅拌	空气搅拌	阴极移动	喷淋	过滤/(m³/h)	供水	逆流	时间控制	温度控制	自动添加	保温	局部排风
												槽体	内衬	长	宽	高			集污斗	溢流斗	拉塞	排污阀													
37	活化	36		RT								15,HPVC		500	600	1100	250																		
38	镀装饰铬	37	1	38～52	10～20	1～2			14	280	开关电源500/12	15,HPVC		1000	1000	1100	900						钛蛇管加温、冷却								√	自控			√
39	回收	38										15,HPVC		500	600	1100	270				√				√										
40	回收	39										15,HPVC		500	600	1100	270				√				√										
41	还原	40										15,国产PP		500	600	1100	250																		
42	水洗	41										15,国产PP		500	600	1100	270			√	√				√					↶					
43	水洗	42										15,国产PP		500	600	1100	270				√				√				√						
44	热水洗	43		60～70								15,国产PP		500	600	1100	270			√	√		不锈钢蛇管加温						√			自控			
45	卸挂	0																																	

锌合金水暖五金件电镀生产线平面布置图见图 3-18。

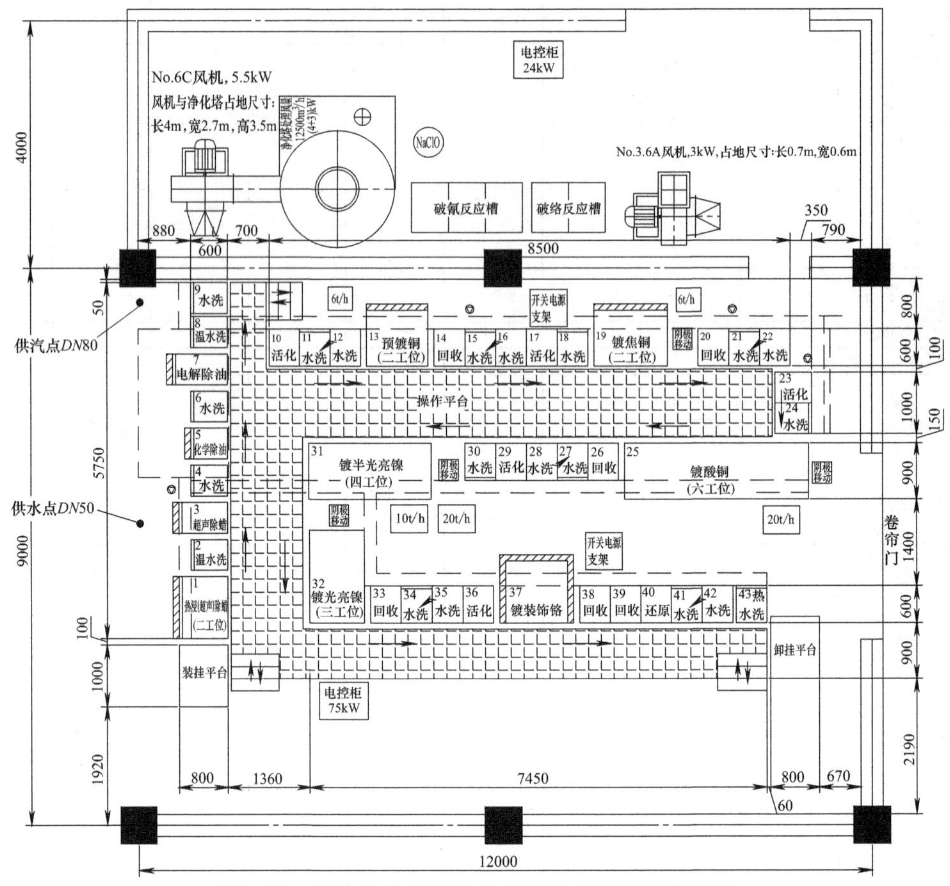

图 3-18 锌合金水暖五金件电镀生产线平面布置图

3.2.4 塑料件电镀工艺

塑料件电镀生产线工艺流程如图 3-19 所示。

设计要素如下。

① 主机（占地面积）：L23.9m×W6.1m。

② 运行节拍时间：1.5～3.0min（手工控制）。

③ 月产量：20d×8h/d×60min/h÷2min×12 件≈57600 件［8 件/挂，H480mm×W220mm×δ200mm（每挂）］。

④ 溶液加温供电量（预热以 3h，起始温度按 15℃计算）：204kW/h。

⑤ 酸铜溶液的冷却：采用地下水。

⑥ 生产作业供水量（每小时换水次数：2.0～2.5 槽，热水和纯水减半计算）自来水 4.0～5.0m^3/h，纯水 1.5～2.0m^3/h。

⑦ 空搅用低压空气供应量［按液面 0.3m^3/(min·m^2）计算］：490m^3/h，选配 XGB-60 型旋涡气泵 2 台（最大流量 370m^3/h，5.5kW，最大压力 40kPa，正常工作压力小于 28kPa，真空度 29kPa）。

⑧ 废水排放（处理）量：酸碱系和镍系 3.5～4.5m^3/h，铬系 2.0～2.5m^3/h。

⑨ 局部排风量：铬系 8700m^3/h，选配 BF4-72 型，No.6C，FRP 风机（风叶耐铬酸）1 台（6291～14124m^3/h，1207～697Pa，4kW，1450r/min）；FCW700 型铬雾净化器 1 台。

⑩ 设备总动力：3 相，500Hz，380V，约 284kW（其中整流器共 5 台额定容量为 51kW，过滤机 9 台总功率 14kW，同时使用系数 0.6～0.7）。

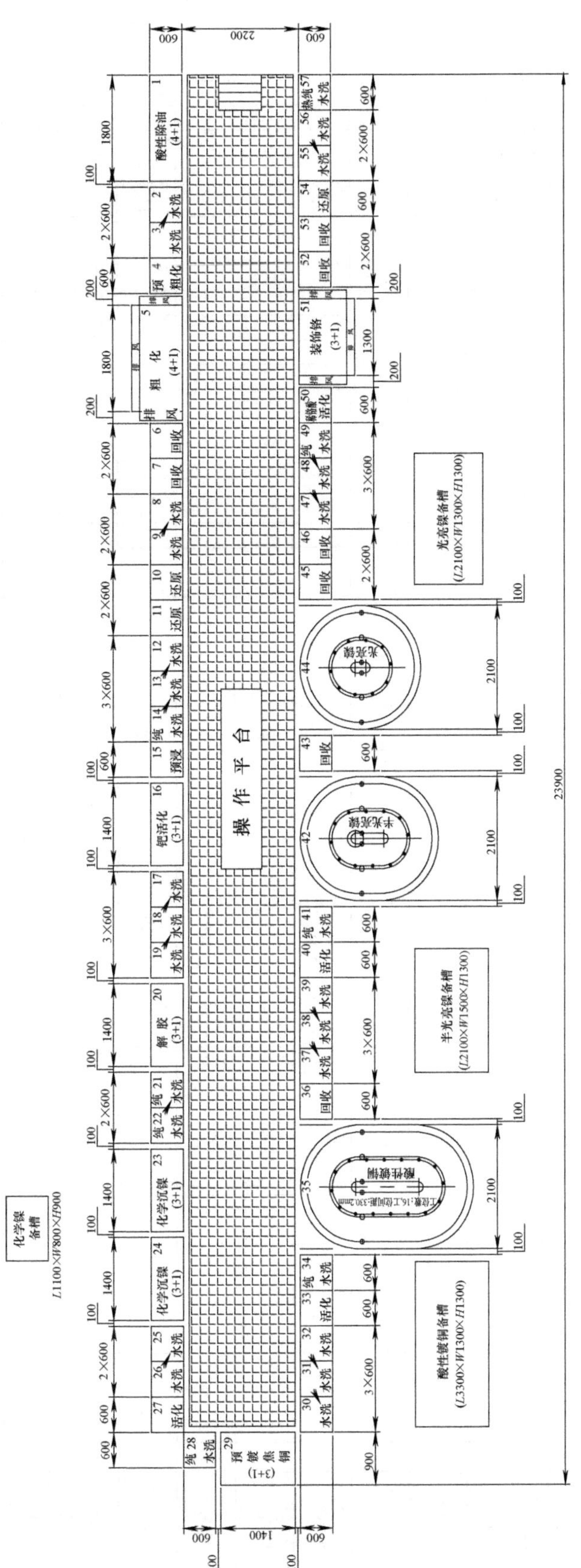

图 3-19 塑料件电镀生产线工艺流程

塑料件电镀生产线工艺配置表见表 3-4。

表 3-4 塑料件电镀生产线工艺配置表

工序名称	槽位号	工位数	工艺条件					电镀面积和电流电压			镀槽要求											设备要求												
			温度/℃	电流密度/(A/dm²)	时间/min	镀层厚度/μm	添加剂型号	每一极杆/dm²	每一极杆/A	整流器/(A/V)	厚度δ/mm,材料		尺寸/mm			有效容积/dm³	附设装置	排水方式				加温(或冷却)	溶液喷射搅拌	空气搅拌	阴极移动	喷淋	过滤/(m³/h)	供水	逆流	回收	温度控制	自动加料	槽体保温	局部排风
											槽体	内衬	长	宽	高			集污斗	溢流斗	拉塞	排污阀													
酸性除油	1	4+1	30		8～10						15,PP		1800	600	900	800						F4 电加温(6kW)									自控			
水洗	2										12,PP		600	600	800	230			√		√													
水洗	3										12,PP		600	600	800	230					√							自来水						
预粗化	4										12,HPVC		600	600	800	220								√										
粗化	5	4+1	65～70		4～5						15,PP	2,TA2	1800	800	1050	1000						TA2 电加温(18kW)		√							自控			三侧
回收	6										12,HPVC		600	600	800	230					√			√										
回收	7										12,HPVC		600	600	800	230					√			√										
水洗	8										12,PP		600	600	800	230			√		√													
水洗	9										12,PP		600	600	800	230					√							自来水						
还原	10										12,PP		600	600	800	220					√			√										
还原	11										12,PP		600	600	800	220					√			√										
水洗	12										12,PP		600	600	800	230			√		√													
水洗	13										12,PP		600	600	800	230					√							自来水						
纯水洗	14										12,PP		600	600	800	230					√							纯水						

续表

工序名称	槽位号	工位数	工艺条件					电镀面积和电流电压			镀槽要求											设备要求												
			温度/℃	电流密度/(A/dm²)	时间/min	镀层厚度/μm	添加剂型号	每一极杆/dm²	每一极杆/A	整流器/(A/V)	厚度δ/mm,材料 槽体	内衬	尺寸/mm 长	宽	高	有效容积/dm³	附设装置	排水方式 集污斗	溢流斗	拉塞	排污阀	加温(或冷却)	溶液喷射搅拌	空气搅拌	阴极移动	喷淋	过滤/(m³/h)	供水	逆流	回收	温度控制	自动加料	槽体保温	局部排风
预浸	15										12,PP		600	600	800	220					√													
钯活化	16	3+1	35		4~4.5						15,PP		1400	600	900	600						F4电加温(6kW)									自控			
水洗	17										12,PP		600	600	800	230			√		√													
水洗	18										12,PP		600	600	800	230					√								↶					
水洗	19										12,PP		600	600	800	230					√							自来水	↶					
解胶	20	3+1	40~45		2~4						15,PP		1400	600	900	600						F4电加温(6kW)		√							自控			
纯水洗	21										12,PP		600	600	800	230			√		√													
纯水洗	22										12,PP		600	600	800	230					√							纯水	↶					
化学沉镍	23	3+1	40		5~8						15,PP		1400	600	900	600						F4电加温(6kW)		√			4				自控			
化学沉镍	24	3+1	40								15,PP		1400	600	900	600						F4电加温(6kW)		√			4				自控			
化学沉镍备槽	附										15,PP		1100	800	900	600																		
水洗	25										12,PP		600	600	800	230			√		√													
水洗	26										12,PP		600	600	800	230					√							自来水	↶					
活化	27										12,PP		600	600	800	220					√													

续表

工序名称	槽位号	工位数	工艺条件					电镀面积和电流电压			镀槽要求											设备要求												
			温度/℃	电流密度/(A/dm²)	时间/min	镀层厚度/μm	添加剂型号	每一极杆/dm²	每一极杆/A	整流器/(A/V)	厚度δ/mm,材料 槽体	厚度δ/mm,材料 内衬	尺寸/mm 长	尺寸/mm 宽	尺寸/mm 高	有效容积/dm³	附设装置	排水方式 集污斗	排水方式 溢流斗	排水方式 拉塞	排水方式 排污阀	加温(或冷却)	溶液喷射搅拌	空气搅拌	阴极移动	喷淋	过滤/(m³/h)	供水	逆流	回收	温度控制	自动加料	槽体保温	局部排风
纯水洗	28										12,PP		600	600	800	230			√		√							纯水						
预镀焦铜	29	3+1	55	1～3	1～3			18×3	54×3	300/12	15,PP		1400	900	900	900						1Cr18Ni9Ti电加温(12kW)		√			10				自控			
水洗	30										12,PP		600	600	800	230			√		√								↶					
水洗	31										12,PP		600	600	800	230					√								↶					
水洗	32										12,PP		600	600	800	230					√							自来水						
活化	33										12,PP		600	600	800	220					√													
纯水洗	34										12,PP		600	600	800	230			√		√							纯水						
酸性镀铜	35	15+1	20～28	1.5～2.5	25～30			18×15	45×15	1000/12	6,Q235	2.5+2.5,R	3290	2100	900	4600						TA2电加温(12kW)TA2蛇形管冷却		√			20(2台,双筒)				自控			
酸性镀铜备槽	附										15,PP		2800	1500	1300	4600																		
回收	36										12,PP		600	600	800	230					√													
水洗	37										12,PP		600	600	800	230			√		√								↶					
水洗	38										12,PP		600	600	800	230					√								↶					
水洗	39										12,PP		600	600	800	230					√							自来水						

续表

工序名称	槽位号	工位数	工艺条件					电镀面积和电流电压			镀槽要求											设备要求												
											厚度δ/mm,材料		尺寸/mm					排水方式																
			温度/℃	电流密度/(A/dm²)	时间/min	镀层厚度/μm	添加剂型号	每一极杆/dm²	每一极杆/A	整流器/(A/V)	槽体	内衬	长	宽	高	有效容积/dm³	附设装置	集污斗	溢流斗	拉塞	排污阀	加温(或冷却)	溶液喷射搅拌	空气搅拌	阴极移动	喷淋	过滤/(m³/h)	供水	逆流	回收	温度控制	自动加料	槽体保温	局部排风
活化	40										12,PP		600	600	800	180					√													
纯水洗	41										12,PP		600	600	800	230			√		√							纯水						
半光亮镍	42	11+1	55	2.5～4	20～25			18×11	72×11	1000/15	6,Q235	2.5+2.5,R	2630	2100	900	3500						TA2电加温(72kW)TA2蛇管冷却		√			20(2台,双筒)				自控			
半光亮镍备槽	附										15,PP		2100	1500	1300	3500																		
回收	43										12,PP		600	600	800	230					√													
光亮镍	44	9+1	60	1.5～3	10～15			18×9	54×9	750/15	6,Q235	2.5+2.5,R	2300	2100	900	3000						TA2电加温(51kW)TA2蛇管冷却		√			20(双筒)				自控			
光亮镍备槽	附										15,PP		2100	1300	1300	3000																		
回收	45										12,PP		600	600	800	230					√													
回收	46										12,PP		600	600	800	230					√													
水洗	47										12,PP		600	600	800	230			√		√													
水洗	48										12,PP		600	600	800	230					√							自来水	↶					
纯水洗	49										12,PP		600	600	800	230					√							纯水	↶					

续表

工序名称	槽位号	工位数	工艺条件					电镀面积和电流电压			镀槽要求											设备要求												
			温度/℃	电流密度/(A/dm^2)	时间/min	镀层厚度/μm	添加剂型号	每一极杆/dm^2	每一极杆/A	整流器/(A/V)	厚度δ/mm,材料 槽体	内衬	尺寸/mm 长	宽	高	有效容积/dm^3	附设装置	排水方式 集污斗	溢流斗	拉塞	排污阀	加温(或冷却)	溶液喷射搅拌	空气搅拌	阴极移动	喷淋	过滤/(m^3/h)	供水	逆流	回收	温度控制	自动加料	槽体保温	局部排风
稀铬酸活化	50										12,HPVC		600	600	800	220																		
装饰铬	51	2+1	38~45		1.5~2			18×2	216×2	750/12	15,HPVC		1300	900	1050	850						TA2 电加温(6kW) TA2 蛇管冷却									自控			三侧
回收	52										12,HPVC		600	600	800	230					√													
回收	53										12,HPVC		600	600	800	230					√													
还原	54										12,PP		600	600	800	220					√													
水洗	55										12,PP		600	600	800	230			√		√													
水洗	56										12,PP		600	600	800	230					√							自来水	↰					
热纯水洗	57		40~45								12,PP		600	600	800	230			√		√	1Cr18Ni9Ti 电加温(3kW)						纯水			自控			
手工吹干																																		

注:钯活化过滤机选用叠片压板式滤芯(PP 无纺布),其余均选用叠片压板式(纸质)。

3.2.5 铝合金件电镀工艺

铝合金件电镀生产线工艺流程如图3-20所示。

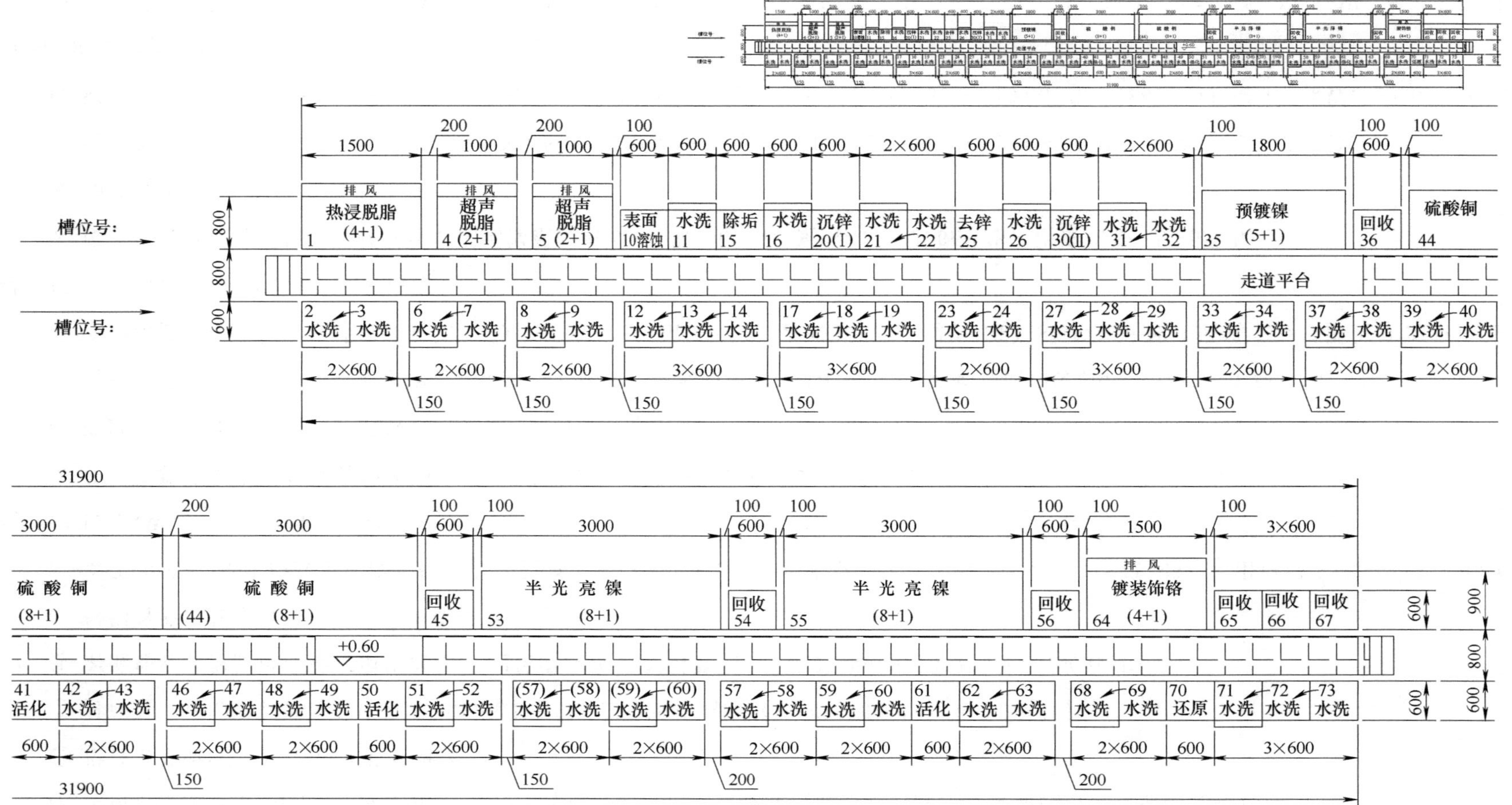

图3-20 铝合金件电镀生产线工艺流程

设计要素如下。

① 主机：L31.9m×W2.3×H1.5m（该尺寸含走道平台，未含线外整流器和过滤机以及通风系统等辅助设施）。

② 设计节拍时间：1.0min（手控调整）。

③ 月产量（10h/d）：26d×10h/d×60min/h÷(1～2)min×1挂≈(7800～15600)挂。

④ 溶液加温和保温供汽量（预热以4h，起始温度按20℃计算）：加温220kg/h，保温100～150kg/h。

⑤ 酸铜溶液冷却水（10～15℃）供应量及其配置：

a. 20ST-20WCI型水冷式工业冷水机1台（制冷量58000kcal/h，冷水流量193～260L/min，进口温度25℃，出口温度10～15℃，压缩机功率17.2kW，冷水泵功率2.2kW）。

b. RT-25型冷却塔1台（流量25m^3/h，理论风量12000m^3/h，风扇功率0.75kW）。

c. HT65-09型水泵1台（2.2kW，水量15m^3/h，扬程21m）。

⑥ 生产作业供水量（每小时换水次数：0.75～1.0槽，热水和纯水减半计算）自来水7.5～10.5m^3/h，纯水0.5m^3/h。

⑦ 空搅用低压空气供应量［按液面0.2～0.3m^3/(min・m^2）计算］：450m^3/h，选配SLF-80型三叶罗茨风机2台（排风量311m^3/h，排出压力24.5kPa，4kW，1900r/min）。

⑧ 废水排放（处理）量：酸碱（含酸铜和镍系）系5.5～7.5m^3/h，氰系1.2～1.6m^3/h，铬系0.6～2.8m^3/h。

⑨ 局部排风量。

a. 酸碱系：9200m^3/h，选配BF4-72型，No.6C，FRP风机1台（5755～11518m^3/h，841～530Pa，3kW，1250r/min）。

b. 铬系：5300m^3/h，选配BF4-72型，No.4A，FRP风机（耐铬酸）1台（3566～6139m^3/h，1881～1146Pa，4kW，2900r/min）；FCW500型铬雾净化器1台。

⑩ 设备总动力：3相，50Hz，380V，约236kW［其中整流器共6台额定容量为166.5kW，过滤机11台总功率20.9kW，超声波发生器功率10.8kW（10kHz），同时使用系数0.6～0.7］。

铝合金件电镀生产线工艺配置表见表 3-5。

表 3-5 铝合金件电镀生产线工艺配置表

工位数	工序名称	槽位号	工艺条件					电镀面积和电流电压			镀槽要求											设备要求												
			温度/℃	电流密度/(A/dm²)	时间/min	镀层厚度/μm	添加剂型号	每一极杆/dm²	每一极杆/A	整流器/(A/V)	厚度δ/mm,材料		外壁尺寸/mm			有效容积/dm³	附设装置	排水方式				加温(或冷却)	溶液喷射搅拌	空气搅拌	阴极移动	喷淋	过滤/(m³/h)	供水	逆流	回收	温度控制	自动加料	槽体保温	局部排风
											槽体	内衬	长	宽	高			集污斗	溢流斗	拉塞	排污阀													
4+1	热浸脱脂	1	60								15,PP		1500	800	1350	1350			√		√	1Cr18Ni9Ti蛇形管加温						自来水			自动			单侧
2		水洗										12,PP		600	600	1350	400			√		√			√									
3		水洗										12,PP		600	600	1350	400					√			√			自来水						
2+1	超声波脱脂	4	60				超声波发生器(每槽)5.4kW(振板 900W×6 块)				3,不锈钢		1200	800	1350	1100			√		√	1Cr18Ni9Ti蛇形管加温						自来水			自动		√	单侧
2+1	超声波脱脂	5	60				超声波发生器(每槽)5.4kW(振板 900W×6 块)				3,不锈钢		1200	800	1350	1100			√		√	1Cr18Ni9Ti蛇形管加温						自来水			自动		√	单侧
	水洗	6									12,PP		600	600	1350	400			√		√			√										
	水洗	7									12,PP		600	600	1350	400					√			√				自来水						
	水洗	8									12,PP		600	600	1350	400			√		√			√										
	水洗	9									12,PP		600	600	1350	400					√			√				自来水						
	表面溶蚀	10									15,PP		600	600	1350	400						1Cr18Ni9Ti蛇形管加温									自动			
	水洗	11									12,PP		600	600	1350	400			√		√			√										
	水洗	12									12,PP		600	600	1350	400					√			√				自来水						
	水洗	13									12,PP		600	600	1350	400			√		√			√										
	水洗	14									12,PP		600	600	1350	400					√			√				自来水						

续表

工位数	工序名称	槽位号	工艺条件					电镀面积和电流电压			镀槽要求											设备要求												
			温度/℃	电流密度/(A/dm^2)	时间/min	镀层厚度/μm	添加剂型号	每一极杆/dm^2	每一极杆/A	整流器/(A/V)	厚度δ/mm,材料 槽体	厚度δ/mm,材料 内衬	外壁尺寸/mm 长	外壁尺寸/mm 宽	外壁尺寸/mm 高	有效容积/dm^3	附设装置	排水方式 集污斗	排水方式 溢流斗	排水方式 拉塞	排水方式 排污阀	加温(或冷却)	溶液喷射搅拌	空气搅拌	阴极移动	喷淋	过滤/(m^3/h)	供水	逆流	回收	温度控制	自动加料	槽体保温	局部排风
	除垢	15	25～28								15,PP		600	600	1350	400						F4 管束加温									自动			
	水洗	16									12,PP		600	600	1350	400			√		√			√										
	水洗	17									12,PP		600	600	1350	400					√			√				自来水	↩					
	水洗	18									12,PP		600	600	1350	400			√		√			√										
	水洗	19									12,PP		600	600	1350	400					√			√				自来水	↩					
	沉锌(Ⅰ)	20	25								15,PP		600	600	1350	400						1Cr18Ni9Ti 蛇形管 加温、冷却					5(1台)				自动			
	水洗	21									12,PP		600	600	1350	400			√		√			√										
	水洗	22									12,PP		600	600	1350	400					√			√				自来水	↩					
	水洗	23									12,PP		600	600	1350	400			√		√			√										
	水洗	24									12,PP		600	600	1350	400					√			√				自来水	↩					
	去锌	25	室温								15,PP		600	600	1350	400																		
	水洗	26									12,PP		600	600	1350	400			√		√			√										
	水洗	27									12,PP		600	600	1350	400					√			√				自来水	↩					
	水洗	28									12,PP		600	600	1350	400			√		√			√										
	水洗	29									12,PP		600	600	1350	400					√			√				自来水	↩					

续表

工位数	工序名称	槽位号	工艺条件					电镀面积和电流电压			镀槽要求											设备要求											
			温度/℃	电流密度/(A/dm^2)	时间/min	镀层厚度/μm	添加剂型号	每一极杆/dm^2	每一极杆/A	整流器/(A/V)	厚度δ/mm,材料		外壁尺寸/mm			有效容积/dm^3	附设装置	排水方式				加温(或冷却)	溶液喷射搅拌	空气搅拌	阴极移动	喷淋	过滤/(m^3/h)	供水	逆流	回收	温度控制	自动加料	槽体保温	局部排风
											槽体	内衬	长	宽	高			集污斗	溢流斗	拉塞	排污阀													
	沉锌(Ⅱ)	30	25								15,PP		600	600	1350	400						1Cr18Ni9Ti蛇形管加温、冷却					5(1台)				自动			
	水洗	31									12,PP		600	600	1350	400			√		√			√										
	水洗	32									12,PP		600	600	1350	400					√			√				自来水	↶					
	水洗	33									12,PP		600	600	1350	400			√		√			√										
	水洗	34									12,PP		600	600	1350	400					√			√				自来水	↶					
5+1	预镀镍	35	55							2000/12	15,PP		1800	900	1350	1800	带电进出					TA2 蛇形管加温		√			20(1台)				自动	√		
	回收	36									12,PP		600	600	1350	400					√			√				纯水		↶				
	水洗	37									12,PP		600	600	1350	400			√		√			√										
	水洗	38									12,PP		600	600	1350	400					√			√				自来水	↶					
	水洗	39									12,PP		600	600	1350	400			√		√			√										
	水洗	40									12,PP		600	600	1350	400					√			√				自来水	↶					
	活化	41									12,PP		600	600	1350	400					√													
	水洗	42									12,PP		600	600	1350	400			√		√			√										
	水洗	43									12,PP		600	600	1350	400					√			√				自来水	↶					

续表

工位数	工序名称	槽位号	工艺条件 温度/℃	工艺条件 电流密度/(A/dm²)	工艺条件 时间/min	工艺条件 镀层厚度/μm	工艺条件 添加剂型号	电镀面积和电流电压 每一极杆/dm²	电镀面积和电流电压 每一极杆/A	电镀面积和电流电压 整流器/(A/V)	镀槽要求 厚度δ/mm,材料 槽体	镀槽要求 厚度δ/mm,材料 内衬	镀槽要求 外壁尺寸/mm 长	镀槽要求 外壁尺寸/mm 宽	镀槽要求 外壁尺寸/mm 高	镀槽要求 有效容积/dm³	镀槽要求 附设装置	镀槽要求 排水方式 集污斗	镀槽要求 排水方式 溢流斗	镀槽要求 排水方式 拉塞	镀槽要求 排水方式 排污阀	设备要求 加温(或冷却)	设备要求 溶液喷射搅拌	设备要求 空气搅拌	设备要求 阴极移动	设备要求 喷淋	设备要求 过滤/(m³/h)	设备要求 供水	设备要求 逆流	设备要求 回收	设备要求 温度控制	设备要求 自动加料	设备要求 槽体保温	设备要求 局部排风
8+1	硫酸铜	44	20～25							2500/12	15,PP		3000	900	1350	3100						TA2 蛇形管加温、冷却		√			20(2 台)				自动	√		
8+1	硫酸铜	(44)	20～25							2500/12	15,PP		3000	900	1350	3100						TA2 蛇形管加温、冷却		√			20(2 台)				自动	√		
	回收	45									12,PP		600	600	1350	400					√			√				纯水						
	水洗	46									12,PP		600	600	1350	400			√		√			√										
	水洗	47									12,PP		600	600	1350	400					√			√				自来水						
	水洗	48									12,PP		600	600	1350	400			√		√			√										
	水洗	49									12,PP		600	600	1350	400					√			√				自来水						
	活化	50									12,PP		600	600	1350	400					√													
	水洗	51									12,PP		600	600	1350	400			√		√			√										
	水洗	52									12,PP		600	600	1350	400					√			√				自来水						
8+1	半光亮镍	53	55							2500/12	15,PP		3000	900	1350	3100						TA2 蛇形管加温		√			20(2 台)				自动	√		
	回收	54									12,PP		600	600	1350	400					√			√				纯水						

续表

工位数	工序名称	槽位号	工艺条件					电镀面积和电流电压			镀槽要求											设备要求												
											厚度δ/mm,材料		外壁尺寸/mm			有效容积/dm³	附设装置	排水方式																
			温度/℃	电流密度/(A/dm²)	时间/min	镀层厚度/μm	添加剂型号	每一极杆/dm²	每一极杆/A	整流器/(A/V)	槽体	内衬	长	宽	高			集污斗	溢流斗	拉塞	排污阀	加温(或冷却)	溶液喷射搅拌	空气搅拌	阴极移动	喷淋	过滤/(m³/h)	供水	逆流	回收	温度控制	自动加料	槽体保温	局部排风
8+1	半光亮镍	55	55							2500/12	15,PP		3000	900	1350	3100						TA2蛇形管加温		√			20(20台)				自动	√		
	回收	56									12,PP		600	600	1350	400					√			√				纯水						
	水洗	57									12,PP		600	600	1350	400			√		√			√										
	水洗	58									12,PP		600	600	1350	400					√			√				自来水						
	水洗	59									12,PP		600	600	1350	400			√		√			√										
	水洗	60									12,PP		600	600	1350	400					√			√				自来水						
	水洗	(57)									12,PP		600	600	1350	400			√		√			√										
	水洗	(58)									12,PP		600	600	1350	400					√			√				自来水						
	水洗	(59)									12,PP		600	600	1350	400			√		√			√										
	水洗	(60)									12,PP		600	600	1350	400					√			√				自来水						
	活化	61									12,PP		600	600	1350	400					√													
	水洗	62									12,PP		600	600	1350	400			√		√			√										
	水洗	63									12,PP		600	600	1350	400					√			√				自来水						

续表

工位数	工序名称	槽位号	工艺条件					电镀面积和电流电压			镀槽要求											设备要求												
			温度/℃	电流密度/(A/dm^2)	时间/min	镀层厚度/μm	添加剂型号	每一极杆/dm^2	每一极杆/A	整流器/(A/V)	厚度δ/mm,材料		外壁尺寸/mm			有效容积/dm^3	附设装置	排水方式				加温(或冷却)	溶液喷射搅拌	空气搅拌	阴极移动	喷淋	过滤/(m^3/h)	供水	逆流	回收	温度控制	自动加料	槽体保温	局部排风
											槽体	内衬	长	宽	高			集污斗	溢流斗	拉塞	排污阀													
4+1	镀装饰铬	64	38~45							1500/15(纹波系数小于5%)	15,HPVC		1500	900	1350	1500						TA2蛇形管加温、冷却									自动			单侧
	回收	65									12,HPVC		600	600	1350	400					√			√						↶				
	回收	66									12,HPVC		600	600	1350	400					√			√						↶				
	回收	67									12,HPVC		600	600	1350	400					√			√				纯水		↶				
	水洗	68									12,PP		600	600	1350	400			√		√			√										
	水洗	69									12,PP		600	600	1350	400					√			√				自来水	↶					
	还原	70									12,PP		600	600	1350	400					√													
	水洗	71									12,PP		600	600	1350	400			√		√			√										
	水洗	72									12,PP		600	600	1350	400					√			√					↶					
	水洗	73									12,PP		600	600	1350	400					√			√				自来水	↶					

3.2.6 金属货架电镀工艺

金属货架电镀生产线工艺流程如图 3-21 所示。

设计要素如下。

① 运行节拍时间：15s（手工操作，配置 4 台电支葫芦）。

② 溶液加温和保温供汽量（预热以 4h，起始温度按 20℃计算）：加温 1500kg/h，保温 800～900kg/h。

③ 生产作业供水量（每槽换水次数：0.4～0.5 槽，热水和纯水减半计算）自来水 5.5～6.5m^3/h，纯水 0.5m^3/h。

④ 空搅用低压空气量［按液面 0.20～0.30m^3/(min・m^2）计算］：1050m^3/h，选取 SLF-100 型三叶罗茨风机 3 台（进风量 457m^3/h，排风压力 29.4kPa，7.5kW，1800r/min)。

⑤ 局部排风（高截面排风罩，槽口按 900mm 计算）：

a. 酸碱系 17000m^3/h，选配 BF4-72 型 No.8C，FRP 风机 1 台（12087～23174m^3/h，1441～784Pa，7.5kW，1250r/min)。

b. 铬系 6200m^3/h，选配 BF4-72 型 No.6C，FRP（耐铬酸）风机 1 台（6291～14124m^3/h，1207～697Pa，4kW，1450r/min)；并配 FGW600 型高效铬雾净化箱 1 台。

⑥ 废水排放（处理）量：酸碱系 3.0～3.5m^3/h，镍系 1.5～2.0m^3/h，铬系 1.0～1.5m^3/h。

⑦ 设备总动力：3 相，50Hz，380V，908kW［其中整流器共 9 台额定容量为 840kW，过滤机 11 台总功率 33kW，回收手提泵（0.5kW）2 台，同时使用系数 0.6～0.7］。

金属货架电镀生产线工艺配置表见表 3-6。

单工序回转式电镀槽如图 3-22 所示。

设计要素如下。

① 工位距：16×25.4mm＝406.4mm。

② 设链轮齿数为：114 齿。

③ 节圆直径：

$$d_{节}=\frac{25.4\text{mm}}{\sin\dfrac{180^\circ}{114}}=\frac{25.4\text{mm}}{\sin1.578947^\circ}=\frac{25.4\text{mm}}{0.0275543}\approx921.8\text{mm}，即 R_{节}=460.9\text{mm}\approx461\text{mm}。$$

④ 阴极导电杆中心半径比链轮节圆半径大 47.5mm≈48mm，故阴极导电杆中心半径约为 509mm。

⑤ 外阳极中心半径取 R928mm，内阳极中心半径取 R90mm，即内外阳极中心线间距为 838mm，阴、阳极中心间距为 419mm。

电动葫芦轨道横移装置示意图见图 3-23。

3.2.7 灯具镍-锡电镀工艺

灯具镍-锡电镀生产线工艺流程如图 3-24 所示。

灯具镍-锡电镀生产线工艺配置表见表 3-7。

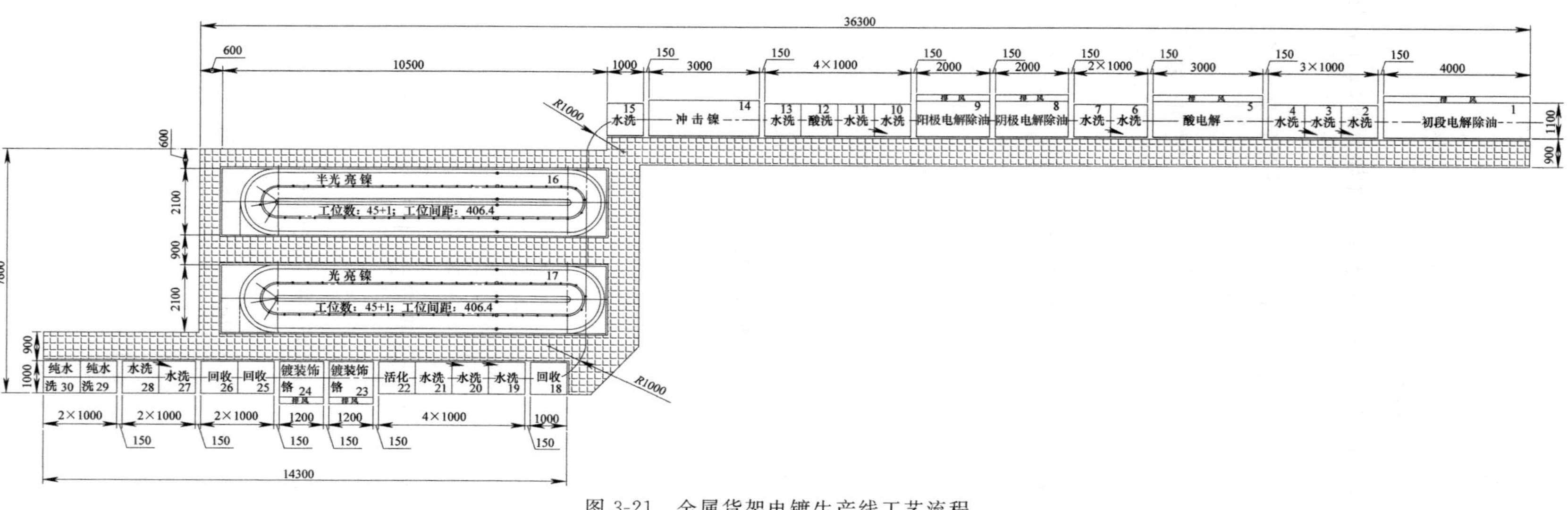

图 3-21 金属货架电镀生产线工艺流程

表 3-6 金属货架电镀生产线工艺配置表

工序号	工序名称	槽位号	工位数	工艺条件					电镀面积和电流电压			镀槽要求											设备要求												
				温度/℃	电流密度/(A/dm²)	时间/min	镀层厚度/μm	添加剂型号(乐思)	每一极杆/dm²	每一极杆/A	整流器/(A/V)	厚度δ/mm，材料 槽体	厚度δ/mm，材料 内衬	尺寸/mm 长	尺寸/mm 宽	尺寸/mm 高	有效容积/dm³	附设装置	排水方式 集污斗	排水方式 溢流斗	排水方式 拉塞	排水方式 排污阀	加温(或冷却)	溶液喷射搅拌	空气搅拌	阴极移动	喷淋	过滤/(m³/h)	供水	逆流	回收	温度控制	自动加料	槽体保温	局部排风
1	装挂	0																																	
2	初段电解除油	1	9+1	50～60							8000/12	6，Q235	5，R	4000	1100	2100	8300			√		√	1Cr18Ni9Ti蛇形管加温						自来水			显示			√
3	水洗	2										6，Q235	3，R	1000	1000	2100	1900			√		√			√										
4	水洗	3										6，Q235	3，R	1000	1000	2100	1900					√			√					↩					
5	水洗	4										6，Q235	3，R	1000	1000	2100	1900					√			√				自来水	↩					

续表

工序号	工序名称	槽位号	工位数	工艺条件					电镀面积和电流电压			镀槽要求											设备要求												
				温度/℃	电流密度/(A/dm²)	时间/min	镀层厚度/μm	添加剂型号(乐思)	每一极杆/dm²	每一极杆/A	整流器/(A/V)	厚度δ/mm，材料		尺寸/mm			有效容积/dm³	附设装置	排水方式				加温(或冷却)	溶液喷射搅拌	空气搅拌	阴极移动	喷淋	过滤/(m³/h)	供水	逆流	回收	温度控制	自动加料	槽体保温	局部排风
												槽体	内衬	长	宽	高			集污斗	溢流斗	拉塞	排污阀													
6	酸电解	5	6+1	室温							6000/12	6，Q235	5，R	3000	1100	2100	6200					√													
7	水洗	6										6，Q235	3，R	1000	1000	2100	1900			√		√			√										
8	水洗	7										6，Q235	3，R	1000	1000	2100	1900					√			√				自来水						
9	阴极电解除油	8	4+1	50～60							4000/12	6，Q235	5，R	2000	1100	2100	4100			√		√	1Cr18Ni9Ti蛇形管加温						自来水			显示			√
10	阳极电解除油	9	4+1	50～60							4000/12	6，Q235	5，R	2000	1100	2100	4100			√		√	1Cr18Ni9Ti蛇形管加温						自来水			显示			√
11	水洗	10										6，Q235	3，R	1000	1000	2100	1900			√		√			√										
12	水洗	11										6，Q235	3，R	1000	1000	2100	1900					√			√				自来水						
13	酸洗	12										6，Q235	3，R	1000	1000	2100	1850					√													
14	水洗	13										6，Q235	3，R	1000	1000	2100	1900			√		√			√				自来水						
15	冲击镍	14	6+1	50～60							6000/12	6，Q235	5，R	3000	1100	2100	6200						TA2蛇形管加温		√			30（1台）				显示			
16	水洗	15										6，Q235	3，R	1000	1000	2100	1900			√		√			√				自来水						
17	半光亮镍	16	45+1	50～60							15000/12	6，Q235	5，R	10000	2100	2100	38000						TA2蛇形管加温		√			30（5台）				显示			
18	光亮镍	17	45+1	50～60							15000/12	6，Q235	5，R	10000	2100	2100	38000						TA2蛇形管加温		√			30（5台）				显示			
19	回收	18										6，Q235	3，R	1000	1000	2100	1900					√			√				纯水		手提泵				

续表

工序号	工序名称	槽位号	工位数	工艺条件					电镀面积和电流电压			镀槽要求											设备要求												
				温度/℃	电流密度/(A/dm²)	时间/min	镀层厚度/μm	添加剂型号(乐思)	每一极杆/dm²	每一极杆/A	整流器/(A/V)	厚度δ/mm，材料		尺寸/mm			有效容积/dm³	附设装置	排水方式				加温(或冷却)	溶液喷射搅拌	空气搅拌	阴极移动	喷淋	过滤/(m³/h)	供水	逆流	回收	温度控制	自动加料	槽体保温	局部排风
												槽体	内衬	长	宽	高			集污斗	溢流斗	拉塞	排污阀													
20	水洗	19										6，Q235	3，R	1000	1000	2100	1900			√		√			√										
21	水洗	20										6，Q235	3，R	1000	1000	2100	1900					√			√										
22	水洗	21										6，Q235	3，R	1000	1000	2100	1900					√			√				自来水						
23	铬酸活化	22										6，Q235	6，HPV	1000	1000	2100	1850																		
24A	镀装饰铬	23	2+1	38～45							6000/12	6，Q235	10，HPVC	1200	1100	2100	2400						TA2蛇形管加温、冷却		√							显示			√
24B	镀装饰铬	24	2+1	38～45							6000/12	6，Q235	10，HPVC	1200	1100	2100	2400						TA2蛇形管加温、冷却		√							显示			√
25	回收	25										6，Q235	6，HPV	1000	1000	2100	1900					√			√										
26	回收	26										6，Q235	6，HPV	1000	1000	2100	1900					√			√				纯水		手提泵				
27	水洗	27										6，Q235	3，R	1000	1000	2100	1900			√		√			√										
28	水洗	28										6，Q235	3，R	1000	1000	2100	1900					√			√				自来水						
29	纯水洗	29										6，Q235	3，R	1000	1000	2100	1900			√		√			√										
30	纯水洗	30										6，Q235	3，R	1000	1000	2100	1900					√			√				纯水						
31	卸挂	0																																	

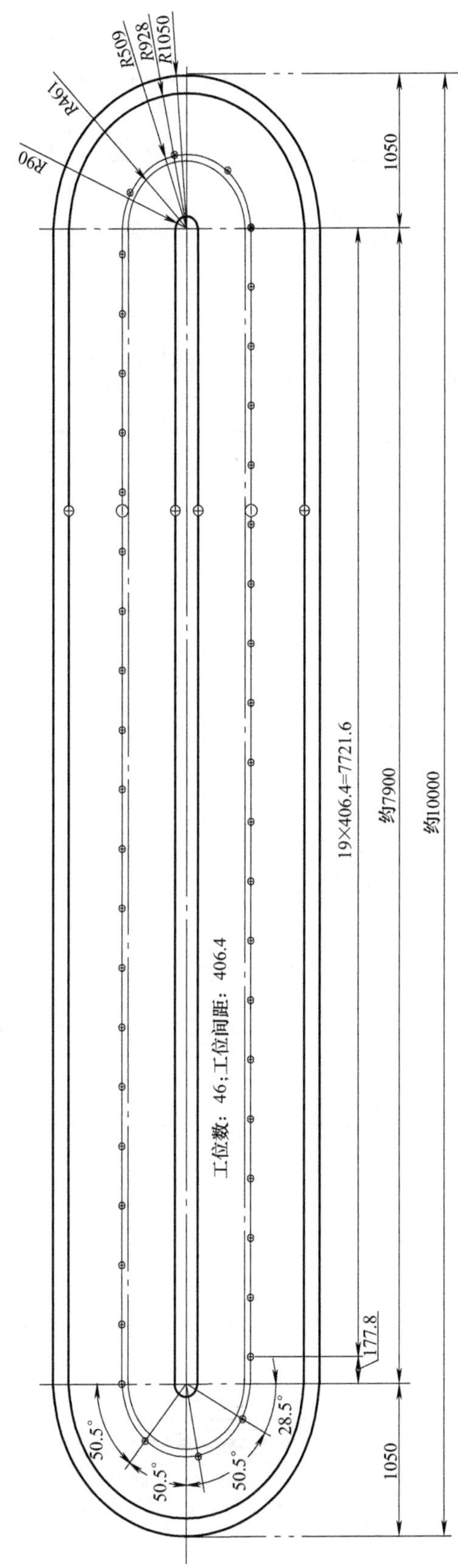

图 3-22 单工序回转式电镀槽

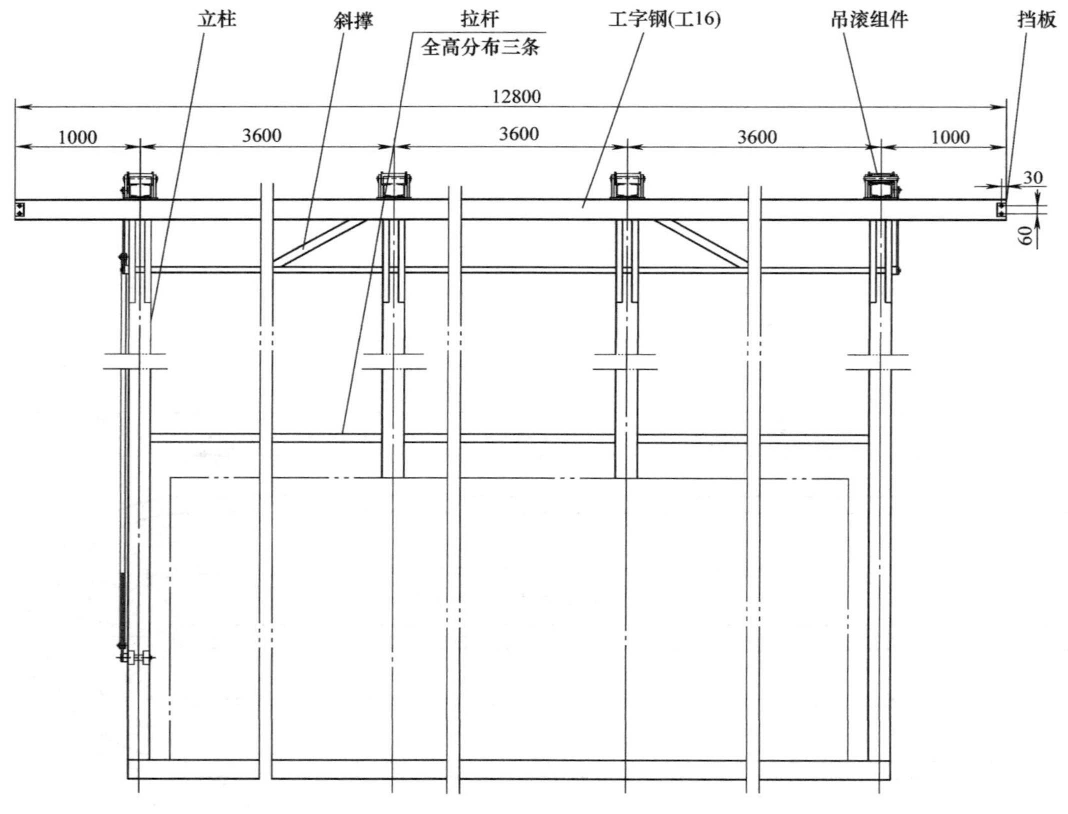

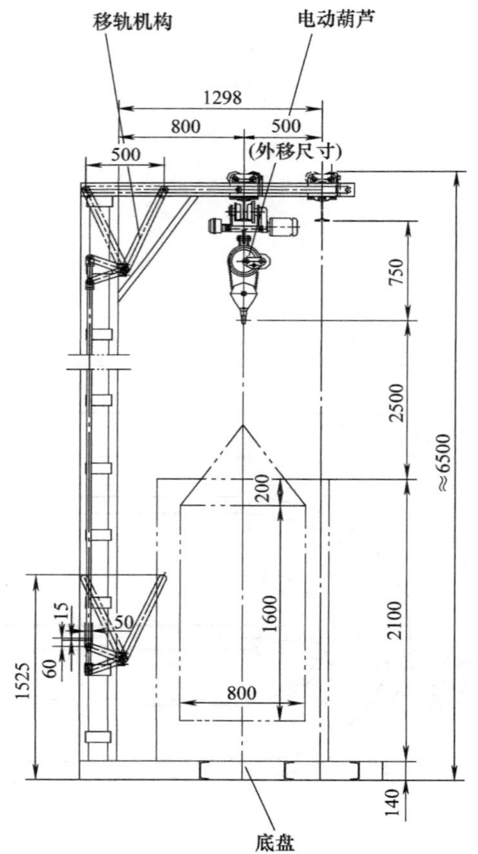

注：1.可全线分段设置，但需注意两段之间的轨道应可靠相接。

2.本装置设置在半亮镍槽和光亮镍槽处是非常理想的，方便工件进槽和出槽交换。

3.各工艺段电动葫芦轨道的衔接需统筹设计。

图 3-23 电动葫芦轨道横移装置示意图

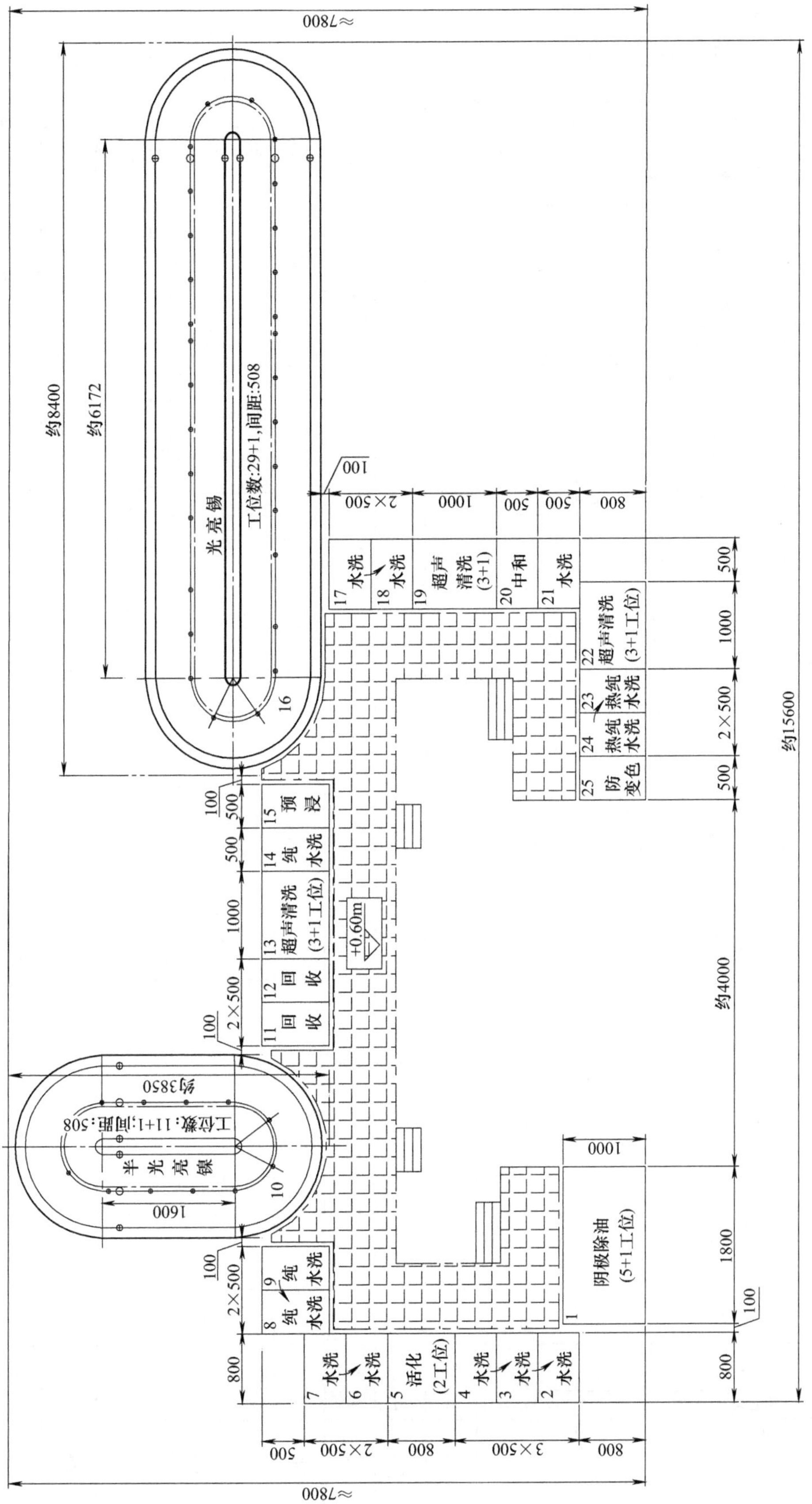

图 3-24　灯具镍-锡电镀生产线工艺流程

表 3-7 灯具镍-锡电镀生产线工艺配置表

工序名称	槽位号	工位数	工艺条件					电镀面积和电流电压			镀槽要求							镀槽要求				设备要求												
			温度/℃	电流密度/(A/dm²)	时间/min	镀层厚度/μm	添加剂型号(乐思)	每一极杆/dm²	每一极杆/A	整流器/(A/V)	厚度δ/mm，材料 槽体	厚度δ/mm，材料 内衬	尺寸/mm 长	尺寸/mm 宽	尺寸/mm 高	有效容积/dm³	附设装置	排水方式 集污斗	排水方式 溢流斗	排水方式 拉塞	排水方式 排污阀	加温(或冷却)	溶液喷射搅拌	空气搅拌	阴极移动	喷淋	过滤/(m³/h)	供水	逆流	回收	温度控制	自动加料	槽体保温	局部排风
阴极除油	1	5+1	55～65(60)	1.25～1.5	1.25～1.5			12×6	144	300/10	15，PP		1800	1000	1100	1600			√		√	1Cr18Ni9Ti蛇形管加温						自来水			显示			
水洗	2										12，PP		800	500	1000	300			√	√									↶					
水洗	3										12，PP		800	500	1000	300				√									↶					
水洗	4										12，PP		800	500	1000	300				√								自来水						
活化	5	2			0.25～0.5						12，PP		800	800	1000	500				√														
水洗	6										12，PP		800	500	1000	300			√	√									↶					
水洗	7										12，PP		800	500	1000	300				√								自来水						
纯水洗	8										12，PP		800	500	1000	300			√	√									↶					
纯水洗	9										12，PP		800	500	1000	300				√								纯水						
半光亮镍	10	11+1	52～60	4	2.75～3	1		12×12	576	1000/10(波纹系数小于5%)	6，Q235	5，橡胶	3700	2100	1100	6300						TA2蛇形管加温					20(5μm)			↶	显示			
回收	11										12，PP		800	500	1000	300				√				√						↶				
回收	12										12，PP		800	500	1000	300				√				√				纯水						
超声清洗	13	3+1			0.75～1		超声波发生器：3.6kW[振板6块×600W H500mm×W250mm×δ80mm(每块)]				3，1Cr18Ni9Ti		800	1000	1000	670			√		√			√				自来水						
纯水洗	14										12，PP		800	500	1000	300			√	√				√				纯水						

续表

工序名称	槽位号	工位数	工艺条件					电镀面积和电流电压			镀槽要求											设备要求												
			温度/℃	电流密度/(A/dm²)	时间/min	镀层厚度/μm	添加剂型号(乐思)	每一极杆/dm²	每一极杆/A	整流器/(A/V)	厚度δ/mm，材料		尺寸/mm			有效容积/dm³	附设装置	排水方式				加温(或冷却)	溶液喷射搅拌	空气搅拌	阴极移动	喷淋	过滤/(m³/h)	供水	逆流	回收	温度控制	自动加料	槽体保温	局部排风
											槽体	内衬	长	宽	高			集污斗	溢流斗	拉塞	排污阀													
预浸	15	1			0.25						12，PP		800	500	1000	290				√														
光亮锡	16	29+1	16～27(18)	2	7.25～7.5	5		12×30	720	1500/10(波纹系数小于5%)	6，Q235	5，橡胶	8270	2100	1100	1500						F4管束加温，冷却					20(2台)(1μm)				显示			
水洗	17										12，PP		800	500	1000	300			√	√				√					↷					
水洗	18										12，PP		800	500	1000	300				√				√				自来水						
超声清洗	19	3+1			0.75～1		超声波发生器，3.6kW[振板6块×600W，H500mm×W250mm×δ80mm(每块)]				3，1Cr18Ni9Ti		800	1000	1000	670			√		√			√				自来水						
中和	20	1	50～60		0.25						15，PP		800	500	1000	290				√		1Cr18Ni9Ti蛇形管加温		√							显示			
水洗	21										12，PP		800	500	1000	300			√	√				√				自来水						
超声清洗	22	3+1			0.75～1		超声波发生器，3.6kW[振板6块×600W，H500mm×W250mm×δ80mm(每块)]				3，1Cr18Ni9Ti		800	1000	1000	670			√		√			√				自来水						
热纯水洗	23		50～60								12，PP		800	500	1000	300			√	√		1Cr18Ni9Ti蛇形管加温		√					↷		显示			
热纯水洗	24		50～60								12，PP		800	500	1000	300				√		1Cr18Ni9Ti蛇形管加温		√				纯水			显示			
防变色	25	1	35～45		0.25						12，PP		800	500	1000	290						1Cr18Ni9Ti蛇形管加温									显示			

灯具镍-锡电镀线设计要素如下。

① 主机：L15.6m×W7.8m×H1.2m（槽口标高）。操作平台：W0.8m×H0.6m。

② 每挂灯具电镀面积和每挂装载体积：每件电镀面积 $2dm^2$，每挂 6 件，则每挂电镀面积 $12dm^2$；每挂装载体积 H600mm×W500mm×δ130mm。

③ 运行节拍时间：15s（手控）。

④ 日产量（12h/d）：12h×60min/h×60s/min÷15s×6 件≈17000 件。

⑤ 溶液加温和保温供汽量（预热以 2h，起始温度按 20℃计算）：加温 300kg/h，保温 120～150kg/h。

⑥ 生产作业供水量（换水次数：0.75～1.0 槽/h，热水和纯水减半计算）自来水 2.0～2.5m^3/h，纯水 0.4～0.5m^3/h。

⑦ 水洗槽空气搅拌：80m^3/h，选配 XGB-3 型旋涡气泵 1 台（最大流量 100m^3/h，最大压力 14kPa，正常工作压力<10kPa，真空度 11kPa，1.1kW）。

⑧ 光亮锡溶液冷却水（10～12℃）供水量（预冷时间按 1h 计算）及其配置：20ST-05AI 型风冷式工业冷水机 1 台（制冷量 11600kcal/h，冷水流量 39～50L/min，出口温度 10～12℃，进口温度 15～20℃，压缩机功率 4.3kW，冷水泵功率 0.75kW，冷却风扇功率 0.25kW）。

⑨ 废水排放（处理）量：酸碱系：2.0～2.5m^3/h。

⑩ 设备总动力：3 相，50Hz，380V，52kW [其中整流器共 3 台额定容量为 28kW，过滤机 3 台总功率 6.6kW，超声波发生器总功率 10.8kW（40kHz），同时使用系数 0.7～0.8]。

单工序镀槽设计要素如下。

① 按挂具工件确定工位间距，即可设定链轮节距，本工程单工序电镀槽传动链轮齿节距可取 t=25.4mm。

② 按镀槽初步设计尺寸，暂定链轮节圆直径可取 ϕ920mm。

③ 链轮齿数：Z=920mm÷25.4mm×3.14=113.73≈114。

④ 求链轮节圆直径：

$$d_{节}=\frac{25.4\text{mm}}{\sin\dfrac{180^\circ}{114}}=\frac{25.4\text{mm}}{\sin 1.5789^\circ}=\frac{25.4\text{mm}}{0.027555}=921.8\text{mm}$$

镍、锡电镀槽和驱动链轮设计示意图见图 3-25。

3.2.8 防锈零件镍-锌电镀工艺

防锈零件镍-锌电镀生产线工艺流程如图 3-26 所示。

设计要素如下。

① 主机：L13.2m（线长）×W4.2m（未含整流器、过滤机和线外通风系统等辅助设施）。

② 生产作业供水量（水洗槽每小时换水次数：0.75～1.0 槽，热水和纯水减半计算）：自来水 3～4m^3/h，纯水 0.5～0.6m^3/h。

③ 溶液加温供电量（预热以 2h，起始温度按 20℃计算）：120kW。

④ 溶液搅拌低压空气供应量：165m^3/h，选取 XGB-9 旋涡气泵 2 台（130m^3/h，1.5kW，最大压力 18Pa，正常工作压力≤13.5kPa，真空度 15kPa）。

⑤ 废水排放（处理）量：酸碱系 3.0～3.5m^3/h，铬系 0.3～0.5m^3/h。

⑥ 局部排风量（未计配液槽排风量）：

a. 酸碱系 18000m^3/h，选配 BF_4-72 型 No.8C，FRP 风机 1 台（12087～23174m^3/h，1413～785Pa，7.5kW，1250r/min），并配 WXS-2-18 型酸雾净化塔 1 座（耐腐蚀液下泵 5.5kW）；

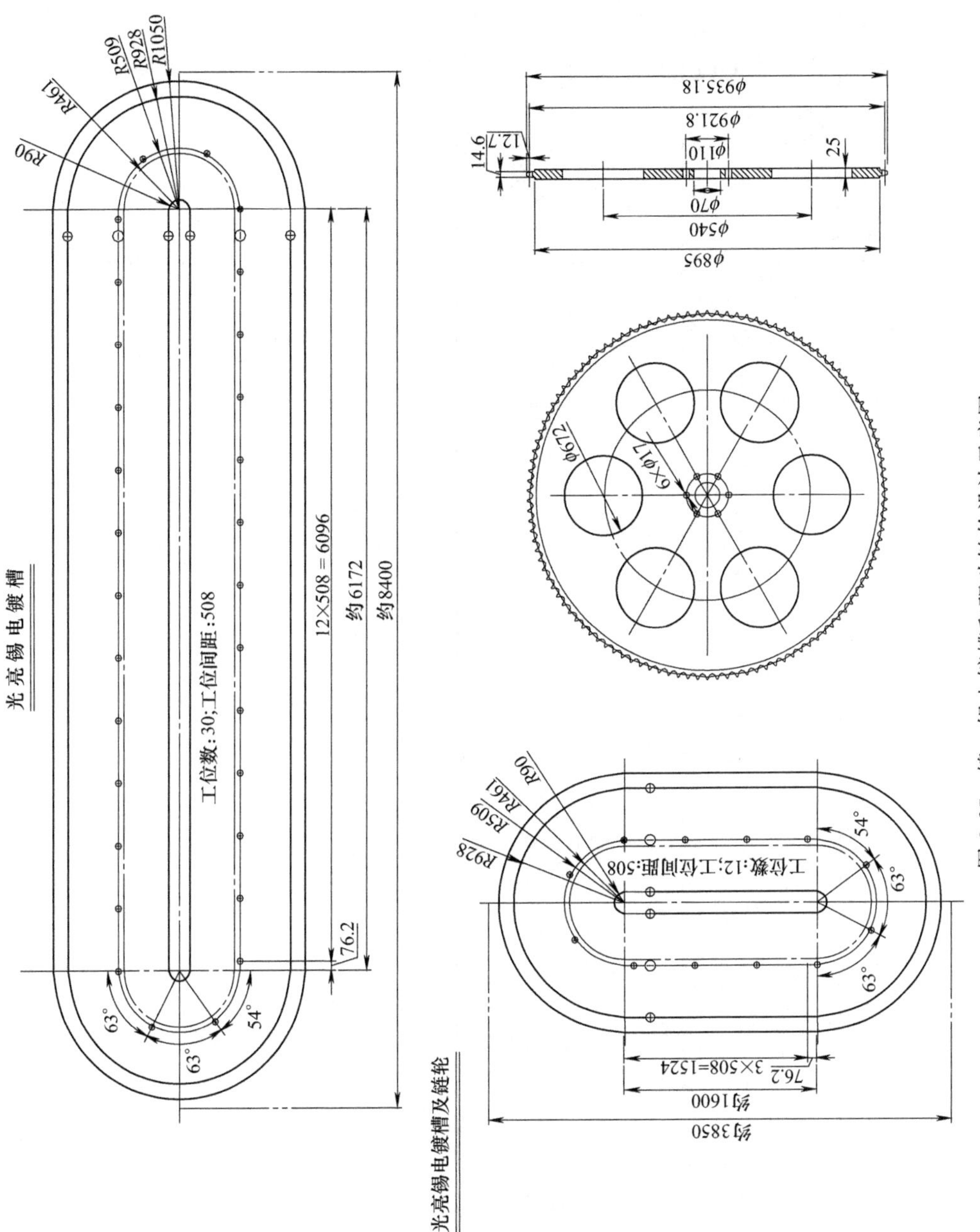

图 3-25　镍、锡电镀槽和驱动链轮设计示意图

注：1. 链轮齿数 $Z=114$，链条 TG254，$t=25.4$。

2. 要求平正，不得有翘弯。

3. 去锐角 $R0.5$ 表面喷塑。

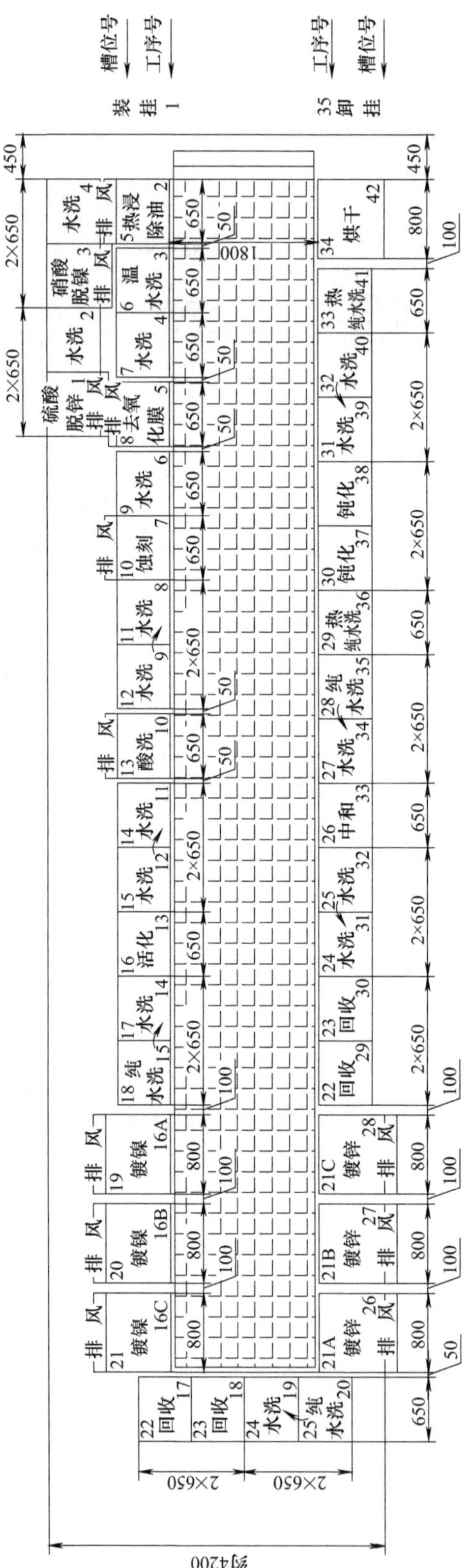

图 3-26 防锈零件镍-锌电镀生产线工艺流程

b. 铬系 3500m^3/h，选配 BF_4-72 型 No.3.6A，FRP 风机 1 台（2684～5574m^3/h，1578～985Pa，3kW，2900r/min），并配 No.1 型铬雾回收器 1 台。

⑦ 设备总动力：3 相，50Hz，380V，148kW（其中整流器额定容量 7.5kW，过滤机功率为 3kW，同时使用系数 0.7）。

⑧ 本线总体设计和槽体结构设计，可参考轴瓦三元合金电镀线设计方案。槽体结构取消了外置加强筋，而只采用内置三角形口筋，这可使相邻槽体排列紧靠，参考本书第 4 章图 4-57 和图 4-58。

防锈零件镍-锌电镀生产线工艺配置表见表 3-8。

3.2.9 眼镜架电镀工艺

眼镜架电镀生产线工艺流程如图 3-27 所示。

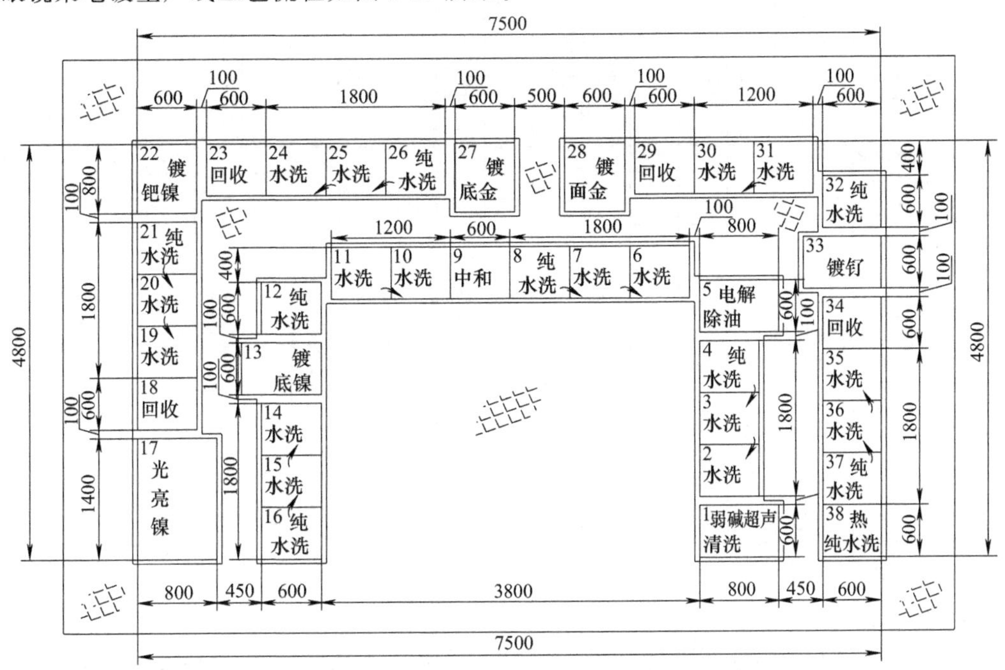

图 3-27　眼镜架电镀生产线工艺流程

设计要素如下。

① 设备平面：L9m×W6.3m（含走道平台，未含排风系统等辅助设施）。

② 槽体塑料结构设计采用内置三角形口筋。

③ 水平阴极移动：2 套，频率 10～15min^{-1}，幅度 80～100mm。

④ 生产作业供水量（水洗槽每小时换水次数：1.0～1.5 槽/h，热水和纯水减半计算）：自来水 1.5～2.5m^3/h，纯水 1.0～1.3m^3/h。

⑤ 溶液加温和保温供电量（预热以 2h，起始温度平均按 20℃计算）：加温 39kW，保温 20～25kW/h。

⑥ 溶液搅拌低压空气供应量［0.2～0.3m^3/(m^2 · min)］：120m^3/h。选取 XGB-9 旋涡气泵 1 台（130m^3/h）1.5kW，最大压力 18Pa，正常工作压力≤13.5kPa，真空度 15kPa。

⑦ 废水排放（处理）量：酸碱系 1.6～2.4m^3/h，氰系 0.5～0.8m^3/h。

⑧ 局部排风量（翻盖式吸风罩）：11800m^3/h，选配 BF_4-72 型 No.6C，FRP 风机 1 台（4kW，1450r/min）。

⑨ 设备总动力：3 相，50Hz，380V，55kW（同时使用系数 0.7）。

眼镜架电镀生产线工艺配置表见表 3-9。

表 3-8 防锈零件镍-锌电镀生产线工艺配置表

工序号	工件名称	槽位号	工位数	工艺条件					电镀面积和电流电压			镀槽要求											设备要求												
				温度/℃	电流密度/(A/dm²)	时间/min	镀层厚度/μm	添加剂型号	每一极杆/dm²	每一极杆/A	整流器/(A/V)	厚度δ/mm，材料		外尺寸/mm			有效容积/dm³	附设装置	排水方式				加温(或冷却)	机械搅拌	空气搅拌	阴极移动	移动触点	过滤/(m³/h)	水洗	逆流	手提泵	温度控制	液位控制	槽体保温	局部排风
												槽体	内衬	长	宽	高			集污斗	溢流斗	拉塞	排污阀													
1	装挂	0																																	
	硫酸脱锌	1		室温		5～30						12，PP		650	650	1000	300	槽盖																	√
	水洗	2										12，PP		650	650	1000	320			√		√			√				自来水						
	硝酸脱镍	3		60～80		1～30						3，不锈钢		650	650	1000	310	槽盖					F4 电加温管(15kW)									√			√
	水洗	4										12，PP		650	650	1000	320			√		√			√				自来水						
2	热浸除油	5		60～80		2～5						3，不锈钢		650	650	1000	310	槽盖		√		√	F4 电加温管(15kW)						自来水			√		√	√
3	温水洗	6		50								12，PP		650	650	1000	320			√		√	F4 电加温管(6kW)						自来水						
4	水洗	7										12，PP		650	650	1000	320			√		√			√				自来水						
5	去氧化膜	8		25～55		2.5						3，不锈钢		650	650	1000	310	槽盖					F4 电加温管(6kW)									√		√	√
6	水洗	9										12，PP		650	650	1000	320			√		√			√				自来水						
7	蚀刻	10		38～70		0.25～5						12，PP		650	650	1000	300	槽盖					F4 电加温管(6kW)	√								√			√
8	水洗	11										12，PP		650	650	1000	320			√		√			√					↶					
9	水洗	12										12，PP		650	650	1000	320					√			√				自来水						
10	酸洗	13		25～55		2～2.5						3，不锈钢		650	650	1000	310	槽盖					F4 电加温管(6kW)									√		√	√
11	水洗	14										12，PP		650	650	1000	320			√		√			√					↶					
12	水洗	15										12，PP		650	650	1000	320					√			√				自来水						
13	活化	16		室温		2～3						12，PP		650	650	1000	300	槽盖																	√
14	水洗	17										12，PP		650	650	1000	320			√		√			√				自来水	↶					
15	纯水洗	18										12，PP		650	650	1000	320					√			√				纯水						

续表

工序号	工件名称	槽位号	工位数	工艺条件					电镀面积和电流电压			镀槽要求											设备要求												
				温度/℃	电流密度/(A/dm²)	时间/min	镀层厚度/μm	添加剂型号	每一极杆/dm²	每一极杆/A	整流器/(A/V)	厚度δ/mm，材料		外尺寸/mm			有效容积/dm³	附设装置	排水方式				加温（或冷却）	机械搅拌	空气搅拌	阴极移动	移动触点	过滤/(m³/h)	水洗	逆流	手提泵	温度控制	液位控制	槽体保温	局部排风
												槽体	内衬	长	宽	高			集污斗	溢流斗	拉塞	排污阀													
16A	镀镍	19	1	45～54	1～2	15～30					开关电源 100/10（3台）	15，PP		800	800	1000	450	槽盖	带电入槽				F4电加温管（12kW）			√	√	4（活性炭）3台				√			√
16B	镀镍	20	1									15，PP		800	800	1000	450	槽盖	带电入槽				F4电加温管（12kW）			√	√					√			√
16C	镀镍	21	1									15，PP		800	800	1000	450	槽盖	带电入槽				F4电加温管（12kW）			√	√					√			√
17	回收	22										12，PP		650	650	1000	320					√			√				纯水						
18	回收	23										12，PP		650	650	1000	320					√			√				纯水						
19	水洗	24										12，PP		650	650	1000	320			√		√			√				自来水	↶					
20	纯水洗	25										12，PP		650	650	1000	320					√			√				纯水						
21A	镀锌	26	1	室温	1.5～2.5	10～45					开关电源 150/10（3台）	15，PP		800	800	1000	450	槽盖	带电入槽								√	4（活性炭）3台							√
21B	镀锌	27	1	室温								15，PP		800	800	1000	450	槽盖	带电入槽								√								√
21C	镀锌	28	1	室温								15，PP		800	800	1000	450	槽盖	带电入槽								√								√
22	回收	29										12，PP		650	650	1000	320					√			√				纯水						
23	回收	30										12，PP		650	650	1000	320					√			√				纯水						
24	水洗	31										12，PP		650	650	1000	320			√		√			√					↶					
25	水洗	32										12，PP		650	650	1000	320					√			√				自来水						
26	中和	33		室温								12，PP		650	650	1000	300	槽盖																	
27	水洗	34										12，PP		650	650	1000	320			√		√			√				自来水	↶					
28	纯水洗	35	1									12，PP		650	650	1000	320					√			√				纯水			√			

续表

工序号	工件名称	槽位号	工位数	工艺条件					电镀面积和电流电压			镀槽要求											设备要求												
				温度/℃	电流密度/(A/dm²)	时间/min	镀层厚度/μm	添加剂型号	每一极杆/dm²	每一极杆/A	整流器/(A/V)	厚度δ/mm，材料		外尺寸/mm			有效容积/dm³	附设装置	排水方式				加温(或冷却)	机械搅拌	空气搅拌	阴极移动	移动触点	过滤/(m³/h)	水洗	逆流	手提泵	温度控制	液位控制	槽体保温	局部排风
												槽体	内衬	长	宽	高			集污斗	溢流斗	拉塞	排污阀													
29	热纯水洗	36		50～60								12，PP		650	650	1000	320			√		√	F4 电加温管(9kW)						纯水						
30	钝化	37		25～40		液中4～15s						12，HPVC		650	650	1000	300	槽盖					F4 电加温管(3kW)			√						√			√
	钝化	38		25～40		空中8～14s						12，HPVC		650	650	1000	300	槽盖					F4 电加温管(3kW)			√						√			√
31	水洗	39										12，PP		650	650	1000	320			√		√			√					↩					
32	水洗	40										12，PP		650	650	1000	320					√			√				自来水						
33	热纯水洗	41		50～60								12，PP		1100	650	1000	320			√		√	F4 电加温管(16kW)						纯水			√			
34	烘干	42	1	50～60		3～8						框架Q235	1.5，不锈钢	800	800	1000		自动槽盖					不锈钢电加温管(9kW)热风循环									√		√	
35	卸挂	0																																	
	脱锌液配置槽	附										12，PP		650	650	1000	300	槽盖						√								√			√
	蚀刻液配置槽	附		38～70								12，PP		650	650	1000	300	槽盖					F4 电加温管(6kW)	√							√	√			√
	镍液配置槽	附		45～54								15，PP		800	800	1000	450	槽盖					F4 电加温管(12kW)	√							√	√			√
	锌液配置槽	附										15，PP		800	800	1000	450	槽盖锁						√							√				√
	钝化液配置槽	附										12，HPVC		650	650	1000	300	槽盖						√							√				√
	酸液配置槽	附										3，不锈钢		650	650	1000	300	槽盖						√							√				√

表 3-9　眼镜架电镀生产线工艺配置表

工序名称	槽位号	工位数	工艺条件			整流器/(A/V)	镀槽要求											设备要求											备注
			温度/℃	电流密度/(A/dm²)	时间/min		厚度δ/mm,材料			内尺寸/mm			有效容积/dm³	附设装置	排水方式			加温（或冷却）	空气搅拌	阴极移动	喷淋	过滤机/(m³/h)	供水	逆流	温度控制	液位保护	自动加料	局部排风	
							槽体	内衬	保温	长	宽	高			溢流斗	拉塞	排污阀												
弱碱超声清洗	1	1	60～80				3,不锈钢		50,硅酸铝+5,PP	600	800	700	280		√		√	不锈钢电加温管(6kW)					自来水		√	√		√	超声波发生器 2.4kW
水洗	2						12,PP			600	600	700	200		√		√												
水洗	3						12,PP			600	600	700	200				√						自来水						
纯水洗	4						12,PP			600	600	700	200				√						纯水						
电解除油	5	1	50～60			50/±10	12,PP			600	800	700	250		√		√	不锈钢电加温管(6kW)					自来水		√	√		√	
水洗	6						12,PP			600	600	700	200		√		√												
水洗	7						12,PP			600	600	700	200				√						自来水						
纯水洗	8						12,PP			600	600	700	200				√						纯水						
中和	9						12,PP			600	600	700	200				√												
水洗	10						12,PP			600	600	700	200		√		√						自来水						
水洗	11						12,PP			600	600	700	200				√						纯水						
纯水洗	12						12,PP			600	600	700	200				√												
镀底镍	13					50/10	12,PP			600	800	700	250						√			2						√	
水洗	14						12,PP			600	600	700	200		√		√												
水洗	15						12,PP			600	600	700	200				√						自来水						
纯水洗	16						12,PP			600	600	700	200				√						纯水						
光亮镍	17	3	50～60			100/10	12,PP			1400	800	700	600					钛电加温管(12kW)	√			6			√	√	√	√	
回收	18						12,PP			600	600	700	200																
水洗	19						12,PP			600	600	700	200		√		√												
水洗	20						12,PP			600	600	700	200		√		√						自来水						
纯水洗	21						12,PP			600	600	700	200				√						纯水						

续表

工序名称	槽位号	工位数	工艺条件			整流器/(A/V)	镀槽要求											设备要求											备注
			温度/℃	电流密度/(A/dm²)	时间/min		厚度δ/mm,材料			内尺寸/mm			有效容积/dm³	附设装置	排水方式			加温(或冷却)	空气搅拌	阴极移动	喷淋	过滤机/(m³/h)	供水	逆流	温度控制	液位保护	自动加料	局部排风	
							槽体	内衬	保温	长	宽	高			溢流斗	拉塞	排污阀												
镀钯镍	22	1	30			脉冲电源 50/10	12,PP			600	800	700	250					钛电加温管(2kW) 钛管冷却				1			√	√	√	√	
回收	23						12,PP			600	600	700	200																
水洗	24						12,PP			600	600	700	200		√		√												
水洗	25						12,PP			600	600	700	200				√						自来水						
纯水洗	26						12,PP			600	600	700	200				√						纯水						
镀底金	27		25～35			50/10	12,PP			600	800	700	250	槽盖				F4电加温管(1kW)		√		2			√	√		√	
镀面金	28	1	50～60			脉冲电源 50/10	12,PP			600	800	700	250	槽盖				F4电加温管(4kW)		√		2			√	√	√	√	
回收	29						12,PP			600	600	700	200																
水洗	30						12,PP			600	600	700	200		√		√												
水洗	31						12,PP			600	600	700	200				√						自来水						
纯水洗	32						12,PP			600	600	700	200				√						纯水						
镀钌	33	1	50～70			脉冲电源 50/10	12,PP			600	800	700	250	槽盖				F4电加温管(4kW)		√		1			√	√	√	√	pH检测
回收	34						12,PP			600	600	700	200																
水洗	35						12,PP			600	600	700	200		√		√												
水洗	36						12,PP			600	600	700	200				√						自来水						
纯水洗	37						12,PP			600	600	700	200				√						纯水						
热纯水洗	38		60				12,PP			600	600	700	200		√		√	不锈钢电加温管(4kW)					纯水						

3.3 滚筒与附属装置

滚筒是滚镀线的核心部件。

滚镀适用于小工件的电镀，其优点是生产效率较高，省去挂镀时在挂具上装卸的时间。但滚镀的电流效率比挂镀低一些，同样的镀种，其槽电压也比挂镀时槽电压稍微高一些。对于外形不太复杂的电镀工件，滚镀可得到比较令人满意的镀层，但镀层厚度一般只能小于等于 10μm。如果工件外形比较复杂，如带有深盲孔的工件，还是不太适合于滚镀。对于一些针状工件或薄片工件，现在可以采用振动电镀完成电镀作业。另外，特别重的工件也不太适合于滚镀作业。滚镀线截面图见图 3-28。

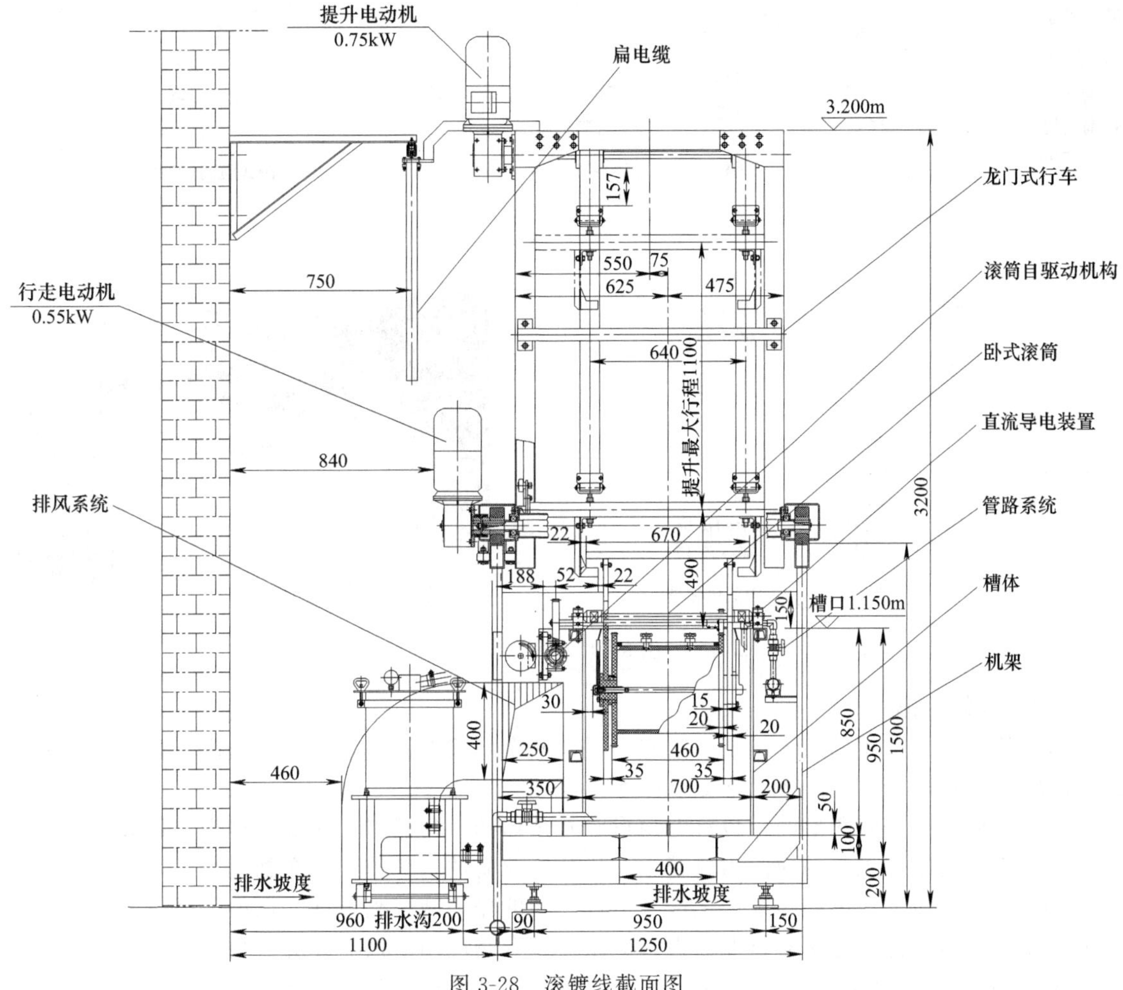

图 3-28　滚镀线截面图

3.3.1 卧式滚筒

一般滚镀线，滚筒采用卧式结构较多，由电动机、减速器通过齿轮传动滚筒传动轴，再经减速齿轮传动装有电镀工件的滚筒体，按工艺要求的转速旋转翻滚，在滚筒支承轴孔中，通进阴极导电缆或链环，与电镀工件表面接触导电。

滚筒由两端墙板固定，顶上设吊杆，由行车自行装卸，墙板上设滚筒支承杆，把滚筒悬挂在槽面支承座上，并在极座上引接阴极电源。卧式滚筒的一种形式见图 3-29。

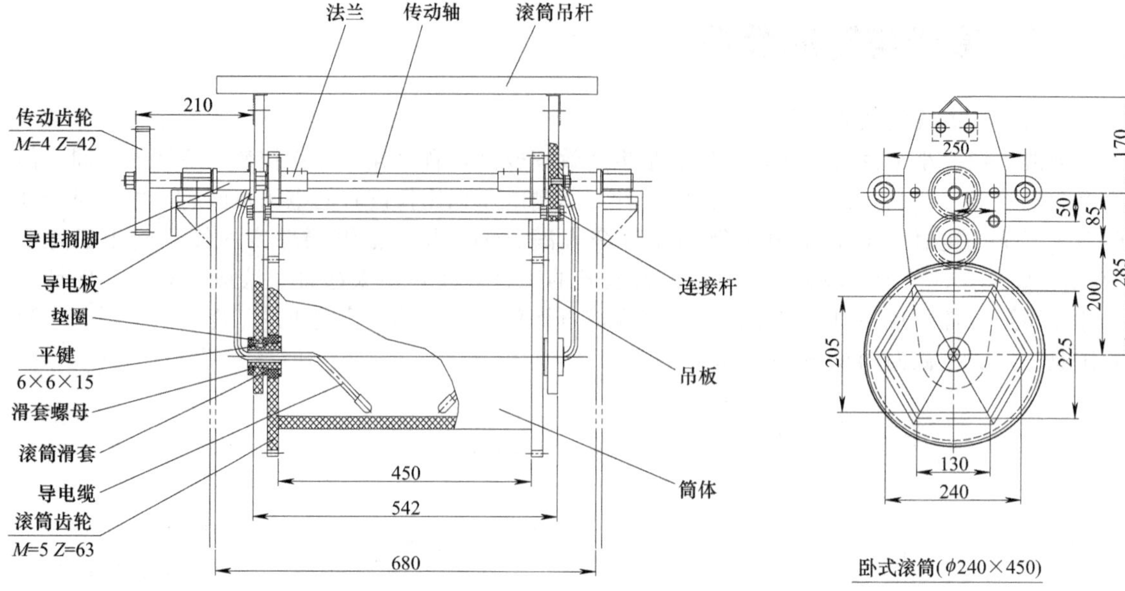

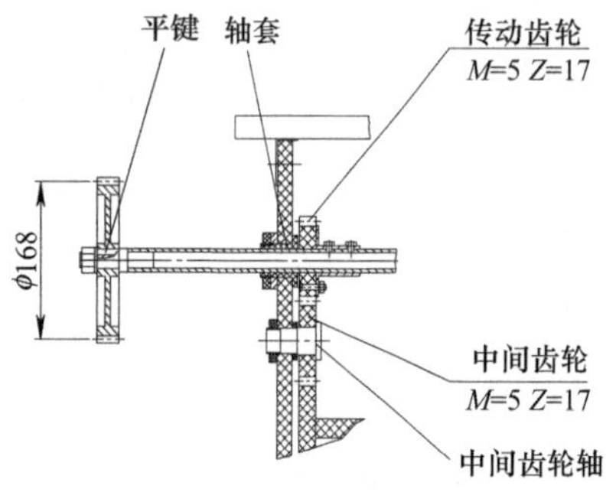

图 3-29 卧式滚筒

3.3.1.1 滚筒外形

卧式滚筒是最常用的滚镀设备，它有半浸式和全浸式滚镀之分，一般来说，多数滚筒是有 2/3 在液面以下的，但也有全部浸没在液面之下的。

卧式滚筒多数是六角形的，也有七角形和八角形的。角越多，在滚动过程中翻滚时，从上部落下的工件对下部工件的撞击力就越小。另外，滚筒的直径越大，在翻滚中，工件与工件之间的撞击力也就越大。因此为了使工件与工件之间的碰撞减轻到最低，也可采用圆形滚筒，这种圆形滚筒在接插件、连接器行业已得到应用，多数是应用于接插件的贵金属电镀。

滚筒的内径在 ϕ100～600mm 都有应用，但是应用最多的是 ϕ150～350mm 的滚筒。滚筒的长度和直径之比一般以 1.5～2.5 为合适，过大或过小都不太合适。

一般电镀用滚筒装载量占滚筒总体积的 1/3～1/2；磷化或发蓝等不需要导电的滚筒装载量可以占滚筒总体积的 70%～80%。用重量单位来表示滚筒的装载量是不科学的，因为工件的形状千差万别，原材料也有不同，有铜件、铁件等，同样是占滚筒的 1/3 ，它们的重量却各不相同。如果一定要用重量来表示装载量，那么事先一定要了解用于该滚筒的工件堆积密度，譬如说用于滚筒某种工件每立方分米具有多少重量。

普通的槽边传动式滚筒的结构图见图 3-30。

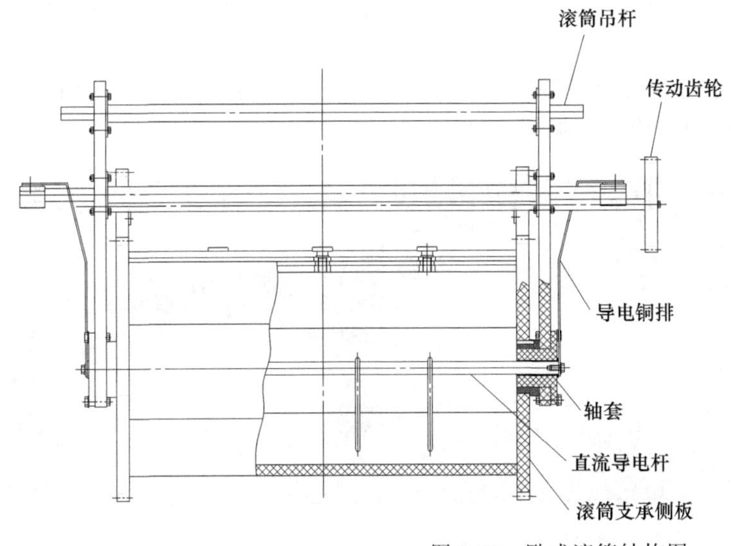

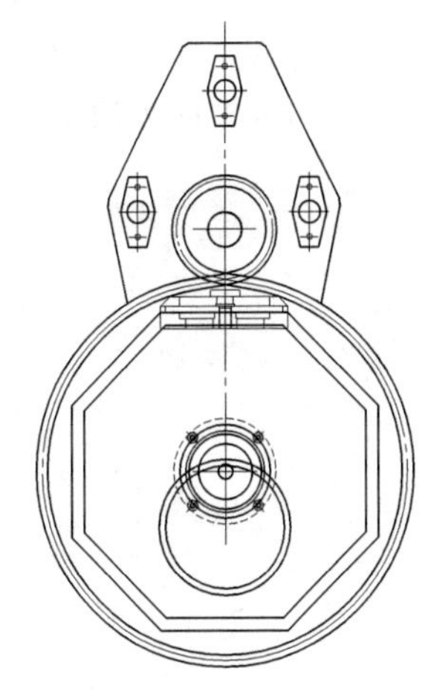

图 3-30　卧式滚筒结构图

3.3.1.2　筒板材质与孔径

电镀用滚筒的大部分材质为塑料件，其中 PP 和 PVC 材料用得最多。而用于磷化和发蓝的滚筒则要采用不锈钢材料制作，板孔有手工钻孔的，也可用自动雕刻机雕刻制作异形孔的，塑料筒板可注塑成型。

孔板的开孔面积与孔板总面积之比不能太小，否则一方面电流不容易传至筒内，另一方面筒体内外的溶液不容易交换，这样可能会形成浓差极化的倾向，不利于电镀的质量控制。多数情况下，开孔面积占孔板总面积的 25%～45%。孔的形状有圆形、方形和矩形；圆形孔还有直孔、斜孔和锥形孔之分。常用孔径为 ϕ1.5mm、ϕ2mm、ϕ3mm、ϕ5mm、ϕ7mm、ϕ9mm。相应孔中心距为 4mm、5mm、7mm、9mm、11mm、13mm。两排孔的位置相互交错，孔中心点形成正三角形。孔径与孔中心距尺寸及孔板厚度，要确保孔板的强度和溶液的流动性良好。还有多种尺寸的模压滚筒 PP 网板，网板上直接压出各种尺寸的矩形孔，由于矩形孔的单位表面张力比圆孔小，液体易从孔中通过。网板排有纵横加强筋，加强了板的刚度，这不仅节约原材料，使通孔部分板厚减薄，而且减小了液体在孔中流动的阻力，滚筒 PP 网板孔径（长×宽）规格很多，如 2mm×0.2mm、2mm×0.3mm、4mm×0.4mm、2.5mm×2mm、5mm×0.8mm、5mm × 2.5mm、7mm × 0.5mm、6mm × 1mm、15mm × 10mm、4mm（35°斜孔）× 0.5mm 等。滚筒成形 PP 网板见图 3-31。

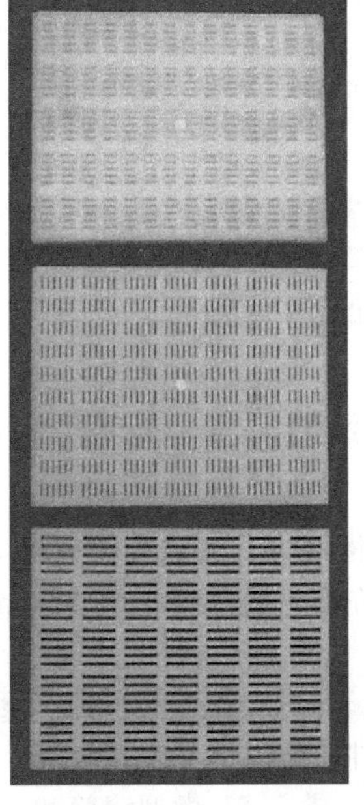

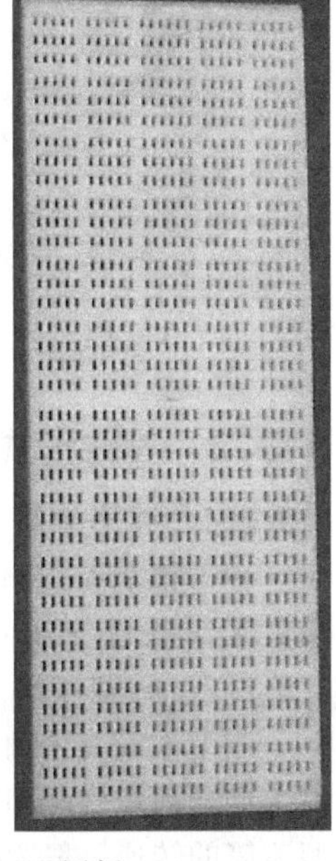

图 3-31　滚筒成形 PP 网板

另外，为了使片状零件在滚筒内滚动过程中不至于贴在滚筒内壁，在滚筒内壁上采取了一些防贴片措施。处理办法有：①在内壁上焊一些凸出来的小圆头；②在内壁孔板上将孔的周围锥形扩大，使孔与孔的边相切。

3.3.1.3　滚筒门板结构

滚筒门有手插销式、压条式等。对于滚筒长度在不大于 700mm 时，可用 2 个插销；

对于长度在 700～1000mm 范围内时，可设计多个插销，这插销的数量、长度和厚度还要视滚筒装载物的重量和滚筒直径而定。

有的滚筒装载量很重，这时可以把滚筒门制成内大外小的梯形口，滚筒盖可以从内先脱开，再侧过来向外取出。滚筒门板的结构形式见图 3-32。

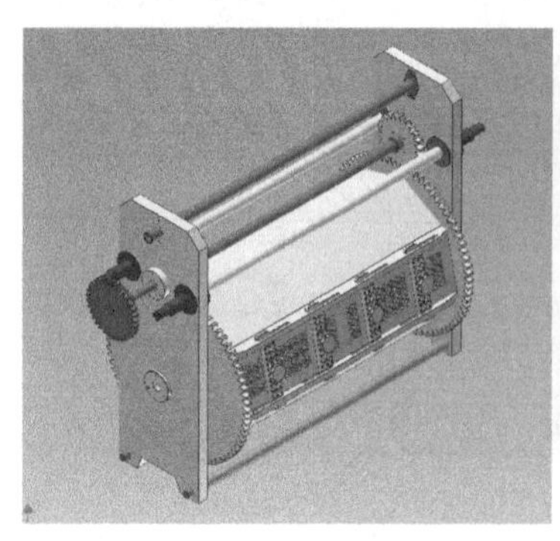
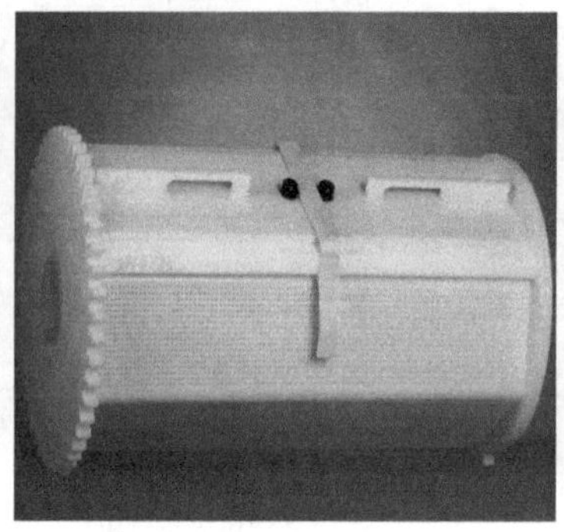
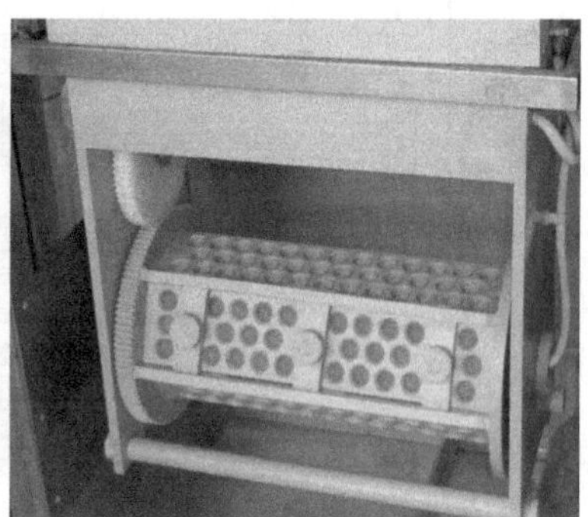

图 3-32 滚筒门板的结构形式

3.3.1.4 滚筒阴极导电装置

滚筒内阴极的导电配置，可以由滚筒的阴极搁脚位置用电缆连接至滚筒内部，中间部分由电缆包皮绝缘，焊接一个铜头（直径为 20～40mm，长度为 40～60mm），伸入滚筒下部与工件接触，见图 3-33，端头为导电端；也可以滚筒中间用一根铜杆或铁杆穿起来，在中间的导电杆上穿两个铁盘作为滚筒内的导电盘，见图 3-34；还有在导电杆上穿几个铜链或铁链以便工件导电（参阅图 3-40），中间导电杆两端接导电铜排与阴极搁脚相连。

以上的几种导电方式各有优缺点，其中第一种方法比较常见，但这种方法的缺点是导电电缆容易被大的零件卷绕，使电缆变形，电缆的表面绝缘皮破损。

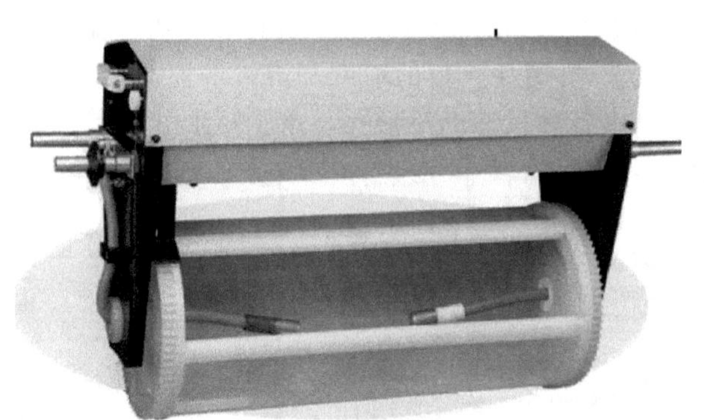

图 3-33 软电缆导电结构

图 3-34 导电杆和导电盘结构

3.3.2 其他形式的滚筒

3.3.2.1 钟形滚筒

钟形滚筒是将倾斜潜浸式装置放于槽口上，见图 3-35。钟形滚筒的每筒装载量小于 5kg，最大工作电流在 200A 左右，转速为 10～12r/min。

3.3.2.2 微型滚筒

微型滚筒有六角形、方形和圆形等数种。滚筒在槽内呈水平安装和倾斜安装，倾斜安装的滚筒工件翻动较好，即工件在筒内上下旋转翻滚，又左右窜动，滚筒内外的溶液对流状态也好。微型滚筒的转速一般为 15r/min。2L 微型滚筒和 0.5L 微型滚筒见图 3-36 和图 3-37。

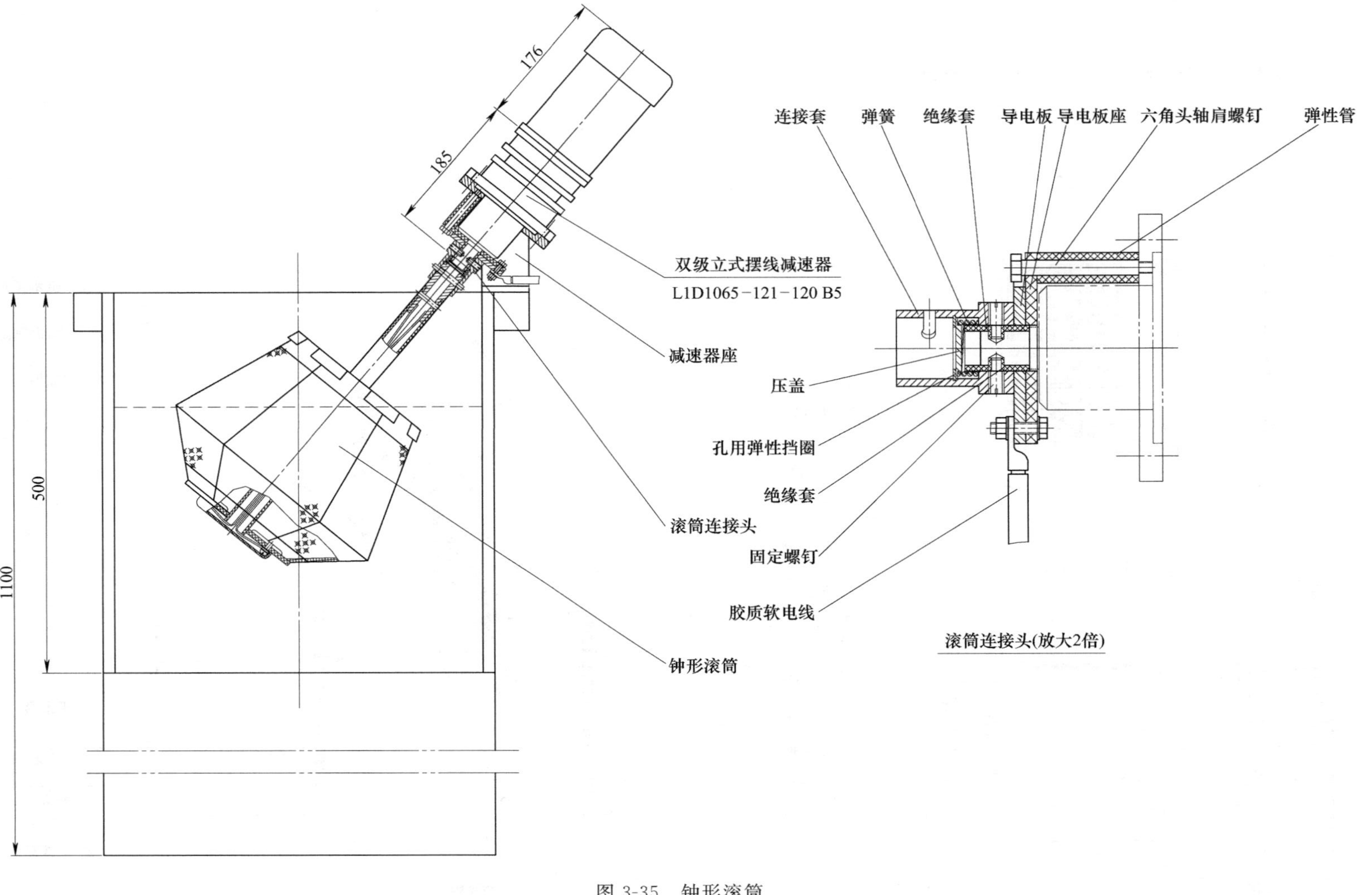

连接套
弹簧
绝缘套
导电板
导电板座
六角头轴肩螺钉
弹性管
双级立式摆线减速器
L1D1065-121-120 B5
减速器座
压盖
孔用弹性挡圈
绝缘套
滚筒连接头
固定螺钉
胶质软电线
钟形滚筒
滚筒连接头(放大2倍)
176
185
500
1100

图 3-35　钟形滚筒

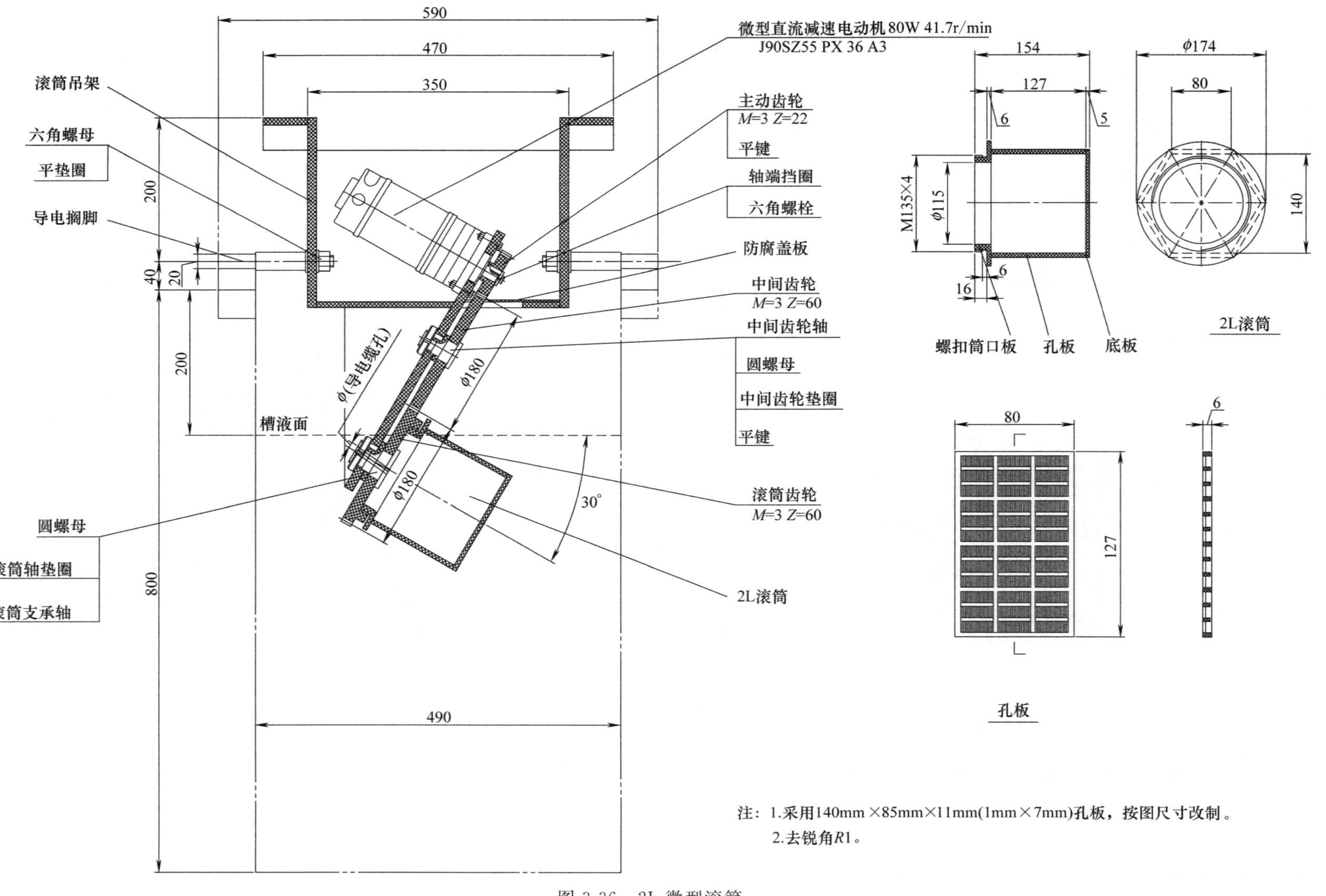

注：1.采用140mm×85mm×11mm(1mm×7mm)孔板，按图尺寸改制。
2.去锐角R1。

图 3-36　2L 微型滚筒

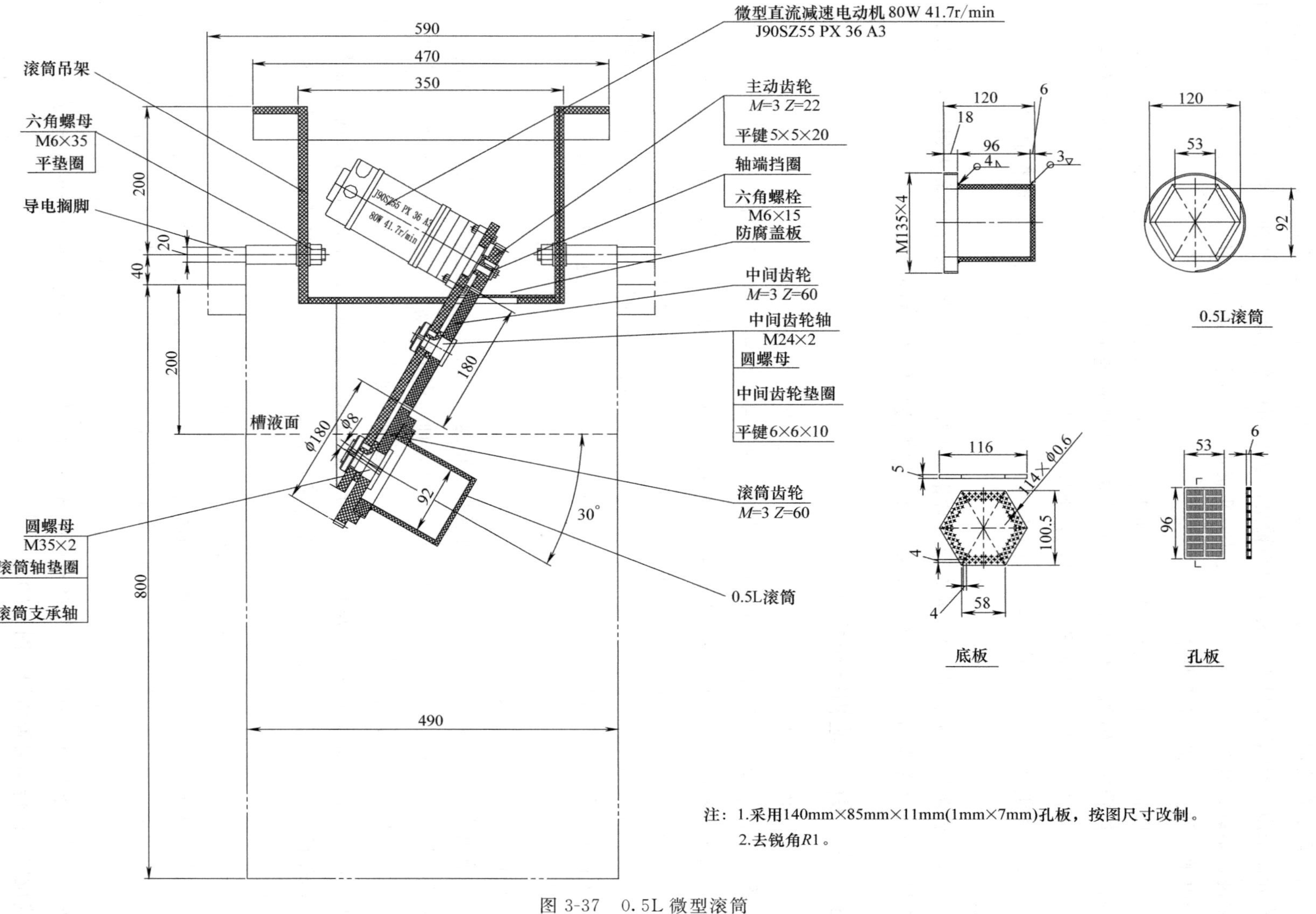

注：1.采用140mm×85mm×11mm(1mm×7mm)孔板，按图尺寸改制。
2.去锐角$R1$。

图 3-37　0.5L 微型滚筒

3.3.2.3 镀铬滚筒

镀铬滚筒结构特点：滚筒截面成圆形（不可用多角形），用普通方格钢丝网卷制而成；滚筒端板采用硬PVC板制作；滚筒中心轴是以实心铜棒作为阳极导电杆，轴上安装着不溶性内阳极，阳极导电杆与阳极不随滚筒旋转，阴极电流自阴极导电座经法兰盘和阴极导电条等传递给电镀工件。镀铬滚筒见图3-38。

滚筒的装载量一般不超过5kg（每筒），工件在溶液中的浸没深度为滚筒直径的30%～40%。滚筒转速与镀铬工件的尺寸有关，较大工件转速取小于等于1r/min，小工件一般取0.2r/min，转速的过快或过慢都会影响铬镀层的质量。

筒壁不镀锌，钢丝网孔通常选用L(4～14mm)×W(1.5～6mm)，筒体制成后应镀上一层铬。

不溶性阳极，以铅-银-锡三元合金（含银0.5%～1.0%，锡2%，其余为铅）为最好，其次铅锡合金（含锡30%），不溶性阳极以多片斧形或扇形效果较好。

3.3.3 滚筒转速和驱动装置

滚筒的转速与镀种、滚筒直径和镀层光亮度等因素有关。选择滚筒转速时首先考虑镀种，其次是考虑滚筒直径和对镀层光亮度的要求，而工件形状和尺寸是次要因素。

对于不同镀种应选用相应的转速：对镀锌等硬度较低的镀层，为减少镀层磨损，宜选用4～6r/min，镀锌后的钝化工序转速应控制在2～3r/min；镀镍和镀铜等光滑镀层可适当提高转速，一般可取8～12r/min；滚镀银转速为3～6r/min；滚镀锡转速为6～10r/min；滚镀铬要防止不稳定，滚镀过程要连续导电，避免在滚镀过程中断续通电，因此转速要慢，一般转速控制在0.2～1.0r/min，工件尺寸越小，转速越慢。

3.3.3.1 联合驱动装置

滚镀线按工艺要求决定各工序滚筒应有的转速后，可以分段设置多套联合驱动装置，也可整线设置一套驱动装置。联合驱动装置有通过总轴与齿轮传动、链条与链轮传动两种方式。总轴与齿轮传动方式是由电动机经减速器、传动总轴、每个工位的正交斜齿轮与滚筒支架伸出的小斜齿轮啮合，使滚筒转动。总轴一般可分为数段（每段设定2m左右），与万向联轴器相连。斜齿轮模数一般大于等于5mm，使齿轮有足够的强度，承受一定的冲击负荷，啮合条件也容易满足。

链传动方式值得选用，因为链传动结构零件机械加工量较小，维修更新比较方便。它是由电动机经减速器与链轮拖动置于槽边和槽内的滚子链，逐个拖动滚筒支架上伸出的链轮，再经滚筒上的小齿轮、大齿轮使滚筒传动。为了使链轮和槽端的链条正确啮合，在槽端的滚筒定位支支座上应固定一块导向限位板，使滚筒放下就位时与链条接触前先碰上导向限位板的斜面，然后垂直向下与链条啮合；与链条对应的链条下部设一个支持轮，使链条可靠地与链轮保持正确位置。链传动装置图例见图3-39。

3.3.3.2 独立驱动装置

独立驱动装置是单工序在槽边安装驱动系统，由电动机、减速器、小齿轮、大齿轮驱动滚

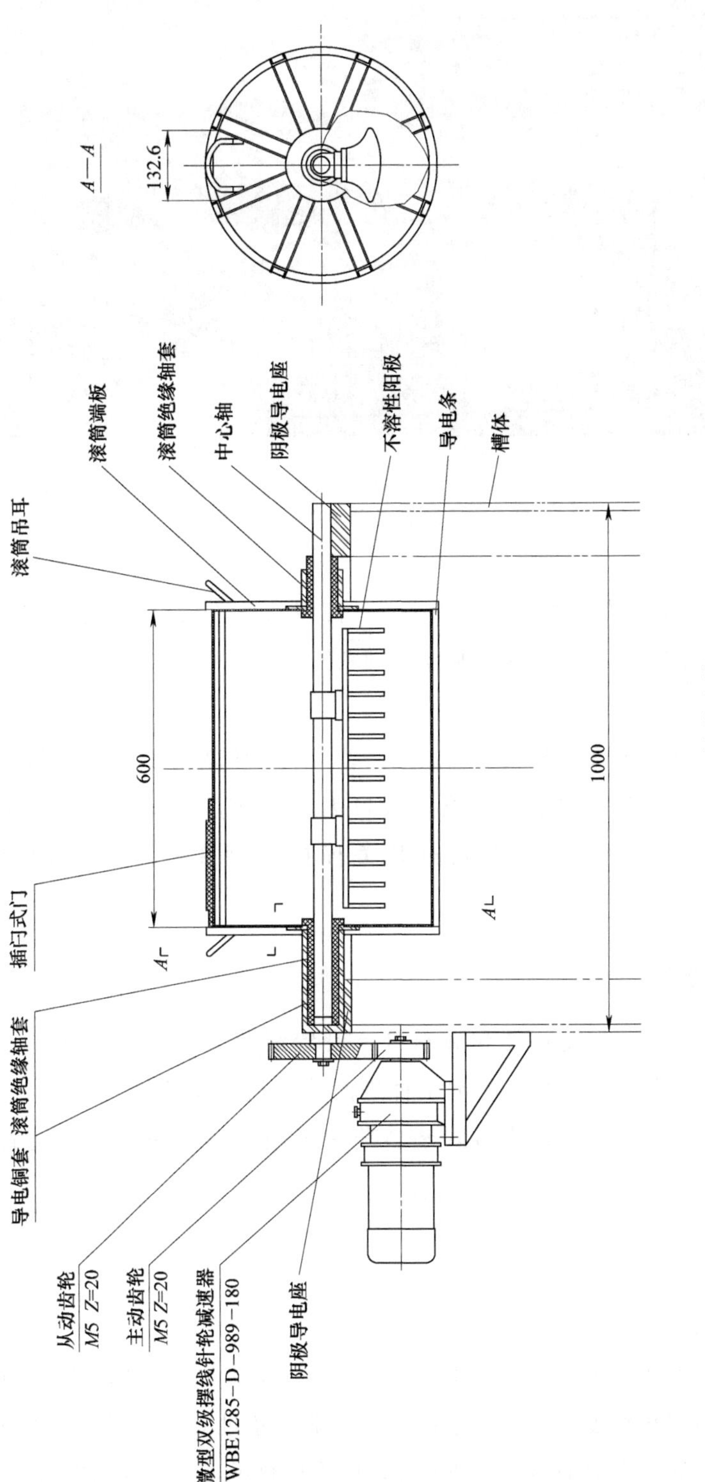
A—A
132.6
滚筒吊耳
滚筒端板
滚筒绝缘轴套
中心轴
阴极导电座
不溶性阳极
导电条
槽体
600
1000
插门式门
导电铜套
滚筒绝缘轴套
从动齿轮
M5 Z=20
主动齿轮
M5 Z=20
微型双级摆线针轮减速器
WBE1285-D-989-180
阴极导电座

图 3-38　镀铬滚筒

图 3-39 链传动装置

动旋转，图例见图 3-40。采用微型摆线针轮减速器，使传动系统结构简单化，重量较轻，制造费也较低，是值得推荐的一种单工序滚筒独立驱动系统。

3.3.3.3 自驱滚筒

自驱滚筒是在滚筒上带一套驱动机构，可选用微型摆线针轮减速器，图例见图 3-41。

水平摆动无盖滚筒也属于自驱滚筒，滚筒开口无盖，开口朝上时加料，电镀时左右不停摆动各 90°，开口朝下时卸料，用光电开关程控控制左右摇摆和卸料，图例见图3-42。

3.3.4 滚筒装卸料装置

为减轻劳动强度，可在滚筒装料处和卸料处，设置滚筒装卸料装置，把料斗口推到滚筒门口，旋转曲拐轮，使料斗上升并翻倒工件进滚筒。机动推进式装料装置见图 3-43，机动提升式装料装置见图 3-44，手动推进式装料装置见图 3-45，滚筒卸料装置见图 3-46 和图 3-47。

3.3.5 烘干设备

3.3.5.1 滚筒专用烘干机

滚镀工件完成后，一般要求工件经烘干处理，可在线上按烘干速度增设几个滚筒专用烘干机。烘干温度按滚筒材料耐热程度及工艺要求决定，一般不超过 60℃，循环热风要设调温装置，一般采用底下抽风，筒内下部加温，上部开缝横向吹出热风，用可调孔板调节风量。为加快升温和保温，顶上可设置电动启闭门，槽内形成负风压。滚筒专用烘干机图例见图 3-48 和图 3-49。

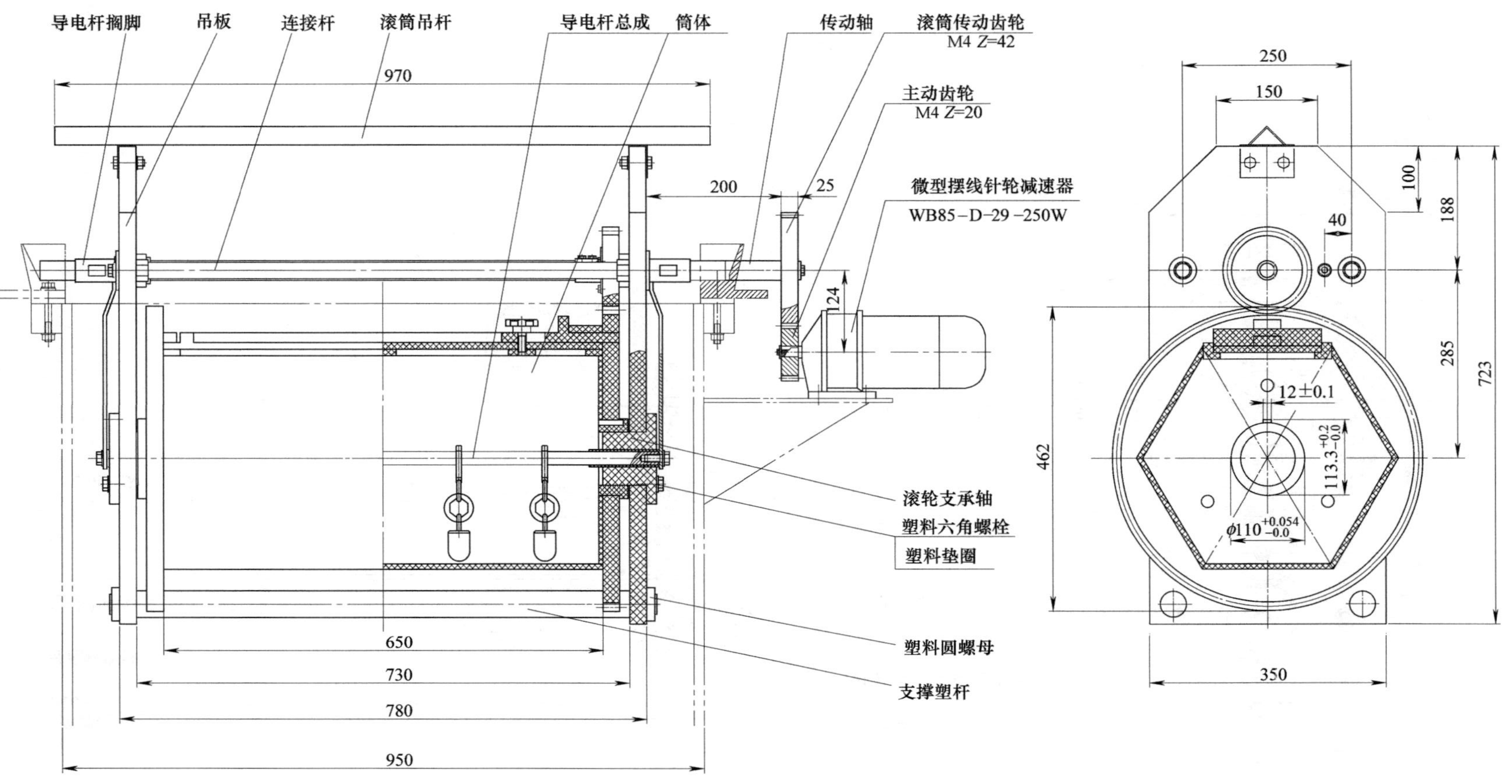

图 3-40 单工位滚筒驱动装置

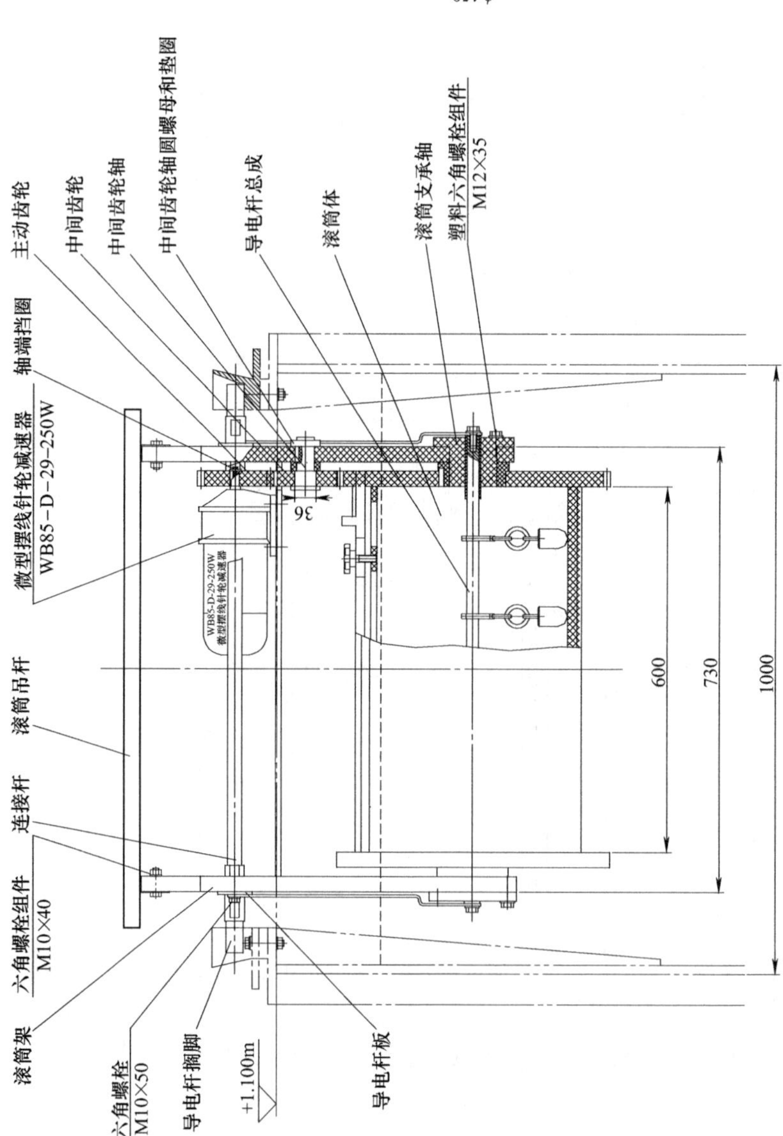
(φ350×600)八角形
300
120
120
285
113+0.2
12±0.1
φ110
152
350
396
φ450
主动齿轮
中间齿轮
中间齿轮轴
中间齿轮轴圆螺母和垫圈
导电杆总成
滚筒体
滚筒支承轴
塑料六角螺栓组件
M12×35
轴端挡圈
微型摆线针轮减速器
WB85-D-29-250W
WB85-D-29-250W
微型摆线针轮减速器
36
滚筒吊杆
连接杆
六角螺栓组件
M10×40
滚筒架
六角螺栓
M10×50
导电杆搁脚
+1.100m
导电杆板
600
730
1000

图 3-41 自驱滚筒

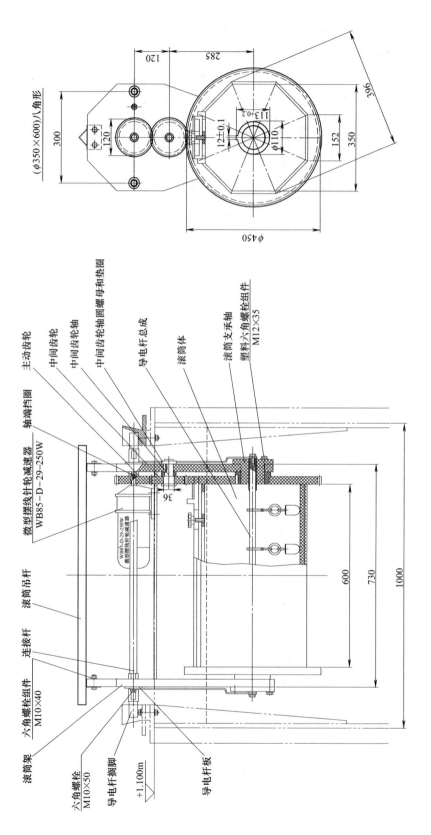

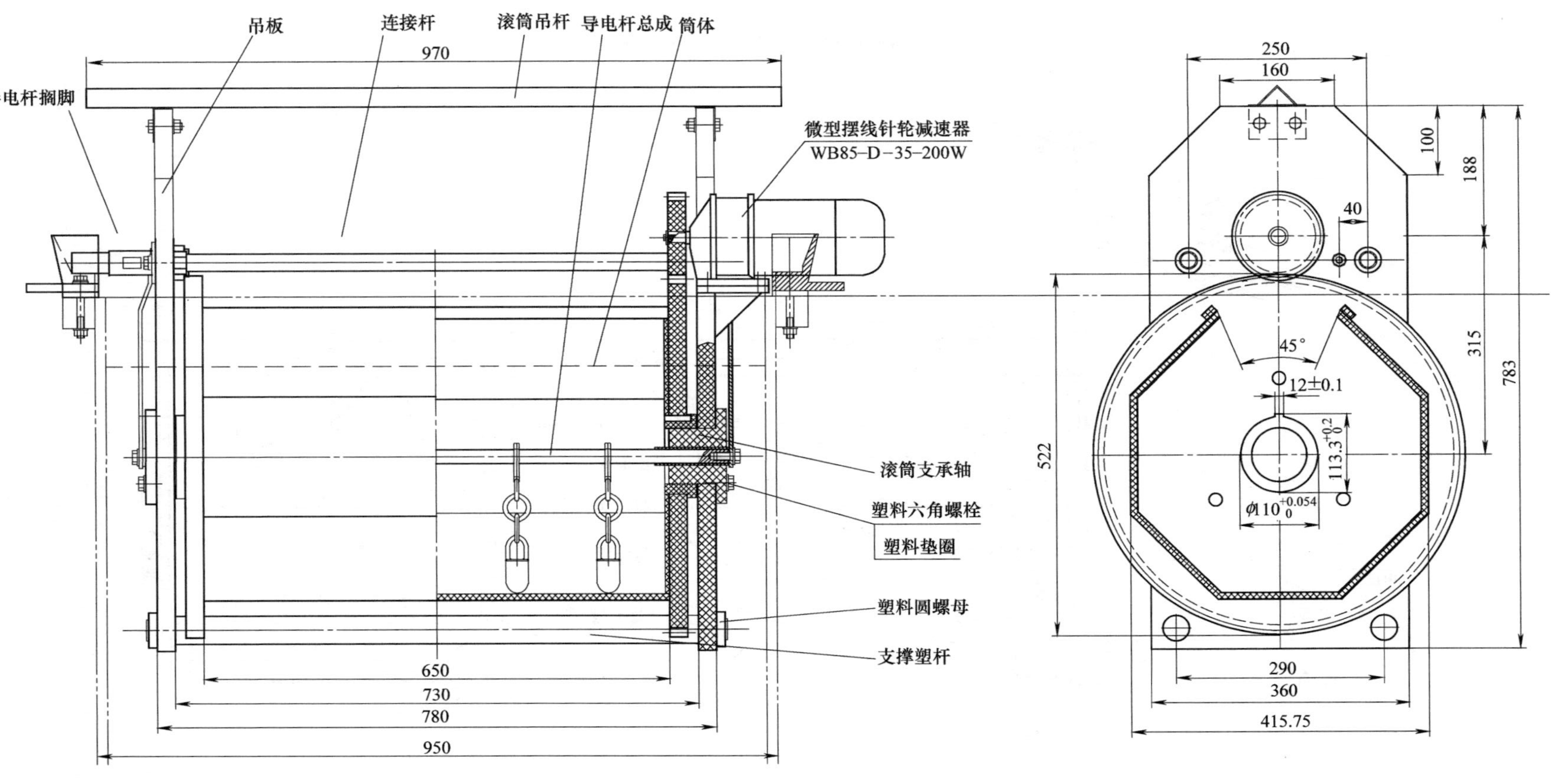

本滚筒特点：
1.无盖开口。
2.开口朝上时加料。
3.左右摆动各90°。
4.开口朝下时卸料。
5.转动采用光电程序控制。

图 3-42　摆动开口滚筒

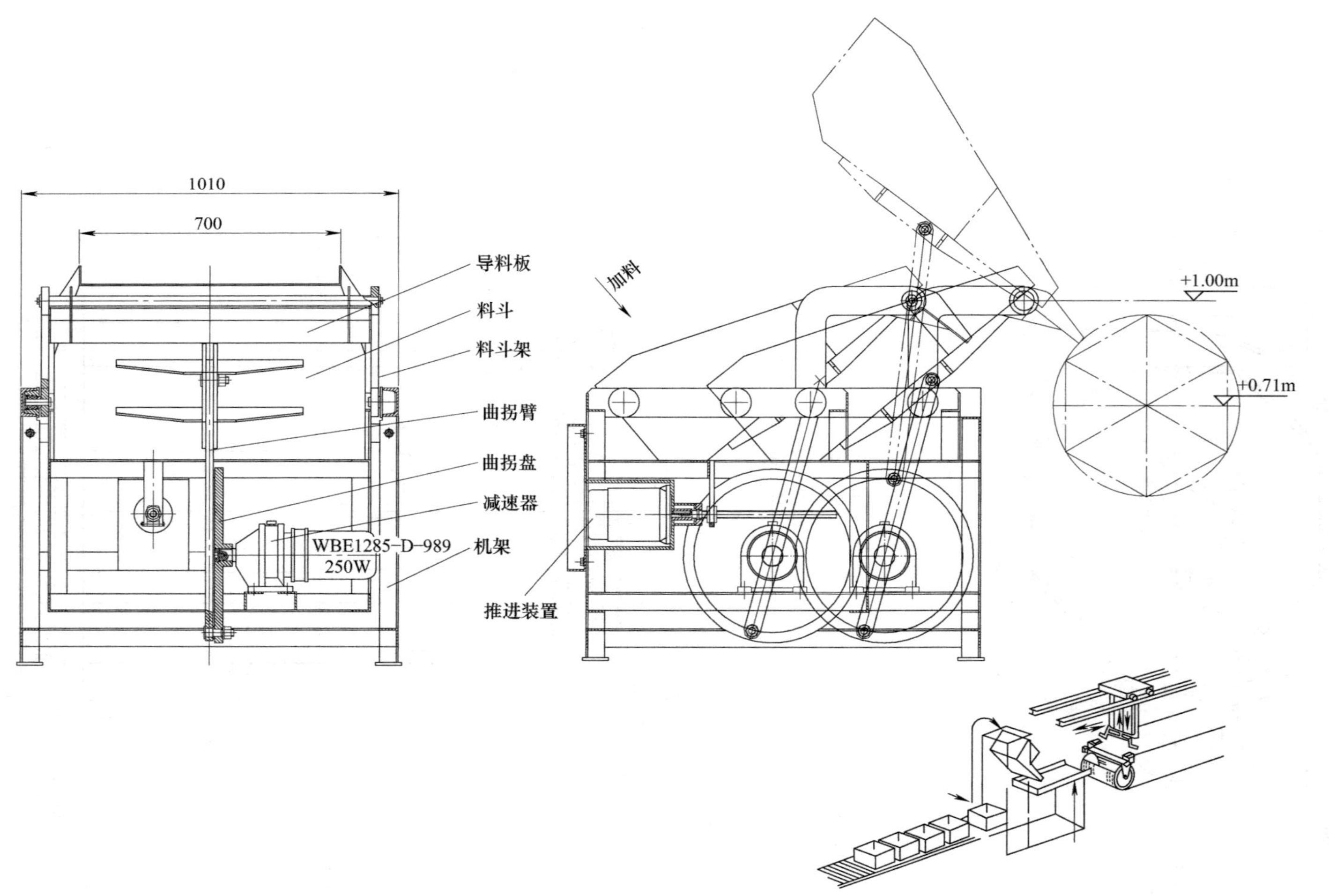

图 3-43 机动推进式装料装置

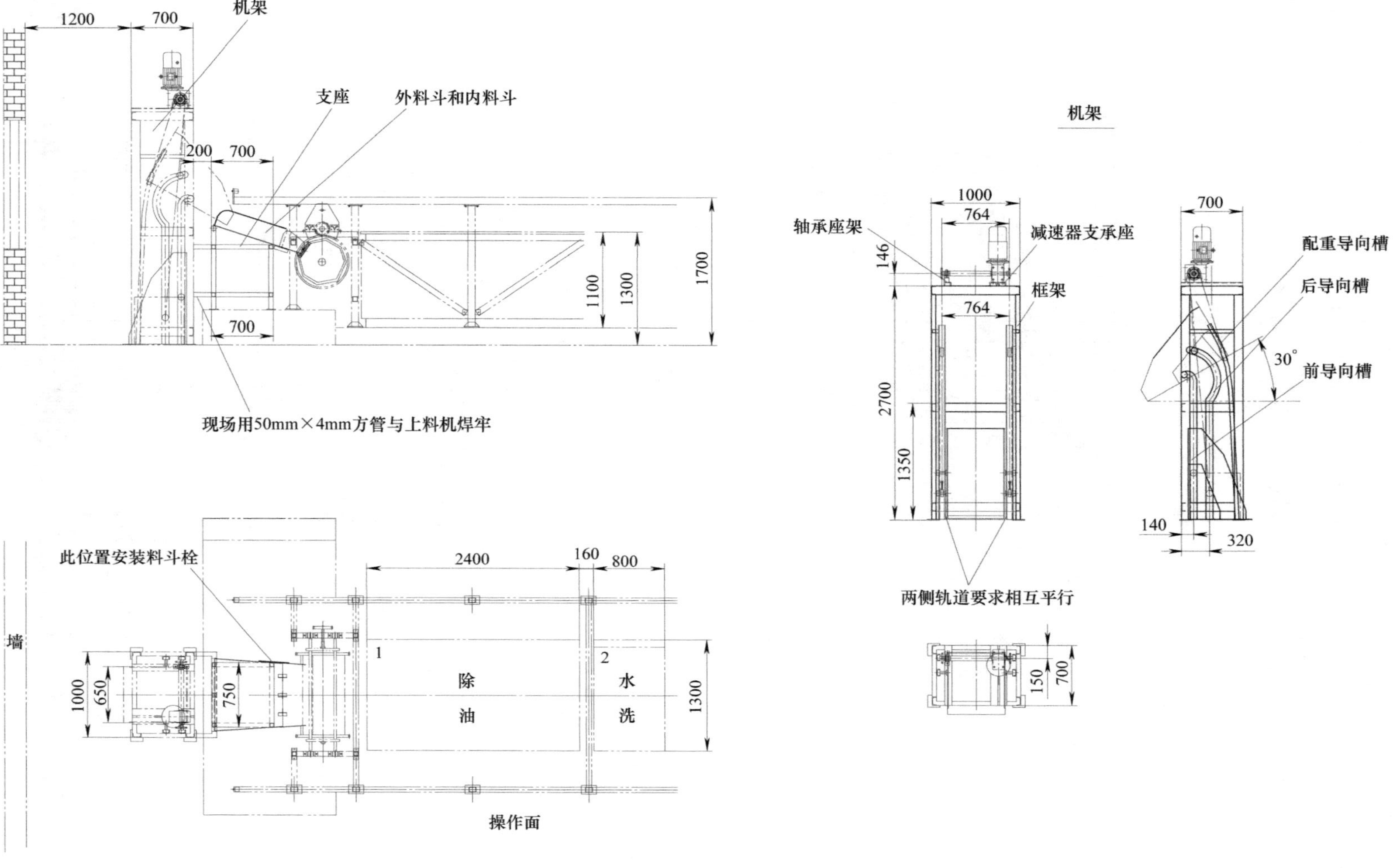

图 3-44　机动提升式装料装置

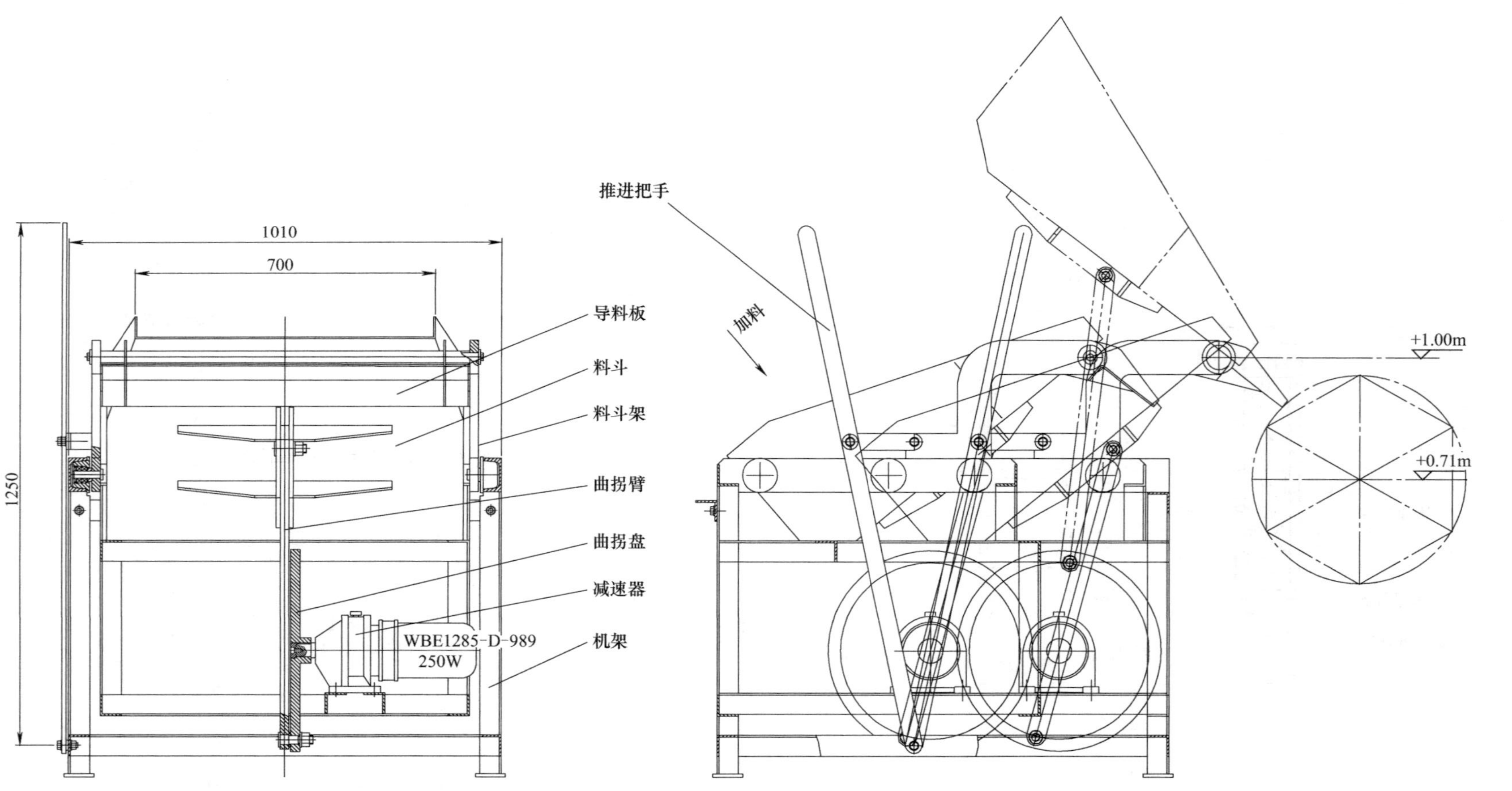

图 3-45　手动推进式装料装置

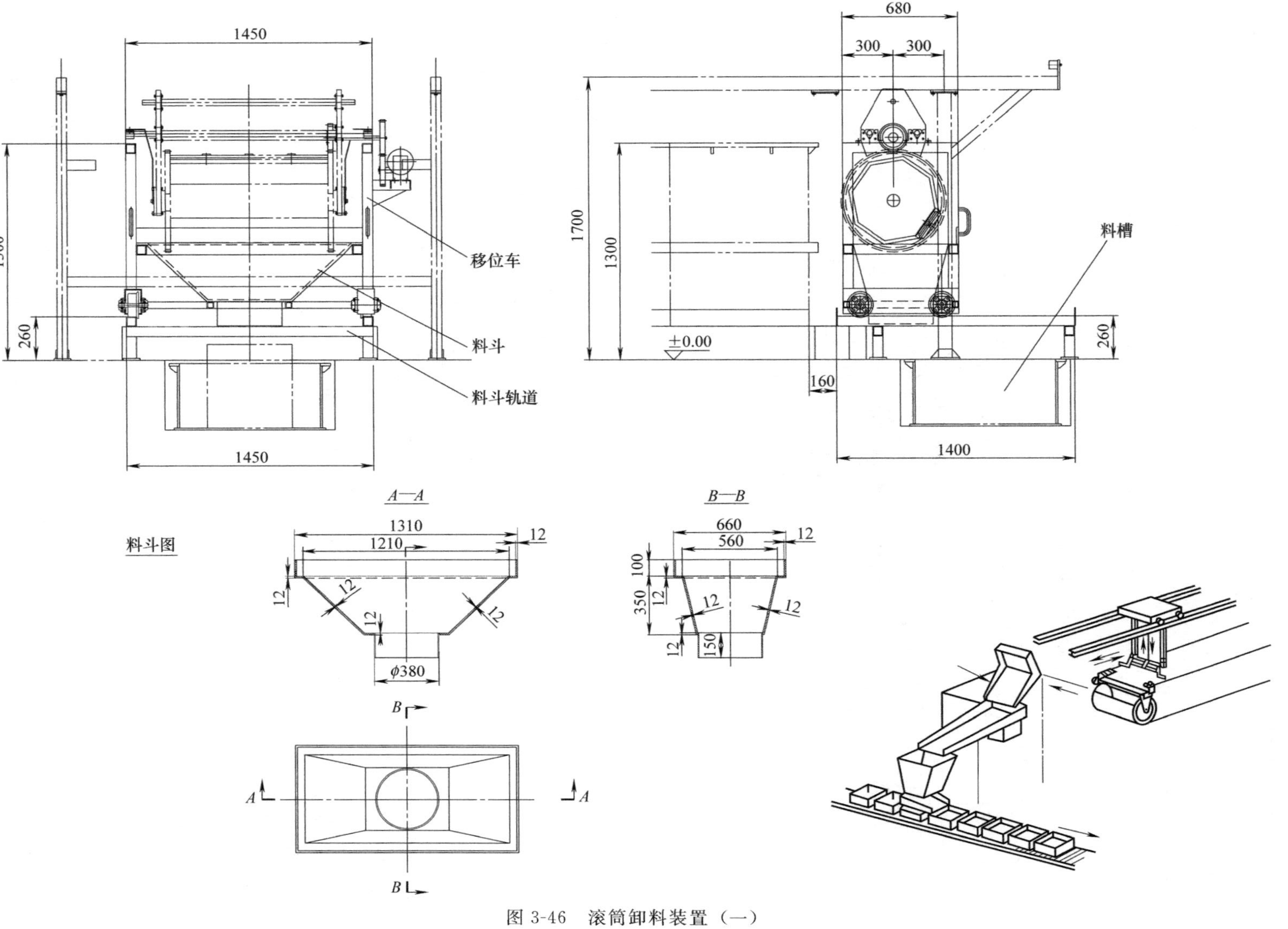

图 3-46 滚筒卸料装置（一）

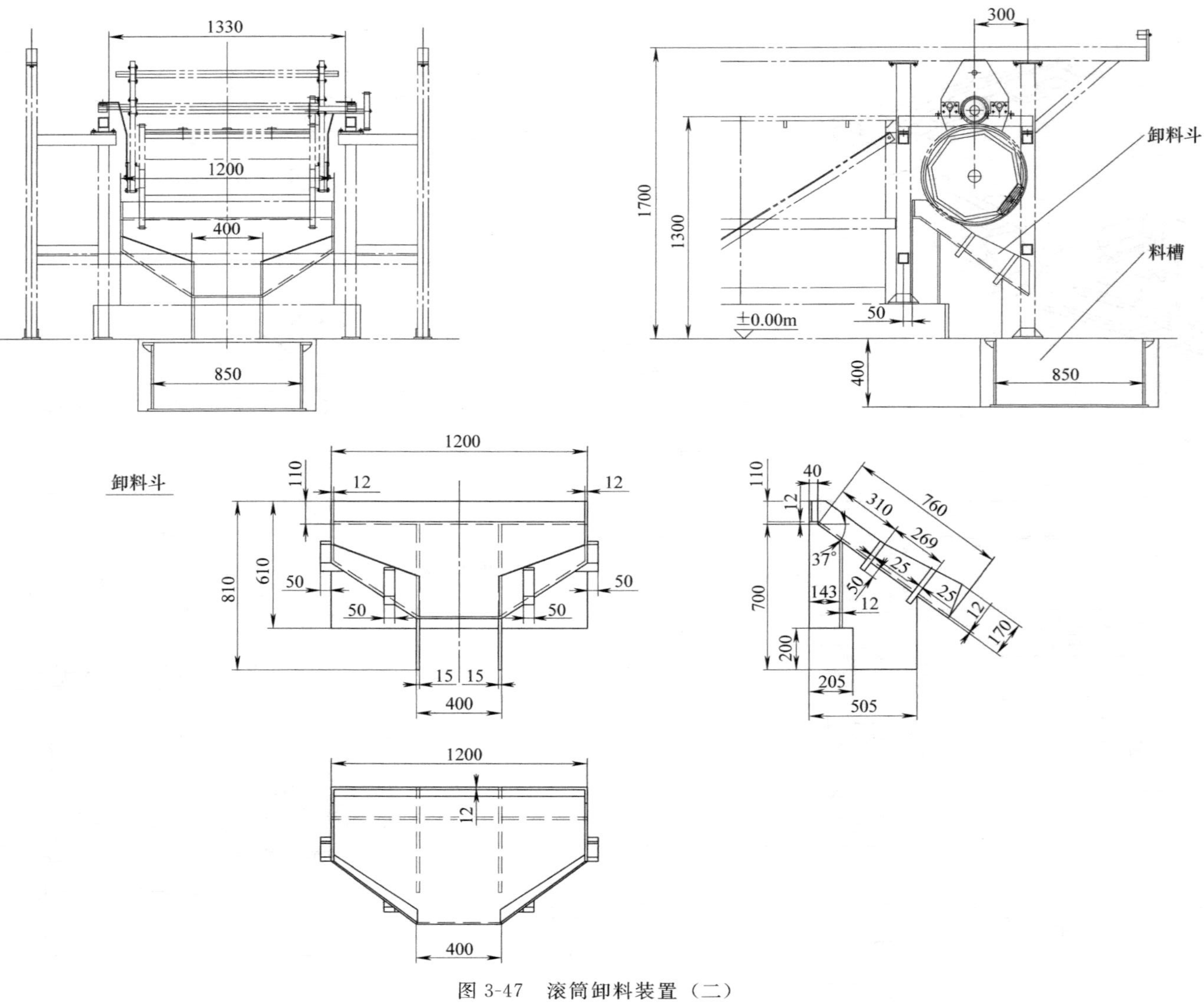

图 3-47 滚筒卸料装置（二）

微型摆线针轮减速器
WB85-D-29-250W
滚筒
+1.080m
电加热器0.8W×6
GYC1-220V
离心风机座
槽体
吸风口接管
离心风机
4-72 3.2A No.7
右门
左门
槽盖开闭装置
永磁低速同步电动机
90TDY4 60r/min70W

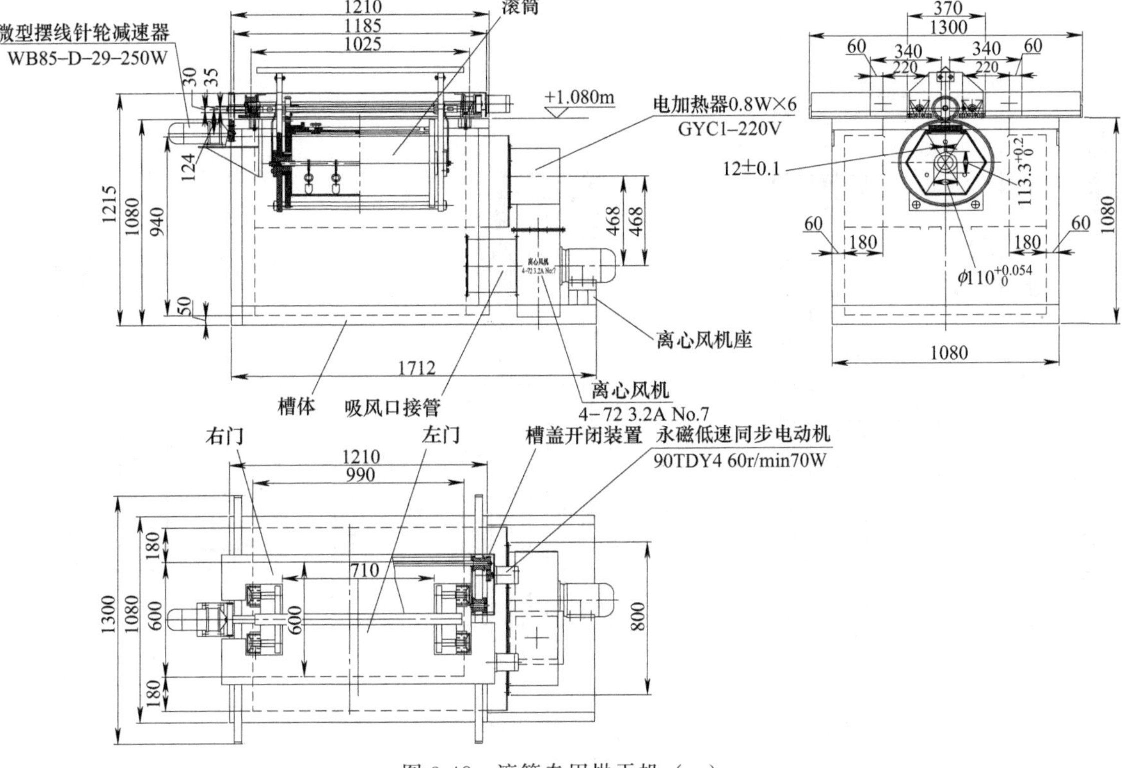

图 3-48　滚筒专用烘干机（一）

微型摆线针
轮减速器
WB85-D-29-250W
滚筒
+1.080m
HAF热风扇
HAF-80-3-180
槽体
右门
左门
槽盖开闭装置
永磁低速同步电动机
90TDY 460r/min 70W

图 3-49　滚筒专用烘干机（二）

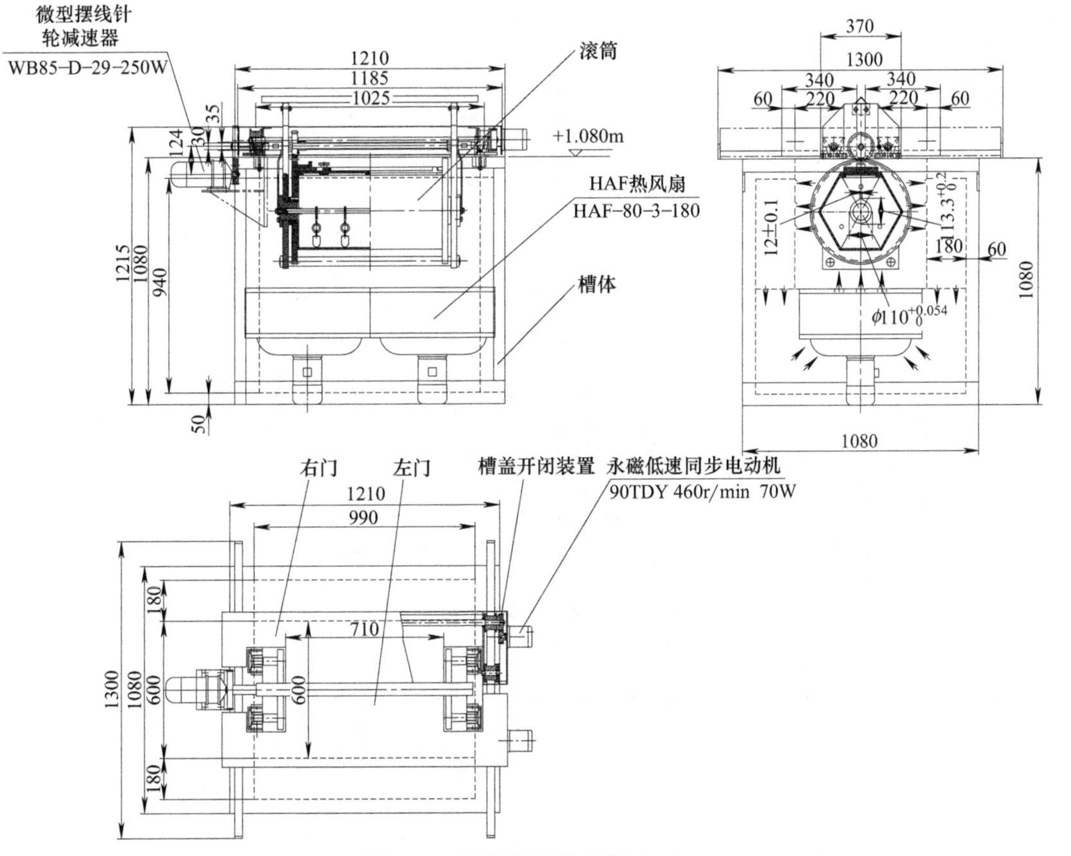

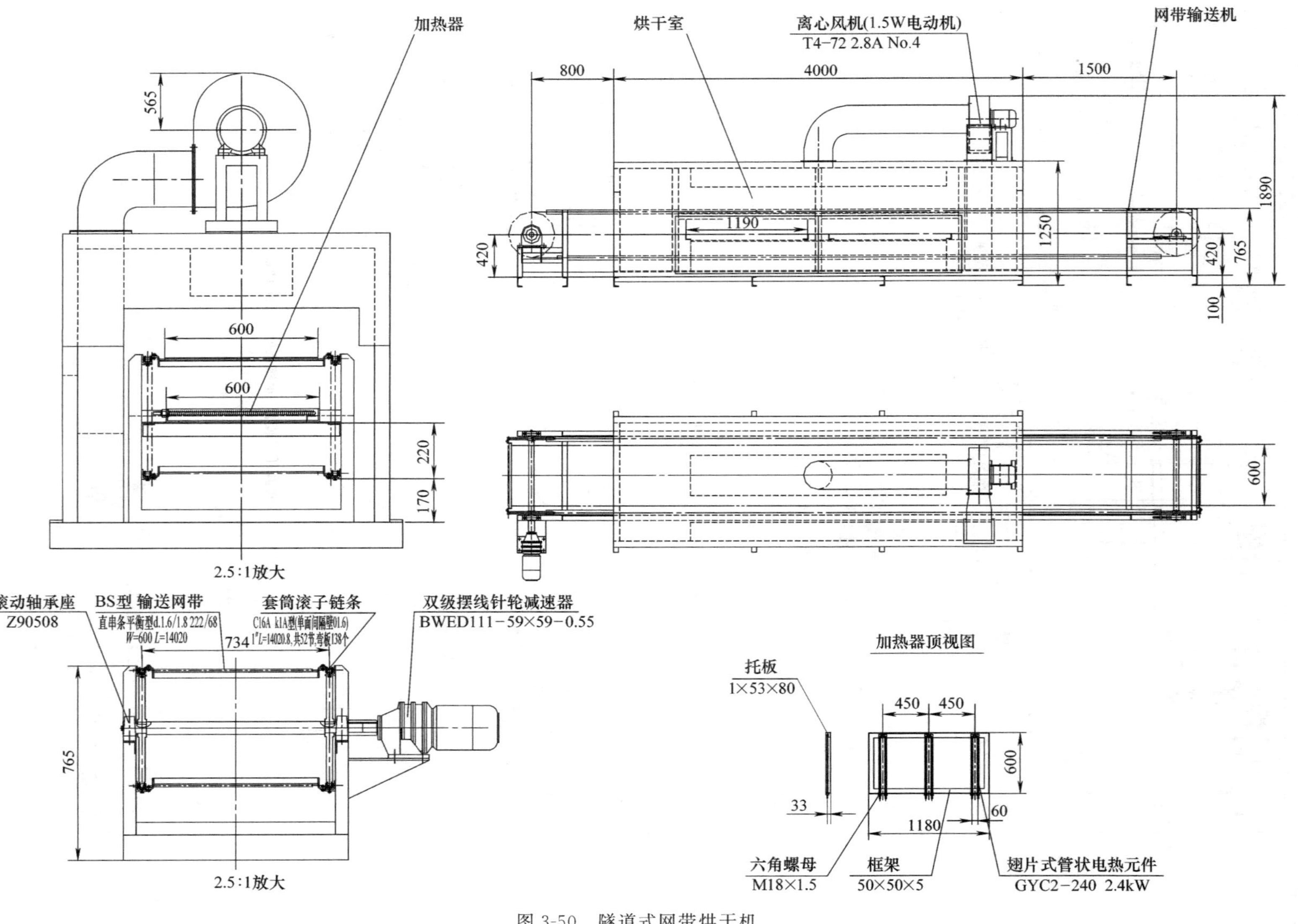
加热器
烘干室
离心风机(1.5W电动机)
T4-72 2.8A No.4
网带输送机
800
4000
1500
565
1890
1250
765
420
100
1190
600
220
170
2.5:1放大
滚动轴承座
Z90508
BS型 输送网带
直串条平衡型d.1.6/1.8 222/68
W=600 L=14020
套筒滚子链条
C16A k1A型(单面间隔壁01.6)
1"L=14020.8, 共52节,弯板138个
734
双级摆线针轮减速器
BWED111-59×59-0.55
加热器顶视图
托板
1×53×80
450
1180
33
60
六角螺母
M18×1.5
框架
50×50×5
翅片式管状电热元件
GYC2-240 2.4kW

图 3-50 隧道式网带烘干机

3.3.5.2　隧道式网带烘干机

大批量的滚镀工件，可采用隧道式网带烘干机，见图 3-50。在烘干机一端上料，采用控量漏斗，自动排列在网状输送带上缓慢行进，经过热风循环烘干室，确保工件烘干质量，最后自行输送到收料框。

3.4　专用电镀设备

3.4.1　旋转镀设备

旋转镀过程中，旋转阴极的电镀设备，以改善镀层均匀度，减少毛刺和针孔等缺陷。特别是对形状复杂的工件，如带有凹槽、深孔、盲孔、窄缝、枝杈的工件和链状工件，采用静止挂镀或滚镀，都难以达到较好的成品合格率。对这类工件采用旋转阴极的挂镀，可得到比较满意的镀层质量。

3.4.1.1　立式旋转镀

立式旋转阴极的挂镀设备，可设计成单挂或多挂电镀，因此镀槽成圆筒形、方形或矩形，其体积大小由电镀工件数量及其特性而定。槽内设置环形阳极，悬挂金属阳极，阳极环中间是旋转阴极导电架，导电架可制作成水平环形圈或多个放射式吊钩，它通过传动轴与其下方或上方的驱动机构相连。驱动机构固定在槽体的下部或在槽体的上部，也可设置在槽边伸出的悬臂支座上。导电架的中心轴应与固定支座的轴承和驱动机构用绝缘材料保持良好的绝缘性能，并用炭刷或导电环与电镀电源的阴极相连接。

驱动机构设置于镀槽下部的旋转镀截面、行车主要部件、阴极组件、导电槽与驱动机构及导电炭刷组件见图 3-51～图 3-55。驱动机构设置于镀槽上部的旋转电镀槽总成，见图 3-56。

3.4.1.2　多工位旋转镀

多工位旋转电镀，是一种工件在镀槽内来回（左右）180°旋转的电镀方法，可使镀层均匀和表面光滑。按设计需要一个镀槽中可设置多个工位，电镀作业时保留一个空工位，使在作业过程中可以依次轮流装一挂和卸一挂。多工位旋转镀总成和旋转摆动机构见图 3-57～图 3-60。操作图 3-58 上所示某一挂上的 压紧凸轮，可使该挂旋转吊具停止旋转（卸挂），也可将装载好工件的旋转吊具继续运转进入电镀作业。该图所示的旋转吊具是专为轴瓦电镀三元合金设计的，图中未标出阴极和阳极的导入方法，不同的电镀工件按其特性设计旋转吊具及其阴极和阳极的导入方法。

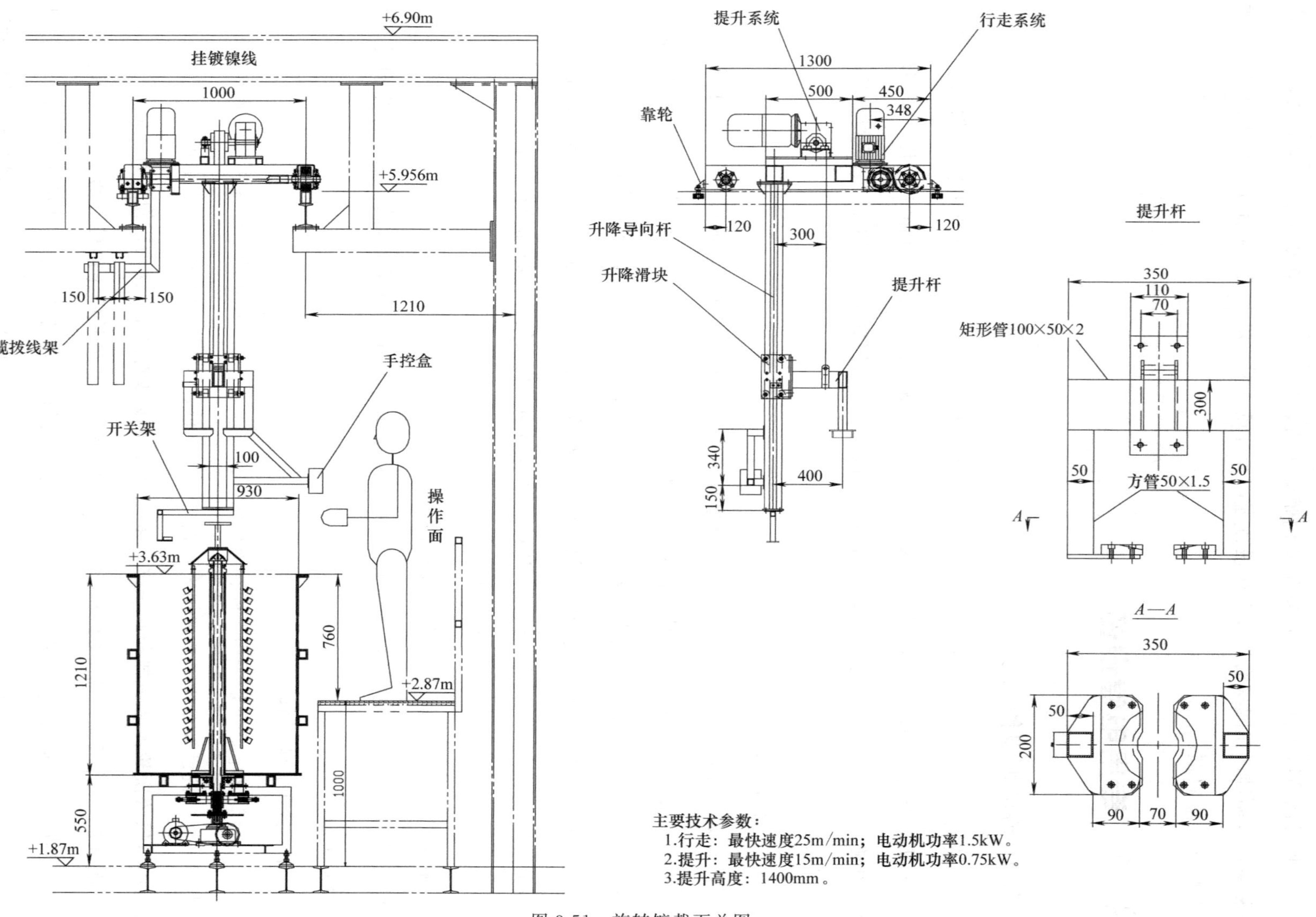
+6.90m
挂镀镍线
+5.956m
电缆拨线架
手控盒
开关架
操作面
+3.63m
+2.87m
+1.87m
提升系统
行走系统
靠轮
升降导向杆
升降滑块
提升杆
提升杆
矩形管100×50×2
方管50×1.5
A—A
主要技术参数：
1.行走：最快速度25m/min；电动机功率1.5kW。
2.提升：最快速度15m/min；电动机功率0.75kW。
3.提升高度：1400mm。

图 3-51 旋转镀截面总图

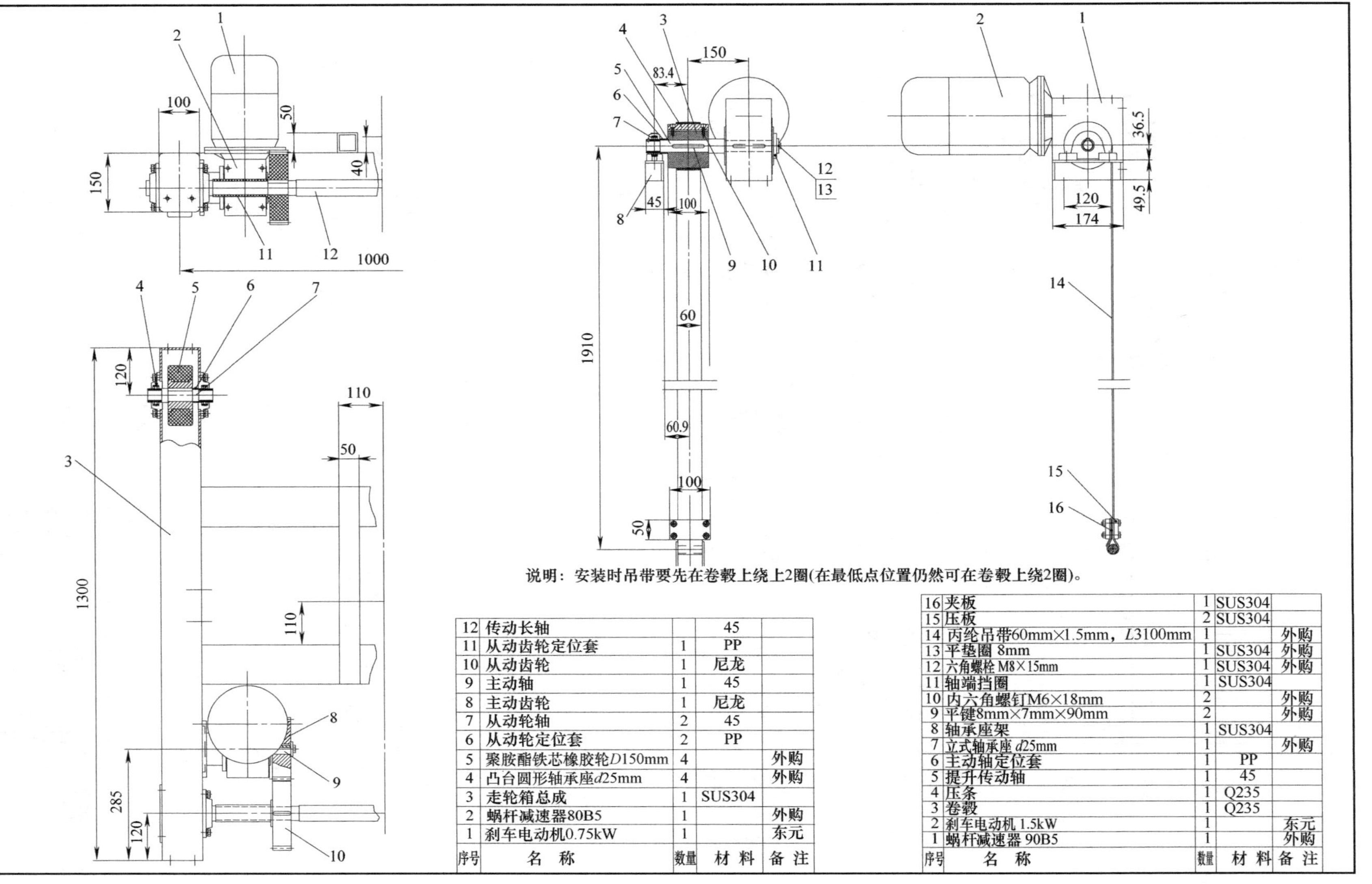
说明：安装时吊带要先在卷毂上绕上2圈(在最低点位置仍然可在卷毂上绕2圈)。

序号	名　称	数量	材　料	备　注
12	传动长轴		45	
11	从动齿轮定位套	1	PP	
10	从动齿轮	1	尼龙	
9	主动轴	1	45	
8	主动齿轮	1	尼龙	
7	从动轮轴	2	45	
6	从动轮定位套	2	PP	
5	聚胺酯铁芯橡胶轮D150mm	4		外购
4	凸台圆形轴承座d25mm	4		外购
3	走轮箱总成	1	SUS304	
2	蜗杆减速器80B5	1		外购
1	刹车电动机0.75kW	1		东元

序号	名　称	数量	材　料	备　注
16	夹板	1	SUS304	
15	压板	2	SUS304	
14	丙纶吊带60mm×1.5mm，L3100mm	1		外购
13	平垫圈 8mm	1	SUS304	外购
12	六角螺栓 M8×15mm	1	SUS304	外购
11	轴端挡圈	1	SUS304	
10	内六角螺钉M6×18mm	2		外购
9	平键8mm×7mm×90mm	2		外购
8	轴承座架	1	SUS304	
7	立式轴承座 d25mm	1		外购
6	主动轴定位套	1	PP	
5	提升传动轴	1	45	
4	压条	1	Q235	
3	卷毂	1	Q235	
2	刹车电动机 1.5kW	1		东元
1	蜗杆减速器 90B5	1		外购

图 3-52　行车主要部件

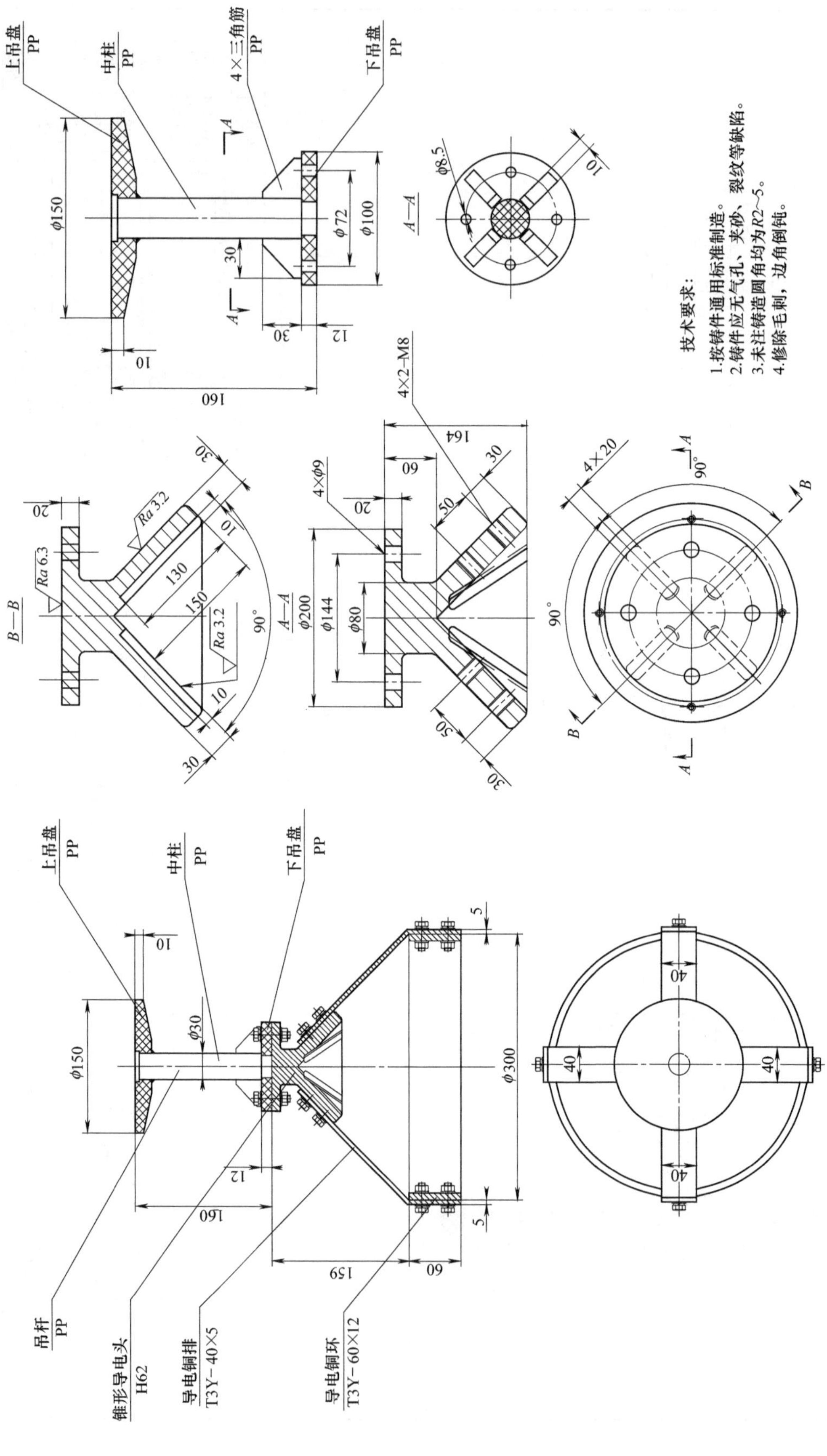

技术要求：

1.按铸件通用标准制造。
2.铸件应无气孔、夹砂、裂纹等缺陷。
3.未注铸造圆角均为$R2\sim5$。
4.修除毛刺，边角倒钝。

图 3-53　阴极组件

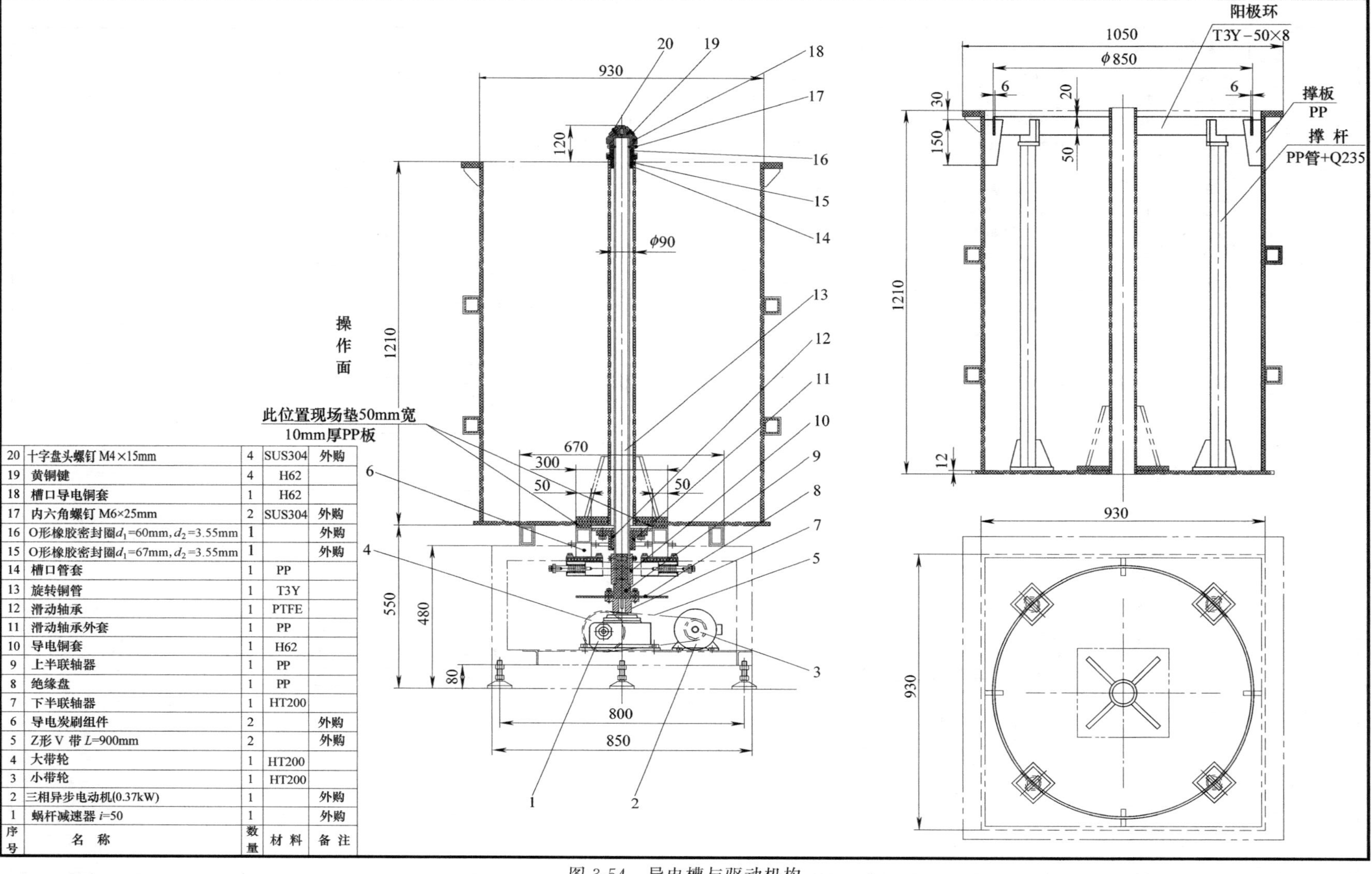

序号	名 称	数量	材 料	备 注
20	十字盘头螺钉 M4×15mm	4	SUS304	外购
19	黄铜键	4	H62	
18	槽口导电铜套	1	H62	
17	内六角螺钉 M6×25mm	2	SUS304	外购
16	O形橡胶密封圈d_1=60mm，d_2=3.55mm	1		外购
15	O形橡胶密封圈d_1=67mm，d_2=3.55mm	1		外购
14	槽口管套	1	PP	
13	旋转铜管	1	T3Y	
12	滑动轴承	1	PTFE	
11	滑动轴承外套	1	PP	
10	导电铜套	1	H62	
9	上半联轴器	1	PP	
8	绝缘盘	1	PP	
7	下半联轴器	1	HT200	
6	导电炭刷组件	2		外购
5	Z形 V 带 L=900mm	2		外购
4	大带轮	1	HT200	
3	小带轮	1	HT200	
2	三相异步电动机(0.37kW)	1		外购
1	蜗杆减速器 i=50	1		外购

图 3-54 导电槽与驱动机构

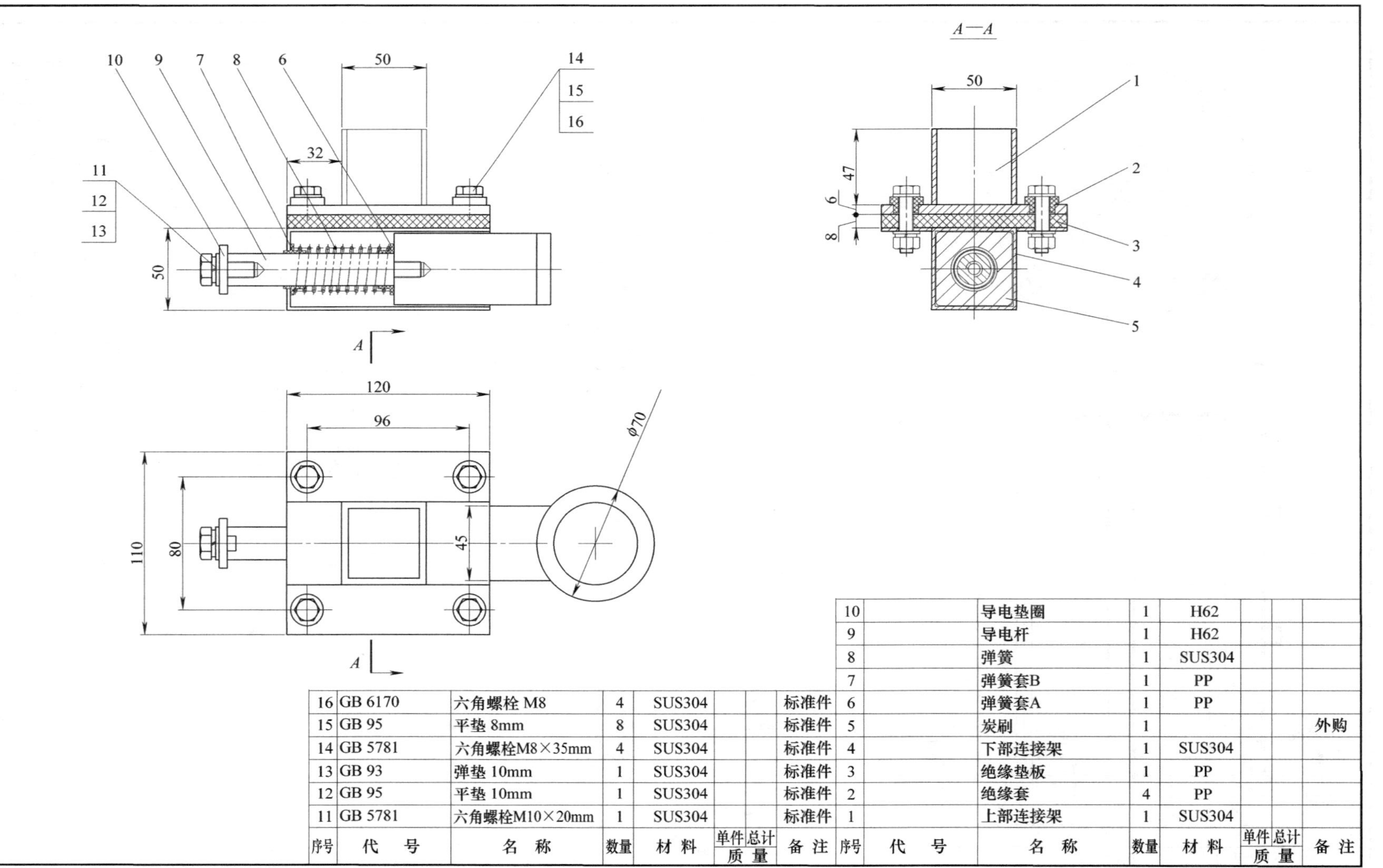

序号	代号	名称	数量	材料	单件质量	总计质量	备注
16	GB 6170	六角螺栓 M8	4	SUS304			标准件
15	GB 95	平垫 8mm	8	SUS304			标准件
14	GB 5781	六角螺栓M8×35mm	4	SUS304			标准件
13	GB 93	弹垫 10mm	1	SUS304			标准件
12	GB 95	平垫 10mm	1	SUS304			标准件
11	GB 5781	六角螺栓M10×20mm	1	SUS304			标准件
10		导电垫圈	1	H62			
9		导电杆	1	H62			
8		弹簧	1	SUS304			
7		弹簧套B	1	PP			
6		弹簧套A	1	PP			
5		炭刷	1				外购
4		下部连接架	1	SUS304			
3		绝缘垫板	1	PP			
2		绝缘套	4	PP			
1		上部连接架	1	SUS304			

图 3-55　导电炭刷组件

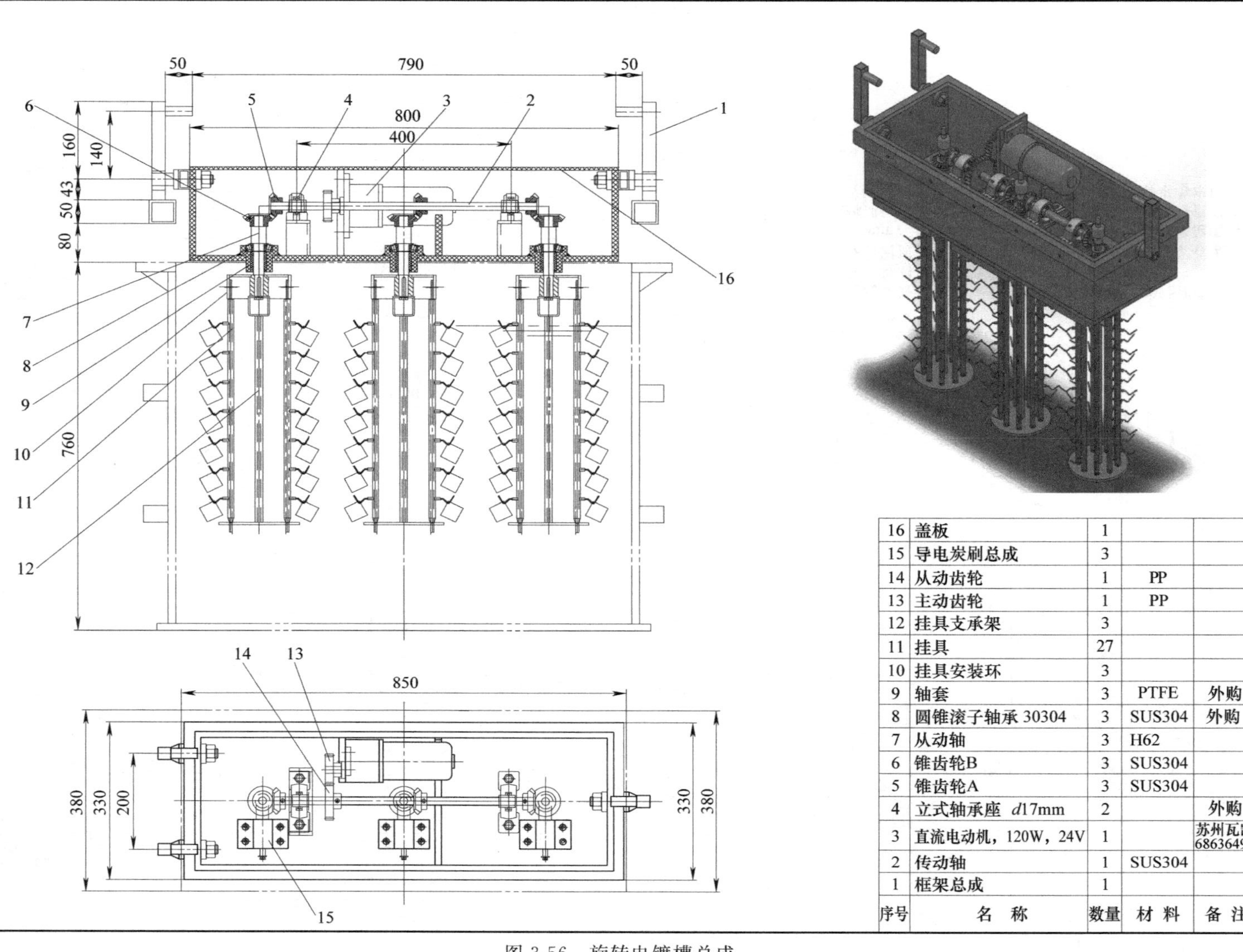

序号	名称	数量	材料	备注
16	盖板	1		
15	导电炭刷总成	3		
14	从动齿轮	1	PP	
13	主动齿轮	1	PP	
12	挂具支承架	3		
11	挂具	27		
10	挂具安装环	3		
9	轴套	3	PTFE	外购
8	圆锥滚子轴承 30304	3	SUS304	外购
7	从动轴	3	H62	
6	锥齿轮B	3	SUS304	
5	锥齿轮A	3	SUS304	
4	立式轴承座 d17mm	2		外购
3	直流电动机，120W，24V	1		苏州瓦凯 68636499
2	传动轴	1	SUS304	
1	框架总成	1		

图 3-56 旋转电镀槽总成

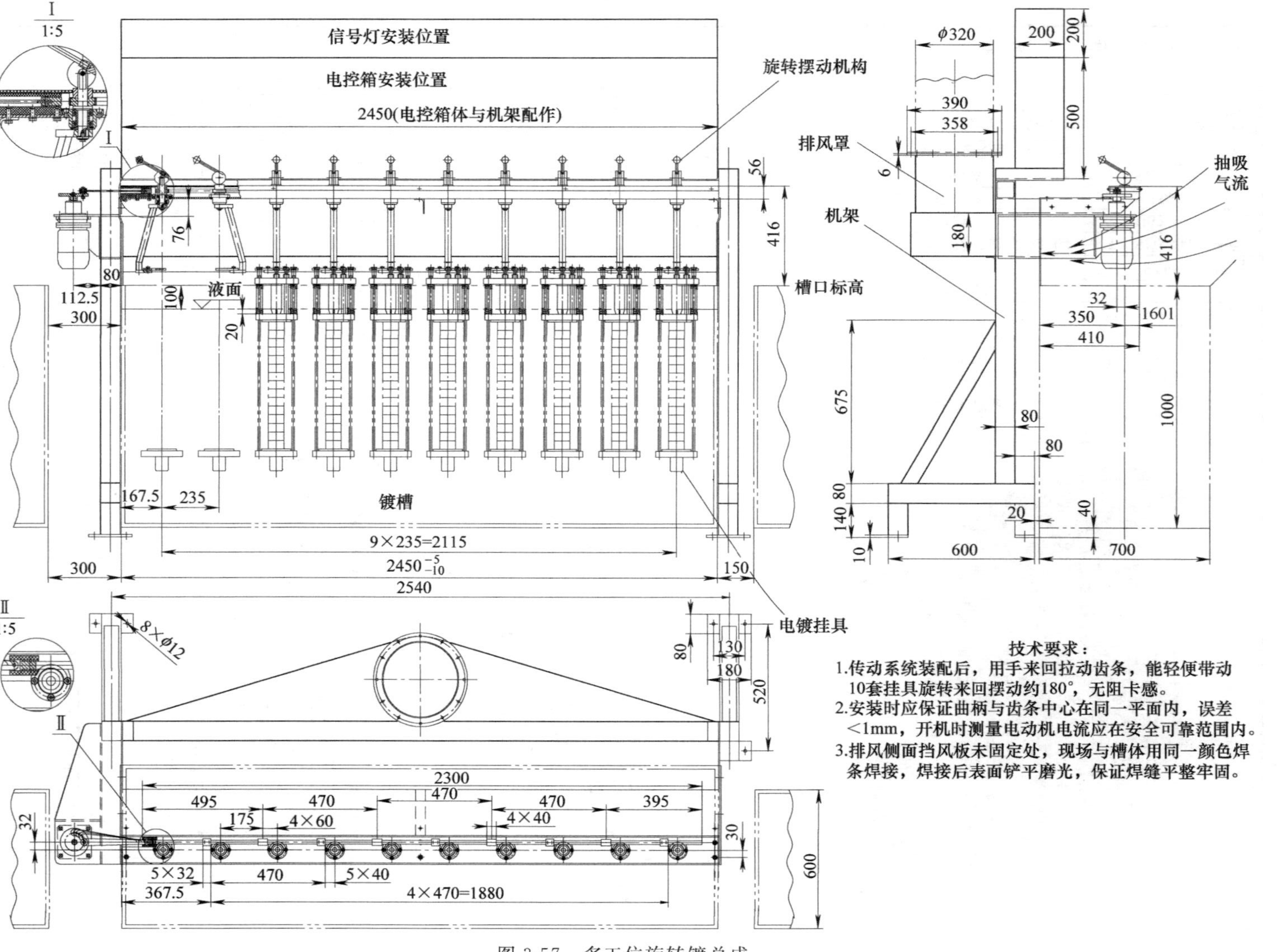
信号灯安装位置
电控箱安装位置
2450(电控箱体与机架配作)
旋转摆动机构
液面
镀槽
电镀挂具
排风罩
机架
槽口标高
抽吸
气流
技术要求：
1.传动系统装配后，用手来回拉动齿条，能轻便带动10套挂具旋转来回摆动约180°，无阻卡感。
2.安装时应保证曲柄与齿条中心在同一平面内，误差<1mm，开机时测量电动机电流应在安全可靠范围内。
3.排风侧面挡风板未固定处，现场与槽体用同一颜色焊条焊接，焊接后表面铲平磨光，保证焊缝平整牢固。

图 3-57 多工位旋转镀总成

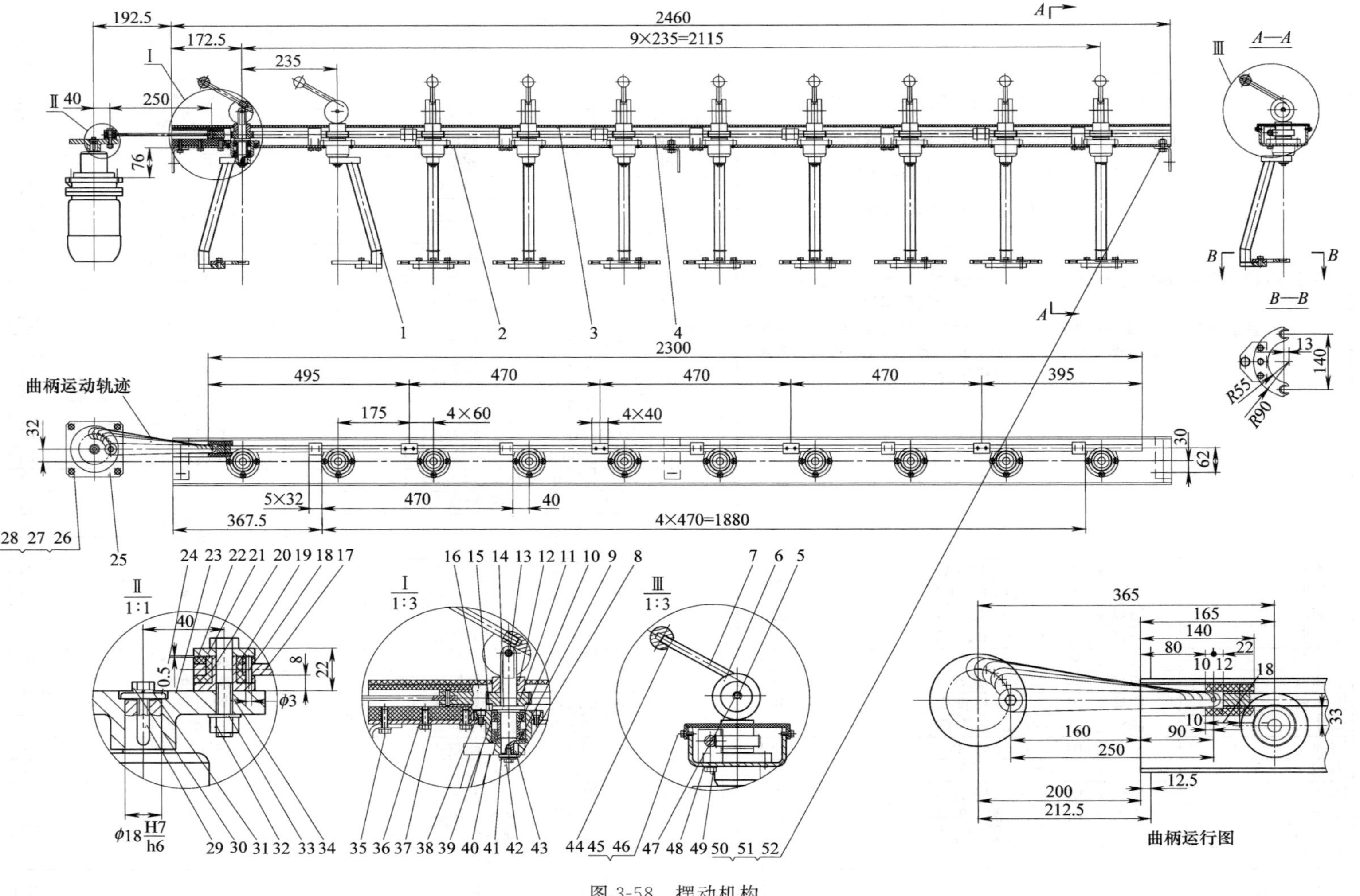

图 3-58　摆动机构

序号	代号	名称	数量	材料	单件	总计	备注
					重量/kg		
1		旋转吊具	10	不锈钢焊接件	1.291	12.91	图5张
2		底座	1	δ5mm不锈钢板	18.735	18.735	
3		盖板	1	PP板δ3mm	1.516	1.516	
4		齿条总成	1	组合件	7.56	7.56	图7张
5		销轴	10	ϕ8mm冷拨不锈钢圆	0.013	0.13	
6		压紧凸轮	10	不锈钢	0.466	4.66	
7		双头螺栓	10	ϕ10mm冷拨不锈钢圆	0.074	0.74	
8		轴端挡圈	10	不锈钢	0.012	0.12	
9		轴承挡圈	10	不锈钢	0.034	0.34	
10		轴承垫圈	10	不锈钢	0.024	0.24	
11		M1.5齿轮Z=35	10	ZQSn10-1	0.243	2.43	
12		压紧垫圈	10	尼龙	0.022	0.22	
13		减磨套	10	尼龙	0.001	0.01	
14		摆动轴	10	不锈钢	0.359	3.59	
15		轴承座	10	不锈钢	0.611	6.11	
16		滑套导向座	1	尼龙	0.209	0.209	
17		曲柄	1	不锈钢板	0.292	0.292	
18		定位销L=13mm	1	ϕ3mm不锈钢丝	0.001	0.001	本图
19		尼龙轴承	1	尼龙	0.004	0.004	
20		不锈钢轴套	1	不锈钢	0.027	0.027	
21		不锈钢挡圈	1	不锈钢	0.018	0.018	
22		尼龙挡圈	1	尼龙	0.002	0.002	
23		曲柄盘	1	不锈钢	1.111	1.111	
24		轴端挡圈	1	不锈钢	0.008	0.008	
25		摆线针轮减速器	1				外购件
26		1型六角螺母M6	4	不锈钢			标准件
27		垫圈6mm	4	不锈钢			标准件
28		螺栓M6×28mm	4	不锈钢			标准件
29		单圆头普通平键(C型)C6×20mm	1	45			标准件
30		螺栓M6×16mm	1	不锈钢			标准件
31		弹簧垫圈6mm	1	65Mn			标准件
32		1型六角螺母M8	1	不锈钢			标准件
33		垫圈8mm	1	不锈钢			标准件
34		螺栓M8×45mm	1	不锈钢			标准件
35		螺栓M8×25mm	1	不锈钢			标准件
36		垫圈8mm	3	不锈钢			标准件
37		螺栓M8×20mm	2	不锈钢			标准件
38		螺钉M6×12mm	1	不锈钢			标准件

序号	代号	名称	数量	材料	单件	总计	备注
					重量/kg		
39		深沟球轴承6004-RS	20				外购件
40		孔用弹性挡圈42mm	10	65Mn			标准件
41		弹簧垫圈6mm	10	65Mn			标准件
42		螺栓M6×16mm	10	不锈钢			标准件
43		单圆头普通平键(C型)C6×14mm	10	45			标准件
44		手球柄 M10	10	胶木			外购件
45		螺栓M6×12mm	10	不锈钢			标准件
46		垫圈6mm	10	不锈钢			标准件
47		开口挡圈6mm D12mm	20	不锈钢			标准件
48		垫圈8mm	10	不锈钢			标准件
49		螺栓M8×16mm	10	不锈钢			标准件
50		垫圈10mm	5	不锈钢			标准件
51		螺栓M10×20mm	5	不锈钢			标准件
52		1型六角螺母M10	5	不锈钢			标准件

技术要求:

1.装配时在滚动轴承、连接滑套及齿条滑动面加润滑脂。

2.安装件4齿条总成时，在齿条与齿轮啮合面夹一张薄纸，将纸夹紧后固定，这可保证啮合间隙适度。

3.用手轻轻来回拉动齿条，能平滑带动10只吊具垂直旋转摆动，无阻卡感觉。

垂直旋转摆动技术参数:

1.垂直旋转摆动角度：A≈180°(左右)。

2.垂直旋转摆动次数：n=1400/43=32.6(次/分)(可调)。

3.摆线针轮减速器型号：WB100L1D-43-250W4P-V3。

图 3-59　摆动机构明细与技术要求

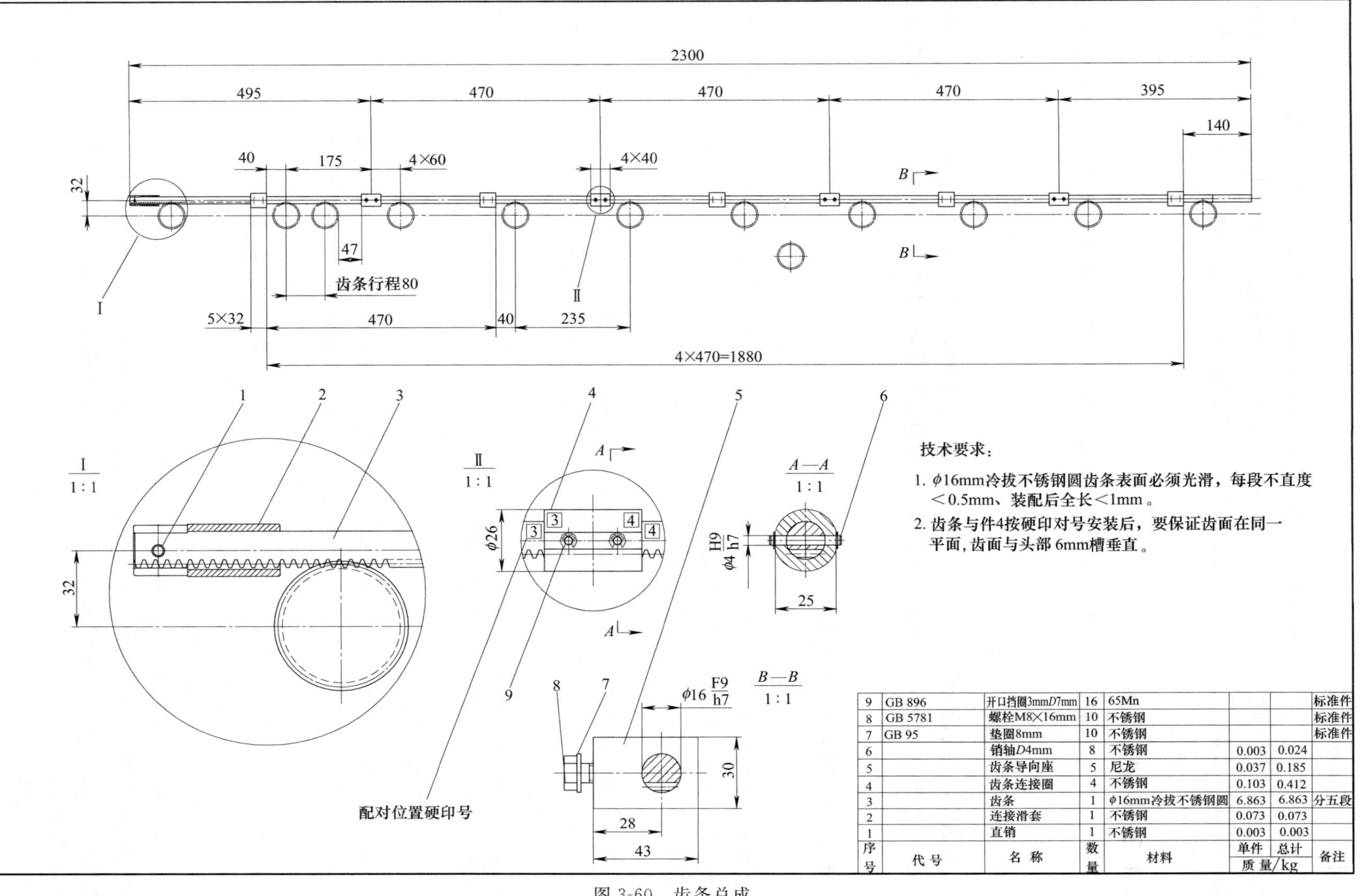

序号	代号	名称	数量	材料	单件质量/kg	总计质量/kg	备注
9	GB 896	开口挡圈3mm$D$7mm	16	65Mn			标准件
8	GB 5781	螺栓M8×16mm	10	不锈钢			标准件
7	GB 95	垫圈8mm	10	不锈钢			标准件
6		销轴D4mm	8	不锈钢	0.003	0.024	
5		齿条导向座	5	尼龙	0.037	0.185	
4		齿条连接圈	4	不锈钢	0.103	0.412	
3		齿条	1	ϕ16mm冷拔不锈钢圆	6.863	6.863	分五段
2		连接滑套	1	不锈钢	0.073	0.073	
1		直销	1	不锈钢	0.003	0.003	

图 3-60　齿条总成

3.4.2 摆动镀设备

摆动电镀也适用于手工电镀线，它是使工件在镀槽中上下摆动（磕头状）的一种电镀方法，由偏心凸轮驱动摇臂和摆动臂完成上下摆动作业。该装置也可在酸洗和清洗等槽内使用，提高工件的清洗效率。4 工位摆动镀总成和摆动机构见图 3-61 和图 3-62，2 工位摆动镀总成见图 3-63。

3.4.3 振动镀设备

振动电镀特别适用于片状和针状工件的电镀作业。振动电镀装置及其振盘与振篮见图 3-64～图 3-66。

3.4.4 振动旋转钝化设备

机械振动同时能旋转的钝化篮，是在模仿手工钝化时的摇晃动作，其滚镀件的钝化效果优于振动式机械手。振动旋转钝化设备总成、夹爪滑动箱总成、夹爪振动旋转装置和夹爪组件见图 3-67～图 3-69。

3.4.5 移动触点翻转挂具

长圆柱体工件与钝化处理工序条件要求较高，镀层厚度要均匀，消除挂具夹持点缺镀痕迹，圆柱体表面电镀时要能不停旋转。可采用四支点旋转托盘。托盘轴心斜向安装，旋转时斜向面上的四个支点轮流支承圆柱体底面，圆柱体斜向靠轮旋转，每转一周，一个支点仅轮流接触四分之一转的时间，其余时间脱离支承而能得到电镀处理条件，解决了挂具夹持触点痕迹的缺陷。

钝化处理控制色差，关键是处理的时间。长的电镀工件进出槽液的时间，在竖向进出和横向进出时差别很大，为使得长柱体表面色泽一致，最好采用横向进出槽液，可减小行车上下行程时间，缩小工件表面处理时差，提高钝化质量。而在其他处理槽时，可以改为竖向进出槽，以节省槽体面积和槽内液体容量，并采用程控自动操作，为此采用移动触点翻转挂具。移动触点翻转挂具总成及其翻转驱动等部件见图 3-70～图 3-76。

3.4.6 回转式电镀槽

回转式电镀槽特别适用于批量较大的单金属及其合金的电镀作业，如锌、镍、铜、锡等的电镀。电镀工件在经前道工序表面处理清洗后，连同挂具装挂在阴极环形导轨上的导电挂具滑架（以下简称滑架）上。机械传动链条上的拨爪推动滑架前进，使工件在电解液中不停地移动并进行电镀。根据电镀工件产量和工艺要求的电镀时间，决定回转式导轨的长度（工位间距和工位数）、链条运行速度范围和回转链条的规格及其长度。

全机由链条传动机构、张紧装置、阴极导轨、阳极装置、导电挂具滑架、机架和镀槽组成。单工序回转式电镀槽占地面积小、设备简单、造价低廉，可较大程度地减轻劳动强度，提高电镀表面质量，广泛应用于手工电镀线，也可配置在环形线某区域的一侧增设单金属镀种，见图 3-77～图 3-79。槽体尺寸按工艺要求，在钢结构槽内壁敷贴硫化橡胶或软 PVC 板，也可用 PP 板制作。

3.4.6.1 机架

机架设置在槽体筋上，机架由矩形钢管及钢板焊制，见图 3-80。

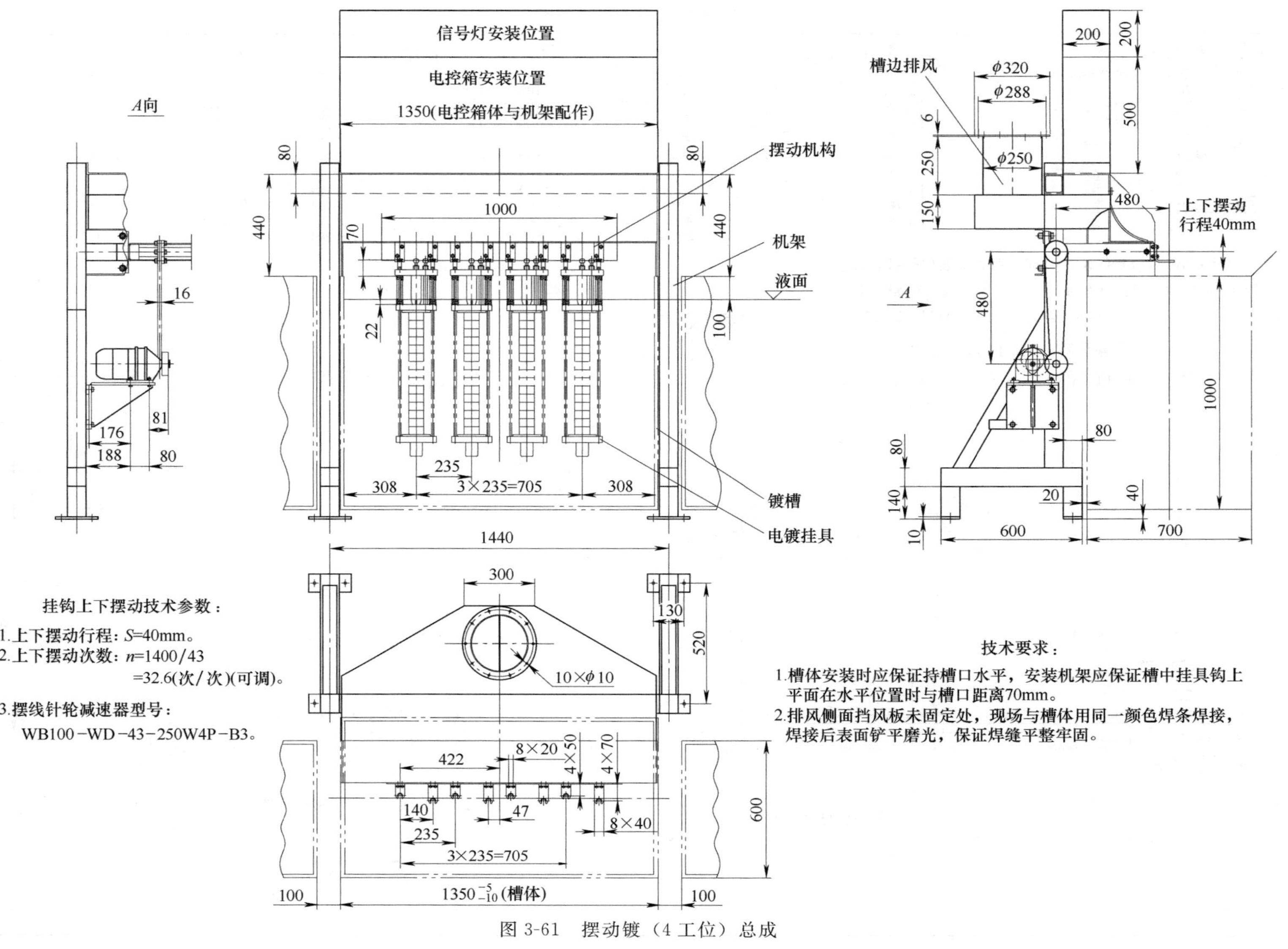

图 3-61 摆动镀（4 工位）总成

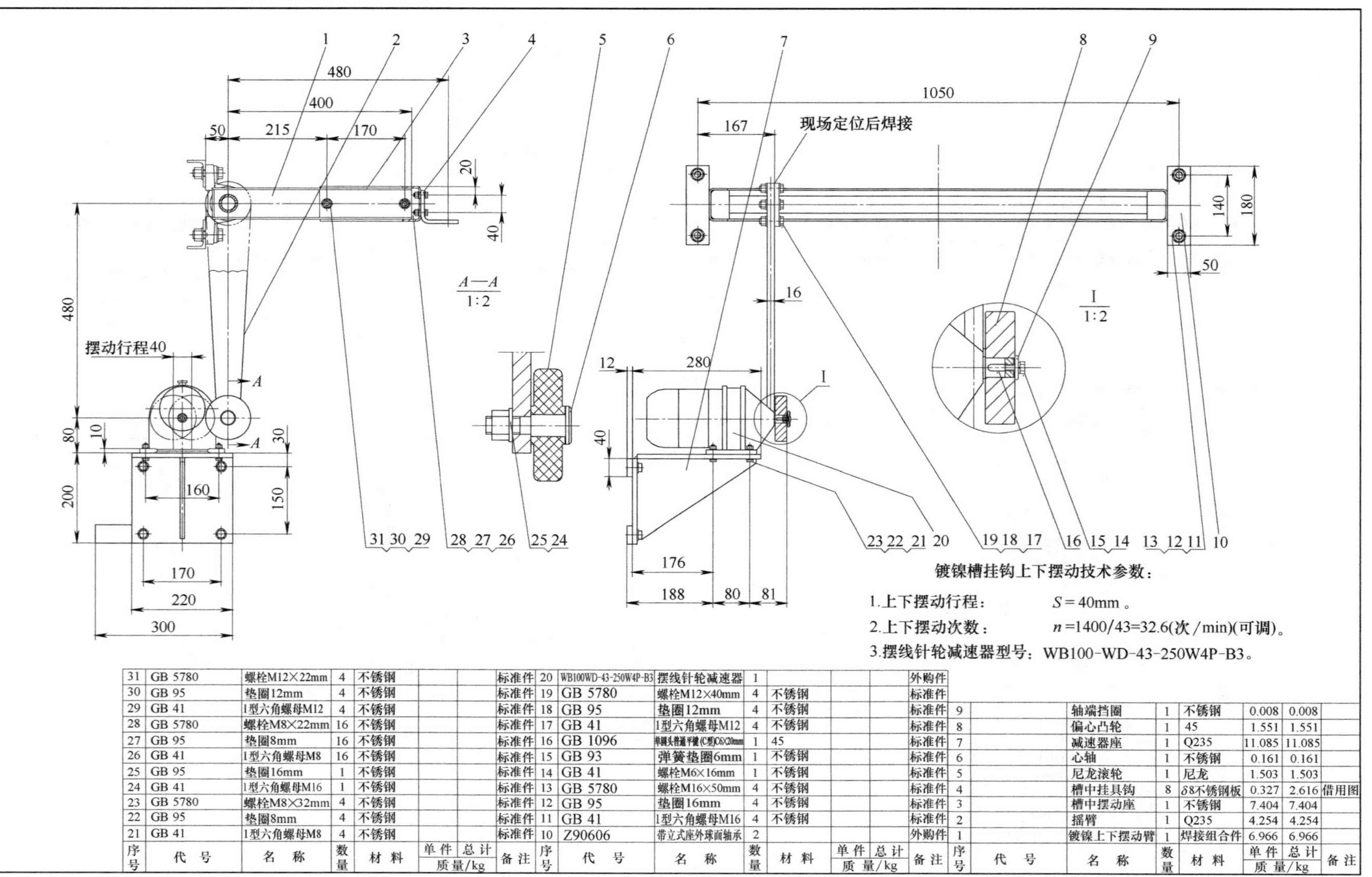

镀镍槽挂钩上下摆动技术参数：

1.上下摆动行程：　　$S=40$mm。

2.上下摆动次数：　　$n=1400/43=32.6$(次/min)(可调)。

3.摆线针轮减速器型号：WB100-WD-43-250W4P-B3。

序号	代号	名称	数量	材料	单件质量/kg	总计质量/kg	备注
31	GB 5780	螺栓M12×22mm	4	不锈钢			标准件
30	GB 95	垫圈12mm	4	不锈钢			标准件
29	GB 41	1型六角螺母M12	4	不锈钢			标准件
28	GB 5780	螺栓M8×22mm	16	不锈钢			标准件
27	GB 95	垫圈8mm	16	不锈钢			标准件
26	GB 41	1型六角螺母M8	16	不锈钢			标准件
25	GB 95	垫圈16mm	1	不锈钢			标准件
24	GB 41	1型六角螺母M16	1	不锈钢			标准件
23	GB 5780	螺栓M8×32mm	4	不锈钢			标准件
22	GB 95	垫圈8mm	4	不锈钢			标准件
21	GB 41	1型六角螺母M8	4	不锈钢			标准件

序号	代号	名称	数量	材料	单件质量/kg	总计质量/kg	备注
20	WB100WD-43-250W4P-B3	摆线针轮减速器	1				外购件
19	GB 5780	螺栓M12×40mm	4	不锈钢			标准件
18	GB 95	垫圈12mm	4	不锈钢			标准件
17	GB 41	1型六角螺母M12	4	不锈钢			标准件
16	GB 1096	单圆头普通平键(C型)C6×20mm	1	45			标准件
15	GB 93	弹簧垫圈6mm	1	不锈钢			标准件
14	GB 41	螺栓M6×16mm	1	不锈钢			标准件
13	GB 5780	螺栓M16×50mm	4	不锈钢			标准件
12	GB 95	垫圈16mm	4	不锈钢			标准件
11	GB 41	1型六角螺母M16	4	不锈钢			标准件
10	Z90606	带立式座外球面轴承	2				外购件

序号	代号	名称	数量	材料	单件质量/kg	总计质量/kg	备注
9		轴端挡圈	1	不锈钢	0.008	0.008	
8		偏心凸轮	1	45	1.551	1.551	
7		减速器座	1	Q235	11.085	11.085	
6		心轴	1	不锈钢	0.161	0.161	
5		尼龙滚轮	1	尼龙	1.503	1.503	
4		槽中挂具钩	8	δ8不锈钢板	0.327	2.616	借用图
3		槽中摆动座	1	不锈钢	7.404	7.404	
2		摇臂	1	Q235	4.254	4.254	
1		镀镍上下摆动臂	1	焊接组合件	6.966	6.966	

图 3-62　上下摆动机构

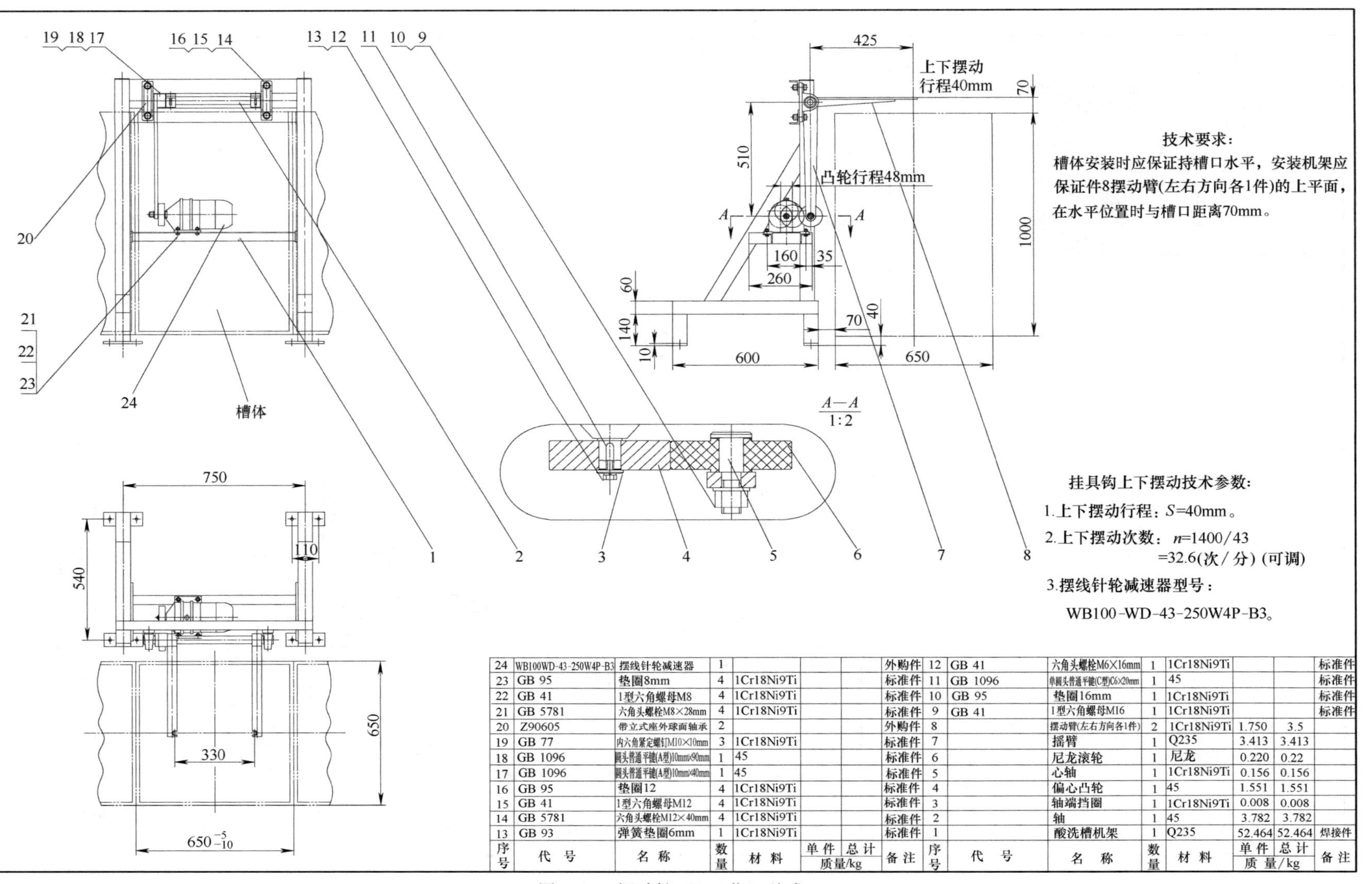

序号	代号	名称	数量	材料	单件质量/kg	总计质量/kg	备注	序号	代号	名称	数量	材料	单件质量/kg	总计质量/kg	备注
24	WB100WD-43-250W4P-B3	摆线针轮减速器	1				外购件	12	GB 41	六角头螺栓M6×16mm	1	1Cr18Ni9Ti			标准件
23	GB 95	垫圈8mm	4	1Cr18Ni9Ti			标准件	11	GB 1096	单圆头普通平键(C型)C6×20mm	1	45			标准件
22	GB 41	1型六角螺母M8	4	1Cr18Ni9Ti			标准件	10	GB 95	垫圈16mm	1	1Cr18Ni9Ti			标准件
21	GB 5781	六角头螺栓M8×28mm	4	1Cr18Ni9Ti			标准件	9	GB 41	1型六角螺母M16	1	1Cr18Ni9Ti			标准件
20	Z90605	带立式座外球面轴承	2				外购件	8		摆动臂(左右方向各1件)	2	1Cr18Ni9Ti	1.750	3.5	
19	GB 77	内六角紧定螺钉M10×10mm	3	1Cr18Ni9Ti			标准件	7		摇臂	1	Q235	3.413	3.413	
18	GB 1096	圆头普通平键(A型)10mm×90mm	1	45			标准件	6		尼龙滚轮	1	尼龙	0.220	0.22	
17	GB 1096	圆头普通平键(A型)10mm×40mm	1	45			标准件	5		心轴	1	1Cr18Ni9Ti	0.156	0.156	
16	GB 95	垫圈12	4	1Cr18Ni9Ti			标准件	4		偏心凸轮	1	45	1.551	1.551	
15	GB 41	1型六角螺母M12	4	1Cr18Ni9Ti			标准件	3		轴端挡圈	1	1Cr18Ni9Ti	0.008	0.008	
14	GB 5781	六角头螺栓M12×40mm	4	1Cr18Ni9Ti			标准件	2		轴	1	45	3.782	3.782	
13	GB 93	弹簧垫圈6mm	1	1Cr18Ni9Ti			标准件	1		酸洗槽机架	1	Q235	52.464	52.464	焊接件

图 3-63　摆动镀（2 工位）总成

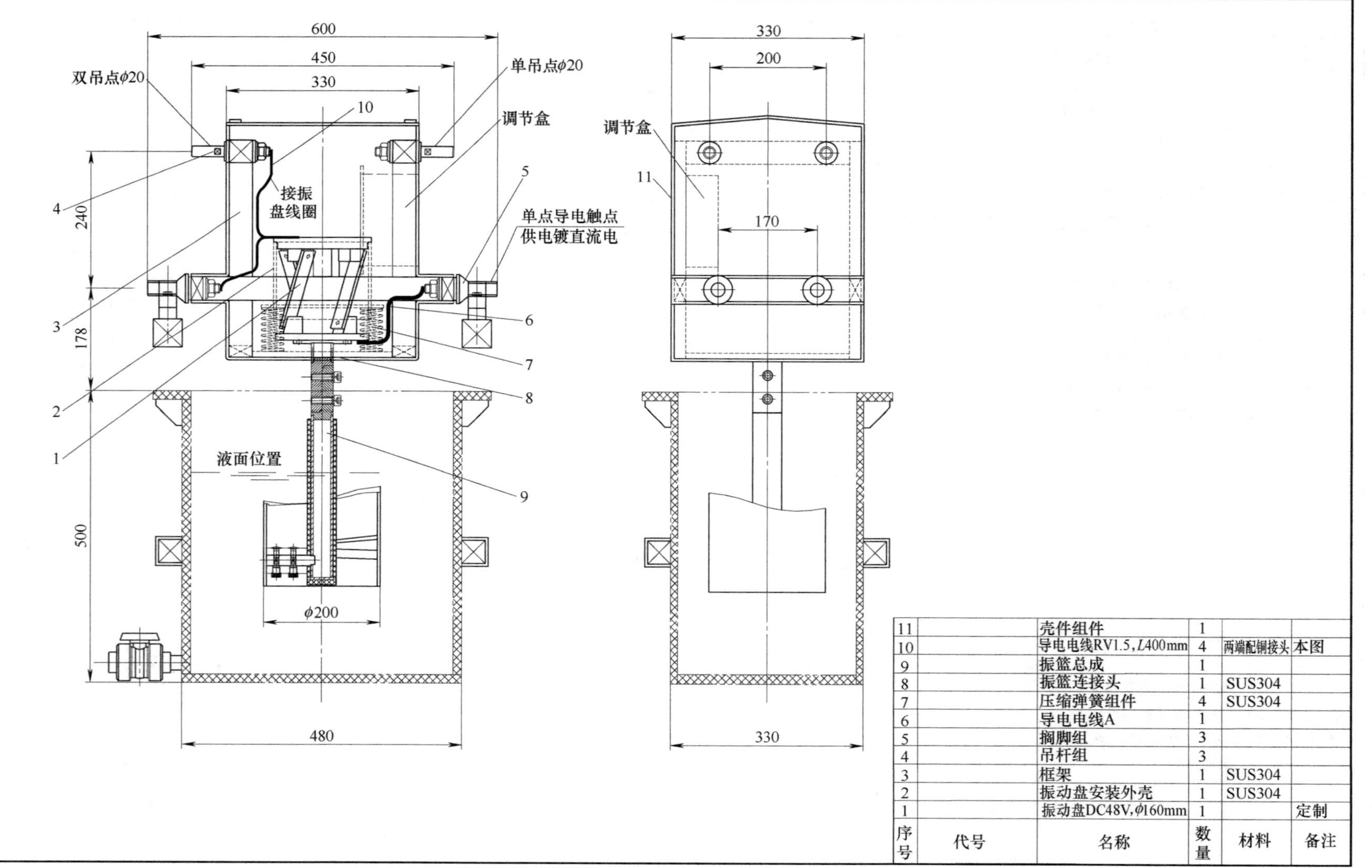

序号	代号	名称	数量	材料	备注
11		壳件组件	1		
10		导电电线RV1.5, L400mm	4	两端配铜接头	本图
9		振篮总成	1		
8		振篮连接头	1	SUS304	
7		压缩弹簧组件	4	SUS304	
6		导电电线A	1		
5		搁脚组	3		
4		吊杆组	3		
3		框架	1	SUS304	
2		振动盘安装外壳	1	SUS304	
1		振动盘DC48V, φ160mm	1		定制

图 3-64 振动电镀装置

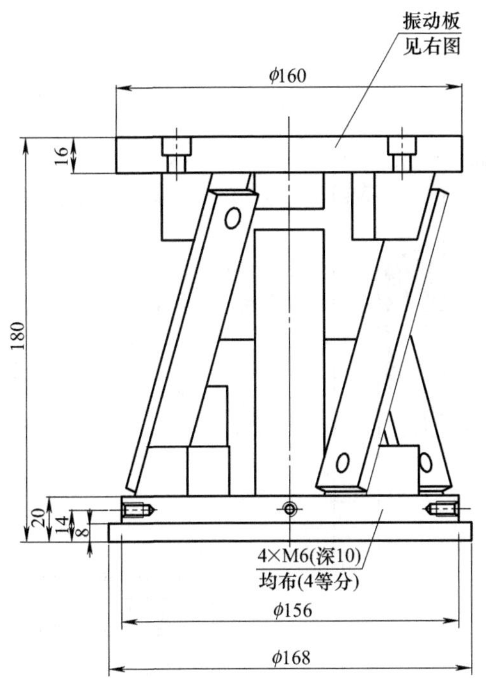

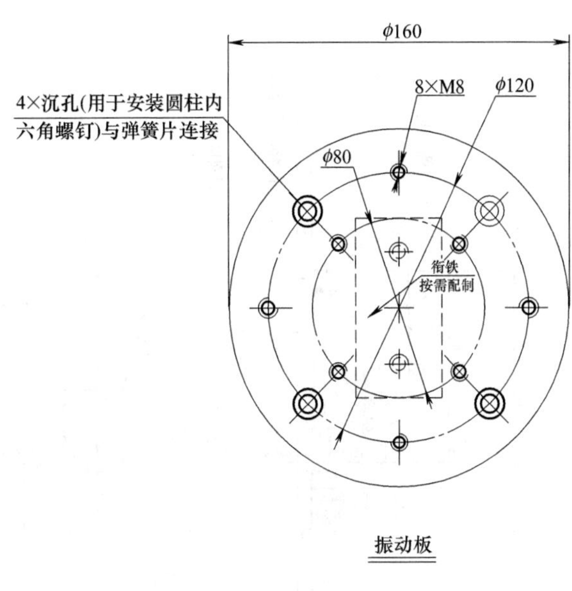

技术要求:

1. 振动方向：顺时针方向旋转。
2. 配调控盒，要求有电压调节功能和振动频率调节功能。

图 3-65 振盘

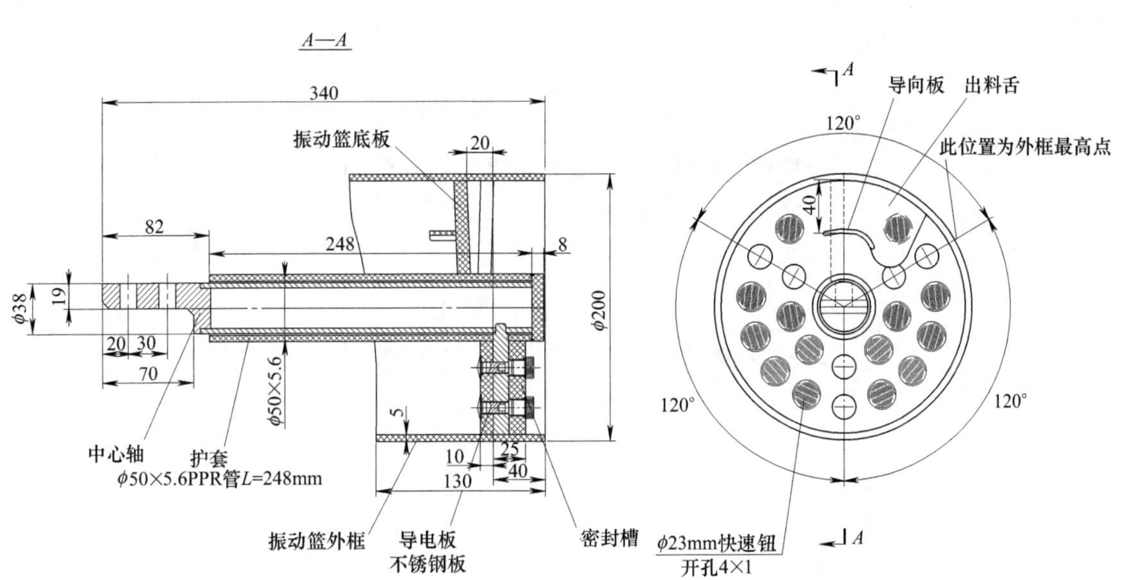

技术要求:

1.振动篮要求与中心轴垂直，并且与中心轴固定牢固。
2.中心轴外保护管要焊接密封，不能渗漏。

图 3-66 振篮

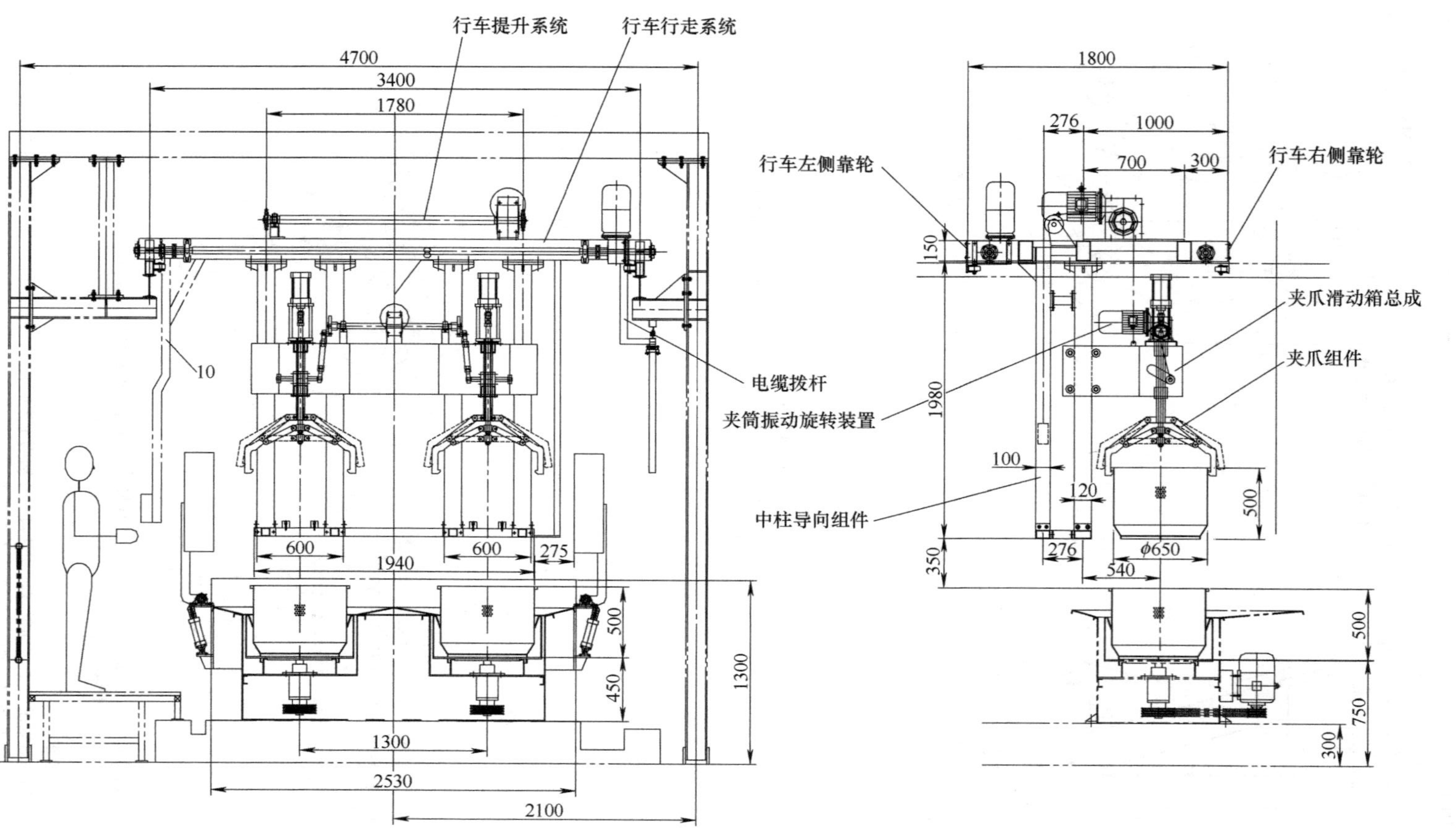

行车基本参数表					
行走系统		提升系统		夹爪上下振动	
电动机	ETTF-DF-4P-2HP	电动机	ETTF-DF-4P-5HP	电动机	ETTF-DF-4P-2HP
减速器	NMRV75-25 90B5	减速器	NMRV110-40 100/112B5	减速器	NMRV63-20 90B5
行走轮	ϕ150mm×60mm	链轮	ϕ142.7mm	频率	70次/分
速度	5～30m/min	速度	5～16m/min	振幅	120mm

图 3-67 振动旋转钝化设备总成

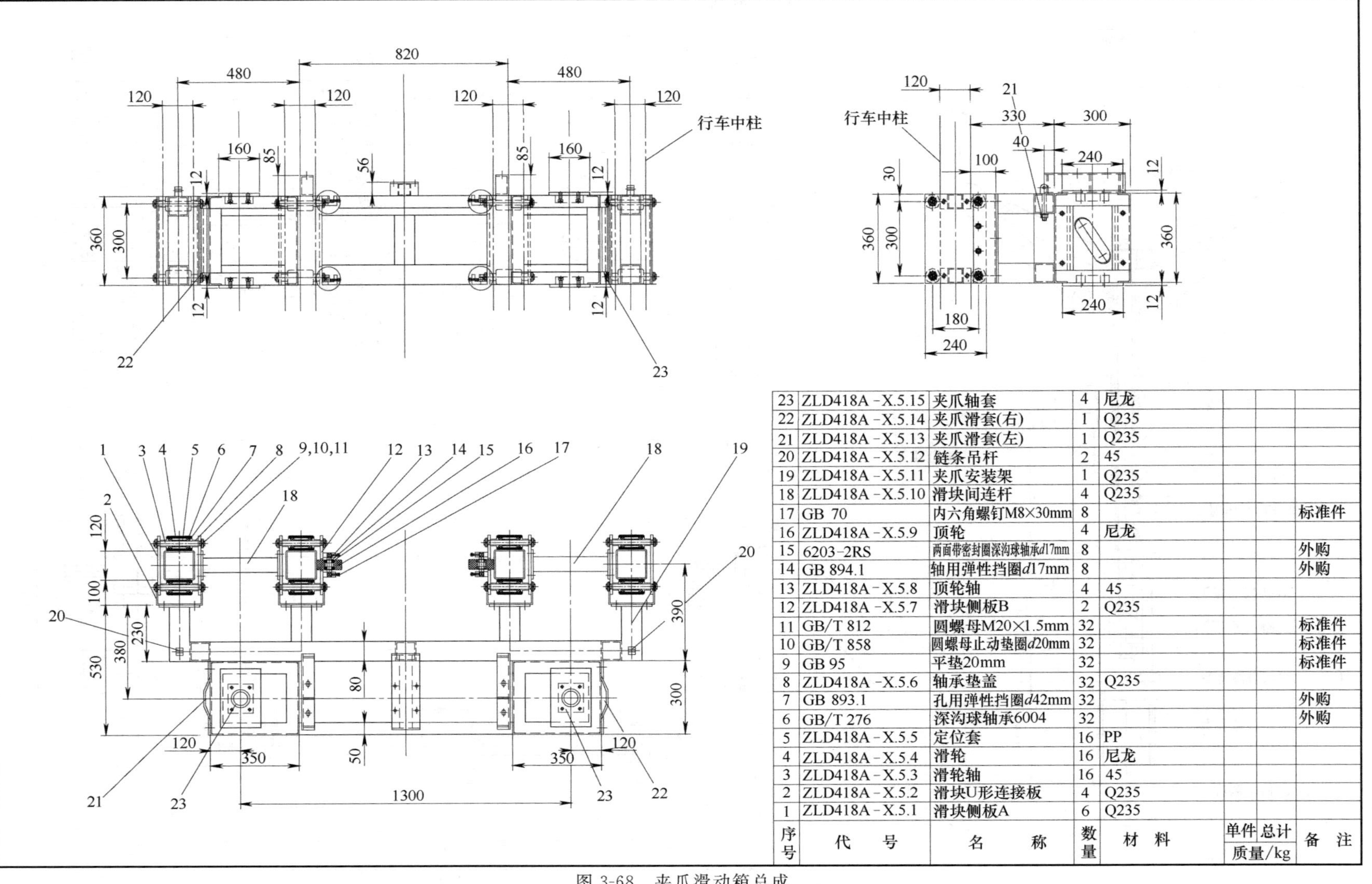

序号	代　号	名　称	数量	材　料	单件质量/kg	总计质量/kg	备　注
23	ZLD418A -X.5.15	夹爪轴套	4	尼龙			
22	ZLD418A -X.5.14	夹爪滑套(右)	1	Q235			
21	ZLD418A -X.5.13	夹爪滑套(左)	1	Q235			
20	ZLD418A -X.5.12	链条吊杆	2	45			
19	ZLD418A -X.5.11	夹爪安装架	1	Q235			
18	ZLD418A -X.5.10	滑块间连杆	4	Q235			
17	GB 70	内六角螺钉M8×30mm	8				标准件
16	ZLD418A -X.5.9	顶轮	4	尼龙			
15	6203-2RS	两面带密封圈深沟球轴承d17mm	8				外购
14	GB 894.1	轴用弹性挡圈d17mm	8				外购
13	ZLD418A -X.5.8	顶轮轴	4	45			
12	ZLD418A -X.5.7	滑块侧板B	2	Q235			
11	GB/T 812	圆螺母M20×1.5mm	32				标准件
10	GB/T 858	圆螺母止动垫圈d20mm	32				标准件
9	GB 95	平垫20mm	32				标准件
8	ZLD418A -X.5.6	轴承垫盖	32	Q235			
7	GB 893.1	孔用弹性挡圈d42mm	32				外购
6	GB/T 276	深沟球轴承6004	32				外购
5	ZLD418A -X.5.5	定位套	16	PP			
4	ZLD418A -X.5.4	滑轮	16	尼龙			
3	ZLD418A -X.5.3	滑轮轴	16	45			
2	ZLD418A -X.5.2	滑块U形连接板	4	Q235			
1	ZLD418A -X.5.1	滑块侧板A	6	Q235			

图 3-68　夹爪滑动箱总成

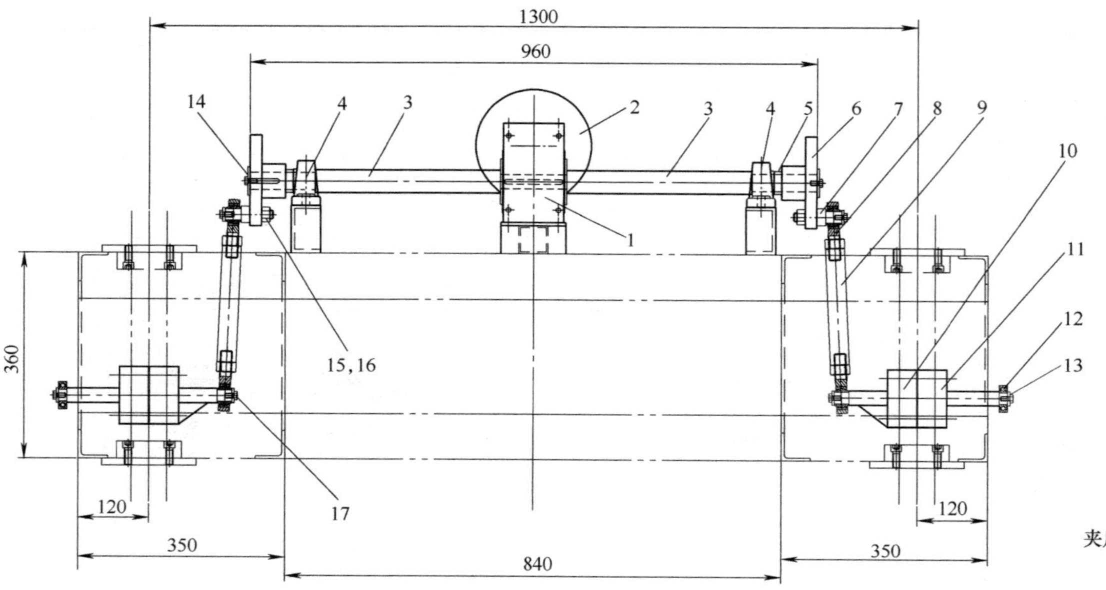

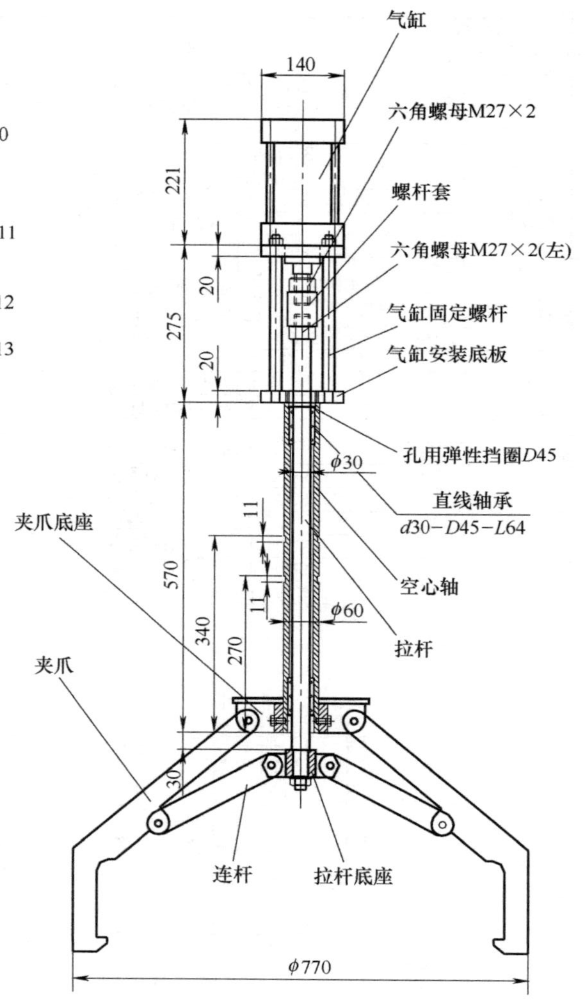

夹爪组件

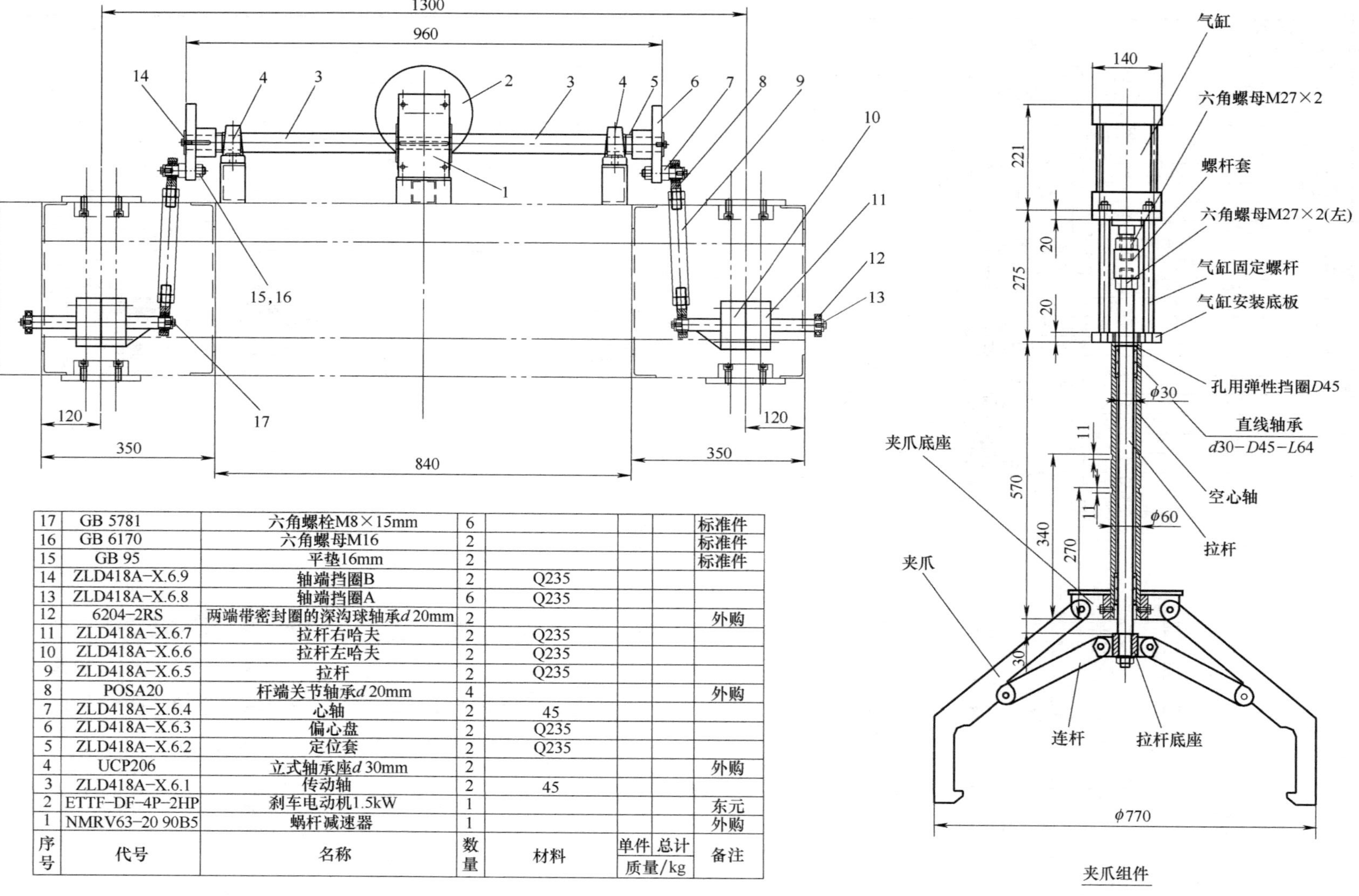

序号	代号	名称	数量	材料	单件质量/kg	总计质量/kg	备注
17	GB 5781	六角螺栓M8×15mm	6				标准件
16	GB 6170	六角螺母M16	2				标准件
15	GB 95	平垫16mm	2				标准件
14	ZLD418A−X.6.9	轴端挡圈B	2	Q235			
13	ZLD418A−X.6.8	轴端挡圈A	6	Q235			
12	6204−2RS	两端带密封圈的深沟球轴承 d 20mm	2				外购
11	ZLD418A−X.6.7	拉杆右哈夫	2	Q235			
10	ZLD418A−X.6.6	拉杆左哈夫	2	Q235			
9	ZLD418A−X.6.5	拉杆	2	Q235			
8	POSA20	杆端关节轴承 d 20mm	4				外购
7	ZLD418A−X.6.4	心轴	2	45			
6	ZLD418A−X.6.3	偏心盘	2	Q235			
5	ZLD418A−X.6.2	定位套	2	Q235			
4	UCP206	立式轴承座 d 30mm	2				外购
3	ZLD418A−X.6.1	传动轴	2	45			
2	ETTF−DF−4P−2HP	刹车电动机1.5kW	1				东元
1	NMRV63−20 90B5	蜗杆减速器	1				外购

图 3-69 夹爪振动旋转装置

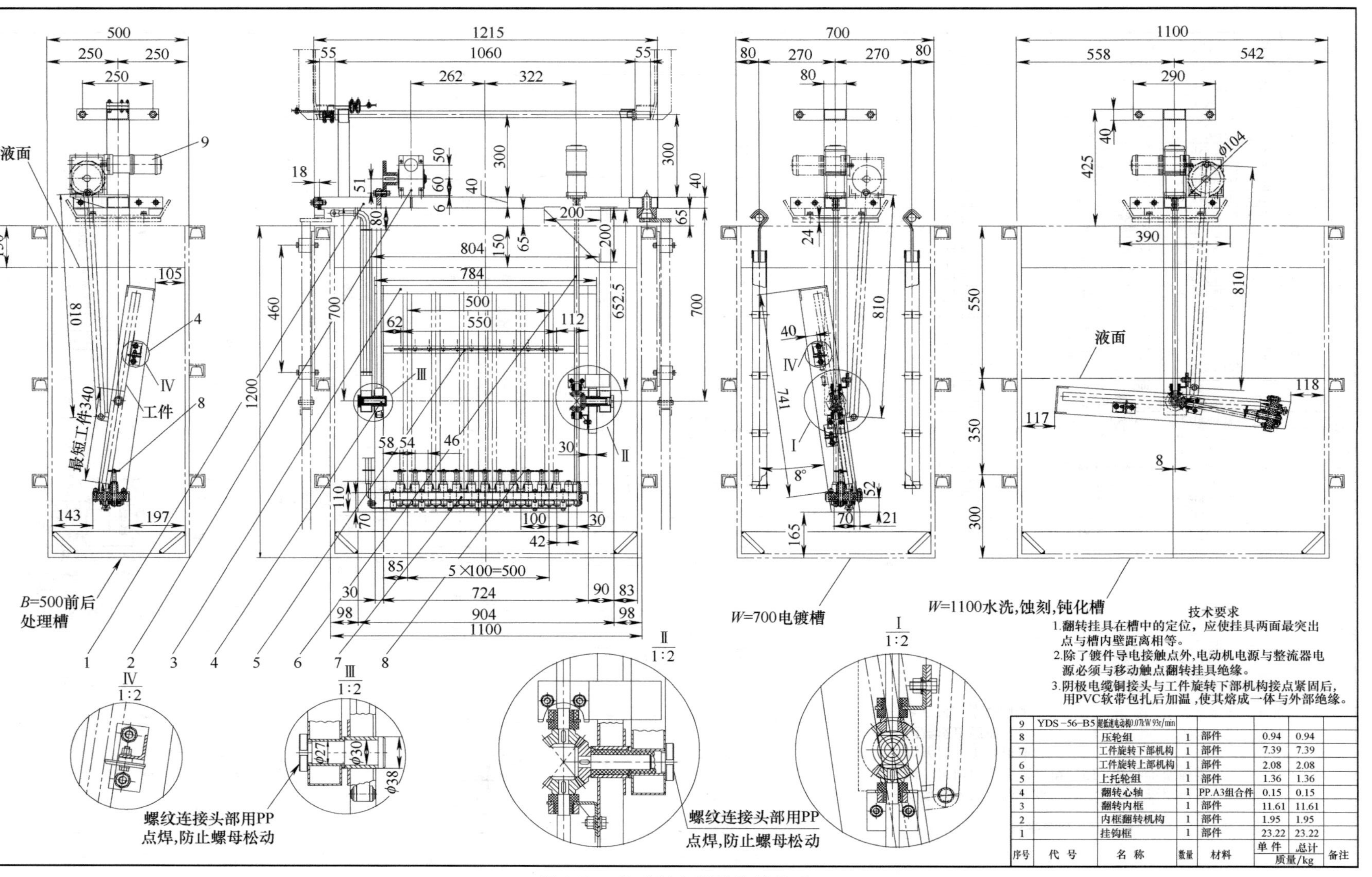

序号	代号	名称	数量	材料	单件质量/kg	总计质量/kg	备注
9	YDS-56-B5	超低速电动机0.07kW 93r/min					
8		压轮组	1	部件	0.94	0.94	
7		工件旋转下部机构	1	部件	7.39	7.39	
6		工件旋转上部机构	1	部件	2.08	2.08	
5		上托轮组	1	部件	1.36	1.36	
4		翻转心轴	1	PP.A3组合件	0.15	0.15	
3		翻转内框	1	部件	11.61	11.61	
2		内框翻转机构	1	部件	1.95	1.95	
1		挂钩框	1	部件	23.22	23.22	

图 3-70　移动触点翻转挂具总成

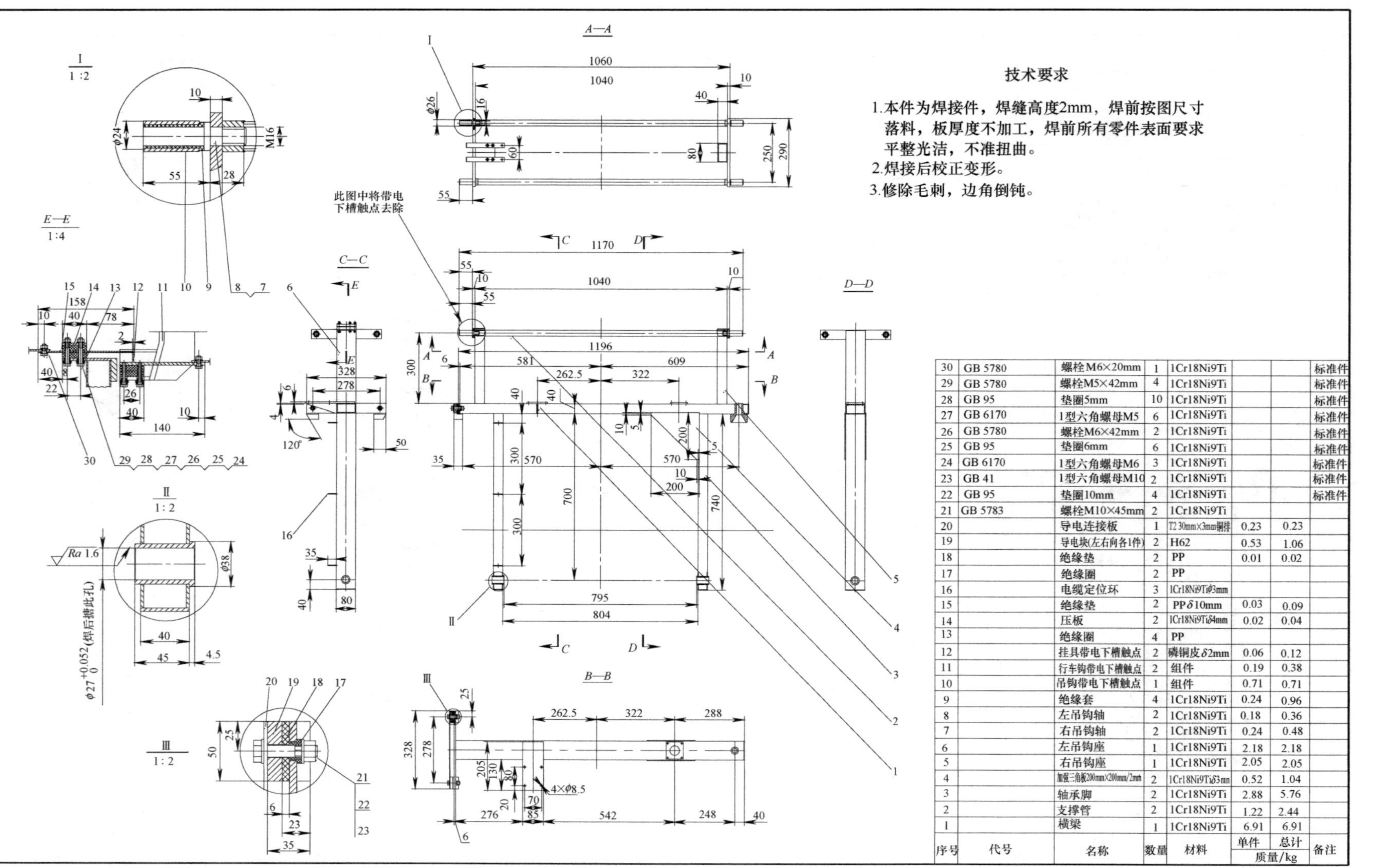
技术要求
1.本件为焊接件，焊缝高度2mm，焊前按图尺寸落料，板厚度不加工，焊前所有零件表面要求平整光洁，不准扭曲。
2.焊接后校正变形。
3.修除毛刺，边角倒钝。
A—A
B—B
C—C
D—D
E—E 1:4
I 1:2
II 1:2
III 1:2
此图中将带电下槽触点去除

序号	代号	名称	数量	材料	单件 质量/kg	总计 质量/kg	备注
30	GB 5780	螺栓M6×20mm	1	1Cr18Ni9Ti			标准件
29	GB 5780	螺栓M5×42mm	4	1Cr18Ni9Ti			标准件
28	GB 95	垫圈5mm	10	1Cr18Ni9Ti			标准件
27	GB 6170	1型六角螺母M5	6	1Cr18Ni9Ti			标准件
26	GB 5780	螺栓M6×42mm	2	1Cr18Ni9Ti			标准件
25	GB 95	垫圈6mm	6	1Cr18Ni9Ti			标准件
24	GB 6170	1型六角螺母M6	3	1Cr18Ni9Ti			标准件
23	GB 41	1型六角螺母M10	2	1Cr18Ni9Ti			标准件
22	GB 95	垫圈10mm	4	1Cr18Ni9Ti			标准件
21	GB 5783	螺栓M10×45mm	2	1Cr18Ni9Ti			
20		导电连接板	1	T2 30mm×3mm铜排	0.23	0.23	
19		导电块(左右向各1件)	2	H62	0.53	1.06	
18		绝缘垫	2	PP	0.01	0.02	
17		绝缘圈	2	PP			
16		电缆定位环	3	1Cr18Ni9Tiϕ3mm			
15		绝缘垫	2	PPδ10mm	0.03	0.09	
14		压板	2	1Cr18Ni9Tiδ4mm	0.02	0.04	
13		绝缘圈	4	PP			
12		挂具带电下槽触点	2	磷铜皮δ2mm	0.06	0.12	
11		行车钩带电下槽触点	2	组件	0.19	0.38	
10		吊钩带电下槽触点	1	组件	0.71	0.71	
9		绝缘套	4	1Cr18Ni9Ti	0.24	0.96	
8		左吊钩轴	2	1Cr18Ni9Ti	0.18	0.36	
7		右吊钩轴	2	1Cr18Ni9Ti	0.24	0.48	
6		左吊钩座	1	1Cr18Ni9Ti	2.18	2.18	
5		右吊钩座	1	1Cr18Ni9Ti	2.05	2.05	
4		加强三角板200mm×200mm/2mm	2	1Cr18Ni9Tiδ3mm	0.52	1.04	
3		轴承脚	2	1Cr18Ni9Ti	2.88	5.76	
2		支撑管	2	1Cr18Ni9Ti	1.22	2.44	
1		横梁	1	1Cr18Ni9Ti	6.91	6.91	

图 3-71 挂钩框

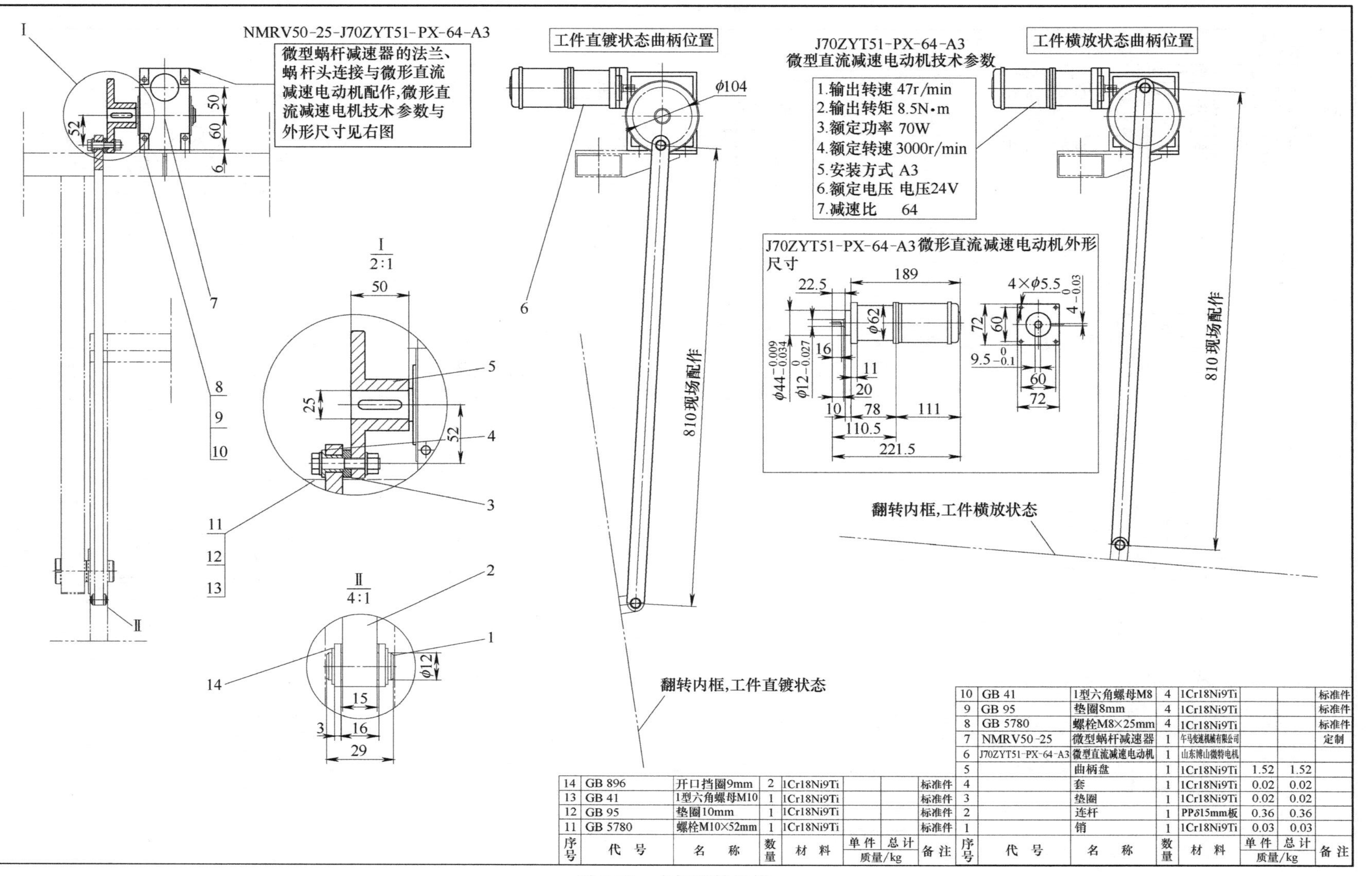

序号	代号	名称	数量	材料	单件质量/kg	总计质量/kg	备注
14	GB 896	开口挡圈9mm	2	1Cr18Ni9Ti			标准件
13	GB 41	1型六角螺母M10	1	1Cr18Ni9Ti			标准件
12	GB 95	垫圈10mm	1	1Cr18Ni9Ti			标准件
11	GB 5780	螺栓M10×52mm	1	1Cr18Ni9Ti			标准件
10	GB 41	1型六角螺母M8	4	1Cr18Ni9Ti			标准件
9	GB 95	垫圈8mm	4	1Cr18Ni9Ti			标准件
8	GB 5780	螺栓M8×25mm	4	1Cr18Ni9Ti			标准件
7	NMRV50-25	微型蜗杆减速器	1	午马变速机械有限公司			定制
6	J70ZYT51-PX-64-A3	微型直流减速电动机	1	山东博山微特电机			
5		曲柄盘	1	1Cr18Ni9Ti	1.52	1.52	
4		套	1	1Cr18Ni9Ti	0.02	0.02	
3		垫圈	1	1Cr18Ni9Ti	0.02	0.02	
2		连杆	1	PPδ15mm板	0.36	0.36	
1		销	1	1Cr18Ni9Ti	0.03	0.03	

图 3-72　内框翻转机构

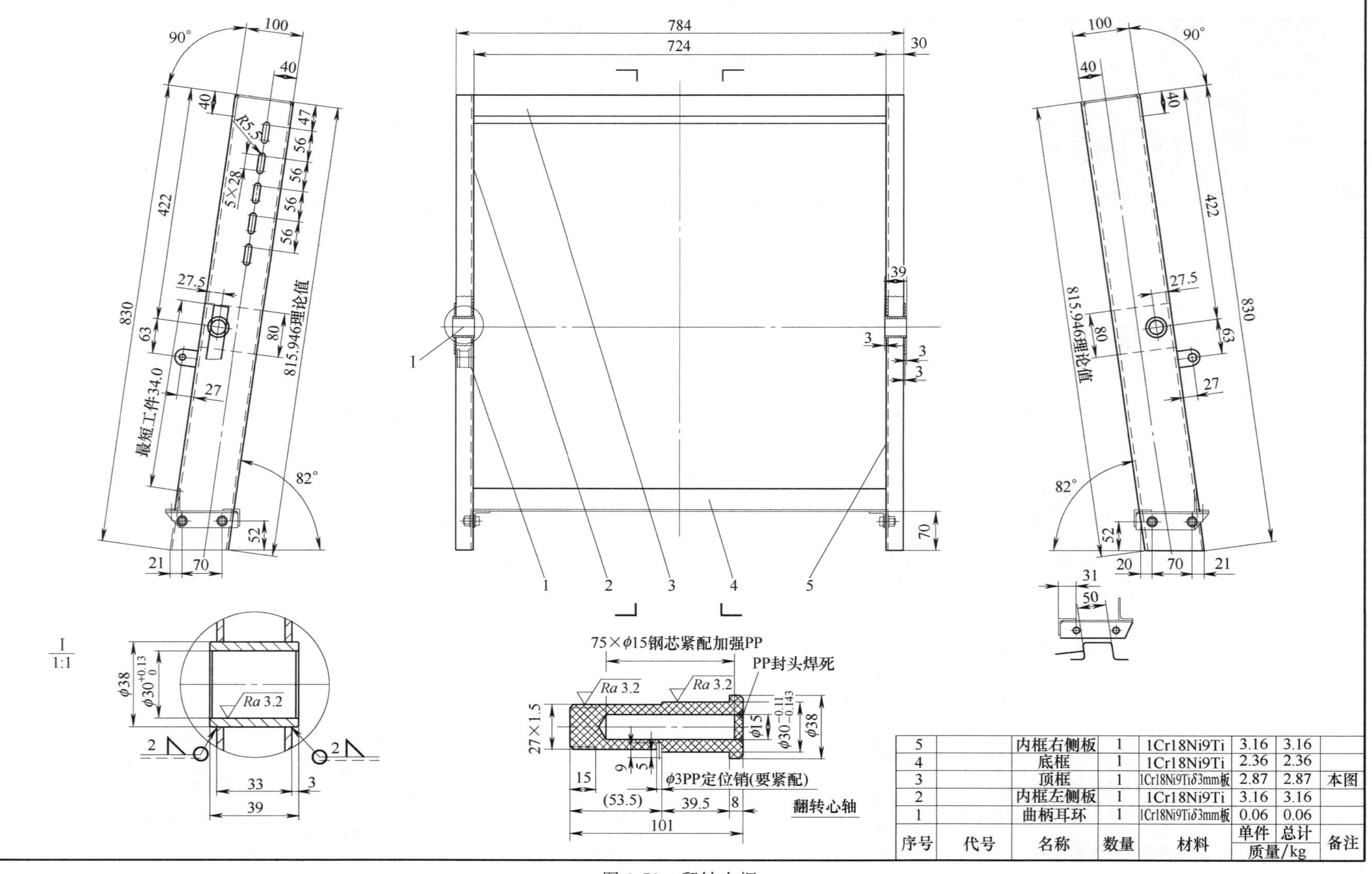

序号	代号	名称	数量	材料	单件 质量/kg	总计 质量/kg	备注
5		内框右侧板	1	1Cr18Ni9Ti	3.16	3.16	
4		底框	1	1Cr18Ni9Ti	2.36	2.36	
3		顶框	1	1Cr18Ni9Tiδ3mm板	2.87	2.87	本图
2		内框左侧板	1	1Cr18Ni9Ti	3.16	3.16	
1		曲柄耳环	1	1Cr18Ni9Tiδ3mm板	0.06	0.06	

图 3-73　翻转内框

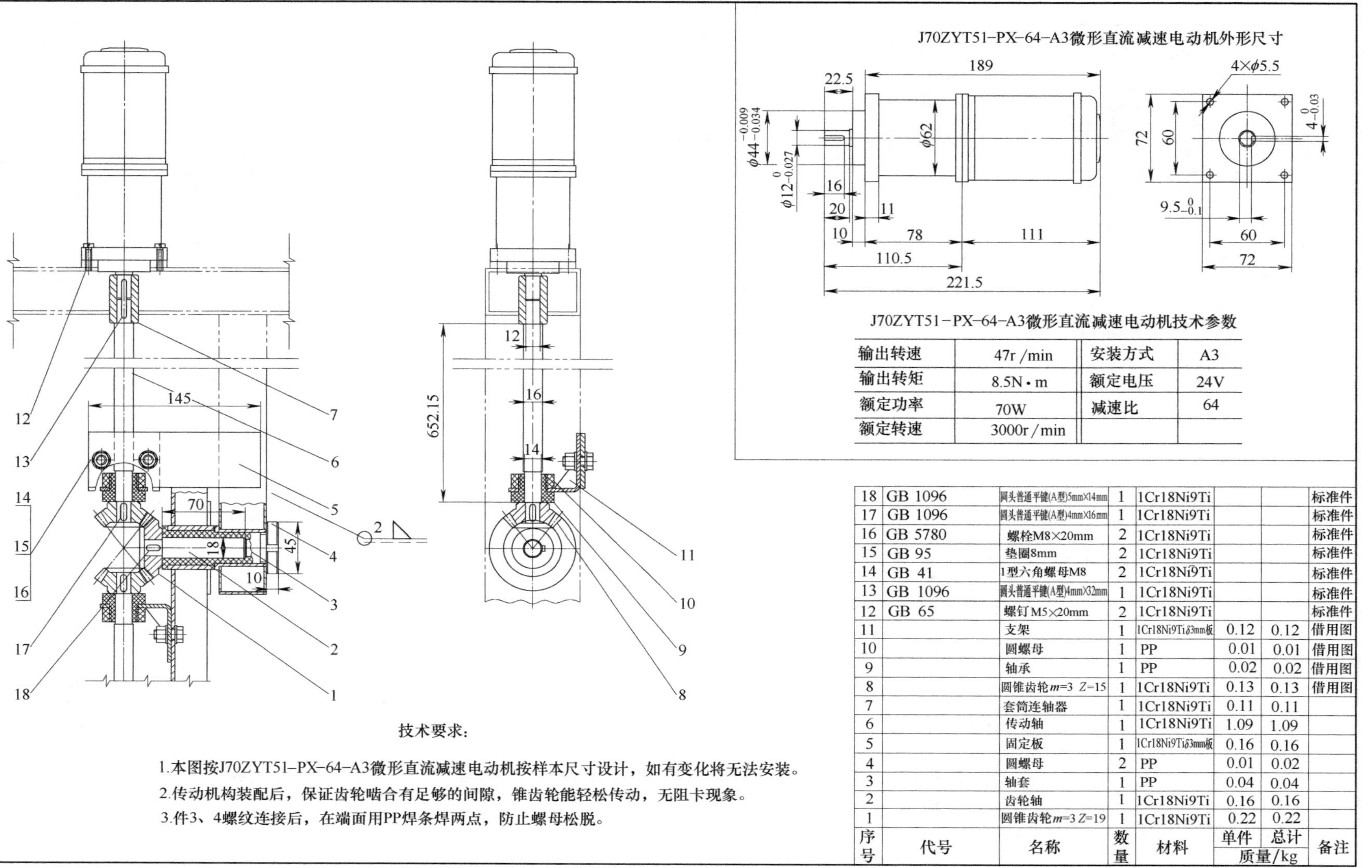

J70ZYT51-PX-64-A3微形直流减速电动机技术参数

输出转速	47r/min	安装方式	A3
输出转矩	8.5N·m	额定电压	24V
额定功率	70W	减速比	64
额定转速	3000r/min		

序号	代号	名称	数量	材料	单件质量/kg	总计质量/kg	备注
18	GB 1096	圆头普通平键(A型)5mm×14mm	1	1Cr18Ni9Ti			标准件
17	GB 1096	圆头普通平键(A型)4mm×16mm	1	1Cr18Ni9Ti			标准件
16	GB 5780	螺栓M8×20mm	2	1Cr18Ni9Ti			标准件
15	GB 95	垫圈8mm	2	1Cr18Ni9Ti			标准件
14	GB 41	1型六角螺母M8	2	1Cr18Ni9Ti			标准件
13	GB 1096	圆头普通平键(A型)4mm×32mm	1	1Cr18Ni9Ti			标准件
12	GB 65	螺钉M5×20mm	2	1Cr18Ni9Ti			标准件
11		支架	1	1Cr18Ni9Tiδ3mm板	0.12	0.12	借用图
10		圆螺母	1	PP	0.01	0.01	借用图
9		轴承	1	PP	0.02	0.02	借用图
8		圆锥齿轮m=3 Z=15	1	1Cr18Ni9Ti	0.13	0.13	借用图
7		套筒连轴器	1	1Cr18Ni9Ti	0.11	0.11	
6		传动轴	1	1Cr18Ni9Ti	1.09	1.09	
5		固定板	1	1Cr18Ni9Tiδ3mm板	0.16	0.16	
4		圆螺母	2	PP	0.01	0.02	
3		轴套	1	PP	0.04	0.04	
2		齿轮轴	1	1Cr18Ni9Ti	0.16	0.16	
1		圆锥齿轮m=3 Z=19	1	1Cr18Ni9Ti	0.22	0.22	

技术要求:

1.本图按J70ZYT51-PX-64-A3微形直流减速电动机按样本尺寸设计，如有变化将无法安装。

2.传动机构装配后，保证齿轮啮合有足够的间隙，锥齿轮能轻松传动，无阻卡现象。

3.件3、4螺纹连接后，在端面用PP焊条焊两点，防止螺母松脱。

图 3-74 工件旋转上部机构

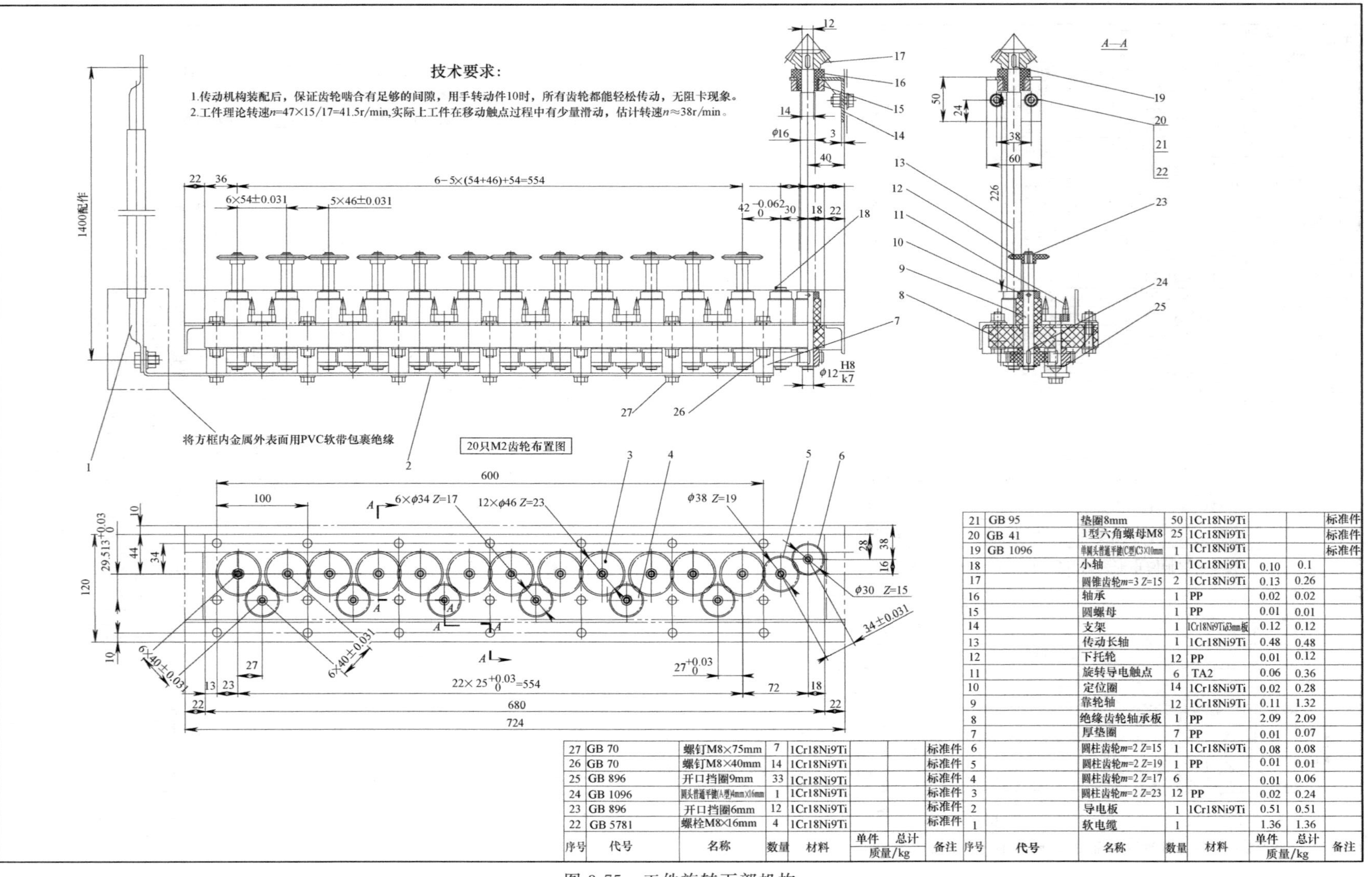

序号	代号	名称	数量	材料	单件质量/kg	总计质量/kg	备注
27	GB 70	螺钉M8×75mm	7	1Cr18Ni9Ti			标准件
26	GB 70	螺钉M8×40mm	14	1Cr18Ni9Ti			标准件
25	GB 896	开口挡圈9mm	33	1Cr18Ni9Ti			标准件
24	GB 1096	圆头普通平键(A型)4mm×16mm	1	1Cr18Ni9Ti			标准件
23	GB 896	开口挡圈6mm	12	1Cr18Ni9Ti			标准件
22	GB 5781	螺栓M8×16mm	4	1Cr18Ni9Ti			标准件
21	GB 95	垫圈8mm	50	1Cr18Ni9Ti			标准件
20	GB 41	1型六角螺母M8	25	1Cr18Ni9Ti			标准件
19	GB 1096	单圆头普通平键(C型)C3×10mm	1	1Cr18Ni9Ti			标准件
18		小轴	1	1Cr18Ni9Ti	0.10	0.1	
17		圆锥齿轮m=3 Z=15	2	1Cr18Ni9Ti	0.13	0.26	
16		轴承	1	PP	0.02	0.02	
15		圆螺母	1	PP	0.01	0.01	
14		支架	1	1Cr18Ni9Ti δ3mm板	0.12	0.12	
13		传动长轴	1	1Cr18Ni9Ti	0.48	0.48	
12		下托轮	12	PP	0.01	0.12	
11		旋转导电触点	6	TA2	0.06	0.36	
10		定位圈	14	1Cr18Ni9Ti	0.02	0.28	
9		靠轮轴	12	1Cr18Ni9Ti	0.11	1.32	
8		绝缘齿轮轴承板	1	PP	2.09	2.09	
7		厚垫圈	7	PP	0.01	0.07	
6		圆柱齿轮m=2 Z=15	1	1Cr18Ni9Ti	0.08	0.08	
5		圆柱齿轮m=2 Z=19	1	PP	0.01	0.01	
4		圆柱齿轮m=2 Z=17	6		0.01	0.06	
3		圆柱齿轮m=2 Z=23	12	PP	0.02	0.24	
2		导电板	1	1Cr18Ni9Ti	0.51	0.51	
1		软电缆	1		1.36	1.36	

图 3-75 工件旋转下部机构

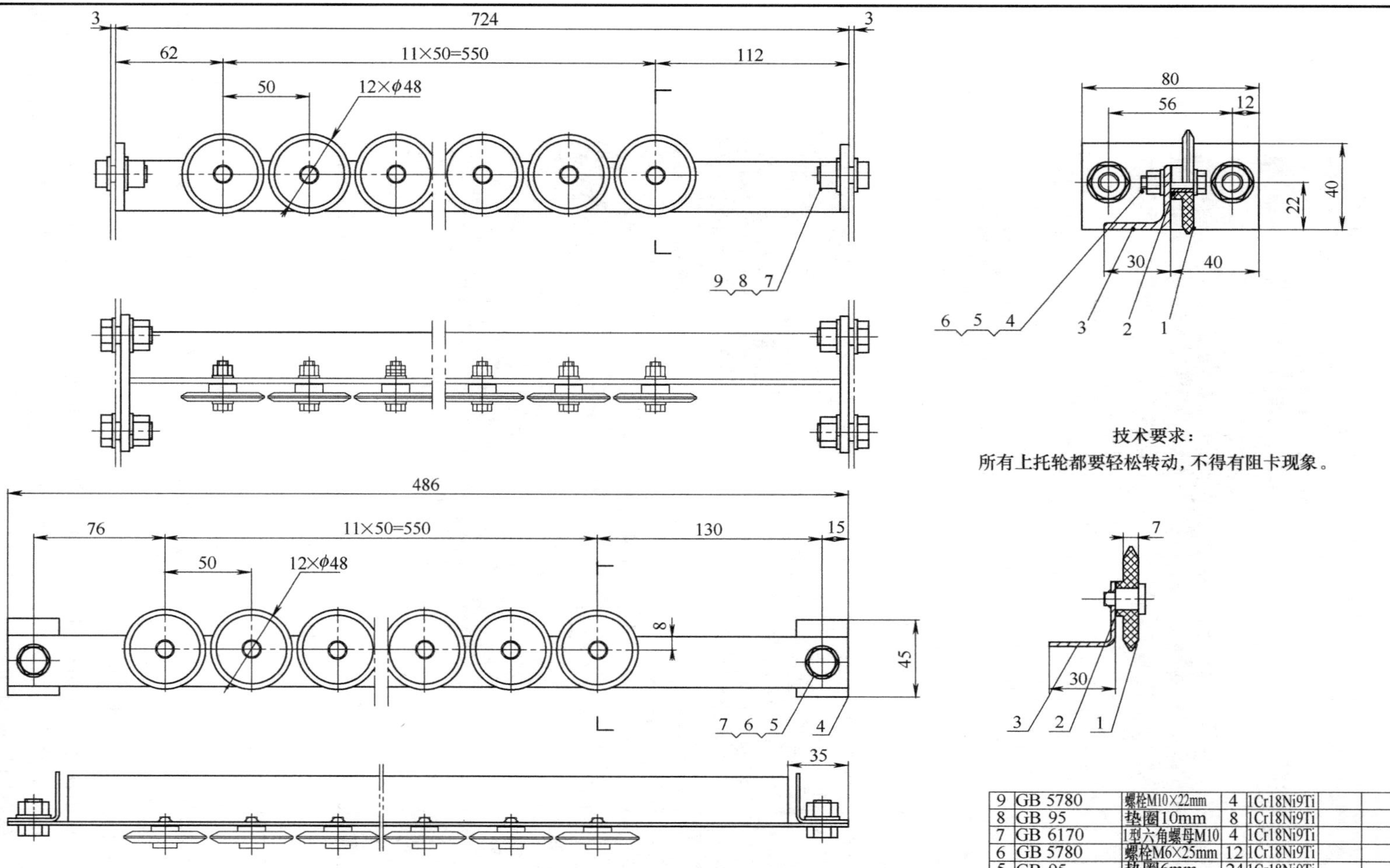

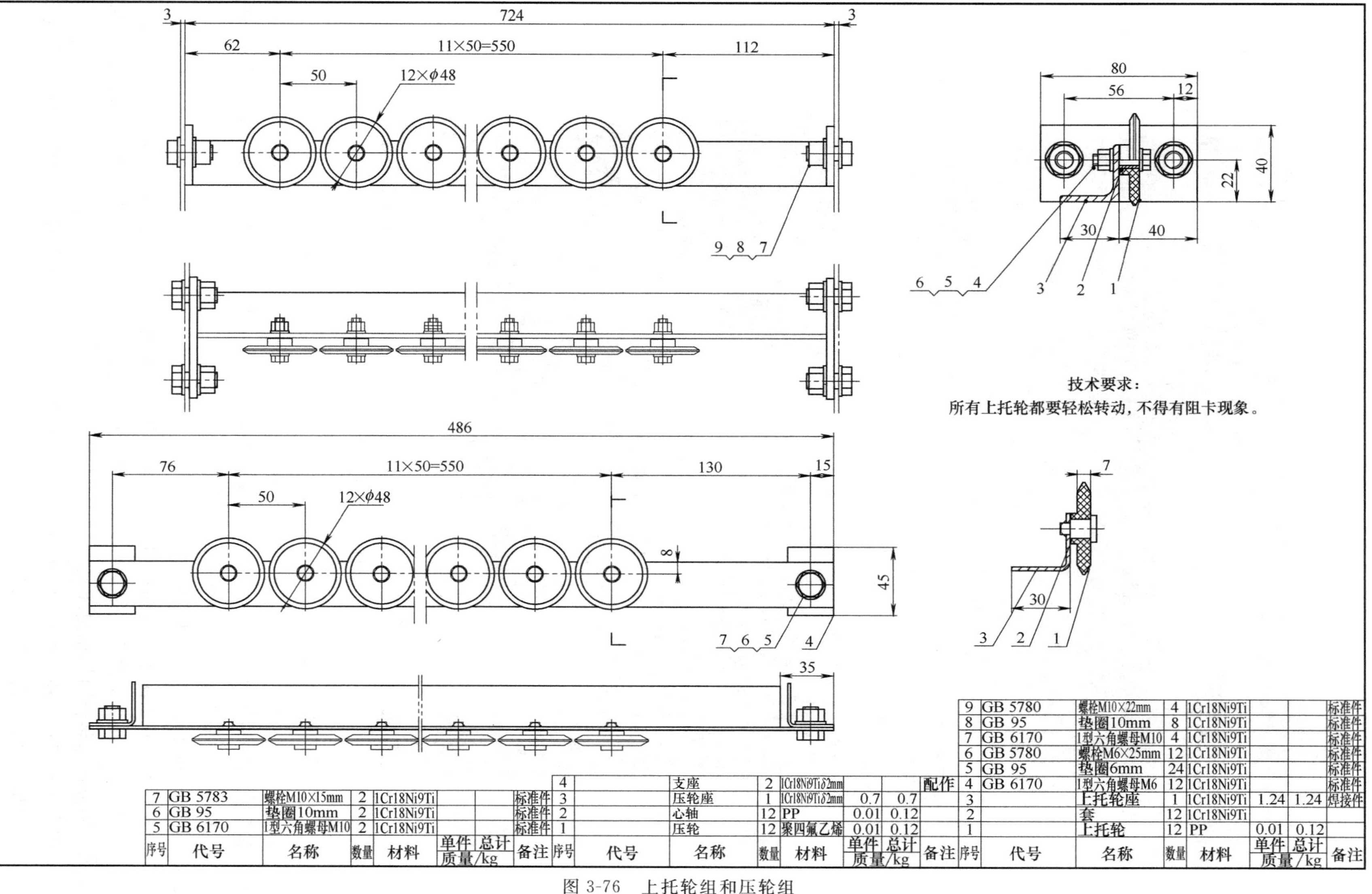

技术要求：

所有上托轮都要轻松转动，不得有阻卡现象。

序号	代号	名称	数量	材料	单件质量/kg	总计质量/kg	备注
7	GB 5783	螺栓M10×15mm	2	1Cr18Ni9Ti			标准件
6	GB 95	垫圈10mm	2	1Cr18Ni9Ti			标准件
5	GB 6170	1型六角螺母M10	2	1Cr18Ni9Ti			标准件

序号	代号	名称	数量	材料	单件质量/kg	总计质量/kg	备注
4		支座	2	1Cr18Ni9Ti δ2mm			配作
3		压轮座	1	1Cr18Ni9Ti δ2mm	0.7	0.7	
2		心轴	12	PP	0.01	0.12	
1		压轮	12	聚四氟乙烯	0.01	0.12	

序号	代号	名称	数量	材料	单件质量/kg	总计质量/kg	备注
9	GB 5780	螺栓M10×22mm	4	1Cr18Ni9Ti			标准件
8	GB 95	垫圈10mm	8	1Cr18Ni9Ti			标准件
7	GB 6170	1型六角螺母M10	4	1Cr18Ni9Ti			标准件
6	GB 5780	螺栓M6×25mm	12	1Cr18Ni9Ti			标准件
5	GB 95	垫圈6mm	24	1Cr18Ni9Ti			标准件
4	GB 6170	1型六角螺母M6	12	1Cr18Ni9Ti			标准件
3		上托轮座	1	1Cr18Ni9Ti	1.24	1.24	焊接件
2		套	12	1Cr18Ni9Ti			
1		上托轮	12	PP	0.01	0.12	

图 3-76 上托轮组和压轮组

图 3-77 回转式电镀槽（一）

图 3-78 回转式电镀槽（二）

3.4.6.2 驱动与张紧机构

驱动机构的动力部分，按工艺的时间要求选定速度，配用双级蜗杆减速器出轴连接传动链轮，带动滑槽内链条，链条上设拨爪，推拨滑架移进，另一端安装可调整松紧的张紧轮，形成一个传动环链。驱动与张紧机构图例见图 3-81。

3.4.6.3 阴极环形导轨与阳极装置

阴极环形导轨由阴极导电铜排构成，按滑架运行的长度制成环形轨道，牢固地悬挂在机架上，并与机架有良好的绝缘，要求有足够的刚度及导电截面良好接触导电，滑架在轨道上灵活滑动。阴极环形导轨图例见图 3-82。

阳极导电装置在环形回转中心线下方及槽边内侧安装阳极导电铜排，吊挂阳极篮。直线形阳极铜排和环形阳极铜排图例见图 3-83。

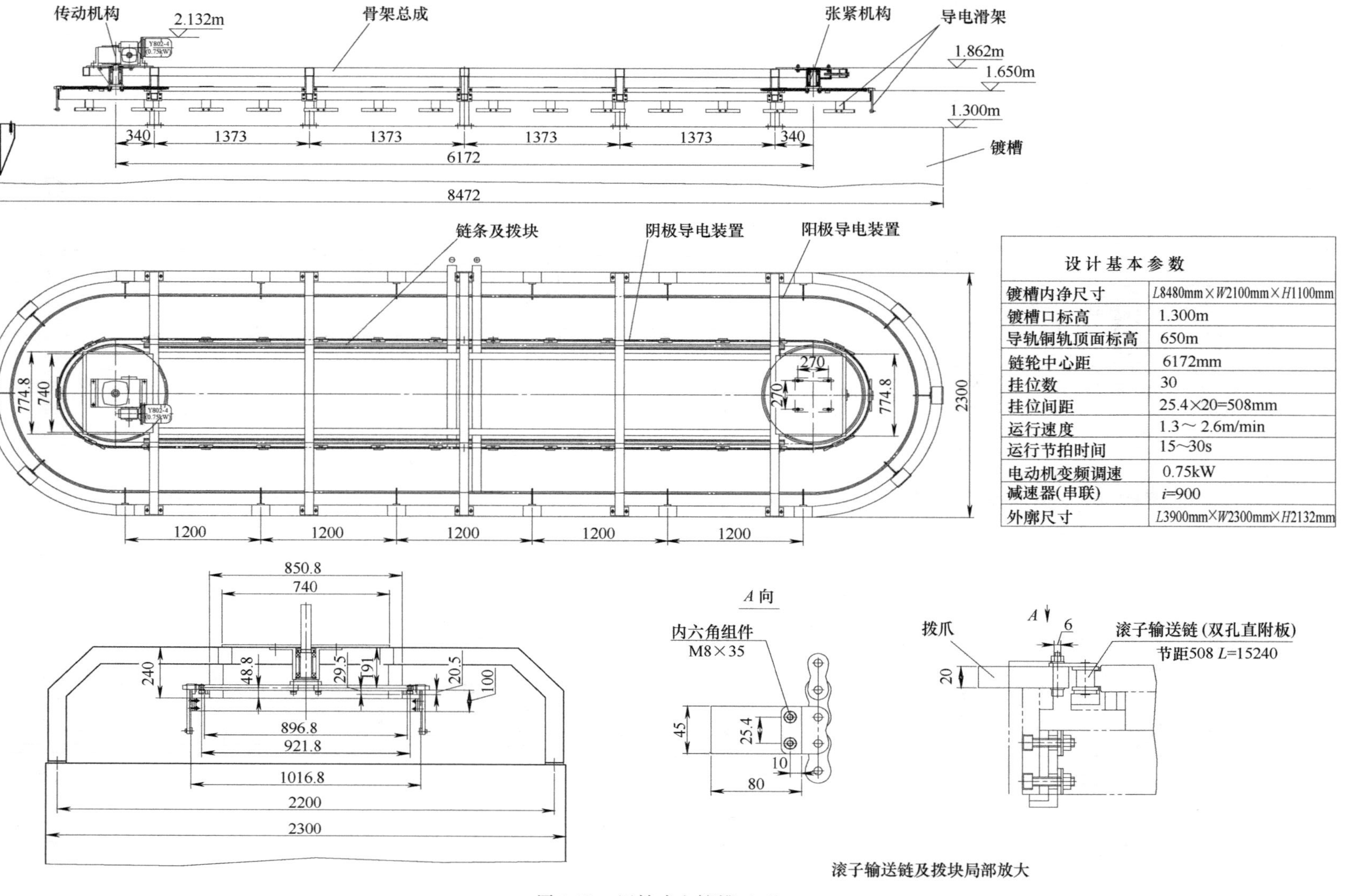

设计基本参数	
镀槽内净尺寸	L8480mm×W2100mm×H1100mm
镀槽口标高	1.300m
导轨铜轨顶面标高	650m
链轮中心距	6172mm
挂位数	30
挂位间距	25.4×20=508mm
运行速度	1.3～2.6m/min
运行节拍时间	15~30s
电动机变频调速	0.75kW
减速器(串联)	i=900
外廓尺寸	L3900mm×W2300mm×H2132mm

图 3-79　回转式电镀槽（三）

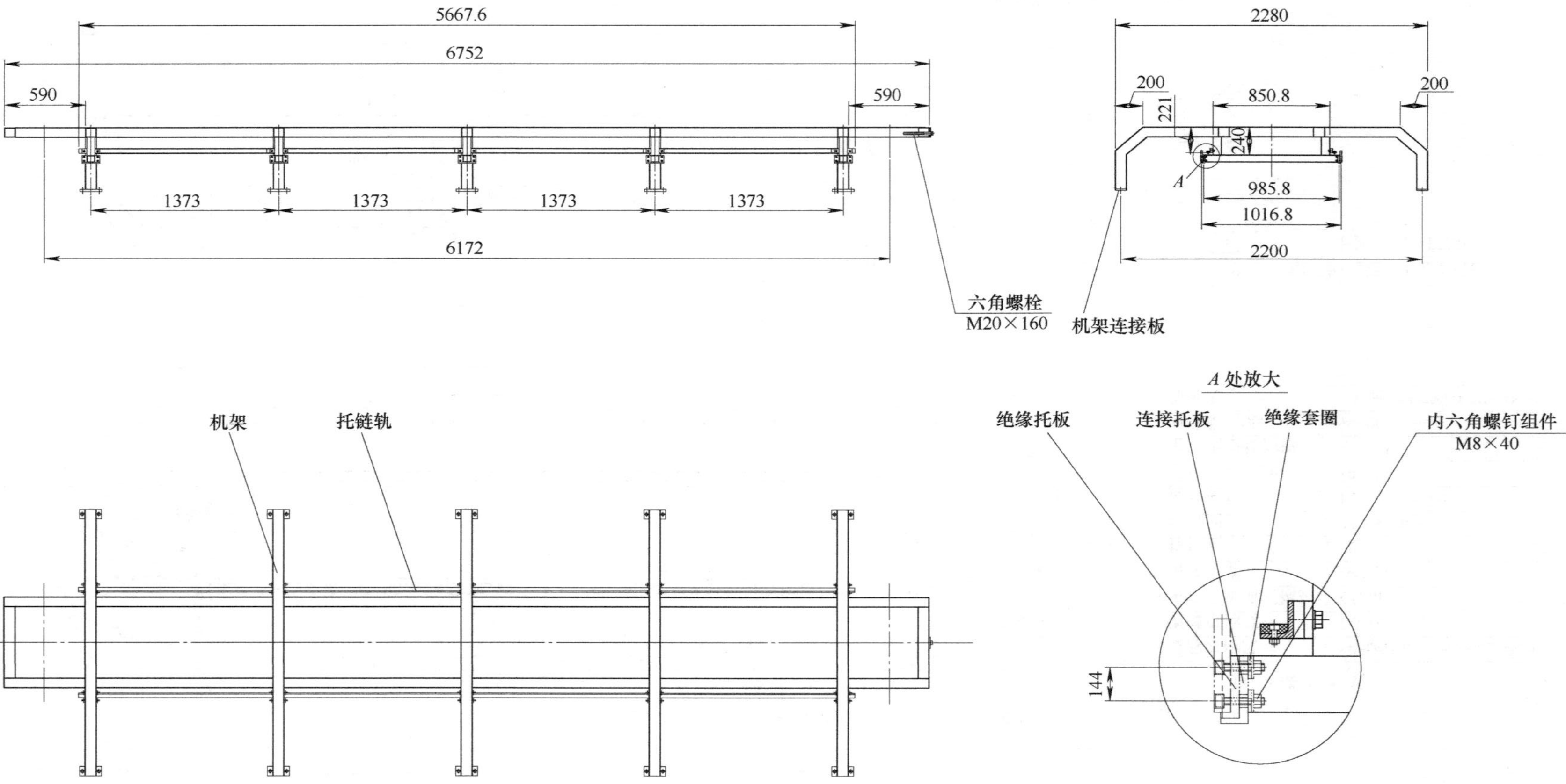
5667.6
6752
590
590
1373
1373
1373
1373
6172
六角螺栓
M20×160
机架连接板
2280
200
200
850.8
221
240
A
985.8
1016.8
2200
A 处放大
机架
托链轨
绝缘托板
连接托板
绝缘套圈
内六角螺钉组件
M8×40
144

图 3-80　机架总成

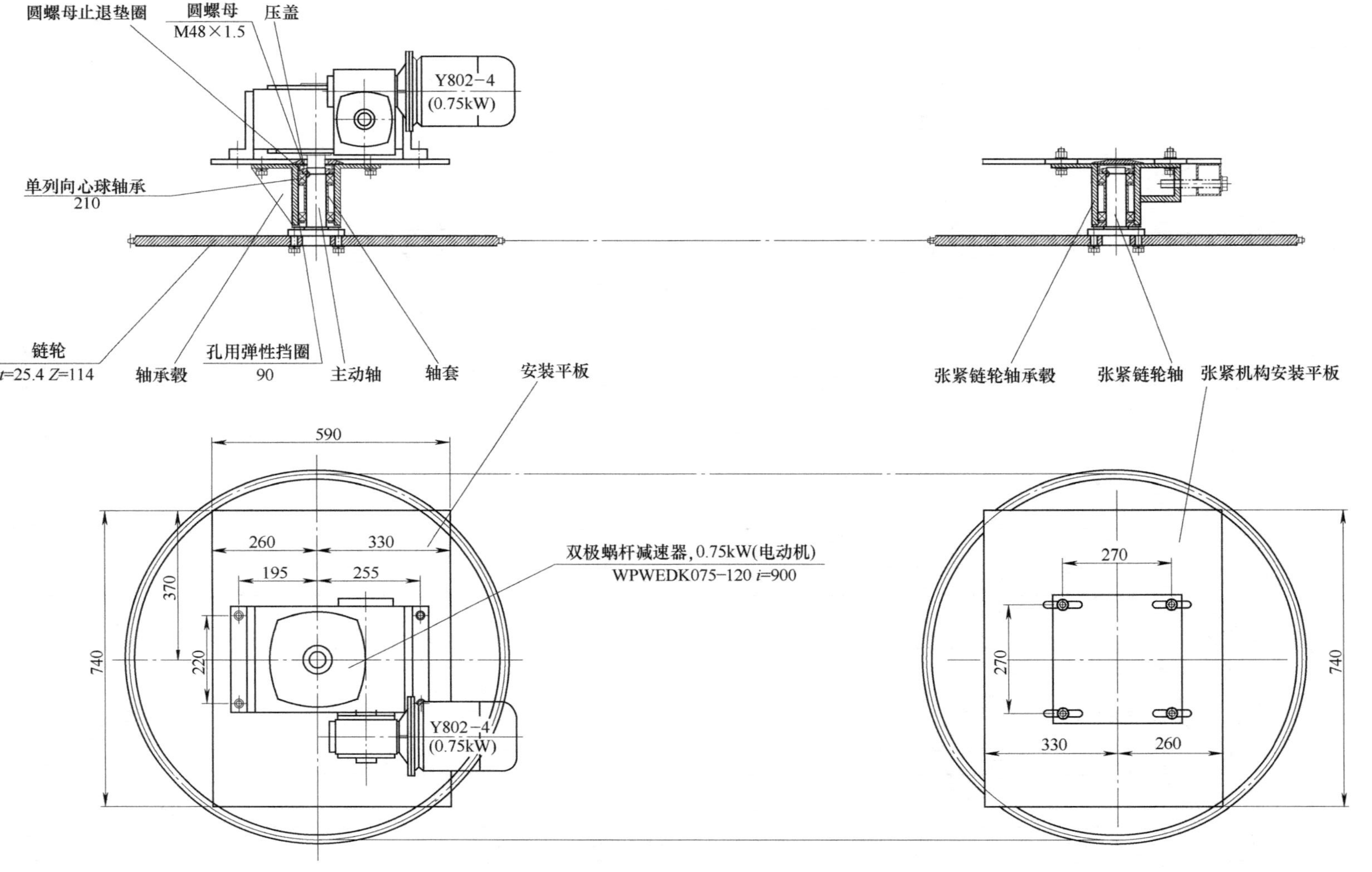

图 3-81　驱动及张紧机构

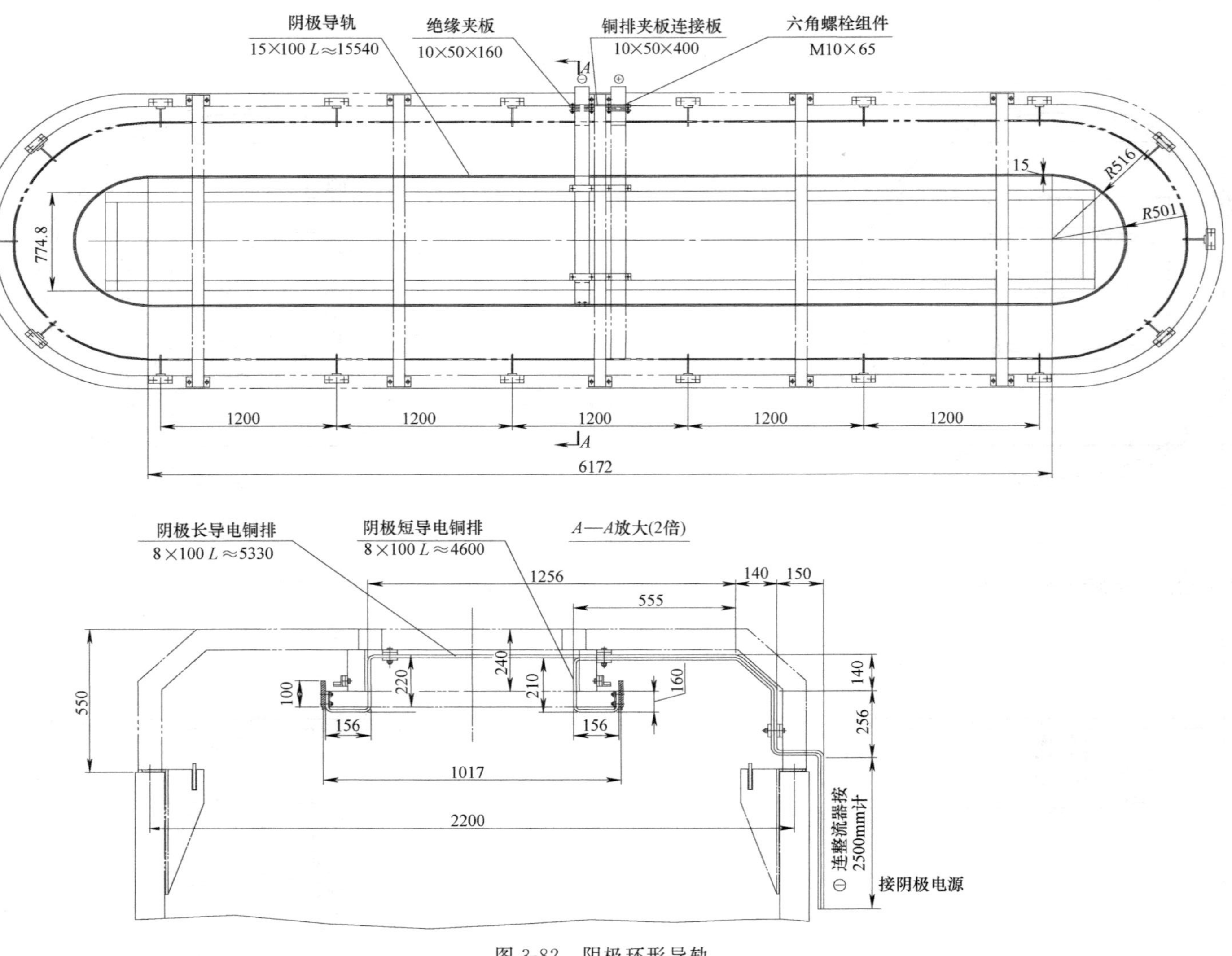
阴极导轨
15×100 L≈15540
绝缘夹板
10×50×160
铜排夹板连接板
10×50×400
六角螺栓组件
M10×65
774.8
15
R516
R501
1200
1200
1200
1200
1200
6172
阴极长导电铜排
8×100 L≈5330
阴极短导电铜排
8×100 L≈4600
A—A放大(2倍)
1256
555
140
150
550
240
220
210
100
160
156
156
140
256
1017
2200
⊖ 连整流器按
2500mm计
接阴极电源

图 3-82 阴极环形导轨

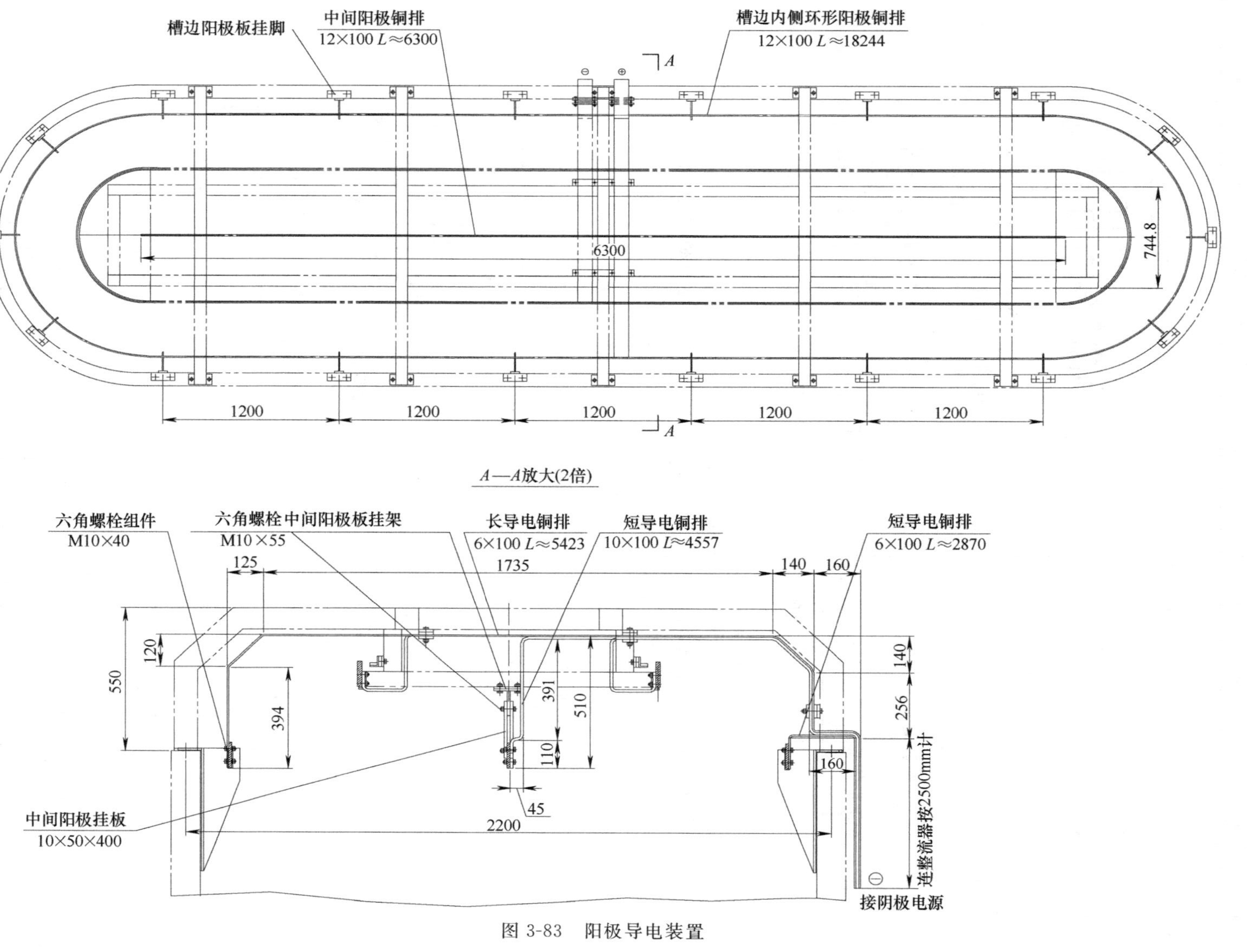
槽边阳极板挂脚
中间阳极铜排
12×100 L≈6300
槽边内侧环形阳极铜排
12×100 L≈18244
A
⊖
⊕
6300
744.8
1200
1200
1200
1200
1200
A
A—A放大(2倍)
六角螺栓组件
M10×40
六角螺栓中间阳极板挂架
M10×55
长导电铜排
6×100 L≈5423
短导电铜排
10×100 L≈4557
短导电铜排
6×100 L≈2870
125
1735
140
160
550
120
394
391
510
110
140
256
160
45
2200
中间阳极挂板
10×50×400
连整流器按2500mm计
⊖
接阴极电源

图 3-83 阳极导电装置

3.4.6.4 导电挂具滑架

导电挂具滑架吊挂在阴极环形导轨上，要求滑动灵活，接触导电良好。在滑架上应设置挡尘板，以防止阴极导电铜排与滑架之间摩擦产生的铜屑等污染电解溶液。导电挂具滑架见图3-84和图3-85。

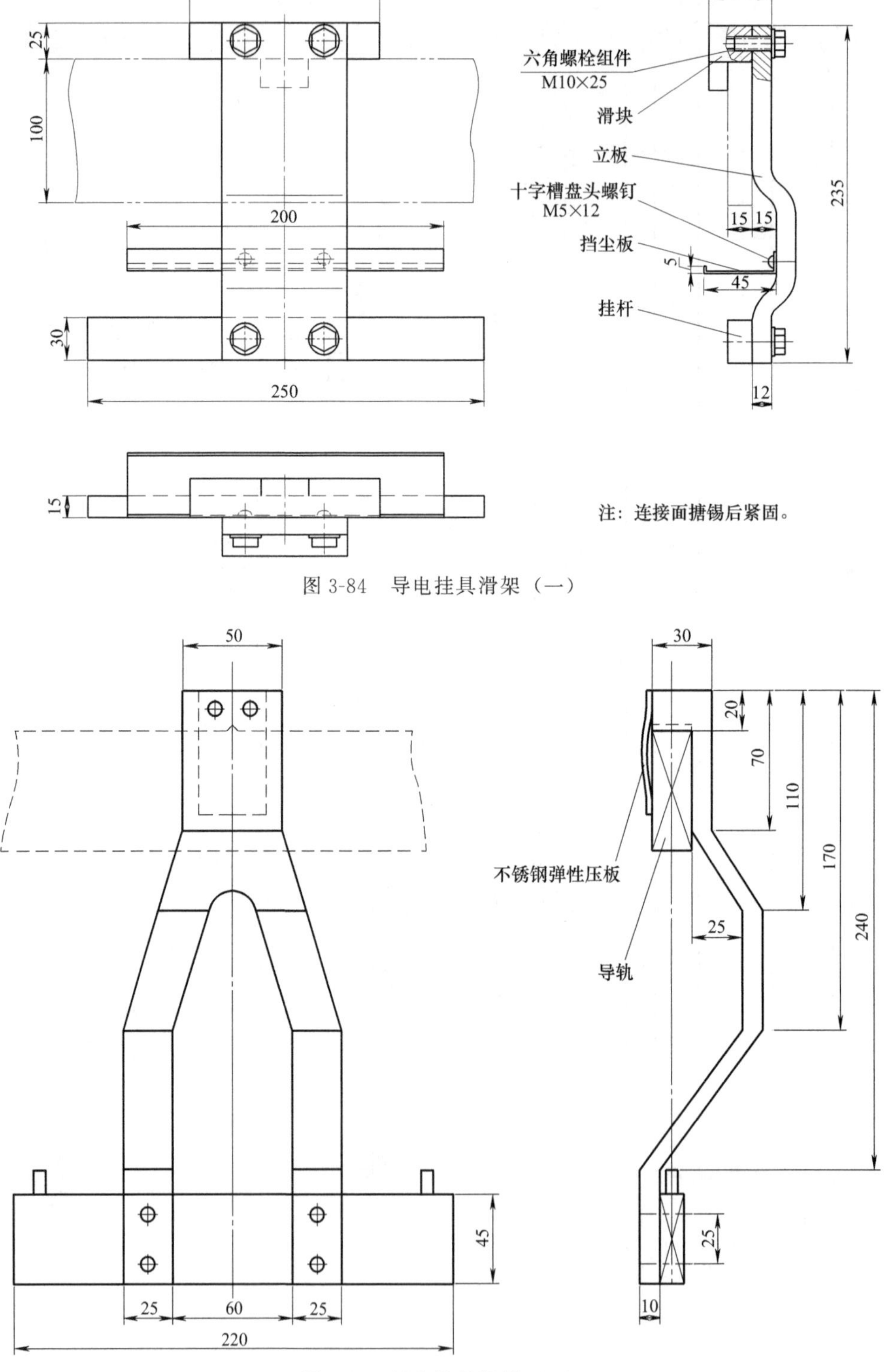

图3-84 导电挂具滑架（一）

图3-85 导电挂具滑架（二）

3.5 专用辅助设备

3.5.1 链式连续清洗机

链式连续清洗机中，按工艺流程要求摆放各类清洗槽，采用双链架设挂件横杆；在装挂处挂上清洗工件，通过提升横走跨槽，下降到槽内溶液中，纵向在槽内向前运行清洗，然后上升前行跨槽，再下降进第二个槽位，按顺序运行完成处理后，再下降工位卸挂。为了节省生产面积，可设计为双层结构。链式连续清洗机见图 3-86 和图 3-87。

图 3-86　链式连续清洗机实物图

3.5.1.1 驱动机构

按工艺要求计算链条运行速度，配置双级针摆减速器及传动链轮，双链同步运行，要求确保链条抗拉强度。链轮组件安装要求确保几何尺寸、长度方向安装时发生的误差，可设置 4～6 组中心距微量可调的链轮组件在最后调整。驱动机构见图 3-88。

3.5.1.2 挂杆

挂杆用于吊挂清洗工件，两端和链条的单孔弯板连接，滚轮搁在挂杆托轨上，挂杆由两端挂具内杆和中间挂具套管三件组成，主要因两链条的中心距难以保证一致，应给出自行调整量。挂杆总成见图 3-89。

3.5.1.3 张紧装置

单面链条总长约 70m，全程张紧要有较大距离，为使链条链轮很好地啮合，链条必须很好地张紧。选用吊挂配重拉紧，可得适度均匀的拉力，并有伸缩弹性，张紧装置分左右两边联动同步拉紧。为使驱动链轮正常啮合，在驱动链轮链条松端用链条托轮托起，靠配重张紧，促使增大啮合包角。张紧装置和张紧传动链轮组见图 3-90 和图 3-91。

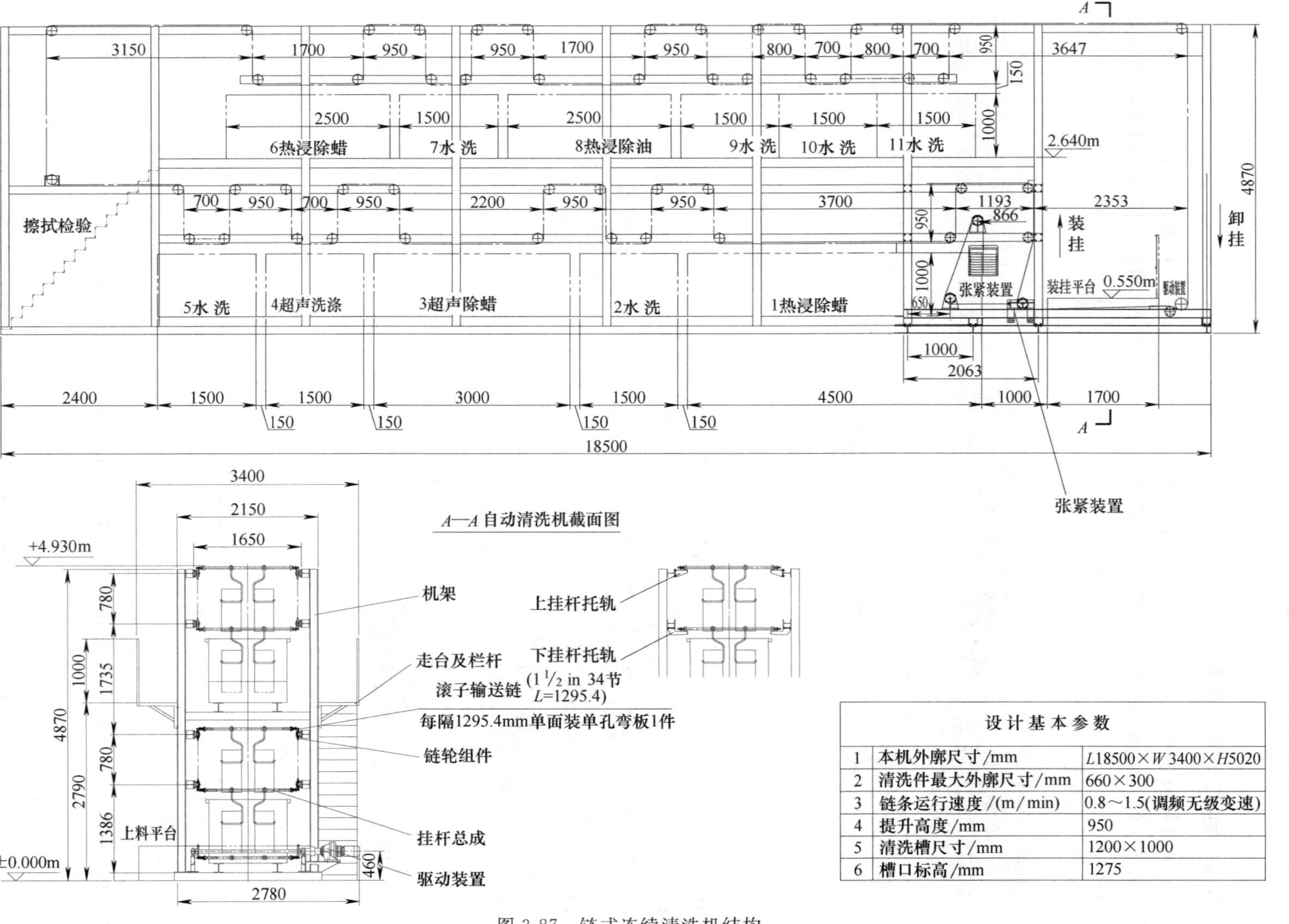

	设计基本参数	
1	本机外廓尺寸/mm	L18500×W3400×H5020
2	清洗件最大外廓尺寸/mm	660×300
3	链条运行速度/(m/min)	0.8～1.5(调频无级变速)
4	提升高度/mm	950
5	清洗槽尺寸/mm	1200×1000
6	槽口标高/mm	1275

图 3-87 链式连续清洗机结构

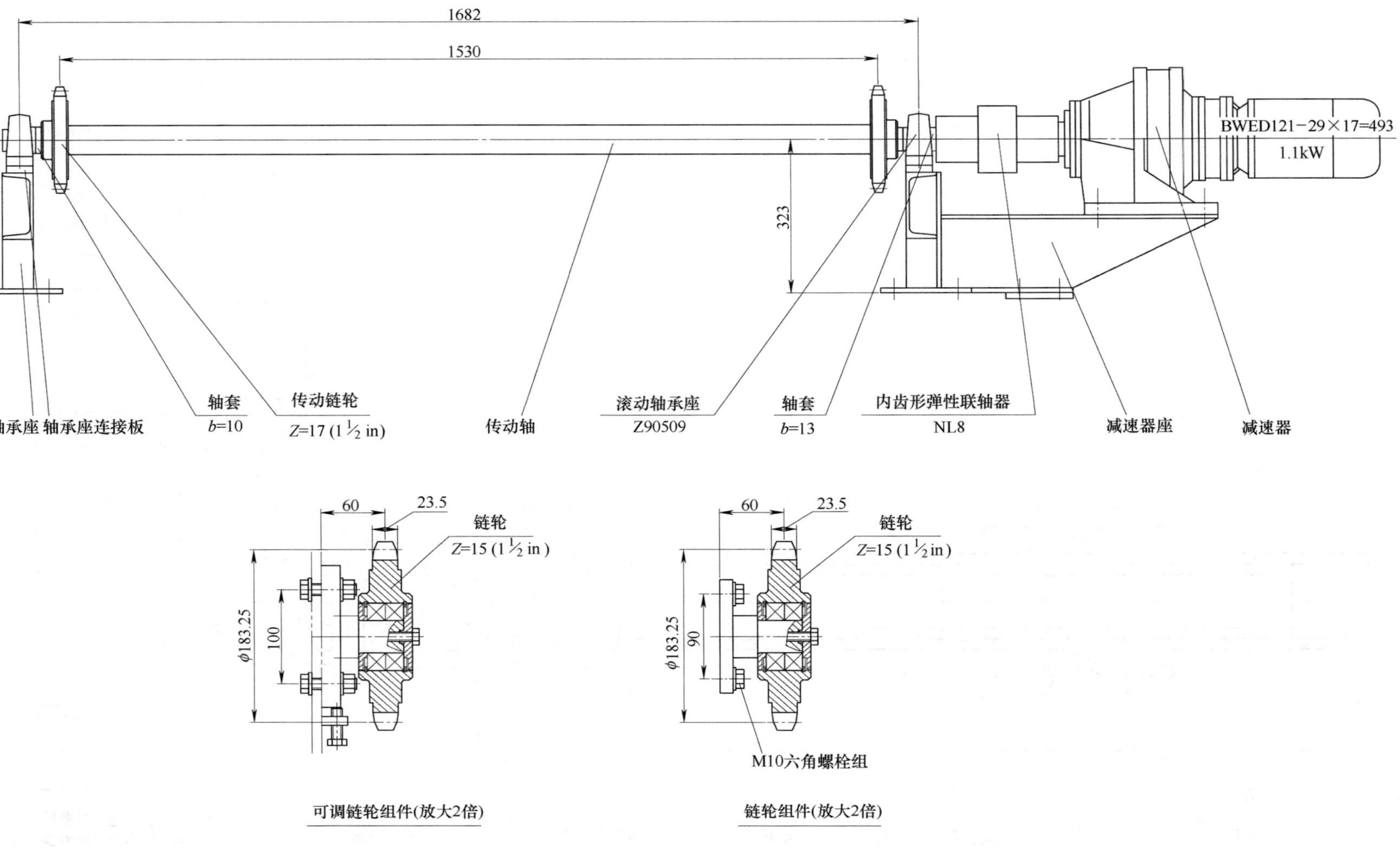
1682
1530
BWED121－29×17=493
1.1kW
323
轴承座 轴承座连接板
轴套
b=10
传动链轮
Z=17 (1 1/2 in)
传动轴
滚动轴承座
Z90509
轴套
b=13
内齿形弹性联轴器
NL8
减速器座
减速器
60
23.5
链轮
Z=15 (1 1/2 in)
φ183.25
100
可调链轮组件(放大2倍)
60
23.5
链轮
Z=15 (1 1/2 in)
φ183.25
90
M10六角螺栓组
链轮组件(放大2倍)

图 3-88　驱动装置

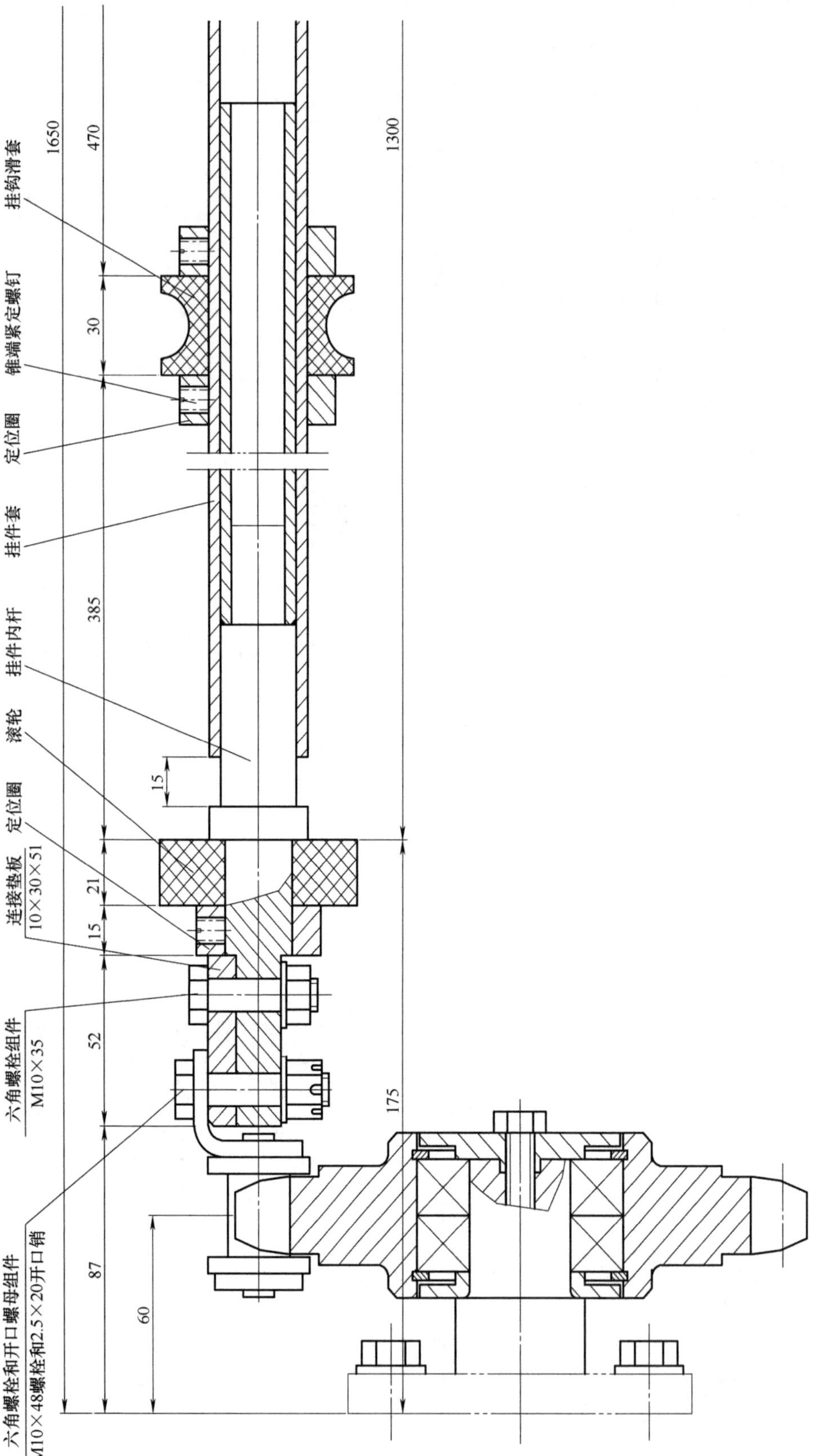

挂钩滑套
锥端紧定螺钉
定位圈
挂件套
挂件内杆
滚轮
定位圈
连接垫板
10×30×51
六角螺栓组件
M10×35
六角螺栓和开口螺母组件
M10×48螺栓和2.5×20开口销
1650
470
30
385
15
21
15
52
87
60
1300
175

图 3-89 挂杆总成

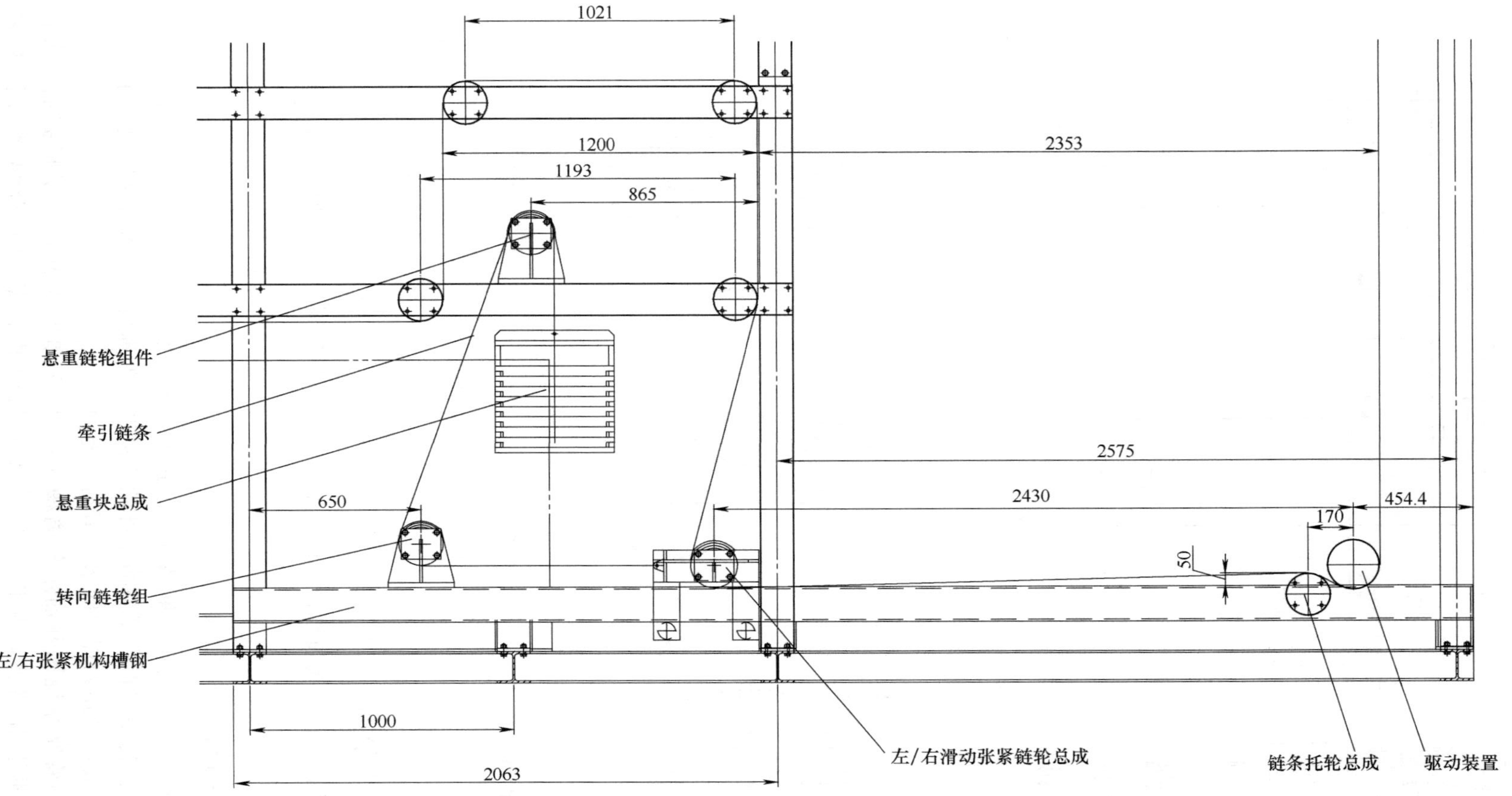

图 3-90　张紧装置

注：张紧轮装置左右对称各一套，按图要求选配安装。

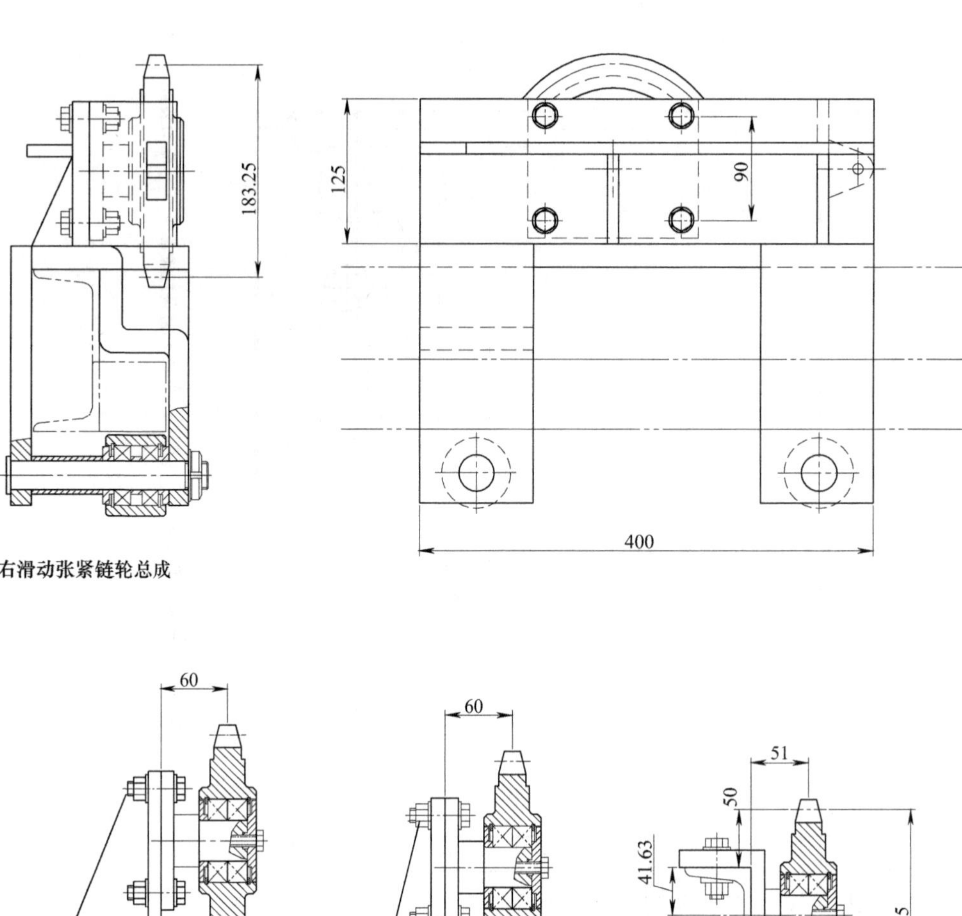

图 3-91 张紧传动链轮组

3.5.2 活塞环喷砂机

活塞环喷砂机有外圆干式喷砂机、内圆干式喷砂机和外圆湿式喷砂机三种，见图3-92～图3-94。

3.5.3 油水分离槽

脱脂槽内水中悬浮的油污应不断清除，通过油水分离槽把油污与水分离排出，分离后的水可以回用到脱脂槽。这不仅提高了除油工件的清洁度，处理后的油污浓缩后也便于处理，既保护环境不受污染，又可利用处理后的水，节约了能源。

油水分离除油管路系统图和油水分离槽见图 3-95 和图 3-96，为了提高油水分离的效果，可选用双级油水分离槽，见图 3-97。采用刮油装置的油水分离系统图和隔油槽见图 3-98。

活塞环干式喷砂工艺是为消除活塞环毛坯表面氧化膜、铸造和机械加工工艺残留的各种应力，提高活塞环材料综合力学性能等各项工艺要求制订的。

活塞环外圆干式喷砂机专为活塞外圆干式喷砂工艺设计。右图所示为活塞环外圆干式喷砂机。

主机结构

干式喷砂机由机架，间歇式三分度传动机构，活塞环工件夹具旋转驱动机构，喷砂、清砂、上下料三工位间歇分度工作台，喷砂与喷气两套独立机构，砂回收系统，管路系统等组成。

工作原理

设备暂停状态→人工下、上料→启动自动运行→三隔离门开启→旋转工作台转动 120°→三隔离门关闭→喷砂工位喷砂枪开始在一个升降行程内对活塞环外圆进行喷砂；同时清砂喷气枪一个升降行程里对活塞环外圆进行喷气清砂；下上料工位人工取下喷砂清理结束的活塞环夹具体，将待喷砂的工件夹具体装上旋转轴承座的定位轴上→重复开始的动作。

活塞环干式外圆喷砂机工艺参数

工件堆积高度	500mm
工件尺寸	ϕ39～150mm
喷枪升降速度	900～1500mm/min
喷枪升降设计行程	550mm
喷枪升降最大行程	630mm
回转工作台转速	7.5r/min
夹具转速	170r/min

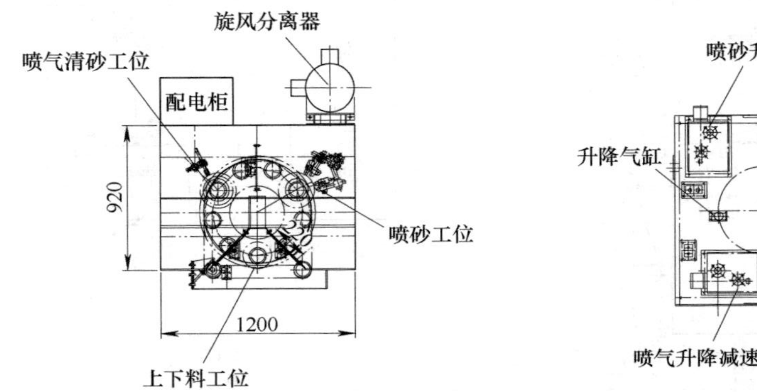

图 3-92　活塞环外圆干式喷砂机总成

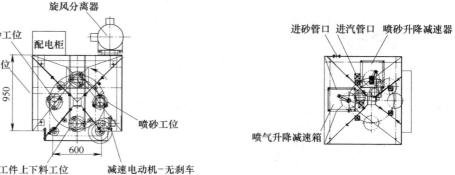

活塞环内圆干式喷砂机专为活塞内圆干式喷砂工艺设计。右图所示为活塞环内圆干式喷砂机。

主机结构

干式喷砂机由机架，间歇式四分度传动机构，活塞环工件夹具旋转驱动机构，喷砂、清砂、间歇、上下料四工位间歇分度工作台，喷砂与喷气两套独立机构，砂回收系统，管路系统等组成。

工作原理

设备暂停状态→人工下、上料→启动自动运行→所有隔离门开启→旋转工作台旋动 90°→所有隔离门关闭→喷砂工位喷砂枪开始在一个升降行程内对活塞环内圆进行喷砂；同时清砂喷气枪一个升降行程里对活塞环外周进行喷气清砂；间歇工位让砂雾沉淀；下上料工位人工取下喷砂清理结束的活塞环夹具体，将待喷砂的工件夹具体装上旋转轴承座的定位轴上→重复开始的动作。

活塞环干式内圆喷砂机工艺参数

工件堆积高度	300mm
升降速度	300～600mm/min
升降行程	388mm
大盘回转	7.5r/min
夹具转速	50r/min

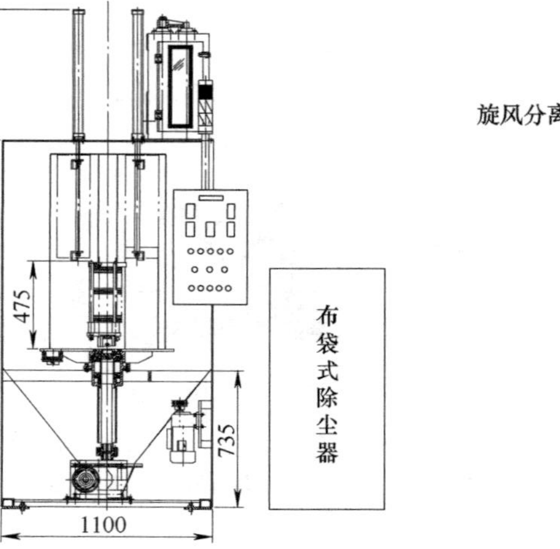

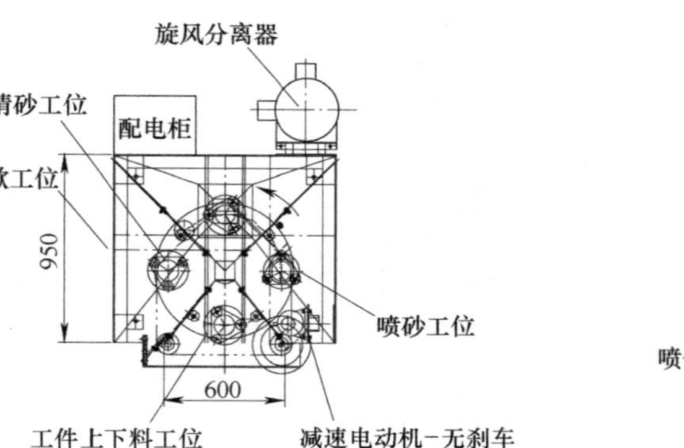

图 3-93 活塞环内圆干式喷砂机总成

液体喷砂工艺取代活塞环镀前通常沿用的酸碱处理和镀后刻蚀松孔处理，使得工艺流程简化，净化了镀液，降低了镀液对环境的污染。活塞环湿式喷砂机是专为液体喷砂工艺设计的设备。右图所示为活塞环外圆湿式喷砂机。

主机结构

外圆湿式喷砂机组由机架、工件旋转机构、砂液处理组件、砂回收系统、管路系统等组成。

工作原理

主减速电动机驱动夹具旋转座旋转，由锥形面带动活塞环吊装夹具旋转，使活塞环外表360°接受均匀喷砂；升降装置由链轮链条机构驱动、由行程开关控制完成升降运动与控制；喷枪组在喷枪组合架升降装置的带动下完成升降，使637mm高的活塞环组自上而下外表面受到均匀喷射；砂液泵给喷枪提供压力喷砂；由回收装置提供砂回收。

活塞环湿式喷砂机工艺参数

活塞环直径	ϕ100～150mm
挂具总长	637mm
工件旋转速度	7～50r/min（可调）
喷枪升降行程	680mm
升降移动速度	1.6m/min
喷嘴组小半径	100mm
喷嘴组大半径	130mm

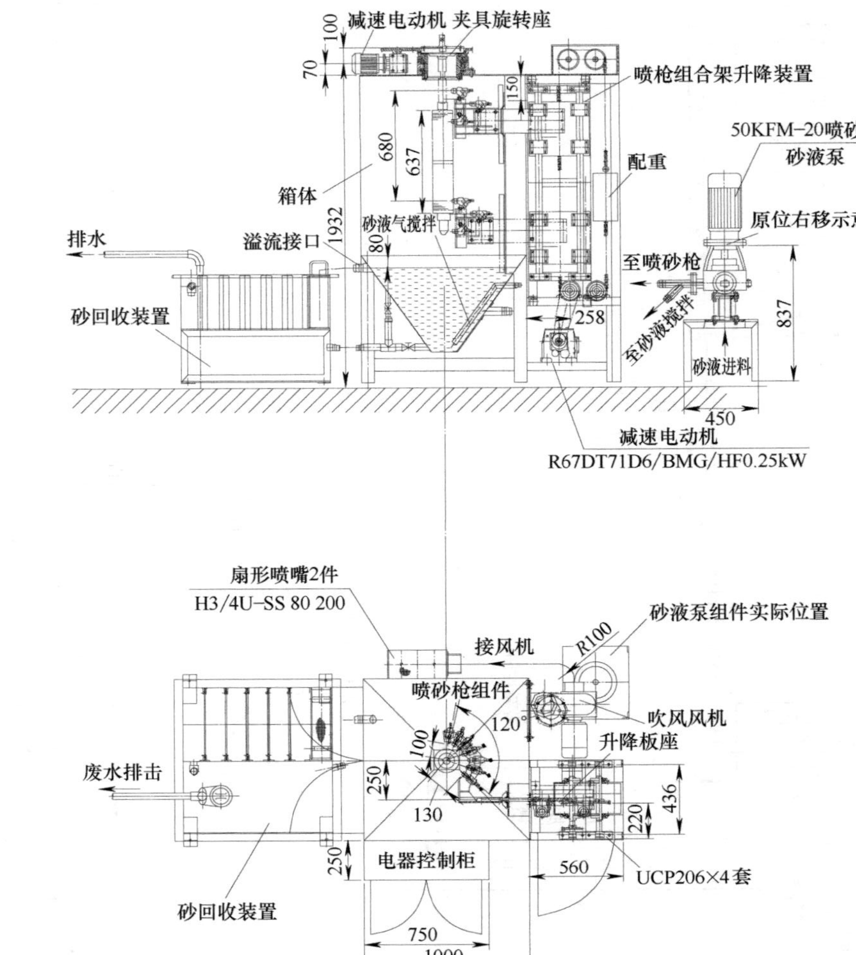

图3-94 活塞环外圆湿式喷砂机总成

ϕ32mm×2mm 不锈钢
接水槽
油水分离槽
接油槽
不锈钢冲压离心泵
0.37kW 2900r/min
ϕ40mm×3mm 不锈钢
ϕ32mm×2mm 不锈钢
1
脱脂槽
端部封闭
液面吹油管
活接头
此管安装于液面上方向操作面配钻 ϕ3～5mm小孔
孔间距50mm
700
500
570

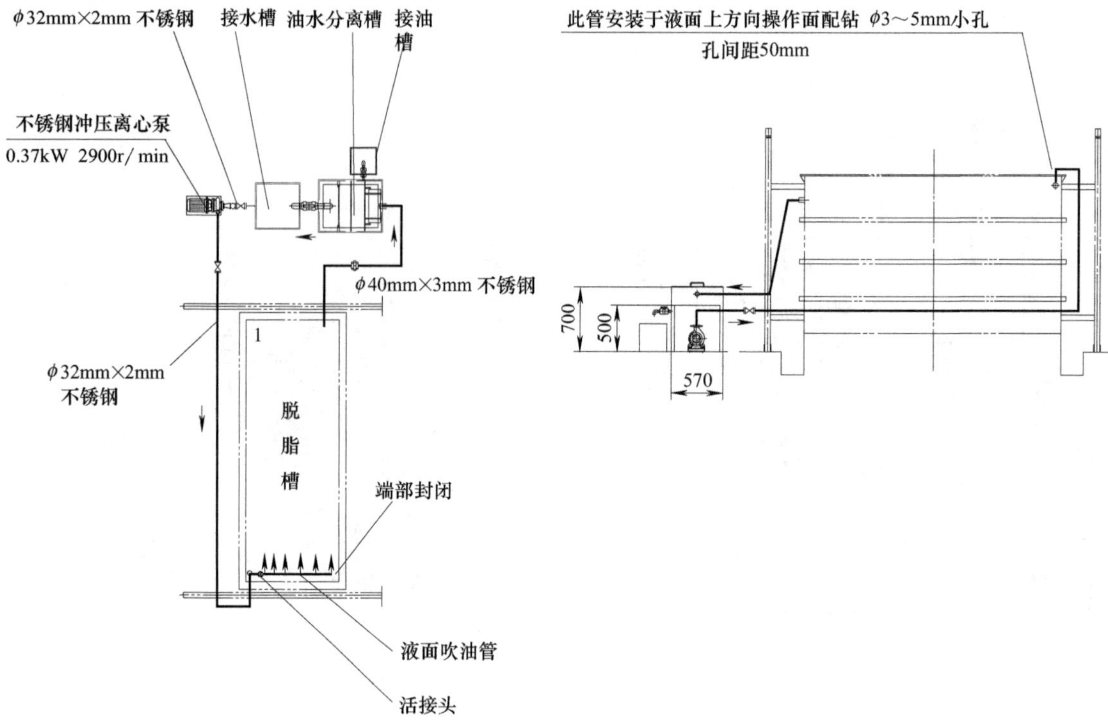

图 3-95　除油管路系统图

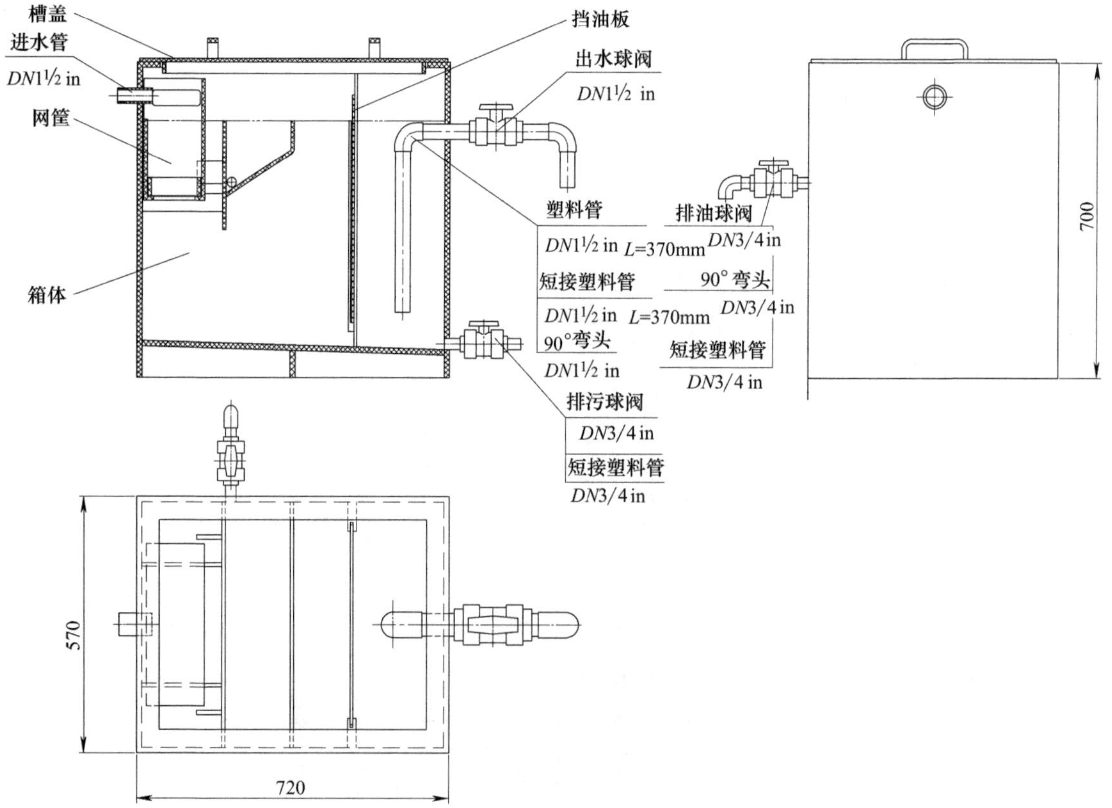

槽盖
进水管
DN1½ in
网筐
箱体
挡油板
出水球阀
DN1½ in
塑料管
DN1½ in L=370mm
短接塑料管
DN1½ in L=370mm
90°弯头
DN1½ in
排污球阀
DN3/4in
短接塑料管
DN3/4in
排油球阀
DN3/4in
90° 弯头
DN3/4in
短接塑料管
DN3/4 in
700
570
720

图 3-96　油水分离槽

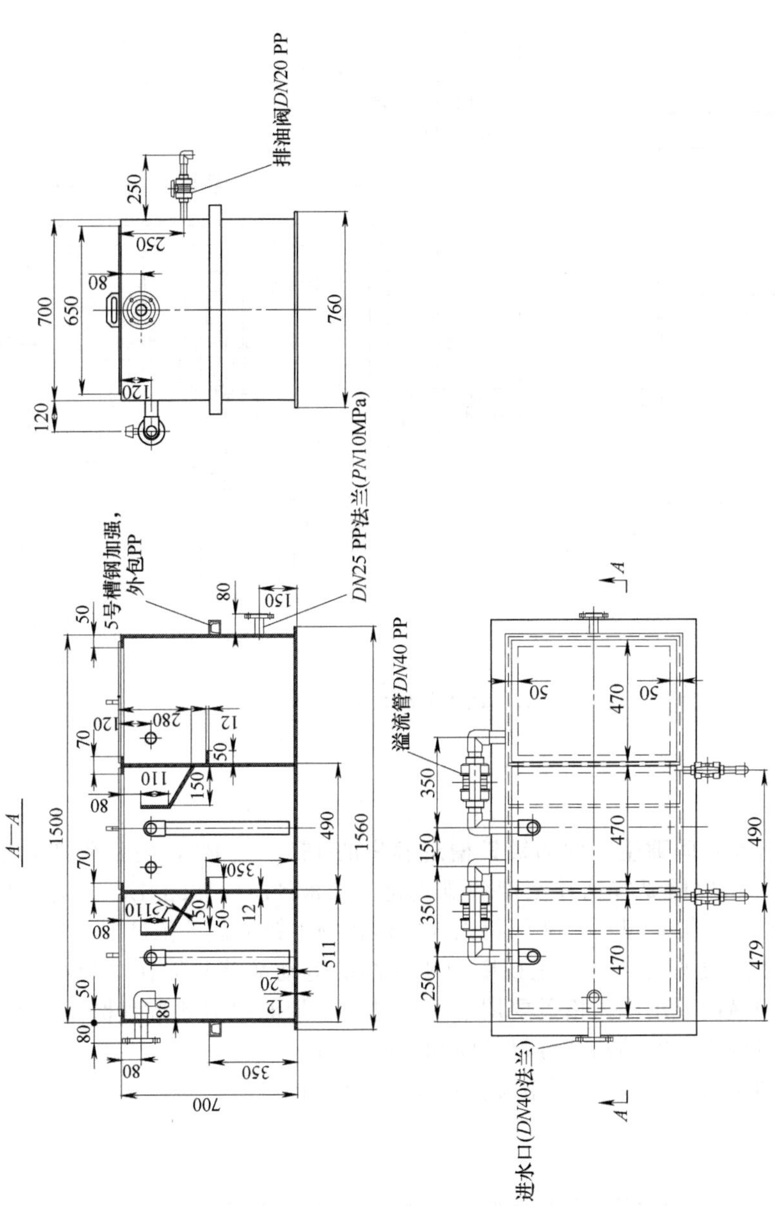

图 3-97 双级油水分离槽

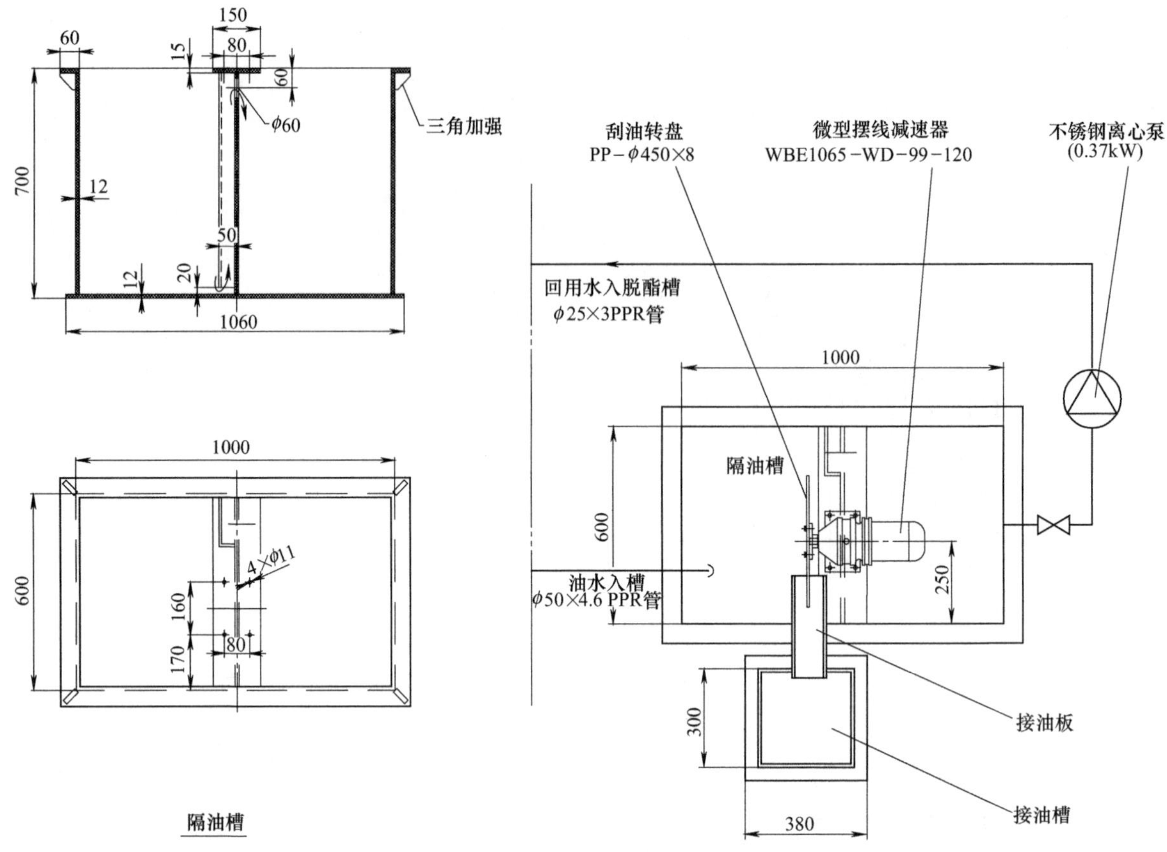

图 3-98 油水分离系统

3.5.4 溶锌槽

溶锌槽设计有效容积：间隙生产的为镀锌槽总容积的 15%～20%，高负荷连续生产的为镀锌槽的 25%～30%。溶锌槽要容纳高浓度的氢氧化钠溶液 115～185g/L，并能轻易地把高浓度的富锌溶液迅速输送到镀锌槽中，从而得以稳定镀锌槽中锌酸盐的浓度。

带电解槽的溶锌槽总成见图 3-99，正视图中所介绍的电动葫芦只能在槽中心线上左右移动，因此溶锌篮从槽中横向取出或入槽需要用手工推进；不带电解槽的溶锌槽总成见图 3-99，右侧所示的横向移动机构中，电动葫芦可以纵向和横向移动。

溶锌槽管路与冷却系统见图 3-100。溶锌槽过滤系统见图 3-101～图 3-103。

3.5.5 除渣槽

除渣槽是磷化生产线的辅助设备。除渣槽循环管路系统和除渣槽见图 3-104 和图 3-105。

3.5.6 槽盖

3.5.6.1 手持式槽盖

电镀生产线的某些工艺槽和烘干槽需设计槽盖。槽盖种类很多，手持式槽盖适合在手工电镀线上应用，见图 3-106 和图 3-107。图 3-106 所示镀槽显示仪表是设置在槽体护板上的，而图 3-107 所示镀槽显示仪表是设置在槽位隔离屏上的。

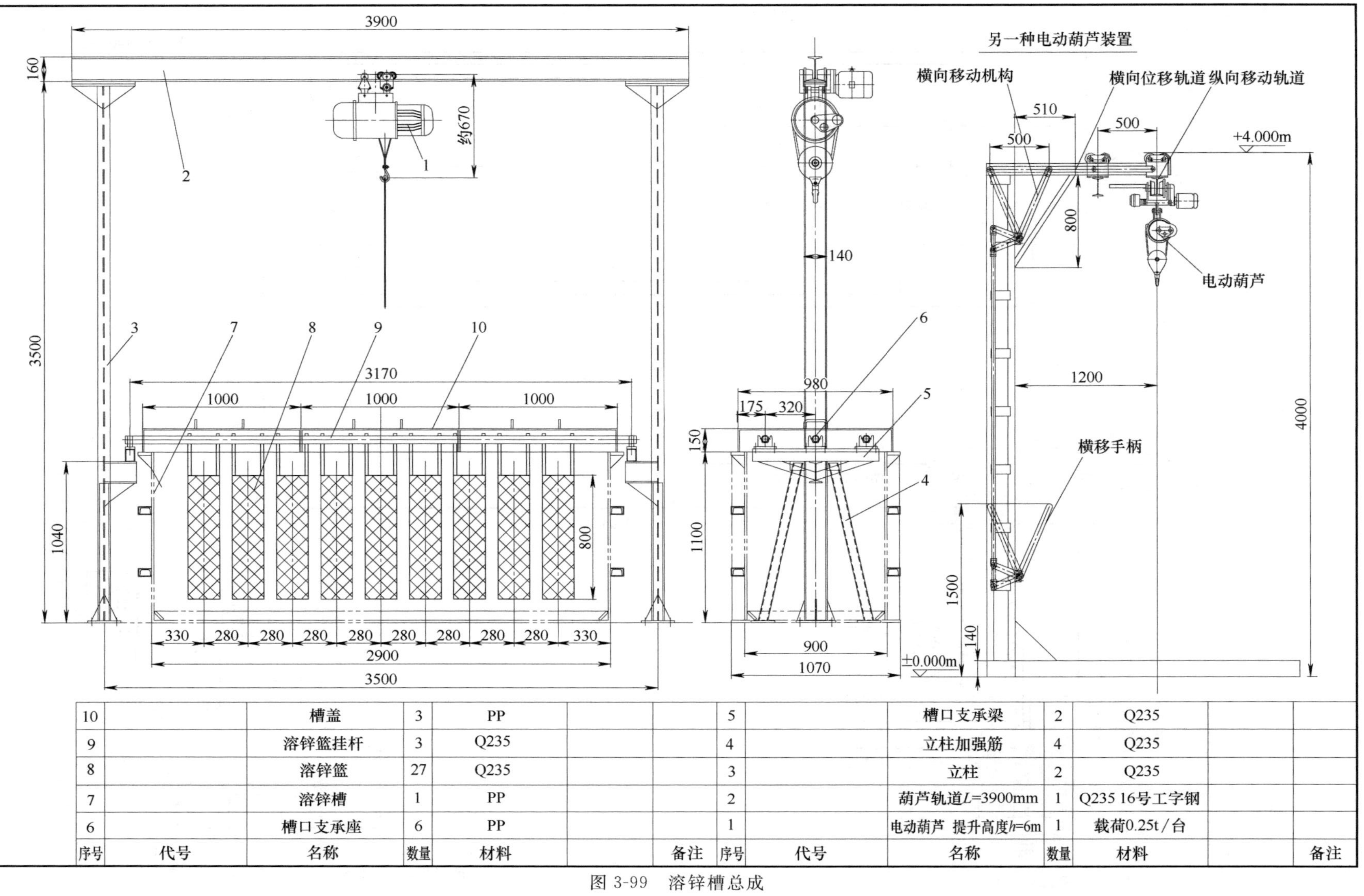

序号	代号	名称	数量	材料	备注	序号	代号	名称	数量	材料	备注
10		槽盖	3	PP		5		槽口支承梁	2	Q235	
9		溶锌篮挂杆	3	Q235		4		立柱加强筋	4	Q235	
8		溶锌篮	27	Q235		3		立柱	2	Q235	
7		溶锌槽	1	PP		2		葫芦轨道L=3900mm	1	Q235 16号工字钢	
6		槽口支承座	6	PP		1		电动葫芦 提升高度h=6m	1	载荷0.25t/台	

图 3-99　溶锌槽总成

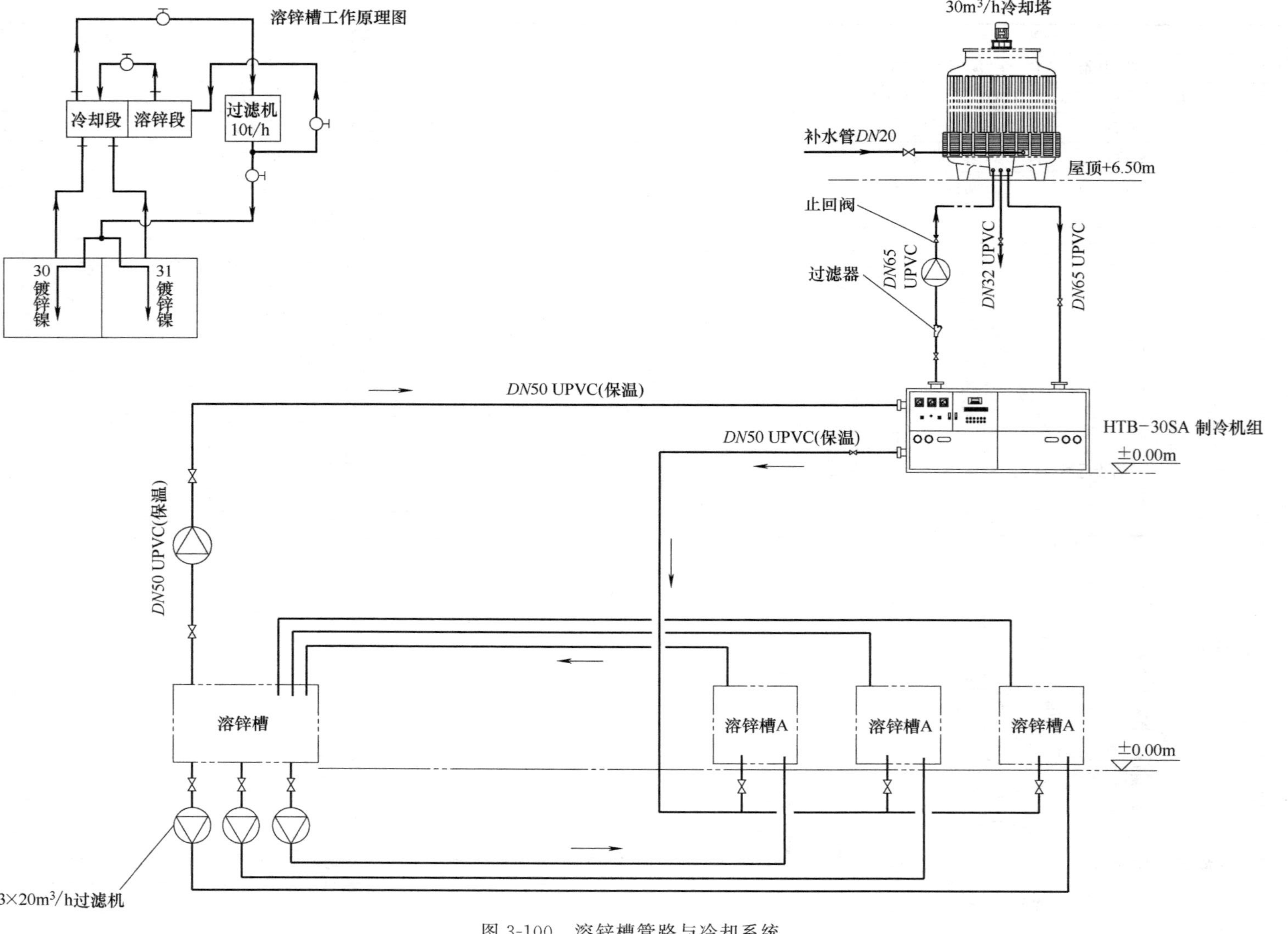

图 3-100 溶锌槽管路与冷却系统

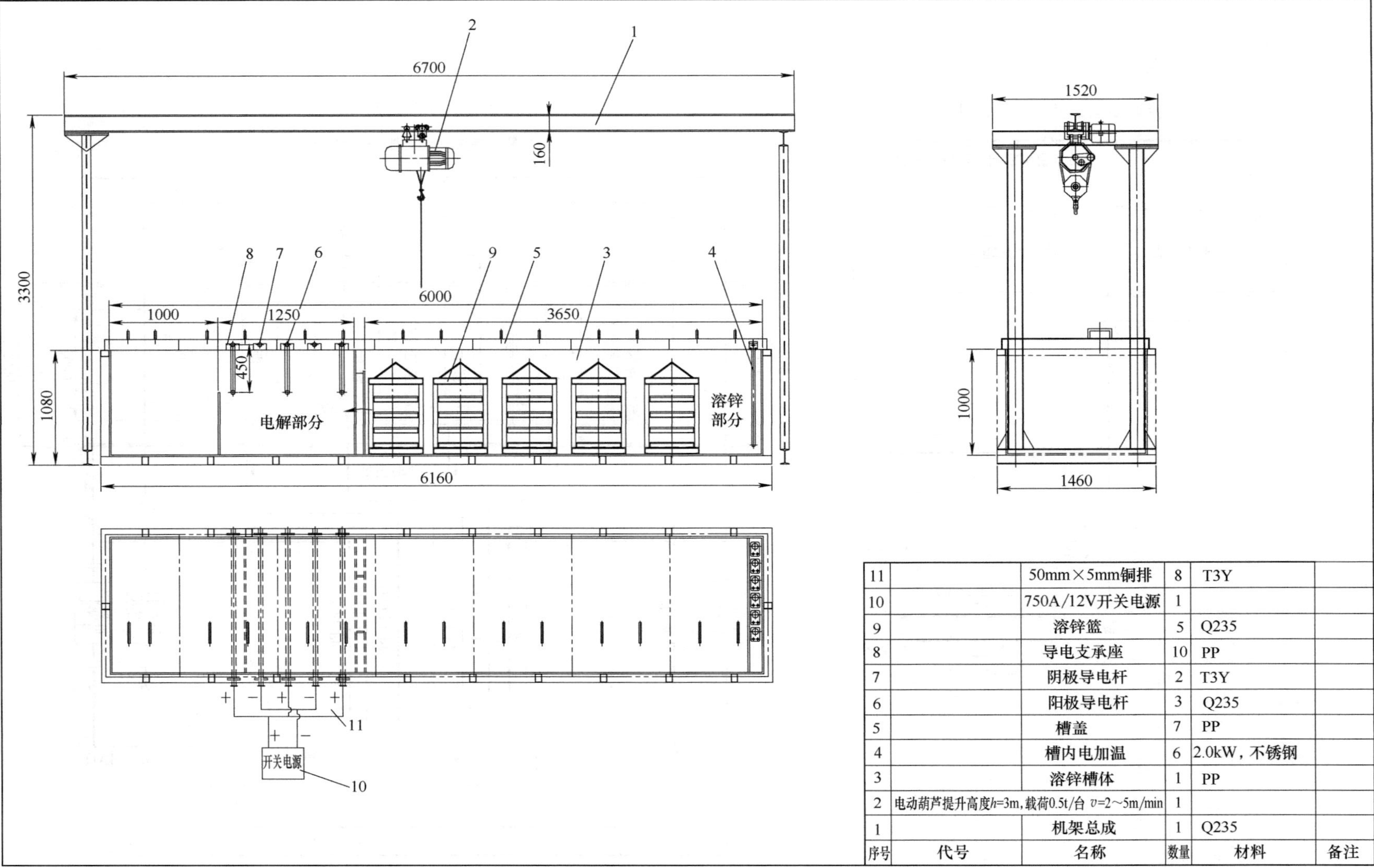

序号	代号	名称	数量	材料	备注
11		50mm×5mm铜排	8	T3Y	
10		750A/12V开关电源	1		
9		溶锌篮	5	Q235	
8		导电支承座	10	PP	
7		阴极导电杆	2	T3Y	
6		阳极导电杆	3	Q235	
5		槽盖	7	PP	
4		槽内电加温	6	2.0kW，不锈钢	
3		溶锌槽体	1	PP	
2	电动葫芦提升高度h=3m，载荷0.5t/台 v=2～5m/min		1		
1		机架总成	1	Q235	

图 3-101 溶锌槽总成

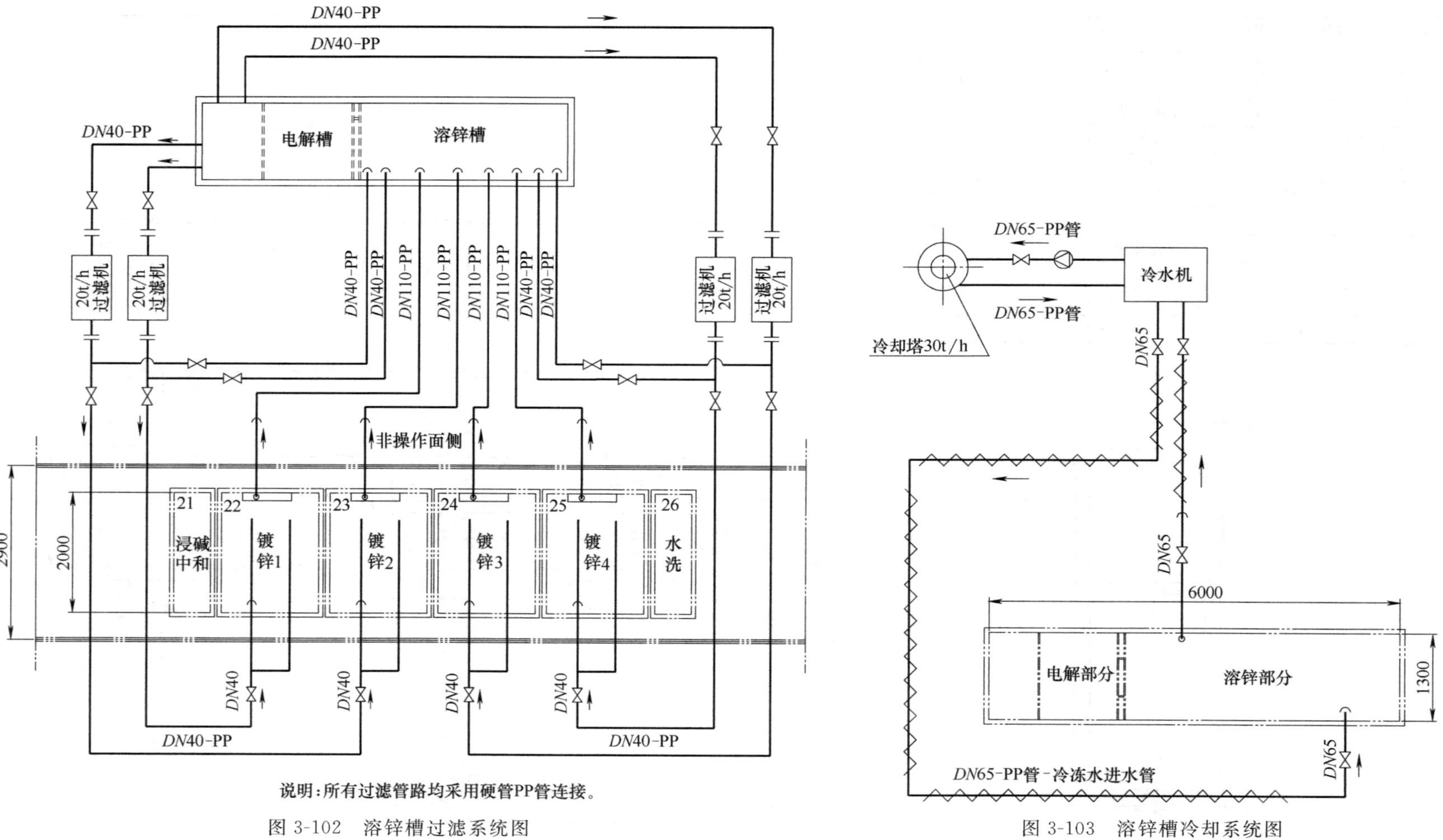

说明:所有过滤管路均采用硬管PP管连接。

图 3-102　溶锌槽过滤系统图

图 3-103　溶锌槽冷却系统图

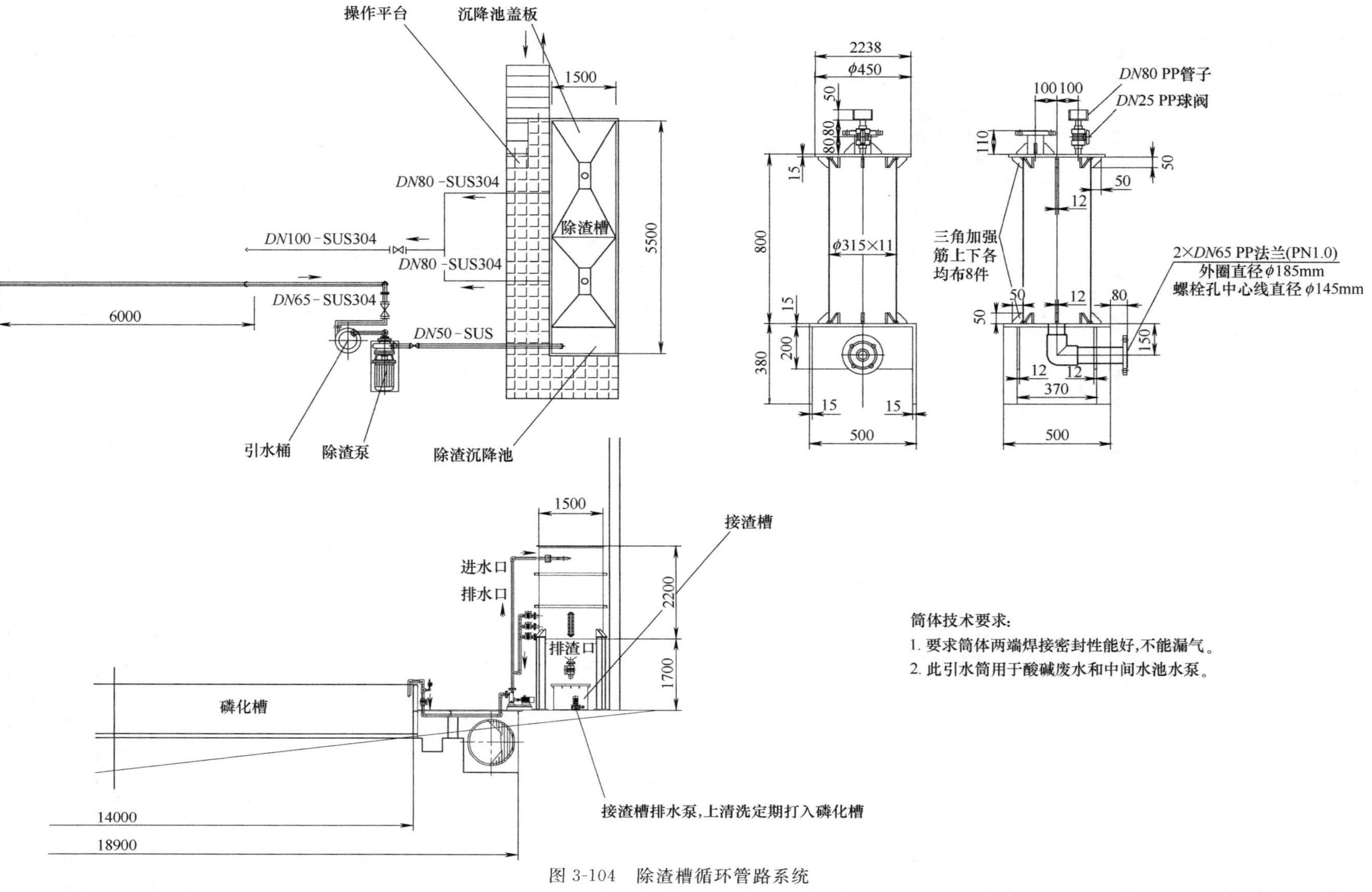

图 3-104 除渣槽循环管路系统

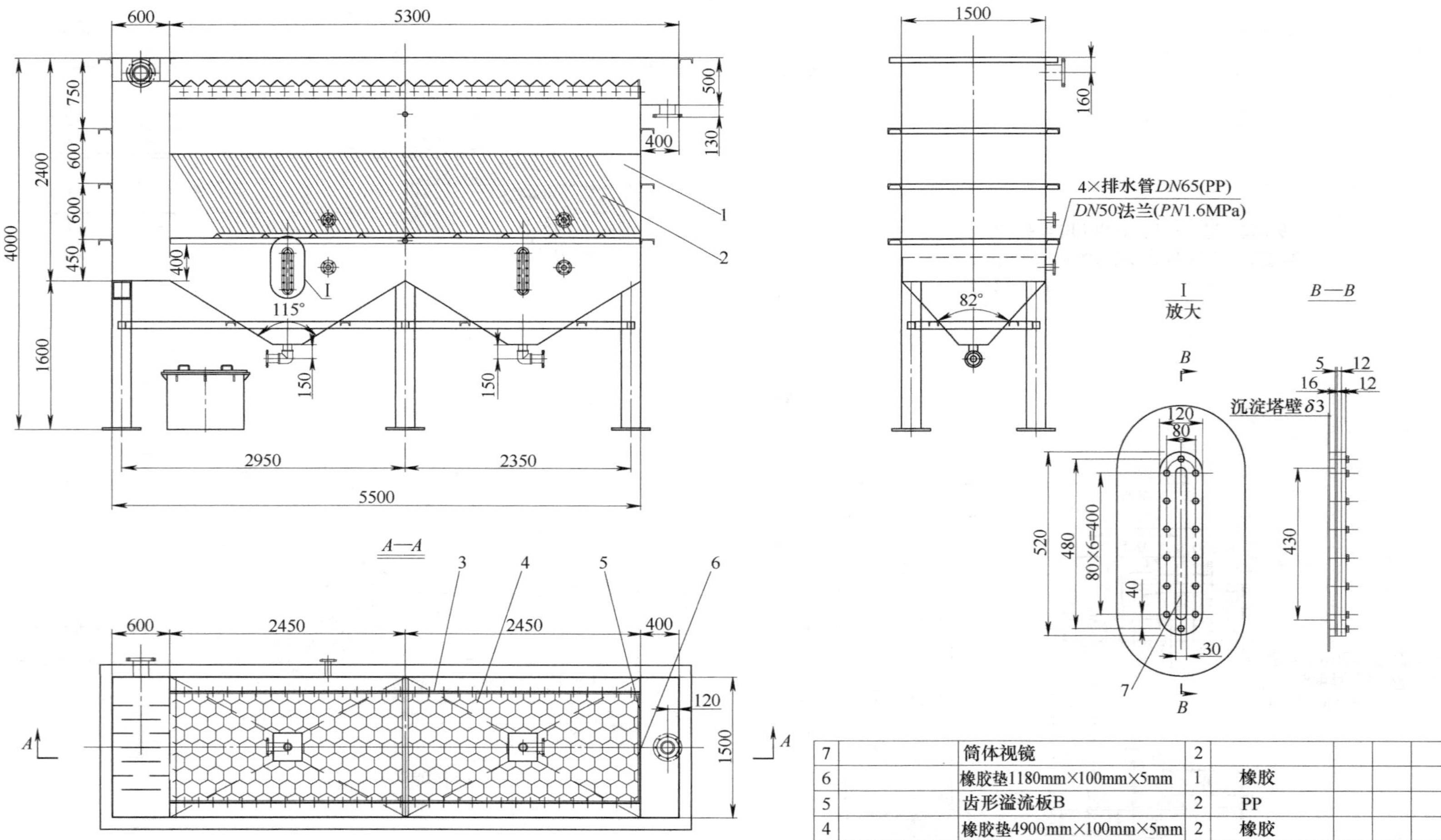

序号	代号	名称	数量	材料	单重	总重	备注
7		筒体视镜	2				
6		橡胶垫1180mm×100mm×5mm	1	橡胶			
5		齿形溢流板B	2	PP			
4		橡胶垫4900mm×100mm×5mm	2	橡胶			
3		齿形溢流板A	2	PP			
2		斜管ϕ50mm	1	PP			外购
1		槽体	1	SUS304			

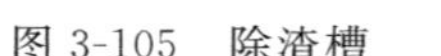

图 3-105 除渣槽

图 3-106 折叠式手持槽盖（一）

图 3-107 折叠式手持槽盖（二）

3.5.6.2 电动槽盖

应用电动推杆设计的槽盖，见图 3-108。应用电动机驱动的槽盖，见图 3-109 和图 3-110 。

3.5.6.3 气动槽盖

气动槽盖见图 3-111 和图 3-112 。

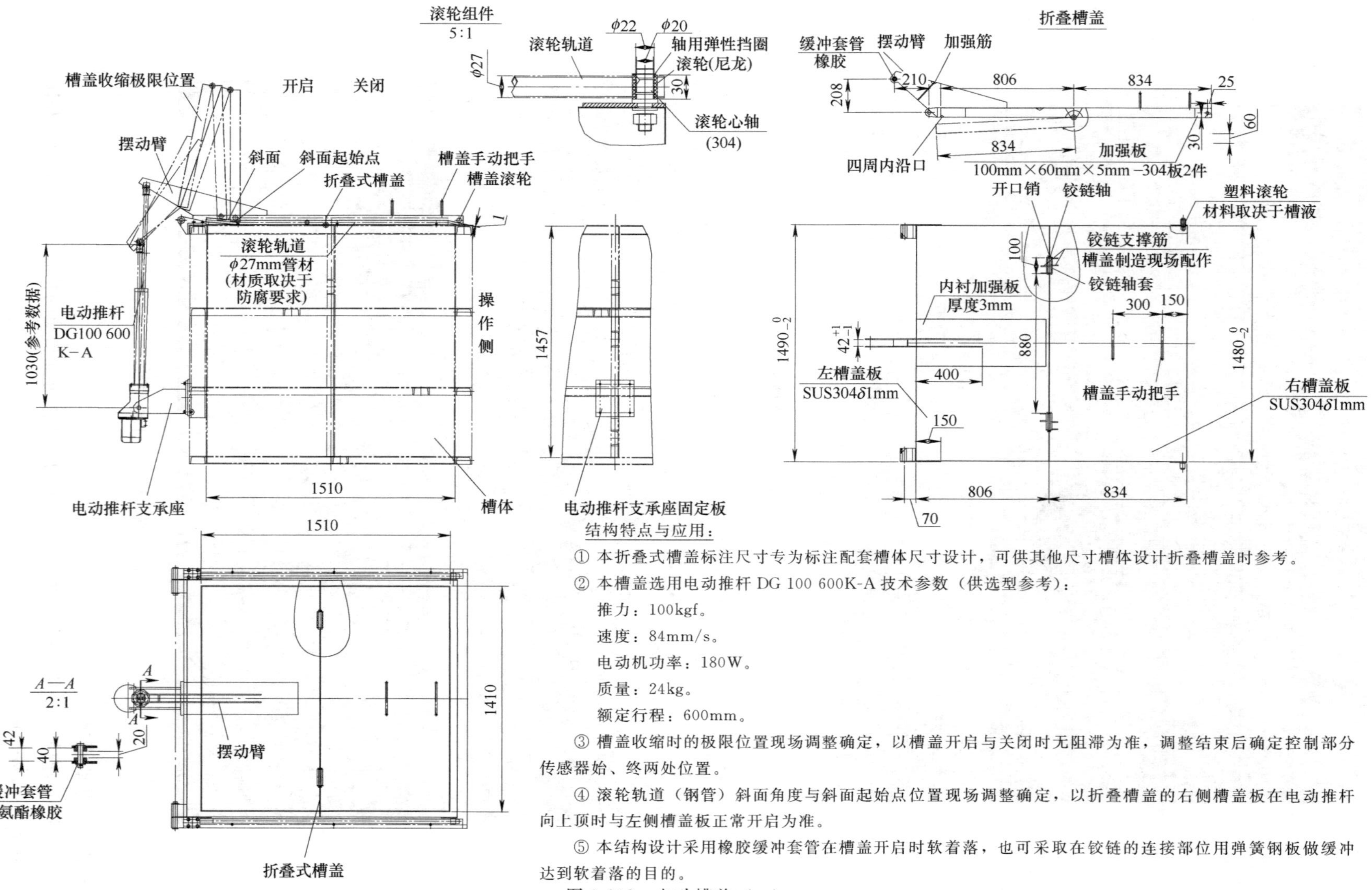

结构特点与应用：

① 本折叠式槽盖标注尺寸专为标注配套槽体尺寸设计，可供其他尺寸槽体设计折叠槽盖时参考。

② 本槽盖选用电动推杆 DG 100 600K-A 技术参数（供选型参考）：

推力：100kgf。

速度：84mm/s。

电动机功率：180W。

质量：24kg。

额定行程：600mm。

③ 槽盖收缩时的极限位置现场调整确定，以槽盖开启与关闭时无阻滞为准，调整结束后确定控制部分传感器始、终两处位置。

④ 滚轮轨道（钢管）斜面角度与斜面起始点位置现场调整确定，以折叠槽盖的右侧槽盖板在电动推杆向上顶时与左侧槽盖板正常开启为准。

⑤ 本结构设计采用橡胶缓冲套管在槽盖开启时软着落，也可采取在铰链的连接部位用弹簧钢板做缓冲达到软着落的目的。

图 3-108 电动槽盖（一）

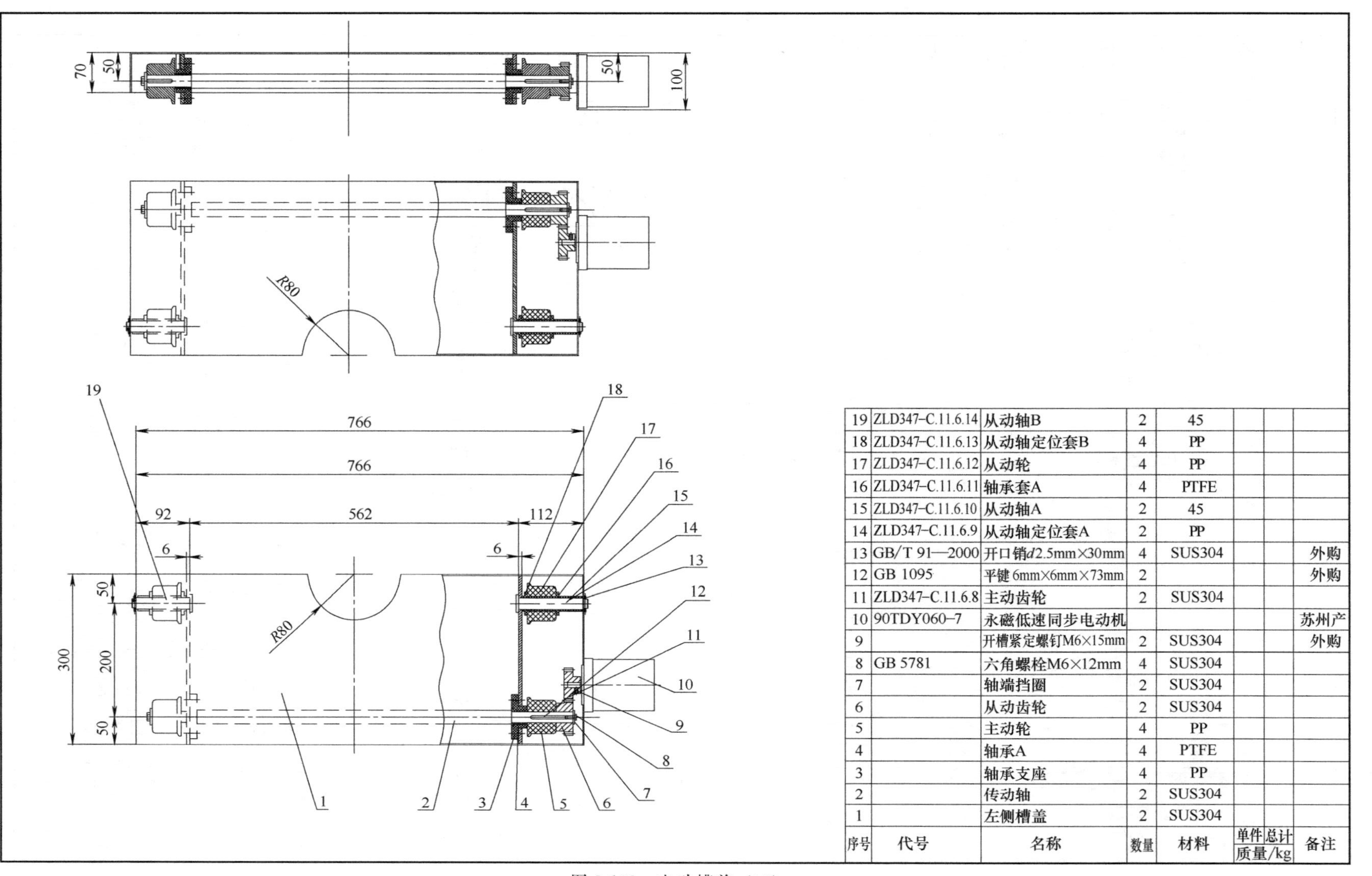

序号	代号	名称	数量	材料	单件质量/kg	总计质量/kg	备注
19	ZLD347-C.11.6.14	从动轴B	2	45			
18	ZLD347-C.11.6.13	从动轴定位套B	4	PP			
17	ZLD347-C.11.6.12	从动轮	4	PP			
16	ZLD347-C.11.6.11	轴承套A	4	PTFE			
15	ZLD347-C.11.6.10	从动轴A	2	45			
14	ZLD347-C.11.6.9	从动轴定位套A	2	PP			
13	GB/T 91—2000	开口销d2.5mm×30mm	4	SUS304			外购
12	GB 1095	平键 6mm×6mm×73mm	2				外购
11	ZLD347-C.11.6.8	主动齿轮	2	SUS304			
10	90TDY060-7	永磁低速同步电动机					苏州产
9		开槽紧定螺钉M6×15mm	2	SUS304			外购
8	GB 5781	六角螺栓M6×12mm	4	SUS304			
7		轴端挡圈	2	SUS304			
6		从动齿轮	2	SUS304			
5		主动轮	4	PP			
4		轴承A	4	PTFE			
3		轴承支座	4	PP			
2		传动轴	2	SUS304			
1		左侧槽盖	2	SUS304			

图 3-109　电动槽盖（二）

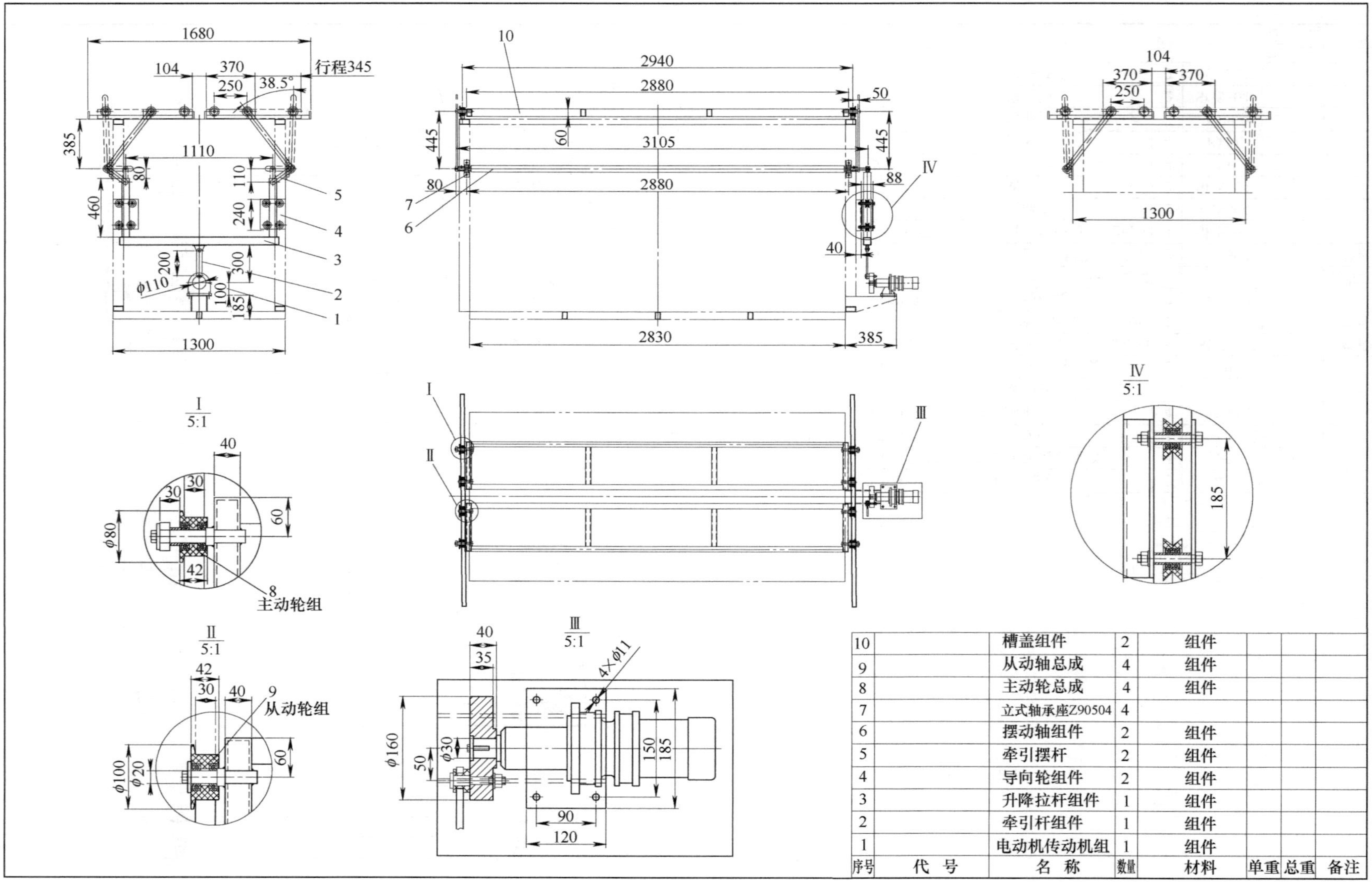

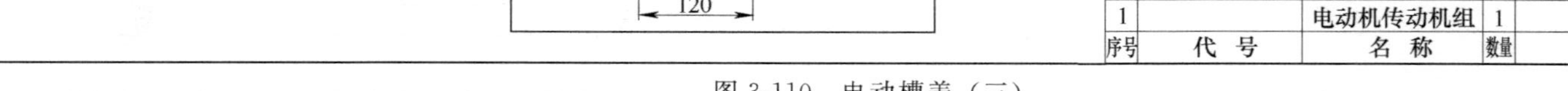

序号	代号	名称	数量	材料	单重	总重	备注
10		槽盖组件	2	组件			
9		从动轴总成	4	组件			
8		主动轮总成	4	组件			
7		立式轴承座Z90504	4				
6		摆动轴组件	2	组件			
5		牵引摆杆	2	组件			
4		导向轮组件	2	组件			
3		升降拉杆组件	1	组件			
2		牵引杆组件	1	组件			
1		电动机传动机组	1	组件			

图 3-110 电动槽盖（三）

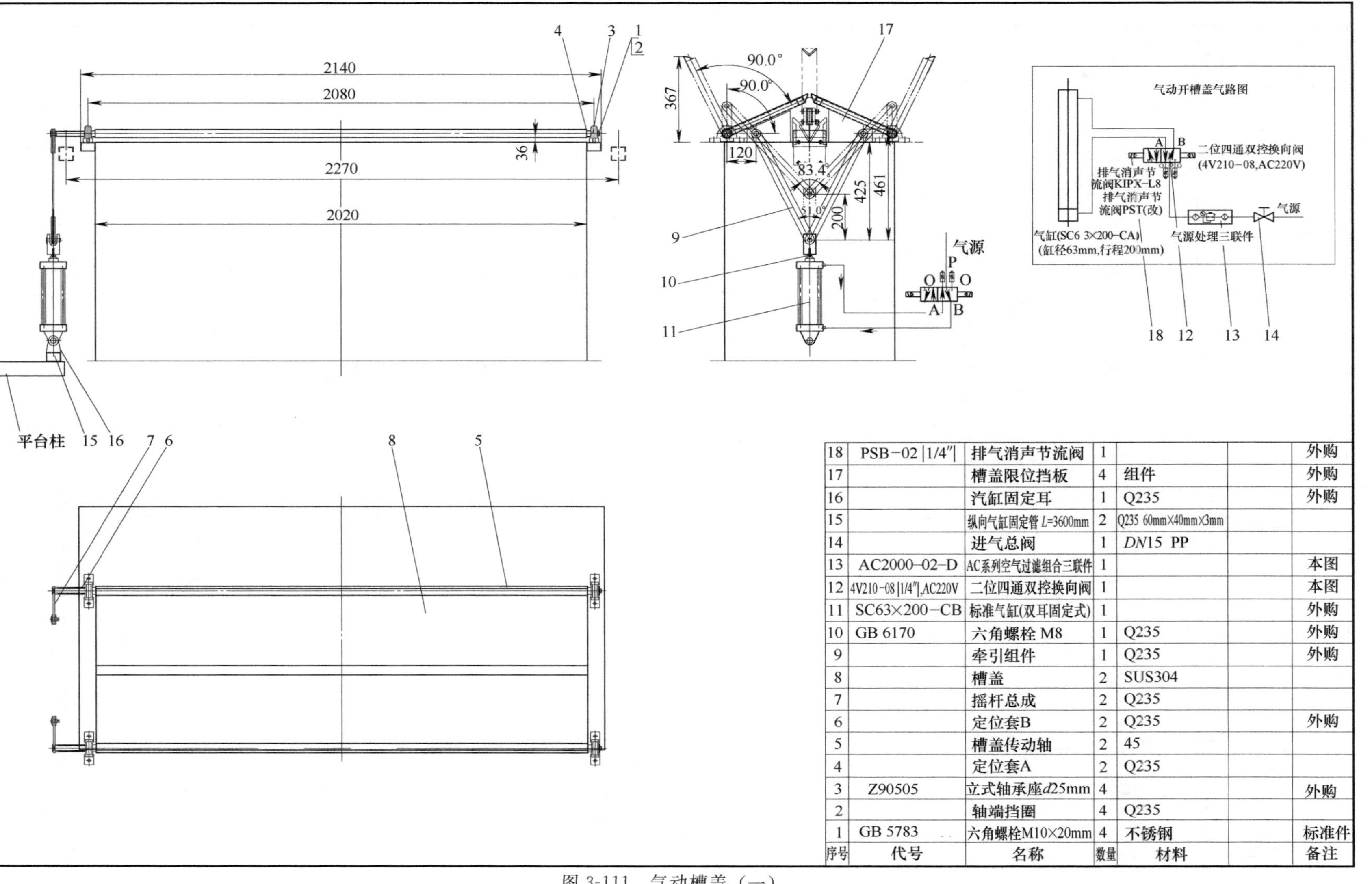

序号	代号	名称	数量	材料		备注
18	PSB-02 |1/4″|	排气消声节流阀	1			外购
17		槽盖限位挡板	4	组件		外购
16		汽缸固定耳	1	Q235		外购
15		纵向气缸固定管 L=3600mm	2	Q235 60mm×40mm×3mm		
14		进气总阀	1	DN15 PP		
13	AC2000-02-D	AC系列空气过滤组合三联件	1			本图
12	4V210-08 |1/4″|,AC220V	二位四通双控换向阀	1			本图
11	SC63×200-CB	标准气缸(双耳固定式)	1			外购
10	GB 6170	六角螺栓 M8	1	Q235		外购
9		牵引组件	1	Q235		外购
8		槽盖	2	SUS304		
7		摇杆总成	2	Q235		
6		定位套B	2	Q235		外购
5		槽盖传动轴	2	45		
4		定位套A	2	Q235		
3	Z90505	立式轴承座d25mm	4			外购
2		轴端挡圈	4	Q235		
1	GB 5783	六角螺栓M10×20mm	4	不锈钢		标准件

图 3-111　气动槽盖（一）

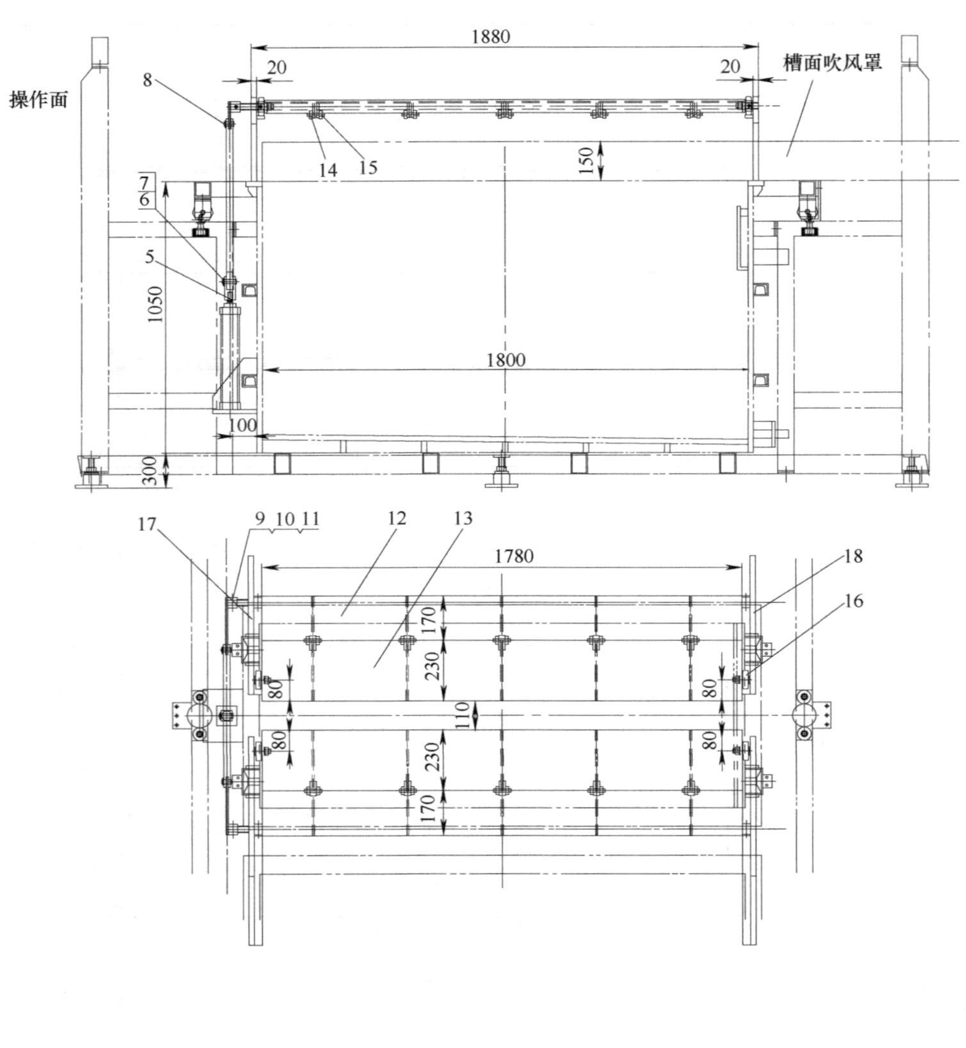

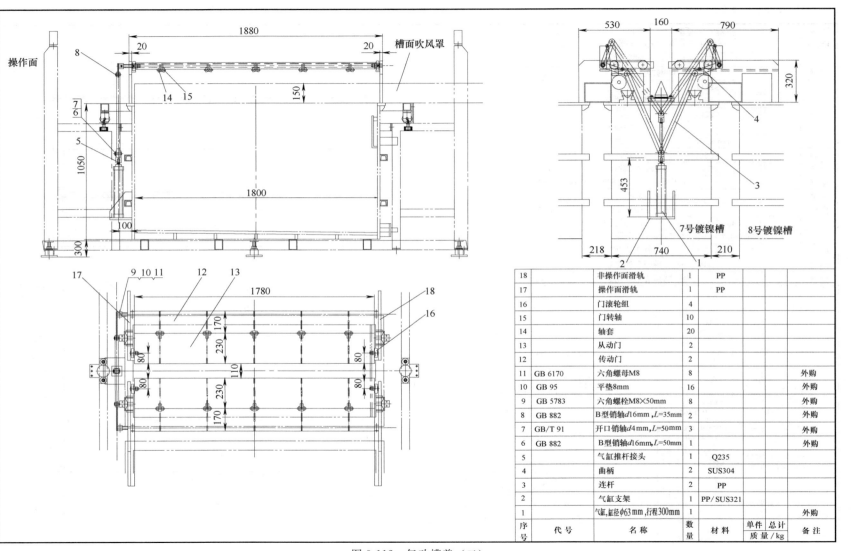

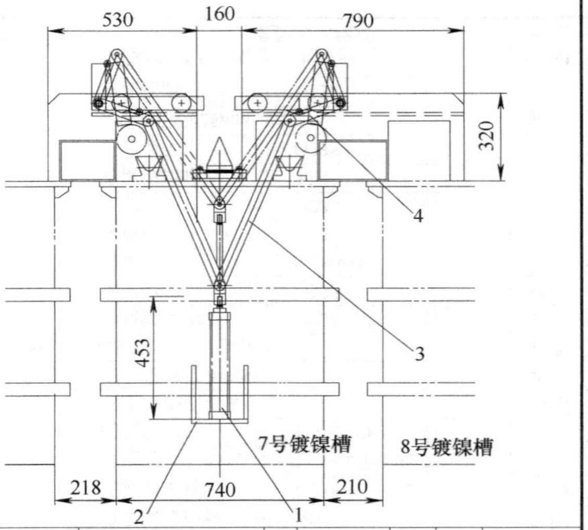

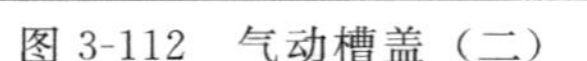

序号	代号	名称	数量	材料	单件质量/kg	总计质量/kg	备注
18		非操作面滑轨	1	PP			
17		操作面滑轨	1	PP			
16		门滚轮组	4				
15		门转轴	10				
14		轴套	20				
13		从动门	2				
12		传动门	2				
11	GB 6170	六角螺母M8	8				外购
10	GB 95	平垫8mm	16				外购
9	GB 5783	六角螺栓M8×50mm	8				外购
8	GB 882	B型销轴d16mm，L=35mm	2				外购
7	GB/T 91	开口销轴d4mm，L=50mm	3				外购
6	GB 882	B型销轴d16mm，L=50mm	1				外购
5		气缸推杆接头	1	Q235			
4		曲柄	2	SUS304			
3		连杆	2	PP			
2		气缸支架	1	PP/SUS321			
1		气缸，缸径ϕ63mm，行程300mm	1				外购

图 3-112　气动槽盖（二）

第4章 电镀生产线的槽体设计

槽体又称槽身、槽壳，是各种工艺槽和辅助槽的主体，是电镀线上的主要设备。

各类工艺槽是电镀溶液的载体，因此要求其与各种类型的溶液长期接触时不会发生侵蚀破坏（化学降解、溶胀、渗透扩散、应力开裂等）。各类槽体要有合理的几何尺寸和容积，满足电镀工件尺寸和产量要求，防止电解液工作时发生过热现象，能够保持电镀生产连续工作时槽液成分和温度的相对稳定，同时要求槽体有足够的强度与刚度。槽体的基本尺寸及其数量对电镀线的整体尺寸和电镀产量有重要影响，且与电镀线的类别有关，如“行车式电镀线”“环形电镀线”“滚镀线”和“手工电镀线”等的槽体，某些方面有它们的各自特点和独特要求。

4.1 槽体尺寸计算

关于槽体的基本尺寸（长×宽×高），本书以槽体外壁计算（不含槽周和槽底的加强筋），这样设计的全部槽体对构成一条电镀线的总体尺寸比较划一完整，计算各槽的容积时则以内腔尺寸为准。槽体尺寸计算时的综合因素如表 4-1 所列。在这里要特别说明的是：通常计算槽体尺寸是以内壁为准的，但槽体壁厚有所不同，以内壁计算的槽体排列成线后，两侧槽口不在同一直线上，同时，对在制作槽体时的备料、拼装和检验测量也都带来不便，因此凭经验实践，本书所设计的槽体的基本尺寸，统一是以外壁为准来设计计算的。

表 4-1　槽体尺寸（长×宽×高）计算时的综合因素

<table>
<tr><th>种　类</th><th colspan="3">计 算 依 据</th><th colspan="3">槽 体 尺 寸</th></tr>
<tr><td>电镀工件</td><td colspan="3">挂具工件的外形尺寸
挂具工件的装载数量
工位数和工位间距(环形线)</td><td colspan="3">高度和宽度
长度
长度</td></tr>
<tr><td>极杆间距</td><td colspan="3">阴极与阳极间距(或阳极间距)</td><td colspan="3">宽度</td></tr>
<tr><td>加温和冷却</td><td colspan="3">电加温管
蛇管、排管加温或冷却
隔套加温或冷却</td><td colspan="3">长度、宽度和高度</td></tr>
<tr><td>搅拌方式</td><td colspan="3">空气搅拌
液体搅拌
阴极移动</td><td colspan="3">长度和宽度
长度、宽度和高度
极杆纵向移动——长度,极杆横向移动——宽度
极杆上下移动——高度,极杆成夹角移动——长度和宽度</td></tr>
<tr><td>过滤系统</td><td colspan="3">过滤机的数量和安装位置(进出口管路的布置)</td><td colspan="3">长度、宽度和高度</td></tr>
<tr><td>单位槽液电流</td><td colspan="3">0.8～1.5A/L</td><td colspan="3">长度、宽度和高度</td></tr>
<tr><td>加工类别</td><td>镀　锌</td><td>镀　镍</td><td>镀装饰铬</td><td>镀 硬 铬</td><td>铝阳极氧化</td><td>化学处理</td></tr>
<tr><td>工件单位面积装挂量所需槽液容量/(L/dm²)</td><td>10～15</td><td>10～15</td><td>15～25</td><td>25～30</td><td>10～15</td><td>3～6</td></tr>
</table>

4.1.1 工艺槽尺寸计算

4.1.1.1 行车式电镀线工艺槽

行车式电镀线工艺槽尺寸计算见图 4-1，并参考图 4-2（图中所示槽体间距 150mm 取该槽体设计箍筋厚度的 2 倍最为理想）。

$$L=nL_1+(n-1)L_2+2L_3$$

式中 L——槽体长度，mm；

n——极杆装载挂具数；

L_1——挂具工件宽度，mm；

L_2——相邻两挂具工件之间距，一般为 50～100mm；

L_3——挂具工件至槽端壁之间距，一般为 150～200mm。

注：挂具工件设置沿纵向或成夹角阴极移动时，槽体需加长 50～100mm 的阴极移动距离。

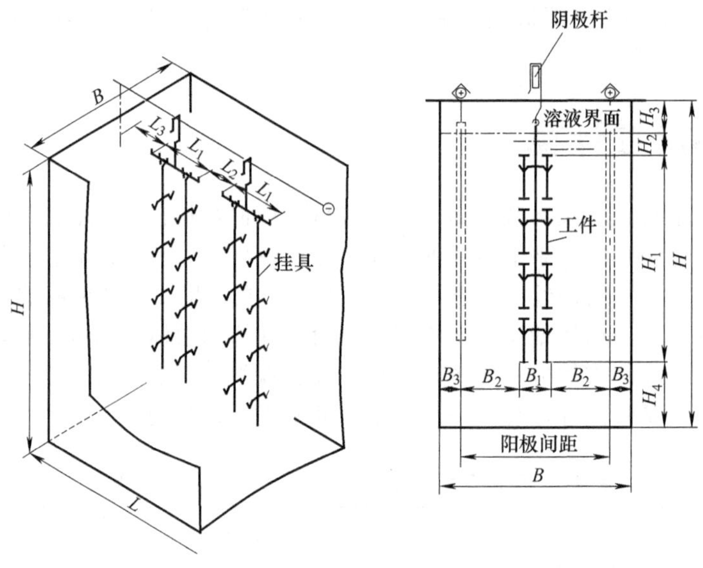

图 4-1 行车式电镀线工艺槽尺寸计算

$$B=B_1+2B_2+2B_3$$

式中 B——槽体宽度，mm；

B_1——挂具工件厚度，mm；

B_2——阳极中心至工件之间距，一般为 150～300mm；

B_3——阳极中心至槽侧壁之间距，一般为 150～200mm，视阳极厚度与换热器布置形式决定（以下 B_3 与此相同）。

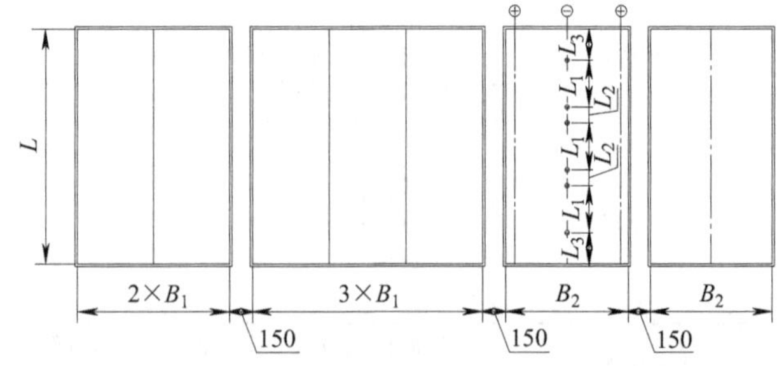

图 4-2 行车式电镀线局部槽体排列俯视简图

注：①挂具工件设置沿横向阴极移动时，槽体需加宽 50～100mm 的阴极移动距离；②以上槽体尺寸均未考虑内置式溢流斗，在溢流斗方向需加 50～100mm。

$$H=H_1+H_2+H_3+H_4$$

式中　H——槽体高度，mm；

H_1——挂具工件高度，mm；

H_2——溶液界面至工件顶端之间距，一般为 50～100mm；

H_3——溶液界面至槽口之间距，一般为 150～250mm，当槽面排风罩与槽体整体制作时，该尺寸应为 300～400mm；

H_4——挂具工件下端至槽底之间距，一般为 200～300mm。

注：①此尺寸宜取大值，以防槽内杂质沉淀，对工件镀层产生毛刺，下同；②挂具工件设置上下阴极移动时，槽体需加高一个移动行程 50～100mm。

4.1.1.2　导轨升降式环形电镀线工艺槽

第 2 章中已介绍，导轨升降式环形电镀线是一种不等工位间距的设备，即工艺槽中工位间距是可以小于工艺槽前后工位间距（即清洗等辅助槽长度）的，且槽内必须设置一个空工位，如图 4-3 所示。因此，挂具工件进出工艺槽的两个挂位，与槽端壁的距离为半个清洗槽的长度，即图 4-4 中所示的 $L_3+0.5L_1$。

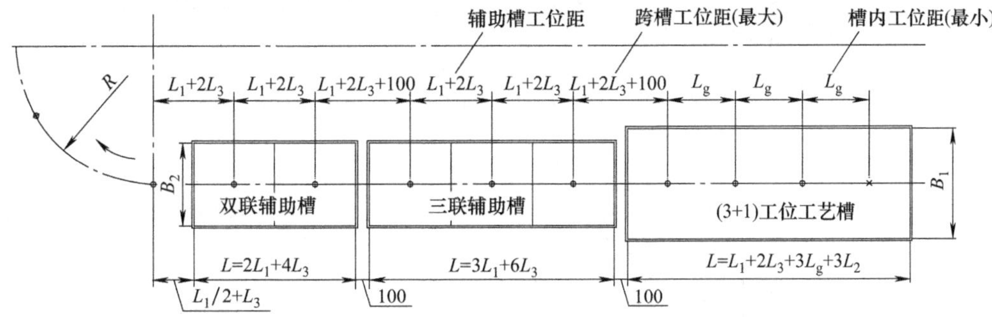

图 4-3　导轨升降式（单通道）环形电镀线局部槽体排列俯视简图

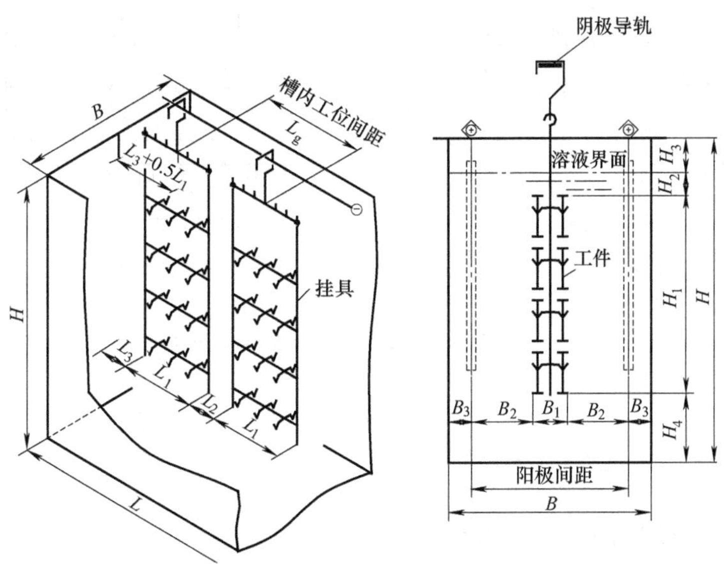

图 4-4　导轨升降式（单通道）环形电镀线工艺槽尺寸计算图

导轨升降式环形电镀线有单通道、双通道和三通道三种基本形式，这三种形式的工艺槽尺寸计算见图 4-4～图 4-6。

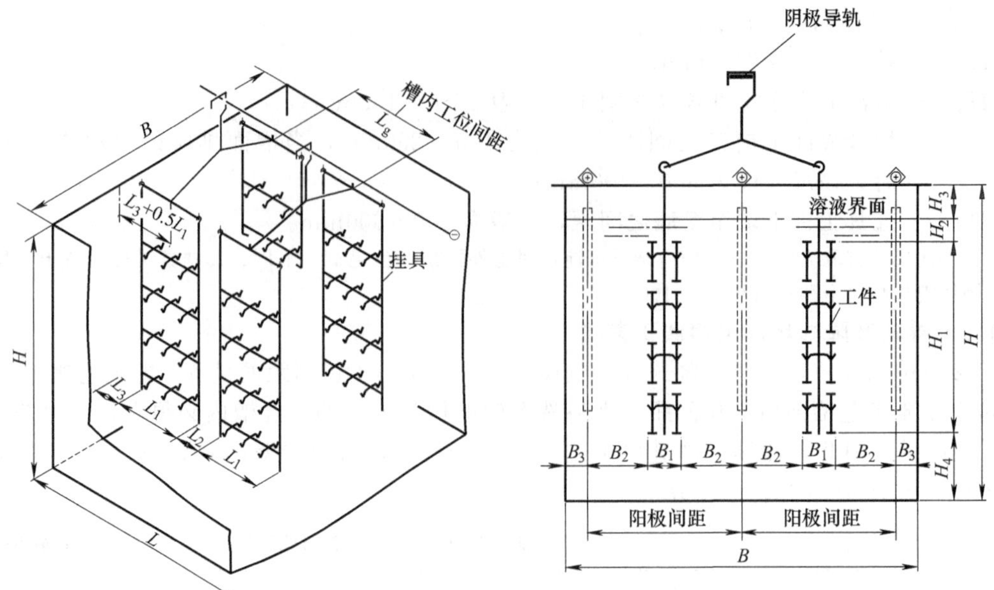

图 4-5　导轨升降式（双通道）环形电镀线工艺槽尺寸计算图

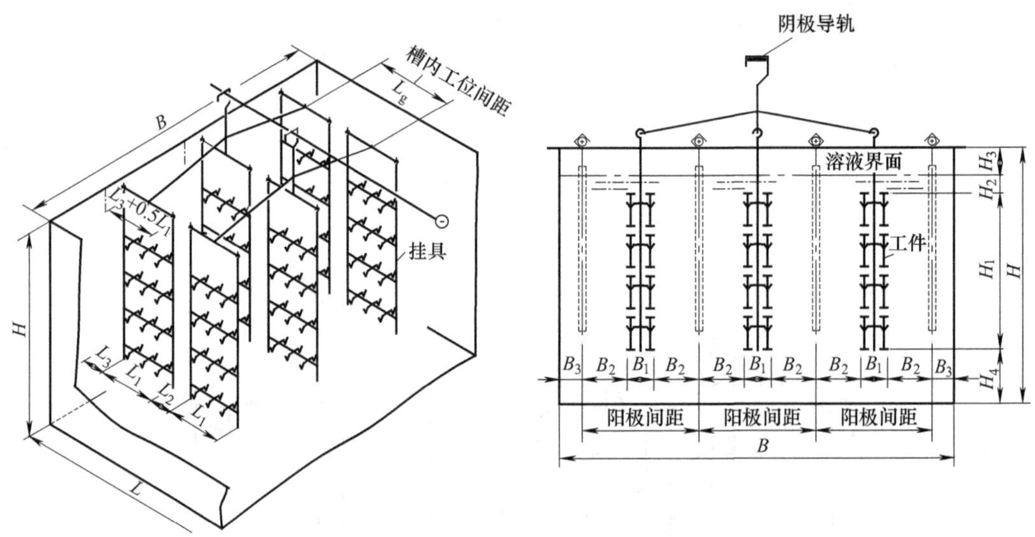

图 4-6　导轨升降式（三通道）环形电镀线工艺槽尺寸计算图

$$L=nL_g+L_1+2L_3 \quad 或 \quad L=NL_1+(N-1)L_2+2L_3$$

式中　L——槽体长度 L，mm；

n——槽内有效工位数（即不含 1 个空工位）；

N——槽内总工位数（即 $N=n+1$）；

L_g——槽体工位间距，mm，$L_g=L_1+L_2$；

L_1——挂具工件宽度，mm；

L_2——相邻两挂具工件间之间距，一般为 50～100mm；

L_3——挂具工件至槽端壁之间距，一般为 100～200mm，因此辅助槽长度 $L_{辅}=$

$2\times(100\sim200)\text{mm}+L_1$。

$$B_{单}=B_1+2B_2+2B_3,B_{双}=2B_1+4B_2+2B_3,$$

$$B_{三}=3B_1+6B_2+2B_3$$

式中　B——槽体宽度，mm；

B_1——挂具工件厚度，mm；

B_2——阳极中心至工件之间距，一般为 150～300mm；

B_3——阳极中心至槽侧壁之间距，一般为 100～200mm。

$$H=H_1+H_2+H_3+H_4$$

式中　H——槽体高度，mm；

H_1——挂具工件高度，mm；

H_2——溶液界面至工件顶端之间距，一般为 50～100mm；

H_3——溶液界面至槽口之间距，一般为 150～250mm；

H_4——挂具工件下端至槽底之间距，一般为 200～300mm。

4.1.1.3　悬臂升降式环形电镀线工艺槽

悬臂升降式环形电镀线有单通道（图 4-7）和双通道（图 4-8）两种基本形式，它是一种等工位间距且槽内无空工位的设备（图 4-9）。由于挂具导电悬臂太长，则提升工件运行便不够稳定，因此一般不会设计成三通道形式。

$$L=nL_g\quad 或\quad L=nL_1+nL_2$$

式中　L——槽体长度，mm；

n——槽内工位数；

L_g——槽内（也是槽外）工位间距，mm，$L_g=L_1+L_2$；

L_1——挂具工件宽度，mm；

L_2——相邻两挂具工件间之间距，一般为 50～100mm。

$$B_{单}=B_1+2B_2+2B_3,B_{双}=2B_1+4B_2+2B_3$$

式中　B——槽体宽度，mm；

B_1——挂具工件厚度，mm；

B_2——阳极中心至工件之间距，一般为 150～250mm；

B_3——阳极中心至槽侧壁之间距，一般为 100～200mm。

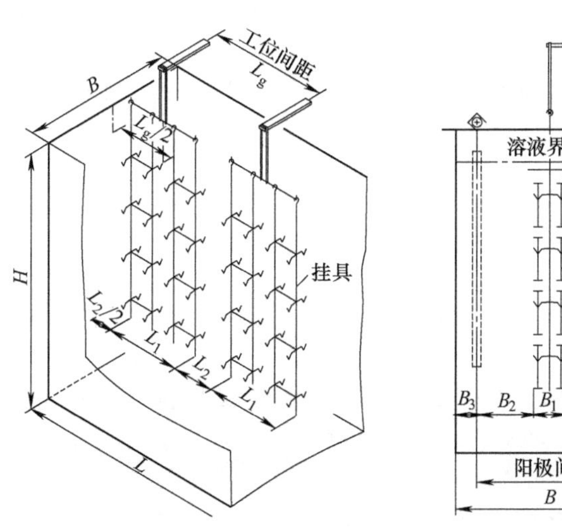

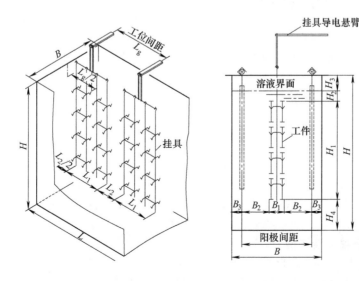

图 4-7　悬臂升降式（单通道）环形电镀线工艺槽尺寸计算图

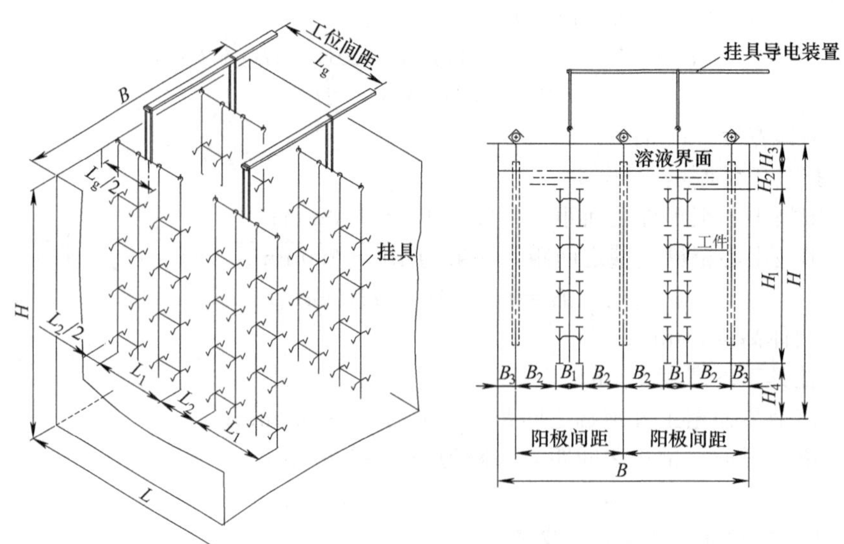

图 4-8 悬臂升降式（双通道）环形电镀线工艺槽尺寸计算图

$$H=H_1+H_2+H_3+H_4$$

式中 H——槽体高度，mm；

H_1——挂具工件高度，mm；

H_2——溶液界面至工件顶端之间距，一般为 50～100mm；

H_3——溶液界面至槽口之间距，一般为 100～150mm；

H_4——挂具工件下端至槽底之间距，一般为 200～300mm。

注：挂具工件设置上下阴极移动时，槽体需加高 50～100mm。

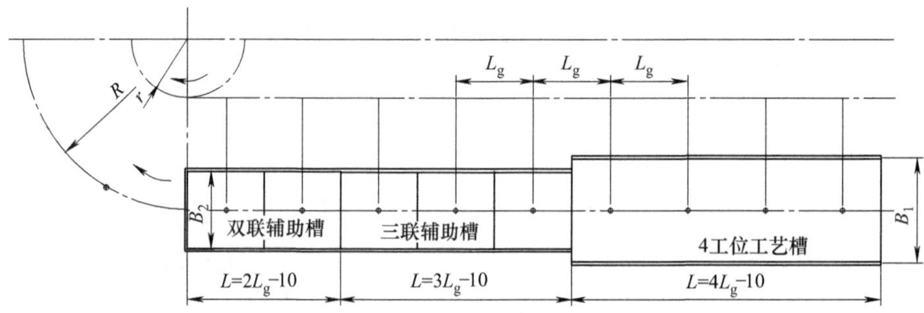

图 4-9 悬臂升降式（单通道）环形电镀线部槽体俯视简图

4.1.2 其他槽体尺寸计算

4.1.2.1 行车式电镀线的清洗槽

① 槽长与工艺槽等长；

② 槽宽按挂具工件宽度每边距槽壁 150～200mm 即可，挂具工件高的取大值，以防止挂具下降入槽时碰撞槽口；

③ 槽深一般与工艺槽等高，但为节省清洗用水和减少排污，也可比工艺槽的深度小 100～200mm。

4.1.2.2 环形电镀线的清洗槽

① 长度为一个槽外的工位间距，单位为 mm（工件均单挂清洗）；

② 宽度按挂具工件的厚度每边与槽壁之间距，一般为 100～150mm；

③ 槽深可小于工艺槽高 100～200mm（为节省清洗用水和减少排污）；

④ 为保证一条环形电镀线两侧排列的槽体构成的回转中心距尺寸相等，各个槽体的长度应按设计槽长小 10mm 左右，这个负公差值（特别是悬臂式环形线）应在槽体设计图纸上标注明确（可参考钢槽结构图例，见图 4-75 和图 4-76）。

4.1.2.3　手工操作的槽体

手工操作的槽体尺寸受人的身高和手臂平均长度限制，因此应在减小阴极负载强度和基本保证阴、阳极间距的条件下，尽可能缩小其高度和宽度。

① 工艺槽长度在单挂电镀时，长度为一个挂具工件的宽度每边与槽壁之间距，取 50～100mm；在多挂电镀时，其长度为极杆挂件总长度，每边与槽壁之间距取 100～150mm。

② 清洗槽均是单挂清洗，因此，其长度和宽度按一个挂具工件的尺寸，每边与槽壁之间距一般为 50～100mm 即可。

4.1.2.4　滚镀线的槽体

滚镀线的槽体尺寸由滚筒尺寸决定，阳极与滚筒之间距一般为 100～150mm；溶液界面与槽口之间距一般为 150～200mm；槽底与滚筒之间距一般为 150～200mm；滚筒浸液深度一般为滚筒直径的 40%～70%（全浸式滚筒电镀时取大值）；槽体长度是滚筒本体总长度，每端与槽边之间距一般为 100～150mm。另外，滚镀时由于机械摩擦和电流产生热量积聚在滚筒内，要求有较多的槽液活动空间，有时甚至要求布置散热元件，设计时应综合考虑相关因素。

4.2　槽体分部结构

4.2.1　槽体口筋

槽体口筋是槽体四块壁板的加强构件。其功能为：可使槽口坚固挺拔，使其具有足够的强度和刚度，能承受电镀极杆及镀件、槽内管道引出管和排风罩等配件，以及承受极杆升降时的冲击。槽体口筋与槽体竖筋的坚固连接，使竖筋实际上形成一条简支梁。

4.2.1.1　钢槽口筋

槽体壁板厚小于 6mm 时可折边成形为一体式（图 4-10）。大多数钢槽口筋采用等边角钢、不等边角钢或槽钢构成（图 4-11 和图 4-12）。制作时口筋的上部焊缝为连续焊缝，与槽壁连成一体，既可增强槽口的强度，又能防止在口筋与槽壁钢板间隙中积集水汽，延长槽体的使用寿命。口筋下部焊缝采用断续焊缝，可减少口筋和壁板的焊接变形。

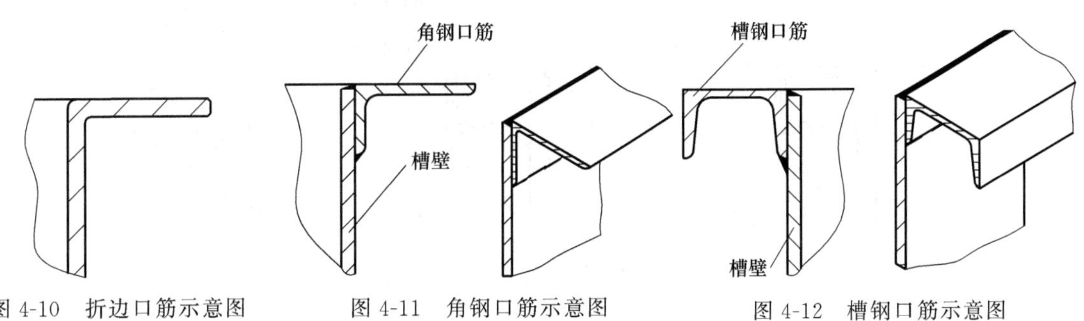

图 4-10　折边口筋示意图　　图 4-11　角钢口筋示意图　　图 4-12　槽钢口筋示意图

4.2.1.2　塑料槽口筋

① 手工操作的小型塑料槽体，可制作成内置式三角形口筋（图 4-13）。这种结构的三角形

口筋可使槽体与槽体之间排列紧靠，缩短电镀线的总长度，又可作为清洗槽的供水管道（两面、三面或四面补水或喷淋）。但内置式口筋不要设计成方形或矩形，那样会妨碍挂具工件顺利出槽，即提升挂具时，工件易被它钩住或碰撞掉落。

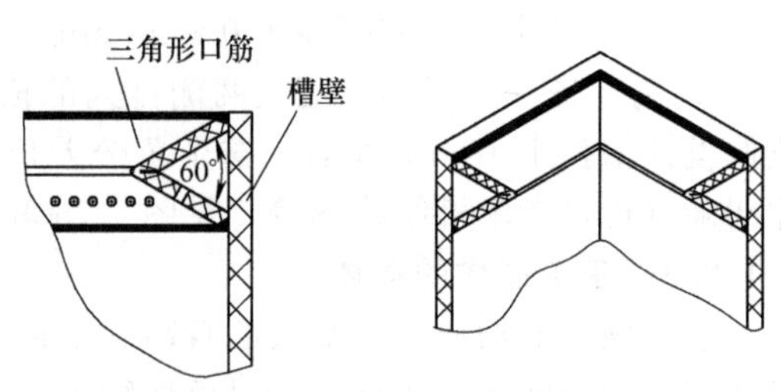

图 4-13　内置式三角形口筋示意图

② 全塑口筋（图 4-14），适用于各种大小塑料槽上，但在极杆承重部位需用撑筋与槽体壁板连接增强。

③ 型钢增强口筋（图 4-15 和图 4-16），可采用槽钢、方管或矩形管作为骨架，起到增强作用，外包裹厚 5～6mm 的塑料护套，它既可使钢骨架与槽壁紧靠贴合而固定，又能起到防腐作用。根据槽口槽体壁板连接增强，同时视荷载状况，还可用撑筋与起到保护钢骨架的塑料护套，不致因荷载或外力的作用导致塑料护套开裂，特别是在放置极杆的部位。

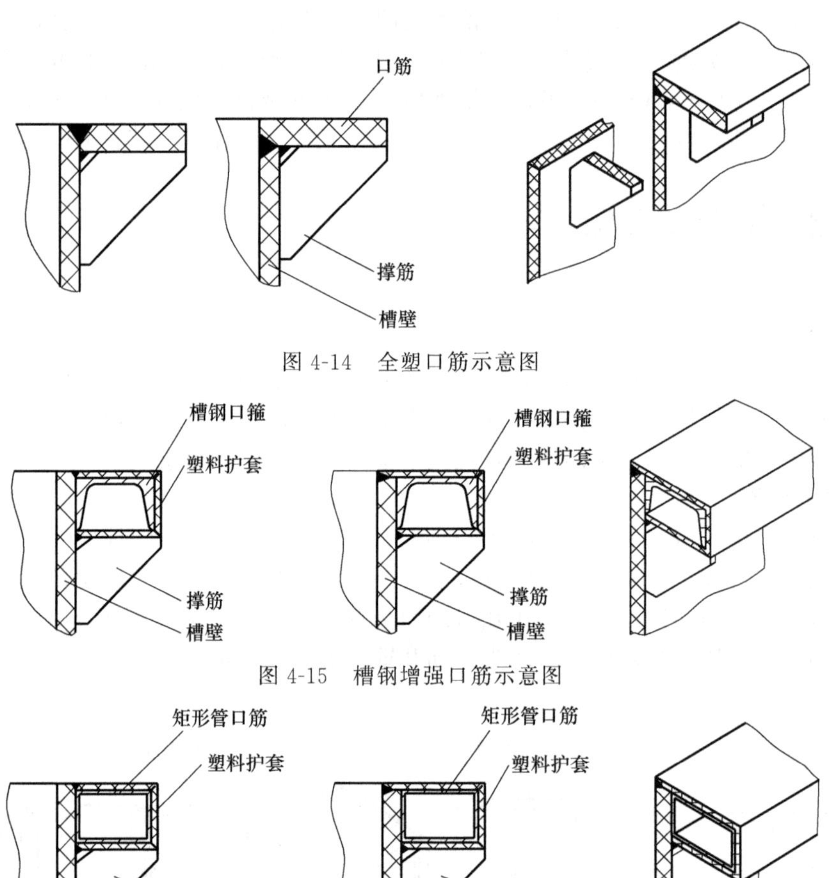

图 4-14　全塑口筋示意图

图 4-15　槽钢增强口筋示意图

图 4-16　矩形管增强口筋示意图

4.2.2　槽体壁板增强

槽体壁板增强，有单一采用箍筋或采用箍筋与竖筋组合而成的两种形式。增强后的槽壁在液压强度作用下，控制在许用挠度范围内，还可减小槽周壁板的计算厚度。根据槽长和槽高的不同，合理选择型材规格及其在槽周的配置，是实现槽壁增强的重要手段。

4.2.2.1 钢槽壁板增强

钢槽壁板增强有用扁钢与扁钢、角钢与扁钢、角钢与角钢作为箍筋与竖筋的几种形式（图4-17），不宜用槽钢制作，因为槽钢翼板与槽壁板贴合后，箍筋的上部焊缝必须采用连续焊缝（造成不必要的壁板焊接变形增大），若采用断续焊缝，则在箍筋与槽壁板之间的缝隙中积集水汽，此处又无法涂刷防腐涂料，因而会加速腐蚀钢槽壁板。同样的道理，使用角钢时，也不能将角钢翼板与槽壁板贴合焊接，而应按图4-17（b）和图4-17（c）所示的方法组装施以断续焊缝，如此可使断续焊缝空隙处涂满防腐涂料。

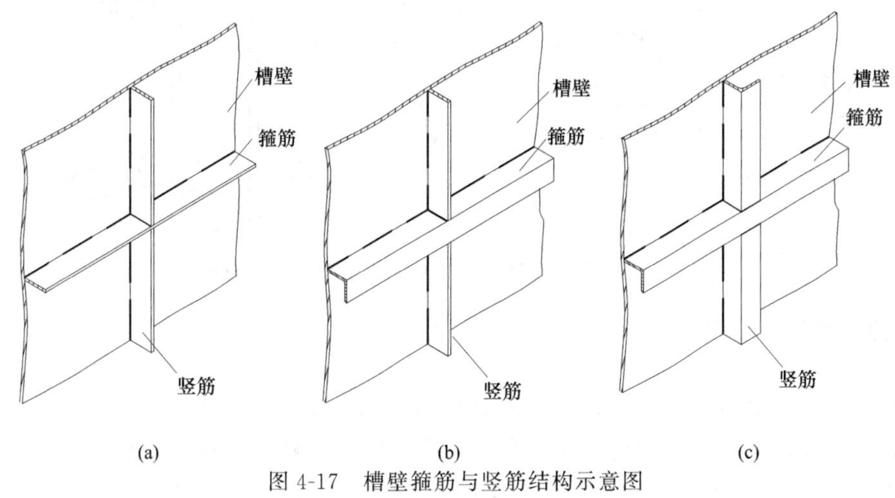

图4-17 槽壁箍筋与竖筋结构示意图

应该指出：用角钢在槽体上作箍筋配置有两种形式，如图4-18所示。以箍筋采用∟6.3（63mm×63mm×6mm）为例，其惯性矩 $I_X=27.12\text{cm}^4$，则图4-18（a）所示的截面系数 W_X 应是图4-18（b）所示的2.54倍。

上述角钢作为槽体箍筋的两项设计理念，目前还没有引起设计人员的足够重视。

还应指出：角钢与扁钢或角钢与角钢作为钢槽箍筋和竖筋相交连接时，以及槽钢作为塑料槽的箍筋和竖筋相交连接时，其连接形式必须按图4-19及有关规范设计。图4-19（a）所示为角钢与角钢相交的连接形式；图4-19（b）所示为槽钢与槽钢相交的连接形式。

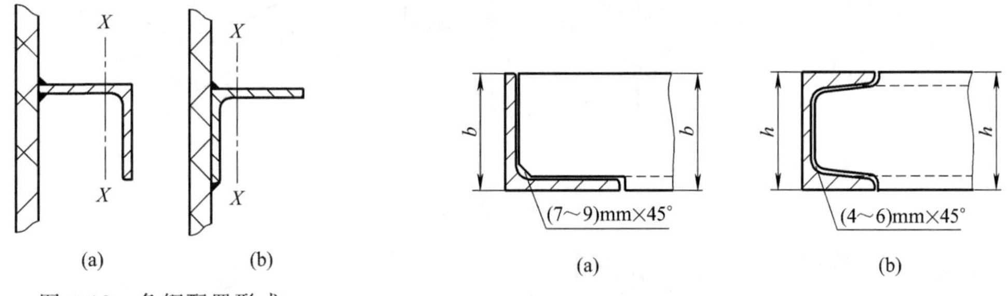

图4-18 角钢配置形式

图4-19 角钢和槽钢相交接头基本形式

4.2.2.2 不锈钢槽壁板增强

不锈钢槽壁板增强可参考图4-17所示钢槽壁板增强的方式。为了节省不锈钢材料，其壁板一般采用厚度不大于3mm的板材。因此，不锈钢槽体设计时，宜增加箍筋和竖筋的配置来满足本身的强度与刚度要求。

对于大型不锈钢槽体，可按其长、宽、高及其形状，将壁板和底板分解成大小不等和形状不同的若干单元，每一单元采用矩形管或方管制作成框架，采用2～3mm厚的不锈钢板四周折边（≥20mm）成盒状衬套，将其单面包裹并点焊在框架上（图 4-20），再将各单元用螺栓拼装成整只槽体。槽体外部再用口筋、箍筋、竖筋和底筋加强，最后施焊槽内所有不锈钢壁板和底板的连接焊缝。特别要指出的是：所有各单元框架板块组成的纵向和横向连接焊缝处，其外部必须有加强筋直接保护，使槽体内的溶液压力在焊缝区，最终由外部加强筋承受。可参考组合式不锈钢槽设计图例（图 4-22～图 4-74）。

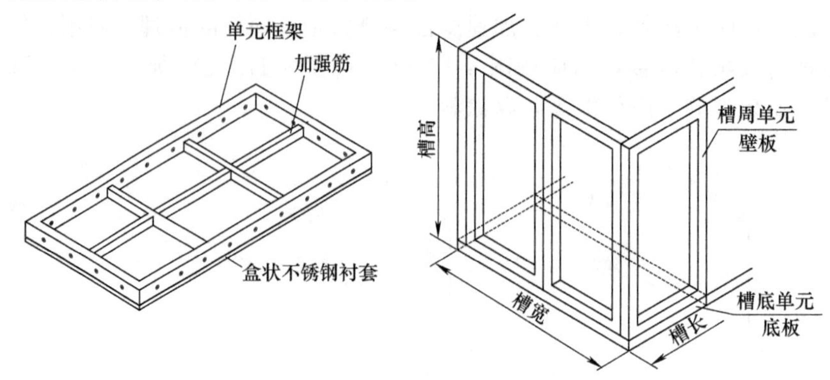

图 4-20 组合式不锈钢槽体单元板增强结构示意图

4.2.2.3 塑料槽壁板增强

① 全塑配筋：有全塑箍筋（图 4-21）、全塑箍筋与竖筋组合（图 4-22）两种基本形式。条形塑料箍筋的厚度一般取 15mm，宽度按槽体刚度要求而定，U 形箍筋一般采用厚 5～6mm 的塑料板制作，或选购合适的型材。这种全塑配筋适用于一般大小的塑料槽体壁板的增强。

② 型钢配筋：箍筋和竖筋用型钢作骨架增强，外包裹厚 5～6mm 的塑料护套。图 4-23 为型钢增强的箍筋结构示意图。特别要指出的是：塑料护套内的骨架，以采用方管、矩形管为佳，槽钢次之，不宜用工字钢配置，它会造成塑料护套上下两个侧面均不能与型材面板贴住，从而极易碰伤塑料护套。

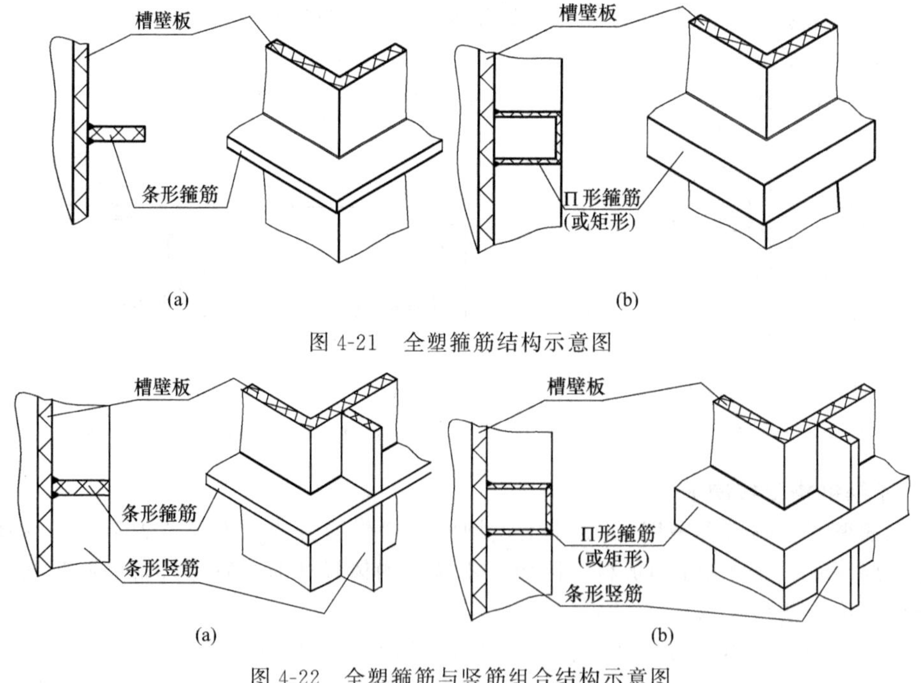

图 4-21 全塑箍筋结构示意图

图 4-22 全塑箍筋与竖筋组合结构示意图

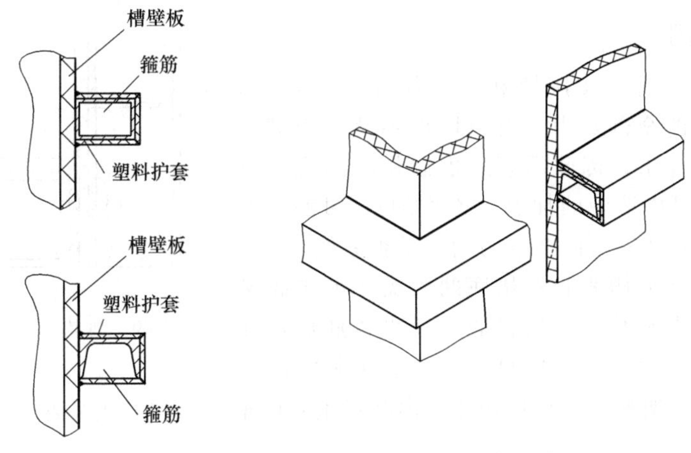

图 4-23　矩形管（槽钢）增强箍筋结构示意图

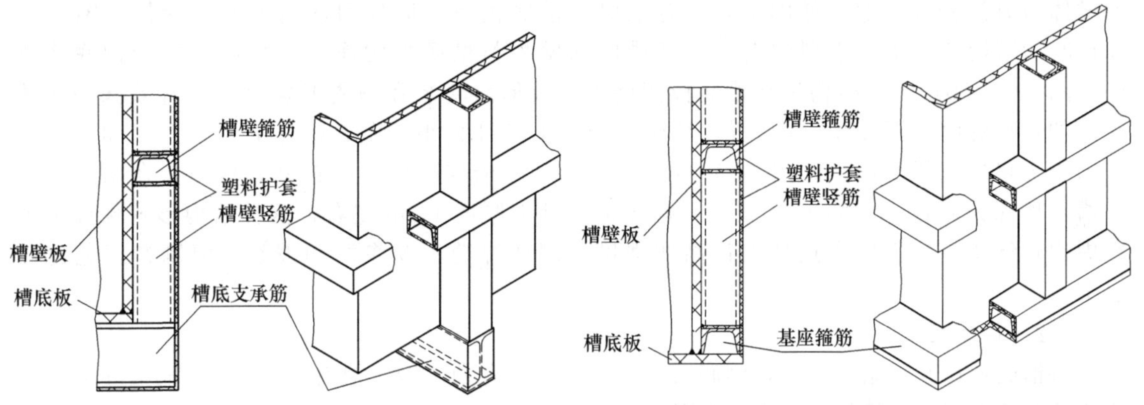

图 4-24　箍筋、竖筋与底筋组合结构示意图　　图 4-25　箍筋、竖筋与基座箍筋组合结构示意图

③ 塑料槽配置槽底支承筋（简称槽底筋、底筋或槽底支梁），参阅图 4-24。这种槽底支承筋与槽周竖筋、箍筋和口筋连接成槽体的框栏式构架，使整个槽体提高了强度与刚度。但它有一个缺点：即在井排式底座空挡区域的槽底板经受不起跌落工件的撞击。

④ 塑料槽配置基座箍筋的形式，参阅图 4-25。由于槽底不设置底筋，这时必须在槽壁底部外围设置一道箍筋（图 4-25 中所示的基座箍筋），它可与各条竖筋相连接，使竖筋的底部有着力点，这样将槽体四周的竖筋、箍筋和口筋组合成一个槽周的框栏式构架，提高槽体壁板的强度与刚度。另外，这一基座箍筋还有效保护了塑料槽底部周边焊缝不会被溶液压力挤压而产生裂纹，也有利于槽体搬运和安装就位工作。

⑤ 超长塑料槽必须设置格盘式底座（由基座箍筋与纵横底筋构成），参阅图 4-35（b）、（c）。该底座与槽周竖筋、箍筋和口筋连接成槽体的框栏格盘式座架，修平座架各焊缝后，涂刷防腐涂料。而后按座架内部尺寸，将槽周塑料壁板折边对接成形后插套在构架内，并敷设施焊塑料底板，最后组焊（除底座）各筋的护套在槽壁板上。当槽周板壁整体成形后不便套装在座架内时，也可将塑料壁板和底板在座架内逐块拼装施焊而成。另外，超长塑料槽上设置的座架不宜包裹塑料护套，只能涂刷防腐涂料，否则槽体在搬运和安装过程中，护套极易损坏，参阅图 4-64 和图 4-65。

⑥ 关于型钢箍筋结构形式：采用槽钢、方管或矩形管制作的箍筋，可按槽壁周边尺寸焊接成一个框架，然后套装在槽壁的设计位置上；也可将槽钢制作成拼装式框架（图 4-26），然后用螺栓组装在槽壁上，螺栓不需拧得太紧，只要将框架就位固定就行。

4.2.3 槽底结构

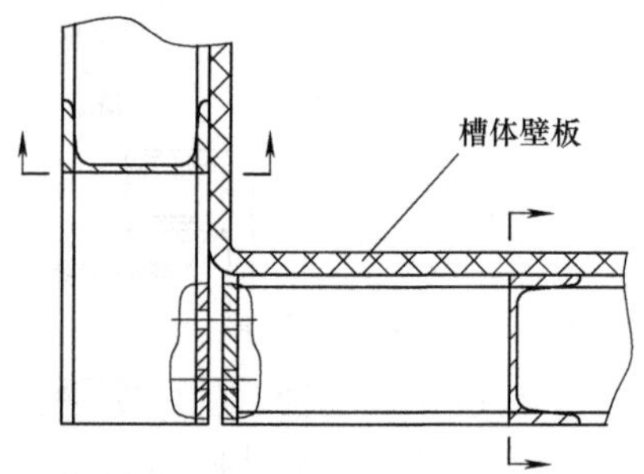

图 4-26 拼装式槽钢箍筋结构示意图

槽底结构的可靠性、实用性和可操作性十分重要，它承受着槽内溶液的全部重力，有时操作不慎还会遭受工件掉落时的直接撞击，因此需要考虑制作时的成形拼接、施焊和补强，槽内溶液的加温（或冷却）、过滤、搅拌管路的布置，以及清洗槽内杂物污垢等是否方便。

槽底结构形式有平槽底和斜槽底两大类，平槽底又有无底筋和有底筋两种形式，斜槽底必须设置底筋，并附有集污斗和排污口等。这些项目对于工艺槽和清洗槽等各有需求，钢槽、塑料槽和衬里槽体（内敷衬里）的槽底结构形式又各不相同。

4.2.3.1 平槽底

平槽底（图 4-27）一般在各种塑料槽上应用最为广泛，因为用耐腐蚀的塑料材质制作成的槽体可直接安置于地坪基础上，并有效保护槽底板在一般外力撞击下不易受损。图 4-27（a）所示结构适合用于小型塑料槽，其槽四周壁板与槽底板的连接焊缝可以置于槽底或槽侧；图 4-27（b）所示结构是将槽底板四周折边成形后套装在槽周壁板上，可有效保护槽体底部的连接焊缝；图 4-27（c）所示结构适合用于各种大小型塑料槽体上，其焊缝加强撑筋可加长连接到槽周箍筋上；图 4-27（d）所示结构是槽周壁板镶嵌在槽底板内，在槽底板上开槽，槽深为底板厚度的 1/4～1/3，槽宽大于壁板厚度 1mm 左右，这种结构形式保证了槽底周边焊缝所有应力集中点具有最高的强度，因此焊缝不易渗漏和破裂，但制造工艺比较复杂。

4.2.3.2 斜槽底

斜槽底是在底板做出坡度，槽底坡度要小，只要有利于清洗槽内污垢实物就行，不要影响槽体的有效高度，常见的有以下几种形式。

① 单边横向斜槽底［图 4-28（a）］。其结构相对比较简单，一般适用于手工操作的槽体上，操作者站在倾斜一侧就可方便地维护和冲洗清理槽体内部。

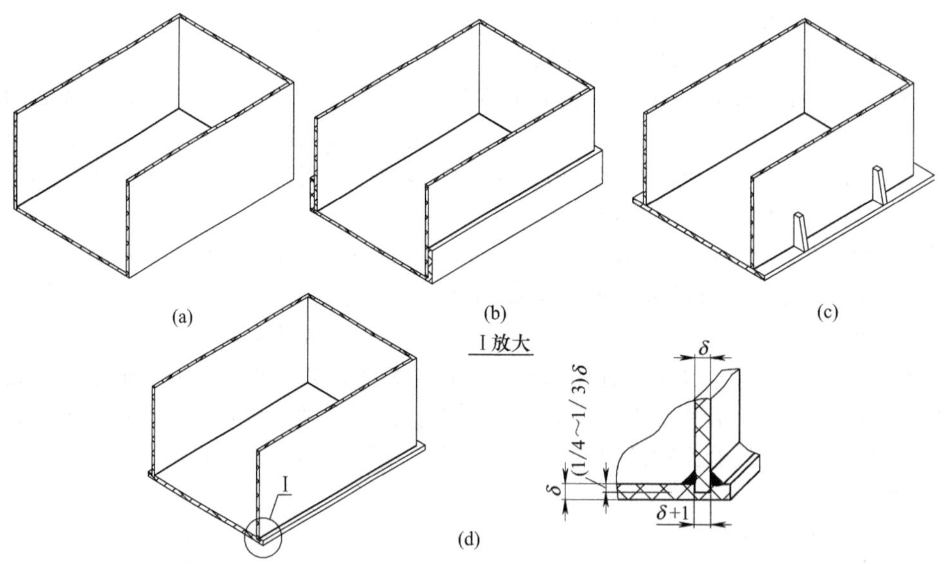

图 4-27 平槽底塑料槽结构示意图

② 双边横向斜槽底［图 4-28（b）］。其一般适用于行车式电镀线的槽体上，操作者站在槽体端部维护和冲洗清理槽体内部。

③ 单边纵向斜槽底（图 4-29）。图 4-29中所示四种结构形式的斜底都适用于各种长度的槽体上。图 4-29（d）所示的单边纵向斜槽体更适合在塑料槽体上采用，这种斜底结构可在底板两侧进行理想的双面焊接，还可敷设增强板增强焊缝，又可将设置的槽底筋包容在四周壁板内，见图 4-32 和图 4-33。

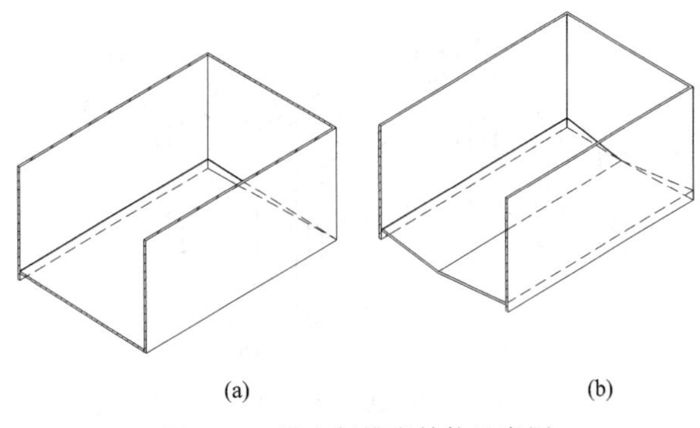

(a)　(b)

图 4-28　横向斜槽底结构示意图

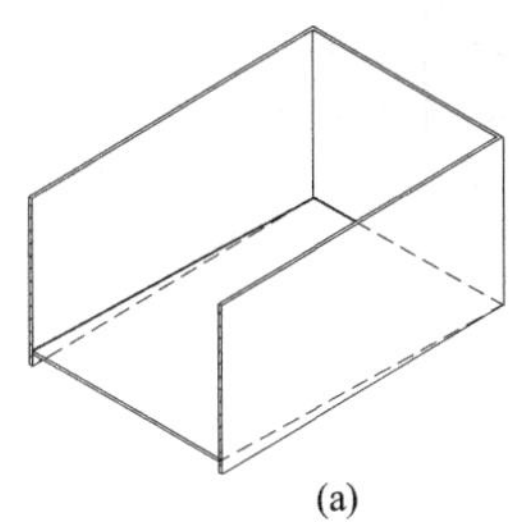

(a)

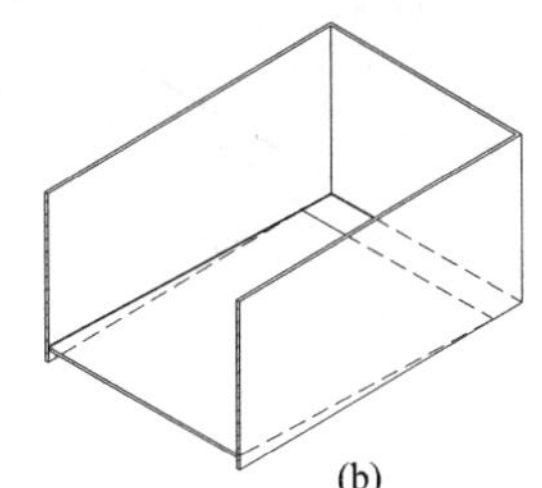

(b)

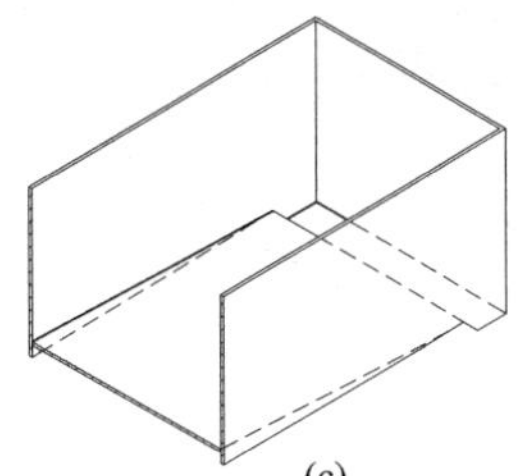

(c)

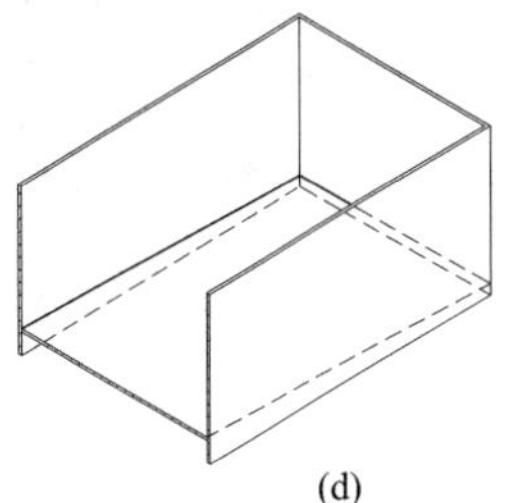

(d)

图 4-29　单边纵向斜槽底结构示意图

④ 双边纵向斜槽底。其特别适用于环形电镀线的大型槽体上（图 4-30），槽底中部设置集污斗，也可在中部将槽底略折边，形成无需焊接的浅型集污斗［图 4-30（b）］。这两种结构的槽底，有利于中部布置多台过滤机的进液管（即槽内溶液抽出管）。

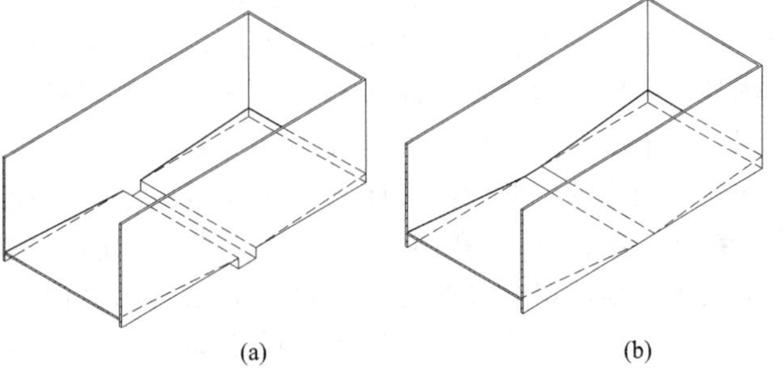

(a)　(b)

图 4-30　双边纵向斜槽底（带集污斗）结构示意图

4.2.3.3　塑料槽底筋

平底塑料槽也可设置底筋，斜底塑料槽必须设置底筋，底筋的结构形式按槽底的强度与刚度计算，分别有横向筋和纵横向组合构成的十字形、廿字形和卅字形等多种形式，底筋可以用全塑制成，也可用型钢增强后包裹塑料护套制成。

① 平底塑料槽的塑料底筋有两种基本结构形式（图 4-31）。图 4-31（a）所示为全塑横底筋，适用于小型塑料槽体上；图 4-31（b）所示为全塑横底筋与全塑竖筋构成的 U 形套筋，有效增强壁板和底板的强度与刚度。

② 包容在槽周壁板内的全塑底筋，适用于各种大小的平底和斜底塑料槽体上（图 4-32 和图 4-33）。图 4-33 所示的集污斗高度应等于或低于底筋的高度。底筋包容在槽周壁板内的这种结构形式是值得推荐的，它可方便地在槽底板两面补强连接焊缝（图 4-34）。

③ 纵、横向底筋交叉构成的井排式底座和格盘式底座（图 4-35）。这种底座与槽周竖筋、箍筋和口筋连接成框架，十分有效地增强槽体的强度与刚度。图 4-35（a）所示结构称为框栏井排式底座，图 4-35（b）、（c）所示结构称为框栏格盘式底座。

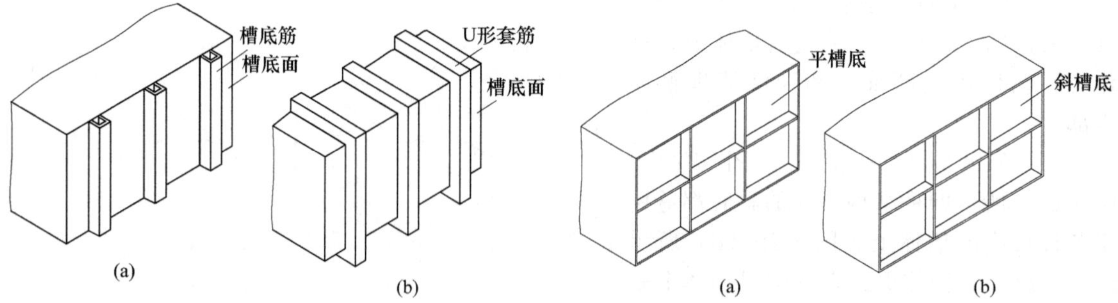

图 4-31 平底塑料槽Ⅱ形全塑横底筋和U形套筋结构示意图

图 4-32 平底和斜底全塑组合筋结构示意图

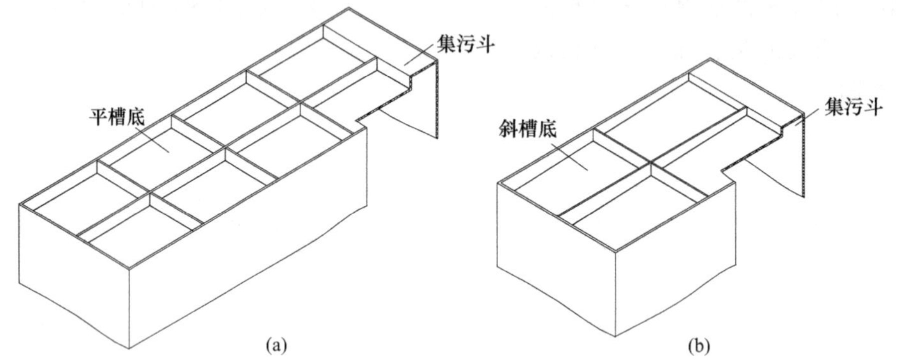

图 4-33 平底和斜底（带集污斗）全塑组合筋结构示意图

4.2.3.4 钢槽底筋

平底和斜底的钢槽、不锈钢槽和衬里槽体都必须设置槽底筋，使槽底与地坪基础之间留出通风的空隙，保证槽底板不会过快被腐蚀。因此，除特别宽的槽体外，一般只需布置横向底筋。与槽壁增强同样的原因，钢槽底筋不宜采用槽钢或工字钢制作。平底钢槽和斜底钢槽的⊥形横向底筋（可用碳钢板条焊制而成）结构，如图 4-36 和图 4-37 所示。当宽大的钢槽必须设置纵横向组合底筋时，则可采取纵向和横向底筋不等高的形式，使槽底与地坪基础之间留有一自然通风的空间，如图 4-38 所示。平底和斜底不锈钢槽的底筋可采用厚 1～3mm 的不锈钢板折边成Ⅱ形构件，如图 4-39 和图 4-40 所示。

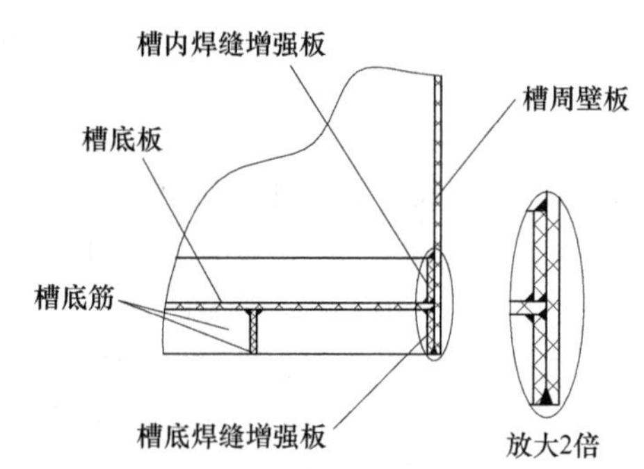

图 4-34 槽底内外焊缝补强板结构示意图

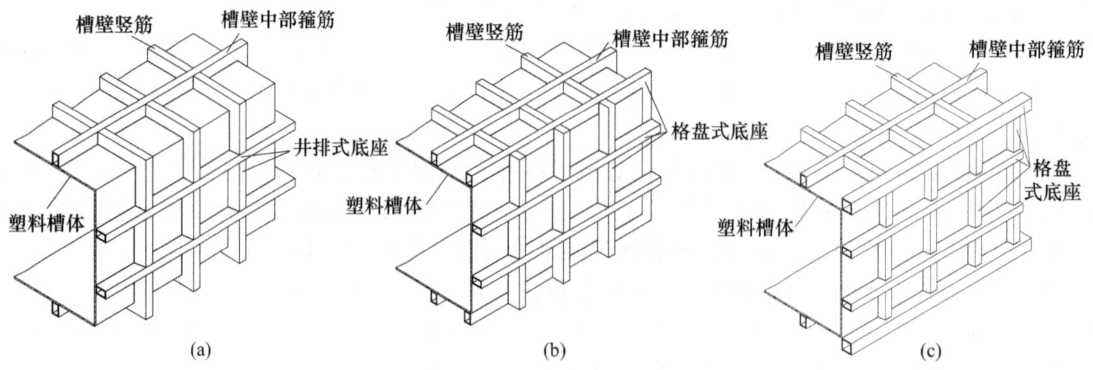

图 4-35 框栏井排式底座和框栏格盘式底座结构示意图

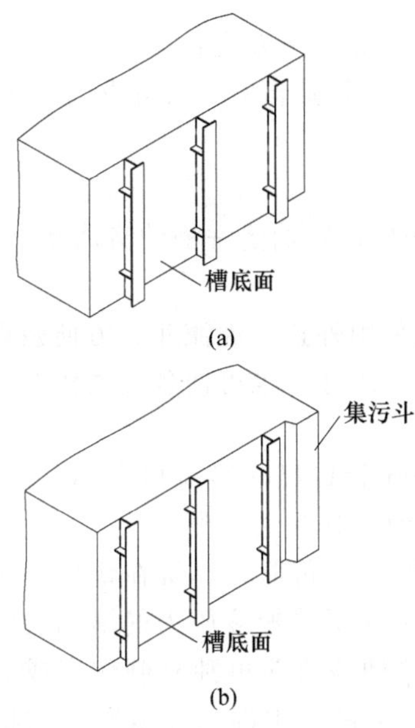

图 4-36 平底钢槽横向底筋结构示意图

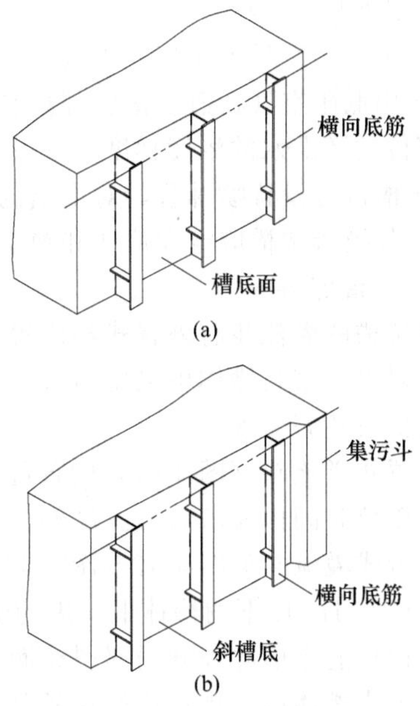

图 4-37 斜底钢槽横向底筋结构示意图

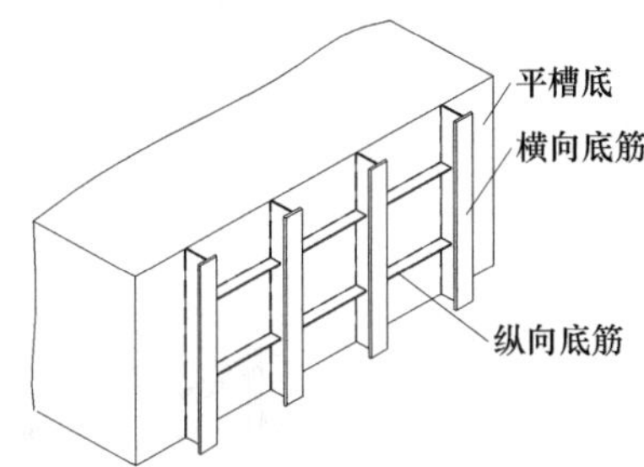

图 4-38 大型钢槽组合底筋结构示意图

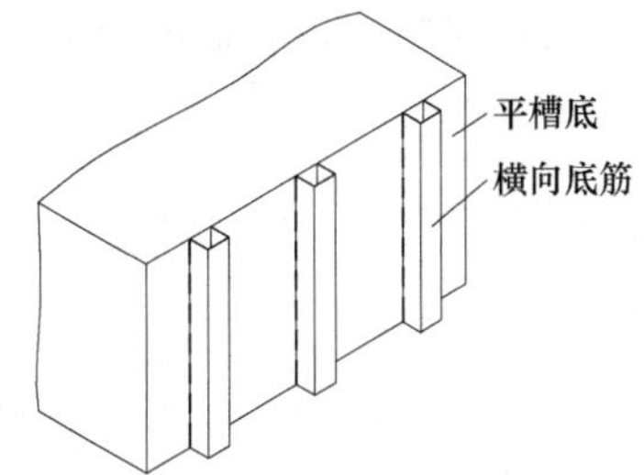

图 4-39 平底不锈钢槽横向底筋结构示意图

4.2.4 清洗槽附件

溢流斗、逆流挡板和排污管是清洗槽的重要附件，其结构设计与布置合理是十分重要的，是提高电镀工件清洗效率、节约用水和减少废水处理的重要手段。

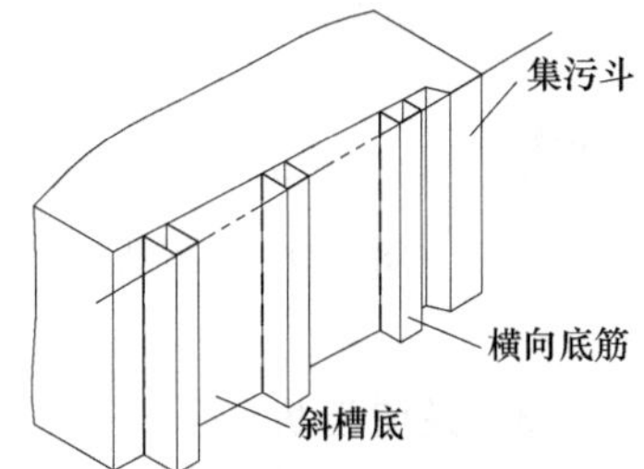

图 4-40 斜底不锈钢槽横向底筋（带集污斗）结构示意图

4.2.4.1 附件设计要则

① 溢流斗应设置在进水口的相对位置；

② 溢流口应采用尽可能宽一点的水平挡水板，避免采用管道或狭窄的挡水板，使流水通畅，不会发生清洗水和漂浮物的滞流现象；

③ 多级清洗槽的每一级逆流水应能充分及时地流通更换，防止水流的短路现象，因此逆流挡板的设计应遵循溢流口挡水板的设计原则；

④ 补充新鲜水要从清洗槽的底部进入，使进水到溢流出水（或逆流到前槽）能比较均匀地清洗槽内工件，水流并无短路和死角。

为了使电镀工件从工艺槽带出的溶液在进入清洗槽后，在瞬时全部混合其中，或是基本达到这种状况，除上述应遵循的设计原则外，清洗槽在电镀工艺流程中的布置及其配置方面，还应遵循如下几个选项。

① 工艺槽后尽可能配置 1 级、2 级或 4 级清洗槽，避免单级清洗方式；

② 用低压空气在清洗槽底部搅拌清洗水，使槽内的清洗水快速混合，使电镀工件周围与其他部位的清洗水的浓度梯度更加一致，提高清洗效果；

③ 槽口可设置喷淋管，对出槽的工件进行喷淋清洗；

④ 各级清洗槽应定期清洗和换水，防止槽内杂物污垢积累，影响清洗槽的清洁度。

4.2.4.2 溢流斗

清洗槽的溢流斗有外置式与内置式两类。衬里槽体一般采用外置式溢流斗，方便敷设和粘贴槽内衬里；塑料槽体可采用内置式溢流斗，既缩小槽体外形尺寸，也可使各类槽体互相排列组合后比较整齐美观。

外置式溢流斗（图 4-41）的各部尺寸（长、宽、高、溢流管口径与溢流口大小）的选择，除满足单位时间内要求的溢流量外，还要注意需要敷设衬里时操作是否方便。

内置式溢流斗见图 4-42～图 4-44。图 4-43 所示的溢流板呈三角形式焊接在槽体一角，适用于高度在 1m 以下的槽体上，因为随着槽体高度的增加，溢流板受槽液压力的增加会向内变形，从而可能会引起焊缝局部裂纹而漏水。图 4-44 所示的两种溢流斗可独立制作完成后组装在各种大小槽体内，排水口的位置按设计需要可设置在槽体上部、中部或靠近底部的槽体板壁上。

另外，除油、除蜡槽为了排除液面的漂浮物，以及某些工艺槽为了保证槽液的连续循环，可参考上述设计原则选择合适的溢流斗。

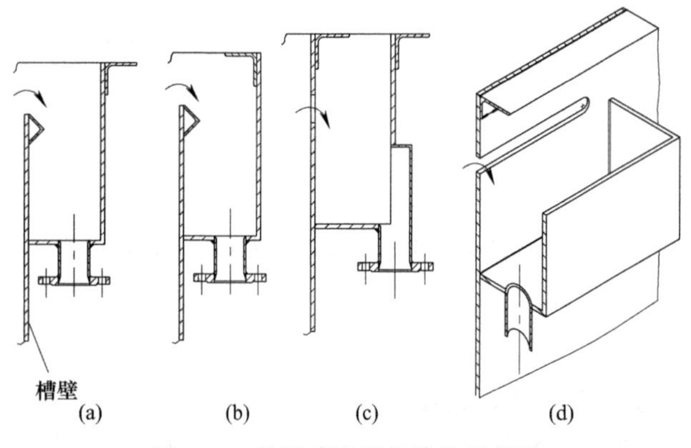

图 4-41　外置式溢流斗结构示意图

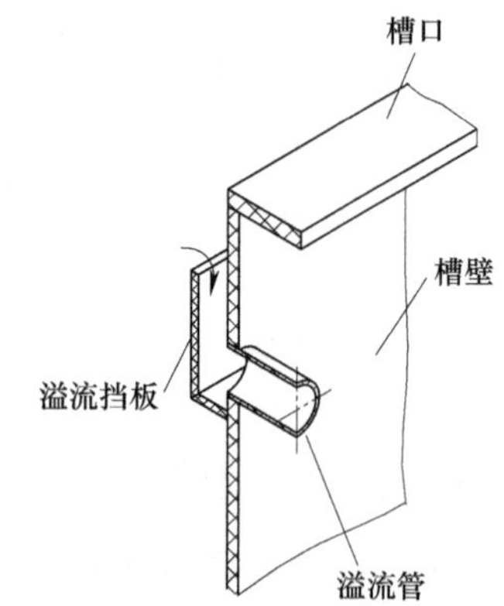

图 4-42　内置式溢流斗结构示意图

4.2.4.3 逆流挡板

多级逆流清洗槽的逆流挡板见图 4-45。图 4-45（a）所示的逆流挡板适合应用于小型清洗槽；图 4-45（b）和图 4-45（c）所示的两种逆流挡板在各种大小的多级逆流清洗槽中都可以应用，当在大型清洗槽中采用时，槽间隔板或逆流挡板的下部可分布几个 ϕ15～20mm 的前后槽溶液平衡孔，可有效平衡两侧的溶液压力，使隔板或挡板在不必加强的情况下不会变形。这种结构当隔板或挡板两侧槽内注满水后，槽内水溶液逆流时基本上仍只在逆流口流动，即不会在平衡孔中窜动，即使水溶液在平衡孔中有所窜动，也无碍于清洗效果。衬里槽体上的逆流挡板可用塑料板或钢板贴塑制成可插式的一种，而在两槽壁与底板上制作插槽，应用时插槽内水溶液会有所窜动泄漏，但无碍于清洗效果。

4.2.4.4 排污管

清洗槽排污管有焊接（粘接）结构、螺纹结构、法兰结构和拉塞结构四种基本形式。

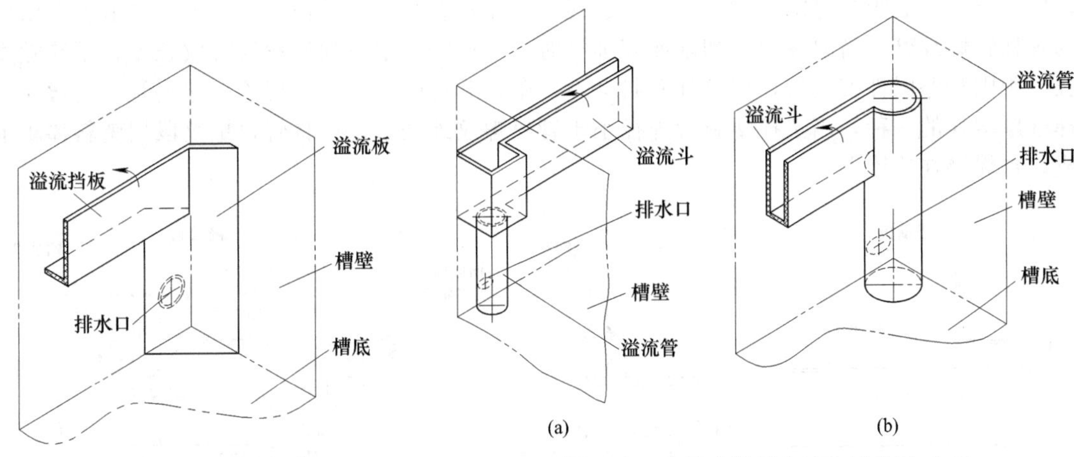

图 4-43 内置式溢流斗结构示意图（一）　　图 4-44 内置式溢流斗结构示意图（二）

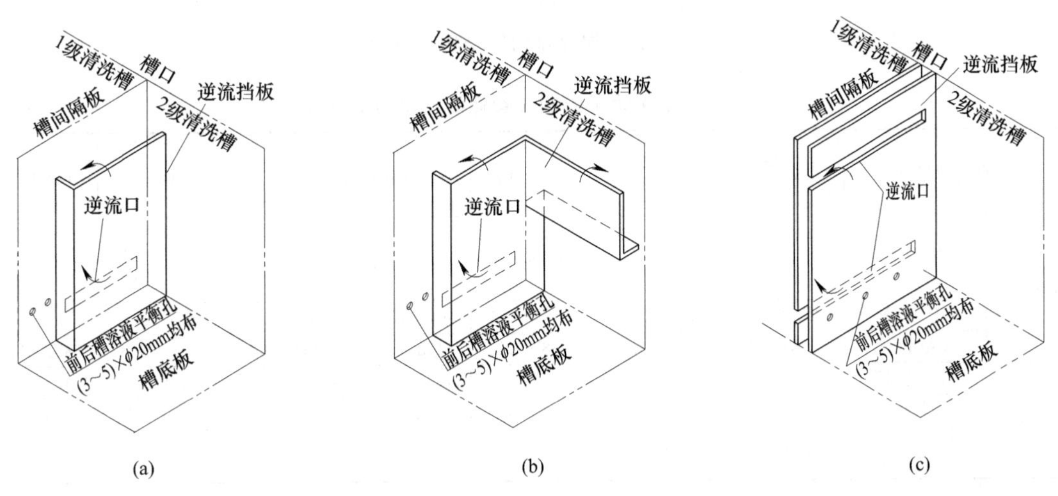

图 4-45 逆流挡板结构示意图

① 焊接（粘接）排污管（图 4-46）是不可拆式的，一般适用于塑料清洗槽上。它可与塑料排污管路上的承插式附件套装连接，如图 4-46（c）所示。

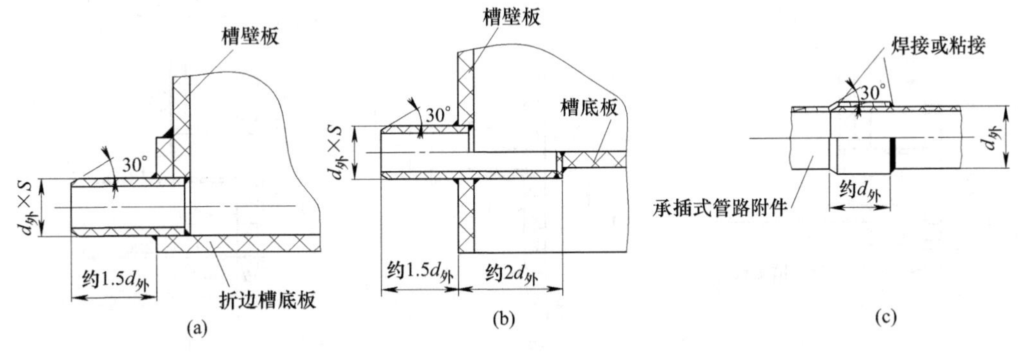

图 4-46 焊接（粘接）排污管结构示意图

② 螺纹排污管（图 4-47）是可拆式的，最适用于钢槽和不锈钢槽上，在塑料槽上也可采用，但注意在安装阀门等附件时不要用力过猛，防止塑料管焊缝受损。表 4-2 中列出了常用管子的圆柱管螺纹管口简要参数。切削或套螺纹时，应遵守表中所列的螺纹有效长度，不能随意加长，否则管路附件安装后，螺纹处密封会不严密，并可能发生渗漏现象。塑料管上套丝时应选择壁厚增强的一种，当选择塑料管外径小于管口螺纹外径时，可将管口螺纹段用塑料棒车削而成，再焊接在管段上。

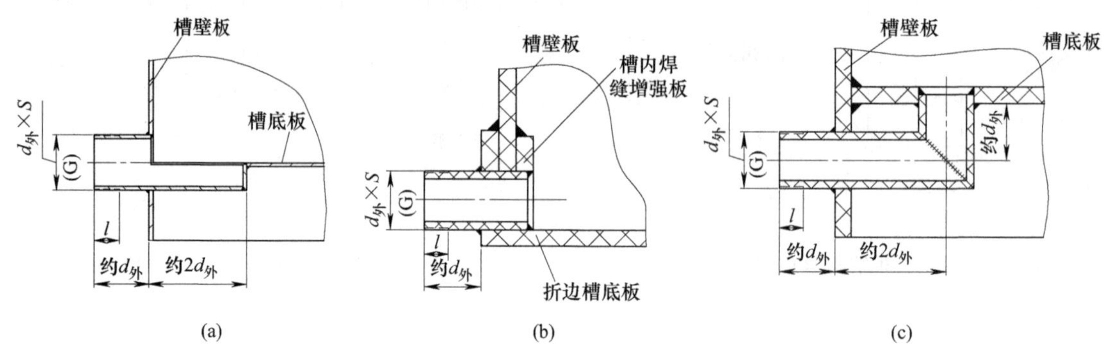

图 4-47 螺纹排污管结构示意图

表 4-2 常用管子的圆柱管螺纹管口简要参数 mm

公称直径(DN)		2½″(70)	2″(50)	1½″(40)	1¼″(32)	1″(25)	3/4″(20)	1/2″(15)
外径×壁厚($d_外$×S)	PP-R 管	$\phi75\times\frac{8.4}{10.3}$	$\phi63\times\frac{7.1}{8.6}$	$\phi50\times\frac{5.6}{6.9}$	$\phi40\times\frac{4.5}{5.5}$	$\phi32\times\frac{3.6}{4.4}$	$\phi25\times\frac{2.8}{3.5}$	$\phi20\times\frac{2.3}{2.8}$
	UPVC 管	ϕ75×6.8	ϕ63×5.8	ϕ50×4.6	ϕ40×3.7	ϕ32×2.9	ϕ25×2.3	ϕ20×2.0
	无缝钢管	ϕ76×3.5	ϕ60×3.5	ϕ48×3.5	ϕ42×3.5	ϕ34×3.2	ϕ27×2.8	ϕ22×2.8
	水煤气钢管	ϕ75.5×3.75	ϕ60×3.5	ϕ48×3.5	ϕ42.25×3.25	ϕ33.5×3.25	ϕ26.75×2.75	ϕ21.25×2.75
圆柱管螺纹(G)	螺纹外径	ϕ75.187	ϕ59.616	ϕ47.805	ϕ41.912	ϕ33.250	ϕ26.442	ϕ20.956
	螺纹有效长度(l)	27	24	22	20	18	16	14

③ 法兰排污管也是一种可拆式连接，并适用于各种材质与结构的槽体上，使用可靠，施工时与其他管路附件连接十分方便。塑料法兰排污管结构见图 4-48。图 4-48（a）和图 4-48（b）所示为平焊塑料法兰和凸缘塑料法兰连接形式，结构简单，选用的垫片可布满整个法兰面，拧紧连接螺栓时不易损坏法兰；图 4-48（c）所示为注塑松套法兰连接形式，这种结构

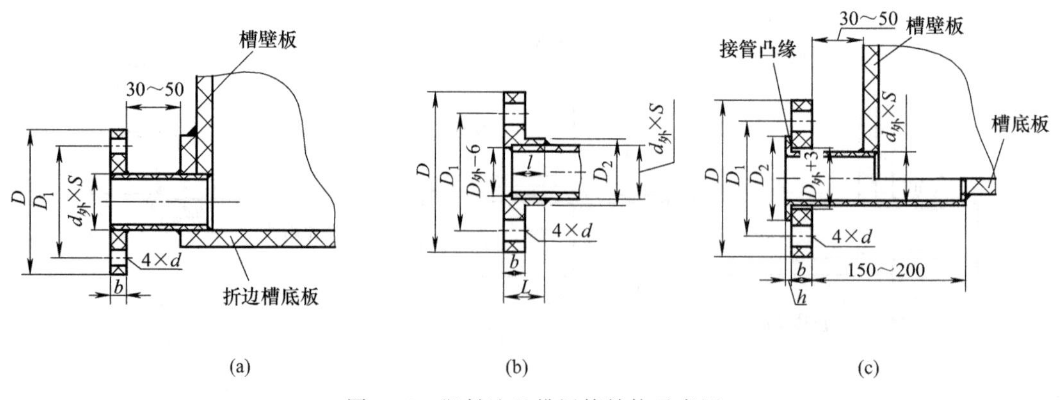

图 4-48 塑料法兰排污管结构示意图

形式装拆方便，其密封面较平焊法兰窄，连接处受压较高，但法兰受到不均匀的压力，容易损坏，因此也可使用钢质松套法兰代替。表 4-3 列出了常用平焊、凸缘和松套塑料法兰的简要参数。另外，必须指出：a. 凸缘法兰和松套法兰目前注塑成型尺寸还未统一，表中所列尺寸仅供参考；b. 法兰与槽壁板之间的距离尽可能缩短，一般取 30～50mm，此推荐尺寸在安装管路附件时，已能很方便地手持螺母进行拧紧螺栓的工作了。

表 4-3　常用平焊、凸缘和松套塑料法兰简要参数　mm

公称直径(DN)	UPVC 管子		平焊塑料法兰				螺栓	凸缘塑料法兰							螺栓	松套塑料法兰						螺栓
	$d_外$	S	D	D_1	b	d		D	D_1	D_2	b	L	l	d		D	D_1	D_2	b	h	d	
1″(25)	32	2.9	100	75	12	12	M10	115	85	41	18	32	25	14	M12	115	85	66	18	5	14	M12
1¼″(32)	40	3.7	120	90	12	12	M10	140	100	50	19	34	28	18	M16	140	100	76	19	5	18	M16
1½″(40)	50	4.6	130	100	15	14	M12	150	110	62	20	39	31.5	18	M16	150	110	86	20	6	18	M16
2″(50)	63	5.8	140	110	18	14	M12	165	125	77	23	45	38	18	M16	165	125	100	23	7	18	M16
2½″(70)	75	6.8	160	130	18	14	M12	185	145	92	24	52	44	18	M16	185	145	118	24	8	18	M16

钢法兰排污管结构形式见图 4-49。图 4-49（a）所示为松套法兰连接形式，特别适用在壁厚较薄的不锈钢槽体上，厚 2～3mm 的接管凸缘直接焊接在接管上，其直径与法兰凸缘直径相等；图 4-49（b）所示半管连接式法兰排污管，为衬里钢槽体上最佳的连接形式，值得推荐使用，其优点是：清洗时平底槽内排水也相当彻底，而且对敷设衬里槽体内衬作业也创造了方便条件。表 4-4 列出了常用钢法兰简要参数。

表 4-4　常用钢法兰简要参数　mm

公称直径(DN)	管子		法兰各部尺寸						螺栓
	$d_外$	S	D	D_1	D_2	f	b	d	
1″(25)	34	3.2	100	75	60	2	12	12	M10
1¼″(32)	42	3.5	120	90	70	2	12	12	M10
1½″(40)	48	3.5	130	100	80	3	12	14	M12
2″(50)	60	3.5	140	110	90	3	12	14	M12
2½″(70)	76	3.5	160	130	110	3	14	14	M12

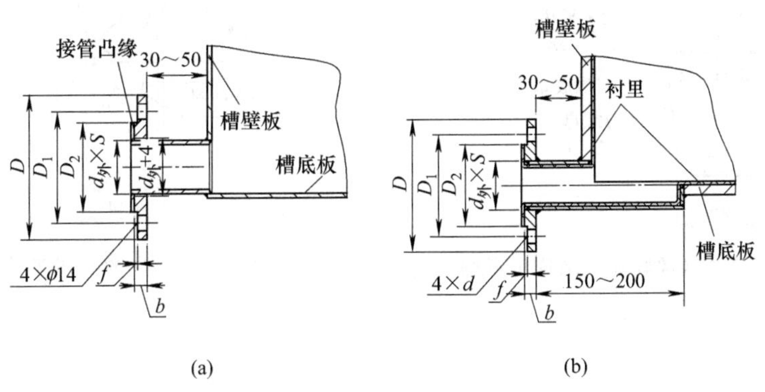

图 4-49　钢法兰排污管结构示意图

④ 拉塞排污装置一般适用于手工操作的电镀线上，也可应用于环形电镀线的清洗槽。图 4-50（a）、（b）分别为选配不锈钢管和不锈钢杆制作的拉塞（橡胶塞）结构示意图；图 4-51 所示为溢流管拉塞（橡胶塞）结构，在拉杆上制作 4 个溢流孔，溢流孔的高度按清洗槽液面决定，其固定橡胶塞的特制六角薄螺母的最大外径为 ϕ60mm；图 4-52 所示为 O 形圈式拉塞结构，但 O 形圈使用日久易松弛滑脱而导致泄漏。

拉塞座（图 4-53 和图 4-54）的材质与槽体相同，便于施工焊接。配置橡胶塞的拉塞和拉塞座推荐四种型号，其简要参数列于表 4-5，按照清洗槽的容积及其排水速度选择合适的型号。在满足拉塞与拉塞座配合斜度一致时，可以改变表中的推荐尺寸。

拉塞可选用一般瓶用橡胶塞，也可特制氯磺化聚乙烯橡胶塞，采用聚丙烯或硬聚氯乙烯棒料车削制作，也是一种很好的选择，虽然没有弹性，但当其与拉塞座的斜度一致时，也有良好的密封效果。实际在生产作业时，拉塞与拉塞座之间有些泄漏反而易于拨拉排污。

O 形圈式拉塞中所选用的 O 形密封圈，根据排污要求可选择不同材质和规格的 O 形密封圈配置而成，其座体高度可根据与槽体底板的连接形式适当调整。

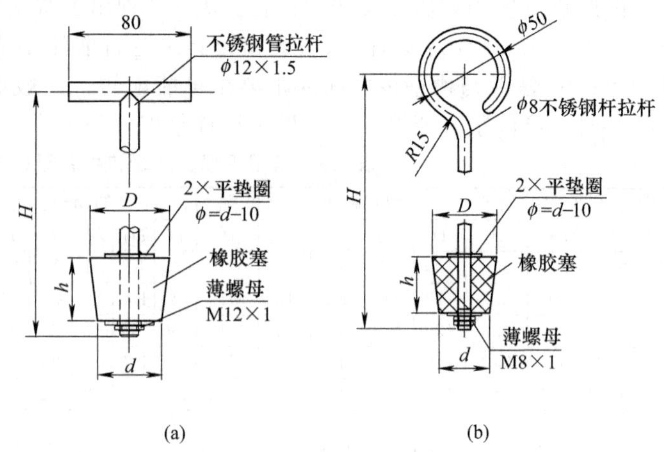

图 4-50 不锈钢管和不锈钢杆拉塞（橡胶塞）结构示意图

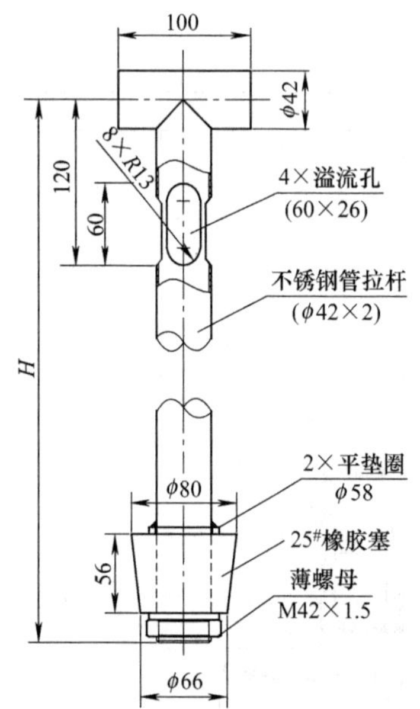

图 4-51 溢流管拉塞（橡胶塞）结构示意图

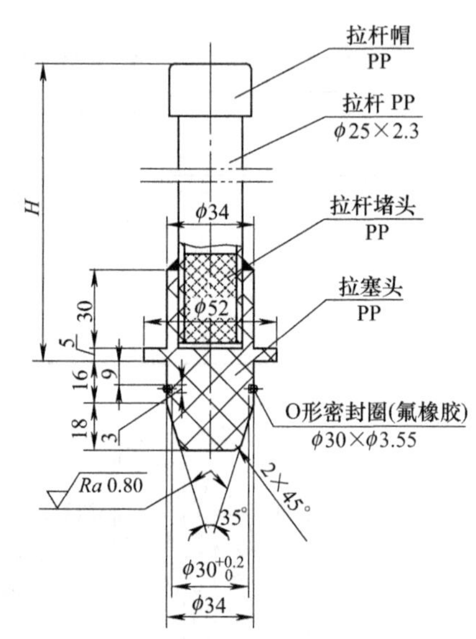

图 4-52 O 形圈式拉塞结构示意图

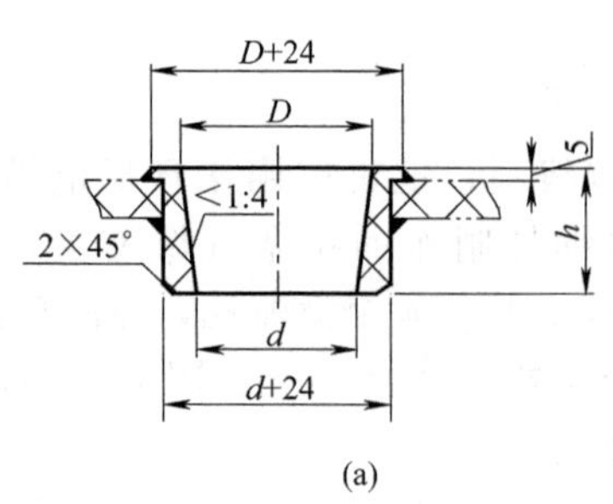

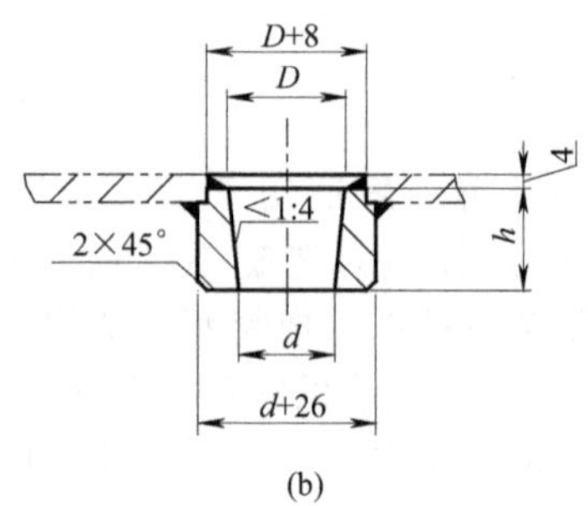

图 4-53 拉塞座（橡胶塞）结构示意图

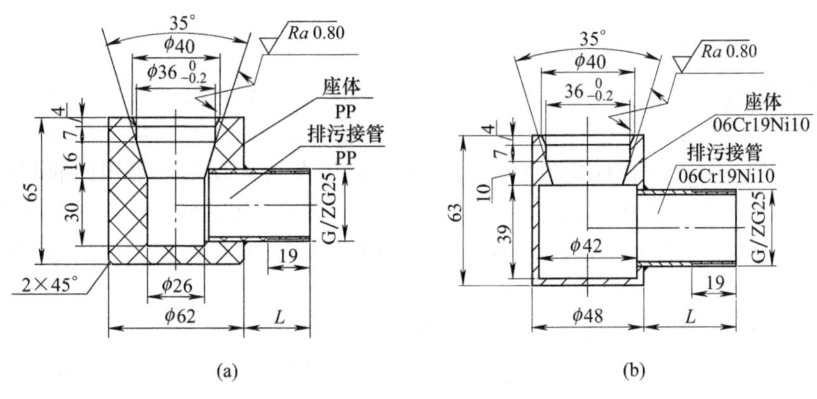

图 4-54 O 形圈式拉塞座结构示意图

表 4-5 拉塞座（橡胶塞）简要参数 mm

型号	Ⅰ	Ⅱ	Ⅲ	Ⅳ
橡胶塞	10#	15#	18#	25#
D	φ30	φ40	φ52	φ80
d	φ24	φ31.5	φ42	φ66
h	24	34	40	56

4.3 槽体结构设计

本节介绍的槽体结构设计图例（塑料槽、碳钢槽、不锈钢槽和衬里槽等）大小规格不等，并有多种结构形式，是从实际的电镀、氧化和磷化等生产线中择优选出的，其材料规格及其附件的选择和结构设计基本合理，制作工艺性好，经实践应用安全可靠，供设计和应用者参考选用。

4.3.1 槽体设计工艺要素

4.3.1.1 槽体设计通用技术条件

① 金属槽体各部组装的拼接焊缝，槽体板材的连接焊缝均为连续焊缝，槽体各加强筋（除口筋上部的连续焊缝外）为断续焊缝（累计长度不小于该焊缝全长的一半），设计图纸上可不予标注，或标注“除注明的断续焊缝外，其余均为连续焊缝”。

② 塑料槽体各部组装拼接焊缝均为连续焊缝，设计图纸上可不标注焊缝符号，也可注明全部焊缝为连续焊缝。

③ 厚度小于 2mm 的碳素薄钢板采用焊丝熔化气焊或高频电弧焊，厚度大于等于 2mm 的碳素薄钢板采用涂料焊条电弧焊。

④ 不锈钢和钛板必须采用气体保护电弧焊，气体保护焊有：钨极氩弧焊、熔化极氩弧焊、二氧化碳气体保护焊和等离子焊等多种。

⑤ 塑料平板对接和折弯成角：a. 接板机热刀在温控条件下，将两板对接面加热熔融后施压对接；b. 弯板机热刀在温控条件下，深入材料板厚的 3/4（尤其 HPVC 板必须保证此足够深度），折弯处（板材背面同时有热刀温控加温）在熔融后压板旋转自然加压折弯成形，使整个 90°转角无厚度损失。

⑥ 塑料焊条选用：a. 硬聚氯乙烯焊条规格及力学性能应符合 HGB 2161《硬聚氯乙烯焊条》标准，硬聚氯乙烯焊条有单焊条和双焊条两种；b. 聚丙烯焊条有共聚聚丙烯单焊条和共聚聚丙烯双焊条两种；c. 软聚氯乙烯焊条是由聚氯乙烯软板裁制而成的。现在由于大胶焊枪

可连续使用成盘的塑料焊条，提高了塑料槽施工的焊缝质量。

⑦ 塑料的手工施焊最好选用恒温控制的专用焊枪，通常采用电热空气焊接法，如采用氮气、二氧化碳或其他惰性气体施焊，可提高焊缝质量。各种塑料的手工焊缝强度与耐蚀性能都是薄弱环节，在设计和施工中应十分重视。在焊缝处敷设各种形式的焊缝增强板，可大大提高其焊缝的长期应用强度。但是焊缝质量与塑料板的质量有很大关系，掺用回收料的塑料板，即使施工质量可以，也不能返修，因此使用没有回收料的塑料板是保证焊缝质量的重要前提。

⑧ 塑料槽体上 PP-R 管件的组装，采用热熔焊接法，必要时再套上一块增强板与槽体壁板焊接加固。

⑨ 槽口焊缝和法兰等连接件的端面焊缝须铲平修光。

⑩ 衬塑、衬胶、衬板和敷设玻璃钢的碳钢槽，其结构应符合 HG/T 20678《衬里钢壳设计技术规定》的相关要求。其内表面（涂敷表面）所有焊缝须铲平修光，整个表面不得有凸瘤、凹坑、毛刺等缺陷。

⑪ 敷设保温层的槽体，保温层的护板一般采用 $\delta=5\sim6$mm 的 PP 板制作，并需标注护板用 $d=4\sim5$mm 的不锈钢抽芯铆钉铆接在槽周的箍筋、口筋或竖筋上，也可用螺钉连接。

⑫ 焊缝缺陷检验：不允许有凹陷、未熔合、未焊透、焊脚不够、咬边、焊瘤、气孔、裂纹等（图 4-55）。

焊缝飞溅处理：飞溅指的是在焊接过程中，不属于焊缝部分的微粒飞到母材上的焊缝周围的现象（图 4-56）；所产生的飞溅，焊毕需要清理干净，否则飞溅区域容易积灰和弄脏。飞溅产生的原因：电弧偏吹、焊接电流太高、焊条受潮、电弧过长、焊条手持角度不对、电弧控制位置不准确等。在机械行业，金属焊缝有严格的焊缝标准。

⑬ 碳钢槽外侧壁面需涂敷防腐涂料，常用的防腐蚀涂料列于表 4-6。

⑭ 槽体外形端正规整，其几何尺寸允差列于表 4-7 和表 4-8。行车式电镀线的槽体，其几何尺寸的控制以达到排列整齐为准，除各槽的槽口标高基本相等外，一般只需控制槽宽和两对角线允差。环形电镀线的槽体，各槽排列后的工位间距有严格要求，因此其槽体长度允差只取负值，且槽底长度不得大于槽口长度，使槽体组合时可保证工位间距达到设计要求。

⑮ 盛水检验：在常温下，槽内灌水到位，保持 24h，槽体无渗漏和明显变形等异常毛病。

⑯ 行车式电镀线槽体两侧安装阴、阳极的槽口上，应采用 10mm 的 PP 板，折弯成 Π 形的护套骑跨在槽口上，再安装阴极座和阳极座。这对钢槽是绝缘措施之一，而对塑料槽则起到保护口筋的双重作用，可有效延长口筋使用寿命。

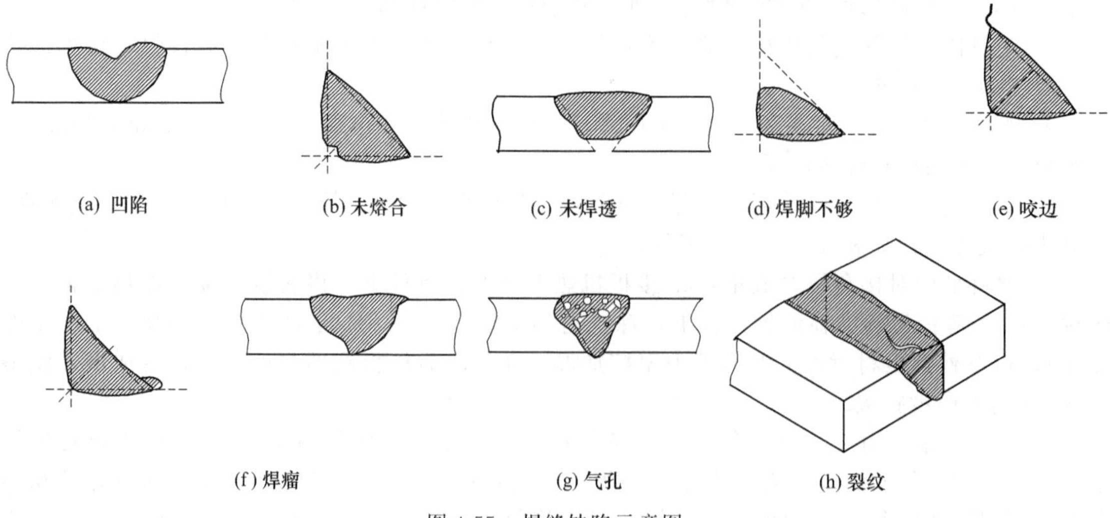

图 4-55 焊缝缺陷示意图

4.3.1.2 板材的连接焊缝

槽体设计除了合理选材、满足强度与刚度要求外，各部连接焊缝结构规范、排列规整、表面平滑和焊条堆积密实饱满，是保证槽体所有连接焊缝强度和严密性的重要环节。金属板材和塑料板材连接焊缝的基本形式，分别列于表 4-9 和表 4-10。槽体手工组装焊接时，两板之间拼接焊缝一般不留间隙，所以表中图例未标出拼接装配间隙。

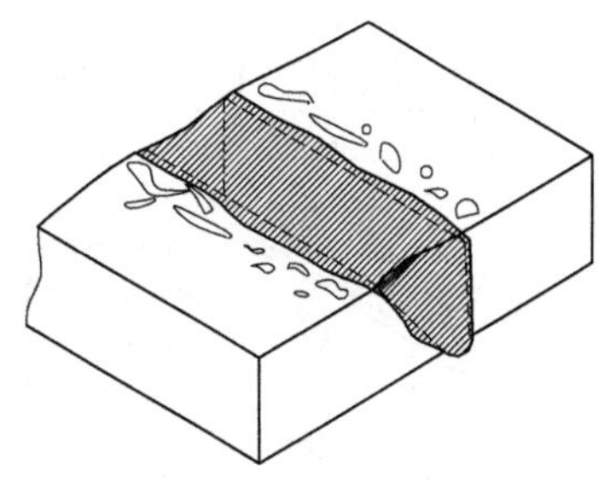

图 4-56 焊缝飞溅

表 4-6 钢槽体常用防腐蚀涂料的性能及用途

名　称	型　号	特　性	使用温度/℃	建议涂敷道数/道	每道干膜厚度/μm	主　要　用　途
各种酚醛耐酸涂料	F50-31	耐酸、耐水、耐油、耐溶剂、不耐碱	−20～120	2～4	30～40	用于酸性气体环境作面漆
灰酚醛防锈涂料	F53-32	具有良好的防锈性	−20～120	2	30～40	用于室内钢材表面防锈打底
铁红环氧底漆	H06-14	具有良好的抗水性能和耐蚀性能，漆膜干燥快，附着力好	<110	2	30～40	用于钢铁表面打底漆及地下管道的防腐
各色环氧防腐涂料	H52-33	附着力、耐盐水性良好，有一定的耐强溶剂性能，耐碱液腐蚀，漆膜坚硬耐久		2	40～60	适用于大型钢铁设备和管道的防化学腐蚀
各色聚氨酯底漆	S06-5	具有良好的耐水、耐油、耐酸碱、耐各种化学药品的性能，漆膜光亮坚韧耐磨、优良的附着力和良好的防锈性及防腐蚀性能	<120	2	30	用于钢铁表面防锈打底
各色聚氨酯防腐涂料	S52-31			3～4	40	作为金属材料的外部防腐保护层
铝色环氧有机硅耐热涂料	H61-1	干燥快、毒性小，防锈性能好	−40～400	1～2	20～25	适用于表面温度较高的设备和管道防腐
铁红环氧有机硅耐热底漆	H61-83	耐热、自干型，有较好的物理和力学性能	−40～200	1～2	20～25	

注：摘自 HG/T 20584—2011《钢制化工容器制造技术要求》。

表 4-7 行车式电镀线槽体几何尺寸允差 mm

程控行车式电镀线槽体排列简图	槽宽(B)	允 差(±)	对角线误差
	≤750	2	3
	>750～800	3	4
	>800～1200	4	5
	>1200～1800	5	6
	>1800	6	7

表 4-8 环形电镀线槽体几何尺寸允差 mm

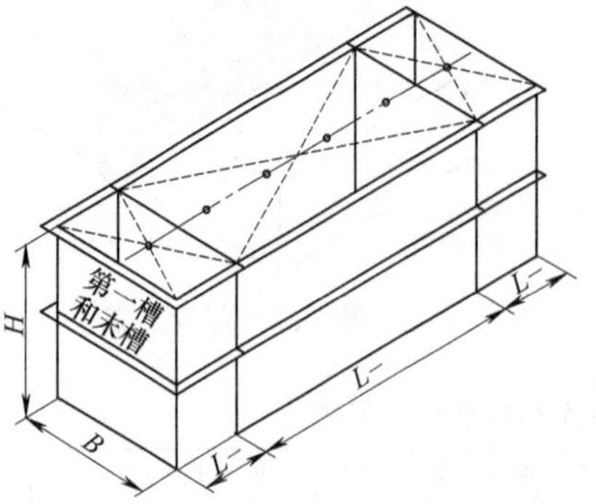

悬臂升降式环形电镀线槽体排列简图	槽宽(L)	允差(−)	对角线误差
第一槽和末槽；H；B；L	≤500	3	4
	>500～1000	4	5
	>1000～2000	5	6
	>2000～4000	6	7
	>4000～6000	7	8
	>6000～8000	8	9
	>8000	10	12

注：1. 槽体排列，槽与槽之间槽壁相靠，因此在槽外横向（B）均不设口筋和横筋（除最外端的两槽）。
2. 导轨升降式环形线的槽之间可留空隙，但一般在 100mm 左右，因此也应遵守本表要求。

表 4-9 金属板材连接焊缝的基本形式

接头形式		示意图	标注法	尺寸/mm	应用说明
对接接头	不开坡口	 δ	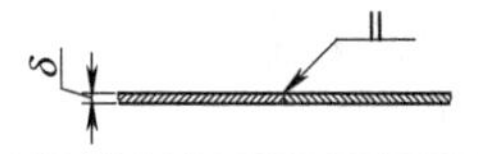 δ	$\delta=1\sim3$	板材对接焊缝
		 δ	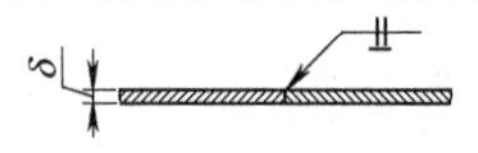 δ	$\delta=2\sim4$	
	V形坡口	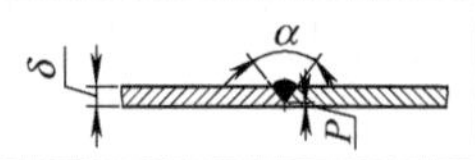 δ；α；P	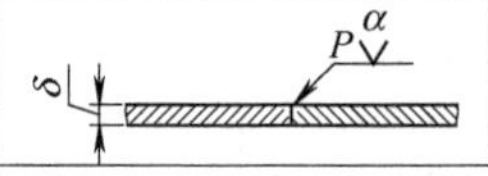 δ；P；α	$\delta=5\sim10$ $\alpha=70°\pm5°$ $P=1\sim1.5$	
	X形坡口	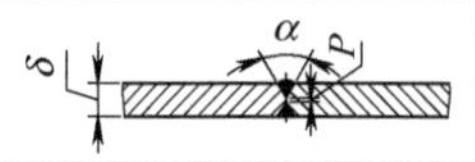 δ；α；P	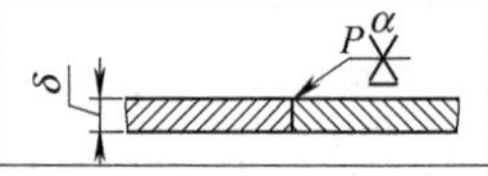 δ；P；α	$\delta=8\sim12$ $\alpha=60°\pm5°$ $P=1.5\sim2$	
搭接接头	不开坡口	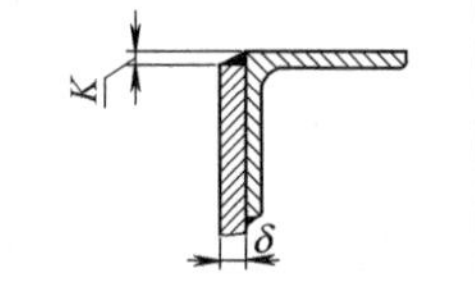 K；δ	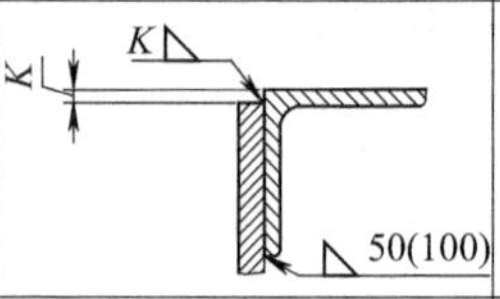 K；50(100)	$\delta=4\sim10$ $K\geqslant0.5\delta$ (组装尺寸,焊脚高度)	槽口筋与槽壁板的搭接焊缝
角接接头	不开坡口	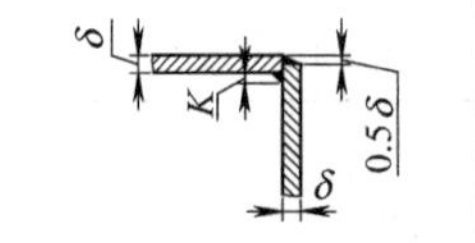 δ；K；0.5δ	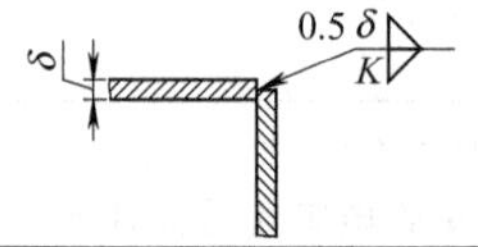 δ；0.5δ；K	$\delta=4\sim10$ $K=4\sim6$	槽体壁角、底角的角接焊缝
	单边V形坡口	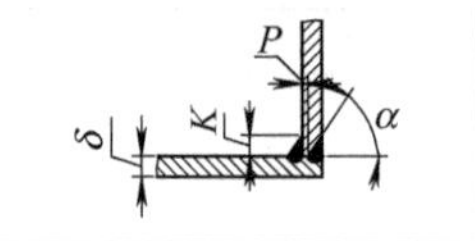 δ；P；K；α	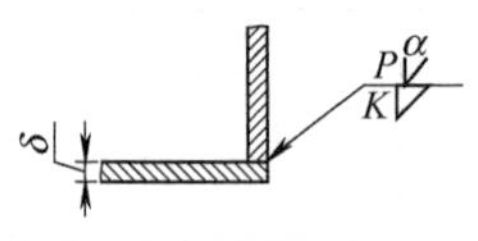 δ；P；α；K	$\delta=6\sim10$ $\alpha=55°\pm5°$ $K=4\sim6$ $P=1\sim2$	
	双边V形坡口	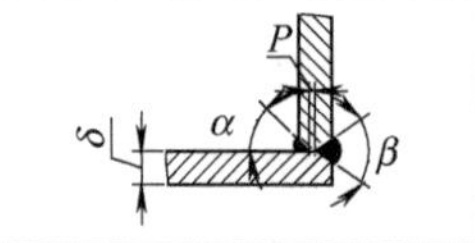 δ；P；α；β	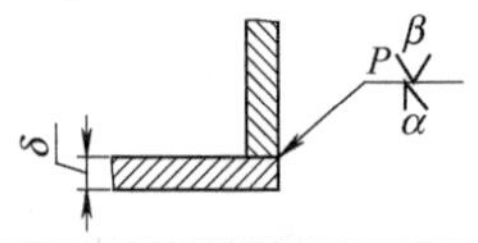 δ；P；β；α	$\delta=8\sim12$ $\alpha=45°\pm5°$ $\beta=60°\pm5°$ $P=1\sim2$	
T字接头	不开坡口	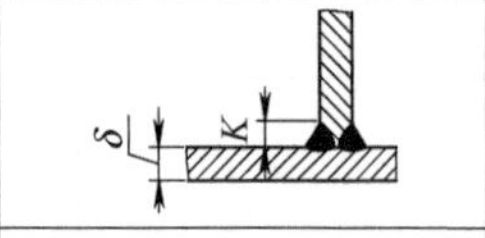 δ；K	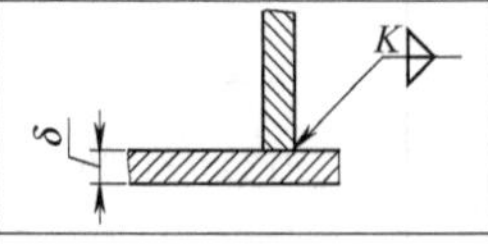 δ；K	$\delta=4\sim8$ $K=4\sim6$	槽体底角的T字连接焊缝
	双边V形坡口	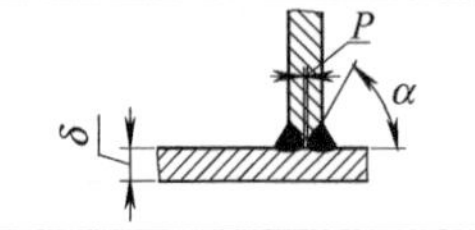 δ；P；α	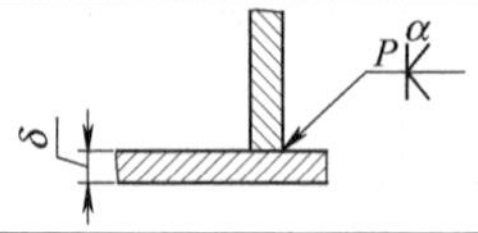 δ；P；α	$\delta=8\sim10$ $\alpha=60°\pm5°$ $P=1\sim2$	

表 4-10 塑料板材连接焊缝的基本形式

连接形式		示意图	标注示例	尺寸/mm	应用说明
对接接头	不开坡口 ①对接机对接 ②弯板机弯板	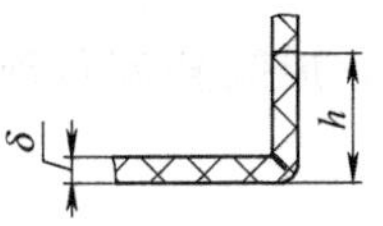	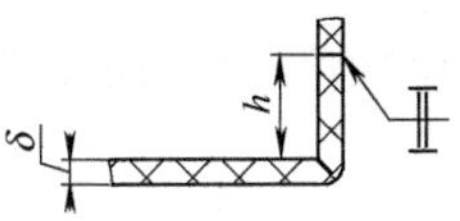	板材对接缝 $h\geqslant150$ 弯角弧形自然成形	①对接：两对接面由对接机热刀加热熔融后加压对接 ②弯板：由弯板机热刀深入材料 3/4 板厚，同时加热熔融后加压弯板，使整个转角无厚度损失
	V 形坡口	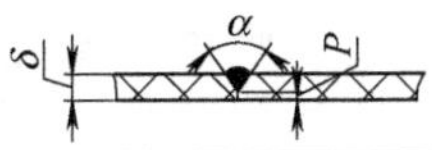	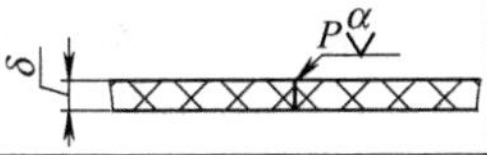	$\delta\leqslant5$，$\alpha=60^\circ\sim70^\circ$ $\delta>5$，$\alpha=70^\circ$ $P\leqslant1$	板材对接焊缝
	X 形坡口	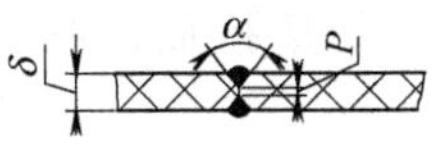	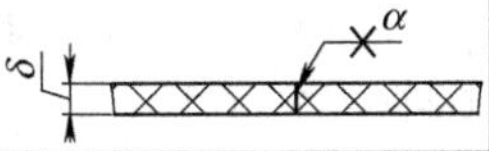	$\delta\leqslant10$，$\alpha=60^\circ\sim70^\circ$ $\delta>10$，$\alpha=65^\circ\sim75^\circ$ $P\leqslant1$	
角接接头	单边 V 形坡口	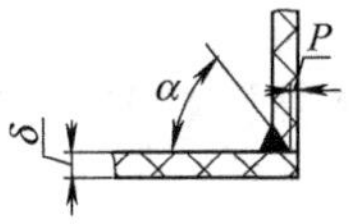	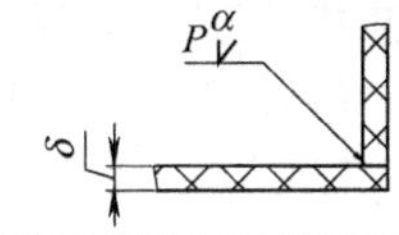	$\delta<10$ $P\leqslant1$ HPVC：$\alpha=55^\circ\sim65^\circ$ PP：$\alpha=50^\circ\sim60^\circ$	槽体衬里底角、壁角的连接焊缝
		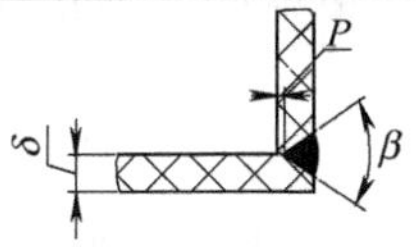	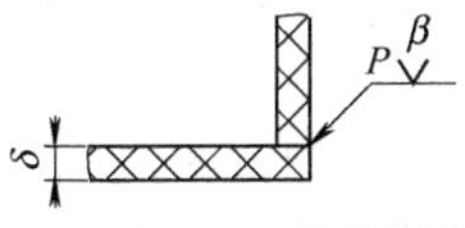	$\delta=5\sim15$ $P\leqslant1$ HPVC：$\beta=65^\circ\sim75^\circ$ PP：$\beta=60^\circ\sim70^\circ$	槽体壁角、底角的连接焊缝
	双边 V 形坡口	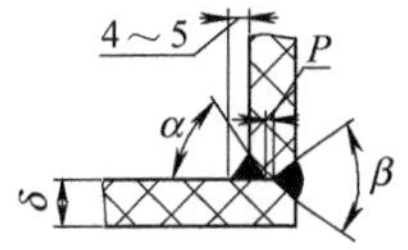	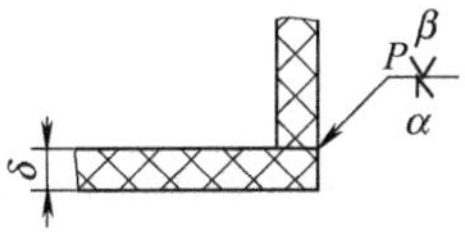	$\delta=10\sim20$ $P\leqslant1$ HPVC：$\alpha=40^\circ\sim50^\circ$ $\beta=65^\circ\sim75^\circ$ PP：$\alpha=40^\circ\sim45^\circ$ $\beta=60^\circ\sim70^\circ$	
T 形接头	双边坡口	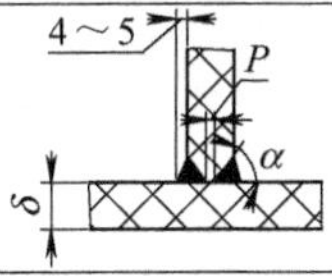	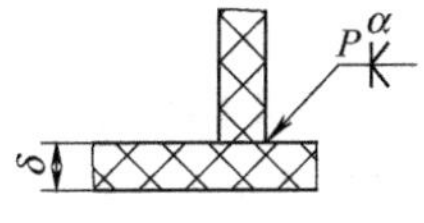	$\delta=8\sim20$ HPVC：$\alpha=45^\circ\sim55^\circ$ PP：$\alpha=45^\circ\sim50^\circ$ $P=1\sim1.5$	槽体底角的 T 形连接焊缝
有增强板的接头焊缝	双边 V 形坡口	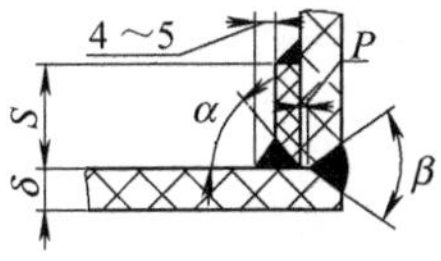	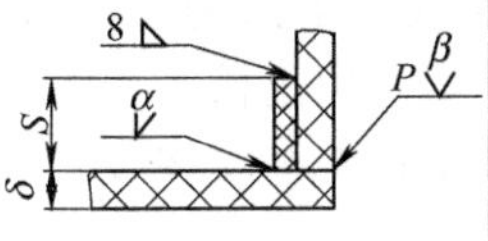	$\delta=10\sim20$ $S=80\sim100$　$P\leqslant1$ HPVC：$\alpha=45^\circ\sim55^\circ$ $\beta=65^\circ\sim75^\circ$ PP：$\alpha=45^\circ\sim50^\circ$ $\beta=60^\circ\sim70^\circ$	槽体底角、壁角焊缝的增强
		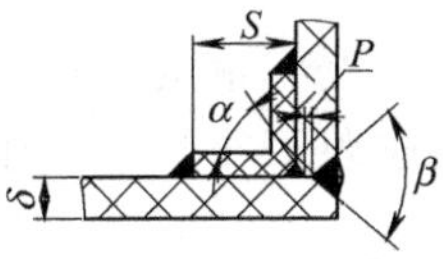	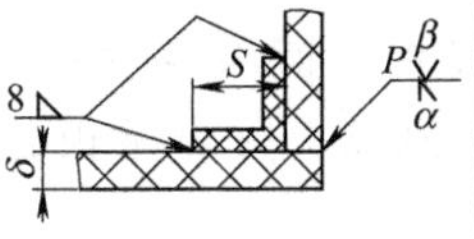		

4.3.2 塑料槽结构设计图例

本节介绍的塑料槽有小型、中型、超高和超长等几类，有无筋平底、带筋平底和带筋斜底结构，以及单级清洗槽、多级清洗槽和高位清洗槽等不同类型的逆流和溢流装置。下面结合图 4-57～图 4-65 对结构特点与应用作简要说明。

4.3.2.1 小型塑料槽（图 4-57）

以工艺槽为主体，内置三角形口筋（可参阅图 4-13），无箍筋，无筋平底（或无筋斜底），螺纹排污管，附设清洗槽结构件：

① 槽口三角筋采用 δ8mm×120mm PP 板，中缝开 90°剖口（深 3mm）后折边成 60°V 字成形；口筋上布置 $\phi2.5$mm 给水孔或 $\phi2$mm 喷淋补水孔。

② 口筋可作为供水管道。

③ 内置溢流斗。

④ 内置双联清洗槽逆流挡板，逆流和溢流板的宽度略小于槽宽，使补充水顺畅逆流和溢流出槽。

⑤ 综上所述，由于槽外无筋，排列时槽与槽之间无空隙，成线整齐美观；缺点是由于无箍筋需较厚壁板。

技术要求选取“槽体设计通用技术条件”相关条文。

4.3.2.2 小型塑料双联清洗槽（图 4-58）

① 内置三角形口筋（可参考图 4-57 所示口筋上布置给水孔或喷淋补水孔），无箍筋，无箍平底。

② 两拉塞排污，以及溢流出水都在一个外接式螺纹排污管里排放，或者由直接排水口（图中虚线表示）排放，此时可取消螺纹排污管。

③ 该二级清洗槽可与图 4-57 所示工艺槽匹配，排列成线。

④ 技术要求选取图 4-57 有关说明和“槽体设计通用技术条件”相关条文。

4.3.2.3 斜底塑料槽（图 4-59）

本图以斜底［可参阅图 4-33（b）］工艺槽为主体设计（见正视图、俯视图，*A—A*、*B—B* 局部剖视图，以及 I 局部放大图）。

当改为设计成清洗槽时参考图 4-59 中右侧附图：

① 俯视图之一：单级清洗槽的内置式纵向溢流装置，设置于槽体一端内部，交换水流沿槽长度方向、溢流出槽。

② 俯视图之二：双级清洗槽的内置式横向逆流和溢流装置，沿着长度方向一侧设置，交换水流沿槽宽度方向逆流和溢流，因此水的流动线路短，并依槽卡瀑布状逆流和溢流出槽，清洗水补充混合和交换均匀，十分有利于工件的清洗效果。

③ 溢流装置局部前视图（平槽底）。

④ 溢流装置放大图（上部和下部），可参阅图 4-44。

⑤ 槽底排污管，有多种形式，可参阅图 4-46～图 4-48。

⑥ 二级清洗槽的槽间隔板与逆流挡板（上部和下部结构）。

⑦ 溢流斗，内侧成 45°斜底，有利于工件出槽。

技术要求选取“槽体设计通用技术条件”相关条文。

4.3.2.4 平底塑料槽（图 4-60）

① A 型为无筋平底塑料槽，必须设置一道基座箍筋，使竖筋、箍筋、口筋与基座箍筋构成槽周框栏式构架，增强壁板的强度与刚度，并将壁板分割成若干小块，减小板厚。A 型适合槽长 $L \leqslant 2500$mm。

② B 型为带筋平底塑料槽，本图设计的卅字支承筋构成的井排式底座，与槽周 8 根竖筋相连接成 U 形套筋，套装在底板和壁板上，增强底板和壁板的强度和刚度，并将底板和壁板分割成若干小块，减小板厚。

③ 技术要求选取“槽体设计通用技术条件”相关条文。

4.3.2.5 全塑工艺槽（图 4-61）

① A 型：无筋平底槽，4 道箍筋（含口筋）和 20 根竖筋，各筋截面为 100mm×15mm。

A 型适用槽长 $L \leqslant 2500$mm。

B 型：井排式底座平底座，槽周箍筋（含口筋）三道，截面为 100mm×15mm；槽身 U 形套筋（Π 形截面为 100mm×100mm×5mm），纵向和横向共八道，套装并焊接于槽体壁板和底板上，整体构成框栏井排式底座。

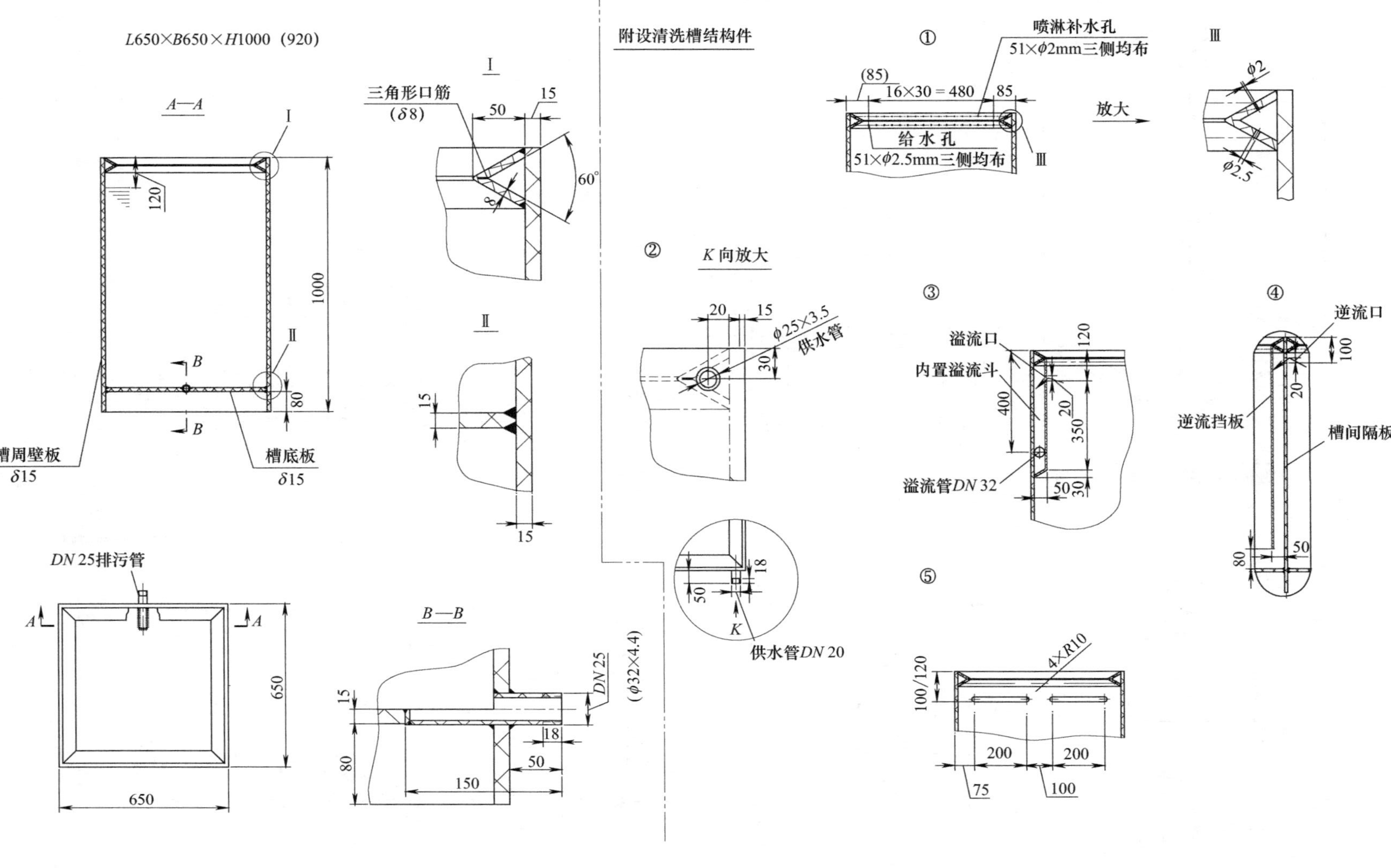

L650×B650×H1000（920）
A—A
I
II
120
1000
80
B
B
槽周壁板
δ15
槽底板
δ15
DN25排污管
A
A
650
650
I
三角形口筋
（δ8）
50
15
8
60°
II
15
15
B—B
15
80
150
18
50
DN25
（φ32×4.4）
附设清洗槽结构件
①
喷淋补水孔
51×φ2mm三侧均布
(85)
16×30＝480
85
给水孔
51×φ2.5mm三侧均布
III
放大
III
φ2
φ2.5
②
K向放大
20
15
φ25×3.5
供水管
30
18
50
K
供水管DN20
③
溢流口
内置溢流斗
溢流管DN32
120
400
20
350
50
30
④
逆流口
100
20
逆流挡板
槽间隔板
80
50
⑤
4×R10
100/120
200
200
75
100

图 4-57　小型塑料槽

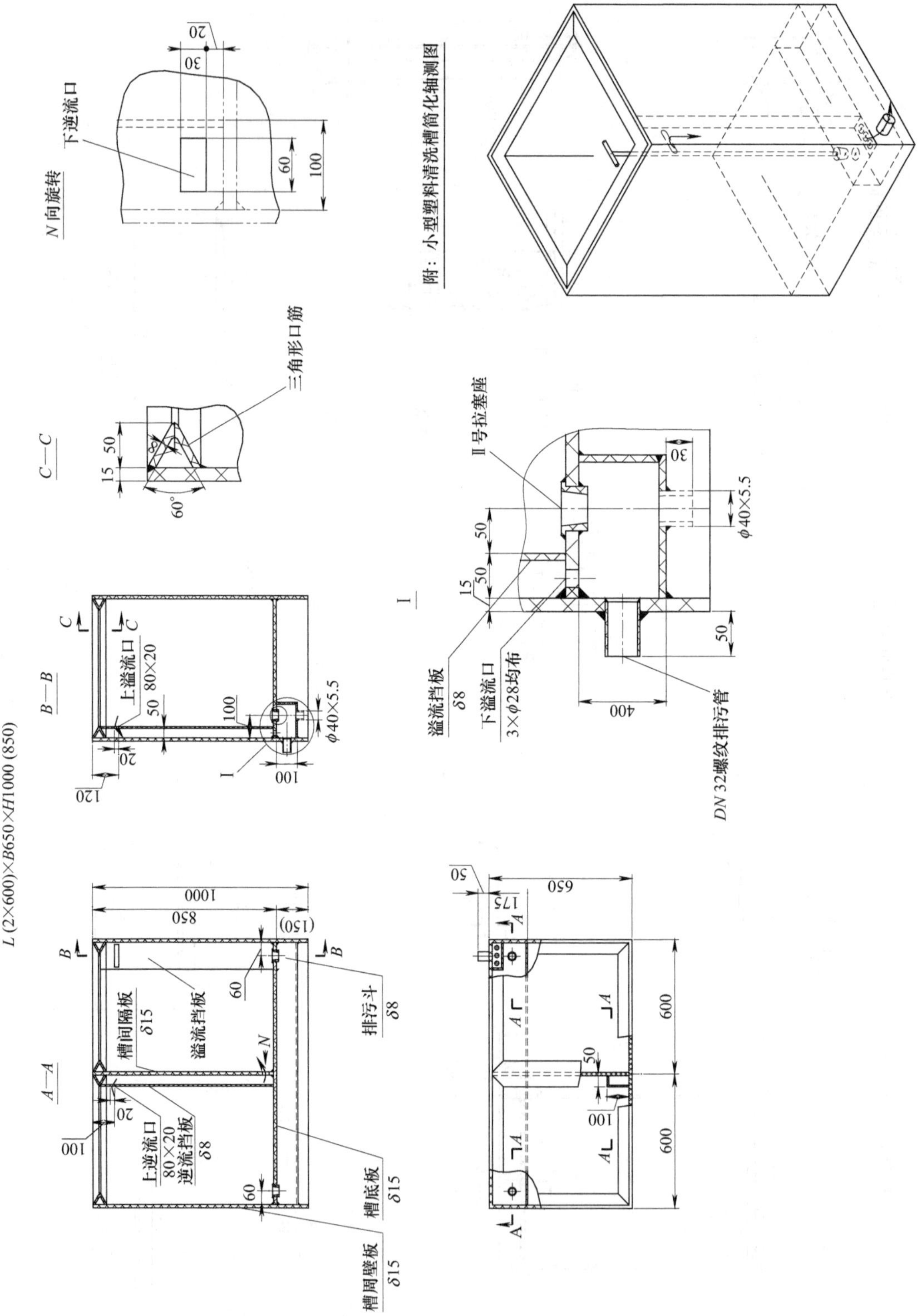

图 4-58 小型塑料双联清洗槽

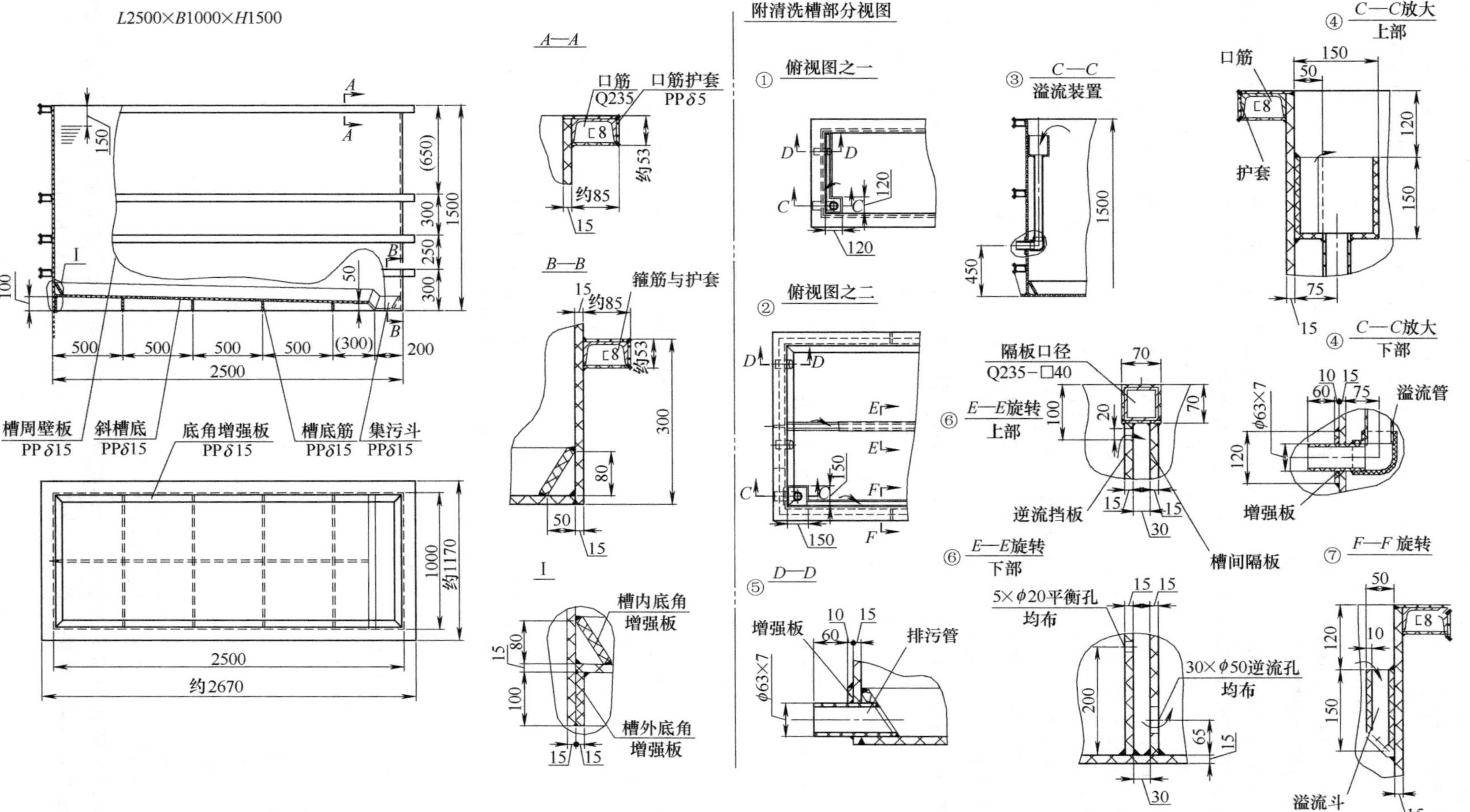

L2500×B1000×H1500
A—A
口筋 Q235
口筋护套 PPδ5
B—B
锚筋与护套
I
槽内底角增强板
槽外底角增强板
槽周壁板 PPδ15
斜槽底 PPδ15
底角增强板 PPδ15
槽底筋 PPδ15
集污斗 PPδ15
附清洗槽部分视图
① 俯视图之一
② 俯视图之二
③ C—C 溢流装置
④ C—C放大 上部
④ C—C放大 下部
⑤ D—D
⑥ E—E旋转 上部
⑥ E—E旋转 下部
⑦ F—F 旋转
口筋
护套
溢流管
增强板
隔板口径 Q235-□40
逆流挡板
槽间隔板
排污管
5×φ20平衡孔 均布
30×φ50逆流孔 均布
溢流斗
φ63×7

图 4-59　斜底塑料槽

② 这两种结构的塑料槽体，最大的优点是没有使用钢材。虽然B型优于A型，但总体而言，全塑槽的刚度较差，槽体受溶液温度和压力的作用下，各筋与槽壁之间的连接焊缝是容易爆裂的。因此，这种结构的塑料槽，特别适用于槽长度方向槽与槽组合时相靠的电镀线上。全塑槽不宜用于独立放置的场合。

③ 技术要求选取“槽体设计通用技术条件”相关条文。

4.3.2.6 塑料高位双联清洗槽（图4-62）

① 槽体板厚 $\delta=15\text{mm}$，五道箍筋（含口筋），无筋折边平底。槽适用于槽高2500mm和1500mm的电镀线上，高位部分 $H=280\text{mm}$，有效浸渍和清洗阴极杆。

② 内置式纵向逆流和溢流装置，其水流在槽内纵向流动，即沿槽长方向流动，因此进水到逆流和溢流出水的水平线路相当于两倍槽长。如果按图4-59中②俯视图之二所示改进设计成横向逆流和溢流装置，则水流在槽内横向流动，即沿着槽宽方向流动，因此进水到逆流和溢流出水的水平线相当于两槽的宽度，且水流顺着槽长均匀地瀑布式逆流和溢流出槽，显然这是十分可取的设计方案，可使清水均匀交换，提高工件清洗效果。

③ 技术要求选取“槽体设计通用技术条件”相关条文。

4.3.2.7 超高塑料槽（图4-63）

① 其槽底结构可以是无筋平底或带筋平底，槽周可设置箍筋和竖筋，也可只单独设置箍筋，不论何种配筋方案，由于槽体较高，因此需要设置基座箍筋（参阅图4-25和图4-35）。基座箍筋有效抵消槽底四条角焊缝所承受的槽内液压，保护底角焊缝，并为搬移槽体创造有利条件。

② 技术要求选取“槽体设计通用技术条件”相关条文。

4.3.2.8 超长塑料槽（图4-64、图4-65）

① 超长塑料槽的槽底结构必须有型钢制成的井排式底座或格盘式底座（参阅图4-35），制作成为塑料槽体的座架。

A型超长塑料槽的底座为井排式底座，由井排式底座的纵向、横向底筋与槽体竖筋连接成为U形套筋与箍筋和口筋连接成槽体的框栏井排式座架，并用塑料护套包裹，但两条矩形管120mm×80mm×6mm的着地纵向底筋只涂敷防腐涂料，便于槽体的平移搬运。

B型超长塑料槽的底座为格盘式底座，它与槽体竖筋、箍筋和口筋连接成槽体的框栏格盘式座架。框栏格盘式座架制作完成后，底座部分因不包裹塑料护套须敷设防腐涂料。

从图中可以看出，该底座的结构形式（由方管120mm×120mm×6mm和矩形管120mm×80mm×6mm构成的基座箍筋与纵向、横向槽支承筋构成的），不仅有利于槽底通风，而且也有利于吊装和搬运作业。

② 超长塑料槽的制作程序与要求：

a. 按槽体座架内部尺寸制作壁板，并就位在座架内（槽端壁板可以折弯成形后套入）；

b. 施焊槽体壁角焊缝；

c. 按壁板构成的底部尺寸制作塑料底板，并插入槽内底部，与壁板衔接；

d. 施焊槽底四角焊缝；

e. 敷设与施焊壁角和底角焊缝增强板；

f. 敷设和组焊槽体加强筋的塑料护套；

g. B型超长塑料槽的下部竖筋护套，在接近基座箍筋处用不锈钢抽芯铆钉固定在竖筋上；

h. 着地纵向、横向底筋不等高，故纵向底筋应在十字交接处开口后与横向底筋插入式连接并施焊。

③ 其他技术要求选取“槽体设计通用技术条件”相关条文。

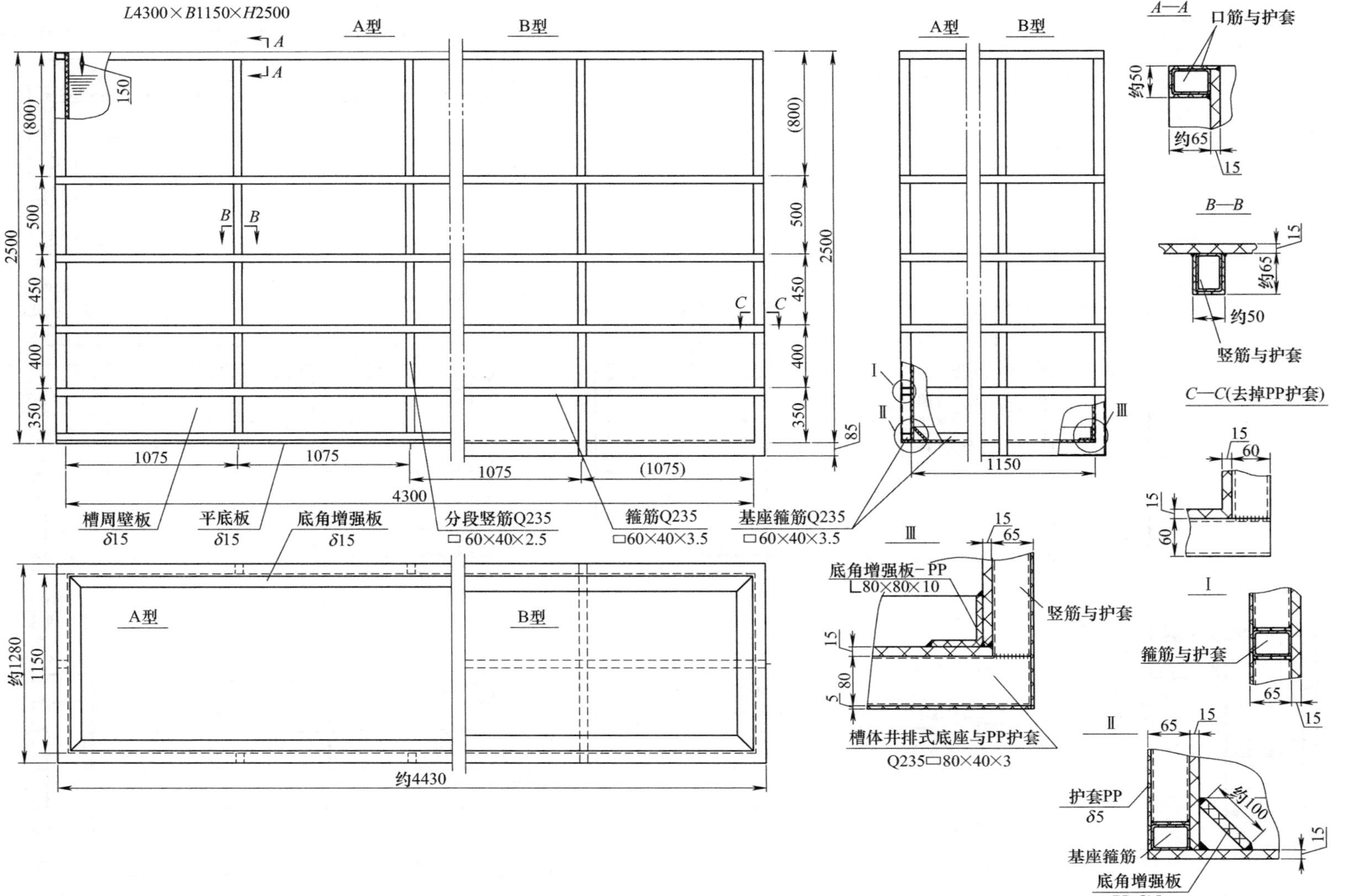

L4300×B1150×H2500
A型
B型
A—A
口筋与护套
约50
约65
15
B—B
竖筋与护套
C—C(去掉PP护套)
Ⅰ
箍筋与护套
Ⅱ
护套PP
δ5
基座箍筋
底角增强板
PP δ15
约100
Ⅲ
底角增强板-PP
∟80×80×10
槽体井排式底座与PP护套
Q235□80×40×3
基座箍筋Q235
□60×40×3.5
箍筋Q235
□60×40×3.5
分段竖筋Q235
□60×40×2.5
底角增强板
δ15
平底板
δ15
槽周壁板
δ15
2500
(800)
500
450
400
350
85
150
1150
1075
(1075)
4300
约4430
约1280

图 4-60　平底塑料槽

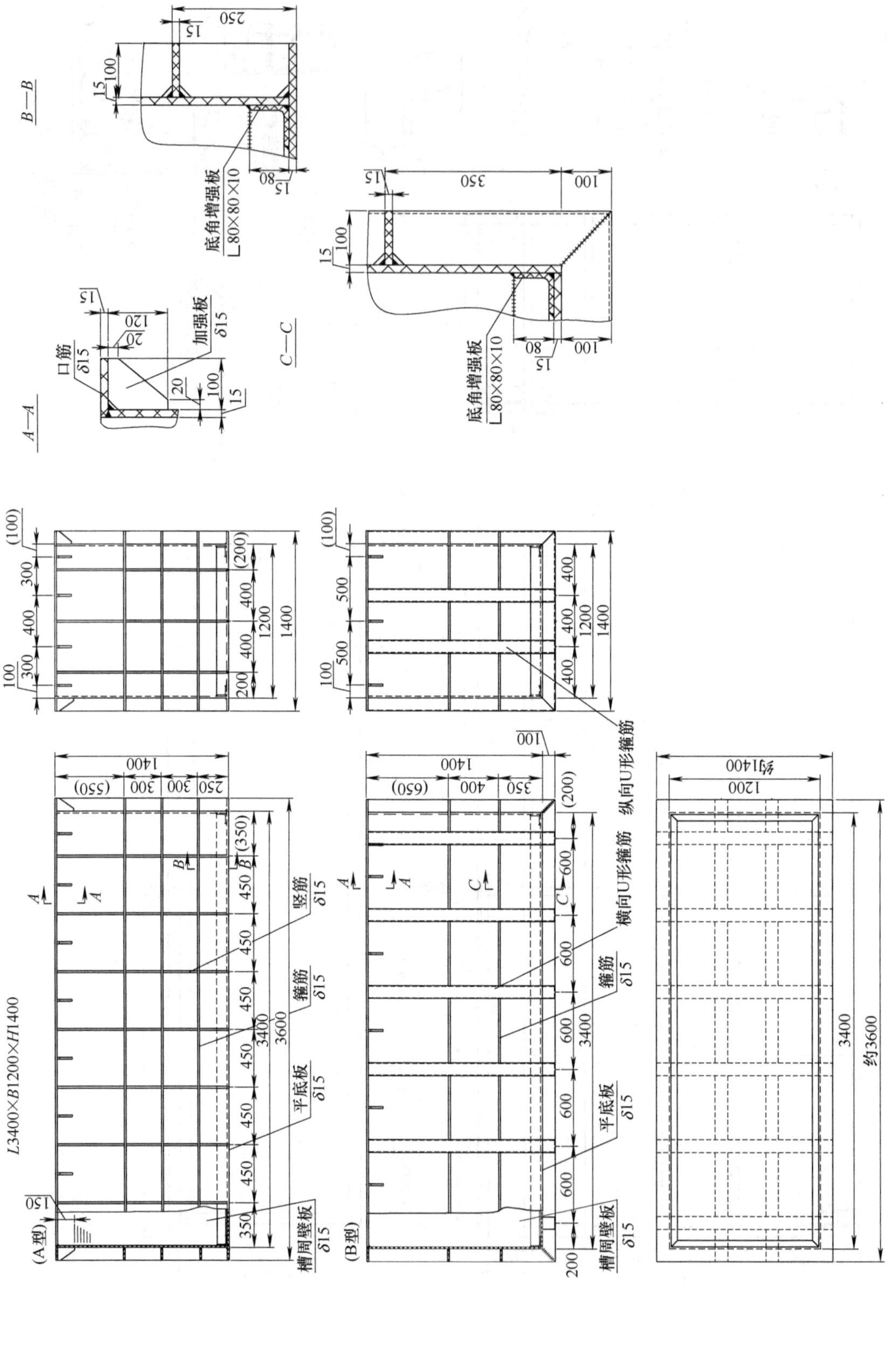

图 4-61　全塑工艺槽

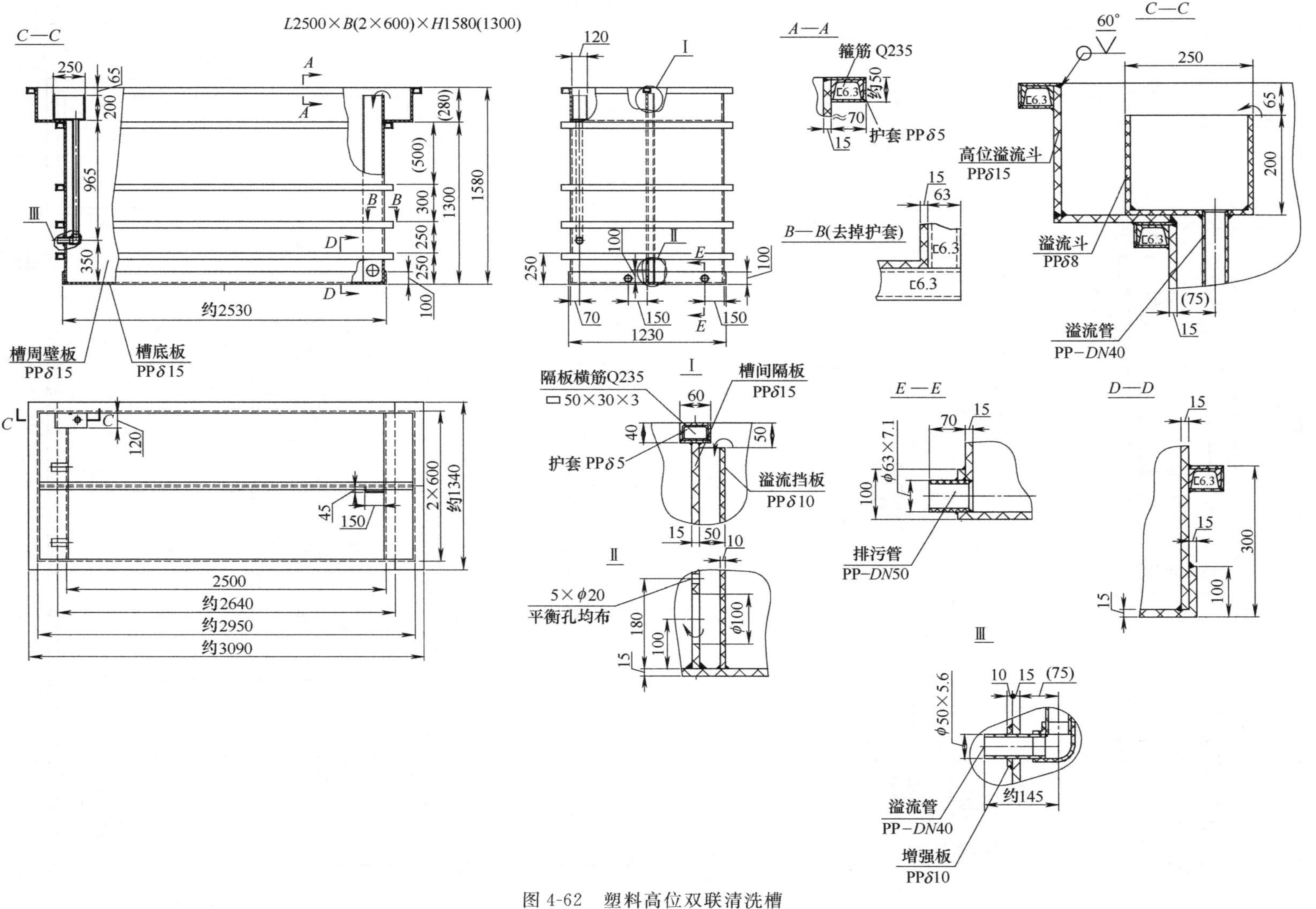

图 4-62　塑料高位双联清洗槽

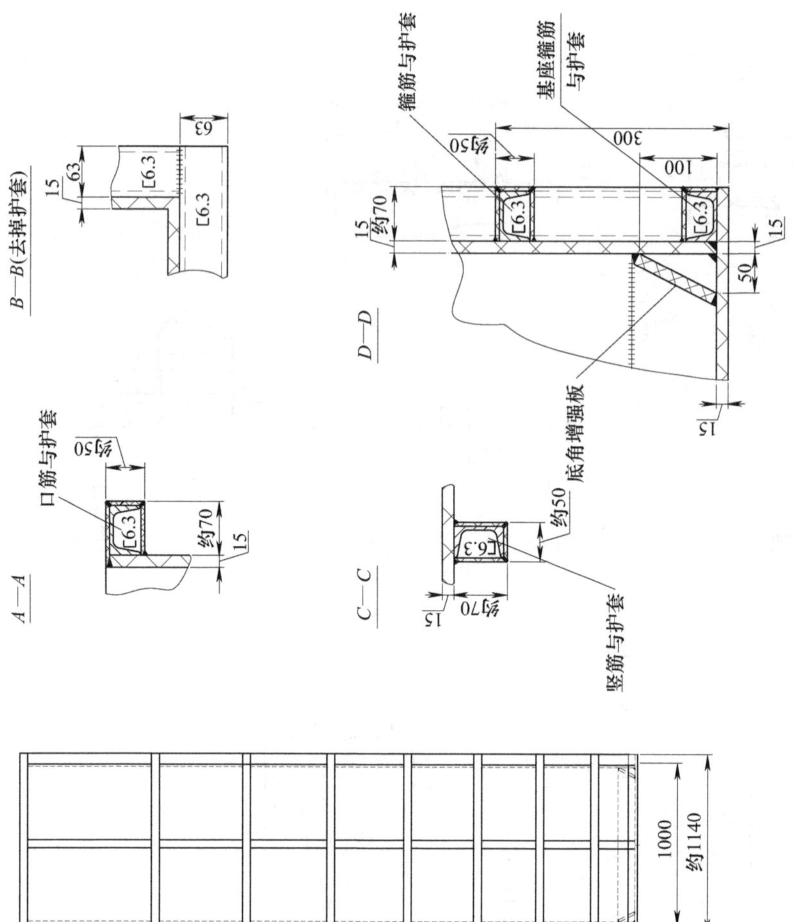
L2500×B1000×H4000
A—A
口筋与护套
约50
约70
15
[6.3
B—B(去掉护套)
63
15
C—C
竖筋与护套
D—D
箍筋与护套
基座箍筋
与护套
底角增强板
300
100
4000
(850)
600
550
500
450
400
350
300
2500
(500)
竖筋
箍筋
槽底板
δ15
槽周壁板
δ15
200
1000
约1140
约2640

图 4-63 超高塑料槽

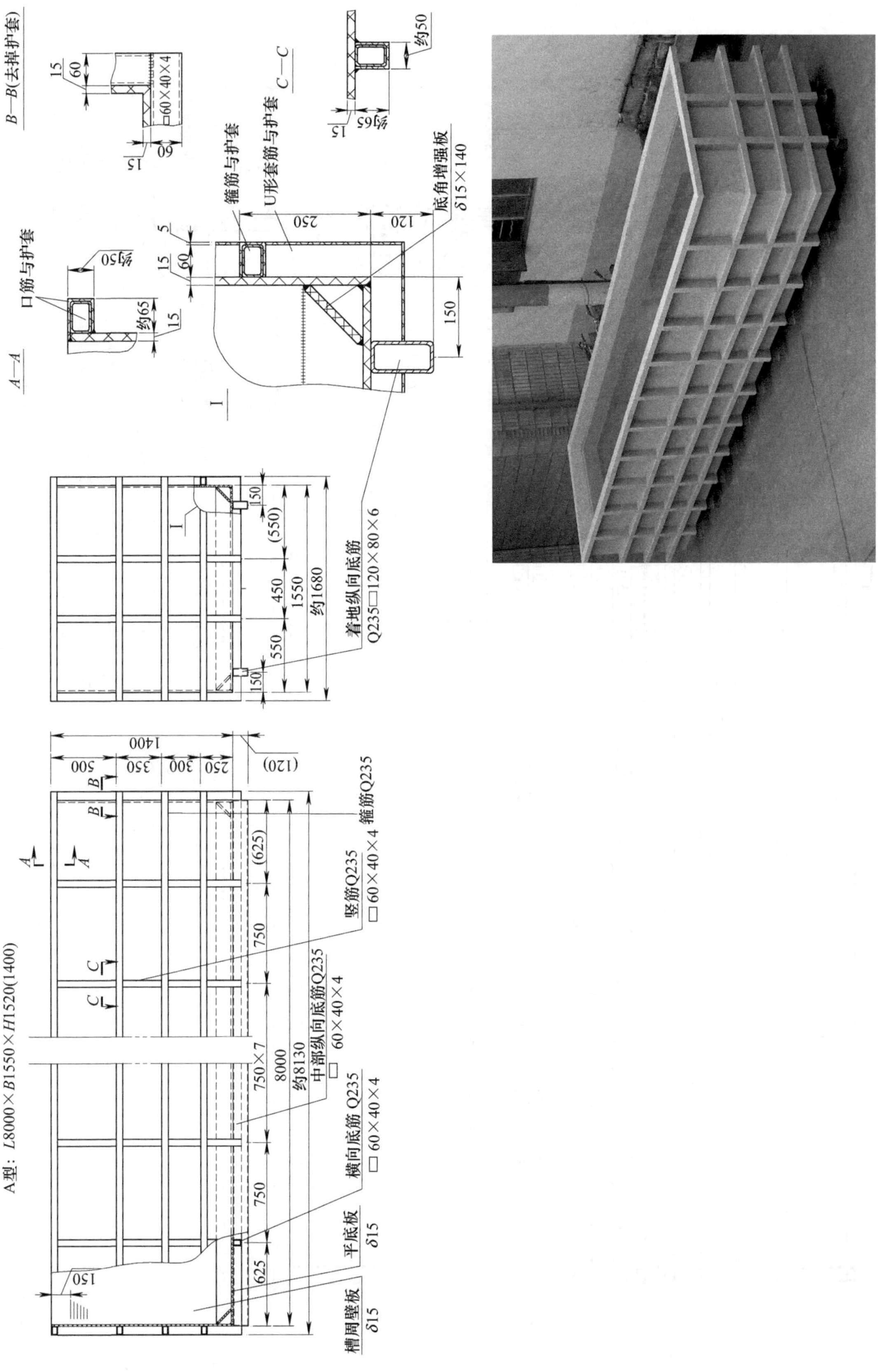

图 4-64　超长塑料槽（一）

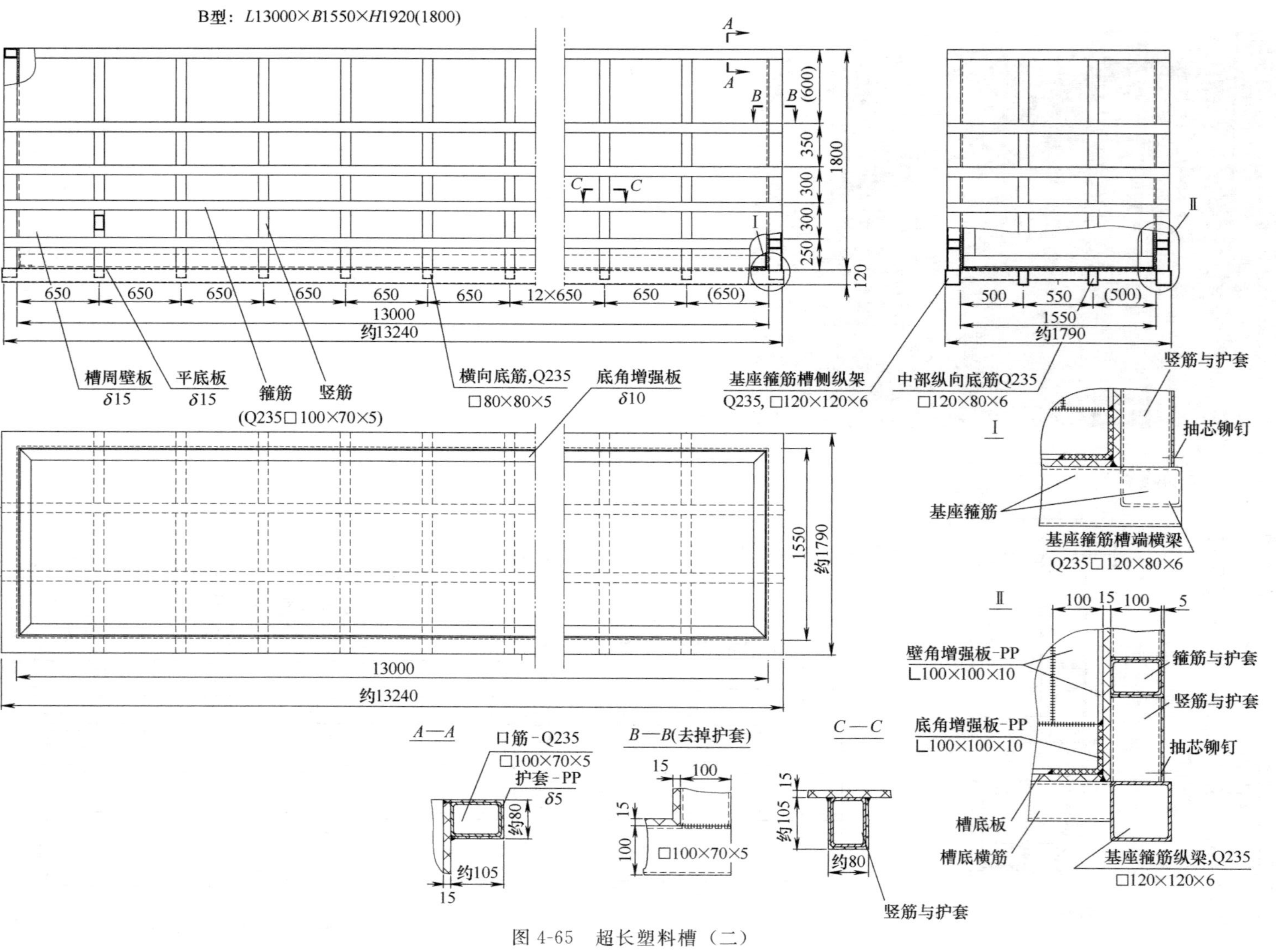
B型：L13000×B1550×H1920(1800)
A—A
B—B
C—C
I
II
(600)
350
300
300
250
1800
120
650
12×650
(650)
13000
约13240
500
550
(500)
1550
约1790
槽周壁板
δ15
平底板
δ15
箍筋
竖筋
(Q235□100×70×5)
横向底筋,Q235
□80×80×5
底角增强板
δ10
基座箍筋槽侧纵架
Q235, □120×120×6
中部纵向底筋Q235
□120×80×6
竖筋与护套
抽芯铆钉
基座箍筋
基座箍筋槽端横梁
Q235□120×80×6
100
15
5
壁角增强板-PP
∟100×100×10
箍筋与护套
底角增强板-PP
∟100×100×10
槽底板
槽底横筋
基座箍筋纵梁,Q235
□120×120×6
口筋-Q235
□100×70×5
护套-PP
δ5
约80
约105
B—B(去掉护套)
□100×70×5

图 4-65　超长塑料槽（二）

4.3.3 钢槽结构设计图例

本节介绍的钢槽有碳钢槽、普通不锈钢槽和超大型不锈钢槽等几类，其中还介绍了环形电镀线工艺槽和清洗槽的结构特点（图 4-66～图 4-76）。这些结构还可作为衬里槽体应用。

4.3.3.1　**碳钢槽**（图 4-66）

① 外置式溢流斗、斜底集污斗、半管连接式法兰排污管，可有效清洗槽内污物并排放。

② 适用：碱性热浸脱脂槽，碱性电解脱脂槽和钢铁件黑色氧化槽，并可作为衬胶、衬塑和衬板的槽体应用。

③ 外置式法兰溢流管和法兰排污管均为 DN50mm，可参阅图 4-41、图 4-49 和表 4-4 所示的结构与参数设计。

④ 技术要求选取“槽体设计通用技术条件”相关条文。

4.3.3.2　**不锈钢槽**（图 4-67）

① 槽体全部采用不锈钢制作，设斜底集污斗，槽周设保温层，槽周各加强筋采用不等边角钢（或用方管），箍筋和竖筋也可用 Q235 材料代之。另外，槽体四角加以竖筋（见附图），则槽体四角及其保温层护板更能经得起外力碰撞。如果护板折边成形并将其焊缝移至槽体竖筋处，外观就更加美观。

② 适用：脱脂槽 、超声波除蜡槽、酸洗槽和磷化槽等。

③ 槽体四壁角焊缝和四底角焊缝以及所有板材对接焊缝，均需敷设焊缝增强板；PP 保温层护板用 $d=4$mm 的不锈钢抽芯铆钉铆接在槽周箍筋和竖筋上，图中以中心线表示。

④ 本图为简化画法，技术要求选取“槽体设计通用技术条件”相关条文。

4.3.3.3　**大型不锈钢槽**（图 4-68）

① 槽体全部采用不锈钢制作。

② 箍筋和槽底筋采用 3mm 厚不锈钢钢板折边成形。

③ 槽体四角折边成形（也可双面焊接成形），槽体所有拼接焊缝修光磨平后，敷设焊缝增强板（参阅Ⅴ放大图所示）。

④ 排污斗和溢流斗的法兰均是 DN50mm（ϕ60mm×3.5mm）。

⑤ 技术要求选取“槽体设计通用技术条件”相关条文。

4.3.3.4　**组合式不锈钢槽**（图 4-69～图 4-74）

① 结构特点：a. 不仅适合矩形槽体，也适合涂装生产线的船形磷化槽等；b. 槽体的强度和刚度优越，重量轻（是相同钢板槽体重量的一半左右）；c. 单元板单件制作完成后，可在安装现场组装。

② 型钢框架是槽内溶液的主要载体，因此要求设计合理，制作规范、焊接和螺栓连接可靠。

③ 衬里不锈钢焊缝和焊缝增强板，应在内槽组合体框架的所有连接螺栓可靠连接完成后进行施焊，并保证所有焊缝所受的溶液重力由框架外部各支承筋承受，即让焊缝本身基本不承受溶液重力。

④ 内槽单元板框架连接用标准件：a. GB/T 5782（172-M8×90）六角螺栓（单元底板与单元壁板，以及四角壁板与壁板连接）；b. GB/T 5782（396-M8×160）六角螺栓（单元壁板相互连接，以及单元底板相互连接）；c. GB/T 6170（568-螺母 M8）；d. GB/T 97.1（568-平垫圈 8）；e. GB/T 862（568-内齿弹性垫圈 8）。

⑤ 其他技术要求选取“槽体设计通用技术条件”相关条文。

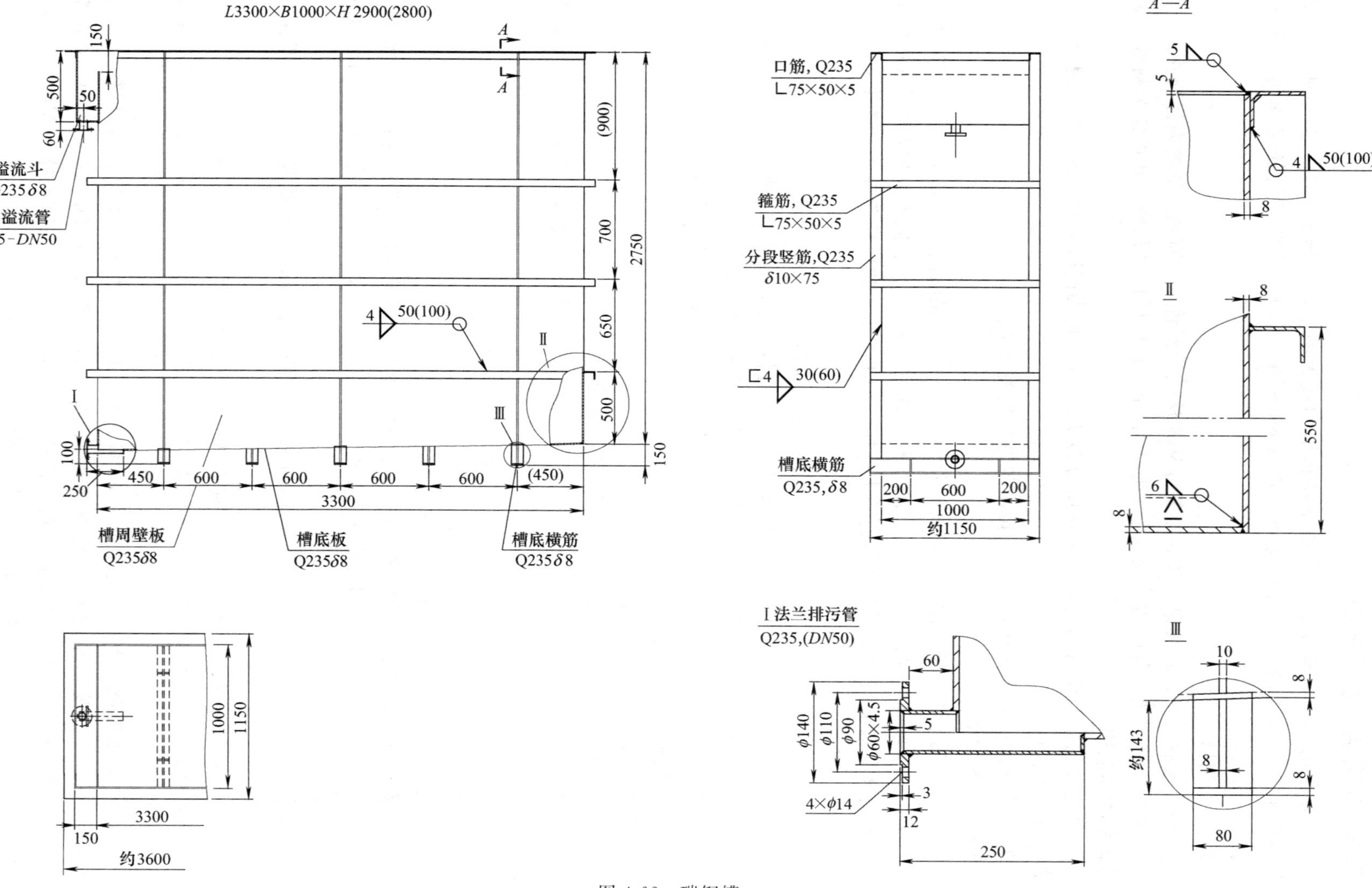
L3300×B1000×H2900(2800)
溢流斗
Q235δ8
法兰溢流管
Q235-DN50
槽周壁板
Q235δ8
槽底板
Q235δ8
槽底横筋
Q235δ8
口筋，Q235
∟75×50×5
箍筋，Q235
∟75×50×5
分段竖筋，Q235
δ10×75
槽底横筋
Q235，δ8
约1150
A—A
Ⅱ
Ⅲ
Ⅰ法兰排污管
Q235，(DN50)
约143
约3600

图 4-66 碳钢槽

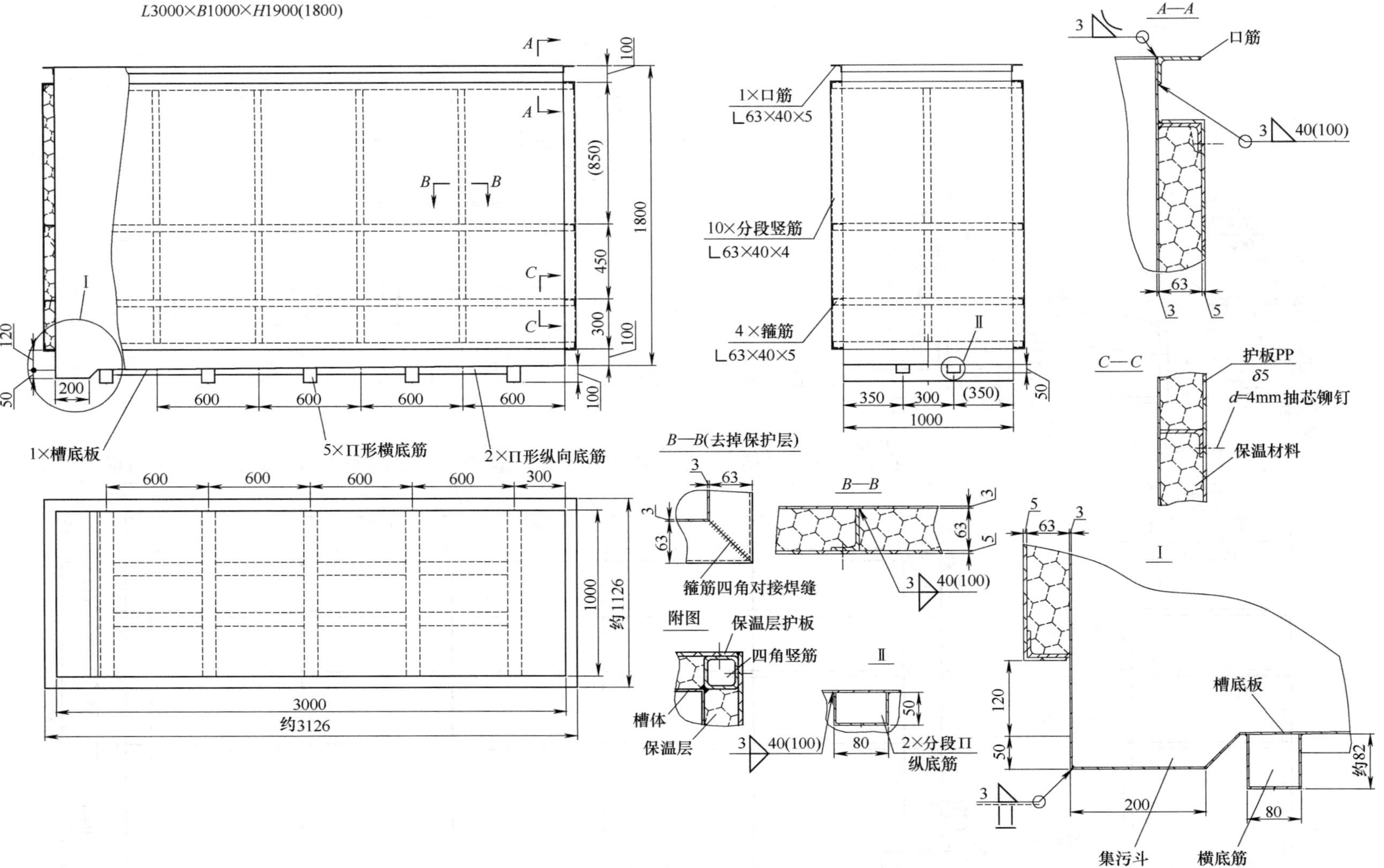
L3000×B1000×H1900(1800)
A—A
口筋
3 40(100)
1×口筋
L63×40×5
10×分段竖筋
L63×40×4
4×箍筋
L63×40×5
C—C
护板PP
δ5
d=4mm抽芯铆钉
保温材料
1×槽底板
5×Π形横底筋
2×Π形纵向底筋
B—B(去掉保护层)
箍筋四角对接焊缝
B—B
附图
保温层护板
四角竖筋
槽体
保温层
2×分段Π
纵底筋
槽底板
集污斗
横底筋
3000
约3126
约1126
约82

图 4-67　不锈钢槽

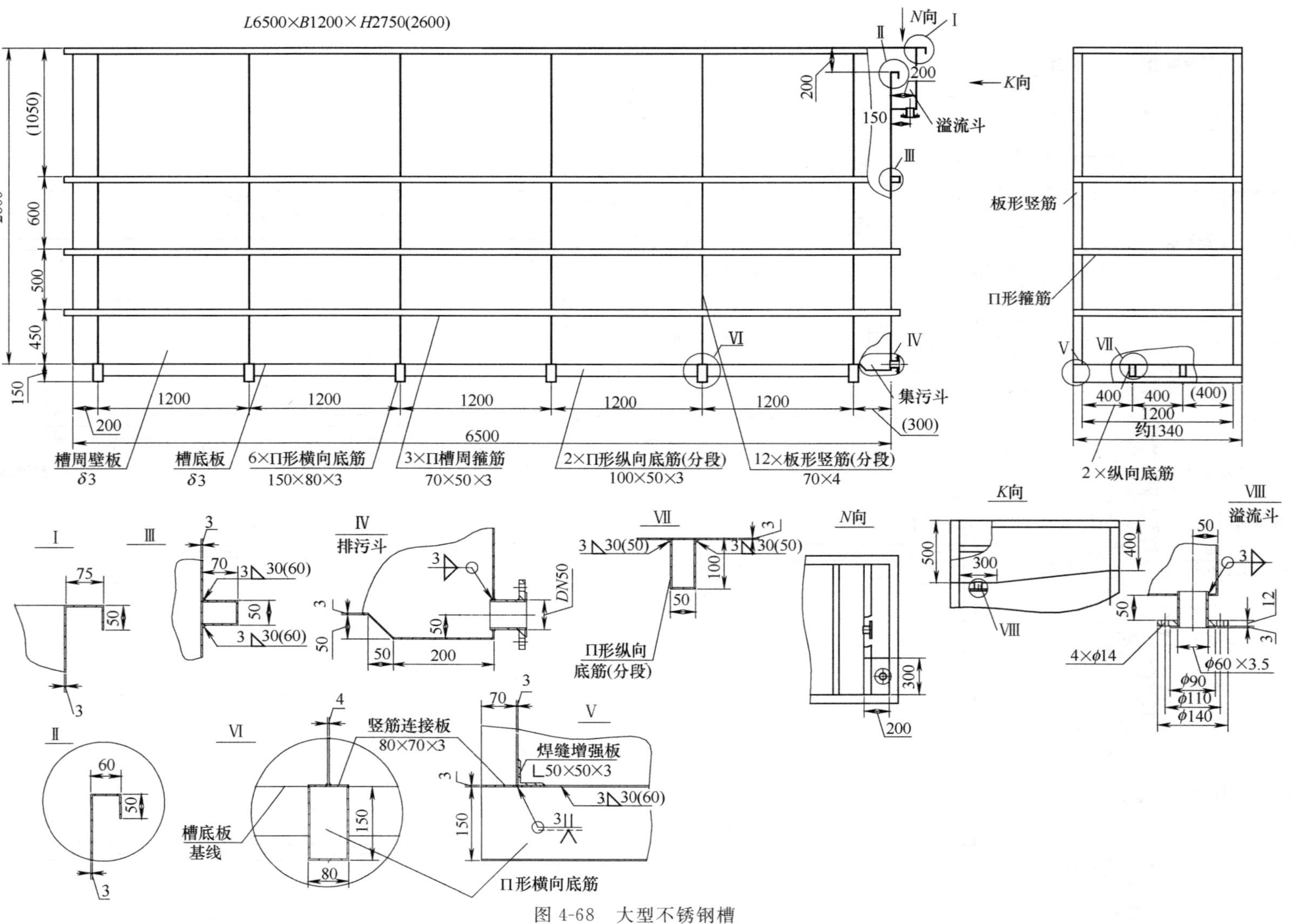
L6500×B1200×H2750(2600)
K向
N向
溢流斗
集污斗
板形竖筋
口形箍筋
2×纵向底筋
12×板形竖筋(分段) 70×4
2×口形纵向底筋(分段) 100×50×3
3×口槽周箍筋 70×50×3
6×口形横向底筋 150×80×3
槽底板 δ3
槽周壁板 δ3
排污斗
口形纵向底筋(分段)
焊缝增强板 L50×50×3
竖筋连接板 80×70×3
口形横向底筋
槽底板基线
约1340
6500
2600

图 4-68 大型不锈钢槽

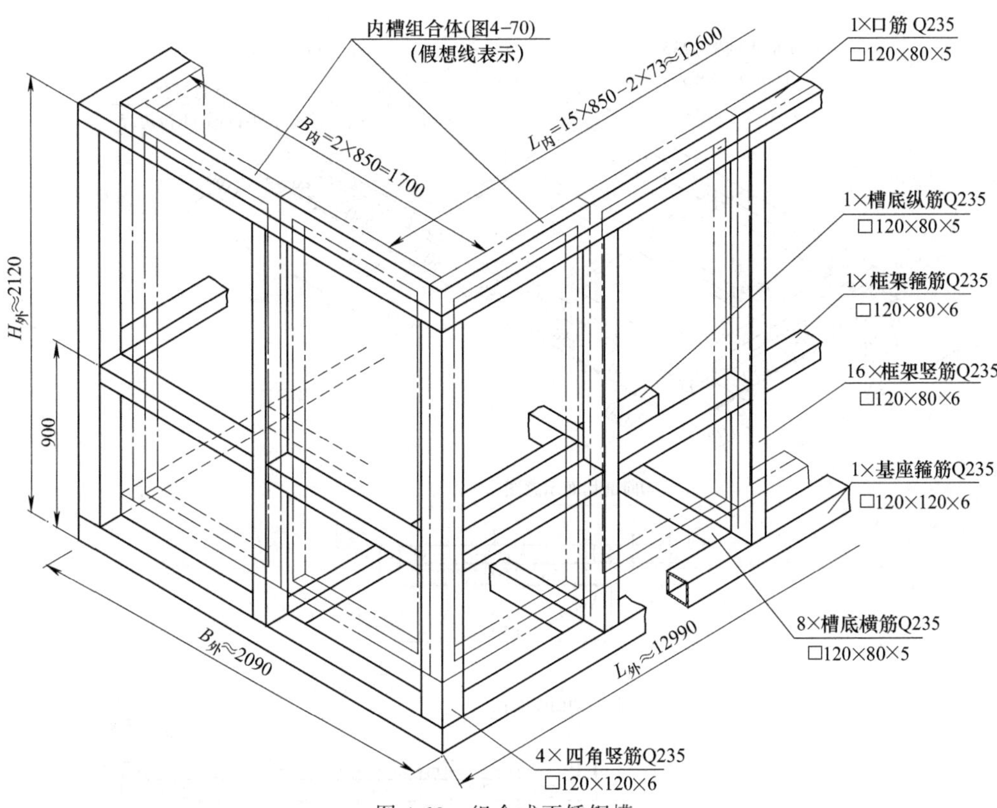

图 4-69 组合式不锈钢槽

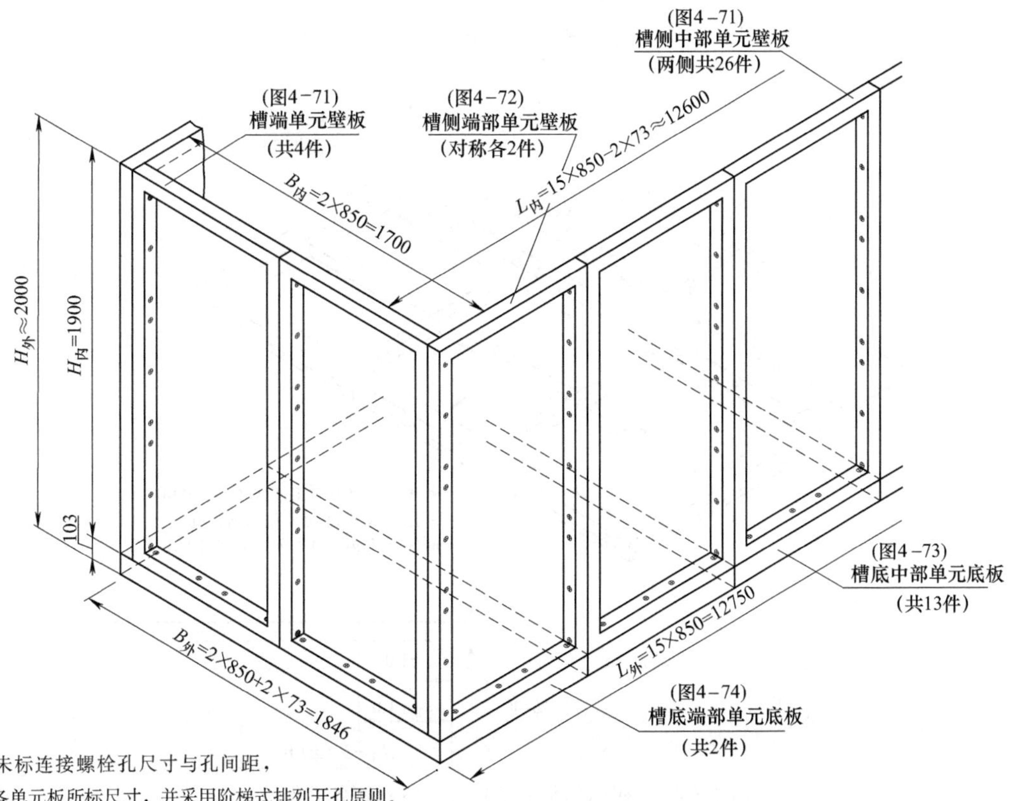

图 4-70 组合式不锈钢内槽

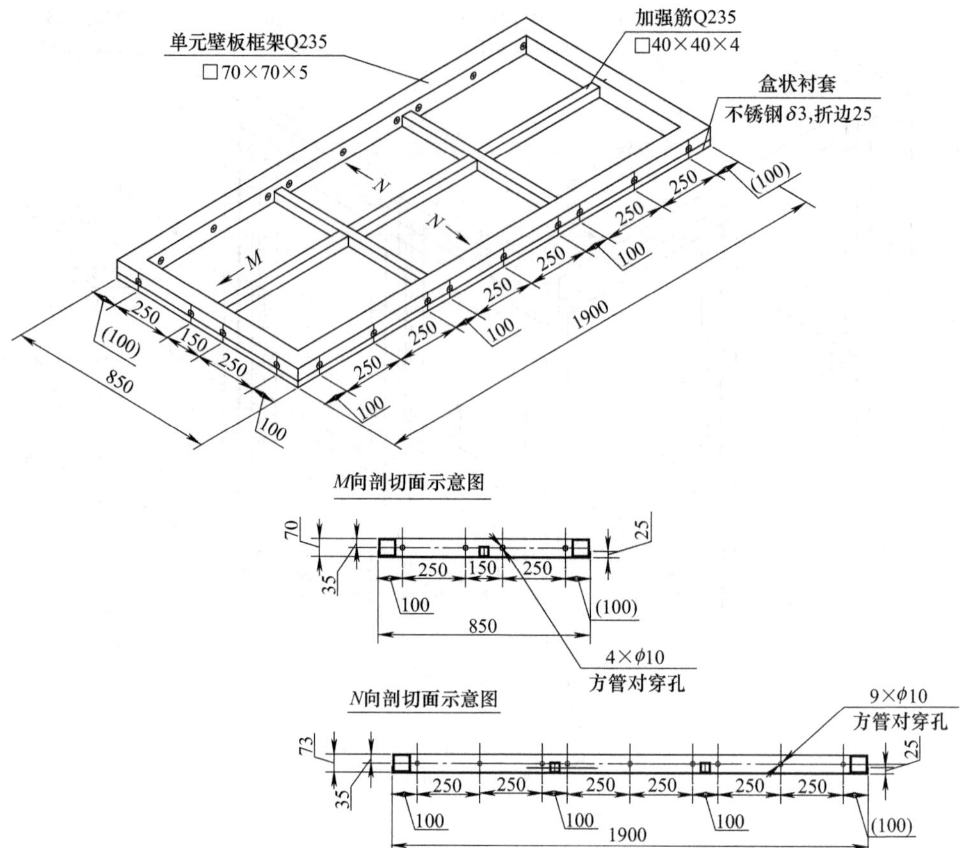

图 4-71 槽端和槽侧中部单元壁板（共 30 件）

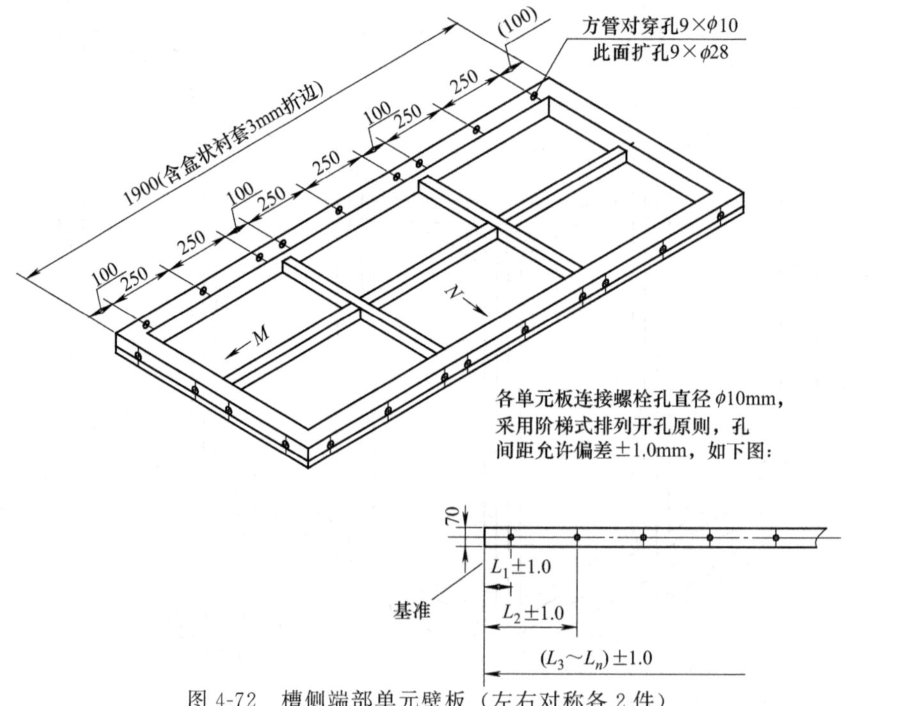

图 4-72 槽侧端部单元壁板（左右对称各 2 件）

注：此图所示单元壁板与图 4-71 所示相同，只是开孔位置不同

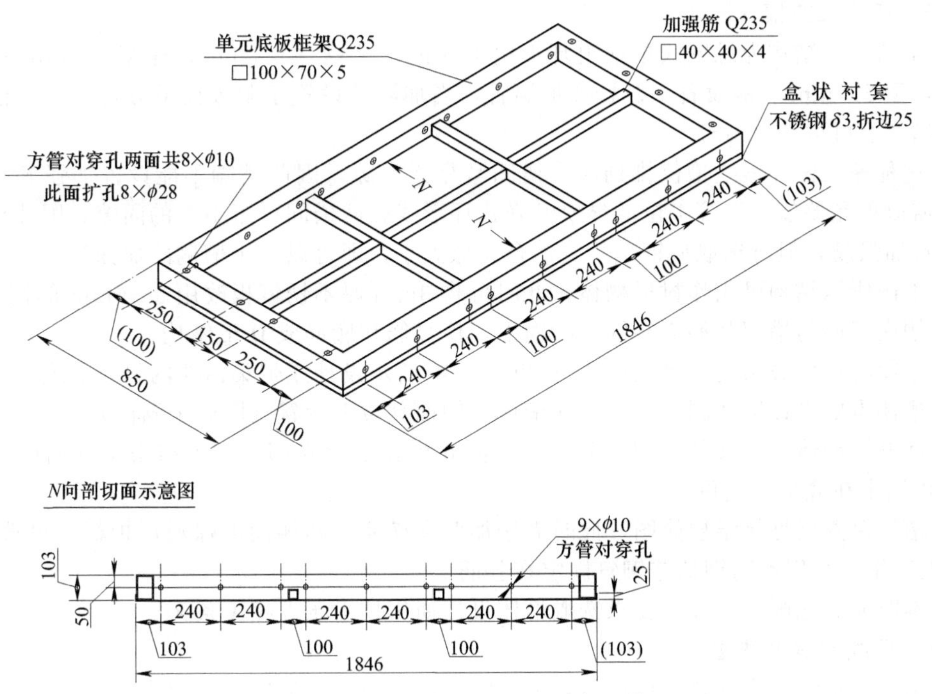

图 4-73　槽底中部单元底板（共 13 件）

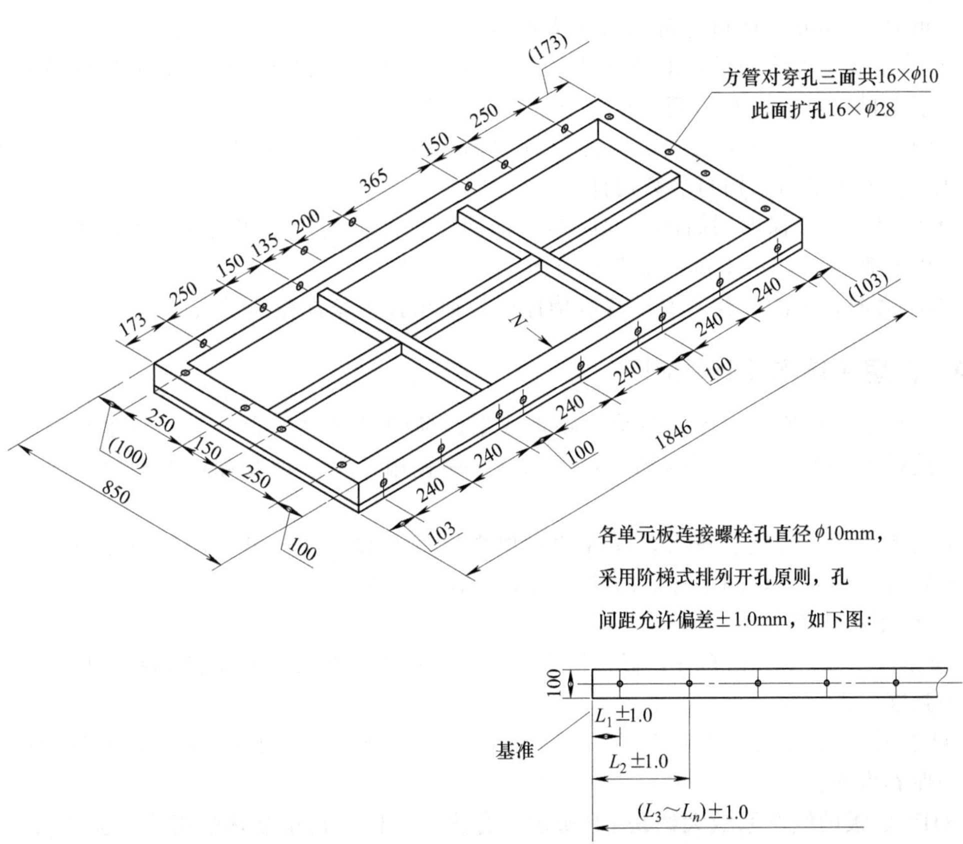

图 4-74　槽底端部单元底板（共 2 件）

注：此图所示单元底板与图 4-73 所示相同，只是开孔位置不同

4.3.3.5 **环线工艺槽**（图 4-75）

① 本图所示结构为悬臂式单通道环形电镀线的工艺槽（4 工位），槽宽 400mm 一侧设置阳极杆，宽 500mm 一侧设置阳极杆和加温管，当加温管设置于阳极篮下方，即不占槽面空间时，则槽宽度可取 800mm。

② 这种等工位环形线槽位排列时，槽间紧靠无空隙，因此槽端不能设置加强筋，且槽长制作时需取负允差值。不等工位的导轨升降式环形线，两槽间可留不大的间隙，因此槽体的两端可设置加强筋，但所选取型钢型号要适合间隙大小，即可以小于槽侧的加强筋。

③ 本图所示结构可用作衬里槽体，此时可将 3mm 厚不锈钢板改用 5～6mm 厚钢板制作。

④ 槽底横筋与槽侧竖筋应在同一断面上，使竖筋和底筋成 Π 形结构。

⑤ 本图所示槽底结构，可按图 4-29 和图 4-30 所示设计成带集污斗的斜底形式。

⑥ 槽体需要设计连体副槽时，可在槽体一侧面部位上设置（图中未画出）。

⑦ 环形线槽体通常安装于型钢底架上，因此可在槽壁底部加焊连接搭子（图中未画出），并用螺栓固定在底架上定位。

⑧ 槽体保温层见保温层简图，此时需增加两套横筋，两侧面的保温层护板，可选用 5mm 厚 PP 板制作，并用不锈钢抽芯铆钉固定在各筋上。

⑨ 本图为简化画法，技术要求选取槽体设计通用技术条件相关条文。

4.3.3.6 **环线双联清洗槽**（图 4-76）

① 本图所示结构为悬臂式单通道环形电镀线的二级温水清洗槽，槽体采用 3mm 厚不锈钢板制作，槽宽 350mm 一侧设置加温管，当加温管设置于槽底四角附近，即不占槽面空间时，则槽宽度可取 600mm，即可与常温清洗槽一样。

② 本槽左端无槽体相靠，即环线的最后一槽，因此可设置加强筋。如果是导轨升降式环线的温水清洗槽，则口筋和箍筋可设计成封闭式的箍筋。

③ 图中所示 DN32mm 法兰溢流管和 DN25mm 法兰排污管的结构及其尺寸，还可参阅图 4-49 和表 4-4 中所示的结构与参数设计。

④ 槽体保温层见保温层简图，此时需增加两套三面箍筋，三侧面的保温层护板，可选用 5mm 厚 PP 板制作，并用不锈钢抽芯铆钉固定在各筋上。

⑤ 本图为简化画法，技术要求选取槽体设计通用技术条件相关条文。

4.3.4 衬里槽结构设计图例

本节介绍的衬里槽，槽体一般采用碳钢或聚丙烯塑料（PP）制作，其衬里材料按电镀工艺要求，选择不锈钢、钛、聚丙烯、聚氯乙烯、聚偏氟乙烯、橡胶和玻璃钢等（图 4-77～图 4-81）。

衬里槽承载后，若变形较大，易导致衬里焊缝产生裂纹（尤其是刚性薄板衬里）。因此，衬里槽承载后变形要小，刚度计算时的许用挠度值宜取高值。

4.3.4.1 **硬塑衬里槽**（图 4-77）

① 槽体板用 $\delta=10$mm 的 PP 板，折边平槽底，衬里底角又用焊缝增强板加固，加强了底角焊缝的强度与严密性。

② 衬里用 $\delta=15$mm 的 HPVC 板，替代一般用 $\delta=3\sim5$mm 的 SPVC 板，不仅使用寿命延长，维护保养也简便。

③ HPVC 板的线胀系数大约是 PP 板的二分之一，因此衬里受热膨胀后不会凸鼓。

④ 常温环境条件下，PP 板的耐冲击性能优于 HPVC 板，因此应用于镀铬槽十分可靠。

⑤ 极杆支承梁可使极杆荷重由口筋和箍筋共同承受。

⑥ 技术要求选取“槽体设计通用技术条件”相关条文。

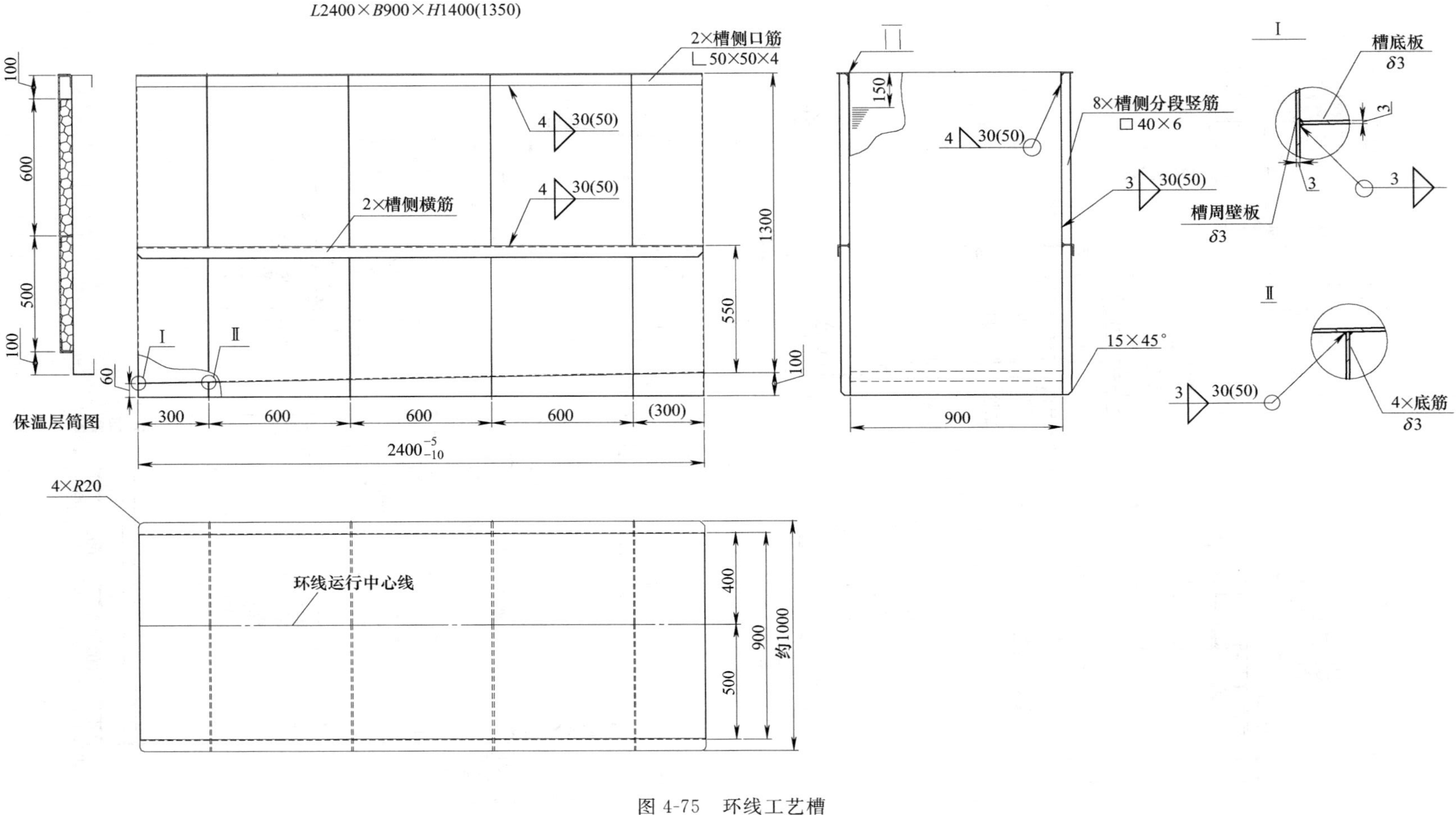
L2400×B900×H1400(1350)
2×槽侧口筋
∟50×50×4
2×槽侧横筋
8×槽侧分段竖筋
□40×6
槽周壁板
δ3
槽底板
δ3
4×底筋
δ3
15×45°
保温层简图
4×R20
环线运行中心线
约1000
2400$^{-5}_{-10}$

图 4-75 环线工艺槽

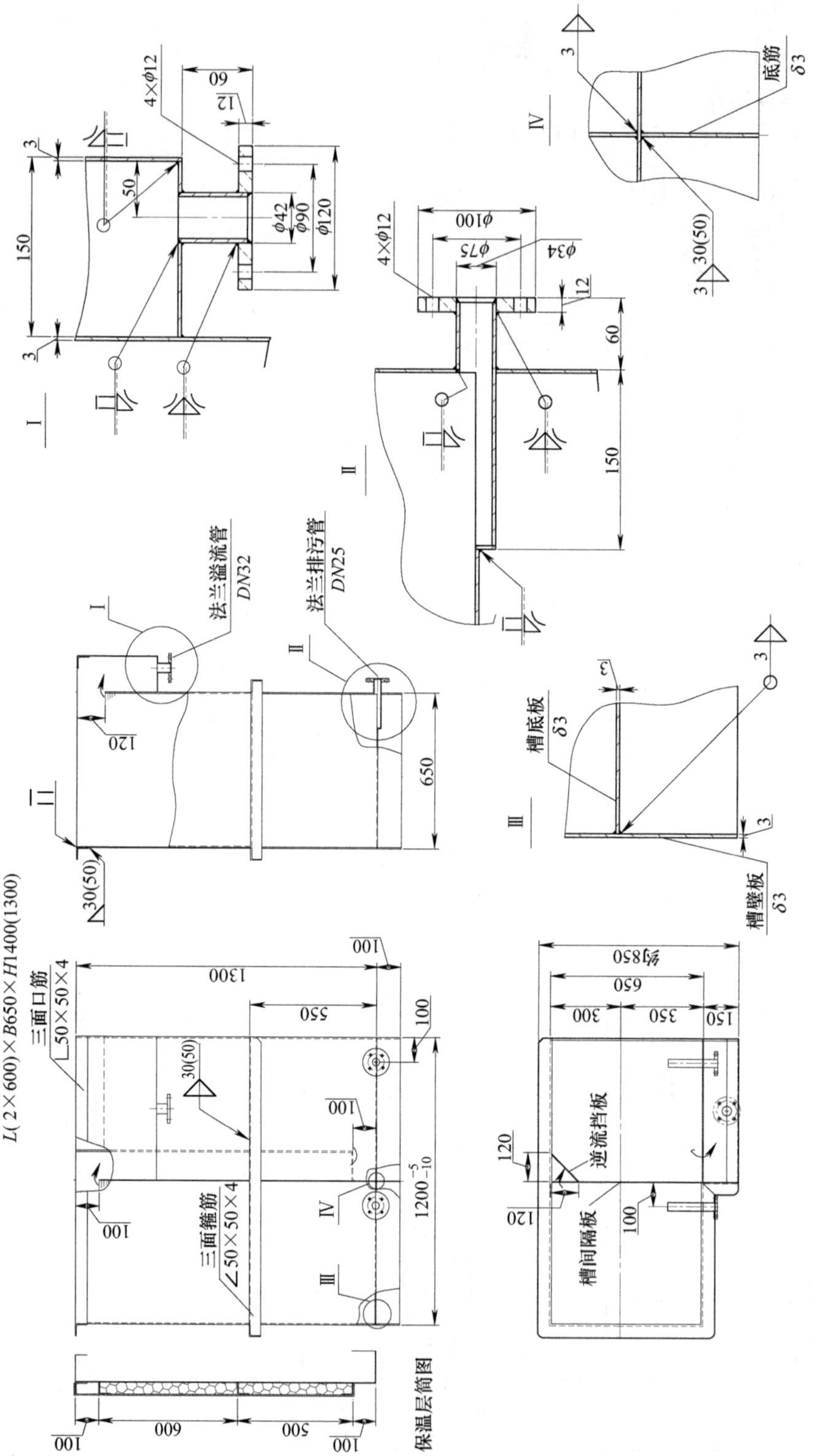

图 4-76　环线双联清洗槽

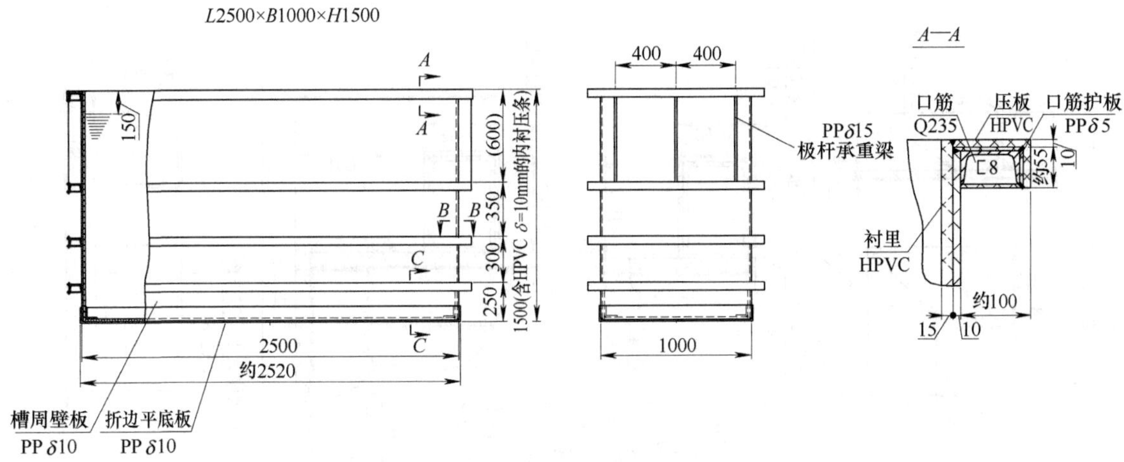

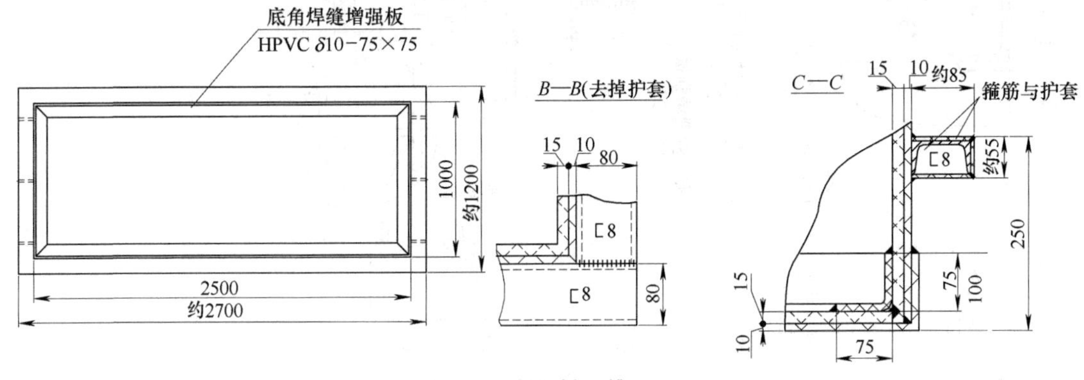

图 4-77　硬塑衬里槽

4.3.4.2　钛板衬里槽（图 4-78）

① 本图所示结构为碳钢槽体钛板衬里槽，是一体式主副槽的粗化槽，主槽有效长度为 2500mm，加长的 600mm 部分（槽内无隔板，溶液在同一个槽内循环）作为三价铬处理槽，槽内放置专用的素烧陶瓷筒，筒内放稀硫酸和铅阴板，筒外是粗化液和铅阳极，通入电流/电压为 800A/6V。它的最大特点是免去了主槽外的独立副槽及其循环管路系统。

② 碳钢槽的槽口和槽内焊缝必须铲平修光后敷设衬里。

③ 极座支承梁两端搭接于 TA2 衬里翻边槽口上。

④ 图中所示焊缝未全面标注，除所标的断续焊缝外，其余均为连续焊缝。

⑤ 附图（局部正视剖面图）为聚丙烯槽体的钛板衬里槽，这种粗化槽的槽外防腐蚀性能良好，值得选用，但必须要有足够的刚度，以避免槽体变形，拉裂钛板衬里的连接焊缝。

⑥ 技术要求选取“槽体设计通用技术条件”相关条文。

4.3.4.3　双层塑料衬里槽（图 4-79）

① 本图所示结构为大型聚偏氟乙烯衬里槽，8mm 厚钢板槽体，内敷设两层塑料衬里，中间层选用单面备有布质塑面的 PP 板，与 PVDF 内衬（单面备有布质塑面）粘接连合。中间层也可采用 HPVC 板，其粘接性能比 PP 板良好。

② PP 板的线胀系数是碳钢的 8 倍多，为缩小 PP 板受热的膨胀值，将 PP 板分格按 D—D 剖面图所示采用螺钉固定在槽壁和槽底的钢板上。

③ 粘接在 PP 板（或 PVHC 板）上的 PVDF 薄板内衬，其底角和壁角以及它的所有拼接焊缝，均需粘接 PVDF 增强条，可有效保护 PVDF 内衬所有接缝的严密性，图中未表示。

L(2500+600)×B800×H1650(1550)
1550(含δ=2mm的TA2内衬板)
口筋 Q235 ∟75×50×6
分段竖筋 Q235,60×8
箍筋 Q235 ∟75×50×6
槽底横筋 Q235,δ8
底角焊缝增强板 TA2δ2-60×60
槽底板 Q235,δ8
槽周壁板 Q235,δ8
极座支承梁 TA2，δ4
A—A
槽体衬里 TA2，δ2
B—B
C—C
Ⅰ
壁角焊缝增强板 TA2，δ2
底角焊缝增强板 TA2，δ2
Ⅱ
竖筋连接板 Q235,80×8
附图：
口筋 Q235 □100×70×5
压板 TA2
口筋护板 PPδ5
衬里 TA2
箍筋及护板
壁角焊缝增强板 TA2,δ2-60×60
底角焊缝增强板 TA2,δ2-60×60
Ⅲ极座支承梁零件图 TA2, δ4

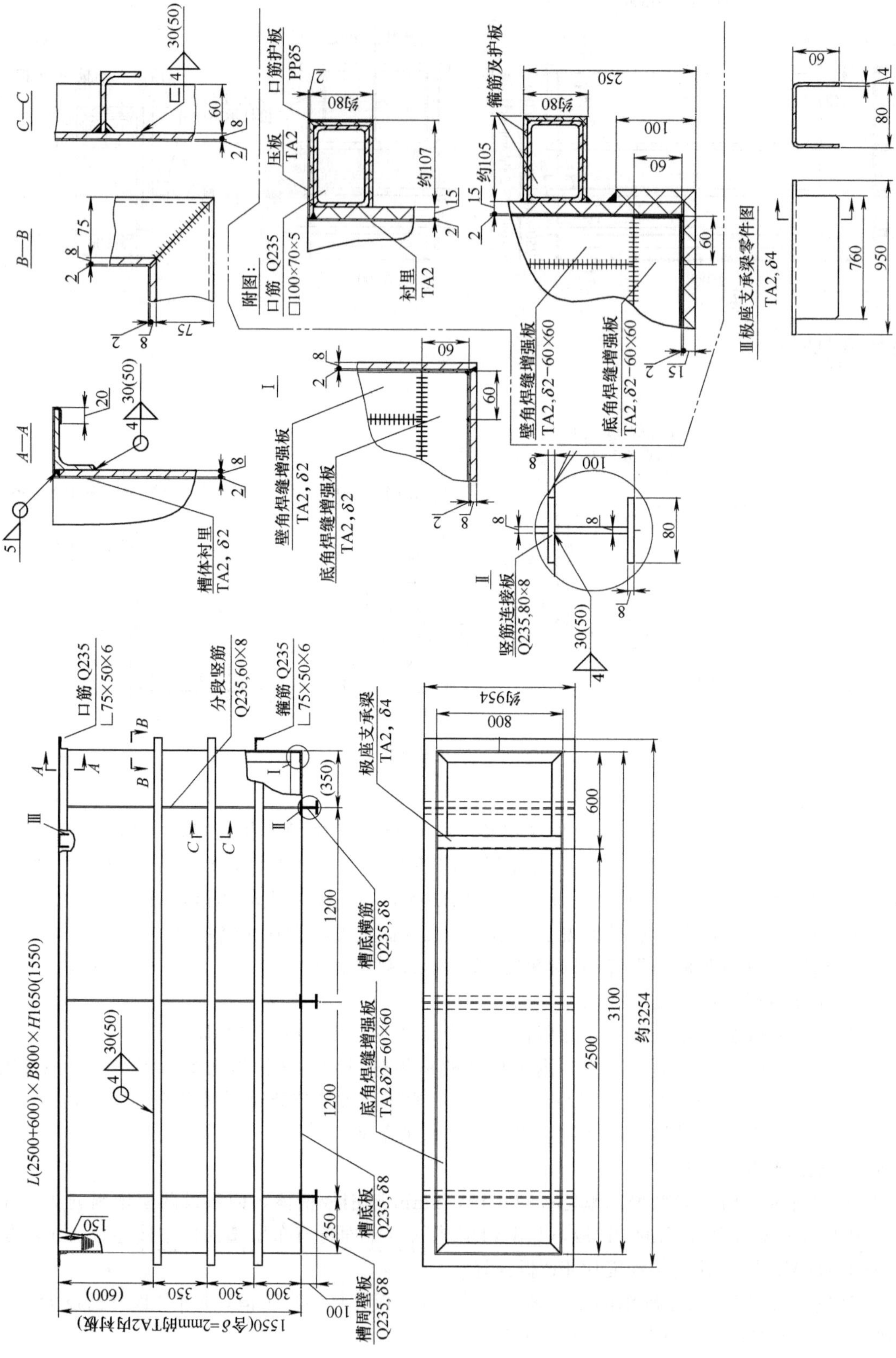

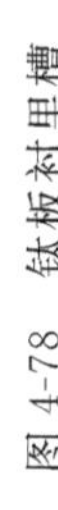

图 4-78 钛板衬里槽

④ 槽体外面的防护涂料，应采用二布三油玻璃钢涂敷，特别是槽底部分，因为纵横底筋采用了工字钢，有必要用玻璃钢将其与槽底全部包裹，以延长槽体使用寿命。

⑤ 槽体需保温层，参见保温层简图，此时槽体需增加两套箍筋，保温层护板可选用 $\delta=$ 5mm 的 PP 板制作，用不锈钢抽芯铆钉固定在箍筋上。

⑥ 本槽体适用于大型镀铬槽以及各种酸或混酸的各类工艺槽。

⑦ 本图为简化画法，技术要求选取“槽体设计通用技术条件”相关条文。

4.3.4.4　橡胶衬里槽（图 4-80）

① 本图所示结构为双通道导轨升降式环形线的镀镍槽，适用于槽与槽之间有 100mm 的环形线上，该槽位于环线回转处，槽体实际尺寸：$L_{总}$ 5150mm×$B_{总}$ 4100mm×H1850mm，制作成分体式，便于在一般硫化罐中进行衬里橡胶的硫化作业。现场拼装后，接缝处贴胶并手工硫化。

② 俯视图中各虚线表示槽底筋分布位置，其结构见Ⅲ局部剖视图。

③ 本图所示结构为平槽底，可按图 4-30 所示设计成带集污斗的斜底形式。

④ 槽体总重：约 3650kg（钢材 3500kg，橡胶 150kg ）。

⑤ 技术要求选取“槽体设计通用技术条件”相关条文。

4.3.4.5　玻璃钢衬里槽（图 4-81）

① 本图所示结构为钢质骨芯玻璃钢酸洗槽，如用作阳极氧化槽时，口筋需制作极杆定位孔，如附图所示，这种形式的定位孔根据氧化工艺要求可随意调整极杆的相对位置。

② 玻璃钢按槽内溶液成分的性质选择树脂品种。

③ 这类玻璃钢槽一般是用模板手糊法施工，其施工要求按玻璃钢施工单位的有效技术标准执行。

④ 本图所示槽体玻璃钢厚度为 15mm ，骨架外表面厚度除槽口为 15mm 外，其余均为 5～6mm。

⑤ 技术要求选取“槽体设计通用技术条件”相关条文。

4.3.5　复合槽结构设计图例

本节介绍的复合槽有主-副连体槽、钢-钛隔套槽、塑-钢隔套槽和排风连体槽等几种（图 4-82～图 4-87）。

4.3.5.1　主-副联体塑料槽（图 4-82）

① 槽体 PP 板 δ 为 15mm，口筋和 3 道箍筋，无筋平底，平底外缘 40mm 与下面箍筋有撑筋连接，增强下部壁板和槽底角焊缝。

② 本槽体设计由于只设置箍筋，按图配置的矩形管，挠度小于 10mm。

③ 本工艺槽可附设 600mm 连体副槽，供连续电解净化和过滤溶液用。这种主副槽连体设计比主副槽分开组合有较多优点，不仅节省占地面积，更重要的是免去了两槽之间多条连接管路。副槽的容积应不小于主槽的六分之一，因此在环境允许以及行车运行在不影响搬移极杆的情况下，副槽的宽度和高度可与主槽相等。

④ 副槽溶液经电解净化后由过滤机过滤后回流主槽，而主槽溶液经流动口自然流向副槽。主副之间隔板上的溶液流动口有两种基本形式，图中 A 型所示为上流口形式，此时为了平衡主副槽之间溶液压力，需在隔板下部设置若干个平衡孔。B 型所示为下流口形式，这有利于主槽下部需要过滤的溶液直接向副槽流动。

⑤ 技术要求选取“槽体设计通用技术条件”有关条文。

4.3.5.2　钢-钛隔套槽（图 4-83）

① 本图所示结构为钢-钛隔套槽，适宜用于槽内溶液温度不大于 60℃的工况条件下，如镀

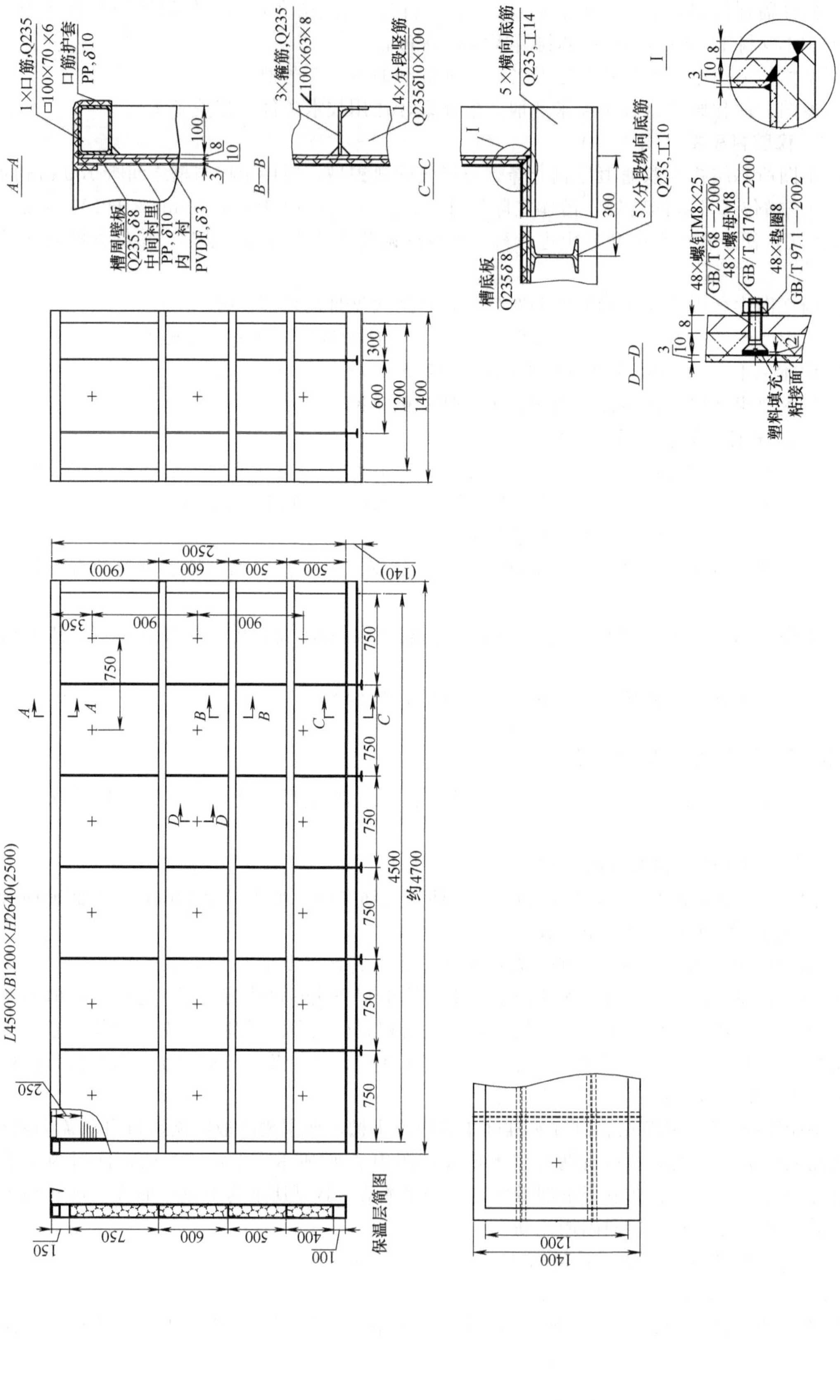

图 4-79 双层塑料衬里槽

A—A
1780
17×100=1700
100
40
I
90
1760
1600
15×100=1500
连接法兰，Q235
└80×80×8
150
B
B
K
底筋
Q235，δ8
溢流斗
Q235，δ6
法兰与接管
Q235-DN100
$L_{展开}$11537×B1600×H1850(1700)
II
1850
850
500
350
150
槽端横筋
Q235，δ8×40
III
槽侧竖筋
Q235，δ8×80
槽侧两口筋
Q235，[8
3100-10
5230
槽侧横筋
Q235，δ8×80
80
底板
Q235，δ6
壁板
Q235，δ6
1760
1600
40
250
1200
1500
200
R450
A
R2050
R1250
2000-10
30°
I
52×φ14
两套法兰
配对钻孔
橡胶衬里
δ3
6
3
II
└40×40×4
溢流斗放大
250
200
50
150
400
80
B—B
橡胶衬里
δ3
φ14
20
10
└80×80×8
Q235
52×螺栓M12×50
GB 5782—2000
52×螺母 M12
GB 6170—2000
52×平垫圈 12
GB 97.1—2002
52×弹簧垫圈 12
GB/T 93—1987
III
150
8
80
K向
400
200
550
1500

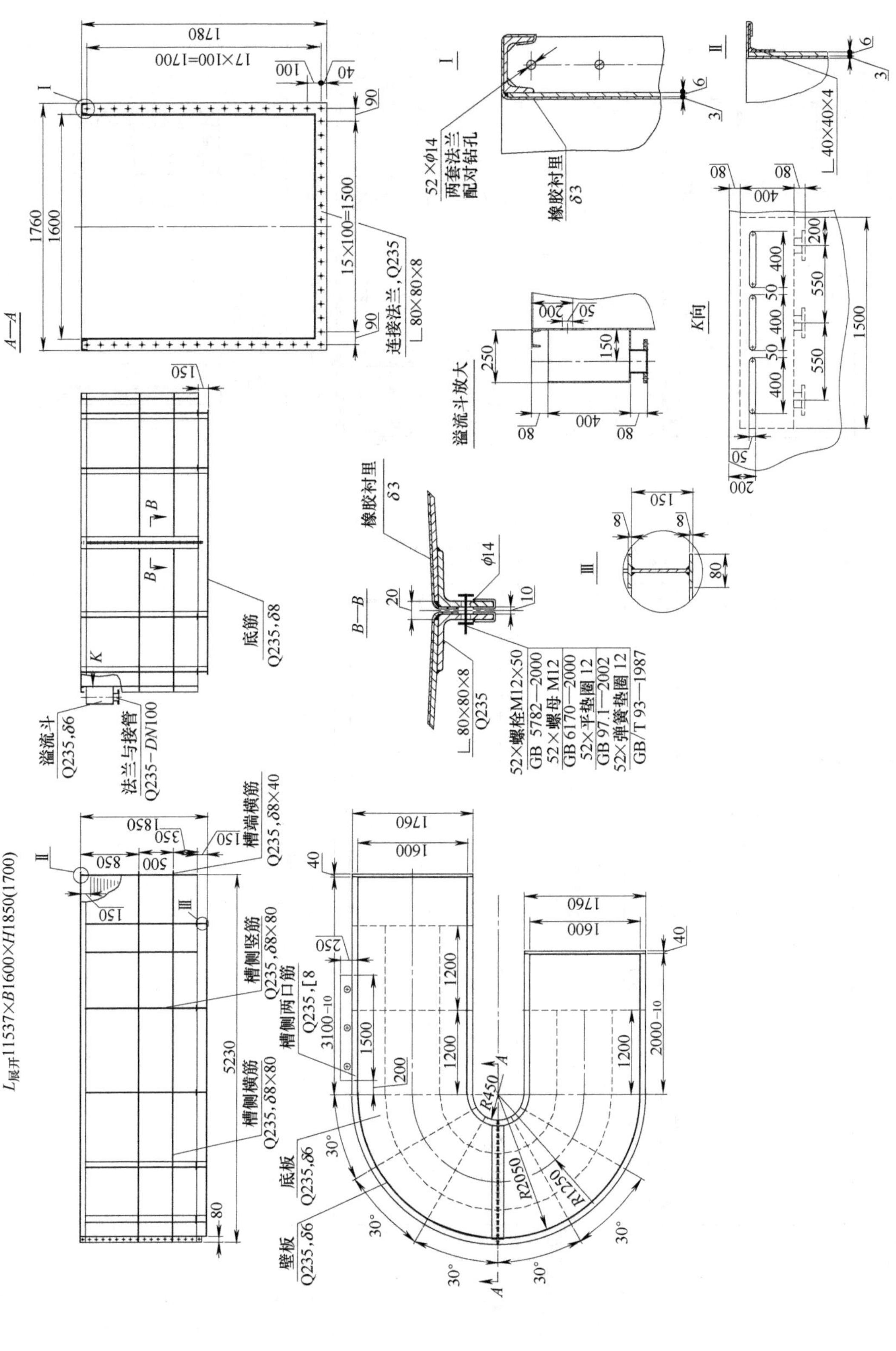

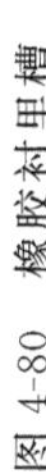

图 4-80　橡胶衬里槽

L9000×B1000×H1300(1200)
1300(敷设玻璃钢后的高度)
(钢架总高度1280)
9210
1000×6
箍筋 Q235
□100×50×4
分段竖筋Q235
□100×50×4
槽底纵横筋Q235
□100×50×4
槽口四角竖筋
Q235-□100×5
1210(底架箍筋宽度1200)
9210(底架箍筋长度9200)
9000
1000
4×R30
槽体
集污斗
玻璃钢
口筋
□100×5
Q235
四角立柱
□100×5
Q235
底架箍筋
□100×5
Q235
附图：极杆定位孔
槽口局部俯视图
A—A

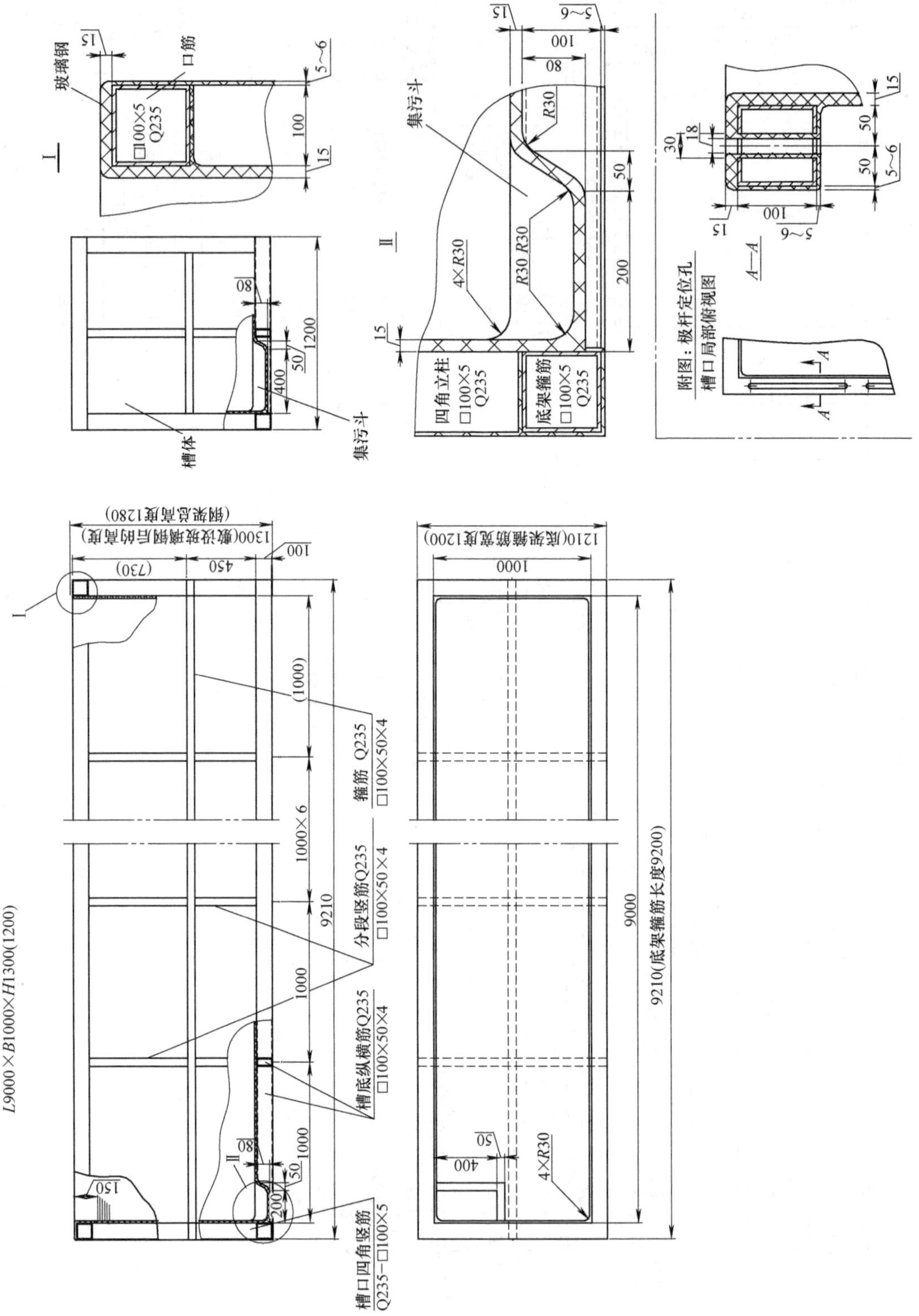

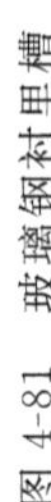

图 4-81　玻璃钢衬里槽

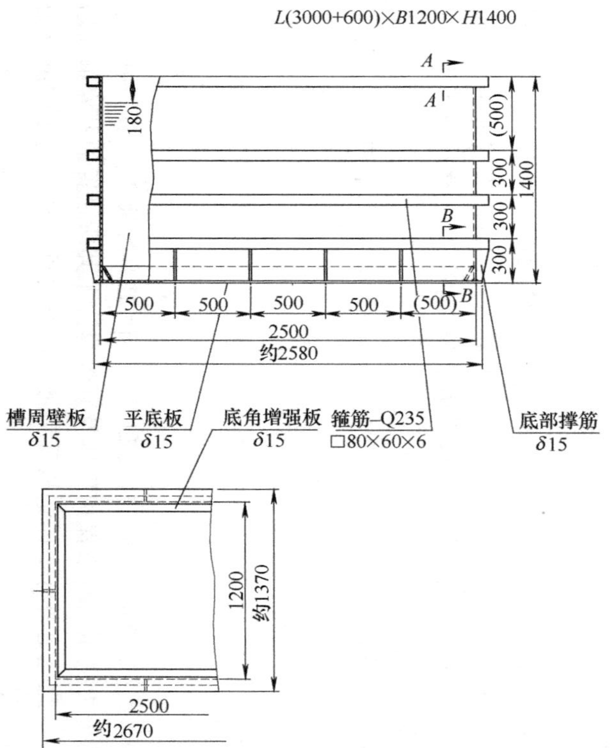

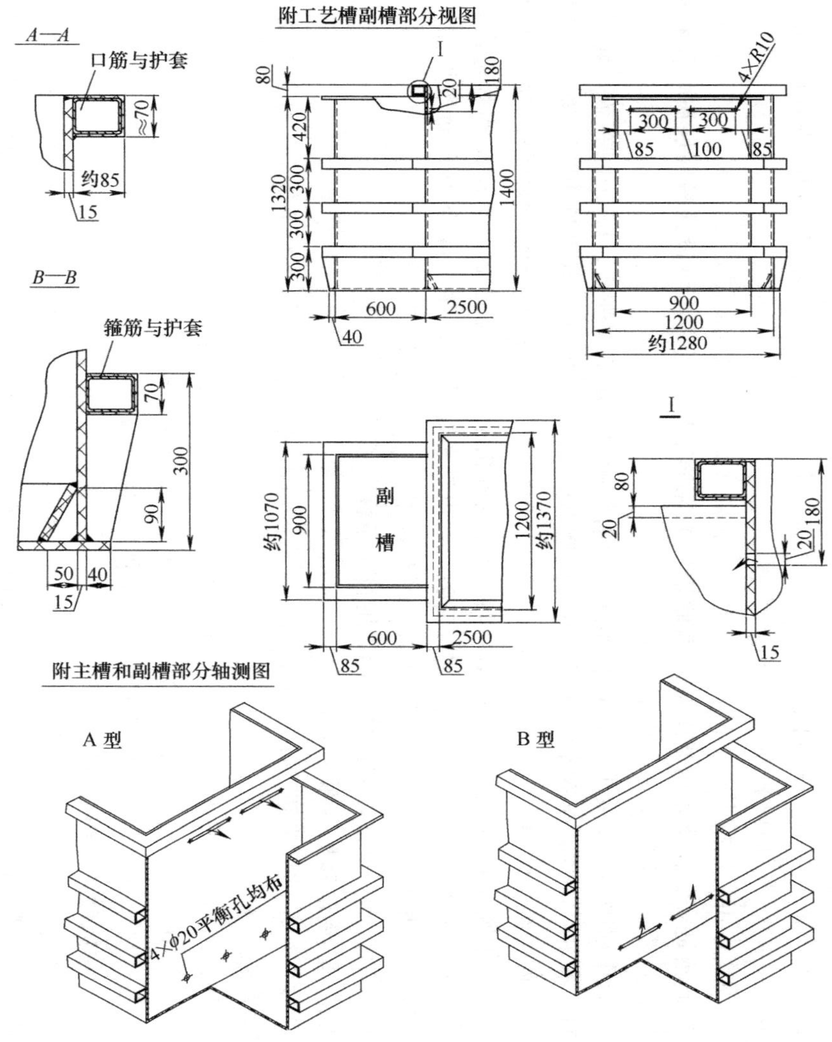

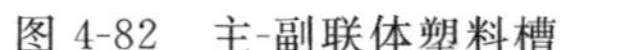
图 4-82 主-副联体塑料槽

铬槽，并可通水冷却。

② 隔套内灌满水后，由蒸汽直冲加温，冷凝水使隔套内的水位增高，由 DN40mm 溢水口流出，溢水口阀门前应装 DN25mm 放空阀。

③ 隔套也可采用蛇形管加温，见附图（槽底隔套蛇形加温管简图）。

④ 此槽是安装在型钢构架上的，因此槽底为无筋平底。当然也可设计槽底底脚，但相应地要在槽底部施焊十字底筋，增强底板刚度。

⑤ 制作程序和技术要求：a. 内槽制作，所有焊缝敷设焊缝增强板；b. 按图布置，铆接隔套各筋（本图所示各筋为不等边角钢，也可用槽钢代之）于内槽上，并在槽内将钛铆钉头熔焊修正；c. 四壁板上组焊内口筋（∟60mm×60mm×5mm）；d. 组装外槽两侧壁板，将壁板和隔套上的角钢竖筋塞焊，并在槽底和槽口部位寻找可相应的施焊点进行点焊；e. 组焊进汽管；f. 组装外槽两端壁板，并与竖筋塞焊连接；g. 组装外槽底板，并与隔套内底筋塞焊连接；h. 施焊外槽壁角和底角焊缝；i. 组装溢流管和排水管；j. 修正焊缝。

⑥ 其他技术要求选取“槽体设计通用技术条件”相关条文。

4.3.5.3 塑-钢隔套槽（图 4-84）

① 本图所示结构为塑-钢镉套槽，适用于槽内溶液温度需冷却的工况条件下，如氰化镀铜和镀隔槽等。

② 槽口四周设置连体排风罩，也可在槽口双侧设置排风罩。

③ 隔套 Π 形支撑筋 10 件，焊接在外槽内，用以支撑内槽。

④ 技术要求选取“槽体设计通用技术条件”相关条文。

4.3.5.4 排风联体塑料槽（图 4-85）

① 本图所示结构为无筋平底、口筋一道、连体双侧条缝式排风罩。排风罩应规范设计，即按溶液表面排风速度、条缝口风速、支风管风速，分别计算出排风口、支风管和汇总支风管的截面积，并按槽体特点，决定它们的长与宽的尺寸。本图所示排风系统的各部尺寸是按液面风速为 0.25m/s、风口风速为 9m/s、单边立式支风管风速为 8m/s、连接干管的汇总支风管风速为 11m/s 计算所得的，供参考。

② 技术要求选取“槽体设计通用技术条件”相关条文。

4.3.5.5 大型排风联体塑料槽（图 4-86）

① 本图所示为排风联体氧化槽。

② 该槽为超高塑料槽，必须设置足够的箍筋、竖筋和底筋，使槽内溶液压力主要由槽体的各加强筋承受，减轻槽体板的外力受压，有效保护板体及其焊缝。尤其所设置的基座箍筋增强了槽底部四条底角焊缝的强度，此处是所有槽体结构受力最为薄弱之处，往往由于焊缝受力变形发生裂纹，造成槽体内溶液渗漏。

③ 本图的槽底纵向和横向加强筋的配置，可参考图 4-64 和图 4-65 所示结构设计，这不仅有利于槽底通风防腐，也有利于槽体吊装和搬运作业。

④ 槽底纵向和横向加强筋涂刷“阿克苏-诺贝尔”重防腐漆。

⑤ 技术要求选取“槽体设计通用技术条件”相关条文。

4.3.5.6 大型排风联体钛槽（图 4-87）

① 本图所示为排风联体铬酸阳极氧化槽。

② 该槽为超高钛槽，必须设置足够的箍筋、竖筋和底筋，使槽内溶液压力主要由槽体的各加强筋承受，减轻槽体板的外力受压，有效保护板体及其焊缝。尤其所设置的基座箍筋增强了槽底部四条底角焊缝的强度，此处是所有槽体结构受力最为薄弱之处，往往由于焊缝受力变形发生裂纹，造成槽体内溶液渗漏。

③ 本图槽底纵向和横向加强筋的配置，可参考图 4-64 和图 4-65 所示结构设计，这不仅有

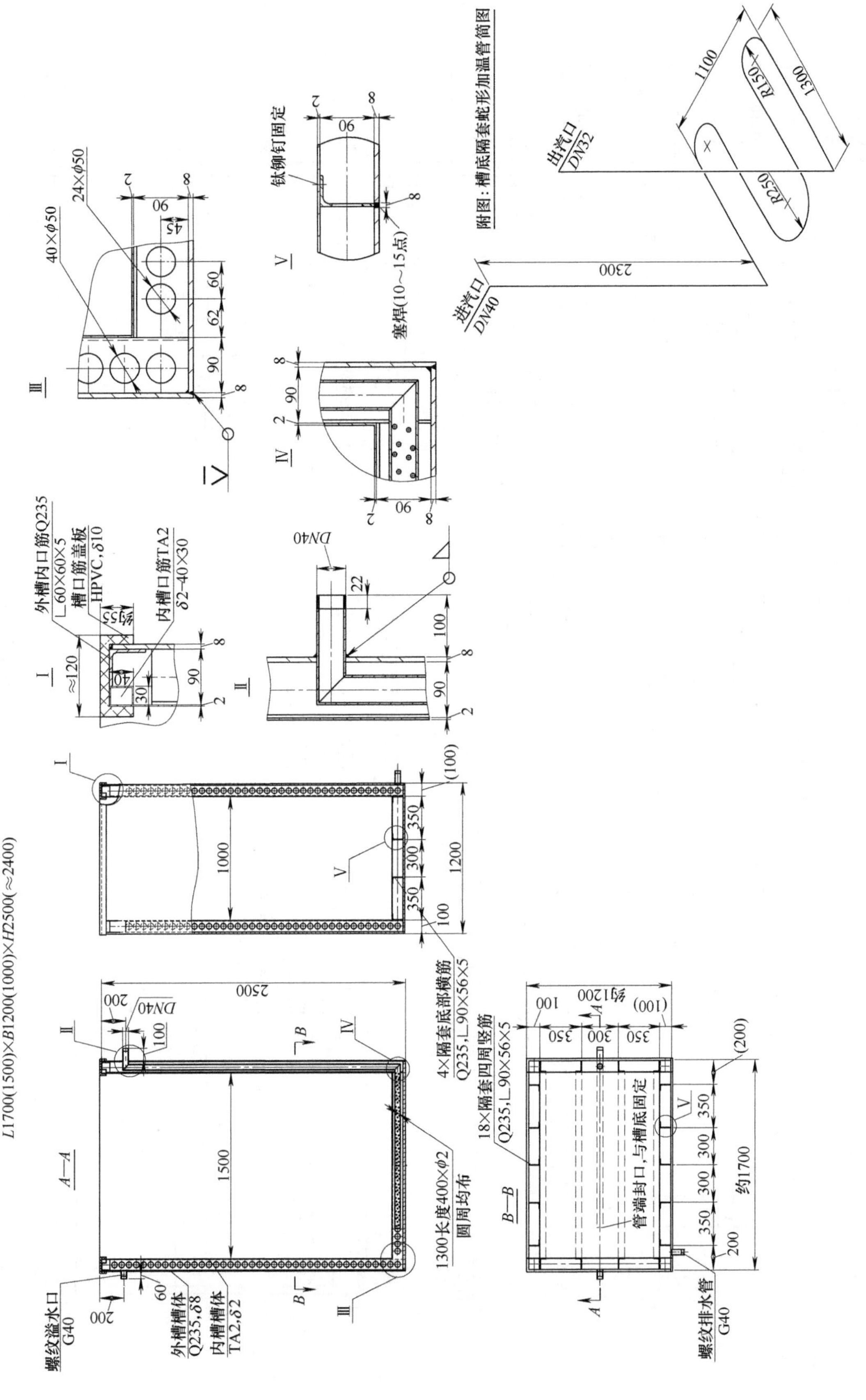

L1700(1500)×B1200(1000)×H2500(≈2400)
A—A
螺纹溢水口
G40
外槽槽体
Q235,δ8
内槽槽体
TA2,δ2
1300长度400×φ2
圆周均布
4×隔套底部横筋
Q235,∟90×56×5
B—B
18×隔套四周竖筋
Q235,∟90×56×5
管端封口,与槽底固定
螺纹排水管
G40
约1700
约1200
外槽内口筋Q235
∟60×60×5
槽口筋盖板
HPVC,δ10
内槽口筋TA2
δ2-40×30
40×φ50
24×φ50
钛铆钉固定
塞焊(10~15点)
附图:槽底隔套蛇形加温管简图
出汽口
DN32
进汽口
DN40
R150
R250

图 4-83 钢-钛隔套槽

L2000(1600)×B1200(800)×H1450(1100)
A—A
B—B
C—C旋转
K向
N向
口筋与护套
[6.3与δ5
内槽壁板
不锈钢,δ3
隔套Π形支撑筋
PPδ8
锚筋与护板
[6.3与δ5
槽外壁板
10×隔套Π形撑筋
PP,δ8
螺纹排水接管
PP,φ32×3.5
隔套进水管
PPφ32×3.5
8×R20
两侧
周边排风罩
PPδ8
排风口法兰
PP,δ12
口筋与护套
[6.3与δ5
锚筋与护套
[6.3与δ5
2×槽底纵筋
PP,δ15
2×溢流管
PP,φ32×3.5
3×槽底Π形横筋
PP,δ10
内槽底板
不锈钢，δ3
外槽底板
PP,δ15
内槽壁板
不锈钢,δ3
外槽壁板
PP,δ15
风罩内隔板
PP,δ8
16×R20
两侧
16×φ9
6×80=480
18×50=900
2×80=160
约1100
约1900
1300
1450
1760
2000
1200

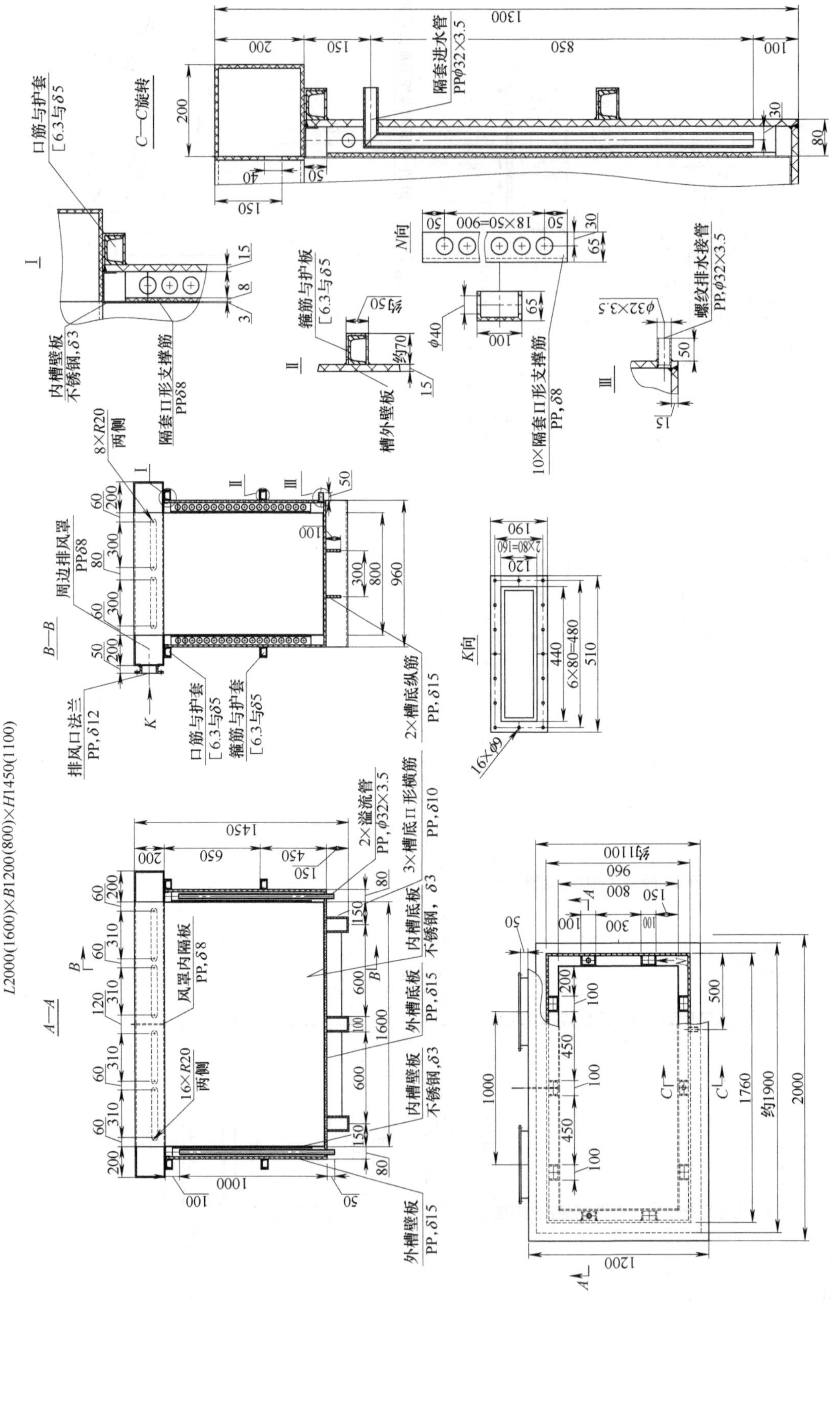

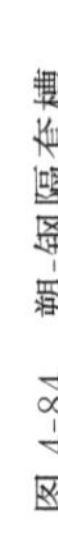

图 4-84　塑-钢隔套槽

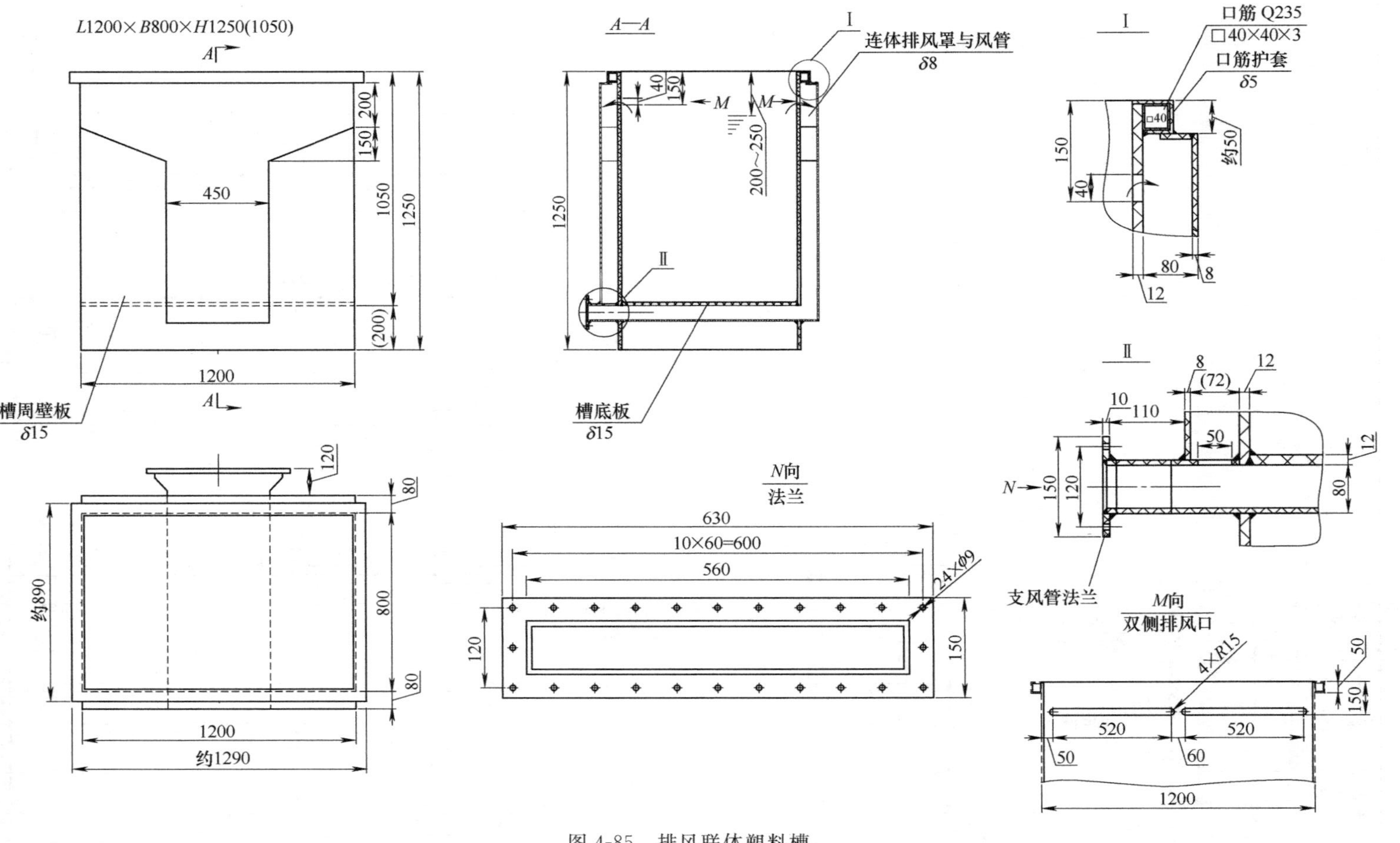

图 4-85　排风联体塑料槽

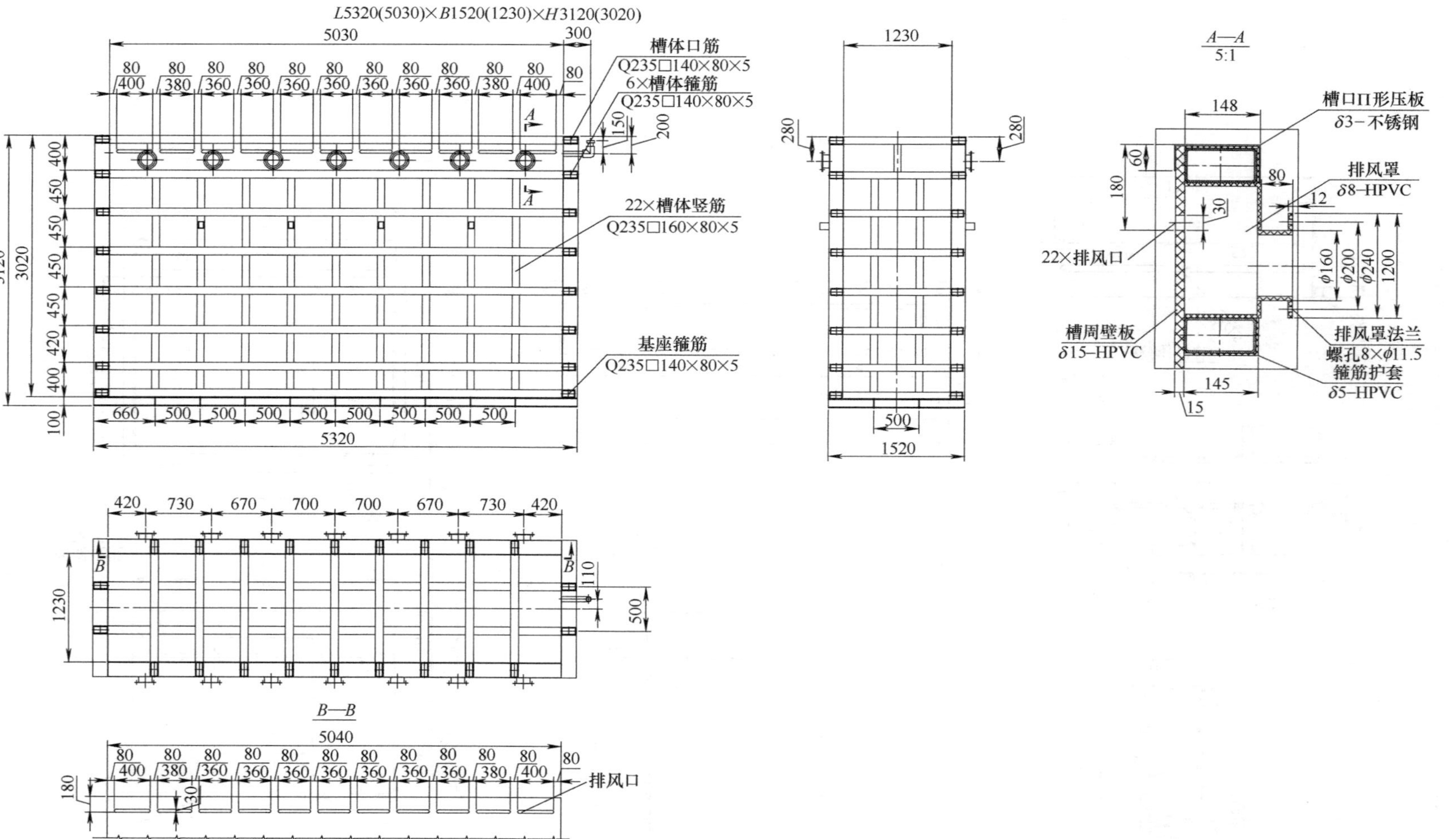

图 4-86　大型排风联体塑料槽

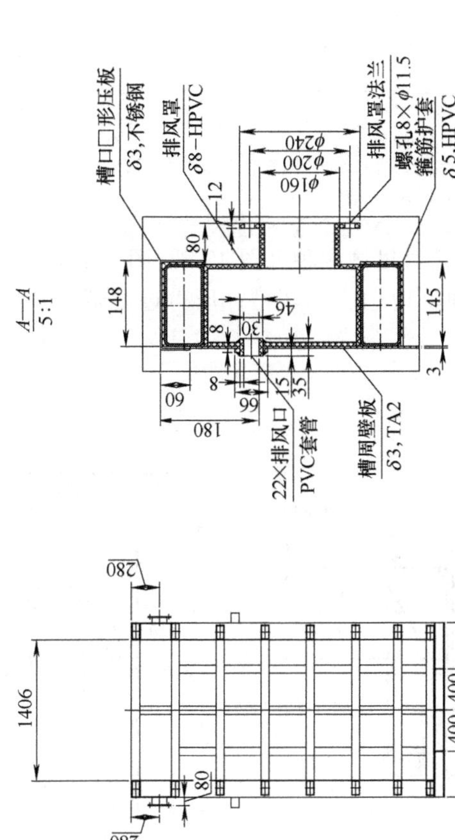

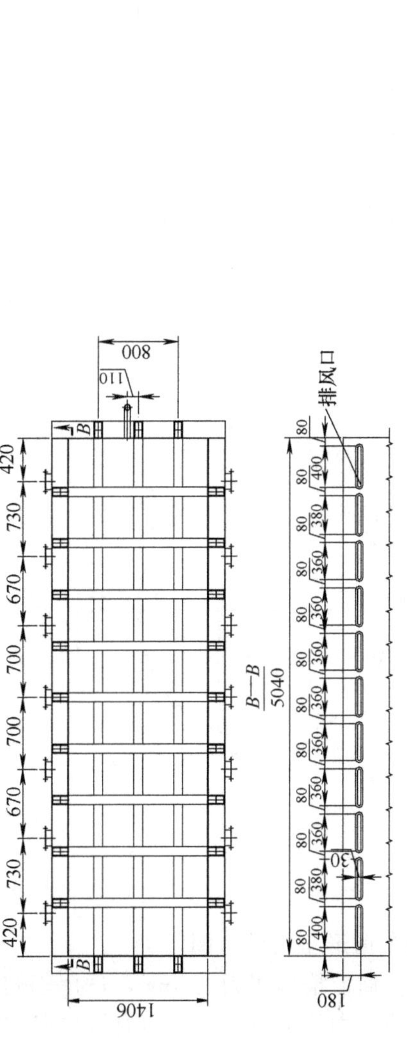

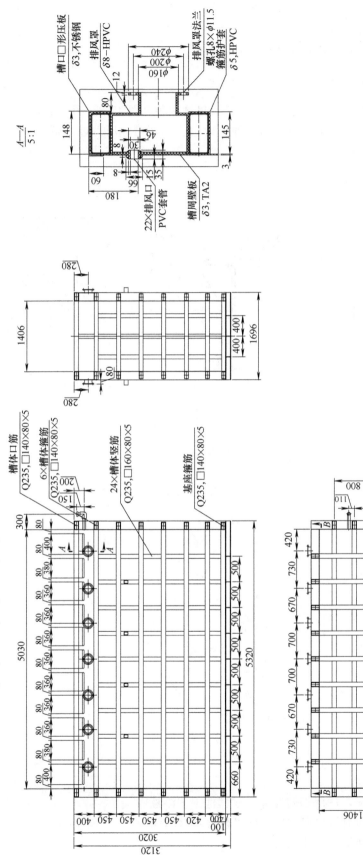

图 4-87　大型排风连体钛槽

利于槽底通风防腐，也有利于槽体吊装和搬运作业。

④ 槽底纵向和横向加强筋涂刷“阿克苏-诺贝尔”重防腐漆。

⑤ 技术要求选取“槽体设计通用技术条件”相关条文。

4.3.6 圆筒形槽结构设计图例

本节介绍的圆筒形槽包括筒形塑料槽和筒形钢板衬里槽两种（图 4-88、图 4-89）。

圆筒形槽在废水处理系统中应用较多，如各种反应槽、加药槽、压力过滤器和离子交换柱等。

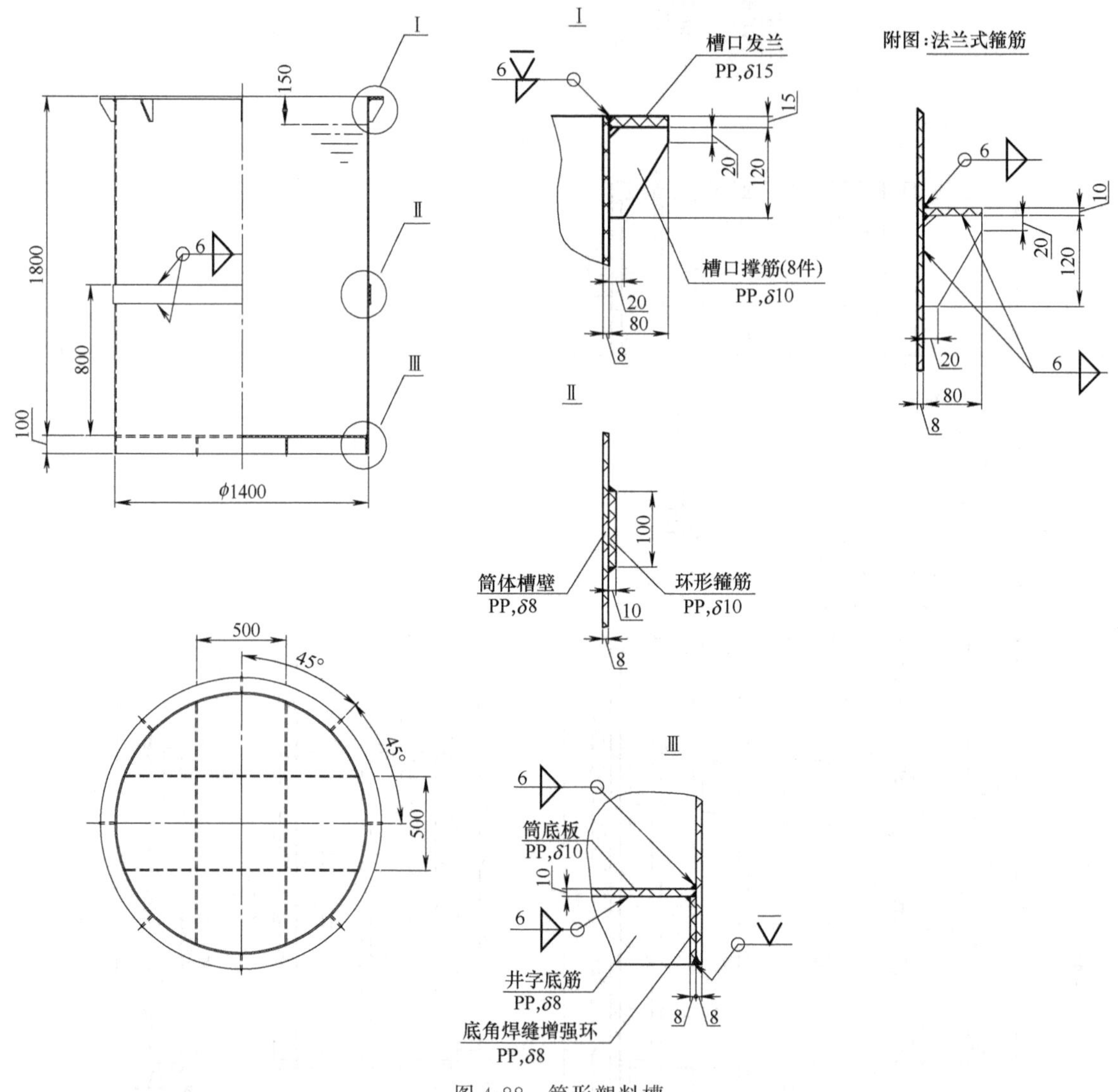

图 4-88 筒形塑料槽

4.3.6.1 筒形塑料槽（图 4-88）

① 本筒形槽容积为 2.5m^3，适用于储存纯水或其他工艺溶液。

② 筒体加热成形，其纵向对接焊缝在内壁面可敷设焊缝增强板，图中未标注。

③ 用作工艺槽时，要加强槽口承载强度。

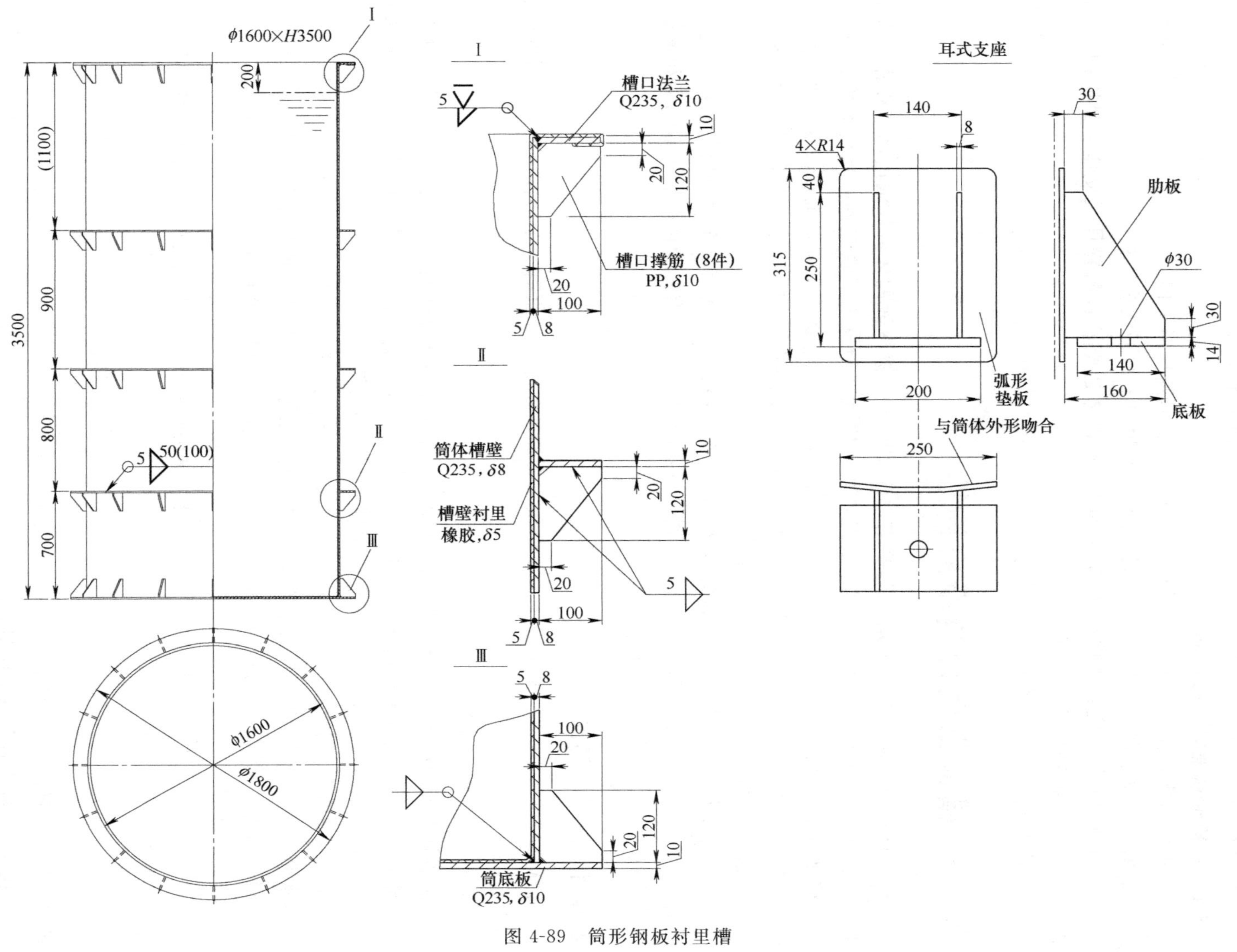

图 4-89　筒形钢板衬里槽

④ 筒体箍筋有环形箍筋和法兰式箍筋（见附图）两种。箍筋应设置在槽体强度与刚度最大的部位，但也应设置在筒体横向环形对接焊缝区，以加强筒体对接焊缝。

⑤ 筒体外壁面可缠玻璃钢予以加强，此时可不必设置筒体箍筋。

⑥ 技术要求选取“槽体设计通用技术条件”相关条文。

4.3.6.2 **筒形衬里槽**（图 4-89）

① 本筒形槽容积为 6.5m^3，适用于手工电镀大型圆柱形工件。

② 槽体衬里根据工艺要求，可选择橡胶、软聚氯乙烯板或玻璃钢。

③ 当槽体悬挂式安置于楼板或钢架上时，在槽体适当位置配置耳式支座（见附图）3 件或 4 件，并需将筒底板适当加强。

④ 技术要求选取“槽体设计通用技术条件”相关条文。

4.4 槽体常用材料及其特性

槽体材料的选择，首先满足工艺要求，即在既定电镀溶液的成分、浓度和工作温度条件下，材料具有耐蚀性（或化学稳定性），其产生的腐蚀产物也不影响工件处理后的质量。选材的总原则概括起来是：技术上可行，经济上合理，加工工艺性能良好，维护保养方便。槽体设计和制作人员在掌握材料的物理性能、力学性能、耐蚀性能及加工工艺性能的基础上，务必遵守选材原则的这四个要点，并在实践中充分体现。

槽体常用材料有金属材料和非金属材料两大类。择其要者而言，金属材料目前应用最为广泛的有三种：碳钢、不锈钢和钛。非金属材料应用最为广泛的有：聚丙烯、聚氯乙烯和聚偏氟乙烯塑料，以及橡胶和玻璃钢。

4.4.1 材料的腐蚀评定

槽体是电镀生产中的基本设备，无论采用金属还是非金属都有一个盛储电镀溶液时的防腐蚀问题。

4.4.1.1 金属腐蚀评定

金属材料腐蚀的形态，可分为全面（均匀）腐蚀和局部腐蚀两大类。前者大致发生在金属的全部表面，后者只发生在局部，例如孔蚀、缝隙腐蚀、晶体腐蚀、应力腐蚀等。有些局部腐蚀比均匀腐蚀的危害严重得多，可能会出现突发性的破坏。

金属腐蚀是金属被腐蚀介质逐渐溶解（或成膜）的过程，失重是主要的特征。因此，金属均匀腐蚀的程度是最主要的一项评价，以腐蚀速率表示，常用的有两种单位，即单位时间和单位面积上损失的重量。而常用的指标又有两种：重量指标和深度指标。

(1) 重量指标腐蚀率评定

重量指标评定法（又叫失重法）主要用于腐蚀产物能很好地除去而不损伤主体金属的场合，其腐蚀速率的计算式如下：

$$K=\frac{W_0-W_1}{St}$$

式中 K——腐蚀率，g/(m^2 · h)；

W_0——腐蚀前金属的质量，g；

W_1——腐蚀后金属的质量，g；

S——金属与腐蚀介质接触的面积，m^2；

t——腐蚀作用的时间，h。

(2) **深度指标腐蚀率评定**

深度指标评定法（又叫深度法）是以腐蚀后金属厚度的减少来表示的，它与失重法相比优点是计入了金属密度的因素，当质量损失相同时，密度大的金属比密度小的被腐蚀的深度更浅。腐蚀速率的深度指标用单位时间内金属的腐蚀深度来表示，工程上常用的单位是 mm/a。

金属的腐蚀深度 D（mm/a）与失重法测得的 K [$g/(m^2 \cdot h)$] 有如下换算关系式：

$$D=\frac{24\times 365K}{1000\rho}=8.76\frac{K}{\rho}$$

式中　D——金属材料的年腐蚀深度，mm/a；

K——失重法的腐蚀率，$g/(m^2 \cdot h)$；

ρ——金属的密度，g/cm^3。

工程上用 D 来评价金属腐蚀等级，不仅是因为自身内涵上的优点，还在于失重法的 K 值可从试验室模拟测得，方法简易、结果可靠，经把 K 换算成 D 的数据就可据之判定实际使用的槽体是否符合预定的耐腐蚀性等级，从而为槽体使用年限、维护保养措施等提供评估的依据。

下面介绍失重法试验室模拟测定 K 值的要点：

① 试验室用试件尺寸：50mm×25mm×(2～3)mm。每次试验用 2～3 个试件（工厂挂片试件尺寸可大些）。

② 试件表面须经处理（砂纸打磨去锈→用丙酮等溶剂除油污→蒸馏水冲洗干净→50℃下干燥）。

③ 被选定条件（如：静止、溶液搅动、试件旋转、通入气体等）设计装置，试验期间要保持固定液面，并经常更换溶液。

④ 拟定试验周期（一般为 48～200h），腐蚀率高者时间可短些，反之则长些。又可分为：a. 每次试验几个周期，每周期 48h，取出试件，测定 K 值，再计算腐蚀率（D）；b. 在一次较长期的试验中，分别于 24h、48h、96h、240h 取出试件，测定 K 值，再计算腐蚀率（D）。

金属材料多发生电化学腐蚀，其均匀腐蚀程度的评定方法目前还不统一，推荐的金属均匀腐蚀的评定标准列于表 4-11，供参考应用。

表 4-11　金属均匀腐蚀评定标准

耐蚀性评定	年腐蚀深度/(mm/a)
耐蚀(优良)	<0.05
尚耐蚀(良好)	0.05～0.50
可用	>0.50～1.00
不适用	>1.00

4.4.1.2　非金属腐蚀评定

非金属有机材料（塑料、橡胶、树脂等）在使用过程中，其表面与腐蚀介质接触后，溶液会逐渐扩散到材料的内部，其表面和内部都可能产生一系列变化，使其质量增加；也可能材料的可溶成分及腐蚀产物会逆向扩散进入介质而使质量减小。另外，非金属材料受环境因素，如阳光、温度、湿度以及大气中的氧气、二氧化碳、硫化氢和二氧化硫等的影响，其化学、物理和力学性能逐渐劣化，以致丧失使用价值。这种现象称为非金属材料的腐蚀或老化。腐蚀或者老化往往是由物理和纯化学作用所致，其主要表现在：①表面形态和色泽的改变，如出现污渍、斑点、皱纹、粉化、起泡、脱皮及分层等；②受溶剂作用，可能全部或部分溶解、溶胀或渗透性变化；③耐冷、耐热性能的变化；④力学性能的改变，如抗拉强度、抗弯强度、抗冲击韧性等的变化。非金属材料的老化是一种不可逆的变化，采取适当的防老化措施延缓老化的速率，可以延长槽体的使用寿命。

非金属材料的腐蚀机理的研究，尚处于探索试验阶段，还没有形成一个比较成熟、能为大家所认同的统一评定标准，因此在设计和使用非金属材料的槽体和衬里时，必须充分了解与分析所选用材料的综合性能。非金属材料耐蚀性通常用它被介质作用后质量的增减及强度的降低来评定，推荐的非金属材料耐蚀性的评定标准列表于4-12，供参考应用。

表 4-12　非金属材料耐蚀性评定标准

耐蚀性评定	数据判定		一般判定
	质量(与原质量的比值)/%	强度(与原强度的比值)/%	
稳定	100～102	95～100	腐蚀很轻或无
尚稳定	102～110	85～95	腐蚀轻
可用	110～105	80～85	有腐蚀现象，如变形、变色、脱层、失强、失重等
不稳定	105 或 95	＜80	严重变形、脱层、失强和失重等

还应指出，对于非金属材料，特别是合成材料，往往同类材料由于制法、配料等不同，其耐蚀性可相差一个或两个等级，选用时也应注意。

4.4.2　常用金属材料及其物理力学性能

4.4.2.1　槽体及其衬里的常用金属材料

槽体及其衬里的常用金属材料有碳钢、不锈钢和钛三种，它们的加工性能都比较好，可进行机械加工、焊接和胀接工序，也可以进行冷、热加工成形。

碳钢在电镀设备中，最常使用的是牌号为Q235的普通碳素结构钢，其碳含量较低、强度高、塑性和冲击韧性好、价格低、施工方便（包括各种连接方法，且构造精确度也高）。由于碳钢的结晶组织最接近于多向同性系统，质地比较均匀，有较大的弹性模量，因此是制作各类结构件、构架和加强筋的较理想的弹塑性材料。

碳钢的耐蚀性能较差，因此，在电镀环境下使用碳钢，应切实注意在外表面作有效防腐处理，如涂覆常用的铁红醇酸底漆、铁红环氧底漆、铁红硝基底漆、氨基底漆、沥青底漆等，它们与碳钢都具有良好的附着力。

表 4-13　常用奥氏体不锈钢牌号和成分

中国 GB/T 20878—2007		美国	日本	化学成分(质量分数)/%								
新牌号	旧牌号	牌号(ASTM)	牌号(SUS)	C	Si	Mn	P	S	Ni	Cr	Mo	Ti
06Cr19Ni10	0Cr18Ni9	304	304	0.08	1.00	2.00	0.045	0.03	8.00～11.00	18.00～20.00	—	—
022Cr19Ni10	00Cr19Ni10	304L	304L	0.03	1.00	2.00	0.045	0.03	8.00～12.00	18.00～20.00	—	—
06Cr17Ni12Mo2	0Cr17Ni12Mo2	316	316	0.08	1.00	2.00	0.045	0.03	10.00～14.00	16.00～18.00	2.00～3.00	
022Cr17Ni12Mo2	00Cr17Ni14Mo2	316L	316L	0.03	1.00	2.00	0.045	0.03	10.00～14.00	16.00～18.00	2.00～3.00	
06Cr17Ni12Mo2Ti	0Cr18Ni12Mo3Ti	316Ti	316Ti	≤0.08	≤1.00	≤2.00	≤0.035	≤0.03	10.00～14.00	16.00～19.00	2.50～3.50	5×C～0.70
06Cr18Ni11Ti	0Cr18Ni10Ti	321	321	≤0.08	≤1.00	≤2.00	≤0.035	≤0.03	9.00～12.00	17.00～19.00		≥5×C
	1Cr18Ni9Ti			≤0.12	≤1.00	≤2.00	≤0.035	≤0.03	8.00～11.00	16.00～19.00		5×(C−0.02)～0.80

在大气中耐蚀的钢叫不锈钢，在强腐蚀性介质中耐蚀的钢叫不锈耐酸钢，习惯上统称为不锈钢。不锈钢的种类和牌号很多，包括含Cr18%、Ni8%～9%的系列18-8型奥氏体不锈钢，以及在此基础上发展起来的含Cr、Ni更高并含有Mo和Ti等的不锈钢。

不锈钢具有优良耐腐蚀性和良好的热塑性、冷变形能力和可焊性，使它涵盖板、管、带、棒等几乎所有的冶金产品，当然，也广泛应用于表面处理行业。在电镀设备中最常用的

06Cr19Ni10、06Cr17Ni12Mo2 和 06Cr17Ni12Mo2Ti 奥氏体不锈钢牌号与成分列于表 4-13，供参考应用。

钛是一种耐蚀的非铁金属材料，密度小，是一种具有高度化学活性的金属，在常温下就很容易与氧结合生成保护性很强的惰性氧化膜，其稳定性远高于不锈钢的氧化膜，在受到机械损伤后能很快修复。工业纯钛的主要化学成分质量分数 Ti＞98.9%，Fe、C、N 等杂质≤0.9%。钛在电镀设备中常用牌号有 TA1、TA2。

4.4.2.2 常用金属材料的物理力学性能

常用金属材料的物理力学性能和部分常用型钢的力学性能，分别列于表 4-14 和表 4-15，供参考应用。

4.4.3 常用金属材料的耐腐蚀性能

4.4.3.1 碳钢的耐蚀性能

① 碳钢在淡水（无盐的河水、湖水、池水、井水，处理过的饮用水和各种工艺用水）中的腐蚀速度与水中溶解氧的浓度有关。氧作为去极化剂而加速腐蚀，当氧的浓度达到某个定值时，微电池电流可能超过致钝电流，使碳钢表面因生成氧化膜而发生钝化，腐蚀速度将会降低，但所生成的氧化膜是疏松地覆盖在钢的表面的，因此其保护性能是很低的。碳钢在含有矿物质的硬水中的腐蚀比在软水中慢，这是由于硬水可能会产生不溶解的碳酸钙垢附着在钢的表面上，阻止金属与氧的接触，从而减少腐蚀。

② 碳钢在空气中的耐蚀性与空气的温度、湿度、成分有关。当空气中含有二氧化硫、硫化氢、氨、二氧化碳、氯等成分时，其腐蚀将会加快。

③ 在中性溶液中，因为碳钢的腐蚀是由氧的去极化控制的，其耐蚀性随含氧量而定，在无氧或低氧的静止溶液中，腐蚀很轻微；在高氧和搅拌情况下，腐蚀速率可增大几十倍。如果氧的作用达到使碳钢表面钝化的程度，则腐蚀速率又大大下降。

④ 在酸性溶液中，碳钢是相当不稳定的，极易被腐蚀。在无机酸中：硝酸中一般是不能使用的；盐酸中腐蚀速度随浓度的增加而加快；硫酸中腐蚀速度随浓度的增加而加大，当浓度达到 47%～50% 时，腐蚀速度最大，只有当浓度高于 70%时是耐蚀的，因此钢槽在常温条件下可密封存放浓硫酸（浓度大于 80%）和发烟硫酸。在有机酸中：草酸、醋酸、柠檬酸等对碳钢的腐蚀最为强烈，但它们的腐蚀作用比同等浓度的无机酸要弱得多。

⑤ 在常温的碱或碱性水溶液中，碳钢是相对稳定的。当水溶液中的氢氧化钠含量超过 1g/L（pH＞9.5）时，在有氧存在的情况下，其表面产生一层溶解度很小的氧化膜（氢氧化亚铁或氢氧化铁），它与碳钢表面紧密结合而起到保护作用，不使其继续腐蚀。但要注意以下几点：

a. 碱性溶液的浓度和温度的影响。如氢氧化钠浓度超过 30%时，碳钢表面的腐蚀产物氧化膜的保护性能就开始降低，温度升高时则腐蚀加重，因为此时氧化膜已转变为可溶的铁酸盐，使碳钢中的 Fe 以铁酸盐的形式进入溶液而继续腐蚀下去。

b. 碳钢在氢氧化钠（苛性碱）水溶液中会产生应力腐蚀破裂，叫作碱性破裂（简称碱脆）。碱脆产生的条件：约 60℃是产生碱脆与否的界限温度，最容易发生碱脆的温度是在溶液沸点附近；其浓度以氢氧化钠计，是在 30%附近。因此钢铁件高温氧化（工艺条件：氢氧化钠含量大于 550g/L，操作温度大于 130℃），采用碳钢槽长期使用时应注意碱脆的可能性。碳钢槽盛装氢氧化钠和氢氧化钾溶液时的使用温度不应大于表 4-16 所列的上限。

c. 碳钢交替地暴露于碱溶液和中性溶液或者空气中，会生锈，这就是脱脂钢槽的槽口部分和外部会腐蚀生锈而内部不腐蚀的原因。

⑥ 在盐类溶液中，由于盐溶液的高导电性，情况就比较复杂，总体而言是容易被腐蚀的。

表 4-14 常用金属材料的物理力学性能

材料	主要化学组成/%	密度(20℃)/(g/cm³)	熔点/℃	比热容/[J/(kg·℃)]	线胀系数(20℃)/10^{-6}℃$^{-1}$	抗拉强度/MPa	弹性模量/10^3MPa	屈服强度/MPa	硬度(HB)	伸长率/%
普通碳素结构钢(Q235)	C:0.12～0.20	7.85～7.86	1470～1490	473～479	11.16～11.68	375～460	210	235($\delta\leqslant$15mm)	100～130	26($\delta\leqslant$15mm)
不锈钢(18-9 奥氏体)	Cr:17～19 Ni:9～14 C:<0.12 Mo、Ti 等微量	7.93	1400～1420	502(0～100℃)	17(0～100℃) 20(100～1000℃)	520～686	193	245～294	185	26～60
工业纯钛(TA1)(TA2)	Ti:99 Ti:98.9	4.51	1650～1704	527	8.2(0～100℃)	TA1:370～530 TA2:440～620	114～103 室温～100℃	245～441	100～160	TA1 板:30～40 TA2 板:25～30

表 4-15 部分常用型钢的力学性能（GB/T 706—2008 和 GB/T 3094—2000 摘录）

等边角钢型号	截面尺寸/mm b	d	r	z_0	截面面积/cm²	理论质量/(kg/m)	惯性矩 I_X/cm⁴	截面系数 W_X/cm³
4	40	3	5	10.9	2.359	1.852	3.59	1.23
		4		11.3	3.086	2.422	4.40	1.60
		5		11.7	3.791	2.976	5.53	1.96
5	50	3	5.5	13.4	2.971	2.332	7.18	1.96
		4		13.8	3.897	3.059	9.26	2.56
		5		14.2	4.803	3.770	11.21	3.13
6.3	63	4	7	17.0	4.978	3.907	19.03	4.13
		5		17.4	6.143	4.822	23.17	5.08
		6		17.8	7.288	5.721	27.12	6.00
8	80	5	9	21.5	7.912	6.211	48.79	8.34
		6		21.9	9.397	7.376	57.35	9.87
		7		22.3	10.86	8.525	65.58	11.37

槽钢型号	基本尺寸/mm h	b	d	t	截面面积/cm²	理论质量/(kg/m)	惯性矩 I_X/cm⁴	截面系数 W_X/cm³
5	50	37	4.5	7.0	6.928	5.438	26.0	10.4
6.3	63	40	4.8	7.5	8.451	6.634	50.8	16.1
8	80	43	5.0	8.0	10.248	8.045	101.0	25.3
10	100	48	5.3	8.5	12.748	10.007	198.0	39.7
12	120	53	5.5	9.0	15.362	12.059	346.0	57.7

不等边角钢型号	截面尺寸/mm B	b	d	r	y_0	截面面积/cm²	理论质量/(kg/m)	惯性矩 I_X/cm⁴	截面系数 W_X/cm³
6.3/4	63	40	4	7	18.7	4.058	3.185	16.49	3.87
			5		20.4	5.993	3.920	20.02	4.74
7.5/5	75	50	5	8	23.6	6.125	4.808	34.86	6.83
			6		24.0	7.260	5.699	41.12	8.12
9/5.6	90	56	5	9	29.1	7.212	5.661	60.45	9.92
			6		29.5	8.557	6.717	71.03	11.74
			7		30.0	9.880	7.756	81.01	13.49

矩形管型号	截面尺寸/mm A	B	d	截面面积/cm²	理论质量/(kg/m)	惯性矩 I_Y/cm⁴	截面系数 W_Y/cm³
50×32	50	32	2	3.05	2.40	10.48	4.19
			3	4.41	3.46	14.55	5.82
60×40	60	40	3.5	6.30	4.95	30.41	10.14
			5	8.57	6.73	39.41	13.14
80×60	80	60	4	10.29	8.07	92.76	23.19
			6	14.74	11.57	126.8	31.70
100×70	100	70	5	15.57	12.22	215.2	43.04
			6	18.34	14.40	248.6	49.73
120×80	120	80	6	21.92	17.22	430.6	71.76
			7	25.20	19.78	486.6	81.10

在酸性盐溶液中，如三氯化铁、氯化铝、氯化锰、硫酸镍等水解后生成酸，其腐蚀速度与相同 pH 值的酸相类似。在碱性盐溶液中，如磷酸钠、碳酸钠、硅酸钠等水解后生成碱，当 pH 值大于 10 时，就成为缓蚀剂，尤其像磷酸钠和硅酸钠等，由于能在表面生成具有较好保护性的盐膜，即使 pH 值低于 10，其缓蚀效果仍较好。氧化性盐溶液可分为两类：一类如三氯化铁、氯化汞、次氯酸钠等，由于它们是很强的去极化剂，能吸收阳极金属溶解释放出来的电子，从而加速阳极区金属的溶解，对碳钢腐蚀很严重；另一类如铬酸钠、高锰酸钾、重铬酸钾等，当其含量足够时，能促使钢的表面钝化而成为缓蚀剂。重金属盐溶液如硫酸铜、硫酸镍、硝酸银等的阳离子，可与 Fe 发生置换，使碳钢发生腐蚀。

表 4-16 碳钢槽盛装 NaOH 和 KOH 溶液时的使用温度上限

（摘自 HG/T 20581—2011）

NaOH 和 KOH 溶液浓度/%	2	3	5	10	15	20	30	40	50
温度上限/℃	82	82	82	81	76	71	59	53	47

碳钢在酸、碱、盐溶液中的耐腐蚀性能列于表 4-17，供参考应用。

表 4-17 碳钢在酸、碱、盐溶液中的耐腐蚀性能

介质	耐腐蚀	不耐蚀
酸溶液	浓硫酸＞80%(25℃)，浓铬酸＞80%(25℃)，氢氟酸＞70%(25℃)	除左面所述的之外其他的酸
碱溶液	大多数碱性溶液	在应力状态下，在热的碱溶液中会产生应力腐蚀而脆化破裂(碱脆)
盐溶液	磷酸钠，碳酸钠，硅酸钠，铬酸钠，重铬酸钠，高锰酸钾（80℃)，重铬酸钾＜60%，硝酸钾，硅酸钾，铬酸钾＜40%	碳酸镍，氯化镍，硫酸铜，氯化铜，硫酸锌，氯化锌，硫酸铬，氯化铬，硫酸铁，硝酸铁，三氯化铁，氯化锡，氯化铝，氯化锰，氯化汞，硝酸银，次氯酸钠

据上所述，碳钢适于制作盛装碱性溶液的槽体，或是敷设防腐衬里（软聚氯乙烯、硬聚氯乙烯、聚丙烯、聚偏氟乙烯、橡胶、玻璃钢、不锈钢板或钛板）的衬里槽体，但不宜直接用于高清洁度的碱性清洗槽体。还有某些槽体，如溶锌槽，在温度不大于 80℃的情况下，锌和铁可以构成原电池，由于锌的电位比铁要低，所以先溶解锌，它们在一起时，锌对铁有保护作用。另外，溶锌槽在维护清理时，常需要清除槽壁上一些附着的结晶物质，若采用塑料槽，清理作业不慎容易伤及塑料槽壁，此时应用碳钢槽就是合理选项。

4.4.3.2 不锈钢的耐蚀性能

不锈钢的耐蚀性是由于表面产生的钝化膜而导致的。这种由于钝化而产生的耐蚀属性，在能够促进钝化的环境中都是耐蚀的；反之，在不具备钝化条件或会引起钝化膜破坏的环境中就不稳定或不够稳定。铬是使不锈钢获得钝性的主要钝化元素，镍也是可钝化元素，而且不锈钢中的镍对于碱还是具有很强的耐蚀能力。

不锈钢腐蚀有均匀腐蚀，但更多的是发生局部腐蚀破坏，最常见的有晶间腐蚀、孔蚀和应力腐蚀破裂等形态。不锈钢中增加钛合金元素可提高它耐晶间腐蚀的能力；增加铬、钼等合金元素，可以提高孔蚀的击穿电位。常用奥氏体不锈钢对某些介质的耐蚀性能列于表 4-18，供参考应用。

06Cr19Ni10 和 022Cr19Ni10 的不锈钢奥氏体结构赋予了它良好的冷和热加工性能、无磁性和好的低温性能，其薄板截面尺寸的焊接件具有足够的耐晶间腐蚀能力，在氧化性酸（如 HNO_3）中具有优良的耐蚀性，在碱溶液和大气、水、蒸汽中耐蚀性亦佳。因此，这些不锈钢可用于制作盛装硝酸、磷酸和碱溶液（如超声波除蜡槽）的槽体。

06Cr17Ni12Mo2、022Cr17Ni12Mo2 和 06Cr17Ni12Mo2Ti 奥氏体不锈钢，具有良好的强度、塑性、韧性和冷成形性能以及良好的低温性能，其耐蚀性优于 06Cr19Ni10 和 022Cr19Ni10 两种不锈钢，可以用于酸性镀铜的冷却管，但不能用于酸性镀铜的加温管。

1Cr18Ni19Ti 与旧牌号 0Cr18Ni9 的区别为：其铬、镍含量一样，由于 06Cr18Ni9 含碳量低，强度较 1Cr18Ni19Ti 低，但耐蚀性能比 1Cr18Ni19Ti 好；但是由于 1Cr18Ni19Ti 含有耐晶界腐蚀的钛，因此可以通过热处理提高它的耐晶间腐蚀能力。1Cr18Ni19Ti 不锈钢是一种落后的不锈钢生产工艺产品的代表，随着世界各国不锈钢生产工艺的改进，已成为淘汰产品，属于不推荐的钢种。真正需要用 1Cr18Ni19Ti 者，可以改用 06Cr18Ni11Ti。使用加 Ti 的 06Cr18Ni11Ti，还是不加 Ti 的 06Cr19Ni10，取决于不锈钢的使用是否属于发生晶间腐蚀的环境。

表 4-18 常用奥氏体不锈钢的耐蚀性能

介质	06Cr19Ni10					06Cr17Ni12Mo2Ti				
	浓度/%	温度/℃				浓度/%	温度/℃			
		25	50	80	100		25	50	80	100
硫酸[①] （充气）	＜20 30～60	可用 不适用	不适用			＜5 10～30 40～50 60～70	尚耐蚀 尚耐蚀 可用 不适用	尚耐蚀 可用 不适用	不适用 不适用	
硝酸	＜30 40～60 70 80 90～100	耐蚀 耐蚀 耐蚀 耐蚀 耐蚀	耐蚀 耐蚀 尚耐蚀 尚耐蚀 不适用	耐蚀 尚耐蚀 尚耐蚀 不适用	耐蚀 尚耐蚀 可用	＜20 30～60 70 80 80～100	耐蚀 耐蚀 耐蚀 耐蚀 耐蚀	耐蚀 耐蚀 尚耐蚀 尚耐蚀 不适用	耐蚀 尚耐蚀 尚耐蚀 不适用	耐蚀 尚耐蚀 可用
盐酸		不适用					不适用			
磷酸	＜5 10	尚耐蚀 尚耐蚀	尚耐蚀 不适用	尚耐蚀	尚耐蚀	＜25 25～50 60～85 90	耐蚀 耐蚀 耐蚀 不适用	耐蚀 耐蚀 尚耐蚀	耐蚀 耐蚀 尚耐蚀	耐蚀 尚耐蚀 尚耐蚀
氢氟酸		不适用					不适用			
铬酸[①②]		不适用					不适用			
硼酸[②]	＜30 40～50 ＞70	耐蚀 尚耐蚀 不适用	耐蚀 尚耐蚀	耐蚀 尚耐蚀	耐蚀 尚耐蚀	＜10 20～50 0～80	耐蚀 尚耐蚀 尚耐蚀	耐蚀 尚耐蚀 不适用	耐蚀 尚耐蚀	耐蚀 尚耐蚀
醋酸 （充气）	10～20 30～40 50～100	耐蚀 耐蚀 耐蚀	耐蚀 尚耐蚀 尚耐蚀	耐蚀 尚耐蚀 尚耐蚀	耐蚀 尚耐蚀 可用	＜40 50 60～100	耐蚀 耐蚀 耐蚀	耐蚀 尚耐蚀 尚耐蚀	耐蚀 尚耐蚀 尚耐蚀	耐蚀 尚耐蚀 可用
草酸[①]	5 10～90	耐蚀 尚耐蚀	耐蚀 不适用	耐蚀		10 20～90	尚耐蚀 尚耐蚀	尚耐蚀 不适用	不适用	
柠檬酸[①]	＜20 25～50	尚耐蚀 尚耐蚀	尚耐蚀 尚耐蚀	尚耐蚀 尚耐蚀	尚耐蚀 不适用	＜50 60～100	耐蚀 尚耐蚀	耐蚀 不适用	耐蚀	耐蚀
氢氧化钠	＜50 ＞70	耐蚀 尚耐蚀	可用 尚耐蚀	可用 尚耐蚀	不适用 不适用	＜20 30～80 100	耐蚀 耐蚀 耐蚀	耐蚀 耐蚀 耐蚀	耐蚀 尚耐蚀 耐蚀	耐蚀 不适用 耐蚀
氢氧化钾[③]	＜50 50～70 80～100	尚耐蚀 尚耐蚀 尚耐蚀	尚耐蚀 尚耐蚀 不适用	尚耐蚀 尚耐蚀	尚耐蚀 不适用	＜50 60～70 80～100	耐蚀 尚耐蚀 尚耐蚀	耐蚀 尚耐蚀 不适用	耐蚀 尚耐蚀	耐蚀 不适用
氯化铵[②③]	10 ＞20	可用 不适用	可用	可用	可用	＜10 30～50	耐蚀 尚耐蚀	耐蚀 尚耐蚀	耐蚀 尚耐蚀	耐蚀 尚耐蚀
磷酸三钠[③]		耐蚀	耐蚀	耐蚀	耐蚀		耐蚀	耐蚀	耐蚀	耐蚀
碳酸钠	10 20～40	耐蚀 尚耐蚀	耐蚀 尚耐蚀	耐蚀 尚耐蚀	耐蚀 尚耐蚀	10 20～40	耐蚀 尚耐蚀	耐蚀 尚耐蚀	耐蚀 尚耐蚀	耐蚀 尚耐蚀
氟化钠[②③]	10	可用	不适用			10	尚耐蚀	尚耐蚀	尚耐蚀	
硅酸钠		耐蚀	耐蚀	耐蚀	耐蚀		耐蚀	耐蚀	耐蚀	耐蚀

① 可能产生晶间腐蚀。
② 可能产生孔蚀。
③ 可能产生应力腐蚀。

4.4.3.3　钛的耐蚀性能

钛具有优良的耐蚀性能，对点蚀（孔蚀）和晶间腐蚀有良好耐蚀性。因此，它对很多活性介质是耐腐蚀的，尤其是对氧化性介质及含氯、氯化物和氯酸盐等，其耐蚀性能更好。钛在非氧化性介质中耐蚀性不好，在高温高浓度硫酸或硫酸和磷酸混合物接触下，有时钛的耐蚀性还不如 06Cr17Ni12Mo2（SUS316）和 022Cr17Ni12Mo2（SUS316L）不锈钢，这是需要注意的。由于钛对氢的过电位较高，应注意它与其他金属使用于同一种介质时，可能发生电化学腐蚀。

钛在非氧化性酸中的耐蚀性与氧化性抑制剂的关系，列于表 4-19，供参考应用。

表 4-19　钛在非氧化性酸中的耐蚀性与氧化性抑制剂的关系

介质		盐酸(5%)					盐酸(10%)		硫酸(15%)		磷酸(50%)	
温度/℃		94	94	94	94	94	沸	沸	沸	沸	沸	沸
抑制剂加入量/%		0	0.05	0.5	1.0	5.0	0	5.0	0	5.0	0	5.0
不同抑制剂加入后腐蚀速度/(mm/a)	硫酸铜	6.9	0.09	0.06	0.06	0.06	60		90		60	
	铬　酸	6.9			0.03	0.03	60		90		60	0.18
	硝　酸	6.9			0.09	0.09	60	0.11	90	0.08	60	0.15

钛的纯度对钛的耐蚀性影响很大，因此在电镀工程上要选用 TA1 和 TA2 工业纯钛，工业纯钛的耐蚀性能列于表 4-20，供参考应用。从表中看出，钛在铬酸、硝酸（除红色发烟硝酸外）中很耐蚀。钛在硫酸中，当浓度超过 10%时，开始被腐蚀，并随温度和浓度增加而加快。钛不耐盐酸、氢氟酸、草酸、氟化物和温度高于 35℃的磷酸的腐蚀。另外，钛在有机化合物（如四氯化碳、四氯乙烯、三氯乙烯和甲醛等）中也很耐腐蚀。

钛板和钛管在电镀设备中应用日益普遍，可用于衬里槽体的内衬、加热管和冷却管等，如：①粗化槽的槽体衬里；②硫酸型镀铬溶液的加热管和冷却管；③隔套镀铬槽的内槽；④硫酸镍和氯化镍溶液的加热管，但不适用于含氟硼酸镍的溶液中；⑤酸性镀铜溶液的加热管；⑥硫酸阳极氧化的冷却管，但需作持续阳极保护（对于 0℃左右工作的硬质阳极氧化，钛管可不作持续性阳极保护）。

表 4-20　工业纯钛的耐蚀性能

介质	浓度/%	温度/℃ 25	50	80	100	介质	浓度/%	温度/℃ 25	50	80	100
硫酸	1 3 10～30 40～50	尚耐蚀 尚耐蚀 尚耐蚀 可用	尚耐蚀 尚耐蚀 可用 不适用	尚耐蚀 不适用 不适用	尚耐蚀	磷酸	5 <10 10～30	尚耐蚀 尚耐蚀 尚耐蚀	尚耐蚀 尚耐蚀 可用	尚耐蚀 尚耐蚀 不适用	尚耐蚀
硝酸	<80 80～100	耐蚀 耐蚀	耐蚀 耐蚀	耐蚀 尚耐蚀	耐蚀	盐酸	1 <3	尚耐蚀 尚耐蚀	尚耐蚀 不适用	尚耐蚀	尚耐蚀
铬酸	<90	耐蚀	耐蚀	耐蚀	耐蚀	醋酸	10～100	耐蚀	耐蚀	耐蚀	耐蚀
氢氟酸		不适用				氯化镍	<20	耐蚀	耐蚀	耐蚀	耐蚀
草酸	10 >20	尚耐蚀 可用	可用 不适用			氢氧化钾	10 20～100	耐蚀 尚耐蚀	耐蚀 不适用	耐蚀	耐蚀
柠檬酸	<50	耐蚀	耐蚀	耐蚀	耐蚀	氢氧化钠	10	耐蚀	耐蚀	耐蚀	耐蚀
硼酸	<饱和	耐蚀	耐蚀	耐蚀	耐蚀	氯化铜	<50	耐蚀	耐蚀	耐蚀	耐蚀
硫酸＋硝酸	10＋90	耐蚀(35℃)				氯化锌(钙)	<70	耐蚀	耐蚀	耐蚀	耐蚀
	30＋70					氯化钾(铵)	<40	耐蚀	耐蚀	耐蚀	耐蚀
	50＋50					氯化钠	<饱和	耐蚀	耐蚀	耐蚀	耐蚀
	60＋40					氯化铁	<90	耐蚀	耐蚀	耐蚀	耐蚀
	70＋30	可用				氯化锡	<24	耐蚀	耐蚀	耐蚀	耐蚀
	90＋10					氯化汞	<60	耐蚀	耐蚀	耐蚀	耐蚀

4.4.4　常用工程塑料的物理力学性能

塑料槽体常用的热塑性工程塑料有：聚丙烯（PP）、聚氯乙烯（PVC）和聚偏氟乙烯

(PVDF)。这三种塑料均有一定的机械强度，并具有良好的加工性能，既可以机械加工，加热至柔软状态时可以折边弯曲或成形，又可以用热空气熔焊。由于这些突出的优点，又有良好的耐腐蚀性能，目前它们被广泛应用在电镀线的各类槽体上。

在多数种类的电镀线上，除了附有超声波的除油、除蜡和清洗槽采用不锈钢或碳钢制作外，其余所有槽体（包括前处理部分的热浸除油槽）均可用聚丙烯或聚氯乙烯塑料制作。这两种塑料在电镀线的局部排风系统、给排水管路和其他电镀装置（如电镀滚筒等）上也都广泛采用。

聚偏氟乙烯塑料具有更高的化学稳定性和耐温性能，虽然价格昂贵，但可替代钛板和铅板用作衬里槽体的内衬。

现在由于越来越广泛地采用塑料制作槽体，因此镀槽作业过程中避免了因钢槽易于产生杂散电流（一种低电压漏电流）而须采取与地面的绝缘措施。另外，制作成本也相应降低，譬如同样大小的槽体，采用 15mm 厚的聚丙烯制作，其成本是 8mm 厚碳钢槽（无衬里）的 60%左右；用聚氯乙烯制作，则为 80%左右。

关于聚乙烯塑料，它在电镀设备中一般不会采用，因为聚乙烯塑料和硬聚氯乙烯相比，在耐蚀性能和耐热性能方面没有突出的特点，它的强度与刚度又比较小，与软聚氯乙烯相似，其抗拉强度只达到硬聚氯乙烯的 1/5（低密度聚乙烯）和 2/3（高密度聚乙烯）。因此，聚乙烯塑料不能作为独立的结构材料制作槽体。

4.4.4.1 聚丙烯塑料

聚丙烯塑料是由聚丙烯树脂为主要原料，采用挤出成形方法制成的，其密度小。它的改性板材是由聚丙烯树脂为主体，加入相关助剂共混后经挤出制成的，其密度略大于纯聚丙烯板。

聚丙烯塑料在常温条件下耐冲击性能优于聚氯乙烯，0℃以下变差，低温脆性很突出，其熔融温度较高（165～170℃），耐热性较好，在低应力下可长期使用于 80℃（最高不得超过 100℃）的环境下。聚丙烯塑料的耐蚀性能与介质的浓度、工作温度和使用条件等因素有关，它能耐 80℃以下的酸类、碱类和盐类溶液及很多有机酸的腐蚀；但对强氧化性介质，如发烟硫酸、浓硝酸、氯磺酸、铬酸等，即使在室温条件下也不能使用。天然聚丙烯（NPP）可用于化学镍镀槽（90℃）。

聚丙烯塑料的力学性能受温度的影响比较小，它的室温抗拉强度比聚氯乙烯要小，但由于抗拉强度随温度升高而降低的程度要小于聚氯乙烯，在接近 80℃时，聚丙烯塑料的抗拉强度就高于聚氯乙烯的抗拉强度；使用温度近 100℃时，其抗拉强度仍能保持一半。聚丙烯塑料还有突出的抗弯曲疲劳性能，这非常有利于制作槽体时的折边成形作业。因此，聚丙烯塑料在多数情况下，工作温度为 0～80℃时，可作为独立结构设计和使用。

4.4.4.2 聚氯乙烯塑料

聚氯乙烯有硬聚氯乙烯和软聚氯乙烯之分。硬聚氯乙烯是在聚氯乙烯树脂中不加或加少量增塑剂（不超过 5%）用模压法或挤出法制造得到的；软聚氯乙烯是以聚氯乙烯树脂为主要原料，再加 30%～70%的增塑剂、稳定剂、填料、润滑剂、颜料等，捏合、混炼成质地柔软的产品。硬聚氯乙烯塑料在电镀槽体结构中，在−10～50℃的范围内（最高不得超过 60℃），可作为独立结构的槽体或槽体衬里（包括除粗化槽外的装饰铬和硬铬电镀槽）。软聚氯乙烯塑料只作槽体衬里使用（工作温度可达 80℃），但必须选用质量上乘的且在冬天也比较柔软的一种软聚氯乙烯薄板，为衬里施工创造良好条件。

应用聚氯乙烯塑料时的注意事项如下：

① 硬聚氯乙烯塑料工作温度在 20℃时的抗拉强度可达 50MPa，抗压强度达 90MPa，随着工作温度的增高而强度降低，温度每升高 1℃，抗拉强度和抗压强度大约分别下降 0.6MPa 和 1.13MPa，所以在 50℃时抗拉强度约为 32MPa，抗压强度约为 56MPa。另外，硬聚氯乙烯塑料的热稳定性也随温度的变化有所改变，当工作温度超过 50℃时就不宜作为独立结构设计和

表 4-21　聚丙烯、聚氯乙烯和聚偏氟乙烯塑料（板材）的物理力学性能

品种	密度/(g/cm³)	熔点	热分解温度	热变形温度	维卡软化温度	马丁耐热温度	低温脆化温度	连续使用温度	线胀系数(20℃)/10^{-6}℃$^{-1}$	抗拉强度	抗弯强度	抗压强度	拉伸弹性模量	弯曲弹性模量	缺口冲击韧性/(kJ/m²)	弯曲伸长率	拉伸断裂伸长率	邵氏硬度(D)	热成形效果	焊接性能	粘接性能
		℃								MPa			10^3MPa			%					
聚丙烯(PP)	0.90～0.91	165～170	400	100～116	≥85	100	−5～−20	0～80	110～120	34～40	40～56	40～60	1.1～1.6	1.2～1.6	2.2～6.0	8.0	70	80	良好	可以	选用备有布质塑面
硬聚氯乙烯(HPVC)	1.35～1.45	160	200～210	75～82	≥70	50～65	−15	−10～50	50～60	45～50	80～110	55～90	2.5～4.2	2.1～3.5	2.0～5.0	4.0	8.0～10.0	65～85	良好	可以	可以
软聚氯乙烯(SPVC)	1.16～1.35	130～150				40～70	−30～−35	−10～60	≥80	10～21		6～12	<0.015				200～450	A40～100	良好	可以	可以
聚偏氟乙烯(PVDF)	1.75～1.78	140～180	350	73～128			−60	−40～150	80～110	36～60	48～62	69～103		1.75	12.0	8.0	50～100	70～80	可以	可以	选用备有布质塑面

注：1. 熔点（熔融温度）：塑料在一定的温度下，由固体状态通过熔化明显地转变成液态时的温度。

2. 热分解温度：塑料受热情况下大分子裂解时的温度。裂解使塑料的强度、弹性、熔点、溶解度及黏度等性能降低。

3. 负荷热变形温度：塑料试样在弯曲负荷作用下，弯曲变形达到规定值的温度。它不是塑料的最高使用温度。

4. 维卡软化温度：试样等速升温条件下，截面积为 1mm² 平顶针刺入试样 1mm 深度时的温度（℃）。

工程上常用负荷热变形温度和维卡软化温度来衡量塑料的耐热性能，但不能作为材料和产品的使用温度。

5. 马丁耐热温度：试样等速升温环境中，在一定弯曲力矩作用下，试样达到规定变形量时的温度。

6. 低温脆化温度：是塑料低温力学行为的一种量度；试样置于低温介质中保持恒温，按规定能量予以冲击，使试样弯曲、绕规定的半径弯曲 90°，计算试样开裂或破坏的温度百分数，当试样开裂或破坏概率达到 50%时的温度，即是低温脆化温度。

7. 邵氏硬度：邵氏硬度也称肖氏硬度，分为邵氏 A 和邵氏 D，邵氏 A 适用于较软的塑料，邵氏 D 适用于较硬的塑料。

使用。

② 硬聚氯乙烯塑料的冲击强度较低，对其缺口和刻痕的敏感性大，刻痕效应又与外力作用的速度有关，作用力速度越大影响越大，且温度越低冲击强度越低。所以独立结构的硬聚氯乙烯塑料，在制作、安装和应用时，比聚丙烯塑料槽更要避免外力冲击。

③ 硬聚氯乙烯塑料在长期载荷作用下，其弹性模量随着蠕变而减小。所以，独立结构的硬聚氯乙烯塑料槽，在设计计算时的弹性模量和抗拉强度都应乘以长期载荷修正系数。

④ 硬聚氯乙烯塑料在低温条件下（包括环境温度）需要采取必要的保护措施，此时最理想的使用方法是将硬聚氯乙烯塑料作为聚丙烯塑料槽体的衬里使用（如较大的装饰铬槽和硬铬槽），由于聚丙烯塑料的线胀系数是聚氯乙烯塑料的 2 倍左右，而在最高使用温度时的线胀系数为硬聚氯乙烯塑料最高温度时的三倍，因此，硬聚氯乙烯作为聚丙烯槽的衬里使用就十分安全。

⑤ 软聚氯乙烯塑料所添加的增塑剂比硬聚氯乙烯塑料要多，它的耐蚀性能比硬聚氯乙烯塑料要差一些。另外，软聚氯乙烯塑料所加的增塑剂为低分子有机物质，在溶剂的侵蚀下很容易被抽提出而转移到溶剂中，特别在有机溶剂中更易发生。由于增塑剂的抽提，塑料内部产生空隙，于是处理介质也就易渗透而腐蚀塑料，使其老化程度加快。因此，软聚氯乙烯塑料在纯度要求特别高的电镀或清洗溶液中，也是不宜作为槽体衬里来使用的。软聚氯乙烯衬里很易起鼓，这是一大缺点。

4.4.4.3 聚偏氟乙烯塑料

聚偏氟乙烯塑料也称聚偏二氟乙烯塑料，属热塑性氟塑料，其板材是由聚偏氟乙烯树脂用模压法或挤出法制成的，密度略高于聚氯乙烯。聚偏氟乙烯塑料的熔点（140～180℃）与热分解温度（350℃）相差很大，所以热稳定性良好，但最佳加工温度应在 240～260℃范围内，避免长期高温情况下材料分解炭化。聚偏氟乙烯树脂兼具氟树脂和通用树脂的特性，其突出优点为：耐温状态下，机械强度高于聚氯乙烯和聚丙烯，具有良好的化学稳定性、耐高温性、耐氧化性、抗疲劳和蠕变性。它的缺点是亲水性较差，长期浸泡在水中会吸附水中的杂质和细菌。

聚偏氟乙烯塑料最高长期使用温度可达 150℃，并能耐较高浓度的铬酸、硫酸、硝酸和氢氟酸的腐蚀，在电镀工程中可替代钛板，譬如用作粗化槽的衬里是非常理想的选择。另外，在混酸（硝酸和盐酸）清洗金属电子元器件，以及混酸（硝酸和氢氟酸）刻蚀非金属电子元器件时，用它做槽体衬里也是很好的选择。但是，聚偏氟乙烯塑料的线胀系数是聚氯乙烯塑料的 1.5～2 倍和碳钢的 7～10 倍，与聚丙烯塑料基本相等。因此，对于用聚偏氟乙烯塑料作衬里的槽体，聚丙烯塑料是最佳的选择。

聚丙烯、聚氯乙烯和聚偏氟乙烯塑料（板材）的物理力学性能列于表 4-21，供参考应用。

4.4.5 常用工程塑料的耐蚀性能

聚丙烯、聚氯乙烯和聚偏氟乙烯塑料（板材）的耐蚀性能列于表 4-22，供参考应用。

表 4-22 聚丙烯、聚氯乙烯和聚偏氟乙烯塑料（板材）的耐蚀性能

介质	聚丙烯(PP)					硬聚氯乙烯(HPVC)			聚偏氟乙烯(PVDF)				
	浓度/%	温度/℃				浓度/%	温度/℃		浓度/%	温度/℃			
		20	50	65	80		22	50		20	50	65	100
无机酸：硫酸（H_2SO_4）	<10	稳定	稳定	稳定	稳定	<50	稳定(40℃)	不稳定	10	稳定	稳定	稳定	稳定
	<30	稳定	稳定	稳定	稳定	70	稳定	不稳定	30～50	稳定	稳定	稳定	稳定
	30～60	稳定	稳定	可用		90	尚稳定	不稳定	60～78	稳定	稳定	稳定	可用
	70～90	稳定	可用	不稳定					95	稳定	稳定	可用	
									98	稳定	可用		

续表

介质	聚丙烯(PP)					硬聚氯乙烯(HPVC)			聚偏氟乙烯(PVDF)				
	浓度/%	温度/℃				浓度/%	温度/℃		浓度/%	温度/℃			
		20	50	65	80		22	50		20	50	65	100
盐酸 (HCl)	<36 36	稳定 可用	稳定 可用	稳定 不稳定	稳定	<30 35	稳定 稳定	稳定 尚稳定		稳定	稳定	稳定	稳定
硝酸 (HNO_3)	<10 10～25 30 35～60	稳定 稳定 可用 不稳定	稳定 稳定 不稳定	稳定 稳定	稳定	20～50 65～70	稳定(40℃) 尚稳定	尚稳定 不稳定	<50 70 90～100	稳定 稳定 可用	稳定 稳定	稳定 可用	不稳定
磷酸 (H_3PO_4)	<50 85 95	稳定 稳定 稳定	稳定 稳定 稳定	稳定 可用 可用	可用 可用	<80 >80	稳定 尚稳定	稳定 尚稳定	<30 85	稳定 稳定	稳定 稳定	稳定 稳定	稳定 可用
氢氟酸 (HF)	30 35～50	稳定 尚稳定	稳定 可用	尚稳定 不稳定		<4 5～50	稳定 稳定	稳定 不稳定		稳定	稳定	稳定	稳定
铬酸 (H_2CrO_4)		一般不采用，可能产生应力腐蚀破裂				<50 50	稳定 不稳定	稳定	<60	稳定	稳定	稳定	稳定
硼酸 (H_3BO_3)		稳定	稳定	稳定	稳定		稳定	稳定		稳定	稳定	稳定	稳定
氟硼酸 (HBF_4)		稳定	稳定	稳定	稳定		稳定	稳定		稳定	稳定	稳定	稳定
氟硅酸 (H_2SiF_6)		稳定	稳定	稳定	可用		稳定	稳定		稳定	稳定	稳定	稳定
有机酸： 醋酸 （乙酸， CH_3COOH）	<10 80	稳定 稳定	稳定 稳定	稳定 可用	稳定 可用	<20 30～60 80～90	稳定 稳定 可用	稳定 不稳定 不稳定	<50 80	稳定 稳定	稳定 稳定	稳定 稳定	可用 不稳定
草酸 （乙二酸， $H_2C_2O_4$）		稳定	可用	可用	不稳定 （对材料易渗透）		稳定	稳定		稳定	稳定	稳定	可用
酒石酸 ($C_4H_6O_6$)		稳定	稳定	稳定			稳定	稳定		稳定	稳定	稳定	稳定
柠檬酸 ($C_6H_8O_7$)	10 50	稳定 稳定	稳定 可用	稳定	可用		稳定	稳定		稳定	稳定	稳定	稳定
氨基磺酸 (H_3NSO_3)	20 浓	稳定 稳定	稳定 稳定	稳定 稳定	稳定		稳定	稳定		稳定	稳定	稳定	
碱类： 氢氧化钠 (NaOH)	0～70 100	稳定 稳定	稳定 稳定	稳定 稳定	稳定		稳定	稳定	10 50	稳定 稳定	稳定 稳定	稳定 稳定	稳定 可用
氢氧化钾 (KOH)	20	稳定	稳定	稳定	稳定		稳定	稳定		稳定	稳定	稳定	可用
氢氧化铵 (NH_4OH)		稳定	稳定	稳定	稳定		稳定	稳定		稳定	稳定	稳定	稳定
氧化性酸性盐： 铬酸钠 (Na_2CrO_4)		稳定	稳定	稳定 （60℃）	不稳定		稳定	可用		稳定	稳定	稳定	稳定
重铬酸钠 ($Na_2Cr_2O_7$)		稳定	稳定	稳定	稳定		可用	可用		稳定	稳定	稳定	稳定
氧化性中性盐： 硫代硫酸铵 [$(NH_4)_2S_2O_3$]		稳定	稳定	稳定	不稳定		稳定	稳定		稳定	稳定	稳定	稳定

续表

介质	聚丙烯(PP)					硬聚氯乙烯(HPVC)			聚偏氟乙烯(PVDF)				
	浓度/%	温度/℃				浓度/%	温度/℃		浓度/%	温度/℃			
		20	50	65	80		22	50		20	50	65	100
高锰酸钾 ($KMnO_4$)	25	稳定	尚稳定	可用		10 20～25	稳定 可用	稳定 不稳定		稳定	稳定	稳定	稳定
氧化性碱性盐: 次氯酸钠 (NaClO)	<6 10～20	稳定 稳定	稳定 稳定	稳定 尚稳定	稳定		稳定	稳定		稳定	稳定	稳定	稳定
次氯酸钙 [$Ca(ClO)_2$]	20	稳定	可用	可用		5.5 ～12.5	稳定	可用		稳定	稳定	稳定	稳定
过氧化氢 (双氧水, H_2O_2)	< 10 30 50～90	稳定 稳定 稳定	稳定 可用 不稳定	稳定 可用	稳定 不稳定	<90 >90	稳定 不稳定	稳定	<50 90 100	稳定 稳定 稳定	稳定 可用	稳定	稳定
氨水 ($NH_3 \cdot H_2O$)		稳定	稳定	稳定	稳定		稳定	稳定		稳定	稳定	稳定	稳定

以下五种盐类,在上述使用温度条件下,这三种塑料均是稳定的:

① 非氧化性酸性盐:硫酸铵[$(NH_4)_2SO_4$]、氯化铵(NH_4Cl)、碳酸氢钠($NaHCO_3$)、硫酸镁($MgSO_4$)、二氯化铁($FeCl_2$)、硫酸镍($NiSO_4$)

② 氧化性酸性盐:硝酸铵(NH_4NO_3)、三氯化铁($FeCl_3$)、二氯化铜($CuCl_2$)、氯化汞($HgCl_2$)

③ 非氧化性中性盐:硫酸钠(Na_2SO_4)、氯化钠(NaCl)、氟化钠(NaF)、氰化钠(NaCN)、硫酸钾(K_2SO_4)、碳酸钾(K_2CO_3)、氯化钾(KCl)、氟化钾(KF)、硫酸锌($ZnSO_4$)、氯化锌($ZnCl_2$)、硫酸铜($CuSO_4$)

④ 氧化性中性盐:碳酸铵[$(NH_4)_2CO_3$]、硝酸钠($NaNO_3$)、亚硝酸钠($NaNO_2$)、铬酸钾(K_2CrO_4)、重铬酸钾($K_2Cr_2O_7$)、氯化亚锡($SnCl_2$)、硝酸银($AgNO_3$)

⑤ 非氧化性碱性盐:磷酸钠(Na_3PO_4)、碳酸钠(Na_2CO_3)、硅酸钠(Na_2SiO_3)、硼酸钠($Na_2B_4O_7$)、硫化钠(Na_2S)。

4.4.6 橡胶

4.4.6.1 橡胶及其物理力学性能

橡胶的品种、牌号和配方很多,可分为天然橡胶和合成橡胶两大类。合成橡胶按性能和用途,又可分为通用橡胶和特种橡胶。通用橡胶的基本性能和用途与天然橡胶相似,主要有氯丁橡胶和丁基橡胶等。特种橡胶具有一些特殊性能,如耐油的丁腈橡胶和聚硫橡胶,特别耐腐蚀的氯磺化聚乙烯橡胶和氟橡胶等。常用几种橡胶的物理力学性能列于表 4-23,供参考应用。

表 4-23 常用橡胶的物理力学性能

名 称 (代号)	密度 /(g/cm³)	硬度 (邵氏 A)	抗拉强度 /MPa	伸长率 /%	使用温度 /℃
天然橡胶(NR)	0.9～0.95	20～100	25～30	100～700	−55～70
氯丁橡胶(CR)	1.15～1.30	20～90	25～27	100～700	−40～120
丁基橡胶(HR)	0.91～0.93	20～90	17～21	100～700	−40～130
丁腈橡胶(NBR)	0.96～1.02	30～100	15～30	100～600	−10～120
聚硫橡胶(PSR)	1.35～1.41	20～80	9～15	100～400	−10～80
聚氨酯橡胶(UR)	1.09～1.30	62～95	20～35	100～700	−30～80
氟橡胶(FBMR)	1.80～1.85	60～90	20～22	100～350	−10～280
氯磺化聚乙烯橡胶(CSMR)	1.10～1.18	50～95	6.89～19.2	100～500	−18～120

① 天然橡胶具有较好的综合性能,抗拉强度高于一般合成橡胶,弹性高,具有良好的耐磨性、耐寒性、耐碱性、电绝缘性和工艺性能,不耐浓硫酸,易老化,耐油、耐溶剂和耐热性能较差,长期使用温度不超过 70℃。

② 氯丁橡胶在外观上几乎与天然橡胶没有分别,但它的物理力学性能良好,耐油、耐溶剂、耐酸碱和耐老化,低温时变硬,与金属的黏着力很强,电绝缘性差。价格略高于天然橡

胶，但从其物化性能和资源方面考虑，槽体衬里应多选用氯丁橡胶。

③ 丁基橡胶的气密性极好，耐老化性、耐热性和电绝缘性均较好，且耐水、酸和碱，具有很好的抗多次重复弯曲的性能；但不耐油，硫化速度慢，自粘性和互粘性差。

④ 丁腈橡胶耐油性和耐老化性好，气密性和耐水性也较好，耐磨性接近天然橡胶，耐寒性差。

⑤ 聚硫橡胶耐蚀性优良，耐老化性好，但强度很低，变形大。

⑥ 聚氨酯橡胶的耐磨性高于其他各类橡胶，抗拉强度较高，弹性高，耐油、耐溶剂性良好，但耐热、耐水、耐酸性差。在电镀工程中常用于制作行车胶轮。

⑦ 氟橡胶具有优良的耐热性能，耐酸、碱、油及各种强腐蚀性介质的侵蚀，耐老化性好，但耐低温性欠佳，加工性能差。

⑧ 氯磺化聚乙烯橡胶对很多强氧化剂是耐蚀的，在热铬酸中也是耐蚀的，而其他除氟橡胶之外的所有橡胶对铬酸溶液都不耐蚀。此外，它还耐油、耐磨，但硫化后的氯磺化聚乙烯橡胶与金属的黏附力较小，不过这一缺点可以通过选择氯丁橡胶等与金属有良好黏附力的胶浆作为它的底层来克服。

4.4.6.2　常用橡胶的耐蚀性能

橡胶为一种具有良好的耐酸、耐碱性的非金属材料，并有一些特有的加工性质，如良好的可塑性、可粘接性（与金属表面黏着力可达 6MPa）、可配合性和硫化特性，作为槽体衬里的质量检查和维修也很方便，这些加工性能使得它非常适用于衬里槽体的内衬，特别是超长、超高以及形状特殊的衬里槽体，其使用寿命与安全性远胜于软聚氯乙烯内衬。

天然橡胶和合成橡胶均可作为衬里材料，合成橡胶的某些特性优于天然橡胶，势必将会以合成橡胶代替天然橡胶。衬里用橡胶根据配方不同，分为硬橡胶（含硫量大于 30%）、半硬橡胶（含硫量为 10%～30%）和软橡胶（含硫量小于 10%）三种。软橡胶弹性好，永久变形小，从而适用于温度变化大的场合，耐冲击振动，但耐蚀性不如硬橡胶，与金属的附着力也比硬橡胶差。硬橡胶除作单层衬里外，还用作软橡胶衬里的底层，以增加衬里对金属的粘接强度。天然橡胶板的特性及其耐酸、耐碱系数和衬里橡胶层的组合形式，分别列于表 4-24 和表 4-25，供参考应用。

天然橡胶和氯磺化聚乙烯橡胶的耐蚀性能，分别列于表 4-26 和表 4-27，供参考应用。

表 4-24　天然橡胶板的特性及其耐酸、耐碱系数

指标		种类		
		硬橡胶	半硬橡胶	软橡胶
可塑性(硫化前)		0.30～0.45	0.30～0.45	0.30～0.45
抗折断强度/MPa		≤65	≤60	
冲击断强度/(J/cm^2)		≤0.2	≤0.2	
扯断力/MPa				≤10
扯断伸长率/%				350
扯断永久变形率/%				≤50
耐酸、耐碱系数（室温×240h）	30%HCl	≤0.9	≤0.9	≤0.9
	40%NaOH	≤0.9		≤0.8
	50%H_3SO_4	≤0.9	≤0.9	≤0.85
	60%H_2SO_4	0.9		

表 4-25　衬里橡胶层的组合形式

胶种组合	胶层厚度/mm	使用范围/℃	胶种组合	胶层厚度/mm	使用范围/℃
硬橡胶	2+2　双层 2+3　双层	<65	硬橡胶+软橡胶	2+2 双层 2+3 双层	<75
半硬橡胶	2　单层 2+2　双层 2+2+2 三层	<75	硬橡胶+半硬橡胶	2+2 双层 2+3 双层	<75

表 4-26　天然橡胶的耐蚀性能

介　质	允许浓度/%		使用温度/℃	介　质	允许浓度/%		使用温度/℃
	硬橡胶	软橡胶			硬橡胶	软橡胶	
硫酸	≤60	≤50	65	氢氧化钠	任意	任意	65
亚硫酸	任意	任意	65	氢氧化钾	任意	任意	65
硝酸	≤20	≤20	20	硫酸镍	任意	任意	65
盐酸	任意		60	硫酸铜	任意	任意	90
磷酸	任意	≤85	50	硫酸铵	任意	任意	90
氢氟酸	≤40	<40	室温	磷酸钠	任意	任意	65
硼酸	任意	任意	90	次氯酸钠	<10		65
醋酸	任意	≤80	65	重铬酸钾	任意	任意	65
草酸	任意	任意	65	碳酸钾	任意	任意	65
柠檬酸	任意	任意	65	氨水	任意	任意	50

表 4-27　氯磺化聚乙烯橡胶的耐蚀性能

介　质	浓度/%	温度/℃	耐蚀性能	介　质	浓度/%	温度/℃	耐蚀性能
硝酸	≤20	70	稳定	铬酸	50	93	稳定
	70	20	稳定		浓的	20	稳定
	70	50	尚稳定	氯化铁	15	93	稳定
	30	70	不稳定		饱和	20	稳定
硫酸	≤50	93	尚稳定	氢氧化钾	浓溶液	20	稳定
	≤80	70	稳定	氢氧化钠	20	93	稳定
	95.5	20	稳定		50	70	稳定
	95.5	50	尚稳定	重铬酸钠	20	20	稳定
磷酸	85	93	稳定	次铬酸钠	20	93	稳定
盐酸	37	50	稳定	氯化亚锡	15	93	稳定
	37	70	尚稳定	氢氟酸	48	70	稳定

槽体的天然橡胶衬里，一般采用硫化釜内硫化或本体硫化，随着橡胶衬里技术的发展，又增加了自然硫化橡胶、预硫化橡胶、常压热水硫化橡胶和蒸汽硫化橡胶等品种。硫化橡胶衬里的缺陷有鼓泡、胶面龟裂、针孔、胶合缝不严等，修复的方法可用低温硫化的软橡胶片贴于已清理好的缺陷处，压上铁板，用蒸汽直接加热铁板进行硫化；也可用熔融胶液修补橡胶衬里的孔眼和缝隙。

必须指出，衬胶槽体在使用前必须反复刷洗衬里表面，使在硫化过程中残留在橡胶表面的“硫”彻底冲洗干净，以免影响电镀溶液的纯度，但硫化橡胶层内部一般是不会抽提出有害物质影响电镀溶液的纯度的。

4.4.7 玻璃钢

4.4.7.1 玻璃钢及其耐蚀性能

玻璃钢（FRP）又名玻璃纤维增强塑料，它是以合成树脂作为黏结剂、以玻璃纤维及其制品（玻璃布、带等）作为增强材料制成的。玻璃钢以其质量小、比强度高、成形工艺简单，有较好的耐蚀性能，显示出很大的优越性。玻璃钢的强度主要由玻璃纤维的品种、性能、含量和分布状况决定，其耐蚀性能主要由合成树脂和填料的品种、性能、含量及分布状况决定，而且还与树脂、玻璃纤维间的界面粘接状况、固化剂种类、槽体结构形式和施工方法有关。但是玻璃钢耐蚀性能最主要取决于树脂，其腐蚀过程是由于腐蚀介质或溶剂的渗透引起树脂溶胀、溶解、水解，或受热氧化降解及热分解作用而导致树脂结构的破坏。

玻璃钢槽体由于玻璃纤维的加入，改善了树脂收缩率大的缺点，因此它的热胀系数较树脂大为减小。但玻璃钢的线胀系数仍比碳钢大很多，在使用过程中，槽体的玻璃钢层很容易发生开裂和脱层等毛病，所以设计时必须优化选择相关原材料。

根据所用的树脂品种和玻璃纤维的不同，常用的玻璃钢类型有环氧玻璃钢、双酚 A 型不饱和聚酯玻璃钢、酚醛玻璃钢、呋喃玻璃钢、乙烯基酯玻璃钢。为了适应特殊需要，可采用添加第二种树脂改性办法制成的改性玻璃钢，它除保持原有玻璃钢的性能外，尚兼有其他玻璃钢的性能。常用的改性玻璃钢有环氧-酚醛玻璃钢、环氧-呋喃玻璃钢，它们的性能介于合成前的两种玻璃钢之间。改性玻璃钢在实际生产中用得很多，单纯的呋喃玻璃钢因其工艺性较差，一般用得最少。

几种常用玻璃钢的耐蚀性能列于表 4-28，供参考应用。

表 4-28　几种常用玻璃钢的耐蚀性能

介质		双酚 A 型不饱和聚酯玻璃钢		环氧玻璃钢		酚醛玻璃钢		呋喃玻璃钢		乙烯基酯玻璃钢	
		25℃	80℃	25℃	95℃	25℃	65℃	25℃	120℃	25℃	120℃
硫酸	30%	尚稳定	不稳定	稳定	稳定	稳定	稳定	稳定	稳定	稳定(99℃)	不稳定
	50%	不稳定	不稳定	稳定	稳定	稳定	稳定	稳定	稳定	稳定(82℃)	不稳定
	75%	不稳定	不稳定	不稳定	不稳定	稳定	不稳定	稳定	不稳定	稳定(49℃)	不稳定
	93%	不稳定	不稳定	不稳定	不稳定	稳定	不稳定	不稳定	不稳定	不稳定	不稳定
硝酸	5%	稳定	稳定	尚稳定	不稳定	稳定	不稳定	尚稳定	不稳定	稳定(82℃)	不稳定
	20%	尚稳定	不稳定	不稳定	不稳定	不稳定	不稳定	不稳定	不稳定	稳定(50℃)	不稳定
	40%	不稳定	不稳定	不稳定	不稳定	不稳定	不稳定	不稳定	不稳定	稳定	不稳定
盐酸	5%	尚稳定	尚稳定	稳定	稳定	稳定	稳定	稳定	稳定	稳定(110℃)	不稳定
	30%	尚稳定	尚稳定	稳定	稳定	稳定	稳定	稳定	稳定	稳定(80℃)	不稳定
磷酸		稳定	稳定	稳定	稳定	稳定	稳定	稳定	稳定	稳定(99℃)	不稳定
氢氟酸		不稳定	不稳定	不稳定	不稳定	不稳定	不稳定	不稳定	不稳定	稳定(10%,65℃)	不稳定
铬酸		不稳定	不稳定	不稳定	不稳定	可用(10%)	不稳定	可用(5%)	不稳定	稳定(20%,66℃)	不稳定
硼酸		稳定	稳定	稳定	稳定	稳定	稳定	稳定	稳定	稳定(80℃)	不稳定
10%醋酸		稳定(5%)	不稳定	稳定	稳定	稳定	稳定	稳定	稳定	稳定(99℃)	不稳定
次氯酸		稳定	尚稳定	不稳定	不稳定	尚稳定	不稳定	不稳定	不稳定	稳定(10%,82℃)	不稳定
硫酸铵		稳定	稳定	稳定	稳定	稳定	稳定	稳定	稳定	稳定	稳定
硝酸铵		稳定	稳定	稳定	稳定	稳定	稳定	稳定	稳定	稳定	稳定
氯化铵		稳定	稳定	稳定	稳定	稳定	稳定	稳定	稳定	稳定(99℃)	不稳定
氢氧化钠	10%	不稳定	不稳定	尚稳定	尚稳定	不稳定	不稳定	稳定	稳定	稳定(10%,82℃)	不稳定
	20%	不稳定	不稳定	尚稳定	尚稳定	不稳定	不稳定	稳定	稳定	稳定(25%,82℃)	不稳定
	30%	不稳定	不稳定	尚稳定	尚稳定	不稳定	不稳定	稳定	稳定	稳定(50%,99℃)	不稳定
工艺性能				有良好的工艺性，固化时无挥发物放出，可常压或加压成形，随所用固化剂的不同，可室温或加温固化 易于改性，粘接性优良，脱模较困难		工艺性能比环氧树脂差，固化时有挥发物放出，性脆		工艺性能比酚醛树脂还差，固化反应猛烈，对光滑无孔底材的黏附力差，养护期长，性脆		工艺性能优越，胶液黏度低，对玻璃纤维渗透性好，成形方便，可室温固化	
一般应用				耐水性好，用于酸性或碱性不太强的腐蚀性介质中		用于酸性较强的腐蚀性介质中		用于酸性或碱性较强的腐蚀性介质中，或者使用于温度较高的腐蚀性介质中		用于酸性或碱性较强的腐蚀性介质中 适用于槽体衬里	

4.4.7.2 常用玻璃钢槽

① 钢板玻璃钢槽：这种玻璃钢槽是在碳钢槽体内表面敷设数层玻璃钢防腐层（4～6mm），设计图中还需标注出敷设的玻璃钢是由几层玻璃布所组成的，因为同样厚度的玻璃钢层中，玻璃布层数多的质量优于层数少的，一般最少是 3 布 5 胶，多的可达 6 布 8 胶的结构层，槽体外侧涂敷防腐涂料（油漆或玻璃钢）。钢板型玻璃钢槽的优点是造价低、施工简单，但由于两种材料热膨胀系数相差很多，使用过程中容易发生开裂和脱层等毛病。

② 钢质骨芯玻璃钢槽：参阅图 4-81，这种玻璃钢槽，其骨芯是整体式型钢框架，其刚度和强度主要由此骨芯提供，骨芯内外均敷设玻璃钢层，槽内为平滑的玻璃钢层，一般厚度为 10～15mm，槽外包裹钢质骨芯的厚度可取 4～6mm。这种玻璃钢槽由于型钢骨芯与玻璃钢之间的接触面积较小，且型钢又全部被玻璃钢包裹，因此槽体的整体耐蚀性能好，而且不易产生裂缝和脱层等毛病，但施工工艺复杂，造价较贵。

③ 整体玻璃钢槽：这种玻璃钢槽没有钢板，也没有钢质骨芯作支撑，完全由玻璃钢制作完成。为了保证它有足够的力学性能，又有良好的耐蚀性能，应该发挥玻璃纤维和树脂的各自功能，使玻璃钢沿截面具有不同的结构层，一般分为内层、过渡层、增强层和外层等。

内层又称耐腐蚀层或富树脂层，它的主要作用是抗介质的侵蚀，要求结构致密、耐蚀，所以树脂含量一般控制在 70%～80%，玻璃纤维采用中碱或无碱短切纤维或无捻粗纱方格布。有时在紧挨介质的表面再涂覆加有少量填料的含 90% 树脂的薄层，内层的总厚度通常为 0.5～1mm。

过渡层又称中间防渗层，因为在耐蚀层中，水的渗透速率比玻璃纤维含量高的增强层要大，而玻璃纤维含量越高，水越容易被吸着并停留在树脂与玻璃纤维的界面上，使玻璃纤维受到侵蚀。所以，为了减小渗透率又不致引起玻璃纤维过大的侵蚀，采用密度较疏、质地柔软的中碱或无碱无捻粗纱方格布或短切玻璃纤维毡，并控制胶量为 50%～70%，构成这一起防渗作用的过渡层，厚度为 1～1.5mm。

增强层是槽体负荷的主要承载层，由树脂胶液粘接多层玻璃纤维布，或用无捻粗纱布与短切玻璃纤维毡组成，其厚度由强度设计决定，为了提高玻璃钢的承载能力，一般玻璃纤维占 70%左右，树脂含量为 30%～40%。

表 4-29 手工玻璃钢板的最低力学性能

板厚/mm	拉伸强度/MPa	弯曲强度/MPa	弯曲弹性模数/10^3MPa
3.5～5.0	≥63	≥110	≥4.8
5.1～6.5	≥84	≥130	≥5.5
6.6～10.0	≥95	≥140	≥6.2
>10.0	≥110	≥150	≥6.86

注：此板是指包括耐蚀层（0.5～1.5mm）和增强层的玻璃钢板，试验条件为温度 20℃、湿度 65%。

外层由树脂胶液加入少量填料或粘接玻璃纤维组成，以保护外层不受外界机械损伤和防老化等，并可使外表美观。其含胶量为 80%～90%，厚度为 0.5～1.5mm。设计钢质骨芯玻璃钢槽和整体玻璃钢槽时，应遵守表 4-29 中所列最低力学性能的各项参数，供参考应用。

4.4.8 常用槽体选材简介

以上各部分介绍了槽体常用各种材料的特点和耐蚀性能，下面将常用槽体的选材列于表 4-30，供参考应用。

表 4-30　常用槽体选材简介

序号	名　称	溶液参考组成/(g/L)	温度/℃	槽体，槽体+衬里选用材料
一、清洗、除油、除蜡				
1	清洗		室温	PP
2	温水清洗		45～50	PP
3	碱性除油	氢氧化钠、碳酸钠、磷酸钠等	50～65	PP，Q235
4	浸渍除蜡	磷酸、柠檬酸、碳酸钠、除蜡剂等	65～75	PP，Q235+NR，Q235+FRP
5	超声波除蜡		55～65	06Cr19Ni10
二、浸蚀				
1	黑色金属强浸蚀	硫酸 260～300	50～60	PP，Q235+NR，Q235+FRP
2	黑色金属弱浸蚀	盐酸 300～500	15～35	PP，HPVC，Q235+NR，Q235+HPVC
3	钢件除灰	硫酸 100～150，氯化钠 30～50	20～50	PP，Q235+NR，Q235+FRP
4	薄钢件去氧化皮	高锰酸钾 70～100，氢氧化钠 70～100	沸腾	06Cr19Ni10，022Cr19Ni10
5	不锈钢酸洗	硝酸 300～380，氢氟酸 60～80	25～55	PP+PVDF，Q235+HPVC+PVDF
6	不锈钢除氧化层	硝酸 380～480	15～35	06Cr19Ni10，PP+PVDF，Q235+HPVC+PVDF
7	钛合金酸洗	硫酸 300～450，氢氟酸≤90	室温	PP+PVDF，Q235+HPVC+PVDF
8	铝合金碱蚀	氢氧化钠 40～60	50～60	PP，Q235+PP
9	铝合金出光	硝酸 300～500	室温	06Cr19Ni10，06Cr17Ni12Mo2
10	铝合金脱氧	硝酸 70～110，铬酸 40～55，氢氟酸(控制腐蚀速度)	16～35	PP+PVDF，Q235+HPVC+PVDF
11	铝镁合金碱蚀	氢氧化钠 50～70，磷酸三钠 30～40，硫酸钠 30～40	70～80	PP，Q235+PP
12	铝镁合金除垢	硝酸 250～280，磷酸 550～660	20～40	PP，HPVC，Q235+PP
13	金属件混酸清洗	硝酸：盐酸：纯水=60：20：20	60～70	PP+PVDF
14	非金属件混酸清洗	氢氟酸：硝酸：纯水=10：4：86	80	PP+PVDF
15	非金属件刻蚀	氢氟酸：硝酸：纯水=8：15：77	80	PP+PVDF
三、电镀				
1	碱性无氰锌	氧化锌 8～12，氢氧化钠 80～120，金属锌 8～12	10～40	PP，Q235+NR
2	酸性无氰锌	氯化锌 60～80，氯化钾 180～230，硼酸 25～35	25～35	PP，Q235+NR
3	硫酸盐光亮锌	硫酸锌 300～450，硼酸 20～30	10～50	PP，Q235+NR
4	酸性光亮铜	硫酸铜 130～240，硫酸 60～80，氯离子 20～50mg/L	15～30	PP，Q235+NR
5	焦磷酸盐铜	焦磷酸铜 60～70，焦磷酸钾 280～320，柠檬酸铵 20～25，氨水 2～3mL/L	30～50	PP，Q235+NR
6	碱性无氰铜	碱铜开缸剂 250～500mL/L，碱铜补充剂 80～120mL/L，碱铜 pH 调整剂 40～80mL/L，金属铜 5.6～9.4	40～60	PP，Q235+NR
7	普通镍	硫酸镍 100～150，硫酸钠 60～120，氯化钠 8～10，硼酸 30～35	18～35	PP，Q235+NR
8	半光亮镍	硫酸镍 250～320，氯化镍 30～45，硼酸 40～45	50～55	PP，Q235+NR
9	光亮镍	硫酸镍 250～320，氯化镍 40～45，硼酸 40～50	50～60	PP，Q235+NR

续表

序号	名　称	溶液参考组成/(g/L)	温度/℃	槽体,槽体+衬里选用材料
10	不锈钢镀镍	氯化镍 200～240,盐酸 250	18～30	PP,HPVC
11	装饰铬	铬酐 210～330,硫酸 1.2～1.9	35～45	HPVC,PP+HPVC,Q235+HPVC
12	硬铬	铬酐 225～275,硫酸 2.5～4	55～60	HPVC,PP+HPVC,Q235+HPVC,PP+PVDF
13	粗化	铬酐 360～430,硫酸 330～405	60～70	Q235+TA2,HPVC+TA2,Q235+PP+PVDF
14	碱性锡	锡酸钠 90～100,氢氧化钠 8～12,乙酸钠 0～15	60～80	PP
15	酸性光亮锡	硫酸亚锡 10～30,硫酸 120～200	10～20	PP,HPVC
16	氟硼酸盐锡	氟硼酸亚锡 60～100,氟硼酸 40～50,明胶 2.5～3	室温	PP,HPVC
17	铅锡合金	氟硼酸铅 110～275,氟硼酸亚锡50～70,氟硼酸 50～100	室温	PP,HPVC
18	镍铅合金	甲基碳酸液 160～220mL/L,甲基磺酸锡 30～150mL/L,甲基磺酸铅 0～20mL/L	15～38	PP,HPVC
19	镍铁合金	硫酸镍 140～180,氯化镍 35～80,硼酸 45～50,硫酸亚铁 15～20	50～65	PP
20	碱性锌铁合金	氧化锌 10～15,氢氧化钠 100～145,金属铁 0.05～0.1,金属锌 8～12	18～26	PP,HPVC
21	碱性锌镍合金	氧化锌 8～12,氢氧化钠 100～140,金属锌 7～11,金属镍 1～1.9	22～28	PP,HPVC
22	酸性锌镍合金	氯化锌 30～50,氯化镍 105～160,氯化钾 180～220,硼酸 15～25	30～15	PP,HPVC
23	酸性锌钴合金	氯化锌 70～95,氯化钾 200～260,硼酸 20～25,金属锌 28～32,金属钴 2～4	20～45	PP,HPVC
24	酸性化学沉镍	硫酸镍 25～30,次磷酸钠 20～25,醋酸铜 15,柠檬酸钠 10	85～90	06Cr17Ni12Mo2,PP+PVDF
25	金属件碱性化学沉镍	硫酸镍 30,次磷酸钠 20,醋酸铜 15,柠檬酸铵 50	90	06Cr17Ni12Mo2,PP+PVDF
26	塑料件碱性化学沉镍	氯化镍 30,次磷酸钠 10,氯化铵 50	30～40	PP
27	塑料件化学沉铜	硫酸铜 14,酒石酸钾钠 40,甲醛 25,氢氧化钠 8,碳酸钠 4,氯化镍 4	20～30	PP
四、氧化、磷化				
1	钢铁高温氧化(发黑)	氢氧化钠 600～700,亚硝酸钠 180～220,硝酸钠 50～70	138～155	Q235,不宜采用不锈钢
2	钢铁常温氧化(发黑)	硫酸铜 2～4,亚硒酸 1～5,磷酸 3～5,磷酸二氢钾 5～10,硝酸 3～5	室温	PP,HPVC
3	钢铁高温磷化	磷酸二氢锌 28～36,硝酸锌 42～56,磷酸 9.5～13.5	92～95	06Cr19Ni10,022Cr19Ni10
4	钢铁高温磷化	磷酸锰铁盐 30～35,硝酸锌 50～65	90～95	06Cr19Ni10,022Cr19Ni10
5	钢铁中温磷化	磷酸锰铁盐 30～40,磷酸二氢锌30～40,硝酸锌 80～100,亚硝酸钠 1～2	60～80	06Cr19Ni10,022Cr19Ni10
6	钢铁低温磷化	磷酸二氢锌 50～70,硝酸锌 80～100,亚硝酸钠 0.2～1	20～35	PP,HPVC

续表

序号	名 称	溶液参考组成/(g/L)	温度/℃	槽体,槽体+衬里选用材料
7	铝合金硫酸阳极氧化	硫酸 180～200	15～25	PP,Q235+PP,Q235+FRP
8	铝合金硫酸硬质阳极氧化	硫酸 200～250	−5～−2	HPVC,Q235+HPVC,Q235+FRP
9	铝合金草酸阳极氧化	草酸 50～70	30±2	HPVC,Q235+HPVC,Q235+FRP
10	铝合金铬酸阳极氧化	铬酐 30～40	32～38	HPVC,Q235+HPVC
11	铝合金瓷质阳极氧化	铬酐 35～40,硼酸 5～7,草酸 5～12	45～55	HPVC,Q235+HPVC
12	铝合金硫硼酸阳极氧化	硫酸 30～50,硼酸 6～11	25～30	PP,Q235+PP
五、后处理				
1	锌层彩色钝化	铬酸 150～180,硫酸 8～10,硝酸 10～15	室温	HPVC
2	锌层彩色钝化	铬酸 8～10,硫酸 0.5～0.8,硝酸 3～5,冰醋酸 5～10	室温	HPVC
3	锌层蓝色钝化	铬酸 3～5,氯化铬 1～2,氟化钠 2～4,硝酸 30～50,硫酸 10～15	室温	HPVC
4	锌层军绿色钝化	铬酸 30,硫酸 5mL/L,盐酸 5mL/L,硝酸 5mL/L	室温	HPVC
5	锌层三价铬蓝色钝化	钝化组合液+三价铬 2.5～4	20～30	PP,HPVC
6	锌铁合金三价铬黑色钝化	钝化组合液+磷酸(85%)5mL/L+三价铬 1～1.4	25～50	PP,HPVC
7	锌镍合金三价铬白色钝化	钝化组合液+三价铬 3.2～4.5	25～50	PP,HPVC
8	锌镍/锌铁三价铬蓝色钝化	钝化组合液+三价铬 2.8～3.5	55～65	PP,HPVC
9	不锈钢钝化	硝酸 460～560	室温	06Cr19Ni10,022Cr19Ni10,06Cr17Ni12Mo2
10	钛合金钝化	硫酸 230～280	室温	PP,HPVC,Q235+PP
11	铝阳极氧化膜稀铬酸封闭	铬酸(配制浓度≥45mg/L)	90～100	06Cr18Ni11Ti,06Cr17Ni12Mo2
12	铝阳极氧化膜重铬酸封闭	重铬酸钾 15,碳酸钠 4	90～95	06Cr18Ni11Ti,06Cr17Ni12Mo2
13	铝阳极氧化膜热水封闭		98～100	06Cr19Ni10,022Cr19Ni10
14	锌层退除	盐酸 340～480	室温	HPVC,PP
15	锌层退除	硫酸 180～250	室温	PP
16	铜层退除	铬酸 400,硫酸 50	室温	HPVC,Q235+PVDF
17	镍层(通电)退除	硝酸铵 180,酒石酸钾钠 20,硫氰酸钾 1～2	30～50	PP,HPVC
18	铬层(通电)退除	氢氧化钠 50	10～35	PP,HPVC
19	多层铜镍铬(通电)退除	硝酸钠 120～160,柠檬酸钠 40～50,醋酸钠 40～60,冰醋酸 20～30mL/L,退除剂	15～45	PP,HPVC

4.5 槽体强度与刚度计算

依据电镀生产线的工艺、流程和生产率等总体规划资料可以确定：① 每个槽体的基本尺寸 $L \times B \times H$；②选用的材质（如钢、不锈钢、塑料、槽壁衬里材料等）；③ 一些相关数据，等等。本节就是在满足总体方案（包括技术、经济与安全要求）的前提下，对电镀生产线上的槽体或单个槽体的强度与刚度提出一套设计计算方法，并且对一些需要配置底座的槽体，简要介绍一些常用底座结构及其相关构件的强度与刚度设计计算。

本节主要阐述：①槽体配筋方案拟订；②$\delta_{底}$解算的依据和算法；③解算 $\delta_{壁}$（计算依据，箍筋和竖筋计算和规格选定，配筋方案评估，配筋与 $\delta_{壁}$ 匹配）；④槽体底座的结构设计与校核。

4.5.1 槽体配筋方案拟订

4.5.1.1 配筋方案拟订流程

下面用程序框图（图 4-90）表述配筋方案拟订的流程：

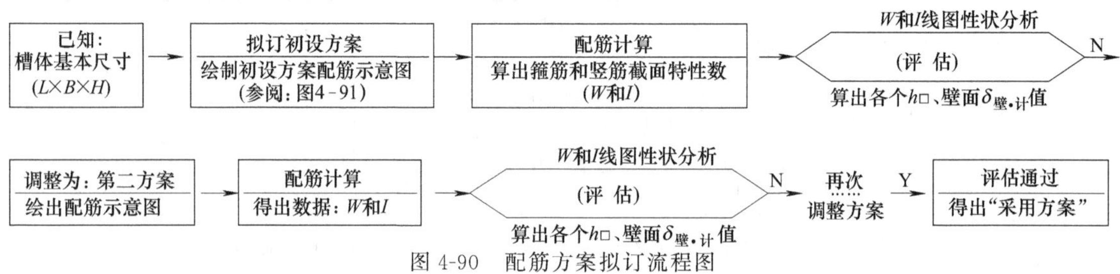

图 4-90 配筋方案拟订流程图

4.5.1.2 配筋的线图性状分析

① 计算出各道箍筋特性数（$W^i_{箍}$、$I^i_{箍}$）和各段竖筋特性数（$W^i_{竖}$、$I^i_{竖}$），绘出“配筋 W 和 I 线图”，并作分析：

a. 图线形态：与液压强度作用规律契合程度，W 和 I 曲线与比拟力学梁极值点的契合程度等。

b. 承载均衡性：各道箍筋 $W^i_{箍}$、$I^i_{箍}$ 及各段竖筋 $W^i_{竖}$、$I^i_{竖}$ 沿线变化的等差性；箍筋（W、I 均值）与竖筋（W、I 均值）数量级差异程度等。

② $\delta_{壁}$ 与配筋的匹配：

计算出各槽壁面（h_i）的 $\delta_{壁·计}$ 值，判定 $\delta_{壁·计}$ 值是否满足壁厚期望值要求。

4.5.1.3 配筋方案的调整与确定

根据上述两项的分析作判定，若不满足要求，则需调整配筋方案，包括：

① 箍筋数目变动（调整 h_i 值）；

② 改变竖筋根数（调整 l 值）。

重新拟订出第二方案→作配筋计算和壁厚计算→再作分析和判定，若能满足预期要求，则可取为“采用方案”。

若未能满足预期要求，则再作调整，拟出第三方案，继续前述作业。

总之，只有当 W 和 I 线图性状良好，且各槽壁 $\delta_{壁·计}$ 值满足预期要求时，才能确定得出“采用配筋方案”。

上述 4.5.1.2 节和 4.5.1.3 节的演绎过程与具体数值计算、分析和比较，可参阅 4.6 节示例二和示例三。“采用配筋方案”确定后，箍筋和竖筋的规格尺寸即可按标准选定。

4.5.2 配筋（布置）示意图

构成初设配筋方案与确定得出的“采用配筋方案”都是通过配筋示意图表示出的。两者的差别是图中的基本尺寸（l——竖筋间距；h_i——箍筋间隔高度）已发生质的变化。现就以图 4-91 为例，从初设方案如何勾画配筋示意图讲起；之后又假定把图 4-91 看成是一幅“采用配筋方案”的配筋示意图，以它为基础逐一讲述槽体的 $\delta_{底}$ 计算和 $\delta_{壁}$ 计算，以及箍筋和竖筋的计算。

4.5.2.1 例图（图 4-91）

槽体基本尺寸：$L \times B \times H$（槽底基线 OO，槽口线 TT），图中 h_Y——槽内溶液深度（Y 标线表示液面）。

现拟设 3 道箍筋于槽周（h_i 分别具体表示为 h_{OA}、h_{AB}、h_{BC}、h_{CY}、h_{CT}），槽侧面（前、后）壁各配置 3 条竖筋（竖筋间距相等，表示为 l），槽端面（左、右）壁没有配置竖筋。

4.5.2.2 槽壁的配筋布置

基本考虑如下：

① 参阅图 4-91，设想单独取出任意一条竖筋（标记为 OT）看，可视为一条简支梁，其跨距为 2500mm（简支端 O 和 T），受槽液深度 h_Y 的液压强度作用，这时液压强度呈三角形分布作用于该简支梁，如图 4-93（b）所示。

由材料力学得知：最大弯曲应力位于槽体基线即零线（OO）以上 $0.42h_Y$ 处，而最大挠度发生于基线以上 $0.48h_Y$ 处。在以上两位置点中间取一恰当值，可定为首条箍筋（B）的位置 h_{OB}（图 4-91 所示 $h_{OB}=1000$mm，竖筋间距 $l=1075$mm）。

② 在 h_{OB}高度范围内，一般再布置一道箍筋（A），其位置约取值为 h_{OB}之半以下，如图 4-91 所示取：$h_{OA}=400$mm。

③ 当确定 A 和 B 两条箍筋后，如 H 不大则不需朝上再设置第三道（C）道箍筋。

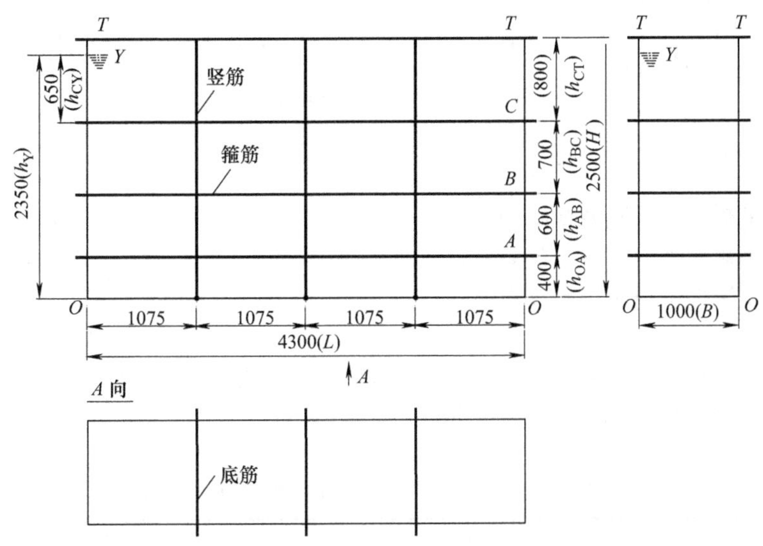

图 4-91　平底塑料槽壁配筋布置示意图

④ 当槽体较高时，可在 h_{OB}以上再布置箍筋（如图 4-91 中箍筋 $C=h_{BC}=700$mm），其数目多少，以 H（槽高）而定（见 4.6 节多个示例）。

⑤ 当 $H>3000$mm 时，箍筋的配置必然要作较大的变动（参阅 4.6 节中示例三）。

⑥ 箍筋和竖筋虽各有自身功能，但两者又是交集有关的。关键在于：a. 采取恰当箍筋道数；b. 取定恰当竖筋间距（l）值。

⑦ 由箍筋和竖筋布置可以将槽壁面分隔成众多小矩形板块；通过 $\delta_{壁}$ 的解算（包括调整箍筋 h_i 与竖筋 l 值），使 $\delta_{壁}$ 达到期望值。

4.5.2.3 槽底的配筋布置

结合竖筋配置，可以布置出槽底面（$L\times B$ 面）的支承筋（其间距一般与竖筋间距所取值相同，见图 4-91 中 A 向视图），用以分隔槽底面成众多小矩形板块。

4.5.3 槽底板厚度计算

4.5.3.1 薄板计算的基本公式

敞口的槽体盛装溶液后，底板和壁板承受液压强度作用，通常可按受弯曲作用的矩形平板来处理。从图 4-91 所示槽底板中取出一典型小板块（标注尺寸为 $l\times b$，如图 4-92 所示），作为力学意义上一块薄板来研究。该小矩形平板承受均布液压强度作用，而且小矩形平板四周边均由底筋焊接牢固。符合槽底板的承载和支承条件，因此，就可视其为受均布载荷作用和四边固定条件的薄平板，应用该型薄板规定公式来计算受载荷作用后薄板内产生的应力和薄板弯曲的挠度。

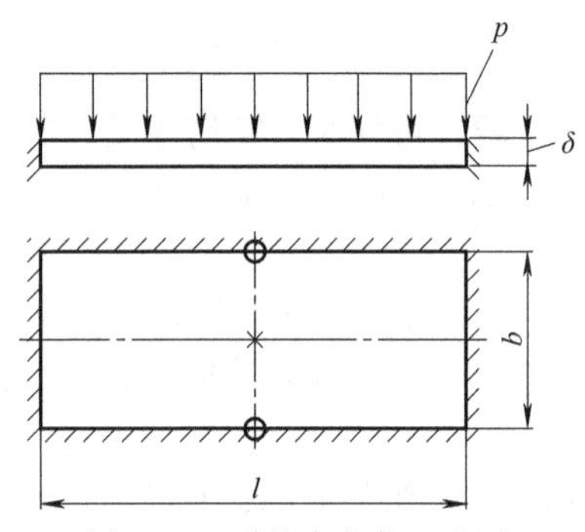

图 4-92 受均布载荷四边固定的矩形平板

l—长边长度；b—短边长度；δ—厚度；○—最大弯曲应力发生点；×—最大弯曲挠度发生点；p—矩形平板所受均布载荷

最大弯曲应力（σ_{max}）计算式：

$$\sigma_{max}=\frac{k_m pb^2}{\delta^2} \quad (\text{MPa}) \tag{4-1}$$

最大弯曲挠度（f_{max}）计算式：

$$f_{max}=\frac{k_f pb^4}{E\delta^3} \quad (\text{m}) \tag{4-2}$$

式中 k_m——最大弯矩系数，按 $\frac{l}{b}$ 比值，从表 4-31 中查取；

k_f——最大挠度系数，按 $\frac{l}{b}$ 比值，从表 4-31 中查取；

p——平板所受均布载荷，MPa；

l——小矩形平板长边长度，m；

b——小矩形平板短边长度，m；

δ——平板厚度，m；

E——槽体材料的弯曲弹性模量，对于 Q235 钢，$E=2.1\times10^5$MPa。

对于聚丙烯等塑料，可从表 4-31 中查取。

表 4-31 受均布载荷作用的四周固定矩形薄板的系数（k_m 和 k_f）

$\frac{l}{b}$	1.0	1.1	1.2	1.3	1.4	1.5	1.6	1.7	1.8	1.9	2.0	3.0	4.0	5.0
k_m	0.3102	0.3324	0.3672	0.4122	0.4356	0.4542	0.4704	0.4842	0.4926	0.4956	0.4974	0.4992	0.4998	0.4998
k_f	0.0139	0.0165	0.0191	0.0211	0.0227	0.0241	0.0251	0.0260	0.0267	0.0272	0.0277	0.0279	0.0282	0.0284

薄板计算公式应用说明：

① 上列平板弯曲应力 σ_{max} 和弯曲挠度 f_{max} 计算公式，以及表 4-31 所列的弯矩系数 k_m 和挠曲系数 k_f 是有条件的：a. 平板材料的泊松比 $\mu \approx 0.3$；b. 矩形平板的挠度必须小于板厚。

② 槽体常用材料如 Q235、聚丙烯塑料（PP）、聚氯乙烯塑料（PVC）等的 μ 值一般都在 0.25～0.35 之间。如遇所选用的材料没有 μ 值数据，必要时可在拉伸试验机上做试验，并用图解法求出 μ 值，或要求供货方提供 μ 值试验数据。

③ 强调指出，把槽底板和槽周壁板看作是矩形平板并作计算，还必须满足下列前提条件：平板（整块平板或分隔后的小平板）长边 $l \leqslant 5b$ 否则式（4-1）和式（4-2）不适用。

4.5.3.2 槽底板厚度计算

（1）底板所受的液压强度

槽内溶液作用于槽底板的液压强度（p_O）：

$$p_O = 10^{-4} \rho_Y h_Y \qquad (\text{MPa}) \tag{4-3}$$

式中 ρ_Y——槽液密度，kg/dm^3；

h_Y——槽内溶液深度，cm。

（2）底板厚度（$\delta_{底}$）计算公式

① 引入槽体材料 $[\sigma]$ 后，由式（4-1）可导出按弯曲强度条件（代号 q）计算板厚的公式：

$$\delta_q = \sqrt{\frac{k_m p_O b^2}{[\sigma]}} \qquad (\text{m}) \tag{4-4}$$

式中 $[\sigma]$——许用正应力，对于 Q235 钢，$[\sigma]=160\text{MPa}$；对于聚丙烯等常用塑料，可查阅表 4-21 取极限应力值后，除以安全系数 $n=4$ 得出 $[\sigma]$ 值。

② 引入槽体材料 $[f]$ 后，由式（4-2）可导出按弯曲挠度（或刚度）条件（代号 g）计算板厚的公式：

$$\delta_g = \sqrt[3]{\frac{k_f p_O b^4}{E[f]}} \qquad (\text{m}) \tag{4-5}$$

式中 $[f]$——许用挠度，m，对于一般槽体，可取 $[f]=\frac{b}{100}$（m），式中分母 100 是安全系数值。

由计算得出的厚度值，也可记为 $\delta_{q \cdot 计}$ 和 $\delta_{g \cdot 计}$，从中取数值大者，可记为 $\delta_{底 \cdot 计}$，作为选取槽体底板材料厚度的依据。

4.5.4 槽壁板厚度计算

4.5.4.1 计算依据

计算依据：①当槽体仅配置槽口筋时，可认为每块槽壁板近似看作具备四周固定的支承条件；②若槽壁上配有槽口筋、箍筋和竖筋，则可认为每块槽板壁被分隔成众多小矩形平板，它们也可近似认为具备四周固定的支承条件。

因此，我们可以将槽底板厚度计算公式（4-4）和公式（4-5）移植用来作槽壁板厚度计算，即实用计算，其优点是简明、适用。

槽壁板厚度计算还涉及另外两个问题。第一，沿 h_Y 及各 h_i 段（“i”表示各箍筋之间、箍筋与槽底线（O）/液面线（Y）之间分隔出的间距，即 h_{OA}、h_{AB}、h_{CY}、h_{CT} 等）的液压强度为线性分布而非均匀分布，因此，必须使之转化为等效的均匀分布。第二，槽壁通常配置箍筋（也称水平加强肋）和竖筋（又称垂直加强肋），它们具有诸多功能：①对槽壁起分隔出众多小矩形平板；②能承担液压强度，从而使 $\delta_{壁\cdot计}$ 值可以减小；③能减小槽体沿 L 向和 B 向呈凸鼓状的弯曲挠度值。相应地箍筋和竖筋必须满足两条，即所用型材（一般为型钢）必须具备一定的规格尺寸（通过计算后选用，详见 4.5.5 和 4.5.6 两节）；箍筋和竖筋制作上必须保证在槽壁所分隔出的小壁板具备“四周箍牢”的支承状态，否则②、③的功能无法达成。

下面将顺次表述：液压强度折算→槽壁板（$\delta_{壁}$）计算→箍筋和竖筋计算（注意：$\delta_{壁\cdot计}$ 值的最终确定是在“配筋与 $\delta_{壁}$ 匹配”评估通过之后）。

4.5.4.2 液压强度折算

下面介绍两类将线性分布液压强度折算为均布液压强度的计算方法。

(1) 液压强度呈三角形分布

图 4-93（c）所示的 BY 壁面，即为典型三角形分布，可按下式折算得出均布液压强度，表示为 p_{BY}：

$$p_{BY}=\frac{2}{3}p_{B} \qquad (MPa) \tag{4-6}$$

式中 p_{BY}——BY 壁面折算后的均布液压强度，MPa；

p_{B}——对应槽液深度 h_{B} 处的液压强度，MPa，可按式（4-3）即 $p_{B}=10^{-4}\rho_{Y}h_{BY}$ 求得。

(2) 液压强度呈梯形分布

图 4-93（d）所示的 AB 壁面是一种典型的梯形分布，可按下式折算得出均布液压强度（p_{AB}）：

$$p_{AB}=p_{B}+\frac{2}{3}(p_{A}-p_{B}) \qquad (MPa) \tag{4-7}$$

式中 p_{A}，p_{B}——对应槽液深度 h_{A} 和 h_{B} 的液压强度，MPa。

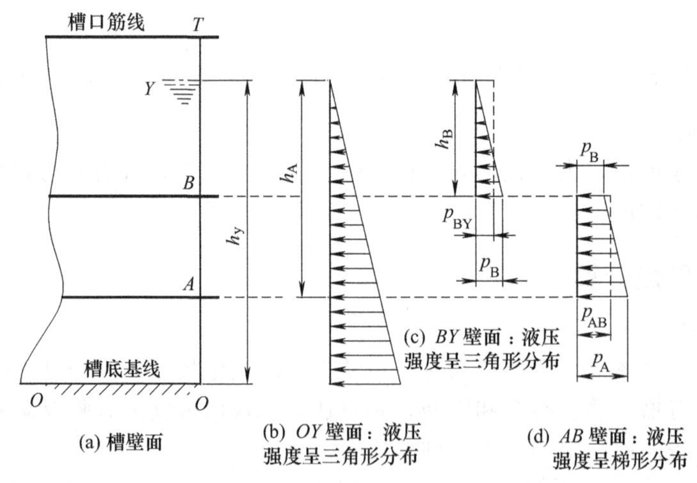

图 4-93 槽壁面两类液压强度分布图

4.5.4.3 壁板厚度（$\delta_{壁}$）计算方法

下面用程序框图（图 4-94）表述壁板厚度的计算方法：

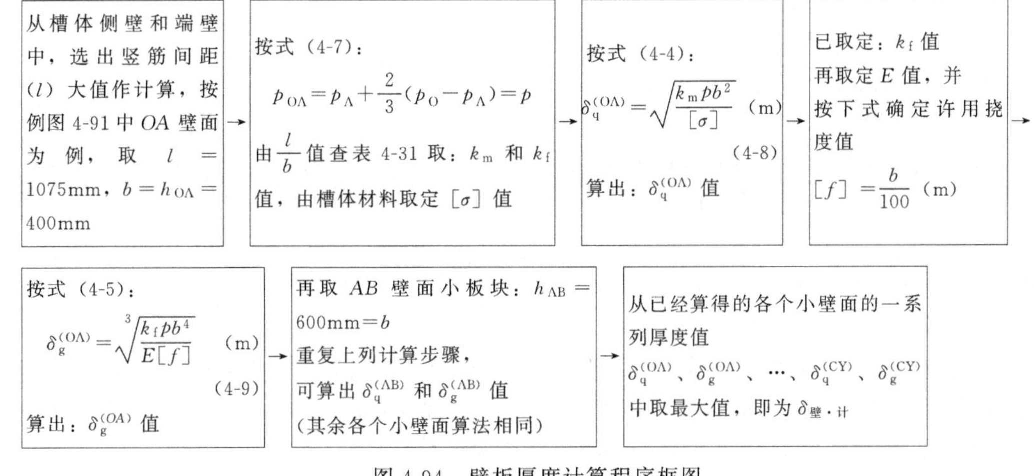

图 4-94　壁板厚度计算程序框图

说明如下：

对于塑料槽，如 PP、HPVC 等槽体，鉴于塑料材质不同于钢材，加之它的力学性能实验室数据的局限性；还有槽体设备吊装和搬运中的附加动载荷，槽壁板（也包括底板）的名义厚度（即图纸上注明的厚度），按理应取计算厚度（$\delta_{壁\cdot计}$）与一个大于 1 的调整系数的乘积，作为名义厚度值。因为塑料没有这方面的数据，现采取的调整措施是，把厚度计算相关的两个因子——弯曲弹性模量 E 和许用应力 $[\sigma]$，均取其下限标准值（参阅表 4-21）为代表值，代入式（4-4）和式（4-5）计算得 δ_q 和 δ_g，并对计算值归约成整数即为名义厚度值，作为选材的依据。这就是本书在解决塑料板材厚度的强度与刚度计算中，兼顾安全可靠与经济合理的方法。如聚丙烯（PP）塑料就取弯曲弹性模量 $E=1200$MPa 和抗拉强度极限应力 $\sigma_{拉}=34$MPa 为代表值，实际上 PP 板按抗弯强度取代表值应是 40MPa，但因其抗拉性能低于抗弯性能，遵从取“下限标准值”的原则，故以取抗拉强度极限为宜。

4.5.5 箍筋计算与型材选用

4.5.5.1 配筋计算的基本依据

(1) 边界尺寸

槽体 $L\times B$ 面为箍筋大范围边界尺寸，但当槽体配置箍筋和竖筋、底筋后，槽壁与槽底板被分隔成众多小矩形板块，这时必须按小边界尺寸来解算箍筋的规格。对竖筋而言，同样应遵循小边界尺寸这一依据。

(2) 配筋的梁型及其跨距的取定

参阅图 4-91，箍筋和竖筋都是紧箍于槽体四周壁面的，其交接点处都必须焊接固牢。槽内液压强度通过槽壁板作用于箍筋和竖筋。就箍筋来说，可以理解为液压强度是作用于众多小矩形板块的箍筋筋段上的，即该筋段可看成是自由支承在两个交接点上，于是就可把箍筋按简支梁作计算（竖筋也按此同样处理）。箍筋跨距表示为 l（即两条竖筋间的间距）；竖筋的跨距表示为 h_i（即两条箍筋间的间距，如 h_{OA}、h_{AB}、…）。

4.5.5.2 箍筋线载荷分布图

(1) 线载荷分布图及其绘制

图 4-95 中所画的垂直于箍筋 A（跨距 l）的“细格区”——由上下两个梯形构成的封闭图形，表示箍筋承受液压强度的线载荷分布状态。

按比例画出该箍筋计算对象的三个基本尺寸：l、h_{AB}、h_{OA}。

令：$\begin{cases} h'_{AB}=\dfrac{h_{AB}}{2} \\ h'_{OA}=\dfrac{h_{OA}}{2} \end{cases}$

则：$h'_{AB}+h'_{OA}=h'$（梯形分布线载荷图的全幅高）

式中，h'_{AB}为线载荷上半幅高；h'_{OA}为线载荷下半幅高。

取
$$a_{AB}=h'_{AB}$$
$$a_{OA}=h'_{OA}$$

连接各线段端点构成的封闭图形，即为线载荷分布全图（标为“细格区”以示醒目）。

注意图 4-95 只是一种图示方式，理解它有三个关键词：①l 的两个两端点是简支梁的支座；②箍筋在液压作用下有挠曲变形；③液压作用及其分布。

(2) 线载荷分布图的常见形态

① 当尺寸 $l>h_{AB}$和 $l>h_{OA}$时，则线载荷图上半幅和下半幅均呈梯形，如图 4-95 所示。

② 当尺寸 $h_{AB}>l$ 和 $l>h_{OA}$时，则线载荷图上半幅呈三角形、下半幅呈梯形，如图 4-96 所示。

图中：$a_{AB}=h'_{AB}=\dfrac{l}{2}$，$a_{OA}=h'_{OA}=\dfrac{h_{OA}}{2}$

故：$h'=h'_{AB}+h'_{OA}=\dfrac{l}{2}+\dfrac{h_{OA}}{2}$

③ 当尺寸 $h_{AB}>l$ 和 $h_{OA}>l$ 时，则线载荷上、下半幅均呈三角形（例如图 4-113 中所示的箍筋 F，试自行绘出其线载荷图）。

下面将以梯形分布线载荷图作为基础，说明箍筋的计算，它的结论公式也适用于三角形分布线载荷图。

4.5.5.3 箍筋截面特性数计算

(1) 截面系数（W）

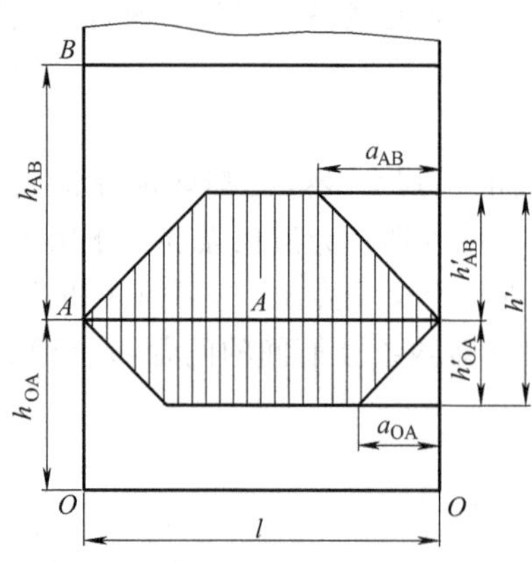

图 4-95 箍筋 A 受液压强度作用下的线载荷（梯形-梯形分布）图

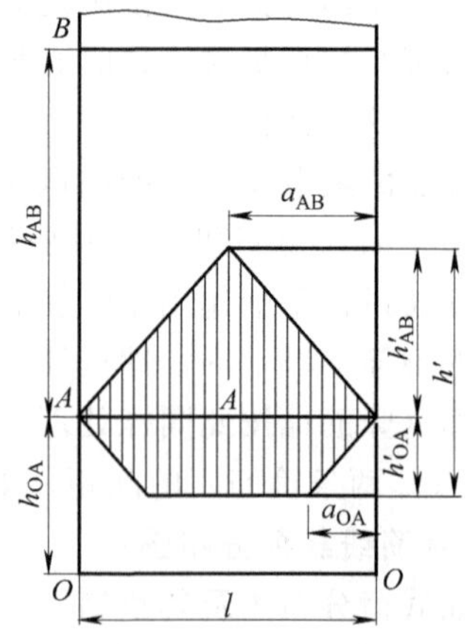

图 4-96 箍筋 A 受液压强度作用下的线载荷（三角形-梯形分布）图

以图 4-95 所示箍筋 A 的 l 梁段为例，在梯形分布线载荷作用下，简支梁中点弯矩值为最大：

$$M_{max}=\frac{ql^2}{24}(3-4e^2) \tag{4-10}$$

$$q=p_A h'=10^{-4}\rho_Y(h'_{OA}+h'_{AB})=q_{AO}+p_{AB} \tag{4-11}$$

式中　$(3-4e^2)$——作用于箍筋的液压强度，其线载荷分布形态影响箍筋抗弯强度的相关因子项；

M_{max}——箍筋 A（l 梁段）在梯形分布线载荷作用下，承受的最大弯曲力矩，MN·m；

l——梁段跨度，即两竖筋间距，m；

q——箍筋 A 所受的全幅线载荷，MN/m；

p_A——箍筋 A 处的均布液压强度，MPa；

h'——箍筋梯形分布线载荷图的全高，m；

ρ_Y——槽液密度，kg/dm³；

e——比值，表示尺寸参数，分别有 $e_{AB}=\frac{a_{AB}}{l}$ 和 $e_{OA}=\frac{a_{OA}}{l}$。

于是有：

$$W_A=\frac{M_{max}}{[\sigma]}=\frac{l^2}{24[\sigma]}[q_{AB}(3-4e_{AB}^2)+q_{AO}(3-4e_{AO}^2)] \quad (m^3) \tag{4-12}$$

式中　W_A——箍筋 A 梁段计算抗弯截面系数，m³，在需要区分时可标为 $W_{A\cdot计}$；

$[\sigma]$——箍筋材料的许用正应力，如 Q235 钢常取 $[\sigma]=160$MPa。

(2) 惯性矩（I）

l 梁段在梯形分布线载荷作用下，取实用计算法，其中点处最大挠度值计算式为：

$$f_{max}=\frac{ql^4}{384EI}(5+8e_i^2+\psi e_i^4) \quad (m) \tag{4-13}$$

式中　$(5+8e_i^2+\psi e_i^4)$——液压强度的线载荷分布形态影响箍筋抗弯刚度的相关因子项；

ψ——系数，根据梁段 l 值大小、箍筋与竖筋截面系数之间量级匹配情况，可酌取 ψ 值为 16、13、10、7 中之一，在需要调控的情况下，ψ 值高，可取为 $\psi=20$，低也可以取为 $\psi=0$；

I——箍筋 A 截面的惯性矩，m⁴。

若取定该梁段中点处的许用挠度 $[f]$ 值，即可列出解算箍筋 A 截面应具有的 I_A 值：

$$\begin{aligned}I_A&=\frac{l^4}{384E[f]}[q_i(5+8e_i^2+\psi e_i^4)+q_j(5+8e_j^2+\psi e_j^4)]\\&=\frac{l^4}{384E[f]}[q_{AB}(5+8e_{AB}^2+\psi e_{AB}^4)+q_{AO}(5+8e_{AO}^2+\psi e_{AO}^4)] \quad (m^4)\end{aligned} \tag{4-13A}$$

根据槽体材质及其结构特点，可取定简支梁中点的许用挠度 $[f]$ 值：

$$[f]=\frac{l}{n} \quad (m) \tag{4-14}$$

式中　n——箍筋许用挠度的安全系数值，通常取 $n_{箍}=100\sim400$，对于大尺寸槽和衬里复合槽可取高值。

4.5.5.4　箍筋型材的选用

(1) 箍筋规格的选定

完成各道箍筋截面特性数计算（即得出 $W_{A\cdot计}$、$I_{A\cdot计}$ 和 $W_{B\cdot计}$、$I_{B\cdot计}\cdots$）后，从中取一对最大值，组成一套数据（$W_{max\cdot计}$，$I_{max\cdot计}$），据之选取标准合适的型材，得出其规格和尺寸：截面特性数 $[W]$（cm³）和 $[I]$（cm⁴）（理论上必须满足 $W_{max\cdot计}<[W]$ 和 $I_{max\cdot计}$

<[I]），截面积 F（cm^2）和理论质量 G（kg/m）。

（2）有关箍筋选用的几点说明

① 实际所选型材的［W］和［I］，都应稍大于（$W_{max \cdot 计}$）和（$I_{max \cdot 计}$）之值，所以要有一定量的富裕度是为了补偿：a. 槽体吊装、搬运时所引起的附加动载荷；b. 箍筋所设定的位置与液压强度对应的理论值位置两者之间必然存在某些偏差值。

② 当需要时，可将某道箍筋所选型材的［I］代入式（4-13A）解算出该道箍筋 $f_{计}$ 值，按下式判定其是否满足弯曲挠度要求：

$$f_{计} \leqslant [f] \tag{4-15}$$

③ 槽口筋的规格尺寸，按其承载情况（如：槽口端部通常设有各种附加装置、承载挂具等）可参照箍筋规格尺寸选用，或选用另外合适规格的型材（必要时可根据承载情况作校核计算）。

④ 基座箍筋（参阅图 4-25）可参照竖筋规格尺寸选用，使之与竖筋匹配，以保持两者接合端部线型规整。

4.5.6 竖筋计算与型材选用

要强调指出：图 4-91 所示每条竖筋是由各梁段（OA、AB、BC 和 CY/CT 段）组成的。AB 段与 BC 段分别与上、下箍筋焊接固牢；OA 段上、下分别与箍筋 A 和基座箍筋（或槽底筋）焊接固牢；CT 段上、下分别与槽口筋和箍筋 C 焊接固牢。这既是工程实际制作的要求，也是对竖筋各梁段取为简支梁计算的前提，没有各交接点的焊接固牢，一切计算得出的数据都是没有意义的。

前述 4.5.5.1 节"配筋计算的基本依据"，以及 4.5.4.2 节所述液压强度由线性分布状态折算成均匀分布状态（p_i），也都是竖筋计算的前提条件，据之可求出竖筋梁段（跨距 h_i）的线分布载荷（q_i）值。

下面采用程序框图形式（图 4-97 和图 4-98）介绍两型竖筋梁段（各部梁段和顶部梁段）的弯曲强度计算（求解出 W_i）和弯曲刚度计算（求解出 I_i）的步骤和算法（W_i、I_i 中的下标符号"i"，表示梁段"OA""AB"……）。

4.5.6.1 各部梁段（除顶部梁段外）的 W 和 I 计算

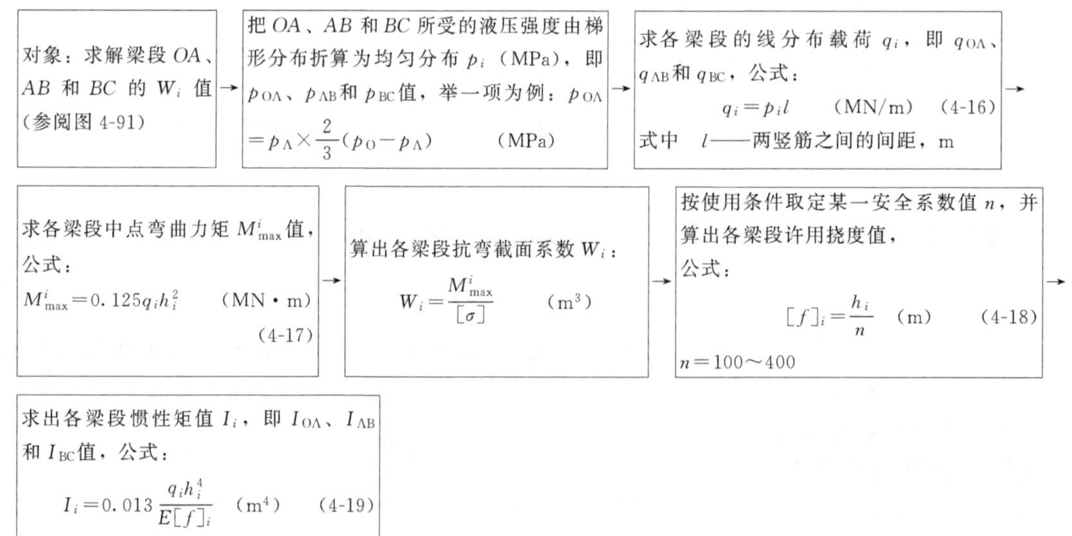

图 4-97 竖筋各梁段（除顶部梁段）W 和 I 计算程序框图

4.5.6.2　顶部梁段的 *W* 和 *I* 计算

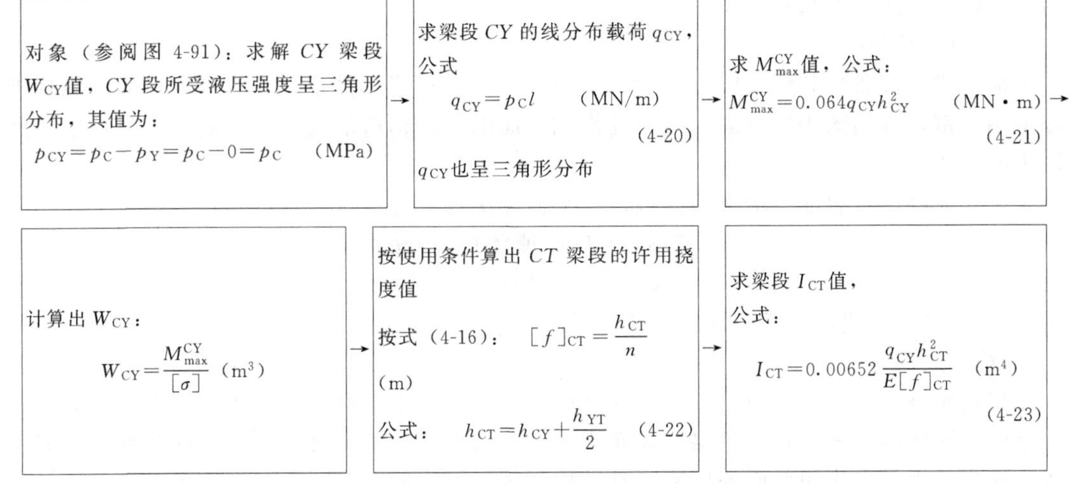

图 4-98　竖筋顶部梁段 *W* 和 *I* 计算程序框图

说明：虽然竖筋顶部 *YT* 梁段已经没有液压作用，仍介绍用 h_{CT}值解算 I_{CT}，采用这一实用算法是为计入 *YT* 段对 I_{CT}值的影响，使 I_{CT}更贴合实际。

4.5.6.3　竖筋型材的选用

① 上述计算所得各段竖筋的 $W_{OA\cdot计}$、$I_{OA\cdot计}$、…、$W_{CY\cdot计}$、$I_{CT\cdot计}$，取最大值 $W_{max\cdot计}$和 $I_{max\cdot计}$，组成一套数据（$W_{max\cdot计}$，$I_{max\cdot计}$），据之选取竖筋型材及其规格和尺寸。

② 选用竖筋型材时，要注意与箍筋型材匹配，以利于交接部位焊接固牢和配筋的线型规整。

4.5.7　槽体底座的结构设计与校核

4.5.7.1　底座的功用与要求

① 钢槽和较大的塑料槽必须设置底座。底座通常在槽体底部下面用型钢纵、横交叉布置，再焊接成以网格为主体的一个能承重且稳固的钢结构。底座承受槽体及其上一切装置的荷载，并传递于其下的基础，还便于槽体的搬运和安装（尤其是较长或较高的槽体），这是功能之一。

② 通过槽体底座的纵、横支承梁（也称纵、横底筋），还可分隔整块槽底板，形成众多小矩形平板，作为解算 $\delta_{底}$的计算对象，这是功能之二。

③ 对于大型塑料槽（如图 4-64 和图 4-65 所示的超长塑料槽）的底座，当它与槽周壁上的竖筋焊接固牢后（此前各个壁面上的竖筋与箍筋已焊接固牢），即构成具有五个格栅面的钢质框栏结构，从而为（塑料）槽底板和槽壁板在框栏内组装定位，接着将五块塑料板焊接成整个槽体，提供了极为便利的条件，这是功能之三。

④ 还有一种框架结构，它除了具有底座、四壁格栅外，还在四角置有立柱，这种框架常用作为手工糊制玻璃钢槽体的骨芯，称为骨芯框架，这是功能之四（参阅图 4-81）。

⑤ 钢质槽体底座要涂刷防腐涂料，这种结构要求槽底与基础表面之间留有适当空间，使槽底空气流通，以利于防腐，这是功能之五。

为实现底座的功用，对它的基本要求有：①整体稳固性好；②底座主要构件的弯曲强度与弯曲刚度应满足规定的许用值；③底座安装完成后要经过正规程序验收。

4.5.7.2　底座的基本构型及其设计

(1) 常用底座的基本构造形式

通常底座都是采用焊接结构，在严格遵照焊接制造工艺和严把焊缝质量关的条件下，是能够保证底座的功能与要求的，而且焊接结构制造快捷、成本低。常用槽体底座基本构造形式可分为：井排式底座和格盘式底座。

1）井排式底座

由横支梁（多条）和纵支梁（不少于 2 条）呈井字形连续排布方式焊接成一体，纵横支梁大都采用型钢，参阅图 4-35（a），是为井排式底座的基本构造形式。这类底座常与槽壁竖筋焊接固牢成一体。

井排式底座的上表面与槽底板接触，其平面相关尺寸为：

$$L_{纵梁}=L_{槽}(\text{槽体长})+2l$$

$$B_{横梁}=B_{槽}(\text{槽体宽})+2l$$

式中 l——竖筋长边，当槽端面不配置竖筋时 $L_{纵梁}=L_{槽}$。

2）格盘式底座

先将基座箍筋焊制成一矩形框体，在框体内配置若干横支梁和纵支梁，三者焊接固牢，成为一个内有纵横网格的底盘，是格盘式底座基本构造形式。这类底座常与槽壁竖筋焊接固牢成一体，成为四周具有格栅壁面的底座，其结构如图 4-35（b）、（c）所示。这类底座多用于超长和大型塑料槽。

格盘式底座的上表面与槽底板接触，其平面相关尺寸为：

$$L_{底}(\text{底盘长})=L_{槽}(\text{槽体长})+2l$$

$$B_{底}(\text{底盘宽})=B_{槽}(\text{槽体宽})+2l$$

式中 l——基座箍筋型钢宽度。

（2）底座的结构设计

1）底座结构定型

随着钢质、塑料槽具体结构、用途的不同，其底座结构样式需加以变换，从而生成两类基本构形的改进形态（4.6 节示例四的塑料超长槽即为一例）。总之，凡能满足功能需求，整体稳固性好，且底座主要构件的弯曲强度与刚度经校核合格的底座结构，均可定为适用的底座结构。

2）勾画底座结构设计示意图

依据配筋计算所得规格尺寸数据，以及槽体实际结构样式（如：平槽底、斜槽底、槽体局部设置集污斗和排污孔，以及槽体外部留有通风空间等）在初步预设纵、横支梁规格尺寸后，可以拟订出底座构造初步方案，勾画出一张底座结构设计示意图（草图），作为底座设计、校核计算的初步依据。

3）结构设计要则

① 从底座结构设计示意图中，取定槽底小板块计算 $\delta_{底}$，目标是令 $\delta_{底}=\delta_{壁}$。在保证整体稳固性前提下，调整底座纵支梁和横支梁的间距，经过计算最终得出 $\delta_{底}=\delta_{壁}$，即达到预期目标要求。

② 无论塑料槽和钢槽，槽底厚度尺寸一般均属薄板范畴，与纵、横支承梁接触会产生挤压变形，因此要作挤压校核。如校核结果不满足要求，需从支承梁着手，增大两者间的接触面积，使之满足校核要求。常用作支承梁的型钢有：矩形钢管、工字钢、槽钢、T 形钢及其他型材等。

③ 对底座主要承载构件——横支梁要作弯曲强度和弯曲刚度校核，使其满足预定的要求。在勾画底座结构设计示意图时，一般参照竖筋等规格尺寸，初步估取横支梁的规格尺寸，再作 W 和 I 校核计算，必要时可予综合调整，最终确定符合要求的横支梁规格尺寸。

④ 整个底座设计过程是实现多个目标要求（$\delta_{底}$ 解算、横支梁的 W 和 I 校核、支承梁与槽底板挤压校核、着地支承梁与混凝土基础接触面的承压校核等），因此，这是一个不断综合考量和寻求优化的过程，即“设定→修改→校核→再设定……”，直到满足各个目标要求。只有完成上述任务，获取全部所需数据（包括：$\delta_{底}$ 值；横支梁规格尺寸、$[W_X]$ 和 $[I_X]$ 值及理

论重量；混凝土强度等级等），才能最后绘制出一张完善的底座结构设计图（或槽体工作图，这时底座结构设计包含在槽体工作图中）。

4.5.7.3　底座结构的校核

(1) 底座校核的程序框图

底座校核的程序框图见图 4-99。

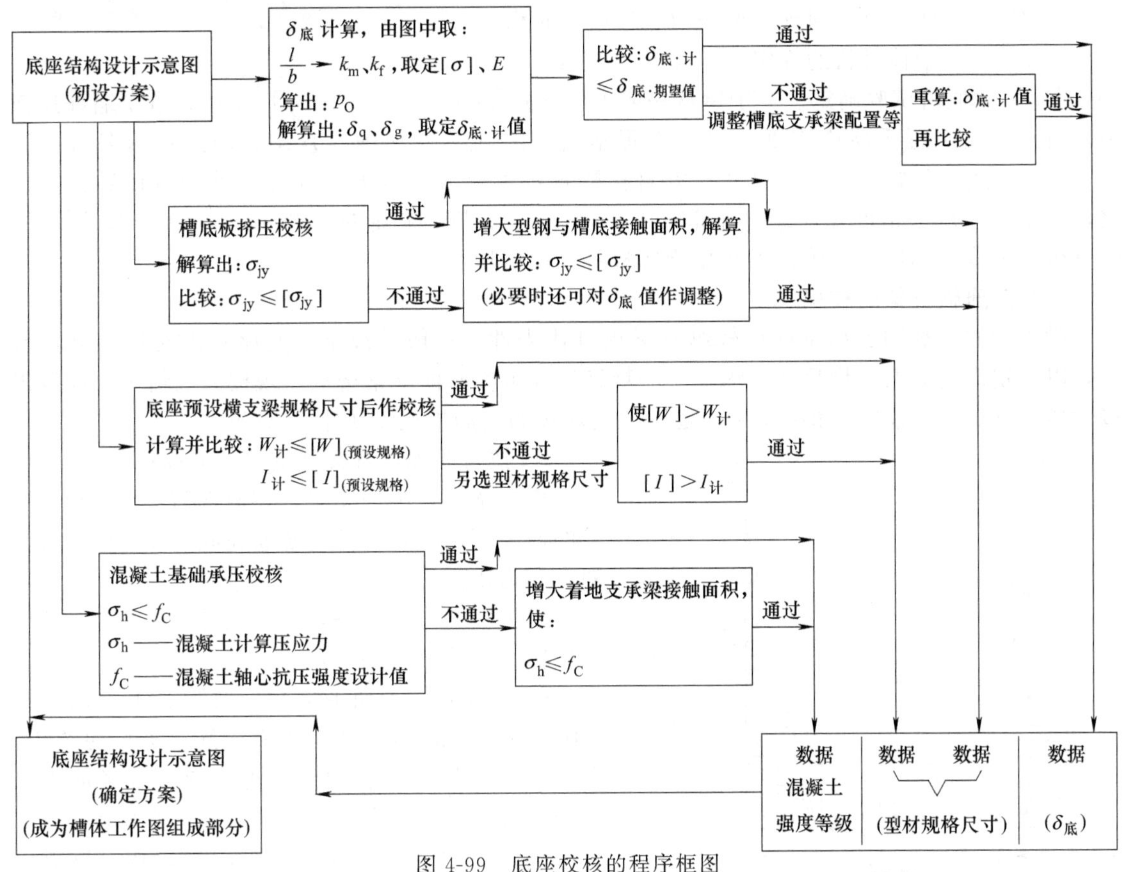

图 4-99　底座校核的程序框图

(2) 槽底板厚度校核

① 当 $L\times B$ 较大时，是不宜直接解算 $\delta_{底}$ 的，这时可在槽底配置底筋，从中取出典型小板块，解算出 $\delta_{底}$ 值 。

②当槽底下部置有底座时，$\delta_{底}$ 的计算要综合考虑在谋求 $\delta_{底}=\delta_{壁}$（方便备料和制造）的前提下，优化槽底支承筋的配置，最后解算出 $\delta_{底}$ 值。

③ 当平底塑料槽不设置槽底支承筋或底座时，即槽体直接安放于混凝土基础上，一般尺寸槽体可直接取 $\delta_{底}=\delta_{壁}$ 值。当槽体较高（$H\geqslant3$m），则应通过分析计算确定 $\delta_{底}$ 值 。

(3) 槽底板挤压强度校核

一般底座支承梁与槽底板的接触面比较狭窄，且槽底板均为薄板，极易受到挤压作用，故必须作槽底板挤压强度校核，其计算公式为：

$$\sigma_{jy}=\frac{m\sum Q}{F_{dj}}\leqslant[\sigma_{jy}]\qquad(\text{MPa})\tag{4-24}$$

$$\sum Q=(Q_1+Q_2+Q_3+Q_4)$$

式中　$\sum Q$——槽体总荷载量，kN；

Q_1——槽体自重，kN；

Q_2——槽内溶液重量，kN；

Q_3——箍筋（含基座箍筋及槽口筋）重量，kN；

Q_4——竖筋重量，kN；

m——荷载调整系数，取 $m=1.1\sim1.35$，实际取值决定于槽体上部附加装置及挂具、工件等的重量，以及槽体搬运、吊装时的附加动载荷大小等；

F_{dj}——底座纵、横支承梁与槽底板接触面积，m^2；

$[\sigma_{jy}]$——槽体材料的许用挤压应力，MPa。

$[\sigma_{jy}]$ 数值由试验确定。对于钢材一般可取 $[\sigma_{jy}]=(1.7\sim2.0)[\sigma_y]$。$[\sigma_y]$ 指压缩许用应力，可从有关工程手册中查到。对于工程塑料，因其类别和牌号众多，制造厂家各异，且 $[\sigma_{jy}]$ 值一般并不给出。如塑材从厂家直接购置，可要求供货方增加此项性能测试数据。总之，如塑材 $[\sigma_{jy}]$ 值已知，经过计算得 $\sigma_{jy\cdot 计}\leqslant[\sigma_{jy}]$，则校核通过；若 $\sigma_{jy\cdot 计}>[\sigma_{jy}]$，则应综合分析，采取适当应对措施，务求使槽底板符合抗挤压要求。

(4) 底座横支梁的校核

横支梁的承载和支承条件均较纵支梁更具代表性，一般情况下，底座只需对横支梁作校核，以决定横支梁的规格尺寸。纵支梁的规格尺寸可参照横支梁选取。现按一般情况，即取最接近槽长（L）中部的一条横支梁，连同两端焊接的竖筋构成U形框来分析。

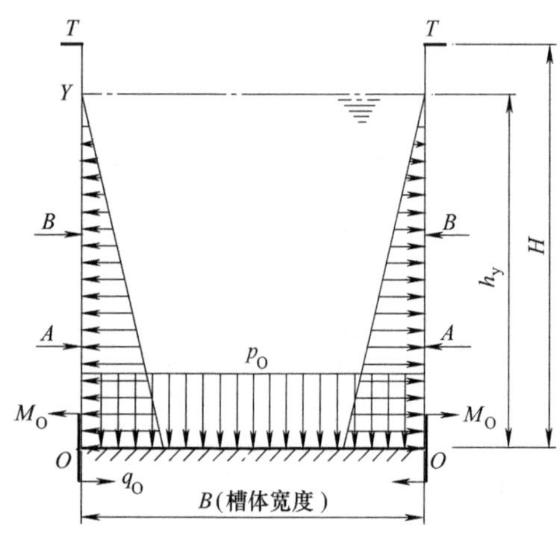

图 4-100 液压强度作用下的槽底横支梁受力图

① 按弯曲强度计算横支梁的截面系数：

横支梁可视为简支梁，在两端简支点（O）所受的最大弯曲力矩，即为竖筋在固结点（O）所受的弯曲力矩。

因为竖筋与各道箍筋垂直交集，为简化计算，采用实用计算方法如下：

a. 取竖筋作为研究对象，解除其上箍筋（图4-100中所示的 A、B）和槽口筋（T）的约束，即忽略不计各道箍筋的约束力，则可视竖筋为一条假拟悬臂梁（O 点为固定端，T 为自由端）。

b. 引入"假拟计算高度（h_{jn}）"，按悬臂梁可解算得（O）点最大弯曲力矩的代表值（M_O），其计算公式为：

$$M_{max}=M_O=\frac{q_O h_{jn}^2}{6} \tag{4-25}$$

$$q_O=10^{-4}\rho_Y h_Y l \tag{4-26}$$

式中 M_{max}——横支梁所受最大弯曲力矩，即在固定端（O）所受的弯矩，MN·m；

q_O——竖筋主要承载来自槽壁面（$h_i l$）液压强度（三角形分布）作用的最大线载荷，MN/m；

ρ_Y——槽液密度，kg/dm^3；

h_Y——槽液深度，cm；

l——相邻两条竖筋之间的间距，m；

h_{jn}——假拟悬臂梁的计算高度，m，考虑到解除箍筋反力应予的补偿及槽体高度（H）大小和箍筋道数多寡的影响，在按常规配置箍筋和竖筋的情况下，可取 $h_{jn}=\left(\frac{1}{2}\sim\frac{2}{3}\right)H$，并使 M_O 值控制在竖筋各梁段最大弯矩之和的1.5～5.5倍为宜。

据此可求得横支梁的截面系数：

$$W_O=\frac{M_O}{[\sigma]}=\frac{q_O h_{jn}^2}{6[\sigma]} \quad (m^3) \tag{4-27}$$

② 按弯曲刚度计算横支梁的惯性矩

取横支梁（视为简支梁）分析：a. 跨距为 B（槽宽）；b. 受弯矩 M_O作用，横支梁发生如图 4-101（a）所示的挠曲状态；c. 受槽底均布液压强度线载荷 p_O 作用，横支梁发生如图 4-101（b）所示的挠曲状态。于是，可以建立起一个横支梁刚度校核的基本公式，即：

$$|f_1-f_2|\leqslant[f] \tag{4-28}$$

式中 f_1——横支梁两简支端受 M_O作用下发生的最大挠度，m；

f_2——横支梁受槽底线载荷 p_O 作用下发生的最大挠度，m；

$[f]$——许用挠度，一般取 $[f]=\frac{B}{200\sim300}$，分母为安全系数，取值视槽体结构而定。

根据材料力学对应梁型的弯曲挠度公式，代入式（4-28）可得：

$$\left|\frac{M_O B^2}{8EI_O}-\frac{5p_O B^4}{384EI_O}\right|\leqslant[f]$$

$$I_O\geqslant\left|\frac{48M_O B^2-5p_O B^4}{384E[f]}\right| \tag{4-29}$$

③ 底座横支梁的校核判定：

由计算得出的 W_O和 I_O，可以判定预选的型钢是否适用，不适用时可重新选用型钢规格和尺寸，直到满足规定要求，即 $W_O<[W]$和 $I_O<[I]$。

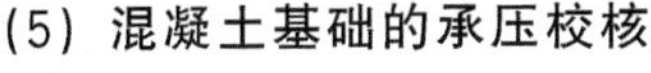

(5) 混凝土基础的承压校核

其校核计算式是：

$$\sigma_h=\frac{m\sum Q_h}{F_{hj}}\leqslant f_C \tag{4-30}$$

$$\sum Q_h=\sum Q+\sum Q_d$$

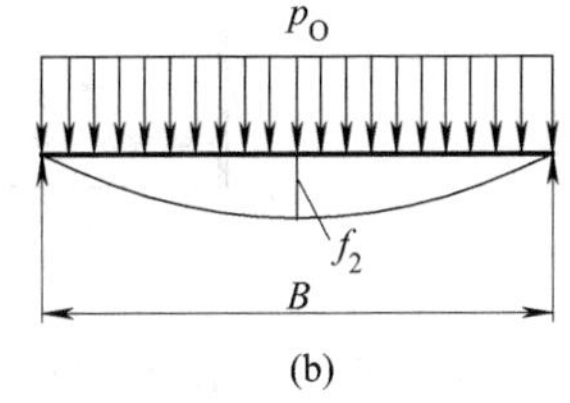

图 4-101 横支梁在 M_O、p_O 作用下的两种挠曲状态

式中 σ_h——混凝土基础的计算压应力，MPa；

$\sum Q_h$——混凝土基础承载的总荷重，kN；

$\sum Q$——槽体总荷载量，kN；

$\sum Q_d$——槽体底座总重量，kN；

F_{hj}——底座与混凝土基础之间接触的总面积，m^2；

f_C——混凝土轴心抗压强度设计值（表 4-32）；

m——荷载调整系数，取 1.2～1.5（高值用于置有机械运转设备及超长槽等的基础）。

表 4-32 混凝土轴心抗压强度设计值 f_C

强度	混凝土强度等级													
	C15	C20	C25	C30	C35	C40	C45	C50	C55	C60	C65	C70	C75	C80
f_C/MPa	7.2	9.6	11.9	14.3	16.7	19.1	21.1	23.1	25.3	27.5	29.7	31.8	33.8	35.9

注：一般电镀生产线的混凝土基础可取用 C20 等级；环形电镀线（机架上置有提升机构和步进式推进装置等）的基础，以及电镀设备安装于楼板上的基础，应取用较高等级的混凝土，或在混凝土中配置钢筋。

4.6 槽体强度与刚度计算示例

从 4.3 节图例中挑选出有代表性的 6 个槽体，分两类来做示例：一类按原图作验证性计算，另一类则依据原图给出的基本尺寸和与设计有关的结构等要求，按 4.5 节阐述的理论和方法来作槽体强度与刚度的设计计算，技术人员根据所得的解算结果数据结合生产实际，使技术人员能够设计绘制出又一张工作图。

因为每个示例各具特点，所以设计计算过程也不尽相同，解算中尽可能使各个示例有所侧重。示例表述中：① 着重交代设计计算的思路和方法；② 力求简要，对于同类繁复的计算过程，首例当详细交代，此后不再重复，只给出计算结果；③ 计算结果数值一律归约取三位有效数字。

4.6.1 示例一 小型塑料槽

4.6.1.1 引述

(1) 基本信息

参阅图 4-102（详见原图 4-57）。

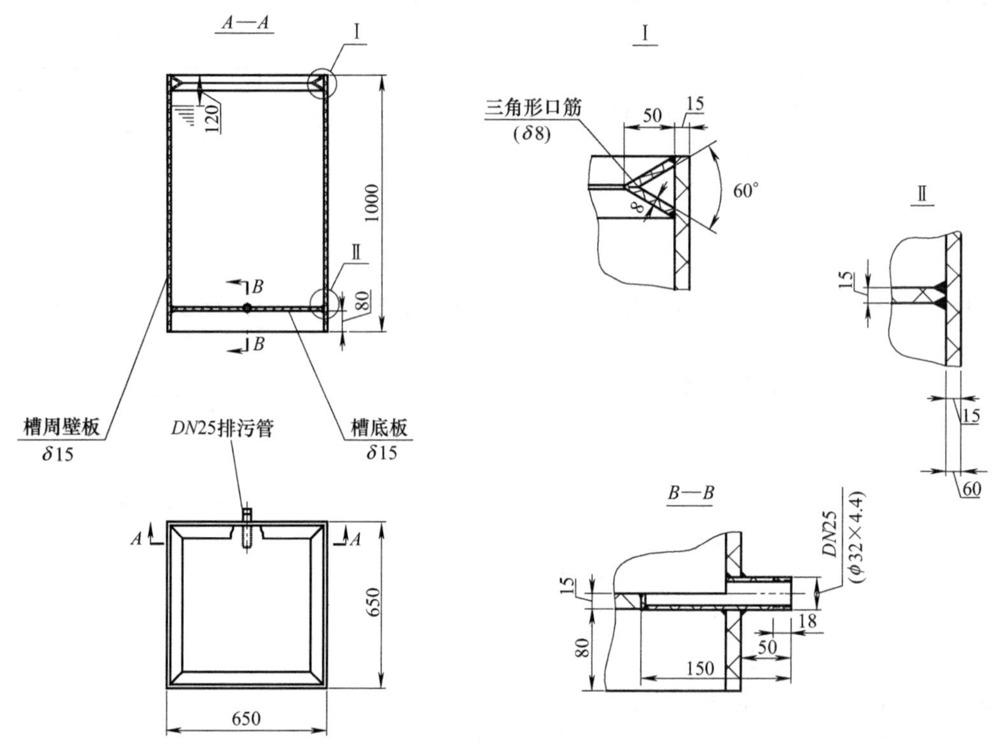

图 4-102 示例一插图

① 槽体尺寸：$L650\text{mm}\times B650\text{mm}\times H1000\text{mm}$（内腔全高约 920mm）。

② 槽体材料：聚丙烯塑料（PP）板，$\delta_{壁}=15\text{mm}$，$\delta_{底}=15\text{mm}$。

③ 内置三角形槽口筋，无箍筋和槽底支承筋。

④ 槽底设置排污管。

⑤ 槽底高出地面 80mm，由槽体四壁直接座立于基础。

(2) 设计计算需用数据

① 槽液密度：$\rho_Y=1.2\text{kg/dm}^3$（设定值，见注①）。

② 槽液深度：$h_Y=800\text{mm}$。

③ PP 板力学性能 ：

a. 弯曲弹性模量 $E_{PP}=1200\text{MPa}$（代表值，见注②）。

b. PP 有低温脆性，当温度低于 0℃时会变脆，耐冲击性能显著下降 ，使用温度等于或低于0℃时，其强度极限应按下式确定：

$\sigma_{jx}=0.5\sigma_{拉}=0.5\times34=17(\mathrm{MPa})$（抗拉强度极限取“代表值”$\sigma_{拉}=34\mathrm{MPa}$），其许用正应力为：

$[\sigma]_{PP}=\dfrac{\sigma_{jx}}{n}=\dfrac{17}{4}=4.25$（MPa）（塑料通常取安全系数 $n=4$）。

c. 当槽体在不低于0℃环境下工作时，可取 $[\sigma]_{PP}=9\mathrm{MPa}$。

注：① ρ_y 所取设定值，是按槽液密度大概值作一个取定，供示例作计算用，实际工作中应以工厂实测数据为准。以下示例同此，不再标注说明。

② 塑料的力学性能 E_{PP}、$[\sigma]_{PP}$ 等取值，均按4.5.4.3节“壁板厚度（$\delta_{壁}$）的计算”中所提出的约定取代表值。以下示例同此，不再标注说明。

4.6.1.2 槽体验证性计算

图4-103为槽体解算示意图。

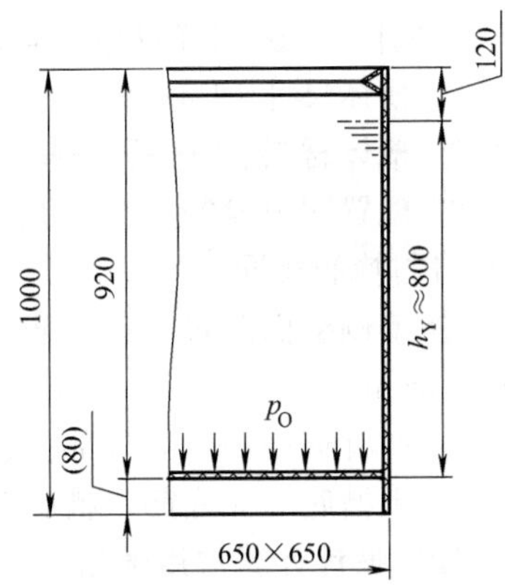

图4-103 槽体解算示意图

(1) 槽底板厚度

槽底板所受液压强度，按式（4-3）：$p_O=10^{-4}\rho_Y h_Y=10^{-4}\times1.2\times80=9.6\times10^{-3}$（MPa）。

矩板长宽比：$\dfrac{l}{b}=\dfrac{650}{650}=1$。查表4-31得：最大弯矩系数 $k_m=0.3102$，最大挠度系数 $k_f=0.0139$。

假设槽体工作环境不低于0℃，取 $[\sigma]_{PP}=9\mathrm{MPa}$。

按弯曲强度条件计算，按式（4-4）：$\delta_q=\sqrt{\dfrac{k_m p_O b^2}{[\sigma]}}=\sqrt{\dfrac{0.3102\times9.6\times10^{-3}\times0.65^2}{9}}=0.0118$（m）$\approx12$（mm）。

槽底板许用挠度：取 $[f]=\dfrac{b}{100}=\dfrac{0.65}{100}=0.0065$（m）。

按弯曲刚度条件计算，按式（4-5）：$\delta_g=\sqrt[3]{\dfrac{k_f p_O b^4}{E[f]}}=\sqrt[3]{\dfrac{0.0139\times9.6\times10^{-3}\times0.65^4}{1200\times0.0065}}=0.0145(\mathrm{m})\approx15(\mathrm{mm})$。

由 $\delta_{q\cdot计}=12\mathrm{mm}$ 和 $\delta_{g\cdot计}=15\mathrm{mm}$，决定采用 $\delta_{底}=15\mathrm{mm}$ 的PP板。

(2) 槽壁板厚度

矩板长宽比：$\dfrac{l}{b}=\dfrac{800}{650}=1.23$，查表4-31插值取得：$k_m=0.3807$，$k_f=0.0197$。

槽壁板许用挠度；取 $[f]=\dfrac{b}{100}=\dfrac{0.65}{100}=0.0065(\mathrm{m})$。

槽壁受三角形分布液压强度，折算为均布压强，按式（4-6）：$p=\dfrac{2}{3}p_O=\dfrac{2}{3}\times9.6\times10^{-3}=6.4\times10^{-3}(\mathrm{MPa})$。

槽壁厚度：

按式（4-8） $\delta_q=\sqrt{\dfrac{k_m p b^2}{[\sigma]}}=\sqrt{\dfrac{0.3807\times6.4\times10^{-3}\times0.65^2}{9}}=0.0107(\mathrm{m})\approx11(\mathrm{mm})$；

按式（4-9） $\delta_g=\sqrt[3]{\dfrac{k_f p b^4}{E[f]}}=\sqrt[3]{\dfrac{0.0197\times6.4\times10^{-3}\times0.65^4}{1200\times0.0065}}=0.0142(\mathrm{m})\approx14(\mathrm{mm})$。

由 $\delta_{q\cdot计}=11\mathrm{mm}$ 和 $\delta_{g\cdot计}=14\mathrm{mm}$，决定采用 $\delta_{壁}=15\mathrm{mm}$ 的PP板。

4.6.1.3 算后讨论

除原图结构形式外，对于槽体排列布置空间没有限制的场合下，还可采用另一种结构形式，即在槽周四壁中间适当位置（约槽口下 550 mm 处）配置一道箍筋（相应地槽口筋也采用外置式，规格尺寸与箍筋相同），则可算得 $\delta_{壁计}=10mm$；同时对槽底配置十字（或廿字）支承筋，可算得 $\delta_{底计}=10mm$。由此可知，这一结构形式槽体板厚采用 $\delta_{壁}=\delta_{底}=10mm$ 的 PP 板，即可满足要求。

4.6.2 示例二 平底塑料槽

4.6.2.1 引述

(1) 基本信息

参阅图 4-104（详见原图 4-60）。

① 槽体尺寸：$L4300mm\times B1150mm\times H2500mm$。

② 槽体材料：PP 板，$\delta_{底}=\delta_{壁}=15mm$。

③ 配置四道箍筋（A、B、C、D），采用矩管▭60mm×40mm×3.5mm 槽口筋和基座箍筋规格与箍筋相同。

④ 槽侧壁面配置 3 条竖筋（分段）、槽端壁面配置 1 条竖筋（分段），竖筋各梁段采用矩管▭60mm×40mm×2.5mm。

⑤ 所有箍筋和竖筋外部包裹 PP 板（$\delta=5mm$）制作的护套。

⑥ 平槽底，无底筋，槽底壁角设置底角增强板（$\delta=15mm$，PP 板）。

(2) 设计计算需用数据

① 槽液密度：$\rho_Y=1.2kg/dm^3$。

② 槽液深度：$h_Y=2350mm$。

③ PP 板力学性能：弯曲弹性模量 $E_{PP}=1200MPa$；许用正应力 $[\sigma]_{PP}=9MPa$。

④ 型钢力学性能：弯曲弹性模量 $E_{Q235}=2.1\times10^5MPa$；许用正应力 $[\sigma]_{Q235}=160MPa$。

4.6.2.2 配筋方案的拟订与研判

根据原图所给的槽体材质（PP）和基本尺寸（$L4300mm\times B1150mm\times H2500mm$），要求设计计算求解出 $\delta_{壁}$ 和 $\delta_{底}$ 值、箍筋和竖筋配置的间距尺寸，以及它们的型材规格尺寸，作为绘制工作图的基本依据。

从槽体尺寸知道这是一个中等尺寸范围、非超高超大塑料槽，可初步估计：①槽体 $\delta_{壁}$ 和 $\delta_{底}$ 的厚度优选值定为 15mm，它是可以通过槽壁和槽底的配筋来实现的；②由 $H=2500mm$ 可初定箍筋采用 3～4 道；③由 $L=4300mm$ 可初取 3～5 条竖筋（即间距 l 在 700～1000mm 之间）。

下面即按"配筋方案拟订流程"（见 4.5.1.1 节）所述来细化演绎，直到获得一个合适的"采用方案"。

(1) 初设方案的计算与研判

1）初设方案的配筋示意图

参阅图 4-105，从 $0.42h_Y$ 与 $0.48h_Y$ 所构成的区间段取适当值，定出 OB 位置，即 $h_{OB}=1000mm$，适当分配取定：$h_{AB}=600mm$，$h_{OA}=400mm$。在 B 箍筋以上 h_{BY} 范围内再取 $h_{BC}=700mm$ 配置 C 箍筋，从而定出 $h_{CY}=650mm$。槽侧壁配置 4 条竖筋，竖筋间距 $l=860mm$；槽端壁居中配置一条竖筋。

2）初设方案的 W 和 I 线图

根据箍筋和竖筋计算得出 W_A、I_A，W_B、I_B，W_C、I_C 三组数据和 W_{OA}、I_{OA}，W_{AB}、I_{AB}，W_{BC}、I_{BC}，W_{CY}、I_{CY} 四组数据（箍筋和竖筋的算法详见 4.5.53 和 4.6.2.3 节），分别取定 W 和 I 各自比例尺，绘制出 W 和 I 线图（图 4-106）。

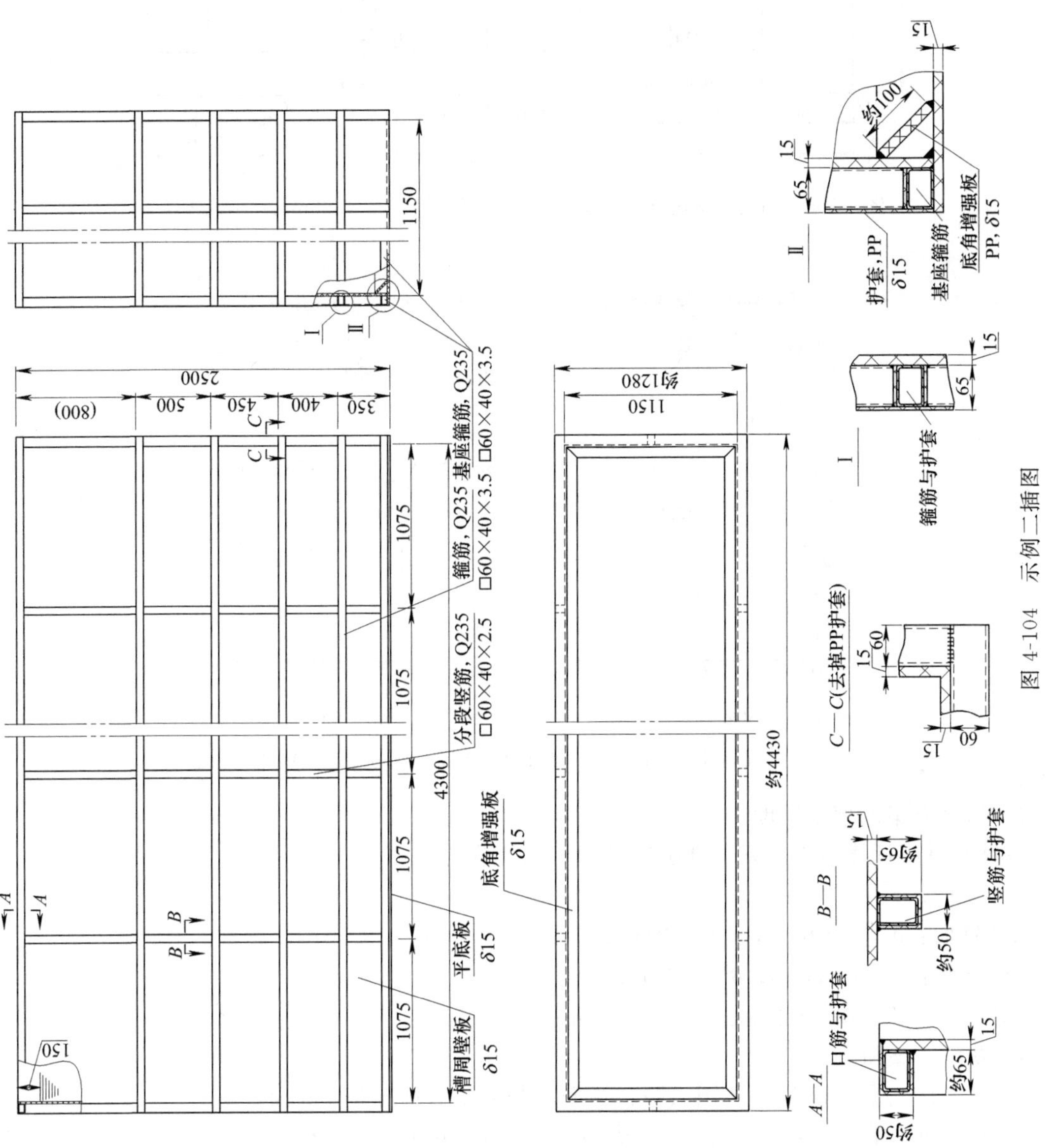

2500
(800)
500
450
400
350
1150
1075
1075
1075
1075
4300
150
槽周壁板
δ15
平底板
δ15
分段竖筋, Q235
□60×40×2.5
箍筋, Q235
□60×40×3.5
基座箍筋, Q235
□60×40×3.5
底角增强板
δ15
约1280
约4430
A—A
口筋与护套
约50
约65
15
B—B
竖筋与护套
约50
约65
15
C—C(去掉PP护套)
15
60
60
15
Ⅰ
箍筋与护套
65
15
Ⅱ
护套,PP
δ15
基座箍筋
底角增强板
PP, δ15
约100
65
15
15

图 4-104　示例二插图

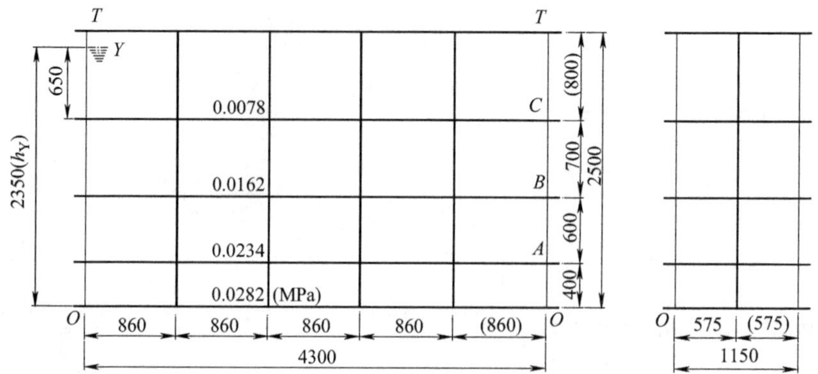

图 4-105 初设方案配筋（3 道箍筋＋4/1 条竖筋，l＝860mm）示意图

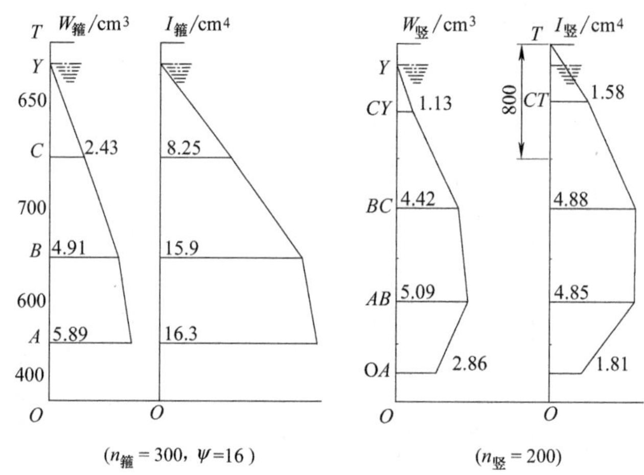

图 4-106 初设方案（3 道箍筋＋4/1 条竖筋，l＝860mm）W 和 I 线图

3）初设方案的槽壁厚度

各壁面厚度计算结果如下（算法详见 4.6.2.3 节）：

OA 壁面：$\delta_q^{OA}=15.4$mm，$\delta_g^{OA}=16$mm。

AB 壁面：$\delta_q^{AB}=19$mm，$\delta_g^{AB}=21$mm。

BC 壁面：$\delta_q^{BC}=17$mm，$\delta_g^{BC}=19$mm。

CY/CT 壁面：$\delta_q^{CY}=10$mm，$\delta_g^{CT}=14$mm。

4）初设方案研判

① 图 4-106 所示 W 和 I 线图表明：箍筋、竖筋承载情况基本正常。

② 但从四个壁面计算，$\delta_{壁}$ 值已出现 16～21mm，五次超过期望值（$\delta_{壁}=15$mm），故不宜采用这一方案，于是引出第二方案。

(2) 第二方案的计算与研判

1）第二方案的配筋示意图（图 4-107）

要减小壁厚，主要应减小箍筋间距，拟采用四道箍筋、竖筋按 3/1 配置。

考虑有基座箍筋，取 $h_{OC}=1250$mm（$\approx 0.48h_Y$），并按逐道箍筋向上渐增间距的办法，即取 $h_{OA}=350$m，$h_{AB}=400$mm，$h_{BC}=500$mm，C 箍筋以上，再在适当位置配置第四道 D 箍筋，即取 $h_{CD}=500$mm，$h_{DY}=600$mm。

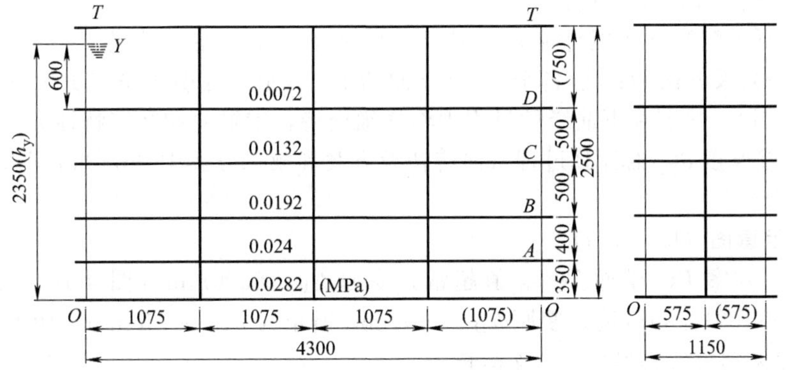

图 4-107　第二方案配筋（4 道箍筋＋3/1 条竖筋，$l=1075$mm）示意图

2）第二方案的 W 和 I 线图

在完成箍筋和竖筋九组 W 和 I 计算后（数据见图 4-108），分别取定 W 和 I 各自比例尺，绘制出 W 和 I 线图（图 4-108）。

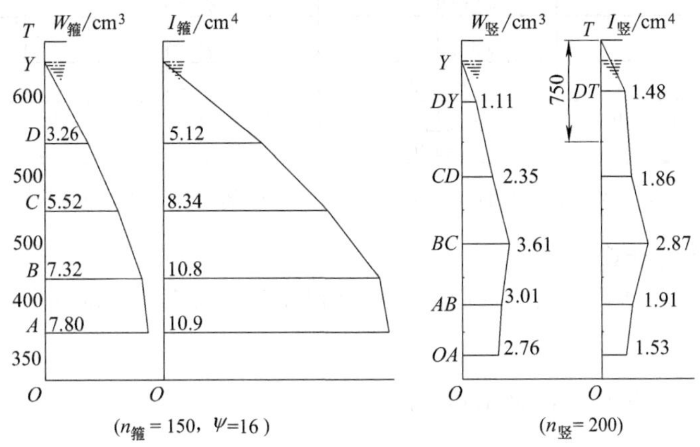

图 4-108　第二方案（4 道箍筋＋3/1 条竖筋，$l=1075$mm）W 和 I 线图

3）第二方案的槽壁厚度

各壁面厚度的计算结果如下：

OA 壁面：$\delta_{q}^{OA}=14$mm，$\delta_{g}^{OA}=14$mm。

AB 壁面：$\delta_{q}^{AB}=14$mm，$\delta_{g}^{AB}=15$mm。

BC 壁面：$\delta_{q}^{BC}=15.4$mm，$\delta_{g}^{BC}=17$mm。

CD 壁面：$\delta_{q}^{CD}=12$mm，$\delta_{g}^{CD}=15$mm。

DY/DT 壁面：$\delta_{q}^{DY}=10$mm，$\delta_{g}^{DT}=13$mm。

4）第二方案研判

① 箍筋的 W 和 I 线图表明：箍筋承载情况正常；竖筋的 $W_{竖\max}^{BC}$ 和 $I_{竖\max}^{BC}$ 都发生在筋段中点附近，比第一方案更符合液压强度作用规律。

② 由 $\delta_{壁}$ 计算得知，在 BC 壁面出现超常值 $\delta_{q}^{BC}=15.4$mm 和 $\delta_{g}^{BC}=17$mm，这也反映了由于 BC 壁面 h_{BC} 值大，p_{BC} 值也大，导致 $W_{竖}^{BC}$ 和 $I_{竖}^{BC}$ 均达最大值的结果。

③ 由图 4-108 得知第二方案基本可用，但局部（BC 壁面）$\delta_{壁}$ 尺寸仍不理想，为此再对图 4-107 所示箍筋配置方案作调整，即形成第三方案。

4.6.2.3 第三方案的图示与计算

按图 4-90 所示配筋方案拟订流程，以上我们做了两个方案，涉及：① W 和 I 线图（图 4-106和图 4-108）及其研判；② 各个 h_i 槽壁面的 $\delta_{壁 \cdot 计}$ 值。在引出第三方案（即越来越趋近“采用方案”之时），接着往下演绎的过程中将详细交待：①箍筋和竖筋特性数（W 和 I）的计算过程；② 槽壁厚度 $\delta_{壁}^{i}$ 的计算过程（回应初设方案和第二方案中“W 和 I 线图和 $\delta_{壁}$ 计算表列数据”之由来）。

(1) 配筋示意图（图 4-109）

考虑到第二方案 BC 壁面 $\delta_{壁 \cdot 计}$ 值超常，令原 $h_{BC}=500$mm（图 4-107）缩减为 $h_{BC}=450$mm（见图 4-109）。相应地，使原 $h_{DY}=600$mm 增至为 $h_{DY}=650$mm。切不可直接调整使 h_{CD}增大，那样做很可能会导致 $\delta_{壁}^{CD}$ 又会超标。

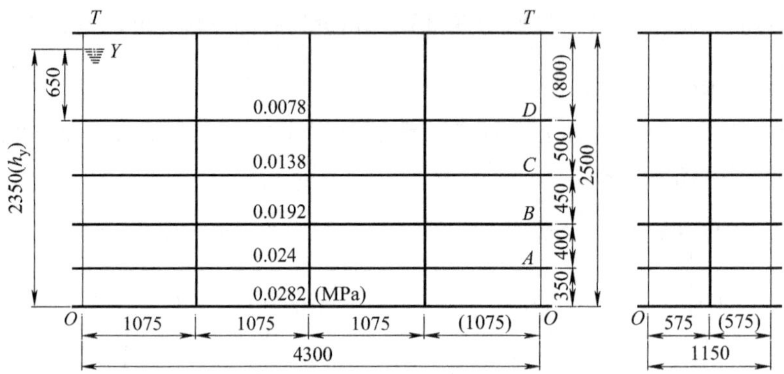

图 4-109 第三方案配筋（4 道箍筋+3/1 条竖筋，$l=1075$mm）示意图

(2) 槽侧壁厚度的计算

下面着重列出 h_i变动较大的两壁面的计算过程及各个壁面厚度的计算结果。

① BC 壁面：

$\dfrac{l}{b}=\dfrac{1075}{450}=2.39$，查表 4-31 插值得：$k_m=0.4981$，$k_f=0.0278$。

取 $[f]=\dfrac{b}{100}=\dfrac{0.45}{100}=0.0045$（m）。

按式（4-7）：$p_{BC}=p_C+\dfrac{2}{3}(p_B-p_C)=0.0138+\dfrac{2}{3}\times(0.0192-0.0138)=0.0174(\text{MPa})$。

按式（4-4）：$\delta_q^{(BC)}=\sqrt{\dfrac{k_m p_{BC} b^2}{[\sigma]}}=\sqrt{\dfrac{0.4981\times0.0174\times0.45^2}{9}}=0.0140(\text{m})\approx14\text{mm}$。

按式（4-5）：$\delta_g^{(BC)}=\sqrt[3]{\dfrac{k_f p_{BC} b^4}{E[f]}}=\sqrt[3]{\dfrac{0.0278\times0.0174\times0.45^4}{1200\times0.0045}}=0.0154(\text{m})\approx15\text{mm}$。

② DY/DT 壁面：

$\dfrac{l}{b}=\dfrac{1075}{650}=1.65$，$k_m=0.4773$，$k_f=0.0256$。按式（4-6）：$p_{DY}=\dfrac{2}{3}p_D=\dfrac{2}{3}\times0.0078=0.0052$（MPa）。取 $[f]=\dfrac{b}{100}=\dfrac{0.65}{100}=0.0065(\text{m})$。

$$\delta_q^{(DY)}=\sqrt{\frac{k_m p_{DY} b^2}{[\sigma]}}=\sqrt{\frac{0.4773\times0.0052\times0.65^2}{9}}=0.0108\ (\text{m})\approx11\text{mm}。$$

$$\delta_g^{(DY)}=\sqrt[3]{\frac{k_f p_{DY} b^4}{E[f]}}=\sqrt[3]{\frac{0.0256\times0.0052\times0.65^4}{1200\times0.0065}}=0.0145\ (\text{m})\approx15\text{mm}。$$

③ 第三方案各个壁面厚度计算数据：

OA 壁面：$\delta_q^{OA}=14$mm，$\delta_g^{OA}=14$mm；

AB 壁面：$\delta_q^{AB}=14$mm，$\delta_g^{AB}=15$mm；

BC 壁面：$\delta_q^{BC}=14$mm，$\delta_g^{BC}=15$mm；

CD 壁面：$\delta_q^{CD}=13$mm，$\delta_g^{CD}=15$mm；

DY/DT 壁面：$\delta_q^{DY}=11$mm，$\delta_g^{DY}=15$mm（即 DT 壁面取值）。

槽左、右端面：经计算各壁面厚度均小于或等于 15mm。

由此得知：第三配筋方案能满足 $\delta_{壁}$ 期望值要求，即 $\delta_{壁\cdot计}=15$mm。

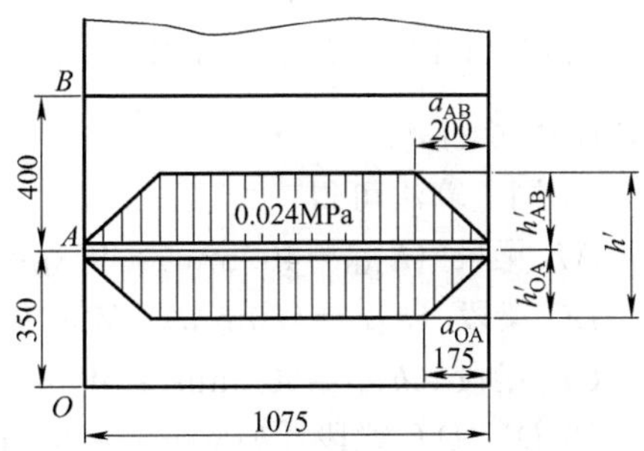

图 4-110　箍筋 A 受液压强度作用下梯形分布线载荷图

(3) 箍筋的 W 和 I 计算

① 箍筋 A（参阅图 4-110 和图 4-95）：

通过解算箍筋 A 的 W_A 和 I_A 作为示例，预先计算出公式中有关载荷、各项尺寸的数值，并记列一些需用数据，列成简表如下：

液压线载荷 q_i/(MN/m)	尺寸参数 e_i	相关因子项 $3-4e_i^2$	相关因子项 $5+8e_i^2+16e_i^4$	其他需用数据
上半幅：$q_{AB}=p_A h'_{AB}=0.024\times0.2=4.8\times10^{-3}$	$e_{AB}=\frac{a_{AB}}{l}=\frac{200}{1075}=0.186$	$3-4e_{AB}^2=2.86$	$5+8e_{AB}^2+16e_{AB}^4=5.30$	① $[\sigma]_{Q235}=160$MPa ② $E_{Q235}=2.1\times10^5$MPa ③ $[f]=\frac{l}{n}=\frac{1.075}{250}=5.38\times10^{-3}$(m) ($n=250$) ④ $n_{竖}=200$
下半幅：$q_{AO}=p_A h'_{AO}=0.024\times0.175=4.2\times10^{-3}$	$e_{AO}=\frac{a_{AO}}{l}=\frac{175}{1075}=0.163$	$3-4e_{AO}^2=2.89$	$5+8e_{AO}^2+16e_{AO}^4=5.22$	

按式（4-10）：$W_A=\dfrac{l^2}{24[\sigma]}[q_{AB}(3-4e_{AB}^2)+q_{AO}(3-4e_{AO}^2)]=\dfrac{1.075^2}{24\times160}(4.8\times10^{-3}\times2.86+4.8\times10^{-3}\times2.89)=7.80\times10^{-6}(\text{m}^3)=7.80\text{cm}^3$。

按式（4-11A）：$I_A=\dfrac{l^4}{384E[f]}q_{AB}[5+8e_{AB}^2+16e_{AB}^4+q_{AO}(5+8e_{AO}^2+16e_{AO}^4)]=\dfrac{1.075^4}{384\times2.1\times10^5\times9.38\times10^{-3}}\times(4.8\times10^{-3}\times5.30+4.2\times10^3\times5.22)=1.46\times10^{-7}(\text{m}^4)=14.6\text{cm}^4$。

② 同上算法可得：

箍筋 B：$\begin{cases}W_B=7.32\text{cm}^3\\I_B=10.8\text{cm}^4\end{cases}$，箍筋 C：$\begin{cases}W_C=5.52\text{cm}^3\\I_C=8.34\text{cm}^4\end{cases}$，箍筋 D：$\begin{cases}W_D=3.26\text{cm}^3\\I_D=5.12\text{cm}^4\end{cases}$。

(4) 竖筋的 W 和 I 计算

① OA 梁段（$h_{AO}=350$mm）：

按式（4-7）：$p_{AO}=0.024+\dfrac{2}{3}(0.0282-0.024)=0.0268(\text{MPa})$。

按式（4-25）：$q_{AO}=p_{AO}l=0.0268\times1.075=0.0288(\text{MN/m})$。

按式（4-15）：$M_{AO}=0.125q_{AO}h_{AO}^2=0.125\times0.0288\times0.35^2=4.41\times10^{-4}$（MN·m），$W_{AO}=\dfrac{M_{AO}}{[\sigma]}=\dfrac{441}{160\times10^6}=2.76\times10^{-6}$（$\text{m}^3$）$=2.76\text{cm}^3$。

按式（4-16）：$[f]_{AO}=\dfrac{h_{AO}}{n}=\dfrac{0.35}{200}=1.75\times10^{-3}$（m）。

按式（4-17）：$I_{AO}=0.013\times\dfrac{q_{AO}h_{AO}^4}{E\ [f]_{AO}}=0.013\times\dfrac{0.0288\times0.35^4}{2.1\times10^5\times1.75\times10^{-3}}=1.53\times10^{-8}$ $(m^4)=1.53cm^4$。

② 同上算法可得：

AB 梁段（$h_{AB}=400mm$）：$W_{AB}=3.01cm^3$，$I_{AB}=1.91cm^4$。

BC 梁段（$h_{BC}=450mm$）：$W_{BC}=2.96cm^3$，$I_{BC}=2.11cm^4$。

CD 梁段（$h_{CD}=500mm$）：$W_{CD}=2.48cm^3$，$I_{CD}=1.97cm^4$。

③ DY/DT 梁段［$h_{DY}/h_{DT}=650mm/725mm$，提示：数字 725 按式（4-20）算出］：

液压分布：由 $p_{Y(=0)}$，$p_D=0.0078$（MPa）。

按式（4-18）：$q_{DY}=p_Dl=0.0078\times1.075=8.39\times10^{-3}(MN/m)$。

按式（4-19）：$M_{DY}=0.064q_{DY}h_{DY}^2=0.064\times8.39\times10^{-3}\times0.65^2=2.27\times10^{-4}$（MN·m），$W_{DY}=\dfrac{M_{DY}}{[\sigma]}=\dfrac{227}{160\times10^6}=1.42\times10^{-7}$（$m^3$）$=1.42cm^3$。

取 $[f]_{DT}=\dfrac{h_{DT}}{n}=\dfrac{0.725}{200}=3.63\times10^{-3}$（m），

按式（4-21）：$I_{DT}=0.00652\times\dfrac{q_{DY}h_{DT}^4}{E[f]_{DT}}=0.00652\times\dfrac{8.39\times10^{-3}\times0.725^4}{2.1\times10^5\times3.63\times10^{-3}}$

$=1.99\times10^{-8}$（m^4）$=1.99cm^4$。

（5）第三方案评估与采用方案确定

① W 和 I 线图分析：根据箍筋、竖筋的 W 和 I 计算所得数据，取各自比例尺，绘出 W 和 I 线图（图 4-111）。箍筋方面：基本与第二方案相同。竖筋方面：第二方案为优——AB、BC、CD 段沿线变化性状契合液压强度作用规律，且等差性较好。

② $\delta_壁$ 值计算：第二方案 $\delta_壁^{BC}$ 超标已调整到预期值（$\delta_q^{BC}=14mm$，$\delta_g^{BC}=15mm$），说明图 4-109 所示方案槽壁厚度与配筋匹配良好。

③ 评估-判定：第三方案为采用方案。

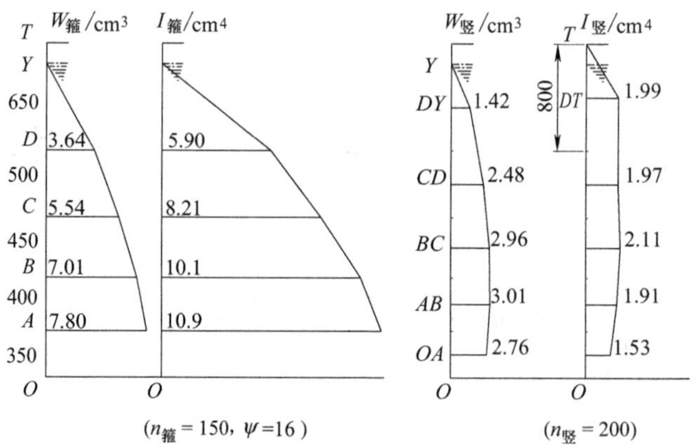

图 4-111　第三方案（4 道箍筋+3/1 条竖筋，$l=1075mm$）W 和 I 线图

（6）配筋型材选用

① 根据 $W_箍$、$I_箍$ 和 $W_竖$、$I_竖$ 可以选择合适型材及其规格尺寸。

② 槽口筋型材及其规格尺寸：一般情况下，可选用箍筋规格尺寸；当槽口需要额外承载工艺装置和其他荷重时，可另选其他合适型材规格尺寸。

③ 基座箍筋型材及其规格尺寸：由于它荷载单纯，一般情况下可选用箍筋规格尺寸，只

要满足与竖筋尺寸匹配要求即可。

④ 槽体顶部因汇流铜排配置需有空间，故可依据 $W_{计}^{DY}$ 和 $I_{计}^{DT}$ 另选稍小规格尺寸的冷拔钢管，用作该段竖筋。

以上各种配筋的计算数据和型材选用，详见 4.6.2.5 节列出的“采用方案计算数据和型材选用”汇总表。

4.6.2.4　槽底板厚度计算

因为整个平槽底直接安放于混凝土基础上，故可对槽底板作模拟设定：设想槽底板配置支承筋（实际上并未配置），使其分隔出的小矩形板块长边为 $l=B=1150\text{mm}$（参阅图 4-95），再按矩板长、短边比值关系式 $l\leqslant 5b$，得 $b\geqslant\frac{l}{5}=\frac{1150}{5}=230(\text{mm})$，列出短边（$b$）可取用的数列如下：250mm、300mm、350mm、400mm、450mm、500mm、575mm。取数列的中间值为代表值即 $b=400\text{mm}$，并认为模拟分隔出的众多小板块仍满足四周处于固定条件。

则有 $\frac{l}{b}=\frac{1150}{400}=2.875$，$k_m=0.4990$，$k_f=0.0279$。$p=P_O=0.0282\text{MPa}$。取 $[f]=\frac{b}{100}=\frac{0.40}{100}=0.004$（m）。

解算得：

$$\delta_q=\sqrt{\frac{k_m pb^2}{[\sigma]}}=\sqrt{\frac{0.4990\times0.0282\times0.4^2}{14}}=0.0127(\text{m})\approx13\text{mm}$$

$$\delta_g=\sqrt[3]{\frac{k_f pb^4}{E[f]}}=\sqrt[3]{\frac{0.0279\times0.0282\times0.4^4}{1600\times0.004}}=0.0147(\text{m})\approx15\text{mm}。$$

小结：① 由上述推证，可解算出 $\delta_{底计}=15\text{mm}$（与前述取值 $\delta_{壁\cdot计}=15\text{mm}$ 相同）；

② 要注意：上述属平底槽的 $\delta_{底}$ 的计算，与一般置有底筋的 $\delta_{底}$ 计算有所不同。

4.6.2.5　示例二“采用方案计算数据和型材选用”汇总表

槽体与配筋	计算数据	选用型材(GB/T 3094)/mm	性能参数
箍筋 槽口筋	$W_{max\cdot计}^{(A)}=7.80\text{cm}^3$ $I_{max\cdot计}^{(A)}=10.9\text{cm}^4$	▭55×38×3.5	$W_Y=8.57\text{cm}^3$，$I_Y=23.57\text{cm}^4$ $F=5.81\text{cm}^2$，$G=4.56\text{kg/m}$
竖筋 基座箍筋	$W_{max\cdot计}^{(AB)}=3.01\text{cm}^3$ $I_{max\cdot计}^{(BC)}=2.11\text{cm}^4$	▭55×38×2	$W_Y=5.43\text{cm}^3$　$I_Y=14.93\text{cm}^4$ $F=3.49\text{cm}^2$，$G=2.74\text{kg/m}$
顶部竖筋	$W_{max\cdot计}^{(DY)}=1.42\text{cm}^3$ $I_{max\cdot计}^{(DT)}=1.99\text{cm}^4$	▭40×20×2	$W_Y=2.18\text{cm}^3$，$I_Y=4.35\text{cm}^4$ $F=2.17\text{cm}^2$，$G=1.70\text{kg/m}$
$\delta_{壁}$ 和 $\delta_{底}$	15mm(PP 板)	—	—

注：1. 本示例设计计算结果，对比原图结构：箍筋间距和型材规格有所不同。

2. 顶部 DT 梁段竖筋采用▭40mm×20mm×2mm 制作，一方面可节约钢材，另一方面是当电镀生产线需要并靠排列诸多槽体时，能使 DT 段留有较大空隙，有利于汇流铜排穿越槽体侧面进行安装布置。

3. 在大多场合下，寻求优化的方案，要综合考虑计算结果和生产实际，务求达到在技术上要可靠、先进，经济上投入要低。

4. 本示例整个解算过程也启示我们：在 4.5 节“槽体强度与刚度计算”所述理论和方法的基础上，若能凭借优化设计的搜索方法，加上电脑的快捷计算，肯定能使设计计算的过程和结果既快又好。

5. 算后结束语：对本示例（还有示例三～示例五）的解算，希望有兴趣的读者（尤其是电镀业界有关从业人员）能给予进一步的分析和思考，相信必将有助于推动槽体设计与制造方面的创新与发展。

4.6.3　示例三　超高塑料槽

4.6.3.1　引述

(1) 基本信息

参阅图 4-112（详见原图 4-63）。

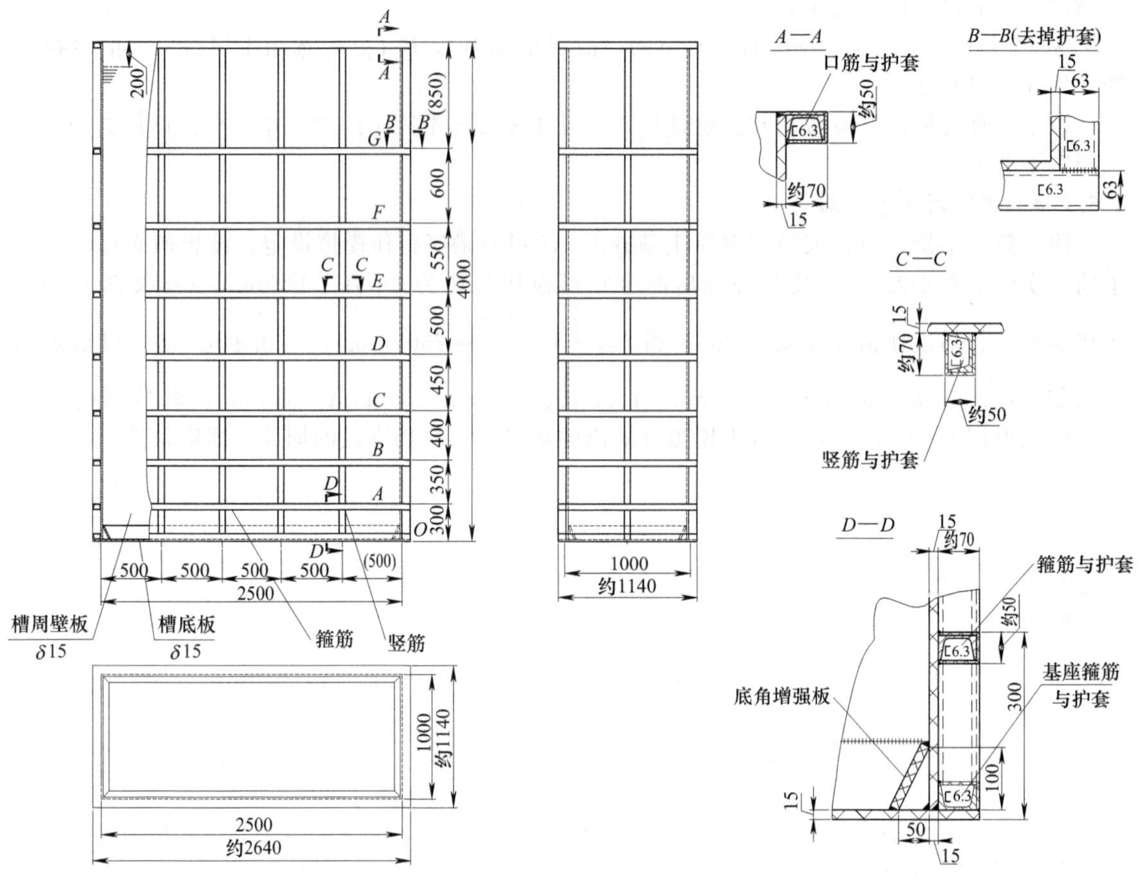

图 4-112 示例三插图

① 槽体尺寸：L2500mm×B1000mm×H4000mm。

② 槽体材料：聚丙烯塑料（PP）板，$\delta_{底}$=15mm，$\delta_{壁}$=15mm。

③ 采用 7 道箍筋和 4/1 条竖筋，另设槽口筋和基座箍筋，规格均为［6.3(63mm×40mm×4.8mm)。

④ 所有箍、竖筋外部包裹 PP 板（δ=5mm）制成的护套。

⑤ 平槽底，无底筋，槽底壁角设置底角增强板。

(2) 设计计算需用数据

① 槽液密度：ρ_Y= 1.2kg/dm^3。

② 槽液深度：h_Y=3800mm。

③ 弯曲弹性模量：E_{PP}=1200MPa，E_{Q235}=2.1×10^{5}MPa。

④ 许用正应力：$[\sigma]_{PP}$=9MPa(用于大于 0℃的环境条件)，$[\sigma]_{Q235}$=160MPa。

4.6.3.2 解算要点

(1) 配筋方案总体考量

① 目标要求：$\delta_{壁\cdot期望值}$=15mm；箍筋和竖筋数尽可能少。

② 几种配筋方案（从槽体底线 OO 向上配置箍筋直至槽口线 TT）预估算：

a. 采用“5 道箍筋+4/1 条竖筋，l=500mm”［第一方案，图 4-113(a)］：

$h_{OA}-h_{AB}-h_{BC}-h_{CD}-h_{DE}-h_{EY}(h_{ET})$=500—600—700—700—700—600(800)(mm)

共有 6 个壁面，从基线 OO 向上计有 4 个壁面 $\delta_{壁\cdot计}$ 超标，即：

$\delta_q^{OA}/\delta_g^{OA}=19mm/19mm$，$\delta_q^{AB}/\delta_g^{AB}=20mm/20mm$，$\delta_q^{BC}/\delta_g^{BC}=19mm/19mm$，$\delta_q^{CD}/\delta_g^{CD}=16mm/17mm$

故此方案不可用。

b. 采用“6 道箍筋+4/1 条竖筋，$l=500mm$”[第二方案，图 4-113 (b)]：

$h_{OA}-h_{AB}-h_{BC}-h_{CD}-h_{DE}-h_{EF}-h_{FY}(h_{FT})=400-450-500-550-600-700-600(800)(mm)$

共有 7 个壁面，也有 5 个壁面 $\delta_{壁\cdot计}$ 超标，即：

$\delta_q^{OA}/\delta_g^{OA}=18mm/17mm$，$\delta_q^{AB}/\delta_g^{AB}=17mm/17mm$，$\delta_q^{BC}/\delta_g^{BC}=17mm/17mm$，$\delta_q^{CD}/\delta_g^{CD}=16mm/17mm$，$\delta_g^{DE}=16mm$

故此方案也不宜采用。

c. 采用“6 道箍筋+5/2 条竖筋，$l=425mm$”[第三方案，图 4-113(c)]：

$h_{OA}-h_{AB}-h_{BC}-h_{CD}-h_{DE}-h_{EF}-h_{FY}(h_{FT})=350-400-450-500-600-800-700(900)(mm)$

共有 7 个壁面，全部 14 个 $\delta_{壁\cdot计}\leqslant15mm$（除两个壁面厚度超标 $\delta_g^{AB}=18mm$，$\delta_g^{BC}=19mm$），其余均≤15mm 而且箍、竖筋的 W 和 I 都符合液压强度作用的变化趋势。

d. 采用“7 道箍筋+4/1 条竖筋，$l=500mm$”[第四方案，图 4-113(d)]：

$h_{OA}-h_{AB}-h_{BC}-h_{CD}-h_{DE}-h_{EF}-h_{FG}-h_{GY}(h_{GT})=300-350-400-450-500-550-600-650(850)(mm)$

共有 8 个壁面，每个壁面厚度计算值 δ_q^i/δ_g^i 依次列出如下：15/14—15.6/15—15.8/15.7—15/15.8—15/15.5—15/15.5—10/14—8/11(mm)，有 5 个壁面、6 个计算值超标。

比较第三和第四方案各有特点，第三方案大多 $\delta_{壁\cdot计}\leqslant15mm$，第四方案较差；第三方案箍筋 6+竖筋 5/2 与第四方案箍筋 7+竖筋 4/1 用材不相上下，两方案均可考虑采用，具体要根据生产制造情况决定取舍。下面取第四方案为例，通过壁厚和配筋计算分析，而后作出判定结论。

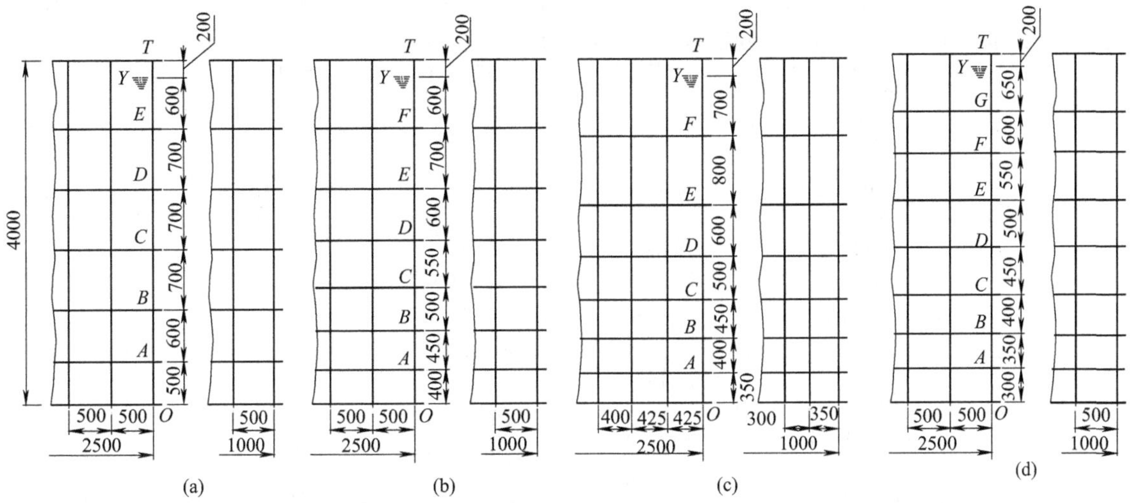

图 4-113　配筋方案初配示意图

(2) 采用方案配筋示意图

采用方案配筋示意图见图 4-114。

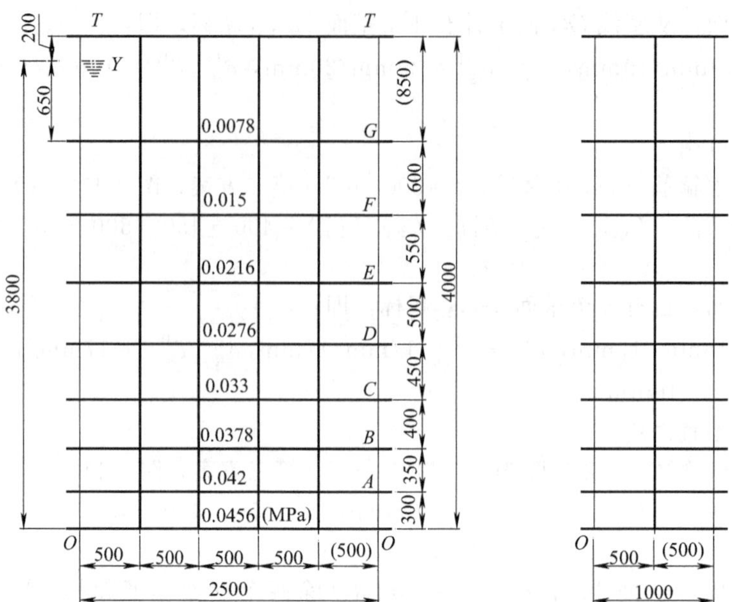

图 4-114 采用方案配筋（7 道箍筋+4/1 条竖筋，l=500mm）示意图

(3) 槽体板厚确定

① 槽壁板厚度。经计算得：$\delta_q^{OA}/\delta_g^{OA}=15mm/14mm$，$\delta_q^{AB}/\delta_g^{AB}=15.6mm/15mm$，$\delta_q^{BC}/\delta_g^{BC}=15.8mm/15.7mm$，$\delta_q^{CD}=/\delta_g^{CD}=15.3mm/15.8mm$，$\delta_q^{DE}/\delta_g^{DE}=15mm/15.5mm$，$\delta_q^{EF}/\delta_g^{EF}=13.4mm/15mm$，$\delta_q^{FG}/\delta_g^{FG}=11mm/14mm$，$\delta_q^{DY}/\delta_g^{DY}=8mm/11mm$。决定采用 $\delta_{壁}=15mm$ 的 PP 板。又计算 $\delta_{端\cdot计}$ 八个壁面厚度，得出结论与 $\delta_{侧\cdot计}$ 相同。

② 槽底板厚度。采用 $\delta_{底}=15mm$ 的 PP 板（此数据经过推证得出，计算方法同示例二）。

(4) 配筋方案的 W 和 I 线图

由箍筋计算得七组数据［注：从基线 OO 向上，到箍筋 D，其液压线载荷图开始呈"三角形-梯形分布"（图 4-116），之后箍筋 E、F 和 G 均呈"三角形-三角形分布"］，竖筋计算得八组数据（标注于图 4-115 上），分别取定 W 和 I 比例尺，绘制成线图（图 4-115）。

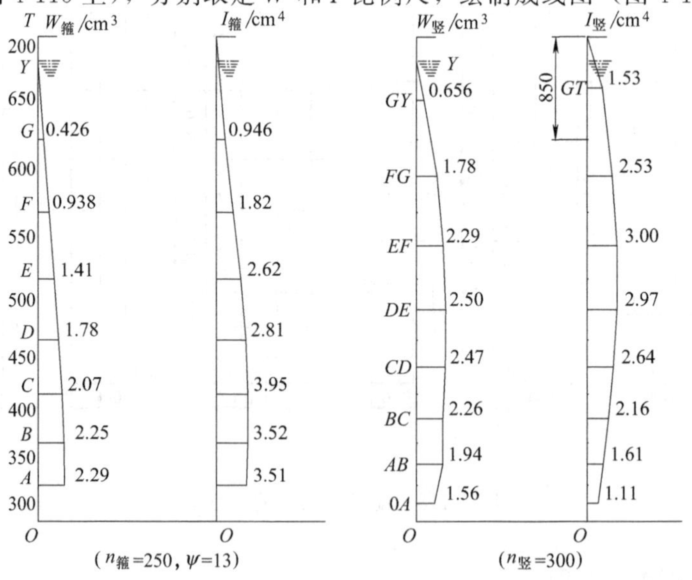

图 4-115 采用方案（7 道箍筋+4/1 条竖筋，l=500mm）W 和 I 线图

箍筋 D 计算（图 4-116）如下。

$e_{DE}=\frac{a_{DE}}{l}=\frac{250}{500}=0.5$，$e_{DE}^2=0.25$，$e_{DE}^4=0.0625$，$3-4e_{DE}^2=2$，$5+8e_{DE}^2+16e_{DE}^4=7.81$；$e_{CD}=\frac{a_{CD}}{l}=\frac{225}{500}=0.45$，$e_{CD}^2=0.203$，$e_{CD}^4=0.0410$，$3-4e_{CD}^2=2.19$，$5+8e_{CD}^2+13e_{CD}^4=5.66$；$q_{DE}=p_Dh_{DE}=0.0276\times0.25=6.9\times10^{-3}$（MN/m）；$q_{CD}=p_Dh_{CD}=0.0276\times0.225=6.21\times10^{-3}$（MN/m）；$[f]=\frac{1}{250}=\frac{0.5}{250}=2\times10^{-3}$（m）。

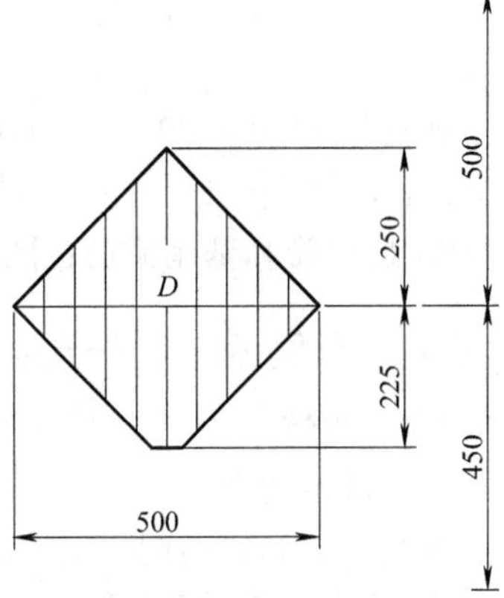

图 4-116 箍筋 D 在液压强度作用下的三角形-梯形线载荷分布图

$$W_D=\frac{l^2}{24[\sigma]}=[q_{CD}(3-4e_{CD}^2)+q_{DE}(3-e_{DE}^2)]$$
$$=\frac{0.5^2}{24\times160}[6.21\times10^{-3}\times2.19+6.9\times10^{-3}\times2]=$$
$1.78\times10^{-6}(m^3)=1.78(cm^3)$。

$$I_D=\frac{l^4}{384E[f]}[q_{DE}(5+8e_{DE}^2+13e_{CD}^4)+q_{CD}(5+8e_{CD}^2+13e_{CD}^4)]$$
$$=\frac{0.5^4\times(6.21\times10^{-3}\times7.16+6.9\times10^{-3}\times7.81)}{384\times2.1\times10^5\times2\times10^{-3}}=3.81\times10^{-8}(m^4)=3.81cm^4。$$

竖筋 EF 梁段计算如下。

因 $h_{EF}=550$，$l=500$mm，$h_{DE}=500\text{mm}=l$，故 EF 梁段线载荷呈“三角形-三角形”分布。

$$p_{EF}=p_F+\frac{2}{3}(p_G-p_F)=0.015+\frac{2}{3}(0.0216-0.015)=0.0194(MPa)$$

$$q_{EF}=p_{EF}l=0.0194\times0.5=0.0097(MN/m)$$

$$M_{EF}=0.125q_{EF}h_{EF}^2=0.125\times0.0097\times0.55^2=3.67\times10^{-4}(MN\cdot m)$$

$$W_{EF}=\frac{M_{EF}}{[\sigma]}=\frac{367}{160\times10^{-6}}=2.29\times10^{-6}(m^3)=2.29(cm^3)$$

取 $[f]_{EF}=\frac{0.55}{300}=1.83\times10^{-3}(m)$

$$I_{EF}=0.013\times\frac{q_{EF}h_{EF}^4}{E[f]_{EF}}=\frac{0.013\times0.0097\times0.55^4}{2.1\times10^5\times1.83\times10^{-3}}=3.00\times10^{-8}(m^4)=3.00(cm^4)$$

综上述（3）、（4）两项计算、图示得知：

箍、竖筋承载情况良好，两筋 W 与 I 线图整体形态符合液压强度分布规律。加上箍、竖筋布置密集、均匀，而且两筋 W 和 I 值数量级基本匹配，应该说这些都是本例配筋方案的优点。但竖筋 W_{max}^{DE} 值高于理论极值点约 150mm，I_{max}^{EF} 值高于理论极值点约 450mm，好在它们都在自身 DE 梁段和 EF 梁段范围之内；而且在它们界外的上、下壁面的 W 和 I 特性值又都归复于整体分布规律状态，不影响整条竖筋的承载功能。

从槽壁板厚度计算结果看，本方案仍有不足之处：有四块壁板、五个 $\delta_{壁\cdot计}$ 值超标，不尽理想，但超值限于 15～16mm 范围内，仍属可用。

(5) 筋材选用

① 箍筋和竖筋：选用 [5（50 × 37 × 4.5）[GB/T 706—2008]，$[W_X]=10.4cm^3$，

$W^{A}_{max\cdot计}=228cm^3$，$W^{DE}_{max\cdot计}=2.50cm^3$；　$[I_X]=260cm^4$，$I^{C}_{max\cdot计}=3.81cm^4$，$I^{EF}_{max\cdot计}=2.50cm^4$；$F=6.928cm^2$，$G=5.438kg/m$。

或选用□40×20×4［GB/T 3094］，　$[W_Y]=5.29cm^3$，$W^{A}_{max}=2.28cm^3$，$W^{DE}_{max}=2.50cm^3$，$[I_Y]=11.9cm^4$，$I^{D}_{max}=3.81cm^4$，$F=4.55cm^2$，$G=3.57kg/m$。

② 槽口筋和基座箍筋：同箍筋规格或随情况处置。

4.6.4 示例四　超长塑料槽

4.6.4.1 引述

(1) 基本信息

参阅图 4-117（详见原图 4-64）。

① 槽体结构与配筋示意图（图 4-118）示明：槽体尺寸（L8000mm×B1550mm×H1400mm）、配筋结构及其型材规格。

② 槽体底座结构示意图（图 4-119）示明：由 10 条横支梁、2 条纵支梁（分段）焊制成一井字形构架底座，在 2 条纵支梁的外侧还配置有 2 条着地纵支梁与井字形构架焊成一体，构成为一改进型的井排式底座。

井字形构架与先前已焊成一体的竖筋与箍筋网格中竖筋的焊接牢固，从而形成了有底架的四个立面的“格栅”，在这个格栅构架内，得以顺利地把塑料槽的底板和四块壁板装配就位、焊制出整个槽体。

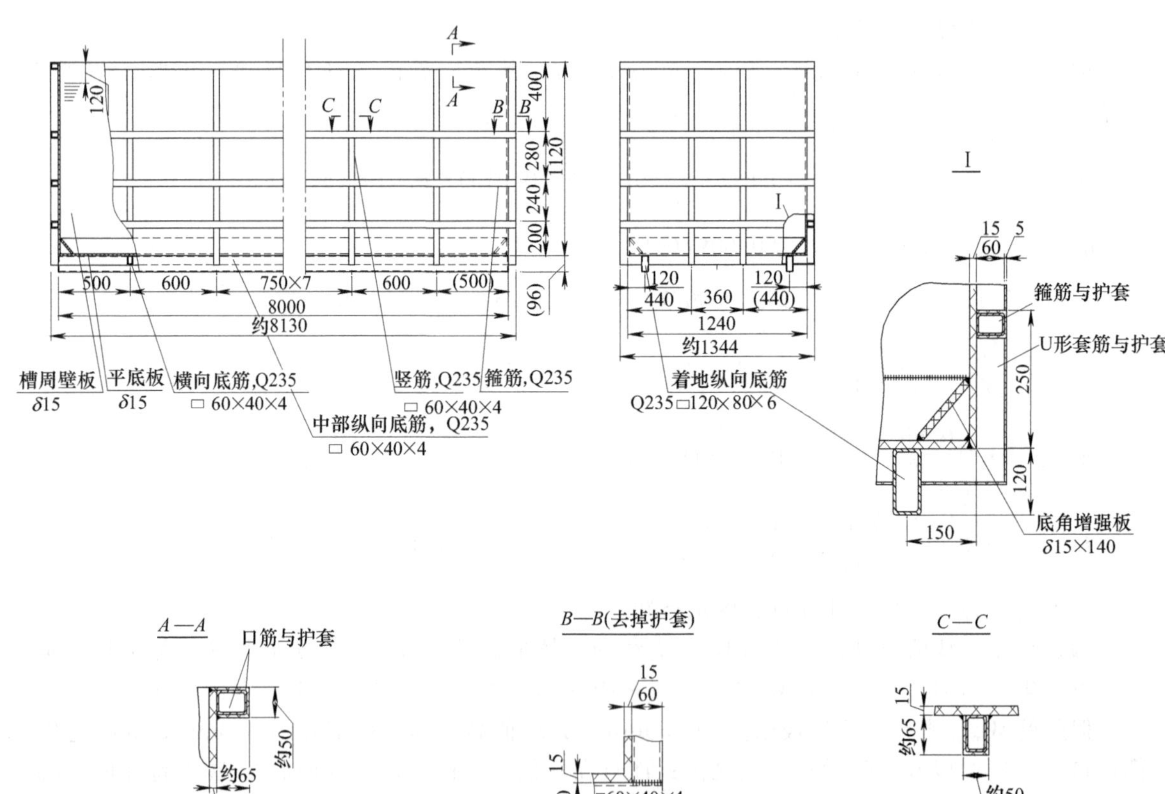

图 4-117　示例四插图

底座的两条着地纵支梁，其功用主要是便于槽体的运移和吊装。按原图的结构要求：

① 两条着地纵支梁各长 8000mm，间距为 1250mm，通过校核计算后可选用合适的矩形钢

管，从强度与刚度上保证满足承载可靠和运移稳当的要求。

② 在每条着地纵支梁上开出的 10 条凹槽，一一对应地与 10 条横支梁相嵌配合，并使这两条支承梁上表面齐平（即：均与塑槽底面贴合接触），然后将着地纵支梁凹槽面与横支梁嵌接面的所有边沿在校正就位后按焊接规范焊接固牢，使之切实保证槽体全部荷重能通过纵、横支承梁的承载，而后凭借两条着地纵支梁往下传递到混凝土基础。

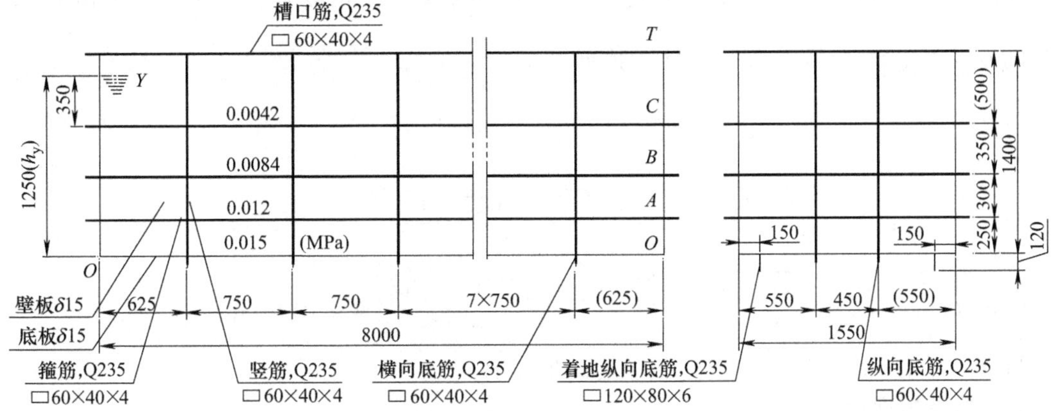

图 4-118　槽体配筋（3 道箍筋+10/2 条竖筋）示意图

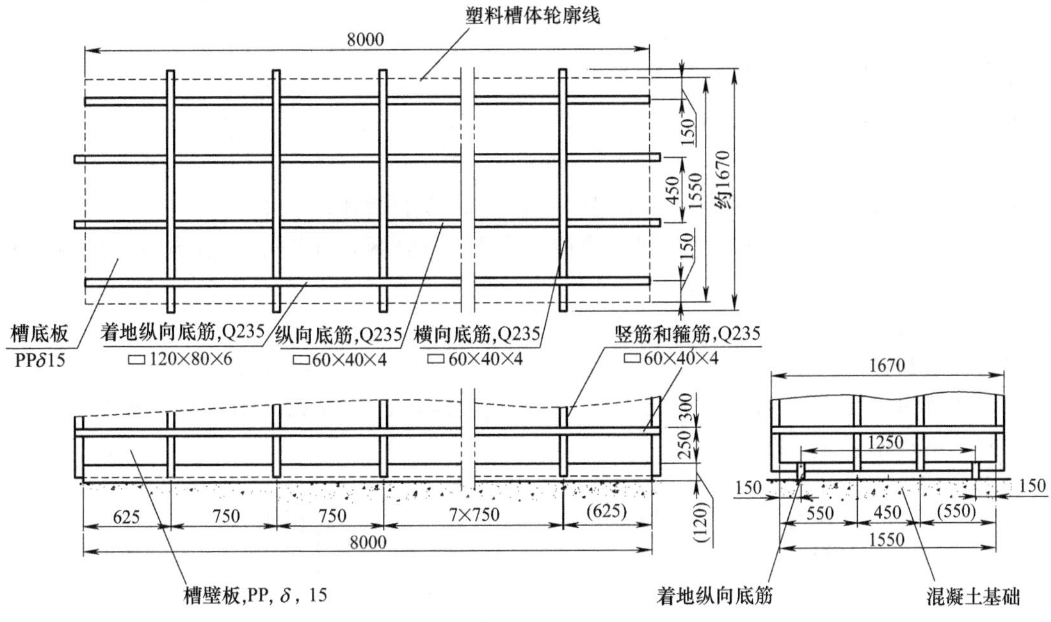

图 4-119　槽体井排式底座结构示意图

(2) 设计计算需用数据

① 槽液密度：$\rho_Y=1.2\text{kg/dm}^3$。

② 槽液深度：取 $h_Y=1250\text{mm}$。

③ PP 板力学性能：$E_{PP}=1200\text{MPa}$，$[\sigma]_{PP}=9\text{MPa}$（用于不低于 0℃ 环境条件），$[\sigma_{压}]_{PP}=10\text{MPa}$，$\rho_{PP}=0.91\text{g/cm}^3$。

④ 型钢力学性能：$E_{Q235}=2.1\times10^5\text{MPa}$，$[\sigma]_{Q235}=160\text{MPa}$。

⑤ 箍筋许用挠度，取 $[f]=\dfrac{l}{n_{箍}}$（m），l 为竖筋间距。

⑥ 竖筋许用挠度，取 $[f]=\frac{h_i}{n_{竖}}$（m），h_i 为箍筋间距。

4.6.4.2 槽体板厚计算

(1) 槽底板厚度

按式（4-3）：$p_O=10^{-4}\rho_Y h_Y=10^{-4}\times1.2\times125=0.015$（MPa）。

取出槽底分隔出的典型小矩形平板（图 4-116 所示最大的矩板为 750mm×450mm），矩板长宽比为$\frac{l}{b}=\frac{750}{450}=1.67$，查表 4-31 插值取得：

$$k_m=0.4797,\ k_f=0.0257。取\ [f]=\frac{b}{100}=\frac{0.45}{100}=0.0045(m)。$$

按式（4-4）：$\delta_q=\sqrt{\frac{k_m p_O b^2}{[\sigma]}}=\sqrt{\frac{0.4797\times0.015\times0.45^2}{9}}=0.0127(m)\approx13mm$。

按式（4-5）：$\delta_g=\sqrt[3]{\frac{k_f p_O b^4}{E[f]}}=\sqrt[3]{\frac{0.0257\times0.015\times0.45^4}{1200\times0.0045}}=0.0143(m)\approx14mm$ 。

结论：可用 $\delta_{底}=15mm$ 的 PP 板，能满足要求。

(2) 槽壁板厚度

从四个壁面中取典型小矩形平板（图 4-118）解算，于是有：OA 壁面$\frac{l}{b}=\frac{750}{250}$，$AB$ 壁面$\frac{l}{b}=\frac{750}{300}$，$BC$ 壁面和 CY 壁面$\frac{l}{b}=\frac{750}{350}$。

可解算得：$\delta_q^{OA}/\delta_g^{OA}=7mm/8mm$，$\delta_q^{AB}/\delta_g^{AB}=7mm/9mm$，$\delta_q^{BC}/\delta_g^{BC}=7mm/9mm$，$\delta_q^{CY}/\delta_g^{CY}=4mm/7mm$。

从上列数据得知：取 $\delta_{壁}=12mm$ 的 PP 板即可。考虑槽体较长和塑料材质特点，仍宜取用 $\delta_{壁}=15mm$（与 $\delta_{底}$ 相同），以有利于槽体五个面的 PP 板，在四个格栅构架立面内装配和焊接，从而确保整个槽体制作质量。

4.6.4.3 槽体箍筋、竖筋和槽底横支梁解算

(1) 箍筋和竖筋

① 解算数据 计算共得：箍筋 A、B、C 三组数据，竖筋 OA、AB、BC 和 CY/CT 四组数据，共七组数据标注于图 4-118 上。

② W 和 I 线图（图 4-120）

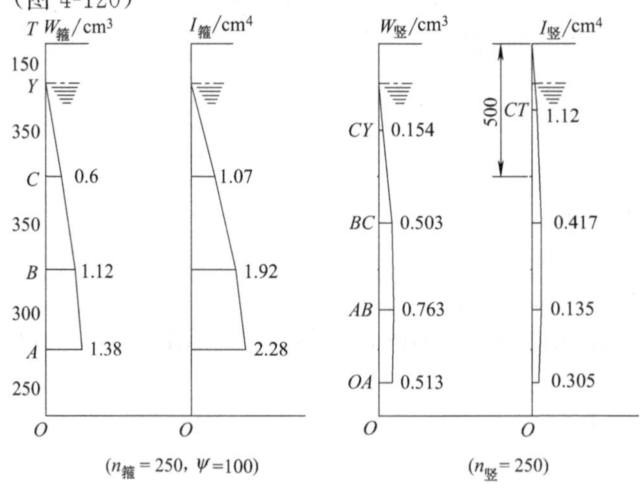

图 4-120 配筋方案（3 道箍筋+10/2 条竖筋，$l=750mm$）W 和 I 线图

由该图得知：

a. 箍筋和竖筋的整体图形符合液压强度作用变化基本趋向；

b. 箍筋承载比竖筋大得多（承载均衡性差，筋材没充分利用）；

c. 由 $\delta_{壁\cdot计}$ 得知，竖筋间距布置基本适用。

由 b 推知：若进一步调整、改进配筋方案可使之更趋合理。

③ 筋材选用

箍筋和竖筋初步选用矩管▭45mm×30mm×4mm（GB/T 6728—2002）

$[W_Y]=5.78>W_{max}^{A}=1.38cm^3$，$W_{max\cdot计}^{AB}=0.763cm^3$。

$[I_Y]=13.01>I_{max}^{A}=2.28cm^4$，$I_{max\cdot计}^{BC}=0.417cm^4$，$F=5.09cm^2$，$G=3.99kgf/m$。

(2) 横支梁（横向底筋）

① 按弯曲强度计算截面系数：

取悬臂梁计算高度：$h_{jn}=\dfrac{H}{2}=\dfrac{1.4}{2}=0.7$（m），

按式（4-23）：$M_O=\dfrac{q_O h_{jn}^2}{6}=\dfrac{1.2\times10^{-4}\times125\times0.75\times0.7^2}{6}=9.19\times10^{-4}$（MN·m），

复核：$\dfrac{M_{O\cdot计}}{\sum M_{竖}^{\square}}=\dfrac{M_{O\cdot计}}{M^{OA}+M^{AB}+M^{BC}+M^{CY}}=\dfrac{9.19\times10^{-4}}{(8.20+9.11+8.04+1.65)\times10^{-5}}=3.40$，

此值 3.40 在控制范围 1.5～5.5 之间，说明 h_{jn} 取值恰当、可用。

按式（4-25）：$W_O=\dfrac{M_O}{[\sigma]}=\dfrac{919}{160\times10^6}=5.74\times10^{-6}(m^3)=5.74(cm^3)$。

② 按弯曲挠度计算惯性矩：

因横支梁变成两端外伸简支梁，则支承跨距为 $B_O=1250$mm（图 4-119），由 q_O 引起跨距中点的 $f_{max}=\dfrac{q_O B_O^4}{384EI}\left(5-24\dfrac{a^2}{B_O^2}\right)=4.65\times\dfrac{q_O B_O^4}{384EI}$，式中 a（外伸梁段长）=150mm，按式（4-27）：$I_O\geqslant\left|\dfrac{48M_O B^2-4.65q_O B_O^4}{384E[f]}\right|=\left|\dfrac{48\times9.19\times10^{-4}\times1.55^2-4.65\times0.015\times0.75\times1.25^4}{384\times2.1\times10^5\times\dfrac{1.55}{250}}\right|=$
$4.40\times10^{-8}(m^4)=4.340(cm^4)$。

③ 横支梁的型材选用：横支梁初步选用矩管▭60m×40mm×5mm(GB/T 3094)，$[W_Y]=13.14>W_{O\cdot计}=5.74cm^3$，$[I_Y]=39.41>I_{O\cdot计}=4.40cm^4$，$F=8.57cm^2$，$G=6.73kgf/m$。

④ 纵支梁型材规格尺寸：取与横支梁相同。

4.6.4.4　着地纵支梁校核与型材选用

(1) 荷载计算（参阅图 4-116、原图 4-64 及示例四汇总表）

Q_1（槽体板重）$=(F_{底}+F_{侧壁}+F_{端壁})\times\delta_{厚}\times\rho_{PP}=0.587m^3\times910kgf/m^3\approx534kgf$

Q_2（槽体液重）$=V_{槽}\times\rho_y=(8\times1.55\times1.25)m^3\times1200kgf/m^3=18600kgf$

Q_3（箍筋和槽口筋重）$=[(8+1.55)\times2\times4]m\times6.73kgf/m\approx110kgf$

Q_4（竖筋重）$=[(10+2)\times2\times1.4]m\times6.73kgf/m\approx109kgf$

Q_5（横支梁重）$=(1.55+0.045\times2)m\times10\times3.99kgf/m\approx65kgf$

Q_6（纵支梁重）$=(8+0.045\times2)m\times2\times3.99kgf/m\approx65kgf$

Q_7（着地纵支梁,预估值取□120mm×80mm×6mm）$=8\times2\times17.22kgf/m\approx276kgf$

总重 $\sum Q=Q_1+\cdots+Q_7=(534+18600+305+134+110+109+276)kgf=20068kgf$

(2) 承载校核计算与型材选用

着地纵支梁承载槽体、筋材、井字形纵横支梁、溶液、镀件及各种载具的全部重量，连同它自身重量安放于混凝土基础上。为简化计算，设定 10 条横支梁将其上所承载的荷重作用于着地纵支梁各个节点（即两者焊接位置，简化为点），则可认为两条着地纵支梁为一多跨连续梁，作为校核计算的出发点。

取总载荷值为$\sum Q=20000$kgf，考虑动载因素、地表突发异动情况，取载荷系数为 1.5，并取定连续梁居中 4 跨为表征梁段作解算，得出该梁的截面特性数：$W_{计}^{ZD}=73.0\text{cm}^3$，$I_{计}^{ZD}=80.0\text{cm}^4$。采用冷拔矩形钢管，其规格尺寸为▭130×85×6（GB/T 3094），$[W_y]=84.28\text{cm}^3$，$[I_y]=547.8\text{cm}^4$，$F=23.7\text{cm}^2$，$G=18.64$kg/m。

(3) 底座中各类型材规格调整

为使各支承梁的壁厚尺寸比较趋近，以保证接缝处的焊接质量可靠，确保整体底座坚实稳固，重新调整底座及相关型材的规格尺寸。

① 箍筋和竖筋：改用▭55mm×38mm×4mm，$[W_Y]=9.46\text{cm}^3$，$[I_Y]=26.01\text{cm}^4$，$F=6.53\text{cm}^2$，$G=5.12$kgf/m。

② 横支梁（包括纵支梁）：用▭60mm×40mm×5mm，$[W_Y]=13.14\text{cm}^3$，$[I_Y]=39.41\text{cm}^4$，$F=8.57\text{cm}^2$，$G=6.73$kgf/m。纵支梁型材规格与横支梁同。

于是有关数据相应改变为：$Q_3=305$kgf(原为 221kgf)，$Q_4=134$kgf(原为 105kgf)，$Q_5=110$kgf(原为 65.0kgf)，$Q_6=109$kg(原为 65kgf)，$Q_7=276$kgf，总重$\sum Q\approx20068$kgf（预估值$\sum Q\approx20000$kgf 是恰当的）。

4.6.4.5 塑料槽底板挤压强度校核

(1) 底板的挤压力和挤压面积

挤压力$\sum Q=Q_1+Q_2+Q_3+Q_4\approx192(\text{kN})$。

挤压面积 $F_{dj}=(1.55\times10+7.6\times2)\times0.04+[(8\times2\times0.075)-0.04\times10]=2.03(\text{m}^2)$。

(2) 底板挤压校核

取荷载调整系数 $m=1.3$（因荷载变化或制造原因造成接触面积偏差）。

按式（4-22）：$\sigma_{挤}=\dfrac{m\sum Q}{F_{dj}}=\dfrac{1.3\times192}{10^3\times2.03}=0.123(\text{MPa})$。

结论：因 PP 板 $[\sigma_{挤}]$ 值未知，故校核结论待定。

4.6.4.6 混凝土基础的承压校核

(1) 荷载与混凝土承压面积

荷载（即总重）$\sum Q\approx20068\text{kgf}\times1.4=28100\text{kgf}\approx274\text{kN}$，承压面积 $F_{hj}=8\times2\times0.075=1.2(\text{m}^2)$。

(2) 混凝土基础的承压校核

取调整系数 $m=1.5$(因整个槽体及底座较长)。

按式（4-28）：$\sigma_h=\dfrac{m\sum Q_h}{F_{hj}}=\dfrac{1.5\times276}{10^3\times1.2}\approx0.345(\text{MPa})<f_C=9.6\text{MPa}$。

选用 C20 强度等级混凝土（查表 4-32 得：轴心抗压强度 $f_C=9.6$MPa)，能满足要求。

4.6.4.7 示例四“验证计算数据和筋材选用”汇总表

槽、筋、底座与基础	计算数据	型材规格(GB/T 3094)/mm	性能参数
箍筋 3 道 槽口筋 1 道	$W_{max\cdot计}^{(A)}=1.38\text{cm}^3$ $I_{max计}^{(A)}=2.78\text{cm}^4$	▭55×38×4	$W_Y=9.46\text{cm}^3$ $I_Y=26.01\text{cm}^4$ $F=6.57\text{cm}^2$ $G=5.12$kgf/m
竖筋 （两侧面各 10 条） （两端面各 2 条）	$W_{max\cdot计}^{(AB)}=0.763\text{cm}^3$ $I_{max\cdot计}^{(BC)}=0.417\text{cm}^4$		

续表

槽、筋、底座与基础	计算数据	型材规格(GB/T 3094)/mm	性能参数
底座横支梁 (共 10 条) 底座纵支梁 (共 2 条)	$W_{O\cdot计}=5.74\text{cm}^3$ $I_{O\cdot计}=4.40\text{cm}^4$	▭60×40×5	$W_Y=13.14\text{cm}^3$ $I_Y=39.41\text{cm}^4$ $F=8.57\text{cm}^2$ $G=6.73\text{kg/m}$
底座着地纵支梁 (共 2 条)	$W_{计}=73.0\text{cm}^3$ $I_{计}=80.0\text{cm}^4$	▭120×80×7	$W_Y=81.1\text{cm}^3$ $I_Y=436.6\text{cm}^4$ $F=25.20\text{cm}^2$ $G=19.75\text{kgf/m}$
$\delta_{壁}$和$\delta_{底}$	15mm(PP 板)		
混凝土基础	承压强度 $\sigma_h=0.345<f_C=9.6\text{MPa}$,普通混凝土强度等级 C20		

4.6.5 示例五 碳钢槽

4.6.5.1 引述

(1) 基本信息

参阅图 4-121（详见原图 4-66）。

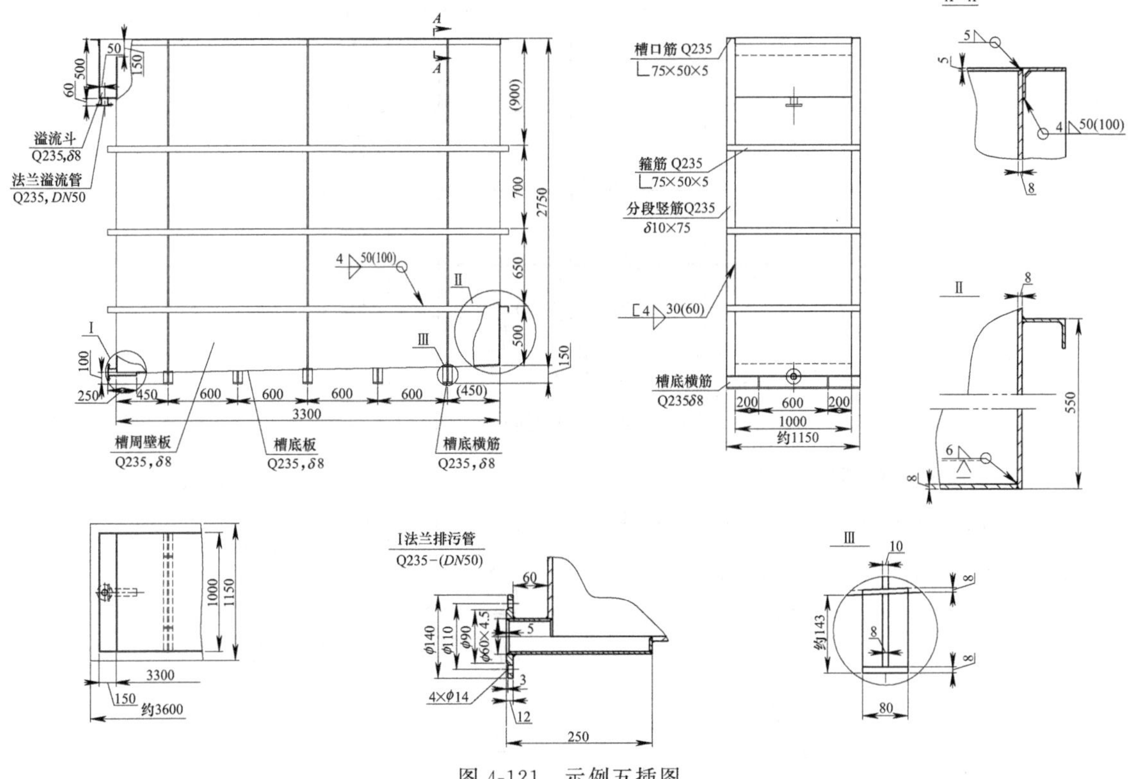

图 4-121 示例五插图

① 槽体尺寸：L3300mm×B1000mm×H2800mm。

② 槽体材料：Q235 钢板，$\delta_{底}=8\text{mm}$，$\delta_{壁}=8\text{mm}$。

③ 采用 3 道箍筋（∠75mm×50mm×5mm），槽侧壁各设 3 条竖筋（δ10mm×75mm）。

④ 斜槽底，斜度为 1∶66。

⑤ 底座结构：5 条“⊥”形梁，其中 3 条与槽壁竖筋连接成 U 形，另 2 条为分隔槽底板而设，兼有支承功能。

(2) 设计计算需用数据

① 槽液密度：$\rho_Y=1.2\text{kg/dm}^3$。

② 槽液深度：$h_Y=2650\text{mm}$。

③ Q235 钢力学性能：$E_{Q235}=2.1\times10^5\text{MPa}$，$[\sigma]_{Q235}=[\delta_{压}]_{Q235}=160\text{MPa}$，$[\sigma_{挤}]_{Q235}=0.20[\sigma_{压}]=0.20\times160=32(\text{MPa})$。

④ 箍筋许用挠度：

$$[f]=\frac{l}{n_{箍}}$$

式中 l——竖筋间距，m。

⑤ 竖筋许用挠度：

$$[f]=\frac{h_i}{n_{竖}}$$

式中 h_i——各道箍筋间距，m。

4.6.5.2 验证性计算

(1) 箍筋、竖筋计算和型材选用

1) 配筋示意图

配筋示意图见图 4-122。

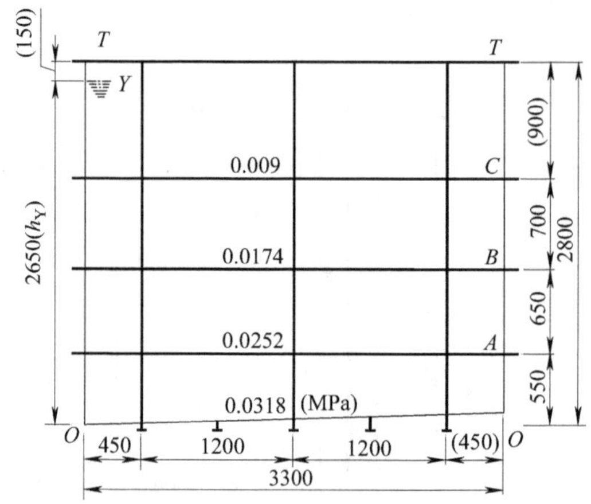

图 4-122 槽体配筋示意图

2) 配筋方案的 W 和 I 线图

根据箍筋、竖筋计算所得数据，绘制 W 和 I 线图（图 4-123）。

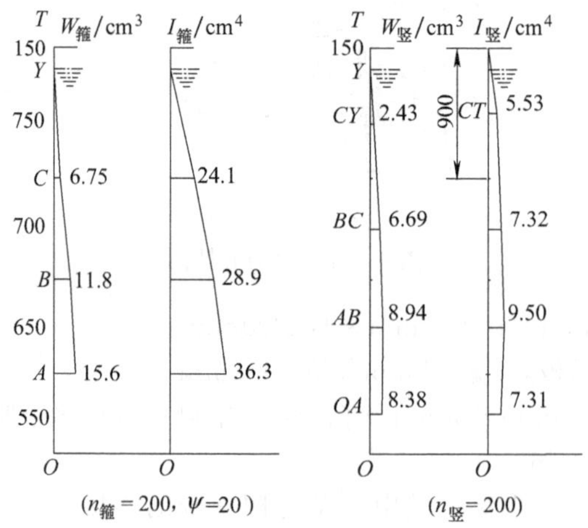

图 4-123 箍筋和竖筋 W 和 I 线图

由线图得知：W 线型基本符合液压强度作用趋向，因为箍筋 l 值（1200mm）较大，箍筋的 W 与 I 较竖筋大。

3）型材选用

① 箍筋选材

选用不等边角钢∟7.5/5(75mm×50mm×8mm)（GB/T 706)：

$[I_X]=52.39>I^A_{max}=36.3cm^4$；

$[W_X]=\frac{[I_X]}{Y_O}=\frac{52.39}{2.40}\approx 21.5>W^A_{max}=15.6cm^3$；

$F=9.467cm^2$；$G=7.431kgf/m$ [比采用等边角钢∟7.5（75mm×75mm×8mm）重量约轻 1/5]。

箍筋装置方式见图 4-121 中放大视图Ⅱ。

槽口筋规格同箍筋，装置方式见图 4-121 中 A—A 放大图。

② 竖筋选材：

选用热轧扁钢 δ16mm×65mm[GB/T 702]：

$[W_X]=11.27>W^{AB}_{max\cdot 计}=8.94cm^3$；$[I_X]=36.0cm^4>I^{AB}_{max\cdot 计}=11.5cm^4$；

$F=10.4cm^2$；$G=8.20kgf/m$。

(2) 槽体板厚的计算

1）槽壁板厚度

计算结果得：$\delta^{OA}_q/\delta^{OA}_g=5mm/4mm$；$\delta^{AB}_q/\delta^{AB}_g=5mm/4mm$；$\delta^{BC}_q/\delta^{BC}_g=5mm/4mm$；$\delta^{CY}_q/\delta^{CT}_g=3mm/3mm$。

2）槽底板厚度

按 $\frac{l}{b}=\frac{1000}{600}=1.67$，计算结果得：$\delta_q/\delta_g=6mm/4mm$。

综合计算结果，考虑腐蚀因素及制作工艺，可 $\delta_{壁}=\delta_{底}=8mm$ 的 Q235 钢板 。

(3) 槽底“⊥”形横支梁校核

槽体安装在钢构架上时，由于槽底横支梁两端承受载荷，需要校核槽底横支梁的弯曲强度与弯曲刚度。

1）按弯曲强度和弯曲刚度计算 $W_{O\cdot 计}$ 和 $I_{O\cdot 计}$

取计算高度：$h_{jn}=\frac{H}{2}=\frac{2.8}{2}=1.4(m)$。

按式（4-23)，计算三条 U 形节点处的最大弯曲力矩：

$$M_O=\frac{q_O h^2_{jn}}{6}=\frac{0.0318\times 1.2\times 1.4^2}{6}=1.25\times 10^{-2}\ (MN\cdot m)。$$

复核：$\frac{M_{O\cdot 计}}{\sum M^i_{竖}}=\frac{M_{O\cdot 计}}{M^{OA}+M^{AB}+M^{BC}+M^{CY}}=\frac{1.25\times 10^{-2}}{(1.34+1.43+1.07+0.259)\times 10^{-3}}=3.05$，比值 2.96 在 1.5～5.5 之间，说明 h_i 取值恰当、可用。

式中，M^{OA}、M^{AB}、M^{BC}、M^{CY} 均为竖筋计算过程中已出现过的数据，MN・m。

按式（4-25)：$W_O=\frac{M_O}{[\sigma]}=\frac{12500}{160\times 10^6}=78.1\times 10^{-6}(m^3)=78.1(cm^3)=W_{O\cdot 计}$。

按式（4-29)：$I_O\geqslant\left|\frac{48M_O B^2-5p_O B^4_O}{384E\ [f]}\right|=\left|\frac{48M_O B^2-5p_O B^4_O}{384E\frac{B}{250}}\right|=$

$$\left|\frac{48\times1.25\times10^{-2}\times1.0^{2}-5\times0.0318\times1.2\times1.0^{4}}{384\times2.1\times10^{5}\times\dfrac{1.0}{250}}\right|=1.27\times10^{-6}\ (\mathrm{m}^4)=127\ (\mathrm{cm}^4)=I_{O\cdot计}。$$

2）"⊥"形梁截面特性数计算

参阅图 4-124，取"⊥"形梁主板中线处平均高度（$H=125\mathrm{mm}$）尺寸计算，中点左右两侧的各"⊥"形梁高度（H）分别确定。

① 截面形心位置（y_C，参见图 4-124）：

$$y_C=\frac{A_1y_1+A_2y_2}{A_1+A_2}=\frac{10\times115\times67.5+10\times80\times5}{(80+115)\times10}=41.9(\mathrm{mm})=4.19(\mathrm{cm})=e_1，e_2=H-e_1=12.5-4.19=8.31(\mathrm{cm})，h=y_C-1.0=4.19-1.0=3.19(\mathrm{cm})。$$

② $I_X=\frac{1}{3}(Be_1^3-bh^3+ae_2^3)=\frac{1}{3}\times(8\times4.19^3-7\times3.19^3+1\times8.31^3)=311.7(\mathrm{cm}^4)$。

③ $W_{X_1}=\frac{I_X}{e_1}=\frac{311.7}{4.19}=74.4(\mathrm{cm}^3)$，$W_{X_2}=\frac{I_X}{e_2}=\frac{311.7}{8.31}=37.5(\mathrm{cm}^3)$。

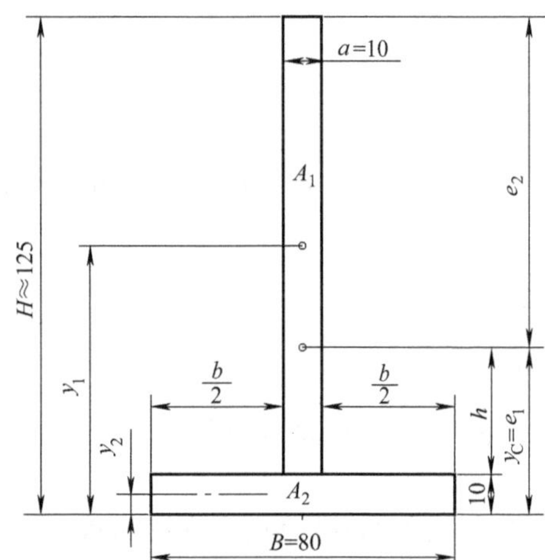

图 4-124 "⊥"形横支梁截面特性数计算用图

3）截面特性数判定

① $[W_{X_1}]=74.4\mathrm{cm}^3<W_{O\cdot计}=78.1\mathrm{cm}^3$，不满足要求；

$[I_{X_1}]=311.7\mathrm{cm}^4>I_{O\cdot计}=127\mathrm{cm}^4$，满足要求。

② 结论：必须改变"⊥"形梁的截面尺寸——重新取图 4-124 中 $B=90\mathrm{mm}$ 作计算，则有：

$y_C=4.0\mathrm{cm}=e_1$，$e_2=8.5\mathrm{cm}$，$h=3.0\mathrm{cm}$，计算得 $[I_X]=324.7\mathrm{cm}^4$，$[W_{X_1}]=81.2\mathrm{cm}^3$。满足要求。

由此推知：沿槽长 3300mm 中点及以右两个位置的⊥形梁截面尺寸 10mm×90mm 能满足弯曲强度和弯曲刚度要求（但立板中线高度应按槽底斜度分别递增）。

而沿槽长 3300mm 中点以左两个位置的⊥形梁，则应采用：底板尺寸 15mm×90mm，立板尺寸 15mm×$h_{立}$（$h_{立}=H-$底座厚度），这两条"⊥"形梁立板中线高 H 应按槽底斜度分别递减。

4）制作要求

槽底板与"⊥"形梁立板（$\delta=10\mathrm{mm}$ 或 15mm）端部，两者是斜面接触，装夹定位后，按"T"字形接头两边施焊，沿全长 1000mm 分隔为若干焊段，间隔宜少而短，焊缝完成后在间隔处施加点焊。为保证焊接接缝质量可靠，要求：①应在装夹定位两斜面后，焊前检测全长缝隙，务使各处缝隙差异在允差范围之内；②焊后应检测两者的"T"字焊缝接头，杜绝虚焊等一切隐患；③因为是断续焊缝，焊前应制订工艺规划，保证焊缝全长累计不小于槽底宽度（$B=1000\mathrm{mm}$）的 75%且分布均匀。如不符合要求，应重焊，必须达到要求。

(4) 槽底板的挤压强度校核

1）槽底板所受挤压力

① 槽体自重：$Q_1=[(3.3\times1+3.3\times2.8\times2+2.8\times1\times2)\times0.008]\mathrm{m}^3\times7850\mathrm{kgf/m}^3=1720\mathrm{kgf}$

② 槽内溶液重：$Q_2=(3.3\times1\times2.8)\text{m}^3\times1200\text{kgf/m}^3=11090\text{kgf}$

③ 箍筋和槽口筋重：$Q_3=[(3.3+1)\times2\times(3+1)]\text{m}\times7.431\text{kgf/m}=256\text{kgf}$

④ 竖筋重：$Q_4=2.8\times6\text{m}\times9.30\text{kgf/m}=138\text{kgf}$

总重$\sum Q=Q_1+Q_2+Q_3+Q_4=(1720+11090+196+138)\text{kgf}=13200\text{kgf}\approx129\text{kN}$

2）挤压接触面积

考虑到“⊥”形梁立板与槽底面是斜面接触，现取约值计算接触面积：

$$F_{\text{dj}}=0.01\times1\times3+0.015\times1\times2=0.06(\text{m}^2)$$

3）挤压校核

考虑搬移、吊装槽体时的附加动载荷，以及槽体支承各种载具的荷重，取荷载调整系数 $m=1.35$。

按式（4-22）：$\sigma_{挤}=\dfrac{m\sum Q}{F_{\text{dj}}}=\dfrac{1.35\times129}{10^3\times0.06}=2.90(\text{MPa})\leqslant[\sigma_{挤}]_{\text{Q235}}=0.20[\delta_{压}]=0.25\times160=32(\text{MPa})$，槽底板挤压强度满足要求。

（5）混凝土基础承压校核

在$\sum Q$之外再计入“⊥”形横支梁重量（1.05kN）及“⊥”形横支梁底板与混凝土基础接触的总面积（F_{hj}），即可对基础作承压校核计算，并得出结论：

$\sigma_{\text{h}}=\dfrac{m\sum Q_{\text{h}}}{F_{\text{hj}}}=\dfrac{1.5\times130}{(0.09\times2+0.08\times3)\times10^{-3}}=0.464\text{MPa}<f_{\text{C}}=9.6\text{MPa}$，采用 C20 强度等级混凝土可满足要求。

4.6.6 示例六 箍筋类塑料槽

4.6.6.1 引述

在 4.3 节中一共介绍了四种箍筋类塑料槽（图 4-59、图 4-62、图 4-77 和图 4-82）。其共同特点为：① 槽长小于等于 3000mm，槽高小于等于 1500mm；②槽体只设置箍筋，未配置竖筋；③槽壁板和槽底板厚度 $\delta_{壁}=\delta_{底}=15\text{mm}$。现按 4.5 节所述概念和方法对其中之一“斜底塑料槽（图 4-125）”作验证性计算和探讨。

（1）基本信息

参阅图 4-125（详见原图 4-59）。

① 基本尺寸：$L2500\text{mm}\times B1000\text{mm}\times H1500\text{mm}$。

② 槽体材料：聚丙烯塑料（PP）板，$\delta_{底}=\delta_{壁}=15\text{mm}$。

③ 箍筋 3 道和槽口筋 1 道（[8 槽钢配置方式见图 4-125 中 B—B 视图）。

④ 箍筋和槽口筋外部包裹 PP 板（$\delta=5\text{mm}$）制成的护套。

⑤ 斜槽底，槽底支承筋纵向 1 条和横向 4 条（采用 15mm PP 板条）。

（2）设计计算需用数据

① 槽液密度：$\rho_{\text{Y}}=1.2\text{kg/dm}^3$。

② 槽液深度：$h_{\text{Y}}\approx1350\text{mm}$。

③ PP 板力学性能：$E_{\text{PP}}=1200\text{MPa}$，$[\sigma]_{\text{PP}}=9\text{MPa}$（用于>0℃环境条件），$\rho_{\text{PP}}=0.91\text{g/cm}^3$，$[\sigma_{\text{jY}}]_{\text{PP}}$值由该品牌板材试验测定。

④ 型钢力学性能：$E_{\text{Q235}}=2.1\times10^5\text{MPa}$，$[\sigma]_{\text{Q235}}=160\text{MPa}$。

4.6.6.2 槽底板厚度计算

参阅图 4-126，按式（4-3）：$p_{\text{O}}=10^{-4}\rho_{\text{Y}}h_{\text{Y}}=10^{-4}\times1.2\times135=16.2\times10^{-3}$（MPa）。

槽底小板块长宽比：$\dfrac{l}{b}=\dfrac{500}{500}=1$。查表 4-31 得：$k_{\text{m}}=0.3102$，$k_{\text{f}}=0.0139$。取 $[f]=$

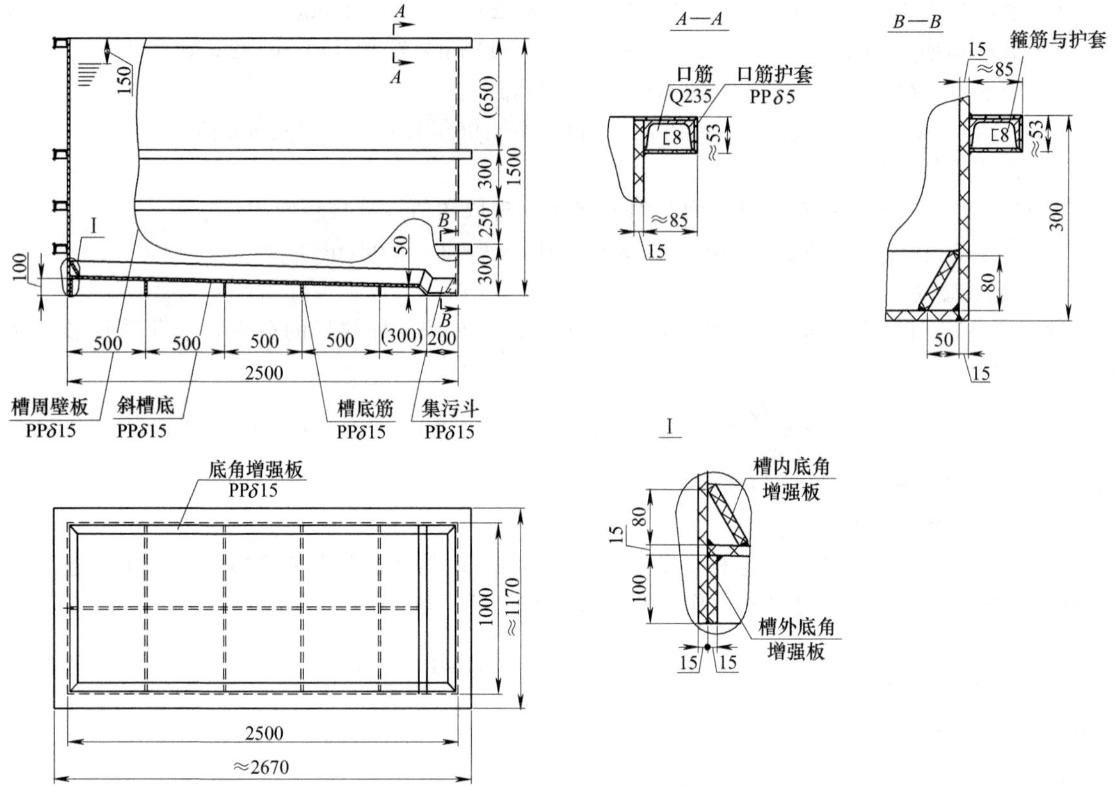

图 4-125　示例六插图

$\frac{b}{100}=\frac{0.5}{100}=0.005$（m）。

$\delta_{底}$ 计算得：

按式（4-4）：$\delta_{q}^{底}=\sqrt{\frac{k_{m}p_{O}b^{2}}{[\sigma]}}=\sqrt{\frac{0.3102\times16.2\times10^{-3}\times0.5^{2}}{9}}=0.0118(m)\approx12(mm)$。

按式（4-5）：$\delta_{g}^{底}=\sqrt[3]{\frac{k_{f}p_{O}b^{4}}{E[f]}}=\sqrt[3]{\frac{0.0139\times16.2\times10^{-3}\times0.5^{4}}{1200\times0.005}}=0.0133(m)\approx13(mm)$。

底板厚度选用 $\delta_{底}=15mm$ 的 PP 板能满足要求。

4.6.6.3　槽壁板厚度和箍筋计算

按配置一道箍筋 B 计算（参阅图 4-126）。

(1) 槽壁板厚度

遵循矩形薄板长短边比值的规定 $l\leqslant5b$，给槽体配置一道 B 箍筋（配置点按规范确定），参阅图 4-127。

① OB 壁面：矩板长宽比 $\frac{l}{b}=\frac{2500}{600}=4.17$。查表 4-31 得：$k_{m}=0.4998$，$k_{f}\approx0.02823$。

取 $[f]=\frac{b}{100}=\frac{0.55}{100}=0.0055$（m）。

$p_{B}=10^{-4}\rho_{Y}h_{Y}=10^{-4}\times1.2\times75=0.009$（MPa）。

按式（4-7）：$p_{OB}=p_{B}+\frac{2}{3}(p_{O}-p_{B})=0.009+\frac{2}{3}\times(0.0162-0.009)=0.0138(MPa)$。

$\delta_{q}^{OB}=\sqrt{\frac{0.4998\times0.0138\times0.55^{2}}{9}}=0.0152(m)\approx15(mm)$，

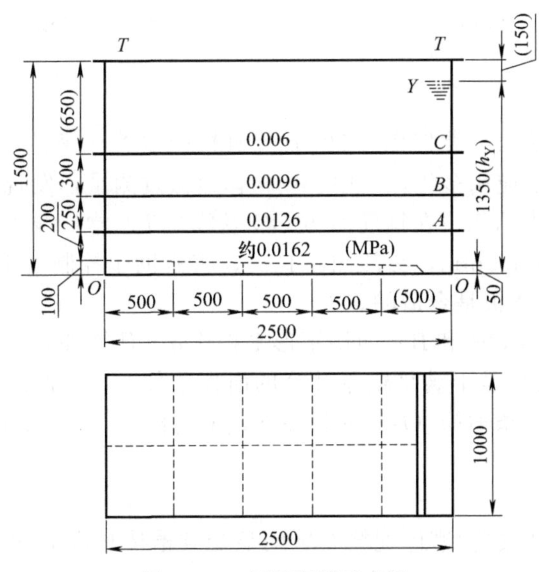

图 4-126　原图配筋示意图

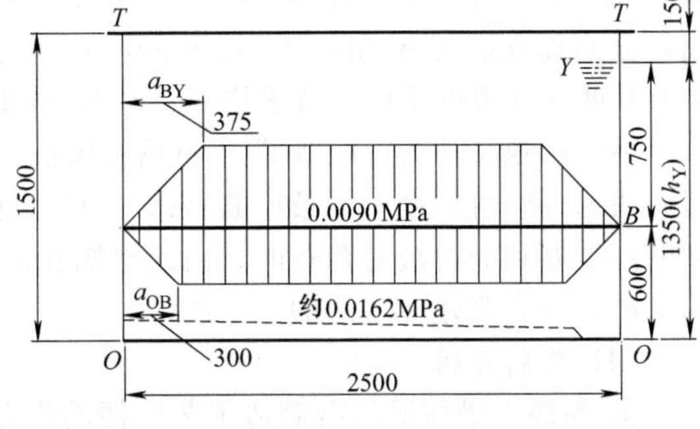

图 4-127　配置一道 B 箍筋时的计算示意图

$$\delta_g^{OB}=\sqrt[3]{\frac{0.0283\times0.0138\times0.55^4}{1200\times0.0055}}=0.0175(\mathrm{m})\approx18(\mathrm{mm})。$$

② BY 壁面：矩板长宽比$\frac{l}{b}=\frac{2500}{750}=3.33$。查表 4-31 插值得：

$k_m=0.4992+\frac{3.33}{10}\times(0.4998-0.4992)=0.4994$，$k_f=0.0279+\frac{1.25}{10}\times(0.0282-0.0279)=0.0280$。

取 $[f]=\frac{b}{100}=\frac{0.8}{100}=0.008$ (m)。

按式 (4-6)：$p_{BY}=\frac{2}{3}p_B=\frac{2}{3}\times0.0096=0.0064$ (MPa)。

$$\delta_q^{BY}=\sqrt{\frac{0.4994\times0.006\times0.8^2}{9}}=0.015(\mathrm{m})\approx15(\mathrm{mm}),$$

$$\delta_g^{BY}=\sqrt[3]{\frac{0.0280\times0.006\times0.8^4}{1200\times0.008}}=0.0192(\mathrm{m})\approx19(\mathrm{mm})。$$

结论：当该槽体仅配置一条 B 箍筋时，壁板厚度应取 $\delta=20\mathrm{mm}$ 的 PP 板方能满足要求。

(2) 一道箍筋的截面特性数计算

参阅图 4-124，计算箍筋 $W_{B\cdot计}$ 和 $I_{B\cdot计}$：

按式 (4-10)：

$$W_B=\frac{l^2}{24[\sigma]}[q_{OB}(3-4e_{OB}^2)+q_{BY}(3-4e_{BY}^2)]=29.0(\mathrm{cm}^3)$$

按式 (4-14)：取 $[f]=\frac{l}{n}=\frac{2.5}{250}=0.01$ (m)。

按式 (4-13A)：

$$I_B=\frac{l^4}{384E[f]}[q_{OB}(5+16e_{OB}^4)+q_{BY}(5+16e_{BY}^4)]=152(\mathrm{cm}^4)$$

按计算结果，箍筋 B 型材选用[10 槽钢 (GB/T 706) 能满足要求，其性能参数为：

$[W_X]=39.7\text{cm}^3>W_{B\cdot计}=29.0\text{cm}^3$，$[I_X]=198\text{cm}^4>I_{B\cdot计}=152\text{cm}^4$，$F=12.748\text{cm}^2$；$G=10.007\text{kgf/m}$。

(3) $\delta_{壁}$ 尺寸确定的两种意见

对箍筋类槽体如何确定 $\delta_{壁}$ 尺寸的一种观点是：类似图 4-59 所示塑料槽（$\delta_{壁}=\delta_{底}=15\text{mm}$，$PP$ 板），已制作了为数不少的槽体，且已应用多年，其中一些槽体也做过测量，发现沿槽长方向挠度均在许可值范围之内。由此推论本示例：在箍筋 B 与 OO 基线与 TT 槽口线之间，分别加置箍筋 A 和 C（$h_{OA}=300\text{mm}$，$h_{BC}=300\text{mm}$，参阅图 4-125），将有助于控制 OB 和 BT 两块壁板的挠度，故采用 $\delta_{壁}=15\text{mm}$ 的 PP 板是合适的。

另一种观点认为：除箍筋 B 将槽侧壁面分隔成 OB 和 BT 两块矩形平板作 $\delta_{壁}$ 计算外，在这两块壁板间再各设置一条箍筋（即 A 和 C 箍筋）是不满足壁厚计算的前提条件的，因此对槽壁刚度有利的说法是存疑的。由此得知在配置一条箍筋（B）的条件下，采用板 $\delta_{壁}=20\text{mm}$ 的 PP 是符合规范和适用的。

(4) 算后分析

① 箍筋类槽体固然有制造工艺简便的优点，但这种槽体配筋布置明显受到槽体长度 L 和高度 H 的限制。

② 本节各个示例都是应用 4.5 节“槽体强度与刚度计算”的基本内容作分析计算的。示例六的 $\delta_{壁}$ 尺寸确定有两种不同意见，说明“槽体强度与刚度计算”中依据的准则条件还有待今后有关学界深入研讨得到新的成果，方能重作审视与界定。在没有重新界定之前，还应遵循 4.5 节中所给定的依据准则作计算。

③ 从塑料槽体的制造和应用中，如果能跟踪一些槽体（作为样本）的使用情况，定期测量变形数据，并作相应的研究分析，待有相当积累后，相信定能从中找出一些规律性的东西（如数据分析表或经验曲线图），从而得出某种适用的经验设计方法。

在上述②、③项的基础上，电镀槽体的设计制造业才有可能从理论和实践两方面发展了的技术基础中得到进一步有力的支撑，从而使电镀槽体的设计制造产品在预期使用寿命内既安全可靠又节约成本。

4.6.6.4 槽底板的挤压强度校核

(1) 底板挤压力和挤压面积

① 槽体自重：$Q_1=(V_{底板}+V_{侧板}+V_{端板})\times\rho_{PP}=[(2.5\times1)\times0.015+(2.5\times1.5\times2)\times0.02+(1.0\times1.5\times2)\times0.02]\text{m}^3\times910\text{kgf/m}^3=225\text{kgf}$

② 槽内溶液重：$Q_2=V_{槽底}\times\rho_y=(2.5\times1.4\times1.0)\text{m}^3\times1200\text{kgf/m}^3=4200\text{kgf}$

③ 箍筋、槽口筋和槽底筋重：$Q_3=(2.5+1)\text{m}\times2\times2\times10.007\text{kgf/m}+(0.015\times2.3\times0.012)\text{m}^3\times910\text{kgf/m}^3=128\text{kgf}$

总重（即挤压力）$\Sigma Q=Q_1+Q_2+Q_3=(225+4200+128)\text{kgf}=4543\text{kgf}\approx45.0\text{kN}$

④ 挤压面积：$F_{dj}=(1\times4+2.3\times1)\text{m}\times0.015\text{m}\approx0.1\text{m}^2$

(2) 底板挤压校核

考虑搬移、吊装槽体的附加动载荷，以及槽体上各种载具及镀件的荷重，取载荷调整系数 $m=1.35$。

按式（4-22）：$\sigma_{JY\cdot计}=\dfrac{m\Sigma Q}{F_{dj}}=\dfrac{1.35\times45.0}{10^3\times0.1}\approx0.608(\text{MPa})$

结论：PP 板材 $[\sigma_{JY}]$ 未知，故结论待定。

第5章 电镀生产线的直流导电系统

电镀生产线的直流导电系统，其作用是把直流电从电镀电源通过直流母线（汇流排）导向镀槽的阳极装置和阴极装置上，这是电镀生产线十分重要的组成部分。

行车式电镀线和手工电镀线的直流导电（阴极与阳极）系统比较相似，环形电镀线和行车式电镀线的阳极装置结构基本相同，放在一起叙述。环形电镀线的阴极直流导电系统，其结构与环线运行机构密切联系，已在第 2 章中介绍过。

5.1 整流电源

5.1.1 整流电源的选择

在《电镀行业清洁生产评价指标体系》标准中，已经明确要淘汰硅整流电源。我们从使用者的角度在本节介绍可控硅整流器、高频开关电源和脉冲电源。

变压器现在只在电解酸洗、铝阳极氧化后的电解着色等领域有所使用，交流氧化已经很少采用了。小功率的变压器在市场上就可以买到，电镀多数是用调压器，有传统的旋转调压器，也有电子调压器，只要根据地区的供电电压和使用电压以及所要求的功率选择即可。大功率的要专门定做，可向整流器供应商订购。

5.1.1.1 可控硅整流器

可控硅整流器是目前使用很广泛的电镀电源。其优点是电流和电压的范围可以很大，如电泳用的可控硅整流器，电压可以为 200～300V，大的可控硅整流器电流可达几万安培。可控硅整流器的另一个优点是耐用性较好，对环境要求比较宽松。可控硅整流器的主要缺点是纹波系数较大，且负载越小（指对于整流器容量而言）纹波系数越大。其另一个缺点是能量转换效率低于高频开关电源（大约低 10%）。再者，与开关电源相比，可控硅整流器用铜量较大。

可控硅整流器的电路主要有两种形式：一种是用可控硅在工频变压器原边调压，用硅管在副边整流；另一种是用可控硅在工频变压器副边调压整流。

改善可控硅整流器的纹波系数的努力一直没有间断。最开始使用单相半波硅整流器，即只在半个周期有正弦波形的电流，经整流后纹波系数很差。后来使用单相全波硅整流器，即一个周期有两个正弦波形的电流，使纹波系数改善了一些。后来有了三相全波、六相半波、十二相半波整流器，其纹波系数不断改进。图 5-1 显示了不同相数的硅整流器的电路与纹波系数，图中所示实线为整流后波形，虚线为整流前波形。

可控硅调节电流是用导通角的方式，即正弦波 180°角只有一定角度有电流，因此纹波系数与导通角大小有关。只有使用电流接近额定电流时，即导通角大时，纹波系数才较小。所以在选可控硅整流器时，选用电流接近整流器额定电流的，纹波系数较小，与额定电流的差值越大，波纹越不平滑，甚至变成间断波。为了进一步改善纹波系数，使用了滤波电抗器。六相半波、十二相半波带滤波电抗器的可控硅整流器的纹波系数可以做到小于 5%（在负载接近额定满负荷时）。图 5-2 所示是十二相半波整流器的电路与波形。

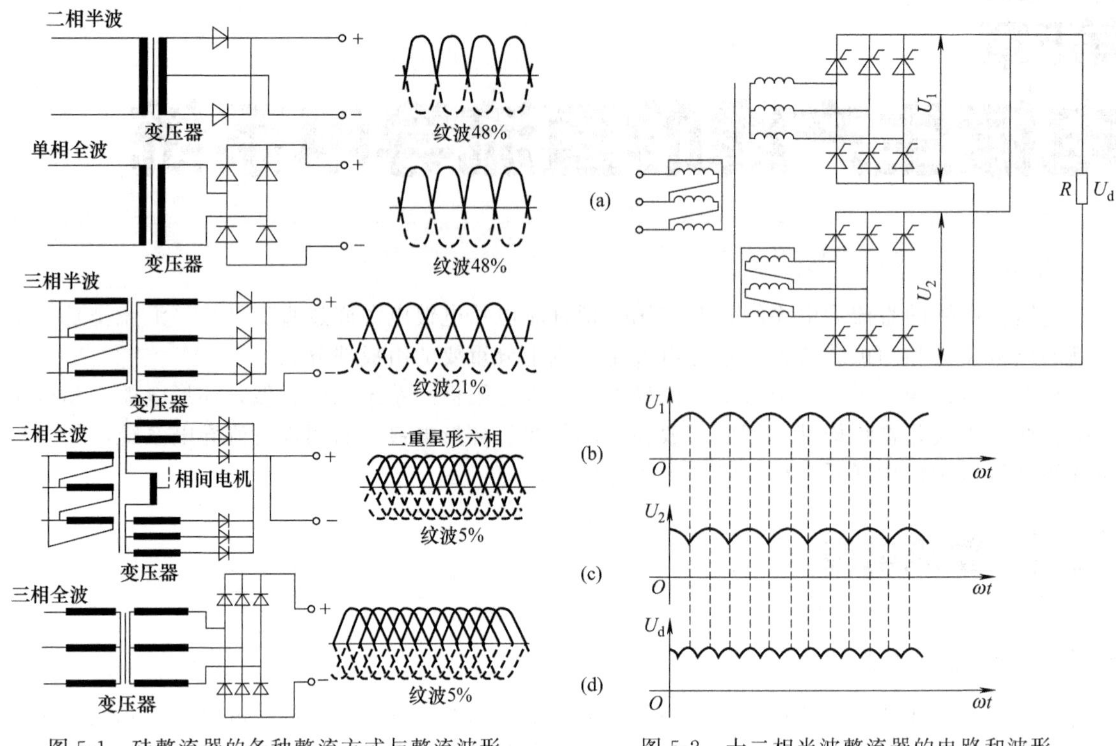

图 5-1 硅整流器的各种整流方式与整流波形

图 5-2 十二相半波整流器的电路和波形

在具体应用中，工艺对整流器纹波系数有较高要求的情况并不多，典型的例子是镀铬和电泳。一般情况下，对纹波系数的要求不高。

可控硅整流器需要冷却。冷却的方式有油浸水冷、功率管水冷、风冷几种。

油浸水冷方式防腐蚀性最好，但维修不方便。风冷方式使用和维修简便，但容易被污染和腐蚀。水冷的冷却水需要循环回用。

可控硅也在不断改进，例如，采用低阻抗硅整流组件、冷轧定向硅钢片五柱式铁芯、卷板式次级线圈来改进变压器，比原有结构节电 10%～15%。现在的可控硅整流器大都有了稳压、稳流功能，精度可达±(1%～2%)，又有缺相、短路、过流、超温等保护功能。

可控硅整流器还有一次换向和多次换向的。有的整流器还具有软启动功能、分段编辑供电的功能。有的整流器已经用单片机控制。有的整流器有计算机接口，早期用 0～5V 或 0～10V 电压或 0～20MA 电信号对电压和电流自动控制，现在通过 485 接口实现了数字控制。也有使用总线控制的。

5.1.1.2 高频开关电源

高频开关电源是近年来发展起来的新电源。由于采用了脉宽调制方式控制场效应管工作，不用可控硅整流器用的工频变压器，因此大大缩小了体积，减轻了重量，首先是在功率不高的电镀中应用。高频开关电源的另一个优点是功率因数由可控硅整流器的 0.7 提高到 0.9～0.95，整机的效率为 80%～90%，比可控硅整流器省电。在纹波系数方面，高频开关电源在整个量程上纹波系数很容易做到 3%以下甚至更低，而且不需要滤波电抗器。

成本高曾经是高频开关电源和可控硅整流器比较时的缺点，随着技术的进步、使用面的扩大以及铜价的上升，高频开关电源的成本已经低于可控硅整流器。

开关电源的主要缺点是稳定性不如可控硅整流器，使用环境要求更高。

1000A/12V 曾经是高频开关电源的一道坎，没有这个功率的单机，要用并机的办法。并机时需要电流均匀分配的均衡电路，由于不少生产商不做均衡电路，简单地将两部机器并联，这样故障率比单机更高。现在，单机高频开关电源的功率提高了，均衡电路也更成熟了，这对于降低成本和提高可靠性都有好处。

但是，高频开关电源对于使用环境的要求比可控硅整流器高，对于高温高湿环境不适用。风冷式高频开关电源容易受电镀车间腐蚀性气体的侵蚀。水冷式或油浸水冷式高频开关电源对使用环境的要求低一些。比较普遍的做法是为高频开关电源创造一个好的工作环境。高频开关电源由于体积小、重量轻，常常放在槽边的支架上，在支架上做一个塑钢封闭间，通冷风甚至安装空调。在采取了改善使用环境的措施后，高频开关电源能长期稳定地工作。

高频开关电源也有缺相、短路、过流、超温保护，也有软启动、计算机接口，接口方式与可控硅整流器大致相同。电流需要自动控制时要专门设置接口。换向的高频开关电源目前使用不多。

高频开关电源的工作原理如图 5-3 所示。从图 5-3 可以看出，输入交流电经低通滤波器、三相桥式整流器整流、逆变器逆变（脉冲调制技术），输出高频交流方波，经高频变压器副边（变压）供给快恢复二极管整流器（整流），输出直流电。

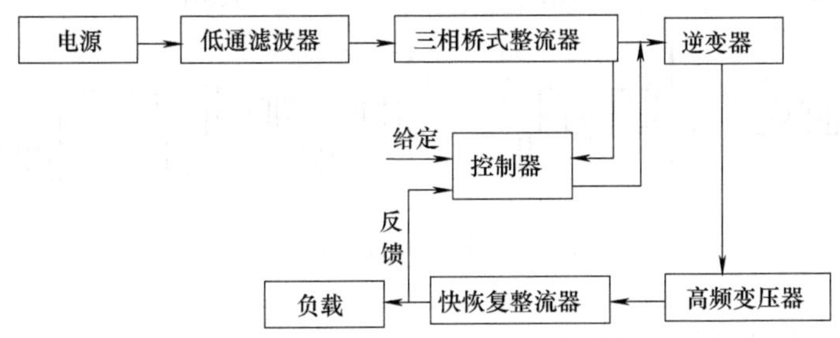

图 5-3 高频开关电源的工作原理

从交流电网输入、直流输出的全过程如下。

① 输入滤波器：其作用是将电网存在的杂波过滤掉，同时也防止本机产生的杂波反馈到公共电网。

② 整流与滤波：将电网交流电源直接整流为较平滑的直流电，以供下一级变换。

③ 逆变：将整流后的直流电变为高频交流电，这是高频开关电源的核心部分，频率越高，体积、重量与输出功率之比越小。

④ 输出整流与滤波：根据负载需要，提供稳定可靠的直流电源。

实用的高频开关电源要复杂一点，还有控制电路和检测电路。控制电路从输出端取样，经与设定标准进行比较，然后去控制逆变器，改变其频率或脉宽，达到输出稳定，同时根据测试电路提供的资料，经保护电路鉴别，提供控制电路对整机进行各种保护措施。而检测电路除了提供保护电路中正在运行的各种参数外，还提供各种显示仪表资料。实用的高频开关电源如图 5-4 所示。经过二三十年的发展，高频开关电源在电镀中的应用有了很大拓展。

5.1.1.3 脉冲电源

电源能对负载断续加电，即按照一定的时间规律，向负载加电一定的时间，然后又断电一定的时间，通断一次形成一个周期，如此反复执行，便构成脉冲电源，波形一般为方波。这样的电源就是脉冲电源。

脉冲方波是最基本的一种脉冲波形，由脉冲方波演变而来的其他常用形式有单向脉冲、周期换向脉冲（双脉冲）、多脉冲等。单向脉冲是指电流方向不随时间改变的脉冲波形；而周期换向脉冲（双脉冲）是一种带有反向阳极脉冲的双向脉冲形式。

用图形来解释脉冲的种类更容易理解。脉冲电源从电流波形看，有单脉冲电源、双脉冲电源和多脉冲电源，如图 5-5 所示。

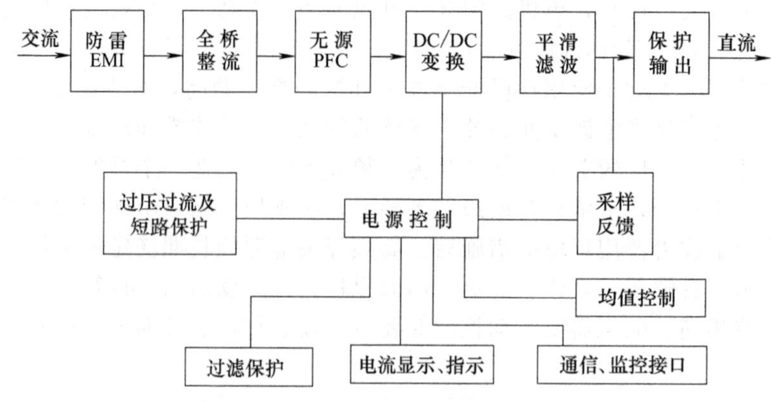

图 5-4 实用高频开关电源工作原理

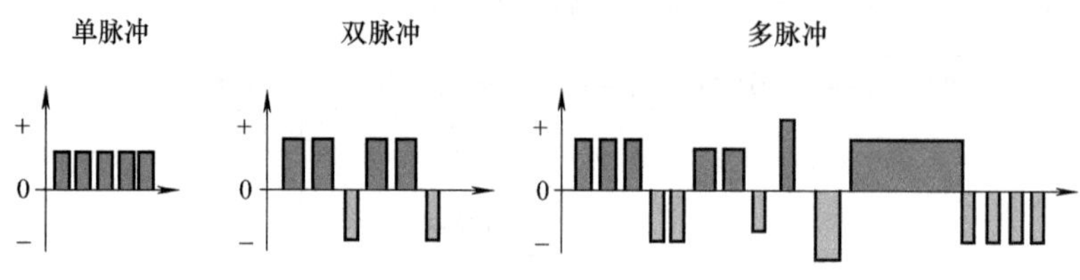

图 5-5 脉冲电源的分类

双向脉冲电源用于电镀的优点如下。

① 反向脉冲电流明显改善了镀层的厚度分布而使镀层厚度均匀，并因溶解了阴极上的毛刺而平整。

② 反向脉冲电流的阳极溶解使阴极表面金属离子浓度迅速上升，这有利于随后的阴极周期使用高的脉冲电流密度，而高的脉冲电流密度又使得晶核的形成速度大于晶体的生长速度，因而可以得到更加致密、光亮且空隙率低的镀层。

③ 反向脉冲电流的阳极剥离作用使镀层中有机杂质（含光亮剂）的夹附大大减少，因而镀层纯度高，抗变色能力强，这一点在氰化镀银中尤为突出。

④ 反向脉冲电流使镀层中夹杂的氢发生氧化，从而可消除氢脆或减小内应力。

⑤ 周期性的反向脉冲电流使镀件表面一直处于活性状态，因而可得到结合力好的镀层。

⑥ 生产效率高：反向脉冲有利于减薄扩散层的实际厚度，提高阴极电流效率，因而合适的脉冲参数会使镀层沉积速度进一步加快。

⑦ 在不允许或允许有少量添加剂的电镀体系中，双脉冲电镀可得到细致、平整、光洁度好的镀层。

⑧ 实践证明，脉冲电镀在细化结晶、改善镀层物理化学性能、节约贵金属等方面比传统的直流电镀有着不可比拟的优越性。

⑨ 大的正向脉冲电流密度使复合膜产生针孔、镍瘤等，而反向脉冲可以消除针孔、镍瘤，改善复合膜表面形貌。

⑩ 确保镀件几何精度：对于有孔镀件，孔内壁镀层均匀，不会出现“狗骨头”形状（孔边缘镀层厚，孔中间镀层薄）；对于大面积区域，也将有更好的平整度，从而更好地保证镀件的几何形状和精度。

由此可以看出，脉冲电源的作用主要是提高镀层均匀度，减少夹杂和孔隙率，因而大多用于贵金属电镀。对贵金属电镀而言，提高镀层均匀度就是节约金属。而“狗骨头”主要是指脉冲电源在印制板电镀中的应用，可以改善孔内镀层厚度和孔外镀层厚度的差别，以及改善盲孔的电镀结果。这从图 5-6 中可以看得很清楚。

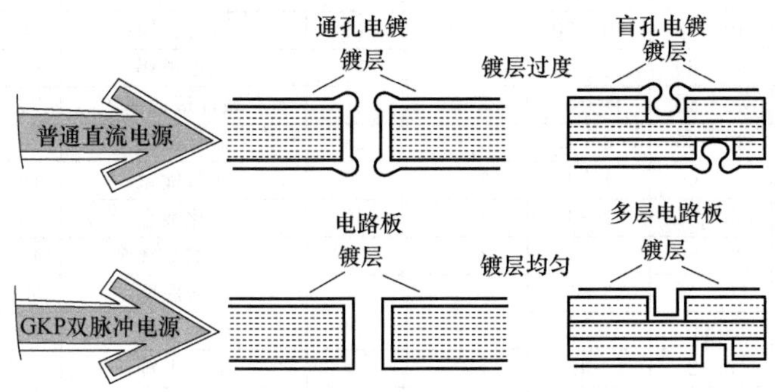

图 5-6 印制板孔内电镀结果示意图

脉冲电源用于电镀金、银、镍、锡、合金时，可明显改善镀层的功能性；用于防护-装饰性电镀，可使镀层色泽均匀一致，亮度好，耐蚀性强。

5.1.2 整流器工艺参数的选择

电镀线的设计与制造工程，必须把能生产出优质产品和生产过程的减排、节能、提高资源利用效率等目标放在首位来关注，整流器的合理选择也是这方面的项目之一。选择整流器工艺参数时必须关注的要素为：整流器的输出电压和它的调节范围，不应随意增加输出电压的上限，不关注直流电传输中的压降损耗；选择输出电流和它的调节范围值时，宜在额定电流的95%状态下运行，这不仅保护了整流器的长期运行，也节省了能源的消耗；为了保证高质量功能型镀覆层的生成质量，整流器纹波系数是非常重要的选项；对于开始电镀时有使用冲击电流需要的镀种，必须具有足够的在短时间内拉升电流的能力；为了节约能源，整流器的电能转换效率必须满足高要求；对整流器的稳压稳流功能、自动控制和远距离调节功能等性能，应有足够的重视；其他如整流器的冷却方式、性价比、节省投资问题等。

5.1.2.1 整流器输出电压

镀槽选择整流器的合适电压是保证电镀过程正常进行工艺操作的一个重要条件。整流器输出的直流电压，可由下式表达：

$$U_0=U_1+U_1'+U_2+U_3 \tag{5-1}$$

$$U_0'=(1.1\sim1.2)U_0 \tag{5-2}$$

式中 U_0——整流器输出直流电压，V；

U_0'——电镀需要整流器提供的直流电压，V；

U_1——电镀时槽电压，V；

U_1'——电镀初始施加冲击电流增加的槽电压，V；

U_2——从整流器输送直流电至镀槽汇流排因电阻损耗的电压，V；

U_3——阴、阳极导电装置因电阻损耗的电压，V。

选择整流器的输出电压，通常是不需要进行计算的，选择的关键在于必须充分考虑上述表示的几个重要因素。部分镀种所需的槽电压与电流密度见表 5-1，供参考。

在工艺文件规定的溶液成分、工作温度和电流密度下，溶液的槽电压是固定的，但在实际生产作业中，工艺条件不可能完全没有波动，因此槽电压也会有一定波动的范围。槽电压随电流密度调节变动而变化比较明显。

表 5-1 部分镀种所需直流电压与电流密度

序号	处理镀种名称	溶液温度/℃	电流密度/(A/dm²)	槽电压/V	序号	处理镀种名称	溶液温度/℃	电流密度/(A/dm²)	槽电压/V
1	装饰性镀铬	40～55	10～20	7～9	15	酸性镀锡	15～20	1～2	4～5
2	镀硬铬	55～60	30～45	7～9	16	碱性镀锡	60～80	0.5～2	4～6
3	镀黑铬	40～50	45～60	7～9	17	碱性滚镀锡	70～85	1～2	7～8
4	镀暗铬	30～35	0.8～1.5	3～4	18	氰化镀银	20～30	0.2～0.4	2～3
5	镀半亮镍	50～60	1～4	3～4	19	无氰镀银	15～35	0.1～0.3	2～3
6	镀光亮镍	45～55	2～4	3～4	20	氰化镀金	50～60	1～3	2～3
7	镀黑镍	30～50	0.1～0.3	2～3	21	亚硫酸盐镀金	45～65	0.1～0.8	2～3
8	滚镀镍	50～55	0.3～0.5	7～8	22	电解脱脂	50～60	5～10	7～8
9	硫酸盐镀锌	室温	1～3	4～5	23	电解退铬	10～35	5～6	6～8
10	氯化铵镀锌	18～25	1～1.5	4～5	24	电解退镍	室温	5～10	5～6
11	氯化钾镀锌	10～30	1～3	4～5	25	铝硫酸阳极氧化	15～25	0.8～1.5	12～22
12	氯化钾滚镀锌	10～30	1～2	6～8	26	铝铬酸阳极氧化	33～37	1.5～2.5	40～50
13	焦磷酸盐镀铜	30～50	0.5～1.0	3～4	27	铝硫酸硬质阳极氧化	−6～−8	2.5	24～42
14	硫酸盐镀铜	10～30	2～4	3～4	28	铝混酸硬质阳极氧化	10～30	3～4	50～130

镀槽极杆间距和阳极面积一定时，电镀工件的电流密度与所加电压一般成比例关系，电压不足则电流密度低。因此，镀槽所需的直流电压上限，必须满足最高电流密度要求的镀槽最大工作电流。电压的调节范围：上限值应等于镀槽所需电压上限值加上母线的电压降；下限值应等于镀槽所需电压下限值加上母线的电压降。实际生产中，常选用电压调节范围大一些的整流器，以适应不同工艺配置变动的需要。但当实际工作时的电压与整流器额定电压相差太大时，将会严重降低整流器的效率，造成电能的浪费。特别是电镀整流器的容量一般都较大，因此电能浪费是不可忽视的。另外，对可控硅整流器而言，当实际工作电压与额定输出电压相差太大时，不但效率降低，还会引起输出直流电流波动变大，某些情况下有可能影响电镀质量。因此，在工艺较稳定的情况下，整流器所选电压略高一些是必要的，但不应相差太大。

根据电镀用整流器设备标准规定，整流器的调压范围：可在额定电压的 30％开始连续调节，并保证在额定电压的 66％及以上，应能在 100％额定直流电流下连续运行，在额定电压的 66％以下运行时，至少要能承载不小于 50％的额定输出电流。例如，镀镍溶液电阻小，用很低的电压就能达到工艺要求的电流，因此在选择镀镍整流器时，实际所需槽电压要求为 3～4V，考虑直流母线压降等因素，选择 6V 的整流器是合适的，生产中当电压调到 4V 时负载率为 66％，电流波形还可以在平滑范围之内；如果选用 12V 的整流器，就得不到平滑波形，也就得不到致密光滑的镍镀层。

5.1.2.2 整流器额定电流

整流器的额定电流应等于或略微大于镀槽最大工作电流，可由下式计算：

$$I_c \geqslant D_k S_{max} \tag{5-3}$$

式中 I_c——整流器额定电流，A；

D_k——槽电流密度，A/dm^2；

S_{max}——镀槽装挂工件总面积，dm^2。

考虑到挂具未绝缘之处也会消耗电流，工件较复杂时，其棱角之处也要集中较大的电流，所以为了保证工件能达到电镀工艺要求的电流密度，计算整流器额定电流时应将工件总面积增大 5％。现在质量优良的整流器最大电流可以达到标牌上额定值的 120％，并可长期运行。因此，选取整流器时，不需要再增加电流的附加值，这不仅节能还可节约投资。

对需要冲击电流的镀槽，应根据该槽冲击电流倍数确定整流器的额定电流值。

按照上述整流器电压与电流选择的基本原则，对照第 1～3 章中介绍的“电镀线工艺流程与配置要素”，其中选择的整流器的总功率明显偏高，尤其是额定电压这项参数。这些工艺技术资料是工程实践后总结编制而成的，是可以借鉴应用的，但在借用这些技术资料而编制新的工艺文件时，应按照工程中各镀种实际所需的电流与电压调整这些参数，以保证电镀工艺的可靠执行，也为节能和合理的工程投资计划创造条件。

5.1.3 整流器的布置和管理

整流器的布置原则：整流器距镀槽越近越好，以节省有色金属并减少电能损耗。但实际生产中由于受车间整体布置、防腐以及维护管理等因素的影响，往往在镀槽和整流器两者之间存在一定的距离，因此，在进行电镀车间平面布置时，应综合各因素统筹考虑，选择最佳方案。

5.1.3.1 集中布置

整流器集中布置常采用如下几种方法。

① 将电源室设置在电镀车间侧面相连的另一车间的平台或楼层上。这种布置较充分地利用了空间，减少了电源室的占地面积，直流母线距离也较短。但从车间进出电源室不甚方便。

② 将电源室独立设置在电镀车间的一个（或两个）侧面。这种方法的优点是整流器距镀槽较近，减少直流母线的投资和电能损耗。缺点是电镀车间内的采光和自然通风均受影响。

③ 将电源室置于电镀车间的一端（或两端），当电镀车间端部设有办公室、生活间和其他辅助间的多层楼房建筑时，可将电源室独立地设置在楼上。

集中布置的优点是设备不易腐蚀，维修和管理方便，节省作业面积，有利车间通风与采光；缺点是直流线路长，线路中电能损耗大。

5.1.3.2 分散布置

直流电源分散布置时，电镀车间内没有专用电源室，而是将整流器布置在镀槽附近便于操作之处，一般放置在镀槽旁一侧的走道旁边。如果是小型开关电源可放置在镀槽内侧的钩架上方。还有一种多层构架式的大型电镀线，电源可分散安置于靠近镀槽的构架上（参阅第 12 章图 12-6）。分散布置的特点是操作方便，节省母线，线路电能损耗少，但整流器外壳易腐蚀。

5.1.3.3 使用与维护

① 电源安装前应对其所有电气元件进行检视。

② 输出短路的测量，其电阻值应大于 0.5MΩ。

③ 冷却系统的检查：水冷型的供水水压不小于 1.8MPa，最高水温为＋35℃，最低水温为＋6℃，避免整流器内部结霜；风冷型应检查冷却风扇转向是否正确。

④ 电源不允许在输入电压大于额定值的情况下运行。

⑤ 电源使用完毕关机前，应将输出电流调整至最小，以减少开关机过程对各元器件的冲击。

⑥ 电镀操作过程应防止阴、阳极短路。不允许为减少更换熔断器麻烦而随意加大熔断器规格。

⑦ 整流器应有专人负责看管，以便及时发现故障进行修理。一般来说，正常情况下各整流元件温度差异不会超过 8℃，如果元件温度差异已超过该范围，说明该元件性能劣化，应卸下检查或更换。

⑧ 整流器发生过载或短路故障时，应先检查故障发生原因，并检视每个熔断器是否熔断，然后再检查整流元件是否损坏。熔断器和整流元件（元件的特性参数应与原来相同或相近）更换后，确认故障消除后方可开机。

⑨ 水冷式整流器的流量应符合设备要求值，水量过小则冷却效果差，为了防止产生水垢，提高冷却效果，如有条件应用纯水，特别是在硬水地区更应如此。油浸整流器应经常检查变压器油液面是否正常，油面应在油标上下线之间。

⑩ 设备应经常检查维护，一般来说整流器一年应大修一次。

5.2 直流母线

5.2.1 引入

整流电源至镀槽导电座之间的配电连线——直流母线，或称直流汇流排，简称汇流排。

汇流排的设计与施工必须满足“节能、适用”的原则，只有在满足“节能、适用”原则的前提下，才能考虑节省设备投资的问题，否则汇流排的设计施工方案是不可取的。“节能、适用”原则的内涵是既要满足生产的需求，也要满足节能的需要。节能是国家的重要经济政策，也是减少碳排放保护气候环境的需要，同时也有利于降低企业电镀生产的成本。早些年国家三部委发布了《电镀行业清洁生产标准》，近年又发布了《电镀行业清洁生产评价指标体系》标准，对直流母线的压降有了明确的指标规定，即“直流母线的压降不允许超过10%”。该指标的意义在于直流电输送距离越长，母线截面允许通过的电流密度应该越小。虽然指标允许有不超过10%的电能损耗存在，但不应该看作是理所当然的损耗，应该把它看作是损耗的最大底限，损耗应该是越少越好。作为电镀工程的设计人员，认为直流母线电能的损耗不超过10%的指标仍然非常高，我们应该在选择汇流排的电流密度时争取5%或更低的损耗率。

由于电镀所需的直流电具有低电压、大电流的特征，因此汇流排材料的电阻率和汇流排及其连接处的接触可能不良所造成的电阻是产生传输降压损耗的根源，可用下式来说明：

$$U_{降压}=IR \tag{5-4}$$

$$P_{损耗}=IU_{降压} \tag{5-5}$$

式中 $U_{降压}$——整流器输出电压的降压损耗，V；

$P_{损耗}$——直流电的功率损耗，W；

I——汇流排通过的直流电流量，A；

R——汇流排的总电阻与汇流排连接点处的电阻之和，Ω。

汇流排的总电阻与汇流排各连接点处的电阻的总和越大，直流电传输时的降压损耗也越大，降压损耗越大，则电能的功率损耗就越大。

为了保证实现电能的低损耗，技术上必须从以下三方面采取有效措施，一是选择电阻率低的导电材料制作汇流排；二是选择合适的电流密度值，通过计算确定汇流排的截面尺寸；三是汇流排的正确架设和节点的正确连接。

5.2.2 导电性能与材料

导体的导电性能用电阻率来衡量，电阻率可由下式计算：

$$\rho=\frac{RS}{L} \tag{5-6}$$

式中 ρ——电阻率，Ω·m 或 Ω·mm^2/m；

S——截面积，m^2 或 mm^2；

R——电阻值，Ω；

L——导线的长度，m。

部分材料的电阻率与平均电阻温度系数列于表5-2。

导电用铜材的规格与力学性能列于表5-3。

表 5-2　部分材料的电阻率与平均电阻温度系数

材料	20℃时的电阻率 ρ		平均电阻温度系数 α /℃$^{-1}$
	Ω·m	Ω·mm²/m	
银	1.47×10^{-8}	0.0147	0.00361
紫铜	1.750×10^{-8}	0.01750	0.00393
金	2.35×10^{-8}	0.0235	0.00365
铝	2.655×10^{-8}	0.02655	0.00423

注：1. 电阻率单位：Ω·m 为国际单位；Ω·mm²/m 为计算单位，是指长度 1m 的横截面为 1mm² 的导体在温度 20℃时的电阻值。

2. 平均电阻温度系数，是指每增高 1℃ 时电阻值增大的百分比。

表 5-3　导电用铜材的规格与力学性能

种　类	牌　号	规格/mm	抗拉强度/MPa	弹性模量/MPa
铜条(排) GB/T 2529—2012	T2Y 硬	$\delta=3\sim30$ $W=10\sim400$ $L\leqslant12000$	≥295	轧制：1.08×10^5 拉拔：1.27×10^5
圆管 GB/T 19850—2013	T2Y 硬态拉拔	$\phi5\sim178$ $\delta=0.5\sim10$ $L=900\sim8500$	270～320	
矩形管 GB/T 19850—2013		对边距$=10\sim150$ $\delta=0.5\sim10$ $L=900\sim8500$		
圆棒 YS/T 615—2018	T2Y (拉拔)	轧制：$\phi12\sim90$ 拉拔：$\phi6\sim75$ $L=1000\sim12000$	245～275	
铜带 GB/T 11091—2014	T2M (软)	$\delta=0.10\sim0.70$ $W=20\sim305$	245～275	$\rho=0.017593\Omega\cdot mm^2/m$

注：铜条（排）的弯曲角度为 90°，弯心半径不小于 1.0 倍铜条厚度。

区别导体的导电能力，是以导体电阻率大小为标准的。根据式（5-6）得：$R=\dfrac{\rho L}{S}$可以看出，当长度 L 和截面积 S 一定时，电阻率大的电阻大，电阻率小的电阻小。比如：铜排和铝排长度和截面积都为 $L=15\text{m}$ 与 $S=500\text{mm}^2$时，其电阻率 ρ 按表 5-2 查得，代入式 $R=\dfrac{\rho L}{S}$，分别得：

$$R_{Cu}=\frac{0.01750\times15}{500}=0.000525\ (\Omega);\qquad R_{Al}=\frac{0.02655\times15}{500}=0.0007965\ (\Omega)$$

由于镀槽所需直流电流值一般很大，而电压却很低，因此直流母线（矩形汇流排或软线）电阻虽然不大，但所产生的电压降却很可观。例如，某镀槽所需电流为 1500A，使用电压为 6V 的电源，自电源至镀槽极杆线路中的电阻 R_{Cu}和 R_{Al}为例，根据 $U=IR$ 得：

$$U_{Cu}=1500\times0.000525=0.7875\ (V)$$

$$U_{Al}=1500\times0.0007965=1.195\ (V)$$

式中　U_{Cu}——铜汇流排的电压降；

U_{Al}——铝汇流排的电压降。

从上可看出，由电源到镀槽用铜汇流排，要降去总电压的 13.1%，只有 86.9%的电能用在电镀上；而用铝汇流排，要降去总电压的 19.92%，只有 80.08%的电能用在电镀上，可见电能的浪费很大。为了在电镀时充分利用电能，导体材料的选择和截面尺寸的计算是重要的一环，当然它的前提条件是合理选择汇流排允许的电压降与电流密度。

汇流排的材料现在大多选用纯度较高的冷轧紫铜排，国产普通紫铜有 T1、T2 和 T3 三种，一般选用 T3 紫铜排（T2 紫铜排的电阻率为 0.018Ω·mm²/m），因为其导电性能良好。选用铜排的电阻率、规格尺寸和力学性能，参阅表 5-2 和表 5-3。如采用镀锡铜排（现在市场上有货供应），虽然提高了工程投资，但这是十分理想的选择。铝质汇流排除电阻率较大外，还有化学性质不稳定容易氧化的缺点，现已逐渐被淘汰。在铝氧化工程中，有人会采用铝汇流排，实际使用中，单位截面积通过的电流值不应超过 1A/mm²。

5.2.3 汇流排截面计算

对于传输一定电流容量的汇流排，其截面尺寸取决于敷设线路的长度、线路电压损失，以及表面温度的控制范围，设计参数确定之后必须核算它的电流密度（j）是否在理想范围（≤1.5A/mm²）内。汇流排的电流强度和敷设线路的长度是工程项目所决定的。直流母线允许电压降应在镀槽额定电压（参照表 5-1 介绍的槽电压加 2～3V 左右，这就是选择整流器额定电压的参数）的 5%以下（推荐值可取 0.3～0.4V），线路压降过大，是不合理的，易引起电压较大波动，影响电镀质量的控制。汇流排的表面温度宜控制在 40℃左右（以不烫手为准），从电流的热效应知道，当电流通过导体时，导体会发热，发热会使导体的电阻增大，因此计算汇流排截面尺寸时，导体的电阻率应取 35℃状态下的参数值，这样可使环境温度在 30℃时，运行的汇流排表面温度能稳定在 40℃左右。以上各项措施，不仅能促进有效利用电能，还使槽电压和槽电流稳定运行，最终保证工件的电镀质量达标。

由欧姆定律和导体的电阻特性：$U/I=R=\rho L/S$，即得到汇流排截面积的计算公式如下：

$$S=\rho LI/U \tag{5-7}$$

式中 S——汇流排截面积，mm²；

ρ——汇流排导体电阻率，Ω·mm²/m；

L——汇流排单线长度，m；

I——电流强度，A；

U——汇流排允许电压降，V。

假定用一台 8000A/6V 整流器，向 $L=12$m 处的镀槽供给不低于 5.7V 的电流，即允许的电压降 $U=0.3$V，查表 5-2 得铜在 20℃时的电阻率 $\rho_{20}=0.01750\Omega\cdot mm^2/m$，其平均电阻温度系数为 0.00393℃$^{-1}$，换算在温度为 t 时的电阻率公式为 $\rho_t=\rho_{20}[1+\alpha(t-20)]$，即铜排在 35℃时的电阻率为：

$$\rho_{35}=0.01750\times[1+0.00393\times(35-20)]\approx0.1853\ (\Omega\cdot mm^2/m)$$

汇流排截面积按式（5-7）计算：

$$S=0.01853\times12\times8000/0.3=5930\ (mm^2)$$

即汇流排的电流密度为 $j=\dfrac{I}{S}=\dfrac{8000}{5930}\approx1.35\ (A/mm^2)$

汇流排截面积也可按电流密度 1.5A/mm² 确定它的尺寸大小，再根据通过的电流、线路长短、母线材料的电阻率等参数，利用式（5-5）核算线路的电压损耗，以限定其损耗在槽电压的 5%以下，否则还需调整截面积尺寸。汇流排的电流密度每降低 10%，经实测它的温升可降低 2%左右，这对节能十分有利。

5.2.4 汇流排厚度选择

汇流排应尽量选用厚度较小、宽度较大尺寸的铜排，这种薄片尺寸的铜排，在相同截面的情况下，其散热面积大，有利于铜排降低温升，也就降低了能耗。推荐的铜汇流排允许负载电流列表于表 5-4。美国《电镀工程手册》推荐的铜汇流排允许负载电流摘录于表 5-5。

表 5-4　铜汇流排允许负载电流

序号	铜排尺寸（宽×厚）/mm	并联条数	截面积/mm^2	负载电流/A	电流密度/(A/mm^2)	序号	铜排尺寸（宽×厚）/mm	并联条数	截面积/mm^2	负载电流/A	电流密度/(A/mm^2)
1	25×3	1	75	120	1.60	12	100×5	1	500	750	1.50
2	30×4	1	120	200	1.60	13	100×5	2	1000	1500	1.50
3	40×4	1	160	250	1.56	14	100×5	3	1500	2000	1.33
4	40×5	1	200	300	1.50	15	100×5	4	2000	2500	1.25
5	50×5	1	250	400	1.60	16	150×5	5	3750	5500	1.46
6	50×5	2	500	750	1.50	17	150×5	8	6000	8000	1.33
7	60×5	1	300	450	1.50	18	150×5	10	7500	10000	1.33
8	60×5	2	600	900	1.50	19	200×5	6	6000	8000	1.33
9	80×5	1	400	600	1.50	20	200×5	8	8000	10000	1.33
10	80×5	2	800	1200	1.50	21	200×5	10	10000	12000	1.20
11	80×5	3	1200	1800	1.50	22	200×5	12	120000	15000	1.25

表 5-5　美国铜汇流排允许负载电流（摘录）

铜排尺寸（宽×厚）/in	并联条数	截面积/in^2	负载电流/A	电流密度/(A/mm^2)	铜排尺寸（宽×厚）/in	并联条数	截面积/in^2	负载电流/A	电流密度/(A/mm^2)
$6\times\frac{1}{4}$	10	15	12000	1.24	$6\times\frac{1}{4}$	7	10.5	8000	1.18
$6\times\frac{1}{4}$	8	12	10000	1.29	$4\times\frac{1}{4}$	4	4	3000	1.16

注：1in=0.0254m。

例如，传输 8000A/6V 整流器输出的直流电流，经计算汇流排截面积需要 5930mm²，故选择 W100×δ5mm 铜排各 12 支，作为阴极汇流排和阳极汇流排，并与 8000A/6V 整流器的阴极和阳极电流输出端子（W100×δ5mm 镀锡铜排）各 6 支镶嵌连接（图 5-7），并用压板与螺栓穿越式紧固，也可如图 5-8 所示采用具有足够刚度的压板紧固。这是汇流排与整流器阴阳极电流输出端子连接最常用的方法。采用这样的紧固结构，可以实现汇流排传输直流电流时电压降损耗不超过 0.3～0.4V（小于镀槽整流器额定电压 mA/DM 的 5%），当汇流排满载传输时，截面电流密度不会大于 1.5A/dm²。为了增加汇流排的散热面积，减少传输直流电时产生的温升，铜排的厚度宜采用 5mm。即使传输更大容量的整流器输出的直流电流，仍然可以选择 5mm 厚的铜排制作汇流排。但是电镀用整流器标准（JB/T 1504—93）中这两项参数没有规定，我们可以在采购时，向供应商提出这些要求，也希望 JB/T 1504—93 在对标准修订时，对此参数给予明确规定。

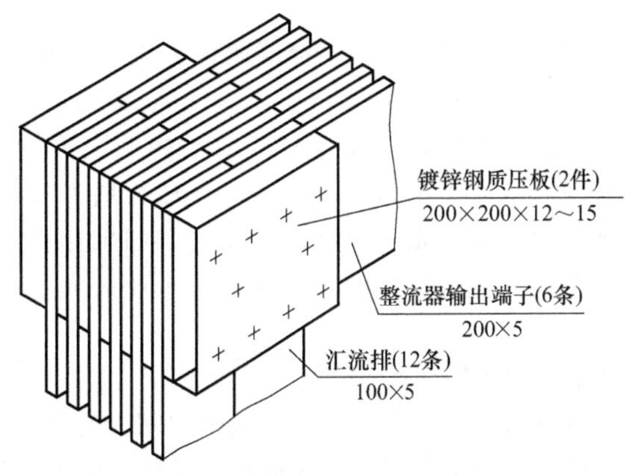

图 5-7　螺栓穿越式紧固连接

整流器供应商往往出于利益原因，对整流器阴阳极电流输出端子用的铜排截面电流密度值采用≥2A/dm²，并且使用厚度偏厚的铜排，可能会引起设计的汇流排与整流器的电流输出端子间导电界面的连接困难，造成连接处的接触电阻增加，当整流器满负荷输出或接近满负荷输出时，该链接点处的电压降损耗增大。为此，企业在采购整流器时，应该事先向整流器供应商提出电流输出段子铜排尺寸与汇流排匹配的技术要求。

美国《电镀工程手册》中曾举例：20000A/6V 整流电源向 L=50ft（1ft=0.3048m）距离外的电镀槽供给不低于 5.7V 的直流电流，要求在输送距离内的电压降 $U\leqslant 0.3$V，经计算汇流排的截面积为 $9.03\times10^{-6}\times LI/U=30.1\text{in}^2$（19419.3mm²）［25℃时铜排的电阻率 $\rho=9.03\times$

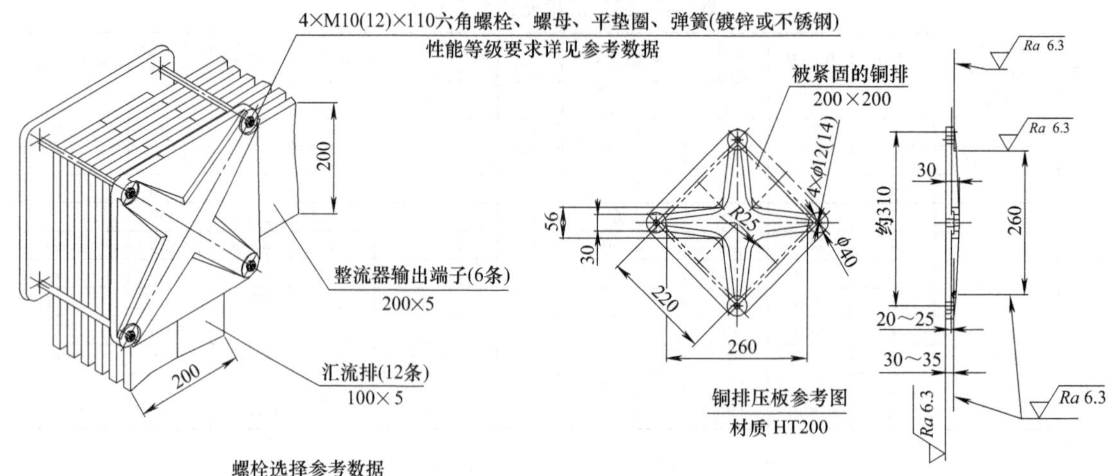

螺栓选择参考数据

螺栓规格	螺栓轴向压紧力F/kN	螺栓紧固力矩T/N·m
M8	10	18
M10	15	30
M12	25	53

计算公式：$F=T/(1.25\mu d)$

式中 F——螺栓压紧力，N；

T——螺栓紧固力矩，N·m；

μ——螺栓螺纹摩擦系数，可取0.15～0.40；

d——螺栓规格。

图 5-8 压板紧固式连接

$10^{-6}\times\Omega\times in^2/ft$]。该整流器阴极和阳极的输出端子各选用宽 12in 与厚 1/4in 镀锡铜排 10 条组成，其截面积总和为 $30in^2$，与汇流排的截面积总和完全匹配。由此可见，美国电镀界也普遍赞同使用不超过 $1.5A/dm^2$ 的铜排截面设计电流密度，十分注意节约直流电能。汇流排采用低截面电流密度值进行设计，虽然会增加若干建设费用，但所增加的费用占生产线总投资的份额有限，而且是一次性的。反之，如果让直流电能在传输时长期因此而产生高损耗，则不仅不利节能，而且拉高电镀成本，对企业极为不利。

5.2.5 汇流排的连接与架设

从整流器的输出端子到电镀槽之间会有几米距离，甚至还会有数十米之多，因此其汇流排的架设线路中一定会有许多连接点，设计者应该根据汇流排传输直流电的规模与所选择汇流排的尺寸规格，合理地选择它的连接形式。汇流排之间的连接节点的处置不正确，必然导致连接点的接触电阻增大，引起连接点处产生明显的电压降与发热，浪费电能。为了减少铜排接头的电压降，汇流排相互连接处应尽可能多采用可靠的对接焊接（不宜采用搭接焊接）。铜排的对接式焊接连接首先要规范地开好焊接坡口，确保铜排全断面焊透，且没有未熔合、气孔、裂纹等焊缝毛病。另外，设计者在设计汇流排的架设线路时，还应考虑避免汇流排因热胀冷缩产生变形的问题。

汇流排与汇流排连接采用螺栓连接的接头，其搭接连接面需要达到铜排宽度的 2 倍左右，搭接面必须仔细清洁，去除油污与氧化物后搪锡（非镀锡铜排），再对搪锡面用刮刀锪平，并用红粉检验接触面积大小，只有红粉接触面积不小于搭接连接面的 80%～85%，才能认为搭接连接面达到“紧密”贴合的要求。为使铜排搭接面之间连接紧密贴合，必须配足连接螺栓的数量，务必使铜排连接处的连接面全部贴合，当螺栓连接不采用压板时，螺栓应配大号或特大号平垫圈，使螺母拧紧螺栓的力矩作用于铜排叠合处的接触应力是均匀分布的（均匀压紧比增加压紧应力更为重要）。螺栓的拧紧力矩不能过大，过大的螺栓拧紧力矩有可能使铜排的贴合面局部翘起，导致接触电阻增大。良好的铜排连接，在连接节点处的铜排温度应不超过汇流排温度的 5%，可依此参数验收汇流排的架设与连接质量。

图5-8所示压板紧固连接形式，可作为汇流排之间连接的参考应用。压板紧固铜排连接形式，原则上比螺栓紧固式更加可靠，因为其搭接连接铜排处的接触应力均匀分布，施工也比较方便，但其关键之处必须保证压板本身要有足够的刚度，当拧紧四只连接螺栓时，压板本身不能发生变形，铜排贴合面才能得到均匀的接触应力。

汇流排应该采取竖放，其架设和走向应根据工艺设备布置，并结合土建、公用管路等设施统一安排。铜排表面应涂刷防腐蚀涂料，母线正极涂红（或赭）色，负级涂蓝色。汇流排有如下几种敷设方法：①沿镀槽敷设，特点是母线路程短、行线方便、造价低，但易因槽液溅到母线上造成腐蚀；②在地沟内敷设，地沟要求不积水，设有集水坑；③沿墙、柱敷设，敷设高度应以检修方便、不妨碍人行和车辆运输为原则；④敷设在电镀线的钢构架上，如环形电镀线汇流排，可敷设在机架顶部的专设构架上，再引入电源室。不论用何种方法敷设汇流排，都需要配置在各种构架上的绝缘梳形板，如图5-9所示。绝缘梳形板材料可采用厚8～10mm的硬聚氯乙烯板或酚醛层压板制作，梳形板开槽尺寸为铜排的厚度，槽间距一般是厚度的2倍，以利于铜排的散热冷却，槽深可取铜排宽度的2/3左右。汇流排在直线段的架设，每3～5m设有一个带梳形板的支持架，其间还可加设一个梳形夹板。

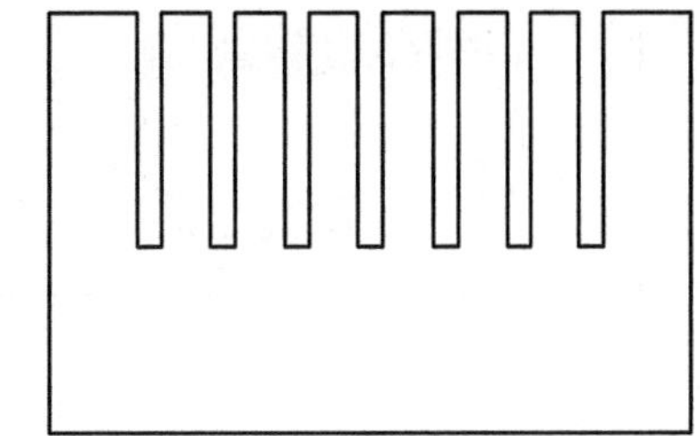

图5-9 绝缘梳形板

关于汇流排与阴极和阳极导电杆的连接是采取一端连接还是两端连接方式，一种意见是为了保证受镀工件导电的均匀性，需要汇流排与导电杆两端连接，甚至要求引入导电杆两端的母线长度相等。其实母线等长是没有意义的，母线电阻略有不同的影响，比不上挂具阴极与阳极杆的接触电阻的影响，对同一端面阳极杆不同位置钛篮电流分布的实际测定，并不是离整流器近的钛篮电流更大。因此，极杆是否需要两端进电，对一般的极杆长度是不需要的，但是当导通电流比较大，阳极截面又难以增大时，极杆的两端进电是比较有利的。对于环形电镀线很长的阳极杆和阴极导轨，与母线铜排的连接一般是采取多点进电的方式。

5.2.6 其他直流母线

小电流整流器的直流母线所用电缆线，有用电焊把线的，当然更好的是用双层塑料防护的多股线。对于较粗的电缆，每平方毫米允许通过的电流可取2A，因为多芯电缆的导线总表面积远大于电缆直径的表面积，所以导电性能良好。

多芯电缆规格有10mm、16mm、25mm、35mm、50mm、70mm、95mm、120mm、150mm等。

除了电缆还可以用铜编织带。铜编织带除应用于带电移动部件（如移动极杆、带电进出槽装置等）外，也可用作电源直流母线。铜编织带如图5-10所示。铜编织带的制造方法介绍如下：

① 铜编织线采用优质圆铜线（ϕ0.10mm、ϕ0.15mm、ϕ0.20mm）或镀锡软圆铜线（ϕ0.10mm、ϕ0.15mm），以多股（24锭、36锭、48锭）经单层或多层编织而成。

② 铜编织带的直流电阻率（20℃）不大于0.022Ω·mm^2/m，镀锡铜编织带的直流电阻率（20℃）不大于0.0234Ω·mm^2/m。

③ 铜编织带常用规格有0.5～120mm^2，常规宽度可为1～80mm。宽度为250mm时，可允许通过10000A电流。

某厂生产的铜编织带规格见表5-6和表5-7。铜编织带的截面积，可以用称重和密度来计算。

近来，脉冲电镀兴起，对于平均电流小的脉冲电源，直流线的连接方法没有特别的要求。但对于印制板用的几百安培的双向脉冲电源，却有一些要求：①导线不宜过长；②每根导线通电量不宜过大，可以用多根导线；③每根通向阳极的导线和每根通向阴极的导线捆在一起，以消除电感效应带来的电流上升慢和波形改变。当电缆和铜编织带与铜排连接时，为了减小接触

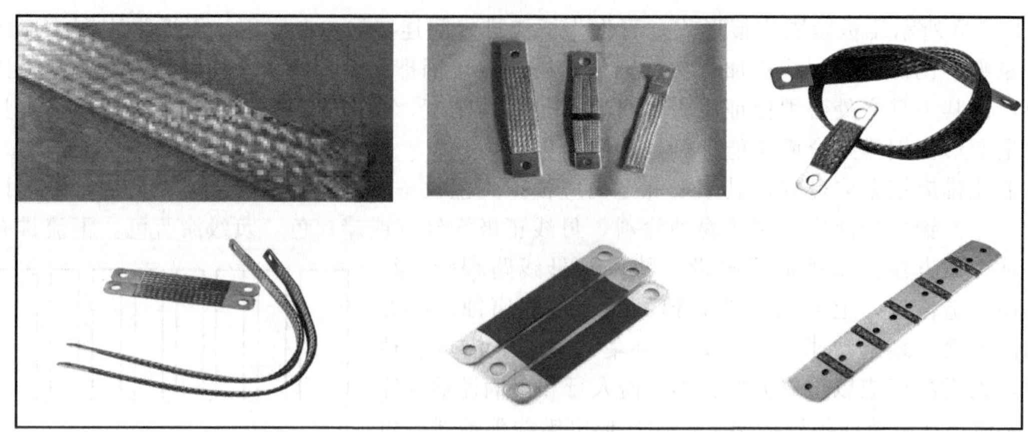

图 5-10 铜编织带

电阻，接触面需要镀锡。

表 5-6 铜编织带规格（单根铜线直径 ϕ0.16～0.2mm）

供货码		技术参数	
裸线	镀锡	导电截面积/mm²	匝数×单匝根数×单根直径/mm
11301	11401	16	24×34×ϕ0.16
11302	11402	25	24×52×ϕ0.16
11303	11403	35	36×48×ϕ0.16
11304	11404	50	36×69×ϕ0.16
11305	11405	70	48×72×ϕ0.16
11306	11406	16	36×15×ϕ0.2
11307	11407	25	36×22×ϕ0.2
11308	11408	35	36×31×ϕ0.2
11309	11409	50	48×33×ϕ0.2
11310	11410	70	48×47×ϕ0.2

表 5-7 铜编织带规格（单根铜线直径 ϕ0.05～0.1mm）

供货码		技术参数	
裸线	镀锡	导电截面积/mm²	匝数×单匝根数×单根直径/mm
11101	11201	1	16×32×ϕ0.05
11102	11202	1.5	16×25×ϕ0.07
11103	11203	2	16×33×ϕ0.07
11104	11204	2.5	24×27×ϕ0.07
11105	11205	4	24×43×ϕ0.07
11106	11206	6	24×66×ϕ0.07
11107	11207	8	24×88×ϕ0.07
11108	11208	10	24×109×ϕ0.07
11109	11209	16	24×85×ϕ0.1
11110	11210	25	24×135×ϕ0.1
11111	11211	35	36×124×ϕ0.1
11112	11212	50	48×133×ϕ0.1
11113	11213	70	48×186×ϕ0.1
11114	11214	95	48×256×ϕ0.1
11115	11215	120	48×320×ϕ0.1

5.3 阳极导电装置

5.3.1 阳极杆

阳极杆分非浸入式和浸入式。非浸入式阳极杆（与阴极管）采用导电用铜材拉制及轧制的紫铜管（圆管、矩形管）、紫铜棒或紫铜条（排）制作，参阅表 5-3。采用矩形钛包铜（或不锈钢包铜）排制作阳极杆是最佳选择，可防止铜杂质落入槽液，破坏槽液的工艺性能。直流导电极杆（阳极杆和阴极杆）要考虑导电截面足够，满足通电负荷，一般按 1.3～1.5A/mm^2 选择其截面尺寸，可使电耗较小，并保持其表面温度在 40℃左右。

图 5-11 所示为非浸入式阳极杆在镀槽上布置的一种形式。有时为了防护，阳极杆可以镀镍、镀锡或浸涂挂具胶（在需导电处开口，以便导电）。

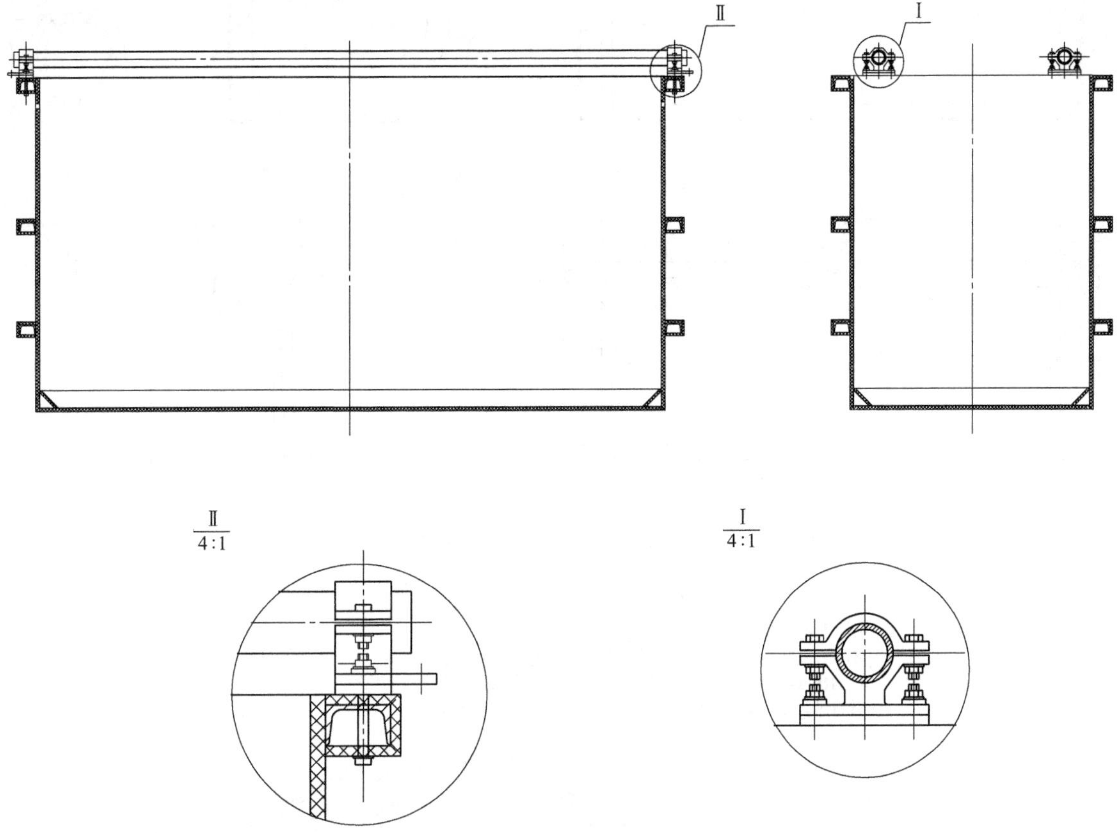

图 5-11　阳极杆布置示意图

采用钛（或不锈钢）包铜（管或排）材质作阳极杆，这对导电、防腐和保养都十分有利，是非常好的选择。

环形电镀线镀槽有单通道、双通道和三通道几种，槽长有的达十余米之多，其阳极汇流排多数只能在槽体内侧引出，因此须作特别设计与布置。图 5-12 所示为环线单通道镀槽阳极杆结构，其阳极杆中部增设了阳极托座，两阳极杆之间在槽内由连接铜排相连（钛包铜材质，或硫化橡胶包裹的扁铜排）。

图 5-13 所示为环线三通道镀槽阳极杆组件结构，它与镀槽的组装方法为：阳极杆两端的连接铜排镶嵌在镀槽端板外侧槽间空当内，几根阳极杆直接安放在槽体端板的承重绝缘垫上，外侧两阳极杆的中部增设如图 5-14 所示的阳极杆托座若干件，中间两阳极杆增设经防腐处理的极杆的钢支撑至槽底，以增强它的刚度，四根阳极杆中部须增设连接铜排（可参阅图 5-12 所示的结构形式）。

浸入式阳极杆的材质必须耐溶液腐蚀，才能进入溶液中。有溶液泡着阳极挂钩与阳极杆的接触点，因而导电更有保证。最简单的浸入式阳极杆是铁阳极杆，可以用于碱性镀锌，其形状如图 5-15 所示。

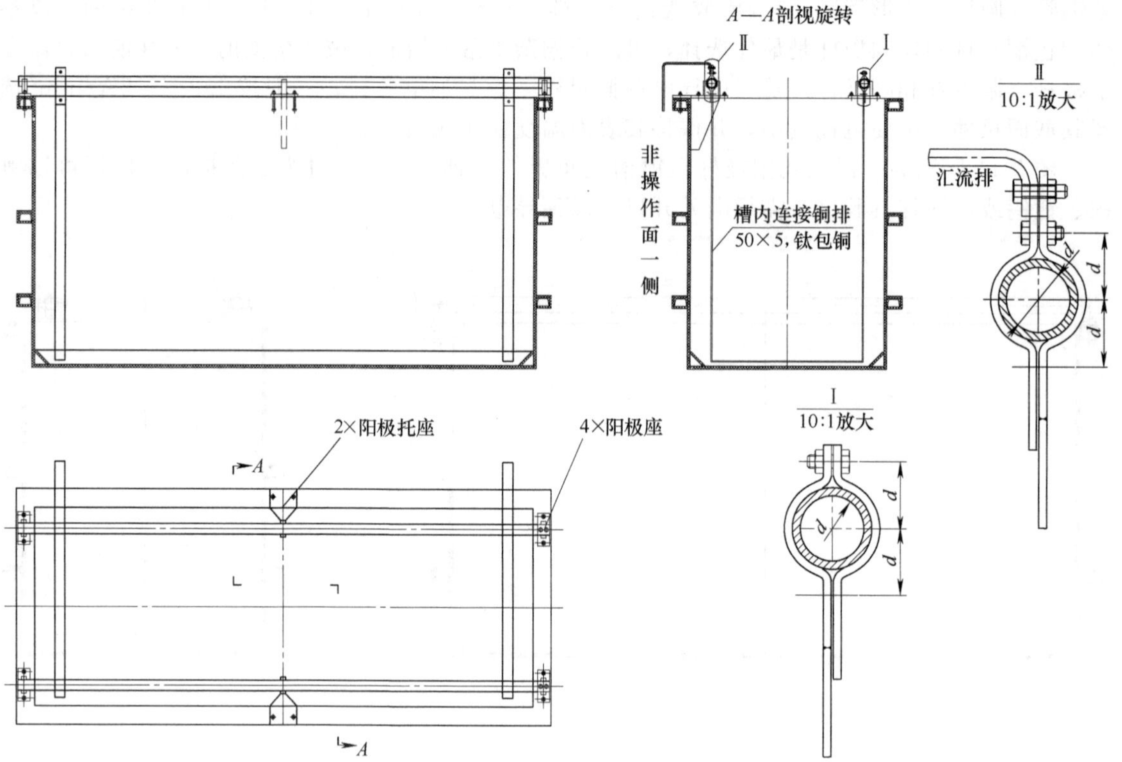

图 5-12　阳极杆组件结构布置示意图

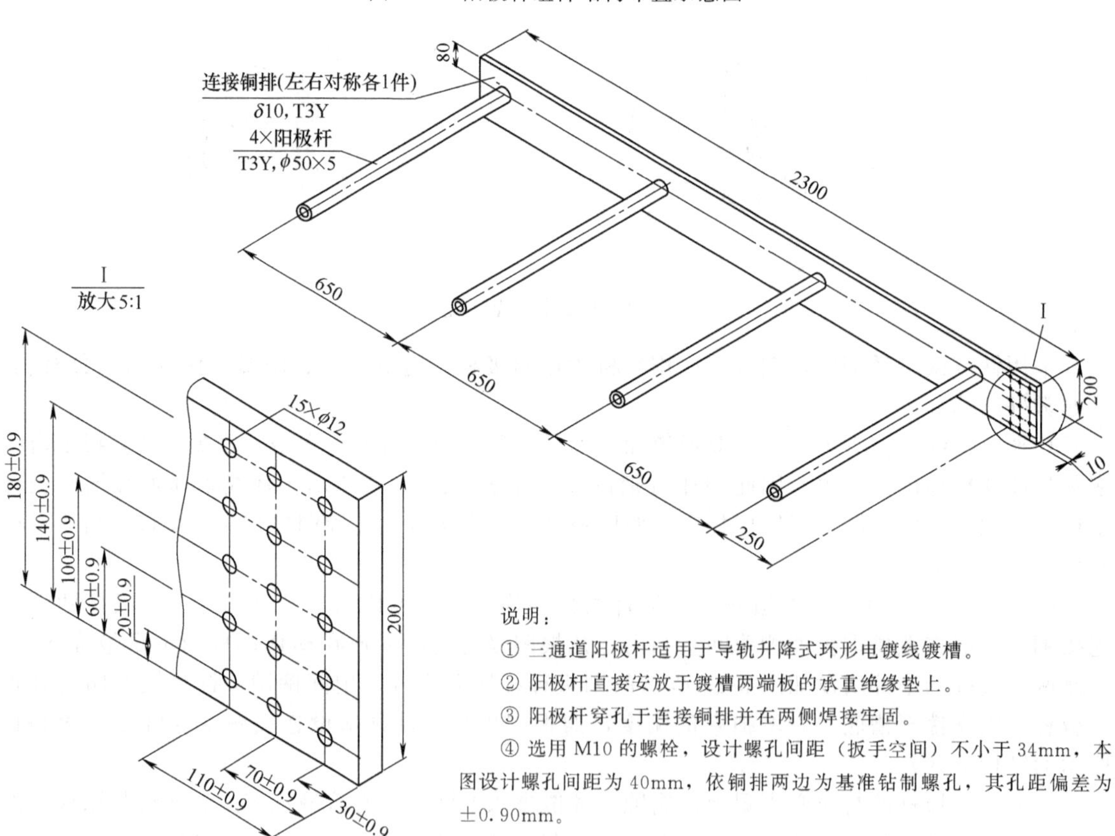

说明：

① 三通道阳极杆适用于导轨升降式环形电镀线镀槽。

② 阳极杆直接安放于镀槽两端板的承重绝缘垫上。

③ 阳极杆穿孔于连接铜排并在两侧焊接牢固。

④ 选用 M10 的螺栓，设计螺孔间距（扳手空间）不小于 34mm，本图设计螺孔间距为 40mm，依铜排两边为基准钻制螺孔，其孔距偏差为 ±0.90mm。

图 5-13　环线阳极杆组件

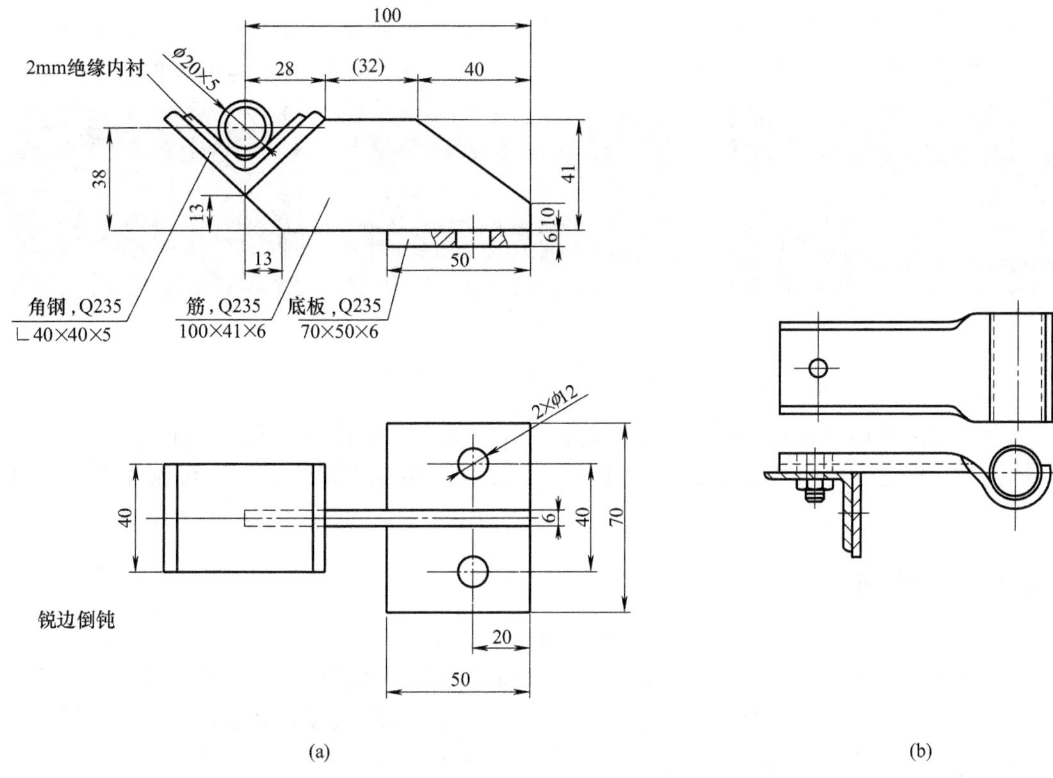

图 5-14　阳极杆托座

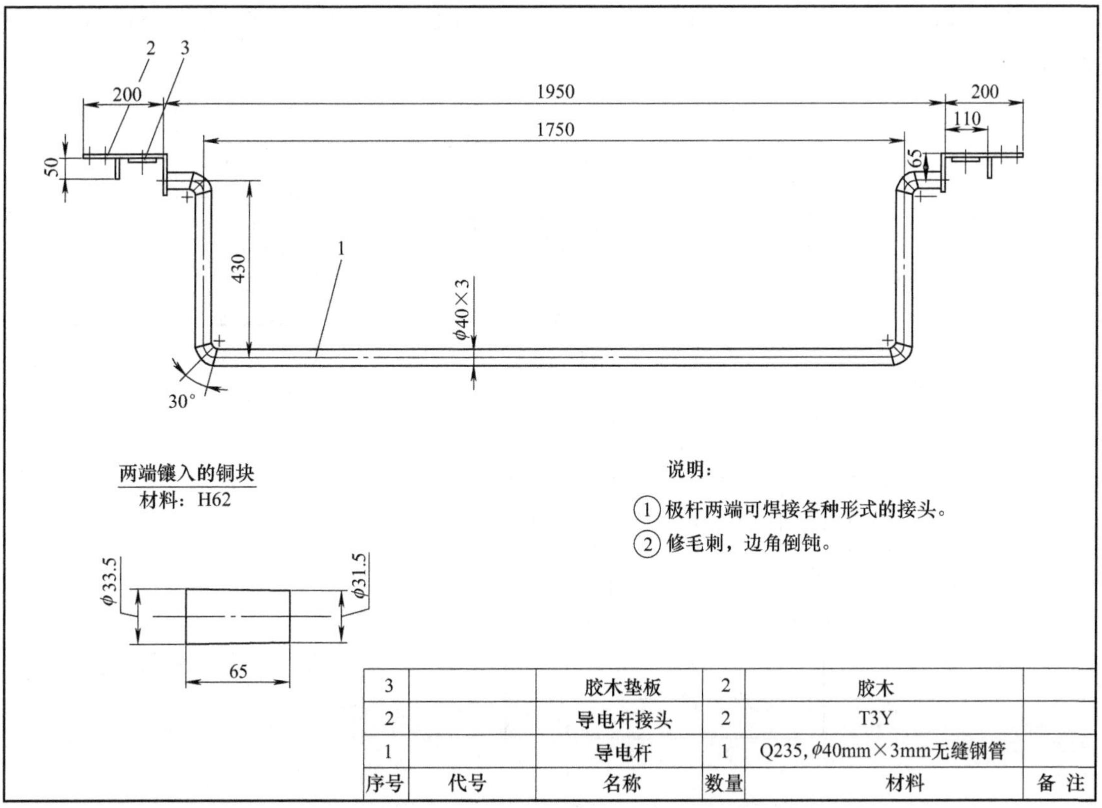

两端镶入的铜块
材料：H62

说明：
①极杆两端可焊接各种形式的接头。
②修毛刺，边角倒钝。

3		胶木垫板	2	胶木	
2		导电杆接头	2	T3Y	
1		导电杆	1	Q235，ϕ40mm×3mm无缝钢管	
序号	代号	名称	数量	材料	备 注

图 5-15　浸入式阳极杆

至于镀镍和镀酸性铜，要耐溶液腐蚀又要考虑导电，会用到钛包铜阳极杆，其形状如图5-16所示。钛包铜阳极杆因为不腐蚀又不需清理，它的电阻率国内测试（20℃）记录为：圆柱形钛包铜为0.0272Ω・mm^2/m，矩形钛包铜为0.0238Ω・mm^2/m，是值得推广的。

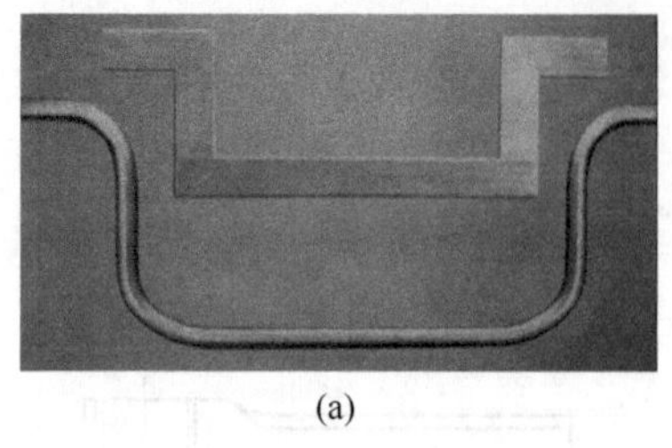
(a)

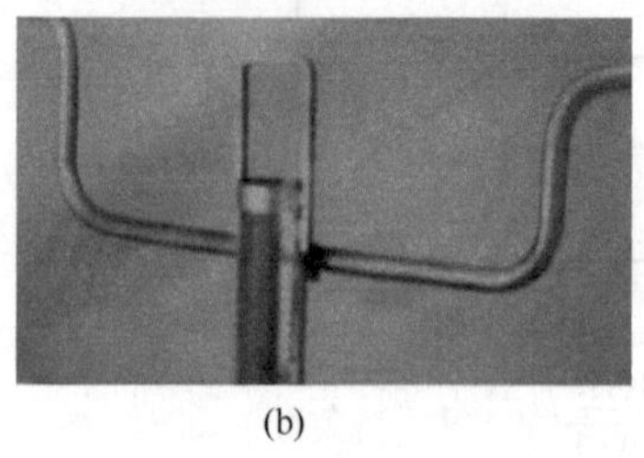
(b)

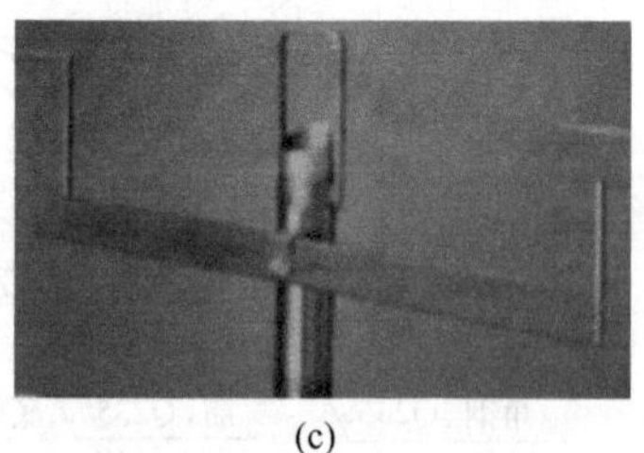
(c)

图 5-16 钛包铜浸入式阳极杆

当有的溶液不能用钛包铜时，可用锆包铜（用于镀锡）制作浸入式阳极杆。

钛包铜、锆包铜不仅用于阳极杆，还可用于挂具。还有不锈钢包铜，可制作非浸入式阳极杆。

5.3.2 阳极杆座

阳极杆座简称阳极座，是连接阳极杆和阳极汇流排的导电组件，并将阳极杆固定（或安放）在槽口上。阳极座的材质可选用铸造黄铜或铸造青铜，经精密铸造极座毛坯，也有用精密锻造紫铜坯料经切削加工制成极座成品的。阳极座的结构设计要保证其强度，与阳极杆有足够吻合接触的面积，避免直流电流通过阳极座时产生降压损耗和发热。图5-17所示为配合ϕ50mm阳极杆设计的固定式阳极座。图5-18所示为敞开式阳极杆座。敞开式阳极座，方便阳极杆移位后进行清洗工作，但两者相配的导电结合面必须制作得十分精确，以免影响阳极杆的导电性能。

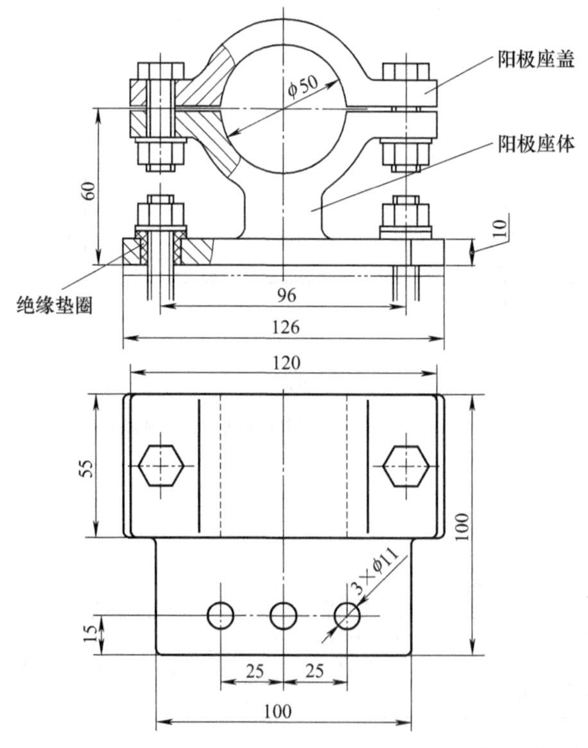

图 5-17 ϕ50mm 固定式阳极座

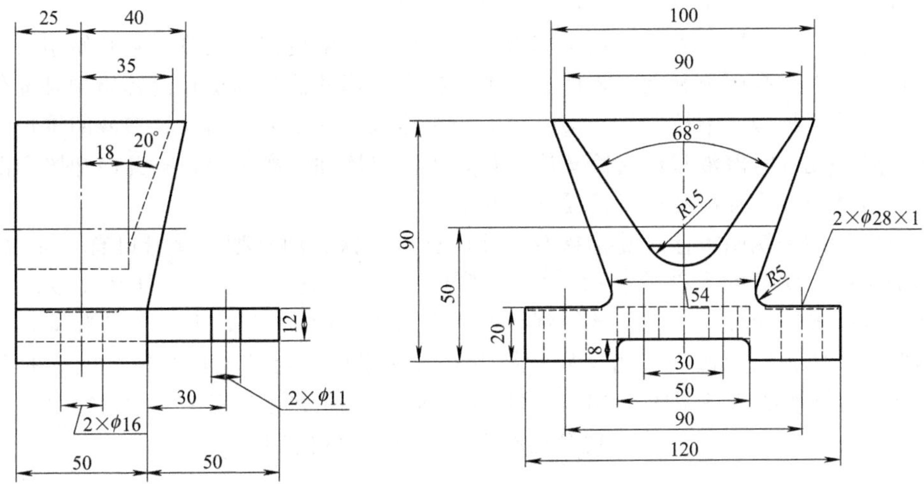

图5-18　敞开式阳极座

5.3.3 阳极

阳极可以分为可溶性阳极和不溶性阳极。

不溶性阳极较为简单，但它的不溶性是相对于溶液和使用条件来说的。比较常见的例子有用于碱性镀锌的铁阳极，用于电解除油的不锈钢阳极，用于交流酸洗的石墨电极。镀铬时一般用铅合金阳极，不含氟的溶液用铅锑阳极（含锑7%～10%），用锑来增加阳极的强度；含氟的溶液用铅锡阳极（含锡6%～10%），图5-19为一种铅锡阳极示意图。

不溶性阳极的使用和维护比较简单，但它没有平衡所镀金属离子浓度的作用。

比较起来，电镀中使用可溶性阳极比较多。可溶性阳极较为复杂，既有单金属也有合金，有时为了促进阳极的溶解还会加入非金属元素，有时为了提高阳极的机械强度，会加入镀液中没有的金属成分，如镍阳极中加入硫、镀铬的铅阳极中加入锑或锡、铜阳极中加入磷等。这种情况比较复杂，应在各种电镀工艺中讨论，在此就不一一讨论了。但有一些可溶性阳极共有的问题，需要讨论一下。

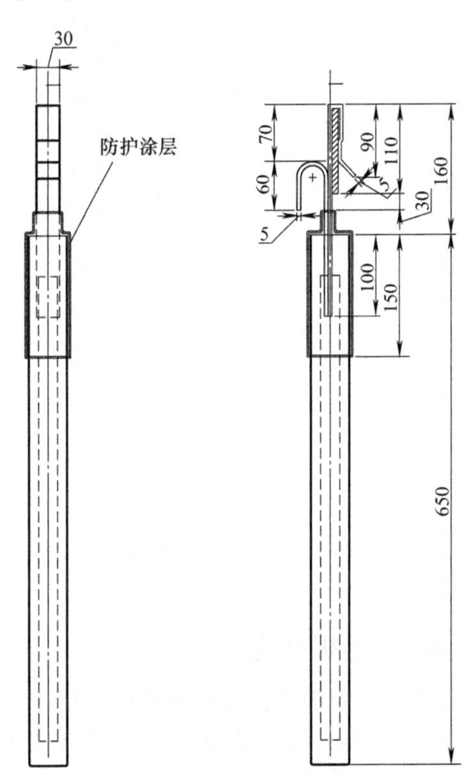

图5-19　铅锡阳极示意图

由于有金属离子溶解下来，在平衡所镀金属离子浓度的同时，也有杂质带入溶液。不仅有溶解的杂质，也有不溶性的杂质，俗称阳极泥。而且，随着阳极的溶解，其形状和面积也发生变化，这会造成电镀条件的不稳定和阳极利用率的下降。

为了解决第一个问题（阳极泥），人们使用了阳极袋，开始只是随意用一种布袋，而后开始用有一定过滤精度的滤布。但是阳极袋不能用过密的滤布，因为还要考虑阳极是否会钝化。阳极处于钝化状态时，溶解很慢，电压却升高，这是人们不希望的。要避免阳极钝化，一定阴阳极面积比和适当的阳极电流密度是必要的条件，但阳极袋的选择也是一个因素。也有人不仅在每件阳极上套有阳极袋，还在整个阳极区外用滤布做一个隔离区以进一步阻挡阳极泥。

为了解决第二个问题，人们使用了阳极篮。最便宜的阳极篮是铁篮，它开始用来收集碱性镀锌的阳极头，以提高阳极利用率，后来发展到极致，用铁篮装锌锭在溶锌槽中补充锌离子，而镀锌槽内只放铁板做不溶性阳极。镀槽内的阳极体系得到很大的简化，溶液的维护也十分简单。在不需要补充锌时溶液只经过冷却段循环，当需要增加锌离子时，打开冷却段和溶锌段之间的阀门，溶液经过冷却段和溶锌段循环，从而补充锌离子。

使用最广泛的是钛阳极篮，简称钛篮。钛篮有一个钛做的支架，钛篮口有一面向外倾斜，以方便添加阳极，钛篮的大部分表面是由钛网制成的。一般上部有钩，挂在非浸入式阳极杆上。如果用浸入式阳极杆，挂钩在钛篮背后的中部（参阅图 5-16），上部还是有钩，供提钛篮之用。这时为了防止钛篮倾斜，槽子靠钛篮下部有一根横塑料条挡住钛篮。钛篮的示例见图 5-20。钛篮也有圆形的（参阅图 5-16），印制电路板电镀中使用尤其多。其直径多数在 60mm 左右，长 600～700mm 左右。除了钛篮还有锆篮，只是使用较少。

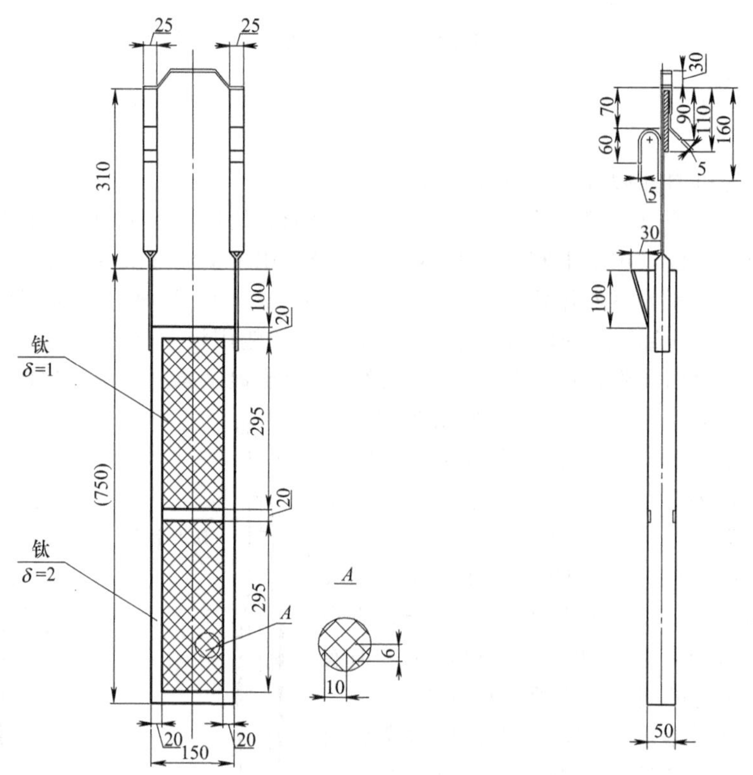

图 5-20 钛篮结构示意图

5.4 阴极导电装置

5.4.1 阴极杆座

阴极杆座简称阴极座或极座，俗称“元宝”，是连接阴极杆和阴极汇流排的导电组件。形状最简单的极座是一块紫铜板，或含紫铜量大于 75% 的黄铜板。板状极座用于整个阴极（含阴极杆、挂具和工件）重量较大的地方，定位要求相对较低。

阴极座的材质和制作方法与阳极座相似。常用的 V 形极座（确实像个元宝），图 5-21 所示为 60°和 90°V 形两种阴极座组件。图 5-22 为 V 形阴极座的制造图。图 5-23 所示为 V 形非导电支承座，应用在辅助槽上，是与 V 形导电座相配设立的。

可以看出，极座的上口角度较大，有利于阴极杆就位落入极座，而极座的 60°夹角是导电接触面。V 形极座的夹角太大不利于导电，太小不利于极杆就位，通常采用的角度是 60°，最小为 30°。极座有各种式样，高矮、宽窄都不同，但都有一个共同缺点，就是凹处容易污染，需常常清扫打磨。所以有了另一种倒置圆锥形极座，接触面朝上不易污染，如图 5-24 所示。另外还有一种夹板型极座，如图 5-25 所示。

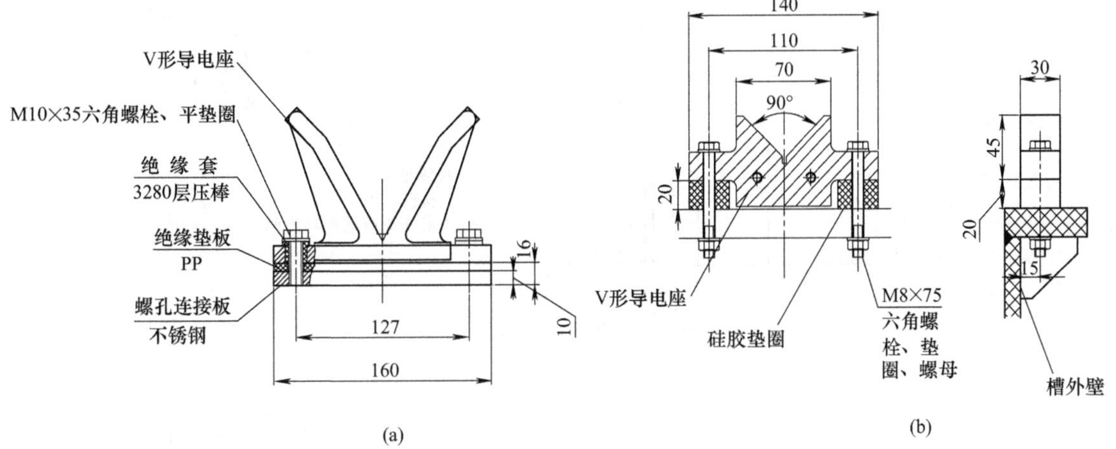

图 5-21　V 形极座“元宝”组件

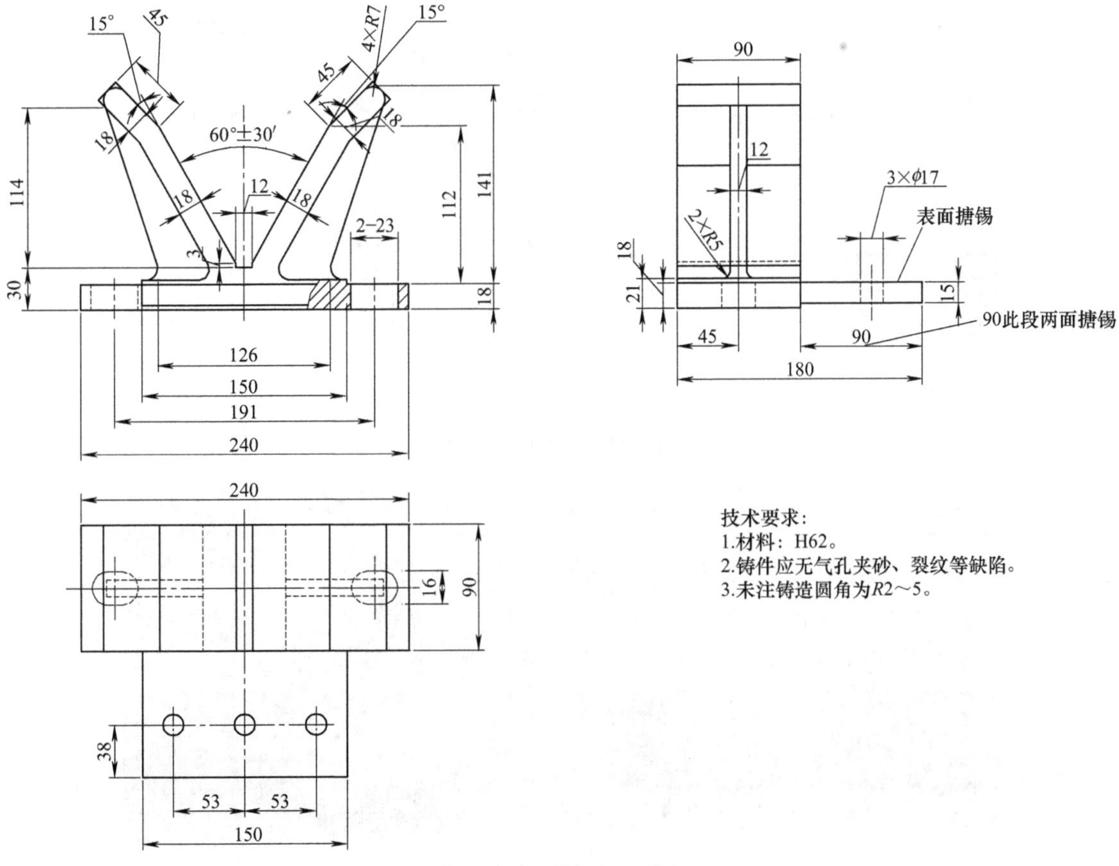

技术要求：
1.材料：H62。
2.铸件应无气孔夹砂、裂纹等缺陷。
3.未注铸造圆角为 $R2$～5。

图 5-22　V 形极座（元宝）

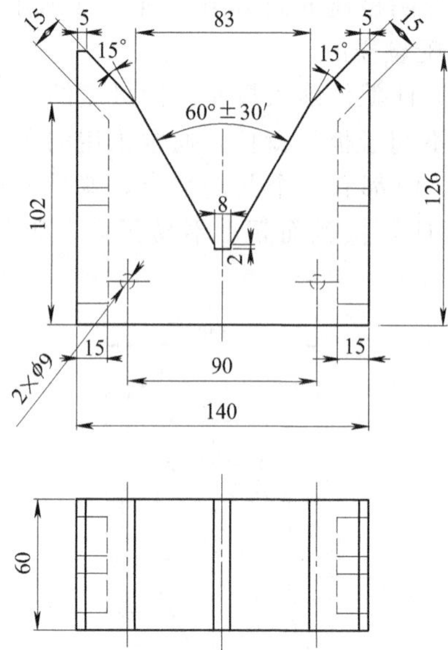

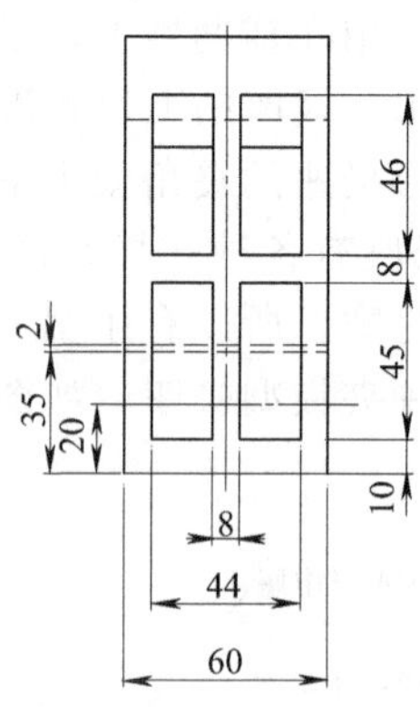

技术要求：
1.材料：PP。
2.未注铸造圆角均为$R2\sim3$。

图 5-23　V 形非导电支承座

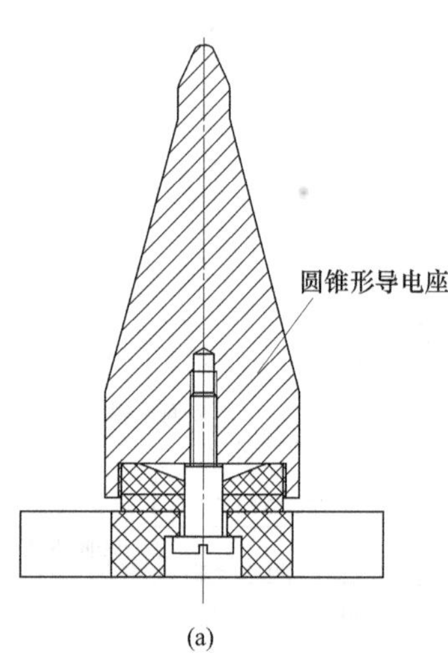

(a)

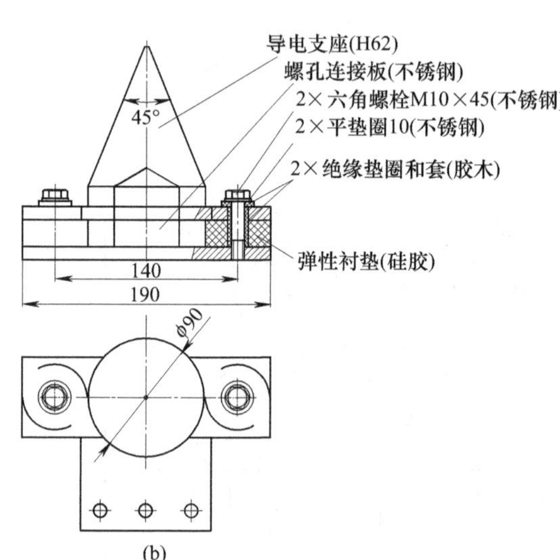

(b)

图 5-24　圆锥形导电座

图 5-25　夹板型极座

阴极杆和极座光靠重力接触总有让人不放心之处，因此有了弹簧型极座，如图 5-26 所示。

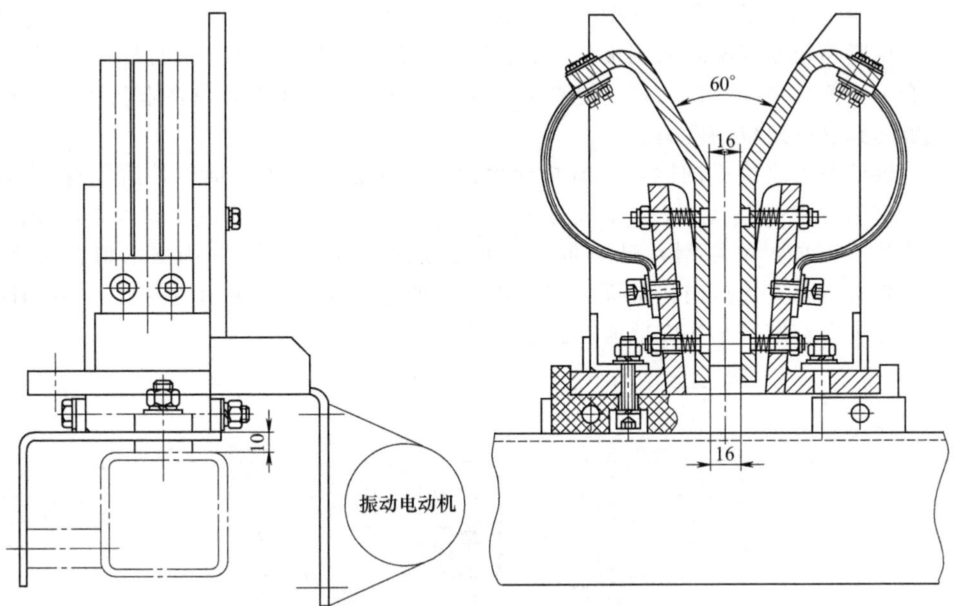

图 5-26　弹簧型极座示意图

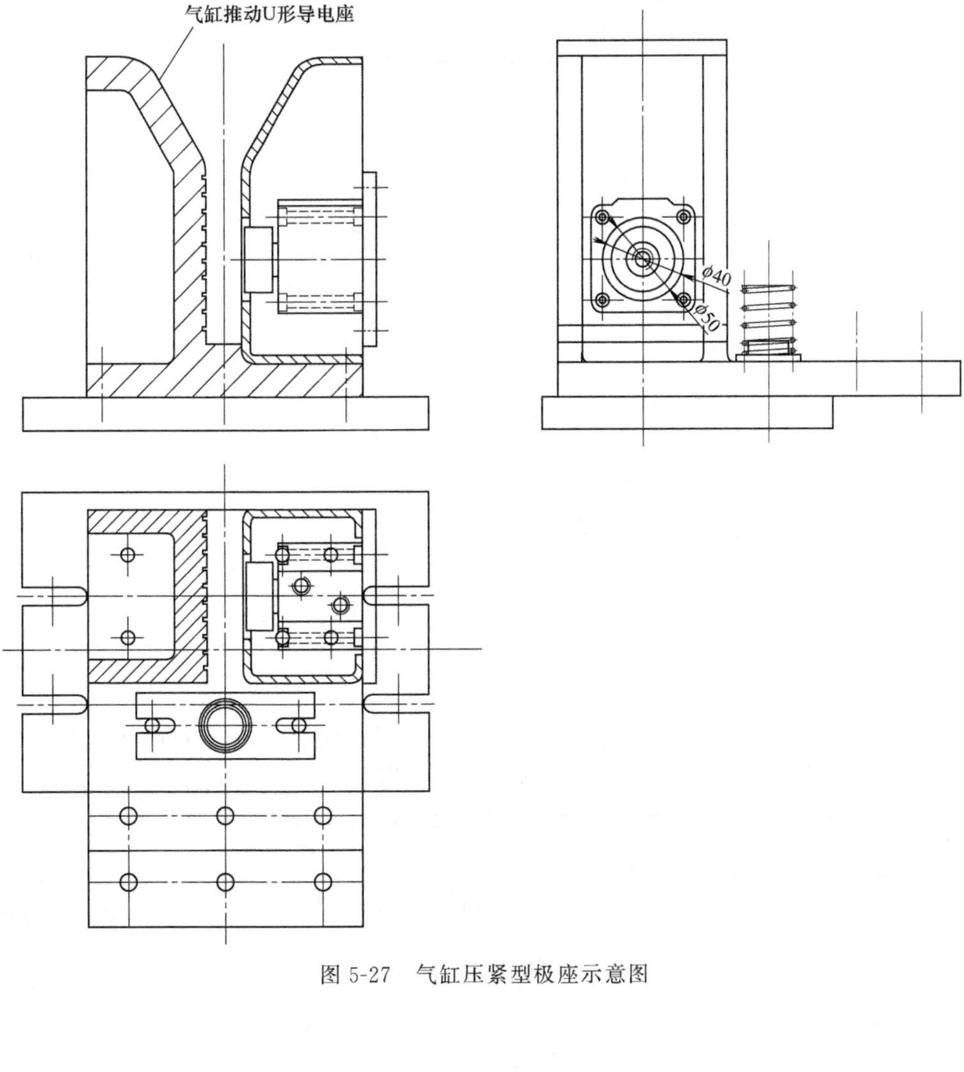

图 5-27　气缸压紧型极座示意图

与这种极座相配合的阴极杆已没有 V 形导电块。但是，弹簧的耐久性不足，接触的可靠性也不长久。于是出现了气缸压紧型极座，如图 5-27 所示。

与气缸压紧型极座相配合的阴极杆上也没有 V 形导电块，极座靠气缸压紧力保证接触良好，但没有了弹簧，极座落位的难度提高了不少，好在现在行车的定位技术已经有了足够的进步，是能够达到这一定位精度的。

妨碍阴极杆与极座接触的因素还有极座发热，特别是电流大的时候，所以有了水冷型极座。图 5-28 所示为外水冷型极座，图 5-28（a）为极座浸在不锈钢水盒中，水是流动的，但是水盒的高度受各方面尺寸限制，浸入部分不可能很深；图 5-28（b）为出水口在极座侧面上部，连接水管后水可直接流向接触面，然后由水盒收集。图 5-29 所示为内水冷型极座，其特点是极座内有一个空腔，水从内部流过。这种极座制造比较复杂。

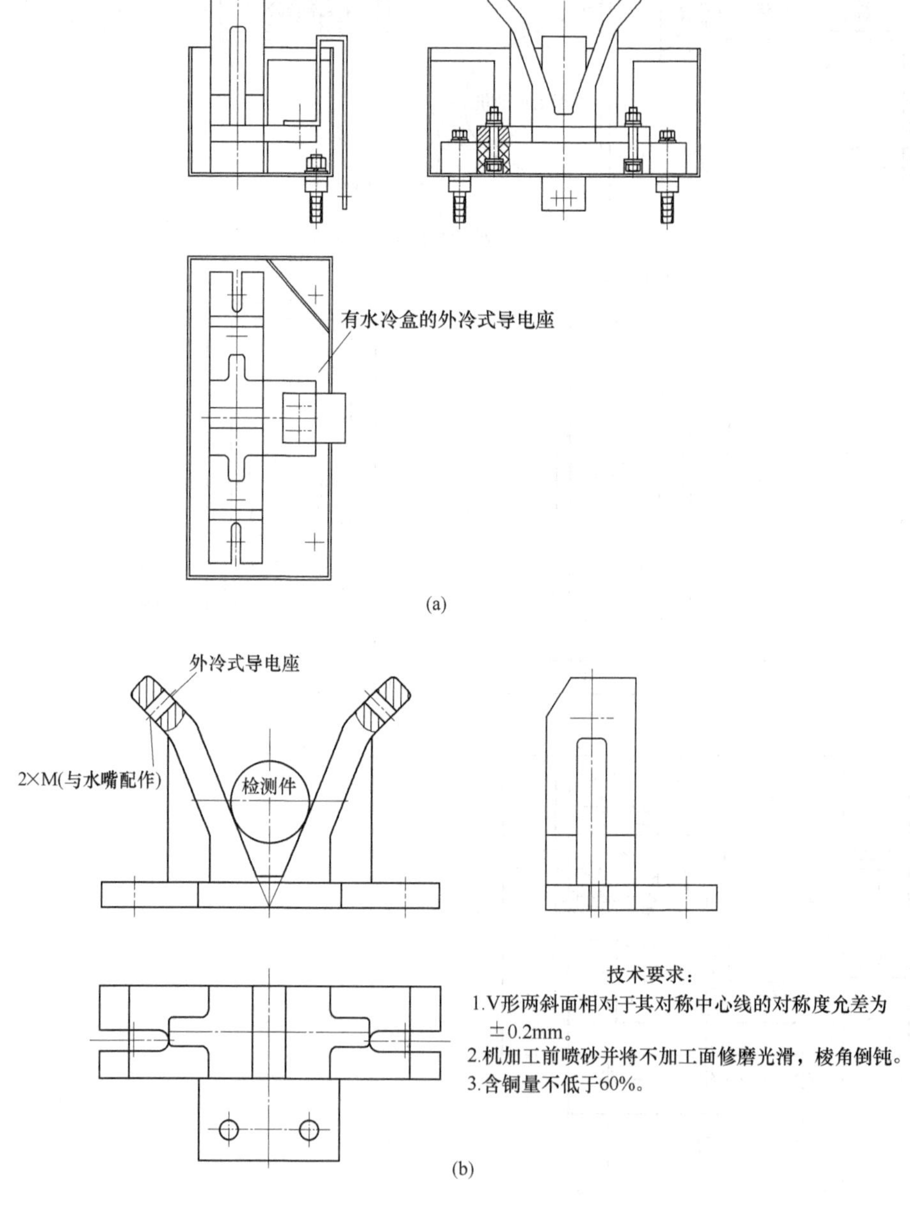

图 5-28　外水冷型极座示意图

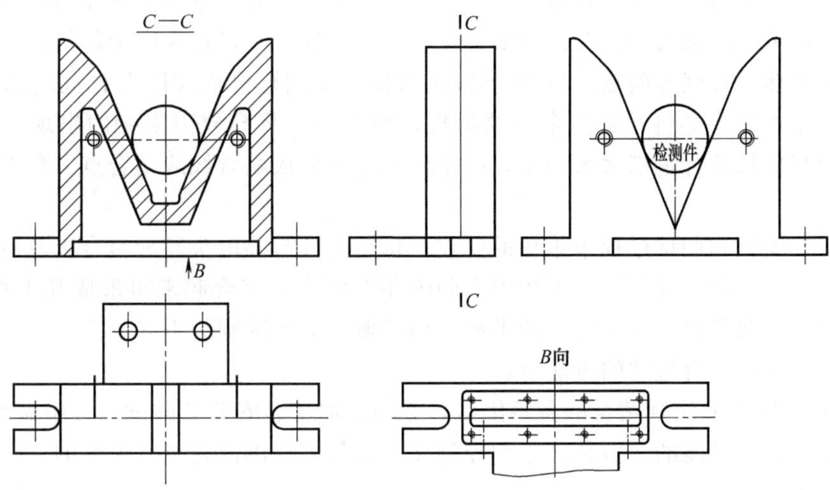

图 5-29　内水冷型极座示意图

也有在极座支架上安装振动电动机以振动阴极杆的，不过极座支架和主架之间需要防振措施，如图 5-30 中所示。图 5-30 中标示出了振动电动机以及振动架和主架的结构。

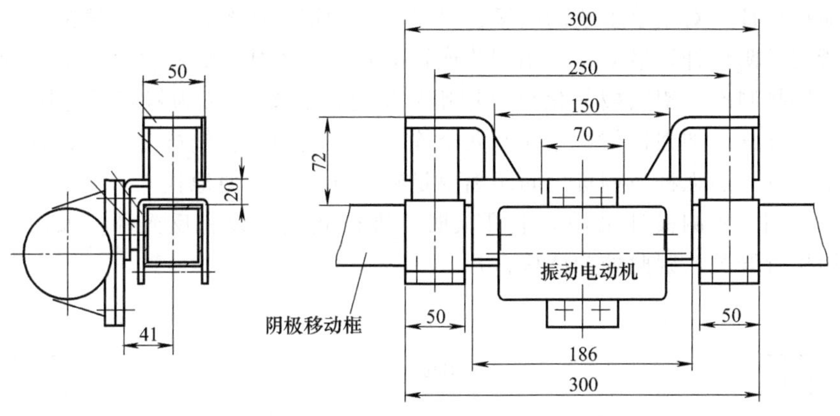

图 5-30　振动型极座示意图

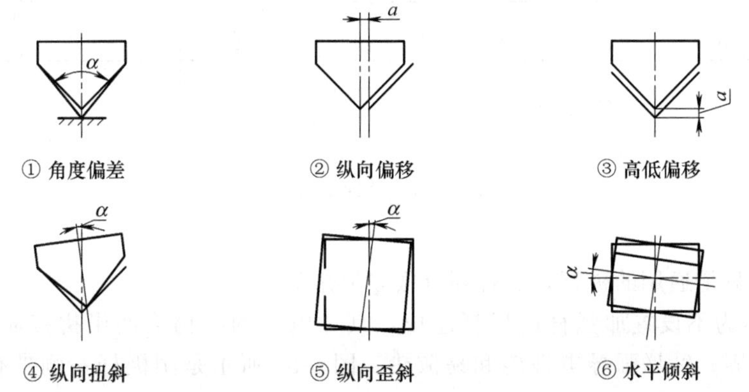

图 5-31　V 形极座影响贴合面的因素

极座在材料相同的情况下，导电性能的优劣除取决于极杆导电头与极座的贴合面大小及相互间压紧力外，关键还取决于贴合面的实际贴合范围。这对于通过大电流的场合尤为重要，否则将迅速引起发热、过烧等问题。以V形极座为例，影响贴合面实际贴合范围的因素有六个（图5-31），其中因素②必将导致因素⑤的出现，因素③必将导致因素⑥的出现。每个因素都不可避免地使其实际贴合范围大大缩小，甚至使贴合面形成贴合线或贴合点，严重阻碍了电流的顺利通过。

由于加工、安装和调试过程中难免的误差，每组极杆与导电头装配组合以及极座的加工质量，均或多或少会存在上述因素及上述因素间的相互组合，综合起来可形成几十种错综复杂、形态各异的状况。两套极杆以上定位的类型，出现偏差的状况则会更多。

增加贴合面实际贴合范围的方法有：

① 消除影响贴合面实际贴合的各种因素，必须在加工、安装和调试过程中做到丝毫不差、绝对正确很显然是不可能的。但是把它们控制在一定公差范围内是可以做到的，也是必须要做到的。

② 让结构迎合、适应各种因素，采用水冷却型、弹簧型或气缸压紧型等极座是一种很好的选项。

5.4.2 阴极杆

阴极杆简称极杆。对于手工线的阴极杆只是一根紫铜（或黄铜）管、棒或矩形排而已。行车式电镀线所用的阴极杆，最初是采用圆管或矩形管，圆管挂具容易摆动，矩形管外形难以规整，现在多用铜排制作。铝阳极氧化也有用铝异型材的。图5-32为极杆示意图。图中所示极杆上方有一根加强杆，加强杆与铜排间有两个连接片，是为防止铜排变形而设置的。现在加强杆多用不锈钢方管。加强杆与铜排之间距离要足够让挂具钩方便地挂入。如果铜排足够强，则加强杆也可以不用。检测极杆采用光电开关时，极杆立板上设有反光片，如图5-32中所示；如检测极杆用接近开关，则此处为感应铁片。

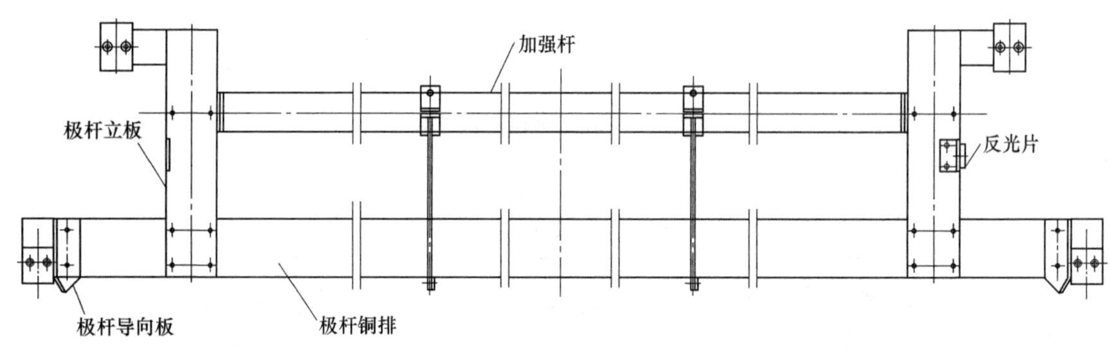

图5-32 极杆示意图

以上介绍的只是通用的极杆，极杆还有很多复杂的形式。

图5-33所示为不设置加强杆的极杆总成，其导电头的结构为两半拼接而成，其优点是：①与极杆连接紧固；②增强导电性能和易散热。图5-34所示是阴极杆一侧带有辅助阳极（也可双侧设置）的导电极杆总成，适用于电镀形状复杂带有凹坑等的工件（如汽车铝车轮镀装饰铬时）。图5-35和图5-36所示为锥形导电头的极杆总成图与锥形导电头。

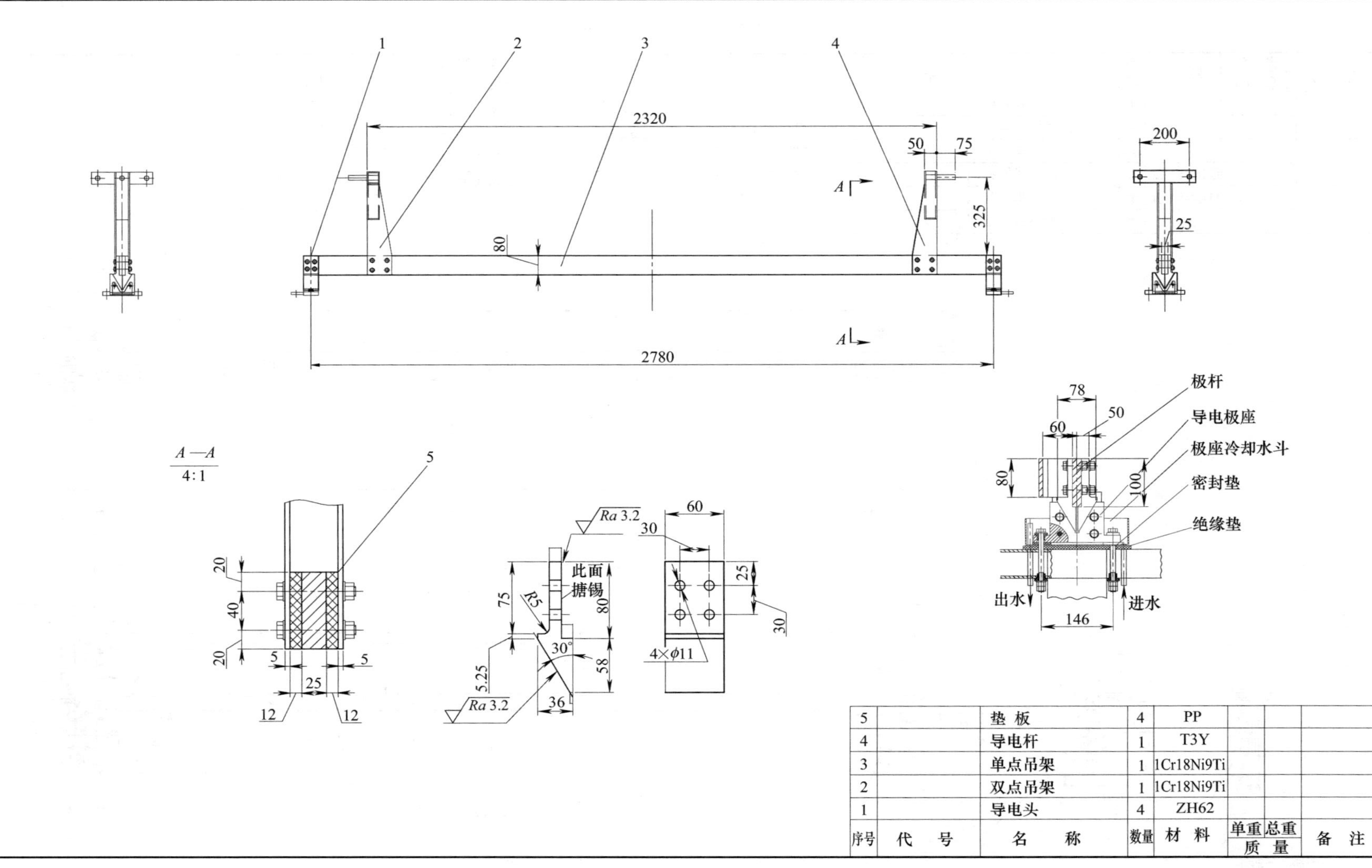

序号	代号	名称	数量	材料	单重	总重	备注
					质量		
5		垫板	4	PP			
4		导电杆	1	T3Y			
3		单点吊架	1	1Cr18Ni9Ti			
2		双点吊架	1	1Cr18Ni9Ti			
1		导电头	4	ZH62			

图 5-33　极杆总成

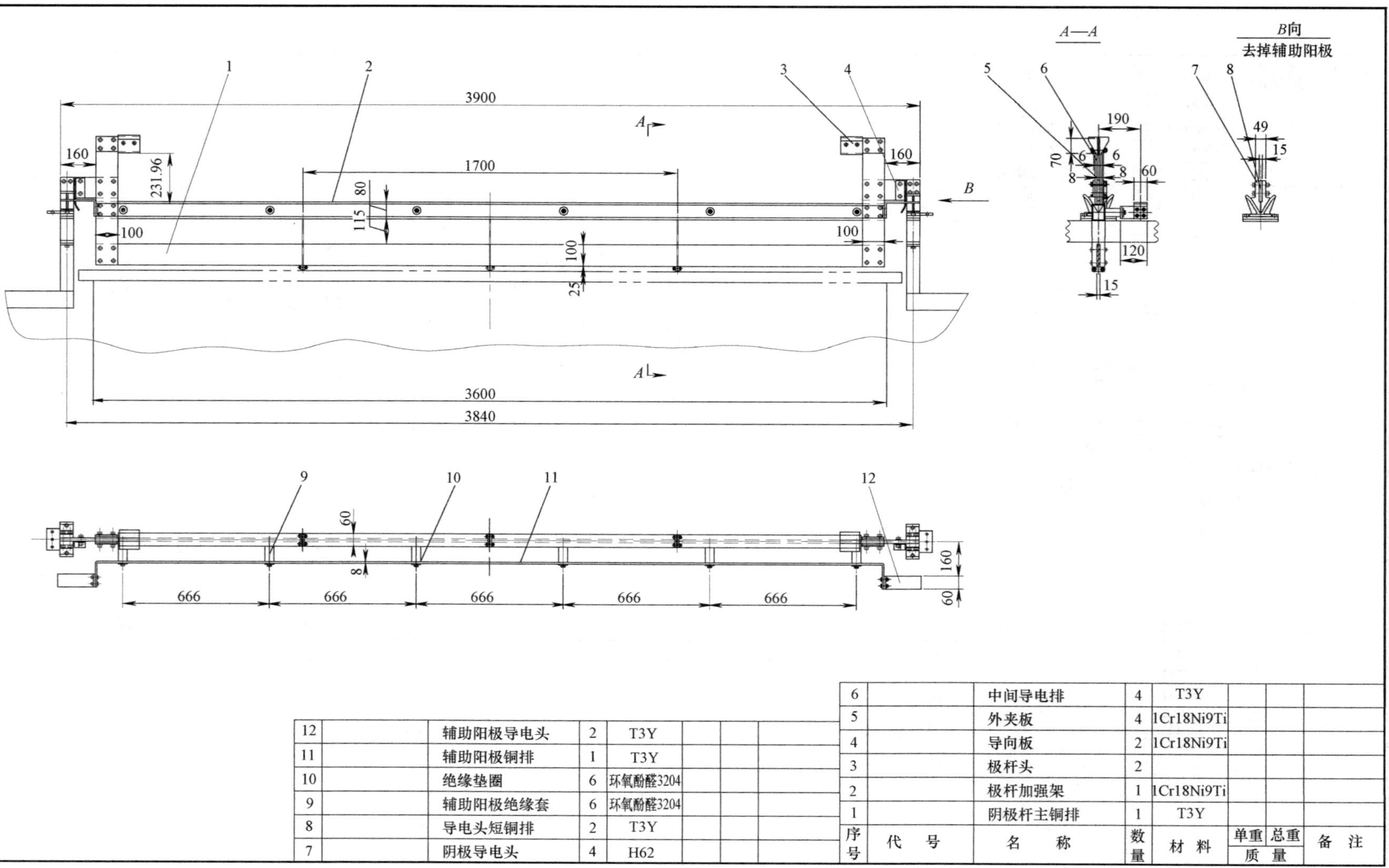

序号	代号	名称	数量	材料	单重	总重	备注
12		辅助阳极导电头	2	T3Y			
11		辅助阳极铜排	1	T3Y			
10		绝缘垫圈	6	环氧酚醛3204			
9		辅助阳极绝缘套	6	环氧酚醛3204			
8		导电头短铜排	2	T3Y			
7		阴极导电头	4	H62			
6		中间导电排	4	T3Y			
5		外夹板	4	1Cr18Ni9Ti			
4		导向板	2	1Cr18Ni9Ti			
3		极杆头	2				
2		极杆加强架	1	1Cr18Ni9Ti			
1		阴极杆主铜排	1	T3Y			

图 5-34 阴极导电杆总成

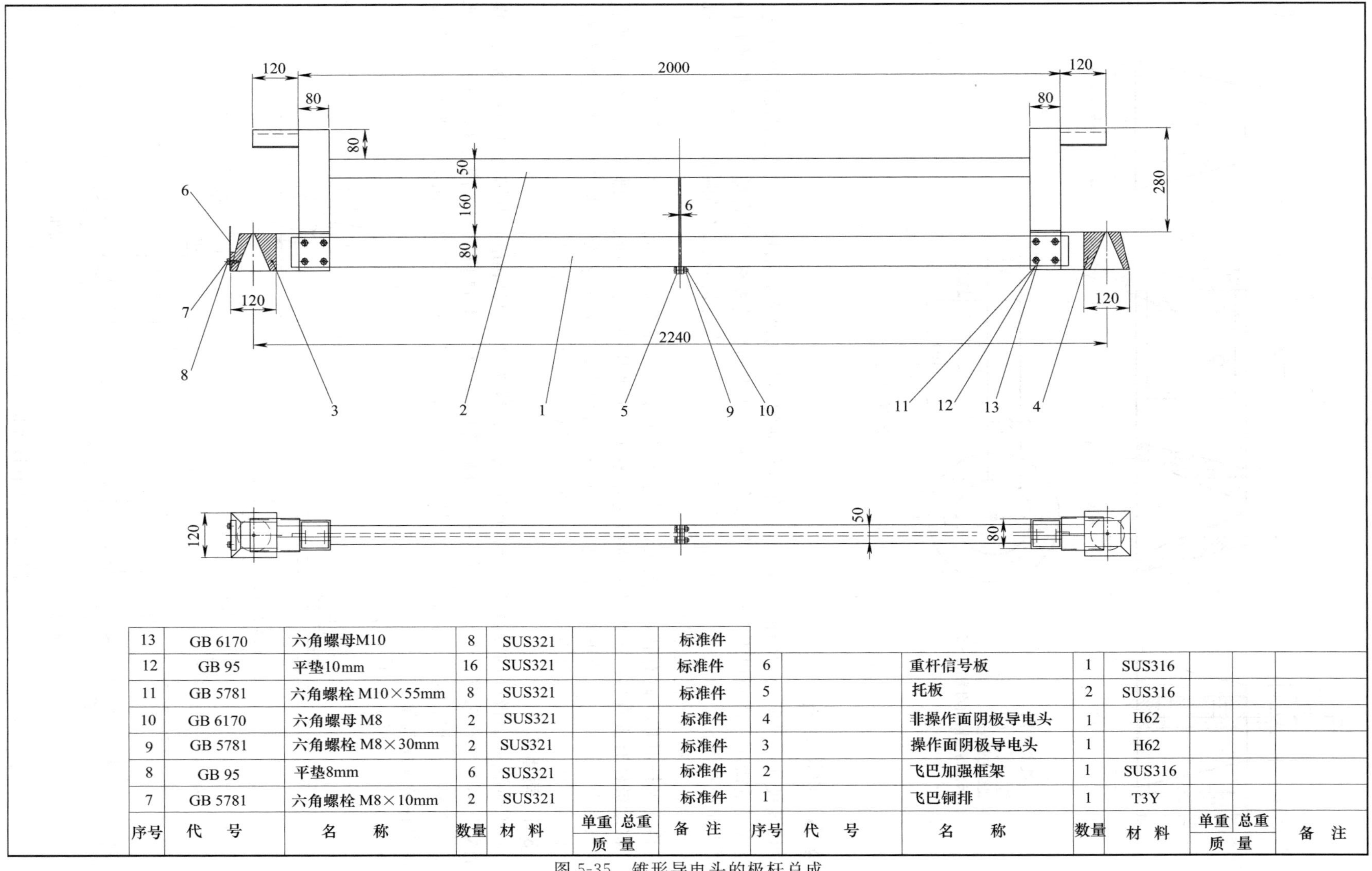

序号	代号	名称	数量	材料	单重	总重	备注
13	GB 6170	六角螺母M10	8	SUS321			标准件
12	GB 95	平垫10mm	16	SUS321			标准件
11	GB 5781	六角螺栓 M10×55mm	8	SUS321			标准件
10	GB 6170	六角螺母 M8	2	SUS321			标准件
9	GB 5781	六角螺栓 M8×30mm	2	SUS321			标准件
8	GB 95	平垫8mm	6	SUS321			标准件
7	GB 5781	六角螺栓 M8×10mm	2	SUS321			标准件
					质量		

序号	代号	名称	数量	材料	单重	总重	备注
6		重杆信号板	1	SUS316			
5		托板	2	SUS316			
4		非操作面阴极导电头	1	H62			
3		操作面阴极导电头	1	H62			
2		飞巴加强框架	1	SUS316			
1		飞巴铜排	1	T3Y			
					质量		

图 5-35　锥形导电头的极杆总成

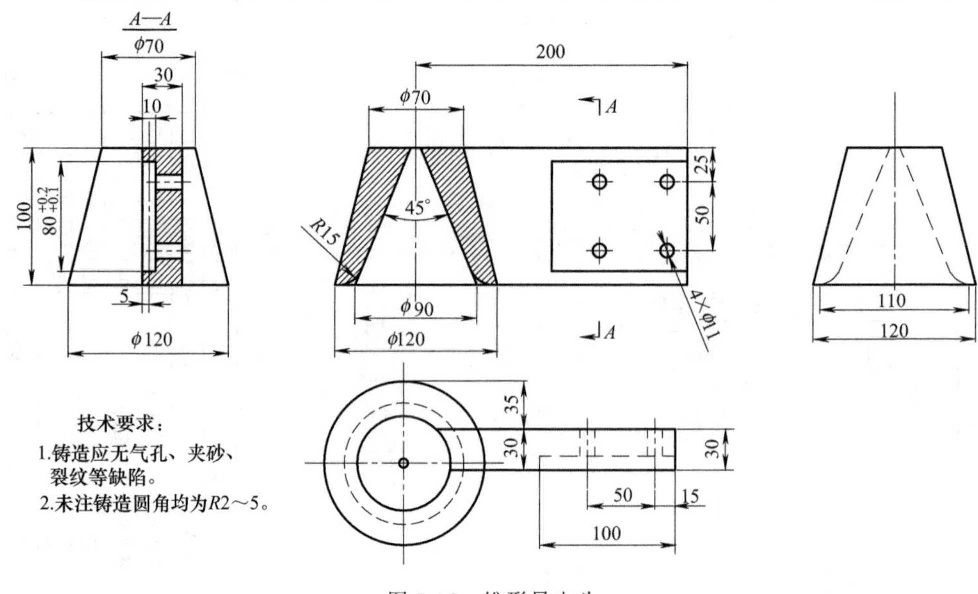

图 5-36 锥形导电头

5.4.3 移动极杆

移动极杆常被称为"阴极移动"。但有时移动的不是阴极而是阳极，例如铝阴极氧化工艺。有时移动的既不是阴极也不是阳极，例如化学镀。所以叫移动极杆较为合适。移动极杆的目的主要不是搅拌溶液，而是增加工件与溶液间的相对运动，有时是为了甩掉附着在工件上或小孔内的气泡，以减少针孔或漏镀。

移动极杆对化学镀有特殊的意义，因为化学镀不宜用压缩空气搅拌（会造成漏镀）。

移动极杆有垂直移动、水平移动和旋转移动，水平移动又有一维、二维、三维之分。垂直移动只是上下运动，极座的左右、前后位置并没有变化，定位较容易。水平移动极座的左右、前后位置有变化，要靠接近开关来定位，通过 PLC 与行车运动配合相连。

5.4.3.1 垂直移动

一般垂直移动极杆的频率为 14～20 次/分，幅度为 25～100mm，当然也可以根据工艺操作的实际需要自行选定。图 5-37 所示是垂直移动极座的低位和高位示例。图 5-38 和图 5-39 所示是垂直移动机构总成。垂直移动的升降导杆的两导向支点应大于 200mm，否则极座在升降过程中容易发生摇摆。

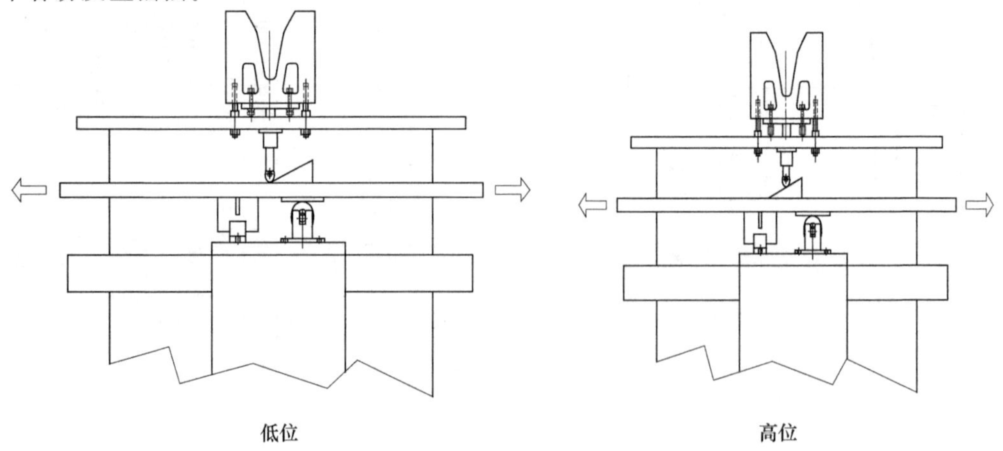

图 5-37 垂直移动低、高位示例

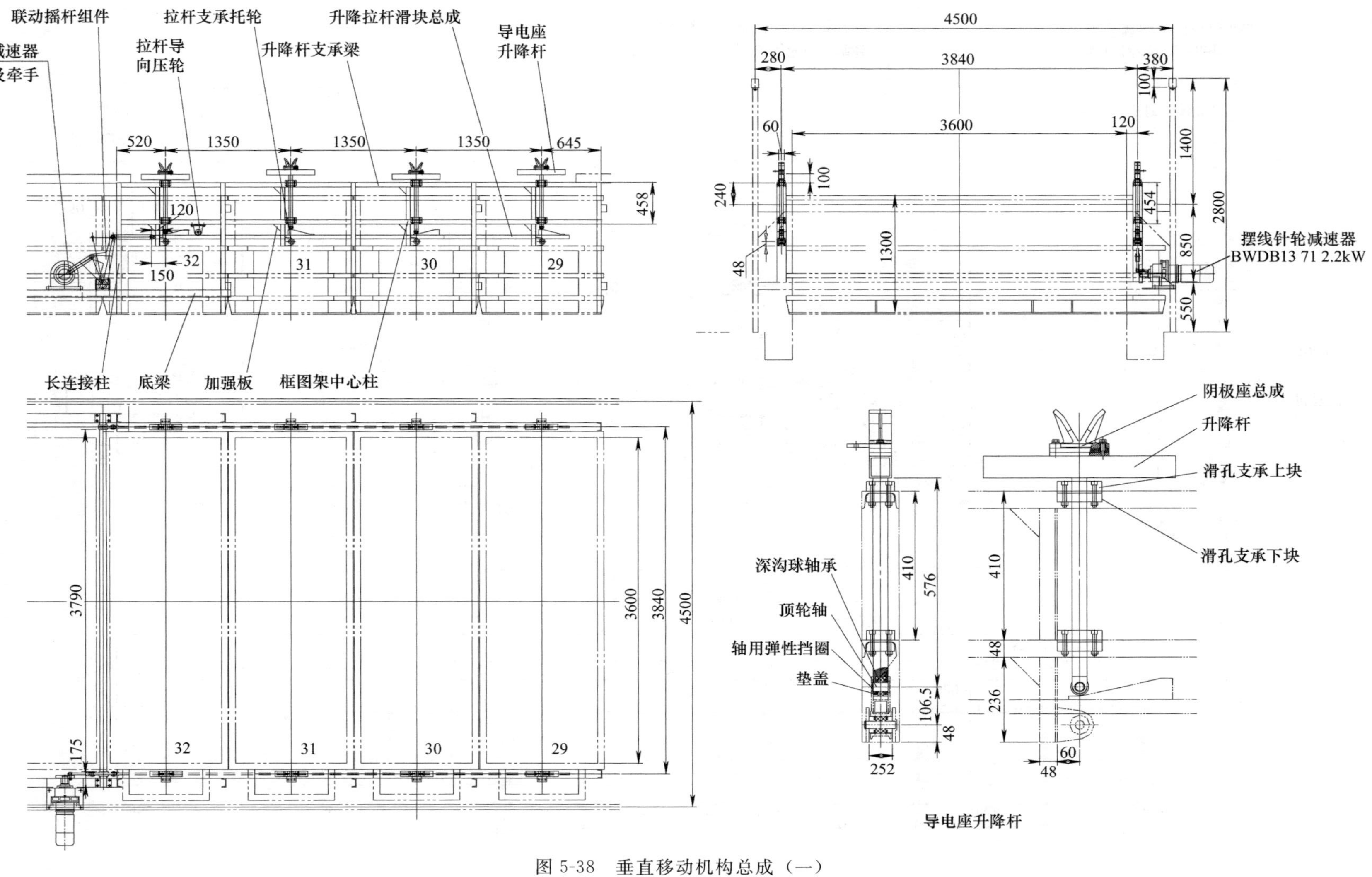

图 5-38　垂直移动机构总成（一）

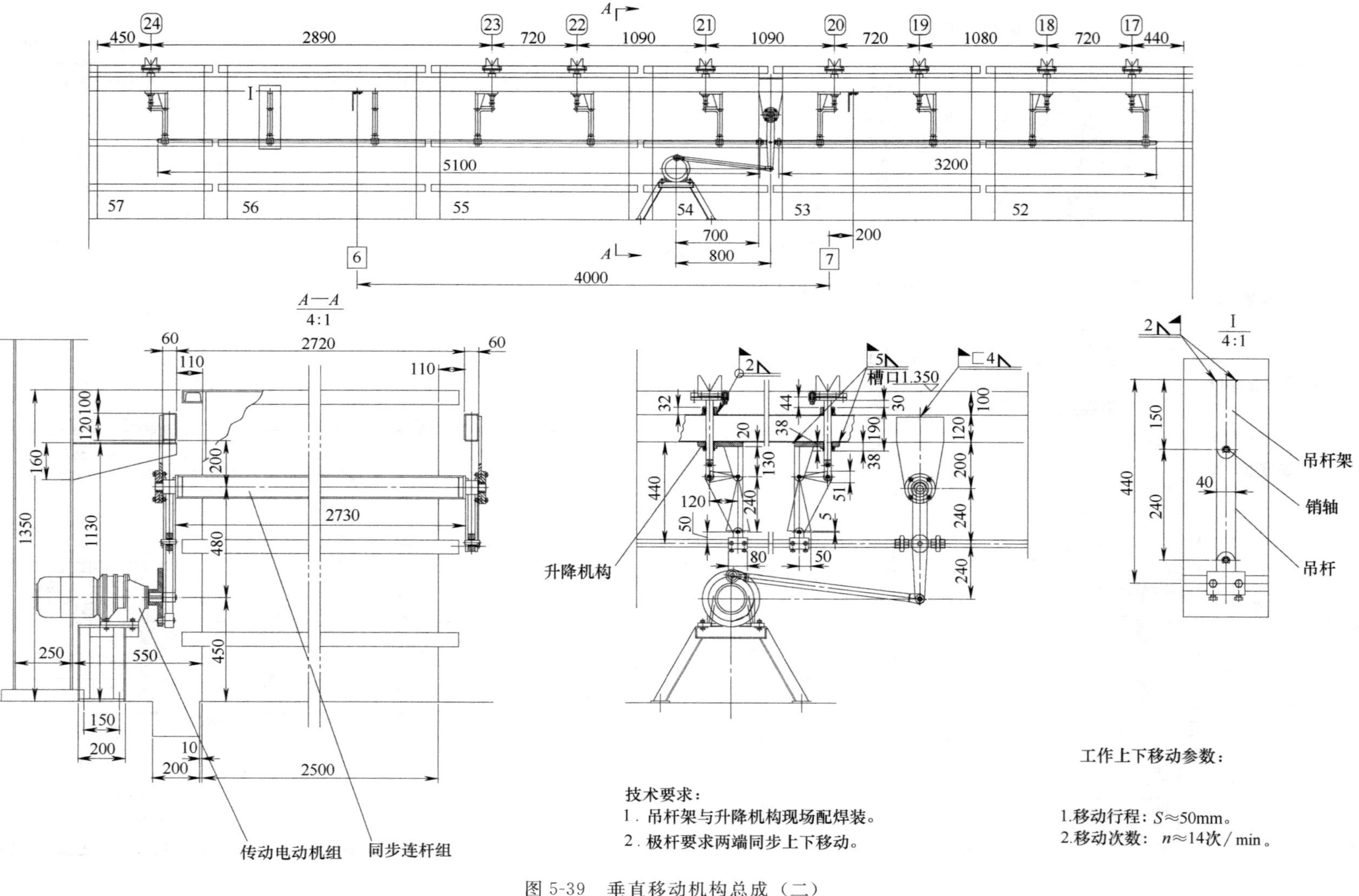

图 5-39 垂直移动机构总成（二）

如图 5-40 所示，由于垂直移动幅度达到 300mm 左右，因此在导套中的导杆是由链条驱动的，驱动链条的链轮装在两根长轴上，长轴由电动机经链条传动而驱动（图 5-40 中下方为长轴驱动示意图）。

5.4.3.2　水平移动

极杆水平移动有一维、二维和三维几种形式。图 5-41 是一维极杆水平移动示意图。图中所示极杆在两侧槽口的滚轮上，一台电动机通过偏心轮和连杆带动极杆水平移动。图 5-42～图 5-44 所示的是一维极杆水平移动总成。图 5-45 所示是多工位极杆水平移动装置总成，它是将多个工位极座装配在框架上，由传动机构将框架与极座整体横向移动（即极杆为纵向移动），也可以将框架设计成斜向移动（即极杆成 45°移动，实际上这是二维极杆移动的一种形式）。图 5-46 所示是框架式极杆横向水平移动装置总成。

图 5-47 是二维极杆水平移动示意图。二维极杆移动在印制电路板行业用得最多，其依据是与印制电路板成一定角度的阴极移动，可以减小溶液进入印制电路板小孔的表面张力。这种阴极移动最开始移动幅度为 25mm 左右，使用吊带把不锈钢框吊在机架上。不锈钢框由电动机驱动，框的运动方向由槽口的导向块决定，一般是 15°或 45°。后来因为摆动幅度增大，吊带和其上的不锈钢件常常损坏，这才有了现在的滚轮结构，这就是图 5-47 所示。

图 5-48 是三维极杆水平移动示意图。活动阴极框通过铰链斜向固定在槽口，当套在框架上由电动机带动的偏心轮转动时，框架就在槽口上斜向移动，同时移动框的高度也在变化中，这就形成了三维移动。

三维移动有各种设计，这是一种最容易理解的设计。这种设计如果电动机轴上的偏心轮不斜向移动而是在槽口正向移动，就变成在垂直平面上的二维移动。

5.4.3.3　旋转极杆

旋转阴极主要用在两种场合：一个是需要长时间电镀的地方，如镀硬铬、电铸；另一个是镀贵金属，镀贵金属时镀层均匀度对于节约贵金属具有重要意义。长辊和管状工件内腔镀硬铬时，常见的是分别采用旋转横镀和旋转垂直镀设备。镀厚铜时也有在旋转阴极的同时一边镀一边磨的设备。

旋转阴极电镀最大的优点是溶液和工件的相对运动好，电镀条件对于镀件各部分比较均匀，因而容易得到均匀的镀层。旋转阴极电镀可分为水平旋转、倾斜旋转和垂直旋转三类。

(1) 水平旋转

阴极水平旋转的电镀工件呈水平安装，旋转轴与地面平行。采用这种方式时，整个槽体水平安装，空间高度要求不高，容易实现室内操作，溶液、设备的维护较简单；槽内溶液浅，阳极容易制造布置，工作时易于观察阳极工作状况，有利于保证尺寸厚度和圆度；前期准备工作容易进行。但这种方式对场地面积要求较大，吊装、入槽定位困难，需要进行整体设计，起吊工装复杂，电极连接不便，操作不易掌握。

(2) 倾斜旋转

阴极倾斜旋转的电镀工件呈倾斜安装，旋转轴与地面成非 90°夹角。这种电镀方式的优点是倾斜安装可以很容易地排出气体且不会形成气袋和气痕；槽体尺寸介于垂直旋转与水平旋转之间，对场地面积要求也介于垂直与水平两者之间；导电装置布置在溶液外容易实现，电极连接快捷、易于掌握；旋转传动及固定装置复杂程度介于垂直与水平两者之间，可以布置在镀槽外部。但这种方式的工装适应性差，工件入槽定位不方便，不容易操作，阳极需要特殊布置，因此特别适合窄槽部位电镀。

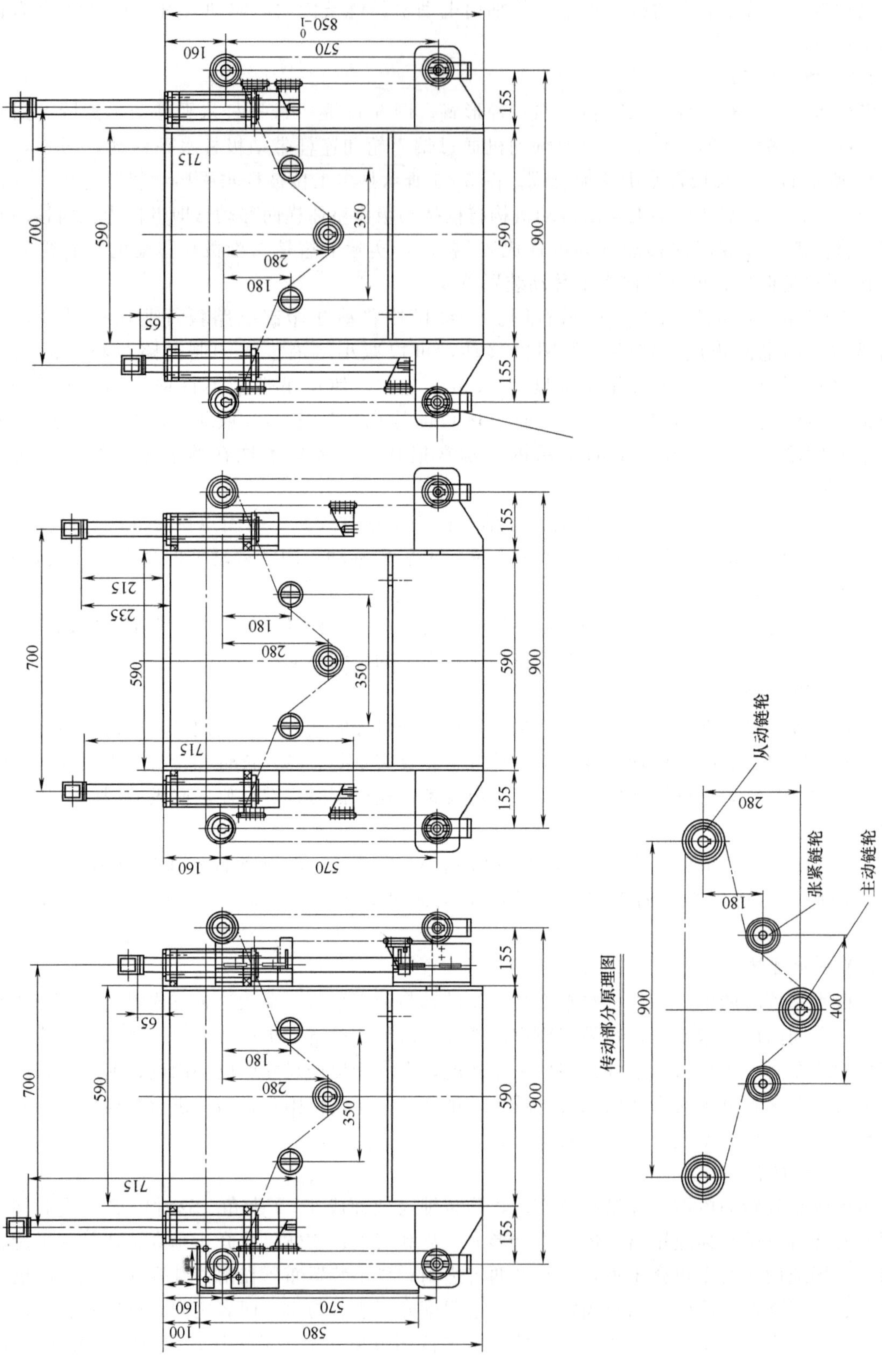

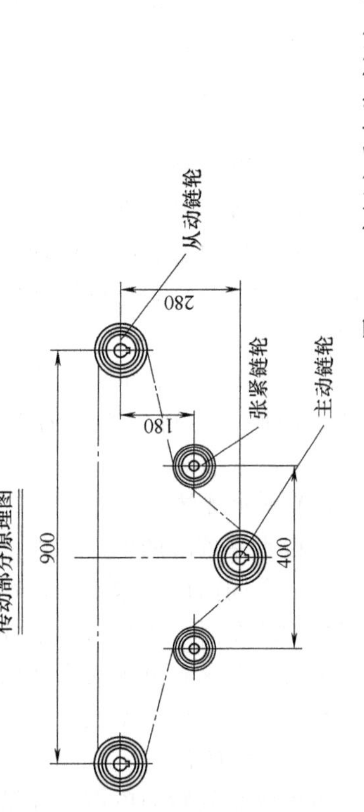

图 5-40　大幅度垂直移动极杆示例

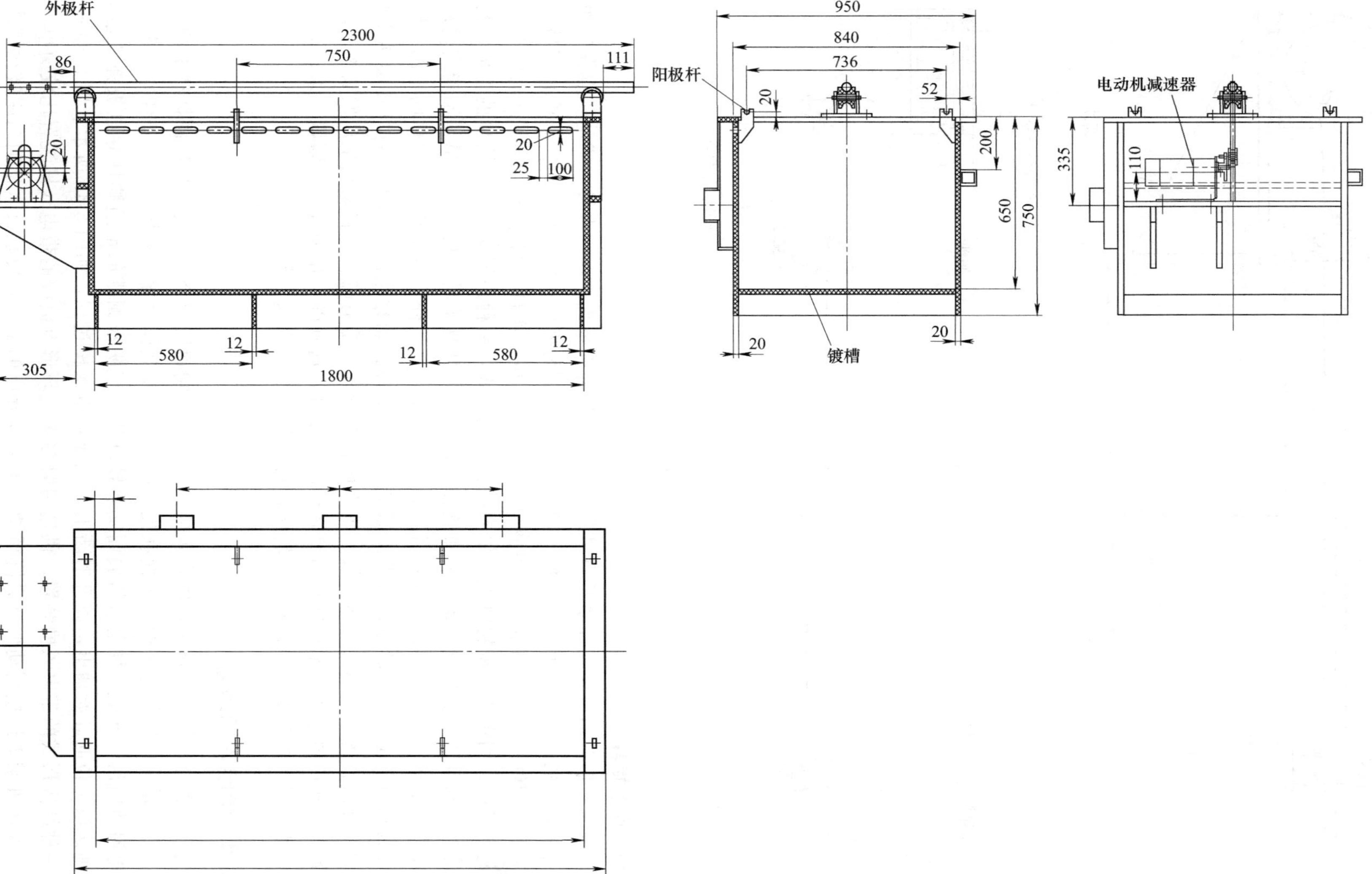

图 5-41　一维极杆水平移动示意图

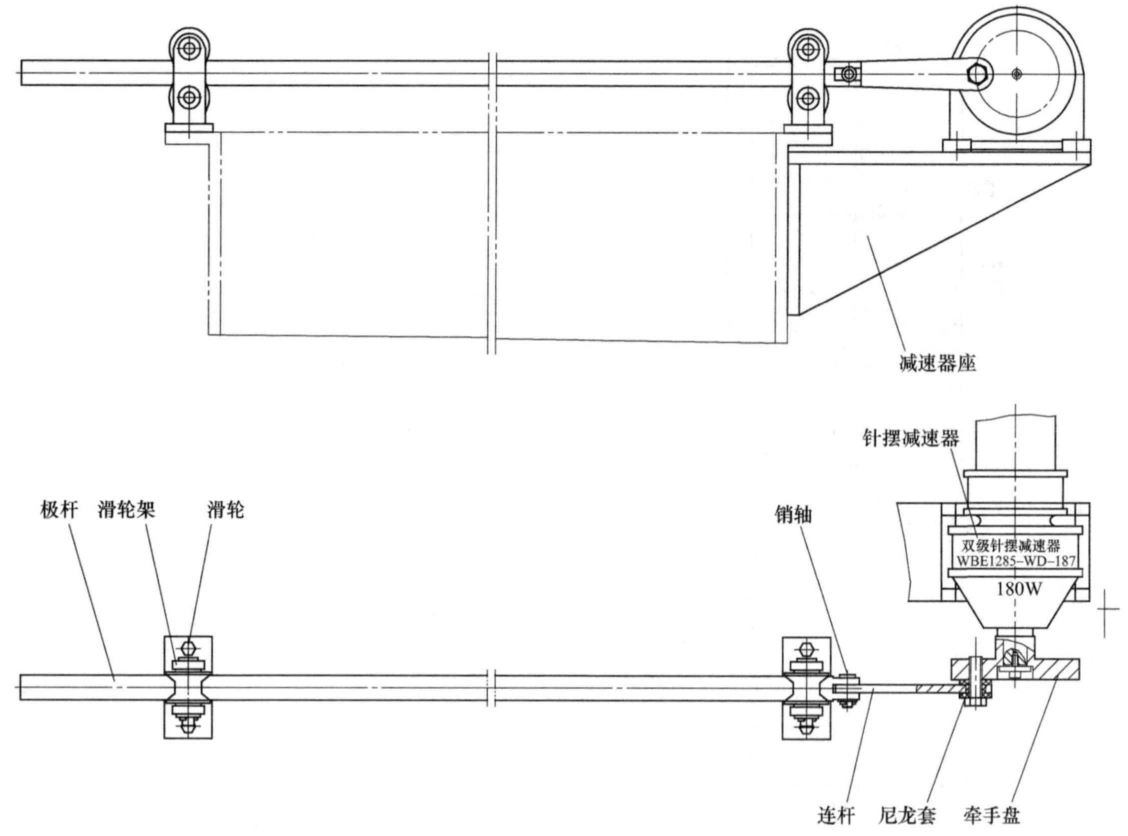

图 5-42　极杆水平移动总成（一）

(3) 垂直旋转

阴极垂直旋转的电镀工件呈垂直吊装，旋转轴与地面垂直。这种电镀方式的优点在于槽体垂直安装，对场地面积要求小；工件入槽定位方便，容易操作；阳极垂直布置，能很容易地保证镀层的均匀性；导电装置布置在溶液外容易实现，易于实现电极连接，操作方式属常规形式，易于掌握。目前垂直旋转电镀主要有两种驱动方式：一种是驱动装置在槽口的上部，其缺点是旋转传动及固定装置复杂且需要布置在镀槽上部，挂具不易实现行车起吊，不能实现现代自动化生产要求，且当工件尺寸变化时工装适应性差；另一种是驱动装置在槽体的下部，该种驱动方式克服了上驱动旋转电镀装置的缺点，易于实现自动化生产的需求，而且在旋转半径、溶液交换方面也优于上驱动旋转电镀。垂直旋转电镀方式是适应现代自动化生产发展要求的最具前景的旋转电镀方式。阳极旋转需要在运动中导电，这有以下几种方法：碳刷、汞、导电油等，一般选用碳刷为主。垂直阴极旋转图例可参阅第 3 章 3.4.1 节。

5.4.4 带电入槽装置

由于电镀工艺要求，避免可能发生的金属置换影响镀层结合力，行车吊运阴极杆上的电镀工件，在入槽液时需带电入槽，因此在提升极杆上要安装弹性导电滑块，在行车侧立柱上的固定导电滑轨内滑动导电。导电滑轨底面安装导电块，与阴极铜排的槽边弹性导电板弹性连接，行车到达该工位时开始通电，离开时断电，完成带电入槽过程，如图 5-49 所示。图 5-50 所示是另一种结构形式的带电入槽装置，供选用时参考。环形电镀线的带电入槽装置比较简单，可用软电缆从机架上连接到动架（升降桥架）上需要导电的工位，使挂具入槽前与阴极铜排接触而导电。

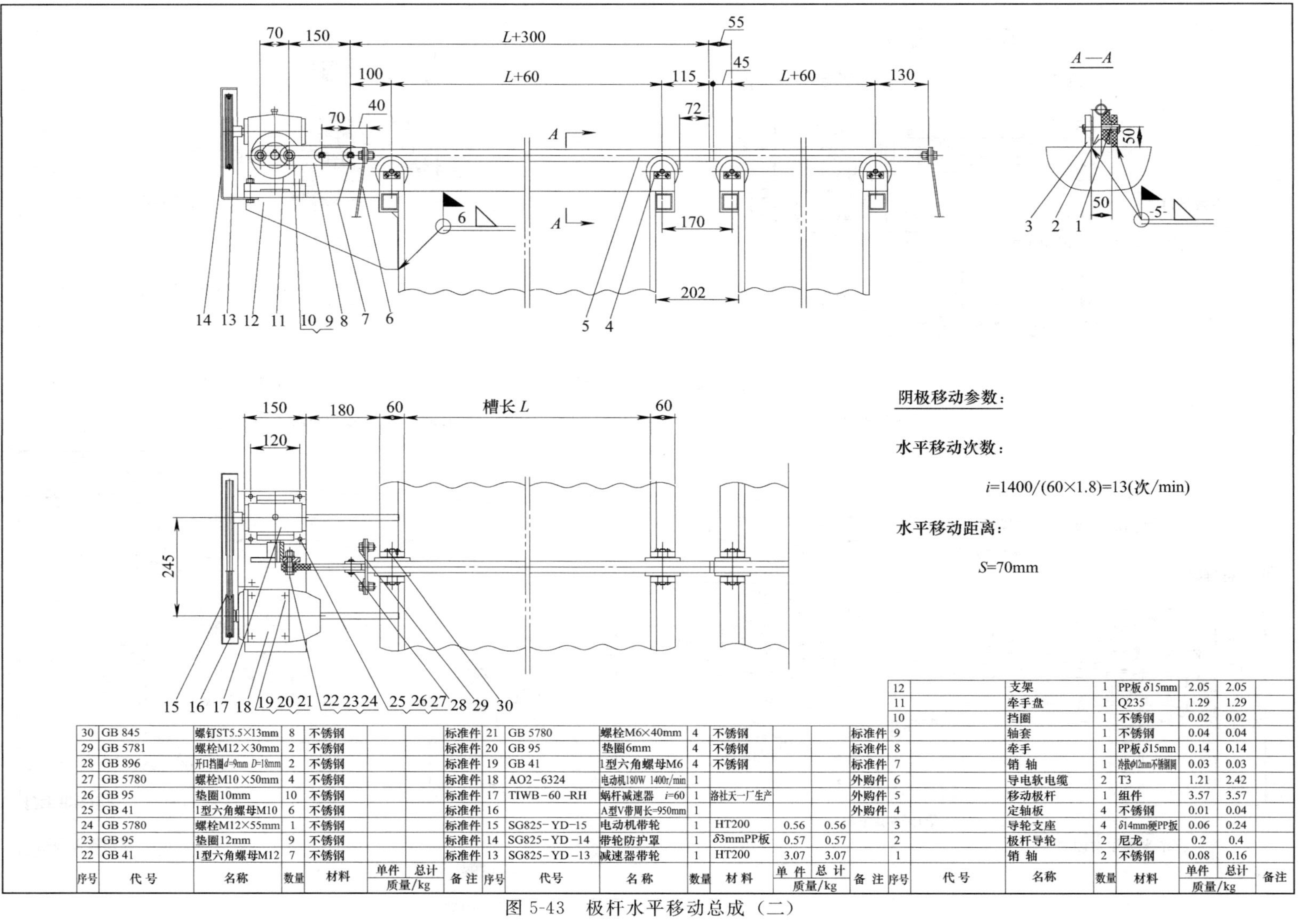

序号	代号	名称	数量	材料	单件质量/kg	总计质量/kg	备注
30	GB 845	螺钉ST5.5×13mm	8	不锈钢			标准件
29	GB 5781	螺栓M12×30mm	2	不锈钢			标准件
28	GB 896	开口挡圈d=9mm D=18mm	2	不锈钢			标准件
27	GB 5780	螺栓M10×50mm	4	不锈钢			标准件
26	GB 95	垫圈10mm	10	不锈钢			标准件
25	GB 41	1型六角螺母M10	6	不锈钢			标准件
24	GB 5780	螺栓M12×55mm	1	不锈钢			标准件
23	GB 95	垫圈12mm	9	不锈钢			标准件
22	GB 41	1型六角螺母M12	7	不锈钢			标准件

序号	代号	名称	数量	材料	单件质量/kg	总计质量/kg	备注
21	GB 5780	螺栓M6×40mm	4	不锈钢			标准件
20	GB 95	垫圈6mm	4	不锈钢			标准件
19	GB 41	1型六角螺母M6	4	不锈钢			标准件
18	AO2－6324	电动机180W 1400r/min	1				外购件
17	TIWB－60－RH	蜗杆减速器 i=60	1	洛社天一厂生产			外购件
16		A型V带周长=950mm	1				外购件
15	SG825－YD－15	电动机带轮	1	HT200	0.56	0.56	
14	SG825－YD－14	带轮防护罩	1	δ3mmPP板	0.57	0.57	
13	SG825－YD－13	减速器带轮	1	HT200	3.07	3.07	

序号	代号	名称	数量	材料	单件质量/kg	总计质量/kg	备注
12		支架	1	PP板δ15mm	2.05	2.05	
11		牵手盘	1	Q235	1.29	1.29	
10		挡圈	1	不锈钢	0.02	0.02	
9		轴套	1	不锈钢	0.04	0.04	
8		牵手	1	PP板δ15mm	0.14	0.14	
7		销 轴	1	冷拔φ12mm不锈钢圆	0.03	0.03	
6		导电软电缆	2	T3	1.21	2.42	
5		移动极杆	1	组件	3.57	3.57	
4		定轴板	4	不锈钢	0.01	0.04	
3		导轮支座	4	δ14mm硬PP板	0.06	0.24	
2		极杆导轮	2	尼龙	0.2	0.4	
1		销 轴	2	不锈钢	0.08	0.16	

图 5-43　极杆水平移动总成（二）

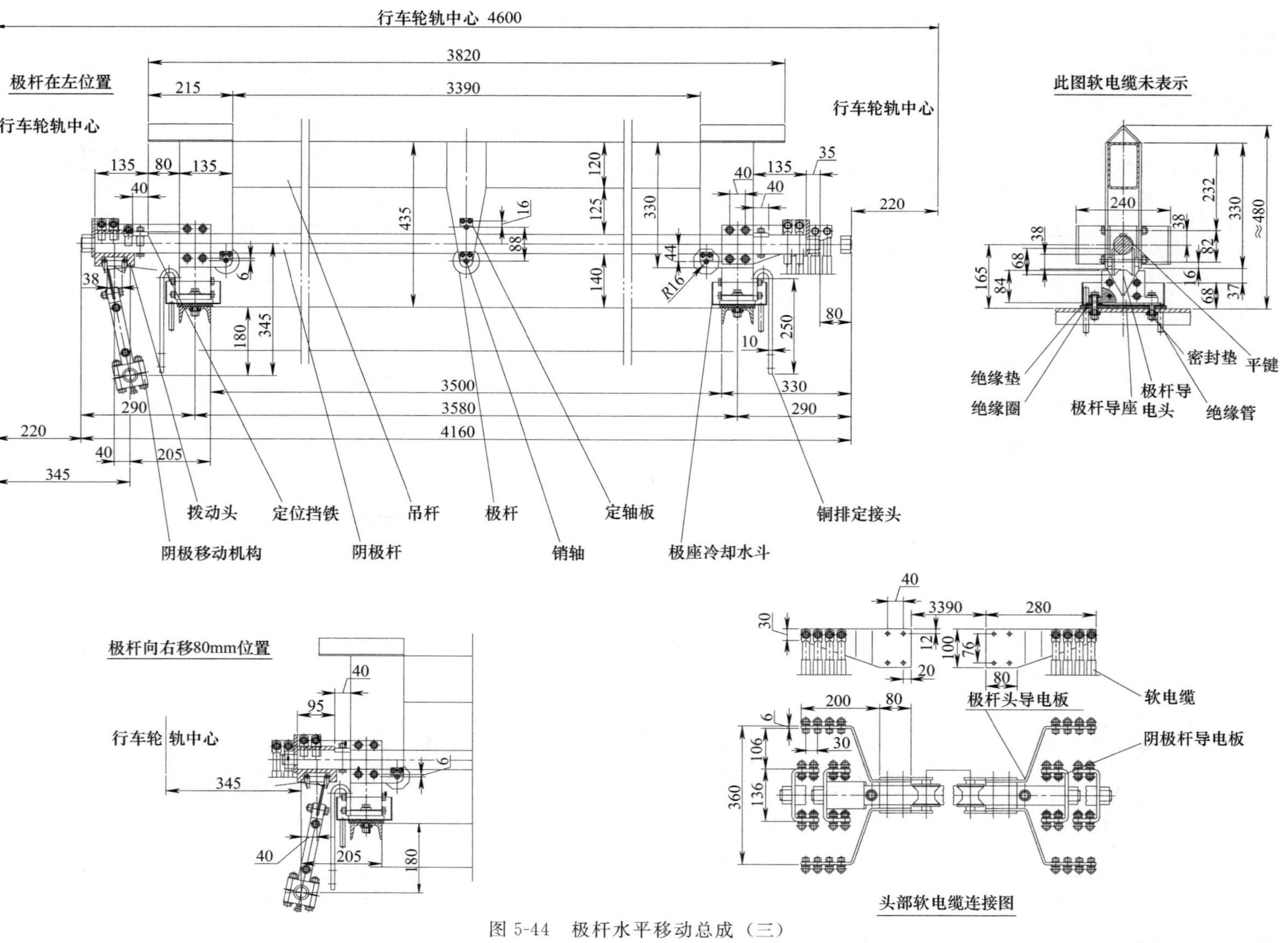

图 5-44 极杆水平移动总成（三）

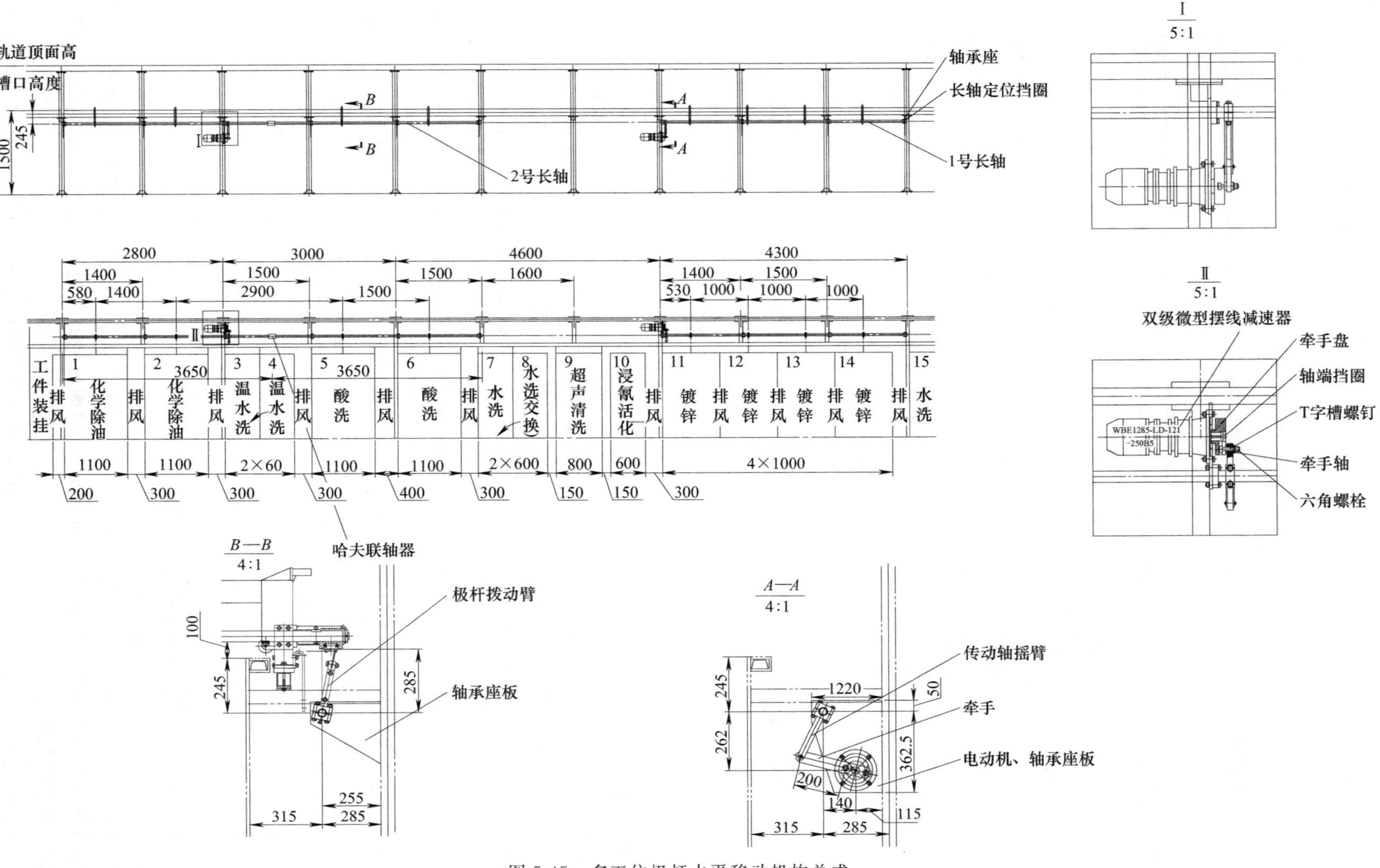

图 5-45　多工位极杆水平移动机构总成

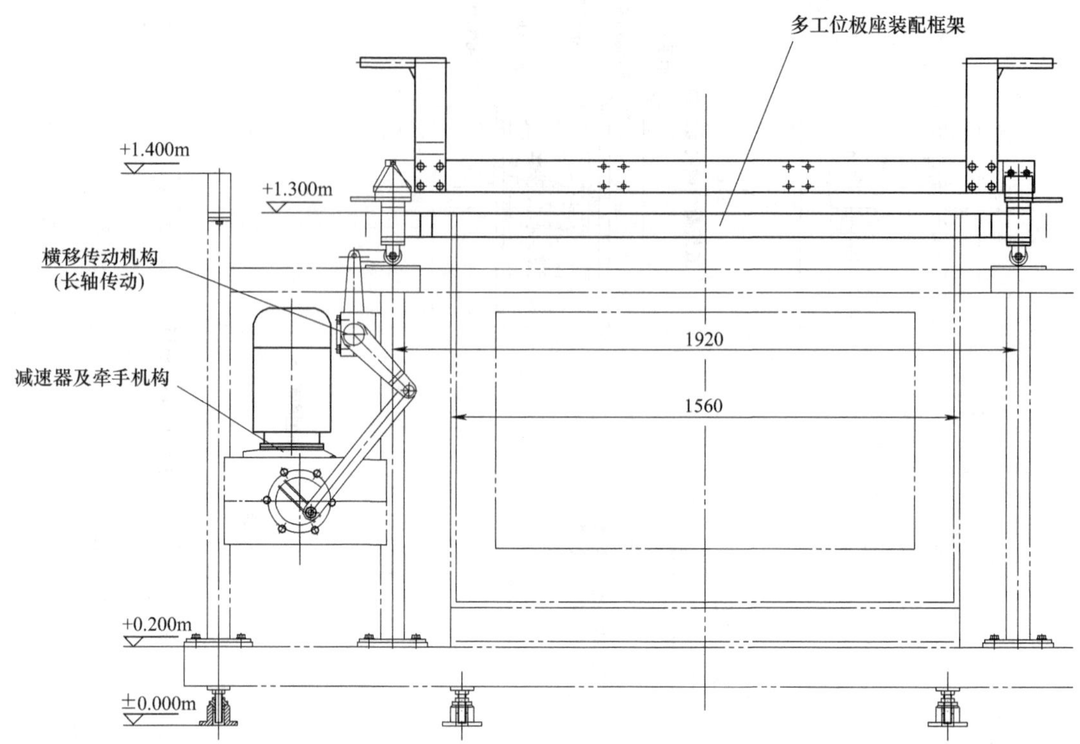

图 5-46　框架式极杆水平移动装置总成

5.4.5 挂具

电流经挂具到达工件，挂具是阴极系统的一部分。挂具的作用有：支撑工件、分布电流、支撑辅助阳极或辅助阴极、支撑屏蔽板等。这些功能大多与具体的场合有关。

图 5-51 所示是常用挂钩形式。显然，其中有的适用于圆形导电杆，有的适用于矩形导电杆。图 5-51（a）和图 5-51（b）所示为刀子式或点接触，图 5-51（c）所示为移动的线接触，图 5-51（d）所示为线接触。图 5-52 所示是燕尾槽挂钩，是值得推荐的一种挂钩形式。燕尾槽挂具导电头与极杆用沉头螺钉固定，燕尾形挂具导电头可以轻松插入导电块的燕尾槽内，两者良好的配合保证了导电的可靠性。必须指出：导电头下部的工件排布，使其重心尽可能在极杆中心线的垂直面内，防止极杆歪斜，影响阴极杆的导电头与阴极座的良好贴合。图 5-53 所示是一种双极性挂具。

挂具材质的选择及其尺寸与形状取决于电镀工件的特点，挂具多数需浸涂挂具绝缘胶。挂具是一个专业设计项目，可查阅有关专著。

5.5 导电杆的强度与刚度

导电杆（阳极杆和阴极杆）的截面尺寸取决于两个要素：①许用电流密度；②强度与刚度。导电杆的许用电流密度不超过 $1.5A/mm^2$，前面已经介绍过了。这里主要阐明导电杆负载情况下的强度与刚度。

手工电镀线和行车式电镀线的阳极杆和阴极杆，以及环形电镀线的阳极杆，都分别安放于它们的阳极杆座和阴极杆座上，即导电杆的计算长度为两支座间的跨距。

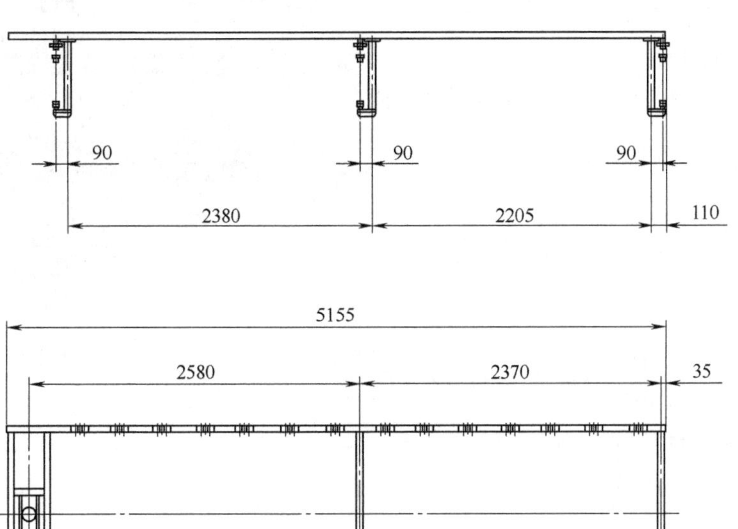

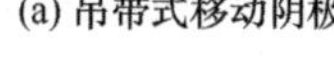
(a) 吊带式移动阴极

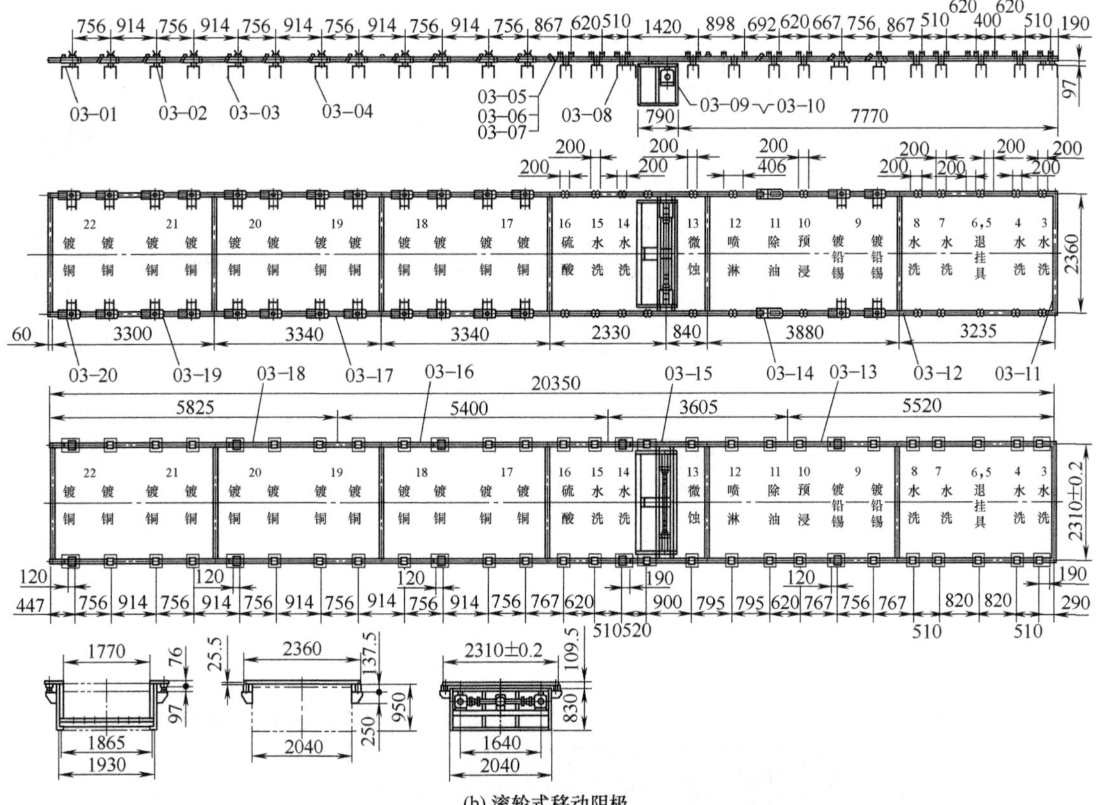

(b) 滚轮式移动阴极

图 5-47　二维极杆水平移动示意图

5.5.1 单挂镀件的导电杆

所谓单挂镀件的导电杆是指在导电杆两支座间的跨距内，居中承载一个挂具工件。

(1) 圆棒导电杆

圆棒截面导电杆的弯曲强度与弯曲刚度为：

$$\sigma_W=\frac{M}{W_X}=\frac{\frac{Pl}{4}}{\frac{\pi}{32}d^3}=\frac{Pl}{0.004d^3}\leqslant[\sigma_W](\text{MPa}) \quad (5\text{-}8)$$

$$f=\frac{Pl^3}{48EI_X}=\frac{Pl^3}{240Ed^4}\leqslant\frac{l}{n}(\text{cm}) \quad (5\text{-}9)$$

式中 l——极杆计算长度，cm；

P——极杆居中承载重，N；

W_X——圆棒截面系数，cm^3，$W_X=\frac{\pi}{32}d^3$；

d——圆棒直径，cm；

$[\sigma_W]$——许用应力，$[\sigma_W]_{紫铜}=39.2$MPa，$[\sigma_W]_{黄铜}=49.0$MPa；

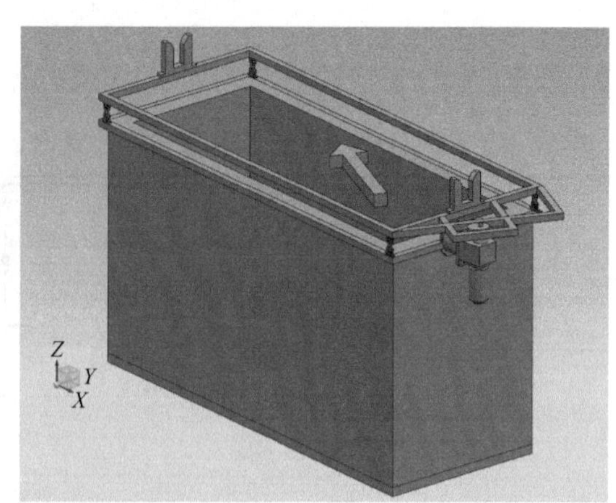

图 5-48 三维极杆水平移动示意图

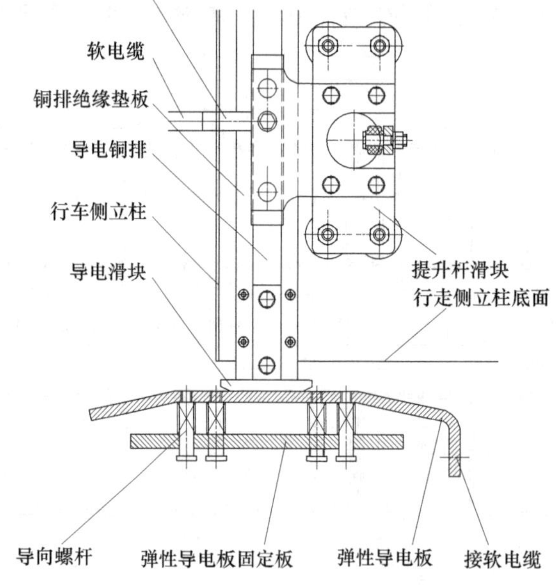

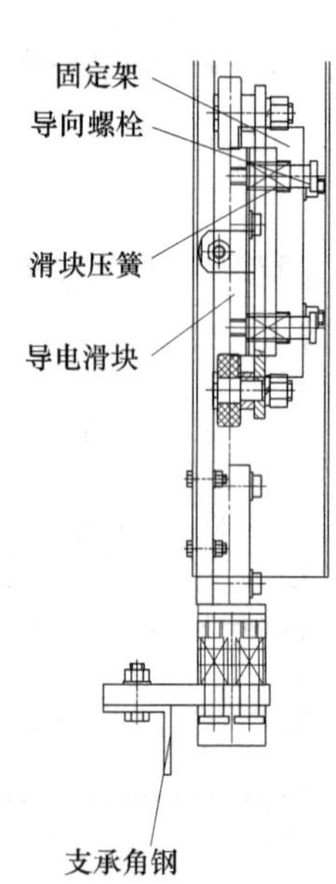

注：支承角钢、导电铜排及铜排绝缘板的长度，按吊车升降行程配制。

图 5-49 带电入槽装置（一）

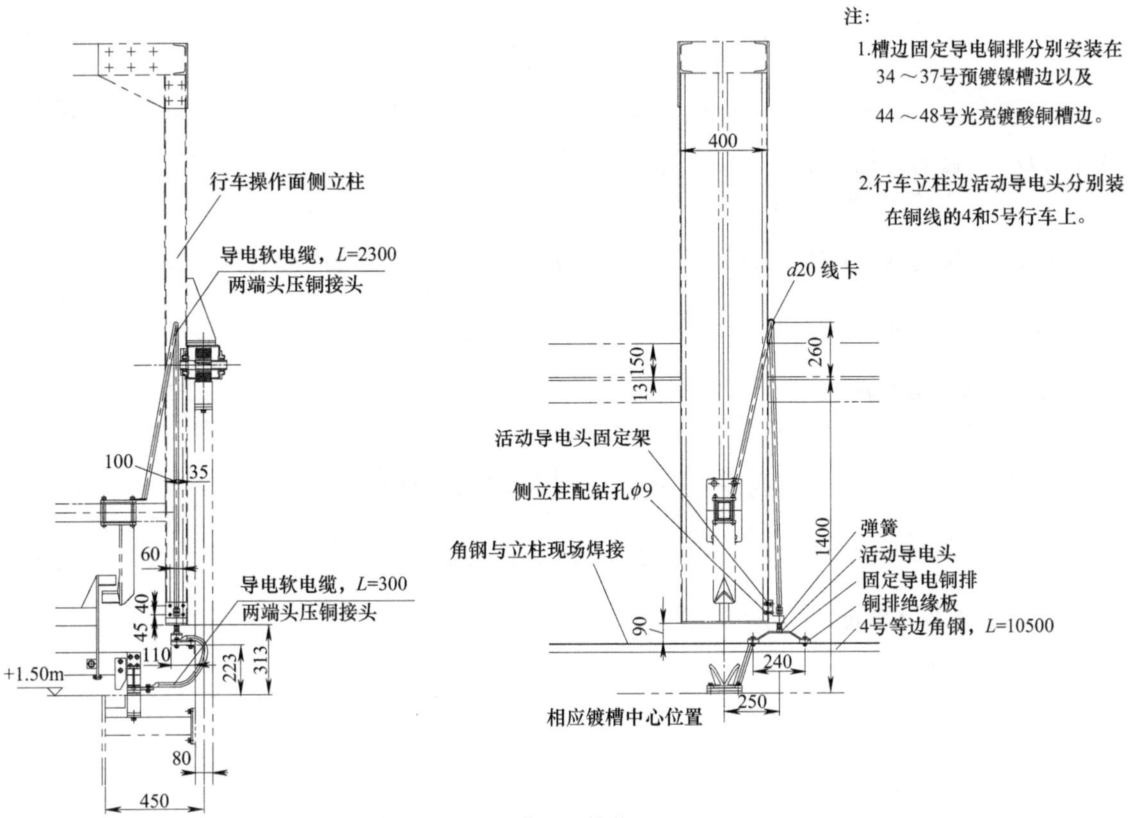

注：

1.槽边固定导电铜排分别安装在34～37号预镀镍槽边以及44～48号光亮镀酸铜槽边。

2.行车立柱边活动导电头分别装在铜线的4和5号行车上。

图 5-50　带电入槽装置（二）

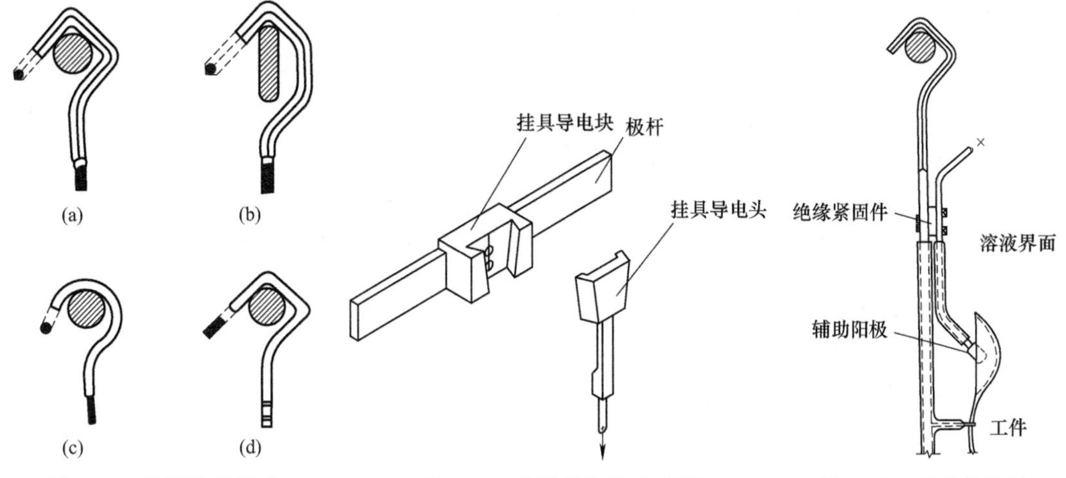

图 5-51　常用挂钩形式　　图 5-52　燕尾槽挂钩示意图　　图 5-53　双极性挂具

f——杆材的弯曲挠度，cm；

E——导电杆材料的弹性模量，$E_{紫铜}=(1.08\sim1.27)\times10^5$ MPa，$E_{黄铜}=(1.08\sim1.05)\times10^5$ MPa；

I_X——圆棒截面惯性矩，cm^4，$I_X=\dfrac{\pi d^4}{64}$；

n——极杆长度计算中许用挠度的安全系数值，通常取 $n=200\sim300$。

(2) 圆管导电杆

圆管截面导电杆的弯曲强度与弯曲刚度为：

$$\sigma_W=\frac{M}{W_X}=\frac{PlD}{40(D^4-d^4)}\leqslant[\sigma_W](\text{MPa}) \tag{5-10}$$

$$f=\frac{Pl^3}{240E(D^4-d^4)}\leqslant\frac{l}{n}(\text{cm}) \tag{5-11}$$

式中 D——圆管外径，cm；

d—— 圆管内径，cm；

W_X——圆管截面系数，cm³，$W_X=\frac{\pi}{32D}(D^4-d^4)$；

I_X——圆管截面惯性矩，cm⁴，$I_X=\frac{\pi}{64}(D^4-d^4)$。

(3) 矩形条导电杆

矩形条截面导电杆的弯曲强度与弯曲刚度为：

$$\sigma_W=\frac{M}{W_X}=0.015\frac{Pl}{bh^2}\leqslant[\sigma_W](\text{MPa}) \tag{5-12}$$

$$f=\frac{Pl^3}{400Ebh^3}\leqslant\frac{1}{n}(\text{cm}) \tag{5-13}$$

式中 b——矩形条宽度，cm；

h——矩形条高度，cm；

W_X——矩形条截面系数，cm³，$W_X=\frac{bh^2}{6}$；

I_X——矩形条截面惯性矩，cm⁴，$I_X=\frac{bh^3}{12}$。

(4) 矩形管导电杆

矩形管截面导电杆的弯曲强度与弯曲刚度为：

$$\sigma_W=\frac{M}{W_X}=\frac{\frac{Pl}{4}}{\frac{BH^3-bh^3}{6H}}=0.015\frac{PlH}{BH^3-bh^3}\leqslant[\sigma_W](\text{MPa}) \tag{5-14}$$

$$f=\frac{Pl^3}{48EI_X}=\frac{Pl^3}{48E\left(\frac{BH^3-bh^3}{12}\right)}=\frac{Pl^3}{400E(BH^3-bh^3)}\leqslant\frac{l}{n}(\text{cm}) \tag{5-15}$$

式中 B——矩形管外宽度，cm；

b——矩形管内宽度，cm；

H——矩形管外高度，cm；

h——矩形管内高度，cm；

W_X——矩形管截面系数，cm³，$W_X=\frac{BH^3-bh^3}{6H}$；

I_X——矩形管截面惯性矩，cm⁴，$I_X=\frac{BH^3-bh^3}{12}$。

5.5.2 多挂镀件的导电杆

所谓多挂镀件的导电杆，是指在导电杆两支座间的跨距长度 l 内，按等间距吊挂 n 个重为 P 的挂具工件，这时导电杆可视为沿跨距长度内受均布载荷的梁，均布载荷值为$\frac{\sum P}{l}$，乘以折算系数 k（表 5-8）。

表 5-8　折算系数

导电杆上等距承载点个数 n	3	4 或 5	6 或 7	8 或 9	10 或 11	12 或 13	14 或 15
折算系数 k	3.17	5	7	9	11	13	15

取出其中一单跨作简支梁，并计入两支座处弯矩为 $-0.106k\dfrac{\sum P}{l}\left(\dfrac{l}{n}\right)^2$，在均布载荷 $k\dfrac{\sum P}{l}$ 作用下，设导电杆为圆截面 d（cm）时，导电杆的弯曲强度与弯曲刚度为：

$$\sigma_W=\frac{M}{W_X}=\frac{\left|-0.106k\dfrac{\sum P}{l}\left(\dfrac{l}{n}\right)^2\right|+\dfrac{1}{8}k\dfrac{\sum P}{l}\left(\dfrac{l}{n}\right)^2}{0.1d^3}=2.31\times10^{-2}\frac{k\dfrac{\sum P}{l}\left(\dfrac{l}{n}\right)^2}{d^3}\leqslant[\sigma_W](\text{MPa}) \tag{5-16}$$

$$f=\frac{5k\dfrac{\sum P}{l}\left(\dfrac{l}{n}\right)^4}{384EI_X}=\frac{5k\dfrac{\sum P}{l}\left(\dfrac{l}{n}\right)^4}{384E\dfrac{\pi d^4}{64}}=2.65\times10^{-3}\frac{k\dfrac{\sum P}{l}\left(\dfrac{l}{n}\right)^4}{Ed^4}\leqslant\frac{l}{n}(\text{cm}) \tag{5-17}$$

注：① 多挂镀件的导电杆，如果采用圆管、矩形条或矩形管制作时，将它们各自的截面系数和截面惯性矩代入式（5-16）和式（5-17），即得其弯曲应力和弯曲挠度。

② 5.3.1 节和 5.4.2 节介绍的阳极杆和阴极杆，确定了承载和承载形式后，应用上述计算公式换算其弯曲强度与弯曲刚度，达不到计算标准的，须对其作相应的加强措施。

5.6 阴阳极的屏蔽

阳极系统和阴极系统在阳极与工件之间会遇到阴阳极的屏蔽问题。屏蔽也是一种方法，用来避免镀层厚度不均或工件烧焦。工件的形状越规整，越容易屏蔽。屏蔽问题处理得较好的是印制电路板电镀和集成电路引线框架电镀，因为两者的工件都是矩形。现在用印制电路板举例说明。

用顶挂具（图 5-54）来代替长挂具，消除了印制电路板与印制电路板之间的距离，减少了一些边缘部分。例如，一根极杆挂 8 块印制电路板，有 32 条边；用顶挂具只有 4 个边。但是用顶挂具时下沿有一个长边，为了屏蔽这个长边采用了浮置挡板，利用 PP 板密度小于镀液密度的特点，印制电路板未进槽时 PP 板制作的屏蔽架浮在液面上，印制电路板进槽时把屏蔽架沿两侧的不锈钢滑道下压，不管印制电路板多长，屏蔽架都正好在印制电路板下沿。这样就减少了印制电路板下沿镀层偏厚的倾向，也能适应印制电路板长度的变化。图 5-55 是浮置挡板示意图。

印制电路板上边和侧边也容易产生镀层过厚，可以做一个阳极挡板来解决。图 5-56 是这种阳极挡板的示意图。举例只是为了说明屏蔽在电镀中的作用。

图 5-54　印制电路板用顶挂具

屏蔽大致分为辅助阴极屏蔽和非导体屏蔽。情况各式各样，屏蔽方法也有多种多样的。例如，挂具周围做个框，可以避免挂具边缘的工件烧焦。再如，长轴镀硬铬时，轴头做两个套避免轴头镀得太厚。这些都属于阴极屏蔽。

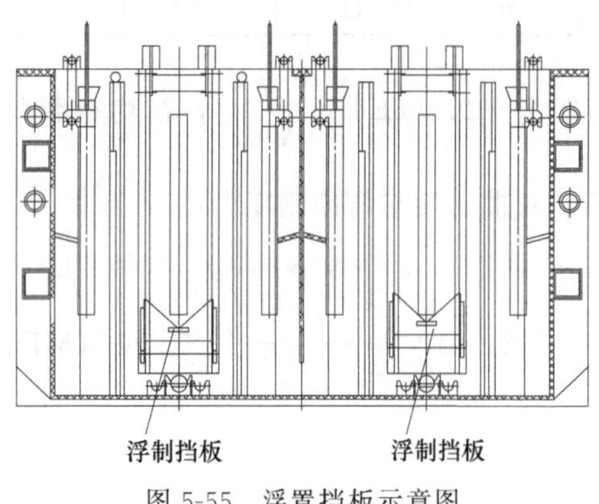

图 5-55 浮置挡板示意图

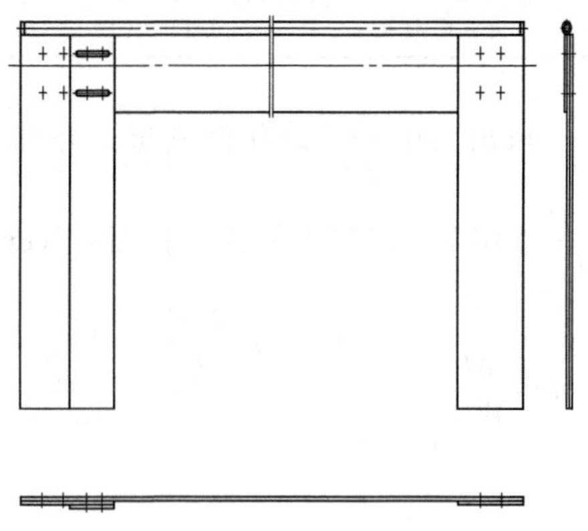
图 5-56 阳极挡板示意图

第6章 电镀生产线的给水与排水系统

6.1 电镀线的给水系统

6.1.1 电镀线的给水要求

电镀线的给水主要用于三个方面：①工艺用水，包括配制溶液、校正调整溶液和溶液蒸发补充用水；②各工序工件的清洗；③设备的冷却用水。为了保证镀液性能和电镀层的质量，必须重视不同用途的水质要求。

《金属镀覆和化学覆盖工艺用水水质规范》(HB 5472—91) 规定了不同镀覆和化学覆盖工艺三类用水标准，见表 6-1 和表 6-2。表 6-1 “水质指标” 中的 C 类水，一般城市自来水的水质均能达到。自来水是指自来水处理厂通过水厂的取水泵站汲取江河、湖泊及地下水、地表水，经沉淀、消毒、过滤等工艺流程，符合国家《生活饮用水卫生标准》(GB 5749—2006)，最后由配水泵站通过输配水管供给用户使用。《生活饮用水卫生标准》中规定的水质常规指标及极限值见表 6-3。

表 6-1 水质指标

指标名称	水的类别		
	A	B	C
电阻率(25℃)/Ω・cm	⩾100000	⩾7000	⩾1200
总可溶性固体(TDS)/(mg/L)	⩽7	⩽100	⩽600
二氧化硅(SiO_2)/(mg/L)	⩽1	—	—
pH 值	5.5～8.5	5.5～8.5	5.5～8.5
氯离子(Cl^-)/(mg/L)	⩽5	⩽12	—

表 6-2 工艺用水要求

序号	镀　种	配液用水	清洗用水	序号	镀　种	配液用水	清洗用水
一、镀层类							
1	镀锌	B类	C类	12	镀铁	C类	C类
2	镀镉	B类	C类	13	镀铅	B类	C类
3	镀镉钛	A类	C类	14	镀金及金合金	A类	A类
4	镀铜	B类	C类	15	镀银	A类	B类
5	镀黄铜	B类	C类	16	镀铑	A类	A类
6	镀青铜	B类	C类	17	镀钯	A类	A类
7	镀镍	A类	C类	18	镀铟	A类	A类
8	化学镀镍	A类	C类	19	印刷电路板电镀	A类	A类
9	镀黑镍	A类	C类	20	镀锡	B类	C类
10	镀铬	B类	C类	21	镀铅锡	A类	C类
11	镀黑铬	A类	C类				

续表

序号	镀　　种	配液用水	清洗用水	序号	镀　　种	配液用水	清洗用水
二、化学覆盖类							
22	铝合金硫酸阳极氧化	A类	B类	31	镁合金阳极氧化	B类	C类;干燥前洗B类
23	铝合金铬酸阳极氧化	A类	B类	32	镁合金化学氧化	B类	C类
24	铝合金磷酸阳极氧化	C类	C类	33	钢件磷化	A类	B类;干燥前洗A类
25	铝合金硬质阳极氧化	A类	B类	34	钢件化学氧化(发蓝)	C类	C类;干燥前洗B类
26	铝合金瓷质阳极氧化	A类	B类	35	铜钝化	C类	C类;干燥前洗A类
27	铝合金草酸阳极氧化	A类	A类	36	铜化学氧化	C类	C类;干燥前洗A类
28	铝合金化学氧化	B类	B类	37	不锈钢钝化	C类	C类
29	钛合金阳极氧化	B类	B类	38	钢件钝化	C类	C类
30	钛合金磷化	B类	B类;干燥前洗A类				
三、表面准备类							
39	黑色金属除油、脱氧等	C类	C类	42	铝合金除油脱氧等	配脱氧液B类;其他C类	脱氧后清洗B类
40	不锈钢除油脱氧等	C类	C类	43	铝件焊前清洗	配酸洗液B类;其他C类	酸洗后清洗B类
41	铜及铜合金除油脱氧等	C类	C类	44	钛及钛合金除油脱氧等	配氟化氢钠A类;其他B类	当下道工序大于288℃进行加热或焊接时A类
四、化铣、抛光类							
45	不锈钢化学铣切	C类	C类	51	钢电抛光	C类	C类
46	钢化学铣切	C类	C类	52	铜件电抛光	C类	C类
47	铝合金化学铣切	C类	C类	53	铝件电抛光	C类	C类
48	钛合金化学铣切	C类	C类;干燥前洗A类	54	铝件化学抛光	C类	C类
49	光化学下料铣切和刻型	B类	B类;钛合金洗A类	55	不锈钢化学抛光	C类	C类
50	不锈钢电抛光	C类	C类				

表 6-3 《生活饮用水卫生标准》水质常规指标及极限值

序号	指标	极限值	序号	指标	极限值
一、微生物指标①			三、感官性状和一般化学指标		
1	总大肠菌群(MPN/100mL或CFU/100mL)	不得检出	1	色度(铂钴色度单位)	15
2	耐热大肠菌种(MPN/100mL或CFU/100mL)	不得检出	2	浑浊度(NTU—散射浊度单位)/(mg/L)	1(水源与净水技术条件限制时为3)
3	大肠埃希氏菌(MPN/100mL或CFU/100mL)	不得检出	3	臭和味	无异臭,无异味
4	菌落总数(CFU/100mL)	100	4	肉眼可见物	无
二、毒理指标			5	pH值	≥6.5,≤8.5
1	砷/(mg/L)	0.01	6	铝/(mg/L)	0.2
2	镉/(mg/L)	0.005	7	铁/(mg/L)	0.3
3	六价铬/(mg/L)	0.05	8	锰/(mg/L)	0.1
4	铅/(mg/L)	0.01	9	铜/(mg/L)	1.0
5	汞/(mg/L)	0.001	10	锌/(mg/L)	1.0
6	硒/(mg/L)	0.01	11	氯化物/(mg/L)	250
7	氰化物/(mg/L)	0.05	12	硫酸盐/(mg/L)	260
8	氟化物/(mg/L)	1.0	13	溶解性总固体/(mg/L)	1000
9	硝酸盐(以N计)/(mg/L)	10(地下水源限制时为20)	14	耗氧量(COD_{Mn}法,以O_2计)/(mg/L)	3(水源限制、原水耗氧量6mg/L时为5)
10	三氯甲烷/(mg/L)	0.06	15	挥发酚类(以苯酚计)/(mg/L)	0.002
11	四氯化碳/(mg/L)	0.002	16	阴离子合成洗涤剂/(mg/L)	0.3
12	溴酸盐(使用臭氧时)/(mg/L)	0.01	四、放射性指标②		指导值
13	甲醛(使用臭氧时)/(mg/L)	0.9	1	总α放射性(Bq/L)	0.5
14	亚氯酸盐(使用二氧化氯消毒时)/(mg/L)	0.7	2	总β放射性(Bq/L)	1
15	氯酸盐(使用复合二氧化氯消毒时)/(mg/L)	0.7			

① MPN表示最可能数；CFU表示菌落形成单位。当水样检出总大肠菌群时，应进一步检验大肠埃希氏菌或耐热大肠菌群；水样未检出总大肠菌群时，不必检验大肠埃希氏菌或耐热大肠菌群。

② 若放射性指标超过指导值，则应进行分析和评价，判断能否饮用。

《生活饮用水卫生标准》(GB 5749—2006) 于 2007 年 7 月 1 日由原国家标准委和原卫生部联合发布，这部强制性国家标准和 13 项生活饮用水卫生检验国家标准已正式实施，这是国家首次将 1985 年发布的生活饮用水卫生标准进行修订。修订后具有以下三个特点：

① 加强了对水质有机物、微生物和水质消毒等方面的要求。新标准中的饮用水水质指标由原标准的 35 项增加至 106 项，增加了 71 项。其中微生物指标由 2 项增加至 6 项；饮用水消毒指标由 1 项增加至 4 项；毒理指标中无机化合物由 10 项增至 21 项；感官性状和一般理化指标由 15 项增至 20 项；放射性指标仍为 2 项。

② 统一了城镇和农村饮用水卫生标准。

③ 实现饮用水标准与国际接轨。

新标准的水质质量比原标准有不同程度的提高，对电镀线用水的水质也得到了提高。

表 6-1 中的 A 类水、B 类水，则要用自来水为水源通过水处理设备制备取得。

6.1.2 电镀清洁生产措施

近年出台的诸多绿色指令，给电镀行业提出了许多新的课题，也使中国的电镀业面临新的挑战。新的形势告诉我们，推行清洁生产才是中国电镀谋求可持续发展的唯一出路。清洁生产概念的核心便是以污染预防战略取代以末端控制为主的污染治理战略，即转换传统的污染末端治理概念，建立以生产全过程污染控制为主要内容的方针。

《中华人民共和国清洁生产促进法》规定：清洁生产，是指不断采取改进设计、使用清洁的能源和原料、采用先进的工艺技术与设备、改善管理、综合利用等措施，从源头消减污染，提高资源利用效率，减少或者避免生产、服务和产品使用过程中污染物的产生和排放，以减轻或者消除对人类健康和环境的危害。

从上述规定可知，清洁生产的实在内容强调两个方面：一是采用先进技术（工艺、设备）和改善管理；二是从源头减少或避免使用有害物质，减轻或者消除污染，最大限度地利用资源。以前者为手段，以后者为目标。清洁生产是“以防为主、防治结合”，改变传统的以末端治理为主的环保战略。清洁生产不是在污染后采取措施治理，而是在污染前采取防治对策，将污染物消除或最大限度地减少在生产过程中，实行电镀生产全过程控制。

2006 年，原国家环境保护总局发布了《清洁生产标准 电镀行业》(HJ/T 314—2006)，该标准按照清洁生产的原理，从提高资源利用率和减少环境污染方面出发，针对电镀生产过程中的原材料选用、资源利用、污染物产生、产品的生产过程和产品最终处置，提出了电镀行业生产过程清洁生产的三级技术标准，见表 6-4。

表 6-4　电镀行业清洁生产标准（综合电镀类）

清洁生产指标等级	一级	二级	三级
(1)生产工艺与装备要求			
①电镀工艺选择合理性[①]	结合产品质量事项,采用了清洁生产工艺[②]		淘汰了高污染工艺[③]
②电镀装备(整流器、风机、加热设施等)节能要求及节水装置	采用电镀过程全自动控制的节能电镀装备,有生产用水计量装置和车间排放口废水计量装置	采用节能电镀装备,有生产用水计量装置和车间排放口废水计量装置	已淘汰高能耗装备,有生产用水计量装置和车间排放口废水计量装置
③清洗方式	根据工艺选择淋洗、清洗、多级逆流清洗,回收或槽边处理的方式,无单槽清洗等方式		
④挂具、极杆	挂具有可靠的绝缘涂覆,极杆及时清理		
⑤回用	对适用镀种有带出液回收工序,有清洗水循环使用装置,有末端处理出水回用装置,有铬雾回收利用装置	对适用镀种有带出液回收工序,有末端处理出水回用装置,有铬雾回收利用装置	对适用镀种有带出液回收工序,有铬雾回收利用装置
⑥泄漏防范措施	设备无跑冒滴漏,有可靠的防范措施		

续表

清洁生产指标等级		一级	二级	三级
(1)生产工艺与装备要求				
⑦生产作业地面及污水系统防腐防渗措施		具备		
(2)资源利用指标				
①镀层金属原料综合利用率				
镀锌	锌的利用率(钝化前)/%	≥85	≥80	≥75
镀铜	铜的利用率/%	≥85	≥80	≥75
镀镍	镍的利用率/%	≥95	≥92	≥80
镀装饰	铬酐的利用率/%	≥60	≥24	≥20
镀硬铬	铬酐的利用率/%	≥90	≥80	≥70
②新鲜水用量[④]/(t/m^2)		≤0.1	≤0.3	≤0.5
(3)镀件带出液污染物产生指标(末端处理的)[⑤]				
①氰化镀种(铜)	总氰化物(以 CN^- 计)/(g/m^2)	≤0.7	≤0.7	≤1.0
②镀锌镀层钝化工艺	六价铬/(g/m^2)	0	≤0.13	≤2
③酸性镀铜	总铜/(g/m^2)	≤1.0	≤2.1	≤2.5
④镀镍	总镍/(g/m^2)	≤0.3	≤0.6	≤0.71
⑤镀装饰铬	六价铬/(g/m^2)	≤2.0	≤3.9	≤4.6
⑥镀硬铬	六价铬/(g/m^2)	≤0.1	≤1	≤1.3
(4)环境管理要求				
①环境法律法规标准		符合国家和地方有关环境法律、法规,污染物排放达到国家和地方排放标准,总量控制和排放许可证管理要求		
②环境审核		按照 GB/T 24001 建立并运用环境管理体系,环境管理手册、程序文件及作业文件具备	环境管理制度健全,原始记录及统计数据齐全有效	环境管理制度、原始记录及统计数据基本齐全
③废物处理处置		具备完善的废水、废气净化处理设施且有效运行,有废水计量装置。有适当的电镀废液收集装置和合法的处理处置途径,生产现场有害气体发生点有可靠的吸风装置。废水处理过程中产生的污泥,应按照《危险废物鉴别标准》(GB 5085.1～5085.3—2007)进行危险特性鉴别。属于危险废物的,应按照危险废物处置,处置设施及转移符合标准,处置率达100%,不得混入生活垃圾		
④生产过程环境管理		生产现场环境清洁、整洁,管理有序,危险品有明显标识		
⑤相关方环境管理		购买有资质的原材料供应商的产品,对原材料供应商的产品质量、包装和运输等环节施加影响;危险废物送到有资质的企业进行处理		
⑥制订和完善本单位安全生产应急预案		按照《国务院关于全面加强应急管理工作的意见》的精神,根据实际情况制订和完善本单位应急预案,明确各类突发事件的防范措施和处理程序		

① 电镀工艺选择合理性评价原则：工艺取向是无氰、无氰低氰、低毒、低浓度、低能耗，少用络合剂；淘汰重污染化学品，如铅、镉、汞等；对特殊产品的特殊要求另作考虑。

② 清洁生产工艺是指氯化钾镀锌工艺、镀锌层低六价铬和无六价铬钝化工艺、镀锌镍合金工艺及其清洁生产工艺。

③ 高污染工艺是指高氰镀锌工艺、高六价铬钝化工艺、电镀铅锡合金工艺等。

④ 新鲜水用量是指消耗新鲜水量与全厂电镀产成品总面积之比（包括进入镀液而无镀层的面积）。

⑤ 为减少镀锌件的带出液，要求采用两种以上减少带出液的措施。

注：镀件带出液重金属离子检测的结果发生争议时采用“引用标准”中的标准。

电镀行业清洁生产标准的实施将为电镀企业开展清洁生产提供技术支持和导向，因此也为电镀生产线的设计和制订实施清洁生产的有效措施提供了理论依据和准则。

电镀行业实行清洁生产的途径，应积极地从改变产品结构、采用清洁的工艺技术、清洁生产过程管理、生产环境管理、提高资源使用效率、控制电镀工件附着液的带出量以及清洗水的循环利用等几个方面进行。电镀清洁生产过程应强调两点——“源消减”和“循环利用”，这是电镀清洁生产的目标，也是实行清洁生产必须采取的措施。

6.1.3 电镀清洗技术

6.1.3.1 工件清洗与基准排水量

电镀线的给水主要用于电镀工件的清洗，这部分的给水量占到电镀线总给水量的 80%以上。完成工件的电镀，要经过许多道工序，工件进出的溶液也有多种。在工件从一种溶液进入另一种溶液前，几乎都要进行清洗，以除去工件表面滞留的前一种溶液，其目的主要为：

① 防止对后一种溶液的污染，例如经硝酸酸洗过的铜件，在进入镀镍液前，必须将硝酸根离子洗净，否则会污染镀镍溶液；经盐酸活化后的工件镀铬或镀银前必须洗净氯离子，以免污染镀液。

② 为了避免溶液的成分或 pH 值等的变化，例如镀锌件在硝酸溶液中出光后，如不洗净即进行低铬钝化，则会增加钝化液中硝酸根的浓度、降低溶液的 pH 值；弱腐蚀后如不洗净酸液进入镀液，则会降低溶液的 pH 值。

③ 为了保证工件的使用性能，例如镀锌件钝化后未洗净钝化液，则会促使钝化膜的变色；任何工件最终未洗净镀液，都会促进镀层的电化学腐蚀。

④ 为了避免在工件上生成难以去除的物质，例如在含有硅酸钠的除油液中对工件除油后若不洗净，再经强腐蚀或弱腐蚀时，硅酸钠将会与酸作用生成难以去除的硅胶，影响镀层质量等。

清洗在本质上是一种稀释操作，亦即稀释工件表面上已溶解了的化学品到极低的浓度，否则不仅影响工件镀层的质量，同时也会污染电镀线上的各工艺镀液。高质量的电镀只有当洁净的工件在控制好纯度的镀液中进行才有可能完成，而工件的清洗就是为了保证这个基本条件。有效的清洗应该是使用最少量的水而达到工件表面最佳的洁净程度。

电镀生产节能减排的重点之一就是节约用水，电镀线设计时采用先进的清洗技术又是节水的关键。

2008 年 6 月 1 日起开始实施的《电镀污染物排放标准》(GB 21900—2008) 中，规定了电镀工件单位面积基准排水量的标准。标准分现有设施和新建设施，见表 6-5。现有设施指 2008 年 6 月 1 日前已有的电镀设施，新建设施指 2008 年 6 月 1 日后建造的电镀设施。同时规定了现有电镀设施在 24 个月的过渡期后自 2010 年 6 月 1 日起执行新建设施标准。

表 6-5　单位产品基准排水量　　L/m^2

产品	现有设施	新建设施
电镀光亮铬	760	600
其他	300	200

原国家环保总局颁布的《清洁生产标准　电镀行业》(HJ/T 314—2006) 中也提出了电镀行业（综合电镀类）的新鲜水用量为：一级，≤100L/m²（国际清洁生产先进水平）；二级，≤300L/m²（国内清洁生产先进水平）；三级，≤500L/m²（国内清洁生产基本水平）。其中，新鲜水用量是指消耗的新鲜水量与全厂生产成品总面积之比，而消耗的新鲜水量包括了电镀前处理和后处理的清洗用水。表 6-6 所示为电镀清洁生产工艺的耗水量的基准数据。

表 6-6　电镀清洁生产工艺耗水量基准数据　　t/m^2

序号	主要电镀工艺	清洁（国外先进）	较清洁（国内先进）	一般（国内平均）	较差（国内较差）	很差（国内很差）
1	氰化镀铜(底镀层)	<0.1	0.1～0.2	0.2～0.3	0.3～0.4	>0.4
2	光亮酸性镀铜	<0.1	0.1～0.2	0.2～0.3	0.3～0.4	>0.4
3	电镀镍	<0.1	0.1～0.2	0.2～0.3	0.3～0.4	>0.4
4	电镀锌	<0.1	0.1～0.2	0.2～0.3	0.3～0.4	>0.4
5	电镀光亮铬	<0.4	0.4～0.5	0.5～0.6	0.6～0.8	>0.8

注：耗水量仅为工艺清洗水量，不包括电镀前处理的消耗水量。

多级逆流清洗技术是国际上公认的节水技术，从20世纪70年代开始采用的多级逆流清洗技术，几十年来经过不断改进逐步得到推广应用，有效地减少了电镀清洗用水的排放；现在对有些电镀品种已经可以使清洗水量与镀槽蒸发量达到或接近平衡，再配合相应的水质净化措施，就能实现电镀线上用水闭路循环。

采用多级逆流清洗技术时，假定清洗槽各级均在完全混合均匀的状态进行，则由物料平衡可推导出供水量计算公式：

$$Q=D\sqrt[n]{\frac{C_o}{C_nS_1}} \tag{6-1}$$

式中 Q——小时清洗水供水量，L/h；

n——清洗槽级数；

C_o——镀槽溶液浓度，g/L；

C_n——第 n 级（即末级）清洗槽浓度，g/L；

S_1——浓度修正系数；

D——电镀工件从工艺槽带出溶液量，L/h。

由式（6-1）可知，当工件从镀槽带出液浓度不变时，决定多级逆流清洗技术供水量的主要因素为 n（清洗槽级数）和 D（电镀工件从工艺槽带出溶液量）。增加电镀线的清洗槽级数，能减少清洗水的供水量。自动电镀线在场地较宽裕且对中间镀层不会造成质量问题时，可设置多的清洗槽级数（一般不超过6个），这样有利于节约用水。

要减少排放首先要改进清洗方法，用最少的水量来达到工件表面最佳的洁净程度。在清洗槽中配合空气搅拌，可有效地提供清洗效率。空气搅拌的作用是加快清洗水在工件周围的流动速度，以消除工件表面与清洗水之间的界面阻力，使清洗水进入工件的凹洼和死角部分，搅拌同时还加强了水的对流作用，可使黏附在工件表面浓度较高的液膜很快被稀释而脱离，从而有利于提供对几何形状复杂的镀件的清洗效果；将喷淋清洗与浸洗（配合空气搅拌）相结合，可以进一步提高清洗效率，喷淋清洗是通过喷管上的喷嘴或喷孔等装置用水对工件进行清洗的过程，在自动电镀线上采用比较合适，喷淋的启动和停止受自动控制，只有当工件在喷淋位置上时才进行喷淋，使用少量的水即可部分去除工件上的带出液；喷雾清洗是用水最少的清洗方法，但因水雾会外逸影响周边环境，仅适用于密闭生产设备，如在印刷电路板生产中采用空气吹洗和喷雾清洗方法，可节水90%以上。通常在电镀生产中多采用多级逆流清洗方法。也有的厂家在电镀工件出槽清洗之前增加一次空气吹洗，直接回收带出的槽液，以减少多级清洗的用水量。

多级逆流清洗方法有很多形式，清洗用水量都比单槽直流清洗和多级并联直流清洗要节省许多，如：多级连续逆流清洗、多级间歇逆流清洗、多级间歇倒槽清洗、多级喷淋清洗和多次喷雾清洗等。其中，多级连续逆流清洗用水量较大，多级间歇逆流清洗次之，多级喷雾清洗用水量最小。

采用多级逆流清洗方法有可能达到某些电镀槽的蒸发水量与清洗水量平衡，从而实现单一工序不排放的目标，这叫作自然平衡；如果生产过程达不到自然平衡，则可以采用蒸发浓缩的办法将第一级清洗水浓缩后回用于镀槽；也可在最后一级清洗槽安装离子交换装置循环处理清洗液，以降低末级清洗水的浓度，保证洗涤工件的表面洁净程度。

6.1.3.2 挂具形状与吊挂方式

挂具和工件几何形状与吊挂方式是其附着液带出量的重要因素。不同几何形状的工件带出液量相差很大，板状工件比形状复杂的工件附着液带出量要小，但同样形状的工件，所使用挂具和吊挂方式不同，也对带出液量造成很大的影响。

因此，需注意以下内容：

① 工件设计尽可能简单平滑，尽量避免有积聚镀液的凹坑和夹缝等死角，防止带出的附着液不能排出，在不影响工件功能的情况下，可开个漏水孔等。

② 保证工件镀层均匀和致密的前提下，遵守工件设计时的排液条件，选择最合理的吊挂方式，使生产过程中工件的带出液量达到最小。

③ 挂具的非接触导电部位必须进行绝缘处理，如不进行绝缘处理，则金属将在挂具上沉积，一方面浪费金属材料和增加能耗；另一方面沉积的金属使挂具不断变粗也使带出液量增加。

④ 挂具经绝缘处理后的表面应平滑，采用浸塑处理具有成本低、操作简单、表面光滑和维修方便等优点，使用时镀液带出量少。

6.1.3.3 工件提升延时

工件提升延时，即延长工件出槽后在槽上方的停留时间，能使工件带出的附着液尽量滴入返回镀槽，这是减少其附着液带出量的有效措施之一。但是，提升延时是一个非常重要的参数，停留时间短则工件带出液量大，停留时间长则会降低产品的生产量，还有可能影响到镀层的质量。因此，应根据电镀工艺所容许的时间和操作的可能性来选择一个最佳的停留时间。事实上，工件从镀槽提出时，在其表面形成一层镀液构成的薄膜，其厚度可由下式表示：

$$f=0.02\sqrt{\frac{v\upsilon}{\mu}}=0.02\sqrt{\frac{H\upsilon}{t\mu}} \tag{6-2}$$

式中 f——工件上镀液薄膜厚度，cm；

v——挂具工件出槽速度，cm/s；

υ——镀液动力黏度，Pa·s；

μ——镀液密度，g/cm^3；

H——工件重力方向长度，cm；

t——工件出槽时间，s。

从式（6-2）可知，镀液的黏度和工件出槽速度都对镀液带出量产生较大影响。镀液黏度越大，工件出槽速度越快，附着在工件表面的镀液膜层就越厚，带出液量也就越大。由于镀液的黏度与镀液的浓度、温度有关，因此可通过改进镀液配方、电镀工艺条件设施等来控制镀液带出量。从镀液配方方面来讲，尽量采用低浓度的电镀配方。另外，减小镀液的表面张力，可使工件附着液的厚度减薄，如在电镀配方中添加有益的表面活性剂。在电镀工艺设备方面，采用自动电镀线，既能提高劳动生产率、稳定产品质量、改善劳动条件，又能自动控制设定的提升延时，有利于减少镀液的带出量。实践证明，工件提升延时 15s，镀液回流约 60%。在实际生产中，复杂工件提升延时一般取 10～15s、简单工件取 7～10s，对于镀液腐蚀性强的、镀层在空气中时间长会影响其质量的，则工件不设提升延时，或只允许延时 2～3s。

6.1.3.4 带出液的回收利用

采取工件提升延时等措施可以有效地减少镀液带出量，但不可避免仍有一定量镀液被带出。为了尽可能将其中的有用物质回收利用，可在电镀线上增设回收装置。这里介绍几种有效的方法：

① 在电镀线槽与槽之间设置倾斜挡液板，使工件经过挡液板时滴落下的镀液流回槽内。

② 在镀槽后设一带喷洗装置的空槽，工件出槽后进入空槽，用少量水对工件进行喷洗，见图 6-1。并可对挂具配以机械振动装置，也可配置喷洗管的摇摆装置，加速工件表面附着液脱离工件。回收的附着液，经处理（如过滤等）可回用于镀槽。

③ 在镀槽后设置一个或几个回收槽，工件出槽后，先在回收槽内浸洗（配置空气搅拌更有效），以回收镀液同时降低工件附着液的浓度。当回收槽内水达到一定浓度时，可补充镀槽

蒸发之用或经电渗析、反渗透或减压蒸发等方法浓缩后返回镀槽。

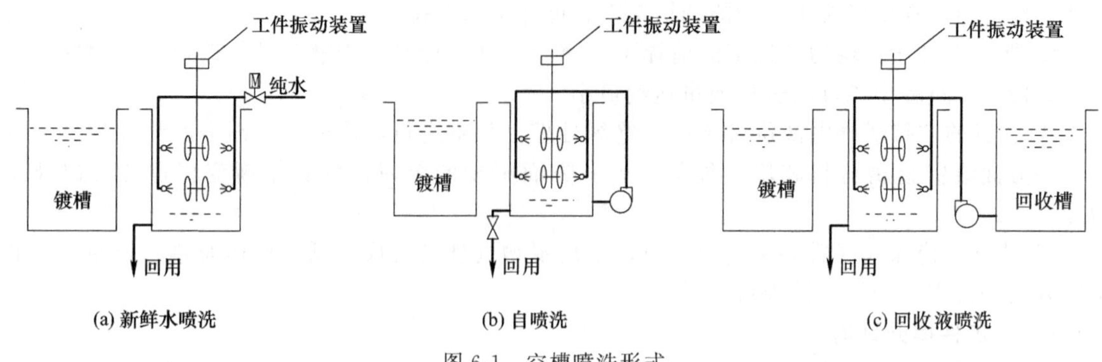

图 6-1 空槽喷洗形式

6.1.4 行车式挂镀线的清洗技术

6.1.4.1 多级连续逆流清洗流程

多级连续逆流清洗流程（图 6-2），相比其他形式的多级逆流清洗流程的用水量要大些，但由于其管理简单、便于控制，在目前电镀线清洗流程的设计中仍占主导地位，对有回收价值的镀液应设置回收槽，一方面可使工件带出的溶液直接补充到镀槽或回收利用；另一方面由于工件从回收槽带出溶液的浓度大大低于镀槽溶液的浓度而进入清洗槽，使清洗水的用量进一步减少。多级连续逆流清洗流程是其他更节水的多级逆流清洗形式的基础，随着工厂对清洁生产节约用水意识的提高，完全可在此基础上改造成更节水的其他多级逆流清洗流程。随着末级逆流清洗级数的增加，达到末级清洗水要求的用水量更少。为了控制用水量，在供水点安装流量计，根据电镀线每小时的出槽次数、每次出槽溶液的带出量、溶液成分浓度、采用逆流清洗级数等可计算出供水点的水量，用流量计控制，并可根据实际测试数据进行调整。

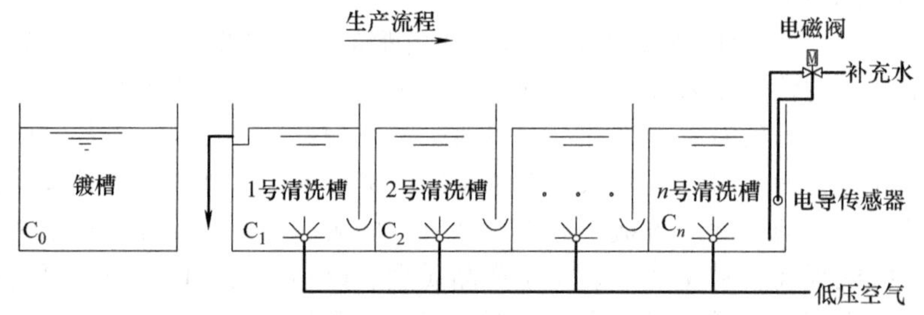

图 6-2 多级连续逆流清洗流程

6.1.4.2 多级间隙逆流清洗流程

多级间隙逆流清洗流程（图 6-3）与多级连续逆流清洗流程几乎一致，区别在于后者在清洗末端槽通过流量计指示供水，而前者是在清洗末端槽通过电磁阀间隙供水。电磁阀的开关受

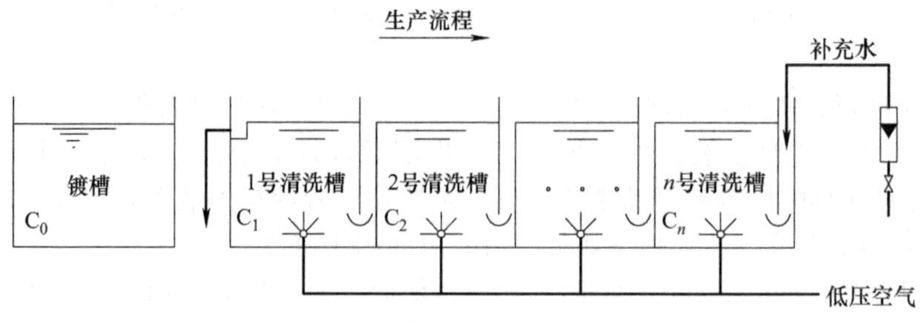

图 6-3 多级间隙逆流清洗流程

电导仪控制，在清洗末端槽（即供水槽）中安装电导传感器。电导传感器根据末端槽清洗水的电导值的变化控制进水电磁阀的开关。当末端槽清洗水的电导值达到设定上限时，电磁阀开启进水，清洗水溢流至前级清洗槽，前级清洗槽再溢流至前级清洗槽，以此类推。随着不断进水，末端槽清洗水的电导值达到设定下限时，关闭电磁阀停止进水。

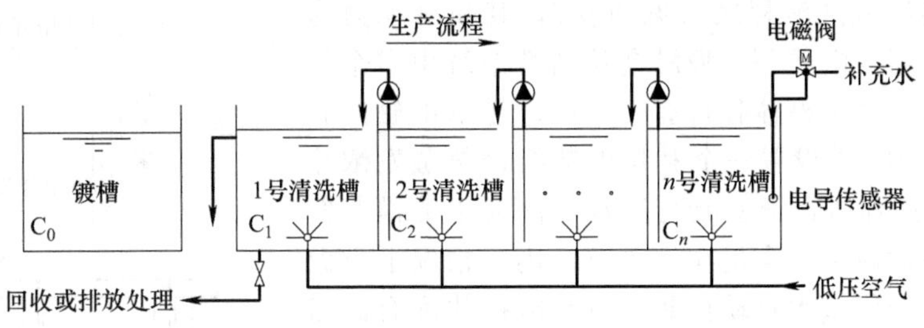

图 6-4 多级间隙倒槽清洗流程

6.1.4.3 多级间隙倒槽清洗流程

多级间隙倒槽清洗流程（图 6-4），是电镀工件出槽后经过多个（一般为 4～6 个）清洗槽依次清洗，槽中的水是不流动的。当最后级清洗槽中的水质浓度即将超过最终清洗所要求的纯净度时，开启第一级水槽的排水阀门，如清洗水为无利用价值的废水，则将废水排至分类的废水管道；如清洗水有回收利用的价值，则将清洗水排入利用蒸汽加热镀槽的余热来蒸发浓缩清洗水的储槽内，作为补充镀槽挥发损耗用水。然后启动水泵，将第二级清洗槽清洗水打入一级清洗槽，而后依次分别启动水泵，将以后的各级清洗槽的清洗水抽到前一级清洗槽，最后打开水阀将最后级清洗槽充满。如果镀槽工作温度高于室温，则比较容易使清洗水量与镀槽挥发损耗保持平衡，达到单工序不排放废水。如果末级清洗水质浓度采用离子交换柱连续处理，则水槽数量可以减少，但离子交换柱的树脂再生周期要缩短些。需要倒槽的时间，取决于最后级清洗槽中的水质浓度即将超过最终清洗所要求的纯净度的时间。确定达到最后级清洗槽清洗水水质终点的方法，一是可根据工件和挂具带出的槽液量和要求末级清洗水质浓度等加以计算；二是使用电导仪测量水质的电导值决定倒槽的时间，具体数据建议按化验结果测定的电导值设定电导仪的控制极限。

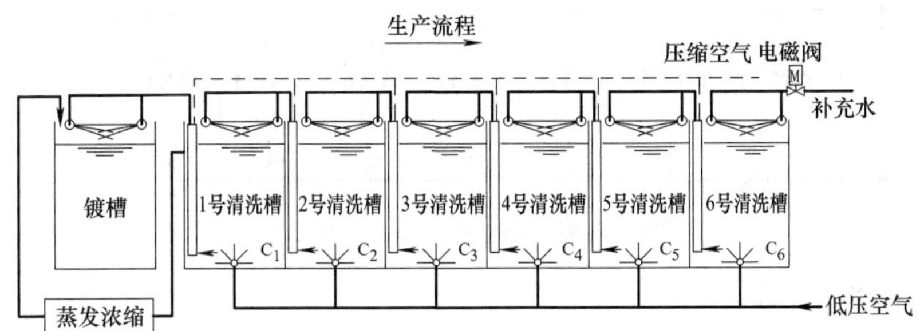

图 6-5 多级喷淋逆流清洗流程之一

6.1.4.4 多级喷淋逆流清洗流程

多级喷淋逆流清洗流程之一见图 6-5，其原理同多级间隙倒槽清洗流程，只是将定期倒槽换水改为每次对工件进行清洗加喷淋冲洗补水。喷淋逆流清洗系统由多个相邻的清洗槽组成，每个槽体各自有一个喷射用的泵阀控制系统。清洗操作采用自动控制，应与自动线配合。图 6-6 为自动控制装置示意图。当行车将工件从镀槽提起达到下限开关位置时，开启二位三通电磁阀，压缩空气将喷淋筒内第一级槽的清洗水喷向工件，直接将工件和挂具携带的槽液喷洗到镀槽中予以直接回收。当工件上升至上限位置，关闭电磁阀，同时卸去喷淋筒内压力。由于筒内外的压力差，使筒外清洗水通过筒底部单向阀进入筒内。后面各喷洗槽在工件浸入每级喷洗槽后向上提升时会自动将后一级槽内的清洗液喷射到出槽的工件上，如此逐级向前喷射，清洗水依次向前转移，末级清洗槽的水用去离子水按液位控制器自动补充。这种方法清洗效果较好，工件出镀槽时经过了一次喷洗，带出的液体浓度已接近一级喷洗水浓度。

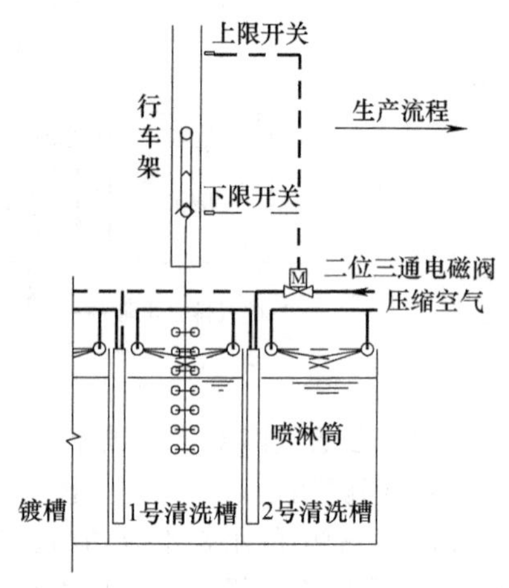

图 6-6 自动控制装置示意图

多级喷淋逆流清洗流程之二见图 6-7，其喷淋动力为水泵，切换执行器为电磁阀。喷淋逆流清洗系统由多个相邻的清洗槽组成，每个槽体各自有一个喷淋进水电磁阀和清洗水排出电磁阀，并设置一个利用电镀线余热蒸发浓缩的高位槽。这种流程适合于逆流清洗水量尚大于镀槽蒸发量的工艺，并在镀液杂质含量在许可范围内的情况下可做到无排放。清洗操作采用自动控制，应与电镀线配合。当行车将工件从镀槽提起达到下限开关位置时，开启 1 号清洗槽排水电磁阀和进高位槽的电磁阀，同时启动水泵。水泵将 1 号清洗水送至高位水槽（经蒸发浓缩后需要时补充镀槽蒸发用水）。当工件上升至上限位置时，关闭电磁阀，停止水泵。工件在 1 号清洗槽浸洗后，当行车将工件从 1 号清洗槽提起达到下限开关位置时，开启 2 号清洗槽排水电磁阀和 1 号清洗槽的喷淋电磁阀，同时启动水泵。水泵将 2 号清洗水通过喷淋装置对工件进行喷淋清洗。当工件上升至上限位置时，关闭电磁阀，停止水泵。如此逐级向前喷射，清洗水依次向前转移，末级喷淋用水通过电磁阀用去离子水供给。

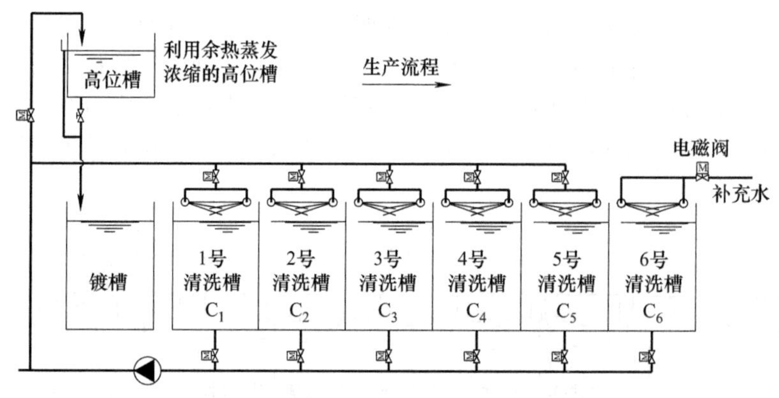

图 6-7 多级喷淋逆流清洗流程之二

6.1.4.5 清洗水套用流程

工艺槽性质相近的清洗水套用流程见图 6-8 和图 6-9。通常一条电镀线的镀前处理工序由多个性质相同的工艺槽组成。由于溶液性质相同，工艺槽又比较接近，因此后工序的清洗

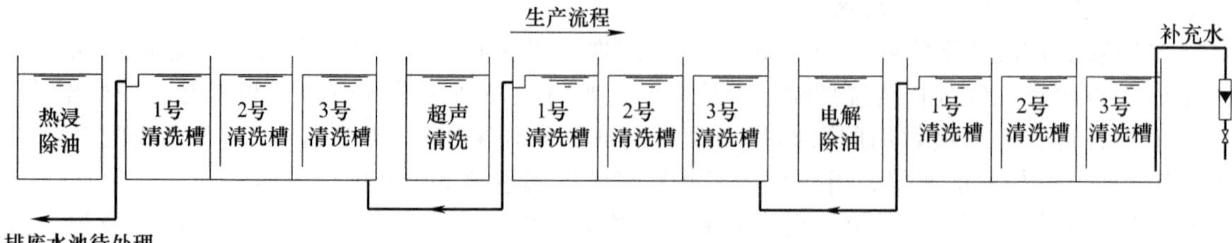

图 6-8 碱性工艺槽清洗水套用流程

水可通过溢流管作为前道工序的清洗用水，这种做法并不会影响前工序的清洗质量。图 6-8 所示为一条电镀线的镀前处理工艺流程。该流程碱性工序有三个，按流程为“热浸除油→超声波除油→电解除油”。将电解除油第一级清洗水通过高程差用溢流管引至超声波除油末级清洗槽的底部，再将该工序的第一级清洗水通过高程差用溢流管引至热浸除油末级清洗槽的底部，这样就实现了碱性工序清洗水的二次套用；图 6-9 所示为该流程的两个酸性工序，即“酸性脱脂→微蚀”。同理，将微蚀工序的第一级清洗水通过高程差用溢流管引至酸性脱脂末级清洗槽的底部，实现酸性工序清洗水的一次套用。通过清洗水的套用流程，原线的前处理工序需五个供水点现只需两个，节水明显。

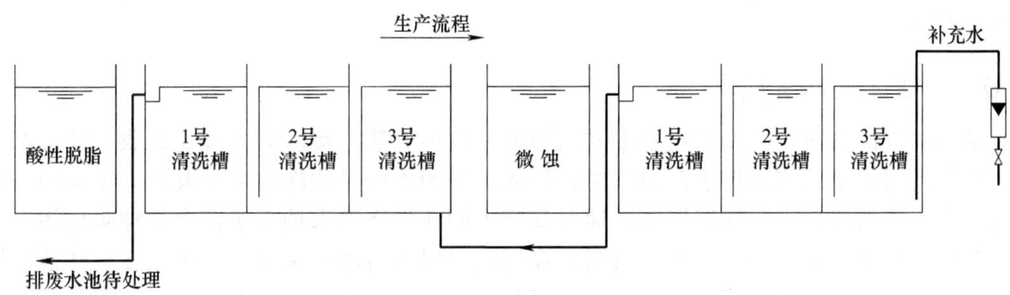

图 6-9　酸性工艺槽清洗水套用流程

6.1.5　环形电镀线的清洗技术

上述几种清洗流程的介绍是以行车式电镀线为例的，但均可应用在环形电镀线上。环形电镀线常采用多级喷淋连续逆流清洗流程，见图 6-10。这是一种喷淋补水和定时补水相结合的方法，喷淋作业采用自动控制，当挂具工件从各清洗槽一同提升达到下限开关位置时，开启喷淋电磁阀，喷洗水从常开的喷淋水泵向末槽或各清洗槽同时进行喷淋作业（开启电磁阀后的阀门）；当挂具工件上升到上限位置时，关闭电磁阀，运转中的喷淋水泵的水在泵的进出口两端回流，或回流到水箱内（图中以虚线表示）。

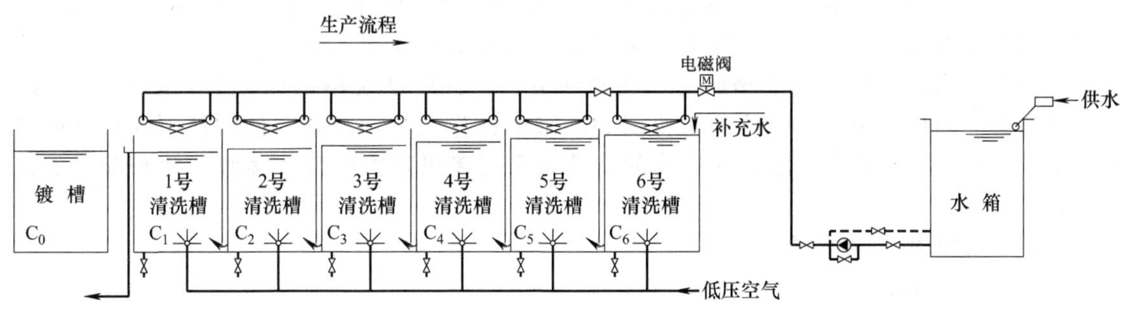

图 6-10　环形电镀线多级喷淋连续逆流清洗流程

行车式电镀线的清洗作业：在一个行车周期内，行车提升极杆挂具后依次逐级完成清洗全过程，因此，清洗槽的级数（一般在 4 级以内）和工件在清洗槽中的浸洗时间（一般在 5s 以内）受到行车周期的制约，因为行车在每级清洗槽中的运作（工件下降、浸洗延时、提升、滴水延时）时间一般要占一个行车周期的 10～30s。环形电镀线的清洗作业：①在一个节拍周期内同时提升各清洗槽中的挂具工件，而后依次完成各个节拍周期内的清洗过程，即对一挂工件在完成清洗的全过程中可多次进行喷淋清洗；②单挂工件是在清洗槽中进行浸洗的，因此清洗槽的容积相对较小，采用多级逆流清洗时，各清洗槽的清洗水混合时间短、程度高，且清洗水逆流流动顺畅、彻底（清洗水在槽内基本无死角存在）；③按单挂工件计算其清洗水的量，又比行车式电镀线的清洗水要多，这有利于工件的清洗效果；④挂具工件在清洗槽中的浸洗时间可达10～30s之多；⑤增加各工艺槽后的清洗槽级数，不会影响电镀产量，只增加电镀线的总长度。

综上所述，以相同的基准用水量计算出的耗水量，环形电镀线的清洗效果比程控行车式电镀线的好得多，也就是在实际生产中，其基准用水量可取小值，所以说环形电镀线本身是一种节能减排的设备。

6.1.6 滚镀线的清洗技术

大量小工件的滚镀，大都采用水平式六角或八角形滚筒，镀后的处理及回收、清洗都可在滚筒内进行。用水平式多边形滚筒清洗时，浸入水中的深度对清洗效率是有较大影响的。因为滚筒浸入清洗槽的清洗水中旋转期间，通过筒壁上的孔把清洗水抽入滚筒内的抽吸作用是一个重要的参数。例如，对于一个六角形滚筒，在清洗时浸入清洗水深度的不同，在旋转清洗期间的抽吸作用可能最大，也可能为零。因此，必须控制滚筒在清洗时浸入清洗水的深度，否则不能达到最高的清洗效率。假如在清洗时滚筒全部浸入清洗水中，这时滚筒旋转时的抽吸作用为零。这是一种最不好的滚筒清洗操作，因为这时的清洗效率最低。国外资料曾报道过下列数据（作者：H. L. Pinkerton），当ϕ360mm的滚筒转速为10r/min时，如把滚筒浸入清洗水中38.4%，其最大抽吸作用可达3.47%，清洗时间仅需0.48min；当把滚筒浸入清洗水中61.6%时，最大抽吸作用减小到1.80%，清洗时间增加到0.91min；当把滚筒浸入清洗水中81.7%时，抽吸作用只有1.32%，清洗时间需要1.25min；当把滚筒全部浸入清洗水中时，抽吸作用为零，清洗时间在2min以上。

从上述数据可以得出以下的结论：滚筒在清洗时要达到最高的清洗效率而清洗时间又最少，滚筒浸入清洗中的深度应尽量减小，即相应于最大抽吸作用的位置上。对于不同大小的滚筒和转速应通过试验来确定其数据。当然，除了上述因素外，还必须考虑滚筒内工件的特性，即不能损坏滚筒内工件和不能将工件抛出脱离清洗水。一般滚筒的正常装载量为滚筒体积的25%～50%，所以，滚筒在清洗时浸入清洗水的深度一般在38.4%～61.6%之间调节。为了使滚筒清洗时浸入清洗水的深度控制在接近最大抽吸作用的那个位置上，设计清洗槽时，必须考虑到滚筒浸入清洗槽时液面会很快升高，此时清洗槽的溢流装置必须足够大，以把升高的液面快速排走，使液面很快回到原来的操作水平，否则会使滚筒不在最佳的位置上清洗，影响清洗效率。滚镀线滚筒的清洗可采用多级逆流清洗或多级逆流加喷淋的清洗流程。

6.1.6.1 多级逆流清洗流程

以二级逆流清洗流程为例，见图6-11：

① 六角形滚筒在第一级清洗槽中，进行控制浸入深度的清洗，滚筒是旋转的，浓的清洗水从溢流口溢出，去废水处理池或作回收回用处理。

② 滚筒升起后，向第二级清洗槽转移。

③ 六角形滚筒在第二级清洗槽中，进行控制浸入深度的清洗，滚筒是旋转的，浓的清洗水从溢流口溢向第一级清洗槽。

④ 滚筒清洗完毕，从清洗槽提出，转移到第三级清洗槽或下道工序。清洗水从末级清洗槽供给，可在末级清洗槽中安装电导仪来控制供水量。

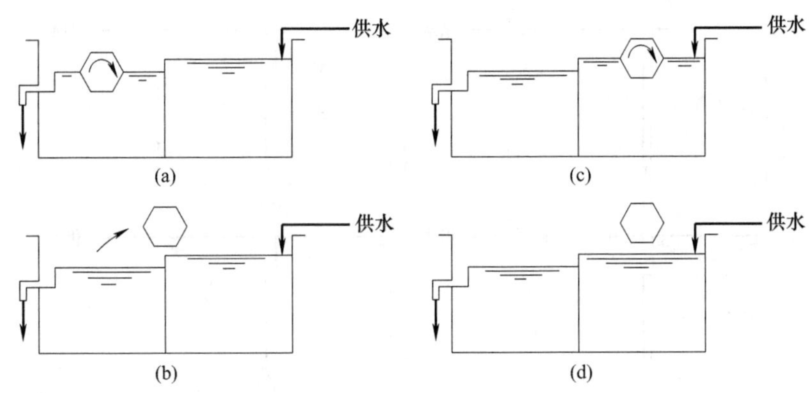

图 6-11　二级逆流清洗流程

6.1.6.2　多级喷淋逆流清洗流程

以二级逆流加喷淋清洗流程为例见图 6-12：

① 六角形滚筒在第一级清洗槽中，清洗时应控制浸入深度和时间，滚筒是旋转的，浓的清洗水从溢流口溢出，去废水处理池或作回收回用处理。

② 将滚筒提出水面后继续旋转滚筒，让其滴流一定时间后，用一定量的第二级清洗水对滚筒进行喷淋清洗。

③ 停止喷淋后，继续旋转滚筒，让水滴流回清洗槽。

④ 转移滚筒至第二级清洗槽，进行控制浸入深度和时间的清洗，以后同第一级清洗过程高于溢流口的水溢向第一级清洗槽。喷淋供水由电磁阀供给新鲜水。

6.1.6.3　二次回收清洗流程

进、出工艺槽前后二次回收清洗流程见图 6-13。这一流程特别适用于槽液带出量大的设置回收槽的滚镀线上，这种节水清洗流程是进出镀槽前后两次回收清洗。一般电镀线上在工件提出镀槽后都经过回收槽，以回收电镀工件和挂具所带出的电镀槽液。槽液在常温工作和潮湿气候条件下，镀槽蒸发量较少，回收槽液不经浓缩措施难以补偿回镀槽回用。若在工件进出镀槽时都经过回收槽清洗一次，则可有效提高清洗带出液的回用率。对采用双重回收的滚镀线的测试表明：在常温滚镀的情况下，镀槽后面设置一个回收槽，工件出槽经过回收槽漂洗，滚筒和工件带出的槽液溶入回收槽液；如果工件在进入镀槽电镀之前也先浸入回收槽一次，把电镀前处理的清洗水带进回收槽液，然后再将回收槽液带进镀槽，则这种回收方法在实际操作中测定其回收率达到 36.2%；对于加温的镀槽，还能提高回收率 15.5%。这种回收清洗方法用于槽液带出量大的滚镀线上，能有效地回收槽液。对于工件形状复杂的挂镀生产，若采用这种方法回收工件和挂具带出的槽液，效果也很显著，因而随后的清洗用水量也就减少了。

6.1.7 清洗水的循环利用

采用电镀清洗闭路循环技术是提高清洗水的利用率、提高资源的利用率、节约用水的有效途径。电镀清洗闭路循环是指镀液、清洗水在系统中循环利用，不向系统外排放，能最大限度地节约用水、减少排污、回收资源，是电镀清洗技术的发展方向。

要实行电镀清洗闭路循环首先要保持进入系统的清洗水与系统自身消耗水量（加温镀液的蒸发消耗和工件出槽带出的镀液）的平衡，理想的情况是：进入系统的清洗水量等于或小于系

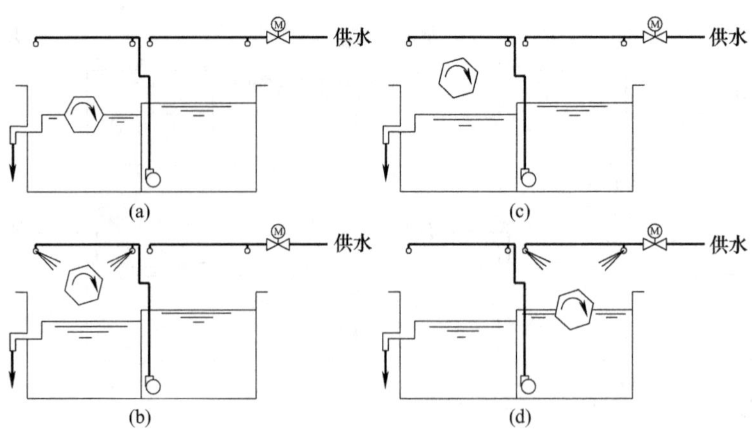

图 6-12 二级逆流加喷淋清洗流程

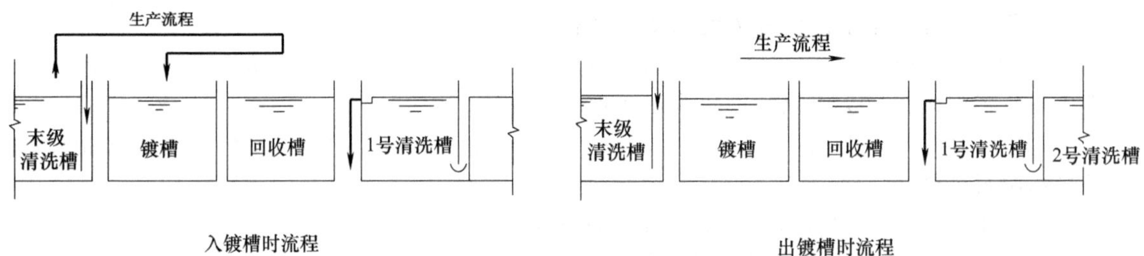

图 6-13 进、出工艺槽前后二次回收清洗流程

统自身消耗的水量，这样系统就能达到自然的闭路循环。但实际情况往往是进入系统的水量大于系统自身的消耗水量，则必须提高清洗技术的改进，最大限度地减少进入系统的水量或采取浓缩手段使之达到平衡，形成强制闭路循环。另外，由于镀液的回收和清洗水的不断闭路循环操作，镀槽中杂质的积累会超过电镀工艺所许可的范围，以致影响镀层质量。这时应对加入镀槽的这部分溶液通过适当的物理、化学分离手段进行净化后再加入镀槽中，使镀液中的杂质控制在一定的范围内。

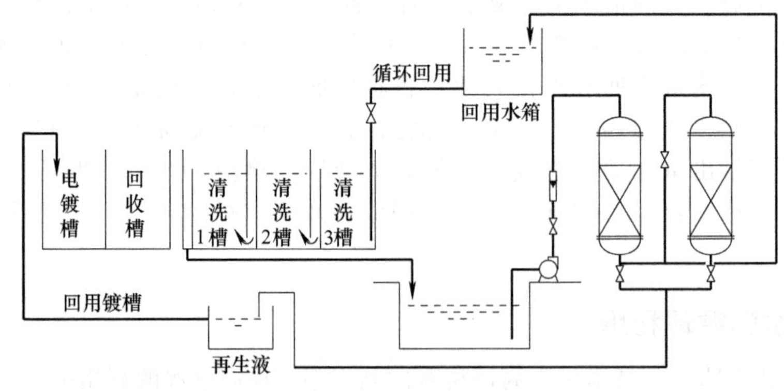

图 6-14 逆流清洗-阳离子交换系统

清洗水闭路循环系统的基础是采用了多级逆流清洗技术，通过多级逆流清洗，大幅度减少清洗水量，再运用分离、浓缩、净化等手段，组成电镀清洗的闭路循环系统。目前，常用的电

镀清洗水闭路循环系统有：逆流清洗-阳离子交换、逆流清洗-阳离子交换-浓缩蒸发、逆流清洗-反渗透分离-浓缩蒸发等组合工艺。

6.1.7.1　逆流清洗-阳离子交换系统

逆流清洗-阳离子交换系统见图 6-14。它是通过阳离子交换树脂对清洗水中有用金属离子的交换吸附以回收资源，而清洗水则回用于工件逆流清洗与阳离子交换技术结合可以满足清洗水闭路循环的条件，从而实现闭路循环清洗。该系统中，水量的平衡通过多级逆流清洗实现，而阳离子交换将系统中的有用金属离子交换吸附得以回收，同时回用清洗水。

6.1.7.2　逆流清洗-阳离子交换-蒸发浓缩系统

逆流清洗-阳离子交换-蒸发浓缩系统见图 6-15。该系统适用于当清洗水量大于系统消耗水量时，即阳离子树脂饱和后再生洗脱液的量大于镀槽自身消耗的量时，这时需对再生洗脱液进行蒸发浓缩处理使之平衡后添加到镀槽。当再生洗脱液中含有杂质直接添加会影响到镀槽工作时，需对再生洗脱液进行一定的物理、化学净化处理后，再添加到镀槽。

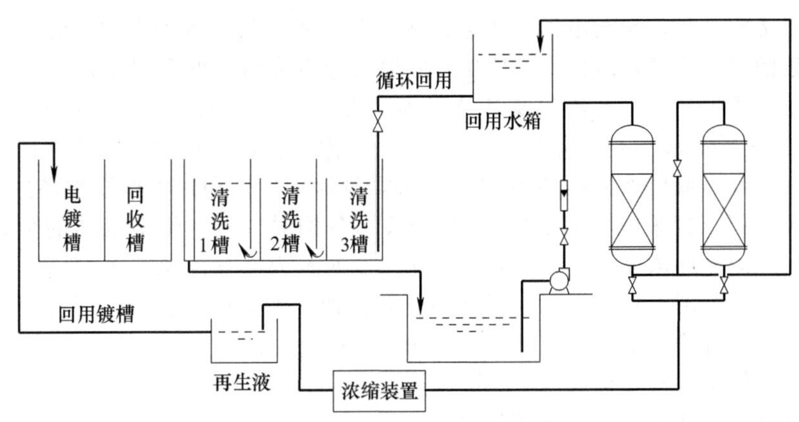

图 6-15　逆流清洗-阳离子交换-蒸发浓缩系统

6.1.7.3　逆流清洗-反渗透分离-蒸发浓缩系统

逆流清洗-反渗透分离-蒸发浓缩系统见图 6-16。该系统使第一级清洗水通过高压泵经过超滤、反渗透膜将清洗水中的盐（即电镀液成分）分离出来，透过膜的为低盐水（或称低级纯水），返回末级逆流清洗槽循环使用。被反渗透膜截留的浓缩液经一定的蒸发浓缩处理使之和镀槽消耗量平衡后添加到镀槽。

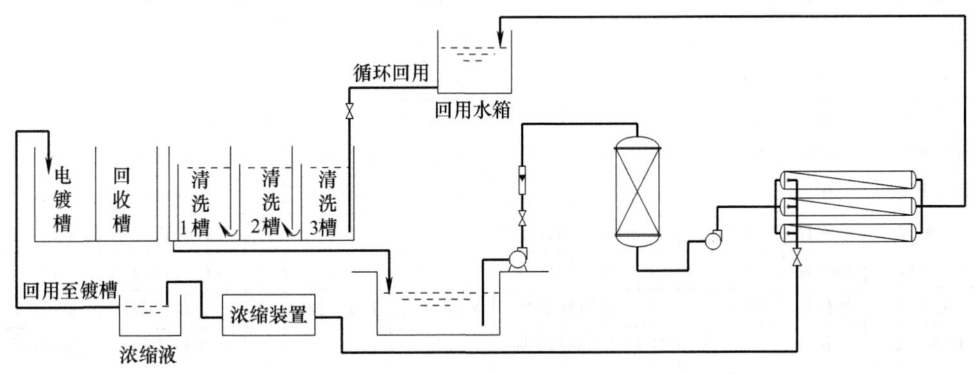

图 6-16　逆流清洗-反渗透分离-蒸发浓缩系统

6.1.8 电镀线给水量的确定

6.1.8.1 电镀线清洗用水量的计算

清洗用水量因清洗方式不同而异，在实际设计电镀线清洗用供水量的计算时，一般采用多级连续逆流清洗（图 6-2）的方法，在镀槽后串联若干级清洗槽，在末级清洗槽内连续进水，以第一级清洗槽连续排水。多级连续逆流清洗流程是其他更节水的多级逆流清洗形式的基础，随着工厂对清洁生产节约用水意识的提高，完全可在此基础上改造成更节水的其他多级逆流清洗流程。随着逆流清洗级数的增加，达到末级清洗水要求的用水量更少。

在实际生产中，由于采取的清洗方式不同，况且工件在一定条件和时间内，不可能做到完全混合均匀的理想状态，工件出清洗槽时表面所带溶液的污染物浓度总是不同程度地大于完全混合均匀时的浓度，因此设计供水量的计算公式为：

$$Q=KD\sqrt[n]{\frac{C_o}{C_nS_1}} \tag{6-3}$$

式中 Q——每小时清洗水供水量，L/h；

n——清洗槽级数，参阅电镀线工艺流程及其技术参数配置表中的清洗槽级数；

C_o——镀槽溶液浓度，g/L，当溶液由多种成分组成时，取含量最高的一种，有关数据按电镀生产线工艺流程及其技术参数配置表中所列，如无此数据，可参考表 6-7（工艺槽溶液主要成分及浓度）；若工艺槽后设置回收槽，则工件出回收槽的带出液浓度可取槽液浓度的 10%～30%，视镀种特性和回收槽级数多少而定；

C_n——第 n 级（即末级）清洗槽浓度，g/L，各国对电镀末端清洗槽的金属离子或有害离子的允许浓度范围都有规定，表 6-8 所示为部分国家对末端清洗槽的金属离子的控制范围；对无金属离子如碱性除油槽、酸腐蚀槽、酸性活化槽等工艺槽，其末端清洗槽的酸、碱、盐可取 30mg/L；

S_1——浓度修正系数，按表 6-9 所示选用；

D——电镀工件从工艺槽带出溶液量 ，L/h；

K——系数，其值取决于清洗方式，经实践验证，采用不同的清洗方式，K 值可按下列选取：当采用逆流清洗并清洗槽空气搅拌和喷淋供水时，K 取 1.5；当采用逆流清洗并以喷淋供水时，K 取 1.7；当采用逆流清洗并清洗槽空气搅拌时，K 取 2.0；当采用逆流清洗时，K 取 2.4。

表 6-7 工艺槽溶液主要成分及浓度

序号	工艺槽名称	主要成分	浓度/(g/L)	序号	工艺槽名称	主要成分	浓度/(g/L)	序号	工艺槽名称	主要成分	浓度/(g/L)
1	装饰性镀铬	铬酐	250～360	12	铵盐镀锌	氯化铵	220～270	23	铝合金铬酸阳极化	铬酐	30～35
2	镀硬铬	铬酐	180～250	13	氰化镀银	氰化钾	60～100	24	化学除油	氢氧化钠	50～100
3	氰化镀铜	氰化钠	60～90	14	氰化镀金	氰化钾	15～30	25	电化学除油	氢氧化钠	40～60
4	氰化镀铜(预镀)	氰化钠	12～54	15	氟硼酸镀铅	碱式碳酸铅	100～160	26	盐酸浸蚀	盐酸	150～360
5	酸性镀铜	硫酸铜	180～220	16	酸性镀锡	硫酸锡	45～100	27	硫酸活化	硫酸	50～100
6	焦磷酸盐镀铜	铜	22～38	17	碱性镀锡	锡酸钠	20～100	28	酸性电解	硫酸	50～100
7	化学镀镍	硫酸镍	30～50	18	氰化镀铜锌合金	氰化钠	54	29	镀锌低铬钝化	铬酐	3～5
8	酸性镀镍	硫酸镍	250～300	19	氰化镀铜锡合金	氰化亚铜	35～42	30	镀锌高铬钝化	铬酐	180～300
9	氰化镀锌	氰化钠	80～90	20	镀铅锡合金	氟硼酸铅	160～200	31	塑料粗化	铬酐	150
10	氯化钾镀锌	氯化锌	70～100	21	铝合金硫酸阳极化	硫酸	100～200	32	塑料活化	二氯化钯	0.25
11	锌酸盐镀锌	氢氧化钠	100～150	22	铝合金草酸阳极化	草酸	50～70	33	沉锌	氧化锌	80

$$D=Sdn_{\mathrm{h}} \tag{6-4}$$

式中　S——每一极杆工件面积，dm^2，按电镀生产线工艺流程及其技术参数配置表中的数据，即工艺与设备设计数据；

d——工件单位面积溶液带出量，L/dm^2；

n_{h}——每小时工件出槽次数。

表 6-8　各国对电镀末端清洗槽金属离子控制范围

国别	德国	美国	日本	中国
末端清洗槽浓度/(mg/L)	10～20	16	4～5	≤10

表 6-9　浓度修正系数

清洗槽级数(n)	1	2	3	4	5
S_1	0.9～0.95	0.7～0.8	0.5～0.6	0.3～0.4	0.1～0.2

表 6-10 所示为国内部分工厂在生产中实测的工件带出液量参数，可供设计时参考工件带出液量。在设计估算时，当无工件带出液量的实例数据时，可参考表 6-11 所列的数据。工件带出液指标按工件形状和生产方式不同选取：一般自动电镀线选用 1～3mL/dm^2；手工操作的选用 2～5mL/dm^2；滚镀线选取用 4～6mL/dm^2。

表 6-10　工件带出液量参数

镀种	镀液中主要成分/(g/L)	操作条件	工件品种	挂具情况	工件带出液量/(mL/dm^2)				备注
					简单件	较复杂件	复杂件	平均	
镀装饰铬	CrO_3　270	自动线	自行车小零件	浸塑挂具				1.1	
	CrO_3　326		闹钟外壳等零件		1.0	2.0～5.0	5.0	1.6	
	CrO_3　336		各种锁、环等零件					2.1	
	CrO_3 280		自行车车圈					1.04	
	CrO_3　280	手工操作	自行车车圈					1.55	
镀硬铬	CrO_3　250	自动线	卡尺、卡尺零件等	浸塑和包扎挂具				1.4	
		手工操作						1.9	
装饰铬和硬铬	CrO_3　250	手工操作	电器零件	包扎挂具	1.0	1.9	3.7	2.0	
锌钝化	CrO_3　270	自动线			0.2～0.6	1.0～1.8			
氰化镀银	$AgNO_3$　70	手工操作	电器触头	包扎挂具		1.7		2.8	镀厚银
	AgCl　40					0.6		2.0	
硫酸镀铜	$CuSO_4$ 220	手工操作	整流器零件	光挂具			1.25	2.0	
镀镍	$NiSO_4$　200		电器零件	包扎挂具		0.95	1.43		
碱性锌酸盐镀锌	ZnO　8～12							6.0	
	NaOH　100～150	自动线						3.0	

表 6-11　工件单位面积的镀液带出量

电镀方式	不同工件形状镀液带出量/(mL/dm^2)			
	简单	一般	较复杂	复杂
手工挂镀	<2	2～3	3～4	4～5
自动挂镀	<1	1 左右	1～2	2～3
滚镀	3 左右	3～4	4～5	5～6

注：1. 选用时可再结合工件的排液时间、悬挂方式、镀液性质、挂具制作等情况考虑。
2. 表中所列镀液已包括挂具的带出量在内。
3. 滚镀在不同情况下，镀液带出量区别较大，表中所列为一般情况，如情况特殊，则不能采用表中的数据。

前工序的化学成分对后工序无影响的工序间一级清洗供水量取 10L/m^2。如：化学除油和电化学除油工序间的热水洗、稀硫酸活化后酸性镀镍工序间的一级纯水洗、稀硝酸出光后镀锌件低铬钝化工序间一级清洗等。

电镀线的供水量计算：

按每一清洗工序的供水量，分别算出的平均供水量和最大供水量为：

电镀线各清洗供水量之和：

$$Q_{平均}=\sum Q_{清洗}\quad (m^3/h) \tag{6-5}$$

电镀线设计最大供水量：

$$Q_{最大}=KQ_{平均}\quad (m^3/h) \tag{6-6}$$

式中　K——$K=1.8\sim2$，根据电镀线清洗槽和工艺槽换槽的频率、工艺槽蒸发补水量等因素选取。

下列各表为典型工艺槽采用不同的清洗方式，电镀每平方米工件的小时供水量（L/h）计算表，可供设计时参考用。表 6-12 所示为采用逆流清洗并清洗槽空气搅拌和喷淋供水时的供水量计算数据；表 6-13 所示为采用逆流清洗并以喷淋供水时的供水量计算数据；表 6-14 所示为采用逆流清洗并清洗槽空气搅拌时的供水量计算数据；表 6-15 所示为采用多级逆流清洗时的供水量计算数据。

当工艺槽溶液的蒸发量与清洗水供水量相平衡时，应采用自然封闭循环工艺流程；当蒸发量小于清洗供水量，而清洗水中又有回收价值的有用成分时，应积极采取利用电镀线余热来蒸发浓缩清洗水，使之达到与工艺槽溶液蒸发量的平衡而补充到工艺槽。工艺槽蒸发量宜通过试验确定，当无试验条件时，可参考表 6-16 所列的数据。

表 6-12　采用逆流清洗并清洗槽空气搅拌和喷淋供水时的供水量计算数据（K 取 1.6）

序号	工艺槽名称	主要成分/(g/L)	控制浓度/(mg/L)	二级逆流	回收＋二级逆流	三级逆流	回收＋三级逆流
1	氰化预镀铜	氰化钠 30	5	41.7	13.2	10.4	4.8
2	氰化镀铜	氰化亚铜 72	5	65.5	20.4	13.8	6.5
3	酸性镀铜	硫酸铜(无水) 141	5	90.3	28.5	17.3	8
4	焦磷酸盐镀铜	焦磷酸铜 90	5	72.2	22.8	14.9	6.9
5	酸性镀镍	硫酸镍(无水)200	5	107.6	34.1	19.4	9
6	光亮镀铬	铬酐 320	5	136.1	43.1	22.7	10.5
7	镀硬铬	铬酐 300	5	132	41.7	22.2	10.4
8	氰化镀锌	氰化钠 55	5	56.4	17.9	12.6	6
9	锌酸盐镀锌	氧化锌 20	5	34.1	10.8	9	4.2
10	铵盐镀锌	氯化锌 35	5	45	14.3	10.8	5
11	氯化钾镀锌	氯化锌 80	5	68.1	21.5	14.3	6.6
12	氰化镀银	氰化钾 80	5	68.1	21.5	14.3	6.6
13	铝合金硫酸氧化	硫酸 200	30	44		10.7	
14	铝合金铬酸氧化	铬酐 60	5	59		13.1	
15	铝合金草酸氧化	草酸 80	30	27.6		8	
16	化学除油	氢氧化钠 100	30	31.1		8.6	
17	电化学除油	氢氧化钠 100	30	31.1		8.6	
18	盐酸腐蚀	盐酸 200	30	44		10.7	
19	硫酸活化	硫酸 100	30	31.1		8.6	
20	铝合金浸锌	氧化锌 100	5	76.1		15.5	
21	塑料粗化	铬酐 150	5	93.4		17.7	
22	塑料敏化	二氧化锡 10	5	24		7.2	
23	塑料活化	二氯化钯 0.25	5	4.5		2.1	

表 6-13 采用逆流清洗并喷淋供水时的供水量计算数据（K 取 1.7）

序号	工艺槽名称	主要成分/(g/L)	控制浓度/(mg/L)	二级逆流	回收+二级逆流	三级逆流	回收+三级逆流
1	氰化预镀铜	氰化钠 30	5	50	15.8	12.4	5.8
2	氰化镀铜	氰化亚铜 72	5	77.4	24.5	16.6	7.7
3	酸性镀铜	硫酸铜(无水)141	5	108.4	34.2	20.7	9.6
4	焦磷酸盐镀铜	焦磷酸铜 90	5	86.6	27.4	17.8	8.3
5	酸性镀镍	硫酸镍(无水)200	5	129	40.9	23.2	10.8
6	光亮镀铬	铬酐 320	5	163.3	51.7	27.2	12.6
7	镀硬铬	铬酐 300	5	158	50	26.6	12.4
8	氰化镀锌	氰化钠 55	5	67.7	21.4	15.1	7.2
9	锌酸盐镀锌	氧化锌 20	5	40.9	13	10.8	5.1
10	铵盐镀锌	氯化锌 35	5	54	17.1	13	5.9
11	氯化钾镀锌	氯化锌 80	5	81.7	25.7	17.1	7.9
12	氰化镀银	氰化钾 80	5	81.7	25.7	17.1	7.9
13	铝合金硫酸氧化	硫酸 200	30	52.8		12.8	
14	铝合金铬酸氧化	铬酐 60	5	70.7		15.5	
15	铝合金草酸氧化	草酸 80	30	33.3		9.5	
16	化学除油	氢氧化钠 100	30	37.3		10.3	
17	电化学除油	氢氧化钠 100	30	37.3		10.3	
18	盐酸腐蚀	盐酸 200	30	52.7		12.8	
19	硫酸活化	硫酸 100	30	37.3		10.3	
20	铝合金浸锌	氧化锌 100	5	71.3		18.5	
21	塑料粗化	铬酐 150	5	111.8		21.2	
22	塑料敏化	二氧化锡 10	5	28.8		8.6	
23	塑料活化	二氯化钯 0.25	5	5.4		2.5	

表 6-14 采用逆流清洗并清洗槽空气搅拌时的供水量计算数据（K 取 2）

序号	工艺槽名称	主要成分/(g/L)	控制浓度/(mg/L)	二级逆流	回收+二级逆流	三级逆流	回收+三级逆流
1	氰化预镀铜	氰化钠 30	5	55.6	17.6	13.8	6.4
2	氰化镀铜	氰化亚铜 72	5	86	27.2	18.4	8.6
3	酸性镀铜	硫酸铜(无水) 141	5	120.4	38	23	10.7
4	焦磷酸盐镀铜	焦磷酸铜 90	5	96.2	30.4	19.8	9.2
5	酸性镀镍	硫酸镍(无水)200	5	143.4	45.4	25.8	12
6	光亮镀铬	铬酐 320	5	181.4	57.4	30.2	14
7	镀硬铬	铬酐 300	5	175.6	55.6	29.6	13.8
8	氰化镀锌	氰化钠 55	5	75.2	23.8	16.8	8
9	锌酸盐镀锌	氧化锌 20	5	45.4	14.4	12	5.6
10	铵盐镀锌	氯化锌 35	5	60	19	14.4	6.6
11	氯化钾镀锌	氯化锌 80	5	90.8	14.3	19	8.8
12	氰化镀银	氰化钾 80	5	90.8	14.3	19	8.8
13	铝合金硫酸氧化	硫酸 200	30	58.6		14.2	
14	铝合金铬酸氧化	铬酐 60	5	78.6		17.4	
15	铝合金草酸氧化	草酸 80	30	37		10.6	
16	化学除油	氢氧化钠 100	30	41.4		11.4	
17	电化学除油	氢氧化钠 100	30	41.4		11.4	
18	盐酸腐蚀	盐酸 200	30	58.6		14.2	
19	硫酸活化	硫酸 100	30	41.4		11.4	
20	铝合金浸锌	氧化锌 100	5	101.4		20.6	
21	塑料粗化	铬酐 150	5	124.4		23.6	
22	塑料敏化	二氧化锡 10	5	32		9.6	
23	塑料活化	二氯化钯 0.25	5	6		2.8	

表 6-15 采用多级逆流清洗时的供水量计算数据（K 取 2.4）

序号	工艺槽名称	主要成分/(g/L)	控制浓度/(mg/L)	二级逆流	回收＋二级逆流	三级逆流	回收＋三级逆流
1	氰化预镀铜	氰化钠 30	5	66.7	21.2	16.3	7.6
2	氰化镀铜	氰化亚铜 72	5	103	32.6	22	10.4
3	酸性镀铜	硫酸铜(无水)141	5	144	45.6	27.6	12.8
4	焦磷酸盐镀铜	焦磷酸铜 90	5	114	36.4	23.8	11
5	酸性镀镍	硫酸镍(无水)200	5	172	54.4	31	14.4
6	光亮镀铬	铬酐 320	5	218	68.8	36.2	16.8
7	镀硬铬	铬酐 300	5	211	66.4	35.6	16.6
8	氰化镀锌	氰化钠 55	5	90.2	28.3	20.2	9.6
9	锌酸盐镀锌	氧化锌 20	5	54.4	17.2	14.4	6.8
10	铵盐镀锌	氯化锌 35	5	72	22.8	17.2	8
11	氯化钾镀锌	氯化锌 80	5	109	34.4	22.8	10.6
12	氰化镀银	氰化钾 80	5	109	34.4	22.8	10.6
13	铝合金硫酸氧化	硫酸 200	30	70.4		17	
14	铝合金铬酸氧化	铬酐 60	5	94.4		20.8	
15	铝合金草酸氧化	草酸 80	30	44.4		12.8	
16	化学除油	氢氧化钠 100	30	49.6		13.6	
17	电化学除油	氢氧化钠 100	30	49.6		13.6	
18	盐酸腐蚀	盐酸 200	30	70.4		17	
19	硫酸活化	硫酸 100	30	49.6		13.6	
20	铝合金浸锌	氧化锌 100	5	122		24.8	
21	塑料粗化	铬酐 150	5	149		28.4	
22	塑料敏化	二氧化锡 10	5	38.4		11.6	
23	塑料活化	二氯化钯 0.25	5	7.2		3.4	

表 6-16 工艺槽溶液蒸发量参考数据

工作班次	气温条件		溶液温度/℃	蒸发量/[L/(m²·d)]
	室温/℃	湿度/%		
一班	9～24	45～100	50～60	25～50
二班	10～25	50～100	40～62	45～90

注：1. 本表为对镀铬槽的实测数据整理。

2. 工作时开启排风机及对镀液连续加温。

3. 镀槽不加铬雾抑制剂。

6.1.8.2 电镀线清洗用水量计算案例

(1) 摩托车消声器（行车式）电镀线清洗用水量

工艺流程（参阅第 1 章 1.2.4 节“摩托车消声器电镀工艺”）：装挂→热浸除油→温水洗→超声波除蜡→水洗（空搅）→水洗（空搅）→热浸除油→温水洗→水洗（空搅）→水洗（空搅）→水洗（空搅）→酸洗→水洗（空搅）→水洗（空搅）→阳极除油→温水洗（空搅）→水洗（空搅）→水洗（空搅）→水洗（空搅）→阴极活化→纯水洗（空搅）→半亮镍（空搅）→高硫镍（液搅）→光亮镍（空搅）→回收（空搅）→镍封（空搅）→回收（空搅）→回收（空搅）→水洗（空搅）→水洗（空搅）→纯水洗（空搅）→电解活化→装饰铬→回收（空搅）→回收（空搅）→还原→还原→水洗（空搅）→水洗（空搅）→热纯水洗→卸挂→挂具退镀→水洗（空搅）→水洗（空搅）。

电镀线产量：行车运行周期 6min，每杆装载量 $200dm^2$，每小时 10 杆，则每小时 $2000dm^2$（$20m^2$）。该电镀线的供水量和 $1m^2$ 工件的基准用水量计算见表 6-17。计算结果：该电镀线的供水量为 $4.728m^3/h$，其中自来水 $4.088m^3/h$，纯水 $0.64m^3/h$。工件基准用水量为 $236.4L/m^2$。

表 6-17 摩托车消声器（行车式）电镀线的供水量和工件的基准用水量计算表

序号	1	2	3	4	5	6	7	8	9	10	合计
工艺槽名称	挂具退镀	热浸除油	超声波除蜡	热浸除油	酸洗	阳极除油	阴极活化	镀镍	装饰铬	热纯水洗	
清洗方式	二级逆洗空搅	一级温水	二级逆洗空搅	温水、三级逆洗空搅	二级逆洗空搅	温水、三级逆洗空搅	一级纯水洗空搅	回收、三级纯水搅拌	回收、还原二级逆洗空搅	一级	
基准用水/(L/m²)	41.4	10	41.4	11.4	68.6	11.4	10	12	30.2	10	236.4
平均供水/(L/h)	828	200	828	228	1172	228	200	240	604	200	4728

(2) 摩托车消声器（环形）电镀线清洗用水量

工艺流程（参阅第 2 章 2.2.1 节“摩托车消声器电镀工艺”）：装挂→热浸除油→温水洗→超声波除蜡→水洗（空搅）→水洗（空搅）→热浸除油→温水洗→水洗（空搅）→水洗（空搅）→水洗（空搅）→酸洗→水洗（空搅）→水洗（空搅）→水洗（空搅）→阳极除油→温水洗→水洗（空搅）→水洗（空搅）→水洗（空搅）→阴极活化→纯水洗（空搅）→半亮镍（空搅）→高硫镍（液搅）→光亮镍（空搅）→回收→纯水（空搅）→镍封（空搅）→回收→回收→回收→水洗（空搅）→水洗（空搅）→纯水洗（空搅）→铬酸活化→装饰铬→回收（空搅）→回收（空搅）→回收（空搅）→还原→还原→水洗（空搅）→水洗（空搅）→水洗（空搅）→水洗（空搅）→热水洗→卸挂→挂具退镀→水洗（空搅）→水洗（空搅）。

电镀线产量：工位节拍周期 1min，每工位装载量 $100dm^2$，每小时 60 工位，则每小时 $6000dm^2$（$60m^2$）。该电镀线的供水量和 $1m^2$ 工件的基准用水量计算见表 6-18。计算结果：该电镀线的供水量为 $11.148m^3/h$，其中自来水 $9.228m^3/h$，纯水 $1.92m^3/h$。工件基准用水量为 $186.8L/m^2$。

表 6-18 摩托车消声器（环形）电镀线的供水量和工件的基准用水量计算表

序号	1	2	3	4	5	6	7	8	9	10	11	合计
工艺槽名称	挂具退镀	热浸除油	超声波除蜡	热浸除油	酸洗	阳极除油	阴极活化	光亮镍	镀镍	装饰铬	热水洗	
清洗方式	二级逆洗空搅	一级温水空搅	二级逆洗空搅	温水三级逆洗空搅	回收三级逆洗空搅	温水三级逆洗空搅	一级纯水空搅	回收一级纯水空搅	回收三级纯水空搅	回收四级逆洗空搅	一级	
基准用水/(L/m²)	41.4	10	41.4	11.4	14.2	11.4	10	10	12	14	10	185.8
平均供水/(L/h)	2484	600	2484	684	852	684	600	600	720	840	600	11148

(3) 锌合金水暖五金件（行车式）电镀线清洗用水量

工艺流程（参阅第 1 章 1.2.11 节“锌合金水暖五金件电镀工艺”）：装挂→超声波除蜡→水洗（空搅）→水洗（空搅）→热浸除油→温水洗→阴极除油→温水洗→水洗（空搅）→水洗（空搅）→弱酸浸蚀→水洗（空搅）→纯水洗（空搅）→无氰碱铜（空搅）→水洗（空搅）→水洗（空搅）→活化→水洗（空搅）→纯水洗（空搅）→焦铜（空搅）→水洗（空搅）→水洗（空搅）→活化→纯水洗（空搅）→酸铜（空搅）→回收（空搅）→水洗（空搅）→水洗（空搅）→水洗（空搅）→活化→纯水洗（空搅）→半亮镍（空搅）→光亮镍（空搅）→回收（空搅）→水洗（空搅）→水洗（空搅）→纯水洗（空搅）→电解活化→装饰铬→回收（空搅）→水洗（空搅）→水洗（空搅）→还原→高位水洗（空搅）→超声波水洗→热纯水洗→卸挂。

电镀线产量：行车运行周期 5.5min，每杆装载量 $250dm^2$，每小时 11 杆，则每小时

2750dm² (27.5m²)。该电镀线的供水量和 1m² 工件的基准用水量计算见表 6-19。计算结果：该电镀线的供水量为 5.685m³/h，其中自来水 2.63m³/h，纯水 3.055m³/h。工件基准用水量为 227.4L/m²。

表 6-19 锌合金水暖五金件（行车式）电镀线的供水量和工件的基准用水量计算表

序号	1	2	3	4	5	6	7	8	9	10	11	12	合计
工艺槽名称	超声波除蜡	热浸除油	阴极除油	弱酸浸蚀	无氰碱铜	活化	硫酸镀铜	活化	镀镍	装饰铬	还原		
清洗方式	二级逆洗搅拌	一级温水	三级逆洗	三级纯水	回收二级逆洗搅拌	一级纯水	回收三级逆洗搅拌	一级纯水搅拌	回收三级纯水搅拌	回收二级纯水搅拌	三级纯水	热纯水洗	
基准用水/(L/m²)	41.4	10	11.4	11.4	30.4	10	12	10	12	57.4	11.4	10	227.4
平均供水/(L/h)	1035	250	285	285	760	250	300	250	300	1435	285	250	5685

(4) 五金工具（环形）电镀线清洗用水量

工艺流程（参阅第 2 章 2.2.3 节“五金工具电镀工艺”）：装挂→热浸除油→温水洗→超声波除油→温水洗→阴极电解除油→温水洗→水洗（空搅）→水洗（空搅）→水洗（空搅）→酸洗→水洗（空搅）→水洗（空搅）→水洗（空搅）→阳极电解除油→温水洗→水洗（空搅）→水洗（空搅）→水洗（空搅）→水洗（空搅）→酸电解活化→纯水洗（空搅）→半光亮镍（空搅）→光亮镍（空搅）→回收（空搅）→镍封（空搅）→回收（空搅）→回收（空搅）→水洗（空搅）→水洗（空搅）→纯水洗（空搅）→电解活化→装饰铬→回收（空搅）→回收（空搅）→回收（空搅）→还原→还原→水洗（空搅）→水洗（空搅）→水洗（空搅）→脱水→水洗（空搅）→水洗（空搅）→热纯水洗→热风烘干→卸挂→挂具退镀→水洗（空搅）→水洗（空搅）。

电镀线产量：工位节拍周期 1min，每工位装载量 50dm²，每小时 60 工位，则每小时 3000dm² (30m²)。该电镀生产线的供水量和 1m² 工件的基准用水量计算见表 6-20。计算结果：该电镀线的供水量为 4.17m³/h，其中自来水 3.21m³/h，纯水 0.96m³/h。工件基准用水量为 139L/m²。

表 6-20 五金工具（环形）电镀线的供水量和工件的基准用水量计算表

序号	1	2	3	4	5	6	7	8	9	10	合计
工艺槽名称	挂具退镀	热浸除油	超声波除油	阴极除油	酸洗	阳极除油	活化	镍封	装饰铬	脱水	
清洗方式	二级逆洗空搅	一级温水	一级温水	三级逆洗空搅	三级逆洗空搅	四级逆洗空搅	一级纯水空搅	回收三级纯水空搅	回收还原三级逆洗空搅	二级纯水一级热水	
基准用水/(L/m²)	41.4	10	10	11.4	14.2	6	10	12	14	10	139
平均供水/(L/h)	1242	300	300	342	426	180	300	360	420	300	4170

(5) 无氰碱性（行车式）挂镀锌线清洗用水量

工艺过程（参阅第 1 章 1.2.14 节“碱性挂镀锌工艺”）：装挂→热浸除油→温水洗→水洗（空搅）→阳极电解除油→温水洗→水洗（空搅）→水洗（空搅）→酸蚀→水洗（空搅）→水洗（空搅）→水洗（空搅）→中和→水洗（空搅）→纯水洗（空搅）→预浸→碱性镀锌→水洗（空搅）→水洗（空搅）→中和→水洗（空搅）→纯水洗（空搅）→出光→纯水洗（空搅）→三价铬蓝钝→水洗（空搅）→纯水洗（空搅）→三价铬彩钝→水洗（空搅）→水洗（空搅）→热纯水洗→封闭→露空挂滴→热风烘干→卸挂。

电镀线产量：行车运行周期 6min，每挂装载量 300dm²，每小时 10 挂，则每小时 3000dm²（30m²）。该电镀线的供水量和 1m² 工件的基准用水量计算见表 6-21。计算结果：该电镀线的供水量为 4.45m³/h，其中自来水 2.69m³/h，纯水 1.76m³/h。工件基准用水量为 181.6L/m²。

表 6-21 无氰碱性（行车式）挂镀锌线的供水量和工件的基准用水量计算表

序号	1	2	3	4	5	6	7	8	9	10	合计
工艺槽名称	热浸除油	阳极除油	酸洗	中和	碱性镀锌	中和	出光	三价铬蓝钝	三价铬彩钝	热水烫洗	
清洗方式	二级温水洗搅拌	三级水洗搅拌	三级逆洗搅拌	二级逆洗搅拌	二级水洗搅拌	二级纯水搅拌	一级纯水搅拌	二级纯水搅拌	二级纯水搅拌	一级纯水	
基准用水/(L/m²)	10	11.4	11.4	11.4	45.4	12	10	30	30	10	181.6
平均供水/(L/h)	300	342	342	342	1362	360	300	900	900	300	5448

6.1.9 电镀线的给水管道、管材与布置

6.1.9.1 给水管道的水力计算

(1) 管径计算

压力流的供水管道管径可按下式计算：

$$d=\sqrt{\frac{4Q}{\pi v}} \tag{6-7}$$

式中 d——管道内径，m；

Q——管段流量，m³/s；

v——管内流速，m/s。

从上式可知，管径大小与流量、流速都有关系。从经济上分析，流速取低值，管段水头损失小，对自来水管网电镀线始端压力要求低，但所需管径大。反之当流速取高时，管段水头损失大。当自来水管网电镀线始端压力能大于系统水头损失，并能留有不小于 5m 的水头时，可取较小管径。在自来水压力容许的情况下，流速一般可取 1～2m/s。当采用喷淋或喷雾供水时，应根据喷头产品的要求决定水压，一般在喷头处应有 10～20m 的水头。

(2) 系统水头损失计算

$$H=h_1+h_2 \tag{6-8}$$

式中 H——系统水头损失，kPa；

h_1——管道水头损失，kPa；

h_2——局部阻力损失，kPa。

$$h_1=iL \tag{6-9}$$

式中 L——计算管段长度，m；

i——每米管道水头损失（水力坡度），kPa/m，当钢管内 $v\geqslant1.2$m/s 时，$i=0.0107\frac{v^2}{d_j^{1.3}}$；当钢管内 $v\leqslant1.2$m/s 时，$i=0.00912\frac{v^2}{d_j^{1.3}}\left(1+\frac{0.068}{v}\right)^{0.3}$；采用塑料管时，$i=8.78\times10^{-3}\frac{Q^{1.761}}{d_j^{4.761}}$；

v——管内流速，m/s；

d_j——水管计算内径，m；

Q——水流量，m³/s。

$$h_2=\sum\varepsilon\frac{v^2}{2g} \tag{6-10}$$

式中　ε——局部阻力系数（表 6-22）；

　　　g——重力加速度。

表 6-22　管件局部阻力系数（ε）

名称	ε	名称	ε	名称	ε
45°弯头	0.35	管接头	0.04	突然缩小	0.5
90°弯头	0.75	活接头	0.04	浮球阀	6
三通	1.0	阀门全开	0.17	止回阀	6.6
回头弯	1.5	阀门半开	2.06	文丘里管	0.24

6.1.9.2　给水管道的管径计算与案例

管道管径计算按下列步骤进行：

① 根据电镀线各工艺槽的平均供水量和最大供水量计算出各自的最大供水量，计算时 K 值的选取应考虑电镀线各清洗槽的换槽频率（电镀线作业过程各清洗槽换槽尽可能交叉进行）和工艺槽补充水的要求等。当清洗槽容积大于 1000L 时，为节约投资、有利供水管道的布置，尽可能采用 $K<2$，最大供水量作为选用给水管管径的依据。

② 根据计算得出的最大供水量数据，查表 6-23，根据管内流速在 1.0～2.0m/s 范围内查得管径。

表 6-23　钢管水力计算

流量 Q		管径(DN)/mm									
		15		20		25		32		40	
m^3/h	L/s	v	$10i$	v	$10i$	v	$10i$	v	$10i$	v	$10i$
0.36	0.10	0.58	9.85								
0.42	0.12	0.70	13.7								
0.51	0.14	0.82	18.2								
0.58	0.16	0.94	23.4								
0.65	0.18	1.05	29.1								
0.72	0.20	1.17	35.4	0.62	7.27						
0.90	0.26	1.46	55.1	0.78	10.9						
1.08	0.30	1.76	79.3	0.93	15.3						
1.26	0.35	2.05	108	1.09	20.4	0.66	5.86				
1.44	0.40			1.24	26.3	0.75	7.48				
1.62	0.45			1.40	33.3	0.85	9.32				
1.80	0.50			1.55	41.1	0.94	11.3				
1.98	0.55			1.71	49.7	1.04	13.5				
2.16	0.50			1.86	59.1	1.13	15.9	0.63	3.73		
2.34	0.65			2.02	69.4	1.22	18.5	0.68	4.31		
2.52	0.70					1.32	21.4	0.74	4.95		
2.70	0.75					1.41	24.6	0.79	5.62	0.60	2.83
2.88	0.80					1.51	27.9	0.84	6.32	0.64	3.14
3.06	0.85					1.60	31.6	0.90	7.07	0.68	3.51
3.24	0.90					1.69	35.4	0.95	7.87	0.72	3.90
3.42	0.95					1.79	39.4	1.00	8.69	0.76	4.31
3.60	1.0	1.88	43.7	1.05	9.57	0.80	4.73				
3.96	1.1	2.07	52.8	1.16	11.4	0.87	5.64				
4.32	1.2			1.27	13.5	0.95	6.63				
4.68	1.3			1.37	15.9	1.03	7.69	0.61	2.08		
5.04	1.4			1.48	18.4	1.11	8.84	0.66	2.37		

续表

流量Q		管径(DN)/mm									
		15		20		25		32		40	
m³/h	L/s	v	$10i$	v	$10i$	v	$10i$	v	$10i$	v	$10i$
5.40	1.5			1.58	21.1	1.19	10.1	0.71	2.70		
5.76	1.6			1.69	24.0	1.27	11.4	0.75	3.04		
6.12	1.7			1.79	27.1	1.35	12.9	0.80	3.40		
6.48	1.8			1.90	30.4	1.43	14.4	0.85	3.78		
6.84	1.9			2.00	33.9	1.51	16.1	0.89	4.18		
7.20	2.0			2.11	37.5	1.59	17.8	0.94	4.60		
7.56	2.1					1.67	19.6	0.99	5.03		
7.92	2.2					1.75	21.6	1.04	5.49	0.62	1.55
8.28	2.3					1.83	23.6	1.08	5.96	0.65	1.68
8.64	2.4					1.91	25.6	1.13	6.45	0.68	1.82
9.00	2.5					1.99	27.8	1.18	6.96	0.71	1.96
9.36	2.6					2.07	30.1	1.22	7.49	0.74	2.10
9.72	2.7					2.15	32.5	1.27	8.08	0.77	2.26
10.1	2.8							1.32	8.69	0.79	2.41
10.4	2.9							1.37	9.32	0.82	2.57
10.8	3.0							1.41	9.98	0.85	2.74

流量Q		管径(DN)/mm							
		50		65		80		100	
m³/h	L/s	v	$10i$	v	$10i$	v	$10i$	v	$10i$
11.52	3.2	1.51	11.4	0.91	3.09	0.64	1.32		
12.24	3.4	1.60	12.8	0.96	3.45	0.68	1.47		
12.96	3.6	1.69	14.4	1.05	4.04	0.74	1.72		
13.68	3.8	1.79	16.0	1.08	4.25	0.76	1.8		
14.40	4.0	1.88	17.7	1.13	4.68	0.81	1.98		
15.12	4.2	1.98	19.6	1.19	5.12	0.85	2.17		
15.84	4.4	2.07	21.5	1.25	5.60	0.89	2.36		
16.56	4.6	2.17	23.5	1.30	6.12	0.93	2.57		
17.28	4.8			1.36	6.67	0.97	2.78		
18.72	5.2			1.47	7.82	1.05	3.22	0.60	0.80
19.44	5.4			1.53	8.44	1.09	3.46	0.62	0.86
20.16	5.6			1.59	9.07	1.13	3.7	0.65	0.92
20.88	5.8			1.64	9.73	1.17	3.95	0.67	0.98
21.60	6.0			1.70	10.4	1.21	4.21	0.69	1.05
22.32	6.2			1.76	11.1	1.25	4.49	0.72	1.11
23.04	6.4			1.81	11.8	1.29	4.79	0.74	1.18
23.76	6.6			1.87	12.6	1.33	5.09	0.76	1.24
24.48	6.8			1.93	13.4	1.37	5.4	0.78	1.32
25.20	7.0			1.99	14.2	1.41	5.73	0.81	1.39
25.92	7.2			2.04	15.0	1.45	6.06	0.83	1.46
26.64	7.4			2.10	15.8	1.49	6.4	0.85	1.54
27.36	7.6					1.53	6.75	0.88	1.62
28.08	7.8					1.57	7.11	0.90	1.70
28.80	8.0					1.61	7.48	0.92	1.78
30.60	8.5					1.71	8.44	0.98	1.99
32.40	9.0					1.81	9.46	1.04	2.21
34.20	9.5					1.91	10.5	1.10	2.45
36.00	10.0					2.01	11.7	1.15	2.69
39.60	11.0							1.27	3.24
43.20	12.0							1.39	3.85
46.80	13.0							1.50	4.52
50.40	14.0							1.62	5.24
54.00	15.0							1.73	6.02

续表

流量 Q		管径(DN)/mm							
		50		65		80		100	
m^3/h	L/s	v	$10i$	v	$10i$	v	$10i$	v	$10i$
57.60	16.0							1.85	6.85
61.20	17.0							1.96	7.73
64.80	18.0							2.08	8.66
68.40	19.0							2.19	9.65
72.00	20.0							2.31	10.7

注：1. 表中，v 为流速，(m/s)；i 为每米管道的水头损失（水力坡降），kPa/m。
2. ABS、PP 和 UPVC 管的水力坡降可取表中相应数据的 80%。

案例 1：摩托车消声器（行车式）电镀线给水管径计算，见表 6-24。

表 6-24 摩托车消声器（行车式）电镀线给水管径计算表

序号	1	2	3	4	5	6	7	8	9	10	11	
工艺槽名称	挂具退镀	热浸除油	超声波除蜡	热浸除油	酸洗	阳极除油	阴极活化	镀镍	装饰铬	热纯水洗	总管	
给水类别	自来水	自来水	自来水	自来水	自来水	自来水	纯水	纯水	自来水	纯水	自来水	纯水
平均供水/(L/h)	828	200	828	228	1172	228	200	240	604	200	4088	640
最大供水/(L/h)	1656	400	1656	456	2344	456	400	480	1208	400	8176	1280
公称管径/mm	20	15	20	15	25	15	15	15	20	15	50	20

案例 2：摩托车消声器（环形）电镀线给水管径计算，见表 6-25。

表 6-25 摩托车消声器（环形）电镀线给水管径计算表

序号	1	2	3	4	5	6	7	8	9	10	11	合计	
工艺槽名称	挂具退镀	热浸除油	超声波除蜡	热浸除油	酸洗	阳极除油	阴极活化	光亮镍	镀镍	装饰铬	热纯水洗	总管	
给水类别	自来水	自来水	自来水	自来水	自来水	自来水	纯水	纯水	纯水	自来水	纯水	自来水	纯水
平均供水/(L/h)	2484	600	2484	684	852	684	600	600	720	840	600	8628	2520
最大供水/(L/h)	4968	1200	4968	1368	1704	1368	1200	1200	1440	1680	1200	17256	5040
公称管径/mm	32	20	32	20	20	20	20	20	20	20	20	65	32

案例 3：锌合金水暖五金件（行车式）电镀线给水管径计算，见表 6-26。

表 6-26 锌合金水暖五金件（行车式）电镀线给水管径计算表

序号	1	2	3	4	5	6	7	8	9	10	11	12	13	
工艺槽名称	超声波除蜡	热浸除油	阴极除油	弱酸浸蚀	无氰碱铜	活化	硫酸镀铜	活化	镀镍	装饰铬	还原	热纯水洗	总管	
给水类别	自来水	自来水	自来水	纯水	自来水	纯水	自来水	纯水	纯水	纯水	纯水	纯水	自来水	纯水
平均供水/(L/h)	1035	250	285	285	760	250	300	250	300	1435	285	250	2630	3055
最大供水/(L/h)	2070	500	570	570	1520	500	600	500	600	2870	570	500	5260	6110
公称管径/mm	25	15	15	15	20	15	15	15	15	25	15	15	40	40

案例4：五金工具（环形）电镀线给水管径计算，见表6-27。

表6-27 五金工具（环形）电镀线给水管径计算表

序号	1	2	3	4	5	6	7	8	9	10	11	
工艺槽名称	挂具退镀	热浸除油	超声波除油	阴极除油	酸洗	阳极除油	活化	镍封	装饰铬	脱水	总管	
给水类别	自来水	自来水	自来水	自来水	自来水	自来水	纯水	纯水	自来水	纯水	自来水	纯水
平均供水/(L/h)	1242	300	300	342	426	180	300	360	420	300	3210	960
最大供水/(L/h)	2484	600	600	684	852	360	600	720	840	600	6420	1920
公称管径/mm	25	15	15	15	15	15	15	15	15	15	40	25

案例5：无氰碱性（行车式）挂镀锌线给水管径计算，见表6-28。

表6-28 无氰碱性（行车式）挂镀锌线给水管径计算表

序号	1	2	3	4	5	6	7	8	9	10	11	
工艺槽名称	热浸除油	阳极除油	酸洗	中和	碱性镀锌	中和	出光	三价铬蓝钝	三价铬彩钝	热水烫洗	总管	
给水类别	自来水	自来水	自来水	自来水	自来水	纯水	纯水	纯水	纯水	纯水	自来水	纯水
平均供水/(L/h)	300	342	342	342	1362	360	300	900	900	300	2688	2760
最大供水/(L/h)	600	684	684	684	2724	720	600	1800	1800	600	5376	5520
公称管径/mm	15	15	16	15	25	15	15	20	20	15	32	32

6.1.9.3 给水管道的材质与布置

电镀线常用的给水管材有镀锌钢管，镀锌复合管，UPVC、PP和ABS塑料管。塑料管内壁光滑，水力坡降是镀锌钢管的80%，在腐蚀性气体产生严重的工艺槽及清洗槽的给水管应采用塑料管。

电镀线给水管的布置应符合以下要求：

① 引向电镀线的给水总管的布置一般沿墙或柱子敷设下来，应避免从车间建筑物中间的上部空间直接下来引向电镀线，以免影响电镀行车等起吊设备的行走，以及导致空间管道架设零乱；

② 横穿操作过道及运输通道至电镀线的给水管，应架设在管道地沟内或埋地敷设，塑料管埋地敷设时应有钢保护套管，钢管埋地敷设时其外壁应采取防腐蚀措施，如刷沥青、防腐涂料等；

③ 给水管的架设应有牢固的支架，支架的间距见表6-29和表6-30；

④ 给水管与蒸汽管、纯水管、空气管等在同一支架上下水平安装时，应从上到下，按“蒸汽管→空气管→纯水管→自来水管”的次序，给水管道立面见图6-17；

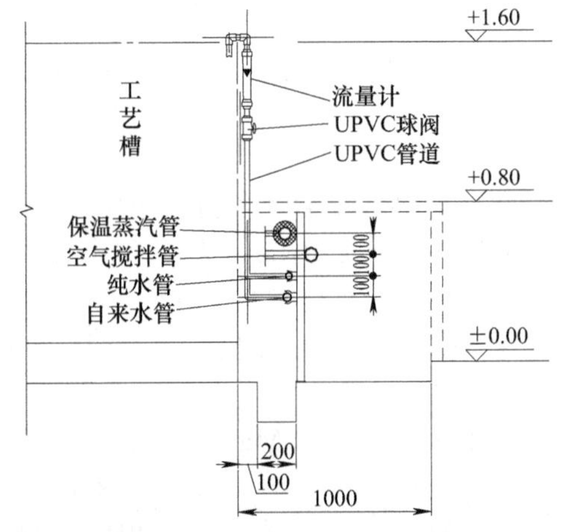

图6-17 电镀线给水管道立面图

⑤ 管道的架设应便于施工、安装和维护修理；

⑥ 在电镀线的给水总管上安装水表，以便计量生产线的用水量，以利管理和节约用水；

⑦ 为了控制和计量各清洗槽的给水量，可在每一清洗槽的供水立管上安装流量计。

表 6-29 塑料管道支架的最大间距

公称直径 DN/mm			15	20	25	32	40	50	65	80	100
支架的最大间距/m	立管		0.9	1.0	1.1	1.3	1.6	1.8	2.0	2.2	2.4
	水平管	冷水管	0.6	0.7	0.8	0.9	1.0	1.1	1.2	1.36	1.55
		热水管	0.3	0.35	0.4	0.5	0.6	0.7	0.8		

表 6-30 金属管道支架的最大间距

公称直径 DN/mm		15	20	25	32	40	50	65	80	100
支架的最大间距/m	保温	2	2.5	2.5	2.5	3	3	4	4	4.5
	不保温	2.5	3	3.5	4	4.5	6	6	6	6.5

6.1.10 脱盐水与纯水的制备

6.1.10.1 脱盐水的制备

离子交换法制备脱盐水一般采用单级复床流程，见图 6-18。当进水含盐量小于 600mg/L 时，出水的含盐量可达 5～10mg/L 以下，电阻率为 $(10\sim50)\times10^4\Omega\cdot cm$，相当于电导率 10～2μS/cm，能满足电镀线给水中 B 类水的要求。

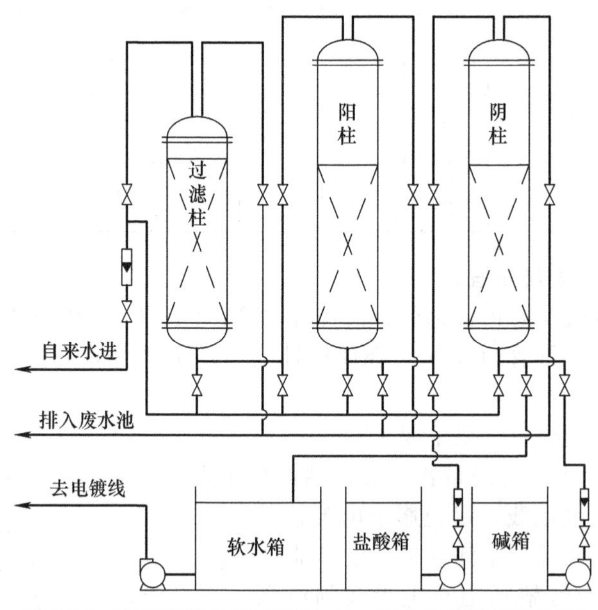

图 6-18 离子交换法制备脱盐水一般采用单级复床流程

图 6-18 所示装置主要由过滤柱、阳柱及阴柱组成。过滤柱填装 30～50 目小白球（没接基团的树脂骨架或废树脂），阳柱填装 732 强酸性阳离子交换树脂，阴柱填装 717 或 711 强碱性阴离子交换树脂。树脂在柱内填装高度为 1～1.5m。

① 过滤：自来水顺流进入过滤柱，以除去悬浮杂质后顺流进入阳离子交换柱。

② 交换：

自来水中 Ca^{2+}、Mg^{2+} 等阳离子和阳离子交换树脂反应：

$$2RH+Ca^{2+}=\!=\!=R_2Ca+2H^+$$

$$2RH+Mg^{2+}=\!=\!=R_2Mg+2H^+$$

再顺流进入阴离子交换柱，水中 SO_4^{2-}、Cl^- 等阴离子和阴离子交换树脂反应：

$$2ROH+SO_4^{2-}+2H^+=\!=\!=R_2SO_4+2H_2O$$

$$ROH+Cl^-+H^+ \longrightarrow RCl+H_2O$$

③ 再生：当处理出水达不到 B 类水水质要求时，即应作再生处理。过滤柱则视自来水悬杂质情况定期作反冲处理。阳、阴交换柱的再生流程为：反冲→再生→放空→正洗→正洗→运行。表 6-31 所示为复床离子交换运行技术参数。

表 6-31　复床离子交换运行技术参数

名　　称	732 阳离子交换树脂	717 阴离子交换树脂	711 阴离子交换树脂
工作交换容量/[mol/m³(R)]	1100～1500	300～350	350～450
工作交换流速/(m/h)	10～30	10～30	10～30
反冲时间/min	10～15	10～15	10～15
树脂膨胀率/%	40	80	80
再生液浓度	4%～6%HCl	4%～6%NaOH	4%～6%NaOH
再生剂用量/[kg/m³(R)]	30%HCl 370	30%NaOH 240	30%NaOH 240
再生加药时间/min	20～30	40～60	40～60
再生加药流速/(m/h)	4～8	4～8	4～8
第一阶段正洗时间/min	15～20	16～30	15～30
第一阶段正洗流速/(m/h)	4～8	4～8	4～8
第二阶段正洗流速/(m/h)		采用工作时过滤流速	
正洗水量/[m³(水)/m³(R)]	5～8	12～16	12～16

6.1.10.2　初级纯水的制备

反渗透＋离子交换（混床）制备初级纯水：反渗透是一种水质除盐的工艺技术，反渗透对进水含盐量的适应范围及对进水含盐量变化的适用性均优于离子交换，但除盐的彻底性较差，出水电导率一般大于 5μS/cm，故与离子交换组合使用。反渗透与离子交换组成的除盐系统，扩大了除盐系统对进水水质的适应范围，简化了离子交换系统，提高了系统出水水质。出水电导率可达 1～0.2μS/cm。由于原水已经通过反渗透器除盐，因此大大延长了离子交换树子的再生周期，这样可大大减少离子交换树脂再生时酸碱的消耗量等。

反渗透＋离子交换（混床）制备初级纯水的流程图例见图 6-19。

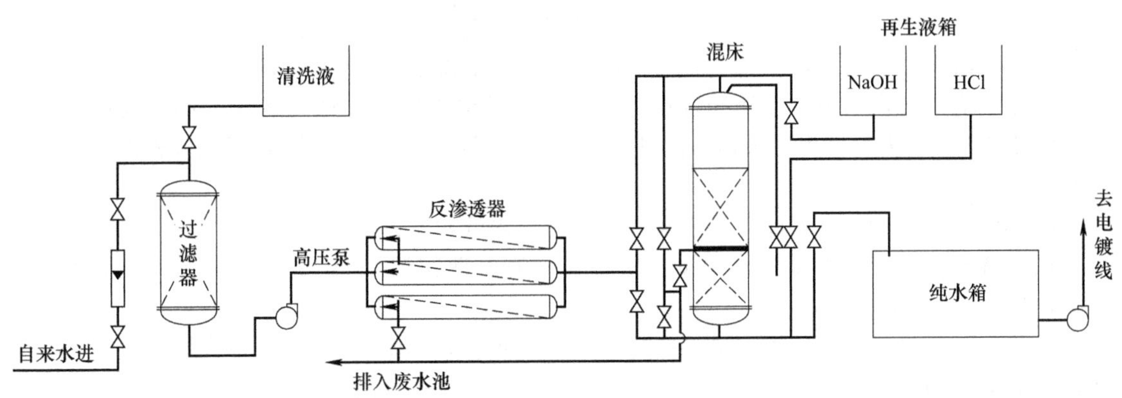

图 6-19　反渗透＋离子交换（混床）制备初级纯水的流程

保安过滤器是进入反渗透膜的最后一道过滤装置，它能有效去除大于 5μm 的物质，有效保护反渗透膜不受或少受污染。反渗透器进水水质要求（聚酰胺类复合膜）见表 6-32。

高压泵的作用是给反渗透膜输送一定数量一定压力的水源。

表 6-32　反渗透器进水水质要求（聚酰胺类复合膜）

序号	项目	反渗透器允许的进水水质指标	序号	项目	反渗透器允许的进水水质指标
1	浊度/NTU	≤1	7	锰/(mg/L)	<0.05
2	pH 值	4～9	8	硬度/(mg/L)	<17
3	水温/℃	5～40	9	总溶解性固体/(mg/L)	<1000
4	化学耗氧量(锰法)/(mg/L)	<2	10	总有机碳(TOC)/(mg/L)	<1
5	游离氯/(mg/L)	<0.1	11	污染指数(FI)/(mg/L)	<3
6	铁(总铁)/(mg/L)	<0.3			

反渗透器主要由反渗透膜和反渗透膜壳组成，它是装置的核心元件，对设备的产水量及品质起到决定的作用。制纯水的反渗透膜一般采用聚酰胺类卷式复合膜，安装在不锈钢或玻璃钢制成的膜壳中。反渗透器是一种利用选择性膜的选择透过功能，以膜两侧压力差为动力的膜分离技术，当系统所加的压力大于溶液的渗透压时，水分子会不断地透过膜迁移至膜的淡水侧，并通过收集管流至淡水出口，连续去除水中绝大部分无机物和有机物，从而达到净化的目的。经过一定时间的运行，由于进水中含有微量的悬浮物、胶体、某些难溶性盐和金属氧化物及细菌等杂质，并由于浓差极化的影响，当反渗透装置长期使用后易被一层沉淀物覆盖而结垢，因此必须对膜面进行化学清洗，除去积累在膜面上的污垢，以恢复膜的性能。

实际运行中，可参考下述五个条件来掌握清洗时机：

① 反渗透装置进出口压差比运行初期增加 10%～20%；

② 在压差尚未达到上述数值时，通常每隔 3 个月需清洗一次；

③ 产水量比初始或上一次清洗后降低 10%～20%；

④ 产水脱盐率下降 10%～15%；

⑤ 需长期停运时，在停运之前进行清洗。

上述①～④均在相同操作条件（进水压力、温度、回收率）下比较。设备的额定产水量是在原水水温为 25℃的情况下设定的，反渗透系统的产水量随原水水温降低而下降。一般情况下，水温每降低 1℃，产水量将下降 3%。反渗透器的清洗用清洗装置进行，在清洗水箱内配置清洗液，由清洗泵升压后，经精密过滤器、高压泵进入反渗透膜元件，由浓水管回到清洗水箱，循环清洗 2h。

化学清洗顺序如下。

① 按选定的清洗剂配方，在清洗水箱中配置清洗液，并搅拌均匀。

② 开启清洗进水阀、回流阀，开启清洗泵，调节清洗泵出口阀，清洗约 2h。

③ 排放清洗液，用清水低压冲洗反渗透膜元件及清洗装置，恢复运行条件，进行正常运行，并测试清洗效果。反渗透膜污染的种类不同，选择的清洗剂也不同，因此应根据情况分别对待。

清洗剂的配制（配制成 $1m^3$ 清洗液）所需药品数量如下：

① 清洗铁、碳酸钙等无机盐污染：柠檬酸 20kg，曲拉通（Triton）X-100 1L，加水混合后用氨水调节 pH 值约为 3.0。

② 清洗有机物污染：三聚磷酸钠 20kg，曲拉通（Triton）X-100 1L，EDTA-钠盐 8kg，加水混合后用硫酸调节 pH 约为中性。

③ 清洗细菌污染：EDTA-钠盐 8kg，加水混合后用氢氧化钠调节 pH 值约为 12.0。

④ 离子交换柱（混床）：一级复床离子交换装置出水电导率在 10μS/cm 以下。

⑤ SiO_2<0.1mg/L，一级混合床离子交换装置出水电导率可达 0.2μS/cm，SiO_2<0.2μg/L。混床是将阳、阴离子交换树脂按体积比一般 1 份（阳树脂）和 2 份（阴树脂）置于同一交换柱中混合均匀后运行，反渗透出水通过混合床，同时完成阳、阴离子的交换：RH+

$ROH+NaCl \Longrightarrow RNa+RCl+H_2O$。混合床消除了逆反应的影响，使交换进行得更为彻底。混合床运行流速可选用 20～30m/h。

混合床的再生方法有两种：体外再生和体内再生。体外再生即是在混合床失效后，将树脂用水力移送到交换柱外的专用交换装置中进行再生，树脂再生后再移回交换柱中。树脂再生后在交换柱内进行再生的称为体内再生。但无论是体外再生还是体内再生，其基本点是相同的，在再生前首先要将混合在一起的阳、阴树脂分开，然后再用酸碱对其进行再生、清洗，最后再将阳、阴树脂进行混合。

失效后的混合树脂可用水流反洗的方法，利用阳、阴树脂湿真密度的差异在反洗和沉降中分离。反洗分层是混合床再生的关键步骤，如分离效果不好，则混杂在阳树脂中的阴树脂会在再生时受到酸的污染，混杂在阴树脂中的阳树脂在再生时受到碱的污染。

开始反洗时，由于树脂床层在运行中压得很紧，因此水流应小些，待树脂层松动后，逐渐增大水速至全部床层松动，并膨胀至 50%～80%，10～15min 后，阳、阴树脂就可分层。反洗停止后，阳、阴树脂自然沉降，形成一清晰的界面层，阳树脂在下，阴树脂在上。混合床体再生步骤示意图见图 6-20。为提高分层效果，可在分层前通以 6%～10%NaOH 对树脂转型，以增大阳、阴树脂的密度差，同时消除静电相吸现象。将交换柱内的水放至阴树脂表面约 10cm，然后从上部进碱液，从下部进少量顶压水，防止碱液进入阳树脂层，上部碱液和下部顶压水一起从中排管排出。用除盐水清洗阴树脂，直至排出水 $OH^- < 0.5$mmol/L。再从底部进酸液，顶部进少量清洗水，一起从中排管排出。用除盐水清洗阳树脂至排水酸度小于 0.5mmol/L。用除盐水正洗树脂至排水电导率小于 1.5μS/cm。将交换柱内水放至距树脂层表面 10～15cm，内再生从底部通入已净化的 0.10～15MPa 的压缩空气 5min 左右。树脂均匀后，从底部迅速排水，最后以 15m/h 流速的除盐水正洗树脂至出水电导率为 0.2μS/cm，硅离子浓度小于 20μg/L。混床离子交换运行技术参数见表 6-33。

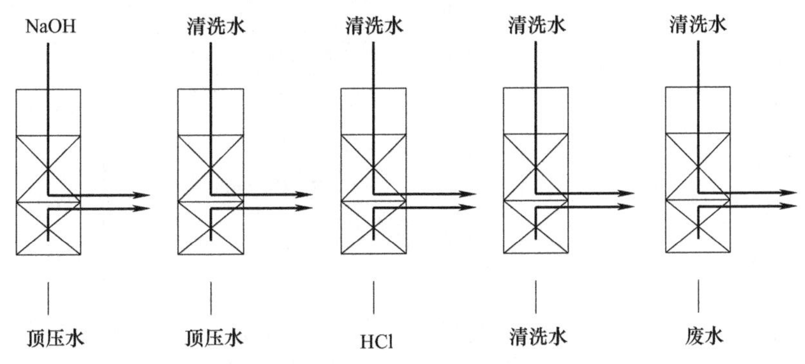

图 6-20　混合床体再生步骤示意图

表 6-33　混床离子交换运行技术参数

名　　称	732 阳离子交换树脂	717 阴离子交换树脂	711 阴离子交换树脂
工作交换容量/[克当量/m^3(R)]	550～700	250～300	
反冲时间/min	10～15		
树脂膨胀率/%	60～80		
再生液浓度	4%～6%HCl	4%～6%NaOH	
再生剂用量	2.5 倍树脂体积	2 倍树脂体积	
再生加药时间/min	20～30	40～60	
再生加药流速/(m/h)	4～8	4～8	
第一阶段正洗时间/min	15～20	15～30	
第一阶段正洗流速/(m/h)	4～8	4～8	

续表

名称	732 阳离子交换树脂	717 阴离子交换树脂	711 阴离子交换树脂
第二阶段正洗流速/(m/h)	采用工作时过滤流速		
第二阶段正洗时间/min	10～15		
压缩空气搅拌时间/min	5～10		
混合后正洗流速/(m/h)	15		
混合后正洗时间/min	10～15		

6.1.10.3 离子交换柱

离子交换柱一般为圆柱形、密闭式和正流形式。尽管在具体结构和使用材料上有所不同，但都包括柱体、封头、进水口、排气口、上下布水、树脂出入口、出水口等。对柱体采用不透明材料的必须设置观察窗。

以钢板为柱体材料的（内衬橡胶）离子交换柱结构见图 6-21。

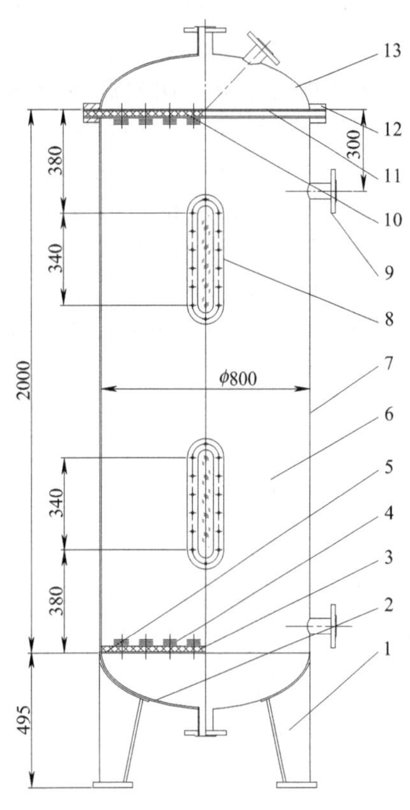

序号	图号	名称规格	数量	材料	单重/kg	总重/kg	备注
13	本图	上封头 ϕ800mm,δ6mm	1	Q235	36	36	内衬胶
12	本图	大法兰 ϕ812mm/ϕ932mm,δ20mm	2	Q235	25.8	51.6	
11	本图	上布水板 ϕ932mm,δ20mm	1	HPVC	20.5	20.5	
10	无图	密封圈 ϕ812mm/ϕ932mm,δ8mm	2	橡胶	3.95	7.9	
9	9	法兰短管	5	Q235	3.15	15.8	
8	8	视镜	2	组件	13.4	26.8	
7	本图	筒体 ϕ800mm,L2000mm,δ6mm	1	Q235	238	238	
6	无图	离子交换树脂					
5	本图	搁圈 ϕ720mm/ϕ800mm,δ10mm	1	Q235	7.5	7.5	
4	无图	布水头	104	PP			外购
3	3	下布水板 ϕ800mm,δ20mm	1	HPVC	15.1	15.1	
2	本图	下封头 ϕ800mm,δ6mm	1	Q235	36	36	内衬胶
1	1	脚	3	Q235	14.7	44.1	

图 6-21 离子交换柱结构图

① 采用的柱体材料要根据柱体直径、水的腐蚀性及制造难易和成本等方面考虑。柱体的强度要考虑在密闭的情况下柱内树脂膨胀时可产生 1.3MPa 的压强，因此要考虑柱体采用较大的容积，让树脂在柱内能自由膨胀，减少树脂膨胀时对柱壁的压力。对直径小于 500mm 的柱体，可采用有机玻璃圆筒或聚氯乙烯圆筒。对直径大于 600mm 的柱体，可用 4～6mm 厚的钢板卷焊制成。内部作防腐处理，可衬橡胶、玻璃钢等。

② 进出水管径一般按下式计算：

$$DN=\frac{\text{交换柱直径}}{10}-(10\sim20)\text{mm}$$

或按管内流速 1～1.5m/s 确定管径。

③ 树脂出入口可设在交换柱体上下侧面，对 ϕ800mm 以下交换柱，选用口径为 DN50mm。

④ 布水装置设上下两层，一般采用两种形式：一种为布水帽布水，在柱体上下各设一布水挡板，在板上设置布水帽，布水帽在板上布置按梅花形或矩形排列，间距为 100～110mm，数量控制在 80～ 100 个/m^2；另一种为尼龙网布水，在上下两块不同孔径的多孔板间紧夹一到两层 50～60 目的尼龙网。

⑤ 对不透明的交换柱体，至少应在柱体的上下部设置观察窗，上部用于观察逆洗反冲情况，下部用于观察交换饱和过程中树脂颜色变化情况。对用聚氯乙烯制成的柱体，只要在相应位置开孔，用透明有机玻璃直接焊牢作为观察窗。对用钢板卷焊制成的柱体，则应用法兰圈压接有机玻璃制成。

6.2 电镀线的排水系统

6.2.1 废水中有害物质浓度的估算

电镀线排出废水的有害物质浓度与工艺条件、生产负荷、操作情况以及清洗方式等有关，特别是当其他条件不变时，清洗方式的不同，即供水量的不同，使电镀线排出废水中的有害物质浓度差异很大。

废水中有害物质的浓度一般可按工件从工艺槽中带出的溶液量和使用清洗水量作为依据进行估算：

$$A=BVC \tag{6-11}$$

式中　A——每小时工件从工艺槽中带出溶液含有害物质的量，g/h；

B——每小时经工艺槽处理的工件面积，m^2/h；

V——每平方米工件一次从工艺槽带出溶液量，L/m^2；

C——每升溶液中所含有害物质的量，g/L。

$$C=C_1D \tag{6-12}$$

式中　C_1——溶液中所含某种化学药剂的浓度，g/L；

D——溶液中化学药剂的氰离子、六价铬离子或重金属离子的百分含量，见表 6-34。

$$C_2=\frac{A}{Q} \tag{6-13}$$

式中　C_2——排出废水中有害物质的浓度，mg/L；

Q——每小时排出的废水量，m^3/h。

表 6-34　溶液中化学药剂的某些离子含量

序号	化学药剂名称	化学药剂分子式	化学药剂所含离子成分	离子含量/%
1	氰化钠	NaCN	CN^-	54
2	氰化钾	KCN	CN^-	40
3	氰化亚铜	CuCN	CN^-	29
4	氰化镉	$Cd(CN)_2$	CN^-	32
5	氰化锌	$Zn(CN)_2$	CN^-	44
6	三氧化铬	CrO_3	Cr^{6+}	52
7	三氧化二铬	Cr_2O_3	Cr^{6+}	68
8	铬酸	H_2CrO_4	Cr^{6+}	44
9	氰化镉	$Cd(CN)_2$	Cd^{2+}	68

续表

序号	化学药剂名称	化学药剂分子式	化学药剂所含离子成分	离子含量/%
10	氧化镉	CdO	Cd^{2+}	88
11	氯化镉	$CdCl_2$	Cd^{2+}	62
12	硫酸镉	$CdSO_4$	Cd^{2+}	54
13	硫酸镍	$NiSO_4$	Ni^{2+}	38
14	氯化镍	$NiCl_2$	Ni^{2+}	46
15	氰化亚铜	$CuCN$	Cu^{2+}	71
16	硫酸铜	$CuSO_4$	Cu^{2+}	40
17	氟化氢	HF	F^-	95

6.2.2 排水管道流量计算

流量计算公式：

$$Q=Av \tag{6-14}$$

式中 Q——排水管道设计流量，m^3/s；

A——管道内水流有效断面积，m^2；

v——管道内液体流速，(m/s)。

流速公式：

$$v=\frac{1}{\eta}R^{2/3}I^{1/2} \tag{6-15}$$

式中 R——水力半径，m；

I——水力坡降，对排水管道一般按管道底坡降计算；

η——管道内的粗糙系数，查阅化学工业出版社《化工管路》（下册）。

废水在管内的流速和最大充满度可按表 6-35 选用。排水管道水力计算列于表 6-36。

表 6-35 管内流速和最大充满度

DN/mm	管内流速/(m/s)	最大充满度(h/D)	DN/mm	管内流速/(m/s)	最大充满度(h/D)
65	≥0.50	0.60	150	≥0.65	0.80
80	≥0.55	0.65	200	≥0.70	0.90
100	≥0.60	0.70			

表 6-36 排水管道水力计算

DN65mm 排水管道水力计算																
$\frac{h}{D}$	i/‰															
	10		12		14		16		18		20		25		30	
	Q	v	Q	v	Q	v	Q	v	Q	v	Q	v	Q	v	Q	v
0.30			0.32	0.39	0.34	0.41	0.37	0.43	0.39	0.46	0.41	0.49	0.46	0.55	0.50	0.59
0.35			0.43	0.43	0.46	0.44	0.50	0.48	0.52	0.50	0.56	0.52	0.62	0.59	0.67	0.65
0.40			0.55	0.46	0.59	0.48	0.63	0.50	0.67	0.54	0.71	0.57	0.79	0.63	0.87	0.69
0.45			0.67	0.48	0.73	0.50	0.79	0.53	0.83	0.57	0.87	0.59	0.98	0.67	1.07	0.74
0.50			0.81	0.50	0.88	0.52	0.94	0.56	1.00	0.59	1.05	0.63	1.17	0.70	1.29	0.77
0.55			0.96	0.53	1.03	0.55	1.10	0.59	1.17	0.62	1.23	0.65	1.38	0.73	1.51	0.80
0.60			1.09	0.54	1.18	0.56	1.26	0.60	1.34	0.64	1.41	0.67	1.58	0.76	1.73	0.82
0.65			1.23	0.56	1.33	0.58	1.42	0.62	1.51	0.66	1.59	0.69	1.78	0.77	1.95	0.85
0.70			1.36	0.57	1.47	0.59	1.58	0.63	1.67	0.67	1.76	0.70	1.97	0.78	2.15	0.86
0.75			1.49	0.57	1.60	0.60	1.71	0.64	1.82	0.68	1.92	0.71	2.14	0.79	2.34	0.87
0.80			1.59	0.56	1.72	0.59	1.84	0.64	1.95	0.68	2.05	0.71	2.30	0.80	2.51	0.88
0.85			1.68	0.56	1.81	0.59	1.94	0.64	2.05	0.68	2.17	0.71	2.42	0.80	2.65	0.87
0.90			1.74	0.55	1.87	0.59	2.00	0.63	2.12	0.67	2.24	0.70	2.50	0.79	2.74	0.86
0.95			1.75	0.53	1.89	0.58	2.02	0.61	2.14	0.66	2.25	0.68	2.52	0.77	2.77	0.85
1.00			1.63	0.49	1.76	0.52	1.88	0.56	1.99	0.59	2.10	0.63	2.35	0.70	2.57	0.77

续表

*DN*80mm 排水管道水力计算

$\frac{h}{D}$	i/‰															
	10		12		14		16		18		20		25		30	
	Q	v	Q	v	Q	v	Q	v	Q	v	Q	v	Q	v	Q	v
0.30			0.54	0.42	0.58	0.46	0.62	0.48	0.66	0.51	0.70	0.54	0.78	0.61	0.85	0.66
0.35			0.72	0.46	0.78	0.49	0.84	0.53	0.88	0.56	0.94	0.58	1.05	0.66	1.14	0.72
0.40			0.93	0.49	1.00	0.53	1.07	0.56	1.14	0.60	1.20	0.63	1.34	0.70	1.47	0.77
0.45			1.14	0.51	1.24	0.56	1.33	0.59	1.41	0.63	1.48	0.66	1.66	0.74	1.82	0.82
0.50			1.37	0.54	1.49	0.58	1.59	0.62	1.69	0.66	1.78	0.70	1.99	0.78	2.18	0.86
0.55			1.62	0.56	1.74	0.61	1.87	0.65	1.98	0.69	2.09	0.72	2.33	0.81	2.55	0.89
0.60			1.85	0.58	2.00	0.62	2.14	0.67	2.27	0.71	2.39	0.74	2.67	0.84	2.93	0.91
0.65			2.09	0.59	2.25	0.64	2.41	0.69	2.55	0.73	2.69	0.77	3.01	0.86	3.30	0.94
0.70			2.31	0.61	2.49	0.66	2.67	0.70	2.83	0.74	2.98	0.78	3.33	0.87	3.65	0.95
0.75			2.52	0.61	2.71	0.67	2.90	0.71	3.08	0.75	3.25	0.80	3.63	0.88	3.97	0.97
0.80			2.69	0.62	2.91	0.66	3.11	0.71	3.30	0.75	3.48	0.79	3.89	0.89	4.26	0.98
0.85			2.84	0.62	3.07	0.66	3.28	0.71	3.48	0.75	3.67	0.79	4.10	0.89	4.49	0.97
0.90			2.94	0.61	3.17	0.66	3.39	0.70	3.60	0.74	3.79	0.78	4.24	0.88	4.64	0.96
0.95			2.96	0.59	3.20	0.64	3.42	0.68	3.63	0.73	3.82	0.76	4.27	0.86	4.69	0.94
1.00			2.76	0.54	2.98	0.58	3.18	0.62	3.38	0.66	3.56	0.70	3.98	0.78	4.36	0.86

*DN*100mm 排水管道水力计算

$\frac{h}{D}$	i/‰															
	10		12		14		16		18		20		25		30	
	Q	v	Q	v	Q	v	Q	v	Q	v	Q	v	Q	v	Q	v
0.30	0.95	0.48	1.04	0.52	1.12	0.57	1.20	0.60	1.27	0.64	1.34	0.68	1.50	0.76	1.64	0.83
0.35	1.27	0.52	1.39	0.57	1.50	0.61	1.61	0.66	1.70	0.70	1.80	0.73	2.01	0.82	2.20	0.90
0.40	1.63	0.56	1.79	0.61	1.93	0.66	2.06	0.70	2.19	0.75	2.31	0.79	2.68	0.88	2.82	0.96
0.45	2.02	0.59	2.20	0.64	2.38	0.70	2.55	0.74	2.71	0.79	2.85	0.83	3.19	0.93	3.49	1.02
0.50	2.42	0.62	2.65	0.67	2.86	0.73	3.06	0.78	3.25	0.83	3.42	0.87	3.83	0.97	4.19	1.07
0.55	2.84	0.64	3.11	0.70	3.35	0.76	3.59	0.81	3.80	0.86	4.01	0.90	4.48	1.01	4.91	1.11
0.60	3.25	0.66	3.56	0.72	3.85	0.78	4.11	0.84	4.36	0.89	4.60	0.93	5.14	1.05	5.63	1.14
0.65	3.66	0.68	4.01	0.74	4.33	0.80	4.63	0.86	4.91	0.91	5.18	0.96	5.79	1.07	6.34	1.17
0.70	4.05	0.69	4.44	0.76	4.79	0.82	5.13	0.87	5.44	0.93	5.73	0.98	6.41	1.09	7.02	1.19
0.75	4.41	0.70	4.84	0.76	5.22	0.83	5.58	0.88	5.92	0.94	6.24	0.99	6.98	1.10	7.64	1.21
0.80	4.73	0.70	5.18	0.77	5.60	0.83	5.98	0.89	6.36	0.94	6.69	0.99	7.48	1.11	8.20	1.22
0.85	5.00	0.70	5.46	0.77	5.90	0.83	6.31	0.89	6.69	0.94	7.05	0.99	7.88	1.11	8.64	1.21
0.90	5.17	0.69	5.65	0.76	6.10	0.82	6.52	0.88	6.92	0.93	7.29	0.98	8.15	1.10	8.93	1.20
0.95	5.20	0.68	5.70	0.74	6.15	0.80	6.58	0.85	6.98	0.91	7.35	0.95	8.22	1.07	9.01	1.17
1.00	4.84	0.62	5.30	0.67	5.73	0.73	6.12	0.78	6.50	0.83	6.84	0.87	7.65	0.97	8.38	1.07

*DN*150mm 排水管道水力计算

$\frac{h}{D}$	i/‰															
	6		8		10		12		14		16		18		20	
	Q	v	Q	v	Q	v	Q	v	Q	v	Q	v	Q	v	Q	v
0.30	2.18	0.49	2.51	0.56	2.81	0.63	3.08	0.69	3.32	0.74	3.55	0.80	3.77	0.84	3.97	0.89
0.35	2.91	0.53	3.36	0.61	3.76	0.68	4.12	0.75	4.45	0.81	4.76	0.86	5.05	0.91	5.32	0.96
0.40	3.75	0.57	4.32	0.65	4.83	0.73	5.29	0.80	5.71	0.86	6.11	0.92	6.48	0.98	6.83	1.03
0.45	4.64	0.60	5.34	0.69	5.97	0.77	6.564	0.86	7.06	0.91	7.55	0.98	8.01	1.04	8.44	1.09
0.50	5.56	0.63	6.41	0.72	7.17	0.81	7.85	0.89	8.48	0.96	9.07	1.02	9.62	1.09	10.1	1.15
0.55	6.51	0.65	7.51	0.75	8.40	0.84	9.20	0.92	9.94	1.00	10.6	1.07	11.3	1.13	11.9	1.19
0.60	7.46	0.67	8.61	0.78	9.63	0.87	10.5	0.95	11.4	1.03	12.2	1.10	12.9	1.17	13.6	1.23
0.65	8.41	0.69	9.70	0.80	10.8	0.89	11.9	0.97	12.8	1.05	13.7	1.13	14.6	1.19	15.3	1.26
0.70	9.30	0.70	10.7	0.81	12.0	0.91	13.1	0.99	14.2	1.07	15.2	1.15	16.1	1.22	17.0	1.28
0.75	10.1	0.71	11.7	0.82	13.1	0.92	14.3	1.01	15.5	1.09	16.5	1.16	17.5	1.23	18.5	1.30
0.80	10.9	0.72	12.5	0.83	14.0	0.92	15.3	1.01	16.6	1.09	17.1	1.17	18.8	1.24	19.8	1.31
0.85	11.4	0.71	13.2	0.82	14.8	0.92	16.2	1.01	17.5	1.09	18.7	1.17	19.8	1.24	20.9	1.30
0.90	11.8	0.71	13.7	0.81	15.3	0.91	16.7	1.00	18.1	1.08	19.3	1.15	20.5	1.22	21.6	1.29
0.95	11.9	0.69	13.8	0.79	15.4	0.89	16.9	0.97	18.2	1.05	19.5	1.12	20.7	1.19	21.8	1.25
1.00	11.1	0.63	12.8	0.72	14.3	0.81	15.7	0.89	17.0	0.96	18.1	1.02	19.2	1.09	20.3	1.15

续表

$\frac{h}{D}$	DN200mm 排水管道水力计算																	
	i/‰																	
	4		6		8		10		12		14		16		18		20	
	Q	v	Q	v	Q	v	Q	v	Q	v	Q	v	Q	v	Q	v	Q	v
0.30	3.81	0.48	4.67	0.69	5.39	0.68	6.03	0.76	6.60	0.83	7.13	0.90	7.63	0.96	8.09	1.02	8.63	1.07
0.35	5.11	0.52	6.26	0.64	7.22	0.74	8.08	0.82	8.85	0.90	9.56	0.97	10.2	1.04	10.8	1.11	11.4	1.17
0.40	6.56	0.56	8.04	0.69	9.28	0.79	10.4	0.88	11.4	0.97	12.3	1.05	13.1	1.12	13.9	1.19	14.7	1.25
0.45	8.11	0.59	9.94	0.72	11.5	0.84	12.8	0.94	14.0	1.02	15.2	1.11	16.2	1.18	17.2	1.25	18.1	1.32
0.50	9.73	0.62	11.9	0.76	13.8	0.88	15.4	0.98	16.9	1.07	18.2	1.16	19.5	1.24	20.7	1.32	21.8	1.39
0.55	11.4	0.64	14.0	0.79	16.1	0.91	18.0	1.02	19.7	1.11	21.3	1.20	22.8	1.29	24.2	1.37	25.5	1.44
0.60	18.1	0.66	16.0	0.81	18.5	0.94	20.7	1.05	22.6	1.15	24.5	1.24	26.2	1.33	27.7	1.41	29.2	1.49
0.65	14.7	0.68	18.0	0.83	20.8	0.96	23.3	1.08	25.5	1.18	27.5	1.27	29.5	1.36	31.3	1.45	32.9	1.52
0.70	16.3	0.69	20.0	0.86	23.0	0.98	25.8	1.10	28.2	1.20	30.5	1.30	32.6	1.39	34.6	1.47	36.4	1.55
0.75	17.7	0.70	21.8	0.85	25.1	0.99	28.1	1.11	30.7	1.22	33.2	1.31	35.5	1.41	37.7	1.49	39.7	1.57
0.80	19.0	0.71	23.3	0.87	26.9	1.00	30.1	1.12	32.9	1.22	36.6	1.32	38.1	1.41	40.4	1.50	42.5	1.58
0.85	20.0	0.70	24.6	0.86	28.4	1.00	31.7	1.12	34.7	1.22	37.5	1.32	40.1	1.41	42.6	1.50	44.9	1.68
0.90	20.7	0.70	25.4	0.85	29.3	0.99	32.8	1.1	36.9	1.21	38.8	1.30	41.6	1.40	44.0	1.48	46.4	1.56
0.95	20.9	0.68	25.6	0.83	29.6	0.96	33.1	1.07	36.2	1.17	39.1	1.27	41.8	1.36	44.4	1.44	46.8	1.52
1.00	19.5	0.62	23.9	0.76	27.5	0.88	30.8	0.98	33.7	1.07	36.4	1.16	38.9	1.24	41.3	1.32	43.5	1.39

注：DN 为排水管公称管径；i 为坡度；$\frac{h}{D}$为充满度；Q 为流量，L/s；v 为流速，m/s。

6.2.3 电镀线排水量与管径计算案例

电镀线的排水一般应按不同成分废水分流排放、单独处理的原则进行，至少应分铬系、氰系、重金属综合废水系，对有回收回用价值的金、银、镍等系废水也应分流排放、单独处理回收利用。

各系废水的排水量以平均给水量为基础乘以总变化系数。总变化系数包括：各系废水的回收槽、清洗槽定期排放时的排水量和排水时间、工艺槽清洗出的缸脚、地坪冲洗用水等。一般可考虑以 1.5 倍的平均给水量为最大排水量作为排水管道管径的计算依据，以 1.2 倍的平均排水量作为废水处理量。

电镀线排水量与管径计算实例如：

① 摩托车消声器（行车式）电镀线的排水量，见表 6-37。

表 6-37 摩托车消声器（行车式）电镀线排水量计算表

序号	1	2	3	4	5	6	7	8	9	10	11	
工艺槽名称	挂具退镀	热浸除油	超声波除蜡	热浸除油	酸洗	阳极除油	阴极活化	镀镍	装饰铬	热纯水洗	废水系分类合计	
废水类别	酸碱综合	酸碱综合	酸碱综合	酸碱综合	酸碱综合	酸碱综合	酸碱综合	镍系	酸碱综合	酸碱综合	酸碱综合	镍系
平均供水/(L/h)	828	200	828	228	1172	228	200	240	604	200	4488	240
最大排水/(L/h)	1242	300	1242	342	1758	342	300	360	906	300	6732	360
处理量/(L/h)	994	240	994	274	1406	274	240	288	725	240	6386	288
排水管 DN/mm											100	65

② 摩托车消声器（环形）电镀线的排水量，见表 6-38。

表 6-38 摩托车消声器（环形）电镀线排水量计算表

序号	1	2	3	4	5	6	7	8	9	10	11	12		
工艺槽名称	挂具退镀	热浸除油	超声波除蜡	热浸除油	酸洗	阳极除油	阴极活化	光亮镍	镀镍	装饰铬	热纯水洗	废水系分类合计		
废水类别	酸碱综合	酸碱综合	酸碱综合	酸碱综合	酸碱综合	酸碱综合	酸碱综合	镍系	镍系	铬系	铬系	酸碱综合	镍系	铬系
平均供水/(L/h)	2484	600	2484	684	852	684	600	600	720	840	600	8388	1320	1440
最大排水/(L/h)	3728	900	3728	1026	1278	1026	900	900	1080	1260	900	12682	1980	2160
处理量/(L/h)	2981	720	2981	821	1022	821	720	720	864	1008	720	10066	1684	1728
排水管 *DN*/mm												150	65	65

③ 锌合金水暖五金件（行车式）电镀线的排水量，见表 6-39。

表 6-39 锌合金水暖五金件（行车式）电镀线排水量计算表

序号	1	2	3	4	5	6	7	8	9	10	11	12	13		
工艺槽名称	超声波除蜡	热浸除油	阴极除油	弱酸浸蚀	无氰碱铜	活化	硫酸镀铜	活化	镀镍	装饰铬	还原	热纯水洗	废水系分类合计		
废水类别	酸碱综合	酸碱综合	酸碱综合	酸碱综合	酸碱综合	酸碱综合	酸碱综合	酸碱综合	镍系	铬系	酸碱综合	酸碱综合	酸碱综合	铬系	镍系
平均供水/(L/h)	1035	250	285	285	760	250	300	250	300	1435	285	250	3950	1435	300
最大排水/(L/h)	1553	375	428	428	1140	375	450	375	450	2153	428	375	6925	2153	450
处理量/(L/h)	1242	300	342	342	900	300	360	300	360	1722	342	300	4740	1722	360
排水管 *DN*/mm													100	80	65

④ 五金工具（环形）电镀线的排水量，见表 6-40。

表 6-40 五金工具（环形）电镀线排水量计算表

序号	1	2	3	4	5	6	7	8	9	10	11		
工艺槽名称	挂具退镀	热浸除油	超声波除油	阴极除油	酸洗	阳极除油	活化	镍封	装饰铬	脱水	废水系分类合计		
废水类别	酸碱综合	酸碱综合	酸碱综合	酸碱综合	酸碱综合	酸碱综合	酸碱综合	镍系	铬系	酸碱综合	酸碱综合	镍系	铬系
平均供水/(L/h)	1242	300	300	342	426	180	300	360	420	300	3390	360	420
最大排水/(L/h)	1863	450	450	513	639	270	450	640	630	450	5085	540	630
处理量/(L/h)	1491	360	360	411	511	216	360	432	504	360	4068	432	504
排水管 *DN*/mm											100	65	65

⑤ 无氰碱性（行车式）挂镀锌线的排水量，见表 6-41。

表 6-41 无氰碱性（行车式）挂镀锌线排水量计算表

序号	1	2	3	4	5	6	7	8	9	10	11
工艺槽名称	热浸除油	阳极除油	酸洗	中和	碱性镀锌	中和	出光	三价铬蓝钝	三价铬彩钝	热水烫洗	废水系分类合计
废水类别	酸碱综合	酸碱综合	酸碱综合	酸碱综合	酸碱综合	酸碱综合	酸碱综合	酸碱综合	酸碱综合	酸碱综合	酸碱综合
平均供水/(L/h)	300	342	342	342	1362	360	300	900	900	300	5448
最大排水/(L/h)	450	513	513	513	2043	540	450	1350	1350	450	8172
处理量/(L/h)	360	410	410	410	1634	432	360	1080	1080	360	6538
排水管 *DN*/mm											150

6.2.4 排水管、沟的材料

电镀线的排水可采用排水沟和排水管两种形式，一般重金属酸碱综合废水可以采用排水沟（明沟）的形式直接排至废水处理站。明沟的断面一般为矩形，沟宽为 150～300mm，沟起点深度为 100～150mm，水力坡降在 1%～2%的范围内。其他废水可采用管排（排水管），排水管道设计的一般原则是确定控制点的标高，在排水管道设计中确定控制点的标高是重要的一环。控制点一般就是该排水管道系统的起点。排水管道内为重力流，水流由高处流向低处，下游各段低于上游。因此，控制点是排水管道系统的最高点，是控制整个系统标高的起点。管排的各类排水管道最好也安在明沟内，此时按需要扩大明沟的宽度。

排水明沟应考虑有防腐蚀的措施，一般根据具体情况可采用花岗石整体沟、混凝土沟表面贴耐酸瓷板或涂覆环氧玻璃钢等。在有热水排出的地方，还应考虑温度对沟面的影响。排水明沟在槽前和人行走道的区域，应设栅格盖板。排水明沟出车间通往污水池的一段宜用埋地的排水管道，管道材料一般用双面涂釉的陶土管或陶瓷管，用沥青玛蹄脂接口。电镀线旁的排水管道应根据排放液体的化学性质和温度选择合适的材质，并满足不腐蚀和不变形的要求，一般可采用 UPVC 管或 RPP 管，管道接头应严防渗漏，以免影响土建基础和污染地下水。不同性质的废水分开排入废水池，含有氰化物和铬酸等的废水管道及其处理装置应单独设置。

6.2.5 排水管、沟的布置

排水明沟与埋地管道的连接处，为便于清理，防止管道堵塞，在明沟和管道连接处应设置连接井并采取拦污物的措施，见图 6-22。排水明沟经过处如遇有过道或操作区域，排水沟应加设盖板；当排水明沟较长时，宜每隔 4～5m 在明沟底设一深 100～150mm 的小坑，便于废水中固体污物的截留和清理。电镀线排水沟、管的布置一般有如下几种形式：当手工电镀线靠墙时，排水沟、管布置于槽后；当自动电镀线的排水槽的溢水口和排污口设置在同一边时，排水沟、管布置于一边；当自动电镀线的排水槽的溢水口和排污口设置在两边时，排水沟、管布置于两边。排水沟、管的布置还应考虑排水槽底部排污口周期排水时操作的方便。手工电镀线靠墙时的排水沟、管的布置见图 6-23。行车式电镀线的排水沟、管布置见图 6-24。

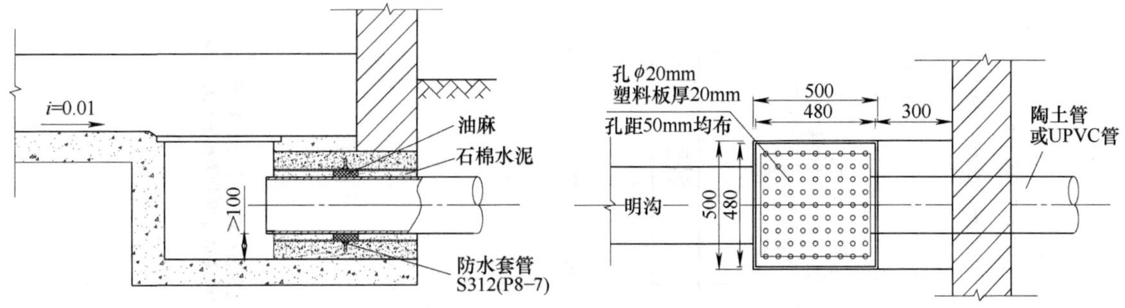

图 6-22　明沟与地埋管连接

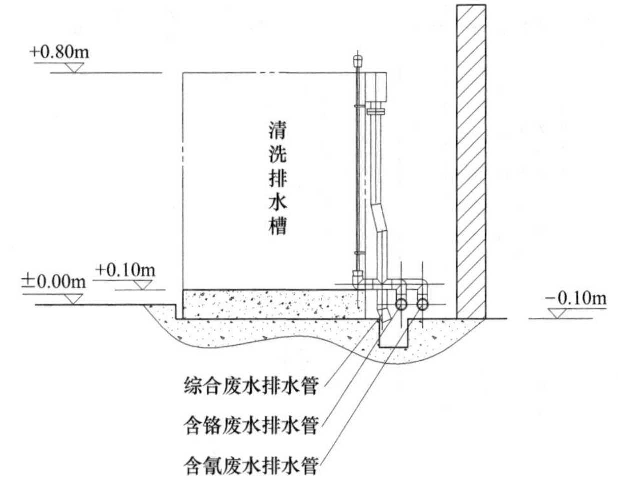

图 6-23　手工电镀线排水沟、管的布置

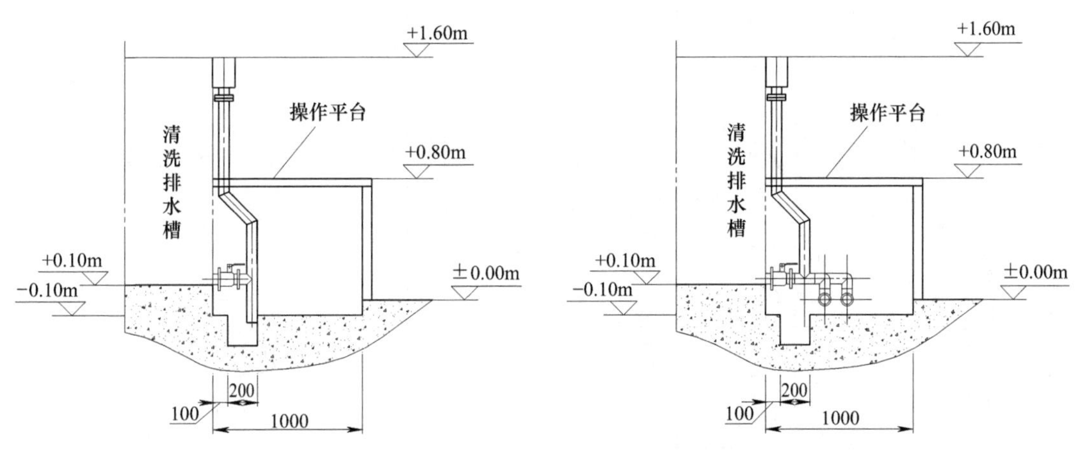

图 6-24　行车式电镀线的排水沟、管布置示意图

6.2.6 电镀线的给水、排水管道布置案例

① 行车式电镀线的给水、排水管道布置见图 6-25。

② 环形电镀线的给水、排水管道布置见图 6-26。

③ 手工电镀线的给水、排水管道布置见图 6-27。

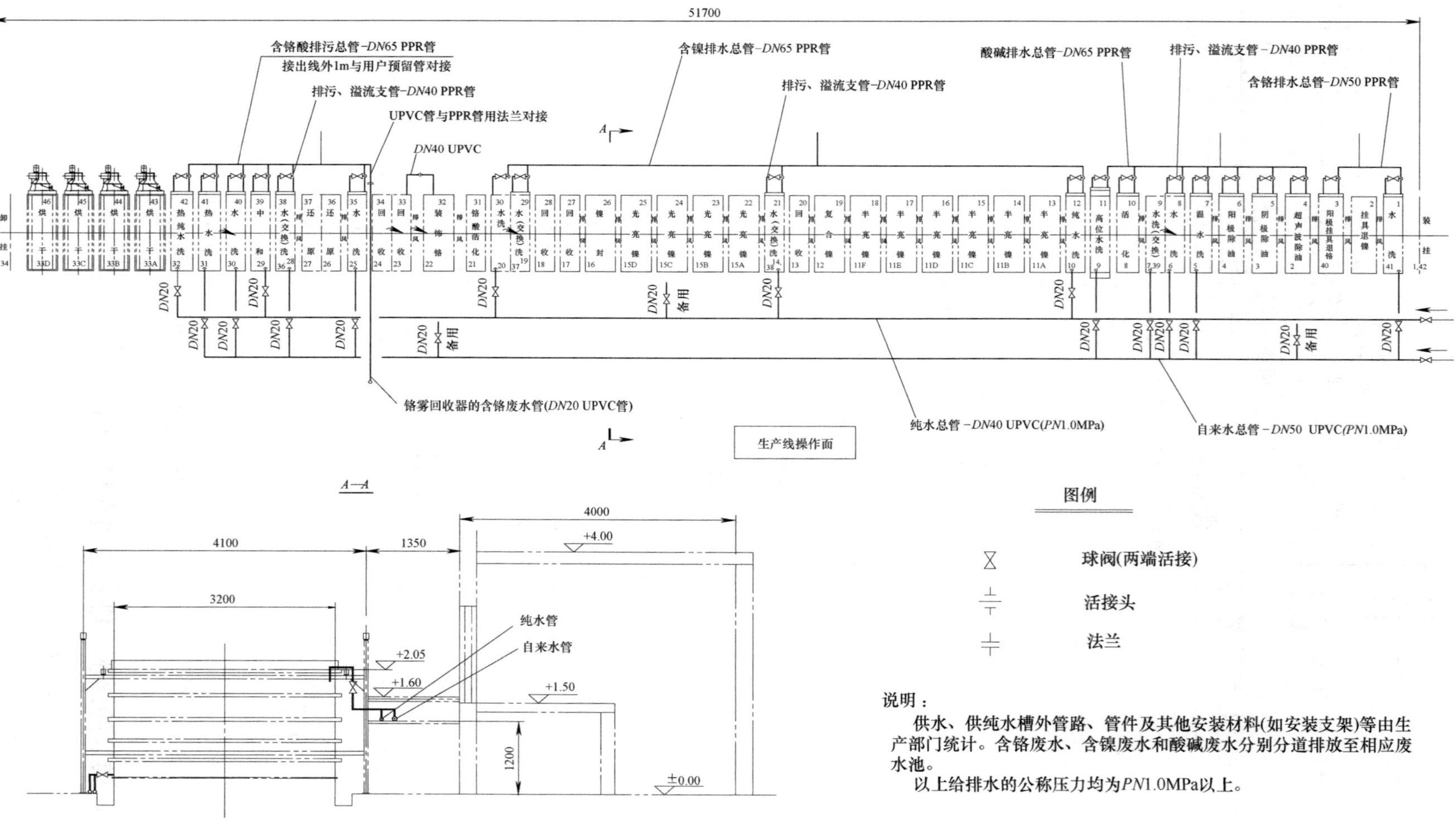

说明：

供水、供纯水槽外管路、管件及其他安装材料(如安装支架)等由生产部门统计。含铬废水、含镍废水和酸碱废水分别分道排放至相应废水池。

以上给排水的公称压力均为PN1.0MPa以上。

图 6-25　行车式电镀线的给水、排水管道布置图

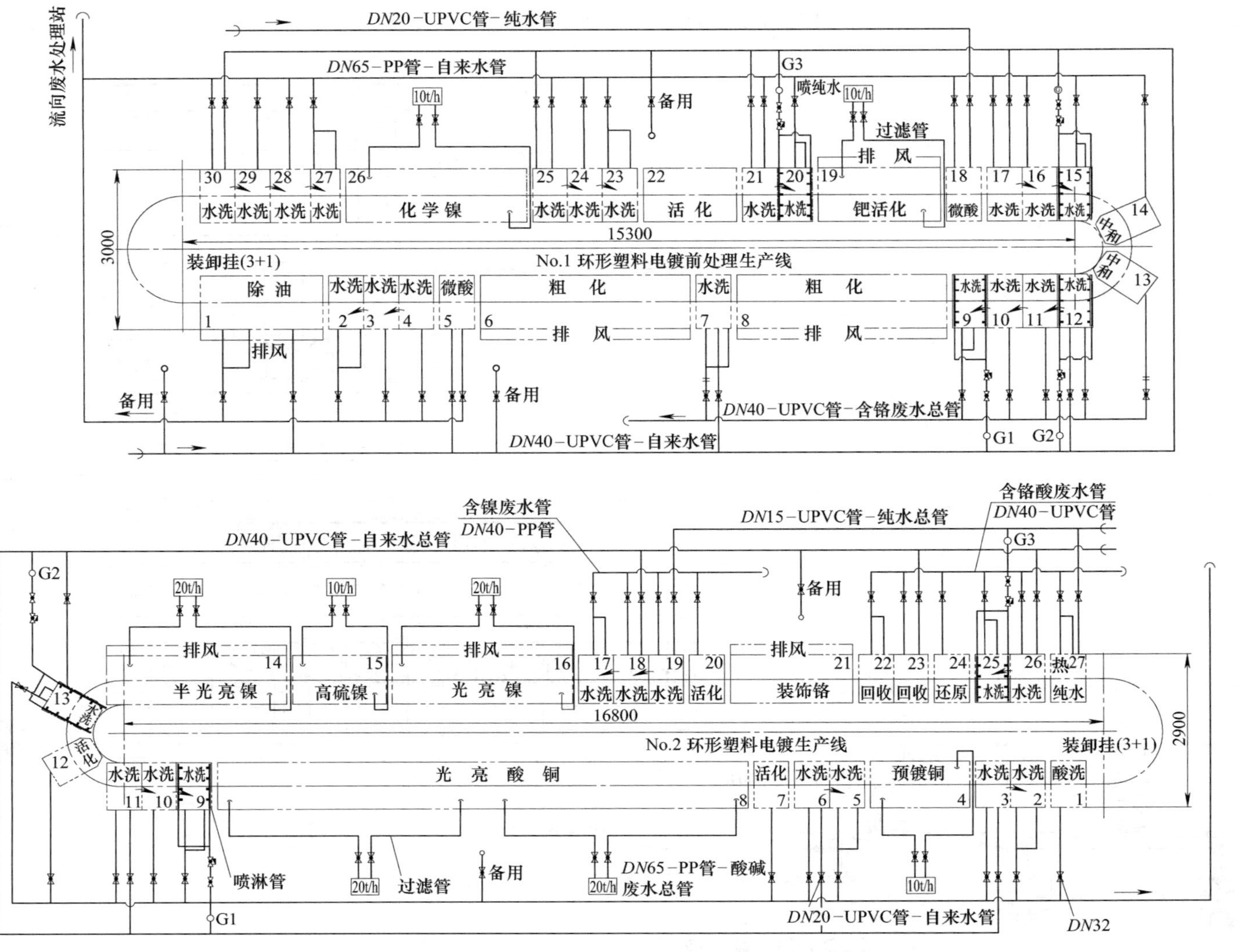

图 6-26　环形电镀线的给水、排水管道布置图

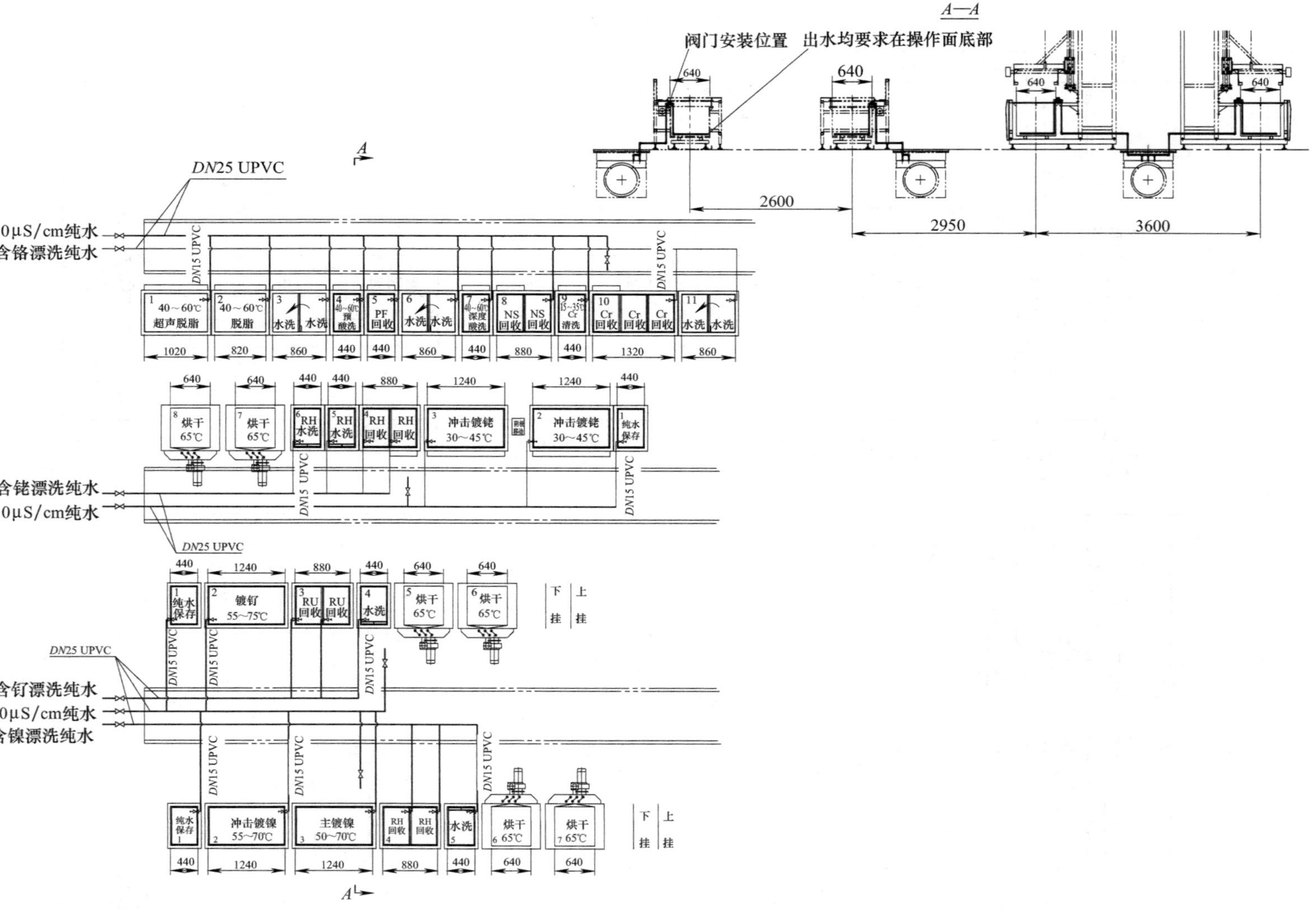

图 6-27　手工电镀线的给水、排水管道布置图

6.3 电镀废水处理与综合利用

6.3.1 电镀废水的种类、来源及其排放标准

电镀线废水的种类、来源和主要污染物见表 6-42。

表 6-42 电镀废水的种类、来源和主要污染物

序号	废水种类	废水来源	主要污染物及污染水平
1	含氰废水	镀锌、镀铜、镀镉、镀金、镀银、镀合金等氰化镀槽	氰的络合金属离子、游离氰、氢氧化钠、碳酸钠等盐类，以及部分添加剂、光亮剂等。一般废水中氰浓度在 50mg/L 以下，pH 值为 8～11
2	含铬废水	镀铬、钝化、化学镀铬、阳极化处理等	六价铬、三价铬、铜、铁等金属离子和硫酸等；钝化、阳极化处理等废水还含有被钝化的金属离子和盐酸、硝酸以及部分添加剂、光亮剂等。一般废水中六价铬浓度在 100mg/L 以下，pH 值为 4～6
3	含镍废水	镀镍	硫酸镍、氯化镍、硼酸、硫酸钠等盐类，以及部分添加剂、光亮剂等。一般废水中含镍浓度在 100mg/L 以下，pH 值在 6 左右
4	含铜废水	酸性镀铜	硫酸铜、硫酸和部分光亮剂。一般废水中含铜浓度在 100mg/L 以下，pH 值为 2～3
		焦磷酸镀铜	焦磷酸铜、焦磷酸钾、柠檬酸钾、氨三乙酸等，以及部分添加剂、光亮剂等。一般废水中含铜浓度在 50mg/L 以下，pH 值在 7 左右
5	含锌废水	碱性锌酸盐镀锌	氧化锌、氢氧化钠和部分添加剂、光亮剂等。一般废水中含锌浓度在 50mg/L 以下，pH 值在 9 以上
		钾盐镀锌	氧化锌、氯化钾、硼酸和部分光亮剂等。一般废水中含锌浓度在 100mg/L 以下，pH 值在 6 左右
		硫酸锌镀锌	硫酸锌、硫脲和部分光亮剂等。一般废水中含锌浓度在 100mg/L 以下，pH 值为 6～8
		铵盐镀锌	氯化锌、氧化锌、锌的络合物、氨三乙酸和部分添加剂、光亮剂等。一般废水中含锌浓度在 100mg/L 以下，pH 值为 6～9
6	磷化废水	磷化处理	磷酸盐、硝酸盐、亚硝酸钠、锌盐等。一般废水中含磷浓度在 100mg/L 以下，pH 值在 7 左右
7	酸碱废水	镀前处理中的去油、腐蚀和浸酸、出光等中间工艺以及冲地坪等的废水	硫酸、盐酸、硝酸等各种酸类和氢氧化钠、碳酸钠等各种碱类，以及各种盐类、表面活性剂、洗涤剂等，同时还含有铁、铜、铝等金属离子及油类、氧化铁皮、砂土等杂质。一般酸、碱废水混合后偏酸性
8	电镀混合废水	①除含氰废水系统外，将电镀车间排出废水混在一起的废水 ②除各种分质系统废水外，将电镀车间排出废水混在一起的废水	其成分根据电镀混合废水所包括的镀种而定

电镀废水处理一般分为含铬、含氰、含重金属和含酸碱等废水处理系统，在选择电镀废水治理的设计方案时，必须结合电镀工艺、废水排放条件等具体情况，经全面技术经济比较后确定。目前，国内电镀废水处理技术发展很快，一般应实行不同成分废水分流单独处理，也可实行综合处理。但处理的同时，必须考虑回收其中有用物质；处理后的水在生产上能重复使用或达到国家规定的排放标准后排放。

2008 年 8 月 1 日前我国实行 GB 8978—1996《污水综合排放标准》（我国部分地区实行地方标准，如上海实行 DB 31/199—2009《上海市污水综合排放标准》）。2008 年 8 月 1 日起，我国开始实行电镀行业专用排放标准 GB 21900—2008《电镀污染物排放标准》。标准对不同的时段执行不同的标准。对现有设施自 2009 年 1 月 1 日到 2010 年 6 月 30 日执行表 6-43 规定的水污染物排放浓度限值；现有设施自 2010 年 6 月 30 日起和新建设施自 2008 年 8 月 1 日起执行

表 6-44 规定的水污染物排放浓度限值；根据环境保护工作的要求，在国土开发密度已经较高、环境承载能力开始减弱，或环境容量较小、生态环境脆弱，容易发生严重环境污染问题而需要采取特别保护措施的地区的设施，自 2008 年 9 月 1 日执行表 6-45 规定的水污染物特别排放极限。《电镀污染物排放标准》根据电镀水污染物的理化特性、危害性以及污染控制的需要等方面，共选择了 20 项污染物作为水污染控制项目，其中金属污染物 11 项：总铬、六价铬、总镍、总镉、总银、总铜、总锌、总铅、总汞、总铁、总铝；非金属污染物 9 项：pH 值、COD、总氰化物、总磷、总氮、氨氮、氟化物、悬浮物、石油类。

《电镀污染物排放标准》与《污水综合排放标准》中和电镀生产相关的控制指标相比（见表 6-46），排放标准值均有不同程度的提高。《电镀污染物排放标准》编写组的专家们通过对全国具有代表性的 42 个电镀厂点的调查，这些厂点通过不同的方法对电镀废水处理后都能做到达标排放。

表 6-43　现有设施水污染物排放浓度限值　　mg/L

序号	污染物	排放浓度限值	污染物排放监控位置
1	总铬	1.5	生产车间或装置排放口
2	六价铬	0.5	生产车间或装置排放口
3	总镍	1.0	生产车间或装置排放口
4	总镉	0.1	生产车间或装置排放口
5	总银	0.5	生产车间或装置排放口
6	总铅	1.0	生产车间或装置排放口
7	总汞	0.05	生产车间或装置排放口
8	总铜	1.0	企业常规污水处理设施总排放口
9	总锌	2.0	企业常规污水处理设施总排放口
10	总铁	5.0	企业常规污水处理设施总排放口
11	总铝	5.0	企业常规污水处理设施总排放口
12	总氰化合物	0.5	企业常规污水处理设施总排放口
13	pH 值	6～9	企业常规污水处理设施总排放口
14	化学需氧量(COD_{Cr})	100	企业常规污水处理设施总排放口
15	总磷	1.5	企业常规污水处理设施总排放口
16	总氮	30	企业常规污水处理设施总排放口
17	氨氮	25	企业常规污水处理设施总排放口
18	悬浮物	70	企业常规污水处理设施总排放口
19	石油类	5.0	企业常规污水处理设施总排放口
20	氟化物	10	企业常规污水处理设施总排放口
单位产品基准排水量/(L/m^2镀件)	电镀光亮铬	750	排水量计量位置与污染物排放监控位置一致
	其他	300	

表 6-44　新建设施水污染物排放浓度限值　　mg/L

序号	污染物	排放浓度限值	污染物排放监控位置
1	总铬	1.0	生产车间或装置排放口
2	六价铬	0.2	生产车间或装置排放口
3	总镍	0.5	生产车间或装置排放口
4	总镉	0.05	生产车间或装置排放口
5	总银	0.3	生产车间或装置排放口
6	总铅	0.2	生产车间或装置排放口
7	总汞	0.01	生产车间或装置排放口
8	总铜	0.5	企业常规污水处理设施总排放口
9	总锌	1.5	企业常规污水处理设施总排放口
10	总铁	3.0	企业常规污水处理设施总排放口
11	总铝	3.0	企业常规污水处理设施总排放口
12	总氰化合物	0.3	企业常规污水处理设施总排放口

续表

序号		污染物	排放浓度限值	污染物排放监控位置
13		pH 值	6～9	企业常规污水处理设施总排放口
14		化学需氧量(COD_{Cr})	80	企业常规污水处理设施总排放口
15		总磷	1.0	企业常规污水处理设施总排放口
16		总氮	20	企业常规污水处理设施总排放口
17		氨氮	15	企业常规污水处理设施总排放口
18		悬浮物	50	企业常规污水处理设施总排放口
19		石油类	3.0	企业常规污水处理设施总排放口
20		氟化物	10	企业常规污水处理设施总排放口
单位产品基准排水量/(L/m^2镀件)		电镀光亮铬	500	排水量计量位置与污染物排放监控位置一致
		其他	200	

表 6-45 现有和新建设施水污染物特别排放极限 mg/L

序号		污染物	排放浓度限值	污染物排放监控位置
1		总铬	0.5	生产车间或装置排放口
2		六价铬	0.1	生产车间或装置排放口
3		总镍	0.1	生产车间或装置排放口
4		总镉	0.01	生产车间或装置排放口
5		总银	0.1	生产车间或装置排放口
6		总铅	0.1	生产车间或装置排放口
7		总汞	0.005	生产车间或装置排放口
8		总铜	0.3	企业常规污水处理设施总排放口
9		总锌	1.0	企业常规污水处理设施总排放口
10		总铁	2.0	企业常规污水处理设施总排放口
11		总铝	2.0	企业常规污水处理设施总排放口
12		总氰化合物	0.2	企业常规污水处理设施总排放口
13		pH 值	6～9	企业常规污水处理设施总排放口
14		化学需氧量(COD_{Cr})	60	企业常规污水处理设施总排放口
15		总磷	0.5	企业常规污水处理设施总排放口
16		总氮	15	企业常规污水处理设施总排放口
17		氨氮	8	企业常规污水处理设施总排放口
18		悬浮物	30	企业常规污水处理设施总排放口
19		石油类	2.0	企业常规污水处理设施总排放口
20		氟化物	10	企业常规污水处理设施总排放口
单位产品基准排水量/(L/m^2镀件)		电镀光亮铬	250	排水量计量位置与污染物排放监控位置一致
		其他	100	

表 6-46 《污水综合排放标准》与《电镀污染物排放标准》的对照 mg/L

序号	污染物	《污水综合排放标准》(GB 8978—1996)一级标准值	《电镀污染物排放标准》(GB 21900—2008)		
			现有设施	新建设施	特别排放限值
1	总铬	1.5	1.5	1.0	0.5
2	六价铬	0.5	0.5	0.2	0.1
3	总镍	1.0	1.0	0.5	0.1
4	总镉	0.1	0.1	0.05	0.01
5	总银	0.5	0.5	0.3	0.1
6	总铅	1.0	1.0	0.2	0.1
7	总汞	0.05	0.05	0.01	0.005
8	总铜	0.5	1.0	0.5	0.3
9	总锌	2.0	2.0	1.5	1.0
10	总铁	无规定	5.0	3.0	2.0
11	总铝	无规定	5.0	3.0	2.0

续表

序号	污染物	《污水综合排放标准》(GB 8978—1996)一级标准值	《电镀污染物排放标准》(GB 21900—2008)		
			现有设施	新建设施	特别排放限值
12	总氰化物	0.5	0.5	0.3	0.2
13	pH 值	6～9	6～9	6～9	6～9
14	化学耗氧量	100	100	80	50
15	总磷	0.5	1.5	1.0	0.5
16	氨氮	15	25	15	8
17	总氮	—	30	20	15
18	悬浮物	70	70	50	30
19	石油类	5.0	5.0	3.0	2.0
20	氟化物	10	10	10	10

要达到这一标准，必须认真治理污染和严格控制排放，实施清洁生产的各项有效措施。遵循把污染尽量消除在生产过程中的原则，治标又治本。电镀生产之所以污染环境，其源头就是电镀生产工艺和完成工艺流程的相关技术。要将污染消灭在生产过程中，所选用的生产工艺和技术必须是先进、高效、节能、节水、节约原料的，而且还应该是低污染或无污染的行之有效的符合清洁生产要求的。20 世纪 70 年代以来，我国电镀和环境保护工作者对节约能源和减少污染排放的电镀工艺以及槽边处理与回收技术进行了大量的试验研究工作，已经采用了不少行之有效的低污染、低消耗、高质量、高效率的电镀新工艺、新技术、新材料和新设备。这些成果应用于生产以后，收到了良好的技术经济效益和环境效益。

6.3.2 含铬废水的处理

6.3.2.1 亚硫酸盐化学法处理含铬废水

亚硫酸盐化学法适宜处理电镀生产过程中所产生的各种含铬废水。一般有连续式处理和间歇式处理两种。

(1) 处理原理

利用低价态的硫的含氧酸盐能将六价铬还原为三价铬，而硫的化学价则升高：

$$Cr^{6+} + 3e^- \longrightarrow Cr^{3+}$$

$$S^{m+} - ne^- \longrightarrow S^{(m-n)+}$$

常用的硫的含氧酸盐有：氧化数为四价的焦亚硫酸钠（$Na_2S_2O_5$）、亚硫酸钠（Na_2SO_3），氧化数为三价的连二亚硫酸钠（$Na_2S_2O_4$），氧化数为二价的硫代硫酸钠（$Na_2S_2O_3$）。

焦亚硫酸钠溶于水时水解为亚硫酸氢钠：

$$Na_2S_2O_5 + H_2O \longrightarrow 2NaHSO_3$$

连二亚硫酸钠溶于水后逐渐水解为亚硫酸氢钠和硫代硫酸钠：

$$2Na_2S_2O_4 + H_2O \longrightarrow 2NaHSO_3 + Na_2S_2O_3$$

因此，还原剂归结为亚硫酸氢钠、亚硫酸钠和硫代硫酸钠。还原剂和六价铬的反应为：

$$2H_2Cr_2O_7 + 6NaHSO_3 + 3H_2SO_4 \longrightarrow 2Cr_2(SO_4)_3 + 3Na_2SO_4 + 8H_2O$$

$$H_2Cr_2O_7 + 3Na_2SO_3 + 3H_2SO_4 \longrightarrow Cr_2(SO_4)_3 + 3Na_2SO_4 + 4H_2O$$

$$4H_2Cr_2O_7 + 3Na_2S_2O_3 + 9H_2SO_4 \longrightarrow 4Cr_2(SO_4)_3 + 3Na_2SO_4 + 13H_2O$$

(2) 还原时的 pH 值和时间

亚硫酸盐还原六价铬必须在酸性条件下进行。还原反应的速度与 pH 值有关，当酸浓度增加时，反应朝有利于生成三价铬的方向进行，实测反应速度时，当 pH 值为 2.0 或再低时，反应可在 5min 左右完成；当 pH 值为 2.5～3.0 时，反应需 20～30min；当 pH 值高于 3.0 时，反应很慢。因此，还原反应时的 pH 值应控制在 3.0 以下。为节约用酸和避免产生二氧化硫气体，亚硫酸盐还原六价铬时的 pH 值宜控制为 2.5～3.0。

(3) 氧化还原反应终点的控制

相关的一些标准电极电位为：

$$SO_4^{2-}+H_2O+2e^-=\!=\!=SO_3^{2+}+2OH^- \quad E_0=-0.93V$$

$$Cr_2O_7^{2+}+14H^++6e^-=\!=\!=2Cr^{3+}+7H_2O \quad E_0=+1.33V$$

电极电位与浓度的关系可用能斯特方程式表示（298.16K）：

$$E=E_0+\frac{0.059}{n}\lg\frac{\text{氧化态}}{\text{还原态}}$$

式中 E——实际状态下的氧化还原电位，V；

E_0——标准状态下的电极电位，V；

n——氧化还原反应电子得失数；

0.059——与温度有关的常数。

代入能斯特方程：

$$E=E_0+\frac{0.059}{6}\lg\frac{[Cr_2O_7^{2-}][H^+]^{14}}{[Cr^{3+}]^2}$$

上式反映出在 H^+ 浓度恒定的情况下，$Cr_2O_7^{2-}$ 浓度越高，ORP 值越大。反之，$Cr_2O_7^{2-}$ 浓度越低，ORP 值越小。当 pH 值控制在 2.5 时（即保持氢离子浓度不变），ORP 值若小于 250mV，则六价铬的浓度能低于国家排放标准。

(4) 三价铬及其他金属离子的去除

六价铬被还原成三价铬后，三价铬及其他金属离子的去除用氢氧化钠和三价铬及其他金属离子反应成沉淀后分离除去。反应如下：

$$Cr^{3+}+3OH^-=\!=\!=Cr(OH)_3\downarrow \qquad K_{sp}[Cr(OH)_3]=6.3\times10^{-31}$$

$$Zn^{2+}+2OH^-=\!=\!=Zn(OH)_2\downarrow \qquad K_{sp}[Zn(OH)_2]=2\times10^{-17}$$

$$Cu^{2+}+2OH^-=\!=\!=Cu(OH)_2\downarrow \qquad K_{sp}[Cu(OH)_2]=5.6\times10^{-20}$$

(5) 处理流程

① 连续式处理流程　含铬废水化学法连续式处理流程见图 6-28。车间排出的含铬废水排入专用废水调节池，调节池的容积为 2～4 倍的小时平均给水量（同时亦可加入一定比例的相应废液）。经搅拌均质后，泵将废水送入第一反应槽（泵的启停由废水池中的液位控制计自动控制）。在机械搅拌机的作用下，pH 控制系统自动控制加酸使废水 pH 值达 2.5，同时 ORP 控制系统自动控制加还原剂使废水的 ORP 值达 250mV，搅拌反应 20～30min 后流入第二反应槽（如设置综合废水池可直接排入）。在机械搅拌机的作用下，pH 控制系统自动控制加碱，使废水 pH 值为 8～8.5，搅拌反应 20～30min 后流入第三反应槽。在机械搅拌机的作用下，定量自动加入 PAM，使浓度达 5～10mg/L，搅拌反应 20～30min 后流入斜管沉淀池。控制沉淀池水力负荷为 $1.5\sim2m^3/(h\cdot m^2)$，上清水流入中间水池。池中液位控制计自动控制过滤泵的启停，泵将废水送入多介质过滤机，出水流入 pH 调节槽。最终调节 pH 值至 7.5～8.5 后排入下水道。定期将沉淀斗中污泥排入污泥浓缩槽。浓缩污泥用泵送箱式压滤机脱水，干污泥装袋运走。

② 间歇式处理流程　含铬废水化学法间歇式处理流程见图 6-29。车间排出的含铬废水排入专用废水调节池，调节池的容积为 2～4 倍的小时平均给水量（同时亦可加入一定比例的相应废液）。泵将废水送入还原反应塔，泵的启停由废水池中的液位控制计和还原反应塔中的液位控制计联锁自动控制。在机械搅拌机的作用下，pH 控制系统自动控制加酸，使废水 pH 值达 2.5，同时 ORP 控制系统自动控制加还原剂使废水的 ORP 值达 250mV，搅拌反应 20～30min

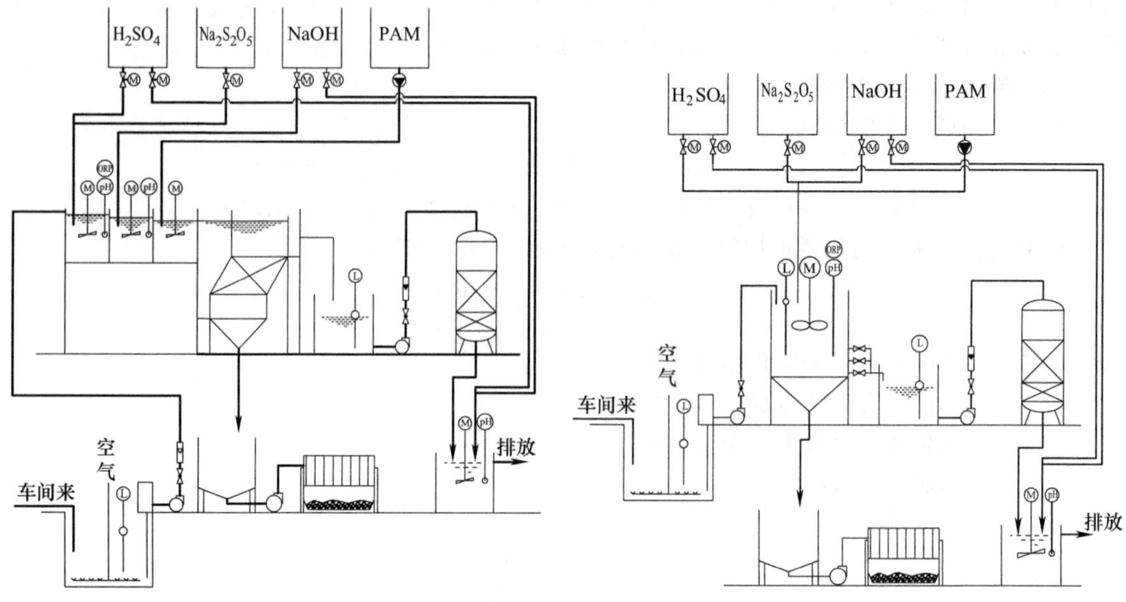

图 6-28　含铬废水化学法连续式处理流程　　图 6-29　含铬废水化学法间歇式处理流程

(如设置综合废水池，可直接排入)。在机械搅拌机的作用下，pH 控制系统自动控制加碱，使废水 pH 值达 8～8.5 后，在机械搅拌机的作用下，定量自动加入 PAM，使浓度达 5～10mg/L，搅拌反应 20～30min 后停止搅拌。静止沉淀 1～1.5h 后，上清水流入中间水槽，下部沉淀物污泥排入污泥浓缩槽。处理系统进入下一周期的处理运行。中间水槽中液位控制计自动控制过滤泵的启停，泵将废水送入多介质过滤机，出水流入 pH 调节槽。最终调节 pH 值至 7.5～8.5 后排入下水道。污泥槽中的浓缩污泥用泵送箱式压滤机脱水，干污泥装袋运走。

6.3.2.2　离子交换法处理镀铬废水

离子交换法适宜处理镀装饰铬、镀硬铬等的清洗含铬废水，不适宜处理镀黑铬和镀含氟铬的清洗废水。电镀线排出的镀铬清洗废水先进入废水调节池。调节池的容积为 2～4 倍的小时平均给水量。镀铬废水经调节后，六价铬的浓度应控制在 200mg/L 内。离子交换法处理镀铬废水的流程采用三阴柱串联全饱和流程，处理后出水直接用于镀铬清洗槽。除铬阴柱饱和后的再生液经脱钠、净化或浓缩后可回用于镀铬槽。

(1) 处理流程

离子交换法处理镀铬废水三阴柱全饱和流程见图 6-30。含铬废水先流经过滤柱（过滤柱内可用小白球作滤料)，使废水中的悬浮物浓度低于 15mg/L，再流经酸性阳柱，除去自来水中的 Ca^{2+}、Mg^{2+}、Na^{2+} 等离子和镀液中带出的 Cr^{3+}，使出水中的金属阳离子符合要求，并避免重金属离子作为催化剂使阴树脂加速氧化。通过阳柱后出水 pH 值由 5 左右降到 3 以下，使废水中六价铬呈 $Cr_2O_7^{2-}$ 形式存在，利于阴树脂交换吸附。阳树脂交换吸附反应可表达为：

$$M^{n+}+nRH = R_nM+nH^+$$

酸性阳柱的交换终点应严格按出水 pH 值 3～3.5 控制。

废水继续流经第一除铬阴柱时，废水中的 $Cr_2O_7^{2-}$ 与阴树脂上的 OH—基团发生交换反应，达到去除 $Cr_2O_7^{2-}$ 的目的。交换反应为：

$$2ROH+Cr_2O_7^{2-} = R_2Cr_2O_7+2OH^-$$

在此过程中，尽管 OH^- 被交换下来进入废水，使废水的 pH 值升高，但由于进阴柱的 pH 值小于 3，因此尚不能使 $Cr_2O_7^{2-}$ 转化为 CrO_4^{2-}。废水中同时存在的 SO_4^{2-}、Cl^- 等阴离子也在柱内被交换，但由于 CrO_4^{2-} 与树脂的交换势大于 SO_4^{2-}、Cl^- 等阴离子，随着废水的不断进柱，CrO_4^{2-} 逐渐替代 SO_4^{2-}、Cl^- 等阴离子，使 SO_4^{2-}、Cl^- 等阴离子向柱内树脂下部移动。当第一阴柱出水的六价铬泄漏量将达 0.5mg/L 时，通过阀门切换，使第一阴柱出水串入第二阴柱继续工作。当第一阴柱内树脂达到全饱和即第一阴柱进出废水中六价铬浓度相等时，停止第一阴柱工作。此时第一阴柱中的 SO_4^{2-}、Cl^- 等阴离子均已推移到第二阴柱第一阴柱进行再生处理，第二阴柱单独继续工作。当 CrO_4^{2-} 泄漏后串入已再生好的第一阴柱继续工作，直至树脂达全饱和后停止工作进行再生。此时，第一阴柱单独工作，如此周而复始循环工作。除铬阴柱出水再流经除酸阴柱，以除去 SO_4^{2-}、Cl^- 等阴离子，被交换下来的 OH^- 中和酸性水为纯水作为镀铬的清洗水。除铬阴柱的交换终点按出水的 pH 值接近 5 进行控制。

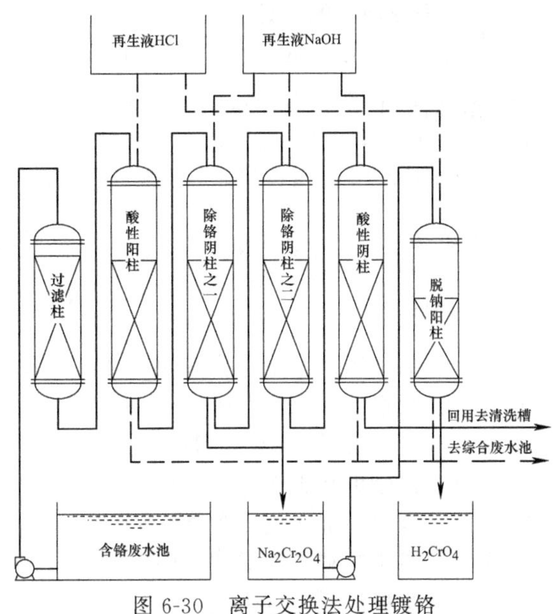

图 6-30　离子交换法处理镀铬废水三阴柱全饱和流程

经除铬阴柱再生的洗脱液中含有大量的 Na_2CrO_4，返回镀槽使用前必须经过离子交换脱钠处理。将脱钠柱中的水排至接近树脂层，使除铬阴柱再生洗脱液顺流进入脱钠柱进行交换，待出水呈现黄色时，予以收集。交换反应如下：

$$Na_2CrO_4+2RH=\!=\!=2RNa+H_2CrO_4$$

出水逐渐由黄色变为红色，此时柱内 pH 值降至 2 以下，CrO_4^{2-} 转化为 $Cr_2O_7^{2-}$，反应为：

$$2CrO_4^{2-}+2H^+=\!=\!=Cr_2O_7^{2-}+H_2O$$

当出水由红色变为黄色时，柱内 pH 值升高，树脂将达饱和。停止收集，将柱内溶液返回再生洗脱液箱，脱钠柱作再生操作。

(2) 树脂的再生、淋洗操作

饱和树脂的再生、淋洗工艺参数见表 6-47。

表 6-47　镀铬废水三阴柱全饱和处理流程再生、淋洗工艺参数

离子交换柱名称	酸性阳柱	除铬阴柱		除酸阴柱		脱钠柱
采用树脂名称	凝胶型强酸性阳离子交换树脂	大孔型弱碱性阴离子交换树脂	凝胶型强碱性阴离子交换树脂	大孔型弱碱性阴离子交换树脂	凝胶型强碱性阴离子交换树脂	凝胶型强酸性阳离子交换树脂
交换流速/(m/h)	小于 20					2.5～4.0
再生剂	工业盐酸	含氯量低的工业氢氧化钠		工业氢氧化钠		工业盐酸
再生液浓度/(mol/L)	1.5～2.0	2.0～2.5	2.5～3.0	2.0～2.5	2.5～3.0	1.5～2.0
再生液用量	2 倍的树脂体积	先复用 0.5～1 倍上周期后期的再生洗脱液，再用 1.0～1.6 倍的新鲜再生液		2 倍的树脂体积		
再生液流速	4～5 倍的树脂体积	6～9 倍的树脂体积	4～5 倍的树脂体积	6～9 倍的树脂体积	4～5 倍的树脂体积	10 倍的树脂体积
淋洗水水质	生活饮用水	除盐水				
淋洗水流速	开始淋洗时流速与再生流速，逐渐增大至运行流速					
淋洗终点 pH 值	2～3	8～9				基本无氯离子
反冲时树脂膨胀率/%	30～50	50				

(3) 离子交换柱的设计

离子交换柱的设计数据可按下式计算：

① 单柱体积 $$V=1000\frac{Q}{u} \tag{6-16}$$

② 空间流速 $$u=1000\frac{E}{C_0T} \tag{6-17}$$

③ 交换流速 $$v=uH \tag{6-18}$$

④ 交换柱直径 $$D=\sqrt{\frac{Q}{\pi v}} \tag{6-19}$$

式中 V——阴（阳）离子交换柱单柱体积，L；

Q——废水设计流量，m^3/h；

u——空间流速，L/[L(R)·h]；

E——树脂饱和工作交换容量，g/L(R)；

C_0——废水中金属离子含量，mg/L；

T——树脂饱和工作周期，h；

v——交换流速，m/h；

H——树脂层高度，m；

D——交换柱直径，m。

镀铬阴柱设计时，可参照表 6-48 所示镀铬阴柱设计数据代入上述公式计算，酸性阳柱和除酸阴柱的直径和高度可与除铬阴柱相同。

表 6-48 镀铬阴柱设计数据

符号	名 称	数 据
E	树脂饱和工作交换容量	①大孔型弱碱性阴离子交换树脂(如 710、D370、D301)为 60～70g(Cr^{6+})/L(R) ②凝胶型强碱性阴离子交换树脂(如 717、201)为 40～45g(Cr^{6+})/L(R)
T	树脂的工作周期	①Cr^{6+}=200～150mg/L 时，T 取 36h，H 取上限 ②Cr^{6+}=100～50mg/L 时，T 取 36～48h ③Cr^{6+}<50mg/L 时，取 u 值为 30L/[L(R)·h]；计算 T 值，此时 H 采用下限
H	树脂层高度	0.6～1.0m
v	交换流速	不大于 20m/h

脱钠阳柱的设计按下列公式计算树脂体积：

$$V_{Na}=\frac{Q_{Cr}}{E_{Nz}n} \tag{6-20}$$

式中 V_{Na}——阳离子交换树脂体积，L；

Q_{Cr}——每周期回收的饱和除铬阳柱洗脱液量，L，可为阴离子交换树脂体积的 1.0～1.5 倍；

E_{Nz}——每升阳离子交换树脂每次可回收的稀铬酸量，当回收的稀铬酸量（以 CrO_3 计）为 40～60g/L 时，可采用 0.7～0.9L；

n——每周期脱钠柱的操作次数，可采用 1～2 次。

根据计算出的阳离子交换树脂体积设计，按树脂在交换柱内填装高度为 0.8～1.2m，计算出交换柱直径。

6.3.2.3 槽内处理法处理含铬废水

本方法适宜直接处理镀铬或钝化工件所带出的铬酸溶液。槽内处理法处理含铬废水流程见图 6-31。

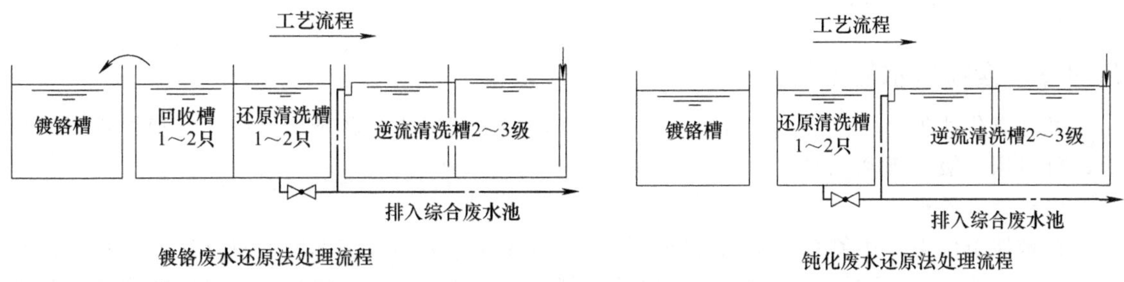

图 6-31　槽内处理法流程

(1) 槽内处理法处理镀铬废水

镀铬槽后设置 1～2 个回收槽，零件从镀铬槽提出后，先经 1～2 级回收槽清洗，降低零件附着液的铬酸浓度；后经 1～2 级化学还原清洗槽清洗；再经 2～3 级逆流清洗。清洗排水槽废水直接作为综合废水排入废水池。回收槽液作为镀铬槽的蒸发补充用水。化学还原清洗槽液失效后，检测确定无六价铬后可直接排入综合废水池。

(2) 槽内处理法处理钝化废水

钝化槽后设置 1～2 个化学还原清洗槽，零件从钝化槽提出后，经 1～2 级化学还原清洗槽清洗，再经 2～3 级逆流清洗。清洗排水槽废水直接作为综合废水排入废水池。化学还原清洗槽液失效后，检测确定无六价铬后可直接排入综合废水池。

(3) 化学还原清洗槽液成分和工作条件

化学清洗槽的成分和工作条件见表 6-49。

表 6-49　化学清洗槽的成分和工作条件

还原剂名称	含量/(g/L)	pH 值工作条件	
		镀铬	钝化
亚硫酸氢钠	3	2.6～3	
水合肼(有效成分 40%)	0.6～1.0	2.6～3	8～9

(4) 化学还原清洗槽液的失效判断

化学还原清洗槽液失效时的判断可用目测比色法。取清洗液 100mL 滴入 1∶1 硫酸 4 滴；加入二苯碳酰二肼液 5mL；加入重铬酸钾标准液 15mL，摇匀。如水样不变色，则还原剂尚过量；如水样变红色，则还原剂将近终点。

试剂配制：

① 二苯碳酰二肼液：称取 0.1g 化学纯二苯基碳酰，加入 50mL 无水乙醇溶解。

② 重铬酸钾标准液：称取在 150℃干燥并冷却的重铬酸钾 0.2828g，用蒸馏水溶解并稀释至 1L。此溶液 1mL 相当于 1mg 六价铬。

(5) 化学还原清洗槽有效容积的计算

化学还原清洗槽的有效容积可按下式计算，并应符合镀件对槽体尺寸的要求。

$$W=\frac{dC_0FTM}{C_R} \tag{6-21}$$

式中　W——化学清洗槽有效容积，L；

d——单位面积镀件带出量，L/dm^2；

C_0——镀件附着液中六价铬离子含量，g/L；

F——单位时间清洗镀件面积，dm^2/h；

T——使用周期，当使用亚硫酸氢钠作还原剂时不宜超过 72h；

M——还原 1g 六价铬离子所需还原剂量，亚硫酸氢钠 3.0～3.5g、水合肼 2.0～2.5g；

C_R——化学清洗液中还原剂含量，g/L。

6.3.3 含氰废水的处理

碱性氯化法处理含氰废水适宜处理电镀生产过程中所产生的各种含氰废水，根据不同的要求，可采用一级处理和二级处理。

(1) 处理原理

在碱性条件下采用氯系氧化剂将氰化物氧化破坏而除去的方法称碱性氯化法。氯系氧化剂中采用较多的为次氯酸钠和漂白粉，其次为液氯。次氯酸钠可以是售品，也可以在现场电解氯化钠而产生。各种氧化剂虽然形态不同，但都是利用次氯酸根的氧化作用。

氯气与水接触，发生歧化反应生成次氯酸和盐酸：

$$Cl_2 + H_2O \longrightarrow HCl + HClO$$

漂白粉或漂白精在水中的反应为：

$$2Ca(ClO) + H_2O \longrightarrow 2HClO + Ca(OH)_2 + CaCl_2$$

氯系氧化剂除氰时，按氰化物被破坏的程度，可分为一级处理工艺和二级处理工艺。含氰废水在碱性条件下被氧化为氰酸盐后排放，称为一级处理。其反应为：

$$CN^- + ClO^- + H_2O \longrightarrow CNCl + 2OH^-$$

$$CNCl + 2OH^- \longrightarrow CNO^- + Cl^- + H_2O$$

上式为氧化还原反应。氮由－5价变为－3价，而氯由＋1价变为－1价。此反应在任何pH值条件下均能迅速进行，但生成的氯化氰有剧毒，在酸性条件下很不稳定，易挥发；然而在碱性条件下，当有足够的氧化剂存在时，即转变为微毒的氰酸根CNO^-。反应时的pH值高，则转变快，反之转变则慢。如pH值小于8.5，即有释放出氯化氰的危险。因此，一级反应必须在碱性条件下进行。但是，一级反应未能将氰处理完全，尽管有资料报道CNO^-的毒性只有CN^-的千分之一，但在反应条件控制不当时，例如冬季气温低而反应时间不够或pH值偏低时，处理后的水质难以达到要求。而且在排放水中的CNO^-当pH值降低后会水解产生氨，造成氨污染并影响重金属离子的处理。

在酸性条件下，CNO^-水解成CO_2和NH_3。反应式为：

$$CNO^- + 2H_2O \longrightarrow CO_2\uparrow + NH_3\uparrow + OH^-$$

彻底的处理为二级处理，将碳氮键完全破坏。即在过量氧化剂存在时仍在碱性条件下将CNO^-进一步氧化为CO_2和N_2：

$$2CNO^- + 3ClO^- \longrightarrow CO_2\uparrow + N_2\uparrow + Cl^- + CO_3^-$$

(2) 氧化时的pH值、时间和搅拌

① 一级处理反应分两段进行，前一段反应很快、受pH值影响小，而后段反应与pH值、温度及活性氯的加入量有关。pH值越高，温度越高，或活性氯的加入量越大，则氯化氰水解为氰酸盐的速度越快。而这一反应速度决定了整个反应的速度。氯化氰水解的动力学方程可表示为：

$$\frac{-d[CNCl]}{dt} = K[CNCl][OH^-]$$

式中，K为氯化氰的水解常数，其数值随温度的变化而变化。0℃时，$K=80$；25℃时，$K=530$。随次氯酸钠的过量加入，K值也逐渐增大。

氯化氰水解的半衰期可由下式给出：

$$T_{1/2} = \frac{\ln 2}{K[OH^-]}$$

由K值计算出不同的pH值、温度、余氯量时的水解半衰期表明：当pH<8.5时，余氯

量为零，即使在20℃时，水解半衰期仍长达24h；而在0℃时，pH=11，余氯量为10mg/L时，半衰期仅为1.55min。因此，为了加快氯化氰的水解，在一级处理时，pH值应大于11。当废水中含氰量高于100mg/L时，pH值应更高。有实验证明：pH值控制在11.5时，反应只需1min左右；pH值控制为10～11时，10～15min可完全水解。为安全起见，一级反应控制pH=11.5、反应时间为20～30min。在冬季低温时，可适当延长反应时间（不能过分增加投药量，避免出水中余氯量过高），以保证氯化氰的水解反应。

在一级反应时，如不搅拌废水，则排放水中残余氰的浓度较高。这是由于沉淀物中裹有较多的氰。一方面由于络合氰离子在反应中被不断破坏，废水中金属离子浓度增加会与氰形成难溶的金属氰化物；另一方面，处理过程中产生的絮状沉淀物会吸附氰。而采用强烈搅拌能加快氧化速度，在未形成难溶金属氰化物时即将氰破坏，同时能大大消除沉淀物对氰的裹带吸附作用。

② 二级处理反应能将氰的碳氮链破坏，处理时的工艺关键在于控制反应的pH值，当pH≥8时，反应很慢；当pH=8.5～9时，反应需要30min；当pH>12时，则反应停止。其原因为：次氯酸的氧化能力比次氯酸根强。在酸性条件下，次氯酸的离解速度减慢，次氯酸对次氯酸根的比值增大，氧化能力增强；酸性条件也有利于CO_2的逸出，促进反应向右方向进行。但pH值太低时，不仅氰酸根水解产生氨造成污染，而且氨会与次氯酸作用生成氯胺。氯胺的毒性比氨强，因此二级处理反应的pH值宜控制为7～8，反应时间为20～30min。

第二级反应回调pH值时，宜用稀硫酸而不宜用盐酸，这是为了防止下述副反应的发生：

$$NaClO+2HCl = NaCl+H_2O+Cl_2$$

二级处理时采用搅拌同样能加速反应速度。

(3) 氧化还原反应终点的控制

CN^-失去电子被氧化为CNO^-可表达为：

$$CNO^- +H_2O+2e^- = CN^- +2OH^- \qquad E_0=-0.97V$$

代入能斯特方程式：

$$E=E_0+\frac{0.059}{2}=\lg \frac{[CNO^-]}{[CN][OH^-]^2}$$

上式反映出在OH^-浓度一定的情况下，CN^-越高ORP值越低，反之CN^-越低ORP值越高。一级处理反应时，当pH值控制在11.5时，保证ORP值大于360mV，一般废水中的CN^-的浓度都能低于排放标准。二级处理反应时，当pH控制在7～8，保证ORP值大于650mV，一般能保证碳氢键的完全破坏。

(4) 重金属离子的去除

含氰废水的主要来源为氰化物电镀。如：氰化物镀锌、氰化物镀铜、氰化物镀银等。随着氰化物被破除，Zn^{2+}、Cu^{2+}、Ag^+等重金属离子被游离出来。在pH=8～9的碱性条件下，金属离子被形成氢氧化物沉淀，通过固液分离手段除去：

$$Ag^+ +OH^- = AgOH\downarrow \qquad K_{sp}(AgOH)=1.5\times10^{-8}$$

$$Zn^{2+} +2OH^- = Zn(OH)_2\downarrow \qquad K_{sp}[Zn(OH)_2]=2\times10^{-17}$$

$$Cu^{2+} +2OH^- = Cu(OH)_2\downarrow \qquad K_{sp}[Cu(OH)_2]=5.6\times10^{-20}$$

(5) 处理流程

① 连续式处理流程　含氰废水化学法连续式处理流程见图6-32。电镀线排出的含氰废水排入专用废水调节池，调节池的容积为2～4倍的小时平均给水量（同时亦可加入一定比例的相应废液）。经搅拌均质后，泵将废水送入第一反应槽（泵的启停由废水池中的液位控制计自动控制），在机械搅拌机的作用下，pH控制系统自动控制加碱使废水pH值达11.5，同时ORP控制系统自动控制加氧化剂使废水的ORP值达350mV，搅拌反应20～30min后流入第

二反应槽。在机械搅拌机的作用下，pH 控制系统自动控制加酸，使废水 pH 值为 7～8，同时 ORP 控制系统自动控制加氧化剂使废水的 ORP 值达 650mV（如采用一级氧化反应，则不必控制 ORP 值），搅拌反应 20～30min 后流入第三反应槽（如设置酸碱综合废水池，可直接排入）。在机械搅拌机的作用下，定量自动加入 PAM，使浓度达 5～10mg/L 搅拌反应 20～30min 后流入斜管沉淀池。控制沉淀池水力负荷为 1.5～2m^3/(h·m^2)，上清水流入中间水池。池中液位控制计自动控制过滤泵的启停，泵将废水送入多介质过滤机，出水流入 pH 调节槽。最终调节 pH 值至 7.5～8.5 后排入下水道。定期将沉淀斗中污泥排入污泥浓缩槽。浓缩污泥用泵送箱式压滤机脱水，干污泥装袋运走。

② 间歇式处理流程　含氰废水化学法间歇式处理流程见图 6-33。电镀线排出的含氰废水排入专用废水调节池，调节池的容积为 2～4 倍的小时平均给水量（同时亦可加入一定比例的相应废液）。泵将废水送入破氰反应塔，泵的启停由废水池中的液位控制计和破氰反应塔中的液位控制计联锁自动控制。在机械搅拌机的作用下，pH 控制系统自动控制加碱，使废水 pH 值达 11.5，同时 ORP 控制系统自动控制加还氧化剂，使废水的 ORP 值达 350mV，搅拌反应 20～30min 后，在机械搅拌机的作用下，pH 控制系统自动控制加酸，使废水 pH 值为 7～8，同时 ORP 控制系统自动控制加还氧化剂，使废水的 ORP 值达 660mV（如采用一级氧化反应，则不必控制 ORP 值；pH 值可控制为 8～9）。搅拌反应 20～30min 后（如设置综合废水池，可直接排入），在机械搅拌机的作用下，定量自动加入 PAM，使浓度达 5～10mg/L，搅拌反应 20～30min 后停止搅拌。静止沉淀 1～1.6h 后，上清水流入中间水槽，下部沉淀物污泥排入污泥浓缩槽。处理系统进入下一周期的处理运行。中间水槽中液位控制计自动控制过滤泵的启停，泵将废水送入多介质过滤机，出水流入 pH 调节槽。最终调节 pH 值至 7.5～8.5 后排入下水道。污泥槽中的浓缩污泥用泵送箱式压滤机脱水，干污泥装袋运走。

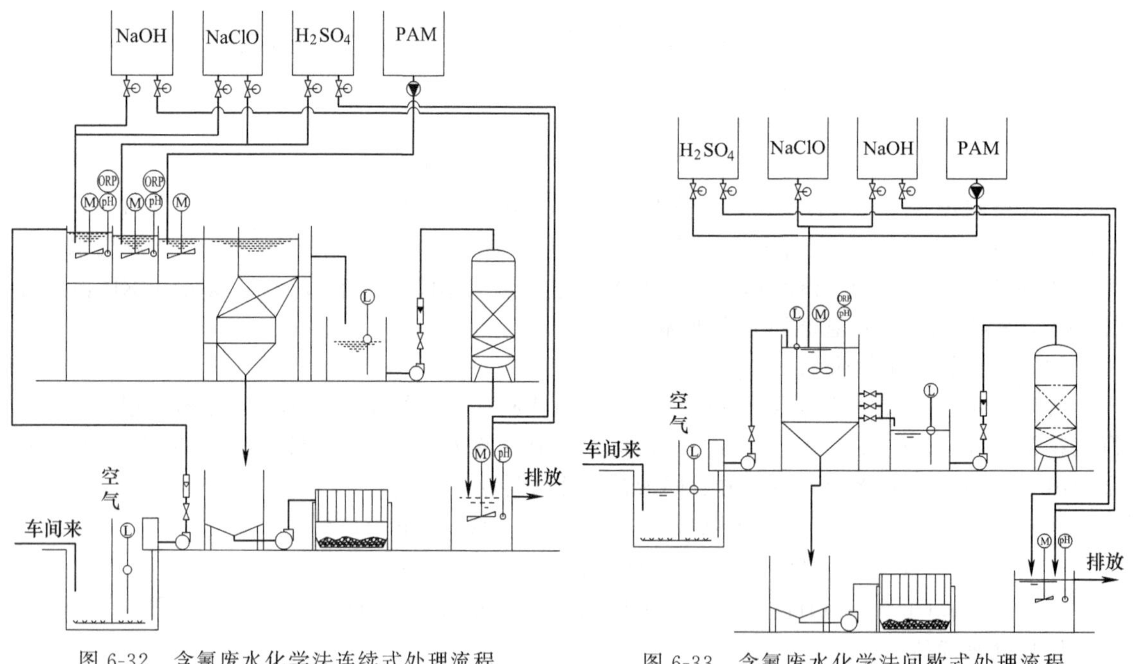

图 6-32　含氰废水化学法连续式处理流程

图 6-33　含氰废水化学法间歇式处理流程

6.3.4 含镍废水的处理

6.3.4.1 离子交换法处理镀镍废水

本离子交换法适宜处理镀液成分以硫酸镍、氯化镍为主的镀暗镍、半光亮镍、光亮镍等的清洗含镍废水。电镀生产线排出的镀镍清洗废水先进入废水调节池。调节池的容积为 2～4 倍的小时平均给水量。镀镍废水经调节后，镍离子的浓度宜控制在 200mg/L 内。离子交换法处理镀镍废水的流程，采用双阳柱串联全饱和流程，处理后出水无色透明，pH 值为 6～7，可循环回用于镀镍清洗槽。由于采用全饱和流程，所有阳柱饱和后再生液中硫酸镍的浓度可达 100～120g/L，可直接或净化后回用于镀镍槽。循环回用水中由于盐类浓度会逐渐增高，因此宜定期更换新鲜除盐水或连续补充部分新鲜除盐水。

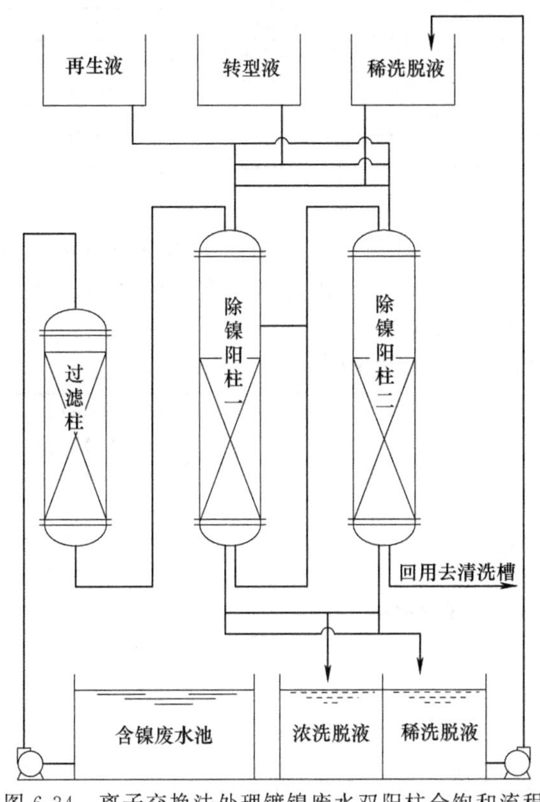

图 6-34　离子交换法处理镀镍废水双阳柱全饱和流程

(1) 处理流程

离子交换法处理镀镍废水双阳柱全饱和流程见图 6-34。含镍废水先流经过滤柱（过滤柱内可用小白球作滤料），使废水中的悬浮物浓度低于 16mg/L，再顺流经第一阳柱，以交换吸附清洗水中的 Ni^{2+} 等阳离子。当出水有少量 Ni^{2+} 泄漏时，切换阀门串联第二阳柱工作。待第一阳柱内树脂达全饱和即进水和出水的 Ni^{2+} 浓度相等时，切断第一阳柱入水，进行再生操作。此时，第二阳柱单独工作。当第二阳柱出水有少量 Ni^{2+} 泄漏时，切换阀门串联已再生好的第一阳柱工作，直至第二阳柱内树脂达全饱和，切断第二阳柱入水，进行再生操作。此时，第一阳柱单独工作。如此周而复始实现连续处理操作。

阳树脂交换吸附反应可表达为：

① 弱酸性阳树脂　$Ni^{2+} + 2RCOONa = Ni(RCOO)_2 + 2Na^+$

② 强酸性阳树脂　$Ni^{2+} + 2NaRSO_3 = Ni(RSO_3)_2 + 2Na^+$

(2) 树脂的再生、淋洗操作

饱和阳树脂的再生和转型反应可表达为：

① 弱酸性阳树脂：$2H^+ + 2RCOONa = 2RCOOH + 2Na^{2+}$

$2RCOOH + NaOH = RCOONa + H_2O$

② 强酸性阳树脂：$Ni(RSO_3)_2 + 2Na^+ = Ni^{2+} + 2NaRSO_3$

饱和树脂的再生、淋洗工艺参数见表 6-50。

表 6-50　镀镍废水双阳柱全饱和处理流程再生、淋洗工艺参数

树脂名称	强酸性阳离子交换树脂	弱酸性阳离子交换树脂
再生剂	无水硫酸钠(工业用)	硫酸(化学纯)
再生液浓度/(mol/L)	1.1～1.4	1.0～1.5
再生液用量	2 倍的树脂体积,先用前周期后期 20%洗脱液,其余用新液	
再生液温度/℃	不低于 20	—
再生液流速/(m/h)	0.3～0.5	
淋洗液水质	采用除盐水	
淋洗液水量	4～6 倍的树脂体积	
淋洗液流速	开始时与再生流速相当,逐渐增至运行流速	
淋洗终点	以洗去多余硫酸钠进行控制	pH=4～5

续表

转型剂	—	氢氧化钠(工业用)
转型液浓度	—	1.0～1.5
转型液用量	—	2倍的树脂体积
转型液流速/(m/h)	—	0.3～0.5
淋洗液水质	—	采用除盐水
淋洗液水量	—	4～6倍的树脂体积
淋洗液流速	—	开始时与再生流速相当,逐渐增至运行流速
淋洗终点	—	pH=8～9
反冲时树脂膨胀率/%	30～50	50左右

(3) 离子交换柱的设计

离子交换柱的设计可按式(6-16)～式(6-19)进行计算。其中树脂的饱和交换容量E,可按表6-51所示的数据选用;树脂的饱和工作周期T、树脂层高度H、交换流速v,可按表6-52所示的数据选用。

表 6-51 阳离子交换树脂的饱和工作交换容量(E)

树脂型号	饱和工作交换容量(钠型)/[g(Ni^{2+})/L(R)]	树脂型号	饱和工作交换容量(钠型)/[g(Ni^{2+})/L(R)]
732凝胶型强酸性阳离子交换树脂	30～35	111×22凝胶型弱酸性阳离子交换树脂	35～42
116B凝胶型弱酸性阳离子交换树脂	37～42	DK110大孔型弱酸性阳离子交换树脂	30～35

表 6-52 阳离子交换柱设计数据

树脂种类	废水中Ni^{2+}浓度/(mg/L)	饱和工作周期T/h	采用树脂层高度	树脂层高度H/m	交换流速v/(m/h)
强酸性阳离子交换树脂	200～100	24	宜采用上限	0.5～1.0	≤25
	100～20	24～48			
	<20	取u=60L/[L(R)·h]计算T	宜采用下限		
弱酸性阳离子交换树脂	200～100	24	宜采用上限	0.5～1.2	≤15
	100～30	24～48			
	<30	取u=30L/[L(R)·h]计算T	宜采用下限		

6.3.4.2 反渗透法处理镀镍废水

反渗透法作为一种膜的分离技术,它可以把溶解在水中的物质与水分离开来。早期应用在海水淡化行业,后发展到硬水软化、纯水制备行业。目前已在电镀废水特别是在镀镍废水的处理中得到了应用。反渗透法处理镀镍废水是利用反渗透膜在一定压力下将镀镍清洗水浓缩一定的倍数,再返回镀镍槽中使用;符合清洗要求的透出纯水返回清洗槽作为镀镍零件的清洗用水,形成一个闭路循环系统。

反渗透法处理电镀废水,根据不同的要求,其膜元件的组合可设计成单级、多级、单段、多段等流程。反渗透法处理镀镍废水采用单级三段流程,其特点是:浓缩倍数高达50倍,可直接(或经净化后)补充镀镍槽蒸发之用,透出的纯水回收率高。系统没有外排需再处理的废水,真正做到闭路循环。本流程特别适宜大中型电镀线的镀镍废水处理。

反渗透法处理镀镍废水工艺流程见图6-35。电镀线镀镍后不设回收槽,直接入逆流清洗槽清洗,清洗方式宜采用不低于三级并空气搅拌的逆流清洗,以提高浓缩回收液的浓度,有利于浓缩回收液返回镀镍槽时溶液量的平衡。镀镍槽后的第一级清洗槽的废水经过滤后用高压泵将废水送入反渗透装置。该工艺为一级三段流程,第一段和第二段以制备纯水为主要目的,采用低压反渗透膜元件。第一段和第二段用一台高压泵输送,使用1.5MPa的工作压力,控制透出水的含盐量低于20mg/L,全部返回逆流清洗的末级槽。第一段和第二段水的总回收率可达

80%，浓缩液为原水浓度的 5 倍。第三段高压反渗透工艺完全以浓缩为主要目的，不考虑出水水质，采用高压反渗透元件。第二段的浓缩水加压至 6.5MPa 进入第三段运行，第三段的出水率可达 90%，但含盐量较高，回流至工艺前段和清洗水一并再处理。此时浓缩液为三段进水浓度的 10 倍，可直接（或经净化后）返回镀镍槽作补充镀液蒸发之用。由于浓缩液被不断取走补充到镀槽以及清洗槽的表面水分蒸发，系统的水量会不断减少。在第一级清洗槽设置液位控制计，当水位下降至一定位置时，开启纯水电磁阀补充纯水到正常水位。

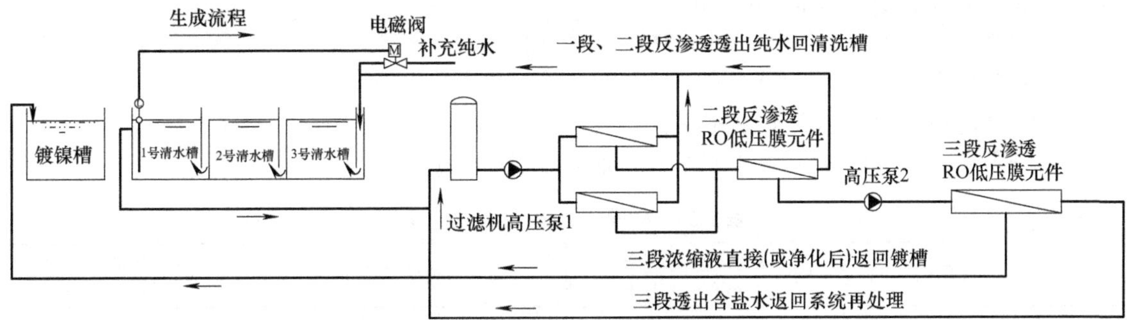

图 6-35　反渗透法处理镀镍废水工艺流程

6.3.5　含金废水的处理

本方法适用于氰化镀金清洗水中回收金。在氰化镀金清洗水中，金是以络合阴离子 $[Au(CN)_2]^-$ 形式存在，可以采用强碱阴离子交换树脂或硫基胺型螯合树脂进行交换，离子交换柱出水尚留有 CN^- 等离子，不宜循环回用，经含氰废水处理系统处理后方可排放。树脂饱和后，可用焙烧的方法来回收含金量为 80%～90%的粗金，再用化学法将粗金加工成氰化金钾，即可回用于镀金槽。由于树脂饱和时的交换量很大，每 1kg 湿树脂可吸附 230g 以上的金，焙烧掉的树脂价格与所交换的黄金价值相比已微不足道。

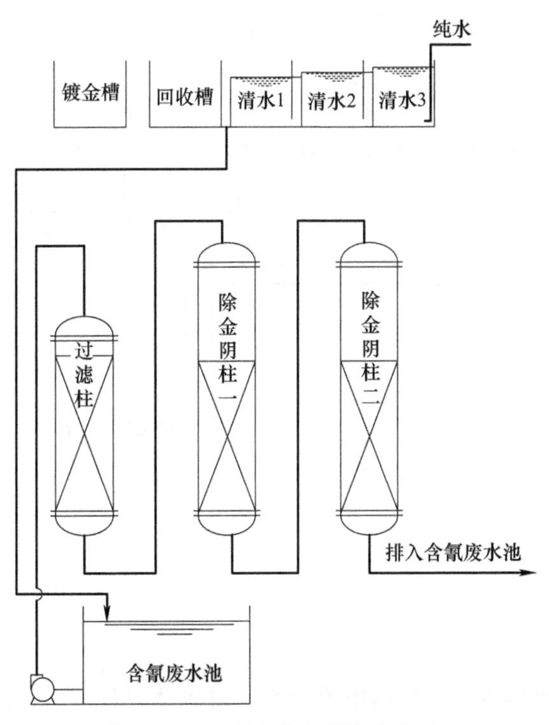

图 6-36　离子交换双阴柱全饱和处理含金废水处理流程

(1) 处理流程

离子交换双阴柱全饱和处理含金废水处理流程见图 6-36。镀金工件从镀槽中取出时带出含金镀液用纯水逆流清洗，清洗水排入专用储槽。用泵将废水送入过滤柱（过滤柱内可用小白球作滤料），使废水中的悬浮物浓度低于 16mg/L，再流经第一阴柱，以交换吸附清洗水中的 $[Au(CN)_2]^-$ 络合阴离子。当出水有少量 Au^{2+} 泄漏时（可用试银灵试剂鉴定），切换阀门串联第二阴柱工作。待第一阴柱内树脂达全饱和，即进水和出水的 Au^{2+} 浓度相等时，切断第一阴柱入水，进行更换树脂操作。此时，第二阴柱单独工作。当第二阴柱出水有少量 Au^{2+} 泄漏时，切换阀门串联已更换好树脂的第一阴柱工作，直至第二阴柱内树脂达全饱和，切断第二阴柱入水，进行更换树脂操作。此时，第一阴柱单独工作。如此周而复始实现连续处理操作。

强碱阴离子交换树脂交换吸附反应可表达为：

$$RCH_2N(CH_3)_3Cl+[Au(CN)_2]^- = RCH_2N(CH_3)_3Au(CN)_2+Cl^-$$

(2) 饱和树脂中回收金的操作

先将已饱和的树脂在50℃的干燥箱中烘干，然后进入高温电炉中加热升温到400℃保温3h，再升温到900℃焙烧2h，去除灰烬后即得到所需要的粗金。

(3) 离子交换柱的设计

① 树脂的饱和交换容量（E）见表6-53。

② 树脂饱和工作周期（T）：取每年1～4周期。

③ 树脂层高度（H）：取0.6～1.0m。

④ 交换流速（v）：不大于15m/h。

⑤ 交换柱直径（D）：不大于0.15m，取0.1～0.15m。

表6-53 树脂的饱和交换容量（E）

树脂型号	饱和交换容量(氯型)/[g(Au^+)/L(R)]	树脂型号	饱和交换容量(氯型)/[g(Au^+)/L(R)]
717凝胶型强碱性阴离子树脂	170～190	D293大孔型强碱性阴离子树脂	160～180
711凝胶型强碱性阴离子树脂	160～180	D231大孔型强碱性阴离子树脂	160～180

6.3.6 含银废水的处理

本方法是将电解回收设备安装在镀银槽的回收浸洗槽边，对回收槽溶液进行连续循环电解回收金属银，同时可部分分解CN^-。回收槽后的逆流清洗水需排入含氰废水处理系统，见图6-37。电解回收系统是由小功率脉冲电镀电源或直流电源、溶液循环磁力泵、电解槽等组成的。金属银层沉积到阴极表面上以后很容易剥离下来，银箔纯度可达99.99%，可直接用作镀银槽的阳极材料。本方法无须经常专人看管，使用十分方便。

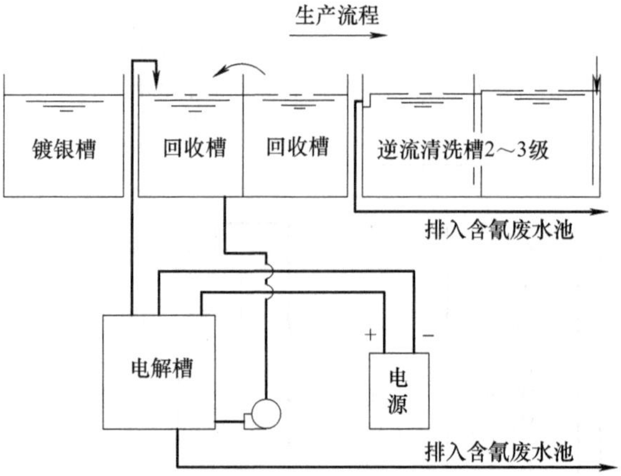

图6-37 含氰废水电解回收金属银流程

电解槽形式：无隔膜单极性平板电极或同心双筒电极旋转式电解槽。

阴极材料：采用不锈钢。

阳极材料：一般采用钛基镀二氧化铅或二氧化钌、石墨、不锈钢等不溶性阳极。

阴阳极面积比：(2～2.5)∶1。

电极间距离：平板10～20mm、双心双筒10mm，应根据能提高极限电流密度及降低能耗的原则确定。

电极间的最佳流速：电解槽内废水快速循环，通过电极间的最佳流速一般平板为300～900m/h；双心双筒为300～1200m/h。

电流密度：当废水中Ag＞400mg/L时，取0.1～0.25A/dm^2；当废水中Ag＜400mg/L时，取0.1～0.03A/dm^2。电压：1～3V。

电源：脉冲电源或直流电源。

6.3.7 酸碱综合废水的处理

中和沉淀法适宜处理含有多种重金属离子和其他污染物的电镀废水，也包括酸碱废水，但不包括：①未经氧化破氰处理的含氰废水；②未经还原的含六价铬废水；③含各种络合剂超过容许浓度的废水；④含各种表面活性剂超过容许浓度的废水；⑤含有能回收利用物料的废水。

6.3.7.1　处理原理

水中金属离子很容易生成各种氢氧化物，其中包括氢氧化物沉淀及各种羟基络合物，它们的生成条件和存在与溶液 pH 值有直接关系。如果水中的金属离子以 M^{n+} 表示，则其氢氧化物的溶解平衡为：

$$M(OH)_n \rightleftharpoons M^{n+} + nOH^-$$

其溶度积为：$K_{sp}=[Mn^+][OH^-]^n$

因而　$[Mn^+]=K_{sp}/[OH^-]^n$

上式表示为与氢氧化物沉淀共存的饱和溶液中的金属离子浓度，也就是溶液在任一 pH 值条件下可以存在的最大金属离子浓度。

向含有重金属离子的废水中投加碱性沉淀剂（如氢氧化钠、石灰乳等），使重金属离子与氢氧根反应，生成难溶解的氢氧化物沉淀，通过固液分离设备将生成的氢氧化物沉淀从废水中分离出去。

一种难溶金属的氢氧化物是否从溶液中沉淀出来，主要取决于溶液的 pH 值。每一种金属氢氧化物都有其固有的溶度积常数，从理论上可以计算出金属离子浓度一定时生成沉淀的相应 pH 值。表 6-54 所示为部分金属氢氧化物溶度积与 pH 值的关系。

表 6-54　部分金属氢氧化物溶度积与 pH 值的关系

序号	金属氢氧化物名称	溶度积常数	排放浓度/(mg/L)	pH 值			备注
				达标排放参考值	沉淀开始溶解	沉淀溶解完全	
1	$Cd(OH)_2$	2.5×10^{-14}	0.05	10.2			
2	$Co(OH)_2$	2.0×10^{-16}	1.0	8.5	14.0		溶于氨水中
3	$Cr(OH)_3$	6.3×10^{-31}	0.5	5.7	12.0	14.0	溶于过量氨水中
4	$Cu(OH)_2$	5.6×10^{-20}	0.5	6.8			溶于氨水中
5	$Ni(OH)_2$	2.0×10^{-16}	0.5	9.0			
6	$Pb(OH)_2$	2.0×10^{-16}	0.2	8.9	10.0	13.0	
7	$Zn(OH)_2$	5.0×10^{-17}	1.5	7.9	10.5	12～13	溶于氨水中
8	$Fe(OH)_3$	3.2×10^{-38}	3.0	3.0			
9	$Al(OH)_3$	1.3×10^{-33}	3.0	5.5	8.5		

实际处理中，共存离子体系复杂，影响氢氧化物沉淀的因素很多，必须严格控制 pH 值，使其保持在最优沉淀区域内。表 6-55 所示为部分金属氢氧化物沉淀析出的最佳 pH 值范围。

表 6-55　部分金属氢氧化物沉淀析出的最佳 pH 值范围

金属离子	Fe^{3+}	Al^{3+}	Cr^{3+}	Cu^{2+}	Zn^{2+}	Sn^{2+}	Ni^{2+}	Pb^{2+}	Cd^{2+}	Fe^{2+}	Mn^{2+}
沉淀最佳 pH 值	6～12	5.5～8	8～9	>8	9～10	5～8	>9.5	9～9.5	>10.5	5～12	10～14
加碱溶解 pH 值		>8.5	>9		>10.5			>9.5		12.5	

氢氧化物化学沉淀法去除金属离子采用石灰作沉淀剂时，其优点是经济、简便、来源广；缺点是劳动条件差，输送管道易结垢与腐蚀，沉渣量大且为胶体状态，含水率高且难脱水。电镀线的综合废水由于处理量小，采用氢氧化钠作沉淀剂可以解决使用石灰的诸多缺点，但成本较高。

6.3.7.2　处理流程

酸碱综合废水中和沉淀法处理流程见图 6-38。电镀线各工序排出的酸碱综合废水排入隔油池，以分离废水中的浮油和分散油后流入废水集水调节池，同时可加入一定量的相同性质的废液。通入空气搅拌均匀水质，池中液位机控制泵的启停，泵将废水送入第一反应槽，设定 pH 计的 pH 值为 8.5～10.5（视废水中金属离子成分）并控制碱的投加，在搅拌机的作用下，反应 15～20min 后流入第二反应槽。在搅拌机的作用下，定量投加碱式氯化铝（PAC）混凝剂，混凝反应15～20min后流入第三反应槽。在搅拌机的作业下，定量投加聚丙烯酰胺（PAM）凝聚剂，絮凝反应15～20min后进入斜管沉淀区，沉淀物沉入下部排泥斗，上清水溢入过滤水池，池中液位机控制过滤泵的启停，过滤泵将废水依次送入多介质过滤机和活性炭过滤，出水排入pH调整水箱。设定pH=8～9，在搅拌机的作用下，自动调整pH值至此范围内排入污水管道。定期将排泥斗污泥排入污泥浓缩槽，由压滤机作脱水处理，干污泥装袋运走。

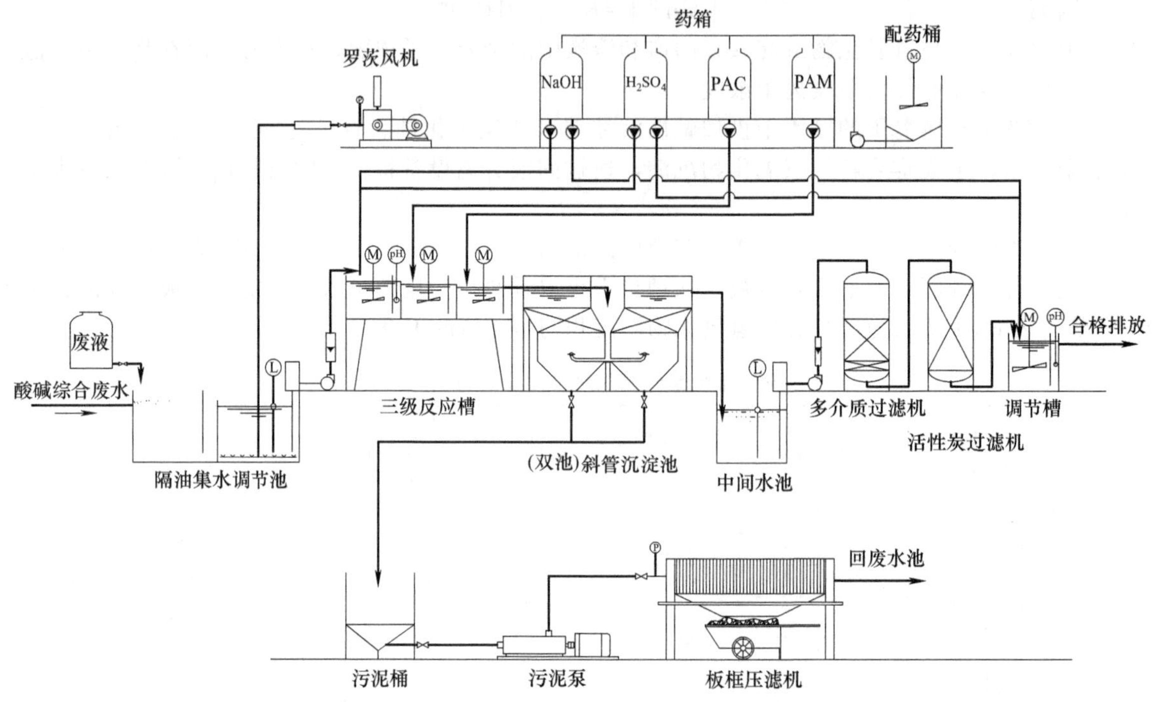

图6-38 酸碱综合废水中和沉淀法处理流程

6.3.7.3 药剂的配制浓度与投加量

① 药剂的配制浓度：碱式氯化铝（PAC）60g/L、聚丙烯酰胺（PAM阴离子型）2g/L、氢氧化钠（NaOH）100g/L、硫酸（H_2SO_4）100g/L。

② 投加浓度：碱式氯化铝（PAC）50mg/L（废水），聚丙烯酰胺（PAM）5mg/L（废水），氢氧化钠（NaOH）、硫酸（H_2SO_4）投加量由pH计的设定值自动控制投加。

③ 投加量见表6-56。

表6-56 PAC和PAM药剂投加量

废水流量/(m^3/h)	2	3	5	6	7	8	9	10	12	15	20
PAC投加流量/(L/h)	2	3	5	6	7	8	9	10	12	15	20
PAM投加流量/(L/h)	5	7.5	12.5	15	17.5	20	22.5	25	30	37.5	50

6.3.7.4 废水中悬浮物含量的计算

用化学法处理酸碱综合废水，将废水中的金属离子转化为氢氧化物，然后用沉淀、过滤等固液分离措施去除。经化学法处理后废水中悬浮物含量可按下式计算：

$$C_{sj}=1.98C_1+1.54C_2+1.52C_3+1.91C_4+C_6$$

式中 C_{sj}——计算求得的废水中悬浮物含量（mg/L），称为计算悬浮物含量；

$1.98C_1$——C_1为废水中Cr^{3+}含量，1.98为$Cr^{3+}\rightarrow Cr(OH)_3$的含量增加系数；

$1.54C_2$——C_2为废水中Cu^{2+}含量，1.54为$Cu^{2+}\rightarrow Cu(OH)_2$的含量增加系数；

$1.52C_3$——C_3为废水中Zn^{2+}含量，1.52为$Zn^{2+}\rightarrow Zn(OH)_2$的含量增加系数；

$1.91C_4$——C_4为废水中Fe^{3+}含量，1.91为$Fe^{3+}\rightarrow Fe(OH)_3$的含量增加系数；

C_6——废水中其他悬浮物的含量，mg/L。

带悬浮物（污泥）的废水经过斜板（管）沉淀池后，悬浮物（污泥）沉入污泥斗中，一般污泥斗中污泥的含水率可达98.5%。在斜板（管）沉淀池污泥斗中每小时产生的污泥总量可按下式计算：

$$Q_{泥}=QC_{sj}/(1-98.5\%)$$

式中 $Q_{泥}$——沉淀池污泥斗每小时产生的污泥总量，g/h；

Q——废水处理量，m^3/h。

沉淀池污泥斗污泥定期排入污泥浓缩槽（池），污泥经浓缩后含水量可下降至96%。污泥浓缩槽（池）小时产生的污泥总量可按下式计算：

$$Q_{浓}=QC_{sj}/(1-96\%)$$

式中 $Q_{浓}$——污泥浓缩槽（池）小时产生的污泥总量，g/h。

污泥浓缩槽（池）中污泥用污泥泵送入板框压滤机压滤，在0.3～0.4MPa过滤压力下，板框中污泥干饼的含水率在70%左右。板框中污泥干饼每小时产生总量可按下式计算：

$$Q_{干}=QC_{sj}/(1-70\%)$$

式中 $Q_{干}$——污泥浓缩槽（池）每小时产生的污泥总量，g/h。

6.3.7.5 主要设备的设计参数

(1) 斜板（管）沉淀池

斜板（管）沉淀池具有沉淀效率高、停留时间短、占地面积小等优点。斜板（管）沉淀池见图6-39。

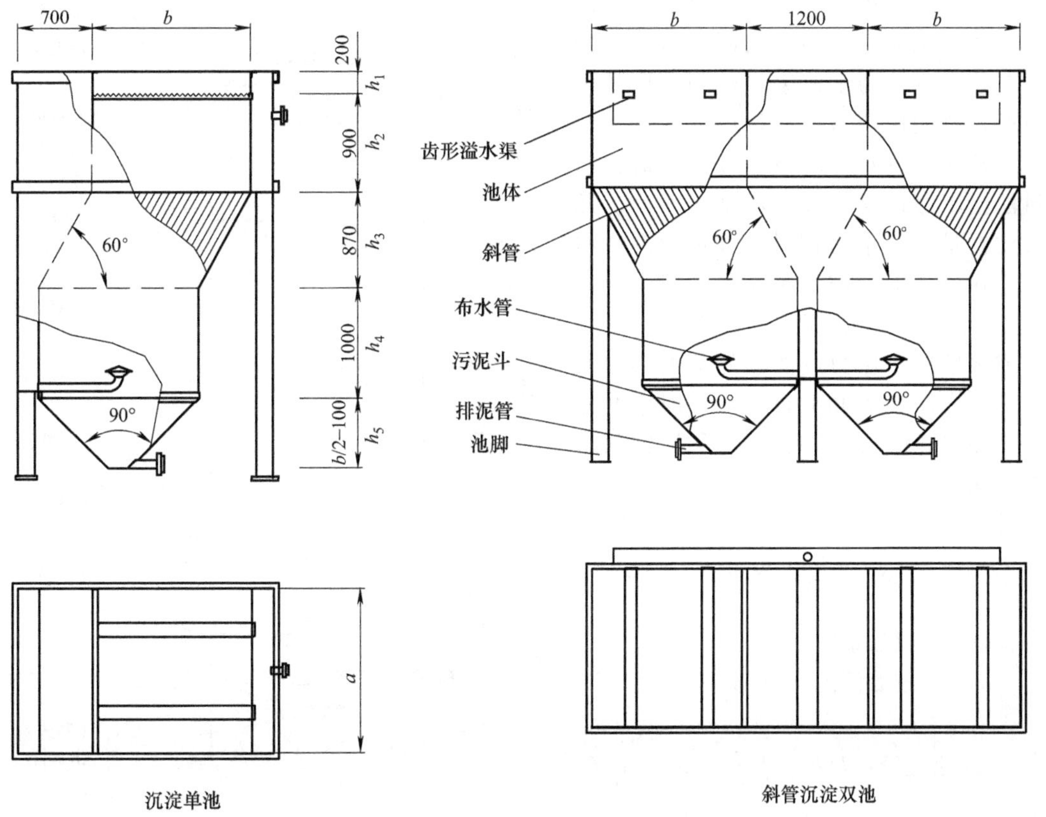

图6-39 斜板（管）沉淀池

设计参数：

① 池面积：

$$A=\frac{Q_{max}}{0.91nq} \tag{6-22}$$

式中 A——池面积，m^2；

Q_{max}——处理最大流量，m^3/h；

q——废水处理量 Q 的表面负荷，可取 $1\sim3m^3/(m^2\cdot h)$，视废水中沉淀浓度确定；

n——池数，一般取 $n=1\sim2$；

0.91——斜板（管）区面积利用系数。

② 平面尺寸：

$$A=nab \tag{6-23}$$

式中 a——池长度，取 0.5m 的倍数，一般不宜大于 3m；

b——池宽度，和 a 相等或比 a 少 0.5m。

③ 池内停留时间（min）：$t=60(h_2+h_3)/q$（对重金属氢氧化物沉淀池内停留时间一般为 60～90min）

式中 h_2——斜板（管）区上部的清水区高度，m，取 0.9m；

h_3——斜板（管）的自身垂直高度，m，斜板（管）长度取 1m，安装倾角 60°，则斜板（管）自身垂直高度为 0.866m。

④ 斜板（管）下缓冲区高 h_4（m）：缓冲区为了布水均匀和不会扰动下沉污泥，取 1.0m。

⑤ 沉淀斗高 h_5（m）：沉淀斗污泥下滑角取 46°，高度为 $h_5=(1/2)b-0.1$。

⑥ 沉淀池总高度：

$$H=h_1+h_2+h_3+h_4+h_5 \tag{6-24}$$

式中 h_1——沉淀池超高，取 0.2m。

(2) 压力式双层过滤器

过滤一般是指以石英砂等粒状材料滤料层截留水中悬浮杂质，从而使水获得澄清的工艺过程。为了使废水达到深度处理的目的，以能使废水达标排放或回用，化学法处理后的废水经沉淀池澄清后需再经过过滤。压力式双层过滤器见图 6-40。压力过滤器是一个承压钢罐，进水用泵直接送入，在压力下工作，允许水头损失可达 6～7m。滤后水压较高，可以直接送到用水点或水塔中。压力过滤器外部的进出水部位安装有压力表和取样管，及时监测压力损失和水质情况，及时进行反冲洗操作，保持过滤器良好的工作状况。

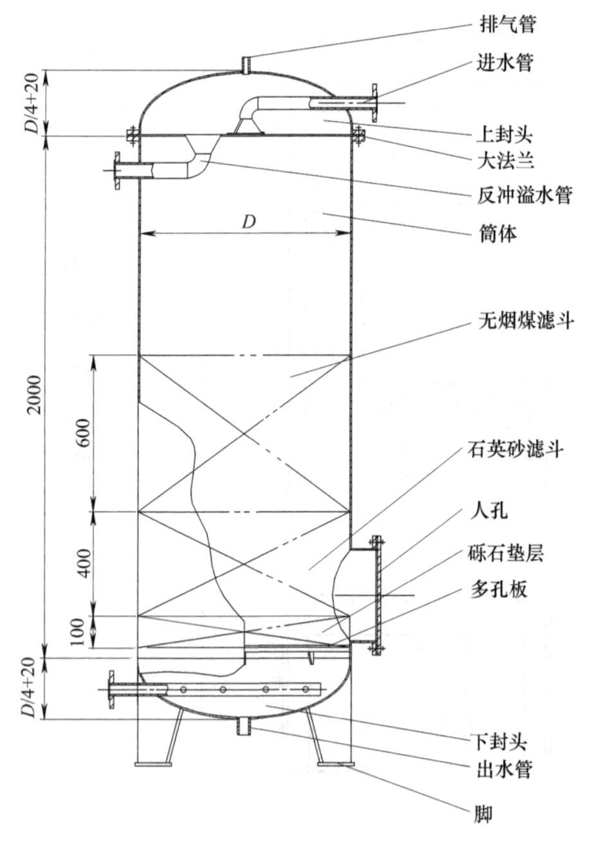

图 6-40 压力式双层过滤器

设计参数如下：

① 滤池面积：

$$A=\frac{Q}{v} \tag{6-25}$$

式中 Q——过滤最大水量，m^3/h；

v——过滤流速，m/h。

② 滤池直径：$D=2\sqrt{\frac{A}{n}}$（m）(6-26)

一般不宜大于 3m。

③ 滤池高度：

$$H=H_1+H_2+H_3+H_4 \quad (m) \tag{6-27}$$

一般取 1.8～2.0m。

式中 H_1——滤料上水深，m，一般取 0.8～1.0m；

H_2——无烟煤或瓷砂滤料填装高度，m，一般取 0.4～0.6m；

H_3——石英砂滤料填装高度，m，一般取 0.3～0.4m；

H_4——垫层高度，m，一般取 0.1m。

④ 滤料种类和规格，见表 6-57。

表 6-57 滤料种类和规格

滤料名称	粒径范围/mm	不均匀系数
无烟煤	0.8～2.0(1.2)	1.3～1.8(1.6)
石英砂	0.4～0.8(0.55)	1.2～1.6(1.5)
垫层(砾石)	4～8	

注：括号内为典型规格的参数。

⑤ 反冲洗：反冲洗的配水系统用小阻力的缝隙式滤头，反冲洗污水通过顶部的漏斗的进水管收集并排除。

为提高反冲洗效果，可辅以压缩空气冲洗。

反冲洗流速：0.3～1.2m^3/(m^2 · min)。反冲洗强度：13～16L/(s · m^2)。

第7章
电镀生产线的溶液换热系统

7.1 概述

7.1.1 传热过程分析

根据热力学定律，凡有温度差的地方就必定有热量的传递，热量总是自发地由高温物体向低温物体转移。在现代工业生产过程中的加热、冷却和保温均属此过程。依据传热理论，物体间热量的传递通过传导、对流和辐射三种基本方式进行。

① 热传导：它是由物体中大量分子、原子或电子的相互碰撞进行能量传递，使热量从物体温度高的部分传递到温度低的部分的过程。

② 对流传热：由于流体自身流动，而将热能量从流体的一部分传递到另一部分，这一过程称为对流（亦称自由运动和强制对流或受迫运动）。其中，流体本身因温度差所产生的密度不同而形成的对流运动，称为自然对流传热；在工程技术领域受外界机械力（泵、风机、搅拌及压缩机等）的作用产生的传热流体的流动，则称强制对流传热，对流传热发生于流体内部或流体与固体壁面之间。

③ 辐射：辐射是指热量不通过任何其他介质而直接由热源以辐射能（电磁波）的形式辐射出来，辐射出的能量由另一物体所吸收而转变为热能，实现热量的转移。辐射放热量多少与温度有关，一物体向外辐射热量的能力与绝对温度的四次方成比例；物体温度越高，以辐射形式传递的热量就越多。而吸收辐射能的程度与物体的黑度有关，黑度越高，吸收辐射能越多。

热量由一种液体经金属壁面传递给另一种液体的过程称为热传递过程或称传热过程，也可称换热过程。由于壁面金属内部存在着自由电子，当壁面金属两侧存在温度差时，材料中的自由电子会自发地产生运动，由于自由电子的不断运动，热量就会由温度较高的部分传递到温度较低的部分。

自由电子的运动是产生导热现象的重要原因，其中除了自由电子的运动之外，还有原子、分子在其相应位置的振动。材料中的电子、原子、分子通过肉眼是观察不到的，统称为微观粒子。这种在物体中的微观粒子的运动称为热运动，而传递热能量的过程称为热传导，其特性是物体各部分间不发生相对位移。

在非导电的固体和液体、气体中同样会发生导热现象。这一类能量的转移，主要是依靠材料中分子、原子在平衡位置附近的振动，而气体则主要依靠分子不规则运动时互相碰撞的结果。例如，在现代工业生产中的蒸汽是不可替代的载能工质，蒸汽的工作温度是分子热运动的动能反应，系统内蒸汽温度高，粒子碰撞频率和撞击强度增大，而蒸汽工作压力是分子撞击容器金属壁面所产生的作用力。

在热量转移过程中，传热是热量传递的基本方式之一，通过导热方式经金属壁面传递热量时，导热面积 F 越大、金属壁面两侧的温度差（t_1-t_2）越大，则通过导热所传递的 Q 就越多；金属壁面厚度越厚所传递的热量 Q 则越少。因此，导热量［Q］与导热面积 F 和温度差

(t_1-t_2) 成正比，与金属壁面的厚度成反比，壁面越厚则传递的热量则越少，即：

$$[Q]=\lambda F(t_1-t_2)/\delta$$

式中　$[Q]$——导热量，kcal/h (1kcal=4186.8J)；

λ——热导率（该数值大小反应材料自身导热性能的高低），kcal/(m·h·℃)；

F——导热面积，m^2；

t_1-t_2——导热壁面两侧温度差，℃；

δ——导热壁面厚度，m。

在相对稳定的传热过程中，当两种液体的温差在一定条件下时，传热面积越大，所传递的热量就越多；传热面积相同时，两种流体的温差越大，则传热量越多；而在一定的传热面积与温差工况条件下，传热量 Q 的多少则取决于传热过程的强烈程度。通常用系数 k 来表示传热过程的强弱程度，统称为传热系数，传热系数与材料及加工方法有关，即传热系数指材料经过加工后（如在薄板上压制瓦楞波纹，以增加流体湍流系数等）提高了传热效率，并不表示材料自身的导热性能（材料自身的导热性能还是存在的），该数值大小反应材料传热性能的高低。在稳定传热过程中的传热量可用以下公式表示：

$$Q=kF\Delta t$$

式中　Q——传热量（热负荷），指传热过程中热流体减少的热量或冷流体获得的热量，kcal/h；

k——传热系数，kcal/(m^2·h·℃)；

Δt——热流体与冷流体的温度差，℃；

F——传热面积，m^2。

7.1.2　热负荷计算

根据流体在传热过程中有无物相变化，分别按下述方法进行计算。

(1) 流体无相变热负荷计算

无相变热量交换，是指参与传热的流体均为液体（如液-液换热），在热量转移过程中不存在冷凝或蒸发过程，它们始终是处于液态过程中的热量交换。其热负荷 Q 可用比热容法进行计算：

$$Q=Wc(t_1-t_2) \tag{7-1}$$

式中　W——流体流量［计算槽内溶液加热时，由容积换算成溶液质量（单位为 kg)］，kg/h；

c——流体比热容，kcal/(kg·℃)；

t_1-t_2——流体进出口温度差，℃。

(2) 流体相变时热负荷计算

相变，是指流体在热量转移过程中，有气-液相变的转变过程，如蒸汽冷凝或液体蒸发。

其负荷量 Q 的计算式为：

$$Q=Wr$$

式中　W——流体流量（或容积），kg/h；

r——汽化潜热或冷凝潜热，kcal/kg。

液体有物相变化时的热负荷计算，设蒸汽由温度 t_1 冷却至冷凝温度 t_2 后转变为液态，然后再进一步冷却到温度 t_3，试计算该液体的传热量 Q。

［例］　设气体质量流量为 W，比热容为 c_1，汽化热（或冷凝热）为 r，液体比热容为 c_2。

解： 气体由 t_1 冷却至 t_2 时，释放出热量：

$$Q_1=Wc_1(t_1-t_2)$$

气体在温度冷凝时释放出的热量：

$$Q_2=Wr$$

冷凝液由 t_2 温度再冷却至温度 t_3 时，释放出的热量：

$$Q_3 = Wc_2(t_2 - t_3)$$

该气体由 t_1 冷却至 t_3 时，所释放出的总热量：

$$\text{热负荷 } Q = Q_1 + Q_2 + Q_3$$

在以蒸汽作为热源进行热量计算时，通常以被加热液体从常温至工艺温度为热负荷依据。在有相变过程的热交换计算，则采用一次换热过程，即从 t_1 至 t_2。

从 t_2 至 t_3 过程必须经二次换热，从 t_2 至 t_3 属凝结水回收，这一过程的热量回收对管路及管路配置要求很高，投入费用也大，但热量回收率并不明显，因此在具体工程设计、施工过程中不宜采用。

工业用饱和蒸汽在传热过程中，蒸汽经热量交换由气态转化为液态——冷凝水，这一过程蒸汽输出的热量为：表压 0.3MPa，蒸汽温度为 133℃，热焓为 650kcal/kg，潜热为 517kcal/kg，即每公斤蒸汽可输出热量为 517kcal/kg。

7.1.3 平均温度差与换热面积计算

间壁式热交换器，按照参与换热两流体的温度沿传热壁面变化情况，分为恒温传热和变温传热两种，两种换热情况的温度差可按下述方法计算。

(1) 恒温传热时平均温度差计算

恒温传热是指两流体在换热时，每一流体在任一时间内，任一壁面所处温度基本无变化。如采用饱和蒸汽加热溶液至沸腾蒸发，则此刻壁面两侧流体温度相对恒定。它们之间的温度差，则为饱和蒸汽与沸腾溶液的温度差。恒温传热的温度差用以下公式计算。

$$\Delta t = T - t$$

式中 T——热流体温度，℃；

t——冷流体温度，℃。

(2) 稳定变温传热时平均温度差计算

变温传热可分稳定变温传热和不稳定变温传热，在表面处理的工艺过程中，槽内溶液的加热或冷却都为稳定变温传热。

稳定变温传热，是指在传热过程中，间壁一侧或两侧的流体温度仅随传热壁面位置的不同而变化，而与时间无关。由于参与间壁传热的两流体在热量交换过程中两侧各点的温度不同，因此间壁各点的温度差也就不同，所以在传热工程中以流体的平均温度差 Δt_m 来进行计算。

根据逆流换热和顺流换热的示图推导（图 7-1），分别得以下计算式：

逆流时：

$$\Delta t_m = \frac{(T_1 - t_2) - (T_2 - t_1)}{2.3\lg[(T_1 - t_2)/(T_2 - t_1)]}$$

顺流时：

$$\Delta t_m = \frac{(T_1 - t_1) - (T_2 - t_2)}{2.3\lg[(T_1 - t_1)/(T_2 - t_2)]}$$

由以上公式求得的平均温度差，通常称为对数平均温度差。

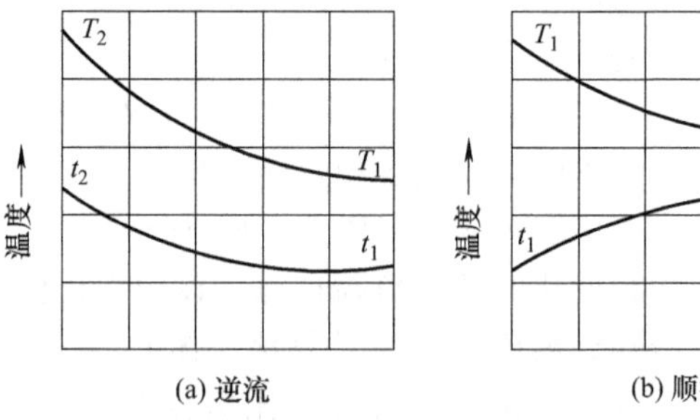

图 7-1 逆流换热和顺流换热

若 $\frac{\Delta t_{max}}{\Delta t_{min}} < 2$，则可用算术平均温度差值求得，即：

$$\Delta t_m = \frac{\Delta t_{max} + \Delta t_{min}}{2} \tag{7-2}$$

式中　T_1，T_2——热流体进出口温度,℃；

t_1，t_2——冷流体进出口温度,℃；

Δt_{max}，Δt_{min}——流体在进出口两端的温度差,℃；

lg——常用对数。

传热面积计算：

根据传热过程基本程式 $Q=kF\Delta t$ 可得：

$$F=\frac{Q}{k\Delta t_m} \tag{7-3}$$

式中　F——传热面积，m^2；

Q——热负荷（传热量），kcal/h；

k——传热系数，kcal/(m^2·h·℃)；

Δt_m——平均温度差,℃。

即在计算换热器传热面积时，只需将式（7-1）和式（7-2）所得数据代入式（7-3），即可求出换热器的实际传热面积，公式中传热系数 k 值，通常采用换热设备制造厂商对某类型换热装置所标定的该装置的 k 值参数。

电镀生产线用到热交换系统的地方很多。最常用到的地方是溶液换热系统。还有加热空气和工件的地方，以及涉及热处理的零件去应力、去表面冷作硬化层等烘烤、涂层的固化，送风系统的加热和冷却。随着新技术的应用，加热源也从最常见的蒸汽、热水、电，扩展到空气能、太阳能、热油等。

用到热交换，必然要保温、恒温，由此要用到电磁阀、电动阀，恒温也由简单的通断控制发展到换能器控制。控制阀门从通水、通气发展到现在还要通溶液。还有液位控制，由直接接触溶液的传感器发展到不接触溶液的传感器。

溶液的换热（加温、冷却）系统有直接换热和间接换热两种基本形式，但都需应用热交换器具实现溶液的换热。

溶液的直接换热（间壁式换热），是把换热装置直接放置在要换热的工作槽中，这样热效率是很高的。但是，由于有的槽内往往有很多其他附属装置，它们有可能会互相妨碍。例如，镀槽内有阳极、空搅管（或射流管）、过滤管和屏蔽板等。当槽内难以放置换热器具时，便可以采用间接换热的方法达到溶液换热的目的。

使用板式换热器是典型的间接换热的例子，它放在工作槽外，面积和体积都不大。还有一种间接换热的方式，是把换热管放在一个辅助槽中，用泵或过滤机把辅助槽和主槽联系起来。这种换热方法会有热的损失，因而效率会低一点，需加大换热面积，泵或过滤机的流量以及回流管的管径要足够大，可让溶液的交换足够快，否则会造成主槽和辅助槽之间的温差大于期望。

7.2 蒸汽换热

工业用蒸汽具有良好的热力性质，它是现代工程领域中应用最广泛的载能工质，同样，高温水也具有比热容大、热力特性稳定、热传递快等特点。

水在锅炉中被加热，水温逐渐升高，当水被加热至沸腾时，水发生相变，其中一部分分子由液态转变为气态，水因受热产生大量的气泡升至水面释放出一定量的蒸汽，这一过程称为汽化。

锅炉内水沸腾后，对它继续加热，容器内水的温度不再升高，始终保持在沸腾状态，水沸腾后它所吸收的热量并不会使水的温度继续升高，而是用来使水不断汽化成蒸汽。水汽化所生成的蒸汽温度与沸水温度相同，此刻蒸汽的温度始终等于蒸汽的压力所对应的饱和温度，这种蒸汽称为饱和蒸汽，亦可称湿饱和蒸汽。沸点状态下的水称为饱和水，它所含的热量称为饱和水的含热量，也称作显热。

在热力学中把这两种能量分别称为汽化潜热和显热。在 1atm（1atm＝101325Pa）下，1kg 水每升高 1℃，需要加入的热量大约是 1kcal，这部分热量称为显热。

水从常温 15℃加热到 100℃，所吸收的热量大约是 80kcal，1kg 水转化为蒸汽需要输入的热量是 450kcal，这部分热量称为相变潜热。一个标准大气压条件下，汽化（相变）潜热是水显热的 6 倍。在不同的工况压力下，饱和水汽化为饱和蒸汽所需的汽化潜热也不相同，汽化潜热为 539kcal/kg，当蒸汽压力为 $6kgf/cm^2$（$1kgf/cm^2=98.0665kPa$）时，汽化潜热为 498kcal/kg。

饱和蒸汽的温度与压力大小不成正比，低压蒸汽的潜热（热量）反而比高压蒸汽高，因此低压蒸汽凝结时释放出的热量高，使用低压蒸汽更为经济、安全。在蒸汽输送过程中，通过控制蒸汽的压力就可得到所需温度的蒸汽，有利于节省热能损耗。

7.2.1 溶液加热计算公式

溶液加热用的计算公式汇总列于表 7-1。

表 7-1 溶液加热用的主要计算公式

公　　式	公式中符号含义	说　　明
(1)溶液升温时，每小时所需热量的计算 $Q=V\gamma c(t_2-t_1)\beta/\tau$	Q——溶液升温时每小时需要的热量，kJ/h V——被加温溶液体积，L γ——溶液密度，kg/L c——溶液比热容，kJ/(kg·℃) t_2——溶液工作温度，℃ t_1——溶液初始温度，℃ β——散热系数，一个经验系数 τ——升温小时数	① β 是个经验系数，有保温层的槽体 $\beta=1.1\sim1.15$，无保温层的槽体 $\beta=1.15\sim1.3$ ② γ 和 c 的数据由溶液种类取得，以下可作参考： 水和一般水溶液 γc 取 4.18 油类 γc 取 2.09 发蓝溶液 γc 取 4.6 ③ t_1——溶液初始温度，在条件较好的车间里一般取 15℃，但有不少电镀车间是 10℃、5℃甚至更低
(2)流动热水清洗槽工作时，每小时所需热量的计算 $Q=V\gamma c(t_2-t_1)\beta/\tau$	Q——流动热水清洗槽工作时每小时需要的热量，kJ/h t_1——冷水进水温度，℃ τ——换水小时数	① t_1——冷水进水温度，一般取 15～18℃ ② τ——换水小时数，与槽子大小和工作负荷有关： 负荷高时：≤300L，0.5h；301～1000L，1h；1001～2000L，2h；2001～5000L；3h，一槽 负荷低时：≤300L，1h；301～1000L，2h；1001～2000L，3h；2001～5000L，4h，一槽 由于现在在电镀生产线上水洗的加强，有的有回收，有的有 2 级或多级回收，水洗取 3 次或 4 次逆流漂洗，换一槽水的时间应能延长 ③ β 是散热系数，取 1.4。流动水散热系数自然高 ④ 这实际上是把每小时流出的水作为加热对象
(3)加热器传热面积的计算 $F=Q/(k\Delta t)$ $\Delta t=t_{热源}-(t_1+t_2)/2$	F——加热器所需传热面积，m^2 Q——溶液升温时每小时需要的热量，或流动热水清洗槽工作时每小时所需热量，kJ/h k——传热系数，kJ/(m^2·h·℃) Δt——热源温度与溶液平均温度之差，℃ t_2——溶液工作温度，℃ t_1——溶液初始温度，℃ $t_{热源}$——热源温度，℃	此公式适用于蒸汽加热和热流体加热 常用的传热系数见表 7-2 $t_{热源}$是指定压力下饱和蒸汽温度，即： $p=0.3MPa$ 时，$t_{热源}=142℃$ $p=0.2MPa$ 时，$t_{热源}=132℃$ 按计算出的传热面积，再选择管径与管长。需要注意的是各管长与管径(外径)之比值应控制在 250～300 之间，不可过大
(4)加热管长度计算 $L=\dfrac{F}{\pi D}$	L——所需加热管的长度，m F——所需传热面积，m^2 D——选用加热的外径，m	

表 7-2　常用传热系数 k 值　kJ/(m² · h · ℃)

载热介质	传热材料	被加热介质	k	载热介质	传热材料	被加热介质	k
水	钢	水	1172	蒸汽	钢	水	2929
水	铜	水	1255	蒸汽	钛	水	3100
水	铅	水	1088	蒸汽	铜	水	4184
水	铝	水	1213	蒸汽	铅	水	2092
蒸汽	钢	空气	63	蒸汽	钢	油	418～627
蒸汽	铜	空气	75	蒸汽	氟塑料	水	1000～1460

应用表 7-1 和表 7-2 介绍的公式及其数据，还须注意：

① 热交换的 k 值，由于两侧的温度不同，而且在加温过程中变化，k 值还受槽液对流情况的影响，因此表中数据是一般状态下电镀槽液加热过程中的 k 值平均值，如果能得到实际条件下溶液加热过程中的 k 值，应以此 k 值为准；

② 在溶液加热的有关过程中，有一些不准确的地方，例如溶液密度 γ 与溶液比热容 c、散热系数 β、传热系数 k 值。这是一种估算数据，需要在实践中积累经验，加以对照。

7.2.2 传热面积和蒸汽耗量计算

蒸汽加热时，首先要计算每个要加热的槽液里所需加热管的管径与长度。先要决定 τ 值，即用几个小时把溶液从室温（10～20℃，一般取 15℃）加热到工作温度。如果这一时间过长，则会损失生产时间。当然如果连续 24h 工作，这一点就不必考虑，等待加热的时间，也可以安排一个员工提前上班来解决。一般用户往往要求在 2h 以内把溶液从室温加热到工作温度。对于体积大的槽液，比如环形电镀线上的工作槽都很大，又是连续生产，一个月才停机维修保养，可取 3～4h，甚至可取 5～6h 的预热时间。

τ 值选定之后，即可按表 7-1 中所列公式进行计算，求得溶液加热需要的热量和传热面积，参阅表 7-3，对比表中所需参数，即可求得加热管的管径与长度。

为了简化计算和避免繁复计算中可能出现的错误。按槽液体积 V=100L、t_1=15℃、γc=4.18、k=2929kJ/(m² · h · ℃)、β=1.25（不保温的钢槽），计算出一个结果，列在表 7-4 中，供参考。

表 7-3　管路中流体流量的基本参数

水煤气管				管内蒸汽流量 (p=0.3MPa) /(kJ/h)	流速 /(m/s)	管内水流量(经济流速 v=2m/s) /(m³/h)	
名义直径 (DN)/mm(in)	外径×壁厚 /mm	外径周长 /mm	内径面积 /mm²			p=0.2MPa	p=0.1MPa
10(3/8)	ϕ18×2.25	约 56.5	143			0.85	
15 (1/2)	ϕ21.3×2.75	约 67	196	27200	10	1.35	0.6
20(3/4)	ϕ26.8×2.75	约 84	356	71100	14	2.5	1.25
25(1)	ϕ33.5×3.25	约 105	572	142300	17	4.0	1.98
32(1 1/4)	ϕ42.3×3.25	约 133	1006	293000	20	7.0	3.42
40(1 1/2)	ϕ48×3.50	约 150	1320	418600	22	9.5	4.35
50(2)	ϕ60×3.50	约 188	2205	795500	24	15.0	8.90
65(2 1/2)	ϕ75×3.75	约 235	3577	1591000	30	25.0	12.8
80(3)	ϕ88.5×4	约 278	5087	2512000	33	35.0	18.0
100(4)	ϕ114×4	约 358	8820	5024000	38	56.0	31.5

注：1. 1kcal=4.1868kJ。

2. 槽内加热管一般采用不超过 DN40mm 的管子制作。当工作槽换热蒸汽流量大于 418600kJ/h 时，可在槽内放置 2 套或 2 套以上的加热管。

表 7-4 每 100L 溶液 1h 从 15℃升温到表列温度所需加热管长度 m

公称管径/mm	蒸汽压力 p=0.2MPa									公称管径/mm	蒸汽压力 p=0.3MPa								
	20℃	30℃	40℃	50℃	60℃	70℃	80℃	90℃	95℃		20℃	30℃	40℃	50℃	60℃	70℃	80℃	90℃	95℃
15	0.123	0.39	0.68	0.99	1.33	1.69	2.15	2.64	2.91	15	0.120	0.34	0.61	0.89	1.20	1.46	1.92	2.34	2.57
20	0.095	0.31	0.52	0.76	1.02	1.30	1.66	2.03	2.24	20	0.089	0.27	0.47	0.68	0.93	1.13	1.48	1.81	1.98
25	0.075	0.24	0.41	0.60	0.81	1.03	1.31	1.6	1.77	25	0.070	0.21	0.37	0.54	0.73	0.89	1.17	1.43	1.56
40	0.053	0.17	0.29	0.42	0.56	0.72	0.94	1.12	1.23	40	0.049	0.15	0.26	0.38	0.51	0.62	0.81	0.99	1.09
50	0.042	0.14	0.23	0.34	0.46	0.58	0.74	0.91	1.00	50	0.040	0.17	0.21	0.31	0.41	0.75	0.66	0.81	0.89
70	0.033	0.11	0.18	0.27	0.35	0.45	0.57	0.71	0.78	70	0.031	0.09	0.16	0.24	0.32	0.27	0.52	0.63	0.70

表 7-4 所示是根据钢盘管计算的结果，也常被用于不锈钢盘和钛盘管加热；用于铅、铅锑合金盘管（现在已较少用）时需乘以系数 1.4；用于流动热水槽时乘以系数 1.1；有保温层时乘以系数 0.92。

蒸汽消耗量可按下列公式计算：

$$G=Q/r=V\gamma c(t_2-t_1)\beta/(\tau r) \tag{7-4}$$

式中 G——蒸汽消耗量，kg/h；

r——蒸汽潜热，kJ/kg；

其他符号的含义见表 7-1。

$$G=\{[V\gamma c(t_2-t_1)/\tau]+V_q\}K/r \tag{7-5}$$

式中 V——溶液体积，L；

V_q——加热过程中每升溶液耗热量，kJ/h；

K——未计入的热损失系数。

仔细一看，V_q 和 K 表示的意思就是 β，即散热因数。这些数据都和具体的使用条件有关，而相应的实验数据并不充分，计算都带有估算的性质。因此，不必在这里深究，还是引用一张常用的表格为好，见表 7-5。

表 7-5 蒸汽压力为 0.2～0.3MPa 时，每 100L 溶液用盘管加热时的蒸汽消耗量 kg/h

表压/MPa	工作温度/℃	加温时蒸汽消耗量(最大消耗量)								保温时平均蒸汽消耗量
		≤200L 槽		200～3000L 槽					>3000L 槽	
		加温小时数/h								
		0.5	1	0.5	1	1.5	2	2.5	3	
0.1～0.2	40	10.20	5.20	5.45	2.85	1.98	1.55	1.20	1.05	0.49
	45	12.20	6.20	7.08	3.68	2.054	1.98	1.62	1.30	0.62
	50	14.24	7.24	8.75	4.56	3.016	2.46	2.04	1.62	0.78
	55	16.28	8.28	10.46	5.46	3.080	2.96	2.46	1.93	0.97
	60	18.34	9.34	12.15	6.34	4.40	3.44	2.86	2.23	1.18
	65	20.40	10.40	13.50	7.10	4.96	3.90	3.26	2.50	1.44
	70	22.45	11.45	15.60	8.18	5.72	4.48	3.74	2.83	1.72
	75	24.54	12.54	17.30	9.08	6.36	4.98	4.16	3.15	2.05
	80	26.64	13.64	19.40	10.20	7.12	5.60	4.68	3.53	2.44
	85	28.70	14.7	21.50	11.30	7.90	6.20	5.18	3.92	2.95
	90	30.80	15.8	23.24	12.24	8.58	6.74	5.65	4.24	3.44
	95	32.92	16.92	25.35	13.55	9.35	7.35	6.15	4.65	4.05

注：≤200L 的槽子起始温度定为 15℃；200L 以上的槽子起始温度，按停气 16h 后的余温，≥3000L 的槽子可选 50℃，200～3000L 的槽子可选 30℃。

停气 16h 是指单班生产的情况，既不代表两班生产的情况，也不代表放假后重新加热的情况。这和槽子保温情况、不生产时车间是否有抽风等情况有关，所以要按情况进行修正。

流动热水槽的流动水带走一部分热量，带走多少和水流量、温度有关。总之，要多消耗蒸汽，为同体积溶液槽的 1.05～1.1 倍。

钢铁件黑化时由于工作温度为140～150℃，一般不采用蒸汽加热。

7.2.3 汽-液换热注意事项

低压蒸汽从锅炉或由供汽点输出，经管网输送到车间用汽点，通过支汽管和相应的蒸汽管路配置，将蒸汽输入换热设备对槽内溶液进行加温。为做到有效利用蒸汽热源和热交换正常运行，在整个热源管路系统及换热设备的系统设计、施工过程中，必须采取以下措施防止蒸汽品质降低，确保换热设备运行可靠。

① 为减少蒸汽在输送过程中产出过量凝结水，必须对输汽管路全程保温，对远程长距离输汽管路应增设水分离装置、冷凝水直排阀，做到及时将蒸汽管路中凝结水排放。

② 为确保疏水器正常功能，疏水器进口端应配置过滤器，以防止输汽管路内杂质进入疏水器内影响冷凝水疏放。

③ 为防止冷凝水滞留在换热系统内影响设备正常运行，减少冷水聚积，疏水器安装位置必须低于换热设备底部水平位置，疏水器前端必须设置旁通球阀，疏水器出口端连接管不宜过长，以减少冷凝水排放阻力。

④ 严禁用疏水器背压对冷凝水进行高度提升和远程压送，冷凝水回收必须采用冷凝水提升泵进行远程输送，任何一类疏水器都不具备泵送功能。

⑤ 每个槽内蒸汽加温系统的凝结水出口管，必须独立设置疏水系统，不允许将两个或多个冷凝水出口管连接在一起用一只疏水器进行疏水。

⑥ 换热设备系统在调试及正常运行期间，每当加热蒸汽阀开启之前，必须首先将换热设备管理系统所有旁通阀全开启，用气流压力将积聚在设备、管路内的冷凝水排出。

⑦ 操作人员应定时对每个疏水旁通阀逐一检查；旁通出水量少，则疏水器疏水性能良好；旁通出水量多，则疏水不畅或疏水功能失效。

7.2.4 蒸汽管路配置技术

电镀溶液升温加热用的蒸汽均为低压饱和蒸汽，这类载能工质输送到用汽点，全部由相关管路、阀门、仪表、换热设备、疏水系统构成工业蒸汽管路结构的配置技术，简称管路配置技术。

无论是内置式或外置式换热形式，及时疏放蒸汽放热后产生的凝结水，是管路配置设计和设备操作人员必须了解和掌握的基本设计原则和操作技能。在设计、施工（操作）过程中，必须注重管路各类配置功能作用及管路配置的合理性、可靠性。

工业蒸汽由管路输送到用汽点，为减少热量耗散和输送费用，通常采用高压过热输送、低压饱和使用。蒸汽输送、热量交换必然会产出凝结水，如果系统疏水不畅，则蒸汽随时会与凝结水发生相撞。与所有物质一样，蒸汽和水同样也是由大量分子的微粒子组成的。蒸汽工作温度是分子热运动的动能反映，分子热运动具有能量，系统内蒸汽温度越高，粒子碰撞频率和撞击强度越大。蒸汽工作压力是分子撞击容器金属壁面所产生的作用力，随着蒸汽压力的升高，气体分子会变得更加活跃有力，对金属壁面的撞击也变得更频繁、更强烈。

由于相撞流体的温度、密度、流速、压力所产生的动能、热能作用的交互叠加，在系统内构成撞击（振波），这种现象在流体运动中称为热力工况下的水力锤击，亦称水击、汽击。

水力锤击现象具有两种类型的力作用，一是由流体运动所产生的动能，流体质量流量越大、流速越高，其动能就越大；二是流体温度所产生的热能。水力锤击所反映出的冲击强度，是汽液碰撞和频率的作用力叠加，撞击速度和撞击频率愈高，构成的破坏力愈强。始发时撞击强度并不大，但由于蒸汽压力的加速作用，汽液持续碰撞产生的冲击波会与系统固有振频发生重合，相互的力作用使系统内压瞬间剧增到蒸汽工作压力的几十倍甚至上百倍。

水力锤击冲击力主要取决于蒸汽工作压力和蒸汽流速，即流体动量方程式：

$$动力(kg \cdot m)=\frac{蒸汽压力 \times 蒸汽流速^2}{2}$$

因此，工业饱和蒸汽合适的流速不宜过高（30～35m/s 即已很高），过高的汽流速度亦会产生噪声和汽蚀，特别是当湿饱和蒸汽的含水量较高时，系统内会频发水力锤击现象。饱和蒸汽工作压力与流速范围列于表 7-6。

表 7-6　饱和蒸汽工作压力与流速范围

工作压力(表压)/MPa	流速/(m/s)	工作压力(表压)/MPa	流速/(m/s)	工作压力(表压)/MPa	流速/(m/s)
<0.3	10～20	>0.3	15～25	<0.8	30～50

为避免蒸汽输送过程管内凝结水积聚而造成蒸汽含水量增大、蒸汽品质恶化，在设计架设远程输汽管时，应按技术要求使管路架设斜度为 1/250，并做到每间距 100m 设置凝结水排放口。蒸汽管路的排水管径应该与主汽管直径相同，进入车间用汽点的分汽管应连接在主汽管顶部，以减少冷凝水直接进入分汽管路内，参阅图 7-2。

在进入车间用汽点的分汽管末端，应设置疏水、排汽装置，以减少管路内滞留的凝结水、不凝气体，确保管路配置阀件、换热设备的正常工作，参阅图 7-3。

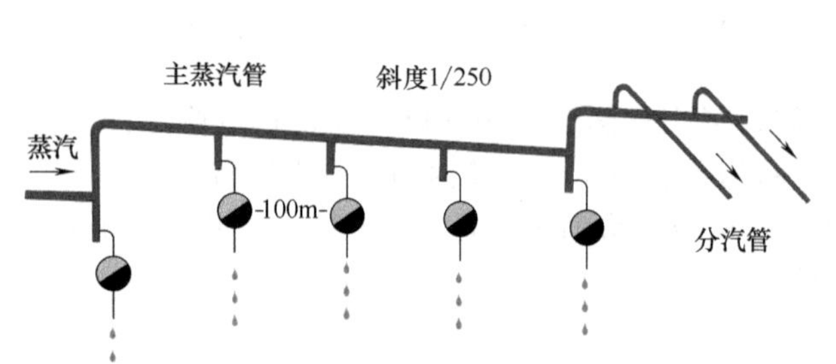

图 7-2　蒸汽管路正确配置案例

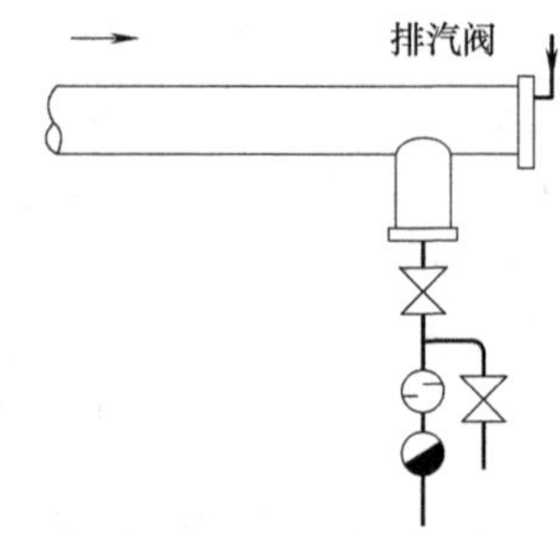

图 7-3　车间分汽管末端疏水、排汽装置

蒸汽管路应该离地升高架设。如果将输汽管埋设地底下，这种施工方式不利于冷凝水疏放。如工程项目遇到类似情况，应在输汽管引出部位设置汽水分离装置或冷凝水排放阀，以减少蒸汽的含水量，确保用汽设备蒸汽品质，参阅图 7-4。

分汽包亦称配汽包，它的应用是为便于将输入工厂、车间的蒸汽按需要分配到各用汽点的分汽管中，它的作用就是分汽配汽，不得当作冷凝水容器，输汽管路中所产生的冷凝水，则要由汽水分离装置来承担疏排水。在日常的输、配汽时期要定时排除分汽包内滞留的冷凝水，参阅图 7-5。

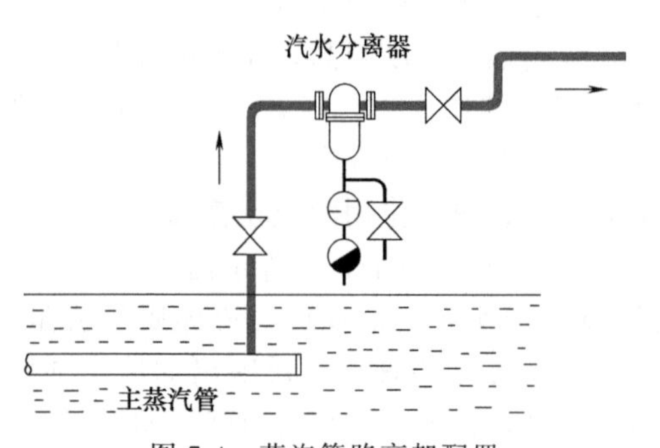

图 7-4　蒸汽管路高架配置

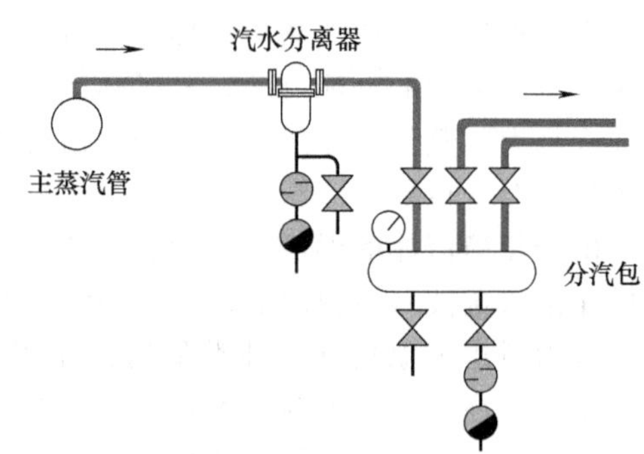

图 7-5　分汽包装置

管路配置错误（禁忌）案例与管路配置良好（正确）案例，如图 7-6～图 7-9 所示。

禁忌(错误)管路配置案例

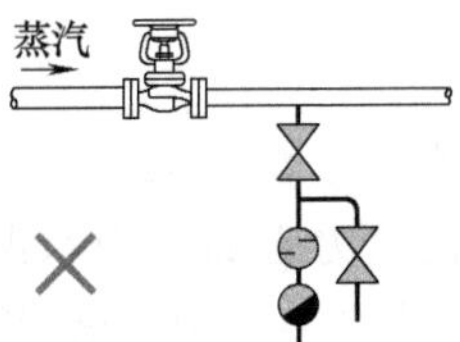

在输（配）汽管路中，尤其是进入车间各分汽管路，应避免将疏排水系统设置在蒸汽阀门的后端部，因为当蒸汽通过阀门（孔板）会发生节流作用，蒸汽在管路的一定距离内将被过热成为干饱和蒸汽。

良好(正确)管路配置案例

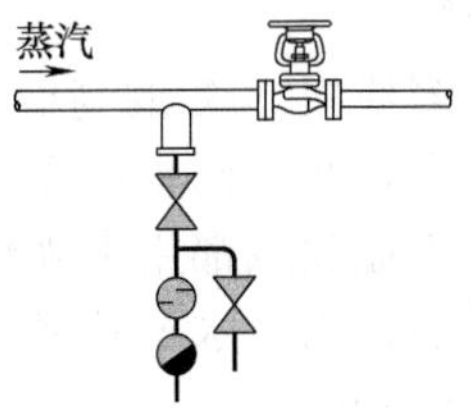

为保持输汽过程的蒸汽品质，应当在主汽阀前配置疏水器，将管路内冷凝水排掉，减少蒸汽带水量，使进入用汽设备的蒸汽处于微过热状态，可以减少换热设备内部水击现象的发生。蒸汽经节流后蒸汽热焓不发生变化，湿蒸汽经节流成为干蒸汽。

图 7-6　管路配置案例（一）

禁忌(错误)管路配置案例

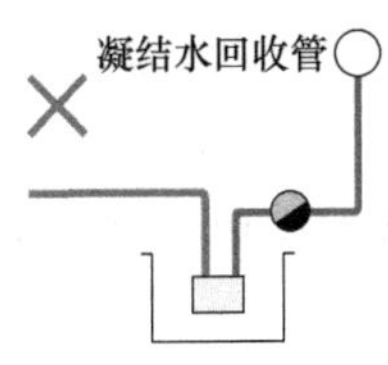

无论采用何种换热设备、何种热交换形式，对于蒸汽释放潜热后所产生的凝结水，任何类型的疏水器只能起到堵汽疏水作用，它们无法将凝结水进行高度提升、远程压送。

良好(正确)管路配置案例

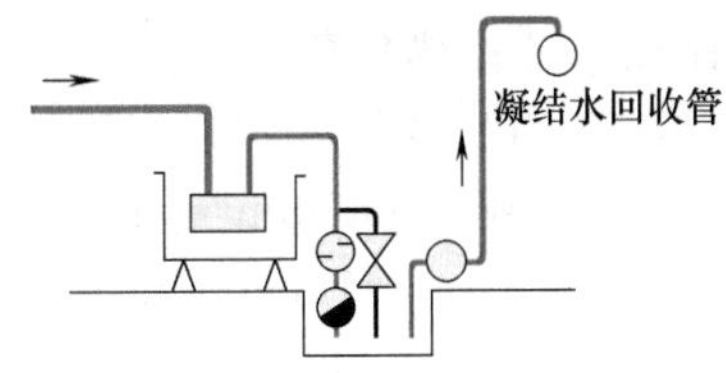

凝结水的回收方法：先将各凝结水排放到储水槽内，依靠泵功率进行提升、远程压送。

图 7-7　管路配置案例（二）

禁忌(错误)管路配置案例

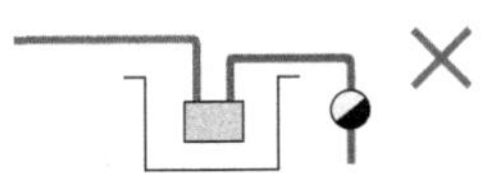

疏水器设置高度错误、配置不正确。换热设备中凝结水无法排出，造成疏水管路发生“水堵”。

良好(正确)管路配置案例

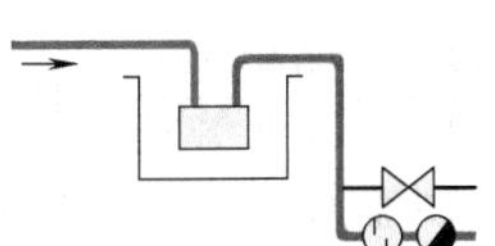

疏水器应设置在换热设备的最低位置并配置旁通球阀。每当开启主汽阀之前，应先开启旁通阀排尽管路系统内积水。设备运行过程中按操作规程对所有旁通排水进行例行检查。

图 7-8　管路配置案例（三）

禁忌(错误)管路配置案例

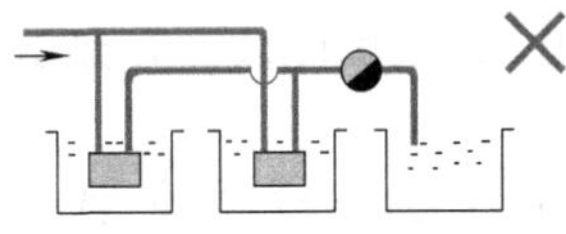

不允许把一个或多个蒸汽加热（槽）系统所排出的凝结水，用疏水器压送到其他槽液中进行余热利用，任何一类疏水器都无法将凝结水进行提升、压送。

良好(正确)管路配置案例

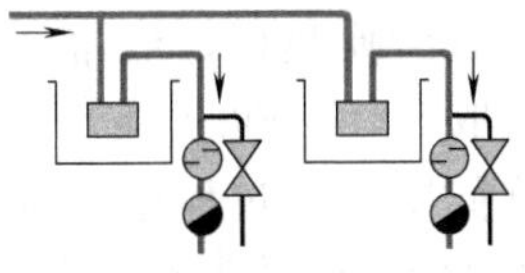

生产线中，每一独立蒸汽加热（槽）系统所释放的凝结水，必须各自设置疏水系统，互不干扰，亦可采用独立疏水、集管排放。

图 7-9　管路配置案例（四）

7.3　热流体换热

热流体换热指的是用热流体循环来传递热量。我们较熟悉并采用最多的是热水加热。用油加热可以得到比蒸汽加热更高的温度。

7.3.1 热水换热

热水换热大多使用90℃的高温水。

水的比热容大，在相同单位质量条件下，水的热量比其他常见物质都多。由于水具有这一特性，所以现代工业领域都用水来作为吸热和放热的介质。在热力方面，当水温低于工况温度时它就具备了吸热作用；水温达到90℃时，就具有良好的放热功效（1000kg90℃高温水，可利用热量约为50000kcal）。

热水加热比蒸汽加热更温和，不容易过热。化学镀镍、磷化液的加热是应用的实例，前者是为了延缓化学镀镍溶液的分解，后者是为了减少磷化时的结垢。

(1) 热水换热应用举例

设：前处理脱脂槽液容积为$9m^3$，要求从溶液初始温度10℃加热至工作温度60℃，升温时间为1h，热源为90℃高温水。热负荷Q值多大？需要多少换热面积？若采用蒸汽加热，则传热面积是多少？

下面用比热法计算热负荷。

根据式（7-1）：$Q=Wc(t_1-t_2)$

$W=9000dm^3\times1.2kg/dm^3=10800kg$（脱脂溶液密度取$1.2kg/dm^3$）

$c_{热水}=1kcal/(kg\cdot℃)$

则 $Q=10800\times1\times(60-10)=540000$（kcal/h）

采用算术平均温度差计算为

根据式（7-2）：$\Delta t_{min}=90-50=40$（℃）；

$\Delta t_{max}=60-10=50$（℃）；

$\Delta t_m=(30+40)\div2=35$（℃）。

求传热面积：

$$F=\frac{Q}{k\Delta t_m}=\frac{540000}{1000\times35}=15.4\ (m^2)\approx15m^2$$

即采用高温水加热，传热面积为$15m^2$，如采用汽-液交换，则其传热面积是液-液交换面积的1/2，即为$7.5m^2$。

注：① 平均温度差是热流体进口温度减去冷流体被加热后的出口温度，另一侧是热流体出口温度减去冷流体进口温度。

② 高温水加热（液-液交换）平均温度差一般都在35～38℃之间，取40℃是为了计算方便，而蒸汽加热（汽-液交换）平均温度差可取80℃计算)。

③ 本例计算的F是升温时间为1h的传热面积计算值。

④ 内置式换热板，液-液交换传热系数k：热水温度大于90℃时可取1000，热水温度不超过90℃时取800～900。

⑤ 在间壁换热过程中，按换热流体的温度沿传热壁面变化情况，分恒温传热和变温传热两种，恒温传热时的温度差计算则用$\Delta t=T-t$，而变温传热时的温度差计算分逆流、顺流两种，称对数平均温度差，计算过程易出差错，在实际应用中也无必要。在表面处理领域，其加热过程较为单一，因此在计算平均温度差Δt时，可直接采用如下参数：

液-液交换时，$\Delta t=35\sim40$℃；气-液交换时，$\Delta t=70\sim80$℃。

它们之间恰好是倍数关系，即如果气-液交换Δt已知，则液-液交换Δt是它的1/2即可。

用热水换热时，加热管长度的计算也可参见蒸汽加热时的查表法，即查表7-4。但要注意：蒸汽的压力$p=0.3$MPa时，其温度$t_{热源}=142$℃；$p=0.2$MPa时，$t_{热源}=132$℃。而热水的温度是90℃。由于热水加温时温差较小，加温管长度需要按比例加长。另外，$1m^3$的90℃热水质量为970kg（60℃时为985kg），$1m^3$的90℃热水，大约可输出50000kcal（参考值）的热量，该参数供选择加温管直径时参考。

热水换热时，溶液加热到 70℃尚可，加热到 70℃以上会有困难。需要温度较高时，可采用直接加热较好，采用间接加热要慎重。

热水的来源有几种：热水锅炉，电锅炉，用电加热的储水槽，用蒸汽换热的储水槽等。热水来源的温度要能保证，管路要保温。热水换热时可充分利用加热过的回流水再加热，可应用不锈钢泵循环使用。水最好用纯水或软水，以免结垢。

(2) 液-液交换注意事项

在高温水的输送或热量交换过程中，管路系统内有空气存在，同样会发生水力锤击现象。

例如：热水管路内进入空气；热水泵吸入口由于液体的剧烈运动而汽化；热水管路系统闭路循环，空气无法有效排出；热水管内流速过低或压力过低，导致管路系统局部出现负压。

空气受到热流体反复撞击、挤压，能压增大。当系统内能压力达到临界状态时，即刻以水击形式释放内能压力。流体做功运动必然存在相互力作用，因此都有可能发生水力锤击释放内能作用力的物理现象。

7.3.2 导热油换热

导热油换热在电镀工程中也有应用，比如，用 120℃的油来加热，可使溶液的工作温度达到 70℃以上。在这里讲的导热油，在别的行业是广泛应用的。

这类导热油可以分为：矿物型导热油；一般合成型导热油；高级合成型导热油；气（液）相型导热油。

这类油的成分，它们可以是氢化三联苯、混合芳烃、苄基甲苯类。

导热油的特点如下。

① 在几乎常压的条件下，可以获得很高的操作温度，提高了系统和设备的可靠性。

② 可以在更广的温度范围内满足不同操作温度加热的工艺要求。

③ 省略了水处理系统，提高了系统热效率，减少了设备和管线的维护工作量。

④ 在事故原因引起系统泄漏的情况下，导热油与明火相遇时可能燃烧，这是导热油系统与气-液换热和液-液换热相比存在的问题。但在不发生泄漏的条件下，由于导热油在低压条件下工作，因此其操作条件还是比较安全的。

导热油换热使用专用设备，例如，导热油锅炉（图 7-10）、导热油泵和换热器（图 7-11）。

(a) 电加热导热油锅炉

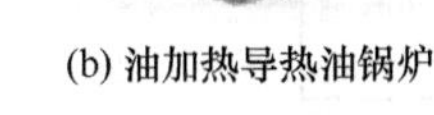

(b) 油加热导热油锅炉

(c) 燃煤导热油锅炉

图 7-10　导热油锅炉

(a)

(b)

图 7-11　导热油泵和换热器

表 7-7 中列出一种导热油的指标，可见，其使用温度高，但闪点不低。

这种新的热交换体系，如在工程中使用应咨询有关厂家。

表 7-7　JQ-320 加氢导电油的技术指标

序号	项目	技术指标	试验方法
	型号	JQ-320 加氢导热油	
1	最高允许使用温度/℃	320	GB/T 23800
2	外观	水白色，清澈透明，无悬浮物	目测
3	自燃点/℃　不低于	最高允许使用膜温	SH/T 0642
4	闪点(闭口)/℃　不低于	158	GB/T 261
5	闪点(开口)/℃　不低于	182	GB/T 267
6	运动黏度(40℃)/(mm²/s)　不大于	40	GB/T 265
7	硫含量(质量分数)/%　不大于	0.2	GB/T 388
8	氯含量/(mg/kg)　不大于	20	附录 B①
9	酸值(以 KOH 计)/(mg/g)　不大于	0.01	GB/T 4945
10	铜片腐蚀(100℃,3h)/级　不大于	1	GB/T 5096
11	水分/(mg/kg)　不大于	200	GB/T 11133
12	水溶性酸碱	无	GB/T 0259
13	倾点/℃　不高于	−32	GB/T 3535
14	灰分(质量分数)/%	0.006	GB/T 508
15	馏程 2%℃	346	GB/T 255
16	残碳/%　不大于	0.01	GB/T 268
17	密度/(g/cm³)(20℃)	928	GB/T 1884

① 山东恒利石油化工有限公司生产 JQ-320 加氢导热油，如需了解，附录 B 的内容可向该公司咨询，山东淄博周村区周隆路 8887 号，0533-6010117。

7.3.3　空气能换热

空气能换热是基于热泵原理进行的。我们熟悉冷水机，它是通过压缩机反复工作，一边产生冷量，另一边产生热量。热泵的原理也是这样。其工作原理见图 7-12。

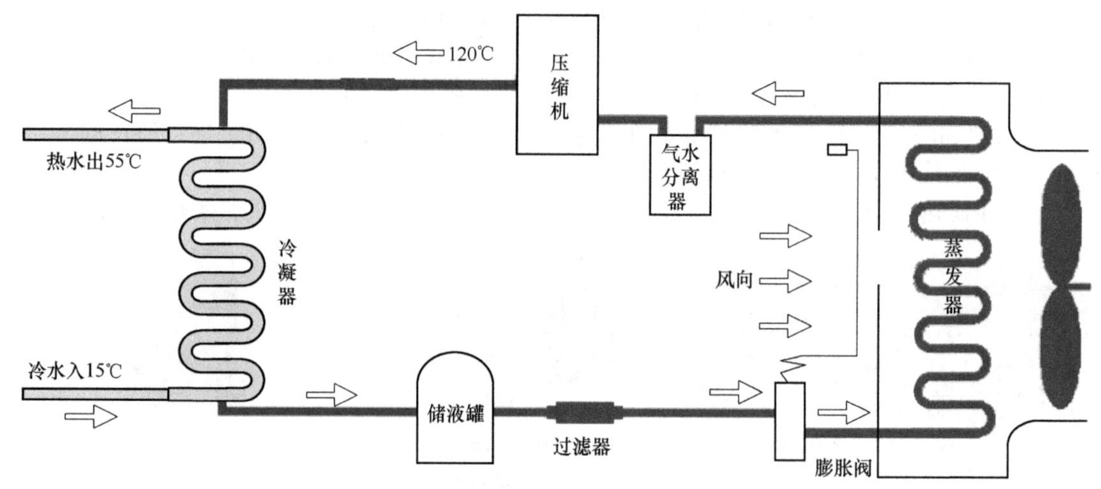

图 7-12　热泵的工作原理

一台压缩机制热装置主要由蒸发器、压缩机、冷凝器和膨胀阀四部分组成。通过让工质不断完成“蒸发→压缩→冷凝→节流→再蒸发”的热力循环过程，工质在蒸发过程中吸收环境空间中的热量，经过压缩机的等效压缩，排出 100℃左右的高温气体，在冷凝器里和水不断地交换热量，使水升温，达到加热的目的。

几年以前，水温只能被加到 50～60℃，这使得在电镀中应用受到很大限制。现在由于工质的改进，水温已能被加热到 85℃，其在电镀中的应用范围已得到大的扩展。图 7-13 中，显示了空气能换热在电镀中的应用原理。

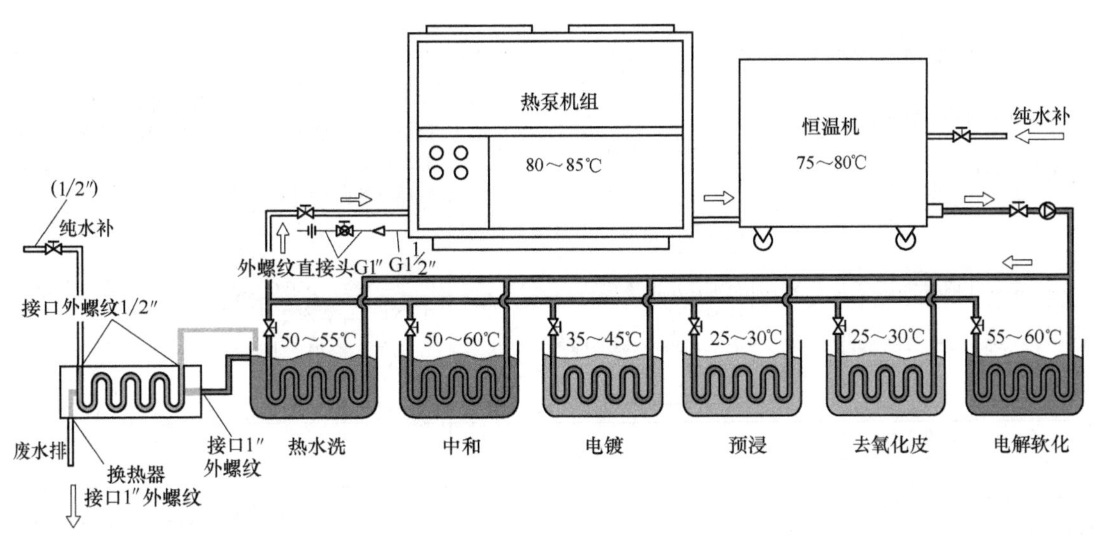

图 7-13　空气能换热在电镀中的应用原理

从图 7-13 中可以看出，热泵输出的是 80～85℃的水，经恒温机输出 75～80℃的水。这是因为热泵刚开始工作时或冬天时达不到 80～85℃，用电加热来补偿。恒温机设定在较低温度是为了热泵出水达到 80～85℃时，电加热器不工作。这一原理就像电-油混合动力车。

空气能换热也是用热水加温的一种。由于电加热被热泵工作时的电耗代替，如果后者耗电小于前者，则有节能效果。有关厂家声称：前处理高温部分节能 50%，后处理镀镍、碱铜等节能 70%。

由于空气能换热也是用热水换热的一种，因此热水换热的局限，空气能换热也一样存在。

7.4　溶液冷却

溶液的冷却有用冷却塔、自来水、冷水机产生的冷水、地下水等的。这些方法比较常用，对管路的密封性要求不高。冷却塔的温度在夏天可以在 35℃以下，它只能用于温度较高的溶液降温，例如镀铬、电抛光溶液。但冷却水是可以连续使用的。使用地下水的温度可以在 15℃左右，用自来水冷却在夏天温度大约在 22℃左右，但这两种方法的冷却水都不能循环使用，虽然可以把水接入水洗槽时再利用一次，但还是慢慢被淘汰。使用冷水机产生的冷水，因为冷水机中使用的工作介质不同，而能达到不同的温度。一般冷水机的出水温度是 7～10℃。

至于需要降温到更低的温度，可用冷冻机的冷冻剂直接降温。过去冷水（冻）机主要使用氨和氟利昂，现在也有无氟的更环保的工作介质。由于氨有臭味，浓度达到 13%～26%时，遇明火会爆炸；氟利昂会破坏大气臭氧层，因此使用氨或氟利昂降温，对管道的密封性要求很高，最好请专业厂家施工。同时，采用替代冷媒的工作引起了重视，这和冰箱原理是一样的。

7.4.1　溶液冷却计算公式

溶液冷却用的计算公式汇总列于表 7-8。

表 7-8　溶液冷却用的计算公式

公　式	公式中符号含义	说　明
(1)有电流通过时，每小时产生的热量 $Q=3.6UI$	Q——通电槽每小时产生的热量，kJ/h U——平均工作电压 I——平均工作电流	由于电镀溶液种类繁多，各工厂使用条件有区别，因此不能用配置整流器的电流和电压来代替平均工作电流和电压，此数据往往偏大很多。应取平均工作电流和电压计算所得

续表

公　式	公式中符号含义	说　明
(2)工作时每小时需要的冷量 $Q'=(1.1\sim1.3)Q$	Q'——工作时每小时需要的冷量,kJ/h	1.1～1.3是因溶液散热时需要的冷量加大,这个经验系数适用于有保温的溶液,小槽更容易散热,取大系数;反之,大槽取小系数。但溶液温度高于室温,系数可以取1
(3)断续工作的槽子预冷时的每小时耗冷量 $Q''=V\gamma c\Delta t(1.05\sim1.1)/\tau$	Q''——溶液预降温时每小时需要的冷量,kJ/h V——被加温溶液体积,L γ——溶液密度,kg/L c——溶液比热容,kJ/(kg·℃) Δt——要降的温度,℃ τ——预设的降温时间,h	① 1.05～1.1是散热系数 ②一般Q''小于Q',Q''往往可以忽略。当Q''大于Q'时,计算冷却管长度时要用Q'' ③γc 一般情况下可取4.2 ④ τ 一般选2～3h
(4)冷水机冷量的选择 ΣQ 就是冷水机的冷量		
(5)不通电,由于化学反应每小时产生的热量 $Q=V'\Delta t'$	$\Delta t'$——每小时的升温,℃	这种发热量不太好计算,则需要记录每小时的升温,℃
(6)冷却管换热面积 $F=Q'/(k\Delta t'')$	k——冷却管的传热系数 $\Delta t''=t_{溶液平均温度}-t_{冷却水平均温度}$	① k 值见表7-9 ② $t_{溶液平均温度}$=溶液在冷却控温时的上下限温度平均值 ③ $t_{冷却水平均温度}$=冷却水出水温度和回水温度的平均值
(7)冷却管长度 $L=F/(\pi d)$	$\pi\approx3.14$ d——冷却管直径,m	冷却管传热面积,由冷却管长度及其外径周长所得,每米传热面积可参阅表7-3求得: ① DN15mm管可认为,近似于$0.06m^2$ ② DN25mm管可认为,近似于$0.1m^2$ ③ DN32mm管可认为,近似于$0.133m^2$ ④ DN40mm管可认为,近似于$0.15m^2$

注:一般冷却水在管内的流速在0.8～1.2m/s之间。

表7-9　冷却管的传热系数　　kJ/(m^2·h·℃)

工　况	k	工　况	k
铅合金管、钢管、钛管,水冷却	1000～1250	铅合金管、钢管、钛管,氨冷却	580～630
铅合金管、钢管、钛管,氟利昂冷却	400～500	氟塑料管,水冷却	800～1000

影响 k 值的因素较多,例如冷却管材质、冷却管厚度、溶液搅拌状况等,而实验数据又不充分,估算的成分较多,需要用实践经验不断校正。表中的数据来源于铅合金管,但由于数据查找困难,很多人对钢管、钛管也用铅合金管的数据,实际上也没出大的错误,因此将其列入表中。

7.4.2 冷源

用自来水、地下水冷却,只要接入自来水和泵入地下水就可以。随着水资源管理的加强,抽取地下水需要申请,并交资源税。

7.4.2.1 冷却塔

对于工作温度较高的溶液,如镀铬、电抛光,可以使用冷却塔。冷却塔有圆形的、方形的,因为有水雾,只能安置在室外。

图7-14　玻璃钢冷却塔

图7-14所示是一种冷却塔的实例。冷却塔的工作原理是:利用吹进来的风与由上洒下来的水形

成对流，把热源排走，一部分水在对流中蒸发，带走了相应的蒸发潜热，从而降低水的温度。

图 7-15 为玻璃钢冷却塔的内部结构示意图。

横流式玻璃钢冷却塔采用两侧进风、靠顶部的风机，使空气经由塔两侧的填料与热水进行介质交换，湿热空气再排向塔外。填料采用两面有凸点的点波片，通过安装头使点波片粘接成整体，以提高刚性，两面的凸点还可避免直接滴水，因此提高了水膜形成能力，填料尾部设有收水设施。

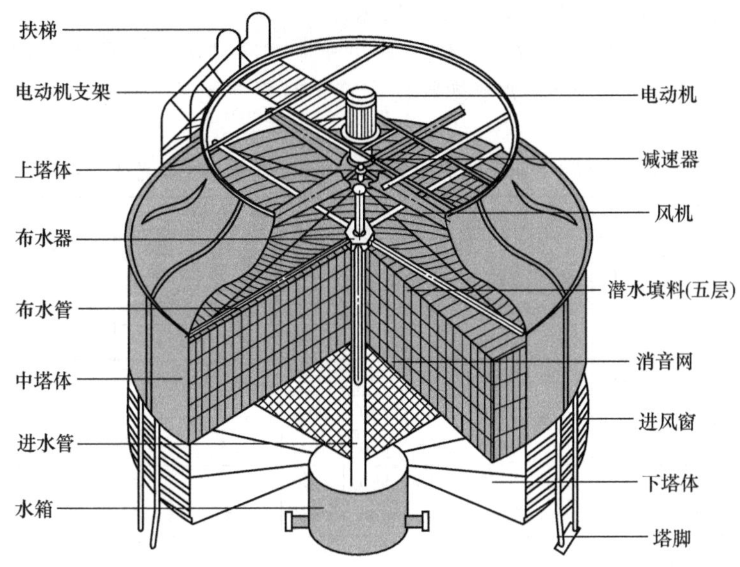

图 7-15　玻璃钢冷却塔的内部结构

产品结构如下。

① 面板：玻璃钢材质，表面光洁美观，耐腐蚀，防老化。

② 填料：为改性聚氯乙烯双向点波片，热力性能好，气流阻力小，刚性好，耐热 75℃、耐寒、阻燃。

③ 风机：叶片材质为合金铝板，具有风机气动力合理、风量大、效率高、噪声低、耐腐蚀等特点。

产品优点如下。

① 节省空间，结构轻型化：采用专为本系列冷却塔设计的高效热交换填料，其换热面积大幅度提高；占地面积较小；由于结构设计的优化及采用钢结构，本体重量也较小。

② 节省电力：采用通风阻力小的填料和由清华大学专为冷却塔设计的机翼型玻璃钢高效风机，从而减小所配用的电动机功率；采用超低噪声型的电动机功率更小，更节省电力；也可根据用户的要求，配用双速电动机达到节电。

③ 运转噪声极低：采用清华大学专为冷却塔而设计的 FRP 材质的机翼低噪声轴流式风机和专为冷却塔而设计的低噪声电动机，从而降低了冷却塔的运转噪声；超低噪声系列冷却塔的运转噪声更低，全面符合环保要求；若配用双速电动机，则在夜间低速运行时，还能使噪声再下降 2～3dB（A）。用户需要双速电动机应在订货时单独提出要求。

④ 良好的耐蚀性：塔体、水槽及面板均采用具有良好耐蚀性能的 FRP 材质，并在胶衣树脂中加有光稳定剂，具有良好的抗老化性能，经久不变色；塔体钢结构件在加工后采用镀锌处理，提高冷却塔的耐蚀性能，在正常使用寿命内，不需另外防腐。

⑤ 组合方便：可采用组合方式来满足不同工况的要求，用户也可根据场地情况决定组合，并可根据用户的建筑物特点调整冷却塔的外观；如用户场地十分有限，厂家也可针对用户的特

殊要求进行设计，满足用户对热力性能及噪声的要求。

⑥ 维护方便：该冷却塔为组合式设计，相邻冷却塔空气室相互隔开，可在冷却塔正常运转的前提下进行维护检修，清洗填料、积水管和水箱的工作更加方便。

说明：

① 标准设计工况：干球温度 31.5℃，湿球温度 28℃，大气压力 99400Pa，进水温度 42℃，出水温度 32℃。

② 可以多台并联组合成各种水量的冷却塔组。

表 7-10 所示为某厂 DBHZ 组装式节能低噪声横流式冷却塔主要技术参数，使用冷却塔冷却电镀溶液，又用细管作冷却管（如氟塑料集束管）时要使用纯水或软水，以免结垢而造成冷却管堵塞。

表 7-10 DBHZ 组装式节能低噪声横流式冷却塔主要技术参数

型号 DBHZ	冷吨数 (RT)	冷却水量/(m^3/h)			外形尺寸/mm				风机电动机			进塔水压 /10^4Pa	质量/kg		噪声 /dB(A)
		28℃	27℃	25℃	L	W	H	h	D /mm	G /(m^3/h)	功率 /kW×台数		干	湿	
80	117.9	80	92	108	4320	2200	2264	750	1800	47	1.5×1	4.4	1710	3368	54.6
100	147.4	100	115	136	4320	2200	2668	750	1800	63	2.2×1	4.8	1810	3606	55
125	189.7	125	148	170	4620	2880	2668	800	2100	73	2.2×1	4.8	2240	4660	55.1
150	220.5	150	172	204	4620	3360	2668	800	2100	85.8	3×1	4.8	2665	5650	55.1
175	256.4	175	200	238	4920	3460	3113	850	2400	98	3×1	5.2	2987	6340	55.6
200	294.9	200	230	272	4920	3800	3113	850	2400	217	4×1	5.2	3205	7200	55.7
250	379.4	250	287	340	4620	5760	2668	800	2100	146	2.2×2	4.8	4480	9320	56.2
300	441	300	344	408	4620	6720	2668	800	2100	171.6	3×2	4.8	5330	11300	56.3
350	512.8	350	400	476	4920	6920	3113	850	2400	196	3×2	5.2	5974	12680	56.7
400	589.8	400	460	544	4920	7600	3113	850	2400	234	4×2	5.2	6410	14400	57.3
450	661.5	450	516	612	4620	10080	2668	800	2100	257.4	3×3	4.8	7995	16950	57.1
525	769.2	525	600	714	4920	10380	3113	850	2400	294	3×3	5.2	8960	19020	57.1
600	884.7	600	690	816	4920	11400	3113	850	2400	351	4×3	5.2	9615	21600	56.6
700	1025.6	700	800	952	4920	13840	3113	850	2400	392	3×4	5.2	11948	25360	56.4
800	1179.6	800	920	1088	4920	15200	3113	850	2400	468	4×4	5.2	12820	28800	56.3
900	1323	900	1032	1224	4620	20160	2668	800	2100	514.6	3×6	4.8	15990	33900	56
1050	1538.4	1050	1200	1428	4920	20760	3113	850	2400	588	3×6	5.2	17922	38040	55.8
1200	1769.4	1200	1380	1632	4920	22800	3113	850	2400	702	4×6	5.2	19230	43200	55.5

一般是将使用的工况提供给冷却塔供应商，由供应商建议冷却塔的型号。冷却塔出水温度一般是考虑夏天的出水温度，与空气的饱和湿度有关，供应商要求提供当地的数据，但一般可以按照夏天出水温度为 35℃来确定。冷却塔冷却在相同条件下投资较低，安装较简单，但需要一个冷却水储槽和供水泵。冷却塔有水雾飞溅，要放在室外，在北方冬天需防冻。

7.4.2.2 冷水机

冷水机是使用得最广泛的冷源，冷水机有风冷和水冷两种。风冷式冷水机一般制冷量较小，但使用最方便。只要连接进水管和出水管即可。但是冷却风扇排出的热气需要引出现场。水冷式冷水机需要水泵、水箱、冷却塔。冷水机的选取最好和供应商商量确定，同时要注意制冷量不是冷水机的耗电量。

冷水机的工作原理如下。

机组制冷时，压缩机将蒸发器内低温低压制冷剂吸入气缸，经过压缩机做功，制冷剂蒸气被压缩成为高温高压气体，经排气管道进入冷凝器内。高温高压的制冷剂气体在冷凝器内与冷却水进行热交换，把热量传递给冷却水带走，而制冷剂气体则凝结为高压液体。从冷凝器出来的高压液体经热力膨胀阀节流降压后进入蒸发器。在蒸发器内，低压液体制冷剂吸收冷冻水的热量而汽化，使冷冻水降温冷却，成为所需要的低温用水。汽化后的制冷剂气体重新被压缩机吸入进行压缩，排入冷凝器，这样周而复始，不断循环，从而实现对冷却水的冷却。图7-16是风冷式冷水机的工作原理图，图7-17是水冷式冷水机工作原理图。

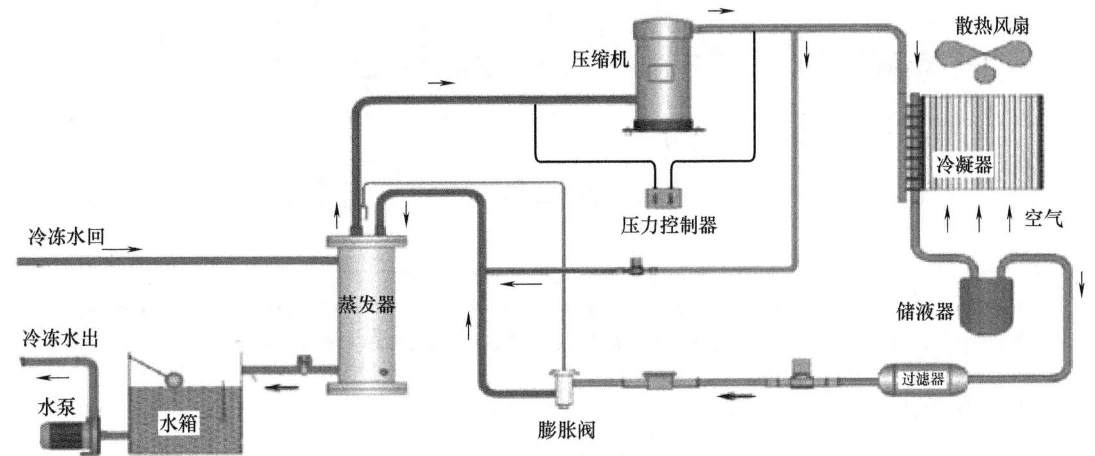

图7-16　风冷式冷水机的工作原理图

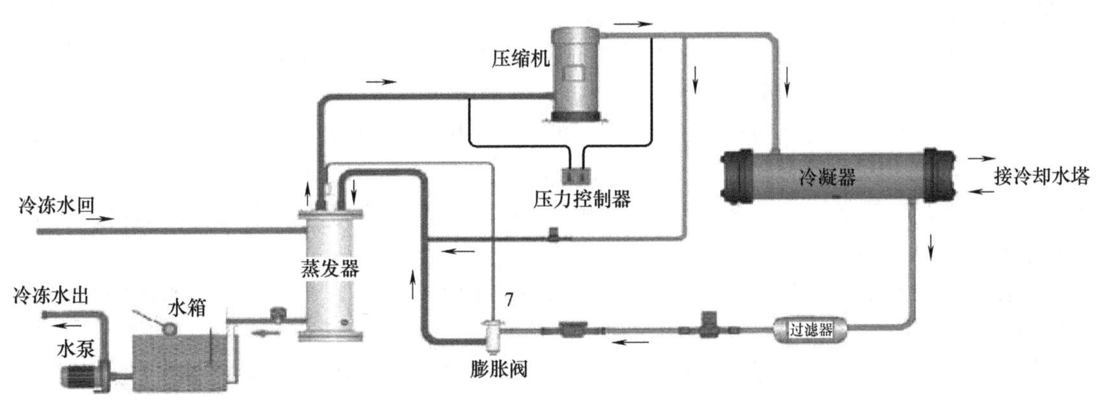

图7-17　水冷式冷水机工作原理图

冷水机有很多种类别，如注塑专用冷水机、电镀专用冷水机、冷热一体机等。以下列出几种供参考。有一种冷热一体机，在电泳漆中应用很广，因为电泳漆夏天要加温，冬天要降温，用冷热一体机很方便。

水冷式单机头螺杆机组（图7-18）、水冷式乙醇冷水机组（图7-19）和水冷式冷热一体机组（图7-20）是电镀工程中通常采用的冷水机组，它们的工作原理、通用范围及其特点简介如下。

(1) 水冷式单机头螺杆机组（图7-18）

产品说明及应用：

① 水冷式单机头螺杆机组是采用螺杆式压缩机提供制冷动力源，以冷却水作为冷凝介质的一款冷水机组，单头输出功率30～280hp（1hp=745.7W），出水温度控制范围为5～30℃。

② 该机组可提供5～25℃冷水，为多种生产工艺提供冷源，其中包括管材、涂装、电子、化工、光伏、冶金、食品、环保、石化、医药等行业。

工作原理见图 7-18。

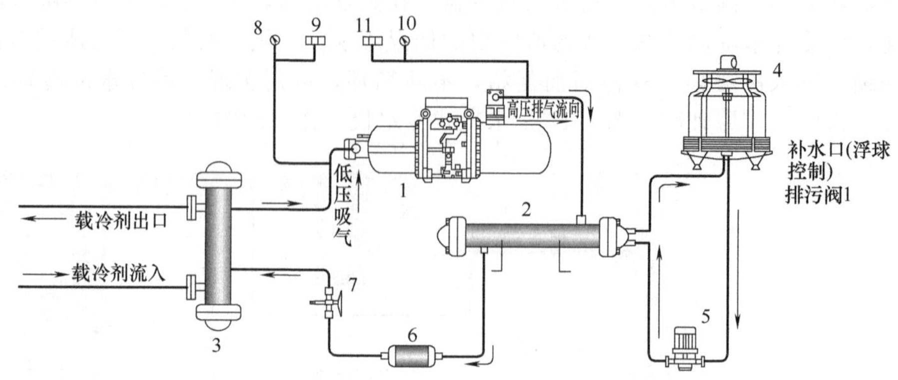

图 7-18 水冷式单机头螺杆机组

1—螺杆式压缩机；2—冷凝器；3—蒸发器；4—冷却塔；5—冷却水泵；6—干燥过滤器；7—供液膨胀网；8—低压力表；9—低压压力控制器；10—高压压力表；11—高压压力控制器

工作适用范围：

项　　目	蒸 发 温 度	冷凝温度	高　　压	排气温度
范　　围	－10～25℃	≤45℃	≤2.5kg	≤105℃

产品特点：

① 主要采用国际先进的最新第三代 5：6 非对称转子半封闭螺杆压缩机，只有三个运动部件，具有零部件少、故障率低的特点。

② 多机型精细容划分冷量应用范围广，单机或多机可实现分级或无级能量调节，高效节能，可靠性高。

③ 整机在厂区完备整合，充注好制冷剂，并进行电路、氟路、水路测试，确保设备到场进行充电连接即可使用。

④ 控制操作系统，触摸屏式文本显示器，微电脑 PLC 控制，接触器、断路器等均安装在电控箱内。

⑤ 负荷加载结合星形-三角形启动方式，大大地降低启动电功率，减少对电网的冲击。

(2) 水冷式乙二醇冷水机组（图 7-19）

产品说明及应用：

① 水冷式乙二醇冷水机是以冷却循环水作为冷凝方式的冷水机，机组除冷却塔外，整体设计紧凑、合理，外形大方美观。单机输出功率为 3～40hp，出水温度控制范围为－20～－40℃。

② 该机组可提供 5～25℃冷水以及－40～0℃乙二醇水溶液，在制药、电子、轮胎、饮料、电线、真空镀膜、注塑、纺织、天然气、激光设备、焊接设备、医疗设备等行业得到了广泛的应用。

工作原理见图 7-19。

工作适用范围：

项　　目	蒸 发 温 度	冷凝温度	高　　压	排气温度
范　　围	－40～25℃	≤45℃	≤2.5kg	≤105℃

产品特点：

① 选用国际顶尖品牌压缩机，确保机组长时间稳定可靠地运行，同时提供最优良的制冷

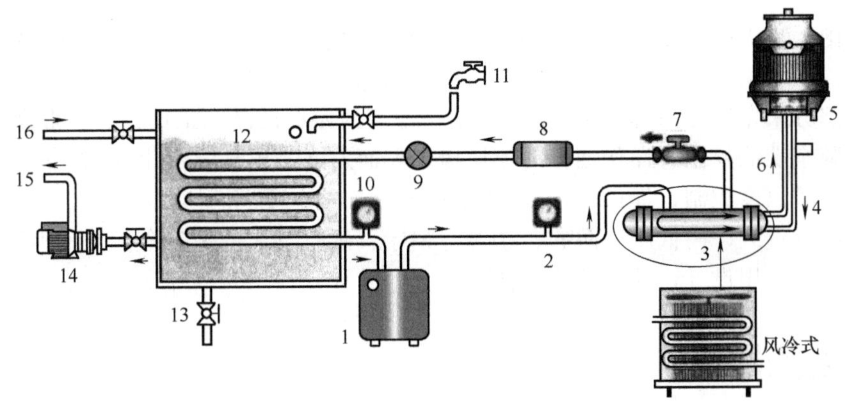

图 7-19　水冷式乙二醇冷水机组

1—压缩机；2—高压表；3—水冷冷凝器；4—冷却水入水；5—冷却塔；6—冷却水出水；7—角阀；8—干燥过滤器；9—膨胀阀；10—低压表；11—补给水；12—蒸发器；13—排污口；14—冻水循环泵；15—冻水出水；16—冻水入水

效果。

② 电器部分采用国际品牌 LG、富士、施耐德等的原厂产品，工作稳定，寿命长久。

③ 微电脑全功能控制，操作面板简便快捷，界面友好、更具人性化。

④ 精密电子温度控制，提供±1℃高精度恒温冷冻水介质。

⑤ 具有电流过载、高低压、防冻、超温、相序、延时及水流等安全保护和报警指示功能。

⑥ 工业产品专用设计，外形美观简洁。

(3) 水冷式冷热一体机组（图 7-20）

产品说明及应用：

① 水冷式冷热一体机组是采用压缩机提供制冷动力源，以冷却塔作为冷凝介质，机组为箱式一体化设计或开放式，方便安装和维护，出水温度控制范围为－60～90℃ 。

② 该机组可提供－60～0℃低温载冷剂和 0～90℃软水，在电子、轮胎、饮料、电线、真空镀膜、注塑、纺织、天然气、橡胶挤出、反应釜、吹塑、激光设备、医疗设备等行业得到了广泛的应用。

工作原理见图 7-20。

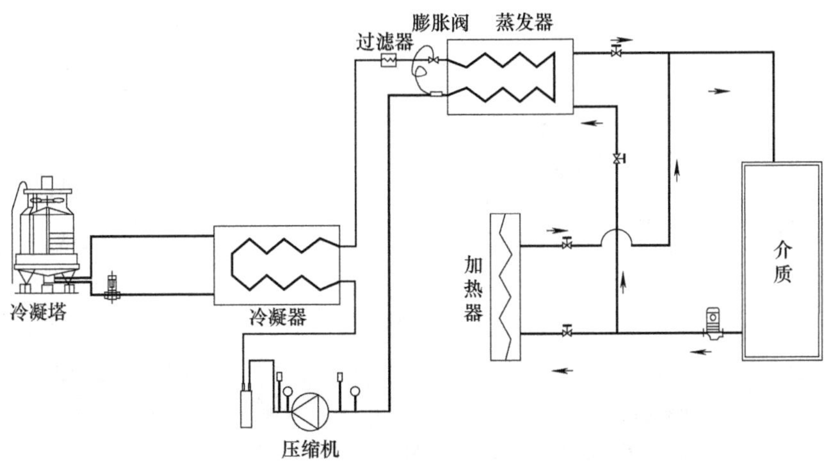

图 7-20　水冷式冷热一体机组

产品特点：

① 选用国际顶尖品牌压缩机，确保机组长时间稳定可靠地运行，同时提供最优良的制冷效果。

② 电器部分采用国际品牌 LG、富士、施耐德等的原厂产品，工作稳定，寿命长久。

③ 微电脑全功能控制，操作面板简便快捷，界面友好、更具人性化。

④ 精密电子温度控制，提供±1℃高精度恒温冷冻水介质。

⑤ 具有电流过载、高低压、防冻、超温、相序、延时及水流等安全保护和报警指示功能。

⑥ 工业产品专用设计，外形美观简洁。

7.5 换热器

溶液加温和冷却都要选用换热器，其形式也大体相同。

7.5.1 盘管

盘管是最常用的换热器具。加温盘管和冷却盘管长度的计算前面已有叙述。盘管的形式有很多种。

图 7-21 所示为热交换介质的进口和出口在一侧的盘管。图 7-22 所示为热交换介质的进口和出口在两侧的盘管。图 7-23 和图 7-24 所示盘管的设计形式可有效增长盘管的长度。有时为了延长盘管长度，可按槽体的形状以及尺寸大小，将盘管制作成圆形、环形或方形的。

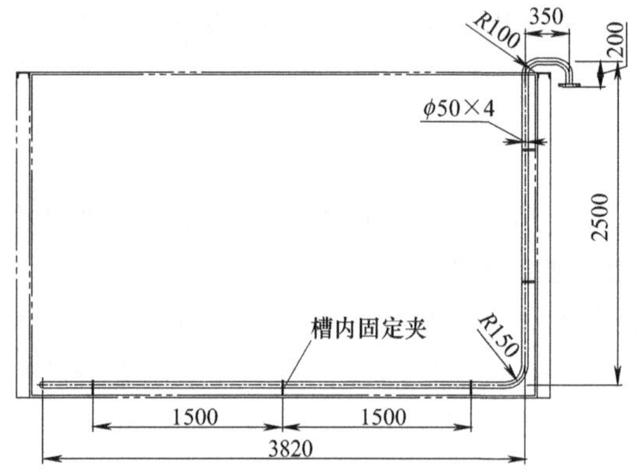

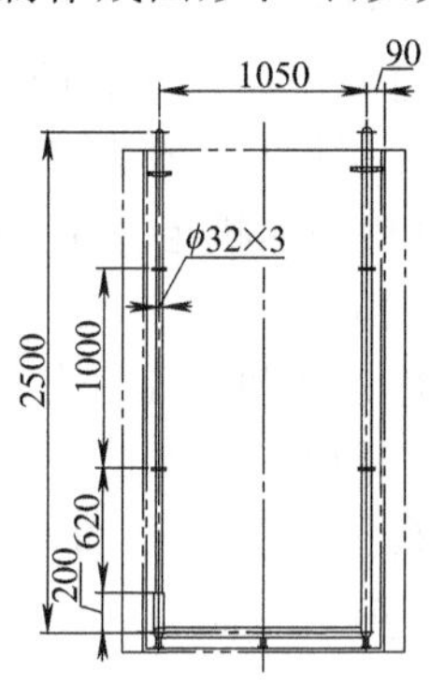

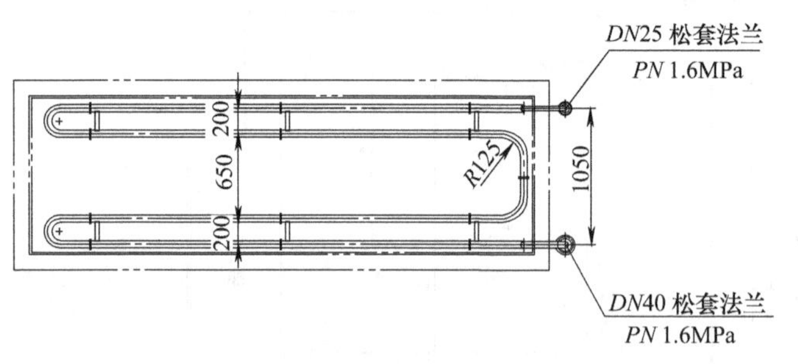

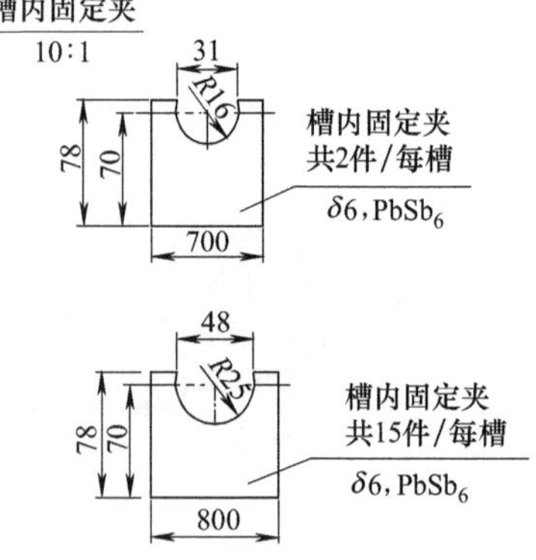

技术要求：

加温管焊接完成后，要求试压0.8MPa不得有渗漏现象 。

图 7-21 盘管（一）

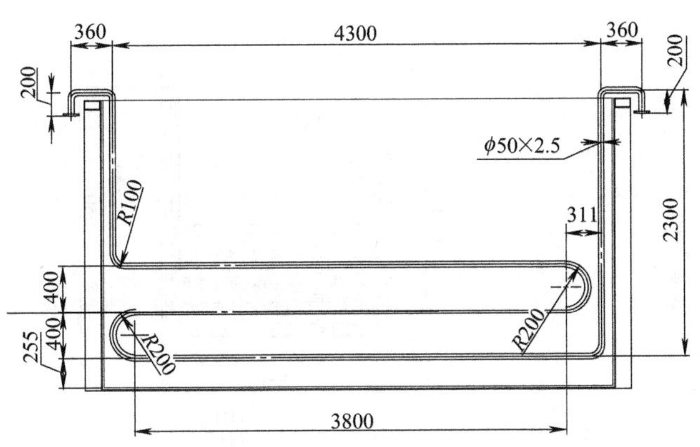

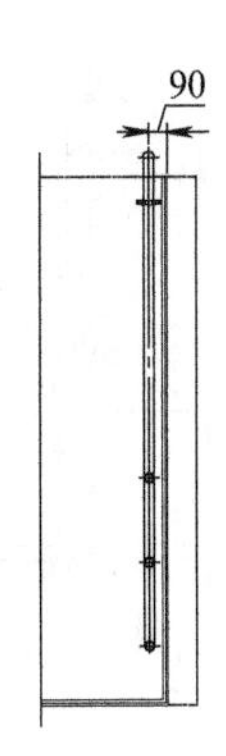

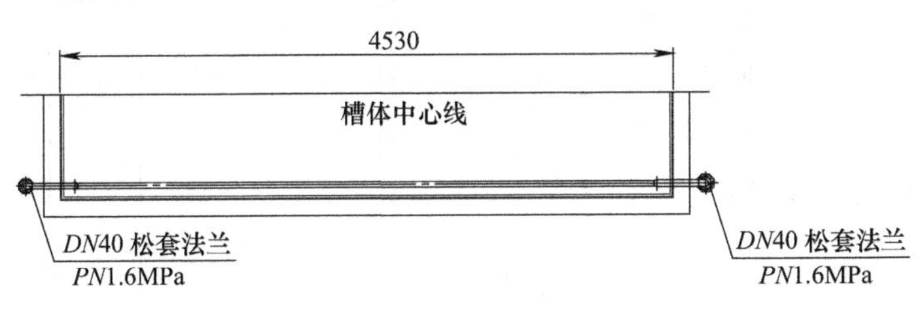

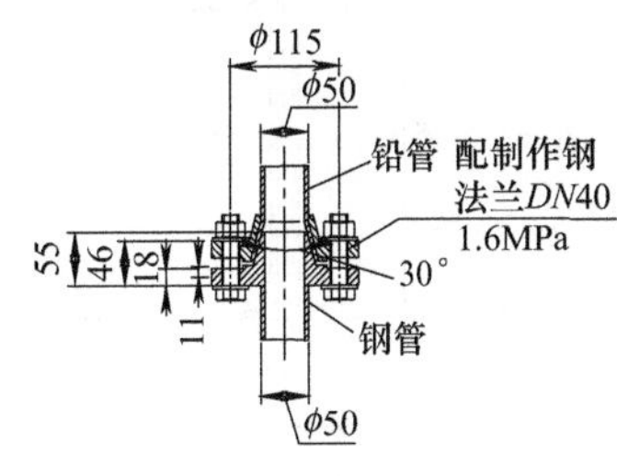

图 7-22　盘管（二）

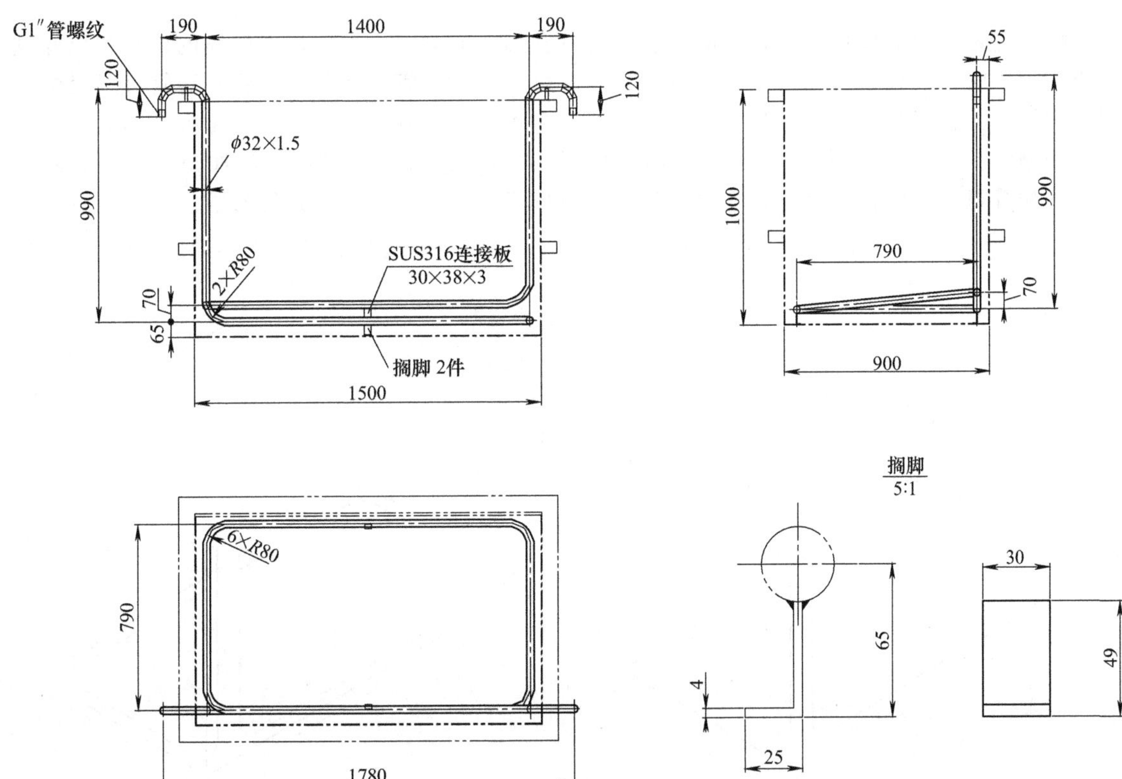

图 7-23　盘管（三）

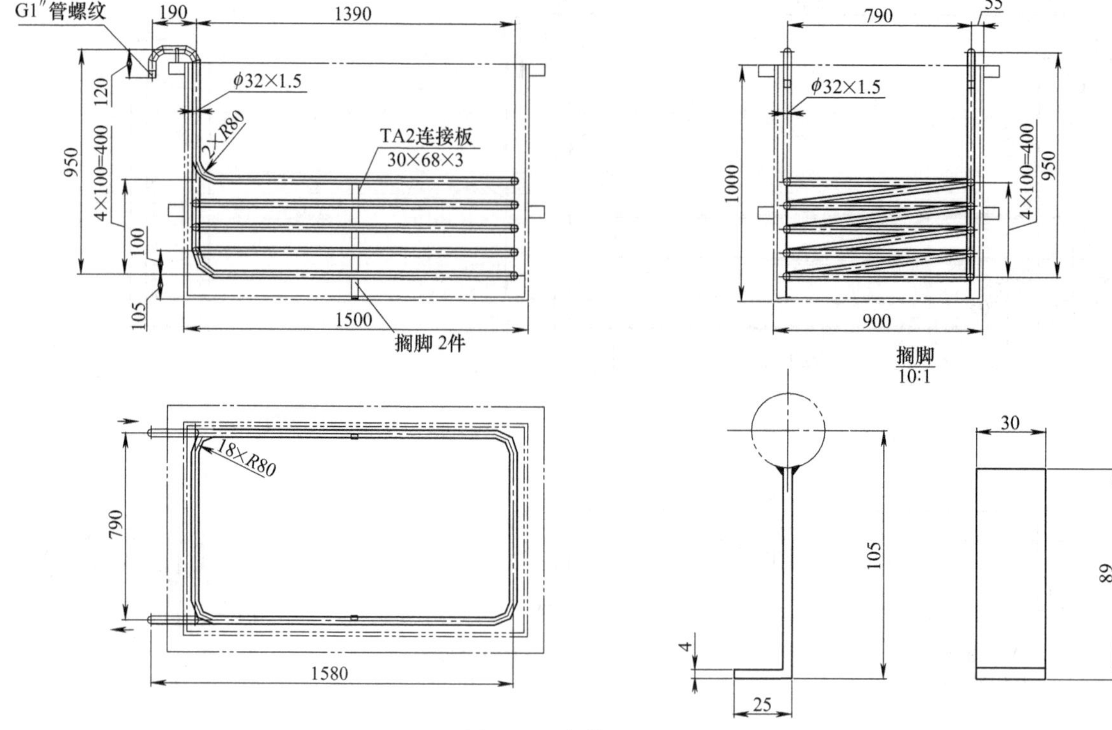

图 7-24　盘管（四）

7.5.2 蛇管

蛇管也是常用的换热器具，实际上它是另一种形式的盘管。蛇管可按槽体的形状和尺寸设计成多种形状，可以装置在槽内阳极篮下方，并可避开搅拌管等装置，用作加温管可以设置在槽底的周边位置，从而提高换热效果。蛇管的诸多优点，使其广泛应用于各种大小的需要加热的工作槽中。图 7-25～图 7-28 为某条环形电镀线 4 只工艺槽换热蛇形管的线条示意图，图中未标注蛇管材质、管长、管径、弯曲半径、接口形式（管螺纹或法兰）等参数。

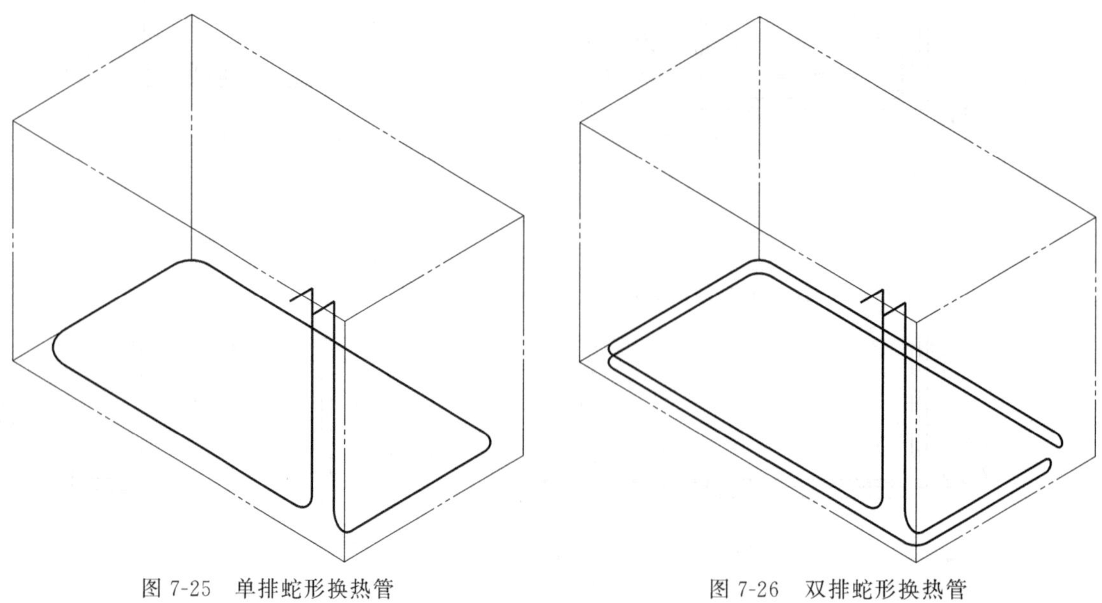

图 7-25　单排蛇形换热管

图 7-26　双排蛇形换热管

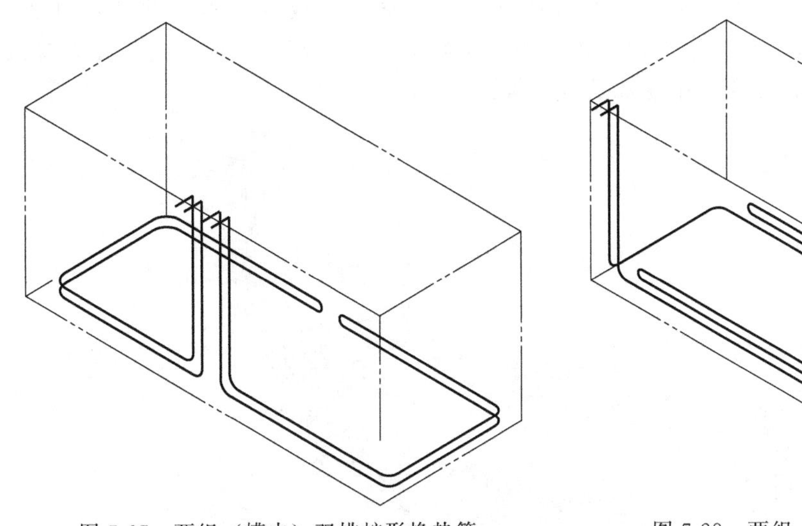
图 7-27　两组（槽内）双排蛇形换热管

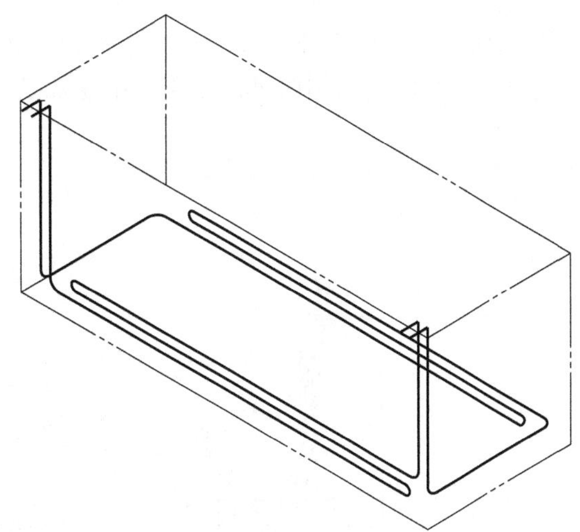
图 7-28　两组（槽内）三排蛇形换热管

7.5.3 排管

图 7-29 所示为加热用排管，这种排管具有不配置疏水器的优点，但制作焊接接头太多，同时通气后还会有水击声响。

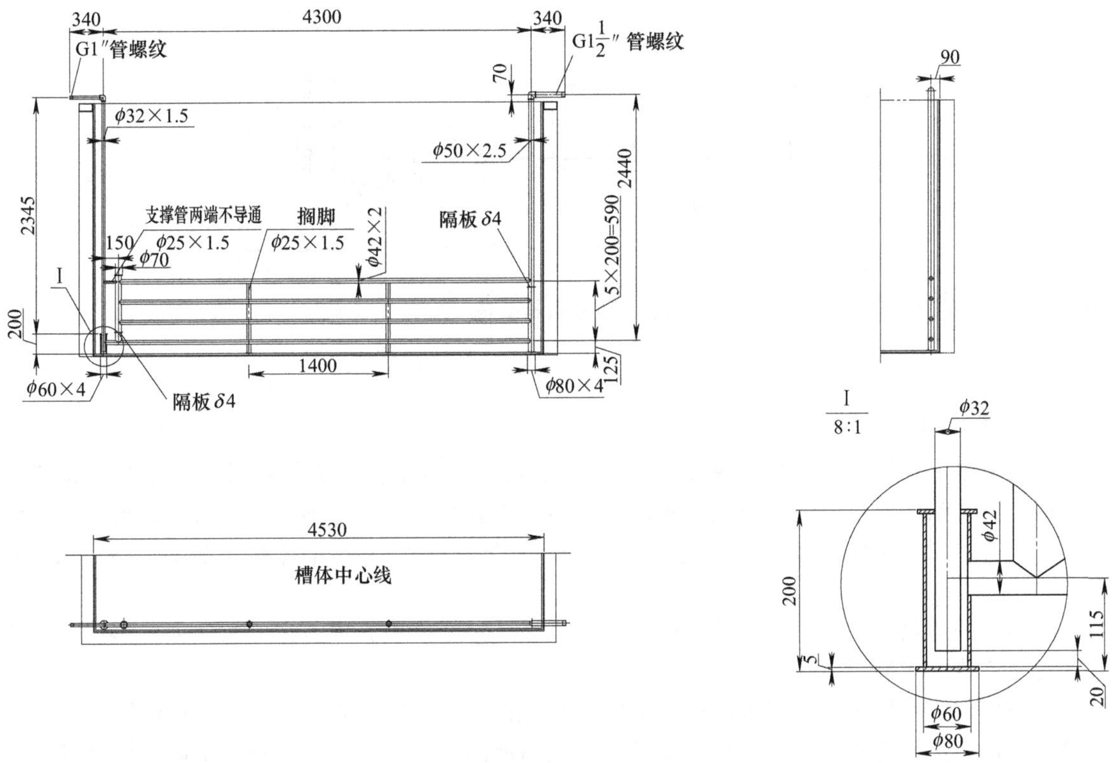

图 7-29　排管

7.5.4 氟塑料集束管

根据溶液的性质，各种换热管选用不同材料制作。当溶液中含氟或有较浓的盐酸时，可以用氟塑料集束管。图 7-30 所示为置于槽内的氟塑料集束管制作成的蒸汽加热或冷却管。图 7-31所示为置于槽外的氟塑料集束管换热器。用氟塑料集束管蒸汽加热时，进气压力要低于表压 0.3MPa，应用时进汽管路上必须加装减压阀。

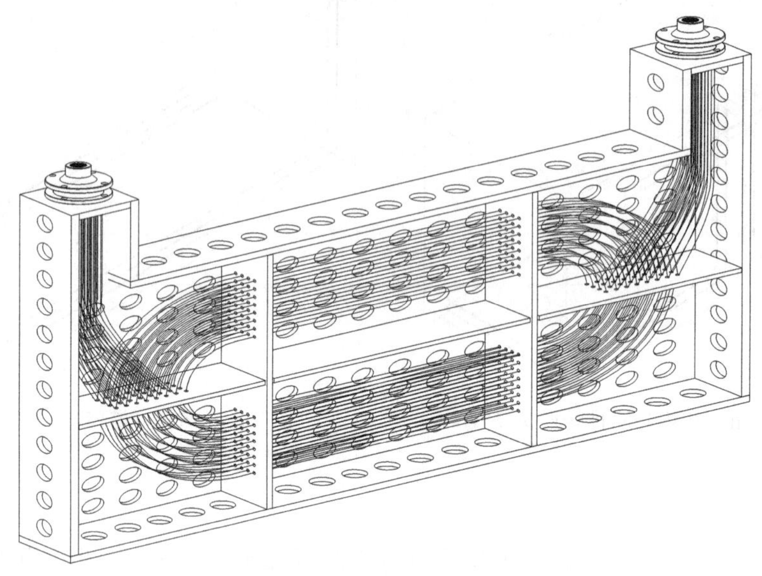

图 7-30　氟塑料集束管

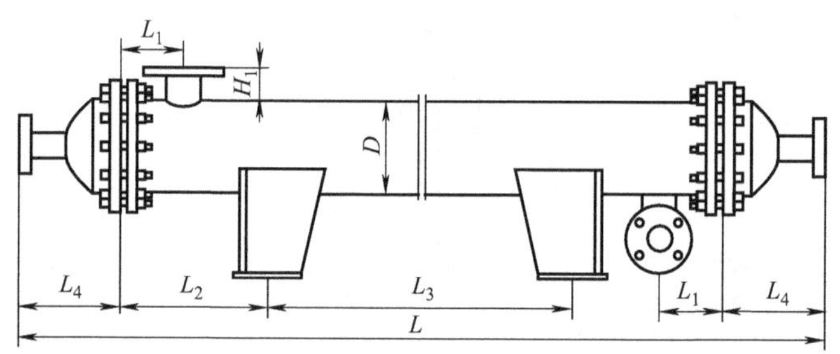

图 7-31　氟塑料集束管换热器

7.5.5 换热板

换热板是一种沉浸式板状换热器（图 7-32）。换热板按整体热力结构设计，它根据板壳瓦楞扩展和流体紊动效应原理，有效地提高了流体湍流系数，减少壁面边界层热阻；流道采用流体分割，扩展效应结构，强化热传递效率。换热板的技术参数和传热系数列于表 7-11 和表 7-12。

换热板的传热形式：高温流体由连接管口进入，经金属板壳内流道向板壁面扩展，以热传导、对流传热方式进行热量输出。

换热板主要应用于：液-液间和汽-液间的热量传递。在汽液交换过程中（蒸汽压力不超过 0.8MPa），换热板流道内蒸汽放热后所产生的凝结液滴，在蒸汽热动力作用下随汽流运动。由于板壁热量释放，内流道就会产生高、低压区段，系统内存在内能压差，就有作用力（内能压差是一种动能）。当蒸汽内能作用力大于液滴重力时，凝结液滴便随气流向低压区段方向聚集，在汽压和虹吸共同作用下，凝结水向出口处低压方向运动、进入疏水管路，由疏水器动作向外疏放。

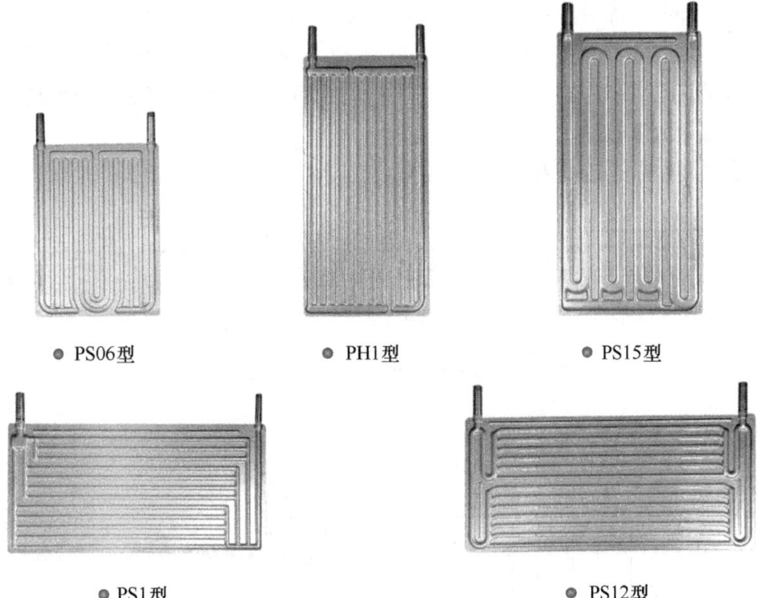

图 7-32　换热板

热交换介质范围：普通水质、工业蒸汽、有机载热流体、化学介质、化工溶液等。

表 7-11　换热板的技术参数

项　　目	PS06 型	PS1 型	PH1 型	PS12 型	PS15 型
设计压力/MPa	0.6				
试验压力/MPa	0.9				
工作温度/℃	−20～260				
公称传热面积/m^2	0.68	1	1	1.2	1.5
进口管公称通径/mm	25(1in)	25(1in)	25(1in)	25(1in)	32(1¼in)
出口管公称通径/mm	25(1in)	20(3/4in)	25(1in)	25(1in)	32(1¼in)
板壁厚度/mm	1.5				
板型换热器厚度/mm	16	16	16	18	18
材质	0Cr18Ni9 0Cr18Ni9Ti	(SUS304) (SUS321)	00Cr17Ni14Mo2(SUS316L)		

表 7-12　换热板的传热系数　　kcal/(m^2·h·℃)

加热时		传热系数 k	
加热侧	被加热侧	自然对流	强制对流
蒸汽	水溶液	900	1000～1100
蒸汽	黏性液体	800	800～900
高温水	水溶液	≥800	800～900
冷却时		传热系数 k	
冷却侧	被冷却侧	自然对流	强制对流
水	水溶液	350～450	500～600
水	黏性液体	200～300	400～500
氨液	水溶液	400～500	600～700

表 7-13　换热板与换热盘管的比较

比　较　项　目	换热器形式	
	板型换热器	管式换热器
结构形式	波形瓦楞结构	盘管结构
传热面积/m^2	1	1
外形尺寸/mm	100×500×20	1000×800×50
设备质量/kg	15	32
占用空间/m^3	0.012	0.038
压降消耗	≤0.012	0.28
传热系数/[kcal/(m^2·h·℃)]	1100	650
传热效率/%	85	55

换热板具有合理的产品空间结构、良好的传热效率和排凝效果。传热板块单元采用模块化结构，根据所需传热面积，串并联集成、组合简捷方便、运行性能可靠。图 7-33 所示为换热板在槽内并联和串联布置的两种基本形式。图 7-34 和图 7-35 为换热介质为高温水和蒸汽时，换热板在槽内外管路系统布置示意图。

换热板与换热盘管的比较，见表 7-13。

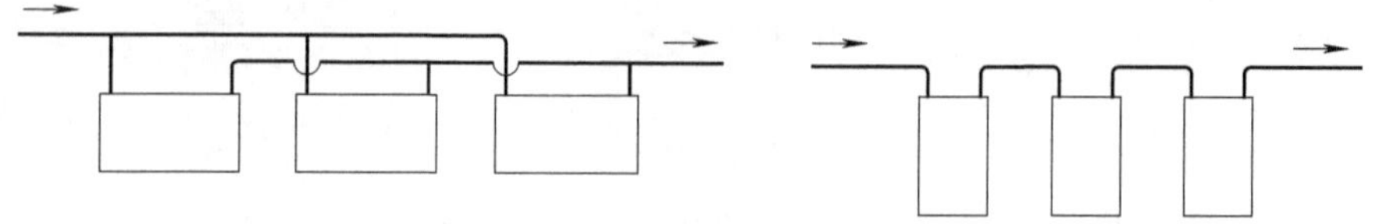

图 7-33 换热板并联和串联布置示意图

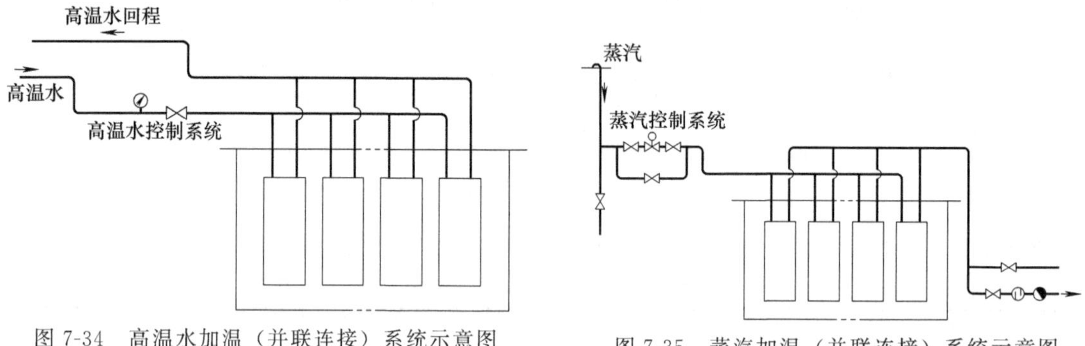

图 7-34 高温水加温（并联连接）系统示意图

图 7-35 蒸汽加温（并联连接）系统示意图

7.5.6 板式换热器

图 7-36 所示为板式换热器的结构示意图。板式换热器因为板片很薄，换热很快，板片可以一片一片叠起来，增加换热面积，占地面积小，又放置在槽外，不妨碍槽内各种器具的布局，所以有许多优点。其缺点是槽外各管路配置较复杂，造价也高，需要从专业供应商那里购买。另外，这种换热方式不适用于容易结垢的溶液，如磷化和碱性镀锌等槽液。

使用板式换热器时，应向供应商提供换热溶液成分、工作温度、热源或冷源的温度、溶液侧流动量（L/h）、热源侧或冷源侧流动量。然后，供应商会提供相适应的技术资料，其中有换热面积、板片大小和数量、板片材质、垫片材质等。要注意核对两侧的液体种类、温度、流速是否与提供的原始条件相符。实际使用时需要供应商提供质保书确认为妥。

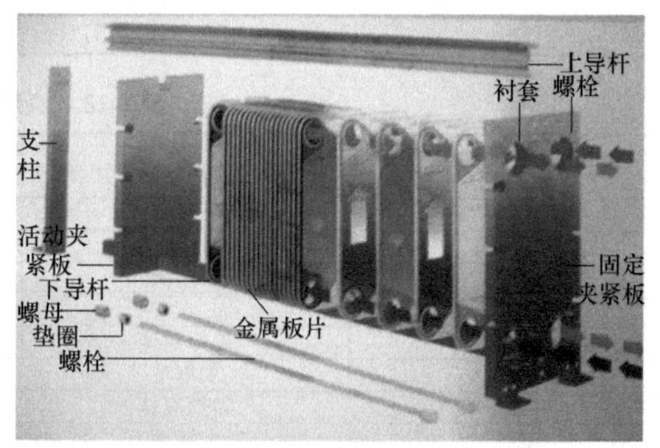

图 7-36 板式换热器的结构示意图

7.5.7 换热器的管接头

槽内换热器与槽外管路相连接的管接头，有管螺纹和法兰连接两种基本形式，管螺纹连接（图 7-37）按管路配置形式有直管螺纹接头、直角弯螺纹接头和虾米弯螺纹接头三种。表 7-14 所示为管螺纹接头的技术参数，供设计时参考。

法兰连接一般有平焊法兰和松套法兰两种，其技术参数可参阅第四章介绍的表 4-4“常用钢法兰简要参数”，或查阅有关管路设计手册。

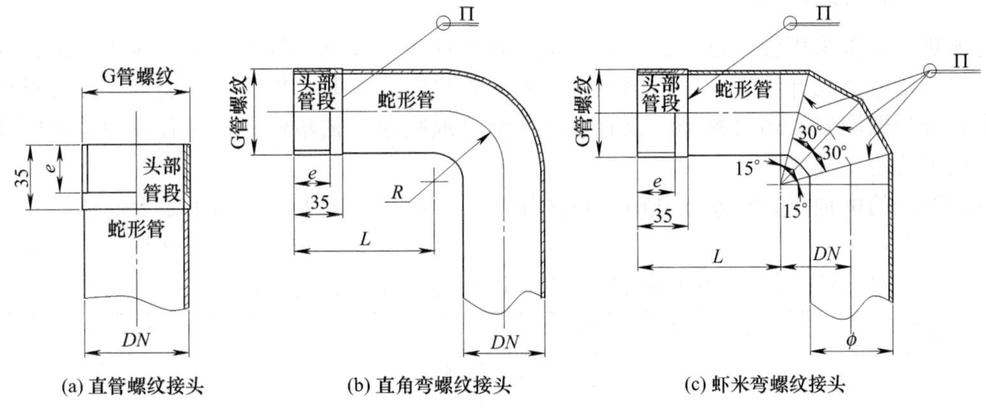

(a) 直管螺纹接头　(b) 直角弯螺纹接头　(c) 虾米弯螺纹接头

图 7-37　管螺纹接头形式

表 7-14　管螺纹接头技术参数　mm

公称直径(DN)	蛇管规格	头部螺纹段规格	G 管螺纹	e	R
2in (50)	ϕ58×2.5	ϕ60×3.5	2″	26	150
$1\frac{1}{2}$in(40)	ϕ46×2	ϕ48×3	1½″	23	120
$1\frac{1}{4}$in(32)	ϕ40×2	ϕ43×3	1¼″	22	100
1in(25)	ϕ32×2	ϕ34×3	1″	19	90
$\frac{3}{4}$in(20)	ϕ25×1.5	ϕ27×2.5	3/4″	17	70
$\frac{1}{2}$in(15)	ϕ20×1.5	ϕ22×2.5	1/2″	15	50
$\frac{3}{8}$in(10)	ϕ16×1.5	ϕ18×2.5	3/8″	12	40

注：可选择圆柱管螺纹或锥形管螺纹。

7.6 电加热

7.6.1 电加热计算公式

电加热功率计算：

$$N=\frac{Q}{3600\times 0.81}$$

式中　N——电加热器所需功率，kW；

Q——溶液加热所需的热量，kJ/h；

3600——热功当量，kJ/(kW·h)；

0.81——电压降系数。

7.6.2 电加热元器件

电加热通常多采用管状电热元件，管状电热元件包括金属管状电热元件和非金属管电热元件。金属管状电热元件用碳钢、不锈钢或钛材料管材制造；非金属管状电加热元件有石英玻璃管、陶瓷管和聚四氟乙烯材料等。也有金属外套（或喷涂）氟塑料的，还有一种是硅橡胶电热带，以满足特定工况要求。

不同材料的电加热管在水加热时可以选用的表面负荷不能太大，如果太大的话，会使其使用寿命缩短。

下面是在水溶液中加热管的不同种材料所能使用的最大表面负荷：

材料	最大表面负荷/(W/cm²)	材料	最大表面负荷/(W/cm²)
铁	5.5	不锈钢	5.5
钛	5.0	聚四聚乙烯	1.5
石英	2.0		

还有溶液的电加热必须配备恒温、过热和液位保护等器具，并在每班作业前和生产过程中，加强检查和维护，保证这些器具状态良好，避免事故发生。

另外需要说明的是，在槽液体积大于 5000L 时，最好不采用电加热，因为这样做需电功率太大，很不经济。另外，在分配电加热管的数量时，最好安排为 3 的倍数，这样有利于加热管接线时的电流分配平衡。

电加热管的形状多种多样，可以做成笔式螺旋形、L 形和其他各种形式。总之，配置电加热管的原则主要有以下几点：①加热均匀；②加热管更换方便；③加热管的互换性好；④接线端要安全。图 7-38 所示为几种典型的电加热管，材质有金属、石英玻璃和聚四氟乙烯等。

硅橡胶电加热带的功能（图 7-39）：通过特殊的工艺将铝合金和硅橡胶相结合，内部采用电热丝，具有平板式超薄的特点，该系列加热带加热效果好，产品发热体采用镍铬合金丝，发热快，热效率高，使用寿命长；防潮化硅橡胶与无碱玻璃纤维双重绝缘，使加热带绝缘性能更加可靠；铝板辅助散热，使加热器的热效率提高，并延长其使用寿命；安装方便。

硅橡胶电加热带的技术指标：抗电强度（线端与表面）AC2000V；1min 绝缘电阻大于 100MΩ；使用寿命大于 30000h；工作电压 AC220V。

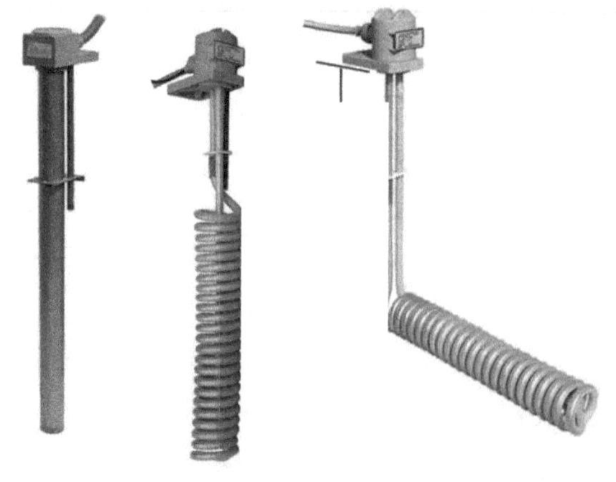

图 7-38 典型的三种金属电加热管（笔式、螺旋式和 L 形螺旋式）

图 7-39 硅橡胶电加热带

图 7-40～图 7-43 介绍了四种特定设计与制作的电加热管，供设计参考。

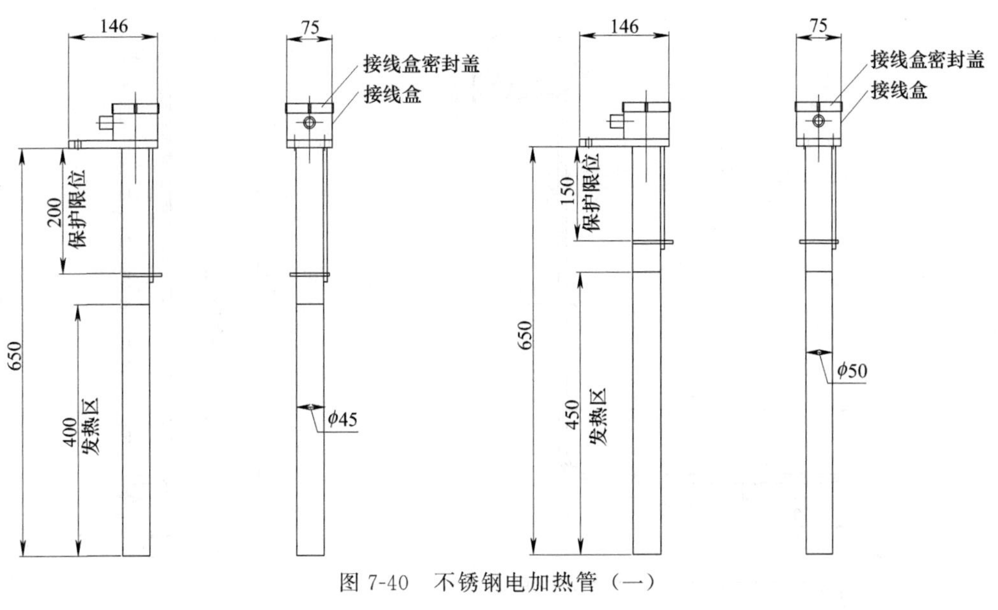

图 7-40　不锈钢电加热管（一）

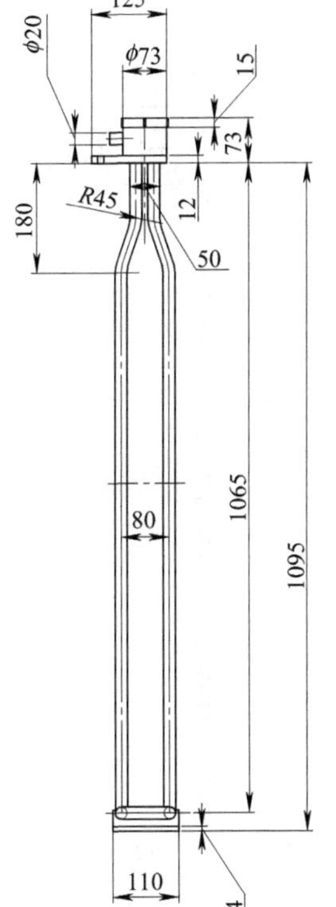

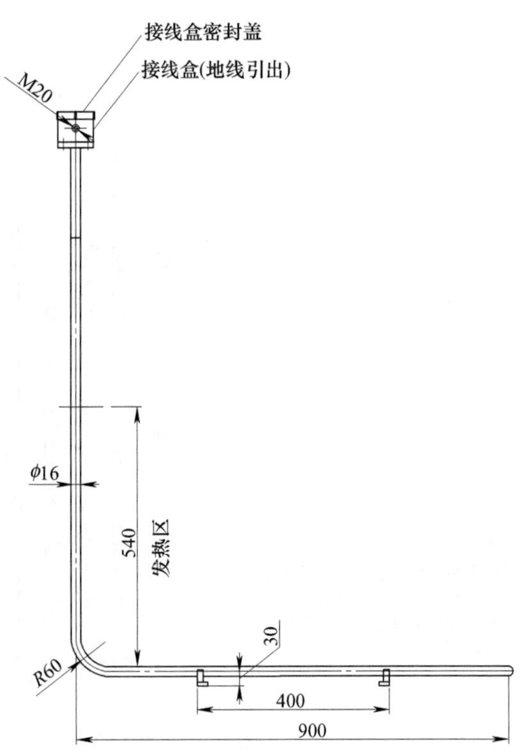

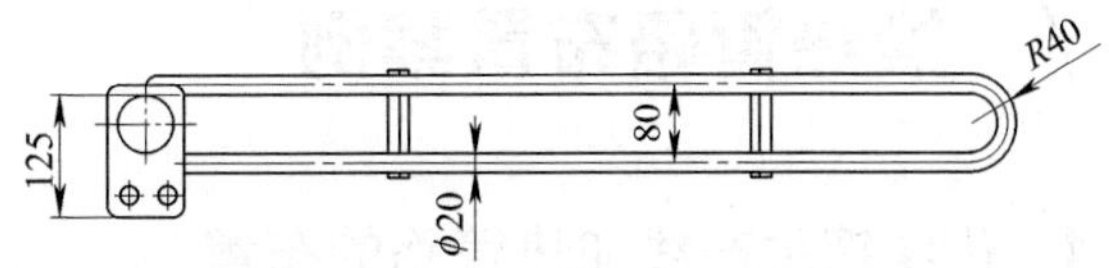

图 7-41　不锈钢电加热管（二）

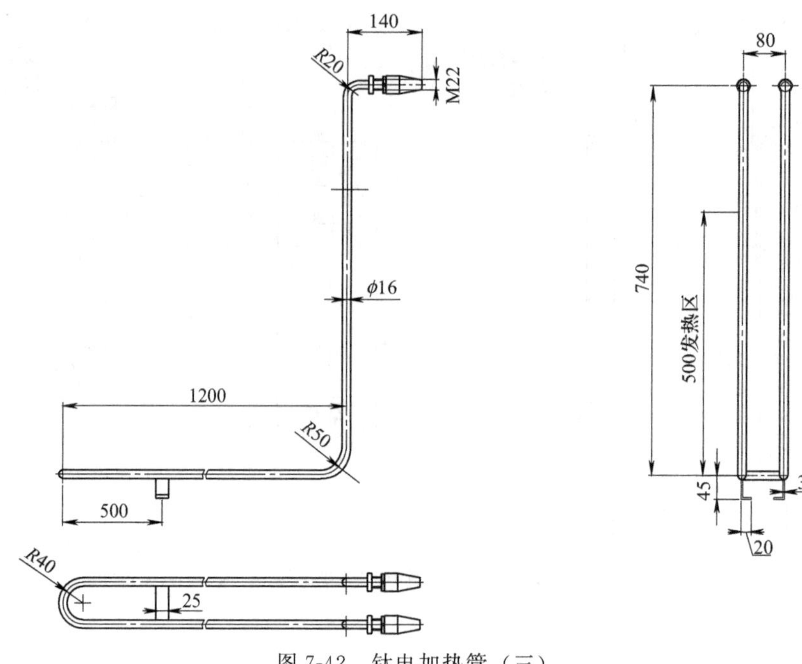

图 7-42 钛电加热管（三）

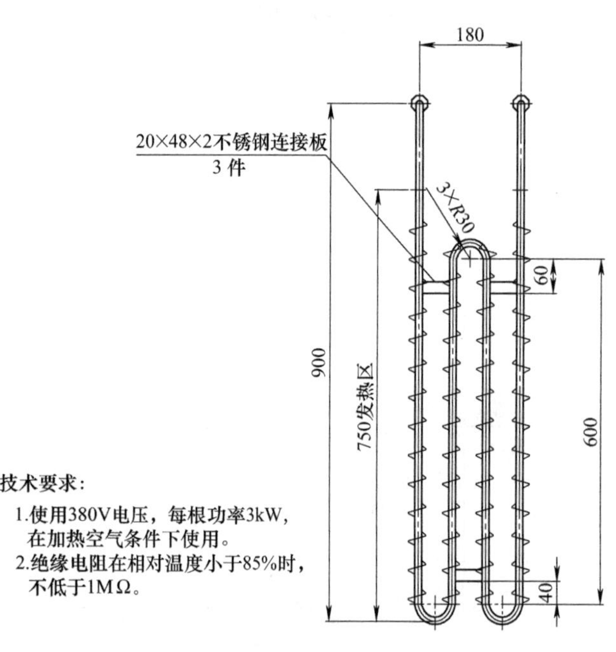

图 7-43 翅片式不锈钢电加热管（四）

7.7 换热管路布置案例

7.7.1 化学镍生产线加热管路的布置

化学镍生产线加热管路的布置见图 7-44。

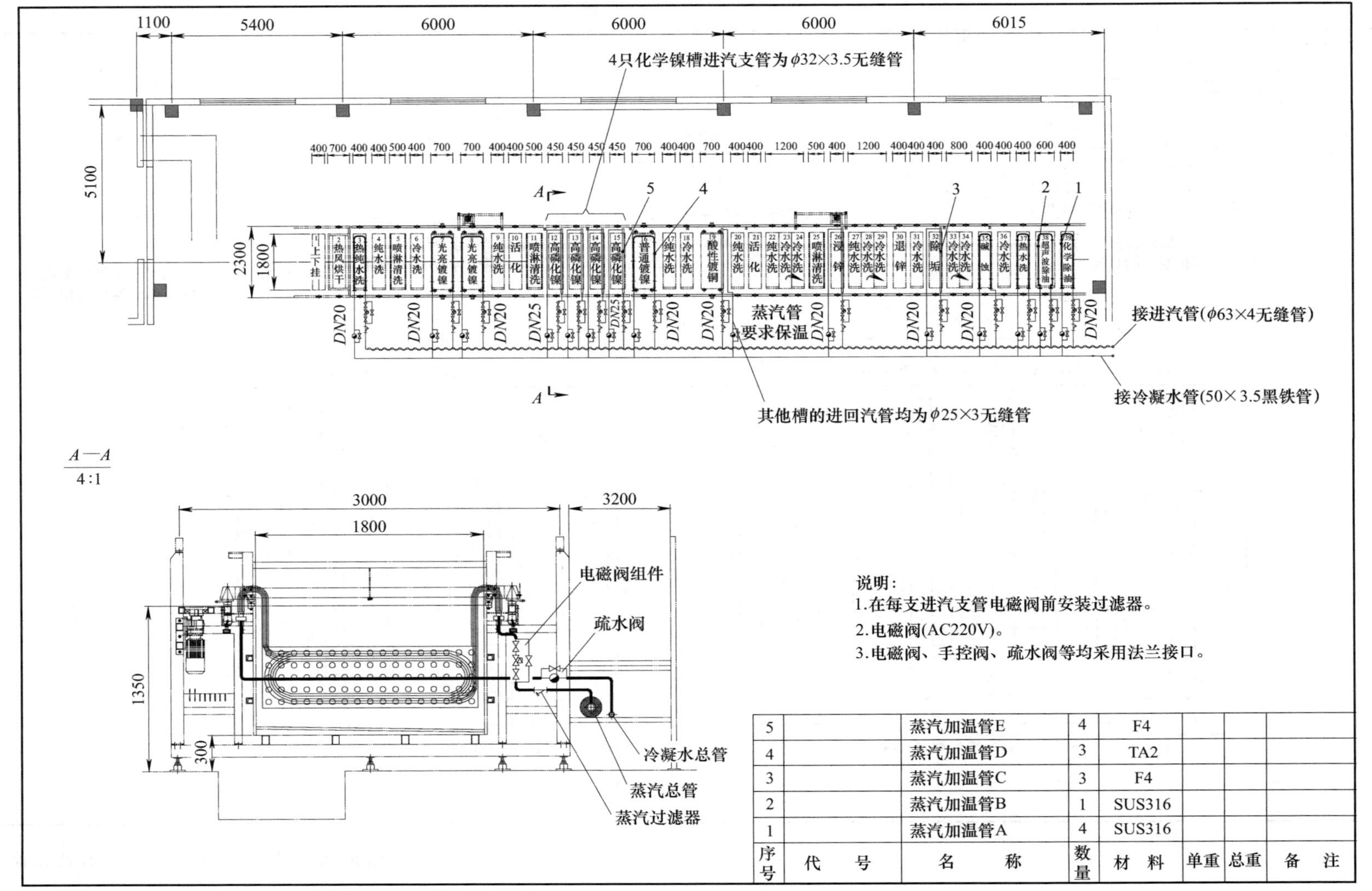

序号	代号	名称	数量	材料	单重	总重	备注
5		蒸汽加温管E	4	F4			
4		蒸汽加温管D	3	TA2			
3		蒸汽加温管C	3	F4			
2		蒸汽加温管B	1	SUS316			
1		蒸汽加温管A	4	SUS316			

图 7-44　化学镍生产线加热管路布置示意图

7.7.2 阳极氧化生产线加热管路的布置

阳极氧化生产线加热管路的布置见图 7-45。

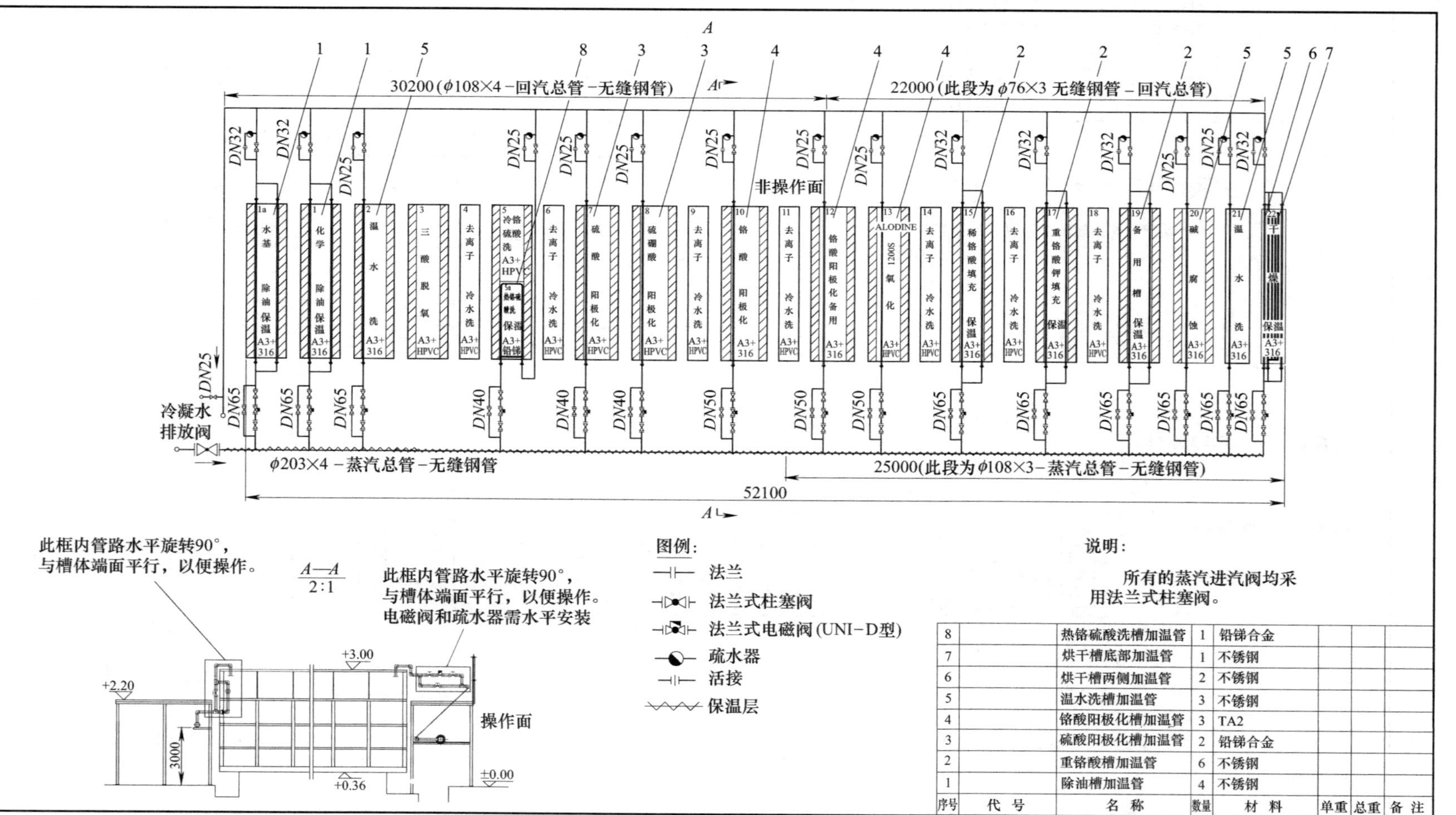

序号	代 号	名 称	数量	材 料	单重	总重	备 注
8		热铬硫酸洗槽加温管	1	铅锑合金			
7		烘干槽底部加温管	1	不锈钢			
6		烘干槽两侧加温管	2	不锈钢			
5		温水洗槽加温管	3	不锈钢			
4		铬酸阳极化槽加温管	3	TA2			
3		硫酸阳极化槽加温管	2	铅锑合金			
2		重铬酸槽加温管	6	不锈钢			
1		除油槽加温管	4	不锈钢			

图 7-45 阳极氧化生产线加热管路布置示意图

7.7.3 阳极氧化生产线冷却水循环管路的布置

阳极氧化生产线冷却水循环管路的布置见图 7-46。

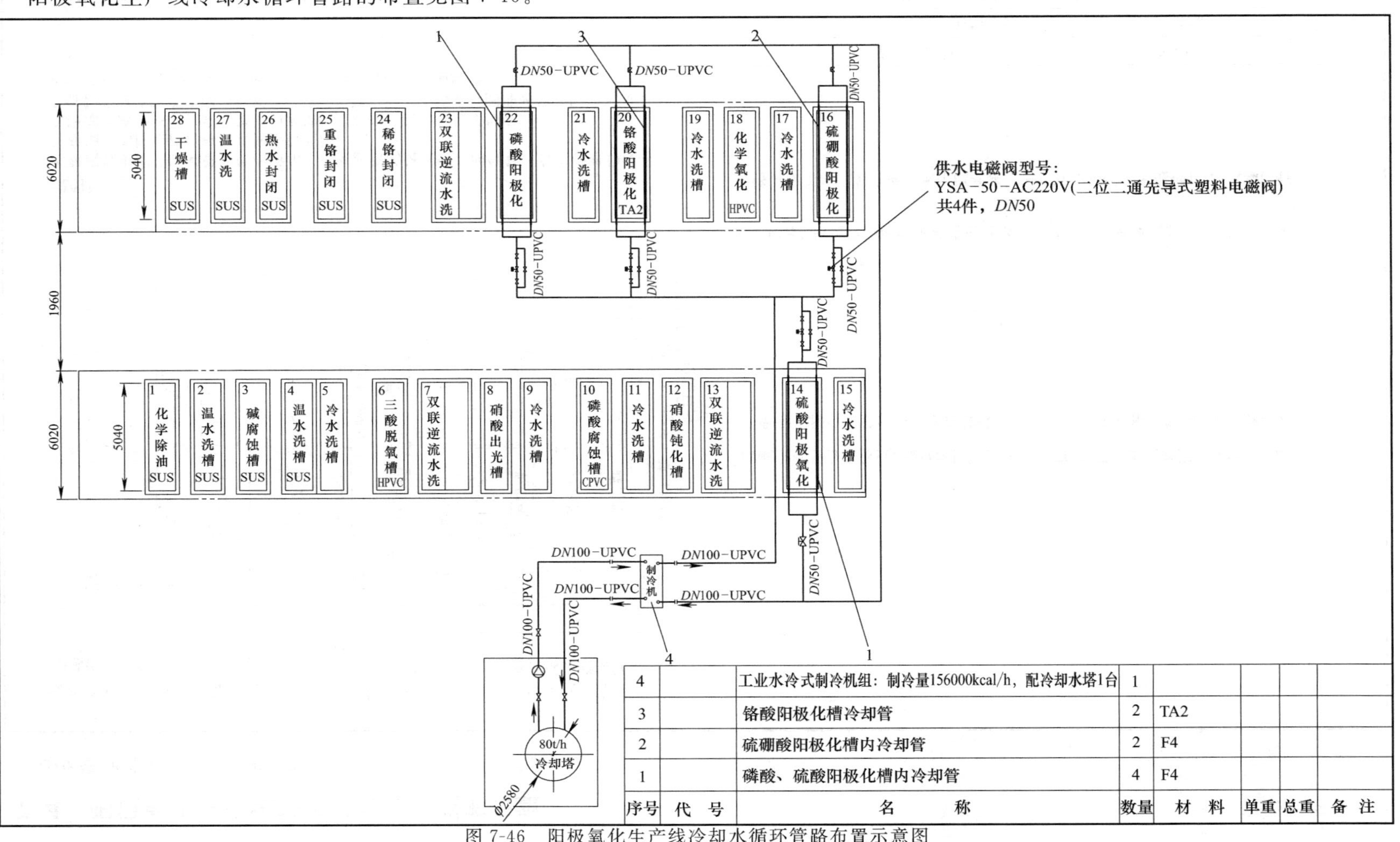

序号	代 号	名 称	数量	材 料	单重	总重	备 注
4		工业水冷式制冷机组：制冷量156000kcal/h，配冷却水塔1台	1				
3		铬酸阳极化槽冷却管	2	TA2			
2		硫硼酸阳极化槽内冷却管	2	F4			
1		磷酸、硫酸阳极化槽内冷却管	4	F4			

图 7-46 阳极氧化生产线冷却水循环管路布置示意图

7.7.4 阳极氧化生产线加热和冷却管路的布置

阳极氧化生产线加热和冷却管路的布置见图 7-47。

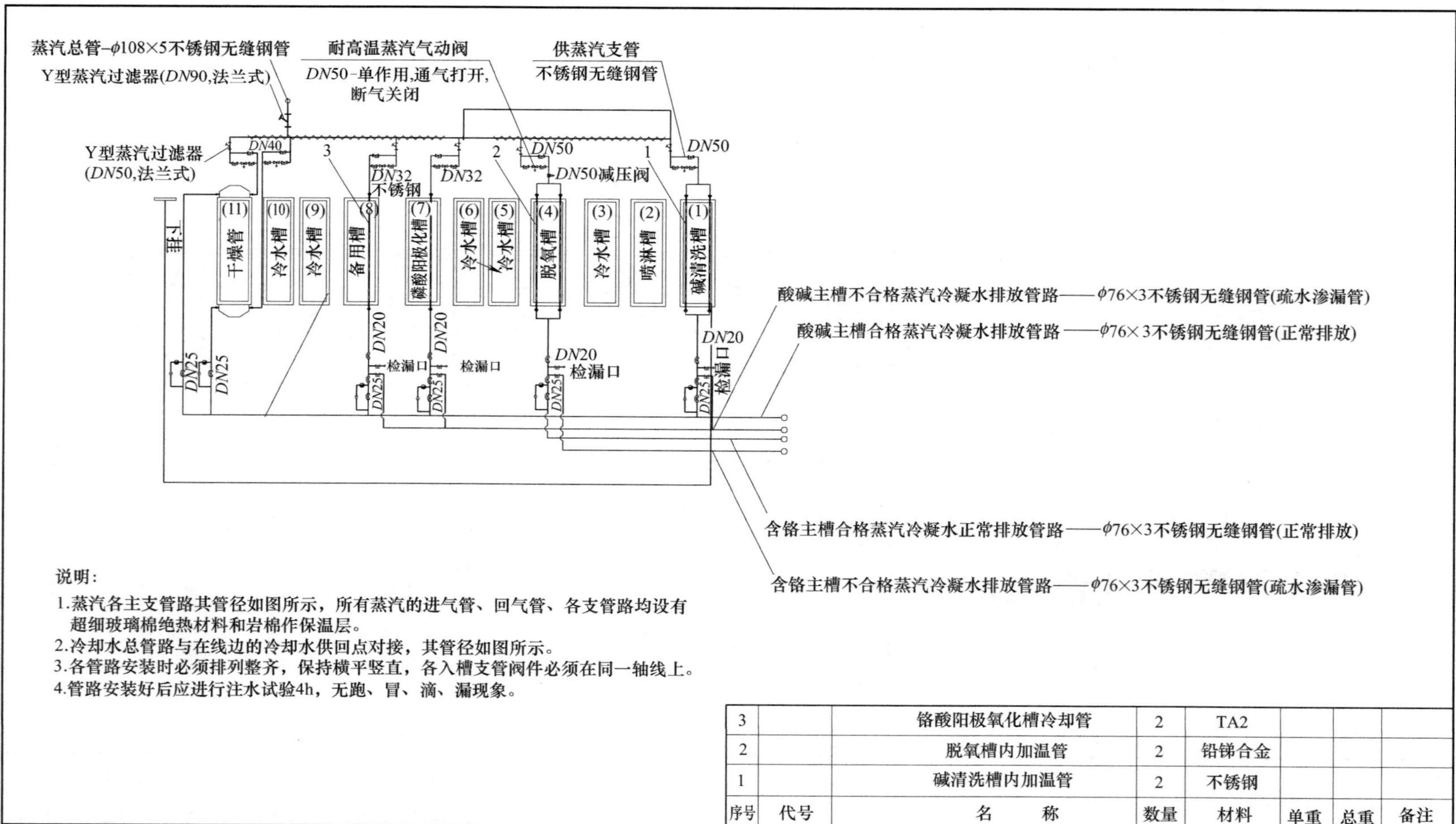

说明：

1. 蒸汽各主支管路其管径如图所示，所有蒸汽的进气管、回气管、各支管路均设有超细玻璃棉绝热材料和岩棉作保温层。
2. 冷却水总管路与在线边的冷却水供回点对接，其管径如图所示。
3. 各管路安装时必须排列整齐，保持横平竖直，各入槽支管阀件必须在同一轴线上。
4. 管路安装好后应进行注水试验4h，无跑、冒、滴、漏现象。

序号	代号	名称	数量	材料	单重	总重	备注
3		铬酸阳极氧化槽冷却管	2	TA2			
2		脱氧槽内加温管	2	铅锑合金			
1		碱清洗槽内加温管	2	不锈钢			

图 7-47 阳极氧化生产线加热和冷却管路布置示意图

7.7.5　塑料（环形）电镀前处理热水加温管路的布置

塑料（环形）电镀前处理热水加温管路的布置见图 7-48。

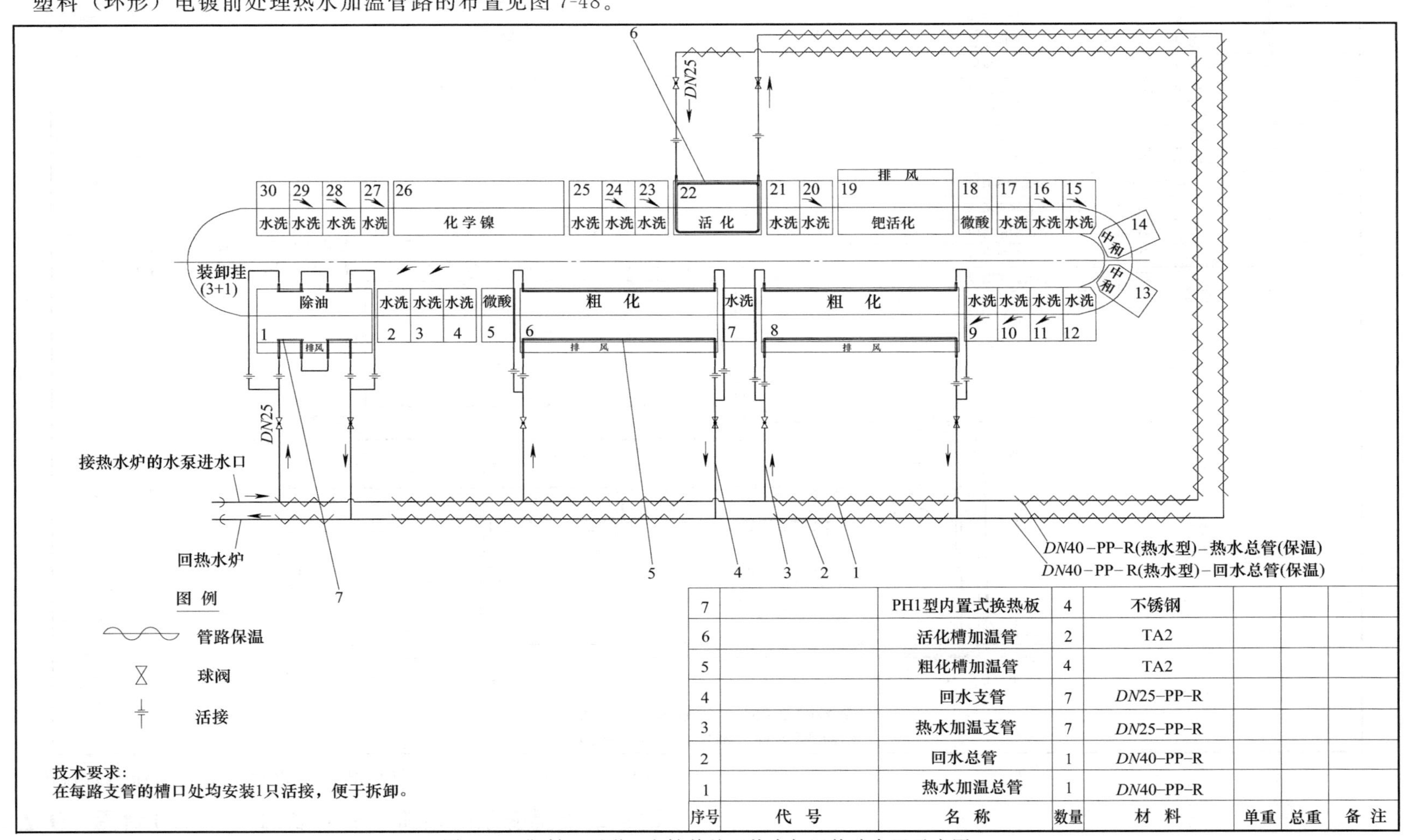

序号	代号	名称	数量	材料	单重	总重	备注
7		PH1型内置式换热板	4	不锈钢			
6		活化槽加温管	2	TA2			
5		粗化槽加温管	4	TA2			
4		回水支管	7	DN25–PP–R			
3		热水加温支管	7	DN25–PP–R			
2		回水总管	1	DN40–PP–R			
1		热水加温总管	1	DN40–PP–R			

图 7-48　塑料（环形）电镀前处理热水加温管路布置示意图

7.7.6 塑料（环形）电镀线热水加温和冷却管路的布置

塑料（环形）电镀线热水加温和冷却水管路的布置见图 7-49。

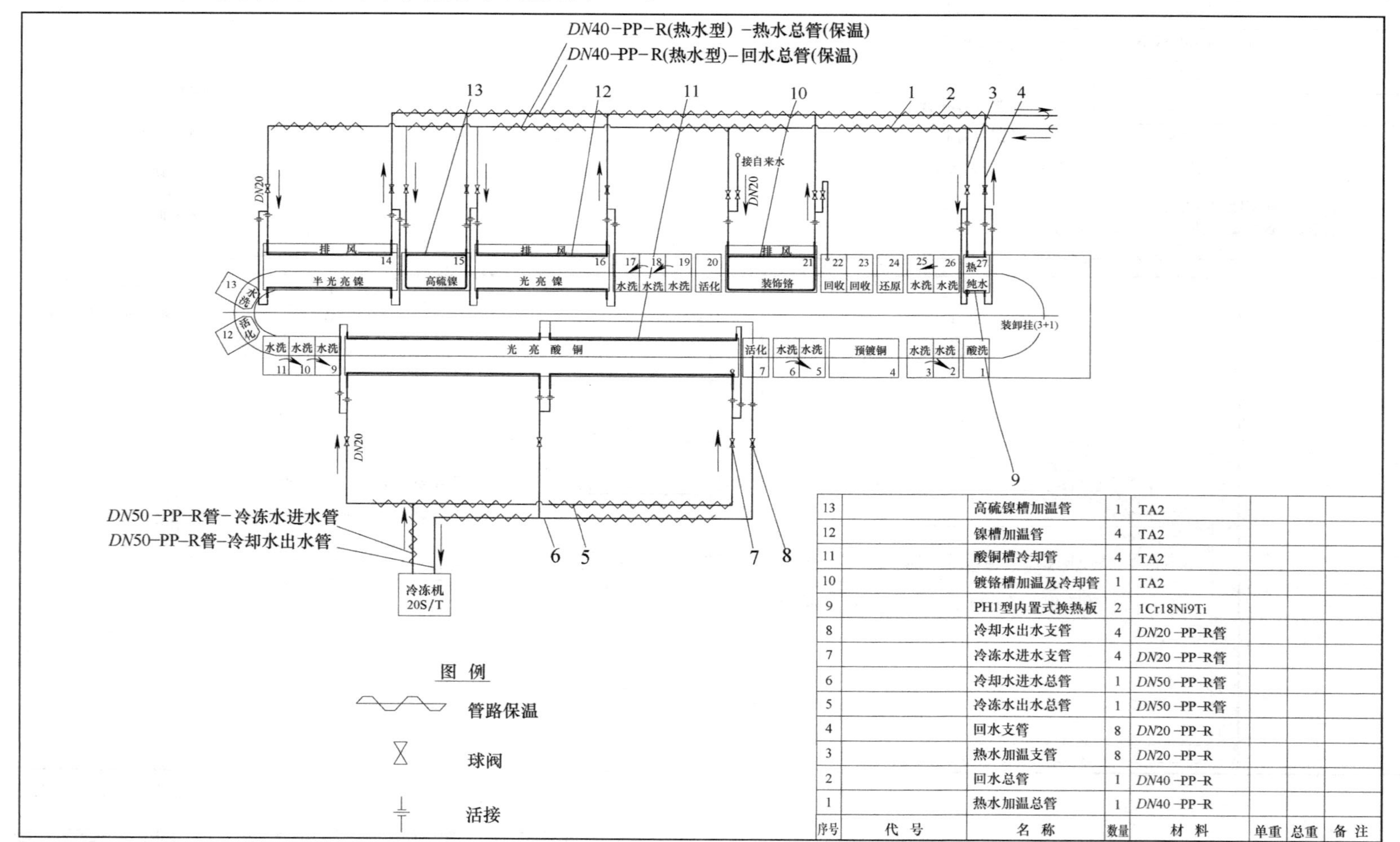

序号	代 号	名 称	数量	材 料	单重	总重	备 注
13		高硫镍槽加温管	1	TA2			
12		镍槽加温管	4	TA2			
11		酸铜槽冷却管	4	TA2			
10		镀铬槽加温及冷却管	1	TA2			
9		PH1型内置式换热板	2	1Cr18Ni9Ti			
8		冷却水出水支管	4	DN20-PP-R管			
7		冷冻水进水支管	4	DN20-PP-R管			
6		冷却水进水总管	1	DN50-PP-R管			
5		冷冻水出水总管	1	DN50-PP-R管			
4		回水支管	8	DN20-PP-R			
3		热水加温支管	8	DN20-PP-R			
2		回水总管	1	DN40-PP-R			
1		热水加温总管	1	DN40-PP-R			

图 7-49 塑料（环形）电镀线热水加温和冷却水管路布置示意图

第8章
电镀生产线的溶液搅拌和喷洗系统

电镀生产线的溶液搅拌，有机械搅拌、空气搅拌和溶液循环搅拌等几种。至于喷洗实际上只是电镀工件浸洗的一种补充手段，其适用范围也有限。

8.1 溶液机械搅拌

电镀行业使用机械搅拌器的场合不多。例如，活性炭处理槽有人喜欢使用搅拌器，钢铁件的黑化由于溶液冷下来时会结晶，确有使用搅拌器的必要。在别的行业使用搅拌器更多、更广泛，所以也更专业。这里只是做一点介绍，供参考。

8.1.1 电动搅拌器

图 8-1 所示为我们最熟悉的电动搅拌器，图 8-2 所示为搅拌器的搅拌头样式，有时为了搅拌更均匀还有双桨叶和框式搅拌器（图 8-3），还有特种搅拌器（图 8-4）。

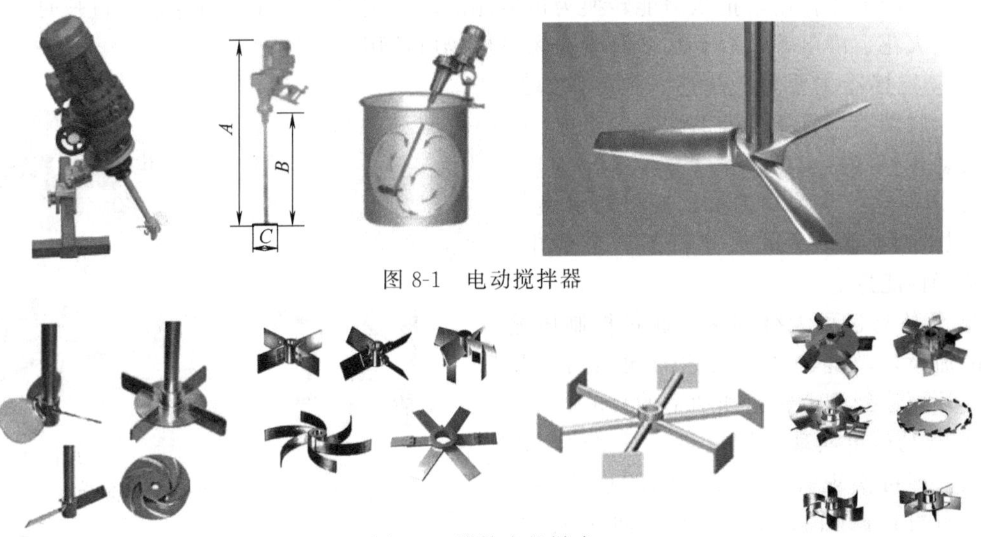

图 8-1 电动搅拌器

图 8-2 搅拌头的样式

对于电镀行业使用的搅拌器，防腐是很重要的。为了搅拌器有足够强度而又能防腐，采用涂层包封是常见的，如衬特氟龙、橡胶、PE 等。图 8-5 所示是常见的防腐方法。

8.1.2 气动搅拌器

由于电镀的环境差，尤其像钢铁件黑化，溶液温度高、腐蚀性又强，使用电动机不如用气马达的搅拌器。

图 8-3 双桨叶和框式搅拌器

图 8-4 特种搅拌器

气动搅拌器主要以气马达为动力装置。气马达是以压缩空气为工作介质的原动机，它是采用压缩气体的膨胀作用，把压力能转换为机械能的动力装置。因气动搅拌器经过长时间运转也不会产生火花、静电等，故更加适合于易燃易爆场所使用。

气动搅拌器主要由气马达、搅拌轴、搅拌桨叶、联轴器、机架、辅助配件等组成。

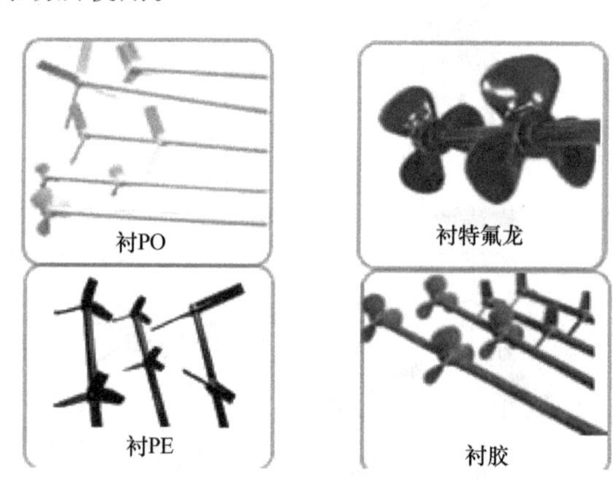

图 8-5 搅拌器的常用防腐方法

气动搅拌器特点：

① 以压缩空气为动力源，配以防爆型气马达，长时间运转不起火花，不产生静电，安全防爆性能好。

② 气体马达可无级调速。通过控制压缩空气的流量，就能调节气马达的输出功率和转速，从而达到调节转速和功率的目的。

③ 气马达可实现正转反转。只要改变进气方向，即可实现气马达输出轴的正转和反转，并且可以瞬时换向。在正反向转换时，冲击力很小。气马达换向工作的一个主要优点是它具有几乎在瞬时可升到全速的能力。叶片式气马达可在一转半的时间内升至全速；活塞式气马达可以在不到 1s 的时间内升至全速。利用操纵阀改变进气方向，便可实现正反转。实现正反转的时间短，速度快，冲击性小，而且不需卸负荷。

④ 工作安全，不受振动、高温、电磁、辐射等影响，适用于恶劣的工作环境，在易燃、易爆、高温、振动、潮湿、粉尘等不利条件下均能正常工作。

⑤ 有超载保护作用，不会因超载而发生故障。超载时，气马达只是转速降低或停止，当

超载解除时，立即可以重新正常运转，并不产生机件损坏等故障。可以长时间满载连续运转，温升较小。

⑥ 具有较高的启动力矩，可以直接带载荷启动。启动、停止均迅速。

⑦ 功率范围及转速范围较宽。功率小至几百瓦，大至几万瓦；转速可从零一直到每分钟万转。

⑧ 操纵方便，维护检修较容易。气马达具有结构简单、体积小、重量轻、功率大、操纵容易、维修方便的优点。

8.2 溶液空气搅拌

8.2.1 空气量与气压的计算

溶液搅拌空气量与气压，是按搅拌溶液表面积、槽液深度和溶液密度计算的。

所需空气量：

$$Q=FK \quad (m^3/min) \tag{8-1}$$

式中 F——溶液表面积，m^2；

K——搅拌系数，回收、水洗槽取 $K=0.2m^3/(min \cdot m^2)$，镍和酸铜等工艺槽取 $K=0.3m^3/(min \cdot m^2)$，镍封槽取 $K=0.4\sim0.5m^3/(min \cdot m^2)$。

所需气压：

$$p=(0.1HD+0.05)\times 98 \quad (kPa) \tag{8-2}$$

式中 H——槽液深度，m；

D——溶液密度；

0.1——计算系数；

0.05——补偿系数；

98——换算系数。

8.2.2 空压机选型

最开始，就是用普通的压缩空气搅拌，压缩空气在进入溶液前，对气源进行冷却、干燥、除油和活性炭过滤，再经减压阀调节到所需的气压。现在普遍采用低压无油风机，有两大类：环形鼓风机（或称旋涡气泵）和罗茨风机，其外形如图 8-6 和图 8-7 所示。

图 8-6　环形鼓风机

图 8-7　罗茨风机

一条电镀线往往有多个不同镀液的工艺槽及其后的回收、水洗槽，它们的溶液空气搅拌气量与气压需逐个计算得出后，按其区域位置及其性质归类得出它们所需的空气总量与气压大小，参照风机样本介绍的气量与气压参数，来选择低压无油风机的型号和台数。

实际上选择风机的风量不是一件容易的事。因为运行中的电镀线操作者有时会将有的槽子的压缩空气关小、甚至关闭，本来选择合适的气量会变大。虽然风机上有限压阀，压力超过时限压阀会打开放气，但这时的噪声很大。低压无油风机一般设置在车间外靠近电镀线的一侧，并在风管上设置一个放气口来调节风量。比较理想的办法是在风机上连接变频器来调节风量。

溶液的空气搅拌必须使用干净的空气，为了保证空气的干净，风机进气口要设置过滤器。供应商一般会配一个纸质过滤器。如果要求高，可以选择各种精度的空气过滤棉。空气过滤棉主要是过滤空气中的尘埃粒子。空气过滤棉根据材质的区别分为：无纺布、合成纤维过滤棉、玻璃纤维过滤棉、活性炭过滤棉、合成纤维高温过滤棉等。空气过滤棉可分为：初（粗）效，中效，高效。

初（粗）效过滤棉主要过滤大于 5μm 的尘埃粒子，一般用于通风设备和空气控制系统吸入口处作为预过滤或粗过滤等直接与室外空气接触的地方。中效过滤棉主要过滤 1～5μm 的尘埃粒子，一般用于粗效过滤之后的二级或终级过滤。高效过滤棉用于小于 1μm 的尘埃，用于有关行业的无尘净化车间。

除了进气过滤以外，还要防止关机时溶液的倒吸。因此风机的供气总管安装在高于液位的地方，如果低于液位，一般要设置一套高于液位的 U 形管和单向阀，因为风机排出的风温度很高，U 形管和单向阀需安装流动水的冷却水套。

8.2.3 空气搅拌管

一般在水洗槽中用一根塑料管或金属管作为空气搅拌管，要求较高的场合可以用 H 形空搅管，但是 H 形管出气不容易调配得均匀。另一个选择是使用两根独立的空搅管，分别用阀门调节，虽然比较麻烦，但溶液搅拌容易调配均匀。也有需要多根搅拌管的地方，一是工件宽度大，一是溶液需要激烈搅拌。但是搅拌再激烈，也不能大到有碍工件掉落到槽内。图 8-8～图 8-10 所示为几种空气搅拌管的案例。

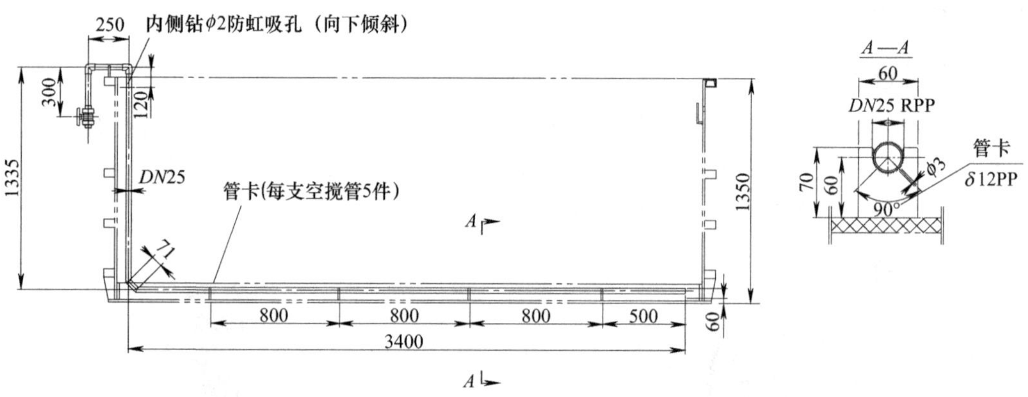

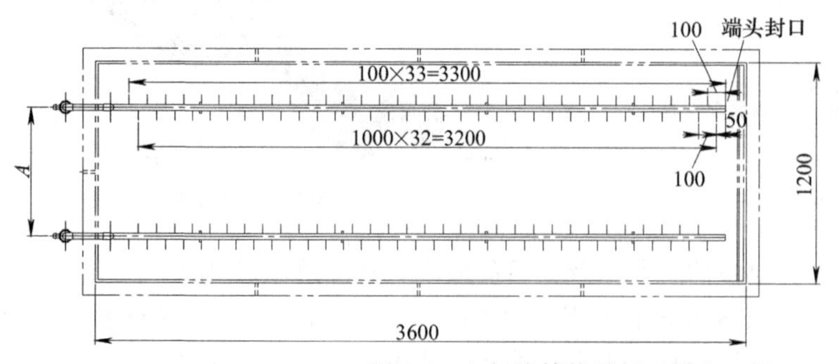

图 8-8 空气搅拌管示例（独立双管）

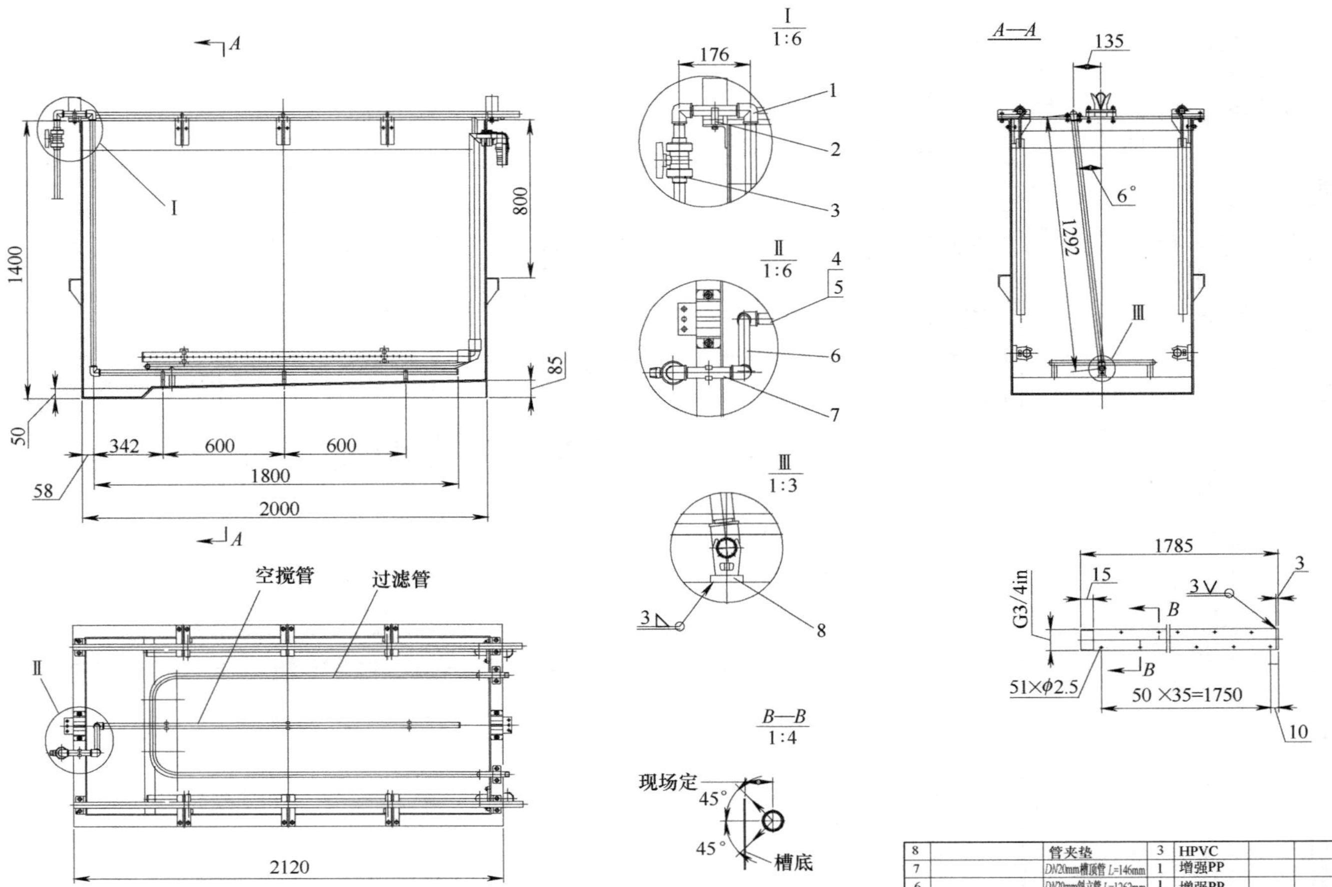

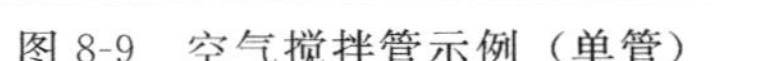

说明：装配后所有ϕ2.5mm孔对准槽底，51个ϕ2.5mm孔对准槽底成45°角。

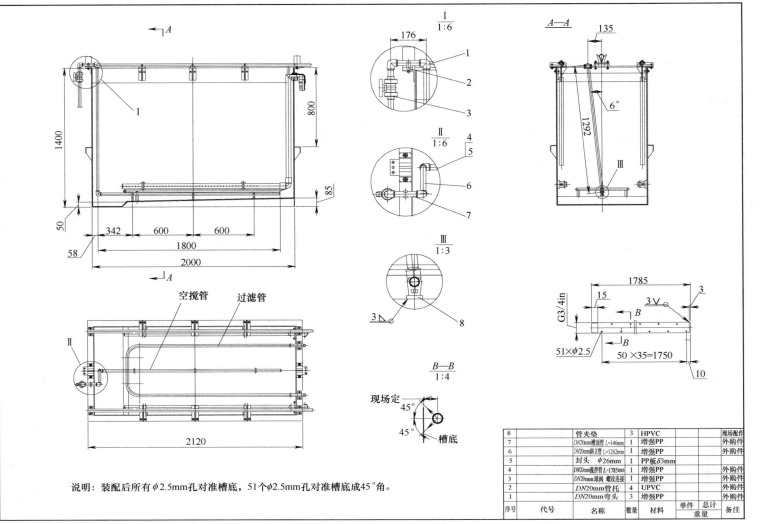

序号	代号	名称	数量	材料	单件重量	总计重量	备注
8		管夹垫	3	HPVC			现场配件
7		DN20mm槽顶管 L=146mm	1	增强PP			外购件
6		DN20mm斜立管 L=1262mm	1	增强PP			外购件
5		封头　ϕ26mm	1	PP板δ3mm			
4		DN20mm搅拌管 L=1785mm	1	增强PP			外购件
3		DN20mm球阀　螺纹连接	1	增强PP			外购件
2		DN20mm管托	4	UPVC			外购件
1		DN20mm弯头	3	增强PP			外购件

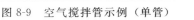

图 8-9　空气搅拌管示例（单管）

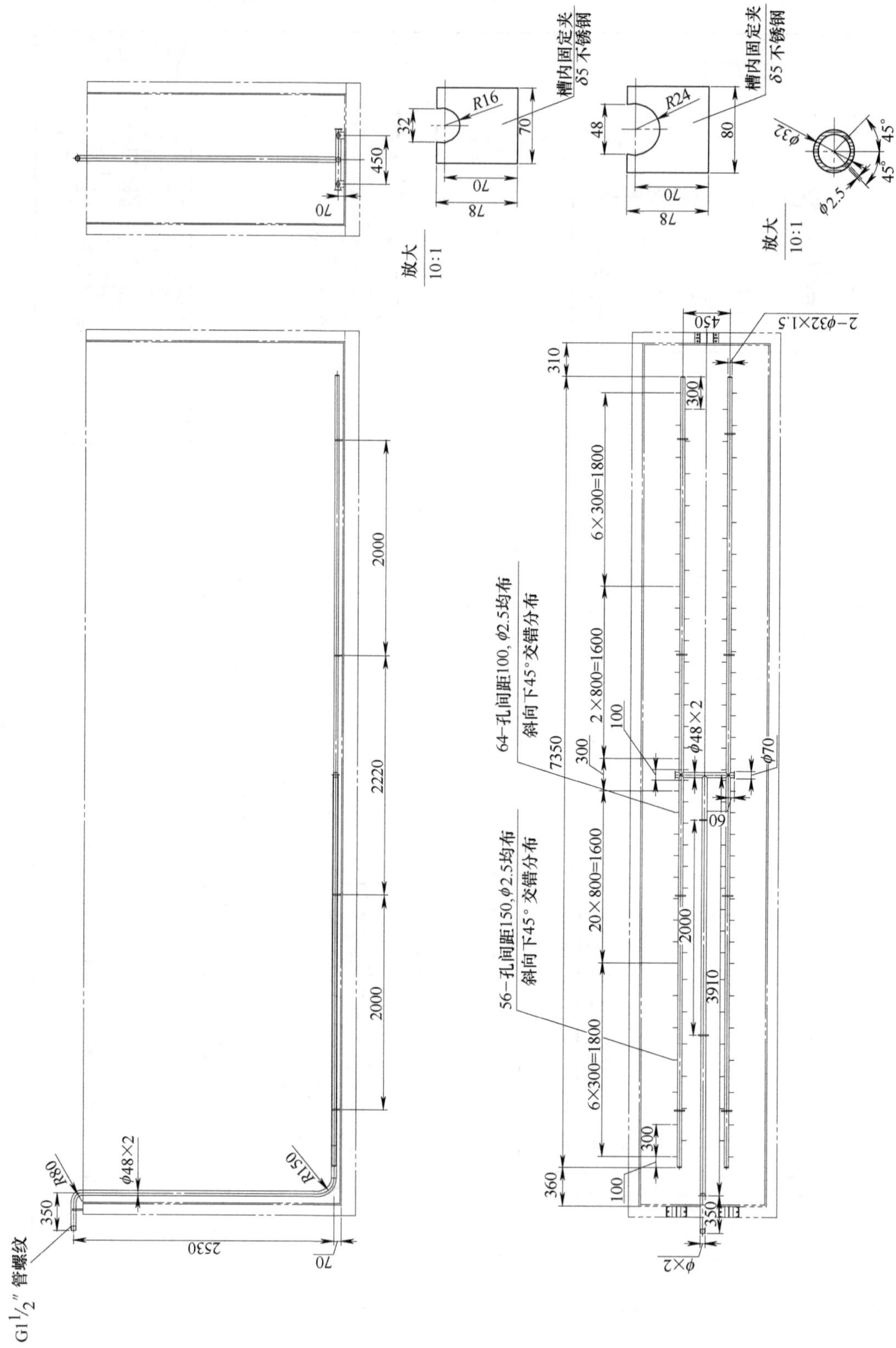

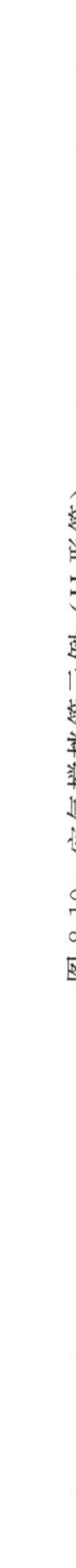

图 8-10 空气搅拌管示例（H形管）

槽内空气搅拌管的喷气孔，一般是向下斜向 45°钻两排孔，互成 90°，孔径为 1～2mm，孔距为 100～160mm，即两排孔错开孔距为 50～80mm。为了得到溶液均匀的搅拌效果，一根搅拌管上可采取不同口径的喷气孔或不同孔距的办法。进入槽内的空搅管，在槽口以下内侧50～80mm 处（液面以上）向下倾斜 45°钻 ϕ2mm 孔，用于防止虹吸。

8.3 液体循环搅拌

8.3.1 液体搅拌的功用

用泵来搅拌溶液，循环次数一般每小时在 5～6 次左右。连接水泵的槽内出液管（不装置混流喷嘴），所开喷液小孔的总面积要小于出液管内径的面积，这样泵在工作时可看到液体在搅动，否则液体的搅动是微弱的，在液面上看不到溶液在搅动。当工作槽溶液除了搅拌还需要过滤时，就可用过滤机来代替泵，但搅拌效果较差。

溶液的液体搅拌与空气搅拌一样，使溶液成分和温度均匀，防止产生浓度差极化，可增大电流密度、加快沉积速度，也有利于阴极表面氢气泡的析出，减少镀层针孔，提高镀层的整平性，消除条纹或橘皮状镀层。液体搅拌时，溶液自身在搅拌，不会带入空气中有害物质。有些槽液对空气中的氧气十分敏感，利用液体搅拌是常用的一种选择。但液体搅拌的装置比较复杂，每槽需独立设置泵（或过滤机）及其管路系统，成本较高，管理复杂，这就限制了它的使用范围。

8.3.2 混流喷嘴

射流搅拌，是液体循环搅拌最好的方法，这实际是把过去用来搅拌电泳漆的方法用到溶液搅拌上。说到射流搅拌一定要用到混流喷嘴，也就是一种喇叭形喷嘴，电镀行业常用的混流喷嘴如图 8-11 所示。图 8-12 所示为混流喷嘴的工作原理。

图 8-11 混流喷嘴

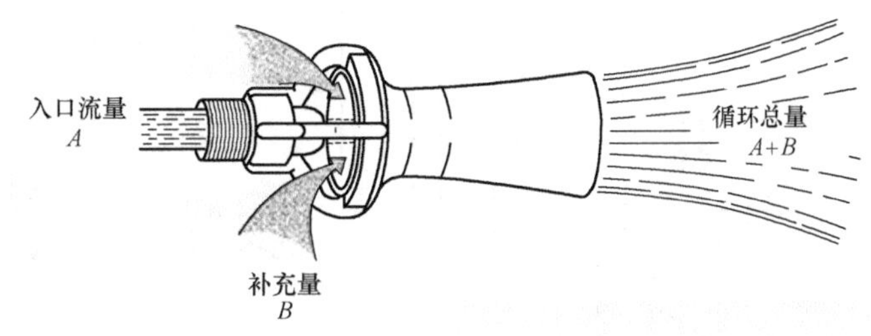

图 8-12 混流喷嘴的工作原理

混流喷嘴是根据射流引力原理，用合理的几何曲面参数设计而成的，能形成大流量的循环，具有防止堵塞的喷射孔。当高速的液体经过喷嘴时带动其周围的液体进入喷射形成循环，这部分液体与泵出的溶液混合从而提高了循环的溶液总量，喷嘴能产生 4∶1 的流通比率，所以装有混流喷嘴的小型泵能用于大容量的流体循环，从而节省各方面的能耗。混流喷嘴的排布：在大型溶液槽中，环形排布比单一排布有更高的混合效率。喷嘴应尽可能地安置于镀槽底部或侧面，以达到最大的流通率。混流喷嘴有各种材质和规格，电镀中常用的有 PP、玻璃纤维增强聚丙烯、不锈钢、PVDF 等。混流喷嘴的规格见表 8-1。聚丙烯材质的有 1/4in、3/8in、3/4in、1in 外螺纹连接尺寸，不锈钢材质的有 3/8in、3/4in、1in 的外螺纹连接尺寸。

表 8-1 混流喷嘴的规格与性能参数

混流喷嘴的外形尺寸			
管接头/in	L/mm	D/mm	d/mm
1/4	90	50	32
3/8	112	55	36
3/4	168	75	52

混流喷嘴的性能参数					
管接头/in	输出流量/(L/min)				
	1.0bar	1.5bar	2.0bar	3.0bar	4.0bar
1/4	20	25	30	38	45
3/8	40	50	58	74	88
3/4	60	72	84	104	118

注：1bar$=10^5$Pa$\approx$1kgf/cm^2。

8.3.3 混流喷嘴的排列布置

由于电镀槽一般为矩形，混流喷嘴大多分几排排列，并将喷嘴排列在两只钛篮的空隙之间，图 8-13 和图 8-14 所示为混流喷嘴排列的两种形式，供参考。另外要注意的是为了保证混流喷嘴工作正常，选用的泵或过滤机的功率应在 2.2kW 以上。

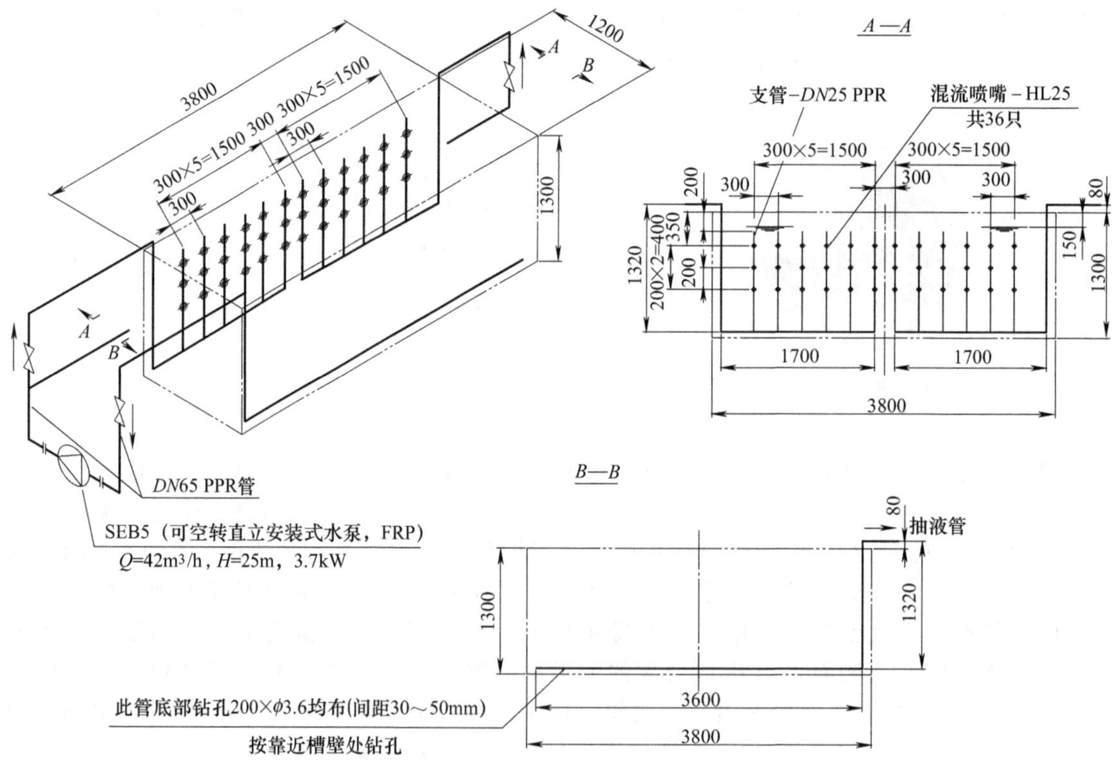

图 8-13 混流喷嘴在高硫镍槽内排列的一种形式

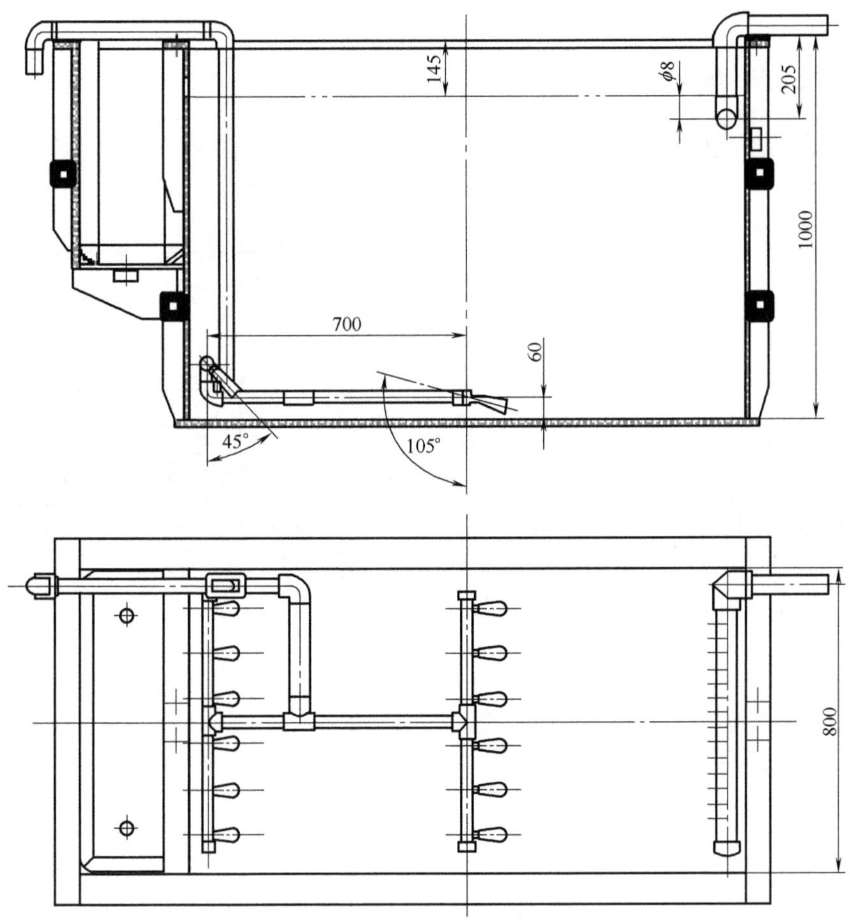

图 8-14　混流喷嘴在电泳槽内排列的一种形式

8.4 超声波清洗

电镀工程中应用的超声波清洗，是一种超声波强化清洗技术，看似溶液在强烈搅拌，实际上是超声波在强烈地冲击清洗工件的各个部位。超声波清洗是一种物理作用，清洗液内有成千上万不溶于水的微小气泡，直径为 10^{-3}～10^{-4}mm，在超声波的作用下，无数微小气泡迅速增大又突然发生空化崩裂，在其周围瞬间形成上千个大气压的压力，产生每秒上千米的高速微射流去冲刷被洗工件所有表面，将污物层剥离、击散，强化了清洗作用。

超声波清洗的优点：①超强的洗净力，能将复杂形状带有各种死角、弯孔、盲孔等工件的污物洗净；②对工件表面没有损伤，适用于要求光亮平滑的表面；③不仅可去除油脂、蜡、蛋白质类污垢，而且可以清除表面的轻锈和微薄氧化层；④超声波可改变声场强度、声场分布和声波振动频率，改变它的清洗效率和清洗时间。

超声波在电镀线上应用于除油、除蜡和镀前的最后清洗工序，超声波的强度选择在 6～10W/L 之间，频率视情况在 20～80Hz 之间选择。超声波可以和槽体做成一体，但多数采用震板悬挂式（图 8-15）。在震板与槽体做在一起时无疑都需要采用不锈钢材质。但采用震板悬挂式或沉底式时，槽体可以选用不锈钢或塑料。不锈钢对超声波的屏蔽很小，可以忽略不计。

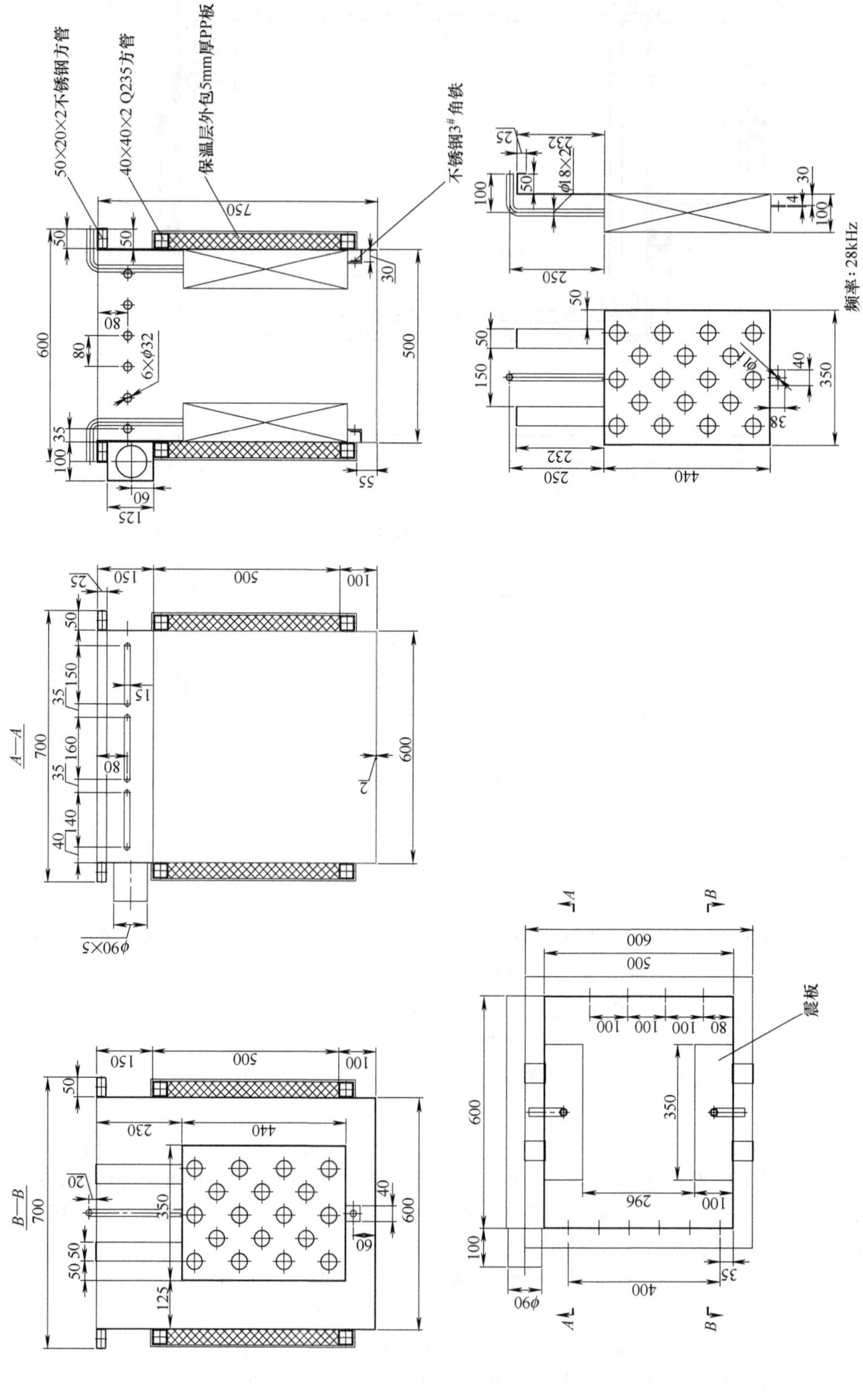

频率：28kHz

图 8-15 超声波震板与槽内悬挂形式

塑料对于超声波的屏蔽很显著，尤其在滚筒中，即使是塑料很薄而且多孔，其对超声波的屏蔽也不可忽略。这时超声波的强度和作用距离尤为重要。

金属件、铝铁硼件酸洗后工件有挂灰，这会影响镀层结合力和外观。用超声波去灰时，人们往往认为超声波频率、强度都有影响。但最大的影响因素是震板到工件的距离，超声波的强度与这个距离平方成反比。但在电镀线上，震板与工件距离太近，工件降落时容易刮蹭，所以有了超声波震板移动装置，工件降落前震板自动拉开距离，工件降落到位后震板自动移近。这一点在铝铁硼电镀中尤为重要。

8.5 工件喷洗和吹干

8.5.1 喷淋清洗

工件喷淋清洗，有顶喷、喷淋回收、全喷几种。

8.5.1.1 顶喷和全喷

顶喷是将喷管及其喷嘴装置在水洗槽的槽口，主要是作为工件浸洗的补充。顶喷有单排喷管（装置于槽口一侧）和双排喷管（装置于槽口两侧）两种形式（图 8-16 和图 8-17），有的放在第 1 级清洗，主要是把更多的带出污染物留在第 1 级清洗槽中。但是大多数顶喷放在最后一级清洗槽，主要是在工件多级浸洗之后，再用清水喷淋一遍。由于喷淋受到工件形状的限制，总不如浸洗能洗到各个部分，因而代替不了浸洗特别是多级浸洗作业。

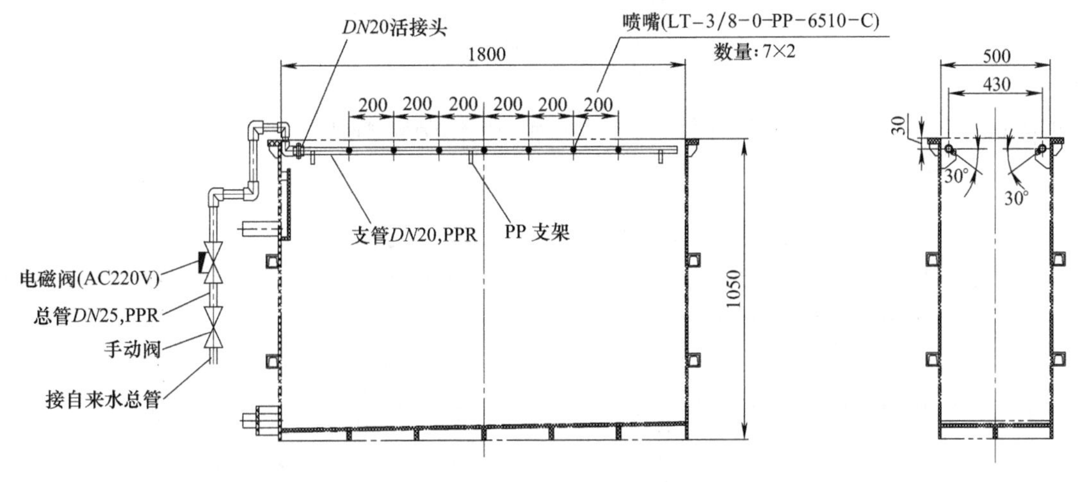

图 8-16　槽口喷淋管布置示意图（一）

在印制板电镀时，由于工件形状简单，可以用全喷洗代替浸洗，这样可以减少水洗级数，还可以在一个喷洗槽位中清洗不同的工艺槽中出槽的工件，从而可大大缩短生产线的长度。

全喷的喷淋槽是空的，喷洗的水随即流走。槽口两侧还可设置顶喷管，槽内按槽深可设置多排喷管（图 8-18）。

8.5.1.2 喷嘴

顶喷采用扇形喷嘴（图 8-19）、广角喷嘴（图 8-20）和可调球形喷嘴（图 8-21）。全喷的槽内喷管采用锥形喷管（图 8-22）。选择喷嘴数时，要先知道喷嘴在额定压力下的喷射角度，以及喷射到工件的距离，以使喷嘴喷出的水相互覆盖以免漏洗。大多数情况下喷嘴距离工件为 100～120mm，供设计时参考。

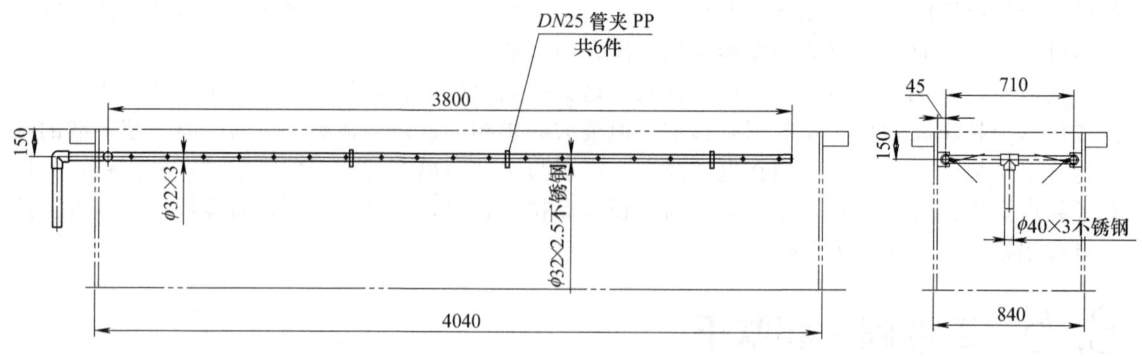

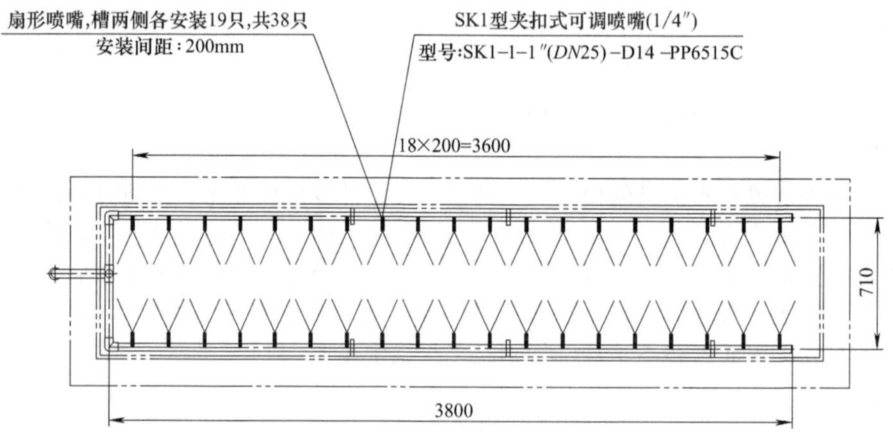

图 8-17 槽口喷淋管布置示意图（二）

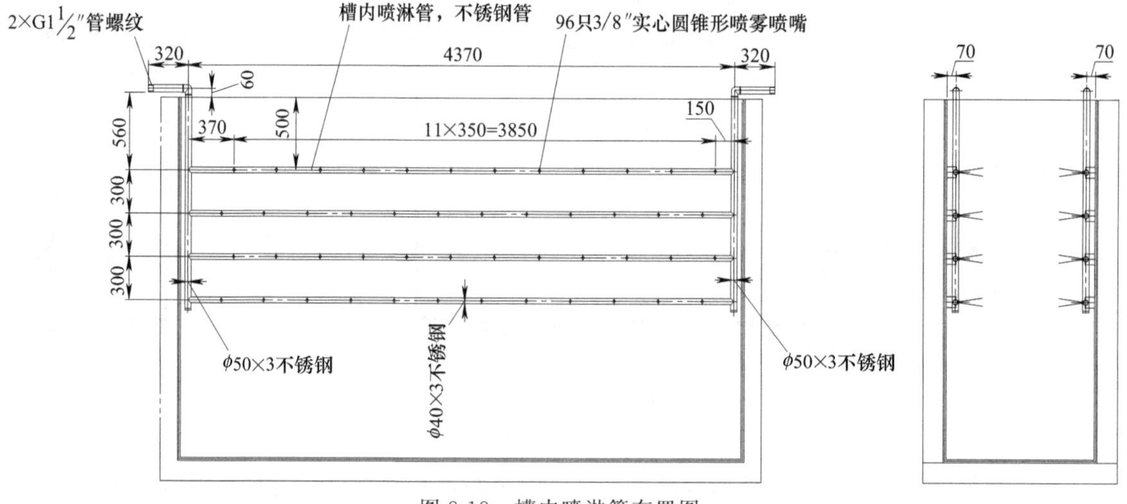

图 8-18 槽内喷淋管布置图

喷嘴的材质有很多种，如 PP、玻璃纤维增强的塑料、不锈钢、钛和 PVDF 等。喷嘴的喷射角度、喷射流量等参数也都可以满足电镀行业应用。表 8-2 为某公司的一种喷嘴规格表，供参考。

还有一种设想：在工件出槽过程中直接喷淋，把带出液直接喷回工艺槽中，但又怕喷水量太大使溶液溢出槽口，于是采用雾化喷嘴（图 8-23）。图 8-24 为雾化喷嘴喷雾时的图片。雾化喷嘴的雾是实现了，但是附着在工件表面的带出液并未有效回到镀槽内，这种探索实际上在电镀行业是不可取的。

表 8-2 H/HH、G/GG 系列标准角度实心圆锥形喷嘴性能参数

喷嘴入口接头尺寸/in	喷嘴型号 标准角度 (内)接头		喷嘴型号 标准角度 (外)接头		流量代码	额定喷孔孔径	最大畅通直径孔径	流量/(L/mim)										喷流角度/(°)		
	G	H	GG	HH		/mm	/mm	0.5bar	0.7bar	1.5bar	2.0bar	3.0bar	4.0bar	5.0bar	6.0bar	7.0bar	10bar	0.5bar	1.5bar	6.0bar
1/8	●		●		1	0.79	0.64		0.38	0.54	0.62	0.74	0.85	0.94	1.0	1.1	1.3		58	53
	●		●		1.5	1.2	0.64	0.49	0.57	0.81	0.93	1.1	1.3	1.4	1.5	1.7	1.9	52	65	59
	●		●		2	1.2	1.0	0.65	0.76	1.1	1.2	1.5	1.7	1.9	2.0	2.2	2.6	43	50	46
	●		●		3	1.5	1.0	0.98	1.1	1.6	1.9	2.2	2.5	2.8	3.1	3.3	3.9	52	65	59
	●		●		3.5	1.6	1.3	1.1	1.3	1.9	2.2	2.6	3.0	3.3	3.6	3.9	4.5	43	50	46
	●		●		3.9	2.0	1.0	1.3	1.5	2.1	2.4	2.9	3.3	3.7	4.0	4.3	5.1	77	84	79
	●		●		5	2.0	1.3	1.6	1.9	2.7	3.1	3.7	4.2	4.7	5.1	5.5	6.5	52	65	59
1/4	●		●	●	6.5	2.38	1.6	2.1	2.5	3.5	4.0	4.8	5.5	6.1	6.7	7.1	8.4	45	50	46
	●		●	●	10	3.18	1.6	3.3	3.8	5.4	6.2	7.4	8.5	9.4	10.2	11.0	13.0	58	67	61
3/8	●		●	●	9.5	2.6	2.4	3.1	3.6	5,1	5.9	7.1	8.1	8.9	9.7	10.4	12.3	45	50	46
	●		●	●	15	3.6	2.4	4.9	5.7	8.1	9.3	11.2	12.7	14.1	15.4	16.5	19.4	64	67	61
	●		●	●	20	4.0	2.8	6.5	7.6	10.8	12.4	14.9	17.0	18.8	20	22	26	76	80	73
	●		●	●	22	4.5	2.8	7.2	8.4	11.9	13.6	16.4	18.7	21	23	24	28	87	90	82
1/2	●		●	●	16	3.5	3.2	5.2	6.1	8.7	9.9	11.9	13.6	15.1	16.4	17.6	21	48	50	46
	●		●	●	25	4.6	3.2	8.2	9.5	13.5	15.4	18.6	21	24	26	27	32	64	67	61
	●		●	●	32	5.2	3.6	10.4	12.2	17.3	19.8	24	27	30	33	35	41	72	75	68
	●		●	●	40	6.1	3.6	13.1	15.2	22	25	30	34	38	41	44	52	88	91	83

图 8-19　扇形喷嘴

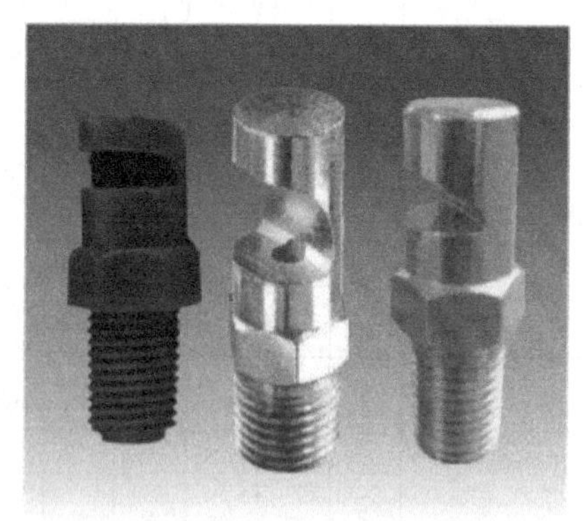

图 8-20　广角喷嘴

图 8-21　可调球形喷嘴

图 8-22　锥形喷嘴

图 8-23　雾化喷嘴

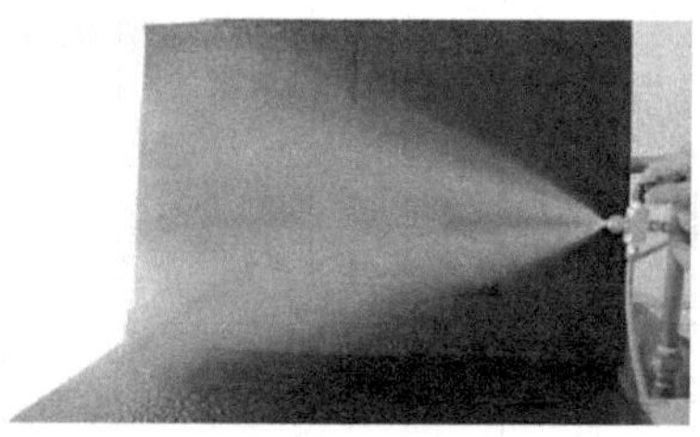

图 8-24　雾化喷嘴喷雾时的图片

8.5.1.3　喷淋控制系统

喷淋清洗系统需有效控制喷洗水（自来水或纯水）的水压与流量，图 8-25 为喷淋控制系统示意图。该装置在行车式电镀线上的喷淋槽位，需一槽一套。在环形电镀线上所有喷淋槽位内的工件是同步提升的，因此全线只需设置一套喷淋控制系统即可。该装置可实施连续喷淋和间隙喷淋两种形式：开启球阀 1，并关闭球阀 2 和 3，可进行连续喷淋，反之由电磁阀控制实施间隙喷淋。

图 8-26 为喷淋装置的供水系统示意图。该装置工作时，球阀 1、2 和 3 全部开启，并常开水泵，此时由喷淋控制系统的电磁阀控制实施间隙喷淋，当电磁阀关闭时，泵的出水受阻，于是泵由水箱抽出的水经球阀 3 循环返回水箱。

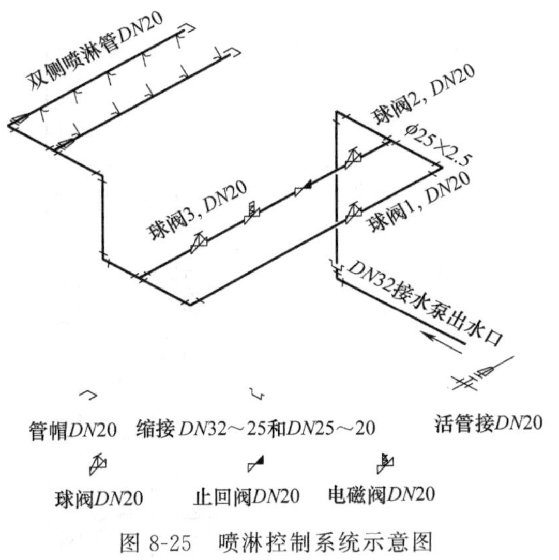

图 8-25　喷淋控制系统示意图

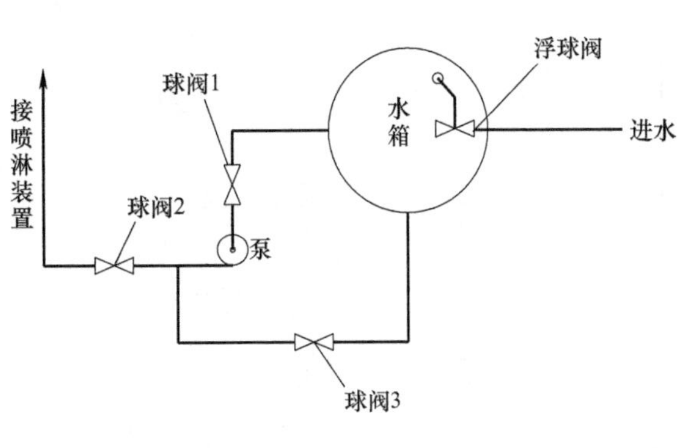

图 8-26　喷淋装置的供水系统示意图

8.5.2　工件的吹干

工件在烘干之前往往要先把水吹去。有两种吹干方式：一种是扫描式吹干，即喷管移动扫过工件表面，这样可节省气体；还有一种是用高压风机通过风道经固定喷嘴吹水。其实这两种方法都吹不干水，尤其是工件带孔、沟的地方，另外工件两面挂时其中间也很难吹到。图 8-27 所示为用于吹干工件的吹风喷嘴。

还有一种吹风喷嘴，带有一根软管，如图 8-28 所示。手持喷嘴把柄可以任意调节方向，对准工件存有水的部位吹风，可有效吹干工件上的水分。

图 8-27　吹风喷嘴

图 8-28　带软管的手持喷嘴

8.6　溶液搅拌和喷洗管路布置案例

8.6.1　空气搅拌管路（附过滤）的布置

空气搅拌管路（附过滤）的布置见图 8-29。

8.6.2　空气搅拌管路的布置

空气搅拌管路的布置见图 8-30。

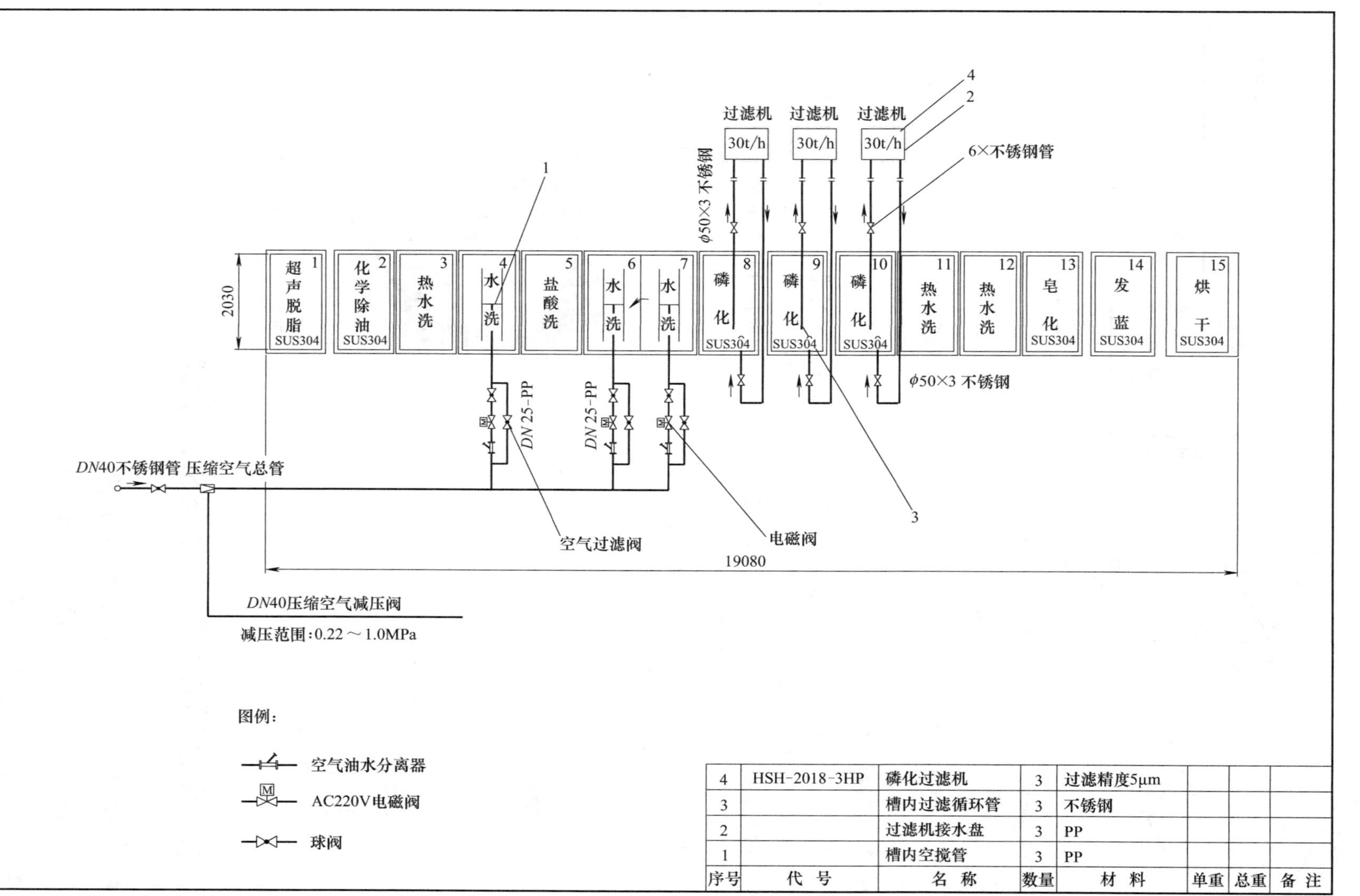

序号	代号	名称	数量	材料	单重	总重	备注
4	HSH-2018-3HP	磷化过滤机	3	过滤精度5μm			
3		槽内过滤循环管	3	不锈钢			
2		过滤机接水盘	3	PP			
1		槽内空搅管	3	PP			

图 8-29　空气搅拌管路（附过滤）的布置示意图

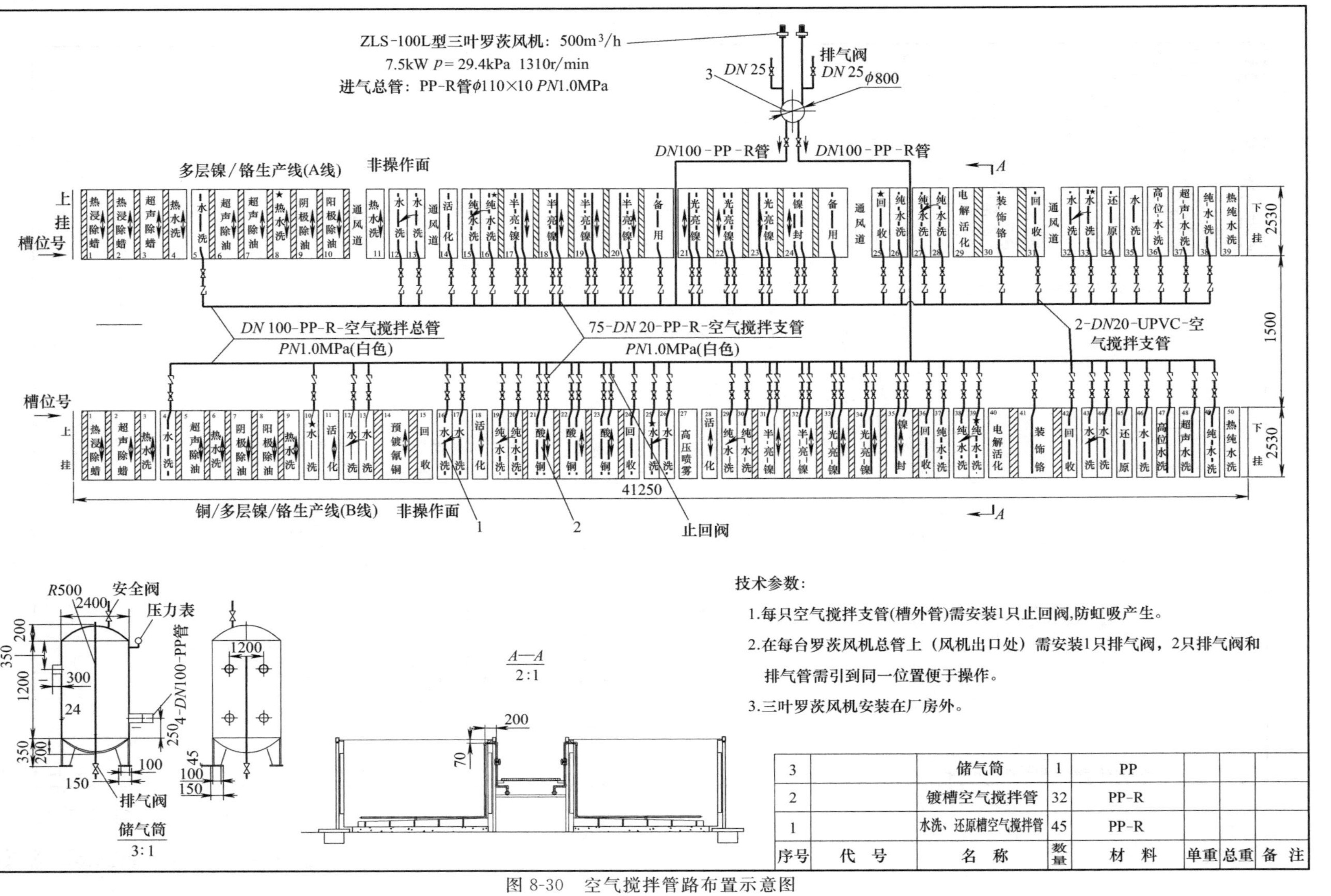

序号	代号	名称	数量	材料	单重	总重	备注
3		储气筒	1	PP			
2		镀槽空气搅拌管	32	PP-R			
1		水洗、还原槽空气搅拌管	45	PP-R			

图 8-30 空气搅拌管路布置示意图

8.6.3 空气搅拌管路布置截面

空气搅拌管路布置截面见图 8-31。

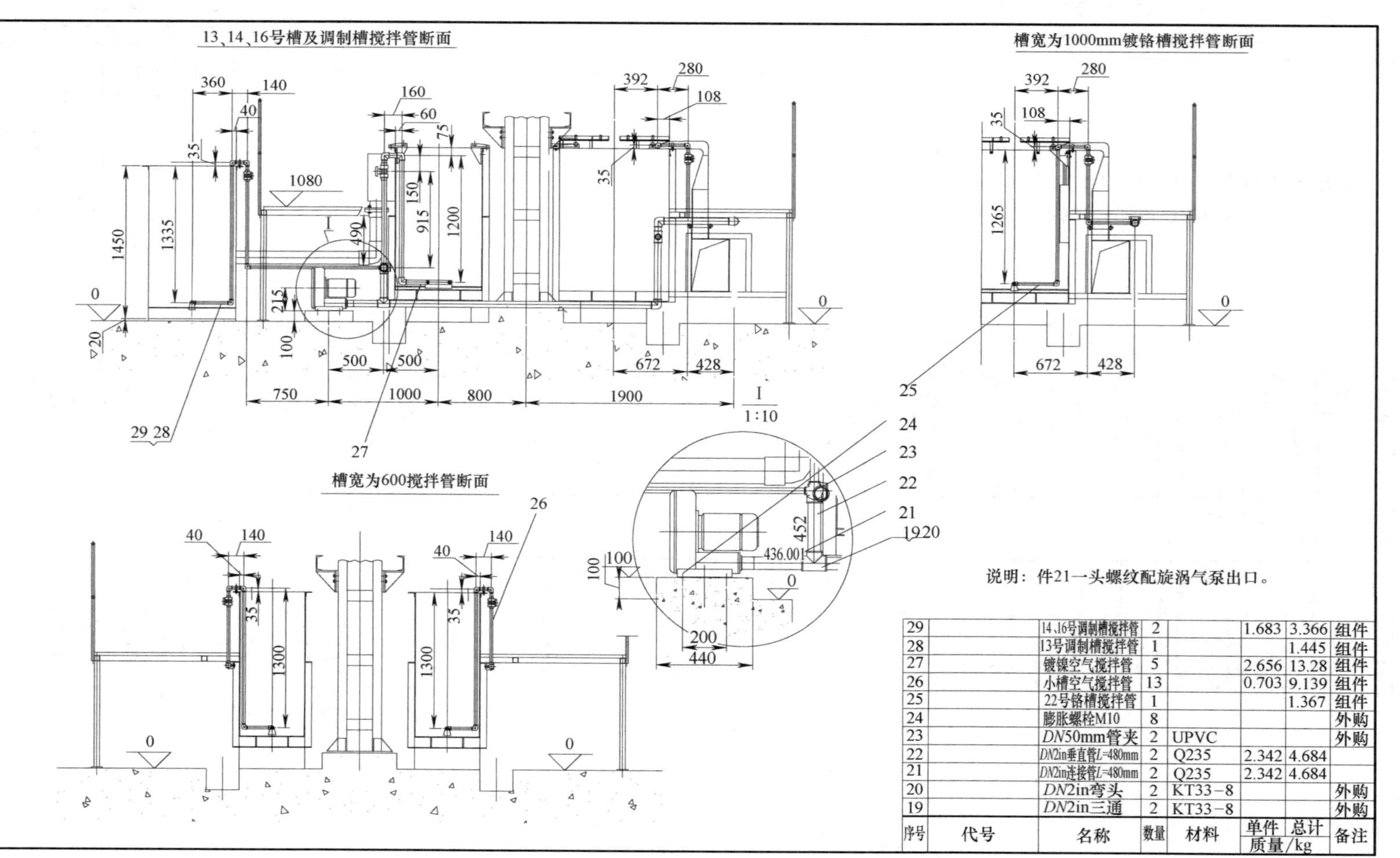

序号	代号	名称	数量	材料	单件质量/kg	总计质量/kg	备注
29		14、16号调制槽搅拌管	2		1.683	3.366	组件
28		13号调制槽搅拌管	1			1.445	组件
27		镀镍空气搅拌管	5		2.656	13.28	组件
26		小槽空气搅拌管	13		0.703	9.139	组件
25		22号铬槽搅拌管	1			1.367	组件
24		膨胀螺栓M10	8				外购
23		DN50mm管夹	2	UPVC			外购
22		DN2in垂直管L=480mm	2	Q235	2.342	4.684	
21		DN2in连接管L=480mm	2	Q235	2.342	4.684	
20		DN2in弯头	2	KT33-8			外购
19		DN2in三通	2	KT33-8			外购

图 8-31 空气搅拌管路布置截面图

8.6.4 喷淋管路的布置

喷淋管路的布置见图 8-32。

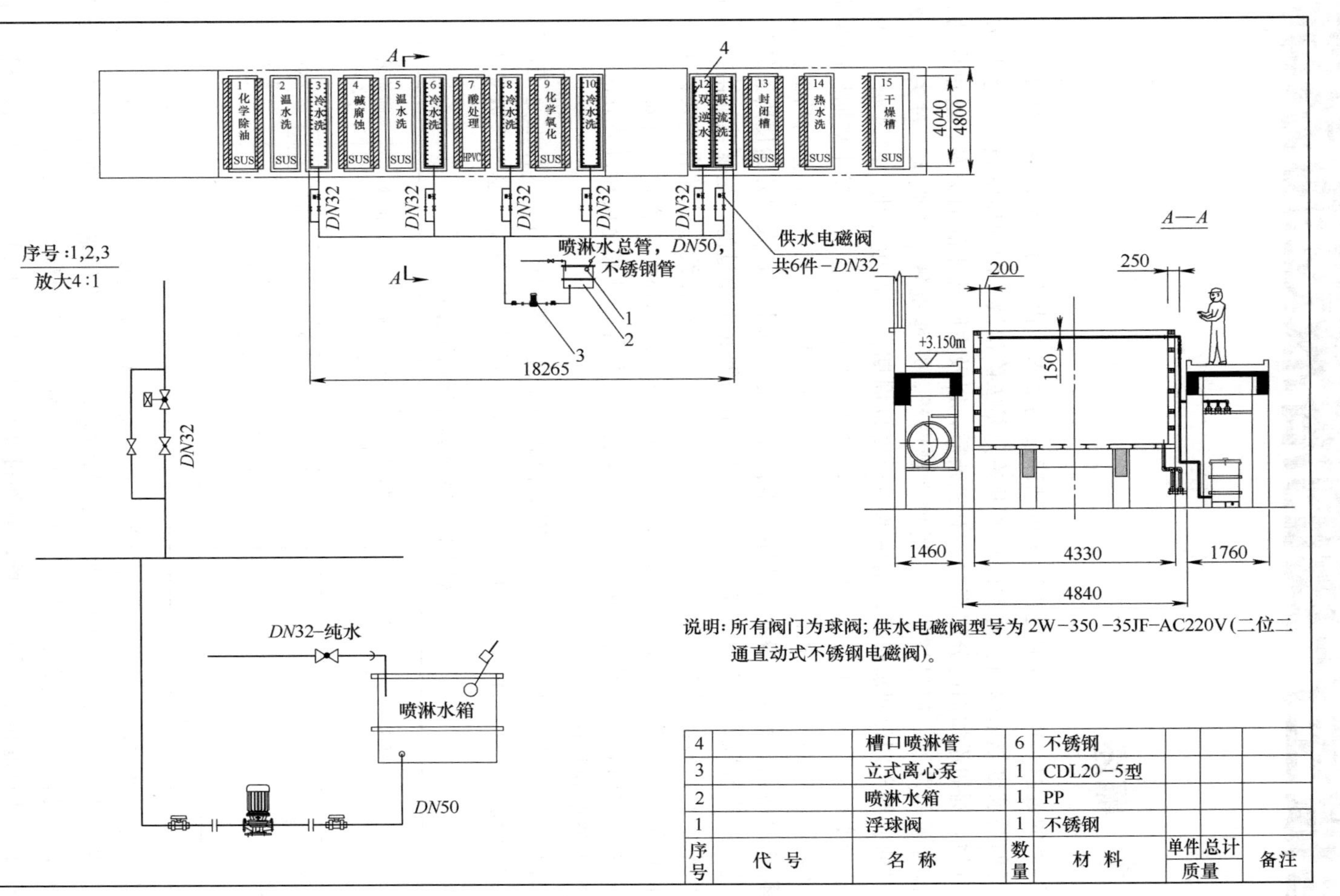

序号	代号	名称	数量	材料	单件质量	总计质量	备注
4		槽口喷淋管	6	不锈钢			
3		立式离心泵	1	CDL20-5型			
2		喷淋水箱	1	PP			
1		浮球阀	1	不锈钢			

图 8-32　喷淋管路布置示意图

第9章 电镀生产线的溶液过滤系统

9.1 概述

溶液的过滤是源于电镀过程对溶液洁净度的要求。由于对电镀产品的要求越来越高，对溶液过滤的要求也越来越高。过滤的目的开始只是去除溶液中的固体颗粒，慢慢扩大到要去除某些有机物，例如添加剂的分解产物、有机杂质，以及去除乳化的油类等，这也推动了过滤设备和过滤介质的发展，使过滤机的使用越来越广泛，功能也越来越强大。过去，多采用间歇过滤，定期或不定期地间歇过滤，溶液的洁净度也周期性地发生变化。刚过滤后，溶液很干净，然后逐步变脏，再进行下一次过滤。这样，电镀产品的质量也随之发生周期性的变化。但是间歇过滤，往往是溶液从一个槽过滤到另一个槽，过滤前的溶液不会和过滤后的溶液混合，因而过滤得比较彻底。为了使溶液的洁净度维持在稳定的水平上，人们开始使用连续过滤。因为溶液一直在过滤所以始终比较干净。但连续过滤不是彻底倒槽过滤，过滤前的溶液会和过滤后的溶液混合，因而过滤得不够彻底。所以也有把间歇过滤和连续过滤结合起来使用的。溶液循环过滤的净化处理，除保持溶液清洁外，与空气搅拌和液体搅拌一样，兼有对溶液强烈的搅拌作用。总之，我们必须重视溶液的过滤，了解过滤的设备、过滤介质和过滤方法，才能选择合适的过滤机类型和规格。

电镀溶液主要使用筒式过滤机，有关筒式加压过滤机的产品技术标准是 JB/T 8866—2010《筒式加压过滤机》。在标准 JB/T 8866—2010 中，筒式加压过滤机基本参数见表 9-1。

表 9-1　筒式加压过滤机的基本参数

名义过滤面积/m^2	标准滤芯数	圆筒内径/mm	每层滤芯数/滤芯层数	名义过滤面积/m^2	标准滤芯数	圆筒内径/mm	每层滤芯数/滤芯层数
0.3	1	84	1/1	3.6	12	235	6/2
0.6	2		2/1	5.4	18	235	6/3
1.2	4	188	4/1	10.8	36	376	18/2
1.8	6	235	6/1	16.2	54	376	18/3
2.4	8	188	4/2				

在上述标准中，有关滤芯及标准滤芯的过滤面积是如此规定的：管形的多孔过滤元件称为滤芯。内径 d＝29mm、长度 L＝250mm 的滤芯定义为标准滤芯。标准滤芯的名义过滤面积与滤芯种类无关，也与实际过滤面积无关，其一枚标准滤芯的值定为 0.3m^2。

由于境外过滤机进入国内市场，境外过滤机公司在国内设厂，国内过滤机厂自行设计制作，目前市场上销售的过滤机并不完全符合这一标准。在挑选过滤机时，注重的首先是过滤能力。表 9-2 中所列是某过滤设备公司的过滤机规格，由表可以看出其过滤机流量单位是 m^3/h。在选择过滤机时只能按市场供应的规格去选择，也就是可按过滤机厂家的产品样本选择过滤机。

表 9-2　某过滤设备公司的过滤机规格

过滤流量/(m^3/h)	型号	电动机功率/kW	最高压力/MPa	适用镀槽/L	滤 材	接口(进×出)/mm	尺寸/mm		
							长	宽	高
1	JHP-1-XC	0.09	0.06	100～125	ϕ65×250-1	ϕ20×ϕ20	410	250	690
2	JHP-2-XC	0.18	0.09	200～250	ϕ65×500-1	ϕ25×ϕ25	410	250	940
3	JHP-3-XC	0.18	0.10	300～380	ϕ65×250-3	ϕ25×ϕ25	500	330	765
4	JHP-4-XC	0.37	0.11	400～500	ϕ65×250-5	ϕ32×ϕ32	500	330	830
6	JHP-6-XC	0.55	0.12	600～750	ϕ65×250-7	ϕ32×ϕ32	630	400	830
	JHP-6-DC				ϕ215×ϕ57-22				
10	JHP-10-XP(C)	0.75(1.1)	0.13	1000～1250	ϕ65×500-7	ϕ40×ϕ40	630	400	1070
	JHP-10-DP(C)				ϕ215×ϕ57-42				
15	JHP-15-XP(C)	1.1(1.5)	0.15	1500～1900	ϕ65×500-12	ϕ50×ϕ50	755	485	1205
	JHP-15-DP(C)				ϕ292×ϕ70-34				1155
20	JHP-20-XP(C)	1.5(2.2)	0.15	2000～2500	ϕ65×500-15	ϕ50×ϕ50	755	485	1205
	JHP-20-DP(C)				ϕ292×ϕ70-39				
25	JHP-25-DP(C)	2.2	0.16	2500～3100	ϕ292×ϕ70-68	ϕ63×ϕ40-2	920	650	1115
30	JHP-30-XP(C)	2.2	0.16	3000～3800	ϕ65×500-24	ϕ63×ϕ40-2	920	650	1215
	JHP-30-DP(C)				ϕ292×ϕ70-68				1165
40	JHP-40-YP	4	0.18	3500～4500	ϕ65×750-36	ϕ76×ϕ63	1200	830	1230
	JHP-40-YP				223×100-108				
60	JHP-60-XP	5.5	0.18	4500～6000	ϕ65×750-36	ϕ89×ϕ76	1200	900	1460
	JHP-60-YP				223×100-162				1520
	JHP-60-DP				ϕ236×ϕ70-180				1460
100	JHP-100-YP	11	0.20	6000～10000	223×100-360	ϕ98×ϕ89	1980	1635	2150

9.2 过滤机与流量的选择

过滤机的选择要考虑到许多因素，应根据过滤溶液的理化特性（酸性、碱性、强氧化性等）、溶液中固体杂质含量的允许值，有针对性地选择过滤机型、过滤介质和过滤管等的材料，可参考《电镀手册》中的表格，如表 9-3 所示。

表 9-3　各种电镀溶液过滤机的选择建议

电镀工艺及过滤方式	泵类型			滤芯类型					滤芯过滤精度/μm		
	离心泵	磁力泵	液下泵	绕线	熔喷	高分子	杨桃	叠片	高要求	适中	低标准
1. 硫酸盐或氯化钾镀锌											
连续	* *	* *	* *	* *	* *	* *	* *	* *	15	30	50
间歇	* *		* *		* *	* *	* *	* *	10	15	30
2. 氰化镀锌或碱性镀锌											
连续	* *	* *	* *	* *	* *	* *	* *	* *	15	30	50
间歇	* *		* *				* *	* *	10	15	30
3. 氰化镀铜											
连续	* *	* *	* *	* *	* *	* *	* *	* *	5	10	15
间歇	* *		* *		* *	* *	* *	* *	1	5	10
4. 酸性镀铜											
连续	* *	* *	* *	* *	* *	* *	* *	* *	1	5	10
间歇	* *		* *		* *	* *	* *	* *	1	3	5
5. 化学镀铜、化学镀镍											
连续			* *				* *	* *	1	5	10
间歇			* *				* *	* *	1	3	5
6. 镀暗镍											
连续	* *	* *	* *	* *	* *	* *	* *	* *	1	5	10
间歇	* *		* *				* *	* *	1	3	5

续表

电镀工艺及过滤方式	泵类型			滤芯类型					滤芯过滤精度/μm		
	离心泵	磁力泵	液下泵	绕线	熔喷	高分子	杨桃	叠片	高要求	适中	低标准
7. 镀光亮镍、半光亮镍											
连续	* *	* *	* *	* *	* *	* *	* *	* *	0.5	3	5
间歇	* *		* *		* *	* *	* *	* *	0.5	3	5
8. 镀枪色镍、黑镍											
连续	* *	* *	* *	* *	* *	* *	* *	* *	0.5	3	5
间歇	* *		* *		* *	* *	* *	* *	0.5	3	5
9. 酸性镀金											
连续	* *		* *	* *	* *				0.5	1	3
间歇	* *		* *	* *	* *				0.5	1	3
10. 氰化镀金											
连续	* *		* *	* *	* *				1	3	5
间歇	* *		* *	* *	* *				1	3	5
11. 氰化镀银											
连续	* *		* *	* *	* *				1	3	5
间歇	* *		* *	* *	* *				1	3	5
12. 镀铬溶液定期处理	* *		* *	陶瓷					3	5	10
13. 钢铁磷化定期处理	* *		* *		* *	* *	* *	* *	10	15	20
14. 铝阳极化	* *		* *	* *			* *	* *	5	10	15
15. 铝碱腐蚀	* *		* *				* *	* *	15	30	50
16. 电解除油	* *		* *	* *	* *	* *	* *	* *	30	50	100

注：标有“* *”的表示可选用。

从表中可看出，磁力泵不建议用于间歇过滤，可能是考虑间歇过滤时溶液比较脏，容易磨损磁力泵。实践中，磁力泵用于间歇过滤的并不少。但是相同功率的磁力泵流量会比较小。当然表中建议化学镀用液下泵，是比较好的建议。如果防止泄漏是第一位的，则磁力泵因为没有轴封，应是首选。至于滤芯种类的建议似乎听从的人不多，倒是过滤精度的建议采纳的人比较多。总之，不要死板地看待这张表，应作为参考，再根据实际情况选用。

过滤机型号中的标定流量指的是泵在常温状态下测定的清水流量，过滤机在实际工作中的流量小于过滤机的标定流量，在选择过滤机流量时需考虑三个影响实际过滤流量的不确定因素：①过滤介质对液体的阻力造成流量的损失；②电镀溶液的密度要大于水的密度；③溶液中固体杂质含量的变化对流量损失的影响。

做关于循环次数及槽液中所含杂质的试验，在一定容积的槽液中进行每小时 1 次的循环，槽液中所含杂质只除去 10%左右，而进行每小时 10 次的循环时槽液中所含杂质可除去 90%以上，尚有残留。而在实际工作中，工件还在不断带入附带的杂质。

现在电镀界的共识是：不使用绝对流量来描述过滤机流量，将过滤机每小时流量对其过滤的镀槽有效容积的比值作为每小时过滤次数，而用每小时溶液的过滤次数来描述选择过滤机流量。不过没有一个恰当的单位，暂时用每小时过滤次数来表述。一般说来，过滤要求较低的采用较少的次数，如除油、酸洗、镀锌可以采用 2～3 次/小时；一般要求的，如镀镍、氰化镀铜可以采用 5～6 次/小时；要求高的如钕铁硼电镀可以采用 8～10 次/小时。由于电镀工件质量的要求越来越高，过滤的要求也越来越高，而且过滤的好坏和电镀质量的好坏的相关性又不是很明确，过滤次数的要求往往取决于技术人员的个人喜好。由于市场上供应的过滤机流量有限，放置过滤机的场地也有限，过分提高过滤次数的要求也有困难。另外，有的溶液密度和黏度大，达到较多的过滤次数也有困难。

值得注意的趋势是过滤次数在逐步提高，大的过滤机也慢慢有了供应，如 40t/h、50t/h、60t/h 的。辅助设备分层放置的推广，也给了过滤机更大的放置空间，这些因素请大家在选择过滤机流量时加以考虑。

9.3 滤芯的选择

9.3.1 纸质滤芯

图 9-1 所示是曾经很流行的一种纸质滤芯。这是因为最开始引入国内的过滤机配置的是这种滤芯。这种过滤机如图 9-2 所示。

图 9-1　纸质滤芯

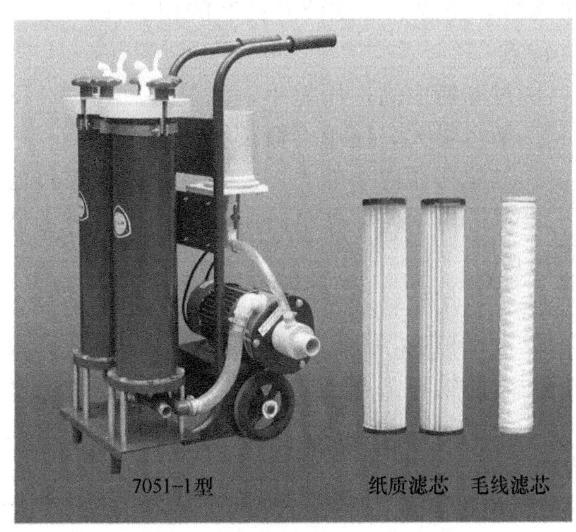

图 9-2　最早引进的过滤机

9.3.2 绕线滤芯

图 9-3　绕线滤芯

绕线滤芯（图 9-3）是用 PP 毛细纤维线绕制而成的，根据绕制时线条排列的松紧程度而分为不同的过滤精度。

绕线滤芯是一种深层过滤芯，用于低黏度、低杂质量的过滤，是用纺织纤维线（丙纶线、脱脂棉线等）按特定工艺精密地缠绕在多孔骨架（聚丙烯或不锈钢）制成的。具有外疏内密的蜂窝状结构，能有效地去除流体中的悬浮物、微粒、铁锈等杂物，具有十分优良的过滤特性。

功效：绕线滤芯能有效除去液体中悬浮物、微粒等。其流量大、压力损失小、滤渣负荷高、使用寿命长，可以承受较高的过滤压力。根据被过滤液体的性质，滤芯有多种不同的材质可供选择，使滤芯与滤液有良好的相容性。

特点：

① 过滤精度高，压差小，流量大。

② 纳污量大，使用寿命长。

③ 过滤孔径内小外大，具有良好的深层过滤效果。

④ 滤芯由不同多种材料制成，确保各种液体过滤要求，达到最佳过滤效果。

用途：

① 工业用油：液压油、润滑油、切削油等。

② 电子工业：纯水、有机溶剂、印制线路板、电镀等。

③ 食品饮料工业：矿泉水、糖浆、酒类、食用油、饮料用水、饮料等。

④ 石油及化学工业：石油化学制品、药品、化妆品、涂料、感光液、墨水、腈纶原料、照相冲洗液、油脂等。

⑤ 制药工业：糖浆、酒精、配置用水、VC 原料、四环素药液、土霉素药液、注射针剂等。

⑥ 其他：树脂镜片、轴承清洗、激光器冷却水、超声波清洗液、电镀液等。

产品规格：

① 过滤精度：1μm、5μm、10μm、20μm、30μm、50μm、75μm、100μm。

② 滤芯外径：ϕ60mm、ϕ65mm。

③ 滤芯内径：ϕ28mm、ϕ30mm。

④ 聚丙烯线绕滤芯可用于酸碱类和化学溶液等非有机溶液，使用温度不高于 60℃。

⑤ 脱脂棉纤维滤芯中心杆为不锈钢材质，用于有机溶剂、水、油、碱性溶液、饮料、医药等，使用温度为 120℃。

⑥ 滤芯长度：10in、20in、30in、40in；国内生产的是 250mm、500mm、750mm、1000mm。

⑦ 最高耐压：小于等于 0.5MPa。

⑧ 最大压降：0.2MPa。

⑨ 最高工作温度：丙纶线＋聚丙烯骨架，≤60℃；丙纶线＋不锈钢骨架，≤80℃；脱脂棉线＋不锈钢骨架，≤120℃。

9.3.3 烧结滤芯

与绕线滤芯形状相似的是烧结滤芯（图 9-4），烧结滤芯也叫熔喷滤芯。

烧结滤芯可采用 PP 材质，也可以采用其他材质的，图 9-5 所示为钛烧结滤芯。

钛烧结滤芯是以高纯钛粉为原料，经过粉末分级、成形、烧结、机械焊接加工等工艺过程制成的一种新型高效多孔过滤材料，具有结构均匀、孔径均匀、孔隙率高、过滤阻力小、耐高温、耐腐蚀、使用寿命长、易清洗等优点。该产品广泛应用于食品、饮料、制药等行业，尤其是制药行业大输液剂、粉针剂、小针剂生产中的脱碳过滤，完全替代传统的砂滤棒，具有更长的使用寿命。此外钛烧结滤芯还广泛应用在化工过滤领域，是一种比较理想的滤芯，操作简单、拆卸方便、可在线完成清洗，且钛棒滤芯耐高温可达到近300℃。

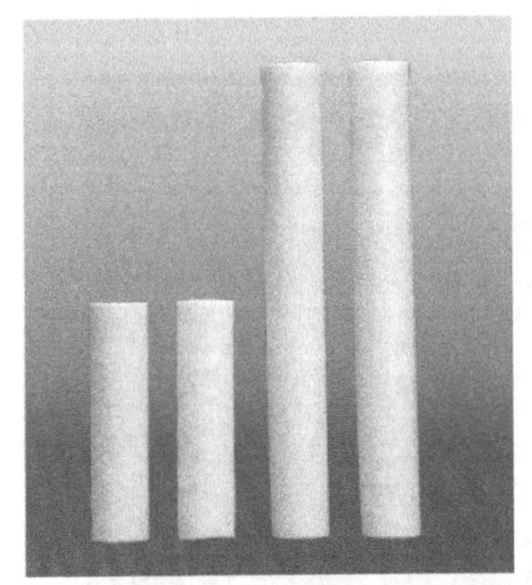

图9-4 烧结滤芯

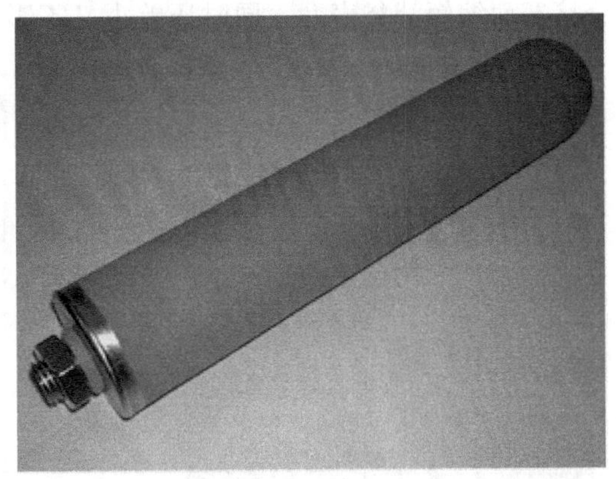

图9-5 钛烧结滤芯

应用范围：石油、化工、冶金、航空、电子、电力、制药、化纤、环保、原子能、核工业、天然气、耐火材料、消防设备等领域的固液、气固、气液分离和净化。例如，海水淡化、污水处理及变压器油、润滑油、燃油等油类、有机溶液、无机溶液、液药、饮料等液体的粗滤和精滤；各种气体、蒸汽的除尘、除菌、除油雾；消声、阻焰、阻热、催化反应、催化剂过滤、气体缓冲、发汗和发散冷却及制造多孔电极、防冻装置等。

性能：

① 钛烧结滤芯具有不同的孔隙度（28%～50%）、孔径（4～160μm）及过滤精度（0.2～100μm），孔道纵横交错，具有耐高温、抗急冷急热、耐蚀的特性，因此广泛适用于多种酸、碱等腐蚀性介质。

② 强度高、韧性好，适用于高压环境中，可焊接，便于装卸。

③ 孔形稳定、分布均匀，保证过滤性能稳定、再生性能好。

④ 反复清洗再生后过滤性能恢复90%以上。

工作环境：

① 硝酸、氟酸盐、乳酸、湿氯、海水、大气等，使用温度不超过300℃。

② 有效过滤效率下的过滤精度：0.1～80μm。

③ 材质：材质有纯钛及钛合金。

④ 壁厚：一般为3mm。

⑤ 内压：3MPa。

9.3.4 滤袋

有时为了便于清洗，在绕线滤芯外每个套一个滤布袋，后来形成了单独的滤袋，比较流行的是杨桃滤芯，如图9-6所示。

采用滤布做的滤芯，也有简单的布袋式，常用的是一面拉毛的滤布做成的滤袋。图9-7所示为聚丙烯布制成的PP滤袋，是应用于袋式过滤器的一种滤袋。

PP滤袋介绍如下。

结构：深层三维过滤材料，100%纯纤维以针刺方式形成立体、高度蓬松的三维深度、迂回曲折的过滤层。PP滤袋的特点是纤维组织疏松，增加了杂质的容载量。该种纤维材料属于复式截流模式，有效地清除固体及软性颗粒，即较大的颗粒杂质被截留在纤维表面，而细微颗粒则被捕捉于滤材深层中，确保使用过程中不会因压力增大而破损，因此具有较高的过滤效率；此外高温表面热处理，即应用瞬间烧结技术与压光处理，能有效地防止过滤时纤维受液体高速冲击而散失，既保证了无纤维脱离造成滤液污染的现象，又避免了传统辊压处理造成滤孔过分堵塞而缩短滤袋寿命，同时压差小又不影响流速。

图 9-6 杨桃滤芯

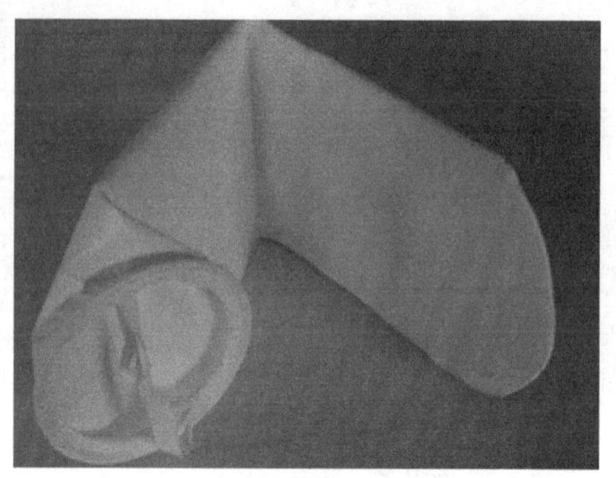

图 9-7 聚丙烯布制成的 PP 滤袋

工作原理：微米级液体过滤袋采用优质滤料制作而成，可有效清除液体中需要清除的固态物质；同时液体在通过微米级滤袋时，所含杂质被精确地捕捉于滤袋深层，完成过滤过程。

优势：

① 纳污能力强、流量大、耐压高；

② 截留率高、成本低、适用范围广；

③ 操作方便、耐酸碱、耐温（150℃）；

④ 无纺布纤维，深度过滤精度范围为 0.5～600μm。

影响 PP 滤袋寿命的四个要素：选用合适的滤料，设计合理的结构，精湛的缝制技术，正确的使用方法。

技术参数如下。

① 滤袋沿口材料：不锈钢圈、镀锌钢圈以及聚丙烯塑料圈。

② 滤袋纤维材料：聚丙烯、聚酯、尼龙、聚四氟乙烯。

③ 过滤精度：1μm、5μm、10μm、25μm、50μm、75μm、100μm、150μm、200μm、300μm。

④ 过滤面积：0.13m^2、0.16m^2、0.23m^2、0.46m^2、1.38m^2、1.84m^2、2.3m^2、2.76m^2。

⑤ 过滤流量：12t、20t、40t、120t、160t、200t、240t。

⑥ 滤袋的规格：ϕ102mm×410mm、ϕ102mm×810mm、ϕ180mm×410mm、ϕ180mm×180mm。

除 PP 滤袋外，还有一种无需缝合因而更不容易泄漏的热熔过滤袋，两者形状也大体类似。

9.3.5 活性炭滤芯

活性炭滤芯可以连续去除添加剂的分解产物，图 9-8 所示是活性炭滤芯，开始只是一段时间用活性炭滤芯，或一部分滤芯用活性炭滤芯。但是这种活性炭滤芯寿命不长，不久就会因吸附膨胀而爆裂，因此后来发展了双筒过滤机，有一个筒可以专门放活性炭。

9.3.6 叠片式滤芯

叠片式滤芯，早年常用一片塑料片，一片滤布或滤纸，甚至还有一片毡子。此种滤芯如图 9-9 所示。

为了便于查阅，图 9-10 列出常用滤芯结构各部名称，图 9-11 所示是几种常用滤芯的汇总。

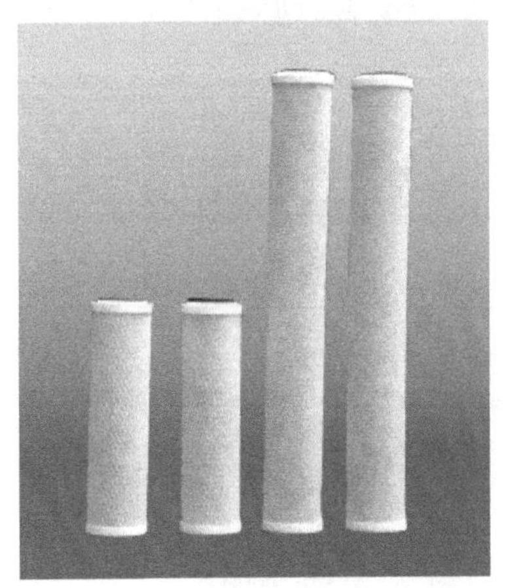

图 9-8　活性炭滤芯

图 9-9　叠片式滤芯

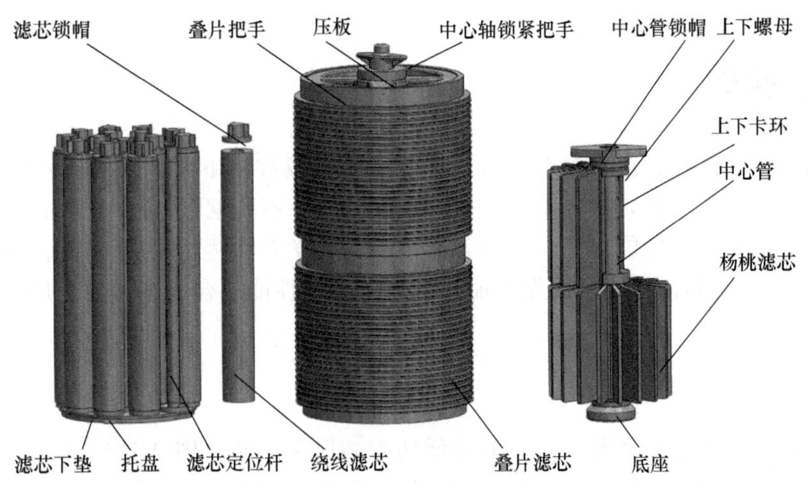

图 9-10　常用滤芯结构各部名称

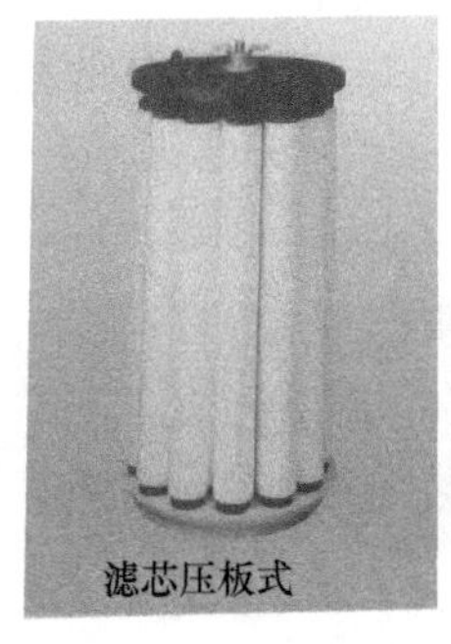

图 9-11

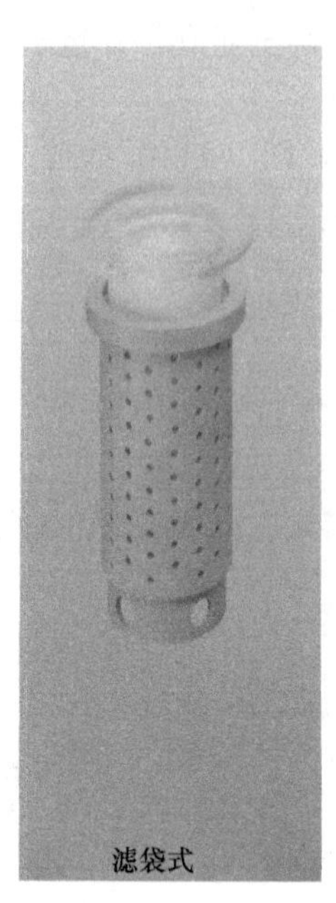

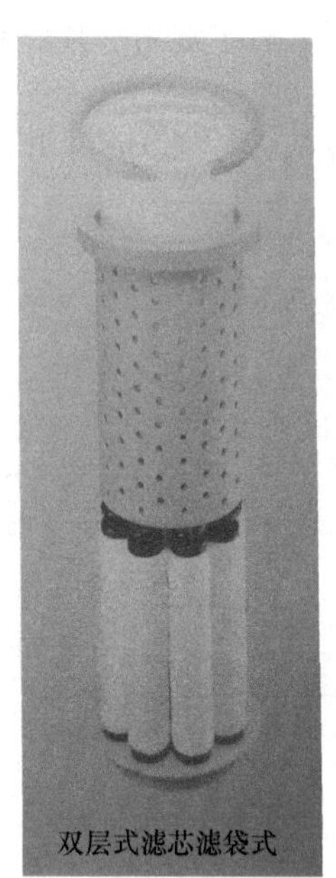

图 9-11 常用滤芯汇总

9.4 过滤泵

过滤用泵大致有 3 种：离心泵、磁力泵和立式泵（或称液下泵）。在选择泵时除泵的品种之外，还要考虑泵的耐温性，一般 PP 泵最高耐温 80℃，不锈钢泵可耐更高的温度。当然同时要考虑滤筒和滤芯的耐温性能。另一个因素是泵的耐化学腐蚀性，比如镀铬过滤机就不可选择 PP 材质的过滤泵和滤芯。当然把耐温性能和耐化学腐蚀性能结合起来考虑，PVDF 泵是首选，但成本也很高。

9.4.1 离心泵

从目前来看，过滤用泵大部分采用的是低扬程防腐离心泵（图 9-12）。防腐离心泵的工作原理是由电动机直接带动叶轮运转，泵体与外界的密封采用耐磨材料经特殊工艺加工而成、具耐磨防腐性能的密封件，这类泵设计合理、技术成熟、能耗低、维护方便。目前新型的具有自吸耐空转功能的防腐离心泵正得到越来越广泛的应用，能有效地减少在断液情况下因机械密封烧损而造成泵的损坏。图 9-13 为普通离心泵结构简图，图 9-14 为自吸泵的结构简图，图9-15

图 9-12 防腐离心泵

和图 9-16 为普通离心泵和自吸离心泵的机械密封安装示意图。

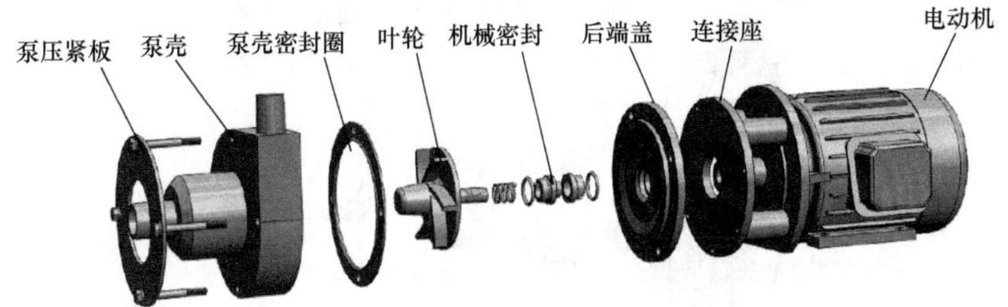

图 9-13　普通离心泵结构简图

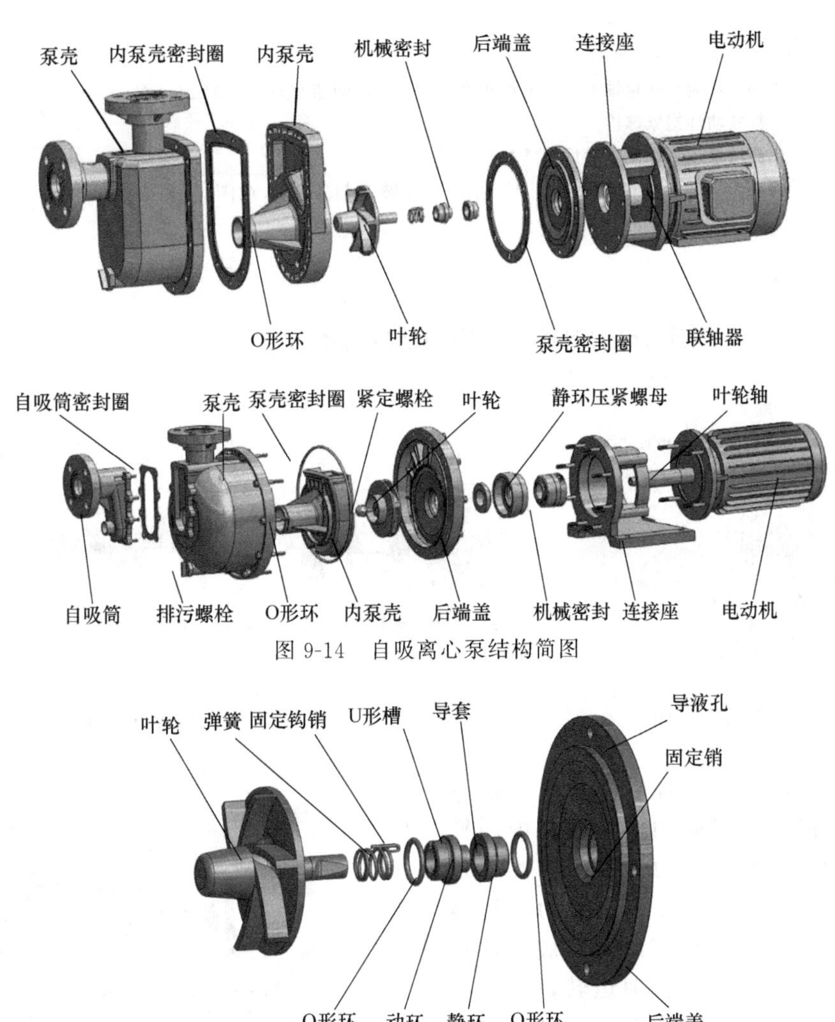

图 9-14　自吸离心泵结构简图

机械密封安装注意事项：

① 装配时后端盖上的导液孔须向上；

② 装配静环时，静环 U 形槽对准后端盖上固定销；

③ 装配动环时，动环 U 形槽对准固定钩销；

④ 装配前请将 O 形环放在动、静环外部，推进动、静环时让其自行滚入；

⑤ 装配后，后端盖与叶轮端面的间隙为 2～2.5mm，叶轮轴平面对正联轴器上固定螺栓，然后拧紧固定螺栓。

图 9-15　普通离心泵机械密封安装示意图

机械密封安装注意事项：

① 将动环装在叶轮轴上，保证动环摩擦面距叶轮轴端面为 63～64mm；

② 拧紧动环抱紧螺栓；

③ 静环装入后端盖，然后拧紧静环压紧螺母。

图 9-16　自吸离心泵机械密封安装示意图

9.4.2 磁力泵

图 9-17 和图 9-18 分别为磁力泵的外形图和结构简图。

图 9-17　磁力泵的外形图

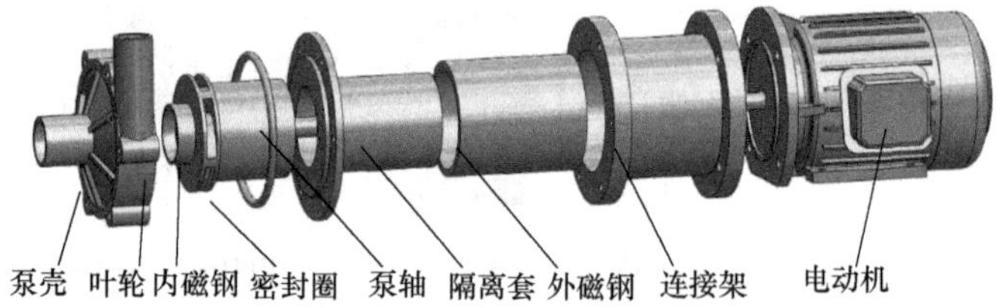

泵壳　叶轮　内磁钢　密封圈　泵轴　隔离套　外磁钢　连接架　电动机

图 9-18　磁力泵结构简图

磁力驱动泵的工作原理是电动机直接带动外磁铁运转，外磁铁通过磁力耦合驱动内磁铁（与叶轮相连）同步运转。磁力泵最大的优点是没有轴封，因而无泄漏、运行平稳。它的不足是当溶液中含有铁磁金属杂质在流经其泵腔时，易被磁性吸附在内外磁铁之间，长期运转，积存的杂质有可能把内外磁铁间的隔离套（密封体）磨损甚至磨破。另一个缺点是有阻力时流量下降快，因而在电动机相同、使用条件也相同的时候，流量最小，有时只有标定流量的 60%。图 9-19 所示为磁力泵的耐空转结构示意图，该泵的设计特征为具有耐空转的力学性能，高强度的稀土磁铁防止了磁囊与后止推环相接触，从而防止因发热而熔化氟塑料部件，与传统的氟塑料磁力驱动泵相比，这大大改善了耐空转能力。

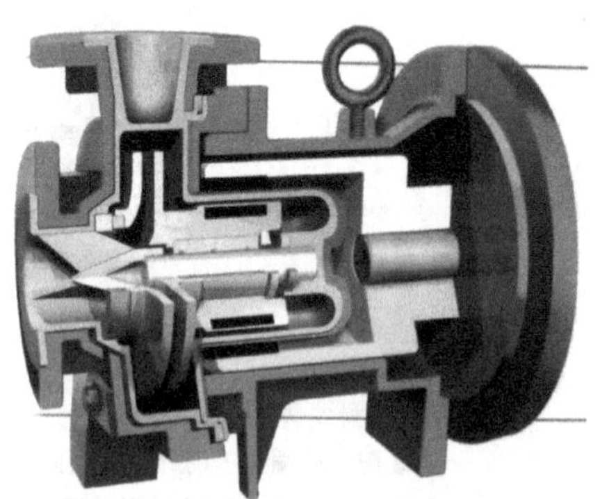

图 9-19　磁力泵的耐空转结构示意图

9.4.3　立式泵

图 9-20 为立式泵外形图。图 9-21 所示为立式泵垂直悬挂在镀槽边上的一种装置形式，槽内正常液面应保持在 A 与 B 之间，即液面必须高于 B 以上，起到自注水的目的，并可防止槽内液面杂物吸入泵内。图 9-22 所示为化学镀时立式泵安装连接在槽外与滤筒相连接，其间必须设置逆止阀，防止过滤机关闭时，溶液从泵管上的开口流出，当然还需要泵与滤筒间放置盛液容器为好。

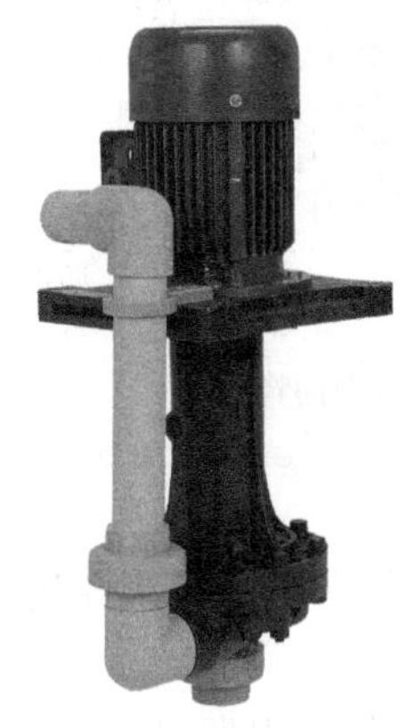

图 9-20　立式泵外形图

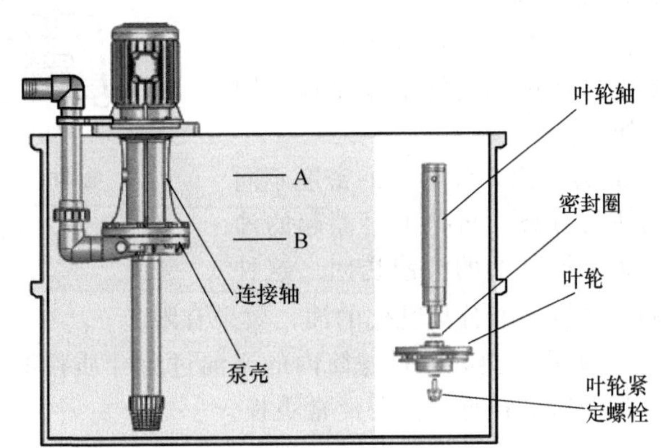

图 9-21　立式泵（槽内）装置形式

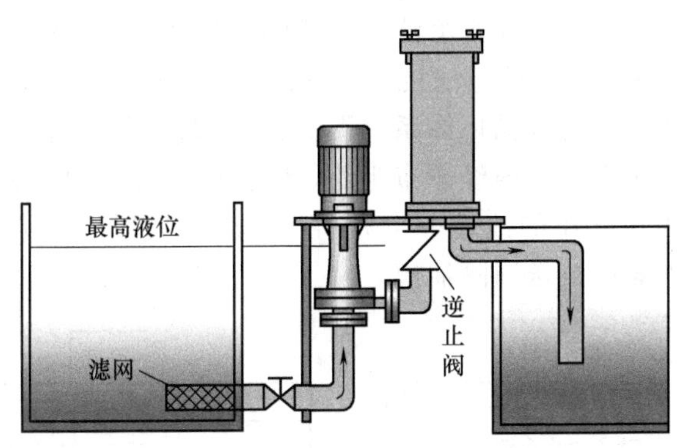

图 9-22　立式泵（槽外）装置形式

9.5　过滤机

9.5.1　普通过滤机

普通过滤机是筒式加压溶液过滤机，适用于一般电镀工艺溶液的循环过滤和周期处理，配置不同类型与精度的过滤介质，可适用不同电镀工艺对溶液中固体杂质含量的控制要求。该类型过滤机配置不同电动机功率和水泵形式，根据配置不同，所涉及的进出液口径和过滤面积也有所区别。图 9-23 所示的是筒式加压溶液过滤机的结构。

过滤机一般工作流程：溶液由进液管进入泵，经泵加压后进入滤筒并在压力作用下流过过滤介质，溶液中的固体杂质被截留在过滤介质表面，清洁溶液经出液管返回镀槽。

9.5.2 除油过滤机

电镀溶液的镀前除油是保证电镀工件加工质量的第一道关键工序，经过良好除油的工件，其表面能充分地被后续各个工序的各种各样的水溶液完全润湿，使工件表面得到完善的前处理，从而得到结合良好的完整镀层，提高电镀加工产品的合格率。

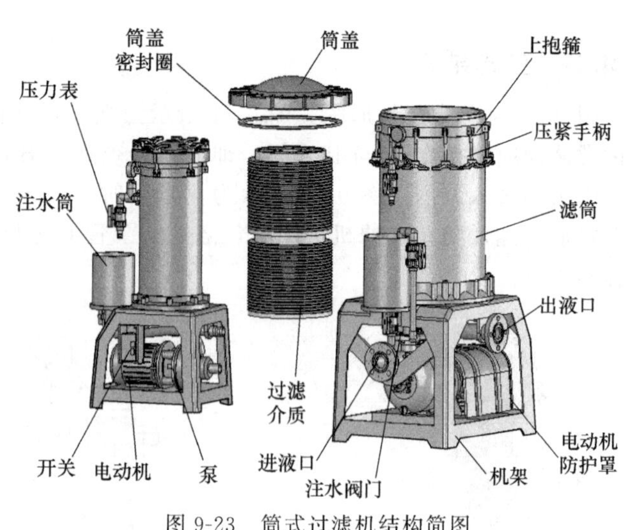

图 9-23 筒式过滤机结构简图

除油溶液过滤机的工作原理（图 9-24）如下：

① 重力分离，油与水的密度不同靠重力进行分离。再把上层漂起的油分离，把下层贫油的溶液送回。这种原理的过滤机不能分离乳化的油，效果有限。

② 吸附法分离，靠过滤筒内的亲油过滤介质拦截油粒。这种方法除油较彻底，仅用这种方法过滤介质负担重，需要经常更换。

除油用过滤机是把这两种原理结合起来，达到除油效果好、过滤介质使用期延长的效果。除油溶液过滤机，目前有两种类型（图 9-25）。不论何种类型，其除油原理皆为除油溶液或电镀溶液在流经高效的吸油介质时溶液中的油污被吸附。其适用于电镀前除油清洗液的去除油污，也适用于镀槽的循环过滤，以除去溶液中残留的微量油污。电镀线上的除油槽应设计有溢流管口和进液管口，溢流管口与除油过滤机进液阀门之间用软管连接，出液阀门与除油槽的进液管口也用软管连接，使两者构成循环体系（图 9-26）。过滤机工作时，除油溶液由除油槽溢流进过滤机泵后，被加压送入滤筒内经滤布粗滤，除去已皂化的油污和各种固体颗粒，然后进入吸附分离筒，对悬浮的和乳化的油进一步分离，逐渐聚集形成粗大油滴，进入集油装置回收。水因重力顺利通过阻隔层被送回除油槽。

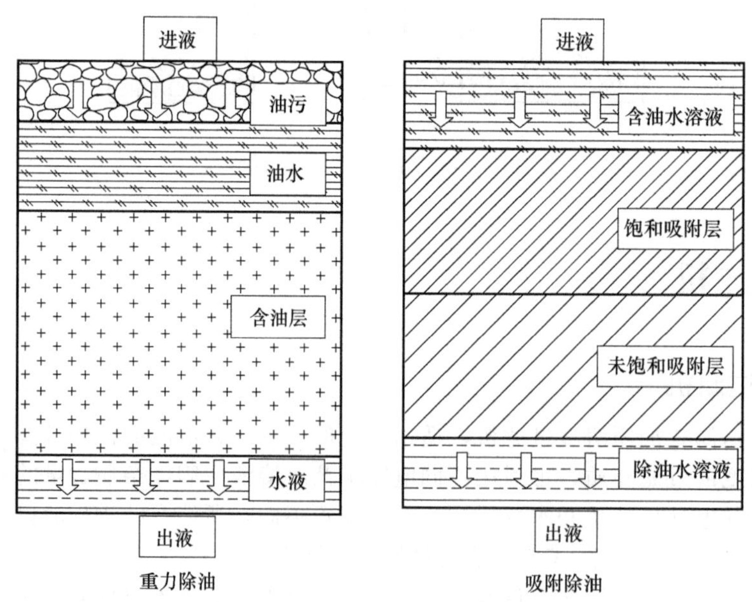

图 9-24 除油溶液过滤机的工作原理

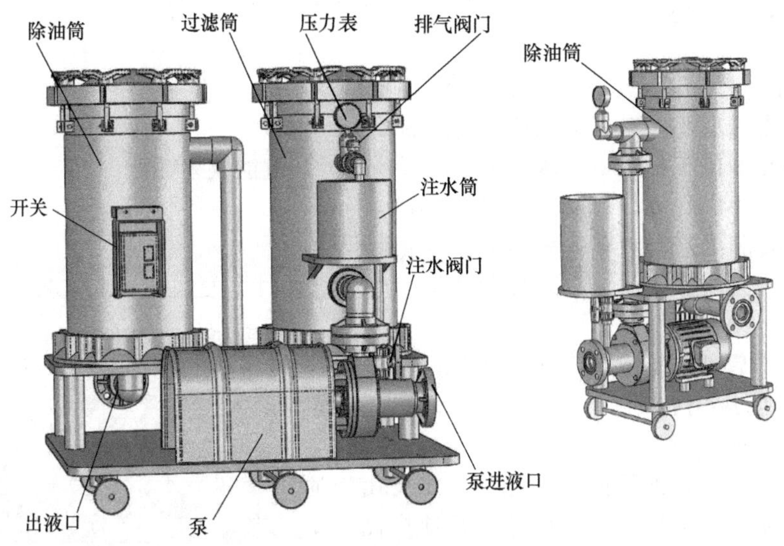

图 9-25　除油过滤机

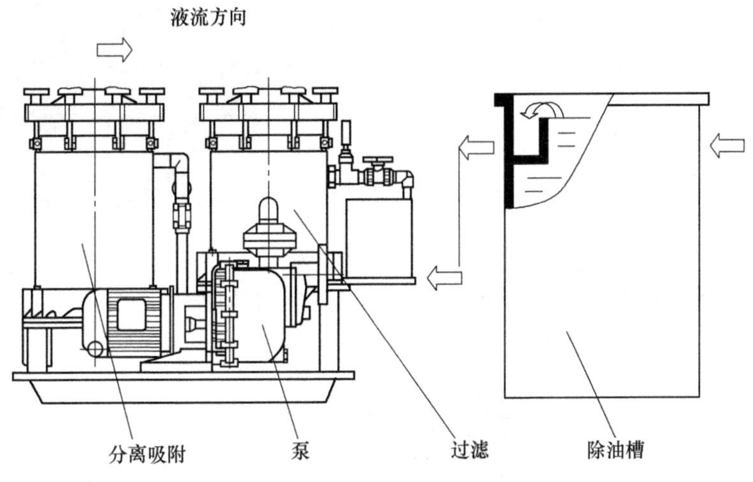

图 9-26　除油过滤机和除油槽的连接方式

9.5.3　袋式过滤机

袋式过滤机是一种简便、高效、经济的过滤设备。袋式过滤机与普遍使用的溶液过滤机的明显区别，在于使用的过滤介质及其结构设计不同。通常情况下，过滤器内溶液是从过滤介质的外层向内层流动，因此溶液中的固体杂质被截留在过滤介质的外表面上。而袋式过滤机的结构正好相反，过滤溶液进入滤袋，固体杂质在过滤过程中被收集在滤袋内，从而得到清洁的液体。当过滤袋需要清洗时，只需将过滤袋提出即可。由于过滤袋外表面没有吸附固体杂质，清洗或更换过滤袋时杂质就避免了掉落到过滤器内，防止继续过滤时重新污染溶液。

袋式过滤机具有结构新颖合理、密封性好、流通能力强、操作简便等诸多优点，应用范围广泛，适应性强。过滤精度为 1～1000μm。

材质：筒体采用不锈钢材质，滤筒内外表面为镜面抛光或玻璃珠喷砂处理（图 9-27）；对于具有腐蚀性的流体采用聚丙烯或 PVDF 材料（图 9-28）。

结构：应用于食品和医药行业的壳体，采用卫生级别设计制造，符合 FDA 和 GMP 标准；

滤壳进出口有法兰、圆螺纹、卡箍三种形式；对于单袋壳体，流体进入方式可分为侧入式和顶入式。

主要优点：

① 滤袋侧漏概率小，有力地保证了过滤品质。

② 可承载更大的工作压力，压损小，运行费用低，节能效果明显。

③ 过滤精度不断提高，目前已达到 0.5μm。

④ 袋式过滤机处理量大、体积小、容污量大。

⑤ 基于袋式过滤系统的工作原理和结构，更换滤袋时方便快捷，而且过滤机免清洗，省工省时。

⑥ 滤袋清洗后可反复使用，节约成本。

⑦ 袋式过滤应用范围广，使用灵活，安装方式多样。

图 9-27　袋式过滤器

图 9-27 所示袋式过滤器的主要用途：主要用于油漆、啤酒、植物油、医药、化学药品、石油产品、纺织化学品、感光化学品、电镀液、牛奶、矿泉水、热溶剂、乳胶、工业用水、糖水、树脂、油墨、工业废水等的处理。

技术参数：最大操作压力为 1MPa；最大操作温度为 150℃。

图 9-28 所示袋式过滤机可广泛应用于固体杂质含量高、颗粒粗大的溶液过滤，如钢铁件的氧化、磷化，铝及铝合金碱浸蚀和氧化等溶液净化；也可用于回收溶液中的有用物质。同时，可以根据不同工艺要求和实际生产需要，调整泵的配置（流量及压力）和过滤袋的精度。

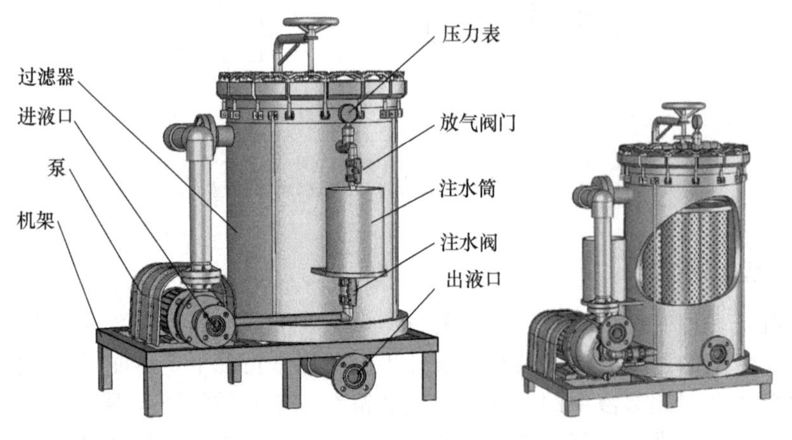

图 9-28　袋式过滤机

9.5.4 活性炭过滤机

活性炭溶液过滤机是为电镀溶液延长使用周期和大处理而设计的。电镀生产中经常需要用活性炭处理溶液中的有机杂质，以消除有机杂质对电镀过程的不良影响。活性炭过滤机采用双筒（主、副筒）结构（图 9-29），主筒为普通过滤，副筒为活性炭吸附有机杂质。关闭副筒进液阀门，可作普通过滤机使用。通过调节主、副筒侧阀门的开启程度大小，控制溶液经活性炭

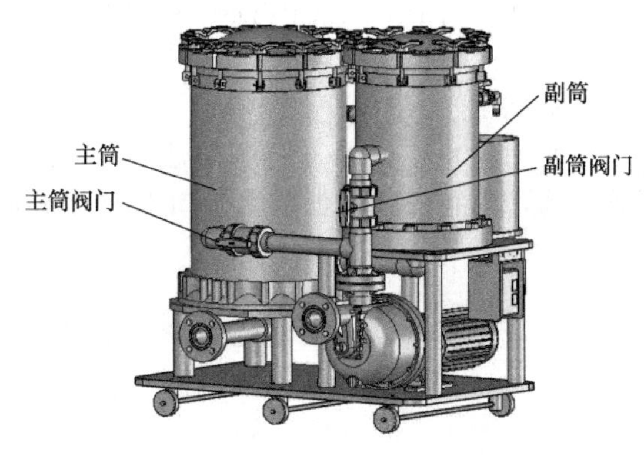

图 9-29　活性炭过滤机

吸附杂质的程度，延长周期处理时间。过滤泵配置有普通泵、磁力泵或自吸泵。

通常情况下，溶液先经活性炭吸附，再经滤芯过滤。

9.5.5　化学镀过滤机

化学镀专用过滤机（图 9-30）是根据化学镀工艺的特殊性而研制的。其结构由立式泵、过滤器、阀门及管道等部分组成。

通常使用的卧式泵由于靠机械密封来防止泄漏，在与化学镀液接触时会因沉积上金属镀层而造成故障，引起泄漏。而磁力泵因为是依靠磁力耦合来驱动的，在高温环境下存在褪磁现象，导致随着使用时间延长而效能下降。所以为了解决上述问题，化学镀专用过滤机采用无机械密封的立式泵，以确保过滤机的正常使用，极大地减少故障。

具体操作：

① 关闭排污阀门，打开其他所有阀门，往注水筒内加注溶液直至注水筒内液面不再下降为止（此时注水筒内充满溶液），关闭出液阀门、注水阀门与排气阀门。除需排尽过滤器内溶液（如清洗、更换滤芯）时打开排污阀门，通常情况下其都是关闭的。

② 启动开关，泵运转。此时进液管缓慢进液。运行约 1min 后，打开注水阀门进行补液，注水筒液面下降至 1/3 高度时（注意防止吸入空气），关闭注水阀门。继续运行直至进液管连续进液后打开出液阀门，此时出液管开始出液，过滤机开始工作。

③ 过滤机正常工作后，打开排气阀门排气，待空气排净后关闭排气阀门。

④ 停机时应先关闭进液阀门后再关闭出液阀门，然后停机。清洗滤芯前通过排污阀门排尽溶液后打开筒盖。

9.5.6　镀铬过滤机

镀铬过滤机的工作原理与普通电镀溶液过滤机基本相同，但由于铬酸的特殊化学性质，以及镀铬时使用的温度能达到 60℃，因而对过滤机（图 9-31）有一些特殊要求，如对泵、滤筒材料、密封材料有特殊要求。

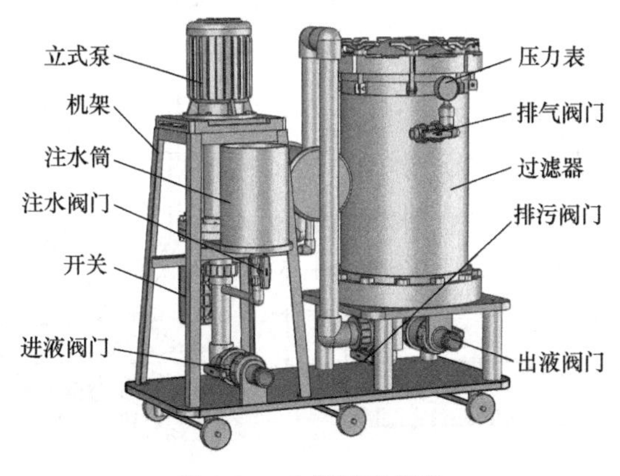

图 9-30　化学镀过滤机

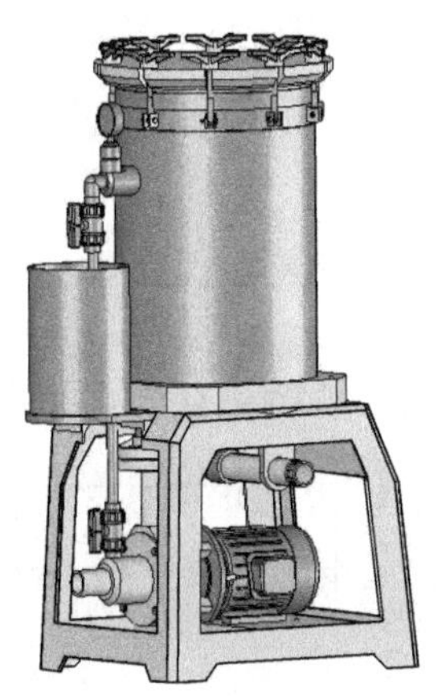
图 9-31　镀铬过滤机

① 泵材质：KD-ERPP、ME-FRPP、NAC-FRPP、KDF-PVDF、MEF-PVDF、NACF-PVDF。

② 滤筒材质：PE。

③ 密封圈材质：可选择 E-EPDM、V-VITON、N-NBR。

关于粗化用的过滤机，因为需要耐受 400g/L 铬酸＋400g/L 硫酸这样强腐蚀溶液，而且要能过滤掉从 ABS 塑料中溶解下来的丁二烯等胶状物，现在的产品滤筒是 PVDF 整体成形的，大大降低了泄漏的概率。采用特制的陶瓷滤芯。

9.6 过滤机的安装与使用

以下几点值得注意：

① 在过滤机安装之前，查阅说明书，做好安装的准备工作。

② 过滤泵尽可能装在使用槽的液位之下，以便实现自灌，否则过滤机进液管上要装单向阀，使停泵时泵内保有溶液以免次次灌水。

③ 滤筒上沿要高于使用槽的液面，以免换滤芯时跑冒溶液，或必须事先放走一部分溶液。

④ 过滤机下方要有接液盘。

⑤ 应安装低液位保护开关，防止空转损坏泵。

⑥ 进入槽内的管路要有足够耐温性和耐蚀性。

⑦ 过滤泵进液管不能缩小口径，否则过滤系统会进气。

⑧ 槽底抽液管进液口一般是向下斜向成 45°均布 ϕ5～10mm 小孔，小孔的总面积一般比抽液管径面积大 20%～30%，如想看到溶液的运动，抽液管的开孔总面积要小于出口管面积的 50%～60%。

⑨ 槽内抽液管位置要与空搅管有一定的距离，否则在工作时容易吸进空气，使过滤机无法工作。

⑩ 抽液管（即出液管）出槽处在液面上 30～50mm 位置，斜向钻一个 ϕ3mm 小孔，用以防止虹吸。

⑪ 槽内垂直安置的抽液管底部需加装滤网或底阀或开孔的管子，以防吸入杂物，一般距槽底 150mm 左右。

⑫ 过滤机与镀槽间可采用软管或硬管连接。采用软管连接时，要用管卡牢固地卡紧在软管接头上，图 9-32 所示为三种软管接头的形式，供参考选用。用硬管连接时，管路要横平竖直，与阀门在一条线上，并设置管路支撑。管路进出口要装阀门，以便维修。

⑬ 使用离心泵时，应熟悉泵的轴封，轴封是易损件，要有备品，定期及时更新。

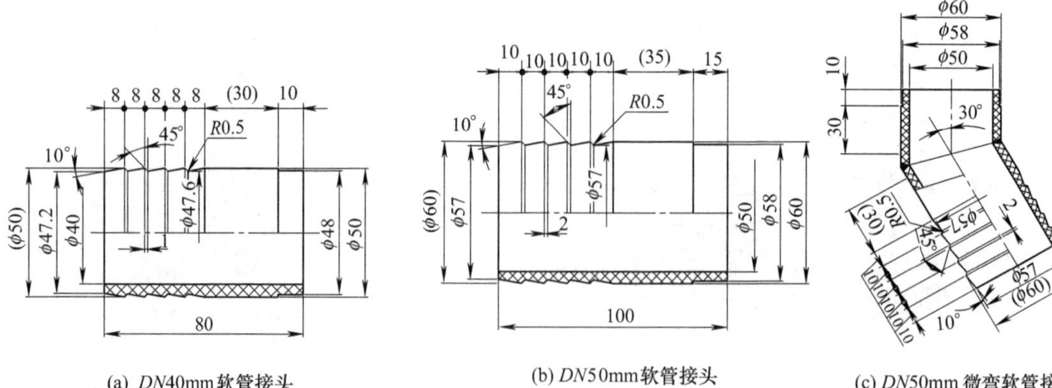

(a) *DN*40mm软管接头　(b) *DN*50mm软管接头　(c) *DN*50mm 微弯软管接头

图 9-32　软管接头

⑭ 每台过滤机要装相应的电源空气开关。

⑮ 过滤机上要有压力表，可以观察滤芯堵塞情况，以便及时清洁滤芯。清洗的滤芯需泡酸和泡水，清洗后再次使用。

⑯ 关于轴封，建议不要自己修理，购买供应商的产品为好。

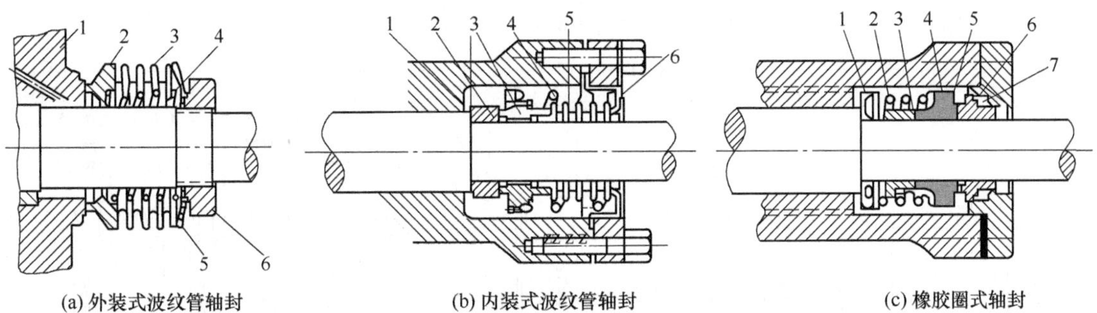

(a) 外装式波纹管轴封　　(b) 内装式波纹管轴封　　(c) 橡胶圈式轴封

1—轴封盖；2—动摩擦环；3—波纹管；4—弹簧；5—压板；6—压紧螺母

1—橡胶圈；2—动摩擦环；3—静摩擦环；4—弹簧；5—波纹管；6—压板

1—弹簧托板；2—弹簧；3—橡胶圈；4—套环；5—动摩擦环；6—静摩擦环；7—O 形环

图 9-33　轴封原理示例

过滤泵运转时，转动部分与静止部分之间需有适当的间隙，才能保证动、静部分相互之间不致发生摩擦。轴封就是保证动静部分有适当间隙，同时又能防止溶液从动、静部分间隙泄漏或者空气从轴端漏入泵的一种元件。轴封也分几种：填料密封、机械密封、动力密封。图9-33示意了轴封的一些原理可作参考。

电镀过滤机用的离心泵多用机械轴封。图 9-34 所示为机械轴封示例。图 9-35 所示是一些机械轴封的照片。图 9-36 中为部分盘根的照片，供选用参考。

图 9-34　机械轴封示例

图 9-35　机械轴封照片

(a) 聚四氟乙烯石墨纤维盘根

(b) 碳纤维编织盘根

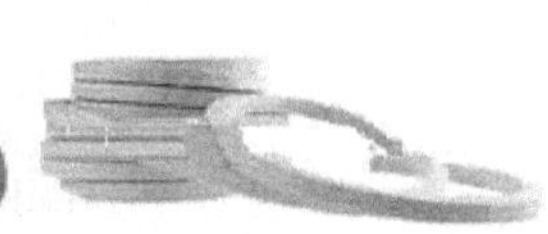

(c) 芳纶纤维编织盘根

图 9-36　盘根的照片

9.7 溶液循环过滤管路布置案例

9.7.1 槽内外循环过滤管的布置

槽内外循环过滤管的布置见图 9-37 和图 9-38。

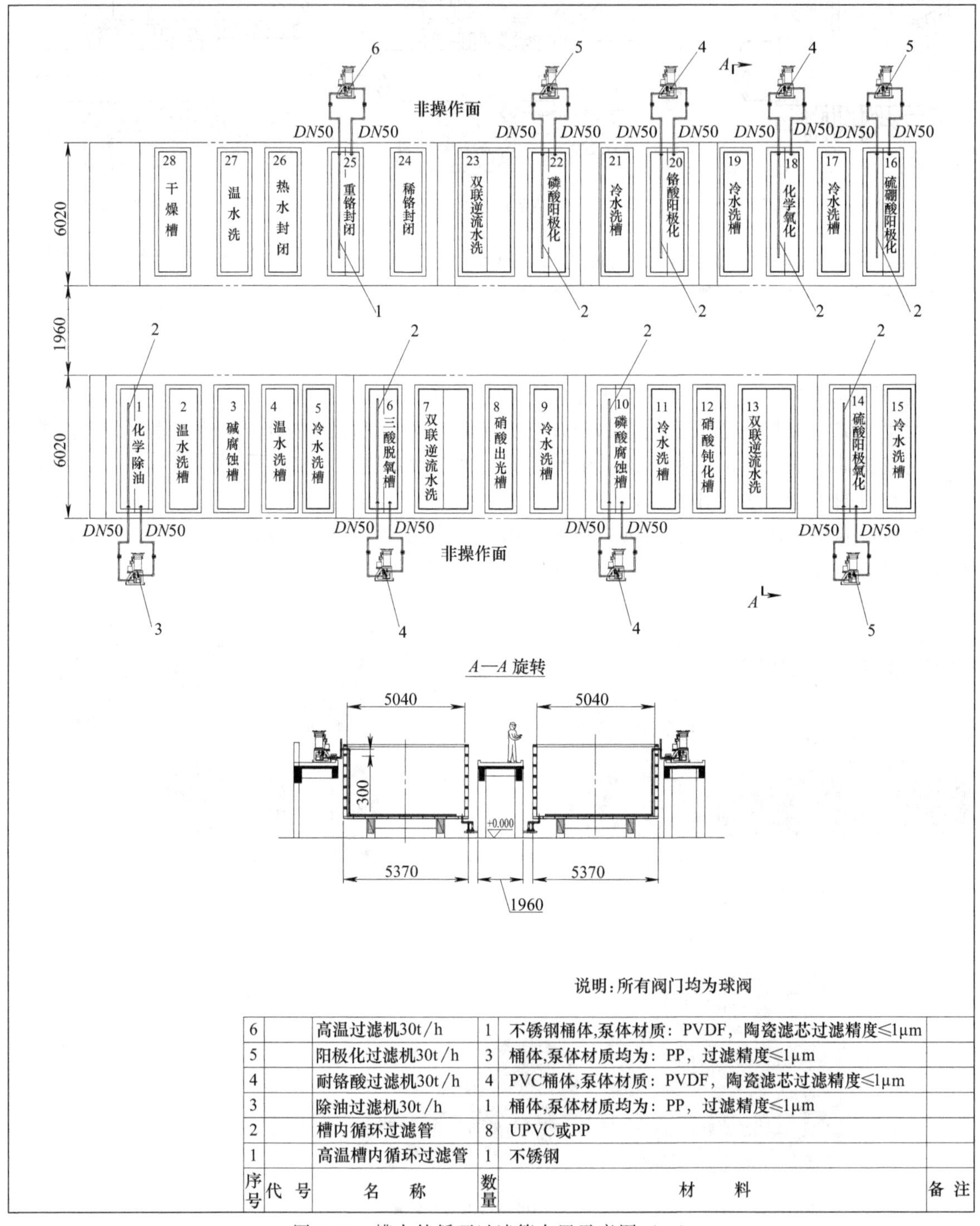

序号	代 号	名 称	数量	材 料	备 注
6		高温过滤机30t/h	1	不锈钢桶体,泵体材质：PVDF，陶瓷滤芯过滤精度≤1μm	
5		阳极化过滤机30t/h	3	桶体,泵体材质均为：PP，过滤精度≤1μm	
4		耐铬酸过滤机30t/h	4	PVC桶体,泵体材质：PVDF，陶瓷滤芯过滤精度≤1μm	
3		除油过滤机30t/h	1	桶体,泵体材质均为：PP，过滤精度≤1μm	
2		槽内循环过滤管	8	UPVC或PP	
1		高温槽内循环过滤管	1	不锈钢	

图 9-37 槽内外循环过滤管布置示意图（一）

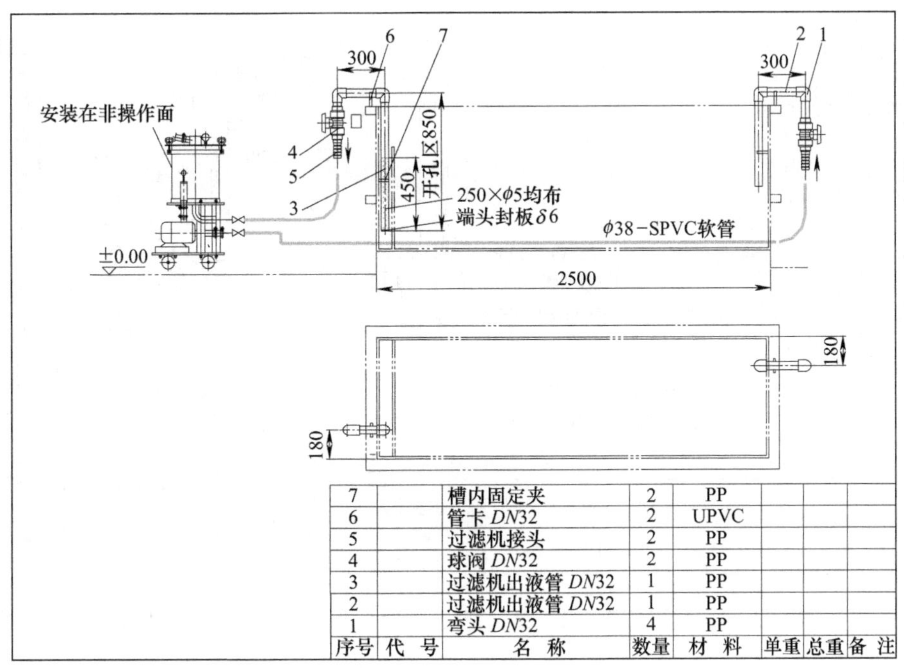

7		槽内固定夹	2	PP			
6		管卡 *DN*32	2	UPVC			
5		过滤机接头	2	PP			
4		球阀 *DN*32	2	PP			
3		过滤机出液管 *DN*32	1	PP			
2		过滤机出液管 *DN*32	1	PP			
1		弯头 *DN*32	4	PP			
序号	代　号	名　称	数量	材　料	单重	总重	备　注

图 9-38　槽内外循环过滤管布置示意图（二）

9.7.2 槽内循环过滤管的布置

槽内循环过滤管的布置见图 9-39～图 9-41。

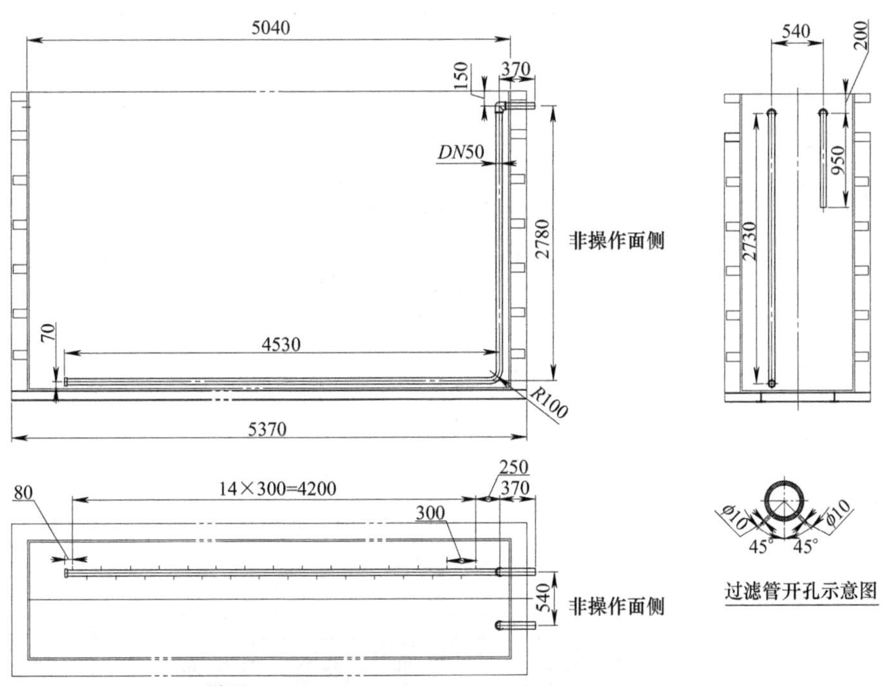

图 9-39　槽内循环过滤管布置示意图（一）

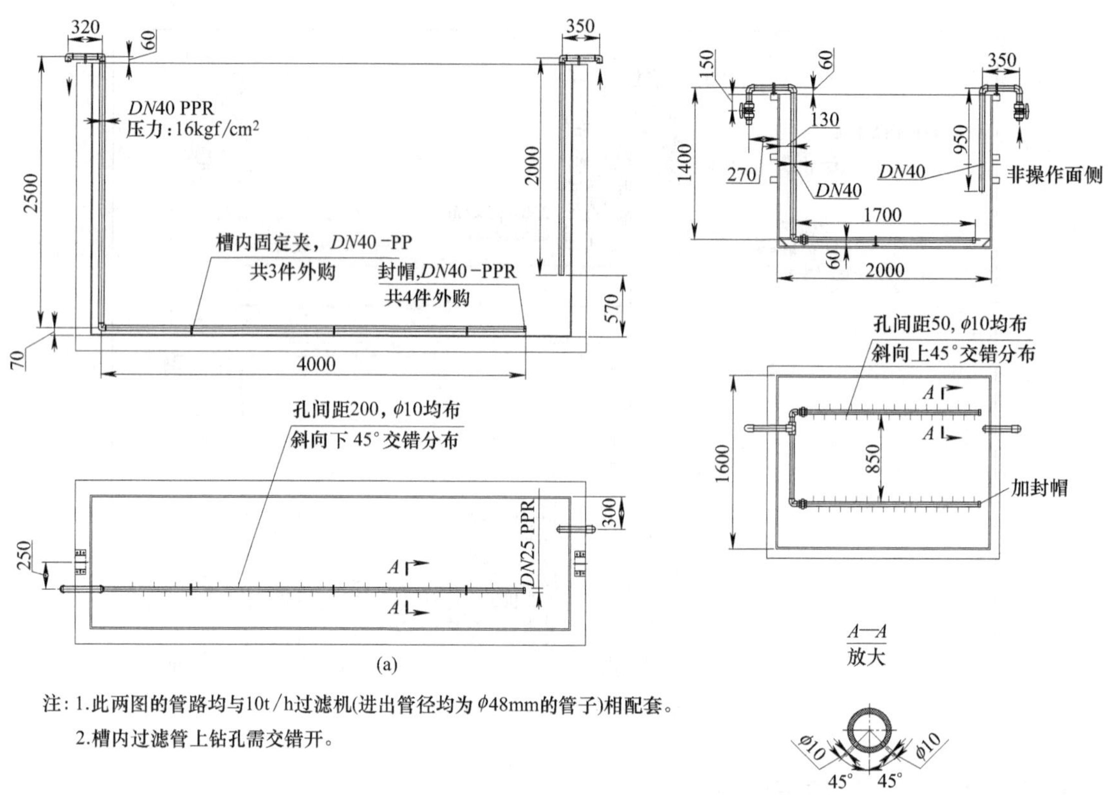

注：1.此两图的管路均与10t/h过滤机(进出管径均为ϕ48mm的管子)相配套。

2.槽内过滤管上钻孔需交错开。

图 9-40　槽内循环过滤管布置示意图（二）

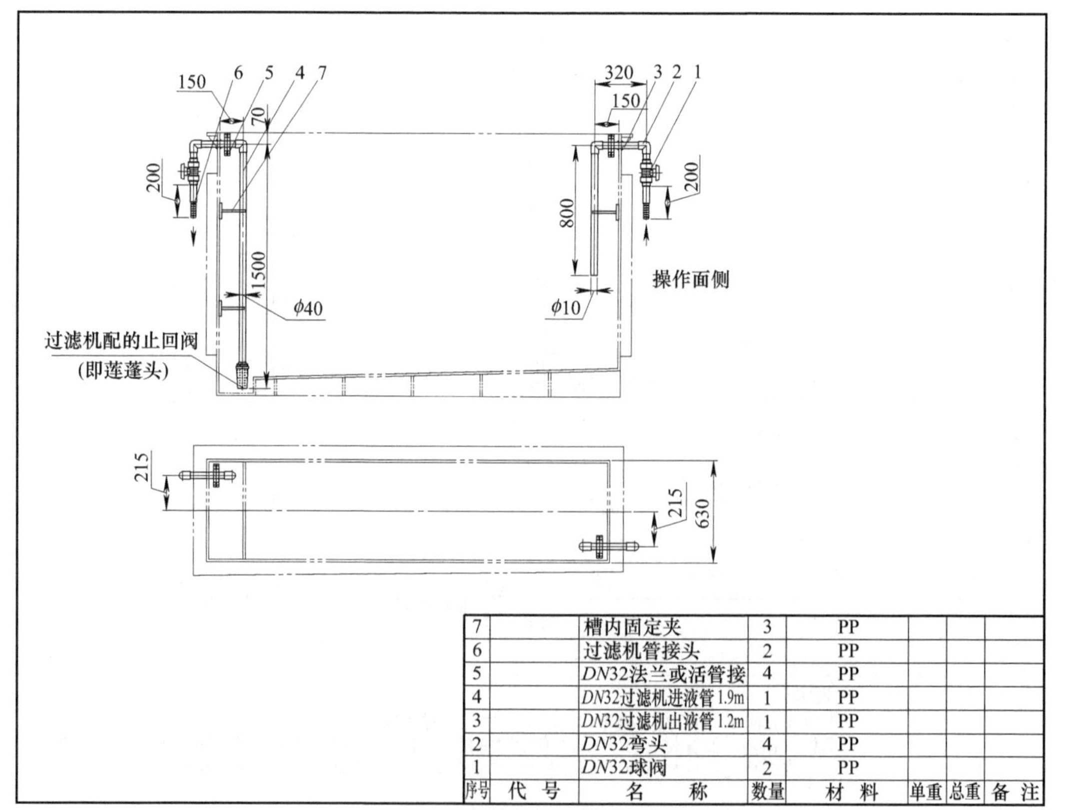

序号	代 号	名 称	数量	材 料	单重	总重	备 注
7		槽内固定夹	3	PP			
6		过滤机管接头	2	PP			
5		DN32法兰或活管接	4	PP			
4		DN32过滤机进液管 1.9m	1	PP			
3		DN32过滤机出液管 1.2m	1	PP			
2		DN32弯头	4	PP			
1		DN32球阀	2	PP			

图 9-41　槽内循环过滤管布置示意图（三）

第10章 电镀生产线的排风系统与废气净化

10.1 排风系统概述

10.1.1 有害气体的产生与控制要求

电镀线在进行电镀生产时，各工艺槽根据不同的溶液成分和工作条件，会在其液面上散发出不同的有害气体，例如，氰化物电镀时产生的氰化氢气体、镀铬时产生的铬雾气体、使用硝酸进行金属酸洗或抛光时产生的氮氧化物气体、使用盐酸硫酸进行金属零件酸洗时产生的酸性气体、碱性电解槽电解时产生的碱雾气体等。同时，在电镀线以外的一些辅助工序（如喷砂、抛光等）在生产过程中会产生有害粉尘。

有害气体的产生原因大体可归纳为如下几种情况。

① 由化学作用而产生：如铜或铜合金零件在硝酸溶液中出光时，铜与硝酸反应产生氮氧化物。

② 由电化学作用而产生：由于电镀是电化学过程，电解时电极产生的气体夹带着溶液逸出液面。

③ 由气流带出：溶液用空气搅拌或液体搅拌时极易形成和带出溶液雾滴和蒸汽。

④ 由蒸发作用而来：例如溶液加热时，使溶液汽化而逸出。

⑤ 由挥发作用而来：零件用有机溶剂去油时，有机溶剂挥发而进入空气。

⑥ 由摩擦而产生两物质的微粒灰尘：如抛光时产生金属和砂轮材料的细粒，抛光时产生金属微粒、油雾和纤维灰尘等。

电镀线各工序及其辅助工序所产生的有害物的具体名称，如表10-1所示。

对于这些有害气体和粉尘，必须采取综合性的有效措施，使电镀生产作业区空气中的有害成分最大允许浓度符合国家GBZ 1—2010《工业企业设计卫生标准》中的有关规定。车间空气中有害物质的最大允许浓度见表10-2。当空气中同时存在几种有害气体时，它们的总浓度不应超过最有害气体的最大允许浓度。

表10-1 电镀线各工序产生的有害气体

序号	工序名称	温度/℃	所产生的有害物质
1	机械磨光		金属磨料和砂轮材料的细粒
2	机械抛光		油雾和棉毛灰尘
3	在滚筒内干磨		金属和磨料的微粒
4	在滚筒内酸或碱打光		酸雾或碱雾和氢气
5	喷砂清理		砂尘或铁粉
6	化学除油	60～90	碱雾气、水蒸气
7	电解除油	60～80	氢、碱雾气、水蒸气
8	黑色金属的酸液腐蚀	20～60	氢、酸雾气、亚砷酸、砷化氢

续表

序号	工序名称	温度/℃	所产生的有害物质
9	有色金属的酸液腐蚀	18～25	氮的氧化物、酸雾气
10	有机溶剂除油		有机溶剂蒸气
11	在热水中洗涤	50～90	水蒸气
12	铝的化学抛光	100～130	氮的氧化物、酸雾
13	铝的电解抛光	60～80	铬酸雾气
14	铝的硫酸阳极氧化	3～25	氢、酸雾
15	铝的铬酸阳极氧化	40～50	氢、铬酸雾气
16	钢的氧化处理	140～150	氢、碱雾气、水蒸气
17	氰化物镀锌、镉、铜	18～60	氢、氢氰酸、水蒸气
18	氰化物镀金、银	18～40	氢、氢氰酸、水蒸气
19	镀铬	45～70	氢、铬酸雾气、水蒸气
20	镀铁	18～110	氢、镀液雾气、水蒸气
21	碱性镀锡、锌	15～75	氢、碱雾气、水蒸气
22	酸性溶液空气搅拌	25～50	镀液雾气
23	磷化处理	40～98	磷化液雾气、水蒸气
24	氧化处理	20～98	氧化处理液雾气
25	铬酸钝化处理	室温～50	铬酸雾气
26	氰化物滚镀铜用铅盐作发光剂	50～60	氢、氢氰酸、铅化合物镀液雾气
27	碱性镀液内退除铬层	18～25	碱雾气、氢

表 10-2 空气中有害物质的最大允许浓度

序号	有害物质、生产性粉尘	空气中最大允许浓度/(mg/m^3)	序号	有害物质、生产性粉尘	空气中最大允许浓度/(mg/m^3)
一、	有害物质		28	丙烯醛	0.3
1	一氧化碳[①]	30	29	丙烯醇(皮)	2
2	一甲胺	5	30	甲苯	100
3	乙醚	500	31	甲醛	3
4	乙腈	3	32	光气	0.5
5	二甲胺	10		有机磷化合物	
6	二甲苯	100	33	丙吸磷(EO59)(皮)	0.02
7	二甲基甲酰胺(皮)	10	34	对硫磷(E605)(皮)	0.05
8	二甲基二氯硅烷	2	35	甲拌磷(3911)(皮)	0.01
9	二氧化硫	15	36	甲拉磷(4049)(皮)	2
10	松节油二氧化硒	0.1	37	甲基内吸磷(甲基 EO59)(皮)	0.2
11	二氯丙醇(皮)	5	38	甲基对硫磷(甲基 605)(皮)	0.1
12	二硫化碳(皮)	10	39	乐戈(乐果)(皮)	1
13	二异氰酸甲苯脂	0.2	40	敌百虫(皮)	1
14	丁烯	100	41	敌敌畏(皮)	0.3
15	丁二烯	100	42	吡啶	4
16	丁醛	10		汞及其化合物	
17	三乙基氯化锡	0.01	43	金属汞	0.01
18	三氧化二砷及五氧化二砷	0.3	44	升汞	0.1
19	三氧化铬、铬酸盐、重铬酸盐、(换算成 CrO_3)	0.05	45	有机汞化合物(皮)	0.005
			46	松节油	300
20	二氯氢硅	2	47	环氧氯丙烷(皮)	1
21	已内酰胺	10	48	环氧乙烷	5
22	五氧化二磷	1	49	环己酮	50
23	五氯酚及其钠盐	0.3	50	环己醇	50
			51	环己烷	100
24	六六六	0.1	52	苯(皮)	40
25	丙体六六六	0.05	53	苯及其同系物的一硝基化合物(硝基苯及硝基甲苯等)(皮)	5
26	丙酮	400			
27	丙烯腈(皮)	2	54	苯及其同系物的二及三硝基化合物(二硝基苯、二硝基甲苯等)(皮)	1

续表

序号	有害物质、生产性粉尘	空气中最大允许浓度/(mg/m^3)
55	苯的硝基及二硝基氯化物(一硝基氯苯、二硝基氯苯等)(皮)	1
56	苯胺、甲苯胺、二甲苯胺等(皮)	5
57	苯乙烯	0.5
	钒及其化合物	
58	五氧化二钒烟	0.1
59	五氧化二钒粉尘	0.5
60	钒铁合金	1
61	苛性碱(换算成 $NaOH$)	0.5
62	氟化氢及氟化物(换算成 F)	1
63	氨	30
64	臭氧	0.3
65	氧化氮(换算成 NO_2)	5
66	氧化锌	5
67	氧化镉	0.1
68	砷化氢	0.3
	铅及其化合物	
69	铅烟	0.03
70	铅尘	0.05
71	四乙基铅	0.005
72	硫化铅	0.5
73	铍及其化合物	0.001
74	钼(可溶性化合物)	4
75	钼(不可溶性化合物)	6
76	黄磷	0.03
77	酚(皮)	5
78	萘烷、四氢化萘	6
79	氰化氢及氰氢酸盐(换算成 HCN)(皮)	0.3
80	联苯及联苯醚	7
81	硫化氢	10
82	硫酸及三氧化硫	2
83	锆及其化合物	5
84	锰及其化合物(换算成 MnO_2)	0.2
85	氯	1
86	硫化氢及盐酸	15
87	氯苯	50
88	氯萘及氯联苯(皮)	1
89	三氯硝基甲烷	1
	氯代烃	
90	二氯乙烷	25
91	三氯乙烯	30
92	四氯化碳(皮)	25
93	氯乙烯	30
94	氯丁二烯(皮)	2
95	溴甲烷(皮)	1
96	碘甲烷(皮)	1
97	溶剂汽油	350
98	滴滴涕	0.3
99	羰基镍	0.001
100	钨及碳化钨	6
	醋酸酯	
101	醋酸甲酯	100
102	醋酸乙酯	300
103	醋酸丙酯	300
104	醋酸丁酯	300
105	醋酸戊酯	100
	醇	
106	甲醇	50
107	丙醇	200
108	丁醇	200
109	戊醇	100
110	糠醛	10
111	磷化氢	0.3
二、生产性粉尘		
1	含有 10%以上游离二氧化硅的粉尘(石英、石英岩等)②	2
2	石棉粉尘及含有 10%以上石棉粉尘	2
3	含有 10%以下游离二氧化硅的滑石粉尘	4
4	含有 10%以下游离二氧化硅的煤尘	6
5	含有 10%以下游离二氧化硅的滑石粉尘	10
6	铝、氧化铝、铝合金粉尘	4
7	玻璃棉和矿渣棉粉尘	5
8	烟草及茶叶粉尘	3
9	其他粉尘③	10

① 一氧化碳的最大允许浓度在作业时间短暂时可予放宽：作业时间 1h 以内，一氧化碳浓度可达 $50mg/m^3$；0.5h 以内可达到 $100mg/m^3$；15～20min 可达到 $200mg/m^3$。在上述条件下反复作业时，两次作业之间须间隔 2h 以上。

② 含有 80%以上游离二氧化硅的生产性粉尘，宜不超过 $1mg/m^3$。

③ 其他粉尘系指游离二氧化硅含量在 10%以下，不含有毒物质的矿物性和动植物性粉尘。

注：1. 表中最高容许浓度，是工人工作地点空气中有害物质所不应超过的数值。工作地点系指工人为观察和管理生产过程而经常或定时停留的地方，如生产操作在车间内许多不同地点进行，则整个车间均为工作地点。

2. 有“(皮)”标记者，为除经呼吸道吸收外，尚易经皮肤吸收的有毒物质。

3. 工人在车间内停留的时间短暂，经采取措施仍不能达到上表规定的浓度时，可与省、市、自治区卫生主管部门协商解决。

4. 本表所列各项有毒物质的检验方法，应按现行的《车间空气监测检验方法》执行。

5. 本表摘自《工业企业设计卫生标准》TJ 36—79。

10.1.2 排风系统的节能减排措施

减少或消灭电镀加工过程废气的产生，使符合清洁生产的要求，首先要从工艺本身入手，改良生产工艺技术，减少有害气体的产生；其次是采用先进的密闭式无污染设备防止废气外泄或用无粉尘加工技术，替代高粉尘工艺和设备等；最后就是添加气雾抑制剂，利用表面活性剂的发泡性，将气雾控制在液面的泡沫层中，使气雾自然集聚后再回落到槽液内。

10.1.2.1 使用低污染的电镀工艺

① 采用中、低温处理工艺，减少有害气体的逸出，同时节省了能源。例如，镀前处理中的化学除油，其刺激性气味主要是加热到接近沸腾状态时碱液挥发造成的。因此，为减轻化学除油槽的气雾，建议采用中温和常温的高效化学除油工艺。国内许多电镀原辅材料厂商都可提供不同用途的中温和常温化学除油药剂，选择范围相当广泛。另外对钢铁件采用中温和常温磷化工艺、采用常温氧化发蓝和发黑工艺等，都能减少有害气体的产生。

② 采用无硝酸的酸洗工艺，消除和减少酸洗时黄烟（NO_x）的产生。例如，采用铜件酸洗光亮剂之类的添加剂，在只用硫酸不用硝酸而采用硝酸钠提供硝酸根的酸洗溶液中，可有效减轻酸洗过程中黄烟的产生；又如铝件无硝酸化学抛光剂等工艺，抛光过程不产生氮氧化物。由于采用这些工艺，减轻了对空气的污染，使排风的风量减少，且处理净化也相当简单。

③ 采用无氰化物和六价铬的电镀工艺，消除氰化氢和铬雾有害气体的产生。例如，采用无氰的锌酸盐镀锌和氯化钾镀锌工艺、三价铬镀装饰铬工艺，对钢铁件装饰性镀层采用预镀镍和无氰碱性预镀铜代替氰化预镀铜等。

10.1.2.2 合理设计排风设施

合理设计排风设施，减少排风量。工艺槽在工作时所需要的排风量，主要取决于该工艺槽的液面风速和散发有害气体的液面面积。在不影响工件进出工艺槽的前提下，用槽盖板盖住部分或大部分液面，如在设计环形电镀线的排风系统时，当工件在工艺槽中处理的时间在三工位以上时，将除进出工位以外部位用槽盖板覆盖，槽面只留出能使挂具移动时的小通道即可，以减少液面面积（图 10-1），此时槽面的排风量可减少 1/4～3/4。在设计行车式电镀线的排风系统时，可在排风罩上设置一翻转盖板或移动盖板，盖住工件进出槽不影响的部位，以减小液面面积（图 10-2）。

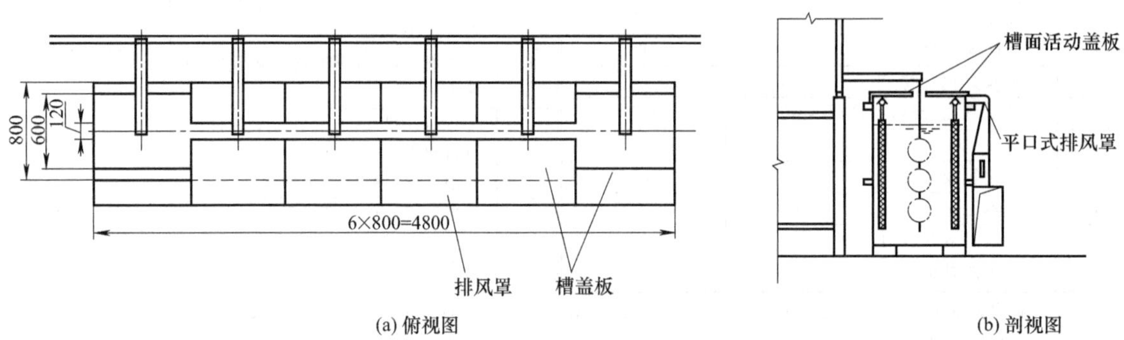

图 10-1 环形电镀线槽面排风装置示意图

镀槽内产生的有害气体，其密度一般都比空气密度大，如果把槽内溶液界面至槽口的高度增大，则可将液面上产生的有害气雾向上蒸发的路途增加，大部分气雾中裹挟的有毒液体凝聚后自动回落至溶液中，明显有利于改善排风效果、减少排风量、节省能源。因此在设计镀槽高度时，将槽内溶液界面至槽口的高度不小于 250mm，为了减少大型功能槽液面上有害气体外泄，宜将此尺寸扩大至 300～400mm。

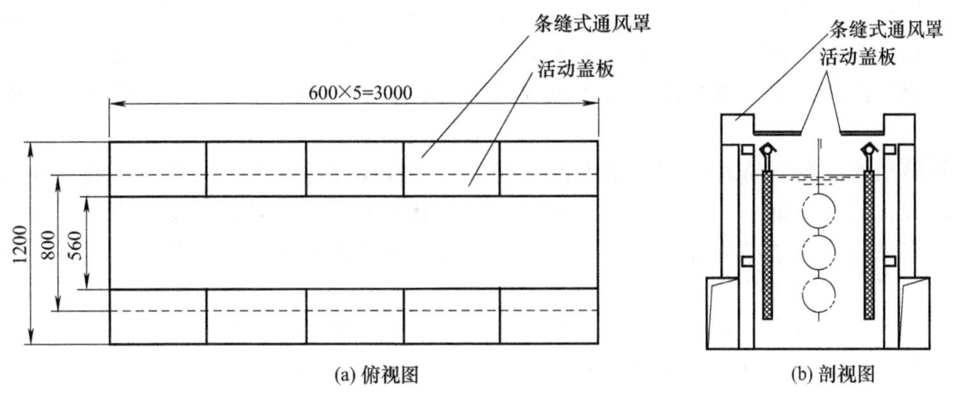

图 10-2　行车式电镀线槽面活动盖板示意图

10.1.2.3　添加气雾抑制剂

(1) 表面活性剂及其发泡性

表面活性剂是一类由亲油基和亲水基两部分组成的，能显著降低界面表面张力的物质。亲油剂又叫疏水剂，与油具有亲和能力，与油及非水物质接触时，不但不互相排斥，反而互相吸引。亲水剂则是易溶于水或易被水润湿的原子团。表面活性剂分子的模型见图 10-3，它们在油水和水气两相界面的排列状态参阅图 10-4。与表面活性剂基本性质直接相关的实际作用有：润湿（渗透）作用、乳化作用、分散作用、增溶作用、发泡作用、消泡作用和洗涤作用。

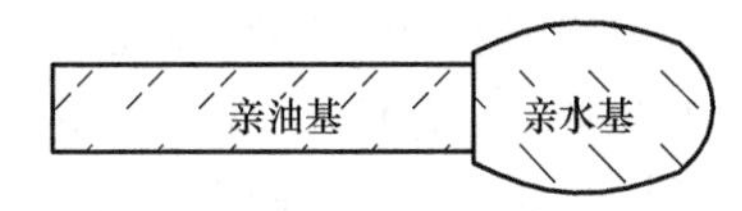

图 10-3　表面活性剂模型

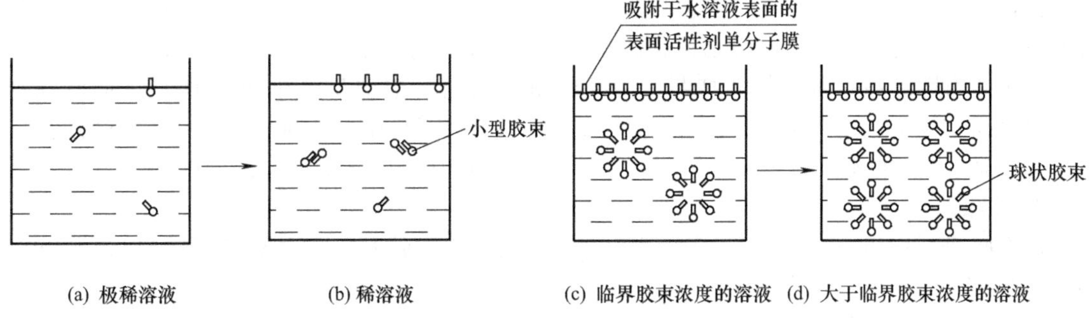

图 10-4　表面活性剂模型分子在油水、水气界面上的排列

“泡”就是由液体薄膜包围着的气体。当某种液体易于成膜且膜不易破裂时，对此液体进行搅拌就会产生许多泡沫（图 10-5）。电镀生产中，由于化学和电化学作用，从溶液中会产生气体。如在溶液中加入适当的表面活性剂，则它们吸附于气-液界面上，就形成较牢固的液膜并使表面张力下降，从而增加了液体和气体的接触面。被吸附的表面活性物对液膜起着保护作用，使液膜比较牢固，不易破裂。在浮力作用下，气泡浮升到溶液表面，密布成多层，对溶液蒸发和酸碱液的溢出起阻碍作用，从而达到抑雾的效果。

利用表面活性剂的泡沫持久特性，可以达到抑制酸碱废气溢出槽液表面的效果。槽液在工作中由于化学和电化学作用，就会产生或多或少的气体，当槽液中加入适量的表面活性剂时，表面活性剂吸附于气-液界面，形成较牢固的液膜，并使其表面张力下降，当

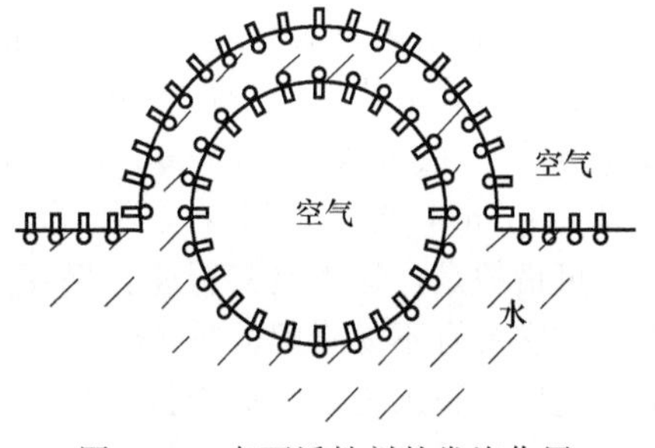

图 10-5　表面活性剂的发泡作用

溶液受到搅拌时就会产生许多泡沫，从而增加了气-液接触表面积。这种比较牢固的液膜在气体浮力作用下，产生的气泡漂浮到槽液表面，形成一定厚度的泡沫层，对槽液蒸发及酸碱雾的逸出有一定的阻挡效果。在使用时需要控制泡沫层的厚度，不致使泡沫溢出槽外污染环境和腐蚀设备。

电镀溶液添加的气雾抑制剂要求发泡性能好，并且还要适应不同性质的溶液，分别具有耐酸、耐碱或抗氧化的能力，不会参与电极反应，对槽液和镀层性能无不良影响，而且要易于洗脱。一般多采用非离子型表面活性剂作为电镀溶液的气雾抑制剂，在一些添加剂生产企业已有不少这类产品生产和销售。

为了减轻空气污染，在不影响镀层质量和溶液性能的前提下，对有条件的镀种，在槽液内添加相应的气雾抑制剂（如酸雾抑制剂、碱雾抑制剂和铬雾抑制剂等），减缓有害气体挥发，以减轻净化处理装置的负担。在选择气雾抑制剂时，应注意采用各种新开发的、在强酸、强碱、强氧化和高温环境下稳定，而又不含有国际公约禁用的具有持久性、生物累积性和潜在毒性的化学品的产品，如全氟辛烷磺酸（PFOS）等，以防范对我国自然水体造成持久性的污染。

(2) 镀铬酸雾的抑制

镀铬溶液的电流效率较低，电镀过程中在阴极和阳极会产生大量 H_2 和 O_2 气泡，从溶液中向上升腾时带有较大能量，气泡就会冲破液面，将液膜崩裂为极细碎的铬雾飞溅到周围空气中，给环境造成污染，对操作工人健康造成危害。添加直径为 5～20mm 的聚乙烯或聚氯乙烯空心塑料球来盖满镀铬槽液表面，是最简单有效的减少铬雾的方法。而且在镀槽停产时也不会有大量铬雾逸散到车间空气中，具有长期的防护效果。对于镀硬铬时采用这个方法较为有效，可以防止镀件上方因电流较大和气泡集中而破坏气雾抑制剂的泡沫覆盖层，造成铬雾外逸。由于硬铬电镀时间较长，工件一般外形较装饰铬简单，出槽时带出空心塑料球的数量要少得多，只要用网罩保护好清洗水槽的溢水口，及时捞回再补充到镀槽内，就不会给操作工人带来太大麻烦。

对于装饰性镀铬的铬酸气雾抑制，国外曾研究采用高泡型耐氧化的氟-碳型表面活性剂，但耐温只到 60℃，寿命也不够长。20 世纪 70 年代初中国科学院上海有机化学研究所制成了 F-53 氟碳表面活性剂，该产品在 70℃时，时效达到 2600A・h/g；在 60℃时，时效达到 8189A・h/g。

按不同使用温度，F-53 有三种型号，其使用温度分别为：F-53A—50～65℃；F-53B—40～60℃；F-53C—65～70℃。

F-53 的添加量依镀铬工艺不同而有些差异。对装饰性镀铬可添加 0.03～0.04g/L；镀硬铬和乳白铬时添加量高一些，一般在 0.05～0.06g/L 范围内。F-53 的添加量越高，泡沫层越厚，能防范氢气和氧气气泡冲破泡沫层带着铬雾四散，但含量不宜超过 0.068g/L，否则会造成镀层硬度提高。

一些工厂长期使用结果证明，镀铬溶液中添加 F-53 氟碳表面活性剂对槽液的分散能力、阴极电流效率、镀层光亮度、镀层组织结构和与金属基体的结合强度无影响。也有的单位发现添加 F-53 氟碳表面活性剂在镀乳白铬时会产生孔隙。

据测定，镀铬槽液中加入 F-53 氟碳表面活性剂后，当泡沫层完全覆盖镀槽液面时其抑雾效果显著。在液面上部 150mm 处和镀槽周围环境取样化验，空气中铬酸浓度仅为 0～0.015mg/m^3，低于车间空气的铬酸允许含量的国家标准。

可惜的是，这类电镀行业长期使用的 F-53 等铬雾抑制剂，属于全氟辛烷磺酸（PFOS）类物质，它具有不易降解的持久性、很高的生物积蓄性和对人体多脏器毒性，这类物质在欧美已限制使用。我国也是《关于持久性有机污染物的斯德哥尔摩公约》的签署国，一旦 PFOS 类化学品作为受控物质审议通过，将被禁止使用。

现在，国内已研制出不含 PFOS 成分的铬雾抑制剂，初始添加量为 4～8mL/L，它是一种稳定的液态铬雾抑制剂，可在槽液表面形成很好的泡沫层，降低槽液表面张力。这种铬雾抑制剂也能用于铬酸和硫酸阳极氧化溶液，其初始添加量为 1～4mL/L。镀铬过程补充量根据表面张力测定，其正常值应为 25～35dyn/cm（$1dyn=10^{-5}N$），每下降 1dyn/cm 需补加 0.25 ～0.5mL/L；日常生产过程中也可按消耗电量补充，按安·时计读数计算，每电镀 1000A·h 补加 5～10mL。今后各单位还会研制成功更多的长效铬雾抑制剂，在生产中不断总结使用经验，为人类造福。

(3) 氮氧化物气体产生的抑制

用混合酸酸洗铜件和退除镀层时，会产生大量氮氧化物气体 NO_x，主要是 NO 和 NO_2 两种，对环境危害较大。在酸洗溶液中加入一定量的尿素，能有效抑制氮氧化合物的产生，减小其瞬时挥发浓度。尿素的加入量视槽液用途而异。采用硝酸和硫酸混合酸洗溶液时，尿素添加量为 3～ 10g/L。尿素消耗较快，应及时补充。

尿素也不能完全消除氮氧化物，经尿素抑制后，黄烟会大量减少，经过废气净化设备喷淋清洗和活性炭吸收后，容易达到国家排放标准。

(4) 盐酸、硫酸雾的抑制

钢铁工件酸洗普遍采用盐酸和硫酸，一般酸洗操作常用料筐浸入槽液，采用塑料球浮在液面的办法很容易大量带出槽外，增加操作麻烦程度。因此，选用合适的酸雾抑制剂应对各种酸洗方式是比较恰当的方案，希望采用那些泡沫持久的添加剂，能在酸洗工作结束后表面泡沫仍然维持较长时间，防止酸液表面自然挥发酸气，造成建筑物和设备腐蚀。

在常温的盐酸酸洗液中酸洗时反应不很强烈，即使加入酸雾抑制剂其泡沫层也很薄，不足以制止酸雾逸出，况且浓盐酸自然挥发性强，即使不工作也会产生较多酸气，采用酸雾抑制剂的效果不理想。建议采用 1∶1 的盐酸水溶液来酸洗，这种溶液的自然挥发较少，如果加入上海某助剂厂生产的 YS-1 添加剂 100g/L，既可达到常温同时除油除锈，还能抑制酸雾。国内有些单位在盐酸酸洗溶液中加入一种 BSY 型酸雾抑制剂 3～5g/L 和六亚甲基四胺 1g/L。在碱性除油、镀锌和镀锡等溶液中加入 BSY 型酸雾抑制剂 3～5g/L，对抑制酸雾和碱雾都很有效。

在常温下用盐酸退除镀锌和镀镉的不良镀层时，产生气泡较多，搅拌作用很强，加入十二烷基硫酸钠或 OP 乳化剂，也有较好的抑雾效果。

对于热硫酸酸洗液，由于黏度较大，如果添加气雾抑制剂（如：十二烷基硫酸钠 0.01～0.1g/L)，在酸洗反应产生的氢气升腾搅拌下，能够在槽液表面产生较厚的泡沫，能起到抑制酸雾的效果。为防止经常性的酸气挥发，防止设备和建筑物损坏，酸洗槽停产时应对槽体加盖。

(5) 碱雾的抑制

电镀生产中产生碱雾的工序，主要是化学除油、电解除油、强碱性电镀（如碱性镀锡、碱性镀锌等）和氰化物电镀等。

电解除油的电流密度较大，两极产生的氢气和氧气量较多，造成较强碱雾。添加高泡型表面活性剂能在槽液表面形成足够厚度的泡沫层，起到较好的抑雾作用。目前采用较多的抑雾剂为十二烷基硫酸钠及 OP 乳化剂，其添加量应分别控制在 0.01g/L 之内，否则工件不易清洗干净而影响镀层结合力。

碱性镀槽和氰化镀槽同电解除油槽一样，产生强烈的刺激性碱雾。对电镀槽液的碱雾抑制剂选用要持谨慎态度，应当进行比较全面的试验，确认对镀层质量无不良影响时才能添加投产。

必须注意，不论采用何种抑雾方法，对产生有害气体的镀槽或设备，都不能取消局部排风设施，必须根据各个添加气雾抑制剂的镀槽的气雾抑制程度，确定液面风速和设计排风量以及所需要采用的废气净化设施，以保持内外清洁的生产环境。

10.1.3 自然通风

自然通风是根据室内外空气的温度差——热压力，或风对车间的作用——风压力，使室内外空气得到自然交换。

热压力的产生，是由于空气温度不同、密度不同则重度各异。例如每立方米干空气的质量，当温度为−25℃时为1.424kg；在40℃时为1.128kg。在一般情况下，室外空气的温度较室内低，每立方米干空气质量较室内大，于是在车间下部产生压力，空气从四方的空隙进入车间，将室内温度较高的空气从车间上部空隙排出去。这种由空气温度所造成的压力，称为热压力。

风压力的产生，是由于风对车间的向风面和背风面的压力不同，在车间的向风面形成正压区，空气要进入车间，在背风面形成负压区，车间内的空气有出来补充的趋势。如果把窗户打开，就会把车间内的空气迅速更换成新鲜空气。

充分利用自然通风，可以保证车间得到巨大的通风量，是电镀车间获得良好通风的重要方法。因此在设计电镀车间建筑时，应有气楼和通风窗。车间内30%～50%的窗应备有通风小窗或腰头窗，通风小窗和腰头窗的总面积不小于窗口面积的10%。这些措施作为电镀车间的全室换气系统。

10.2 局部排风

局部排风是通过槽边排风罩将电镀线各工艺槽散发的有害气体收集，通过风管经净化后排至室外。它的特点是不影响工艺操作，有害气体不经过操作员工的呼吸区就被槽边排风罩排出。但由于槽边排风罩的气流运动方向与有害气体的运动方向是不一致的，因此需要较大的排风量才能达到效果。

10.2.1 局部排风设计要则

① 在设计局部排风罩时，应根据有害物质的特性和散发规律以及工艺设备的结构及其操作特点，合理地确定排风罩的形式和安装方式。在不影响生产操作的情况下，应尽可能在槽体上设置密闭或活动盖板，并保证在排风口处形成一定的风速，以最小的风量、最大限度地排除槽内所散发的有害气体。

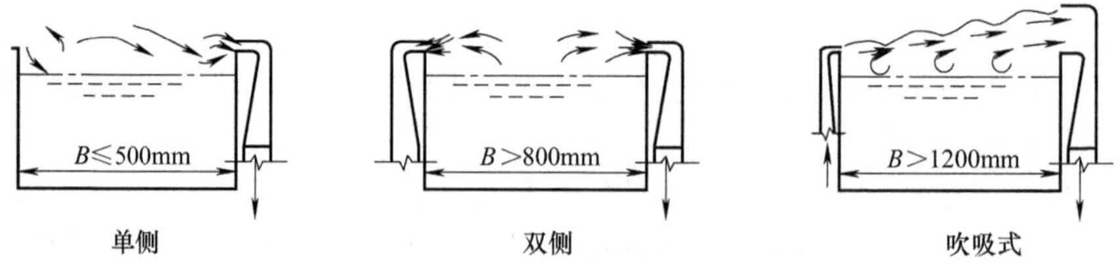

图10-6 槽边排风罩设置形式

② 槽边排风罩主要分为单侧、双侧（或周边）和吹吸式几种（图10-6）。一般槽宽$B \leqslant$ 500mm时，可采用单侧排风罩；槽宽$B = 500 \sim 800$mm时，宜采用双侧排风罩；槽宽$B = 800 \sim 1200$mm时，必须采用双侧排风罩；槽宽$B > 1200$mm时，采用吹吸式排风罩（即吹吸罩）。直径$D = 500 \sim 1000$mm时，宜采用环形排风罩。

③ 槽边排风罩应设在槽体长边的一侧。为保证排风罩吸气口的吸气均匀，排风罩风道内风速应低于排风罩吸风口处风速，一般为吸风口风速的 20%～50%。当无法实现上述风速时，排风罩内应设置导流板，或者做成楔形条风口，或者分段设置排风罩，参阅图 10-7。

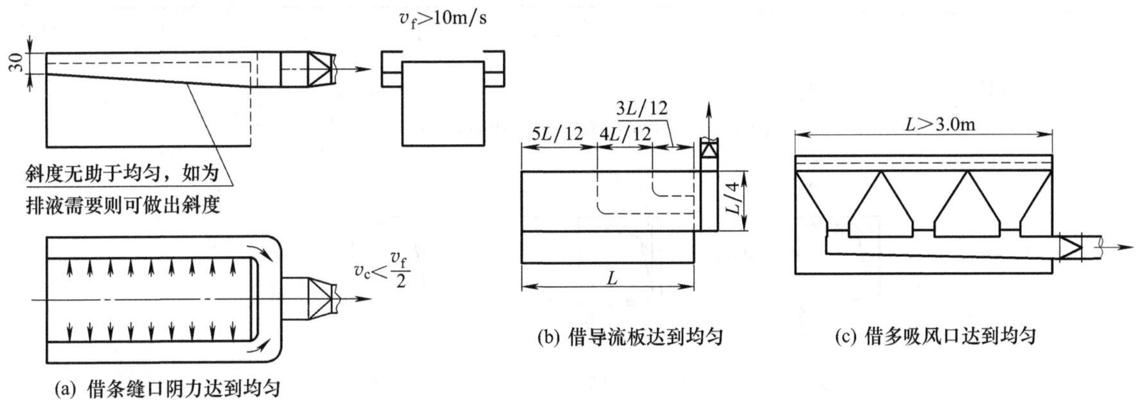

(a) 借条缝口阴力达到均匀　(b) 借导流板达到均匀　(c) 借多吸风口达到均匀

图 10-7　槽边排风罩气流组织

④ 为提高槽边排风的效果，减小排风量，电镀线布置时应尽可能靠墙布置（图 10-8），尽量降低排风罩距液面的高度，但一般不得低于 150mm。

⑤ 各种工艺槽散发的有害气体通过排风罩收集组成排风系统时，应遵循以下原则：同一镀种工艺槽的排风（特别是气体需要处理净化的工艺槽），尽可能合并成一个系统，以便集中处理净化后排放；但组成一个系统的排风点不宜过多，最好不要超过 3～4，当必须超过时，系统需做好风量调节，使各排风点的排风量能符合设计要求；铬酸槽、硝酸槽的排风应单独设置，氰化物槽的排风可与碱槽的排风组成同一系统，但严禁氰化物槽和酸槽设为同一系统。

10.2.2　条缝式槽边排风

10.2.2.1　条缝式槽边排风罩

条缝式槽边排风是在槽边设置条缝式排风罩，将工艺槽散发的有害气体排走。条缝式槽边排风罩的特点是截面的高度较大，如同在吸风口上设置了挡板，减小了吸风的范围。因此，不论槽的布置情况如何，都能提高排风罩的吸风效果。

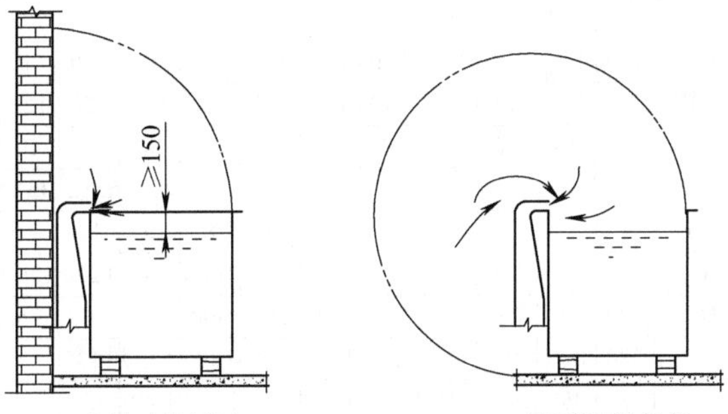

≥150

靠墙时效果好　不靠墙时效果差

图 10-8　电镀槽布置示意图

条缝式槽边排风罩的制作材质分金属制（国标 86 T 414）和塑料制（国标 86 T 415❶）两种。目前由聚丙烯或聚氯乙烯塑料制作的各种排风罩应用最为广泛。塑料制条缝式槽边排风罩的形式，分为单侧Ⅰ型、单侧Ⅱ型、双侧Ⅰ型、双侧Ⅱ型和周边型几种，图 10-9 和图 10-10 所示分别为塑料制条缝式槽边排风罩的形式和排风罩断面示意图。当条缝式槽边排风罩在一条电镀线上使用时，应采用相同 E 值的排风罩，以保证排风罩安装在同一水平高度上。塑料制条缝式槽边排风罩的尺寸和性能列于表 10-3 和表 10-4。

❶ 国标通风部件图集中编号。下同。

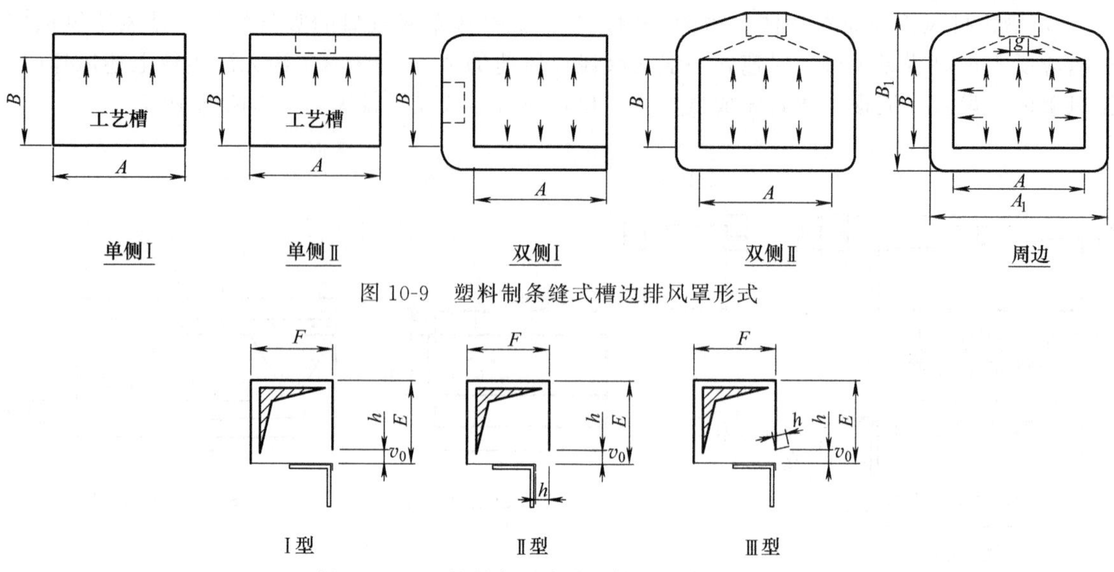

图 10-9　塑料制条缝式槽边排风罩形式

图 10-10　塑料制条缝式槽边排风罩断面示意图

表 10-3　塑料制条缝式槽边排风罩尺寸　　mm

单侧条缝式槽边排风罩尺寸																				
型号	1	2	3	4	5	6	7	8	9	10	11	12	13	14	15	16	17	18	19	20
A	400	400	400	400	500	500	500	500	600	600	600	600	800	800	800	800	1000	1000	1000	1000
B	400	500	600	700	400	500	600	700	400	500	600	700	400	500	600	700	400	500	600	700
E	120	140	140	170	120	140	140	170	120	140	140	170	120	140	140	170	120	140	140	170
F	120	120	120	120	140	140	140	140	140	140	140	140	160	160	160	160	180	180	180	180
h	30	40	50	60	30	40	50	60	30	40	50	60	30	40	50	60	30	40	50	60

双侧条缝式槽边排风罩尺寸																							
型号	1	2	3	4	5	6	7	8	9	10	11	12	13	14	15	16	17	18	19	20	21	22	23
A	800	800	800	800	1000	1000	1000	1000	1000	1200	1200	1200	1200	1200	1200	1500	1500	1500	1500	2000	2000	2000	2000
B	500	600	700	800	500	600	700	800	1000	500	600	700	800	1000	1200	700	800	1000	1200	700	800	1000	1200
E	140	140	170	170	140	140	170	170	200	140	140	170	170	200	200	170	170	200	200	170	170	200	200
F	120	120	120	120	140	120	120	120	120	120	120	120	120	120	120	160	160	160	160	200	200	200	200
h	25	35	35	30	30	35	35	50	50	30	40	40	40	50	55	40	60	60	60	60	55	55	60

周边条缝式槽边排风罩尺寸																							
型号	1	2	3	4	5	6	7	8	9	10	11	12	13	14	15	16	17	18	19	20	21	22	23
A	800	800	800	800	1000	1000	1000	1000	1000	1200	1200	1200	1200	1200	1200	1500	1500	1500	1500	2000	2000	2000	2000
B	500	600	700	800	500	600	700	800	1000	500	600	700	800	1000	1200	700	800	1000	1200	700	800	1000	1200
A_1	980	980	980	980	1230	1220	1220	1220	1210	1430	1430	1420	1410	1390	1380	1750	1740	1730	1710	2290	2290	2290	2290
B_1	880	950	1050	1140	950	1020	1120	1210	1390	920	990	1110	1210	1410	1630	1120	1210	1420	1660	1190	1310	1520	1710
g	182	187	191	198	200	202	206	194	205	210	215	220	206	212	214	206	195	204	210	207	204	215	220
E	140	140	170	170	140	140	170	170	200	140	140	170	170	200	200	170	170	200	200	170	170	200	200
F	120	120	120	120	140	140	140	140	140	140	140	140	140	140	140	160	160	160	160	200	200	200	200
h	35	35	35	35	30	35	35	35	40	30	30	35	40	50	55	40	45	50	60	60	60	60	60

表 10-4　塑料制条缝式槽边排风罩性能

单侧条缝式槽边排风罩排风量/(m^3/h)																					
型号		1	2	3	4	5	6	7	8	9	10	11	12	13	14	15	16	17	18	19	20
液面风速/(m/s)	0.25	518	637	774	889	641	788	954	1091	763	940	1134	1296	1012	1238	1494	1703	1296	1537	1850	2110
	0.30	622	764	929	1067	769	946	1145	1309	916	1128	1361	1555	1214	1486	1793	2044	1555	1844	2220	2532
	0.35	725	892	1084	1245	897	1103	1336	1527	1068	1316	1588	1814	1417	1733	2092	2384	1814	2152	2590	2954
	0.40	829	1019	1238	1422	1026	1261	1526	1746	1221	1504	1814	2074	1619	1981	2390	2725	2074	2459	2960	3376
	0.50	1036	1274	1548	1778	1286	1576	1908	2182	1526	1880	2268	2592	2024	2476	2988	3406	2592	3074	3700	4220

续表

双侧、周边条缝式槽边排风罩排风量/(m^3/h)																								
型号		1	2	3	4	5	6	7	8	9	10	11	12	13	14	15	16	17	18	19	20	21	22	23
液面风速/(m/s)	0.25	972	1174	1325	1537	1213	1458	1649	1886	2192	1210	1746	1969	2257	2621	3161	2459	2815	3258	3928	3262	3733	4342	5213
	0.30	1166	1408	1590	1845	1456	1750	1979	2264	2631	1452	2095	2363	2709	3145	3793	2951	3378	3910	4713	3918	4480	5210	6255
	0.35	1361	1643	1855	2152	1698	2041	2308	2641	3069	1693	2444	2757	3160	3669	4425	3442	3941	4561	5499	4571	5226	6078	7298
	0.40	1555	1878	2120	2460	1941	2333	2638	3018	3508	1935	2794	3151	3612	4193	5057	3934	4504	5213	6284	5224	5973	6947	8340
	0.50	1944	2348	2650	3074	2426	2916	3298	3773	4385	2419	3492	3938	4514	5242	6322	4918	5630	6516	7855	6530	7466	8683	10426

条缝式排风罩的条缝与排风量有关，而且条缝开口面积还影响到排风是否分布均匀。条缝口形式可分为等高条缝和楔形条缝两种（图 10-11）。条缝口高度（h）可按下式确定：

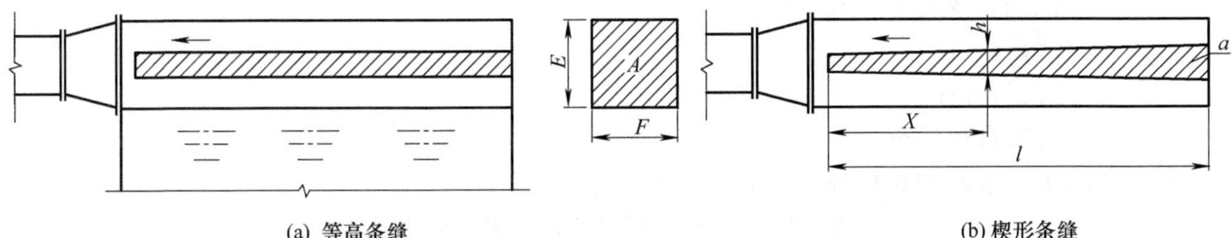

(a) 等高条缝　　(b) 楔形条缝

图 10-11　条缝口形式

$$h=\frac{L}{3.6v_0 l} \tag{10-1}$$

式中　h——条缝口高度，mm；

L——条缝口的排风量，m^3/h；

v_0——条缝口风速，m/s（查表 10-5）；

l——条缝口长度，m。

表 10-5　部分工艺槽排风罩条缝口风速

序号	工艺槽名称	温度/℃	条缝口风速 v_0/(m/s)	序号	工艺槽名称	温度/℃	条缝口风速 v_0/(m/s)
1	化学去油	60～80	7～9	10	氰化镀金	70	8～9
2	电解去油	60～80	8～11	11	酸性镀铜	15～25	7～8
3	盐酸或硫酸腐蚀	20～50	9～11	12	碱性镀锡	80	8～10
4	混合酸酸洗	20～40	10～12	13	镀铬	45～60	10～12
5	电化学腐蚀处理	60	8～10	14	镀镍	40～45	7～8
6	电化学腐蚀处理	20	7～8	15	铝电化学抛光	70～90	10～12
7	氰化镀锌和镀镉	18～40	7～8	16	铝化学抛光	70～90	10～12
8	氰化镀铜及其合金	18～50	7～9	17	钢件的磷化	80～90	9～10
9	氰化镀银	15～25	7～8	18	铝阳极氧化	15～25	8～9

条缝口的风速分布与条缝口面积（a）比排风罩截面积（A）的数值有关，a/A 愈小，则排风愈均匀。当 $a/A\leqslant 0.3$ 时，经过条缝的排风量可认为是均匀的；当 $a/A>0.3$ 时，为了在条缝的全长内能均匀排风，缝隙最好做成楔形，参阅图 10-10（b）根据比值 x/l 和 a/A，从表 10-6 中可查得 h/h_0 值（条缝平均高度 $h_0=a/l$）后，即可求得条缝的高度（h），条缝口的高一般可取 $h\leqslant 50$mm。

表 10-6　条缝相对高度 h/h_0 值

a/A	各 x/l 值										
	0	0.1	0.2	0.3	0.4	0.5	0.6	0.7	0.8	0.9	1.0
0.5	0.70	0.80	0.85	0.90	0.97	1.00	1.10	1.15	1.20	1.25	1.30
1.0	0.60	0.64	0.70	0.80	0.90	1.00	1.20	1.25	1.30	1.40	1.40
1.5	0.45	0.50	0.55	0.60	0.70	0.85	1.10	1.35	1.60	1.80	1.90
3.0	0.35	0.37	0.40	0.45	0.50	0.60	0.80	1.10	1.60	2.50	3.00

10.2.2.2 条缝式排风罩的风量计算

① 单侧排风罩的排风量：

$$L_{d\cdot t}=3v_xAB\left(\frac{B}{A}\right)^{0.2}\times 3600 \quad (m^3/h) \tag{10-2}$$

② 双侧排风罩的排风量：

$$L_{s\cdot t}=3v_xAB\left(\frac{B}{2A}\right)^{0.2}\times 3600 \quad (m^3/h) \tag{10-3}$$

③ 周边排风罩的排风量：

$$L=2.36v_xD^2 (m^3/h) \tag{10-4}$$

式中 v_x——液面排风计算风速，m/s；

A——槽长，m；

B——槽宽，m；

D——圆槽直径，m。

各工艺槽排风液面初始风速 v_x 可查表 10-7 选用。

表 10-7 工艺槽槽边排风液面初始风速

工艺槽名称	溶液主要成分		工艺条件		产生主要有害气体	液面排风风速 v_x/(m/s)
	名称	含量/(g/L)	溶液温度/℃	电流密度/(A/dm²)		
装饰铬	铬酐	250～360	40～50	10～20	铬酸雾	0.40
	硫酸	2.5～3.5				
硬铬	铬酐	180～250	55～60	30～60	铬酸雾	0.50
	硫酸	1.8～2.5				
乳白铬	铬酐	230～270	68～74	25～45	铬酸雾	0.50
	硫酸	235～2.7				
酸性镍	硫酸镍	250～300	40～55	0.5～4	溶液蒸气	0.30
	氯化钠	10～20				
	硼酸	30～45				
化学镍	硫酸镍	30～50	90		酸性溶液蒸气	0.30
	次亚磷酸钠	15～30				
酸性铜	硫酸铜	200	室温	12	酸雾	0.30
	硫酸	50				
碱性锌	氧化锌	15～20	1040	1～3	碱雾	0.25
	氢氧化钠	100～150				
	三乙醇胺	30～35				
碱性锡	锡酸钠	20～100	70～85	0.5～1.5	碱性	0.35
	氢氧化钠	10～16				
铅锡合金	氟硼酸铅	160～200	室温	12	氟化氢	0.40
	氟硼酸锡	20～25				
	氟硼酸	60～100				
氟硼酸盐镀铅	氟硼酸铅	200～300	室温	13	氟化氢	0.40
	游离氟硼酸	60～120				
氰化铜	氰化亚铜	50～70	55～65	1.5～3	氰化氢	0.35
	氰化钠	60～90				
	氢氧化钠	15～20				
氰化铜	氰化亚铜	8～35	18～50	0.2～2	氰化氢	0.30
	氰化钠	12～54				
	氢氧化钠	2～10				
氰化锌	氧化锌	35～45	室温	1～3	氰化氢	0.30
	氰化钠	80～90				
	氢氧化钠	80～95				
氰化铜锌合金	氧化锌	8～10	25～40	0.3～0.5	氰化氢	0.30
	氰化亚铜	22～27				
	总氰化钠	54				
	游离氰化钠	15～18				
	碳酸钠	30				
氰化铜锡合金	氰化亚铜	35～42	55～60	1～1.5	氰化氢	0.35
	锌酸钠	30～40				
	游离氰化钠	20～25				
	氢氧化钠	7～10				
氰化金	以金计	4～5	室温	0.1	氰化氢	0.25
	氰化钾	18～25				
氰化银	氯化银	40～50	室温	0.2～0.5	氰化氢	0.25
	氰化钾	60～100				
氰化镉	硫酸镉	60～80	室温	1～4	氰化氢	0.30
	氰化钠	100～140				
退铬	氢氧化钠	200～300	室温	10～20	碱雾	0.25
退锡	氢氧化钠	80～100	80～100	10	碱雾	0.30
钢铁件退镍	铬酐	25～30	55～65	1.5～3	氰化氢	0.35
	硼酸	25～30				
铜件退镍	盐酸	60～80	室温	电压12V，退至无电流	酸雾	0.25
	氰化铜	20 以上				
钢铁件退镍	间硝基苯磺酸钠	70～80	70～80	1～3	氰系蒸气	0.30
	氰化钠	70～80				
钢铁件发蓝	氢氧化钠	550～650	135～145		碱雾	0.35
	亚硝酸钠	150～200				
钢铁件磷化	磷酸二氢锌	30～40	80～95		酸雾	0.30
	硝酸锌	55～65				
化学除油	氢氧化钠	50～100	70～100		碱雾	0.30
	碳酸钠	20～60				
	磷酸三钠	15～70				

续表

工艺槽名称	溶液主要成分		工艺条件		产生主要有害气体	液面排风风速 v_x/(m/s)
	名称	含量/(g/L)	溶液温度/℃	电流密度/(A/dm²)		
电化学除油	氢氧化钠	40～60	70～90	1～5	碱雾	0.30
	磷酸钠	15～70				
硫酸浸蚀	硫酸	150～250	40～80		酸雾	0.35
盐酸浸蚀	盐酸	150～360	10～35		酸雾	0.30
硝酸浸蚀	硝酸	40%～80%	室温		酸雾	0.40
铜及铜合金在硝酸和硫酸中浸蚀	硝酸	40%～80%	室温		酸雾	0.40
	硫酸	10%～50%				
铸件浸蚀	硫酸	75%	室温		酸雾	0.40
	氢氟酸	25%				
磷酸浸蚀	磷酸	80～120	60～80		酸雾	0.30
混酸浸蚀	硝酸	50～100	室温		酸雾	0.35
	盐酸	150～200				
混酸浸蚀	硝酸	20%				
	氢氟酸	30%				
不锈钢着色	铬酐	200～400	70～80		酸雾	0.40
	硫酸	35～700				
不锈钢电抛光槽	磷酸	500	50～70	20～30	酸雾	0.40
	硫酸	300				
	铬酐	30				
钢铁件电抛光	磷酸	40%～80%	60～80	20～100	酸雾	0.40
	硫酸	0～30%				
	铬酐	5%～20%				
钢铁件化学抛光	硝酸	1.8～2.5	68～74	25～45	铬酸雾	0.50
	硫酸	230～270				
	盐酸	235～270				
	四氧化钛	50～70				
铜和铜合金电抛光	硝酸	70%～75%	室温	6～50	酸雾	0.35
	磷酸	0～6%				
铜和铜合金化学抛光	硝酸	10%～15%	40～60		酸雾	0.40
	磷酸	50%～60%				
	醋酸	30%～40%				
镍的电抛光	硫酸	70～80	室温	20～80	酸雾	0.35
	铬酐	3%～5%				
铜及铜合金氧化	碱式硫酸铜	8～120	室温		氨溶液蒸气	0.30
	氨水	50～1000mL/L				
铜及铜合金氧化	过硫酸钾	5～15	60～65		溶液蒸气	0.30
	氢氧化钠	45～55				
铝合金硫酸阳极化	硫酸	100～200	13～26	0.5～2.5	酸雾	0.30
铝合金草酸阳极化	草酸	50～70	30±2	1～4.5	酸雾	0.20
铝合金铬酸阳极化	铬酐	30～35	40±2	0.2～0.7	铬酸雾	0.35
镁合金化学氧化	重铬酸钾	40～55	70～80		酸雾	0.35
	硝酸	90～120mL/L				
	氯化铵	0.75～1.25				
镁合金阳极氧化	氟氢化铵	200～250	60～80	2～3	溶液蒸气酸雾	0.35
	铬酐	35～45				
	氢氧化钠	8～12				
	磷酸	55～65				
铝、镁在重铬酸钾溶液中处理	重铬酸钾	100～150	95		铬酸盐雾	0.35
铝合金染色	茜素黄	0.3	75～85		水蒸气	0.20
	茜素红	0.5				
磷化膜肥皂溶液封闭	肥皂	20～30	90		碱雾	0.25

10.2.3 平口式槽边排风

10.2.3.1 平口式槽边排风罩

当电镀线的操作面必须设置槽边排风罩时，宜采用平口式槽边排风罩。由于平口式槽边排风罩高出槽口较低，因此方便操作者的工作。但要求的排风量比条缝式排风罩要大15%～20%。

平口式槽边排风罩（图 10-12）分金属制（国标 T403-1）和塑料制（T451-1）两种。平口式槽边排风罩的性能与尺寸见表 10-8。

10.2.3.2 平口式排风罩的风量计算

平口式排风罩的排风量是按条缝式排风罩的风量计算所得，乘以修正系数 K 确定的。

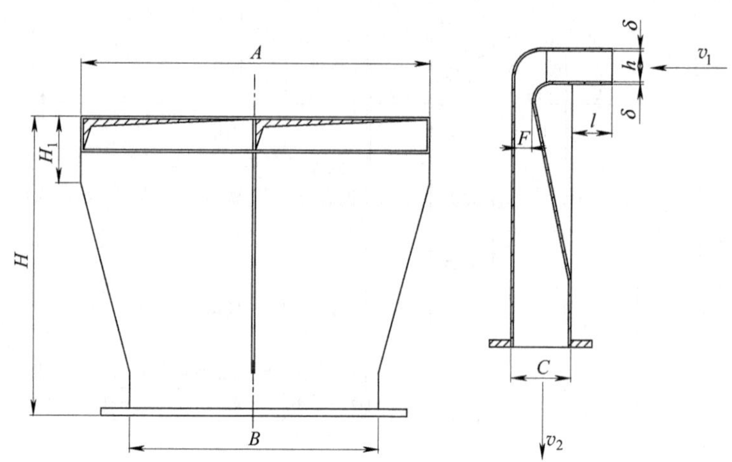

图 10-12 平口式槽边排风罩

单侧平口式排风罩的排风量：

$$L_{d\cdot p}=L_{d\cdot t}K \tag{10-5}$$

当采用双侧平口式排风罩时：

$$L_{s\cdot p}=L_{s\cdot t}K \tag{10-6}$$

式中 $L_{d\cdot p}$——单侧平口式排风罩的排风量，m^3/h；

$L_{d\cdot t}$——单侧条缝式排风罩的排风量，m^3/h；

$L_{s\cdot p}$——双侧平口式排风罩的排风量，m^3/h；

$L_{s\cdot t}$——双侧条缝式排风罩的排风量，m^3/h；

K——修正系数，单侧排风罩为 1.15、双侧排风罩为 1.20。

为方便起见，采用平口式槽边排风罩时工艺槽排风量也可查表 10-9 选取。

表 10-8 平口式槽边排风罩性能与尺寸 mm

序号	v_2/(m/s)	ξ	v_1/(m/s) 4	5	6	7	8	9	10	11	A	B	C	h	F	H	H_1
			风量 $L/(m^3/h)$														
1	1.7～4.6		225	280	340	395	450	515	565	620	400	300					
2	1.7～4.8		285	360	430	500	580	650	720	790	500	370					
3	1.7～4.7	1.0	340	425	510	595	685	770	845	935	600	450	120	40	25	500	100
4	1.6～4.5		400	500	600	700	800	900	1000	1100	700	550					
5	1.6～4.4		455	570	680	795	910	1020	1140	1250	800	650					
6	2.2～6.1		340	425	510	590	685	770	845	930	400	300					
7	2.2～6.1		425	530	640	750	855	965	1060	1160	500	370					
8	2.2～6.1	1.4	510	635	765	900	1020	1150	1270	1390	600	450	140	60	35	500	130
9	2.1～5.8		600	750	900	1050	1200	1350	1500	1650	700	550					
10	2.0～5.6		685	860	1030	1200	1370	1550	1720	1880	800	650					
11	2.6～7.1		450	560	680	800	900	1030	1130	1240	400	300					
12	2.6～7.1		570	720	830	1000	1160	1300	1440	1580	500	370					
13	2.5～6.8	1.7	680	850	1020	1190	1370	1540	1690	1870	600	450	160	80	40	500	150
14	2.5～6.8		800	1000	1200	1400	1600	1800	2000	2200	700	550					
15	2.4～6.6		910	1140	1360	1590	1820	2040	2280	2500	800	650					

注：1. 表中 ξ（按 v_1 计算）为局部阻力系数。

2. 图 10-11 中 δ 为制作材料厚度，采用塑料制时取 δ=5mm。

3. 图 10-11 中 l 值根据槽口情况定。

表 10-9　平口式槽边排风罩的排风量　　m^3/h

槽长 /mm	v_x /(m/s)	单侧排风槽宽/mm			双侧排风槽宽/mm									
		500	600	700	700	800	900	1000	1100	1200	1300	1400	1500	1600
600	0.20	700	900											
800	0.20	840	1080	1340	1050	1250								
1000	0.20	1000	1300	1550	1250	1500	1750	2000						
1200	0.20	1150	1450	1750	1500	1750	2000	2300	2550	2850				
1500	0.20	1350	1750	2100	1800	2100	2400	2700	3100	3400	3750	4200	4540	
1800	0.20	1600	2000	2400	2100	2450	2800	3200	3600	4000	4400	4850	5250	5700
2000	0.20	1750	2200	2650	2300	2700	3100	3500	3950	4400	4800	5300	5760	6250
2500	0.20	2150	2700	3250	2800	3300	3800	4300	4800	5300	5850	6400	6900	7500
3000	0.20	2550	3150	3800	3350	3950	4500	5100	5700	6300	6850	7550	8100	8800
3500	0.20	2900	3600	4350	3900	4600	5200	5800	6500	7250	7960	8700	9400	10100
4000	0.20	3300	4100	4900	4400	5150	5850	6600	7400	8150	8900	9700	10500	11300
4500	0.20	3650	4550	5450	4900	5750	6550	7350	8250	9100	10000	10850	11750	12600
5000	0.20	4000	5050	6000	5400	6350	7250	8150	9050	10000	10950	12000	12900	13900
5500	0.20	4450	5500	6654	5900	6900	7900	8900	9950	11000	12050	13100	14100	15150
6000	0.20	4850	5950	7050	6450	7550	8600	9700	10850	11950	13100	14200	15250	16350

注：1. 表中 v_x 为工艺槽液面初始风速，m/s。

2. 表中所列排风量是当 v_x 选取 0.2m/s 时的计算数据，当 v_x 分别选取 0.25m/s、0.30m/s、0.35m/s、0.40m/s、0.45m/s 时，应将上述数据分别乘以 1.25、1.5、1.75、2、2.25。

10.2.4　微风驱导式槽边排风

微风驱导式槽边排风模式，是在实践中通过变革传统的吹-吸式槽边排风模式后形成的，它适用于槽宽大于 800mm 的大尺寸槽体的槽边排风同时还能实现电镀废气减排的槽边排风模式。微风驱导式槽边排风的排风特点是：在槽体长度方向一侧安装吹风罩，用微风吹的方式将清洁空气吹向对侧，将液面上产生的有害气体，轻轻有序地“推向”吸（排）风罩的吸风范围内，让吸风罩可以不费力地将电镀废气吸走。

实现微风驱导式槽边排风模式的必要条件如下。

① 吹风罩吹出的风必须是微风并有一定的风量，并保证沿槽体长度方向吹出的微风风速比较均匀，风速控制在约 0.5～1.0m/s，只要能够将液面上的有害气体顺利“推”至对侧槽边吸风罩口，又不至于因为撞击对侧槽壁而大幅反弹吹乱有害气体即可。吹风罩口的截面高度可固定在 15～25mm 即可。吹风罩的吹风角度应保持下偏 3°～5°。槽体宽度较大，微风的风速可以取上限值。

② 必须降低液面，使吸风罩下口与液面之间的距离增加到 250～400mm，使液面上方处在一个有边界的吹风范围，以保障微风驱导有害气体的效果，同时也可减少或避免有害气体外泄。

③ 吸风罩的吸风范围大小，已经不是决定微风驱导式槽边排风方式排风效果的关键因素，因此选择吸风罩口的吸风速度应以是否能够将微风“推”到吸风罩口附近的所有电镀废气全部被吸走为准。为了设计方便，通常将吸风罩口的高度固定控制在 40～50mm，通过改变吸风速度调节吸风效果，吸风速度只需要控制为 6～8m/s 即可，不宜超过 10m/s 以免增大排风噪声。槽宽较大时，吸风风速可以取上限值。

许多年前，航天南京晨光集团公司蔡建宏高工领导的表面处理团队，曾为设计 L4m×B4m×H4m 铝合金热碱腐蚀槽的排风系统而困扰。由于槽宽远远大于 800mm，如果仍使用传统的槽边双侧排风已无实际排风效果，后曾寄希望于吹-吸式槽边排风，并按《电镀手册》(第三版 1022 页）提供的“吹吸风罩技术参数简易计算方法”的经验计算公式进行计算：吸风量（m^3/h）=（1800～2700）×槽面积（m^2），吹风量（m^3/h）=吸风量/槽面宽度×1.5（槽宽修正系数）。计算结果：该槽每小时的吸风量为 28800～43200m^3/h；吸风罩口的截面高度为

720（mm）；平均吸风速度约为 2.8～4.16m/s。吹风量经计算为 3130～4700m^3/h，根据手册吹风风速宜控制为 5～10m/s，因槽子宽度较大取 10m/s，经计算后吹风量高达 4700m^3/h，但吹风罩口的截面高度约为 11～17mm。

上述计算结果令设计团队困惑，并且缺乏实践的可行性。分析认为，仅靠结构简单的吹风罩和 5～10m/s 的吹风速度，不仅在如此宽度的液面上难以形成空气幕，起不到既能阻挡液面上的有害气体外泄还能裹挟有害气体一同吹向对侧的作用，反而会将液面上的有害气体吹乱吹散，即使吸风罩具有 720mm 的截面高度（如此高度的吸风罩在工程上也难以装置），但由于吸风速度过低（4.2m/s），难以在吸风罩口产生足以将所有从对侧吹来的空气和有害气体全部吸走的能力。

为了寻找变革吹-吸式槽边排风模式的路径和措施，当年团队曾利用生产条件进行过几项必要的试验，并获得许多重要的启示。

① 利用生产线上槽宽为 600mm、槽双侧均有平口式吸风罩的镀铬槽，暂时拆除其中一侧的平口式吸风罩，开展实测不带法兰边框的平口式吸风罩在不同吸风速度下，液面上吸风距离发生变化的实验。吸风风速从约 6m/s 起步，逐次提升到约 14m/s。实验中发现当吸风速度从低向高逐步增大时，吸风口正面的吸风距离（指从吸风口至液面上吸风速度基本降为零位置之间的距离）起初的确是随风速的增加而逐步增加，但是当吸风速度增大至约 10m/s 时，有效吸风距离相应增至约 300mm，之后即使吸风速度再增至 12～14m/s，有效吸风距离几乎已不再发生变化，超越 300mm 距离液面上所产生的黄色铬雾，已经明显地不再向吸风口一侧倾斜，而是向上蒸发。

上述实验虽然有些粗糙，但结果已向我们传达了以下几点启示：第一，就目前我们在生产线的排风系统中普遍采用的不带法兰边框的平口式吸风罩来说，当吸风速度超过一定数值后，即使再增加吸风速度，吸风罩的有效吸风距离也不会超过 300mm，让我们明白了为何槽宽≥800mm 的槽，即使采用双侧排风和提高吸风速度，也难以阻止槽中心液面区域所产生的有害气体外泄的原因；第二，如果在排风系统的设计中，盲目地认为提升吸风罩的吸风风速可以改善排风的效果的话，实质上不仅不能提高排风效果，反而大量增加电镀废气的排放量，增加废气净化的难度，增加排风系统的能耗和生产成本。

② 为寻求变革吹-吸式槽边排风模式缺陷的路径和措施，该团队曾利用一只 L4m×B1.2m×H2.5m 的热水槽改装为 L1.2m×B4m×H2.5m 的模拟实验槽，并在模拟槽一端的长度侧安装两只宽度为 0.6m、吸风口截面高度为 50mm 的平口式吸风罩，在另一端长度侧安装两只平口式吹风罩用于吹风，每只吹风罩的宽度为 0.6m、吹风口的截面高度为 20mm。实验槽中的清水加热至 85℃，让水面上充满热蒸汽。槽内热水液面距吸风罩下口距离约为 300mm。实验时将吸风罩下端排风口接入原来的排风系统，并使罩口的吸风速度保持约 10m/s。将一台小型离心风机的出风口与模拟槽的吹风罩进风口连接起来，为吹风罩提供吹风量，用插板调节离心风机的负压进风口面积以调节吹风量大小。实验从吹风速度保持约 10m/s 开始，逐步降低吹风速度，观察液面上热蒸汽的流动情况。一开始就发现液面上的热蒸汽被严重地吹散吹乱，非但不能被对侧吸风罩吸收，甚至全被吹到吸风罩的背后和槽外的空间中去；后来逐步降低吹风速度，当接近约 2m/s 时，热蒸汽散乱无序的流动态势才开始扭转，向期望的方向转变。当继续降低吹风速度至约 1～1.5m/s 时，已经可以观察到吸风罩可以比较有序地吸收热蒸汽；当吹风速度进一步降低至 0.5～1m/s 时，不仅吸风效果进一步改善，而且已经不再观察到有散乱的热蒸汽被吹到槽外周边的环境空间中去的迹象。在之后几次改进的实验中，先后又将液面下降至距吸风罩下口 400mm、将吸风速度下调至约 6m/s、将送风罩口改为向下偏 3°～5°后，微风有序驱导热蒸汽的作用变得非常明显。因为液面下降之后，槽体宽度方向的两侧槽壁似乎成了一定意义上的“挡板”，有利于保障热蒸汽在向吸风侧流动时不再向槽

子的双侧散失；吹风速度降低至 0.5～1m/s 之后，实际上吹风的微风驱导作用已经明确显现出来，它是变革吹-吸式槽边排风模式成功的关键所在。只要送风侧能够将有害气体平稳地、下偏“推向”槽子对侧吸风罩的吸风范围之内，而不把它吹散吹乱，效果就必然显现。

实验团队根据实验获得的数据，成功地完成了 L4m×B4m×H4m 铝合金热碱腐蚀槽的排风系统的设计。该槽所在生产线建成后，在生产中使用了二十多年才进行大修。铝合金工件在该槽中进行热碱腐蚀，虽然液面上有大量挟有浓碱的气雾产生，却很少外泄，即使是操作工人长时间靠在槽边工作，也感觉不到有碱雾的刺激。

该排风系统最终的设计参数为：用于微风送风的平口式风罩的宽度为 500mm，风罩口的截面高度为 25mm，共 8 只分为两组分别与送风管连接，设计送风速度为 1.0m/s，计算送风量为 360m^3/h，采用按吹-吸式槽边排风模式的计算送风量减少了 88%～92%；吸风罩采用平口式风罩，每只风罩的宽度为 500mm，风罩口的截面高度为 50mm，共 8 只分为两组分别与排风管连接，设计吸风速度为 10m/s，计算排风量为 7200m^3/h，比按吹-吸式槽边排风模式的计算排风量减少了 75%～83.4%；液面离槽口的高度控制在 400mm。

实践证明，对吹-吸式槽边排风模式的变革是成功的，不仅有效地解决了槽宽大于等于 800mm 大尺寸槽的排风课题，也找到了电镀槽排风系统节能、减排的好路径。本手册将这种排风模式命名为“微风驱导式槽边排风”。由于这种槽边排风模式尚未被电镀行业普遍应用，因此必然会在今后的推广中暴露出其他缺陷，需要同仁们在实践中不断纠正、改进和充实。例如，送风侧使用平口式风罩和离心风机送风并不是最佳的选择，可以选择如图 10-13 所示的塑料制槽边吹风罩；虽然不适合使用无油压缩空气作为供风源，如何选择最佳的送风方式，如何保证沿槽子长度方向送出的风比较均匀、有一定的推动力、清洁、可调，还是有进一步改进潜力。

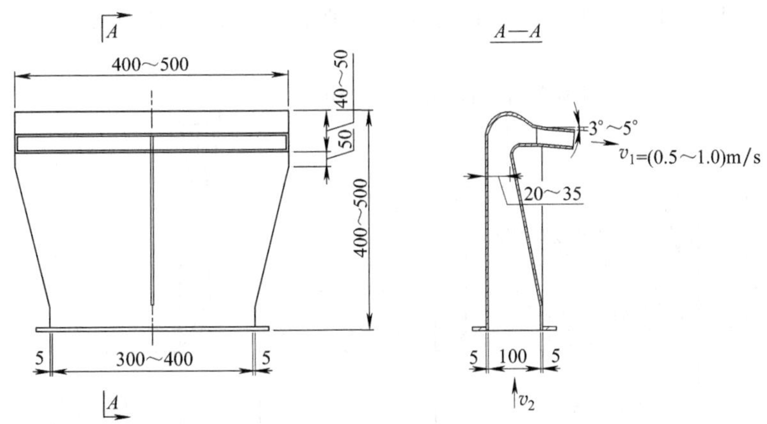

图 10-13　塑料制槽边吹风罩

10.3 其他形式排风

10.3.1 半封闭型排风罩

这种排风罩无须将镀槽完全封闭，装置在镀槽上方的排风罩并至少从两侧封闭的护罩属于这一类型，图 10-14 所示为半封闭型排风罩。采用这种风罩的意图是操作工的头部始终处于罩外，仅必要时的修理和调整除外。当空气穿过风罩的所有开口时的流速能够防止雾沫或污染气体的散发，即实现了有效的污染控制。

一般规律是空气进入护罩开口处的流速为 0.5m/s 时可以防止污染的扩散。这个流速已被普遍用于设计封闭型风罩所需的排风量，设计人员仍可根据自己的经验加以上下调整。为了达到污染控制效果所需要的空气通过各个风罩开口处的流速一般称为控制速度，它受到下列因素的影响：风罩所有开口面积的百分率、从封闭操作溢出的雾沫和气体的危害程度。

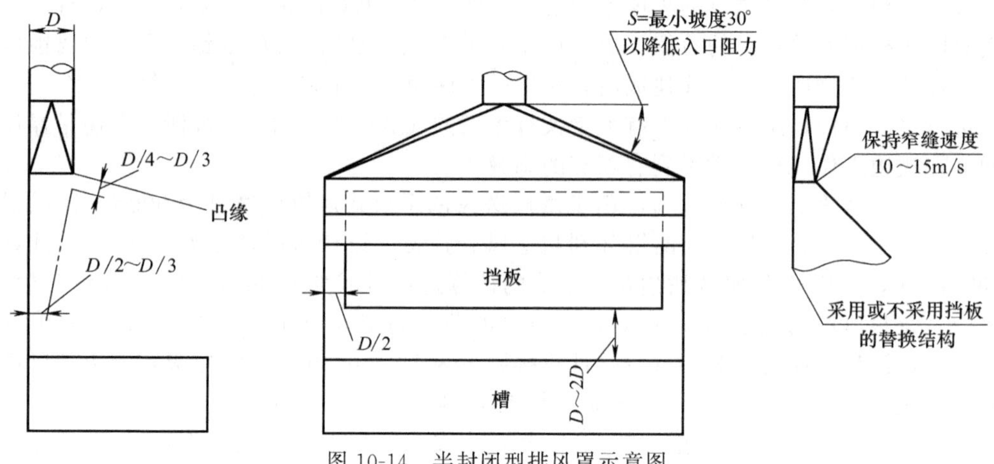

图 10-14 半封闭型排风罩示意图

10.3.2 横向排风罩

这类型的排风罩在电镀和相类似操作的开口型镀槽上比其他任何形式的排风罩都更普遍。排风罩沿工艺槽长边（L）的一侧布置，图 10-15 和图 10-16 为横向排风罩的示意图，其中图 10-14（b）、（c）所示两种排风罩也适合在环形电镀线上应用，如操作条件许可的话可沿两侧布置。另外，还可以沿工艺槽的中心线设置横向防护罩，如图 10-17 所示。

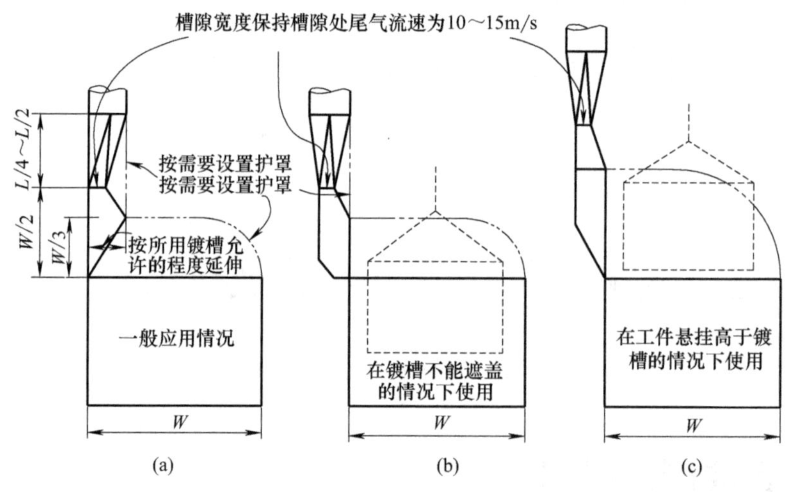

图 10-15 横向排风罩示意图（一）

这类防护罩的通风量应以进入槽缝隙的流速来确定。由于实际应用中采用的是工艺槽液面的流量，对于电镀、酸洗类型的工艺槽现行的采用标准 $36m^3/(min \cdot m^2)$，而对于是脱脂槽则为 $15m^3/(min \cdot m^2)$，因为这里考虑的主要是因挥发而引起的溶剂损失。对于有经验的设计人员而言，以设计标准为基础计算通风量时还因工艺槽的形状、规模、周围的空气挠动、污染物毒性、溶液中溢出的雾沫和气体量等因素而加以较大幅度的调整。

在此情况下，设计的合理性和实际操作的满意度在很大程度上取决于操作人员的实际经验。

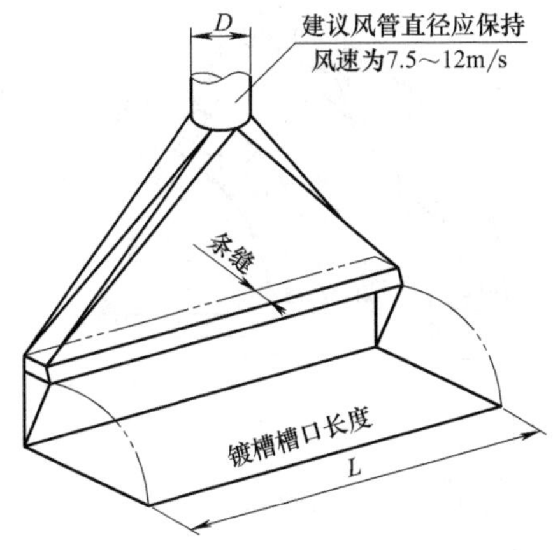

图 10-16　横向排风罩示意图（二）

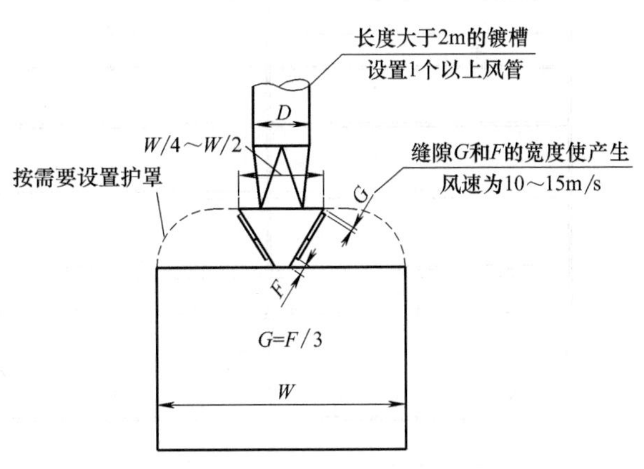

图 10-17　沿镀槽中心线设置的横向防护罩图

10.3.3 联槽排风罩

和工艺槽连成一体的排风罩，其排风罩的截面风速、条缝口的风速、立管风速等参数应符合槽边条缝式排风罩。联槽排风罩所组成的电镀线，由于所有槽口以上无排风罩，因此生产线看上去简洁、美观，且排风罩不易损坏。联槽排风罩另外一个优点是：不论使用单侧或双侧，实际上无排风罩的一侧均有槽体侧板围绕，形成了挡板，有害气体溢出液面时，外界气流对其干扰较小，因此设计的排风量较小，能节约能源。采用联槽排风罩的缺点是工艺槽的高度要比一般工艺槽高出 200mm 左右，生产线制造成本较高。另外，由于槽液液面在槽口 300mm 以上，当手工线生产时给操作者带来不便。联槽排风罩的结构见图 10-18。

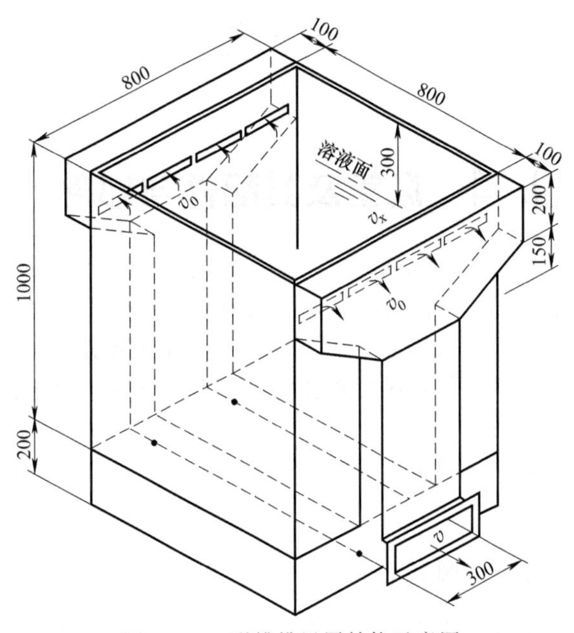

图 10-18　联槽排风罩结构示意图

10.3.4 柜式排风罩

对于某些工件提离溶液，而工件表面附着的溶液仍继续发生反应，而散发有害气体的工艺槽如铜及铜合金工件混酸酸洗工艺槽、铝及铝合金工件的磷酸化学抛光工艺槽等，这类工艺槽当仅设置槽边条缝式排风槽时，工件在槽液中反应所产生溢出的有害气体能被排风罩所收集，当工件提起离开排风罩条缝口时，工件与槽液继续反应所产生的有害气体将散发在车间空气中，这时，设置柜式排风罩能将整个过程产生的有害气体有效收集，工艺槽不工作时可加盖，控制槽液有害气体的散发。

柜式排风罩（图 10-19）的排风量，仍可按条缝式排风罩的风量计算方式，排风罩可设置 5 条左右的条缝，条缝高度控制条缝处风速为 4～6m/s。

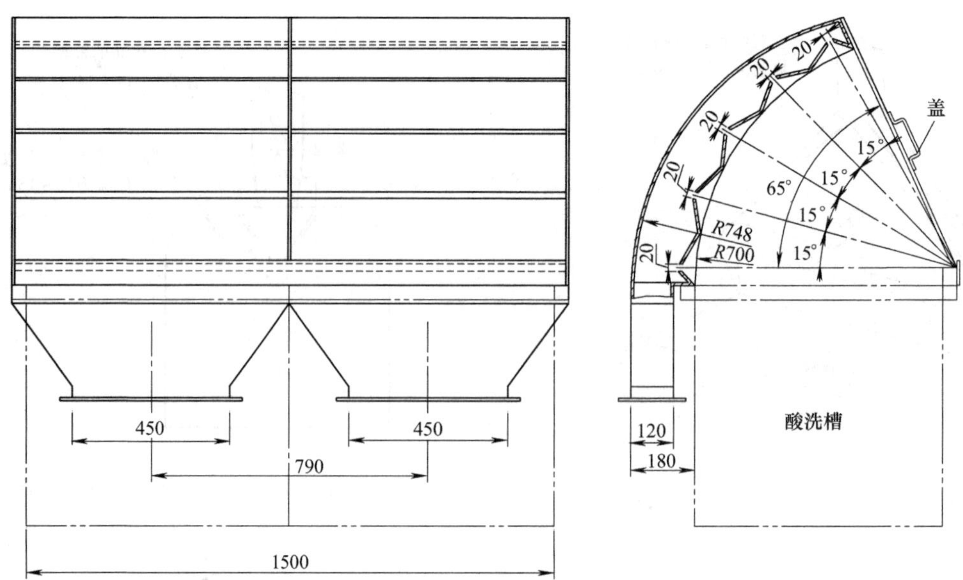

图 10-19 柜式排风罩示意图

10.4 风管及其配件与部件

完整的通风系统由风管（或风道）及其风管配件和风机组成。

风管：采用金属、非金属薄板或其他材料制作而成，用于空气流动的管道。

风道：采用混凝土、砖等建筑材料砌筑而成，用于空气流动的通道。

风管配件：风管系统中的弯管、三通、四通、各类变径及异形管、导流叶片、管道升缩节和法兰等。

风管部件：风管系统中的各类风门、风量调节阀、排气罩、风帽、检查门和测定孔等。

10.4.1 风管

电镀线排风系统的风管一般采用圆形风管和矩形风管，风管以外径和外边长为准，风道以内径和内边长为准，其规格应按照 GB 50243—2016《通风与空调工程施工质量验收规范》的有关规定。圆形风管和矩形风管的规格，可参照表 10-10 和表 10-11 所列数据进行设计，圆形风管应优先采用基本系列。

表 10-10 圆形风管规格 mm

风管直径 D							
基本系列	辅助系列	基本系列	辅助系列	基本系列	辅助系列	基本系列	辅助系列
100	80	220	210	500	480	1120	1060
	90	250	240	560	530	1250	1180
120	110	280	260	630	600	1400	1320
140	130	320	300	700	670	1600	1500
160	150	360	340	800	750	1800	1700
180	170	400	380	900	850	2000	1900
200	190	450	420	1000	950		

表 10-11　矩形风管规格　mm

风管边长								
120	200	320	500	800	1250	2000	3000	4000
160	250	400	630	1000	1600	2500	3500	

风管系统按其系统的工作压力划分为三个类别：低压系统，$p \leqslant 500\mathrm{Pa}$；中压系统，$500\mathrm{Pa} < p \leqslant 1500\mathrm{Pa}$；高压系统，$p > 1500\mathrm{Pa}$。

电镀线的排风系统（包括废气净化设备的工作阻力）风管的工作压力一般在低压至中压的范围内。电镀线所需排走的气体大多为腐蚀性气体，因此风管的制作材料多采用塑料（聚丙烯或硬聚氯乙烯）、玻璃钢、不锈钢等，当为非腐蚀性或对钢板无腐蚀的气体时可采用钢板。风管制作材料的厚度：中、低压系统塑料圆形风管板材厚度见表 10-12；中、低压系统塑料矩形风管板材厚度见表 10-13；中、低压系统玻璃钢风管板材厚度见表 10-14；高、中、低压系统不锈钢风管板材厚度见表 10-15；钢板风管板材厚度所规定的厚度见表 10-16。

表 10-12　中、低压系统塑料圆形风管板材厚度　mm

风管直径 D	板材厚度	风管直径 D	板材厚度
$D \leqslant 320$	3.0	$630 < D \leqslant 1000$	5.0
$320 < D \leqslant 630$	4.0	$1000 < D \leqslant 2000$	6.0

表 10-13　中、低压系统塑料矩形风管板材厚度　mm

风管长边尺寸 b	板材厚度	风管长边尺寸 b	板材厚度
$b \leqslant 320$	3.0	$800 < b \leqslant 1250$	6.0
$320 < b \leqslant 500$	4.0	$1250 < b \leqslant 2000$	8.0
$500 < b \leqslant 800$	5.0		

表 10-14　中、低压系统玻璃钢风管板材厚度　mm

圆形风管直径 D 或矩形风管长边尺寸 b	壁厚	圆形风管直径 D 或矩形风管长边尺寸 b	壁厚
$D(b) \leqslant 200$	2.5	$630 < D(b) \leqslant 1000$	4.8
$200 < D(b) \leqslant 400$	3.2	$1000 < D(b) \leqslant 2000$	6.2
$400 < D(b) \leqslant 630$	4.0		

表 10-15　高、中、低压系统不锈钢板风管板材厚度　mm

圆形风管直径 D 或矩形风管长边尺寸 b	不锈钢壁厚	圆形风管直径 D 或矩形风管长边尺寸 b	不锈钢壁厚
$D(b) \leqslant 500$	0.5	$1120 < D(b) \leqslant 2000$	1.0
$500 < D(b) \leqslant 1120$	0.75	$2000 < D(b) \leqslant 4000$	1.2

表 10-16　钢板风管板材厚度

圆形风管直径 D 或矩形风管长边尺寸 b	圆形风管	矩形风管		除尘系统风管
		中、低压系统	高压系统	
$D(b) \leqslant 200$	0.5	0.5	0.75	1.5
$200 < D(b) \leqslant 400$	0.6	0.6	0.75	1.5
$400 < D(b) \leqslant 630$	0.75	0.6	0.75	2.0
$630 < D(b) \leqslant 1000$	0.75	0.75	1.0	2.0
$1000 < D(b) \leqslant 1250$	1.0	1.0	1.0	2.0
$1250 < D(b) \leqslant 2000$	1.2	1.0	1.2	按设计
$2000 < D(b) \leqslant 4000$	按设计	1.2	按设计	

注：1. 螺旋风管的钢板厚度可适当减小 10%～15%。

2. 排烟系统风管钢板厚度可按高压系统进行选取。

3. 特殊除尘系统风管钢板厚度应符合设计要求。

10.4.2 风管配件

10.4.2.1 风管弯管

(1) 圆形风管弯管

管道系统中的圆形风管弯管，通常分 90°、60°、45°、30°四种。圆形风管弯管曲率半径和制成弯管的最少节数见表 10-17。

(2) 矩形风管弯管

管道系统中的矩形风管弯管一般应采用曲率半径为一个平面边长的内外同心弧形弯管，见图 10-20。当采用其他形式的弯管（如内斜线形矩形弯头、内弧形矩形弯头），平面边长大于 500mm 时，必须设置导流片。导流片的内弧形矩形弯头见图 10-21，矩形弯头导流片的设置数量和尺寸见表 10-18。

表 10-17　圆形风管弯管曲率半径和制成弯管的最少节数

弯管直径 D/mm	曲率半径 R	弯管角度(α)和最少节数(n)							
		n	90°	n	60°	n	45°	n	30°
80～200	≥1.5D	二中节 二端节	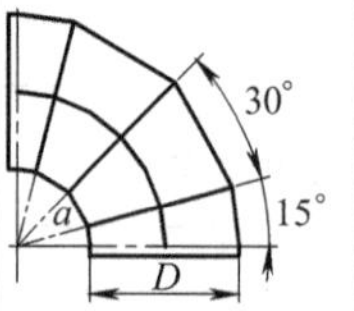 30°，15°	一中节 二端节	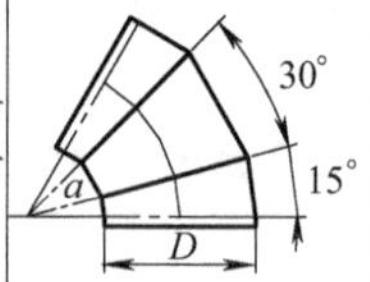 30°，15°	一中节 二端节	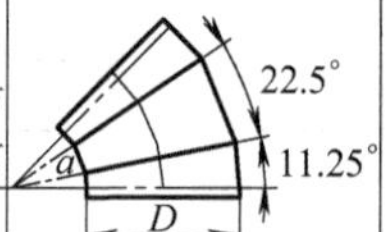 22.5°，11.25°	二端节	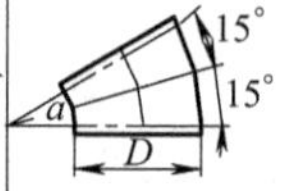 15°，15°
220～450	D～1.5D	三中节 二端节	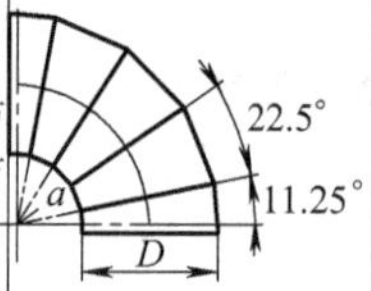 22.5°，11.25°	二中节 二端节	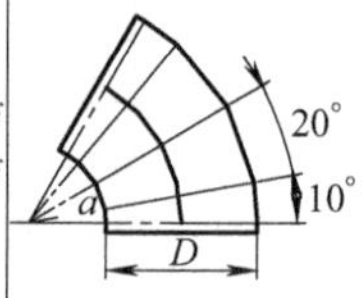 20°，10°				
450～800	D～1.5D	四中节 二端节	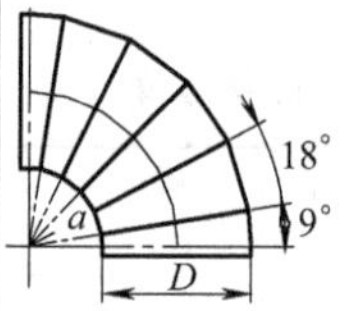 18°，9°					一中节 二端节	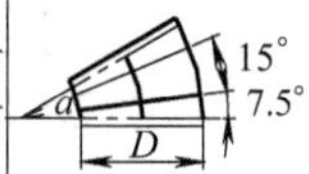 15°，7.5°
800～1400	D	五中节 二端节	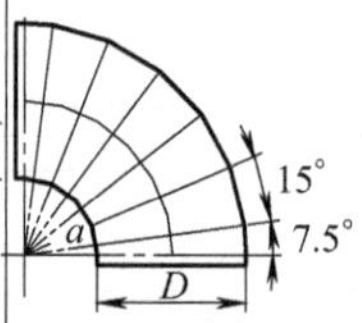 15°，7.5°	三中节 二端节	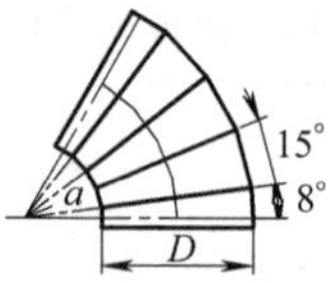 15°，8°	二中节 二端节	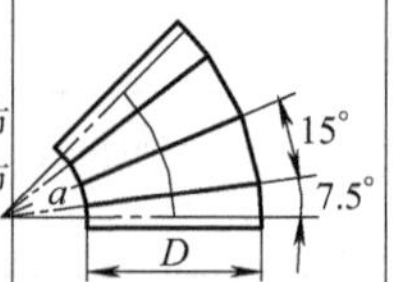 15°，7.5°		
1400～2000	D	八中节 二端节	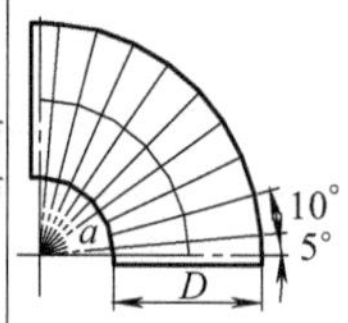 10°，5°	五中节 二端节	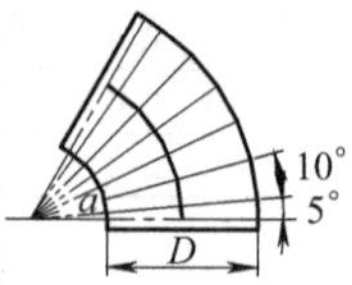 10°，5°	三中节 二端节	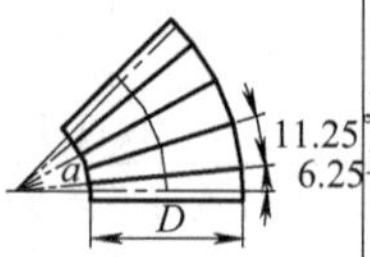 11.25°，6.25°	二中节 二端节	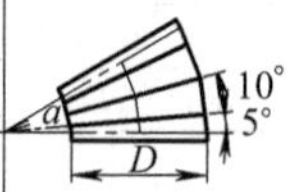 10°，5°

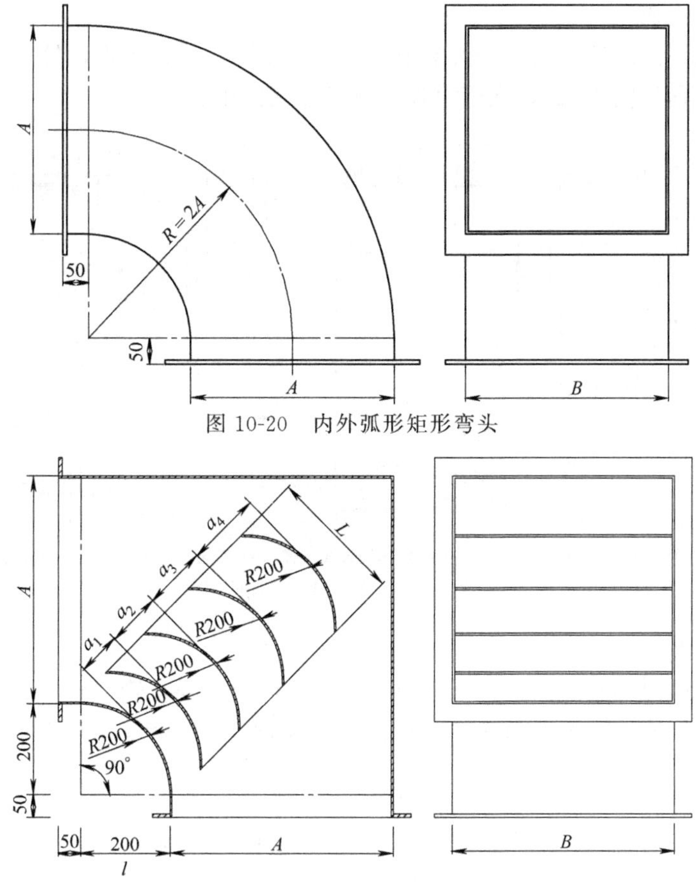

图 10-20　内外弧形矩形弯头

图 10-21　设置导流片的内弧形矩形弯头

表 10-18　矩形弯头导流片的设置数量和尺寸　　mm

序号	A	片数	a_1	a_2	a_3	a_4	a_5	a_6	a_7	a_8	a_9	a_{10}	a_{11}	a_{12}	L
1	500	4	95	120	140	165									300
2	630	4	115	145	170	200									300
3	800	6	105	125	140	160	175	195							300
4	1000	7	115	130	150	165	180	200	215						300
5	1250	8	125	140	155	170	190	205	220	235					300
6	1600	10	135	150	160	175	190	205	215	230	245	255			300
7	2000	12	145	155	170	180	195	205	215	230	240	255	265	280	300

注：本表摘自全国通用《通风管道配件图表》。

10.4.2.2　风管三通

(1) 圆形风管三通

管道系统中的圆形风管三通，一般的形式可分：30°、45°、90°圆形三通；60°对称分叉形圆形三通；45°圆形封板式三通等。圆形风管三通见图 10-22，在管道系统设计时可参照使用。

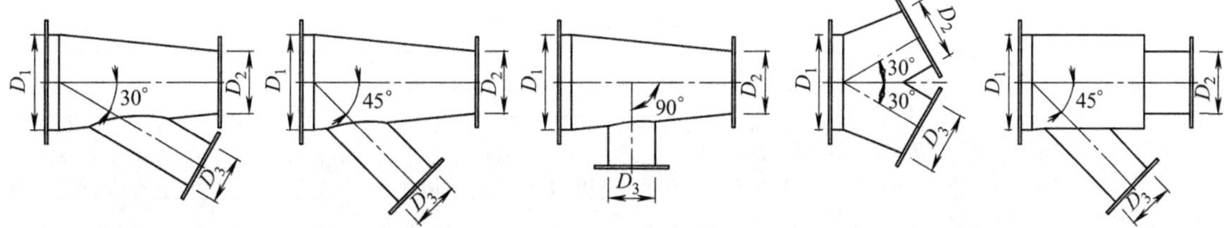

(a) 30°圆形三通　(b) 45°圆形三通　(c) 90°圆形三通　(d) 60°对称分叉圆形三通　(e) 45°圆形封底式三通

图 10-22　圆形风管三通

(2) 矩形风管三通

管道系统中的矩形风管三通，一般的形式可分：矩形三通、矩形插管式三通、矩形封板式三通。矩形风管三通见图 10-23，在管道设计时可参照使用。

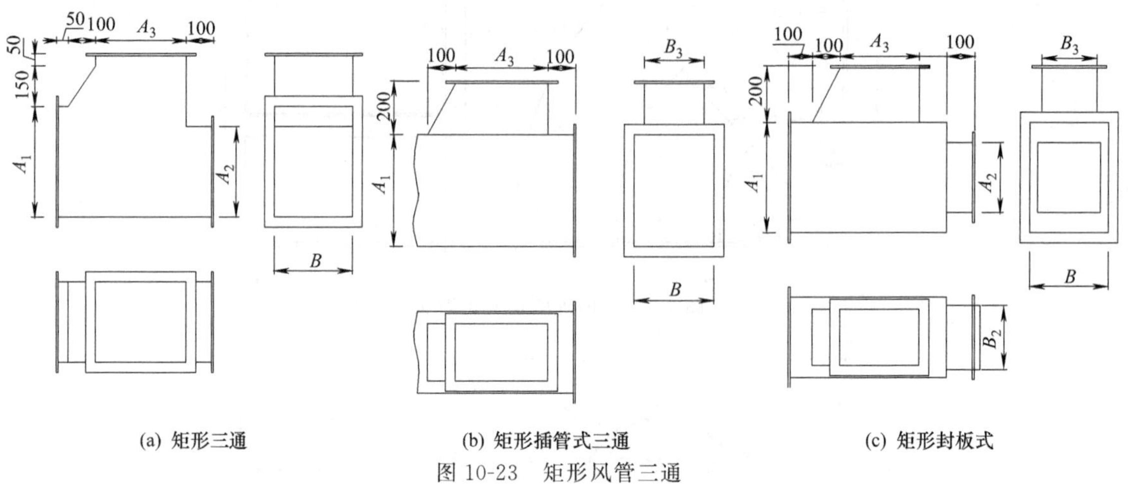

图 10-23 矩形风管三通

10.4.2.3 风管法兰

管道系统中，管道与管道的连接，管道与弯管、三通、变径管、异形管等的连接通常采用法兰。圆形和矩形金属法兰及塑料法兰的断面结构见图 10-24 和图 10-25。金属法兰和塑料法兰的规格参数见表 10-19～表 10-22。

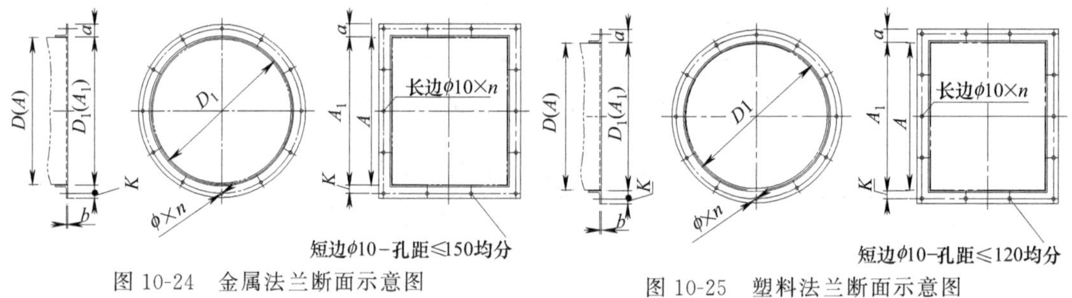

图 10-24 金属法兰断面示意图

图 10-25 塑料法兰断面示意图

表 10-19 金属圆形风管法兰规格参数 mm

编号	风管直径 D	D_1	K	圆周 $\phi\times n$	$A\times b$	配用螺栓	编号	风管直径 D	D_1	K	圆周 $\phi\times n$	$A\times b$	配用螺栓
1	100～160	D+2	10	7.5×6	20×4(扁铁)	M6×20	10	900	D+3	17	9.5×20	30×4(角铁)	M8×25
2	180～200	D+2	10	7.5×8	20×4(扁铁)	M6×20	11	1000	D+3	20	9.5×24	36×4(角铁)	M8×25
3	220～280	D+2	15	7.5×8	25×4(角铁)	M6×20	12	1120	D+3	20	9.5×26	36×4(角铁)	M8×25
4	320～360	D+3	15	7.5×10	25×4(角铁)	M6×20	13	1250	D+3	20	9.5×28	36×4(角铁)	M8×25
5	400～500	D+3	15	7.5×12	25×4(角铁)	M6×20	14	1400	D+3	22	9.5×32	40×4(角铁)	M8×25
6	560	D+3	17	9.5×14	30×4(角铁)	M8×25	15	1600	D+3	22	9.5×36	40×4(角铁)	M8×25
7	630	D+3	17	9.5×16	30×4(角铁)	M8×25	16	1800	D+3	22	9.5×40	40×4(角铁)	M8×25
8	700	D+3	17	9.5×18	30×4(角铁)	M8×25	17	2000	D+3	22	9.5×44	40×4(角铁)	M8×25
9	800	D+3	17	9.5×20	30×4(角铁)	M8×25							

表 10-20 金属矩形风管法兰规格参数 mm

编号	风管长边	A_1	K	风管长边 $\phi\times n$	$A\times b$	配用螺栓	编号	风管长边	A_1	K	风管长边 $\phi\times n$	$A\times b$	配用螺栓
1	120	A+2	10.5	7.5×2	25×4(角铁)	M6×20	8	630	A+2	10.5	9.5×6	25×4(角铁)	M8×25
2	160	A+2	10.5	7.5×2	25×4(角铁)	M6×20	9	800	A+2	13	9.5×7	30×4(角铁)	M8×25
3	200	A+2	10.5	7.5×2	25×4(角铁)	M6×20	10	1000	A+2	13	9.5×8	30×4(角铁)	M8×25
4	250	A+2	10.5	7.5×2	25×4(角铁)	M6×20	11	1250	A+2	18	9.5×10	40×4(角铁)	M8×25
5	320	A+2	10.5	7.5×3	25×4(角铁)	M6×20	12	1600	A+2	18	9.5×12	40×4(角铁)	M8×25
6	400	A+2	10.5	7.5×4	25×4(角铁)	M6×20	13	2000	A+2	18	9.5×16	40×4(角铁)	M8×25
7	500	A+2	10.5	9.5×5	25×4(角铁)	M8×25							

表 10-21　塑料圆形风管法兰规格参数　mm

编号	风管直径 D	D_1	K	圆周 $\phi\times n$	$A\times b$	配用螺栓	编号	风管直径 D	D_1	K	圆周 $\phi\times n$	$A\times b$	配用螺栓
1	100～160	$D+1$	19	10×6	35×6	M8×25	8	560～630	$D+1$	22	10×18	40×10	M8×35
2	180	$D+1$	19	10×8	35×6	M8×25	9	700～800	$D+1$	22	12×24	40×10	M8×35
3	200～220	$D+1$	19	10×8	35×8	M8×30	10	900	$D+1$	25	12×24	45×12	M10×40
4	250～320	$D+1$	19	10×10	35×8	M8×30	11	1000～1250	$D+1$	25	14×30	45×12	M10×40
5	360～400	$D+1$	19	10×14	35×8	M8×30	12	1400	$D+1$	25	14×38	45×12	M10×40
6	450	$D+1$	19	10×14	35×10	M8×35	13	1600	$D+1$	28	14×38	50×15	M10×45
7	500	$D+1$	19	10×18	35×10	M8×35	14	1800～2000	$D+1$	30	14×48	60×15	M10×45

表 10-22　塑料矩形风管法兰规格参数　mm

编号	风管长边	A_1	K	风管长边 $\phi\times n$	$A\times b$	配用螺栓	编号	风管长边	A_1	K	风管长边 $\phi\times n$	$A\times b$	配用螺栓
1	120	$A+1$	19	10×3	35×6	M8×25	8	630	$A+1$	22	12×7	40×10	M8×35
2	160	$A+1$	19	10×3	35×6	M8×25	9	800	$A+1$	22	12×9	40×10	M10×40
3	200	$A+1$	19	10×4	35×8	M8×30	10	1000	$A+1$	25	12×10	45×12	M10×40
4	250	$A+1$	19	10×4	35×8	M8×30	11	1250	$A+1$	25	14×12	45×12	M10×40
5	320	$A+1$	19	10×5	35×8	M8×30	12	1600	$A+1$	28	14×15	50×15	M10×45
6	400	$A+1$	22	10×5	35×8	M8×30	13	2000	$A+1$	30	14×18	60×15	M10×45
7	500	$A+1$	22	10×6	35×10	M8×30							

10.4.2.4　风管伸缩节

当风管直管段较长、温度差异较大，尤其当管道为室外敷设时，两固定点之间必须设置伸缩节，最长距离一般不超过 15m。风管伸缩节见图 10-26。

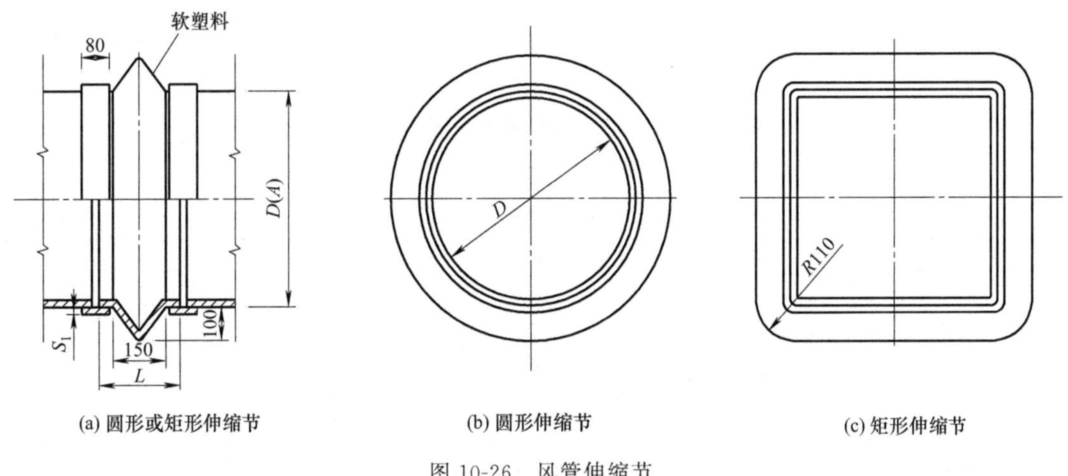

(a) 圆形或矩形伸缩节　(b) 圆形伸缩节　(c) 矩形伸缩节

图 10-26　风管伸缩节

10.4.2.5　风管柔性接管与硬套

风管与风机的进出口相连接，或与其他有振动的设备连接时，必须设置柔性接管；与直管段相连的支管上，考虑直管段的伸缩，也可以在支管上设置柔性接管。风管与风管的连接，除采用法兰连接外，还可以用硬套直接连接。为了避免腐蚀介质对风管法兰金属螺栓、螺母的腐蚀和法兰缝隙的泄漏，管道连接尽可能采用硬套连接。图 10-27 所示为风管柔性接管与硬套。

10.4.3　风管部件

10.4.3.1　风量调节阀

同一种性质的废气组成一个排风系统，以便集中处理净化后排放。但组成一个系统的排风点不宜过多，最好不要超过 3～4。当必须超过时，系统需做好风量调节，使各排风点的排风

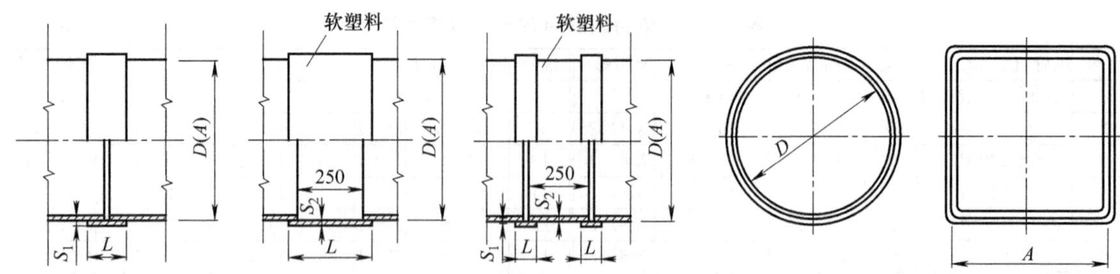

图 10-27 风管柔性接管与硬套

量能符合设计要求。一般可在排风罩的立管上设置风量调节阀。槽边吹、吸风管调节阀结构见图 10-28，其尺寸参数见表 10-23，还可参照国标通风部件标准图集中 T403-2（金属制）、T451-2（塑料制）有关资料，设计时可参考选用。

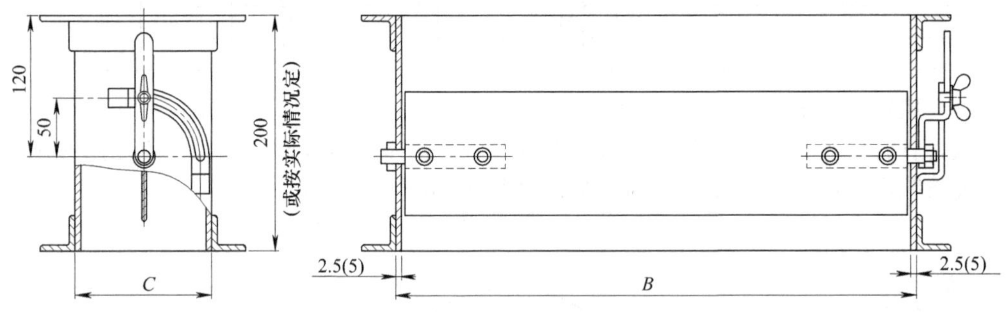

图 10-28 槽边吹、吸风管调节阀结构示意图

（注：括号内数字用于塑料调节阀）

表 10-23 槽边吹、吸风管调节阀尺寸 mm

型号		1	2	3	4	5	6	7	8	9	10	11	12	13	14
B		300								370					
C	吹风罩调节阀	100				120				100				120	
	吸风罩调节阀	100	120	150	200	300	400	500	100	120	150	200	300	400	500
型号		15	16	17	18	19	20	21	22	23	24	25	26	27	28
B		450								550					
C	吹风罩调节阀	100				120				100				120	
	吸风罩调节阀	100	120	150	200	300	400	500	100	120	150	200	300	400	500

10.4.3.2 排气锥形风帽

一个排风系统由风机通过符合标准规定高度的排气筒（或经过气体净化装置）排入大气时，排气筒的顶部需设置排风帽。国标通风部件标准图集中 T654-2 的图与表适用于排除腐蚀性有害气体，见图 10-29；塑料锥形风帽尺寸见表 10-24，设计时可参考选用。

10.4.3.3 风管排水装置

当风管用于排除含高湿度气体时，应有 0.01～0.015 的坡度，并在管道的最底处装设风管排水装置，见图 10-30。

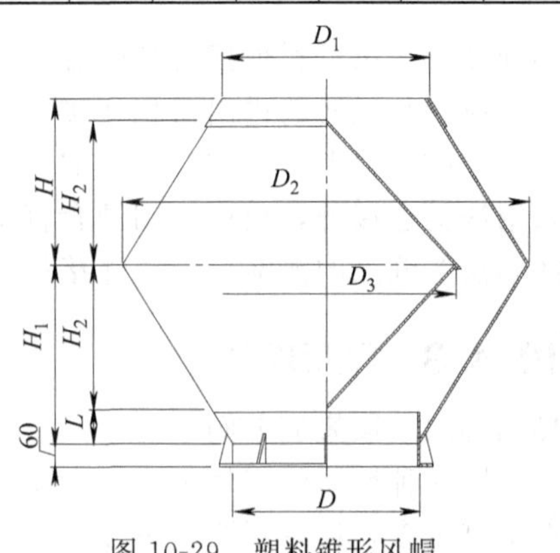

图 10-29 塑料锥形风帽

表 10-24　塑料锥形风帽尺寸表

型号	1	2	3	4	5	6	7	8	9	10	11	12	13	14
D	200	220	250	280	320	360	400	450	500	560	630	700	800	900
D_1	240	260	290	320	360	400	440	490	540	600	670	740	840	940
D_2	480	520	580	640	720	800	880	980	1080	1200	1340	1480	1680	1880
D_3	312	338	377	416	468	520	572	637	702	780	871	962	1092	1222
H	192	208	232	256	288	320	352	392	432	480	536	592	672	752
H_1	224	240	264	288	320	352	384	424	464	512	568	624	704	784
H_2	167	181	203	223	251	279	307	342	376	418	468	516	586	655
L	60	60	60	60	60	60	80	80	80	80	80	100	100	100

10.4.3.4　风管测定口

为便于采集风管内气体样品，测定风管内气体风速、温度等，应在风管直管段合适的位置设置风管测定口，并应离开弯管、三通管、变径管等 1m 以上，保证测定的准确性，见图 10-31。

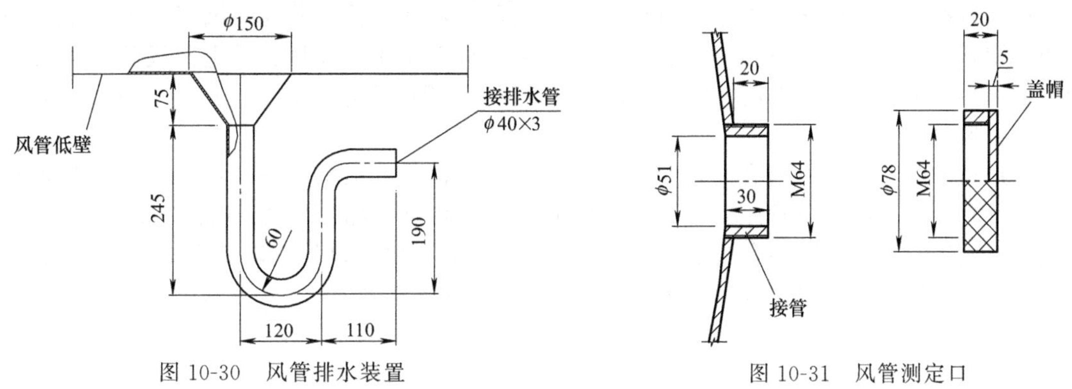

图 10-30　风管排水装置

图 10-31　风管测定口

10.4.3.5　风管检查门

为便于观察检查风管内部情况和清理风管内部，可在风管的一定部位装设风管检查门，见图 10-32。

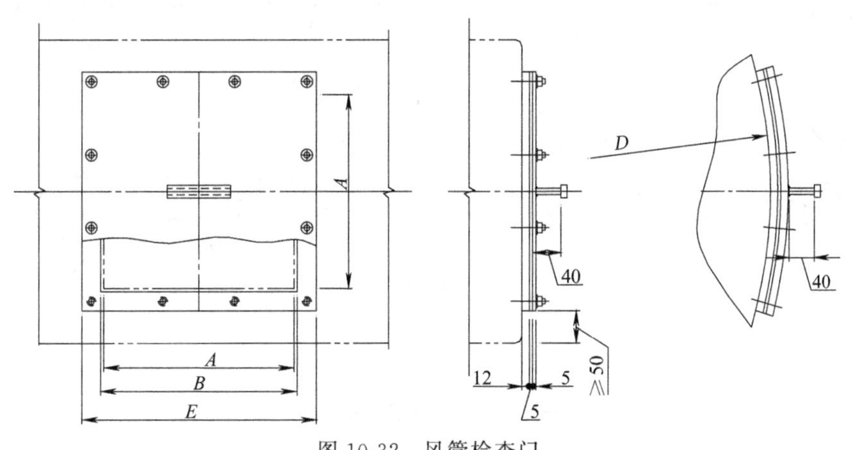

图 10-32　风管检查门

10.5　通风机

电镀线排风系统使用的通风机通常为离心式通风机和轴流式通风机。

10.5.1 离心式通风机

玻璃钢离心通风机，主要材质为聚酯玻璃钢，它具有重量轻、耐蚀性好、不易老化、噪声低等特点，适用于排送一定浓度的腐蚀性气体，能满足电镀线排送有害气体的要求。

(1) 工作原理

离心式通风机是根据动能转化为势能的原理，利用高速旋转的叶轮将气体加速，然后减速，改变流向，使动能转换成势能（压力）。叶轮高速旋转时产生的离心力，将空气推向外壳，结果就在叶轮的中心轴处造成空气稀薄区（负压区），而使周围空气经过风口流入通风机。

(2) 风机风量

离心式通风机产生风量的大小，由风机的叶轮直径和叶轮的转速决定。通风机的号码与叶轮直径的关系为叶轮直径的分米（dm）数值。如 5 号风机，即叶轮的直径为 5dm＝500mm。

(3) 风机风压

通风机按照产生风压的大小有低压、中压、高压之分。低压风机的风压在 1000Pa 以下，中压风机的风压在 1000～3000Pa 之间，大于 3000Pa 的则称高压风机。电镀线的排风系统选用的通风机，根据系统阻力损失的大小，一般为低、中压通风机。

(4) 风机形式

通风机的叶轮旋转方向有向左旋转和向右旋转两种，于风机的进风口另一侧（电动机位置）看叶轮旋转方向，逆时针旋转的称为左旋转，顺时针旋转的称为右旋转。风机出风口的位置按“左旋”与“右旋”各有八个不同角度的位置，风机出风口位置，见图 10-33。选用时根据具体安置通风机的位置和风管连接情况等因素合理选择风机形式。电镀线排风系统选用的风机形式一般为 0°、90°、180°三种。

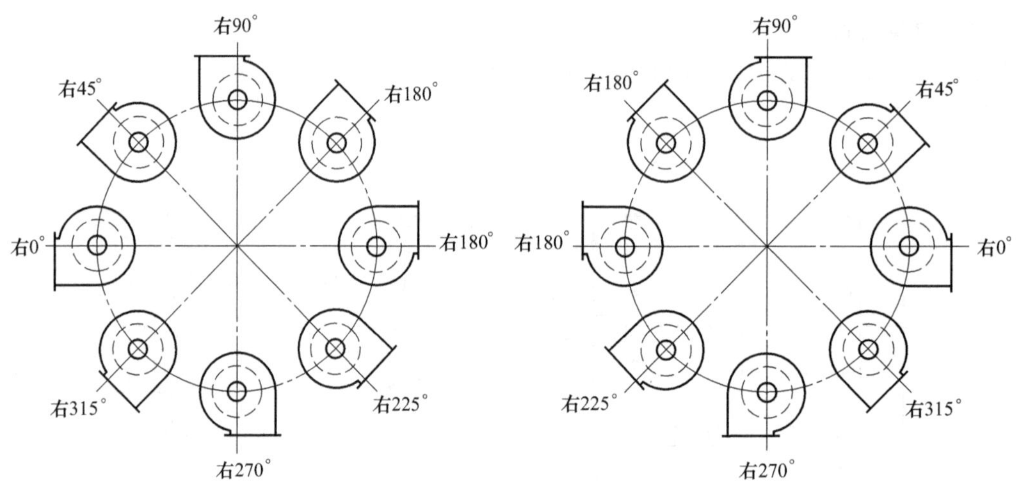

图 10-33 风机出风口位置

(5) 传动方式

通风机的传动方式可分为六种：A 型、B 型、C 型、D 型、E 型、F 型。通风机的传动方式见表 10-25。电镀线的排风系统选用的风机传动形式一般为 A 型、C 型、D 型。

(6) 风机的性能参数与曲线

可查阅风机制造商的风机样本。

表 10-25 通风机的传动方式

形式	A 型	B 型	C 型	D 型	E 型	F 型
结构						
特点	叶轮直接安装在电动机轴上	叶轮轴用轴承座固定，传动带轮在两轴承座之间	叶轮轮用轴承座固定，传动带轮在两轴承座外侧	叶轮轴用轴承座固定，联轴器直接传动	叶轮轴用轴承座固定，叶轮在两轴座之间，带轮传动	叶轮轴用轴承座固定，叶轮在两轴座之间，联轴器直接传动

10.5.2 轴流式通风机

(1) 工作原理

轴流式通风机的叶片形状如船尾的推水螺旋桨成双弯曲面，叶片数量有 2 片、3 片、4 片、6 片或 8 片等。叶片旋转时，对前面的空气有推升力，而对后面的空气则造成空气稀薄区（负压区)，与电扇、飞机的螺旋桨同理。

(2) 风量和风压

轴流式通风机能产生的风压比离心式通风机要小，一般在 300Pa 以下。轴流式通风机一般用于系统风管短和弯管等少的场合，用于计算阻力损失低于 300Pa 的系统；用于全室换气通风的场所较多。轴流式通风机产生风量和风压的大小决定于叶片的尺寸、角度和转速。如一台 4 号轴流式通风机（叶片直径 400mm)，转速 $n=1450\text{r/min}$，风压为 120Pa，风量为 $2500\text{m}^3/\text{h}$。在同样的转速下，6 号轴流式通风机（叶片直径 600mm）的风压为 220～250Pa，风量为 $7000\text{m}^3/\text{h}$。

10.5.3 风机动力计算

排风系统的风量风压确定后，通风机所需要的动力可根据下式计算：

$$N=\frac{HQK}{102\eta_1\eta_2} \tag{10-7}$$

式中 N——电动机功率，kW；

H——通风机的总风压，Pa，($1\text{mmH}_2\text{O}\approx10\text{Pa}$)；

Q——通风机的风量，m^3/s；

η_1——通风机效率，一般为 40%～60%，最大 65%；

η_2——机械效率，电动机直连取 100%、联轴器直连取 95%、V 带传动取 90%；

102——功的换算值，102kgf·m≈1kW；

K——电动机容量安全系数，可参照表 10-26 确定。

表 10-26 电动机容量安全系数 K

电动机容量/kW	离心式通风机	轴流式通风机
≤0.5	1.5	1.1
0.5～1.0	1.3	1.1
1.0～2.0	1.2	1.1
2.0～5.0	1.15	1.1
≥5.0	1.1	1.1

10.6 系统风阻计算与案例

10.6.1 系统风阻计算

排风系统的风阻由两部分组成：气流在风管内流动产生的摩擦阻力 W_R 和气流流过弯管、三通、变径管等改变气流流动方向或流动速度而产生的局部阻力 W_ε。

(1) 气流摩擦阻力的计算

$$W_R = RL \tag{10-8}$$

式中 W_R——气流在风管内流动时产生的摩擦阻力，Pa；

R——阻力系数（表 10-27），每米直管长产生的阻力，Pa/m；

L——直管道长度，m。

(2) 气流局部阻力的计算

$$W_\varepsilon = \varepsilon \frac{v^2 r}{2g} \tag{10-9}$$

式中 W_ε——气流流动时产生的局部阻力，Pa；

ε——局部阻力系数（表 10-9）；

v——气流风管内流速，m/s；

r——空气重度，kg/m^3，$r \approx 1.2$；

g——重力加速度，$g = 9.81m/s^2$。

使用上述公式计算通风系统的阻力损失时，其中对阻力系数 R 和 ε 的确定可参阅表 10-27 和表 10-28。

表 10-27 风管摩擦阻力系数

风管材料	塑料板或金属板	砖砌或混凝土风道
R	1.2	5

表 10-28 风管配件部件局部阻力系数

配件部件名称	90°转折弯	180°转折弯	90°弧弯	三通管	收缩管	扩散管	吸风罩	蝶阀	防雨罩	水坑	粗大滤网
ε	11	35	2.5	5	2.5	0	14	15	21	2	25

为设计计算的方便，表 10-29 列出了不同管道风速下管道配件部件的局部阻力，供设计时选用。

表 10-29 风管配件部件在不同风速下的局部阻力 Pa

管道内风速/(m/s)	90°转折弯	180°转折弯	90°弧弯	三通管	收缩管	扩散管	吸风罩	蝶阀	防雨罩	水坑	粗大滤网
8	43.1	137	9.8	19.6	9.8	0	54.8	58.7	82.2	7.8	97.7
9	54.5	173.4	12.4	24.8	12.4	0	60.4	74.3	104	9.9	123.8
10	67.3	214.1	15.3	30.6	15.3	0	85.6	91.7	128.4	12.2	153
11	81.4	259	18.5	37	18.5	0	103.6	111	155.4	14.8	185
12	96.9	308.2	22	44	22	0	125.3	132.1	184.9	17.6	220
13	115.7	361.8	25.8	51.7	25.8	0	144.7	155	247.1	20.7	258

由式（10-9）可知，气流在管道内的流速高，系统阻力损失大，所选用的风机压头高，配置电动机的功率就大，但管道截面小，用材少且占用空间小；反之，气流在管道内的流速低，系统阻力损失就小，所选用的风机压头低，配置电动机的功率相对也就小些，但管道截面大，用材多且占用空间大。因此，在以保证气体（或气体中带有一定的粉尘、纤维、金属屑）在管

道内流动时不在管道内产生沉积物为前提的情况下，选取经济合理的管道风速。表 10-30 所示为对于用塑料、钣金材料制作的风管，气体在管道内的推荐流速。

表 10-30　气体在塑料或钣金风管内的推荐流速　m/s

气体名称	干管	支管	风罩立管	立管	备　注
工艺槽气体	10～12	8～10	6～8		计算系统风阻大时取下限，反之取上限
纤维粉尘	12～15			10～13	粉尘、粉屑浓度高时(即空气重度大时)取上限，反之取下限
矿物粉尘	17～20			15～18	
金属粉屑	22～25			20～23	

10.6.2 系统风量计算案例

采用式（10-2）计算单侧条缝式排风罩排风量，采用式（10-3）计算双侧条缝式排风罩排风量，采用式（10-5）计算单侧平口式排风罩排风量，采用式（10-6）计算双侧平口式排风罩风量。各工艺槽的液面初始风速在表 10-7 中选用，排风罩条缝口的风速在表 10-5 中选用，排风罩条缝口高度采用式（10-1）计算。

① 摩托车消声器（行车式）电镀线的系统风量（参阅第 1 章 1.2.4 节“摩托车消声器电镀工艺”）见表 10-31。

表 10-31　摩托车消声器（行车式）电镀线的系统风量

槽位号	槽位名称	$A \times B$ /m	液温 /℃	液面初速 v_x /(m/s)	风罩形式	风罩数量 /只	条缝风速 /(m/s)	条缝高度 /mm	计算风量 /(m^3/h)	备　注	系统编号	系统风量 /(m^3/h)
3	挂具退镀	3×0.8	30～40	0.25	双侧，条缝排风罩	6	7	20	3066	设翻盖，B 按 0.6m 计算	P1	约 23900
4	热浸除油	3×0.6	50	0.30	双侧，条缝排风罩	6	8	21	3680			
6	超声波除蜡	3×0.8	75	0.30	双侧，条缝排风罩	6	8	21	3680			
9	热浸除油	3×0.6	50	0.30	双侧，条缝排风罩	6	8	21	3680			
14	酸洗	3×0.6	室温	0.25	双侧，条缝排风罩	6	8	18	3066	设翻盖，B 按 0.6m 计算		
17	阳极除油	3×0.8	50	0.30	双侧，条缝排风罩	6	8	21	3680	设翻盖，B 按 0.6m 计算		
22	阴极活化	3×0.8	室温	0.25	双侧，条缝排风罩	6	7	20	3066	设翻盖，B 按 0.6m 计算		
38	装饰铬	3×1	38～52	0.40	双侧，条缝排风罩	6	10	23	4906	设翻盖，B 按 0.6m 计算	P2	约 4900

② 锌合金水暖五金件（行车式）电镀线的系统风量（参阅第 1 章 1.2.11 节“锌合金水暖五金件电镀工艺”）见表 10-32。

表 10-32　锌合金水暖五金件（行车式）电镀线的系统风量

槽位号	槽位名称	$A \times B$ /m	液温 /℃	液面初速 v_x /(m/s)	风罩形式	风罩数量 /只	条缝风速 /(m/s)	条缝高度 /mm	计算风量 /(m^3/h)	备　注	系统编号	系统风量 /(m^3/h)
1	超声波除蜡	2.5×0.7	60～90	0.30	双侧，条缝排风罩	6	8	18	2555	设翻盖，B 按 0.5m 计算	P1	约 14000
4	热浸除油	2.5×0.5	60～80	0.30	双侧，条缝排风罩	6	8	18	2555			
6	阴极除油	2.5×0.8	60～80	0.30	双侧，条缝排风罩	6	8	18	2555	设翻盖，B 按 0.5m 计算		
10	弱酸浸蚀	2.5×0.5	20～35	0.25	双侧，条缝排风罩	6	7	17	2130			
13	无氰碱铜	2.5×0.9	40～60	0.25	双侧，条缝排风罩	6	7	21	2130	设翻盖，B 按 0.5m 计算		
19	焦铜	2.5×0.9	40～60	0.25	双侧，条缝排风罩	6	7	21	2130	设翻盖，B 按 0.5m 计算		

续表

槽位号	槽位名称	$A\times B$ /m	液温 /℃	液面初速 v_x /(m/s)	风罩形式	风罩数量 /只	条缝风速 /(m/s)	条缝高度 /mm	计算风量 /(m^3/h)	备注	系统编号	系统风量 /(m^3/h)
33	半亮镍	2.5×0.9	49～71	0.25	双侧,条缝排风罩	6	7	21	2130	设翻盖,B按0.5m计算	P2	约8500
34	半亮镍	2.5×0.9	49～71	0.25	双侧,条缝排风罩	6	7	21	2130	设翻盖,B按0.5m计算		
35	光亮镍	2.5×0.9	50～60	0.25	双侧,条缝排风罩	6	7	21	2130	设翻盖,B按0.5m计算		
36	光亮镍	2.5×0.9	50～60	0.25	双侧,条缝排风罩	6	7	21	2130	设翻盖,B按0.5m计算		
42	装饰铬	2.5×1	38～52	0.40	双侧,条缝排风罩	6	10	33	3408	设翻盖,B按0.5m计算	P3	约3400

③ 五金工具（环形）电镀线的系统风量（参阅第2章2.2.3节“五金工具电镀工艺”）见表10-33。

表10-33 五金工具（环形）电镀线的系统风量

槽位号	槽位名称	$A\times B$ /mm	液温 /℃	液面初速 v_x /(m/s)	风罩形式	风罩数量 /只	条缝风速 /(m/s)	条缝高度 /mm	计算风量 /(m^3/h)	备注	系统编号	系统风量 /(m^3/h)
45	挂具退镀	2.8×0.9	30～40	0.3	单侧,平口风罩	4	8		3379	设翻盖,有工件进出的工位,B按0.7m计算;无工件进出的工位,B按0.2m计算	P1	约23300
1	热浸除油	7×0.7	58～65	0.3	单侧,平口风罩	10	8		5038			
3	超声波除蜡	3.5×0.9	50～65	0.3	单侧,平口风罩	5	8		4025			
5	阴极除油	3.5×0.9	30～80	0.3	单侧,平口风罩	5	8		4025			
10	酸洗	3.5×0.7	室温	0.25	单侧,平口风罩	5	8		3354			
14	阳极除油	2.1×0.9	30～80	0.3	单侧,平口风罩	3	8		3528			
22	半亮镍	6.2×0.9	50～70	0.25	单侧,平口风罩	7	7		4778	槽中心圆弧计长度,设翻盖,计算B同上	P2	15400
23	光亮镍	6.2×0.9	50～60	0.25	单侧,平口风罩	7	7		4778			
24	镍封	1.4×0.9	50～60	0.25	单侧,平口风罩	7	7		2303	设翻盖,计算B同上		
31	装饰铬	2.1×0.9	40	0.4	单侧,平口风罩	10	10		4708		P3	4700

④ 无氰碱性挂镀锌（行车式）电镀线的系统风量（参阅第1章1.2.14节“碱性挂镀锌工艺”）见表10-34。

表10-34 无氰碱性挂镀锌（行车式）电镀线的系统风量

槽位号	槽位名称	$A\times B$ /mm	液温 /℃	液面初速 v_x /(m/s)	风罩形式	风罩数量 /只	条缝风速 /(m/s)	条缝高度 /mm	计算风量 /(m^3/h)	备注	系统编号	系统风量 /(m^3/h)
1	热浸除油	3×0.6	27～93	0.30	双侧,条缝排风罩	6	8	21	3680		P1	约11000
5	阳极除油	3×0.9	30～75	0.30	双侧,条缝排风罩	6	8	26	3680	设翻盖,B按0.6m计算		
9	酸蚀	3×0.6	室温	0.30	双侧,条缝排风罩	6	8	21	3680			
16	镀锌	3×1	18～28	0.25	双侧,条缝排风罩	6	7	24	3066	设翻盖,B按0.6m计算	P2	约15300
17	镀锌	3×1	18～28	0.25	双侧,条缝排风罩	6	7	24	3066	设翻盖,B按0.6m计算		
18	镀锌	3×1	18～28	0.25	双侧,条缝排风罩	6	7	24	3066	设翻盖,B按0.6m计算		
19	镀锌	3×1	18～28	0.25	双侧,条缝排风罩	6	7	24	3066	设翻盖,B按0.6m计算		
20	镀锌	3×1	18～28	0.25	双侧,条缝排风罩	6	7	24	3066	设翻盖,B按0.6m计算		

10.6.3 系统风压计算案例

计算时管道风速在表10-30中选用，使用式（10-8）计算管道摩擦阻力；使用式（10-9）

计算配件、部件局部阻力，或在表 10-29 中查得。根据系统风量、风压查阅风机的性能曲线图确定风机型号。

① 摩托车消声器（行车式）电镀线的系统风压（同前）见表 10-35。

表 10-35 摩托车消声器（行车式）电镀线的系统风压

系统号	系统风量/(m^3/h)	管道、配件、部件名称及数量、阻力											阻力合计/Pa	通风机选用
		名称	风管	90°弧弯	吸风罩	调节阀	风管	90°弧弯	三通管	防雨罩	净化装置	其他损失		
P1	约 23900	管道风速/(m/s)	8	8	8		10	10	10	10			约 1130	BF4-72-10C 玻璃钢离心通风机 1000r/min
		数量	45m	2	7		30m	2	1	1	1	10%		
		阻力/Pa	54	19.6	383.6		36	30.6	30.6	128.4	约 350	103		
P2	约 4900	管道风速/(m/s)	8	8	8		10	10	10	10			约 600	BF4-72-5A 玻璃钢离心通风机 1450r/min
		数量	7m	2	1		15m	2	1	1	1	10%		
		阻力/Pa	8.4	19.6	54.8		18	30.6	30.6	128.4	约 250	54		

② 锌合金水暖五金件（行车式）电镀线的系统风压（同前）见表 10-36。

表 10-36 锌合金水暖五金件（行车式）电镀线的系统风压

系统号	系统风量/(m^3/h)	管道、配件、部件名称及数量、阻力											阻力合计/Pa	通风机选用
		名称	风管	90°弧弯	吸风罩	调节阀	风管	90°弧弯	三通管	防雨罩	净化装置	其他损失		
P1	约 14000	风速/(m/s)	8	8	8		10	10	10	10			约 1100	BF4-72-8C 玻璃钢离心通风机 1120r/min
		数量	36m	2	6		28m	2	1	1	1	10%		
		阻力/Pa	43.2	19.6	328.8		33.6	30.6	30.6	128.4	约 350	96		
P2	约 8500	风速/(m/s)	8	8	8		10	10	10	10			约 900	BF4-72-6A 玻璃钢离心通风机 1450r/min
		数量	15m	2	4		20m	2	1	1	1	10%		
		阻力/Pa	18	19.6	219.2		24	30.6	30.6	128.4	约 350	82		
P3	约 3400	风速/(m/s)	8	8	8		10	10	10	10			约 600	BF4-72-4.5A 玻璃钢离心通风机 1450r/min
		数量	8m	2	1		18m	2	1	1	1	10%		
		阻力/Pa	9.6	19.6	54.8		21.6	30.6	30.6	128.4	约 250	55		

③ 五金工具（环形）电镀线的系统风压（同前）见表 10-37。

表 10-37 五金工具（环形）电镀线的系统风压

系统号	系统风量/(m^3/h)	管道、配件、部件名称及数量、阻力											阻力合计/Pa	通风机选用
		名称	风管	90°弧弯	吸风罩	调节阀	风管	90°弧弯	三通管	防雨罩	净化装置	其他损失		
P1	约 23300	风速/(m/s)	8	8	8		10	10	10	10			约 1000	BF4-72-8C 玻璃钢离心通风机 1250r/min
		数量	20m	2	5		46m	2	1	1	1	10%		
		阻力/Pa	24	19.6	274		55.2	30.6	30.6	128.4	约 350	91.6		
P2	约 15400	风速/(m/s)	8	8	8		10	10	10	10			约 490	BF4-72-8A 玻璃钢离心通风机 960r/min
		数量	18m	2	3		38m	2	1	1		10%		
		阻力/Pa	21.6	19.6	164.4		45.6	30.6	30.6	128.4		48		

续表

系统号	系统风量/(m³/h)	管道、配件、部件名称及数量、阻力											阻力合计/Pa	通风机选用
		名称	风管	90°弧弯	吸风罩	调节阀	风管	90°弧弯	三通管	防雨罩	净化装置	其他损失		
P3	约4700	风速/(m/s)	8	8	8		10	10	10	10			约600	BF4-72-5A 玻璃钢离心通风机 1450r/min
		数量	2m	2	1		20m	2	1	1	1	10%		
		阻力/Pa	2.4	19.6	54.8		24	30.6	30.6	128.4	约250	54		

④ 无氰碱性挂镀锌（行车式）电镀线的系统风压（同前）见表10-38。

表10-38 无氰碱性挂镀锌（行车式）电镀线的系统风压

系统号	系统风量/(m³/h)	管道、配件、部件名称及数量、阻力											阻力合计/Pa	通风机选用
		名称	风管	90°弧弯	吸风罩	调节阀	风管	90°弧弯	三通管	防雨罩	净化装置	其他损失		
P1	约11000	风速/(m/s)	8	8	8		10	10	10	10			约870	BF4-72-6A 玻璃钢离心通风机 1450r/min
		数量	30m	2	3		22m	2	1	1	1	10%		
		阻力/Pa	36	19.6	164.4		26.4	30.6	30.6	128.4	约350	79		
P2	约15300	风速/(m/s)	8	8	8		10	10	10	10			约600	BF4-72-8A 玻璃钢离心通风机 960r/min
		数量	36m	2	5		22m	2	1	1		10%		
		阻力/Pa	43.2	19.6	274		26.4	30.6	30.6	128.4		55		

10.7 电镀废气的净化

10.7.1 电镀废气排放要求

2008年8月1日前我国对电镀行业的废气排放实行GB 16297—1996《大气污染物综合排放标准》；2008年8月1日起，我国开始实行电镀行业专用排放标准GB 21900—2008《电镀污染物排放标准》，标准对不同的时段执行不同的标准。对现有设施自2009年1月1日至2010年6月30日执行表10-39规定的大气污染物排放浓度限值；现有设施自2010年7月1日起和新建设施自2008年8月1日起执行表10-40规定的大气污染物排放浓度限值。《电镀污染物排放标准》根据电镀有害气体的理化特性、危害性以及污染控制的需要等，共选择了6项污染物作为大气污染控制项目：氯化氢、铬酸雾、硫酸雾、氮氧化物、氰化氢、氟化物。

《大气污染物综合排放标准》与《电镀污染物排放标准》中和电镀生产相关的控制指标相比（见表10-41），排放标准值均有不同程度的提高。《大气污染物综合排放标准》编写组的专家们通过对全国具有代表性的42个电镀厂点的调查，这些厂点通过不同的方法对电镀有害气体处理后都能做到达标排放。

表10-39 现有设施大气污染物排放浓度限值

序号	污染物	排放浓度限值/(mg/m³)	污染物排放监控位置
1	氯化氢	50	污染物净化设施排放口
2	铬酸雾	0.07	污染物净化设施排放口
3	硫酸雾	40	污染物净化设施排放口
4	氮氧化物	240	污染物净化设施排放口
5	氰化氢	1.0	污染物净化设施排放口
6	氟化物	9.0	污染物净化设施排放口

表 10-40 新建设施大气污染物排放浓度限值

序号	污染物	排放浓度限值/(mg/m³)	污染物排放监控位置
1	氯化氢	30	污染物净化设施排放口
2	铬酸雾	0.05	污染物净化设施排放口
3	硫酸雾	30	污染物净化设施排放口
4	氮氧化物	200	污染物净化设施排放口
5	氰化氢	0.5	污染物净化设施排放口
6	氟化物	7.0	污染物净化设施排放口

表 10-41 《大气污染物综合排放标准》与《电镀污染物排放标准》对照表

序号	污染物名称	大气污染物综合排放标准(GB 16297—1996)				电镀污染物排放标准(GB 21900—2008)				
		排气筒高度/m	最高容许排放浓度/(mg/m³)	最高容许排放速率/(kg/h)		排气筒高度/m	排放浓度限值/(mg/m³)		单位产品镀件镀层基准排气量/(m³/m²)	
				二级	三级		现有设施	新建设施	工艺种类	基准排气量
1	氯化氢	15	100	0.26	0.39	15	50	30	镀锌	18.6
2	铬酸雾	15	0.07	0.008	0.012	15	0.07	0.05	镀铬	74.4
3	硫酸雾	15	45	1.5	2.4	15	40	30	其他镀种(镀铜、镍等)	37.3
4	氮氧化物	15	240	0.77	1.2	15	240	200		
5	氰化氢	25	1.9	0.15	0.24	25	1.0	0.7	阳极氧化	18.6
6	氟化物	15	9.0	0.10	0.15	15	9.0	7.0	发蓝	55.8

《工业通风手册》中列举了一些酸洗电镀条件下有害物质的散发情况，可供估算废气中有害物浓度时作参考，如表 10-42 所示。

表 10-42 酸洗电镀槽有害物质散发率 Z

序号	工 艺 过 程	Z/[mg/(s·m²)]	有害物
1	铬酸 150～300g/L，电流 1000A，镀铬、阳极酸洗、退铜等	10	铬酐
2	铬酸 30～60g/L，电流 1000A，铝件、钢件电抛光等	2	铬酐
3	铬酸 30～100g/L，电流 500A，铝、镁化学氧化、镁合金阳极氧化	1	铬酐
4	50℃以上铬酸和铬酸盐溶液中清洗、酸洗、去氧化皮	5.5×10^{-3}	铬酐
5	50℃以下铬酸和铬酸盐溶液中清洗、酸洗	可忽略	铬酐
6	在碱溶液中，钢件氧化，铝镁合金化学抛光：100℃以下	55	碱
7	在碱溶液中阳极除油、镀锡、铜阳极氧化、退铬等	11	碱
8	在碱溶液中(铝镁除外)化学除油、中和等	可忽略	碱
9	在氰化物溶液中镀镉、银、金和电解酸洗	5.5	氰化氢
10	在氰化物溶液中镀锌、铜、黄铜、化学酸洗、镀汞	1.5	氰化氢
11	在氢氟酸及其盐溶液中进行化学和电化学加工	20	氟化氢
12	在冷的浓盐酸和热的稀盐酸溶液中酸洗、除油	80	氯化氢
13	在 200g/L 的冷盐酸中浸蚀、酸洗等(退锌、镉除外)	0.3	氯化氢
14	在 150～350g/L 的硫酸中电化学加工，或在冷的浓硫酸或热的稀硫酸中阳极氧化、电抛光	7	硫酸
15	在 50℃以下的硫酸溶液中镀铜、锡、锌、镉，酸洗	可忽略	硫酸
16	在热的浓磷酸溶液中化学加工，在冷的浓磷酸溶液中进行铝件的化学抛光，钢件和铜件的皮抛光	5	磷酸
17	在冷的浓磷酸和热的稀磷酸(磷酸盐)中化学加工	0.6	磷酸
18	在稀硝酸溶液中清洗铝、化学去镍、浸蚀酸洗铜、钝化等(>100g/L)	3	硝酸和氧化氮
19	乙二胺镀铜	可忽略	乙二胺
20	在冷溶液中以 1～3A/dm² 的电流密度镀镍	0.15	镍盐溶液
21	在冷的硫酸盐溶液中以 1～3A/dm² 的电流密度镀镍	0.03	镍盐溶液
22	在添加(苯)酚的酸性溶液中镀铬、镀锡	可忽略	酚
23	在苯胺染料中染色	可忽略	苯胺
24	50℃以上热水		水蒸气

《机械工业采暖通风与空调设计手册》中列表分析了有害气体各种净化方式的特点，可作为电镀各种有害废气选择净化方式时的参考。各种净化方法的特点见表10-43。

表10-43　废气各种净化方法的特点

对比专案	吸收法		吸附法		燃烧法		冷凝法
	水洗涤	药剂洗涤	活性炭不再生或取出再生	活性炭蒸汽再生	催化燃烧	热力燃烧	
适用范围	固体漆雾粒子、某些无机有机溶剂气体（亲水性）。大中小风量都适用	无机气体及部分亲水性有机溶剂，恶臭蒸气。大中小风量都适用	低浓度有机溶剂蒸气及某些无机气体，高温高湿下需降温去水分。只适用于较小风量	中低浓度有机溶剂蒸气，不适用于高沸点气体。只适用于中小风量	有机溶剂蒸气及恶臭物质，废气中含有使催化剂中毒物质时不适用。低浓度、间隙生产不适用	有机溶剂蒸气及恶臭物质。只适用于中小风量	有机溶剂蒸气，高浓度、小风量
温度/℃	常温	常温	<50	<50	>100	>100	<100
浓度/(mg/m³)	小于数百	数百到数千	小于数百	小于数百	2000～8000	大于数千	>2000
空塔速度/(m/s)	1～3	1～2	0.1～0.5	0.1～0.5	0.5～0.7	2～4	—
废热回收	—	—	—	—	可	可	—
装置阻力/kPa	≤0.5	2～3	1～1.5	1～1.5	≥1	≥0.2	≤0.3
净化效率/%	70～98	85～99	>90	>90	>95	>98	30～50
经济性	初期投资较小，运行费用较低	初期投资中等、小，运行费用稍高	初期投资较小，低温低浓度下运行费用较经济	初期投资较大，低温低浓度下运行费用经济	初期投资大，运行费用较高。高温高浓度下能回收余热时经济	初期投资大，运行费较高。高温高浓度下能回收余热时经济	初期投资大，回收溶剂有使用价值时较经济
二次污染或后处理	漆雾和废水需定期处理	废水定期处理，污泥、渣脱水等处理	再生时会产生少量含溶剂的冷凝水	再生时会产生少量含溶剂的冷凝水	尾气中NO_x、SO_x因燃烧情况而异	尾气中NO_x、SO_x因燃烧情况而异	—
特点	不同装置效率差别很大，作为二级处理的前处理装置时，要求尽可能高的净化效率。无爆炸、燃烧危险	准确选择塔型和吸收剂是关键，为稳定净化效率，加药宜自动化	结构简单，定期换炭，处理烘干废气时需冷却降温，过滤处理喷漆室时需脱水、除漆雾	有实效的回收装置较多，负荷变动时影响较小。防止生成过氧化物	催化剂价高，低温低浓度时预热量大，应防止温度过高以确保催化剂寿命。应防止停点时的各种事故，负荷变化大时不能适应	燃烧器易腐蚀，净化效率较高，负荷变动仍可保持高效	设备庞大，冷却水温度低时效率高。常用作其他处理设备的前处理装置
备注	—	宜设计pH值自控加药计量装置	—	也用惰性气体或热气再生	起燃温度较低（220～300℃）	起燃温度较高（600～800℃）	—

10.7.2 镀铬废气的净化

镀铬铬雾废气的净化与回收几乎都采用物理吸收，尽管有各种各样的物理吸收设备，如螺旋式、冷却式、挡板式、填料式、网格式等，经长期实践证明，网格式和挡板式的物理吸收设备在镀铬铬雾废气的净化与回收中使用最为普遍采用，因为它们具有体积小、阻力小、结构简单、维护管理方便、回收效率高、运行费用低等优点。

网格式和挡板式的物理吸收设备的净化回收原理一般认为铬酸本身具有密度大、挥发性小及容易凝聚的特点。工作时，铬酸雾被抽入排风罩后形成一种多分散性的气溶胶，雾滴一般比较粗大，且液滴的大小很不相等。不同粒径的铬酸雾滴悬浮在流动的空气中时，相互碰撞形成较大的液滴。当含铬酸雾、滴的废气进入净化回收器而尚未到达网格或挡板时，由于箱体截面积比进风管截面积大、空气流速减小，已经因碰撞而变大的液滴在重力作用下，一部分从空气中分离出来。当铬酸废气经过网格或挡板时，被分散而经过许多狭窄弯曲的通道，增加了互相碰撞变大的机会，在吸附及重力作用下，细小铬雾滴附着在网格或挡板表面，并不断凝聚变大，最后从网格或挡板上落下。分离出来的铬酸通过排液管流入集液箱，净化后的空气经风机通过排气筒到达 15m 高空排放。

10.7.2.1 网格式铬雾净化回收器

网格式铬雾净化回收器分立式（L 型）和卧式（W 型）两个系列共 11 个规格。这种型号回收器的额定风量和使用风量见表 10-44，可根据需要排风量而选用。表中的额定风量对应网格处迎风面的风速为 2.5m/s；使用风量对应网格处迎风面的风速可为 2～3m/s。

表 10-44　网格式铬雾净化回收器型号与风量　m^3/h

型号	L2	L3	L4	L6	W2	W3	W4	W6	W8	W12	W16
额定风量	2000	3000	4000	6000	2000	3000	4000	6000	8000	12000	16000
使用风量	1600～2400	2400～3600	3200～4800	4800～7200	1600～2400	2400～3600	3200～4800	4800～7200	6400～9600	9600～14400	12800～19600

L 型网格式铬雾净化回收器的结构总图见图 10-34 和图 10-35，这种型号回收器的上下箱体分成 a、b 两种，a 式的进出风口方向是在箱体的两侧面；b 式的进出风口方向是在箱体的正面和侧面，可根据设计情况任选一种。这种型号回收器的外形尺寸见表 10-45。

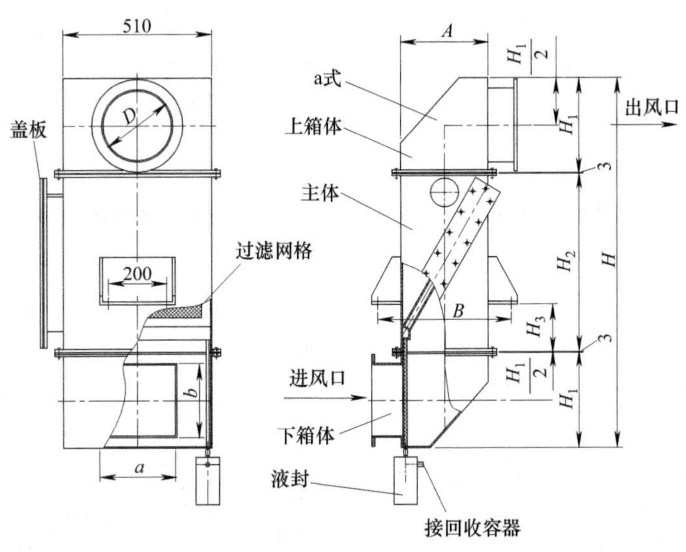

图 10-34　L2、L3 型网格式铬雾净化回收器总图

W 型网格式铬雾净化回收器的结构总图见图 10-36 和图 10-37，这种型号回收器的外形尺寸见表 10-46。

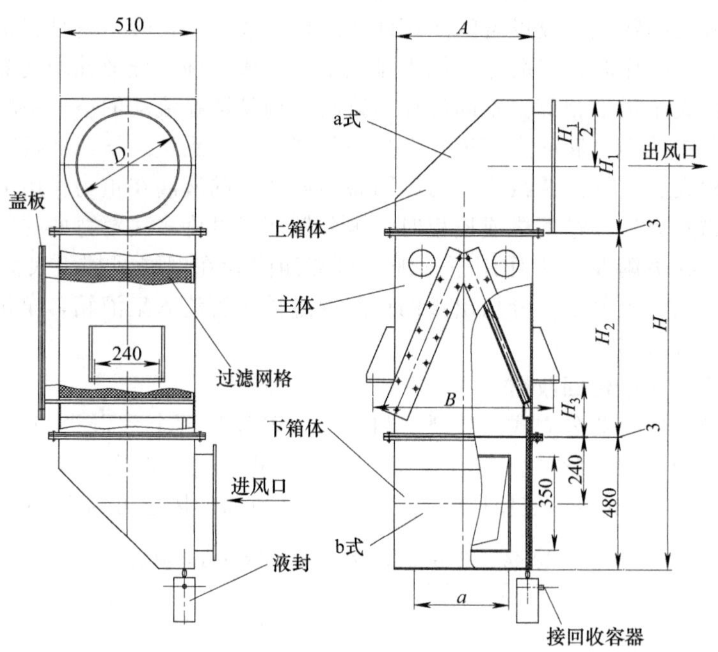

图 10-35　L4、L5 型网格式铬雾净化回收器总图

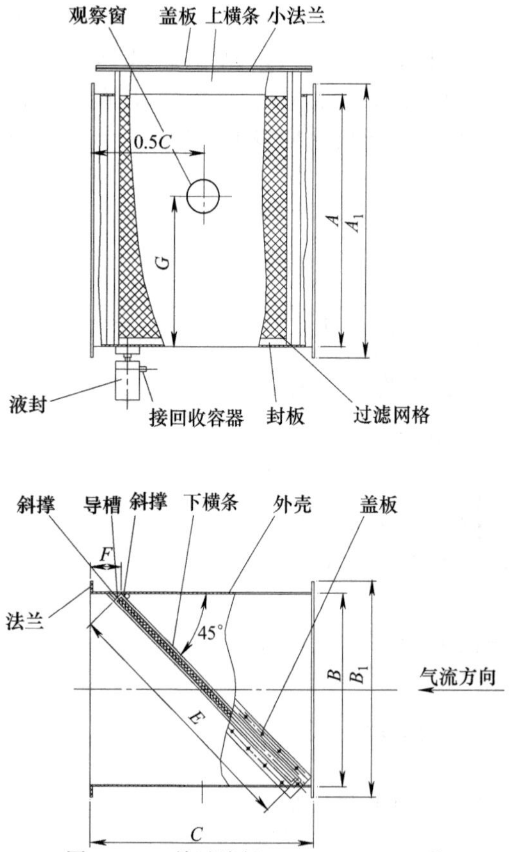

图 10-36　单过滤板 W2、W3、W8 型网格式铬雾净化回收器总图

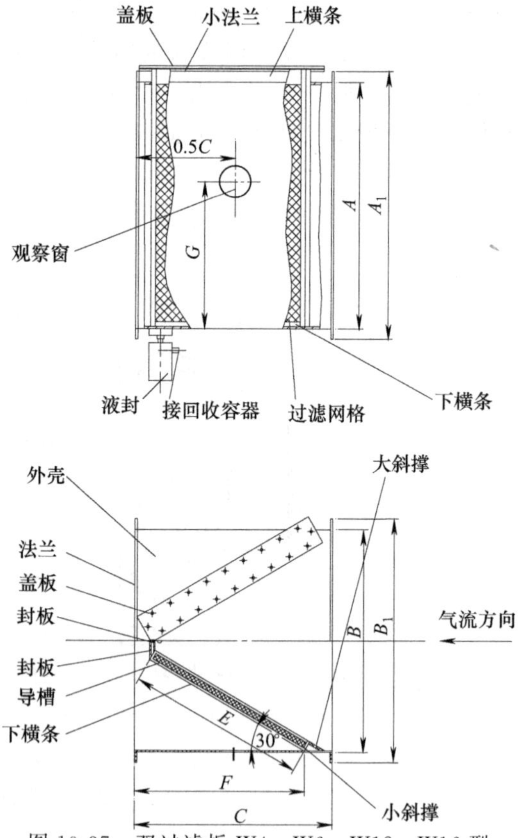

图 10-37　双过滤板 W4、W6、W12、W16 型网格式铬雾净化回收器总图

表 10-45　L 型网格式铬雾净化回收器外形尺寸　mm

型号	A	B	D	H	H_1	H_2	H_3	a	b
L2	300	460	250	1246	320	600	160	260	240
L3	510	670	320	1466	360	740	200	330	280
L4	510	670	390	1706	480	740	200	350	
L6	710	870	450	1976	540	950	300	500	

表 10-46　W 型网格式铬雾净化回收器外形尺寸　mm

型号	A	A_1	B	B_1	C	E	F	G
W2	515	595	404	484	550	522	100	310
W3	765	845	404	484	550	522	100	460
W4	515	595	620	700	620	522	500	310
W6	765	845	620	700	620	522	500	460
W8	1040	1130	802	892	950	1050	130	620
W12	1040	1130	940	1030	850	795	740	620
W16	1040	1130	1200	1290	1130	1050	965	620

网格式铬雾净化回收器的箱体用硬聚氯乙烯板制作。回收器的关键部分是过滤网，用 8～12 层 0.5mm 厚的硬聚氯乙烯菱形网板制成，网板的孔隙率在 50%左右，如图 10-38 所示。据国内一些单位的测试，各种型号回收器在使用风量范围内工作时的净化效率均可达到 99%以上。菱形网板也可以用普通尼龙窗纱代替，当用尼龙窗纱代替时，净化效率也能达到 98%，阻力不大于聚氯乙烯菱形网板。网板铺叠时必须一层一层地纵横交错平铺在过滤网格的外框里，四周用硬聚氯乙烯板夹紧，整体再沿导槽插入箱体中，插入口再用封板封住。

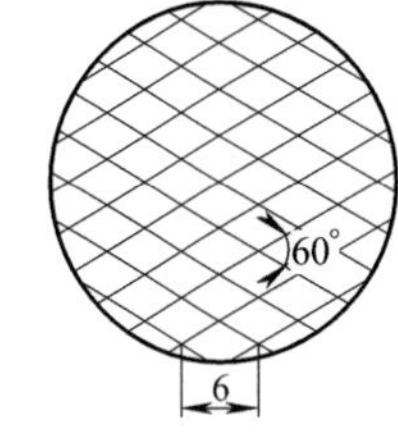

图 10-38　聚氯乙烯菱形网板

采用聚氯乙烯菱形网板制成的过滤网，由于本身的特殊性，能防止从空气中出来的液滴不致产生二次雾化，而尼龙塑料窗纱没有这种特性。因此，用尼龙塑料窗纱作过滤网制成的回收器的净化效率要比用聚氯乙烯菱形网板制作的过滤器稍低。

网格式铬雾净化回收器的阻力和使用时的风速有关，当使用风速为 2～3m/s 时，立式回收器的阻力为 180～400Pa；卧式回收器的阻力为 140～320Pa。图 10-39、图 10-40 所示分别为立、卧式回收器的阻力与风速的曲线。

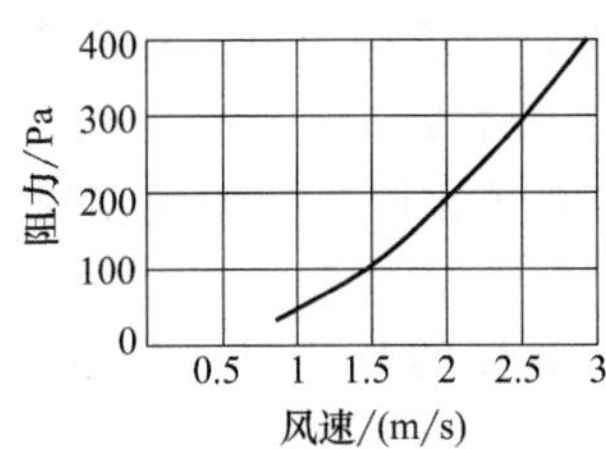

图 10-39　立式回收器阻力与风速曲线

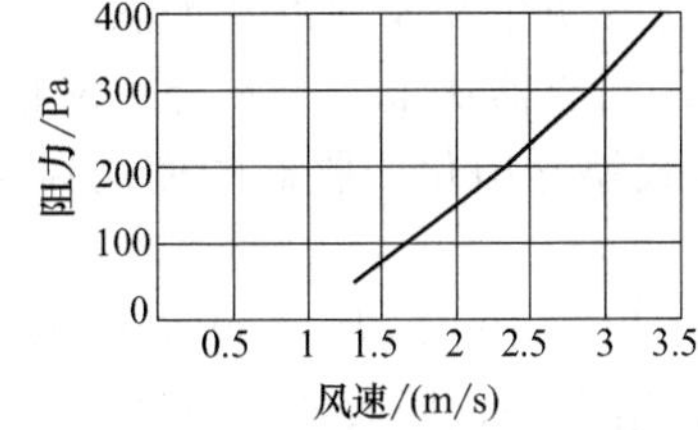

图 10-40　卧式回收器阻力与风速曲线

10.7.2.2　挡板式铬雾净化回收器

FGW 型挡板式铬雾净化回收器是 20 世纪 90 年代新开发的，目前共有六个规格，这种型号回收器的额定风量和使用风量见表 10-47，可根据需要排风量而选用。表中的额定风量对应挡板处迎风面的风速为 3m/s；使用风量对应挡板处迎风面的风速可为 2.5～3.5m/s。

表 10-47　FGW 型挡板式铬雾净化回收器规格与风量　m^3/h

规格	FGW500	FGW600	FGW700	FGW800	FGW1000	FGW1200
额定风量	2700	4000	5300	7000	11000	15000
使用风量	2250～3200	3200～4500	4500～6100	6100～8500	8500～12500	12500～18500

FGW型挡板式铬雾净化回收器的外形尺寸见图10-41和表10-48。净化回收器的箱体用硬聚氯乙烯板制作。回收器的关键部分是挡板，即阻雾条。它用硬聚氯乙烯注塑或焊接成形。在箱体内它向迎风面形成35°的角度，铬酸废气经过挡板时，被分散而且经过许多狭窄弯曲的通道，增加了互相碰撞变大的机会，在吸附及重力作用下，细小铬雾滴附着在阻雾条表面，并不断凝聚变大，最后很容易从阻雾条上垂直落下。经对一些使用单位的测试，这种型号的回收器在使用风量范围内工作时的净化效率均可达到99%以上。

表10-48 FGW型挡板式铬雾净化回收器外形尺寸表 mm

规格	A	B	C	A_1	B_1	C_1
FGW-500	500	500	562	570	570	562
FGW-600	600	600	744	753	680	544
FGW-700	700	700	744	853	780	544
FGW-800	800	800	744	1053	880	544
FGW-1000	1000	1000	800	1308	1120	544
FGW-1200	1200	1200	1184	1590	1320	926

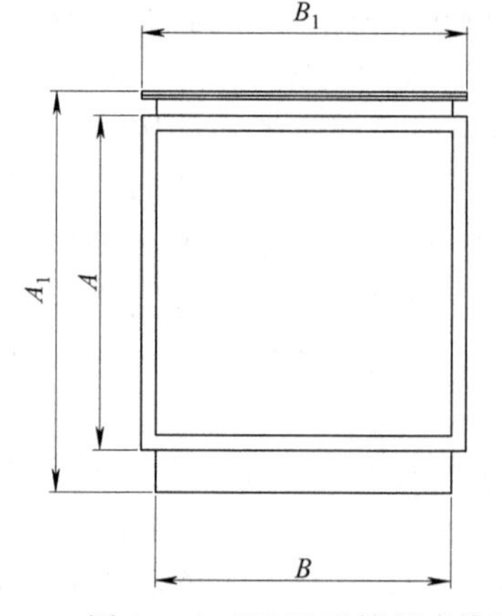

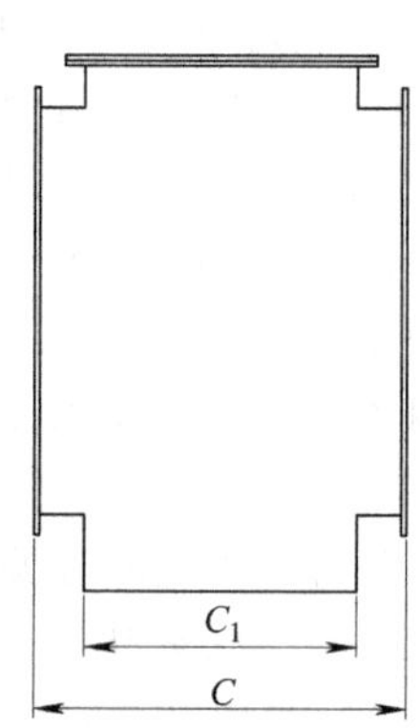

图10-41 FGW型挡板式铬雾净化回收器外形尺寸图

挡板式铬雾净化回收器与网格式铬雾净化回收器比较，具有如下特点。

① 网格式铬雾净化回收器必须定期进行清洗，因为使用一段时间后，回收器的网栅上会积聚来自空气的灰尘和泥砂以及干涸的铬酐。如不及时清洗，会增加阻力，甚至造成堵塞。挡板式铬雾净化回收器从根本上弥补了网格式铬雾回收器的上述不足。

② 挡板式铬雾净化回收器的使用风速略大于网格式铬雾净化回收器的使用风速，因此设备的体积更小。

图10-42和图10-43为FGW-500型挡板式铬雾净化回收器的制造图，图10-44为FGW-800型挡板式铬雾净化回收器的总图，供选用或设计时参考。

10.7.3 氮氧化物废气的净化

氮氧化物是电镀生产过程所产生的有毒气体中危害较大、较难治理的废气。氮与氧能形成各种形式的氧化物，但在常温下，能单独存在的主要是二氧化氮（NO_2）及与之形成平衡的四氧化二氮（N_2O_4）和一氧化氮（NO）。NO能在空气中被氧化成NO_2。氮氧化物是这些氧化物的总称，常以NO_x表示。

二氧化氮是一种棕红色有窒息性臭味的气体，具有强烈的刺激性，俗称“黄龙”。常温下，二氧化氮与四氧化二氮形成平衡，大体上NO_2占30%，N_2O_4占70%，而N_2O_4则是无色的。一氧化氮是无色无臭的气体，难溶于水且不与水发生反应。

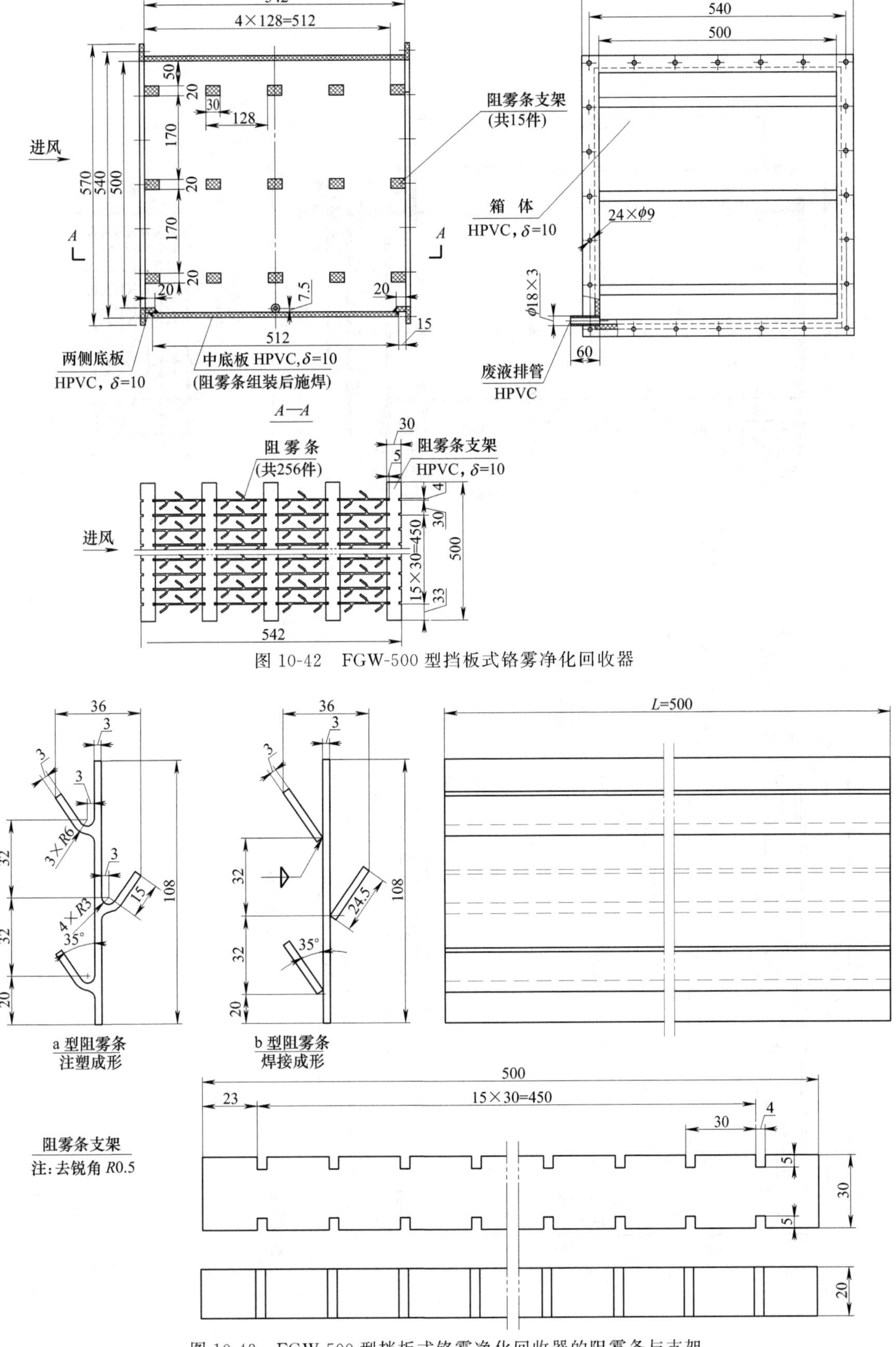

图 10-42　FGW-500 型挡板式铬雾净化回收器

图 10-43　FGW-500 型挡板式铬雾净化回收器的阻雾条与支架

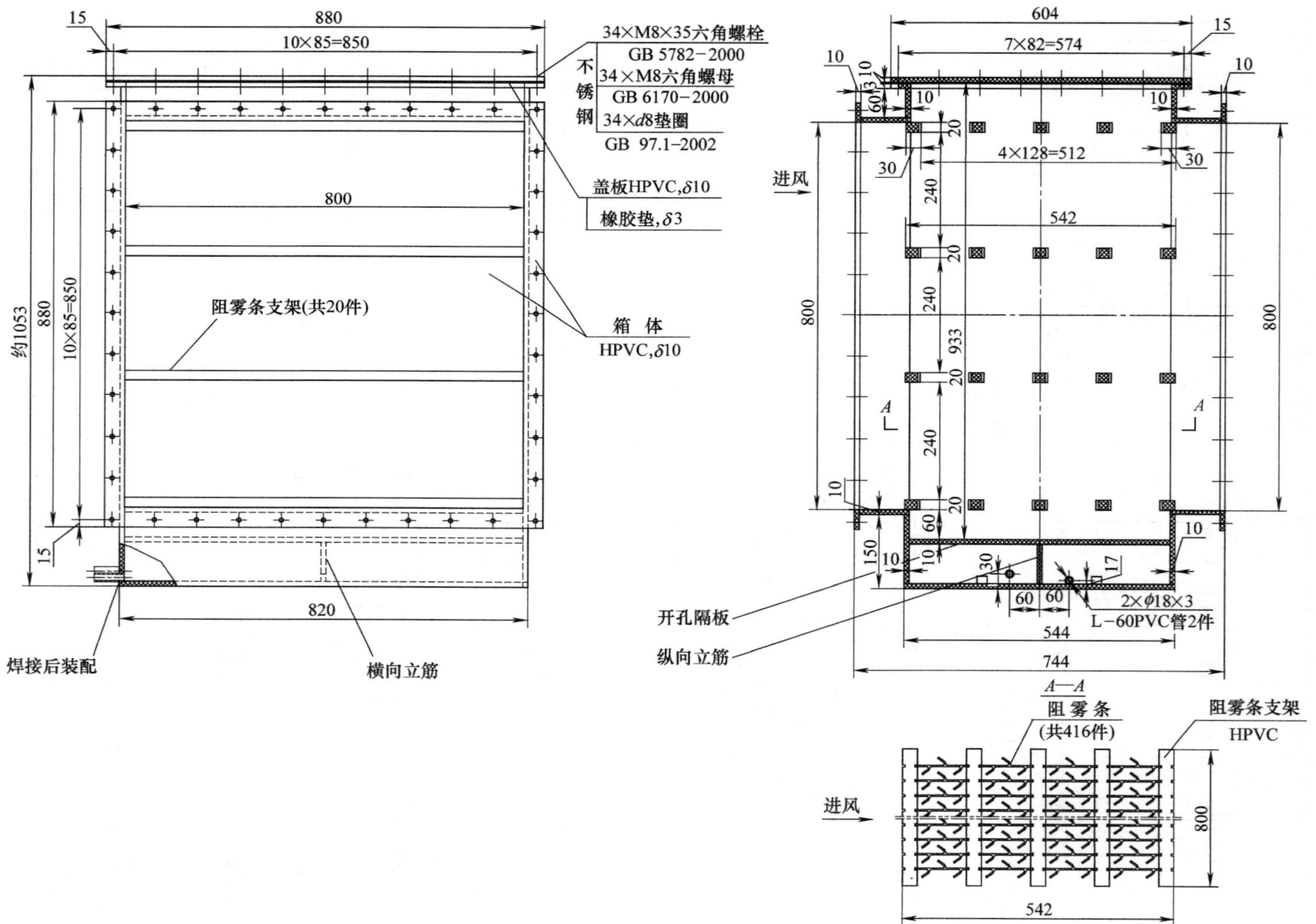

图 10-44 FGW-800 型挡板式铬雾净化回收器总图

氮氧化物气体对人体的危害较大，且氮氧化物是一类腐蚀性强的气体，对金属设备和农作物能造成较大破坏。

电镀生产中氮氧化物的产生有其特点，产生氮氧化物废气的主要源头为铜及铜合金零件的混合酸的光泽酸洗；用硝酸系抛光液对铝、不锈钢等零件的化学、电化学抛光等。由于上述过程通常是间断的而不是连续的，同时由于作业时酸洗液或抛光液温度和浓度的变化、处理零件面积的变化，都会使产生的氮氧化物浓度时高时低，因此必须针对其特点采用适当的方法进行治理。同时在作业时，应控制工艺液的温度和浓度，并控制作业时每次的面积，尽可能使产生的氮氧化物浓度的一致性和最高浓度在一定范围内。

氮氧化物的净化处理一般有三种方法：①催化还原法；②吸附法；③液体吸收法。其中，电镀生产产生的氮氧化物常用吸附法和液体吸收法，催化还原法在化工生产及热机排气氮氧化物的净化上广泛采用，不适用于电镀生产。

10.7.3.1　液体吸收法

液体吸收法也称湿法吸收，是用水或多种水溶液吸收废气中氮氧化物的方法。此法工艺简单、投资不多，某些方法能以硝酸盐等形式回收氮氧化物中的氮。按照吸收剂种类的不同，液体吸收法又可分为水吸收法、酸吸收法、碱性溶液吸收法、氧化吸收法、还原吸收法等。在电镀废气中常采用后三种方法。液体吸收法是用水或多种水溶液来吸收废气中的氮氧化物的方法。

(1) 碱性溶液吸收法

采用碱性溶液吸收法可以吸收浓度比较稳定的氮氧化物废气，将氢氧化钠、氢氧化钙、氢氧化铵或碳酸钠等碱溶液送入喷淋吸收塔，这些液体与氮氧化物废气接触，就会反应生成硝酸盐和亚硝酸盐，其反应式如下。

① 与氢氧化钠的反应：$2NO_2+2NaOH \longrightarrow NaNO_3+NaNO_2+H_2O$

$NO+NO_2+2NaOH \longrightarrow 2NaNO_2+H_2O$

② 与碳酸钠的反应：$2NO_2+Na_2CO_3 \longrightarrow NaNO_3+NaNO_2+CO_2$

$NO+NO_2+Na_2CO_3 \longrightarrow 2NaNO_2+CO_2$

③ 与氢氧化钙的反应：$4NO_2+2Ca(OH)_2 \longrightarrow Ca(NO_3)_2+Ca(NO_2)_2+2H_2O$

$NO+NO_2+Ca(OH)_2 \longrightarrow Ca(NO_2)_2+2H_2O$

④ 与氨水的反应：$2NO_2+NH_3+H_2O \longrightarrow NH_4NO_3+NH_4NO_2$

$NO+NO_2+NH_3+H_2O \longrightarrow 2NH_4NO_2$

(2) 氧化吸收法

采用氧化剂将部分 NO 氧化为 NO_2 以提高碱的吸收效率，称为氧化吸收法。氧化吸收法还能将碱吸收时生成的亚硝酸盐氧化成无害的硝酸盐。所用的氧化剂可以是氯系氧化剂、高锰酸钾、过氧化氢等。

(3) 还原吸收法

还原吸收法是采用亚硫酸盐、硫化物或尿素等还原剂水溶液作为吸收液，将氮氧化物废气吸收到溶液中并还原成氮气。其反应式分别如下。

① 与亚硫酸盐的反应：$2NO+2SO_3^{2-} \longrightarrow N_2+2SO_4^{2-}$

$2NO_2+4SO_3^{2-} \longrightarrow N_2+4SO_4^{2-}$

② 与硫化物的反应：$4NO+S^{2-} \longrightarrow 2N_2+SO_4^{2-}$

$2NO_2+S^{2-} \longrightarrow N_2+SO_4^{2-}$

③ 与尿素的反应：$NO+NO_2+(NH_2)_2CO \longrightarrow 2N_2+CO_2+2H_2O$

当用硫化钠或尿素作还原吸收液时，可加入一定量的氢氧化钠以组成混合吸收液，吸收效率更高，效果更好。

10.7.3.2 液体吸收法设备

液体吸收的设备主要为吸收塔。吸收塔的类型很多，结构繁简不同，吸收效率也不同。

(1) 空心喷淋塔

空心喷淋塔是一种结构最简单的液体吸收设备，结构形式如图 10-45 所示。处理流程为：废气由塔下部的一侧进入，在塔内自下而上流通；塔下部设循环吸收液箱，吸收液由泵送至塔上部的喷嘴向下喷淋对废气进行洗涤吸收，喷嘴可设一至数层；塔顶部的废气排出口前应设除雾段，以分离气体流动带出的液雾。由于塔内气液接触面积小，为保证一定的吸收效率，一般认为废气在塔内的空塔风速为 0.5～1.5m/s，停留时间需达 6～7s。

空心喷淋塔的特点是结构简单、阻力小，但吸收效率较低，适用于废气中污染物浓度低、废气量小的场合。

(2) 填料喷淋塔

填料喷淋塔的结构是在空心喷淋塔结构的基础上增设 1～3 层填料层，结构形式如图 10-46 所示。处理流程为：废气由塔下部的一侧进入，在塔内自下而上流通，而吸收液自上而下喷淋，由于填料的比表面积大，表面吸附的吸收液增大了气液接触面积；气体经过填料层时受到阻挡而曲折向上，增加了接触反应时间，提高了吸收效率。填料可采用 PP 或 PVC 材质的价体环、鲍尔环、鲍尔球等。一般认为废气在塔内的空塔风速为 1～2m/s，停留时间需达2～7s。

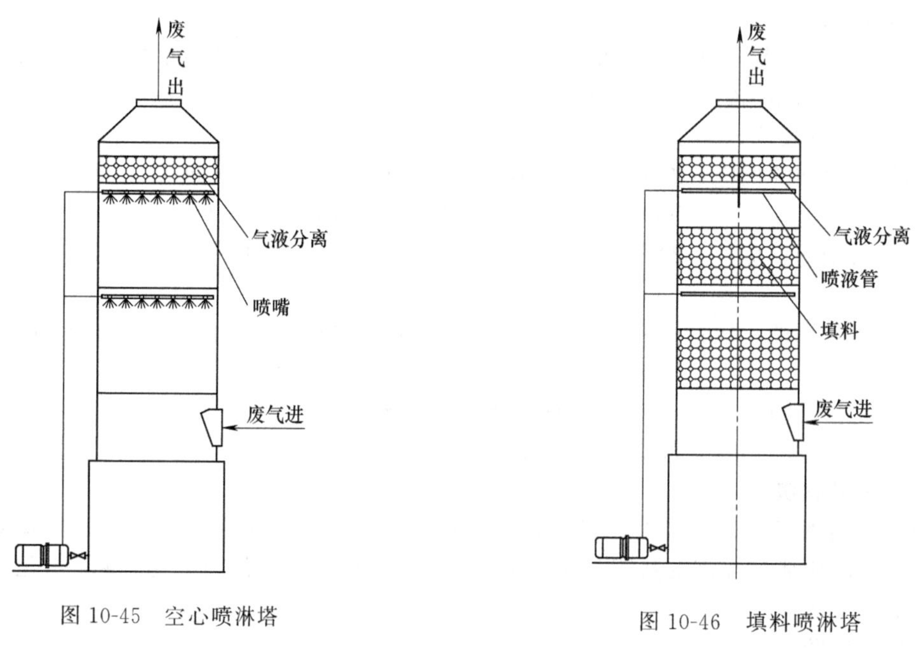

图 10-45　空心喷淋塔　　图 10-46　填料喷淋塔

填料喷淋塔的特点是结构简单、阻力适中、吸收效率较高，目前电镀废气的湿法吸收大多使用填料喷淋塔。

(3) 湍球塔

湍球塔的结构是在塔内设有开孔率尽可能大的多孔板，板上放置一定数量的直径比多孔板孔径略大的轻质小球，结构形式如图 10-47 所示。处理流程为：废气由塔下部的一侧进入，在塔内自下而上流通，气体穿过多孔板，吹起板上小球，吹起的小球相互碰撞、旋转；而吸收液自上而下喷淋，润湿了小球表面，增加了接触反应时间，提高了吸收效率。湍球塔的空塔速度要求较高，推荐流速为 4～6m/s。

湍球塔的特点是结构简单、吸收效率较高，由于运行风速较高，因此阻力较大。

(4) 筛板塔

筛板塔的结构是在塔内设置三层筛板，筛板上均匀开孔，开孔率在 18%左右。废气由下而上经筛板孔进入筛板上的吸收液层，通过气体的鼓泡进行吸收。气体在筛板上交叉流动，为了使筛板上的液层厚度保持均匀，提高吸收效率，筛板上设有溢流堰，堰板上的液层厚度一般在 30mm 左右。筛板塔的结构形式如图 10-48 所示。筛板塔的空塔风速可控制在 2～2.5m/s。

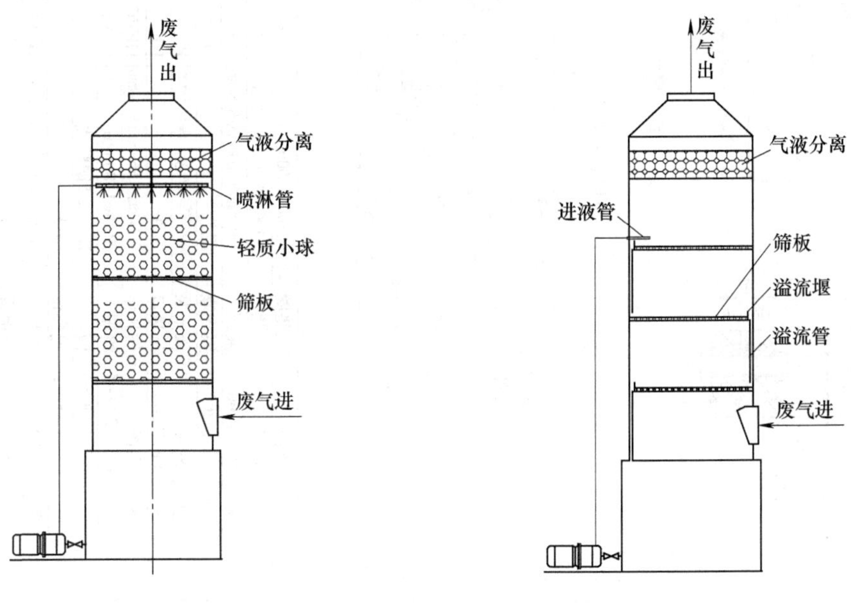

图 10-47　湍球塔　　图 10-48　筛板塔

筛板塔的特点是结构简单、吸收效率较高，但制造难度较高。由于运行时筛板孔处的风速较高，因此阻力较大。

在上述各种形式的吸收塔中，综合考虑设备的吸收效率、运行时阻力大小、制造难易、投资高低等因素，电镀废气湿法吸收使用最为广泛的为填料喷淋塔。图 10-49 为塔径为 1200mm 典型的填料喷淋塔的制造总图，供设计时参考。

10.7.3.3　吸附法

吸附法是采用吸附剂对氮氧化物进行物理或化学吸附而净化除去的方法。常用的吸附剂有分子筛、硅胶、活性炭及含氨泥煤等。在表面处理中净化氮氧化物的吸附剂，比较有前途并已用于生产实际的为活性炭（GAC）。活性炭按其加工原料的不同，可分为果壳活性炭、煤质活性炭、木质活性炭。用于气体吸附的为煤质活性炭，活性炭的形状一般为圆柱状。其物理化学性能如表 10-49 所示。近几年，一种新型高效吸附材料——活性炭纤维毡（ACF）问世，它对有毒有害气体具有较高的吸附作用，吸附和脱附速度快，碳纤维毡宜用热空气（105℃）脱附并能循环使用，更具有不怕酸碱的耐腐蚀性能，对含有苯系物、二氧化硫、一氧化碳、氮氧化物、硫化氢及石油气、恶臭等的有机废气，都具有明显的净化效果。它的主要技术特性见表10-50。

表 10-49　煤质活性炭物理化学性能

分析项目	测试数据	分析项目	测试数据
碘值	>800mg/g	强度	>92%
比表面积	>850m^2/g	亚甲基蓝值	120～150mg/g
总孔面积	>0.8m^2/g	余氯吸附率	≥85%
充填密度	0.45～0.75g/cm^2		

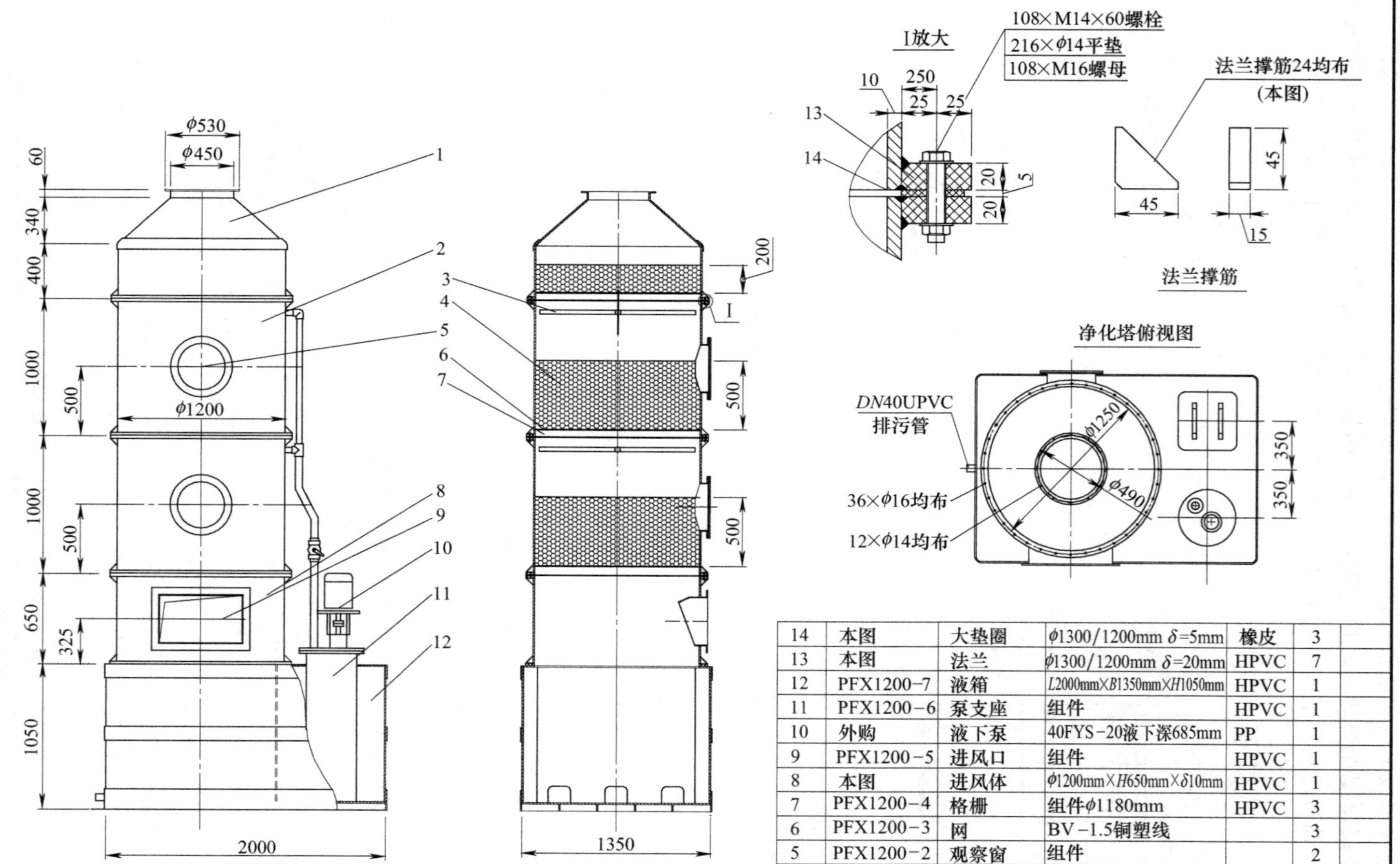

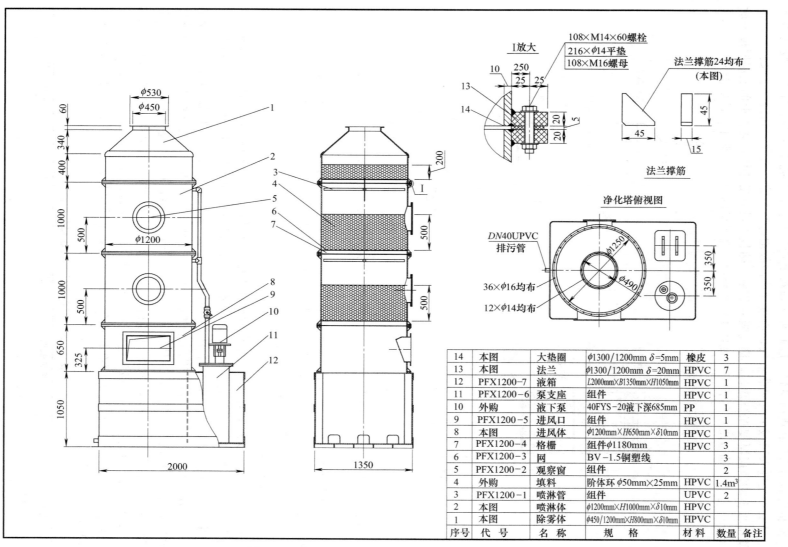

序号	代号	名称	规格	材料	数量	备注
14	本图	大垫圈	ϕ1300/1200mm δ=5mm	橡皮	3	
13	本图	法兰	ϕ1300/1200mm δ=20mm	HPVC	7	
12	PFX1200-7	液箱	L2000mm×B1350mm×H1050mm	HPVC	1	
11	PFX1200-6	泵支座	组件	HPVC	1	
10	外购	液下泵	40FYS-20液下深685mm	PP	1	
9	PFX1200-5	进风口	组件	HPVC	1	
8	本图	进风体	ϕ1200mm×H650mm×δ10mm	HPVC	1	
7	PFX1200-4	格栅	组件ϕ1180mm	HPVC	3	
6	PFX1200-3	网	BV-1.5铜塑线		3	
5	PFX1200-2	观察窗	组件		2	
4	外购	填料	阶体环 ϕ50mm×25mm	HPVC	1.4m^3	
3	PFX1200-1	喷淋管	组件	UPVC	2	
2	本图	喷淋体	ϕ1200mm×H1000mm×δ10mm	HPVC		
1	本图	除雾体	ϕ450/1200mm×H800mm×δ10mm	HPVC		

图 10-49 PFX1200 型废气洗涤净化填料喷淋塔总图

采用活性炭纤维毡（ACF）取代以往的颗粒活性炭（GAC），有更大的优越性。

表 10-50　活性炭纤维毡主要技术特性

名　称	指　标	名　称	指　标
单丝直径/μm	8～9	松密度/(g/cm^2)	1～10
比表面积/(m^2/g)	1000～1500	苯吸附量/%	30～52
滤度/(g/cm^2)	30～330		

① 吸附量大。对有机气体及恶臭物质的吸附量比粒状活性炭（GAC）大几倍至几十倍。对无机气体也有很好的吸附能力。对低浓度吸附质的吸附能力特别优良。如对 10^{-6} 级吸附质仍保持很高的吸附量，而 GAC 等吸附材料往往在低浓度时吸附能力大大降低。

② 吸附速度快。对气体的吸附速度非常快，其吸附速率比 GAC 高 2～3 个数量级。

③ 再生容易，脱附速度快。在多次吸附和脱附过程中，仍保持原有的吸附性能。如用 120～150℃热空气处理 ACF1O，30min 即可完全脱附。

④ 耐热性好，在惰性气体中耐高温 1000℃以上，在空气中着火点达 500℃以上。

⑤ 耐酸、耐碱，具有较好的导电性能和化学稳定性。

⑥ 灰分少。

有些品种的活性炭不仅对氮氧化物气体有物理吸附作用，而且还有化学还原作用，能使 NO 和 NO_2与 C 反应生成氮气和二氧化碳气体。

$$2NO+C = N_2+CO_2$$

$$2NO_2+2C = N_2+2CO_2$$

使用活性炭吸附塔处理氮氧化物废气时的主要参数为：

吸附时风速：0.2～0.5m/s。

炭层厚度：100～200mm。

图 10-50 为一种氮氧化物气体活性炭吸附装置的制造总图，可供参考。

活性炭饱和后，可用下列方法再生：

① 取出活性炭，用 20%氢氧化钠浸泡；

② 水洗；

③ 用 20%硫酸浸泡；

④ 水洗；

⑤ 用蒸汽蒸煮；

⑥ 晒干或烘干后待用。

10.7.3.4　液体吸收-活性炭吸附联合法

吸附法处理氮氧化物废气具有工艺简单、净化效率高、运行成本低等优点，但吸附容量不够大，再生较为复杂。再生应及时，否则吸附的氮氧化物会自然脱附。因此，对产生氮氧化物废气的酸洗操作比较频繁、产生浓度比较高（2000mg/m^{3}左右）的情况，单采用液体吸收法进行治理的，由于受到吸收效率的限制（一般一级液体吸收的仅能达到 70%左右）而排放时不能达标。而单采用活性炭吸附法进行治理的，虽然其净化效率比较高（90%左右），处理后能达标排放，但由于活性炭吸附氮氧化物的绝对量较大，因此活性炭的饱和周期较短。使用液体吸收-活性炭吸附联合法治理氮氧化物废气，能有效解决单一方法的不足和充分利用各自的优点，在不少工程实例中取得了良好的效果。图 10-51 为液体吸收-活性炭吸附联合法的系统立面示意图，可供参考。

10.7.4　其他电镀废气的净化

电镀生产过程产生的废气，除铬酸废气、氮氧化物废气外，一般还有：盐酸及硫酸酸洗时产生的废气、氰化物电镀时产生的含氰化物废气、氢氟酸槽工作时产生的含氟化氢废气。这类废气的危害性要比铬酸废气和氮氧化物废气小得多，处理净化也比较简单，一般使用填料喷淋净化塔并使用合适的运行参数，都可使废气达标排放。

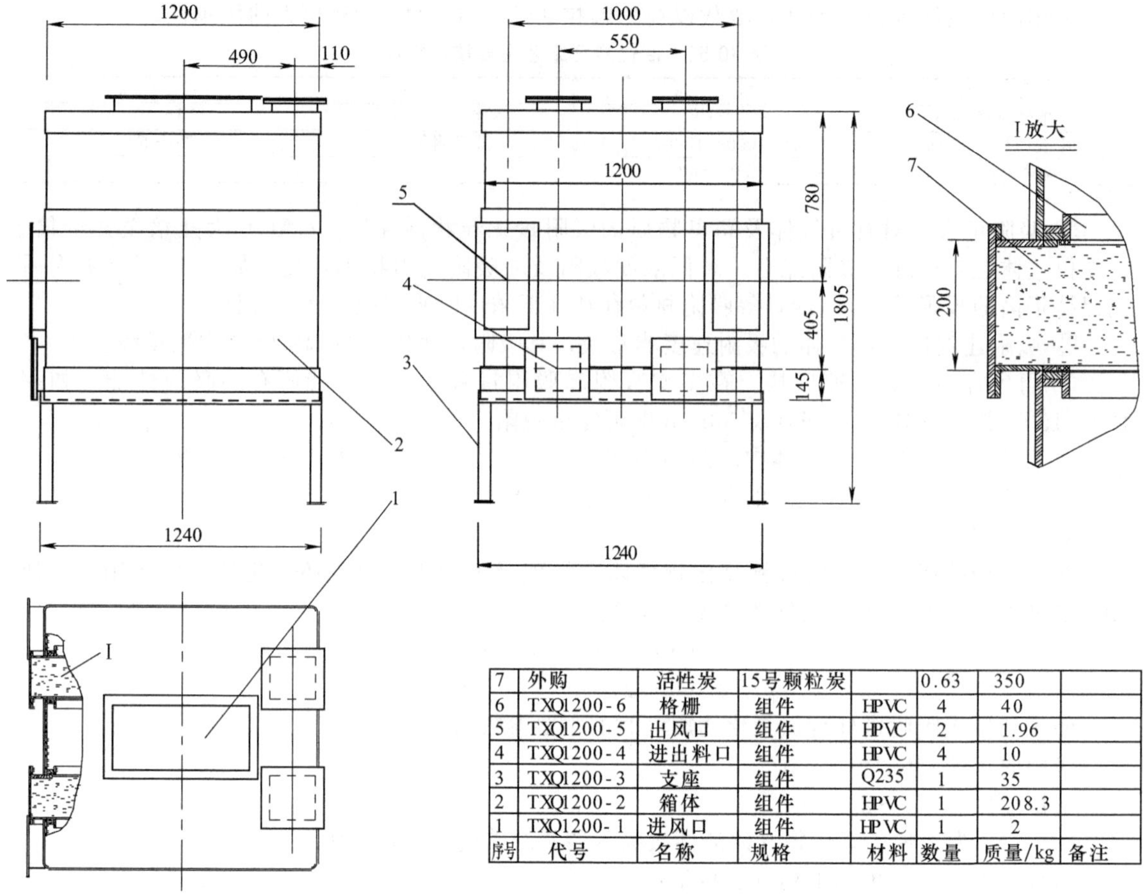

7	外购	活性炭	15号颗粒炭		0.63	350	
6	TXQ1200-6	格栅	组件	HPVC	4	40	
5	TXQ1200-5	出风口	组件	HPVC	2	1.96	
4	TXQ1200-4	进出料口	组件	HPVC	4	10	
3	TXQ1200-3	支座	组件	Q235	1	35	
2	TXQ1200-2	箱体	组件	HPVC	1	208.3	
1	TXQ1200-1	进风口	组件	HPVC	1	2	
序号	代号	名称	规格	材料	数量	质量/kg	备注

图 10-50 WHX 1200 氮氧化物活性炭吸附装置总图

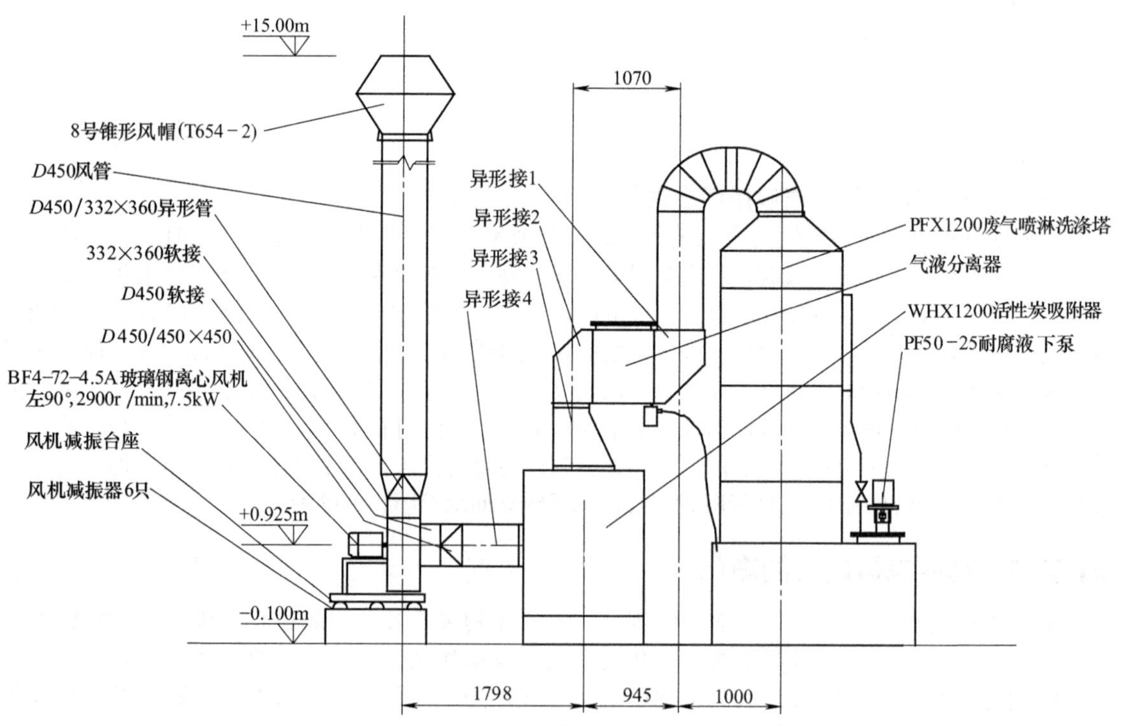

图 10-51 液体吸收-活性炭吸附联合法的系统立面示意图

10.7.4.1　**含硫酸、盐酸废气的净化**

电镀生产时对钢铁件的酸洗大多使用硫酸、盐酸。含硫酸、盐酸的废气可采用填料喷淋塔净化处理。

从原理上讲，硫酸在水中的溶解度较大，且挥发小，可采用简单的水来进行吸收，采用碱液吸收则效果更好。而盐酸在水中的溶解度较小，挥发性却较大，因此不宜采用水来吸收，而应该采用碱来吸收。其化学反应为：

$$2NaOH+H_2SO_4 = Na_2SO_4+H_2O$$

$$NaOH+HCl = NaCl+H_2O$$

使用填料喷淋塔对废气进行净化处理时的主要参数为：

空塔风速：1.6～2m/s。

停留时间：2～2.5s。

吸收液：5% NaOH。

液气比：1.5～2kg 液∶$1m^3$废气。

吸附法是采用吸附剂对氮氧化物进行物理或化学吸附而净化除去的方法。常用的吸附剂有分子筛、硅胶、活性炭及含氨泥煤等。

10.7.4.2　**含氰化物废气的净化**

使用氰化物电镀时产生的含氰化物废气可用硫酸亚铁或氯系氧化剂次氯酸钠来吸收，其化学反应式如下。

① 吸收液使用硫酸亚铁时

$$2NaCN+FeSO_4 \longrightarrow Fe(CN)_2+Na_2SO_4$$

$$2HCN+FeSO_4 \longrightarrow Fe(CN)_2+H_2SO_4$$

② 吸收液使用次氯酸钠时

$$NaCN+NaClO = NaCNO+NaCl$$

$$HCNO+2H_2O = NH_3\uparrow+CO_2\uparrow+H_2O$$

从上述化学反应式可知，当使用硫酸亚铁作吸收液时，吸收液废弃时，还需对氰化物进行破氰后方可排入综合废水池进行再处理。

含氰化物废气采用填料喷淋塔净化处理时的主要参数如下。

空塔风速：1.3～1.6m/s。

停留时间：2.5～3s。

吸收液：0.5% $FeSO_4$或 1.5% NaClO +1.5% NaOH。

液气比：1.5～2kg 液∶$1m^3$废气 。

10.7.4.3　**含氟化氢废气的净化**

电镀作业使用氢氟酸时产生的含氟化氢废气可用碳酸钠水溶液作吸收液。其化学反应为：

$$Na_2CO_3+H_2O \longrightarrow NaHCO_3+NaOH$$

$$HF+NaOH \longrightarrow NaF+H_2O$$

含氟化氢废气采用填料喷淋塔净化处理时的主要参数如下。

空塔风速：1.6～2m/s。

停留时间：2～2.5s。

吸收液：0.5% Na_2CO_3。

液气比：1.5～2kg 液∶$1m^3$废气 。

10.8　电镀线排风与净化系统布置案例

10.8.1　组合式电镀线排风系统的布置

组合式电镀线排风系统的布置见图 10-52。

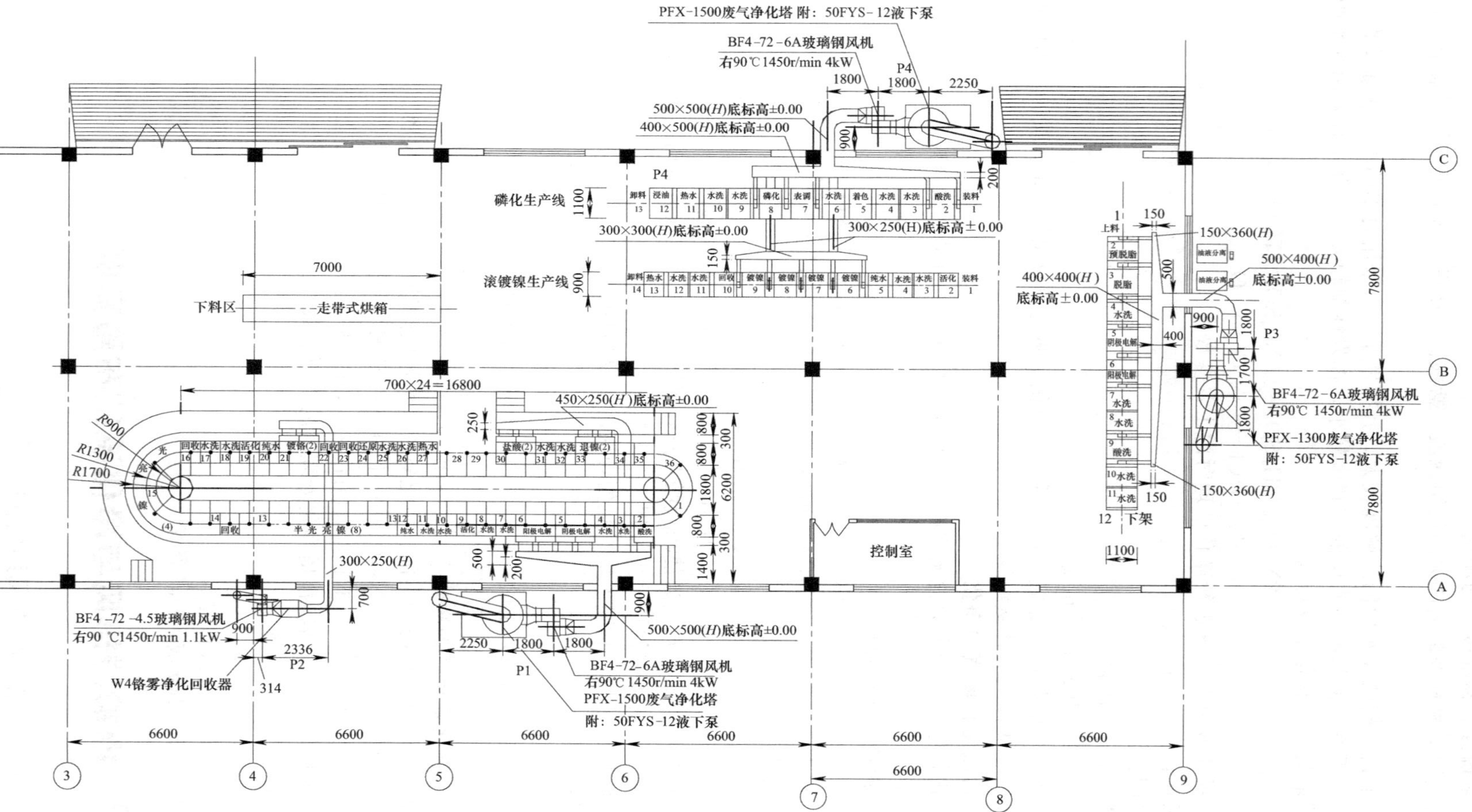

图 10-52 组合式电镀线排风系统布置示意图

10.8.2　手工硬铬电镀线排风系统的布置

手工硬铬电镀线排风系统的布置见图 10-53。

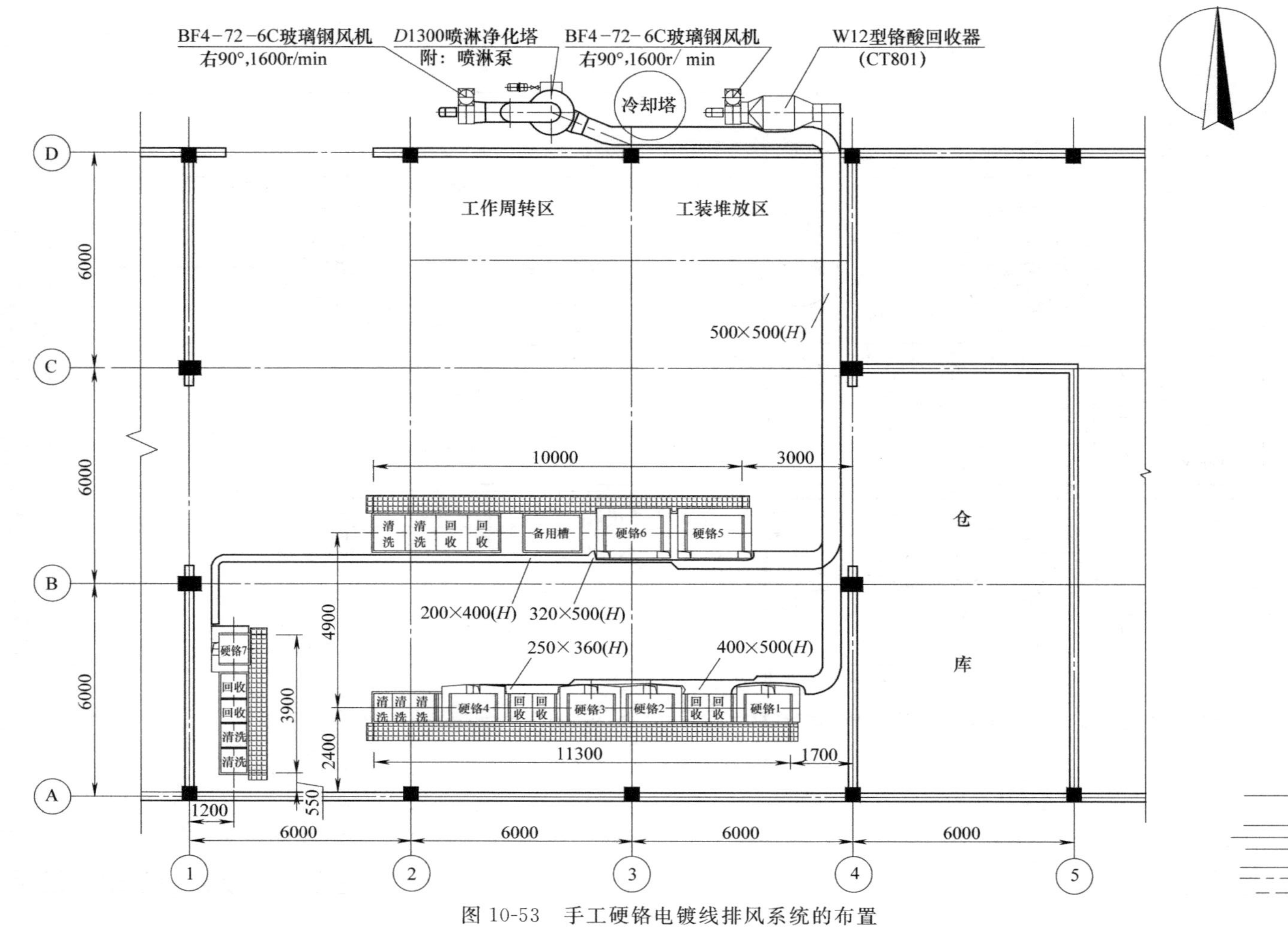

图 10-53　手工硬铬电镀线排风系统的布置

10.8.3 手工镀铬线排风系统的布置

手工镀铬线排风系统的布置见图10-54。

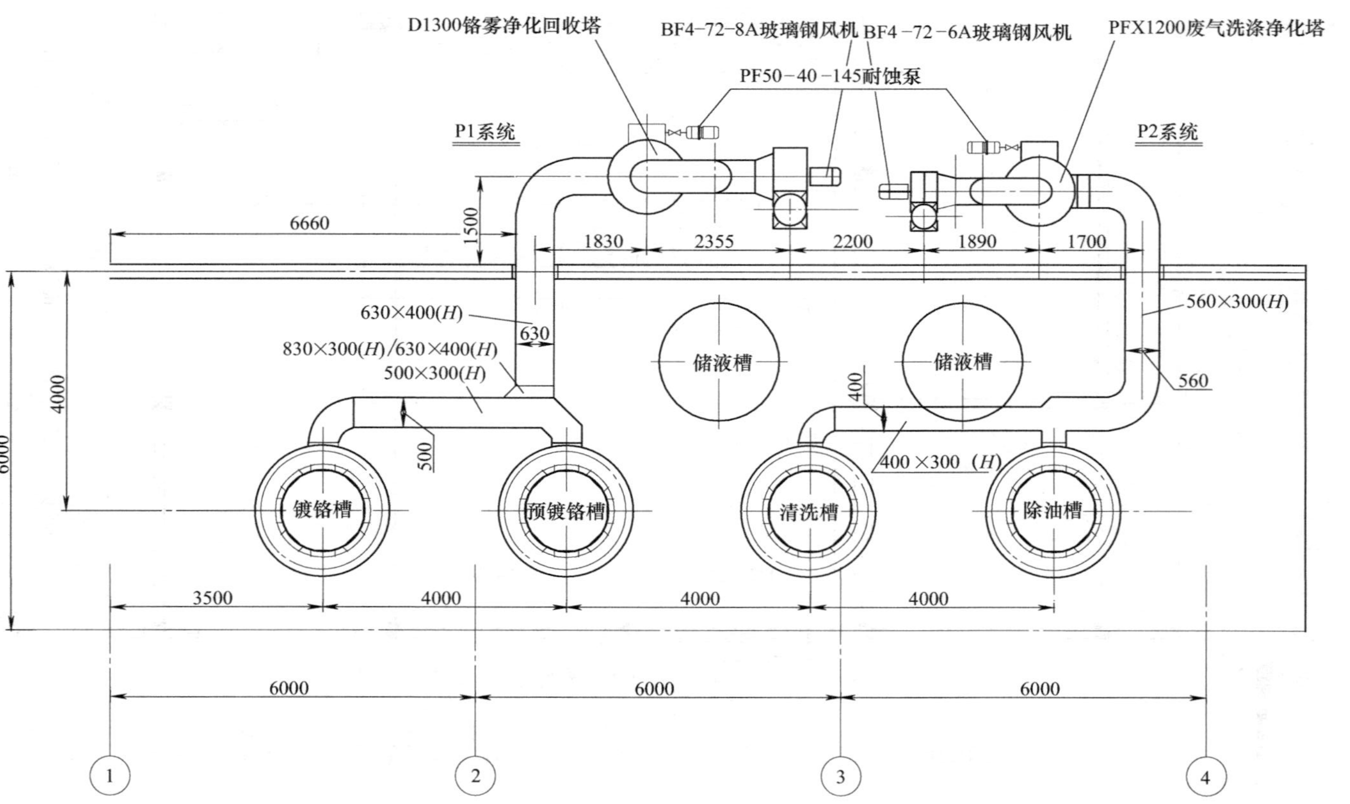

图10-54 手工镀铬线排风系统布置示意图

10.8.4 滚镀锡、磷化生产线排风系统的布置

滚镀锡、磷化生产线排风系统的布置见图 10-55。

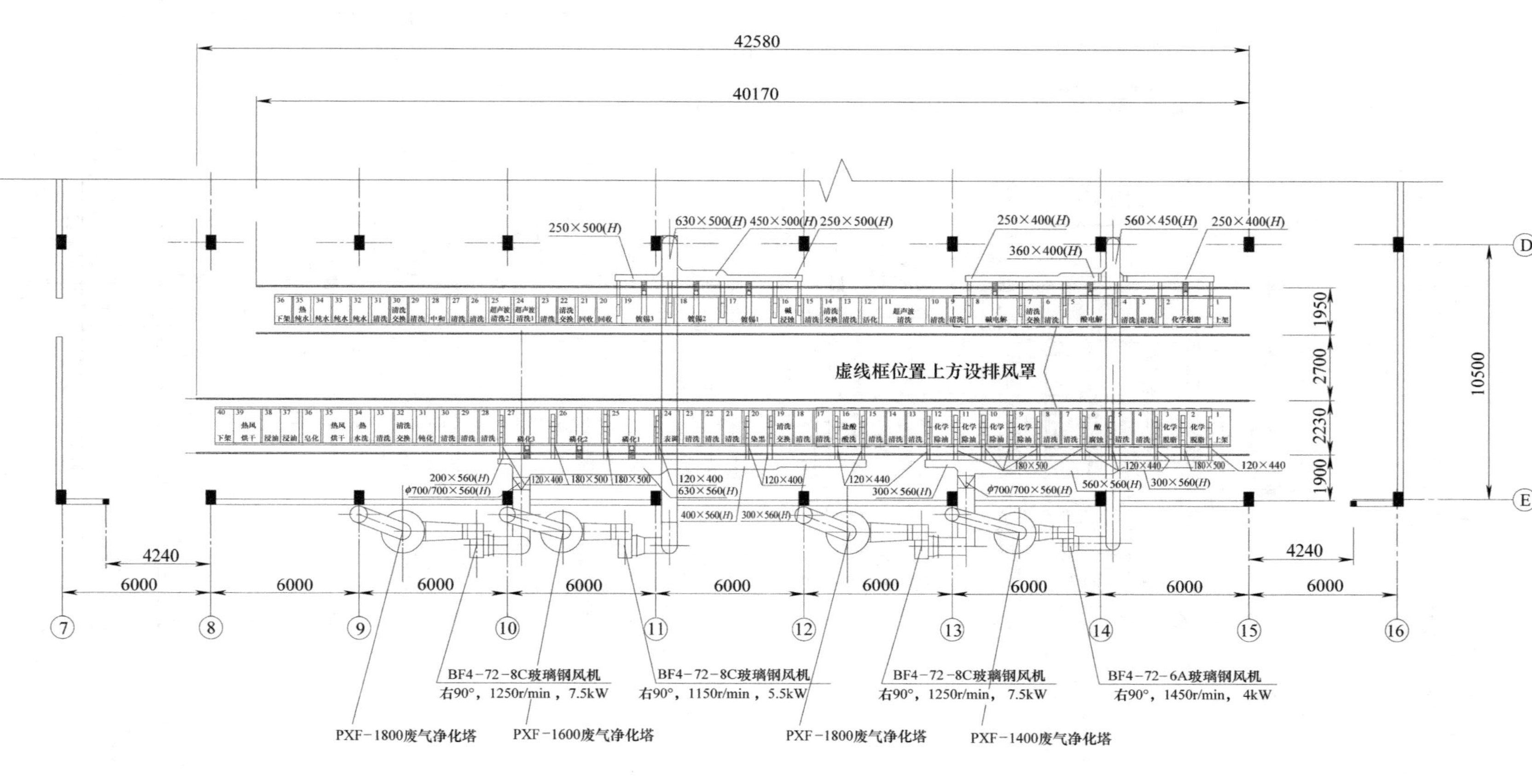

图 10-55 滚镀锡、磷化生产线排风系统布置示意图

10.8.5 镀银、镀锡生产线排风系统的布置

镀银、镀锡生产线排风系统的布置见图10-56。

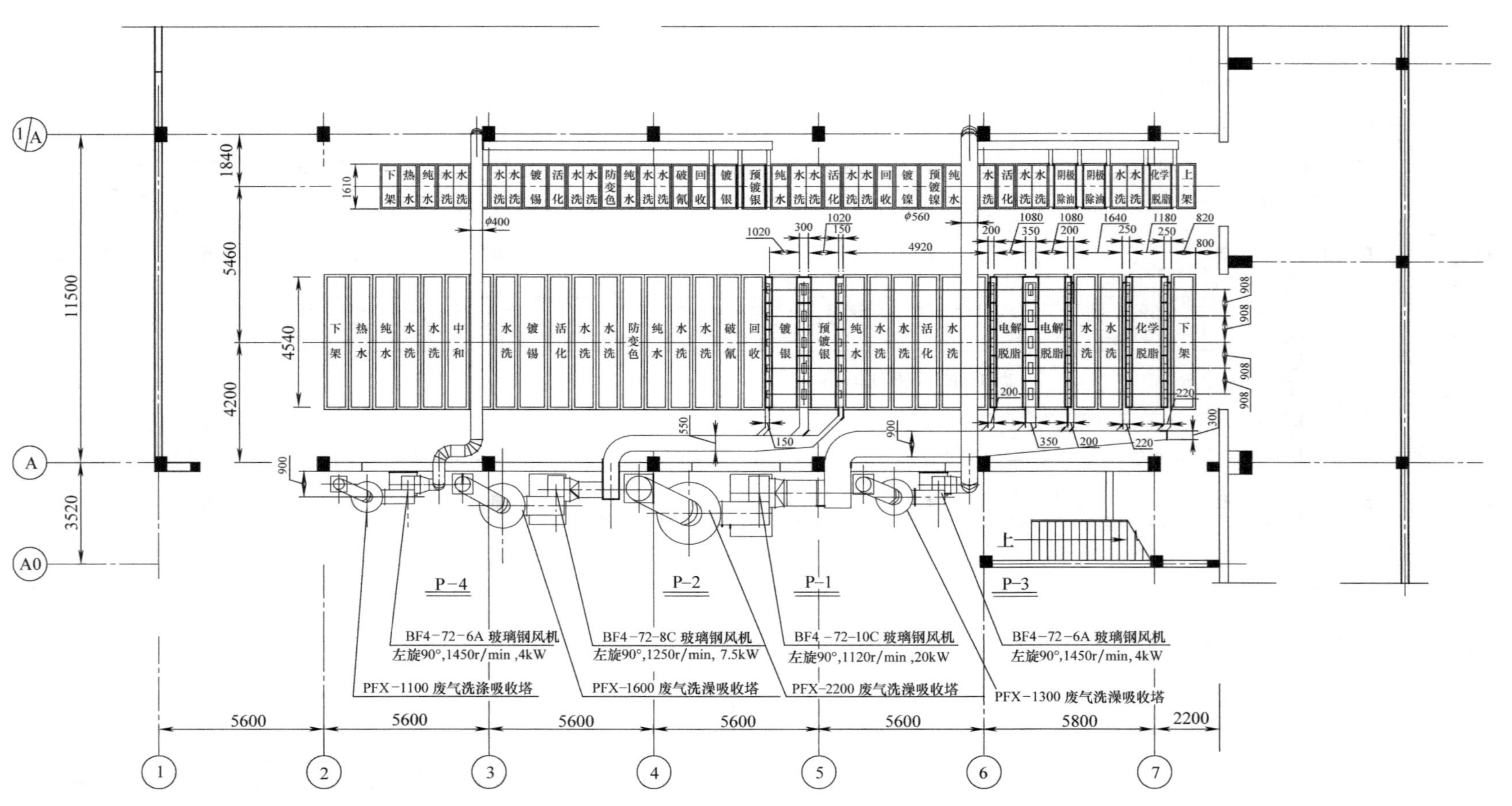

图10-56 镀银、镀锡生产线排风系统布置示意图

10.8.6 磷化生产线排风系统的布置

磷化生产线排风系统的布置见图 10-57。

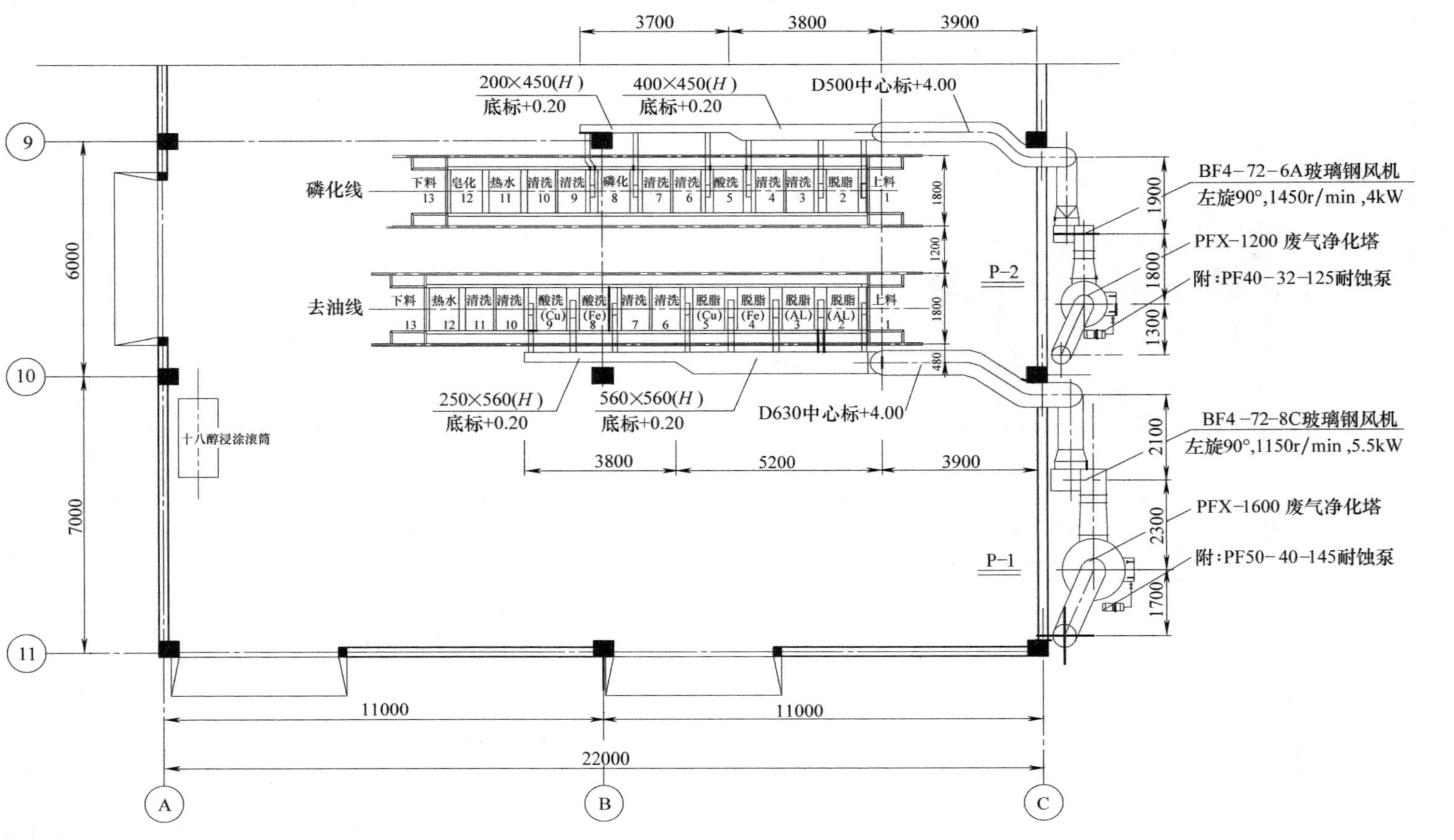

图 10-57　磷化生产线排风系统布置示意图

10.8.7 手工铜件酸洗生产线排风系统的布置

手工铜件酸洗生产线排风系统的布置见图 10-58。

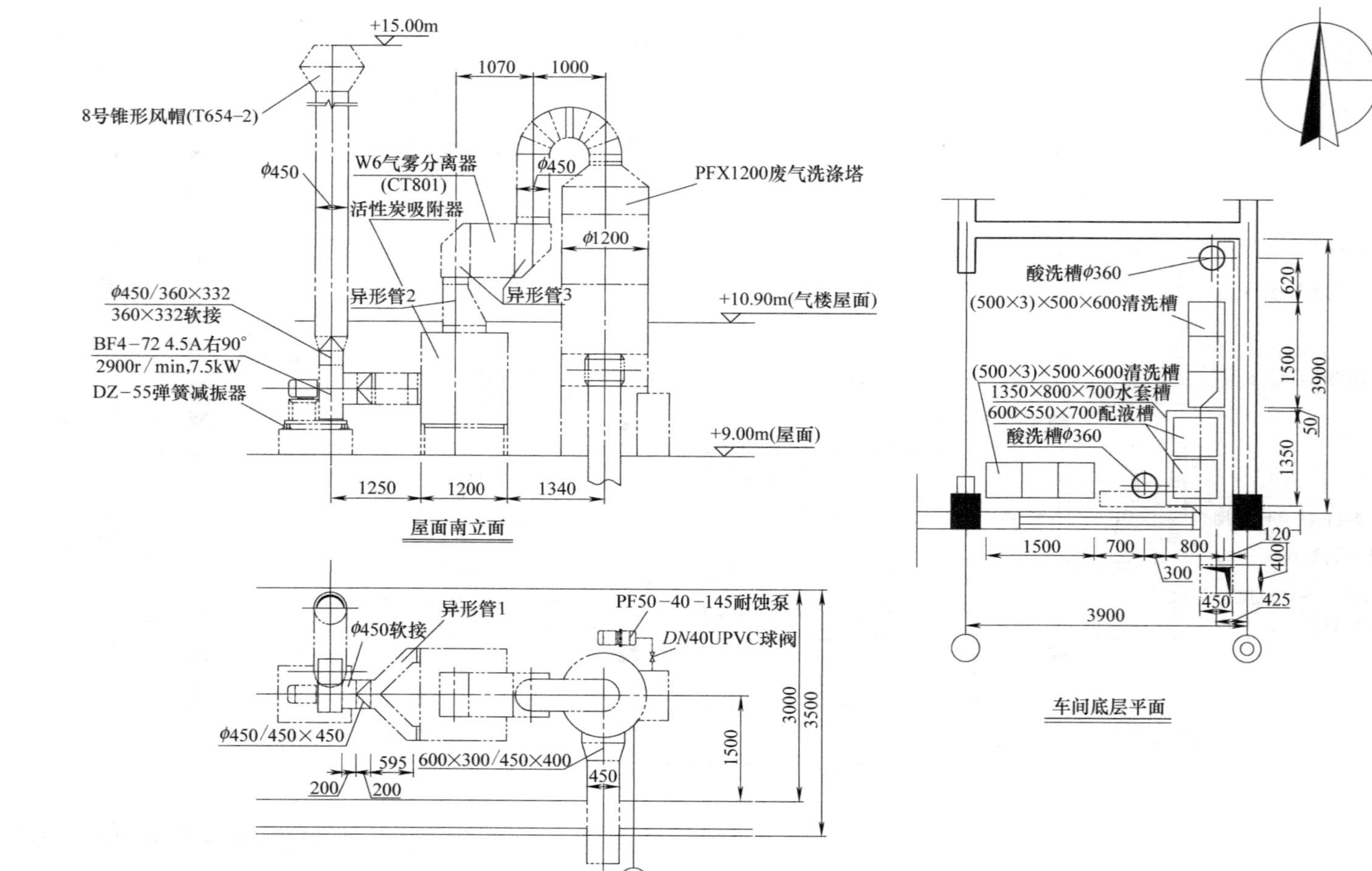

图 10-58 手工铜件酸洗生产线排风系统布置示意图

第11章

电镀生产线的电气控制系统

电镀生产线的电气控制，由于电镀线的类型不同而有所区别，其中包括两部分：电镀工件输送的控制，辅助设备和电镀参数的控制。就工件输送的控制而言，以行车式电镀生产线最为复杂。就辅助设备和电镀参数的控制，不同类型的电镀线区别不大。所以，在叙述电镀线的电气控制时，以行车式电镀生产线为例。

在电镀线的电气控制方面，曾经使用过步进选线器程序控制方式、接触读孔器（电报头）方式、光电读孔器方式、射流控制方式和顺序控制器方式，这些都是继电器系统。由于系统可靠性不够，这些系统都已被淘汰。

现在使用的是可编程控制器，即 PLC（programmable logic controller）。

11.1 概述

11.1.1 可编程控制器的组成

用 PLC 来控制电镀生产线，分为软件和硬件两个部分。由于软件部分需要专门的知识，不易为一般电镀工作者掌握，这里主要介绍硬件部分。

可编程序控制器 PLC 实质上是用于工业控制的计算机，其硬件结构与微型计算机相同，基本构成为：电源、CPU、存储器、I/O 模块、AD/DA 模块、功能模块和通信模块等。

电源：PLC 没有电就不能工作，稳定可靠的电源是十分重要的。现在的电源模块在交流电压波动范围为 10%～15%时，可以直接接到交流电网而不采取其他措施。

中央处理单元（CPU）：CPU 是 PLC 的控制中枢。它负责存储输入的用户程序和数据，检查其他单元如电源、存储器、I/O 和警戒定时器的状态，并能诊断用户程序中的语法错误。它以扫描方式收集输入的状态和数据，读取用户程序，按指令进行逻辑或算数运算。它还将 I/O 映像区的各输出状态或输出寄存器内的数据送到相应的执行部件，即输出指令。

存储器：存放系统软件的叫系统程序存储器，存放应用软件的叫用户程序存储器。

输出输入接口电路（I/O 模块）：输入接口电路是 PLC 与控制现场界面的输入通道。输出接口电路是 PLC 向现场执行部件输出控制信号的通道。

AD/DA 模块：电镀生产线有许多连续变化的量，如温度、压力、液位、速度等都是模拟量，为了传输必须实现模拟量（analog）和数字量（digital）之间的转换，即 A/D 和 D/A 转换，这就需要 A/D 和 D/A 转换模块。

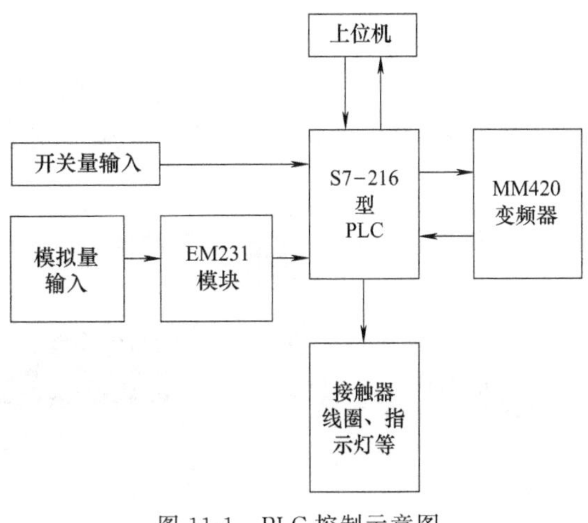

图 11-1　PLC 控制示意图

功能模块：如计数、定位模块。

通信模块，还有用于扩展的扩展板、用于抗干扰的隔离板。

图 11-1 中给出了 PLC 控制的简单示意，表示开关量和模拟量输入 PLC，再输出到电机（通过变频器）和接触器等执行部件，同时也示出了 PLC 和上位机的连接。

图 11-2 所示是 PLC 的外形。图 11-3 所示是 PLC 控制柜。图 11-4 所示是一体式 PLC 的外形。

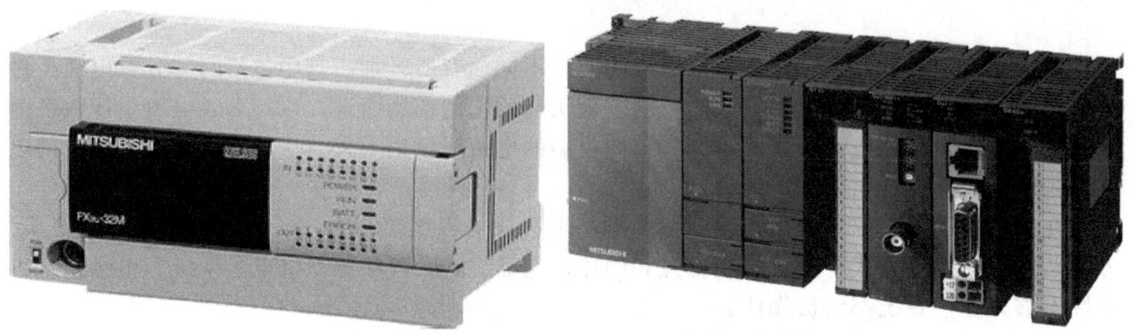

图 11-2 PLC 的外形

图 11-3 PLC 控制柜

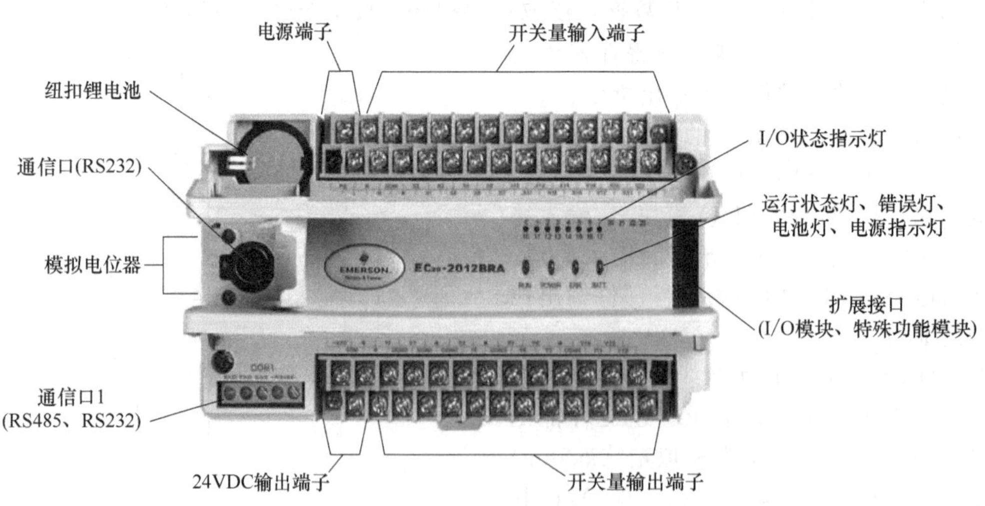

图 11-4 一体式 PLC 的外形

11.1.2 可编程控制器的选型

电镀工艺流程的特点及其控制要求是设计选型 PLC 的主要依据。可编程控制器及有关设备应是集成的、标准的，按照易于与工业控制系统形成一个整体、易于扩充其功能的原则选型，所选用可编程控制器应是在相关工业领域有投运业绩、成熟可靠的系统。目前，我们使用的 PLC 主要是进口的，有欧姆龙（OMRON）、三菱、西门子等品牌。这几种 PLC 在硬件方面的方便性、软件方面的开放性上各有长短，并无高下之分，只是各单位在选用时各有偏好。

可编程控制器的系统硬件、软件配置及功能应与装置规模和控制要求相适应。熟悉可编程序控制器、功能表图及有关的编程语言有利于缩短编程时间，因此，工程设计选型和估算时，应详细分析工艺过程的特点、控制要求，明确控制任务和范围确定所需的操作和动作，然后根据控制要求，估算输入输出点数、所需存储器容量、确定可编程控制器的功能、外部设备特性等，最后选择有较高性能价格比的可编程控制器和设计相应的控制系统。

在选型时首先要估算 I/O 点数。在估算点数时首先要对受控设备有充分的了解，也就是要认真阅读工艺配置表和技术协议。以下对于设备部件 I/O 点数给出几个示例：每台过滤机有接触器输入点、液位保护输入点、空开过载输入点；每台行车有按钮、上下、前后 5 个输入点，自动/手动选择、维修开关 2 个输入点，上升、下降保护 4 个输入点，极杆检测 1 个输入点；每台行车有双驱动 2 个输出点、前后定位 2 个输出点、校验 1 个输出点、前后保护 2 个输出点、防撞 1 个输出点。

通常根据统计的输入输出点数，再增加 10%～20%的可扩展余量后，作为输入输出点数估算数据。此数据再和供应商的产品型号相对应。

存储器容量要大于程序容量。设计阶段，由于程序还未编制，因此，程序容量在设计阶段是未知的，只能是一个估算。存储器内存容量大体上都是按数字量 I/O 点数的 10～15 倍估算的，加上模拟 I/O 点数的 100 倍，再按此数的 25%考虑余量。

此外还有控制功能的选择，包括运算功能、控制功能、通信功能、编程功能、诊断功能和处理速度等特性的选择，在此不再一一叙述。

诊断功能包括硬件和软件的诊断。硬件诊断通过硬件的逻辑判断确定硬件的故障位置，软件诊断分内诊断和外诊断。通过软件对 PLC 内部的性能和功能进行诊断是内诊断，通过软件对可编程控制器的 CPU 与外部输入输出等部件信息交换功能进行诊断是外诊断。

另外，PLC 的处理速度要足够快，如果信号持续时间小于扫描时间，则可编程控制器将扫描不到该信号，造成信号数据的丢失。

11.1.3 分立元件与触摸屏

在电控柜的面板上，有几十个按钮、旋钮和显示表，称为分立元件设计。

现在多采用触摸屏代替。用手指或其他物体触摸安装在控制柜面板上的触摸屏，然后系统根据手指触摸的图标或菜单位置来定位选择信息输入。触摸屏由触摸检测部件和触摸屏控制器组成；触摸检测部件安装在显示器屏幕前面，用于检测用户触摸位置，接受后送触摸屏控制器；而触摸屏控制器的主要作用是从触摸点检测装置上接收触摸信息，并将它转换成触点坐标，再送给 CPU；它同时能接收 CPU 发来的命令并加以执行。

触摸屏（touch screen）又称为触控屏、触控面板，是一种可接收触头等输入信号的感应式液晶显示装置，当接触了屏幕上的图形按钮时，屏幕上的触觉反馈系统可根据预先编程的程式驱动各种连接装置，可用以取代机械式的按钮面板，并借由液晶显示画面制造出生动的影音效果。触摸屏作为一种最新的电脑输入设备，它是目前最简单、方便、自然的一种人机交互方式。它是替代传统控制按钮和指示灯的智能化操作显示终端。工业触摸屏的功能有数据显示、数据监控、报警、模拟画面、组态等功能。

触摸屏的使用使控制柜面板大大简化。

随着触摸屏技术的发展，采用的触摸屏也越来越大，电镀用的触摸屏尺寸一般为10.4～15in。

11.2 可编程控制器的程序

PLC的程序有两大类：过去常用的传统程序和现在兴起的智能程序。两种程序的最大区别是智能程序能允许执行不同程序的极杆连续进入生产线，而不必像传统程序需等执行第一种程序的极杆全部离开生产线之后，执行第二种程序的极杆才能进入生产线。

11.2.1 传统程序

传统程序是相对固定的一种程序。行车经过的槽位顺序，每槽停留的时间都是固定的，当然行车的运行周期也是固定的。传统程序也可以有一点柔性，例如，镀锌线的钝化时间可以在10～40s之间选取，但这是用硬件实现的。编程时把钝化和其后水洗看成一个步骤，虽然钝化时间在一定范围内改变了，但钝化和其后水洗的停留时间是不变的。传统程序也可以改变电镀

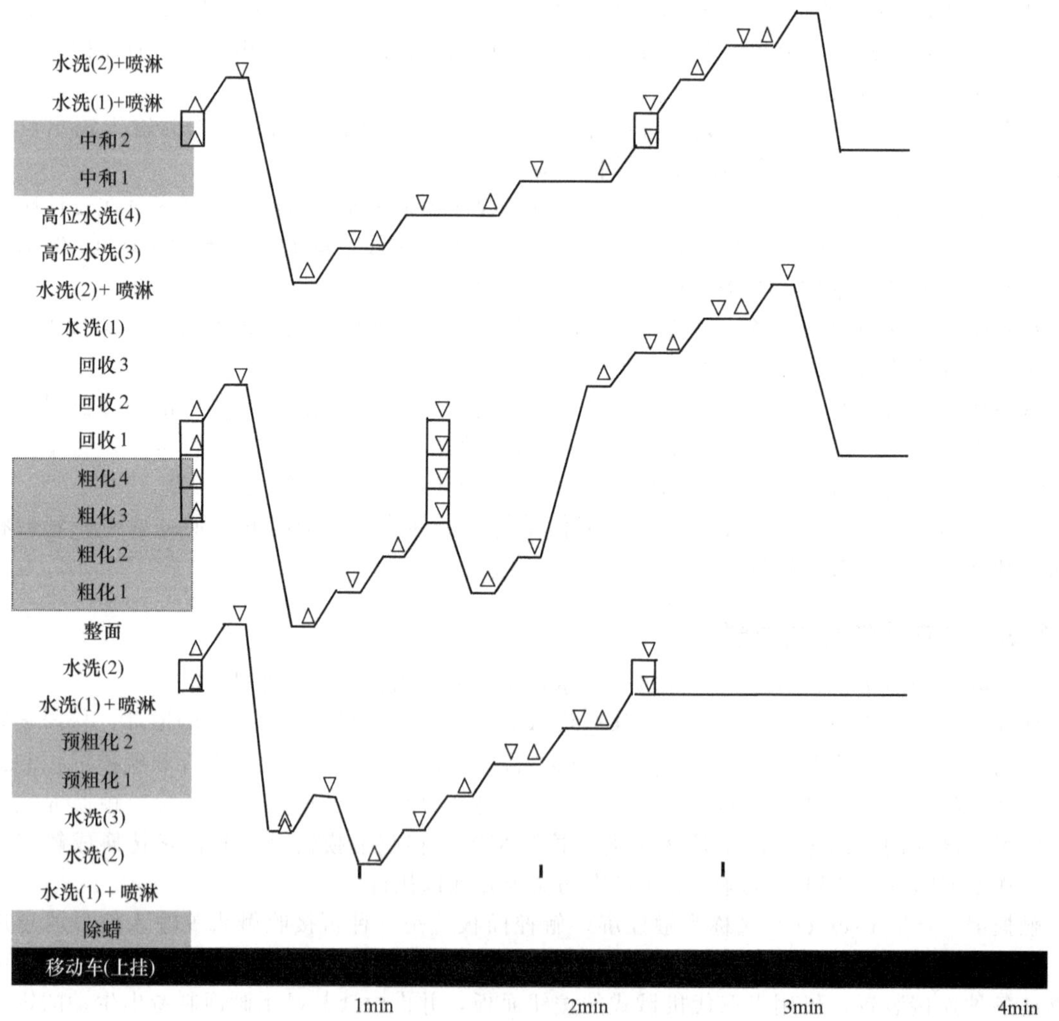

图11-5 行车时序图举例

时间，但这是通过选择副周期中（如镀铜或镀镍）的槽位数来实现的。例如，运行周期为5min时，选3槽电镀时间就是15min或略低于15min，选5槽电镀时间就是25min或略低于25min。而选择槽数的开关是硬件。

传统程序的编写需要时序图。时序图的纵坐标是槽位，横坐标是时间，曲线的斜率是行车的速度，图11-5为一个三台行车的时序图。

图中正三角代表提极杆，倒三角代表落极杆，倒三角和正三角之间的时间是在该槽停留的时间。矩形框代表副周期。

把时序图转化为程序语言，传统程序就编写完成了。

数一数倒三角总数，就是全线需要的极杆数。

时序图根据工艺流程来编写，也需要一定的技巧。

传统程序在PLC中也可以存有多套程序。随着PLC内存的增大，可存储的程序数也能增加。但是只有执行第一个程序的极杆全部离开生产线，然后重选程序，重排初始极杆位（所有倒三角在前的槽位程序开始时必须有极杆，其他工位不能有极杆，这就是初始极杆位），才能开始新的程序。

11.2.2 智能程序

智能程序在触摸屏上有一个槽位时间表，填写这个表格计算机就会进行运算生成新程序，客户的操作员经过培训就可以完成。

由于没有画过时序图，有可能填写的程序会出现极杆抢槽位的问题。这时需要对槽位的重要性进行分类，分级管理，即抢极杆时优先满足级别高的槽位的要求。

图11-6所示是计算机屏幕上槽位时间表（又称工艺卡）的举例。

从图11-6中可以看出，在计算机数据库中保存了针对不同零件的工艺参数。只要输入零件号即可调出相应程序投入运行。对智能程序提出的柔性要求越高、参数覆盖范围越大，生产线效率越低。

智能程序的方便性、其柔性的大小，与编写者的技巧关系很大。

智能程序的最大优点是执行不同程序的极杆可以连续进线。如果出现抢槽位情况，计算机会通知操作者空极杆或延后一定时间。好的智能程序，可以把空的时间减少到几十秒，并能在一个周期内消化。

智能程序能改变电镀时间（改变不受周期时间的限制）、改变镀层组合（如电镀镍-铜-半亮镍-亮镍改为底镍-双镍）、改变前处理时间和顺序。

智能程序的缺点是容易造成运行时间延长，增加行车数，使生产线效率降低。

智能程序的另一个缺点是比传统程序更容易出故障，所以编写程序的难度增加。

11.2.3 电气控制的防干扰

电气控制的干扰有空间辐射干扰，系统外引线干扰包括来自电源的干扰、来自信号线的干扰、来自接地不良的干扰以及系统内部的干扰。

在工厂条件下，来自电网和大的用电器的开关的干扰、来自电源隔离不良的干扰、信号线收到电源线的干扰等是主要问题，通常采用隔离电源、信号线采用屏蔽线来防止。屏蔽线不能两点接地，采用有隔离板的电缆桥架，电控系统接地良好加有隔离板都是常用的防干扰措施。

总之，注重电气控制的防干扰、注意布线的规范性很重要。混乱的布线是重要的干扰来源，一定要避免。

零件编号	零件名称	脱脂1时间	脱脂2时间	脱脂3时间	纯水洗20时间	纯水洗21时间	酸蚀刻时间	纯水洗23时间	纯水洗24时间	▪ 纯水洗顶喷25时间	电解抛光时间	电解抛光电压	水洗顶喷时间	纯水洗36	纯
0		0	0	0	0	0	0	0	0	0	0	0.00	0	0	
1	SK326	180	100	180	60	100	0	0	0	10	720	35.00	25	10	
2	3YT36行李架	180	100	180	60	100	0	0	0	10	1300	32.00	25	10	
3	空跑	10	10	10	22	22	0	0	0	22	30	0.00	22	22	
4	MJB灯牌	180	100	180	60	100	200	20	30	10	340	24.00	25	10	
5	021脚踏	180	100	180	60	100	0	0	0	10	1300	30.00	25	10	
6	G01A行李架	180	180	180	60	100	0	0	0	10	1320	22.00	25	10	
7	电泳黑色	180	100	180	60	101	0	0	0	10	360	35.00	25	10	
8	CU5L饰条	180	100	180	10	100	0	0	0	10	300	35.00	25	10	
9	E25C水切	180	100	180	60	100	0	0	0	10	1100	35.00	25	10	
10	E25C饰条	180	100	180	60	100	0	0	0	10	1220	35.00	25	10	
11	E25C后三角	180	100	180	60	100	0	0	0	10	1000	35.00	25	10	
12	C346水切	180	100	180	60	100	0	0	0	10	1200	35.00	25	10	
13	行李架	180	100	180	60	100	0	0	0	10	1200	35.00	25	10	
14	MQB行李架	180	100	180	60	100	200	30	40	10	300	28.00	25	45	
15	38L水切	180	100	180	60	100	0	0	0	10	360	35.00	25	45	
16	C0LS后三角	180	100	180	60	100	0	0	0	10	1100	35.00	25	45	
17	G01A水切	180	30	180	60	100	0	0	0	10	1280	28.00	25	45	
18	G01A饰条	100	100	100	60	100	0	0	0	10	1130	35.00	25	45	

图 11-6 工艺卡举例

11.3 行车数和极杆数的确定

在正式编制程序之前，需要估计生产线需要的行车数和极杆数。

估算需根据工艺配置表或工艺流程进行。图 11-7 是电镀线前处理生产工艺流程图。表 11-1 是气缸镀铬线工艺配置表。

在估算时当然需要知道客户要求的运行周期。

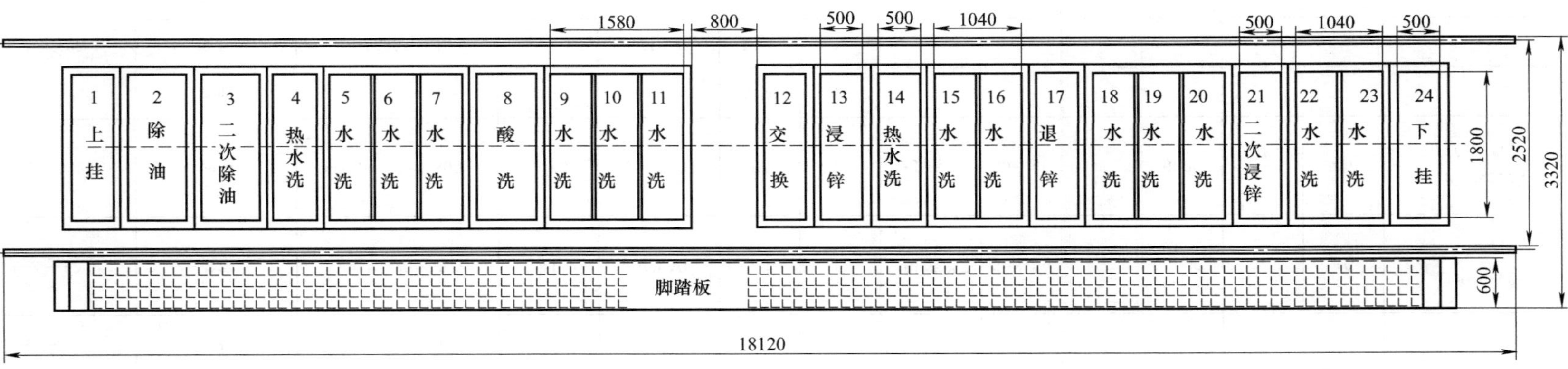

图 11-7 电镀线前处理生产工艺流程图示例

表 11-1 气缸镀铬线工艺配置表

序号	工序	镀槽尺寸/mm	容积/L	材质	上水	下水	加热/冷却	温度/℃	搅拌	排风/(m^3/h)	阳极/阴极	过滤/(t/h)	整流器
1	上挂	900×300×600											
2	上挂	900×300×600											
3～12	镀铬	900×420×600	1010	15CPVC	DI	C	TI 蒸汽	50～60		6000		10	200A/12V（10 台）
13～22	镀铬	900×420×600	1010	15CPVC	DI	C	TI 蒸汽	50～60		6000		10	200A/12V（10 台）
23～25	回收	900×980×600		12PVC	MW	R							
	交换				MW	R							
	高位回收				MW	R							
26～28	全喷	900×980×600		12PVC	MW	R							
	水洗				MW	R							
	水洗				MW	R							
29	下挂	900×300×600											
30	下挂	900×300×600											

根据气缸镀铬线工艺配置表，可以数行车提落步骤，一共 9 步。行车每分钟能完成 1.75 个提落时，如果客户要求的运行周期是小于 3min，则 9÷1.75÷3=1.71，需要 2 台行车。

根据前处理线平面布置图，可以数行车提落步骤，一共 24 步。行车每分钟能完成 1.75 个提落时，如果客户要求的运行周期是 5min，则 24÷1.75÷5=2.74，需要 3 台行车。

如果行车运行速度快，刹车性能好，行车每分钟能完成 2～2.5 个提落，镀铬线仍需要 2 台行车，前处理线则只需要 2 台行车。

提高行车的速度主要是在提落速度方面，减小电动机减速器的减速比、加大提升卷轮直径（此时轴心位置需适当调整）都可以提高行车的速度。

提高刹车性能的方法有采用刹车电动机，行车轨道喷砂或加齿轮齿条，也可采用链轮链条。

确定极杆数量可以根据时序图，如前所述。在没有画时序图时，可以这样计算。例如，表中所列镀铬线，先数停留时间大于 1min 的槽位，上下挂 4 个、镀铬 20 个，再数其他槽位，共 6 个，停留总时间 6min，除以周期就是需要的极杆数，这里共需要 26 根极杆。

11.4 行车的变速与定位

11.4.1 行车的变速

为了提高电镀线的效率，行车要跑得快，定位时不冲位，行车要刹得住，也就是要求行车快速运行与平稳到位，所以行车在前后运行与上升下降时采用变频控制技术。

行车的速度通过变频器改变，频率调高速度升高，频率调低速度下降。当行车在启动时，频率控制为由低逐渐到高；在即将到位时，频率控制为由高逐渐到低；在中间长距离运行时采用高频率快速运行。

图 11-8　变频器的外形

变频器的外形见图 11-8。为了使变频器能长时间地稳定运行，一般选用的频率在 20～80Hz 之间比较合适。过低的频率使电动机转矩损失过多，过高的频率容易出现故障。变频器的功率最好比所控制的电动机功率大一级。另外要注意：当提升电动机的功率余量不大时，在下降的过程中，有时电动机处于发电状态，因而会使变频过载报警，这时可以通过加一个电阻来降低进入变频器的电流来解决这个问题。

变频器就是把工频电源（50Hz 或 60Hz）变换成各种频率的交流电源，以实现电动机变速运行的设备。而这其中控制电路完成对主电路的控制，整流电路将交流电变换成直流电，直流中间电路对整流电路的输出进行平滑滤波，逆变电路将直流电再逆变成交流电。变频技术是应交流电动机无级调速的需要而诞生的。

其中，主电路是给异步电动机提供调压调频电源的电力变换部分，变频器的主电路大体上可分为两类：电压型是将电压源的直流变换为交流的变频器，直流回路的滤波器是电容。电流型是将电流源的直流变换为交流的变频器，其直流回路滤波器是电感。它由三部分构成，将工频电源变换为直流功率的整流器，吸收在变流器和逆变器产生的电压脉动的平波回路，以及将直流功率变换为所要求频率的交流电的逆变器。

作为应用者，我们不需要对变频器了解很深。但是变频时电动机输出转矩的变化，对我们的应用有影响。图 11-9 所示是一台 400V/50Hz 的电动机经变频器变速后的输出转矩曲线。

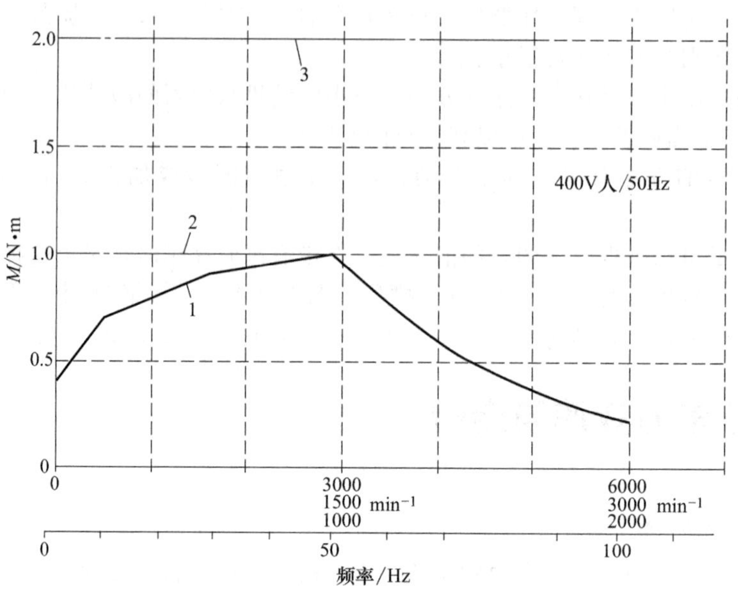

图 11-9 变频器变速后的输出转矩曲线

1—S1 工作制自冷（=无强冷风扇）；2—S1 工作制强冷（=带强冷风扇）；3—减速电动机的机械极限

由图中可见，对于自冷的电动机和强冷的电动机其输出转矩限制曲线是不同的。但无论哪种电动机，变高频或变低频时输出转矩多会下降，这是选用电动机时要注意的。

11.4.2 行车的定位

在行车的控制中，准确定位是非常重要的，只有准确定位才能准确地把工件送到位。

行车的定位有很多种方法，这里只讲常用的方法。

现在行车常用的定位方法是使用接近开关和定位片。当行车上的接近开关与铁质定位片位置重合时，发出信号给 PLC，PLC 发出指令使行车停止在定位片指示的位置。

由于信号发出后行车要马上停下来，才能做到定位准确，所以要用刹车电动机，刹车性能好是停位准确的必要条件。信号的传递需要时间，停位不可能绝对准确。常常行车从前后两个方向来，虽然定位片位置一样，却停在不同的位置。提前一点发信号可以弥补这个误差，提前过多就会不到位，提前太少就会冲位。因为停位会有误差，才要用 V 形极座来弥补。一般说来这种定位方法的定位精度是定位片的一半。

单驱动行车只有一边有接近开关，如果行走电动机放在一边，由于传动的延误，会一边到位一边不到位。把电动机放在中间，可以克服这个问题。双驱动行车两边有驱动电动机，两边有接近开关，两个电动机分别受两个接近开关控制。调试得好，两边不一起停看不出来；控制不好，两边不一起停看得出来，行车停车时会抖一下。但是双驱动行车有效地防止了一边到位一边不到位带来的故障。

这时行车并不知道所停的具体的槽位，它是靠每经过一个定位片、PLC 加一个数来计数槽位的，因此俗称相对地址定位。

如果想要知道行车停位时的绝对位置，需要使用多个接近开关和多个定位片。如果在行车

上设 N 个接近开关，工位上设 N 个定位片。N 个定位开关的 0、1 两种状态，可以排列组合出 2^N-1 种不同的状态，每一种状态代表一个槽位。通过识别接近开关组的不同状态，就可以识别槽位。N 取几，取决于槽数，2^N-1 必须足以代表所有槽位。例如 15 个槽位，$2^4-1=15$，用 4 个接近开关就够了；又如 30 个槽位，$2^5-1=31$，用 5 个接近开关才够。

用这种定位方法 PLC 知道行车停在哪个槽位，俗称绝对地址定位。

行车定位的方法还有多种，例如用光学测距来定位，用光电开关来识别反光带的不同排列组合状态的绝对地址定位。

现在流行倍加福公司的 WCS 定位系统，图 11-10 所示的是 WCS 定位系统的读码器，图 11-11 所示的是 WCS 定位系统的码带。

图 11-10　WCS 定位系统的读码器

图 11-11　WCS 定位系统的码带

WCS 定位系统有以下优点：

① 绝对位置编码；

② 对射型光电原理；

③ 非接触式测量，可靠，耐用；

④ 不需参考点，不需校准；

⑤ 不受断电影响；

⑥ 实时定位，不受温度影响；

⑦ 达到 12.5m/s 的读码速度；

⑧ 适用于直线形、弯形和圆形轨道的测量；

⑨ 加热功能确保在−40℃环境下正常工作；

⑩ 可选择不同的传输速度。

WCS 定位系统使用得当，定位精度可以达到毫米级；而且具有断电保护功能。

WCS 定位系统由读码器（以光电形式读取编码的仪器，其响应时间不大于几毫秒）、码带（绝对编码的信息载体，有塑压和不锈钢两种）和接口模块（用于信号转换的器件，1 个接口模块可以带 4 个读码器）组成。WCS 测量精度小于 1mm，读码器在码带上每移动 0.8mm 就更新一次位置编码。通过 RS485 或 SSI 接口读码器能和大多数控制器通信，并能把通信数据转换成标准的网络总线数据协议，使用很方便。

11.5　电镀参数的控制

电镀参数的控制，是指电镀工艺的在线自动控制。目前，这些参数包括温度、液位、pH 值、添加剂自动添加、电导率和溶液的在线分析与控制等。

11.5.1　温度控制

有了带 RS 485 接口的温控表之后，温控在技术上变得简单，信号可以直接传输给 PLC 和计算机。

但是，温度传感器读到的温度并不是工作槽中各个点的温度。只有槽中各点的温度差在期望的范围内，温度传感器读到的温度才能代表槽中各个点的温度。

在直接加温或冷却的情况下，主槽温度的均匀性很重要。不管是电加温或是蒸汽加温，仅靠热扩散温度是不会均匀的，工作槽越大偏差越大。这就需要搅拌，压缩空气搅拌效率最高，其次可以用过滤机或泵循环溶液，若加上文丘里喷嘴效果会更好。总之溶液搅拌充分，温度会很均匀，会在±1℃之内。

在间接加温和冷却时，情况更复杂。首先要考虑在加温管和冷却管所在的管理槽中温度要均匀，否则有可能用来和主槽交换的溶液温度与温度传感器显示的温度不一致，例如加温时，抽了下部冷的溶液与主槽交换，而造成主槽达不到温度。其次，主槽和管理槽之间的循环量要足够，这取决于泵的流量和回流管径的大小。

图 11-12～图 11-14 所示是温度控制中用到的主要器件。

(a) 富士温控仪

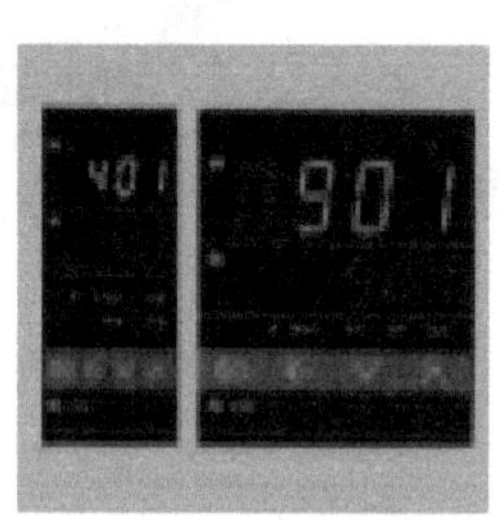

(b) RMC温控仪

(c) 可控制4回路富士温控仪

(d) OMRON温控仪

图 11-12 温控表示例

(a) 0255型直动式电磁阀(两位两通)

(b) 0313型直动式电磁阀(两位三通)

(c) 0290型伺服辅助电磁阀(常闭)

(d) 0281伺服辅助电磁阀(常开)

(e) ZCD微型电磁阀

(f) ZCA黄铜电磁阀

(g) ZCA-P不锈钢电磁阀

(h) ZCB高压活塞电磁阀

(i) ZCC零压气动电磁阀

图 11-13 电磁阀示例

(a) JCJ100Y 温度变送器

(b) JCJ100Y 导轨式温度变送器

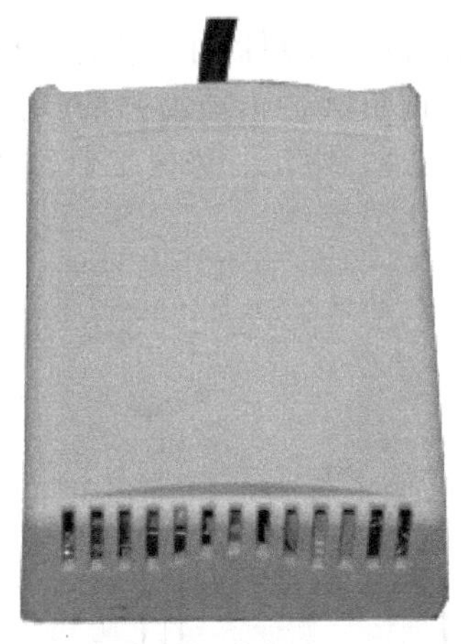
(c) JCJ100F 温度变送器

(d) 温度传感器

图 11-14 温度传感器示例

在蒸汽加温时，除了用电磁阀，也用气动先导阀，例如气动先导的球阀或蝶阀。图 11-15 所示是气动阀门的示例。

图 11-15　气动阀门示例

11.5.2 液位控制

槽体上的溢流斗是控制液位的较好方法，它不依赖任何仪表，且不容易出故障。

在没有溢流斗的情况下，要依赖各种液位开关，常用的是水箱中的浮子液位开关。

干簧管结构见图 11-16。

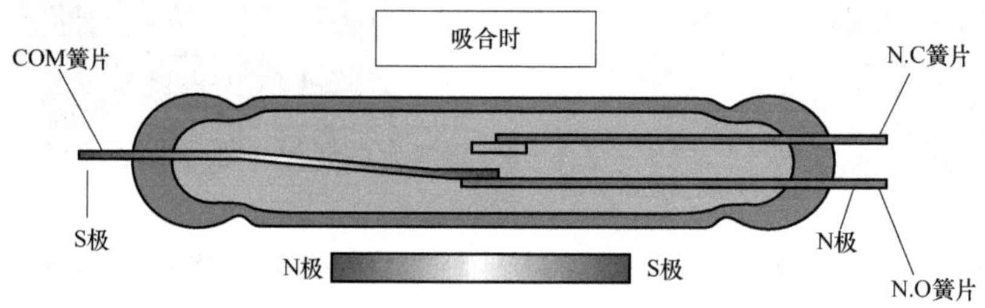

图 11-16　干簧管结构

浮子液位开关是一种结构简单、使用方便、安全可靠的液位控制器件，它比一般机械开关体积小、速度快、工作寿命长，与电子开关相比，它又有抗负载冲击能力强的特点，其在造船、造纸、印刷、发电机设备、石油化工、食品工业、水处理、电工、染料工业、液压机械等方面都得到了广泛的应用。

浮子液位开关原理见图 11-17。

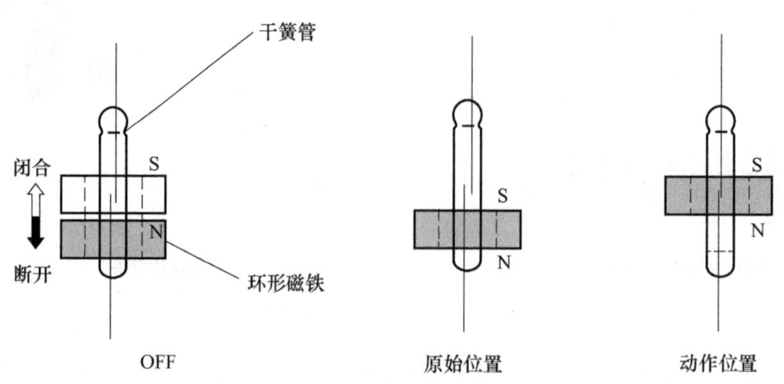

图 11-17　浮子液位开关原理

在密闭非导磁性管内安装一个或多个干簧管，然后将此管穿过一个或多个中空且内部有环形磁铁的浮球，液体上升或下降将带动浮球一起上下移动，从而使该非导磁性管内的干簧管产生吸合或断开的动作，从而输出一个开关信号。

图 11-18 和图 11-19 所示是几种浮子开关的外形示例。

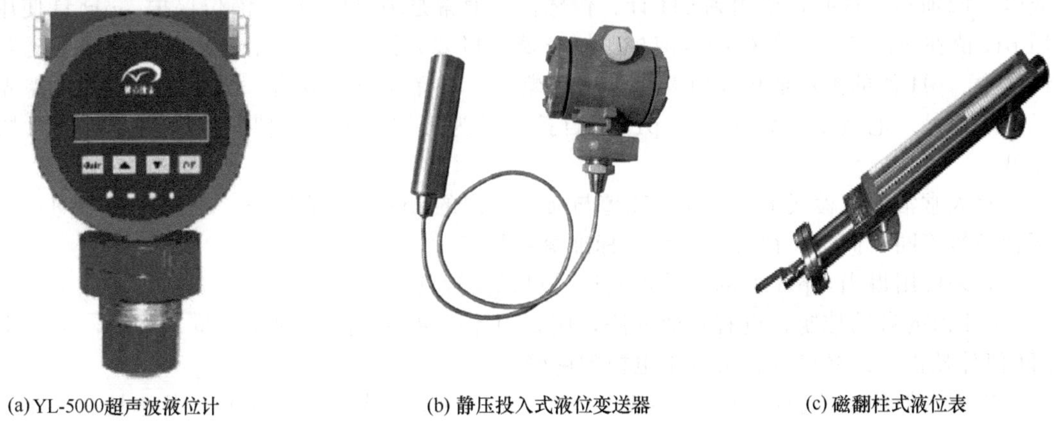

(a) YL-5000超声波液位计　　(b) 静压投入式液位变送器　　(c) 磁翻柱式液位表

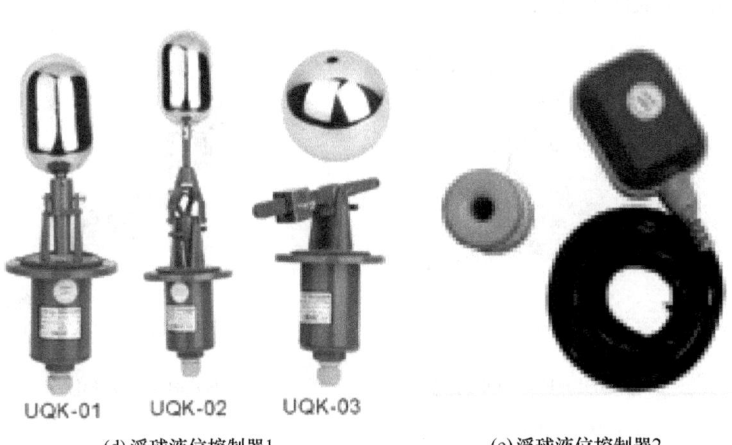

(d) 浮球液位控制器1　　(e) 浮球液位控制器2　　(f) 电接点液位指示报警仪

图 11-18　几种浮子开关的外形示例（一）

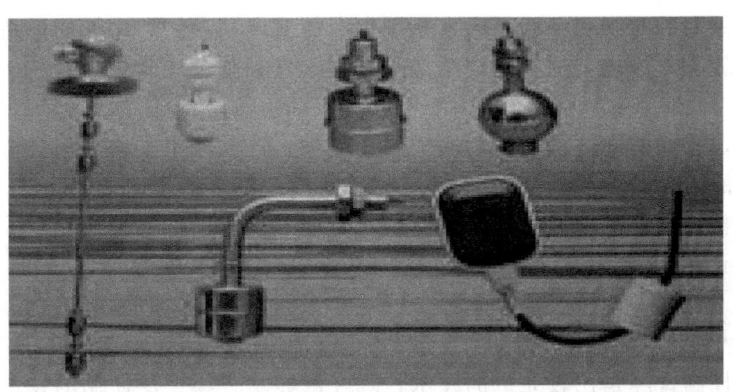

图 11-19　几种浮子开关的外形示例（二）

11.5.3 pH 值控制

pH 值自控时，首先用 pH 值传感器测定溶液的 pH 值，传输到 pH 计，再与设定值比较，高于设定点加酸，低于设定点加碱。加药时使用计量泵，大量加药时可用变频器、泵和电磁阀或电动阀加药。这时，要用到 pH 计、传感器（通常是玻璃电极）、液位保护。pH 计使用前要用 pH 值在所用范围内的标准溶液校正。玻璃电极要每隔 2～3 天用纯水清洗，不用时要泡在纯水中。pH 值的测量值传输时要用专用电缆，且不宜远距离传输。如要远距离传输需先转换成数字信号。电镀中，镀镍常用 pH 值自控，因为镀镍溶液 pH 值只会升高，所以只加酸不加碱。

有人常常用电镀线上测定的 pH 值与实验室内的 pH 测定值比较，结果往往不吻合。因为两者型号不同，而且往往没有用统一标准溶液校正过。

如果使用得当，pH 值的自动控制还是可以实现的。

pH 值的自动控制，也有其他办法，例如用计量泵根据溶液的使用量来添加，再用实验室 pH 值计校正，这样可以省去校正电极的麻烦。

在废水处理中还会用到氧化还原电极电位，因而用到氧化还原电极电位来控制氧化还原反应，这就是 ORP 控制仪。

pH 值控制仪和 ORP 控制仪只是显示的单位不同，实际上测量的都是电极电位值。

图 11-20 所示是 pH 值控制仪和 ORP 控制仪的示例。

(a) pH值、ORP控制仪面板

(b) 美国GLIpH值、ORP控制仪

(c) pH值、ORP电极

图 11-20 pH 值、ORP 控制仪外形示例

11.5.4 添加剂的自动添加

添加剂的自动添加是一种更精细的经验添加。

在没有自动添加的时候，细心的人也会按生产情况定期添加，添加的量是一个经验量。由于添加时间间隔较长，添加剂的含量在添加时升高，然后慢慢下降直到下一次添加再次升高，有较大的起伏。

自动添加时，添加的次数增加，每次加的量减少，这就减小了添加剂含量的起伏。用整流器时，统计通过的安时值；没有整流器时，统计处理过的零件数或面积。自动添加使用计量泵，添加速度可在一定范围内调整。但是，每次要加多少添加剂还是要凭经验。

图 11-21 所示是计量泵的外形示例。

11.5.5 电流的自动控制

电流的自动控制曾经是比较先进的技术，现在已经是一项广泛使用的技术。

最初使用的模拟控制方法也已经被淘汰。

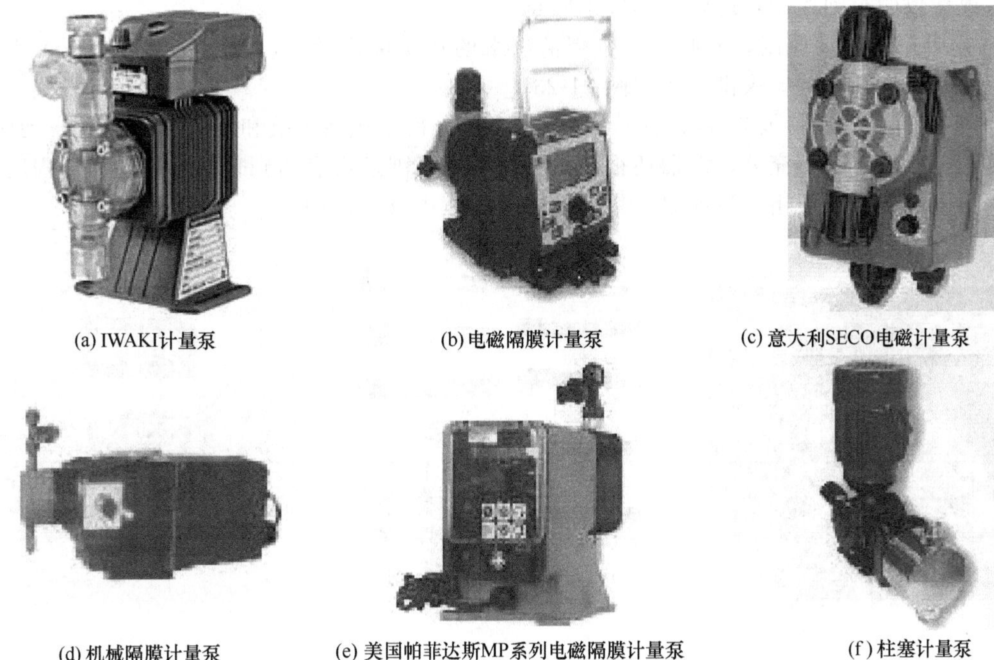
(a) IWAKI计量泵　(b) 电磁隔膜计量泵　(c) 意大利SECO电磁计量泵
(d) 机械隔膜计量泵　(e) 美国帕菲达斯MP系列电磁隔膜计量泵　(f) 柱塞计量泵

图 11-21　计量泵外形示例

现在整流器厂家已能提供 RS485 接口电路，不少整流器厂家会为客户提供整流器电流自动控制的服务。

要求比较高的厂家已在 RS485 接口基础上使用了各种总线控制，同时电流曲线的使用也很普遍了。电流可以分时间段控制，还可以交直流叠加、直流和脉冲叠加。图 11-22 所示为几种简单电流曲线。实际的电流曲线比图中所示的要复杂。

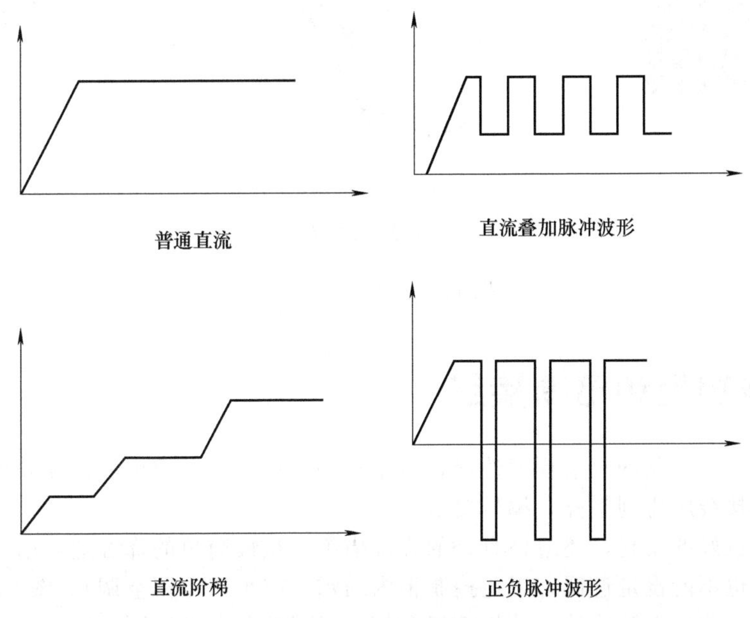

图 11-22　电流曲线图

现在整流器的自动控制，也用到各种总线，都有相应的通信协议，在此不多涉及。

电镀参数的自动控制，还要解释以下两点。

① 电导率的自动控制，人们往往希望清洗水的水质接近纯水，目前控制成本是无法承受的。但还是给出几种电导仪供参考（图 11-23）。

② 溶液的自动控制包括溶液的自动取样、自动分析（包括主盐和添加剂）以及自动添加。现在自动分析发展还不充分，仪器还很昂贵，其技术发展还没有达到普遍可以使用的程度，因此在一般电镀中没人使用，目前只在集成电路的电镀中有所使用。

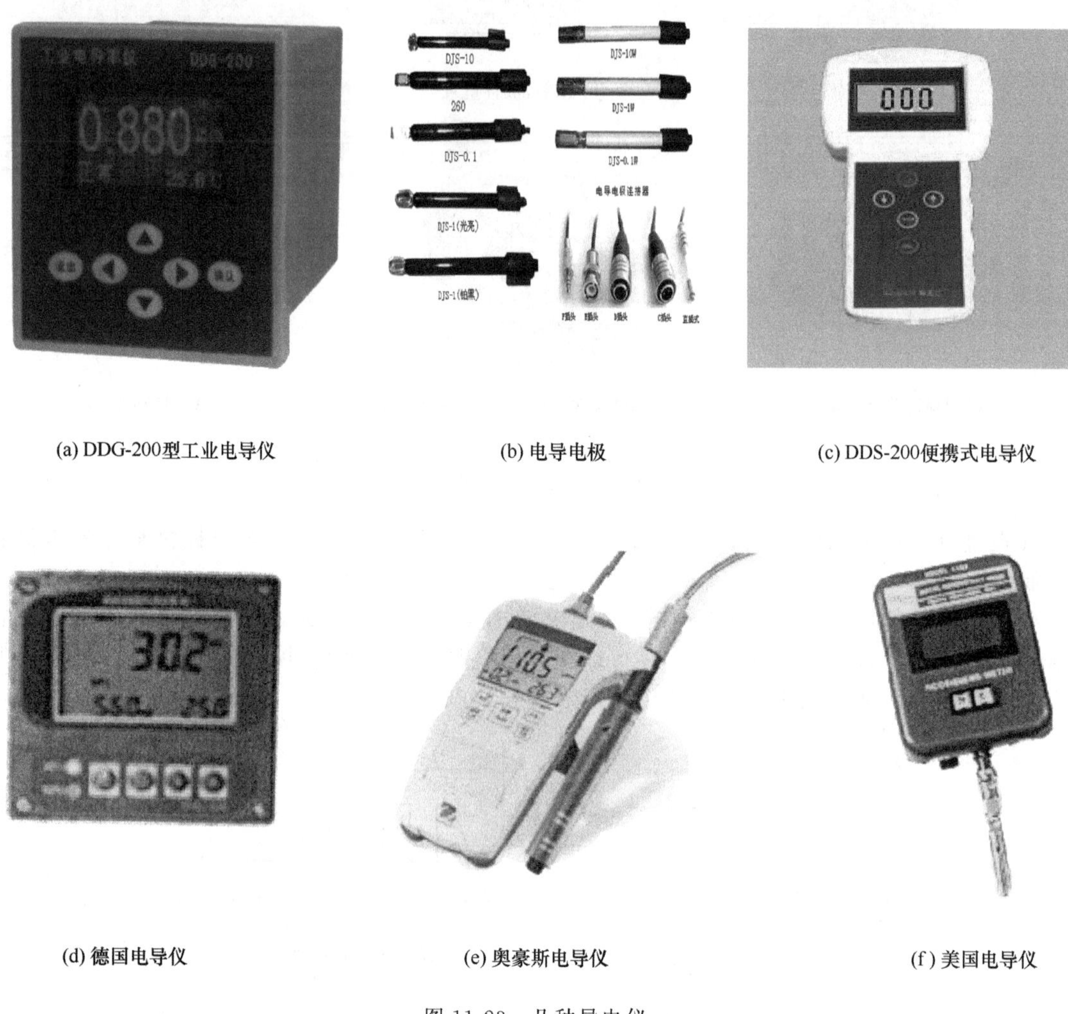

(a) DDG-200型工业电导仪　(b) 电导电极　(c) DDS-200便携式电导仪

(d) 德国电导仪　(e) 奥豪斯电导仪　(f) 美国电导仪

图 11-23　几种导电仪

11.6 电控柜和电器接线

根据电镀线电气控制的复杂程度选择合适型号的电控柜，电控柜的面板和柜内应有足够的空间。元器件和接线应排列整齐，编号要清晰。

电控柜要有良好的密封，还应该有好的降温措施，从最简单的降温通风扇到安装空调。安装空调时，温度也不能设定过低，以免控制柜内结霜（应采用专用空调）。图 11-24 和图 11-25 分别为环形（液压式）电镀线的电控柜面板和柜内元器件分布设计图。图 11-26 所示为外购件电器明细表，其电气设计原理图可参阅 11.8.2 节的介绍。

图 11-27 所示是某公司电控柜的照片，供借鉴参考。

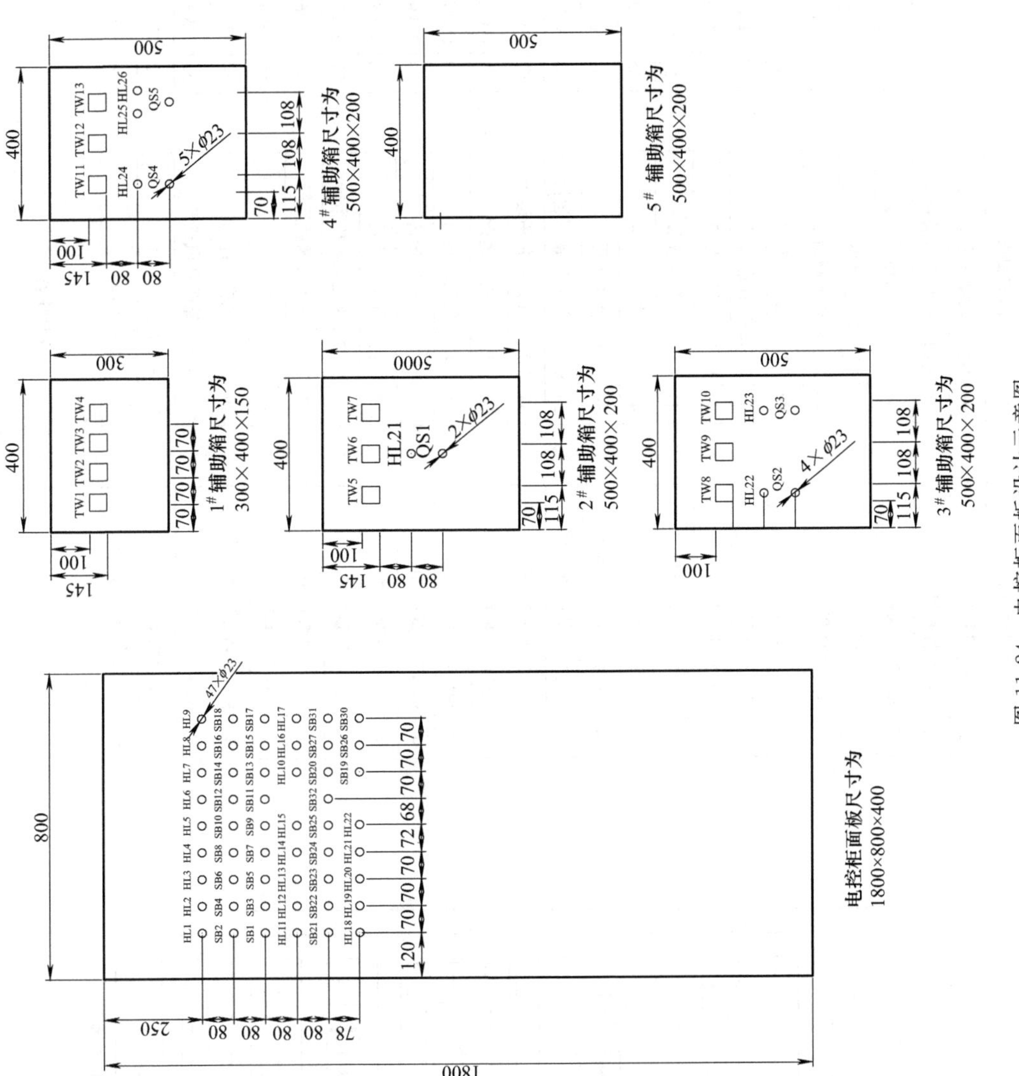

图 11-24　电控柜面板设计示意图

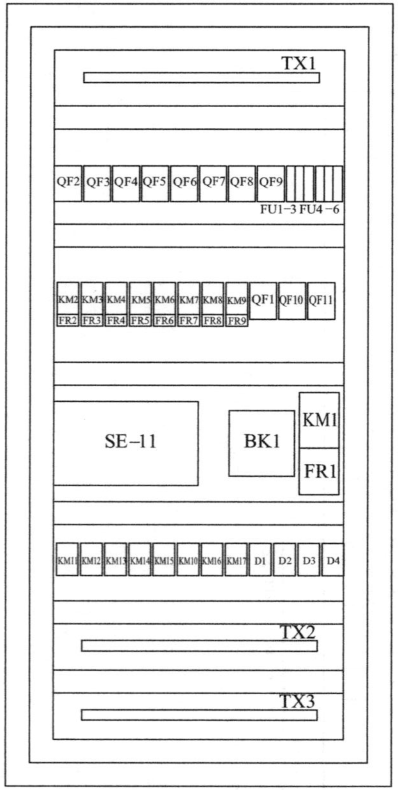

电控柜内元器件分布示意图

序号	代号	名称	序号	代号	名称	序号	代号	名称
25	SB25	供油阀开	50	HL20	溢流阀指示			
24	SB24	推杆退	49	HL19	动架压力阀指示	74	QS5	镀铬温控开
23	SB23	推杆进	48	HL18	推杆压力阀指示	73	QS4	镍封温控开
22	SB22	动架降	47	HL17	主机运行指示	72	QS3	亮镍温控开
21	SB21	动架升	46	HL16	自动指示	71	QS2	高硫镍温控开
20	SB20	总开	45	HL15	供油阀指示	70	QS1	半亮镍温控开
19	SB19	总关	44	HL14	推杆退指示	69	HL26	镀铬冷却指示
18	SB18	油泵关	43	HL13	推杆进指示	68	HL25	镀铬加温指示
17	SB17	油泵开	42	HL12	动架降指示	67	HL24	镍封加温指示
16	SB16	气泵2# 备用关	41	HL11	动架升指示	66	HL23	亮镍加温指示
15	SB15	气泵2# 备用开	40	HL10	总开关指示	65	HL22	高硫镍加温指示
14	SB14	气泵1# 备用关	39	HL9	油泵运行	64	HL21	半亮镍加温指示
13	SB13	气泵1# 备用开	38	HL8	气泵2#备用运行	63	TW13	镀铬
12	SB12	气泵4# 关	37	HL7	气泵1#备用运行	62	TW12	热水洗
11	SB11	气泵4# 开	36	HL6	气泵4#运行	61	TW11	镍封
10	SB10	气泵3# 关	35	HL5	气泵3#运行	60	TW10	亮镍调制
9	SB9	气泵3# 开	34	HL4	气泵2#运行	59	TW9	亮镍
8	SB8	气泵2# 关	33	HL3	气泵1#运行	58	TW8	高硫镍
7	SB7	气泵2# 开	32	HL2	铬处理风机运行	57	TW7	半亮镍
6	SB6	气泵1# 关	31	HL1	前处理风机运行	56	TW6	半亮镍调制
5	SB5	气泵1# 开	30	SB32	急停	55	TW5	电解除油
4	SB4	铬处理风机关	29	SB31	主机运行	54	TW4	热浸除油
3	SB3	铬处理风机开	28	SB30	铬处理风机开	53	TW3	除蜡
2	SB2	前处理风机关	27	SB27	自动	52	TW2	热浸除油
1	SB1	前处理风机开	26	SB26	手动	51	TW1	热浸除油

铭牌明细表

图 11-25　电控柜内部元器件分布示意图

28	KM9	B25 220V	接触器	1	
27	FR9	T25 25A	热继电器	1	
26		辅助触头		常开×15 常闭×10	
25	D1-D4	ZP30 30A	二极管	4	带散热器
24	SG1-SG4	APS18-30GK-E	接近开关	4	
23	SE-11	SE-11R-EX	PLC	1	带编程器 R-21P-EX
22	BK1	BK700 220V 27V	控制变压器	1	定做
21	FU6	DZ47-60(D) 1P 32A	高分断路器	1	
20	FU5	DZ47-60(D) 1P 6A	高分断路器	1	
19	FU3 FU4	DZ47-60(D) 2P 6A	高分断路器	1	
18	HL1-HL20	AD11-22 220V	指示灯	21	
17	SA1 SA2	LXK3-20S/T	行程开关	2	
16	SB30	LAY3-11 M/11	按钮	1	红
15	SB28 SB29	LA10-1S	按钮	2	红
14	SB1-SB27 SB31 SB32	LAY3-11	按钮	29	11 红+18 绿
13	FU1 FU2	DZ47-60(D) 1P 6A	高分断路器	2	
12	FR5 FR6	T16 6A	热继电器	2	
11	FR3 FR4 FR7 FR8	T16 11A	热继电器	4	
10	FR2	T25 19A	热继电器	1	
9	FR1	T45 45A	热继电器	1	
8	QF10 QF11	DZ158-100 80A	高分断路器	2	
7	KM10-KM17	B9 220V	接触器	8	
6	KM3-KM8	B12 220V	接触器	6	
5	KM2	B16 220V	接触器	1	
4	KM1	B37 220V	接触器	1	
3	QF3-QF8	DZ47-60(D)-3P 15A	高分断路器	6	
2	QF2 QF9	DZ47-60(D)-3P 20A	高分断路器	2	
1	QF1	DZ47-60(D)-3P 60A	高分断路器	1	
序号	代号	型号	名称	数量	备注

电控柜电器明细表

8	HL21-HL26	AD11-22 220V	指示灯	6	红
7	J1-J6	JTX-2C 220V	继电器	6	
6	QS1-QS5	LAY3-11X	旋钮	5	绿
5	QF12-QF30	DZ47-60(D)-3P 15A	高分断路器	19	
4	TD6-TD11 TD13	PT100 0-300C	热电阻	7	钛　ϕ16mm
3	TD1-TD5 TD12	PT100 0-300C	热电阻	6	不锈钢 ϕ16mm
2	TW13	XMTG-7202H	温度表	1	余姚市温度仪表厂
1	TW1-TW12	XMTG-7002P	温度表	12	余姚市温度仪表厂
序号	代号	型号	名称	数量	备注

辅助箱电器明细表

图 11-26　外购件电器明细

图 11-27　电控柜布局示例

11.7 数据管理

由于质量控制已深入到过程控制，因此过程数据的采集和记录显得十分重要。现在随着计算机容量的增大，能储存的数据量也加大，储存数月的数据已无困难。但是客户对检索方便的要求日益提高。

数据管理系统（DMS）由微机、打印机和专用软件组成。有时为了数据不丢失，还有镜像计算机。数据管理系统可与工厂的计算机网络相连，直接将数据传输到中央管理计算机，也可通过外部网络，传输给供应商或用户。

编辑 DMS 系统的软件，有采用基础的计算机语言的，也有采用现有编辑软件直接编写的。DMS 系统的界面也在不断改进中。

为了追溯，下线的工件要编号，这就要用到条码打印机，使其与 DMS 系统相连，这样按条码可以追溯到工件的生产时间，再从 DMS 系统追溯到工艺参数以及当时的设备状态和化学添加的情况。

图 11-28～图 11-34 所示均是 DMS 系统显示的界面举例。良好的电镀线有装卸挂工位和储备工位，工件可以前一天装挂好，把生产计划输入用户程序，电镀线会自动执行生产计划。

从记录和管理表格可以看出 DMS 系统已经成为电镀线的重要组成部分，也成为质量管理重要组成部分。

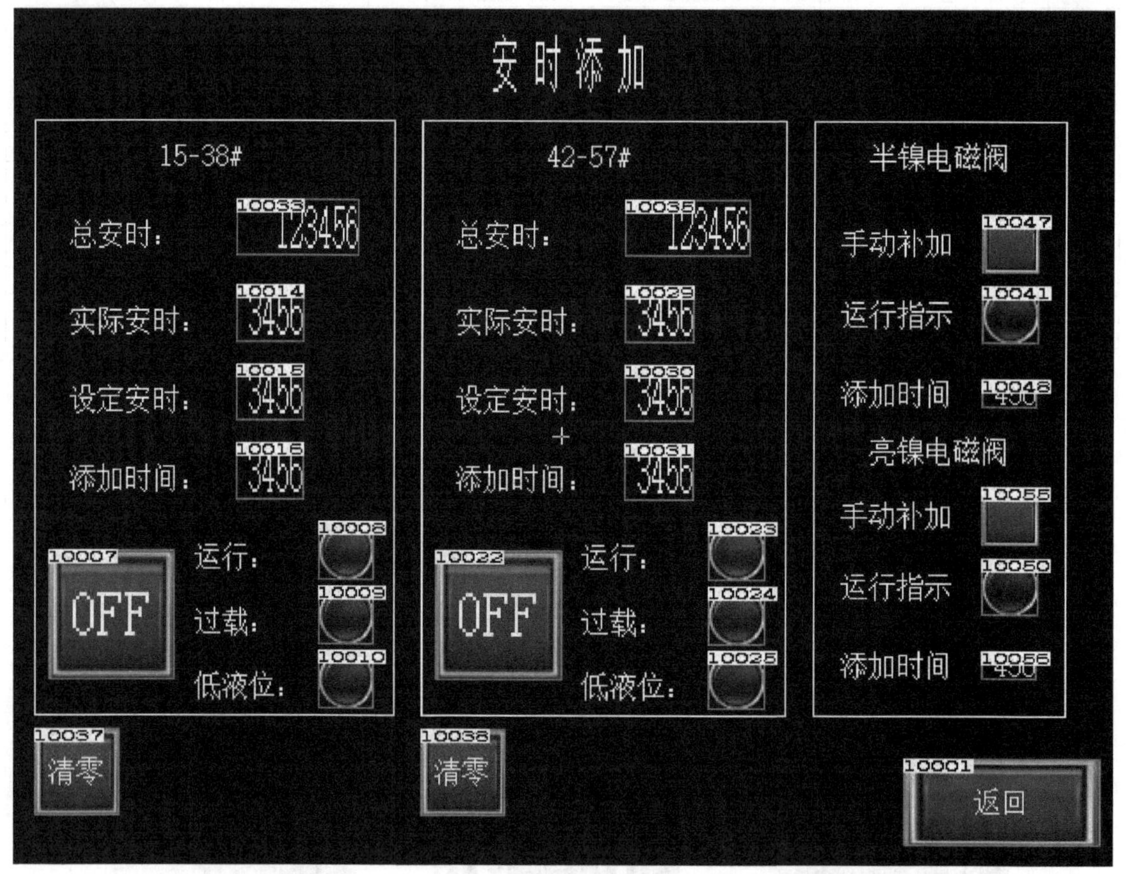

图 11-28 “安时添加设定”界面

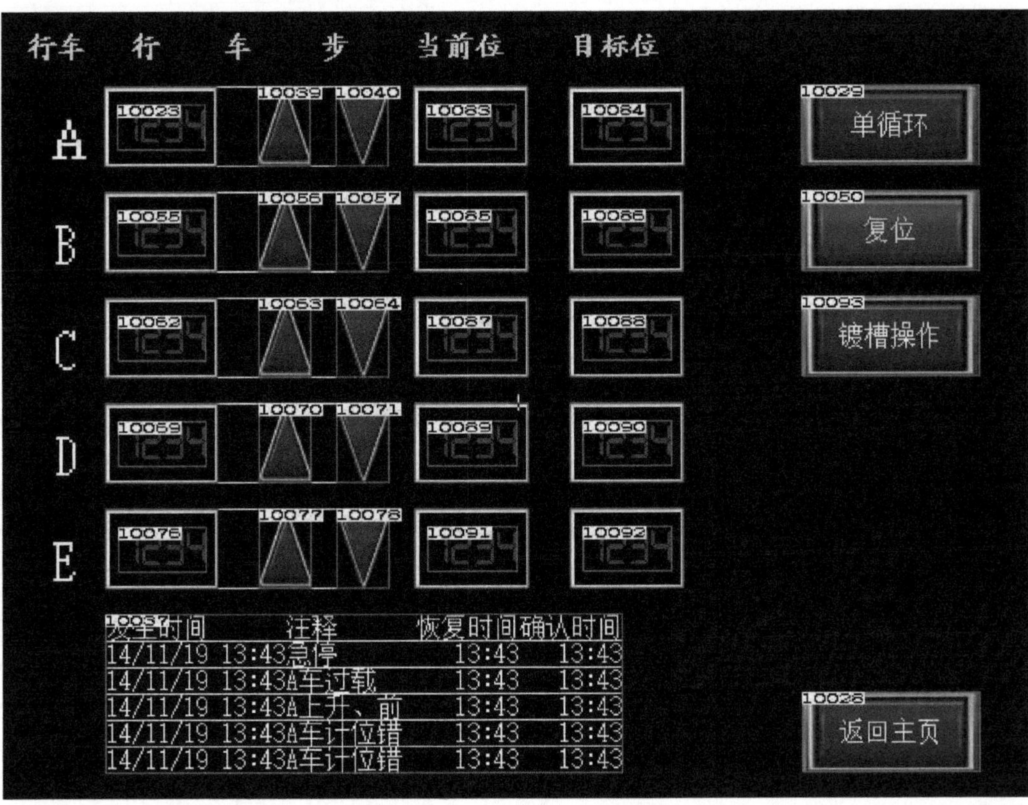

图 11-29 “行车状态”界面

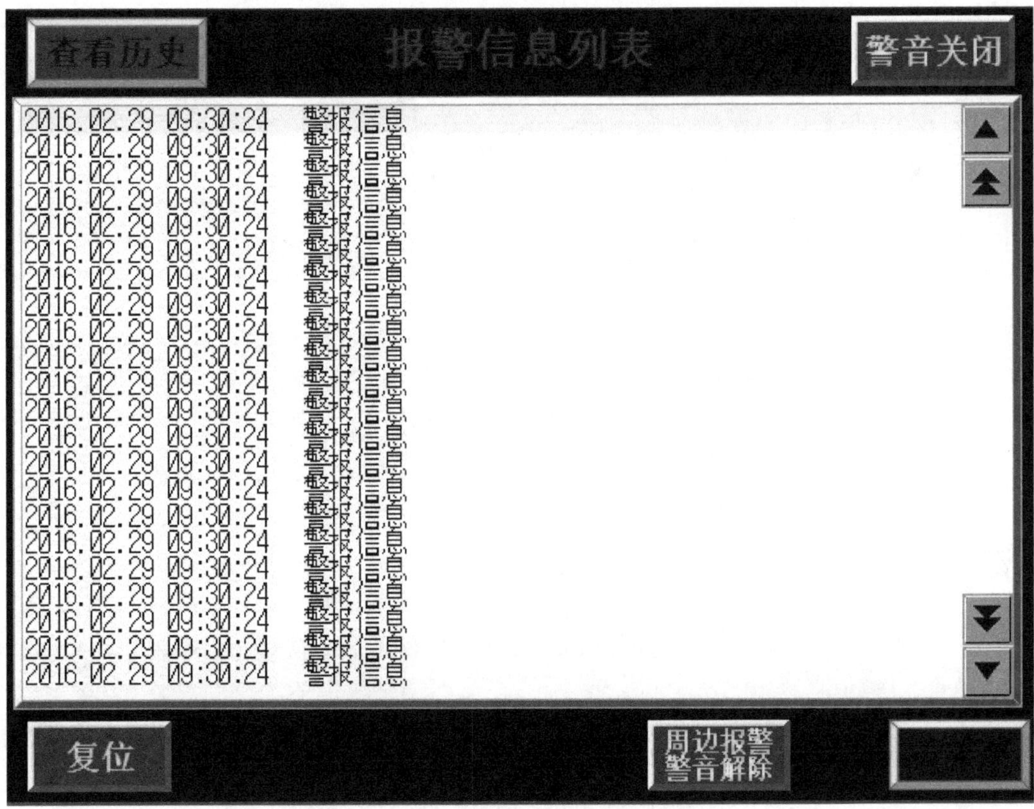

图 11-30 “故障报警”界面

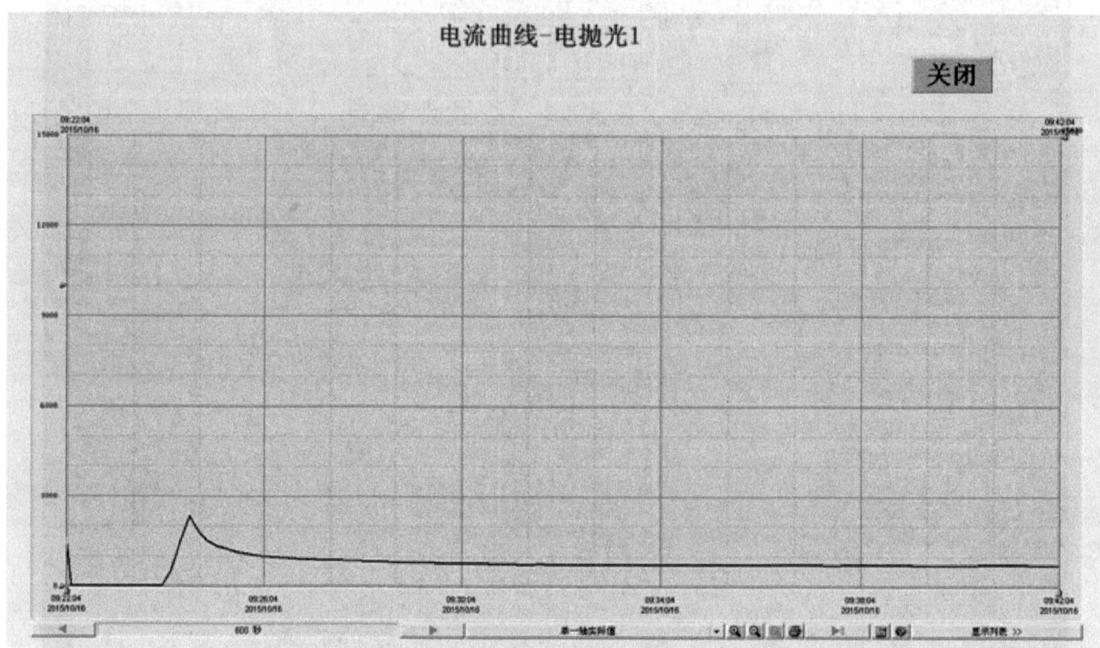

图 11-31 时间电流曲线——“电流曲线-电抛光 1”界面

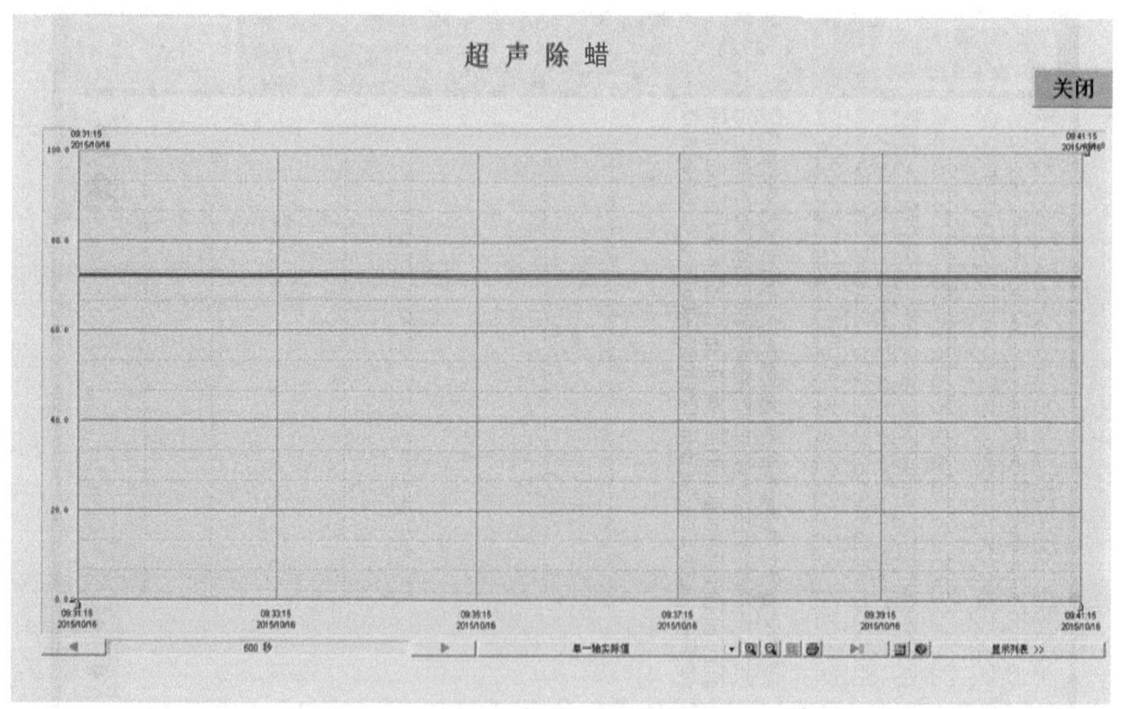

图 11-32 温度曲线——“超声除蜡”界面

粗线为设定的温度曲线，细线为实际的温度曲线，两曲线基本重合

生产记录

零件名称	飞巴编号	上挂日期	上挂时间	电抛槽	氧化槽	工艺结束日期	工艺结束时间	7#入槽时间	7#出槽时间	7#温度	8#入槽时间	8#出槽时间	9#入槽时间	9#出槽时间	10#入槽时间	10#出槽时间	1
TY 01SL饰条	19	2015-10-15	22:00:57	2	1	2015-10-16	0:00:39	22:04:51	22:09:53	71.5	22:10:15	22:11:33	22:11:56	22:12:45	22:13:08	22:18:08	
TY 01SL饰条	20	2015-10-15	22:06:09	3	2	2015-10-16	0:08:02	22:10:54	22:15:55	72.2	22:16:18	22:17:02	22:17:25	22:18:41	22:19:04	22:24:06	
TY 01SL饰条	39	2015-10-15	22:13:01	1	4	2015-10-16	0:15:26	22:16:55	22:21:56	72.0	22:22:20	22:22:31	22:22:53	22:24:39	22:25:02	22:30:05	
TY 01SL饰条	27	2015-10-15	22:27:45	2	3	2015-10-16	0:23:43	22:28:51	22:33:54	71.7	22:34:17	22:35:00	22:35:23	22:35:33	22:35:57	22:41:06	
TY 01SL饰条	17	2015-10-15	22:30:44	1	5	2015-10-16	0:29:56	22:34:55	22:39:56	72.2	22:40:19	22:41:36	22:42:00	22:42:49	22:43:12	22:48:12	
TY E2SC三角	58	2015-10-15	22:36:04	3	1	2015-10-16	0:38:14	22:40:56	22:45:59	72.4	22:46:22	22:47:04	22:47:28	22:48:45	22:49:09	22:54:11	
TY D2JCI饰条	22	2015-10-15	22:42:13	2	2	2015-10-16	0:45:36	22:47:00	22:52:01	72.2	22:52:24	22:52:34	22:52:57	22:54:43	22:55:09	23:00:11	
TY D2JCI饰条	21	2015-10-15	23:00:01	1	3	2015-10-16	0:53:01	23:01:16	23:06:18	71.9	23:06:42	23:06:52	23:07:15	23:07:25	23:07:48	23:12:51	
TY D2JCI饰条	35	2015-10-15	23:07:31	2	4	2015-10-16	1:00:22	23:08:37	23:13:40	71.6	23:14:02	23:15:25	23:15:48	23:16:39	23:17:02	23:22:03	
TY D2JCI饰条	3	2015-10-15	23:10:31	3	1	2015-10-16	1:08:38	23:14:39	23:19:41	71.9	23:20:04	23:20:14	23:20:37	23:22:36	23:22:59	23:28:00	
TY D2JCI饰条	1	2015-10-15	23:25:13	1	2	2015-10-16	1:18:03	23:26:19	23:31:22	71.7	23:31:44	23:31:56	23:32:19	23:32:29	23:32:53	23:37:55	
TY D2JCI饰条	37	2015-10-15	23:32:16	2	3	2015-10-16	1:26:49	23:33:31	23:38:33	71.9	23:38:54	23:40:19	23:40:42	23:41:31	23:41:54	23:46:55	
TY D2JCI饰条	9	2015-10-15	23:38:09	3	4	2015-10-16	1:34:31	23:39:32	23:44:34	71.7	23:44:57	23:45:07	23:45:30	23:47:27	23:47:51	23:52:53	
TY 01SL饰条	6	2015-10-15	23:59:43	1	1	2015-10-16	1:52:38	0:00:48	0:05:52	71.5	0:06:15	0:06:57	0:07:23	0:07:32	0:07:56	0:13:00	
TY E2SC三角	5	2015-10-16	0:05:33	2	2	2015-10-16	2:00:51	0:06:53	0:11:54	72.7	0:12:17	0:12:27	0:12:52	0:13:32	0:13:55	0:18:57	
TY E2SC三角	4	2015-10-16	0:13:58	3	3	2015-10-16	2:08:02	0:15:14	0:20:15	72.4	0:20:41	0:21:24	0:21:48	0:22:36	0:23:01	0:28:03	
TY 01SL饰条	11	2015-10-16	0:32:31	1	1	2015-10-16	2:24:09	0:33:39	0:38:39	71.9	0:39:05	0:39:47	0:40:10	0:40:19	0:40:45	0:45:52	
TY D2JCI饰条	12	2015-10-16	0:35:37	2	2	2015-10-16	2:31:34	0:39:40	0:44:43	71.7	0:45:06	0:46:25	0:46:45	0:47:34	0:47:57	0:53:01	
TY D2JCI饰条	29	2015-10-16	0:43:59	3	3	2015-10-16	2:39:32	0:45:43	0:50:46	72.4	0:51:09	0:51:51	0:52:15	0:53:31	0:53:57	0:59:20	
TY 01SL饰条	2	2015-10-16	0:49:07	1	4	2015-10-16	2:45:04	0:51:44	0:56:48	72.4	0:57:11	0:57:20	0:57:44	0:59:52	1:00:15	1:05:17	
TY 01SL饰条	23	2015-10-16	0:58:07	2	5	2015-10-16	2:52:25	0:59:10	1:04:13	72.2	1:04:37	1:04:46	1:05:10	1:05:49	1:06:13	1:11:16	
TY D2JCI饰条	41	2015-10-16	1:06:33	3	1	2015-10-16	3:01:34	1:07:42	1:12:53	71.9	1:13:16	1:14:10	1:14:33	1:14:42	1:15:05	1:20:07	
TY 01SL饰条	30	2015-10-16	1:15:02	1	2	2015-10-16	3:09:26	1:16:09	1:21:10	71.7	1:21:34	1:22:16	1:22:39	1:23:28	1:23:52	1:28:56	
TY 01SL饰条	55	2015-10-16	1:31:42	2	3	2015-10-16	3:23:10	1:32:49	1:37:51	72.2	1:38:14	1:38:59	1:39:22	1:39:31	1:39:55	1:44:57	
TY D2JCI饰条	26	2015-10-16	1:34:52	3	1	2015-10-16	3:31:48	1:38:52	1:43:53	72.0	1:44:16	1:44:26	1:44:50	1:45:30	1:45:53	1:50:55	

图 11-33　“生产记录”界面

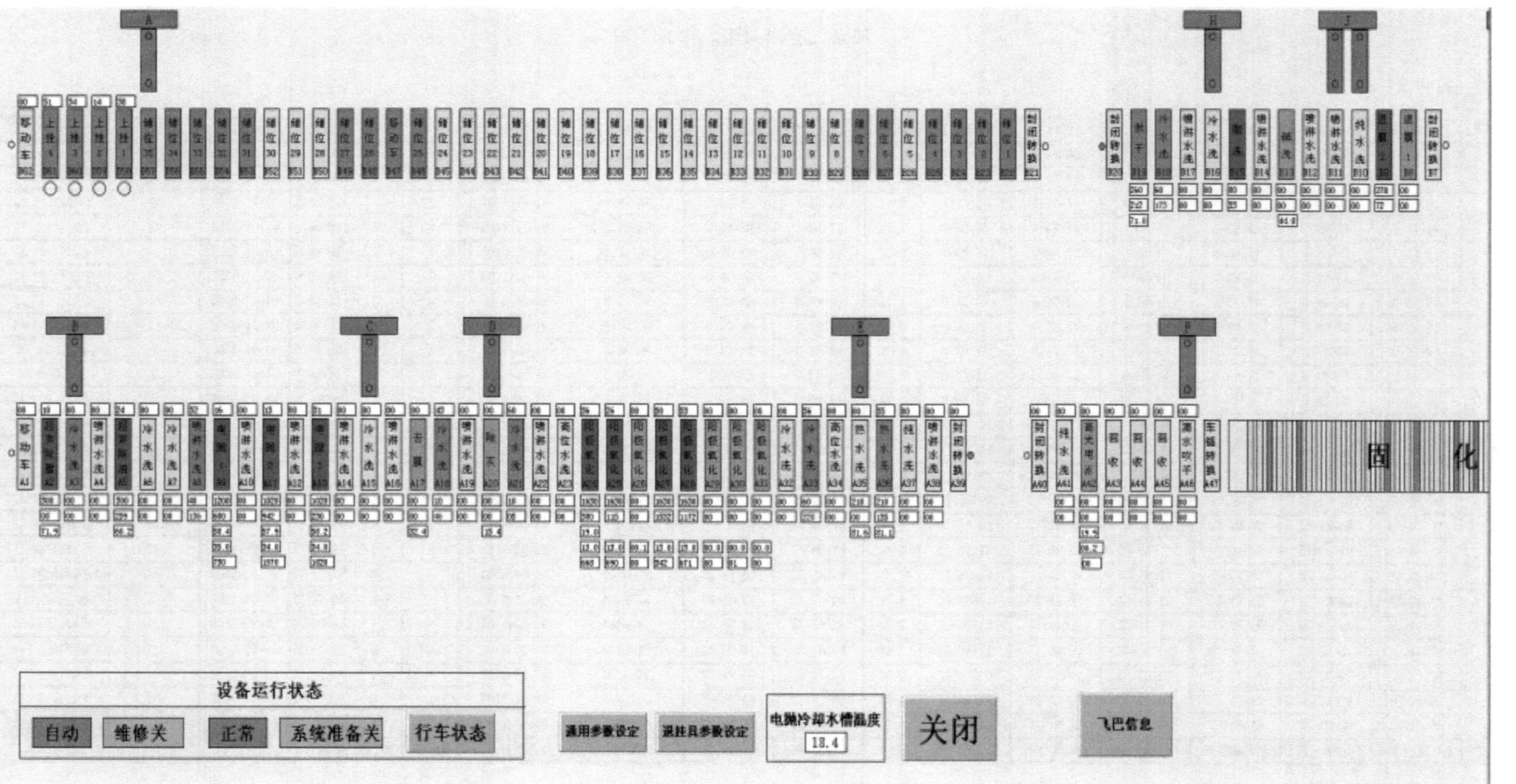
固　化
设备运行状态
自动
维修关
正常
系统准备关
行车状态
通用参数设定
退挂具参数设定
电抛冷却水槽温度
18.4
关闭
飞巴信息

图 11-34　运行状态图

11.8 电镀线电气控制设计案例

11.8.1 行车式电镀线电气设计原理图示例

行车式电镀线工艺流程见图 11-35，其电气设计原理见图 11-36～图 11-58。

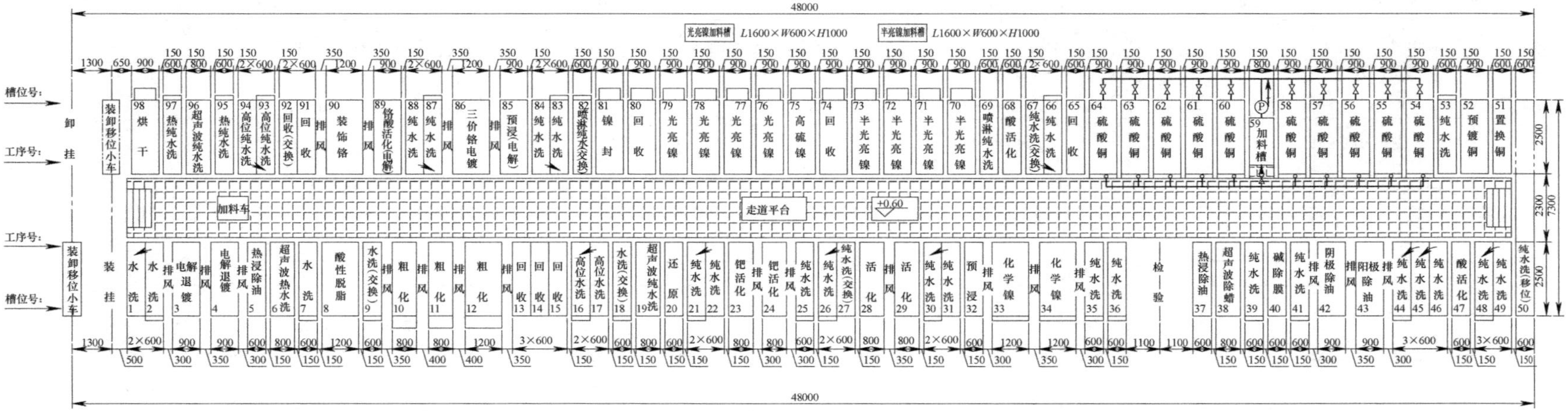

图 11-35　行车式电镀线工艺流程

注：本工艺流程及其工艺配置表、设计要素和平面布置与截面示意图可参阅第 1 章 1.2.12 节。

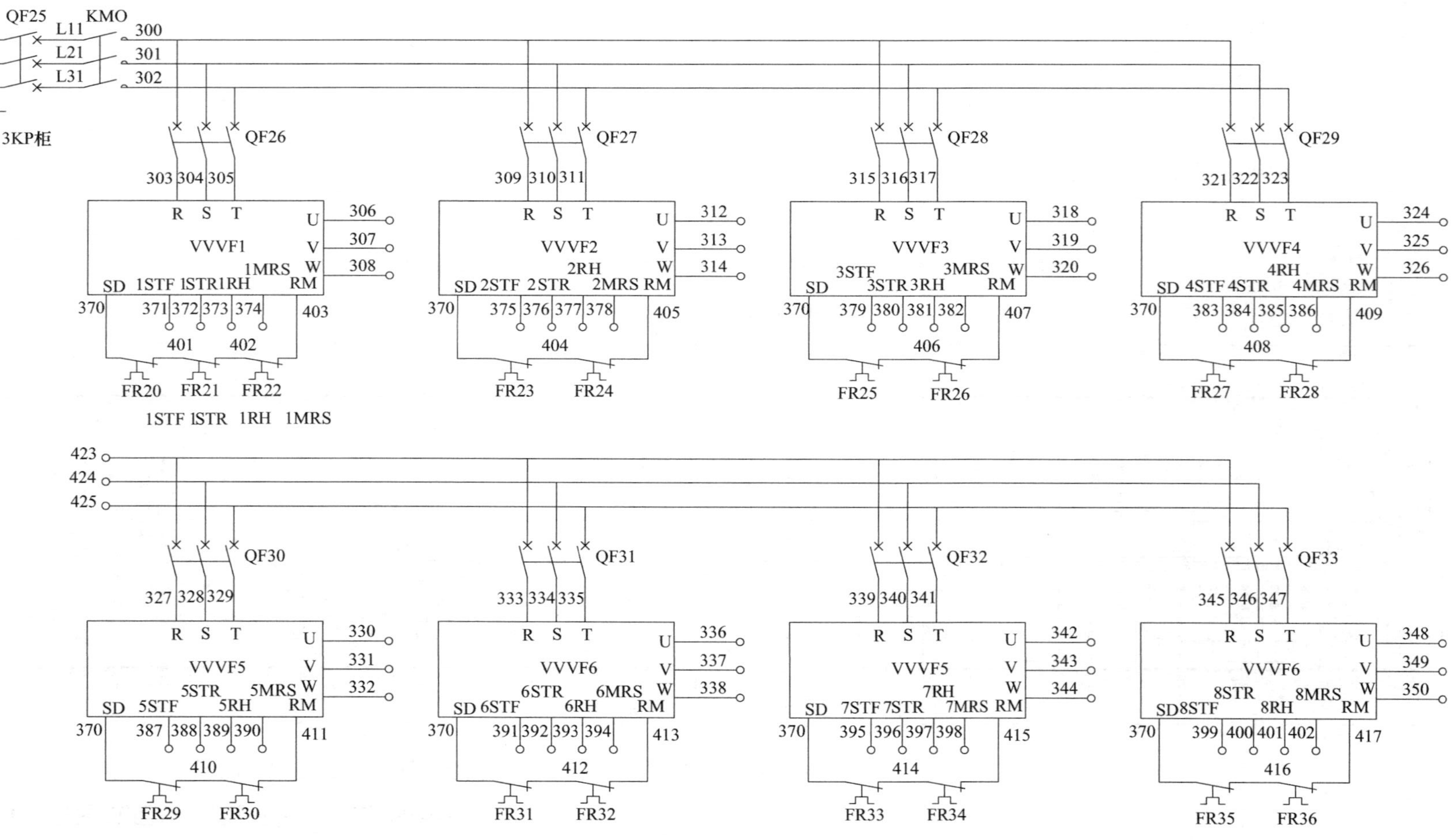

图 11-36 行车式电镀线电气设计原理图（一）

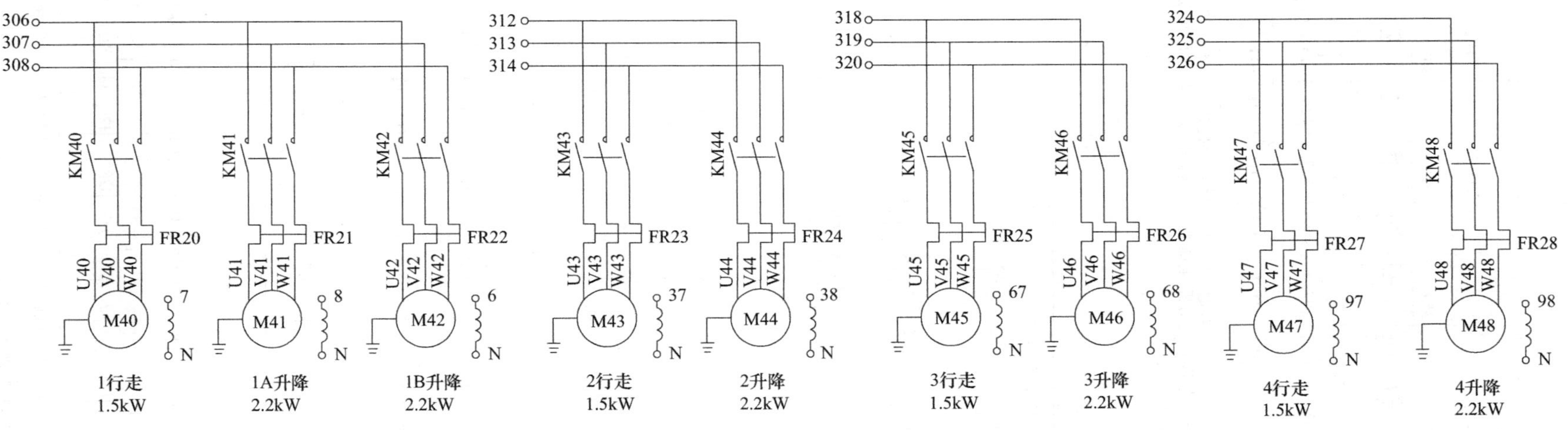

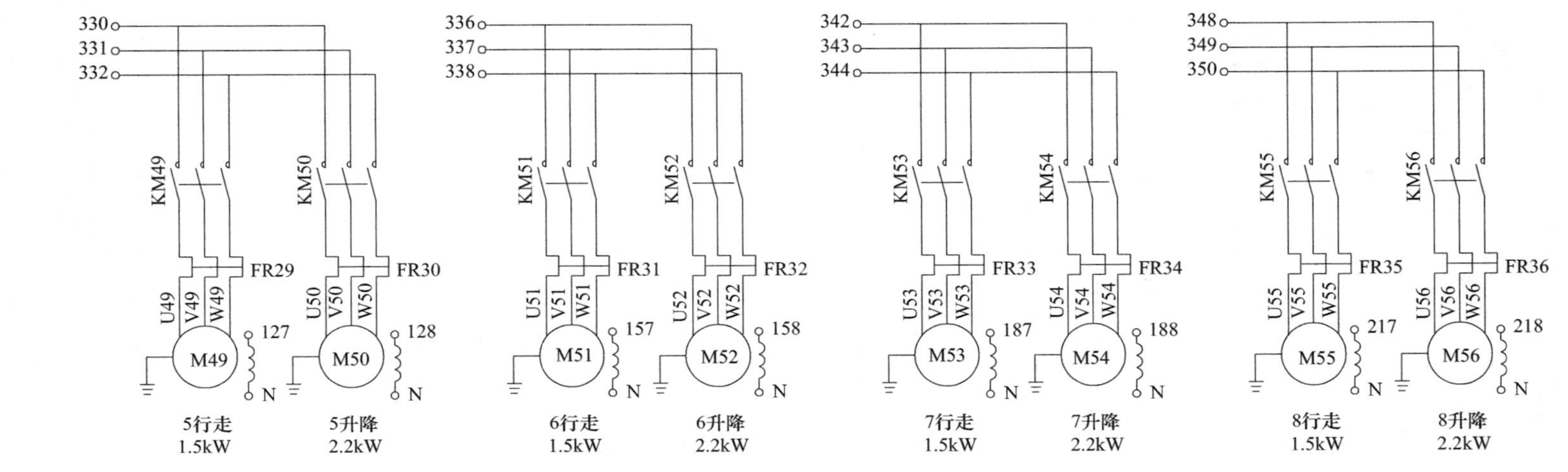

图 11-37　行车式电镀线电气设计原理图（二）

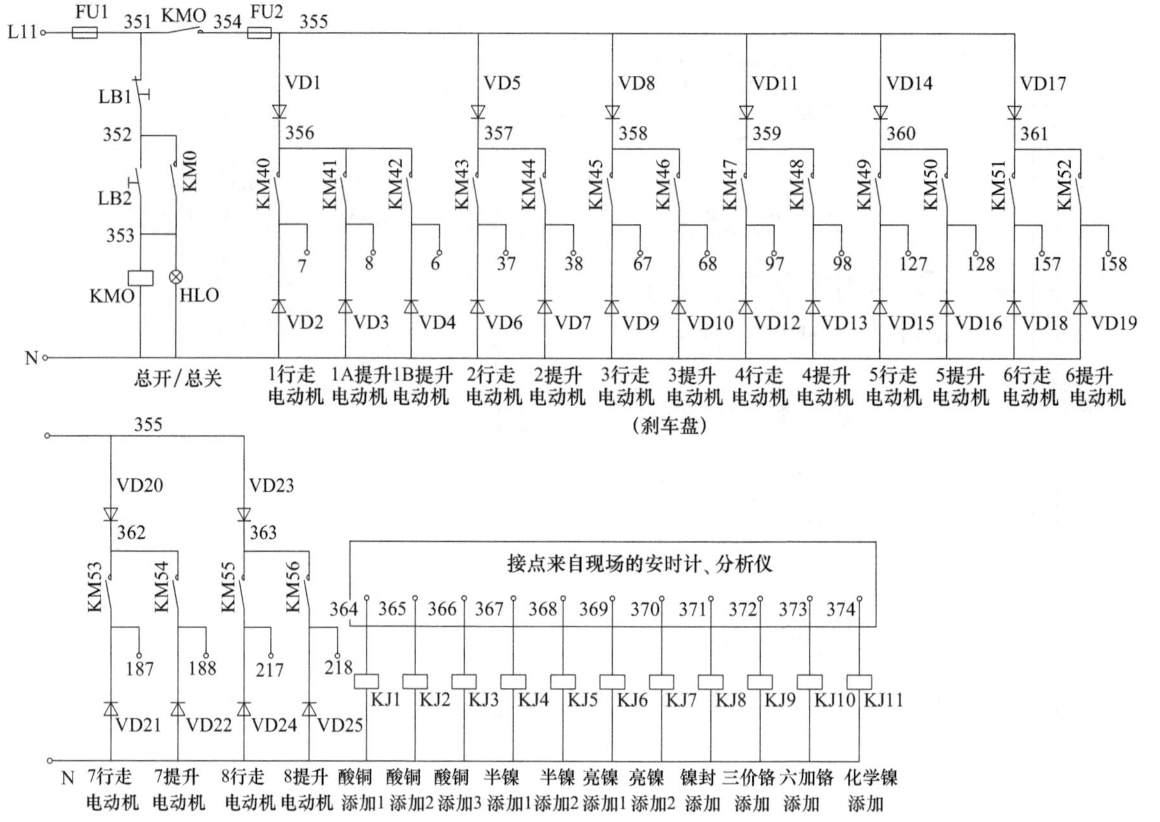

图 11-38 行车式电镀线电气设计原理图（三）

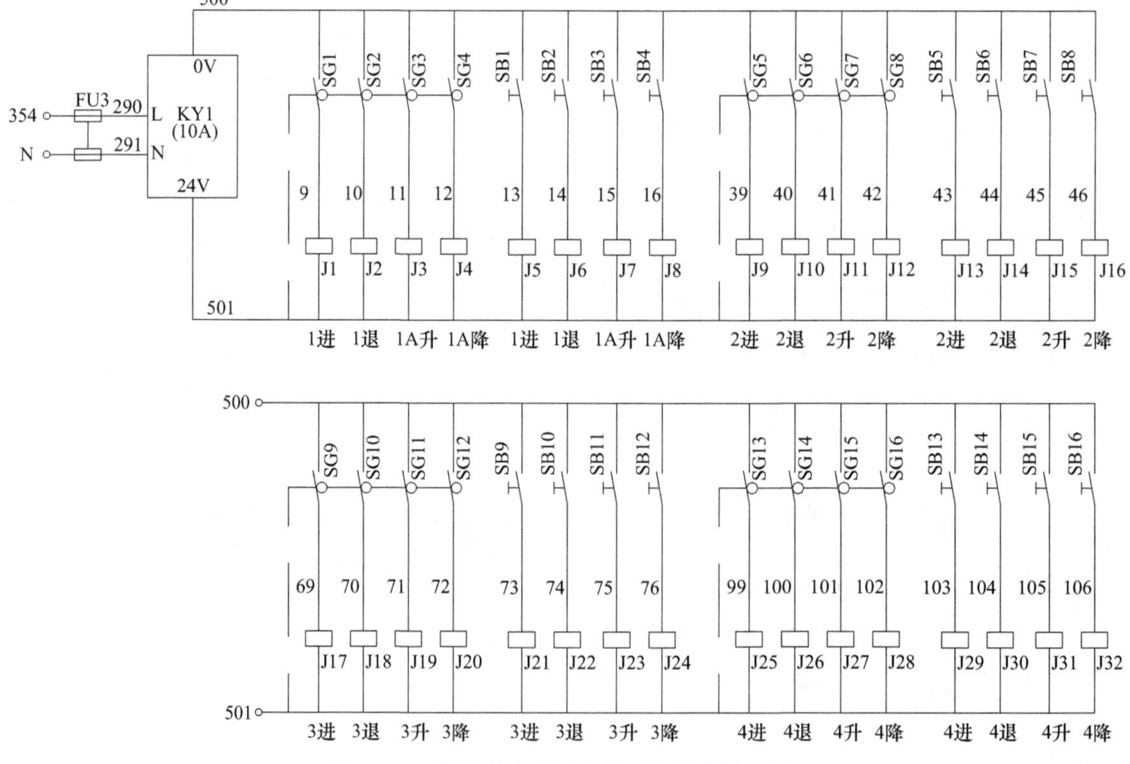

图 11-39 行车式电镀线电气设计原理图（四）

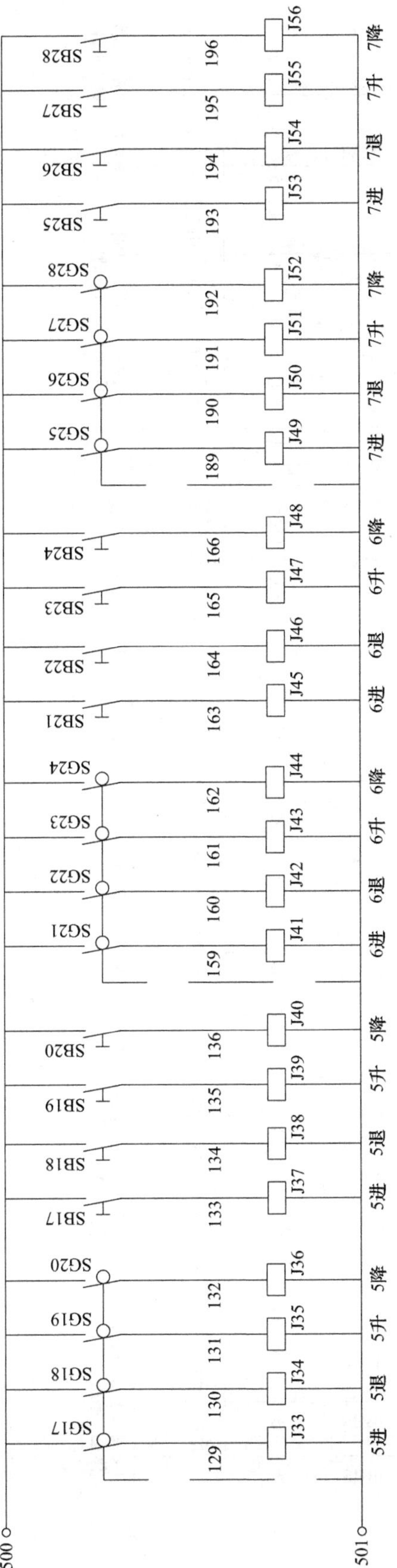

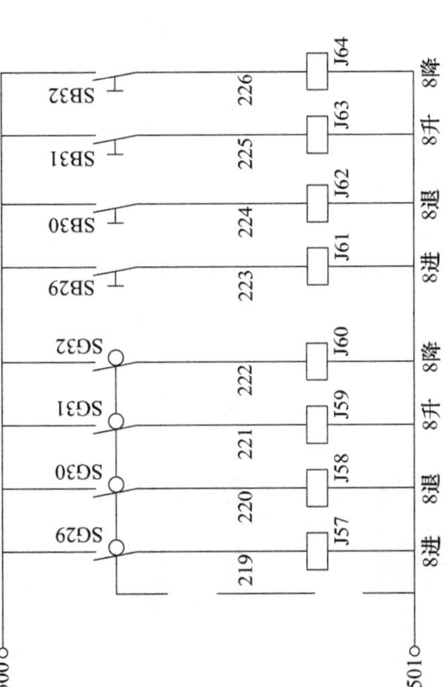

图 11-40　行车式电镀线电气设计原理图（五）

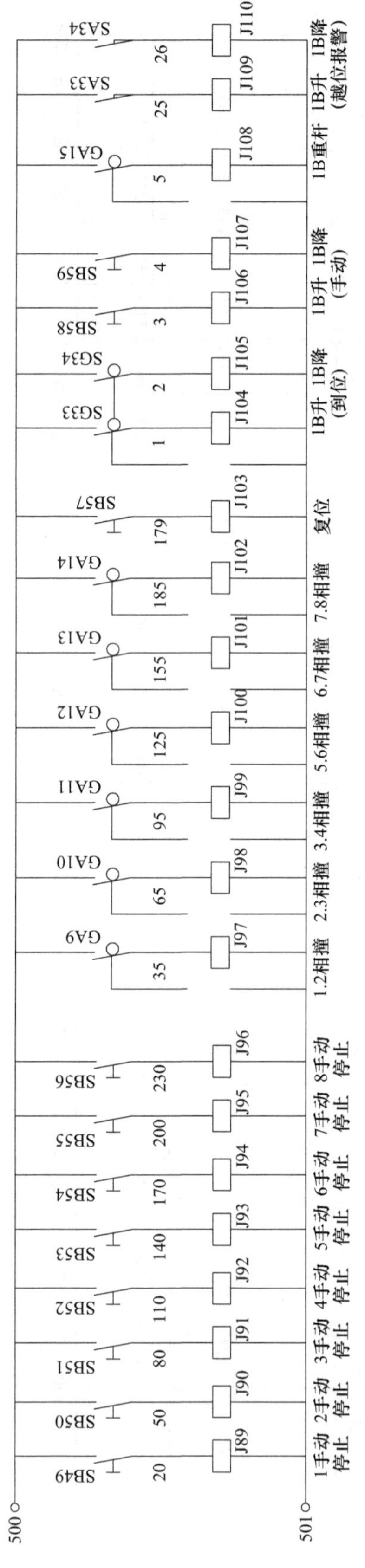

图 11-41 行车式电镀线电气设计原理图（六）

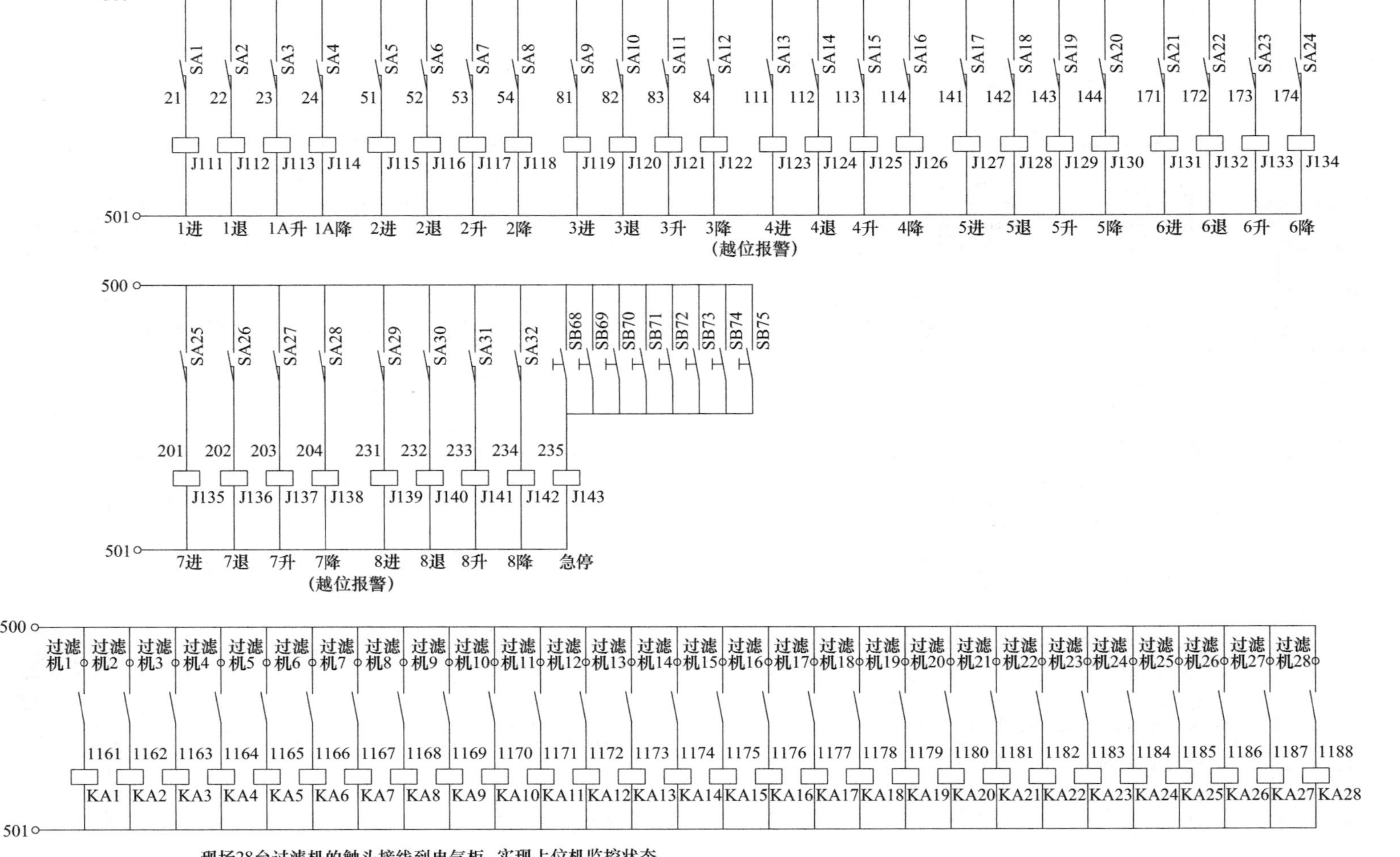

图 11-42 行车式电镀线电气设计原理图（七）

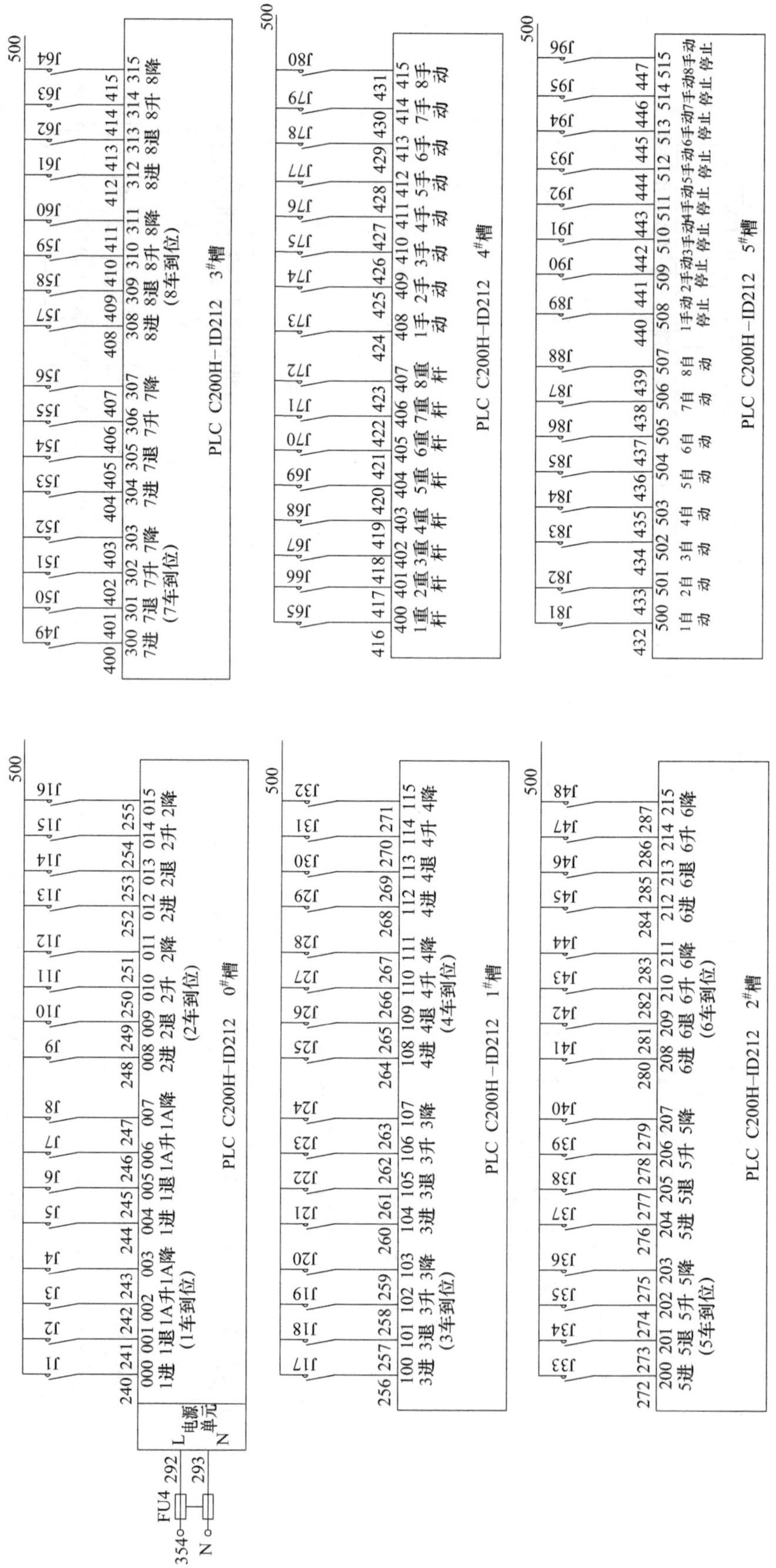

500
J1 J2 J3 J4 J5 J6 J7 J8 J9 J10 J11 J12 J13 J14 J15 J16
240 241 242 243 244 245 246 247 248 249 250 251 252 253 254 255
FU4 292 293 354 N L N 电源单元
000 001 002 003 004 005 006 007 008 009 010 011 012 013 014 015
1进 1退 1A升 1A降 1进 1退 1A升 1A降 2进 2退 2升 2降 2进 2退 2升 2降
(1车到位) (2车到位)
PLC C200H-ID212 0#槽

500
J17 J18 J19 J20 J21 J22 J23 J24 J25 J26 J27 J28 J29 J30 J31 J32
256 257 258 259 260 261 262 263 264 265 266 267 268 269 270 271
100 101 102 103 104 105 106 107 108 109 110 111 112 113 114 115
3进 3退 3升 3降 3进 3退 3升 3降 4进 4退 4升 4降 4进 4退 4升 4降
(3车到位) (4车到位)
PLC C200H-ID212 1#槽

500
J33 J34 J35 J36 J37 J38 J39 J40 J41 J42 J43 J44 J45 J46 J47 J48
272 273 274 275 276 277 278 279 280 281 282 283 284 285 286 287
200 201 202 203 204 205 206 207 208 209 210 211 212 213 214 215
5进 5退 5升 5降 5进 5退 5升 5降 6进 6退 6升 6降 6进 6退 6升 6降
(5车到位) (6车到位)
PLC C200H-ID212 2#槽

500
J49 J50 J51 J52 J53 J54 J55 J56 J57 J58 J59 J60 J61 J62 J63 J64
400 401 402 403 404 405 406 407 408 409 410 411 412 413 414 415
300 301 302 303 304 305 306 307 308 309 310 311 312 313 314 315
7进 7退 7升 7降 7进 7退 7升 7降 8进 8退 8升 8降 8进 8退 8升 8降
(7车到位) (8车到位)
PLC C200H-ID212 3#槽

500
J65 J66 J67 J68 J69 J70 J71 J72 J73 J74 J75 J76 J77 J78 J79 J80
416 417 418 419 420 421 422 423 424 425 426 427 428 429 430 431
400 401 402 403 404 405 406 407 408 409 410 411 412 413 414 415
1重杆 2重杆 3重杆 4重杆 5重杆 6重杆 7重杆 8重杆 1手动 2手动 3手动 4手动 5手动 6手动 7手动 8手动
PLC C200H-ID212 4#槽

500
J81 J82 J83 J84 J85 J86 J87 J88 J89 J90 J91 J92 J93 J94 J95 J96
432 433 434 435 436 437 438 439 440 441 442 443 444 445 446 447
500 501 502 503 504 505 506 507 508 509 510 511 512 513 514 515
1自动 2自动 3自动 4自动 5自动 6自动 7自动 8自动 1手动停止 2手动停止 3手动停止 4手动停止 5手动停止 6手动停止 7手动停止 8手动停止
PLC C200H-ID212 5#槽

图 11-43 行车式电镀线电气设计原理图（八）

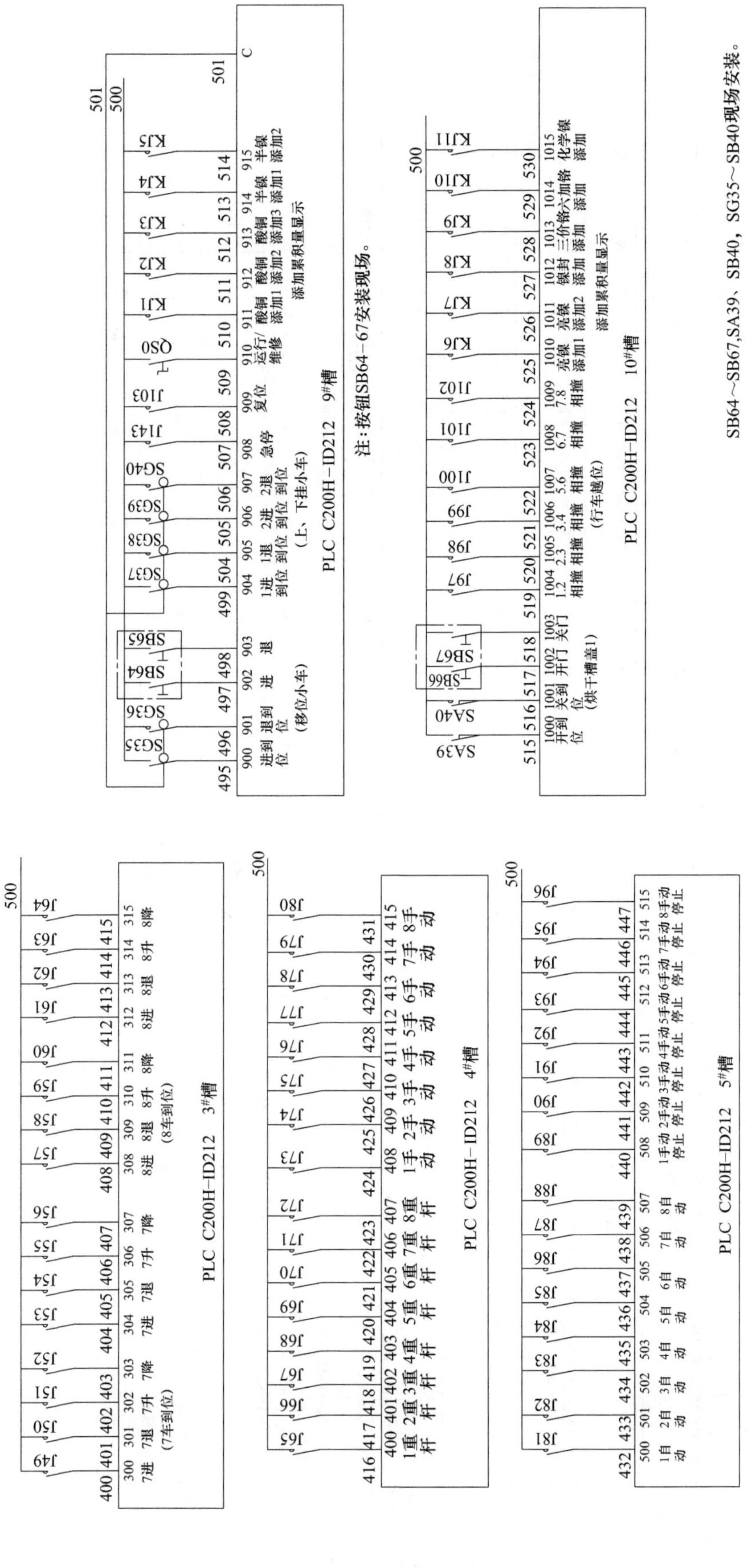

注：按钮SB64－67安装现场。

SB64～SB67,SA39、SB40，SG35～SB40现场安装。

图 11-44　行车式电镀线电气设计原理图（九）

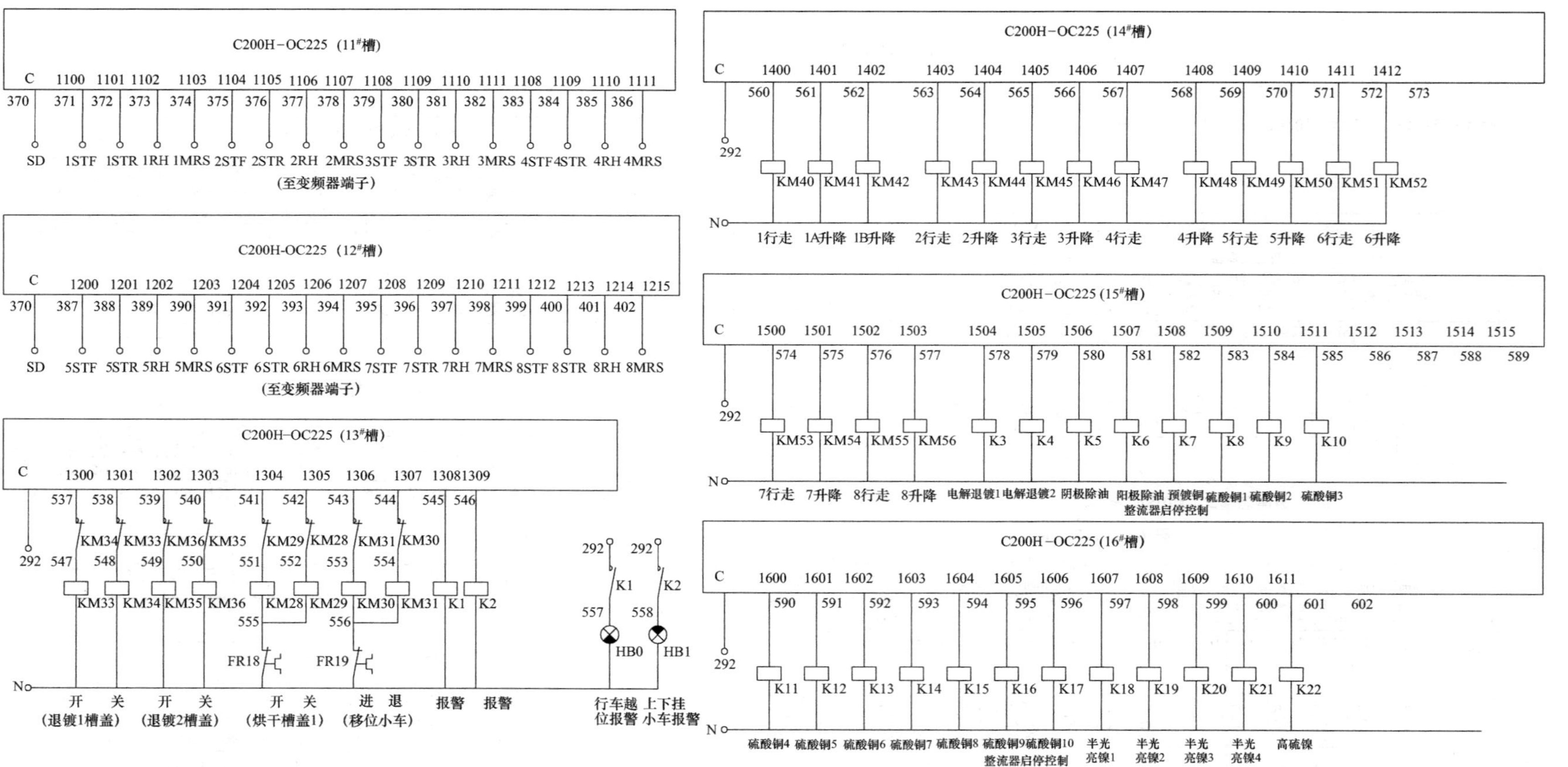

图 11-45 行车式电镀线电气设计原理图（十）

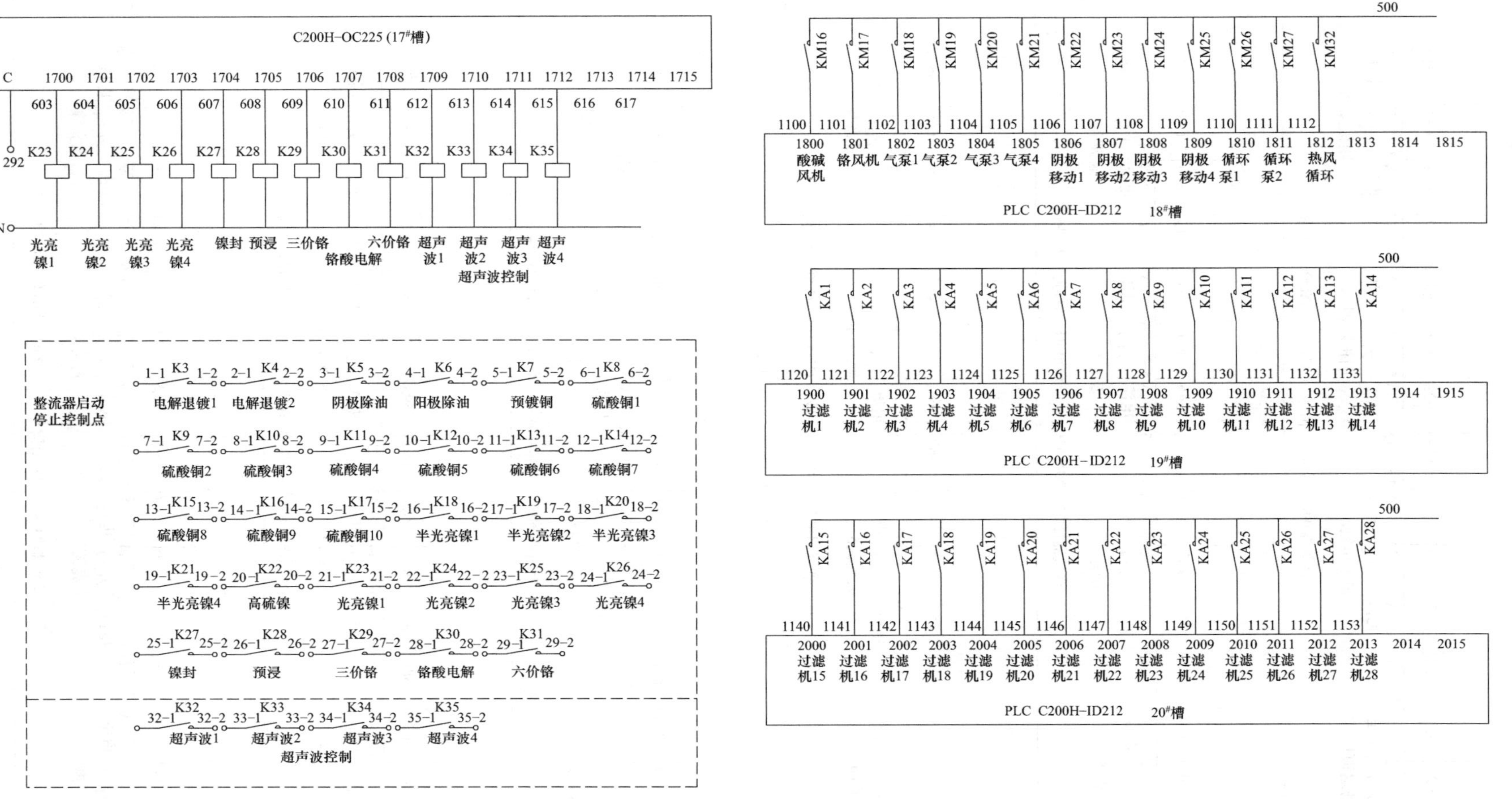

图 11-46　行车式电镀线电气设计原理图（十一）

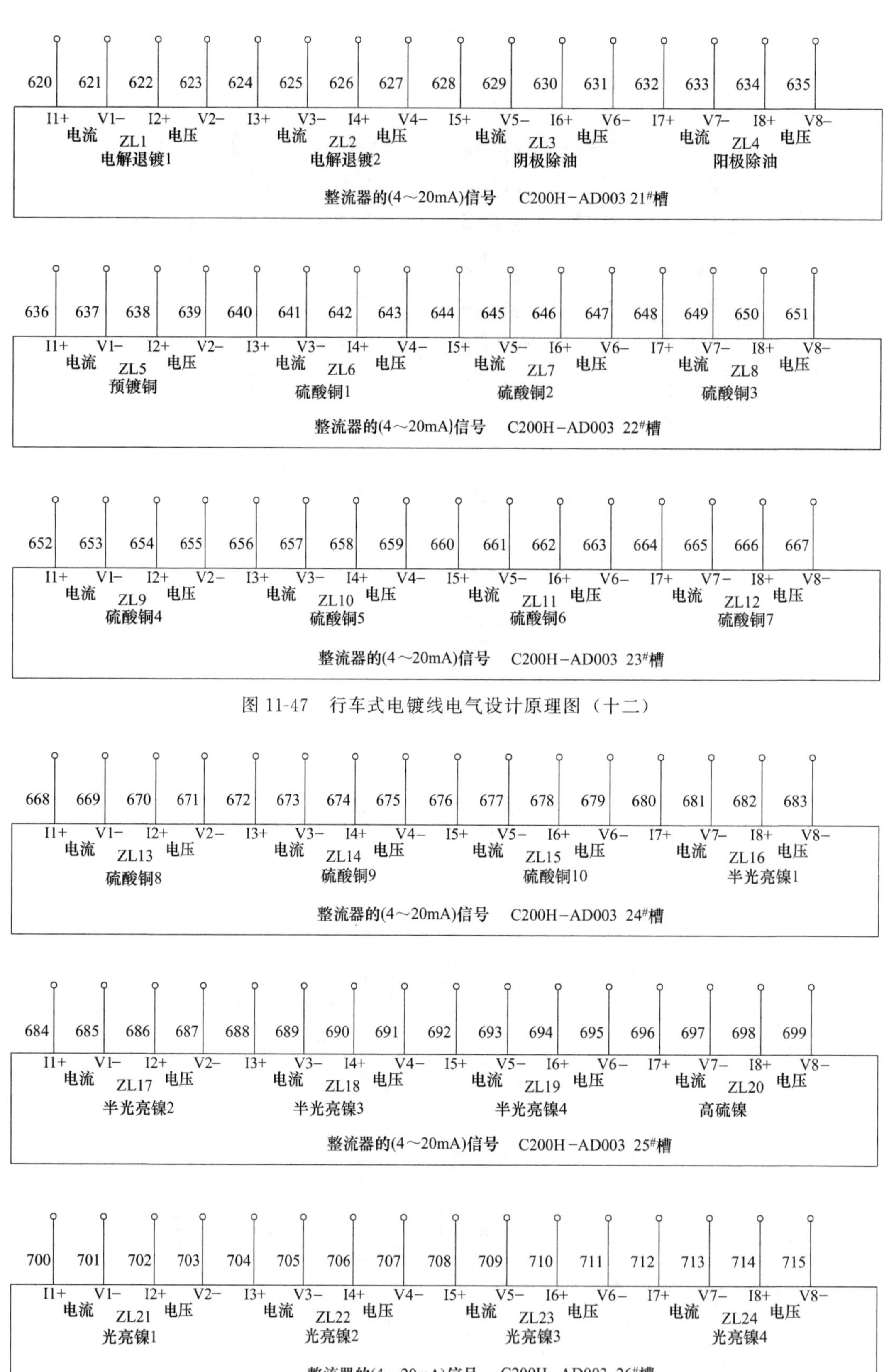

图 11-47 行车式电镀线电气设计原理图（十二）

图 11-48 行车式电镀线电气设计原理图（十三）

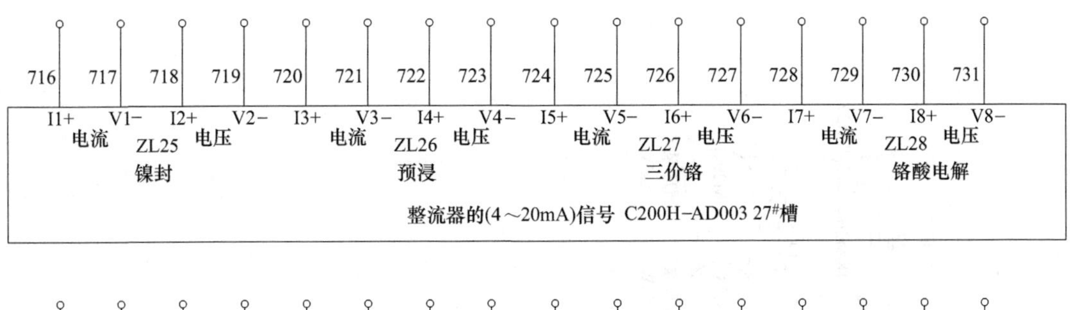

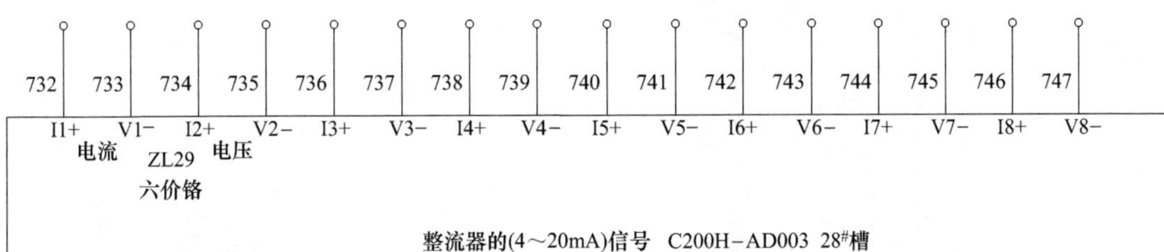

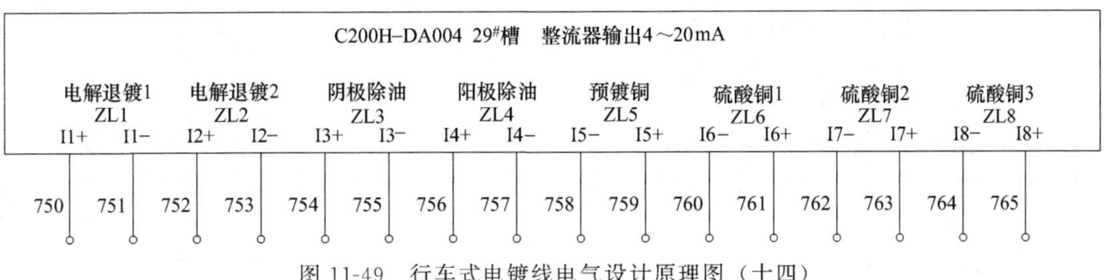

图 11-49 行车式电镀线电气设计原理图（十四）

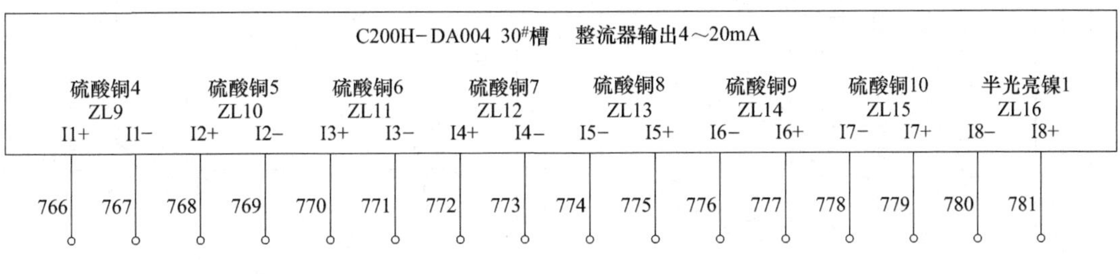

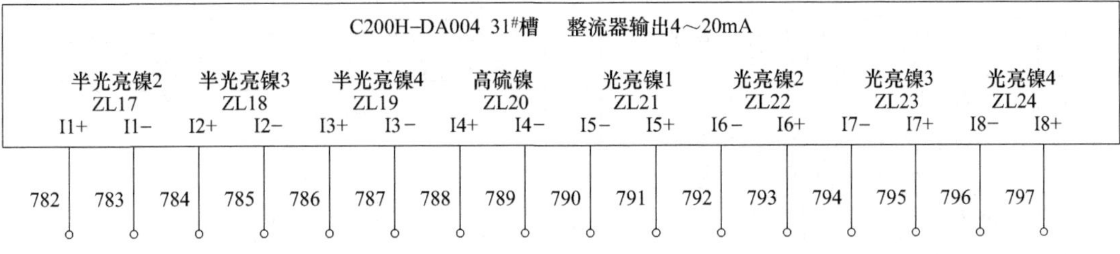

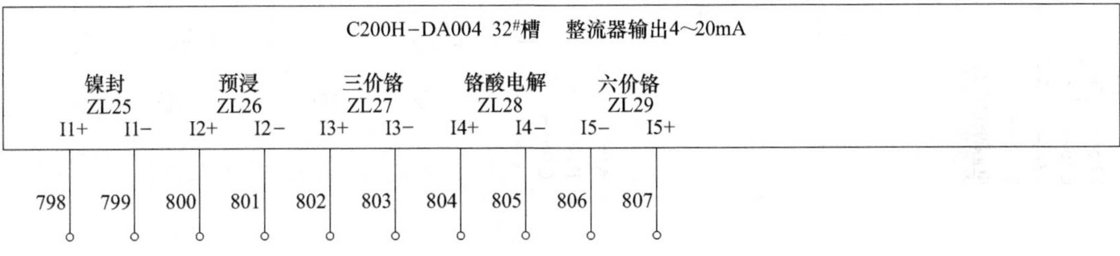

图 11-50 行车式电镀线电气设计原理图（十五）

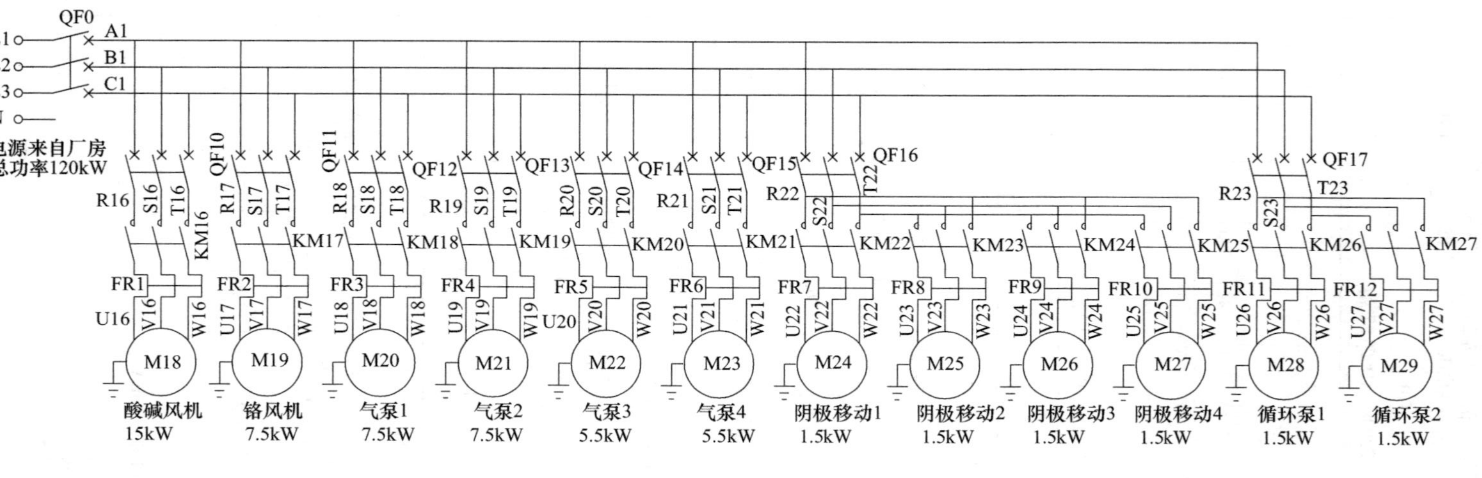

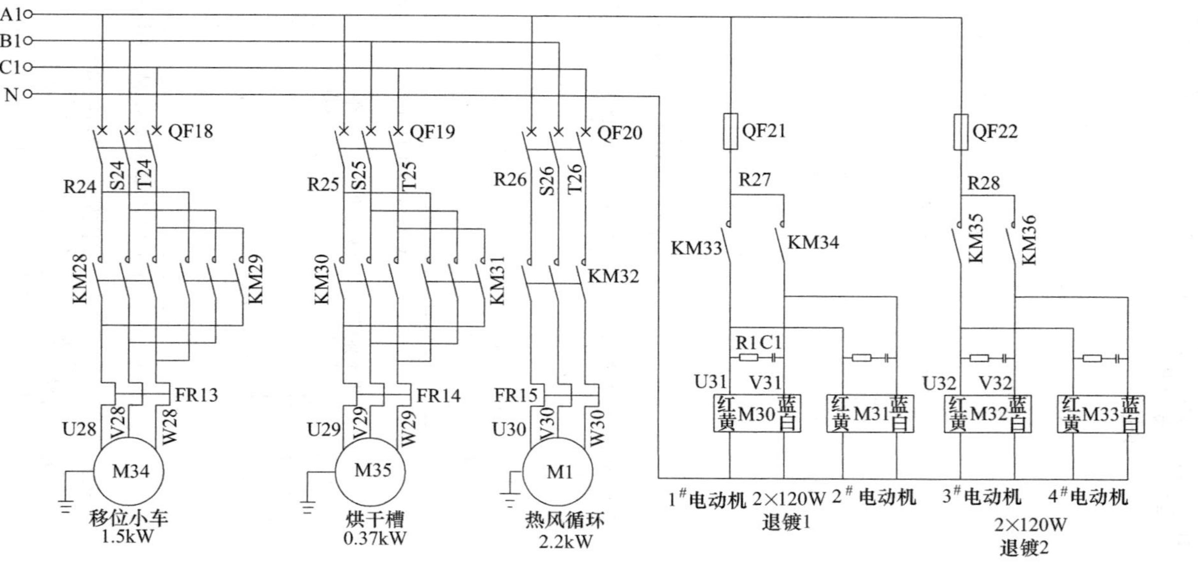

图 11-51 行车式电镀线电气设计原理图（十六）

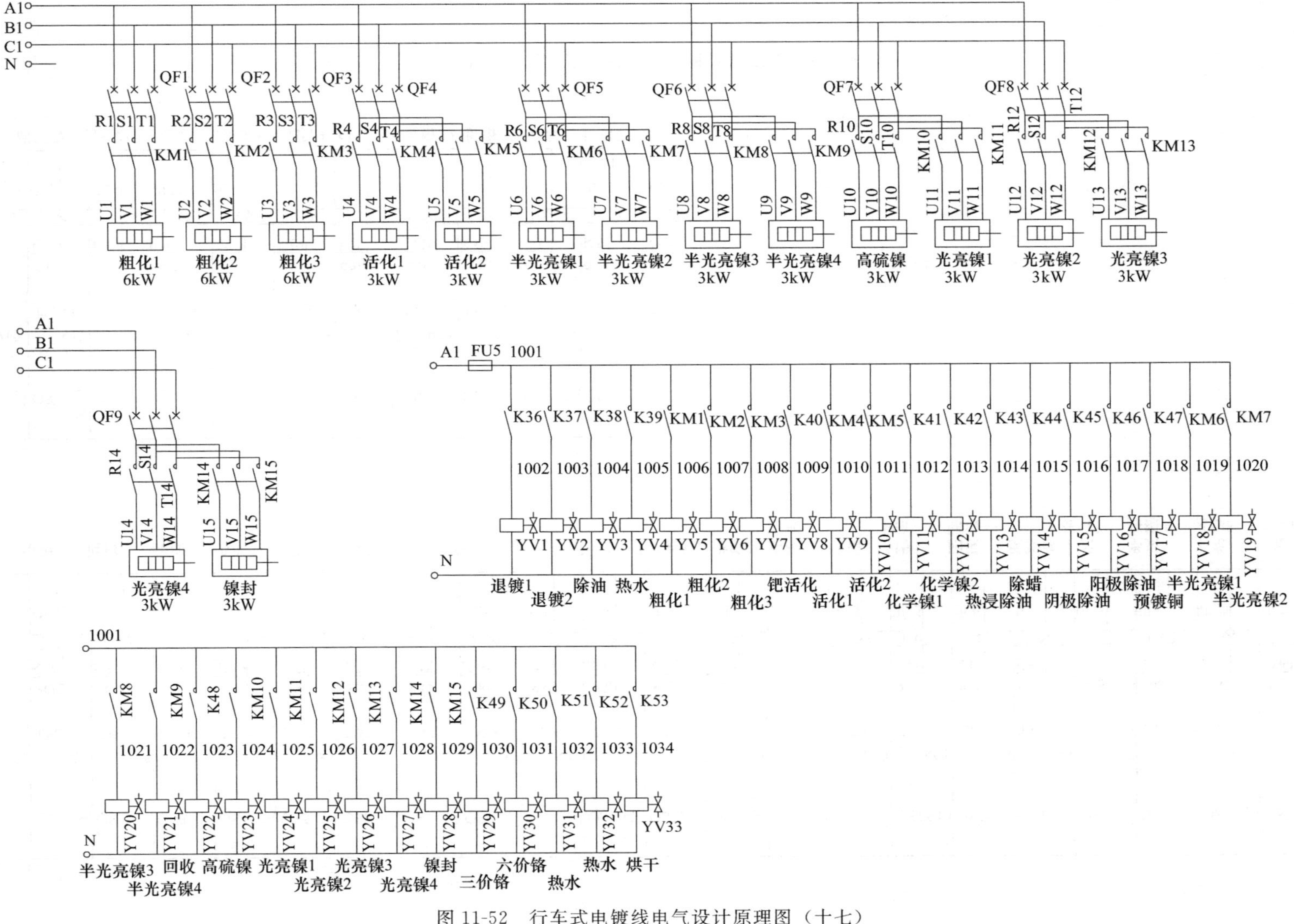

图 11-52　行车式电镀线电气设计原理图（十七）

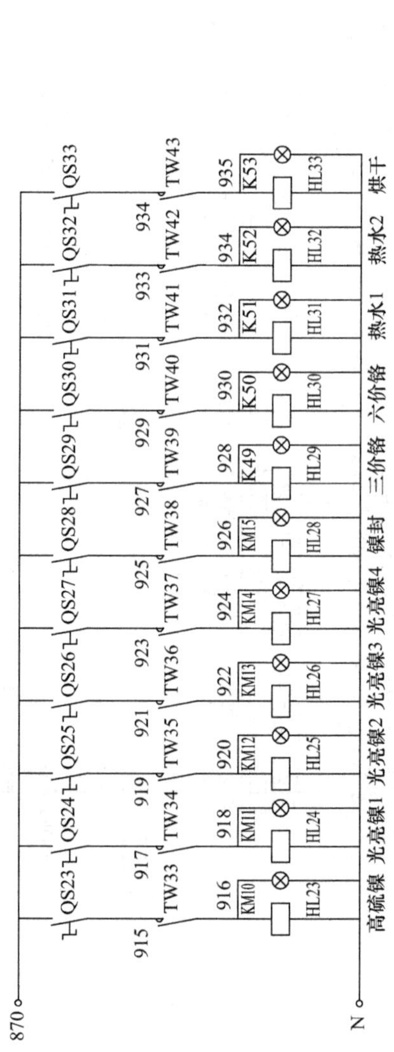

图 11-53 行车式电镀线电气设计原理图（十八）

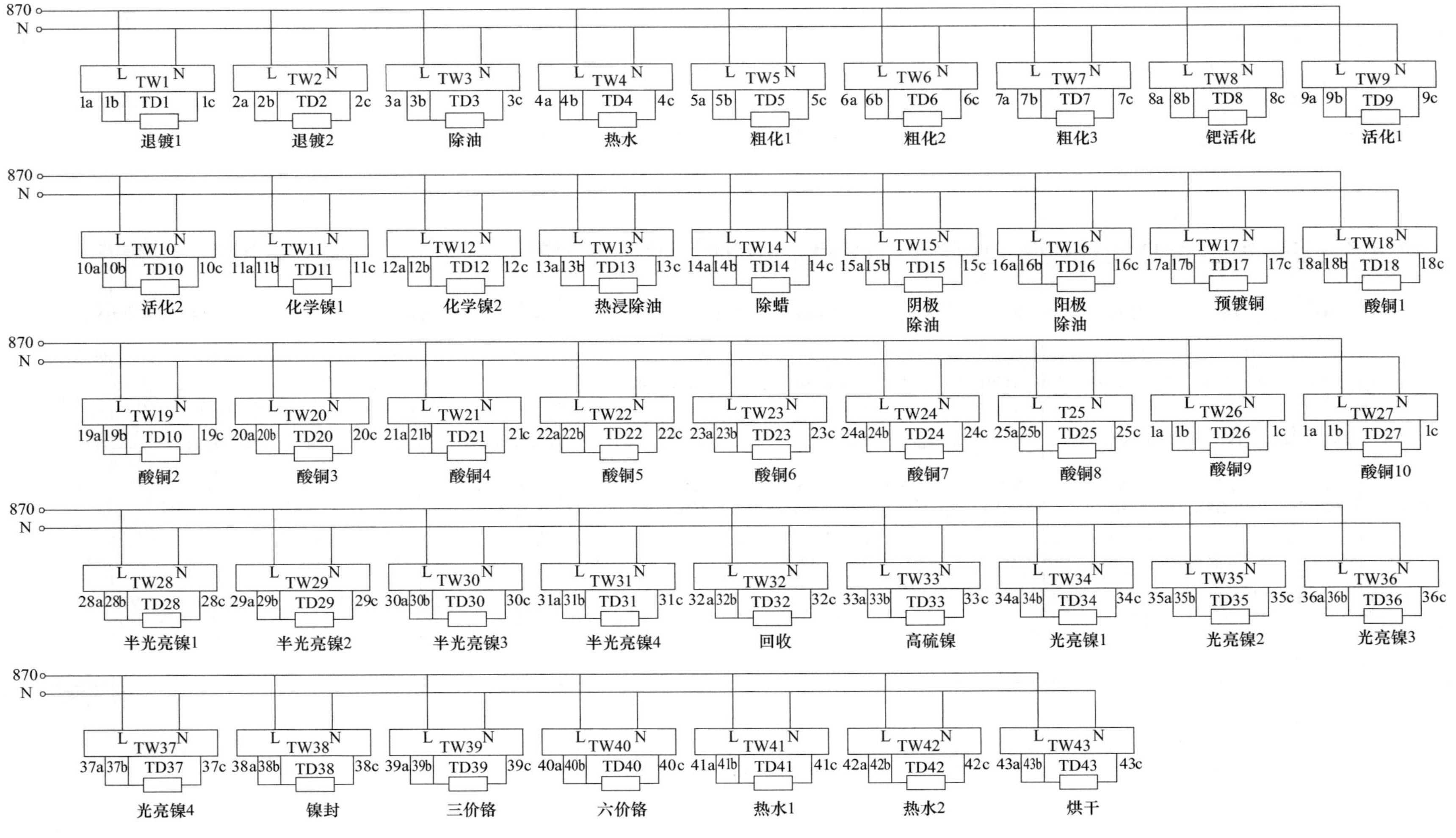

图 11-54　行车式电镀线电气设计原理图（十九）

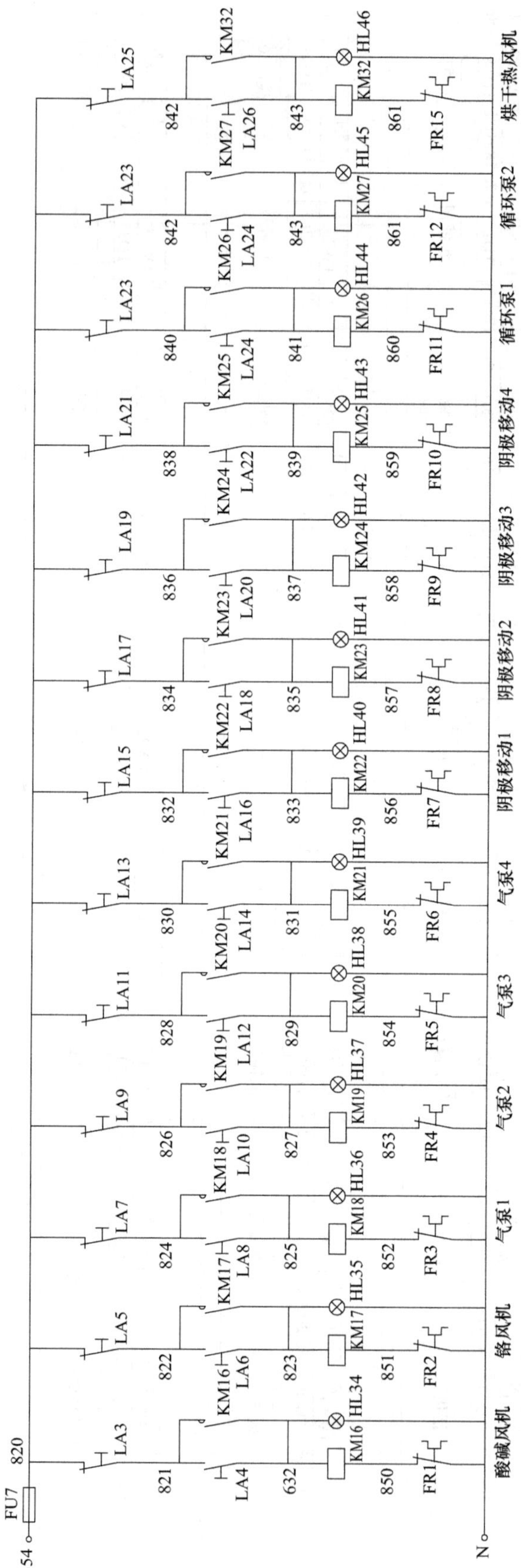

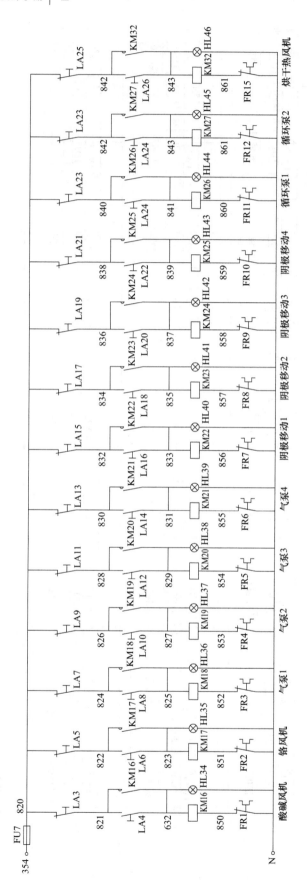

图 11-55 行车式电镀线电气设计原理图（二十）

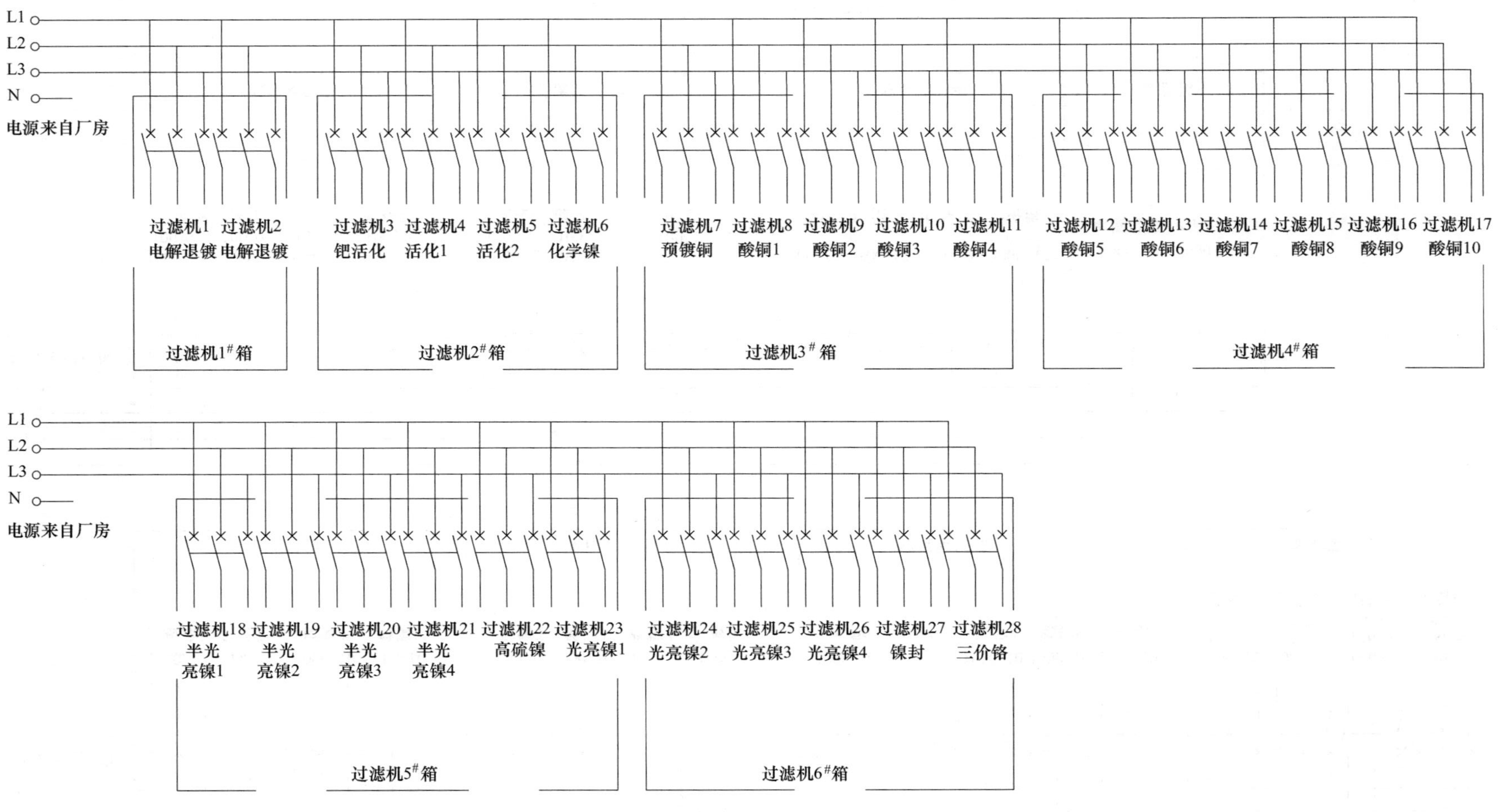

图 11-56　行车式电镀线电气设计原理图（二十一）

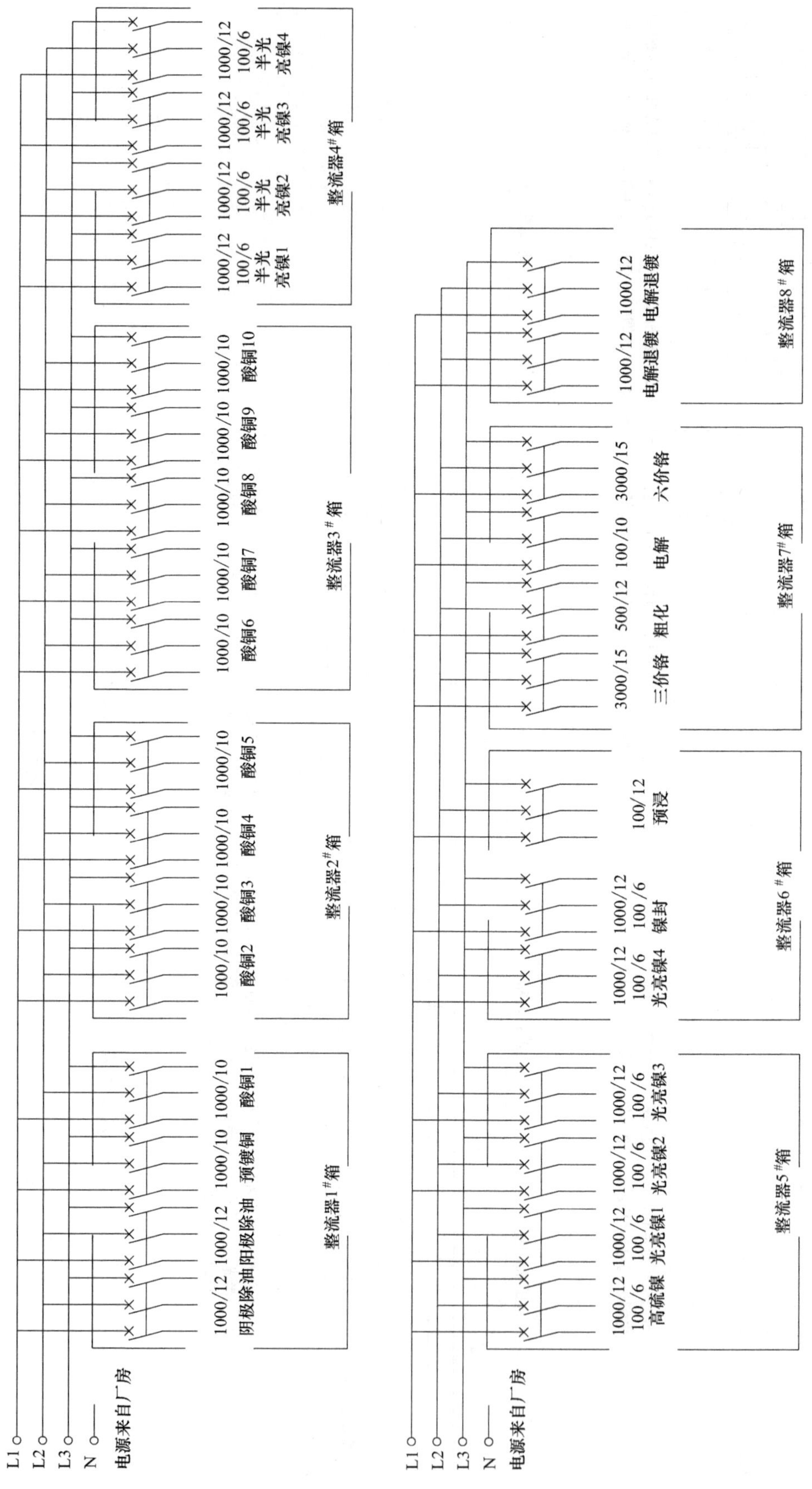

L1
L2
L3
N
电源来自厂房

1000/12 阴极除油
1000/12 阳极除油
1000/10 预镀铜
1000/10 酸铜1
整流器1#箱

1000/10 酸铜2
1000/10 酸铜3
1000/10 酸铜4
1000/10 酸铜5
整流器2#箱

1000/10 酸铜6
1000/10 酸铜7
1000/10 酸铜8
1000/10 酸铜9
1000/10 酸铜10
整流器3#箱

1000/12 100/6 半光亮镍1
1000/12 100/6 半光亮镍2
1000/12 100/6 半光亮镍3
1000/12 100/6 半光亮镍4
整流器4#箱

L1
L2
L3
N
电源来自厂房

1000/12 100/6 高硫镍
1000/12 100/6 光亮镍1
1000/12 100/6 光亮镍2
1000/12 100/6 光亮镍3
整流器5#箱

1000/12 100/6 光亮镍4
1000/12 100/6 镍封
100/12 预浸
整流器6#箱

3000/15 三价铬
500/12 粗化
100/10 电解
3000/15 六价铬
整流器7#箱

1000/12 电解退镀
1000/12 电解退镀
整流器8#箱

图 11-57 行车式电镀线电气设计原理图（二十二）

序号	代　号	型　号	名　称	数 量	备　注
50					
49		GP2500−SC41−24V	触摸屏(配通信线)	1	
48	G1−3	ϕ120mm　220V	风扇	4	
47					
46		C200HW−BI031	扩展I/O底板	1	OMRON
46		C200HW−BI101	扩展I/O底板	2	OMRON
45		CS1W−BC103	安装底板	1	OMRON
44		CS1W−CN	扩展I/O连接电缆	2	OMRON
43		C200H−CN311	扩展I/O连接电缆	2	OMRON
42		C200HW−PA204S	电源单元	4	OMRON
41		C200H−DA004	输出模块	4	OMRON
40		C200H−AD003	输入模块	8	OMRON
39		C200H−OC225	输出模块	7	OMRON
38		C200H−ID212	输入模块	14	OMRON
37	PLC	CS1G−CPU44−E	可编程序控制器	1	OMRON
36	VVVF1−VVVF8	FR−E540−3.7kW	变频器	8	日本三菱
35	TD1−TD43	PT100　0～300℃	热电阻	43	四氟
34	TW1−TW43	大禾 48×96	温控表	43	OMRON
33	HB1	LTA−205−3.WJ 220V	报警灯	1	
32	HB0	LTD−1104 220V	旋转警示灯	1	
31	SB60−67		二孔组合按钮	5	
30	SB1−64，LB1−LA28	LB−A	平头按钮	92	杭州三力
29	HL0−HL46	EL−P 220V	指示灯	47	杭州三力
28	SB68−76	LB−C 220V	紧急停铵钮	9红	杭州三力
27	D1−25	$U_{反}$ ≥2000V　20A	整流二极管	25	苏州西门子
26	KM1−3,17−21	3TB43　220V	接触器	7	苏州西门子
25	KM4−15,22−56	3TB41　220V	接触器	47	苏州西门子
24	KM0.16	3TF45 220V	接触器	2	苏州西门子
23	QS0−33	LB−D	二位旋钮	34	杭州三力
22	K1−K53	MY2J　220V （带底座）	中间继电器	53	OMRON
21	J1−J143, KJ1−11, KA1−28	MY2J　24V （带底座）	直流继电器	182	OMRON
20	KY1	S−240−24,24V,10A	开关电源(10A)	1	
19	SG1−SG40	E2E−X18ME1	行程开关	40	OMRON
18	SA1−SA40	LXK3−20S/T	接近开关	40	
17	GA1−GA15	E3JK−DS30M1	光电开关	15	OMRON
16	FR14	3UA5040−1A (1−1.6)A	热继电器	1	苏州西门子
15	FR7−13	3UA5040−1G (4−6.3)A	热继电器	7	苏州西门子
14	FR2、3、4、5、6	3UA5240−2C (16−25)A	热继电器	5	苏州西门子
13	FR21、22、24、26、28、30、32、34、36、15	3UA5900−1G (4−6.3)A	热继电器	10	苏州西门子
12	FR20、23、25、27、29、31、33、35	3UA5040−1F (3.2−5)A	热继电器	8	苏州西门子
11	FU3.4.6	GG45−63−2P 6A	高分断路器	2	上海梅兰
10	FU2.QF21.22	GG45−63−1P 10A	高分断路器	3	上海梅兰
9	FU1.5	GG45−63−1P 20A	高分断路器	2	上海梅兰
8	QF11−15 QF(过滤机，整流器)	GG45−63−3P 63A	高分断路器	5+25	上海梅兰
7	QF(过滤机，整流器)	GG45−63−3P 10A	高分断路器	30	上海梅兰
6	QF(过滤机，整流器)	GG45−63−3P 20A	高分断路器	1	
5	QF(整流器)	DZ20Y−100 100A	空气开关	2	
4	QF10	NS2−80 25−40A	电机启动器	1	
3	QF26−33,1−9,16−20	GG45−63−3P 20A	高分断路器	22	上海梅兰
2	QF25	GG45−100H 100A	高分断路器	1	上海梅兰
1	QF0	DZ20C−400 350A	空气开关	1	

标记	处数	分 区	更改文号	签名	日 期	塑料电镀生产线 电气材料清单		
设计			标准			阶段标记	重量	比例
校对								
审核								
工艺			批准			共 张 第 张		

图 11-58　行车式电镀线电气设计原理图（二十三）

11.8.2 环形（液压式）电镀线电气设计原理图示例

环形（液压式）电镀线工艺流程和断面示意分别见图 11-59 和图 11-60，其电气设计原理见图 11-61～图 11-64。

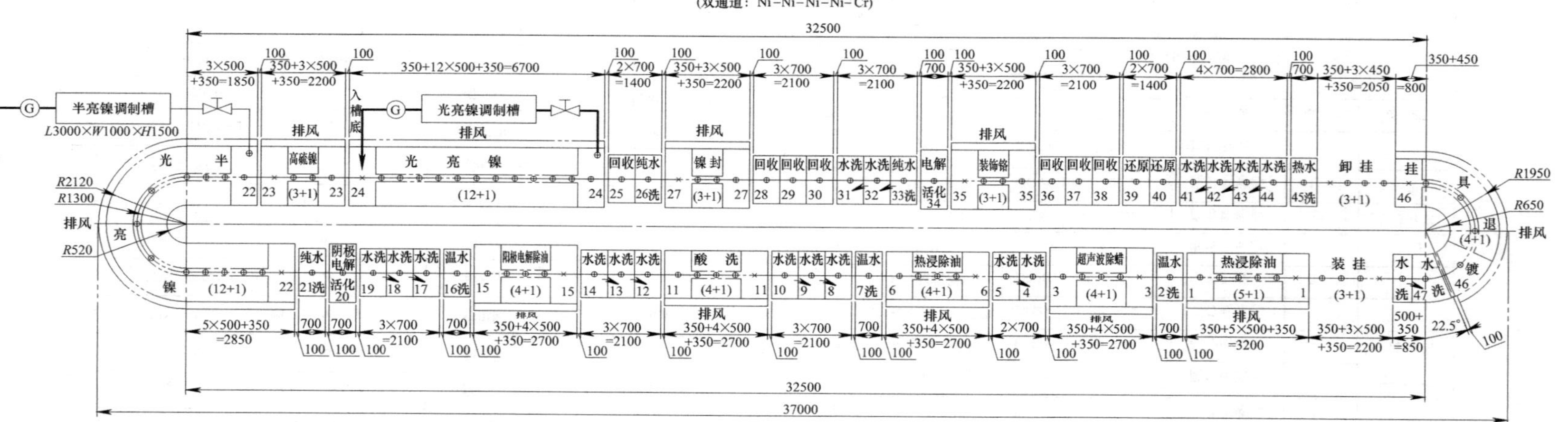

图 11-59　环形（液压式）电镀线工艺流程

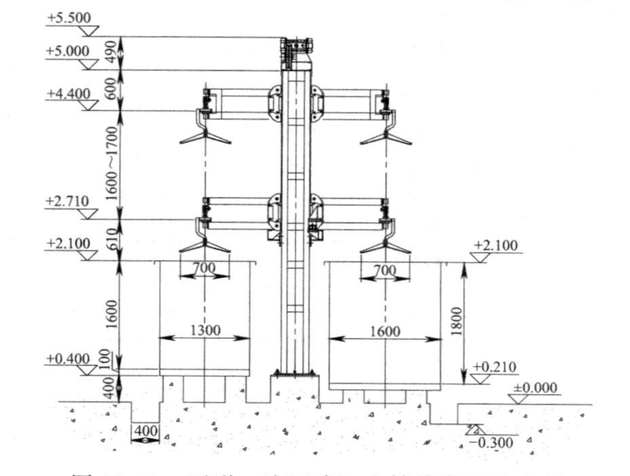

图 11-60　环形（液压式）电镀线断面示意图

注：① 环形（液压式）电镀线工艺流程与配置要素，可查阅第 2 章 2.2.1 节；

② 环形（液压式）电镀线液压系统原理图，可查阅第 2 章 2.3.1.6 节图 2-48 和图 2-49。

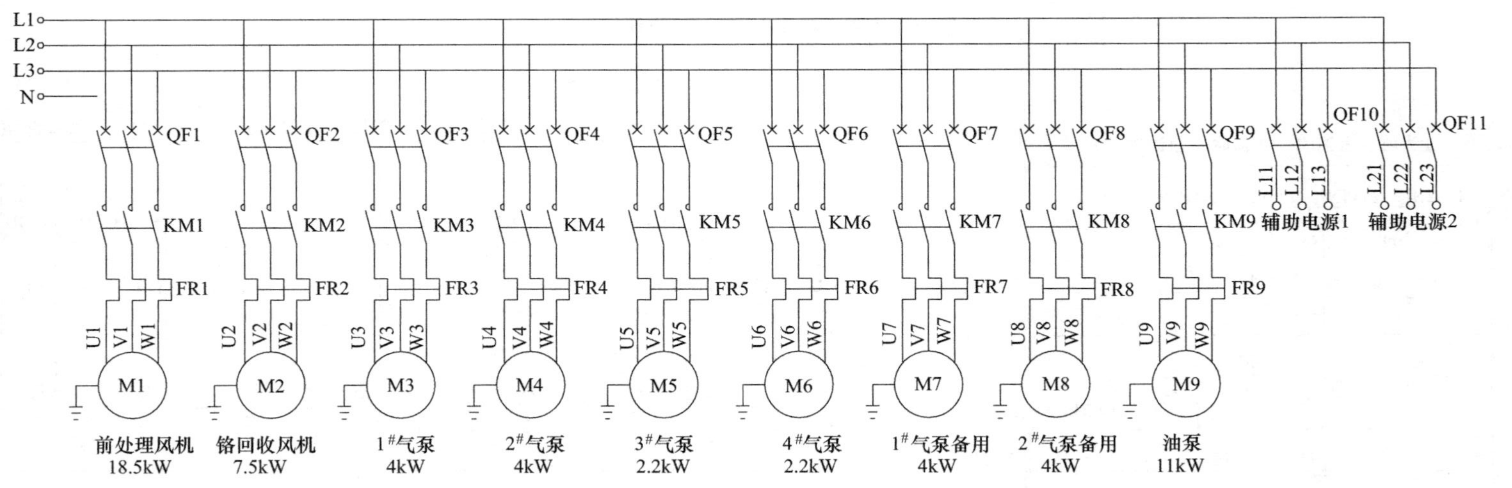

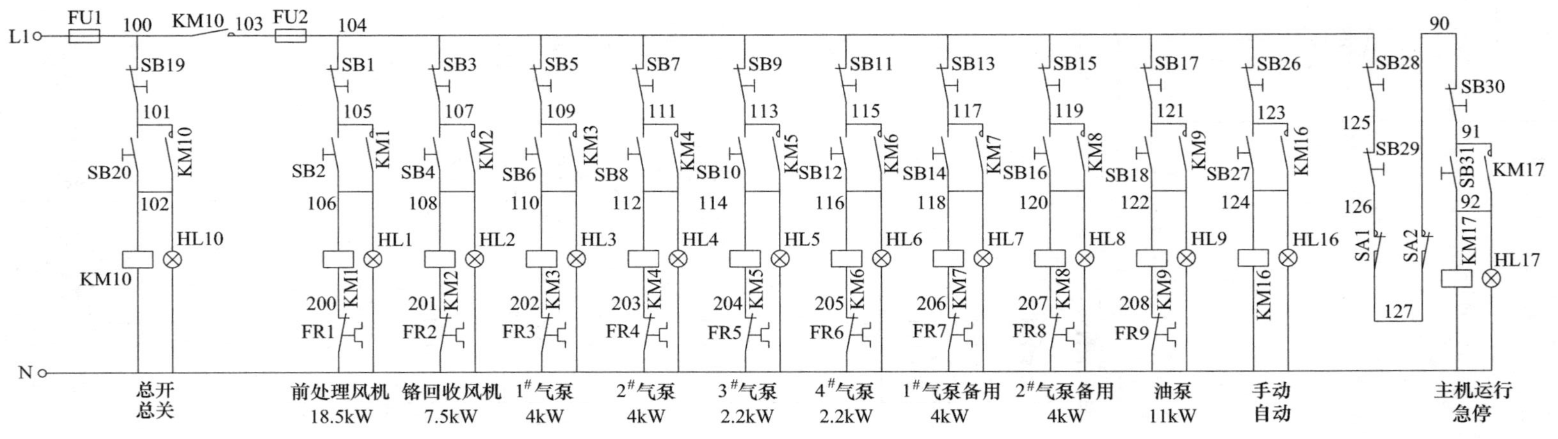

图 11-61 环形（液压式）电镀线电气设计原理图（一）

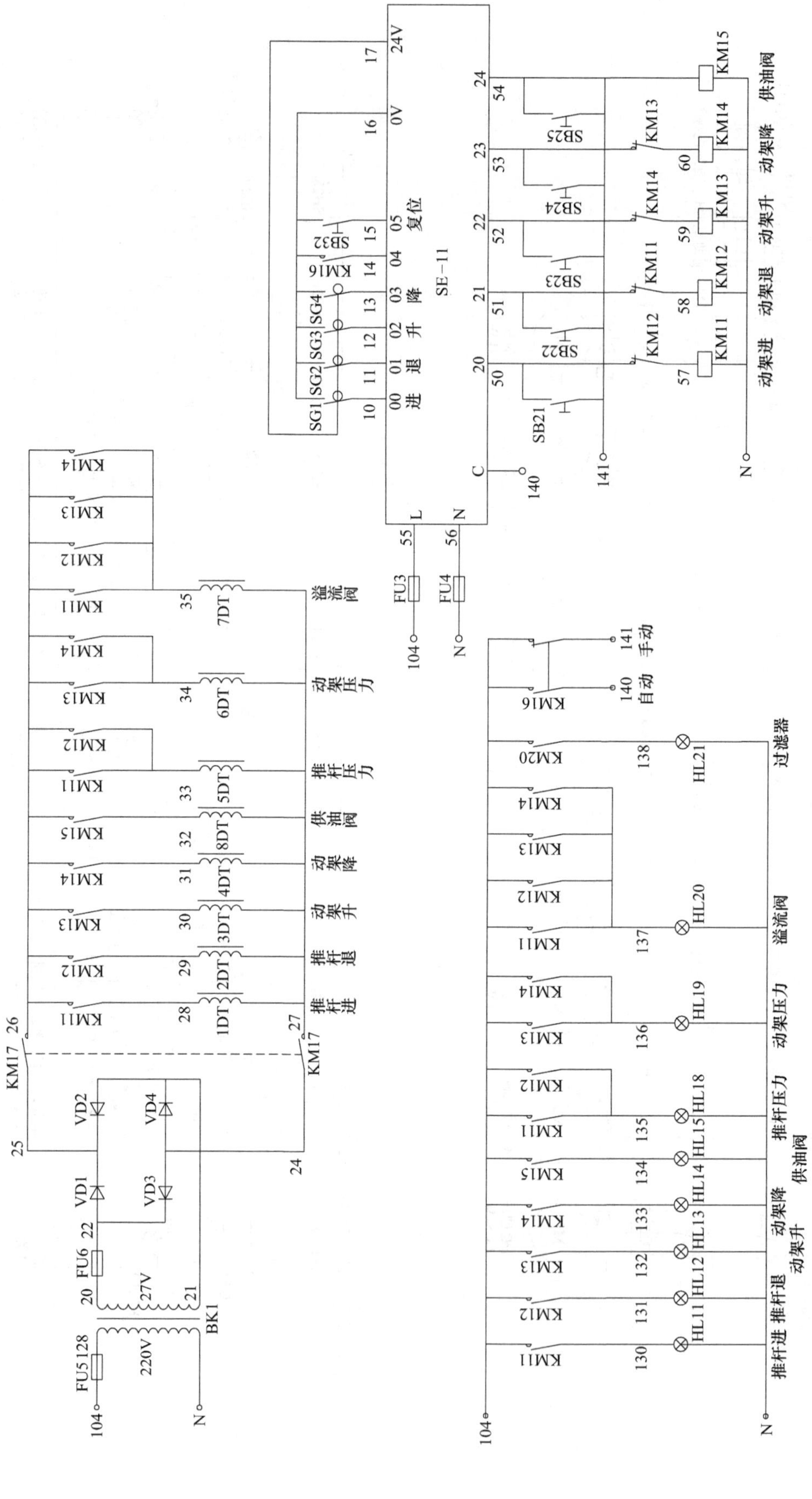

图 11-62 环形（液压式）电镀线电气设计原理图（二）

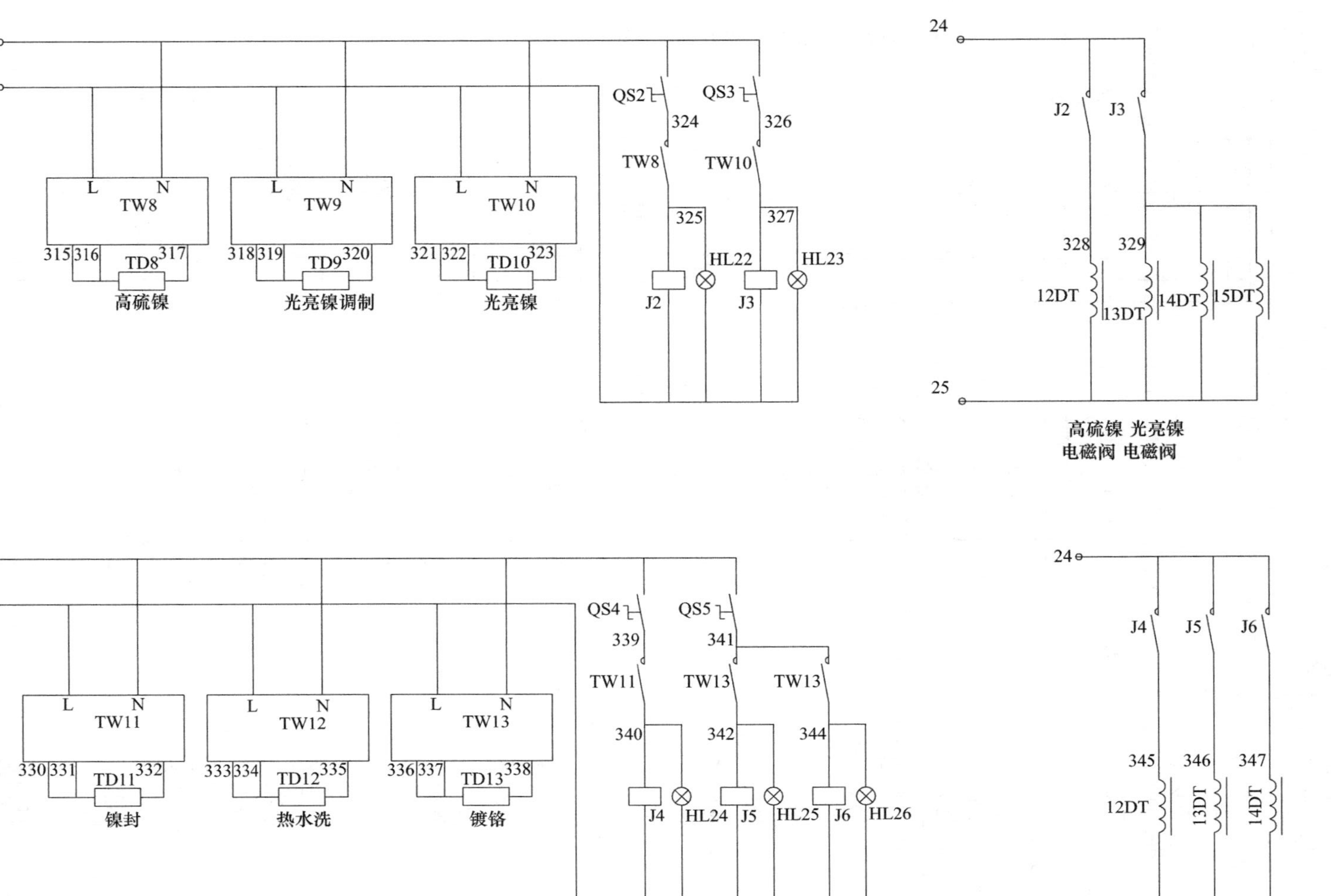

图 11-63　环形（液压式）电镀线电气设计原理图（三）

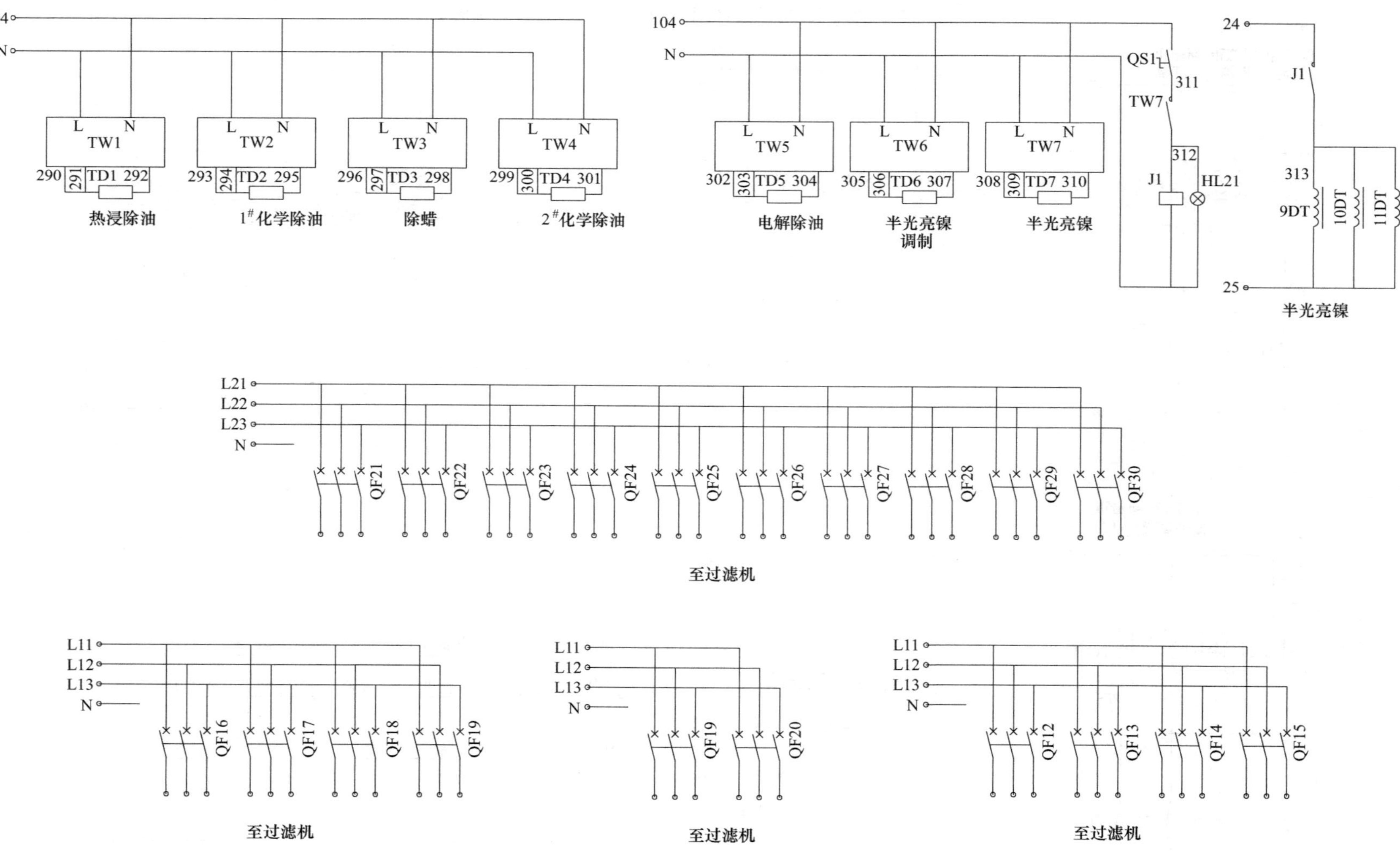

图 11-64 环形（液压式）电镀线电气设计原理图（四）

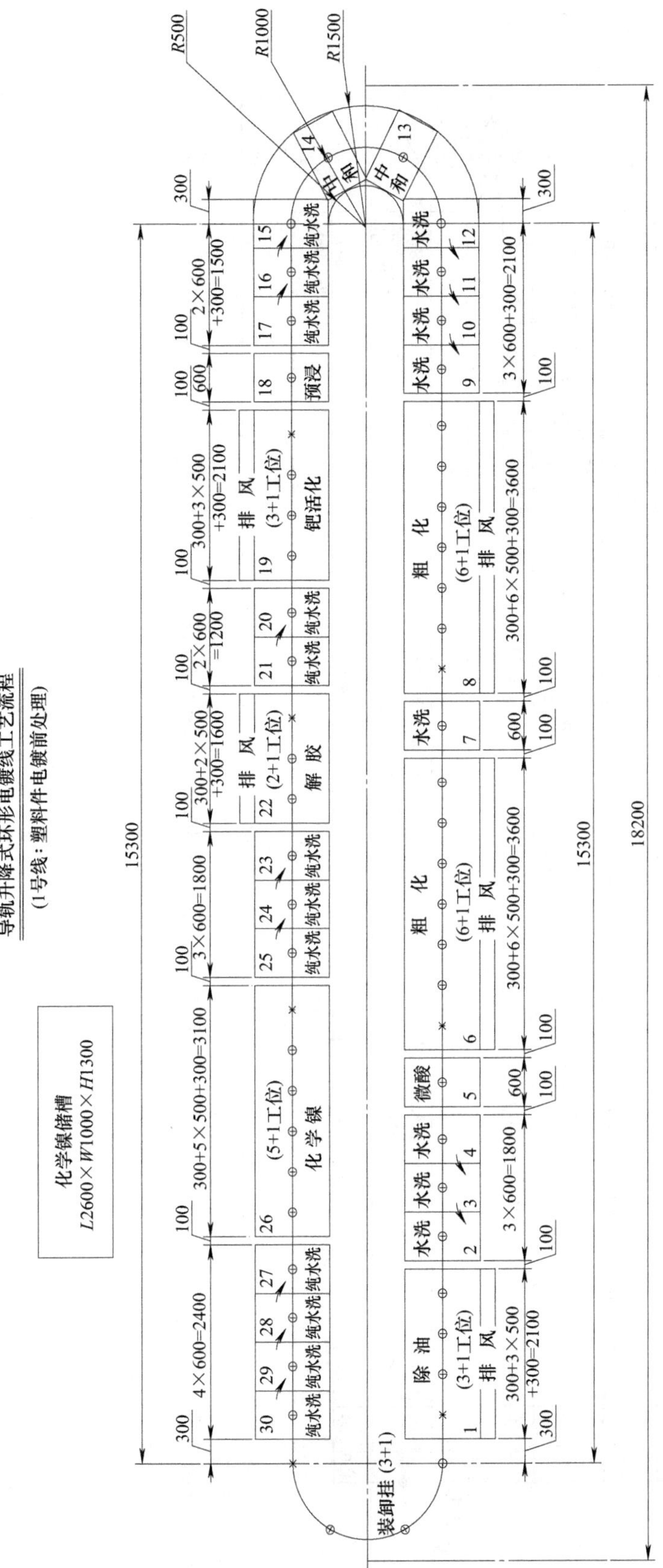

图 11-65　环形（机械式）电镀线工艺流程（一）

11.8.3 环形（机械式）电镀线电气设计原理图示例

环形（机械式）电镀线工艺流程及断面示意见图 11-65～图 11-66，其电气设计原理见图 11-67～图 11-70。

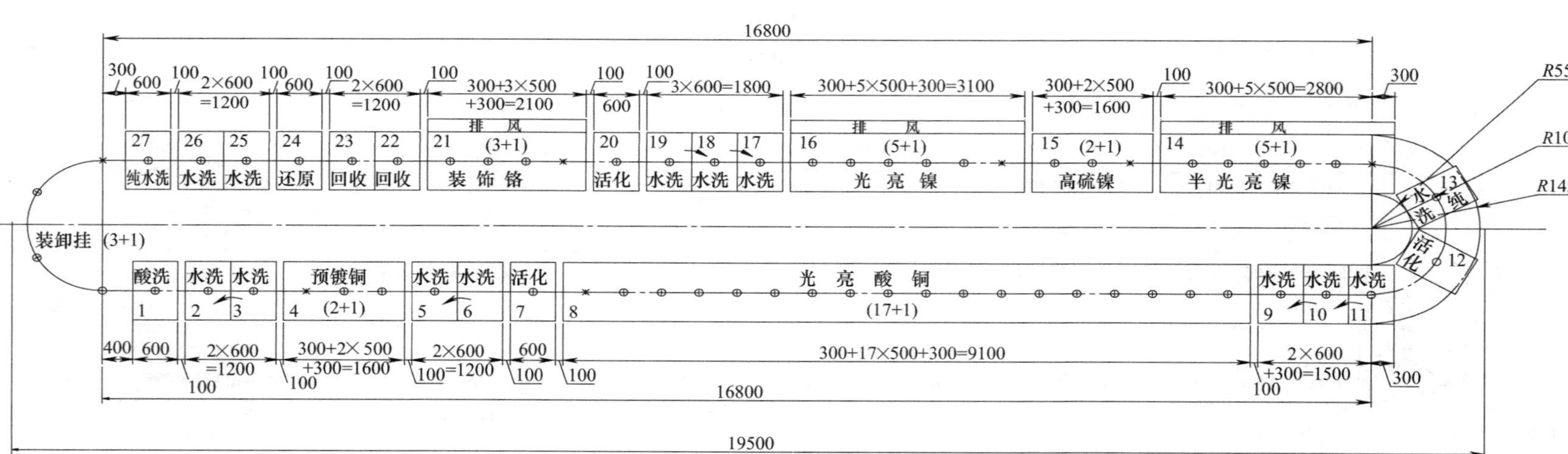

图 11-66 环形（机械式）电镀线工艺流程（二）

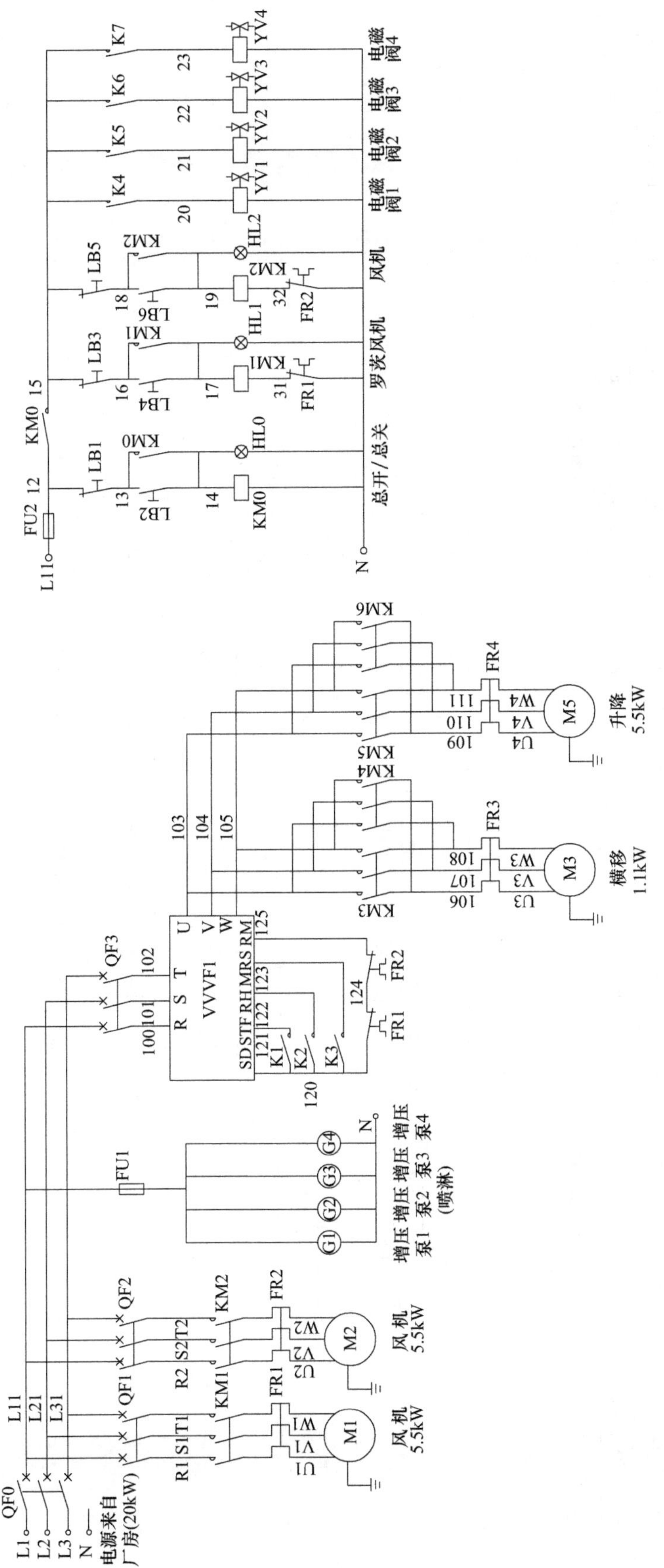

图 11-67 环形（机械式）电镀线电气设计原理图（一）

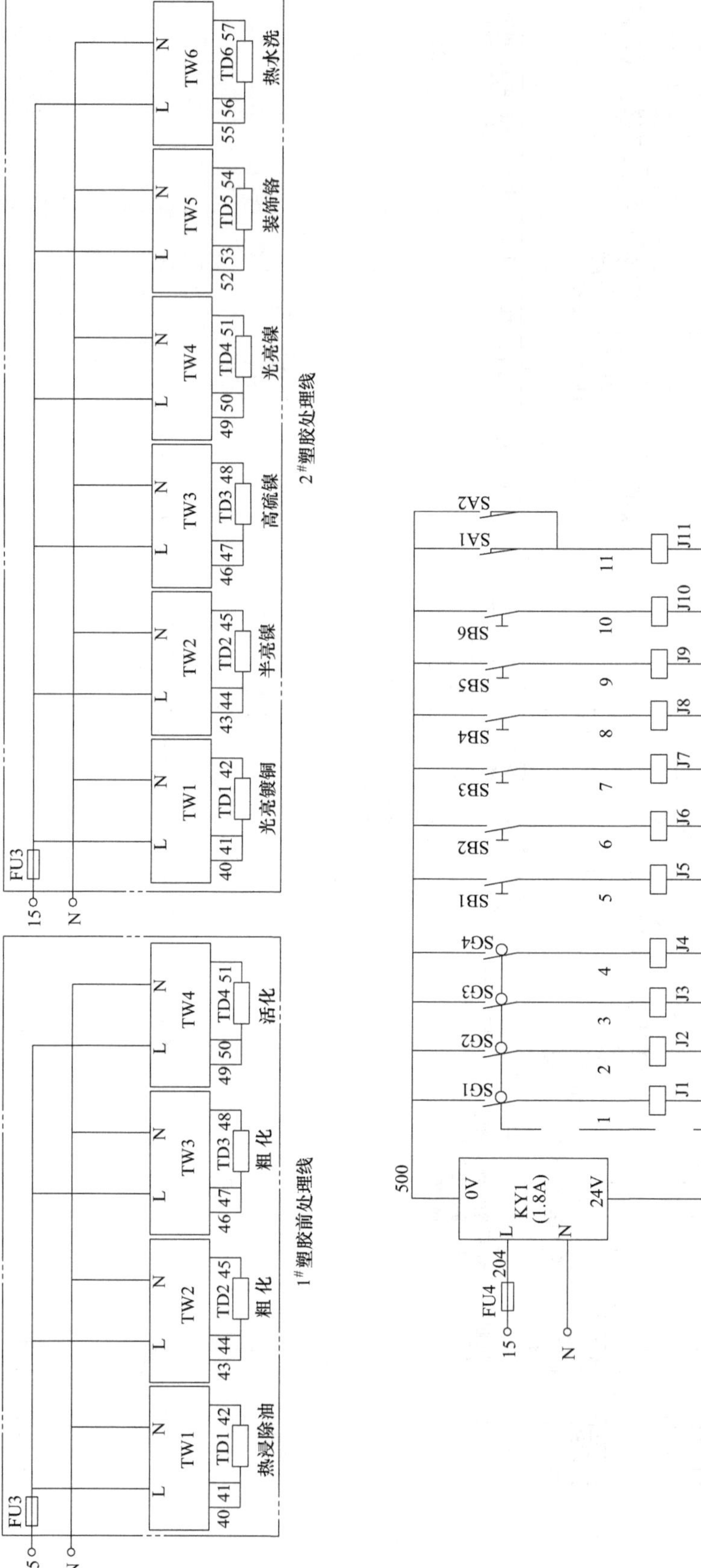

图 11-68 环形（机械式）电镀线电气设计原理图（二）

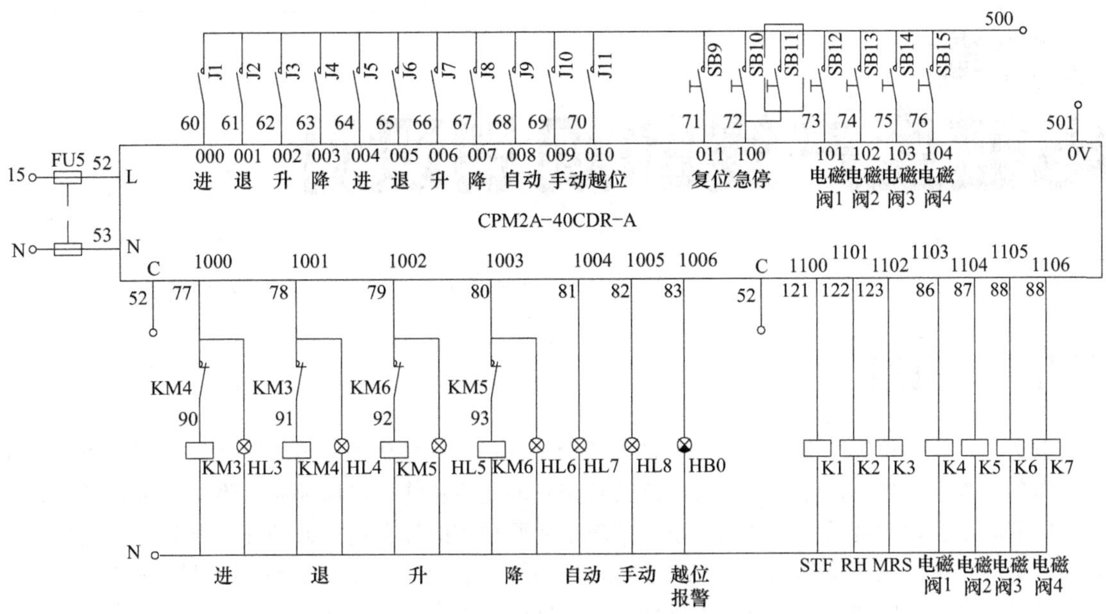

说明：温度表安装在槽旁，SB6，SB11安装在上下挂位置。

图 11-69　环形（机械式）电镀线电气设计原理图（三）

1[#]和2[#]电镀线材料清单(共2套)

序号	代 号	名 称	数量	材 料	单重	总重	备 注
23							
22			2	二孔组合按钮			
21	PLC	CPM2A-40CDR-A	1	可编程序控制器			
20	TX	TD1540	2	接线端子			
19	VVVF1	FR-E540-7.5kW	1	变频器			
18	TD	PT100 0～300℃ϕ12mm		温度传感器 L=500			
17	TW	XMTG 48X48		温度表			
16	HB0	LTE-1104J 220V	1	旋转报警灯			
15	HL0-8	EL-P 220V	9	指示灯			
14	SB1-15，LB1-6	LB-A	21	平头按钮			
13	K1-7	MY2J 220V(带底座)	7	交流继电器			
12	J1-11	MY2J 24V(带底座)	11	直流继电器			
11	KY1	GZT-H40S24 24V/1.8A	1	开关电源			
10	SG1-4	E2E-X18ME1	4	接近开关			
9	SA1-2	LXK3-20S/T	2	行程开关			
8	FR1.2.4	3UA5240-2A (10～16)A	3	热继电器			
7	FR3	3UA5040 -1F (3.2～5)A	1	热继电器			
6	KM1.2.5.6	3TB42 220V	4	接触器			
5	KM0.3.4	3TB40 220V	3	接触器			
4	FU5	GG45-63-2P 6A	1	高分断路器			
3	FU1-4	GG45-63-1P 6A	4	高分断路器			
2	QF1-3	GG45-63-3P 20A	3	高分断路器			
1	QF0	GG45-63-3P 50A	1	高分断路器			

说明：1[#] 前处理线温度表为4只，热电阻为1只不锈钢材质+3只四氟材质；
2[#] 电镀线温度表为6只，热电阻为5只四氟材质+1只不锈钢材质；
四氟热电阻头部接线盒为PE材质。

图 11-70　环形（机械式）电镀线电气设计原理图（四）

第12章 电镀生产线的规划设计

12.1 概述

电镀生产线是电镀企业组织生产最基本的设备保证。一条优秀电镀生产线的建成，离不开正确、周到、细致的规划设计，它不仅应该具有完善的生产功能，以保证完成生产任务，还应该具备支持电镀企业建立现代企业管理体系和实现企业所承担的社会责任的功能。例如，电镀生产线应该具备从源头削减污染的功能、具备质量保证能力的功能、具备提高资源利用率和节能的功能、具备安全生产的功能、具备采集各种生产数据以支持企业实施现代企业管理的功能等。

电镀生产线的规划设计离不开对生产需求的了解，也离不开对厂房条件和资金情况的掌握。具体的规划设计必须考虑以下几个方面：电镀工件的期望产量，工件的复杂程度与工艺变化条件下的适应性，工件装挂与卸挂及其包装的全过程，待镀工件和辅助材料的接收、暂存、储存和运输区域，装运和出货区域，厂房区位的常年风向，地坪的负载能力，厂房需要高度。还有与电镀相关的处理内容：设备维修、工件抛光、溶液过滤与维护、供电系统、废弃物处理以及其他辅助功能设施等。随着质量管理的要求的提高，电镀参数和设备参数的追溯性也在考虑之列。

电镀生产线的规划设计离不开对政策特别是环境保护政策的了解。现在电镀厂、车间和电镀生产线的建设都需要首先得到当地环保部门的批准。各地的具体要求有所不同，建设前应尽早与有关部门接触，因为这涉及镀种的设置、溶液规模，甚至工厂能否建设或改建、设置在什么地方、设备采取什么形式、废水和废气由谁来处理和怎样处理等，都要遵守相关规定。

12.1.1 电镀生产线规划设计时应遵守的法规法令

(1)《中华人民共和国清洁生产促进法》

该法规于2003年1月1日起施行，后于2012年2月29日修订，于2012年7月1日起施行。这是我国第一次以立法的形式推动我国的工业企业改革高资源消耗、高能源消耗、高污染环境的生产方式，促进经济和社会可持续发展。该法第二条更阐明了创新的“清洁生产理念”：“本法所称清洁生产，是指不断采取改进设计、使用清洁的能源和原料、采用先进的工艺技术与设备、改善管理、综合利用等措施，从源头削减污染，提高资源利用效率，减少或者避免生产、服务和产品使用过程中污染物的产生和排放，以减轻或者消除对人类健康和环境的危害。”其核心就是：“只有从源头削减污染物和提高资源利用率，才能减少和避免生产过程产生和排放污染物，从而实现减轻或者消除对人类健康和环境的危害。”“清洁生产理念”主张“从源头削减污染”，是国家倡导的针对“以末端治理为中心”的习惯思维的反思和革命。我国正在大力推进法治，因此电镀行业必须从有法必依的高度，主动积极地推进“清洁生产理念”在电镀行业中的贯彻实施。

(2)《环境保护法》

该法规于2015年1月1日起施行。在新修订的《环境保护法》中明确规定“保护环境是国家的基本国策”，明确“环境保护坚持保护优先、预防为主、综合治理、公众参与、损害担责”的原则和“国家促进清洁生产和资源循环利用”的方针。

(3)《清洁生产审核办法》

该办法的第二条明确定义：清洁生产审核是指按照一定程序，对生产和服务过程进行调查和诊断，找出能耗高、物耗高、污染重的原因，提出降低能耗、物耗、废物产生以及减少有毒有害物料的使用、产生和废弃物资源化利用的方案，进而选定并实施技术经济及环境可行的清洁生产方案的过程。

由于电镀企业属于该办法第八条规定应当实施强制性清洁生产审核的企业，因此电镀企业也就成了应当强制实施清洁生产的企业，所以电镀生产线的设计制造商在为企业设计生产线时，必须充分考虑生产线的“清洁生产”功能。

(4) GB 21900—2008《电镀污染物排放标准》

该标准是强制执行标准，它明确规定了严厉限制排放的 20 种水污染物和 6 种气体污染物的允许排放限值，以及防止排污者利用增加清洗水用量稀释废水中水污染物浓度的措施和净化电镀废气中气体污染物的要求。

(5)《电镀行业清洁生产评价指标体系》

该标准于 2015 年 10 月 28 日以第 25 号公告形式发布，并于公布之日起施行。该指标体系是为贯彻《环境保护法》和《清洁生产促进法》，指导和推动电镀企业依法实施清洁生产，提高资源利用率，减少和避免污染物的产生，保护和改善环境而制定的。该指标体系将工业企业的清洁生产水平划分为三个等级，Ⅰ级为国际清洁生产领先水平，Ⅱ级为国内清洁生产先进水平，Ⅲ级为国内清洁生产一般水平。该指标体系还将清洁生产指标分为六类，即生产工艺及装备指标、资源和能源消耗指标、资源综合利用指标、污染物产生指标、产品特征指标和清洁生产管理指标。在设计电镀生产线时，设计方应该根据企业实际情况自主明确选定的清洁生产水平等级，将指标体系分类规定的清洁生产指标纳入设计内容，保证生产线建成后能够通过评审并顺利投产。指标体系分类规定的清洁生产指标比较原则，在设计时可以参考许多电镀专家撰写的有关清洁生产的论文资料。

(6)《电镀行业规范条件》

该规范是为严格限制排放重金属、加快电镀行业的结构调整、提高产业水平、推动节能减排、控制重金属污染、实现可持续发展而制定的。该规范已于 2015 年 11 月 15 日开始施行。该规范设定的准入门槛虽是针对电镀企业而言的，但是建成的电镀生产线如果不能具备规范所规定的各项技术要求，则企业也必然通不过规范所规定的准入门槛。

12.1.2　电镀生产线设计中存在的几点问题

我国的制造业发展很快，造就了巨大的电镀加工市场，促进了电镀企业的发展，大批电镀企业的诞生，推动了电镀生产线工程建设市场的发展，催生了一大批专业的电镀生产线制造商。电镀企业在扩张自己生产能力的时候，如果只关注电镀生产线的生产功能和低造价，不关注其他功能配置，则可能导致建成后的电镀生产线存在致命缺陷，甚至未曾正式启用就面临评审不过关而必须重新进行技术改造的情况。纵观现有电镀企业拥有的按传统观念设计的电镀生产线还存在以下几个缺陷。

① 电镀生产线缺乏“从源头削减污染”的能力，对于生产过程伴生的大量水污染物和气体污染物，采取排放以后再去治理的“以末端治理为中心”的治理模式，从而使伴随生产所排放的污染物数量随生产规模的扩张同比增加，造成末端治理污染的技术难度和成本不断地增加，以致于使企业经济效益出现与环境保护之间的尖锐矛盾，在企业的环境意识普遍较低的情况下，必然出现以牺牲环境换取企业生存的现象。电镀生产之所以会严重污染环境，核心的问题也就在于此。

② 电镀生产线缺乏对生产过程进行“质量控制”的能力，导致企业对自己所生产的电镀产品不具备“质量保证”能力。产品质量已经进入现代质量管理阶段，依靠事后检验来保证产品质量的质量管理模式早已不适应国内外市场竞争的需要，这对于许多期望转型升级、进入中高端制造业高附加值产品生产链的电镀企业来讲是致命的，也是许多市场需求很大但生产过程需要严格质量控制的电镀科研成果和先进技术难以在这些企业中转化为生产力的主要原因之一。电镀生产的实质，就是将需要电镀的工件按工艺流程排定的顺序，依次放在各种化学溶液中用优选后的工艺参数进行一定时间的化学或电化学处理，因此溶液的组成、工艺参数和溶液中有害杂质的累积含量等要素，在生产过程中是否能够保持持续稳定，已经成为决定电镀覆盖层质量好坏的控制因素。由于溶液的组成会在生产中因消耗而偏离最佳范围，各种有害杂质会通过不同的渠道进入溶液而损害电镀覆盖层的物理、化学性能，预先调节好的工艺参数（如温度、电流等）也会因各种外部因素影响而发生偏离，从而使电镀覆盖层的质量很容易出现不稳定。因此，生产过程中如何及时掌握生产过程中化学溶液组成的变化、及时向溶液补充已经消耗的成分、保证电镀工艺参数始终稳定受控、阻止各种有害杂质落入化学溶液和防止化学溶液中有害杂质的累积含量不超过警戒限值等要素的控制能力，自然就成为中高端制造业客户考察电镀企业“质量控制”能力的主要项目。当然，需要进行质量控制的内容还有很多，如挂具的设计制造质量、工件清洗的质量、生产过程的跑冒滴漏现象、工人的操作行为等。由于在进行生产线设计的时候，对生产线“质量控制”能力问题缺乏关注，从而使生产线缺乏对这些质量要素进行控制的先进设备支撑，导致电镀覆盖层的质量存在隐性的不稳定性和低可靠性。这个现象对于生产低端电镀产品的企业来讲，可能影响不大，但是对于需要转型升级进入中高端制造业高附加值产品生产链的电镀企业来讲却是极其重要的。

③ 电镀生产线存在物耗高和能耗高的弊病。由于人们在设计生产线的某些分系统时所秉持的设计视角出现了某种偏差，导致物耗高和能耗高的问题未能得到转变。例如，在设计电镀清洗系统时，如果设计者把关注的焦点放在提高水的回用率上，而不是放在采用创新的清洗技术以提升新鲜水的利用率上，那么新鲜水的消耗量就很难大幅降低，废水的减排指标也很难实现；在设计直流电输送系统时，由于忽视了汇流排所传输直流电是具有“低电压、大电流”的特征，因此没有将如何降低汇流排输送系统的“电阻”和减少或避免传输过程电压的降压损耗作为设计关注的焦点，导致直流电汇流排传输送系统普遍存在能耗严重浪费的现象；在设计功能槽的溶液加热系统时，由于设计关注的焦点通常落在希望所选择的清洁能源能够保证加热源的温度与溶液温度之间具有较高温差，而不是如何提升加热源与溶液之间的传热系数和传热面积以及热效率上，导致在选择清洁能源种类时受到限制，一些很有发展前途的可再生热源就有可能进入不了设计者的视角，使热能浪费的现象难以纠正；在设计排风系统时，设计者关注的焦点通常都落在如何通过加大排风罩口的排风量以提升排风罩吸收槽内液面上有害气体的能力上，而不是如何提高排风的效果和电镀废气的减排问题上。液面上所产生的有害气体，只要不外泄至槽外，就不会污染操作环境和危害操作工人的身体健康，何必要使用那么大的排风量，去把所有产生的有害气体全部都排走呢？其实在真正排走的“废气”中绝大部分是厂房里的空气而不是有害气体。使用大排风量未必会带来良好的排风效果，却不得不耗费大量的能源，使排风系统的造价变得高昂，使厂房里的大气失去平衡，还需要相应配置体积庞大和效率低下的废气净化装置，这就是电镀生产线的排风系统长期被诟病的症结所在。

④ 电镀生产线缺乏在线采集各种生产数据的能力。靠经验管理企业的时代早已结束。由于设计生产线时，不关注为生产线安装各种传感器和测试计量仪表，以采集生产过程所产生的各类生产数据（例如，反映有关化学溶液成分变化特征的数据、反映有关电镀过程工艺参数变化的数据、反映有关清洗水使用前后水质变化特征的数据、反映新鲜水消耗量的数据、反映废水和废气中需要重点控制的污染物排放数量的数据等），因此使企业失去实施有效现代管理的

数据基础。由于生产线缺乏在线采集各种生产数据的能力，许多企业开展清洁生产审核活动时，因为难以采集到可用于证实生产过程存在高物耗、高能耗和高污染情况的数据而使审核不得不流于形式；企业经营者因长期缺乏对生产过程实际情况的准确了解和跟踪分析，以至于企业长期缺乏改革落后状态的动力。

⑤ 电镀生产线在设计过程中缺乏各种必要的计算，缺乏对多方案进行优选比较，因而在电镀生产线设计建成之后，不论是生产线的功能还是造价都很难说是最优的，同时也很难发现设计中尚存的缺陷，这经常给企业生产经营造成后遗症。

电镀企业和电镀生产线的设计、施工方共同构成电镀生产线工程项目的甲乙双方，唯有甲乙双方具有高度的共识与合作，才有可能建成优秀的、能够符合政策标准规定的、经得起评审的、并具备可持续发展能力的电镀生产线。电镀企业是结构性改革的主体，因此在提出并推动电镀生产线改革方面应尽到责任，但是要实现电镀生产线的结构性改造，还要依靠电镀生产线的设计、施工方的支持，凭借设计、施工方的先进设计理念和设计能力，保证改造目标的实现，这也是设计方应尽的责任。

12.2 电镀工艺的规划

12.2.1 产品调研

对产品的了解，各个单位不尽相同。有的单位是为某个区域服务的，其对产品的了解最少。有的只是一种推测，但也需要尽可能做一些调研，如为哪些厂服务，主要产品是哪些，其产量和品种有哪些，使用什么镀种，等等。

对产品了解清楚的，莫过于为本单位服务的工厂和车间。这些单位可以列出产品的名称、数量、表面积、产品占比等，表 12-1 是某工程在规划电镀生产线时做的产品预测表。

表 12-1　某工程的产品预测表

品名	年产能/件	工件面积/(m^2/件)	需求有效窗口尺寸/mm	极杆装挂/(件/杆)	每杆工件面积/m^2	极杆/(个/年)	工件单重/kg	入槽工件质量/kg	总产能比例/%	预计入槽总重/kg	年处理总面积/m^2
行李架 左	500000	0.353	3900×600×1900	64	23	7813	1,1970	76.61	—	137	17650
行李架 右	500000	0.353	3900×600×1900	64	23	7813	1.1970	76.61	—	137	17650
窗框 前左	350000	0.15	3900×600×1900	96	14	3646	0.1750	16,8	7.734	77	52500
窗框 前右	350000	0.084	3900×600×1900	224	19	1563	0.1750	39,2	3.314	99	29400
窗框 后左	350000	0.15	3900×600×1900	96	14	3646	0.3160	34,34	7.734	90	52500
窗框 后右	350000	0.084	3900×600×1900	224	19	1563	0.3160	70,78	3.314	131	29400
水切 前左	350000	0.05	3900×600×1900	208	10	1683	0.0650	13,52	3.569	74	17500
水切 前右	350000	0.058	3900×600×1900	208	12	1683	0.0650	13,52	3.569	74	20300
水切 后左	350000	0.05	3900×600×1900	208	10	1683	0.0650	15,81	3.569	76	17500
水切 后右	350000	0.058	3900×600×1900	208	12	1683	0.0650	15,81	3.569	76	20300
防擦条 前左	350000	0.112	3900×600×1900	180	20	1944	0.1770	31,86	4.125	92	39200
防擦条 前右	350000	0.117	3900×600×1900	180	32	1944	0.1770	31,86	4.125	92	61950
防擦条 后左	350000	0.112	3900×600×1900	180	20	1944	0.1210	21,78	4.125	82	39200
防擦条 后右	350000	0.117	3900×600×1900	180	32	1944	0.1210	21,78	4.125	82	61950
三角窗 左	350000	0.051	3900×600×1900	160	8	2188	0.0800	12,8	4.640	73	17850
三角窗 右	350000	0.051	3900×600×1900	160	8	2188	0.0800	12,8	4.640	73	17850
合　　计	—					—			—		830400

生产节拍 7min；每小时 8.63 个极杆；

年生产 5500h，47142 个极杆；

设计窗口 L4200mm×W800mm×H2200mm；

有效窗口 L3900mm×W720mm×H1900mm 。

表 12-2 和表 12-3 可用来统计挂镀和滚镀工件年度生产的总需求。

表 12-2 挂镀工件统计表

镀种														
序号	工件情况													备注
	名称	图号	材质	尺寸/mm	质量/kg	表面积/dm^2	镀层厚度/μm	电镀需时/min	后处理	工件数量	总质量/kg	总表面积/dm^2	总挂具数	

表 12-3 滚镀工件统计表

镀种														
序号	工件情况													备注
	名称	图号	材质	尺寸/mm	质量/kg	表面积/dm^2	镀层厚度/μm	滚镀需时/min	工件数量	总质量/kg	总表面积/dm^2	总堆积体/dm^3	总滚筒数	

从表 12-2 和表 12-3 中，通过挂镀总挂具数和电镀时间长短来统计出需要的镀槽数和工时数。滚镀工件要通过总滚筒数和电镀时间长短来统计需要的滚镀槽的数量。这些就是规划和设计电镀线的依据之一。这也说明了产品的品种不止一种，需要全面了解。但是对产品的了解做不到毫无遗漏，有时产品品种太多，统计有困难。这时可以使用二八法则，抓住主要的 80% 即可。也可以以某种有代表性的产品为主，将其他产品换算成该产品，这样来简化统计。

12.2.2 电镀工艺的选择

知道了产品需要的镀种，还要选择合适的工艺。例如，镀锌有酸性镀锌和碱性镀锌；钝化有三价铬钝化和六价铬钝化；镀镍有瓦特镍、氨基磺酸盐镀镍；镀金有氰化镀金、柠檬酸盐镀金、亚硫酸盐镀金等。工艺的选取需要一定的专业知识，如果自己无能力选取，可以向电镀溶液供应商、电镀同行及其他技术人员咨询。工艺选定之后，按照统计表中的各项参数，即可编写电镀线的工艺程序图（参阅图 12-13）与工艺配置表（表 12-4）。

表 12-4　电镀生产线工艺配置表（示例）

排布一			排布二		
序号	工件	槽位号	序号	工件	槽位号
1/18	装卸挂	0	1	装挂	0
17	水洗	1	2	除油	1
16	水洗	2	3	水洗	2
15	水洗	3	4	水洗	3
14	钝化	4	5	水洗	4
13	水洗	5	6	酸洗	5
12	水洗	6	7	水洗	6
11	水洗	7	8	水洗	7
10	镀锌	8	9	水洗	8
2	除油	9	10	镀锌	9
3	水洗	10	11	水洗	10
4	水洗	11	12	水洗	11
5	水洗	12	13	水洗	12
6	酸洗	13	14	钝化	13
7	水洗	14	15	水洗	14
8	水洗	15	16	水洗	15
9	水洗	16	17	水洗	16
—	—	—	18	卸挂	0

表 12-4 中所示是一条最简单的电镀生产线工艺配置表初稿。其中“排布一”是一端装卸挂，“排布二”是两端装卸挂。

表 12-4 所示是工艺（槽位）配置表中槽位排布示例，排布形式虽然不同，但表中所列工艺程序是一样的：装挂→除油→水洗→水洗→水洗→酸洗→水洗→水洗→水洗→镀锌→水洗→水洗→水洗→钝化→水洗→水洗→水洗→卸挂。两种排布可以适应不同的物流走向。

12.3 电镀线规划示例

以下用一条简单的电镀线为例说明电镀生产线的规划。

这是一条电镀锌镍合金的生产线，由于已有车间允许放置设备的区域是 25m×5m，其中 2m 宽区域要用于放置周边设备（例如，整流器、过滤机等），电镀线主体部分（含操作平台）只能 3m 宽，故镀槽设计为宽 1.6m 。

年电镀生产纲领为 600 万件，每件产品外形简化后可以用 ϕ50mm×65mm 代表。考虑到装挂方便，挂具设计工件装挂区域为 H800mm×W450mm，镀槽高 1200mm。这样每个挂具高度方向可挂 10 列，宽度方向可装 8 行，双面装挂，即每挂具可挂 160 件。6000000 件÷160 件/挂=37500 挂。因为每根极杆可挂 450mm 宽的挂具 3 个，即 37500÷3=12500（极杆挂具/年）（极杆挂具是指一根极杆上挂满挂具，挂具上挂满所要电镀的工件的情形）。

如果每年 250 个工作日，每天生产一个班次，其中 2 小时生产准备，6 小时出产品。12500÷250÷6=8.33（极杆挂具/时）。考虑到设备留有余地，设计为每小时 10 极杆，即周期为 6min，由于电镀时间需要 55～60min，镀槽需要 10 个。设备利用率为 8.33÷10=83.3%。

这样就得到了表 12-5 锌镍合金电镀工艺配置表和对应的图 12-1 锌镍合金电镀线平面布置图（2 台行车，线长 22m 左右，周期在 6min 左右）。

电镀工艺配置表的编制还可参阅本手册第 1～3 章中介绍的“电镀工艺流程与配置要素”的图表。

表 12-5　锌镍合金电镀工艺配置表

序号	工艺	槽子要求					D1	OUT	温度/℃	加温管	排风/(m^3/h)	搅拌	过滤/(m^3/h)	阴阳极	整流器/(A/V)	备注
		长/mm	宽/mm	高/mm	材质/mm	体积/L										
1	装挂	1600	500	1200												
2	化学除油	1600	500	1200	15PP	870	MW	R	50～70	SUS	1400					油水分离
3	热水洗	1600	500	1200	12PP	870	MW	R	50～70	SUS	1400	√				
4	阳极除油	1600	700	1200	15PP	1150	MW	R	50～70	SUS	1700				1000/12	
5	热水洗	1600	500	1200	12PP	870	MW	R	50～70	SUS	1400	√				
6	水洗	1600	400	1200	12PP	700	MW	R				√				
7	酸洗	1600	400	1200	12PP	660	MW	R			1150					
8	水洗	1600	400	1200	12PP	700	MW	R				√				
9	中和	1600	400	1200	12PP	660	MW	R								
10	水洗	1600	400	1200	12PP	700	D1	R				√				
11	锌镍合金	1600	700	1200	12PP	1150	D1	R			2000		5	2A/1C	500/12	
12	锌镍合金	1600	700	1200	12PP	1150	D1	R			2000		5	2A/1C	500/12	
13	锌镍合金	1600	700	1200	12PP	1150	D1	R			2000		5	2A/1C	500/12	
14	锌镍合金	1600	700	1200	12 PP	1150	D1	R			2000		5	2A/1C	500/12	
15	锌镍合金	1600	700	1200	12 PP	1150	D1	R			2000		5	2A/1C	500/12	
16	锌镍合金	1600	700	1200	12 PP	1150	D1	R			2000		5	2A/1C	500/12	
17	锌镍合金	1600	700	1200	12 PP	1150	D1	R			2000		5	2A/1C	500/12	
18	锌镍合金	1600	700	1200	12 PP	1150	D1	R			2000		5	2A/1C	500/12	
19	锌镍合金	1600	700	1200	12 PP	1150	D1	R			2000		5	2A/1C	500/12	
20	锌镍合金	1600	700	1200	12 PP	1150	D1	R			2000		5	2A/1C	500/12	
21	回收	1600	400	1200	12 PP	700	D1	R				√				
22	回收	1600	400	1200	12 PP	700	D1	R				√				
23	三价白钝	1600	400	1200	12 PP	700	D1	R	40	F4		√				
24	水洗	1600	400	1200	12 PP	700	D1	R				√				
25	三价彩钝	1600	400	1200	12 PP	700	D1	R	40	F4		√				
26	水洗	1600	400	1200	12 PP	700	D1	R								
27	三价黑钝	1600	400	1200	12 PP	700	D1	R	40	F4		√				
28	水洗	1600	400	1200	12 PP	700	D1	R				√				
29	水洗	1600	400	1200	12 PP	700	D1	R				√				
30	封闭	1600	400	1200	12 PP	700	D1	R								
31	烘干	1600	400	1200	SUS	700	D1	R	50～70							
32	卸挂															

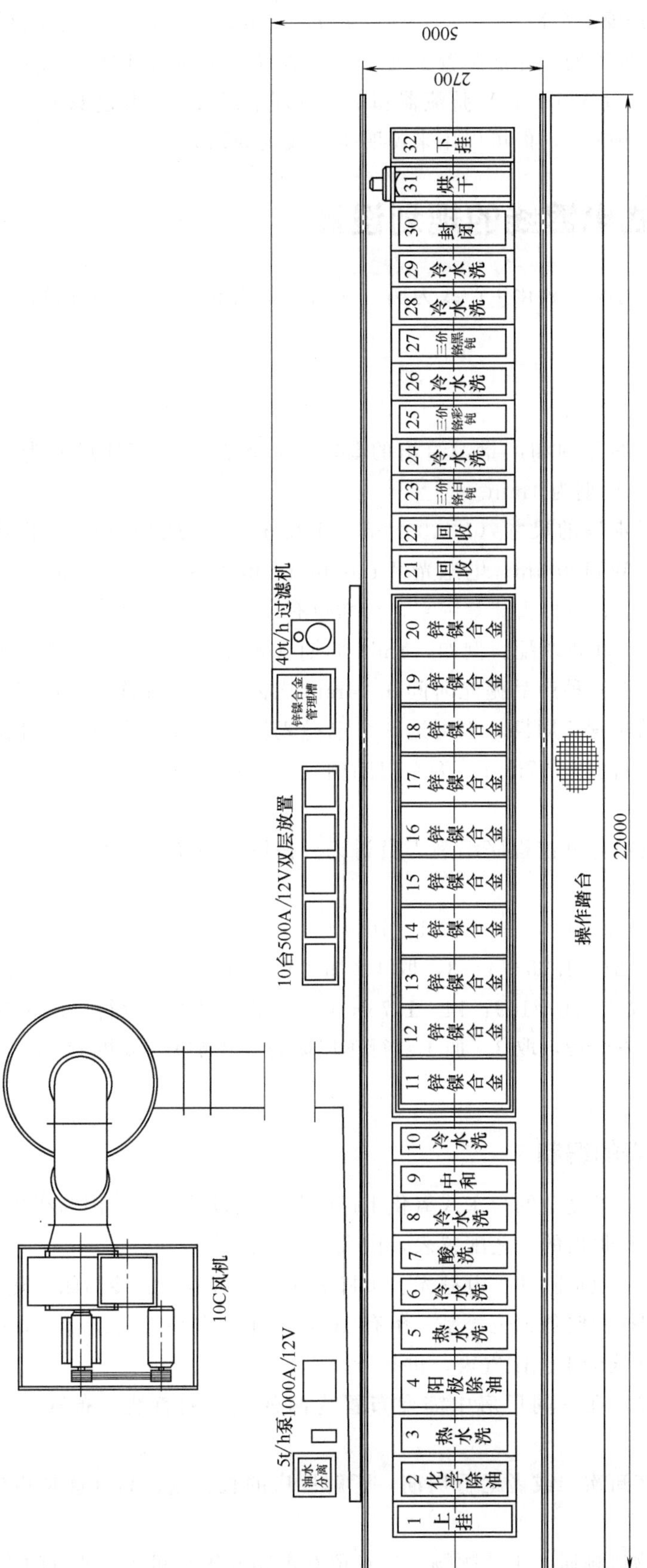

图 12-1　锌镍合金电镀线平面布置图

图中设计了 10 个锌镍合金镀槽（$10^{\#}$ ～$19^{\#}$ 槽），三价铬白、彩、黑色钝化槽，以及化学除油、酸洗、中和等前处理槽。除油配置了油水分离装置和 1000A/12V 整流器 1 台，镀锌镍配有上下两层放置的 10 台 500A/12V 整流器和 1 个管理槽以及 40t/h 过滤机。

这是一条很简单的电镀线，但可以用来说明生产线的规划方法。

12.4 行车式电镀线的规划设计

本节以一条复杂的行车式氧化生产线为例，介绍行车式电镀生产线的规划设计。

12.4.1 基本要求

生产线的规划设计步骤如下。

首先客户统计产品的品种和产量，给出的要求是：产品最大装挂尺寸为宽 600mm、长 3900mm、高 1800mm，周期为 4min。

在此基础上确定了水槽的尺寸（L4200mm×W800mm×H2200mm），由此推出加热槽 W900mm、氧化每工位 W1100mm、电抛光 W1400mm、电解着色 W1200mm（这主要考虑了加热器占宽、阴阳极占宽、极板占宽等因素，当然也有设计者的主观想法）等。

其中，各工序停留时间要匹配。例如，4min 周期（名义周期）、6 个电抛光槽（大部分抛光时间在 12min 之内，有一种产品抛光时间在 24min 之内，这是可选 4 个电抛光槽让氧化抛光时间在 24min 的产品时延长周期，也可选 6 个电抛光槽）、8 个氧化槽（氧化时间 30min）、2 个电解着色槽（着色时间小于 7min）、8 个封闭槽（封闭时间 30min）。这是工艺人员需要考虑的。

至于行车的配置最好与电控程序编制人员讨论。按图分段来设计行车数，如每分钟能做 1.75 个提落时：

上挂段～16：3÷1.75÷4＝0.43，取 1。16～40：14÷1.75÷4＝2，取 3（加 1 台行车以防行车不够）。41～76：21÷1.75÷4＝3，取 4（加 1 台行车以防行车不够）。电泳封闭间内：11÷1.75÷4＝1.62，取 2。76～109：14÷1.75÷4＝2，取 3（加 1 台行车以防行车不够）。退镀封闭间内：14÷1.75÷4＝2，取 3（加 1 台行车以防行车不够）。总共 1＋3＋4＋2＋3＋3＝16 台行车。

12.4.2 工艺配置表的编制

以下是上面要求的一条复杂的行车式氧化生产线的规划设计示例。因为线太大，图不容易看清楚，所以先列出客户提出的工艺配置表，供大家参考。

这是一条铝氧化线，包括除油、电抛光、阳极氧化、电解着色、冷封闭、热封闭、电泳漆和固化、退镀以及装卸挂和储备工位，是一条有 16 台行车、多种工艺组合、智能程序的生产线。表 12-6 是这条氧化线的工艺配置表，供参考。

这样复杂的生产线，在一间厂房中需要布置为两列或三列直线。布置生产线时的步骤如下。

① 了解产能、生产班次，或者运行周期，了解厂房的长、宽、高（这是指生产线可以利用的长、宽、高）。

② 布置槽位，使物流畅通、工艺顺畅。注意留有走铜排的空间和做抽风的空间。

表 12-6 氧化线工艺配置表

序号	工序	镀槽内尺寸/mm	容积/L	材质/mm	补水	排水	加热/冷却	温度/℃	搅拌	排风/(m^3/h)	阳极/阴极	过滤机/循环泵	整流器	备注
1～5	装挂	4200×800×2200												上挂 5 个
6～14	储备 9 工位													
15,16	极杆过渡车													
17	脱脂	4200×1000×2200	8820	SUS304 保温	UPVC	SUS304	SUS304	70～75		8820		40t/h		① 预留超声波发生器安装位置 ② 副槽安装加热盘管 ③ 副槽/主槽=1/6，泵从副槽取水 ④ 回水管槽内加文丘里喷嘴循环搅拌 ⑤ 袋式过滤器 10μm
18	脱脂	4200×1000×2200	8820	SUS304 保温	UPVC	SUS304	SUS304	58～62		8820		40t/h		
19	脱脂	4200×1000×2200	8820	SUS304 保温	UPVC	SUS304	SUS304	58～62		8820		40t/h		槽边沿长度方向开长条溢流口(两边都开)，纯水经过流量计补水
20	纯水洗顶喷↑	4200×900×2200	7938	15PPR	UPVC	UPVC			空气 UPVC					
21	纯水洗↑	4200×900×2200	7938	15PPR	UPVC	UPVC			空气 UPVC					
22	酸蚀刻	4200×900×2200	7938	15PPR	UPVC	UPVC	PTFE 加热	40～50	空气 PPR	7933		30t/h		袋式过滤机 10μm，副槽：主槽=1：6，附槽换热
23	纯水洗	4200×900×2200	7938	15PPR	UPVC	UPVC			空气 UPVC					槽边沿长度方向开长条溢流口(两边都开)，纯水经过流量计补水
24	纯水洗↑	4200×900×2200	7938	15PPR	UPVC	UPVC			空气 UPVC					
25	纯水洗顶喷↑	4200×900×2200	7938	15PPR	UPVC	UPVC			空气 UPVC					

续表

序号	工序	镀槽内尺寸/mm	容积/L	材质/mm	补水	排水	加热/冷却	温度/℃	搅拌	排风/(m^3/h)	阳极/阴极	过滤机/循环泵	整流器	备注
26	电解抛光	4200×1400×2200	12348	3PVDF/SUS304/UPVC			PTFE加热冷却	75	空气PVDF	11907	1A/2C	30t/h×2 PVDF泵	18000A/40V	①C型SUS316L不锈钢极板，配备翻缸槽，硫酸、磷酸混合槽 ②槽两侧配置接水盘 ③附槽内加热、冷却 ④电解抛光槽独立打气，气压大于0.7MPa ⑤摇摆沿飞靶方向 ⑥螺钉、螺母采用SUS316L ⑦送风借用其他方式，区域呈微负压 ⑧顶喷全线设顶喷缓冲槽
27	软水洗顶喷	4200×900×2200	7938	15PPR	UPVC	UPVC			空气PPR					
28	电解抛光	4200×1400×2200	12348	PVDF/SUS304/UPVC			PTFE加热冷却	75	空气PVDF	11907	1A/2C	30t/h×2 PVDF泵	18000A/40V	
29	软水洗顶喷	4200×900×2200	7938	15PPR	UPVC	UPVC			空气PPR					
30	电解抛光	4200×1400×2200	12348	PVDF/SUS304/UPVC			PTFE加热冷却	75	空气PVDF	11907	1A/2C	30t/h×2 PVDF泵	18000A/40V	
31	软水洗顶喷	4200×900×2200	7938	15PPR	UPVC	UPVC			空气PPR					
32	电解抛光	4200×1400×2200	12348	PVDF/SUS304/UPVC			PTFE加热冷却	75	空气PVDF	11907	1A/2C	30t/h×2 PVDF泵	18000A/40V	
33	软水洗顶喷	4200×900×2200	7938	15PPR	UPVC	UPVC			空气PPR					
34	电解抛光	4200×1400×2200	12348	PVDF/SUS304/UPVC			PTFE加热冷却	75	空气PVDF	11907	1A/2C	30t/h×2 PVDF泵	18000A/40V	
35	软水洗顶喷	4200×900×2200	7938	15PPR	UPVC	UPVC			空气PPR					
36	电解抛光	4200×1400×2200	12348	PVDF/SUS304/UPVC			PTFE加热冷却	75	空气PVDF	11907	1A/2C	30t/h×2 PVDF泵	18000A/40V	
37	软水洗顶喷	4200×900×2200	7938	15PPR	UPVC	UPVC			空气UPVC					槽边沿长度方向开长条溢流口(两边都开)

续表

序号	工序	镀槽内尺寸/mm	容积/L	材质/mm	补水	排水	加热/冷却	温度/℃	搅拌	排风/(m³/h)	阳极/阴极	过滤机/循环泵	整流器	备注
38	软水洗↑	4200×900×2200	7938	15PPR	UPVC	UPVC			空气 UPVC					
39	纯水洗顶↑	4200×900×2200	7938	15PPR	UPVC	UPVC			空气 UPVC					
40,41	横向车		27500						空气 UPVC					湿水槽
42	去膜	4200×800×2200	7056	304/保温	UPVC	PP	SUS304	30～35	空气 UPVC	7933		25t/h		副槽：主槽＝1：6，附槽换热
43	纯水洗	4200×900×2200	7938	15PPR	UPVC	UPVC			空气 UPVC					槽边沿长度方向开长条溢流口（两边都开），纯水经过流量计补水
44	纯水洗顶喷↑	4200×900×2200	7938	15PPR	UPVC	UPVC			空气 UPVC					
45	除灰	4200×800×2200	7056	15PPR	UPVC	PP	316SS 冷却	＜20	空气 UPVC	6800		25t/h		副槽：主槽＝1：6，槽内换热
46	纯水洗顶喷	4200×900×2200	7938	15PPR	UPVC	UPVC			空气 UPVC					槽边沿长度方向开长条溢流口（两边都开），纯水经过流量计补水
47	高位纯水洗↑	4200×900×2500	9072	15PPR	UPVC	UPVC			空气 UPVC					
48	纯水洗↑	4200×900×2200	7938	15PPR	UPVC	UPVC			空气 UPVC					
49,50	阳极氧化	4200×2200×2200	19404	15PPR	UPVC	PP		17～19	空气 UPVC	19401	2A/4C	40t/h×2	4000A/24V×2	①副槽：主槽=1：6，副槽加热用 PFTE；冷却用 SUS254 管 ②C 型铝阴极板，一个氧化槽两个工位，中间配双阴极板 ③螺钉、螺母采用 SUS316L ④氧化槽与管理槽间用大口径管路连接
51,52	阳极氧化	4200×2200×2200	19404	15PPR	UPVC	PP		17～19	空气 UPVC	19401	2A/4C	40t/h×2	4000A/24V×2	
53	纯水洗顶喷	4200×900×2200	7938	15PPR	UPVC	UPVC			空气 UPVC					
54,55	阳极氧化	4200×2200×2200	19404	15PPR	UPVC	PP		17～19	空气 UPVC	19401	2A/4C	40t/h×2	4000A/24V×2	
56,57	阳极氧化	4200×2200×2200	19404	15PPR	UPVC	PP		17～19	空气 UPVC	19401	2A/4C	40t/h×2	4000A/24V×2	

续表

序号	工序	镀槽内尺寸/mm	容积/L	材质/mm	补水	排水	加热/冷却	温度/℃	搅拌	排风/(m^3/h)	阳极/阴极	过滤机/循环泵	整流器	备注
58	纯水洗顶喷	4200×900×2200	7938	15PPR	UPVC	UPVC			空气 UPVC					槽边沿长度方向开长条溢流口(两边都开),纯水经过流量计补水,送风、抽风可调节(或变频)
59	高位纯水洗↑	4200×900×2500	9072	15PPR	UPVC	UPVC			空气 UPVC					
60	纯水洗顶喷	4200×900×2200	7938	15PPR	UPVC	UPVC			空气 UPVC					
61	热纯水洗顶喷	4200×900×2200	7056	15PPR	UPVC	UPVC	SUS304	60	空气 UPVC					
62	纯水洗↑	4200×900×2200	7056	15PPR	UPVC	UPVC			空气 UPVC					
63	黑色电着色	4200×1200×2200	10584	15PPR	UPVC	UPVC	SUS304 加热冷却	20	空气 UPVC	10581		30t/h	AC/DC 交直流 2000A/25V×2	
64	黑色电着色	4200×1200×2200	10584	15PPR	UPVC	UPVC	SUS304 加热冷却	20	空气 UPVC	10581		30t/h		
65	纯水洗顶喷	4200×900×2200	7938	15PPR	UPVC	UPVC			空气 UPVC					槽边沿长度方向开长条溢流口(两边都开),纯水经过流量计补水
66	纯水洗顶喷↑	4200×900×2200	7938	15PPR	UPVC	UPVC			空气 UPVC					
67	钋色电着色	4200×1200×2200	10584	15PPR	UPVC	UPVC	SUS304 加热冷却	20	空气 UPVC	10581		30t/h	AC/DC 交直流 2000A/25V×2	
68	钋色电着色	4200×1200×2200	10584	15PPR	UPVC	UPVC	SUS304 加热冷却	20	空气 UPVC	10581		30t/h		
69	纯水洗顶喷	4200×900×2200	7938	15PPR	UPVC	UPVC			空气 UPVC					槽边沿长度方向开长条溢流口(两边都开),纯水经过流量计补水
70	纯水洗顶喷	4200×900×2200	7938	15PPR	UPVC	UPVC			空气 UPVC					
71	纯水洗顶喷↑	4200×900×2200	7938	15PPR	UPVC	UPVC			空气 UPVC					
72	热水洗	4200×800×2200	7056	SUS304	UPVC	SUS304	SUS304	85	空气 SUS304	6800				
73	热水洗↑	4200×800×2200	7056	SUS304	UPVC	SUS304	SUS304	85	空气 SUS304	6800				

续表

序号	工序	镀槽内尺寸/mm	容积/L	材质/mm	补水	排水	加热/冷却	温度/℃	搅拌	排风/(m^3/h)	阳极/阴极	过滤机/循环泵	整流器	备注
74	纯水洗	4200×900×2200	7938	15PPR	UPVC	UPVC			空气 UPVC					
75,76	横向车		27500						空气 UPVC					湿过渡
77,78	冷封闭	4200×1600×2200	14112	15PPR	UPVC	UPVC	PTFE加热冷却	28～32		15878		60t/h		管理槽换热、冷却
79,80	冷封闭	4200×1600×2200	14112	15PPR	UPVC	UPVC	PTFE加热冷却	28～32		15878		60t/h		管理槽换热、冷却
81,82	冷封闭	4200×1600×2200	14112	15PPR	UPVC	UPVC	PTFE加热冷却	28～32				60t/h		管理槽换热、冷却
83,84	冷封闭	4200×1600×2200	14112	15PPR	UPVC	UPVC	SUS304加热冷却	28～32		15878		60t/h		管理槽换热、冷却
85	纯水洗	4200×900×2200	7938	15PPR	UPVC	UPVC			空气 UPVC					槽边沿长度方向开长条溢流口，纯水经过流量计补水
86	纯水洗顶喷↑	4200×900×2200	7938	15PPR	UPVC	UPVC			空气 UPVC					
87,88	PH封闭	4200×1600×2200	14112	15PPR	UPVC	UPVC	SUS304加热冷却	28～32		15878		60t/h		管理槽换热、冷却
89	纯水洗	4200×900×2200	7938	15PPR	UPVC	UPVC			空气 UPVC					
90	纯水洗顶喷↑	4200×900×2200	7938	15PPR	UPVC	UPVC			空气 PPR					
91,92	热封闭	4200×1600×2200	14112	SUS304保温	UPVC	SUS304	SUS304	95				40t/h		水封盖，管理槽换热、冷却
93	热水洗顶喷	4200×900×2200	7938	15PPR	UPVC	SUS304	SUS304	60	空气 PPR					双顶喷，顶喷热水缓冲槽
94,95	热封闭	4200×1600×2200	14112	SUS304保温	UPVC	SUS304	SUS304	95				40t/h		水封盖，管理槽换热、冷却
96	热水洗顶喷	4200×900×2200	7938	15PPR	UPVC	SUS304	SUS304	60	空气 PPR					双顶喷，顶喷热水缓冲槽
97,98	热封闭	4200×1600×2200	14112	SUS304保温	UPVC	SUS304	SUS304	95				40t/h		水封盖，管理槽换热、冷却

续表

序号	工序	镀槽内尺寸/mm	容积/L	材质/mm	补水	排水	加热/冷却	温度/℃	搅拌	排风/(m^3/h)	阳极/阴极	过滤机/循环泵	整流器	备注
99	热水洗顶喷	4200×900×2200	7938	15PPR	UPVC	SUS304	SUS304	60	空气 PPR					双顶喷，顶喷热水缓冲槽
100,101	热封闭	4200×1600×2200	14112	SUS304 保温	UPVC	SUS304	SUS304	95				40t/h		水封盖，管理槽换热、冷却
102	热水洗顶喷	4200×900×2200	7983	15PPR	UPVC	SUS304	SUS304	60	空气 PPR					双顶喷，顶喷热水缓冲槽
103	纯水洗	4200×900×2200	7938	15PPR	UPVC	UPVC			空气 UPVC					槽边沿长度方向开长条溢流口（两边都开），纯水经过流量计补水
104	纯水洗顶喷↑	4200×900×2200	7938	15PPR	UPVC	UPVC			空气 UPVC					
105	滴干吹干	4200×800×2200		15PPR		UPVC								
106,109	烘干	4200×800×2200×4		SUS304				60～70						有自动开合的盖
110,127	储备工位													
128,131	极杆过渡车													
129,130	2工位下挂	4200×800×2200												活动门，传统封孔下挂
132,133	退膜上挂													
134,135	退膜封闭/转换													
136	退膜1	4200×800×2200	6800	15PPR	UPVC	PVDF	RT		空气 PPR	6800		30t/h泵		附带辅槽网式过滤，有捞渣装置，带盖子
137	退膜2	4200×800×2200	6800	15PPR	UPVC	PVDF	RT		空气 PPR	6800		30t/h泵		附带辅槽网式过滤，有捞渣装置，带盖子
138	水洗↑	4200×800×2200	7100	15PPR	UPVC	UPVC			空气 UPVC					

续表

序号	工序	镀槽内尺寸/mm	容积/L	材质/mm	补水	排水	加热/冷却	温度/℃	搅拌	排风/(m^3/h)	阳极/阴极	过滤机/循环泵	整流器	备注
139	水洗顶喷↑	4200×800×2200	7100	15PPR	UPVC	UPVC			空气 UPVC					
140	酸蚀	4200×800×2200	6800	15PPR	UPVC	15PP	PTFE	30～40	空气 UPVC	6800		30t/h		过滤机 25μm，副槽：主槽＝1：6，副槽换热
141	水洗顶喷↑	4200×800×2200	7056	15PPR	UPVC	R			空气 UPVC					
142	水洗↑	4200×800×2200	7056	15PPR	UPVC	R			空气 UPVC					
143	退膜	4200×800×2200	6800	SUS304	UPVC	PP	SUS304	＞50	空气 UPVC	6800		30t/h		副槽：主槽＝1：6，副槽换热
144	水洗↑	4200×800×2200	7056	15PPR	UPVC	R			空气 UPVC					
145	水洗顶喷↑	4200×800×2200	7056	15PPR	UPVC	R			空气 UPVC					
146	酸洗	4200×800×2200	6800	15PPR	UPVC	PP	PTFE	30～40	空气 UPVC			30t/h		副槽：主槽＝1：6，副槽换热
147	水洗顶喷↑	4200×800×2200	7056	15PPR	UPVC	UPVC			空气 UPVC					
148	水洗↑	4200×800×2200	7056	15PPR	UPVC	UPVC			空气 UPVC					
149	热水洗↑	4200×800×2200	7056	SUS304	UPVC	SUS304	SUS304	85	空气 SUS304	6800				
150	挂具烘干	4200×800×2200		3US304				65～75						有自动开合的盖
151,152	封闭转换车													
153,154	退膜下挂													
155,165	储备11工位													
75A，76A	封闭转换车													进口有移动开关

续表

序号	工序	镀槽内尺寸/mm	容积/L	材质/mm	补水	排水	加热/冷却	温度/℃	搅拌	排风/(m^3/h)	阳极/阴极	过滤机/循环泵	整流器	备注
77A	纯水洗	4200×800×2200	7056	15PPR	UPVC	UPVC						40t SS袋式		
78A	电泳	4200×1200×2200（主槽）1300×1200×2000（副槽）	12000	15PPR	DI	C2		20		11448	1A/2C	60t SS袋式过滤器	300A/250V	文丘里喷嘴，主循环、漆液回收系统、精制系统、阴极、冷却、加温板式换热器，500L加药槽（带气动搅拌）
79A	回收1↑	主:4200×800×2200 副:600×800×2000	7500	15PPR								40t SS 5μm袋式		文丘里喷嘴搅拌，回至附槽
80A	回收2↑	主:4200×800×2200 副:600×800×2000	7056	15PPR								40t SS 5μm袋式		文丘里喷嘴搅拌
81A	回收3↑	主:4200×800×2200 副:600×800×2000	7056	15PPR	RO供水							40t SS 5μm袋式		文丘里喷嘴搅拌
82A	纯水洗	4200×800×2200	7056	15PPR	DI							30t SS 5μm袋式		文丘里喷嘴搅拌
83A	纯水洗	4200×800×2200	7056	15PPR	DI							30t SS 5μm袋式		文丘里喷嘴搅拌
84A	滴水吹干	4200×800×2200		SUS304		R								不锈钢喷嘴，高压风机，从洁净区域取风做内循环，回风口带F8过滤网
85A～87A	链车转换													

续表

序号	工序	镀槽内尺寸/mm	容积/L	材质/mm	补水	排水	加热/冷却	温度/℃	搅拌	排风/(m^3/h)	阳极/阴极	过滤机/循环泵	整流器	备注
88A～119A	固化	4300×3000×18000		SUS304				200						桥式炉，双排输送链，间接燃烧方式，固化时间为30～45min，温度为190～200℃，镀区内温差为±3℃，循环风双道过滤，洁净度要求1万级
120A	链车转换													
121A，122	储备4工位													
123A	极杆过渡车													
124A，125	2工位卸挂													活动门，电泳产品下挂

注：1. 全线水洗槽的溢流口，沿槽长方向的两侧而开设。

2. 全线纯水槽需经过流量计补水。

3. 全线喷淋槽位均为顶喷，并设顶喷缓冲槽。

4. 序号17～19、22、26、28、30、32、34、36、42、45、49、50～52、54、55～57、77～84、87、88、91、92、94、95、97、98、100、101、140、143、146槽位设置副槽，副槽的容积为主槽的1/6，需换热的槽位其换热管设置在副槽内。

5. 序号17～19脱脂工位：①预留超声波安装位置；②设置副槽。

6. 序号26～37电解抛光工位：①槽两侧配置接水盘；②配备翻缸槽和混酸（硫酸、磷酸）槽；③C型极板材质为00Cr17Ni14Mo2不锈钢板；④设置副槽，槽内安装换热盘管；⑤空搅气压不小于0.7MPa；⑥极杆纵向移动；⑦区域内呈微负压送风；⑧所有紧固件材质应用00Cr17Ni14Mo2不锈钢。

7. 序号49～57阳极氧化工位：①副槽中采用PTFE管束加温，采用00Cr17Ni14Mo2冷却管；②C型铝阴极板，一个氧化槽两个工位，中间配双阴极板；③氧化槽与管理槽间设大口径管路连接；④送风、排风可调节（或变频调控）；⑤所有紧固件材质采用00Cr17Ni14Mo2不锈钢。

8. 序号77～84冷封闭工位：在管理槽内换热、冷却。

9. 序号91～101热封闭工位：水封盖，在管理槽内换热。

10. 序号106～109烘干和150挂具烘干工位：自动开合的槽盖。

11. 序号130，131卸挂工位：活动门，传统封存孔卸挂。

12. 序号136～137退膜工位：附带辅槽网式过滤，有捞渣装置，有盖子。

13. 序号140酸洗、143退膜和146酸洗工位：在辅槽内换热。

14. 序号73A和74A封闭移位车工位：进口设移动开关。

15. 序号76A电泳工位：文丘里喷嘴，主循环、漆液回收系统、精制系统、阴极、冷却、加温板式换热器，500L加药槽（附气动搅拌）。

16. 序号77A～79A回收和80A，81A纯水洗工位：文丘里喷嘴搅拌，77A工位回收液至电泳副槽。

17. 序号82A滴水吹干工位：不锈钢喷嘴，高压风机，从洁净区域取风做内循环，回风口带F8过滤网。

18. 序号83A～85A链车转换工位：最小尺寸，出口有移动开关门，以上为行车输送。

19. 序号86A～119A固化工位：桥式炉，双排输送链，间接燃烧方式，固化时间为30～45min，温度为190～200℃，镀区内温差为±3℃，循环风双道过滤，洁净度要求1万级。

20. 序号124A，125A卸挂工位：活动门，电泳产品卸挂。

③ 确定横移车的位置，刚出溶液槽不能进横移车，还要确定哪些需要横向车水槽，哪些不需要。横向车槽可以做成移动喷淋槽，也可以做成大的水槽。前者较为省钱、不易变形。后者对于复杂零件较为适用。

④ 确定生产线的哪些部分需要封闭。

⑤ 确定管理槽、过滤机、整流器的位置。管理槽可以背在主槽上，这样管路简单，但走铜排不太方便。过滤机和整流器都希望离槽子近一点，尤其是整流器。当空间有限时就要分层布置，一般过滤机在一层，整流器在二层。整流器也可以做封闭间，加空调或送新鲜风。那种把整流器放在较远的房间的做法已不多见。

12.4.3 总平面图和截面图的绘制

图 12-2 为这条行车式氧化线的总平面图，是按客户提供的车间平面图和工艺配置表绘制而成的。由于此图是讨论初稿，有些细节可能与工艺配置表对不上，但大体是一致的。

为便于说明，将以上的表和图作简要说明（忽略工序间水洗），全线分为三列：

移位车→去膜→去灰→氧化→电解着色↓ →电泳→固化→电泳后卸挂 …… ↓①→
↑电抛光←酸蚀←脱脂←移位车　移位车→冷封闭→pH 封闭→热封闭→烘干　↓②←卸挂
装挂→↑　退膜后卸挂←酸蚀退膜←酸蚀←退膜←移位车

说明：大的生产线需要分列，各列之间用移位车配合工艺要求衔接。

这条线的工艺路线可以是 ：

① 装挂、脱脂、电抛光、氧化、电解着色、冷封闭、pH 封闭、热封闭、烘干、卸挂、退镀、再卸挂；

② 装挂、脱脂、电抛光、氧化、电泳、固化、电泳后卸挂、退镀、再卸挂。

由于周边设备多，往往要分层布置。

图 12-3 为氧化生产线的截面图。从几张截面图中可以看出，过滤机、整流器都放在高架平台上，维修通道有的也在高架上。

生产线的规划设计要点可归纳为以下几点。

① 生产线总体设计要符合产量和工艺要求；

② 生产线布局设计要符合厂房条件；

③ 注意物流的畅通；

④ 考虑使用多层布局，例如管理槽在一层、过滤机在二层、整流器在三层、排风系统在四层；

⑤ 噪声大的设备，如排风机和低压风机等设置在室外或隔离区；

⑥ 冷水塔安装在室外，在北方要设置防冻设施；

⑦ 排风量和送风量的比例要适当；

⑧ 电控柜一般设置在装料区附近。

12.4.4 基础图的绘制

以汽车铝合金车轮电镀线为例。图 12-4 为汽车铝合金车轮电镀工程总平面图和立面图。

图 12-5 为汽车铝合金车轮电镀线的基础图。

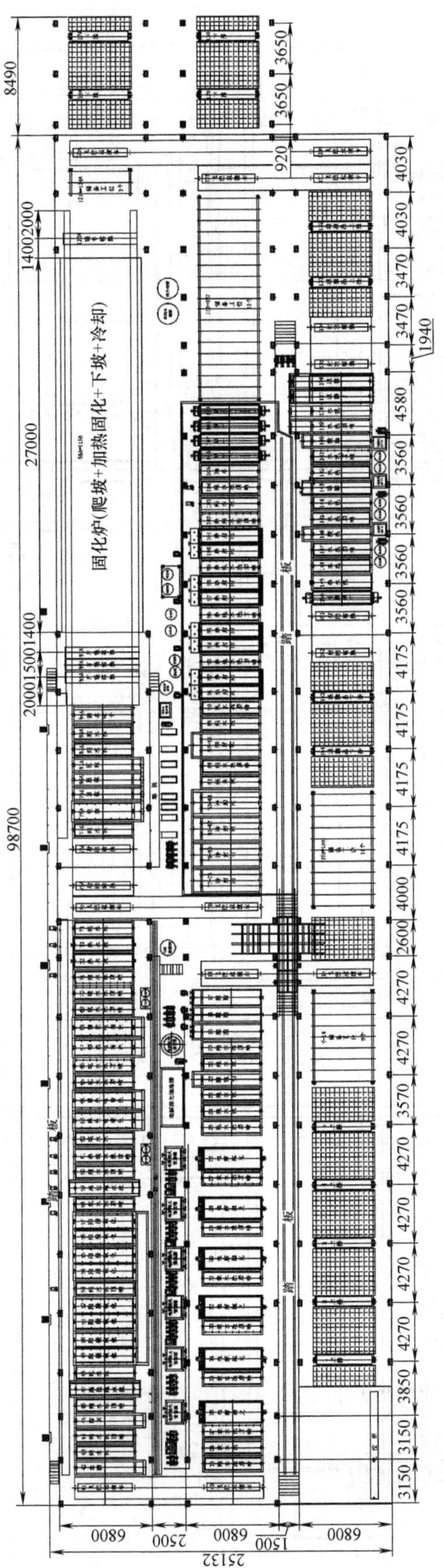

图 12-2　氧化生产线的总平面图

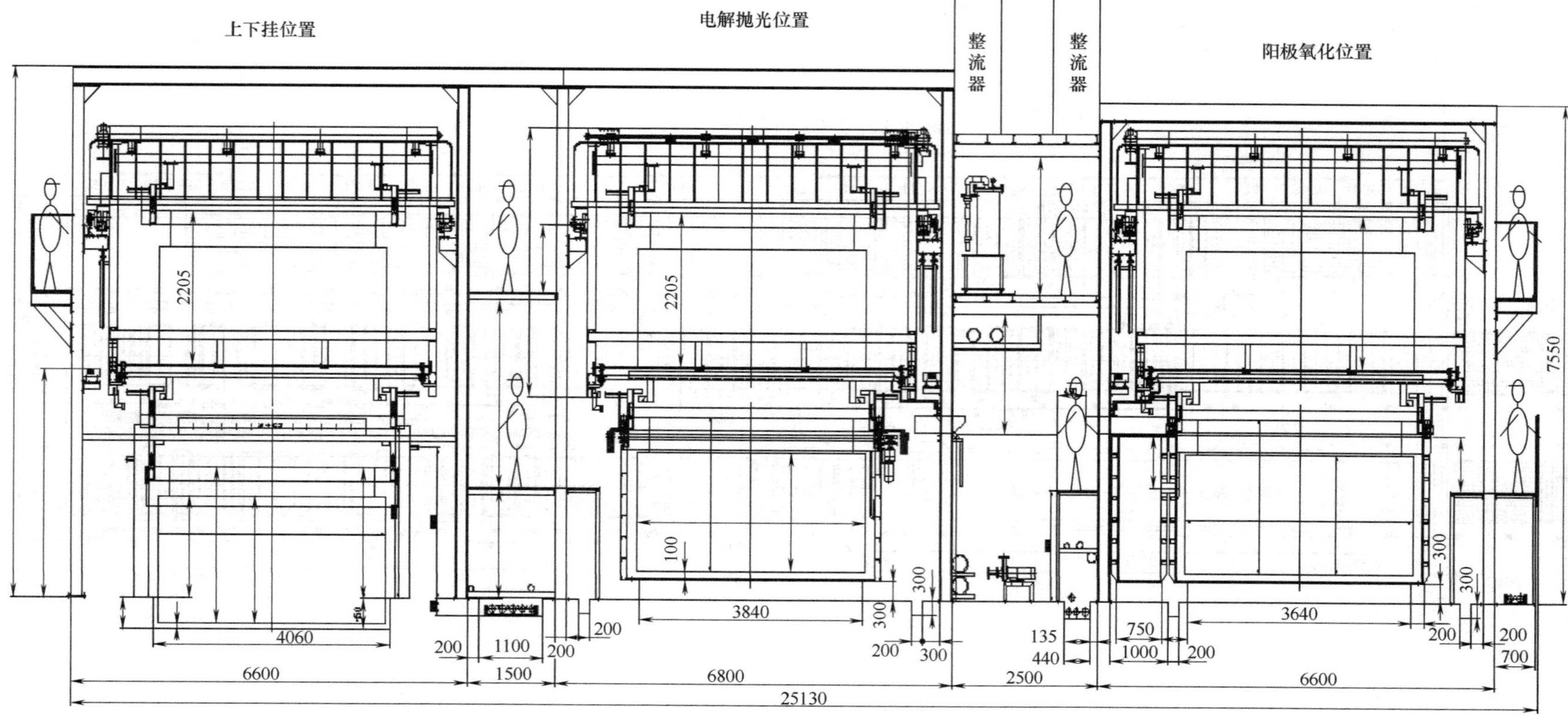

图 12-3 氧化生产线的截面图

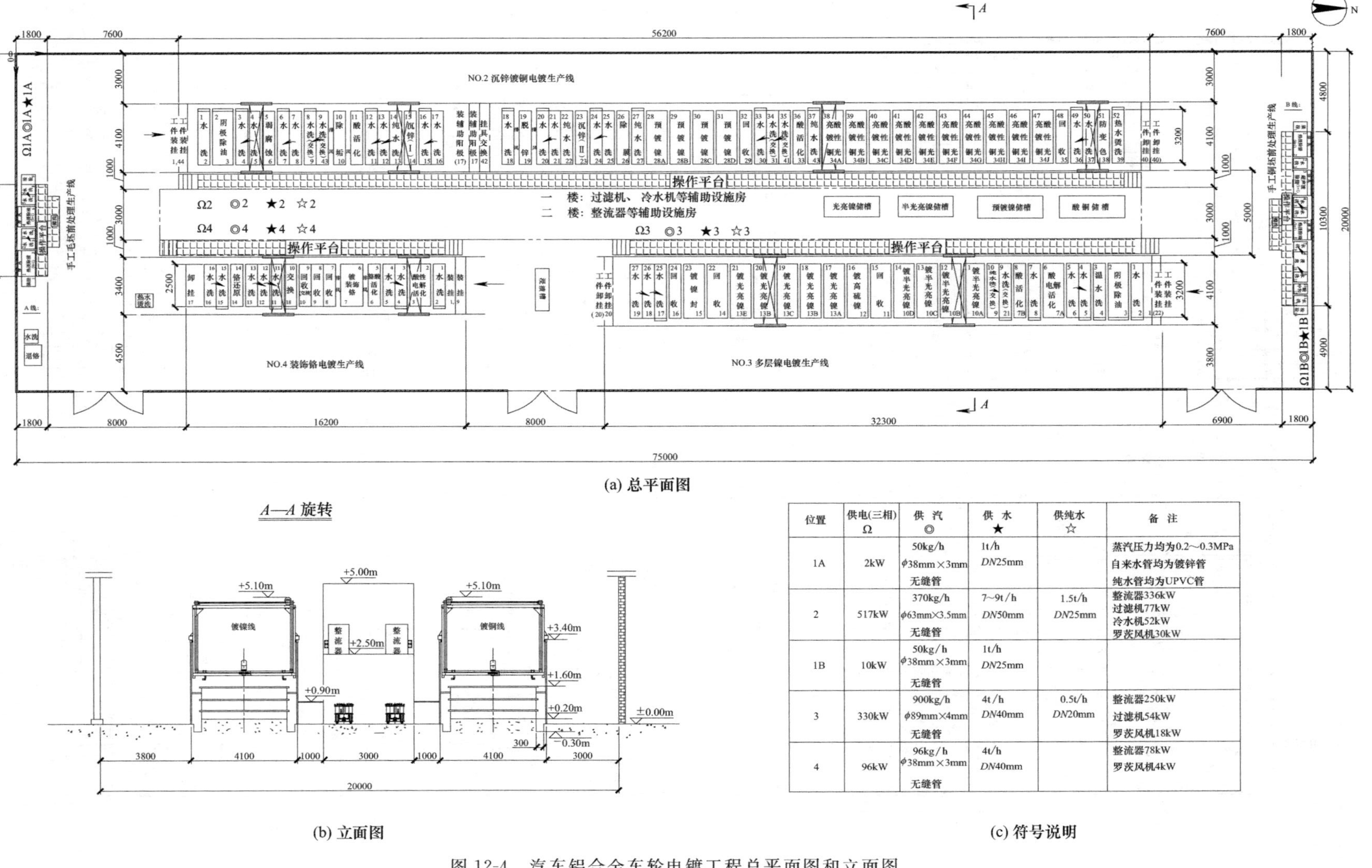

(a) 总平面图

(b) 立面图

位置	供电(三相) Ω	供汽 ◎	供水 ★	供纯水 ☆	备注
1A	2kW	50kg/h ϕ38mm×3mm 无缝管	1t/h *DN*25mm		蒸汽压力均为0.2～0.3MPa 自来水管均为镀锌管 纯水管均为UPVC管
2	517kW	370kg/h ϕ63mm×3.5mm 无缝管	7～9t/h *DN*50mm	1.5t/h *DN*25mm	整流器336kW 过滤机77kW 冷水机52kW 罗茨风机30kW
1B	10kW	50kg/h ϕ38mm×3mm 无缝管	1t/h *DN*25mm		
3	330kW	900kg/h ϕ89mm×4mm 无缝管	4t/h *DN*40mm	0.5t/h *DN*20mm	整流器250kW 过滤机54kW 罗茨风机18kW
4	96kW	96kg/h ϕ38mm×3mm 无缝管	4t/h *DN*40mm		整流器78kW 罗茨风机4kW

(c) 符号说明

图 12-4　汽车铝合金车轮电镀工程总平面图和立面图

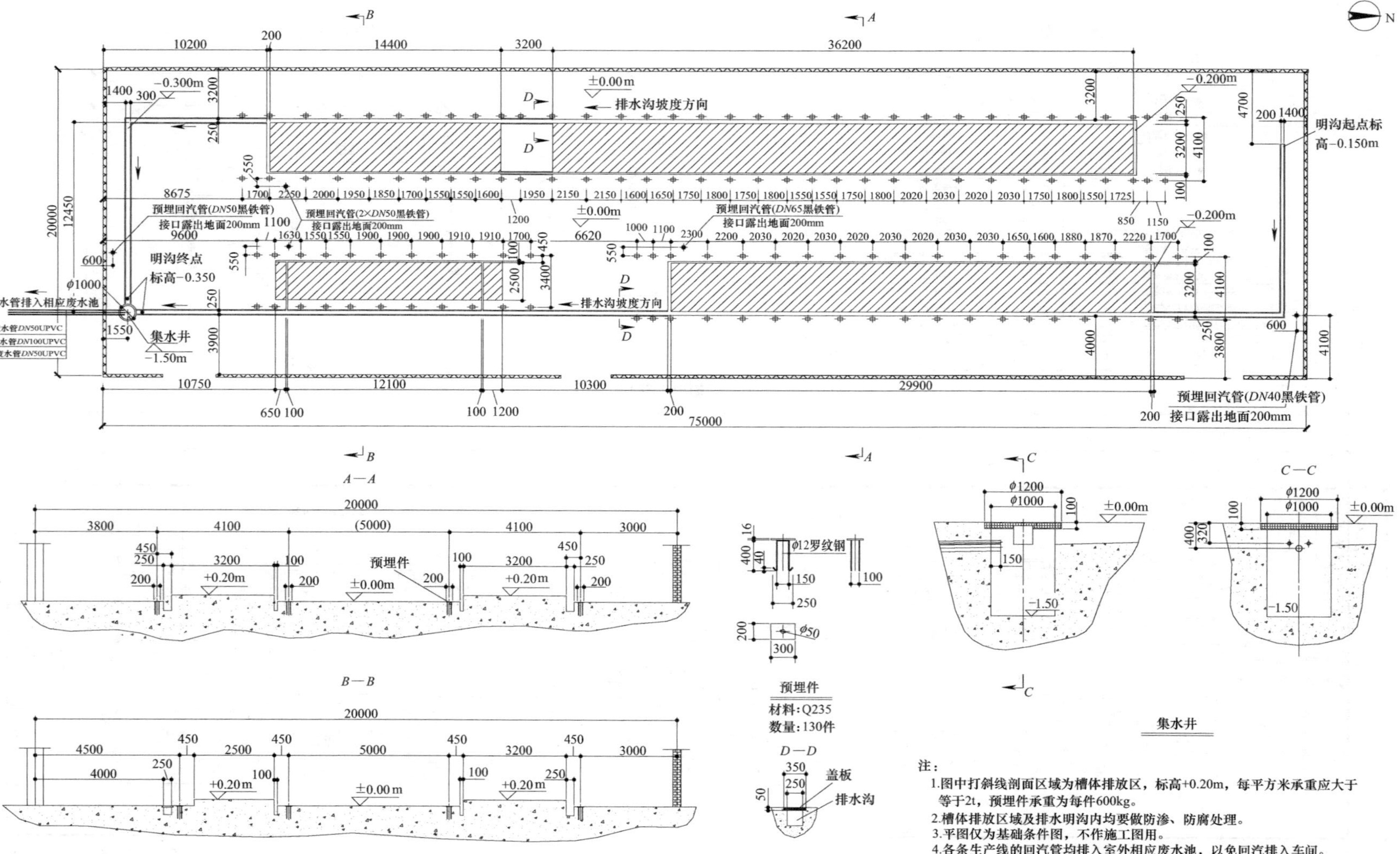

图 12-5 汽车铝合金车轮电镀线的基础图

12.5 环形电镀线的规划设计

本节以扬声器零件镀锌生产线为例，说明环形电镀线的规划设计。

12.5.1 基本要求

客户提供的扬声器零件镀锌工程生产纲领和设计条件如下。

(1) 镀种和设备形式

挂镀锌（彩、蓝）。环形电镀生产线或行车式电镀生产线。

(2) 设计范围

① 挂镀生产线与外围设备包括：整流器、过滤机、冷却、加热、吹干和烘干设备等。

② 供电：外电路由需方负责，即电缆敷设至设备配电柜前（空气开关上压头）。

③ 供汽：0.6～0.8MPa 饱和蒸汽，由需方供至车间总管。

④ 压缩空气：0.7～0.8MPa（含油），由需方供至车间总管。

⑤ 自来水：市政自来水（DN2in）由需方供至车间总管。

⑥ 废水处理：供方分别将铬系、碱系、酸水分别导入需方废水池内，废水由需方处理。

⑦ 废气处理：供方仅将电镀线所产生的废气管路排布至室外，废气处理设备由需方设置。

⑧ 盐酸由需方储槽供到电镀线，其他药液控制由供方设计。

(3) 生产能力要求

① 工件尺寸与形状（图 12-6）

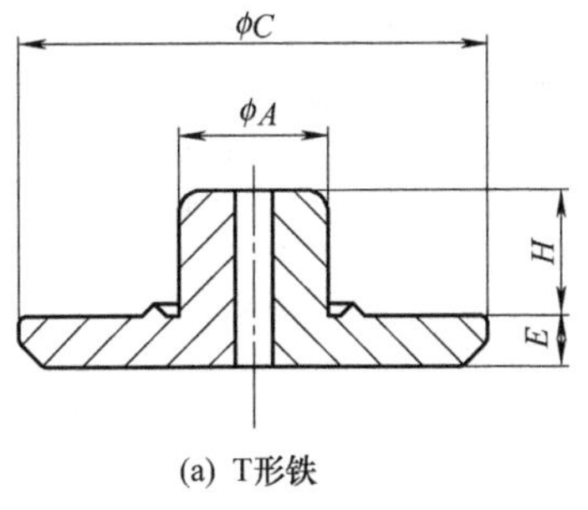

(a) T形铁

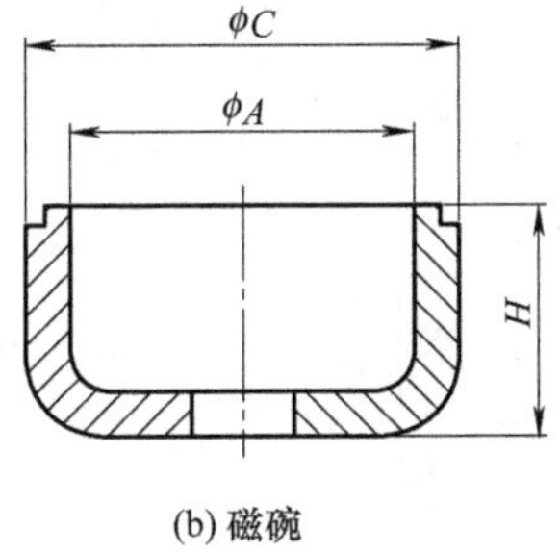

(b) 磁碗

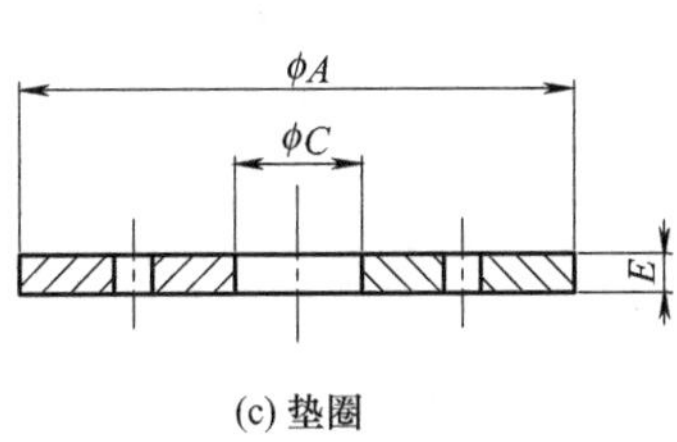

(c) 垫圈

图 12-6 镀锌工件图

a. T 形铁尺寸范围：$\phi A \geqslant 50$mm，$\phi C \geqslant 130$mm，$E \leqslant 12$mm，$H \leqslant 100$mm。

b. 垫圈尺寸范围：$\phi A \geqslant 130$mm，$\phi C \geqslant 50$mm，$E \leqslant 12$mm。

c. 磁碗尺寸范围：25mm$\leqslant \phi C \leqslant$60mm，$\phi A \geqslant 17$mm，$H \leqslant 42$mm。

② 工件单重与表面积

a. T 形铁的单重：1300～5500g；表面积：3.5～10dm^2。

b. 垫圈单重：1000～2000g；表面积：2.5～5dm^2。

c. 磁碗单重：100～600g；表面积：0.5～2.5dm^2。

③ 生产中可能出现的最大工件单重与表面积：

最大工件单重：14～22.7t/d；表面积：375～600m^2/d。

④ 生产组合举例：

a. 最大 T 形铁和最大垫圈每天挂镀 1860～3000 套。

G_{min}＝(5.5kg＋2kg)×1860＝13.39t，G_{max}＝(5.5kg＋2kg)×3000＝22.50t。

S_{min}＝($10dm^2$＋$5dm^2$)×1860＝$279m^2$，S_{max}＝($10dm^2$＋$5dm^2$)×3000＝$450m^2$。

b. 最小 T 形铁每天挂镀 10000～17000 个。

G'_{min}＝1.3kg×10000＝13t

G'_{max}＝1.3kg×17000＝22.1t

S'_{min}＝$3.5dm^2$×10000＝$350m^2$

S'_{max}＝$3.5dm^2$×17000＝$595m^2$

c. 最小磁碗每天挂镀 75000～120000 个。

G''_{min}＝0.1kg×75000＝7.5t

G''_{max}＝0.1kg×120000＝12t。

S''_{min}＝$0.5dm^2$×75000＝$375m^2$

S''_{max}＝$0.5dm^2$×120000＝$600m^2$

⑤ 镀层厚度：5～15μm（钝化后）。

(4) 主要工艺流程

主要工艺流程见图 12-7。

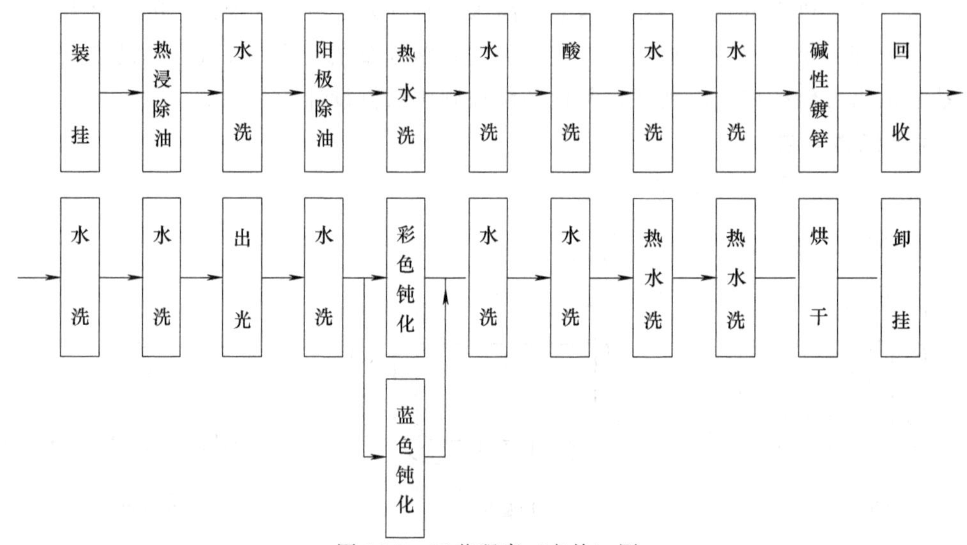

图 12-7 工艺程序（方块）图

(5) 工作槽的结构采用

① 钢板衬硫化橡胶；

② 聚丙烯板弯制后焊接；

③ 不锈钢。

(6) 厂房条件

长 40m，8.5m，高 7.8m；钢筋混凝土框架结构。

(7) 工件时间（参考要求）

每天生产两班，每班按照 7.5h 计算，生产准备时间 1h。

注：这是一份需方向供方提供工程建设的技术文件，内容详实地提出了挂镀锌工艺流程，工件形状（附图）、表面积、单件重和镀层厚度，最低和最高生产纲领，以及生产组合举例等的技术资料和要求。这是一份值得推荐的技术文件。

12.5.2　工艺配置表的编制

根据客户原始文件提出的日（15h）产量要求，统计归纳后可按电镀最小磁碗表面积为例，最小期望值为 $375m^2/d$，最高期望值为 $600m^2/d$。

期望镀层厚度为 5～15μm，考虑到工件出光与钝化后的镀层厚度变化，因此须按镀层厚度为 10～20μm 计算镀锌时间。经计算得：取电流密度为 2A 时，镀锌时间需 25～50min，2.5A 时为 20～40min，3A 时为 17～34min。

挂具设计有效装挂面积为 H900mm×W450mm。以最小磁碗为例，可装挂 128 件，即每挂 $64dm^2$ 和 12.8kg；最小 T 形铁可装挂 18 件，即每挂 $63dm^2$ 和 23.4kg；最小垫圈可装挂 18 件，即每挂 $45dm^2$ 和 18kg。统计归纳上述举例的三种工件装挂情况：最大装挂面积为 $64dm^2$，设计可取每挂不超过 $65dm^2$；每挂最大装挂质量为 23.4kg，考虑到工件挂具自重和挂具工件提升时溶液的附加阻力，挂具设计负重须取每挂不超过 35kg。

本工程选用导轨升降式环形电镀线，水洗槽设计尺寸可取 L700mm×W800（或600）mm×H1350mm，镀锌槽中的工位间距取 500～550mm。

注：关于编制“环形电镀线的工艺流程与配置表”的原则、规定和注意事项，可参阅第 2 章的相关论述。

工艺流程的编制按客户提供的原始资料要求，应进一步优化选定，实施镀锌工艺的是导轨升降式（单通道）环形电镀线。所编制的“扬声器零件镀锌工艺流程和配置表”，可查阅第 2 章 2.2.8 节“扬声器零件镀锌工艺”，图和表中列出了工艺流程、配置表、设计要素和工件装挂示意图，所列各项设计内容能满足客户要求的各项设备要求和技术指标。特别要提出的是，本线设计的节拍时间缩短到 45s 时，设备也能平稳地长期安全运行，此时的最高日产量可达到 $780m^2$。

另外，若本工程选用行车式挂镀生产线（可参阅第 1 章 1.2.14 节“碱性挂镀锌工艺”），换算其日（15h）产量为 450～$540m^2$。

12.5.3　基础图的绘制

图 12-8 为导轨升降式（双通道）环形电镀线的基础图（它的工艺流程、配置表和断面图可参阅第 2 章 2.2.1 节“摩托车消声器电镀工艺”）。导轨升降式环形电镀线的固定桥架、升降桥架、横梁、推进装置、挂具运载器和全线的挂具工件等全部负重由机架立柱承受，每根立柱受力是不均衡的且还存在侧向力矩。图 12-8 所示 8 根立柱是直接安装于混凝土基础的，因此立柱基础必须设置钢筋网（图 12-12 中的 A—A、B—B 和 C—C 剖视图所示），并同基础螺栓固定立柱。

图 12-9 所示为导轨升降式（单通道）环形电镀线的平面布置和立面图（它的工艺流程、配置表和断面图可参阅第 2 章 2.2.5 节“塑料电镀线的工艺”）。该线的槽体和立柱上承受的固定桥架、升降桥架、横梁、推进装置和挂具运载器上挂具工件等全部安放于型钢结构的底座上（图 12-10），成为环线主体工程的一体式结构。

这种结构形式可在生产车间组装空载调试并初步验收合格后整体或分部件出厂，运往需方车间整体就位或部件组装，并进行其他辅助设备、管路和排风装置等的安装工作。当然这适用于 15m 左右长的小型环线，并且车间的内外环境也要能创造搬运的客观条件。

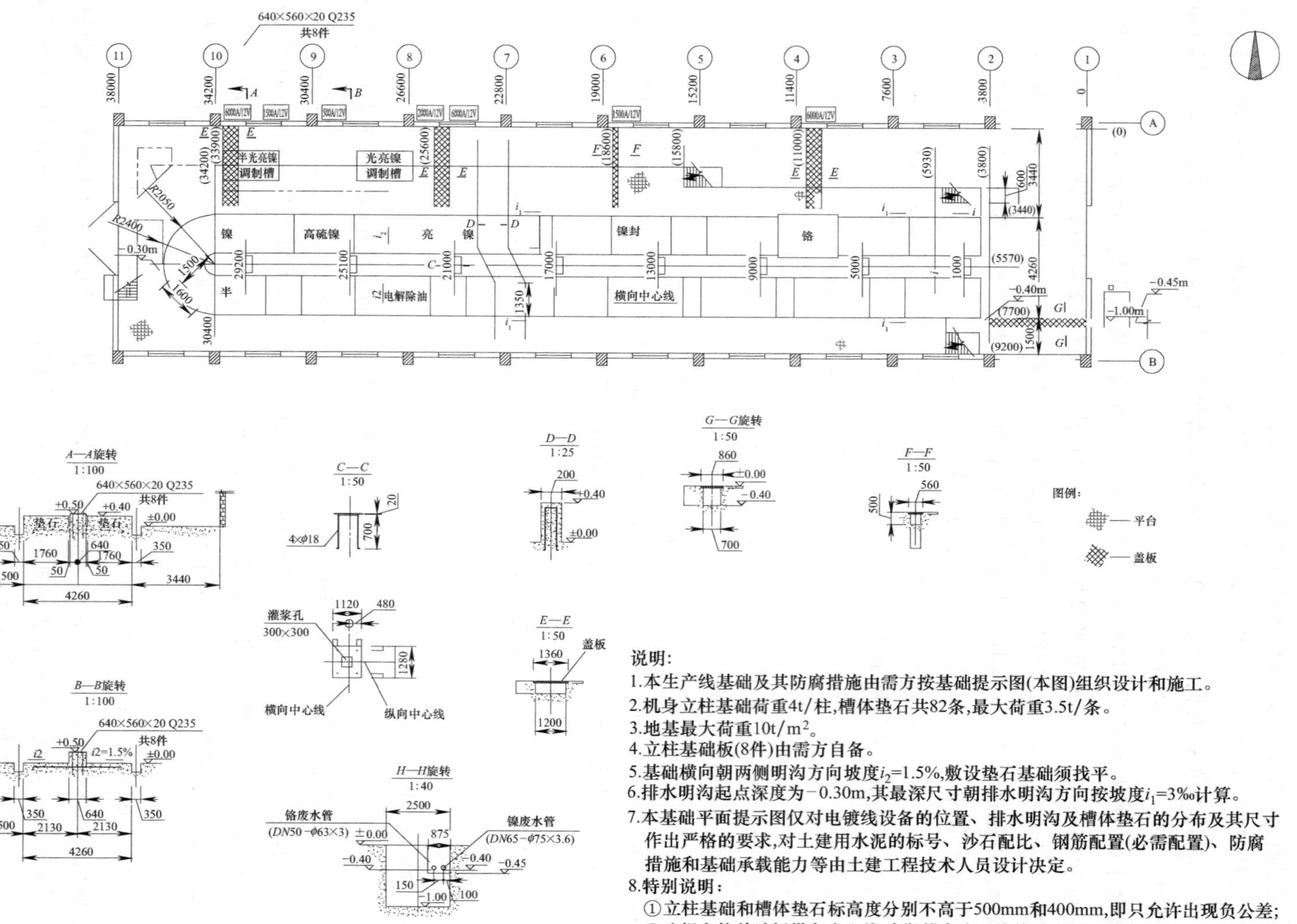

说明:

1.本生产线基础及其防腐措施由需方按基础提示图(本图)组织设计和施工。
2.机身立柱基础荷重4t/柱,槽体垫石共82条,最大荷重3.5t/条。
3.地基最大荷重10t/m^2。
4.立柱基础板(8件)由需方自备。
5.基础横向朝两侧明沟方向坡度i_2=1.5%,敷设垫石基础须找平。
6.排水明沟起点深度为−0.30m,其最深尺寸朝排水明沟方向按坡度i_1=3‰计算。
7.本基础平面提示图仅对电镀线设备的位置、排水明沟及槽体垫石的分布及其尺寸作出严格的要求,对土建用水泥的标号、沙石配比、钢筋配置(必需配置)、防腐措施和基础承载能力等由土建工程技术人员设计决定。
8.特别说明:
①立柱基础和槽体垫石标高度分别不高于500mm和400mm,即只允许出现负公差;
②八根立柱基础板纵向中心线对称,横向中心线偏移,见C—C图。

图 12-8　导轨升降式(双通道)环形电镀线的基础图

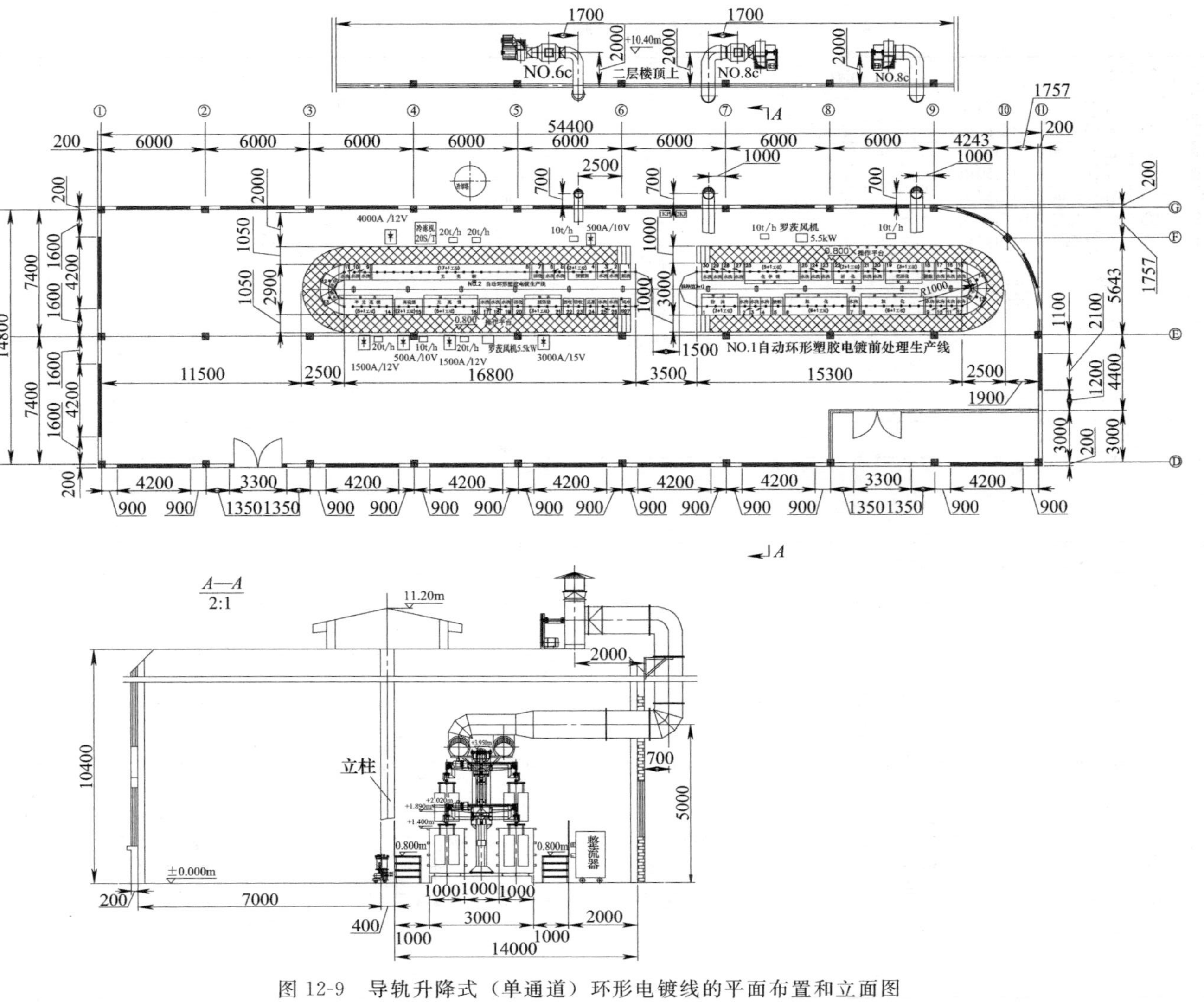

图 12-9　导轨升降式（单通道）环形电镀线的平面布置和立面图

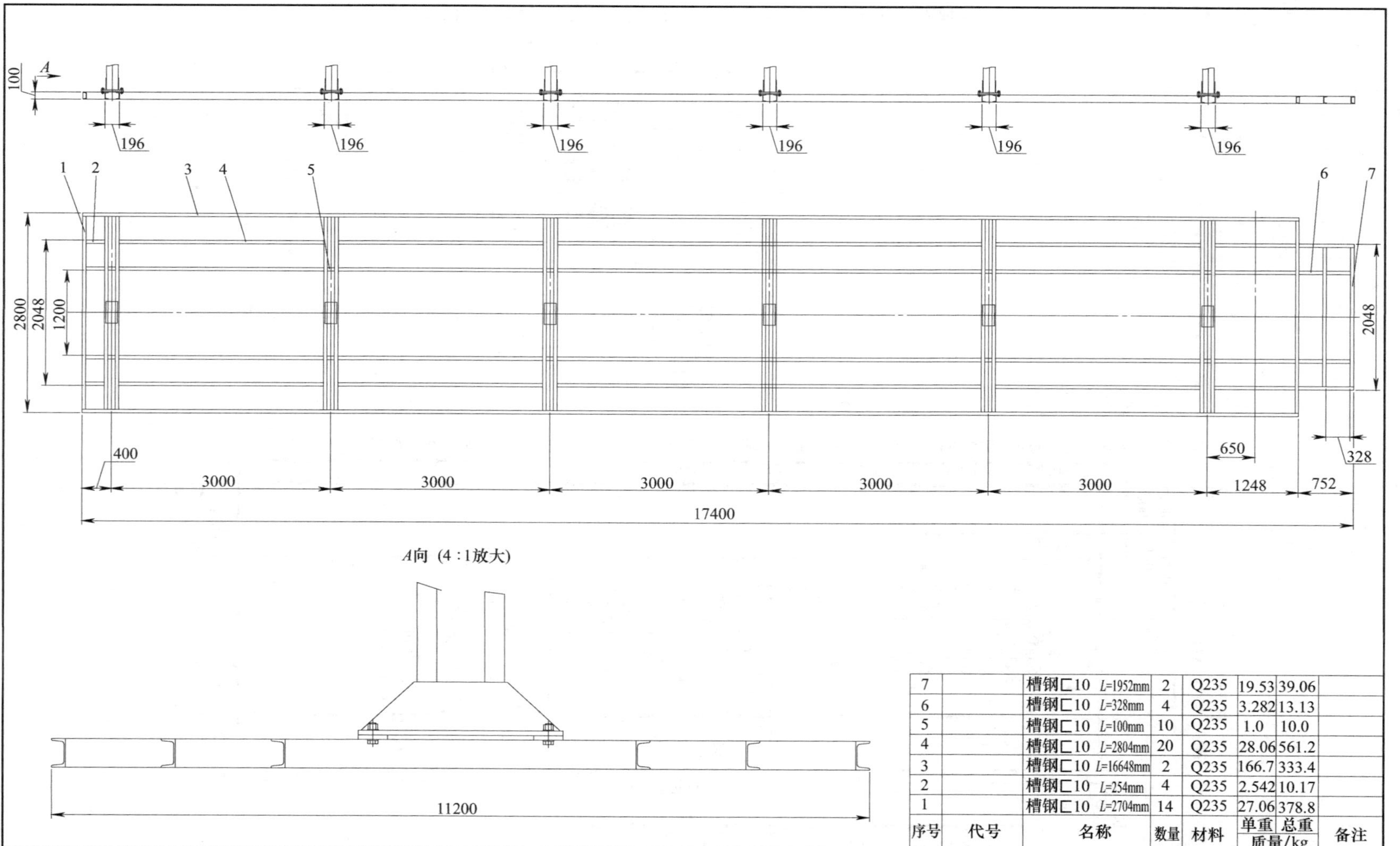

序号	代号	名称	数量	材料	单重	总重	备注
					质量/kg		
7		槽钢⊏10 L=1952mm	2	Q235	19.53	39.06	
6		槽钢⊏10 L=328mm	4	Q235	3.282	13.13	
5		槽钢⊏10 L=100mm	10	Q235	1.0	10.0	
4		槽钢⊏10 L=2804mm	20	Q235	28.06	561.2	
3		槽钢⊏10 L=16648mm	2	Q235	166.7	333.4	
2		槽钢⊏10 L=254mm	4	Q235	2.542	10.17	
1		槽钢⊏10 L=2704mm	14	Q235	27.06	378.8	

图 12-10　环形电镀线底座

12.6 电镀线设计的后续工作

12.6.1 配套件清单与能源统计

电镀生产线规划设计完成后，需列出配套件清单与能源需求，以便工程部门参照执行。

包括：电能需求功率（行车、整流器、加热器、过滤机和泵、超声波发生器、排风机、通风机、冷水机等）；排风总量（风机流量与风压）；送风总量；蒸汽用量；总制冷量；总用水量（纯水和自来水）。

12.6.2 使用说明书的编制

使用说明书内容如下。

① 工艺流程图和工艺配置表。

② 平面图、截面图和基础图。

③ 主要部件的设计总图：行车总图、极杆总图和其他重要部件图或局部放大图。

④ 液压传动装置图或机械传动装置图。

⑤ 电气原理图、液压原理图及其操作说明。

⑥ 排风系统图和送风系统图。

⑦ 管路系统图。

⑧ 重要加热器和冷却器图。

⑨ 设备润滑系统与润滑点位置说明。

⑩ 外购件和配套件清单。

⑪ 重要外购件供应商的说明书。

⑫ 易损件清单和与供应商联系办法。

12.6.3 安装与调试要点

(1) 安装要点

① 安装前必须确认清楚生产线的装卸工件方位、操作面方位及风机放置的位置。

② 按基础图检测基础的尺寸、水平、标高等是否符合要求。

③ 找出并画出槽体中心线及槽体、机架的平面位置，必要（发现问题或误差）时还要加以修正。

④ 安装前必须熟知所需安装的所有内容，将靠近主机里面、体积较大的部件或辅机先安排进去；从槽下通过的排风管需先将有关段放好，以免以后就位困难。

⑤ 行车式电镀线一般先安装槽体再安装机架（特殊情况例外）。环形电镀线一般先安装机架再安装槽体（靠里侧的槽体需先安排进去，还需考虑圆弧槽的就位与分段后的连接）。

⑥ 直接放在基础上的槽体应以基础的最高点为基准向两边推进安装，除保证槽体中心线的直线度外（环线槽体应在设计中心线上，其纵向、横向坐标误差不超过 5mm），还需保证各槽的槽口在同一水平面上（基础较低处需在槽体安放前用塑料板垫高、铺平）。

⑦ 龙门机架安装要点：a. 双轨轨面与槽口高度的间距一致，且必须在同一水平面上；b. 保证两轨的跨距（指中心线）准确并对称于槽体中心；c. 所有立柱必须垂直于地面（吊垂

线校正，环线立柱的垂直度不超过1mm)，并保持在同一线上（头尾的立柱拉线校正）；d. 单侧有水平运行导向轮的导轨须保证其直线度（拉线校正），两侧均有的还须保证其平行度（测最短的间距校验）；e. 双轨的轨面标高须一致（用连通管或水准仪校验，以最高点为准，其余调整到一致）；f. 环线的固定导轨和升降导轨与设计标高允差不超过3mm，全线导轨水平度不超过1mm，直线度不超过1mm，固定轨与升降轨的衔接处上下和左右偏差不超过0.5mm；g. 行车行走轮、导向轮经过之面必须平整、光滑，不允许有目视可见的凹凸面；h. 所有立柱与地面的固定必须牢固，为防根部浸水锈蚀，完工后应让基建在根部一小段上补加防护层。

⑧ 只有待行车的水平运行速度调校好后（缓速不再更改的情况下），方可较精确地调校信号板的位置（以一对极座中的一边为准，另一边不准的再加以修正）；由于缓速的速度决定了收到信号后所超越的距离，必要时往返共用的信号板及交接处的信号板的宽度亦应随之增减，并通过减速延时来调整。

⑨ 阴极导电座应保证极杆或滚筒上的插头对位准确、接合良好，不应有较大的缝隙或悬空现象。

⑩ 滚筒转动装置的齿轮与滚筒上齿轮的接合间隙必须适当，不可过大亦不可过小。

⑪ 各处铜排的截面积必须与电源规格相匹配，接合面不得有缝隙。

⑫ 管路阀门的安置：

a. 所有管路的安装必须保证横平竖直（个别与其他部件位置上有冲突的除外）。

b. 蒸汽（组合阀门）、给水、空搅等阀门应在操作面一边，位置在槽口与平台之间（一般为350～500mm)；需方便操作及维修（滚镀线上需避开传动部件以保安全）。

c. 总管可设置在平台下水平展开；垂直布置从上至下的顺序应为空气、蒸汽、水；为减少热量损失，蒸气总管安装完后应包保温层。

d. 所有管路阀门的位置均应留有维修、保养时的通道和空间。

⑬ 排风总管一般是隐蔽在平台以下，必要时可从空中或地面通过；当通道受影响时，只能架设过道楼梯了（这时的总管应以宽矮些为好）。总管过墙孔一般是由用户方的基建部门来完成的。

⑭ 操作平台一般是表现了整条线的外表和形象，故应做到横平竖直，“眼观一条线”，不可马虎；为防底部浸水锈蚀，完工后亦应让基建在根部一小段上补加防护层。

⑮ 电器控制柜的位置一般在装挂区域附近，事先必须征求一下用户的意见。

⑯ 行车安装和调试要点：

a. 导向轮的间距要适当，并要保证与四只行走轮的平行度（观察导向轮滚动的情况以分析）。

b. 提升钩应对称于各槽的纵线，不可歪斜。

c. 升降到位接近开关位置合理，降位应考虑空行程间距（特别在有上下阴极移动时），升位应考虑提升高度不宜过大而浪费节拍时间（镀件最低点升到位后高于槽面上最高设施50mm即可）。另外，还需有设置防升降越位行程开关的余地。

d. 两台以上的行车，其提升钩导向底部的间距要一致，且要在同一直线上（各行车从头至尾只用一根标准的提升杆或滚筒来调校）。

e. 两台以上的行车，其水平到位接近开关相对于行车中心线的位置必须一致（各行车从头至尾只用一根标准的极杆或滚筒仅在交换处来进行调校）。

(2) 调试要点

① 各行车（含转换小车）在节拍时间内能完成各自的运行路线，运行稳定、到位准确。

② 在规定负载下，能顺利完成各套工作程序；槽内、空中停留时间符合设计预定要求。

③ 电器上各种规定参数、要求、指标均能得以实现。

④ 液压系统上各种规定参数、要求、指标均能得到实现。

⑤ 人为故障试验各种保护装置的灵敏度和可靠性。

⑥ 槽体装满水后在预定期内没有渗漏现象。

⑦ 各管路在额定压力下无外泄现象。

⑧ 加热能在规定范围内达到指定温度，温控正常。

⑨ 电流、电压均可在规定范围内达到指标，各衔接处无过热现象。

⑩ 各辅助设备（空气搅拌、液体搅拌、喷淋、阴极移动、排风、制冷系统等）运转正常。

(3) 维护要点

① 维护的第一要务是清洁。清洁不能靠冲洗，要靠擦洗。

② 定期润滑和检查紧固件松紧状况，并及时紧固。

③ 维护首先是操作人员的责任。

④ 维修人员要熟悉生产线资料，多听取制造商的建议，不推诿，不盲目自信。

⑤ 设备维护的好坏是考核管理者是否优秀的重要指标。

参考文献

[1] 张允诚，胡如南，向荣主编. 电镀手册. 第4版. 北京：国防工业出版社，2011.
[2] 曾华梁，倪百祥编. 电镀工程手册. 北京：机械工业出版社，2010.
[3] 冯立明主编. 电镀工艺与设备. 北京：化学工业出版社，2005.
[4] 陈范才主编. 现代电镀技术. 北京：中国纺织出版社，2009.
[5] 谭浩泉编著.《电镀车间设备》(机械工人活页学习材料). 北京：机械工业出版社，1957.
[6] 表面处理技术译丛编译组编. 电镀设备(表面处理技术译丛). 上海：上海市科学技术编译馆，1965.
[7] 雷邦雄，等编. 电镀设备(表面处理技术丛书). 成都：四川科学技术出版社，1986.
[8] 谢洪波，于廷杰，等编著. 电镀车间设备与工艺设计. 济南：山东科学技术出版社，1989.
[9] Electroplating Engineering Handbook 4th Edition——1984，Van Norstrand Reinhold，New York，Lawrence J. Durney.
[10] Metal Finishing，2009/10 Guidebook and Directory，Fall2009vdume 107 Number11A，Elseviev lnc.，New York，NY10010，Reginald E. Tucker.
[11] 胡宗武，徐履冰，石来德主编. 非标准机械设备设计手册. 北京：机械工业出版社，2003.
[12] 成大先主编. 常用设计资料(机械设计单行本). 北京：化学工业出版社，2004.
[13] 徐祖耀，黄本立，鄢国强主编. 材料表征与检测技术手册. 北京：化学工业出版社，2009.
[14] 陈偕中主编. 化工容器设计(化工容器设计全书第二册). 上海：上海科学技术出版社，1990.
[15] 机械工程手册、电机工程手册编辑委员会编. 机械工程手册：基础理论卷. 第2版. 北京：机械工业出版社，1996.
[16] 成大先主编. 机械震动·机架设计(机械设计手册单行本). 北京：化学工业出版社，2004.
[17] 夏颂祺，丁伯民，等编. 钢架. 北京：化学工业出版社、工业装备与信息工程出版中心，2004.
[18] 王振武，张伟主编. 混凝土结构. 第3版. 北京：科学出版社，2005.